Lexikon der Geowissenschaften 1

Lexikon der Geowissenschaften

in sechs Bänden

Erster Band

A bis Edi

Spektrum Akademischer Verlag Heidelberg · Berlin

Die Deutsche Bibliothek-CIP-Einheitsaufnahme
Lexikon der Geowissenschaften / Red.: Landscape GmbH – Heidelberg: Spektrum, Akad. Verl.

Bd. 1. – (2000)
ISBN 3-8274-0299-9

Redaktion: LANDSCAPE Gesellschaft für Geo-Kommunikation mbH, Köln
Produktion: Daniela Brandt
Innengestaltung: Gorbach Büro für Gestaltung und Realisierung, Gauting Buchendorf
Außengestaltung: WSP Design, Heidelberg
Graphik: Eckhard Langen (Leitung), Martina Bacher, Adelheid Beck, Ulrike Lohoff-Erlenbach, Stephan Meyer
Satz: Greiner & Reichel, Köln
Druck und Verarbeitung: Franz Spiegel Buch GmbH, Ulm

Mitarbeiter des ersten Bandes

Redaktion
Dipl.-Geogr. Christiane Martin (Leitung)
Dipl.-Geogr. Inga Drews
Dipl.-Geol. Manfred Eiblmaier
Hélène Pretsch

Fachberatung
Prof. Dr. Wladyslaw Altermann (Geochemie)
Prof. Dr. Wolfgang Andres (Geomorphologie)
Prof. Dr. Hans-Rudolf Bork (Bodenkunde)
Prof. Dr. Manfred F. Buchroithner (Fernerkundung)
Prof. Dr. Peter Giese (Geophysik)
Prof. Dr. Günter Groß (Meteorologie)
Prof. Dr. Hans-Georg Herbig (Paläontologie/Hist. Geol.)
Dr. Rolf Hollerbach (Petrologie)
Prof. Dr. Heinz Hötzl (Angewandte Geologie)
Prof. Dr. Kurt Hümmer (Kristallographie)
Prof. Dr. Karl-Heinz Ilk (Geodäsie)
Prof. Dr. Dr. h. c. Volker Jacobshagen (Allgmeine Geologie)
Prof. Dr. Wolf Günther Koch (Kartographie)
Prof. Dr. Hans-Jürgen Liebscher (Hydrologie)
Prof. Dr. Jens Meincke (Ozeanographie)
PD Dr. Daniel Schaub (Landschaftsökologie)
Prof. Dr. Christian-Dietrich Schönwiese (Klimatologie)
Prof. Dr. Günter Strübel (Mineralogie)

Autorinnen und Autoren
Dipl.-Geol. Dirk Adelmann, Berlin [DA]
Dipl.-Geogr. Klaus D. Albert, Frankfurt a. M. [KDA]
Prof. Dr. Werner Alpers, Hamburg [WAlp]
Prof. Dr. Alexander Altenbach, München [AA]
Prof. Dr. Wladyslaw Altermann, München [WAl]
Prof. Dr. Wolfgang Andres, Frankfurt a. M. [WA]
Dr. Jürgen Augustin, Müncheberg [JA]
Dipl.-Met. Konrad Balzer, Potsdam [KB]
Dr. Stefan Becker, Wiesbaden [SB]
Dr. Raimo Becker-Haumann, Köln [RBH]
Dr. Axel Behrendt, Paulinenaue [AB]
Dipl.-Ing. Undine Behrendt, Müncheberg [UB]
Prof. Dr. Raimond Below, Köln [RB]
Dipl.-Met. Wolfgang Benesch, Offenbach [WBe]
Dr. Helge Bergmann, Koblenz [HB]
Dr. Michaela Bernecker, Erlangen [MBe]
Dr. Markus Bertling, Münster [MB]
PD Dr. Christian Betzler, Frankfurt a. M. [ChB]
Prof. Dr. Dr. h. c. Hans-Peter Blume, Kiel [HPB]
Dr. Günter Bock, Potsdam [GüBo]
Dr.-Ing. Gerd Boedecker, München [GBo]
Prof. Dr. Wolfgang Boenigk, Köln [WBo]
Dr. Andreas Bohleber, Stutensee [ABo]
Prof. Dr. Jürgen Bollmann, Trier [JB]
Prof. Dr. Hans-Rudolf Bork, Potsdam [HRB]
Dr. Wolfgang Bosch, München [WoBo]
Dr. Heinrich Brasse, Berlin [HBr]
Dipl.-Geogr. Till Bräuninger, Trier [TB]
Dr. Wolfgang Breh, Karlsruhe [WB]
Prof. Dr. Christoph Breitkreuz, Freiberg [CB]
Prof. Dr. Manfred F. Buchroithner, Dresden [MFB]
Dr.-Ing. Dr. sc. techn. Ernst Buschmann, Potsdam [EB]
Dr. Gerd Buziek, Hannover [GB]
Dr. Andreas Clausing, Halle/S. [AC]
Prof. Dr. Elmar Csaplovics, Dresden [EC]
Prof. Dr. Dr. Kurt Czurda, Karlsruhe [KC]
Dr. Claus Dalchow, Müncheberg [CD]
Prof. Dr. Wolfgang Denk, Karlsruhe [WD]
Dr. Detlef Deumlich, Müncheberg [DDe]
Prof. Dr. Reinhard Dietrich, Dresden [RD]
Dipl.-Geoök. Markus Dotterweich, Potsdam [MD]
Dr. Doris Dransch, Berlin [DD]
Prof. Dr. Hermann Drewes, München [HD]
Dipl.-Geogr. Inga Drews, Köln [ID]
Prof. Dr. Michel Durand-Delga, Avon (Frankreich) [MDD]
Dr. Dieter Egger, München [DEg]
Dipl.-Geol. Manfred Eiblmaier, Köln [MEi]
Dr. Klaus Eichhorn, Karlsruhe [KE]
Dr. Hajo Eicken, Fairbanks (USA) [HE]
Dr. Matthias Eiswirth, Karlsruhe [ME]
Dr. Ruth H. Ellerbrock, Müncheberg [RE]
Dr. Heinz-Hermann Essen, Hamburg [HHE]
Prof. Dr. Dieter Etling, Hannover [DE]
Dipl.-Geogr. Holger Faby, Trier [HFa]
Dr. Eberhard Fahrbach, Bremerhaven [EF]
Dipl.-Geol. Tina Fauser, Karlsruhe [TF]
Prof. Dr.-Ing. Edwin Fecker, Ettlingen [EFe]
Dipl.-Geol. Kerstin Fiedler, Berlin [KF]
Dr. Ulrich Finke, Hannover [UF]
Prof. Dr. Herbert Fischer, Karlsruhe [HF]
Prof. Dr. Heiner Flick, Marktoberdorf [HFl]
Prof. Dr. Monika Frielinghaus, Müncheberg [MFr]
Dr. Roger Funk, Müncheberg [RF]
Dr. Thomas Gayk, Köln [TG]
Prof. Dr. Manfred Geb, Berlin [MGe]
Dipl.-Ing. Karl Geldmacher, Potsdam [KGe]
Dr. Horst Herbert Gerke, Müncheberg [HG]
Prof. Dr. Peter Giese, Berlin [PG]
Prof. Dr. Cornelia Gläßer, Halle/S. [CG]
Dr. Michael Grigo, Köln [MG]
Dr. Kirsten Grimm, Mainz [KGr]
Prof. Dr. Günter Groß, Hannover [GG]
Dr. Konrad Großer, Leipzig [KG]
Prof. Dr. Hans-Jürgen Gursky, Clausthal-Zellerfeld [HJG]
Prof. Dr. Volker Haak, Potsdam [VH]
Dipl.-Geol. Elisabeth Haaß, Köln [EHa]
Prof. Dr. Thomas Hauf, Hannover [TH]
Prof. Dr.-Ing. Bernhard Heck, Karlsruhe [BH]
Dr. Angelika Hehn-Wohnlich, Ottobrunn [AHW]
Dr. Frank Heidmann, Stuttgart [FH]
Dr. Dietrich Heimann, Weßling [DH]
Dr. Katharina Helming, Müncheberg [KHe]
Prof. Dr. Hans-Georg Herbig, Köln [HGH]
Dr. Wilfried Hierold, Müncheberg [WHi]
Prof. Dr. Ingelore Hinz-Schallreuter, Greifswald [IHS]
Dr. Wolfgang Hirdes, Burgdorf-Ehlershausen [WH]
Prof. Dr. Karl Hofius, Boppard [KHo]
Dr. Axel Höhn, Müncheberg [AH]
Dr. Rolf Hollerbach, Köln [RH]
PD Dr. Stefan Hölzl, München [SH]
Prof. Dr. Heinz Hötzl, Karlsruhe [HH]
Dipl.-Geogr. Peter Houben, Frankfurt a. M. [PH]
Prof. Dr. Kurt Hümmer, Karlsruhe [KH]
Prof. Dr. Eckart Hurtig, Potsdam [EH]
Prof. Dr. Karl-Heinz Ilk, Bonn [KHI]

Prof. Dr. Dr. h. c. Volker Jacobshagen, Berlin [VJ]
Dr. Werner Jaritz, Burgwedel [WJ]
Dr. Monika Joschko, Müncheberg [MJo]
Prof. Dr. Heinrich Kallenbach, Berlin [HK]
Dr. Daniela C. Kalthoff, Bonn [DK]
Dipl.-Geol. Wolf Kassebeer, Karlsruhe [WK]
Dr. Kurt-Christian Kersebaum, Müncheberg [KCK]
Dipl.-Geol. Alexander Kienzle, Karlsruhe [AK]
Dr. Thomas Kirnbauer, Darmstadt [TKi]
Prof. Dr. Wilfrid E. Klee, Karlsruhe [WEK]
Prof. Dr.-Ing. Karl-Hans Klein, Wuppertal [KHK]
Dr. Reiner Kleinschrodt, Köln [RK]
Prof. Dr. Reiner Klemd, Würzburg [RKl]
Dr. Jonas Kley, Karlsruhe [JK]
Prof. Dr. Wolf Günther Koch, Dresden [WGK]
Dr. Rolf Kohring, Berlin [RKo]
Dr. Martina Kölbl-Ebert, München [MKE]
Prof. Dr. Wighart von Koenigswald, Bonn [WvK]
Dr. Sylvia Koszinski, Müncheberg [SK]
Dipl.-Geol. Bernd Krauthausen, Berg/Pfalz [BK]
Dr. Klaus Kremling, Kiel [KK]
PD Dr. Thomas Kunzmann, München [TK]
Dr. Alexander Langosch, Köln [AL]
Prof. Dr. Marcel Lemoine, Marli-le-Roi (Frankreich) [ML]
Dr. Peter Lentzsch, Müncheberg [PL]
Prof. Dr. Hans-Jürgen Liebscher, Koblenz [HJL]
Prof. Dr. Johannes Liedholz, Berlin [JL]
Dipl.-Geol. Tanja Liesch, Karlsruhe [TL]
Prof. Dr. Werner Loske, Drolshagen [WL]
Dr. Cornelia Lüdecke, München [CL]
Dipl.-Geogr. Christiane Martin, Köln [CM]
Prof. Dr. Siegfried Meier, Dresden [SM]
Dipl.-Geogr. Stefan Meier-Zielinski, Basel (Schweiz) [SMZ]
Prof. Dr. Jens Meincke, Hamburg [JM]
Dr. Gotthard Meinel, Dresden [GMe]
Prof. Dr. Bernd Meissner, Berlin [BM]
Prof. Dr. Rolf Meißner, Kiel [RM]
Dr. Dorothee Mertmann, Berlin [DM]
Prof. Dr. Karl Millahn, Leoben (Österreich) [KM]
Dipl.-Geol. Elke Minwegen, Köln [EM]
Dr. Klaus-Martin Moldenhauer, Frankfurt a. M. [KMM]
Dipl.-Geogr. Andreas Müller, Trier [AMü]
Dipl.-Geol. Joachim Müller, Berlin [JMü]
Dr.-Ing. Jürgen Müller, München [JüMü]
Dr. Lothar Müller, Müncheberg [LM]
Dr. Marina Müller, Müncheberg [MM]
Dr. Thomas Müller, Müncheberg [TM]
Dr. Peter Müller-Haude, Frankfurt a. M. [PMH]
Dr. German Müller-Vogt, Karlsruhe [GMV]
Dr. Babette Münzenberger, Müncheberg [BMü]
Dr. Andreas Murr, München [AM]
Prof. Dr. Jörg F. W. Negendank, Potsdam [JNe]
Dr. Maik Netzband, Leipzig [MN]
Prof. Dr. Joachim Neumann, Karlsruhe [JN]
Dipl.-Met. Helmut Neumeister, Potsdam [HN]
Dr. Fritz Neuweiler, Göttingen [FN]
Dipl.-Geogr. Sabine Nolte, Frankfurt a. M. [SN]
Dr. Sheila Nöth, Köln [ShN]
Dr. Axel Nothnagel, Bonn [AN]
Prof. Dr. Klemens Oekentorp, Münster [KOe]
Dipl.-Geol. Renke Ohlenbusch, Karlsruhe [RO]
Dr. Renate Pechnig, Aachen [RP]
Dr. Hans-Peter Piorr, Müncheberg [HPP]
Dr. Susanne Pohler, Köln [SP]
Dr. Thomas Pohlmann, Hamburg [TP]
Hélène Pretsch, Bonn [HP]
Prof. Dr. Walter Prochaska, Leoben (Österreich) [WP]
Prof. Dr. Heinrich Quenzel, München [HQ]
Prof. Dr. Karl Regensburger, Dresden [KR]
PD Dr. Bettina Reichenbacher, Karlsruhe [BR]
Prof. Dr. Claus-Dieter Reuther, Hamburg [CDR]
Prof. Dr. Klaus-Joachim Reutter, Berlin [KJR]
Dr. Holger Riedel, Wetter [HRi]
Dr. Johannes B. Ries, Frankfurt a. M. [JBR]
Dr. Karl Ernst Roehl, Karlsruhe [KER]
Dr. Helmut Rogasik, Müncheberg [HR]
Dipl.-Geol. Silke Rogge, Karlsruhe [SRo]
Dr. Joachim Rohn, Karlsruhe [JR]
Dipl.-Geogr. Simon Rolli, Basel (Schweiz) [SR]
Dipl.-Geol. Eva Ruckert, Au (Österreich) [ERu]
Dr. Thomas R. Rüde, München [TR]
Dipl.-Biol. Daniel Rüetschi, Basel (Schweiz) [DR]
Dipl.-Ing. Christine Rülke, Dresden [CR]
PD Dr. Daniel Schaub, Aarau (Schweiz) [DS]
Dr. Mirko Scheinert, Dresden [MSc]
PD Dr. Ekkehard Scheuber, Berlin [ES]
PD Dr. habil. Frank Rüdiger Schilling, Berlin [FRS]
Dr. Uwe Schindler, Müncheberg [US]
Prof. Dr. Manfred Schliestedt, Hannover [MS]
Dr.-Ing. Wolfgang Schlüter, Wetzell [WoSch]
Dipl.-Geogr. Markus Schmid, Basel (Schweiz) [MSch]
Prof. Dr. Ulrich Schmidt, Frankfurt a. M. [USch]
Dipl.-Geoök. Gabriele Schmidtchen, Potsdam [GS]
Dr. Christine Schnatmeyer, Trier [CSch]
Prof. Dr. Christian-Dietrich Schönwiese, Frankfurt a. M. [CDS]
Prof. Dr.-Ing. Harald Schuh, Wien (Österreich) [HS]
Prof. Dr. Günter Seeber, Hannover [GSe]
Dr. Wolfgang Seyfarth, Müncheberg [WS]
Prof. Dr. Heinrich C. Soffel, München [HCS]
Prof. Dr. Michael H. Soffel, Dresden [MHS]
Dr. sc. Werner Stams, Radebeul [WSt]
Prof. Dr. Klaus-Günter Steinert, Dresden [KGS]
Prof. Dr. Heinz-Günter Stosch, Karlsruhe [HGS]
Prof. Dr. Günter Strübel, Reiskirchen-Ettinghausen [GST]
Prof. Dr. Eugen F. Stumpfl, Leoben (Österreich) [EFS]
Dr. Peter Tainz, Trier [PT]
Dr. Marion Tauschke, Müncheberg [MT]
Prof. Dr. Oskar Thalhammer, Leoben (Österreich) [OT]
Dr. Harald Tragelehn, Köln [HT]
Prof. Dr. Rudolf Trümpy, Zürich (Schweiz) [RT]
Dr. Andreas Ulrich, Müncheberg [AU]
Dipl.-Geol. Nicole Umlauf, Darmstadt [NU]
Dr. Anne-Dore Uthe, Berlin [ADU]
Dr. Silke Voigt, Köln [SV]
Dr. Thomas Voigt, Jena [TV]
Holger Voss, Bonn [HV]
Prof. Dr. Eckhard Wallbrecher, Graz (Österreich) [EWa]
Dipl.-Geogr. Wilfried Weber, Trier [WWb]
Dr. Wigor Webers, Potsdam [WWe]
Dr. Edgar Weckert, Karlsruhe [EW]
Dr. Annette Wefer-Roehl, Karlsruhe [AWR]
Prof. Dr. Werner Wehry, Berlin [WW]
Dr. Ole Wendroth, Müncheberg [OW]
Dr. Eberhardt Wildenhahn, Vallendar [EWi]
Prof. Dr. Ingeborg Wilfert, Dresden [IW]
Dr. Hagen Will, Halle/S. [HW]
Dr. Stephan Wirth, Müncheberg [SW]
Dipl.-Geogr. Kai Witthüser, Karlsruhe [KW]
Prof. Dr. Jürgen Wohlenberg, Aachen [JWo]
Dipl.-Ing. Detlef Wolff, Leverkusen [DW]

Prof. Dr. Helmut Wopfner, Köln [HWo]
Dr. Michael Wunderlich, Brey [MW]
Prof. Dr. Wilfried Zahel, Hamburg [WZ]
Prof. Dr. Helmuth W. Zimmermann, Erlangen [HWZ]
Dipl.-Geol. Roman Zorn, Karlsruhe [RZo]
Prof. Dr. Gernold Zulauf, Erlangen [GZ]

Vorwort

Zu Beginn des neuen Jahrtausends stehen die Geowissenschaften vor großen Herausforderungen. Sechs Milliarden Menschen, die derzeit die Erde bevölkern, nehmen immer stärkeren Einfluß auf die Umwelt und die in ihr ablaufenden natürlichen Prozesse. Es gibt zahllose Spannungsfelder zwischen den menschlichen Nutzungsansprüchen und der Notwendigkeit, Naturräume zu schützen. So gilt es, Rohstoffe und Energiequellen zu erschließen und nachhaltig zu nutzen oder aber nach umweltfreundlicheren Alternativen zu suchen. Zunehmend müssen Menschen vor den Auswirkungen von Naturkatastrophen geschützt werden, gleichzeitig bedarf es einer gezielten Ursachenforschung und -bekämpfung. Die Grundlagen zur Lösung dieser existentiellen Aufgaben bieten die Geowissenschaften.

Die starke Zersplitterung in viele verschiedene Fachbereiche und Forschungsfelder hat jedoch dazu geführt, daß das Bewußtsein für eine geowissenschaftliche Gesamtkompetenz nicht im erforderlichen Maße vorhanden ist. In den letzten Jahren sind daher zahlreiche Anstrengungen unternommen worden, die zu einer stärkeren Integration aller Geo-Disziplinen in das geowissenschaftliche Gesamtspektrum führen sollen.
Einen wegbereitenden Schritt stellt die Manifestierung von Wissen unter diesem gemeinsamen Dach und die Verfügbarkeit dieses Wissens für alle, die sich damit praktisch und theoretisch in Beruf, Freizeit, Forschung oder Ausbildung beschäftigen, dar. Die Voraussetzung hierfür ist die Erarbeitung einer gemeinsamen Nomenklatur und deren inhaltliche Bearbeitung in Form eines umfassenden Lexikons. Diese bislang vorhandene Lücke schließt das vorliegende Nachschlagewerk.
Die 22 berücksichtigten Fachdisziplinen bilden die naturwissenschaftlich relevanten Kernbereiche der Geowissenschaften. In fünf Textbänden und einem Registerband findet sich somit die Wissensbasis, die den Geodisziplinen zu Grunde liegt und an deren Erarbeitung mehr als 230 Fachexperten mitgewirkt haben.

Allen an diesem Werk Beteiligten gilt unser herzlichster Dank. Sie haben nicht nur ein Lexikon geschaffen, das einen wichtigen Beitrag und konkrete Hilfestellung für die tägliche Arbeit im Geo-Umfeld bietet, sondern auch einen großen Identifikationsfaktor, der eine Brücke zwischen den einzelnen Fachbereichen der Geowissenschaften baut.

Die Redaktion

Hinweise für den Benutzer

Reihenfolge der Stichwortbeiträge

Die Einträge im Lexikon sind streng alphabetisch geordnet, d. h. in Einträgen, die aus mehreren Begriffen bestehen, werden Leerzeichen, Bindestriche und Klammern ignoriert. Kleinbuchstaben liegen in der Folge vor Großbuchstaben. Umlaute (ö, ä, ü) und Akzente (é, è, etc.) werden wie die entsprechenden Grundvokale behandelt, ß wie ss. Griechische Buchstaben werden nach ihrem ausgeschriebenen Namen sortiert (α = alpha). Zahlen sind bei der Sortierung nicht berücksichtigt (^{14}C-Datierung = C-Datierung, 3D-Analyse = D-Analyse), und auch mathematische Zeichen werden ignoriert (C/N-Verhältnis = C-N-Verhältnis). Chemische Formeln erscheinen entsprechend ihrer Buchstabenfolge ($CaCO_3$ = CaCO). Bei den Namen von Forschern, die Adelsprädikate (von, de, van u. a.) enthalten, sind diese nachgestellt und ohne Wirkung auf die Alphabetisierung.

Typen und Aufbau der Beiträge

Alle Artikel des Lexikons beginnen mit dem Stichwort in fetter Schrift. Nach dem Stichwort, getrennt durch ein Komma, folgen mögliche Synonyme (kursiv gesetzt), die Herleitung des Wortes aus einem anderen Sprachraum (in eckigen Klammern) oder die Übersetzung aus einer anderen Sprache (in runden Klammern). Danach wird – wieder durch ein Komma getrennt – eine kurze Definition des Stichwortes gegeben und anschließend folgt, falls notwendig, eine ausführliche Beschreibung. Bei reinen Verweisstichworten schließt an Stelle einer Definition direkt der Verweis an.

Geht die Länge eines Artikels über ca. 20 Zeilen hinaus, so können am Ende des Artikels in eckigen Klammern das Autorenkürzel (siehe Verzeichnis der Autorinnen und Autoren) sowie weiterführende Literaturangaben stehen.

Bei unterschiedlicher Bedeutung eines Begriffes in zwei oder mehr Fachbereichen erfolgt die Beschreibung entsprechend der Bedeutungen separat durch die Nennung der Fachbereiche (kursiv gesetzt) und deren Durchnummerierung mit fett gesetzten Zahlen (z. B.: **1)** *Geologie*: ... **2)** *Hydrologie*: ...). Die Fachbereiche sind alphabetisch sortiert; das Stichwort selbst wird nur ein Mal genannt. Bei unterschiedlichen Bedeutungen innerhalb eines Fachbereiches erfolgt die Trennung der Erläuterungen durch eine Nummerierung mit nicht-fett-gesetzten Zahlen.

Das Lexikon enthält neben den üblichen Lexikonartikeln längere, inhaltlich und gestalterisch hervorgehobene Essays. Diese gehen über eine Definition und Beschreibung des Stichwortes hinaus und berücksichtigen spannende, aktuelle Einzelthemen, integrieren interdisziplinäre Sachverhalte oder stellen aktuelle Forschungszweige vor. Im Layout werden sie von den übrigen Artikeln abgegrenzt durch Balken vor und nach dem Beitrag, die vollständige Namensnennung des Autors, deutlich abgesetzte Überschrift und ggf. eine weitere Untergliederung durch Zwischenüberschriften.

Verweise

Kennzeichen eines Verweises ist der schräge Pfeil vor dem Stichwort, auf das verwiesen wird. Im Falle des Direktverweises erfolgt eine Definition des Stichwortes erst bei dem angegebenen Zielstichwort, wobei das gesuchte Wort in dem Beitrag, auf den verwiesen wird, zur schnelleren Auffindung kursiv gedruckt ist. Verweise, die innerhalb eines Textes oder an dessen Ende erscheinen, sind als weiterführende Verweise (im Sinne von »siehe-auch-unter«) zu verstehen.

Schreibweisen

Kursiv geschrieben werden Synonyme, Art- und Gattungsnamen, griechische Buchstaben sowie Formeln und alle darin vorkommenden Variablen, Konstanten und mathematischen Zeichen, die Vornamen von Personen sowie die Fachbereichszuordnung bei Stichworten mit Doppelbedeutung. Wird ein Akronym als Stichwort verwendet, so wird das ausgeschriebene Wort wie ein Synonym kursiv geschrieben und die Buchstaben unterstrichen, die das Akronym bilden (z. B. **ESA**, *European Space Agency*).

Für chemische Elemente wird durchgehend die von der International Union of Pure and Applied Chemistry (IUPAC) empfohlene Schreibweise verwendet (also Iod statt früher Jod, Bismut statt früher Wismut, usw.).

Für Namen und Begriffe gilt die in neueren deutschen Lehrbüchern am häufigsten vorgefundene fachwissenschaftliche Schreibweise unter weitgehender Berücksichtigung der vorliegenden wissenschaftlichen Nomenklaturen – mit der Tendenz, sich der internationalen Schreibweise anzupassen: z. B. Calcium statt Kalzium, Carbonat statt Karbonat.

Englische Begriffe werden klein geschrieben, sofern es sich nicht um Eigennamen oder Institutionen handelt; ebenso werden adjektivische Stichworte klein geschrieben, soweit es keine feststehenden Ausdrücke sind.

Abkürzungen/Sonderzeichen/Einheiten

Die im Lexikon verwendeten Abkürzungen und Sonderzeichen erklären sich weitgehend von selbst oder werden im jeweiligen Textzusammenhang erläutert. Zudem befindet sich auf der nächsten Seite ein Abkürzungsverzeichnis.

Bei den verwendeten Abkürzungen handelt es sich fast durchgehend um SI-Einheiten. In Fällen, bei denen aus inhaltlichen Gründen andere Einheiten vorgezogen werden mußten, erschließt sich deren Bedeutung aus dem Text.

Abbildungen
Abbildungen und Tabellen stehen in der Regel auf derselben Seite wie das dazugehörige Stichwort. Aus dem Stichworttext heraus wird auf die jeweilige Abbildung hingewiesen. Farbige Bilder befinden sich im Farbtafelteil und werden dort entsprechend des Stichwortes alphabetisch aufgeführt.

Abkürzungen

↗ = siehe (bei Verweisen)
* = geboren
† = gestorben
a = Jahr
Abb. = Abbildung
afrikan. = afrikanisch
amerikan. = amerikanisch
arab. = arabisch
bzw. = beziehungsweise
ca. = circa
d. h. = das heißt
E = Ost
engl. = englisch
etc. = et cetera
evtl. = eventuell
franz. = französisch
Frh. = Freiherr
ggf. = gegebenenfalls
griech. = griechisch
grönländ. = grönländisch
h = Stunde
Hrsg. = Herausgeber
i. a. = im allgemeinen
i. d. R. = in der Regel
i. e. S. = im engeren Sinne
Inst. = Institut
isländ. = isländisch
ital. = italienisch
i. w. S. = im weiteren Sinne
jap. = japanisch
Jh. = Jahrhundert
Jt. = Jahrtausend
kuban. = kubanisch
lat. = lateinisch
min. = Minute
Mio. = Millionen
Mrd. = Milliarden
N = Nord
n. Br. = nördlicher Breite
n. Chr. = nach Christi Geburt
österr. = österreichisch
pl. = plural
port. = portugiesisch
Prof. = Professor
russ. = russisch
S = Süd
s = Sekunde
s. Br. = südlicher Breite
schwed. = schwedisch
schweizer. = schweizerisch
sing. = singular
slow. = slowenisch
sog. = sogenannt
span. = spanisch
Tab. = Tabelle
u. a. = und andere, unter anderem
Univ. = Universität
usw. = und so weiter
v. a. = vor allem
v. Chr. = vor Christi Geburt
vgl. = vergleiche
v. h. = vor heute
W = West
z. B. = zum Beispiel
z. T. = zum Teil

A

Aah-Horizont, ↗Bodenhorizont entsprechend der ↗deutschen Bodenklassifikation, dunkelgrauer bis schwärzlicher ↗Ah-Horizont mit einem Gehalt an organischer Substanz bis zu 30 %, entstanden aus einem ↗Aa-Horizont in niederschlagsreichem Klima.

Aa-Horizont, ↗Bodenhorizont entsprechend der ↗Bodenkundlichen Kartieranleitung, anmooriger, d.h. unter Grund- oder Stauwassereinfluß gebildeter, humoser Oberbodenhorizont mit einem Gehalt an organischer Substanz zwischen 15 und 30 %.

AAK ↗*Anionenaustauschkapazität.*

Aa-Lava, SiO_2-arme Lava mit unregelmäßiger, brekziierter Oberfläche. Diese entsteht während des Fließens durch ↗Autobrekziierung. Aa-Laven sind höher viskos als ↗Pahoehoe-Laven.

Aalen, *Aalenium*, die älteste Stufe (180,1–176,5 Mio. Jahre) des ↗Dogger, benannt nach der Stadt Aalen in Württemberg. Die Basis stellt der Beginn des Opalinum-Chrons dar, bezeichnet nach dem Ammoniten *Leioceras opalinum*. ↗geologische Zeitskala.

AAR, *Aminoacid-Racemization*, ↗*Aminosäure-Razemisierungs-Methode.*

ABAG ↗*Allgemeine Bodenabtragsgleichung.*

Abbau, *Mineralisation*, Umwandlung von ↗organischen Substanzen zu einfacheren Molekülen durch abiotische Prozesse (Oxidation, Hydrolyse, Strahlung) und biotische Prozesse (z.B. durch Mikroorganismen). Man unterscheidet zum einen den Primärabbau, durch den der Stoff bei der Zerlegung in einfachere Bestandteile bestimmte charakteristische Eigenschaften (Identität, Aktivität) verliert und sich ↗Abbauprodukte bilden, und zum anderen den Endabbau. Hier findet eine vollständige Umwandlung zu thermodynamisch stabilen anorganischen Produkten statt. Einen Schritt auf dem Weg zum ↗Endabbau stellt die Erhöhung der Oxidationszahl des Kohlenstoffs einer Verbindung dar. Die Endstufen des ↗aeroben Abbaus sind CO_2, H_2O und Oxide anderer Elemente. Auch im ↗anaeroben Zustand werden organische Substanzen abgebaut (↗Gärung). Als Endprodukte werden organische Verbindungen (Alkohole, organische Säuren) und ↗Methan gebildet. In der Hydrologie wird der Abbau organischer Belastungen als ↗Selbstreinigung eines Gewässers bezeichnet.

Abbauaktivität, wesentlicher Faktor im ↗Kohlenstoffkreislauf der ↗terrestrischen Ökosysteme und wichtige Kenngröße für die ↗Bodenfruchtbarkeit. In den Geowissenschaften interessiert besonders die Kohlenstoffmineralisierung, also der Abbau von organischen Substanzen (↗Mineralisierung). Die Abbaurate wurde früher in situ bestimmt, indem Zellulosestreifen in verschiedenen Tiefen in den Boden eingebracht und nach einigen Wochen die Substanzverluste gravimetrisch bestimmt wurden. Da beim Abbau von organischen Substanzen als Endprodukt CO_2 entsteht, ergab sich eine bessere Charakterisierungsmöglichkeit der Abbauaktivität eines Bodens durch die Messung seiner ↗Respiration. Sie ist sowohl im Feld wie auch in der Klimakammer oder im Labor meßbar und kann direkt als Maß für die Mineralisierung eingesetzt werden. Dafür stehen heute verläßliche Methoden zur Verfügung, die auf der Infrarot-Gasanalyse des entstehenden CO_2 in geschlossenen oder halboffenen Meßglockensystemen beruhen. Der größte Anteil (> 50 %) des entweichenden Kohlendioxids entstammt der pilzlichen und bakteriellen Veratmung von organischen Verbindungen (↗Destruenten) aus den organischen Horizonten des Bodens und der Streuschicht (↗Streuabbau). Ein kleinerer Anteil (10–50 %) entstammt der Wurzelatmung sowie der Atmung von Rhizosphären-Mikroorganismen und ↗Mykorrhizen. Die Atmung der Bodenfauna liefert einen Beitrag von 1–10 %. Lediglich 2–30 % der gesamten mikrobiellen Biomasse befinden sich in aktivem Zustand. Dies zeigt, daß die Abbauaktivität nicht alleine über die Bestimmung der mikrobiellen Biomasse erfolgen darf. Schließlich entsteht auch bei der abiotischen Kalklösung und bei einigen chemischen Oxidationen Kohlendioxid. Der Anteil dieser »abiotischen CO_2-Freisetzung« ist jedoch in der Regel sehr gering (< 5 %). Die Abbauaktivität wird durch abiotische Faktoren gesteuert. Temperatur und Sauerstoffgehalt sind dabei von zentraler Bedeutung. Auch Bodenfeuchte und die Zersetzbarkeit der organischen Substanz (oft gesteuert über den Gehalt an sekundären Pflanzenstoffen) spielen eine wichtige Rolle. Mit der Bodentiefe nimmt die Abbauaktivität in der Regel ab, da in tieferen Bodenhorizonten weniger orga-

Abbauaktivität: zonaler Vergleich der Abbauaktivität anhand der Bodenatmung (unter Laborbedingungen, d.h. bei 12 °C und Feldkapazität).

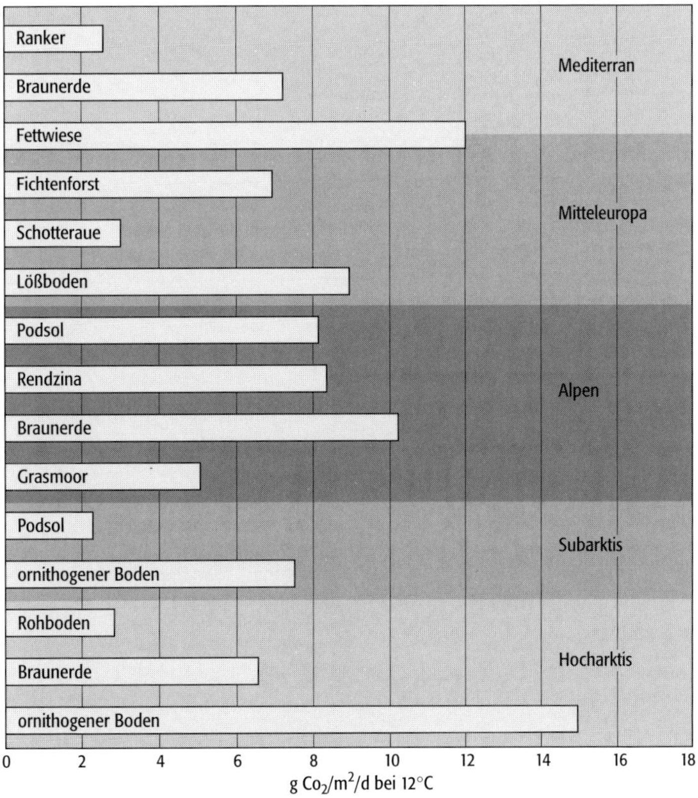

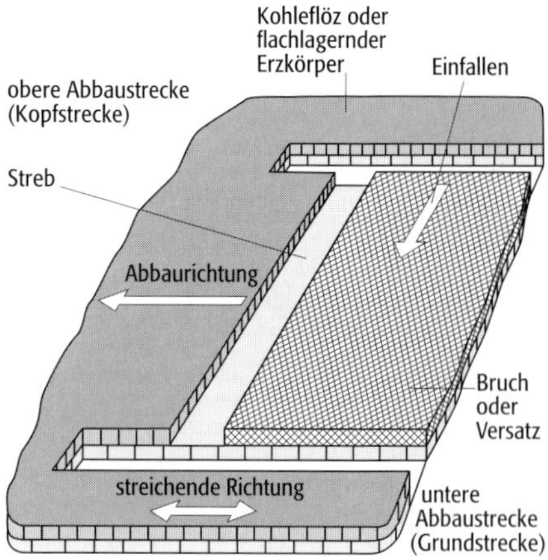

Abbaumethoden 1: Abbau im Streb.

nische Substanzen als Energiequelle zur Verfügung stehen. Als Folge der Temperaturabhängigkeit entstehen in der nördlichen borealen Zone und in der Subarktis gewaltige Gebiete mit kaum abgebautem, organischem Material (↗Torf). In gewisser Weise verhalten sich Böden bezüglich der Abbauaktivität jedoch azonal (Abb.). Werden Temperatur und die Feuchtigkeit bei Laborversuchen gleichgehalten, ist eine Myrtenmacchie des Mittelmeerraumes hinsichtlich der Abbauaktivität nicht von einer Krähenbeerheide Nordnorwegens zu unterscheiden. [DS]

Abbaubarkeit, *degradability*, Eigenschaft eines Stoffes, Stoffgemisches oder Abwassers, sich durch biologische (biochemische, biotische), chemische und/oder physikalische (abiotische) Prozesse in andere Stoffe (↗Abbauprodukte) oder bei vollständiger Mineralisierung zu CO_2, H_2O und NH_3 umzuwandeln. Die Abbaubarkeit ist ein wichtiger Parameter zur Beurteilung chemischer Stoffe. Die Abbaubarkeit organischer Stoffe durch Mikroben wird in drei Kategorien unterschieden: leicht biologisch abbaubar (z. B. ↗Kohlenwasserstoffe), schwer oder kaum biologisch abbaubar (z. B. ↗PCP, ↗Dioxin) und nicht biologisch abbaubar (z. B. ↗Schwermetalle). Für die Klassifizierung werden biologische Abbautests in Laboratorien durchgeführt oder auch Photoabbautests. Bei der Beurteilung der Ergebnisse von Abbauuntersuchungen ist zu berücksichtigen, daß die im Labor abbaubaren (mineralisierbaren) Stoffe in der Umwelt zumeist nur in sehr geringen Konzentrationen (ng/l bis µg/l) vorliegen und die Laborversuche häufig ein geringeres Abbaupotential abbilden als die Realität. [ME]

Abbaukonstante, der ↗Abbau organischer Substanzen erfolgt nach einer dem radioaktiven Zerfall ähnlichen Funktion. Für jeden Stoff gibt es die Abbaukonstante λ, die durch die ebenfalls stoffspezifische Halbwertszeit $T_{1/2}$ nach folgender Beziehung bestimmt ist:

$$\lambda = \frac{\ln 2}{T_{1/2}} = \frac{0{,}693}{T_{1/2}}\,.$$

Schätzwerte für $T_{1/2}$ liegen bei 0,3 Jahre für Toluol, Xylol und Ethylbenzol, 0,5 Jahre für Propylbenzol und Naphthalin, 1 Jahr für ↗Benzol und 10 Jahre für Dichlormethan. Mit diesen Werten kann die Konzentration der organischen Substanz zu einem Zeitpunkt (C_T) gegenüber der Anfangskonzentration (C_0) nach folgender Beziehung errechnet werden:

$$C_T = C_0 \cdot e^{-\lambda t} = C_0 \cdot e^{-\left(\frac{0{,}693}{T_{1/2} \cdot t}\right)}\,.$$

Abbaumethoden, Erze, Kohle oder sonstige mineralische Rohstoffe werden im ↗Tagebau (übertage), meist jedoch im ↗Tiefbau (untertage) gewonnen. Die wichtigsten im Tiefbau zur Anwendung kommenden Abbaumethoden sind:

a) *Bruchbau*: Eine Methode, bei der nach dem Entfernen des Erzes oder der Kohle die überlagernden Gesteinspartien herunterbrechen und den entstandenen Hohlraum ausfüllen. Variationen sind Pfeilerbruchbau, Blockbruchbau und abwärts geführter Querbruchbau.

b) *Trichterbruchbau*: Beim Abbau wird das Erz gebrochen und gelangt – nur durch die Schwerkraft – zu einer im Tiefsten des Trichters liegenden Fördersohle, wo es geladen und abtransportiert wird.

c) *hydraulische Gewinnung*: Mit Hilfe eines druckstarken Wasserstrahles wird Kohle oder relativ weiches Erz gelöst und in Kanäle oder Waschanlagen geschwemmt.

d) *Gewinnung im Streb*: Sie findet im Fall von ↗Kohleflözen oder flachlagernden Erzlagerstätten statt. Der Streb ist ein langgestreckter Grubenbau mit bis zu 300 m Länge im Flöz oder flachlagernden Erz, an dessen Langfrontseite das Material zur Gewinnung ansteht und an dessen anderer Seite der entstandene Hohlraum verbricht oder mit taubem Material wieder verfüllt

Abbaumethoden 2: Teilsohlenbruchbau.

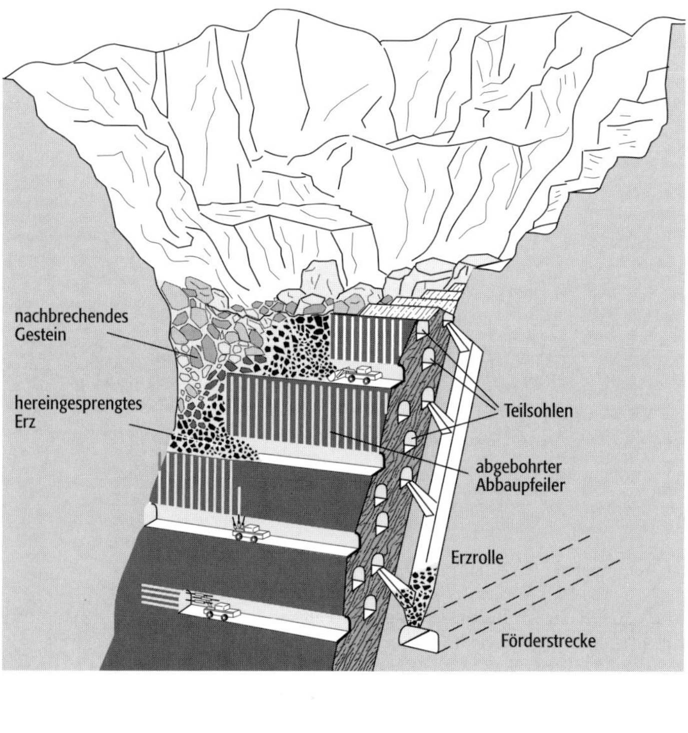

wird (Abb. 1). Die gesamte Strebfront rückt täglich einige Meter weiter, so daß das Erz oder die Kohle ohne Hinterlassung von Pfeilern abgebaut wird.

e) *Kammerpfeilerbau*: Ein Verfahren, bei dem Kohle, Erz oder Salz in weiträumigen Bauen hereingewonnen wird, zwischen denen Pfeiler aus dem zu gewinnenden Material stehen bleiben.

f) *Firstenstoßbau:* Dies ist eine Abbaumethode für steilstehende ↗Ganglagerstätten, bei der der Gewinnungsvorgang von unten nach oben verläuft. Das hereingewonnene Erz wird unten auf der Hauptsohle nur soweit abgezogen, daß die Bohr- und Schießarbeit vom hereingebrochenen Erz aus durchgeführt werden kann. Wenn die ↗Firste die nächsthöhere Sohle erreicht haben, wird das gesamte »magazinierte« Erz abgezogen.

g) *Rahmenbauverfahren* (Blockbau mit Geviertzimmerung): Abbaumethode, bei dem die Lagerstätte in einzelne Blöcke zerlegt und der jeweils ausgeerzte Raum mit einem Geviertausbau aus Holz versehen wird.

h) *Teilsohlenbruchbau*, Teilsohlenbau: Pfeilerbau, bei dem die Pfeiler durch das Anlegen von Teilsohlen übereinander aufgefahren werden. Bei fortschreitendem Abbau werden die Pfeiler nacheinander abgebaut, der oberste jeweils zuerst (Abb. 2). Das Erz wird abtransportiert und das taube Gestein als Versatz verwendet. [WH]

Abbauprodukte, *Metabolite*, werden in Organismen biochemisch bzw. enzymatisch gebildet, sowohl aus höhermolekularen natürlichen Vorstufen als auch aus von außen zugeführten Fremdstoffen (Arzneimittel, Pflanzenschutzmittel und Gifte aller Art). Letztere werden in speziellen Abbauprozessen gleichfalls in Metabolite verwandelt. Das Studium der dabei entstehenden Metabolite, z.T. auch nach vorheriger Markierung mit ^{2}H, ^{3}H, ^{13}C, ^{14}C, ^{18}O oder ^{35}S, läßt wichtige Rückschlüsse auf den metabolischen Abbauweg dieser Stoffe im jeweiligen Organismus zu.

Abbaurate, Geschwindigkeit des ↗Abbaus unter festgelegten Rahmenbedingungen. Die Abbaurate wird angegeben als Abnahme eines Stoffes pro Zeiteinheit, wobei unterstellt wird, daß der Abbau gleichförmig verläuft. Weniger genau wird die Abbaurate als Zeit in Tagen angegeben, in der die Hälfte einer Stoffmenge noch in der Umwelt vorhanden ist ($T_{1/2}$). Wenn am Abbau eines Stoffes mehrere Organismentypen beteiligt sind, so ergibt sich die Abbaurate aus den Umsatzgeschwindigkeiten der Einzelprozesse.

Abbaustelle, Standort zur Gewinnung mineralischer Bodenschätze im ↗Tagebau (↗Bergbaulandschaft).

Abbauwürdigkeit ↗*Bauwürdigkeit.*

Abbildungsfläche, Fläche, auf welche die Erdoberfläche oder ein Teil davon zum Zwecke der kartographischen Darstellung abgebildet wird. Als Abbildungsfläche werden die Ebene und die Kugel verwendet. Die Abbildung kann auch auf die Fläche eines Kegel- oder eines Zylindermantels erfolgen, die danach ohne Verzerrungen in die Ebene abgewickelt werden können (↗Kegelentwurf, ↗Zylinderentwurf, ↗azimutaler Kartennetzentwurf) (Abb.). Die Kugel dient beim ↗Globus als Abbildungsfläche. In einigen Fällen ist die Kugel Zwischenabbildungsfläche des ↗Referenzellipsoids, die in einem weiteren Schritt in die Ebene abgebildet wird.

Abbildungsgleichungen, mathematische Beziehungen bei der Berechnung von ↗Kartennetzentwürfen, nach denen das geographische Koordinatennetz für einen Entwurf mit bestimmten Eigenschaften aufgetragen werden soll. Hierbei werden entweder rechtwinklige Koordinaten X, Y (X nach Norden, wie in der ↗Geodäsie üblich) oder Polarkoordinaten ϱ, ε (ε von der X-Richtung aus im Uhrzeigersinn) verwendet. Zwischen beiden Koordinatensystemen bestehen die Transformationsformeln: $X = \varrho\cos\varepsilon$, $Y = \varrho\sin\varepsilon$.

Die allgemeinen Beziehungen zwischen den sphärischen Koordinaten geographische Breite φ und geographische Länge λ und den ebenen, rechtwinkligen Koordinaten X und Y lauten:

$$X = f(\varphi, \lambda),\ Y = g(\varphi, \lambda).$$

In dieser Form der Abbildungsgleichung werden sowohl die echt kegeligen wie auch die unecht kegeligen Kartennetzentwürfe repräsentiert (↗Kegelentwürfe). [KGS]

Abbrucheffekt, durch endliche Anzahl von Fourierkoeffizienten verursachte Störung einer ↗Fouriersynthese. Die Darstellung der dreidimensional periodischen Elektronendichte eines Einkristalls mit Hilfe einer Fouriersynthese von ↗Strukturfaktoren erfordert unendlich viele Fourierkoeffizienten, was in der Praxis nicht möglich ist. Die endliche Reihe

$$\varrho_0(\vec{r}) = \frac{1}{V}\sum_{\vec{H}}^{H_{max}} F_0(\vec{H})\exp\left[-2\pi i\vec{r}\vec{H}\right]$$

hat eine begrenzte Auflösung und zeigt Abbrucheffekte wegen der fehlenden Koeffizienten $F_0(\vec{H})$ für $|H| > H_{max}$. Das Produkt $F(\vec{H}) \cdot G(H_{max})$ mit der Formfunktion

$$G(H_{max}) = \begin{cases} 1, & |H| \le H_{max} \\ 0, & |H| > H_{max} \end{cases}$$

($H_{max} = (2\sin\theta/\lambda)_{max}$ ″ $2/\lambda$; Kugel mit Radius H_{max}) beschreibt die tatsächlich vorhandenen Fourierkoeffizienten, deren Fouriertransformierte

$$\varrho_0(\vec{r}) = \varrho(\vec{r}) \cdot g(r)$$

die ↗Faltung der ↗Elektronendichte $\varrho(r)$ mit der Abbruchfunktion

$$g(r) = \left(\frac{4\pi\, H_{max}^3}{3}\right) 3\, \frac{j_1(2\pi r H_{max})}{2\pi r\, H_{max}}$$

darstellt, wobei $j_1(z) = (\sin z - z \cdot \cos z)/z^2$ die sphärische Besselfunktion erster Ordnung ist. Außer einer endlichen Auflösung erzeugt die Faltung von $\varrho(\vec{r})$ mit $g(r)$ Abbruchwellen, die alle Maxima einer Fouriersynthese umgeben. Zur Verrin-

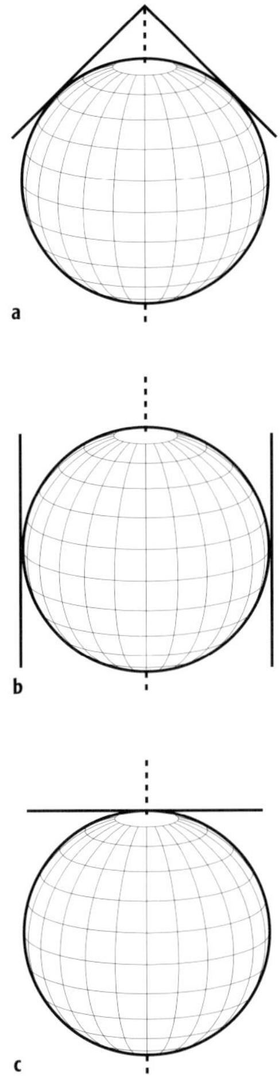

Abbildungsfläche: Abbildung auf einem Kegelmantel (a), Zylindermantel (b) oder Ebene (c).

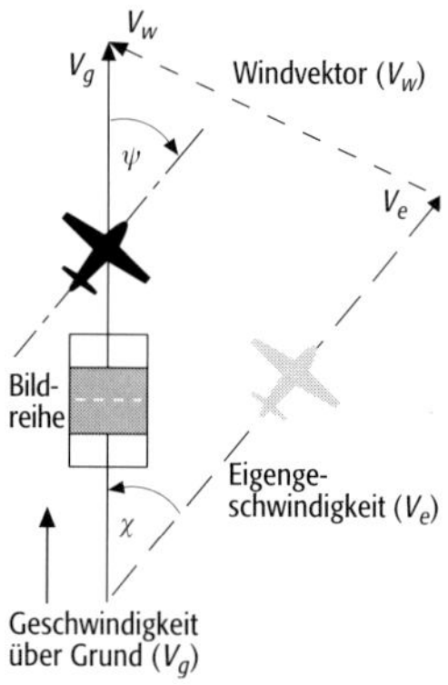

Abdrift: Entstehung der Abdrift in Zusammenhang mit Luftbildaufnahmen. Die graue Fläche zeigt den Bereich der Bildüberdeckung.

gerung der Abbrucheffekte kann man entweder die Fourierkoeffizienten künstlich dämpfen (was zu Peakverbreiterung führt), eine analytische Approximation für die fehlenden Fourierkoeffizienten versuchen oder eine ↗Differenz-Fouriersynthese verwenden. [KE]

Abdachung, Hauptgefällsrichtung des Reliefs, welcher das ↗Gewässernetz folgt. Gebiete verschiedener Abdachung werden durch ↗Wasserscheiden getrennt. Die der Hauptabdachung folgenden Fließgewässer werden als ↗konsequente Flüsse bezeichnet.

Abdachungsebene, eine mit gleichsinnigem Gefälle zu einem ↗Vorfluter geneigte Verebnung.

Abdachungsflüsse ↗konsequente Flüsse.

Abdachungstäler, durch ↗konsequente Flüsse gebildete Täler.

Abdampfrückstand, allgemein der nach Erwärmung verbleibende, nicht verdampfende Anteil eines Stoffes. In der Wasseranalytik versteht man darunter die volumenbezogene Masse der gelösten nichtflüchtigen Wasserinhaltsstoffe in mg/l, die nach einem festgelegten Trocknungsverfahren zurückbleiben. Bei unfiltrierten Proben spricht man auch vom *Gesamttrockenrückstand*, bei filtrierten Proben vom *Filtrattrockenrückstand*.

Abdichtung, bezieht sich auf bautechnische Dichtungssysteme für Deponien, Stauräume, Einkapselung von Altlasten und Baugruben:
a) Deponie: Bei oberirdischer Ablagerung von Abfällen muß neben einer geeigneten Einbautechnik insbesondere ein Abdichtungssystem errichtet werden, das die Abfälle allseitig einkapselt. Der Stand der Technik ist diesbezüglich z. B. in den deutschen Regelwerken TA Abfall und TA Siedlungsabfall festgehalten. Danach ist ein Deponieabdichtungssystem eine Kombination aus Deponiestandort (geologischer Untergrund), mineralischer Barriere und Kunststoffdichtungsbahn. Dem Deponiestandort und der mineralischen Barriere kommt neben der Dichtfunktion auch eine Schadstoff rückhaltende Funktion zu. Die mineralische Barriere ist v. a. eine Mischung aus Sand, Schluff und Ton, wobei dem Ton wegen der abdichtenden, aber auch rückhaltenden Wirkung eine besondere Bedeutung zukommt. Die mineralische Barriere des Oberflächenabdichtungssystems unterscheidet sich von der der Basis, indem in der Oberflächenbarriere keine Schadstoffe zurückgehalten werden müssen und daher der Tonmineralbestand unterschiedlich gewählt werden kann.
b) Stauräume: Sie sind durch ↗Talsperren abgedämmte Becken, die einen gesamten Talquerschnitt abschließen. An die Abdichtung des Untergrundes und v. a. der Sperrenaufstandsfläche müssen hohe Anforderungen gestellt werden. Wenn nicht durch die geologischen Verhältnisse im Beckenbereich die Undurchlässigkeit des Untergrundes festgestellt werden kann, muß die Durchlässigkeit durch Bohrungen (Wasserdruckversuche, Pump- und Versickerungsversuche) nachgewiesen werden. Abdichtungsmaßnahmen für Stauräume sind Zementinjektionen und nur in den seltensten Fällen das Aufbringen einer Lehmschürze. Diese werden bevorzugt am Übergang zum Sperrenbauwerk eingebaut.
c) Einkapselung von Altlasten: Dichtwände und Dichtsohlen sind die geotechnischen Bauwerke zur Abdichtung von Altlastenkörpern. Der Abdichtungserfolg einer Dichtwand wird entscheidend von den Eigenschaften der eingesetzten Dichtwandmassen bestimmt. Die mineralischen Dichtwandmassen bestehen i. a. aus Bentonit, Zement, Füllstoffen (z. B. Flugasche) und Wasser. Für Zwecke der Altlasteneinkapselung müssen Dichtwände auch Schadstoff zurückhaltende Eigenschaften aufweisen. Dichtungssohlen sind in der gängigen Baupraxis überschnittene Bohrpfähle oder Injektionssäulen. Dichtwände werden als Spundwand, Schmalwand, Bohrpfahlwand oder Schlitzwand ausgeführt.
d) Baugruben: Die Umschließung von Baugruben zur Reduktion des Wasserandranges bzw. zu regionalen Grundwasserabsenkungen wird ebenfalls durch Dichtwände wie bei der Altlasteneinrichtung durchgeführt. Auf das Rückhaltepotential muß dabei nicht geachtet werden, sondern nur auf den Abdichtungseffekt. [KC]

Abdrift, das Abtreiben eines Flugzeuges aus der durch seine Längsachse gegebenen Richtung um den Abdriftwinkel χ gegenüber der Flugrichtung über Grund durch den Seitenwind. Bei der ↗Luftbildaufnahme muß die Flugzeuglängsachse um den Luvwinkel ψ vorgehalten und die ↗Luftbildmeßkamera um den Abdriftwinkel χ gegenüber der Flugzeuglängsachse verkantet werden, um eine ↗Bildreihe in der geforderten objektbezogenen Flugtrasse und ↗Bildüberdeckung aufnehmen zu können (Abb.).

Abendrot ↗Dämmerungserscheinung.

Aberration, scheinbare Ortsverschiebung eines Gestirns, die resultiert aus der Bewegung des Beobachters und der Endlichkeit der Lichtgeschwindigkeit c. Bewegt sich der Beobachter mit Geschwindigkeit $\vec{v}$ gegenüber einem Ruhesystem, so erscheint das Bild eines Gestirns in Richtung auf den ↗Apex der Bewegung hin verschoben (Abb.). Die Änderung des Apexwinkels $\Delta\theta$ ergibt sich in quasi-Newtonscher Näherung zu $\Delta\theta \approx \varkappa \cdot \sin\theta$, wobei $\varkappa = v/c$ die Aberrationskonstante bezeichnet. Die jährliche Aberration resultiert aus der jährlichen Bewegung der Erde um die Sonne ($\varkappa_a = 20{,}''49\,552$ für die Epoche ↗J2000), die tägliche Aberration aus der Rotationsbewegung der Erde. Die Änderungen der Äquatorkoordinaten (α, δ) eines Sternes ergeben sich in erster Näherung aus $\vec{m}' = const \cdot (\vec{m} + \vec{v}/c)$ mit

$$\vec{m} = \begin{pmatrix} \cos\delta\cos\alpha \\ \cos\delta\sin\alpha \\ \sin\delta \end{pmatrix}.$$

Eine häufig benutzte Näherung für die Korrekturen von α und δ aufgrund der jährlichen Aberration lautet:

$$(\Delta\alpha)_A^a = \alpha' - \alpha = Cc + Dd$$

$$(\Delta\delta)_A^a = \delta' - \delta = Cc' + Dd'\,.$$

Hierin bezeichnen C und D die Besselschen Aberrations-Tagzahlen. Die Sternenkonstanten, c, c', d, d' lauten:
$c = \cos\alpha\sec\delta$, $c' = \tan\varepsilon\cos\delta\text{-}\sin\alpha\sin\delta$, $d = \sin\alpha\sec\delta$, $d' = \cos\alpha\sin\delta$ (ε: Ekliptikschiefe).
Werte für den Besselschen Apex werden in den ↗astronomischen Jahrbüchern angegeben. Sie ergeben sich aus den baryzentrischen Geschwindigkeitskomponenten der Erde um die Sonne in äquatoriellen kartesischen Koordinaten, dividiert durch den Wert der Lichtgeschwindigkeit:

$$C = v_y^E / c, \quad D = v_x^E / c .$$

Die Korrekturen aufgrund der täglichen Aberration ergeben sich zu (h: Stundenwinkel)

$$(\Delta\alpha)_A^d = 0.^s02132\varrho\cos\Phi\cos h\sec\delta$$

$$(\Delta\delta)_A^d = 0.''3198\varrho\cos\Phi\sin h\sin\delta$$

mit $\varrho = R/R_E$.
R ist die Entfernung des Beobachters vom Geozentrum und $R_E = 6378$ km der mittlere Erdradius. Bei höheren Genauigkeiten müssen die Ergebnisse der Relativitätstheorie berücksichtigt werden. [MHS]

Abessinierbrunnen, *Abessinier, Rammbrunnen*, besteht aus Rammfilter- und Aufsatzvollrohren, die gleichzeitig als Brunnenausbau und Förderrohrtour dienen (Abb.). Diese werden durch Einschlagen und/oder Rammen in wasserführende Lockergesteine vorgetrieben. Anwendung finden sie nur in rolligen Lockergesteinen, als einfache und geringergiebige Brunnen für ↗Saugpumpen, geringtiefe ↗Grundwassermeßstellen oder zur Wasserprobennahme; nicht einsetzbar sind sie zur Ermittlung hydraulischer Kennwerte. Abessinierbrunnen wurden im Feldzug der Engländer gegen Abessinien (1868) zu Truppenversorgung eingesetzt.

Abfall, allgemeine Bezeichnung für Stoffe, die bei der anthropogenen Produktion und Konsumation anfallen und nicht weiter verwertbar sind. Nach deutschem Abfallrecht sind Abfälle bewegliche Sachen, deren sich der Besitzer entledigen will oder deren geordnete Entsorgung zur Wahrung des Wohls der Allgemeinheit geboten ist, insbesondere zum Schutz der Umwelt. Unterschieden wird grob zwischen Haus-, Gewerbe-, Industrie- und ↗Sonderabfällen. Ein Teil der Abfälle wird heute über ↗Recycling oder ↗Kompostierung wiederverwertet, der größte Teil wird jedoch über die Abfallbeseitigung entsorgt (↗Deponie, Müllverbrennung). Natürlicher Abfall (z. B. ↗Bestandsabfall) geht umgesetzt wieder in die Ökosysteme ein.

Abfallprodukt, 1) aus Abfällen hergestelltes Produkt, 2) bei der Herstellung abfallendes Produkt.

Abfluß, Komponente des ↗Wasserkreislaufes, welche die Entwässerung der Landflächen der Erde, d. h. die Ableitung des überschüssigen Niederschlagswassers, charakterisiert. Unter Abfluß wird alles sich auf oder unter der Landoberfläche unter dem Einfluß der Schwerkraft lateral bewegende Wasser verstanden. Er wird aus ↗Niederschlag gebildet (↗Abflußprozeß, ↗Effektivniederschlag). Abfluß ist das Ergebnis des Durchganges des Niederschlagswassers durch das ↗Einzugsgebiet, wobei allerdings erhebliche Wasseranteile an Pflanzenoberflächen (↗Interzeption), an der Bodenoberfläche (↗Muldenrückhalt), in Schnee, Eis und Gletschern, in stehenden Gewässern, im Boden (↗Bodenfeuchte) sowie im ↗Grundwasser gespeichert und teilweise durch den ↗Verdunstungsprozeß in die Atmosphäre zurückgeführt werden. Abfluß als laterale Wasserbewegung auf und unter den Landflächen der Erde findet als oberirdischer und unterirdischer Abfluß statt. Den oberirdischen Abfluß unterteilt man in flächenhaften Abfluß (↗Landoberflächenabfluß) und linienhaften Abfluß in den ↗Gerinnen der ↗Gewässernetze. Beim unterirdischen Abfluß werden zwei Anteile unterschieden. Als ↗Zwischenabfluß (interflow) vollzieht er sich nur wenige Dezimeter unter der Bodenoberfläche, meist in Deckschichten über dem ↗Grundwasserspiegel und wird daher auch als oberflächennaher Abfluß bezeichnet. Er fließt dem ↗Vorfluter nur mit geringer zeitlicher Verzögerung zu. Das durch den Prozeß der ↗Versikkerung dem Grundwasser zugeführte Wasser wird längerfristig gespeichert. Es wird dem Vorfluter über Quellen oder flächenhafte Grundwasseraustritte allmählich zugeführt und als ↗Grundwasserabfluß bezeichnet. Der in den Einzugsgebieten flächenhaft gebildete Abfluß konzentriert sich in dem linienhaft ausgebildeten Gewässernetz (↗Flußgrundrißtypen) und folgt dabei den Gesetzmäßigkeiten der ↗Hydrodynamik (↗Gerinneströmung).
Der Abfluß wird in Fließgewässern an Meßquerschnitten über den Wasserstand als ↗Durchfluß (Q) erfaßt. Darunter wird das in einem bestimmten Fließquerschnitt durchfließende Wasservolumen je Zeiteinheit [Einheit: m^3/s oder l/s] verstanden.
Der Abfluß kann als Wasserhaushaltsgröße eines Gebietes (↗Gebietsabfluß) auf den Festländern aus der Differenz zwischen ↗Gebietsniederschlag und ↗Gebietsverdunstung im langjährigen Mittel gewonnen werden (↗Wasserbilanz, ↗Wasserhaushalt). Oft wird auch die über den Meeresflächen gewonnene Differenz zwischen Niederschlag und tatsächlicher ↗Verdunstung als »Abfluß« bezeichnet. Auf den Landflächen wird der Abfluß als Wasserhöhe pro Zeiteinheit angegeben [Einheit: mm/a] und ist so direkt mit der Niederschlagshöhe des gleichen Gebietes, dem Gebietsniederschlag, vergleichbar. Immer ist der Abfluß ein berechneter Wert.
Der Abfluß unterliegt infolge der Auswirkung unterschiedlichster ↗Regimefaktoren einer großen räumlichen und zeitlichen Variabilität (↗Wasserbilanz der Erde). Hieran beteiligt sind neben dem Niederschlag andere Klimagrößen wie Lufttemperatur, Strahlung etc., die selbst den astronomischen Zyklen und Variabilitäten unterworfen sind, sowie Parameter der Landoberfläche (Landnutzung, Bodenbedeckung, Morpho-

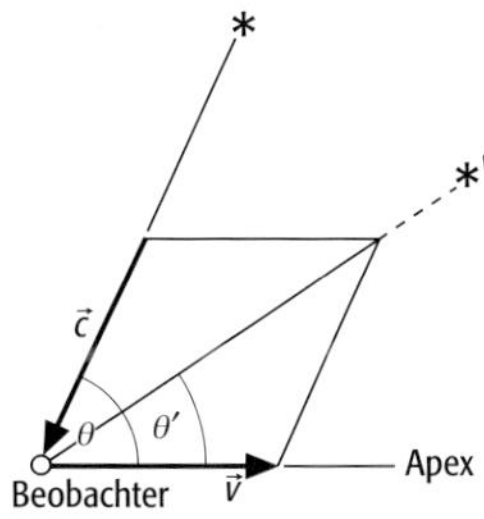

Aberration: scheinbare Ortsverschiebung eines Gestirns. θ = Apexwinkel, $\vec{v}$ = Geschwindigkeit, $\vec{c}$ = Richtung aus der das Licht auf den Betrachter fällt, * = Lage des Gestirns, *' = scheinbare Lage des Gestirns.

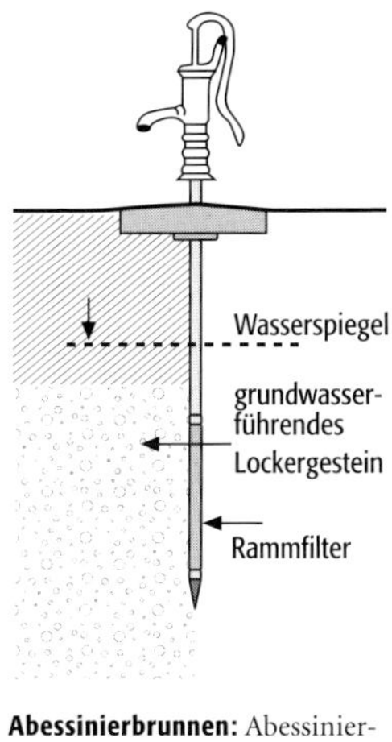

Abessinierbrunnen: Abessinier- oder Rammbrunnen mit Handpumpe.

logie) und des Untergrundes (Bodeneigenschaften, Hydrogeologie etc.). Die große zeitliche Variabilität spiegelt sich in der Abfluß- bzw. ↗Durchflußganglinien wider. Es wechseln sich Zeiten mit hoher (↗Hochwasser) und geringer Wasserführung (↗Niedrigwasser) ab. Die langjährige Durchflußganglinie umfaßt den Schwankungsbereich des Abflusses. Innerhalb des Schwankungsbereiches unterscheidet man den Mittelwasserbereich, den Hochwasserbereich und den Niedrigwasserbereich. Die Grenzen zwischen diesen Bereichen lassen sich v. a. nach statistischen Gesichtspunkten (z. B. der Über- bzw. Unterschreitung bestimmter Durchflüsse) und nach wirtschaftlichen Gesichtspunkten (z. B. Schäden durch Hoch- und Niedrigwasser) festlegen.
Je kleiner ein Einzugsgebiet ist, desto größer ist seine zeitliche Variabilität. In kleinen Einzugsgebieten sind Abflußanstiege auch nach kleineren Niederschlagsereignissen erkennbar. Extrem hohe Abflüsse entstehen hier vorwiegend durch kurzzeitige Starkniederschläge. Der Verlauf der Durchflußganglinien von größeren Einzugsgebieten ist dagegen weitgehend ausgeglichen. Extreme Hochwässer entstehen v. a. durch langanhaltende Niederschläge (Dauerniederschläge). Schnee- und Eisschmelze können einen erheblichen Einfluß auf den Abflußgang haben. Extreme Hochwässer werden durch sie allein allerdings kaum ausgelöst. In Verbindung mit Niederschlägen in flüssiger Form sind sie jedoch häufig Ursache für extreme Hochwässer. Die jährlichen Hoch- und Niedrigwässer unterliegen dem allgemeinen Gesetz für die Wahrscheinlichkeitsverteilungen von Zufallswerten.
Aus der Abtrennung schneller und langsamer Abflußkomponenten in der Durchflußganglinie lassen sich ↗Direktabfluß und ↗Basisabfluß voneinander trennen (Abflußganglinienseparation, Hochwasserganglinie). In weiten Teilen der Erde sind ein Trend zur anteiligen Abnahme des Basisabflusses gegenüber dem Direktabfluß und sich in der Ganglinie vergrößernde Amplituden zu beobachten. Die Folgen von Waldvernichtung und Bodenverdichtung in Verbindung mit Gewässerausbaumaßnahmen, Grundwasserabsenkung sowie von Urbanisierungsmaßnahmen werden hier sichtbar (↗anthropogene Beeinflussung des Wasserkreislaufes). Dieser Trend zu vermehrtem Direktabfluß führt auch zu einem gänzlich anderen Erosions- und Sedimentationsverhalten. Durch Bau von ↗Talsperren, ↗Poldern und Rückhaltebecken will der Mensch nicht nur die natürlichen Abflußschwankungen ausgleichen, sondern auch die Auswirkungen des beschriebenen Trends vermindern.
Die große räumliche Variabilität des Abflusses wird durch kartenmäßige Darstellung der Abflußhöhe verdeutlicht. Daneben wird zur vergleichenden räumlichen Betrachtung des Abflußverhaltens auch das Abflußverhältnis a herangezogen, das ist der Quotient aus Abflußhöhe h_A und der Niederschlagshöhe h_N.
Als ereignisbezogene Angabe wird der ↗Abflußbeiwert Ψ_0 verwendet. Er stellt den prozentualen Anteil des Niederschlags dar, der in jedem Niederschlagsintervall abfließt (Quotient aus Direktabfluß und Gesamtniederschlag). Von dem Abflußbeiwert Ψ_0 ist der geographisch-hydrologische Abflußbeiwert λ zu unterscheiden, der die Auswirkungen landschaftsprägender Faktoren zum Ausdruck bringt.
Für die Darstellung des ↗Abflußregimes eines Fließgewässers werden die Abflußkoeffizienten herangezogen. Hierzu werden jeweils die zwölf mittleren monatlichen Abflüsse zu dem mittleren Jahresabfluß in Beziehung gesetzt. Durch die dimensionslosen Abflußkoeffizienten können die Abflußregime verschieden abflußstarker Fließgewässer in den unterschiedlichsten Klimagebieten vergleichend dargestellt und analysiert werden.
Die Dynamik des Abflusses kann durch die Spannweite zwischen den höchsten, niedrigsten und mittleren Durchflußwerten einer Periode anschaulich zum Ausdruck gebracht werden. Dabei ist es ratsam, den niedrigsten Durchflußwert einer Periode *NQ* gleich eins anzusetzen und dann zu berechnen, wieviel mal größer der mittlere Durchfluß *MQ* und der höchste Durchfluß *HQ* der Periode ist (Tab.). Auch die Retentionswirkung von Seen läßt sich durch diese Verhältniszahlen sehr anschaulich zum Ausdruck bringen (Abb.).
Obwohl der Abfluß volumenmäßig nur einen Bruchteil der gesamten Süßwasserreserven der Erde ausmacht, z. B. in Fließgewässern nur 0,006 % des Süßwassers (↗Wasservorräte der Erde), ist er wegen seiner zeitlichen und räumlichen Dynamik ein außerordentlich bedeutender Faktor in der ↗Wasserwirtschaft. Hinzu kommt, daß gerade das Oberflächenwasser in Flüssen, wegen seiner häufigen Erneuerung und seiner Verfügbarkeit, eine wichtige Wasserressource darstellt. Der Abfluß charakterisiert in unbeeinflußten Gebieten weitgehend die in einem Einzugsgebiet vorhandenen erneuerbaren Wasservorräte. Die mittlere Verweilzeit des Wassers in Flüssen, ein Anhaltspunkt für die Erneuerung, beträgt nur 16 Tage.
Wasser in den Fließgewässern wird vielfältig genutzt: Es dient der ↗Wasserversorgung, der Abwasserbeseitigung, der Schiffahrt, der Energieerzeugung, der Fischerei, dem Sport und der Erholung. Andererseits gefährdet es auch den Menschen, Tiere und Sachgüter. Insofern sind

Abfluß (Tab.): niedrigste, mittlere und höchste Durchflußwerte am Beispiel des Rheins.

	NQ	:	MQ	:	HQ
Rhein bei Schmitter, oberhalb Bodensee, 6110 km²	64,5 m³/s		233 m³/s		2600 m³/s
	1	:	4	:	40
Rhein bei Rheinklingen, unterhalb Bodensee, 11.517 km²	121 m³/s		372 m³/s		1000 m³/s
	1	:	3	:	8
Vorderrhein bei Dissentis, 158 km²	0,16 m³/s		5,1 m³/s		170 m³/s
	1	:	32	:	1063

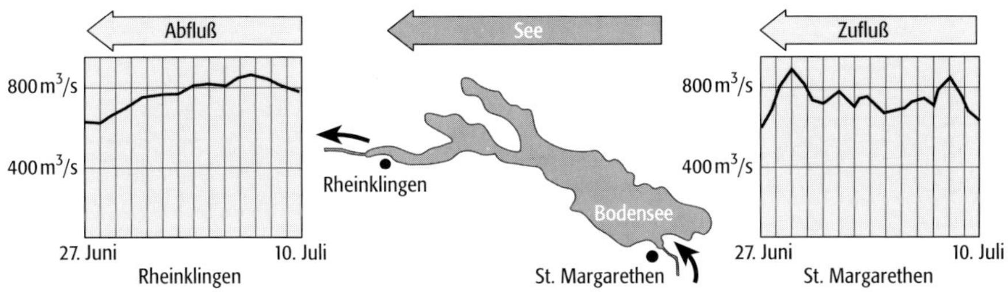

Abfluß: Einfluß der Seeretention auf den Durchfluß am Beispiel des Bodensees.

extreme Abflüsse für den ↗Hochwasserschutz von essentieller Bedeutung. Aus all diesen Gründen greift der Mensch in die Natur ein, um Anforderungen der Gesellschaft an das Wasser zu decken. Aus den Fließgewässern wird Wasser entnommen (↗Wasserversorgung) oder in diese wird verschmutztes Wasser (↗Abwasser) eingeleitet. Fließgewässer werden gestaut, ausgebaut oder eingedeicht, was den Durchfluß verändert (↗Durchflußbeeinflussung).

Natürlicher Abfluß findet nur in natürlichen Fließgewässern, die auch Ausuferungsmöglichkeiten bieten, statt. Bei natürlichem Abfluß erfolgt im Gerinnebett und in den Überschwemmungsgebieten ein Rückhalt des Wassers. Bei hohem Rückhalt sind die Hochwasserstände flußabwärts gedämpfter und die Niedrigwasserstände ausgeglichener.

Durch ↗Gewässerausbau ist der natürliche Abfluß meist nicht mehr gegeben, der Abfluß bzw. Durchfluß ist verändert. Vielfach werden zur Energiegewinnung oder zur Schiffahrt im Gewässer ↗Stauanlagen errichtet. In gestauten Fließabschnitten spricht man von gestauten Abflüssen bzw. Durchflüssen.

Wegen der hohen Bedeutung, die dem Abfluß in wirtschaftlicher, ökologischer und Gefährdung auslösender Hinsicht zukommt, ist eine gründliche Beobachtung dieser Wasserhaushaltsgröße unerläßlich. Der Abfluß erweist sich für die ↗Wasserbewirtschaftung als unverzichtbare Größe. Daher unterhalten die in allen Ländern der Erde eingerichteten ↗gewässerkundlichen Dienste ↗hydrologische Meßnetze, an denen die Durchflüsse kontinuierlich gemessen werden. Diese werden in den jährlich erscheinenden ↗gewässerkundlichen Jahrbüchern planenden Institutionen und anderen Interessenten verfügbar gemacht.

Allgemein geht die Darstellung des Durchflusses von mittleren täglichen Durchflüssen aus, die gewöhnlich durch die Bildung mittlerer täglicher Wasserstände über die ↗Durchflußkurve ermittelt werden. Aus den Tagesmitteln werden unter Verwendung statistischer Verfahren eine Reihe von Hauptwerten gewonnen, die für die Wasserwirtschaft von Bedeutung sind. Die Periode, für die ↗gewässerkundliche Hauptwerte aufgestellt werden, sollte mindestens zehn Jahre umfassen. Die für die Hauptwerte benutzten Buchstaben sind genormt. Die gewässerkundlichen Hauptwerte können auch für die Darstellung der Abflußverhältnisse in den hydrologischen Winter- und Sommerhalbjahren und in einzelnen Monaten verwendet werden.

Der zeitliche Verlauf des Durchflusses kann neben der Durchflußganglinie auch als ↗Durchflußsummenlinie dargestellt werden. Die Darstellung der Tageswerte der Durchflüsse in der Reihenfolge mit aufsteigenden Größen wird ↗Durchflußdauerlinie genannt. Die Durchflußfülle ist das über einem gewählten Durchflußschwellenwert unter einer Hochwasserganglinie vorhandene Volumen, das von der ↗Durchflußfüllenlinie wiedergegeben wird.

Die Beobachtungen und die Bearbeitungsergebnisse von Durchflußmessungen müssen, insbesondere bei grenzüberschreitenden Gewässern, zwischen den beteiligten Staaten ausgetauscht werden. Der seit 1993 betriebene Aufbau eines World Hydrological Cycle Observation System (WHYCOS) seitens der ↗Weltorganisation für Meteorologie (WMO) hilft, weltweit die erforderliche Datengrundlage, insbesondere für die Komponente Abfluß, zu schaffen. Hilfreich für viele Forschungsarbeiten sind die vom Weltdatenzentrum Abfluß (Global Runoff Data Center, GRDC) und der ↗Bundesanstalt für Gewässerkunde in Koblenz gesammelten täglichen oder monatlichen Abflußwerte von über 3000 an größeren Fließgewässern gelegenen Stationen. [KHo]

Literatur: [1] BAUMGARTNER, A. & LIEBSCHER H. (HRSG.) (1996): Lehrbuch der Hydrologie. – Band 1, Stuttgart. [2] DINGMAN, S. L. (1994): Physical Hydrology. – New Jersey. [3] DYCK, S. & PESCHKE, G. (1995): Grundlagen der Hydrologie. – Berlin.

Abflußbeeinflussung, Beeinflussung des ↗Abflusses hinsichtlich seines mittleren Verhaltens, seiner saisonalen Verteilung und seiner Extremwerte (Niedrig-, Hochwasser) durch anthropogene Maßnahmen auf den Landflächen, wie z. B. Verbauung der Landschaft oder Bewirtschaftung land- und forstwirtschaftlich genutzter Flächen (↗anthropogene Beeinflussung des Wasserkreislaufes).

Abflußbeiwert, **1)** *Geographie*: gibt die Beziehung zwischen ↗Niederschlag und ↗Abfluß unter Zugrundelegung der geographischen und landschaftsökologischen Verhältnisse wieder. Trägt man in einem rechtwinkligen Koordinatensystem die mittlere Jahresabflußhöhe verschiedener Flußgebiete einer ausgewählten Region (z. B. Mitteleuropa, Nordeuropa, tropische Gebiete) als Ordinate und die entsprechenden durchschnittli-

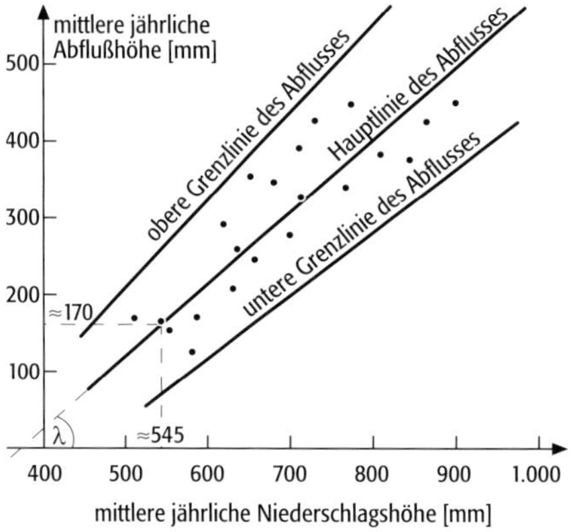

Abflußbeiwert: Beziehung zwischen Niederschlagshöhe und Abflußhöhe einzelner Flußgebiete bestimmter Regionen.

chen Gebietsniederschlagshöhen als Abszisse auf, erhält man für jeden Pegel einen bestimmten Punkt, der zu einer Punktschar führt. Durch diese Punktschar kann eine Durchschnittslinie gezogen werden, die als Hauptlinie des Abflusses bezeichnet wird (Abb.). Liegt ein Punkt unter der Durchschnittslinie, dann hat das betreffende Gebiet ein unterdurchschnittliches Abflußvermögen. Die Punktschar wird durch eine obere und untere Grenzlinie des Abflusses eingerahmt. Es ergibt sich somit ein Strahlenbüschel von drei Linien, die jeweils durch ihre Steigung λ gekennzeichnet sind. Die Steigung λ wird als Abflußbeiwert bezeichnet. Der Abflußbeiwert in der Abbildung stellt den Tangens des Winkels λ dar. Im Gegensatz zum ↗Abflußfaktor ist der Abflußbeiwert weniger von der Niederschlagshöhe und vom Beobachtungszeitraum abhängig. Er wird maßgeblich von den ↗Regimefaktoren eines Gebietes geprägt. **2)** *Hydrologie*: Für modelltechnische Betrachtungen wird der Abflußbeiwert ψ als Quotient aus der Abflußhöhe des ↗Direktabflusses Q_D und der Höhe des ↗Gebietsniederschlags P für ein Niederschlagsereignis gebildet. Die Differenz $1-\psi$ wird als Verlustbeiwert bezeichnet. [KHo, HJL]

Abflußbilanz, volumenmäßige Erfassung der ober- und unterirdischen Zu- und Ausflüsse in einem betrachteten Gebiet während einer Zeitspanne (Tab.).

Abflußbildung, Gesamtheit der Prozesse, die zur Bildung des zum Abfluß gelangenden Anteiles des Niederschlages (↗Effektivniederschlag) führen (↗Abflußprozeß).

Abflußdauerlinie, veralteter Begriff für ↗*Durchflußdauerlinie.*

Abflußdefizit, veralteter Begriff für ↗*Durchflußdefizit.*

Abflußfaktor, *Abflußverhältnis*, stellt den Quotienten aus Abflußhöhe (h_A) und Niederschlagshöhe (h_N) dar und wird meist in Prozent angegeben. Im Gegensatz zum ↗Abflußbeiwert bringt der Abflußfaktor weniger die geographisch wirksamen ↗Regimefaktoren zum Ausdruck.

Abflußformel, *Fließformel*, einfache empirische Beziehung, mit welcher der mittlere ↗Abfluß bzw. die ↗Abflußhöhe oder deren Extremwerte aus Gebietscharakteristika wie Einzugsgebietsgröße, Flußlänge, mittleres Gefälle oder Niederschlagshöhe berechnet werden.

Abflußfülle, veralteter Begriff für ↗*Durchflußfülle.*

Abflußfüllenlinie, veralteter Begriff für ↗*Durchflußfüllenlinie.*

Abflußgang, veralteter Begriff für ↗*Durchflußgang.*

Abflußganglinie, veralteter Begriff für ↗*Durchflußganglinie.*

Abflußganglinienseparation, veralteter Begriff für ↗*Durchflußganglinienseparation.*

Abflußhöhe, ↗Abfluß aus einem ↗Einzugsgebiet, der in mm pro Zeiteinheit, meist auf ein Jahr bezogen, ausgedrückt wird. Die Abflußhöhe berechnet sich aus dem Quotienten von ↗Durchflußvolumen pro Zeiteinheit und der Fläche des Einzugsgebietes. Der Durchfluß an einem Pegel wird in m^3/s angegeben und auf ein Jahr umgerechnet. Die Abflußhöhe in mm pro Jahr entspricht dem Volumen in Liter je m^2 und Jahr.

Abflußhysterese, veralteter Begriff für ↗*Durchflußhysterese.*

Abflußinhalt, veralteter Begriff für ↗*Durchflußinhalt.*

Abflußinhaltslinie, veralteter Begriff für ↗*Durchflußinhaltslinie.*

Abflußjahr, *hydrologisches Jahr*, wird durch den Verlauf der klimatischen Jahreszeiten bestimmt. In Deutschland beispielsweise sind die Wasserreserven im Boden, im Grundwasser, in Gletschern, aber auch in Flüssen und Seen im langjährigen Verlauf Ende Oktober am geringsten. Im November beginnt dagegen die Auffüllung der Wasserspeicher. Das hydrologische Jahr beginnt daher am 1. November und endet am 31. Oktober des folgenden Jahres. Es wird unterteilt in das

Abflußbilanz (Tab.): Abflußhöhenbilanz von Deutschland in mm/a (1931–1960).

	Donau	Rhein	Maas	Ijssel	Ems	Weser	Elbe	Nordseeküste	Oder (1)	Ostseeküste	Summe
Zufluß in die BR Deutschland	58	107	–	–	–	–	27	–	–	–	192
Abfluß vom Gebiet der BR Deutschland	68	84	3	2	10	32	47	5	2	11	264
Abfluß aus der BR Deutschland	126	191	3	2	10	32	74	5	2	11	456

(1) Für die Oder als Grenzfluß wurde nur das von der Fläche von Deutschland abfließende Wasser berücksichtigt.

Winterhalbjahr von November bis April und das Sommerhalbjahr von Mai bis Oktober. Die Verwendung des hydrologischen Jahres erlaubt auch die Berücksichtigung der im November und Dezember als Schnee und Eis gespeicherten Niederschläge. Würde man sich zur Aufstellung einer wasserhaushaltlichen Jahresbilanz (↗Wasserbilanz) auf das Kalenderjahr beziehen, blieben die im Schnee und Eis gespeicherten Wasservolumen unberücksichtigt, da sie erst im folgenden Jahr zum Abfluß beitragen. [KHo]

Abflußkoeffizient, veralteter Begriff für ↗*Durchflußkoeffizient.*

Abflußkomponenten, Anteile des ↗Abflusses, aus denen sich der ↗Durchfluß im Fließgewässer zusammensetzt. Eine solche Aufteilung kann nach Herkunft des Wassers oder nach dem zeitlichen Eintreten nach einem Niederschlagsereignis erfolgen. Während ↗Landoberflächenabfluß, ↗Zwischenabfluß und ↗Grundwasserabfluß die Herkunft des Wassers charakterisieren, kennzeichnen die Begriffe ↗Direktabfluß und ↗Basisabfluß nur Teile der ↗Durchflußganglinie. Sie machen damit nur eine Angabe über die zeitliche Verzögerung, mit der das Wasser im Betrachtungsquerschnitt des Wasserlaufes erscheint.

Abflußkonzentration, Gesamtheit der Prozesse, d. h. der lateralen Wasserflüsse auf und unter der Landoberfläche, die zur Bildung des Abflusses im Gerinnebett führen (↗Abflußprozeß).

Abflußkurve, *Wasserstands-Abfluß-Beziehung*, veralteter Begriff für ↗*Durchflußkurve.*

abflußlose Seen ↗*geschlossene Seen.*

Abflußmeßrichtlinie, Richtlinie für das Messen und Ermitteln von ↗Abflüssen und Durchflüssen (↗Durchflußmessung) als Teil der ↗Pegelvorschrift, herausgegeben von der ↗Länderarbeitsgemeinschaft Wasser (LAWA) und dem Bundesministerium für Verkehr.

Abflußmessung, veralteter Begriff für ↗*Durchflußmessung.*

Abflußmodell, veralteter Begriff für ↗*Durchflußmodell.*

Abflußprozeß, Wasser, das sich als Abfluß in einem fließenden Gewässer wiederfindet, hat seinen Ursprung im ↗Niederschlag, wobei es allerdings auch über längere Zeiträume hinweg auf der Erdoberfläche in Form von Schnee und Eis, in natürlichen und künstlichen Seen sowie im Boden als Bodenfeuchte oder Grundwasser gespeichert gewesen sein kann. Der Abflußprozeß beruht auf drei Vorgängen: a) dem Prozeß der Abflußbildung aus dem Niederschlag, b) dem Prozeß der Konzentration des zum Abfluß gelangenden Niederschlages (Abflußkonzentration) und c) dem Fließprozeß im offenen ↗Gerinne.

Diese Prozesse lassen sich in zahlreiche Unterprozesse aufgliedern. Sie laufen alle gleichzeitig ab, wobei sich der Schwerpunkt der einzelnen Prozesse mit zunehmendem zeitlichem Abstand vom auslösenden Niederschlagsereignis vom Abflußbildungs- über den Abflußkonzentrationshin zum Fließprozeß im offenen Gerinne verschiebt.

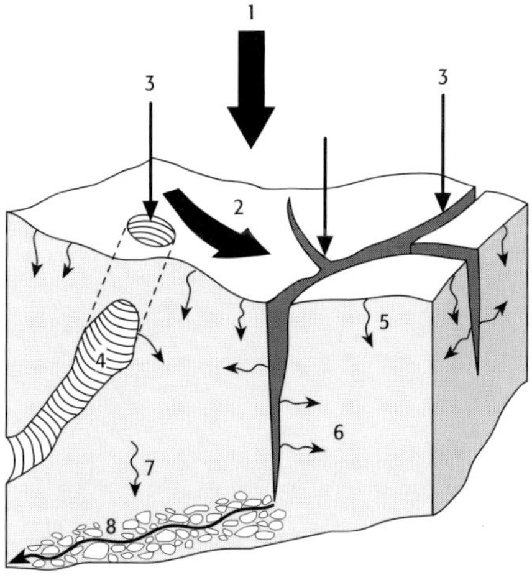

Abflußprozeß 1: wichtige Fließprozesse im Boden mit Niederschlag (1), Landoberflächenabfluß (2), Versickerung in die Makroporen (3), Fließen in den Makroporen (4), Versickerung in die Makroporen durch die Bodenoberfläche (5), Versickerung aus den Makroporen in die Mikroporen (6), Versickerung in den Mikroporen (7) und schneller, lateraler, unterirdischer Abfluß auf bevorzugten Fließwegen in Makroporen hochdurchlässiger Schichten (8).

Bei dem Prozeß der Abflußbildung wird aus dem den Erdboden direkt erreichenden Niederschlag oder aus der Schneeschmelze der sowohl unmittelbar als auch verzögert zum Abfluß gelangende Wasseranteil gebildet (↗Effektivniederschlag). Ein Teil des Niederschlags fällt direkt in das Fließgewässer. Der dadurch entstehende Abfluß ist jedoch oft unbedeutend, da der Anteil der Wasserflächen an der Gesamtfläche des Einzugsgebietes meist gering ist.

Die Abflußbildung wird beeinflußt durch die Prozesse der Schneedeckenbildung, der ↗Interzeption, der ↗Verdunstung, der ↗Infiltration und der Wasserspeicherung im Oberflächen-, Boden- und ↗Grundwasser. Es handelt sich dabei um Prozesse, die sowohl auf den Landoberflächen als auch im Boden, in vertikaler Richtung entweder gleichzeitig oder mit geringfügiger zeitlicher Verschiebung ablaufen. Durch Zwischenspeicherung auf den Vegetationsoberflächen (Interzeption) und den Landoberflächen (Schneedecke, ↗Muldenrückhalt), wobei ein Teil des Wassers durch den ↗Verdunstungsprozeß in die Atmosphäre zurückgeführt wird, tritt eine Verminderung des Niederschlagswassers ein (↗Oberflächenrückhalt).

Das die Erdoberfläche erreichende Niederschlagswasser versucht unter der Wirkung der Schwerkraft in die Bodenmatrix einzudringen (Infiltration). Von besonderer Bedeutung ist das Vorhandensein von ↗Makroporen, welche die Infiltration des Wassers wesentlich erleichtern. Daher wird zwischen Mikro- und Makroporeninfiltration unterschieden. Wenn diese Makroporen bis an die Bodenoberfläche reichen, kann bei Starkregen das Niederschlagswasser direkt in die Makroporen eintreten und schnell in tiefere Bereiche gelangen. Auf dem Weg wird, wenn keine Wassersättigung der Bodenmatrix vorliegt, Wasser an die Bodenmatrix abgegeben. Umgekehrt kann bei Sättigung des Bodens den Makroporen auch Wasser zufließen (Abb. 1). Dieser Prozeß hängt im wesentlichen von dem Infiltrationsvermögen und der Speicherkapazität der Böden ab. Beide Größen werden beeinflußt von der Vegetation, den physikalischen Bodeneigenschaften (Bodenart, Bodengefüge, Makroporenanteil, Bodenprofil, Durchlässigkeit), der vorhandenen Bodenwassersättigung, dem Bodenfrost und von den anthropogenen Einwirkungen wie Versiegelung der Erdoberfläche (Dächer, Straßen) sowie landwirtschaftlicher Bewirtschaftung (Tiefe der Pflugsohle, Verschlämmung und Verdichtung der Böden). Felsstrukturen sowie versiegelte oder gefrorene Böden wirken fast wie Wasserflächen. Es treten lediglich geringe Verluste durch Benetzung auf.

Ist die Intensität der den Boden erreichenden Niederschläge größer als die Infiltrationsrate, kommt es zu einem Wasserstau auf der Erdoberfläche, und Wasser fließt oberflächlich ab, wenn es die örtlichen Gefällsverhältnisse erlauben (↗Hortonscher Landoberflächenabfluß). Der verbleibende Teil sammelt sich in kleinen Vertiefungen auf der Bodenoberfläche (Muldenrückhalt) und infiltriert den Erdboden, soweit er nicht direkt durch den Verdunstungsprozeß in die Atmosphäre zurück gelangt. Mit zunehmender Bodenwassersättigung nimmt die Infiltrationsrate exponentiell ab (↗Infiltration Abb., Kurve 1), bis die Sättigung des Bodens erreicht ist. Dabei steigt der als Landoberflächenabfluß abfließende Wasseranteil. Der Hortonsche Oberflächenabfluß geht dann in den ↗Sättigungsflächenabfluß über.

Bei einem gleichmäßigen, langanhaltenden Niederschlag, dessen Intensität zunächst kleiner als die Infiltrationsintensität ist, wird die Wassersättigung des Bodens erst später erreicht, d. h. während der Sättigungsphase erfolgt kein Landoberflächenabfluß. Erst danach tritt eine Abnahme des Infiltrationsvermögens ein (↗Infiltration Abb., Kurve 2).

Ein Regen mit einer Intensität kleiner als das Infiltrationsvermögen sättigt den Boden nicht und erzeugt keinen Landoberflächenabfluß (↗Infiltration Abb., Kurve 3).

Nach der Infiltration in die Bodenmatrix füllt das Niederschlagswasser zunächst die Bodenwasservorräte bis zum Erreichen der ↗Feldkapazität wieder auf. Überschüssiges Wasser wird in tiefere Bereiche abgeleitet. Ein Teil des im Boden gespeicherten Wassers geht durch den Verdunstungsprozeß über den ↗Kapillaraufstieg oder durch die Wasseraufnahme der Pflanzen (Verdunstungsprozeß, Transpiration) verloren. Bei weiterem Eindringen des Wassers in den Boden gelangt dieses entweder in den Bereich der ↗gesättigten Bodenzone oder an weniger durchlässige Schichten. Hier trägt es entweder zur ↗Grundwasserneubildung bei und wird als Grundwasser gespeichert oder es wird an der weniger durchlässigen Schicht zeitweilig gestaut und bildet dort temporär einen mit Wasser gesättigten Bereich. Das Wasser aus diesen Zonen wird erst mit einer erheblichen zeitlichen Verzögerung wieder durch unterirdische, vertikale oder laterale Wasserbewegung abgegeben.

Beim tieferen Eindringen in den Erdboden trifft das Wasser auf den Festgesteinsbereich. Hier wird es aufgestaut. Vorhandene Kluftsysteme können das Eindringen des Wassers in tiefere Schichten ermöglichen und zur Tiefenversickerung führen. Ein gut entwickeltes Kluftsystem kann auch einen leistungsfähigen Grundwasserspeicher darstellen, in dem eine beachtliche Wasserbewegung als ↗Grundwasserabfluß stattfindet (Abb. 2).

Bei dem Prozeß der Abflußkonzentration wird der flächenhaft verteilte Effektivniederschlag zu dem nächstgelegenen Vorfluter durch auf der Landoberfläche oder im Boden stattfindende laterale Fließvorgänge geleitet. Auf der Landoberfläche fließt das Wasser als ↗Landoberflächenabfluß, im Bereich der ↗ungesättigten Bodenzone

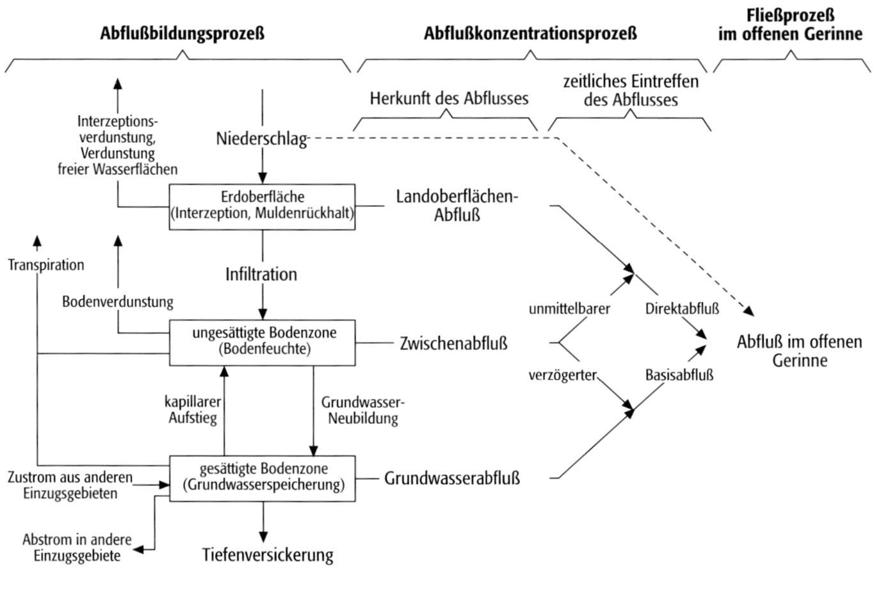

Abflußprozeß 2: schematische Darstellung des Abflußprozesses.

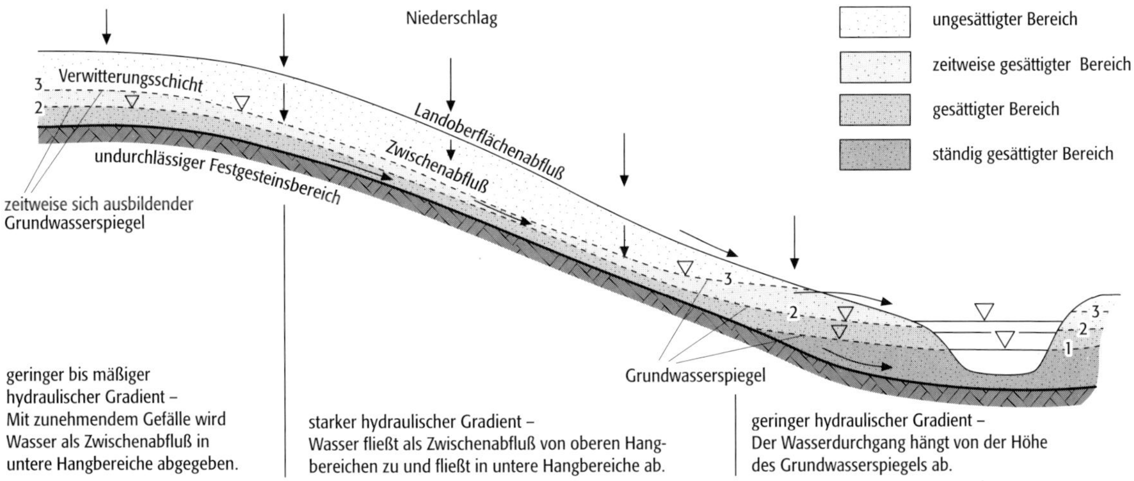

Abflußprozeß 3: Wasserbewegung an einem Berghang vor Beginn des Niederschlages (1), während des Niederschlagsereignisses (2), am Ende des Niederschlagsereignisses (3).

als ↗Zwischenabfluß und im Bereich der gesättigten Bodenzone als Grundwasserabfluß ab. Sofern das aus Infiltrations- bzw. Sättigungsüberschuß auf der Landoberfläche gestaute Niederschlagswasser nicht in kleineren Vertiefungen oder Mulden zurückgehalten wird, fließt es unter dem Einfluß der Schwerkraft als Landoberflächenabfluß (Hortonscher Oberflächenabfluß, Sättigungsflächenabfluß) oder als ↗returnflow dem ↗Vorfluter zu. Urbane (versiegelte) Flächen werden meist durch die städtischen Kanalsysteme oder durch eigens angelegte Grabensysteme entwässert.

Weitere Prozesse können zu einer oberflächennahen, hangparallelen Wasserbewegung führen. Besonders schnell und bedeutend ist dieser laterale Abfluß, wenn ein gut ausgebildetes Makroporensystem (↗Makroporenfluß) und ein grobes Korngerüst bzw. ein sehr skelettreicher Boden oberhalb einer nicht- oder nur gering durchlässigen Bodenschicht vorhanden sind. Diese Schicht wirkt als Drainage des Hanges. Man bezeichnet diese Form der Wasserbewegung als »Abfluß auf bevorzugten Fließwegen« (Abb. 1). Wenn wesentlicher lateraler Abfluß in Makroporen unter nahezu vollständiger Umgehung der Bodenmatrix stattfindet, wird von ↗bypass flow gesprochen.

Neben der Abnahme der Makroporosität mit der Tiefe wird häufig auch eine Abnahme der hydraulischen Leitfähigkeit der Bodenmatrix mit der Tiefe beobachtet. In Verbindung mit oft auftretenden anisotropen Böden in Hanglagen kann dies zu einer bedeutenden Fließkomponente in Hangrichtung in der Bodenmatrix führen.

Das sich als Zwischenabfluß meist hangparallel abwärts bewegende Wasser kann, wenn laterale Makroporen im Hangbereich an der Erdoberfläche austreten oder stauende Schichten in konkaven Bergabschnitten bis an die Oberfläche reichen, austreten und oberirdisch als returnflow weiterfließen.

In dem Bereich von Bergrücken kann sich nach starken Niederschlägen temporär ein gesättigter Bodenbereich einstellen, und zwar dort, wo nur ein geringer bis mäßiger hydraulischer Gradient, über einer weniger gut durchlässigen Schicht, herrscht. Dabei bildet sich mit zunehmender Mächtigkeit und räumlicher Ausdehnung in den Randbereichen ein größeres hydraulisches Gefälle aus. Der entstandene gesättigte Grundwasserbereich gibt Wasser als Zwischenabfluß in untere Hangbereiche ab. In den Hangbereichen mit einem starken hydraulischen Gradienten fließt neben dem Effektivniederschlag zugleich Wasser als Zwischenabfluß von oberen Hangbereichen zu und fließt in untere Hangbereiche ab. Bei zunehmendem Niederschlag kann teilweise Zwischenabfluß in Landoberflächenabfluß (returnflow) übergehen (Abb. 3).

Wenn das Wasser als Zwischenabfluß den Bereich des Hangfußes erreicht, kann es entweder direkt in einen Vorfluter gelangen, oder es tritt in den Bereich der gesättigten Bodenzonen ein, wie z. B. in die die Fließgewässer umgebenden feuchten Talauen. Trifft es auf gut wasserdurchlässige Schichten, wie z. B. die Schotter der Gebirgsvorländer, versickert es in tiefere Bereiche und trägt zur Grundwasserneubildung bei. Bei starkem Zustrom von Hangwasser wird sich im Bereich der Tallagen ein zeitlich variabler, gesättigter Bereich ergeben, der sich mit zunehmender Niederschlagsdauer erheblich ausdehnen kann (Sättigungsflächenabfluß). Mit dieser Ausdehnung des Sättigungsbereiches geht zugleich eine Erweiterung des Gewässernetzes einher. Diese Ausdehnung kann sich bis in Zonen mit stärkerem hydraulischen Gradienten erstrecken. Es kann dann ebenfalls zu einem Austritt von Hangwasser an der Erdoberfläche kommen, also zu einem Übergang von Zwischenabfluß in Landoberflächenabfluß (returnflow). Dieser Sättigungsbereich trägt wesentlich zur Abflußbildung bei. Alles diesem Bereich unter- und oberirdisch zuströmende Wasser wird unmittelbar dem Gerinne zugeführt. Ebenso wie ein Übergang von Zwischenabfluß in Landoberflächenabfluß möglich ist, kann der umgekehrte Fall eintreten. Gelangt oberflächlich

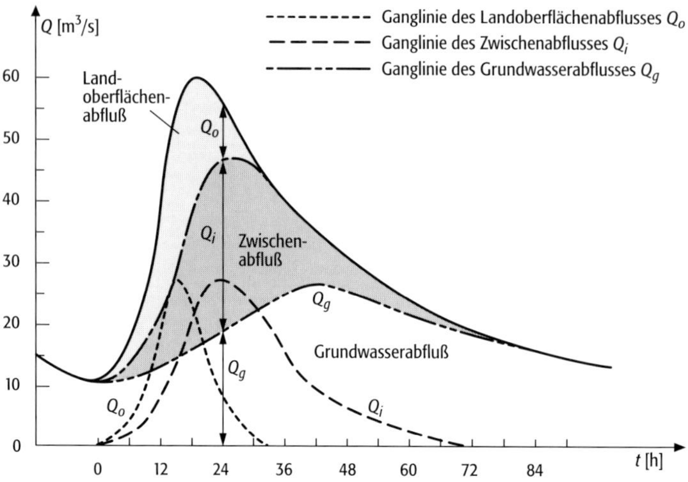

Abflußprozeß 4: Zusammensetzung einer Abflußganglinie aus ihren Komponenten Landoberflächenabfluß, Zwischenabfluß und Grundwasserabfluß.

abfließendes Wasser plötzlich in Bereiche mit gutem Infiltrationsvermögen, so kann Landoberflächenabfluß in Zwischenabfluß übergehen. Dies ist besonders dort der Fall, wo Landoberflächenabfluß von nackten Felsflächen in den meist gut durchlässigen Hangschuttbereich übertritt.

Während beim Landoberflächenabfluß ausschließlich ↗Ereigniswasser in den Vorfluter gelangt, handelt es sich bei den Wasserflüssen wegen der geringen Fließgeschwindigkeiten meist um ↗Vorereigniswasser. Die Mobilisierung des »Altwassers« erfolgt sehr schnell, so daß in der Abflußganglinie die Scheitel von direkter und indirekter Abflußkomponente relativ dicht nebeneinander liegen (Abb. 4). Hier sind Verdrängungsprozesse sowohl in der ungesättigten als auch in der gesättigten Bodenzone vorhanden. Diese treten insbesondere in Zonen mit hoher Vorsättigung auf, wie z. B. bei topographischen Senken oder unteren Hangbereichen, denen in der Zeit zwischen einzelnen Niederschlagsereignissen Wasser aus höhergelegenen Teilgebieten zusickert.

In Bereichen eines Einzugsgebietes, in denen der Kapillarsaum bis nahe an die Bodenoberfläche reicht, treten schnelle Potentialänderungen auf. Durch Infiltration von Niederschlagswasser in den Kapillarsaum kommt es während eines Ereignisses zu einem schnellen und überproportional starken Anstieg des Grundwasserspiegels in diesem Bereich. Es entsteht ein lokaler Potentialrücken (groundwater ridge), der einen schnellen Ausfluß von Grundwasser in den Vorfluter zur Folge hat (Grundwasserabfluß).

In einen Vorfluter eintretendes Wasser aus Landoberflächen-, Zwischen- oder Grundwasserabfluß führt zu einer Ansammlung von Wasser oder zu einer Erhöhung der Wasserführung. Die zeitlichen Schwankungen der Wasserführung werden durch die Abflußganglinie charakterisiert (Abb. 4).

Zwischen einem Niederschlagsereignis und dem Anstieg des Abflusses im Fließgewässer besteht eine Zeitdifferenz, nämlich die ↗Fließzeit, welche das Wasser benötigt, um zu dem Vorfluter zu gelangen. Diese Fließzeit hängt von verschiedenen Faktoren ab, z. B. von der Entfernung zum Vorfluter, den ober- und unterirdischen Gefällsverhältnissen, der Bodenrauheit und den Bodendurchlässigkeiten.

Der Fließvorgang im offenen Gerinne entsteht aufgrund der Wasseransammlung aus Landoberflächenabfluß, Zwischenabfluß oder Grundwasserabfluß und dem Einfluß der Schwerkraft. Das Wasser bewegt sich ständig dem größten Gefälle folgend zum Meer oder zu einem See. Auf dem Weg dorthin tritt neues Wasser als Landoberflächen-, Zwischen- oder Grundwasserabfluß hinzu. Das Wasser im Flußlauf steht mit dem Grundwasser in Wechselbeziehung und kann auch zeitweise oder ständig Wasser an das Grundwasser abgeben (↗Uferspeicherung). Zusätzliches Wasser erhält der Wasserlauf aus Nebenflüssen (Abb. 5). In Gebieten mit besonderen Bedingungen, z. B. mit stark geklüftetem Untergrund oder in ariden bis semiariden Gebieten, kann das Wasser eines Flusses vollständig versiegen. Eine im Fließgewässer ablaufende Hochwasserwelle verändert durch die Retentionswirkung (↗Gerinnerückhalt) mit zunehmender Laufzeit ihre Form, d. h. es findet eine Abflachung des Scheitels und eine Verbreiterung der Welle statt.

Der Fließvorgang im offenen Gerinne erfolgt nach den Gesetzmäßigkeiten der ↗Hydromechanik (↗hydrodynamische Bewegungsgleichung, ↗Gerinneströmung, ↗Fließformeln). [HJL]

Literatur: [1] BAUMGARTNER, A. & LIEBSCHER H. (HRSG.) (1996): Lehrbuch der Hydrologie. – Band 1, Stuttgart. [2] CHORLEY, R. J. (1969): Introduction to Physical Hydrology. – London. [3] DINGMAN, S. L. (1994): Physical Hydrology. – Prentice Hall, New Jersey. [4] DYCK, S. & PESCHKE, G. (1995): Grundlagen der Hydrologie. – Berlin. [5] KIRKBY, M. J. (1978): Hillslope Hydrology. – Wiley, New York. [6] WARD, R. C. (1975): Principles of Hydrology. – London.

Abflußregime, *Flußregime*, jahreszeitlicher Verlauf der Wasserführung in einem Fließgewässer. Das Abflußregime wird von einer Vielzahl von ↗Regimefaktoren bestimmt. Der ↗Niederschlag ist zwar der auslösende Regimefaktor, doch kann er so stark von anderen geographischen, klimatologischen, hydrologischen oder anthropogenen Regimefaktoren überlagert sein, daß er sich im Verlauf der Wasserführung nur noch schwer erkennen läßt.

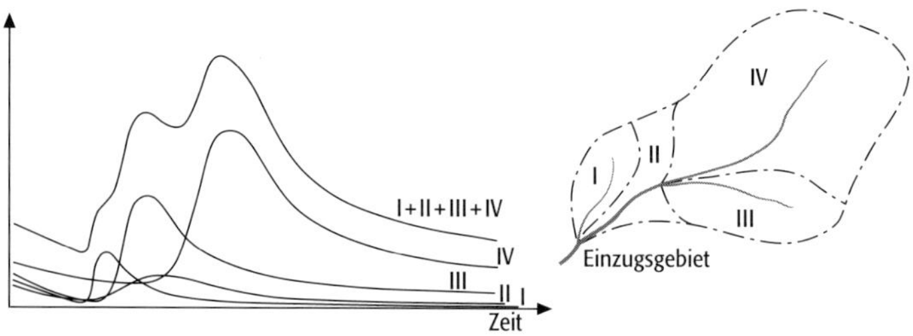

Abflußprozeß 5: Entstehung einer Durchflußganglinie aus Zuflüssen von Teilbereichen des Einzugsgebietes.

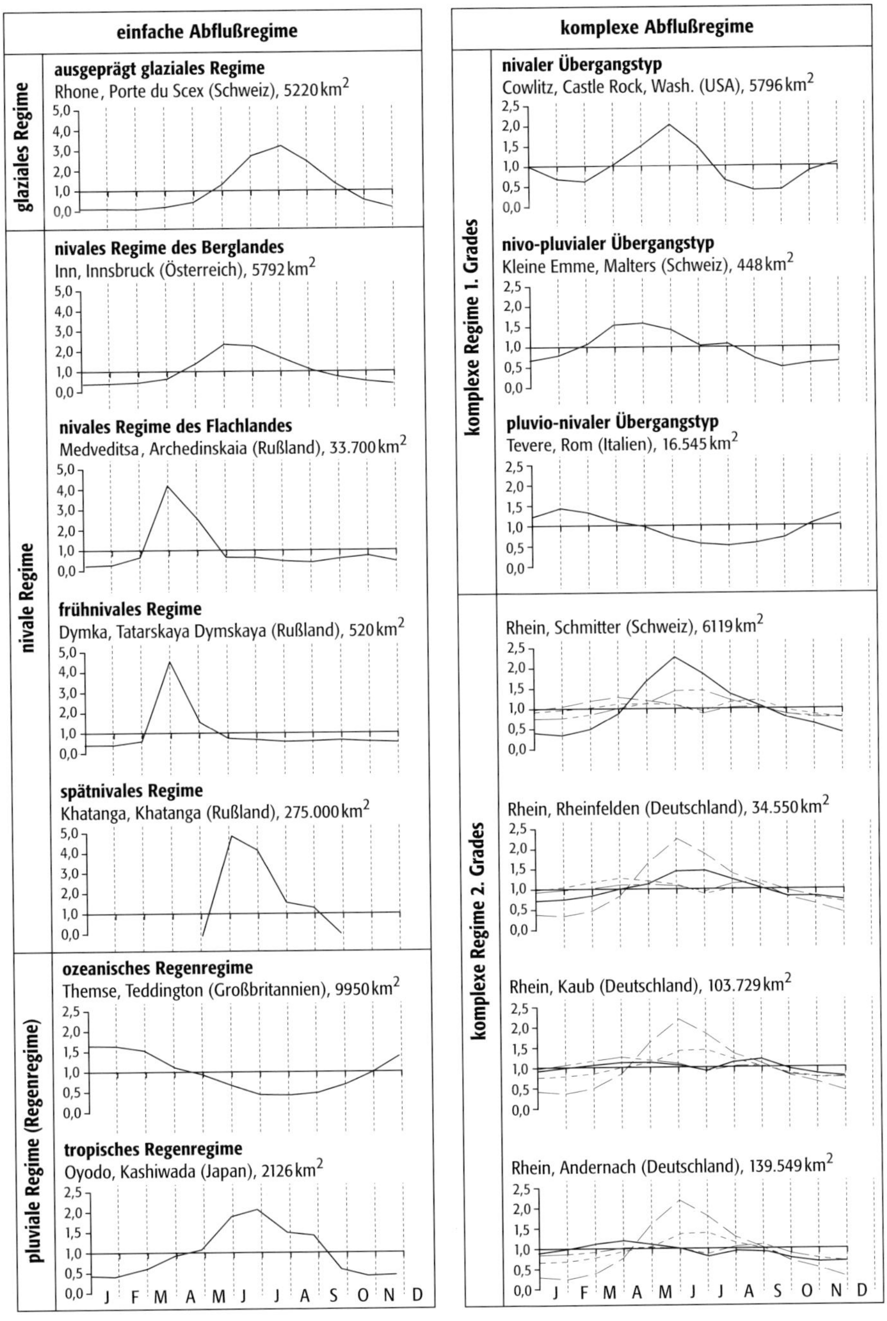

Abflußregime 1: Abflußregime angegeben mit Gewässer, Station (Land) und Größe des Einzugsgebietes; x-Achse = Monate, y-Achse = monatlicher Durchflußkoeffizient.

Für eine vergleichende Betrachtung der Abflußregime ist nicht so sehr das zum ↗Durchfluß gelangende Wasservolumen von Bedeutung, vielmehr steht der typische, über ein Jahr auftretende ↗Durchflußgang im Vordergrund. So wurden für viele Flüsse der Erde monatliche ↗Durchflußkoeffizienten zusammengestellt, um ihre Abflußcharakteristika darzustellen. Die zwölf monatlichen Durchflußkoeffizienten eines Jahres werden gebildet durch die Quotienten aus dem mittleren monatlichen Durchfluß und dem mittleren Jahresdurchfluß. Die mittlere jährliche Wasserführung hat den Durchflußkoeffizienten 1,0. Wenn der mittlere jährliche Durchfluß an einem Pegel 500 m^3/s und der monatliche Durchfluß für den September 1250 m^3/s beträgt, dann beläuft sich der Durchflußkoeffizient des Septembers auf 2,5. In der Regel werden alle zwölf Koeffizienten der Monatsmittelwerte in einem Diagramm dargestellt. Der Verlauf der so gewonnenen Kurven stimmt mit den Diagrammen der absoluten Durchflußwerte überein und ermög-

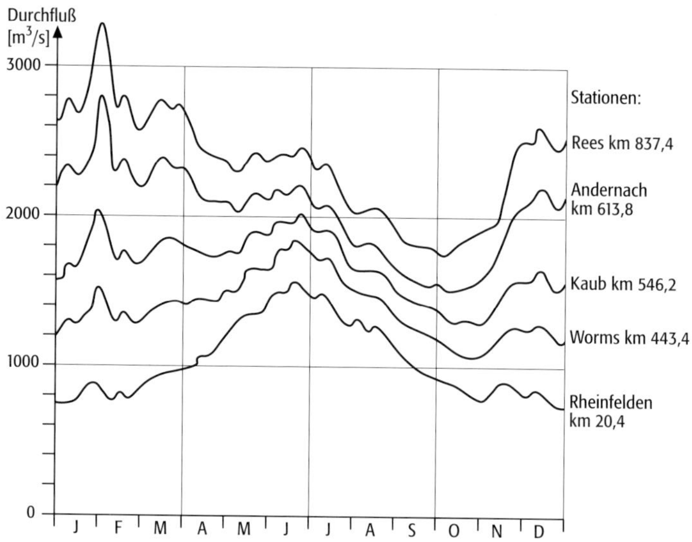

Abflußregime 2: Abflußregime des Rheins an ausgewählten Pegelstationen.

licht aufgrund seiner Dimensionslosigkeit eine bessere Vergleichbarkeit. Jedoch ist bei den einzelnen Flußgebieten zu beachten, daß i. d. R. unterschiedliche Abflußregime an dem mehr oder minder langen Lauf eines Fließgewässers auftreten. Besonders Flüsse, die meridional fließen, durchstreifen ganz unterschiedliche Klimazonen und ändern demzufolge auch ihr Abflußregime. Es ist daher erforderlich, die Lage des Pegels, auf den sich das dargestellte Regime bezieht, genau anzugeben. Geographische Breiten- und Längenangaben können zusätzliche Hinweise geben. Man erhält so eine Gliederung der Flußgebiete in Anlehnung an die großen Klimazonen der Erde. Im folgenden werden einige typische, überwiegend durch klimatische Gegebenheiten verursachte Abflußregime aufgezeigt. Die Koeffizienten wurden aus langjährigen, monatlichen und jährlichen Mittelwerten der Durchflüsse berechnet. Die Beispiele zeigen einfache und komplexe Abflußregime (Abb. 1).

Zu den einfachen Abflußregimen gehören glaziale, nivale und pluviale Regime. Diese drei Untergruppen werden durch Höhenlage, Morphologie sowie durch ihre Lage zum Ozean modifiziert. Hierdurch treten typische Erscheinungsformen früher oder später bzw. ausgeprägter oder weniger ausgeprägt auf. So können beispielsweise früh- und spätnivale Abflußregime entstehen. Alle drei Regimetypen besitzen nur zwei hydrologische Jahreszeiten: eine Hochwasserzeit und eine Niedrigwasserzeit.

Das glaziale Abflußregime wird bei einer Gletscherbedeckung des ↗Einzugsgebietes von mindestens 20 % erzeugt. Das Niederschlagsregime wird vollkommen von Rücklage und Aufbrauch des Eises überlagert. Aus dem Abflußregime ist nicht mehr zu erkennen, wann der Niederschlag gefallen ist. Das glaziale Abflußregime ist in ausgeprägter Form gekennzeichnet durch eine extreme Niedrigwasserperiode während der kalten Jahreszeit und Hochwasserabfluß während der Eisschmelze in den Sommermonaten. Der Winterabfluß stammt von den geringen Wasservorräten im Boden, die im März im Bereich der Alpen nahezu aufgebraucht sind. Glaziale Abflußregime sind nicht nur durch den typischen Jahresgang, sondern, insbesondere in den Herbst- und Frühjahrsmonaten sowie in den niederen Breiten ganzjährig, auch durch starke Tagesschwankungen geprägt.

Die Abflußcharakteristika der nivalen Abflußregime werden, ähnlich wie bei den glazialen Abflußregimen, ebenfalls durch Rücklage der Niederschläge, zumeist Schnee, und deren Aufbrauch durch Abschmelzvorgänge gebildet. In Abhängigkeit von Höhenlage und geographischer Lage tritt das nivale Regime als spätnivales, frühnivales bzw. auch als nivales Regime des Berglandes oder des Tieflandes auf. Im Gebirge dringt die Schneeschmelze allmählich von den tieferen zu den höheren Bereichen vor, was i. d. R. zu längeren Zeiten mit erhöhtem Abfluß führt. Extreme ↗Hochwässer sind hier aber sehr selten. In Tiefländern dagegen wird häufig das gesamte Einzugsgebiet vom Temperaturanstieg erfaßt, so daß es hier zu weitaus extremeren Abflüssen kommt. Die Koeffizienten des abflußstärksten Monats liegen i. d. R. über vier.

Die pluvialen Regime, auch Regenregime genannt, werden in ozeanische und tropische Regenregime unterteilt.

Im ozeanischen Regenregime sind Januar bis März die abflußstärksten Monate. Im Spätsommer herrscht dagegen meist Niedrigwasser. Ursache für dieses Verhalten ist zum einen, daß auch im Winter der Niederschlag überwiegend in flüssiger Form fällt, so daß keine Abflußverzögerung durch Schnee eintritt, und zum anderen die hohe ↗Verdunstung während der Vegetationsperiode.

Das tropische Regenregime wird durch die Lage der Regenzeit geprägt. Mit zunehmender Entfernung vom Äquator und damit verbundenem Wechsel von Regenzeit und Trockenzeit infolge der Verschiebung der ↗innertropischen Konvergenz tritt es in ganz unterschiedlicher Form auf. Die abflußstärksten Monate (auf der Nordhalbkugel im Juli, August oder September, auf der Südhalbkugel im Februar, März oder April) entsprechen den gleichzeitigen zenitalen Niederschlagsmaxima. Am Ende der Trockenzeit treten dagegen die Abflußminima auf. In der Nähe des Äquators kann es vielfach zu zwei Abflußmaxima infolge der zweigipfligen, zenitalen Niederschlagskurve kommen. In den Randgebieten der Tropen wachsen die beiden Maxima häufig zu einem Abflußmaximum zusammen.

Die komplexen Abflußregime werden wiederum unterteilt in komplexe Regime ersten und zweiten Grades.

Bei den komplexen Regimen ersten Grades geht das typische ↗Abflußverhalten auf verschiedene Ursachen zurück. Diese Regime können mehrere Maxima und Minima haben. Im allgemeinen ist ihre Wasserführung ausgeglichen und sie können in mehrere Untertypen unterteilt werden: Der ni-

vale Übergangstyp hat im Juni ein erstes Maximum, das durch die Schneeschmelze verursacht ist. Ein zweites Maximum tritt häufig Ende des Jahres infolge der Winterregen auf. Ebenfalls zwei Maxima und Minima hat das nivo-pluviale Regime. Das erste Maxima (April/Mai) ist i. d. R. höher als das zweite Herbstmaximum. Bei dem pluvio-nivalen Regime spielt die Schneeschmelze lediglich eine untergeordnete Rolle. Sie wirkt verstärkend auf die Frühjahrsmaxima, so daß diese meist höher sind als die Herbstmaxima, die nur durch den Niederschlag ausgelöst werden. Insgesamt ist dieses Regime weitverbreitet, allerdings ist es durch eine mehr oder minder ozeanische, kontinentale oder mediterrane Lage unterschiedlich regional ausgeprägt.
Die komplexen Regime zweiten Grades treten praktisch bei allen größeren Flußeinzugsgebieten auf, die den unterschiedlichsten Regimefaktoren ausgesetzt sind. So hat der Rhein zunächst ein glaziales und nivales Regime. Im Unterlauf verstärken sich die ozeanisch geprägten pluvialen Regimefaktoren immer mehr (Abb. 2). Dies bewirkt insgesamt im Unterlauf eine sehr ausgeglichene Wasserführung, die auch wirtschaftlich, z. B. für die Schiffahrt, von erheblicher Bedeutung ist.
Es ist des öfteren versucht worden, die Abflußregime weiter zu unterteilen. Dies trägt jedoch kaum zu einer Übersichtlichkeit bei. Praktisch jedes Fließgewässer hat sein eigenes Regime, das durch die Vielzahl seiner Faktoren festgelegt ist. Im Lauf eines Fließgewässers gelegene Seen können den ↗Durchflußgang stark verändern; i. d. R. werden durch sie Hochwasserspitzen gekappt und der Niedrigwasserabfluß angehoben. [KHo]

Abflußspende, ↗Abfluß einer 1 km^2 großen Einheitsfläche des betrachteten ↗Einzugsgebietes, bezogen auf eine Sekunde. Mit Hilfe der Abflußspende *q* lassen sich Einzugsgebiete unterschiedlicher Größe vergleichen. Hohe Abflußspenden sind beispielsweise in Gebirgsregionen mit großer Reliefenergie, spärlicher Vegetation und geringer ↗Evapotranspiration, verbunden mit hohen ↗Niederschlägen, vorzufinden. In solchen Gebieten sind die ↗Durchflußkoeffizienten hoch. In Tiefländern mit geringen Niederschlägen, Perkolation zum ↗Aquifer und hoher Evapotranspiration sind die Abflußspenden viel geringer. Hier sind auch die Durchflußkoeffizienten niedrig.
Vorausgesetzt ein bestimmter Fluß wird in einem einheitlichen Klimagebiet betrachtet, dann geht die Abflußspende von der Quelle bis zur Mündung kontinuierlich zurück. Die Quellflüsse des Rheins haben Abflußspenden, die weit über 1000 $l/(s \cdot km^2)$ liegen, während am Niederrhein die Station Lobith Abflußspenden von 12 $l/(s \cdot km^2)$ aufweist. Um die Abflußspende mit dem Niederschlag vergleichen zu können, muß sie in Millimeter Wasserhöhe pro Stunde umgerechnet werden. [KHo]

Abflußstatistik, veralteter Begriff für ↗*Durchflußstatistik*.

Abflußsumme, veralteter Begriff für ↗*Durchflußsumme*.

Abflußtabelle, *Abflußtafel*, veralteter Begriff für ↗*Durchflußtabelle*.

Abflußverhalten, alle Vorgänge und Prozesse, welche die ↗Abflußbildung, den ↗Abflußprozeß und die ↗Abflußkonzentration eines Fließgewässers bestimmen, also den abflußwirksamen ↗Niederschlag und den zeitlichen Verlauf des ↗Abflusses.

Abflußverhältnis ↗*Abflußfaktor*.

Abflußvolumen, veralteter Begriff für ↗*Durchflußvolumen*.

Abgang, bei der ↗Aufbereitung von Erz, Kohle oder Salz anfallendes wertloses Nebenprodukt, das als Schlamm oder Berge in Teichen oder alten Grubenbauen abgelagert wird.

Abgasfahne, der meist sichtbare Teil der Ableitung von Abgasen über Schornsteine in die ↗Atmosphäre (Abb.). Die Struktur der Abgasfahne hängt von den baulichen und betrieblichen Bedingungen wie Volumenstrom oder der Temperatur der Abgase an der Mündung und den meteorologischen Bedingungen wie der ↗Wind-

Abgasfahne: Zusammenhang zwischen typischen Formen von Abgasfahnen und dem vertikalen Temperaturprofil.

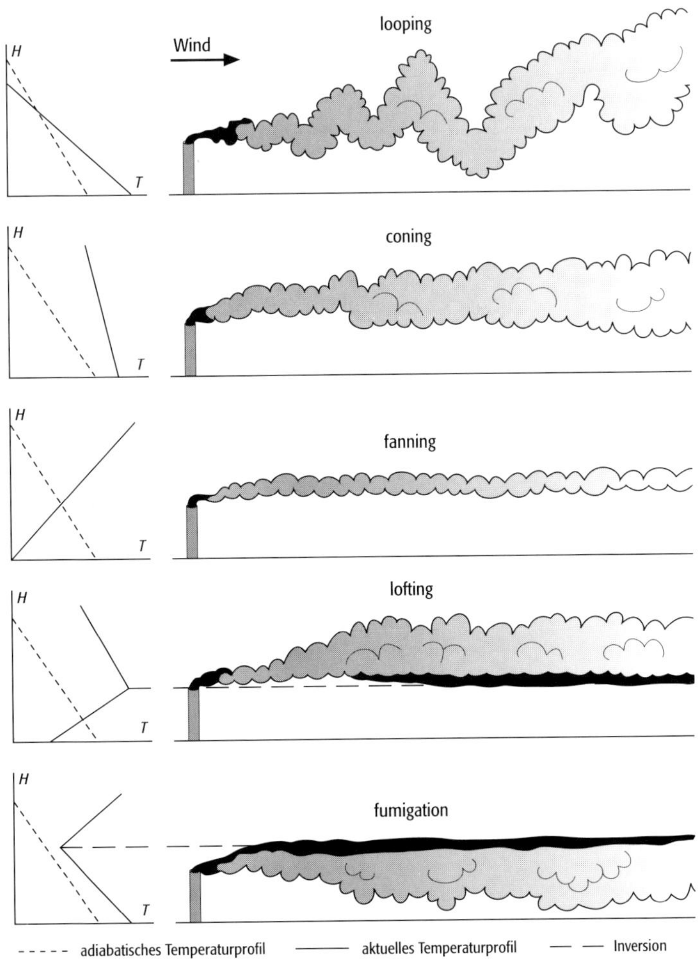

geschwindigkeit und den Ausbreitungsbedingungen ab. In Abhängigkeit von der thermischen ↗Schichtung der Atmosphäre werden verschiedene Formen der Abgase beobachtet.

abgedeckte geologische Karte, Darstellung der Festgesteine (Anstehendes, Deckgebirge) ohne aufliegende Lockergesteine oder die quartären Deckschichten.

abgesetzter Niederschlag, Niederschlag in flüssiger oder fester Form, der sich an der Erdoberfläche an Gegenständen oder Pflanzen absetzt, wenn diese kälter als die umgebende Luft sind, z. B. ↗Reif und ↗Tau.

Abgleitfläche, eine in Windrichtung fallende ↗Isentropenfläche, in der die Luft schräg abwärts gleitet. Abgleitflächen sind materielle Flächen, die aus immer den gleichen Partikeln bestehen.

Abgleitfront, *Katafront*, eine ↗Front, deren ↗Isentropenflächen als ↗Abgleitflächen fungieren. Im Bereich einer Abgleitfront gibt es keine Flächenniederschläge, Schichtbewölkung löst sich auf.

Abgleitung, quantitatives Maß für die ↗plastische Deformation eines ↗Einkristalls bei nur einem aktiven ↗Gleitsystem. Die Abgleitung ist definiert als Quotient der Verschiebung zweier Punkte auf parallelen Gleitebenen in Gleitrichtung und des Abstands entlang der Normalen der Gleitebenen.

Abhängigkeitsrelation, in der ↗Systemanalyse eine Gleichung, welche in ↗Ökosystemen die einseitige oder gegenseitige Wirkung eines Elementes auf ein anderes bezeichnet. Abhängigkeitsrelationen sind für die Kenntnis der statischen Strukturen eines Ökosystems wichtig, denn sie beruhen auf Orts- und Lagebeziehungen und können bei außergewöhnlichen Ereignissen auch rasch verändert werden.

Abiota, die im ↗Kryptophytikum noch anorganisch synthetisierten (polymeren) Kohlenstoffverbindungen, darunter auch Grundbaustoffe für den Aufbau von ↗Probiota. In der hochtemperierten, sauerstoffreien Uratmosphäre aus überwiegend Ammoniak, Methan, Schwefelwasserstoff, Wasserstoff-Molekülen und Wasserdampf entstanden unter Energiezufuhr (z. B. Vulkanismus, atmosphärische elektrische Entladungen, UV-Strahlung) abiotisch zunächst niedermolekulare organische Verbindungen, die dann zu organischen Großmolekülen (Lipide, Monosaccharide, Nukleinsäuren, Proteine) polymerisierten und in die Urozeane niederregneten. Miller und Urey simulierten 1953 in einem Versuch dieses chemophysikalische System, indem sie in einem Glaskolben bei hohen Temperaturen und hohem Druck ein Gasgemisch aus Ammoniak, Methan und Wasser starken elektrischen Funkenentladungen aussetzten. Der Niederschlag wurde gekühlt, kondensiert und die flüchtigen Bestandteile wieder dem Kreislauf zugeführt. Nach einigen Tagen konnten im Kondensat zahlreiche organische Verbindungen nachgewiesen werden, z. B. die wichtigsten Aminosäuren Alanin, Asparginsäure und Glycin sowie Ameisensäure, Blausäure, Ethylen, Ethan, Formaldehyd und Harnstoff. In anderen Versuchen mit modifizierter Zusammensetzung des Gasgemisches wurden weitere Aminosäuren, Adenosin, Adenosintriphosphat, Guanin, stickstoffhaltige organische Basen und Zucker nachgewiesen. [RB]

abiotisch, physikalische oder chemische Eigenschaft mit ökologischer Bedeutung, z. B. der Salzgehalt im Wasser.

abiotische Faktoren, die unbelebten Bestandteile (↗Geofaktoren) des landschaftlichen ↗Ökosystems im Gegensatz zu den ↗biotischen Faktoren. Zu den abiotischen Faktoren zählen Klima, Wasser, Gestein, oberflächennaher Untergrund, Relief und Boden.

abiotisches Subsystem, nicht belebtes Subsystem des Gesamtökosystems (↗Ökosystem). Zu den abiotischen Subystemen gehören das ↗Klimasystem, das ↗Morphosystem, das ↗Hydroökosystem und das ↗Pedoökosystem. Letzteres besteht zwar neben dem ↗Geoökofaktor Boden auch aus belebten Bestandteilen, wird aber zu den abiotischen Subsystemen gezählt. Die abiotischen Subsysteme bilden zusammen mit den biotischen Subsystemen und dem durch den Menschen geprägten ↗Anthroposystem das Gesamtökosystem. Die einzelnen Subsysteme stehen in vielfältigen Wechselwirkungen miteinander und verlangen nach einer integrativen Betrachtungsweise.

Abklingkurve ↗Transienten-Elektromagnetik.

Abkühlalter ↗Schließtemperatur.

Abkühlspanne, Temperaturdifferenz ΔT, die ein Wasserteilstrom durch einen technischen Prozeß der Abkühlung erfährt. Die Abkühlspanne ist z. B. bei der Nutzung der Wärmeinhalte von Grundwasser oder Boden durch Wärmepumpen von Bedeutung.

Abkühlung, die pro Zeiteinheit erfolgte Temperaturabnahme. Ursache hierfür kann die ↗nächtliche Ausstrahlung, das Heranführen kalter Luft (↗Advektion), dynamische Vorgänge in der Atmosphäre (↗absinken) oder der Energieverlust bei ↗Phasenübergängen sein.

Abkühlungsgröße, meist in Zusammenhang mit dem ↗thermischen Wirkungskomplex benutzte Größe zur Beschreibung der pro Zeit- und Flächeneinheit dem menschlichen Körper zugeführten oder entzogenen Wärmemenge. Diese für den menschlichen Wärmehaushalt wichtige Größe hängt von den atmosphärischen Umgebungsbedingungen (↗Wind, ↗Temperatur, ↗Strahlung, ↗Luftfeuchte) und dem individuellen Verhalten (Aktivität, Bekleidung) ab.

Abkühlungsklüftung, Kluftbildung, die bei Abkühlung in Laven, ↗Ignimbriten und magmatischen Gängen entstehen kann. Sie tritt lokal auch in Sedimenten auf, die im Kontakt zu heißer Lava oder Magma standen. Der Effekt beruht auf dem mit der Abkühlung verbundenen Volumenschwund. Die Abkühlungsklüfte stehen senkrecht zur Abkühlungsfront. Durch die Klüftung entstehen Säulen (Abb. im Farbtafelteil) mit polygonalem Querschnitt, im Falle von Basalt oft regelmäßige Hexagone.

Abkühlungsnebel ↗Nebelarten.

Ablagerung, Anhäufung von ↗Sediment oder ↗Sedimentgestein.

Ablagerungsdichte, Dichteangabe sedimentierten Materials in t/m^3. Diese Angabe erleichtert Aussagen über die Anfälligkeit zur Remobilisierung, aber auch über die Aufnahmekapazität von Boden- und Grundwasser.

Ablagerungsraum, der geographische Bereich wie Land (z. B. Wüsten), Seen oder Meer (z. B. Schelf, Tiefsee), in dem ein ↗Sediment akkumuliert wird.

Ablagerungssequenz ↗Sequenzstratigraphie.

Ablagerungssystem, *depositional system*, ein dreidimensionaler Verbund von gleichzeitig in einem Sedimentationsraum auftretenden ↗Fazies. ↗Sequenzstratigraphie.

Ablagerung von Abfallstoffen, nach den Grundsätzen des Kreislaufwirtschafts- und Abfallgesetzes (KrW-/AbfG) sind Abfälle in erster Linie zu vermeiden und in zweiter Linie stofflich zu verwerten oder zur Gewinnung von Energie zu nutzen (energetischen Verwertung). Den Gegensatz hierzu bildet die Beseitigung von Abfällen, die dann anzunehmen ist, wenn die Maßnahme im Hauptzweck auf eine Verminderung der Menge und Schädlichkeit von Abfällen abzielt. Nach § 10 KrW-/AbfG sind »Abfälle, die nicht verwertet werden, dauerhaft von der Kreislaufwirtschaft auszuschließen und zur Wahrung des Wohls der Allgemeinheit zu beseitigen«. Die Beseitigung von Abfällen ist im wesentlichen als Behandlung und Ablagerung von Abfällen definiert. Weiterhin sind Abfälle grundsätzlich im Inland zu beseitigen. Ausnahmen können zugelassen werden. Eine übliche Klassifizierung von Abfällen, die auch das wasserwirtschaftliche Gefährdungspotential kennzeichnen soll, unterscheidet: Erdaushub, Bauschutt, Siedlungsabfall (Hausmüll), Industrieabfälle und Sonderabfälle. Entsprechend der Definition der Abfallentsorgung im KrW-/AbfG unterscheidet man folgende Entsorgungsverfahren: Sammlung, Beförderung, Behandlung, Lagerung in Abfallagern und Ablagerung in oberirdischen Deponien sowie in Untertagedeponien. Für die Entsorgung von Abfällen, die nach Art, Beschaffenheit oder Masse in besonderem Maße gesundheits-, luft- oder wassergefährdend, explosiv oder brennbar sind oder Erreger übertragbarer Krankheiten enthalten bzw. hervorbringen können, gelten die Anforderungen der ↗TA Abfall. Die Zuordnung von kommunalen Abfällen zu Entsorgungsanlagen erfolgt zur Zeit auf Grundlage von Vorschriften in den Bundesländern. Zuordnungskriterien für besonders überwachungsbedürftige Abfälle sind bundeseinheitlich festgelegt worden und werden auf der Basis von Zuordnungswerten vorgenommen (TA Sonderabfall). Abfälle können auf oberirdischen Deponien abgelagert werden, wenn Zuordnungswerte oder Orientierungswerte eingehalten werden, die bundeseinheitlich oder länderspezifisch durch das Regelwerk der Länderarbeitsgemeinschaft Abfall (LAGA) »Anforderungen an die stoffliche Verwertung von mineralischen Abfällen – Technische Regeln« festgelegt worden sind. Sonderformen der oberirdischen Deponie sind sog. Monodeponien. In Monodeponien sollen Abfälle abgelagert werden, die aus einem definierten Produktions-, Abwasser- oder Abfallbehandlungsverfahren bzw. Abgasreinigungsverfahren oder aus der Altlastensanierung stammen, oder die nach Art und Reaktionsverhalten vergleichbar sind. Unter bestimmten Bedingungen können auch Abfälle in Monodeponien abgelagert werden, wenn die Zuordnungswerte für die Regeldeponien überschritten werden. Für Abfälle, die auch nach einer Behandlung nicht oberirdisch abgelagert werden dürfen, sollte die Möglichkeit der untertägigen Ablagerung geprüft werden. Sie können der Untertagedeponie zugeordnet werden, wenn sie keine Erreger übertragbarer Krankheiten enthalten oder hervorbringen können und wenn sie in Abhängigkeit vom Anlagentyp und den spezifischen Ablagerungsbedingungen über ausreichende Festigkeiten zur Ablagerung verfügen bzw. diese im Endzustand erreichen. Für die untertägige Ablagerung gibt es aber auch eine Fülle von weiteren Einschränkungen, die zu beachten sind. Stark vereinfachend kann man aber feststellen, daß sich insbesondere Abfälle mit einem hohen wasserlöslichen Anteil für die untertägige Ablagerung eignen. Bei Abfällen, die in Deponien gelagert werden, können durchsickernde Niederschlagswässer belastende Komponenten herauslösen. In Abhängigkeit von der hydrogeologischen Situation können bei unsachgemäßer Abdichtung der Deponien Sickerwässer zu einer ↗Grundwasserverunreinigung führen. [ME]

Ablation, bezeichnet den gesamten jährlichen Massenverlust von ↗Gletschern oder Schneedekken durch Vorgänge wie Abschmelzen und Abfluß, Verdunstung, Sublimation, Schneeverwehungen, Loslösen von Eisbergen (↗Kalbung), Abbrechen von Eis an der Gletscherfront, Abstürzen größerer Eismassen (↗Eislawine) etc. Die höchste ↗Ablationsrate herrscht an der Gletscheroberfläche, sie findet aber auch an den Wänden der ↗Gletscherspalten, in Eishohlräumen und an der Gletscherbasis (subglazial) statt. Je nachdem, ob Ablation mit oder ohne Fremdmaterialeinfluß (auflagernder Staub, Steine, Felsblöcke etc.) erfolgt, wird auch von bedeckter bzw. freier Ablation gesprochen.

Ablationsformen ↗Schmelzformen.

Ablationsgebiet ↗Zehrgebiet.

Ablationsmikrorelief, durch die verschiedenen Formen der ↗Ablation auf der Gletscheroberfläche entstehendes Kleinrelief (z. B. ↗Bänderogiven). Durch das Aufschmelzen der einzelnen Eiskörner entsteht eine insgesamt rauhe Eisoberfläche (Abb. im Farbtafelteil).

Ablationsmoräne, ↗Moräne, die durch relative Schuttanreicherung infolge abschmelzenden Eises an der Gletscheroberfläche aus Innenmoräne und Obermoräne entsteht; besitzt i. d. R. nur eine geringe Lagerungsdichte.

Ablationsperiode, Phase im ↗Massenhaushaltsjahr eines ↗Gletschers, in der die ↗Ablation die ↗Akkumulation überwiegt.

Ablationsrate, Ausmaß der ↗Ablation in einer bestimmten Zeit und an einem bestimmten Ort. Sie kann infolge wechselnder Rahmenbedingungen (Sonneneinstrahlung, Temperatur, Windstärke, Druckschwankungen im Gletscher etc.) am gleichen Ort starken jährlichen Schwankungen unterliegen.

Abluation, aquatisch-denudativer Spülprozeß (↗Abspülung) auf Hängen, der in ↗periglazialen Gebieten stattfindet.

Abplattung, **1)** *Geodäsie*: geometrisches bzw. physikalisches Maß der Abplattung der Erde bzw. gewisser Approximationen dafür. Man unterscheidet die ↗geometrische Abplattung eines ↗Referenzellipsoides, die gravimetrische Abplattung eines ↗Niveauellipsoides sowie die ↗dynamische Abplattung bzw. die ↗mechanische Abplattung der Erde. **2)** *Geologie*: *Plättung*, dreidimensionale Verformung, die durch ein oblates ↗Verformungsellipsoid beschrieben werden kann.

Abrasion, *marine Erosion*, *limnische Erosion*, Abtragung durch die schleifende und einebnende Wirkung von im Brandungsbereich bewegten Geröllen (↗Brandungsgerölle). Abrasion findet an Meeresküsten und den Ufern größerer Seen statt, wodurch typische ↗Abrasionsformen entstehen. In älterer, deutschsprachiger, geologischer Literatur wird die Bezeichnung auch angewandt auf den Abrieb ↗fluvialer Gerölle untereinander während ihres Transports.

Abrasionsfläche, *Brandungsplattform*, ↗*Abrasionsplattform*.

Abrasionsformen, durch ↗Abrasion geschaffene Formen, insbesondere im Bereich von Fels-Kliffküsten (↗Kliff, ↗Steilküste). Hierzu zählt v.a. die ↗Abrasionsplattform. Abrasionsbuchten entstehen durch selektive Abrasion an Küsten mit wechselnd widerständigen Gesteinen oder dort, wo das Kluftnetz unterschiedliche Weiten aufweist (↗Brandungsformen).

Abrasionsplattform, *Abrasionsfläche*, *Brandungsplattform*, durch ↗Abrasion entstandene, meerwärts schwach einfallende Verflachung am Fuß eines ↗Kliffs (↗litorale Serie Abb. 2). Sie entsteht im Zuge der erosiven Rückverlegung des Kliffs, durch die sukzessive Verbreiterung der Kliffbasis. Die Abrasionsplattform ist am Fuß des Kliffs häufig von ↗Brandungsgeröllen bedeckt und gelegentlich auch von einer ↗Kliffhalde.

Abrasionsterrasse, durch Hebung einer ↗Steilküste oder Absenkung des Meeresspiegels trockengefallene ↗Abrasionsplattform. Findet die Hebung der Küste bzw. die Meeresspiegelabsenkung phasenhaft statt, so entstehen Abrassionsterrassentreppen. ↗Küstenterrassen.

Abraum, bergmännischer Ausdruck für das beim Abbau nutzbarer Gesteine oder Minerale unter oder über Tage in großen Mengen anfallende, für den Betrieb nicht brauchbare und daher abzuräumende Material. Abgelagert werden diese Massen auf Halden und Kippen. Besonders groß sind die umzulagernden Massen beim Braunkohlebergbau. Die Abraumzusammensetzung ist abhängig vom anstehenden Nebengestein. Sowohl die Ausnutzung neuer Lösetechniken wie auch die Konzentration auf wenige Abbaustandorte bewirken eine Zunahme der unbrauchbaren Massen.
Das Abraumverhältnis, d.h. das Verhältnis der Mächtigkeiten von Deckgebirge zu Lagerstätte bzw. Nebengestein zu Erz, stellt eine wichtige Kennziffer für die Wirtschaftlichkeit der Rohstoffgewinnung dar. Abraum kann später durch veränderte Wirtschaftsbedingungen oder neue ↗Aufbereitungsverfahren bzw. Nutzungsmöglichkeiten für vorher nicht zu verwertende Inhaltsstoffe (z.B. ↗Abraumsalze) zu einem Wertstoff werden.

Abraumsalze, veraltete Bezeichnung für Kalium- und Magnesiumsalze, die bei der Steinsalzförderung nicht direkt verwendet und auf Halde gekippt wurden, da im Salzbergbau nur das ↗Steinsalz von Interesse war.

Abreicherung ↗*Verarmung*.

Abriß, in der Geophysik Bestimmung des genauen Zeitpunkts, zu dem eine ↗seismische Quelle ausgelöst wurde. Relativ zu dieser Zeit werden die Laufzeiten der seismischen Wellen gemessen. Der Ausdruck leitet sich vermutlich von einer Methode ab, bei der der Zündzeitpunkt von seismischen Sprengungen durch Unterbrechung eines Stromkreises (Zerstörung des Drahtes) bestimmt wird.

Abrißgebiet, Gebiet, das durch umfangreiche ↗gravitative Massenbewegung (z.B. ↗Bergsturz) freigelegt wird. Dieser Bereich ist häufig geprägt durch steile, unbewachsene Wände, die Bewegungsspuren aufweisen können. Die Kleinform ist die ↗Abrißnische.

Abrißnische, Hohlform unterschiedlicher Größe, die infolge ↗gravitativer Massenbewegung entsteht. An den Felswänden bleibt nach ↗Felsstürzen häufig eine glatte Abrißfläche mit einem überhängenden Abrißgewölbe zurück, Rutschungen (↗Hangbewegungen) hingegen haben meist eine konkave Abrißkante. Hangabwärts schließt sich i.d.R. die Sturz- oder *Gleitbahn* an.

absanden, Herausfallen von Sandkörnern aus ↗Quarzsandstein nach Verwitterung bzw. Auflösung des ↗Zements.

Abschalung ↗*Desquamation*.

abscheiden, physikalischer Prozeß zur Trennung von Stoffen; z.B. können in einer galvanischen Zelle Metallionen durch Aufnahme von Elektronen an der Kathode als ↗Metall abgeschieden werden. In der Klärtechnik werden durch den Prozeß des Abscheidens schwimmfähige Stoffe von schwebenden und gelösten getrennt und aus dem ↗Abwasser entfernt. Dieser Prozeß kann durch Einblasen von feinperliger Luft (↗Flotation) unterstützt werden.

Abscheider, Einrichtung in der Haus- und Grundstücksentwässerung, durch die schädliche Stoffe mittels Schwerkraft aus dem ↗Abwasser abgeschieden werden. Hierzu gehören z.B. Fettabscheider, Abscheider für Leichtflüssigkeiten (Benzinabscheider, Heizölabscheider), Schwerflüssigkeitsabscheider und Stärkeabscheider.

Abscherung, ↗Verwerfung, die schichtparall verläuft (*décollement*) oder einen Schichtstapel mit sehr kleinem Winkel (*detachment*) durchschlägt.

Abscherungen können extensional (↗Extension) oder kontraktional sein. Speziell bei den schichtparallelen Abscherungen ist das Vorhandensein eines leicht verformbaren (inkompetenten) Abscherhorizontes Voraussetzung. Eine Abscherung findet an einer Abscherungsfläche statt. Die Gesteinsverbände ober- und unterhalb der Abscherungsfläche können einen unterschiedlichen Deformationsstil aufweisen. Abscherungen stehen im Zusammenhang mit Faltungs- und Überschiebungsprozessen.

Abscherungsdecke ↗Decke.

Abschiebung, ↗Verwerfung, tektonische Ausweitungsstruktur. Der zu einer geneigten Verwerfungsfläche hangende Block (↗Hangendscholle) erscheint gegenüber dem liegenden Block abwärts bewegt. ↗Dehnungstektonik.

Abschreckungssaum, *chilled margin, chill zone*, geringmächtiger, aufgrund rascher Abkühlung am Kontakt zum Nebengestein feinkörnig erstarrter Randbereich magmatischer (meist gabbroider) ↗Intrusionen. Abschreckungssäume werden in ihrer Zusammensetzung als undifferenziert, d.h. als repräsentativ für die ursprüngliche Schmelze angesehen. ↗magmatische Differentiation.

Abschuppung ↗*Desquamation.*

Absenktrichter, *Absenkungstrichter, Entnahmetrichter*, die eingetiefte ↗Grundwasserdruckfläche im Absenkungsbereich einer ↗Grundwasserentnahme (Abb.).

Absenkung ↗*Grundwasserabsenkung.*

Absenkungsbereich ↗*Grundwasserabsenkungsbereich.*

Absenkungsbrunnen, *Absenkbrunnen*, Brunnen zur ↗Grundwasserabsenkung.

Absenkungsrate, Abnahme des ↗Grundwasserstandes pro Zeiteinheit, z.B. 0,03 m/h. Die Absenkungsrate ist abhängig von den Eigenschaften des ↗Grundwasserleiters, der Förderrate und dem Abstand zwischen dem Entnahmebrunnen und der ↗Grundwassermeßstelle, in der die ↗Grundwasserabsenkung beobachtet wird.

Absenkziel, die im Regelbetrieb einer ↗Talsperre nicht zu unterschreitende Wasserspiegelhöhe. Als tiefstes Absenkziel wird der Wasserspiegel in Höhe des ↗Grundablasses bezeichnet.

Absetzbecken, Einrichtung der ↗Abwasserreinigung zur Abtrennung von sedimentierbaren, feinkörnigen oder flockig suspendierten Stoffen. Im Absetzbecken wird die Fließgeschwindigkeit so weit herabgesetzt, daß die Feststoffe während der Durchflußzeit des Wassers bis auf den Boden absinken können. Sie werden als Vorklärbecken in der ↗mechanischen Reinigungsstufe verwendet, aber auch als Nachklärbecken der biologischen Abwasserreinigung zur Entnahme des biologischen Schlammes nachgeschaltet. Bei Vorklärbecken beträgt die Durchflußzeit 1,5–2,0 Stunden, bei Nachklärbecken drei bis sechs Stunden, da der feinflockige, biologische Schlamm eine wesentlich geringere Absinkgeschwindigkeit hat. Bei den längsdurchströmten, Rechteckbecken muß ein bestimmtes Verhältnis von Tiefe zu Länge eingehalten werden (1:20 bis 1:35), damit der Schlamm am Ende des Beckens die Sohle erreicht. Der abgesetzte Schlamm wird entweder mit Schildräumern oder mit kontinuierlich fördernden Bandräumern in einen Schlammtrichter transportiert, von wo er durch Pumpen oder Überdruck der Schlammbehandlung zugeführt wird. Rundbecken werden radial durchströmt, sie werden von der Mitte aus beschickt, das Wasser wird über den Außenrand abgezogen. Die Schlammförderung erfolgt durch ein Räumschild zu einem mittig angeordneten Schlammtrichter. Sonderformen sind der trichterförmige Dortmund-Brunnen, ein Rundbecken, dessen Wände so steil sind, daß der Schlamm von selbst abrutscht und damit eine maschinelle Räumung entfällt, sowie der zweistöckige Emscher-Brunnen, dessen oberer Teil dem Klärvorgang, der untere Teil hingegen der Faulung des abgesetzten Schlammes dient. [EWi]

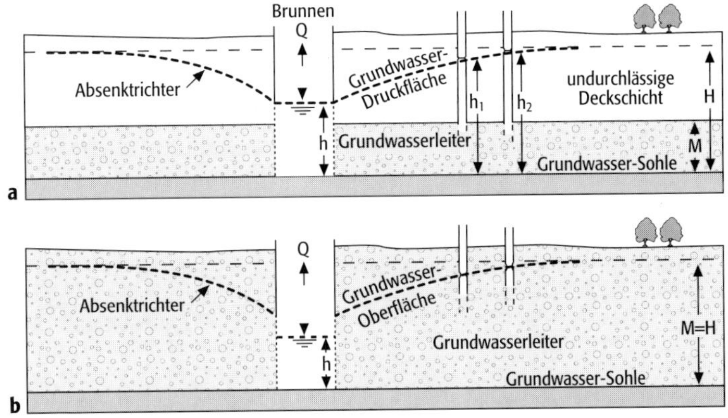

Absenktrichter: Die Ausbildung eines Absenktrichters um einen Entnahmebrunnen: a) Absenktrichter in einem gespannten Grundwasserleiter, b) Absenktrichter in einem Grundwasserleiter mit freier Oberfläche; Q = Entnahmerate, h = Standrohrspiegelhöhe im Brunnen, h_1, h_2 = Standrohrspiegelhöhe im Brunnen, M = wassererfüllte Mächtigkeit des Grundwasserleiters, H = Standrohrspiegelhöhe vor Aufnahme der Absenkung.

Absetzgeschwindigkeit, Bezeichnung für den zeitlichen Verlauf des Absinkens von ↗Schwebstoffen in einem Gewässer. Die Absetzgeschwindigkeit ist v.a. von der Größe und Form der Partikel, in Fließgewässern aber auch wesentlich von der Fließgeschwindigkeit des Wassers abhängig. Ein vergleichbares Maß für Flüsse und Seen wird labormäßig in sog. Absetztrichtern gewonnen.

absinken, Vertikalbewegung von Luftmassen in der Atmosphäre nach unten, kann eine ↗Absinkinversion bilden. ↗Hochdruckgebiet, ↗allgemeine atmosphärische Zirkulation.

Absinkinversion, *Schrumpfungsinversion, Subsidenzinversion*, ↗Inversion, die durch absinkende Luftbewegung (Abb.) verursacht wird (wie sie z.B. für ein ↗Hochdruckgebiet typisch ist). Dabei gilt für den Absinkprozeß eine ↗adiabatische Erwärmung von rund 1 °C pro 100 m, und die Absinkinversion stellt sich ein, wenn die zuvor vorhandene vertikale ↗Temperaturschichtung eine im Vergleich dazu geringere Abnahme mit der Höhe aufgewiesen hat.

absolute Altersbestimmung, eine ↗Altersbestimmung, um das Alter eines geologischen Ereignisses in Kalenderjahren vor einem bestimmten Bezugsdatum anzugeben. Man unterscheidet die ↗Dendrochronologie, Warvenchronologie, ↗Eislagenzählung und nach Kalibration der physikalisch bestimmten Werte mit dendrochronologischen Altern die Radiokohlenstoff-Datierung.

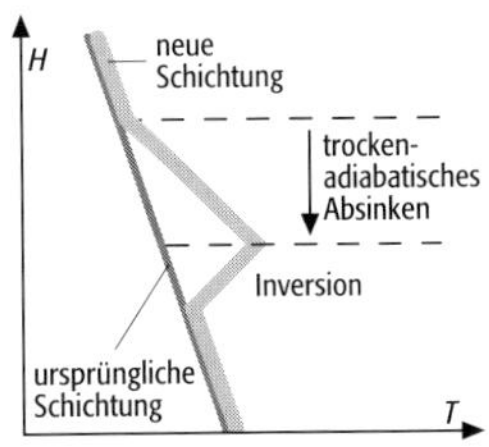

Absinkinversion: Schema der Entstehung einer Absinkinversion in der Atmosphäre.

↗Physikalische Altersbestimmungen gehören nicht zu den absoluten Altersbestimmungen, da sie methodenbedingt statistische Fehler aufweisen und ein errechnetes Alter nicht auf ein Kalenderjahr bezogen werden kann. Absolute Alter lassen sich nur an Sedimenten oder Substanzen ermitteln, die zyklische Schichtung bzw. Anwachsstreifen aufweisen.

absolute Darstellung ↗*Absolutwertdarstellung*.

absolute Entzerrung, die Anpassung von Fernerkundungsdaten an ein geeignetes übergeordnetes Koordinatensystem, etwa das einer gebräuchlichen kartographischen Projektion. Die entstandenen Bilder werden ↗Orthophotos oder ↗Orthobilder genannt und die Daten in einem solchen Bezugssystem auch als geocodiert bezeichnet. Zur Unterstützung der Bildanalyse besteht dank der absoluten Entzerrung die Möglichkeit, thematische Daten aus existierendem Kartenmaterial zu Hilfe zu nehmen. Der absoluten Entzerrung steht die ↗relative Entzerrung gegenüber. Bei dieser werden die Daten nur zueinander und nicht übergeordnet angepasst. ↗Entzerrung.

absolute Helligkeit eines Gestirns, gleich der ↗scheinbaren Helligkeit in einer Normdistanz von 10 Parsec (↗Parallaxe).

absolute Konfiguration ↗absolute Struktur.

absolute Konformation ↗absolute Struktur.

absolute Koordinaten, Koordinaten, die sich auf ein globales ↗erdfestes Koordinatensystem beziehen. Zumeist versteht man darunter ein ↗globales geozentrisches Koordinatensystem.

absolute Luftfeuchtigkeit ↗Luftfeuchte.

absolute Orientierung, in der ↗photogrammetrischen Bildauswertung ein Verfahren zur räumlichen Orientierung eines ↗photogrammetrischen Modells im Objektkoordinatensystem. Zur absoluten Orientierung eines Modells sind sechs Parameter erforderlich, die numerisch auf Grund der ↗Modellkoordinaten von ↗Paßpunkten im Modell bestimmt werden.

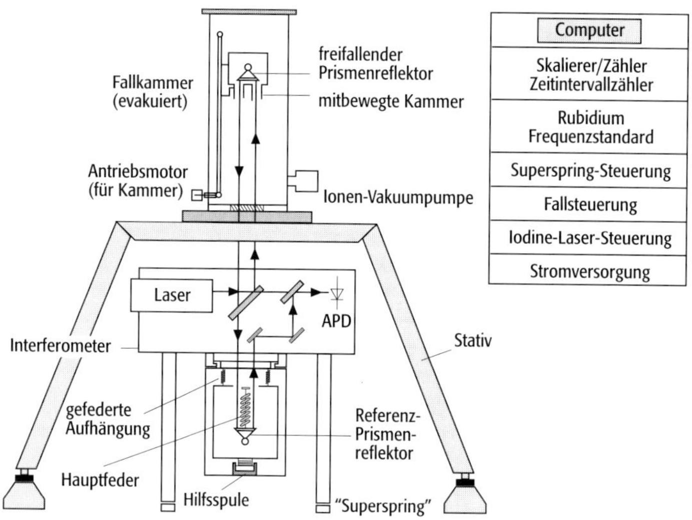

Absolutgravimeter: FG5 von Micro-g Solutions.

absoluter Nullpunkt, theoretisch die niedrigst mögliche Temperatur ($T = 0$ K). ↗Kelvin.

absolutes Datum, ein ↗geodätisches Datum, in dem der Koordinatenursprung (bzw. der Mittelpunkt des ↗Referenzellipsoids) mit dem Massenmittelpunkt der Erde und die z-Achse des Koordinatensystems (bzw. die kleine Halbachse des Referenzellipsoids) mit der mittleren Erdrotationsachse zusammenfällt.

absolute Struktur, Auflösung der Zweideutigkeit bei der Beschreibung einer nicht zentrosymmetrischen Kristall- oder Molekülstruktur in einem absoluten Bezugssystem.

Für nicht zentrosymmetrische Kristallstrukturen hat man immer die Entscheidung zwischen einer Struktur und ihrer Inversen zu treffen. Der Begriff »absolute Struktur« beschreibt diese Wahl, meint jedoch verschiedene Dinge, je nach Punktgruppensymmetrie:

Für enantiomorphe (↗Enantimorphie) Punktgruppen (*1, 2, 222, 4, 422, 3, 32, 6, 622, 23* und *432*), die nur reine Drehachsen enthalten, spricht man von *absoluter Konfiguration*, wenn chirale Strukturen zu unterscheiden sind, und von *absoluter Konformation* für achirale Strukturen. Falls die Struktur zu einer der 11 enantiomeren Raumgruppenpaare gehört, bedeutet das zugleich die Bestimmung des Raumgruppentyps.

Für polare Punktgruppen (*m, mm 2, 4 mm, 3 m, 6 mm*) muß die Richtung der polaren Achse und der Ursprung der Kristallstruktur festgelegt werden.

Für Strukturen mit Drehinversionsachsen $\bar{3}$, $\bar{4}$ oder $\bar{6}$ (Punktgruppen $\bar{4}$, $\bar{4}2m$, $\bar{6}$, $\bar{6}m2$ und $\bar{4}3m$) muß die Kristallstruktur relativ zur gewählten Aufstellung der Kristallachsen festgelegt werden. Kennt man die absolute Struktur eines Strukturfragments, dann ist die Zuordnung sofort eindeutig möglich. Sonst nutzt man zur Bestimmung der absoluten Struktur anomale Dispersionseffekte aus, indem man einen auf die absolute Struktur empfindlichen Parameter verfeinert oder die Beugungsintensitäten ausgewählter Friedelpaare $F(\vec{H})$ und $F(-\vec{H})$ direkt vergleicht. Bei Strukturen ohne Schweratom ist das allerdings nur eingeschränkt oder gar nicht möglich; in diesen Fällen kann über Mehrstrahlinterferenzen eine Entscheidung gefällt werden. [KE]

absolute Temperatur, physikalische Größe (↗Temperatur), deren Zahlenwert beim absoluten Nullpunkt Null ist (↗Grad Kelvin). Sie wird dargestellt an einer absoluten Temperaturskala. ↗Skalentemperatur.

absolute Topographie ↗Topographie.

absolute Zeit, Zeit im Newtonschen Sinne, die überall gleichmässig verstreicht. Sie ist Grundlage der Newtonschen Bewegungsgleichungen.

Absolutgravimeter, heute im allgemeinen nach dem Prinzip des ↗ballistischen Gravimeters arbeitende Vorrichtung zur Messung des Absolutwertes der ↗Schwere; Spezialfall eines ↗Beschleunigungsmessers.

Moderne Absolutgravimeter (Abb.) wurden ab ca. 1950 zunächst stationär, dann transportabel und seit ca. 1995 auch für Außenmessungen entwickelt und eingesetzt. Grundprinzip ist die Vermessung der freien vertikalen Trajektorie einer Probemasse mit Hilfe eines Michelson-Laserinterferometers als Funktion der Zeit. Da die zweifache Integration der Beschleunigung über die Zeit *t* die vertikale Position

$$z(t) = z_0 + \dot{z}_0 t - \frac{1}{2} g t^2$$

ergibt, werden mindestens drei Beobachtungen $z(t)$ benötigt, um Anfangsposition und -geschwindigkeit z_0, $\dot{z}_0$ sowie die eigentlich gesuchte ↗Schwere *g* zu bestimmen. Tatsächlich werden jedoch zahllose Einzelmessungen je Trajektorie und zahlreiche Trajektorien vermessen, wodurch sich im Mittel eine Präzision von einigen 10^{-9} g erzielen läßt. Nachdem in den letzten Jahren Aufgaben wie Laserstabilisierung, Elimination des Restluftwiderstandes des evakuierten Fallrohres, Eliminierung von Bodenvibrationen etc. gelöst wurden, liegen die gegenwärtigen Herausforderungen in der Erleichterung der praktischen Operation durch z. B. Verkleinerung, Robustheit, Verkürzung des Beobachtungszeitraumes sowie der Verringerung des Zeit- und Kostenaufwandes. [GBo]

Absolutwertdarstellung, *absolute Darstellung*, Form der zur Wiedergabe intervall- und ratioskalierter Daten geeigneten, quantitativen kartographischen Darstellung, in der Merkmalswerte durch die ↗graphische Variable Größe ausgedrückt werden. Die absolut, d. h. in werteproportionaler Größe dargestellten ↗Kartenzeichen können sich auf Punkte, Linien oder Flächen beziehen (↗Bezugspunkt, ↗Bezugsfläche). Dementsprechend sind ↗Positionssignaturen (↗Mengensignaturen), Positionsdiagramme, Punkte (↗Punktmethode), ↗Bänder und ↗Diakartogramme in absoluter Darstellung möglich. Unabhängig von der kartographischen Darstellungsmethode bzw. vom ↗Kartentyp erfordert jede Absolutwertdarstellung die Angabe eines ↗Wertmaßstabs. Die Absolutwertdarstellung wird häufig unmittelbar verknüpft oder als ↗Darstellungsschicht kombiniert mit der relativen Darstellung. [KG]

Absonderungsgefüge, Subtyp des ↗Aggregatgefüges an wechselfeuchten Standorten. Durch Befeuchtung wird zwischen die Schichten bestimmter Tonminerale Wasser eingelagert. Tonreiches Substrat quillt so auf und schrumpft mit der nächsten Abnahme des Bodenwassergehaltes wieder. Die festen Bodenbestandteile ordnen sich durch das Quellen und Schrumpfen zu Absonderungsgefügen. Zunächst bilden sich in tonigen Substraten oft ↗Makrogrobgefüge mit Durchmessern über 50 mm. Mit einer Zunahme der Wechsel von Befeuchtung und Austrocknung entsteht ein ↗Makrofeingefüge mit kleineren Gefügeelementen (↗Polyedergefüge).

Absorption, **1)** *Allgemein*: a) die Aufnahme und Verteilung gasförmiger Stoffe in Flüssigkeiten oder festen Stoffen (Absorber, Absorbens). Dabei kann sowohl eine physikalische Lösung oder Bindung stattfinden, als auch eine chemische Reaktion unter Bildung neuer Stoffe erfolgen. b) Bezeichnung für das teilweise oder vollständige Verschlucken elektromagnetischer Wellen beim Durchgang durch Materie unter Schwächung der ursprünglichen Strahlung. Die absorbierte Energie wird auf den durchstrahlten (gasförmigen, flüssigen oder festen) Körper übertragen und kann dort, je nach Bedingungen, die unterschiedlichsten Reaktionen zur Folge haben (Erwärmung, Radikalbildung bei Molekülen, Ionisierung bei Atomen und Molekülen). Die Absorption ist wie die ↗Adsorption eine spezifische Form der ↗Sorption. **2)** *Bodenkunde*: die Aufnahme von Ionen durch Pflanzenwurzeln aus der ↗Bodenlösung. Die Aufnahme kann entweder aktiv durch Stoffwechselprodukte oder passiv durch ↗Diffusion erfolgen. In beiden Fällen hängt die Aufnahme von der Elementkonzentration der wurzelnahen Bodenlösung ab. Die Pflanze ist in der Lage, die chemischen Bedingungen im Wurzelbereich zu modifizieren (Rhizosphäreneffekt), z. B. Steuerung der Eisenaufnahme durch Reduktion von Fe^{3+} zu Fe^{2+} mit Hilfe von ↗Chelaten. **3)** *Geochemie*: Die Absorption wird bei chemischen Prozessen häufig zur Abtrennung oder Reinigung gasförmiger Stoffe angewendet. Die Absorption von Licht wird häufig bei chemischen Analyseverfahren eingesetzt (Spektrometrie, Photometrie, Atomabsorptionsspektroskopie u. a.). Daneben wird in der Chemie und Physik die absorbierte Energie gezielt für zahlreiche weitere Zwecke benutzt, z. B. zur Unterstützung chemischer Reaktionen oder zur Ionisierung von Substanzen. **4)** *Geologie*: Aufnahme von Gasen durch Flüssigkeiten oder Feststoffe in das Innere der absorbierenden Stoffe. Nach dem Henryschen Gesetz (1803) ist die bei einer gegebenen Temperatur von einer Volumeneinheit eines Absorbenten aufgenommene Gasmenge dem Partialdruck des ungelöst über dem Absorbenten verbleibenden Gases proportional. Es gilt streng genommen nur für ideale Gase. **5)** *Geophysik*: Absorption seismischer Wellen (↗Dämpfung seismischer Wellen) führt zur Abnahme der seismischen Energie durch irreversible Umwandlung in Wärme entlang des Ausbreitungsweges. Die Absorption pro Wegeinheit ist frequenzabhängig, sie nimmt mit zunehmender Frequenz zu. Der Energieverlust steigt exponentiell mit der Entfernung. Für die seismische Energie *E* nach dem Durchlaufen des Weges *x* gilt: $E = E_0 \cdot e^{-\alpha x}$ mit der seismische Energie E_0 am Punkt $x = 0$ und dem Absorptionskoeffizienten α. Für Gesteine liegt α zwischen 0,1 und 1,0 dB/Wellenlänge. **6)** *Klimatologie*: In der Erdatmosphäre werden zahlreiche Reaktionen der dort vorhandenen Gase durch die absorbierte Energie der Sonnenstrahlung bewirkt.

Absorptionsband, Bereich der ↗Wellenlänge des Lichts, welcher von Pigmenten der ↗Photosynthese genutzt wird.

Absorptionsbande, größere Anzahl von dicht nebeneinanderliegenden ↗Absorptionslinien. Im allgemeinen entstehen diese Absorptionsbande infolge der Kopplung von elektrischer Schwin-

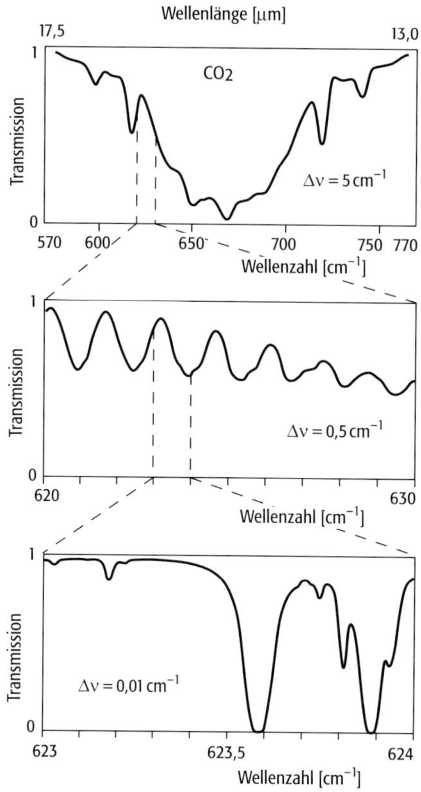

Absorptionsbande: Darstellung der 15 µm-Absorptionsbande des Kohlendioxids in unterschiedlicher spektraler Auflösung (oberer Teil: gesamte 15 µm-Bande bei einer spektralen Auflösung von 5 cm^{-1}; mittlerer Teil: Ausschnitt aus der 15 µm-Bande mit höherer spektraler Auflösung (0,5 cm^{-1}); unterer Teil: Ausschnitt aus dem in der Mitte dargestellten Spektrum mit nochmals gesteigerter spektraler Auflösung (0,01 cm^{-1}). Erst in diesem Fall werden die einzelnen Spektrallinien voneinander separiert.

gungs- und Rotations-Anregung in Molekülen. Während sich die Bande bei Gasmolekülen unter gewissen Bedingungen spektral auflösen lassen, ist dies in kondensierter Phase aufgrund intermolekularer Wechselwirkungen nicht mehr möglich. In der Atmosphärenforschung spielen insbesondere die sogenannten Rotationsschwingungsbanden eine wichtige Rolle, da diese für viele Moleküle im Spektralbereich von 1–20 µm liegen. Bei diesen Rotationsschwingungsbanden ist die Schwingungsanregung von einer Rotationsanregung überlagert. Im allgemeinen Fall setzt sich eine Rotationsschwingungsbande aus drei Gruppen von Linien zusammen, die als R-, Q- und P-Zweig bezeichnet werden. Die Absorptionslinien im R-Zweig liegen auf der kurzwelligen Seite der Absorptionsbande. Wichtige Absorptionsbande in der Atmosphäre sind vor allem die 6,3 µm-Wasserdampfbande, die 15 µm- und 4,3 µm-Kohlendioxidbande und die 9,6 µm-Ozonbande, welche in Infrarotspektren deutlich hervortreten (↗Strahlungsabsorption). Die Absorptionsbande anderer ↗Spurengase sind in der Atmosphäre deutlich schwächer wegen deren geringerer Konzentration (z. B. Methan, Distickstoffoxid). Da die Linien in Absorptionsbanden relativ nahe beieinander liegen, können diese in Spektren nur bei entsprechend hoher spektraler Auflösung separiert werden (Abb.). [HF]

Absorptionsfaktor, durch Absorption verursachter Schwächungsfaktor für Neutronen, Elektronen und elektromagnetische Strahlung: $I = A \cdot I_0$. I_0 ist die einfallende, I die transmittierte Strahlungsleistung (Intensität), A der Absorptionsfaktor, der sich aus dem ↗Absorptionsgesetz ergibt.

Absorptionsgesetz, exponentielle Beziehung zwischen der Strahlungsleistung I (Intensität) des ein absorbierendes Medium der Schichtdicke d durchlaufenden Strahls und der einfallenden Strahlungsleistung I_o (Lambert-Beersches Gesetz): $I = I_o \cdot exp[-\mu d]$. Dabei wird μ als Absorptionskonstante oder ↗Absorptionskoeffizient bezeichnet und ist eine Materialkonstante, die im Röntgenbereich auch linearer Absorptionskoeffizient heißt. Sie hat die Dimension einer reziproken Länge und wird meist in cm^{-1} angegeben.

Absorptionsgrad, wellenlängenabhängiges Verhältnis des von einem Medium absorbierten zum einfallenden ↗Strahlungsfluß. Im speziellen ist damit das wellenlängenabhängige Verhältnis des von einer Oberfläche absorbierten Strahlungsflusses zum dem eines ↗Schwarzen Körpers mit derselben Temperatur gemeint.

Absorptionskoeffizient, *Absorptionskonstante*, materialspezifische dimensionslose Größe, die die Absorption beschreibt (↗Absorptionsgesetz). Der Absorptionskoeffizient μ für elektromagnetische Strahlung berechnet sich nach dem Optischen Theorem aus dem Imaginärteil k des Brechungsindex $N = n\text{-}ik$ des betreffenden Materials zu

$$\mu = \frac{4\pi k}{\lambda_o},$$

wobei λ_o die Vakuumwellenlänge ist (↗anomale Dispersion).

Die Bezeichnungen Absorptionskoeffizient und Absorptionskonstante werden in der Literatur, insbesondere von angelsächsischen Autoren, nicht einheitlich gebraucht. Einige Autoren schreiben den Brechungsindex nicht in der Form $N = n\text{-}ik$, sondern als $N = n(1\text{-}i\varkappa)$, d. h. $k = n\varkappa$, und nennen $\varkappa$ den Absorptionsindex und k den Absorptionskoeffizienten.

Der Absorptionskoeffizient μ hängt von der Teilchenzahldichte ab. Unabhängig davon ist der normalerweise für Röntgenstrahlung verwendete Massenschwächungskoeffizient μ/ϱ (ϱ = Dichte in g/cm^3), der nicht vom chemischen oder physikalischen Zustand des Absorbers abhängt. Massenschwächungskoeffizienten sind additiv; für ein Material mit jeweils p_i Gewichtsanteilen ($\Sigma p_i = 1$) des Elements i ist

$$\frac{\mu}{\varrho} = \sum_{i=1}^{n} p_i \left(\frac{\mu}{\varrho}\right)_i$$

mit der Einheit cm^2/g.

Anstelle des Massenschwächungskoeffizienten $(\mu/\varrho)_i$ wird auch der ebenfalls von der Konzentration unabhängige Absorptionsquerschnitt

$$\sigma_i = \frac{A_i}{N_A}\left(\frac{\mu}{\varrho}\right)_i$$

verwendet, der für Röntgenstrahlung und für thermische Neutronen üblicherweise in Einheiten von 10^{-24} cm^2 tabelliert wird (A_i = Atomgewicht; N_A (Arogadrosche Zahl) = 6,022 · 10^{23} mol^{-1}). ↗Strahlungsübertragungsgleichung, ↗Extinktion. [KE]

Absorptionskonstante, die ↗Absorption charakterisierende Materialkonstante. ↗Absorptionskoeffizient, ↗Absorptionsgesetz.

Absorptionslinie, Darstellung einer absorbierten elektromagnetischen Strahlung. Gase absorbieren nicht kontinuierlich sondern an diskreten Wellenlängen. Durch Stöße mit anderen Molekülen und durch die eigene Bewegung findet die ↗Absorption nicht nur an einer Wellenlänge statt, sondern es ergibt sich eine Verschmierung über einen schmalen Spektralbereich (↗Absorptionsbande).

Absorptionsverlust, Schwächung von Strahlungsenergie bei der ↗Transmission in einem Medium, z.B. Absorptionsverlust des Lichts im Wasser. So erfährt der langwellige Anteil des Sonnenlichts einen stärkeren Absorptionsverlust als der kurzwellige Anteil. Hierdurch schwindet schon in geringer Wassertiefe die Farbe Rot. Der Absorptionsverlust ist bei den für die ↗Photosynthese relevanten Wellenlängen des Lichts von Bedeutung.

Absorptionsvermögen, Fähigkeit zur Aufnahme (↗Absorption) von Stoffen oder Energie an inneren Strukturen oder Molekülen, z.B. Quellung von Naturstoffen bei Wasseraufnahme.

Absorptionszellen-Magnetometer ↗optisch gepumptes Magnetometer.

Abspülsolifluktion, Form der ↗Solifluktion, begleitet von starker oberflächlicher ↗Abspülung von Feinmaterial. Diese wird in ↗Periglazialgebieten dadurch hervorgerufen, daß das Schmelzwasser im Frühjahr aufgrund des ↗Permafrosts nicht tief in den Boden eindringen kann. Wenn der ↗Auftauboden wassergesättigt ist, fließt das Schmelzwasser oberflächlich ab. Da dieser Prozeß flächenhaft wirkt, wird er auch als *periglaziale Spüldenudation* bezeichnet.

Abspülung, auf der Hangoberfläche stattfindende, flächenhaft wirksame Aufnahme und hangabwärts gerichtete Verlagerung von suspendiertem Lockermaterial durch ↗Oberflächenabfluß. Dabei bezieht sich die Abspülung auf die Phase des außerhalb fester Gerinnebetten diffus abfließenden Wassers (↗Spüldenudation), bevor der Abfluß sich in Hohlformen konzentriert. Die Konzentration des suspendierten und transportierten Materials im Abfluß ist eine Funktion von zwei Faktoren: erstens die von der Scherkraft des abfließenden Wassers und der auftreffenden Regentropfen (↗Regentropfenaufprall) abhängige Fähigkeit, Material aus dem Bodenverband herauszulösen und in Suspension zu bringen (detachment capacity), zweitens die von der Fließgeschwindigkeit abhängige Fähigkeit des Wassers, das Material in Suspension zu halten und zu transportieren (transport capacity). Abspülung wird im Periglazialbereich Abluation genannt.

Abstammungslehre, *Deszendenztheorie*, bildet gemeinsam mit der Genetik (Vererbungslehre) das Grundgerüst für die Lehre von der ↗Evolution der Organismen. Grundgedanke der Abstammungslehre ist, daß alle heutigen Organismen sich im Lauf der Zeit aus einfacheren Vorfahren entwickelten, indem im Erbgut Mutationen auftreten. Diese Veränderlichkeit wird bei der Züchtung von Haustieren und Nutzpflanzen praktisch genutzt. Eine wesentliche Stütze der Abstammungslehre ist der paläontologisch-stratigraphische Befund. Je höher Tiere und Pflanzen organisiert sind, desto später erscheinen sie in der Erdgeschichte (Abb.). Die Ähnlichkeit der fossilen mit lebenden Arten nimmt in allen Organismengruppen in Annäherung an die Gegenwart zu. Auch besitzen viele rezente Organismen rudimentäre (rückgebildete) Organe, die bei fossilen Verwandten noch funktionsfähig entwickelt waren. So ist z.B. bei Walen im Tertiär eine zunehmende Rückbildung der Hinterextremitäten und damit zusammenhängend des Beckens

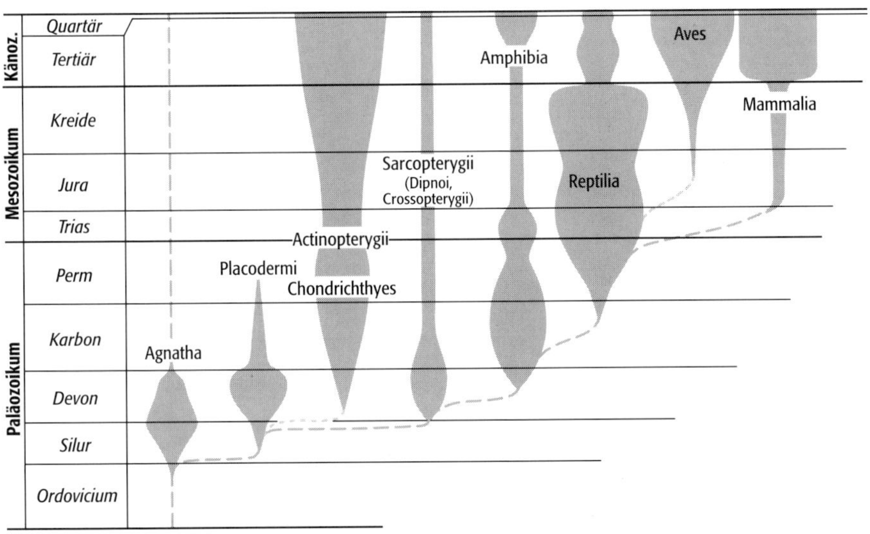

Abstammungslehre: Entwicklung der Wirbeltiere.

nachzuweisen. Vom Becken blieben bei rezenten Formen nur einige kleine Überreste, die ohne Verbindung mit der Wirbelsäule sind. Vergleichbar ist auch die Rückentwicklung der Extremitäten bei den Schleichen. [HGH]

Abstand-Absenkungsverfahren ↗Geradlinienverfahren.

Abstand raumzeitlicher Ereignisse, kann raumartig, zeitartig oder lichtartig sein. Der Abstand zweier Ereignisse in der vierdimensionalen ↗Raumzeit ist durch den metrischen Tensor g (↗Einsteinsche Gravitationstheorie) festgelegt. Haben zwei benachbarte Ereignisse die Koordinaten $x^\mu = (ct, x, y, z)$ und $x^\mu + dx^\mu$, so ist der Abstand ds zwischen ihnen:

$$ds^2 = \sum_{\mu,\nu} g_{\mu\nu} dx^\mu dx^\nu ,$$

wenn $g_{\mu\nu}$ die Komponenten des metrischen Tensors in den Koordinaten bezeichnet. In der speziellen ↗Relativitätstheorie hat man unter Verwendung inertialer Koordinaten:

$$ds^2 = -c^2 dt^2 + d\vec{x}^2 .$$

Der (infinitesimale) Abstand kann also negativ, positiv oder Null sein. Man spricht dann vom zeitartigen, raumartigen und lichtartigen Abstand. So bewegen sich etwa Lichtstrahlen längs Kurven der Länge Null. [MHS]

Abstandsgeschwindigkeit, v_a, Quotient aus der Länge eines Stromlinienschnittes und der vom Grundwasser beim Durchfließen dieses Abschnittes benötigten Zeit. Die durch Tracerversuche bestimmbare Abstandsgeschwindigkeit ist in guter Näherung gleich dem Quotienten aus ↗Filtergeschwindigkeit und durchflußwirksamen Porenraumanteil. Sie ist nicht identisch mit der wesentlich größeren tatsächlichen Fließgeschwindigkeit, der ↗Bahngeschwindigkeit, eines Grundwasserteilchens entlang seines tatsächlichen Weges. Es gilt:

$$v_a = \frac{k_f \cdot i}{n_e} = \frac{v_f}{n_e} \quad [m/s]$$

mit v_a = Abstandsgeschwindigkeit in m/s, k_f = Durchlässigkeitsbeiwert in m/s, i = hydraulischer Gradient und n_e = durchflußwirksamer Porenraum.

Mit Hilfe von Durchgangskurven bei Markierungsversuchen unterscheidet man zwischen der *maximalen Abstandsgeschwindigkeit* ($v_{a\,max}$), die sich aus dem ersten Auftreten des Tracers errechnet, der *dominierenden Abstandsgeschwindigkeit* ($v_{a\,dom}$), die sich aus dem Auftreten des Tracermaximums ergibt, der *medianen Abstandsgeschwindigkeit* ($v_{a\,med}$), die sich aus dem Schwerpunkt des Tracerauftretens (50% Tracerwiedererhalt) errechnet, sowie der *mittleren Abstandsgeschwindigkeit* ($\approx v_a$). Die einzelnen Fließgeschwindigkeiten sind nicht identisch, generell gilt:

$$v_{a\,max} > v_{a\,dom} > v_a > v_{a\,med} .$$

[RO]

Abstandstreue, die Eigenschaft, Abstände zwischen Punkten auf der Kugeloberfläche in einem konstanten Maßstab in der Kartenebene erscheinen zu lassen, also eine Entfernung längentreu (↗Längentreue) darzustellen. Die Abstandstreue oder *Äquidistanz* ist neben der ↗Flächentreue (Äquivalenz) und der ↗Winkeltreue (Konformität) eine der drei grundlegenden mathematischen Eigenschaften einer Abbildung der Kugel in die Ebene. Da nicht alle Entfernungen in der Kartenebene abstandstreu abgebildet werden können, wird der allgemeine Maßstab einer Karte von einem abstandstreuen Element bestimmt. Oft werden hierfür die Meridiane verwendet, wenn sie in dem betreffenden Entwurf längentreu sind. In diesem Fall gilt $m_m = 1$ (↗Verzerrungstheorie, ↗Längenverzerrung). Dabei entsteht eine Abbildung, in der alle Parallelkreisbilder alle Meridianbilder in einem Abstand schneiden, der dem Bogenabstand zwischen den Parallelen auf dem Globus entspricht. Eine Alternative hierzu ist es, die Parallelkreisverzerrung $m_p = 1$ auf der ganzen Karte zu fordern. Abbildungen mit abstandstreu eingeteilten Parallelkreisen werden auch als abweitungstreu bezeichnet. [KGS]

abstandstreuer Kartennetzentwurf, Abbildung des Globus in die Ebene, bei der gewisse Linien der Bezugsfläche in der Abbildung unverzerrt, d.h. in konstantem Maßstab dargestellt sind. Die Mehrzahl der abstandstreuen Kartennetzentwürfe bilden die Meridiane verzerrungsfrei ab. Beispiele hierzu sind der ↗azimutale Kartennetzentwurf mit längentreuen Meridianen und die quadratische Plattkarte, ein ↗Zylinderentwurf. Bemerkenswert ist die gnomonische Projektion, ein azimutaler Kartennetzentwurf, bei dem nahezu eine Halbkugel vom Kugelmittelpunkt aus auf eine tangentiale Abbildungsebene projiziert wird. Hieraus ergibt sich die Eigenschaft der gnomonischen Projektion, jede Verbindung zwischen zwei Punkten im ↗Großkreis als gerade Linie und wegen der prinzipiellen Großkreiseigenschaft längentreu abzubilden. Kartennetzentwürfe mit abstandtreuen Parallelkreisbildern sind i.d.R. ↗unechte Zylinderentwürfe. Beispiele sind der sinusiodale Kartennetzentwurf nach Mercator-Sanson, Eckerts Entwürfe I, III und V sowie Winkels Entwurf I. [KGS]

Abstand-Zeit-Absenkungsverfahren ↗Geradlinienverfahren.

Absteckung, Übertragung geometrischer Größen in die Örtlichkeit. Eine geometrische Größe wird realisiert durch eine ein-, zwei- oder dreidimensionale Absteckung. Für eine Absteckung werden Absteckungsunterlagen, z.B. bautechnische und vermessungstechnische Unterlagen, ein Absteckungsplan, d.h. graphische und beschreibende Darstellung des abzusteckenden Objektes mit den erforderlichen Absteckungsdaten, in digitaler oder analoger Form, benötigt.

absteigende Quelle, Quelle, der das Grundwasser mit freier Grundwasseroberfläche zufließt. Es sind zumeist Schicht- oder Verengungsquellen bei ungespanntem Grundwasser.

Abstich, Höhendifferenz zwischen Bezugspunkt (Meßpunkt) und Grundwasserspiegel.

Abstiegsbauwerk, *Aufstiegsbauwerk*, Schiffsanlage zum Überwinden einer Fallstufe in einem Gewässer durch ↗Schleusen oder ↗Schiffshebewerke.

abstoßen, *absetzen*, Abschneiden einer Schicht, einer Bruchfläche oder eines Ganges an einer anderen Gesteinmasse oder tektonischen Fläche, häufig an einer ↗Verwerfung oder ↗Diskordanz zu jüngeren überlagernden Schichtfolgen.

Abstrahlcharakteristik, die von einem ↗Erdbebenherd abgestrahlten Verschiebungsamplituden seismischer Wellen (↗Raumwellen, ↗Oberflächenwellen) als Funktion von Abstrahlwinkel am Herd und Azimut von Herd zur seismischen Station. Sie hängt vom Herdmechanismus ab und kann aus den Amplituden und Polaritäten von seismischen Wellen bestimmt werden (↗Herdflächenlösung). Mathematisch läßt sich die Abstrahlcharakteristik einer Scherdislokation durch ein System von zwei Kräftepaaren mit verschwindendem Gesamtmoment (double couple) beschreiben (Abb.). Äquivalent mit diesem Kräftesystem ist ein System von zwei orthogonal angeordneten Dipolen. Der zur Quelle gerichtete Dipol ist die Kompressions- oder P-Achse. Diese liegt in dem Quadranten, in dem die Bodenbewegung zum Herd hin gerichtet ist. Der von der Quelle weg weisende Dipol ist die Zug-Achse (auch T-Achse genannt). Diese liegt in dem Quadranten, in dem die Bodenbewegung vom Herd weg gerichtet ist. [GüBo]

Absturz, 1) im ↗Gewässerausbau verwendetes ↗Sohlenbauwerk, mit dem eine Verminderung des Gefälles bzw. der Fließgeschwindigkeit und damit ein Schutz der Gewässersohle gegen Erosion bezweckt wird. Der Absturz findet v.a. bei Gewässern mit senkrechter oder steil geneigter Absturzwand Verwendung. Er kann mit der oberstromigen Gewässersohle abschließen oder diese überragen. In der Regel findet bei der Überströmung ein ↗Fließwechsel statt. Der Absturz wird meist aus Beton hergestellt, seltener und nur an kleineren Gewässern auch aus Holz oder Bruchsteinen. Eine Reihe von aufeinanderfolgenden Abstürzen bildet eine Absturztreppe (Kaskade), wobei häufig Betonfertigteile verwendet werden (Sohlenschale, Kesselabsturz).
2) Bauwerk in der ↗Kanalisation oder bei der ↗Dränung an Stellen, wo Rohrleitungen (Sammler) mit unterschiedlicher Höhenlage zusammentreffen, Geländesprünge auftreten oder das Geländegefälle größer ist als das aus hydraulischen Gründen erforderliche Sohlengefälle der Leitungen. [EWi]

Abszissenverjüngungsfaktor ↗geodätische Parallelkoordinaten.

Abtastradiometer, ein in bestimmten Wellenlängenbereichen arbeitendes ↗Radiometer, welches mit Hilfe eines Oszillationsspiegels normal zur Flugrichtung des Radiometers einen Streifen der Erdoberfläche abtastet. Der Spiegel lenkt die einfallende Strahlung auf einen ↗Detektor, welcher diese in ein elektrisches Signal umwandelt. Dieses wird zur Aufzeichnung durch einen Rekorder oder zur unmittelbaren Bildgebung, z.B. mittels einer Kathodenstrahlröhre, verstärkt. Bei der Vorwärtsbewegung des ↗Sensors in einer Flughöhe h mit der Geschwindigkeit v muss ein passendes v/h-Verhältnis bestehen, damit aufeinanderfolgende Scanzeilen nicht überlappen und keine Lücken aufweisen, sondern sich gerade berühren. ↗Paßpunkt. [MFB]

Abtastsystem, System, das der Umwandlung von Analogdaten in Digitaldaten dient (↗Analog-Digital-Wandler).

Abtasttheorem, besagt, daß zur Rekonstruktion eines Signals ein Digitalisierungsintervall ΔX benötigt wird, das kleiner als die halbe Wellenlänge des kurzwelligsten Anteils des Signales ist. Ist ΔY die Bildelementgröße und entspricht die Breite eines gerade noch auflösbaren Streifenpaares dem Wert 1,4 ΔY, so gilt $\Delta X < 0{,}7\Delta Y$. Bei Betrachtung eines Signals im Frequenzbereich (↗Fouriertransformation) gilt, daß das Spektrum einer digitalisierten Funktion der periodischen Wiederholung des Spektrums der Ausgangsfunktion entspricht, wobei die Wiederholfrequenz aus dem periodischen Zeitintervall der Digitalisierung des ursprünglichen Signales folgt. Das Abtasttheorem ist eingehalten, wenn die Frequenz $1/T$, in der die Digitalisierung erfolgt, größer als die doppelte Bandbreite B des Frequenzspektrums des Ausgangssignals ist: $1/T > 2\,B$. $1/B$ entspricht somit der kleinsten auftretenden Wellenlänge λ_{min} und T kann als Digitalisierungsintervall interpretiert werden: $T < 1/2\,B$ bzw. $T < \lambda_{min}/2$. Die Digitalisierrate von $2\,B$ wird auch als Nyquist-Frequenz bezeichnet. [EC]

Abtorfung, flächenhafte Gewinnung von ↗Torf, historisch durch Ausgraben (Stechen) gewonnen und nach Trocknung als Brennmaterial verwendet. Die erste Erwähnung findet sich durch ↗Plinius dem Älteren im Jahre 47 n.Chr. aus dem Weser-Ems-Gebiet. Heute werden weltweit hauptsächlich Hochmoortorfe nach vorheriger großflächiger ↗Entwässerung als Frästorf oder Sodentorf industriemäßig abgebaut und zur Bodenverbesserung im landwirtschaftlich-gärtnerischen Bereich genutzt. Brenntorf ist in Nordosteuropa und in Irland noch von großer Bedeutung. Geringere Torfmengen werden als Tierein-

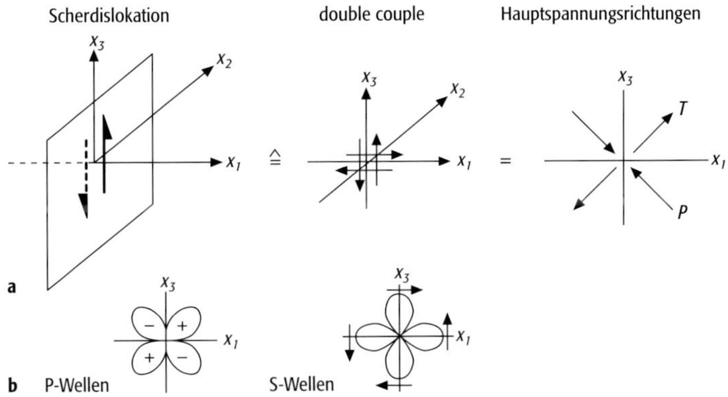

Abstrahlcharakteristik: Äquivalenz von Scherdislokation; a) System von zwei Kräftepaaren ohne Gesamtmoment und System von Einzelkräften in Form von zwei Dipolen (x_1, x_2, x_3 = Achsen eines kartesischen rechtwinkligen Koordinatensystems; P = Kompressionsachse; T = Zugachse). Die x_1-Richtung steht senkrecht zur Bruchfläche, x_1 und x_2 liegen parallel zur Bruchfläche, x_3 weist in Richtung der Dislokation; b) dazugehörige Abstrahlcharakteristik für P- und S-Wellen.

streu genutzt, als Badetorf in der Medizin und zur Fasergewinnung in der Textilindustrie eingesetzt. Schon seit 1810 gibt es in Holland und seit dem Jahr 1919 in Deutschland Abtorfungs- und Moorschutzgesetze, die den Abbau begrenzen und eine landwirtschaftliche oder forstwirtschaftliche Nachnutzung bzw. die Moorrenaturierung vorschreiben.

Abtragung ↗Erosion.

Abtragungsebene ↗Abtragungsfläche.

Abtragungsfläche, vorwiegend geomorphogenetisch-geomorphographisch verwendeter Begriff für durch die Prozesse der Abtragung (↗Erosion) entstandene Fläche, z.B. ↗Rumpffläche. Ebene Flächen werden als auch *Abtragungsebene* bezeichnet.

Abtragungsform, Reliefform, die durch die geomorphologischen Prozesse der ↗Erosion und/oder ↗Denudation entsteht oder entstanden ist. Aus Form, Material und Struktur kann auf die beteiligten Abtragungsprozesse und deren Rahmenbedingungen rückgeschlossen werden.

Abtragungslandschaft, geomorphogenetisch-geomorphographisch verwandter Sammelbegriff für von ↗Abtragungsformen geprägte Landschaften. Ihr Relief wurde in der Vergangenheit stark erniedrigt und zumindest teilweise ausgeglichen.

Abtragungsresistenz, in der ↗Geomorphologie relative Widerständigkeit eines Gesteins gegenüber ↗Verwitterung und ↗Erosion.

abtropfender Niederschlag, ↗Niederschlag unter einem Pflanzenbestand, der nach kurzzeitiger Speicherung an Pflanzenoberflächen wie Blättern und Nadeln (↗Interzeption) auf den Boden fällt (↗Kronendurchlaß, ↗Bestandsniederschlag).

Abukuma-Typ-Metamorphose, *Buchan-Typ-Metamorphose*, Typ der ↗Regionalmetamorphose bei niedrigem Druck.

Abundanz, [von lat. abundantia = Überfluß], Anzahl von Organismen in Bezug auf eine Flächen- oder Raumeinheit. Es wird unterschieden in: a) Individuenabundanz (Individuendichte), welche die Anzahl von Individuen einer ↗Art pro Flächen- oder Raumeinheit angibt und b) Artenabundanz (Artendichte), die sich auf die Artenzahl pro Flächen- oder Raumeinheit bezieht. Meist wird nur die Individuendichte verwendet.

Abwärme, der bei der Produktion von Energie nicht nutzbare und das System verlassende Anteil. Dieser wird meist in Form fühlbarer und latenter Wärmeströme in die Umgebung (z.B. über Kühltürme in die Atmosphäre, Einleitung in Gewässer) abgegeben. Die Emittenten der meist anthropogen verursachten Abgaswärme sind einzelne große Anlagen wie Kühltürme (Punktquellen), urbane Gebiete wie Siedlungen, Industrie (Flächenquellen) und Straßen sowie warme Flüsse bei Nacht (Linienquellen).

Abwasser, durch Gebrauch verändertes sowie jedes in die ↗Kanalisation gelangende Wasser. Je nach Herkunft werden unterschiedliche Abwasserarten unterschieden, die entweder getrennt oder gemeinsam abgeleitet werden: a) *Schmutzwasser* ist das durch menschlichen Gebrauch verunreinigte Wasser aus den Wohnstätten der Bevölkerung (häusliches Schmutzwasser, z.B. aus Küchen, Waschräumen, Baderäumen, Aborten), aus Gewerbe- und Industriebetrieben oder aus der Landwirtschaft. b) Regenwasser ist das über die Kanalisation abgeleitete Niederschlagswasser. c) Fremdwasser ist das über Undichtigkeiten in die Kanalisation eindringende, über Fehlanschlüsse eingeleitete oder bei Regen über die Abdeckungen der Kanalschächte zufließende Wasser. d) Kühlwasser ist das durch Kühlprozesse erwärmte, jedoch nicht verschmutzte Wasser. e) Als Mischwasser wird Abwasser bezeichnet, das aus Schmutz-, Regen- und Fremdwasser besteht und gemeinsam abgeleitet wird (Mischkanalisation).
Der Abwasseranfall unterliegt, v.a. wenn auch Regenwasser zusammen mit dem Schmutzwasser abgeleitet wird, erheblichen Schwankungen. Der häusliche Schmutzwasseranfall hängt nicht nur ab von der Zahl der an die Kanalisation angeschlossenen Einwohner, sondern wird auch von deren Lebensgewohnheiten beeinflußt (↗Wasserbedarf). Er schwankt im Tagesverlauf sehr stark, der Spitzenabfluß liegt bei etwa 5 l/s je 1000 Einwohner. Darin ist auch der Abwasseranfall aus Handwerk und Kleinbetrieben enthalten, die unmittelbar der Versorgung der Bevölkerung dienen, nicht aber der von Einrichtungen, die überörtlichen Charakter haben. Für Krankenhäuser, größere Hotels, Bäder, Campingplätze, Fabrikanlagen und Bürohäuser wird der Abwasseranfall entsprechend der jeweiligen Betriebsgröße getrennt ermittelt. Der gesamte Schmutzwasserabfluß (in l/s oder m^3/s) wird als ↗Trockenwetterabfluß bezeichnet.
Bei der Dimensionierung des Kanalnetzes ist der Regenwasserabfluß der bestimmende Faktor, da er um das 60- bis 200fache über dem Schmutzwasserabfluß liegen kann. Die für die Bemessung anzusetzende Regenspende (in l/s und ha) hängt von Häufigkeit und Dauer des sog. Bemessungsregens ab. Der Regenwasserabfluß weiterhin wird von der Regendauer sowie von Form und Gefälle des Einzugsgebietes und dem Anteil der befestigten Flächen bestimmt.
Die Beschaffenheit des häuslichen Schmutzwassers wird, ebenso wie die Quantität, von den Lebensgewohnheiten der jeweiligen Bevölkerungsgruppe bestimmt. Eine Beurteilung erfolgt über die Summenparameter ↗biochemischer Sauerstoffbedarf und ↗chemischer Sauerstoffbedarf (jeweils in mg/l). Um eine einheitliche Bemessungsbasis zu erhalten, wird gewerbliches, industrielles und gemischtes Abwasser auf sog. ↗Einwohnergleichwerte umgerechnet. In der Regel muß auch das Regenwasser behandelt werden, da mit dem Niederschlag nicht nur Staubablagerungen und Reifenabrieb von den Straßen abgeschwemmt, sondern auch Ablagerungen im Kanalnetz ausgespült werden, so daß zeitweise und v.a. zu Regenbeginn, die Schmutzkonzentration deutlich höher ist als beim häuslichen Abwasser. Die Ableitung des Abwassers erfolgt über die ↗Kanalisation, die Behandlung in der Kläranlage.

Abwasserabgabengesetz, Gesetz des Bundes von

Stufe	Apparat	mittlere Verweilzeit [min]	Bemerkungen
Absieben von groben bzw. sperrigen Feststoffen	Grob- und Feinrechen	1	für jede Abwasserbehandlung notwendig
Absetzen von Sand und Steinen	Sandfang	5	für jede Abwasserbehandlung notwendig
Abscheiden von Flüssigkeiten und Stoffen, die leichter als Wasser sind	Leichtflüssigkeitsabscheider	5 … 10	nur bei Notwendigkeit
Einstellen des pH-Wertes	Neutralisationsbehälter	5	nur bei Notwendigkeit (z. B. Industrieabwässer)
Fällung von schädlichen Ionen, Ausflockung von Kolloiden	Fällungs-/Flockungsbecken	10 … 20	nur bei Notwendigkeit
Zurückhalten des Fällungs- und Flockungsschlammes und aller weiteren absetzbaren Stoffe	Absetzbecken 1 (Vorklärbecken)	60 … 120	für jede Abwasserbehandlung notwendig
biologischer Abbau organischer Stoffe	Rieselturm, Belebungsbecken, Tropfkörper	60 … 120	notwendig in Abhängigkeit vom Verschmutzungsgrad des Abwassers und von Zustand des Vorfluters
Zurückhaltung der Stoffe, die durch biologische und chemische Vorgänge in eine absetzbare Form umgewandelt wurden	Absetzbecken II (Nachklärbecken)	60 … 120	nur im Zusammenhang mit biologischen Behandlungsanlagen notwendig
Eliminierung vorrangig von Phosphor- und Stickstoffverbindungen	Misch- und Flockungsbecken, Absetzbecken	10 … 20	notwendig in Abhängigkeit vom Zustand des Gewässers, in welches das gereinigte Abwasser eingeleitet wird
Einleiten des Abwassers in Vorfluter	Abwassergraben	60 … 120	je nach Möglichkeit und Zustand des gereinigten Abwassers auch Wieder- oder Weiterverwendung (z. B. Bewässerung, Infiltration, Kühlwasser)

Abwasserreinigung (Tab.): Verfahrensstufen der Abwasserreinigung.

1976, zuletzt 1996 novelliert, zur Reduzierung der ↗Gewässerbelastung. Es sieht vor, daß für das direkte Einleiten von ↗Abwasser in ein Fließgewässer eine Abgabe gezahlt wird, die sich nach dem Volumen und der Schädlichkeit bestimmter eingeleiteter Inhaltsstoffe richtet.

Abwasserableitung ↗Kanalisation.

Abwasseranfall, die in einer bestimmten Zeitspanne anfallende Menge an ↗Abwasser. In Deutschland rechnet man mit einem mittleren Abwasseranfall von 200 Liter pro Tag und Einwohner (nur häusliches Abwasser). Für die Bemessung des Kanalsystems und von ↗Kläranlagen muß ein höherer Wert angesetzt werden, da zusätzlich gewerbliche Abwässer und evtl. Regenwasser (↗Mischkanalisation) zu berücksichtigen sind. Als Faustformel gelten ca. vier Liter je Sekunde und 1000 Einwohner bzw. 350 Liter je Einwohner und Tag. In anderen Ländern kann der mittlere Abwasseranfall hiervon stark abweichen.

Abwasserbelastung, 1) Belastung des ↗Abwassers mit persistenten oder giftigen Stoffen, welche durch die ↗Abwasserreinigung nicht entfernt werden oder aber den biologischen Abbau hemmen. 2) Belastung eines ↗Gewässers durch nicht oder nur unzureichend gereinigtes Abwasser, mit entsprechend nachteiligen Folgen wie Verödungszonen, ↗Verarmungszonen, Sauerstoffmangel, Verkrautung, Pilztreiben und ↗Eutrophierung.

Abwassereinleitung, Einleitung von ↗Abwasser in ein Gewässer (↗Vorfluter) durch bauliche Maßnahmen.

Abwasserfahne, durch Unterschiede in Stoffkonzentration oder Temperatur optisch oder meßtechnisch erfaßbarer Wasserkörper in einem ↗Vorfluter. In Abwasserfahnen hat noch kein Ausgleich durch Vermischung zwischen dem eingeleiteten ↗Abwasser (z. B. Kühlwasser) und dem Restwasserkörper stattgefunden. In Fließgewässern ist dieser Bereich in Strömungsrichtung ausgeprägt. Bei örtlich versetzter Überlagerung gleichartiger Abwasserfahnen kommt es zur Ausbildung sägezahnartiger Konzentrations- oder Temperaturerhöhungen im Gewässer.

Abwassergift, toxisch wirkender Stoff im ↗Abwasser. In entsprechender Konzentration kann ein Abwassergift die biologische Reinigung von ↗Kläranlagen beeinträchtigen oder in Gewässern die ↗Selbstreinigung hemmen.

Abwasserinjektion, Einpressen von toxischen Abwässern in Untertagedeponien oder geeignete Gesteinseinheiten.

Abwasserlast, die Belastung eines ↗Abwassers mit gelösten und ungelösten organischen und mineralischen Inhaltsstoffen.

Abwasserpilze, Pilze, die fast stets im ↗Abwasser angetroffen werden, wie z. B. *Leptomitus lacteus*. Daneben werden auch faden- und flockenbildende Bakterien trivial als Abwasserpilze bezeichnet, z. B. *Sphaerotilus natans*. Abwasserpilze können auf festen Oberflächen im Abwasser fellartige Beläge bilden und bei einer Massenentwicklung in kurzer Zeit Siebe, Rechen, Rohre und kleine Vorfluter verstopfen.

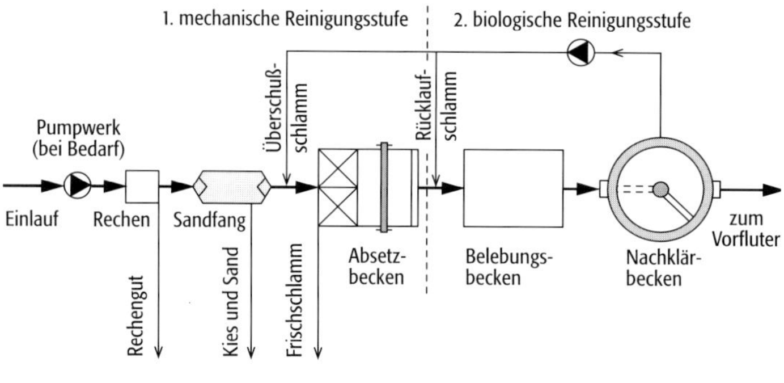

Abwasserreinigung: Schema einer mechanisch-biologischen Abwasserreinigungsanlage.

Abwasserprobe, Teilmenge eines ↗Abwassers, die als Probe für weitergehende analytische Untersuchungen entnommen wird.

Abwasserreinigung, *Abwasserbehandlung*, Reinigung von ↗Abwasser, wobei je nach Art und Beschaffenheit der zu entfernenden Schad- und Schmutzstoffe unterschiedliche Verfahren zur Verfügung stehen. Sie werden i. d. R. nicht separat angewendet, sondern sind hintereinander in Form einer Kette von mehreren Reinigungsstufen angeordnet (Tab.). Absetzbare oder schwimmfähige Stoffe werden in der ↗mechanischen Reinigungsstufe (Vorklärung) ausgeschieden. Hierzu gehören neben den ↗Abscheidern vor allem ↗Rechen, ↗Siebanlagen, ↗Sandfänge sowie ↗Absetzbecken. In der sich daran anschließenden ↗biologischen Reinigungsstufe werden zur Elimination von gelösten, halbgelösten und feindispergierten organischen Stoffen v. a. Tropfkörper oder ↗Belebungsanlagen verwendet (Abb.). Eine weitergehende Abwasserbehandlung erfolgt über die ↗chemische Reinigungsstufe (3. Stufe). [EWi].

Abwasserschlammgemisch, ↗Abwasser, welches neben den gelösten Inhaltsstoffen noch mit einem hohen Anteil an ↗Feststoffen belastet ist. In der ↗Kläranlage wird nach der ↗biologischen Reinigungsstufe (2. Stufe) (↗Abwasserreinigung Abb.) das Gemisch aus gereinigtem Abwasser und dem ↗Belebtschlamm einer Nachklärung unterworfen und der Schlamm abgezogen. Dieser wird z. T. als Rücklaufschlamm wieder in die 2. Reinigungsstufe gepumpt, z. T. als Überschußschlamm einem ↗anaeroben Abbau zugeführt bzw. entwässert und verbrannt (↗Belebungsanlagen Abb.).

Abwasserteiche, einfache Becken zur mechanisch-biologischen ↗Abwasserreinigung. Abwasserteiche müssen ausreichend dimensioniert sein, um im ↗aeroben Zustand zu verbleiben. Meist werden Klärbecken oder Absetzteiche vorgeschaltet, die den Abwasserschlamm aufnehmen. Abwasserteiche werden belüftet oder unbelüftet betrieben. Sonderformen sind Abwasser-Fischteiche und Schönungsteiche mit Pflanzenbewuchs.

Abwasserverdünnung, wasserbauliche Maßnahme zur Erhöhung der Wasserführung eines Gewässers mit Reinwasser. Die Abwasserverdünnung soll durch die zusätzliche Verdünnung von eingeleitetem ↗Abwasser die ↗Selbstreinigung des betroffenen Gewässers unterstützen und eine Überlastung vermeiden.

Abwasserverregnung, dient der landwirtschaftlichen Abwasserverwertung. Bei künstlicher Verregnung von meist kommunalem Abwasser auf die Landflächen wird das Abwasser bei der Versickerung durch Bodenschichten, die als Filter wirken, gereinigt. Auf die Einhaltung der entsprechenden Gaben (max. 150 mm/Jahr) bei den verschiedenen Nutzungsarten ist zu achten. Die Verregnung ist technisch besser und sparsamer als die ↗Abwasserverrieselung. Dabei kann man das Wasser je nach den zeitlichen Bedürfnissen der Pflanzen in kleine Gaben von 10–20 mm aufteilen. Nachteilig ist der Geruch. Das Abwasser kommt aus den Speicherbecken und den langen Druckrohren gewöhnlich faulend an. Beim Verspritzen durch die Luft werden die Geruchsgase verstärkt freigesetzt. Auch die Übertragung von Krankheitskeimen und Wurmeiern ist leichter möglich, weil das Abwasser von oben auf die Pflanzen kommt und es erwiesen ist, daß Krankheitskeime durch den Wassernebel auf große Entfernungen durch die Luft getragen werden. Es wird deshalb empfohlen, das Abwasser zur Verregnung biologisch vorzureinigen. [ME]

Abwasserverrieselung, intermittierende Ableitung von Abwasser auf Felder, sog. ↗Rieselfelder, die durch niedrige Dämme abgeteilt sind. Das Abwasser versickert in die Bodenschichten, wo es durch Bakterien gereinigt wird. Die landwirtschaftliche Nutzung steht im Vordergrund. ↗Abwasserverregnung.

Abwasserversenkung, Einleitung von meist kommunalen Abwässern über lange Abwasserrohre ins Meer.

Abwind, *downdraft*, Bezeichnung für eine Luftströmung, die zur Erdoberfläche hin gerichtet ist. Besonders starke Abwinde treten z. B. in Cumulonimbus-Wolken (↗Wolkenklassifikation) oder im ↗Lee von Gebirgen (↗Fallwind) auf. Das Gegenteil von Abwind ist der ↗Aufwind.

Abwurfsonde, *Dropsonde*, ↗Radiosonde, die nicht an einem Ballon aufsteigt, sondern aus großer Höhe von einem Flugzeug abgeworfen wird. Sie schwebt an einem Fallschirm zur Erde, mißt dabei meteorologische Werte (Druck, Temperatur, Feuchte) und sendet sie zu einer Empfangsstation.

Abyssal, Tiefenzone der Ozeane im Bereich der Tiefsee-Ebenen, d. h. zwischen Kontinentalfuß und Tiefseegräben, etwa zwischen 2000–6000 m unter dem Meeresspiegel. Es umfaßt die Fußregion des Kontinentalabhangs, die ↗Tiefseebekken und die ↗Mittelozeanischen Rücken.

abyssische Gesteine ↗Plutonite.

Abziehverfahren, *Stripverfahren*, im Rahmen analoger Methoden der ↗Kartenherstellung eingesetzte historische Verfahren unter Verwendung eines Materials, bei dem sich eine Schicht abziehen läßt. In der analogen Kartenherstellung werden hauptsächlich Abziehfilm und Abziehfolie verwendet. Abziehfilm ist ein reproduktionstechnischer Film mit einer abziehbaren lichtempfindlichen Schicht, die größtenteils mit einer klebrigen Rückseite versehen ist, so daß dieser Film für Korrekturen der ↗Vorlagen aber auch für die Montage von Schriften verwendet wird. Das Bild wird in einem kopiertechnischen Prozeß aufgebraucht. Bei der Abziehfolie handelt es sich um eine Plastikfolie, die mit einer dünnen, für aktinisches Licht undurchlässigen Schicht versehen ist. Durch Trennung der Schicht an den Konturen ist ein nachfolgendes Abziehen möglich. Die Trennung kann manuell, maschinell oder kopiertechnisch durchgeführt werden. Die manuelle Trennung erfolgt durch manuelles Schneiden der Schicht entlang der ↗Konturen, maschinell führt diese Trennung ein Plotter mit Schneidwerkzeug aus. Die Trennung der Schicht kann auch durch spezielle kopiertechnische Verfahren (↗Kopierverfahren) erfolgen, indem eine lichtempfindliche Komponente in der Abziehschicht enthalten ist oder zusätzlich eine lichtempfindliche Schicht aufgebracht wird. Nach der ↗Belichtung und der Entwicklung der Konturen wird die Abziehschicht an diesen Stellen ausgewaschen und damit die Trennung der Abziehschicht vorgenommen. Das Abziehverfahren wird hauptsächlich zur Herstellung von Farbdeckern und Masken eingesetzt. [CR]

Acadium, regional verwendete stratigraphische Bezeichnung für das Mittlere ↗Kambrium Nordamerikas, benannt nach der Region Acadia in Ostkanada.

accomodation space ↗Sequenzstratigraphie.

ACD, *<u>A</u>ragonite <u>C</u>ompensation <u>D</u>epth*, *Aragonit-Kompensationstiefe*, ↗Carbonat-Kompensationstiefe.

ACF-Diagramm, ein Dreiecksdiagramm mit den Eckpunkten Al_2O_3, CaO und FeO + MgO zur graphischen Darstellung (↗Projektion) von ↗Mineralparagenesen metamorpher Gesteine.

ac-Fläche, tektonische Fläche (meistens Klüfte), die in der *XY*-Ebene des ↗Verformungsellipsoids liegt; veralteter Begriff.

Achat, rhythmisch gebänderter, feinschichtiger ↗Chalcedon, z.T. auch ↗Opal, benannt nach dem ersten Fundort am Fluß Achates in Sizilien; als Füllung sog. ↗Achatmandeln oder ↗Geoden in kugeligen bzw. mandelförmigen Blasen-oder Klufthohlräumen in Effusivgesteinen, z.B. Melaphyr; Farben: vorwiegend grau, lichtgrau, milchig-weiß, graubläulich, rot, braun, graugelb, selten grün, blau, schwarz; künstlich in allen Farben durch Brennen oder Beizen; je nach Wassergehalt und Porosität ist die Färbbarkeit der einzelnen Lagen verschieden; Verwendung: kunstgewerbliche Gegenstände, als Schmuckstein, als Lagenstein für Gemmen und Kameen, wegen Zähigkeit und der chemische Resistenz Einsatz in der Technik; je nach Farbe, Zeichnung, Form, Bänderung und Maserung zahlreiche Varietäten-Namen: Moos-, Punkt-, Wolken-, Dendriten-, Baum-Achat usw. (Abb. im Farbtafelteil). [GST]

Achatmandel, ↗Geode, unregelmäßige Ausfüllung mit kristallinem oder kolloidalem Material. ↗Achat.

Ach-Horizont, ↗Bodenhorizont entsprechend der ↗Bodenkundlichen Kartieranleitung, humos, mit Carbonat angereichert, oftmals sekundär in ↗Kalksteinböden.

Achondrit ↗Meteorit.

Achsenabschnitte, im dreidimensionalen Raum die Strecken *0A*, *0B* und *0C*, die eine Fläche auf den drei Achsen eines Koordinatensystems bestimmen (Abb.). Für die Flächen eines Kristalls kann man die Winkel zwischen den Achsen und die Einheitslängen entlang dieser Achsen stets so wählen, daß für eine jede Fläche die Achsenabschnitte ganzzahlig bzw. (wenn die Fläche parallel zu einer Achse verläuft) unendlich sind. Diese Eigenschaft folgt aus dem periodischen Aufbau der Kristallstrukturen und hat zur Folge, daß die Achsenabschnitte verschiedener Flächen in einem rationalen Verhältnis zueinander stehen. Das ist der Inhalt des ↗Rationalitätsgesetzes. Die Reziproken der Achsenabschnitte einer Fläche, ganzzahlig und teilerfremd gemacht, sind die ↗Millerschen Indizes der Fläche. [WEK]

Achsendepression, Tiefpunkt im Verlauf einer nicht geraden, in verschiedene Richtungen abtauchenden Faltenachse. Ein Hochpunkt heißt *Achsenkulmination* (Abb.).

Achsendispersion ↗Indikatrix.

Achsenebene ↗Falte.

Achsenfläche ↗Falte.

Achsenflächenschieferung, ↗Schieferung, parallel zur Achsenfläche einer ↗Falte.

Achsenkreuz, ein Achsenkreuz ist ein System, bestehend aus einem Nullpunkt (Ursprung) und drei nicht in einer Ebene liegenden Geraden, auf denen die jeweiligen Einheitslängen für die Messung längs dieser Richtung angegeben sind. Ist in einem Raum ein Achsenkreuz definiert, so kann jeder Punkt des Raumes durch Angabe des Pfades vom Nullpunkt parallel zu den Achsen in Vielfachen der Einheitslängen festgelegt werden (Koordinaten). Speziell bei der Beschreibung von Kristallstrukturen gibt es Gründe, die Einheitslängen auf den Achsen unterschiedlich zu wählen. ↗kristallographisches Achsenkreuz.

Achsenkulmination ↗Achsendepression.

Achsenrampe, Bereich, in dem die Achsen mehrerer aufeinanderfolgender Falten sich lokal versteilen (Abb.); entspricht einer ↗Flexur quer zu den Faltenachsen.

Achsensystem, zur Beschreibung von Kristallen gewähltes Koordinatensystem, das der Symmetrie der Kristalle möglichst gut angepaßt ist. Dabei erlegt die Symmetrie den Achsensystemen im 3-dimensionalen Raum Bedingungen auf (Tab.), wobei *a*, *b*, und *c* die Beträge der Basisvektoren $\vec{a}$, $\vec{b}$ und $\vec{c}$, und $\alpha = \angle(\vec{b}, \vec{c})$, $\beta = \angle(\vec{c}, \vec{a})$ und $\gamma = \angle(\vec{a}, \vec{b})$ die Winkel zwischen den Vektoren sind.

Achsensystem	Bedingungen
triklin	keine
monoklin	$\alpha = \gamma = 90°$
orthorhombisch	$\alpha = \beta = \gamma = 90°$
tetragonal	$a = b$, $\alpha = \beta = \gamma = 90°$
hexagonal	$a = b$, $\alpha = \beta = 90°$, $\gamma = 120°$
rhomboedrisch	$a = b = c$, $\alpha = \beta = \gamma$
kubisch	$a = b = c$, $\alpha = \beta = \gamma = 90°$

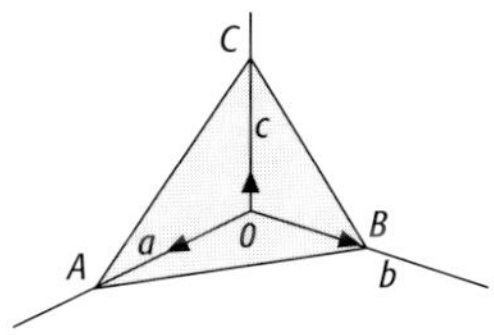

Achsenabschnitte: Die Achsenabschnitte *0A*, *0B* und *0C* bestimmen eine Fläche auf den Achsen *a*, *b* und *c* eines Koordinatensystems.

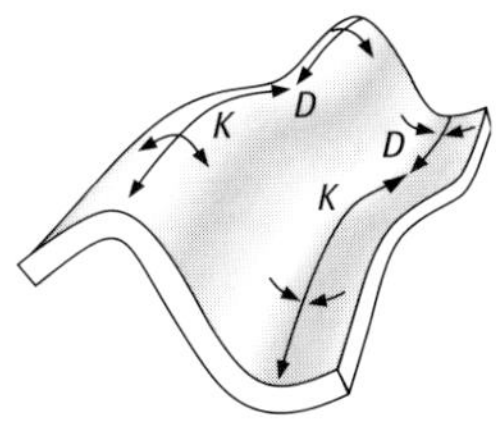

Achsendepression: Achsendepression (*D*), Achsenkulmination (*K*).

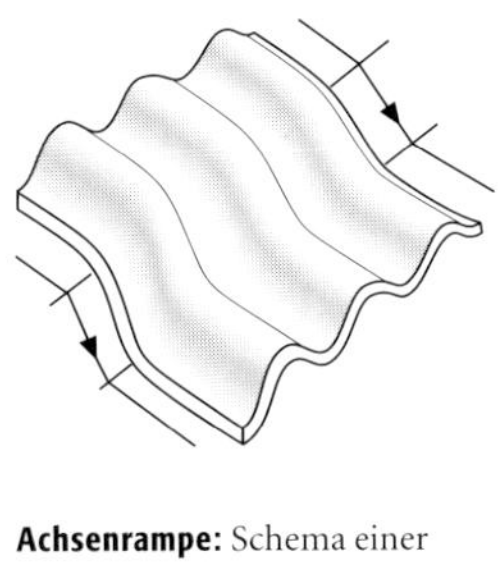
Achsenrampe: Schema einer Achsenrampe.

Achsensystem (Tab): Die Achsensysteme und ihre Bedingungen.

Die Angaben für das monokline System gelten für den Fall, daß (wie in der Mineralogie üblich), die b-Achse in der symmetrisch ausgezeichneten Richtung liegt.

Achsenwinkel, ein Winkel, den die optischen Achsen der ↗Indikatrix eines ↗optisch zweiachsigen Kristalls einschließen. Der Achsenwinkel V_γ, der die größte Hauptachse der dreiachsigen Indikatrix mit dem Brechungsindex n_γ als Winkelhalbierende hat, berechnet sich nach der Beziehung:

$$\sin^2 V_\gamma = \frac{n_\gamma^2(n_\beta^2 - n_\alpha^2)}{n_\beta\gamma^2(n_\gamma^2 - n_\alpha^2)}\ .$$

Achterstufe, ↗Schichtstufe, die in Richtung des Einfallens der Schichten exponiert ist (↗Schichtstufenlandschaft).

Acidität, *Azidität*, Säuregehalt von Böden oder Wässer. Dieser beruht auf der Anwesenheit freier Wasserstoffionen (H^+) in der Lösung (aktive Acidität) und der Fähigkeit eines Stoffes Protonen (H^+, Al^{3+}) an Wasser abzugeben (↗Gesamtacidität). Die Acidität wird durch den ↗pH-Wert der Lösung ausgedrückt bzw. in Konzentrationsmengen (z. B. mmol/l) angegeben. Elektrolytarme, ↗dystrophe Gewässer und ↗Moore zeigen eine natürliche Acidität, die hauptsächlich durch ↗Huminsäuren hervorgerufen wird. Durch den atmosphärischen Transport von säurebildenden Nichtmetalloxiden und ihrem Niederschlag als ↗saurer Regen kommt es zur weiträumigen ↗Versauerung von Gewässern und Böden (↗Bodenacidität).

acidophil, *säureliebend*, Neigung von Organismen, Bereiche mit niedrigen ↗pH-Werten zu bevorzugen bzw. diese als Lebensgrundlage zu benötigen.

Acidophyten ↗Säurezeiger.

Ackerboden, von der Landwirtschaft mit Hilfe acker- und pflanzenbaulicher Maßnahmen genutzte obere Bodenschicht.

Ackerbraunerde, Subtyp der ↗Braunerden mit Ap/Bv/C-Profil, durch Kappung des ↗Al-Horizontes aus ↗Parabraunerde entstanden.

Acker-Braunerde-Podsol, *Rostbraunerde*, gehört zur Klasse der ↗Podsole, stellt eine ↗Varietät mit einem Ap/Bvs/C-Profil dar, rost- bzw. ockerfarbener B-Horizont.

Ackerkrume, der oberste, regelmäßig bearbeitete Teil des ↗A-Horizontes von Böden, gekennzeichnet durch Humusgehalt, ↗Durchwurzelung und ↗Bodengefüge.

Ackerland, Teil der ↗landwirtschaftlichen Nutzfläche, die durch Ackerbau bewirtschaftet wird. Es findet eine regelmäßige landwirtschaftliche Bodennutzung durch Bodenbearbeitung, Düngung, Wasserregulierung sowie Saat, Pflege und Ernte von ein- oder mehrjährigen Nutzpflanzen statt. Die ↗Fruchtfolge regelt die zeitliche Abfolge der auf dem Ackerland angebauten Nutzpflanzen. Gartenbau (↗Garten) gilt als die intensivste Form der Nutzung auf Ackerland.

Ackerschätzungsrahmen, Bewertungssystem der ↗Bodenschätzung für Ackerböden mit den Parametern Bodenart, Alter des Ausgangsgesteins und ↗Zustandsstufe. Bewertet wird der Einfluß dieser Parameter auf die relative ↗Ertragsfähigkeit eines Standortes. Die besten Böden (z. B. Schwarzerden auf Lößstandorten der Magdeburger Börde) erhalten die *Bodenzahl* 100. Anschließend erfolgt eine Korrektur nach örtlichen Klima- und Geländeverhältnissen (z. B. Relief, Schattenwurf, Steingehalt). Daraus resultiert die *Ackerzahl*.

Ackerterrasse, an einem Hang erodierte Bodenbestandteile werden hangabwärts an höhenlinienparallelen Nutzungsgrenzen abgelagert. Allmählich entsteht eine schwache Geländestufe, die meist mit Gras bewachsen ist. Unmittelbar oberhalb der Geländestufe bildet sich ein schwach konkaver Hangabschnitt, wodurch die Ablagerung oberhalb am Hang erodierter Bodenbestandteile dort verstärkt wird. Über Jahrzehnte können sich mehrere Dezimeter bis wenige Meter hohe Stufen herausbilden. Zur Stabilisierung wurden höhere Stufen mit Mauern befestigt. Auch annähernd höhenlinienparallele, d. h. etwa senkrecht zum Gefälle ausgeführte Bodenbearbeitung kann die Bildung von Ackerterrassen wesentlich bestimmen, in einigen Fällen alleine bewirken. So werden über viele Jahre Bodenbestandteile an der Hangseite fortgepflügt (hier entsteht ein konvexer Hangknick) und schließlich am unteren Ende der Nutzungseinheit (hier entsteht eine Stufe) abgelagert. [HRB]

Ackerzahl ↗Ackerschätzungsrahmen.

Acrisols, Bodenklasse der ↗WRB. In den immerfeuchten Tropen und Subtropen können sich in quarzreichen Gesteinen basenarme, stark verwitterte Böden mit tonreichen B-Horizonten bilden. Die ↗Kationenaustauschkapazität der v. a. aus ↗Kaolinit bestehenden Tonfraktion bleibt unter 24 $cmol_c$/kg, die ↗Basensättigung unter 50 % im oberen Meter des Bodens. Die landwirtschaftliche Nutzung der Acrisols ist problematisch aufgrund von Nährstoffarmut, Aluminiumtoxizität, Phosphorfixierung und Erosionsanfälligkeit. Kalkung und Düngung sind Voraussetzungen für eine anhaltende agrarische Nutzung. Traditionell werden die Acrisols durch Brandrodungsfeldbau genutzt.

Acritarchen, sind die Mikrofossilien, die aus vielgestaltigen, sphäroidalen bis polygonalen Hüllen aus ↗Sporopollenin und ähnlich resistenten organischen Substanzen bestehen, die skulpturiert, ornamentiert oder mit Fortsätzen versehen sein können und eine schlitzartige Öffnung (Pylom) besitzen, deren taxonomische Zuordnung im einzelnen jedoch unbekannt ist. In dieser künstlichen und heterogenen Sammelgruppe sind wahrscheinlich u. a. auch Zysten unterschiedlichster Lebenszyklen verschiedenster ↗Algen, ↗Sporen von ↗Bryophyta und ↗Pteridophyta, Dauerstadien und Eihüllen tierischer Organismen vertreten. Acritarchen kommen seit ca. 0,8 Mrd. Jahren, mit maximaler Formendiversität im ↗Ordovizium bis ↗Devon, in marinen Sedimenten vor.

Actinomyceten, *Aktinomyzeten*, *Strahlenpilze*, Trivialbezeichnung für Bakterien der Ordnung *Actinomycetales*, die eine phylogenetisch geschlossene Gruppe der grampositiven Bakterien mit hohem GC-Gehalt (> 55 %) der DNA umfaßt. Morphologisch sehr divers, sind Übergänge in den Zellformen von Kokken über Stäbchen bis Filamente vertreten, wobei letztere Luft- und/oder Substratmyzel mit sporogenen Strukturen bilden können. Weit verbreitet in der Natur sind sie typische Bewohner der ↗aeroben Zone des Bodens, wo sie, saprophytisch lebend, komplexe makromolekulare Substrate zersetzen können. Darüber hinaus sind sie in Süß- und Salzwassersedimenten, in Assoziation mit Pflanzen (↗Frankia) und als Kommensalen von Lebewesen zu finden. Einzelne Arten treten als Pathogene für Mensch und Tier auf, andere sind bedeutende Pflanzenpathogene. [UB]

Actinorhiza, Wurzelsymbiose zwischen mehrjährigen höheren Pflanzen (z. B. Erle) und stickstofffixierenden ↗Actinomyceten.

active layer ↗*Auftauboden.*

Acxh-Horizont, ↗Bodenhorizont entsprechend der ↗Bodenkundlichen Kartieranleitung, > 1 dm mächtiger, mit Sekundärcarbonat angereicherter ↗Ah-Horizont, vorrangig im ↗Bodentyp ↗Kalktschernosem.

Adakit, ↗Andesite und ↗Dacite mit $SiO_2 > 56\,\%$, $Al_2O_3 > 15\,\%$, hohen Sr-Gehalten (>400 ppm) und positiven Eu-Anomalien in den Mustern der ↗Seltenen Erden. Die Typlokalität liegt auf der Aleuteninsel Adak. Das Gestein entsteht möglicherweise direkt durch partielle Aufschmelzung der subduzierten Ozeankruste.

Adamellit, ein in der amerikanischen Literatur verbreiteter Begriff für einen plagioklasreichen ↗Granit; seit Einführung des ↗QAPF-Doppeldreiecks überflüssig.

Adams-und-Williamson-Gleichung, beschreibt den Zusammenhang zwischen Dichte und ↗seismischen Geschwindigkeiten in Abhängigkeit vom Abstand vom Erdmittelpunkt *r*:

$$\frac{d\varrho(r)}{dr} = -\frac{f \cdot m(r) \cdot \varrho(r)}{r^2\left(v_p(r)^2 - \frac{4}{3} \cdot v_s(r)^2\right)}$$

($\varrho(r)$ = Dichte, f = Gravitationskonstante, $m(r)$ = Masse unterhalb von r, $v_p(r)$ = Longitudialwellengeschwindigkeit, $v_s(r)$ = Scherwellengeschwindigkeit). Die Geschwindigkeiten v_p und v_s werden in der Seismologie bestimmt. Die obige Beziehung ermöglicht unter bestimmten Randbedingungen die Berechnung der Dichte im Erdinnern.

Adaptation, *Adaption*, Anpassung von Organismen an Umweltbedingungen aufgrund von: a) der Evolution (Bildung von Arten oder Unterarten), b) der Umstellung des Stoffwechsels (z. B. von aeroben auf anaerobe Lebensbedingungen) und c) der Verhaltensweise (z. B. Ausweichen auf andere Nahrungsquellen).

Adaption ↗*Adaptation.*

Adaptionsfläche, *Akkordanzfläche*, durch Abtragung entstandene Oberfläche, die in ihrem Verlauf an eine Schichtfläche adaptiert ist (↗Schichtstufenlandschaft).

adaptive Schwellwertbildung, einfaches Verfahren zur Objektklassifizierung. Dabei werden Schwellwerte, die an die ↗Grauwerthistogramme der Daten angepaßt sind, gebildet und die ↗Grauwerte zwischen benachbarten Schwellwerten zu ↗Äquidensiten zusammengefaßt. Unter der Voraussetzung, daß sich die zu bestimmenden Klassen in den Grauwerten des Datensatzes eindeutig unterscheiden, können diese Äquidensiten verschiedene Objektklassen darstellen. Da diese Bedingung meist jedoch nicht oder nur kleinräumig erfüllt wird, sind Schwellwertverfahren bei der Klassifizierung von geringer Bedeutung.

adaptive Systemanalyse, Instrumentarium der ↗Landschaftsökologie zur Erfassung von Zuständen und Prozessen eines Systems.

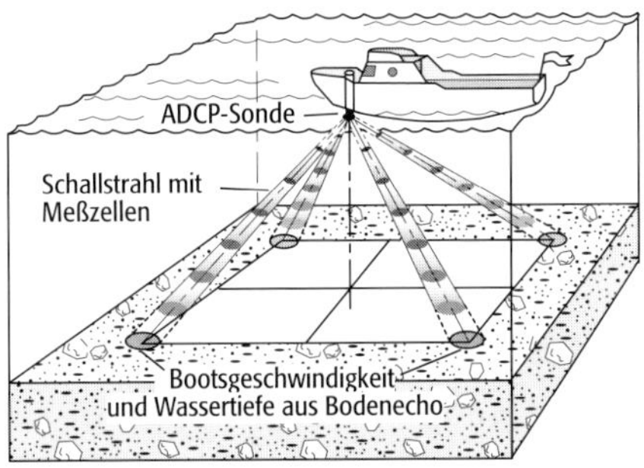

ADCP-Meßverfahren: Schematische Darstellung.

ADCP-Meßverfahren, neuartiges Verfahren zur Ermittlung von ↗Durchflüssen an Fließgewässern. Das ADCP-Verfahren arbeitet mit der Ultraschall-Doppler-Technik (↗Durchflußmessung, ↗Ultraschallmessung). Das dabei verwendete Gerät (Acoustic Doppler Current Profiler) wird bereits seit langem in der Ozeanographie zur Erfassung von Strömungsprofilen in großer Tiefe eingesetzt. Seit einiger Zeit steht es auch für geringere Wassertiefen und damit für Durchflußmessungen an freifließenden Gewässern zur Verfügung. Zur Messung wird das Gerät an einem Boot befestigt. Es enthält vier Keramikplatten, die als Sender und Empfänger von Ultraschallimpulsen dienen. Während der Messung tastet die Sonde den unter ihr liegenden Wasserkörper akustisch ab. Die in Richtung der Gewässersohle ausgesandten Schallsignale werden von den Schwebstoffen reflektiert und von der ADCP-Sonde als Echos empfangen (Abb.). Nach dem ↗Dopplereffekt gibt die Frequenzverschiebung zwischen gesendetem und empfangenem Signal Aufschluß über die Bewegung der Partikel, von der man annimmt, daß sie mit der Strömungsgeschwindigkeit identisch ist. Da dieses Verfahren in der Lage ist, Echos aus verschiedenen Tiefenschichten zu unterscheiden, läßt sich die Geschwindigkeitsverteilung konstruieren. Andere Schallreflektionen dienen der Bestimmung von Wassertiefe und Bootsgeschwindigkeit. Positionsbestimmungen zu einem Bezugspunkt am Ufer sind, anders als bei der ↗Flügelmessung oder der ↗Schwimmermessung, nicht erforderlich. Zur Abflußmessung wird das Gewässer mit dem Meßboot einmal überquert. Der ermittelte Wert für den Durchfluß liegt unmittelbar danach vor. [EWi]

Additamentenmethode, Methode zur vereinfachten Berechnung des sphärischen Sinussatzes in der klassischen Landesvermessung. Die von J. G. ↗Soldner (1810) eingeführte Additamentenmethode beruht auf einer Reihenentwicklung des sphärischen Sinussatzes und einer Umstellung, so daß nach Reduktion der Dreiecksseiten der ebene Sinussatz mit den reduzierten Seitenlängen benutzt werden kann.

Additionskonstante, 1) bei der ↗elektronischen Distanzmessung nach der Bestimmungsgleichung $D = k_0 + k \cdot D^*$ (mit D^* = vorläufige ↗Distanz, k = ↗Multiplikationskonstante und D = gesuchte Distanz) zu berücksichtigende Korrektion k_0. Die Additionskonstante korrigiert den Unterschied zwischen elektronischem und mechanischem Nullpunkt des Distanzmessers, die Differenz der Reflexionsstelle gegenüber dem Zentrierpunkt des ↗Reflektors sowie eine Laufzeitverzögerung im Glas des Prismenkörpers. Die Additionskonstante ist gerätespezifisch und wird daher jeweils für eine bestimmte Distanzmesser-Reflektor-Kombination angegeben. 2) Bei der ↗optischen Distanzmessung mit ↗Distanzstrichen nach der Bestimmungsgleichung $s = c + k \cdot l$ (mit s = gesuchte Distanz, k = Multiplikationskonstante und l = Lattenabschnitt) zu berücksichtigende Korrektion c, die dem Abstand zwischen dem mechanischen Nullpunkt des Instrumentes und dem vorderen Brennpunkt des Objektivs entspricht. Bei modernen Geräten mit Innenfokussierung wird konstruktiv meist der Wert $c \approx 0$ realisiert. [DW]

Additionstheorem der Legendreschen Polynome, *Additionstheorem der Kugelflächenfunktionen*, Darstellung des ↗Legendreschen Polynoms des Grades n durch Kugelflächenfunktionen des Grades n und der Ordnungen m für $m = 0, \ldots, n$ (Abb.).

Additionstheorem der Legendreschen Polynome: Q = Quellpunkt mit dem Ortsvektor r', P = Aufpunkt mit dem Ortsvektor r, Q' und P' = Orte auf der Einheitskugel.

$$P_n(\cos\psi) =$$

$$P_n\big(\cos\theta\cos\theta' + \sin\theta\sin\theta'\cos(\lambda - \lambda')\big) =$$

$$\sum_{m=0}^{n}\left(2 - \delta_{0m}\right)\frac{(n-m)!}{(n+m)!}\Big(C_{nm}(\theta,\lambda)C_{nm}(\theta',\lambda')$$

$$+\,S_{nm}(\theta,\lambda)S_{nm}(\theta',\lambda')\Big)$$

$$\textit{mit dem Kronecker-Symbol}\ \ \delta_{nm} = \begin{cases} 1\ \textit{für}\ n = m \\ 0\ \textit{für}\ n \neq m \end{cases}$$

Die Funktionen $C_{nm}(\theta,\lambda)$, $S_{nm}(\theta,\lambda)$ sind die ↗Kugelflächenfunktionen des Grades n und der Ordnung m.

additive Farbmischung ↗Farbmischung.

Adelaide-Zyklus ↗Proterozoikum.

Ader, *Erzader*, *Trum*, kleiner ↗Gang, eine im Verhältnis zum ↗Nebengestein nachträgliche (↗epigenetische Lagerstätte) Füllung einer Fuge im Gestein aus einer Lösung, überwiegend diskordant (↗diskordante Lagerstätte).

Adhäsion, das Haften von zwei Stoffen aneinander. Adhäsion wird bewirkt durch die an den Berührungsflächen wirksam werdenden Adhäsionskräften, die zwischen Molekülen zweier Stoffe wirken aufgrund der nicht abgesättigten elektrischen Ladungen an der Oberfläche.

Adhäsionsrippeln, *Haftrippeln*, ↗Windrippeln, die durch Feuchtigkeit stabilisiert sind und sich durch eine konkave, steilere Luvseite von trockenen Rippeln unterscheiden. Sie entstehen häufig an Stränden, wenn trockener Sand auf feuchten Untergrund transportiert wird. Der Prozeß ist nur bei schwachen Winden möglich, da die Verklebung nur bei langsamem Transport wirksam werden kann.

Adhäsionswasser, *Benetzungswasser*, Teil des ↗Adsorptionswassers, das durch die Wirkung von Molekularkräften (↗Adhäsion) an der Oberfläche von Bodenpartikeln gebunden wird.

Adiabate, Kurve von Temperatur, Druck oder Dichte in einem ↗thermodynamischen Diagramm, die Zustände gleicher ↗Entropie verbindet (↗Adiabatengleichung).

Adiabatengleichung, formale Beschreibung eines adiabatischen Prozesses. Aus dem ersten Hauptsatz der Thermodynamik ergibt sich beispielsweise für die Temperatur trockener Luft die Adiabatengleichung:

$$T = T_0\,(P\frac{P}{P_0})^{\varkappa}$$

mit T_0, P_0 = Referenzzustand, P = Druck, $\varkappa = R/c_p$.

adiabatisch ↗adiabatischer Prozeß.

adiabatische Erwärmung ↗adiabatischer Prozeß.

adiabatischer Prozeß, **1)** *Allgemein*: Begriff aus der Thermodynamik. Ein adiabatisches System ist gegenüber der Umgebung thermisch isoliert. Es erfolgt eine Änderung des thermodynamischen Zustandes (Druck, Temperatur, Dichte), also eine *adiabatische Zustandsänderung* ohne Energieaustausch mit der Umgebung des betrachteten Systems. **2)** *Klimatologie*: In der Atmosphäre tritt z. B. *adiabatische Erwärmung* beim Auf- und Absteigen von Luftpaketen auf. Aufsteigen führt zur Abkühlung, Absinken zur Erwärmung. Beim adiabatischen Temperaturgradienten handelt es sich um eine konstante Größe, der die Temperaturveränderung von 0,98 K pro 100 m Vertikaldistanz beschreibt. ↗Trockenadiabate, ↗Feuchtadiabate. **3)** *Petrologie*: Ein adiabatisch aufsteigender Körper, z. B. im Erdmantel unter dem Mittelozeanischen Rücken, wird sich auf dem Weg nach oben abkühlen. Da diese adiabatische Abkühlung für einen Peridotit um rund eine Größenordnung geringer ist als die Temperaturabnahme der ↗Soliduskurve mit fallendem Druck, kommt es in dem Körper dennoch zur Teilaufschmelzung (↗Dekompressionsschmelze). **4)** *Ozeanographie*: Auswirkung der Druckveränderung auf die Temperatur und die Dichte des ↗Meerwassers bei der Tiefenverlagerung eines Wasserteilchens unter der Voraussetzung, daß keine Wärme mit der Umgebung ausgetauscht wird. Ein absinkendes Teilchen erwärmt sich durch Kompression, ein aufsteigendes kühlt sich durch Ausdehnung ab.

adiabatischer Temperaturgradient, **1)** *Allgemein*: Temperaturänderung bei einer adiabatisch (d. h. ohne Wärmeaustausch) erfolgenden Druckänderung. **2)** *Geophysik*: Unter den Bedingungen in der Erde gilt für den adiabatischen Gradienten $dT/dz = g\alpha T/c_p$ (g = Schwerebeschleunigung, α = Wärmeausdehnungskoeffizient, c_p = spezifische Wärme bei konstantem Druck). Der adiabatische Gradient bildet die Grenze, unterhalb der eine freie ↗Konvektion in einem flüssigen oder viskosen Material (z. B. unterer Erdmantel oder äußerer Erdkern) nicht mehr stattfindet. Er bildet also den Temperaturgradienten, der mindestens vorhanden sein muß, damit eine Konvektion einsetzen kann. Für den adiabatischen Temperaturgradienten im Erdmantel wurde ein Wert von 0,3 mK/m berechnet. **3)** *Klimatologie*: konstante Größe, welche die Temperaturveränderung von 0,98 K pro 100 m Vertikaldistanz in der Atmosphäre beschreibt.

adiabatische Temperaturzunahme, Temperaturanstieg entsprechend dem ↗adiabatischen Temperaturgradienten um 0,3 mK/m (↗Temperatur im Erdinnern).

adiabatische Zustandsänderung ↗adiabatischer Prozeß.

Adinol, *Adinolit*, *Adinolfels*, ein hornfelsartig dichtes, splittrig brechendes Gestein, das durch ↗Kontaktmetamorphose bei gleichzeitiger Natrium-Metasomatose (↗Metasomatose) aus Tonschiefern hervorgegangen ist. Besonders im mitteleuropäischen Variszikum weit verbreitet im unmittelbaren Kontakt zu kleineren basischen ↗Intrusionen (z. B. Lagergänge). Bei gebändertem Gefüge spricht man von *Desmositen*, bei fleckigem Gefüge von *Spilositen*.

Adkumulat ↗Kumulatgefüge.

Adorf, *Adorfium*, regional verwendete stratigraphische Bezeichnung für die unterste Stufe des Oberdevons im Rheinischen Schiefergebirge, benannt nach dem Ort Adorf im Sauerland. Das Adorf umfaßt das ↗Frasne und das basale ↗Famenne der internationalen Devongliederung (↗Devon). ↗geologische Zeitskala.

Adriatisches Meer, nördliches ↗Nebenmeer des Europäischen Mittelmeers (↗Europäisches Mittelmeer Abb.) nördlich der Straße von Otranto.

Adsorbat, *Adsorbendum*, *Adsorpt*, Bezeichnung für die Stoffe, die an einer Grenzfläche adsorbiert worden sind. Verschiedentlich bezeichnet Adsorbat auch die Kombination aus ↗Adsorbens und den adsorbierten Stoffen, die dann ↗Adsorptiv genannt werden.

Adsorbens, *Adsorber*, *Adsorptionsmittel*, ein Festkörper, an dem eine ↗Adsorption erfolgt. Wichtige Adsorbentien sind z. B. ↗Aktivkohle, ↗Hydroxide, Kieselgele, Tonerden und ↗Zeolithe.

Adsorption, bezeichnet die Anlagerung eines Stoffes aus einer Gas- oder Flüssigphase an die Oberfläche eines Festkörpers (↗Adsorbens). Während im Inneren eines Festkörpers die Atome in elektromagnetischer Wechselwirkung mit

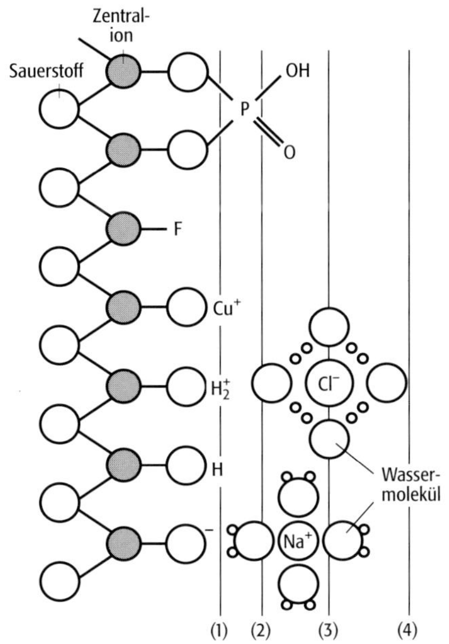

Adsorption: Schematischer Ausschnitt einer Oxidoberfläche mit Oberflächenhydroxylgruppen (1), innersphärischen (2) und außersphärischen Komplexen (3) und dem diffusiven Ionenschwarm (4).

anderen Atomen des Festkörpers stehen, üben die oberflächennahen Atome auch eine Wirkung auf die umgebende flüssige oder gasförmige Phase aus. Das Phänomen der Adsorption ist also Ausdruck des Abbruchs der atomaren Raumordnung des Festkörpers an seiner Oberfläche. Das Ausmaß der Adsorption ist von der Größe der Oberfläche, der Konzentration bzw. dem Partialdruck des adsorbierten Stoffes und der Temperatur abhängig. Zudem spielt die Oberflächenstruktur und -beschaffenheit des Adsorbens eine wichtige Rolle, so daß dasselbe Substrat verschiedene Aktivitätsstufen aufweisen kann. Feinkörnige Gesteine besitzen eine höhere Sorptionsfähigkeit als grobkörnige. Kolloidale Teilchen oder großflächige Moleküle erhöhen die entsprechende Wirksamkeit. Die Beziehung zwischen der Konzentration eines Stoffes in Lösung bzw. dem Druck eines Stoffes in Gasphase und der an einer Oberfläche adsorbierten Menge dieses Stoffes wird ausgedrückt über ↗Adsorptionsisothermen. Die bekanntesten sind die ↗Langmuir-Adsorptionsisotherme und die ↗Freundlich-Adsorptionsisotherme.

Die Adsorption beruht zum einen auf elektrostatischer Anziehung und London-van-der-Waals-Kräften (Bindungsenergie 10–40 kJ/mol) und wird dann auch als *Physisorption* bezeichnet. Zum anderen treten chemische Bindungen (Elektronentransfer, Elektronenbindungen) auf, die unter dem Begriff der *Chemisorption* (Bindungsenergie > 40 kJ/mol) zusammengefaßt werden. Adsorbierte Stoffteilchen können in einer Reihe von Beziehungen zur Adsorberoberfläche stehen. Mit zunehmenden Abstand zur Oberfläche lassen sich innersphärische Komplexe (↗spezifische Adsorption), außersphärische Komplexe (*unspezifische Adsorption*) und der *diffuse Ionenschwarm* unterscheiden (Abb.). Die ab-

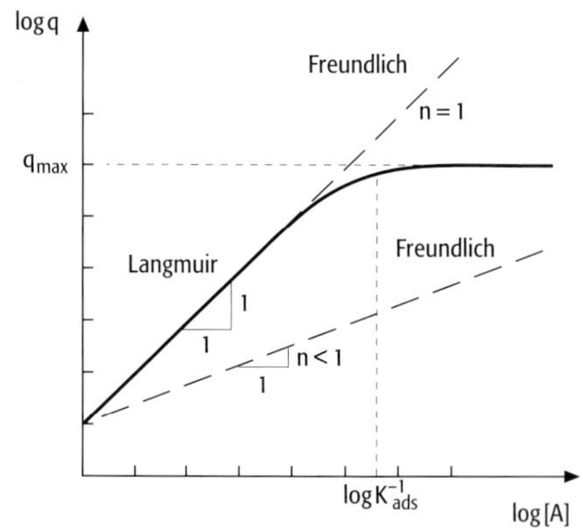

Adsorptionsisothermen: Doppellogarithmische Darstellung der charakteristischen Verläufe der beiden häufigsten Isothermengleichungen (q_{max} = maximale Belastung des Adsorbens).

stoßende oder anziehende Wirkung eines Adsorbens auf sein Umfeld kann auf positive oder negative Ladungsüberschüsse, bedingt durch Ionenaustausch oder Fehlstellen in der Raumordnung des Festkörpers (Kristallgitter) selbst, beruhen (permanente Ladung). Zum anderen geht sie von der Protonierung und Deprotonierung der randständigen Atome aus, die vom pH-Wert des Mediums abhängig sind (temporäre Ladung).

Die Gesamtladung einer Partikeloberfläche (Oberflächenpotential) setzt sich zusammen aus der permanenten, strukturellen Ladung (σ_0), dem Protonierungsgrad (σ_H) und dem Ladungsbeitrag inner- (σ_{IS}) und außersphärischer (σ_{OS}) Komplexe. Die Summe von ($\sigma_0 + \sigma_H$) wird auch als intrinsische Oberflächenladungsdichte bezeichnet, die Summe aus ($\sigma_{IS} + \sigma_{OS}$) auch als Sternschichtladungsdichte. Es bestehen eine Reihe von Modellen, die die chemischen Konzepte zur Adsorbensoberfläche mit elektrostatischen Überlegungen (Ladungsdichte, elektrische Potentiale) zu verknüpfen versuchen. Die bekanntesten sind die Modelle nach Gouy-Chapman und Stern-Grahame, das »Oberflächenkomplexierungs/Diffuse-Schicht-Modell« (SCF/DLM) und das »Modell der konstanten Kapazitäten« (CCM).

Bei einer Adsorption findet i. a. gleichzeitig eine ↗Desorption statt, dabei werden schon gebundene Stoffe gegen die sich neu anlagernden Stoffe ausgetauscht und gelangen in die Umgebung bzw. Lösung. Adsorption findet im Gegensatz zur ↗Absorption ausschließlich an Oberflächen statt. Ein Beispiel für Adsorption im Boden ist die Fähigkeit verschiedener Bodenbestandteile, Kationen zu binden. Damit tragen sie zur ↗Kationenaustauschkapazität des Bodens bei. Weiterhin ist die Adsorption für viele Stoffe einer der wichtigsten Retardationsfaktoren beim Transport von Stoffen im Untergrund. Ihr kommt bei der Reinigung z. B. mit Schwermetallen oder organischen Substanzen belasteter Stoffe besondere Bedeutung zu.

Adsorptionsenthalpie ↗*Adsorptionswärme.*

Adsorptionsisotherme, funktioneller Zusammenhang zwischen der Beladung eines ↗Adsorbens und der ↗Aktivität der zu adsorbierenden Stoffe in der gasförmigen oder flüssigen Phase. Sie gilt streng nur für konstante Temperaturbedingungen (isotherm). Gemeint ist i. a. die graphische Darstellung dieses Verhältnisses. Die ↗Langmuir-Adsorptionsisotherme (Abb.) wurde ursprünglich für die Adsorption von Gasen an festen Oberflächen entwickelt und kann sowohl aus thermodynamischen als auch einfachen kinetischen Überlegungen hergeleitet werden. Ihr liegen folgende Modellannahmen zu Grunde: Je aktiver Stelle auf der Oberfläche des Adsorbens wird nur ein Teilchen adsorbiert. Die einmal adsorbierten Teilchen sind ortsfest (kein Grenzflächenwandern), die zu adsorbierenden Teilchen beeinflussen sich nicht gegenseitig. Es herrscht ein dynamisches Gleichgewicht zwischen den bereits adsorbierten und den noch gelösten Teilchen und alle reaktiven Stellen des Adsorbens sind gleichwertig (homogene Oberfläche). Die Langmuir-Isotherme erlaubt die Berechnung einer Maximalbeladung des Adsorbens. Bei sehr kleinen Aktivitäten des Adsorbats geht sie in die Form der linearen Henry-Adsorptionsisotherme über. Bei sehr großen Aktivitäten des Adsorbates nähert sie sich der Form $q = q_{max}$ an, d. h. die Beladung des Adsorbens wird unabhängig von der Aktivität des Adsorbates.

Auf einer empirischen Potenzfunktion beruht die ↗Freundlich-Adsorptionsisotherme bzw. van-Bemmelen-Freundlich-Adsorptionsisotherme (Abb.). Die oft zu beobachtende gute Anpassung dieser Isotherme an experimentelle Daten ist Ausdruck der Heterogenität vieler Adsorberoberflächen. Allerdings erlaubt diese Isothermengleichung nicht die Ermittlung einer maximalen Beladung. Der Freundlich-Exponent ist ein Maß für die Abweichung der Isotherme von einer linearen Beziehung zwischen Adsorbataktivität und Beladung.

Die Grenzfälle homogener und heterogener Adsorbensoberfläche werden durch die Toth-Adsorptionsisotherme verknüpft. Schließlich erlaubt die aus der Langmuir-Isotherme abgeleitete Frumkin-Adsorptionsisotherme, auch als Frumkin-Fowler-Guggenheim-Adsorptionsisotherme

Adsorptionsisothermen (Tab.): Adsorptionsisothermen mit q = Beladung des Adsorbens [mmol/g], q_{max} = maximale Belastung des Adsorbens, $[A]$ = Aktivität des zu adsorbierenden Stoffes in der Lösung bzw. in der Gasphase [mmol/l], K = Konstante, n = Freundlich-Exponent, α, β = Anpassungsparameter nach Toth, a = Interaktionskoeffizient nach Frumkin.

Adsorptionsisothermen	
Henry	$q = K_H[A]$
Langmuir	$q = q_{max} \dfrac{K_L[A]}{1+K_L[A]}$
Freundlich	$q = K_F[A]^n$
Toth	$q = q_{max} \dfrac{[A]}{\left(1+\alpha[A]^{\beta}\right)^{1/\beta}}$
Frumkin	$K_{Fr}[A] = \dfrac{\theta}{1-\theta} e^{-2a\theta}$ mit $\theta = \dfrac{q}{q_{max}}$

bezeichnet, die Berücksichtigung lateraler Wechselwirkungen auf der Adsorberoberfläche (Tab.).

Adsorptionsschicht, wird in der Kristallographie als Vorstufe für die ↗heterogene Keimbildung auf dem ↗Substrat benötigt. Auch beim atomistischen Bild der Kristallzüchtung geht man von adsorbierten Bausteinen auf der Wachstumsfläche aus, die vor dem Einbau in den Kristallverband in dieser Schicht noch eine gewisse Beweglichkeit besitzen.

Adsorptionsvermögen, das Vermögen eines Feststoffes, Substanzen aus einer flüssigen oder gasförmigen Phase zu adsorbieren. Das Adsorptionsvermögen ist abhängig sowohl von den strukturellen Eigenschaften der Festkörperoberfläche als auch von der Partikelgröße und der damit verbundenen spezifischen Partikeloberfläche. Typische Oberflächenenergien betragen wenige Zehner J/m^2. Die spezifischen Oberflächen betragen für Smektite und Vermiculite 600–800 m^2/g, für Goethit und Hämatit 50–150 m^2/g, für Ferrihydrit 300–500 m^2/g und für Huminstoffe 800–1000 m^2/g.

Adsorptionswärme, *Adsorptionsenthalpie*, die Änderung des Wärmeinhaltes von ↗Adsorbens und ↗Adsorbat bei der ↗Adsorption. Die freiwerdende Bindungsenergie beträgt ca. 10–50 kJ/mol. Die Annahme einer homogenen Oberfläche des Adsorbens im Konzept der ↗Adsorptionsisotherme nach Langmuir, (↗Langmuir-Adsorptionsisotherme), d. h. alle Adsorptionsplätze der Oberfläche sind gleichwertig, fordert für die Adsorptionswärme eine lineare Zunahme des Integrals dieser Größe mit der Beladung des Adsorbens. Meist ist aber eine Abnahme der differentiellen Adsorptionsenthalpie mit zunehmender Beladung zu beobachten. Dies entspricht einer heterogenen Oberfläche und begründet die häufig gute Anpassung der empirischen ↗Freundlich-Adsorptionsisotherme.

Adsorptionswasser, an der Oberfläche von Bodenteilchen gebundenes Wasser, Bestandteil des ↗Haftwassers, Summe des ↗Adhäsionswassers und des ↗Hydratationswassers. Aufgrund der negativen Ladungen an der Oberfläche von Sorptionsträgern des Bodens (Ton, Humus, Metalloxide) werden die polaren H_2O-Moleküle angezogen und ausgerichtet (Adhäsionswasser). Die nur wenige Molekülllagen umfassende Wasserschicht ist durch starke Bindungskräfte von bis zu 600 MPa an die Partikel gebunden. Von Tonmineralen und Huminstoffen adsorbierte Kationen sind von Hydrathüllen umgeben, die als Hydratationswasser ebenfalls Bestandteil des Adsorptionswassers sind. Mit abnehmender Korngröße und zunehmendem Gehalt an organischer Bodensubstanz steigt auch die Menge des Adsorptionswassers. Ebenso spielt die Verteilung der adsorbierten Kationen eine Rolle, so sind Alkali-Ionen (Na^+, K^+) in der Lage, mehr Wassermoleküle zu binden als Erdalkali-Ionen (Mg^{2+}, Ca^{2+}). [AH]

Adsorptiv, Stoff, der an ein ↗Adsorbens angelagert (adsorbiert) worden ist.

Adular, *Valencianit*, $K[AlSi_3O_8]$, nach dem klassischen Fundort in der Adula-Gruppe (Tessin-Graubünden, Schweiz) benanntes Mineral; monoklin-prismatisch, auch triklin-pinakoidal; Farbe: farblos, milchig-weiß, auch grünlich; Tracht-Varietät (Abb.) der K-Feldspäte, die durch Erhitzen auf über 900 °C in Sanidin übergeht; Glas- bis Perlmutterglanz; meist durchsichtig; Strich: weiß; Härte nach Mohs: 6–6,5; Dichte: 2,53–2,56 g/cm^3; Spaltbarkeit: vollkommen nach *(001)*; Bruch: muschelig; Aggregate: Kristalle meist aufgewachsen und in Drusen; Begleiter: Quarz, Periklin, Titanit, Chlorit. Vorkommen: hydrothermal in Pegmatiten und auf alpinen Klüften; Fundorte: österreichische und schweizerische Alpen, Sri Lanka und Südafrika.

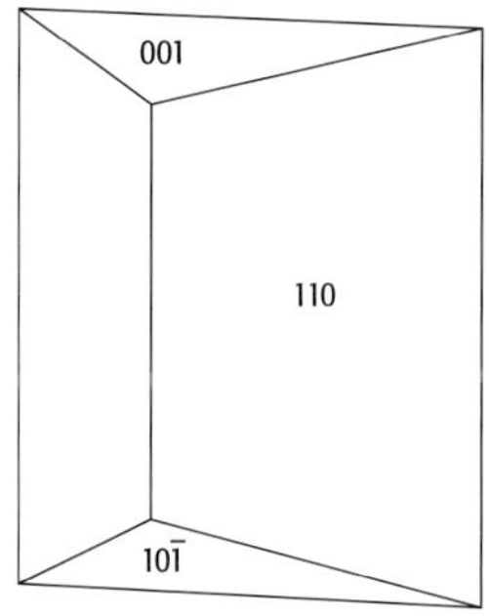

Adular: Adularkristall.

AdV, *Arbeitsgemeinschaft der Vermessungsverwaltungen der Länder der Bundesrepublik Deutschland*, 1949 gegründete Gemeinschaft freiwilliger Zusammenarbeit der deutschen Bundesländer mit Vorläufern seit 1946, und des Bundes, um die Einheitlichkeit des Karten- und Vermessungswesens in Deutschland zu wahren.

Advanced Microwave Sounding Unit ↗*AMSU.*

Advanced Scatterometer ↗*ASCAT.*

Advanced TIROS-N Operational Vertical Sounder ↗*ATOVS.*

Advanced Very High Resolution Radiometer ↗*AVHRR.*

Advektion, **1)** *Allgemein*: Transport einer Eigenschaft *C* durch das bestehende flüssige oder gasförmige Strömungsfeld. Im raumfesten Koordinatensystem mathematisch beschrieben durch den Term: $\vec{v} \cdot DC$, wobei $\vec{v}\ (x, y, z, t)$ der von den Raumkoordinaten x, y, z und der Zeit t abhängige Geschwindigkeitsvektor ist. **2)** *Klimatologie*: Horizontalbewegung, in der ↗Atmosphäre stets mit Wind verknüpft, wobei die Advektion Eigenschaften von Luftmassen (z. B. Lufttemperatur und Feuchte, ↗Luftfeuchte) transportiert. ↗allgemeine atmosphärische Zirkulation.

Advektionsnebel ↗Nebelarten.

Aedificichnion, *Bautenspur*, ↗Spurenfossilien.

Aeh-Horizont, ↗Bodenhorizont entsprechend der ↗Bodenkundlichen Kartieranleitung, ↗Eluvialhorizont, schwach podsoliert, durch Humusverlagerung gekennzeichnet, vertikal ungleichmäßig, humoser ↗Ah-Horizont, violettstichig.

Ae-Horizont, ↗Bodenhorizont entsprechend der ↗Bodenkundlichen Kartieranleitung, ↗Eluvialhorizont, sauergebleicht durch ↗Podsolierung, Zerfall primärer Silicate und Tonminerale, Auswaschung, Anreicherung im ↗Illuvialhorizont.

Ael-Horizont, ↗Bodenhorizont entsprechend der ↗Bodenkundlichen Kartieranleitung, ↗Al-Horizont, stark aufgehellt durch Ton-und Humusverarmung und zusätzliche ↗Podsolierung.

AEM, *aktive Elektromagnetik*, ↗elektromagnetische Verfahren, die im Gegensatz zu den passiven Methoden mit eigenen Sendereinrichtungen arbeiten. Dazu gehören z. B. die ↗Transienten-Elektromagnetik und die ↗Zweispulen-Systeme.

Aerationszone, *Belüftungszone*, Bereich des Bodens, in dem der Porenraum teilweise bis ganz mit Luft erfüllt ist. Man spricht von der wasserungesättigten Bodenzone im Gegensatz zur gesättigten Zone.

aerob, [von griech. aïr = Luft, bios = Leben], bedeutet unter Einfluß von Luft bzw. Sauerstoff lebend. Aerobe Umweltbedingung sind durch einen Sauerstoffpartialdruck, der dem in der Luft nahekommt, charakterisiert. Aerobe Stoffwechselprozesse von Zellen oder Organismen laufen nur in Gegenwart von Luftsauerstoff ab (↗Oxidation, ↗Atmung, ↗Aerobier). Der Gegensatz ist ↗anaerob.

aerobe Atmung, ↗Atmung in Gegenwart von freiem Sauerstoff als terminaler Elektronenakzeptor (↗Atmung Tab.).

aerobe Bedingungen, herrschen in Boden- oder Gewässerbereichen, die Sauerstoff gasförmig oder in physikalisch gelöster Form enthalten. Die ausreichende Versorgung mit Sauerstoff ist essentiell für die Besiedlung mit ↗oxibionten Organismen (↗Aerobier).

aerobe Fazies, ↗Fazies, die von normalem Sauerstoffgehalt durchlüftet und nicht durch physikalische Umlagerungsprozesse überprägt ist. Sie zeichnet sich durch bioturbate Sedimente und eine diverse Organismenassoziation relativ großwüchsiger, stark calcifizierter, benthischer Makroinvertebraten aus. Die Biofazies ist von weiteren Umweltparametern wie Salinität, Wassertemperatur, Energieniveau und Substratbeschaffenheit abhängig. ↗anaerobe Fazies, ↗dysaerobe Fazies.

aerober Zustand, Boden- oder Gewässerbereich, der ↗Sauerstoff gasförmig oder in physikalisch gelöster Form enthält. Die ausreichende Versorgung mit Sauerstoff (↗ökologischer Begrenzungsfaktor) ist essentiell für die Besiedlung mit ↗oxibionten Organismen (↗Aerobier).

aerobe Schlammbehandlung, Verfahren der ↗Abwasserreinigung, bei welchem der mitgeführte oder entstehende Schlamm (↗Belebtschlamm) unter ↗aeroben Bedingungen oxidiert wird. Die Behandlung erfolgt z.B. in ↗Belebungsanlagen mit Luftsauerstoff bis eine Schlammstabilisierung erreicht ist. Auch das dünnflächige Ausbringen von Schlamm auf Kulturböden ist eine Form der aeroben Schlammbehandlung.

Aerobier, Organismen, welche für ihren Atmungsstoffwechsel molekularen Sauerstoff (O_2) verwenden, im Gegensatz zu den ↗Anaerobiern. Sie sind vor der toxischen Wirkung des O_2 bzw. der Bildung von Sauerstoffradikalen in der Zelle durch besondere Enzyme geschützt. Zu den Aerobiern gehören alle Pflanzen, fast alle Tiere sowie die meisten Pilze und Bakterien. Es wird unterschieden in: a) obligate Aerobier, welche Energie nur durch die Veratmung von O_2 zu erzeugen vermögen und b) fakultative Aerobier, die sowohl mit als auch ohne O_2 existieren können (↗Atmung).

aeroelektromagnetische Verfahren, mit einem Flugzeug oder Hubschrauber durchgeführte ↗elektromagnetische Verfahren, die eine schnelle und flächenhafte Erfassung der oberflächennahen Leitfähigkeitsverteilung erlauben. Angewandt werden insbesondere ↗VLF-Verfahren, ↗Transienten-Elektromagnetik und ↗Zweispulen-Systeme.

Aerogramm, *Refsdal-Diagramm*, ein aus dem ↗Emagramm entwickeltes ↗thermodynamisches Diagramm mit dem Logarithmus der Temperatur (*log T*) als Abzisse und der Temperatur und dem Logarithmus Luftdruck (*T log p*) als Ordinate. Es dient z.B. exakten Zirkulations- und Energiebetrachtungen.

Aerogravimetrie ↗*Airborne-Gravimetrie.*

aerokosmische Aufnahme, in der ↗Photogrammetrie und ↗Fernerkundung der Prozeß der ↗Satellitenbildaufnahme oder ↗Luftbildaufnahme.

Aerologie, Teilgebiet der Meteorologie, überwacht, erforscht und dokumentiert die ↗freie Atmosphäre mit Hilfe von Ballons (*Ballonsonde*), Flugzeugen, ↗Radiosonden, Raketen und ↗Wettersatelliten sowie von bodengebundenem Radar (Windprofiler) und ↗Lidar, wobei all deren meteorologischen Meßgeräte die atmosphärischen Parameter aufzeichnen und (soweit erforderlich) über Funk an Bodenkontrollstationen übermitteln. Ohne eine fortwährende dreidimensionale Erkundung und Dokumentation des aktuellen Zustands der freien Atmosphäre (des Luftmeeres), insbesondere der Troposphäre, wären weder eine effektive Beratung der Luftfahrt noch ein grundlegendes Verständnis und eine Vorhersage des Wetters am Boden dieses Luftmeeres möglich. Deshalb unternimmt die internationale Staatengemeinschaft weiterhin große Anstrengungen, um durch einen Ausbau moderner aerologischer Beobachtungssysteme und Auswertungsstrategien die weltweit vorhandenen aerologischen Informationslücken zu schließen und damit die meteorologischen Beratungen und Vorhersagen zu optimieren. [MGe]

aerologische Karte ↗Wetterkarte.

aerologischer Aufstieg, *Radiosondenaufstieg*, ein meteorologischer Meßvorgang an einer ↗aerologischen Station, wobei mit einer ↗Radiosonde vertikale Meßreihen des Luftdrucks, der Temperatur, der Luftfeuchte, des Windvektors und spezieller atmosphärischer Parameter (z.B. zur Luftchemie) gewonnen werden. Die dabei regelmäßig erreichte Aufstiegshöhe liegt zwischen 25 und 40 km. Synoptische aerologische Aufstiege werden auf der ganzen Erde an rund 900 Stationen täglich um 00 und 12 Uhr UTC durchgeführt. Ihre Messergebnisse werden einzeln in ↗aerologische Diagramme oder zusammen in Höhenwetterkarten (↗Wetterkarte) eingetragen und ausgewertet. Insgesamt erfassen und beschreiben sie (mit weiteren aerologischen Messdaten) den jeweiligen aktuellen atmosphärischen Zustand als Ausgangsbasis der numerischen Wetterprognose (↗TEMP-Meldung). [MGe]

aerologisches Diagramm ↗*thermodynamisches Diagramm.*

aerologische Station, meteorologische Station, an der mit ↗Radiosonden ↗aerologische Aufstiege durchgeführt werden. Seit einiger Zeit gibt es auch Stationen und Forschungseinrichtungen, die über Radar oder ↗Lidar als bodengebundene aerologische Meßgeräte verfügen.

Aeromagnetik, *Airborne-Magnetik*, Vermessung

der ↗magnetischen Anomalien vom Flugzeug aus.

Aerophotogrammetrie, *Luftbildmessung*, Gesamtheit der Theorien, Verfahren und Geräte zur Aufnahme, Speicherung, Analyse und Auswertung von ↗Luftbildern.

Aerosol, **1)** *Allgemein*: Bezeichnung für eine Suspension von kleinen, flüssigen oder festen Schwebstoffteilchen in Gasen oder Luft. **2)** *Klimatologie*: Gesamtheit der *Aerosolpartikel*, die zusammen mit den ↗Spurengasen als *atmosphärische Spurenstoffe* bezeichnet werden.
Das troposphärische Aerosol entsteht bei der Winderosion von mineralischen und organischen Staubteilchen am Erdboden, durch Vulkanismus, bei der Zerstäubung von Wasser beim Brechen der Wellen über den Ozeanen (»Sea Spray«), bei der Verbrennung von Biomasse und anderen anthropogenen Verbrennungsprozessen (z. B. als Rußteilchen) sowie durch Kondensation von Spurengasen, die photochemisch gebildet werden und einen niedrigen Dampfdruck haben (z. B. Schwefelsäure). Entsprechend der Vielfalt der möglichen Bildungsprozesse haben Aerosolpartikel eine variable chemische Zusammensetzung und physikalische Struktur. Ihr Durchmesser reicht von 1 nm bis 100 μm. Entsprechend der wichtigsten Bildungsprozesse werden drei Größenklassen des Aerosols unterschieden: ↗Aitkenkerne, Große Kerne, Riesenkerne (Tab. 1). Die ↗Teilchenkonzentrationen innerhalb der einzelnen Größenklassen des atmosphärischen Aerosols weichen um mehrere Größenordnungen voneinander ab. Sie werden üblicherweise als sogenannte »Größenverteilung« dargestellt. Die Hauptmenge des troposphärischen Aerosols befindet sich in der ↗atmosphärischen Grenzschicht. Die Konzentration ist in verschiedenen Regionen unterschiedlich groß (Tab. 2). Aerosolpartikel wirken als ↗Kondensationskerne und ↗Eiskeime und tragen zum ↗Treibhauseffekt bei. Sie werden vorwiegend durch trockene und feuchte ↗Deposition wieder aus der Atmosphäre entfernt. Das stratosphärische Aerosol besteht überwiegend aus flüssigen Schwefelsäurepartikeln. Die Schwefelsäure entsteht bei der photochemischen Oxidation von Schwefeldioxid, das bei Vulkanausbrüchen direkt in die Stratosphäre gelangen kann oder wird dort photochemisch aus Carbonylsulfid, OCS, (↗Spurengase) gebildet. Die Hauptmenge befindet sich in 15–20 km Höhe in der stratosphärischen Aerosolschicht, die erstmals von C. Junge nachgewiesen wurde und deshalb auch »Junge-Schicht« genannt wird. Der Schwefelsäuregehalt des stratosphärischen Aerosol beeinflußt die Effizienz der heterogenen Reaktionen, die bei Temperaturen unter -80 °C zu einem schnellen ↗Ozonabbau, insbesondere in der polaren Stratosphäre, beitragen (↗Ozonloch). [USch]

Gruppe	Größe [μm]	Bildungsprozesse
Aitkenkerne	0,001–0,1	Verbrennung, Kondensation, photochemischer Smog
Große Kerne	0,1–1,0	Koagulation, Akkumulation, Kondensation
Riesenkerne	1,0–100	Erosion, Zerstäubung

Aerosol (Tab. 1): Größenklassen des atmosphärischen Aerosols.

Aerosoltyp	Teilchenzahl [1/cm³]	Massen-Konzentration [μg/m³]	mittlerer Radius [μm]
städtisch	10^3–10^5	≈ 100	0,03
ländlich	10^2–10^4	30–50	0,07
maritim	3–10^2	10	0,16
stratosphärisch	0,1–1,0	< 0,1	0,06

Aerosol (Tab. 2): typische Eigenschaften von atmosphärischen Aerosolen.

Aerosolpartikel ↗Aerosol.

Aerotriangulation, in der ↗Photogrammetrie Verfahren der ↗Mehrbildauswertung von analogen oder digitalen ↗Luftbildern zur Bestimmung der Daten der ↗äußeren Orientierung und der ↗Objektkoordinaten von Paßpunkten. Methodisch sind die Modelltriangulation und die ↗Bündeltriangulation zu unterscheiden.

AFC, *Area Forecast Centre*, Gebietsvorhersagezentrale für die Luftfahrt. Sie ist beim ↗Deutschen Wetterdienst der Abteilung für Vorhersage und Beratungsdienste zugeordnet.

AFE, *Aerologische Forschungs- und Erprobungsstelle*, Dienststelle des ↗Deutschen Wetterdienstes, die der Abteilung für Meßnetze und Daten angegliedert ist.

Affinität, chemische Triebkraft, die dazu führt, daß sich Elemente und Verbindungen zu neuen Stoffen verbinden. Gemeint ist dabei die Anziehung zwischen zwei Substanzen, die im allgemeinen unterschiedlich stark ausgeprägt ist.

AFM-Diagramm, a) für metamorphe Gesteine: *Thompson-Diagramm*, ein Dreiecksdiagramm mit den Eckpunkten Al_2O_3, FeO und MgO zur ↗Projektion von ↗Mineralparagenesen metapelitischer Gesteine. b) für magmatische Gesteine: Dreiecksdiagramm mit den Eckpunkten der Gew.-%e an Alkalien, Eisenoxiden und Magnesiumoxid (Abb.). Das Diagramm dient der Unterscheidung zwischen tholeiitischen und kalkalkalischen Fraktionierungstrends von kogenetischen Gesteinsserien. Dargestellt sind ein tholeiitischer und ein kalkalkalischer Fraktionierungstrend. Beide Trends beginnen mit einem basaltischen MgO-reichen ↗Stamm-Magma und führen über basaltische Andesite und Andesite bis zu Daciten und Rhyolithen. Tholeiitische Magmen erfahren zunächst eine starke Fe-Anreicherung, weil die kristallisierenden Olivine und Pyroxene ein höheres Mg/(Mg + Fe)-Verhältnis aufweisen als die koexistierende Schmelze. In kalkalkalischen Magmen wird die Fe-Anreicherung aus diesem Grund unterbunden, so daß infolge ihres höheren Oxidationsgrades neben Mg-Fe-Silicaten bereits aus den Basaltmagmen Eisenoxide, insbesondere Magnetit (Fe_3O_4), kristallisieren. [HGS]

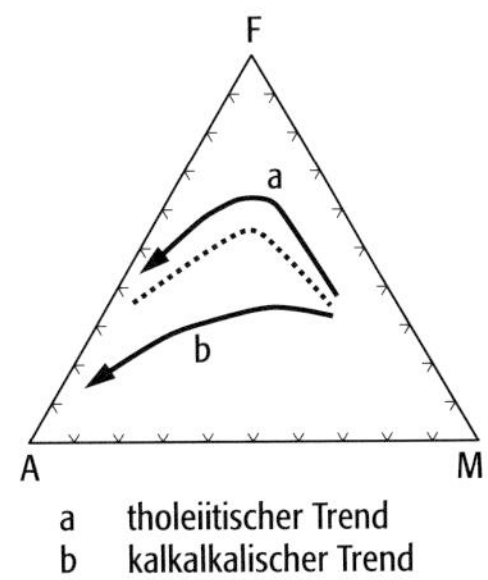

AFM-Diagramm: Dreiecksdiagramm mit den Eckpunkten der Gew.-% an Alkalien $Na_2O + K_2O$ (A), Eisenoxiden $FeO + 0{,}90 \times Fe_2O_3$ (F) und MgO (M). Die gestrichelte Linie markiert die ungefähre Grenze zwischen dem tholeiitischen und dem kalkalkalischen Fraktionierungstrend.

Afrikanischer Kraton ↗Proterozoikum.

Ag-AgCl-Sonde, *Silber-Silberchlorid-Sonde*, nicht-

Agassiz, *Jean Louis Rudolphe*

polarisierbare Sonde zur Messung des Potentialabfalls im Erdboden.

Ägäisches Meer, nördliches ↗Nebenmeer des Europäischen Mittelmeers (↗Europäisches Mittelmeer Abb.) zwischen Griechenland und Kleinasien, nördlich des Inselbogens Peloponnes, Kreta, Rhodos; im Norden durch die Dardanellen mit dem ↗Marmarameer verbunden.

Agassiz, *Jean Louis Rudolphe*, Schweizer Naturforscher, Anatom, Paläontologe und Geologe, Gletscher- und Eiszeitforscher * 28.05.1807 Motier (Schweiz, Kanton Fribourg), † 14.12.1877 Cambridge (Massachusetts, USA); studierte Medizin in Zürich (1824–26), Heidelberg (1826–27) und München (1827–30), wo er seine Studien mit der Promotion in Medizin 1830 abschloß. Der Aufenthalt bei ↗Cuvier am Musée d'Histoire Naturelle in Paris (1831–32) wirkte prägend für die weitere wissenschaftliche Entwicklung Agassiz' Katastrophentheorie, Tatsachenforschung und Klassifizierung. 1832 übernahm er eine Professur in Neuchâtel. Von 1846 an wirkte Agassiz in Nordamerika. Zunächst in Boston lehrend, übernahm er aber schon 1848 eine Professur an der Harvard University in Cambridge. Hier gründete er 1858 das Museum of Comparative Zoology. Großen Gewinn für das Museum brachten mehrere Forschungsreisen. So führte ihn u. a. eine Expedition 1865–1866 nach Brasilien; während einer Reise auf der »Hassler« (1871–1872) erfolgten Tiefwasser-Untersuchungen.
Schon während seiner Studienzeit beschäftigte sich Agassiz intensiv mit dem Thema, das ihn sein Leben lang begleitete: das Studium der Anatomie und Systematik rezenter und fossiler Fische. Die Ergebnisse sind in zahlreichen, teils monographischen Werken publiziert. Bedeutende Arbeiten entstanden auch zu Weichtieren (Mollusca) und Stachelhäutern (Echinodermata). Parallel dazu liefen seine Studien über Glazialgeologie, angeregt durch Beobachtungen an Gletschern in den Schweizer Alpen. Diese Untersuchungen mündeten in einer neuen Theorie über Bildung und Entwicklung sowie über die Bewegung der Gletscher und begründeten damit den Ruf Agassiz' als anerkannter Glaziologe. Auf ihn geht der Begriff »Eiszeit« zurück. Die Vollendung einer geplanten umfangreichen »Naturgeschichte der Vereinigten Staaten« wurde durch seinen Tod zunichte.
Trotz seiner intensiven paläontologischen, insbesondere ichthyologischen Studien war Agassiz Anhänger der von Cuvier begründeten Katastrophentheorie. Mit der Annahme einer Konstanz der Arten blieb er ein hartnäckiger Gegner Darwins und dessen Evolutionstheorie. Die Erkenntnis verwandtschaftlicher Zusammenhänge der fossilen Fische, ihrer Entwicklungslinien und ihrer zunehmenden Vervollkommnung durch die erdgeschichtlichen Zeiten führten ihn letztlich nicht zu der Konsequenz einer modernen Deutung. Er suchte hierfür sprechende Fakten der Zoogeographie durch Zentren der Schöpfung zu ersetzen und nahm Vernichtung und Neuschöpfung an den Grenzen der Formationen an, einschließlich eines mehrfachen Ursprungs menschlicher Rassen. Hier wird – ein letztes Mal in der Paläontologie – die Befürwortung metaphysischer Kausalität, der »Schöpfergedanken Gottes«, überaus deutlich. [KOe]

AG Boden ↗Bodenkundliche Kartieranleitung.

Agenda 21, »Aktionsplan für eine gesellschaftlich und wirtschaftlich dauerhafte und umweltgerechte Entwicklung im 21. Jahrhundert«. Die Agenda 21 wurde 1992 in Rio de Janeiro im Anschluß an die UNO-Konferenz über »Umwelt und Entwicklung« von 179 Staaten verabschiedet. Darin enthalten sind Grundlagen und wichtige Zielbereiche für Umweltbelange. Die Agenda 21 brachte weltweit das Konzept der ↗Nachhaltigkeit und die Bedeutung des Erhalts der biologischen Vielfalt (↗Biodiversität) in das Bewußtsein einer breiten Öffentlichkeit. Darüber hinaus löste sie in vielen Ländern auf nationaler Ebene weitere Aktionen aus.

Agens ↗Agenzien.

Agenzien, (sing.: Agens), **1)** *Allgemein*: treibende Kraft, **2)** *Geowissenschaften*: bezeichnet alle natürlichen Medien (Wasser, Eis, Wind), die Material aufnehmen und transportieren. Sie spielen eine zentrale Rolle bei der ↗Erosion.

Agglomeration ↗*Ballungsgebiet.*

Aggradation, vertikale Überlagerung von Faziesgürteln. ↗Sequenzstratigraphie.

Aggradationseis, zusätzliches, neu geformtes ↗Bodeneis, das bei der Ausweitung von ↗Permafrost gebildet wird, z. B. als Eislinsen (↗Eislinsenbildung). Diese können saisonal geformt werden, vor allem im unteren Bereich des ↗Auftaubodens, und können in den Permafrost integriert werden, wenn sie über eine Periode von mehreren Jahren nicht abschmelzen. Eine Ausdehnung des Permafrosts und die Bildung von Aggradationseis kann durch eine Abkühlung des Klimas oder Veränderungen in den lokalen Standortbedingungen verursacht werden, so z. B. durch eine Vegetationssukzession, eine Auffüllung von Seebecken mit ↗Sedimenten oder eine Abnahme in der lokalen Schneebedeckung. Sie kann zu einer Ausdünnung des Auftaubodens und einer Erhöhung der Mächtigkeit sowie einer flächenhaften Ausdehnung des Permafrosts führen.

Aggregatgefüge, Gefügeform des Bodens, bei der Bodenbestandteile durch physiko-chemische, mechanische oder biologische Prozesse zu Gefügeelementen (↗Bodenaggregate) unterschiedlicher Form und Größe zusammengefügt werden. Gefügeformen, bei denen keine Gefügeelemente mit inneren Merkmalen auftreten, gehören zum ↗Grundgefüge. Je nach Ursache der Aggregatbildung unterscheidet man ↗Absonderungsgefüge und ↗Aufbaugefüge.

Aggregatkörner, unregelmäßig umgrenzte carbonatische Komponenten, die durch Verkittung nebeneinanderliegender Körner entstehen (Abb.). Der Zement ist mikritisch (↗Mikrit)oder sparitisch (↗Sparit). Ihre Größe schwankt etwa zwischen 0,5 mm und mehreren Millimetern. Mit fließenden Übergängen sind drei Untergruppen

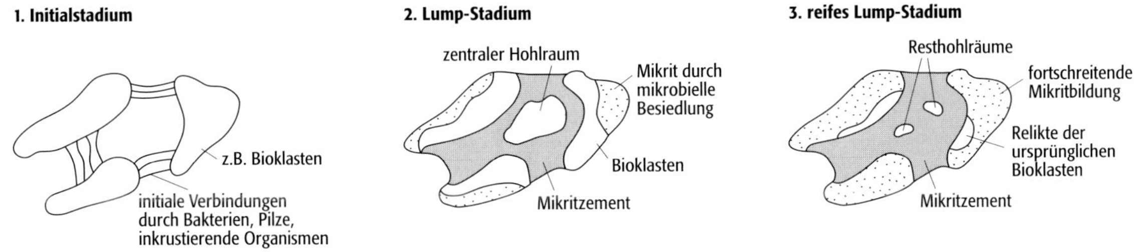

Aggregatkörner: Schema zur Entstehung von Aggregatkörnern.

zu unterscheiden: Wenn die Verkittung durch Organismen (z. B. Algen, Foraminiferen, Serpuliden u. a.) erfolgt, spricht man von *Bio-Lumps*. Diese sind bevorzugt in geschützten Bereichen (z. B. Lagunen) zu finden. Bei den *Lumps* besteht das Bindemittel zu mehr als 50% aus Mikrit. *Grapestones* schließlich sind im allgemeinen durch Sparit verbunden. Sie entstehen in Gebieten mit geringer Sedimentationsrate und stärkerer Wasserzirkulation. Der Anteil der Aggregatkörner liegt heute auf der Bahama-Bank bei ungefähr 60–80%. [DM]

Aggregatstabilität, Widerstand von ↗Bodenaggregaten gegen Form- und Strukturveränderung bzw. Zerstörung durch Druck- und Scherbeanspruchung oder Wasser. Sie ist eine Funktion der Aggregatgröße, -feuchte, der Art der Bindungskräfte, der Korngrößenverteilung sowie des Gehalts an organischer Substanz. Die Aggregatstabilität ist ein wichtiger Faktor für die ↗Bodenerosion, da das Ausmaß der ↗Planschwirkung und ↗Verschlämmung infolge Regentropfenaufprall von der Aggregatstabilität abhängig ist.

Aggregatzustand, physikalischer Zustand eines Stoffes, der bei vorgegebenen Werten von Druck und Temperatur einerseits durch die Anziehungskräfte (z. B. chemische Bindungskräfte) zwischen den Atomen oder Molekülen und andererseits durch deren Wärmebewegung (Brownsche Bewegung) bestimmt wird. Im festen Aggregatzustand überwiegen die Bindungskräfte und bestimmen die stabile Struktur eines Stoffes (z. B. in einem Kristall). Wird der Stoff bei konstantem Druck erwärmt, so werden die Bindungskräfte durch die zunehmende Wärmebewegung der Atome und Moleküle zunächst nur so stark gelockert, daß diese gegeneinander verschoben werden können, der Stoff wird weich. Bei weiterer Temperaturerhöhung geht der Stoff bei Überschreitung des ↗Schmelzpunktes durch Schmelzen in den flüssigen und bei Überschreiten des ↗Siedepunktes durch Verdampfen in den gasförmigen Aggregatzustand über (Abb. 1 u. 2). Umgekehrt geht ein gasförmiger Stoff bei Abkühlung unter den Siedepunkt wieder durch ↗Kondensation in den flüssigen und bei weiterer Abkühlung unter den Schmelzpunkt durch Erstarren (Gefrieren im Fall von Wasser) wieder in den festen Aggregatzustand über. Wird dabei der flüssige Zustand übersprungen, so spricht man von ↗Sublimation. Wird die Temperatur eines gasförmigen Stoffes weiter stark erhöht, können die Moleküle zerfallen (thermische ↗Dissoziation) und die Atome schließlich ionisiert werden. Dieser Aggregatzustand, in dem der Stoff elektrisch leitend ist, wird als Plasma bezeichnet. Die Bedingungen, bei denen ein reiner Stoff in seinen verschiedenen Aggregatzuständen existieren kann, werden im ↗Zustandsdiagramm dargestellt. Nur bei den durch die Dampfdruckkurve, die *Schmelzpunktkurve* bzw. durch die *Sublimationskurve* gegebenen Werten von Temperatur und Druck kann der Stoff gleichzeitig in zwei verschiedenen Aggregatzuständen vorkommen (↗Phasenübergänge). [USch]

aggressive Kohlensäure ↗freie Kohlensäure.

aggressives Wasser, Wasser mit Inhaltsstoffen, die zu verstärkten chemischen Reaktionen führen. Freie überschüssige Kohlensäure kann beispielsweise zu kalkaggressivem Wasser führen, das beim Prozeß der Verkarstung, aber auch im technischen Bereich, von besonderer Bedeutung

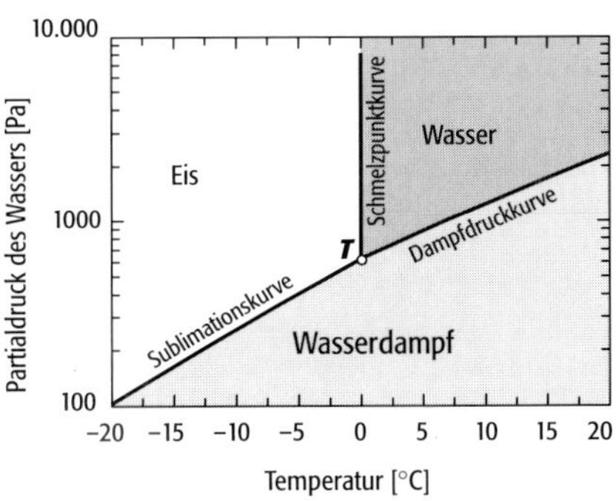

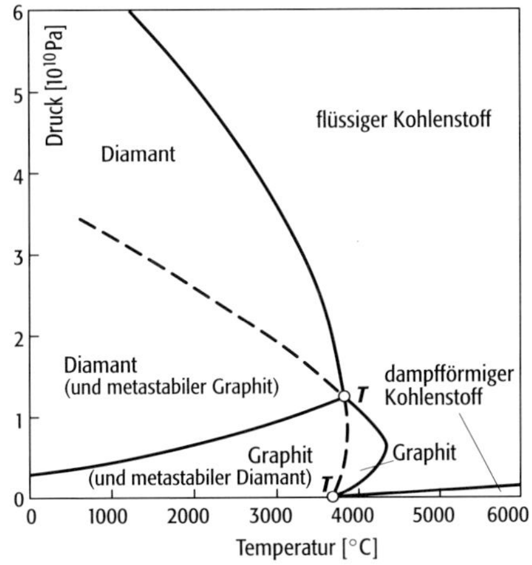

Aggregatzustand 1: Zustandsdiagramm von reinem Wasser (T = Tripelpunkt).

Aggregatzustand 2: Zustandsdiagramm von Kohlenstoff (T = Tripelpunkt).

ist. Der *Aggressivitätsgrad des Wassers* ist ein Maß für das jeweilige Lösungsvermögen des Wassers. Er kann über die Sättigungsindizes, über die Konzentration der freien überschüssigen Säuren oder durch bestimmte Versuchstechniken, z. B. Marmorlöseversuch nach Heyer, bestimmt werden.

Aggressivitätsgrad des Wassers ↗aggressives Wasser.

Agrarbiozönose, ↗Biozönose in der Agrarlandschaft, die aus der Interaktion zwischen Naturlandschaft und landwirtschaftlichen Produktionsverfahren hervorgeht.

Agrarhydrologie, Teilbereich der ↗Hydrologie, der mit der Methodik der quantitativen Hydrologie wesentliche Teilinformationen zur räumlichen und produktbezogenen Abgrenzung der landwirtschaftlichen Nutzungsmöglichkeiten liefert. Aufgrund der möglichen Veränderung der ↗Gewässergüte in landwirtschaftlich genutzten Gebieten ergibt sich für die Landwirtschaft selbst, aber auch für andere Wassernutzer, Informations- und Handlungsbedarf. Dazu können mit Methoden der qualitativen Hydrologie wesentliche Entscheidungshilfen erarbeitet werden.

Agrarlandschaft, stark agrarisch geprägter Ausschnitt der Erdoberfläche, unabhängig von politischen Grenzen, welcher durch eine typische Ausprägung der ↗Flurstruktur, der Siedlung und der Bodenbewirtschaftung gekennzeichnet ist. Dabei spielen auch die Sozialstrukturen der Bevölkerung eine erhebliche Rolle.

Agrarmeteorologie, Teil der ↗Biometeorologie bzw. ↗Bioklimatologie, der sich mit den Auswirkungen der atmosphärischen Gegebenheiten und Veränderungen auf die Natur- und insbesondere Kulturpflanzen befaßt. Neben dem Wald (↗Forstmeteorologie) sind dies vor allem landwirtschaftlich genutzte Pflanzen (wie Getreide, Obst einschließlich Wein, Gemüse, Zierpflanzen und Grünflächen). Dabei ist in die Betrachtungen stets auch der ↗Boden einschließlich seiner meteorologischen Beeinflussung (↗Bodenwassergehalt) mit einzubeziehen. Im einzelnen sind Tages- und Jahresgang sowie sonstige zeitliche Veränderungen des Energie- (insbesondere Sonneneinstrahlung) und Stoffhaushaltes an der Pflanzenoberfläche und im Pflanzeninneren, soweit sie meteorologisch beeinflußt sind, von Interesse. Besondere Problemkreise der ↗Agrarmeteorologie sind u. a. Konzepte der Optimierung bzw. Steigerung des ↗Ertrages, ↗Frostschutz, ↗Windschutz und Minimierung von meteorologisch beeinflußtem Schädlings- bzw. Krankheitsbefall. Hinzu kommen Probleme der Lagerung von Ernteprodukten. Frostschutz kann, sinnvollerweise in Zusammenhang mit einer ↗Wettervorhersage bzw. entsprechenden Wetterwarnungen, durch Abdeckung, Beheizung oder auch durch ↗Beregnung des Vegetationsbestandes erfolgen, wobei sich durch Beregnung ein künstlicher Eisansatz bildet, der den Bestand vor zu tiefen Lufttemperaturen schützt. Dabei ist eine richtige Zeit- und Wasser-Dosierung wichtig. Ein Spezialgebiet der Agrarmeteorologie bzw. Pflanzenbeobachtung ist die ↗Phänologie. Der ↗Deutsche Wetterdienst unterhält spezielle agrarmeteorologische Beratungs- und Forschungsstellen. [CDS]

Agrarökologie, kann als Teilgebiet der ↗Landschaftsökologie betrachtet werden. Untersuchungsgegenstand sind die spezifischen Probleme, welche auf landwirtschaftlich genutzten Flächen auftreten. Agroökosysteme stellen gezielt vom Menschen veränderte ↗Ökoysteme dar, die ein großes Maß an energieaufwendiger Außensteuerung durch den Menschen erfordern. Vor allem die moderne ↗Hochertragslandwirtschaft bringt dadurch zahlreiche Umweltprobleme mit sich. Das Hauptaugenmerk der Agrarökologie gilt dem Boden als zentralem Produktionssubsystem der Landwirtschaft. Bei der seit über zehn Jahren stattfindenden Betrachtung des Agroökosystems durch die Agrarökologie stehen folgende Fragen im Mittelpunkt des wissenschaftlichen und öffentlichen Interesses: 1) Wie können die durch die ↗konventionelle Landwirtschaft verursachten Nachteile unter ökologischen Gesichtspunkten rückgängig gemacht werden? Angesprochen ist hier v. a. das Problem der Energie- und Stoffflüsse sowie deren weitreichende Wirkungen (z. B. in die Nahrungskette hinein). 2) Wie sollen zukünftige Agroökosysteme aussehen, damit sie ihre Funktion als ↗Erholungsgebiet des Menschen v. a. in ↗Ballungsräumen erfüllen können? 3) Wie können Probleme der ↗Gewässerbelastung durch Pestizideinträge, aber auch der Verlust von Bodensubstanz und damit der landwirtschaftlichen Produktionsgrundlage durch ↗Bodenerosion verhindert werden? Bei all diesen Fragestellungen kommen die in der Landschaftsökologie üblichen Arbeitsweisen zum Einsatz: die landschaftsökologische ↗Komplexanalyse zur Erfassung statischer und dynamischer Größen und das darin enthaltene Konzept der Verknüpfung der Details zur Kennzeichnung des Agroökosystems. [SMZ]

agrarökologische Standortkartierung, Aufnahme der natürlichen Gegebenheiten mit dem Ziel einer Bewertung der landwirtschaftlichen ↗Nutzungseignung nach der Methode der landschaftsökologischen ↗Komplexanalyse.

Agrichnion, *Kultivierungsspur*, ↗Spurenfossilien.

Agricola, *Georgius*, eigentlich Georg Bauer, deutscher Arzt und Mineraloge, * 24.3.1494 Glauchau, † 21.11.1555 Chemnitz. Agricola lehrte nach dem Studium in Leipzig und Ferrara, ab 1518 lateinische und griechische Sprache in Zwickau; seit 1527 Stadtarzt und Stadtapotheker in Sankt Joachimsthal, ab 1530 in Chemnitz. Er war Begründer der neueren Mineralogie und Metallurgie und gab in seinem Werk »De natura fossilium« (1546) eine umfassende Darstellung der Mineralogie. Er beschrieb in dem erst ein Jahr nach seinem Tod veröffentlichten Werk »De re metallica« (1556) das mittelalterliche Berg- und Hüttenwesen. Agricola überwand in seinen Werken die alchimistische Methodik.

Agricola, *Georgius*

Agrobakterien, *Agrobacterium*, Gattung der *Rhizobiaceae* aus der Gruppe der gramnegativen aeroben Stäbchen. Die beweglichen, mesophilen Agrobakterien haben einen chemo-organotrophen Atmungsstoffwechsel und sind im Boden, (hauptsächlich ↗Rhizosphäre) und in Pflanzengallen zu finden. Neben saprophytischen Vertretern sind einzelne Spezies (z.B. *A. tumefaciens*) als Erreger von Tumoren bekannt. Die Pathogenität und Tumorbildung ist abhängig von der Übertragung extrachromosomaler DNA-Elemente, die in das Pflanzengenom integriert werden und den Stoffwechsel der Pflanze umsteuern, so daß neben Wucherungen spezielle Aminosäureverbindungen gebildet werden, die nur von den pathogenen Agrobakterien verwertet werden können. Diese Form einer »natürlichen«, genetischen Manipulation dient als Modell für die kontrollierte Anwendung der Genübertragung. [UB]

Agrochemie, spezialisierter Zweig der ↗Agrarökologie, der sich mit Pflanzenernährung, Bodenchemie und Schädlingen beschäftigt. Die Agrochemie betrachtet insbesondere die Gruppe der ↗Umweltchemikalien, welche als Hilfsstoffe für die Pflanzenproduktion eingesetzt werden (Düngerstoffe, Pflanzenschutzmittel, synthetische Bodenverbesserer).

agro forestry, *Agroforstwirtschaft*, ↗alley cropping.

Agroökosystem, agrarisch geprägtes ↗Ökosystem, welches das Untersuchungsgebiet der ↗Agrarökologie darstellt.

Agulhasstrom, ↗Meeresströmung, die südlich von Afrika unter starker Wirbelbildung mit einem Volumentransport von $80 \cdot 10^6$ m^3/s (bei 32° S) warmes Wasser aus dem Indischen in den Atlantischen Ozean transportiert. Ein Teil des Wassers rezirkuliert in der Agulhas-Retroflektion in den Indischen Ozean.

Ah/C-Böden, Bodenklasse der ↗deutschen Bodenklassifikation, die zur Abteilung der ↗Terrestrischen Böden gehört. Ah/C-Böden werden nach den Ausgangsgesteinen der ↗Bodenbildung unterschieden. Die Mächtigkeit des Ah-Horizontes beträgt maximal 4 dm. Es fehlt der verlehmte Unterbodenhorizont. Bodentypen sind ↗Ranker, ↗Regosol, ↗Rendzina, ↗Pararendzina.

Ahe-Horizont, ↗Bodenhorizont entsprechend der ↗Bodenkundlichen Kartieranleitung, ↗Ae-Horizont mit diffus wolkigen Bleichflecken, horizontal ungleichmäßig humos, durch Humuseinwaschung beeinflußt, podsoliert.

Ahemerobie, natürliche Stufe der ↗Hemerobie, ohne menschlichen Einfluß auf den ↗Standort. Die reale Vegetation entspricht der ursprünglichen Vegetation, es treten keine ↗Neophyten auf. Reliefveränderungen liegen nicht vor.

Ah-Horizont, ↗Bodenhorizont entsprechend der ↗Bodenkundlichen Kartieranleitung, ↗A-Horizont mit bis zu 30 Masse-% akkumuliertem ↗Humus, der zur dunkleren Färbung führt und dessen Menge i.d.R. nach unten hin abnimmt. Der Mindestgehalt an ↗organischer Substanz beträgt 0,6 Masse-% bei < 17 Masse-% ↗Ton und < 50 Masse-% ↗Schluff oder 0,9 Masse-% bei < 17 Masse-% Ton und > 50 Masse-% Schluff bzw. 17–45 Masse-% Ton oder 1,2 Masse-% bei > 45 Masse-% Ton. Folgende Ah-Horizonte können aufgrund verschiedener Eigenschaften unterschieden werden (Übergangs-Ah-Horizonte): ↗Axh-Horizont, ↗Acxh-Horizont, ↗Axp-Horizont, ↗Aih-Horizont, ↗Aah-Horizont, ↗Alh-Horizont, ↗Aeh-Horizont, ↗Ach-Horizont, ↗Azh-Horizont, ↗Ahz-Horizont. [MFr]

Ahk-Horizont ↗Ap-Horizont.

Ahlfeld, *Friedrich (Federico)*, deutsch-bolivianischer Bergingenieur und Lagerstättenkundler, * 6.10.1892 Marburg, † 9.1.1982 Cochabamba (Bolivien). Ahlfeld schrieb zahlreiche Arbeiten über Erzlagerstätten, v.a. allem über Zinn, sowie über Industriemineralien in zahlreichen Ländern verschiedener Kontinente mit Schwerpunkt in Bolivien. Ahlfeld war u.a. 1935–37 Abteilungsleiter für Geologie an der staatlichen Bergbau- und Erdölbehörde in Bolivien, 1938–46 Chefgeologe im bolivianischen Bergbauministerium und 1946–48 Professor an der Bergakademie Jujuy (Argentinien). Er verfaßte u.a. folgende Werke: »Geología de Bolivia« (1946, 1964 mit Branisa), »Las especies minerales de la Republica Argentina« (mit Angelelli, 1948), »Los yacimientos de Bolivia« (1954), »Las especies minerales de Bolivia« (mit M. Reyes, 1955), »Zinn und Wolfram« (1958), »Los yacimientos minerales y hidrocarburos de Bolivia« (mit Schneider-Scherbina, 1964), »Geografía física de Bolivia (1968). Nach ihm wurde das Mineral *Ahlfeldit* mit der chemischen Formel $Ni[SeO_3] \cdot 2\ H_2O$ benannt. [HFl]

Ahlfeldit ↗Ahlfeld.

Ahl-Horizont, ↗Bodenhorizont entsprechend der ↗Bodenkundlichen Kartieranleitung, ↗Al-Horizont mit erkennbarem (Rest-)Humus.

Ähnlichkeitstransformation, Modell zur ↗Transformation zwischen globalen Koordinatensystemen. Sie beschreibt den verzerrungsfreien Übergang zwischen zwei Koordinatensystemen.

A-horizons, diagnostische Horizonte der ↗WRB, mineralische Horizonte an der Bodenoberfläche oder unterhalb eines ↗O-Horizontes (↗A-Horizont).

A-Horizont, mineralischer Oberbodenhorizont der ↗Bodenkundlichen Kartieranleitung mit Akkumulation organischer Substanz (Gehalt aber < 30%) und/oder Verarmung an mineralischer Substanz und/oder an Humus. Nach Lage im ↗Bodenprofil kann der A-Horizont unter einem ↗O-Horizont liegen, unter dem A-Horizont folgen Zwischenhorizonte, der Unterbodenhorizont und der ↗Untergrundhorizont. Nach den pedogenen Eigenschaften unterscheidet man: ↗Ai-Horizont, ↗Ah-Horizont, ↗Aa-Horizont, ↗Ae-Horizont, ↗Al-Horizont, ↗Az-Horizont und ↗Ap-Horizont.

Aih-Horizont, ↗Bodenhorizont entsprechend der ↗Bodenkundlichen Kartieranleitung, ↗Ah-Horizont, etwa 2 cm mächtig, organische Substanz vorwiegend aus Pflanzenresten.

Ai-Horizont, ↗Bodenhorizont entsprechend der ↗Bodenkundlichen Kartieranleitung, ↗A-Horizont mit geringer Akkumulation organischer Substanz und initialer ↗Bodenbildung, charakterisiert durch lückige Entwicklung und < 2 cm mächtig, mit Humusgehalten wie im ↗Ah-Horizont, Übergangs-Ai-Horizont: ↗Azi-Horizont.

Airborne-Gravimetrie, *Aerogravimetrie*, Schweremessungen an Bord von Hubschraubern oder Flugzeugen. Die Schwierigkeiten dieser Art von Messungen mit einer bewegten und auch unruhigen Plattform sind gleich denen auf fahrenden Schiffen (↗Shipborne-Gravimetrie). Zum Einsatz kommen speziell abgewandelte ↗Gravimeter, die sich insbesondere durch eine starke Dämpfung auszeichnen, um die kurzperiodischen Beschleunigungen zu unterdrücken. Die Gravimeter werden auf einer speziellen Plattform aufgebaut, deren Lage durch einen Gyro-Kompaß stabilisiert wird. Durch die Bewegung des Gravimeters gegenüber der Erdoberfläche tritt der ↗Eötvös-Effekt auf, der eine Korrektur des gemessenen Schwerewertes erfordert.

Airborne-Magnetik ↗*Aeromagnetik*.

AIREP, *Air Report*, Flugbericht, den der Flugzeugführer nach seinem Flug entsprechend den Vorschriften der ↗ICAO auf einem Formblatt abzugeben hat.

Airy, Sir *George Biddell*, englischer Astronom und Physiker mit hohem Interesse für Geodäsie und Geophysik, * 27.7.1801 in Alnwick (Northumberland), † 2.1.1892 in Greenwich; bis 1835 Professor für Astronomie und experimentelle Philosophie in Cambridge, 1835–81 Direktor der Sternwarte Greenwich und damit (siebenter) Astronomer Royal, 1871–73 Präsident der Royal Society, 1873 in den Ritterstand erhoben (Titel »Sir«), ab 1834 Korrespondent und ab 1879 Auswärtiges Mitglied der Königlich Preußischen Akademie der Wissenschaften Berlin. Er begründete 1855 die moderne Lehre von der ↗Isostasie mit seiner Hypothese über die Dichteverteilung in der oberen Erdkruste (Eisberg-Hypothese) im Gegensatz zur Prattschen Kompensations-Hypothese. Im Jahr 1830 berechnete er die Dimension eines Ellipsoids als Modell der Erdform aus 14 Breiten- und vier Längengradmessungen (↗Gradmessung) in sehr guter Übereinstimmung mit den von F. W. ↗Bessel 1841 berechneten Konstanten. Er veranlaßte in England und Irland Gradmessungen und wirkte selbst mit. Durch Experimente zur ↗Aberration des Lichts bewies er die Fresnelsche Theorie vom Licht und führte Untersuchungen zur Unterstützung von Maßstäben (Airysche Punkte) durch. Aus Schweremessungen in Schächten schloß er auf eine Dichte der Erde von 6,56 g/cm^3 (1855), betrieb Studien zur Fehlertheorie von Messungen (1875) und führte Messung und Analyse der Meeresgezeiten rund um die Inseln Irland (1845) und Malta (1875) aus. Sein bedeutendstes geodätisches Werk ist »Figure of the Earth«, London 1849. [EB]

Airy-Phase, die bei den Minima und Maxima der ↗Gruppengeschwindigkeit als Funktion der Frequenz auftretenden ↗Oberflächenwellen, die häufig mit großen Amplituden verbunden sind. Beispiele sind kontinentale ↗Rayleigh-Wellen mit Perioden um 15 s und Mantel Rayleigh-Wellen im Periodenbereich von 200–250 s.

Aitkenkerne, Gruppe der kleinsten Aerosolpartikel mit Radien < 0,1 μm. Sie sind nach dem englischen Physiker John Aitken benannt, der die Aitken-Nebelkammer entwickelte, mit der sie in der Atmosphäre als Spurenstoff nachgewiesen werden können. Sie sind in sehr großen Konzentrationen in der Atmosphäre (insbesondere in verunreinigter Luft) vorhanden und wirken u. a. als ↗Kondensationskerne. Aitkenkerne entstehen vorwiegend durch Kondensation von atmosphärischen ↗Spurengasen, die einen geringen Dampfdruck haben (gas-to-particle-conversion) und werden deshalb auch als Nukleationsmode des atmosphärischen ↗Aerosols bezeichnet.

Aitken-Nebelkammer, Meßinstrument zum experimentellen Nachweis von ↗Aitken-Kernen.

Aïtow-Hammers flächentreuer Entwurf, ein unechter Kartennetzentwurf, der 1892 von E. Hammer angegeben worden ist. Die Konstruktion zur Ableitung der ↗Abbildungsgleichungen beruht auf einem transversalen (äquatorständigen) äquidistanten (Aïtow) bzw. flächentreuen (Hammer) Azimutalentwurf. Die azimutalen Entwürfe (insbesondere die Perspektiven) weisen an den Rändern wegen der konstruktionsbedingten Stauchung starke Verzerrungen auf. Von dem ursprünglichen transversalen Entwurf nach J. H. ↗Lambert werden die äußeren Teile weggelassen. Es bleibt der zentrale Teil mit den geringeren Verzerrungen. Dieser wird durch Umbeziffern zur Abbildung der ganzen Erde modifiziert, durch Multiplikation jedes Koordinatenwertes mit einem Faktor. Dadurch werden die günstigen Verzerrungsverhältnisse des Zentralteils der Karte auf die globale Abbildung erweitert. Der Aïtow-Hammersche flächentreue Entwurf bildet die ganze Erde in einer Ellipse ab und wird verschiedentlich für ↗Atlaskarten verwendet. Der Entwurf hat Ähnlichkeit mit ↗Mollweides unechtem Zylinderentwurf. Die Abbildungsgleichungen des Aïtow-Hammerschen flächentreuen Entwurfs sind:

$$X = \frac{R \cdot \sqrt{2} \cdot \sin\varphi}{\sqrt{1 + \cos\varphi \cdot \cos\frac{\lambda}{2}}}$$

$$Y = \frac{2 \cdot R\sqrt{2} \cdot \cos\varphi \cdot \sin\frac{\lambda}{2}}{\sqrt{1 + \cos\varphi \cdot \cos\frac{\lambda}{2}}} \;.$$

Bei der Manipulation des Umbezifferns bleibt die ↗Flächentreue des ursprünglichen Lambertschen Azimutalentwurfs erhalten (Abb.). [KGS]

AK ↗*Austauschkapazität.*

Akaustobiolith, nicht brennbares organogenes Sediment.

Åkermanit, Mineralphase der ↗Melilithe, auch in Hochofenschlacken und Zement. ↗Gehlenit.

AKF-Diagramm, ein Dreiecksdiagramm mit den Eckpunkten Al_2O_3, K_2O und (FeO + MgO); zur graphischen Darstellung (↗Projektion) von ↗Mineralparagenesen metapelitischer Gesteine.

Akkomodationsraum ↗Sequenzstratigraphie.

Akkomodationszone, im ↗Streichen von Grabenzonen kann der Versatz von einer ↗Abschiebung

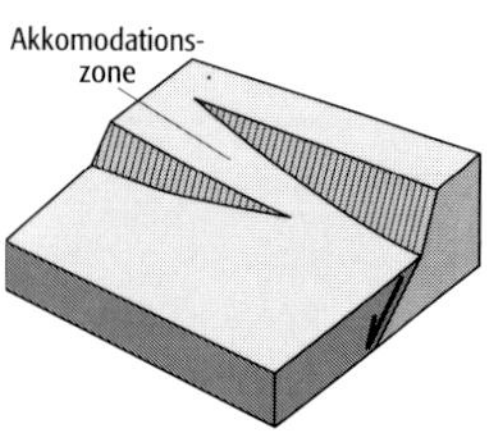

Akkomodationszone: Modell einer Akkomodationszone.

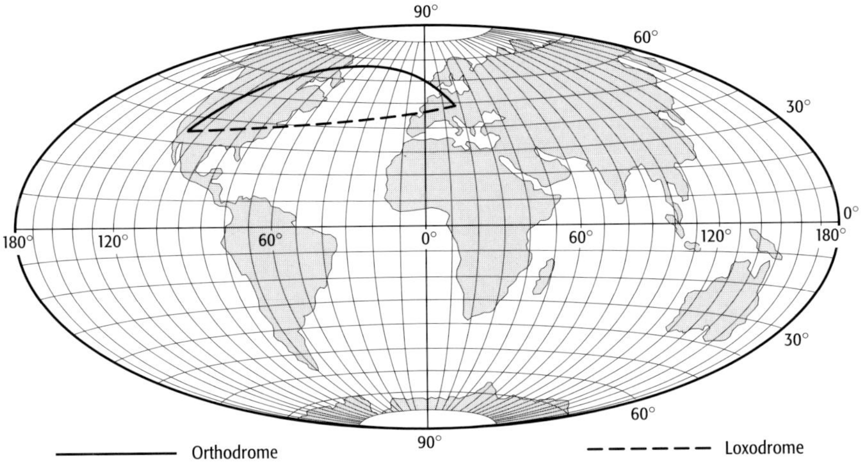

Aïtow-Hammers flächentreuer Entwurf: Netz des Aïtow-Hammerschen Entwurfs.

über eine Akkomodationszone zu einer parallel versetzten, gleichsinnig einfallenden Abschiebung übergehen (Abb.).

Akkordanz, Anpassung der Oberfläche an den Schichtbau des Untergrundes.

Akkordanzfläche ↗Adaptionsfläche.

Akkretion, Anwachsen des Krustenmaterials einer Platte durch tektonische oder magmatische Prozesse. Im Bereich konvergenter ↗Plattenränder erfolgt die Akkretion tektonisch a) durch Angliederung von Sediment aus der Tiefseerinne oder von Bruchstücken der Unterplatte an der Front (frontale Akkretion) oder der Basis (basale Akkretion) eines ↗Akkretionskeils, b) durch ↗Obduktion ozeanischer Kruste und c) durch Kollision und Verschweißen eines ↗Terrans, z. B. eines Inselbogens, mit dem aktiven Kontinentalrand. Magmatische Akkretion erfolgt v. a. im ↗magmatischen Bogen und bei Intraplatten-Magmatismus durch Extrusionen, Intrusionen und ↗Underplating.

akkretionäre Lapilli, aus konzentrischen Lagen von vulkanischer Asche aufgebaute runde Aggregate von bis zu 64 mm Durchmesser (↗Pyroklast Tab.), die bei phreatomagmatischen Eruptionen (↗Vulkanismus) in feuchten Aschewolken entstehen. Die Aschepartikel lagern sich durch die feuchtigkeitsbedingte Adhäsion an. Akkretionäre Lapilli können in allen aus phreatomagmatischen Eruptionen entstandenen pyroklastischen Ablagerungen (also Fall-, Surge- oder Strom-Ablagerungen, ↗pyroklastischer Transport Abb.) auftreten. Enthalten die Lapilli im Zentrum ein größeres pyroklastisches Fragment, wie z. B. einen Kristall oder ein Lavabruchstück, werden sie als *armored Lapilli* bezeichnet.

Akkretionskeil, *Akkretionsprisma*, *Anwachskeil*, durch tektonische Angliederung von Material der Tiefseerinne oder auch der abtauchenden Platte gekennzeichneter ↗Subduktionskomplex (Abb.). Die konvergente Plattengrenze erscheint in der Tiefseerinne als eine flach unter den keilförmigen Rand der ↗Oberplatte einfallende Überschiebungsbahn, an der die Spitze des keilförmig zugeschnittenen Subduktionskomplexes auf die flachliegenden Sedimente der Tiefseerinne überschoben wird oder, wird der Vorgang als Subduktion betrachtet, diese unter den Subduktionskomplex unterschoben werden. Die Erhöhung des Reibungswiderstandes unter zunehmendem Druck kann zur Anlage einer neuen Unterschiebungsbahn an der Basis des erstunterschobenen Sedimentpaketes führen, weiteres Tiefseerinnensediment schiebt sich unter das zuvor unterschobene Paket, das infolge Versteilung und Inaktivierung der ersten Unterschiebungsbahn in den Frontalbereich der Oberplatte aufgenommen wird (frontale ↗Akkretion). Durch vielfältige Wiederholung über geologisch signifikante Zeiträume entsteht ein durch zunehmend jüngere Unterschiebungen und jüngeres angegliedertes Sedimentmaterial geprägter Akkretionskeil, dessen Entwicklung dem eines ↗Falten- und Überschiebungsgürtels eines Vorlands vergleichbar ist. Schneiden die neu angelegten Unterschiebungen flach durch die Kruste der Unterplatte, nimmt der Akkretionskeil das abgescherte Unterplattenmaterial auf, z. B. ozeanische Basalte, die dann eingeschaltete ↗Ophiolith-Komplexe darstellen. Dieser Vorgang kann auch an der Basis des Akkretionskeils in einiger Entfernung von dessen Front stattfinden, so daß durch diese basale ↗Akkretion schon hochdruckmetamorphe Unterplattenteile in den Akkretionskeil übergehen.

Eine erheblich andere Entwicklung nimmt ein Akkretionskeil im Falle einer Kontinentalkolli-

Akkretionskeil: Aus frontal akkretierten Sedimenten der Tiefseerinne und des Oberplattenhanges aufgebauter Akkretionskeil.

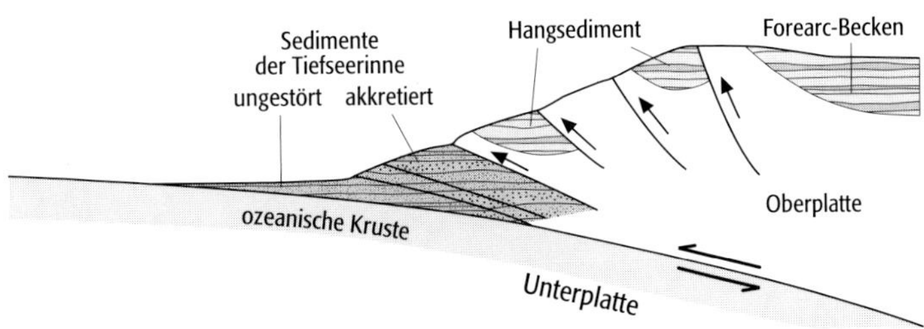

sion, da große Teile der mächtigen kontinentalen Kruste der Unterplatte abscheren und in komplizierten Strukturen der Oberplatte frontal und basal akkretiert werden. [KJR]

Akkumulation, **1)** *Allgemein*: Anhäufung. **2)** *Bodenkunde*: a) Ablagerung von Bodenbestandteilen auf der Oberfläche von konkaven Unterhängen und Talauen, die durch ↗Bodenerosion weiter hangaufwärts abgetragen wurden. b) Ablagerung von Bodenbestandteilen, die vertikal oder lateral im Boden transportiert wurden (z. B. gelöste organische Stoffe, Aluminium, Eisen, Tonminerale). **3)** *Geomorphologie*: bezeichnet sowohl den Prozeß als auch das Produkt der mechanischen Anhäufung von ↗Sedimenten. **4)** *Glaziologie*: jährlicher Massenzuwachs eines ↗Gletschers oder einer Schneeablagerung durch Schneefall, Schneedrift, Schnee- und ↗Eislawinen und das Wiedergefrieren von Schmelzwasser. **5)** *Hydrologie*: Prozeß und Produkt der mechanischen Anhäufung von Sedimenten, aber auch von abgesetzten Schneemengen. **6)** *Petrologie*: ↗gravitative Akkumulation. **7)** *Statistik*: stufenweises Aufaddieren von Daten über jeweils ein Zeitintervall. Die Akkumulation wird im Ergebnis bezüglich einer Sequenz von Zeitintervallen angegeben.

Akkumulationsform, Reliefform, die durch Ablagerung von ↗Sedimenten entsteht oder entstanden ist. Diese können durch verschiedene Prozesse (↗fluvial, ↗äolisch, ↗glazial) transportiert worden sein. Die Akkumulationsform steht nur scheinbar im Widerspruch zur ↗Abtragungsform. In den komplexen geomorphodynamischen Prozeßabläufen stehen sie untereinander in enger räumlicher und zeitlicher Beziehung. Akkumulationsformen kommen auch in ↗Abtragungslandschaften neben den Abtragungsformen vor, aus deren Material sie aufgebaut sind, bevor sie durch die Prozesse der ↗Erosion wieder zerstört werden.

Akkumulationsfußfläche ↗*Glacis*.

Akkumulationsgebiet ↗Nährgebiet.

Akkumulationsgradient, Maß für den Massenzuwachs eines ↗Gletschers mit zunehmender Höhenlage.

Akkumulationsindikator, Anreicherungsindikator, der sowohl für die Anreicherung in Organismen (↗Bioindikator) verwendet wird, als auch der Rekonstruktion rezenter oder vorzeitlicher Vorgänge dient. Letzteres erfolgt anhand der höheren Konzentration ausgewählter Stoffe in bestimmten Kompartimenten eines ↗Ökosystems. Beispielsweise lassen kolluviale Böden (↗Kolluvium) auf zum Zeitpunkt ihrer Ablagerung verstärkte Bodenerosionsprozesse am Oberhang schließen.

Akkumulationsperiode, Phase im ↗Massenhaushaltsjahr eines ↗Gletschers, in der die ↗Akkumulation die ↗Ablation überwiegt.

Akkumulationsrate, Ausmaß der ↗Akkumulation in einer bestimmten Zeit an einem Ort.

Akkumulationsterrassen ↗Flußterrassen.

Akkumulationsuhr ↗*Anreicherungsuhr*.

Aklé, komplexe ↗Querdüne, die aus mehreren, versetzt angeordneten Dünenreihen besteht, mit konkaven, barchanoiden (↗Barchan) und konvexen, zungenförmigen Teilen dazwischen. Aklé entstehen unter einem bimodalen Windregime mit saisonal entgegengesetzten Windrichtungen, im Gegensatz zu ↗Längsdünen, welche sich unter schrägen, bimodalen Winden bilden. Bei Aklé werden mit den saisonal wechselnden Winden jeweils die barchanoiden Teile zu den linguoiden umgeformt und umgekehrt. Diese Umdrehung ist nur bei kleinen ↗Dünen möglich, weshalb Aklé maximale Höhen von 10 m erreichen.

Akratopege, Mineralwasserquelle mit geringem Gehalt an gelösten Stoffen und einer Temperatur von weniger als 20 °C.

Akratotherme, warme Mineralwasserquelle mit geringem Gehalt an gelösten Stoffen und einer Temperatur von mehr als 20 °C.

akryogenes Warmklima, Klimazustand, der so warm ist, daß Eisbildungen auf der Erdoberfläche nicht möglich sind (↗Klimageschichte). Gegensatz: ↗Eiszeitalter.

aktive Fernerkundungsverfahren, basieren im Vergleich zu ↗passiven Fernerkundungsverfahren nicht auf der Solarenergie, sondern senden selbst ein künstlich aktiviertes Strahlungssignal und zeichnen den reflektierten Anteil dieser Strahlung auf. Eine weitverbreitete Form der aktiven Fernerkundung ist ↗Radar. Aktive Fernerkundungsverfahren unterscheiden sich in der Aufnahmetechnik sowie in der Geometrie und im Informationsgehalt des von ihnen gelieferten Bildes. Bei aktiven Fernerkundungsverfahren wird die Intensität der zurückgestreuten ↗elektromagnetischen Strahlung zu deren Erkennung und Unterscheidung gemessen. Hierbei wird das zu erkundende Objekt oder die Oberfläche von einem Sender aus mit Mikrowellen oder Strahlung anderer Wellenlängenbereiche bestrahlt und deren Rückstreuung über eine Antenne empfangen. Voraussetzung für die Aufnahme eines zu beobachtenden Objekts ist eine künstlich initiierte Bestrahlung. Die Strahlungsbedingungen sind gut definiert und reproduzierbar. Es können auch Wellenlängenbereiche genutzt werden, die in der Solarstrahlung nur geringe Intensitäten haben (z. B. Mikrowellenbereich). Aktive Fernerkundungsverfahren operieren unabhängig von den natürlichen Bestrahlungsverhältnissen und sind zum größten Teil wetterunabhängig und daher besonders für die Anwendung in tropischen Bereichen geeignet. Aktive Fernerkundungsverfahren können flugzeug- und satellitengetragen operieren. Häufige Anwendungsgebiete sind z. B. Ozeanographie (Wellenmuster, Meereisbedekkung, Ölverschmutzungen), Glaziologie, Geologie (Tektonik), Hydrologie (Bodenfeuchte, Hochwasser, Schneebedeckung) und die Meteorologie. Für Landnutzungs- und Vegetationsklassifikationen gewinnen sie vor allem in Gebieten mit hoher Bewölkung an Bedeutung. In jüngerer Zeit gewinnen neben den Radarsystemen vor allem Lasersysteme zur Erzeugung hochauflösender digitaler Geländemodelle an Bedeutung. [CG]

aktiver Erddruck ↗Erddruck.

aktiver Kontinentalrand, Randbereich einer kontinentalen Lithosphärenplatte, die an einer konvergenten Plattengrenze (↗Plattenrand) die Funktion der ↗Oberplatte über einer ozeanischen ↗Unterplatte einnimmt (z. B. Westküste Südamerikas). Dem aktiven Kontinentalrand ist entsprechend eine ↗Tiefseerinne vorgelagert, die aber relativ viel klastisches Sedimentmaterial vom Kontinent empfängt. Die Magmen des ↗magmatischen Bogens können beim Aufstieg aus dem Mantelkeil durch die kontinentale Kruste kontaminiert werden. In Abhängigkeit von der Konvergenzgeschwindigkeit ist der aktive Kontinentalrand entweder relativ flach und durch ein ↗Randmeer mit ausgedünnter kontinentaler oder gemischt ↗kontinentaler Erdkruste und ↗ozeanischer Erdkruste von der Hauptmasse der kontinentalen Platte getrennt (geringe Konvergenzgeschwindigkeit), oder er ist zu einem Kordillerengebirge mit intensiver Überschiebungstektonik im Backarc-Bereich aufgestaucht (hohe Konvergenzgeschwindigkeit; z. B. Anden). [KJR]

Aktivitätskoeffizient ↗chemische Aktivität.

Aktivitätsmessung, bezeichnet die Impulszählung in Szintillationsdetektoren (↗Szintillation), die zur Messung der Gamma-Strahlung eingesetzt werden.

Aktivitätsphase, im Sinne von geomorphodynamischer Aktivität Periode verstärkter ↗Erosion und/oder ↗Denudation, die durch veränderte klimatische Bedingungen und/oder tektonische Impulse verursacht sein kann. Klimatisch initiierte Aktivitätsphasen sind durch geringe bis fehlende Tendenz zur ↗Bodenbildung gekennzeichnet. Sie können beispielsweise durch Austrocknung oder Abkühlung, d. h. durch eine Auflichtung der Vegetationsbedeckung und eine Konzentration des Niederschlags- und Abflußgeschehens ausgelöst werden. Den Aktivitätsphasen stehen *Stabilitätsphasen* gegenüber, die durch verstärkte Bodenbildung und geringe Abtragungsleistungen gekennzeichnet sind.

Aktivkohle, Kohlenstoffe mit feinkristalliner, poröser Struktur und dadurch einer außerordentlich großen inneren Oberfläche. Aktivkohle wird als Adsorptionsmittel für chemische Stoffe gebraucht und aus tierischen und pflanzlichen Resten (Holzkohle aus Holzresten), durch mildes Erhitzen, unter Zusatz von chemischen Fremdstoffen wie z. B. Zinkchlorid hergestellt. Durch den partiellen Abbau kohlenstoffhaltiger Ausgangsmaterialien entstehen feine Poren und Spalten, die ein enormes Adsorptionsvermögen bewirken. Aktivkohlefilter werden zur Abluft und Abwasserreinigung verwendet. Ziel der Aktivkohlebehandlung ist v. a. die Entfernung bedenklicher organischer Inhaltstoffe sowie die Entfernung von Geruch und Geschmackstoffen.

Aktualisierung, *Laufendhaltung*, ↗Fortführung.

Aktualismus, *Aktualitätsprinzip*, wichtigste Grundlage zur Interpretation aller geologischen Geschehnisse. Die Theorie des Aktualismus geht von der stetigen Gültigkeit der physikalischen, chemischen und biologischen Gesetze aus und folgert, daß die geologischen Prozesse der Vergangenheit in vergleichbarer Weise wie heute abgelaufen sind. Als Begründer des Aktualismus gilt Ch. ↗Lyell (1797–1875), der an die wegweisenden Arbeiten von J. ↗Hutton (1788) und C. E. A. von ↗Hoff (1822) anschloß und als erster die Beobachtung der heutigen geologischen Vorgänge als einzige Erfahrungsquelle für die Vergangenheit ansah. Die aktualistische Betrachtungsweise hat sich zwar für die Deutung vieler geologischer Erscheinungen, insbesondere durch die Erkenntnisse der ↗Aktuogeologie, bewährt, aber für spezielle Bereiche gelten Einschränkungen. Einerseits laufen manche geologischen Prozesse wie ↗Orogenesen oder ↗Transgressionen für menschliche Begriffe so langsam ab, daß rezente Vergleiche schwierig sind. Andererseits unterlag der physische Werdegang und die biologische Entwicklung der Erde Einflüssen, die in der Gegenwart nicht zu beobachten sind. Dies betrifft beispielsweise extreme Klimabedingungen, die zur globalen Vereisung führten oder die Bildung von ausgedehnten Kohle- und Salzlagern ermöglichten. Unvollkommen sind ferner die Vorstellungen über die Entwicklungssprünge der Tier- und Pflanzenwelt in der Erdgeschichte, die möglicherweise Folgen von gewaltigen Meteoriteneinschlägen sind und für die eine Vergleichsbasis in der Gegenwart fehlt. Gleiches gilt für geologische Vorgänge des Präkambriums, als die Erdkruste noch sehr dünn und instabil war. Grundsätzlich hat jede geologische Forschung die Gültigkeit und Grenzen des Aktualistischen Prinzips von neuem zu prüfen. [HK]

aktuelle Verdunstung ↗*tatsächliche Verdunstung*.

Aktuogeologie, erste Bezeichnung von R. Richter, 1828, beschäftigt sich mit der Untersuchung von rezenten Ablagerungen im Gelände und im Labor, um mit den gewonnenen Erkenntnissen die Diagnose fossiler Ablagerungen zu ermöglichen. Sie liefert die Grundlagen zur Anwendung des Prinzips des ↗Aktualismus, dessen Konzept für die Kernbereiche der ↗Geologie von fundamentaler Bedeutung ist. Über die Grundlagenforschung hinaus dienen die Erkenntnisse der Aktuogeologie auch angewandten Zielsetzungen, wie z. B. in Bereichen der Erdölgeologie, der rezenten Lagerstätten, des Umweltschutzes, des Küstenbaus, der Wehrtechnik oder des Ackerbaus in ariden und tropischen Gebieten.

Aktuopaläontologie, befaßt sich in vielfältiger Weise mit dem Studium heutiger Lebewesen in ihrer natürlichen Umwelt, mit dem Ziel, fossile Zeugnisse entsprechend des Prinzips des ↗Aktualismus interpretieren zu können. Dazu gehören das Studium des Zerfalls und der sedimentären Einbettung von Organismen (↗Taphonomie) sowie Studien zur ↗Autökologie und ↗Synökologie. Weitere Gebiete sind das Studium der Wechselwirkungen zwischen Lebewesen und Sediment (↗Bioturbation und Erzeugung von Lebensspuren, ↗Ichnologie), Studien zur ↗Bioerosion und ↗Biokonstruktion (z. B. Inkrustationen, Riffbildungen), Untersuchungen zur biogenen Sedimentproduktion und der Möglichkeit, die genannten Prozesse zu quantifizieren.

akustische Aktivität, Drehung der Polarisationsebene einer transversalen akustischen Welle in

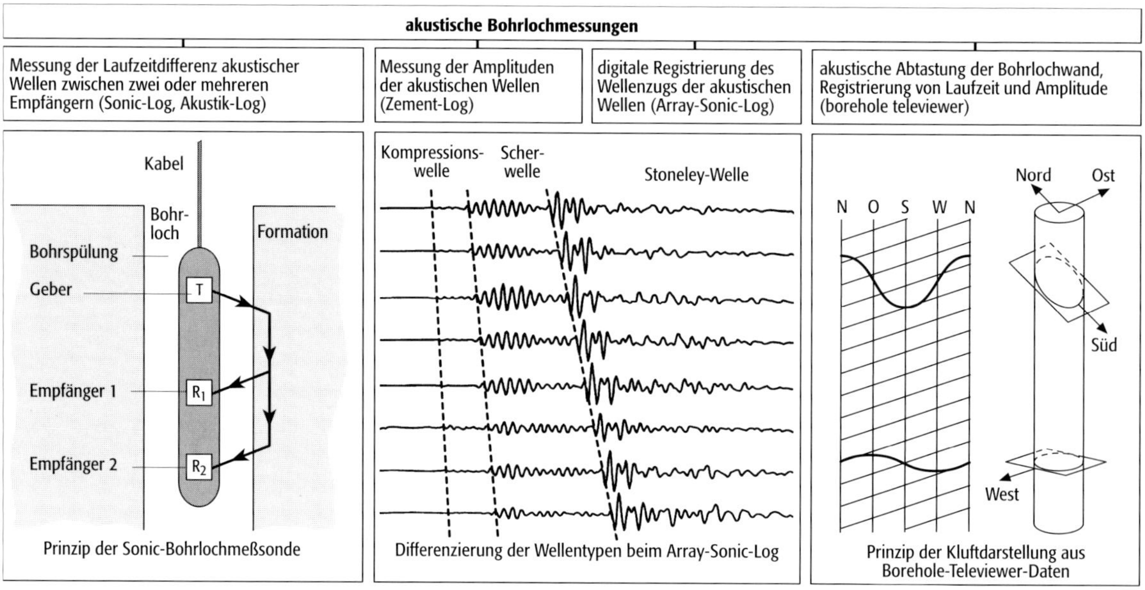

akustische Bohrlochmessung 1: Übersicht zu den vier Hauptanwendungsfeldern akustischer Bohrlochmessungen.

Kristallen. Dieser Effekt wird durch einen axialen ↗Tensor 5. Stufe beschrieben und tritt in allen Kristallklassen ohne Symmetriezentrum auf.

akustische Bohrlochmessung, Sammelbegriff für Meßverfahren im Bohrloch, die auf der Ausbreitung seismischer Wellen in der durchteuften Formation basieren. Bohrlochsonden für akustische Messungen (*akustische Sonde*) senden über piezoelektrische Geber gepulste Ultraschallsignale (Frequenzbereich 5–25 kHz) aus, die über die Bohrspülung in das Gestein übertragen werden. Von mehreren Empfängern werden die jeweiligen Ankunftszeiten der am Kontakt Bohrspülung/Bohrlochwand refraktierten Wellen registriert. Akustische Messungen können nur in flüssigkeitserfüllten Bohrungen durchgeführt werden. Zu den Standardverfahren (Abb. 1) gehört die Laufzeitmessung von ↗Kompressions-

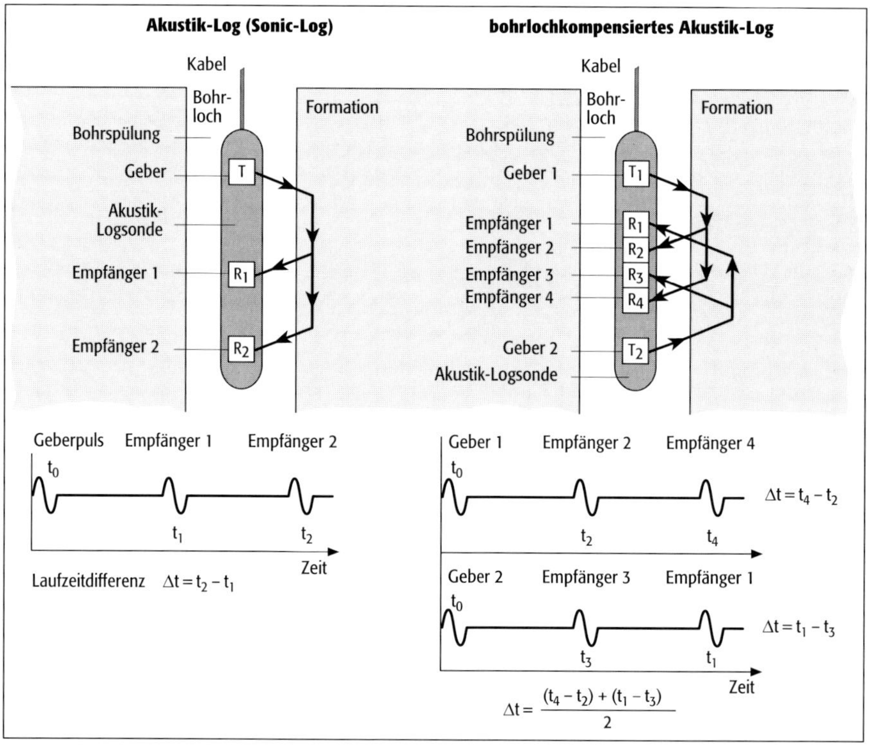

akustische Bohrlochmessung 2: Prinzip der akustischen Laufzeitmessung.

wellen, die als ↗Sonic-Log bezeichnet wird. Hierzu wird die Ultraschallaufzeit als Mittelwert eines konstanten Meßintervalls entlang der Bohrlochwand bestimmt. In bohrlochkompensierten Meßsonden wird über zwei Geber-Empfänger-Systeme die Laufzeit der Kompressionswelle registriert und daraus die Intervallaufzeit Δt [µs/m] berechnet (Abb. 2). *Full-Waveform-Logs* (*Array-Akustik-Log, Array-Sonic-Log*) verfügen über eine Vielzahl von Empfängern, die zu einem ↗Array angeordnet sind und zeigen Aufzeichnungen des kompletten Wellenzuges. Dies ermöglicht eine Differenzierung der Wellentypen. Neben der Laufzeit der Kompressionswellen können die Laufzeiten der ↗Scherwellen und ↗Stoneleywellen bestimmt werden. Eine hochauflösende akustische Abbildung der Bohrlochwand (*borehole televiewer*, BHTV) kann nach dem Prinzip des Impulsechoverfahrens erzeugt werden. Ein rotierender Ultraschallgeber tastet mit ca. 250 Signalen pro Umdrehung die Bohrlochwand ab (3–6 Umdrehungen pro Sekunde). Laufzeit und Amplitude der entstehenden Echos werden aufgenommen und in Graustufen oder Farbwerten als Abwicklung der Bohrlochwand nordorientiert dargestellt (↗Image-Log). [JWo]

akustische Impedanz, *seismische Impedanz, Schallhärte, Wellenwiderstand*, Produkt aus Dichte und Geschwindigkeit eines Mediums, bestimmt die Energieübertragung von einer seismischen Energiequelle an das umgebende Medium, die Intensität einer Welle und das Reflexions- und Transmissionsverhalten an Grenzflächen bzw. Impedanzkontrasten.

akustische Navigation, Verfahren der Positionsbestimmung unter Wasser, das auf der Laufzeitmessung (↗Laufzeitmeßsystem) von Schallwellen im Medium Wasser beruht. Je nach Anordnung der Meßelemente unterscheidet man Verfahren mit langer Basis und solche mit ultrakurzer Basis. Beim Verfahren mit langer Basislinie (Long Base Line, LBL) werden drei oder mehr Signalgeber (z. B. Transponder) auf den Meeresboden abgesenkt und dienen als akustische Referenzpunkte (Abb.). Am Fahrzeug befindet sich ein Sende- und Empfangsgerät (Transducer, Hydrophon). Der Transponderabstand beträgt das ein- bis zweifache der Wassertiefe. Durch Anordnung weiterer Transponder kann das Arbeitsgebiet vergrößert werden.

In einem ersten Arbeitsschritt wird das Transpondernetz durch Laufzeitmessungen zu dem fahrenden Schiff kalibriert und ggf. über ↗GPS an ein übergeordnetes ↗Bezugssystem angeschlossen. Im weiteren Verlauf können Fahrzeuge und Meßsysteme im Wasser, soweit sie mit akustischen Signalgebern ausgerüstet sind, in Bezug auf das Transpondernetz positioniert werden. Dasselbe gilt für die exakte Einmessung von Kontrollpunkten am Meeresboden. Die Genauigkeit hängt im wesentlichen von der Erfassung der Ausbreitungsbedingungen im Medium Wasser ab. Standardmäßig läßt sich etwa 1 m erreichen; bei erhöhtem Kalibrierungsaufwand auch 0,1 m. Beim Verfahren mit ultrakurzer Basis (Ultra Short Base Line, USBL) wird in der Regel nur ein Signalgeber (beacon) am Meeresboden oder Unterwasserobjekt verwendet, sowie eine Anordnung mehrerer Hydrophone am Schiffsrumpf mit einem Abstand von weniger als einem Zentimeter. Aus Phasendifferenzmessungen an den Empfängerelementen kann die Richtung der Schallquelle und aus Laufzeitmessungen die Entfernung bestimmt werden. Die Genauigkeit liegt bei ein bis zwei Prozent der Wassertiefe.

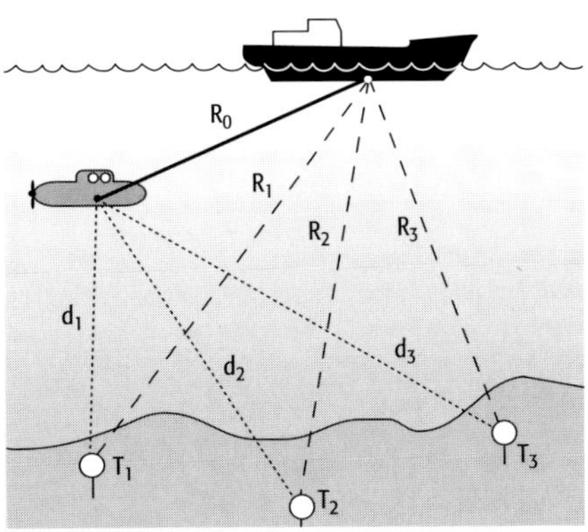

akustische Navigation: Prinzip der Positionsbestimmung eines Unterwasserfahrzeugs durch akustische Laufzeitmessungen (lange Basislinien). Nach Auslösung eines akustischen Fragesignals durch die Kontrolleinheit am Kiel des Schiffes werden die von drei Transpondern (T_1, T_2, T_3) zurückkehrenden Impulse gemessen, so daß aus den hieraus berechneten Schrägdistanzen (R_1, R_2, R_3) die Schiffsposition in Bezug auf das Transpondernetz ermittelt werden kann. Etwa gleichzeitig wird ein Fragesignal vom Unterwasserfahrzeug ausgesandt und die rückkehrenden Impulse werden in Wegstrecken (R_1+d_1, R_2+d_2, R_3+d_3 sowie R_0) verwandelt. Durch Differenzbildung lassen sich die Distanzen (d_1, d_2, d_3) und somit die Position des Unterwasserfahrzeugs bestimmen.

akustische Präsentation, Wiedergabe von Information mit akustischen Mitteln. Bei der akustischen Präsentation wird das Medium Audio in verschiedenen Formen und Funktionen angewandt. Zum einen kann Audio zur Präsentation räumlicher Daten eingesetzt werden, entweder als natürlicher Ton, z. B. zur Präsentation von Verkehrslärm, oder als abstrakter Ton, z. B. zur Präsentation steigender oder fallender Datenwerte durch ansteigende oder abfallende Tonfolge. Diese Anwendung wird häufig auch als akustische Visualisierung bezeichnet, obwohl sie keine ↗Visualisierung, sondern eine akustische Wiedergabe von Information ist. Audio kann außerdem in Form eines gesprochenen Textes zur Interpretation und Kommentierung von räumlichen Informationen herangezogen werden, Signaltöne können zur Erregung der Aufmerksamkeit des Nutzers beitragen und Musik läßt sich zur Illustration, beispielsweise in einer kartographischen Animation, einsetzen. Praktische Anwendungen gibt es bisher u. a. bei Blindenkarten, in ↗hypermedialen Kartensystemen und in der Darstellung mehrdimensionaler Daten. [DD]

akustische Sonde ↗akustische Bohrlochmessung.

akustische Welle, ↗P-Welle in einem Medium mit verschwindendem Schermodul ($\mu = 0$). Der Begriff wird oft ungenau für die P-Welle im elastischen Medium ($\mu \neq 0$) verwendet.

akute Toxizität ↗Toxizität.

AKW, Abkürzung für **1)** *Allgemein*: Atomkraftwerk und **2)** *Chemie*: aromatische ↗Kohlenwasserstoffe.

Akzelerometer ↗*Beschleunigungsmesser*.

Akzessorien ↗akzessorische Minerale.

akzessorische Gemengteile ↗Gesteine.

akzessorische Minerale, *Akzessorien*, sind mit jeweils weniger als einem Prozent am Aufbau eines Gesteins beteiligt und werden nicht im Gesteins-

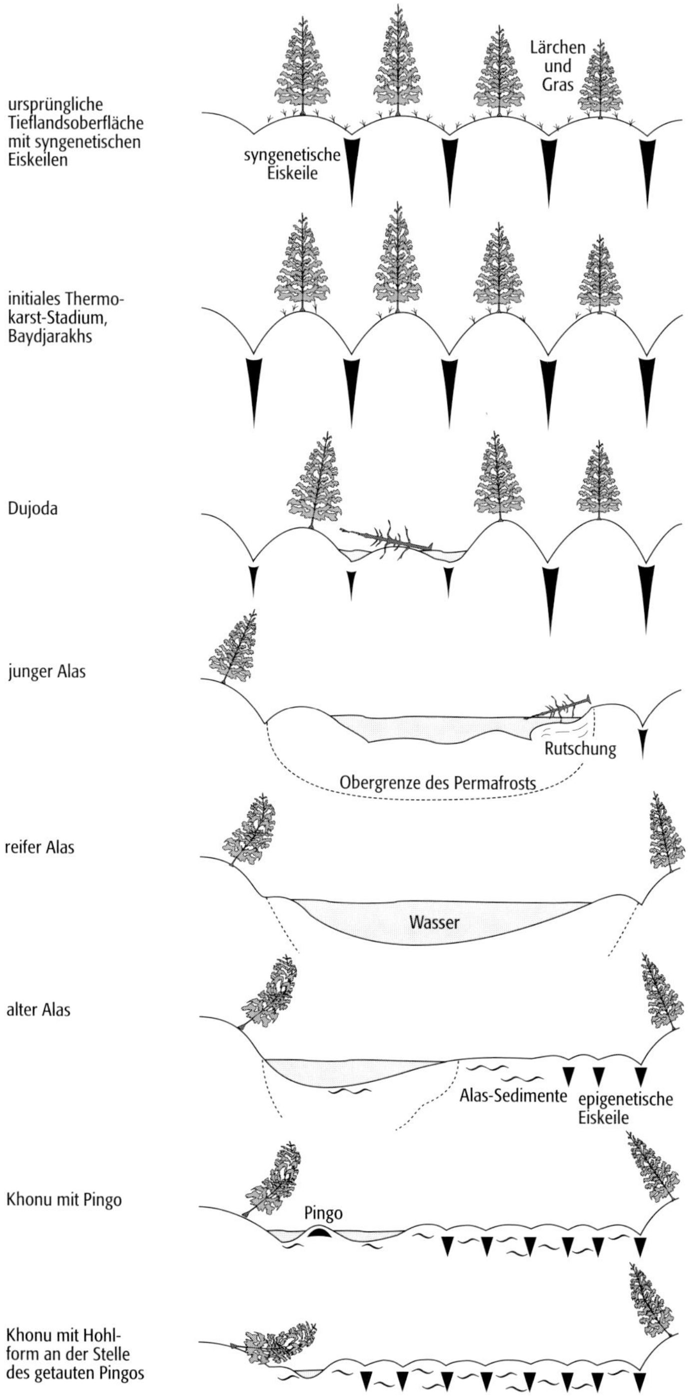

Alas: Entwicklung von Alasen.

namen berücksichtigt. Typische akzessorische Minerale sind ↗Zirkon, ↗Apatit und ↗Magnetit in ↗Magmatiten und ↗Metamorphiten oder Zirkon, ↗Turmalin und ↗Rutil in klastischen Sedimenten (↗terrigene Sedimente).

Alas, nach einer Bezeichnung aus Jakutien Depression im ↗Thermokarst, die sich durch steile Seitenwände und einen flachen, grasbedeckten Boden auszeichnet (Abb.). Diese Formen entstehen durch das weiträumige Auftauen von mächtigem und extrem eisreichem ↗Permafrost. Ihre Größe kann von 0,5 km^2 bis mehr als 100 km^2 umfassen, mit Tiefen von 5–20 m. Im Frühstadium der Entwicklung formt sich ein flacher (< 2 m) runder Alas-See. Durch Vergrößerung und Drainage mehrerer solcher Seen können Plateaus zwischen den Alasen entstehen. Schließlich verschwinden die Plateaus völlig und die Hänge werden durch ↗Massenbewegungen flach. In verlandeten Alasen können auch ↗Pingos entstehen. [SN]

Alaskastrom, ↗Meeresströmung im Pazifischen Ozean, die entlang der amerikanischen Küste warmes Wasser in den Golf von Alaska (↗Pazifischer Ozean Abb.) transportiert.

Alaskit, ein besonders mafitarmer Alkalifeldspat-Granit.

Alaune, Sulfate, die durch die Beteiligung von ein- und dreiwertigen Kationen stets durch den Gehalt an Wasser und anderen Komponenten relativ komplex zusammengesetzt sind. Alaune sind überwiegend Verwitterungsbildungen, sehr häufig in Oxidationszonen von Erzlagerstätten. Ein großer Teil dieser Minerale wird auch unter dem Begriff der ↗Vitriole zusammengefaßt. Häufigster Vertreter ist der ↗Alunit, ein Kalialaun, $KAl(SO_4)_2 \cdot 12\,H_2O$. Als Krusten, Anflüge, Ausblühungen und erdige Massen gebildet, meist aus schwefelkieshaltigen Sedimentgesteinen bei der Verwitterung von Tonen, Tonschiefern, Schwarzschiefern (↗Alaunschiefern) und Braunkohlen, niedrig-thermale Ausscheidungen in Vulkangebieten (Solfatara bei Neapel und Katmai in Alaska). Wichtiger chemischer Grundstoff für Farben-, pharmazeutische, kosmetische, Leder- und Papierindustrie, früher bergmännisch gewonnen aus Alaunschiefern, die der Verwitterung ausgesetzt und/oder mit Wasser behandelt wurden. Gewinnung heute künstlich durch Behandlung Al-reicher Gesteine (Bauxit, Ton, Kaolinit) mit H_2SO_4 und Zusatz von Kalisalzen. Weitere Alaune sind der Natronalaun, $NaAl(SO_4)_2 \cdot 12\,H_2O$, der wegen seiner leichten Zersetzbarkeit an Luft seltener ist als der Kalialaun und der Ammon-Alaun (Tschermigit), $NH_4Al(SO_4)_2 \cdot 12\,H_2O$. [GST]

Alaunschiefer, ein Schiefer mit hohem Anteil von Alaun mit der ungefähren Zusammensetzung $KAl(SO_4)_2 \cdot 12\,H_2O$. Natürlicher Alaun weicht von dieser allgemeinen Formel häufig ab. Alaunschiefer entsteht durch die Verwitterung von Pyrit-haltigem Schiefer, wobei durch Oxidation Schwefelsäure und Limonit entstehen. Durch die Reaktion der Säure mit dem Schiefer bildet sich Alaun. Alaunschiefer treten häufig im Paläozoikum auf, wo sie oft wichtige Fossillagerstätten enthalten (z. B. die Orsten-Fossilien im ↗Kambrium). Alaunschiefer können zur Herstellung von Alaun verwendet werden, das in der Leder- und Papierindustrie sowie zum Färben benutzt wird.

Alb, *Albium*, *Albien*, international verwendete stratigraphische Bezeichnung für die höchste

Stufe der Unterkreide, benannt nach dem latinisierten Namen des Flusses Aube (Frankreich). ↗Kreide, ↗geologische Zeitskala.

Albedo, [von lat. weiße Farbe], Maß für die von Oberflächen reflektierte Strahlung. In der Meteorologie das Verhältnis des von der Oberfläche in den Halbraum reflektierten Strahlungsflusses zu dem aus dem Halbraum auf die Oberfläche einfallenden Strahlungsfluß, ausgedrückt in Prozent. Die Albedo ist stark von den Eigenschaften der bestrahlten Fläche abhängig und für die verschiedenen Spektralbereiche unterschiedlich groß. Die Summe der von der Oberfläche reflektierten und absorbierten Strahlung entsprechen meist der einfallenden Strahlung. Eine Oberfläche mit großer Albedo weist deshalb nur ein kleines Absorptionsvermögen auf. Je dunkler eine Oberfläche im sichtbaren Spektralbereich ist, desto kleiner ist ihre entsprechende Albedo (Tab.). Sie wird beeinflußt durch den Sonnenelevationswinkel, die atmosphärische Trübung, den Wasserdampfgehalt der Atmosphäre sowie die Bewölkung. Als planetare Albedo wird die Albedo des Gesamtsystems Erde/Atmosphäre bezeichnet. Sie beträgt im Mittel etwa 30 %. Die Albedo spielt eine wichtige Rolle bei der Strahlungsbilanz (↗Strahlungshaushalt). [HF]

Albedometer, Instrument zur Messung der ↗Albedo. Es besteht aus zwei gegeneinander montierten Meßgeräten, die jeweils den von oben bzw. von unten kommenden Strahlungsfluß messen. Zur Messung der Albedo im kurzwelligen Spektralbereich verwendet man zwei ↗Pyranometer, zur Messung der Albedo im langwelligen Spektralbereich zwei Pyrgeometer.

Albeluvisols, [von lat. albus = weiß, eluere = auswaschen], in Anlehnung an ↗WRB, Böden mit albeluvic properties (↗diagnostische Eigenschaft). Der ↗argic horizon hat eine unregelmäßig verlaufende, obere Begrenzung infolge einem zungenförmigen Eindringen (albeluvischen Zungen) von Ton und eisenverarmtem Material von oben. Sie kommen etwa auf 320 Mio. Hektar zwischen der Ostsee und Zentral-Sibirien vor und haben kleinere Ausbreitungen in Westeuropa und den USA. Albeluvisos sind vergesellschaftet mit ↗Luvisols, ↗Gleysols und ↗Podzols.

Albert I, Fürst von Monaco, seit 1889, * 13.11.1848 in Paris, † 26.6.1922 in Paris. Erwarb sich große Verdienste um die Tiefseeforschung, indem er neben eigenen Forschungsreisen die Sammlung und Auswertung weltweiter Tiefenlotungen und Oberflächenbeobachtungen im Internationalen Hydrographischen Bureau in Monaco förderte und ein meereskundliches Museum einrichtete.

Alberti, *Friedrich August von*, deutscher Geologe, * 4.9.1795 Stuttgart, † 12.9.1878 Heilbronn. Alberti wurde 1809 Mitglied des Bergkadettenkorps in Stuttgart. 1823 entdeckte er in der Nähe von Schwenningen (Württemberg) Steinsalz, woraufhin die Saline Wilhelmshall errichtet wurde, deren Verwalter er 1828 wurde. 1836 erfolgte seine Ernennung zum Bergrat. Von der Universität Tübingen bekam er im selben Jahr die Ehrendoktorwürde verliehen. Ab 1853 leitete er den Schachtbau in Friedrichshall bei Heilbronn. Alberti war der Auffassung, daß die Entstehung von Gips und Salz plutonistisch zu deuten sei, d. h. auf magmatische Schmelzflüsse in der tieferen Erdkruste zurückzuführen. Wie viele Naturforscher seiner Zeit führte auch er verschiedene geologische Phänomene auf die biblische Sintflut zurück. So erklärte er z. B. die aus Jura-Gesteinen bestehende schwäbisch-fränkische Stufenlandschaft als Abrißkante abtransportierter Massen von Gestein infolge der Sintflut. In seinem »Beitrag zu einer Monographie des Bunten Sandsteins, Muschelkalks und Keupers und die Verbindung dieser Gebilde zu einer Formation« (1834) definierte er als erster diese Gesteinsschichten als zusammengehörige Einheit, der er den Namen Trias-Formation gab. Daneben arbeitete er auch über eine Vielzahl anderer Themen, wie u. a. die »Bohnerze des Jura« (1853) und die »Entstehung von Stylolithen« (1858). Ein wichtiger Beitrag zur Erkundung der Alpengeologie besteht in seinem »Überblick über die Trias, besonders in den Alpen« (1864). [EHa]

Albertus Magnus, *Albert der Große*, fälschlich Albert Graf von Bollstädt, deutscher Naturforscher und Kirchenlehrer (Scholastiker), * um 1200 Lauingen an der Donau, † 15.11.1280 Köln; lehrte 1228–44 an deutschen Seminaren, zeitweise an der Universität von Paris; 1260–62 Bischof von Regensburg; seit 1270 in Köln, dort Lehrer von Thomas von Aquin; beherrschte die gesamten philosophisch-naturwissenschaftlichen Kenntnisse seiner Zeit. Seine Kommentare zu den Aristotelischen Schriften förderten deren Verbreitung im Abendland. Durch selbständige Beobachtung – u. a. botanische, mineralogische und metallurgische Studien bei zahlreichen Reisen – und systematische Darstellung ragt er aus den mittelalterlichen Naturwissenschaftlern heraus und wurde deren bedeutendster Vertreter im 13. Jahrhundert. Angesichts seiner überragenden Kenntnis der Natur ist es begreiflich, daß die Legende ihm magische Fähigkeiten zuschrieb. Albertus Magnus wurde 1941 durch Papst Pius XII. zum Patron der Naturforscher erklärt. Werke (Auswahl): »Quastiones super de animalibus« (1258), »De rebus metallicis et mineralibus« (5 Bände, 1276). [GST]

albic E-horizon, durch Auswaschung von Tonmineralen, Eisen, Aluminium oder organischen Stoffen gebleichter ↗E-horizon über einem ↗B-horizon nach ↗WRB.

albic horizon, gebleichter ↗Eluvialhorizont nach ↗WRB.

Albit, [von lat. albus = weiß], *Albiklas*, *Hyposklerit*, *Natronfeldspat*, *Olafit*, *Tetartin*, *Zygadit*. $Na[AlSi_3O_8]$. Triklin-pinakoidales Endglied der ↗Plagioklase (↗Feldspäte). Farbe: weiß, auch leuchtendrot oder gelblich, seltener glasklar; Glas- bis Perlmutterglanz; Strich: weiß; Härte nach Mohs: 6–6,5; Dichte: 2,63 g/cm^3; Spaltbarkeit: vollkommen nach *(001)*; Aggregate: meist aufgewachsene Kristalle; in Säuren schwer löslich (Abb.); Begleiter: (wenn in Drusen) Bergkristall,

Oberfläche	Albedo [%]
Grasfläche	16–20
Prärie	14–16
Ackerboden (dunkel)	7-10
Waldgebiete	13–19
Sand und Wüste	18–28
Sümpfe	8–12
Wasserflächen	3–10
Schnee (frisch)	70–95
Schnee (alt)	45–70
Stadt	14–18
Nimbostratus	64–70
Cirrostratus	44–59
Stratocumulus	35–80
Stratus (300–600 m dick)	50–73
Cirrus	15-20

Albedo (Tab.): Albedowerte für verschiedene Oberflächen.

Albertus Magnus

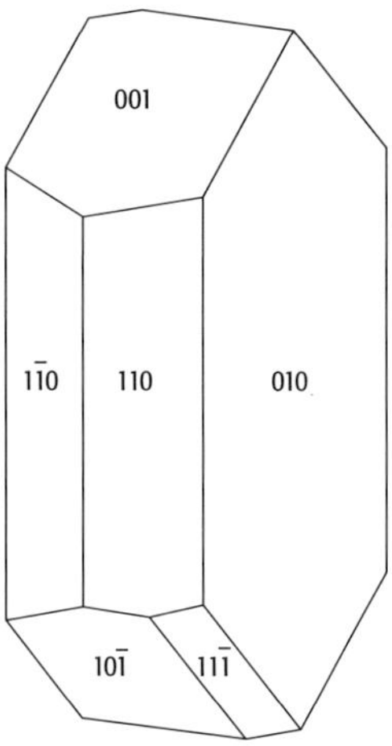

Albit: Albitkristall, gestreckt nach der Vertikalachse.

Chlorit, Adular, Orthoklas, Titanit, Rutil, Anatas. Vorkommen: aufgewachsen als Kristalle in Granitdrusen und auf Klüften kristalliner Schiefer. Gesteinsbildend in Alkali-Graniten und -Syeniten und deren Ergußformen, häufiger in Gneisen und Amphiboliten, wo er aus basischen Plagioklasen bei der Metamorphose neu gebildet ist. Fundorte: weltweit, zumeist auf alpinen Klüften, z.B. Schmirn (Österreich) und im Dolomit des Col du Bonhomme/Savoyen (Frankreich). [GST]

Albit-Epidot-Hornfelsfazies ↗metamorphe Fazies.

Albitgesetz, Zwillingsbildung bei den Plagioklasen. ↗Zwillinge.

Albitisierung, Umwandlung von ↗Plagioklas bei unterschiedlichen hydrothermalen Metasomatosen. In der Nähe hydrothermaler Gänge, aber auch unabhängig davon, werden verschiedene Minerale des Ausgangsgesteins verdrängt, z.B. K-Feldspat, Calcit, Zoisit u.a. Albitisierung in regional metamorphen Ausgangsgesteinen kann bis zu fast monomineralischen Gang- oder aderartig auftretenden Albititen führen. Nach dem Mineralbestand ähnliche »Albitit-Gänge« werden auch in Graniten durch SiO_2-Wegfuhr und Na-Metasomatose gebildet. Albitisierung ist auch der dominierende metasomatische Prozeß bei der Bildung der ↗Adinole.

Albitspindeln, durch Entmischung entstandene, meist K-haltige, spindelförmige Einlagerungen in ↗Perthit, die mikroskopisch im Mikroperthit und makroskopisch im Makroperthit sichtbar sind.

Albolls, Untergruppe der ↗Mollisols der ↗Soil Taxonomy.

Aldan-Schild, hochmetamorpher archäischer Kontinent-Nukleus in Ost-Sibirien mit ältesten Metamorphosealtern von über 3,5 Mrd. Jahren, der von weiteren proterozoischen Tektogenesen überprägt ist. Gemeinsam mit dem ähnlich entwickelten ↗Angara-Schild bildet er noch im Lauf des älteren Proterozoikums den Kontinent ↗Sibiria. Der Zeitpunkt ist durch die jüngsten Metamorphosealter des Aldan-Schildes (1,85–2,01 Mrd. Jahre) belegt.

Alembert, *Jean le Rond* de

Alembert, *Jean le Rond* de, französischer Physiker und Aufklärungsphilosoph, * 16.11.1717 Paris, † 29.10.1783 Paris; wurde als Findelkind aufgezogen; studierte Theologie, Rechte, Medizin und schließlich Mathematik; seit 1741 Mitglied der Académie Royale des Sciences, ab 1744 der Berliner Akademie, ab 1754 der Académie Française; Mitherausgeber der französischen »Encyclopédie«, deren Einleitung (»Discours préliminaire«, 1. Band 1751 erschienen) er verfaßte (Programmschrift der Aufklärung); skeptizistischer Empirist und damit eigentlicher Begründer des Positivismus; wichtige Arbeiten zur Akustik und Optik, zur Bewegung von Körpern in Flüssigkeiten (1739), zur Himmelsmechanik – unter anderem zur Präzession der Äquinoktialpunkte (»Recherches sur la précession des équinoxes«, 1749) und zum Dreikörperproblem –, über Saitenschwingungen und Wellenausbreitung (1747), zur Zahlentheorie und Analysis, insbesondere über Differentialgleichungen und Integralrechnung (1740); stellte das d'Alembertsche Prinzip der Mechanik auf (in seinem Werk »Traité de dynamique«, 1743 veröffentlicht).

Alëutentief, vorwiegend zwischen Kamtschatka und dem ↗Golf von Alaska aktives umfangreiches und hochreichendes Tiefdrucksystem aus mehreren ↗Frontenzyklonen, die einzeln nach Osten ziehen oder einander umkreisen. Das Ganze hat die Funktion eines großräumigen ↗Steuerungszentrums. Wie das ↗Islandtief ist das Alëutentief ein Teil der ↗subpolaren Tiefdruckrinne, es ist im Winter maximal entwickelt, dagegen im Hochsommer kaum vorhanden.

Alfisols, Ordnung der ↗Soil Taxonomy. Lessivierte Mineralböden mit tonverarmtem Ober- und tonangereichertem Unterboden. Der ↗Ah-Horizont besitzt eine ↗Basensättigung unter 50%, der untere Bereich des ↗Bt-Horizontes von mindestens 35%. In der ↗WRB vergleichbar den ↗Luvisols, in der ↗deutschen Bodenklassifikation den ↗Parabraunerden.

Alfred-Wegener-Stiftung, *AWS*, benannt nach A.L. ↗Wegener, wurde am 25.2.1980 in Berlin gegründet, um die Geowissenschaften stärker zu konzentrieren und interdisziplinäre Zusammenarbeit zu fördern. Sie wird von 20 Trägergesellschaften getragen. Das Stiftungsvermögen beträgt rund 1 Mio. DM. Die AWS veranstaltet internationale fächerübergreifende Alfred-Wegener-Konferenzen zu aktuellen Spezialthemen. Auch initiiert und koordiniert sie geowissenschaftliche Gemeinschaftsprojekte.

Alfvén-Wellen, *magneto-hydrodynamische Wellen*, Wellen, die sich in einem vom Magnetfeld durchdrungenen Plasma, wie der ↗Magnetosphäre, ausbreiten. Grundlage dieses schwingenden Systems sind z.B. der magnetische Druck ($P_B = B_0^2/2\mu_0$) als rückstellende Kraft und die Massebeladung ϱ des Plasmas als Trägheitsterm. Dieser Wellentyp breitet sich entlang des Magnetfeldes mit der Alfvén-Geschwindigkeit $VA^2 = B0^2/\mu_0\varrho$ aus. Sie ist eine der charakteristischen Geschwindigkeiten, mit der sich Information in der Magnetosphäre ausbreiten kann. Die verschiedenen Modi der Alfvén-Wellen sind Ursache für eine ganze Reihe von niederfrequenten Wellenerscheinungen, wie z.B. die ULF-Pulsationen.

Algen, ein- bis mehrzellige Pflanzen, die hauptsächlich in Gewässern vorkommen. Landalgen besiedeln Felsen, Baumrinden und Böden. Algen können mit ↗Pilzen symbiotische Gemeinschaften eingehen (↗Flechten). Die Gestalt der Algen ist unterschiedlich: kugelige bis fädige Formen, lagerförmige Thalli bis hin zu höher organisierten Formen mit Haftorganen und differenzierten Zellverbänden. Sie bilden die kleinsten Pflanzen (μ-Algen), aber auch die längsten Pflanzen der Erde (marine Tange). Die Vermehrung erfolgt sowohl ungeschlechtlich durch Abschnürung oder Sporenbildung als auch geschlechtlich durch Gameten oder Eibefruchtung. Ein Generationswechsel zwischen geschlechtlicher und ungeschlechtlicher Vermehrung kommt vor. Algen vermögen auch extreme ↗Standorte zu besiedeln: Randbereiche heißer Quellen mit Temperaturen bis 70 °C, arktische Gewässer und Gletscher. Als photosynthetisch aktive Organismen benötigen Algen Lichtenergie zum Wachstum (↗Photosynthese). Als Reservestoffe werden Stärke, Mannit, Leukosin und Öle gebildet. In die Zellwände werden je nach Algenklasse unterschiedliche Stoffe eingebaut. Wichtige Zellwandstoffe sind: Cellulose, Kieselsäure, Lipopolysaccharide, Xylan, Kalk, Mannan, Xylomannan. Als Pigmente des Photosystems sind Chlorophyll a, b und c vertreten, jedoch werden diese häufig durch andere Pigmente überdeckt, so daß letztere das farbliche Erscheinungsbild bestimmen und namensgeben sind. Die Algengruppen werden unterteilt in: *Euglenophyta* (Euglenen), *Pyrrhophyta* (Dinoflagelaten), *Chrysophyta* (Goldalgen), *Chlorophyta* (Grünalgen), *Phaeophyta* (Braunalgen), *Rhodophyta* (Rotalgen), *Cyanophyta* (Blaualgen).

Die Gruppe der *Cyanophyta* (Blaualgen) hat sehr viele gemeinsame Merkmale mit Bakterien z. B. ist kein eigenständiger Zellkern als Träger des Erbguts vorhanden. Sie werden deshalb auch als *Cyanobacteria* bezeichnet. Das charakteristische blau-grüne Pigment ist diffus über das gesamte Ektoplasma verteilt und nicht wie bei den meisten anderen Algen in Chromatophoren enthalten. Eine Verwandtschaft zwischen fädigen Cyanobakterien und fädigen Schwefelbakterien gilt als wahrscheinlich. Letztere haben sich aus geologischen Epochen nahezu unverändert bis heute erhalten.

Die mit 900 Mio. Jahren bislang ältesten Algenfossilien aus der Bitterspring-Formation Australiens werden den Chlorophyta zugeordnet. Seitdem sind photoautotrophe Algen zusammen mit Cyanophyta die Sauerstoffproduzenten der aquatischen Systeme der Erde und spielen in marinen und limnischen Ökosystemen die Hauptrolle der Primärproduzenten. Sie blieben bis heute auch unter den bedeutendsten biogenen Sedimentbildern. Algen haben vermutlich auch schon sehr früh im ↗Präkambrium, u. a. auch zusammen mit ↗Fungi als ↗Lichenes, mit der Besiedlung des Landes begonnen. Fossile Algen sind Paläoökologieanzeiger und besonders die ↗Bacillariophyceae, ↗Coccolithophorales und ↗Dinophyta werden zu einer detaillierten biostratigraphischen Gliederung des ↗Mesozoikums und ↗Känozoikums genutzt.

Da die Ansprüche der Algen an die Umwelt sehr unterschiedlich sind, werden einige als ↗Indikatorenorganismen zur Bestimmung der ↗Gewässergüte herangezogen. Algen sind sowohl im ↗Plankton als auch im Periphyton vertreten und bilden eine wichtige Nahrungsgrundlage für die folgenden Glieder der ↗Nahrungskette. Die von Algen gebildeten Reservestoffe könnten auch für die zukünftige Nutzung durch den Menschen von Interesse sein.

Kieselalgen (*Diatomeae*) bilden Schalen aus, welche amorphe Silicate enthalten. In den Polarmeeren können Kieselalgenskelette den Tiefseeboden als mächtige Sedimente bedecken (↗Diatomeenschlamm). Diese Sedimente können eine Senke für ↗Kohlenstoff aus der Atmosphäre darstellen. Fossile Diatomeen bilden oft riesige Lagerstätten (Diatomit, Kieselgur), die abgebaut und industriell genutzt werden. Die derzeit bekannten Vorkommen an Diatomit betragen etwa 2 Mrd. Tonnen. [MW, RB]

Algenblüte, *Wasserblüte*, zyklische, oft in jahreszeitlicher Abfolge auftretende Massenvermehrung von ↗Algen oder anderen Phytoplanktern. Auslöser ist eine erhöhte Nährstoffzufuhr (z. B. Phospate) und hohe Lichteinstrahlung. Folge ist häufig eine ↗Eutrophierung. Eine künstliche Auslösung von Algenblüten kann durch die verstärkte Zufuhr von Nährstoffen (z. B. Überdüngung) bewirkt werden.

Algenmudde ↗*Lebermudde*.

Algenonkoide ↗Onkoide.

Algenpeloide ↗Peloide.

Algoma-BIF ↗Banded Iron Formation.

Algonkium, von einer indischen Provinz hergeleiteter Name für das ↗Proterozoikum, heute nicht mehr im Gebrauch.

Alh-Horizont, ↗Bodenhorizont entsprechend der ↗deutschen Bodenklassifikation, ↗Ah-Horizont mit Tonverarmung.

Al-Horizont, *Tonverarmungshorizont* der ↗Parabraunerde, ↗Bodenhorizont entsprechend der ↗deutschen Bodenklassifikation, durch ↗Lessivierung entstandener ↗A-Horizont, durch Tonverlagerung geprägt, aufgehellt gegenüber ↗Ah-Horizont und ↗Bt-Horizont, über einem tonangereicherten Horizont (Bt) liegend. Die Tongehaltsdifferenzen zum Bt-Horizont beträgt von > 3 bis 8 Masse-% auf eine Distanz von < 30 cm, wenn in beiden Horizonten gleiche Bodentextur vorhanden ist.

Aliasing, ist ein Begriff, der mit der Digitalisierung von Analogdaten (↗Analog-Registrierung) in Zusammenhang steht. Durch das Abtast- oder Samplingintervall wird die höchste auflösbare Frequenz (↗Nyquest-Frequenz) der digitalisierten Daten festgelegt. In dem zu digitalisierenden Signal dürfen keine höheren Frequenzen vorkommen, da es sonst zu Aliasing-Effekten kommt. Es treten dann künstliche Frequenzen auf. Um dies zu verhindern, müssen höhere Frequenzen im Analogsignal herausgefiltert werden (*Anti-Aliasing-Filter*), bevor der Digitalisierungsprozeß beginnt.

aliphatisch, Bezeichnung für Kohlenwasserstoffverbindungen mit kettenförmiger Anordnung der Kohlenstoffatome.

aliphatische Kohlenwasserstoffe, große Untergruppe der organischen Chemie neben den aromatischen Kohlenwasserstoffen. Bei den aliphatischen Kohlenwasserstoffen sind die C-Atome in geraden oder verzweigten Ketten angeordnet. Die aliphatischen Kohlenwasserstoffe im Erdöl entstammen Pflanzenwachsen.

Alisols, Bodenklasse der ↗WRB. Im Vergleich zu den ↗Acrisols weniger stark verwitterte Böden mit gelblichem bis rötlichem, tonangereichertem ↗B-Horizont, der eine ↗Kationenaustauschkapazität in der Tonfraktion von mindestens 24 $cmol_c/kg$ besitzt.

ALK, *Automatisiertes Liegenschaftskataster*, besteht aus der beschreibenden Komponente, dem Automatisierten Liegenschaftsbuch (ALB) und der darstellenden Komponente, der Automatisierten Liegenschaftskarte (ALK). Es soll im kommunalen Bereich die Grundlage für kommunale Landinformationssysteme nach dem ↗MERKIS-Konzept des Deutschen Städtetages bilden. Es ist der vollständige Nachweis der Grundstücke. Seine kleinste räumliche Einheit, das ↗Flurstück, ist Träger von raum- und personenbezogenen Merkmalen (z. B. Flächengröße, Bebauung, Bodennutzung usw.).

Alkalibasalt, *Alkaliolivinbasalt*, nephelinnormativer und in der Regel foidführender Basalt nach der Einteilung mit Hilfe des ↗Basalt-Tetraeders.

Alkaliböden, ↗Salzböden mit Tonanreicherung in ariden und semiariden Regionen.

Alkalifeldspäte, zusammenfassender Begriff für K- und Na-Feldspäte (↗Feldspäte). Neben ↗Albit und ↗Orthoklas zählen dazu Mikroklin (Amazonenstein, $KAlSi_3O_8$, trikliner K-Feldspat als wichtiger Rohstoff für Glas und Keramik); weiterhin Sanidin (monokline Hochtemperaturmodifikation des K-Feldspats), Anorthoklas, Na-reiche monokline oder trikline Phasengemenge von Orthoklas und Albit sowie Celsian ($Ba[Al_2Si_2O_8]$, monoklin) und Paracelsian ($Ba[Al_2Si_2O_8]$, monoklin).

Alkalifeldspatgranit ↗QAPF-Doppeldreieck.

Alkalifeldspatrhyolith ↗QAPF-Doppeldreieck.

Alkalifeldspatsyenit ↗QAPF-Doppeldreieck.

Alkalifeldspattrachyt ↗QAPF-Doppeldreieck.

Alkaligabbro, foidführender oder nephelinnormativer Gabbro; plutonisches Äquivalent des ↗Alkalibasaltes.

Alkaligesteine ↗*Alkalimagmatite*.

Alkaligranit, ein Alkalifeldspatgranit, der als ↗mafische Minerale Alkaliamphibole und/oder -pyroxene führt. ↗QAPF-Doppeldreieck.

Alkali-Kalk-Index, der SiO_2-Prozentwert innerhalb einer kogenetischen magmatischen Gesteinsreihe, bei dem die Gehalte von CaO und ($Na_2O + K_2O$) gleich sind. Da während einer ↗magmatischen Differentiation mit zunehmendem SiO_2-Gehalt die Konzentration der Alkalien zunimmt, die von CaO abnimmt, ergibt sich bei Überlagerung der Variationsdiagramme SiO_2 gegen CaO sowie SiO_2 gegen ($Na_2O + K_2O$) ein Schnittpunkt. Je nach dem zugehörigen SiO_2-Wert werden Gesteinsreihen in alkalisch (< 51), alkali-kalkig (51–56), kalk-alkalisch (56–61) und kalkig (> 61) unterteilt.

Alkalimagmatite, ↗Magmatite, die als *Alkaligesteine* der ↗Alkali-Serie angehören. Bezogen auf einen bestimmten SiO_2-Gehalt enthalten sie vergleichsweise viel Na_2O und K_2O und unterscheiden sich dadurch sowie durch das mögliche Auftreten von ↗Foiden, Alkalipyroxenen und Alkaliamphibolen von den ↗Kalkalkali-Magmatiten. Alkalimagmatite sind typisch für den Intraplattenmagmatismus. Die Gesteine können in natrium- oder kaliumbetonte Glieder eingeteilt werden.

Alkalimetalle, die in der I. Hauptgruppe des ↗Periodensystems zusammengefaßten Elemente Lithium, Natrium, Kalium, Rubidium, Cäsium und Francium. Sie zeigen ein ähnliches chemisches Verhalten und sind Leichtmetalle mit niedrigen Schmelz- und Siedepunkten. Die Alkalimetalle treten nur einwertig positiv auf, was zu hohen Reaktivitäten führt, die sich in den Reduktionseigenschaften der Alkalimetalle ausdrücken. Als ausgesprochen elektropositive Elemente bilden sie bevorzugt mit den elektronegativen Elementen ionische, salzartige Verbindungen. Wäßrige Lösungen der Hydroxide kommen als starke Basen verbreitet zum Einsatz. Die Alkalimetalle kommen in verschiedenen Salzen in der Natur vor und sind zum Teil in beträchtlichem Maße am Aufbau der Erdkruste beteiligt.

Alkalimetasomatose, ↗metasomatischer Prozeß, der zu deutlichen Verschiebungen in den Natrium- und Kaliumgehalten von Gesteinen führt. Beispiele sind die Adinol-Bildungen um basische Lagergänge oder die Fenit-Bildung um Carbonatite herum.

Alkalinität, *Säurebindungsvermögen*, Salz- und Basengehalt von Böden, Wasser oder Gesteinen. Der Grad der Alkalinität hängt von der Menge der basisch wirkenden Kationen (Natrium, Kalium, Calcium, Magnesium) ab. Aus der alkalischen Eigenschaft ergibt sich die Fähigkeit mit Wasserstoffionen zu reagieren. Diese Reaktion kann quantitativ bestimmt werden. Die Alkalinität des Wassers ist hauptsächlich eine Funktion der Hydrogencarbonat-, Carbonat- und Hydroxid-Konzentrationen. Methodisch wird die Alkalinität des Wassers durch Titration mit Säure in Gegenwart eines Indikators ermittelt. Es wird zwischen Gesamtalkalinität und Carbonatalkalinität unterschieden.

Alkaliolivinbasalt ↗*Alkalibasalt*.

alkalisch, die Gesteine der ↗Alkali-Serie betreffend.

alkalisches Wasser, Wasser mit einem Mangel an Wasserstoffionen. Der ↗pH-Wert liegt deutlich über dem Neutralbereich.

Alkali-Serie, *Alkali-Reihe*, Gesamtheit der ↗Magmatite, die einen Überschuß der Alkalien gegenüber SiO_2 oder Al_2O_3 haben. Zur Alkali-Serie gehören alle Gesteine des unteren Dreiecks des ↗QAPF-Doppeldreiecks, ferner Alkalifeldspatgranit/-rhyolith und Alkalifeldspatsyenit/-trachyt. Gesteine der Alkali-Serie sind typisch für den Intraplattenmagmatismus. Sie werden gewöhnlich mit Hilfe des Diagramms $Na_2O + K_2O$ gegen SiO_2 (↗TAS-Diagramm) von den Gesteinen der Subalkali- oder Kalkalkali-Serie abgegrenzt.

Alkalisyenit, ein Alkalifeldspatsyenit oder ein ↗Foidsyenit, der als mafische Minerale Alkaliamphibole und/oder -pyroxene führt. ↗QAPF-Doppeldreieck.

Alkalivulkanite, ↗Vulkanite, die der ↗Alkali-Serie angehören. Bezogen auf einen bestimmten SiO_2-Gehalt enthalten sie vergleichsweise viel Na_2O und K_2O und unterscheiden sich dadurch sowie durch das mögliche Auftreten von ↗Foiden, Alkalipyroxenen und Alkaliamphibolen von den ↗Kalkalkali-Magmatiten. Die wichtigsten Alkalivulkanite sind ↗Alkalibasalt, ↗Phonolith und ↗Trachyt. Ihr Auftreten ist typisch für den ↗Intraplattenmagmatismus.

Alkane, *Paraffine, gesättigte Kohlenwasserstoffe*, Verbindungen aus Kohlenstoff und Wasserstoff (Kohlenwasserstoffe) mit ausschließlich Einfachbindungen, im Gegensatz zu den ↗ungesättigten Kohlenwasserstoffen. Alkane können linear, verzweigt und cyclisch (ringförmig) auftreten (Abb.). Der Name »Paraffine« (von lat. parum affinis = wenig beteiligt, reaktionsträge) ist ein Trivialname für gesättigte Kohlenwasserstoffe. Er entspringt der früher herrschenden Ansicht, daß es sich bei den Alkanen um reaktionsträge Verbindungen handelt.

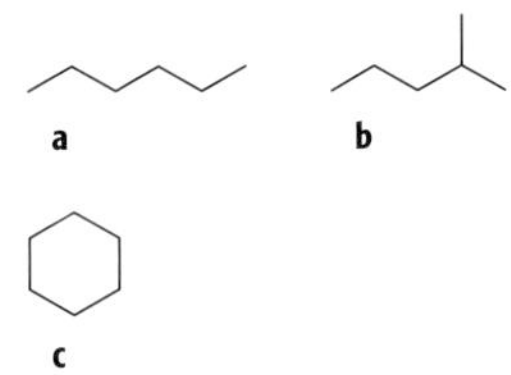

Alkane: lineare (a), verzweigte (b) und cyclische (c) Alkane.

Alkene, gehören zu den ↗ungesättigten Kohlenwasserstoffen und sind Kohlenwasserstoffverbindungen mit einer oder mehreren Doppelbindungen ohne funktionelle Gruppen. Treten abwechselnd eine Einfachbindung und eine Doppelbindung auf, so wird von ↗konjugierten Bindungen gesprochen.

Alkohole, Kohlenwasserstoffe mit einer Hydroxid-Gruppe (OH) als funktionelle Gruppe. Aufgrund der Anzahl der Kohlenstoff-Kohlenstoff-Bindungen an dem die OH-Gruppe tragenden C-Atom werden primäre, sekundäre (Abb.) und tertiäre Alkohole unterschieden.

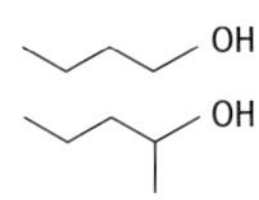

Alkohole: Beispiele für primären (oben) und sekundären (unten) Alkohol.

Allelopathie, die durch Stoffausscheidungen v.a. im Wurzelbereich bedingte, negative Beeinflussung höherer Pflanzen untereinander. Allelopathie kann im Extremfall zu einer direkten Schädigung der konkurrierenden Art führen und stellt somit eine Wettbewerbsstrategie zwischen Pflanzen dar (↗Antagonismus). Im Gegensatz zur Allelopathie gibt es jedoch auch eine wechselseitige positive Beeinflußung zwischen Pflanzen, welche in der Landwirtschaft durch den Anbau von Artengemischen gezielt eingesetzt wird.

Alleröd, Interstadial im Spätglazial der ↗Weichsel-Kaltzeit, benannt 1901 von N. Hartz und v. Milthers nach der dänischen Ortschaft Alleröd. Die Sommertemperaturen erreichten in Mitteleuropa ca. 16 °C. Das Alleröd wird häufig durch die weitverbreitete Aschenlage des Laacher-See-Ausbruchs identifiziert. ↗Quartär, ↗Klimageschichte, ↗Paläoklimatologie.

alley cropping, Form der Agroforstwirtschaft (*agro forestry*) mit besonderer Verbreitung in den Tropen und Subtropen. Baum- und Buschreihen werden in geeigneter Reihenweite als Alleen angelegt, um die Zwischenräume für den Anbau anderer Kulturpflanzen zu nutzen. Bäume und Büsche dienen hierbei als Futter, Schattenspender und Nährstofflieferanten.

allgemeine atmosphärische Zirkulation, Beschreibung der globalen Druck- und Temperaturverhältnisse und der dadurch bedingten Luftströmungen. Dabei geht es in der Hauptsache um solche Strömungen, die nicht nur gelegentlich an bestimmten Orten auftreten, sondern vielmehr um beständige, großräumige Windsysteme. Die Beschreibung der allgemeinen atmosphärischen Zirkulation würde im Prinzip die gesamte ↗Atmosphäre, von der Troposphäre über die Stratosphäre bis hin zur Mesosphäre, umfassen. Es hat sich jedoch, zum Teil aus historischen Gründen, eingebürgert, die Verhältnisse der allgemeinen atmosphärischen Zirkulation nur in dem Teil der Atmosphäre zu beschreiben, in dem sich das ↗Wetter abspielt, d.h. in der Troposphäre. Die ↗stratosphärische Zirkulation ist davon ausgenommen, es handelt sich also um die *troposphärische Zirkulation*.

Die auf der Erde beobachtete allgemeine atmosphärische Zirkulation wird prinzipiell durch die globale Strahlungsbilanz (↗Strahlungshaushalt) und die ↗Erdrotation sowie durch die Verteilung von Wasser- und Landmassen bestimmt. Die mit der geographischen Breite variable Strahlungsbilanz bewirkt ein permanentes Temperaturgefälle zwischen den äquatorialen und den polaren Gebieten der Erde. Dies führt wiederum zu horizontalen Druckgegensätzen, welche ihrerseits die Luft in Bewegung setzen. Die Erdrotation beeinflußt die Luftströmungen über die ↗Corioliskraft, wobei weitere Modifikationen durch die Land-Meer-Verteilung verursacht werden.

Die Hauptenergiequelle für die Atmosphäre ist die kurzwellige solare Einstrahlung (↗Sonnenstrahlung). Am Rande der Erdatmosphäre hat diese im Mittel eine Energiestromdichte von etwa 1350 W/m^2 (↗Solarkonstante). Wegen der Kugelgestalt der Erde trifft davon in den äquatornahen Gebieten mehr Energie pro Flächeneinheit auf die Erdoberfläche als in den polaren Gebieten. Dies ist in Abb. 1 dargestellt. Dem Energiegewinn durch Solarstrahlung steht ein Energieverlust in Form der ↗Schwarzkörperstrahlung gegenüber, die von der Erdoberfläche sowie von der Atmosphäre selber ausgeht. Da diese zur vierten Potenz der absoluten Temperatur proportional ist, erreicht auch die langwellige Ausstrahlung im Äquatorbereich höhere Werte als in den Polargebieten. Das entscheidende für die ↗Energiebilanz des Systems Erde-Atmosphäre ist jedoch die Nettostrahlung (Strahlungsbilanz). Diese ist zwischen Äquator und etwa 40° Breite positiv, bedeutet also für die Erde einen Strahlungsüberschuß, und zwischen 40° Breite und den Polen negativ, d.h. es herrscht ein Strahlungsdefizit. Entsprechend den Gesetzmäßigkeiten der ↗Thermodynamik würden diese Strahlungsverhältnisse zu einer ständigen Erwärmung im Äquatorbereich und zu einer ständigen Abkühlung in den Polargebieten führen. Dies wird jedoch nicht beobachtet. Der Grund dafür sind die durch die meridionalen Temperaturgegensätze angetriebenen Luft- und Meeresströmungen, die einen Energieausgleich zwischen dem Äquatorbereich und den Polgebieten herbeiführen. Dadurch stellt sich eine mittlere Verteilung der Lufttemperatur ein, wie sie in einem ↗Meridionalschnitt in Abb. 2 dargestellt ist. Die im Mittel beobachteten Luftströmungen sind einerseits eine Folge der großräumigen Temperaturverteilung, andererseits beeinflussen sie dieselbe über ihre Eigenschaft, Wärme zu transportieren. Zur Darstellung der generellen Windverhältnisse ver-

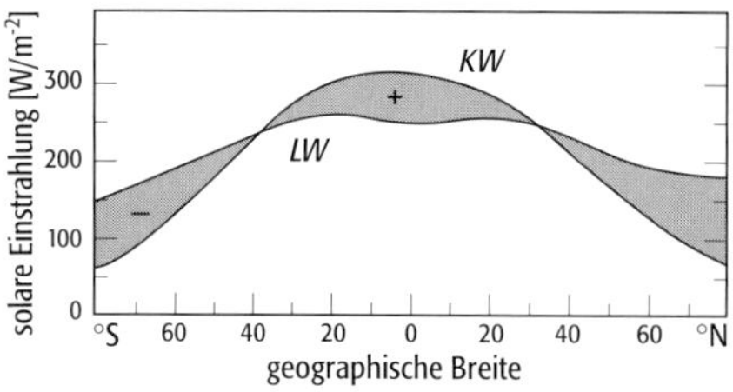

allgemeine atmosphärische Zirkulation 1: Mittlere jährliche Strahlungsverhältnisse in Abhängigkeit von der geographischen Breite. *KW* = kurzwellige solare Einstrahlung in W/m², *LW* = langwellige Ausstrahlung in W/m², + = Strahlungsüberschuß, - = Strahlungsdefizit.

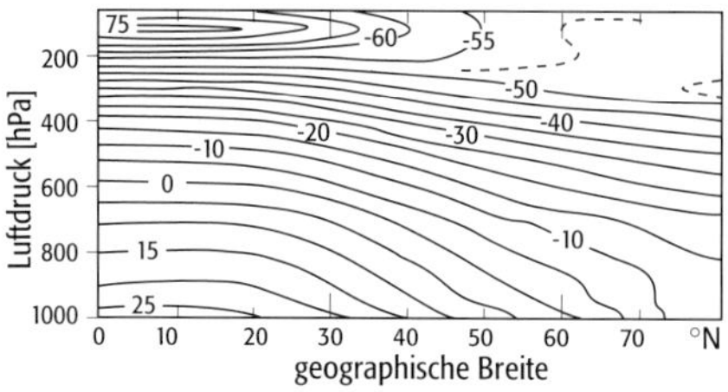

allgemeine atmosphärische Zirkulation 2: Jahresmittel der Lufttemperatur in °C für die Nordhemisphäre in einem Meridionalschnitt.

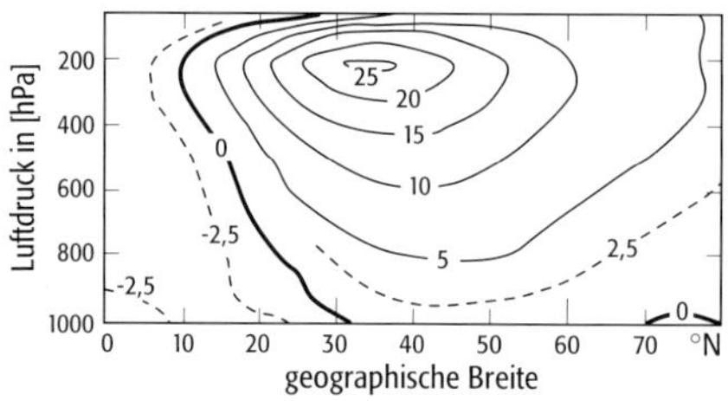

allgemeine atmosphärische Zirkulation 3: Jahresmittel der zonalen Windgeschwindigkeit in m/s in einem Meridionalschnitt für die Nordhemisphäre. Positive Werte = Westwinde; negative Werte = Ostwinde.

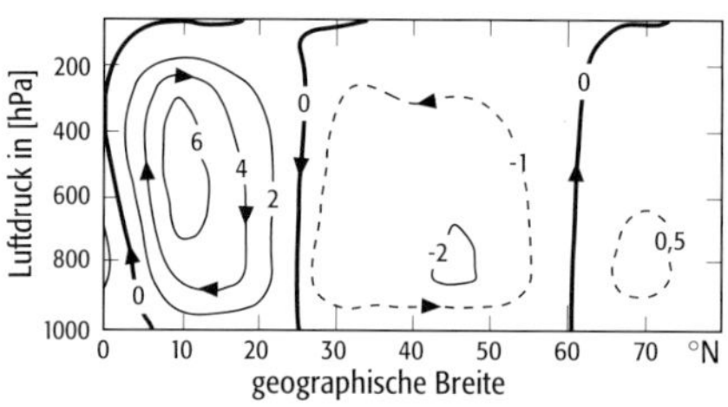

allgemeine atmosphärische Zirkulation 4: Mittlere jährliche Meridionalzirkulation (relative Einheiten) auf der Nordhemisphäre. Die Pfeile geben die Richtung der Zirkulation an. Die ausgeprägte Zirkulation zwischen dem Äquator und 25° N wird als Hadley-Zelle bezeichnet.

wendet man häufig zonale Mittelwerte, d. h. die ↗Windgeschwindigkeit wird über einen Breitenkreis gemittelt. Da aber nur solche Strukturen zur allgemeinen atmosphärischen Zirkulation gerechnet werden, die auch über längere Zeiträume hinweg vorhanden sind, werden die Windgeschwindigkeiten auch über gewisse Zeiträume gemittelt. Üblich sind dabei Monatsmittel, Jahreszeitenmittel (z. B. Winter = Mittel über Dezember, Januar, Februar) oder Jahresmittel. Hinsichtlich des ↗Windvektors erfolgt üblicherweise eine Zerlegung in eine zonale Komponente (West-Ost-Richtung), eine meridionale Komponente (Süd-Nord-Richtung) und eine vertikale Komponente. Die Darstellung der einzelnen Windkomponenten erfolgt dabei in einem ↗Meridionalschnitt, wie im Beispiel der zonalen Windkomponente in Abb. 3 für das Jahresmittel auf der Nordhemisphäre dargestellt ist. Man erkennt, daß etwa nördlich des 30. Breitengrades in allen Höhen ein Westwind vorhanden ist (↗Westwinddrift), während südlich davon, besonders im unteren Teil der Troposphäre, Ostwinde vorherrschen. Die maximalen Geschwindigkeiten (etwa 25 m/s) findet man im Bereich des ↗Strahlstroms, der sich als abgeschlossenes Windmaximum zeigt. Die prinzipielle Verteilung der zonalen Windgeschwindigkeit ändert sich nur wenig im Verlauf des Jahres. Es treten in den Wintermonaten aber höhere maximale Windgeschwindigkeiten auf (40 m/s) als in den Sommermonaten (20 m/s). Die beobachtete Verteilung der Zonalwinde läßt sich mit der mittleren Temperaturverteilung und der typischen Bodendruckverteilung über die Beziehung für den ↗thermischen Wind und den ↗geostrophischen Wind erklären. Im Vergleich zur zonalen Windgeschwindigkeit, die 10 m/s und mehr beträgt (Abb. 3), sind die meridionale und die vertikale Windkomponente wesentlich schwächer ausgeprägt. So betragen die meridionalen Windgeschwindigkeiten im zonalen Mittel weniger als 2 m/s, während die Vertikalgeschwindigkeiten meist nur im Bereich von wenigen cm/s liegen. Die Darstellung der letztgenannten Windkomponenten erfolgt häufig in Form einer ↗Meridionalzirkulation, wie in Abb. 4 am Beispiel der Nordhemisphäre dargestellt. Man beobachtet dabei eine dreizellige Struktur. Zwischen den äquatornahen Gebieten und dem ↗Subtropenhoch stellt sich eine Vertikalzirkulation ein, mit aufsteigender Luft am Äquator und absinkender Luft im Bereich des Subtropenhochs bei etwa 30° Breite. Im unteren Teil der Atmosphäre ist die meridionale Strömung zum Äquator hin gerichtet. Zusammen mit der zonalen Windkomponente (Abb. 3) bildet diese die ↗Passate, eines der beständigsten Windsysteme der Atmosphäre. Im Bereich der Tropopause erfolgt eine Meridionalströmung in Richtung der mittleren Breiten. Die Meridonalzirkulation zwischen Äquator und Subtropenhoch wird nach dem englischen Meteorologen G. Hadley heute als ↗Hadley-Zirkulation bezeichnet. Wie aus Abb. 4 ersichtlich, existiert eine Zirkulation mit gleichem Drehsinn auch zwischen etwa 60° Breite und den Polgebieten. Diese ist allerdings wesentlich schwächer ausgeprägt als die Hadley-Zirkulation und macht sich im Mittel durch die polaren Ostwinde im unteren Bereich der Atmosphäre bemerkbar. Zwischen diesen beiden Zirkulationen liegt eine Meridionalzirkulation mit umgekehrtem Drehsinn, d. h. im unteren Bereich erfolgt eine Meridionalströmung Richtung Pol und im Tropopausenbereich in Richtung Äquator. Diese Zirkulation zwischen dem Subtropenhoch und der polaren Tiefdruckrinne ist nur sehr schwach ausgeprägt und wird gelegentlich nach dem britischen Meteorologen Ferrel auch als Ferrel-Zelle (↗Ferrell-Zirkulation) bezeichnet. Die Dominanz von zonalen Windkomponenten läßt sich auf den Einfluß der Erdrotation über die ↗Corioliskraft zurückführen. Prinzipiell würde die durch die Nettostrahlungsbilanz (Abb. 1) hervorgerufene meridionale Temperatur- und Druckverteilung eine Art globale Hadley-Zelle erzeugen, mit überwiegend meridionalen Strömungskomponenten. Durch die Corioliskraft werden die Luftströmungen aber nach rechts von der Bewegungsrichtung abgelenkt (Nordhemisphäre, auf der Südhemisphäre nach links), so daß schließlich eine überwiegend in zonale Richtung orientierte Luftströmung erzwungen wird (↗geostrophischer Wind, ↗thermischer Wind). Diese führt allerdings nur in den Gebieten zwischen Äquator und dem Subtropenhoch zu einer mehr oder weniger beständigen zonalen Strömung, den ↗Passaten. In den mittleren Breiten findet man stattdessen zwar eine vorherrschende Westwindzone, die jedoch durch permanent entstehende und vergehende großräumige ↗Tiefdruckwirbel und ↗Hochdruckgebiete geprägt wird. Die Ursache dieser Wirbelbildung liegt in der ↗baroklinen Instabilität in Folge starker meridionaler Temperaturgegensätze im Bereich der ↗Polarfront, die zur ↗Zyklogenese führt. Diese Zyklonen und Antizyklonen bewirken in den mittleren Breiten den zum Ausgleich der Strahlungsbilanz notwendigen polwärts gerichteten Wärmestrom. In den mittleren Breiten treten außerdem noch die ↗planetarischen Wellen auf, die hauptsächlich durch die sich in Nord-Süd-Richtung erstreckenden Gebirgszüge wie Rocky Mountains oder Anden angeregt werden. In Abb. 5 und 6 (im Farbtafelteil) sind globale Luftdruck und Windverhältnisse dargestellt. Zonal gemittelte Temperatur- und Windgradienten der Abbildungen 2–4 werden hauptsächlich durch den Äquator-Pol-Kontrast der in Abb. 1 dargestellten Strahlungsbilanz bewirkt. Der Einfluß der geographischen Verteilung der Land und Wassermassen auf die allgemeine atmosphärische Zirkulation führt als eher sekundärer Effekt zu gewissen Modifikationen, z. B. in der Verteilung von Luftdruck und Lufttemperatur in Bodennähe. Als markante Abweichung von den bisher dargestellten Windverhältnissen ist der ↗Monsun zu nennen, der durch die jahreszeitlich bedingte unterschiedliche Erwärmung der Luftmassen über dem asiatischen Kontinent verursacht wird. Als weitere markante Einzelerscheinung seien die ↗tropischen Wirbelstürme (↗Hurrikan, ↗Taifun) genannt, die in den Sommermonaten der jeweiligen Hemisphäre im Bereich der ↗Tropen und ↗Subtropen entstehen. Zu den großräumigen Windsystemen zählt auch die im Bereich der tropischen Ozeane auftretende ↗Walker-Zirkulation, die im Gegensatz zur ↗Hadley-Zirkulation eine Zonalzirkulation darstellt. Diese wird auch als ↗southern oscillation bezeichnet und steht in engem Zusammenhang mit dem in den letzten Jahren hochaktuellen Phänomen ↗El-Niño. [DE]

Literatur: [1] GROTJAHN, R. (1993): Global Atmospheric Circulations: Observations and Theory. Oxford University Press. – Oxford. [2] JAMES, J. (1994): Introduction to Circulating Atmospheres. Cambridge University Press. – Cambridge. [3] PEIXOTO, J. P. & OORT, A. H. (1992): Physics of Climate. American Institute of Physics. – New York.

Allgemeine Bodenabtragsgleichung, *ABAG*, wird die auf die Standortbedingungen Bayerns angepaßte ↗Universal Soil Loss Equation (USLE) genannt. Für Bayern wurde die USLE 1981 eingeführt und anschließend durch umfangreiche Experimente teilweise adaptiert. Dabei wurden die grundlegenden Funktionen der USLE bestätigt, angepaßte relative Bodenabtragswerte für Wachstumsstadien der Fruchtarten und ein Subfaktor zum Einfluß der Steinbedeckung auf die Bodenerodierbarkeit entwickelt. Die ABAG ist Grundlage der Karten zur potentiellen Erosionsgefährdung des Freistaats Bayern, Nordrhein-Westfalens, Baden-Württembergs und der Neuen Bundesländer oder auch von Testgebieten unter Anwendung modifizierter USLE-Versionen. Durch die häufige Nutzung der ABAG und ihrer Modifikationen existiert eine weitgefächerte Datenbasis in den verschiedenen Bundesländern. Darauf basieren auch Modelleingangsgrößen für andere Modelle. [DDe]

allgemeine Form, Form von Flächen eines Polyeders, deren jede nur von der identischen und keiner anderen Symmetrieoperation festgelassen wird. Die Anzahl der Flächen einer allgemeinen Form ist also gleich der Ordnung der kristallographischen Punktgruppe. Somit besteht eine allgemeine Form in der Kristallklasse 1 (C_1) aus einer einzigen Fläche, eine allgemeine Form in der Kristallklasse $m\bar{3}m$ (O_h) aus 48 Flächen (Abb.).

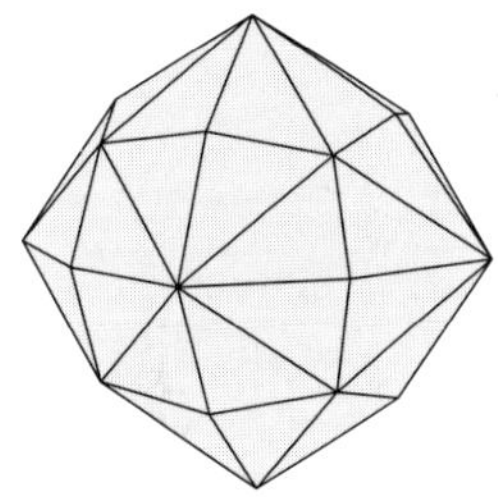

allgemeine Form: Hexakisoktaeder als allgemeine Form in der Kristallklasse $m\bar{3}m$ (O_h).

Allgemeine Geologie, *Dynamische Geologie*, ist die Lehre vom Stoffbestand und Aufbau der Erde sowie der Vorgänge, die sich in ihr und auf ihr abspielen. Sie untersucht im Rahmen der ↗exogenen Dynamik und ↗endogenen Dynamik den Einfluß von erdäußeren und erdinneren Kräften auf den Kreislauf der Stoffe, auf die Entstehung der Gesteine an und unter der Erdoberfläche sowie in marinen Räumen. Das Wechselspiel von endogenen und exogenen Vorgängen bestimmt die Struktur und Morphologie der Kontinente und der ozeanischen Räume. Die Allgemeine Geologie wird insbesondere von den Fachzweigen ↗Sedimentologie, ↗Petrologie, Strukturgeologie und ↗Geomorphologie vertreten. ↗Geologie.

Allgemeine Kartographie ↗Kartographie.

allgemeine Lage, Lage im Raum, die durch keine Symmetrieoperation (außer der Identität) festgelassen wird.

allitische Verwitterung, Form der chemischen Verwitterung in mäßig feuchtem, ↗semiaridem bis ↗semihumidem Klima, die zu einer vollständigen Auflösung und Abführung der silicatischen Mineralien führt. Übrig bleiben die Hydroxide bzw. Oxide von Aluminium und Eisen. Durch letzteres wird die üblicherweise rote Farbe der Böden erzeugt. Die allitische Verwitterung führt zur Entstehung von Aluminiumlagerstätten (↗Bauxit), im Gegensatz zur ↗siallitischen Verwitterung.

Allmende, gemeinschaftlich genutztes Land einer Gemeinde. Die Allmende wird i. d. R. nur extensiv forst- oder landwirtschaftlich genutzt und liegt in den peripheren Bereichen des Gemeindegebietes, im Gegensatz zum individuell und intensiv genutzten Wirtschaftsland. Allmendeland ist heute in Mitteleuropa nur noch auf wirtschaftlich schlecht nutzbaren Flächen vorhanden. Das fruchtbare Allmendeland wurde schon früh unter den Nutzungsberechtigten zur individuellen Nutzung aufgeteilt. Vielerorts erinnern noch Flur- oder Straßennamen an die ehemalige gemeinschaftliche Nutzungsform.

Allocheme, Sammelbegriff für carbonatische Komponenten. Dazu zählen ↗Peloide, ↗Ooide, ↗Onkoide, ↗Rindenkörner, ↗Aggregatkörner, ↗Lithoklasten und ↗Biogene.

allochemisch, Bezeichnung für unterschiedliche, umgelagerte Aggregate in Carbonatsedimenten (z. B. ↗Peloide, ↗Ooide, Fossilienfragmente sowie Silt- oder Sandpartikel). Die allochemischen Bestandteile dienen oft als gröberes Gerüst für feineres Carbonatsediment (z. B. ↗Mikrit). Im Rahmen der ↗Diagenese bedeutet allochemisch die Veränderung der chemischen Zusammensetzung der Sedimente, wie z. B. ↗Dolomitisierung oder ↗Silifizierung. Bei ↗Metamorphiten bedeutet der Begriff einen Vorgang, bei dem während der Metamorphose Veränderungen des Gesamtchemismus des Ausgangsgesteins durch Zufuhr oder Abfuhr von Elementen stattfinden.

allochemische Metamorphose ↗Metasomatose.

allochthon, auf fremdem Untergrund oder in fremder Umgebung liegend. Gesteinskörper gelangen durch flach einfallende ↗Störungen (↗Abschiebungen oder ↗Überschiebungen) in allochthone Lage. Größere allochthone Krusten- oder Lithosphärenfragmente werden ↗Terrane genannt. ↗autochthon, ↗parautochthon.

allochthone Kohle, Kohle aus zusammengeschwemmtem Pflanzenmaterial, im Unterschied zur ↗autochthonen Kohle.

allochthoner Erzkörper, nicht am jetzigen Ort entstandener Erzkörper, sondern durch tektonische Bewegungen oder submarine Rutschungen (↗Olisthostrome) dorthin verfrachtet.

allochthone Witterung, Witterung, deren Ursachen außerhalb des Betrachtungsgebietes liegen und daher in Zusammenhang mit ↗Advektion zustandekommen; Gegensatz: ↗autochthone Witterung.

allophas ↗Umkristallisation.

allophase Umwandlung, Bildung metamorpher Gesteine (↗Metamorphit)durch ↗Umkristallisation mit Änderung des Mineralbestandes.

Allostratigraphie, unterteilt eine sedimentäre Beckenfüllung in Einheiten, die durch ↗Diskordanzen und/oder anderen zeitrelevanten Flächen begrenzt sind. Solche Einheiten werden in der ↗seismischen Stratigraphie und in der ↗Sequenzstratigraphie definiert.

allotriomorph ↗xenomorph.

alluvial, durch einen ↗Fluß abgelagert (↗Alluvium).

Alluvialböden, 1) i. a. auf einem ↗Alluvium entwickelte Böden. 2) ↗*Auenböden*. 3) *Al-Böden*, in der ↗Reichsbodenschätzung und in darauf aufbauenden Kartierungen verwendete Bezeichnung für eine Gruppe von Böden aus mineralischem Ausgangssubstrat des ↗Holozäns.

alluviale Lagerstätte, ↗sedimentäre Lagerstätte, entstanden durch Anreicherung von Mineralen (z. B. Gold). Diese Anreicherung erfolgt aufgrund der Schweretrennung durch die selektive Transportenergie des strömenden Wassers. ↗Seife, ↗alluviale Seife, ↗Eluviallagerstätte.

alluviale Seife, Schwermineralanreicherung (↗Seifen), die in fließenden Gewässern aufgrund sich ändernder Strömungsgeschwindigkeiten entstanden ist.

Alluvialgold ↗*Seifengold*.

Alluvionen, in Flußtälern transportiertes und verlagertes Material wie Schotter, Sand und Feinsedimente, die im ↗Holozän durch fließendes Wasser bzw. ↗Bodenerosion eingetragen und abgelagert wurden.

Alluvium, 1) für ↗fluviale Sedimente (↗Alluvionen), meist gebraucht im Sinne von feinkörnigen, tonig-schluffigen, sortierten und unverfestigten Ablagerungen eines fließenden Wassers. Es besteht in den Oberläufen überwiegend aus Schotter und Grobkies, in den Mittel- und Unterläufen überwiegend als Sand und Lehm (↗Auenlehm) und in den Mündungsgebieten der Flüsse aus Ton. Das Alluvium ist bodenbildendes Substrat der ↗Auenböden. 2) veraltete Bezeichnung für das ↗Holozän.

Alm, 1) sommerliche Bergweide in der Mattenzone (↗Matte). 2) stark kalkhaltige, limnische Ablagerungen, die entweder durch den Aufstieg von kalkreichem Grundwasser in der Kapillarzone krustenweise ausfallen oder sich am Seeboden durch Sedimentation biogener Carbonate schichtweise ablagern.

Almanach, 1) *Kalender*, *Jahrbuch*, insbesondere ↗astronomische Jahrbücher (z. B. The ↗Astronomical Almanac, Washington und London, erscheint jährlich; enthält die ↗Ephemeriden der Körper des Sonnensystems). 2) Bei operationellen Satellitennavigationssystemen wie ↗GPS und ↗GLONASS die von den Satelliten an die Nutzer übertragene Information über die näherungsweisen Bahnpositionen aller zum System gehörenden Satelliten. Die Darstellung erfolgt häufig in Keplerelementen. Bei ↗GPS werden zusammen mit den ↗Broadcastephemeriden eines jeden Satelliten innerhalb eines Datenrahmens von 30 Sekunden die Almanachdaten von je einem anderen Satelliten übertragen. Bei Kenntnis der Almanachdaten kann die Satellitenkonfiguration für beliebige Beobachtungsorte für einige Wochen im voraus berechnet werden.

Almandin, *Eisentongranat*, $Fe_3Al_2(SiO_4)_3$, Granat mit rundlichen Körnern, rot, braun, typisch sind die namengebenden »kolumbinroten« (blutrot mit Stich nach blau) Almandine. Weltweit verbreitet in feldspatarmen, stark regional metamorphen Gesteinen, besonders in Gneisen und Glimmerschiefern. Große Kristalle in Pegmatiten. Yttriumreiche Almandine finden sich in Norwegen, Rhodolithe sind Pyrop-Alamandin-Mischkristalle. ↗Granatgruppe.

Almandinzone ↗Barrow-Zonen.

Almukantarat, Kleinkreis parallel zum ↗Himmelsäquator; definiert als Menge aller Punkte konstanter Zenitdistanz. Der Zenit ist dabei durch die Lotrichtung, weg vom Erdmittelpunkt, bestimmt.

Alnöit, ein ↗Lamprophyr, der zur Gruppe der alkalisch-ultrabasischen Ganggesteine gehört.

Al-OH-Oktaeder, oktaedrisch koordiniertes Aluminium, z. B. in Zwischenschichtlagen der Silicate. ↗Aluminiumsilicate.

Alpen, die Alpen sind ein Faltengebirge, das sich in einem asymmetrischen, nordkonvexen Bogen von der Nordküste des Ligurischen Meeres bei Nizza bis nach Wien erstreckt, wo es unter das Wiener Becken abtaucht. Östlich des Wiener Bekkens findet dieser Faltengürtel seine Fortsetzung in den Karpaten. Der südöstliche Teil biegt dagegen nach Südosten um und geht so in die Dinariden Sloweniens und Kroatiens über. An der ligurischen Küste bei Genua verbindet eine S-förmige Struktur die Alpen mit dem Apennin (Abb. 1). Die Alpen sind Europas markanteste morphologische Einheit und bilden mit dem Mont Blanc (4807 m) die höchste Erhebung des Kontinents. Konventionell werden die Alpen in Westalpen, Ostalpen und Südalpen untergliedert. Die Grenze zwischen West- und Ostalpen verläuft vom Bodensee dem Rheinquertal entlang bis Chur und dann weiter südwärts bis zum Comer See. Die Südalpen sind durch die sog. periadriatische Naht vom Rest der Alpen abgegrenzt. An der Mündung des Pustertals nördlich von Bozen schwenkt die Linie dann in einem Bogen über Meran in eine südsüdwestliche Richtung, die als Judikarien-Linie bis etwa zum Idro-See verläuft. Der weitere Verlauf der periadriatischen Naht zweigt am Tonale-Paß von der Judikarien-Linie ab und setzt sich als Tonale/Insubrische Linie über das Veltlin zuerst nach Westen bis an den oberen Lago Maggiore und dann nach Südwesten umbiegend in der Ivrea-Zone fort (Abb. 1). Nördlich von Turin, bei Ivrea, streicht die periadriatische Naht zum Po-Becken hin aus.

Als Faltengebirge verdanken die Alpen ihre Entstehung dem Prozeß der Gebirgsbildung (↗Orogenese). Im Falle der Alpen war die Kollision zwischen der apulischen Platte mit der europäischen Platte für deren Entstehung verantwortlich. In den Alpen begann der Einengungsprozeß und damit die Faltung in der ausgehenden Unterkreide und setzte sich bis in das Neogen fort. Diese Zeit der Gebirgsbildung wird als alpidische Orogenese bezeichnet. Die Wiege der Alpen war die ↗Tethys, ein Ost-West streichender Meeresraum, der im ausgehenden Paläozoikum den laurasischen Teil Pangäas von ↗Gondwana trennte. Im Raum der heutigen Alpen jedoch waren Gondwana und Europa zu dieser Zeit noch miteinander verbunden, weshalb hier die Tethys erst gegen Ende des Perms ihren Einzug halten konnte. Die vorpermische Geschichte der Kruste, auf der sich die Entwicklung der Alpen abspielte, ist nur lückenhaft erhalten. In den Ostalpen findet man fossilführende Sedimentgesteine ordovizischen bis karbonischen Alters, deren diskordante Lagerung zu den alpidischen Gesteinsabfolgen bezeugt, daß sie bereits vor deren Ablagerung gefaltet wurden. Es bestand also eine kontinentale Kruste, die bereits im Zuge der variszischen Orogenese (↗Varisziden) im frühen Karbon konsolidiert wurde. Radiometrische Altersdatierungen von granitischen Intrusionsstöcken und metamorphen paläozoischen Ablagerungen ergaben überwiegend Alter um die 320 Mio. Jahre, was der sudetischen Phase der variszischen Orogenese entspricht.

Die Entwicklung der spezifisch alpidischen Gesteinsabfolge begann im frühen ↗Perm. Sie war durch eine ausgeprägte Dehnungstektonik gekennzeichnet, die zur Bildung von Riftstrukturen mit komplexen Grabensystemen und Bruchschollen führte. In einem heiß-ariden Klima wurden überwiegend rotgefärbte terrestrische Sedimente abgelagert. Diese erste Riftphase wurde vielfach von reger vulkanischer Aktivität begleitet, wobei teils enorme Mengen von meist saurem, rhyodazitischem Material gefördert wurden. Die weitere Transformation von der geschlossenen, variszisch konsolidierten Kruste zur vollen ozeanischen Entwicklung der Tethys erfolgte in folgenden Schritten: Im Osten der Alpen wird das permische Riftsystem bereits im ausgehenden Perm vom Meer überflutet, wobei es stellenweise zu ausgedehnten Sabkha und Salinarablagerungen kommt. Im Laufe der unteren ↗Trias schreitet die marine Transgression dann rasch von Ost nach West fort. Die weitere Entwicklung von Grabenstrukturen, begleitet von Krustenausdünnung und Absenkung, führt ab der unteren Trias zur großflächigen Ausbildung epikontinentaler Meere. Breite Schelfmeere bilden sich sowohl am Südrand der europäischen Platte als auch am Nordrand der afrikanischen Platte aus. Im unteren ↗Jura wird die axiale Zone erheblich vertieft, die kontinentalen Krustenteile driften auseinander und machen so ab dem mittleren Jura Platz für die Bildung ozeanischer Kruste. Die Wassertiefen in den neugebildeten Trögen überschreiten vielfach die ↗Carbonat-Kompensationstiefe und es kommt im Laufe des Juras und der unteren ↗Kreide zu Ablagerungen von Tiefsee-Sedimenten (z. B. ↗Radiolarite, Lutite) und

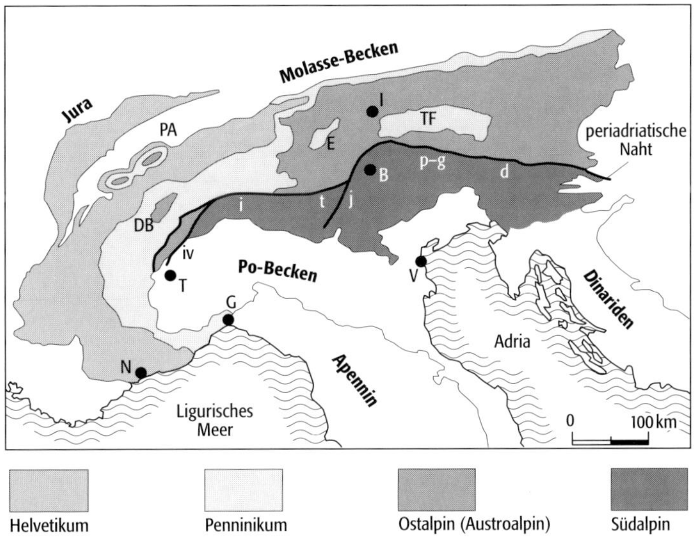

Alpen 1: Vereinfachte Verteilung der fazies-tektonischen Zonen der Alpen. PA = Prealps; DB = Dent-Blanche-Decke; E = Engadiner Fenster; TF = Tauern-Fenster. Die Elemente der periadriatischen Naht sind durch Kleinbuchstaben identifiziert: iv = Ivrea-Zone; i = Insubrische Linie; t = Tonale-Linie; j = Judikarien-Linie; p = Pustertal-Linie; g = Gailtal-Linie; d = Drautal-Linie. Ortsbezeichnung: N = Nizza; G = Genua; T = Turin; B = Bozen; I = Innsbruck; V = Venedig.

zur Ausbildung mächtiger Sedimentkeile am Kontinentalhang. Diese Ozeane waren aber nicht mit den großen heutigen Ozeanen zu vergleichen. Deren ursprüngliche Breite ist schwer zu ermitteln, aber sie dürfte wohl kaum die zwei- bis dreifache Breite des Roten Meeres überschritten haben.

Jeder einzelne dieser Ablagerungsräume ist durch eine bestimmte Fazies-Entwicklung und Abfolge gekennzeichnet, was eine Untergliederung in spezifische tektono-lithologische Großeinheiten erlaubt. Von Nord nach Süd werden folgende Zonen unterschieden: Helvetische Zone oder ↗Helvetikum, Penninische Zone oder ↗Penninikum, Ostalpine Zone oder ↗Ostalpin (auch Austroalpin), Südalpine Zone oder ↗Südalpin (Abb. 2).

Die Helvetische Zone, die im weiteren Sinne auch die Dauphiné-Zone der französischen Alpen beinhaltet, entsprach im Mesozoikum dem südlichen Kontinentalrand Europas. Die Ablagerung der Sedimente erfolgte überwiegend in flachen Meeren, die den stetig absinkenden Schelfbereich des Kontinents bedeckten. Diese Schelfmeere nahmen v. a. im mittleren und ausgehenden Mesozoikum große Mengen von feinklastischem europäischem Abtrag auf. Verschiedentlich sind fazielle Übergänge von den Schelfmeeren zu den nördlich angrenzenden Epikontinentalmeeren zu beobachten. Zur Helvetischen Zone gehören auch die autochthonen Massive der Westalpen, welche die Argentera, die Pelvoux/Meije Gruppe, das Belledonne-Massiv, den Mont Blanc und das Aar-Massiv aufbauen. Alle diese Massive wurden variszisch gefaltet bzw. wurden von Variszischen Graniten intrudiert. Sie wurden vom helvetischen Sedimentmantel überdeckt (Abb. 3 im Farbtafelteil), der auch die Subalpinen Ketten entlang des Außenrandes der Westalpen bildet. Die Granitmassive des Tauern-Fensters der Ostalpen werden nach neueren Überlegungen mit den autochthonen Massiven der Westalpen verglichen.

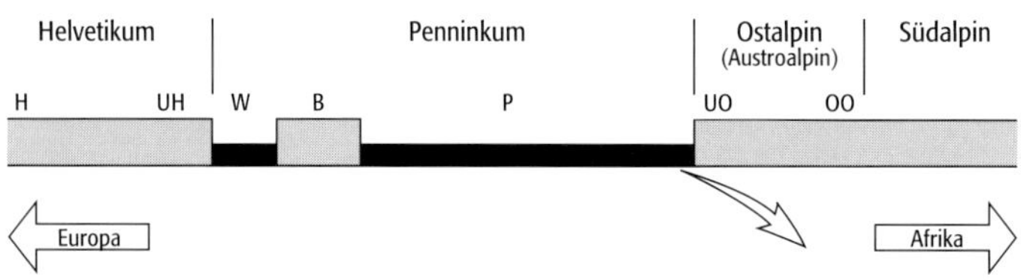

Alpen 2: Schematischer Querschnitt durch die östlichen Westalpen im späten Jura. Grau stellt kontinentale Kruste, schwarz ozeanische Kruste dar. Die Untergliederung der Fazies-Zonen ist durch Buchstaben angezeigt: H = Helvetikum; UH = Ultrahelvetikum; W = Wallis-Trog; B = Briançonnaise (i. w. S.); P = Piemont-Trog (einschließlich Ligurisches Becken);UO = Unterostalpin; OO = Oberostalpin.

Die Penninische Zone entspricht den zentralen Trögen der Alpen. Dies waren die tiefen Sedimentationsräume mit ozeanischer Kruste, die sich im Jura und in der Unterkreide zwischen der europäischen und der afrikanischen Platte entwickelt hatten (Abb. 2). Die typische Fazies der Penninischen Zone sind die Bündner Schiefer (Glanz-Schiefer, shistes lustré, Brenner-Schiefer). Es sind mehrere Kilometer mächtige monotone Abfolgen von Tonen, Mergeln und feinsandigen Kalken, die durch die alpidische Metamorphose zu Kalkphylliten mit glimmer-glänzenden Schieferungsflächen umgewandelt wurden. Lediglich im südlichsten Teilbecken, dem Piemont-Trog war die Sedimentmächtigkeit gering. Weitere typische Gesteine der Penninischen Zone sind ↗Ophiolithe. Dies sind meist grün gefärbte, umgewandelte Basalte, Gabbros und Serpentinite, die als Reste der ozeanischen Kruste gedeutet werden und die vielfach mit Radiolariten und Kieselkalken assoziiert sind. Zur Penninischen Zone gehören die zentralen Teile der französisch-italienischen Westalpen, das Aosta-Tal und das Wallis südlich der Rhone. Nach Osten wird das Penninikum von ostalpinen Deckeneinheiten (Bernina-Decken, Ötztal-Silvretta-Kristallin) überlagert. In den Ostalpen erscheint es aber erneut im Engadiner Fenster und dann, östlich der Brenner Linie, im Tauern-Fenster. In den Westalpen wird das Penninikum durch Schwellen aus kontinentalen Krustenteilen in verschiedene ozeanische Tröge untergliedert. Die wichtigste dieser Schwellen ist das Briançonnaise, das den Piemont-Trog vom Dauphiné/Wallis-Trog trennt. Es besteht aus variszisch geprägten Metamorphiten und einer Auflage von kohleführendem Oberkarbon, permischen Redbeds, evaporitischer Untertrias und dünnen triassischen und jurassischen Carbonatgesteinen. Es verläuft etwa entlang der Grenze zwischen Helvetikum und Penninikum.

Die im Süden an die Penninische Zone anschließende Ostalpine Zone war ursprünglich am Nordrand der afrikanischen Plattenfragmente angesiedelt, wo variszisch und vorvariszisch deformierte kontinentale Kruste durch Weiterentwicklung ursprünglicher Riftstrukturen einen breiten, durch Becken und Schwellen differenzierten Schelf aufbauten. Terrigener Eintrag war gering und so kam es v. a. in der mittleren und oberen Trias zu Akkumulationen von mächtigen Seichtwasser-Carbonaten (Kalkalpin). Die Ozeanisierung in den benachbarten Penninischen Trögen im Jura machte sich auch in der Ostalpinen Zone durch die Entwicklung tieferer Becken bemerkbar, in denen Ammonitenkalke, Kieselkalke und Radiolarite abgelagert wurden.

Die Südalpine Zone schloß sich ursprünglich direkt an die Ostalpine Zone an. Sie stellt den Afrika am nächsten gelegenen Schelf der Tethys dar. Auch diese Zone liegt auf variszisch konsolidierter kontinentaler Kruste. Frühpermische Schuttfächerablagerungen, gefolgt von bis zu 2 km mächtigen sauren Vulkaniten und den dazugehörigen Plutoniten (Brixner Granit, Cima-d'Asta-Granit) belegen eine intensive Dehnungs- und Bruchtektonik zu Beginn der alpidischen Abfolge. Wie in der Ostalpinen Zone, so ist auch im Südalpin die Trias durch die Dominanz von Carbonatablagerungen gekennzeichnet. In der mittleren Trias werden teils mächtige Riffe aufgebaut, die sich in den Dolomiten mit gleichaltrigen vulkanischen Ablagerungen verzahnen. Die mit den Vulkaniten assoziierten Tiefengesteine sind in den klassischen Lokalitäten von Predazzo und Monzoni aufgeschlossen.

Die obere Trias war durch eine seichte Carbonatplattform gekennzeichnet, auf der bis in die Ost-

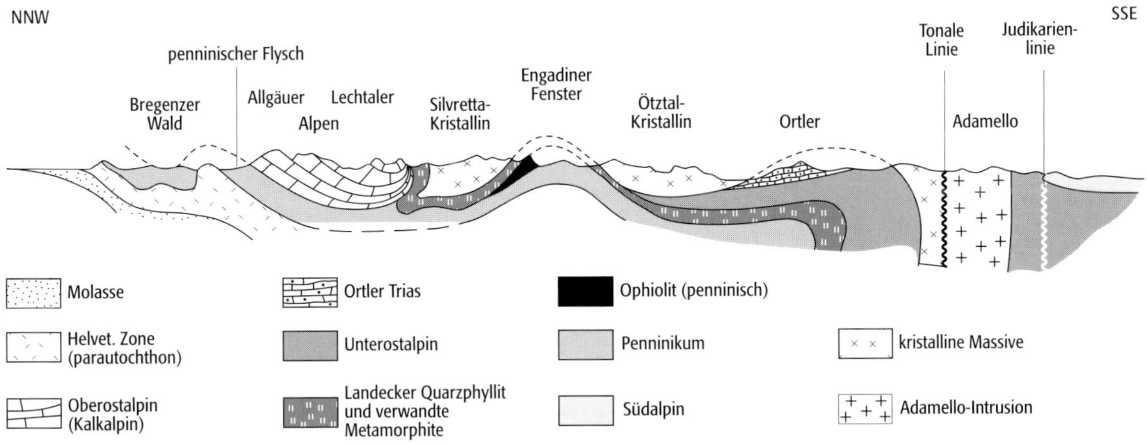

Alpen 5: Schematischer Querschnitt durch die westlichen Ostalpen und Südalpen.

alpine Zone hinein mächtige Dolomitabfolgen (Hauptdolomit) abgelagert wurden. Auch im Südalpin sind Jura und Kreide durch Ablagerungen größerer Wassertiefen gekennzeichnet. Stellenweise, wie im Gebiet um den Gardasee, geht die Sedimentation beinahe kontinuierlich bis in das ↗Miozän. Die Einengung der Tethys und damit der Beginn der Orogenese (auch verschiedentlich als Tektogenese bezeichnet), begann in den Ostalpen in der ausgehenden Unterkreide und griff allmählich auf die Westalpen über. Hatte sich die Tethys bislang über eine Zeitspanne von etwa 120 Mio. Jahren ständig erweitert, erst durch Bruchtektonik und Ausdünnung der Kruste, ab dem Mitteljura dann durch die Bildung neuer ozeanischer Kruste, so wurde nun ab der mittleren Kreide der Abstand zwischen Europa und Afrika wieder verringert; die beiden Platten fuhren aufeinander zu. Diese Einengung erfolgte aber nicht kontinuierlich, sondern schubweise in einzelnen Phasen. Die älteste ist die vorcenomane oder austrische Phase. Sie ist fast auschließlich auf die Ostalpen beschränkt und durch die diskordante Überlagerung von cenomanen Lutiten und basalen Ruditen mit der Großforaminifere *Orbitolina concava* belegt. Die nächste Phase erfolgte in der oberen Kreide und wird als die vorgosauische Phase bezeichnet. Hier erfolgte die erste Stapelung der ostalpinen Decken, und dementsprechend findet man die bedeutensten Aufschlüsse, welche diese Phase demonstrieren, in den Nördlichen Kalkalpen. Diese Gebirgsbildungsphase wird durch die nachfolgenden spätkretazischen bis paleozänen Gosauschichten belegt, welche diskordant auf dem gefaltetem, älteren Mesozoikum aufliegen. Die Lithologie der Gosauschichten (↗Gosau) reicht von fossilreichen, teils Kohle führenden Litoral-Fazien bis zu mächtigen Turbidit-Abfolgen in eingetieften Trögen. Diese Faltungsphase ist auch in den Subalpinen Ketten am Westrand der Alpen erkennbar. Dagegen kam es in der Penninischen und Helvetischen Zone zur Ablagerung von ↗Flysch. Ein weiteres Ereignis, das wahrscheinlich in diese Zeit fällt, ist die Entwicklung einer südwärts gerichteten ↗Subduktion des piemontesischen Ozeans unter die Ost- und Südalpine Zone. Dies ist durch das Auftreten von ↗Blauschiefern angezeigt.

Nach einer Zeit tektonischen Ruhe im ↗Paleozän beginnt die nächste Deformationsphase etwa im ↗Eozän und reicht bis ins frühe ↗Oligozän (Laramische Phase). In dieser Zeit wurden sowohl die penninischen Decken der französisch/italienischen Westalpen, der Walliser und Tessiner Alpen als auch die Decken des Tauern-Fensters gefaltet und übereinander gestapelt. Flyschabfolgen aus den Resten der ozeanischen Tröge wurden abgeschert und an den Alpennordrand transportiert. Der ostalpine Deckenstapel, der bereits in der Oberkreide in seiner Grundform übereinandergeschoben worden war, sowie Teile des ostalpinen Grundgebirges werden nun über die Penninische Zone der Zentral- und Ostalpen geschoben (Abb. 4 im Farbtafelteil). Der Deckenstapel der Nördlichen Kalkalpen wurde weit nach Norden über die Helvetische Zone vorgeschoben (Abb. 5). In den Walliser Alpen sind ostalpine Deckeneinheiten in der Gipfelregion des Matterhorns und dessen Umgebung als Dent-Blanche-Decke erhalten. Die Überfahrung durch die mächtigen Gesteinspakete verursachte in den unterlagernden Gesteinen der Penninischen Zone eine Dynamometamorphose bei hohen Temperaturen und hohem Druck, wie dies z. B. in den Gesteinen des Tauern-Fensters zu beobachten ist. Radiometrische Datierungen von Mineralneubildungen (z. B. Biotit) zeigen an, daß die Temperaturspitze etwa vor 35 Mio. Jahren erreicht worden war. Die beiden einzigen großen alpidischen Granitstöcke, das Adamello-Massiv in den Südalpen und der Bergell-Granit am SE-Rand der Westalpen wurden nach dem Ende dieser Orogenphase intrudiert (Oligozän/Miozän). Beide Intrusionen stehen in Beziehung zu den jungen Brüchen der periadriatischen Naht.

Die eigentliche Heraushebung der Alpen erfolgte nach der laramischen Orogenphase im ausgehenden Oligozän und frühen Miozän. Durch die Gebirgsbildung und Krustenverkürzung wurde bis zu 25 km leichte sialische Kruste übereinander gestapelt. Nach dem Prinzip der Isostasie begann dieses Krustenpaket sich langsam herauszuheben. Berechnungen von Temperaturgradienten weisen auf eine jährliche Hebungsrate von 0,8 mm hin. Gleichzeitig mit der Hebung setzte die Erosion ein. Im Norden wurde das Abtragungsmaterial im Molassebecken (↗nordalpines Molassebecken), das am Alpenrand beinahe 6 km Mächtigkeit erreicht, angehäuft, und etwa gleichmächtige Akkumulationen erfolgten im Po-Becken am Alpensüdrand. Die letzten Deckenvorschübe und Deformationen erfolgten im Miozän und erfaßten v. a. den Alpen-Nordrand. Im Westen wurden die subalpinen Ketten (Vercors, Chartreuse) und der Faltenjura gefaltet. Die Helvetischen Decken bezogen zu dieser Zeit ihre endgültige Position. Entlang der Nordgrenze der Ostalpen wurden in dieser Phase Teile des Molassebeckens am Alpennordrand überfahren und gefaltet. Die danach folgende weitere Heraushebung zum heutigen Hochgebirge ist durch neogene Verebnungsflächen mit residualen Geröllen belegt. [HWo]

ALPEX, *Alpenexperiment*, großes internationales, meteorologisches Experiment im Rahmen von ↗GARP mit Operationszentrum in Genf, das von September 1981 bis September 1982 (↗SOP März bis April 1982) die Auswirkung der Über- und Umströmung der Alpen (z. B. Lee-Zyklone, ↗Föhn, ↗Bora, ↗Mistral) untersuchte.

α_{95}, Begriff aus der ↗Fisher-Statistik. Der Wert für α_{95} gibt den Radius eines Kreises (in Grad) auf der Einheitskugel um den berechneten Mittelwert an, innerhalb dessen sich mit einer Wahrscheinlichkeit von 95 % der wahre Mittelwert befindet. Zwei Gruppen von Richtungen sind dann mit einer Wahrscheinlichkeit von 95 % signifikant unterschiedlich, wenn sich die α_{95}-Kreise (Konfidenzkreise) auf der Einheitskugel nicht überlappen.

Alpha-Mesosaprobien, ↗Indikatorenorganismen, welche die ↗Saprobietätsstufe α-mesosaprob anzeigen.

$\alpha\omega$-Dynamo, Typ eines homogenen, selbsterregenden Dynamos, z. B. des Erddynamos, in dem zwei physikalische Effekte, der α- und der ω-Effekt, miteinander das Erdmagnetfeld (↗Erde) erzeugen. Ein initiales ↗Dipolfeld, das durch den flüssigen ↗Erdkern greift, ist aufgrund der ↗Induktionsgleichung eingefroren und wird durch die Rotation der Erde mitgeschleppt und zu einem toroidalen Feld (↗poloidal) aufgewickelt (ω-Effekt). Die aufgrund der Wirkung der ↗Corioliskraft wirbelförmig aufsteigenden Materieströme erzeugen in diesem toroidalen Magnetfeld elektrische Lorentzströme parallel zum aufgewickelten toroidalen Feld, die α-Ströme. Das Magnetfeld dieser elektrischen Ströme erzeugt das Dipolfeld, ähnlich dem erdmagnetischen Feld. Da dieses Feld wiederum »aufgewickelt« wird und somit zu einem selbsterregenden Prozeß führt, kann der $\alpha\omega$-Dynamo im Prinzip das Erdmagnetfeld erklären. Eine Weiterentwicklung ist hierbei der turbulente Dynamo, in dem alle aufsteigenden und absinkenden Materieströme im Erdkern überwiegend den gleichen Windungssinn (Helizität) haben, um so den α-Effekt erzeugen zu können. [VH, WWe]

α-Strahlung, Emission von Heliumkernen (Alpha-Teilchen) eines radioaktiven Isotops eines Elements aus der Uran-Reihe. Ein derartiger Heliumkern besteht aus zwei Protonen und zwei Neutronen. In der Luft beträgt die Reichweite der Alpha-Strahlung einige Zentimeter.

alpine Blei-Zink-Erzlagerstätten, Begriff für, früher v. a. von W. und W. E. ↗Petrascheck ausschließlich auf die alpidische ↗Orogenese zurückgeführte, lagerstättenbildende Blei-Zink-Mineralisationen in den Ostalpen, zum einen mit merklichem Silbergehalt in den paläozoischen und Altkristallin-Serien des ↗Penninikums, zum anderen ohne nennenswerten Silbergehalt in den carbonatischen Serien der ↗Trias in den verschiedenen kalkalpinen Baueinheiten wie auch in den Südalpen.

alpine Böden, Böden der Gebirgsregionen, meist ↗terrestrische Rohböden, z. B. ↗Rendzinen, ↗Ranker oder ↗Podsole.

alpinotype Chromerzlagerstätten, podiforme, d. h. unregelmäßige linsige bis schlauchförmige Vererzungen von Chromit [$(Fe,Mg)Cr_2O_3$] in häufig serpentinisierten (↗Serpentinisierung) ↗Harzburgiten als ultrabasischer Bodensatz von Ophiolith-Komplexen. Sie treten als Relikte der Ozeanböden von Randbecken (nicht ↗Mittelozeanischer Rücken) ↗allochthon vielerorts in Orogenzonen eingeschuppt auf, vor allem im ↗alpidischen Gebirgssystem. Als kleine Lagerstättenkörper machen sie weniger als 2 % der Ressourcen aus. ↗Chromitlagerstätten.

alpinotype Tektonik, nach H. ↗Stille Baustil von ↗Orogenen, in denen wie in den Alpen ↗Falten und ↗Decken vorherrschen.

Alsbachit, Spezialname für einen Granodiorit-Aplit aus dem Odenwald mit plattig-schiefrigem Deformationsgefüge. ↗Aplit.

Al-Si-Substitution, Austausch von Al und Si in Mineralen. Al^{3+} hat einen Ionenradius von 0,51 Å, der Ionenradius von Si^{4+} beträgt 0,42 Å. Gegenüber Sauerstoff kann Al^{3+} in Sechserkoordination oder in Viererkoordination auftreten. Aufgrund des ähnlichen Radius von Al^{3+} und Si^{4+} sowie der Möglichkeit der Viererkoordination kann Al^{3+} daher in Silicaten (aufgebaut aus $[SiO_4]$-Tetraedern) Si^{4+} ersetzen, gleichzeitig muß ein Ladungsausgleich erfolgen (z. B. Ca^{2+} anstelle von Na^+ im Plagioklas). Dabei kann das Verhältnis von Al^{3+} zu Si^{4+} 1:1 nicht überschreiten.

Altablagerung, die landesrechtlichen Vorschriften unterscheiden den Terminus ↗Altlasten in Altablagerungen und *Altstandorte*. Dabei verstehen die Legaldefinitionen unter Altablagerungen allgemein stillgelegte Deponien, unter Altstandorten stillgelegte, gewerblich genutzte Flächen, auf denen mit umweltgefährdenden, vorzugsweise wassergefährdenden Stoffen umgegangen wurde. Zu ergänzen ist, daß einige altlastenrechtliche Definitionen auf einen bestimmten Zeitpunkt zur Erfassung von Altablagerungen abheben, andere Gesetze verzichten hierauf. Altablagerungen können alle Arten von Schadstoffen beinhalten. Viele Altablagerungen sind daher als Mischdeponien zu bezeichnen. Durch geeignete Erkundungsmaßnahmen (z. B. Akten- und Unterlagenstudium, Luftbildauswertung, Personenbefragung, Sondierungen und Schürfe) kann man einen Eindruck von den möglichen Inhaltsstoffen einer Altablagerung bekommen. [ME]

Altarm, *Altlauf*, Abschnitt eines ehemaligen Flußlaufes, der meist künstlich (durch Flußbegradigung) oder natürlicherweise aufgegeben wurde. Altarme können wassererfüllt sein und besitzen i. e. S. mit mindestens einem Arm Verbindung zu dem Bezugsfluß, oder sie liegen i. w. S. als Altarmsee (↗Altlaufsee) ohne Verbindung zum Fließgewässer vor, auch Altwasser genannt. Auf topographischen Karten fallen Altarme häufig durch besondere Vegetationsformen bzw. durch die Art der Bebauungsführung und Verkehrswegeführung auf. Bei der ↗Renaturierung wird heute vielfach ein abgeschnittener Altarm wieder in Verbindung mit dem Bezugsfluß gebracht, um eine ↗Verlandung zu verhindern bzw. um Feuchtbiotope zu erhalten (↗mäandrierender Fluß Abb., ↗Avulsion).

Altbergbau, stillgelegte oder offengelassene Bergwerke und Gruben, die heute teilweise als Besucher- und Schaubergwerke betrieben werden.

Altdüne, Sammelbezeichnung für ↗äolisch inaktive ↗Dünen, deren Entstehung auf ehemals aridere Klimaverhältnisse (↗arides Klima) der jüngeren Erdgeschichte zurückgeht und die rezent durch Vegetationsbedeckung und ↗Bodenbildung gekennzeichnet sind. Im Gegensatz zu aktiven Dünen sind Luv- und Leehänge sowie der ↗Dünenkamm durch die Überformung oft wenig ausgeprägt. Ausgedehnte Altdünengebiete gibt es z. B. in den Randbereichen der Sahara sowie in den ↗Periglazialgebieten des ↗Pleistozäns. Nach Verlust der Pflanzendecke können Altdünen äolisch reaktiviert werden.

Alter, Zeiteinheit der ↗Chronostratigraphie, entspricht der Zeiteinheit der ↗Stufe innerhalb der ↗Biostratigraphie und umschreibt den Begriff der ↗Formation innerhalb der ↗Lithostratigraphie. Mehrere Alter werden innerhalb einer ↗Epoche zusammengefaßt (↗Stratigraphie).

Alteration, *Umwandlung*, Bezeichnung für die mineralogischen und chemischen Veränderungen eines Erzkörpers und/oder seines ↗Nebengesteines. Sie werden verursacht durch zirkulierende (infiltrierende) oder diffundierende Lösungen hydrothermalen, deuterischen oder ↗pneumatolytischen Ursprungs oder durch zirkulierendes, erhitztes Meerwasser in Bereichen von submarinem Vulkanismus. Der Unterschied zur ↗Metamorphose ist der Grad oder das Ausmaß der Veränderungen. Die Umwandlungen können ↗syngenetisch oder epigenetisch (↗epigenetische Lagerstätte), ↗aszendent oder ↗deszendent sein. Beispiele für Alteration sind ↗Serizitisierung, Chloritisierung (↗hydrothermale Alteration) oder ↗Propylitisierung. Erzkörper sind häufig von Nebengesteins-Alterationszonen umgeben (z. B. ↗Porphyry-Copper-Lagerstätten), die in der Explorationsgeologie eine große Rolle spielen. Dagegen werden Umwandlungen durch meteorische Wässer im deutschen Sprachgebrauch in der Regel als ↗Verwitterung bezeichnet. [WH]

Alterationsprodukt ↗hydrothermale Alteration.

Alter der Erde ↗Erde.

Alter des Seegangs, Verhältnis der Phasengeschwindigkeit von Seegangswellen (↗Seegang) zur Windgeschwindigkeit.

Ältere Dryas, *Ältere Tundrenzeit*, zwischen ↗Bölling und ↗Alleröd gelegene kühlklimatische Periode. ↗Quartär.

Ältere Tundrenzeit ↗*Ältere Dryas*.

Alter Mann, bergmännischer Ausdruck im Be-

absolute Altersdatierung	physikalische Altersdatierung	chemische Altersdatierung	physikostratigraphische Altersdatierung	relative Altersdatierung
Dendrochronologie Warvenchronologie Eislagenzählung	a) radiometrische Altersdatierung (aufgrund instabiler Isotope) – kosmogen gebildet ^{26}Al-Datierung ^{10}Be-Datierung ^{14}C-Datierung ^{3}H-Datierung – primordal ^{87}Rb/^{87}Sr-Datierung ^{40}Ar/^{40}K-Datierung ^{39}Ar/^{40}Ar-Datierung ^{230}U/^{234}U-Datierung ^{234}U/^{238}U-Datierung b) dosimetrische Altersdatierung (aufgrund von Strahlenschäden) – Spaltspuren-Datierung – Lumineszenz-Datierung – Elektronenspin-Resonanz-Datierung	Obsidian-Hydrations-Datierung Aminosäure-Razemisierungs-Datierung	Paläomagnetik Sauerstoffisotopen-stratigraphie	Tephrochronologie Pedostratigraphie Pollenanalyse Lichenimetrie Leitfossilien

Altersbestimmung (Tab.): Übersicht über die wichtigsten Datierungsverfahren.

reich des ↗Tiefbaus für ehemalige Abbaue, die entweder mit ↗Versatz verfüllt oder planmäßig zu Bruch gegangen sind.

alternativer Landbau ↗ökologischer Landbau.

Altersbestimmung, *Datierung*, *Altersdatierung*, eine Labor- oder Feldmethode, um die Altersstellung oder das Alter einer geologischen Einheit oder eines Objektes zu bestimmen und das Aufstellen einer ↗Geochronologie zu ermöglichen. Während die ↗absolute Altersbestimmung, ↗physikalische Altersbestimmung und die ↗chemische Altersbestimmung geologische Alter liefern, sind die ↗physikostratigraphische Altersbestimmung und die ↗relative Altersbestimmung auf die Kalibration durch solche Daten angewiesen. Letztere liefern als Einzelmethoden nur Angaben über die Ablagerungsreihenfolge und sind daher keine Altersdatierungen im eigentlichen Sinne (Tab.).

Altersdatierung ↗*Altersbestimmung*.

Altersfolge der Minerale, bedingt durch die gesetzmäßige Ausscheidung aufgrund der zeitlichen Veränderung von Temperatur, Druck, Redox-Potential, pH-Wert u.a. Faktoren, die die Löslichkeit der Elemente und Verbindungen bestimmen. Dadurch äußert sich die Altersfolge, z.B. bei einer hydrothermalen Gangvererzung, durch die räumliche Verteilung und dem Auftreten mehrerer Generationen der Erz- und Gangminerale.

Älteste Dryas, *Älteste Tundrenzeit*, die vor dem ↗Bölling gelegene Kältephase (13.200–14.000 Jahre v.h.), während der es in Norddeutschland zum Mecklenburger Vorstoß kam (↗Quartär).

Älteste Tundrenzeit ↗*Älteste Dryas*.

Altgrad ↗*Grad*.

Altimeter, *Höhenmesser*, Instrument, das die Höhe über einer bestimmten Oberfläche mißt. Aneroidbarometer, deren Luftdruckskala in Längeneinheiten umbeziffert ist, können direkt als Altimeter eingesetzt werden und messen die Höhe über einer Fläche konstanten Luftdrucks (↗Luftdruckmessung). Laser-, Lidar- und Radaraltimeter werden in Flugzeugen und auf Satelliten eingesetzt, um die Höhe über der physikalischen Erdoberfläche zu bestimmen. Bei Lidar- und *Laseraltimetern* (↗Lidar) werden stark gebündelte Lichtimpulse emmitiert und die Laufzeit bis zum Empfang des reflektierten Impulses gemessen. Die halbe Laufzeit wird dann in Längeneinheiten konvertiert. Die *Radaraltimeter* arbeiten in der gleichen Weise, nutzen davon abgesehen jedoch Radiofrequenzen.

Altimetermissionen, Satelliten, die mit einem ↗Altimeter ausgerüstet sind. Nach ersten Experimenten vom Raumlabor Skylab aus wurde die ↗Satellitenaltimetrie durch Geos-3, Seasat und Geosat zu einem operationellen Fernerkundungsverfahren mit einer Meßgenauigkeit bis in den Subdezimeterbereich entwickelt. Mit ERS-1, ERS-2 und Topex/Poseidon konnte die Meßgenauigkeit schließlich auf wenige cm verbessert werden. Eine entsprechend genaue Bahnbestimmung der Satelliten erfolgt durch Dopplerverfahren, Laser-Entfernungsmessungen oder moderne Mikrowellensysteme wie ↗DORIS oder ↗GPS. ↗Radiometer an Bord der Satelliten liefern Abschätzungen der ↗troposphärischen Laufzeitkorrektur. Das Topex-Altimeter arbeitet erstmals mit zwei Frequenzen, um die ↗ionosphärische Laufzeitkorrektur in situ abzuschätzen. Die räumliche Auflösung von Altimetermissionen wird durch den Abstand benachbarter ↗Bahnspuren bestimmt. Die zeitliche Auflösung ergibt sich aus dem Wiederholzyklus, d.h. einer festgelegten Anzahl von Tagen, nach denen die Bahnspur erneut überflogen wird. Die Bahnmechanik eines Satelliten schließt hohe räumliche und hohe zeitliche Auflösung gegenseitig aus. Durch den simultanen Betrieb von ERS-1 (später ERS-2) und Topex/Poseidon konnten Synergien genutzt werden und der ↗Meeresspiegel und seine Variabilität mit einer Genauigkeit von wenigen cm bei sehr hoher räumlicher und zeitlicher Auflösung überwacht werden. Spezielle, sogenannte »geodätische« Missionsphasen von Geosat und ERS-1 mit sehr geringem Abstand der Bahnspuren erlaubten eine präzise Kartierung des mittleren Meerespiegels, die Ableitung von hochauflösenden ↗Schwereanomalien und die Entdeckung bisher unbekannter Strukturen des Meeresbodens. Die ↗Satellitenaltimetrie hat zu erheblichen Fortschritten in ↗Geodäsie, ↗Ozeanographie und ↗Geophysik geführt. Nachfolgemissionen, wie z.B. GFO (Geosat Follow-On), Envisat (Nachfolge von ERS-1/2) und Jason (Nachfolge von Topex/Poseidon), sichern eine Fernerkundung des Meeresspiegels durch Satellitenaltimetrie. [WoBo]

Altimetrie, *Höhenmessung*, Verfahren zur Bestimmung von Höhen über einer bestimmtem Oberfläche, meist der physikalischen Erdoberfläche. Als Instrumente werden ↗Altimeter in Flugzeugen oder auf Satelliten eingesetzt. Bei kleinräumigen Anwendungen und stark wechselnder Topographie werden Höhenprofile vor allem mit Laseraltimetern von Flugzeugen aus bestimmt. Für die globale Bestimmung von Höhen über der Meeresoberfläche mittels *Radaraltimetrie* sind bereits mehrere Satelliten mit Radaraltimetern ausgerüstet worden (↗Altimetermissionen). Mit einer genauen Bahnbestimmung der Satelliten können beispielsweise Karten des ↗Meeresspiegels erstellt werden. Die ↗Satellitenaltimetrie liefert außerdem Informationen über die ↗signifikante Wellenhöhe und den Betrag der Windgeschwindigkeit.

Altiplanation ↗*Kryoplanation*.

Altiplanationsterrasse ↗Kryoplanationsterrasse.

Altithermum, *postglaziales Wärmeoptimum*, thermischer Höhepunkt der ↗Nacheiszeit. Zeit vor 3000–7000 Jahren, in der die wärmste Phase unseres derzeitigen Warmklimas eingetreten ist (↗Klimageschichte).

Altkarte, *historische Karte*, ↗Kartographiegeschichte.

Altlasten, ein vom Rat von Sachverständigen für Umweltfragen 1978 geprägter Begriff, der sich auf die unbekannten Risiken, die von Altdeponien und wilden Müllkippen ausgehen können, bezog. Aber nicht nur von Flächen mit Altablagerungen, sondern auch von Grundstücken stillgelegter Anlagen der gewerblichen Wirtschaft oder öffentlicher Einrichtungen, auf denen mit umweltgefährdenden Stoffen umgegangen worden ist, können durch Verunreinigungen des Bodens bzw. der Gewässer Umweltgefährdungen ausgehen. Für derartige Grundstücke hat sich der Begriff Altstandorte eingebürgert, sie sind i.d.R. altlasttypischen Branchen zuzuordnen. ↗Altablagerungen und Altstandorte werden wegen der Möglichkeit, daß von ihnen Gefährdungen für die menschliche Gesundheit sowie für die belebte und unbelebte Umwelt ausgehen können, als altlastverdächtige Flächen bzw. als Verdachtsflächen bezeichnet.

Durch Unterbewertung des Gefährdungspotentials, durch leichtfertigen Umgang mit Abfällen und umweltgefährdenden Stoffen, durch undichte Leitungs- und Kanalsysteme und beim Abbruch von Betriebsanlagen konnte und kann es zu Verunreinigungen (Kontaminationen) der Umweltmedien Boden, Wasser und Luft kommen. Es gehört heute zu den Zielen im Umweltschutz, die durch Altablagerungen und an Altstandorten bereits entstandenen Gefährdungen und Umweltschäden zu erfassen (Erfassung von Verdachtsflächen) sowie zu untersuchen (↗Altlastenerkundung) und zu bewerten (Altlasten-Bewertungsverfahren). Werden Gefährdungen der Umweltmedien und der Schutzgüter festgestellt, so sind diese einzuschränken (Schutz und Beschränkungsmaßnahmen) und beherrschbar zu machen (Sicherungsmaßnahmen). Durch Dekontaminationsmaßnahmen können die zur Gefährdung führenden Verunreinigungen beseitigt werden. Darüber hinaus ist es wichtig, die bei der Erfassung, Untersuchung und Sanierung gewonnenen Erkenntnisse bundesweit zu sammeln und zu nutzen, um künftig derartige Umweltgefährdungen durch entsprechende Vorsorgemaßnahmen zu vermeiden, d.h. die Entstehung neuer Altlasten zu verhindern.

Für die ökologischen Altlasten sind von der Arbeitsgruppe »Altablagerungen und Altlasten« der Länderarbeitsgemeinschaft Abfall (LAGA) und auch vom Rat von Sachverständigen für Umweltfragen (SRU) Definitionen vorgeschlagen worden, die – mangels einer einheitlichen bundesrechtlichen Regelung – in verschiedenen Ländergesetzen mehr oder weniger verändert Eingang gefunden haben. Weiterhin existierte in der ehemaligen DDR eine Altlasten-Definition, die nicht nur stillgelegte, sondern auch betriebene Anlagen und großflächige Bodenbelastungen umfaßte. Es ist zweckmäßig, auch für diese in Betrieb befindlichen Anlagen und noch genutzten kontaminierten Grundstücke in den neuen Bundesländern den Begriff Altlasten zu verwenden, sofern die zur Gefährdung führenden Verunreinigungen vor dem 1. Juli 1990 (»Umweltunion«) entstanden sind (Altlasten-Freistellungsklausel).

In verschiedenen Ländergesetzen sind das Aufsuchen und Bergen von Munition und Kampfmitteln ausgeklammert. Dieser Bereich gehört zu den Kriegsfolgelasten und zu den kriegs- und rüstungsbedingten Altlasten (Rüstungsaltlasten). Darunter fallen alle umweltgefährdenden Verunreinigungen der Umweltgüter Boden, Wasser und Luft durch Chemikalien aus konventionellen und chemischen Kampfstoffen. Daneben existieren noch umweltgefährdende Kontaminationen auf ehemals militärisch genutzten Liegenschaften, sie werden als militärische oder Verteidigungs-Altlasten bezeichnet. [ME]

Altlastenerkundung, Untersuchung von ↗Altlasten nach Art, Umfang und Ausmaß der durch sie verursachten Verunreinigungen. Dazu unterliegen sie der Überwachung der zuständigen Behörde. Was Gegenstand dieser Erkundung zu sein hat, muß einzelfallbezogen nach der jeweiligen Gefahrenlage beurteilt werden. Generell gehört dazu: a) die Ermittlung des vorhandenen Schadstoffpotentials, b) Trägersubstanzen dieser Schadstoffe wie etwa Sickerwasser, Gasbildung oder Staubemissionen, c) Ausbreitungsbedingungen (Transferfaktoren) in Boden, Luft und Grundwasser, d) Expositionssituation der Umgebung einschließlich der möglichen Beeinträchtigungen des Landschaftsbildes, e) Ermittlung der früheren Geländenutzungsarten und f) Ermittlung der generell und konkret zur Verfügung stehenden Sanierungsmöglichkeiten und Maßnahmen. Die Erhebung dieser Grundlagen hat Bedeutung für die Ermittlung des konkreten Schadensausmaßes. Sie ist darüber hinaus Grundlage für zweck- und verhältnismäßigerweise zu bestimmende Schadensbeseitigungsmaßnahmen. Erkundungen können demgemäß nach Sachlage sehr zeit- und kostenintensiv sein. Die Frage, wer im Einzelfall die Erkundung veranlassen kann und wie sie durchzuführen ist, beantworten die landesrechtlichen Regelungen unterschiedlich. Teilweise geben sie den zuständigen Behörden die Möglichkeit, durch den Erlaß von Anordnungen die jeweils erforderlich erscheinenden Maßnahmen zu treffen. Teilweise ist auch lediglich die Beratung und Unterstützung von Maßnahmen zur Ermittlung, Untersuchung und Sanierung von Altlasten geregelt.

Unabhängig von der Reichweite rechtlicher Regelungen folgt die Behandlung von Altlasten bundesweit mehr oder weniger genau einer übereinstimmenden Methodik, die in mehrere Verfahrensstufen aufgegliedert ist. Ausgehend von einer möglichst einheitlichen Begriffsdefinition »Altlast« folgen die Phasen: Verdachtsflächenerhebung und -erkundung, Kartierung, Bewertung und Feststellung über das Vorliegen einer Altlast, Detail- und Sanierungserkundung, Sanierungsentscheidung bzw. -planung, Sanierungsanordnung bzw. -genehmigung und Ausführung und Maßnahmenkontrolle.

Der Umgang mit Altlasten läßt sich in die Hauptphasen Erfassung, Gefährdungsabschätzung sowie Sanierung und Überwachung einteilen. Die erste Phase, die Altlastenerfassung, umfaßt die Lokalisierung und Informationssammlung. Unter günstigen Umständen erlauben bereits die Ergebnisse aus der Erfassung eine Erstbewertung. In den meisten Fällen reichen die vorhandenen Informationen für eine endgültige Aussage nicht aus, so daß weitere orientierende Untersuchungen zur Gefährdungsabschätzung vorgenommen werden müssen. Durch diese orientierenden Untersuchungen soll eine Bewertung über die mögliche Gefährdung von Schutzgütern erreicht werden. Hierbei ist zu entscheiden, ob eine Altlast vorliegt oder der Altlastverdacht sich nicht bestätigt. Besteht der Altlastverdacht fort, muß die Verdachtsfläche unter Beobachtung oder Überwachung bleiben. Hat sich der Altlastenverdacht bestätigt, werden detaillierte Untersuchungen zur eindeutigen Feststellung über die Art und das Ausmaß der Gefährdungen durchgeführt. Die Ergebnisse müssen bewertet werden, um über eine Sanierung oder über eine weitere Beobachtung und Untersuchung entscheiden zu können. Werden bei den Untersuchungen akute Gefährdungen für Mensch und Umwelt festgestellt, dann muß im Hinblick auf eine notwendige Gefahrenabwehr sofort über die erforderlichen Schutz- und Beschränkungsmaßnahmen entschieden werden. Erfolgen Gefährdungsabschätzungen parallel an einer Vielzahl von Verdachtsflächen, dann können die Ergebnisse der Bewertungen auch für die Festlegung von Prioritäten für weitere Bearbeitungsschritte genutzt werden. In der dritten Phase erfolgt die Planung und Realisierung der Sanierung. An die Sanierung muß sich eine Erfolgskontrolle der Sanierung und in Abhängigkeit von der angewandten Sanierungstechnik auch eine Beobachtung oder Überwachung der sanierten Fläche anschließen.

1) Altlastenerfassung: Die erste Phase umfaßt die Sammlung aller Daten zur Beschreibung der Altablagerungen und Altstandorte als Verdachtsflächen. Durch die Erfassung soll festgestellt werden, ob ein Verdacht besteht oder ausgeräumt werden kann. Bei der Erfassung werden die Verdachtsflächen nach Lage und räumlicher Ausdehnung ermittelt, exakt beschrieben und in Karten eingetragen. Hierzu werden alle vorhandenen Kenntnisse und Aufzeichnungen zusammengetragen und dokumentiert. Die Erfassungsunterlagen sind auf Dauer zu sichern, in einem Altlastenkataster aufzunehmen und fortzuschreiben. Zur Erfassung der Verdachtsflächen können das deduktive oder das heuristische Verfahren getrennt oder kombiniert eingesetzt werden. Das deduktive Verfahren nutzt die bisher gesammelten Erfahrungen über die bekannten Zusammenhänge zwischen Konsumgütern, Produktionsverfahren und Ablagerungspraktiken einerseits und den darauf zurückzuführenden Altstandorten und Altablagerungen mit den potentiellen Schadstoffen andererseits. Wertvolle Hinweise ergeben sich auch aus Zuordnungen von gehandhabten und hergestellten umweltrelevanten Stoffen zu Wirtschaftszweigen und Dienstleistungsbereichen. Bei der Erfassung nach dem heuristischen Verfahren, einem auf die Gewinnung von Einsichten ausgerichtetes Untersuchungsverfahren, wird das in Frage kommende Gebiet flächendeckend untersucht. Anzeichen für Altstandorte oder Altablagerungen ergeben sich anhand von Karten, Luftaufnahmen, behördlichen Akten, aber auch aus Archiven der Kammern, Kommunen, Verbände und Zeitungen. Weiterhin können durch Befragungen aktiver und ehemaliger Mitarbeiter von Behörden, Firmen oder der Anwohner Hinweise über frühere Aktivitäten erhalten werden. Sofern die verfügbaren Informationen für die Erstbewertung nicht ausreichen, sind zusätzliche Ermittlungen notwendig. Hierzu gehören u. a. Geländebegehungen mit visuellen Feststellungen der Flora und Fauna und einfache Vor-Ort-Untersuchungen, z. B. Schürfe. Zu den ergänzenden Ermittlungen gehört auch die Auswertung von Infrarot- und Falschfarbenluftaufnahmen. Von der Arbeitsgruppe Altablagerungen und Altlasten der Länderarbeitsgemeinschaft Abfall (LAGA) wird der Kriterienkatalog »Erfassung von Altlasten« zur einheitlichen Anwendung in der Bundesrepublik empfohlen. Grundlagen für die Erfassung sind die Definitionen für Altablagerungen und Altstandorte in den einzelnen Ländergesetzen. Die Einbeziehung in Betrieb befindlicher Ablagerungsplätze und industrieller Standorte oder von großflächigen Bodenbelastungen, z. B. Bereiche mit Schadstoffeinträgen durch Aufbringen von Abwasser, Klärschlamm oder Baggergut, erhöhen die Anzahl der Verdachtsflächen.

2) Gefährdungsabschätzung: Gefährdungsabschätzung ist der Oberbegriff für die Gesamtheit aller nach der Erfassung durchgeführten Untersuchungen und Bewertungen, die zur abschließenden Klärung der Gefahrenlage einer Altlastverdachtsfläche gegenüber den bewertungsrelevanten Schutzgütern notwendig sind. Dem Schutz der menschlichen Gesundheit wird dabei eine vorrangige Bedeutung eingeräumt. Hierbei spielt die Fragestellung nach den relevanten zur Gefahrenlage beitragenden Expositionspfaden sowie das Ausmaß der Exposition vor dem Hintergrund der physikalischen, chemischen und toxikologischen Eigenschaften der vorhandenen (Schad-)Stoffe eine entscheidende Rolle. Diese zweite Hauptphase unterteilt sich in drei aufeinander aufbauende Bearbeitungsschritte: Erstbewertung, Orientierungsphase und Detailphase (↗Detailerkundung). Parallel zur Erkundung der lokalspezifischen bodenkundlichen, geologischen und hydrogeologischen Verhältnisse dienen sie im wesentlichen dazu, vorhandene Belastungen bezüglich ihrer Verteilung in den verschiedenen Umweltkompartimenten zu erfassen und daraus folgend die zur Gefährdung beitragenden spezifischen Expositionspfade im Hinblick auf eine nutzungs- und expositionsorientierte Bewertung aufzuzeigen. Hinzu kommt die Ermittlung, ob bereits ein kompartimentspezifischer Schadstoffaustrag erfolgt ist, der sich in einer Verunreinigung der Umweltmedien Wasser, Boden und Luft widerspiegelt. Die Gefährdung, die von einem Altstandort- bzw. einer Altablagerung ausgehen kann, beruht letzt-

endlich auf dem Zusammenwirken von drei Komponenten entsprechend der Verknüpfung: Gefährdung = stoffspezifisches Gefährdungspotential – Expositionspfad – betroffenes Schutzgut. Dies bedeutet, daß eine Gefährdung nur dann gegeben ist, wenn sowohl gefährdende (Schad-)Stoffe, Expositionspfade sowie Schutzgüter, die über die jeweiligen Expositionspfade von (Schad-)Stoffen betroffen werden können, zusammenwirken. Bezüglich des Begriffes gefährdende (Schad-)Stoffe sei erwähnt, daß hiermit die einem Stoff zugeordneten toxischen Eigenschaften bzw. Wirkungen zu verstehen sind. In Bezug zur genannten Verknüpfung sind dabei die nachfolgenden Beziehungen zu beachten: Wirkung gleich stoffspezifische Toxizität mal Konzentration sowie Schädigung gleich stoffspezifische Toxizität mal Exposition. Bei Ausschluß einer Exposition bzw. einer Expositionsdosis am Expositionsort und/oder Nutzungsort besteht demnach keine Gefährdung unter Beibehaltung der toxischen Eigenschaften eines (Schad-) Stoffes. In diesem Falle ist lediglich vom Vorliegen eines stoffbezogenen Gefährdungspotentials zu sprechen und nicht vom Vorliegen einer konkreten Gefahrensituation. Gefährdungspotentiale sollten zunächst so gesichert und/oder überwacht werden, daß bei ihrem Übergang zur konkreten Gefahr sofort gehandelt werden kann. Das Vorliegen eines Gefährdungspotentials induziert keinen unmittelbaren Sanierungsbedarf, soweit nicht eine Um- oder Wiedernutzung des kontaminierten Areals geplant ist. Im Vorfeld ist dabei zu prüfen, inwieweit eine Nutzungsänderung zu einer Veränderung der Gefahrenlage führt. Bei der Vielfalt der Rahmenbedingungen ist es generell erforderlich, weniger die Kontamination als solche, als vielmehr die Massenströme in Richtung auf die Schutzgüter, d.h. also die Expositionspfade, einer sorgfältigen Analyse und Abwägung im Rahmen einer Expositionsabschätzung zu unterziehen. Hierbei spielen toxikologische Bewertungen bei der Abschätzung einer Gefährdung eine entscheidende Rolle.

a) Erstbewertung: Nach Aufarbeitung, Auswertung und Darstellung der im Rahmen der Erfassung gesammelten Informationen erfolgt eine erste (vergleichende) Bewertung, wobei in den einzelnen Bundesländern unterschiedliche Verfahren und Listenwerte zur Anwendung kommen. Auf der Datenbasis der Erfassung soll die Erstbewertung Auskunft geben, ob und in welchem Ausmaß anhand des abgeschätzten Kontaminationspotentials eine Beeinträchtigung oder Gefährdung für bewertungsrelevante Schutzgüter vorliegt. Hieraus ergeben sich dann Empfehlungen für die weitere Vorgehensweise hinsichtlich der einzuleitenden geologisch/hydrogeologischen Erkundungen sowie chemischen Untersuchungen bei gleichzeitig differenzierter Darstellung der vorhandenen bzw. geplanten Nutzung einschließlich des Umfeldes. Bereits auf dieser Informationsstufe kann eine Verdachtsfläche als Altlast eingestuft oder gänzlich aus dem Verdacht entlassen werden. Bei der Betrachtung eines Verdachtsflächenkollektivs kann anhand einer vergleichenden Erstbewertung eine Dringlichkeitsliste des Handlungsbedarfs aufgrund der sich abzeichnenden Gefahrenlage aufgestellt werden. Diese grundsätzlich durchzuführende Erstbewertung ist ein relevanter Bearbeitungsschritt für die innerhalb der Gefährdungsabschätzung ablaufenden Untersuchungsphasen. Somit ist sie eine wesentliche Voraussetzung sowohl für die Gefahrenerforschung als auch Gefahrenabwehr.

b) Orientierungsphase (orientierende Erkundung E_{1-2}): Der nach der Erfassung und Erstbewertung festgestellte weitere Handlungsbedarf mündet in der Einleitung einer orientierenden Untersuchung, für die in den verschiedenen Bundesländern eine voneinander abweichende vorgeschriebene Methodik vorliegt. In der Regel besteht die Orientierungsphase aus einer hierarchischen Wechselfolge von Untersuchungs- und Beurteilungsschritten. Bezüglich der Informationsverdichtung erfolgt nach vorausgegangener Konzeptionierung einer Untersuchungs- und Probenahmestrategie die Festlegung von Bohransatzpunkten für die durchzuführenden Boden-, Bodenluft- und Grundwasseruntersuchungen. Vor Beginn der Untersuchung sollte der zuständige Kampfmittelräumdienst konsultiert werden, um eine Information über möglicherweise im Untergrund vorhandene Kriegslasten im zu untersuchenden Areal zu erhalten. Die zu realisierenden Probenahmen sollten grundsätzlich tiefen- bzw. horizontorientiert durchgeführt werden. Hierbei ergeben sich je nach zur Bewertung anstehendem Schutzgut (z.B. menschliche Gesundheit oder Grundwasser) unterschiedliche Probeentnahme- und Analysestrategien. Die Erfassung von lokalen geogenen Hintergrundkonzentrationen sollte in das Untersuchungsprogramm aufgenommen werden. Bezüglich des Grundwassers ist das Ausmaß einer möglichen Belastung durch die untersuchte Verdachtsfläche anhand der vorhandenen stoffspezifischen Konzentrationsdifferenz zwischen dem Unterstrom und dem Oberstrom zu ermitteln. Während bei Altstandorten in vielen Fällen die Stoffliste umweltbelastender Verbindungen eingrenzbar ist, kann bei Altablagerungen aufgrund der Vielzahl von unbekannt abgelagerten Stoffen eine erhebliche chemische Stoffvielfalt vorliegen, was neben der Analytik die Gefährdungsabschätzung erschwert. Hinzu kommt die sowohl vertikal als auch horizontal z.T. hohe Matrixheterogenität innerhalb der Ablagerungen. In diesem Zusammenhang stellt sich die Frage nach der Qualität der Aussage hinsichtlich eines vorliegenden Gefährdungspotentials bzw. einer vorliegenden Gefährdung anhand von punktuell entnommenen und analysierten Feststoffproben aus einem Abfallkörper. In diesem Falle erscheint es sinnvoller, daß Hauptaugenmerk bei den durchzuführenden Untersuchungen im wesentlichen auf eine gezielte Erfassung der standortspezifischen Emissionssituation auszurichten sowie deren Auswirkungen auf die relevanten Emissionsräume (Luft, Boden, Grundwasser) aufzuzeigen. Hinsichtlich der chemischen Analytik werden neben der gezielten Einzelstoffanalyse Summen-, Gruppen- und Leitparameter analysiert, wobei bezüglich der Vorgehensweise nach Listen-, Target- und Screeninganalytik unterschieden wird. Die Ergebnisse dieser orientierenden Untersuchung werden in Form eines Gutachtens dargestellt, einschließlich einer ersten Bewertung zur vorliegenden Gefahrensituation für die jeweiligen Schutzgüter. Diese Zwischenbewertung ist dann Grundlage der Entscheidung, ob ein Altlastverdacht weiterhin bestehen bleiben muß, dem aber aufgrund des ermittelten Gefährdungspotentials kein unmittelbarer Handlungsbedarf, sondern lediglich eine regelmäßige Überwachung mit zeitverschobener Neubewertung folgt, ob der Informationsstand zur Ausräumung eines Altlastverdachts und folglich eine Entlassung des Objekts aus der weiteren Untersuchung ausreicht, ob Sofortmaßnahmen eingeleitet werden müssen, ob das untersuchte Objekt aufgrund der vorliegenden Gefahrenlage eine Altlast im Sinne der eingangs formulierten Definitionen darstellt, mit der Folge der Planung und Einleitung detaillierter Untersuchungen zur Feststellung von Art und Ausmaß der Gefährdung.

c) Detailphase (Detailerkundung, nähere Erkundung, E_{2-3}): Die sich an die Orientierungsphase anschließende Detailphase hat die Aufgabe, den Kenntnisstand für weitergehende Fragestellungen zu Art, Ausmaß sowie Aus- bzw. Einwirkung der ermittelten Belastung zu vertiefen bzw. zu vervollständigen und einer abschließenden Bewertung zuzuführen.

3) abschließende Bewertung: Anhand der vorliegenden Erkenntnisse aus der interdisziplinär abgelaufenen Sachverhaltsermittlung erfolgt eine abschließende Bewertung zur vorliegenden Gefahrenlage für Mensch und Umwelt. Da die Bewertung der vorliegenden Gefahrensituation Grundlage der Erarbeitung von Sanierungskonzepten einschließlich der Festlegung von Sanierungszielwerten ist, besitzt diese Phase einen hohen Stellenwert im Rahmen der Altlastenbearbeitung. [ME]

Altlastensanierung

Matthias Eiswirth, Karlsruhe

Altlastensanierung ist allgemein die Durchführung von administrativen und technischen Maßnahmen, durch die sichergestellt wird, daß von der Altlast nach der Sanierung keine Gefahren für Leben und Gesundheit des Menschen sowie keine Gefährdungen für die belebte und unbelebte Umwelt im Zusammenhang mit der vorhandenen oder geplanten Nutzung des Standortes ausgehen. Neben der Abwehr akuter Gefahren geht es v.a. auch um den nachhaltigen Schutz von Mensch und Umwelt. Eine Sanierung ist nur dann nicht notwendig, wenn sich vorhandene Kontaminationen nicht nachteilig auswirken und auch künftig Ausbreitungen und Auswirkungen nicht zu befürchten sind. Die weitestgehende Forderung aus ökologischer Sicht ist die Wiederherstellung des natürlichen Zustands am Altablagerungsplatz oder am Altstandort zum Zeitpunkt vor der beanstandeten Kontamination. Eine solche Wiederherstellung des ursprünglichen Zustands der Umweltmedien Boden und Wasser am Altablagerungsplatz oder Altstandort stößt aus naturwissenhaftlichen, technischen und ökonomischen Gründen an Grenzen. Der Begriff Sanierung der Altlast kann i.d.R. nicht im Sinne einer völligen und tätlich unbegrenzt wirksamen Genesung oder Gesundung verwendet werden. Die mit der Altlastensanierung festzulegenden Sanierungsziele müssen in ein planerisches Gesamtkonzept eingebunden werden, das auf den vorliegenden Planungsraum mit seinen Nutzungen abgestimmt ist. In der Systematik der Maßnahmen zur Abwehr und Beherrschung von Umweltauswirkungen aus Altlasten (Abb. 1) werden die zur Unterbrechung der Kontaminationswege und die quellenorientierten Maßnahmen zur Dekontamination zusammenfassend als Altlastensanierung bezeichnet. Neben dieser Betrachtungsweise wird v.a. aus ökologischer Sicht die Altlastensanierung i.e.S. nur mit der Dekontamination von Altlasten, insbesondere mit dem Wiederherstellen der ökologischen Funktionen in Abhängigkeit von der Nutzung des Bodens und der Gewässer, in Verbindung gebracht. Danach ist eine Sanierung von einer Sicherung zu unterscheiden. In diesem Zusammenhang wird für die Sicherung auch der Begriff der vorübergehenden Sanierung und für die Dekontamination der Begriff der endgültigen Sanierung verwendet. Zur Altlastensanierung gehört auch die Umlagerung. Die Umlagerung mit Aushub des Kontaminationskörpers und anschließendem Transport des unbehandelten Materials auf eine Deponie stellt unter dem Gesichtspunkt des Umweltschutzes eine Problemverlagerung in Raum und Zeit dar. Hierdurch ist nur der Standort, nicht aber die kontaminierte Masse gereinigt worden. Vor der Durchführung von Sanierungsmaßnahmen müssen die Ergebnisse der in der Sanierungsplanung vorgesehenen Sanierungsuntersuchung mit der Machbarkeitsstudie vorliegen. Hieraus ist ein Sanierungskonzept für den betreffenden Fall zu erarbeiten. Der Erfolg der Altlastensanierung bemißt sich nicht nur an der Beseitigung der Gefahr oder nach der erreichten Restkontamination der

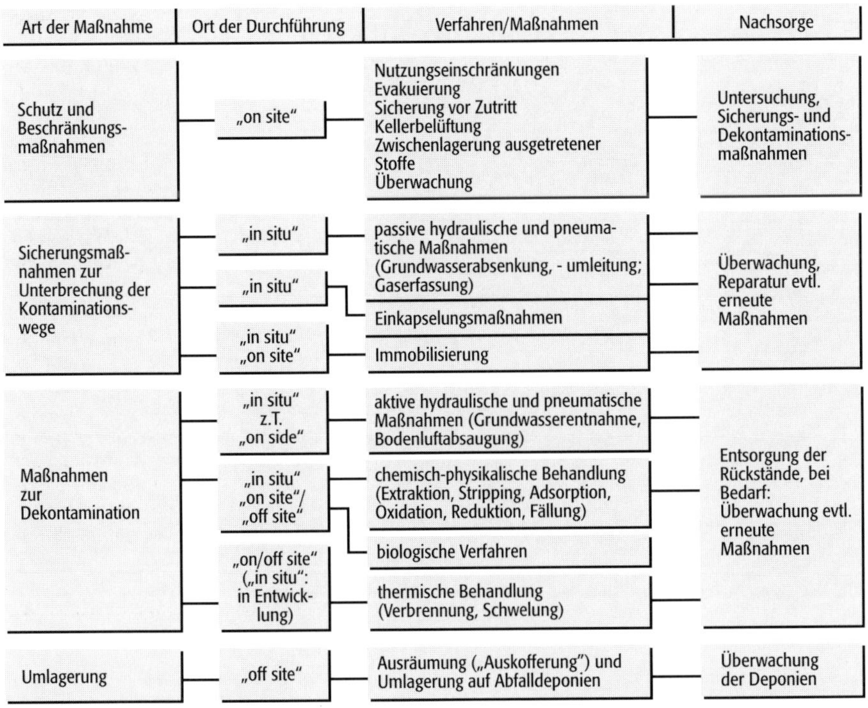

Altlastensanierung 1: Maßnahmen zur Abwehr und Beherrschung von Umweltauswirkungen aus Altlasten.

Schadstoffe, sondern auch nach der Verbesserung des Image des Standortes. Darüber hinaus ist es sehr wichtig, daß mit der Altlastensanierung die Ängste und Besorgnisse der Anwohner ausgeräumt sind.

Finanzierung
Bei der Finanzierung hat das Verursacherprinzip grundsätzlich Vorrang, d.h. sie muß durch den Verursacher der Kontamination erfolgen. Die Realisierung dieses Prinzips ist i.d.R. mit Schwierigkeiten verbunden, weil die zur Kontamination führenden Handlungen in der Vergangenheit stattgefunden haben. Deshalb ist in zahlreichen Fällen ein Verursacher oder eine Verursachergruppe nicht mehr festzustellen, die man zur Kostentragungspflicht heranziehen kann. Für die Fälle, in denen es keinen rechtlich heranziehbaren oder keinen finanzkräftigen Verantwortlichen gibt, darf die öffentliche Hand nur dann belastet werden, wenn die Sanierung aus ökologischen und ökonomischen Interessen geboten ist. Dafür sind länderspezifische Finanzierungsmodelle vorgeschlagen und eingeführt worden. Hierzu gehören das Kooperationsmodell, das Lizenzmodell und die Fondslösungen. Bei Kooperationsmodellen, die gemeinsam von der öffentlichen Hand und der Wirtschaft getragen werden, kommt das Gemeinlastprinzip und das Gruppenlastprinzip gemeinschaftlich durch eine Mischfinanzierung zur Anwendung. Bei Lizenzmodellen wird ein Teil der Entgelte aus Lizenzen, die vom Staat im Zusammenhang mit der Entsorgung von Sonderabfällen vergeben werden, zur Sanierung von Altlasten verwendet. Bei der Fondslösung erfolgen Zahlungen aus Landesmitteln, die teilweise durch Umlagen bei den Landkreisen und kreisfreien Städten erhoben werden. Finanzierungsquellen sind auch Zuschüsse aus dem Aufkommen von Abfallabgaben. Im Haushalt des Bundes stehen Mittel für verschiedene Förderprogramme zur Verfügung, die auch für die Altlastensanierung verwendet werden können.

Kontrollmaßnahmen
Überwachungsaufgaben im technischen Bereich und im Rahmen der Gesundheitsfürsorge werden auch oft als Nachsorgemaßnahmen bezeichnet. Die medizinischen Untersuchungen umfassen nicht nur die mit den Sanierungsarbeiten Beschäftigten (Arbeitsschutz), sondern auch die Anwohner der Altlast, wenn eine Exposition während der Sanierungsphase nicht ausgeschlossen werden kann. Nach Evakuierungen, die im Rahmen von Schutzmaßnahmen erforderlich wurden, sind ebenfalls medizinische Untersuchungen der Betroffenen angezeigt. Die Kontrollmaßnahmen nach Abschluß von Dekontaminationsmaßnahmen umfassen die Prüfung der möglichen Mobilität und Mobilisierbarkeit der Restkonzentrationen. Ist keine signifikante Reststoffbelastung mehr nachweisbar, entfällt diese Kontrolle. Bei einer Nutzungseinschränkung, die mit der Sanierungsmaßnahme gekoppelt worden ist, empfiehlt sich, die Art der tatsächlichen Nutzung zu prüfen. Nach der Durchführung von Einkapselungsmaßnahmen ist die Stabilität der Abdichtungselemente zu kontrollieren. Von besonderer Bedeutung ist die Funk-

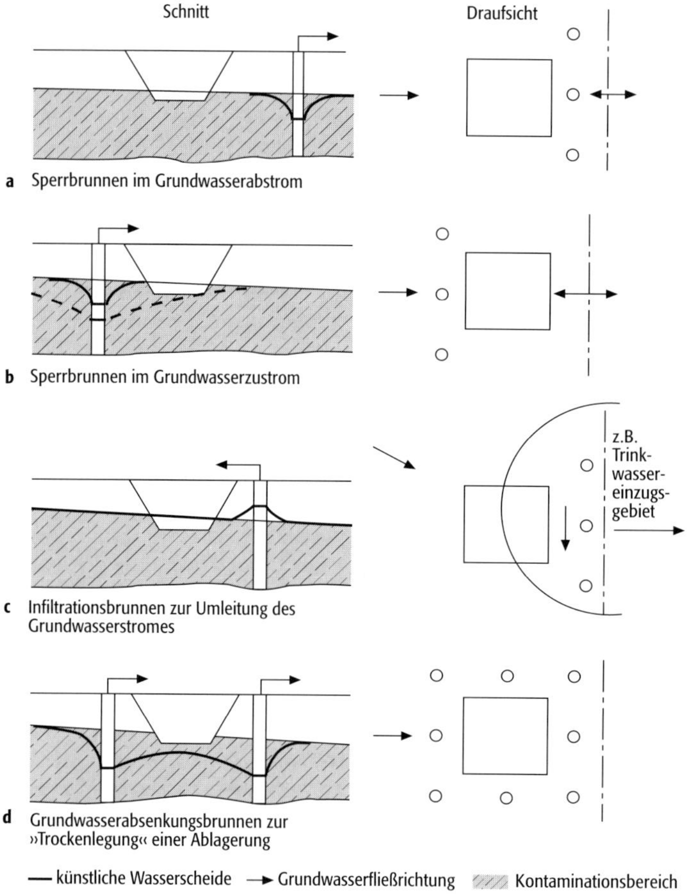

Altlastensanierung 2: Verschiedene passive hydraulische Verfahren zur Altlastensanierung (Sicherungsmaßnahmen).

tionskontrolle, z.B. durch Leckagedetektion. Die Stabilität und Funktion der Abdichtungselemente müssen über ihre gesamte Lebenszeit überwacht werden. Liegen ausreichende Erfahrungen vor, so kann die Kontrollintensität entsprechend vermindert werden. Die Erstellung eines Inspektions-, Wartungs- und Instandhaltungsplans ist hilfreich. Sollte sich in den eingekapselten Bereichen Wasser ansammeln, so ist eine Wasserstandskontrolle einzurichten. Erfolgte die Sicherungsmaßnahme durch Immobilisierung, so muß deren Langzeitverhalten im Hinblick auf ihre Dichtheit kontrolliert werden. Bei passiven hydraulischen Maßnahmen ist die Kontrolle der Wirksamkeit von Abwehrbrunnen erforderlich. Sind Sicherungsmaßnahmen mit Emissionen verbunden, z.B. durch gefaßte Deponiegase, so muß eine Emissionskontrolle eingerichtet werden, deren Dauer und Intensität sich nach dem Abklingen der Emissionen richtet.

Öffentlichkeitsbeteiligung

Um die Ziele der Gefahrenabwehr und die Durchführung der Sanierung ohne Zeitverzögerung zu erreichen, ist die unmittelbar betroffene Bevölkerung rechtzeitig, umfassend und sorgfältig über das Gefährdungspotential der Altlast zu informieren. Hierbei sind besonders die Ängste um die Gesundheit und die Ängste vor finanziellen und materiellen Schäden zu berücksichtigen. In allen Einzelheiten sollte die Art der notwendigen Sanierungsmaßnahmen und deren Auswirkungen auf die Lebensbedingungen der Anwohner dargestellt werden. Darüber hinaus ist es zweckmäßig, die Betroffenen an den relevanten Entscheidungsvorgängen angemessen zu beteiligen, z.B. durch einen kontinuierlichen Kontakt auf die Meinungen und Bedürfnisse der Anwohner einzugehen.

Hydraulische Altlastensanierung

Darunter fallen passive oder aktive Verfahren zur Behandlung kontaminierter Grund- und Stauwässer. Bei den passiven hydraulischen Verfahren werden die hydrodynamischen Verhältnisse im Untergrund verändert, um die Emissionen von Schadstoffen aus Altlasten ins Grundwasser und die Ausbreitung verunreinigten Grundwassers einzuschränken oder zu verhindern (Sicherungsmaßnahmen). Bei den aktiven hydraulischen Verfahren erfolgt eine Entnahme des verunreinigten Grundwassers, um dieses in einer Behandlungsanlage zu reinigen (Dekontaminationsverfahren). Die Änderung der hydrodynamischen Verhältnisse erfolgt bei den passiven hydraulischen Verfahren durch Sperrbrunnen, Infiltrationsbrunnen u.a. (Abb. 2). Die mit passiven Verfahren verbundenen möglichen Folgen für andere Ökosysteme müssen im Rahmen einer Machbarkeitsstudie vorher untersucht werden. Bei den aktiven hydraulischen Verfahren erfolgt die Fassung des verunreinigten Wassers durch Entnahmebrunnen im wassergesättigten Untergrund, durch Drainagegräben (Rigole), Entnahmeschächte oder offene Gräben (Abb. 3). Vor Inbetriebnahme ist zu klären, ob mehrphasige Stoffgemische, z.B. Wasser/Mineralöl, vorliegen. Danach muß die Entnahmeeinrichtung ausgelegt werden. Die Effektivität der Wasserentnahme und die Reinigung hängt stark von den hydrogeologischen Verhältnissen am Standort ab. Das verunreinigte Grundwasser kann entweder in eine vorhandene Kläranlage geleitet oder in einer gesonderten Behandlungsanlage gereinigt werden. Die mit der Reinigung des kontaminierten Wassers verbundenen Entsorgungsprobleme können die Betriebskosten maßgeblich beeinflussen. Die Rückführung des gereinigten Grundwassers ist von den vorliegenden Reststoffkonzentrationen abhängig. Im Rahmen der Machbarkeitsstudie sollte versucht werden, die Auswirkung der vorgesehenen hydraulischen Verfahren mit Hilfe numerischer Grundwasser-Strömungsmodelle zu simulieren. Hierdurch sind Prognosen über die Beeinflussung der Grundwasserverhältnisse und der Schadstoffausbreitung möglich. Zur Kontrolle der Wirksamkeit der Maßnahmen dient ein Meßstellennetz, das nicht nur die Änderung der Kontamination, sondern auch die Grundwasserstände überwacht. Passive und aktive hydraulische Verfahren werden nicht nur als Einzelmaßnahme, sondern oft in Kombination mit anderen Sanierungsverfahren, z. B. Einkapselungsverfahren, eingesetzt. Hydraulische Sanierungsverfahren sind nur solange wirksam, wie die Entnahme- bzw. Infiltrationseinrichtungen in Betrieb sind.

Pneumatische Altlastensanierung
Dieses Verfahren dient zur Erfassung bzw. Abtrennung schadstoffhaltiger Gase und Dämpfe, um hierdurch die Emissionen der Altlast in die Umgebung bzw. in andere Umweltmedien zu vermindern oder zu unterbinden. Passive Verfahren benutzen für die selbsttätige Ableitung Entgasungsschächte oder Entgasungsgräben mit Folien (Sicherungsmaßnahmen). Mit Hilfe von aktiven Verfahren wird der kontaminierte Standort durch Absaugen von schadstoffhaltigen gas- und dampfförmigen Phasen gereinigt (Dekontaminationsverfahren). Um die Gasausbreitung zu vermindern, können Sonden, Gasdrainagen oder Sperrschichten dienen. Bei den aktiven Verfahren sind die häufigsten Ausführungsformen Bodenbe- bzw. -entlüftung durch Bodenluftabsaugung und Stripping sowie die gefaßte Deponieentgasung (Deponiegaserfassung). Die pneumatischen Verfahren werden im ungesättigten Bodenbereich zur Bodenreinigung durch Absaugung und im gesättigten Bereich durch Einblasen und Stripping zur Grundwassersanierung eingesetzt (Abb. 4). Für die Auswahl der Verfahren sind die Bodenverhältnisse und die Verhältnisse im Grundwasserleiter ausschlaggebend.

Elektrokinetische Altlastensanierung
Durch Anlegen eines permanenten elektrischen Feldes im feuchten Erdreich oder im Grundwasser werden durch Ausnutzung der Elektroosmose, Elektrophorese und Elektrolyse Schadstoffionen, z. B. von Schwermetallen, an ummantelte Elektroden gebunden. Die Kationen wandern unter Einfluß des elektrischen Feldes zur Kathode, werden dort mit Hilfe eines Spülkreislaufs abgespült und in einer Behandlungsanlage als Hydroxide abgeschieden. Ein gleichartiger Prozeß vollzieht sich z. B. für Cyanide an der Anode. Neben Laboruntersuchungen liegen auch experimentelle Ergebnisse aus Feldversuchen vor, z. B. an mit Kupfer, Blei, Zink, Cadmium bzw. Arsen verunreinigten Böden. Die Erhöhung der Wirkungsgrade, z. B. durch Ansäuerung des Erdreichs, ist das Ziel weiterer Entwicklungsarbeiten.

Thermische Altlastensanierung
Thermische Sanierungsverfahren gehören zu den Dekontaminationsverfahren für schadstoffhaltige Böden. Das Prinzip besteht in der Zerstörung von adsorptiven und chemischen Bindungskräften durch Zufuhr von thermischer Energie, z. B. Heizöl, Erdgas oder Strom. Die Schadstoffe werden je nach Stoffart anschließend oxidativ zerstört oder in die Rückstände, z. B. Schlacken, eingebunden. Je nach Temperaturbereich und Verfahrenstechnik werden die thermischen Verfahren in Entgasungs-, Vergasungs- und Verbrennungsprozesse eingeteilt. Die thermische Behandlungsanlage kann vor Ort (on site) oder in einem Bodensanierungszentrum (off site) betrieben werden. Entwicklungen befassen sich auch mit In-situ-Behandlungsverfahren, u. a. mit der Verglasung. Die thermischen Verfahren sind grundsätzlich für die Dekontamination von organischen sowie flüchtigen anorganischen Verunreinigungen einsetzbar. Während die organischen Stoffe zerstört werden, können die flüchtigen anorganischen Verbindungen nur ausgetrieben werden. Sie müssen durch die Abgasreinigung abgeschieden und als Rückstand behandelt werden. Die Verdampfungs- und Verbrennungstemperaturen und die Verweilzeiten in den Reaktionszonen richten sich nach den vorliegenden Schadstoffen sowie nach der beabsichtigten Verwendung des gereinigten Materials. Besonders wichtig für eine weitgehende Zerstörung der organischen Schadstoffe sind die Betriebsbedingungen in der Nachverbrennung. Die hierbei notwendigen Temperaturen und Mindestverweilzeiten sind durch entsprechende Vorversu-

Altlastensanierung 3: Verschiedene aktive hydraulische Verfahren zur Altlastensanierung (Dekontaminationsverfahren).

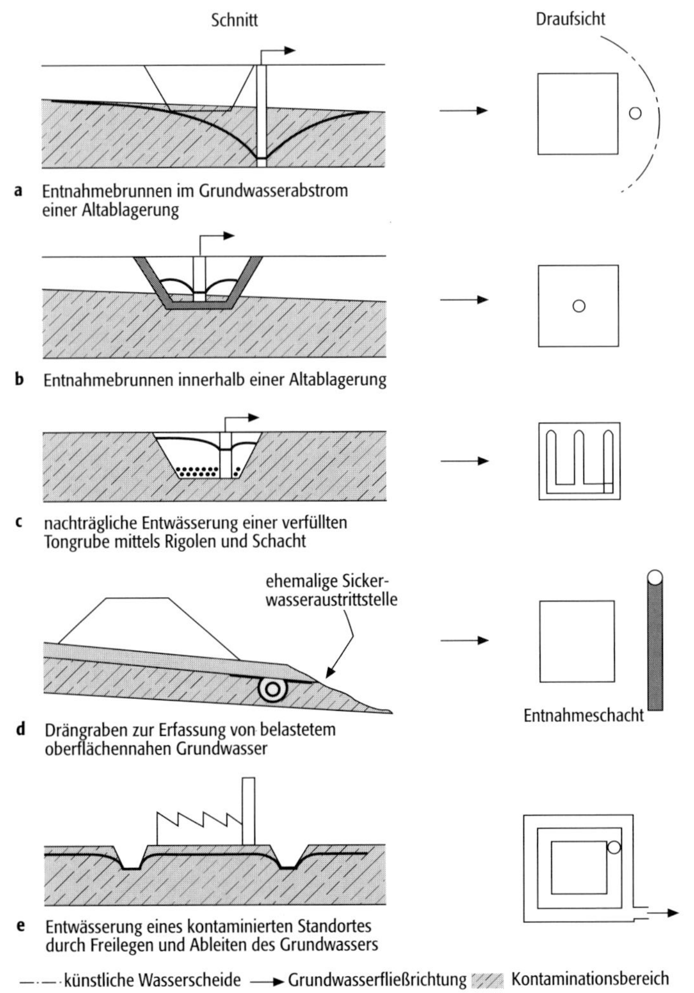

Altlastensanierung 4: Verschiedene pneumatische Verfahren zur Altlastensanierung.

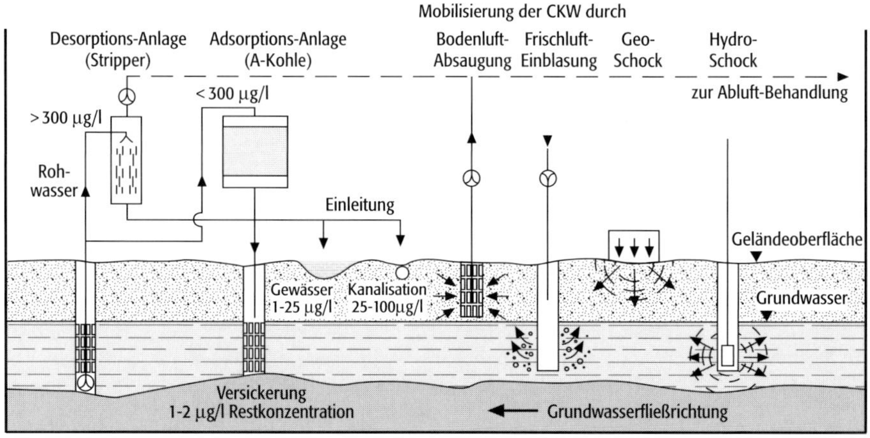

che zu optimieren. Auch muß die Neubildung von Dioxinen und Furanen in der Abkühlzone der Rauchgase beachtet werden (Abfallverbrennungsanlage). Alle thermischen Behandlungsanlagen benötigen eine Abgasreinigung, die in ihren Emissionen gemäß den Anforderungen des Bundes-Immissionsschutzgesetzes begrenzt werden müssen. In der Praxis werden verschiedene Verfahrenskonzepte mit unterschiedlichen Betriebsbedingungen angeboten. Neben den in der Praxis eingesetzten Drehrohröfen befinden sich weitere Ofentypen, z. B. mit Wirbelschicht, in der Erprobung. Für die Dekontamination von Erdreich mit flüchtigen, halogenfreien organischen Verbindungen, z. B. Benzin, Heizöl oder Benzol, und Erdreich mit flüchtigen Elementen bzw. anorganischen Verbindungen, z. B. Quecksilber, Cadmium oder Stickstoffverbindungen, werden indirekt beheizte Anlagen eingesetzt. Hierbei wird das Erdreich schonend ohne Erweichung und Versinterung der Tone behandelt. Da ein Teil der organischen Bodenbestandteile erhalten bleibt, ist der so gereinigte Boden leichter wiederbelebbar. Sind im kontaminierten Erdreich halogenierte oder schwerflüchtige organische Verbindungen mit einer starken Bindung an die Humussubstanz des Bodens vorhanden, sind höhere Behandlungstemperaturen durch Direktbeheizung erforderlich. Hierbei entsteht ein mehr oder weniger totgebrannter Boden, der eine besondere Behandlung zur Revitalisierung benötigt. Ein zu hoher Schwermetallgehalt kann die Wiederverwendbarkeit und Nutzung begrenzen, so daß eine Ablagerung auf einer Deponie notwendig wird. Die Filterstäube aus der Abgasreinigung müssen als Sonderabfall entsorgt werden. Die thermischen Bodenreinigungsanlagen haben für halogenfreie organische Kontaminationen einen hohen Wirkungsgrad bis zu 99,5 %. Durch die nachgeschalteten Reinigungsstufen für die Abgase ist kostenmäßig ein zusätzlicher Aufwand zwangsläufig erforderlich. Mobile bzw. umsetzbare Anlagen haben Durchsatzleistungen bis 50 Tonnen Erdreich pro Stunde. Kombinationen aus Bodenwaschverfahren und einem thermischen Verfahren führen zeitlich nacheinander zu einer hohen Mehrkomponentensanierung.

Biologische Altlastensanierung
Die biologische Behandlung von kontaminierten Böden und Grundwasser eignet sich mit einer Vielfalt biotechnologischer Verfahren zum biologischen Abbau von organischen Schadstoffen durch Mikroorganismen. Biologische Altlastensanierungsmethoden gehören zu den Dekontaminationsverfahren. Die in der Praxis angewandten Verfahren unterstützen die im Boden und Grundwasser ablaufenden Vorgänge und führen durch Metabolisierung der organischen Schadstoffe zu Kohlendioxid und Wasser, wobei nicht alle Halogenverbindungen zerstört werden. Bei der Metabolisierung ist eine mögliche Bildung toxischer Abbauprodukte zu prüfen. Neben Mikroorganismen werden auch Pilze, z. B. Weißfäulepilze, für den Abbau polycyclischer aromatischer Kohlenwasserstoffe (PAK) eingesetzt. Vor der Anwendung mikrobiologischer Behandlungsverfahren müssen Voruntersuchungen (Machbarkeitsstudie) durchgeführt werden. Hierbei sind in Abhängigkeit von den örtlich vorhandenen Mikroorganismen sowie den vorliegenden Boden- und Grundwasserverhältnissen der Grad der Abbaubarkeit, die Art der biochemischen Abbauwege und der Metabolite mit ihrer Wirkung auf die Umwelt sowie die erforderlichen Milieu- und Nährstoffbedingungen mit den jeweiligen verfahrenstechnischen Voraussetzungen zu klären. Wichtig ist die Kontrollierbarkeit der Abbauprozesse, um mögliche Umweltauswirkungen bei der Sanierung rechtzeitig zu erkennen. Die sehr oft geforderte Gewährleistung der Kontrolle und Steuerbarkeit der mikrobiologischen Behandlungsverfahren hat ihre Grenzen. Man unterscheidet:

a) On-site- und Off-site-Behandlungsverfahren: Sie werden großtechnisch eingesetzt. Die kontaminierten Massen werden ausgehoben und am Standort der Altlast (on site) oder in einem Sanierungszentrum (off site) behandelt. Nach einer mechanischen Vorbereitung werden die zu reini-

Behandlungsverfahren	behandeltes Medium	Ort der Behandlung	Transportmedium/ Prozeßstoff
Extraktion/Waschen	kontaminierter Boden, Untergrund, Bauschutt	on/off site, in situ	Wasser, wäßrige Lösungen, organische Lösungsmittel
Gasaustausch (Stripping)	kontaminierter Untergrund, kontaminiertes Wasser	in situ in situ, on site	Druckluft, Dampf
Absorption	ausgestrippte Phasen, kontaminiertes Grund-, Prozeßwasser	on site	Aktivkohle, Molekularsiebe, Absorberharze
Ionenaustausch	kontaminiertes Wasser	on site	Austauschharze
Membrantrennverfahren	kontaminierte Flüssigkeiten	on site	Wasser
Sedimentation, Flotation	Prozeßabwässer, Dünnschlämme	on site	Flockungs-Flotationsmittel
Eindampfung	Sickerwasser	on site	
Fällung, Flockung	Prozeßabwasser	on site	Fällungsmittel, Hilfsstoffe
chemische Umwandlung	wässrige Phasen	on site	Reagenzien
	Sickeröle, Boden	on/off site	z.B. Natrium
		in situ	Luft, Ozon

Altlastensanierung (Tab.): Zusammenstellung verschiedener Verfahren zur chemisch-physikalischen Altlastenbehandlung.

genden Massen mit Bakterienkulturen, Nährstoffen, Lösungsvermittlern und Wasser versetzt. Eine ständige Belüftung oder Sauerstoffzugabe ist für den Abbau notwendig; die Abluft muß ggf. gereinigt werden. Die Behandlung kann je nach Schadstoffspektrum und erforderlichen Restkonzentrationen Wochen bis Jahre dauern. An Möglichkeiten zur Verkürzung der Behandlungsdauer wird ständig gearbeitet. Hierzu dienen sowohl Reaktoren als auch Verfahrensverbesserungen.
b) In-situ-Behandlungsverfahren: Der biologische Abbau der Schadstoffe erfolgt ohne Aushub direkt im kontaminierten Bereich der Altlast. Derartige Verfahren werden für die Bodenreinigung und für die Reinigung des Grundwassers eingesetzt. Vor Beginn der biologischen Reinigung des Grundwassers ist eine hydrogeologische Untersuchung erforderlich. Das Grundwasser darf durch das Behandlungsverfahren nicht zusätzlich belastet werden. Die Verfahrenstechnik der biologischen Bodenreinigung unterscheidet zwischen Oberflächenverfahren mit Tiefen bis 0,5 m und Verfahren für die Behandlung tieferer Bodenschichten. Bei der In-situ-Bodenbehandlung erfolgt die Zugabe von erforderlichen Bakterien, Nährstoffen usw. über Versickerungen oder über Spülkreisläufe. Hierzu müssen geeignete Bodenverhältnisse im Hinblick auf Durchlässigkeit vorliegen. Eine mangelnde Durchströmbarkeit und Benetzbarkeit beschränkt den Einsatz der In-situ-Behandlung. Auch sind In-situ-Verfahren schwerer zu kontrollieren und zu steuern als On-site/Off-site-Verfahren. Das In-situ-Verfahren kann als Zwischenstufe in Verfahrenskombinationen eingesetzt werden.

Chemisch-physikalische Altlastensanierung
Chemisch-physikalische Sanierungsverfahren nutzen zur Dekontamination der Schadstoffe in Altlasten die Reaktionsmechanismen Extraktion, Gasaustausch, Adsorption, Ionenaustausch und chemische Umwandlung. Mit Hilfe dieser Mechanismen werden die Schadstoffe aus kontaminierten Feststoffen, Grundwasser, Sickerwasser und Prozeßwasser sowie aus kontaminierter Bodenluft und Abluft separiert oder verteilt. Bei der Separationsmethode werden durch Trennung und Umwandlung relativ kleine Mengen an Schadstoffkonzentraten erzeugt. Bei der Verteilungsmethode entstehen relativ große Mengen von verdünnten Schadstoffströmen. Zur Separationsmethode gehören die On/Off-site-Bodenwaschverfahren mit der Erzeugung von Schadstoffkonzentraten. Die In-situ-Spülung mit der Ableitung der Schadstoffe im Abwasserstrom zählt zu den Verteilungsmethoden. Daneben gibt es zahlreiche weitere Verfahren und Anwendungen, die in der Tabelle aufgelistet und erklärt sind.

Altlauf, 1) ↗*Altarm*, 2) ↗*Altlaufsee*.

Altlaufsee, *Altwasser*, *Altlauf*, gemeinhin gekrümmtes, langgestrecktes Stillgewässer, das durch die Abschnürung eines Flußabschnittes vom aktiven Flußlauf entstanden ist. Der Begriff wird verwendet: a) für Gewässer, deren Entstehung auf den Durchbruch eines ↗Mäanders zurückgeht, sie werden als *oxbow lake* bezeichnet (↗mäandrierender Fluß Abb.), b) bezogen auf Gewässer, die durch ↗Avulsion oder künstliche Flußbegradigungen entstanden sind.

Altmarsch, Bereich der ↗Marsch, in dem die oberen Profilteile der Böden bereits der Entkalkung unterlagen. Vielfach ist die Altmarsch durch Sakkung gekennzeichnet, weshalb Grünlandnutzung vorherrscht.

Altmoräne, ↗Moräne, die aus der vorletzten Kaltzeit (Saale- oder Riß-Kaltzeit) oder älteren Vereisungen stammt, im Gegensatz zur ↗Jungmoräne, die aus der letzten Kaltzeit stammt.

Altmoränenlandschaft, Gebiet der ↗Moränen aus der vorletzten oder älteren Kaltzeit, das während der letzten Vereisung eisfrei war. Altmoränenlandschaften unterlagen während der letzten ↗Eiszeit (Weichsel- oder Würmvereisung) vorwiegend der ↗periglazialen Prozeßdynamik, daher sind die relativen Reliefunterschiede geringer als in der ↗Jungmoränenlandschaft, das Relief wirkt ausgeglichener, Hohlformen (↗Soll) sind verfüllt und ein Gewässernetz konnte sich entwickeln. Die ↗Geschiebemergel sind weitgehend entkalkt. Altmoränenlandschaften stellen z. B. die schleswig-holsteinische Geest und das schwäbische Alpenvorland zwischen Sigmaringen und Biberach a. d. Riß dar.

Altocumulus ↗Wolkenklassifikation.

Altostratus ↗Wolkenklassifikation.

Al-Toxizität ↗*Aluminium-Toxizität*.

Altpunkt, *Ausgangspunkt*, i. d. R. vermarkter und koordinatenmäßig bestimmter ↗Vermessungspunkt, der bei einer Vermessung als Ausgangspunkt verwendet wird.

Altschnee, entsteht durch die Umwandlung frisch gefallener, locker gepackter Schneekristalle in größere Schneekörner infolge von Schmelz- und Verdunstungsvorgängen. Bei weiterer Schneebedeckung verdichtet sich der Altschnee zunehmend und wird bei Überdauern der folgenden ↗Ablationsperiode schließlich zu ↗Firn. Altschneebildung vollzieht sich bei höheren Temperaturen und damit in temperierten Breiten rascher als bei sehr niedrigen Temperaturen (z. B. in Polargebieten).

Altstandort ↗Altablagerung.

Alttertiär, deutsche Bezeichnung für das stratigraphische System des ↗Paläogen; umfaßt das ↗Paläozän, ↗Eozän und ↗Oligozän.

Altweibersommer, im Jahresablauf unregelmäßig auftretender ↗Witterungsregelfall (Singularität). Eine relativ trocken-warme Zeit mit mittlerem Eintrittsdatum (Deutschland) um den 25./26. September. In den USA als »Indian Summer« bezeichnet. Der Name rührt daher, daß die in dieser Zeit in der Sonne glänzenden Spinnenfäden an die Haare »alter Weiber« erinnern.

Aluminisierung, durch niedrige ↗pH-Werte in der ↗Bodenlösung bewirkte Protolyse verschiedener ↗Bodenminerale wie Primärsilicate, Tonminerale und oxidische Aluminium-Verbindungen. Beispiel für die Protolyse eines Silicatminerals:

$$(\text{-Si-O})_3\text{-Al} + 3\,H^+ \rightarrow 3(\text{-Si-OH}) + Al^{3+}.$$

Dabei kommt es zu einer Freisetzung von austauschbaren Al^{3+}-Ionen. Bei pH-Werten < 5 steigt der Anteil von Al^{3+} am ↗Kationenbelag gegenüber den basisch wirksamen Kationen (Na^+, K^+, Ca^{2+}, Mg^{2+}) deutlich an, bei gleichzeitiger Abnahme der ↗Basensättigung.

Aluminium, *Al*, wichtiges Element der Geochemie, welches wegen der großen Sauerstoffaffinität nicht gediegen, sondern in Sauerstoffverbindungen in vielen Mineralen und Gesteinen vorkommt. 1827 von F. Wöhler erstmals aus Aluminiumchlorid isoliert. 1845 stellte es St. Claire-Deville in größerer Menge her. Nach 1886 wurde es zum industriell nutzbaren Metall, nachdem Hall und Heroult die elektrolytische Gewinnung aus einer Aluminiumoxidschmelze mit Kryolithzusatz entwickelt hatten. Zu den wichtigsten gesteinsbildenden, aluminiumhaltigen Mineralen gehören die ↗Alumosilicate. Alle Aluminiumoxide zusammen, gemessen als $Al_2O_{3(tot.)}$, machen etwa 15,5 Gew.-% der kontinentalen Kruste aus. Die ozeanische Kruste enthält 15,0 Gew.-% Al_2O_3 und der Erdmantel 3,0–3,9 Gew.-%. Als reines, natürliches Aluminiumoxid kommt der ↗Korund (Al_2O_3) mit seinen Edelsteinvarietäten wie ↗Rubin und Saphir vor. Das wichtigste Aluminiumerz ist der ↗Bauxit, ein aus ↗Aluminiumhydroxiden bestehendes Gestein.

Aluminium-Datierung, *^{26}Al-Datierung*, die ↗physikalische Altersbestimmung mit dem instabilen Isotop ^{26}Al, welches entweder kosmogen durch kosmische Strahlung aus Argon in der Atmosphäre, aus der es ausgewaschen und in Sedimenten eingelagert wird, oder auf exponierten Gesteinsoberflächen aus Silicium entsteht. Mit einer ↗Halbwertszeit von 716.000 Jahren zerfällt es in ^{26}Mg. Besonders in Kombination mit der ↗Beryllium-Datierung wird die Aluminium-Datierung für Eiskerne, Tiefseesedimente und die Ermittlung von Oberflächen-Expositionsaltern im Altersbereich zwischen 10.000 und 10 Mio. Jahren eingesetzt.

Aluminiumhydroxide, $Al(OH)_3$-Verbindungen, in der Natur als das Mineral Hadrargillit (↗Gibbsit), $Al(OH)_3$, vorkommend.

Aluminiumlagerstätten ↗Bauxitlagerstätten.

Aluminiumminerale, die wichtigsten Aluminiumminerale sind: Diaspor (α-AlOOH, rhombisch), Böhmit (γ-AlOOH, rhombisch), Hydrargillit (Gibbsit, γ-$Al(OH)_3$, monoklin), Alumogel (Kliachit, AlOOH + aq, amorph), Kryolith (α-$Na_3[AlF_6]$, monoklin, über 560° kubisch) und Andalusit ($Al_2[O|SiO_4]$, rhombisch). Weitere Al-haltige Minerale sind Alumo- und ↗Aluminiumsilicate. Chemisch lassen sich die »Hydroxide« des Aluminiums wegen der verschiedenen Bindung des H in zwei Gruppen einteilen (AlOOH und $Al(OH)_3$), in denen es wieder je zwei Modifikationen gibt (α- und γ-Phasen). Daneben existiert das amorphe Alumogel. In verschiedenen Mischungsverhältnissen bilden sie ↗Bauxit, wobei Hydrargillit in Silicatbauxiten, Diaspor und Böhmit in Kalkbauxiten vorherrschen. In frühen Zeiten der Aluminiumgewinnung wurde der Kryolith als Ausgangssubstanz verwendet, heute nur noch als Flußmittel beim elektrolytischen Verfahren. [GST]

Aluminiumsilicate, ↗Silicate, in denen das Aluminium im Gegensatz zu ↗Alumosilicaten in

Sechserkoordination (oktaedrisch) von 6 O-, OH- und F-Ionen im Kristallgitter umgeben ist. Eine Gliederung dieser Gruppe kann nur durch ↗Röntgenstrukturanalyse erfolgen. In der heute üblichen Schreibweise der Silicatformeln steht das 6er-koordinierte Al stets vor der eckigen Klammer. Mineralbeispiele sind ↗Epidot, Beryll, Spodumen.

Aluminium-Toxizität, *Al-Toxizität*, hervorgerufen durch freie Al-Ionen (Aluminisierung). Die ↗Versauerung von Böden hat erhebliche Auswirkungen auf die Chemie des Aluminiums in der ↗Bodenlösung. Unterhalb eines ↗pH-Wertes von 4,2 kommt es zu einer verstärkten Mobilisierung von Al aus dem Kristallgitter silicatischer Bodenminerale. Deshalb spielt Aluminium eine zunehmende Rolle beim Ionenaustausch und verdrängt essentielle Pflanzennährstoffe wie Calcium und Magnesium (↗Antagonismus). Die Toxizität von Al-Ionen ist pflanzenartenabhängig, so wurden Ertragsminderungen bei Weizen schon bei Al-Gehalten von 0,1 mg/l in der Bodenlösung festgestellt. Aufgrund der Blockierung von Adsorptionsplätzen an der Oberfläche von Pflanzenwurzeln kommt es bei Bäumen (insbesondere bei Buche und Fichte) zu Wachstumsstörungen und krankhaften Veränderungen im Wurzelsystem. Die Symptome der Al-Toxizität entsprechen den Folgen von Ca- oder Mg-Mangelerscheinungen, wie die Gelbfärbung von Blättern oder Nadeln. Der Nachweis und die Identifizierung toxischer Al-Spezies ist problematisch, da in der Bodenlösung eine Vielzahl ionischer und komplexierter Al-Verbindungen vorkommen, deren phytotoxische Wirkungen stark differieren. Als ökologischer Indikator zur Ermittlung von Gefährdungspotentialen für Waldökosysteme scheint die Bestimmung des molaren Ca/Al-Verhältnisses in der Bodenlösung geeignet zu sein. Eine Minderung der Al-Toxizität kann neben der Reduzierung des atmosphärischen Säureeintrags durch eine Ausbringung von Kalk erreicht werden, dem Verbleiben von Ca-haltigen Pflanzenresten nach der Ernte und die Anpflanzung von Arten mit geringem Ca-Bedarf. [AH]

Alumosilicate, *Aluminosilicate*, ↗Silicate, bei denen Aluminium (Al) im Gegensatz zu den ↗Aluminiumsilicaten Silicium (Si) im SiO_4-Tetraeder teilweise substituiert (ersetzt). Hierbei wird es wie Si tetraedrisch im Kristallgitter von Sauerstoff (O) umgeben. Dies führt jedoch zu einer Erhöhung der Valenzzahl von vier auf fünf. Folglich vergrößert jedes AlO_4-Tetraeder im Anionenradikal die negative Ladung um eine Einheit und erfordert dadurch den Ausgleich durch ein positiv geladenes Kation, z.B. Ca oder Na bei ↗Anorthit $Ca[Al_2Si_2O_8]$ oder ↗Albit $Na[AlSi_3O_8]$. Das Verhältnis Si:Al muß nicht ganzzahlig sein, jedoch ist der Ausgleich der positiven und negativen Ladungen für die Stabilität des Kristallgitters unbedingt erforderlich. Das erklärt, warum die Ergebnisse der chemischen Analysen der Alumosilicate nicht immer einfach für die Berechnung von ↗Mineralformeln benutzt werden können. Al kann auch sowohl tetraedrisch in 4er als auch oktaedrisch in 6er Koordination auftreten (Aluminium-Alumo-Silicate), z.B. ↗Muscovit. In der heute üblichen Schreibweise der Silicatformeln steht das 4er-koordinierte Al stets in der eckigen Klammer. Mineralbeispiele sind ↗Leucit $K[AlSi_2O_6]$, Anorthit und Albit. [GST]

Alunit, [von lat. alumen = Alaun, mittelhochdeutsch alun], *Alaunspat*, *Alaunstein*, *Calafatit*, *Kalioalunit*, *Löwigit*, *Newtonit*, $KAl_3[(OH)_6|(SO_4)_2]$, Mineral mit ditrigonal-skalenoedrischer Kristallform; Farbe: weiß, mit vielfach grauer, gelblicher oder rötlicher Tönung; Glas- bis Perlmutterglanz; durchscheinend bis undurchsichtig; Strich: weiß; Härte nach Mohs: 3,5–4; Dichte: 2,7–2,8 g/cm³; Spaltbarkeit: vollkommen nach *(0001)*; Bruch: muschelig, splittrig; Aggregate: feintraubige, erdige, manchmal faserige Massen; Kristalle klein, krummflächig und meist in Drusen und Poren; vor dem Lötrohr rissig werdend, jedoch nicht schmelzend; in H_2O und HCl unlöslich; Vorkommen: als hydrothermales Zersetzungsprodukt von Alkali-Feldspäten oder Foiden in sauren bis intermediären Vulkaniten (Rhyolithe bis Andesite), vorwiegend im Bereich von Solfataren unter Einwirkung von H_2SO_4 (↗Alunitisierung); Begleiter: Quarz, Kaolinit, Halloysit, Gips, Opal, Hydrargillit; Fundorte: Solfatara bei Neapel und La Tolfa bei Rom (Italien), Bereghszasz (Ungarn), Goldfield und Sulphur/Nevada (USA), Bulla Dela und Lake Campion (Australien). ↗Alaune. [GST]

Alunitisierung, hydrothermale Umwandlung oder Verwitterungsbildungen von ↗Alunit und Tonmineralen aus Plagioklasen. Dabei bilden sich vor allem smektitische Phasen wie Montmorillonit sowie Nontronit unter Beteiligung eisenreicher Minerale.

ALy ↗*Aragonit Lysocline.*

Amalgam, *Merkursilber*, das Wort Amalgam, schon von Alchimisten des 13. Jh. gebraucht, stammt wahrscheinlich aus dem Arabischen und heißt erweichende Salbe. In der Natur kommen Amalgame als Verbindungen von Quecksilber (Hg) mit Silber (Ag), sehr selten mit Palladium (Pd) vor. Die angeblich auf Gold- und Platinseifen gefundenen Gold-Amalgame sind wahrscheinlich Kunstprodukte, die beim Anreicherungsverfahren zur Gewinnung von Gold (↗Amalgamation) entstanden sind. Anwendung in brennstoffarmen Gegenden (z.B. Mexiko, Peru) an zerkleinerten, silberreichen Erzen.

Amalgamation, Anreicherungsverfahren zur Gewinnung von Edelmetallen mit Quecksilber. ↗Amalgam.

Amalgamminerale, die wichtigsten Amalgamminerale sind: a) Kongsbergit, benannt nach dem Fundort Kongsberg (Norwegen): α-(Ag, Hg), kubisch, 5–30% Hg; b) Landsbergit: γ-(Ag, Hg), kubisch, 55–70% Hg; c) Schachnerit: β-($Ag_{1,1}Hg_{0,9}$), hexagonal, 40–45% Hg; d) Para-Schachnerit: β'-($Ag_{1,2}Hg_{0,8}$), orthorombisch-pseudohexagonal, 30–40% Hg.

Amateurkamera, in der ↗Photogrammetrie eine Kamera, deren Daten der ↗inneren Orientierung nicht bekannt sind.

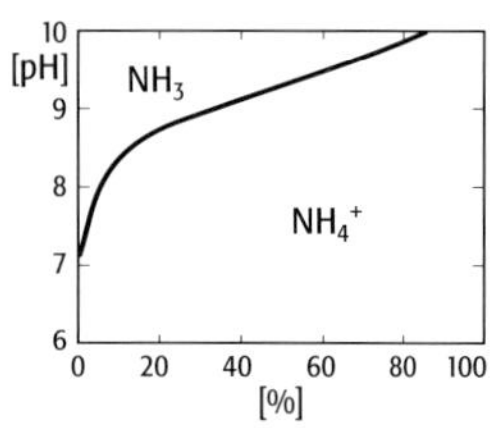

Ammoniakverflüchtigung: Einfluß des pH-Wertes auf die relative Verteilung von Ammonium und Ammoniak in verdünnter wässriger Lösung im Gleichgewicht bei 25 °C.

Amazonischer Kraton ↗Proterozoikum.

Amboß, in der ↗Meteorologie oberster, aus Eispartikeln bestehender Teil einer Cumulonimbus-Wolke (↗Wolkenklassifikation), der häufig eine schirmartige Form besitzt.

AMD, *acid mine drainage*, ↗*saure Wässer*.

amerikanischer Brunnen, Brunnen, bei dem die Unterwasserpumpe im Bereich der Filterstrecke hängt, was i. a. die Funktionsdauer des Brunnens herabsetzt, aber bei geringeren Herstellungskosten eines Brunnens die wirtschaftlichere Lösung sein kann. In Deutschland wird angestrebt, die Pumpe geschützt innerhalb der Vollrohrtour zu positionieren (↗Brunnenausbau Abb.).

Amerikanisches Mittelmeer, ↗Nebenmeer des Atlantiks (↗Atlantischer Ozean Abb.) zwischen Nord-, Zentral-, Südamerika und den Antillen. Es umfaßt das Karibische Meer und den Golf von Mexiko.

Amici-Bertrand-Linse, *Amici-Linse*, *Bertrand-Linse*, Hilfslinse im Polarisationsmikroskop bei der konoskopischen Betrachtungsweise. Wird mit diesem »Zusatzmikroskop« die obere Brennebene des Objektivs betrachtet, wird eine vergrößerte Interferenzfigur sichtbar. Die Amici-Bertrand-Linse hat die Funktion eines schwachen Objektivs, wenn sie in den Tubus des Mikroskops eingeklappt wird. Das Okular verbleibt im Tubus und dient zur Nachvergrößerung der durch die Amici-Bertrand-Linse in die Zwischenbildebene projizierten Interferenzfigur. In modernen Polarisationsmikroskopen sind für häufiges konoskopisches Arbeiten Tuben mit einklappbarer Amici-Bertrand-Linse adaptierbar. Diese Tuben enthalten weiterhin eine einklappbare Zusatzblende, um bei sehr kleinen Kristallen Störerscheinungen durch benachbarte Präparatstellen auszublenden. Bei Forschungsmikroskopen ist die Amici-Bertrand-Linse fokussier- und zentrierbar. ↗Polarisationsmikroskopie. [GST]

amiktischer See, ↗See, der keinerlei Zirkulation aufweist. Amiktische Seen treten in den Eisklimaten der Polar- oder Hochgebirgszonen auf sowie in Trockengebieten.

Aminosäure-Razemisierungs-Datierung, *AAR*, eine auf der zeitabhängigen Umwandlung optisch aktiver Aminosäuren beruhende ↗chemische Altersbestimmung. In Lebewesen kommt nur der biologisch aktive L-Enantiomer (polarisiertes Licht wird von ihm nach links = levo gedreht) vor, der sich nach dem Absterben in den energetisch günstiger konfigurierten D-Enantiomer (polarisiertes Licht wird von ihm nach rechts = dextro gedreht) umwandelt. Dieser Vorgang (Razemisierung, wenn das Gesamtmolekül betroffen ist, Epimerisierung, wenn nur einzelne Atomgruppen beteiligt sind) schreitet fort, bis beide Enantiomere in gleicher Konzentration vorliegen und ist in seiner Geschwindigkeit abhängig von Temperatur, pH-Wert, chemischen Verwitterungsprozessen und der hydrolytischen Zersetzung der Proteine (Zerfall in einzelne Aminosäuren). Für die Datierung werden die Aminosäuren gaschromatographisch analysiert. Die starke Temperaturabhängigkeit des Umwandlungsprozesses macht die Bestimmung der Razemisierungsrate für jede Lokalität unter Verwendung unabhängiger Datierungen erforderlich. Der Datierzeitraum umfaßt einige 100.000 Jahre bei einer Genauigkeit von 2–10%. Als Material für die Datierung finden Knochen, Zähne, Mollusken, Foraminiferen und Holz Verwendung, wobei Proben aus Permafrostgebieten, aus Höhlen oder aus der Tiefsee wegen der Temperaturkonstanz gut geeignet sind. [RBH]

Ammoniak, *NH_3*, farbloses Gas von charakteristischem, stechendem, zu Tränen reizendem, erstikkendem Geruch und beißendem, laugigem Geschmack, leicht wasserlöslich und basisch reagierende Lösung bildend. Ammoniak ist das biologische Abbauprodukt zahlreicher organischer Stickstoffverbindungen und kommt im Ergebnis der Verwesung pflanzlichen und tierischen Materials, üblicher Weise in der Form von Ammoniumsalzen, in der Natur vor, darüber hinaus kommt es in einigen Mineralen vor und bei vulkanischen Gasausbrüchen. Ammoniak dient zur Herstellung von Düngemitteln, Sprengstoffen, Soda und Salpetersäure, als wässrige Lösung (Salmiakgeist) in der Medizin, in der Textil-Industrie, in der Farbstoffherstellung und als Reinigungsmittel. Flüssiges Ammoniak wird in Kühlaggregaten verwendet.

Ammoniakverflüchtigung, gasförmiger Verlust von Stickstoff in Form von Ammoniak (NH_3), tritt überwiegend nach Ausbringung von ammonium- oder harnstoffhaltigen Düngemitteln, v. a. bei Gülleapplikation, auf. Bei hohen ↗pH-Werten kann Ammoniak entstehen, das in die Atmosphäre entweicht. Das Verhältnis von Ammonium (NH_4^+) zu Ammoniak wird dann zu Gunsten des flüchtigen Ammoniaks verschoben (Abb.). Durch Einarbeitung des Düngers können die Verluste verringert werden, da im Boden NH_4^+ schnell an der Bodenmatrix adsorbiert wird.

Ammonifikation, *Ammonifizierung*, Freisetzung von mineralischem Stickstoff (↗Mineralisation) in Form von ↗Ammonium (NH_4-N) aus organischer Bindung durch zersetzende Mikroorganismen. Der Prozeß verläuft sowohl ↗aerob als auch ↗anaerob nach dem Schema:

$$R\text{-}NH_2 + H_2O + H^+ \rightarrow NH_4 + R\text{-}OH.$$

R-NH_2 steht für ein Amin, wobei R organischer Rest heißt.

Ammonifizierung ↗*Ammonifikation*.

Ammonit ↗Cephalopoda.

Ammonitico rosso, rote, knollige Cephalopodenkalk-Folgen des Lias und Malm in Italien; oft i. w. S. für andere rote, im wesentlichen jurassische ↗Cephalopodenkalke des Mittelmeerraums gebraucht.

Ammonium, *NH_4^+*, *Ammoniumion*, protonierte Form des ↗Ammoniak (NH_3) und damit das eigentliche Substrat der ammoniakumsetzenden Stoffwechselreaktionen (↗Ammoniumfixierung, ↗Ammoniumphosphat).

Ammoniumfixierung, *NH_4^+-Fixierung*, Bindung (reversibel) von Ammoniumionen an Austauscherplätze der Bodenmatrix, v.a. in Zwischenschichten von aufweitbaren Tonmineralen. Die Bindungsintensität ist abhängig von der Position der Bindung. Die stärkste Bindung (als nicht austauschbares NH_4^+) tritt an den inneren Positionen der Tonminerale auf. Aufgrund ähnlicher Ionenradien kann ein Austausch von Ammonium mit K^+-Ionen erfolgen.

Ammoniumphosphat, Sammelbezeichnung für die Ammonium-Salze der verschiedenen Phosphorsäuren. Das technisch wichtigste Ammoniumphosphat ist Ammoniumhydrogenphosphat $(NH_4)_2HPO_4$, das durch Einleiten von Ammoniak (NH_3) in Phosphorsäurelösung hergestellt wird. Es bildet den Bestandteil einiger wichtiger Mischdünger wie Nitrophoska® mit NH_4-Stickstoffanteilen von 3,5–12,5% oder Nitrophos® mit NH_4-Stickstoffanteilen von 11,5–14% und wasserlöslichen Phosphatgehalten von 8,5–10% P_2O_5.

Ammonoideen ↗Cephalopoda.

Amöben, [von griech. Amoibē = die Wechselhafte], Ordnung der ↗*Rhizopoden*, Bestandteil der ↗*Mikrofauna*.

amorph, *ungestalt*, *gestaltlos*, 1) Zustand fester Materie, deren atomare Bausteine (außer einer gewissen Nahordnung durch die Einhaltung physikalisch bedingter Mindestabstände) keinen erkennbaren Ordnungszustand aufweisen. Der Übergang vom amorphen Zustand zu den Ordnungszuständen (parakristallin, polykristallin und kristallin) ist fließend. Amorphe Festkörper sind durch das Fehlen von Vorzugsrichtungen ausgezeichnet, sie verhalten sich daher makroskopisch ↗isotrop. Auf dieser Eigenschaft beruht das besondere materialwissenschaftliche Interesse an diesem Zustand. Als typisches Beispiel für amorphes Material gelten die Silicatgläser, bei denen sich der amorphe Zustand unter Normalbedingungen als sehr stabil erweist. Die in der Bodenkunde häufige Bezeichnung der in einem kalten Oxalatpuffer löslichen Eisenminerale als »amorphe Eisenoxide« ist unkorrekt. In diesem Extrakt werden mit Ferrihydrit und Schwertmannit durchaus kristalline Eisenminerale gelöst.

Die Identifikation des amorphen Zustands geschieht i.d.R. mit Streumethoden (z.B. mit ↗Röntgenstrahlung), der Grad der Nahordnung kann mit der Methode der Kleinwinkelstreuung (SAXS) untersucht werden. In vielen Fällen sind Materialproben weder kristallin noch amorph, sondern setzen sich aus einem kristallinen und amorphen Anteil zusammen. 2) veralteter Ausdruck für Gesteine in einem kohärenten Verband, also ohne Trennflächen, wie Schichtflächen oder Klüfte.

Amphibien, sind kaltblütige, zeitweilig oder ständig aquatisch lebende Tetrapoden, deren Ontogenie zweigeteilt ist. Ihre Larvalphase findet im Süßwasser statt, wo sie mit Hilfe von Kiemen atmen. Mittels einer durch Hormone ausgelösten Metamorphose entstehen die Adulttiere, die meist amphibisch, d.h. sowohl im Wasser als auch auf dem Lande leben können. Die stratigraphisch ältesten bekannten Lurche stammen aus dem Oberdevon. Sie sind aus ↗Fischen der Unterordnung Rhipidistia hervorgegangen. Ein direktes Bindeglied ist aus dem Fossilbericht jedoch nicht bekannt. Formen wie *Eusthenopteron* und *Panderichthyes* stehen sicherlich nahe der Basis der Amphibienentwicklung, sind aber ihrerseits bereits zu spezialisiert, um als Stammform zu fungieren. Die Gattung *Elginerpeton* aus Schottland hat inzwischen der ca. 5 Mio. Jahre jüngeren Gattung *Ichthyostega* den Rang als das älteste Amphibium abgelaufen. Erwähnenswertes Merkmal dieser frühesten Amphibien ist die mit sechs bis acht ungewöhnlich hohe Finger- und Zehenzahl (Abb. 1). Zu diesem Zeitpunkt der Wirbeltierevolution war die uns vertraute Phalangenzahl von fünf offensichtlich noch nicht festgelegt. Die noch stark aquatisch angepaßten Tiere wurden zwischen 0,5 und 1,2 m lang und lebten räuberisch.

Der Schritt vom Wasser an Land ist mit einschneidenden anatomischen und physiologischen Veränderungen verbunden. Außerhalb des Wassers müssen die ersten Amphibien und auch

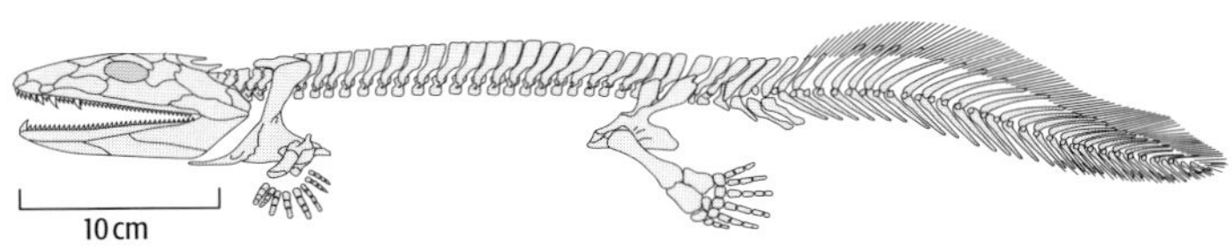

Amphibien 1: *Acanthostega* ist eines der ältesten bekannten Amphibien und stammt aus dem obersten Oberdevon von Grönland. Beachtenswert ist die hohe Finger- und Zehenzahl.

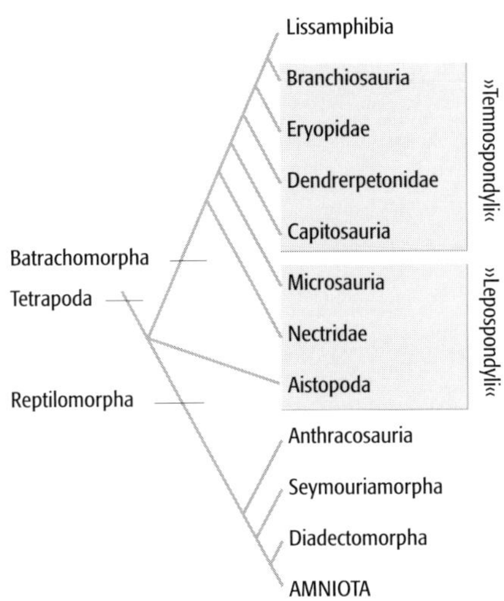

Amphibien 2: Kladogramm der Amphibien-Phylogenie, die in zwei große Entwicklungslinien gespalten ist. Ein Zweig beinhaltet die Batrachomorpha, die »echten« Amphibien, die zu den rezenten Lissamphibia führen. Der andere Zweig umfaßt die Reptilomorpha, zu denen die Formen gehören, die zu den Anmiota (Reptilien, Vögel, Säugetiere) überleiten. Im Kladogramm sind nicht alle Gruppen genannt.

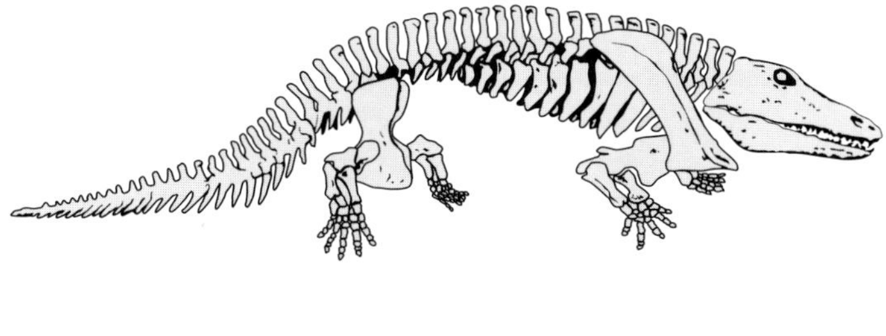

Amphibien 3: Die großwüchsige, etwa 2 m lange Gattung *Eryops* (Batrachomorpha, Eryopidae) ist in unterpermischen Ablagerungen von Texas häufig.

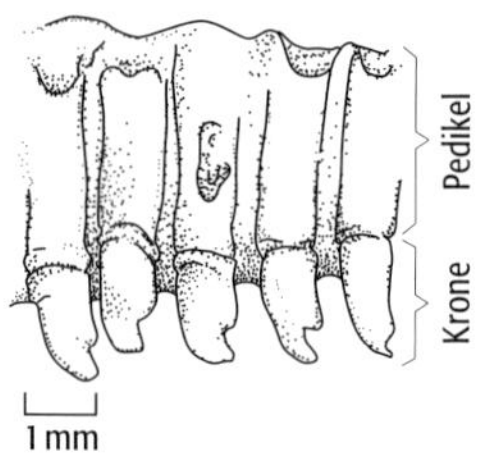

Amphibien 4: Pedizellater Zahnbau der Lissamphibia. Die in diesem Beispiel zweispitzigen Maxillarzähne gliedern sich in eine Krone und einen Basalbereich, das Pedikel.

Amphibien 5: Vertreter der Lissamphibia: a) Einer der ältesten bekannten Anuren ist die aus dem Unterjura Südamerikas stammende Gattung *Vieraella*. Sie zeigt bereits erstaunlich viele Anpassungen moderner Frösche wie verlängerte Hinterbeine, reduzierte Rippen und einen flachen Schädel. b) Die Blindwühle *Eocaecilia* aus dem Unterjura Nordamerikas ist der älteste Nachweis dieser Ordnung. Diese frühen Gymnophionen besaßen im Gegensatz zu späteren Formen noch rudimentäre Extremitäten. c) Skelett des kleinen, oligozänen Salamanders *Chelotriton paradoxus*. Die Gattung ist vom mittleren Eozän bis zum Obermiozän in Europa verbreitet.

ihre Rhipidistier-Vorfahren in der Lage gewesen sein, Luftsauerstoff zu atmen, so daß bei diesen Gruppen bereits funktionstüchtige Lungen zu erwarten sind. Aus dem Bau des Schädels kann man jedoch schließen, daß auch die Kiemenatmung zumindest bei den frühen Amphibien immer noch eine wichtige Rolle spielte. Auch der Schutz vor Austrocknung legt weiterhin einen deutlichen Bezug zum Wasser nahe. Auf dem Lande entfällt der Auftrieb des Wassers. Verstärkungen des Achsen- und Gliedmaßenskeletts sowie der Muskulatur waren notwendig, um das gesamte Körpergewicht zu tragen, was nicht unerheblich war, da die Adulttiere in manchen Gruppen Längen von ein oder mehreren Metern erreichen konnten. Bei den Sinnesstrukturen wurde das nicht mehr benötigte Seitenlinienorgan reduziert, und es fand ein Umbau der Seh-, Riech- und Hörorgane statt. Beibehalten wurde jedoch die Fortpflanzungsweise im Wasser mit externer Befruchtung. Über die Frage, warum Fische an Land gingen und warum gerade im ↗Devon, kann nur spekuliert werden. In periodischen Dürrezeiten, wie sie im Devon durchaus nachgewiesen sind, hatten diejenigen Fische, die mit ihren Extremitäten kleinere Distanzen zwischen den lebensnotwendigen Gewässern zurücklegen konnten, einen deutlichen Selektionsvorteil. Einige entsprechend angepaßte Formen nutzten die freien ökologischen Nischen außerhalb des Wassers und adaptierten sich weiter an den neu erschlossenen Lebensraum.

Die klassische systematische Gliederung der Amphibien, die auf der Morphologie der Wirbelkörper basierte, gilt heute als überholt. Dort wurden die paläozoischen Lurche mit den Labyrinthodontiern (»Temnospondyli« und Anthracosauria) und den »Lepospondyli« den modernen Lissamphibia gegenüber gestellt. Sie ist einer neuen Gliederung gewichen (Abb. 2), die die Amphibien zum einen in die Batrachomorpha, die »echten« Amphibien, zum anderen in die Reptilomorpha unterteilt, in denen die Stammformen der Amnioten (↗Reptilien, ↗Vögel, ↗Säugetiere) zu suchen sind. Zu den Batrachomorpha zählt eine Reihe ganz unterschiedlich gestalteter Gruppen, die früher als »Lepospondyli« zusammengefaßt wurden. Diese meist kleinwüchsigen, langgestreckten Amphibien haben außer dem zylinderförmigen Bau ihres Wirbelkörpers und spitzkonischen Zähnen wenig gemein. Zu den drei wichtigsten Ordnungen zählen die hochspezialisierten, schlangenähnlichen Aïstopoda (z. B. *Lethiscus*), die wahrscheinlich (semi-)terrestrische Biotope besiedelten. Zur Ordnung Nectridea gehören salamanderähnliche, aquatisch angepaßte Gattungen mit teilweise bizarrer Schädelmorphologie (z. B. *Diplocaulus*). Die Ordnung Microsauria (z. B. *Tuditanus*) ist die diverseste, aber auch unspezialisierteste Gruppe und umfaßt sowohl deutlich terrestrisch als auch sekundär aquatisch adaptierte Formen. Die drei Ordnungen sind vom unteren Oberkarbon bis in das Unterperm in Europa und Nordamerika verbreitet, Reste der Nectridea findet man jedoch auch in Nordafrika. Innerhalb der Batrachomorpha werden auch die früher als »Temnospondylen« bezeichneten Lurche geführt. Sie waren die im späten ↗Paläozoikum und frühen ↗Mesozoikum dominierenden Amphibien. Ihre Körper waren meist massig und plump gebaut und konnten die Größe von Krokodilen erreichen. Während die karbonischen und unterpermischen Gruppen v. a. (semi-) terrestrisch angepaßt waren (z. B. *Eryops*, Abb. 3), so herrschen ab dem Oberperm und in der ↗Trias sekundär aquatische Formen vor. Ein Charakteristikum u. a. der »temnospondylen« Amphibien stellt der Bautypus ihrer großen Fangzähne dar, die eine komplizierte, seitliche Einfältelung der Dentinschichten aufweisen. Gemeinsam mit den Anthracosauria und den Seymouriamorpha wurden sie daher früher als Labyrinthodontia zusammengefaßt. Die Fangzähne sitzen auf dem äußeren Gaumenrand ihrer massiven Schädel und greifen jeweils in eine entsprechende Grube auf der Gegenseite. Fast alle Linien paläozoischer Amphibien erlöschen zum Ende des ↗Perms, in der Trias existieren nur noch die Capitosaurier.

Im Mesozoikum erscheinen die modernen, batrachomorphen Amphibienordnungen (Lissamphibia): die Anura (Froschlurche), die Urodela (Schwanzlurche) und die Gymnophonia (Blindwühlen). Die Meinungen, aus welchen paläozoischen Gruppen diese im einzelnen abzuleiten sind, gehen stark auseinander. Seit neuestem werden die vom ↗Jura bis ins ↗Miozän bekannten Albanerpetontidae als vierte, eigenständige Entwicklungslinie innerhalb der Lissamphibia geführt. Ihre phylogenetischen Beziehungen zu den anderen lissamphiben Gruppen sind jedoch unklar. Die Lissamphibia sind insgesamt meist kleine, semiaquatische Tiere mit zylinderförmigen Wirbelkörpern und einer nackten, drüsenreichen Haut. Die meisten Vertreter zeigen einen

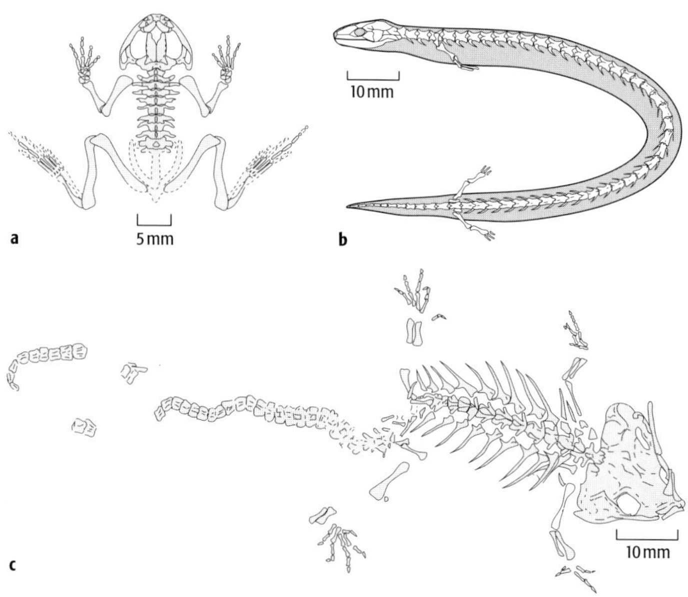

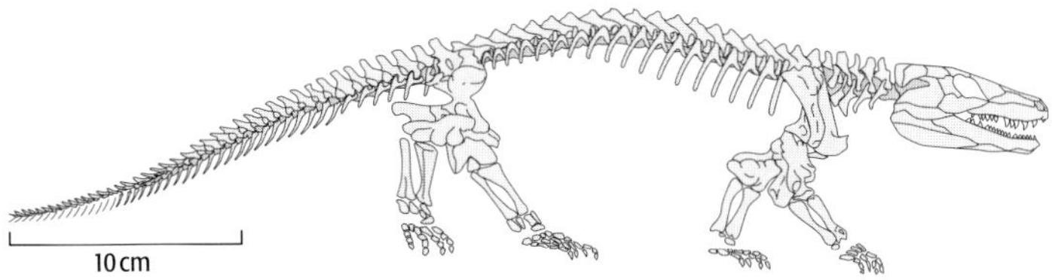

Amphibien 6: Vertreter der Reptilomorpha: Das Genus *Seymouria* ist terrestrisch angepaßt. Mit den kräftigen Extremitäten können sie ihren Körper hoch über dem Boden halten.

speziellen, sog. pedizellaten Zahnbau, d.h. die konischen Zähne sind zweigeteilt in einen Basal- und einen Kronenbereich, die über eine nicht mineralisierte, bindegewebige Zone miteinander verbunden sind (Abb. 4). Die nur fossil bekannten Albanerpetontidae besitzen jedoch dreispitzige, nicht-pedizellate Zähne. Es ist bisher nicht geklärt, ob die skelettanatomischen und odontologischen Merkmale der Lissamphibia auf eine gemeinsame Stammform hinweisen, oder ob sich diese in den verschiedenen Gruppen parallel entwickelt haben.
Als einer der ältesten bekannten Froschlurche wird *Vieraella* aus dem Unterjura von Südamerika angesehen (Abb. 5 a). Bereits aus der unteren Trias von Madagaskar ist jedoch mit *Triadobatrachus* eine froschähnliche Gattung bekannt, die zwischen paläozoischen batrachomorphen Amphibien und Anuren vermitteln soll. Die Schwanzlurche (Abb. 5 c) erscheinen mit dem Salamander *Karaurus* aus dem Oberjura von Rußland etwas später. Der Fossilbericht erlaubt es, die Entwicklungslinien beider Ordnungen nahezu lückenlos mindestens von der ↗Kreide bis zu den heutigen Formen nachzuzeichnen. Unter besonders guten Erhaltungsbedingungen (z.B. eozäne Ölschiefer von ↗Messel) können sogar die fragilen Froschlarven, die Kaulquappen, fossil überliefert werden. Sowohl innerhalb der Anuren als auch der Urodelen sind Riesenformen bekannt. Bei den Froschlurchen ist der ausgestorbene Riesenfrosch *Latonia seyfriedi* erwähnenswert, der bis 20 cm groß werden konnte und im mittleren Miozän Europas vorkam. Der Riesensalamender *Andrias* ist seit dem ↗Oligozän nachgewiesen und erreicht Längen von bis zu 160 cm. Rezente Vertreter dieser fossil in Europa, Nordamerika und Asien verbreiteten Gattung leben heute in Rückzugsarealen in Gebirgsbächen von China und Japan. Der Ursprung der regenwurmähnlichen Blindwühlen (Abb. 5 b) liegt weitgehend im Dunkeln. Vereinzelte Reste aus dem Unterjura, der Oberkreide und dem ↗Paläozän werden dieser Gruppe zugerechnet. Gymnophionen sind rezent im tropischen Regenwaldgürtel von Asien, Afrika und Südamerika verbreitet.
Der zweite, stammesgeschichtlich wichtige Ast in der Amphibienphylogenie sind die Reptilomorpha, die früher insgesamt als Anthracosaurier bezeichnet wurden. Heute teilt man sie in die eigentlichen Anthracosauria, die Seymouriamorpha sowie die Diadectomorpha ein, die sich in dieser Reihenfolge systematisch den Amnioten annähern, wobei die genauen phylogenetischen Beziehungen jedoch nicht bekannt sind. Die Reptilomorpha erscheinen im höheren Unterkarbon von Nordamerika und erlöschen am Ende des Perms. Bereits in einer frühen Entwicklungsphase dieser Gruppe sind im oberen ↗Karbon die ↗Reptilien hervorgegangen. Innerhalb der Seymouriamorpha gab es sowohl terrestrisch (z.B. *Seymouria*, Abb. 6), als auch aquatisch lebende Vertreter (z.B. *Kotlassia*), die sich jedoch alle vorwiegend carnivor bzw. piscivor ernährten. Die Diadectomorpha haben mit der namengebenden Gattung *Diadectes* erstmals in der Tetrapodenentwicklung eine Form hervorgebracht, die von der Bezahnung her an eine herbivore Ernährungsweise angepaßt war. [DK]

Literatur: [1] BENTON, M.J. (1997): Vertebrate Palaeontology. – London u.a. [2] CARROLL, R.L. (1993): Paläontologie und Evolution der Wirbeltiere. – Stuttgart/New York. [3] ROMER, A.S. & PARSONS, T.S. (1991): Vergleichende Anatomie der Wirbeltiere. – Hamburg/Berlin.

Amphibolgruppe, [von griech. amphibolos = zweideutig], *Amphibole, Hornblenden*, der Name Hornblende erscheint in der Mineralogie in der zweiten Hälfte des 18. Jh. als Bezeichnung für eine Mineralgruppe, die vom Bergmann kaum beachtet wurde und deren Analyse und Abgrenzung damals große Schwierigkeiten bereitete. Da das Aussehen halbmetallisch sein kann und der Eisengehalt nicht verwertbar ist, trifft der Name ↗Blende im Sinne der Bergmannssprache zu. Horn hat man auf die Farbe, nicht auf die Härte bezogen. Hornblende ist im engeren Sinn ein Silicatmineral der Amphibolgruppe. Die Amphibole sind strukturell, geometrisch und nach Art des Vorkommens mit den ↗Pyroxenen nah verwandt, chemisch jedoch ungleich komplexer. Die Zusammensetzung kann durch die allgemeine Formel: $A_{0-1}X_2Y_5[(OH, F)/Z_4O_{11}]_2$ ausgedrückt werden (mit A = Na, K; X = Ca, Na, K, Mn, Fe^{2+}, Mg; Y = Mg, Fe^{2+}, Fe^{3+}, Al, Mn, Ti^{4+}; Z = Si, Al). Dabei ist der Ersatz von Al durch Fe^{3+} und zwischen Ti^{4+} und den anderen Ionen der Y-Position begrenzt.
Amphibole gehören zu den wichtigsten gesteinsbildenden Mineralien. Sie sind charakteristisch für magmatische Gesteine, für kristalline Schiefer wie auch für Kontaktbildungen. Selten finden sie sich als Kluft- und Drusenminerale ↗pneumatolitischer oder hydrothermaler Entstehung. Für die Bildung im Bereich der Hochdruckmetamorphose wird die Anwesenheit von Wasser, z.T. auch von Fluor, vorausgesetzt. Die Amphibole gehören zu der Gruppe der ↗Inosilicate mit eindimensional unendlichen Tetraederdoppelketten, wobei zwei einfache Ketten von SiO_4-Tetraedern seitlich miteinander über einen Brückensauerstoff verbunden sind. Damit hat jedes 2. Tetraeder ein weiteres O-Ion mit einem Tetraeder der Nachbarkette gemeinsam. So besitzt die Doppelkette die Zusammensetzung $[Si_4O_{11}]_\infty^{6-}$ als strukturelle Grundeinheit. Diese Doppelkette enthält freie Hohlräume, in die $(OH)^-$ und F^--Ionen eintreten können. Diese Anionen sind nicht an Si-Ionen gebunden, stellen sog. Anionen zweiter Stellung dar und sind darum ein wesentliches genetisches Kennzeichen der Amphibole. Auf-

Amphibolgruppe: Übersicht zur Amphibolgruppe.

Amphibol-Gruppe

gemeinsame Kennzeichen:

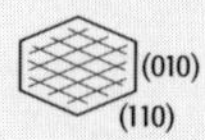

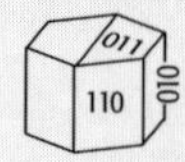

Spaltbarkeit nach (110)
Spaltwinkel ≈ 124°
Spaltbarkeit deutlicher als bei den Pyroxenen;
geringer Gehalt an Fluor

	Al_2O_3-arm	Al_2O_3-haltig
Orthoamphibole (rhombisch)	**Anthophyllit** $(Mg, Fe)_7 [(OH)_2/Si_8O_{22}]$	**Gedrit** $(Mg, Fe)_6 Al[(OH)_2/AlSi_7O_{22}]$ **Holmquistit** $Li_2Mg_3Al_2 [(OH)_2/Si_8O_{22}]$
	Aktinolith-Reihe	**Hornblenden**
Klinoamphibole (monoklin)	**Grammatit** Synonym: Tremolit $Ca_2Mg_5 [(OH)_2/Si_8O_{22}]$ **Aktinolith** Synonym: Tremolit $Ca_2(Mg, Fe)_5 [(OH)_2/Si_8O_{22}]$ Variation: Smaragdit (mit Cr), Nephrit, Amianth **Ferroaktinolith** $Ca_2Fe_5^{2+} [(OH)_2/Si_8O_{22}]$ **Cummingtonit** $(Mg, Fe, Ca, Mn)_7 [(OH)_2/Si_8O_{22}]$ Variation: Dannemorit (mit Mn), Tirodit (mit ≈ 8% MnO), Mangan-Cummingtonit (mit Mg:Mn ≈ 6:4) **Grunerit** $(Fe, Mg)_7 [(OH)_2/Si_8O_{22}]$	**Hastingsit** $NaCa_2(Mg, Fe^{2+}) (Fe^{3+}, Al)[(OH)_2/Al_2Si_6O_{22}]$ Variationen: Barkevikit, Oxyhornblende **Kaersutit** Synonyme: Titan-Hornblende, »basaltische Hornblende« $NaCa_2Mg_3 Fe^{2+} (Ti, Fe^{3+})[(OH)_2/Al_2Si_6O_{22}]$ Variation: Oxykaersutit **Pargasit** $NaCa_2(Mg_3 Fe^{2+})_4 (Al, Fe^{3+})[(OH)_2/Al_2Si_6O_{22}]$ Variation: Karinthin **Edenit** $NaCa_2Mg_5 [(OH)_2/AlSi_7O_{22}]$ **Tschermakit** $Ca_2(Mg, Fe^{2+}{}_3 (Al, Fe^{3+})_2 [(OH)_2/Al_2Si_6O_{22}]$ Variation: Barroisit

Alkaliamphibole

Katophorit	$Na_2Ca(Mg, Fe^{2+})_4 (Fe^{3+}, Al)[(OH)_2/AlSi_7O_{22}]$
Glaukophan	$Na_2(Mg, Fe^{2+})_3 (Al, Fe^{3+})_2[(OH)_2/Si_8O_{22}]$
Riebeckit-Osannit	$Na_2(Fe^{2+}, Mg)_3 (Fe^{3+}, Al)_2[(OH)_2/Si_8O_{22}]$
Richterit	$Na_2Ca(Mg, Fe^{2+}, Mn, Fe^{3+}, Al)_5[(OH, F)_2/Si_8O_{22}]$
Arfvedsonit	$Na_3(Mg, Fe^{2+})_4 (Fe^{3+}, Al)[(OH)_2/Si_8O_{22}]$
Eckermannit	$Na_3(Mg, Li, Fe^{2+})_4 (Fe^{3+}, Al)[(OH)_2/Si_8O_{22}]$
Holmquistit	$Li_2(Mg, Fe)_3 (Al, Fe^{3+})_2[(OH, F)_2/Si_8O_{22}]$

triklin

Aenigmatit Synonym: Cossyrit	$Na_4Fe_{10}^{2+} Ti_2[O_4/(Si_2O_6)_6]$
Rhönit	$Ca_2(Mg, Fe^{2+})_8 (Fe_2^{3+} Ti_2[O_4/(SiAlO_6)_6]$

grund dessen erklärt sich die geringere Dichte (2,85–3,5 g/m^3) und die niedrigere Lichtbrechung (1,62–1,73) der Amphibole gegenüber den verwandten Pyroxenen.

Die Kristalle können in ihrer Ausbildung prismatisch, stengelig bis nadelförmig, langstrahlig oder faserig-verfilzt sein. Im letzteren Fall werden sie dann als ↗Asbest, Amiant oder Bergleder bezeichnet. Die Spaltbarkeit ist nach {*110*} vollkommen (Bildung von pseudohexagonalen durchhaltenden glänzenden Spaltflächen), der Spaltwinkel beträgt 124°. Die prismatische Spaltbarkeit bricht in beiden Fällen die schwachen Bindungskräfte zwischen den Kationen und den Doppelketten auf, niemals jedoch die relativ starken Si-O-Bindungen innerhalb einer Kette. Je nach Symmetrieklasse unterscheidet man Klinoamphibole mit monokliner Struktur, rhombische Orthoamphibole und die seltenen triklinen Amphibole (Abb.). Bei den rhombischen Amphibolen sind in der Struktur alle Kationenplätze [6]-koordiniert, während bei den monoklinen Amphibolen das Verhältnis der [6]:[8]-koordinierten Gitterplätze 5:2 ist. In Industrie und Technik werden faserige Amphibole (Asbest) wegen ihrer Biegsamkeit, Säure- und Hitzebeständigkeit zur Herstellung von feuer- und säurefester Gewebe oder gepreßt mit Bindemitteln zur Herstellung von Dachplatten, Böden, Rohren und anderen Industrieprodukten eingesetzt.

Amphibolit, ein weitverbreitetes metamorphes Gestein, das hauptsächlich aus Amphibolen

Bezeichnung	»Altes System« (in Deutschland außer Bayern)	»Vorläufiges System« (in Bayern)	»Neues System« heute: Deutsches Haupthöhennetz 1912 (DHHN12)	Deutsches Haupthöhennetz 1985 (DHHN85)
Höhenstatuszahl		901	100	140
Erstellungszeitraum	ab 1875 bis 1879	ab 1890	ab 1912 bis 1956	Erneuerungsmessungen 1980 bis 1990
Berechnung	»Netzausbreitung« Anschluß an den Normalhöhenpunkt Sternwarte Berlin	»Netzausbreitung« Anschluß an den Normalhöhenpunkt Sternwarte Berlin	Teilnetzausgleichungen, Zusammenschluß der Teilnetze, Anschluß an den Normalhöhenpunkt Hoppegarten	freie Netzausgleichung, Anschluß an Festpunkt Wallenhorst
Datumsfestlegung	Normalhöhenpunkt (NHP) Sternwarte Berlin »37.000 m über Normalnull (NN)«, Amsterdamer Pegel	Normalhöhenpunkt (NHP) Sternwarte Berlin »37.000 m über Normalnull (NN)«, Amsterdamer Pegel	Normalhöhenpunkt (NHP) Sternwarte Berlin aber verlegt nach Hoppegarten (35 km östlich von Berlin), Amsterdamer Pegel	unterirdische Festlegung (UF) Wallenhorst (bei Osnabrück), Übernahme der Höhe des DHHN12
Höhendefinition	nivellierte Höhen (ohne Reduktionen) »Höhen über Normalnull (NN)«	normalorthometrische Höhen »Höhen über Normalnull (NN)«	normalorthometrische Höhen »Höhen über Normalnull (NN)«	normalorthometrische Höhen »Höhen über Normalnull (NN)«

amtliches Haupthöhennetz (Tab. 1): Höhensysteme in den alten Bundesländern Deutschlands.

(meist ↗Hornblenden) und ↗Plagioklas besteht. Zusätzliche Bestandteile können ↗Quarz, ↗Granat, Diopsid, ↗Epidot und ↗Biotit sein. Die chemische Zusammensetzung der Amphibolite ist metabasisch. Als Ausgangsgesteine kommen sowohl basische Magmatite wie ↗Gabbros, ↗Basalte, ↗Andesite und deren Tuffe (dann spricht man von Ortho-Amphiboliten) oder Mergel und Tuffite (Para-Amphibolite) in Frage. Wenn Mineral- oder Gefügerelikte auf ein Eklogit-Edukt hinweisen, spricht man von *Eklogitamphiboliten*.

Amphibolitfazies, metamorphe Fazies, die durch das Auftreten von Hornblende und Plagioklas bei einer basaltischen Gesteinszusammensetzung gekennzeichnet ist. Die Druck- und Temperaturbedingungen sind etwa 0,3–1 GPa und ca. 500–700 °C, d.h. höher als die Grünschieferfazies. Da die Amphibolitfazies aus verschiedenen Gründen sehr kompliziert ist, teilt man diese je nach den unter Gleichgewichtsbedingungen entstandenen Mineralien in verschiedene Subfazies ein, wie z.B. Almandin-Amphibolitfazies oder Amphibolit-Kyanitfazies.

Amphidromie, *Drehwelle*, eine Schwingung, die sich durch einen hubfreien Knotenpunkt und durch von diesem ausgehende Linien gleicher Phasen auszeichnet. Alle Phasen des Wasserstandes (z.B. Hoch- und Niedrigwasser) umlaufen den Knotenpunkt innerhalb einer Periode im Sinne einer Drehwelle einmal. Es sind je nach Entstehung sowohl links- als auch rechtsdrehende Umläufe möglich. Die Überlagerung je einer stehenden ↗Welle in Längs- und Querrichtung eines Meeresbeckens, die die gleiche Periode und einen Phasenunterschied von einem Viertel dieser Periode besitzt, führt zu einer Amphidromie. Ein solcher Phasenunterschied bei senkrecht zueinander erfolgenden Bewegungen wird auf der rotierenden Erde durch die rechts- (Nordhalbkugel) bzw. linksablenkende (Südhalbkugel) Wirkung der ↗Corioliskraft hervorgerufen. Die Schwingungsbilder von ↗Eigenschwingungen und von ↗Gezeiten mit Perioden in der Größenordnung eines halben Pendeltages sind von Amphidromien beherrscht.

Amphigley, Subtyp des Bodentyps ↗Pseudogley der Klasse ↗Stauwasserböden der ↗deutschen Bodenklassifikation.

Amplituden- und Phasengang, beschreibt in der Darstellung der Frequenzebene in einem Signal oder frequenzsensitiven System die Abhängigkeit der Amplitude und der Phase von der Frequenz (Amplituden- und Phasendiagramm). ↗Fourier-Transformation.

Amplitude-Versus-Offset, *AVO*, Änderungen der Reflexionsamplitude mit zunehmendem Schuß-Geophon-Abstand werden durch den Kontrast der P- und S-Wellengeschwindigkeiten und der Dichte beeinflußt. Eine laterale Änderung der Porenfüllung (z.B. eine Zunahme des Gasanteils) kann eine signifikante und evtl. charakteristische Änderung des Amplitudenverhaltens verursachen, die als direkter Indikator für Kohlenwasserstoffe (↗direct hydrocarbon indicators) genutzt wird.

AMSU, *Advanced Microwave Sounding Unit*, Instrumente an Bord polarumlaufender ↗Wettersatelliten (↗polarumlaufender Satellit) zur Bestimmung von Atmosphärenparametern. ↗ATOVS, ↗National Oceanic and Aeronautical Agency, ↗EUMETSAT Polar System.

AMT ↗*Audiomagnetotellurik*.

Amt für Militärisches Geowesen ↗*MilGeoA*.

amtliches Haupthöhennetz, stellt in Deutschland aktuelle Höhen in einem einheitlichen ↗Höhensystem für unterschiedliche praktische und wissenschaftliche Zwecke zur Verfügung (↗Nivellementnetze 1. Ordnung). Dabei sollen die Höhen sowohl in ihrer Genauigkeit als auch hinsichtlich ihrer Definition jeweils dem Stand der Technik entsprechen. Das neue ↗Deutsche Haupthöhennetz ↗DHHN92 löst das in den alten Bundesländern bisher gültige ↗DHHN12 (Tab. 1) (teilweise das ↗DHHN85) bzw. das in den neuen Ländern gültige ↗SNN76 ab (Tab. 2). Dem DHHN12 liegt das System der ↗normalorthometrischen Höhen zugrunde, da es zum Zeitpunkt der Erstellung dieses Höhennetzes noch nicht die Möglichkeit wirtschaftlich durchzuführender ↗Schweremessungen gegeben hat. Auch für das DHHN85 wur-

Bezeichnung	Staatliches Nivellementnetz 1956 (SNN56)	Staatliches Nivellementnetz 1976 (SNN76)	Deutsches Haupthöhennetz 1992 (DHHN92)
Höhenstatuszahl		150	160
Erstellungszeitraum	Neumessung des Nivellementnetzes 1. Ordnung (1954 bis 1956)	Erneuerungsmessungen des Netzes 1. Ordnung (1974 bis 1976), ab 1. Januar 1979	jüngste Nivellementnetze 1. Ordnung der alten und der neuen Länder sowie Verbindunggsmessungen, Netz 1. Ordnung ab 1994
Berechnung	zwangsfreie Ausgleichung, Anschluß an Pegel Kronstadt	zwangsfreie Ausgleichung, Anschluß an NHN Hoppegarten	freie Netzausgleichung, Stabilisierung durch Randlinien, Anschluß an REUN-Knotenpunkt Wallenhorst
Datumsfestlegung	Anschluß an das Einheitliche Präzisionsnivellementnetz (EPNN) der osteuropäischen Länder, Mittelwasser der Ostsee am Pegel Kronstadt (bei St. Petersburg)	Normalhöhenpunkt (NHP) Hoppegarten aus der Ausgleichung 1957	REUN Knotenpunkt Wallenhorst Kirche (bei Osnabrück), Übernahme der geopotentiellen Kote des REUN (Ausgleichung 1986), geopotentielle Kote des Amsterdamer Pegels
Höhendefinition	Normalhöhen (Krassowski-Ellipsoid) »Höhen über Höhennull (HN)«	Normalhöhen (Krassowski-Ellipsoid) »Normalhöhen 1976« bzw. »Höhen über Höhennull (HN)«	geopotentielle Koten, Normalhöhen (Ellipsoid des GRS80) »Höhen über Normalhöhennull (NHN)«

amtliches Haupthöhennetz (Tab. 2): Höhensysteme in den neuen Bundesländern Deutschlands sowie das neue Deutsche Haupthöhennetz 1992 (DHHN92).

de noch das System der normalorthometrischen Höhen gewählt. Dem ab 1979 eingeführten SNN76 liegt bereits das physikalisch definierte Höhensystem der ↗Normalhöhen zugrunde. Der Unterschied der beiden Systeme DHHN85 und SNN76 beträgt (DHHN85 – SNN76) etwa 12 bis 16 cm, hervorgerufen vor allem durch die unterschiedlichen Festlegungen des ↗Vertikaldatums. Einen zusammenfassenden Überblick über die in der alten Bundesrepublik Deutschland vorliegenden Höhensysteme gibt die Tabelle 1; die Tabelle 2 zeigt zusammenfassend die ab 1956 gültigen Höhensysteme der neuen Länder bzw. das neue DHHN92. [KHI]

Amtliches Topographisch-Kartographisches Informationssystem ↗*ATKIS.*

amu, *atomic mass unit, atomare Masseneinheit, Dalton*, Angabe der in der ↗Massenspektrometrie ermittelten ↗Molekularmassen von organischen Molekülen oder Atomen.

Amundsenmeer, ↗Randmeer des Pazifischen Ozeans (↗Pazifischer Ozean Abb.) in der Antarktis.

Amylobacter, veraltete Bezeichnung für Bakterien der Gattung ↗*Clostridium*.

Anabaena, Gattung der ↗Cyanobakterien (Blaualgen) in der Ordnung der *Nostocales* mit mehr als 100 Arten. Charakteristisch sind fadenartige Zellverbände (Trichome) in einer gallertigen Scheide, Heterozysten zur Fixierung von molekularem Stickstoff, bei vielen Arten Dauerzellen (Ruhestadium) und Zellen mit Gasvakuolen. Sie leben phototroph, Wasser dient als Elektronendonator, Sauerstoff wird unter Lichtwirkung freigesetzt. Durch Verquellung von Schleim, der durch Zellwandporen ausgeschieden wird, kommt es zu gleitender Kriechbewegung auf feuchtem Substrat. Fortpflanzung erfolgt durch Zellteilung (Hormogonien). Bei weltweiter Verbreitung leben die meisten Arten planktonisch in Binnengewässern, aber auch in feuchten Böden, auf Baumrinde und Felsen oder endophyisch in Symbiose (Stickstoffbindung) mit Wasserfarnen.

Anabolismus, ↗Stoffwechsel von Organismen, der zur Synthese von ↗Biomasse dient. Grundbausteine und Energie werden hierfür durch den ↗Katabolismus und den Intermediärstoffwechsel zur Verfügung gestellt.

anaerob, [von griech. an- = nicht, air = Luft, bios = Leben], bedeutet ohne Luft bzw. Sauerstoff lebend (↗Anaerobier) oder ablaufend (↗anaerobe Bedingungen). Der Gegensatz ist ↗aerob.

anaerobe Atmung, ↗Atmung in Abwesenheit von freiem Sauerstoff unter Nutzung von Nitrat, Sulfat oder anderen Stoffen als terminalen Elektronenakzeptor (↗Atmung Tab.).

anaerobe Bakterien, die frühesten irdischen Lebensformen, die vielfach nur unter ↗anaeroben Verhältnissen existieren können. Dazu gehören rezent bekannte Bakterien, die ihren Energiebedarf durch Fermentation decken, d. h. durch Abbau organischer Bestandteile in niedrigmolekulare Verbindungen. Die meisten bauen dabei Traubenzucker oder ↗Zellulose zu Milchsäure oder Ethanol ab. Dies sind die einfachsten, nur wenig Energie liefernden Zellstoffwechsel. Zu den etwas effizienteren chemoautotrophen Formen gehören sulfatreduzierende Bakterien, Stickstoff- und Eisenbakterien. Methan-Bakterien erhalten ihren Energiehaushalt durch den Abbau einfacher organischer Bausteine unter Produktion von Methan aufrecht. Sie sind ebenfalls nur unter anaeroben Bedingungen lebensfähig und werden zu den Archaebacteria gestellt. Zu den evolutiv weiter fortgeschrittenen anaeroben Bakterien gehören photoautotrophe Formen. Wie andere Schwefelbakterien bauen die in feuchten, sauerstofffreien Zonen, z. B. im Watt, lebenden Purpurbakterien H_2S und CO_2 photosynthetisch zu Zucker für ihren Zellhaushalt um, als Abfallprodukt entsteht elementarer Schwefel. Auf gleichen (nicht photosynthetisch unterstützten) Reaktionen beruhen die chemoautotrophen mikrobiellen Lebensgemeinschaften der Mittelozeanischen Rücken. Cyanobacteria produzieren schließlich im Photosyntheseprozeß unter Sauerstofffreisetzung aus CO_2 und Wasser Traubenzucker. Beim Überschreiten der Pasteur-Schwelle, d. h. bei einem über 1 % des heutigen Sauerstoffgehaltes liegendem Wert, können sie von der anaeroben, auf Photosynthese basierenden Lebensweise zu aerober Lebensweise, d. h. zu Sauerstoffatmung, wechseln. [HGH]

anaerobe Bedingungen, **1)** *Bodenkunde, Hydrologie*: herrschen in Boden- oder Gewässerbereichen, in denen Sauerstoff weder gasförmig noch in physikalisch gelöster Form vorkommt. Anaerobe Verhältnisse werden angetroffen im Faulschlamm (↗Sapropel) und ↗Hypolimnion ↗eutropher Seen am Ende der Stagnation. Ein anaerober Zustand kann unter dem ↗Aufwuchs gegeben sein und dort durch bakterielle Aktivität Korrosion und Materialzerstörung (Biofouling) verursachen. Chemische Verbindungen kommen meist in reduzierter Form vor. Sedimente sind bei Anwesenheit von Metallsulfiden schwarz gefärbt. Grundwasser in anaerobem Zustand kann reduzierte Eisen- und Manganionen enthalten, die beim Wechsel zu ↗aeroben Bedingungen als schwerlösliche ↗Oxide und ↗Hydroxide ausfallen (↗Verockerung). **2)** *Ozeanographie*: Bedingungen, in denen nicht genügend molekularer Sauerstoff vorhanden ist, um aerobe Respiration von Organismen bzw. die chemische Oxidation von Mineralen zu unterstützen. Sie entstehen in Gewässern mit hoher Belastung an organischem (abbaubarem) Material und bei vorübergehender oder dauerhafter, natürlich bedingter Stagnation von Wasserkörpern in größeren Tiefen (z. B. Ostsee, Schwarzes Meer), so daß die Aufnahme von Sauerstoff aus den Oberflächenschichten verhindert wird. Bei *Sauerstoffdefizit* übernehmen bestimmte chemische Verbindungen die Rolle des Oxidationsmittels für mikrobielle Abbauvorgänge (z. B. Nitrat, Sulfat, Kohlendioxid, in den Sedimenten auch die Oxide des Eisens, Kobalts und Mangans), wobei Ammoniumstickstoff (NH_4), das besonders toxische Gas *Schwefelwasserstoff* (H_2S), Methan oder gut lösliche Metallverbindungen entstehen (Abb.).

anaerobe Fazies, ↗Fazies, die sich durch laminierte, schwarze, i. d. R. Pyrit führende Sedimente auszeichnet, die weder autochthone benthische Körperfossilien noch ↗Bioturbation aufweisen. Gut erhaltene nektonische Vertebraten, planktische, pseudoplanktische oder anderweitig transportierte Invertebraten und Kotpillen von Plankton oder Nekton können auftreten. ↗dysaerobe Fazies, ↗aerobe Fazies.

anaerobe Nahrungskette, biologischer ↗Abbau von polymeren Naturstoffen (Fette, Kohlenhydrate, Proteine u. a.) unter ↗anaeroben Bedingungen (z. B. bei stauender Nässe, im ↗Sapropel, in tieferen Bodenschichten, im Pansen oder Darm) unter sukzessiver Beteiligung von Populationen verschiedener Arten von ↗Mikroorganismen. Letzte Glieder in dieser Kette sind ↗Methanbakterien und einige Sulfatreduzierer, die niedermolekulare Gärungsprodukte anderer Bakterien zu Kohlendioxid und ↗Methan bzw. Schwefeldioxid umsetzen (anaerobe ↗Atmung).

anaerobe Organismen ↗*Anaerobier*.

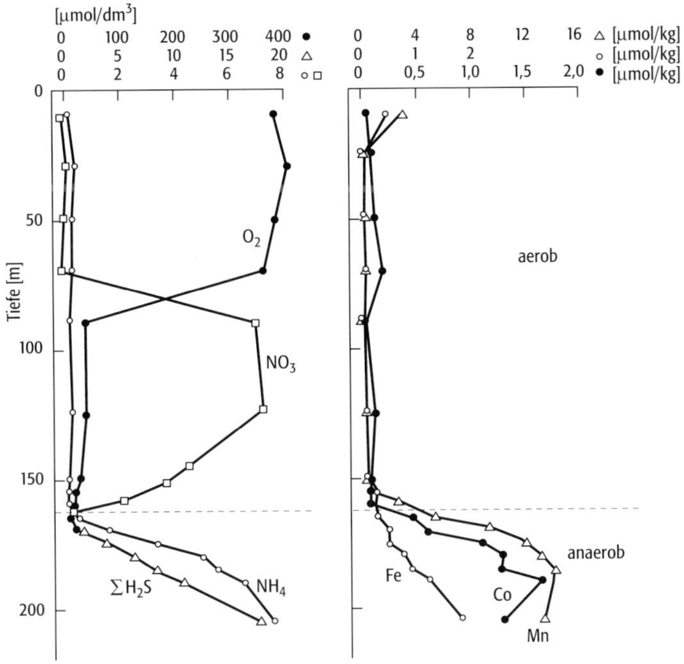

anaerobe Bedingungen: Anoxische Bedingungen im Tiefenwasser der zentralen Ostsee, 1981.

anaerobe Schlammbehandlung, *Schlammfaulung*, Verfahren der ↗Abwasserreinigung, bei welchem das ↗Abwasserschlammgemisch vom ↗Abwasser getrennt und unter ↗anaeroben Bedingungen aufbereitet wird. Diese Behandlung erfolgt in Faulräumen. Die anaerobe Zersetzung des Klärschlamms erfolgt in zwei Stufen. Zuerst werden organische Säuren gebildet, aus denen dann Kohlendioxid und Methan freigesetzt werden. Durch Unterstützung wärmeliebender Bakterien im schwach alkalischen Bereich kann der zweite Prozeß so gesteuert werden, daß eine optimale Ausbeute an ↗Faulgas erreicht wird. Hierbei wird auch das Schlammvolumen stark vermindert und es entsteht ein ausgefaulter, gut entwässerbarer Schlamm.

Anaerobier, *anaerobe Organismen*, Organismen, welche im Gegensatz zu den ↗Aerobiern dauernd oder zeitweise ohne molekularen Sauerstoff (O_2) leben können. Es wird unterschieden in obligate Anaerobier, welche grundsätzlich nur in Abwesenheit von O_2 leben können (z. B. *Clostridium*-Bakterien, Endoparasiten und einige ↗Invertebraten) und in fakultative Anaerobier, die O_2 für ihren ↗Stoffwechsel verwenden, solange dieser verfügbar ist. Danach wird entweder die ↗anaerobe Atmung (↗Atmung Tab.) oder die ↗Gärung zur Gewinnung von Stoffwechselenergie benutzt. Bakterien gehören z. T. zu den Anaerobiern (↗anaerobe Bakterien).

Anafront ↗Aufgleitfront.

Anaglyphenabbildung, *Anaglyphenkarte, Anaglyphenbild*, ↗kartenverwandte Darstellung auf der Basis einer zweifarbigen Abbildung aus zwei übereinander gezeichneten, gedruckten oder projizierten Teilbildern (↗Anaglypenverfahren).

Anaglyphenverfahren, Verfahren zur plastischen Wahrnehmung ebener Bilder durch physikalische Bildtrennung. Stereoskopische Halbbilder, die von zwei Punkten einer zum Objektiv parallelen Basisstrecke bei gleicher Blickrichtung aufgenommen wurden, werden dabei mit komplementärfarbigem Licht projiziert (Anaglyphenprojektion) oder in Komplementärfarben (üblich sind rot und grün, früher blau) gedruckt (Anaglyphendruck). Durch Betrachtung mit entsprechenden Filtergläsern entsteht ein orthoskopischer Stereoeffekt: dem Betrachter erscheint das abgebildete Objekt als graugetöntes körperliches Modell. Das Anaglyphenverfahren ist besonders wirkungsvoll bei Steilaufnahmen von bewegtem Relief und Siedlungen. Auch bei speziell konstruierten Diagrammen und Karten (↗Anaglyphenabbildungen) lassen sich durch das Anaglyphenverfahren plastische Effekte erzielen. ↗Luftbilder sind fertige Vorlagen für zentralperspektive (»echte«) Anaglyphenbilder. Eine entsprechende Gestaltung bei Stereopartnern der Orthophototechnik (↗Orthophoto) führt zur Parallelperspektive. Parallelperspektivische (axonometrische, »unechte«) Anaglyphenkarten sind besonders zu konstruieren. Liegt eine Karte bereits vor, so beschränkt sich die Konstruktion auf die zweite Darstellung, in der die Höhenlinien und das Grundrißbild um konstante Beträge parallel zur Ausgangsbasis zu verschieben sind, um die nötigen Betrachtungsparallaxen für die verschiedenen Höhenwahrnehmungen zu erzeugen. [MFB]

Ana-Kaltfront ↗Kaltfront.

Analcim, [von griech. analkis = schwach, kraftlos], *Cubieit, Cuboit, Eudnophit, Euthalit.* $Na[AlSi_2O_6] \cdot H_2O$; Mineral mit kubischer Kristallform, oft modellhaft gut ausgebildete Ikositetraeder, auch in derb körnigen und krustigen Aggregaten; farblos, mitunter graue, rötliche oder grünliche Tönung; Glasglanz; Spaltbarkeit kaum vorhanden; Bruch: muschelig, uneben. Seine lockere Gerüststruktur enthält Kanäle parallel zu den dreizähligen Achsen, in denen sich H_2O-Moleküle befinden. Na kann durch K oder Ca diadoch ersetzt werden und zum Valenzausgleich Si durch Al. Die Bildung erfolgt in Magmatiten, wenn diese SiO_2-untersättigt sind, zusammen mit Nephelin oder anderen Foiden. Ferner teils deuterisch, teils autohydrothermal als Pseudomorphosen nach Leucit oder Nephelin, auch als Drusenfüllung in Klüften und verschiedenen alkalireichen Vulkaniten (Phonolit, Diabas, Basalt) bzw. in manchen Plutoniten (Syenit, Foyait, Gabbro). In vulkanischen Tuffen finden sich gelegentlich große durchsichtige Kristalle. Analcim in Basalten verursacht den sogenannten ↗Sonnenbrand. Diese Basalte sind wegen ihrer Neigung zu grusigem Zerfall für eine technische Verwendung nur bedingt geeignet. [GST]

Analog-Digital-Wandler, *Analog-Digital-Umsetzer*, ist eine Anordnung, die ein analoges Signal (meist elektrisches Signal) in eine Folge digitaler Werte überführt. Die Umsetzung kann auf mechanischem, optischem, elektrischem oder elektronischem Wege erfolgen. Das Abtasten selbst wird als ↗Sampling bezeichnet.

analoge Karte, graphisch-visuelle Karte, i.d.R. auf festem Träger (Papier, Folie), wird häufig im Gegensatz zur ↗digitalen Karte gesehen und im Sinn einer analogen Vorlage im Vorgang der ↗Digitalisierung oder des Scannens (↗Scanner) genutzt. Es existiert kein prinzipieller Unterschied zur *graphischen Karte.*

analoges Auswertegerät, *analoges Stereokartiergerät*, in der ↗Photogrammetrie Gerät zur Auswertung analoger, photographischer ↗Stereobildpaare, wobei die Beziehungen zwischen den Bildern und dem Modell durch optische oder mechanische Projektion hergestellt werden. Die Kopplung eines externen Rechners ermöglicht eine ↗digitale Kartierung als Ergebnis der stereoskopischen Ausmessung des Modells durch einen Operateur.

analoge topographische Kartenwerke, ↗topographische Karten, die an materielle ↗Zeichnungsträger gebunden sind. Zu ihnen zählen z.B. die Kartenblätter der topographischen Karten der Bundesländer der Bundesrepublik Deutschland. Sie sind geordnet nach den Maßstäben 1:5000, 1:10.000, 1:25.000, 1:50.000, 1:100.000, 1:200.000, 1:500.000 und 1:1.000.000. Für die Herstellung sind zuständig bis zum Maßstab 1:100.000 die ↗Landesvermessungsämter oder Landesbetriebe für Landesvermessung und Geoinformation und für die Maßstäbe ab 1:200.000 das ↗Bundesamt für Kartographie und Geodäsie.

Analogmodell, Darstellung eines natürlichen Systems durch ein analoges physikalisches System in der Weise, daß das Verhalten des analogen Systems in etwa (oder exakt) das Verhalten des Prototyps simuliert. In der Hydrologie beispielsweise simulieren Analogmodelle meistens das Fließen von Wasser in einem Gerinne (oder durch ein poröses Medium) durch das Fließen eines elektrischen Stroms in einem aus Widerständen und Kondensatoren bestehenden Stromkreis (Strom- bzw. Spannungsanalyse).

Analog-Registrierung, erfaßt eine Meßgröße durch eine sich kontinuierlich anpassende Anzeige, z.B. Zeigerinstrument mit Registrierung auf Papier oder Film oder Speicherung einer Spannung auf einem Magnetband. Im Gegensatz hierzu steht die ↗Digital-Registrierung durch Zahlen.

Analyseatlas ↗elektronischer Atlas.

analytische Darstellung ↗Synthesekarte.

analytische Methoden, für geowissenschaftliche Fragestellungen wird eine Vielzahl verschiedener Methoden angewendet, um Proben (fest, flüssig oder gasförmig) bezüglich Struktur und chemischer Zusammensetzung (sowohl qualitativ als auch quantitativ) zu untersuchen. Erster Schritt bei jeder Analytik ist eine Aufbereitung der Probe mit Separation der zu untersuchenden Substanz; diese kann physikalisch erfolgen (z.B. bei Mineralseparation) oder chemisch (Aufschlußverfahren). Eine Analyse der so vorbereiteten Proben kann nach verschiedenen Methoden erfolgen, von denen die wichtigsten sind:

a) *naßchemische Analytik*: Nach Durchführung von Aufschlußverfahren können Anionen und Kationen naßchemisch (z. B. Fällungsreaktionen, Titrationen) bestimmt werden.
b) *Chromatographie*: Chromatographische Verfahren sind mikroanalytische Verfahren, bei der verschiedene Komponenten eines Stoffgemisches voneinander abgetrennt werden. Das Trennungsprinzip basiert auf einer stationären Phase, an der eine mobile Phase, die flüssig (*Flüssigkeitschromatographie*, LC) oder gasförmig (↗Gaschromatographie, GC) sein kann, vorbeiströmt. Dient eine Platte als stationäre Phase und eine Flüssigkeit als mobile Phase, wird die Methode als *Dünnschichtchromatographie* (DC) bezeichnet. Aufgrund unterschiedlicher Wanderungsgeschwindigkeiten der mobilen Phase durch unterschiedliche Verteilung der Probenkomponenten kommt es zur Trennung der Stoffe. Sogenannte geschlossene Systeme bestehen aus einer Trennsäule, in der eine stationäre Phase (z. B. poröser Adsorber) angebracht ist. Die mobile Phase strömt entlang einer angelegten Druckdifferenz mit meist konstantem Massenstrom durch die Säule. Demgegenüber ist bei offenen Systemen das ↗Adsorbens auf einer frei zugänglichen Unterlage angebracht. Beispiele hierfür sind die Dünnschicht- und die Papier-Chromatographie. Hier hat die mobile Phase keine konstante Strömungsgeschwindigkeit; die Wanderung der mobilen Phase wird durch Gravitation oder kapillare Kräfte bestimmt. Detektoren weisen die getrennten Substanzen im Eluens nach. Angetragen gegen die Zeit ergibt sich ein Chromatogramm, aus dem die quantitative Zusammensetzung der Probe ermittelt werden kann.
c) *röntgenographische Verfahren*: Röntgenstrahlung (elektromagnetische Strahlung) kann gleichermaßen als Welle oder als Träger definierter Energien betrachtet werden. Die Wellenlänge liegt im nm-Bereich bzw. die Quantenenergie E im keV-Bereich. Für den Zusammenhang zwischen Wellenlänge und Energie gilt: $E = hc/\lambda$ mit E = Energie, h = Plancksches Wirkungsquantum, c = Lichtgeschwindigkeit, λ = Wellenlänge. Da Röntgenstrahlung also Wellenlängencharakter besitzt, können Röntgenstrahlen an Kristallen nach der ↗Braggschen Gleichung gebeugt werden: $n\lambda = 2\,d \cdot \sin\theta$ mit d = Netzebenabstand des Kristalles, λ = Wellenlänge und θ = Winkel der zur Netzebene auftretenden Strahlung. Ein Reflex tritt also nur dann auf, wenn der Gangunterschied zwischen zwei Strahlen, die an zwei aufeinanderfolgenden Netzebenen der Netzebenenschar S gebeugt werden, ein ganzzahliges Vielfaches der zur Beugung verwendeten Wellenlänge λ ausmacht. Innerhalb eines Kristalls gibt es verschiedene Netzebenen, wobei Flächenlagen mit niedrigen ↗Millerschen Indizes am dichtesten besetzt sind. Jedes Mineral hat charakteristische Werte für seine Netzebenenabstände d. Beugung der Strahlen tritt beim Durchgang durch den Kristall als auch bei Reflexion am Kristall ein. Beugung beim Kristalldurchgang wurde von M. F. T. ↗Laue 1912 entdeckt; auf einer fotographischen Platte zeigten sich durch Interferenz stark belichtete Stellen. Beim *Bragg-Verfahren* wird ein monochromatischer Röntgenstrahl (definierte Wellenlänge) auf einen Einkristall gerichtet, der sich langsam um die eigene Achse dreht. Ist ein Glanzwinkel erreicht, erfolgt Reflexion an der entsprechenden Netzebene; bei weiterer Drehung erfolgt zunehmende Auslöschung, bis eine andere Netzebene unter einem anderen Glanzwinkel getroffen wird.
Nach einem ähnlichen Prinzip verläuft das ↗Debeye-Scherrer-Verfahren; hier wird kein Einkristall verwendet, sondern ein Kristallpulver in einer sich drehenden Glaskapillare verwendet. Kreisförmig um das Präparat ist ein Film angebracht, auf dem die durch Interferenz erzeugten Bereiche maximaler Verstärkung als Kegel- und Zylinderschnittlinien erscheinen. Die Lage der Interferenzlinie auf dem Film entspricht dem Glanzwinkel θ. Bei der *Guinier-Kamera* wird monochromatisches Röntgenlicht durch einen Quarz-Monochromator (Reflexion am Quarzkristall) erreicht; durch gekrümmten Schliff des Monochromators wird eine Fokussierung des monochromatischen Röntgenlichtes erreicht, was die Auflösung verbessert. Weitere Kameratypen sind die Weissenberg-Kamera (Messung von Einkristallen) und die Präzessionskamera (Buerger-Kamera).
Neben der Aufzeichnung der Reflexe über einen Film gibt es die Möglichkeit der Aufzeichnung mit einem Zählrohr (*Röntgendiffraktometer*); damit ist es möglich, die Röntgenquanten zu zählen. Es gibt zwei Typen von Zählrohren. Beim Szintillationszähler werden Röntgenquanten von einem Szintillationskristall absorbiert und in Fluoreszenzlicht umgewandelt. Die entstehenden Lichtquanten werden mittels eines Photomultipliers verstärkt. Im Proportionalzähler löst jedes Röntgenquant eine Gasentladung aus, die wiederum verstärkt und als Impuls registriert wird. Durch Drehung des Zählrohres oder der Probe können die unterschiedlichen Glanzwinkel erreicht und so der Wert θ ermittelt werden. Auf diese Weise ist eine Komponentenbestimmung in Mineralgemischen möglich.
d) *Röntgenspektralanalyse*: Röntgenspektralanalyse ermöglicht die qualitative und quantitative Bestimmung von Elementen innerhalb einer Probe. Dabei wird der Effekt ausgenützt, daß Atome Strahlung aussenden, wenn ein Elektron einer inneren Schale herausgeschlagen wird und ein Elektron einer äußeren Schale den freigewordenen Platz belegt. Damit ist ein Energieverlust verbunden, der sich in der Abstrahlung eines Röntgenquants äußert. Für jedes Element ergeben sich dabei charakteristische Linienspektren, je nachdem ob sich die aufgefüllte Lücke auf der K-, L- oder M-Schale befand. Zur Röntgenspektralanalyse benötigt man eine Anregungsquelle, ein Spektrometer und eine Meßelektronik. Bezüglich der Anregung kann zwischen Röntgenemission (Anregung mit Elektronen) und Röntgenfluoreszenz (Anregung mit Photonen) unterschieden werden. Zur Röntgenfluoreszenz wird

mit einer Röntgenröhre angeregt; dabei werden Elektronen, die von einer Glühkathode freigesetzt werden, beschleunigt und auf eine Anode (Au, Ag, W, Rh, Mo oder Cr) gelenkt. Dabei entsteht Röntgenstrahlung, die über ein Fenster austreten kann. Röntgenemission wird mit einer Elektronenkanone bewirkt, dabei werden Elektronen direkt auf die Probe geleitet (direkte Anregung). Dieser Anregungstyp ist in Elektronenstrahlmikrosonden bzw. im Rasterelektronenmikroskop mit angeschlossenem Spektrometer verwirklicht. Die spektrale Zerlegung des von der Probe ausgehenden Röntgenstrahls kann über dessen Welleneigenschaft (*wellenlängendispersives Verfahren*) oder Energie (*energiedispersives Verfahren*) erfolgen. Beim wellenlängendispersiven Verfahren wird die von der Probe ausgehende Strahlung mit dem Winkel θ auf einen Analysatorkristall geleitet. Monochromatische Strahlen, welche die Braggsche Gleichung erfüllen, werden reflektiert. Da der d-Wert des Analysatorkristalls bekannt ist, und der Winkel θ durch Drehung des Zählrohrs bestimmt wird, kann die Wellenlänge der emittierten Strahlung bestimmt werden. So kann ein Spektrum aufgenommen werden, welches elementtypisch ist. Im energiedispersiven Fall wird die von der Probe ausgehende Strahlung auf einen Halbleiterdetektor geleitet. Er besteht meist aus einem Si-Kristall mit Li-Dotierung. Trifft ein Röntgenquant auf diesen Kristall, wird eine Spur von Elektron-Loch-Paaren erzeugt, die solange besteht, bis die Energie des Röntgenquants aufgebraucht ist. Bei angelegter Hochspannung am Halbleiter entsteht ein Ladungsstoß, der verstärkt und zu einem Spannungssignal verarbeitet wird. Im Vielkanal-Impulsanalysator werden die von verschiedenen Elementen bewirkten Signale getrennt. Beide Analysatorsysteme werden zur qualitativen wie quantitativen Analytik eingesetzt. In Röntgenfluoreszenz-Spektrometern wird Probensubstanz (als Preß- oder Schmelztablette) auf Zusammensetzung und – nach Vergleich mit Referenzsubstanzen (↗chemische Gesteinsstandards) – quantitativ analysiert. In Elektronenstrahlmikrosonden wird ein dünner Elektronenstrahl auf eine Probenoberfläche geleitet und ebenfalls qualitativ und quantitativ untersucht; dieses System kann für punktuelle Analysen verwendet werden, während bei den Röntgenfluoreszenzgeräten eine Gesamtanalyse der Probe im Vordergrund steht.

e) *Elektronenmikroskopie*: Bei ↗Elektronenmikroskopen unterscheidet man Rasterelektronenmikroskope (REM) und Transmissionsmikroskope (TEM). Beim REM wird durch eine Elektronenkanone ein Elektronenstrahl erzeugt und auf die Probe gerichtet. Über einen Ablenkgenerator wird der Strahl zeilenweise über die Probenoberfläche gerastert. Der Elektronenstrahl führt zu Emission von Sekundärelektronen (aus der Oberfläche der Probe) und Rückstreuelektronen (aus tieferen Probenschichten), die von Detektoren erfaßt und über eine Bildröhre zu einem Bild zusammengesetzt werden. Die Orientierung der Probenoberfläche äußert sich in der Emissionsrichtung der Sekundärelektronen. Dadurch entsteht ein Reliefkontrast. Ein Materialkontrast entsteht durch Materialabhängigkeit bei der Emission von Rückstreuelektronen. Beim TEM wird das Abbild der Probe durch monochromatische Elektronen, die durch Spannungen bis zu 200 keV beschleunigt werden und daher äußerst kurzwellig sind, erreicht. Die Probe wird dabei durchstrahlt; Streuabsorptionen im Objekt bewirken das Bild.

f) ↗Massenspektrometrie: In einem Massenspektrometer können Moleküle einer Probe ionisiert werden, anschließend werden die Ionen nach Massen getrennt und dann registriert. So können Informationen zu Elementzusammensetzung und Elementverteilung gewonnen werden.

g) *Infrarotspektrometrie* und *Ramanspektrometrie*: Atome haben eine Masse und sind durch elastische Bindungen miteinander verbunden. Jede Bindung zwischen zwei Atomen hat dabei eine charakteristische Schwingung. Die Summe aller am Aufbau eines Moleküls beteiligter Bindungen gibt ein charakteristisches Schwingungsspektrum an. Aus der Messung von Schwingungsspektren und dem Vergleich mit bekannten Spektren kann so eine Substanz analysiert werden. Absorptionsspektren werden ermittelt, in dem die Probendurchlässigkeit bei verschiedenen Wellenlängen mit einem Spektrometer gemessen wird.

h) *Mikrowellen-Gasspektroskopie*: Im Bereich von 1 bis 10.000 GHz liegen bei gasförmigen, polaren Verbindungen Inversions- und Rotationsschwingungen, deren Spektren molekülcharakteristisch sind und in Absorption gemessen werden können.

i) *Atomabsorptionsspektroskopie*: Hier werden aus Lösungen durch thermische Energiezufuhr Atome und Ionen erzeugt. Da freie Atome elektromagnetische Strahlung absorbieren können, welche sie auch zu emittieren vermögen, kann durch Messung der ↗Absorption eine Bestimmung durchgeführt werden.

j) Inductively coupled plasma emission spectrometry (*ICP*): ICP ist ein emissionsspektroskopisches Verfahren, bei dem elementcharakteristische Linienspektren, wie sie bei Anregung eines Atomes bzw. Iones emittiert werden, erfaßt werden. Die Anregung geschieht bei der ICP im Plasma; darunter versteht man ein nach außen elektrisch neutrales Gas bei sehr hoher Temperatur. In diesem liegen aufgrund thermischer Dissoziation und Ionisation nebeneinander Moleküle, Atome, Ionen und Elektronen vor. Das Plasma wird induktiv aus Argon erzeugt, welches mit einer Teslaspule gezündet wird. Die Probe wird dem Plasma mit Hilfe eines Argon-Trägergases als Aerosol zugeführt; im Plasma erfolgt eine Anregung und Emission von charakteristischer Strahlung, welche in einem Spektrometer zerlegt und gemessen wird.

k) *Neutronenaktivierungsanalyse*: Pulverisiertes Probenmaterial wird zusammen mit Standardsubstanz in einen Neutronenfluß eingebracht

und bis zu 30 Stunden bestrahlt. Dadurch entstehen kurzlebige Isotope der in der Probe und dem Standard vorhandenen Elemente, die unter γ-Strahlung zerfallen. Die Intensität der γ-Strahlung ist proportional der Menge der vorhandenen Isotope, und diese wiederum hängt von der Konzentration des entsprechenden Elementes vor der Bestrahlung ab. Durch Messung der γ-Strahlung von Probe und Referenz kann eine quantitative Analytik durchgeführt werden.
l) *Ionensonde*: Bei der Ionensonden-Analytik wird ein feiner Strahl von Sauerstoffionen (20–30 μm Durchmesser) auf die Probenoberfläche geschossen. Dabei bilden sich sekundäre Ionen, die emittiert werden. Gleichzeitig entsteht in der Probenoberfläche ein kleines Loch. Über Sekundärionen-Massenspektrometrie kann die isotopenchemische Zusammensetzung der Probe bestimmt werden.
m) *Differential-Thermoanalyse*: Diese Analysemethode ermöglicht es, Reaktionen innerhalb einer Probe in einem Temperaturverlauf festzustellen. Reaktionen können dabei chemische Umsetzungen oder Phasenübergänge sein. Zur Analyse wird pulverisierte Probensubstanz zusammen mit einer chemisch inerten Substanz (z. B. Al_2O_3) in einem Ofen erhitzt. Typische Heizraten liegen bei 5–10 Kelvin pro Minute. Die Temperatur innerhalb der Proben- und der Referenzsubstanz wird über Thermoelemente bestimmt. Erfolgt eine exotherme Reaktion der Probe, steigt ihre Temperatur gegenüber der Referenzsubstanz an. Eine endotherme Reaktion dagegen führt zu geringerem Temperaturanstieg der Probe verglichen mit der Referenzsubstanz. Ist die Umsetzung in der Probe beendet, gleichen sich Probentemperatur und Referenztemperatur wieder an. Die Differenz der beiden Temperaturverläufe ergibt eine Kurve, die die Umsetzungen innerhalb der Probe in Abhängigkeit von der Temperatur darstellt. Dadurch können Aussagen über die Zusammensetzung der Probe gemacht werden. Bei entsprechender Eichung ist auch quantitative Analytik möglich.
n) ↗Thermogravimetrie: Bei der Thermogravimetrie wird die Masse einer Probe in Abhängigkeit zur Umgebungstemperatur bestimmt. Häufig ist in einer DTA-Apparatur eine Waage installiert, so daß eine simultane Messung (DTA- und TG-Messung) erfolgt.
o) ↗Mikrothermometrie. [AM]

Literatur: [1] Ullmanns Enzyklopädie der technischen Chemie 5: Analysen und Meßverfahren. – Verlag Chemie. [2] ROLLINSON, H. (1986): Using geochemical data: Evaluation, presentation and interpretation. – Longman Scientific & Technical. [3] HEINRICHS, H. & HERMANN, A. G. (1990): Praktikum der Analytischen Geochemie. – Springer.

analytisches Auswertegerät, *analytisches Stereokartiergerät*, in der ↗Photogrammetrie Gerät zur Auswertung analoger, photographischer ↗Stereobildpaare, wobei die Beziehungen zwischen den Bildern und dem Modell bzw. Objekt durch analytische, numerische Projektion hergestellt werden. Das optisch-mechanische Grundgerät ermöglicht die stereoskopische Betrachtung und dreidimensionale Auswertung des Bildpaares durch Anfahren der auszumessenden Modellpunkte mit einer ↗Raummarke. Der Datenfluß im System beginnt mit der Eingabe von Modellkoordinaten-Inkrementen durch den Operateur über Handräder und Fußscheibe bzw. eine Freihandführung. Die Meßwerte werden nach ↗Analog-Digital-Wandlung (A/D) vom Rechner des Systems eingelesen und auf Basis der ↗Kollinearitätsbedingung in die zugeordneten Bildkoordinaten transformiert. Über Servosysteme oder Schrittmotoren für die ↗Digital-Analog-Wandlung (D/A) werden die Bildwagen des Systems so gesteuert, daß vom Operateur die Raummarke, auf dem eingestellten Modellpunkt aufsitzend, wahrgenommen wird. Voraussetzung für die Auswertung ist die rechnergestützte ↗relative Orientierung und ↗absolute Orientierung des Bildpaares. Das Ergebnis der Auswertung ist eine ↗digitale Kartierung, die auf dem Bildschirm visualisiert und in einer Datei für die weitere Verarbeitung abgespeichert wird (Abb.). [KR]

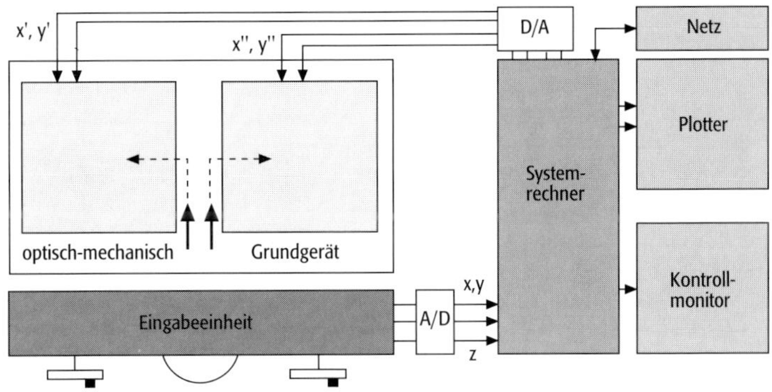

analytisches Auswertegerät: Grundaufbau.

analytische Systemanalyse, Instrumentarium der ↗Landschaftsökologie zur Erfassung von Zuständen und Prozessen eines Systems.

Anamorphotendarstellung ↗Kartenanamorphote.

Anaptychen ↗Aptychen.

anastomosierender Fluß, *anastomosed river*, ein Haupttyp der Fluß-Grundrißtypologie, der im morphographischen Aufriß durch sich teilende und zusammenfließende Gerinnelaufabschnitte gekennzeichnet ist. Diese sind gestreckt bis mäandrierend, haben ein geringes ↗Sohlengefälle und einen niedrigen Weite/Tiefe-Quotienten des Gerinnequerschnitts. Charakteristisch sind ausgeprägte ↗Uferwälle, so daß der anastomosierende Fluß geomorphologisch-deskriptiv auch als verzweigter ↗Dammuferfluß beschrieben werden kann (Abb. im Farbtafelteil). Der Auenbereich zwischen den Gerinneläufen weist, neben Ablagerungen von ↗crevasse splay, sowohl höher liegende, vegetationsbestandene als auch tiefer liegende, sumpfige bis vermoorte Bereiche auf (↗Dammufersee). Humide Klimabedingungen (↗humides Klima), hohe Raten zugelieferter ↗Suspensionsfracht und tektonische ↗Subsidenz fördern die Ausbildung eines anastomosierenden Flußlaufs. Eine Folge ist die rasche vertikale Akkumulation im Uferwall- und Auenbereich. Gegenüber den im allgemeinen vegetationsbestandenen Uferböschungen aus sehr bindigem, siltig bis tonigem Material (↗Silt und ↗Ton) reicht die relative schwache ↗Erosionskompetenz in der Regel nicht aus, um die Lage des Gerinnes durch Seitenerosion (↗fluviale Erosion) oder Mäandermigration (↗Mäander) zu verlegen. Die Neuanlage und Abschnürung (↗Avulsion) derart fixierter Gerinnebetten beruht auf Uferwallverzweigung (↗Flußverzweigung). [PH]

Anatas, [von griech. anatasis = Emporstrekkung], *Dauphinit*, TiO_2, Mineral mit ditetragonal-dipyramidaler Kristallform. Farbe: blauschwarz, aber auch honiggelb, braun, hyazinthrot, selten farblos; metallartiger bis fettiger Diamantglanz; durchscheinend bis durchsichtig; Strich: weißlich, manchmal auch gelblich; Härte nach Mohs: 5,5–6; Dichte: 3,8–3,9 g/cm³; Spaltbarkeit: vollkommen nach *(001)* und *(101)*; Aggregate: tafelig, säulig; Kristalle scharf ausgebildet und meist aufgewachsen; vor dem Lötrohr unschmelzbar; in Säuren unlöslich; Begleiter: Quarz, Adular, Albit, Rutil, Brookit, Calcit, Chlorit; Vorkommen: in alpinen Klüften sowie in Produkten der Diaphthorese und der schwachen Epimorphose, aber auch in verwitterten Gesteinen. Anatas bildet sich auf Kosten des Ti-Gehalts der Biotite in Graniten und Gneisen wie auch im chloritisierten Augit der Diabase und auch in Absätzen einiger Thermalquellen, vorwiegend im Opalsinter. Fundorte: auf Klüften von kristallinen Schiefern der Schweiz und Österreichs, Minas Gerais (Brasilien), Bothaville (Südafrika). [GST]

Anatexis, *partielles Schmelzen*, der Vorgang der Gesteinsbildung, bei dem es durch Temperatur-

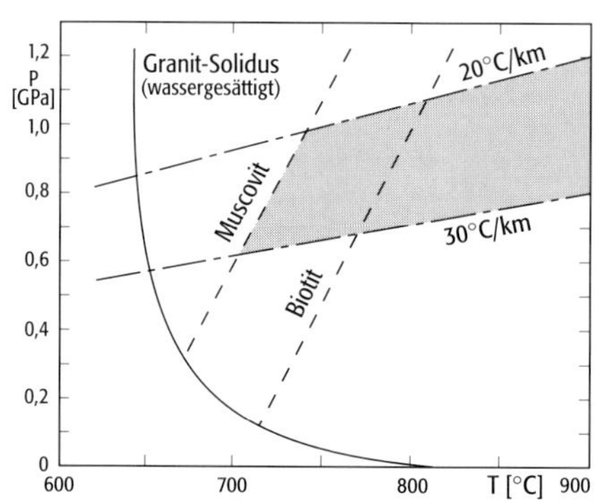

Anatexis: Druck-Temperatur-Diagramm mit den Kurven für den Schmelzbeginn in granitischen Zusammensetzungen. Die durchgezogene Linie zeigt den wassergesättigten Solidus; die gestrichelte Linie den Beginn des Deydratisierungsschmelzens in muscovit- und biotitführenden Quarz-Feldspat-Gesteinen; die strichpunktierte Linie den geothermischen Gradienten für 20 und 30 °C/km. Der wahrscheinlichste Bereich der Granitbildung in der kontinentalen Erdkruste ist grau dargestellt.

erhöhung, Druckerniedrigung und/oder Zufuhr von fluider Phase zur Bildung von Partialschmelzen kommt; wird in erster Linie verwendet, wenn es um die Bildung von sauren (granitischen) Teilschmelzen in der Erdkruste geht. Die daraus entstandenen Gesteine werden ↗Migmatite genannt. Neben Temperatur, Druck und fluider Phase spielt die mineralogische und chemische Zusammensetzung der Ausgangsgesteine eine wichtige Rolle. So konnte durch experimentelle Untersuchungen (u.a. der deutschen Arbeitsgruppen von H. ↗Winkler und W. Johannes) gezeigt werden, daß die Bildung von granitischen Teilschmelzen nur in Gneisen mit Quarz-Alkalifeldspat-Plagioklas-führenden Lagen schon bei Temperaturen von 650 °C (bei H_2O-Drücken von 0,4 GPa) möglich ist. Da die Schmelze wassergesättigt ist, hängt ihre Menge in erster Linie von der Menge des zur Verfügung stehenden Wassers ab. In trockenen Gesteinen können sich nur dann Schmelzen unterhalb der sehr viel höheren Solidustemperatur bilden, wenn durch den Zerfall einer wasserhaltigen Mineralphase Wasser freigesetzt wird (↗Dehydratisierungsschmelzen). Es können sich in der kontinentalen Erdkruste granitische Schmelzen im Temperaturbereich oberhalb 750 °C (bei Drücken von 0,6 bis 1,0 GPa) durch Dehydratisierungsschmelzen aus biotitführenden Gesteinen bilden (Abb.). Inwieweit sich aus solchen lokal in ↗Migmatiten gebildeten Schmelzen große Granit-Plutone ableiten lassen, ist allerdings noch unklar. [MS]

Anatexit, ein metamorphes Gestein, das sich bei der ↗Anatexis gebildet hat.

Anaxagoras, griechischer Philosoph und Naturforscher, * um 500 v.Chr. in Klazomenai bei Izmir, † 428 v.Chr. in Lampsakos (Hellespont); übersiedelte um 462 v.Chr. aus seiner Heimat in Kleinasien nach Athen und lehrte dort etwa 30 Jahre lang; ging 434 v.Chr. nach Lampsakos. Er deutete alles Entstehen als Zusammenmischung (Synkrisis), alles Vergehen als Entmischung (Diakrisis) von Urelementen, die »unendlich an Zahl und an Kleinheit seien«. Als das bewegende Prinzip (weltordnende Kraft) begriff er den Geist (Nous), glaubte, daß die Gestirne aus denselben Stoffen wie die Erde aufgebaut seien, und hielt Sonne, Sterne und Planeten für glühende Felsbrocken. Er erklärte die Mondphasen sowie die Sonnen- und Mondfinsternisse aus den Bewegungen dieser Himmelskörper und erkannte als erster, daß die mit dem Wasser verknüpften Naturprozesse einen sich schließenden Kreislauf bilden. Er schreibt in seiner »Meteorologie«: »Von der Feuchtigkeit auf der Erde entsteht das Meer, aus den Wassern der Erde und aus den Flüssen, die in das Meer fließen. Die Flüsse wiederum verdanken ihr Entstehen dem Regen und den Wassern innerhalb der Erde, denn die Erde ist hohl und die Höhlungen sind mit Wasser gefüllt«. Er erkennt also die Speicherung des Wassers im Untergrund und nennt als Ursprung der Flüsse richtig den Regen und den Zufluß aus dem Untergrund. [HJL]

Anbaugrenze, meteorologisch bedingte Grenze des Anbaus von Kulturpflanzen, wobei i.a. entweder die Temperatur oder der Niederschlag (Bodenwassergehalt) die begrenzenden Faktoren sind.

Anchimetamorphose, von Harrassowitz (1927) eingeführter Begriff für den Druck-Temperaturbereich, der zwischen der ↗Diagenese und der eigentlichen ↗Metamorphose liegt. Heute wird unter Anchimetamorphose der Bereich der niedrigstgradigen Metamorphose (Zeolith- und

Prehnit-Pumpellyit-Fazies; ↗metamorphe Fazies) verstanden.

Andamanensee, ↗Randmeer des Indischen Ozeans (↗Indischer Ozean Abb.) zwischen den Andamanen, den Nikobaren und der Malaiischen Halbinsel.

Andepts, veraltet für die Bodeneinheit der ↗Andisols der ↗Soil Taxonomy.

Andesit, ein vulkanisches Gestein, dessen ↗felsische Minerale zu mehr als 70 Vol.-% aus ↗Plagioklas bestehen (↗QAPF-Doppeldreieck Abb.). Weitere Hauptgemengeteile sind ↗Quarz, ↗Biotit, ↗Hornblende und Klinopyroxen. Andesite besitzen häufig ein ↗porphyrisches Gefüge mit ↗Einsprenglingen von häufig zonierten Plagioklasen und Biotiten oder Hornblenden. Bei der chemischen Klassifikation nach dem ↗TAS-Diagramm spricht man von Andesiten bei SiO_2-Gehalten von 57–63 Gew.-% und von basaltischen Andesiten bei Gehalten von 52,5–57 Gew.-%. Andesite treten besonders häufig in den jungen Vulkangürteln entlang der konvergierenden Plattenränder, die den Pazifik umgeben, auf.

andic horizon, [von japan. an = dunkel und do = Boden), ↗diagnostischer Horizont der ↗WRB, der durch mäßig intensive Verwitterung vorwiegend pyroklastischer Ablagerungen, aber auch aus nicht vulkanischem Material hervorgegangen ist. Entweder dominieren Allophan und ähnliche Minerale und führen zu sauren bis neutralen ↗Bodenreaktionen, oder es dominiert Aluminium in komplexer Bindung an organische Säuren und bewirkt extrem saure Bodenreaktionen. Andic horizon kommt u.a. vor in ↗Ferrasols, ↗Phaeozems, ↗Alisols, ↗Acrisols, ↗Luvisols und ↗Lixisols.

Andisols, Ordnung der ↗Soil Taxonomy. Junge Vulkanascheböden mit ↗andic horizon, die annähernd den ↗Andosols der ↗WRB vergleichbar sind.

Andosols, Bodenklasse der ↗WRB. Vorwiegend dunkelbraune bis schwarze Böden aus vulkanischen Aschen mit ↗andic horizon. Junge Andosole enthalten in der Tonfraktion v.a. ↗Allophane, in den übrigen Kornfraktionen hauptsächlich frische vulkanische Gläser. In älteren Andosolen sind vorwiegend verwitterungsstabile Silicate nichtvulkanischer Herkunft verblieben, in der Tonfraktion haben sich ↗Halloysite gebildet. Unter einem lockeren Oberboden mit stabilem Gefüge liegt bei älteren Andosolen ein kräftig brauner bis rötlichbrauner ↗B-Horizont. Günstige bodenphysikalische Eigenschaften und das hohe Nährstoffnachlieferungsvermögen alternder Andosole bedingen im humiden Klima eine hohe ↗Bodenfruchtbarkeit.

Andree, *Richard*, ↗Andrees Handatlas.

Andrees Handatlas, klassischer deutscher ↗Handatlas; unter Leitung des Geographen und Ethnologen *Richard Andree* (* 26.2.1835 in Braunschweig, † 22.2.1912 in München) 1880/81 in einer Erstauflage von 120.000 Exemplaren erschienen. Der Atlas zeichnete sich durch seine Blattgröße (42 × 56 cm), eine sorgfältige Bearbeitung der Karten, des Textes und des Registers sowie des niedrigen Preises aus. Er ist ausgeführt in Steingravur für Strichelemente und Gebirgsschraffen sowie Federlithographie für Grenzbänder und Flächenfarben, der Auflagedruck erfolgte nach Umdruck und Strichätzung in achtfarbigem Buchdruck. Er blieb für Jahrzehnte, mehrfach durch thematische Karten sowie großmaßstäbige Stadtumgebungskarten erweitert, der meistverkaufte Handatlas. Neben deutschen Auflagen mit zusammen fast 700.000 Exemplaren wurden auch ausländische Ausgaben herausgegeben. [WSt]

Anelastizität, bedeutet Abweichung von dem idealen Zusammenhang zwischen Spannung und Deformation (↗Hookesches Gesetz). Anelastizität tritt bei größeren Deformationen als bleibende Verformung auf (↗Rheologie).

Anemometer, Gerät zur ↗Windmessung.

Aneroidbarometer ↗Barometer.

Aneroide, *Aneroidbarometer*, ↗Barometer.

Anfärbemethoden, chemische Anfärbemethoden ermöglichen die Diagnostizierung einzelner Minerale und geben v.a. Hinweis auf das Gefüge der Gesteine, z.B. bei der Untersuchung von Dolomitisierungsprozessen in Carbonatgesteinen. Die Färbemethoden sind auf frischen Bruchflächen von Gesteinen, auf angeschliffenen Flächen sowie auf nicht abgedeckten Dünnschliffen und Körnerpräparaten möglich. Anfärbemethoden sind wichtig besonders bei sedimentpetrographischen Untersuchungen zur Unterscheidung der einzelnen Carbonatminerale sowie bei der Unterscheidung Quarz-Kalifeldspäte-Plagioklase. Häufig verwendete Färbemittel sind Alizarinrot, Natrium-Rhodizonat, Benzidin und Feigelsche Lösung (Mangansulfat mit Silbersulfat in alkalischer Lösung). Selektive Anfärbung von Kalifeldspat und Plagioklas erfolgt mit Eosin B, Cobaltnitrit und Natrium-Rhodizonat.
Dünnste Schichtlagen von Tonmineralen, z.B. in Sandsteinen, lassen sich durch Anfärben mit Alizarinrot sichtbar machen. Die Tonminerale adsorbieren den Farbstoff und werden dunkelrot. Die Durchführung der Färbemethoden kann im Gelände an sauberen Gesteinsoberflächen oder Kernproben, wie auch im Labor an glatten angeschliffenen Gesteinsflächen erfolgen. [GST]

Anflüge, ↗Ausblühungen; krustenartige, pulvrigerdige Mineralaggregate, die sich als feinkörnige dünne Überzüge auf Mineralen und Gesteinen sowie an Baustoffen niederschlagen.

Angara-Schild, *Anabar-Block*, hochmetamorpher archäischer Kontintent-Nukleus in Nordost-Sibirien mit ältesten Metamorphose-Altern von 2530–2985 Mio. Jahren. Gemeinsam mit dem ähnlich entwickelten ↗Aldan-Schild bildete er noch im Lauf des älteren Proterozoikums den Kontinent ↗Sibiria.

Angewandte Geologie, Teilbereich der Geowissenschaften, welcher sich mit der Erforschung geologischer Aspekte und ihrer technischen Anwendung befaßt, die für den Menschen einen unmittelbaren ökonomischen bzw. ökologischen Nutzen darstellen. Die Angewandte Geologie unterteilt sich in die Teilgebiete ↗Hydrogeologie,

Ingenieurgeologie, Montangeologie und ↗Lagerstättenkunde. In jüngster Zeit wird auch die Umweltgeologie ihr zugerechnet. Als eigenständige Disziplin hat sich die Angewandte Geologie erst im 20. Jh. herausgebildet.

Angewandte Geomorphologie, die Verfolgung wissenschaftlicher Fragestellungen der ↗Geomorphologie mit dem Ziel, die Ergebnisse in die Praxis umzusetzen. Praxisorientierte, geomorphologische Ansätze und Methoden sind v. a. bei Fragen der nachhaltigen Landnutzung (↗Bodenerosion), bei der Abschätzung der Gefährdung durch ↗Massenbewegungen und beim ↗Küstenschutz von großer Bedeutung.

Angewandte Geophysik, *Explorationsgeophysik*, Zweig der Geophysik, der sich mit der Anwendung geophysikalischer Methoden zum Auffinden von Lagerstätten befaßt. Die Angewandte Geophysik entwickelte sich nach dem Ersten Weltkrieg aus der Geophysik heraus, indem die Methoden der Allgemeinen Geophysik für die Aufgaben der oberflächennahen Erforschung angepaßt wurden. Als einer der Gründungsväter der Angewandten Geophysik, insbesondere der ↗Seismik, gilt L. ↗Mintrop. So hat die Angewandte Geophysik die Aufgabe, gemeinsam mit den anderen geowissenschaftlichen Disziplinen, Fragestellungen der Erkundung und Ausbeute von Lagerstätten zu bearbeiten, die von ökonomischem Interesse sind. Das Spektrum der Lagerstätten ist sehr weit, es reicht vom Erdöl und Erdgas über Kohle, Erze, Salze, Wasser, Steine und Erden bis hin zur geothermischen Energie (↗geothermische Energiegewinnung). Auch die Untersuchung der Eigenschaften und der Güte eines Baugrundes gehören zum Aufgabenbereich der Angewandten Geophysik. Von unmittelbarem wirtschaftlichem Interesse ist der Tiefenbereich der oberen 10 km der Erdkruste. Bei Explorationsaufgaben muß jedoch das Konzept verfolgt werden, auch die Struktur und die Genese der Tiefenbereiche zu verstehen, die unterhalb der erreichbaren Abbautiefe bzw. Bohrtiefe liegen. Bohrtiefen bis zu 10 km sind heute im Bereich des technisch Möglichen. Unter diesen Gesichtspunkten gehört die obere Erdkruste zum Arbeitsfeld der Angewandten Geophysik, im Extremfall sogar die gesamte Erdkruste. Methoden der Angewandten Geophysik kommen auch bei Aufgabenstellungen zum Einsatz, die nicht unmittelbar mit wirtschaftlichen Fragestellungen in Zusammenhang stehen. Hierzu zählen Untersuchungen für geomorphologische und archäologische Aufgaben. Die Methoden der Angewandten Geophysik sind darauf ausgerichtet, petrophysikalische Gesteinsunterschiede im Untergrund durch Messungen von der Oberfläche her aufzuspüren. So untergliedert sich die Angewandte Geophysik in folgende Arbeitsbereiche, die sich an den verschiedenen petrophysikalischen Parametern orientieren:
a) ↗Seismik oder Angewandte Seismologie (Geschwindigkeit seismischer Wellen, elastische Konstanten); b) ↗Gravimetrie (↗Dichte); c) Magnetik (↗Magnetisierung); d) ↗Geoelektrik (↗spezifischer Widerstand, ↗Eigenpotential, ↗induzierte Polarisation, Radarmethoden); e) ↗Geothermik (↗Temperaturgradient, ↗Wärmeleitfähigkeit, ↗Temperaturleitfähigkeit, ↗Wärmequellen); f) ↗kernphysikalische Verfahren (↗Radioaktivität, Verhalten der Atome gegenüber Teilchenbestrahlung).
Den zweifellos größten Anteil an den Arbeiten der Angewandten Geophysik hat die Seismik, da sie weltweit in großem Umfang für die ↗Exploration von Kohlenwasserstoff-Lagerstätten eingesetzt wird. Aus der Sicht der möglichen Meßebenen lassen sich folgende Arbeitsbereiche unterscheiden (und die angewendeten Methoden):
a) Erdoberfläche (Methoden der normalen Geophysik); b) Airborne-Geophysik: Als Meßträger dienen Hubschrauber und Flugzeuge, im weitesten Sinne auch Satelliten (↗Gravimetrie, ↗Magnetik, ↗Geoelektrik, kernphysikalische Methoden); c) Shipborne-Geophysik: Als Meßträger dienen Schiffe (Seismik, Gravimetrie, Magnetik, Geothermik); d) ↗Bohrloch-Geophysik: Als Meßträger dienen Sonden im Bohrloch (Magnetik, Geoelektrik, Geothermik, ↗kernphysikalische Bohrlochmessung). [PG]

Angewandte Geothermik, Teilgebiet der ↗Geothermik. Die Angewandte Geothermik beschäftigt sich mit der Anwendung geothermischer Verfahren zur Lösung praktischer und ingenieurtechnischer Probleme. Die Nutzung der geothermischen Energie ist ein Teilgebiet der Angewandten Geothermik (↗geothermische Energiegewinnung). Bei der Angewandten Geothermik ist die Temperatur in ihrer räumlichen und zeitlichen Veränderung die entscheidende Meßgröße. Untersuchungen des geothermischen Gradienten und der Wärmestromdichte spielen nur eine untergeordnete Rolle. Temperaturmessungen können bei allen Fragestellungen eingesetzt werden, bei denen die Temperatur als Tracer für endotherme oder exotherme Prozeßabläufe und für Wärmetransportvorgänge genutzt werden kann. Die folgende Übersicht zeigt, in welchen Bereichen Temperaturmessungen erfolgreich eingesetzt werden können:
a) Pipelines: Langzeitmonitoring zur Leckagedetektion und -ortung bei Erdgas-, Erdöl- und Produktleitungen sowie bei Fernheiztrassen (Abb. 1, Abb. 2); b) Bohrungen: Temperatur-Logging (↗Temperatur-Log), ↗Fluid-Logging, Nachweis von wasserführenden Kluftzonen und Zuflußzonen von Wasser, Online-Untersuchungen bei Pumptests; c) Untergrundspeicher: Überwachung der Temperatureffekte bei der Einspeisung und Ausspeisung von Gas, Detektion und Lokalisierung von Leckagen an Steigrohren und Verrohrungen, Erfassung und Überwachung von Hinterrohreffekten; d) Dämme, Deiche und Talsperren: Erfassung und Überwachung von Sikkerwasserpfaden durch Dämme und Deiche, Langzeitmonitoring zur Schadstellenüberwachung; e) oberirdische Deponien: Temperaturüberwachung entsprechend der ↗TA Abfall und ↗TA Siedlungsabfall in der Betriebs- und Nachsorgephase, Lokalisierung von Aufheiz-

zonen und schwelbrandgefährdeten Zonen im Innern von Deponien, Überwachung der Dichtigkeit von Basis- und Oberflächenabdichtung. (Abb. 4 im Farbtafelteil); f) unterirdische Sondermülldeponien: Überwachung von Zwischen- und Endlagern von Sondermüll und radioaktiven Abfällen, Überwachung von Deponierung und Re-Injektion von Fluidsystemen in poröse Schichten; g) Tunnel-, Erd- und Bergbau: Geohydraulische Prozesse hinter Tunnelwänden, Überwachung der Dichtigkeit der Vertikal- und Bodenabsperrungen von Großbaugruben, Erfassung von Leckagen an Schlitzwänden, Flutung und Endverwahrung von Schachtanlagen; h) Lagerstättenerkundung: Erfassung oberflächennaher Sulfiderzvorkommen (insbesondere Sulfiderzgänge), Thermalwassererkundung; i) Erzaufbereitung: Überwachung, Steuerung und Optimierung untertägiger und übertägiger Laugung von ↗Armerzen (Leaching), z.B. von Kupfererzen; j) ↗geothermische Energiegewinnung: Überwachung und Optimierung geothermischer Anlagen, Nachweis von Zuflußzonen bei hydrogeothermischen und hydrothermalen Systemen.

Aus dieser Zusammenstellung wird deutlich, daß in der Angewandten Geothermik Fragen im Vordergrund stehen, die eine Langzeitüberwachung (*Geomonitoring*) erfordern. Die Absolutgenauigkeit der Temperaturmessungen ist dabei nicht so wichtig wie die Temperaturauflösung. Entscheidend sind eine hohe Orts- und Zeitauflösung und die Möglichkeit, die Messungen zeitgleich über lange Strecken (z.T. viele Kilometer), flächenhaft oder räumlich über möglichst lange Zeiträume (bis mehrere Jahrzehnte) durchführen zu können. Weiterhin muß gewährleistet sein, daß die Messungen stets an der gleichen Stelle erfolgen, um eindeutige Aussagen über den zeitlichen Verlauf der Temperatur zu erhalten. Damit werden hohe Anforderungen an die Meßtechnik gestellt, denen die faseroptische Temperatursensorik weitgehend entspricht. Aber auch ↗Widerstandsthermometer (↗Pt-100-Verfahren) und Infrarotmeßgeräte können in Abhängigkeit von der Aufgabenstellung erfolgreich eingesetzt werden. Einige ausgewählte Beispiele geben einen Einblick in praktische Einsatzfälle.

a) Detektion und Lokalisierung von Leckagen an Pipelines: Leckagen an unterirdisch verlegten Gas-, Öl- oder Produktenpipelines verursachen wirtschaftliche Verluste und bilden ein erhebliches Risiko für Umwelt und Bevölkerung. Pipelines werden daher mit Hilfe verschiedener Methoden überwacht. Temperaturmessungen bieten den Vorteil einer genauen Lokalisierung von Leckagen und der Erfassung auch kleiner Undichtigkeiten. Bei intakten Pipelines erfolgt die Wärmeübertragung durch ↗Wärmeleitung. Bei einer Leckage von Pipelines, an denen Flüssigkeiten (Öl, Wasser oder andere Produkte) austreten, bilden sich in der Umgebung der Leckstelle durch einen advektiven Wärmetransport Temperaturanomalien im Erdboden. Die Größe dieser Anomalie hängt von der Temperaturdifferenz zwischen dem in der Pipeline transportierten Medium und der Bodentemperatur ab. Bei Gaspipelines, bei denen das Gas unter einem Druck bis 6 MPa stehen kann, erfolgt an der Leckagestelle eine Druckentspannung. Entsprechend dem ↗Joule-Thomson-Effekt tritt eine Abkühlung bei Druckentspannung auf. Für Methan beträgt die Temperaturabsenkung ca. 0,5 °C pro 0,1 MPa Druckabfall. Bei Gaspipelines bestehen daher gute Voraussetzungen für die thermische Leckageortung (Abb 2). Für die Pipelineüberwachung bietet sich v.a. das faseroptische Temperaturmeßverfahren an, da die Meßkabel zwischen zwei Meßstationen eine Länge bis zu 60 km haben können, so daß mit dieser Technik auch lange Pipelineabschnitte überwacht werden können. In ähnlicher Weise erfolgt die Leckageüberwachung von unterirdisch verlegten Fernheizungsleitungen und Frischwasserleitungen.

b) Überwachung der Dichtigkeit von Dämmen, Deichen und Wasserbauwerken: Dämme und Deiche entlang von Flüssen und Kanälen sowie Staudämme und Staumauern dienen dem Schutz der Umgebung vor Überflutungen. Sickerwasser kann auf unterschiedlichen Fließpfaden einen Deich unter- oder durchströmen und binnenseitigen Drainagesystemen zufließen oder als Drängewässer auftreten. Es gilt daher, Dammabschnitte mit einer verstärkten Durchströmung zu lokalisieren und die zeitlichen Veränderungen der Durchströmung über lange Deichstrecken quasikontinuierlich mit hoher Ortsauflösung zu erfassen. Sickerwasserpfade und Leckstellen in Dämmen und Deichen können durch Temperaturmessungen erfaßt und lokalisiert werden, da sich die Temperatur von Sickerwasser aus einem Fluß, Kanal oder Staubecken von der Temperatur in einem unbeeinflußten Boden oder im Grundwasser unterscheidet. Die Temperatur ist somit ein natürlicher Tracer für die Erkennung und Lokalisierung von Sickerwasserpfaden und der einzige Parameter, der eine direkte Information über vorhandene Fließpfade liefert. Praktische Messungen zeigen, daß sich Dammabschnitte mit einem erhöhten Sickerwasserdurchfluß eindeutig lokalisieren lassen, so daß zielgerichtete Maßnahmen zur Sanierung eingeleitet werden können. Bereiche mit aufsteigendem kühlem Grundwasser werden mit den Temperaturmessungen ebenfalls erkannt. Die Größe der Temperaturanomalie ist ein Maß für die Zuflußrate von Grund- und Flußwasser, wodurch eine qualitative Bewertung der Zuflußmenge von Wasser möglich ist. In ähnlicher Weise können in Seen und Tagebaurestlöchern Wasserzutritte aus dem ↗Liegenden oder aus Böschungen lokalisiert werden. Die Überwachung langer Deichabschnitte oder großer Strecken am Boden von Seen stellt die gleichen Anforderungen an die Meßtechnik wie die Überwachung von Pipelines. Für Detailuntersuchungen kurzer Deichabschnitte können auch Messungen mit Widerstandsthermometern und Infrarotmessungen eingesetzt werden. Der stationäre Einbau eines faseroptischen Meßkabels im Erdboden oder an anderen später nicht

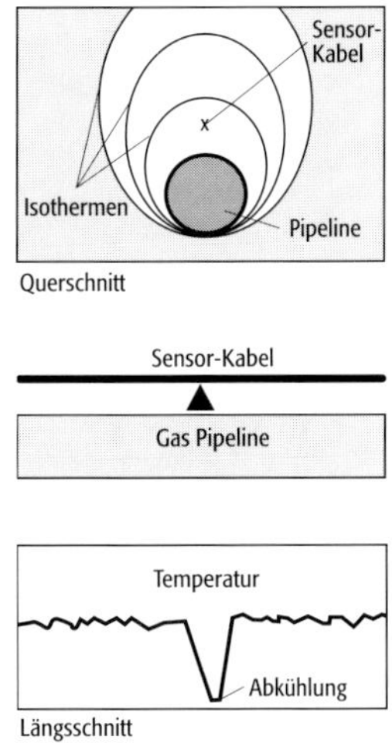

Angewandte Geothermik 1: Prinzip der Leckageortung mit Hilfe faseroptischer Temperaturmessungen.

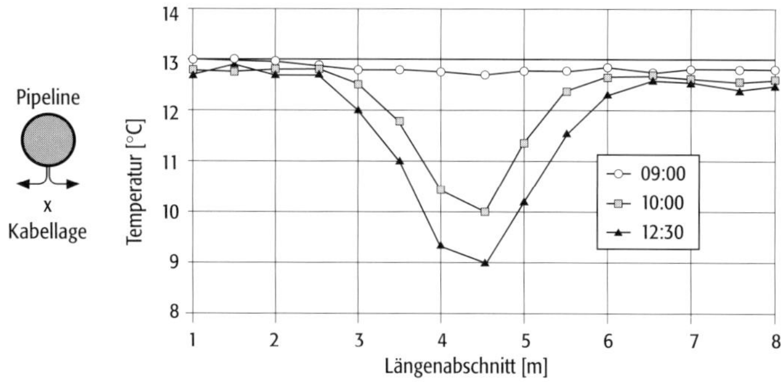

Angewandte Geothermik 2: Temperaturprofile über einer Leckagestelle in einer Erdgaspipeline. Das faseroptische Sensorkabel wurde unter der Pipeline in 6-Uhr-Stellung installiert (links im Bild).

mehr zugängigen Stellen (z.B. Wehr, Schleuse) ermöglicht ein Langzeitmonitoring.
c) Untergrundspeicher: Aquifer- und Kavernenspeicher werden für die unterirdische Speicherung von Erdgas genutzt. Die Temperaturverteilung und deren zeitliche Entwicklung ist eine wichtige Meßgröße für die Bewertung des Betriebszustandes. Temperaturmeßsysteme (z.B. ↗faseroptische Temperaturmessung) können in ein Steigrohr oder in den Raum zwischen Steigrohr und Verrohrung (Ringraum) eingebaut werden. Bei Defekten (z.B. undichte Muffen) tritt Gas aus dem Steigrohr in den Ringraum ein, wobei es zu einer Druckentspannung kommt. Dieser Effekt wird durch Temperaturmessungen erfaßt. Mit fest in einer Bohrung installierten Temperaturmeßsystemen kann die Einstellung des Temperaturgleichgewichts im Anschluß an eine Gaseinspeisung oder Gasausspeisung und der damit verbundenen Temperaturstörung untersucht werden.

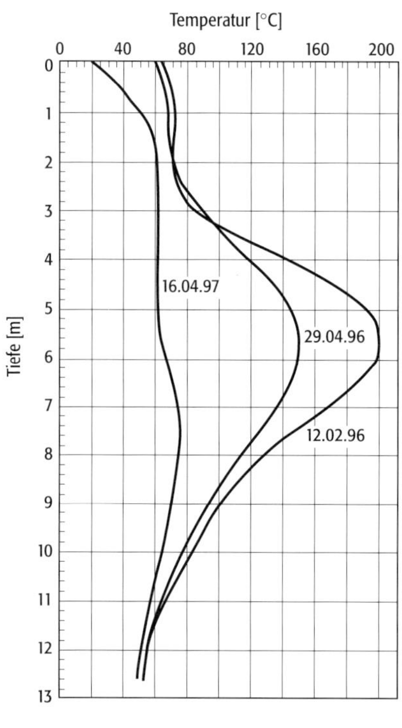

Angewandte Geothermik 5: Wälzschlackenhalde bei Freiberg. Temperaturentwicklung in einer Überwachungsbohrung.

d) Deponien: In Deponien laufen chemische und mikrobielle Prozesse ab, durch die Wärme erzeugt wird (exotherme Prozesse, ↗Wärmequellen, ↗Wärmeproduktion). Im Innern von Hausmülldeponien kann die Temperatur Werte von 70 °C erreichen. Dadurch hebt sich eine Deponie von ihrer Umgebung durch eine deutliche positive Temperaturanomalie ab. Eine Abgrenzung von Deponiebereichen mit unterschiedlichen ↗Wärmeproduktionsraten im Deponieinnern kann durch Infrarotmessungen erfolgen (Abb. 3 im Farbtafelteil). Bei Altdeponien, die keine ordnungsgemäße Basisabdichtung haben, wird wärmeres Deponiesickerwasser mit dem Grundwasserstrom mitgeführt, es erfolgt ein advektiver Wärmetransport (↗Advektion). Temperaturmessungen in geringer Tiefe (z.B. 1 m) im Umfeld einer Deponie erfassen im Abstrom die Hauptströmungsbahnen des Grundwassers (Abb. 4 im Farbtafelteil). Dadurch wird es möglich, zielgerichtet chemische Untersuchungen über die Belastung des Grundwassers vorzunehmen. In Schlackenhalden kann die Zersetzung von Sulfiden zu hohen Temperaturen führen. So wurden auf der Wälzschlackenhalde des ehemaligen Hüttengeländes in Freiberg (Sachsen) Temperaturwerte um 300 °C in einer Tiefe von 6–7 m gemessen. Die Brandherde, die diese hohen Temperaturen verursachen, wandern und verändern ihre Lage. Mit Temperaturmessungen läßt sich der zeitliche Prozeß der Wärmefreisetzung und der Wirksamkeit eingeleiteter Sanierungsmaßnahmen überwachen. In einer Überwachungsbohrung auf der Schlackenhalde verringerte sich innerhalb eines Jahres die Temperatur von 200 °C auf ca. 70 °C (Abb. 5). [EH]

Literatur: [1] ARMBRUSTER, H., GROSSWIG, S., HANNICH, D., HURTIG, E. und MERKLER, G.-P. (1997): Thermische Untersuchungen an Seitengräben zur Kontrolle durchströmter langgestreckter Dämme – Teil I: Hydraulische Situation und Meßverfahren, Teil II: Meßergebnisse, Interpretation und Wertung. – Wasserwirtschaft 87. [2] GROSSWIG, S. und HURTIG, E. (1997): Die faseroptische Temperaturmeßtechnik – Leistungsfähigkeit und Anwendungsmöglichkeiten im Umwelt- und Geobereich anhand ausgewählter Beispiele. – Scientific Reports, J. Mittweida University of Technology and Economics. [3] GROSSWIG, S., HURTIG, E., KASCH, M. und SCHUBART, P. (1997): Leckortung und Online-Überwachung an unterirdischen Erdgas-Pipelines mit faseroptischer Temperatursensorik. – Erdöl, Erdgas, Kohle, 113.

Angewandte Gravimetrie, beschäftigt sich mit der ↗Exploration von Lagerstätten oder auch dem Aufspüren von oberflächennahen Dichteinhomogenitäten, wie z.B. dem Entdecken verborgener, unterirdischer Hohlräume.

Angewandte Hydrologie, Teilbereich der ↗Hydrologie, in dem hydrologische Methoden für die Praxis, d.h. Verfahren für die Schaffung planerischer Unterlagen, für die ↗Wasserwirtschaft sowie die Land- und Forstwirtschaft entwickelt werden. Dabei hat sich im Übergang zur Wasserwirtschaft ein eigener Bereich, die ↗Ingenieurhydrologie, gebildet. Gleichfalls sind im Übergangsbereich zu den Agrar- und Forstwissenschaften als eigenständige Bereiche die ↗Agrarhydrologie und die ↗Forsthydrologie entstanden. Zur Angewandten Hydrologie werden ferner die ↗operationelle Hydrologie und die ↗regionale Hydrologie gerechnet.

Angewandte Kartographie ↗Kartographie.

Angewandte Mineralogie ↗Mineralogie.

Angewandte Seismik, Messung und Interpretation von ↗seismischen Wellen zur Untersuchung des Untergrundes, zur Bestimmung von geologischen Strukturen und ihrer physikalischen Eigenschaften. Die Bezeichnung Angewandte Seismik ist auf die Auffindung und wirtschaftliche Ausbeutung von Kohlenwasserstoffen und anderen Rohstoffen bezogen. ↗seismische Methode, ↗geophysikalische Prospektion.

Angiospermophytina, *Angiospermae*, *Bedecktsamer*, *Magnoliophytina*, Unterabteilung der ↗Spermatophyta und höchstentwickelte ↗Plantae. Die Samenanlage ist in einen Fruchtknoten eingeschlossen, der sich nach der Befruchtung in eine ↗Frucht umwandelt. Die Angiospermophytina werden in die monocotylen ↗Liliopsida mit meist monosulcaten ↗Pollen, die dicotylen ↗Magnoliopsida mit monosulcaten Pollen und die dicotylen ↗Rosopsida mit tricolpaten und höher entwickelten Pollen unterteilt. Die Angiospermophytina sind die dominierenden Pflanzen des ↗Neophytikums mit rezent ca. 240.000, d.h. 75 % aller Landpflanzenarten. Sie kommen vom ↗Hauterive bis rezent vor. Unter den Landpflanzen erreichen die Bedecktsamer den höchsten Differenzierungsgrad vegetativer und generativer Organe und entwickelten die wirkungsvollsten Überlebens- und Verbreitungsstrategien. Damit haben sie gegenüber den ↗Pteridophyta und gymnospermen Spermatophyta die besseren Voraussetzungen für eine effektivere Nutzung von Ressourcen an bestehenden Standorten und auch mehr Möglichkeiten gänzlich neue Lebensräume zu erschließen. Nach einer modifizierten Euantheridientheorie sind die Angiospermophytina aus noch blütenlosen ↗Lyginopteridopsida (↗Cycadophytina) hervorgegangen. Die ursprünglichen Angiospermae waren niedrige, wenig verzweigte, immergrüne, holzige Bäumchen mit fiederadrigen Laubblättern. Mit fortschreitender und schließlich höchstgradiger Differenzierung des für die Gestaltung des Sproßwachstums verantwortlichen Scheitelmeristems wurde eine Vielzahl von Wuchs- und Lebensformen entwickelt, die alle anderen Spermatophyta an Mannigfaltigkeit und damit auch an Anpassungsfähigkeit gegenüber der Umwelt übertrafen. Umwandlungen der holzigen, monopodialen bis sympodialen, eustelaten oder ataktostelaten ↗Sproßachsen führten zu stärker verzweigten immer- und sommergrünen Bäumen und Sträuchern, Lianen, Zwerg- und Halbsträuchern, Stauden und schließlich zu nicht mehr holzigen mehr- bis einjährigen Kräutern. Die Entwicklung von Tracheen und Siebröhren mit Geleitzellen steigerte die Leistungsfähigkeit des Leitbündel-Systems deutlich. Die Ausbildung radial gestreckter Markstrahlzellen, Bast- und Holzfasern und die zunehmende Trennung von Leit- und Festigungsgewebe optimierten die Festigkeit der angiospermen Holzpflanzen. Die Laubblätter sind auf einen fiedrigen Grundbauplan zurückzuführen. Die ursprünglich offene Fiederaderung schließt sich zunehmend zu komplexerer Maschen- und Netzaderung, von der sich fingerige und streifige Aderung ableiten. Die meist zwittrigen Blüten bestehen aus Blütenhülle (Perianth), dem Androeceum aus den Staubblättern mit (meist zwei) Pollensackgruppen, in denen durch Pollenkitt klebrige Pollen produziert werden, und dem Gynoeceum aus den Fruchtblättern (Karpelle) und den daran sitzenden Samenanlagen. Die Karpelle verwachsen zu einem hohlen Fruchtknoten, der die Samenanlage umschließt, und der Narbe, dem Empfängnisorgan. Dieser Aufbau der Blüte gewährt einen besseren Schutz der Samenanlage und die Pollenkittproduktion ermöglicht eine windunabhängige, gezielte und somit ökonomischere Tierpollination. Denn dadurch wird die Bestäubung durch den Pollen der gleichen Art vom Zufall wesentlich unabhängiger, als bei der Windbestäubung, was letztendlich die genetische Variabilität im Gen-Pool des Taxons erhöht. Nach der Bestäubung bildet der Pollen einen Pollenschlauch durch die Narbe zur Samenanlage, durch den zwei Spermazellen zur Befruchtung der Eizelle gelangen. Gegenüber gymnospermen Spermatophyta sind die ↗Gametophyten der Angiospermae noch weiter auf nur noch drei Zellen beim männlichen und meist acht Zellen beim weiblichen Gametophyten reduziert. Bei der Reifung des Samens wandelt sich der Fruchtknoten zur Frucht um, die durch Wind, Wasser oder Tiere verbreitet wird. Aber allein bei der Zoochorie sind die Chancen sehr gut, daß Samen gezielt nur zu lebensfreundlichen Standorten transportiert und nicht zufällig an eine lebensfeindliche Umwelt verloren werden. Diese Verbreitungsstrategie wurde durch die Angiospermae in Prozessen der Co-Evolution zwischen Pflanze und Tiere durch Entwicklung von Früchten mit Lockstoffen (Nahrung, Farbe, Duft), aber auch von Schutzeinrichtungen (gegen die Zerstörung des Samens im Kau- und Verdauungstrakt der Tiere) zu einem Evolutionsvorteil gegenüber den anderen Landpflanzen optimiert. Zur Überlegenheit der Angiospermophytina durch deutlich verbesserte Überlebensstrategien trägt schließlich auch die ständige Fort- und Neuentwicklung mannigfaltigster sekundärer Pflanzenstoffe zur Abwehr von tierischen Freßfeinden, Phytophagen und Pilzbefall bei. [RB]

Anhaltkopie, eine auf ein Trägermaterial mit Hilfe eines ↗Kopierverfahrens aufgebrachte Kopie einer ↗Vorlage, die im nachfolgenden Kopierverfahren nicht reproduzierbar ist. Sie dient als Hilfsmittel zur Verortung der Kartenelemente oder zum Anlegen von Flächen. Die Anhaltkopie muß in einer nicht reproduktionsfähigen Farbe

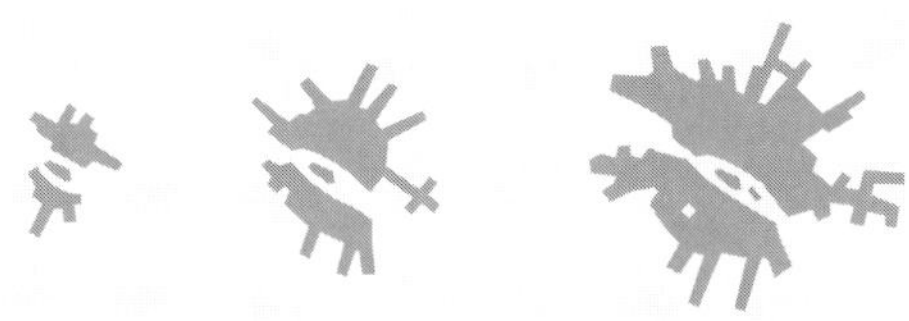

Metamorphose-Animation

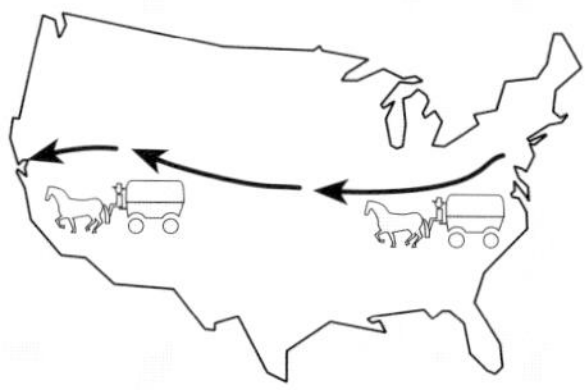

Pfad-Animation

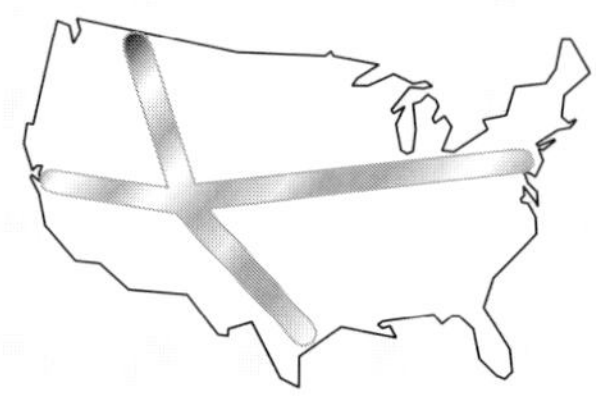

Color-Cycling-Animation

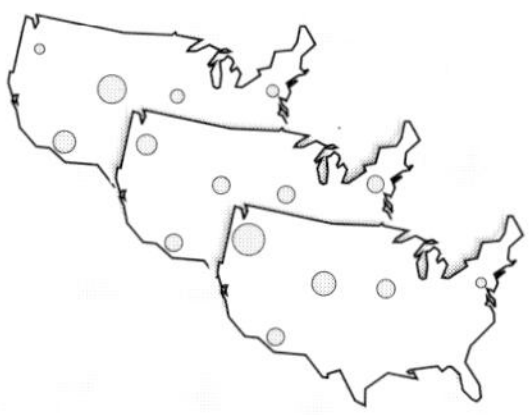

Stage-and-Actor-Animation

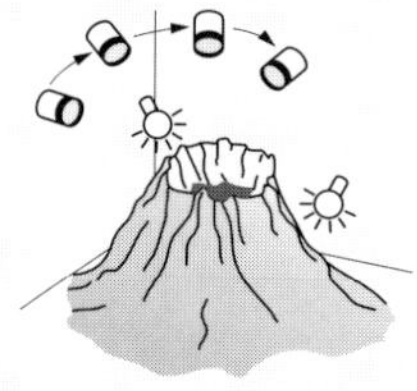

Model-and-Camera-A.

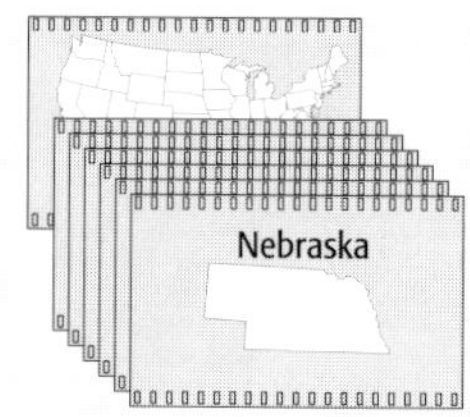

slideshow

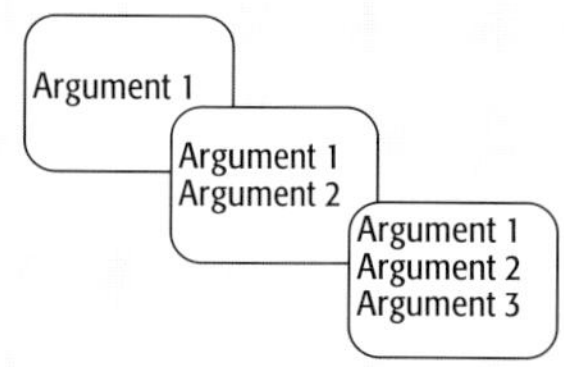

Text-Animation

Animationstyp: ↗Animationstypen.

(z. B. Blau) ausgeführt sein, damit sie im weiteren Verarbeitungsprozeß der Kartenoriginale nicht reproduziert wird.

anhedral ↗xenomorph.

anhydritischer Hut ↗*Gipshut.*

anhysteretische Remanenz ↗remanente Magnetisierung.

animated map, *animierte Karte, dynamische Darstellung, kinematische Karte, ↗kartographische Animation.*

Animation, [von lat. animare = beleben], bedeutet im Bereich der Graphik die Erzeugung belebter Bilder. Sie entstehen dadurch, daß aufeinanderfolgende Bilder derart variiert werden, daß bei schneller Betrachtung (24 bis 30 Bilder pro Sekunde) eine fließende Bewegung oder Veränderung von Objekten sichtbar wird. Das Prinzip der Animation basiert auf perzeptiven Vorgängen. Das menschliche Auge sieht eine schnell ablaufende Sequenz leicht variierender Bilder nicht als Einzelbilder, sondern als ein zusammenhängendes Ganzes, in dem eine kontinuierliche Veränderung abläuft. Animationen können manuell durch das Zeichnen und Abfilmen der einzelnen Bilder als Zeichentrickfilm oder computerbasiert als ↗Computeranimation erzeugt werden. Sie werden entsprechend der Dimension der Graphik in 2D- und 3D-Animationen unterschieden. Animation wird in der Kartographie für die ↗dynamische Darstellung räumlicher Prozesse eingesetzt. Animation ist allerdings nicht mit ↗visueller Simulation gleichzusetzen. In einer Simulation wird Animation zur Visualisierung der parametergesteuerten Simulationsmodelle herangezogen. [DD]

Animationsobjekt, Element der ↗Computeranimation.

Animationsprozeß, Prozeß der Erstellung einer ↗Computeranimation.

Animationssoftware, Software zur Erstellung einer ↗Computeranimation. Sie ist i. d. R. aus zwei Komponenten aufgebaut: der Modellierungskomponente, welche die ↗Animationsobjekte generiert, und der Animationskomponente, mit der die verschiedenen ↗Animationstypen mittels bestimmter ↗Animationstechniken erzeugt und berechnet werden. Animationssoftware ist entsprechend ihrer Dimensionalität in 2D- und 3D-Animationssoftware und entsprechend dem Leistungsumfang in unterschiedliche Leistungskategorien zu unterscheiden. Die kommerziell verfügbare Animationssoftware ist derzeit in erster Linie auf den Einsatz in der Unterhaltungs- und Werbeindustrie und nicht auf die Umsetzung konkreter gemessener Daten ausgerichtet. Für eine ↗kartographische Animation sind daher ergänzend Kartographie- und Graphikprogramme einzusetzen, welche die für die Animation erforderlichen kartographischen Darstellungen erzeugen. Aus diesen Darstellungen wird mit Hilfe der Animationssoftware die kartographische Animation berechnet. Auf kartographische Belange ausgerichtet ist nur Software zur Landschaftsanimation, bei der ↗digitale Geländemodelle (↗digitale Geländemodellierung) mit Satellitenbildern oder ↗topographischen Karten überlagert und mittels einer Kameraanimation durchflogen werden können. [DD]

Animationstechnik, die Technik, mit der eine ↗Computeranimation erstellt wird. Die Animationstechniken sind zu unterscheiden in: a) Frame-by-Frame-Animation, bei der alle Einzelbilder separat erzeugt und anschließend zu einer Animation zusammengefaßt werden. b) Keyframe-Animation, bei der die gesamte Animation aus Schlüsselbildern oder Keyframes interpoliert wird; dabei können entweder die bereits fertiggestellten Bilder der Keyframes (bildbasierte Keyframe-Animation) oder die Parameter der ↗Animationsobjekte der Keyframes interpoliert werden (parametrische Keyframe-Animation). c) algorithmische (prozedurale) Animation, bei der die Veränderungen algorithmisch über eine Liste von Transformationen erzeugt werden.

Animationstyp, spezielle Ausprägung einer ↗Computeranimation. Die verschiedenen Animationstypen zeigt die Abbildung: Metamorphose-Animation (kontinuierliche Veränderung der Gestalt eines Animationsobjektes), Pfad-Animation (Bewegung eines Animationsobjektes entlang eines definierten Pfades), Color-Cycling-Animation (Erzeugung optischer fließender Farbwellen zur Darstellung fließender Bewegung), Stage-and-Actor-Animation (Veränderung von Animationsobjekten nach Handlungsskripten auf einem Hintergrund), Model-and-Camera-Animation (3D-Animation mit Veränderung von Graphikobjekten, Kamera oder Lichtquellen, die in Form von Modellen beschrieben werden), slideshow (Folge von Einzelszenen, die inhaltlich in Beziehung stehen), Text-Animation (dynamische Präsentation von Text). In der ↗kartographischen Animation sind von besonderem Interesse die Metamorphose-Animation zur Darstellung von Ausbreitungsphänomenen, die Pfad-Animation zur Darstellung von Wanderbewegungen, die Color-Cycling-Animation zur Darstellung von Waren- oder Verkehrsströmen und die Model-and-Camera-Animation für die Erzeugung dreidimensionaler Landschaften, die interaktiv vom Nutzer durchwandert oder überflogen werden können. [DD]

animierte Karte, *animated map*, *dynamische Darstellung*, *kinematische Karte*, *↗kartographische Animation*.

Anionenaustausch, Austausch von Anionen (negativ geladene ↗Ionen), die an einer Oberfläche adsorbiert sind (↗Adsorption), gegen solche, die sich in Lösung befinden. Die Menge der austauschbaren Anionen wird durch die ↗Anionenaustauschkapazität des jeweiligen Stoffes (Ionenaustauscher) bestimmt. Sie spielt in Böden im Vergleich zur ↗Kationenaustauschkapazität nur eine untergeordnete Rolle.

Anionenaustauschkapazität, *AAK*, Maß für die Menge der an einer festen Phase sorbierten bzw. potentiell sorbierbaren Anionen (negative geladenen ↗Ionen). Sie wird durch die ↗Oberflächenladung des jeweiligen Festkörpers, aber auch durch die Zugänglichkeit von potentiell vorhandenen Zwischenschichten bestimmt. Generell gilt: Je höher die Oberflächenladung und die zugängliche Oberfläche ist, desto größer ist die Anionenaustauschkapazität.

Anionensorption ↗Sorption.

Anis, international verwendete stratigraphische Bezeichnung für eine Stufe der ↗Trias, benannt nach dem Volksstamm der Anisier. ↗geologische Zeitskala.

anisodesmische Kristallstruktur, ionare Kristallstruktur, für die der Quotient $p = z/n$ aus der Ladungszahl z eines Kations und der Anzahl n der Anionen der Ladungszahl y, die das Kation koordinieren, größer als $y/2$ ist. In diesem Fall wird durch ein benachbartes Kation schon der größte Teil der Anionenladung kompensiert; der verbleibende Rest dient der Bindung weiterer Kationen. Ein Beispiel ist Calcit, $CaCO_3$, in dem das Kohlenstoffatom von drei Sauerstoffatomen umgeben ist und mit diesen einen Komplex $[CO_3]^{2-}$ bildet, der in sich stärker gebunden ist, als seine Kontakte zu den anderen Teilen der Kristallstruktur. Typisch für anisodesmische Kristallstrukturen ist das Vorliegen isolierter Komplexe, die oft kovalente Bindungsanteile besitzen.

anisotrop ↗isotrop.

Anisotropie, Abhängigkeit einer physikalischen Eigenschaft, z.B. der seismischen Wellengeschwindigkeit (↗seismische Anisotropie) oder der ↗elektrischen Leitfähigkeit von der Beobachtungssichtung. Die Eigenschaft der Anisotropie wird durch einen ↗Tensor beschrieben. Im Gegensatz hierzu steht die ↗Isotropie. Man unterscheidet eine mikroskopische (intrinsische) Anisotropie von einer makroskopischen Anisotropie. Die mikroskopische Anisotropie wird auf einen lagenartigen, inneren Aufbau des betrachteten Materials zurückgeführt. Eine makroskopische Anisotropie kann durch Wechsellagerung von Gesteinsschichten mit unterschiedlichen Eigenschaften erzeugt werden. Aus der Anisotropie der Materialeigenschaften resultiert auch eine Anisotropie von Feldern, die den betreffenden Körper durchsetzen, z.B. für das elektrische Feld.

Anisotropiekoeffizient ↗elektrische Anisotropie.

Anisotropie-Paradoxon, in der ↗Geoelektrik der Effekt, daß sich bei senkrechter Schichtung/Schieferung im Untergrund eine Messung entlang der schlechter leitenden transversalen Achse σ_t die höhere longitudinale Leitfähigkeit σ_l ergibt (↗elektrische Anisotropie).

Anker, *Verankerungen*, stabförmige Elemente, die auf Zugbeanspruchung ausgelegt sind. Prinzipielle Bauteile sind das Zugelement, welches über einen Ankermechanismus oder durch einen Verpreßkörper im Gestein fixiert wird, und der Ankerkopf, der über einen Absetzmechanismus mit

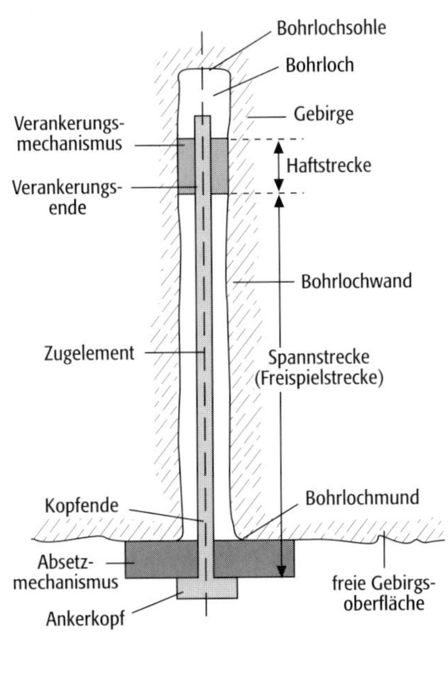

Anker 1: Aufbau eines Ankers.

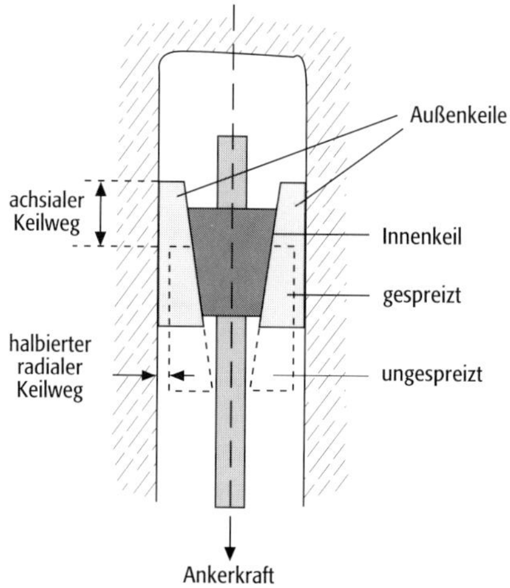

Anker 2: Aufbau eines Spreizankers.

der freien Oberfläche des Gebirges verbunden ist und so ein Widerlager für die Spannung des Zugelements bildet. Anker (Abb. 1) können mit Vorspannung (Verspannung von Ankermechanismus und Ankerkopf) oder auch schlaff eingebaut werden. Schlaffe Anker werden im Fall einer Gebirgsdeformation gespannt. Es gibt eine Vielzahl von Ankertypen. Die Einteilung erfolgt nach dem Baugrund (Lockergesteinsanker und Felsanker), der Länge (Langanker und Kurzanker), der Nutzungsdauer (Temporäranker und Daueranker), dem Ankermechanismus (Haftanker und Spreizanker, Abb. 2) oder nach speziellen Bauarten (z.B. Expansionsanker). Die Wirkung eines Ankers beruht auf verschiedenen Mechanismen: a) Verspannung eines Bauteiles oder eines Gebirgsbereiches, b) Dübelwirkung bei der Ankerung von Schichtlagen und c) Ausbildung eines Gebirgstragringes (im Tunnelbau). Anker werden dort eingesetzt, wo Gewichtskonstruktionen durch Verankerungen im Boden oder Fels ersetzt werden können, beispielsweise zur Sicherung von Bauwerken an Hängen gegen Gleiten und Kippen, zur Auftriebssicherung von Grundwassertrögen oder zur Verankerung von Zugseilen. [AK]

Ankereis, an der Wasseroberfläche entstandenes oder schwimmendes Eis, das untertaucht und an der Gewässersohle oder an Wassereinbauten haften bleibt.

Ankerpunkt, *Saumpunkt*, ein in den Bilddatensätzen zweier benachbarter Fernerkundungsszenen sicher identifizierbarer Objektpunkt, welcher der geometrischen Verknüpfung von geometrisch unentzerrten oder geocodierten Nachbarszenen dient.

Ankervorspannkraft, *Festlegekraft*, Kraft, mit der ein ↗Anker beim Einbau vorgespannt wird.

Ankopplung, Verbindung zur Übertragung von Energie. Bei allen Meßverfahren, die einen Kontakt zwischen Meßgerät und Objekt erfordern, ist eine hohe Qualität der Verbindung notwendig, um die Meßgröße möglichst verlustfrei und ohne Nebeneffekte aufzunehmen. So bezeichnet die Ankopplung eines ↗Geophons an den Boden die Qualität der Verbindung zwischen dem Gehäuse und dem Erdreich. Bei schlechter Ankopplung wird die Bodenbewegung vom Geophon nur verzerrt wiedergegeben.

Anlandung, Akkumulation von Schlick und Sand an flachen ↗Gezeitenküsten, die zur Aufhöhung der Wattfläche (↗Watt) führt.

Anlandungsstreifen, durch Anlagerung von ↗Sedimenten entstandener Sedimentkörper im Uferbereich von Flüssen, Seen und Meeren.

Anlauffarben, entstehen durch dünne transparente Schichten, die durch Interferenz des Lichtes zu Farbeffekten führen. Anlauffarben sind eine Varietät beim Verständnis der Farben der Kristalle und Minerale, die von der Eigenfarbe der Kristalle unabhängig sind, oft aber sehr charakteristisch sein können. Sie beruhen auf außerordentlich dünnen Überzügen, so dünn, daß diese – unter Umständen wieder überlagert von Eigenfarbe – die Farben dünner Blättchen zeigen. Oft sind diese »Filme« Oxydationsprodukte der Kristalle selbst (z.B. Limonit auf Siderit und Ankerit). Fayalit aus Blasenräumen der Obsidiane und manche Augite und Magnetite zeigen durch dünnste Fe_2O_3-Häutchen bedingte Farben. Kupferglanz, Kupferkies und andere Cu-Sulfide haben oft Beschläge, die mehrere mögliche Farben hervorbringen; sie bestehen z.T. aus Covellin, z.T. aus Limonit oder Gemengen. Antimonit, Jamesonit und andere Antimonsulfide haben meist sattblaue, aber auch andersfarbige »Anläufe« durch Antimonoxidhäutchen. Auch beim Erhitzen von Metallen bilden sich durch transparente Metalloxide auf der Metalloberfläche Anlauffarben, die als Anlaßfarben bezeichnet werden. Die dabei entstehenden Farben hängen von der Oxidschichtdicke ab und sind damit eine Funktion von Anlaßtemperatur und Anlaßdauer. Sehr dicke, nicht transparente Oxidschichten werden als Zunder bezeichnet.

Anlauffarben bilden sich auch bei der Korrosion von Metallen, z.B. Silber und Kupfer aufgrund der Reaktion mit Gasen, wobei sich dünne Schichten bilden, die den Glanz herabsetzen, z.B. durch die Bildung von sulfidischen, schwarzen, irisierenden Anlaufschichten auf Silber. [GST]

Anlegegoniometer, mechanisches Instrument zur Messung von Winkeln zwischen Kristallflächen. Die zwei Schenkel des Goniometers werden an die beiden zu messenden Flächen angelegt und der Winkel auf einer Skala abgelesen. Dieses erste in der Kristallographie verwendete Meßinstrument ist im 18. Jh. von dem Künstler Carangeot, der für den Kristallographen Romé de l'Isle Kristallmodelle anfertigte, erfunden worden. Für genauere Messungen wird das modernere Reflexionsgoniometer vorgezogen, doch findet das Anlegegoniometer noch in der Lehre Verwendung.

Anlegemaßstab, Maßstab aus Metall, Kunststoff oder anderem Material, der an einer meist abgeschrägten Kante eine Teilung trägt. Die Teilung ist entweder eine cm-Teilung, oder sie ist so gestaltet und beziffert, daß die in bestimmtem ↗Kartenmaßstab gemessenen Längen in Metern in der

Natur abgelesen werden. Anlegemaßstäbe werden oft mit dreieckigem Querschnitt gefertigt, so daß insgesamt sechs verschiedene Maßstabsskalen verfügbar sind.

Anmoor, dunkle, meist fast schwarze, hydromorphe ↗Naßhumusform. Man spricht von Anmoor bei 15–30 Masse-% ↗organischer Substanz in der Trockenmasse des ↗Aah-Horizontes. Anmoor ist grund- oder stauwasserbeeinflußt, kann zeitweilig auch austrocknen. Von ↗Kubiena als humusreicher, nichttorfiger, nasser Gleyboden mit A/Go-Gr- bzw. A-Go-Gr-Profil klassifiziert (↗Anmoorgley). Anmoor wird auch als dunkler ↗Mineralboden mit intensiver, ausschließlicher Grundwasservergleyung bis an die Oberfläche beschrieben. Pflanzenreste, die teilweise schon von Wassertieren zerkleinert und von fakultativ anaeroben Mikroorganismen (z.B. Strahlenpilze) humifiziert werden, bilden das Humusausgangsmaterial. Dieser ↗semiterrestrische Boden, der dem Humusgley oder ↗Naßgley (↗Gleysols) sehr ähnlich ist, nimmt eine Mittelstellung zwischen den Mooren und den Gleyen ein. Anmoore sind oft Folgeböden vererdeter, flachgründiger ↗Niedermoore, wenn als Ergebnis fortgeschrittener ↗Mineralisation der Torfe der Anteil organischer Substanz unter 30% abgesunken ist. Anmooriges Bodensubstrat ist jedoch auch auf mächtigen Torfschichten anzutreffen, wenn beispielsweise mineralische Deckschichten mit den darunterliegenden Torfen infolge von Bodenbearbeitungen tief durchmischt wurden. Anmoore sind oft sehr nährstoffreich und bieten anspruchsvollen, höheren Pflanzen gute Wachstumsbedingungen. Sie können daher sehr ertragreiche Ackerbaustandorte sein. Je nach den hydrologischen Bedingungen haben Anmoore mehr Ähnlichkeit mit den subhydrischen ↗Mudden oder mit dem terrestrischen ↗Mull. Bei mittlerem Wassergehalt zeichnen sich Anmoore durch ein erdiges ↗Gefüge aus, bei Wassersättigung wird ihre Beschaffenheit schlammig. Anmoore können auch aus Mudden entstehen. Bruchwälder und Sümpfe, denen mit dem Zuflußwasser viele mineralische Bestandteile zugeführt werden, können sich ebenfalls zu Anmooren entwickeln. Sie kommen von Moorrändern (Torfanmoore) über Flußmarschen (Auanmoore) bis in alpine Schneetäler (Hanganmoore) vor. Der Humusanreicherungshorizont (Aah) der Anmoore beträgt meist 2–4 dm und ist neutral bis schwach sauer. Dem typischen Anmoor fehlt ein Auflagehumus (Aa/Gr-Profil). Je nach Art der mineralischen Komponente lassen sich Sandanmoor, Lehmanmoor und Kalkanmoor unterscheiden. Im Kalkanmoor liegt der Carbonatgehalt über 10%. Die natürliche Vegetation der ↗oligotrophen Anmoore aus basenarmen Sanden ist der Birkenbruchwald, auf den ↗mesotrophen bis ↗eutrophen Anmooren ist es der Erlenbruchwald. Der anmoorige Boden gab den Bauern zwischen Geest und Marsch den Namen »die Anmoorigen«. [AB]

Anmoorgley, ↗Bodentyp nach der ↗bodenkundlichen Kartieranleitung innerhalb der Bodenklasse der ↗Gleye. Der Anmoorgley weist deutliche oberflächennahe Nässemerkmale auf. Horizontfolge: ↗Go-Horizont ↗Aa-Horizont ↗Gr-Horizont. Der Oberboden enthält 15–30% organische Substanz und wird als ↗Anmoor bezeichnet. Der Anmoorgley tritt oft vergesellschaftet mit ↗Niedermoor auf und kann aus degradiertem Niedermoor entstanden sein. Grundwasser steht gewöhnlich langanhaltend oberflächennah an. Standorttypische Vegetation sind Kleinseggenriede, großseggenreiche Hochstaudenfluren und Feuchtwiesen. Grundwasserstand und Vegetation können aufgrund von ↗Entwässerung und Nutzung verändert worden sein.

Annelida, *Ringelwürmer*, fehlen mangels überdauerungsfähiger Hartteile in der Fossilüberlieferung weitgehend. Nur unter den Anneliden, die aus zahlreichen ringförmigen, gleich aussehenden und mit Parapodien versehenen Segmenten (Somite) sowie einem differenzierten Kopf- und Schwanzabschnitt (Prostomium bzw. Pygidium) bestehen, gibt es einige überlieferungsfähige Gruppen mit gewisser geologischer und stratigraphischer Bedeutung. Dies sind v.a. die Polychaeten (Borstenwürmer), deren älteste sichere Vertreter mit mehreren Gattungen als Weichkörper-Abdrücke in der Fossillagerstätte des mittelkambrischen ↗Burgess Shale erhalten sind (Abb.). Organismen aus der jungproterozoischen ↗Ediacara-Fauna, z.B. die Gattung *Spriggina*, werden ebenfalls als Polychaeten interpretiert. Röhren kalkabscheidender Polychaeten (Serpuliden) lassen sich seit dem Kambrium nachweisen. Serpuliden sind wichtige ↗inkrustierende Organismen und können als Riffbildner, z.B. in randmarinen Ablagerungen des englischen Unterkarbons sowie in zahlreichen rezenten Vorkommen, auftreten. Rezent finden sich ebenfalls bis einige Meter mächtige und mehrere Quadratkilometer große Biokonstruktionen des Sandkörner agglutinierenden, röhrenbauenden Polychaeten *Sabellaria* (»Sandkorallen«). Im Serpulit (norddeutscher Oberjura) und anderenorts können Serpuliden von gesteinsbildender Häufigkeit sein. Serpuliden sind ausschließlich marin und haben ihr Verbreitungsmaximum im flachen Subtidal. Sie reichen bis in die tiefe Intertidalzone; viele Formen tolerieren Brackwasserverhältnisse. Die Gattung *Spirorbis* besiedelt neben Hartsubstraten verbreitet Tange und Seegräser; oberkarbonische und triadische Vertreter sind oft als Aufwuchs auf verdrifteten Pflanzenresten überliefert und deuten damit einen brackischen bis stark ausgesüßten Lebensraum an. Isolierte, chitinige Kieferelemente von Polychaten sind als Mikrofossilien (↗Scolecodonten) v.a. im Paläozoikum von einiger Bedeutung. Zahlreiche ungegliederte Spuren, besonders aus dem Intertidal, werden ebenfalls auf Anneliden zurückgeführt (z.B. *Arenicolites*). [HGH]

Annelida: *Burgessochaeta* aus dem mittelkambrischen Burgess Shale, Länge 2–5 cm.

Anning, *Mary*, englische professionelle Fossiliensammlerin, Präparatorin und Paläontologin, * Mai 1799 in Lyme Regis, † 9.3.1848 ebenda. Anning machte zahlreiche bedeutende Wirbeltier- und Invertebratenfunde im marinen ↗Jura in der Umgebung von Lyme Regis, Dorset (erster vollständiger Ichthyosaurierfund, erster vollständiger Plesiosaurier in England, erster Flugsaurier in England etc.). Sie stand in brieflichem Kontakt mit zahlreichen Paläontologen ihrer Zeit und wird häufig als Gewährsperson für wissenschaftliche Beobachtungen zitiert. Ihre exzellent präparierten Funde gelangten in paläontologische Sammlungen ganz Europas.

anomale Absorption ↗Borrmann-Effekt.

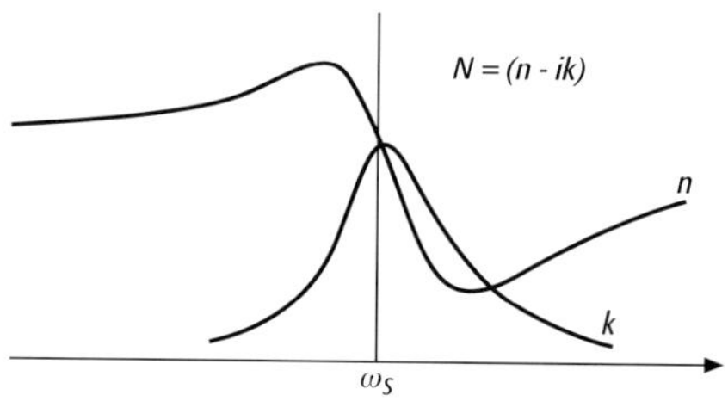

anomale Dispersion: Verlauf des Real- und Imaginärteils des Brechungsindex (n-ik) im Bereich einer optischen Resonanz; ω_S ist die Eigenfrequenz.

anomale Dispersion, anomales Verhalten des Brechungsindex in dem schmalen Frequenzband einer optischen Resonanz. Der Begriff Dispersion beschreibt die Abhängigkeit der Dielektrizitätskonstanten und des Brechungsindex von der Frequenz eines Wellenfeldes. Im allgemeinen nimmt der Brechungsindex mit zunehmender Wellenlänge des Lichts langsam ab (normale Dispersion). In einer optischen Resonanz steigt er hingegen steil an (anomale Dispersion). Das dem sichtbaren Licht analoge Verhalten des Realteils des ↗Atomstreufaktors für Röntgenstrahlung in der Nähe einer Röntgenabsorptionskante wird ebenfalls als anomale Dispersion bezeichnet.
Im Atom oder Festkörper gebundene Elektronen zeigen Resonanzphänomene in der Nähe ihrer Absorptionsenergien, verbunden mit einer Diskontinuität im Verlauf des Brechungsindex als Funktion der Wellenlänge. Gebundene Elektronen können als gedämpfte Dipoloszillatoren (Lorentz-Oszillator) behandelt werden, deren Eigenfrequenzen ω_s den Bindungsenergien der jeweiligen Elektronen entsprechen. Durch eine einlaufende elektromagnetische Welle mit Amplitude E_0 und Frequenz ω wird das betreffende Elektron zu einer gedämpften harmonischen Schwingung (Dämpfungskonstante K) angeregt:

$$\frac{d^2x}{dt^2} + K\frac{dx}{dt} + \omega_s^2 x = \frac{e}{m} E_0 e^{i\omega t}.$$

Ein solcher Lorentz-Oszillator hat dieselbe Frequenz, wie die erregende Welle und eine momentane Auslenkung

$$x(t) = \frac{1}{(\omega_s^2 - \omega^2) + iK\omega} \frac{e}{m} E(t),$$

die ein periodisch veränderliches Dipolmoment und als Folge davon eine Polarisation ($P = \chi\varepsilon_0 E$) bewirkt (χ = dielektrische Suszeptibilität; ε_0 = Permittivität oder Dielektrizitätskonstante des Vakuums). Diese Polarisation ist material- und frequenzabhängig. Sie führt zur Frequenzabhängigkeit der Dielektizitätskonstanten ε und des Brechungsindex N, die beide über $N^2(\omega) = \varepsilon(\omega)$ zusammenhängen. Der Betrag des Brechungsindex $|N| = c/v$ drückt das Verhältnis von Lichtgeschwindigkeit c zur Phasengeschwindigkeit v der elektromagnetischen Welle im Medium aus. In der Nähe einer Eigenfrequenz ω_S des Lorentz-Oszillators kommt es zu optischen Resonanzen, verbunden mit einem starken Anstieg der Schwingungsamplitude, mit Absorptionseffekten und mit einer zusätzlichen Phasenverschiebung relativ zur erregenden Welle ($\pi/2$ im Maximum der Resonanz). Die Resonanzbreite ist umgekehrt proportional zur Dämpfungskonstanten K. Dielektrizitätskonstante ε und Brechungsindex N werden im Bereich einer Resonanz komplex: $N = n - ik$ (Abb.); der Imaginärteil k hängt direkt mit dem ↗Absorptionskoeffizienten μ zusammen. [KE]

anomale Streuung, Diskontinuität im Verlauf des Atomformfaktors $f = f_0 + f' + if''$ in Abhängigkeit von der Wellenlänge. Sie führt in nicht zentrosymmerischen Kristallstrukturen zur Verletzung des Friedelschen Gesetzes und zum Auftreten von Bijvoetdifferenzen $I(H)$ - $I(-H)$ zwischen zentrosymmetrischen Reflexpaaren (↗Laueklassen). ↗anomale Dispersion.

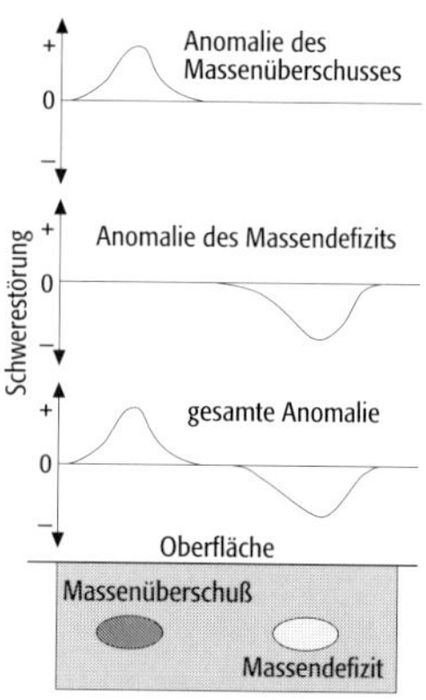

Anomalie: Anomalien können durch die Variation physikalischer Parameter im Untergrund (z. B. Dichte) hervorgerufen werden.

Anomalie, **1)** *Allgemein*: Abweichung eines Meßwertes vom erwarteten Wert oder einem Mittelwert. **2)** *Geophysik*: Durch ↗Inhomogenitäten eines oder mehrerer physikalischer Parameter (z. B. ↗Dichte) im Untergrund hervorgerufene Abweichung (Abb.). Anomalien im Sinne einer Feldverteilung können eindimensional (↗Profil), zweidimensional (Fläche) und dreidimensional (Raum) sein. Man unterscheidet je nach der Größe des Untersuchungsgebietes lokale, regionale und globale Anomalien. Lokale Anomalien haben eine ↗Wellenlänge von wenigen Metern bis zu Kilometern, regionale Anomalien weisen Dimensionen von Hunderten bis Tausenden von Kilometern auf. Globale Anomalien haben die Größenordnung von Erdquadranten. Im Labor wird von einem anomalen Verhalten gesprochen, wenn es nicht typisch ist. Als Beispiele seien die negative ↗thermische Ausdehnung von ↗Calcit und die negative ↗Poisson-Zahl von ↗Quarz genannt. Ein derartiges Verhalten deutet oft auf Änderungen des physikalischen Mechanismus hin. **3)** *Klimatologie*: Abweichung von Daten, beispielsweise der ↗Klimaelemente, die auf ein Referenzzeitintervall (z. B. ↗CLINO) bezogen sind.

Anomalienfeld ↗magnetische Anomalien.

anorogen, Bereiche der Erde oder Zeiten der Erdgeschichte, in denen keine Beanspruchung durch eine ↗Orogenese (Gebirgsbildung) nachzuweisen ist, werden als anorogen bezeichnet.

anorthisches Kristallsystem, »nicht rechtwinkliges« Kristallsystem. Nur noch selten verwendete Bezeichnung für ↗triklines Kristallsystem. Der Ausdruck findet noch Anwendung bei den Buchstaben-Kürzeln zur Charakterisierung der Kristallsysteme, um so das trikline System (Kürzel a)

vom tetragonalen System (Kürzel *t*) unterscheiden zu können.

Anorthit, [von griech. an = un und orthos = gerade], *Basowit, Beffanit, Biotin, Calciklas, Cyclopit, Kalkfeldspat, Lindsayit, Linseit, Sundvikit, Thjorsauit.* $Ca[Al_2Si_2O_8]$; triklin-pinakoidales Endglied der Plagioklas-Mischkristall-Reihe; Farbe: trübweiß, grauweiß bis rötlich; Perlmutterglanz, auch Glasglanz; Strich: weiß; Härte nach Mohs: 6; Dichte: 2,76 g/cm³; Spaltbarkeit: vollkommen nach *(001)*; Bruch: muschelig, uneben; Aggregate: meist durchsichtige bis durchscheinende (auch trübe) Kristalle; tafelig, kurzsäulig und flächenreich (Abb.); durch Säuren zersetzbar; Begleiter: Calcit, Dolomit, Magnetit, Chalkopyrit, Pyrrhotin. Vorkommen: aufgewachsen auf Drusen eruptiver Auswürflinge bzw. eingewachsen als Gesteinsgemengteil in basischen Tiefen- und Ergußgesteinen, oft aber auch als technischer Bestandteil von Industrieschlacken. Fundorte: in Auswürflingen von Monte Somma und auf den Cyclopen-Inseln (Italien), bei Madras (Indien) und Miyake (Japan). [GST]

Anorthosit, *Plagioklasit*, ein plutonisches Gestein, das zu mehr als 90 Vol.-% aus ↗Plagioklas besteht. Als weitere Hauptgemengeteile (↗Gesteine) können Ortho- und Klinopyroxene sowie verschiedene Erzminerale auftreten. Anorthosite bilden Tausende Quadratkilometer große, häufig lagig aufgebaute Körper, die fast ausschließlich in präkambrischen Gesteinsserien verbreitet sind. Auch die Hochländer des ↗Mondes bestehen zum größten Teil aus anorthositischem Material.

anoxibiont, bezeichnet eine Bindung an ↗anaerobe Bedingungen, im Gegensatz zu oxibiont.

anoxisch, Bezeichnung für einen Zustand oder eine Reaktion in Abwesenheit oder unter Ausschluß von Sauerstoff, im Gegensatz zu ↗oxischen Bedingungen. Anoxische Bedingungen in der Wassersäule oder im Sediment gelten ab einer Sauerstoffkonzentration von weniger als 0,1 ml/l. Ein anoxischer Zustand kann sich immer dann ergeben, wenn im Verlauf mikrobieller Aktivitäten oder chemischer Reaktionen der Verbrauch an Sauerstoff so hoch ist, daß dieser vollständig aufgezehrt wird. Unter anoxischen Milieubedingungen ist die Aktivität einer Vielzahl von aeroben Mikroorganismen reduziert, so daß sedimentierte organische Materie nicht vollständig abgebaut und somit im größeren Maße angereichert werden kann.

Anpassung, *Adaptation*, über Generationen ablaufende Ausbildung spezifischer Eigenschaften und Merkmale der Organismen zur Einstellung auf die Umweltbedingungen mittels der Mechanismen der ↗Selektion.

Anreicherung, **1)** *Lagerstättenkunde*: Konzentration von Mineralien, Elementen oder Verbindungen gegenüber ihrem Normalgehalt in einem Gestein oder einer Schmelze durch geologische Vorgänge wie auch technisch durch ↗Aufbereitung. **2)** *Hydrologie*: Bindung von gelösten Stoffen an ↗Schwebstoffe oder Sedimente in höherer Konzentration als im Wasser selbst. So sind z.B. manche ↗Schwermetalle und viele halogen-organische Verbindungen an Ton- und Schluffpartikel adsorbiert. Hier findet eine Anreicherung bis zu mehreren Zehnerpotenzen statt.

Anreicherungsfaktor, Zahlenmaß für die zur Bildung einer Lagerstätte notwendige ↗Anreicherung eines Elementes gegenüber dem Durchschnittsgehalt in der Erdkruste. ↗Clarke-Werte.

Anreicherungshorizont ↗*Illuvialhorizont*.

Anreicherungsuhr, *Akkumulationsuhr*, ↗isotopische Altersbestimmung, der die Anreicherung radiogener Tochternuklide, welche durch den (langsamen) Zerfall radioaktiver Nuklide entstehen, zu Grunde liegt. Die Berechnung eines Alters erfordert neben der Kenntnis der Häufigkeit der Tochternuklide auch die der Mutternuklide bzw. des Mutterelementes sowie der Halbwertszeit des Zerfalls. Der Zusammenhang lautet:

$$D_h = M_h(e^{\lambda t}-1)$$

wobei D_h und M_h die Anzahl der Tochter- und Mutternuklide heute, λ die Zerfallskonstante und t die seit dem Start der Uhr verstrichene Zeit ist. Ein solchermaßen berechnetes Alter kann allerdings nur dann sinnvoll und richtig sein, wenn das analysierte System (ausgewählte Minerale oder repräsentative Gesamtprobe des Gesteins) a) zum Zeitpunkt, welcher datiert werden soll, keine Tochternuklide enthalten hat und b) eine spätere Änderung der Häufigkeit von Mutter- und Tochternukliden ausschließlich mit dem radioaktiven Zerfall zusammenhängt (Geschlossenheit des Systems). Nur unter bestimmten Voraussetzungen kann auch bei Nichteinhaltung einer dieser Bedingungen ein sinnvolles Alter bestimmt werden (↗Isochronenmethode). Derzeit werden vorwiegend folgende Zerfallssysteme verwendet: $^{40}K \rightarrow {}^{40}Ar$, $^{40}K \rightarrow {}^{40}Ca$, $^{87}Rb \rightarrow {}^{87}Sr$, $^{138}La \rightarrow {}^{138}Ce$, $^{138}La \rightarrow {}^{138}Ba$, $^{147}Sm \rightarrow {}^{143}Nd$, $^{176}Lu \rightarrow {}^{176}Hf$, $^{187}Re \rightarrow {}^{187}Os$, $^{232}Th \rightarrow {}^{208}Pb$, $^{235}U \rightarrow {}^{207}Pb$, $^{238}U \rightarrow {}^{206}Pb$. [SH]

Anreicherungszone ↗*Zementationszone*.

Anschaulichkeit, die Eigenschaft von ↗Karten, abgebildete georäumliche Strukturen der Realität unmittelbar visuell wahrnehmen und vorstellen zu können. Hervorgerufen wird dies v.a. dadurch, daß der visuelle Eindruck von Objektgrundrissen und von anderen optischen Merkmalen der Realität, wie Vegetationsfarben oder Aufrissen von Objekten, durch entsprechend wirkende bildhafte Zeichen in Karten nachvollzogen wird (↗Ikonizität). Besonders deutlich wird dies bei der Abbildung des Reliefs der Erdoberfläche durch Methoden der kartographischen Geländedarstellung. So wird durch Methoden der Geländeschummerung und der Felszeichnung, die u.a. aus der Malerei übernommen wurden, mit Hilfe von Körperschattierungen und luftperspektivischen Effekten ein »realistischer Eindruck« von den dreidimensionalen Formen und Zusammenhängen des Reliefs erzeugt.

Anschliff, Gesteinsprobe mit einer polierten Oberfläche, um sie im Auflichtmikroskop oder mit Hilfe eines Binokulars zu analysieren. Beson-

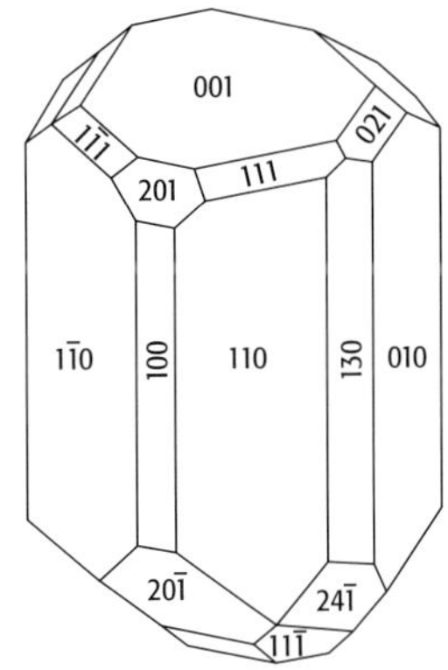

Anorthit: Anorthitkristall.

ders zur Bestimmung von Erz und Kohle notwendig.

Anschlußnomenklaturen, die im Kartenrahmen ↗topographischer Karten angegebenen Bezeichnungen der benachbarten Kartenblätter gleichen Maßstabes.

Anschlußpunkt, in der Regel vermarkter und koordinatenmäßig bestimmter ↗Vermessungspunkt, der zur Anbindung weiterer Vermessungen dient.

Anschwemmungsebene, sedimentäre Flachformen im Bereich von ↗Anschwemmungsküsten.

Anschwemmungsküste, Seichtwasserküste, an der in großem Umfang ↗Anlandung erfolgt. Durch die Sedimentakkumulation findet eine meerwärtige Verlagerung der Küstenlinie statt.

Ansichtsdarstellung ↗*Aufrißdarstellung*.

Anstehendes, unverwitterte Gesteine, die im natürlichen Gesteinsverband direkt an oder nahe der Erdoberfläche unter jüngeren Deckschichten (Hangschutt, ↗Löß, ↗Moränen etc.) beobachtet werden können. ↗Ausbiß, ↗Aufschluß.

Antagonismus, i.a. Bezeichnung für Gegensätze oder gegensätzliche Wirkungen. In carbonatreichen Böden kann es z.B. zur Blockierung der Aufnahme von Kalium durch Pflanzen kommen, da die Calcium-Ionen-Aktivität hoch ist. Weiterhin findet man zwischen Organismen chemische Konkurrenzhemmung (Antibiose, ↗Allelopathie), z.B. die Produktion von Antibiotika durch Bodenmikroorganismen (↗Actinomyceten), um damit die Entwicklung anderer Mikroorganismen zu verhindern oder die Bildung von Toxinen durch Pflanzen, um das Wachstum konkurrierender Arten zu reduzieren (z.B. Walnußbäume).

antarktische Divergenz, Meeresgebiet mit divergenten ↗Meeresströmungen um die Antarktis, die ↗Auftrieb bewirken. Die Divergenz wird durch die Richtungsumkehr des ↗Ekmanstroms im Übergangsgebiet vom Westwind- zum Ostwindgürtel hervorgerufen.

antarktische Konvergenz, Meeresgebiet mit konvergenten ↗Meeresströmungen im ↗Antarktischen Zirkumpolarstrom. Die Konvergenz führt zur Bildung von ↗Fronten und zum Absinken des Subantarktischen Zwischenwassers.

Antarktischer Kraton ↗Proterozoikum.

Antarktischer Küstenstrom, nach Westen gerichtete, von Ostwinden angetriebene ↗Meeresströmung vor der antarktischen Küste.

Antarktischer Zirkumpolarstrom, küstenferne, nach Osten gerichtete, stark verwirbelte ↗Meeresströmung um die Antarktis mit einem Volumentransport von $135 \cdot 10^6$ m^3/s, die von westlichen Winden angetrieben wird. Sie ist in mehrere Stromarme aufgeteilt, die an ↗Fronten gekoppelt sind, zwischen denen Zonen mit geringerer Geschwindigkeit liegen. Die auf Grund der ↗Geostrophie schräg nach Süden aufsteigenden Isothermen führen zur thermischen Isolation der Antarktis und ermöglichen durch tiefen ↗Auftrieb den Aufstieg von ↗Tiefenwasser in die oberen Wasserschichten, wodurch die globalen, dreidimensionalen Zirkulationszellen der ↗thermohalinen Zirkulation geschlossen werden.

Anteklise, weitspannige Krustenaufwölbung, die einen Bereich von mehreren hundert oder tausend Quadratkilometer umfaßt. Die Schichten des Deckgebirges fallen nur mit Bruchteilen eines Grades zu den Rändern hin ein (↗Fallen). Die ältesten Gesteine der sedimentären Abfolge und manchmal auch das kristalline Grundgebirge stehen im zentralen Bereich der Struktur an. Der Begriff wird international kaum gebraucht und entspricht am ehesten dem Begriff kratonale Krustenaufdomung. Beispiele finden sich in Rußland (Wolga-Ural Anteklise) und in Nordamerika (Ozark Dome, Cincinnati Arch).

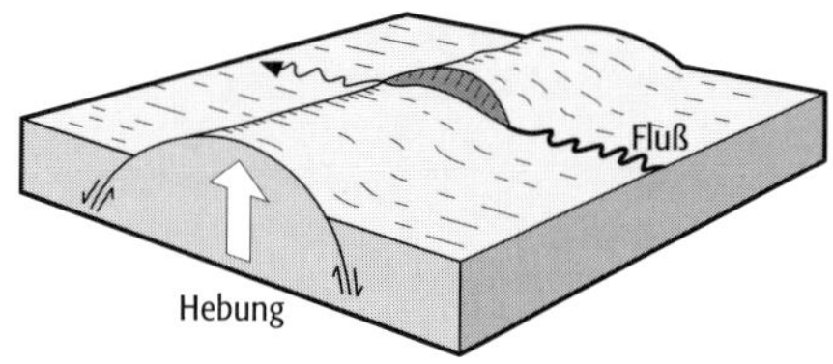

Antezedenz: Entstehung eines antezedenten Durchbruchtals.

Antezedenz, [von lat. antecedere = vorausgehen] von J.W. ↗Powell (1875) geprägte Bezeichnung für einen ↗fluvialen Eintiefungsprozeß, der unter gleichzeitiger tektonischer ↗Hebung eines Gebirges oder Krustenblocks abläuft. Der Flußlauf existierte bereits vor der Gebirgsbildung und behielt trotz der Hebung seine ursprüngliche Laufrichtung bei. Voraussetzung hierfür ist eine ausreichende Wasserführung und keine zu starken Hebungsbeträge, denn nur dann kann die Tiefenerosion mit der Hebung Schritt halten. Es bildet sich ein antezedentes ↗Durchbruchstal (Abb.), im Gegensatz zum epigenetischen Durchbruchstal (↗Epigenese).

Anthozoa, eine von drei Klassen der ↗Cnidaria, bei denen das Medusenstadium fehlt und statt dessen eine freischwimmende Planula-Larve (oder Flimmer-Larve) zwischen den verschiedenen Polypengenerationen vermittelt. Diese Klasse beinhaltet die ↗Korallen und Seeanemonen. Es gibt solitäre und koloniebildende Anthozoen, die alle auf marine Bereiche beschränkt und meist sessil sind. Die Anthozoen stellen den Großteil der fossilen Cnidaria und sind daher die wichtigste Klasse für die Paläontologie und Geologie. Sie wird in mehrere Unterklassen unterteilt und umfaßt u.a. die Weichkorallen, Hornkorallen, Seeanemonen und Steinkorallen. Letztere werden auch als echte Korallen bezeichnet und umfassen Vertreter der Anthozoa, die ein externes Skelett aus Calciumcarbonat sekretieren (Unterklasse Zoantharia).

Anthrazit, ↗Steinkohle aus der Reihe der ↗Humuskohlen mit einer ↗Vitrinit-Reflexion von 2–4 % R_r und einem korrespondierenden Gehalt an ↗flüchtigen Bestandteilen von 10–4% (waf). ↗Kohlenmetamorphose, ↗Inkohlung.

anthropic epipedon, diagnostischer Oberbodenhorizont der ↗Soil Taxonomy, durch langanhaltende Nutzung entstanden, dunkel, humos, über 18 cm mächtig, mehr als 110 mg Phosphor je kg Boden.

anthropogene Beeinflussung des Wasserkreislaufes, vom Menschen ausgehende Beeinflussung des ↗Wasserkreislaufs bzw. seiner Teilprozesse (z. B. ↗Niederschlag, ↗Grundwasserneubildung, ↗Abfluß bzw. ↗Durchfluß). Die menschliche Einflußnahme erfolgt in vielfältiger Weise, wobei sich Einwirkungen auf die Teilprozesse zugleich auf den gesamten Wasserkreislauf auswirken. Anthropogene Eingriffe können sowohl direkt im Gewässerbett oder in dessen unmittelbarer Nähe, als auch auf den Landflächen erfolgen. Dabei unterscheidet man solche, die durch menschliches Handeln unmittelbare Auswirkungen auf den Wasserkreislauf zeigen und jene, die durch indirektes Handeln Veränderungen verursachen.
Bei den Eingriffen im Gewässerbett handelt es sich v. a. um Schutzeinrichtungen gegen Überflutungen, um Flußausbauten für die Schiffahrt sowie um Bauwerke zur Energiegewinnung (↗Laufwasserkraftwerke). Es werden ↗Talsperren, Rückhaltebecken, ↗Stauanlagen und Flußdeiche angelegt sowie Flußbegradigungen und Uferbefestigungen durchgeführt. Dies hat eine zeitliche und örtliche Umverteilung des Durchflusses zur Folge, was sich auch auf ↗Verdunstung und ↗Versickerung im ufernahen Bereich auswirkt. Von besonderer Bedeutung ist der Bau von ↗Deichen. Sie verhindern dauernd (Winter- oder Hauptdeiche) oder für die meiste Zeit des Jahres (Sommer- oder Leitdeiche) die Überflutung der ausgedeichten Flächen. Dadurch werden dort Versickerungen und die Sedimentation der im Wasser mitgeführten Mineralien verhindert. Als Schutzmaßnahmen vor ↗Hochwasser werden an Fließgewässern häufig ↗Polder oder ↗Staubekken angelegt (↗Hochwasserrückhaltung).
Eine weitere Gruppe von Wasserbauwerken stellen die Speicherseen zur Trinkwasser- und Energiegewinnung dar (↗Talsperre, ↗Pumpspeicherwerk) sowie die ↗Schiffahrtskanäle. Sie bilden zum Teil ausgedehnte künstliche Wasserflächen mit hoher Verdunstung. Außerdem treten, gegenüber dem früheren Zustand, größere ↗Grundwasseranreicherungen auf, wenn nicht Abdichtungen im Gewässerbett oder an der Sohle der Kanäle bzw. der Speicherbecken vorgenommen wurden. Im Tidengebiet (↗Gezeiten) erbaute Flutsperrwerke ändern die Überflutungsverhältnisse für das Hinterland und den Salzgehalt des Grund- und Oberflächenwassers in ihrem Einflußbereich.
Durch wasserbauliche Maßnahmen an Fließgewässern ergeben sich besondere Probleme für den Abflauf von ↗Hochwasserwellen. Durch die Verkürzung der Lauflängen (Durchstiche, Begradigungen), Verminderung der Rauheit (Uferbefestigung, Beseitigung von Buschwerk, Pflege von Auwaldungen), Erhöhung der Fahrwassertiefen bei Mittel- und Niedrigwasser (Bau von ↗Leitwerken, ↗Buhnen) wird die Fließgeschwindigkeit erhöht.
Durch die Eindeichungen und Begradigungen verlieren die Flußläufe zum großen Teil ihr natürliches Rückhaltevermögen (↗Retention). Dies führt beim Ablaufen der Hochwasserwelle längs der Flußstrecke zu einer verminderten Abflachung des Hochwasserscheitels. Durch die Beschleunigung des Hochwasserwellenablaufes kann es zu einem zeitlichen Zusammenrücken der Hochwasserspitze des Hauptflusses mit der seiner Nebenflüsse kommen. Dadurch vergrößert sich der Hochwasserscheitel für Flußabschnitte unterhalb des Zusammenflusses. Die Erhöhung der Fließgeschwindigkeit beeinflußt auch den Schwebstoff- und Geschiebehaushalt. Es tritt ↗Erosion auf, mit Senkung des freien Wasserspiegels und der Grundwasseroberfläche im ufernahen Bereich. Dies wirkt sich wiederum auf die Ufervegetation aus.
Ebenso zeigt der Bau von ↗Staustufen zur Energiegewinnung und Schiffbarmachung eines Gewässers deutliche Auswirkungen. Dabei wird ein Dauerstau herbeigeführt, der bis zu mehreren Metern über dem früheren Wasserspiegel liegt. Zugleich werden die Grundwasserverhältnisse im ufernahen Bereich verändert. Die starke Senkung der Fließgeschwindigkeit bewirkt erhebliche Ablagerungen von Feststoffen in den Staubereichen. Gleichzeitig treten unterhalb der jeweils letzten Staustufe im Gewässerbett Eintiefungen durch Erosion auf. Ablagerungen können zu Verklebungen der Oberfläche und Erosion zum Anschneiden stark poröser Schichten führen und die Austauschvorgänge zwischen Oberflächen- und Grundwasserabstrom verändern.
Gelegentlich werden zum Zwecke des Landschaftschutzes Eingriffe vorgenommen wie zum Beispiel die ↗Wildbachverbauung oder die Anlegung von ↗Sohlenschwellen zur Verminderung der Erosion. Kleinere Bachläufe werden oft in Ortschaften und auf landwirtschaftlich genutzten Flächen verrohrt. Diese Maßnahmen beschleunigen ebenso wie die anderen bereits genannten Ausbaumaßnahmen den Abfluß und vermindern die natürliche Retentionswirkung der Bäche.
Zu den direkt auf das Gewässer einwirkenden anthropogenen Maßnahmen gehören auch die direkte Entnahme, Nutzung, Ableitung und Rückleitung von Wasser. Hierunter fallen v. a. die Nutzung des Wassers für den ↗Bewässerungsbedarf oder zur Kühlung von Wärmekraftwerken. Bei diesen Maßnahmen wird dem Flußlauf Wasser entzogen und z. T. der Atmosphäre durch den ↗Verdunstungsprozeß zugeführt. Durch Wasserüberleitungen in andere Einzugsgebiete kann Wasser darüber hinaus seinem angestammten Gebiet entzogen werden.
Bei den anthropogenen Maßnahmen auf den Landflächen handelt es sich um direkte Eingriffe in die Landschaft durch Besiedlung, Industrialisierung, Bergbau, Umkultivierung der Landschaft (↗Terrassierungen) und um unmittelbare Einwirkung durch land- und forstwirtschaftliche Maßnahmen (Düngung, Bewässerung, ↗Entwässerung, Abholzungen). Mit Urbanisierungsmaßnahmen, d. h. der Anlage von Siedlungen, Verkehrsflächen und Produktionsstätten, geht eine Versiegelung von Bodenflächen einher. Das bedeutet eine beträchtliche Verminderung der Grundwasserneubildung und der Verdunstung

anthropogene Beeinflussung des Wasserkreislaufs: Schematische Darstellung der den Wasserkreislauf beeinflussenden anthropogenen Maßnahmen: Mehrzwecktalsperre (1), Erholung, Sport, Fischerei (2), Was-

sowie dementsprechend eine Erhöhung des ↗Oberflächenabflusses. Hinzu kommt, daß der auf die versiegelten Flächen fallende Niederschlag über erweiterte und ausgebaute Entwässerungssysteme (Rinnsteine, Rohrleitungen, offene Gerinne) ohne wesentliche zeitliche Verzögerung in den Vorfluter gelangt. Dadurch wird die ↗Abflußkonzentration verkürzt und der Scheitel der Hochwasserwelle aus dem versiegelten Gebiet tritt früher auf und läuft höher auf. Dieser Effekt ist umso stärker, je größer die versiegelten Flächen in einem Flußgebiet sind. Für Hochwasserereignisse bei gefrorenem Boden kann der Urbanisierungseffekt vernachlässigt werden, da gefrorener Boden vorübergehend wie versiegelter Boden wirkt.

Einfluß auf den Wasserkreislauf nimmt die Wasserentnahme aus dem Grundwasser für die ↗Wasserversorgung. Durch sie kann der Grundwasserabfluß erheblich vermindert werden, insbesondere, wenn das entnommene Wasser in benachbarte oder entfernte Gebiete überführt wird. Entnommenes Grundwasser wird überwiegend als Abwasser zurückgeleitet. Auch große Baumaßnahmen beeiflussen das im Boden befindliche Wasser. Bei Tiefbauarbeiten werden Grundwasserstände vorübergehend oder dauernd abgesenkt oder Wasserbewegungen durch unterirdische Einbauten wie Tiefgründungen, Tunnel und Dichtungswände verzögert oder sogar unterbunden. Durch tiefe Gründungen können Verbindungen zwischen verschiedenen ↗Grundwasserstockwerken geschaffen werden. Der Bau von Stollen, z. B. für die Überleitung von Wasser, kann den Wasserhaushalt der tangierenden Gebiete erheblich verändern. Das Befahren der Böden mit schweren Fahrzeugen bringt durch Verdichtung verminderte Durchlässigkeiten. Ummantelungen der in den Verkehrsflächen verlegten Rohrleitungen mit Sand oder Kies haben unerwünschte Dränfunktionen v. a. in hängigen Lagen. Jeglicher Bergbau hat neben den Veränderungen des festen Untergrundes bis hinauf zur Oberfläche Auswirkungen auf den Wasserhaushalt. Bei Abgrabungen (z. B. Auskiesungen) entstehen häufig größere Wasserflächen mit Verdunstung. Im Tagebau können sich große Abbautiefen ergeben, so daß oft ↗Wasserhaltungen notwendig werden (Braunkohletagebau). Dadurch ergeben sich in der Gewinnungsperiode ↗Grundwasserabsenkungen und, nach Verfüllung, erhebliche Veränderungen gegenüber der früheren natürlichen Untergrundschichtung. Beim Untertagebau entstehen Verbindungen zwischen verschiedenen Grundwasserstockwerken. Der großräumige Abbau z. B. ganzer Kohle- und Erzflöze kann Bruchversatz bewirken und zu Störungen der Deckenschichten bis hinauf zur Oberfläche führen. Damit ergeben sich aus dem Untertagebau einerseits nachteilige Wirkungen auf den wasserführenden Untergrund (zusätzliche Abflüsse aus Wasserhaltungen, Störungen der Grundwasserströmung durch Gefälleänderungen der Schichten und Schichtbrüche) und andererseits nachteilige Wirkungen auf die Vorfluterverhältnisse an der Oberfläche (z. B. Muldenbildung mit Vernässungsfolgen).

Der Wasserhaushalt wird auch durch die Landwirtschaft, wie Be- und Entwässerung, Anbau verschiedener Kulturen mit wechselnder Fruchtfolge, Bodenbearbeitungstechniken, Düngung und Umkultivierung der Landschaft beeinflußt. Die Nutzungsart (angebaute Kulturen) und die Fruchtfolge verändern den Abfluß und seine saisonale Verteilung über die Verdunstung, da jede Pflanzenart einen für sie spezifischen Wasserverbrauch hat. Die Verdunstung kann zusätzlich erhöht werden, wenn mehrere Fruchtfolgen in einer Wachstumsperiode nacheinander angebaut werden. Eine weitere Erhöhung der Verdunstung und Einflußnahme erfolgt durch den Einsatz von Düngemitteln, weil eine erhöhte Produktion der Biomasse auch erhöhte ↗Transpiration erfordert. Bewässerung vermindert den Abfluß und vermehrt die Verdunstung, umgekehrt verhält es sich mit der Entwässerung landwirtschaftlicher Flächen. Sie ist erforderlich, wenn der Grundwasserstand bis nahe an die Bodenoberfläche reicht und dadurch eine landwirtschaftliche Nutzung erschwert wird. Durch die Entwässerung wird der Grundwasserstand gesenkt und somit die Verdunstung vermindert. Bei Hochwasser können dränierte Flächen abflußmindernd wirken, indem das entleerte Porenvolumen ein kurzzeitig höheres Speichervolumen darstellt. Nach Entwässerungsmaßnahmen sind auch Erhöhungen des Abflußscheitels beobachtet worden. Durch Austrocknung der Böden entstehen Makroporen, durch welche sie ein verbessertes Durchlaßvermögen erhalten.

Neue Situationen ergeben sich durch Umkultivierungen der Landschaft. So können durch Großterrassierungen die natürlichen Gefälleverhältnisse verändert werden, was ebenfalls den Oberflächenabfluß verändert. Geläufig, dennoch oft mißachtet, sind Wirkungen veränderter Bodenbearbeitung. Flächen, die hangparallel bearbeitet werden, haben einen geringeren Oberflächenabfluß als solche, bei denen die Bearbeitung in Richtung der Hangneigung erfolgt. Die maschinenfreundlichere und darum meist bevorzugte Hangbearbeitung mit der Neigung führt zu erhöhter Erosion durch Abschwemmung großer Teile des Bodens besonders bei Starkregen. Bei der Bearbeitung landwirtschaftlich genutzter Flächen bewirkt das Befahren mit schweren Fahrzeugen eine Verdichtung des Bodens, das Aufbringen von Gülle führt zu einer Verschlämmung der Böden. Beides vermindert das Infiltrationsvermögen (↗Infiltration), wodurch bei starken Niederschlagsereignissen mehr Wasser oberflächlich und damit schneller abfließt. Dies führt zu einer Verschärfung der Hochwassergefahr v. a. in ländlichen Gebieten.

Wälder stellen durch ihre hohe Transpiration einen großen Wasserverbraucher dar. Durch die ↗Interzeption der Vegetationsdecke und gute Infiltrationseigenschaften haben Waldböden eine hochwassermindernde Wirkung. Folglich sind Scheiteldurchflüsse nach starken Niederschlägen von bewaldeten gegenüber unbewaldeten Gebieten wesentlich geringer. Auch der in den Waldbeständen anders verlaufende Auf- und Abbau der Schneedecke bewirkt, daß sich die Schneeschmelzabflüsse in bewaldeten Gebieten über eine längere Zeitspanne erstrecken und dadurch die Scheitelabflüsse geringer sind. Aus diesen Gründen können Durchforstung oder gar Kahlschläge einen beachtlichen Einfluß auf den Wasserhaushalt haben. Nach Kahlschlägen von Waldbeständen kann durch den Fortfall der Interzeptionswirkung und durch Erosionserscheinungen auf Schleifrunsen in größeren Teilen des Einzugsgebietes die Rohhumusauflage beseitigt wer-

serkraftgewinnung (3), öffentliche Wasserversorgung (4), Abwasserbehandlung (5), Wasserentnahme für Bewässerung (6), Stauhaltung und Eindeichung (7), Bewässerungskanal (8), Stauwehr (9), Hochwasserrückhaltebecken (10), Naturschutzgebiet (11), landwirtschaftliche Bodenbearbeitung (12), Staustufe mit Schiffahrtsschleuse (13), Gewässerausbau (14), landwirtschaftliche Bewässerung (15), forstliche Maßnahmen z. B. Abholzungen (16), Urbanisierung(17).

den. Dadurch entfällt deren Speicherwirkung, und es wird das Infiltrationsvermögen und als Folge davon die Grundwasserneubildung vermindert, wobei erheblich vergrößerte Oberflächenabflüsse auftreten können. Daneben werden größere Massen von Feststoffen wegtransportiert. Diese Stoffe werden in Talsperren oder Rückhaltebecken abgelagert und können zu einer Verkürzung der Lebenszeit solcher Speicher beitragen. Beeinträchtigungen dieser Art müssen auch als Folge der zu beobachtenden Waldschäden erwartet werden.

Die meisten erwähnten Einwirkungen können Veränderungen in der Höhenlage der Grundwasseroberfläche verursachen, verbunden mit Umstellungen in der Artenzusammensetzung der natürlichen Flora und Fauna, sowie Folgen für die land- und forstwirtschaftliche Bodennutzung. Neben diesen ökologischen Auswirkungen können Senkungserscheinungen an Bauwerken und Beeinträchtigungen von Wassergewinnungsanlagen eintreten.

Je nach der Durchlässigkeit des Untergrunds und je nach der Art der Vegetation können die Pflanzenwurzeln Grundwasser bis zur Tiefe von etwa einem bis drei Meter in Anspruch nehmen, ausgesprochene Tiefwurzler wie die Rebe noch darüber hinaus. Während Grundwasserabsenkungen zu Trockenschäden führen, verursachen Grundwasseranhebungen Vernässungsschäden.

Auf Bauwerke können sich je nach Bodenverhältnissen und Gründungsart Grundwasserabsenkungen negativ auswirken. Bei im Bereich bindiger Bodenarten liegenden Gründungssohlen, können Grundwasserabsenkungen zur Austrocknung der Böden und damit zu deren Schrumpfung führen. Es können sich Risse im Bauwerk bilden. Ähnlich wirken Grundwasserabsenkungen durch Wegfall des Auftriebs auf das Bauwerk. Die Anhebung der Grundwasseroberfläche bis in den Bereich der Kellerräume führt zu Vernässungserscheinungen.

Neben den direkten Eingriffen des Menschen in den Wasserkreislauf können auch andere, indirekt wirkende Maßnahmen Einflüsse auf den Wasserhaushalt zeigen. Hierzu gehören jene Einwirkungen, die das Klima beeinflussen. Beispielsweise treten infolge einer lebhafteren Thermik über urbanisierten Gebieten häufiger ↗Starkniederschläge auf. Die allgemein erwarteten globalen ↗Klimaänderungen verursachen Rückwirkungen auf den gesamten Wasserhaushalt in der räumlichen und zeitlichen Verteilung von Niederschlag und Abfluß bzw. Durchfluß (saisonale Verteilung, Extremwerte).

Ferner werden durch Emissionen verschiedener Herkunft (Industrie, Haushalte, Kraftfahrzeuge) Spurengase, Aerosole und andere Stoffe in die Atmosphäre gebracht, die nach Deposition die Böden hinsichtlich ihres Chemismus beeinflussen und dann zu Vegetationsschäden (z. B. ↗Waldschäden) und somit zu Veränderungen der Bodennutzung führen.

Durch eine Vielzahl der angeführten Maßnahmen, Einleitungen von Abwasser durch Industrien, der gewerblichen Wirtschaft und Haushalten, Lagerung von Abfallstoffen, Überdüngung landwirtschaftlich genutzter Flächen, Einsatz von Pflanzenschutz- und Schädlingsbekämpfungsmitteln und anderes wird die Wasserbeschaffenheit von Oberflächen- und Grundwasser beeinflußt (Abb.). [HJL]

anthropogene Böden, *Kultosols*, *Ruderalböden*, zur Abteilung der ↗terrestrischen Böden gehörende Klasse der ↗deutschen Bodenklassifikation, die durch unmittelbare Arbeit des Menschen eine so starke Umgestaltung im Profilaufbau erfahren haben, daß die ursprüngliche Horizontabfolge weitgehend verlorenging (keine Ackerböden mit ↗Ap-Horizont). Dazu gehören die Bodentypen ↗Kolluvisol, ↗Plaggenesch, ↗Hortisol, ↗Rigosol und Tiefenumbruchboden. Anthropogene Böden entsprechen weitgehend den ↗Anthrosols.

anthropogene Einflüsse, [von griech: ánthropos = Mensch und génesis = Enstehung, Zeugung], bezeichnet alle direkt oder indirekt vom Menschen verursachten Veränderungen der Umwelt. Dies bedeutet sowohl die Freisetzung von Stoffen in die Umwelt, als auch von Energie, wie es z. B. die Temperaturerhöhung bodennaher Luftschichten und des Untergrundes einschließlich des Grundwassers in Stadtgebieten darstellt. Voraussetzung für eine Quantifizierung des anthropogenen Einflusses ist die Kenntnis des natürlichen Zustandes. Anthropogen freigesetzte Stoffkonzentrationen werden dabei als Differenz zwischen den beobachteten Gesamtkonzentrationen eines Umweltkompartiments und den als geogenen Ursprungs erachteten Gehalten ermittelt. In Böden entsteht der geogene Beitrag durch die Stoffgehalte der Ausgangsgesteine (lithogener Anteil) und deren Überprägung im Zuge der Pedogenese (pedogener Anteil). Aufgrund diffuser und ubiquitärer anthropogener Einträge ist es jedoch häufig schwierig, eine wahre geogene Größe zu ermitteln. Diesem wird durch die Definierung von Hintergrundwerten Rechnung getragen.

Anthropogene Belastungen können technisch (kein besseres Verfahren zur Zeit anwendbar), wirtschaftlich (kein besseres Verfahren zur Zeit konkurrenzfähig), politisch (fehlende nationale oder internationale Vereinbarungen), kulturell (Freizeitgestaltung, Bequemlichkeit) oder anders verursacht bzw. unvermeidbar sein. Geht von anthropogenen Belastung keine eindeutige negative Wirkung aus, spricht man auch von Umweltbeanspruchung, Umweltinanspruchnahme oder generell von Umwelteinwirkung. Stoffliche anthropogene Belastungen bezeichnet man als Umweltverschmutzung, manche stofflichen und physikalischen Belastungen auch als Immissionsbelastung.

anthropogene Form, Reliefform, die vom Menschen geschaffen wurde (z. B. ↗Ackerterrassen, ↗Wurten) oder die infolge menschlicher Tätigkeit entstanden ist, beispielsweise durch ↗Erosion (Ackerberge, ↗Runsen). Anthropogene Formen können als sog. ↗quasinatürliche Formen ausgebildet sein.

Anthropogene Klimabeeinflussung

Christian-Dietrich Schönwiese, Frankfurt/Main

Das Problem merklicher menschlicher Einflüsse auf seine ↗Umwelt und somit auch auf das ↗Klima ist ungefähr seit der neolithischen Revolution von Interesse, d. h. seit dem Seßhaft-Werden des Menschen und somit dem Übergang von seiner Tätigkeit als Jäger und Sammler zu Landwirtschaft und Viehzucht, je nach Region seit einigen Jahrtausenden v. Chr. Die konkrete Frage lautet, wie stark die Eingriffe des Menschen von damals bis heute das Klimageschehen beeinflußten und wie die daraus resultierenden Effekte, im Gegensatz zu den natürlichen Klimaänderungen (↗Klimageschichte), zu bewerten sind. Prinzipiell kann der Mensch durch folgende Aktivitäten klimawirksam werden: Veränderungen der Erdoberfläche durch ↗Waldrodungen, Agrarwirtschaft, Weidewirtschaft und Bebauung; Abwärme-Erzeugung durch Heizung, Industrieanlagen, Verkehrswege u. ä.; Eingriffe in den Wasserhaushalt durch Ableitung von Nutzwasser, Trockenlegung von Sumpfgebieten, künstliche Bewässerung u. ä.; Emissionen (anthropogene Emissionen) von Stoffen unterschiedlicher Art in die Atmosphäre, insbesondere von ↗Aerosolen und Gasen (↗Spurengase). Klimarelevant sind diese Aktivitäten insofern, als sie die Erdoberflächeneigenschaften (z. B. ↗Albedo und Wärmekapazität bzw. Wärmeleitung des Bodens, Rauhigkeit der Erdoberfläche) sowie die Stoff- und Energieflüsse zwischen Erdoberfläche und ↗Atmosphäre ändern, einschließlich der dadurch eintretenden Änderungen der chemischen Zusammensetzung der Atmosphäre. Dies beeinflußt wiederum die Mechanismen des ↗Strahlungshaushalts und der Wärmeflüsse an der Erdoberfläche. Dadurch kann sich die ↗Lufttemperatur, über die Mittlerrolle in der ↗allgemeinen atmosphärischen Zirkulation und durch die Zirkulation in den ↗Ozeanen aber stets auch das Verhalten aller ↗Klimaelemente ändern.

Quantifizierung anthropogener Einflüsse

Eine Quantifizierung solcher anthropogenen Klimafaktoren, zunächst ohne Wechselwirkung, ist durch die Abschätzung der dadurch bewirkten Störung des mittleren Strahlungshaushaltes der Atmosphäre möglich, meist global zusammengefaßt in Form der Strahlungsantriebe. Auch wenn diese Störungen gegenüber den mittleren Strahlungsflüssen relativ klein sind, können sie doch erhebliche Klimaänderungen hervorrufen, wie mit Hilfe einfacher bis hochkomplizierter ↗Klimamodelle, die ggf. auch Rückkopplungen enthalten, abgeschätzt wird. Einfach sind z. B. Energiebilanz-Modelle bzw. statistisch-empirische Klimamodelle, die i. a. nur die großräumigen bodennahen Temperaturänderungen simulieren können, hochkompliziert sind die dreidimensionalen gekoppelten ↗Zirkulationsmodelle von Atmosphäre und Ozean zur Simulation aller relevanten Klimaelemente. Die so simulierten Effekte von einzelnen, in diesem Fall anthropogenen Ursachen von ↗Klimaänderungen, heißen ↗Klimasignale. Sie lassen sich mehr oder weniger stark von der Gesamtvariabilität des Klimageschehens, dem ↗Klimarauschen, unterscheiden.

Geschichte der anthropogenen Klimabeeinflussung

Die anthropogenen *Klimabeeinflussungen* waren in historischer Zeit gegenüber den natürlichen Klimaänderungen zunächst relativ gering und stets regional. Dabei werden der Ausbreitung der Pflug-Landwirtschaft, nach der neolithischen Revolution zwischen ca. 3000 und 0 v. Chr., überwiegend von Mesopotamien aus in Richtung Europa und Südostasien kaum nachweisbare Effekte zugeschrieben. Den großräumigen Waldrodungen, z. B. des Mittelmeerraums in der Römerzeit, oder in Mitteleuropa zwischen etwa 800 und 1400 n. Chr. sowie in Nordamerika zwischen 1600 und 1900 n. Chr., schon größere Auswirkungen, ohne daß sie sich allerdings genau quantifizieren lassen. Ein weiterer Meilenstein der anthropogenen Klimabeeinflussung war die Entwicklung des ↗Stadtklimas, das sich vom Umlandklima deutlich unterscheidet und in seinen Effekten sehr genau untersucht ist. Bereits Waldrodungen aber haben außer regionalen auch globale Effekte: Da Wald wie jede Vegetation durch Assimilation der Erdatmosphäre Kohlendioxid (CO_2) entnimmt, kommt es dabei auf indirektem Weg zu einer Anreicherung der Atmosphäre mit diesem Spurengas. Da CO_2 eine lange atmosphärische Verweilzeit besitzt, kann es sich weltweit ausbreiten (was i. a. ab Verweilzeiten von ca. 2–3 Jahren geschieht) und somit global den natürlichen ↗Treibhauseffekt verstärken. Dieser zusätzliche anthropogene Treibhauseffekt wird seit dem Industriezeitalter (Abb. 1) in zunehmendem Maß von der steigenden ↗Weltprimärenergie und der sich daraus ergebenden Folgen dominiert, soweit es sich dabei um Energie aus ↗fossilen Brennstoffen handelt (Kohle, Erdöl, Erdgas) (↗Schadstoffausbreitung). Der Anteil

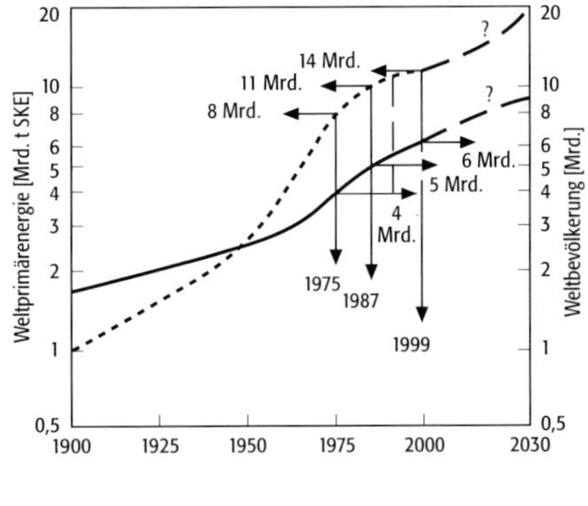

anthropogene Klimabeeinflussung 1: Anstieg der Weltbevölkerung (durchgezogene Linie) und der Weltprimärenergienutzung (gestrichelte Linie) seit 1900 (*SKE* = Steinkohleeinheiten).

Vorgang/Eigenschaft	CO_2	CH_4	N_2O	FCKW	H_2O
anthropogene Emission[1]	29 ± 3 Gt/Jahr	400 ± 80 Gt/Jahr	15 ± 8 Gt/Jahr	0,4 Gt/Jahr	– (nur indirekt)
Anteil gegenüber der natürlichen Emission	5%	70%	40%	100%	– (sehr gering)
atmosphärische Konzentration, vorindustriell[2]	280 ppm	0,70 ppm	0,28 ppm	0	2,6%[3]
atmosphärische Konzentration, 1998	365 ppm	1,72 ppm	0,31 ppm	0,5 ppb (F12)	2,6%[3]
molekulare atmosphärische Verweilzeit (Mittel)	(1–10 Jahre)[4]	15 Jahre	120 Jahre	100 Jahre (F12)	10 Tage
Beitrag zum natürlichen Treibhauseffekt[6]	24%	2,5%	4%	–	60%
Beitrag zum anthropogenen Treibhauseffekt[5,7]	61%	15%	4%	11%	– (nur indirekt)

[1] 1996 [2] ca. 1800 [3] bodennaher Mittelwert [4] bzgl. der Gesamtflüsse (rein physikalisch gesteuert), anthropogener Anteil (Störungszeit) jedoch 50–200 Jahre
[5] bei einem 100 Jahre-Zeithorizont [6] Rest Ozon d. unteren Atmosphäre 8% [7] Rest (insbes. Ozon) 9%

Aufschlüsselung der anthropogenen Emissionen[1] (nach Höper, 1998)

CO_2	75% fossile Energie, 20% Waldrodungen, 5% Holznutzung in den Entwicklungsländern
CH_4	27% fossile Energie, 23% Viehhaltung, 17% Reisanbau, 16% Abfall, 11% Biomasse-Verbrennung, 6% Tierexkremente
N_2O	23–48% Bodenbearbeitung (einschl. Düngung), 15–38% chemische Industrie, 17–23% fossile Energie, 15–19% Biomasse-Verbrennung
FCKW	Treibgas in Spraydosen, Kältetechnik, »Aufschäumung« von Dämm-Material, Reinigung

[1] Hinzu kommt u.a. noch das Ozon (O_3) der unteren Atmosphäre, indirekt über Vorläufersubstanzen wie z.B. Stickoxiden (z.B. aus dem Verkehrsbereich).

anthropogene Klimabeeinflussung (Tab. 1): Übersicht über die wichtigsten klimarelevanten Spurengase, deren atmosphärische Konzentration durch anthropogene Aktivitäten angestiegen ist: CO_2 (Kohlendioxid), CH_4 (Methan), FCKW (Fluorchlorkohlenwasserstoffe), N_2O (Distickstoffoxid) hier nur bodennah, H_2O (Wasserdampf).

dieser Energieträger an der Gesamtprimärenergienutzung liegt, bezogen auf alle Industrieländer, bei etwa 90%, weltweit bei etwa 80%. Hinzu kommen noch die ↗anthropogenen Emissionen aus dem landwirtschaftlichen und industriellen Bereich, so daß nicht nur CO_2, sondern auch ↗Methan, die ↗Fluorchlorkohlenwasserstoffe, Distickstoffoxid (↗Stickoxide), ↗Ozon in der unteren Atmosphäre und indirekte Emission über bestimmte Vorläufersubstanzen wie Stickoxide im Zusammenhang mit der anthropogenen Klimabeeinflussung diskutiert werden (Tab. 1). Eine erste Übersicht der Klimarelevanz dieser Vorgänge, und zwar für das globale Klima, liefern die bereits genannten ↗Strahlungsantriebe (Tab. 2), und zwar der Vergleich der anthropogenen und natürlichen Komponenten, insbesondere der durch ↗Vulkanismus oder Sonnenaktivität (↗solare Aktivität) hervorgerufenen Klimaänderungen. Für rein zirkulationsbedingte Vorgänge wie z.B. ↗ENSO und ↗Nordatlantik-Oszillation lassen sich solche Antriebe nicht definieren, wohl aber die betreffenden Effekte mit Hilfe von Klimamodellen simulieren. Aus solchen Betrachtungen und Berechnungen ist erkennbar, daß in den letzten rund 150 Jahren, die sich in etwa mit dem Industriezeitalter decken, der Strahlungsantrieb des anthropogenen Treibhauseffekts bei global mittelnder Betrachtung bereits dominiert. Dies gilt auch gegenüber dem erst in den letzten Jahren in Modellrechnungen zur anthropogenen Klimabeeinflussung berücksichtigten anthropogenen Sulfateffekt. Dabei wird dem aus der anthropogenen Emission von ↗Schwefeldioxid stammenden Sulfat (SO_4^{2-}) (Sulfataerosol), im Gegensatz zu den Treibhausgasen ein negativer Strahlungsantrieb und somit ein Abkühlungseffekt zugerechnet. Begründet wird dieser Effekt durch eine verstärkte Streuung der Sonneneinstrahlung. Verschiedene globale Klimamodellrechnungen der letzten Jahre lassen mit hoher Wahrscheinlichkeit darauf schließen, daß der in der ↗Weltmitteltemperatur beobachtete Erwärmungstrend seit etwa 1850 wahrscheinlich weitgehend anthropogen verursacht ist. Den Treibhausgasen allein wird sogar eine Erwärmung von rund 1 °C beigemessen, wobei sich diese allerdings durch den ebenfalls anthropogenen Sulfateffekt verringert, auf den tatsächlich beobachteten Trend von etwa 0,6 °C. Alle anderen Einflüsse, insbesondere die natürlichen, scheinen hingegen nur Fluktuationen um diesen vermutlich anthropogenen Erwärmungstrend herum verursacht zu haben. Nur der solaren Aktivität wird neben ihrer fluktuativen Wirkung möglicherweise auch ein gewisser Erwärmungstrend (bis zu 0,2 °C seit 1850) zugeschrieben. Die ↗Vulkanismus-Klimaeffekte, wobei hier nur die explosiven, mit ihrem Auswurfmaterial die ↗Stratosphäre erreichenden Vulkanausbrüche von Bedeutung sind, wie z.B. Tambora (1815), ↗Krakatau (1883), ↗El Chichón (1982) und Pinatubo (1991), haben nur episodische Klimaauswirkungen. Wichtig sind dabei wiederum die Sulfatpartikel, die in diesem Fall aus schwefelhaltigen Gasen entstehen (Gas-Partikel-Umwandlungen) und im Mittel 1–3 Jahre nach solchen Ausbrüchen simultan die Stratosphäre erwärmen (durch Absorption von ↗Sonnenstrahlung) und die untere Atmosphäre abkühlen. Für den Pinatubo-Ausbruch, der in unserem Jahrhundert zu den klimawirksamsten Effekten gehört, sind

Klimafaktor	Art	Folge	Strahlungsantrieb [W/m²]	Klimasignal
Treibhausgase (TR)	anthropogen	Erwärmung	2,5 (2,1–2,8)	0,9–1,3 °C
Sulfatpartikel (SU)	anthropogen	Abkühlung	0,9 (0,4–1,5)	0,2–0,4 °C
kombiniert: TR + SU	anthropogen	Erwärmung	(1,3–1,7)	0,5–0,7 °C
Flugverkehr, anthropogen	anthropogen	Erwärmung	ca. 0,1	–
Vulkanausbrüche (explosiv)(1)	natürlich	Abkühlung	max. 1–3	0,1–0,2 °C
Sonnenaktivität	natürlich	Erwärmung	0,2 (0,1–0,5)	0,1–0,2 °C
El Niño / Southern Oscillation	natürlich	Erwärmung	(interner Mechanismus)	0,2–0,3 °C

(1) beim Pinatubo-Ausbruch 1991: 2,4 W/m², 1992: 3,2 W/m², 1993: 0,9 W/m², ab 1994 vernachlässigbar

anthropogene Klimabeeinflussung (Tab. 2): Strahlungsantriebe anthropogener und natürlicher Klimafaktoren seit ca. 1850 (global und untere Atmosphäre) und mit Hilfe statistischer Klimamodellrechnungen (neuronale Netze) geschätzte zugehörige Klimasignale in der bodennahen Weltmitteltemperatur 1866–1994.

die entsprechenden Strahlungsantriebe recht genau bekannt. Im Gegensatz zu diesen natürlichen Auswirkungen von atmosphärischen Konzentrationsvariationen der Aerosole sind die entsprechenden anthropogenen Effekte zumindest quantitativ sehr unsicher, da es sich dabei nicht nur um Sulfat und Ruß, sondern viele weitere Partikelarten handelt und die Konzentrationen wegen der relativ kurzen Verweilzeiten in der unteren Atmosphäre regional sehr unterschiedlich sind.

Anthropogene Klimabeeinflussungen betreffen keinesfalls nur die Temperatur, sondern prinzipiell alle Klimaelemente. Solche Gesamtklima-Effekte können nur mit Hilfe von aufwendigen dreidimensionalen Zirkulationsmodellen (Klimamodellen) simuliert werden. Leider sind aber die Modellergebnisse, beispielsweise bei Niederschlag und Wind, die hinsichtlich ihrer Auswirkungen oft viel bedeutsamer als die Temperatur sind, weitaus unzuverlässiger als bei der Temperatur. Dies gilt generell auch für alle regional-jahreszeitlich differenzierten Ergebnisse und insbesondere für Extremereignisse. Dabei können auch bei den modellierten Klimasignalen trotz global gemittelter Erwärmung regional-jahreszeitlich auch Abkühlungen auftreten und umgekehrt. Alle Modellsimulationen zum anthropogenen Treibhauseffekt beinhalten außerdem einen Anstieg der global gemittelten Höhe des Meeresspiegels, der zum überwiegenden Teil auf die thermische Expansion der oberen Schichten des Ozeans zurückzuführen ist und erst in zweiter Linie auf das Rückschmelzen außerpolarer Gebirgsgletscher wie z. B. in den Alpen. Zumindest vom antarktischen Polareis wird dagegen angenommen, daß es wegen der dortigen Niederschlagszunahme wächst und somit – wenn auch gering – dem anthropogenen Meeresspiegelanstieg entgegenwirkt.

Zukünftige Entwicklung der anthropogenen Klimabeeinflussung

Nach Klimamodellvorhersagen zum anthropogenen Treibhauseffekt sind die folgenden Veränderungen zu erwarten: Erwärmung der unteren Atmosphäre (Maxima vermutlich im subarktischen Winter) Abkühlung der Stratosphäre (mit Begünstigung des dortigen Ozonabbaus) Niederschlagsumverteilung (z. B. Mittelmeerraum generell trockener, Mitteleuropa im Sommer trockener, im Winter feuchter, Polargebiete feuchter), Meeresspiegelanstieg, häufigere Extremereignisse (Dürre, Starkniederschläge, Überschwemmungen, Wirbelstürme). Was die globalen Temperatureffekte in der Zukunft betrifft, so sprechen die (transienten) Modellsimulationen (Abb. 2 im Farbtafelteil) dafür, daß bis zum Jahr 2100 gegenüber 1990 bei Trendfortschreibung der anthropogenen Emissionen ein weiterer Temperaturanstieg aufgrund der Treibhausgase von ca. 1,5–3,5 °C, bei Einbezug der Sulfataerosole um 1,5–3 °C zu erwarten ist. Dies ist viel im Vergleich mit den entsprechenden natürlichen Variationen des ↗Holozäns, die in den letzten 10.000 Jahren ein Schwankungsausmaß von etwa 1 °C um den Mittelwert (von ca. 15 °C) nicht verlassen haben (im globalen und vieljährigen Mittel; ↗Klimageschichte). Die entsprechenden Erwartungswerte für den global gemittelten Meeresspiegel-Anstieg lauten ca. 20–100 cm ohne und 20–80 cm mit Sulfataerosoleffekt. Beim Niederschlag werden neben einer Beschleunigung des weltweiten hydrologischen Zyklus (mehr Verdunstung und mehr Niederschlag) erhebliche regionale Umverteilungen erwartet, z. B. generell weniger Niederschlag im Mittelmeergebiet, generell mehr in Skandinavien und dem Polargebiet, in Mitteleuropa mehr Winter- und weniger Sommerniederschlag (mit bemerkenswerten Parallelen in den beobachteten ↗Klimatrends). Ob das Wetter- bzw. Witterungsverhalten in diesem Zusammenhang allgemein extremer wird, ist umstritten, aber regional möglich. Die in Klimamodellrechnungen neuerdings auftauchende Reaktion eines kälter werdenden Nordatlantiks (Veränderung des ↗Golfstromes), und zwar ein Umschlagen von einer Erwärmung in eine Abkühlung aufgrund des anthropogenen Treibhauseffekts, wird zumindest für die kommenden 100 Jahre als unwahrscheinlich angesehen, weil dies einen Anstieg der Treibhausgase in ihrer atmosphärischen Konzentration um mindestens den Faktor 3 voraussetzt, ein Wert, der in den anthropogenen Treibhausgas-Szenarien nur bei ungebremster Trendfortschreibung der anthropogenen Emissionen, hoher Schätzung (im Rahmen der Unsicherheiten) und Betrachtung der äquivalenten CO_2-Konzentration (d.h. additiver Einrechnung der weiteren Treibhausgasanstiege in die CO_2-Werte) bis zum Jahr 2100 als erreichbar gilt. Trotzdem beinhalten die Modellrechnungen und Interpretationen so viele, wenn auch vorwiegend quantitative, Unsicherheiten, daß Überraschungen nicht ausgeschlossen werden können.

Wie bei allen Risiken gilt auch bei diesem Klimarisiko, daß die Verantwortung gegenüber den kommenden Generationen Maßnahmen trotz Unsicherheiten gebietet. Diesem Ziel dient, allerdings in zunächst wenig verbindlicher Form, die ↗Klimarahmenkonvention der Vereinten Nationen, die in der jährlichen Reihe (seit 1995) der betreffenden Vertragsstaatenkonferenzen konkretisiert werden soll. Bisher ist ein Ziel die anthropogenen Treibhausgasemissionen der Industrieländer, nach sehr unterschiedlichen Ländervorgaben, um insgesamt 5,2% gegenüber 1990 bis zum Jahr 2008–2012 zu reduzieren (3. Vertragsstaatenkonferenz, Kyoto, 1997). Klimatologen fordern allein beim CO_2 eine Reduktion um 60% bis zur Mitte des kommenden Jahrhunderts.

Literatur: [1] HOUGHTON, J. et al. (1996): Climate Change 1995 (Second Assessment Report of the Untergovernmental Panel on Climate Change, IPCC). Univ. Press. – Cambridge. [2] HOUGHTON, J. (1997): Globale Erwärmung. – Berlin. [3] SCHÖNWIESE, C.-D. (1995): Klimaänderungen – Daten, Analysen, Prognosen. [4] GEHR, P. et al. (Hrsg.)(1997): CO_2, eine Herausforderung für die Menschheit. – Berlin. [5] LOZÁN, J.L., GRASSL, H., HUPFER, P. (Hrsg.) (1998): Warnsignal Klima. Wissenschaftl. Auswertungen + GEO. – Hamburg. [6] BRAUCH, H.G. (Hrsg.) (1996): Klimapolitik. – Berlin. [7] GOUDIE, A. (1994): Mensch und Umwelt. – Heidelberg.

anthropogen geregelter Stoffaustausch, Teil des landschaftsökologischen Ansatzes, der davon ausgeht, daß der Stoffaustausch (organische und anorganische Substanzen) in und zwischen ↗Ökosystemen zunehmend durch den Menschen geregelt wird. Der ↗Stoffhaushalt eines Ökosystems wird durch den Stoffaustausch bestimmt. Zwischen Mensch und Natur besteht eine Zunahme des anthropogen geregelten Stoffaustauschs, woraus zunehmend anthropogen geregelte ↗Stoffkreisläufe und Stoffhaushalte resultieren. Die intensive landwirtschaftliche Nutzung ist ein Beispiel für ein Ökosystem mit stark anthropogen geregeltem Stoffkreislauf.

Anthroposystem, *sozioökonomisches System*, Teilmodell des Gesamtlandschaftssystems, das den sozioökonomisch handelnden Menschen in den Vordergrund stellt. Das Anthroposystem wird mit den Ansätzen der Humangeographie (Anthropogeographie) modelliert. Das Anthroposystem bildet zusammen mit den anderen Hauptsubsystemen (↗Geosystem und ↗Biosystem) das ↗Landschaftsökosystem. Eine holistisch-integrative Betrachtung bzw. Modellierung der Landschaft, der geographischen Realität erfordert somit auch den Einbezug des Anthroposystems. Das Anthroposystem kann entweder als »anthropogene Veränderung« der ↗Geoökofaktoren (↗anthropogen geregelter Stoffaustausch) in das Landschaftsökosystemmodell einbezogen werden, als sozioökonomisches System einfließen oder als ein die Betrachtung bestimmendes Basissystem, das auf einer naturbürtigen Grundlage beruht. [SR]

Anthropozentrismus, Weltanschauung, die den Menschen in den Mittelpunkt stellt, ihn zum Sinn und Ziel des Weltgeschehens macht. ↗Ökosysteme werden somit aus der Sicht und den Interessen des Menschen betrachtet. Nach einer stark reduktionistischen Auslegung des Anthropozentrismus, benötigt der Mensch nur wenige Tier- und Pflanzenarten für sein direktes Überleben. Die ↗Biodiversität spielt bei dieser extremen Auslegung keine Rolle, besitzt keinen Selbstzweck. Im Gegensatz dazu werden bei einer ethisch orientierten Auslegung des Anthropozentrismus den Tieren, Pflanzen und Ökosystemen ein eigenes Existenzrecht zugesprochen (↗Eigenwert), in deren Milieu der Mensch so wenig wie möglich eingreifen sollte.

Anthrosols, Bodenklasse der ↗WRB. ↗Anthropogene Böden mit sehr starker oder vollständiger Veränderung der ursprünglichen Eigenschaften, z.B. durch Bodenbearbeitung, Zufuhr von Material (z.B. Bodenabraum, Plaggen oder Hausmüll) oder Bewässerung.

Anti-Aliasing-Filter ↗Aliasing.

Antibiotika, von ↗Mikroorganismen (↗Actinomyceten, anderen Bakterien und ↗Pilzen) gebildete niedermolekulare Stoffwechselprodukte, die in geringer Konzentration das Wachstum anderer Mikroorganismen hemmen oder sie abtöten. Bestimmte Antibiotika wirken nur gegen bestimmte Mikroorganismenarten (spezifische Wirkungsspektren). Die meisten (ca. 65%) stammen von *Streptomyces*-Arten, die aus dem Boden isoliert wurden. Die Bedeutung der Antibiotika für die produzierenden Mikroorganismen liegt möglicherweise in der Unterdrückung von Konkurrenten. Von den zur Zeit ca. 8000 bekannten Antibiotika sind ca. 100 in der Medizin zur Bekämpfung der Erreger von Infektionskrankheiten einsetzbar.

Antiferromagnetismus, Spezialfall des ↗Ferromagnetismus. Durch eine negative Austauschwechselwirkung zwischen den gleichartigen magnetischen Elementardipolen werden diese paarweise antiparallel zueinander angeordnet. Es gibt daher kein resultierendes magnetisches Moment pro Volumeneinheit, die ↗Sättigungsmagnetisie-

Substanz, Mineral	Kristallstruktur	Néel-Temperatur T_N [K]
MnO, Manganosit	kubisch	122
FeO, Wüstit	kubisch	185
CoO, Kobaltoxid	kubisch	291
NiO, Nickeloxid	kubisch	515
Cr_2O_3, Chromoxid	rhomboedrisch	307
α-Fe_2O_3, Hämatit	rhomboedrisch	948, verkantet bei T > 263K
FeS, Troilit	hexagonal	613
Fe_2TiO_4, Ulvöspinell	kubisch	120

Antiferromagnetismus (Tab.): Wichtige antiferromagnetische Substanzen.

rung ist also gleich Null. Oberhalb der ↗Néel-Temperatur T_N verschwindet diese Ordnung und die Substanz geht in einen paramagnetischen Zustand ohne geregelte Anordnung der magnetischen Elementardipole über. Die Temperaturabhängigkeit der magnetischen ↗Suszeptibilität χ eines Antiferromagnetikums wird für $T > T_N$ durch das ↗Curie-Weiss-Gesetz beschrieben: $\chi = C/(T + \Theta_a)$. C ist die materialspezifische ↗Curie-Konstante, Θ_a die asymptotische ↗Curie-Temperatur. Die Suszeptibilität χ erreicht bei $T = T_N$ ein Maximum (↗Hopkinson-Maximum). Bei Raumtemperatur ist die magnetische Suszeptibilität χ der Antiferromagnetika mit Werten im Bereich 10 bis $100 \cdot 10^{-8}$ m^3/kg etwa gleich groß wie die der stark paramagnetischen Minerale. Paramagnetische Stoffe (↗Paramagnetismus) und Antiferromagnetika (↗Antiferromagnetismus) unterscheiden sich aber durch die andere Temperaturabhängigkeit χ (T) bei $T > T_N$. Durch eine Abweichung von der exakten Antiparallelstellung der magnetischen Momente (verkanteter Antiferromagnetismus, ↗spin canting) kann ein unkompensiertes magnetisches Restmoment entstehen (Ferrimagnetismus). Das wichtigste natürliche antiferromagnetische Mineral (Tab.) ist ↗Hämatit (α-Fe_2O_3, mit einer Néel-Temperatur von 948 K bzw. 675 °C). Durch spin canting ist es zwischen -10 °C (↗Morin-Phasenübergang) und 675 °C (Néel-Temperatur) schwach ferrimagnetisch und kann deshalb Träger einer ↗remanenten Magnetisierung in Gesteinen sein. [HCS]

Antiferroelektrizität, spontane antiparallele Ausrichtung elektrischer Dipole gleicher Größe. ↗Ferroelektrizität.

Antiform, nach oben konvexer Teil einer Faltenstruktur in Gesteinen, in denen die stratigraphische Abfolge unbekannt ist. Der Begriff findet v. a. für lagige oder gebänderte ↗Metamorphite oder magmatische Kontakte Anwendung. ↗Synform, ↗Falte.

Anti-Frenkel-Fehlordnung, punktförmige ↗Kristallbaufehler in einem Ionenkristall, bei denen es sowohl ↗Leerstellen auf den Anionenpositionen, als auch Anionen auf Zwischengitterplätzen gibt.

Antigorit, *Blätterserpentin, Bowenit, Hampdenit, Marmolit, Pikrolith, Tangiwait*, Mineral, benannt nach dem norditalienischen Fundort im Antigorio-Tal, $Mg_6[(OH)_8|Si_4O_{10}]$; monoklin-domatische (Klinoantigorit) oder orthorhombische Kristallform (Orthoantigorit); Farbe: gelb bis grünlich; matter Glasglanz; durchscheinend bis undurchsichtig; Härte nach Mohs: 3–4; Dichte: 2,5–2,7 g/cm^3; Spaltbarkeit: vollkommen nach *(001)*, weniger vollkommen nach *(010)*; Bruch: muschelig oder splittrig, mild und polierfähig; Aggregate: blättrig, schuppig, auch dicht; Kristalle vielfach schuppig; Begleiter: Pyrop, Chromit, Garnierit, Magnetit, Talk, Opal; vor dem Lötrohr schwer und nur in feinsten Splittern schmelzbar; von Säuren unter Abscheidung schleimiger Kieselsäure zersetzbar; Vorkommen: als typisches Streßmineral der Epizone, wo er den gleichen Bildungsbereich wie Talk umfaßt. Ausgangsmaterial ist vornehmlich der Olivin in Ultrabasiten, Gabbros, Lampophyren und basischen Effusiven. Antigorit ist petrographisch der wichtigste Polytyp des Sammelbegriffs ↗Serpentin und tritt vielfach gesteinsbildend in Gebieten kristalliner Schiefer in Lagen, Stücken, Gängen und eingesprengt auf. Fundorte: Sprechenstein bei Sterzing (Vipiteno, Südtirol) und Val Antigorio (Piemont, Italien); Quebec (Kanada); Simbabwe (Südostafrika). [GST]

Antiklinale, *Antikline*, ↗Falte.

Antiklinaltal, in eine Antiklinale (Faltenrücken) eingeschnittenes Tal (Abb.). Da hierbei im Bereich der Antiklinalen eine Vertiefung im Relief entsteht, spricht man auch von ↗Reliefumkehr.

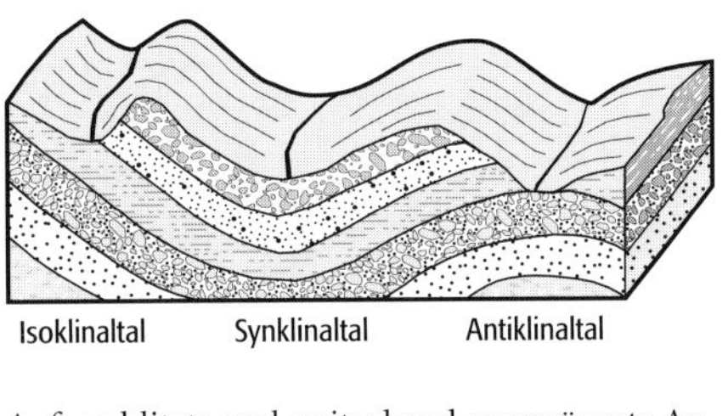

Antiklinaltal: Antiklinaltal, Synklinaltal und Isoklinaltal.

Aufgeschlitzte und weitgehend ausgeräumte Antiklinalen entstehen v. a. dort, wo die Schichtfolge im Bereich der Antiklinalstruktur morphologisch wenig resistent ist oder durch eine besondere tektonische Beanspruchung (z. B. ↗Salztektonik) einen geringeren Widerstand gegenüber den Prozessen der Verwitterung und Abtragung aufweist. Ausgeräumte Antiklinalen sind eine typische Erscheinung in ↗Schichtkammlandschaften.

Antiklinorium, eine Gruppe von Falten, deren ↗Faltenspiegel eine Antiklinale (↗Falte) bildet (Abb.). ↗Synklinorium.

Antillenstrom, ↗Meeresströmung im westlichen tropischen ↗Atlantischen Ozean, die den ↗Golfstrom speist.

Antimon, Element der V. Hauptgruppe des Periodensystems, Symbol Sb. Antimonglanz wurde schon von den Sumerern und Ägyptern als Schminke benutzt. Der ägytische Name (lat. sti-

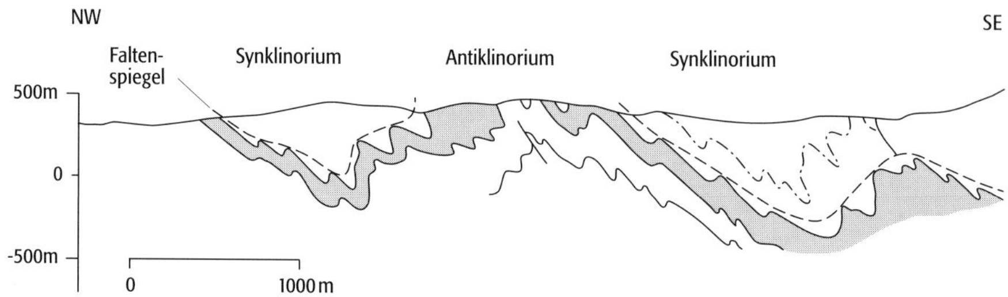

Antiklinorium: Synklinorien und Antiklinorium im Rheinischen Schiefergebirge.

Antiphasengrenze: Prinzipieller Aufbau der Kristallstruktur von CuAu II. Nach jeweils 5 Elementarzellen wechseln sich die Kupfer-Lagen (offene Kreise) mit denen des Goldes (volle Kreise) ab. Mit APB (Anti Phase Boundary) sind die Antiphasengrenzen gekennzeichnet.

Antisymmetriegruppen: Hexacisoktaeder mit AS-Symmetrien $m\bar{3}m'$(a), $m'\bar{3}'m'$(b) und $m'\bar{3}'m$ (c).

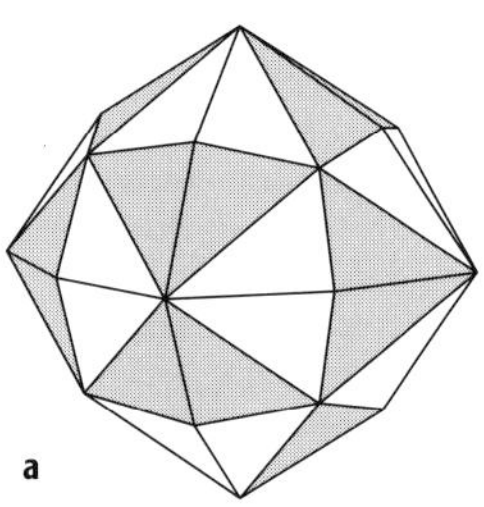

a

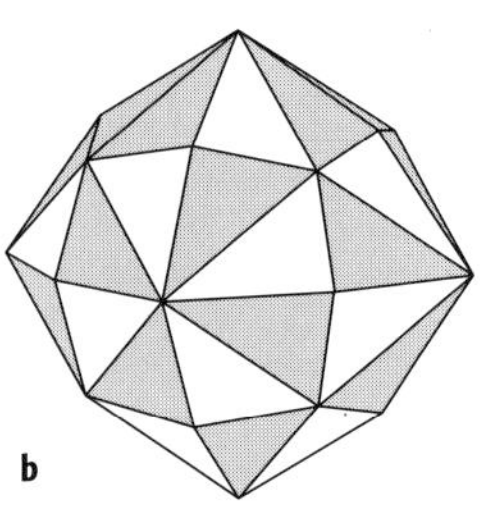

b

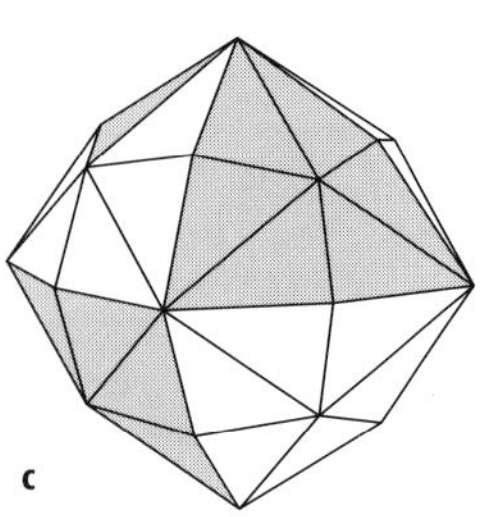

c

bium) ergab das Symbol Sb. In der mittelalterlichen Alchimie wurde Antimonglanz bei der Scheidung von Gold und Silber benutzt, die hierbei entdeckten Antimonverbindungen waren in der Iatrochemie als Heilmittel in Gebrauch. 1780 führte T. Bergman die erste Analyse des Antimonglanzes aus. Antimonhaltiges Hartblei wird für militärische Zwecke verwendet, Antimonlegierungen als Lagermetall, Letternmetall für den Buch- und Zeitungsdruck, in der Akkumulatoren- und Textilindustrie, für Imprägnationsmittel gegen Brand und Fäulnis, in der Halbleitertechnik. Sb-Verbindungen sind toxisch, rufen Brechreiz hervor (»Brechweinstein«), einige Sb-Präparate haben jedoch eine medizinische Bedeutung. [GST]

Antimonlagerstätten, sulfidisch (↗Sulfide) gebundene Erze mit Antimonit (Antimonglanz, Stibnit, Grauspießglanz, Sb_2S_3, z. T. mit Goldgehalten) als wichtigstem Erzmineral. Antimonit kommt vor allem in hydrothermalen Gängen als eigenständige Vererzung in Antimonit-Quarzgängen oder als Nebenprodukt von Blei- und Silbererzgängen vor, untergeordnet als ↗metasomatische Verdrängungen in Kalken und Schiefern. Antimonlagerstätten finden sich weltweit, die wichtigsten Produzenten von Antimon sind Südafrika, Bolivien, China, Mexiko und der Balkan.

Antimonminerale, dazu zählen Gediegenes Antimon (Sb), trigonal, 100 % Sb; Antimonglanz (Antimonit, Sb_2S_3), rhombisch, 71 % Sb; Antimonfahlerz (Tetraedit, $(Cu_2,Zn,Fe)_3Sb_2S_6$), kubisch, 24 % Sb; Jamesonit ($4\ PbS \cdot FeS \cdot 3\ Sb_2S_3$), monoklin, 29 % Sb; Pyrargyrit (Rotgültigerz, Ag_3SbS_3), trigonal, 22 % Sb; Valentinit (Weißspießglanz, Sb_2O_3), rhombisch, 83 % Sb; Bindheimit ($Pb_2Sb_2O_7 \cdot H_2O$), kubisch, 22 % Sb. Das Antimonerz wird auf den Gruben zu Konzentraten von 40–50 % angereichert. Bei der wegen der kleinen Lagerstätten vielfach üblichen Handscheidung müssen die Erze 8 % Sb enthalten, bei Anwendung der Flotation geht die Bauwürdigkeitsgrenze bis zu 3 % herab.

Antipassat, oberhalb der Passatinversion (zwischen 6000 und 10.000 m) befindliche, westliche Winde mit niedriger Geschwindigkeit. Die Antipassate transportieren als Teil der ↗Hadley-Zirkulation die in Äquatornähe aufgestiegenen Luftmassen polwärts zum subtropischen Hochdruckgürtel.

Antiphasengrenze, flächenförmiger ↗Kristallbaufehler, bei dem die aneinander grenzenden Kristallbereiche bei gleicher Orientierung um eine halbe Gittertranslation gegeneinander verschoben sind. Ein bekanntes Beispiel hierfür stellt die geordnete intermetallische Phase CuAu II dar (Abb.).

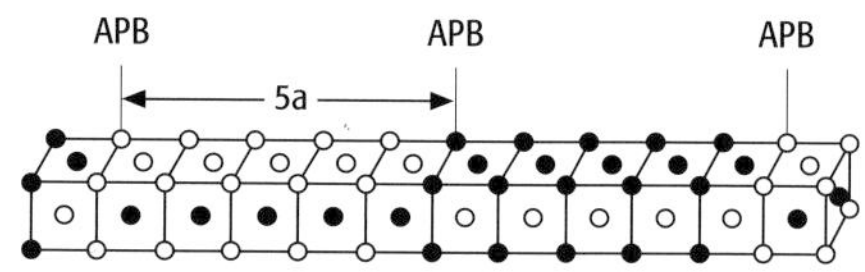

Anti-Schottky-Fehlordnung, punktförmige ↗Kristallbaufehler in einem Ionenkristall, bei denen sich sowohl Kationen als auch Anionen auf Zwischengitterplätzen befinden.

anti-spoofing, *A-S*, ↗GPS-Sicherungsmaßnahme. Bei aktiviertem anti-spoofing wird der ↗P-Code durch Überlagerung mit dem geheimen W-Code in den verschlüsselten Y-Code verwandelt. Dadurch soll verhindert werden, daß ein möglicher Gegner den P-Code stören kann (engl. spoof). Für nicht autorisierte Nutzer steht dann nur der weniger genaue ↗C/A-Code zur Verfügung. Da der C/A-Code ausschließlich auf der Trägerfrequenz L1 abgestrahlt wird, kann der Code bei Nutzung der Trägerphasenmessung auf der Trägerfrequenz L2 (↗Global Positioning System) zur Rekonstruktion der Trägerwellen nicht verwendet werden. Moderne Zweifrequenzempfänger bieten alternative Techniken zur Bereitstellung von L2 Trägerphasen, wobei jedoch die Qualität der Meßgrößen stets geringer ist, als sie bei Verfügbarkeit des P-Codes wäre. Von Vorteil für die Mehrdeutigkeitslösung (↗Phasenmehrdeutigkeiten) sind Techniken, bei denen die volle Wellenlänge auf L2 erzeugt wird.

Antisymmetrie, Eigenschaft eines Objektes, die durch eine ↗Antisymmetriegruppe beschrieben werden kann.

Antisymmetriegruppen, *AS-Gruppen*, *dichromatische Gruppen*, *Schwarz-Weiß-Gruppen*, *Heesch-Shubnikov-Gruppen*, Gruppen, die neben Symmetrie- auch Antisymmetrieoperationen enthalten. Antisymmetrieoperationen sind Abbildungen, die mit einer Operation verknüpft sind, welche die Vertauschung von zwei Eigenschaften (z. B. »Schwarz« und »Weiß« – im Folgenden als »Farben« angesprochen) bewirkt. In einer Antisymmetriegruppe bilden die farberhaltenden Operationen eine Untergruppe vom Index 2, während die farbvertauschenden Operationen die Elemente der Nebenklasse bilden. Antisymmetrieoperationen können für sich keine Gruppe bilden, denn das Produkt von zwei Antisymmetrieoperationen ist eine farberhaltende Operation. Um die Antisymmetriegruppen einer vorgegebenen Gruppe abzuleiten, hat man demnach deren Untergruppen vom Index 2 aufzusuchen. Die Elemente der jeweiligen Untergruppe sind dann mit den farberhaltenden und diejenigen der Nebenklasse mit den farbvertauschenden Operationen zu identifizieren.

Als Beipiel seien die Antisymmetriegruppen der Punktgruppe $m\bar{3}m$ abgeleitet. Untergruppen mit der halben Anzahl von Elementen sind $m\bar{3}$, 432 und $\bar{4}3\,m$. Werden die farbvertauschenden Operationen durch einen Apostroph kenntlich gemacht, dann schreiben sich die drei Antisymmetriegruppen als $m\bar{3}m'$, $m'\bar{3}'m'$ und $m'\bar{3}'m$ (Abb.). Auf analoge Weise erhält man alle 58 Klassen von dreidimensionalen AS-Punktgruppen. Ein Beispiel für eine unendliche AS-Gruppe ist die Antisymmetriegruppe eines unendlich ausgedehnten Schachbrett-Musters. Ohne Berücksichtigung von Schwarz und Weiß ist $p4\,mm$ die Ebenengruppe des Musters. Die farberhaltende Untergruppe vom Index 2 ist ebenfalls vom Typ $p4\,mm$, jedoch mit um den Faktor 2 ausgedünnten Translationen. Eine mögliche Bezeichnung für die Antisymmetriegruppe ist $p'4\,mm$.

Die 17 zweidimensionalen Raumgruppen (Ebenengruppen) liefern 46 und die 230 dreidimensionalen Raumgruppen 1191 Typen von Antisymmetriegruppen. Neben den Antisymmetriegruppen kennt man noch die sog. Graugruppen. Ein Beispiel für eine solche Graugruppe ist die von der Operation $3'$ erzeugte Gruppe der Ordnung 6. Bei einer zweifarbigen Darstellung fallen hier die verschiedenfarbigen Bereiche aufeinander. Im Beispiel ist das auch daraus ersichtlich, daß $3'^3 = 1'$ ein Element der Gruppe ist. Diese Symmetrieoperation bewirkt eine Vertauschung der beiden Farben an jeder Stelle des Raumes. Bei der Erzeugung einer Graugruppe aus einer vorgegebenen Punktgruppe oder Raumgruppe kommt zu jeder bereits vorhandenen Operation noch die mit $1'$ verknüpfte Operation hinzu.

Bei der Aufzählung von Schwarz/Weiß-Gruppen werden zu den Antisymmetriegruppen zuweilen die einfarbigen Gruppen (d. h. die Gruppen ohne AS-Operationen) und die Graugruppen hinzugezählt. Dann ergeben sich 122 Klassen von kristallographischen Schwarz/Weiß-Punktgruppen, 80 Klassen (Typen) von Schwarz/Weiß-Ebenengruppen und 1651 Klassen (Typen) von Schwarz/Weiß-Raumgruppen. Die letztgenannten Gruppen heißen auch *Shubnikov-Gruppen*, nach dem russischen Kristallographen, der sie als erster abgeleitet hat.

Die Einteilung aller dieser Gruppen in Klassen bzw. Typen erfolgt nach den gleichen Prinzipien wie bei den gewöhnlichen, d. h. farberhaltenden Symmetriegruppen. Die Eigenschaften, die der Dichotomie »Schwarz-Weiß« entsprechen, können geometrischer oder physikalischer Art sein oder einfach Farbenpaare, wie bei vielen dekorativen zweifarbigen Darstellungen. In einer geometrischen Deutung lassen sich die zweidimensionalen Schwarz/Weiß-Raumgruppen als zweiseitige Ebenengruppen interpretieren, indem man die Vertauschung der Farben mit der Vertauschung von Oberseite und Unterseite der betreffenden Ebene identifiziert.

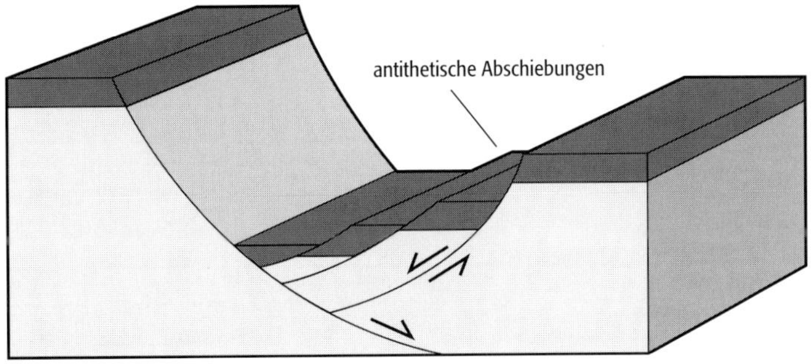

antithetische Abschiebung 1: Gegen die Hauptabschiebung einfallende Abschiebung.

Shubnikov-Gruppen finden Anwendung bei der Charakterisierung von antiferromagnetischen Kristallstrukturen. Hier beschreibt die Antisymmetrieoperation eine Umkehrung der magnetischen Momente der Atome, die entweder parallel oder antiparallel zu einer bestimmten Richtung orientiert sind. [WEK]

Literatur: [1] LOCKWOOD, E.H. und MACMILLAN, R.H. (1978): Geometric Symmetry. - Cambridge. [2] SHUBNIKOV, A.V., BELOV, N.V. u.a. (1964): Colored Symmetry. - Oxford.

Antisymmetrieoperation, verallgemeinerte Symmetrieoperation, die zusätzlich zu der geometrischen Abbildung noch die Vertauschung zweier Eigenschaften des abgebildeten Objekts bewirkt.

antithetische Abschiebung, 1) gegensinnig zur Hauptabschiebung einfallende Zweig-Abschiebung (Abb. 1). 2) gegensinnig zur versetzten Schichtung einfallende Abschiebung (Abb. 2).

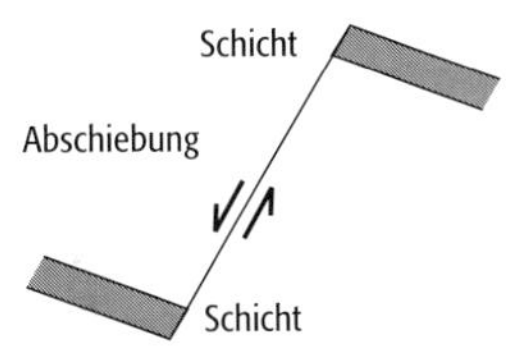

antithetische Abschiebung 2: Abschiebungsfläche fällt entgegengesetzt zur Schichtfläche ein.

antitriptischer Wind, durch das Gleichgewicht von Druckkraft und Reibungskraft bestimmter Wind. Die Windrichtung steht dabei senkrecht zu den Isobaren. Beispiele sind der ↗Land- und Seewind und der ↗Berg- und Talwind.

antizyklonal, a) Bezeichnung für den Drehsinn einer Strömung, wenn die Stromlinien oder Partikeltrajektorien im Uhrzeigersinn verlaufen. b) antizyklonale Wetterlage (Hochdruckwetterlage).

antizyklonale Krümmung, Krümmung einer Teilchenbahn, die im Uhrzeigersinn verläuft.

Antizyklone ↗Hochdruckgebiet.

Antwortfunktion, *Impulsantwortfunktion*, mathematische Formulierung des Verhaltens eines Systems unter dem Einfluß einer bestimmten Eingangsgröße.

Anville, *Jean-Baptiste Bourguignon* d', französischer Geograph und Kartograph, * 11.7.1697 in Paris, † 28.1.1782 in Paris. Er eignete sich als Autodidakt umfassende geographische Kenntnisse an, setzte in Frankreich die Arbeit von G. ↗Delisle fort und ist Autor von mehr als 200 von ihm nach vielfältigen Quellen neubearbeiteten Karten, darunter »Atlas de la Chine« (1735–37) und »L'Italie« (1743). Es folgten mehrblättrige Erdteilkarten (»Amérique septentrionale« (1746),

»Amérique méridionale« (1748), »Afrique« (1749), Asien (1751–53), Europa (1754) und als Abschluß 1761 seine Weltkarte in zwei Hemisphären. Zu seinen Karten veröffentlichte er kritische Kommentare, publiziert in insgesamt 78 Druckschriften. Grundlegend sind seine Arbeiten zur antiken Geographie, z. B. Karte »Gallia antiqua« (1760). [WSt]

Anwendersoftware, Oberbegriff für Programme, die nicht der ↗Systemsoftware (↗Betriebssystem) zuzuordnen sind. Der Bereich gliedert sich in zwei Teile: a) Standardanwendungssoftware für eine breite Masse von Nutzern, wie z. B. Textverarbeitungsprogramme, einfache Datenbanken oder Tabellenkalkulationen und b) Anwendungssoftware zur Lösung von Problemen eines speziellen Benutzerkreises, wie z. B. ↗Geoinformationssysteme, Kartenkonstruktionsprogramme und Statistikprogramme.

Äolianit, Bezeichnung für Gesteine, die durch sekundäre Verfestigung aus ↗äolischen Sedimenten gebildet wurden. Sie wird insbesondere auf verfestigte ↗Küstendünen angewandt, bei welchen die ↗Zementation im gleichen Milieu und zeitlich unmittelbar nach der Sedimentablagerung durch kalkiges Bindemittel erfolgt, das größtenteils aus verdunstendem Meereswasser stammt und als Spritzwasser auf die Dünen gelangt.

äolisch, [von griech. Äolus, der griech. Mythologie entstammende Herr der Winde], in der ↗Geomorphologie die durch den Wind bedingten Erscheinungen und Eigenschaften (↗äolische Prozesse, ↗äolische Sedimente).

äolische Akkumulation, *Windablagerung*, 1) Ablagerung, die aus ↗äolischen Sedimenten besteht (z. B. ↗Düne, ↗Flugsandfeld, Lößdecke). 2) Prozeß, der die Ablagerung eines äolisch transportierten Sediments beschreibt. Dies geschieht in Abhängigkeit von der Windgeschwindigkeit innerhalb gewisser Korngrößenbereiche (↗Korngröße) und führt bei gegebener Windgeschwindigkeit über die Ablagerungsentfernung zur ↗Sortierung der äolischen Sedimente (↗Suspension, ↗Reptation, ↗Saltation).

äolische Prozesse, in der ↗Geomorphologie die durch die Wirkung des Windes induzierten, reliefbildenden Prozesse. Hierzu zählen ↗Deflation, ↗Korrasion und ↗äolische Akkumulation sowie die äolischen Transportprozesse ↗Suspension, ↗Saltation und ↗Reptation.

äolische Sedimente, vom Wind transportierte ↗Sedimente, hauptsächlich die in ↗Saltation transportierten ↗Flugsande und ↗Dünensande, sowie die in ↗Suspension transportierten ↗Stäube (↗Löß). Äolische Sedimente sind durch charakteristische ↗Korngrößenverteilung, ↗Kornoberflächen und ↗Kornformen gekennzeichnet und haben eine typische Sedimentstruktur (↗Schrägschichtung, äolische ↗Fazies, ↗Sandstein, ↗Düne).

äolische Seifen, Schwermineralanreicherung (↗Seifen), die durch Windbewegung entstanden ist.

Äon, übergreifendste Zeiteinheit im Rahmen der ↗Chronostratigraphie, gleichbedeutend mit der Einheit ↗Äonothem der ↗Biostratigraphie (↗Stratigraphie).

Äonothem, übergreifendste Einheit im Rahmen der ↗Biostratigraphie, entsprechend dem ↗Äon innerhalb der ↗Chronostratigraphie. Dem biostratigraphisch gliederungsfähigen ↗Phanerozoikum wird das ↗Proterozoikum und das ↗Archaikum gegenübergestellt. ↗Präkambrium, ↗geologische Zeitskala, ↗Stratigraphie.

AOX, *adsorbierbare organische Halogen-Verbindungen*. AOX enthalten sehr viele synthetische Verbindungen, bei denen toxische Wirkungen auf Mikroorganismen, Pflanzen oder Tiere festgestellt wurden, so Halogene (v. a. Chlor) in direkter Verknüpfung mit Kohlenstoff. Hierzu zählen auch cancerogene Verbindungen, wie z. B. Tetrachlorkohlenstoff (CCl_4), Chloroform ($CHCl_3$) und 1,1,2-Trichlorethan ($C_2H_3Cl_3$). Darüber hinaus besitzen viele AOX eine große Persistenz gegenüber dem biologischen Abbau durch Bakterien, wie z. B. die ↗polychlorierten Biphenyle. Um ein Gesamtbild der AOX zu geben, muß aber auch erwähnt werden, daß inzwischen über hundert organische Naturstoffe bekannt sind, die Chlor enthalten, und daß organische Chlorverbindungen auch in anthropogen unbeeinflußten Sedimenten gefunden wurden. Der Nachweis von AOX oder EOX (extrahierbare organisch gebundene Halogene) im Grundwasser ist häufig auf anthropogene Einflüsse zurückzuführen. Die Anwesenheit von AOX kann ein Hinweis für Verunreinigungen durch intensive industrielle Nutzung, defekte Abwasserkanäle bzw. die Lagerung industrieller Abfälle (↗Altlasten) sein. Sickerwässer aus Hausmülldeponien weisen maximale AOX-Konzentrationen von 1000 bis 10.000 µg/l auf. In Abwässern von Kfz-Werkstätten wurden maximale AOX-Gehalte über 100.000 µg/l gemessen. In einem typischen häuslichen Schmutzwasser liegen die AOX-Gehalte zwischen 50 und 100 µg/l. [ME]

Apatit, *Calciumphosphat*, Mineral aus der Klasse der Phosphate; chemische Formel $Ca_5[(F,Cl,OH)(PO_4)_3]$; Anionen 2. Ordnung (F,Cl,OH) können sich diadoch vertreten; enthält teils Gehalte von CO_2 (Carbonatapatit), MnO (Moroxit, Manganapatit), Lanthaniden (Lanthanapatit), Sr (Belovit), U (Uranapatit); Härte 5; Dichte 2,9–3,25; Glasglanz und Fettglanz; Spaltbarkeit wechselnd deutlich nach (*0001*) und (*1010*); Bruch muschelig und spröde; Strich weiß; dihexagonal-dipyramidal, hexagonale Prismen; dicktafelig, kurz- und langprismatischer Habitus; Farben sehr variabel, durchscheinend; Apatit ist Primärbestand magmatischer Gesteine, gesteinsbildend in Carbonatiten (Foskorit), auf Hohlräumen vulkanischer Gesteine, ↗pneumatolytisch und hydrothermal gebildet, sedimentär Hauptbestandteil der sog. Phosphorit-Knollen, Versteinerungssubstanz fossiler Knochen und Kotmassen (Guano), als Phosphorträger wichtiger Rohstoff für die Düngemittelindustrie. [AM]

Apertur, räumliche oder zeitliche Beschränkung des Meßbereichs einer Meßanordnung. Bei seismischen Messungen geben die Dimensionen der

Auslage die Apertur des seismischen Systems an. Bei der seismischen Datenbearbeitung wird mit der Apertur eines Prozessing-Schritts die Anzahl seismischer Spuren (bzw. der räumliche Bereich) oder die Größe des entsprechenden Zeitfensters bezeichnet, die in diesem Schritt gleichzeitig bearbeitet wird. In der ↗Angewandten Seismik wird Apertur vorwiegend im Zusammenhang mit der ↗Migration seismischer Daten verwendet (Migrationsapertur).

Apex, ein fiktiver weit entfernter Punkt auf den ein Beobachter sich zu einem Zeitpunkt hinzubewegen scheint. Auf der Himmelskugel wird er durch die Verlängerung des instanten Geschwindigkeitsvektors definiert.

APFS, *Apparent Places of Fundamental Stars*, ein seit 1941 jährlich erscheinendes Verzeichnis scheinbarer (und mittlerer) Positionen von gegenwärtig 1535 Sternen des Fünften ↗Fundamentalkatalogs (FK 5). Es wird seit 1960 vom Astronomischen Recheninstitut in Heidelberg herausgegeben. Enthält ebenfalls: Besselsche Tagzahlen zur Berechnung der jährlichen ↗Aberration sowie Tafeln für kurzperiodische Nutationsglieder, für die ↗Sternzeit bei 0^h Weltzeit, für die Umwandlung von ↗mittlerer Sonnenzeit in Sternzeit und umgekehrt und für die Korrekturen der täglichen Aberration.

aphanitisch, Gefügebegriff für sehr feinkörnige dichte Gesteine; die Korngröße ist so gering, daß einzelne Minerale nicht mit bloßem Auge erkannt werden können.

Aphel ↗Erde.

Ap-Horizont, ↗Bodenhorizont entsprechend der ↗Bodenkundlichen Kartieranleitung, umfaßt den durch regelmäßige Bodenbearbeitung beeinflußten Teil des ↗A-Horizonts, der auch als ↗Akkerkrume bezeichnet wird. Der Ap-Horizont schließt den *Ahk-Horizont* ein, dessen Basen- und Nährstoffverhältnisse durch regelmäßige Düngung nachhaltig verändert sind und der auch erhalten bleibt, wenn der Ap-Horizont nach einer Nutzungsänderung (z.B. zu Grünland) nicht mehr klar erkennbar ist.

aphotisch, *lichtlos*, aquatische Tiefenzone, in der keine Photosynthese mehr möglich ist. Sie beginnt bei 100–200 m Tiefe, abhängig vom Trübungsgrad des Wassers durch Nährstoffe und anorganisch eingetragene Sinkstoffe sowie von der geographischen Breite (Sonnenhöhe). ↗dysphotisch, ↗euphotisch.

aphyrisch, feinkörniges oder ↗aphanitisches Gestein ohne ↗Einsprenglinge, Gegenteil: ↗porphyrisch.

Aphytikum, unbelebte Frühzeit der Erdgeschichte. Die Entwicklung der Erde verlief rein anorganisch ohne Bildung organischer Moleküle.

API, in der ↗Bohrlochgeophysik gebräuchliche Einheit für die gemessene Radioaktivität der durchteuften Formation (↗Gamma-Ray-Log). Die Kalibrierung der Sonden (Abb.) erfolgt in einem Testbohrloch des American Petroleum Institutes in Indiana (USA).

Apian (Apianus), *Peter*, eigentlich *Bienewitz* oder *Bennewitz, Petrus*, deutscher Kosmograph, Astronom und Mathematiker, * 16.4.1495 in Leisnig (Sachsen), † 21.4.1552 in Ingolstadt (Bayern). Nach naturwissenschaftlich ausgerichtetem Studium seit 1516 in Leipzig, erfolgte vor 1520 Übersiedlung nach Wien, wo er immatrikuliert wurde. Im Jahr 1523 kam er nach Bayern, 1527 erfolgte seine Berufung auf den Lehrstuhl Mathematik der Universität Ingolstadt, den er bis zu seinem Tode innehatte. Sein vielbeachtetes Hauptwerk ist »Liber cosmographicus«, das u.a. von 1417 Orten geographische Koordinaten enthält, für Mitteleuropa mit bemerkenswerter Genauigkeit, und auf die Längenbestimmung mittels Monddistanzen eingeht. Apian befaßte sich mit Arithmetik, Algebra, Kometenkunde und Zeitbestimmung. Zu den von ihm verbesserten und konstruierten astronomisch-geodätischen Geräten gab er im »Instrument Buch« (1533) und zwischen 1522 und 1544 fast jährlich Wandkalender heraus. [WSt]

Apian, *Philipp*, deutscher Mathematiker, Astronom und Kartograph, * 1531 in Ingolstadt, † 1589 in Tübingen, Sohn des Mathematikprofessors Peter ↗Apian. Er studierte in Ingolstadt, in Straßburg, Paris und Bordeaux. Er wurde 1552 als Nachfolger seines Vaters für Mathematik und Astronomie an die Universität Ingolstadt berufen. Zwischen 1554 und 1563 führte er mit seinem Bruder Timotheus die erste topographische Landesaufnahme von Bayern im Aufnahmemaßstab 1:45.000 aus. Die Karte mit mittleren Längenabweichungen von ca. 500 m (= ca. 1 cm) enthält alle Siedlungen als naturalistische Ortsbilder in ↗Aufrißdarstellung, die Gewässer und die Bodenbedeckung sind eingefügt in die teilweise panoramaartige Reliefzeichnung. Im Jahr 1564 erwarb Apian in Padua den Doktor der Medizin, 1568 wurde er wegen Weigerung, den Eid auf das Tridentium abzulegen, des Landes verwiesen. Er nahm 1569 einen Ruf nach Tübingen für Geometrie und Astronomie an, mußte 1584 sein Lehramt aufgeben, da er eine Verpflichtung auf eine protestantische Formel auch ablehnte, blieb aber

Apian, *Peter*

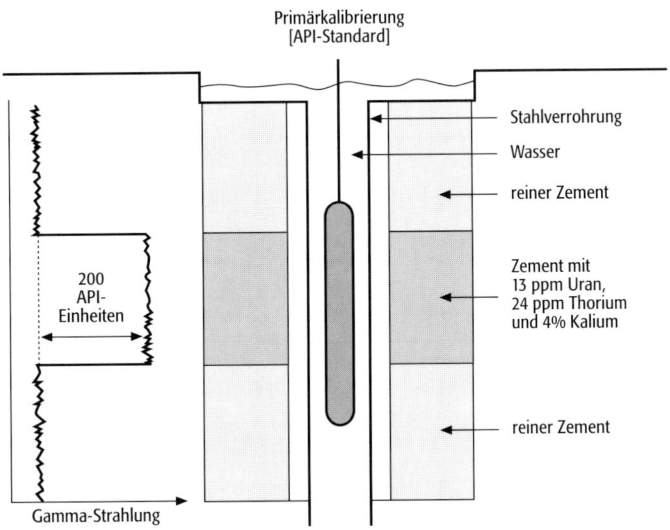

API: Aufbau der künstlichen Kalibrierbohrung.

Applikation (Tab.): Applikationsverfahren, Tröpfchengröße und Aufwandmengen von Pflanzenschutzmitteln.

Verfahren	Teilchengröße [µm]	Aufwandmenge [l/ha, kg/ha] Ackerbau	Ostbau
Spritzen	> 150	200–600	600–2000
Sprühen	50–200	50–200	200–400
Feinsprühen (ULV)	25–160	1–20	
Nebeln	< 50	3-8	
Stäuben	< 60	8–25	
Streuen von Granulaten	< 4000	ca. 10 Makrogranulate	
	< 1000	5–10 Mikrogranulate	

als Privatgelehrter in Tübingen. Wahrscheinlich 1576 schuf er als Handzeichnung den bis dahin größten und attraktivsten Erdglobus mit 76,5 cm Durchmesser (Maßstab 1:16.700.000), der heute in der Bayerischen Staatsbibliothek steht. [WSt]

API-Dichte, *American Petroleum Institute-Dichte*, Maß für die Dichte von ↗Erdöl. Die API-Dichte wird definitionsgemäß in Grad (°) angegeben und berechnet sich nach folgender Formel: API-Dichte = 141°/[(spezifisches Gewicht bei 16 °C) · 131°]. Diese Gleichung ergibt eine einfach ablesbare Skala für Erdöle und Wasser. Wasser besitzt eine API-Dichte von 10°, ↗Schweröle liegen in einem Bereich von 2–20°, normale Erdöle in einem Bereich von 20–35° und Leichtöle in einem Bereich von 35–45°.

Aplit, klein- bis feinkörniges ↗Ganggestein, das gewöhnlich in sauren ↗Plutoniten oder ihren Rahmengesteinen auftritt. Die hell gefärbten Aplite bestehen überwiegend aus Quarz, Kalifeldspat sowie Plagioklas mit xenomorph-körnigem Gefüge und enthalten nur wenig (< 5 Vol.-%) ↗mafische Minerale. Aplite können oft auf das gleiche ↗Stamm-Magma zurückgeführt werden, wie die Plutonite, in denen sie stecken, und bilden sich aus deren Restschmelzen. Die Kleinkörnigkeit wird einer raschen Abkühlung bei Abwesenheit einer wasserreichen Gasphase zugeschrieben. Vereinzelt können Aplite in Verbindung mit ↗intermediären und ↗basischen Plutoniten auftreten, wo sie dann mehr mafische Minerale (< 10 Vol.-%) beinhalten sowie die Randzone von ↗Pegmatiten bilden. ↗Alsbachit ist ein stark deformierter plattig-schiefriger Granodiorit-Aplit aus dem Odenwald.

Aploid, foidführender ↗Aplit. Der Begriff ist heute nicht mehr gebräuchlich, stattdessen wird vom Aplit gesprochen, wobei der Name des dominierenden ↗Foids vorangestellt wird (z. B. Nephelinaplit).

apomagmatische Lagerstätte, außerhalb eines magmatischen oder vulkanischen Gesteinskörpers, aber in großer Nähe sowie in eindeutiger und enger genetischer Beziehung zu diesem gebildete Lagerstätte.

appalachisches Relief, typische ↗Schichtkammlandschaft mit Schichtkämmen, ↗Längstälern und durch ↗Epigenese angelegten ↗Durchbruchstälern durch die Schichtkämme. Namengebend ist der »ridge and valley belt« der Appalachen in den USA.

Apparent Places of Fundamental Stars ↗*APFS*.

Applikation, Anwendung von Dünge- oder Pflanzenbehandlungsmitteln mit dem Ziel, Wirkstoffe mit bestimmter Aufwandmenge in genauer Dosierung und mit gleichmäßiger Verteilung auf Pflanzenorgane, auf den Boden, im Boden oder in der Luft auszubringen.

a) Düngemittel: Mineralische Düngemittel werden in fester Form als Granulat, in Pulverform oder gekörnt sowie in flüssiger Form appliziert. Bei der Unterfußdüngung werden z. B. Phosphor-Dünger unter die Körner von Mais mit Scharen eingebracht, um eine schnelle Phosphor-Versorgung der Keimpflanze zu gewährleisten. In Gasform wird CO_2 in Gewächshäusern eingesetzt. Organische Dünger (Stallmist, ↗Kompost, Jauche, ↗Gülle, organische Reststoffe wie Schlachtabfälle) werden mit Miststreuern, Jauche- und Güllewagen mit unterschiedlicher Verteiltechnik oberflächlich oder zur Verringerung von Nährstoffverlusten mit Scharen in den Boden eingebracht.

b) Pflanzenschutzmittel: Wichtige Formen der Applikation von Pflanzenschutzmitteln (PSM) sind Spritzen, Sprühen, ↗Beizen, Stäuben, Begasen, Nebeln und Räuchern (↗Fumigantien). Einsparungen beim Wasserbedarf werden durch die ULV-Technik (ultra low volume spraying) erzielt. Grundsätzliches Problem der Verringerung von Teilchengrößen ist die Abdriftgefahr, der mit unterschiedlichen Techniken zur besseren Anlagerung und Haftung auf dem Zielorganismus begegnet wird (Tab.). [HPP]

Approximation, 7th, Bodenklassifikationssystem der USA, 1960 vom Soil Survey Staff als neuartiges System mit genetischen und diagnostisch-morphologischen Eigenschaften vorgestellt, seit 1975 als ↗Soil Taxonomy bezeichnet. Die 7th Approximation ersetzte eine 1928 von C. F. Marbut publizierte, an morphologischen und chemischen Bodeneigenschaften orientierte Systematik.

Apt, *Aptium*, *Aptien*, international verwendete stratigraphische Bezeichnung für eine Stufe der Unterkreide, benannt nach dem Ort Apt in der Provence. ↗Kreide, ↗geologische Zeitskala.

APT, *Automatic Picture Transmission*, Verfahren zur Übertragung der Analogbilder der ↗Wettersatelliten der ↗National Oceanic and Aeronautical Agency. Es wurde erstmals 1966 von den USA auf ↗polarumlaufenden Wettersatelliten zur Übertragung von Wolkenbildern auf die Erde eingesetzt. Das aufgenommene Bild wird im Satelliten abgetastet und zu einer gerade überfliegenen APT-Empfangsstation auf der Erde gesendet. Bildgröße und Flughöhe sind so bemessen, daß Fotos von mehreren aufeinanderfolgenden Umläufen ein Wolkenbild mit einem Radius von 2000 km bis 3000 km liefern. Inzwischen gibt es ein weltweites Netz von APT-Stationen.

Aptychen, zweiklappige, dem Gehäuse von Muscheln ähnliche Strukturen aus Calcit, die ab dem

↗Toarc als Außenauflage der einteiligen, hornig-chitinigen *Anaptychen* auftreten. Anaptychen und Aptychen (Abb.) bilden den schaufelartigen Unterkiefer der Ammonoideen (↗Cephalopoda). Wegen der guten Übereinstimmung vieler Aptychen mit dem Mündungsquerschnitt der Ammonitengehäuse wird eine sekundär herausgebildete Funktion als Mündungsdeckel diskutiert.

Aptychenkalk, in Oberjura und Unterkreide des alpinen Raumes weit verbreitete, Chertknollen und -lagen führende, oft helle, dünn- und ebenbankige ↗Mikrite und Biomikrite mit pelagischen Mikro- und Nannofossilien (pelagische Foraminiferen, Calpionellen, Coccolithoporida, Radiolarien, Globochaeten, u. a.) sowie mit Kieselschwamm-Nadeln und calcitischen ↗Aptychen (Kieferelemente von Ammoniten). Weil die aragonitischen Ammoniten-Gehäuse und andere Aragonitschaler charakteristischerweise fehlen, wird eine Ablagerung in mehreren hundert bis mehreren tausend Meter unterhalb der ACD (↗Carbonat-Kompensationstiefe) angenommen. ↗Maiolica und Biancone sind cremefarbene bis weiße Faziesäquivalente in den Südalpen und im Apennin, die mehrere hundert Meter mächtige Abfolgen bilden. In Profilen des Tethysraumes folgen die Aptychenkalke i. d. R. im Hangenden von ↗Cephalopodenkalken (z. B. des ↗Ammonitico rosso) und zeigen damit eine weitere Vertiefung des Ablagerungsraumes im Zuge der Tethysöffnung an. [HGH]

Aquands, Unterordnung der ↗Soil Taxonomy. ↗Andisols mit Nässemerkmalen im Oberboden oder mit Torfauflage.

aquatische Ökosysteme, 1) allgemein alle ↗Ökosysteme mit Wasser. Allerdings werden dabei die ↗marinen Ökosysteme und die ↗Hydroökosysteme der Binnengewässer getrennt betrachtet. 2) Aquatische Ökosysteme i. e. S. sind die Flüsse und Seen des Festlandes. Durch ihre räumliche Trennung müssen sie als jeweils eigenständige Ökosysteme mit spezifischem ↗Stoffhaushalt und spezifischer biotischer Ausstattung betrachtet werden.

äquatorialer Auftrieb, windbedingte vertikale Wasserbewegung in äquatorialen Meeresgebieten, die durch divergente ↗Ekmanströme entsteht. Die Südostpassate überqueren den Äquator, wo sich die Richtung der ↗Corioliskraft umkehrt. Der Transport von kaltem, nährstoffreichem Wasser an die Meeresoberfläche durch ↗Auftrieb bewirkt in der Nähe des Äquators niedrigere Wassertemperaturen als in der Umgebung und verstärkte Primärproduktion mit Auswirkung auf die biologische Nahrungskette.

äquatorialer Elektrojet, *EEJ*, breitenmäßig eng begrenzter (ca. 400 km) intensiver elektrischer Strahlstrom (Jet), der in der ↗Ionosphäre auf der Tagseite entlang des magnetischen Äquators von West nach Ost fließt (↗Sq-Variationen). Bedingt durch den horizontalen Verlauf der Magnetfeldlinien in der Ionosphäre kann sich hier eine deutlich erhöhte Leitfähigkeit (Cowling-Leitfähigkeit) ausbilden.

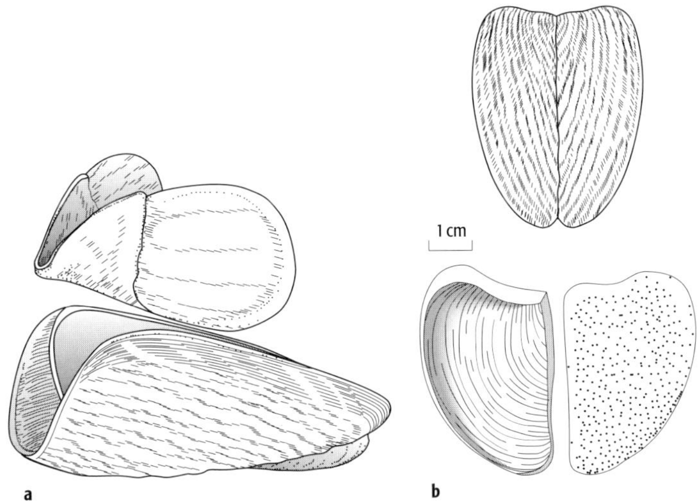

Aptychen: a) Modell des Kieferapparats von *Hildoceras*. Der schaufelartige Unterkiefer besteht aus einem einteiligen Anaptychus, dem extern ein zweiteiliger, kalkiger, ornamentierter Aptychus aufgelagert ist. b) Beispiele isoliert gefundener Aptychen.

äquatorialer Unterstrom, ↗Meeresströmung im ↗äquatorialen Stromsystem, im ↗Atlantik Lomonossowstrom, im ↗Pazifik Cromwellstrom genannt.

äquatoriales Stromsystem, *Äquatorialstrom*, ↗Meeresströmungen in Äquatornähe, die in mehreren Bändern parallel zum Äquator (zonal) verlaufen und überwiegend vom Wind angetrieben werden (Abb.). Die Südostpassate überqueren den Äquator nach Norden. Durch die Richtungsumkehr der ↗Corioliskraft und die meridionalen Windunterschiede werden ↗Divergenzen und ↗Konvergenzen des ↗Ekmanstroms hervorgerufen, die durch Neigungen der Meeresoberfläche Druckgradienten bewirken, die zonale Strombänder antreiben. An der Meeresoberfläche fließen Nord- und Südäquatorialstrom getrennt durch den Nordäquatorialen Gegenstrom nach Westen. Direkt am Äquator befindet sich in 75 bis 300 m Tiefe der nach Osten strömende äquatoriale Unterstrom mit einer Geschwindigkeit von 1 bis 1,5 m/s. In größerer Tiefe wie auch nördlich und südlich davon (5° S und 5° N) liegen weitere nach Osten gerichtete Strombänder. An den Küsten erfolgen topographisch bedingte meridionale Strömungen, die den Äquator überschreiten, z. B. der Nordbrasilstrom und der ↗Tiefe Westliche Randstrom im Atlantik. Das Äquatoriale Stromsystem tritt in allen drei Ozeanen in ähnlicher Form auf, ist aber starker zeitlicher Veränderung unterworfen. Im ↗Atlantik und im ↗Indischen Ozean spielt der jahreszeitliche Gang eine erhebliche Rolle, im ↗Pazifischen Ozean treten im Zusammenhang mit ↗El Niño deutliche Veränderungen auf. [EF]

äquatoriale Tiefdruckrinne, Gebiet niedrigen Bodenluftdrucks im Bereich des Äquators, in welchem die ↗Passate aus nördlichen und südlichen Breiten zusammentreffen. ↗Innertropische Konvergenzzone.

äquatoriale Westwinde, sporadische Umkehr der Hauptwindrichtung am Äquator infolge einer meridionalen Verlagerung der ↗Innertropischen

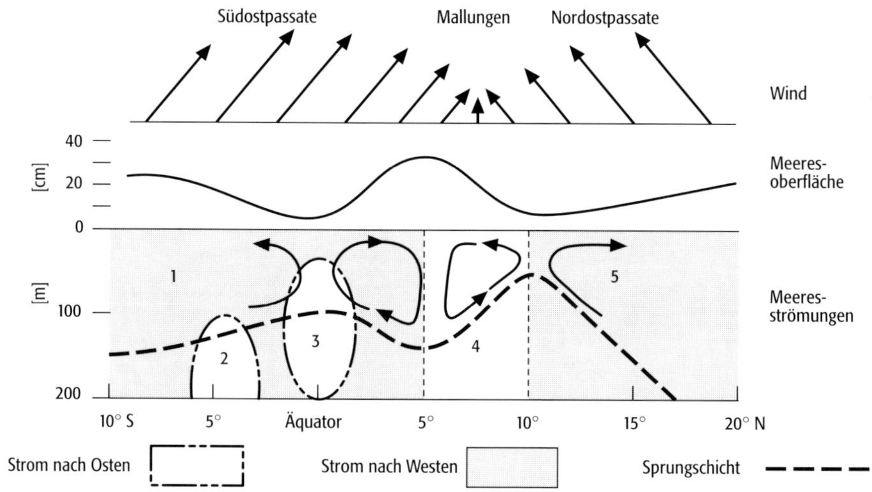

äquatoriales Stromsystem: Das Windfeld bewirkt Neigungen der Meeresoberfläche. Die entstehenden Druckgradienten bewirken die Strömungen (1 = Südäquatorialstrom, 2 = südäquatorialer Gegenstrom, 3 = äquatorialer Unterstrom, 4 = nordäquatorialer Gegenstrom, 5 = Nordäquatorialstrom).

Konvergenz oder infolge deren Verdopplung. Äquatoriale Westwinde zeigen sich auf dem Pazifik im Zusammenhang mit einem Warmwasserereignis (↗ENSO).

Äquatorialluft, eine Variante der ↗Tropikluft mit ihrem Ursprung im Bereich der ↗äquatorialen Tiefdruckrinne, zumeist besonders warm und hochreichend feucht und instabil geschichtet (↗Luftmassenklassifikation).

Äquatorialstrom ↗*äquatoriales Stromsystem.*

Aquiclude, *Grundwassersperrer* (veraltet), Gesteinskörper, der größere Wassermengen speichert, aber nicht durchläßt. Aquicluden sind praktisch undurchlässige Gesteine, die auch als ↗Grundwassernichtleiter bezeichnet wurden. Die häufig verwendete Bezeichnung *Grundwasserstauer* sollte vermieden werden. ↗Aquifuge.

aquic soil moisture regime, eine Klasse der Einteilung des Feuchtestatus eines Bodens nach der ↗Soil Taxonomy. Kennzeichnend sind stagnierendes Bodenwasser und Reduktionsprozesse.

Äquideformaten, sind Linien gleicher Verzerrung. Für systematisch auf der Abbildung verteilte Punkte werden die Verzerrungen eines bestimmten Elements (Längen, Flächen, Winkel) berechnet. Durch Interpolation werden, ähnlich wie die ↗Isohypsen in einem Höhenpunktfeld, Linien gleicher Verzerrung gewonnen. Dieses Verfahren ist insbesondere bei unecht kegeligen und schiefachsigen ↗Kartennetzentwürfen anwendbar, weil es schwierig ist, bereits aus dem Koordinatennetz der Abbildung Schlüsse auf die Verzerrungsverhältnisse zu ziehen. Als Beispiele seien die in den Abbildungen 1, 2 und 3 dargestellten Entwürfe genannt: der äquidistante ↗azimutale Kartennetzentwurf (Abb. 1), der flächentreue azimutale Kartennetzenwurf (Abb. 2), beide in allgemeiner Lage, und ↗Bonnes unechter Kegelentwurf (Abb. 3). In allen drei Abbildungen ist den Linien gleicher Winkelverzerrung das ↗Kartennetz der ↗geographischen Koordinaten untergelegt. Für die echt kegeligen Kartennetzentwürfe in polarer Lage (↗normale Abbildung) sind die Bilder der ↗Parallelkreise zugleich Äquideformaten für die verschiedenen Verzerrungsarten. [KGS]

Äquidensite, wesentlicher Bestandteil von ↗Schwellwertbildern. Bei analogen Luftbildern handelt es sich bei den Äquidensiten um Linien oder Flächen gleicher Dichte oder Schwärzung

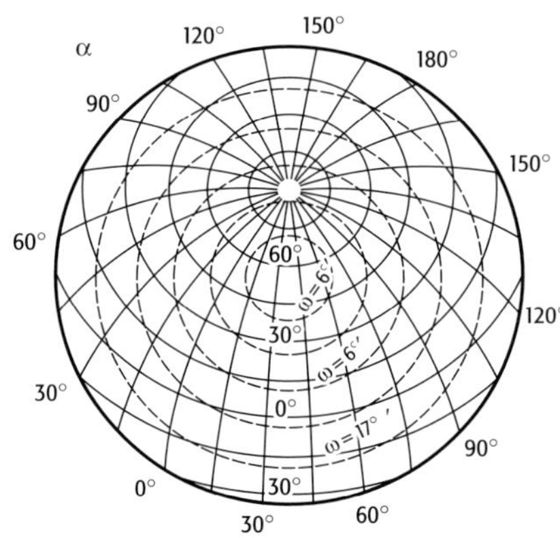

Äquideformaten 1: Äquideformaten der maximalen Winkelverzerrung für den äquidistanten Azimutalentwurf.

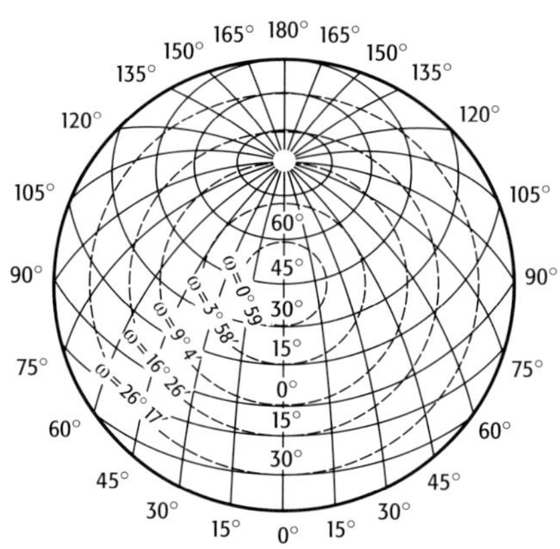

Äquideformaten 2: Äquideformaten der maximalen Winkelverzerrung für den flächentreuen Azimutalentwurf in allgemeiner Lage.

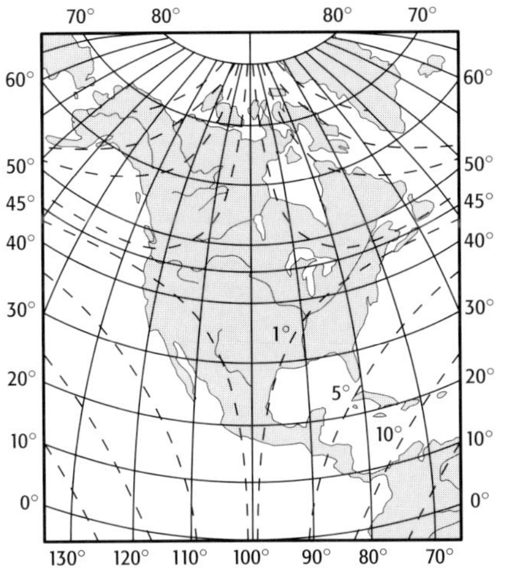

Äquideformaten 3: Äquideformaten der maximalen Winkelverzerrung für den Bonneschen Entwurf.

eines Negativs oder Dia-Positivs. Bei digitalen Bildern werden sie durch die Zusammenfassung eines Grauwertintervalls zu einem einzigen ↗Grauwert erzeugt.

Äquidistantenkarte, nach Äquidistante (für ↗Höhenlinie) bezeichnetes erstes sächsisches Kartenwerk im Maßstab 1:25.000. Es entstand zwischen 1870 und 1884 auf der Grundlage der im Gelände revidierten und mit krokierten Höhenlinien versehenen ↗Meilenblätter. Die 156 dreifarbigen Blätter im Blattschnitt der preußischen ↗Meßtischblätter sind für Grundriß und Beschriftung in ↗Kupferstich (schwarz), für Gewässer (blau) und Höhenlinien (braun) in Steingravur ausgeführt. Sie dienten als Grundlage der 1872 begonnenen geologischen Kartierung des Königreichs Sachsen. Die erste Ausgabe der Geologischen Spezialkarte war 1895 abgeschlossen. Auf neuer geodätischer Grundlage begann 1899 in Sachsen die topographische Aufnahme und dreifarbige Ausgabe der Meßtischblätter.

Äquidistanz, 1) der konstante vertikale Abstand (Höhenunterschied, Schichthöhe) benachbarter ↗Höhenlinien eines ↗Höhenliniensystems, im Gegensatz zur ↗schwingenden Äquidistanz. 2) ↗*Abstandstreue*.

Äquidistanzschwelle, Grenzwert für die kartographische Wiedergabe kleiner Reliefformen mittels ↗Höhenlinien. Kleinere Reliefformen, die infolge geringer ↗Formhöhen zwischen zwei Höhenlinien liegen, also von keiner Höhenlinie geschnitten werden, werden in dem betreffenden ↗Kartenmaßstab nicht wiedergegeben. Somit kann von einer Höhenliniendarstellung nur die Wiedergabe solcher Reliefformen generell erwartet werden, deren Formhöhen größer sind als die Äquidistanz.

Aquifer, Gesteinskörper, der geeignet ist, ↗Grundwasser weiterzuleiten und abzugeben. Aquifere werden auch als ↗Grundwasserleiter bezeichnet. Bei der Abgrenzung der Begriffe ↗Aquiclude, ↗Aquifuge, ↗Aquitarde und Aquifer wird oftmals die Wirtschaftlichkeit des Gesteinskörpers hinsichtlich der Wasserergiebigkeit mit einbezogen. Aquifere sind dann solche Gesteinskörper, die Grundwasser in wirtschaftlich bedeutsamen Mengen liefern.

Aquifuge, *Grundwassersperrer* (veraltet), Gesteinskörper, der wasserundurchlässig ist oder unter der jeweiligen Betrachtungsweise als wasserundurchlässig angesehen werden darf. Aquifugen speichern kein Wasser und werden auch als ↗Grundwassernichtleiter bezeichnet. Die häufig verwendete Bezeichnung *Grundwasserstauer* sollte vermieden werden. ↗Aquiclude.

Äqui-Inklinationsverfahren ↗Weißenberg-Methode.

Äquinoktien, *Tag- und Nachtgleiche*, Datum im Jahresverlauf (21. März, 23. September), zu dem Tag und Nacht gleich lang sind. ↗Erde.

Äquipotentialfläche, *Niveaufläche*, Gesamtheit aller Punkte, in denen das Potential (↗Potentialtheorie) einen konstanten Wert aufweist. Der Gradient des Potentials steht immer senkrecht auf einer Äquipotentialfläche. Die Gradienten in den Punkten einer Äquipotentialfläche haben i.a. verschiedene Beträge und Richtungen. Die Gleichung der Äquipotentialfläche des Potentials u lautet in rechtwinkligen Koordinaten: $u(x, y, z) = const.$

Äquipotentiallinie, *Potentiallinie*, Linie gleichen elektrischen Potentials im Untergrund. ↗geoelektrische Verfahren.

Aquitan, international verwendete stratigraphische Bezeichnung für die unterste Stufe des ↗Neogen. ↗geologische Zeitskala.

Aquitarde, *Grundwasserhemmer*, *Grundwassergeringleiter*, *Geringleiter*, Gesteinskörper, der im Vergleich zu einem benachbarten Gesteinskörper gering wasserdurchlässig ist. Da der Begriff im Deutschen nicht einheitlich definiert ist, z.B. in der DIN 4049 Teil 3, sollte auf seine Verwendung verzichtet und statt dessen die Bezeichnung Grundwassergeringleiter bzw. Grundwasserhemmer benutzt werden.

Äquivalentdurchmesser, fiktiver Durchmesser. 1) *Äquivalentporendurchmesser*, nach der Bindungsstärke des Wassers einer kreisrunden Kapillare zugeordneter Durchmesser. Ersatzdurchmesser für eine ↗Bodenpore. 2) in der Stokeschen Sedimentationsgleichung (↗Stokesches Gesetz) wird die Fallgeschwindigkeit eines Kornes aus seiner Masse berechnet. Das in natura unregelmäßig geformte Korn wird dafür als Kugel mit einem Ersatzdurchmesser (Äquivalentdurchmesser) angenommen.

Äquivalentkonzentration, *Äquivalentmengenkonzentration*, die Äquivalentkonzentration einer Lösung eines Stoffes ist der Quotient aus der Äquivalentmenge des gelösten Stoffes und dem Volumen der Lösung. Die SI-Einheit ist mol/m^3 bzw. mmol/l, wobei die Teilchenmenge zu definieren ist. Zulässig ist auch die Einheit mol(eq)/m^3, die bereits auf die äquivalente Teilmenge hinweist. Die Äquivalentkonzentration wird neben der Massenkonzentration zur quantitativen Angabe von dissoziierten Inhaltsstoffen bei der Grundwasseranalyse verwendet. Sie ermöglicht eine rasche Bilanzierung und Vergleich der vorhandenen Kationen und Anionen.

Äquivalentmenge, die durch die Wertigkeit (als Zahlenwert) geteilte Stoffmenge. Die SI-Einheit ist mol.

Äquivalenttemperatur, Summe aus der mit einem üblichen Thermometer gemessenen Lufttemperatur (repräsentiert die ↗fühlbare Wärme) und der ↗latenten Wärme, die bei der Kondensation von Wasserdampf potentiell in die Atmosphäre freigesetzt werden könnte. Sie gilt als Maß der physiologischen Wärmeempfindung und wird u. a. zur Definition der ↗Schwüle (Wärmebelastung des Menschen; ↗Medizinmeteorologie) benutzt. Als Näherungsformel für die Äquivalenttemperatur in °C gilt $t_ä = t + 2{,}5\ m$ mit t = Lufttemperatur in °C und m = ↗Mischungsverhältnis der Luft in Gramm Wasserdampf pro Kilogramm trockener Luft.

Äquivalentwelkepunkt, *ÄWP*, Wassergehalt bei einer Saugspannung von 1,5 MPa. Definitionsgemäß ist dies die Untergrenze des pflanzenverfügbaren Wassers. Der Äquivalentwelkepunkt wird im Labor (z. B. im Drucktopf) an Bodenproben bestimmt. Er wird hauptsächlich vom Bodenmaterial und dem Humusgehalt, weniger von der Bodenstruktur bestimmt und beträgt in Sandböden 3–4 Vol.-%, in lehmigen Böden 5–15 Vol.-%, in Schluffböden 8–21 Vol.-% und in Tonböden 30–40 Vol.-%.

Äquivalenzanalyse, bezeichnet in den ↗geoelektrischen Verfahren die Berechnung von äquivalenten Modellen, deren Modellantwort innerhalb vorgegebener Fehlergrenzen die Daten gleichermaßen erklärt (↗Äquivalenzprinzip). Eine Äquivalenzanalyse wird als Standard bei der eindimensionalen Inversion geoelektrischer und elektromagnetischer Daten durchgeführt, um die Schwankungsbreite der gewonnenen Modellparameter (Schichtwiderstände und -mächtigkeiten) abzuschätzen.

Äquivalenzprinzip, **1)** *Allgemein*: bezeichnet die nicht eindeutige Auflösbarkeit von Modellparametern im Rahmen vorgegebener Fehlergrenzen. **2)** *Geodäsie*: Prinzip für die Theorie der gravitativen Wechselwirkung. Das *schwache Äquivalenzprinzip* sagt aus, daß alle ungeladenen Körper unabhängig von ihrer Form und chemischen Zusammensetzung im Vakuum gleich schnell fallen. Mit Hilfe von Torsionswaagen ist dieses Prinzip mit einer relativen Genauigkeit von besser als 10^{-11} experimentell bestätigt worden. Das schwache Äquivalenzprinzip impliziert, daß in einem hinreichend kleinen, frei fallenden System für eine gewisse Zeitspanne die Gesetze der Mechanik so ablaufen, als gäbe es kein äußeres Gravitationsfeld. In diesem Sinne können Gravitationskräfte lokal eliminiert werden, nicht jedoch differentielle Gravitationskräfte (Gezeitenkräfte), welche lokal mit Gradiometern vermessen werden können. Das *Einsteinsche Äquivalenzprinzip* verallgemeinert das schwache Äquivalenzprinzip von der Mechanik auf alle nichtgravitativen Gesetze der Physik: Im lokalen, freifallenden System laufen alle nichtgravitativen Prozesse so ab, als gäbe es kein äußeres Gravitationsfeld. Die Gültigkeit des Einsteinschen Äquivalenzprinzips impliziert, daß die Gravitation geometrisch, d. h. als Phänomen einer gekrümmten Raum-Zeit verstanden werden kann. Schließlich verallgemeinert das *starke Äquivalenzprinzip* das Einsteinsche Äquivalenzprinzip auf selbst gravitierende Körper. Dies impliziert, daß auch für astronomische Körper mit nicht verschwindender gravitativer Selbstenergie Ω die träge Masse M_I und die gravitative Masse M_G übereinstimmen. Schreibt man:

$$M_G = M_I\left(1+\eta\frac{\Omega}{M_I c^2}\right),$$

so fordert das starke Äquivalenzprinzip das Verschwinden des Nordtvedt-Parameters η. Tests des starken Äquivalenzprinzips bedeuten i. d. R. eine Messung von η. In der Einsteinschen Gravitationstheorie ist das starke Äquivalenzprinzip erfüllt und $\eta = 0$, im Gegensatz zu den meisten alternativen Gravitationstheorien. **3)** *Geophysik*: Die Interpretation von ↗Anomalien der Potentialverfahren wie ↗Gravimetrie und Magnetik ist grundsätzlich nicht eindeutig, d. h. es gibt zu einer Feldverteilung unendlich viele mögliche Modelle. Um zu überschaubaren Lösungen zu kommen, muß durch Randbedingungen, z. B. durch vorgegebene Dichtedifferenzen oder strukturelle Vorgaben, die Lösungsvielfalt eingeschränkt werden. Von Quasiäquivalenz spricht man, wenn es für unterschiedliche Modelle zwar theoretisch keine zwei identischen Modellkurven gibt, doch für bestimmte Parameterkombinationen im Rahmen der Meßgenauigkeit praktisch identische Meßkurven erzeugt werden können. Dies ist in der ↗Geoelektrik der Fall, doch wird dieser Begriff auch in der Gravimetrie und in der Magnetik verwendet (Abb.).

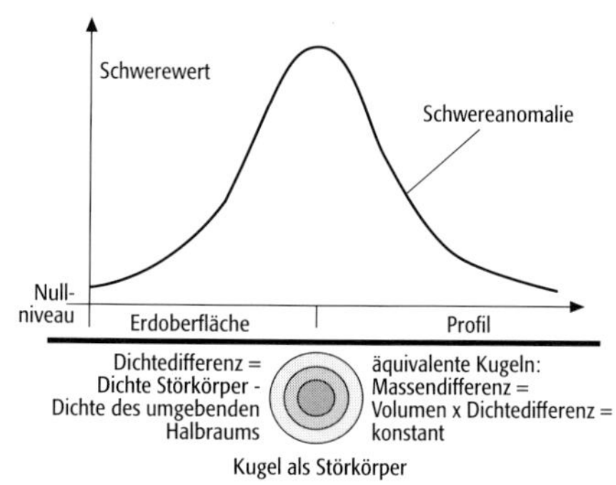

Äquivalenzprinzip: Beispiel des Äquivalenzprinzips anhand der Schwerewirkung einer Kugel.

Ära, *Arathem*, geochronologische Einheit, deren Grenzen durch grundlegende Evolutionsschritte von ↗Monera, ↗Algen und ↗Plantae sowie von ↗Protozoen und Animalia definiert sind. Die Erdgeschichte wird so in die Ären ↗Aphytikum, ↗Kryptophytikum und ↗Archäophytikum (↗Äon, ↗Eophytikum), ↗Paläophytikum, ↗Mesophytikum und ↗Neophytikum bzw. ↗Archaikum, ↗Proterozoikum, ↗Paläozoikum, ↗Mesozoikum und ↗Känozoikum gegliedert.

Arabisches Meer, ↗Randmeer des Indischen Ozeans (↗Indischer Ozean Abb.) zwischen Arabischer Halbinsel, Pakistan, Indien, den Lakkadiven, den Malediven und der Somali-Halbinsel.

Arafurasee, als Teil des ↗Australasiatischen Mittelmeers ein ↗Randmeer des Pazifischen Ozeans (↗Pazifischer Ozean Abb.) zwischen dem australischen Arnhemland und Neuguinea.

Aragonit, kristalline Modifikation des Calciumcarbonats ($CaCO_3$); Härte 3,5–4; Dichte 2,95; rhombische (pseudohexagonal) Kristallform. Der Austausch von Ca durch Sr und Pb ist möglich. Aragonit ist seltener als ↗Calcit und findet sich organogen als Perlmuttschicht in Schalen einiger Mollusken, in Hohlräumen vulkanischer Gesteine und als Sinterkrusten. Unter Atmosphärendruck und Raumtemperatur ist er metastabil (langsame Umwandlung zu Calcit, die bei Temperaturerhöhung auf 400 °C schnell erfolgt). Da Aragonit eine dichtere Struktur als Calcit hat, ist es die druckbegünstigte Modifikation.

Aragonit-Calcit-Umwandlung, das Mineral ↗Aragonit ($CaCO_3$) kann aus dem Meerwasser bei 25 °C und einem Druck von ca. 100 kPa ausgefällt werden. Aus kinetischen Gründen ist jedoch Aragonit an der Erdoberfläche metastabil. Die Umwandlung zum stabilen ↗Calcit ($CaCO_3$) unter solchen Druck- und Temperaturbedingungen erfolgt während der ↗Diagenese. Aus diesem Grund ist Aragonit fossil nur selten erhalten (↗Carbonat-Kompensationstiefe, ↗Aragonit Lysocline).

Aragonit-Kompensationstiefe, *ACD*, *Aragonite Compensation Depth*, ↗Carbonat-Kompensationstiefe.

Aragonit Lysocline, *ALy*, Tiefenbereich der ersten Aragonitlösung im rezenten Meerwasser. Die Tiefenlage der ALy ist stark schwankend. ↗Carbonat-Kompensationstiefe, ↗Calcit Lysocline.

Ar-Ar-Methode, *^{40}Ar-^{39}Ar-Methode*, Variante der ↗K-Ar-Methode, bei welcher das Mutternuklid ^{40}K in der Probe durch Neutronenaktivierung in ^{39}Ar umgewandelt und dann gemeinsam mit dem Tochternuklid ^{40}Ar massenspektrometrisch bestimmt wird. Dies bietet gegenüber der konventionellen K-Ar-Methode eine Reihe von analytischen Vorteilen und erlaubt u.a. durch stufenweises Ausheizen der Probe eine Kontrolle über deren Geschlossenheit für das K-Ar-System in der Vergangenheit (↗Anreicherungsuhr).

Ärathem ↗*Ära*.

Aravalli-Orogenese ↗Proterozoikum.

Arbeitsgraphik, umfaßt alle Formen einer graphischen Unterstützung der Kartennutzung in ↗Bildschirmkarten. Mit dem Begriff der kartographischen Arbeitsgraphik werden Modellansätze zusammengefaßt, die eine aufgaben- und nutzerorientierte Modellierung ↗kartographischer Medien ermöglichen. In graphisch-technischer Hinsicht handelt es sich bei der Arbeitsgraphik um Musterstrukturen, die situationsbezogen aktuellen Präsentationsbereichen in der Karte zugeordnet und auf die in diesen Bereichen enthaltenen Zeichenmuster graphisch ausgerichtet werden können. Die Arbeitsgraphik kann dabei entweder direkt mit der originären Kartengraphik verknüpft sein oder sie überlagern, d.h. unabhängig von ihr verändert bzw. gesteuert werden. Prinzipiell werden drei Unterstützungsformen unterschieden, die den Einsatz von Arbeitsgraphik nach bestimmten Kommunikationszielen und -situationen steuern. Erstens durch die Variation und gezielte Ausrichtung graphisch-visueller Gestaltungsmittel in der Karte, d.h. durch die Modellierung der Kartengraphik selbst. Zweitens durch die Hinzunahme von besonders motivierend oder assoziativ wirkenden Zeichen und Zeichenmustern. Drittens durch die Änderung des Angebotes multimedialer Informationen, die aus Nutzersicht entweder zusätzlich oder alternativ für die Problemlösung benötigt werden. [FH]

Arbeitskarte, vorwiegend bei ↗thematischen Karten als ↗Basiskarte für die Bearbeitung des ↗Autorenoriginals und den ↗Kartenentwurf benutzte Karte. Unveränderte topographische und allgemeingeographische Karten sind hierfür wegen ihrer hohen ↗Kartenbelastung nur bedingt geeignet. Daher werden für die Bearbeitung von ↗Atlanten und thematischen ↗Kartenwerken häufig spezielle Arbeitskarten geschaffen, deren Inhalt gegenüber gleichmaßstäbigen Karten aufgelichtet (generalisiert) ist. Meist werden sie in einer oder wenigen aufgehellten Farben gedruckt. Arbeitskarten können in Bezug auf den Endmaßstab bis zu 200 % vergrößert sein (Arbeitsmaßstab).

arbiträres Zeichen, *konventionelles Zeichen*, ↗Zeichen, bei dem der Begriffsinhalt willkürlich oder nach einer Konvention festgelegt worden ist, die aber bei ↗Kartenzeichen, insbesondere bei ↗Signaturen von Karte zu Karte wechseln kann. ↗Monosemie, ↗Ikonizität.

Archaea, *Archaebacteria*, Abteilung der ↗Monera, primitive ↗Prokaryota, die im Gegensatz zu den Bacteria (↗Bakterien) beim Bau von Zellwänden keine Muraminsäure verwenden. Daneben sind Archaea durch zahlreiche weitere einzigartige biochemische und physiologische Eigenschaften von den Bacteria unterschieden (was erst in den 70er Jahren erkannt wurde), wohingegen sie sich in ihren wenigen morphologischen Merkmalen nicht von den Bacteria abgrenzen lassen. Die Archaea entwickelten sich im ↗Archäophytikum parallel zu den Bacteria aus ↗Progenoten und umfassen uralte ökophysiologische Anpassungstypen, die sich unter gewisser Fortentwicklung in Nischen-Biotopen bis heute erhalten haben. So besiedeln zahlreiche Archaea ein weites Spektrum von Extrembiotopen: als methanogene, absolute Anaerobier im Faulschlamm oder als halophile Organismen in Salzseen, Salzlaken und Salinen. Thermo-acidophile Taxa haben ihr Wachstumsoptimum in ca. 100 °C heißem Wasser der ↗Solfataren oder der hydrothermalen Felder der Ozeanböden, wo sie Wassertemperaturen bis 110 °C (130 °C) tolerieren. Acidophile Archaea leben sogar in Säuren mit pH-Wert unter eins. Wie die Bacteria haben die Archaea heterotrophe und autotrophe Energiestoffwechsel. [RB]

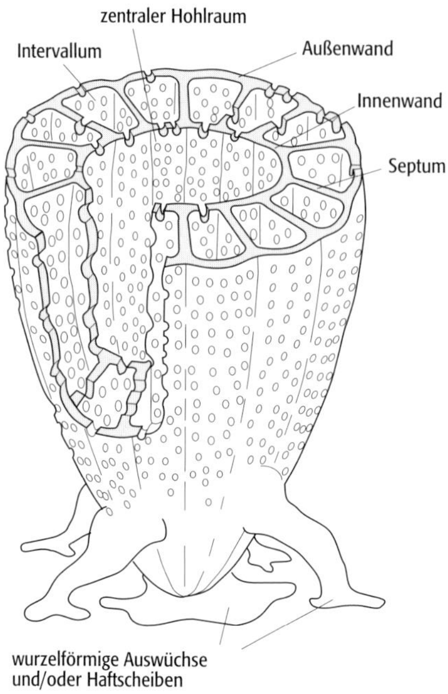

Archaeocyathida: Bau eines doppelwandigen Archaeocyathiden; Höhe etwa 10 cm.

Archaeocyathida, auf das ↗Kambrium beschränkte kegel- bis becherförmige, zumeist doppelwandige Kalkskelette mit zentralem Hohlraum (Abb.). Außen- und Innenwand sind über Querleisten (Septen) verbunden. Die Wände sind mit Poren unterschiedlicher Anordnung durchsetzt. Der Wandzwischenraum (Intervallum) kann vertikal-regelmäßig durch Tabulae oder vertikal-unregelmäßig durch blasige Dissepimente untergliedert sein. Früher wurden die Archaeocyathiden als Übergangsform von den ↗Schwämmen zu den ↗Korallen aufgefaßt. Heute besteht weitgehende Übereinstimmung, daß es sich um coralline Schwämme handelt. Das Unterkambrium gilt als Blütezeit der Archaeocyathiden. Mit dem Faunenschnitt an der Grenze Unter- zu Mittelkambrium blieb die Diversität im Mittelkambrium deutlich reduziert; nur ein Vertreter ist aus dem Oberkambrium nachgewiesen. Die Archaeocyathiden besiedeln flachmarine Schelfareale niederer Breiten mit überwiegend carbonatischer Sedimentation. Sie finden sich häufig in sog. Archaeocyathiden-Riffen oder in ↗Biostromen in Assoziation mit Stromatolithen und verkalkenden Mikroorganismen. Sie sind von großer Bedeutung für die Biostratigraphie im Kambrium. [FN]

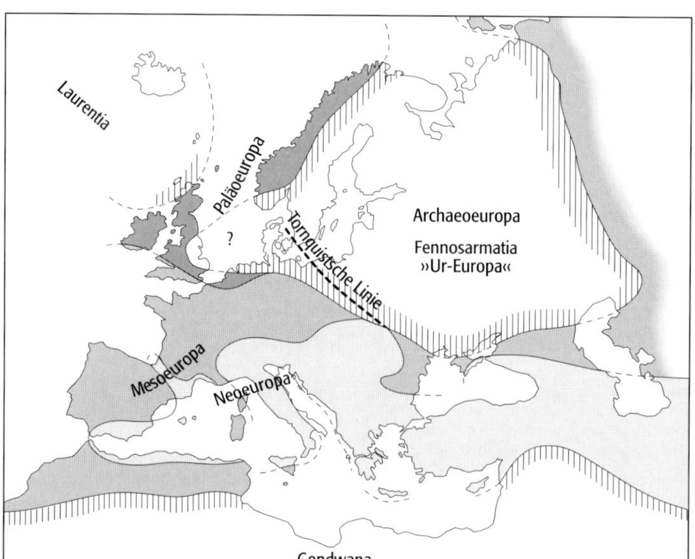

Archaeoeuropa: Gliederung Europas nach dem Alter der geotektonischen Konsolidationsbereiche.

Archaeoeuropa, *Ur-Europa, Urkontinent, Fennosarmatia*, die Entstehung Archaeoeuropas geht teils auf alt-, teils auf jungpräkambrische Orogenesen zurück. Archaeoeuropa ist im heutigen Kartenbild zusammengesetzt aus Gebieten, in denen präkambrische Gesteine aufgeschlossen sind (Ukrainischer Schild, ↗Baltischer Schild), sowie solchen, in denen das präkambrische Basement von jüngeren, meist geringmächtigen, unverfalteten, lückenhaft entwickelten Abfolgen bedeckt wird (Osteuropäische Tafel). In der Umrahmung Archaeoeuropas befinden sich jüngere Krustenteile (Abb.): der Ural im Osten, das Donez-Becken, die Karpaten und der Kaukasus im Süden, das Kaledonische Gebirge (West-Norwegen, Schottland) im Westen. Nach Südwesten wird die Osteuropäische Tafel von einem Lineament abgeschnitten, welches NW-SE von Schonen bis zum Nordrand der Karpaten verläuft. Westlich dieser bedeutenden Zone (»Tornquistsche Linie«) liegt das präkambrische Grundgebirge etwa 8 km tiefer. [MG]

Archäikum ↗*Archaikum.*

Archaikum, *Archäikum, Archäozoikum*, der untere Abschnitt des ↗Präkambriums und die älteste Ära der Erdgeschichte. Vor allem in deutschsprachigen, stratigraphischen Tabellen erscheint vor dem Archaikum noch das ↗Hadäikum (von 4,65 bis 4,0 Mrd. Jahre). Diese Einteilung ist jedoch nicht sinnvoll, da man aus der Zeit von vor 3,8 Mrd. Jahren keine überlieferten Gesteine kennt. Das Archaikum reicht somit von der Entstehung der Erde vor ca. 4,65 bis vor 2,5 Mrd. Jahren. Heute unterscheidet man inoffiziell zwischen dem Paläo- (bis 4,0 Mrd. Jahre), Meso- (bis 3,0 Mrd. Jahre) und Neoarchaikum (bis 2,5 Mrd. Jahre). Mit 2,15 Mrd. Jahren Dauer ist das Archaikum die längste Ära der Erdgeschichte. Trotzdem ist das Wissen über diese Zeit verhältnismäßig gering. Obwohl etwa 45 % der Erdgeschichte ins Archaikum gehören, bilden archaische Gesteine weniger als 20 % der Oberflächenaufschlüsse der Erde.

Die ältesten, erhaltenen Minerale (↗Zirkone) sind auf 4,1 Mrd. Jahre datiert worden. Sie stammen aus metamorphen Gesteinen und gelangten in diese als Verwitterungsreste von noch älterem Ausgangsgestein. Die ältesten Gesteine sind Gneise des Acasta Komplexes (3,96 Mrd. Jahre), der Slave Provinz des ↗Kanadischen Schildes. Die ältesten erhaltenen Sedimente sind meta-

morphe ↗Banded Iron Formations (BIF) und ↗Grauwacken der Isua Formation in Grönland, ca. 3,8 Mrd. Jahre alt.
Da es schon vor 3,8 Mrd. Jahren BIF-Sedimente gab, muß es auch freies Wasser gegeben haben. Die ältesten, in Gesteinen überlieferten Minerale beweisen, daß es schon zu dieser Zeit eine kontinentale Erdkruste gegeben haben muß. Die junge Erde muß jedoch zwangsläufig anders als die heutige ausgesehen haben. Prozesse, die zum konzentrischen Schalenbau der Erde geführt haben, wobei die Schalen nach ihrer Dichte vom metallischen Kern (Eisen und Nickel) bis zur Atmosphäre angeordnet wurden, sind heute wenig bekannt. Es wird angenommen, daß sich der Erdkern während einer heißen, flüssigen Periode abgeschieden hat, da sich die Erde durch Verdichtung der Materie auf über 1200 °C aufgeheizt haben könnte. Eine andere Möglichkeit der Entstehung des Schalenbaus besteht in der sog. *inhomogenen Akkumulation*, bei der zuerst die schweren Elemente wie Eisen und Nickel zum Kern verdichtet wurden und dann die leichteren als Schalen des Mantels und der Kruste eingefangen wurden. Der remanente Magnetismus in 3,8 Mrd. Jahre alten Gesteinen zeugt davon, daß die Erde zu dieser Zeit ein Magnetfeld besaß, also muß der äußere Kern flüssig gewesen sein.
Durch die Trennung des Kerns, des Mantels und der Kruste während der Verflüssigung der Erde muß es durch Vulkanausbrüche zur Entgasung und Bildung einer ersten ↗Atmosphäre gekommen sein. Diese hat, wie die heutigen Vulkaneruptionen bezeugen, hauptsächlich aus H_2O-Dampf, H_2, NH_3, CH_4, CO, CO_2 und N_2 bestanden. Erst als die junge Erde sich genügend abkühlte, konnten sich Wasserbecken bilden und durch Regen gespeist werden. Der über 1000-fach höhere CO_2-Gehalt der Atmosphäre hat durch den ↗Treibhauseffekt die geringere Leuchtkraft der jungen Sonne ausgeglichen (↗CO_2-Gehalt in der Atmosphäre). Wahrscheinlich haben nicht nur vulkanische Eruptionen, sondern auch Eiskometen zur Hydrosphären- und Atmosphären-Entstehung beigetragen. Ob die frühesten Meere die gleiche Zusammensetzung hatten wie heute ist umstritten. Die heutige Salinität dürfte frühestens nach der ersten Milliarde Jahre erreicht worden sein. Andere Theorien besagen, daß diese Salinität erst im ↗Proterozoikum erreicht wurde und vorher die Ozeane Na-betont, aber Cl-defizient waren.
Moderne ↗Plattentektonik kann nicht existiert haben, bevor große Kontinentmassen entstanden. Die ↗Konvektionszellen im Mantel und der ↗Wärmefluß der Erde müssen anders gewesen sein als heute. Die Abkühlung der Erde führte zur Bildung von basaltischen Schollen, die eine Art Urkruste bildeten. Beim Abtauchen dieser Urkruste in den ↗Erdmantel sind nach einer ↗partiellen Aufschmelzung und durch ↗Differentiation intermediäre und schließlich saure Magmen entstanden und haben sukzessive die kontinentale, felsische Kruste aufgebaut. Der Abtauchprozeß könnte sich ähnlich heutiger Subduktionsprozesse abgespielt haben. Die felsische (granitische) kontinentale Kruste entwickelte sich also aus der ozeanischen Kruste, die in den Mantel abtauchte und dabei ↗felsische Komponenten freisetzte. Andere Überlegungen gehen davon aus, daß an den ↗ozeanischen Rücken so mächtige ↗Basaltplateaus entstanden, daß die untersten Basalte durch den Auflastdruck und Temperatur geschmolzen sind und zu sauren Differentiaten geführt haben. Aus der Beobachtung des Mondes und anderer Planeten wissen wir, daß die Erde in der Zeit von bis zu etwa 3,9 Mrd. Jahren einem heftigen Meteoritenhagel ausgesetzt war. Das Material dieser Meteoriten hat die Zusammensetzung der Erdkruste verändert. Wie auf dem Mond haben die Impakte zu riesigen Basaltergüssen geführt. Durch Megaimpakte von Meteoriten mit über 50 km Durchmesser hat die Erde im Anfangsstadium ihrer Geschichte die gesamte Atmosphäre und Hydrosphäre mehrfach verloren.
Die ältesten Gesteine des Archaikums kann man in zwei unterschiedliche Gruppen einteilen: in ↗Granulite (hochmetamorphe gleichkörnige Gesteine) und (Granit)-Grünsteingürtel (greenstone belts), die aus schwach metamorphem basischen, Mg-reichen Vulkaniten und vulkanosedimentären Serien bestehen. Diese beiden, in großräumige Muldenstrukturen gefalteten Gesteinsgruppen, bilden zusammen die *archaischen Schilde*, d.h. die Teile der alten Kontinente (↗Kratone), die heute frei an der Oberfläche aufgeschlossen sind. Die Kratone waren zum großen Teil von intrakontinentalen Meeren bedeckt, in denen mächtige Sedimentabfolgen und Vulkanite abgelagert wurden. Diese Gesteine liegen zum großen Teil nicht metamorph vor. Granitische und granodioritische Intrusionen und Gneise sind z.T. auf über 3,9 Mrd. Jahre datiert worden. Damit sind sie älter als die Grünsteingürtel, die jedoch auch mit jüngeren Intrusivgesteinen in die typischen Muldenstrukturen eingefaltet sind. Die Basis der Grünsteingürtel ist nicht bekannt. Nach dem Archaikum wurden keine Grünsteingürtel mehr gebildet, somit weisen sie auf unterschiedliche plattentektonische Prozesse der frühen Erde hin. Ob sie alte Ozeanböden darstellen, die durch die plattentektonischen Prozesse gefaltet und metamorphosiert wurden, ist noch umstritten.
Der größte zusammenhängende Kraton ist die nordamerikanische Superior Provinz des ↗Kanadischen Schildes. Weitere große Kratone sind: Slave Kraton (Nordamerika), Kaapvaal Kraton und Simbabwe Kraton im südlichen Afrika, Dharwar Kraton in Indien, Pilbara und Yilgarn Kratone in West Australien und der Sao Francisco Kraton in Brasilien. Europa und Asien verfügen auch über archaische, kratonische Kerne wie z.B. der Baltische Schild, der Aldan Schild und der Sinische Kraton. Die 3,8 Mrd. Jahre alten metamorphen Isua Sedimente sind im tiefen Wasser abgelagert worden. Flachwassergebiete waren wahrscheinlich nur eng um die vulkanischen Zentren vorhanden, wie die ↗Stromatolithe und

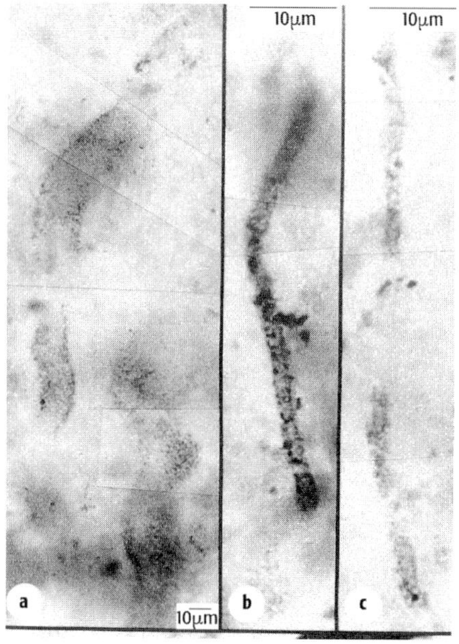

Archaikum 2: Fossile Cyanobakterien aus den 2,6 Mrd. Jahre alten Campbellrand Dolomiten des Kaapvaal Kratons, Südafrika.

Carbonate der 3,5 Mrd. Jahre alten North Pole Formation in West Australien belegen. Die ältesten ausgedehnten Flachwasserablagerungen des Archaikums, die von großen Kontinenten zeugen, gehören zu der ca. 3,0 Mrd. Jahre alten und bis zu 11.000 m mächtigen Pongola Supergruppe in Südafrika. Diese nur geringfügig gefalteten und grünschieferfaziell metamorphosierten Sedimente liegen diskordant auf dem Barberton Grünsteingürtel und den Basement Graniten (3,4 Mrd. Jahre). Die Aufschlüsse der Supergruppe erstrecken sich über ein Areal von etwa 300 × 100 km. Ausgedehnte, stromatolithische Carbonatablagerungen sind hier enthalten. Die Sedimente und Vulkanite der Pongola Supergruppe werden als Ablagerungen eines kratonischen Riftsystems oder eines Schelfs interpretiert und belegen zum ersten mal die Existenz eines großen Kratons zwischen 3,5 und 3,0 Mrd. Jahren. Ausgedehnte fluviatile Sedimente tauchen zum ersten mal in der Witwatersrand Supergruppe Südafrikas auf (2,9–2,7 Mrd. Jahre). Das Witwatersrand Becken erstreckt sich über 40.000 km^2 und hat eine Sedimentmächtigkeit von bis zu 8000 m. In den Quarzkonglomeraten der verflochtenen Flußsysteme kommen reiche ↗Goldseifen vor, die größtenteils hydrothermal überprägt wurden. Die lakustrinen Tone und Silte weisen z.T. einen hohen Graphitgehalt auf, der organischen Ursprungs sein könnte. Uraninit- und Pyritgerölle zeugen von einer sauerstoffarmen Atmosphäre. Die mächtigen Konglomerate belegen schnelle, tektonische Hebungen entlang von Störungszonen. Funde von vereinzelten Diamanten in Schwermineralseifen der Witwatersrand Supergruppe zeugen von mindestens 2,9 Mrd. Jahre alten ↗Kimberliten auf dem Kaapvaal Kraton und damit von der Ausbildung einer etwa 200 km mächtigen kontinentalen Kruste.

Die Sedimente der Warrawoona Group (Apex chert) enthalten die ältesten ↗Stromatolithe der Erde (3,5 Mrd. Jahre), eingebettet in silifizierte Carbonate mit Barytpseudomorphosen nach Gips (Abb. 1 im Farbtafelteil). Die ältesten bekannten Mikrofossilien wurden in diesen silifizierten Carbonaten (Apex Chert) des west-australischen Pilbara Kratons gefunden. Es handelt sich dabei um wenige Arten von Bakterien und wahrscheinlich von Cyanobakterien, die unter den heute lebenden Spezies morphologische Äquivalente haben (↗Präkambrium). Wie alle archaischen Fossilien sind es nur wenige Mikrometer (Abb. 2) große, einzellige, zellkernlose Lebewesen (Prokaryota), die wahrscheinlich z.T. photosynthetisierend waren. Die Kohlenstoffisotopie dieser Proben belegt, daß das ^{12}C von diesen Organismen in höheren Proportionen fixiert wurde als ^{13}C, was nur durch Photosynthese steuernde Enzyme möglich ist. Isotopenchemische Signaturen, die für eine organische Anreicherung des ^{12}C sprechen, sind auch mehrmals aus den 3,8 Mrd. Jahre alten Isua Gesteinen berichtet worden. Wegen des hohen Metamorphosegrades sind diese Funde, die auch mit der Mikrosonde (↗analytische Methoden) bestätigt wurden, immer noch umstritten.

Die Mikrofossilien der Apex Formation in West Australien (3,5 Mrd. Jahre) belegen ein viel zu hohes Evolutionsstadium, um die wirklichen Anfänge des Lebens darzustellen. Obwohl diese Mikrofossilien an der Basis (*Oscillatoriacea*) des Evolutionsstammbaumes der Cyanobakterien stehen, muß die Evolution zu diesem Zeitpunkt schon eine längere Geschichte durchlaufen haben, um eine so komplexe Lebensweise wie die Photosynthese hervorzubringen. Da die Erde mehrfach ihre Atmosphäre und Hydrosphäre durch Verdampfung verloren hat und keine Form des Lebens eine solche Katastrophe überstehen könnte, wird angenommen, daß die Anfänge des Lebens nach dem großen Meteoritenhagel liegen, also zwischen 3,9 und 3,5 Mrd. Jahre. Trotz angeblicher spektakulärer Funde von Mikrofossilien in Mars Meteoriten (1997) werden heute Theorien, die die Entstehung des Lebens in den Weltall verlegen, nicht ernsthaft diskutiert. Von den Anfängen des Lebens bis zu den Apex Fossilien liegen somit wahrscheinlich höchstens 400 Mio. Jahre. Das ist etwa die gleiche Zeitspanne wie zwischen dem Erscheinen erster Landpflanzen bis zum Leben in all seinen Formen, wie wir es heute kennen. [WAl]

Literatur: [1] ALTERMANN, W. & SCHOPF, J.W. (1995): Microfossils from the Neoarchean Campbell Group, Griqualand West Sequence of the Transvaal Supergroup, and their paleoenvironmental and evolutionary implications. – Precambrian Res., 75, 65–90. [2] SCHOPF, J.W. (1983): Earth's earliest Biosphere, its origin and evolution. – Princeton. [3] SCHOPF, J.W. & KLEIN, C. (Eds.) (1992): The Proterozoic Biosphere: A Multidisciplinary Study. – New York.

archaische Schilde ↗Archaikum.

Archäomagnetismus, spezielle Methode des ↗Paläomagnetismus unter Verwendung archäologischer Materialien (Keramik, Ziegel, Reste von Brennöfen, historische und prähistorische Feuerstellen) zur Bestimmung der Richtung und ↗Paläointensität des Erdmagnetfeldes während der letzten 10.000 Jahre (Beginn des Holozäns). Die in diesem Zeitraum beobachtete und für einzelne Regionen der Erde typische lokale ↗Säkularvariation (↗Archäo-Säkularvariation) kann auch zur Datierung archäologischer Materialien und Strukturen verwendet werden.

Archäometrie, dieser Begriff beinhaltet Forschungen, die zum Ziele haben, Material und Herstellungstechniken der in der Menschheitsgeschichte gefertigten Kultur- und Gebrauchsgüter kennenzulernen. Da es sich bei den Objekten der Bearbeitung vorwiegend um Gesteinsmaterialien, Keramiken, Gläser, Pigmente, Metalle und Schlacken, aber auch um Gewinnungsverfahren der Rohstoffe zur Herstellung antiker Gegenstände handelt, haben die klassischen und modernen mineralogischen Untersuchungsmethoden einen wesentlichen Anteil an der Archäometrie als einem Forschungsgebiet der Angewandten Mineralogie. Ein zentrales Thema der archäometrischen Forschung ist neben der Identifizierung der Werkstoffe, aus denen kulturgeschichtliche Objekte hergestellt sind, die Datierung, d.h. die zeitlich richtige Einordnung antiker Funde in eine relative oder absolute Zeitskala. Biogene Hartsubstanzen wie Knochen, Zähne und Elfenbein sind als die festesten und dauerhaftesten Teile der höheren Organismen älteste Zeugen der Existenz des Lebens auf entsprechenden Entwicklungsstufen. Sie enthalten als kristallinen Hauptbestandteil Hydroxylapatit, der sich in Abhängigkeit vom Einlagerungsmilieu im Laufe der Zeit chemisch und in seiner Struktur verändert. Hieraus resultieren zahlreiche Aussagen über Alter, Herkunft und Bearbeitung. Durch die Wechselwirkung mit Boden und Grundwasser finden Ionenaustauschvorgänge, Rekristallisation und Umkristallisation der Mineralkomponenten statt, was mit kristallographischen Methoden nachgewiesen werden kann.

Steinwerkzeuge aus Obsidian und Flint lassen sich unter bestimmten Voraussetzungen aufgrund ihrer Patinaschichten, deren Stärke temperatur- und zeitabhängig ist, datieren. Da die Schichtenbildung im wesentlich dem Diffusionsgesetz folgt, ist es möglich, bei Obsidianwerkzeugen ähnlicher chemischer Zusammensetzung die Hydratationsraten zu bestimmen, mit deren Hilfe eine Datierung durch Ausmessen der Schichtstärke der Patina vorgenommen werden kann. Antike Gläser zeigen einen laminaren Aufbau irisierender Patinaschichten, die sich mit jahreszeitlichen Temperaturschwankungen der Bodenschichten, in denen die Gläser eingebettet waren, in Verbindung bringen lassen und Altersdatierungen ermöglichen.

Die sog. ↗Spaltspurendatierung nutzt zur Datierung auftretende Defekte, die bei den natürlichen radioaktiven Zerfallsprozessen in den Mineralphasen entstehen und die sich beim Anätzen polierter Flächen als Ätzgruben auf der Oberfläche zu erkennen geben. Aus dem Verhältnis zwischen Urangehalt, Alter und Spaltspurendichte einer Probe lassen sich mit dieser Methode antike Gläser und Obsidian, aber auch apatithaltige Materialien sowie Zirkon- und Urangläser zeitlich einordnen. Da für eine exakte Datierung hinreichende Mengen an Spaltspuren benötigt werden, sind Altersbestimmungen an Gläsern, denen als Färbemittel Uran beigemischt wurde, besonders günstig, da hier schon nach relativ kurzer Zeit mit einer hohen Spurendichte zu rechnen ist. Dies ermöglicht auch die Datierung kürzerer Zeiträume.

Neben der ^{14}C-Methode, mit der v.a. Funde, die organische Substanz in Form von Holz, Pflanzenresten, Knochenkollagen etc. enthalten, datiert werden können, spielt bei der Altersbestimmung antiker Keramik insbesondere die Thermolumineszenzmethode eine wesentliche Rolle. Dieses Verfahren beruht auf der Tatsache, daß die in den keramischen Rohmassen auftretenden Quarz- und Feldspatkristalle durch die radioaktive Strahlung des in Spuren vorhandenen Urans, Thoriums und ^{40}Kaliums in ihren Kristallgittern verändert werden. Diese Elemente senden bei ihrem Zerfall α- und β-Strahlen aus. Dadurch werden Elektronen aus den Atomhüllen freigesetzt und an Fehlstellen und Fremdionen der Kristallgitter von Quarz und Feldspat fixiert. Je länger der Zerfallsprozeß dauert, um so mehr Elektronen werden auf diese Weise »eingefangen«. Wird das keramische Material später erhitzt, wozu man nur Mengen im Milligramm-Bereich benötigt, fallen die Elektronen wieder an ihre alten Plätze zurück. Die dabei ausgesandten Lichtquanten sind ein Maß für das Alter des Objektes. Die Thermolumineszenzmethode eignet sich besonders zur Datierung von Keramik, da während des Brennprozesses die natürliche Lumineszenz der Rohstoffe ausgelöscht und damit die radioaktive Uhr auf Null zurückgestellt wurde. Es lassen sich aber auch antike Bronzefunde über die gelegentlich noch erhaltenen keramischen Gußkerne auf diese Weise datieren.

Auch ergeben sich Datierungsmöglichkeiten durch das sich in seiner Richtung und Intensität ständig ändernde magnetische Erdfeld. Auf ähnliche Weise, wie man aus den Magnetisierungsmustern der Gesteine Hinweise auf Änderungen des Magnetfeldes der Erde während geologischer Zeiträume ableiten kann, lassen sich auch an keramischen Objekten die vom heutigen Erdfeld abweichende ↗Inklination und ↗Deklination einmessen und so eine auf magnetische Messungen fußende Zeitskala aufbauen, in die sich gleichartige, aber zeitlich unbestimmte Funde einordnen lassen. Voraussetzungen sind dabei allerdings genau datierbare, ortsfest gebrannte keramische Objekte, z.B. Herdstellen, Töpferöfen oder stark verklinkerte Brandschichten. Weitere archäometrische Aufgaben für die Mineralogie sind Untersuchungen von Pigmenten der antiken Malerei, der Münzmetalle und der Legierungen von metallischen Werkstoffen, die Ermittlung der

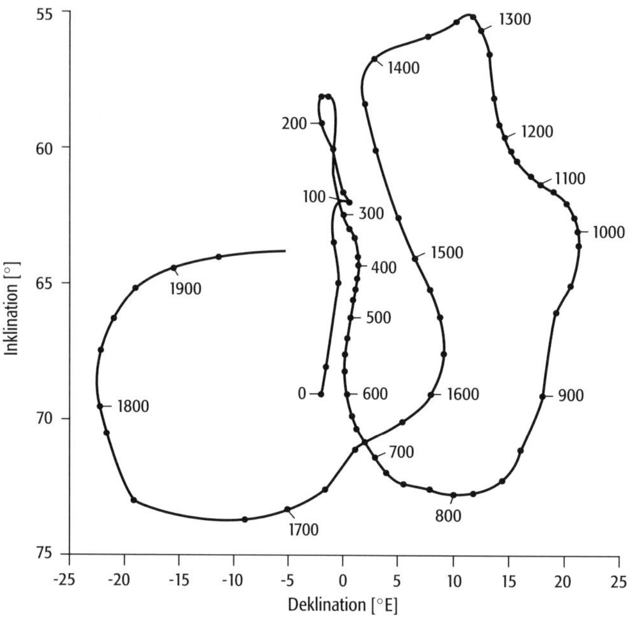

Archäo-Säkularvariation: Deklination und Inklination in Mitteleuropa in den letzten 2000 Jahren.

Archimedes

Rohstoffquellen antiker Keramiken und Baustoffe, z. B. von Marmor, Probleme der Steinkonservierung im Rahmen der Erhaltung von Baudenkmälern, die Untersuchung von Steinschäden durch Umwelteinwirkungen, Echtheits- und Herkunftsprüfungen von Kunstgegenständen aus Keramik oder Stein sowie die Restaurierung und Konservierung von Museumsobjekten. [GST]

Archäophytikum, *Algophytikum*, *Proterophytikum*, *Thallophytikum*, auf das ↗Kryptophytikum folgende ↗Ära, die mit den ersten ↗Biota beginnt und durch die alleinige Präsenz von ↗Prokaryoten und ↗Algen charakterisiert ist, deren Evolution eine Dreigliederung des Zeitabschnittes vorgibt. Das Archäophytikum endet mit dem Nachweis der ältesten ↗Pteridophyta im ↗Silur. Die ersten Lebewesen waren ↗Archaea, ↗Bakterien und ↗Cyanophyta mit einfacher, prokaryotischer Zellorganisation. Besonders die Cyanophyta bauten gesteinsbildend die weltweit verbreiteten ↗Stromatolithe. Die ältesten Stromatolithe aus der Bulawayo-Formation Simbabwes haben ein Alter zwischen ca. 3,1 und 2,7 Mrd. Jahren. Cyanophyta sind auch an der Bildung der ältesten kohligen Schiefer in der Rice-Lake-Serie von Winnipeg (2,5 Mrd. Jahre) beteiligt und in hervorragender Erhaltung in Hornsteinen der Gunflint-Formation Ontarios (2 Mrd. Jahre) überliefert. Die Entwicklung der komplexeren eukaryotischen Zellorganisation definiert den Beginn des mittleren Archäophytikums. Zellen-Tetraeder und Zellen mit Tetradenmarke aus dem Amelia- und Balbarini-Dolomit Australiens (ca. 1,5 Mrd. Jahre) gelten als die ältesten fossilen ↗Eukaryoten. Zellen mit Zellkern (vermutlich ↗Chlorophyta) sind in den Kieselschiefern der Bitterspring-Formation Australiens (0,9 Mrd. Jahre) überliefert. Seit 0,8 Mrd. Jahren treten ↗Acritarchen weltweit in marinen Sedimenten auf, und die Bildung von Algenkohlen-Flözen setzte ein. Wahrscheinlich haben sich im mittleren Archäophytikum fast alle heute bekannten Abteilungen der ↗Algen entwickelt, jedoch ohne daß dabei fossilisationsfähige Skelette ausgeschieden wurden. Im oberen Archäophytikum erscheinen ab dem ↗Kambrium erstmals kalkabscheidende Rhodophyta und Chlorophyta, darunter Vorläufer der Dasycladophyceae ab dem Ober-Kambrium, sowie Phaeophta-ähnliche Fossilien. [RB]

Archäo-Säkularvariation, die aus archäologischen Materialien (↗Archäomagnetismus) gewonnene Variation der Richtung und Intensität des Erdmagnetfeldes seit Beginn des Holozäns (vor ca. 10.000 Jahren). Sie kann zur Datierung archäologischer Ereignisse verwendet werden (Abb.).

Archäozoikum ↗*Archaikum*.

Archegoniaten, Sammelbegriff für ↗Embryophyten mit Antheridien und Archegonien (↗Gametangium), das sind ↗Bryophyta und ↗Pteridophyta.

Archie-Gleichung, von Archie (1942) aufgestellte empirische Beziehung, die den spezifischen ↗elektrischen Widerstand eines tonfreien Gesteins in Abhängigkeit von der ↗Porosität und der Fluidfüllung angibt:

$$\varrho_G = F\varrho_f = a\Phi^{-m}s^{-n}\varrho_f$$

Dabei ist ϱ_G der Gesamtwiderstand des Gesteins, ϱ_f der spezifische Widerstand des Fluids (z. B. Wasser), F der sog. (dimensionslose) Formationsfaktor, Φ die Porosität und S (Sättigungsgrad) der Anteil der Poren, die Fluid enthalten. Die Konstanten a, n (Sättigungsexponent) und m (Zementationsexponent) werden empirisch ermittelt und liegen bei $0{,}5 < a < 1$; $1{,}3 < m < 2{,}4$ sowie $n \approx 2$.

Archimedes, bedeutendster griechischer Mathematiker und Physiker, * um 285 v. Chr. Syrakus, † 212 v. Chr. Syrakus (bei der Eroberung von Syrakus von römischen Soldaten getötet); studierte um 245 in Alexandria; bestimmte unter anderem Kreisinhalt und -umfang und fand einen Näherungswert für die Zahl π; berechnete mittels der Exhaustionsmethode den Inhalt und Schwerpunkt von durch Kegelschnitte begrenzten Flächen und Körpern, fand die halbregelmäßigen geometrischen Körper (Archimedische Körper), zog als erster die Quadratwurzel, erweiterte die Zahlenreihe bis ins Unendliche und versuchte die Summierung der arithmetischen und geometrischen Reihen; untersuchte Hebelgesetze (Begründer der Statik) und Gesetze der Hydrostatik (Archimedisches Prinzip); erfand unter anderem den Brennspiegel, die Schraube (Wasserschnekke, Archimedische Schraube), den Flaschenzug, ein durch Wasserdruck angetriebenes Planetarium und diverse Kriegsmaschinen (Schleudern, Hebewerke).

Archipel, heute allgemein verwendeter Begriff für Inselgruppen in den Weltmeeren, der ursprünglich lediglich auf die Inselwelt im Ägäischen Meer zwischen Griechenland und Kleinasien angewandt wurde.

arctic brown soil, durch Dauerfrost und oberflächennahes Auftauen im Sommer geprägter Tundrenboden auf Hängen mit lockerem Humushorizont und braunem ↗B-Horizont (↗Auftauboden).

arctic gley soil, durch Dauerfrost geprägter Tundrenboden der Senken und Täler mit geringmächtigem Humushorizont über stau- oder grundwasserbeeinflußtem, rostfleckigem ↗G-Horizont.

ARD, *acid rock drainage*, ↗*saure Wässer*.

Area Forecast Centre ↗*AFC*.

Areal, **1)** *Allgemein*: Begriff für ein räumlich abgrenzbares Verbreitungsgebiet eines geowissenschaftlichen Prozesses oder Merkmals. **2)** *Biologie*: Verbreitungsraum von Individuen einer taxonomischen oder genetischen Einheit (↗Population). In beiden Fällen kann das Areal auch in Teilgebiete aufgetrennt sein kann (↗Disjunktion).

Arealkarte ↗*Verbreitungskarte*.

Arealmethode ↗*Flächenmethode*.

Arealstruktur, hierarchisches Gefüge von landschaftsökologischen Raumeinheiten (↗Tope, ↗Choren). Möglichkeiten der Strukturierung ergeben sich anhand inhaltlicher, räumlicher oder systematisierender Eigenschaften. Praktische Bedeutung besitzt die Beschreibung der Arealstruktur für die ↗Landschaftsplanung.

arëisch, Bezeichnung für ein Fließgewässer, das seinen Ursprung und sein Mündungsgebiet in einem ↗ariden Gebiet hat.

Arenig, die zweite Abteilung des ↗Ordoviziums, über ↗Tremadoc und unter ↗Llanvirn. Benannt von Sedgwick und McCoy (1851–1855) nach den Arenig Mountains in Merioneth (Wales), wo fossilführende Schiefer (Arenig Slates) dieser Stufe (zusammen mit Porphyriten und einer Carbonatbank) aufgeschlossen sind. ↗geologische Zeitskala.

Arenosols, [von lat. Arena = Sand]; Bodenklasse der ↗WRB; Sandböden ohne ↗diagnostische Horizonte, mit fehlender oder sehr schwach entwickelter ↗Bodenstruktur, sehr durchlässig, hohe ↗hydraulische Leitfähigkeit, geringe Wasserspeicherkapazität, hohe Variabilität im Humus- und Nährstoffgehalt sowie im pH-Wert. Arenosole sind weit verbreitet und bedecken ca 7 % der Landoberfläche. Die größten Vorkommen sind in der Sahelzone, im Zentralafrikanischen Plateau, in der Sahara, in Zentral- und Westaustralien, in Wüsten des Mittleren Ostens und Chinas. Sie kommen auch in humiden und kalten Klimaten vor. In Deutschland gehören alle Sandböden mit mehr als 70 Masse-% Sand und weniger als 15 Masse-% Ton dazu.

Argand-Diagramm, Darstellung von Übertragungsfunktionen, z. B. in den ↗elektromagnetischen Verfahren nach Real- und Imaginärteil in der komplexen Zahlenebene.

argic horizon, diagnostischer Horizont der ↗WRB, ↗Tonanreicherungshorizont der lessivierten Böden.

Argids, Unterordnung der ↗Aridisols der ↗Soil Taxonomy mit natrium- oder tonreichem Unterboden.

Argillans ↗Toncutane.

argillic horizon, veraltet für ↗argic B-horizon der ↗Soil Taxonomy.

Argillitisierung ↗hydrothermale Alteration.

Argon, gasförmiges Element, chemisches Symbol Ar. ↗Edelgase.

ARGOS, System an Bord der ↗polarumlaufenden Satelliten der ↗National Oceanic and Aeronautical Agency (↗TIROS) zur Ortung der Position von Objekten, zum Abruf und zur Übermittlung von Daten automatischer Stationen und zur Messung geophysikalischer Parameter.

arides Gebiet, Bezeichnung für eine räumliche Einheit, in der ständig oder zeitweilig die ↗potentielle Verdunstung höher ist als der ↗Niederschlag. In den ariden Gebieten findet man häufig Salzseen, Salzpfannen und Flüsse, deren Wasserführung nicht wie gewöhnlich in ↗humiden Gebieten mit zunehmender Länge zunimmt, sondern abnimmt. Ein Gebiet wird als vollarid bezeichnet, wenn die potentielle Verdunstung ständig höher ist, als der Niederschlag, semiarid sind solche Gebiete, in denen mehr als sechs Monate ↗Aridität herrscht. Der Grenzraum zwischen aridem und humidem Bereich wird als ↗Trockengrenze bezeichnet.

arides Klima, [von lat. aridus = trocken], Klimazustand, bei dem im Gegensatz zum ↗humiden Klima die ↗potentielle Verdunstung größer als der Niederschlag ist. Arides Klima ist wegen des damit verbundenen Wassermangels pflanzen- bzw. allgemein lebensfeindlich. Es bildet ↗Wüsten und ↗Steppen und kann zur ↗Versalzung des Bodens führen. Vollarid oder perarid bedeuten während des ganzen Jahres arid, semiarid dagegen nur zeitweise im Verlauf des Jahresgangs. ↗Ariditätsindex, ↗Klimaklassifikation.

aride Solifluktion ↗Breifließen.

aridic soil moisture regime, eine Klasse der Einteilung des Feuchtestatus eines Bodens nach der ↗Soil Taxonomy. Sie kennzeichnet Böden in ariden Räumen, die den überwiegenden Teil des Jahres trocken sind.

Aridifizierung, Ausbreitung ↗arider Verhältnisse (↗Desertifikation).

Aridisols, [von lat. aridus = trocken], Ordnung der ↗Soil Taxonomy. Halb- und Vollwüstenböden (früher als Xerosols und Yermosols bezeichnet) mit geringmächtigem und schwach bis sehr schwach humosem Oberbodenhorizont.

Aridität, Ausdruck zur Kennzeichnung der Trokkenheit eines Gebietes. Im ↗ariden Gebiet ist über einen längeren Zeitraum die jährliche ↗potentielle Verdunstung höher als der Jahresniederschlag. Ob ein Gebiet arid und abflußlos ist, hängt vom ↗Niederschlag und von allen Größen ab, die Einfluß auf die Höhe der ↗Evaporation nehmen. Die Lufttemperatur spielt für die Höhe der Verdunstung eine besondere Rolle. Daher ist sie zusammen mit dem Niederschlag immer wieder zur Kennzeichnung der Aridität und ↗Humidität herangezogen worden. Mit den sich ergebenden Klimaindizes, welche als ↗Ariditätsfaktor, Regenfaktor u. a. bekannt sind, wird die Abstufung feuchter und trockener Gebiete vorge-

Ariditätsfaktor (Tab.): Humiditäts- und Ariditätstypen basierend auf dem Feuchteindex I_m.

Humidität/Aridität	Feuchteindex I_m
A perhumid	100 und größer
B_4 humid	80 bis 100
B_3 humid	60 bis 80
B_2 humid	40 bis 60
B_1 humid	20 bis 40
C_2 feucht subhumid	0 bis 20
C_1 trocken subhumid	-20 bis 0
D semiarid	-40 bis -20
E arid	-60 bis -40

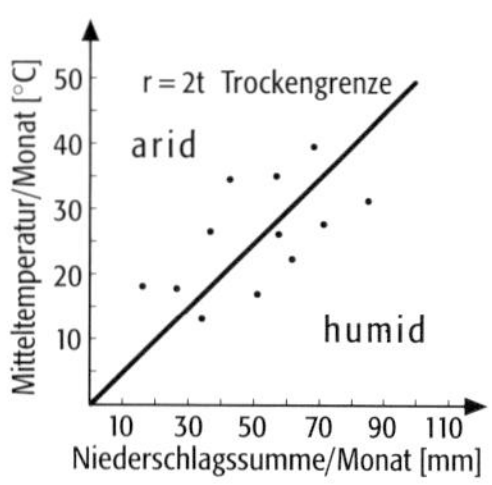

Ariditätsfaktor: Klimatische Trockengrenzenlinie nach Walter & Lieth.

nommen. Auch edaphische Faktoren können wirksam werden und müssen berücksichtigt werden. Die Bestimmung der zwar ausschlaggebenden, aber schwer zu bestimmenden Verdunstung wird so umgangen. Der Bezug auf ein Jahr ist für Vergleichszwecke brauchbar. Für die Vegetation, die Abflußverhältnisse und die Landwirtschaft sind kürzere Perioden z. B. der Bezug auf Monate jedoch sinnvoller. [KHo]

Ariditätsfaktor, *Ariditätskoeffizient, Ariditätsverhältnis, Ariditätsindex, Trockenheitsindex*, Quotient aus ↗Niederschlag und dem ↗Sättigungsdefizit der Luft (N/S-Quotient) und Dürrewirkungszahl, sind Indizes mit deren Hilfe versucht wird, feuchte und trockene Klimate bzw. Perioden voneinander zu trennen. Da die komplexe Verdunstungsgröße schwer und nur mit erheblichem instrumentellen Aufwand einigermaßen zuverlässig bestimmt werden kann, liegen den genannten Klimaindizes leichter zu beobachtende Klimaelemente, wie die Niederschlagshöhe, die Lufttemperatur und das feuchte Sättigungsdefizit der Luft zugrunde. Die hieraus gewonnenen Ergebnisse führen zu hygrothermalen Klassifikationen. Der älteste Ansatz geht auf R. Lang (1915) zurück, der den Regenfaktor $f = N/T$ einführte, wobei N die jährliche Niederschlagshöhe und T die mittlere Jahrestemperatur der Luft in °C darstellt. Dieser Ansatz ist von vielen Hydrologen und Klimatologen erweitert worden, z. B. von E. de ↗Martonne, der die Anzahl der Tage mit Niederschlag berücksichtigt. C. W. Thornthwaite arbeitete zunächst an einem erweiterten Ansatz des Verhältnisses Niederschlag zu Temperatur, wobei er sich insbesondere der ↗potentiellen Verdunstung bediente; 1948 führte er einen Humiditätsindex (I_h) bzw. einen Ariditätsindex (I_a) ein, wobei der über die potentielle ↗Evapotranspiration hinausgehende Niederschlag als Wasserüberschuß (s) bezeichnet wird, n und d stellen das Wasserdefizit des Bodens dar:

$$I_h = (100 \cdot s)/n; I_a = (100 \cdot d)/n.$$

Später hat Thornthwaite die beiden Indizes verbunden (I_m), um jahreszeitliche Überschüsse, welche die jahreszeitlichen Defizite abmildern können, zu berücksichtigen, wobei er den Faktor 0,6 einführte:

$$I_M = I_h\text{-}0{,}6 \cdot I_a.$$

Negative Werte von I_m zeigen ein trockenes Klima, positive Werte ein feuchtes Klima an. Mit den I_m-Werten können nach R. Keller (1961) neun Ariditäts- bzw. Humiditätstypen angegeben werden (Tab.). Alle bisher diskutierten Versuche, mit Hilfe von Indizes Aussagen über Trockenheit bzw. Feuchte zu machen und diese gegeneinander abzugrenzen, basieren auf dem mittleren Verlauf von Klimaelementen. Bei der Analyse der Indizes und deren Verwendung in der Praxis sind jedoch noch andere Faktoren zu berücksichtigen, z. B. ist eine höhere zeitliche Auflösung (eventuell auf monatlichen Werten basierend) erforderlich, ebenso sind edaphische Faktoren mit einzubeziehen. Die auf Klimaelementen beruhende ↗Trockengrenze ist nämlich nicht mit der agronomischen Trockengrenze identisch. ↗Regenfeldbau ohne künstliche Bewässerung ist gelegentlich weit im ariden Bereich möglich. Für die Pflanzen ist in erster Linie die Dauer des ariden Zustandes, die Wasserspeicherung im Boden und die Distanz der Wurzeln zum Grundwasserstand maßgeblich. Auch physiologische Eigenschaften der Pflanze, wie Wurzellänge und Ausbildung von Transpirationsschutz, müssen mitbetrachtet werden.

W. Lauer hat in den fünfziger Jahren mit dem Ansatz

$$20 = (12 \cdot n)/(t + 10)$$

für größere Gebiete von Afrika, Süd- und Zentralamerika gearbeitet, wobei n die monatliche Niederschlagshöhe und t die Temperatur in °C der einzelnen Monate darstellen.

Sehr anschaulich, wenn auch für die quantitative Hydrologie nur begrenzt brauchbar, haben H. ↗Walter, später ergänzt durch H. Lieth, die auf Monatswerten basierende Beziehung zwischen Niederschlagshöhe und Lufttemperatur dargestellt (Abb. und ↗Klimadiagramm Abb.).

Ideal wäre die Entwicklung eines Ariditätsbeiwertes, in Anlehnung an den ↗Abflußbeiwert, der nicht nur die klimatischen Faktoren einbezieht, sondern auch die landschaftsspezifischen, z. B. die edaphischen und die pflanzenspezifischen Faktoren.

R. ↗Geiger hat eine Gewichtung von Dürreperioden in Deutschland mit den sogenannten Dürrewirkungszahlen vorgenommen, indem er den Tagen in verdunstungsschwächeren Monaten eine niedrige Dürrewirkungszahl (z. B. im Januar 0,2), den Tagen der verdunstungsreichen Monate eine hohe Dürrewirkungszahl (z. B. im Juli 1,6) zuweist.

Bei allen Einteilungen und Aussagen über humide und aride Zeiten und Gebiete spielt nicht nur die geographische Breite, die Kontinentalität, edaphische und andere, landschaftsspezifische Faktoren eine entscheidende Rolle, sondern in starkem Maße auch die Höhenlage. [KHo]

Ariditätsindex ↗*Ariditätsfaktor*.

Ariditätsverhältnis ↗*Ariditätsfaktor*.

Ariégit, ↗Pyroxenit, bestehend aus Klinopyroxen, Orthopyroxen (↗Pyroxene) und Spinell sowie pyropreichem ↗Granat und/oder ↗Hornblende. Tritt lagenförmig in Lherzolithen auf.

Aristoteles, griechischer Philosoph, * 384 v. Chr. in Stagira als Sohn des Arztes Nikomachos, † 322 v. Chr. bei Chalkis; neben Platon der bedeutendste Philosoph der Antike, lebte vorwiegend in Athen. Er war 20 Jahre als Schüler Platons in der athenischen Akademie, gründete 334 v. Chr. in Athen eine philosophische Schule. Aufbauend auf Platon gelingt Aristoteles von wenigen Grundbegriffen aus eine streng systematische Bewältigung des damaligen Wissens. Er gilt als Begründer von Zoologie und Physiologie, der Logik, insbesondere der Schlußlehre, der Psychologie, Poetik, Naturgeschichte und Metaphysik und ist Schöpfer der philosophischen Terminologie. Die Welt teilt sich für Aristoteles nicht in die sinnliche und geistige, wie bei Platon, sondern ist ein einziger Kosmos des Geistes und der Materie. In der Astronomiegeschichte ist Aristoteles u. a. deswegen von Bedeutung, weil er die Lehrmeinung seiner Zeit über das geozentrische Weltsystem in seine Philosophie übernahm. Er schloß aus der Überlegung, daß bei einer Reise nach Süden immer neue Sterne über dem südlichen Horizont auftauchen (bei einer Reise in Nordrichtung umgekehrt), auf die Kugelgestalt der Erde. Neben zahlreichen philosophischen Werken sind auch einige naturwissenschaftliche Schriften von ihm überliefert, darunter »Physik«, »Von der Seele«, »Vom Leben der Tiere«, »Vom Himmelsgebäude« und »Die Meteorologie«. Letzteres ist die älteste geschlossene Abhandlung über atmosphärische und hydrologische Fragen. Er deutet und erklärt darin weitgehend zutreffend die Verdunstung, die Kondensation mit abnehmender Temperatur, die Wolkenbildung sowie die Niederschläge Regen, Schnee, Tau und Reif. Nach ihm findet in der Erde eine fortlaufende Neubildung von Wasser statt und zwar dadurch, daß atmosphärische Luft in die Poren und Spalten der Erde eindringt, sich infolge der Abkühlung in Wassertropfen verwandelt, die sich dann sammeln und schließlich in Form von Quellen und Flüssen an die Oberfläche treten. Da die Berge in näherer Verbindung mit der Luft sind als die tiefer liegenden Ebenen, treten hier die meisten Quellen auf. Meteores Wasser schließt er in seine Betrachtungen ein, aber dessen Volumen ist ihm offenbar nicht genügend, um die ununterbrochen strömenden Flüsse zu erklären. Das Meer sieht er im wesentlichen als tiefliegendes Becken, in dem sich alles Wasser sammelt, welches durch die Flüsse aus höher gelegenen Gebieten zuströmt. Sein Salzgehalt stammt aus irdischen Stoffen, die über Verdunstung, Luftströmungen und Niederschläge in das Meer gelangen. [HJL]

Aristoteles

arithmetischer Mittelwert, Summe von Einzelwerten a_i, dividiert durch die Anzahl n dieser Werte. Daneben gibt es noch geometrische und harmonische Mittelwerte, zudem speziell in der Statistik den ↗Median und ↗Modus; Oberbegriff: Mittelungsmaße.

^{40}Ar/^{40}K-Datierung ↗*Kalium-Argon-Datierung*.

Arkose, mehrdeutig in der Literatur verwendeter Begriff. Als Feldbezeichnung beschreibt Arkose einen meist hellgrauen bis rötlichen, schlecht sortierten ↗Sandstein mit hohem Feldspatanteil und wechselndem Gehalt an ↗Gesteinsfragmenten. Nach der Klassifikation der Sandsteine von Pettijohn et al. (1987) (↗Sandstein Abb.) rechnet man Arkosen zu den arkosischen Sandsteinen. Bei letzteren sind mindestens 25 % der Sandpartikel Feldspatkörner, wobei Feldspäte gegenüber Gesteinsfragmenten überwiegen. Zudem zeichnen sie sich durch einen geringen Matrixanteil (< 15 %) aus. Arkosen sind meist Produkte eines ersten sedimentären Zyklus. Sie bilden sich oft nahe eines Liefergebietes, in dem ein aus ↗Graniten und ↗Gneisen aufgebautes Grundgebirge erodiert wird. Semiaride bis aride klimatische Bedingungen begünstigen hierbei meist die Erhaltung der ansonsten nicht lösungsresistenten Feldspäte. [DA]

Arktikfront, die vor allem im Winter zeit- und gebietsweise gut ausgeprägte ↗Front im Bereich der ↗subpolaren Tiefdruckrinne. Sie trennt extrem kalte ↗Arktikluft von weniger kalten Luftmassen meist subpolaren Ursprungs. Die Arktikfront ist oft nur in der unteren Troposphäre ausgeprägt und in solchen Fällen nicht an einen ↗Strahlstrom geknüpft.

Arktikluft, *arktische Luft*, eine ↗Luftmasse, deren Ursprung in der Arktis liegt und die über das Nordmeer hinweg als maritime Arktikluft (mA) nach Nord- und Mitteleuropa gelangt. Im Winterhalbjahr steht in Nordkanada und Nordsibirien kontinentale Arktikluft (cA) bereit (↗Luftmassenklassifikation).

arktische Böden, durch Frost und oberflächennahes Auftauen gekennzeichnete Böden der Arktis, Antarktis und Hochgebirge mit im Sommer auftauender aktiver Schicht, die von Substratbewegung durch ↗Kryoturbation und ↗Gelifluktion geprägt ist (↗Auftauboden). Unter der Auftaulage bleibt der Boden dauernd gefroren.

arktisches Klima, Klimazone der Arktis, wo ähnlich wie in der Antarktis sehr tiefe Temperaturen vorherrschen. ↗Klimaklassifikation.

Arktisches Mittelmeer, ↗Nebenmeer des ↗Atlantischen Ozeans, das weitgehend dem Arctic Ocean entspricht (Abb.). Es umfaßt das ↗Nordpolarmeer mit seinen ↗Randmeeren, das ↗Europäische Nordmeer und das ↗Baffinmeer. Die Modifikation von Wassermassen im Arktischen Mittelmeer bildet die wesentliche Grundlage der Absinkbewegungen im Nordatlantik und stellt die Voraussetzung für die globale ↗thermohaline Zirkulation dar.

ARM ↗remanente Magnetisierung.

Ärmelkanal, *Englischer Kanal*, Verbindung der ↗Nordsee mit dem Atlantik (↗Atlantischer Ozean Abb.) zwischen England und Frankreich.

Armerz, Erz mit primär geringen Metallgehalten, das häufig erst bei natürlicher ↗Anreicherung (↗Reicherz), günstiger ↗Aufbereitung oder sehr großem Lagerstättenvolumen, was einen Abbau in Tagebautechnik ermöglicht, bauwürdig ist (z. B. ↗Eisenerzlagerstätten, ↗Porphyry-Copper-Lagerstätten).

Armillarsphäre, *Armille*, *Ringkugel*, [von lat. armilla = Armband, sphaera = Kugel], aus mehre-

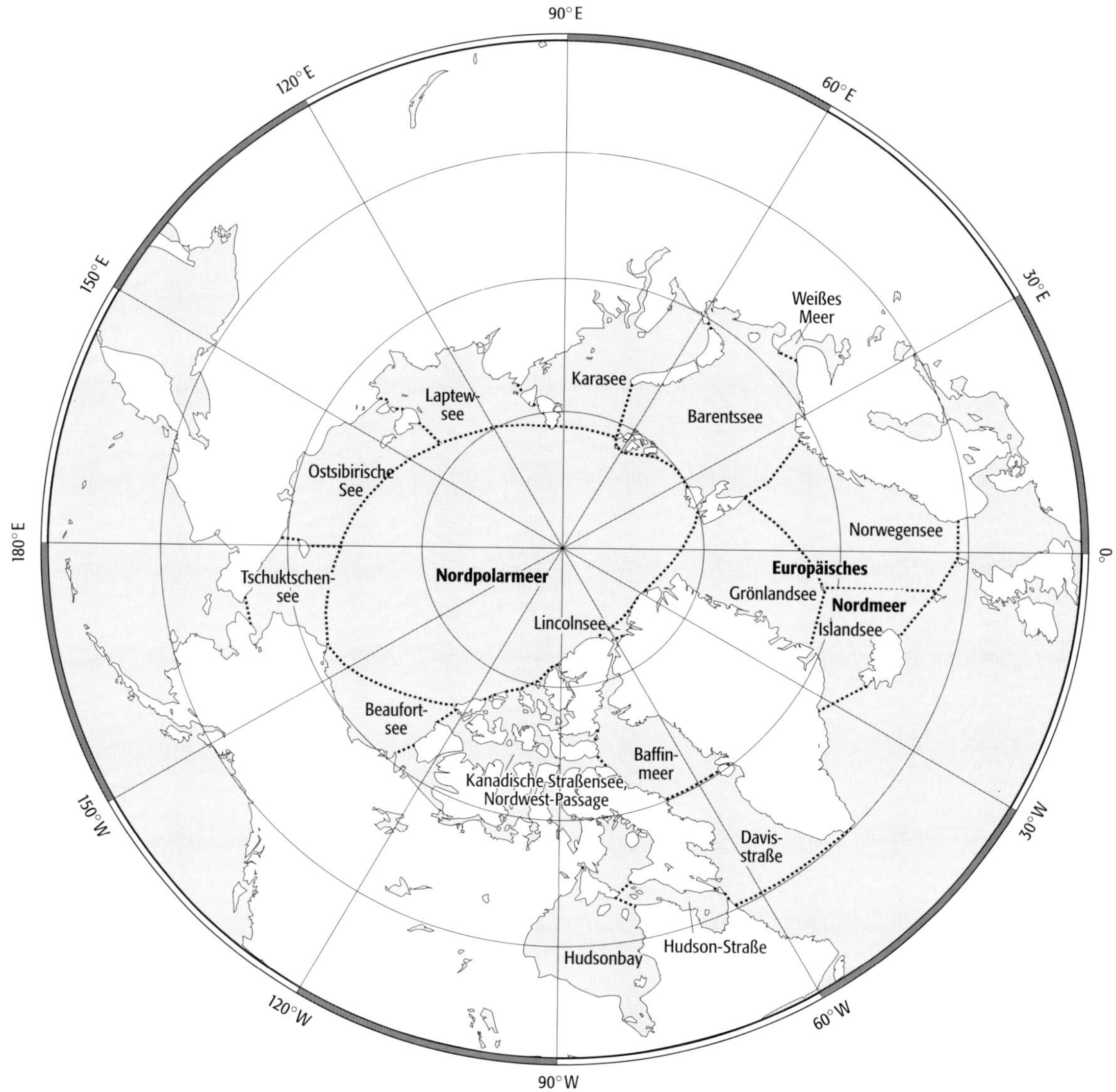

Arktisches Mittelmeer: Das Arktische Mittelmeer mit seinen Rand- und Nebenmeeren und ihren Grenzen.

ren, teils fest montierten, teils beweglichen Metallringen mit Kreisteilung bestehendes Instrument zur Bestimmung von Sternörtern und Stundenwinkel (Abb.). Der Meridiankreis ist fest mit dem Äquator, den Wende- und Polarkreisen sowie dem Ekliptikring verbunden und drehbar um die Himmelsachse gelagert. Zur Beobachtung werden die drehbaren Kreise nach den Grundkreisen der Himmelssphäre, also Ekliptik, Horizont und Meridian eingerichtet. Mit der beweglichen Visiereinrichtung wird ein Gestirn anvisiert; seine Koordinaten lassen sich an den Kreisteilungen ablesen. In der Antike von Hipparch von Nikaia und ↗Ptolemäus beschrieben und benutzt, wurde es von den Arabern zum ↗Astrolabium weiterentwickelt. In Westeuropa wurde das Instrument seit dem 16. Jh. zur Demonstration der Himmelsbewegungen genutzt und dazu, meist als kostbares Prunkstück ausgeführt, seit dem 17. Jh. mit Uhrwerk ausgestattet. Somit kann es als Vorläufer des Planetariums gelten. [WSt]

armored Lapilli, Spezialform von ↗akkretionären Lapilli.

Armorica, ein paläozoisches Terrane, welches in seiner ursprünglichen Definition die paläozoischen Massive Mittel- und Südeuropas südlich des ↗Rhenoherzynikums umfaßt (v. a. Iberische Meseta, Armorikanisches Massiv, Französisches Zentralmassiv, Böhmisches Massiv und intraalpines Paläozoikum). Das unterschiedlich interpretierte Armorica läßt sich in weitere, lose in einem Schollenmosaik gruppierte Terranes zergliedern (u. a. Iberia). Es trennte sich in einer früh-ordovizischen Rifting-Phase vom Nordwestrand ↗Gondwanas und driftete unter Öff-

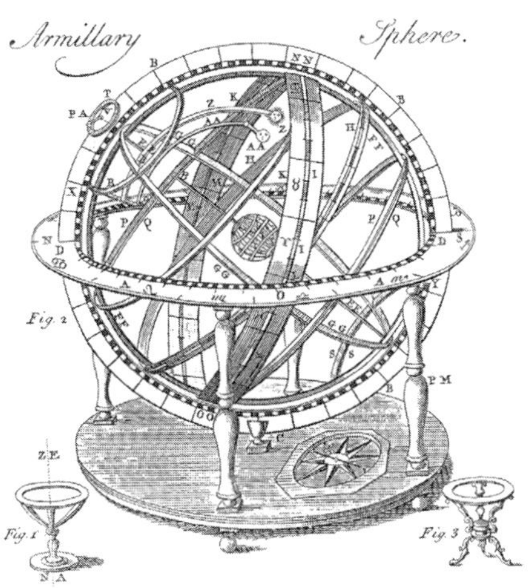

Armillarsphäre: Zeitgenössischer Stich einer Armillarsphäre aus London, um 1700.

nung der Prototethys nach Norden. Gemeinsames Charakteristikum der armorikanischen Terranes ist ein ähnlich ausgebildetes cadomisches Basement, die Dominanz klastisch dominierter alt- und mittelpaläozoischer Schelf-Sequenzen mit niedrig diversen Faunen eines temperierten Klimas – auffällig sind v. a. glaziomarine Sedimente des späten Ordoviziums. Erst im Mitteldevon setzt die Bildung von z. T. rezifalen Warmwasser-Carbonaten ein. Nach der umstrittenen jungkaledonischen Kollision mit dem vorauseilenden, schon im späten Ordovizium am Südrand von ↗Baltica angedocktem Ost-Avalonia trennte es sich möglicherweise kurzzeitig später unter Bildung des rhenohercynischen Backarc-Basins. Andere Autoren gehen erst von einer variszischen Kollision mit Avalonia-Baltica unter Schließung des rhenohercynischen Beckens aus. ↗Avalonia. [HGH]

Arnberger, *Erik*, österreichischer Kartograph und Geograph, * 22.4.1917 in Wien, † 25.8.1987 in Wien. Er studierte Geographie, Geologie und Meteorologie an der Universität Wien. Beruflich wechselte Arnberger nach kurzer Lehrtätigkeit an der Handelsakademie in Wien im Oktober 1947 in die Kommission für Raumforschung und Wiederaufbau der Österreichischen Akademie der Wissenschaften. Im Jahr 1951 folgte die Anstellung im »Österreichischen Statistischen Zentralamt«. Der 1963 erworbenen Lehrbefugnis folgte 1968 die Berufung zum ordentlichen Universitätsprofessor und 1969 zum Vorsteher des Instituts für Geographie der Universität Wien. Hier konnte im Rahmen der Studienrichtung Geographie 1971 der Studienzweig Kartographie eingerichtet werden, der mit der Etablierung der Kartographie an der Technischen Universität Wien ganz wesentlich die Anerkennung der Kartographie als selbständige Disziplin auch in Österreich bewirkte.

Bereits 1969 erfolgte seine Ernennung zum Direktor des in der Österreichischen Akademie der Wissenschaften neu gegründeten Instituts für Kartographie. In sechs Abteilungen entstanden mit frühen Satellitenbildkarten und rechnergestützt hergestellten Karten von Österreich, mit den »Forschungen zur Theoretischen Kartographie« und der Herausgabe der auf 16 Bände konzipierten Enzyklopädie »Die Kartographie und ihre Randgebiete« herausragende Leistungen, darunter auch bemerkenswerte Arbeiten zur empirischen bzw. experimentellen Kartographie (z. B. Wahrnehmung von Kartenzeichen). Außerdem war Arnberger in neun wissenschaftlichen Kommissionen der Akademie tätig und leitete 1981–85 das Österreichische Nationalkomitee »Man and Biosphere« des UNESCO-Programms. Von 1969 bis 1976 war er außerdem als Mitarbeiter und Leiter der Forschungsgruppe »Thematische Kartographie« der Akademie für Raumforschung und Landesplanung in Hannover tätig, einer Arbeitsgruppe, die Grundlagen zur Automatisierung in der Kartographie legte. Aus praktischer Tätigkeit erwuchsen Arbeiten zur Methodik der von ihm als Formalwissenschaft aufgefaßten Kartographie.

Die gezielte Sichtung von über 20.000 Archivstükken 1953/54 lieferte Erkenntnisse zur Herausbildung der Thematischen Kartographie und ihrer Methoden in Österreich. Aus der systematischen Aufarbeitung des Stoffes entstand das »Handbuch der thematischen Kartographie« (1966) als erste große Monographie des damals noch jungen Arbeitsfeldes. In der Österreichischen Geographischen Gesellschaft, deren Präsidentschaft Arnberger 1975–78 ausübte, hatte er von 1961 bis 1985 den Vorsitz der Österreichischen Kartographischen Kommission inne. Die Werke »Die Kartographie im Alpenverein« und »Grundsatzfragen der Kartographie« entstanden 1970 aus Anlaß der von ihm organisierten ersten Dreiländertagung der deutschen, schweizerischen und österreichischen Kartographen. Von ihm ging eine prägende Wirkung auf die Kartographie in Österreich und Deutschland aus. [WSt]

aromatische Kohlenwasserstoffe, neben den ↗aliphatischen Kohlenwasserstoffen eine wichtige Untergruppe der ringförmigen oder zyklischen Kohlenwasserstoffe, die sich vom Kohlenstoffgerüst des Benzols ableitet. Aromatische Ringsysteme weisen 6π-Elektronen auf.

Aromatisch-Zwischenöl ↗Erdöltypen.

Array, lineare, flächenhafte oder räumliche Anordnung von Quellen oder ↗Sensoren. Derartige Anordnungen werden v. a. bei den aktiven Verfahren der ↗Angewandten Geophysik verwendet, um die ausgesendete Energie zu bündeln oder mit bestimmten Eigenschaften zu versehen. Die gleichen Ziele gelten für die Aufnehmerseite. Hier soll in erster Linie im gemessenen ↗Signal das Verhältnis Nutzamplitude zu Störamplitude verbessert werden. In der Angewandten Seismik wird von Bündelung der Aufnehmer gesprochen. In der ↗Seismologie werden ↗seismische Arrays für die Registrierung von ↗Erdbeben verwendet, um die Einfallsrichtungen ↗seismischer Wellen zu bestimmen. [PG]

Array-Akustik-Log ↗akustische Bohrlochmessungen.

Array-Sonic-Log ↗akustische Bohrlochmessungen.

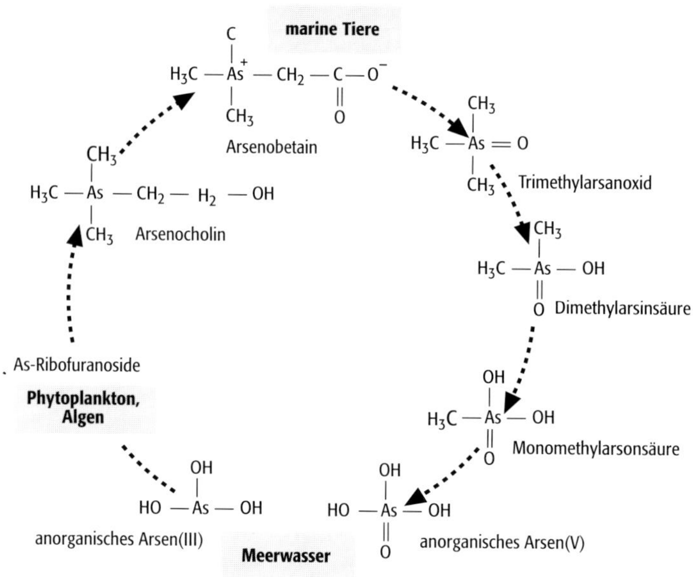

Arsen 1: Kreislauf des Arsens im marinen Milieu.

Arroyo ↗*Wadi.*

Arsen, *As*, Ordnungszahl 33, Atomgewicht 74,9216, zu den Halbmetallen zählendes Element der 5. Hauptgruppe des Periodensystems. Schwefelverbindungen des Arsens (Realgar und Auripigment) sind schon in frühen Zeiten als Kosmetikum und Heilmittel angewandt. Arsen findet schon Erwähnung bei Aristoteles, Theophrast und Plinius. ↗Albertus Magnus beschreibt 1240 erstmals die Darstellung metallischen Arsens durch Erhitzen von Arsenkies unter Luftabschluß. ↗Paracelsus führt Arsenverbindungen in die Heilkunde der Iatro-Chemiker ein.

Natürliches Arsen besteht einzig aus dem stabilen Isotop ^{75}As. Arsen bildet drei allotrope Modifikationen: schwarzes, gelbes und graues Arsen, von denen das metallische, den Strom leitende, graue Arsen die stabile Form ist. Die rhomboedrischen Kristalle des grauen Arsen sind stahlgrau, metallisch glänzend, spröde und haben die Dichte 5,73 und die Härte 3–4. Das weiße Pulver des Arsentrioxids (As_2O_3) ist unter der Bezeichnung Arsenik einer der am längsten bekannten Giftstoffe (bei oraler Aufnahme des Mensch: LD_{LO} = 1–3 mg/kg).

Die Erdkruste enthält durchschnittlich 1,5–2 µg/g Arsen, wobei insbesondere tonreiche Gesteine (0,3–490 µg/g Arsen), sedimentäre Eisenerze (1–2900 µg/g Arsen) und Kohlen (0,1–2000 µg/g Arsen) deutlich höhere Gehalte haben können. Böden enthalten im Mittel 5–6 µg/g Arsen mit der Tendenz zu höheren Werten mit steigendem Anteil an Ton und organischem Material. Extreme geogene Gehalte weisen Böden in Simbabwe auf mit bis zu 20.000 µg/g Arsen. In den Ozeanen betragen die Arsenkonzentrationen im Mittel 1,1–1,9 µg/l und für Süßwässer 0,15–0,45 µg/l, wobei letztere Werte nur einen groben Anhalt geben aufgrund der sehr starken Variation der geogenen Arsenkonzentrationen in Oberflächen- und Grundwässern.

Arsen kommt gediegen als Scherbenkobalt vor. Insgesamt wurden bis heute etwa 245 Arsenminerale bekannt, von denen das häufigste der pseudorhombische Arsenopyrit (FeAsS) ist. Als Silberträger hat auch das Fahlerz Tennantit ($Cu_{12}As_4S_{13}$) in einer Reihe mit Tetraedrit eine Bedeutung für den Erzbergbau. Problematisch ist der kupferhaltige Enargit (Cu_3AsS_4), da hierdurch bei der Verhüttung der Kupfererze erhebliche Arsenemissionen entstehen können. Bei der Verhüttung arsenhaltiger Erze oder der Verbrennung arsenhaltiger Kohlen wird Arsen als As_4O_6 volatilisiert und kondensiert in Staubfiltern oder im Schornstein an feinste Flugaschepartikel. Der nicht kondensierte Anteil wird auf 0,7–50 % geschätzt. Die globale anthropogene Arsenemission wurde auf ca. 78.000 Tonnen pro Jahr kalkuliert und ist damit etwa dreifach höher als die geogenen Emissionen (z. B. vulkanische Gase, Thermaldämpfe).

Für das marine Milieu wurde ein Arsenkreislauf (Abb. 1) aufgestellt, der vom im Wasser dominierenden Arsenat (V) über einfache Methylverbindungen zu den Tetraalkylarsoniumverbindungen Arsenocholin und v. a. Arsenobetain führt, die über 90 % des Arsens in höheren Meereslebewesen stellen. Ein wichtiges Bindeglied sind dabei Algen und Phytoplankton, die anorganisches Arsen zu Arseno-Ribofuranosiden (»Arsenzucker«) metabolisieren. Geschlossen wird der Kreislauf durch Mikroorganismen, die hochmolekulare Arsenverbindungen zu anorganischem Arsen abbauen. Humantoxikologisch ist die Bildung von Arsenobetain und Arsenocholin höchst relevant, da diese Verbindungen zwar im menschlichen Körper gut resorbiert, aber unverändert renal ausgeschieden werden.

In Oberflächen- und Grundwässern wird die Arsenchemie durch die anorganischen Säuren arsenige Säure (H_3AsO_3) und Arsensäure (H_3AsO_4) bzw. ihre Salze dominiert. Im pH-Bereich der meisten Grundwässer (pH 6,5–7,5) liegt Arsen im oxidierenden Milieu als Dihydrogenarsenat (V) ($H_2AsO_4^-$) und als Hydrogenarse-

Arsen 2: pH-pE-Diagramm des Systems As-O-H bei 298,16 K, 100 kPa und [As_{ges}] = 6,68 · 10^{-7}mol/l.

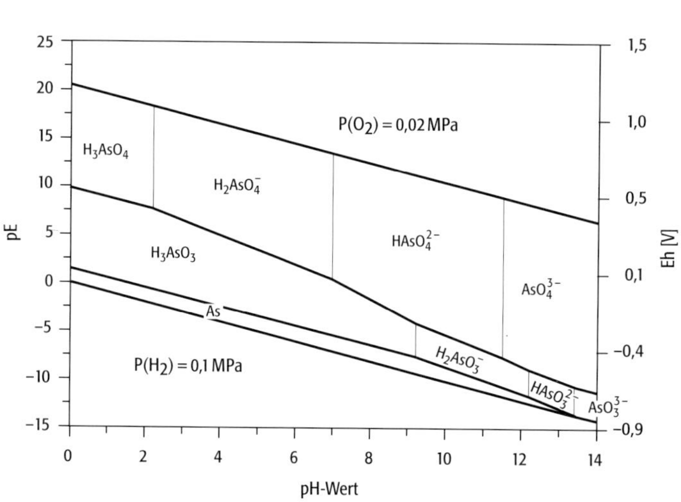

nat (V) ($HAsO_4^{2-}$) vor (Abb. 2). Unter reduzierenden Bedingungen tritt jedoch die undissozierte arsenige Säure auf. Letztere bereitet bei der Aufbereitung arsenkontaminierter Wässer erhebliche Probleme, da sie vor der Arsenentfernung durch Adsorption an Fe-Hydroxiden aufwendig zu Arsenat (V) oxidiert werden muß. Der aktuelle Grenzwert für Arsen in Trinkwasser beträgt in der Bundesrepublik Deutschland 10 µg/l.

Metallisches Arsen findet Verwendung als Legierungsmetall, als ↗Arsenik (As_2O_3) und Salvarsan in der Medizin sowie als Schädlingsbekämpfungsmittel. In der Chemotherapie ist es als Zahnfüllung zum Abtöten des Zahnmarks gebräuchlich. Weiter kommt es in Farben und Holzschutzmitteln, in Saat- und Pflanzenschutzmitteln vor; in Deutschland heute eingeschränkt bzw. verboten. [TR, GST]

Arsenate, zugehörig der Mineralklasse der ↗Phosphate und ↗Vanadate. Die Minerale dieser Klasse machen an der Gesamtmasse der Erdrinde nur einen untergeordneten Anteil aus. Kristallstrukturell zeichnet sich diese Gruppe durch ihr 5-wertiges Kation As^{5+} (P^{5+} bzw. V^{5+}) aus, das von Sauerstoff in Viererkoordination umgeben ist. Wichtigster Vertreter der Arsenate ist der Mimetisit $Pb_5[Cl(AsO_4)_3]$, wobei das As^{5+} diadoch von P^{5+} und V^{5+} ersetzt werden kann. Lokal abbauwürdig sind in größeren Anreicherungen die Uranylarsenate, unter denen die meist bei niedrigen Bildungstemperaturen entstandene Gruppe der ↗Uranglimmer wirtschaftlich interessant ist, z. B. Trögerit $H_2[UO_2|AsO_4]_2 \cdot 8\,H_2O$ aus der Grube Weißer Hirsch bei Schneeberg.

arsenidische Bismut-Kobalt-Nickel-Formation, Bezeichnung für eine Gruppe der wichtigsten ↗Silberlagerstätten der Welt. Es handelt sich um Erzgänge, die tektonisch vorgegebene Spaltensysteme ausfüllen und durch eine komplexe mineralogische Zusammensetzung charakterisiert sind. Als ↗Gangarten dominieren Carbonate, die z. T. reich an Mangan sind (↗Rhodochrosit). Dazu gesellen sich Arsenide und Sulfarsenide von Fe, Co, Ni sowie Bismut und Antimon-führende Minerale. Silber liegt meist in gediegener Form oder als Silber-Quecksilber- oder Silber-Antimon-Verbindung (z. B. Dyscrasit, Ag_3Sb) vor. Lagerstätten dieses Typs haben ganz wesentlich zum Erfolg des Bergbaus im Erzgebirge (Schneeberg und Aue) und im Harz (St. Andreasberg) beigetragen; die historisch bedeutsamen Vorkommen von Kongsberg (Norwegen) sind hier ebenso zuzuordnen wie die großen, noch heute in Abbau stehenden Lagerstätten von Kobalt (Ontario, Kanada), die in den ersten 40 Jahren nach ihrer Entdeckung (1903) mehr als 20.000 t Silber produzierten. Auch im Gebiet des Great Bear Lake (Nordwest-Territorien, Kanada) kommen Erze der Bismut-Kobalt-Nickel-Formation vor. In manchen Lagerstätten (Jachymov und Aue im Erzgebirge, Great Bear Lake in Kanada) tritt ↗Uranpecherz (Uraninit, UO_2) als wichtigstes Erzmineral hinzu. Aue war zur DDR-Zeit Uranproduzent für die Sowjetunion; dort entstanden Umweltschäden in der Größenordnung von Milliarden Mark. [EFS]

Arsenik, Bezeichnung für Arsentrioxid (As_2O_3), das beim Abrösten von Arsenerzen erhalten wird. ↗Arsen.

Arsenkies, *Arsenopyrit*, ↗Arsenminerale.

Arsenlagerstätten, keine eigenständigen Lagerstätten, sondern Arsengewinnung als Nebenprodukt zahlreicher sulfidischer (↗Sulfide) Vererzungen weltweit, allen voran die massiven Sulfidvererzungen von Boliden (Nordschweden) als mit Abstand größtem Arsenproduzenten. Die Vererzungen finden sich in ↗pneumatolytischen und hydrothermalen Erzgängen (↗hydrothermale Vererzung) und als metasomatische Verdrängungen. Wichtigstes Erzmineral ist der Arsenopyrit (Arsenkies, FeAsS, z. T. mit wichtigen Gold- und Silbergehalten), von den zahlreichen Arsenmineralien sind gediegen Arsen (Scherbenkobalt, As), Löllingit ($FeAs_2$), Realgar (AsS) und Auripigment (As_2S_3) zu nennen.

Arsenminerale, zu den wichtigsten Arsenmineralen zählen gediegen Arsen (Scherbenkobalt, »Fliegenstein«, As), trigonal, 100 % As; Löllingit ($FeAs_2$), rhombisch, 72 % As; Arsenkies (Arsenopyrit, FeAsS), rhombisch, 46 % As; Realgar (As_4S_4), monoklin, 69 % As; Auripigment (As_2S_3), monoklin, 61 % As; Arsenolith (Arsenblüte, As_2O_3), kubisch, 75 % As. Weitere As-haltige Minerale sind intermetallische Verbindungen mit Antimon (Allemonit) und Kupfer (Whitneyit), Cobaltin [(Co,Fe)AsS], Lichtes Rotgültigerz (Ag_3AsS_3), Gersdorffit, ferner Arsenkupfer (Cu_3As), Löllingit, Enargit, Rammelsbergit, Safflorit, Sperrylith u. a.

Art, *Spezies*, Gruppe von Einzelwesen, deren wesentliche Merkmale übereinstimmen und die sich frei miteinander kreuzen. Die Art stellt als wichtigste systematische Kategorie die Grundeinheit des natürlichen Systems der Pflanzen und Tiere dar, auf dem alle anderen Ordnungsstufen aufbauen (↗Taxonomie). Die evolutive Artbildung (Speziation) ist das Ergebnis einer räumlich, zeitlich oder ökologisch bedingten Trennung verschiedener ↗Populationen einer Art mit der Folge einer divergierenden Entwicklung des Genbestandes und einer sich daraus ergebenden reproduktiven Isolation. Tier- und Pflanzenarten mit gleichen oder ähnlichen Ansprüchen an das ↗Ökosystem können zu Artengruppen zusammengestellt werden. ↗Biotope und ↗Ökotope zeichnen sich aus durch ein beispielsweise über die ↗Nahrungskette verbundenes, spezifisches Zusammenwirken unterschiedlicher Arten in einem Artengefüge. Die Auszählung der beteiligten Arten geschieht mittels einer Artenliste. Daraus abgeleitet ist auch die Zusammenstellung von Listen seltener und gefährdeter Arten für bestimmte Raumeinheiten (↗Rote Liste). Der Artenreichtum eines Biotops oder sonstigen ↗Areals ist somit ein wichtiger Indikator für die ökologische Qualität im Konzept der ↗Biodiversität. Entsprechende Bedeutung kommt dem ↗Artenschutz zu. ↗Lebensräume werden allerdings nicht nur durch die Artenzahl gekennzeichnet, sondern

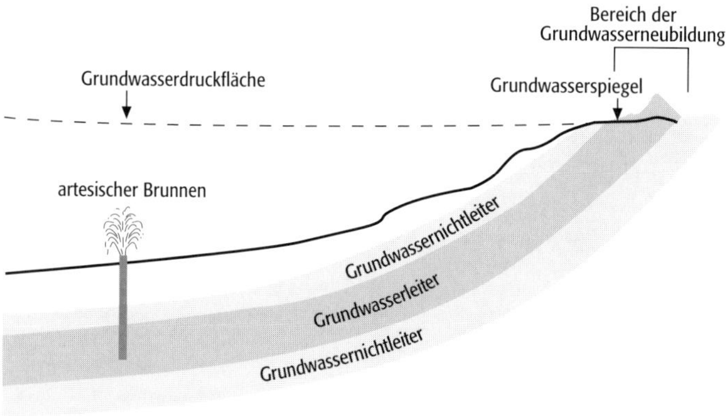

artesisch gespanntes Grundwasser: Prinzip des artesisch gespannten Grundwassers.

auch durch die Individuenzahl der betrachteten Arten. Die Berechnung der Artendiversität (Artenmannigfaltigkeit) erfolgt durch einfache Indizes oder komplexere Formeln (↗Shannon-Index), die aus der Informationstheorie oder Wahrscheinlichkeitsrechnung hergeleitet wurden. Weil Klimax-Gesellschaften (↗Klimax) meist eine hohe Diversität aufweisen, wurde nach Beziehungen zwischen der Vielfalt und der Stabilität von Ökosystemen gesucht (↗Diversitäts-Stabilitäts-Hypothese), allerdings ohne grundlegenden Erfolg. In ähnlicher Weise umstritten sind heute Versuche, die Artenzahl als Funktion der Fläche eines Areals zu beschreiben (Art-Areal-Kurven), um daraus beispielsweise Aussterberaten abzuschätzen. [DS]

Artenfehlbetrag, Verhältniszahl, welche die Verarmung einer ↗Biozönose an Organismenarten zu einer maximal möglichen Artenzahl angibt. ↗Biodiversität.

Artenschutz, Kernbereich des ↗Naturschutzes, der den Schutz seltener oder vom Aussterben bedrohter Tier- und Pflanzenarten zur Erhaltung der ↗Biodiversität anstrebt. Wirkungsvolle Maßnahmen basieren auf internationaler, rechtlicher Grundlage (↗Washingtoner Artenschutzabkommen) und zielen auf einen umfassenden Schutz des natürlichen ↗Areals der betreffenden Arten (↗Landschaftsschutz).

Artenvielfalt ↗Biodiversität.

artesischer Brunnen, *Arteser*, Brunnen in ↗artesisch gespanntem Grundwasser, aus dem das Wasser, zumindest zeitweise, selbständig (frei) ausläuft, da der höchste Entnahmepunkt tiefer als der (Druck-) Wasserspiegel liegt oder ein entsprechender Lagerstättendruck herrscht. Brunnen auf Thermal- und Mineralwasser sind manchmal arthesisch, während solche auf Grundwässer weitgespannter Sedimentbecken (z.B. der Sahara) häufig artesisch sind. Brunnen in gespannten Grundwasserleitern ohne freien Übertageaustritt werden auch als *subartesische Brunnen* bezeichnet. Der Namen leitet sich von der Grafschaft Artois (Frankreich) ab.

artesisch gespanntes Grundwasser, gespanntes Grundwasser, dessen ↗Grundwasserdruckfläche im betrachteten Bereich oberhalb der Geländeoberfläche liegt (Abb.).

Arthropoda, *Gliederfüßler*, der Name Arthropoda leitet sich von den gegliederten Extremitäten ab, die ein konstantes Merkmal dieser Tiergruppe darstellen. Sie dienen der Fortbewegung und Nahrungsaufnahme. Ein weiteres auffälliges Merkmal ist ihr Panzer oder Exoskelett, durch das sie auch im Fossilbereich eine gute Überlieferungsmöglichkeit haben. Die Arthropoden gehören zu den ältesten und erfolgreichsten Invertebratengruppen und weisen eine außerordentlich hohe Diversität auf. Zu ihnen zählen u.a. die ↗Insecta, Crustacea und Chelicerata sowie die bereits ausgestorbenen ↗Trilobita (Abb. 1). Arthropoden sind im Zusammenhang mit der ↗Ediacara-Fauna bereits aus dem Jungpräkambrium beschrieben. Viele besondere Baupläne sind gerade in den letzten Jahren aus der unterkambrischen ↗Chenjiang-Fauna Südchinas bekannt geworden.

Heute stellen die Arthropoden 75–80 % aller Arten. Man findet sie vom arktischen Bereich bis zum Äquator, in großen Höhen wie im Meer, auf dem Land und in der Luft. Arthropoden sind segmentierte coelomate, d.h. mit einer Leibeshöhle versehene Metazoa und stammen vermutlich von dem gleichen Vorfahren wie die ↗Anneliden (Ringelwürmer) ab. Im Gegensatz zu letzteren inserieren die Muskeln der Arthropoden an dem chitinigen Exoskelett, was ihnen eine rasche Fortbewegung ermöglicht. Darüber hinaus verfügen viele Arthropoden über harte Kieferstrukturen (Mandibeln), die zum Zerreiben, Zerkleinern oder Beißen geeignet sind. Durch ihre vielfältigen Möglichkeiten hinsichtlich Fortbewegung und Nahrungsaufnahme errangen die Arthropoden einen erheblichen Selektionsvorteil gegenüber den Anneliden und konnten Nischen besetzen, die den Anneliden verschlossen blieben. Die gepanzerte ↗Cuticula ist wahrscheinlich einer der Hauptgründe für den Erfolg der Arthropoden. Sie stellt sowohl für den Körper, als auch für die Extremitäten eine schützende Umhüllung dar. Sie fungiert einerseits als physische wie chemische Barriere zwischen Organismus und dem umgebenden Milieu, erlaubt andererseits aber gleichzeitig Atmung und Temperatursteuerung. Außerdem bietet sie einen hervorragenden Schutz gegen Räuber. Die harte Panzerung erfordert andererseits aber auch die Bildung von Ge-

Arthropoda 1: Großgruppen der Arthropoden.

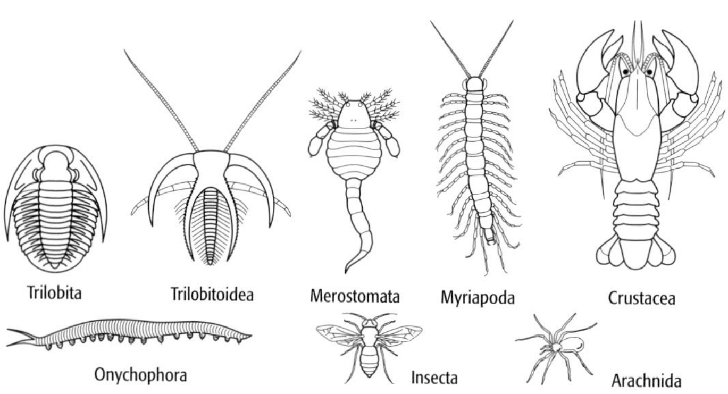

lenken zwischen den einzelnen Segmenten und den Extremitäten. Die Verbindung bildet eine dünne oder weiche Cuticula. Der Körper oder das Soma besteht aus ringförmigen Segmenten bzw. Somiten, die jeweils von der schützenden Chitinpanzerung umgeben sind. Der dorsale Teil eines solchen Körperrings wird als Tergit bezeichnet, der ventrale Teil als Sternit, die seitlichen Partien heißen Pleuren. Ursprünglich trug jedes Körpersegment ein Paar ähnlich entwickelter Extremitäten, mit Ausnahme der zu den Kopfgliedmaßen gehörenden Antennae. Bei den höher entwickelten Gruppen kam es jedoch zu einer Reduktion und einer damit verbundenen starken Spezialisierung der Extremitäten für unterschiedliche Zwecke (Nahrungsaufnahme, Bewegung, Schwimmen und Atmung). Das für die Arthropoden schwierigste physiologische Problem ist das Wachstum, da das starre Exoskelett eine körperliche Ausdehnung nicht erlaubt. Daher müssen Arthropoden ihren Panzer von Zeit zu Zeit abwerfen, um ein größeres Exoskelett zu bilden. Den Häutungsvorgang bezeichnet man als Ecdysis. Dieser Prozeß ist nicht ungefährlich, da 80–90% der Sterblichkeit bei Arthropoden auf Häutungsvorgänge zurückzuführen sind. Die unter dem alten Panzer gebildete größere Cuticula wird nach dem Abstreifen des alten Panzers durch Wasseraufnahme des Tieres prall ausgefüllt und verhärtet anschließend. Während des Häutungsvorgangs ist das Tier sehr gefährdet – durch Räuber aber auch durch Zerreißen des Körpers bei der Häutung. In der Fossilüberlieferung sind jedoch gerade die abgeworfenen Panzer (Exuvien) wichtige Dokumente, da sie einen Einblick in die Ontogenie auch bereits ausgestorbener Formen ermöglichen.

Der Arthropodenkörper gliedert sich meist in die drei spezialisierten Regionen Kopf, Rumpf und Schwanz, die in den einzelnen Gruppen mit unterschiedlichen Termini belegt sind. Bei den Trilobita bezeichnet man sie z. B. als Cephalon, Thorax und Abdomen, bei den Insecta sind es Caput, Thorax und Abdomen, und die Chelicerata gliedern sich in Prosoma (Kopf), Prä- und Postabdomen, wobei die beiden letzteren zu einem sog. Opisthosoma verschmolzen sein können. Der Kopf der Arthropoden ist aus der Verschmelzung einer variablen Segmentanzahl hervorgegangen, wobei nur die Ventralseite, d. h. die dem Boden zugewandte Seite, segmentiert ist. Die Dorsalseite bildet das nicht-segmentierte sog. Acron. Jede der größeren Gruppen innerhalb der Arthropoda zeigt eine andere Kopfstruktur. Die Unterschiede liegen in der präoralen Segmentzahl, Anzahl und Ausbildung der präoralen Extremitäten, dem Vorhandensein oder Fehlen mandibularer Extremitäten hinter dem Mund sowie der Anzahl postoraler Gliedmaßen, die der Nahrungsaufnahme dienen. Für die Systematik spielen die Extremitäten eine besondere Rolle. Ihre Anzahl, Anordnung und spezielle Ausbildung zu unterschiedlichen Zwecken sind von großer Bedeutung für die ↗Taxonomie. Bei den Arthropoden kennt man zwei Grundtypen von Gliedmaßen: den ein- und zweiästigen Typus (Abb. 2). Das zweiästige Spaltbein wird als ursprüngliche Arthropodengliedmaße angesehen und ist hauptsächlich bei aquatischen Formen vertreten. Er besteht aus einem Außenast (Exopodit) und einem Innenast (Endopodit). Der Exopodit dient zur Atmung und zum Schwimmen. Der Endopodit unterstützt die Fortbewegung. Der proximale Gliedmaßenteil besteht entweder aus dem ungegliederten Protopoditen oder dem sich aus Präcoxa, Coxa und Basis zusammensetzendem Sympoditen. Von hier können Epipodite abzweigen, die ebenfalls respiratorische Funktion haben. Der einästige Gliedmaßentypus ist v. a. bei terrestrischen Formen verbreitet.

Die Arthropoda gliedert man in vier Großgruppen, die Uniramia, Crustacea, Chelicerata sowie die im Jungpaläozoikum ausgestorbenen Trilobita. Die Uniramia (Einästler) haben lediglich einästige Extremitäten. Zu ihnen gehören die seit dem ↗Kambrium vorkommenden Onychophora (Stummelfüßer). Bei ihnen ist der Körper zwar segmentiert, aber nicht gepanzert. Die Gliedmaßen sind mit terminalen Klauen versehen. Präoral ist nur ein Segment mit den Antennae ausgebildet. Die Gruppe umfaßt marine und terrestrische Vertreter. Die Myriapoda (Tausendfüßler) sind seit dem ↗Karbon bekannt. Es handelt sich um ausschließlich terrestrische Formen. Bei ih-

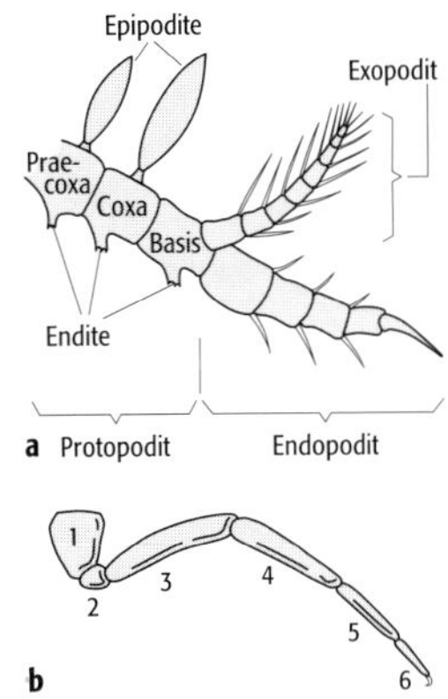

Arthropoda 2: Arthropodengliedmaße: a) zweiästiges Spaltbein mit Exopodit und Endopodit, b) einästige Extremität (1 = Coxa, 2 = Trochanter, 3 = Femur, 4 = Tibia, 5 = Tarsus, 6 = Prätarsus).

Arthropoda 3: Die Unterklassen der Krebse und ihre vermutlichen verwandtschaftlichen Beziehungen.

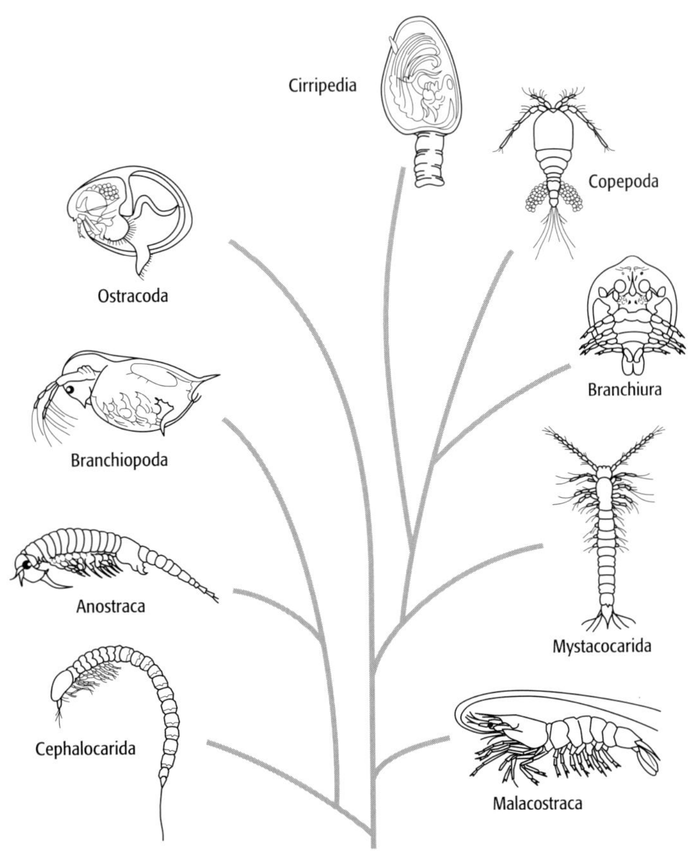

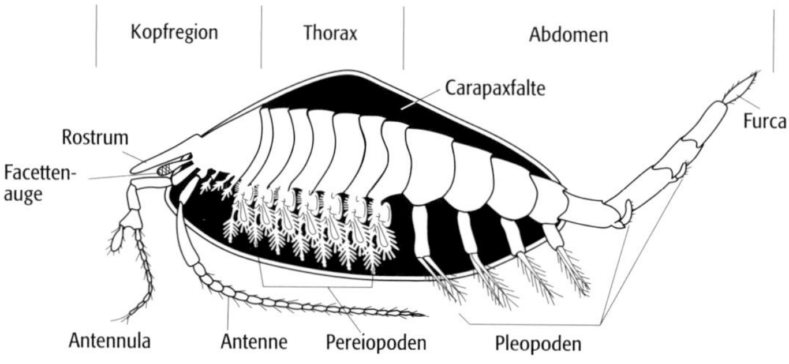

Arthropoda 4: Körpergliederung bei malacostraken Crustaceen am Beispiel eines rezenten Phyllocariden.

nen sind drei präorale Segmente mit nur einem Extremitätenpaar, den Antennae, ausgebildet. Der größte Tausendfüßler mit 2 m Länge stammt aus Thüringen. Die ↗Insecta sind seit dem ↗Devon nachgewiesen. Sie haben die größte Diversität und Artenzahl aller terrestrischen Lebewesen hervorgebracht. Anzahl der präoralen Segmente und Extremitätenpaare entsprechen denen der Myriapoda. Die zweite große Arthropodengruppe, die Crustacea, tritt seit dem Kambrium auf. Innerhalb der Arthropoden sind sie die erfolgreichste Gruppe sowohl im marinen wie im Süßwasserbereich (Abb. 3). Typisches Crustaceenmerkmal sind der aus sechs Somiten bestehende Kopf. Abgesehen von dem sog. präantennularen Segment ist jedes Segment durch ein Extremitätenpaar charakterisiert. An den Segmenten zwei und drei inserieren das erste und zweite Antennenpaar, die präoral liegen. Die folgenden drei Somite tragen Extremitätenpaare, die zur Nahrungsaufnahme spezialisiert sind (Mandibeln, erste und zweite Maxillen). An den Kopf schließen sich Thorax und Abdomen an. Letzteres bezeichnet man auch als Pleon. Das letzte Abdominalsegment ist das Telson. Es endet vielfach gegabelt als sog. caudale Furca. Thorax und Abdomen sind durch die Anzahl und Funktion der jeweiligen Extremitätenpaare charakterisiert. Der Thorax kann jedoch auch mit dem Kopf zu einem sog. Cephalothorax verschmelzen oder sich in unterschiedlichem Ausmaß nach hinten fortsetzen. Die Crustaceengliedmaße geht prinzipiell auf den zweiästigen Spaltfuß zurück (Abb. 2). Bis auf einige primitive Formen sind die Extremitäten aber hoch spezialisiert, was zu fundamentalen Unterschieden zwischen den einzelnen Crustaceenklassen geführt hat. Die drei postantennalen Gliedmaßenpaare werden jedoch weitgehend bis ausschließlich zur Nahrungsaufnahme benutzt. Die Mandibeln haben sog. Gnathobasen, d.h. Verbreiterungen nach innen zu, so daß sie bei den Vorwärts- und Rückwärtsbewegungen der Extremitäten die dazwischenliegenden Nahrungspartikel zerkleinern können. Die Reduktion der Extremitätenanzahl, verbunden mit ihrer Spezialisierung, hat dazu geführt, daß die gleichen Gliedmaßen in Abhängigkeit vom Lebensstil sehr unterschiedlich aussehen können. Umgekehrt können sich dagegen unterschiedliche Gliedmaßen auf Grund ihrer Funktion außerordentlich ähneln. Als Sondererwerb der Crustaceen ist der Carapax zu nennen, eine Hautduplikatur, die einen Panzer ausbildet, und die sich vom Kopf über den Rücken und die Seiten des jeweiligen Tieres erstreckt. Der gepanzerte Carapax kann schildförmig ausgebildet sein, wie z.B. bei vielen Branchiopoden, oder als zweiklappiges Gehäuse wie bei den ↗Ostracoda und den zu den Branchiopoda (Blattfußkrebse) gehörenden ↗Conchostraca. Von den Unterklassen (Abb. 3) sind die folgenden Gruppen fossil von Bedeutung: Die sog. Rankenfüßer (Cirripedia) repräsentieren sessile Crustaceen. Sie sind mit dem Kopfende festgewachsen, und ihr Körper ist rundum mit Kalkplatten bedeckt. Vom Obersilur an sind die Thoracica bekannt, zu denen die Seepocken und Entenmuscheln gehören. Balanus ist einer der bekanntesten Vertreter dieser Gruppe. Er besitzt ein Gehäuse aus sechs fest verbundenen Kalkplatten auf einer kalkigen Basis. Er kommt seit dem ↗Oligozän vor. Die am höchsten differenzierten Crustaceen vereinigen sich in der Gruppe Malacostraca. Zu ihnen gehören auch die großwüchsigsten Formen wie Hummer und Krabben. Obwohl das äußere Erscheinungsbild sehr heterogen ist, zeigen alle Malacostraca eine konstante Segmentzahl ihres Körpers. Unter Einschluß von Acron und Telson beträgt sie 21 (Abb. 4). Als weiteres konstantes Merkmal umhüllt der Carapax meist auch den Thorax, es sind zweiästige erste Antennen sowie bewegliche Stielaugen ausgebildet. Die erste Radiation erfolgte im Karbon. Die seit dieser Zeit bekannten Syncarida sind Süßwasserbewohner und haben einen ziemlich gleichförmig segmentierten Körper, allerdings ohne einen gepanzerten Carapax. Decapoden (Zehnfußkrebse) sind seit dem Devon belegt, werden aber erst im ↗Mesozoikum häufiger. Sie entwickeln sich von schwimmenden zu kriechenden Formen, wobei der Körper eine Tendenz zur Verkürzung zeigt. Zu den Decapoden gehören auch die seit Jura bekannten Kurzschwanzkrebse (Brachyura), die heute mehr als die Hälfte der Decapoden-Arten stellen. Die Anomuren mit ventralwärts gekrümmtem Abdomen sind noch stärker abgeleitete Malcostraca. Zu ihnen gehören u.a. die Thalassinoidea (z.B. Callianassa). Sie wühlen umfangreiche horizon-

Arthropoda 5: Limulus, rezent. a) Ventralansicht, b) Dorsalansicht.

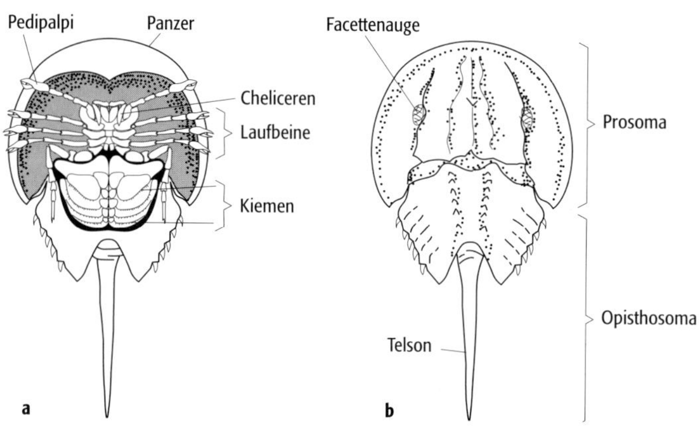

tale Tunnelsysteme, die als ↗Spurenfossilien überliefert sein können, und leisten damit einen erheblichen Beitrag zur ↗Bioturbation. Phyllocariden (Abb. 4) zeichnen sich durch eine bewegliche Rostralplatte am Kopf aus. Diese Gruppe ist eine rein rezente Malacostrakengruppe. Die fossil als Archaeostraca bekannten Phyllocariden-ähnlichen Formen, die vom Kambrium bis in die Trias nachgewiesen sind, gehören auf Grund spezifischer Weichkörpermerkmale vermutlich nicht in die gleiche Gruppe wie die rezenten Phyllocariden. Die Chelicerata sind seit dem Kambrium bekannt. Innerhalb dieser Gruppe unterscheidet man die aquatischen Merostomata und die vorwiegend terrestrischen Arachnida (Spinnentiere und Skorpione). Die Merostomata gehören zum Flachwasserbenthos und sind gegenüber Salinitäts- und Temperaturschwankungen außerordentlich resistent. Die Kopfregion ist halbkreisförmig und besteht aus sechs Segmenten. Dorsal ist ein einheitliches Panzerstück ausgebildet. Die Cheliceren (Scheren) sind das erste der sechs Gliedmaßenpaare. Von den folgenden fünf Extremitätenpaaren sind die Beine am Prosoma (Vorderende) stabförmig, am Vorderteil des Opisthosomas blattförmig ausgebildet. Das letzte Beinpaar ist oft ein verbreitertes Paddel, kann aber auch einen Fächer aus Schiebeblättern bilden. Die seit dem Kambrium bekannten Xiphosura, zu denen auch die rezente Gattung Limulus (Abb. 5) zählt, hatten nur schwach verkalkte Panzer und sind dadurch selten erhalten. Auch Extremitätenfunde sind nur vereinzelt bekannt. Vom ↗Ordovizium bis ↗Perm lebten sowohl im Süßwasser wie im marinen Bereich große Wasserskorpione, die Eurypterida. Morphologisch ähneln sie den terrestrischen Skorpionen, sie sind mit ihnen aber nicht sehr nahe verwandt. Der Eurypteridenpanzer war anscheinend wesentlich stärker mineralisiert als derjenige der Xiphosuren. Eurypteriden sind meist auch mit Gliedmaßenresten erhalten. Im Jungpaläozoikum sind die Eurypteriden schwerpunktmäßig im brackisch-limnischen Bereich vertreten. Die Spinnentiere und Skorpione (Arachnida) sind seit dem ↗Silur bekannt. Sie sind grundsätzlich durch acht Laufbeine charakterisiert. Das erste Gliedmaßenpaar sind die sog. Cheliceren, das zweite Paar (Pedipalpen) bildet Taster. Unter den Arachniden gibt es nur wenige marine Formen, die ganz überwiegende Anzahl ist terrestrisch. Fossil überlieferte Spinnen trifft man vereinzelt bereits im Devon (Rhynie Cherts, Schottland) an, womit auch die Lungenatmung von diesen Zeitpunkt an belegt ist. Viele Fossildokumente kennt man dagegen aus dem tertiären ↗Bernstein. [IHS]

Literatur: [1] CLARKSON, E. N. K. (1993): Invertebrate Palaeontology and Evolution. [2] FORTEY, R. A. & THOMAS, R. H. (1998): Arthopod Relationships. [3] HOU XIANGUANG & BERGSTRÖM, J. (1997): Arthropods of the Lower Cambrian Chenjiang fauna, southwest China. – Fossils & Strata 45. [4] LEHMANN, U. & HILLMER, G. (1997): Wirbellose Tiere der Vorzeit.

Artinsk, *Artinskium*, international verwendete stratigraphische Bezeichnung für eine Stufe des Unterperm, benannt nach der Stadt Artinsk (Rußland). ↗Perm, ↗geologische Zeitskala.

Äsar, (schwed.) ↗*Os.*

Asbest, [von griech. asbestos = unauslöschbar], Sammelbezeichnung für faserige Varietäten natürlich vorkommender Silicate aus der ↗Amphibolgruppe und der Gruppe der Serpentin-Minerale. Asbest kommt weltweit in basischen und ultrabasischen (kieselsäurearmen) Gesteinen (Diabas, Serpentinit, Gabbro u. a.) vor. Nutzbare Lagerstätten liegen in Kanada, Südafrika, Rußland, China und Korea. In der Mineralklasse der Silicate gibt es zwei Gruppen, in denen Asbest auftritt: Blatt- oder Phyllosilicate (Serpentinasbest) und Ketten- oder Inosilicate (Amphibolasbest). Charakteristisch für Asbest ist seine kristalline Faserstruktur, wodurch er sich von den künstlichen Mineralfasern unterscheidet, die u. a. als Wärmedämmstoffe eingesetzt werden (Steinwollen, Glaswollen, Keramikfasern), und bei denen es sich um nicht kristalline Strukturen (Gläser) handelt. Die extrem ausgebildete Eigenschaft der faserigen Teilbarkeit bei mechanischer Beanspruchung durch Aufspleißen entlang der Längsachse in immer dünnere lungengängige Fasern und Fibrillen und die extrem geringe Biolöslichkeit sind der Grund für seine Einstufung als krebserzeugender Gefahrstoff. Durch Bearbeitung und Zerstörung asbesthaltiger Produkte, aber auch durch klimatische Einflüsse, Alterung und Zerfall kann Asbeststaub an die Atemluft abgegeben werden. Asbest in Form von Feinstaub kann bis in die Lungenbläschen gelangen und im Bereich von Lunge sowie Zwerch-, Rippen- und Bauchfell zu schweren Erkrankungen wie Asbestose, Mesotheliombildung und Krebs führen. Die durch natürliche Verwitterung und durch industrielle Aktivität freigesetzten Fasern zirkulieren in der Atmosphäre rund um die Erde. Atembare Asbestfasern waren schon in der Steinzeit Bestandteil der Atmosphäre. Japanische Messungen in der Antarktis belegen für Asbest Konzentrationen von mehreren Fasern je Liter Eis für mehr als 10.000 Jahre vor heute, für 1930 und für 1970. Bearbeitete Steinwaren weisen auf die ersten anthropogenen Einträge von Asbestfasern in

Asbest Handelsname	Mineralname	Idealformel
Chrysotil-Asbest Weißasbest	Serpentin Var. Chrysotil	$Mg_3Si_2O_5(OH)_4$
Anthophyllit	Magnesio-Anthophyllit Ferro-Anthophyllit	$(Mg,Fe)_7Si_8O_{22}(OH)_2$ $(Fe,Mg)_7Si_8O_{22}(OH)_2$
Amosit Braunasbest	Mg-Cummingtonit Grunerit Cummingtonit	$(Mg,Fe)_7Si_8O_{22}(OH)_2$ $(Fe,Mg)_7Si_8O_{22}(OH)_2$ $(Mg,Fe)_7Si_8O_{22}(OH)_2$
Aktinolith-Asbest Tremolit-Asbest	Ferro-Aktinolith Aktinolith Tremolit	$Ca_2(Fe,Mg)_5Si_8O_{22}(OH)_2$ $Ca_2(Mg,Fe)_5Si_8O_{22}(OH)_2$ $Ca_2(Mg,Fe)_5Si_8O_{22}(OH)_2$
Krokydolith Blauasbest	Riebeckit Mg-Riebeckit	$Na_2(Fe,Mg)_3Fe_2Si_8O_{22}(OH)_2$ $Na_2(Fe,Mg)_3Fe_2Si_8O_{22}(OH)_2$

Asbest (Tab.): Übersicht über die Asbeste.

die Atmosphäre hin. Asbestverarbeitung im Altertum und zur Zeit Karls des Großen ist bekannt. Asbestfasern werden nicht nur durch Verwitterung aus magmatischen und metamorphen Gesteinen freigesetzt (Serpentin, Hornblende), sondern auch aus Sedimentgesteinen und aus Böden. Die Freisetzung wird vom Menschen verstärkt, z.B. durch Bodenbearbeitung, Verkehrswegebau, Steinbruchsbetrieb. Für verfilzten Asbest gibt es viele volkstümliche Bezeichnungen wie Bergleder, Bergflachs, Bergfleisch, Bergfilz, Berghaut, Bergschleier, Bergpapier usw.
Anwendungstechnische Eigenschaften von Asbest sind Feuer- und Säurestabilität, Verrottungsfestigkeit, Verspinnbarkeit, mechanische Festigkeit, Wärmedämmvermögen, gute Benetzbarkeit und höchste spezifische Oberfläche. Anwendungsgebiete sind Asbestzementprodukte (gepreßt mit Bindemitteln ergeben sie Dachplatten), Böden und Rohre, Dichtungsmaterialien, Brems- und Kupplungsbeläge, Formmassen und andere Industrieprodukte. Der technische Asbest ist zu 95% Chysotilasbest (Tab.). Die Bewertung beim Abbau erfolgt nach Faserlänge und Spinnfähigkeit. Faserlänge bis 1 m, meist 1–2 cm, aber auch noch viel kürzere Sorten sind gewinnungsfähig. Herstellung, Inverkehrbringen und Verwendung von Asbest, asbesthaltigen Zubereitungen und Erzeugnissen ist in Deutschland seit dem 1. November 1993 durch die Gefahrstoffverordnung und die Chemikalienverbotsverordnung weitgehend verboten. Vor dem 1. November 1993 war die Herstellung und Verwendung von Asbest in Deutschland durch das seit 1990 geltende Expositionsverbot von Beschäftigten gegenüber Asbest-Feinstaub erheblich eingeschränkt. Ausgenommen von den Verboten sind unter anderem Abbruch-, Sanierungs- und Instandhaltungsarbeiten (ASI-Arbeiten) an bestehenden Anlagen, Fahrzeugen, Gebäuden, Einrichtungen oder Geräten. Diese Asbest-Altlasten sind auf die sorglose und verschwenderische Verwendung von Asbest in den Jahren vor Inkrafttreten des Expositionsverbots zurückzuführen, obwohl bereits damals vor der krebserzeugenden Wirkung von Asbest-Fasern gewarnt wurde.

Asbestlagerstätten, Auftreten von ↗Asbest in kluft- oder lagerförmigen Zonen in serpentinisierten (↗Serpentinisierung) basischen bis ↗ultrabasischen Gesteinen (Norit, Dunit und andere ↗Peridotite). Die Bauwürdigkeit liegt ab etwa 3–5% Volumenanteil im Gesteinskörper, wobei der Asbest mit der Faserorientierung quer zur Klüftung wegen der besseren Spinnbarkeit der gefragtere ist. Von den verschiedenen Asbestmineralien ist der Serpentin-Asbest (↗Chrysotil) wegen der größeren Hitzebeständigkeit und Elastizität wertvoller und macht mehr als 90% der Förderung aus; der Hornblende-Asbest (↗Krokydolith, Amosit) hingegen weist eine bessere Säurebeständigkeit auf. Durch die Konsequenzen auf die gesundheitlichen Risiken des Asbesteinsatzes in den Industrieländern hat sich die Förderung und Nutzung mehr zu den Schwellen- und Entwicklungsländern verschoben. Wichtige Produzenten sind Rußland, Kanada, Brasilien, China und die Länder des südlichen Afrika.

ASCAT, *Advanced Scatterometer*, aktives Mikrowellengerät auf ↗METOP zur Bestimmung der Rauhigkeit der Meeresoberfläche und des ozeannahen Windfeldes, ↗Scatterometer.

Asche, unverfestigte ↗pyroklastische Ablagerung, vorwiegend mit einem Korndurchmesser < 2 mm (↗Pyroklast Tab.).

Äschenregion, ↗Fischregion eines Fließgewässers, der durch die Äsche als Leitfisch charakterisiert wird. Als Begleitfische treten strömungsliebende Cypriniden wie Barbe, Döbel und Nase auf. Die Ansprüche der Fische an das ↗Biotop sind durch den Wechsel zwischen schnellströmenden, flachen Abschnitten und tiefen Bereichen mit geringer Strömung gekennzeichnet. Das Gewässerbett besteht vorwiegend aus Kies und Sand, das Wasser ist sauerstoffreich.

Aschenvulkan, veraltet für ↗*Tuffkegel.*

Aschewolke, ↗pyroklastischer Strom.

aschist, Bezeichnung für ein ↗Ganggestein, mit der gleichen chemischen Zusammensetzung wie der nicht gangförmig ausgebildete ↗Plutonit, aber mit einem anderen Gefüge.

Ascomyceten, *Ascomycotina*, *Schlauchpilze*, Unterabteilung der echten ↗Pilze (Eumycota), deren charakteristisches Merkmal die Bildung von Ascosporen in einem meist kugeligen oder zylindrischen Sporenschlauch (Ascus) ist. Durch die Verschmelzung zweier konträrgeschlechtlicher Zellkerne (Karyogamie) und anschließender Meiose und Mitose entstehen im Ascus meist acht Kerne, aus denen sich die Ascosporen entwickeln. Die Ascomyceten umfassen fast ein Drittel aller bekannten Pilzarten und leben saprophytisch auf Pflanzen- und Tierresten oder sind als Parasiten weit verbreitet. Einige Pilzarten verursachen Krankheiten bei Pflanzen, Tieren und bei Menschen, andere Arten haben große wirtschaftliche Bedeutung als Wein-, Bier- oder Backhefe und als Speisepilz.

aseismische Region, Gebiete, in denen während der Zeit instrumenteller Beobachtungen keine ↗Erdbeben beobachtet wurden und für die auch aus historischen Quellen keine Erdbeben überliefert sind. Der gesamte antarktische Kontinent ist eine aseismische Region, in der bis jetzt keine bedeutenden Erdbeben beobachtet wurden. Seismische Aktivität im Inneren von Lithosphärenplatten ist im Vergleich zu den Plattenrändern deutlich niedriger. Dieses sind aber keine aseismischen Regionen, wie aus der Erdbebenverteilung zu erkennen ist (↗Tektonik Abb. im Farbtafelteil).

aseismischer Rücken, über ↗Hotspot erzeugte Rücken auf Ozeanböden.

AS-Gruppen ↗*Antisymmetriegruppen.*

ash cloud surge, hochturbulente, asche- und gasreiche Partikelströme, die im Übergangsbereich von ↗pyroklastischen Strömen und den sie überlagernden Aschewolken entstehen können (↗pyroklastischer Strom Abb.).

Ashgill, die oberste Abteilung des ↗Ordoviziums, über ↗Caradoc, unter ↗Silur. Benannt von Marr (1905) nach den Ash Gill Slates in der Nähe von

Coniston, Lancashire (Nord-England). ↗geologische Zeitskala.

Aspect Ratio, α, quantifiziert die Abweichung einer Pore bzw. eines Risses von einer isometrischen Symmetrie über das Verhältnis des kürzesten zum längsten Durchmesser einer Pore/eines Risses. ↗Petrophysik, ↗Porenraum.

Aspekt, Begriff für das Bestimmen einer einzelnen ↗Pflanze oder einer ↗Pflanzenformation anhand des jahreszeitlichen Erscheinungsbildes.

Aspektfolge, *Aspektwechsel*, jahreszeitliche Veränderung einer ↗Biozönose.

Aspektwechsel ↗*Aspektfolge*.

Asphalt, flüssiges, viskoses bis festes, bei niedriger Temperatur schmelzendes ↗Bitumen von dunkelbrauner bis schwarzer Farbe. Asphalte bestehen fast vollständig aus Kohlenwasserstoffen und werden in erdölhaltigen Gesteinen durch Evaporation der Volatilien gebildet. Die Reflexion beträgt zwischen 0,02 und 0,07 % (↗Asphaltene, ↗Erdöl).

Asphaltene, Komponenten, welche nach DIN 51 595 in einer Mischung von ↗Erdöl mit der 30-fachen Menge an Heptan bei Temperaturen zwischen 18–28 °C unlöslich sind. Das dabei erhaltene deasphaltierte Erdöl wird als ↗Malten bezeichnet. Bei den Asphaltenen handelt es sich überwiegend um schwarze bis dunkelbraune Feststoffe mit einer ↗Molekularmasse zwischen 1000 und 100.000 amu. Sie bestehen überwiegend aus Schichten kondensierter aromatischer Verbindungen, welche über ↗aliphatische Ketten miteinander verbunden sind. In den Asphaltenen sind viele Heteroatome wie Stickstoff und Schwefel und auch Metalle wie Nickel und Vanadium enthalten. Asphaltene sind Bestandteil vieler ↗Schweröle und bedingen deren hohe Dichte und Viskosität. Sie entstehen zu einem frühen Zeitpunkt während der Bildung von ↗Erdöl.

Aspirationspsychrometer ↗Psychrometer.

Assel, *Asselium*, international verwendete stratigraphische Bezeichnung für die unterste Stufe des ↗Perms. ↗geologische Zeitskala.

Asseln, gehören zu den Krebsen und sind Vertreter der ↗Makrofauna. Sie können mit ihren kräftigen Mundwerkzeugen auch wenig zersetztes Pflanzenmaterial zerkleinern und stellen so ein wichtiges Glied in der Abbaukette des Bodens dar.

Assimilation, **1)** *Biologie*: *Angleichung*, der Aufbau körpereigener organischer Substanz aus anorganischen oder organischen Stoffen. Im ersten Fall handelt es sich um autotrophen Stoffwechsel (↗Autotrophie), im zweiten um ↗heterotrophen Stoffwechsel. Gegenbegriff zur Assimilation ist die ↗Dissimilation. Assimilation i. e. S. ist die Kohlenstoff-Assimilation der Pflanzen aus dem ↗Kohlendioxid (CO_2) der Luft unter Wasser- (H_2O) und Energiezufuhr (E) in Form von Sonnenlicht (↗Photosynthese):

$$6\,CO_2 \downarrow + 6\,H_2O + E \rightarrow C_6H_{12}O_6 + 6\,O_2 \uparrow$$

(Glucosebildung unter Sauerstofffreisetzung). **2)** *Petrologie*: Prozeß der Aufnahme von Nebengestein (englisch: wall rock, country rock) durch ein Magma. Das Nebengestein kann aufgeschmolzen werden, oder es kommt zu chemischen Reaktionen und damit zu einem Stoffaustausch zwischen Magma und Nebengestein. Da zur Aufschmelzung des Nebengesteins wesentlich größere Energiemengen aufzuwenden sind als zur Auslösung von Reaktionen, wird Aufschmelzung vor allem effektiv sein, wenn heißes (mafisches oder ultramafisches) Magma in Kontakt zu SiO_2-reichen Nebengesteinen tritt. Wird die Zusammensetzung des Magmas durch Assimilation erheblich verändert, dann ist das resultierende Magma ↗hybrid.

Aßmannsches Aspirationspsychrometer ↗Psychrometer.

assyntische Faltung, *assyntische Orogenese*, nach dem Assynt Distrikt in Nord-Schottland von Stille benannte Faltungsphase am Ausgang des ↗Proterozoikums (ca. 600–550 Mio. Jahre alt). Die Faltung macht sich an einer Winkeldiskordanz zwischen dem Unterkambrium und den darunter liegenden torridonischen roten ↗Arkosen bemerkbar. Das Alter der roten Arkosen (↗Rotsedimente) die wahrscheinlich vom präkambrischen Schild Grönlands nach Südwesten geschüttet wurden, ist jedoch nur annähernd bekannt und liegt zwischen 800 und 650 Mio. Jahren. Das Alter der Faltung kann also nicht näher eingegrenzt werden als zwischen 650 Mio. Jahre und dem ↗Kambrium.

Astasie, wechselhafte Lebensbedingungen, im Gegensatz zur ↗Eustasie.

Astasierung, Verfahren zur Empfindlichkeitssteigerung eines rotatorischen Federgravimeters (↗Relativgravimeter), bei dem unter Ausnutzung der nichtlinearen Beziehung zwischen angreifender Schwerkraft und entgegenwirkender Federkraft durch Anpassung der Geometrie das statische Gleichgewicht zum astatischen Zustand hin verschoben wird, so daß sich je differentieller Schwereänderung die Position der Probemasse stärker ändert. Veränderung der Astasierung erfolgt als Teil der Justierung eines Gravimeters über die Neigung.

Asterismus, Eigenschaft einiger Minerale (z. B. Saphir, Rubin), ein durch eine basisparallele Platte durchfallendes Lichtbündel sternförmig zu verzerren. Dieser Effekt wird in manchen Saphiren aufgrund feinster Rutilnädelchen hervorgerufen. Diese sind innerhalb der Korund-Basis senkrecht zu den drei kristallographischen Nebenachsen syntaktisch orientiert eingewachsen und führen im kugeligen Schliff zum sechsstrahligen Lichtstern. Seltene Varietäten von Edelsteinspinellen zeigen vierstrahligen Asterismus in Richtung zu den Würfelflächen und 6-strahligen Asterismus in Richtung zu den Oktaederflächen.

Asteroiden, *Planetoiden*, planetenähnliche, rotierende Kleinkörper von meist unregelmäßiger Gestalt. Sie haben sich vermutlich in einer Frühphase der Entstehung unseres Sonnensystems gebildet und nehmen heute einen *Asteroidengürtel* zwischen den Umlaufbahnen von Mars und Jupiter ein, vielleicht einen zweiten jenseits des Jupiters. Die vier größten Asteroiden haben Durchmesser zwischen 180 und 1000 km. Die Anzahl der Asteroiden > 1 km wird auf 1 Mio. geschätzt. Da die Asteroiden die Sonne auf z. T. sehr exzentrischen Bahnen umkreisen, können sich unter Umständen Kollisionen mit Planeten oder deren Monden (↗Impakt) ereignen. Etwa 1000 Asteroiden > 1 km könnten möglicherweise mit der Erde kollidieren; das ist in Abständen von 15–20 Mio. Jahren wahrscheinlich.

Asteroidengürtel ↗Asteroiden.

Asthenosphäre, die weiche Sphäre des oberen ↗Erdmantels, die die ↗Lithosphäre unterlagert. Die Asthenosphäre ist zwar fest, da sich in ihr auch ↗Transversalwellen ausbreiten, verhält sich aber aus rheologischer Sicht duktil oder fließfähig. Diese weiche ↗Rheologie der Asthenosphäre wird dadurch erklärt, daß sich in dieser Zone die Gesteinstemperatur der Schmelztemperatur des den oberen Mantel aufbauenden ↗Peridotits nähert und wohl auch lokal überschreitet. Hierdurch wird ein teilweises Aufschmelzen und damit eine Erweichung des Gesteins bewirkt. Dieses Verhalten äußert sich durch die aus seismologischen Beobachtungen erkannte Verringerung der seismischen Geschwindigkeiten um etwa 3–6 %, insbesondere für ↗Scherwellen. Auch wird in dieser Zone eine etwas stärkere Dämpfung der seismischen Wellen beobachtet, auch hier wieder insbesondere bei den Scherwellen. Es reichen wenige Prozent von Schmelzen aus, um die beobachteten Anomalien zu erklären. Diese ↗Niedriggeschwindigkeits-Zone (low velocity zone) wird nach ihrem Entdecker ↗Gutenberg genannt. Die Oberkante der Asthenosphäre ist an den rheologischen Übergang vom rigiden zum duktilen Verhalten gebunden. Unter den Kontinenten liegt diese Zone in 150–200 km Tiefe und im Temperaturbereich um 1100–1200 °C. Unter Regionen alter Schilde ist die Asthenosphäre seismologisch nur sehr schwach ausgeprägt. Im Gegensatz hierzu liegt die Unterkante der Lithosphäre unter den jungen ↗mittelozeanischen Rücken, hier dringen heiße Gesteine aus dem ↗Erdmantel auf, in nur wenigen Kilometern Tiefe unter dem Meeresboden und bei Temperaturen unterhalb von 1000 °C. Im Verlauf des Spreizungsprozesses kühlen sich die Gesteine ab und mit zunehmendem Alter nimmt die Mächtigkeit der Asthenosphäre zugunsten der Lithosphäre ab. Nach einer Abkühlungszeit von ca. 100 Mio. Jahren liegt diese Grenze in etwa 100 km Tiefe. Unter kontinentalen Riftzonen, z. B. im ostafrikanischen Grabensystem, weist die Asthenosphäre eine Aufwölbung auf. Ihre Unterkante wird in ca. 400 km Tiefe durch eine Geschwindigkeitserhöhung erkannt, die als eine mehr oder minder breite Übergangszone ausgebildet ist.

Für die ↗Plattentektonik ist die Asthenosphäre mit ihrer Eigenschaft der Fließfähigkeit von grundlegender Bedeutung. Sie schafft die Möglichkeit, daß die starren Lithosphärenplatten vom tieferen Erdinnern entkoppelt sind und sich auf der Asthenosphäre bewegen können. Man vermutet, daß in der Asthenosphäre konvektionsartige Bewegungen ablaufen und damit eine mögliche Ursache der Plattenbewegungen sind (↗Plattentektonik). [PG]

Literatur: GIESE, P. (Hrsg.) (1995): Geodynamik und Plattentektonik. – Heidelberg.

Asthenosphärenkeil, vermutete Aufragung der ↗Asthenosphäre im ↗Mantelkeil über der abtauchenden ↗Unterplatte und unter dem ↗magmatischen Bogen der ↗Oberplatte. Im Asthenosphärenkeil werden durch aus der Unterplatte aufsteigende Fluide die basaltischen Primärmagmen des magmatischen Bogens erschmolzen, die von dort unter stofflicher Veränderung weiter in die Oberplatte aufsteigen. Da die lang andauernde magmatische Aktivität Wärmezufuhr erfordert, wird eine Zirkulation des Asthenosphärenmaterials durch duktiles Gesteinsfließen (↗duktile Verformung) angenommen, die wegen des keilförmig eckigen Raumes zwischen Ober- und Unterplatte auch »corner flow« genannt wird.

Astroblem ↗Impakt.

astrogeodätische Lotabweichung, Winkel zwischen der ↗Lotrichtung in einem Punkt und der diesem Punkt durch eine Projektion zugeordneten Normalen auf einem ↗Rotationsellipsoid. Die astrogeodätische Lotabweichung ist vom zugrunde gelegten Rotationsellipsoid abhängig und wird deshalb auch relative ↗Lotabweichung genannt. Sie kann in zwei Komponenten aufgespalten werden: in die Lotabweichung in Länge (longitudinale Lotabweichungskomponente) und die Lotabweichung in Breite (meridionale Lotabweichungskomponente). Die astrogeodätische Lotabweichung tritt bei der ↗Transformation zwischen lokalen Koordinatensystemen auf. Unter der Annahme paralleler Achsen der beiden globalen Koordinatensysteme (↗globales geozentrisches Koordinatensystem bzw. ↗konventionelles geodätisches Koordinatensystem) können die Lotabweichungskomponenten mit den Methoden der ↗geodätischen Astronomie bestimmt werden, vorausgesetzt die dazugehörigen ellipsoidischen Koordinaten sind verfügbar. Die Lotabweichungskomponente ξ kann aus ↗astronomischen Breitenbestimmungen erhalten werden: $\xi = \varphi - B$, während die Lotabweichungskomponente η aus ↗astronomischen Zeit- und Längenbestimmungen:

$$\eta = (\lambda - L)\cos B$$

oder aus ↗astronomischen Azimutbestimmungen hergeleitet werden kann (ζ ist die Zenitdistanz):

$$\eta = \frac{(a-\alpha) - \xi \sin\alpha \cot\zeta}{\tan B - \cos\alpha \cot\zeta}\,.$$

Im Falle flacher Visuren gilt:

$$\eta = (a - \alpha)\cot B.$$

Die folgende Gleichung wird bei parallelen globalen Koordinatensystemen auch als Laplacesche Azimutgleichung bezeichnet:

$$a - \alpha = \eta \tan B + \cot\zeta(\xi \sin\alpha - \eta \cos\alpha).$$

Ist die Gleichung nicht erfüllt, so liegt ein Laplacescher Widerspruch vor.
Die astrogeodätische Lotabweichung kann neben der Komponentendarstellung auch in Form von Polarkoordinaten durch den Betrag θ und durch das Azimut A dargestellt werden:

$$\xi = \theta \cos A; \eta = \sin A.$$

Astrogeodätische Lotabweichungen werden auf verschiedene Arten definiert, in Abhängigkeit von der Wahl der Ursprünge der lokalen Koordinatensysteme (↗topozentrisches astronomisches Koordinatensystem, ↗lokales ellipsoidisches Koordinatensystem). Nach F. R. ↗Helmert wird als Ursprung ein Oberflächenpunkt gewählt (Helmert-Lotabweichung). Nach Pizzetti wird die Projektion des Oberflächenpunkts entlang der Lotlinie auf das ↗Geoid als Ursprung der lokalen Koordinatensysteme vereinbart (Pizzetti-Lotabweichung). Beide Definitionen unterscheiden sich um den Einfluß der Lotkrümmung entlang der Lotlinie vom Geoidpunkt zum Oberflächenpunkt. Bei den durch Triangulation bestimmten ↗Lagenetzen besteht jedoch i. a. keine projektive Zuordnung zwischen Oberflächen- und Ellipsoidpunkt, sondern man wird mit einer windschiefen Lage von Lotrichtung und Ellipsoidnormaler rechnen müssen. Eine Lotabweichung kann auch für diesen Fall auf entsprechende Weise definiert werden. [KHI]

Astrolabium, ein astronomisch-geodätisches Instrument. Es dient dazu, Sternpositionen zu einem bestimmten Zeitpunkt für eine bestimmte geographische Breite zu ermitteln und war bis zum Ende des 16. Jh. neben ↗Quadrant und ↗Jakobstab das wichtigste Instrument auf See und zu Lande zur Bestimmung der geographischen Breite. Das kugelförmige sphärische Astrolabium (Astrolabium sphaericum) wird in der arab. Literatur des 9. bis 13. Jh. beschrieben. Zur ↗Armillarsphäre tritt eine himmlische Sphäre, auf der Zeiger die Stellung der wichtigsten Sterngruppen anzeigen. Das handlichere planisphärische Astrolabium (Astrolabium planisphaerium) ist als eine für eine bestimmte geographische Breite und den entsprechenden Horizont in ↗stereographischer Projektion verebnete Himmelskugel auf eine runde Metallscheibe aufgetragen, auf deren Rand der Stundenkreis (Limbus) angebracht ist (Abb.). Innerhalb dreht sich die auswechselbare Horizontscheibe (Tabula) und über allen liegt die Rete (Spinne), der exzentrische Kreis der Ekliptik. Das marine Astrolabium mit ca. 25 cm Durchmesser diente auf Schiffen zur Breitenbestimmung durch Messung der mittäglichen Sonnenhöhe (älteste Abbildung von 1529). Aus diesem Vollkreis (ganzes Astrolabium) wurde der Halbkreis (halbes Astrolabium), der Viertelkreis (Quadrant), der Sechstelkreis (Sextant) und der Achtelkreis (Oktant). [WSt]

Astrometrie, astronomische Disziplin, welche Positionen, Bewegungen, Dimensionen und Gestalt von Himmelskörpern untersucht. Zu diesen Himmelskörpern zählen insbesondere extragalaktische Quellen wie z. B. Quasare, Galaxien, Sterne, Planeten und deren Monde, Asteroiden und Kometen. Die Astrometrie von Sternen liefert wichtige Information über Bau und Dynamik von Galaxien oder stellaren Gruppen. Bis vor wenigen Jahren diente diese der Realisierung eines fundamentalen Referenzsystems. Heute wird das internationale Himmels-Referenzsystem (↗ICRS) durch astrometrische Vermessung extragalaktischer Radioquellen realisiert. Zu den astrometrischen Beobachtungsverfahren zählen im Fall der lokalen Astrometrie: photographische und digitale CCD-Aufnahmen von Himmelsausschnitten, photometrische Vermessung astronomischer Objekte, Speckle Interferometrie, Michelson Interferometrie und die ↗Radiointerferometrie. In der globalen Astrometrie beobachtet man an Meridiankreisen, Transitinstrumenten oder Astrolabien, sowie mit dem astrometrischen Satellit ↗Hipparcos. Eine besonders wichtige Rolle spielt hier auch die Radiointerferometrie auf langen Basislinien. Damit sind heute Winkeldifferenzen von weniger als 1 mas (Millibogensekunde) im Radiobereich meßbar. Positionen und ↗Parallaxen ausgewählter Sterne konnten mit Hipparcos mit einer Genauigkeit von etwa 1 mas bestimmt werden. [MHS]

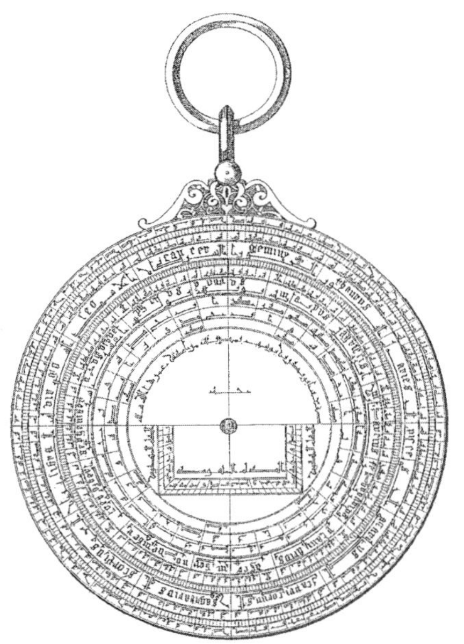

Astrolabium: Arabisches Astrolabium aus dem Jahr 1208.

astronomical almanac ↗astronomische Jahrbücher.

astronomische Azimutbestimmung, Messung des Horizontalwinkels A_* zwischen dem Meridian eines Beobachtungsortes P_1 und dem Vertikal eines Gestirns G zum Zeitpunkt θ. Wird zum gleichen Zeitpunkt der Horizontalwinkel β gemessen, so ergibt sich in P_1 nach der Abbildung das astronomische Azimut des irdischen Ziels P_2 (der Mire) durch Subtraktion. Nach dem Kotangenssatz im

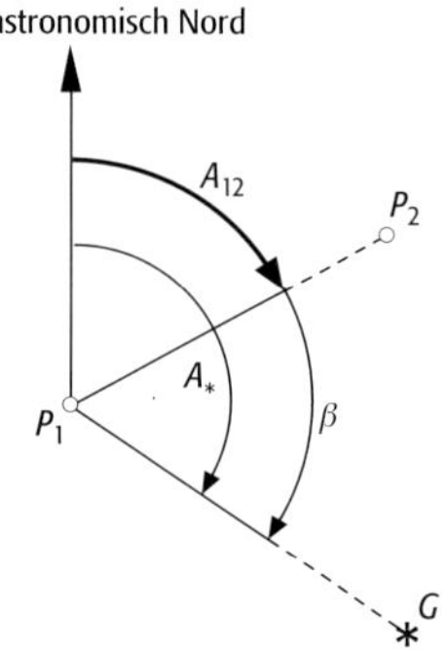

astronomische Azimutbestimmung: Prinzip der astronomischen Azimutbestimmung. A_* = Horizontalwinkel zwischen dem Meridian eines Beobachtungsortes (P_1) und dem Vertikal eines Gestirns (G). β = Horizontalwinkel, P_2 = astronomisches Azimut des irdischen Ziels.

↗astronomischen Dreieck läßt sich das Zeitazimut eines Gestirns aus

$$\cot A_* = \frac{\sin\varphi \cdot \cos t - \cos\varphi \cdot \tan\delta}{\sin t} \quad (1)$$

berechnen. φ = astronomische Breite von P_1, t = Stundenwinkel von G, α = scheinbare Rektaszension, δ = Deklination von G. Für den Stundenwinkel gilt

$$t = \theta - \alpha \quad (2).$$

Will man die Zeitmessung umgehen, so weicht man auf das Höhenazimut aus. Dann gilt nach dem Seitenkosinussatz

$$\cos A_* = \frac{\sin\delta - \sin\varphi \cdot \cos z}{\cos\varphi \cdot \sin z} \quad (3)$$

(z = Zenitdistanz). Es ergeben sich zwei günstige Varianten bezüglich einer weitgehenden Ausschaltung von Meßfehlern (↗astronomische Ortsbestimmung Tab.): a) Gestirn nahe dem Pol (Polarstern-Zeitazimut) und b) Gestirn nahe dem Horizont (Sonnenzeitazimut).

Polarsternazimute nach (1), (2) sind wegen der sehr geringen azimutalen Bewegung des Polarsterns (stella polaris) günstig, weil an die Erfassung der Sternzeit nur sehr geringe Anforderungen gestellt werden. Jedoch ist wegen der steilen Zielungen nach Polaris der Einfluß des Vertikalachsenfehlers des ↗Theodolits oder ↗Universalinstruments schwerwiegend. Entweder muß die Horizontierung mit empfindlichen ↗Libellen oder mittels automatischer Ziellinienstabilisierung vorgenommen werden.

Will man Sonnenzeitazimute bestimmen, so sind Beobachtungen kurz nach Sonnenaufgang oder kurz vor Sonnenuntergang zu empfehlen. Am besten ist die Kombination von Morgen- und Abendbeobachtung, weil nach Formel (5) der ↗astronomischen Ortsbestimmung einige Winkelfunktionen östlich und westlich des Meridians unterschiedliche Vorzeichen haben und deshalb ein Breitenfehler in Formel (1) im Mittel herausfällt. Hier spielt die Zeiterfassung eine wichtige Rolle, zumal die Sonne kein punktförmiges Ziel ist.

Wenn eine Unsicherheit der Zeiterfassung vermieden werden soll, kann die Methode der Sonnenhöhenazimute nach obiger Formel (3) angewendet werden. Dabei ist aber zu bedenken, daß der Sonnenmittelpunkt mit der Strichkreuzmitte angezielt werden muß. Dazu gibt es speziell eingerichtete Strichkreuze.

Für höhere Genauigkeiten (z.B. Ergebnisfehler $m_A \approx 0{,}5''$ oder besser) wird meist ein Universalinstrument zur Beobachtung des Polarsterns verwendet.

Ein weiteres genaues Azimutverfahren ist von Niethammer angegeben worden. Ein ↗Durchgangsinstrument wird mit seiner Zielebene in der Richtung der Vertikalebene aufgestellt, die das irdische Ziel enthält. Dann wird nur durch die unterschiedliche Höhenstellung des Fernrohrs im mehrfachen Wechsel die Mire eingestellt und danach die Durchgangszeit vorher ausgesuchter Sterne durch das Gesichtsfeld beobachtet. Dieses Verfahren heißt *Durchgangsbeobachtungen im Vertikal des Erdziels.* [KGS]

Literatur: SIGL, R. (1991): Geodätische Astronomie. – Stuttgart.

astronomische Breite ↗natürliche Koordinaten.

astronomische Breitenbestimmung, Ableitung des Winkels φ zwischen der Lotrichtung an einem Ort der Erdoberfläche und der Äquatorebene (↗astronomisches Dreieck). Die praktikabelsten Verfahren ergeben sich aus Höhendurchgangsbeobachtungen im zirkummeridianen Bereich. Nach der Sterneck-Methode (↗astronomische Breitenbestimmung) werden Zenitdistanzen (Zenitwinkel) von nördlich und südlich des Zenits kulminierenden Sternen gemessen. Für einen Nord- (n) und einen Süd- (s) Stern erhält man die astronomische Breite φ zu

$$\varphi = \frac{\delta_s + \delta_n}{2} + \frac{z_s - z_n}{2},$$

δ_s, δ_n = scheinbare Sterndeklination, z_s, z_n = gemessene Zenitdistanzen, wegen Refraktion verbessert. Durch Beobachtung mehrerer solcher Sternkombinationen und regelmäßigen Wechsel der Fernrohrlagen werden Nullpunktfehler des vertikalen Meßkreises und restliche Refraktionseinflüsse minimiert.

Eine Verfeinerung wird durch die *Horrebow-Talcott-Methode* erreicht. Hierbei wird die Zenitdistanzdifferenz Z_S-Z_n so klein gewählt, daß Nord- und Südstern nacheinander durch das Gesichtsfeld des zwischen den Durchgängen der beiden Sterne um 180° in Azimut gedrehten Fernrohrs laufen, ohne daß dessen Zenitdistanz verändert werden muß. Letzteres wird durch eine am Fernrohr anklemmbare Horrebow-Libelle sichergestellt. Die Zenitdistanzdifferenz wird mit einem Okularmikrometer (mit verstellbarem Horizontalfaden) gemessen. [KGS]

astronomische Dämmerung ↗Dämmerung.

astronomische Dunkelheit, Zeit zwischen Ende der astronomischen Abenddämmerung und Anfang der astronomischen Morgendämmerung. ↗Dämmerung.

astronomische Einheit, die mittlere Entfernung der Erde zur Sonne. Diese beträgt rund 149.597.871 km. Schwierigkeiten bei der Definition der astronomischen Einheit gibt es im Rahmen der ↗Relativitätstheorie.

astronomische Jahrbücher, *astronomical almanac*, jährlich erscheinende Verzeichnisse astronomischer Daten. Die wichtigsten sind: »Apparent Places of Fundamental Stars (↗APFS)« (herausgegeben vom Astronomischen Recheninstitut, Heidelberg), ein vom Institut für Angewandte Astronomie in St. Petersburg herausgegebenes russisches Jahrbuch und »The Astronomical Almanac« seit 1981 herausgegeben vom U. S. Naval Observatory (Washington) und dem Royal Greenwich Observatory, London. Es ist aus der

Vereinigung des seit 1855 publizierten amerikanischen Jahrbuches »The American Ephemeris and Nautical Almanac« und des seit 1767 erscheinenden englischen Werkes »The Astronomical Ephemeris« hervorgegangen. In ihm findet man Ephemeriden der Sonne, des Mondes, der großen Planeten und deren Monde, von Kleinplaneten und Kometen, Sternpositionen bezogen auf den mittleren Äquator und das mittlere Äquinoktium für eine Epoche in der Mitte des jeweiligen Jahres sowie Hilfsmittel für die astronomische Datenauswertung.

astronomische Koordinaten, Kugelkoordinaten (astronomische Breite φ, astronomische Länge λ) zur Beschreibung der Zenit- bzw. der Lotrichtung in einem Punkt. Sie bilden zusammen mit dem Wert für das ↗Schwerepotential W des Punktes die ↗natürlichen Koordinaten.

astronomische Länge ↗natürliche Koordinaten.

astronomische Navigation ↗Navigation.

astronomische Nutation, periodische Schwankung der Rotations-, Drehimpuls- und Figurenachse der Erde, hervorgerufen durch zeitlich variierende Drehmomente. Diese kommen durch veränderliche gravitative Wirkungen von Mond, Sonne und Planeten auf die abgeplattete Erde zustande. Der dominante Beitrag kommt dadurch zustande, daß die Mondbahnebene um ca. 5° gegen die Ekliptik geneigt ist. Dies führt zu periodischen Schwankungen des Himmelsäquators gegen die Ekliptik, die sogenannte Nutation in der Schiefe ($\Delta\varepsilon$). Die astronomische Nutation kommt auch teilweise dadurch zustande, daß die Erdbahn um die Sonne und die Mondbahn um die Erde exzentrisch sind. Dies führt zur Nutation in der Länge ($\Delta\psi$). Theoretische Werte für $\Delta\varepsilon$ und $\Delta\psi$ werden mit Hilfe von Nutationsreihen berechnet. Differenzen zu errechneten Werten (offsets) können experimentell mit Hilfe der ↗Radiointerferometrie bestimmt werden.

astronomische Ortsbestimmung, Bestimmung der geographischen Koordinaten von Punkten auf der Erdoberfläche aus astronomischen Messungen. So bestimmte sphärische Polarkoordinaten sind die astronomische Breite φ und die astronomische Länge λ, die sich von den geodätischen Breiten B und Längen L unterscheiden. Erstere beziehen sich auf das ↗Geoid, letztere auf das ↗Ellipsoid. Zu den Elementen der Ortsbestimmung zählt auch das ↗astronomische Azimut A eines Gestirns oder einer terrestrischen Richtung. Die astronomische Ortsbestimmung, einschließlich großer Teile der sphärischen Astronomie, wird auch als ↗geodätische Astronomie bezeichnet, sie ist ein Teilgebiet der Astrometrie.

Prinzipiell kann man astronomische Ortsbestimmungen aus der Messung von Gestirnshöhen oder von azimutalen Richtungen oder kombiniert aus beiden bei genauer Zeiterfassung ableiten.

Aus dem ↗astronomischen Dreieck findet man durch partielle Differentiation Formeln, mit deren Hilfe man das optimale Messungsverfahren zur Bestimmung eines oder simultan mehrerer Elemente finden kann. Zur Systematisierung der Verfahren teilt man ein in diejenigen, die den Zeitpunkt und den Höhenwinkel eines Gestirns ermitteln (Höhendurchgangszeiten) und in diejenigen, die den Zeitpunkt und die optimale Richtung eines Gestirns zu messen gestatten (Vertikaldurchgangszeiten).

Ortsbestimmung	Höhendurchgangszeiten (Vertikalkreisablesungen) Messung von z und θ	Vertikaldurchgangszeiten (Horizontalkreisablesungen) Messungen von A bzw. ΔA und θ
astronomische Breite φ	nahe dem Meridian (zirkummeridian)	nahe dem I. Vertikal
astronomische Länge λ	nahe dem I. Vertikal	nahe dem Meridian (zirkummeridian)
astronomisches Azimut A	(nicht üblich)	$\lambda \to 90°$ (zirkumpolar) $z \to 90°$ (horizontnah)

astronomische Ortsbestimmung (Tab.): Aussagen der Differentialformeln (1) bis (5).

Die Differentialformel zur Breitenbestimmung aus Höhendurchgängen lautet

$$d\varphi = -\frac{1}{\cos A}\cdot dz - \cos\varphi\cdot\tan A\cdot dt - \frac{\cos q}{\cos A}d\delta \quad (1).$$

Für die Breitenbestimmung aus Vertikaldurchgängen gilt

$$d\varphi = -\frac{\tan z}{\sin A}\cdot dA + \frac{\cos\delta\cdot\cos q}{\cos z\cdot\sin A}\cdot dt + \frac{\cos\varphi}{\cos z\cdot\cos\delta}\cdot d\delta \quad (2).$$

Durch Umstellen von (1) und (2) erhält man Differentialformeln zur ↗Zeitbestimmung (Längenbestimmung):

$$dt = -\frac{1}{\sin A\cdot\cos\varphi}\cdot dz - \frac{1}{\tan A\cdot\cos\varphi}\cdot d\varphi - \frac{\cos q}{\sin A\cdot\cos\varphi}\cdot d\delta \quad (3)$$

und

$$dt = -\frac{\tan q\cdot\cos z}{\cos\varphi}\cdot d\varphi - \frac{dA}{\sin\varphi + \cos\varphi\cdot\cot z\cdot\cos A} + \frac{\tan q}{\cos\delta}\cdot d\delta \quad (4).$$

Aus (2) erhält man noch für die Azimutfehler:

$$dA = \frac{\sin A}{\tan z}\cdot d\varphi - \frac{\cos\delta\cdot\cos q}{\sin z}\cdot dt - \frac{\sin q}{\sin z}\cdot d\delta \quad (5).$$

In den fünf Differentialformeln sind $d\varphi$, dt und dA links des Gleichheitszeichens im Sinne von Maximalfehlerabschätzungen anzusehen. Während dA, dt, $d\varphi$, dz und $d\delta$ rechts des Gleichheitszeichens als Meßfehler zu verstehen sind. Die Winkelgrößen sind das Azimut A, die Zenitdistanz z, der Stundenwinkel t, Breite φ, der parallaktische Winkel q und die Deklination δ (↗astronomisches Dreieck).

Die Diskussion der Differentialformeln (1) bis (5) führt zu grundsätzlichen Auswahlkriterien von Sternen für die optimalen Beobachtungsverfahren, bezogen auf die Hauptdurchgangsrichtungen nahe dem Meridian bzw. nahe dem I.

Vertikal oder auch bezogen auf Horizont oder Zenit.

Im allgemeinen können die Fehleranteile mit dem Faktor $d\delta$ vernachlässigt werden, da die scheinbaren Deklinationen des ↗APFS eine höhere Genauigkeit besitzen als die Meßgrößen. Um in (1) bis (5) wirklich die maximal möglichen Einflüsse in der Abschätzung zu erfassen, sind natürlich alle Partialeinflüsse ohne Rücksicht auf das Vorzeichen zu addieren (Tab.). [KGS]

astronomische Refraktion ↗Refraktion.

astronomischer Horizont, der dem Zenit als Pol zugeordnete Großkreis. Der Zenit ist dabei durch die Lotrichtung des Beobachters gegeben.

astronomischer Zenit, Richtung der z-Achse eines ↗topozentrischen astronomischen Koordinatensystems.

astronomisches Azimut ↗Azimut.

astronomisches Dreieck, *nautisches Dreieck*, sphärisches Dreieck, dessen Eckpunkte durch ein Gestirn, den nördlichen Himmelspol und den Zenit des Beobachters definiert wird (Abb.). Die Innenwinkel hängen davon ab, ob der Stern westlich oder östlich vom ↗Meridian steht.

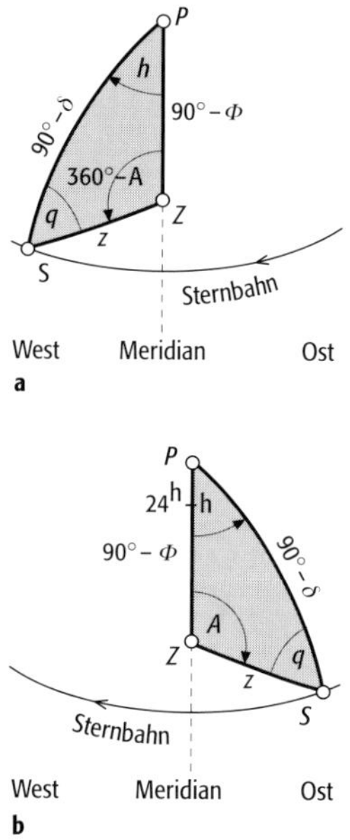

astronomisches Dreieck: Lage des Sterns westlich (Teil a) oder östlich (Teil b) vom Meridian. Gestirn (S), Himmelspol (P), Zenit (Z), Deklination des Sterns (δ), Zenitdistanz (z), Höhe des Gestirns über dem Horizont (a), astronomische Breite (Φ), Stundenwinkel (h), Azimut (A), parallaktischer Winkel (q).

astronomisches Fernrohr, *Kepplersches Fernrohr*, ↗Fernrohr.

astronomisches Jahr, im Gegensatz zum ↗bürgerlichen Jahr umfaßt das astronomische Jahr genau den Zeitraum, der für einen Umlauf der Erde um die Sonne benötigt wird. Es handelt sich um eine nicht-ganzzahlige Größe, was die Realisierung eines Kalenders problematisch gestaltet. Von praktischer Bedeutung ist das ↗tropische Jahr.

astronomisches Nivellement, astrogeodätisches Nivellement, Methode zur Bestimmung des Unterschiedes der ↗Geoidhöhen zweier Punkte A und P mit Hilfe der ↗astrogeodätischen Lotabweichung längs des Meßweges. Es stellt eine Diskretisierung des folgenden Wegintegrals dar:

$$N_{AP} = -\int_A^P \left(\xi \cos\alpha + \eta \sin\alpha\right) ds - R_{AP}^O \approx$$

$$-\sum_A^P \left(\xi_i \cos\alpha_i + \eta_i \sin\alpha_i\right) \Delta s_i - R_{AP}^O$$

(Δs_i = die Horizontalentfernung und α_i = das ellipsoidische Azimut zwischen den beiden Oberflächenpunkten i-1 und i). $R_{AP}{}^O$ ist die ↗orthometrische Reduktion längs des Weges zwischen den Punkten A und P. Die Komponenten der ↗astrogeodätischen Lotabweichungen ξ_i, η_i in den Diskretisierungspunkten ergeben sich als Differenzen der Zenitrichtungen

$$\vec{e}_3^{\,T} - \vec{e}_3^{\,L} = \xi \vec{e}_1^{\,L} + \eta \vec{e}_2^{\,L}$$

des ↗topozentrischen astronomischen Koordinatensystems und des ↗lokalen ellipsoidischen Koordinatensystems mit den Ursprüngen in den hinreichend nahe beieinander liegenden Punkten des Profils von A nach P. Die orthometrische Reduktion erfaßt die Krümmung der Lotlinien zwischen Geoid- und Oberflächenpunkten. Die vereinfachte Formel:

$$N_{AP} = -\int_A^P \left(\xi' \cos\alpha + \eta' \sin\alpha\right) ds \approx$$

$$-\sum_A^P \left(\xi_i' \cos\alpha_i + \eta_i' \sin\alpha_i\right) \Delta s_i$$

gilt, wenn die Oberflächenlotabweichungen wegen Lotkrümmung auf das Geoid reduziert werden.

astronomische Zeit- und Längenbestimmung, Ermittlung der ↗Ortszeit einer Beobachtungsstation aus astronomischen Messungen. Aus der Differenz zweier Ortszeiten für ein und dasselbe astronomische Ereignis erhält man die astronomische Längendifferenz der beiden Beobachtungsorte. Zur Ableitung der Ortszeit muß der ↗Stundenwinkel eines Gestirns ermittelt werden. Nach der Tabelle zur ↗astronomischen Ortsbestimmung wird die Länge aus Zeitbestimmungen dann mit den geringsten Fehlereinflüssen abgeleitet, wenn Durchgangsbeobachtungen im Meridian (bzw. Zirkummeridian) oder Höhen- oder Durchgangszeiten nahe dem I. Vertikal durchgeführt werden.

Für erstere ist das ↗Passageinstrument wegen seiner prinzipiellen Einfachheit das klassische Instrument der Wahl. Restfehler bei der Justierung und Aufstellung des Gerätes werden mit Hilfe der Mayerschen Formel berücksichtigt. Die wesentlichen Parameter dieser Formel sind die Achsneigung gegen die Horizontale und gegen die Meridianebene sowie der Zielachsenfehler. Die entsprechenden Größen werden mit Zusatzeinrichtungen (Achslibelle) und durch die Meßanordnung bestimmt oder eliminiert.

Für Zeitbestimmungen aus Höhenmessungen nahe dem I. Vertikal wird die Zinger-Methode wegen des geringen instrumentellen Aufwandes, insbesondere bei Feldmessungen zur Triangulation gern angewendet. Hierbei handelt es sich um die Messung *korrespondierender Höhen* von vorausgewählten Sternpaaren in der Nähe des I. Vertikals. Die Zeit des Höhendurchgangs des östlichen und des westlichen Sterns durch den gleichen Höhenkreis (Almukantarat) wird registriert. Die Höhengleichheit beider Sterne wird mittels einer Horrebow-Libelle gewährleistet.

Durch gleichzeitige Messungen (d. h. auf die gleiche Zeit reduzierte Messungen) werden astronomische Längendifferenzen erhalten. Man nennt das Verfahren zweiseitige Längenbestimmung. Bei Verwendung von Radiozeitsignalen nach Weltzeit oder von Funkuhren genügen astronomische Zeitbestimmungen an einem Ort, wobei der Zeitanschluß direkt an die Weltzeit erfolgt. Man spricht von einseitigen Längen, die wegen des direkten Anschlusses an den Meridian von Greenwich »absolut« in einem internationalen System sind. [KGS]

astronomisch-geodätische Geoidbestimmung, Bestimmung des ↗Geoides mit Hilfe des ↗astronomischen Nivellements. Das auf diese Weise bestimmbare Geoid ist relativ, da mit dem astronomischen Nivellement nur Geoidhöhenunterschiede bestimmt werden können. Die im Prinzip linienweise Bestimmung des Geoides kann auf eine flächenhafte Bestimmung erweitert werden.

astronomisch-gravimetrisches Nivellement, *astrogravimetrisches Nivellement*, Methode zur Bestimmung des Unterschiedes der ↗Geoidhöhen bzw. der ↗Quasigeoidhöhen zweier Punkte *A* und *P* mit Hilfe einer Kombination der ↗astronomisch-geodätischen Geoidbestimmung und der gravimetrischen Geoidbestimmung (↗Stokes-Problem). Das Verfahren wurde von Molodensky angegeben.

Ästuar, *Trichtermündung*, meist trichterartig erweiterte ↗Flußmündung an einer ↗Gezeitenküste mit starkem Tidenhub (↗Gezeiten). Infolge des permanenten Wasserdurchflusses durch die alternierenden Gezeitenströmungen, werden Ästuare im Gegensatz zum ↗Delta von Sedimenten weitgehend freigehalten und zeichnen sich meist durch tiefe Erosionsrinnen aus. Die Schichtung des Wasserkörpers wird sowohl von ausströmendem Süßwasser als auch von einströmendem Meerwasser bestimmt. Die Art der Schichtung hängt von der ↗Ästuarzirkulation ab, die von der Bodentopographie sowie von Abfluß- und Gezeitenintensität bestimmt wird. ↗Ästuardelta.

Ästuardelta, *gezeitendominiertes Delta*, im Gegensatz zum ↗flußdominierten Delta ist der Einfluß von Gezeitenströmungen so ausgeprägt, daß der sedimentliefernde Fluß kein größeres ↗Delta gegen das offene Meer vorbauen kann (↗Delta Abb. 2). Bei ausreichend hoher Sedimentationsrate ist zwar eine Deltabildung auch bei hohem Tidenhub möglich (z.B. Amazonas, Colorado), jedoch unterscheidet sich der Sedimentaufbau des Ästuardeltas vom Delta aufgrund der starken Umlagerung der angelieferten Sedimente. (↗Ästuar).

Ästuarküste, Form einer ↗Ingressionsküste mit hohem Tidenhub, welche durch die Überflutung von Flußmündungen geprägt ist (↗Ästuar).

Ästuarmäander, mäandrierender Ästuarbereich (↗Ästuar). Ästuarmäander besitzen, im Gegensatz zu den ↗Mäandern eines Flusses, ihre schmalsten Stellen in den Mäanderbögen, die breitesten zwischen den Bögen (Abb.). Dies geht auf die durch Ebbe- und Flutstrom wechselnden Strömungsrichtungen zurück, welche eine rhythmische Verschiebung der Lateralerosion zu Folge haben.

Ästuarzirkulation, durch Überlagerung von Festlandsabfluß, Dichtegefälleströmung und Gezeitenströmung in ↗Ästuaren auftretende Zirkulationssysteme, die zu unterschiedlichen Schichtungstypen führen.

A-Subduktion, *alpine Subduktion*, wenig gebräuchlicher Begriff, um eine großräumige Unterschiebung kontinentaler ↗Lithosphäre unter ein anderes kontinentales Lithosphärenelement als subduktionsähnlichen Vorgang darzustellen und gegen die Subduktion ozeanischer Lithosphäre abzugrenzen, die als ↗B-Subduktion (Benioff-Subduktion) der A-Subduktion gegenübergestellt wurde.

asymmetrische Einheit, kleinste Einheit einer Kristallstruktur, aus der mit Hilfe aller Symmetrieoperationen der Raumgruppe die gesamte Struktur erzeugt werden kann. Außer bei Strukturen mit Raumgruppe *P1* (bzw. *p1* im zweidimensionalen Raum) ist die asymmetrische Einheit also kleiner als eine irgendwie gewählte Elementarzelle. Im Fall der Struktur des Halits (NaCl) hat eine asymmetrische Einheit nur ein 1/192 des Volumens der kubischen Elementarzelle. In den »International Tables for Crystallography« findet man für jede der 17 zweidimensionalen und 230 dreidimensionalen Raumgruppen die Beschreibung einer speziellen asymmetrischen Einheit. Zur Beschreibung einer Kristallstruktur genügt die Angabe der Raumgruppe und des Inhalts einer asymmetrischen Einheit. Meist wird zur besseren Übersichtlichkeit der Inhalt einer ganzen Elementarzelle angegeben.

asymmetrische Falte ↗Falte.

asymmetrisches Zentrum ↗Stereoisomerie.

aszendent, *aufsteigend*, Bezeichnung für erzführende Lösungen, die aus tieferen Teilen der Erdkruste aufsteigen, was zur Lagerstättenbildung führen kann. Beispiele dafür sind ↗hydrothermale Gänge. Gegenteil: ↗deszendent.

aszendente Wässer, aus der Tiefe aufsteigende Wässer, zumeist mit erhöhter Konzentration der Grundwasserinhaltsstoffe.

Atdaban, international verwendete stratigraphische Bezeichnung für eine Stufe des Unterkambriums. ↗Kambrium, ↗geologische Zeitskala.

atektonisch, *pseudotektonisch*, wird verwandt für Deformationen, die keinen direkten Zusammenhang mit ↗endogen bedingten tektonischen Prozessen erkennen lassen. Dazu gehören diagenetisch entstandene Sedimentgefüge (Entwässerungs- und Wickelstrukturen, ↗subaquatische Rutschfalten oder Setzungserscheinungen), ferner Senkungen und Einstürze über Hohlräumen von lösungsempfindlichen Gesteinen (Kalk, Gips, Steinsalz), ↗Kryoturbationen sowie Deformationen von Gesteinen durch Gletscherüberfahrungen.

ATKIS, *Amtliches Topographisch-Kartographisches Informationssystem*, Verfahren der ↗AdV, mit dem Ziel, Informationen der topographischen Landesaufnahme und Landeskartographie in digitaler objektstrukturierter Form bereitzustellen. Es umfaßt ein einheitliches Raumbezugssystem (↗Raumbezug) und aktuelle digitale Informationen über topographische Objekte, sog. Geobasisinformationen. Ihre Träger sind die sog. ↗Geo-

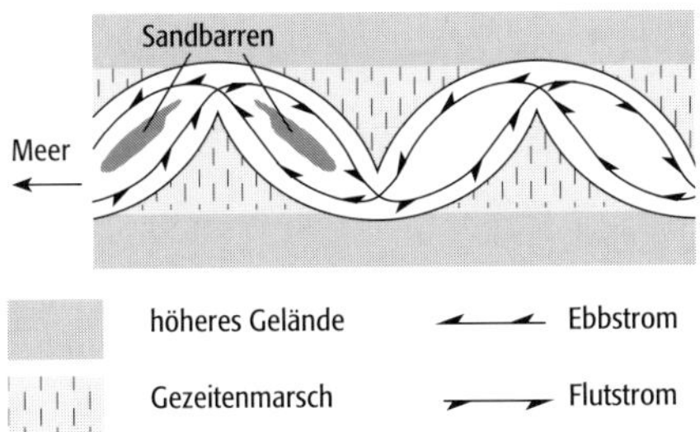

Ästuarmäander: schematische Abbildung.

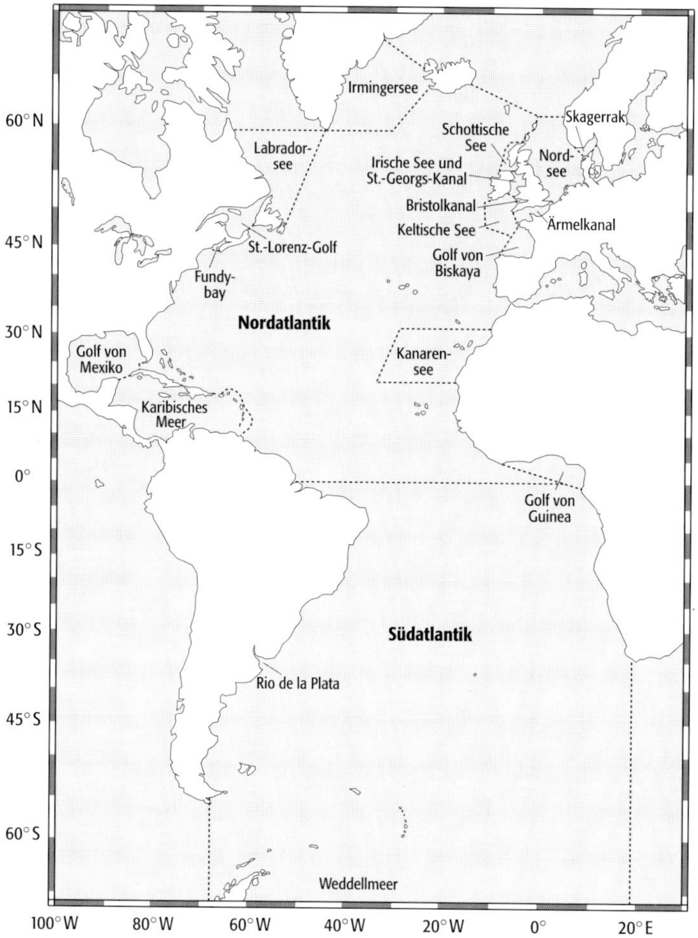

Atlantischer Ozean: Der Atlantische Ozean mit seinen Rand- und Nebenmeeren und deren Grenzen.

basisdaten. Sie bilden das ATKIS-Datenmodell (↗ATKIS-DLM). ATKIS soll die Herstellung amtlicher ↗topographischer Karten durch automatisierte digitale Verfahren rationalisieren.

ATKIS-DGM ↗ATKIS-DLM.

ATKIS-DLM, *Digitales Landschaftsmodell des Amtlichen Topographisch-Kartographischen Informationssystems* (↗ATKIS), beschreibt mittels Daten in digitaler Form Landschaftsobjekte und ihre gegenseitigen Beziehungen. Die Daten des ATKIS-DLM stammen aus terrestrischen topographischen Aufnahmen, photogrammetrischen Auswertungen und aus der Digitalisierung von bestehenden amtlichen Karten. Dementsprechend wird die Lagegenauigkeit punkt- und linienförmiger ATKIS-Objekte mit 3 m angegeben, die Höhengenauigkeit mit 0,5 bis 1,5 m. Letztere in Abhängigkeit der ↗Geländeneigung und des ↗Relieftyps. Das ATKIS-DLM umfaßt insgesamt 7 Objektbereiche (Festpunkte, Siedlung, Verkehr, Vegetation, Gewässer, Relief, Gebiete), die ihrerseits mehrere Objektgruppen umfassen. Sie werden nach dem Prinzip der semantischen Ähnlichkeit gebildet. Die Spezifizierung weiterer Merkmale durch Objektattribute führt schließlich zur digitalen Beschreibung konkreter Objekte. Das ATKIS-DLM wird aus einem digitalen Situationsmodell, dem *ATKIS-DSM*, und einem digitalen Geländemodell, dem *ATKIS-DGM*, gebildet. Das ATKIS-DSM wird zweidimensional geführt. Es enthält die Lagebeschreibung der ATKIS-Objekte und weitere attributive Objektdaten. Informationen über das Geländerelief enthält das digitale Geländemodell ATKIS-DGM. Es beschreibt das Relief durch eine Menge regelmäßig gitterförmig angeordneter Flächenpunkte, deren Höhenwerte durch Methoden der ↗digitalen Geländemodellierung berechnet werden. Der Gitterpunktabstand (*Gitterweite*) beträgt z. B. in Niedersachen 12,5 m. Informationen über die Geländeneigung und die Exposition sind den Gitterpunkten als Attribute zugeordnet. Das ATKIS-DLM liegt seit 1997 bundesweit flächendeckend in der ersten, inhaltlich reduzierten Erfassungsstufe (64 Objektarten) vor. In vollem Objektumfang (185 Objektarten) soll das DLM in wenigen Jahren bereitgestellt werden. [GB]

ATKIS-DSM ↗ATKIS-DLM.

Atlantikum ↗Holozän.

Atlantischer Ozean, *Atlantik*, mit 106,6 · 10^6 km^2 einschließlich der ↗Randmeere und ↗Nebenmeere der zweitgrößte der drei Ozeane (Abb.). Im Norden ist er durch die Beringstraße begrenzt, zum ↗Indischen Ozean liegt die Grenze beim Meridian von Kap Agulhas (20° E), zum ↗Pazifik beim Meridian von Kap Horn (68° W). Die mittlere Tiefe beträgt 3293 m, die maximale 9219 m in der Milwaukeetiefe. Im englischen Sprachgebrauch wird die nördliche Begrenzung des Atlanischen Ozeans teilweise im Westen bei 60° N und im Osten an der ↗Dänemarkstraße, entlang der Island-Schottland-Schwelle und entlang 61° N gelegt. Dann wird das ↗Nordpolarmeer, der Arctic Ocean, als selbständiger Ozean gesehen. Im deutschen Sprachgebrauch umfaßt der Atlantische Ozean das Nordpolarmeer.

Atlantische Sippe, durch Natrium-Vormacht gekennzeichnete ↗Kalk-Alkali-Gesteine. Beispiele sind Plutonite wie Granit, Diorit und Syenit sowie die entsprechenden vulkanischen Äquivalente.

Atlas, eine ziel- und zweckorientierte, systematische Sammlung von Karten in Buchform oder als lose Folge von Einzelkarten für die elektronische Präsentation. Jeder Atlas hat neben einem systematischen auch einen regionalen Aspekt. Gliederung, Aufbau und regionale Aufteilung sind wichtige Instrumente dafür, die komplexe räumliche Wirklichkeit oder Teile davon faßbar und übersichtlich, zugleich signifikant und repräsentativ, darzustellen. Dazu bedient sich der Atlas als umfassendes Informationssystem auf der einen Seite statischer Präsentationen wie Karte, Text, Tabelle, Bild und Graphik und auf der anderen Seite computerunterstützter, dynamischer Präsentationen wie Sprache, Ton, Animation und Video.

Erstmals wird der Begriff Atlas von G. ↗Mercator in seinem Werk »Atlas sive Cosmographicae Meditationes de Fabrica Mundi et Fabricati Figura«

verwendet. Die Bezeichnung Atlas steht hier für eine weltweite Betrachtung des Dargestellten. Noch im 19. Jh. hatte der Begriff Atlas universellen Charakter. Man verstand darunter eine Folge von Einzelkarten, die in einer gewissen Systematik die ganze Erde darstellten. Erst mit der Einführung des Begriffs ↗Handatlas löste man sich von dieser Konvention. Das Wort Atlas sagt hier, wie auch bei den später folgenden Bezeichnungen, wie Haus- und ↗Taschenatlas, nichts mehr über das Dargestellte aus. In den letzten Jahrzehnten wurden immer neue Bezeichnungen mit dem Grundwort Atlas geprägt, wie z. B. Autoatlas, Skiatlas, ↗Satellitenbildatlas oder Computeratlas. Die Zuordnung zu Atlaskategorien definiert die Stellung jedes einzelnen Atlas im Rahmen der Gesamtmasse und fördert dadurch die klare Ziel- und Zwecksetzung der Atlasherstellung. Nach formalen und sachlichen Merkmalen lassen sich unterscheiden:

a) nach Medienart und Präsentationsform: Printatlas (Papieratlas, Transparentatlas), taktiler Atlas, ↗elektronischer Atlas, Analyseatlas, View-Only-Atlas.

b) nach Format und Umfang: Riesenatlas, Handatlas, Buchatlas, Taschenatlas und Miniatlas.

c) nach nutzerorientierter Zweckbestimmung: allgemeinbildende Atlanten (Nachschlageatlas, ↗Hausatlas, ↗Lexikonatlas), ↗Schulatlanten, ↗Planungsatlanten, ↗Fachatlanten (geologischer Atlas, hydrologischer Atlas, ↗Klimaatlas, Florenatlas u. a.), Atlanten individueller und gruppenspezifischer Nachfragebedürfnisse (z. B. Touristenatlas, Wanderatlas, Skiatlas).

d) nach Darstellungsgebiet: ↗Weltatlas, Landesatlas (↗Nationalatlas), ↗Regionalatlas (Großraum-, Gebiets- und ↗Heimatatlas), ↗Stadtatlas, ↗Ortskernatlas), aber auch ↗Weltraumatlas, Himmelsatlas, Mondatlas.

e) nach thematischem Inhalt: komplexe Themaatlanten (↗Universalatlas, ↗Umweltatlas, ↗Nationalatlas, ↗Planungsatlas), Themaatlanten zu speziellen Sachverhalten (Orographischer Atlas, ↗Meeresatlas, ↗Klimaatlas, Wirtschaftsatlas, Verkehrsatlas, Geschichtsatlas). Eine Sonderstellung nehmen die ↗Bildatlanten ein. [WD]

Atlas Bundesrepublik Deutschland, ein komplexer, noch in Bearbeitung befindlicher Atlas (↗Nationalatlas), der als Gesamtwerk der deutschen Kartographie und Geographie das vereinte Deutschland in einer kartographisch-landeskundlichen Gesamtdarstellung mit dem Hauptmaßstab 1:2,75 Mio. erfaßt. Der Atlas wird vom Institut für Länderkunde (IfL) in Leipzig in insgesamt zwölf Bänden herausgegeben.

Atlas Deutsche Demokratische Republik, *Atlas DDR*, komplexer Atlas vom Staatsgebiet der DDR (↗Nationalatlas). Er umfaßt 58 Kartenblätter mit 110 Karten im Format von 55 × 84 cm mit dem Hauptmaßstab 1:750.000. Noch im Maßstabsbereich topographischer Übersichtskarten liegend, ermöglicht er detaillierte thematische Aussagen bis zur Gemeinde und damit die direkte Darstellung wesentlicher Züge der Territorialstruktur. Der Atlas wurde von 1960 bis 1981 unter der Leitung von E. ↗Lehmann hergestellt. Die meisten Kartenthemen sind als Forschungsaufträge erstmals kartographisch bearbeitet worden und gliedern sich in die Komplexe: Naturgrundlagen, Bevölkerung, Industrie, Landwirtschaft, Verkehr, Handel, Bildung und Kultur sowie Forstwirtschaft. Zusammen mit fünf komplexen Übersichten vermittelt die Kartenfolge in ihrer Gesamtheit einen umfassenden Überblick des Staates mit Stand zur Volkszählung 1964 und Sondererhebungen der 1970er Jahre. [WSt]

Atlas mira, (russ.) Weltatlas, ein großer sowjetischer ↗Handatlas, der in erster Auflage 1954 und in zweiter 1967 in zwei Ausgaben, einmal mit kyrillischer und zum anderen in englischer Beschriftung, jeweils mit eigenem Registerband von der Hauptverwaltung Geodäsie und Kartographie in Moskau herausgegeben wurde. Der Atlas besteht überwiegend aus detailliert gearbeiteten Höhenschichtenkarten für Gebiete, Staaten und Großräume, hauptsächlich in den Maßstäben 1 : 1.500.000 bis 7.500.000 sowie Übersichten für Erdteile und Weltmeere; zusammen 250 Kartenseiten mit einer Gesamtkartenfläche von 30 m^2. Die Generallegende weist über 90 Kartenzeichen aus, das Register enthält ca. 200.000 geographische Namen, womit der Atlas zu den größten und inhaltsreichsten Atlanten gehört und zu seiner Entstehungszeit ein Weltspitzenerzeugnis war. [WSt]

atmophil ↗geochemischer Charakter der Elemente.

Atmosphäre, die überwiegend gasförmige Hülle, von der Himmelskörper umgeben sind und die durch die ↗Schwerkraft (Gravitation) dieser Körper festgehalten wird (Tab.). Im folgenden soll speziell die Atmosphäre unseres Planeten Erde im Blickpunkt stehen, und zwar ihre Entstehung sowie Entwicklungsgeschichte, ihre Zusammensetzung und ihre vertikale Struktur.

Die Zusammensetzung der *Uratmosphäre* war zunächst, als die Erde durch Kontraktion eines Urnebels zusammen mit den anderen Planeten des ↗Sonnensystems vor etwa 4,6 Mrd. Jahren entstand und sich dabei enorm erwärmte, vermutlich ähnlich der relativen Häufigkeit der Elemente und Verbindungen, wie sie auch heute im Kosmos vorgefunden wird: 92 % Wasserstoff (H_2), 7 % Helium (He), 0,03 % Kohlenstoff (C), 0,008 % Stickstoff (N_2), 0,006 % Sauerstoff (O_2) u. a. Aufgrund der damals extrem hohen Temperatur und der relativ geringen Masse der Erde, somit auch relativ geringen Gravitation, gingen die leichtesten Substanzen (H_2, He) aber zum größten Teil rasch verloren, während sie in den Atmosphären der ↗Sonne und auch von Jupiter noch heute dominieren. Nach dieser ersten Uratmosphäre entwickelte sich durch Ausgasung des ↗Erdmantels, einschließlich ↗Vulkanismus, bald eine – ähnlich wie bei den Nachbarplaneten Venus und Mars noch heute – von Kohlendioxid (CO_2) dominierte Atmosphäre. Das Kohlendioxid bildete sich aus Kohlenstoff (C) und dem reaktionsfreudigen Sauerstoff (O_2). Unter Mitwirkung des verbliebenen Wasserstoffs (H_2) bildeten sich auch Wasserdampf (H_2O) und Methan

Charakteristikum	Venus	Erde	Mars	Jupiter	Sonne
Sonnenabstand, 10^6 [km] [1]	108,2	149,6	227,9	778,3	–
Radius am Äquator [km] [2]	6051	6378	3390	$7{,}17 \cdot 10^4$	$6{,}96 \cdot 10^5$
Masse [kg] [2]	$4{,}87 \cdot 10^{24}$	$5{,}98 \cdot 10^{24}$	$0{,}65 \cdot 10^{24}$	$1{,}90 \cdot 10^{27}$	$1{,}97 \cdot 10^{30}$
mittlere Dichte [kgm^{-3}] [1, 2]	5248	5517	3933	1330	1409
atmosphär. Masse 10^{18} [kg]	515	5,14	0,31	?	?
Luftdruck, Oberfläche [hPa] [1]	91.000	1013	7	>> 100	?
atmosphär. Molekulargew. [1]	44	29 [3]	44	2	2
solare Strahlungsflußdichte, [W/m²] [2]	2617	1370	589	51	$7{,}22 \cdot 10^7$
Oberflächentemperatur [°C] [1]*	482	15	-23	-130	5500 [4]
Albedo (mit Atmosphäre) [%]	75	30	15	?	–
Treibhauswirkung [°C]	466	33	3	?	–
Hauptbestandteile der Atmosphäre [%] [5]	CO_2: 96 N_2: 3 H_2O: < 0,1	N_2: 76 O_2: 20 H_2O: 2,6 Ar: 0,9 CO_2: 0,03	CO_2: 96 N_2: 3 Ar: 1,6 H_2O: < 0,1	H_2: 89 He: 11	H_2: 71 He: 27
Wolkenzusammensetzung	H_2SO_4	H_2O	Staub, CO_2, H_2O	?	–

[1] Mittelwert [2] ohne Atmosphäre [3] trockene Luft 28,9644 [4] Photosphäre
[5] Erdatmosphäre für feuchte Luft, H_2O jeweils Mittelwert in Oberflächennähe

Atmosphäre (Tab.): Vergleich einiger gegenwärtiger Charakteristika von Venus, Erde, Mars, Jupiter und Sonne, insbesondere hinsichtlich ihrer Atmosphären.

(CH_4) und aus N_2 und H_2 Ammoniak (NH_3). Weiterhin hat diese Uratmosphäre sicherlich auch Schwefelverbindungen (primär Schwefelwasserstoff (H_2S, hauptsächlich vulkanischen Ursprungs) enthalten. In der weiteren atmosphärischen Entwicklung der sich durch Wärmeabstrahlung abkühlenden Erde war der günstige Abstand der Erde zur Sonne von großer Bedeutung. Er ließ – im Gegensatz zur Venus – durch Kondensation des zunächst vollständig gasförmigen H_2O die Bildung des ↗Ozeans zu (ab etwa 3,2 Mrd. Jahre v.h., nachdem schon um 4 Mrd. Jahren v.h. die Erdoberflächentemperatur auf unter 100 °C abgesunken war) (↗Klimageschichte). Vom Ozeanwasser wurden große Mengen von CO_2 aufgenommen, somit der Atmosphäre entzogen und letztlich als ↗Kohlenstoff in Sedimenten (Carbonatgesteinen) abgelagert. Die Verwitterung der Gesteine und der Vulkanismus lieferten ständig CO_2 nach (↗Kohlenstoffkreislauf). Freier Sauerstoff (O_2), der sich in der reduzierenden Uratmosphäre nicht halten konnte, wurde nun allmählich in geringen Mengen unter Mitwirkung der solaren UV-Einstrahlung durch die photochemische Aufspaltung von H_2O (Wasserdampf) und CO_2 gebildet. Dies ermöglichte, auch die Bildung von ↗Ozon (O_3) aus O_2, insbesondere in der ↗Stratosphäre, weil dort der Ozonabbau im Gegensatz zur unteren Atmosphäre relativ gering ist (↗Ozonloch). Sobald die vor zu starker UV-Strahlung schützende ↗Ozonschicht entstanden war, begünstigte sie die weitere Entwicklung des bereits im Ozean enstandenen Lebens und es erfolgte die Eroberung der Landgebiete, insbesondere die Entstehung üppiger ↗Vegetation. Schließlich war der Prozeß, der entscheidend zum weiteren Entzug von CO_2 aus der Atmosphäre und zur Bildung großer Mengen von freiem O_2 führte, die ↗Assimilation (Photosynthese) der Vegetation, bei der CO_2 und H_2O in der ↗Biomasse gebunden, aber O_2 frei gesetzt wird. Die heutigen atmosphärischen Konzentration von O_2 und auch von stratosphärischem O_3 sind etwa vor 500 Mio. Jahren erreicht worden. Nach dem weitgehenden Verlust von H_2 und He sowie der häufigen Einbindung von C und O in chemische Verbindungen ist das weniger reaktionsfreudige N_2 zum Hauptbestandteil der Gase der heutigen Erdatmosphäre geworden (rund 78 %), gefolgt von O_2 (rund 21 %). Argon (Ar), das aus dem radioaktiven Zerfall von ^{40}K (Kalium mit der Massenzahl 40) stammt, geht als ↗Edelgas gar keine Reaktionen ein und kann aus diesem Grund in gewissem Maß akkumulieren. Es steht mit rund 0,9 % auf Rangplatz drei der atmosphärischen Zusammensetzung. Alle anderen Gase weisen Konzentrationen von weniger als einem Promille auf und werden deswegen atmosphärische ↗Spurengase genannt. Es wäre jedoch falsch, die Bedeutung der atmosphärischen Gase nur nach ihrer Konzentration zu beurteilen. Spurengasen kommt nämlich immer dann eine besondere Bedeutung zu, wenn sie entweder aufgrund ihrer Reaktionsfreudigkeit (und relativ hohen Konzentration) toxisch wirken, d.h. das Leben auf der Erde schädigen, z.B. Kohlenmonoxid (CO), Schwefeldioxid (SO_2), Stickoxide ($NO_x = NO + NO_2$) (↗Luftreinhaltung), oder aufgrund ihrer Strahlungseigenschaften klimarelevant sind, z.B. H_2O, CO_2, CH_4, N_2O, ↗FCKW) (↗Strahlung, ↗Treibhauseffekt, ↗anthropogene Klimabeeinflussung). Hinzu kommt ihre Rolle in der stratosphärischen Chemie. Daher ist beispielsweise die Rolle von Ozon (O_3), das in der unteren Atmosphäre bei entsprechender Konzentration toxisch wirkt, als stratosphärische Ozonschicht dagegen das Leben vor zu intensiver solarer UV-Strahlung schützt und außerdem noch klimarelevant ist, besonders kompliziert (↗Ozonloch). Wie im Fall von O_3 und einigen weiteren Spurengasen ist auch der Gehalt von ↗Wasserdampf (H_2O) der Atmosphäre regional und zeitlich sehr variabel. Er kann maximal um 4 % liegen oder aber selbst in der unteren Atmosphäre deutlich unter 1 % absinken (↗Luftfeuchte). Da sich dies auf die restliche Zusammensetzung der Atmosphäre erheblich auswirkt, wird deren Zusammensetzung meist wasserdampffrei (für trockene ↗Luft) angegeben. Trotzdem ist H_20 überaus wichtig. Es kann als einziges Gas der Atmosphäre unter natürlichen Bedingungen in den flüssigen bzw. festen ↗Aggregatzustand übergehen, ist als ↗Wasser lebensnotwendig und spielt eine große Rolle im Geschehen von ↗Wet-

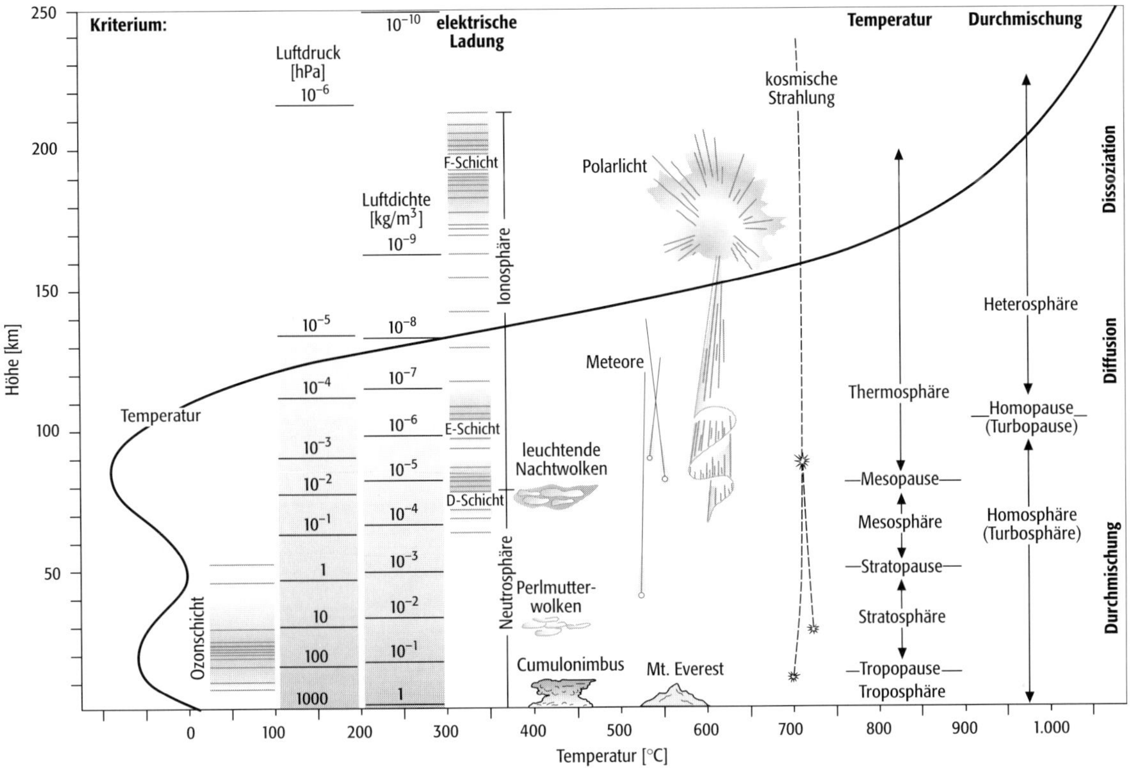

Atmosphäre 1: Vertikaler Aufbau der Erdatmosphäre bis 250 km Höhe nach verschiedenen Kriterien, mit Standardwerten von Temperatur, Druck und Luftdichte.

ter und ↗Klima sowie im Stoff- und ↗Energiehaushalt der Atmosphäre. Der H_2O-Stoffhaushalt wird meist in Form des ↗Wasserkreislaufs betrachtet. Auch C, S und N unterliegen bedeutsamen Stoffkreisläufen (z. B. ↗Kohlenstoffkreislauf).

Die Erdatmosphäre besteht nicht nur aus einem Gasgemisch, das als Luft bezeichnet wird, sondern auch aus flüssigen und festen Bestandteilen. Dabei sind die ↗Hydrometeore, nämlich Wassertropfen und ↗Eispartikel, als ↗Wolken und ↗Niederschlag von besonderer Bedeutung, außerdem weitere flüssige oder feste Beimengungen, die als ↗Aerosol bezeichnet werden; manchmal werden die festen Bestandteile (ausgenommen Eispartikel) auch Lithometeore genannt. Aus Wasserdampf und ↗Eispartikeln entstehen die überaus vielfältigen Wolkenformen (↗Wolkenklassifikation, ↗Wolkenbildung). Beispiele für Aerosole sind Schwefelsäuretröpfchen, Sulfatpartikel, Ruß, Stäube, Salzkristalle und Pflanzenpollen. Die mittlere Aerosolkonzentration in Bodennähe ist im einzelnen wie beim Wasserdampf, der Bewölkung und einigen Spurengasen zeitlich und räumlich stark variabel. Hinsichtlich aller Bestandteile der Atmosphäre ist nach natürlichem (»Hintergrundkonzentrationen«) bzw. anthropogenem Ursprung zu unterscheiden.

Aufgrund ihrer physikalischen Eigenschaften wird die Atmosphäre vertikal in verschiedene »Stockwerke« untergliedert (Abb. 1). Das kann nach a) dem Grad der Durchmischung geschehen: ↗Homosphäre oder Turbosphäre bis etwa 100 km Höhe (Homopause, Turbopause) mit guter Durchmischung und daher, bis auf kurzlebige Substanzen, weitgehend gleicher Zusammensetzung. Darüber folgt die Heterosphäre (↗Diffusion und Dissoziation) mit einer nach oben hin immer ausgeprägteren Schichtung der Substanzen nach ihrem Molekulargewicht (leichte wie H_2 bzw. H sind ganz oben). b) Nach der elektrischen Ladung (↗atmosphärische Elektrizität) der Atome und Moleküle: Neutrosphäre bis etwa 80 km Höhe, darüber ↗Ionosphäre (relativ hoher Anteil elektrisch geladener Teilchen) mit Konzentration in der sogenannten ↗D-Schicht (80–100 km), ↗E-Schicht (um 100 km), F_1-Schicht (150–200 km) und F_2-Schicht (250–500 km) (↗F-Schicht), dabei ausgeprägte Tages- und Jahresgänge. c) Nach dem Reibungseinfluß auf den ↗Wind: ↗Peplosphäre (Reibungsschicht), identisch mit der ↗atmosphärischen Grenzschicht, d. h. je nach Beschaffenheit der Erdoberfläche bis in eine Höhe von etwa 500 m–2 km, während darüber, in der ↗freien Atmosphäre, dieser Reibungseinfluß annähernd unwirksam ist. Die ↗Magnetosphäre, etwa ab 500 km Höhe, wird vorwiegend in der Geophysik bzw. Astrophysik betrachtet. d) Das am häufigsten verwendete Kriterium der Vertikalgliederung der Atmosphäre ist jedoch die ↗Lufttemperatur. In Orientierung an die zeitlichen und räumlichen Mittelwerte ist verschiedentlich eine Standardatmosphäre definiert wor-

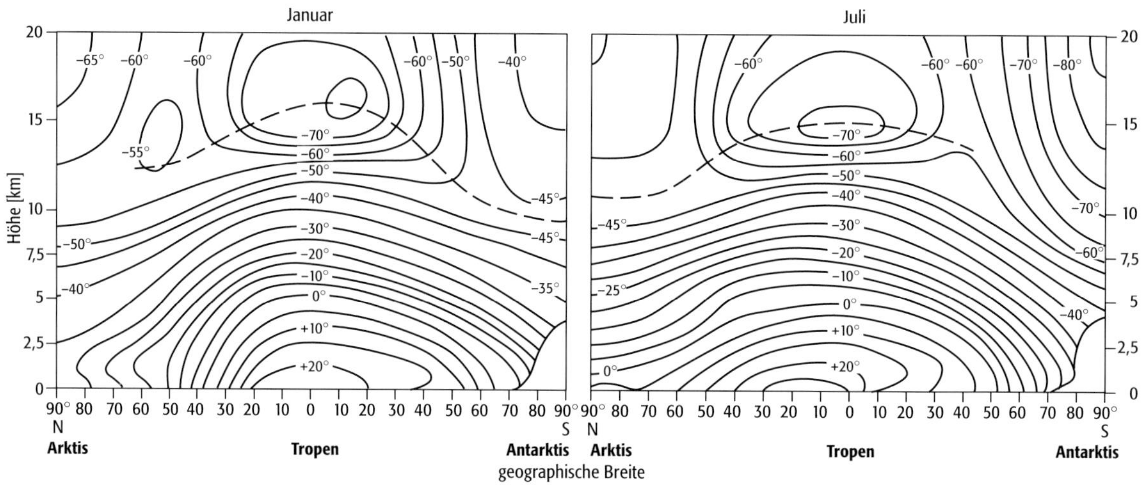

Atmosphäre 2: Thermische Struktur der Troposphäre und untersten Stratosphäre im Januar und im Juli; Vertikalschnitte.

den, z.B. die US ↗Standardatmospäre oder die darauf bezogene, aber nur für die unteren 20 km definierte, Standardatmosphäre der Internationalen Zivilluftfahrtorganisation (↗ICAO). Für die Luftfahrt ist die Eichung der Druck-Höhenmesser von großer Bedeutung. Außerdem gibt es noch eine Festlegung des Committee on International Reference Atmosphere (CIRA).

In der Wirklichkeit zeigt der vertikale Temperaturgradient der *Troposphäre*, als unterstem Stockwerk der Atmosphäre, beginnend mit der atmosphärischen Grenzschicht, eine erhebliche zeitliche und regionale Variabilität (↗adiabatischer Prozeß), wobei auch ↗Inversionen auftreten. In der Troposphäre spielen sich wegen des relativ hohen Wasserdampfangebots die wesentlichen Wetterprozesse wie ↗Bewölkung, ↗Niederschlag, und ↗Gewitter ab, weswegen man auch von einer Wettersphäre sprechen könnte. Die vertikale Temperaturabnahme der Troposphäre ist dadurch bedingt, daß die einfallende ↗Sonnenstrahlung, die wie die terrestrische ↗Ausstrahlung in der gesamten Atmosphäre der ↗Extinktion unterliegt, zum größten Teil an der Erdoberfläche absorbiert wird, so daß die Heizung der Troposphäre durch die Flüsse latenter und fühlbarer Wärme von unten nach oben erfolgt (↗Energiehaushalt). Die Berechnung der vertikalen Luftdruckabnahme erfolgt nach der ↗barometrischen Höhenformel. Als Faustregel gilt: Abnahme auf die Hälfte nach jeweils 5,5 km Höhe. In der obersten Troposphäre treten die als ↗Strahlstrom bezeichneten Starkwindfelder auf, verknüpft mit ↗Tropopausensprüngen. Die *Tropopause* bildet die obere Abgrenzung der Troposphäre, wobei die Höhenlage abhängig ist von deren Temperatur, sie steigt mit steigender Temperatur an. So ist die Tropopause in den Polarregionen je nach Jahreszeit, zwischen 6 und 10 km Höhe zu finden, in mittleren Breiten zwischen 9 und 13 km und in den ↗Tropen bei geringer Variabilität in ungefähr 17 km Höhe. Die Tropopausentemperatur liegt wegen der höheren Vertikalerstreckung der tropischen Troposphäre dort bei erheblich geringeren Werten (um -70 bis -80 °C) als über den Polargebieten.

Oberhalb der Troposphäre, liegt die *Stratosphäre*. Sie wird nach unten durch die Tropopause von der Troposphäre abgegrenzt. Die Stratosphäre ist im Mittel durch eine zunächst nahezu isotherme Schichtung, nach oben hin aber deutliche vertikale Temperaturzunahme gekennzeichnet (Abb. 2). Ursache dafür ist die Bildung der Ozonschicht unter Absorption solarer UV-Einstrahlung. Die Stratosphäre ist zwar extrem trocken, läßt aber in ihrem unteren Bereich zeitweise die Bildung von Wolken zu (↗Perlmutterwolken), die für die dortige Ozonchemie von großer Bedeutung sind. Außerdem ist die Stratosphäre Träger von relativ langlebigen Aerosolschichten, die zeitweise durch den explosiven Vulkanismus verstärkt werden (↗Vulkanismus-Klima-Effekte). Die Obergrenze der Stratosphäre, die *Stratopause*, liegt bei rund 50 km Höhe. Dort herrschen Temperaturen um 0 °C (Standardwert -2,5 °C).

In der sich daran nach oben hin anschließenden *Mesosphäre* nimmt die Temperatur nach oben hin um etwa 2,5 K pro km ab, erreicht also bei rund 100 km Höhe (Sommer, außertropisch rund 90 km) -90 °C. Im oberen Teil dieser Schicht, in über 80 km Höhe treten ↗leuchtende Nachtwolken auf. Die *Mesopause* bildet die Obergrenze der Mesosphäre.

Stratosphäre und Mesosphäre werden gelegentlich als *mittlere Atmosphäre* zusammengefaßt. Oberhalb der Mesosphäre wird die *Thermosphäre* definiert. Die Temperatur nimmt hier wieder zu und erreicht dabei extrem hohe Werte (Standardwert in 200 km Höhe bereits rund 1000 °C), da wegen der herrschenden äußerst geringen Luftdichte (in 200 km Höhe etwa 10^{-10} kg · m^{-3}, Luftdruck etwa 10^{-6} hPa = 10^{-4} Pa, was bereits einem technischen Hochvakuum entspricht) die freien Weglängen der Moleküle sehr groß werden (in 200 km Höhe etwa 200 m, dagegen in Bodennähe 60 nm). Es ist somit problematisch, den materiegebundenen Begriff der Temperatur in dieser Höhe überhaupt zu definieren. Trotzdem ist die Thermosphäre Ort spektakulärer Phänomene wie der ↗Polarlichter. Schließlich geht die Atmosphäre allmählich in den interplanetarischen Raum über, auch wenn oberhalb der Thermosphäre noch die ↗Exosphäre definiert wird. Die Angaben über die Lage der *Thermopause*, also die Obergrenze der Thermosphäre, schwanken zwischen 500 km und 3000 km.

Die Atmosphäre der Erde stellt keinen isolierten Bereich dar, sondern steht im Rahmen des ↗Klimasystems in vielseitigen Wechselwirkungen mit dem ↗Ozean, der Kryosphäre (Eisgebieten), der Erdoberfläche (↗Pedosphäre, ↗Lithosphäre) und der ↗Biosphäre, insbesondere mit der ↗Vegetation. [CDS]

Literatur: [1] WARNECK, P., WURZINGER, X. (1987): Chemical composition of and chemical reactions in the atmosphere. In G. FISCHER (ed.): Landolt-Börnstein Numerical Data and Functional Relationships in Science and Technology. Vol. V/4, Meteorology, Subvolume b. – Berlin. [2] LILJEQUIST, G. H. & CEHAK, K. (1984): Meteorologie. – Braunschweig. [3] WARNECKE, G. (1997): Meteorologie und Umwelt. – Berlin. [4] DEUTSCHER WETTERDIENST (1987): Allgemeine Meteorologie. – Offenbach. [5] FAUST, H. (1968): Der Aufbau der Erdatmosphäre. – Braunschweig. [6] C.-D. Schönwiese (1995): Klimatologie. – Stuttgart. [7] GRAEDEL, T. E. & CRUTZEN, P. J. (1993): Chemie der Atmosphäre. – Heidelberg.

Atmosphärengezeiten, Gezeiten der Atmosphäre verursacht durch die primären gezeitenerzeugenden Massen von Sonne und Mond. Bedeutsamer noch sind die von den Massenverlagerungen der Atmosphäre, z. B. durch thermische Ausdehnung, verursachten direkten und durch Auflasteffekte indirekten Gezeiteneffekte.

Atmosphärenkorrektur, *haze correction*, Korrektur des durch den Fernerkundungssensor erfaßten und durch ↗atmosphärische Streuung und ↗Absorption ↗elektromagnetischer Strahlung einer verfälschten spektralen Mischsignatur aus reflektierten und gestreuten Strahlungsanteilen entsprechenden Signals. Korrekturmodelle gliedern sich in eine ↗radiometrische Korrektur und einen atmosphärische Einflüsse betreffenden Teil. Der Algorithmus zur atmosphärischen Korrektur der auf den Detektor auftreffenden spektralen Strahldichtewerte setzt die Kenntnis von meteorologischen Größen aus Radiosondenaufstiegen, von horizontaler Sichtweite und optischer Tiefe voraus. Im Zuge einer atmosphärischen Korrektur wird auf Pixelebene vom jeweiligen Grauwert (digital number) ausgegangen, in spektrale Strahldichtewerte und weiter in scheinbare Reflexionsgrade transformiert, um dann mit Hilfe geeigneter Aerosol- und Atmosphärenmodelle im Sinne einer Approximation In-situ-Reflexionsgrade und über einen Skalierungsfaktor letztendlich atmosphärisch korrigierte Grauwerte bereitzustellen. Operationell verfügbare Korrekturmodelle sind z. B. LOWTRAN F (Low Resolution Atmospheric Radiance and Transmittance) und 6 S (Simulation of the Satellite Signal in the Solar Spectrum). Eine einfache Form der atmosphärischen Korrektur von digitalen Fernerkundungsdaten beruht auf der Ermittlung eines Versatzwertes aus den Histogrammen der einzelnen Spektralkanäle. Damit wird erreicht, daß Grauwerte, die infolge spektraler atmosphärischer Streuung zu einem guten Teil Bildelementen zugewiesen werden, die eigentlich in nicht reflektierenden Schattenflächen liegen, im Bilddatensatz nicht berücksichtigt werden. ↗Dunstkorrektur. [EC]

Atmosphärenmasse, die Gesamtmasse der Atmosphäre beträgt $5{,}16 \cdot 10^{21}$g; damit besitzt sie unter den ↗Geosphären den geringsten Anteil an der Gesamtmasse der Erde.

Atmosphärenzumischungen, im Verlauf der Erdgeschichte veränderte sich die Zusammensetzung der Atmosphäre durch verschiedene Zumischungen. Darunter fallen Gasphasen, die während der Magmendifferentiation freigesetzt werden. Sauerstoff ist auf der einen Seite als Produkt der Photosynthese entstanden, zum anderen kann er durch photochemische Dissoziation von Wasserdampf entstehen. Weiterhin werden der Atmosphäre Gase durch Kometen und Meteoriten zugeführt. Durch radioaktiven Zerfall (He aus U und Th; Ar aus ^{40}K) kann die Zusammensetzung der Atmosphäre modifiziert werden (↗Atmosphäre).

atmosphärische Elektrizität, *Luftelektrizität*, elektrische Prozesse in der unteren Atmosphäre. Zwischen der Ionosphäre und dem Erdboden besteht eine Potentialdifferenz von etwa 300 kV, die durch die globale Gewittertätigkeit aufrechterhalten wird. Das dadurch hervorgerufene. elektrische ↗Schönwetterfeld der Erde hat in der Nähe der Erdoberfläche eine Feldstärke von -100 bis -150 V/m und ruft einen vertikalen Stromfluß mit einer Dichte von etwa $3 \cdot 10^{-12}$ A/m^2 hervor, der sich global zu 1500 A addiert. Dieser Strom ist entsprechend der Bewegung positiver Ladungsträger von oben nach unten gerichtet und wird durch die Bewegung der ↗Luftionen vermittelt. Bei der Störung des Schönwetterfeldes durch Gewitter erfolgt ein umgekehrt gerichteter Stromfluß, zum einen in Form des Leitungsstromes vom Oberrand der Gewitterwolke in Richtung Ionosphäre und zum anderen durch Blitz- und Koronaentladungen zwischen Gewitter und Erdboden. Gewitter stellen damit die Generatoren des globalen elektrischen Stromkreis dar. ↗elektrisches Feld der Atmosphäre, ↗Gewitterelektrizität. [UF]

atmosphärische Fenster, Bezeichnung für bestimmte Spektralbereiche, in denen die wolkenfreie Atmosphäre die kurzwellige solare oder die langwellige terrestrische Strahlung nahezu ohne Schwächung zur Erdoberfläche bzw. in den Weltraum durchläßt. Das wichtigste atmosphärische Fenster ist der sichtbare Spektralbereich (↗Sonnenstrahlung Abb.), in dem nur geringe Absorption stattfindet (z. B. durch ↗Ozon). Meist werden mit dem Begriff atmosphärische Fenster jedoch nur die beiden Spektralbereiche im terre-

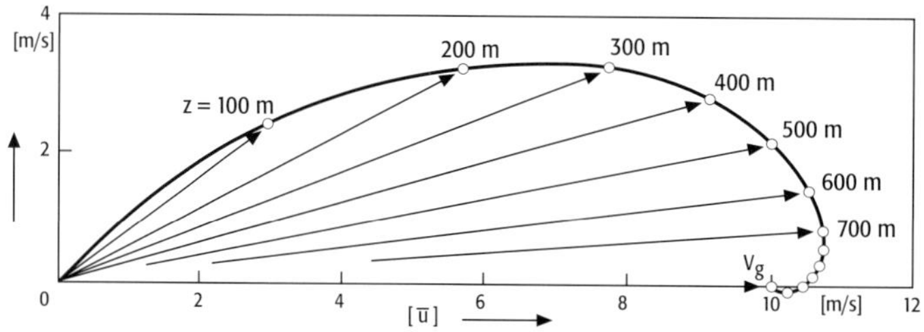

atmosphärische Grenzschicht 1: Änderung des Windvektors mit der Höhe in der Ekman-Schicht. Hodographendarstellung der Geschwindigkeitskomponenten *u* und *v*. V_g = geostrophischer Wind.

strischen Spektrum 3,45–4,1 μm und 8,2–13,0 μm bezeichnet. Die anderen Spektralbereiche im terrestrischen Spektrum werden in erster Linie durch ↗Absorptionsbanden des Wasserdampfs und des Kohlendioxids dominiert. Das große Fenster im Infraroten wird durch die Ozonbande bei 9,6 μm in zwei Bereiche aufgeteilt (↗elektromagnetisches Spektrum). Dieses Fenster hat wesentliche Bedeutung für den ↗Treibhauseffekt, denn die Zunahme der Konzentration der klimarelevanten Spurengase verursacht eine spektrale Verengung des Fensters. Damit wird die Abstrahlung des Erdbodens im IR-Bereich behindert. Außerdem spielen die atmosphärischen Fenster in der Fernerkundung eine wichtige Rolle, denn sie werden zur Bestimmung der globalen Verteilung der Erdoberflächentemperatur von ↗Satelliten aus benutzt. Weitere atmosphärische Fenster gibt es außerhalb des solaren und terrestrischen Spektralbereichs, z. B. im Mikrowellen- und im Radiowellenbereich. [HF]

atmosphärische Gefahren, Gegebenheiten der Atmosphäre, die bei Mensch, Tier und Pflanzen Schädigungen hervorrufen können. Sie werden auch ausgelöst durch besondere Aktivitäten des Menschen wie Luft-, Schiff- und Automobilverkehr, Land- und Bauwirtschaft usw. Beispiele für solche atmosphärischen Gegebenheiten sind Sturm bzw. ↗Orkan, Blitzschlag, ↗Hagel, Überschwemmung (↗Hochwasser), Frost, Hitze, überhöhte solare UV-Einstrahlung (↗ultraviolette Strahlung, ↗Ozonloch), Flugunruhe und Flugzeugvereisung.

atmosphärische Gegenstrahlung, die zur Erdoberfläche gerichtete langwellige Strahlung der Atmosphäre (Wärmestrahlung im Spektralbereich 3,5 μm bis 100 μm). Der Name beruht darauf, daß die von der Erdoberfläche emittierte Strahlung teilweise in der Atmosphäre in den Absorptionsbanden absorbiert und in Wärmeenergie umgewandelt wird; entsprechend ihrer Temperatur emittiert die Atmosphäre ihrerseits Strahlung in den Spektralintervallen dieser Absorptionsbanden, und ein Teil davon gelangt wieder zurück zur Erdoberfläche. ↗Strahlungshaushalt.

atmosphärische Grenzschicht, *planetare Grenzschicht*, der an die Erdoberfläche grenzende, untere Teil der Atmosphäre. Die vertikale Erstrekkung beträgt, je nach Wind- und Temperaturverhältnissen, zwischen 500 m und 2000 m. Die atmosphärische Grenzschicht ist gekennzeichnet durch starke räumliche und zeitliche Änderungen der meteorologischen Felder. Der unterste Teil der atmosphärischen Grenzschicht wird auch als ↗Prandtl-Schicht bezeichnet, sie reicht bis ca. 100 m Höhe. Der daran anschließende Teil wird als Ekman-Schicht bezeichnet. Sie ist der nach dem Ozeanographen ↗Ekman benannte Teil der atmosphärischen Grenzschicht, in der sich die Windrichtung aufgrund von Reibungseinflüssen mit der Höhe ändert (Abb. 1) (*Drehungsschicht*). In der atmosphärischen Grenzschicht treten starke Vertikalgradienten in Wind-, Temperatur- und Feuchteprofilen auf. Diese Änderungen sind am größten in der Nähe des Erdbodens und an der Obergrenze der atmosphärischen Grenzschicht. Letztere wird durch einen Temperatursprung (↗Inversion) und eine darüber liegenden stabilen Temperaturschichtung gekennzeichnet (Abb. 2).
In der atmosphärischen Grenzschicht finden alle Austauschvorgänge zwischen der darüberliegenden ↗freien Atmosphäre und der Erdoberfläche statt. Dies betrifft z. B. den Energieaustausch zwischen solarer Einstrahlung, langwelliger ↗Ausstrahlung, ↗fühlbarer Wärme und ↗latenter

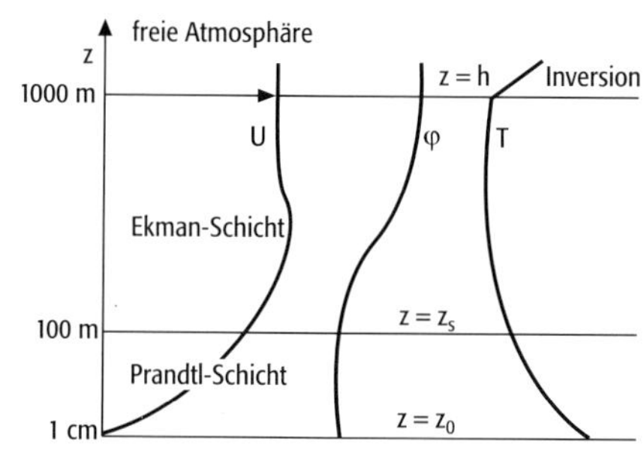

atmosphärische Grenzschicht 2: Typischer Verlauf von Windgeschwindigkeit (*U*), Windrichtung(*φ*) und Temperatur (*T*) mit der Höhe der atmosphärischen Grenzschicht (*h*). *z* = Höhe, z_0 = Rauhigkeitslänge, z_s = Höhe der Prandtl-Schicht.

Wärme (Verdunstung) und den Impulsaustausch (Bodenreibung). Durch den Tagesgang der solaren Einstrahlung kommt es besonders in Bodennähe zu starken zeitlichen Änderungen der Temperatur und damit zur Verstärkung oder Abschwächung der ↗turbulenten Flüsse von Impuls, Wärme und Feuchte zwischen der Erdoberfläche und der freien Atmosphäre (Abb. 3). [DE]

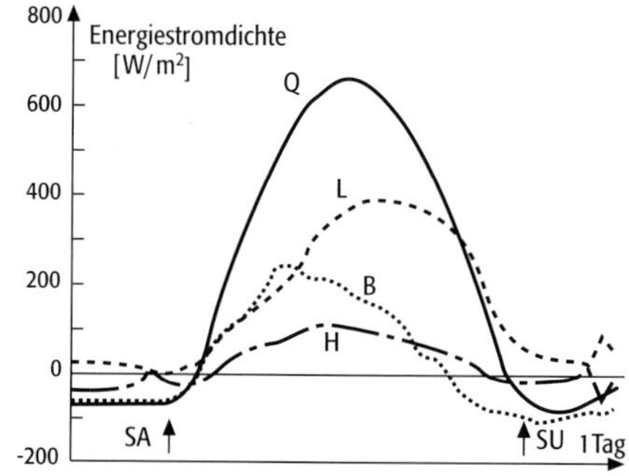

atmosphärische Grenzschicht 3: Beispiel für den Tagesgang der Energieflüsse in Bodennähe. *Q* = Strahlungsbilanz, *H* = fühlbarer Wärmestrom, *L* = latenter Wärmestrom, *B* = Bodenwärmestrom, *SA* = Sonnenaufgang, *SU* = Sonnenuntergang.

atmosphärische Ionen ↗*Luftionen*.

atmosphärische Streuung, ein Prozeß der durch atmosphärische Gase (z. B. Ozon) und Aerosole hervorgerufen wird und in Abhängigkeit zur

Atmungstyp	H^+- bzw. e^--Übertragung	Organismen
aerob:		
Sauerstoffatmung	$O_2 \rightarrow H_2O$	obligate und fakultative Aerobier (*Pseudomonas aeruginosa*)
anaerob:		
Nitratatmung	$NO_3^- \rightarrow NO_2^-, N_2O, N_2$	Aerobier, fakultative Anaerobier (*Pseudomonas stutzeri*)
Sulfatatmung	$SO_4^{2-} \rightarrow S^{2-}$	obligate Anaerobier (*Desulfovibrio, Desulfonema*)
Schwefelatmung	$S \rightarrow S^{2-}$	fakultative und obligate Anaerobier (*Desulfuromonas*)
Carbonatatmung	$CO_2/HCO_3^- \rightarrow CH_3\text{-}COOH$	acetogene Bakterien (*Acetobacterium, Clostridium*)
	$CO_2/HCO_3^- \rightarrow CH_4$	methanogene Bakterien (*Methanobacterium*)
Fumaratatmung	Fumarat → Succinat	succinogene Bakterien (*Wolinella, Escheria coli*)
Eisenatmung	$Fe^{3+} \rightarrow Fe^{2+}$	(*Alteromonas putrefaciens*)

Atmung (Tab.): Aerobe und anaerobe Atmungstypen und ihre elementaren Prozesse der Energiegewinnung.

Wellenlänge der ↗elektromagnetischen Strahlung steht. Die einfallende solare Strahlung wird auf ihrem Weg durch die Atmosphäre durch Streuungs- und Absorptionsprozesse entsprechend der Länge des optischen Weges geschwächt. Die atmosphärische Streuung variiert in den verschiedenen ↗Spektralbereichen und steigt mit abnehmender Wellenlänge. Die ↗Mie-Streuung und die ↗Rayleigh-Streuung sind Formen der atmosphärischen Streuung. Die ↗atmosphärische Korrektur von Fernerkundungsdaten versucht den Einfluß der atmosphärischen Streuung zu eliminieren.

atmosphärischer Druck ↗*Luftdruck*.

atmosphärische Refraktion ↗Refraktion.

atmosphärischer Spurenstoff ↗Aerosol.

atmospheric ↗*Sferic*.

Atmung, Energiegewinnung von Organsimen (Pflanzen, Tieren und Mikroorganismen) durch den oxidativen Abbau (↗Oxidation) organischer Stoffe. Der Begriff Atmung bezieht sich dabei auf alle Prozesse, die im Zusammenhang stehen mit der Aufnahme von molekularem Sauerstoff (O_2) in den Organismus, dem O_2-Transport in die Körperzellen und der dort erfolgenden Oxidation zu Wasser unter Abgabe von Kohlendioxid (CO_2). Man unterscheidet die äußere Atmung (Gaswechsel, ↗Respiration), welche die Aufnahme von O_2 und die Abgabe von CO_2 bezeichnet, von der inneren Atmung (Zellatmung, Katabolismus, Dissimilation), unter der man den schrittweisen oxidativen Abbau energiereicher organischer Substanzen in den Zellen (u.a. in der Atmungskette) versteht, verbunden mit einem Energiegewinn für die Organismen und der Abgabe von energiearmen Ausscheidungsprodukten (CO_2, H_2O). Im Vergleich zur ↗Gärung ist die Atmung bezüglich des Energiegewinns um ein vielfaches effektiver. Bei der Atmung wird Wasserstoff (H^+) des Substrats unter Bildung von ATP (Adenosintriphosphat) auf einen terminalen H^+-Akzeptor übertragen, der seinerseits reduziert wird. In Abhängigkeit des verwendeten H^+-Akzeptors unterscheidet man zwischen der aeroben Atmung und der anaeroben Atmung (Tab.). Bei der aeroben Atmung (Sauerstoffatmung) dient freier Luftsauerstoff als terminaler H^+-Akzeptor. Sie wird von allen obligaten oder fakultativen ↗Aerobiern praktiziert. Vereinfacht gilt:

$$C_6H_{12}O_6 + 6\,O_2 \rightarrow 6\,H_2O + 6\,CO_2 + \text{Energie}$$

($C_6H_{12}O_6$ ist Glukose und steht für organische Substanz). Die Umkehrreaktion entspricht der ↗Photosynthese der Pflanzen. Bei der anaeroben Atmung dient gebundener Sauerstoff in Form von Oxiden (z.B. Nitrat, Sulfat, Carbonat, Fumarat), aber auch elementarer Schwefel oder dreiwertiges Eisen als H^+-Akzeptor.

Atmungshemmer, verschiedene chemische Verbindungen, die die Reaktionen der aeroben ↗Atmung hemmen, z.B. Dinitrophenol, Dicumarol und Arsenat (Entkoppler der Verbindung zwischen Elektronentransport und oxidativer ATP-Bildung), Zyanid, Kohlenmonoxid und Antimycin A (Hemmung des Elektronentransportes) und Oligomyzin, Guanidin und Natriumacid (Hemmung der oxidativen Phosphorylierung).

Atoll, moderner Rifftyp, ring- oder hufeisenförmiger Riffkranz mit zentralgelegener Lagune, selten tiefer als 50 m (Abb. 1). Der Durchmesser eines Atolls kann bis Zehnerkilometer erreichen. Atolle treten meist unabhängig von größeren Festlandsarealen und oft gehäuft auf (z.B. Malediven). Sie sind häufig an auf Hotspot-Vulkanismus zurückgehende Vulkanbauten geknüpft. Die auf ↗Darwin basierende, noch gültige Theorie zur Entstehung von Atollen beschreibt drei Stadien in einer Entwicklungsreihe: a) Junge erloschene Vulkaninseln bilden den Untergrund für ↗Saumriffe (Abb. 2 a). b) Mit Absinken der Inseln durch ↗Subsidenz entsteht zwischen Insel und Riff eine Lagune und damit ein ↗Barriereriff (Abb. 2 b). c) Nach dem endgültigen Absinken entsteht ein Atoll (Abb. 2 c). In der Lagune des Atolls sammelt sich bioklastisches Sediment an,

Atoll 1: Querschnitt durch ein Atoll.

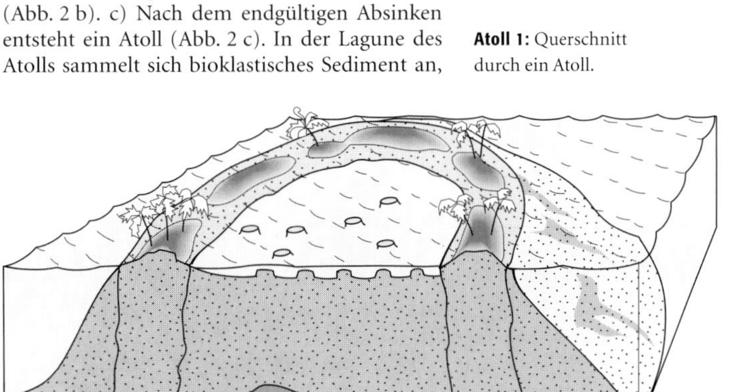

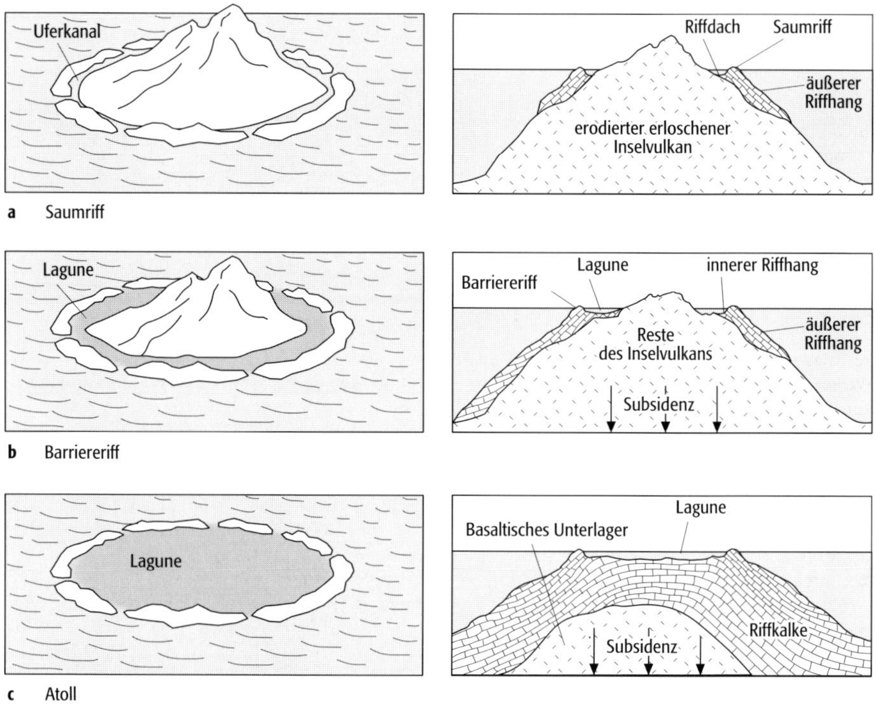

Atoll 2: Entwicklungsstadien nach Darwin: a) junge Vulkaninsel mit Saumriff. b) Durch Absinken der Insel und anhaltendes Höhenwachstum der Riffbildner entsteht eine Lagune. c) versunkene Insel mit Atoll.

das sowohl aus Riffschutt als auch aus Kalkskeletten von in der Lagune lebenden Organismen besteht. An rezenten Riffen wird eine Verbreiterung des Riffwalls an der Luvseite und häufig ein Durchbruch des Riffwalls an der Leeseite beobachtet. Auf fossile Atolle übertragen, können so ehemalige Windsysteme rekonstruiert werden. In Atollen abgeteufte Bohrungen ergaben beträchtliche Mächtigkeiten der Korallenkalke. Im Enewetak-Atoll wurde erst bei einer Teufe von 1405 m basaltisches Unterlager angetroffen.
Riffbauende ↗Korallen benötigen neben ausreichender Helligkeit über 18 °C warmes, klares, sauerstoff- und salzreiches Meereswasser. Daher sind Atolle eine häufige Inselform der tropischen Meere außerhalb sedimentreicher Flußmündungsgebiete.

Atoll-Granat, ringartig um andere Mineralphasen gewachsene ↗poikiloblastische Granate.

Atomabsorptionsspektroskopie ↗analytische Methoden.

atomare Masseneinheit ↗*amu*.

Atombindung ↗*homöopolare Bindung*.

Atomformfaktor ↗*Atomstreufaktor*.

Atomradius, Radius der Atome in ihren Elementstrukturen (↗metallischer Radius).

Atomrumpf, Atomkern und Elektronenhülle mit Ausnahme der Valenzelektronen.

Atomstreufaktor, *Atomformfaktor*, beschreibt Amplitude und relative Phasenänderung der an einem Atom gestreuten Röntgen-, Neutronen- oder Elektronenwelle. Er ist die Fouriertransformierte der betreffenden atomaren Streudichte, d. h. der Elektronendichte für Röntgenstrahlung, der Kerndichte für Neutronen (magnetische Streuung ausgeschlossen) und des elektrostatischen Potentials von Kern und Elektronenhülle für Elektronen.
a) Atomstreufaktor für Elektronen: Die Streuung von Elektronen in Materie beruht auf ihrer Wechselwirkung mit dem elektrostatischen Potential des Atomkerns und der Elektronenhülle. Der atomare Streufaktor für Elektronen hat deshalb einen nuklearen und einen elektronischen Anteil. Während der Kern für den üblichen Wellenlängenbereich um 0,1–1 Å wie eine Deltafunktion wirkt, muß die räumliche Verteilung der Elektronenhülle explizit berücksichtigt werden. Unter der Annahme einer kugelsymmetrischen Ladungsverteilung ϱ_e und eines punktförmigen Streuers ϱ_k erhält man eine direkte Beziehung zwischen dem Atomstreufaktor für Röntgenstrahlung f_x und dem Beitrag f_e zum Atomformfaktor für Elektronen (*Mott-Gleichung*):

$$f_e(S) = \frac{Z - f_x(S)}{\pi S^2}$$

($S = 2\sin\theta/\lambda$). In Tabellenwerken ist meist nicht dieses f_e tabelliert, sondern

$$f_e^B(\vec{S}) = \frac{2\pi me}{h^2} f_e(\vec{S}) = \frac{0{,}0239\left[Z - f_x(\vec{S})\right]}{\pi S^2}$$

(f_e^B in Å; f_x in Elektronen). Für $\sin\theta/\lambda \to 0$ wird die Mott-Gleichung sehr ungenau; f_e^B ($S = 0$) läßt sich dann besser durch Integration über das elektrostatische Potential des Atoms erhalten.

Die Streulänge für Elektronen (ca. 10^{-8} cm) ist wesentlich größer als die für Röntgenstrahlung (ca. 10^{-12} cm); sie hängt jedoch weniger stark von der Ordnungszahl Z ab: $f_e(0) \propto Z^{1/3}$. Der Formfaktor für Elektronenstreuung fällt – wegen der Wichtung mit $1/S^2$ – rascher als der für Röntgenstrahlen mit zunehmendem $\sin\theta/\lambda$ ab.

b) Atomstreufaktor für Neutronen: Neutronen haben einen Spin 1/2 und ein magnetisches Moment von 1,9132 Kernmagnetonen. Die Streuung von Neutronen in Materie beruht zum einen auf der Wechselwirkung mit den Atomkernen, zum anderen treten Neutronen auch mit ungepaarten Elektronen der Valenzschale, die ein permanentes magnetisches Moment besitzen, in Wechselwirkung. Der Kern (10^{-15} cm Durchmesser) wirkt für thermische Neutronen mit Wellenlängen um 1 Å = 10^{-8} cm als Punktstreuer. Seine Streulänge b_0 ist isotrop und unabhängig vom Streuwinkel. Neutronenstreulängen liegen im Bereich um 10–12 cm, vergleichbar der Streulänge von Röntgenphotonen an Elektronen. Bei der Wechselwirkung Neutron-Kern kann es zu Resonanzen kommen, so daß $b = b_0 - b' + ib''$ auch negativ werden kann. Wichtigstes Beispiel für ein Isotop mit negativer Streulänge ist ^{1}H. Der Drehimpuls I des Kerns kann mit dem Spin des eingefangenen Neutrons in paralleler oder in antiparalleler Weise zu einem Gesamtspin $J = I + 1/2$ oder $J = I - 1/2$ kombinieren, entsprechend zwei verschiedenen Streulängen b_+ und b_-. Ein reines Isotop kann als Mischung beider Zustände mit jeweils der Häufigkeit w_+ und w_- aufgefaßt werden, mit einer kohärenten Streulänge $b = w_+b_+ + w_-b_-$. Diese Spininkohärenz hat einen gleichmäßigen, inkohärenten Streuuntergrund zur Folge. Für Wasserstoff, ^{1}H, dessen Streuung weitgehend inkohärent ist ($I = 1/2$; $b_+ = 1{,}04 \cdot 10^{-12}$ cm, $b_- = -4{,}7 \cdot 10^{-12}$ cm; $w_+ = 0{,}75$, $w_- = 0{,}25$ und $b = -0{,}39 \cdot 10^{-12}$ cm), ist dieser parasitäre Untergrund besonders störend. Dieses Problem tritt nicht auf für Deuterium, ^{2}H, weshalb wasserstoffhaltige Substanzen für Neutronenbeugungsexperimente gerne deuteriert werden. Chemische Elemente bestehen aus einem Isotopengemisch, das in einer Kristallstruktur über die besetzte Punktlage statistisch verteilt ist; die resultierende Streulänge ist ein mit der Häufigkeit gewichtetes Mittel über die einzelnen Isotope: $b = \Sigma w_i b_i$.

Neutronenstreulängen hängen fast nicht von der Ordnungszahl ab; verschiedene Isotope ein und desselben Elements können gänzlich verschiedene Streulängen haben (wie z. B. ^{1}H und ^{2}H). Ungepaarte Elektronen der Valenzschale, die ein magnetisches Moment besitzen, treten mit dem Spin des Neutrons in Wechselwirkung. Diese Wechselwirkung mit der Elektronenhülle ähnelt in ihrem $\sin\theta/\lambda$-Verlauf dem Atomstreufaktor für Röntgenstrahlung, enthält allerdings nur den Beitrag ungepaarter Elektronen. Die magnetische Streuintensität liegt in der selben Größenordnung wie der Streubeitrag von den Kernen. Kernstreuung und magnetische Streuung sind unkorreliert und deshalb additiv:

$$|F|^2 = |F|^2_{Kern} + |F|^2_{Spin} \cdot \sin^2\alpha$$

(α: Winkel zwischen Elektronenspin und Streuvektor $\vec{S}$). Mit unpolarisierten Elektronen beobachtet man ein räumliches Mittel über alle Orientierungen. Mit polarisierten Neutronen kann man gezielt den Spin auf einzelne Streuvektoren projizieren und durch Messung mit zwei entgegengesetzten Polarisationsrichtungen der Neutronen (»Spinflip«) die magnetische Komponente von der Kernstreuung abtrennen.

c) Atomstreufaktor für Röntgenstrahlung: Elastische Röntgenstreuung in Materie erfolgt hauptsächlich durch Wechselwirkung mit Elektronen, der Kernbeitrag ist vernachlässigbar. In der klassischen Vorstellung bewirken elektromagnetische Wellen eine erzwungene Schwingung der Elektronen in der Richtung des einfallenden elektrischen Feldes $\vec{E}_0$, was zu einer Emission elektromagnetischer Strahlung der gleichen Energie führt (Hertzscher Dipol). Vernachlässigt man Dämpfung und Resonanzeffekte, dann folgt nach Thomson für das an einem freien punktförmigen Elektron (»Thomsonstreuer«) elastisch gestreute elektrische Feld und dessen Intensität ($r_e = 2{,}8 \cdot 10^{-12}$ cm; R = Abstand):

$$E_{th} = -r_e \frac{E_o}{R} \cos 2\theta ,$$

$$I_{th} = r_e^2 \frac{I_o}{R^2} \cos^2 2\theta ,$$

wobei der ↗Polarisationsfaktor $\cos^2 2\theta$ die räumliche Verteilung der vom Hertzschen Dipol emittierten Intensität berücksichtigt. Für eine ausgedehnte Elektronendichteverteilung $\varrho(\vec{r})$ müssen Gangunterschiede zwischen einzelnen Volumenelementen dV berücksichtigt werden:

$$E = E_{th} \int_V \varrho(\vec{r}) \exp\left[2\pi i \vec{r}\vec{S}\right] dV .$$

$\vec{S} = (\vec{s}-\vec{s}_0)/\lambda$ ist der Streuvektor (der Länge $2\sin\theta/\lambda$), der den Impulsübertrag zwischen einfallendem Strahl (Richtung $\vec{s}_0$) und gestreutem Strahl (Richtung $\vec{s}$) beschreibt. Das Integral über die gesamte Elektronendichte eines Atoms

$$f_o(\vec{S}) = \int_V \varrho_a(\vec{r}) \exp\left[2\pi i \vec{r}\vec{S}\right] dV$$

nennt man den Atomformfaktor des Atoms. Dieser ist die Fouriertransformierte der atomaren ↗Elektronendichte $\varrho_a(\vec{r})$, normiert auf die Streuamplitude eines freien, punktförmigen Elektrons. Er ist unabhängig von der Photonenenergie, aber abhängig vom Steuwinkel. Für den Streuwinkel $2\theta = 0°$ (Vorwärtsstreuung) ist f_0 gleich der Elektronenzahl des betreffenden Atoms. Für die kugelsymmetrische Ladungsverteilung eines freien Atoms vereinfacht sich das Fourierintegral zu

$$f_o(S) = 4\pi \int r^2 \varrho_a(r) \frac{\sin 2\pi r S}{2\pi r S} dr .$$

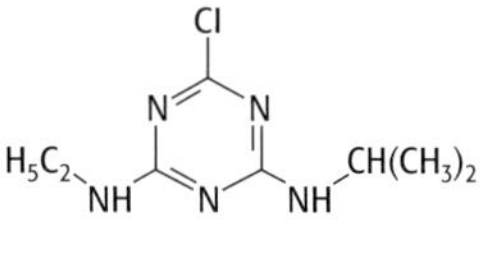

Atrazin: Strukturformel.

Es läßt sich durch Einsetzen geeigneter Wellenfunktionen explizit berechnen.
Gebundene Elektronen zeigen – im Unterschied zu freien Elektronen – von der Photonenenergie abhängige Resonanzphänomene, die ↗Absorption und ↗anomale Dispersion verursachen und zu einem komplexen Atomformfaktor

$$f(\omega) = f_o + f'(\omega) + i f''(\omega)$$

führen, der zusätzlich die energieabhängigen Dispersionskorrekturen f' und f'' enthält. Diese Korrekturterme sind normalerweise klein, zeigen aber an Röntgenabsorptionskanten sprunghafte Änderungen und liegen dort in der Größe einiger Elektronen.
Der komplexe Atomformfaktor $f(\omega)$ steht in direktem Zusammenhang mit den optischen Materialkonstanten. Der Brechungsindex N im Röntgenbereich ist ebenfalls eine komplexe Größe, die direkt von f' und f'' abhängt (r_e = klassischer Elektronenradius ($r_e = 2{,}8 \cdot 10^{-12}$ cm); N_j = Teilchenzahldichte):

$$N = (1 - \delta) - i\beta,$$

$$\delta = \frac{r_e}{2\pi}\lambda^2 \sum_j N_j \left(f_o + f'\right)_j ,$$

$$\beta = \frac{r_e}{2\pi}\lambda^2 \sum_j N_j f_j'' .$$

Der Brechungsindex weicht im Röntgenbereich nur wenig von $|N| = 1$ ab; $\delta \approx 10^{-5}, \beta \approx 10^{-6}$.
Das Optische Theorem verbindet f'' mit dem linearen ↗Absorptionskoeffizienten für Röntgenstrahlung:

$$\mu = 4\pi\beta / \lambda = 2 r_e \lambda \sum_j N_j f_j'' .$$

Absorptionskoeffizienten für Röntgenstrahlung liegen bei 100 bis 1000 cm^{-1}; sie wachsen mit der dritten Potenz der Wellenlänge und zeigen analog zu f'' sprunghafte Änderungen im Bereich der K- und L-Absorptionskanten (↗anomale Dispersion).
Der Realteil f' ist mit dem Imaginärteil f'' durch eine Kramers-Kronig-Transformation verknüpft:

$$f'(\omega_o) = \frac{2}{\pi}\int_0^\infty \frac{\omega f''(\omega)}{\omega_o^2 - \omega^2} d\omega .$$

[EH]

Atomuhr, ↗Uhr, deren Takt aus einem periodischen Vorgang auf atomarer Ebene abgeleitet wird (↗Caesiumuhr, ↗SI-Sekunde).

Atomzeit, ↗Zeit, deren Ablauf mit ↗Atomuhren dargestellt wird. Wichtig ist die internationale Einigung auf ↗TAI.

ATOVS, *Advanced TIROS-N Operational Vertical Sounder*, im Vergleich zu ↗TOVS verbesserter Sondierer an Bord der operationellen meteorologischen ↗polarumlaufenden Satelliten von ↗National Oceanic and Aeronautical Agency und ↗EUMETSAT, insbesondere zur Bestimmung von Vertikalprofilen der Temperatur und Feuchte in der ↗Atmosphäre sowie des Gesamtozongehaltes. Zum ATOVS-Instrumentenpaket zählen das ↗HIRS, die ↗AMSU-Geräte und die ↗SSU. Das HIRS liefert Informationen oberhalb von Wolken oder von wolkenfreien Gebieten, die AMSU-Geräte dagegen auch aus Gebieten mit Bewölkung.

Atrazin, zählt zu der Substanzklasse der Triazin-Derivate (Abb.) und ist ein die ↗Photosynthese hemmendes, hauptsächlich im Maisanbau, aber auch im Zuckerrohr-, Sorghum- und Ananasanbau eingesetztes ↗Herbizid. In den 1980er Jahren wurde festgestellt, daß das Wasser vieler Trinkwasserreservoirs (Grundwasser) Atrazingehalte von über 0,1 µg/l aufwies. Dieser Wert entspricht der maximal zulässigen Pestizidmenge im Trinkwasser. Atrazin ist daher als grundwassergefährdend eingestuft und seit 1991 in der BRD verboten. Aufgrund seiner relativ hohen Wasserlöslichkeit (33 mg/l) und des geringen ↗Octanol-Wasser-Verteilungskoeffizienten (K_{OW} = 25–155) ist es sehr mobil, gelangt also schnell vom Boden in Oberflächen- und Grundwasser. Hinzu kommt, daß es in der Umwelt relativ persistent ist, obwohl es sich im Laborversuch in wässrigen Lösungen leicht abbaubar darstellte.

Attenuation, Gesamtschwächung von Licht- und Schallenergie beim Durchstrahlen eines Mediums, verursacht durch ↗Absorption und ↗Streuung. ↗Extinktion.

A-Typ-Granit ↗Granit.

Ätzen, darunter versteht man das gezielte Auflösen von Kristalloberflächen zum Zwecke der Oberflächenbehandlung und zum Sichtbarmachen von ↗Strukturdefekten. Dabei ist das Entwickeln der entsprechenden Ätzlösungen eine empirische Angelegenheit. Ätzen, welche die Oberfläche sehr gleichmäßig abtragen, werden zum chemischen Polieren genutzt. Andererseits werden Strukturätzen verwendet, um durch bevorzugtes Herauslösen von Kristallbausteinen um ↗Versetzungen herum die Strukturdefekte mittels Ätzgruben sichtbar zu machen.

Ätzfiguren, Gleichgewichtsformen, die dann entstehen, wenn ein Kristall von seiner Oberfläche her angelöst oder chemisch zersetzt wird. Geht die Auflösung von Störstellen des Kristalles aus, besonders von Spaltrissen und hohlen Kanälen, so entstehen Vertiefungen mit teils gerundeten, teils glatten Flächen, die als Ätzgruben bezeichnet werden. Bleiben auf den Kristallflächen durch Ausweitung der Ätzgruben erhabene Stellen zurück, heißen sie auch Ätzhügel. Die Form dieser Ätzfiguren hängt von den Ätzbedingungen, insbesondere vom Ätzmittel, ab. Die Symmetrie der Ätzfiguren entspricht jedoch immer der Symmetrie der Kristallfläche, auf der sie entstehen. In vielen Fällen läßt sich durch Ätzfiguren die wahre Symmetrie eines Kristalls und die kristallographische Orientierung nachweisen und erkennen. So sind Ätzfiguren auf den Rhomboederflächen von Calcit monosymmetrisch ausgebildet, auf den entsprechenden Flächen von Dolomit dagegen asymmetrisch ausgebildet. Mit

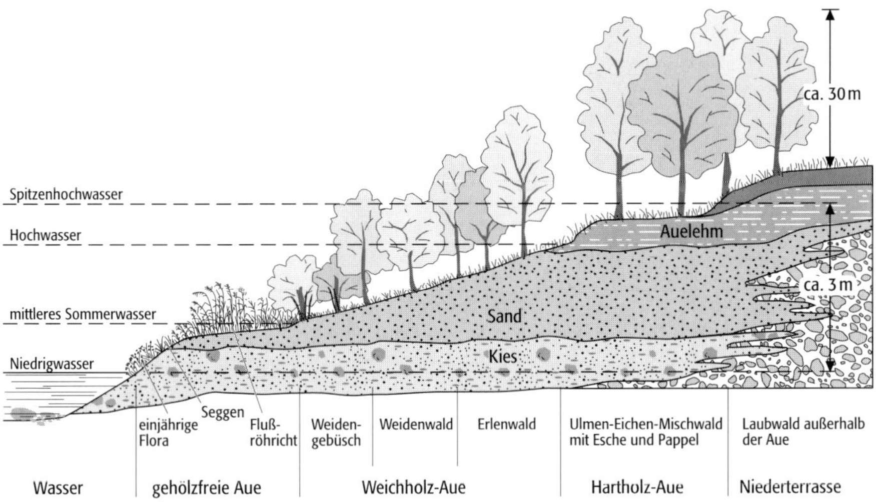

Aue: Typische Standortdifferenzierung eines Auenwaldes.

Hilfe der Ätzmethode können weiterhin technisch wichtige Kristallbaufehler sichtbar gemacht werden, so z.B. die Stufenversetzungen und die Schraubenversetzungen. [GST]

Ätzgrübchen, Vertiefungen an Kristallflächen beim Ätzen von Kristallen. ↗Ätzfiguren.

Audiomagnetotellurik, *AMT*, eine Variante der ↗Magnetotellurik, die die Signale von Gewitterblitzen im Frequenzbereich von etwa 1 Hz bis 10 kHz als Quellen ausnutzt. Die ↗Eindringtiefe liegt abhängig von der Leitfähigkeitsverteilung im Untergrund bei einigen 10er Metern bis zu einigen Kilometern. Das Verfahren wird daher insbesondere zur Untersuchung von tiefliegenden Aquiferen und der oberen Krustenstrukturen eingesetzt. Da viele künstliche Störquellen, z.B. elektrische Bahnen ($16^{2/3}$ Hz) oder das Überlandleitungsnetz (50 Hz), die Qualität der Registrierungen beeinflussen, verwendet man in besiedelten Gebieten auch die mit einem eigenen Sender ausgestattete Methode der *CSAMT* (controlled source amt).

audio-taktiles Dialogsystem ↗Blindenkarten.

Aue, einem Gerinne benachbarter Bereich, der unter natürlichen Umständen bei ↗Hochwasser überflutet wird. Die Aue erfüllt somit die Funktion eines erweiterten ↗Gerinnebettes bei Hochwasser. Auen sind i.d.R. schwach reliefiert, aber mit typischen Oberflächenformen ausgestattet, die durch ↗fluviale Sedimentation und ↗fluviale Erosion geschaffen werden. Die Zusammensetzung der natürlichen Auenvegetation hängt von der Beschaffenheit des betreffenden Flußabschnittes ab (↗Flußtyp, ↗Auenböden, geologischer Untergrund). Unter natürlichen Bedingungen wäre für Mitteleuropa eine feuchtigkeitstolerante Auenwald- und Sumpfvegetation charakteristisch mit einer typischen Standortdifferenzierung in die flußnahe, gehölzfreie Aue und Weichholzaue, sowie die flußferne Hartholzaue (Abb.). Indes wurde die natürliche Auenwaldvegetation hier bereits in vorgeschichtlicher Zeit vom Menschen verändert bzw. entfernt. Extensive Grünlandwirtschaft war bis vor wenigen Jahrzehnten für die Auenbereiche kennzeichnend. Die modernen Nutzungsansprüche haben die Auenlandschaften durch Anforderungen wie Hochwasserschutz, Schiffbarkeit, öffentliche und private Wasserentnahme, landwirtschaftliche Nutzung, Bedarf an Siedlungsflächen, Verkehrswegebau und Wasserkraftnutzung noch einmal stark überprägt. Daraus resultieren kulturwasserbauliche Maßnahmen linienhaften Charakters (Flußbegradigungen, -verlegungen, Bau von Deichen, Dämmen, Kanälen, Staustufen, Wehren, Flußbettbetonierungen, -verrohrungen, Sohlenpflasterungen, Hochwasserrückhaltebekken) sowie großflächige Eingriffe aufgrund der landwirtschaftlichen Intensivierung (Entwässerung, Flurbereinigung, Eindeichung). Aufgrund dieser umfangreichen Veränderungen können auch die verbliebenen Auenwaldrelikte, Feuchtgebiete und unbefestigten Flußabschnitte heute allenfalls als naturnah, aber nicht als natürlich gelten. Die Folgen stehen in Abhängigkeit zu den durchgeführten Eingriffen und können sich z.T. summieren. So wird z.B. durch ↗Bodenversiegelung im ↗Einzugsgebiet via Kanalisation der Zwischenspeicher Boden umgangen und in kurzer Zeit anfallende hohe Niederschlagsmengen werden direkt in die Flüsse geleitet. Diese unnatürliche Erhöhung der Abflußmenge führt auf Dauer zur Tiefenerosion im eigenen Gerinnebett, wobei auch der mit dem Flußwasserspiegel korrespondierende Grundwasserspiegel abgesenkt wird. Begradigungen verlagern das Hochwasserproblem in flußabwärts liegende unbefestigte Flußabschnitte, fehlende Überflutungsflächen verschärfen die Hochwassersituation. Des weiteren kann der Nährstoffeintrag aus flußnahen landwirtschaftlichen Flächen zur ↗Eutrophierung der Aue beitragen. In strömungsarmen und im Sommer unbeschatteten Gewässern tritt Sauerstoffverarmung ein. Die bauliche Trennung bzw. Entfernung der Lebensräume Gewässer, Ufer und Aue bedingen einen Rückgang der Artenvielfalt bei Pflanzen- und Tiergemeinschaften. Zwar prägt weiterhin das bautechnische Ingenieurswesen die Konzepte zum Hochwasserschutz, jedoch werden künstlich festgelegte Flußläufe weder den heutigen Anforderungen der Hochwassersicherheit noch den Zielvorstellungen des Naturschutzes gerecht. Unter dem Schlagwort »Renaturierung« entwickelt sich derzeit ein neues Leitbild einer naturnäheren Gewässermorphologie, das weg von der Konservierung eines statischen Zustandes der Aue, deren Veränderlichkeit akzeptiert und verstärkt die Eigenentwicklung der Gewässer zuläßt. [PH]

Auenböden, Bodenklasse innerhalb der Abteilung ↗Semiterrestrische Böden der ↗deutschen Bodenklassifikation. Die Auenböden sind auf einem ↗Alluvium entwickelt. Auenböden weisen oberhalb 8 dm unter Flur kaum ↗redoximorphe Merkmale auf. Definierte Bodentypen der Auenböden sind: ↗Rambla, ↗Paternia, ↗Kalkpaternia, ↗Tschernitza und ↗Vega. Auenböden kommen in Tälern von Bächen und Flüssen vor. Sie werden oder wurden periodisch überflutet. Für viele Auenböden ist ein stark schwankender Grundwasserstand typisch (↗Auendynamik).

Auendynamik, 1) Bezeichnung für den stark schwankenden Grundwasserstand in ↗Auen in Abhängigkeit vom Flußwasserstand. 2) Landschaftsveränderungen, insbesondere Flußlaufveränderungen in Auen aufgrund von Erosion und Akkumulation der Flußsedimente.

Auenlehm, *Auelehm*, unscharf verwandter Begriff, der 1) ausschließlich die jüngeren Hochflutlehme des ↗Holozäns bezeichnet. Zwar entspricht deren fluvialmorphologischer Bildungsprozeß dem des ↗Hochflutlehms, von den Auenlehmen wird jedoch angenommen, daß sie das korrelate Sediment der ↗Bodenerosion durch landwirtschaftliche Tätigkeit sind. 2) wird z.T. auch synonym zum allgemeineren Begriff Hochflutlehm gebraucht.

Auenpararendzina ↗Kalkpaternia.

Auensedimente, entstanden durch die Ablagerung ↗fluvialer Sedimente in der ↗Aue (↗Alluvium).

Aufbau der Erde, *Erdaufbau*, ist ein sehr umfassender Begriff, der eine Beschreibung des Aufbaus und der Struktur des Erdkörpers unter geophysikalischen, geochemischen und geologischen Gesichtspunkten beinhaltet. Eine erste grobe Untergliederung unterscheidet eine ↗Erdkruste, einen ↗Erdmantel und einen ↗Erdkern. Im weiteren Sinne muß der Erdaufbau unter dem Gesichtspunkt der Entwicklung der Erde gesehen werden. ↗Erde, ↗Atmosphäre, ↗Hydrosphäre, ↗Biosphäre.

Aufbaugefüge, ↗Aggregatgefüge durch überwiegend biologisch bedingte, aber auch physikochemische Zusammenballung von Bodenteilchen.

Aufbereitung, physikalische oder physikalisch-chemische Verarbeitung von Rohstoffen (z.B. Aufkonzentrierung) zu verkaufsfähigen oder technisch verwertbaren Produkten.

Aufbrauch, Verkleinerung des in einer Schneedecke oder einem ↗Gletscher gespeicherten Wasservorrats.

Aufeis, *Aufeishügel, icing, naled* (russ.), Masse von geschichtetem Eis, die durch das Gefrieren von aufeinanderfolgenden Wasseraustritten entsteht. Das Wasser kann z.B. aus ↗Taliki im Untergrund sickern, aus ↗Quellen stammen oder durch Eisspalten aus Seen und Flüssen hervortreten. Der deutsche Begriff Aufeis wurde lange Zeit auch in Nordamerika verwendet, wird jetzt jedoch zunehmend durch den Begriff icing ersetzt. Viele Aufeiskörper beinhalten Schnee. Aufeis kann auch in permafrostfreien (↗Permafrost) Gebieten vorkommen.

Aufeisabfluß ↗Aufeisbildung.

Aufeisbildung, 1) *Naledj*, zur Aufeisbildung kommt es, wenn infolge Einengung zwischen Untergrundeis und neuentstandenem Oberflächeneis unter Druck geratenes und an Rissen an die Oberfläche von Böden oder Flüssen gepresstes Wasser oder oberflächlich abfließendes Wasser unter Volumenzunahme gefriert. *Aufeisdekken* können Höhen von mehreren Metern und auf Flüssen Flächen bis zu einigen Quadratkilometern erreichen. Bei Tauwetter schmilzt abfließendes Wasser (*Aufeisabfluß*) schmale Rinnen in die Aufeisdecke, die teilweise mit Sediment verfüllt und nach restlosem Abschmelzen des Aufeises als rückenartige Vollformen in Erscheinung treten können. 2) *superimposed ice*, Aufeisbildung im Bereich der ↗Infiltrations-Aufeiszone eines ↗Gletschers, wo der jährliche Akkumulationsüberschuß aufgrund besonders hohen Schmelzwasseranfalls unmittelbar in Aufeis umgewandelt wird. Die Bildung von superimposed ice ist damit neben festen Niederschlägen oder ↗Lawinen auch eine mögliche Form der ↗Gletscherernährung. [HRi]

Aufeisdecke ↗Aufeisbildung.

Auffangmauer ↗Lawinenverbau.

auffrieren, kumulative Aufwärtsverlagerung im Untergrund befindlicher Objekte durch Frosteinwirkung. Die zur Erdoberfläche gerichtete Bewegungskomponente wird einerseits verursacht durch das Zusammenwirken von ↗Frosthub und ↗Frostschub, welche an der Unterseite von Steinen, Blöcken aber auch Baufundamenten usw.

auffrieren: Auffrieren von Steinen nach der Frosthub-Hypothese von Beskow (1930). a-d) Gefrieren, d-g) Auftauen.

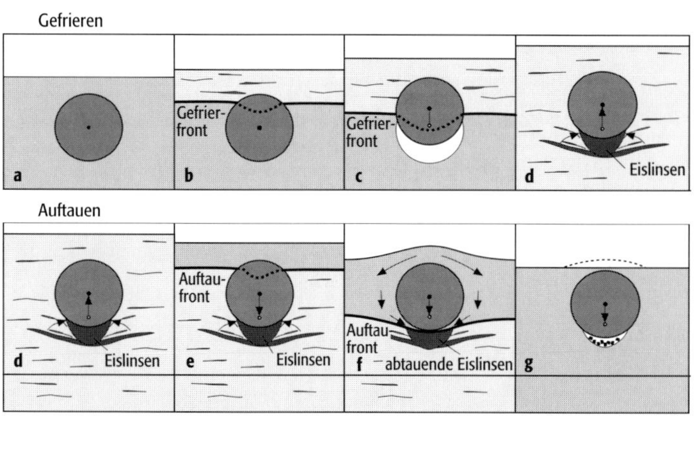

wirksam werden, andererseits durch das Anfrieren von Bodenmaterial an den Seiten dieser Objekte (Abb.). Während des Gefriervorgangs (Abb. a-d) rückt die Gefrierfront von der Oberfläche her nach unten vor, wobei das betrachtete Objekt an seiner Oberseite relativ früh eingefroren wird und aufgrund der Volumenzunahme des gefrierenden Bodens einer Hebung unterliegt. An seiner Unterseite entsteht ein Hohlraum (Abb. c), in welchen in dieser Tiefe noch ungefrorenes Material eindringen kann. Bei Steinen können sich dort außerdem, bedingt durch die größere Wärmeleitfähigkeit und demzufolge stärkere Abkühlung der Steine, hygroskopisch wirkende Eislinsen bilden (Abb. d). Sie wachsen aufgrund des zuziehenden und ebenfalls zu Eis werdenden Wassers (Pfeile) sukzessive an, was den in (Abb. d) sichtbaren Hebungsbetrag zu Folge hat. Beim Auftauprozeß, welcher wiederum von der Oberfläche kommend erfolgt, sackt umliegendes, bereits aufgetautes Feinmaterial zusammen, während der Stein unten noch angefroren ist. Das Feinmaterial dringt auch in den Bereich der abschmelzenden Eislinse nach (Pfeile), so daß ein vollständiges Zurückfallen des Objektes in seine Ausgangsposition verhindert wird (Abb. f und g). Die Aufwärtsbewegung über eine oder mehrere Frostperioden kann dazu führen, daß die aufgefrorenen Objekte gänzlich aus dem Untergrund herausgedrückt werden, im Falle von Steinen entstehen in diesem Zusammenhang ↗Frostmusterböden. Der Auffrierprozeß ist zwar in Gebieten mit ↗Permafrost besonders wirksam, läuft jedoch auch in permafrostfreien Bereichen ab. [SN]

Auffülltest, Überprüfung einer Grundwassermeßstelle auf ihre Betriebstauglichkeit durch die Zugabe von Wasser. Der Auffülltest darf nicht verwechselt werden mit dem ↗Auffüllversuch, der zur Bestimmung der hydrogeologischen Kenngrößen eines Grundwasserleiters, z. B. des Durchlässigkeitsbeiwertes, durchgeführt wird.

Auffüllungspseudomorphose, Besonderheit im Kristallwachstum, wobei die primäre Substanz durch eine andere ersetzt wird und die äußere Gestalt des zuerst vorhandenen Kristalls erhalten bleibt.

Auffüllversuch, zeitlich begrenzte Zugabe von Wasser in einen Brunnen oder eine Grundwassermeßstelle zur Bestimmung der hydrogeologischen Kenngrößen eines Grundwasserleiters, z. B. des Durchlässigkeitsbeiwertes. Der Auffüllversuch sollte nicht mit dem ↗Auffülltest verwechselt werden, der zur Überprüfung der Betriebstauglichkeit einer Grundwassermeßstelle dient. Auffüllversuche werden häufig nach dem Verfahren von Kollbrunner-Maag oder als ↗Open-End-Tests des U. S. Bureau of Reclamation durchgeführt.

aufgerichtete Molasse, der schmale, tektonisch aufgerichtete Südrand der ↗Vorlandmolasse des Molassebeckens.

Aufgleitfläche, eine in Windrichtung steigende ↗Isentropenfläche, in der die Luft schräg aufwärts gleitet. Im Falle von Wolkenluft eine (bei ausfallendem Niederschlag irreversible) Feuchtadiabaten-Fläche. Aufgleitflächen sind materielle Flächen. Sie bestehen aus immer den gleichen Partikeln. Je nach der Windrichtung enthält jede geneigte ↗Frontschicht einen Satz von Aufgleitflächen (↗Aufgleitfront) oder ↗Abgleitflächen.

Aufgleitfront, *Anafront*, eine troposphärische Front (↗Front) mit ihren geneigten ↗Isentropenflächen (↗Aufgleitflächen), auf denen sich die Luft schräg aufwärts bewegt (Abb.). In nichtariden Gebieten sind Aufgleitfronten regelmäßig von Schichtbewölkung und ↗Flächenniederschlag begleitet.

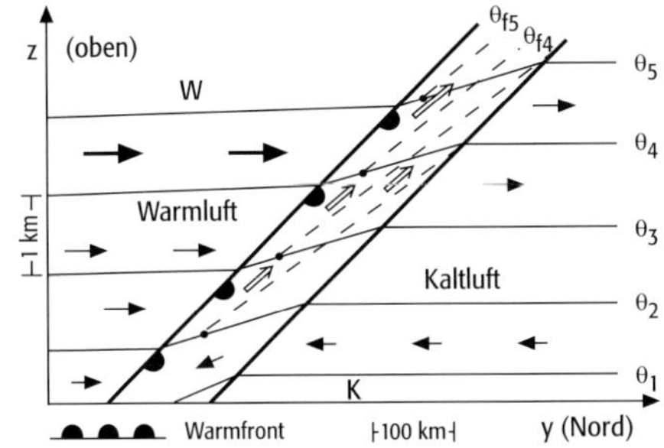

Aufgleitfront: Aufgleitfront (Warmfront) im mit der Front geführten Meridionalschnitt, schematisch. θ_{1-5} = Isentropen (Gleitflächen) in 5 K-Intervallen; θ_{f4+f5} = zugehörige Feuchtadiabaten (Gleitflächen in der Wolkenluft); Relativbewegung der Luft (Pfeile); Aufgleiten in Wolkenluft (offene Pfeile).

Aufhellung ↗Entsättigung, ↗Farbordnung.

Aufladefähigkeit ↗*chargeability*.

Auflagehorizont, *Auflagehumus*, *Humusdecke*, auf dem Mineralboden (meist einem ↗Ah-Horizont) lagernde organische Substanz mit unterschiedlichem Zersetzungsgrad. Mächtige Auflagehorizonte (z. B. der ↗Podsole) erreichen bis zu 10 cm und können in folgende, bis zu 3 cm mächtige ↗Subhorizonte strukturiert werden: a) ↗L-Horizont [von engl. litter = Streu] mit locker zusammen liegenden, nicht oder initial zersetzter Streu von Blättern, Nadeln und anderen ↗Bestandesabfällen; b) ↗Of-Horizont [von schwed. Förmultuingskiktet = vermodert] mit fermentierter, d. h. durch organische Feinsubstanz verklebter, miteinander verbackener Streu; c) ↗Oh-Horizont [von humos], durchwurzelt, meist schwärzlich mit stark zersetzter Streu ohne makroskopisch erkennbare Pflanzenreste.

Auflagehumus ↗Auflagehorizont.

Auflandung, durch Ablagerung von Sedimenten (↗Sedimentation) herbeigeführter Vorgang an Fließgewässern (↗Beharrungsstrecke). Derselbe Vorgang trägt an Seen zur ↗Verlandung bei.

Auflastpotential, ein Teilpotential des ↗Gesamtpotentials des Bodens. Vor allem in künstlich hergestellten, bodenähnlichen Systemen, wie z. B. in Oberflächenabdichtungen, kann die eingebrachte mechanische Energie, wie Verdichtungsarbeit und Mächtigkeit der Überdeckung, eine deutliche Erhöhung des ↗Porenwasserdruckes bewirken, was sich direkt auf die Größe des Auflastpotentials auswirkt. Diese zusätzliche Energie wird z. B. in feinkörnigen Sedimenten nur langsam wieder abgebaut und ausgeglichen. Für Langzeitbetrachtungen kommt dem Auflastpotential durch die zeitliche Begrenztheit keine Relevanz zu und kann daher in diesen Fällen vernachlässigt werden.

Auflichtmikroskopie, *Metallmikroskopie*, *Erzmikroskopie*, mikroskopische Methode zur Untersuchung von stark absorbierenden, ↗opaken (undurchsichtigen) Materialien. Hierbei wird das Objekt – ein ebener, möglichst relieffrei polierter Anschliff – mit einem Opakilluminator von oben durch das Objektiv hindurch beleuchtet. Aus einer Beleuchtungseinrichtung tritt das Licht, nachdem es gegebenenfalls einen Polarisator passiert hat, von der Seite in den Tubus ein, wo es durch ein kleines Prisma oder Glasplättchen umgelenkt wird. Beobachtet wird also im reflektierten Licht. Zu den charakteristischen Merkmalen opaker Substanzen im auffallenden Licht zählt neben dem Reflexionsvermögen R auch die Farbe und der Reflexionspleochroismus der Minerale. Das Reflexionsvermögen schwankt zwischen 1–10 % bei schwach lichtbrechenden Mineralen bis zu Werten von mehr als 90 % bei gediegenen Metallen. Es ist definiert als das Verhältnis von reflektiertem Lichtanteil (I_r) zur gesamten anfallenden Lichtmenge (I_g). [GST]

Auflockerung, in der Geologie Entfestigung des Kornverbandes innerhalb eines Gebirges durch Lockerung und Modifizierung. Dabei wird zwischen oberflächennaher und tiefreichender tektonischer Gebirgsauflockerung unterschieden. Das Gebirge erfährt stellenweise eine Abtrennung vom Gesteinsverband durch Klüfte. Die Öffnungsweiten der Klüfte geben ein Maß für die Auflockerung an. Eine Quantifizierung ist über den ↗Auflockerungsgrad möglich. Ursachen für eine Auflockerung sind Spannungsumlagerung, ↗Frost, tektonische Beanspruchung, Verwitterungseinflüsse, chemische Einflüsse, ↗hydrothermale Alteration. Unterschieden wird zwischen bleibender und vorübergehender Auflockerung (Tab.), wobei von bleibender Auflockerung nach dem Einbau und von vorübergehender Auflockerung nach dem Lösen gesprochen wird.

Auflockerungsdruck, um einen Hohlraum im Fels (z.B. Tunnel) bestehender ↗Gebirgsdruck, der sich aus der Änderung der Spannungsverhältnisse im Gebirge beim Auffahren eines Hohlraumes ergibt. Durch die Öffnung des Hohlraumes entsteht um diesen herum ein spannungsfreier Bereich, der, abhängig von der Gebirgsart, durch eine geringe bruchlose Verformung oder auch in Form einer bis zu mehreren Metern hohen Entfestigungs- bzw. ↗Auflockerungszone zum Ausdruck kommen kann. Dem Auflockerungsdruck kann durch einen schnellen und kraftschlüssigen Einbau des Tunnelverbaus begegnet werden.

gewonnenes Gestein	Auflockerung [%]	
	vorübergehend	bleibend
nichtbindige Lockergesteine	10...15	1...2
schwachbindige Lockergesteine	10...20	2...4
mittel- bis starkbindige Lockergesteine	15...30	4...8
geschichtete und geschieferte Felsgesteine (weich)	20...35	6...12
geschichtete und geschieferte Felsgesteine (hart)	30...50	10...20
massige Felsgesteine	40...90	20...30

Auflockerung (Tab.): Beispiele für vorübergehende und bleibende Auflockerung.

Auflockerungsgrad, Maß zur Quantifizierung der ↗Auflockerung im Festgestein. Um den Auflockerungsgrad zu bestimmen, werden entlang einer Meßgeraden die Öffnungsbeträge (↗Kluftöffnungsweite) der Klüfte addiert. Der Auflockerungsgrad ist ein lineares Vergleichsmaß der Gesteinsauflockerung. Er wird in Prozent der vermessenen Länge angegeben. Durch refraktionsseismische Messungen läßt sich der durch Verwitterung und Zerklüftung bedingte Auflockerungsgrad relativ gut nachweisen.

Auflockerungssprengung, Sprengung mit dem Ziel, das Gefüge von Gesteinen zu zerstören, ohne es durch den Sprengvorgang abzutragen. Die Gewinnung des aufgelockerten Gesteins kann anschließend mit maschinellen Methoden erfolgen.

Auflockerungszone, *Auflockerungshof*, Zone, in der das Gebirge in seinem Korn- und Flächengefüge gestört wird. Im Tunnelbau handelt es sich dabei um diejenige Zone, die den Hohlraum umgibt.

Auflösung, **1)** *Fernerkundung*: definiert die kleinste meßbare Differenz eines Signals. Man unterscheidet die ↗geometrische Auflösung, ↗radiometrische Auflösung, ↗spektrale Auflösung, ↗thermale Auflösung und die ↗zeitliche Auflösung. Durch die Weiterentwicklung der ↗Fernerkundungssysteme wird die Auflösung immer weiter gesteigert. **2)** *Geochemie*: die Desintegration eines Festkörpers, also der Übergang von Atomen des Festkörpers in eine wässrige Phase. Auflösung ist die Umkehrreaktion der Fällung (↗Ausfällung). Das System aus Fällung und Auflösung ist jedoch nicht in allen Fällen vollständig reversibel (*kongruente Auflösung*). Zum Teil verbleibt bei der Auflösung eine neue Festphase, die von der Ausgangsphase mineralogisch verschieden ist. Dieser Prozeß wird als *inkongruente Auflösung* bezeichnet. Insbesondere Silicate lösen sich meist inkongruent unter Bildung neuer Tonminerale auf. Weitere Beispiele sind die inkongruente Auflösungen von ↗Dolomit und ↗Carnallit. **3)** *Kartographie:* allgemein die Eigenschaft von Geräten, Bildern und Abbildungen, feine Einzelheiten wiederzugeben: a) das Auflösungsvermögen optischer Systeme (Resolution), das bestimmt ist durch den Abstand zweier noch getrennt wahrnehmbarer Objekte, zumeist angegeben als Winkel; b) das Auflösungsvermögen photographischer Aufnahmen, das definiert ist wie a). Am gebräuchlichsten ist seine Angabe in Linien/mm oder, bezogen auf ↗Luftbilder und nach dem ↗Bildmaßstab umgerechnet, als Bodenauflösung in Metern. Es ist zu unterscheiden von der in lpi angegebenen Rasterweite (d). c) die Auflösung von Geräten zur Erfassung von Objekten und Vorlagen sowie zur Ausgabe von Bildern und Zeichnung in Form von Bildpunkten (Pixel), die in Punkten pro Zoll (dots per inch = dpi) angegeben wird. In der Kartographie werden Scanner im Auflösungsbereich von 300 bis 1250 dpi eingesetzt. Rasterbilder, die als Hintergrund für die ↗Digitalisierung am ↗Bildschirm dienen, sind häufig mit 300 dpi aufgelöst. Wesentlich höhere Auflösungen vergrößern erheblich die Datenmengen (etwa im Quadrat zur Auflösung) und verlangsamen den Bildaufbau, während bei zu geringen Auflösungswerten u. U. Details verlorengehen. Die hochwertige Reproduktion von feiner Strichzeichnung, die Karten i. d. R. aufweisen, erfordert Auflösungen von mehr als 1000 dpi. Je nach Zweckbestimmung liegen daher auch die Auflösungen der für kartographische Zwecke benutzten Ausgabegeräte zwischen 300 dpi (einfache Laserdrucker) und 2540 dpi (leistungsfähige Belichter). d) die ↗Rasterweite für den ↗Kartendruck, die als besondere Art der Auflösung betrachtet werden kann. Sie wird in Linien pro cm oder pro Zoll (lines per inch = lpi) angegeben und reicht von 60 lpi (einfache Laserdrucker) bis 178 lpi bei Belichtern. Die Rasterpunkte, auf die sich die Rasterweite bezieht, werden aus mehreren Bildpunkten aufgebaut (c). e) die Bildschirmauflösung, die von der Qualität des Monitors und der Graphikkarte des Rechners abhängt. Sie wird bestimmt vom Abstand der Bildschirmpunkte (Lochabstand), der bei neueren Geräten 0,28–0,25 mm, minimal 0,21 mm beträgt, woraus 90–100 Punkte/Zoll resultieren. Die Bildschirmauflösung wird meist in Form von Zeilen und Spalten der Bildpunktmatrix angegeben und kann 640 × 480 Punkte (geringerwertige Ausstattung) bis 1600 × 1280 Punkte (hochauflösend) betragen. **4)** *Mineralogie*: Auflösung der Minerale, reziproker Vorgang zum ↗Kristallwachstum. Die Wachstumsschritte, die bei der Anlagerung eines Atomes an den Kristall den geringsten Energiegewinn liefern, werden bei der Auflösung bevorzugt durchgeführt. Da Kristallflächen Richtungen der kleinsten Wachstumgeschwindigkeit sind, lösen sie sich auch am langsamsten auf. Dagegen ist die Auflösungsgeschwindigkeit in Richtung der Kanten und Ecken stets am größten. Beim Auflösungsvorgang werden diese daher zuerst abgestumpft und der Kristall nimmt eine gerundete Form an. Viele Minerale kommen in solchen abgerundeten Formen vor, z. B. Diamant im ↗Kimberlit und viele Quarze, z. B. in den Rhyolithen. Vielfach handelt es sich dabei um eine Anlösung der aus den Schmelzen ausgeschiedenen Kristalle und um teilweise Resorption beim Abkühlen der Schmelze, die durch eine Verschiebung der Lösungsgleichgewichte durch die Änderung der Zustandsvariablen hervorgerufen wird. Von großer Bedeutung für die genetische Deutung der Mineralbildungsvorgänge, aber auch für die Praxis der Kristallsynthese, ist die Kenntnis der Auflösungs- und Löslichkeitsverhältnisse der Minerale. So nimmt die Löslichkeit von Quarz, die bei Raumtemperatur praktisch gleich Null ist, im überkritischen Temperaturbereich außerordentlich stark zu. Bei genauer Kenntnis des Löslichkeitsverlaufs in Abhängigkeit von Druck, Temperatur, pH-Wert, Lösungsgenossen usw. läßt sich diese Eigenschaft zur Züchtung von Kristallen ausnutzen, indem man in geeigneten Reaktionsgefäßen, sog. ↗Autoklaven, die Kristalle bei entsprechenden Druck- und Temperaturbedingungen in einem Temperaturgefälle wachsen läßt. Die großtechnische Herstellung synthetischer Quarzkristalle für Schwingquarze erfolgt auf diesem Wege der hydrothermalen Kristallzüchtung. Auflösungsverhalten (Abb.) und Löslichkeit müssen daher quantitativ nach experimentellen Methoden bestimmt werden. Die Notwendigkeit experimenteller Löslichkeitsbestimmungen resultiert aus dem Fehlen allgemein gültiger, für die betreffenden Kristallphasen ableitbarer Löslichkeitsgesetze. Erst thermodynamische Analysen experimentell ermittelter Daten ermöglichen nachträglich die Aufstellung der Reaktionsgleichungen und empirischen Löslichkeitsgesetze für die untersuchten p/T-Bereiche. Auflösung, Transport und Wiederausscheidung, bedingt durch eine Änderung der Zustandsvariablen, sind die wesentlichen Prozesse, die zur Entstehung der Minerale und ihrer Lagerstätten führen. Sie sind weitgehend abhängig von Löslichkeitsänderungen der betreffenden Mineralphasen in den Lösungen beim Passieren des Lagerstättenbereichs.

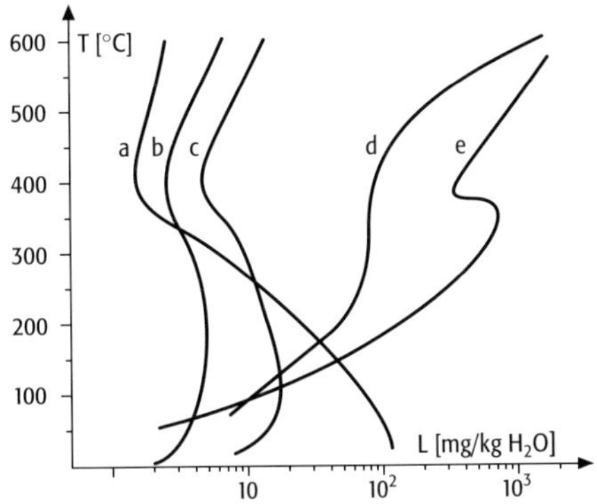

Auflösung: Auflösungsverhalten einiger Minerale in H_2O bei Drucken bis maximal 200 MPa. Löslichkeitsgrenzkurven des Dreiphasengebietes Bodenkörper + H_2O-Mischphase flüssig + H_2O-Mischphase gasförmig für Cölestin (a), Baryt (b), Fluorit (c), Muscovit (d) und Quarz (e).

Auflösungsvermögen, ein Maß für ein physikalisches System, zwei naheliegende Werte einer Meßgröße deutlich voneinander zu trennen und damit auch Inhomogenitäten im Untergrund aufzulösen (Abb.). Hierbei spielen die Meßmethode, Meßfehler und statistische Kriterien eine Rolle. In der ↗Seismik hängt, ähnlich wie in der Optik, das Auflösungsvermögen u. a. von der ↗Wellenlänge des seismischen Signals ab. Für das Auflösungsvermögen spielt andererseits auch die Geometrie des Beobachtungssystems eine wichtige Rolle, wie die Länge des Meßprofils und bei aktiven Messungen die Konfiguration des Sender- und Aufnehmersystems. Sind die Ausmaße des ↗Profils oder des Meßnetzes zu klein, so können horizontale ↗Gradienten in den Meßwerten

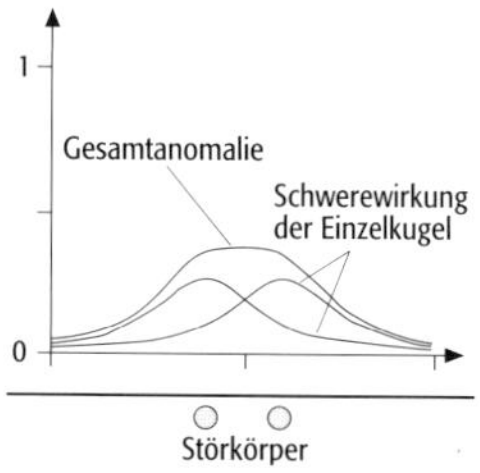

Auflösungsvermögen: Beispiel für ein schlechtes Auflösungsvermögen. Die Schwerewirkungen der beiden Einzelkugeln sind in der Gesamtanomalie nicht mehr zu trennen.

nicht erkannt werden und damit bleiben tiefer liegende ↗Störkörper unentdeckt. Umgekehrt wird das Auflösungsvermögen von den strukturellen Gegebenheiten des Untergrundes bestimmt; so kann eine Dichte-Inhomogenität in Oberflächennähe eine meßbare ↗Anomalie erzeugen. In größerer Tiefe dagegen kann derselbe Störkörper an der Oberfläche wegen der Abnahme der Feldstärke mit der Entfernung nur noch ein schwaches oder sogar nicht mehr erkennbares Signal erzeugen. Man unterscheidet ein vertikales und ein horizontales Auflösungsvermögen. Das vertikale Auflösungsvermögen spielt bei Sondierungsmessungen, wie z.B. der ↗Reflexionsseismik oder den geoelektrischen Widerstandssondierungen eine Rolle. Mächtigkeit, Kontrast, Tiefenlage und Wellenlänge des Signals bestimmen die Erkennbarkeit von einzelnen Schichten. Das laterale (horizontale) Auflösungsvermögen bezieht sich auf geophysikalische Kartierungsmessungen. Auch hier hängt es von der Meßpunktdichte, der Tiefenlage und dem Kontrast des Störkörpers zur Umgebung ab, ob in den Meßwerten eine Änderung in lateraler Richtung zu erkennen ist. [PG]

Aufmerksamkeit, Selektionsmechanismus, der sich auf Regionen im visuellen Raum richtet und eine gezielte, kontinuierliche ↗Wahrnehmung der jeweils relevanten Umweltausschnitte gestattet. Die Funktion von Aufmerksamkeit ist es, eine adäquate wahrnehmungsmäßige Verarbeitung der im Augenblick wichtigen sensorischen Signale sicherzustellen. Im Zusammenhang mit der Wahrnehmung ↗kartographischer Informationen ermöglicht Aufmerksamkeit v.a. eine gezielte Selektion der visuellen Informationen, die zu Inhalten der bewußten Wahrnehmung werden sollen. Für die Modellierung aufgaben- und nutzerorientierter kartographischer Medien sind Erkenntnisse über Aufmerksamkeitsprozesse von weitreichender Bedeutung.

Aufnahmeachse, Hauptstrahl einer photogrammetrischen ↗Meßkamera oder ↗Amateurkamera, der normal auf der durch die Kamera definierten ↗Bildebene steht.

Aufnahmebasis, in der ↗Photogrammetrie die Strecke zwischen den ↗Projektionszentren von zwei benachbarten Bildern.

Aufnahmemaßstab, Maßstab einer herzustellenden oder fortzuführenden ↗topographischen Karte, für die eine topographische Geländeaufnahme erfolgt. Der Aufnahmemaßstab ist eine wichtige Größe für die Abschätzung der geometrischen Aufnahmegenauigkeit und des Grades der Erfassungsgeneralisierung. Bei der Erstellung oder Fortführung von GIS-Datenmodellen wird statt des Aufnahmemaßstabes die Modellgenauigkeit als aufnahmebestimmendes Kriterium zugrundegelegt.

Aufnahmestrahlenbündel, in der ↗Photogrammetrie objektseitiges Bündel der Hauptstrahlen einer optischen Abbildung.

Aufnahmezug, ↗Polygonzug, bei dem zugleich mit der Polygonzugmessung die ↗topographische Aufnahme des Geländes durchgeführt wird.

Aufprallbrecher, entstehen, wenn Wellen auf ein Felsufer oder einen sehr steilen ↗Strand auftreffen (↗Brecher).

Aufpunkt, fester Punkt, in dem Feldgrößen der ↗Potentialtheorie berechnet oder gemessen werden (↗Gravitationspotential).

aufquellen ↗Auftrieb.

Aufrißdarstellung, *Ansichtsdarstellung*, Wiedergabe bestimmter ↗topographischer Objekte oder auch des Geländes in seiner Gesamtheit von der Seite bei meist geneigter, selten horizontaler Blickrichtung. Wird ein kleines oder größeres Erdoberflächenstück in dieser Manier abgebildet, so entsteht ein ↗Vogelschaubild oder eine andere Form ↗kartenverwandter Darstellungen. Wird diese Zeichnungsart in maßstäblichen Grundrißdarstellungen angewandt, entstehen ↗Bildkarten. Zur Aufrißdarstellung gehören auch die ↗Vignetten sowie auf ↗Seekarten die »Vertonung« [von niederländisch vertoonen = herausstellen], d.h. die Ansichtsdarstellung der Küste von See aus. In historischen Karten hatte die Aufrißdarstellung bis ins 18. Jh. im Kartenbild einen oft dominierenden Anteil; so wurden Siedlungen, das Relief aber auch die Bodenbedeckung (z.B. Wald, Grünland oder Weingärten) mit Aufrißsymbolen wiedergegeben. Bis in die Gegenwart basieren Einzelelemente der Signaturen auf topographischen Karten auf dem Aufriß (z.B. für Bäume, Wegweiser und Türme). [WSt]

Aufsatzrohr, Rohrtour des ↗Brunnenausbaus aus Vollrohren, die von der Filterrohrtour bis zur Brunnenoberkante führt.

Aufschiebung, ↗Verwerfung, tektonische Einengungsstruktur. Der zu einer geneigten Verwerfungsfläche hangende Block (↗Hangendscholle) erscheint gegenüber dem liegenden Block aufwärts bewegt.

Aufschluß, *Anriß*, ↗Ausbiß, Stelle im Gelände, an der ein Gestein unverhüllt zutage tritt. Aufschlüsse können durch natürliche geologische Prozesse wie beispielsweise Abtragung (↗Steilufer, ↗Schichtstufen etc.) oder menschliche Tätigkeit (Bau-, Sand- und Kiesgruben, Bergbau, Straßeneinschnitte, Schurfgräben etc.) entstehen.

Aufschlußgrad, Qualitätsbegriff für monomineralische Fraktionen bei Aufbereitungsprozessen. Die Gewinnung monomineralischer Fraktionen aus polymineralischen Aggregaten (Gesteine oder Verwachsungen von Erzen mit Nebengestein) setzt außer der Zerkleinerung des Ausgangsmaterials eine Klassierung und Sortierung in monomineralische Kornfraktionen voraus. Die Zerkleinerung muß soweit erfolgen, daß die Hauptmenge des zu gewinnenden Minerals aus seinen Bindungen freigelegt ist und als separates Mineralkorn vorliegt. Die Entscheidung über Vorgehensweise und Aufschlußgrad muß vorher durch polarisationsmikroskopische Untersuchungen an Dünn- oder Anschliffen geklärt werden.

aufschmelzen, Prozeß für den Übergang eines kristallinen Stoffes vom festen in den flüssigen

Aggregatzustand. Beim Aufschmelzen wird dem festen Stoff soviel Wärmemenge zugeführt, bis ein Aufbrechen des ↗Kristallgitters stattfindet. Die Gitterbausteine (Atome oder Ionen) werden dabei thermisch so stark angeregt, bis sie frei beweglich sind und somit der Stoff flüssig wird. Bei reinen kristallinen Phasen tritt das Schmelzen bei einer ganz bestimmten Temperatur auf, der sog. Schmelztemperatur. Dabei befinden sich die flüssige Schmelzphase und die feste Phase im thermodynamischen Gleichgewicht. Der Schmelzvorgang wird durch die ↗Clausius-Clapeyronsche Gleichung beschrieben. Bei reinen Stoffen hängt die Schmelztemperatur nur vom äußeren Druck ab. Eine Volumenänderung wird durch die Schmelzwärme verursacht. Wenn das Volumen der flüssigen Phase größer ist als das der festen, so steigt die Schmelztemperatur mit steigendem Druck. Bei einigen wenigen Phasen (z. B. Wasser) ist das Volumen der festen Phase größer und deshalb sinkt hier die Schmelztemperatur mit steigendem Druck. Diese Abhängigkeit der Schmelztemperatur vom Druck kann in einem ↗p-T-Diagramm dargestellt werden. Bei Stoffgemengen tritt eine Schmelzpunkterniedrigung auf. Diese kann als eutektisches (↗Eutektikum) oder peritektisches Schmelzen, als Minimum-Schmelzen oder Maximum-Schmelzen, als lückenlose- bzw. begrenzte Mischbarkeit oder Kombinationen davon auftreten. Diese werden in sog. ↗Phasendiagrammen als Zwei-, Drei- oder Mehrkomponeten-Systeme dargestellt. Amorphe, glasartige Stoffe haben keine feste Schmelztemperatur, da sie kein nahgeordnetes Kristallgitter besitzen. [TK]

Aufschmelzungsgleichgewicht, ein im thermodynamischen Gleichgewicht vollzogenes ↗Aufschmelzen eines kristallinen Stoffes.

Aufschmelzungsgrad, Angabe des Prozentgehaltes einer ↗partiellen Aufschmelzung eines kristallinen Stoffes.

aufsetzen ↗auskeilen.

Aufsetzlinie, die Linie, bis zu der ↗Schelfeis von der Küstenlinie her gesehen noch dem Meeresboden (↗Schelf) aufliegt. Meerwärts der Aufsetzlinie verliert der Eisschelf den unmittelbaren Kontakt mit dem Schelfboden und schwimmt infolge seiner gegenüber dem Meerwasser geringeren Dichte auf.

aufsteigende Quelle, *Wallerquelle*, Austritt von aufsteigendem, gespanntem Grundwasser, v. a. bei Schicht- und Verwerfungsquellen oder Auftrieb des Grundwassers durch Gase (Wasserdampf, Kohlendioxid, Kohlenwasserstoffe, Stickstoff). Bei gespanntem Grundwasser mit starkem Überdruck kommt es häufig zu sprudelndem Wasseraustritt (↗Sprudelquelle).

Aufstellungsgeometrie, die Anordung von Elektroden zur Stromeinspeisung und Spannungsmessung in den ↗geoelektrischen Verfahren.

Aufstellungsweite, maximaler Abstand zwischen Sender und Empfänger. ↗Auslage.

Auftauboden, *active layer*, der obere Teil des Untergrundes in Gebieten mit ↗Permafrost, der im jahreszeitlichen Wechsel auftaut und wieder gefriert. Dabei kann die Mächtigkeit des Auftaubodens von Jahr zu Jahr variieren, abhängig von Temperatur, Vegetation, Drainage, Wassergehalt, Hangexposition und -neigung, Boden- oder Sedimenttyp sowie der Schneebedeckung. Der Auftauboden umfaßt auch den obersten Teil des Permafrosts, wenn dieser aufgrund des Salz- oder Tongehalts jährlich auftaut und wieder gefriert, obwohl seine Temperatur unterhalb von 0 °C bleibt. In der hohen Arktis beträgt die Mächtigkeit des Auftaubodens gewöhnlich nur 15 cm oder weniger, nach Süden hin wird er mächtiger. Im Auftauboden spielen sich wichtige ↗periglaziale Prozesse wie ↗Gelifluktion und ↗Kryoturbation ab. Der Begriff »Tiefe zum Permafrost« als Synonym für Auftauboden ist irreführend, vor allem in Gebieten, in denen der Auftauboden vom Permafrost durch einen Supra-Permafrost-Talik (↗Talik) getrennt ist, einer getauten bzw. nicht ↗kryotischen Schicht. [SN]

Auftauchpunkt, Stelle an der Erdoberfläche, an der eine seismische Welle auftaucht. Der Auftauchwinkel oder Emergenzwinkel wird zwischen der horizontalen Erdoberfläche und dem Strahl gemessen.

Auftaufront ↗Tjäle.

Auftautiefe, minimale Entfernung zwischen der Geländeoberfläche und gefrorenem Untergrund zu irgendeinem Zeitpunkt während der jährlichen Auftauperiode.

Auftragsböden, Böden aus anthropogenen Ablagerungen, die durch unmittelbare Einwirkung des Menschen eine starke Umgestaltung des Profilaufbaus erfahren haben. Die natürliche Horizontabfolge wurde überdeckt und z. T. durch Bearbeitung zerstört. Zu den Auftragsböden gehören: ↗Kolluvisol, ↗Plaggenesch, ↗Hortisol, ↗Stadtböden.

Auftrieb, 1) Eigenschaft, die einen Körper zum Schwimmen befähigt. 2) Archimedischer Auftrieb, Nettokraft, die auf einen Körper in einem Fluid unter dem Einfluß von Schwerkraft und vertikaler Druckkraft wirkt. 3) *aufquellen*, ↗*upwelling*.

Auftriebsgebiet, vertikale Strömung, die durch Wärme- und Dichteverteilung in einem Wasserkörper verursacht wird und sich räumlich in unterschiedlich großen Gebieten abspielt.

Aufwärmspanne, Temperaturdifferenz (ΔT), die ein Wasserteilstrom durch einen technischen Prozeß der ↗Aufwärmung erfährt. Die Aufwärmspanne ist z. B. für die Kühlwassertechnologie von Bedeutung. Damit natürliche Gewässer thermisch nicht überlastet werden, wird die Aufwärmspanne für Kühlwässer behördlich begrenzt und vom Anlagenbetreiber überwacht.

Aufwärmung, Erwärmung eines Mediums (Luft, Boden, Grund- oder Oberflächenwasser) durch den Menschen. Von besonderer Bedeutung ist die indirekte Aufwärmung der Atmosphäre durch sogenannte Treibhausgase (↗Treibhauseffekt) und die direkte Aufwärmung der Gewässer durch Kühlwasseremissionen aus Kraftwerken und Industrie. Das Ausmaß der Aufwärmung eines Fließgewässers kann durch Wärmelastpläne berechnet und über Temperaturgrenzwerte, z. B. ↗Aufwärmspannen begrenzt werden.

Aufwärtsströmumg ↗Zirkulationssysteme der Ozeane.

Aufweitbarkeit, Fähigkeit einiger Minerale, durch Einlagerung von Wasser zu expandieren. Dabei ändern sich, besonders bei Schichtsilicaten, die Gitterabstände, d. h. sie werden aufgeweitet. ↗Quellung.

Aufwind ↗Konvektion.

Aufwuchs, *Periphyton*, Mikroorganismen im Gewässer, die im Gegensatz zu ↗Plankton auf festen Substraten siedeln.

Aufzeit, Laufzeit des Ersteinsatzes von einer Explosion in einer bestimmten Tiefe zu einem ↗Geophon an der Erdoberfläche in unmittelbarer Nähe vom Punkt senkrecht über der Ladung. Die Aufzeit wird zur Bestimmung von Laufzeitkorrekturen (Verwitterungszone, oberflächennahe Schichten) verwendet. Die entsprechende seismische Messung heißt ↗Aufzeitschießen.

aufzeitschießen, Messen der ↗Aufzeiten mehrerer Schüsse in einer Schußbohrung; Standardmessung bei der Landseismik, bei der die Mächtigkeit der Verwitterungszone und die ↗seismischen Geschwindigkeiten der oberflächennahen Schichten bestimmt werden. Je nach Beschaffenheit der obersten Schichten sind Aufzeitbohrungen zwischen 50 und 100 m tief.

aufziehen, eine früher häufig praktizierte buchbinderische Gebrauchswerterhöhung von Kartenblättern. Vorwiegend zur Benutzung im Gelände vorgesehene Kartenblätter wurden in taschenformatgroße Stücke zerschnitten und mit einigen Millimetern Abstand auf Leinen aufgeklebt, so daß ein Zusammenlegen ohne Knikken des Papiers möglich war. Der Kartendruck auf strapazierfähiges oder synthetisches Papier machte später das Aufziehen überflüssig. Durch Benutzung oder Altern beschädigte, wertvolle historische Karten können durch Aufziehen oder Lamellieren, bei dem das Papier in Folien eingebettet wird, gesichert werden.

Augengneis, metamorphes Gestein mit Gneisgefüge (↗Gneis) und eingelagerten ovalen Feldspäten (Augentextur) mit einer Korngröße deutlich über der Gneismatrix. Meist erzeugt durch Deformation ↗porphyrischer Granite.

Augenkohle, ↗Steinkohle mit konzentrischen Strukturen auf den Bruchflächen, die durch tektonischen Druck entstanden sind.

Augentextur ↗Augengneis.

Augit, [von griech. augé = Glanz, Schimmer], *Basaltin, gemeiner Augit*, $(CaMg,Fe^{2+},Ti,Al)_2 \cdot [(Si,Al)_2O_6]$, Mineral mit monoklin-prismatischer Kristallform (Abb.). Farbe: meist schwarz, auch grünlich, bräunlich-schwarz; Glasglanz; durchscheinend bis undurchsichtig; Strich: weiß; Härte nach Mohs: 5–6; Dichte: 3,3–3,5 g/cm³; Spaltbarkeit: wechselnd deutlich nach (*110*); unregelmäßig absetzend; Bruch: muschelig bis uneben; Aggregate: derb, körnig, dicht, nadelig; vor dem Lötrohr zu schwarzem Glas schmelzend; in Säuren (außer Flußsäure) unlöslich. Begleiter: Plagioklas, Biotit, Magnetit, Pyrit, Chalkopyrit. Vorkommen: verbreitet in Gabbros, Bytownit-Gabbros (Eukriten), Anorthit-Olivingabbros (Allivaliten), Augit-Dioriten und Granodioriten sowie in Mela-Olivinbasalten (Ankaramiten), Basalten, Melaphyren, Tholeiiten, Diabasen, Andesiten und Rhyodaciten. Augit tritt aber auch, durch Kontakt- wie auch Regional-Metamorphose gebildet, in Kontaktsilicatmarmoren bis Kalksilicatfelsen sowie in Augitfelsen der Pyroxen-Hornfelsfazies auf. Ferner findet sich Augit häufig in den verschiedenen basischen Schlakken. Fundorte: weltweit u. a. bei Daun in der Eifel, Stromboli (Italien) und Auvergne (Frankreich). [GST]

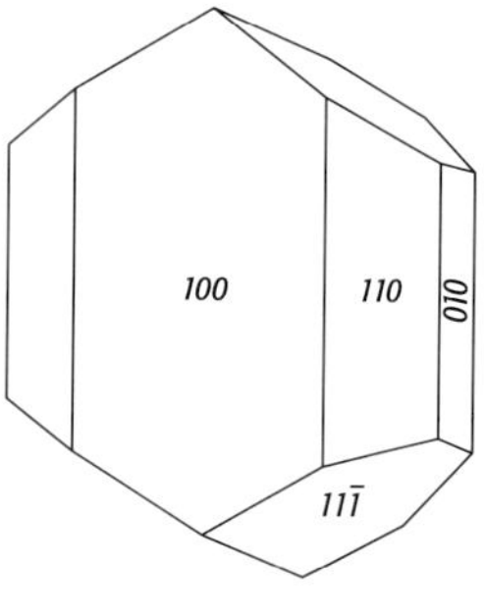

Augit: Augit-Einkristall.

Aulakogen, sedimentgefülltes, kontinentales ↗Rift, das stumpfwinklig zum Kontinentalrand oder einem Orogen verläuft. Die ↗Taphrogenese führte nicht bis zur Anlage einer divergenten Plattengrenze (↗Plattenränder), sondern wurde abgebrochen (unterbrochenes Rift). Das Vorkommen von Aulakogenen in einspringenden Winkeln von Kontinentalrändern läßt eine ursprüngliche Anlage im verkümmerten dritten Strahl eines dreistrahligen Rifts erkennen (Abb.), wie es über einem die ↗Kontinentaldrift einleitenden ↗Manteldiapir entstehen kann. Der Sedimentinhalt eines Aulakogens kann bei nachfolgender Einengungstektonik orogenartig gefaltet werden (↗Orogentypen).

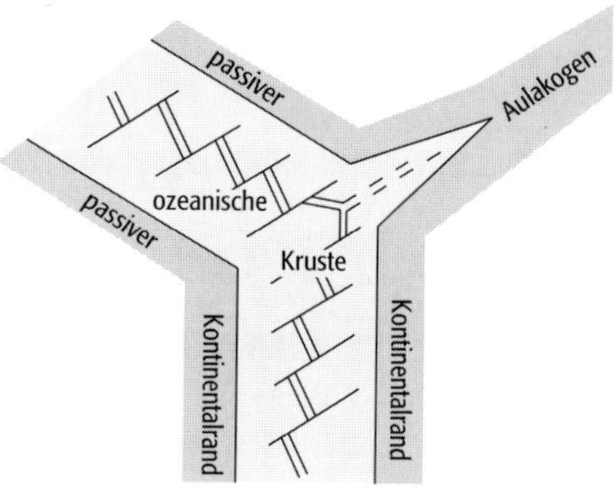

Aulakogen: Aulakogen am einspringenden Winkel eines passiven Kontinentalrandes.

Aureole, [von lat. Aureolus = golden, prächtig], **1)** *Klimatologie*: *Hof*, bläulich-weiße, kreisförmige Aufhellung des Himmels um Sonne oder Mond. Die Aureole ist der innere Bereich eines ↗Kranzes und entsteht durch ↗Beugung des Lichts von Sonne oder Mond an Wolken- oder Nebeltropfen, Eiskristallen und ↗Aerosolpartikeln, sofern diese Teilchen etwa gleiche Größe haben. **2)** *Lagerstättenkunde*: *↗Dispersionshof*. **3)** *Petrologie*: *↗Kontaktaureole*.

ausapern, langsames Abtauen einer geschlossenen Schneedecke im Frühjahr.

Ausbeutung, das systematische Abbauen von z. B. Rohstofflagerstätten durch einen i. d. R. hohen technischen Aufwand. Durch diese nicht ↗nachhaltige Nutzung kommt es zu irreversiblen Veränderungen im Landschaftsgefüge. Ausbeutung kann auch eine Folge von Übernutzung sein, wie es häufig in der Fischereiwirtschaft geschieht und als letzte Konsequenz sogar das Aussterben von Arten zur Folge haben kann.

Ausbiß, *Ausstrich*, Schnitt eines flächigen geologischen Körpers (Schichtverband, Flöz, Störungsfläche, Lagerstätte, Gang ect.) mit der Geländeoberfläche. ↗Anstehendes.

Ausblühungen, lockere, meist feinfaserige Bildungen von löslichen Salzen, die sich auf Gesteinen, Böden und Baustoffen auf der Oberfläche und in Hohlräumen während der Trockenzeiten bilden; es sind überwiegend Sulfate, Chloride und Nitrate, z. B. Steinsalz, Soda oder Gips.

Ausbreitungsgeschwindigkeit, Geschwindigkeit, mit der sich eine physikalische Größe oder ein Zustand ausbreitet. Als Beispiel sei die ↗seismische Welle genannt, die sich in einem deformierbaren Medium ausbreitet. Die Geschwindigkeit wird in Längeneinheit pro Zeiteinheit (m/s oder km/s) gemessen. Zum Beispiel besitzt der Schall in der Luft eine Ausbreitungsgeschwindigkeit von 330 m/s. In den Gesteinen breiten sich die seismischen Wellen in unterschiedlicher Weise und mit verschiedenen ↗seismischen Geschwindigkeiten aus. Die Geschwindigkeiten für ↗Kompressionswellen in typischen Gesteinen der ↗Erdkruste liegen in etwa zwischen 2 und 7 km/s.

Ausbreitungsklassen, werden zur einfachen Beschreibung der turbulenten Ausbreitungsbedingungen für Schadstoffe in der Atmosphäre eingeführt (↗TA Luft). Die Festlegung der Ausbreitungsklassen erfolgt unter Berücksichtigung von ↗Windgeschwindigkeit, ↗Bedeckungsgrad, ↗Wolkenart sowie Jahres- und Tageszeit (Tab.).

Ausbreitungskugel ↗Ewald-Konstruktion.

Ausbreitungsmodell, mathematisch-physikalische Beschreibung der Ausbreitung von ↗Luftbeimengungen in der Atmosphäre. Dabei wird bei Kenntnis der Verteilungen der meteorologischen Variablen und der Emissionsquellen untersucht, in welche Richtung sich der Schadstoff ausbreitet und mit welchen ↗Immissionen in der Umgebung bestimmter Rezeptoren zu rechnen ist. Zu berücksichtigen sind dabei der Transport mit der mittleren Strömung, die turbulente Diffusion, chemische Umwandlungen und Quellen sowie Senken (z. B. ↗Deposition). Die Grundlage für die meisten mathematischen Ausbreitungsmodelle bildet die Bilanzgleichung für eine Luftbeimengung c:

$$\frac{\partial \bar{c}}{\partial t} = -\bar{u}_i \frac{\partial \bar{c}}{\partial x_i} - \frac{\partial}{\partial x_i} \overline{u_i' c'} + R + Q\,,$$

worin u_i die Geschwindigkeitskomponenten in die drei Raumrichtungen x_i bezeichnen, R die chemischen Reaktionen und Q die Quellen und Senken. Der Querstrich kennzeichnet den Mittelwert, der Strich die turbulente Abweichung davon. Aufgrund der räumlichen und zeitlichen Variabilität der in dieser Gleichung enthaltenen meteorologischen Parameter, kann hierfür keine exakte mathematische Lösung angegeben werden. Eine realistische Näherung kann mit Hilfe von ↗numerischen Modellen gefunden werden (Eulersche Ausbreitungsmodelle). Unter sehr gravierenden Voraussetzungen (z. B. räumlich und zeitlich konstanter Wind, keine chemischen Umwandlungen) erhält man als analytisches Ergebnis die Gauß-Lösung (↗Gauß-Modell). Dabei wird angenommen, daß die Schadstoffverteilung senkrecht zum Wind (horizontal und vertikal) sich entsprechend einer Gauß-Verteilung (↗Gauß-Kurve) einstellt. Aufgrund der gemachten Voraussetzungen weicht die tatsächliche ↗Abgasfahne teilweise stark von der Gauß-Lösung ab. Ein weiteres Ausbreitungsmodell ist das Teilchensimulationsmodell oder auch Lagrange-Modell. Dieses beruht auf dem Prinzip, daß die sich ausbreitende Abgasfahne durch ein Ensemble masseloser Teilchen beschrieben werden kann, die sich im vorgegeben Wind- und Turbulenzfeld bewegen können (Abb.). Bei stark stabiler Schichtung ist die turbulente Vermischung gering und die einzelnen Teilchen folgen mehr oder minder der mittleren Strömung. Bei labiler Schichtung dagegen werden die Partikel stark nach allen Richtungen hin ausgelenkt und entfernen sich weit von der Rauchfahnenachse. Die mathematischen Grundlagen für die Beschreibung dieser Vorgänge basieren auf einer Langevin-Gleichung in Analogie zur Beschreibung der Brownschen Molekularbewegung. [GG]

Ausbreitungsrechnung, mathematische Beschreibung der räumlichen und zeitlichen Verteilung von ↗Luftbeimengungen in der ↗Atmosphäre. ↗Ausbreitungsmodell.

ausbringen, durch ↗Aufbereitung gewinnbarer Anteil des nutzbaren Rohstoffes aus dem Fördergut, angegeben in Prozent. Unterschieden wird in Gewichtsausbringen (Verhältnis des Gewichts des Erzeugnisses zum Aufgabegewicht) und Metallausbringen (Verhältnis des Metallinhaltes des Erzeugnisses zu dem des Aufgabegutes).

Ausbruchsklasse, *AK*, *Vortriebsklasse*, *Gebirgsgüteklasse*, *Gebirgsklasse*, Einteilung des Gebirges in verschiedene Klassen als Grundlage für die Ausschreibung, die Kalkulation und die Abrechnung der Ausbruchs- und der Sicherungsarbeiten. Es gibt zahlreiche Klassifikationsschemata (Tab. 1), wobei deren Anwendung auf die jeweilige Baumaßnahme abgestimmt sein sollte. Im praktischen Gebrauch erweisen sich Klassifikationen mit zu vielen Details als unbrauchbar, da es zu

Ausbreitungsklasse	thermische Schichtung
I	sehr stabil
II	stabil
III 1	neutral bis leicht stabil
III 2	neutral bis leicht labil
IV	labil
V	sehr labil

Ausbreitungsklassen (Tab.): Sie dienen der Beschreibung der turbulenten Ausbreitungsbedingungen für Schadstoffe in Schichten der Atmosphäre.

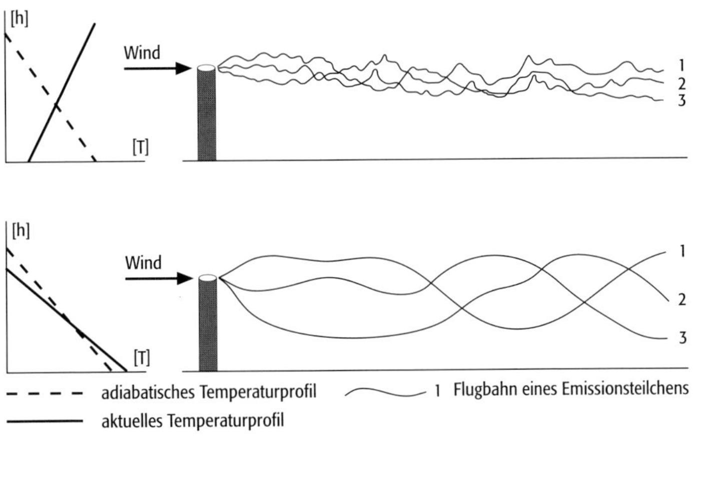

Ausbreitungsmodell: Mit einem Lagrange-Modell berechnete Trajektorien von drei Emissionsteilchen bei unterschiedlicher thermischer Schichtung der Atmosphäre (h = Höhe, T = Temperatur).

Ausbruchsklasse (Tab. 1): Übersicht über Klassifikationsschemata im Untertagebau.

K. Terzaghi	11 Gebirgsklassen (1bis11 von »gesunder Fels« bis »locker gelagerter Sand«
H. Lauffer	7 Gebirgsklassen (A bis G) von »standfest« bis »sehr druckhaft«
Tauerntunnel (F. Pacher und L.v. Rabcewicz)	. 6 Gebirgsklassen (I bis Vb) von »standfest« bis »rollig«
N. Barton	keine festen Klassen, sondern Q-Werte von 1000 bis 0,001 für »außerordentlich guten Fels« bis »außerordentlich schlechten Boden«
K.W. John und M. Baudenstiel	7 Vortriebsklassen (TPC-1 bis TPC-7) von »sehr günstig« bis »sehr ungünstig« mit Bewertung von 100 bis 0%
SIA 198	6 Ausbruchsklassen (I bis VI) als Beziehung von Art, Umfang und Ort der Sicherung
ÖNorm B 2203	7 Gebirgsgüteklassen (1 bis 7) von »standfest« bis »fließend«
StLB 007	10 Ausbruchsklassen (1 bis 10) von »keine Sicherung« bis »Sonderverfahren«
DIN 18312	11 Ausbruchsklassen (1 bis 7A) von »keine Sicherung« bis »voreilende Sicherung mit Sicherung der Ortsbrust und Unterteilung des Ausbruchsquerschnittes«
DIN 18312	6 Ausbruchsklassen (V1 bis V6) von »keine Sicherung« bis »Stillsetzung der Bollschnittmaschine und Ausbruch vor dem Bohrkopf durch nichtvollmechanisches Lösen« (Vortrieb mit Vollschnittmaschine)

Schwierigkeiten bei der Einordnung des Gebirges auf der Baustelle kommt. Auf Grundlage der DIN 18312 werden in Deutschland beim konventionellen Sprengbetrieb sieben Ausbruchsklassen (Tab. 2) mit weiteren Abstufungen unterschieden. Entscheidend für die Einteilung ist die Ausbruchart, Art und Umfang der Sicherung, der Einbauort der Sicherung und die Einbaufolge. So wird z. B. bewertet, ob die Sicherung in einem geringen Abstand zur Ortsbrust eingebaut werden kann (AK 3), dem Ausbruch unmittelbar folgen muß (AK 4) oder ob sogar eine vorauseilende Sicherung (AK 7) nötig ist. In Österreich gilt die ÖNORM B 2203 (Tab. 1), die drei Gebirgstypen (standfestes-nachbrüchiges Gebirge, *gebräches Gebirge* und *druckhaftes Gebirge*) mit je zwei bis fünf Unterklassen unterscheidet und die erforderlichen Stützungsmaßnahmen und den Einfluß der Baumaßnahmen auf die Vortriebsleistung berücksichtigt. Sie wird alllerdings nur für den Sprengvortrieb angewandt. In der Schweiz hat die SIA-Norm 198 Gültigkeit, die sechs Klassen kennt, deren Einteilung auf den notwendigen Sicherungsarbeiten und dem Einbauzeitpunkt basiert. Für den maschinellen Ausbruch gibt es nach DIN 18312 sechs Ausbruchsklassen, welche die Behinderung des maschinellen Lösens, die erforderliche Sicherung, den erforderlichen Sicherungseinbau im Maschinenbereich und besondere Maßnahmen berücksichtigen. [TF]

Ausdehnungskoeffizient ↗thermische Ausdehnung.

Ausbruchsklasse (Tab. 2): allgemeine Ausbruchsklassen nach DIN 18312.

Ausbruchsklasse	Definition
1	Ausbruch, der keine Sicherung erfordert
2	Ausbruch, der eine Sicherung efordert, die in Abstimmung mit dem Bauverfahren so eingebaut werden kann, daß Lösen und Laden nicht behindert werden
3	Ausbruch, der eine in geringem Abstand zur Ortsbrust (bei Vertikalschächten: Schachtsohle bzw. -firste) folgende Sicherung erfordert, für deren Einbau Lösen und Laden unterbrochen werden müssen
4	Ausbruch, der eine unmittelbar folgende Sicherung erfordert
4A	Ausbruch nach Ausbruchsklasse 4, der jedoch eine Unterteilung des Ausbruchsquerschnittes ausschließlich aus Gründen der Standsicherheit erfordert
5	Ausbruch, der eine unmittelbar folgende Sicherung und zusätzlich eine Sicherung der Ortsbrust erfordert
5A	Ausbruch nach Ausbruchsklasse 5, der jedoch eine Unterteilung des Ausbruchsquerschnittes ausschließlich aus Gründen der Standsicherheit erfordert
6	Ausbruch, der eine voreilende Sicherung erfordert
6A	Ausbruch nach Ausbruchsklasse 6, der jedoch eine Unterteilung des Ausbruchsquerschnittes ausschließlich aus Gründen der Standsicherheit erfordert
7	Ausbruch, der eine voreilende Sicherung und zusätzlich eine Sicherung der Ortsbrust erfordert
7A	Ausbruch nach Ausbruchsklasse 7, der jedoch eine Unterteilung des Ausbruchsquerschnittes ausschließlich aus Gründen der Standsicherheit erfordert

ausfällbares Wasser, Maß für den Gesamtgehalt atmosphärischen Wassers in einer Luftsäule, die sich vom Erdboden bis zur Atmosphärenobergrenze erstreckt. Es wird ausgedrückt als fiktiver ↗Niederschlag in mm (oder cm) Niederschlagshöhe. Die Menge des ausfällbaren Wassers kann aus Radiosondenmessungen der ↗absoluten Feuchte durch Integration vom Boden bis 400 hPa in guter Näherung bestimmt werden.

Ausfallpixel ↗Störpixel.

Ausfällung, *Fällung*, nimmt die Konzentration eines Ions in einer Lösung zu, kommt es erst bei Überschreitung des Löslichkeitsproduktes zur Bildung bzw. Ausfällung einer festen Phase. Eine Ausfällung von gelösten Stoffen aus wässrigen Lösungen ist zu erwarten bei Änderungen von: Temperatur, Druck, Konzentration, ↗Redoxpotential und ↗pH-Wert. Schließlich können die Aktivitäten von Mikroorganismen einen erheblichen Beitrag zur Ausfällung leisten. Die in Böden häufig vorkommenden Elemente Al, Fe, Si, Mn, Ca und Mg sind meist an Ausfällungsvorgängen beteiligt. Diese bestimmen weitgehend die Löslichkeit dieser Elemente. Beispiele für Ausfällungsprozesse in Böden sind: Bildung von ↗Calciumcarbonaten in ↗Parabraunerden, ↗Chernozems und in ↗Alkaliböden arider bis semiarider Regionen und die Ausfällung von Fe-, Mn- und Al-Oxiden bei der ↗Podsolierung, in ↗Lateriten sowie ↗Pseudogleyen. [AH]

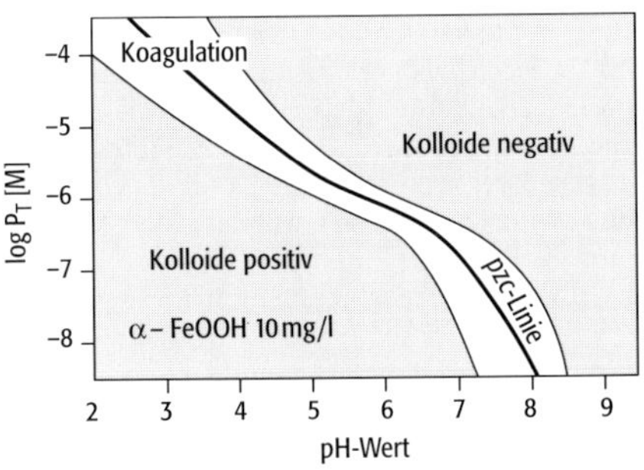

Ausflockung: Stabilität von Eisenhydroxidkolloiden in Gegenwart von Phosphat, das als innersphärischer Oberflächenkomplex an den Kolloiden adsorbiert wird (pzc = point of zero charge).

Ausflockung, *Flockung*, *Koagulation*, ist der Übergang eines kolloiddispersen Systems in ein ↗Gel. Sie ist die Umkehrung der ↗Peptisation. Die Aggregation von ↗Kolloiden ist transport- und reaktionskontrolliert. Die transportkontrollierte Ausflockung, auch als diffusionslimitierte Cluster-Cluster Aggregation bezeichnet, führt zu einer sehr schnellen Ausflockung mit fraktalen Clusterdimensionen deutlich kleiner zwei, wie sie z. B. für die Aggregation von Goldkolloidteilchen untersucht worden ist. Ein reaktionskontrollierter Prozeß erzeugt hingegen dichtere Flocken mit fraktalen Clusterdimensionen gegen zwei. Der Übergang von der langsamen reaktionskontrollierten zur schnellen transportkontrollierten Ausflockung kann durch die kritische Koagulationskonzentration beschrieben werden. Bei der Koagulation müssen die abstoßenden Oberflächeneigenschaften der Kolloide überwunden werden. Dies kann zum einen durch inerte Elektrolyte geschehen, die die Doppelschicht um die Kolloidoberfläche verringern und dadurch die Annäherung der Kolloide ermöglichen. In diesem Fall ist die kritische Koagulationskonzentration unabhängig von der Kolloidkonzentration (Schulze-Hardy-Regel). Hier ist besonders die Ausflockung von Tonkolloiden in Ästuaren durch Meerwasser und in Böden durch Veränderungen der Zusammensetzung der Bodenlösung zu nennen. Zum anderen beeinflussen spezifische ↗Adsorbate die Oberflächenladung der Kolloide und damit ihre Stabilität. In diesem Fall ist die kritische Koagulationskonzentration abhängig von der Kolloidkonzentration. Große Bedeutung hat dieser Prozeß bei der Wasseraufbereitung zur Entfernung von Phosphat und Arsenat durch Eisenhydroxide erlangt. Beide Ionen binden nicht nur innersphärisch an die Eisenkolloide, sondern erlauben pH-abhängig auch die Ausflockung der Kolloide (Abb.). ↗Ladungsnullpunkt. [TR]

Ausfluß, das aus einem wassererfüllten Raum ausfließende Wasser. Der Ausfluß aus einem See beispielsweise wird in seiner Höhe und zeitlichem Verlauf in Beziehung zum Zufluß gesetzt, wobei der Vergleich Aussagen über das hydrologische Verhalten des Sees ermöglicht.

Ausgabepixel, das Bildelement eines entzerrten Bildes. Der Grauwert eines Ausgabepixel kann über verschiedene Wege bestimmt werden. Gleich ist nur, daß immer die Bildelemente des Eingabebildes aus der unmittelbaren Umgebung der ursprünglichen Lage einbezogen werden. Eine Methode der Grauwertbestimmung ist die Methode des nächsten Nachbarn (↗Nearest

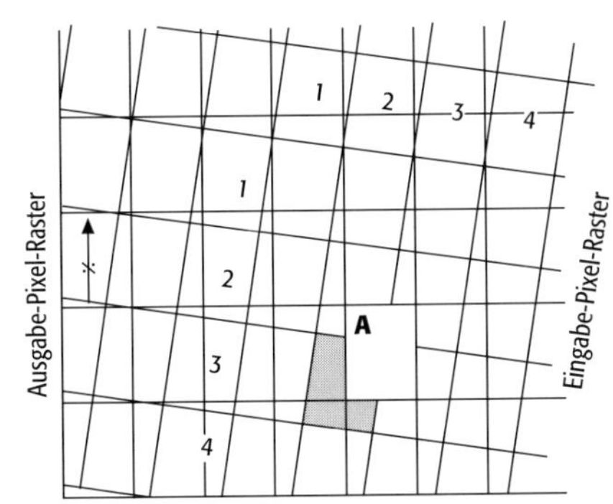

a

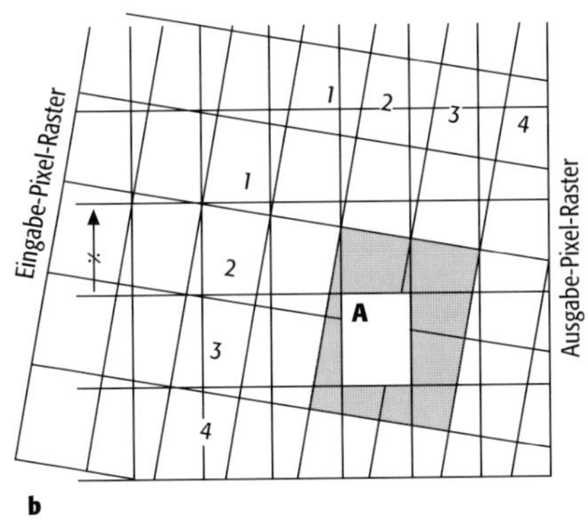

b

Ausgabepixel: Pixelraster bei verschiedenen Interpolationsmethoden. Bildelement A ist das erzielte Ausgabepixel.

Neighbour Verfahren) die in Teil a) der Abbildung dargestellt ist und bei der der Grauwert von einem Bildelement (A) vom schraffierten nächstliegenden Pixel bestimmt wird. Der Teil b) der Abbildung zeigt die Methode der ↗bilinearen Interpolation, bei der der Grauwert des Bildelements (A) durch die gewichteten Werte der schraffierten vier Umgebungspixel des Eingabebildes bestimmt werden.

Ausgangsdichte, Dichte einer Neuschnee- oder Firndecke vor weiterer Verdichtung durch Setzung, Infiltration von Schmelz- oder Regenwasser. Näherungswert für die Dichte einer ungestörten Neuschneedecke ist: 0,3 g/cm^3, einer Firndecke nahe der Oberfläche: 0,5 g/cm^3 (↗Enddichte).

Ausgangsmaßstab, der jeweils nächstgrößere Kartenmaßstab einer ↗Maßstabsfolge, der den Ausgangspunkt für die Bearbeitung einschließlich ↗Generalisierung von Karten in einem kleineren Maßstab, zumeist dem nächstkleineren bildet.

Ausgangspunkt ↗*Altpunkt*.

Ausgangsschmelze, *Stamm-Magma*, eine ursprüngliche, chemisch nicht veränderte Schmelze, die keine Prozesse wie ↗Differentiation, ↗Assimilation oder Magmenmixing erlitten hat.

ausgereifter Seegang, bildet sich nach hinreichend langer Einwirkung eines konstanten Windes auf ein ausgedehntes Meeresgebiet. ↗Seegang.

ausgestorbenes Nuklid, instabile Nuklid-Art, welche auf der Erde nicht mehr natürlicherweise vorhanden ist. Die meisten ehemals vorhandenen instabilen Nuklide sind ausgestorben, da ihre Halbwertszeit im Vergleich zur Zeitspanne, vor der sie gebildet wurden, sehr kurz ist.

Ausgleichsfläche, **1)** *Geophysik*: Begriff, der in der ↗Isostasie Verwendung findet. Beim Pratt-Hayford-Modell (↗Isostasiemodelle) wird die Ausgleichsfläche sowohl für die topographischen Massen, als auch für die Fläche konstanten Drukkes durch die Ebene gebildet, die durch die Basis der Säulen verläuft. Beim Airy-Heiskanen-Modell dagegen kann die Ausgleichsfläche in zweierlei Weise betrachtet werden. Wird die Ausgleichsfläche als die Fläche gesehen, welche die ↗topographischen Massen kompensiert, so wird sie durch die Umhüllende der Gebirgswurzel gebildet. Die Ausgleichsfläche kann aber auch als die Fläche gesehen werden, auf der konstanter Druck herrscht. Eine solche Fläche geht als Ebene durch die Basis der tiefsten Gebirgswurzel. **2)** *Landschaftsökologie*: Teile der Landschaft, die aufgrund ihrer naturräumlichen Ausstattung (↗Ausstattungsmerkmal) und des ↗Leistungsvermögens ihres Landschaftshaushaltes in der Lage sind, einen ökologischen oder psychischen Ausgleich zu schaffen. Ökologische Ausgleichs- und Regenerationsfunktionen gehen v.a. von natürlichen bis naturnahen Landschaftsteilen aus, die eine Minderung der ökologischen Belastung angrenzender Landschaftsteile ermöglichen. Landschaften mit vielen Ausgleichsflächen werden als ökologische ↗Ausgleichsräume bezeichnet. Sie sind in der Lage durch Stoffaustausch bzw. Stofftransport eine ausgleichende Wirkung auf nachbarliche ↗Belastungsgebiete zu erzielen. Ausgleichsflächen bzw. Ausgleichsräume mit hoher landschaftlicher und biologischer Diversität fördern die psychische Ausgeglichenheit des Menschen. [PG, SR]

Ausgleichskurve, *Erosionsterminante*, ↗Flußlängsprofil.

Ausgleichsküste, begradigter Küstenabschnitt, dessen Gestalt auf die ↗Abrasion von Küstenvorsprüngen mit möglicherweise einhergehender Kliffbildung (↗Kliff) zurückgeht und/oder auf den küstenparallelen Sedimenttransport (↗Strandversetzung), wodurch Buchten abgeschnürt oder aufgefüllt werden (↗Nehrung). Bei Ausgleichsküsten können daher Bereiche mit ↗Steilküsten und solche mit Strandakkumulationen einander abwechseln. Ausgleichsküsten bilden sich besonders häufig an gebuchteten, in Lockergestein ausgeprägten Tiefwasserküsten mit starker ↗Brandung.

Ausgleichsraum, in der Landschaftsökologie Typ der Schwerpunktnutzung in der ↗Theorie der differenzierten Bodennutzung. Er umfaßt naturnahe, nicht oder nur extensiv genutzte ↗Landschaftsökosysteme wie z.B. ↗Naturschutzgebiete. Einerseits wird von solchen Regenerationszonen eine Stabilisierung der gesamten ↗Kulturlandschaft erwartet, darüber hinaus sollen sie auch ↗Nachbarschaftswirkungen von intensiv genutzen landwirtschaftlichen oder urban-industriellen Ökosystemen kompensieren, also insgesamt eine ↗ökologische Ausgleichswirkung erzielen. Die Qualität des ökologischen Ausgleichsraumes darf dabei durch den stoffhaushaltlichen Austausch mit den ↗Lasträumen nicht herabgesetzt werden. Ökologische Ausgleichsräume übernehmen somit wichtige ökologische Funktionen von belasteten Landschaftsökosystemen. Schwierigkeiten der Zuordnung eines Gebietsausschnittes als ökologischen Ausgleichsraum ergeben sich durch die unscharfe Definition hinsichtlich der noch zulässigen, extensiven Nutzung, sowie durch den Umstand, daß bestimmte schützenswerte Gebiete ihre Entstehung grundsätzlich der menschlichen Nutzung verdanken (z.B. ↗Heidelandschaften, ↗Magerwiesen). [DS]

Ausgleichungsrechnung, *Ausgleichung nach der Methode der kleinsten Quadrate*, Rechenverfahren zur Bearbeitung von Beobachtungen, die mit zufälligen Fehlern behaftet sind, wobei die (gewichtete) Quadratsumme der Residuen (Beobachtungsverbesserungen) minimiert wird. Die Ausgleichungsrechnung wurde zu Beginn des 19. Jahrhunderts von A.M. Legendre und C.F. ↗Gauß unabhängig voneinander gefunden. Die heute in der Geodäsie am meisten benutzte Variante ist die »Ausgleichung nach vermittelnden Beobachtungen«: der funktionale Zusammenhang zwischen einer Beobachtung l_i und den unbekannten Parametern x_k, $i = 1 \ldots n$, $k = 1 \ldots u$, wird durch die i.a. nichtlinearen Beobachtungsgleichungen $l_i = f_i(x_k)$ hergestellt. Liegen mehr

Beobachtungen als zu bestimmende Parameter vor ($n > u$), so sind die funktionalen Beziehungen gewöhnlich inkonsistent, weshalb gewisse Inkonsistenzparameter, die Beobachtungsverbesserungen v_i, zu den Beobachtungswerten addiert werden. Um diese eindeutig zu bestimmen, wird ferner gefordert, daß die Quadratsumme der Residuen v_i minimal wird:

$$l_i + v_i = f_i(x_k),$$
$$\sum_{i=1}^{n} (v_i)^2 = min .$$

Eventuelle Unterschiede in der Genauigkeit der Beobachtungen l_i können mittels der Beobachtungsgewichte p_i und der verallgemeinerten Minimumsbedingung

$$\sum_{i=1}^{n} p_i \cdot (v_i)^2 = min$$

berücksichtigt werden.

Im Allgemeinfall sind die Funktionen f_i nichtlinear von x_k abhängig. Mit Hilfe geeigneter, vorgegebener Näherungswerte x_k^0 der unbekannten Parameter können die Beobachtungsgleichungen nach Taylor linearisiert werden:

$$l_i^0 := f_i\left(x_k^0\right), \Delta l_i = l_i - l_i^0, \Delta x_k = x_k - x_k^0 ,$$

$$v_i = \left(\frac{\partial f_i(x_k)}{\partial x_k}\right)_{x_k^0} \cdot \Delta x_k - \Delta l_i$$

(Summation über den Index k). Faßt man die verkürzten Beobachtungen Δl_i zum Spaltenvektor l und die Residuen v_i zum Spaltenvektor v (jeweils Dimension n), die verkürzten Parameter Δx_k zum Spaltenvektor x (Dimension $u < n$) zusammen und berücksichtigt, daß die Ableitungen ($\partial f_i/\partial x_k$) als Elemente der *Designmatrix* A (Dimension $n \cdot u$) und die Beobachtungsgewichte p_i als Diagonalelemente der Gewichtsmatrix P (Dimension $n \cdot n$) aufgefaßt werden können, so gilt in Matrizenschreibweise: $v = A \cdot x\text{-}l$, $v^T \cdot Pv = min$. Falls die Matrix P regulär und die Matrix A spaltenregulär ist, ergibt sich der Spaltenvektor der Schätzwerte $\hat{x}$ der Parameter in folgender Weise: $\hat{x} = N^{-1}*(A^TPl), N = (A^TPA)$.

Die quadratische, symmetrische Matrix N der Dimension $u \cdot u$ bezeichnet man als *Normalgleichungsmatrix*. Mit der Inversen N^{-1} und dem aus den Beobachtungsverbesserungen $v = A \cdot \hat{x}\text{-}l$ berechneten Schätzwert $\hat{\sigma}^2$ des Varianzfaktors $\hat{\sigma}^2 = v^TPv/(n\text{-}u)$ wird die Varianz-Kovarianzmatrix C_x der geschätzten Parameter $\hat{x}$ gebildet: $C_x = \hat{\sigma}^2 \cdot N^{-1}$, aus welcher Genauigkeitsmaße für die Parameter und daraus abgeleitete Größen berechnet werden können.

Die Ausgleichungsrechnung wird in der Geodäsie intensiv bei der Auswertung geodätischer Beobachtungen, insbesondere im Rahmen der ↗Netzausgleichung, verwendet. Erweiterungen des oben beschriebenen Konzepts betreffen die Auswertung korrelierter Beobachtungen (P ist eine voll besetzte Matrix), die Anwendung auf nicht spaltenreguläre Designmatrizen A (N ist singulär), die Berücksichtigung von linearen Bedingungen zwischen den Parametern x_i, die statistische Interpretation und die Verwendung von Hypothesentests (↗Gauß-Markov-Modell) und die Einbeziehung von stochastischen Parametern (↗Kollokation). [BH]

Ausgleichsspur, *Equilibrichnion*, ↗Spurenfossilien.

Ausgleichsströmung, horizontale Luftbewegung die durch räumliche Temperaturunterschiede verursacht wird und die versucht, einen Wärmeausgleich zu bewerkstelligen. Ein Beispiel für kleinräumige Ausgleichsströmungen sind Winde zwischen Stadtrand und Umland (↗Flurwind), größerskalige thermische Windsysteme existieren an der Küste (↗Land- und Seewind) und im Gebirge (↗Berg- und Talwind). Zu den großräumigen Ausgleichsströmungen gehören ↗Monsun und ↗Passat.

Auskämmen von Sediment, Absinken und die Ablagerung von rollend, springend und schwebend transportierten Bodenbestandteilen. Eine Vegetationsdecke (Wiese, Weide oder mit Kulturpflanzen bestandener Acker), die von sedimentführendem Abfluß auf der Geländeoberfläche umströmt wird, verlangsamt die Fließgeschwindigkeit des Wassers und bedingt so das Auskämmen.

auskeilen, laterales Ausdünnen (Verminderung der Mächtigkeit) einer Schicht, eines Flözes oder eines Erzganges in einem Gesteinsverband bis zum vollständigen Verschwinden. Als *Aufsetzen* wird dagegen das Wiedererscheinen einer Schicht an anderer Stelle bezeichnet.

Auslage, **1)** *Allgemein*: Aufstellung oder Konfiguration von Instrumenten, mit denen eine Messung vorgenommen wird. **2)** *Geophysik*: In der ↗Angewandten Seismik Anordnung von ↗Geophonen oder anderen seismischen Empfängern, mit denen ein Schuß registriert wird. Jede Auslage hat n aktive Kanäle (eine typische Zahl in der Explorationsseismik ist $n > 200$). Jedem Kanal entspricht in der ↗Reflexionsseismik eine Geophongruppe/Array, die aus n Elementen aufgebaut ist (z. B. zwölf Elemente mit Abstand von ca. 1–2 m). In der ↗Refraktionsseismik werden meist Einzelgeophone verwendet. Der Abstand der Geophongruppen ist konstant, der Abstand zur schußnächsten Geophongruppe (Anlauf/ »lead-in«) kann ganz- oder halbzahlige Vielfache des Gruppenabstands betragen. Als Schußpunktabstand werden ganzzahlige Vielfache des Gruppenabstands gewählt. Liegt der Schußpunkt vor oder hinter der Auslage (betrachtet in der Richtung des Meßfortschritts), so spricht man von »off-end shooting«. Liegt der Schußpunkt in der Mitte der Auslage, spricht man von einem symmetrischen »split spread«. Alle Parameter einer Auslage sind der jeweiligen Zielsetzung der seismischen Messung und den Anforderungen zur Erfassung des Wellenfeldes anzupassen. Die maximale Ausdehnung der Auslage wird auch ↗Aufstellungsweite genannt. [KM]

Auslaßgletscher ↗Eisschild.

Auslaugung, Auflösung und Abtransport von festen Stoffen aus Gestein und Böden durch Wasser (↗Korrosion).

Auslaugungsgebiet, Gebiet, in dem Salz- oder Carbonatgesteine von Grund- oder Sickerwässern aufgelöst werden (↗Korrosion) und so Hohlräume im Untergrund entstehen, die ein Einsinken des überlagernden Bereichs zur Folge haben können. Eine weit verbreitete Auslaugungserscheinung ist der ↗Karst. Auslaugungsvorgänge können an der Oberfläche als Einsturztrichter, Dolinen, Erdfälle, Karren, weitläufige Bodensenkungen, Schlundlöcher etc. erkennbar sein. Als *Solutionssenken* und -schlote werden die Folgen von unterirdischen Salzauslaugungen bezeichnet.

Auslaugungssenke, Hohlform, die infolge der ↗Auslaugung unterirdischer Vorkommen von Stein- oder Kalisalzen und dem Nachsacken des ↗Hangenden entstanden ist. Sie wird zu den Phänomenen des ↗Karstes gezählt.

Auslaugungszone, oberflächennaher Bereich einer meist sulfidischen (↗Sulfide) Lagerstätte, in dem der primäre Mineralbestand aufgrund von ↗Oxidation und ↗Hydration teilweise in Lösung geht und abtransportiert wird. Damit findet eine Abreicherung bezogen auf den primären Erzgehalt statt.

Auslieger, *Zeugenberg*, ↗Schichtstufe.

Auslöschung, tritt bei polarisationsmikroskopischen Untersuchungen mit gekreuzten Polarisatoren dann ein, wenn die Objekt-Schwingungsrichtungen parallel zur Durchlaßrichtung von Polarisator und Analysator liegen. Die vier dabei auftretenden Dunkelstellungen werden als Normallagen oder *Auslöschungslagen* (*Auslöschungsstellungen*) bezeichnet. Verlaufen Schwingungsrichtungen und morphologische Kennzeichen des Objekts, z. B. Kristallkanten, Zwillingsebenen oder Spaltrisse parallel, so spricht man von ↗gerader Auslöschung. Bei vielen Kristallen, v. a. bei den niedriger symmetrischen gesteinsbildenden Mineralen, verlaufen die Schwingungsrichtungen jedoch nicht parallel zu den morphologischen Kriterien (*schiefe Auslöschung*), so daß in Auslöschungslage die morphologischen Kriterien einen bestimmten Winkel zur Durchlaßrichtung der Polarisatoren bilden. Dieser Winkel wird als der sog. *Auslöschungswinkel* (*Auslöschungsschiefe*) bezeichnet. Der Winkel der Auslöschung ist ein sehr wichtiges Kriterium zur Identifizierung der Minerale, z. B. bei der polarisationsmikroskopischen Diagnostizierung der Asbeste. [GST]

Auslöschungsgesetze, systematisches Fehlen von Röntgen-, Neutronen- oder Elektronenbeugungsreflexen einer Kristallstruktur. Systematische Auslöschungen treten auf, wenn entweder ein zentriertes ↗Bravais-Gitter vorliegt (»integrale Auslöschungen«) oder wenn es sich um eine nicht symmorphe Raumgruppe handelt, die Symmetrieoperationen mit Gleitanteilen enthält (»zonale und seriale Auslöschungen«).

Auslöschungslage ↗Auslöschung.

Auslöschungsschiefe ↗Auslöschung.

Auslöschungsstellung ↗Auslöschung.

Auslöschungswinkel ↗Auslöschung.

Auslöseenergie, in der ↗Meteorologie die Energie, die notwendig ist, um die Entwicklung von ↗Konvektionswolken einzuleiten.

Auslösetemperatur, auf die ↗Auslöseenergie bezogener Schwellenwert der bodennahen Lufttemperatur.

Auslösungszone, Übergangsbereich in einem zyklisch und schnell vorstoßenden ↗Gletscher zwischen dem aktiven und dem stagnierenden Gletscherteil.

Ausräumung der Kulturlandschaft, als Folge der industriemäßig betriebenen Landwirtschaft, dem Infrastrukturausbau sowie den ↗Flurbereinigungen, kann es zur Ausräumung der Landschaft kommen. Es handelt sich dabei hauptsächlich um die Ausräumung von vegetativen Elementen wie Hecken, kleinen Baumgruppen und anderen Gehölzen sowie um die Vernichtung von Kleinformen der ↗Kulturlandschaft. Die Vernichtung von Feuchtgebieten und die Eindohlung von natürlichen Bachläufen tragen ebenfalls zu einer Ausräumung der Landschaft bei. Mit der Ausräumung der Kulturlandschaft geht durch die Vernichtung von Lebensräumen und ökologischen ↗Nischen neben der Verarmung der Flora auch eine Verarmung der Fauna einher.

Ausreißer, kleine Anzahl von Werten eines Datensatzes, deren Beträge vom Erwartungswert so weit entfernt liegen, daß hinterfragt werden muß, ob diese nicht zu einer anderen Grundgesamtheit gehören oder ob die Messung bzw. die Probennahmetechnik fehlerhaft war. Als Grenze für Ausreißer wird vielfach der vierfache Wert der ↗Standardabweichung gewählt. Häufig werden Ausreißer auch mit Hilfe statistischer Ausreißertests ermittelt.

Ausrollgrenze, *Plastizitätsgrenze*, ↗Wassergehalt an einer definierten Grenze zwischen dem halbfesten und dem plastischen Konsistenzbereich ↗bindiger Erdstoffe. Die Ausrollgrenze wird durch Ausrollen einer Erdstoffprobe mit der Hand ermittelt. Sie kann als Kriterium für die Bearbeitbarkeit eines Bodens und als technologische ↗Nässegrenze gelten. Die Ausrollgrenze ist positiv mit dem ↗Tongehalt und dem Gehalt an organischer Substanz korreliert.

Aussagetiefe, das Vermögen, Inhomogenitäten bis zu einem bestimmten Tiefenbereich zu erkennen. Sie wird durch die Meßgeometrie und die Datenerfassung bestimmt. Werden z. B. in der Reflexionsseismik Reflexionen bis zu einer ↗Zweiweglaufzeit von 5 Sekunden registriert und beträgt die mittlere Geschwindigkeit 4 km/s, so werden nur Reflexionshorizonte bis zu einer Tiefe von 10 km erfaßt. Bei den Potentialverfahren besteht ein Zusammenhang zwischen Profillänge und Aussagetiefe: Je länger das Profil ist, desto eher lassen sich Aussagen über größere Tiefen machen. Ein semi-quantitativer Zusammenhang kann z. B. durch die ↗Halbwertsbreite beschrieben werden.

Ausscheidung, *Prezipitat*, Aneinanderlagerung von Legierungsbestandteilen oder Fremdatomen in einem Ein- oder Polykristall zu mehr oder weniger geordneten Bereichen oder neuen, teilweise thermodynamisch stabilen Phasen. Entstehen

Ausscheidungen innerhalb eines Einkristalls, ist die Wahrscheinlichkeit hoch, daß ihre Orientierung von der des Kristalls abhängt. Dies trifft i.d.R. für Ausscheidungen auf Korngrenzen nicht zu. Ist der Unterschied der Gitter zwischen Ausscheidung und Kristall klein, können diese kohärent sein, d.h. die Netzebenen des Kristalls werden eventuell durch die Ausscheidung hindurch fortgesetzt. Damit ist i.d.R. eine elastische Verzerrung des umgebenden Kristallbereichs verbunden. Ausscheidungen können in den verschiedensten Formen vorliegen, z.B. als Nadeln, Kugeln, Platten oder Ellipsoide. Sie entstehen meist durch die Wärmebehandlung eines übersättigten Mischkristalls bei Temperaturen, unter denen Diffusionsvorgänge (↗Diffusion) möglich sind. Bekannte Beispiele sind die Guinier-Preston-Zonen und Θ-Phasen in Cu-haltigen Al-Legierungen, oder technologisch noch wichtiger die Carbide in Stählen. Ihre große technologische Bedeutung rührt daher, daß sie oft sehr wirksame Hindernisse für die Bewegung von ↗Versetzungen darstellen und damit zur Erhöhung der Festigkeit eines Materials beitragen. [EW]

Ausscheidungsfolge, **1)** *Mineralogie*: die Ausscheidung der Minerale bei der Auskristallisation erfolgt in einer meist gesetzmäßigen Reihenfolge. Bei der magmatischen Kristallisation unterscheidet man Minerale der Frühkristallisation (1200–900 °C, z.B. Olivin, Chromit, Magnetit, Spinell, Apatit), der Hauptkristallisation (990–650 °C, z.B. Felspat, Quarz, Glimmer, Pyroxen, Amphibol) und der Restkristallisation (650–450 °C, Pegmatite, z.B. grobkörniger Kalifeldspat, Quarz, Glimmer). Die kristallchemische Gesetzmäßigkeit der Auskristallisation von gesteinsbildenden Silicaten erfolgt in Form der sogenannten ↗Bowenschen Reihe, wonach sich die Minerale entsprechend ihrer Gitterstruktur und damit der Höhe ihrer Gitterenergie aus dem Magma ausscheiden. Das jeweilige zurückbleibende Restmagma verändert dabei kontinuierlich seine chemische Zusammensetzung. Die Ausscheidungsfolge der Kristalle aus einer Schmelze hängt nicht unbedingt von ihrem Schmelzpunkt, sondern ganz wesentlich von der Zusammensetzung der ursprünglich vorhandenen Schmelze ab. In den Gesteinen ist die Reihenfolge der Ausscheidung ebenfalls charakteristisch und entspricht keinesfalls den Schmelzpunkten, die von den reinen Komponenten her bekannt sind. So ist z.B. der Quarz fast immer die jüngste Ausscheidung des Magmas, während er für sich allein fast den höchsten Schmelzpunkt von allen hat. In den Tiefengesteinsmagmen ist die Schmelzphase durch ihren Gehalt an ↗leichtflüchtigen Bestandteilen relativ dünnflüssig, so daß sich beim Abkühlen des Magmas die spezifisch schweren Minerale wie Olivin, Chromit oder Platin durch Absinken in den unteren Bereich der Schmelze anreichern, während die spezifisch leichteren Silicate, v.a. die Feldspäte, aufsteigen. Diese Art von Differenzierung der Minerale wird als ↗gravitative Kristallisationsdifferentiation bezeichnet. **2)** *Ozeanographie*: typische Abfolge unterschiedlicher ↗Evaporite, die im Idealfall entsteht, wenn Meerwasser eingedampft wird. Aufgrund der chemischen Zusammensetzung des Meerwassers, der bekannten Löslichkeit der einzelnen Salzmineralien sowie der Lösungsgleichgewichte, lassen sich für verschiedene Eindampfungsabschnitte die jeweiligen Mineralparagenesen unter statischen Bedingungen bestimmen. So sind in marinen Salinarfolgen vier große Eindampfungsabschnitte zu beobachten: a) Carbonate, b) Ca-Sulfate (z.B. Gips), c) Na-Chloride (z.B. Halit) und d) K-Mg-Chloride und -Sulfate (z.B. Polyhalit).
Gips tritt erstmalig nach einer Erhöhung der Meerwasserkonzentration auf das 3,62-fache, Halit nach einer Erhöhung auf das 10,82-fache auf. Die Konzentrationsfaktoren liegen für Glauberit bei 13,15 und für Polyhalit bei 38,50. ↗Carnallit wird erst bei einer 117,11-fachen Konzentrationserhöhung des Meerwassers ausgeschieden. [GST, DM]

Ausscheidungslagerstätten, im Bereich der ↗sedimentären Lagerstätten nur noch wenig gebräuchlicher Sammelbegriff für ↗Vererzungen, die aus meist niedrigthermalen Wässern abgeschieden werden. Hierzu gehören aus dem terrestrisch-limnischen Milieu die ↗Red-Bed-Lagerstätten und die Sumpf- und Wiesenerz-Bildungen (↗Raseneisenerz) sowie aus dem marinen Milieu die ↗Manganknollen, die ↗oolithischen Eisenerzlagerstätten, ein Teil der ↗Phosphoritlagerstätten, die Gips- und ↗Salzlagerstätten und die Kalk- und Dolomitlagerstätten, soweit sie Bildungen des Eindampfungszyklus darstellen.

Ausschießbogen, Bogen, auf dem die Seiten eines Druckerzeugnisses unter Berücksichtigung der Weiterverarbeitung nach einem bestimmten Schema (Ausschießschema) angeordnet werden, da mehrseitige Druckprodukte, z.B. Atlanten oder ↗Karten als Mehrnutzendruck, nicht als Einzelseiten, sondern zusammengefaßt mit 4, 6, 8, 12, 16, 24, 32 Seiten in einer Druckform gedruckt werden. Das Ausschießschema garantiert, daß nach dem Falzen die Seiten in fortlaufender Reihenfolge im Exemplar erscheinen. Der Ausschießbogen wird heute zumeist digital mittels Ausschießsoftware erstellt.

Außengitter, *Koordinatenlinien*, die im Kartenrahmen ↗topographischer Karten oder außen an diesem dargestellt sind. Bei Kartenblättern, die nahe der Grenze des Meridianstreifensystems liegen, wird zusätzlich zum Hauptgitter als Außengitter die Fortsetzung der rechtwinkligen ebenen ↗Gauß-Krüger Koordinaten des benachbarten Meridianstreifens dargestellt.

Außenmarsch, vor einem ↗Deich liegende Bereiche der ↗Marsch.

Außensand, über das mittlere Tidehochwasser (↗Tidekurve) hinausragende, inselartige Sandfläche im küstennahen Bereich des Meeres, außerhalb der ↗Ästuare.

Außenstalaktit, ↗Stalaktit, der nicht in einer Höhle, sondern »außen« an einer Felswand entstanden ist. Es handelt sich um einen ↗Tropfstein des tropischen ↗Kegelkarstes.

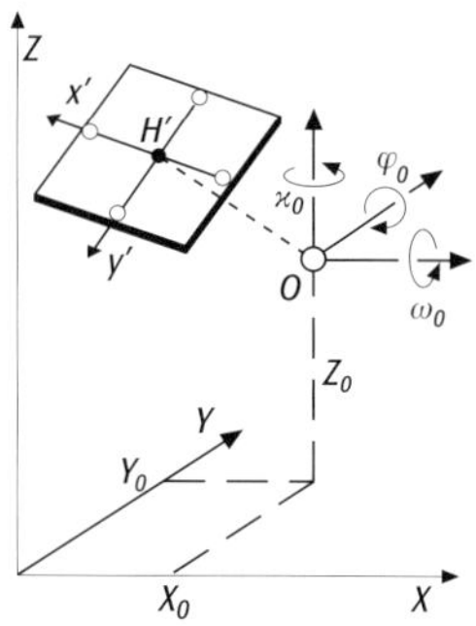

äußere Orientierung: Daten der äußeren Orientierung eines Luftbildes.

Außentief, seewärts des ↗Deiches liegende Fortsetzung des ↗Binnentiefs.

äußere konische Refraktion ↗konische Refraktion.

äußere Orientierung, Parameter zur Beschreibung der Orientierung des Bildkoordinatensystems (↗Bildkoordinaten) eines Bildes im Objektraum (↗Objektkoordinaten). Die Elemente der äußeren Orientierung sind die Objektkoordinaten des ↗Projektionszentrums *0*: X_0, Y_0, Z_0 sowie die Rotationen des Bildkoordinatensystems um drei Raumachsen. Für ↗Luftbilder sind dies die Längs- und Querneigung sowie die Kantung des Bildes φ_0, ω_0, $\varkappa_0$ (Abb.).

äußere Symmetrie, makroskopische Symmetrie eines Kristalls, die durch eine der 32 ↗Kristallklassen beschrieben werden kann.

außerordentlicher Strahl, Lichtstrahl, dessen Strahlrichtung bei ↗Doppelbrechung an ↗optisch einachsigen Kristallen nicht dem ↗Snelliusschen Brechungsgesetz folgt. Der ihm zugeordnete Brechungsindex ist richtungsabhängig. Strahlrichtung und Wellennormale sind i.a. nicht richtungsgleich. Die Richtung der ↗Wellennormalen folgt jedoch stets dem Snelliusschen Brechungsgesetz. Außerordentlicher und ordentlicher Strahl sind senkrecht zueinander polarisiert. ↗Indikatrix.

außersphärischer Sorptionskomplex, bezeichnet einen Komplex aus ↗Adsorbens und ↗Adsorbat, bei dem noch Wassermoleküle zwischen beiden eingeschaltet sind. Treibende Kraft der Komplexbildung sind elektrostatische Kräfte. ↗Adsorption.

Aussickerung, Abgang von Grundwasser durch die ↗Grundwassersohle bzw. durch die ↗Grundwasseroberfläche bei gespanntem Grundwasser.

Ausstattungsmerkmal, invariantes Merkmal oder stabile Standorteigenschaft (↗Standort). Die Ausstattungsmerkmale charakterisieren ein ↗Geotop, Geoökotop oder ein ganzes ↗Geoökosystem. Dazu gehören z.B. die ↗Bodenart oder die Lage im ↗Relief. Neben den Ausstattungsmerkmalen gibt es auch Prozeßmerkmale (variable Standorteigenschaften), welche zur funktionalen Beschreibung von Geoökosystemen herangezogen werden.

Ausstattungstyp, eine Landschaft kann einen bestimmten Ausstattungstyp aufweisen, der durch eine Reihe typischer ↗Ausstattungsmerkmale repräsentiert wird.

Ausstechzylinder, *Probenahmezylinder*, Zylinder zur Entnahme von ungestörten ↗Proben und Sonderproben.

Ausstrahlung, 1) Strahlungsabgabe von Oberflächen entsprechend ihrer Temperatur, beschrieben durch das ↗Plancksche Strahlungsgesetz. 2) Energieabgabe der Erdoberfläche und der Atmosphäre an den Weltraum in Form von langwelliger elektromagnetischer Strahlung (↗elektromagnetisches Spektrum). Die Ausstrahlung hängt stark von der Wellenlänge ab. Innerhalb der ↗atmosphärischen Fenster kann die Erdoberfläche wegen ihrer vergleichsweise hohen Temperatur viel Energie direkt an den Weltraum abgeben. In den starken atmosphärischen ↗Absorptionsbanden des Wasserdampfes und des Kohlendioxids wird die von der Erdoberfläche emittierte Strahlung in der Atmosphäre absorbiert und die Atmosphärenschichten emittieren ihrerseits Strahlung in diesem Spektralbereich entsprechend ihrer Temperatur. Da die Atmosphärenschichten in alle Richtungen abstrahlen, gelangt ein Teil dieser langwelligen Strahlung in den Weltraum und ein anderer Teil wird zur Erdoberfläche zurückgestrahlt (↗atmosphärische Gegenstrahlung). Die Ausstrahlung hat wesentliche Bedeutung für die Strahlungsbilanz (↗Strahlungshaushalt) der Erdoberfläche und der Atmosphäre. In klaren Nächten verursacht sie eine starke Abkühlung der Landoberflächen durch die stark negative Strahlungsbilanz. In wolkigen Nächten wird die Ausstrahlung wesentlich reduziert, da die Wolken die langwellige Strahlung durchweg absorbieren und damit keine atmosphärischen Fenster mehr existieren.

Ausstrich ↗*Ausbiß*.

Ausströmungsbreite, *Staulinie*, Übergangsbereich eines aus einem breiten ↗Firnfeld in eine schmale Engstelle eintretenden ↗Gletschers.

austauscharme Wetterlage, besondere synoptische Situation, bei der ein Austausch in der horizontalen und in der vertikalen Richtung stark unterdrückt ist. Sie liegt vor, wenn in einer Luftschicht, deren Untergrenze weniger als 700 m über dem Erdboden liegt, die Temperatur der Luft mit der Höhe zunimmt (↗Inversion), die Windgeschwindigkeit in Bodennähe seit mehr als zwölf Stunden im Mittel weniger als 3 m/s beträgt und nach den meteorologischen Erkenntnissen diese synoptische Situation länger als 24 Stunden anhalten wird.

austauschbare Nährstoffe, im Boden an der festen Phase adsorbierte Nährstoffe, die durch andere Stoffe relativ leicht verdrängt (ausgetauscht) werden können und damit für Pflanzen verfügbar sind. Durch die ↗Adsorption sind sie gegen Auswaschung geschützt (↗Austauscher).

austauschbares Kalium, umfaßt die Fraktionen des wasserlöslichen und des an der äußeren Oberfläche von Tonmineralen sorbierten ↗Kaliums (K). Da die Menge an austauschbarem K mit der K-Konzentration in der ↗Bodenlösung ansteigt, läßt sich diese Beziehung durch ↗Adsorptionsisothermen darstellen. Mit Hilfe von K-Austauschkurven sind Aussagen zum Verhalten von Böden mit unterschiedlichem Mineralbestand gegenüber Kalium möglich. Die Bestimmung des austauschbaren K erfolgt durch Extraktion mit Ba- oder NH_4-haltigen Lösungen.

Austauscher, sind im allgemeinen feste Bestandteile des Bodens, die gelöste oder gasförmige (ionische, polare und unpolare) Substanzen unter Freisetzung anderer Stoffe binden (= adsorbieren) können. Im Boden vorkommende Austauscher sind vor allem ↗Huminstoffe, ↗Tonminerale und ↗Sesquioxide sowie deren Komplexe. ↗Ionenaustauscher, ↗Kationenaustausch, ↗Anionenaustausch.

Austauschkapazität, *AK*, ist ein Maß für die An-

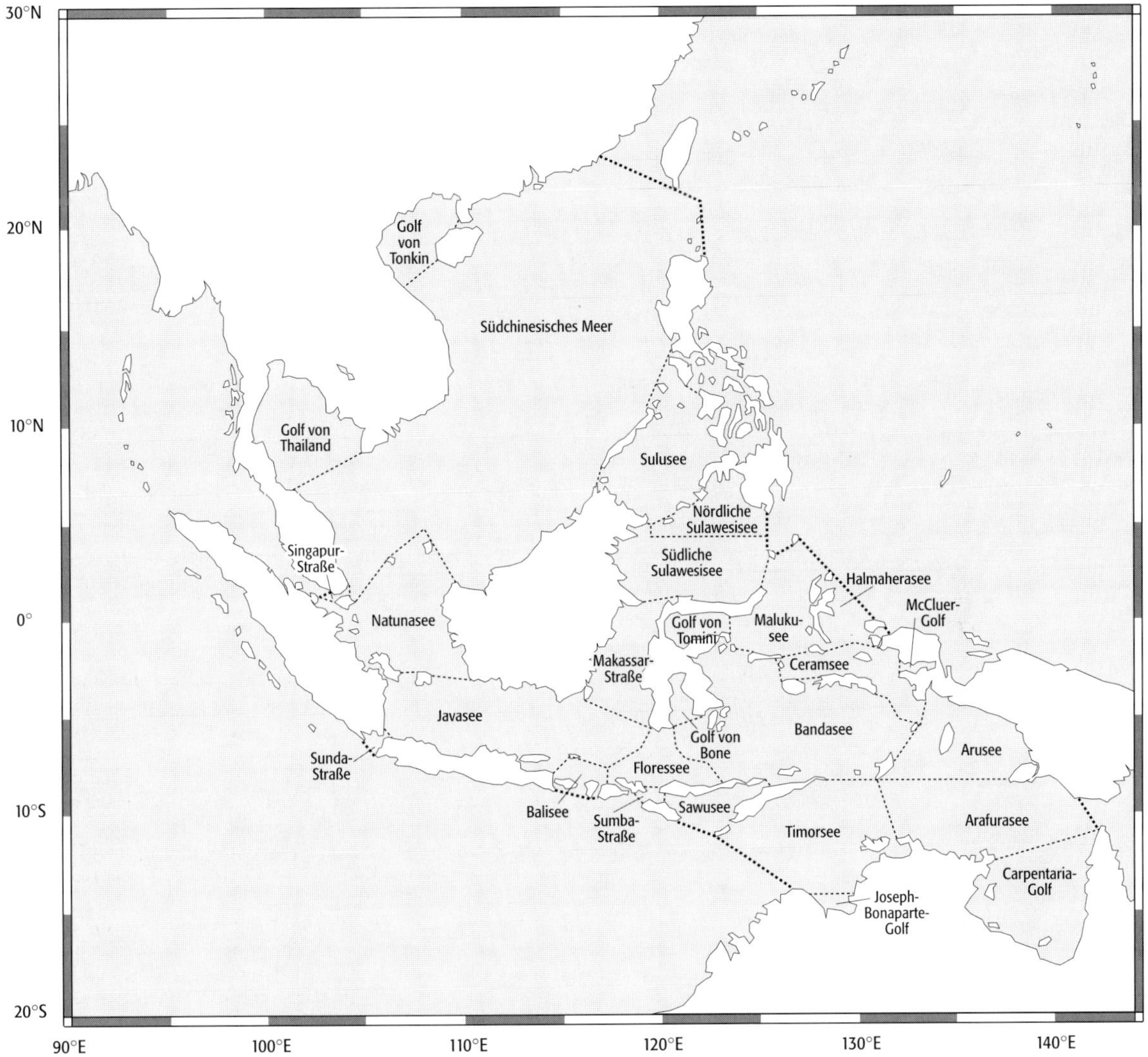

zahl der an der festen Phase adsorbierten Stoffe, die durch andere Stoffe abgelöst (= ausgetauscht) werden können. Meist handelt es sich um ↗Ionen und man spricht von *Ionenaustauschkapazität*. In Böden wird i.a. die ↗Kationenaustauschkapazität bestimmt, im Gegensatz zur weniger bedeutenden ↗Anionenaustauschkapazität.

Austauschkoeffizient, Proportionalitätsfaktor im ↗Gradientansatz für turbulente Flüsse von Luftmasseneigenschaften. Einheit: kg/m/s. ↗Diffusionskoeffizient.

Austauschreaktion ↗Mineralreaktion.

Australasiatisches Mittelmeer, ↗Nebenmeer des ↗Pazifischen Ozeans (Abb.), das im Westen durch eine Linie von Nordwestaustralien über Timor, Java, Sumatra zur Malaiischen Halbinsel und im Osten von der Kap-York-Halbinsel, Papua-Neuguinea, den Phillippinen, Taiwan und der Nanaoinsel vor dem chinesischen Festland begrenzt ist. Die Strömung durch das Australasiatische Mittelmeer, im engl. Sprachgebrauch als Indonesian Throughflow bezeichnet, stellt ein wichtiges Glied bei der Schließung der Warmwasserroute der globalen ↗thermohalinen Zirkulation dar.

Australischer Kraton ↗Proterozoikum.

Australite, Glasmeteoriten, benannt nach Fundorten in Australien. Sie gehören zu der Gruppe der ↗Tektite und sind, was ihre Herkunft anbetrifft, noch sehr umstritten.

Austrocknung, teilweiser oder vollständiger Wasserentzug, der im Boden zur Änderung der mechanischen Eigenschaften und zur ↗Schrumpfung führt. Parameter wie z.B. ↗Scherfestigkeit, ↗Konsistenz und Wasserleitfähigkeit sind direkt abhängig vom Wassergehalt.

Ausuferung, bezeichnet den Vorgang, bei dem Wasser, meist bei Hochwasserereignissen, über die Ufer tritt und mehr oder minder große Flä-

Australasiatisches Mittelmeer: das Australasiatische Mittelmeer mit seinen Rand- und Nebenmeeren und ihren Grenzen.

chen überschwemmt. Die Höhe des Wasserspiegels, bei dem die Ausuferung eintritt, wird Ausuferungswasserstand genannt.

Auswahlgesetz, *Auswahlregel*, eine 1961 mathematisch formulierte und im Verlauf der 1960er Jahre formelmäßig ausgebaute Gesetzmäßigkeit der kartographischen ↗Generalisierung, speziell der ↗Objektauswahl, die auf die Wahrung der relativen Dichte des Kartenbildes des ↗Ausgangsmaßstabs im Folgemaßstab (↗Maßstab) abzielt. Es geht auf folgende Formel zurück:

$$n_F = n_A \sqrt{\frac{M_A}{M_F}}$$

(n_F = Anzahl der Objekte im Folgemaßstab, n_A = Anzahl der Objekte im Ausgangsmaßstab, M_A = Maßstabszahl des Ausgangsmaßstabes und M_F = Maßstabszahl des Folgemaßstabes). Diese, auch als einfaches Auswahlgesetz bezeichnete mathematische Beziehung, ist v. a. für ↗topographische Karten großer und mittlerer Maßstäbe bei kleinen Maßstabsabständen anwendbar. Bei kleinmaßstäbigen Karten, z. B. bei Atlaskarten, sind die Bedeutung bestimmter Objekte, die im Blick auf die ↗Kartennutzung eine besondere Betonung verlangen, und der Zeichenschlüssel der im Verhältnis zum Kartenmaßstab vielfach erheblich vergrößerten ↗Signaturen zu berücksichtigen. Hierfür nutzt man das erweiterte Auswahlgesetz, in dem ein Zeichenschlüsselkoeffizient (C_Z) und ein Bedeutungskoeffizient (C_B) enthalten sind:

$$n_F = n_A \cdot C_B \cdot C_Z \sqrt{\frac{M_A}{M_F}}\,.$$

Der Bedeutungskoeffizient kann folgende Beträge annehmen:

$$C_B = 1$$

bei normaler Bedeutung der Objekte,

$$C_{B_2} = \sqrt{\frac{M_F}{M_A}}$$

bei besonderer Bedeutung der Objekte,

$$C_{B_3} = \sqrt{\frac{M_A}{M_F}}$$

bei geringer Bedeutung der Objekte. Der Zeichenschlüsselkoeffizient wird wie folgt berechnet:

$$C_{Z_1} = l$$

(gilt für Zeichenschlüssel der Folgemaßstäbe, die nach dem Wurzelgesetz auf jenen des Ausgangsmaßstabes abgestimmt sind).

$$C_{Z_2} = \frac{S_A}{S_A} \sqrt{\frac{M_A}{M_F}}$$

gilt für lineare Objekte (Straßen, Flüsse), bei denen nur die Signaturenbreite *s* für die Generalisierung maßgebend ist.

$$C_{Z_3} = \frac{f_A}{f_F} \sqrt{\left(\frac{M_A}{M_F}\right)^2}$$

gilt für flächenhafte Objekte (Seen, Ortschaften), deren Fläche *f* für die Generalisierung maßgebend ist. Die Kenntnis solcher und anderer Generalisierungsgesetzmäßigkeiten ist v. a. für die ↗rechnergestützte Generalisierung unerläßlich. [WGK]

Auswaschung, vertikale Bewegung gelöster Verwitterungsprodukte oder in Lösung befindlicher chemischer Verbindungen (Düngemittel, Herbizide u. a.) mit dem Sickerwasser, besonders in humiden Klimaten und auf durchlässigen Böden. ↗Versauerung und ↗Entbasung können folgen, die wiederum ↗Tonverlagerung oder ↗Podsolierung bewirken. Oft erfolgt aus den Lösungsprodukten eine Mineralneubildung in tieferen Schichten, den ↗Illuvialhorizonten.

Auswaschungshorizont ↗*Eluvialhorizont*.

Auswehung ↗*Deflation*.

Ausweichtektonik, *escape tectonics*, *extrusion tectonics*, Ausweichen von Blöcken kontinentaler ↗Lithosphäre an konjugierten Seitenverschiebungssystemen (↗konjugierte Kluftscharen) in Bereiche geringerer Horizontalspannungen. Solche Phänomene werden im Zusammenhang mit ↗Indenter-Tektonik im Gefolge von ↗Kontinentalkollisionen beschrieben, die die Kruste starker Horizontalspannung normal zur Kollisionssutur unterwirft, so daß in deren Umfeld durch vertikale Störungen getrennte Krustenblöcke zum seitlichen Ausweichen tendieren (z. B. Ausweichen Südost-Asiens zum Pazifik infolge Kollision mit Indien).

Auswürfling, veralteter Begriff für ↗Bombe.

authigen, geformt oder entstanden an der Fundortstelle. Der Begriff wird verwendet für Minerale,

Autoklaven 1: Autoklaven und andere Systeme für Syntheseexperimente und In-situ-Untersuchungen im Druck- und Temperaturbereich der Erde.

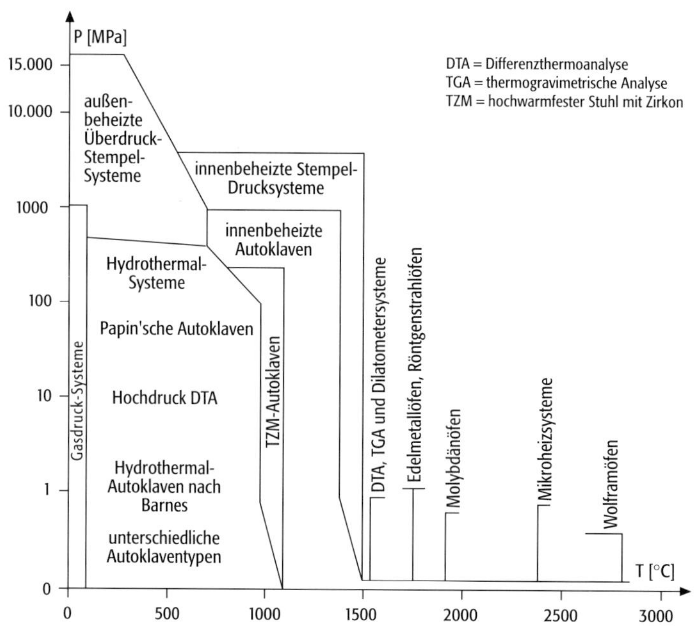

die an Ort und Stelle, während oder nach der Entstehung des Wirtsgesteins, entstanden sind. Häufig findet sich z. B. authigen gebildeter ↗Pyrit in Sedimenten oder metamorphen Gesteinen.

Authigenese, *Neogenese*, die Entstehung neuer Minerale an Ort und Stelle (in situ), im Sediment oder Sedimentgestein. Authigene Minerale entstehen durch Kristallisation aus Porenlösung oder durch Verdrängung und Rekristallisation anderer Minerale.

Autobrekziierung, *autoklastische Fragmentierung*, durch Fließen verursachte Fragmentierung von erstarrten bzw. zähen Bereichen in Magma, Lava und rheomorphen ↗pyroklastischen Strömen, z. B. ↗Aa-Lava.

autochthon, [von griech. autochthon = alteingesessen, eingeboren], auf dem ursprünglichen Untergrund, in der ursprünglichen Umgebung liegend, im Gegensatz zu ↗allochthon, ↗parautochthon. Der Begriff wird oft für Kohlenwasserstoffe oder für Minerale (dort aber besser ↗authigen) angewendet.

autochthone Klippe, in älterer Literatur verwendeter Begriff für einen Gesteinskörper, der an zwei divergierenden ↗Überschiebungen auf seine jetzige Unterlage transportiert wurde. ↗tektonische Klippe, ↗Pop-up-Struktur.

autochthone Kohle, am Wachstumsstandort der Pflanzen entstandene Kohle, im Unterschied zur ↗allochthonen Kohle.

autochthoner Erzkörper, an Ort und Stelle entstandener Erzkörper, im Unterschied zum ↗allochthonen Erzkörper.

autochthone Witterung, Witterung, deren Ursachen im Betrachtungsgebiet liegen und somit nicht durch ↗Advektion zustandekommen.

autohydrothermal, *deuterisch*, bezeichnet Umwandlungen, die durch hydrothermale Restlösungen nach der Erstarrung einer magmatischen Schmelze am bereits kristallisierten Material selbst stattgefunden haben. Diese Umwandlungen finden in direkter Fortsetzung des Erstarrungsprozesses selbst statt.

autoklastische Fragmentierung ↗Autobrekziierung.

Autoklaven, zur Erforschung der Bildungsbedingungen der Minerale und ihrer Stabilitätsbereiche sind Experimente in geschlossenen Systemen bei erhöhten Temperaturen und Druckbedingungen erforderlich. Autoklaven spielen dabei eine besondere Rolle, da die meisten Reaktionen in der Erdkruste im Bereich bis zu 1000 °C und Drücken bis zu 0,8 GPa stattfinden (Abb. 1, Abb. 2). Hier lassen sich für entsprechende Untersuchungen Autoklaven einsetzen. Einige Minerale, besonders die des Erdmantels, bilden sich jedoch nur bei sehr hohen Drücken und Temperaturen. Um sie synthetisch herstellen zu können, benötigt man aufwendige Druckapparate (Pressen), die über bestimmte Stempelsysteme Drücke bis zu einigen Kilobar (10^8 Pa) erzeugen können. Auch die Diamantsynthese ist unter ähnlichen Bedingungen realisierbar. Ebenso werden für die Synthese von Einkristallen und polykristallinen Aggregaten für ihren Einsatz als Werkstoffe in der

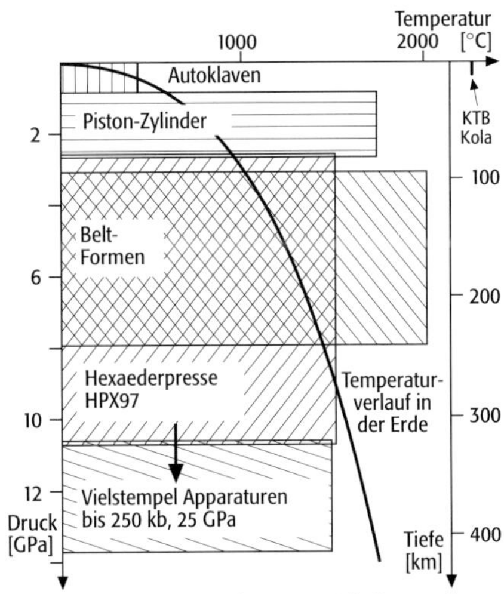

Bohrungen: KTB 9101 m, Kola 12.000 m; Erdradius: 6350 km

Autoklaven 2: Autoklaven und andere Hochtemperatur-Techniken und ihre Einsatzbereiche im pT-Diagramm.

Technik Autoklaven eingesetzt (↗Hydrothermalsynthese).

Bei den Autoklaven handelt es sich meist um Behälter aus Stahl, die in unterschiedlicher Form für hydrothermale Kristallisationswachstumsprozesse bei Drücken bis zu einigen Kilobar (10^8 Pa) einsetzbar sind. Einfache Autoklaven mit Heizvorrichtungen, Meß- und Regelanordnungen, die ein isobar-isotherm-isochores Arbeiten unter größtmöglicher Vermeidung eines Temperaturgefälles im Reaktionsraum erlauben, werden heute von jedem experimentell arbeitenden Mineralogen selbst angefertigt.

Die gegenwärtig eingesetzten Kristallzuchtautoklaven zur Herstellung von Quarzkristallen, die als Piezokristalle in großen Mengen u. a. als Ultraschallgeber und zur Frequenzstabilisierung von Sendern gebraucht werden, haben Durchmesser von einem und Längen von 3–4 Metern. Mehrere hundert orientiert geschnittene Keimkristalle mit einer Flächengröße von 4 × 5 cm und einer Dicke von 3 mm wachsen darin bei ca. 400 °C und 150 MPa im Temperaturgefälle auf einer Länge von 10–20 cm bei einem Gewicht bis zu 1 kg. Zur Herstellung hochreiner, farbloser Kristalle ist i. a. eine Edelmetall-Auskleidung der Autoklaven erforderlich, da der Einbau von Elementen wie Cr, Ni und Fe aus den Legierungen der Bombenstähle in die Kristallgitter zu Farbstörungen führt. So bewirkt z. B. der Einbau von Fe^{3+} auf Al^{3+}-Plätzen im Al_2O_3 beim Korund eine Grünfärbung. Um definiert gefärbte Korunde (Rubin und Saphir) oder andere Steine für gemmologische Zwecke herzustellen, sind daher Edelmetallauskleidungen erforderlich. Die an konventionellen Stahlautoklaven ohne Edelmetallauskleidung beim Arbeiten mit aggressiven Lösungen auftretenden Korrosionsprobleme lassen sich in niedrigen p/T-Bereichen durch auswechselbare PTFE-Einsatztiegel vermeiden. Dieses Kunststoffmaterial, das nur von flüssigen Erdalkalimetallen angegriffen wird, ist bis 250 °C und 20 MPa belastbar. Da sich als Autoklaven-

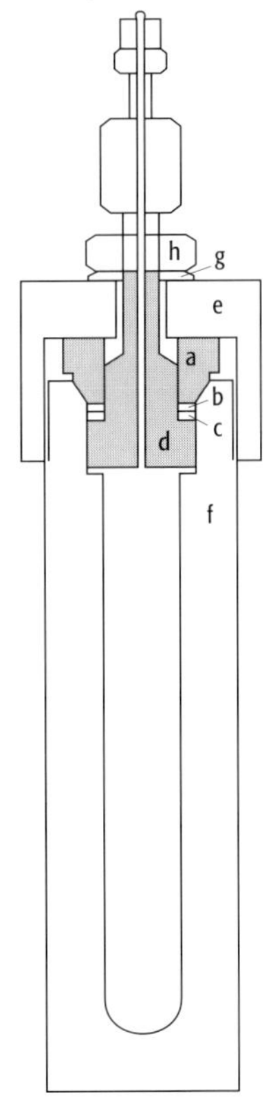

Autoklaven 3 a: Tem-Pres-Autoklav mit Bridgman-Dichtung (schematisch). a = Druckring; b = Paßring; c = Dichtung; d = Druckstempel; e = Überwurfverschluß; f = Autoklavenkörper; g = Unterlegscheibe; h = Kantenmutter.

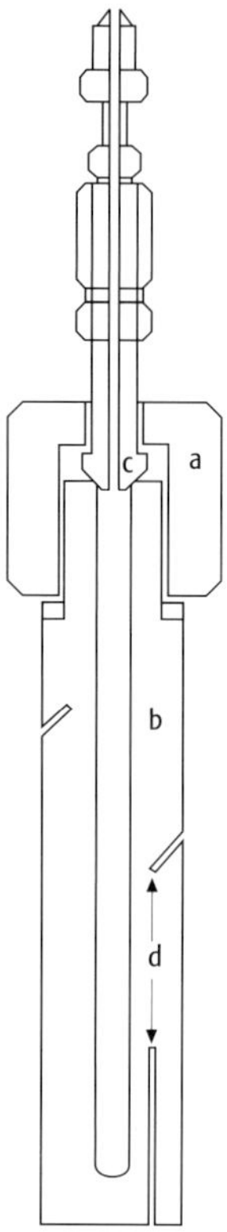

Autoklaven 3 b: Tem-Pres-Autoklav mit Konus-Dichtung (schematisch). a = Überwurfverschluß; b = Autoklavenkörper; c = Konusdichtung; d = Thermoelementbohrung.

körper gut bearbeitbare Aluminiumlegierungen verwenden lassen, bietet sich damit eine gegenüber herkömmlichen Autoklaventypen relativ preisgünstige Möglichkeit, insbesondere zur Durchführung großer Versuchsserien, wie sie für lagerstättengenetische Aussagen erforderlich sind.

Hydrothermalsynthesen in sauren Lösungen und chemische Transportreaktionen durch konzentrierte Halogenwasserstoffsäuren lassen sich mit Kieselglaseinsätzen durchführen. Da SiO_2-Glas von sauren Lösungen auch in Gegenwart von freiem Halogen, Schwefel, Selen usw. bis 500 °C und 0,3 GPa praktisch nicht angegriffen wird, bietet sich für dieses Verfahren ein weiterer Anwendungsbereich. Synthesen unter höheren Drücken werden in Stahlautoklaven aus niedrig legierten Stählen durchgeführt. Das verbleibende freie Volumen im Autoklaven wird ausgemessen und der erforderliche Außendruck mit einer berechneten Menge CO_2 durch Trockeneis kompensiert. Neben Platin und Gold lassen sich auf diese Weise v. a. Chalkogenidhalogenide synthetisieren. Während mit den klassischen ring- und plattengedichteten Bomben bis 50 MPa und 400 °C gearbeitet werden konnte, erlauben Autoklaven mit modifizierten Bridgman-Dichtungen 370 MPa bei 500 °C und »Cold-Seal-Core-Autoklaven« Drücke bis 500 MPa bei 750 °C (Abb. 3 a, Abb 3 b). Bei einem allerdings relativ kleinen Autoklavenvolumen lassen »cold seal«-Bomben, die aus Speziallegierungen gefertigt sind, ein kontinuierliches Arbeiten im Temperaturbereich von 800–900 °C bei Drücken von 0,1–0,2 GPa zu. Durch neue Legierungsverfahren lassen sich die Arbeitstemperaturen noch weiter erhöhen. Autoklaven aus Molybdänstahl mit 0,5 % Titan ermöglichen Versuchstemperaturen bis 1200 °C bei 100 MPa. Durch einen Zusatz von 0,08 % Zirkon zu den Legierungen kann der Arbeitsbereich bei 1100 °C auf 300 MPa gesteigert werden. Diese sog. TZM-Autoklaven sind z. T. mit Edelgasspülung versehen.

Noch höhere Arbeitstemperaturen bis 1500 °C und Drücke bis zu 1 GPa lassen sich schließlich durch innenbeheizte Autoklaventypen erreichen (Abb. 4), bei denen, umgeben von einem dicken, außen wassergekühlten Stahlmantel, im Innenraum ein kleiner Ofen die Versuchstemperatur erzeugt. [GST]

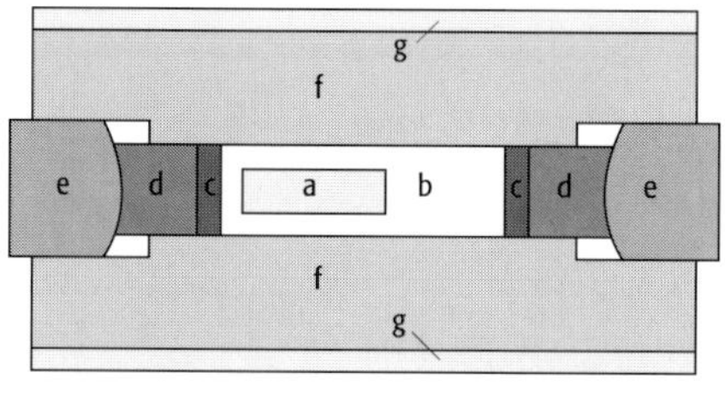

Autoklaven 4: Innenbeheizter Autoklav (schematisch). a = Heizofen; b = Autoklaveninnenraum; c = Dichtung; d = Verschlußkopf; e = Verschluß; f = Autoklavenkörper; g = Kühlsystem.

Autökologie, Teilgebiet der ↗Ökologie, das sich im Gegensatz zur ↗Synökologie mit dem Verhältnis einer einzelnen Tier- oder Pflanzenart zu ihrer ↗Umwelt beschäftigt und den in ihrem ↗Lebensraum herrschenden ↗biotischen und ↗abiotischen Faktoren.

Autokorrelation, ↗Korrelation eines Datensatzes, insbesondere einer ↗Zeitreihe mit sich selbst unter fortschreitender Zeitverschiebung. Während die daraus resultierende Autokorrelationsfunktion für die Zeitverschiebung Null gleich Eins sein muß, führt das Zeitintervall signifikant positiver Autokorrelation zur Abschätzung der ↗Persistenz (Erhaltungsneigung). Fluktuierende teils positive, teils negative Autokorrelationswerte weisen auf zyklische Varianz hin, die mit Hilfe der ↗statistischen Spektralanalyse näher untersucht wird.

Automatic Picture Transmission ↗*APT*.

automatische Meßstation, Meßstationen, die mit automatisch messenden Sensoren (Meßfühler) ausgestattet sind und mehrere Kenngrößen ermitteln. Die Meßwerte werden vor Ort gespeichert und durch Fernübertragung automatisch an eine Zentrale weitergeleitet oder von dieser abgerufen.

automatisches Vierkreis-Diffraktometer ↗Diffraktometer.

Automatisiertes Liegenschaftskataster ↗*ALK*.

Automatisiertes Raumordnungskataster ↗*AUTOROK*.

Autometamorphose ↗*Autometasomatose*.

Autometasomatose, *Autometamorphose*, Spezialfall der ↗Metasomatose, der alle Prozesse in abkühlenden ↗Magmatiten (meist Plutonite oder Subvulkanite) umfaßt, die zu stofflichen Umsetzungen zwischen den aus der Schmelze kristallisierten Mineralen und den im Verlauf der Kristallisation freigesetzten, meist wässerigen ↗Fluiden führen. Diese Prozesse werden auch als *deuterische Reaktionen* beschrieben. Geschehen sie bei hohen Temperaturen (> 400 °C) in Gegenwart einer überkritischen Gasphase, so spricht man auch von ↗Autopneumatolyse. Als charakteristische Minerale treten dann z. B. in Graniten Topas und Turmalin auf.

Autopneumatolyse, Vorgang der ↗Autometasomatose, bei dem es in magmatischen Gesteinskörpern zu Alterationen der früh ausgeschiedenen Minerale durch hochtemperierte, überkritische Fluide kommt.

Autorenoriginal, *Autorenentwurf*, vom Kartenautor erarbeiteter Entwurf einer thematischen Karte, der ihrer Gestaltung und Bearbeitung zugrunde gelegt wird. Das Autorenoriginal ist immer ein detaillierter inhaltlicher Entwurf, insbesondere für die Legende, kann aber auch Vorlagen oder Vorschläge für die kartographische Gestaltung enthalten.

Autorensystem, ist eine Software zur interaktiven Entwicklung von Benutzeroberflächen und zur Erstellung multimedialer Anwendungen. In der Kartographie dient ein Autorensystem zur Herstellung von Bedieneroberflächen elektronischer Karten und Atlanten. Es enthält vorprogrammierte Objekte (Schaltflächen, Auswahlkästchen usw.) und stellt Mechanismen zur Verknüpfung und Steuerung verschiedener Medien bereit. Viele Autorensysteme besitzen eine integrierte Programmiersprache (Scriptsprache), die eine größere Flexibilität und einen erweiterten Funktionsumfang bewirkt. Sie ist meist an die natürliche Sprache angelehnt und daher leicht zu erlernen. Die einzelnen Systeme arbeiten nach verschiedenen Grundprinzipien (z. B. Buch-Prinzip) und unterstützen daher unterschiedliche Anwendungsbereiche.

AUTOROK, *Automatisiertes Raumordnungskataster*, Bezeichnung für das niedersächsische Konzept zum Einsatz von EDV- und GIS-Technologie für raumplanerische Zwecke. Das Raumordnungskataster umfaßt eine Sammlung rechtlich relevanter Festsetzungen an Grund und Boden. Der Raum- und Flächenbezug der geplanten oder getroffenen Festlegungen kann z. B. durch graphischen Eintrag in ↗topographische Karten erfolgen. Zukünftig übernehmen raumbezogene Informationssysteme auf der Basis von GIS-Technologie diese Aufgabe. Hauptzweck des Raumordnungskatasters ist die frühzeitige Abstimmung raumbedeutsamer Planungen. Die Zwischenergebnisse der einzelnen Planungsstufen müssen daher stets verfügbar sein.

autotroph, Ernährungsweise von Organismen (↗Autotrophie), die durch Licht (↗Photosynthese) oder chemisch gebundene Energie (↗Chemosynthese) ↗Biomasse aufbauen und ihren Stoffwechsel erhalten (↗Stoffwechsel Tab.).

Autotrophie, Synthese des Kohlenstoffs zum Aufbau organischer Körpersubstanz aus dem anorganischen CO_2 (↗Assimilation). Autotrophe Organismen sind »sich selbst ernährende«, im Gegensatz zu den heterotrophen Organismen (↗Stoffwechsel Tab.). Zu den autotrophen Organismen zählen niedere und höhere Pflanzen mit der Fähigkeit zur ↗Photosynthese (*phototrophe* Organismen) und bestimmte Bakterien, die eine ↗Chemosynthese betreiben (*chemotrophe* Organismen), bei der die durch Oxidation anorganischer Stoffe gewonnene Energie ausgenutzt wird. Ein Beispiel für chemotrophe Organismen sind nitrifizierende Bakterien: $2\,NH_4^+ + 3O_2 \rightarrow 2NO_2^- + 2H_2O + 4H^+$.

Auxotrophie ↗Heterotrophie.

Avalonia, ein paläozoisches Terrane, welches die Ardennen, England, Wales und das südöstliche Irland (Ost-Avalonia) sowie die Avalon-Halbinsel im östlichen Neufundland, den größten Teil Nova Scotias, das südliche New Brunswick, einige Teile der Küste New Englands und das nördliche Florida (West-Avalonia) umfaßt. Gemeinsame Merkmale sind ein jungpräkambrisches Basement aus Inselbogen-Gesteinen, die von einer kambrisch-mitteldevonischen Sedimentserie überlagert werden. Flachwasser-Faunen des ↗Kambriums und des frühen ↗Ordoviziums sind jenen des westlichen ↗Gondwanas vergleichbar, ab dem späten Ordovizium jedoch mit Faunen aus ↗Baltica. Erst im ↗Wenlock treten Warmwasser-Faunen auf. Vermutlich im frühen Ordovizium trennte sich Avalonia durch Rifting von Gondwana. Nach Norddrift kollidierte Ost-Avalonia vermutlich schon im frühen ↗Asgill mit Baltica, West-Avalonia während des Ems/Eifel in der Acadischen Orogenese mit ↗Laurentia. ↗Armorica. [HGH]

averaging, Mittelwertbildung eines zyklischen Fernmeldesignals zur Verbesserung des Signal-Rausch-Verhältnisses. In der Regel durch Filter realisiert (z. B. Mittelwertfilter).

AVHRR, *Advanced Very High Resolution Radiometer*, Instrument an Bord der operationellen, meteorologischen, polarumlaufenden Wettersatelliten (↗polarumlaufender Satellit) von der ↗National Oceanic and Aeronautical Agency und ↗EUMETSAT zur Erzeugung von ↗Satellitenbildern in den Spektralbereichen sichtbar, nahes Infrarot, thermisches Infrarot. Die Auflösung der einzelnen Bildpunkte beträgt bis zu 1,1 km. Die AVHRR-Bilder sind eine wesentliche Ergänzung zu den konventionellen meteorologischen Beobachtungen (Abb. im Farbtafelteil). Sie liefern Informationen z. B. über das Vorkommen und den Aggregatzustand von Wolken, die Wolkenhöhe und im wolkenfreien Falle Informationen über Ausdehnung von Schnee und Eis, Meeresoberflächentemperaturen und Vegetation. AVHRR-Bilder können während des Satellitenüberfluges direkt mit ↗APT- oder ↗HRPT-Anlagen empfangen werden. [WBe]

AVO ↗*Amplitude-Versus-Offset*.

Avulsion, bezeichnet die diskontinuierliche, ereignisgebundene Verlagerung eines Gerinnelaufes von, durch hohe Sedimentationsraten und Uferwallbildung (↗Uferwall), relativ höher gelegenen Auenbereiche in tiefere. Dabei geht der Anlage eines neuen Flußlaufes ein Uferwalldurchbruch und die Bildung eines ↗crevasse splay voraus. Avulsion ist charakteristisch für den ↗anastomosierenden Fluß und steht im Gegensatz zur eher kontinuierlichen Verlagerung des ↗Gerinnebetts durch Mäandermigration (↗mäandrierender Fluß).

ÄWP ↗*Äquivalentwelkepunkt*.

AWS ↗*Alfred-Wegener-Stiftung*.

Axh-Horizont, ↗Bodenhorizont entsprechend der ↗Bodenkundlichen Kartieranleitung, ↗Ah-Horizont, > 1 dm mächtig und ↗Basensättigung > 50 %, stabiles ↗Aggregatgefüge, ausgeprägte ↗Bioturbation.

axialer Tensor ↗Tensor.

Axp-Horizont, ↗Bodenhorizont entsprechend der ↗Bodenkundlichen Kartieranleitung, ↗Axh-Horizont eines regelmäßig gepflügten Bodens.

Azh-Horizont, ↗Bodenhorizont der ↗Bodenkundlichen Kartieranleitung entsprechend, ↗Ah-Horizont, sekundär stark angereichert mit leichtlöslichen Salzen.

Az-Horizont, ↗Bodenhorizont entsprechend der ↗Bodenkundlichen Kartieranleitung, mit Salz angereicherter ↗A-Horizont.

Azidität ↗*Acidität*.

Azi-Horizont, ↗Bodenhorizont entsprechend der ↗Bodenkundlichen Kartieranleitung, ↗Ai-Horizont mit Sekundärsalz angereichert.

Azimut, 1) *astronomisches Azimut*: Horizontalwinkel in einem topozentrischen, astronomischen Koordinatensystem, bezogen auf die astronomische Nordrichtung.

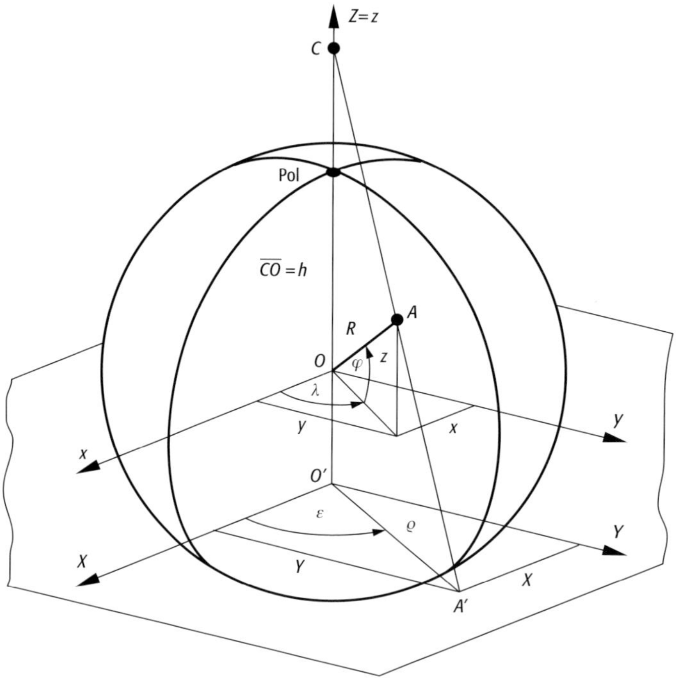

azimutaler Kartennetzentwurf 1: allgemeiner Fall eines azimutalen Kartennetzentwurfs in polarer Lage mit Projektionszentrum *C* auf der verlängerten Erdachse (*A* ist ein beliebiger Punkt der Erdoberfläche, *A′* sein Bild in der Abbildungsebene).

2) *Azimut der geodätischen Linie*: In der Landesvermessung der Winkel zwischen der nach Norden ausgerichteten Tangente an die Meridianellipse in einem Punkt *P* des Rotationsellipsoids und der Tangente an eine durch *P* verlaufende ↗geodätische Linie. Das Azimut *A* wird von Norden ausgehend über Osten positiv gezählt mit $0''\ A < 2\pi$.
3) *Azimut des Normalschnitts*: In der Landesvermessung der Winkel zwischen der nach Norden ausgerichteten Tangente an die Meridianellipse in einem Punkt *P* des Rotationsellipsoids und der Tangente an einen durch *P* verlaufenden Normalschnittbogen (↗Kurventheorie, ↗Normalschnitt).

azimutale Montierung, Teleskopmontierung, bei der eine Achse (Azimutalachse) in Lotrichtung weist und die zweite in der Horizontebene liegt (↗parallaktische Montierung).

Azimutalentwurf mit längentreuen Meridianen, *mittabstandstreuer Kartennetzentwurf*, ein ↗azimutaler Kartennetzentwurf.

azimutaler Kartennetzentwurf, Kartennetzentwurf, bei dem als Ergebnis eines mathematischen Prozesses ein Teil der Erdoberfläche durch Projektion (↗perspektive Entwürfe) oder durch ein anderes geometrisches Verfahren direkt in die Ebene abgebildet wird. Dabei wird oft die polare Lage, seltener die transversale und die allgemeine Lage angewendet. Die polare Lage spielt eine wichtige Rolle für die Abbildung der Polargebiete der Erde oder der scheinbaren Himmelskugel, da in der Nähe des Berührungspunktes von Kugel und Ebene die Verzerrungen am geringsten sind. Azimutale Kartennetzentwürfe sind ↗Kegelentwürfe mit $n = 1$, d. h. mit einem Öffnungswinkel von 180 °.

Für die azimutalen Kartennetzentwürfe, die durch Projektion entstehen, gelten die in Abbildung 1 dargestellten Beziehungen für die polare Lage. φ und λ sind die geographische Breite bzw. Länge eines beliebigen Punktes *A* auf der Kugeloberfläche; *x*, *y* und *z* sind rechtwinklige Koordinaten von *A* auf der Kugeloberfläche. Die *x*, *y*-Ebene liegt im Äquator, die *X*-Achse weist in Richtung des Meridians von Greenwich, die *z*-Achse fällt mit der Erdachse zusammen: *X* und *Y* sind rechtwinklige Koordinaten von *A'* in der Abbildungsebene. Die Orientierung der Koordinaten *X*, *Y* entspricht der der Achsen *x*, *y*, d. h., die *x*-Achse weist nach Norden wie in der Geodäsie. ϱ und ε sind Polarkoordinaten.
Für die Zeichnung eines azimutalen Kartennetzentwurfes werden aus praktischen Gründen häufig Polarkoordinaten angewendet. Allgemein gilt das Halbmessergesetz $\varrho = f(\varphi)$ und für den Richtungswinkel $\varepsilon = \lambda$.
Die wichtigsten azimutalen Kartennetzentwürfe sind:
a) *orthographische Projektion*, bei der das Projektionszentrum *C* im Unendlichen ($h = \infty$) liegt. Die Abbildungsgleichungen zwischen den Koordinaten *x*, *y*, *z* in der ↗Bezugsfläche und *X*, *Y* in der Abbildungsebene lassen sich einfach nach dem Strahlensatz aus Abb. 1 ablesen:
$X = x = R \cdot \cos\varphi \cdot \cos\lambda$ und
$Y = y = R \cdot \cos\varphi \cdot \sin\lambda$.
Halbmessergesetz: $\varrho = R \cdot \cos\varphi$. Hierbei ist *R* der Kugelradius. Die Verzerrungen der orthographischen Projektion lassen sich nach den Formeln für die Längen-, Flächen- und Winkelverzerrungen auf der Grundlage der ↗Verzerrungstheorie berechnen:

$$m_m = \sin\varphi,\quad m_p = 1,\quad v_f = \sin\varphi,\quad \sin\Delta o/2 = \tan^2\psi/2,$$

mit $\psi = 90° - \varphi$.
Wie Abbildung 2 zeigt, kann man die halbe Erdkugel in einem Kreis vom Radius *R* der Bezugskugel abbilden. Die Abbildung 3 zeigt die Lage und Form der Verzerrungsellipsen für die polare orthographische Projektion. Die Abbildungen 2 und 3 machen die Stauchungen an den Kartenrändern deutlich. Für die kartographische Abbildung von nahen Himmelskörpern (Mond, Sonne und Planeten) wird meist die orthographische Projektion in transversaler oder auch allgemeiner Lage angewendet, da die Himmelskörper wegen ihrer relativ zum Radius großen Entfernung nahezu in der orthographischen Projektion gesehen werden. Wie die Erde kann auch der Mond in orthographischer Projektion abgebildet werden.
b) *gnomonische Projektion* (orthodromische Projektion), bei der das Projektionszentrum *C* (Abb. 1) im Kugelmittelpunkt *O* liegt. Damit ist $h = 0$, und die Abbildungsgleichungen ergeben sich zu $X = R \cdot \cot\varphi \cdot \cos\lambda$, $Y = R \cdot \cot\varphi \cdot \sin\lambda$, das Halbmessergesetz zu $\varrho = R \cdot \cot\varphi$.
Die gnomonische Projektion ist der einzige Kartennetzentwurf, bei dem jeder Orthodromenbogen (↗Orthodrome) auf der Kugelfläche als

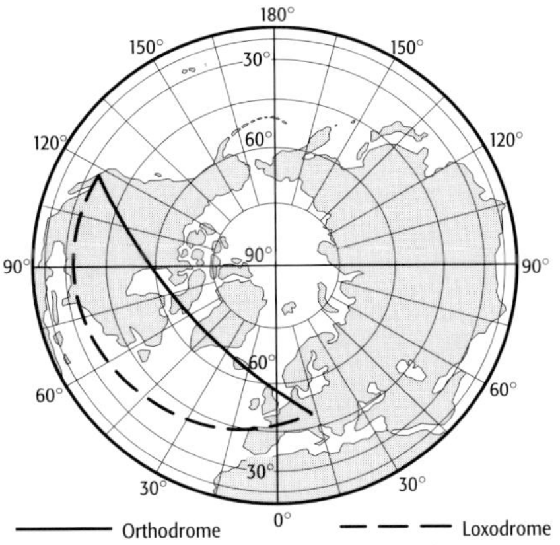

azimutaler Kartennetzentwurf 2: orthographische Projektion der Erde in polarer Lage.

Gerade abgebildet wird, weil seine Ebene das Projektionszentrum enthält. Die Großkreisverbindung zwischen zwei Punkten in der Abbildungsebene läßt sich also als gerade Verbindung leicht konstruieren. Dieser Kartennetzentwurf wird für Navigationskarten angewendet. Durch punktweise Übertragung der Orthodrome in eine Navigationskarte mit anderem Kartennetzentwurf kann in letzterer der Verlauf der Orthodrome zwischen Start- und Zielort bequem graphisch ermittelt werden.

Die Formeln für die Verzerrung lassen sich aus der Verzerrungstheorie ableiten:

$$m_m = \frac{1}{\sin^2 \varphi}, \; m_p = \frac{1}{\sin \varphi},$$

$$v_f = \frac{1}{\sin^3 \varphi}, \; \sin \frac{\Delta\omega}{2} = \tan^2 \frac{\psi}{2}$$

mit $\psi = 90 - \varphi$. Für die Ränder des Entwurfs ergeben sich große Verzerrungen (Abb. 4 und 5).

c) *stereographische Projektion*, bei der das Projektionszentrum im Gegenpunkt des Tangentialpunktes $0'$ liegt. Damit gilt $h = R$, und die Abbildungsgleichungen ergeben sich zu

$$X = \frac{2 \cdot R \cdot \cos\varphi \cdot \cos\lambda}{1 + \sin\varphi},$$

$$Y = \frac{2 \cdot R \cdot \cos\varphi \cdot \sin\lambda}{1 + \sin\varphi}$$

mit dem Halbmessergesetz $\varrho = 2 \cdot R \cdot \tan\psi/2$ ($\psi = 90° - \varphi$). Die stereographische Projektion ist ein winkeltreuer azimutaler Kartennetzentwurf. Nach der Verzerrungstheorie berechnet man die Verzerrungen (Tab.) des Entwurfs zu

$$m_m = m_p = \frac{1}{\cos^2 \psi/2},$$

$$v_f = \frac{1}{\cos^4 \psi/2}.$$

Die stereographische Projektion ist der einzige kreistreue Entwurf. Sie wird für Sternkarten bzw. -atlanten benutzt. Hipparch soll sie erstmals um 150 v. Chr. hierfür verwendet haben (Abb. 6 und 7).

d) *Lamberts flächentreuer Azimutalentwurf*, bei dem, da es sich nicht um eine Projektion handelt und die Forderung nach ↗Flächentreue vorliegt, die ↗Abbildungsgleichungen aus den gegebenen Verzerrungsverhältnissen abgeleitet und in Polarkoordinaten angegeben werden. Man erhält das Halbmessergesetz $\varrho = 2 \cdot R \cdot \sin\psi/2$, wobei $\psi = 90° - \varphi$. Für die Winkel zwischen den Abbildungen der Meridiane gilt wie für alle azimutale Kartennetzentwürfe $\varepsilon = \lambda$. Nach der Verzerrungstheorie erhält man:

$$m_m = \cos\psi/2,$$

$$m_p = \frac{1}{\cos\psi/2},$$

$$\sin\Delta\omega = \frac{1 - \cos^2\psi/2}{1 + \cos^2\psi/2}$$

mit $\psi = 90° - \varphi$.

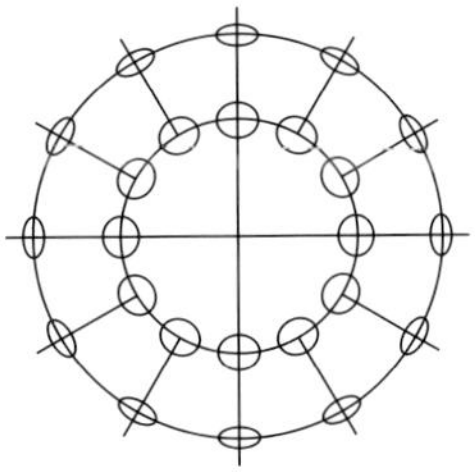

azimutaler Kartennetzentwurf 3: Verzerrungsellipsen der polaren orthographischen Projektion.

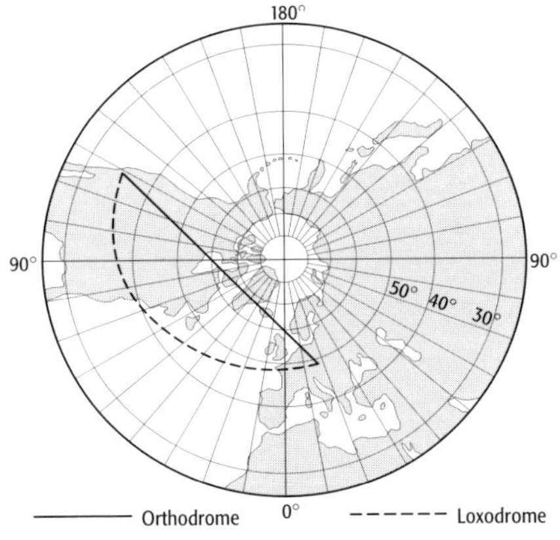

azimutaler Kartennetzentwurf 4: gnomonische Projektion der Erde in polarer Lage.

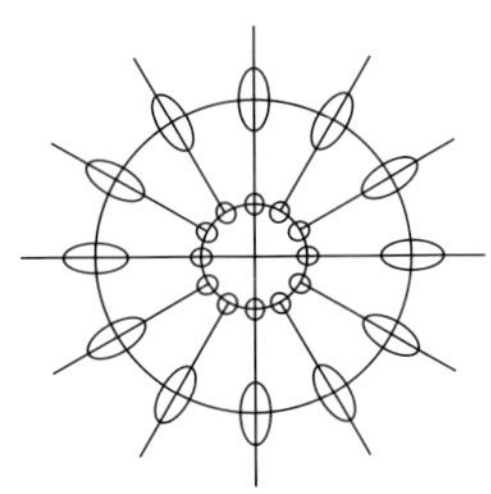

azimutaler Kartennetzentwurf 5: Verzerrungsellipsen der polaren gnomonischen Projektion.

Das Kartennetz ist in Abbildung 8 in polarer Lage für die Erde und in Abbildung 9 in transversaler Lage für den Mond dargestellt. Dieser Entwurf bildet aufgrund seiner geringen Flächenverzerrung bei weitgehender Formtreue das Kartennetz von zahlreichen Karten in großen ↗Weltatlanten. Wie andere flächentreue Kartennetzentwürfe ist er 1772 von J. H. ↗Lambert angegeben worden.

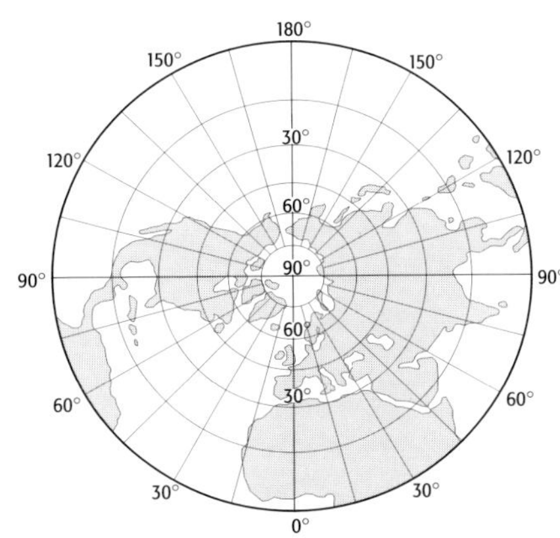

azimutaler Kartennetzentwurf 6: stereographische Projektion der Erde in polarer Lage.

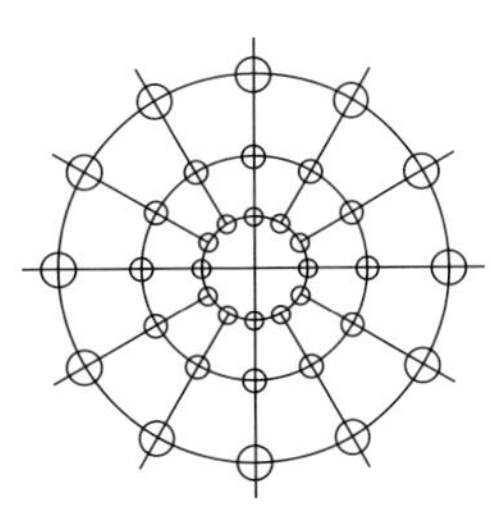

azimutaler Kartennetzentwurf 7: Verzerrungsellipsen der polaren stereographischen Projektion.

e) Azimutalentwurf mit längentreuen Meridianen (mittabstandstreuer Kartennetzentwurf):

azimutaler Kartennetzentwurf 8: flächentreuer Azimutalentwurf der Erde in polarer Lage.

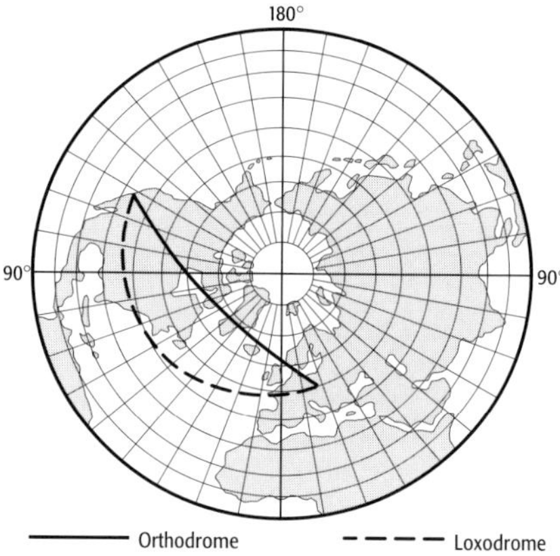

Die Abbildungsgleichungen ergeben sich aus der Forderung nach längentreuen Meridianen zu $\varrho = R \cdot \mathrm{arc}\psi, \varepsilon = \lambda$.

azimutaler Kartennetzentwurf 9: flächentreuer Azimutalentwurf des Mondes in äquatorialer Lage mit Angabe der Landeplätze von Mondmissionen.

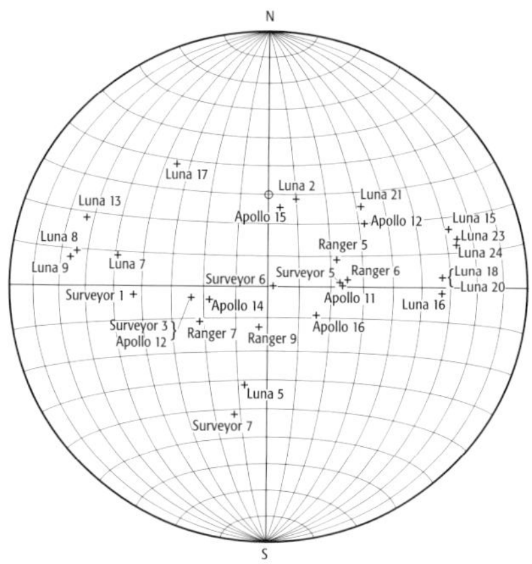

azimutaler Kartennetzentwurf 10: drehbare Schülersternkarte.

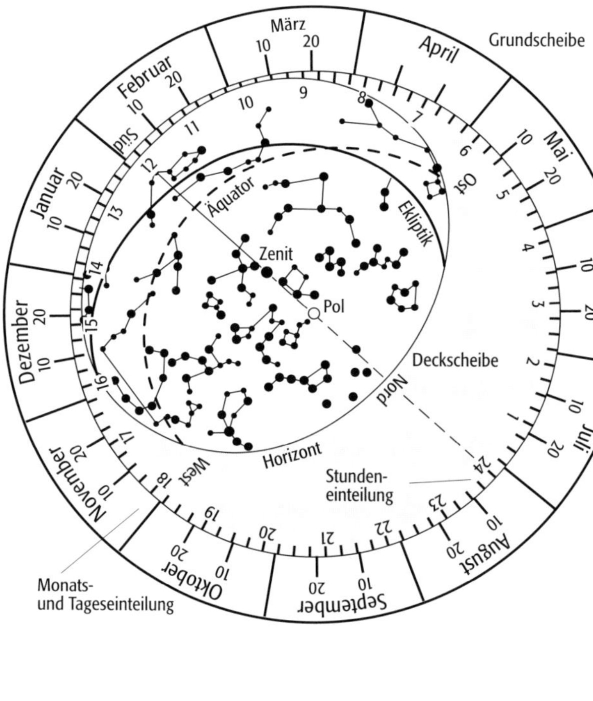

Nach der Verzerrungstheorie gelten die Gleichungen:

$$m_m = 1, \quad m_p = \frac{arc\,\psi}{\sin\psi},$$

$$v_f = \frac{arc\,\psi}{\sin\psi}, \quad \sin\frac{\Delta\omega}{2} = \frac{arc\,\psi - \sin\psi}{arc\,\psi + \sin\psi}$$

mit $\psi = 90° - \varphi$.

In der Regel werden eine Halbkugelfläche oder etwa 20 Breitengrade mehr abgebildet, z.B. bei der drehbaren Sternkarte (Abb. 10). Sie ist ein polarer Entwurf mit drehbarer Deckscheibe in allgemeiner Lage mit dem Tangentialpunkt im Zenit des betreffenden Ortes (in Abb. 12, $\varphi = 52{,}5°$). Der Entwurf wurde 1581 von G. Postel benutzt. Eine Vorstellung von den Verzerrungen vermittelt Abbildung 11. Prinzipiell kann man mit diesem Entwurf die ganze Erdoberfläche abbilden. Natürlich sind auf der Halbkugel, die der Abbildungsebene abgewandt ist, insbesondere im Gegenpol, die Verzerrungen unerträglich groß. Deshalb sind sternförmige Karten vorgeschlagen worden, die allerdings in der Gegend des Gegenpols große Klaffungen aufweisen und den Gegenpol mehrfach darstellen. Als Beispiel dient Petermanns Kartennetzentwurf (Abb. 12).

f) *Breusings vermittelnder Entwurf*: Da die stereographische Projektion an den Rändern eine starke ↗Flächenverzerrung, der flächentreue Lambertsche Azimutalentwurf dagegen eine starke ↗Winkelverzerrung aufweist, schlug A. Breusing (1818–1892) als Mischkarte einen Entwurf vor, dessen Halbmessergesetz als geometrisches Mittel dieser beiden Entwürfe gebildet wird. Stereographische Projektion:

$$\varrho_S = 2 \cdot R \cdot \tan\psi/2,$$

flächentreuer Lambertscher Entwurf:

$$\varrho_f = 2 \cdot R \cdot \sin/2\psi.$$

Für Breusings Entwurf erhält man:

$$\varrho = 2 \cdot R \frac{\sin(\psi / 2)}{\sqrt{\cos(\psi / 2)}},$$

wobei $\psi = 90° - \varphi$. Außerdem gilt $\varepsilon = \lambda$.

Die Berechnung der Verzerrungen wird in üblicher Weise vorgenommen und ergibt:

$$m_m = \frac{1 + \cos^2 \psi / 2}{2 \cdot \cos^{3/2} \psi / 2},$$

$$m_p = \frac{1}{(\cos\psi / 2)^{3/2}},$$

$$V_f = m_m \cdot m_p,$$

$$\sin \Delta\omega \,/\, 2 = \frac{m_p - m_m}{m_p + m_m}.$$

Die vergleichende Betrachtung der Verzerrungswerte in der Tabelle zeigt, daß der eingangs geforderte Effekt erreicht worden ist, wenngleich der Entwurf in keinem Element verzerrungsfrei ist. Er ist ein vermittelnder Entwurf.

g) *Solowjows Doppelprojektion*: Ein Punkt *A* wird zunächst stereographisch von der Kugel K_1 auf die Kugel K_2 nach *A'* projiziert (Abb. 13). K_2 hat einen doppelt so großen Radius wie K_1. Im Tangentialpunkt der Abbildungsebene berühren sich beide Kugeln. *A'* auf der Kugel K_2 wird nochmals stereographisch projiziert und in der Ebene in *A''* abgebildet. Das Halbmessergesetz lautet:

$$\varrho = 4 \cdot R \cdot \tan\psi/4, \varepsilon = \lambda.$$

Die Verzerrungen sind nach der Verzerrungstheorie abgeleitet:

$$m_m = \frac{1}{\cos^2 \psi \,/\, 4},$$

$$m_p = \frac{1}{\cos\psi \,/\, 2 \cdot \cos^2 \psi \,/\, 4},$$

$$v_f = m_m \cdot m_p,$$

$$\sin\Delta\omega/2 = \tan^2\psi/4.$$

Die Möglichkeiten der Computeranwendung für Kartennetzberechnungen erweitern die Verwendung von azimutalen Kartennetzentwürfen auch auf allgemeine Achslagen. Solche Entwürfe haben den Vorteil, daß sie beim Betrachter die räumliche Vorstellung von der Gestalt der Erde besser unterstützen als die polaren und äquatorialen Achslagen. Als Beispiele hierfür sind fünf der oben behandelten Azimutalentwürfe in den Abbildungen 14a-e dargestellt. [KGS]

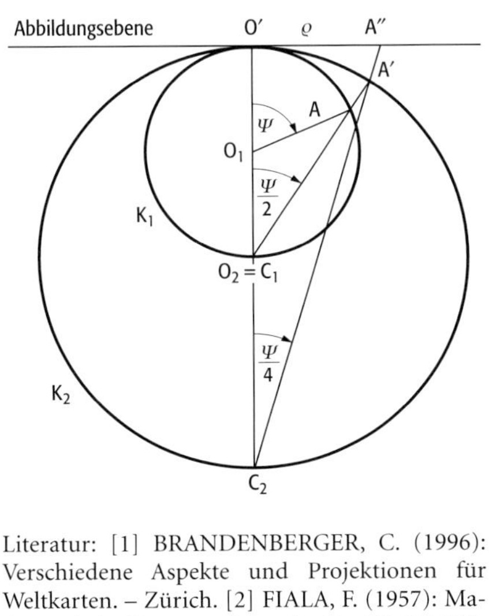

azimutaler Kartennetzentwurf 13: Prinzip der Doppelprojektion.

Literatur: [1] BRANDENBERGER, C. (1996): Verschiedene Aspekte und Projektionen für Weltkarten. – Zürich. [2] FIALA, F. (1957): Mathematische Kartographie. – Berlin. [3] GRAFE-

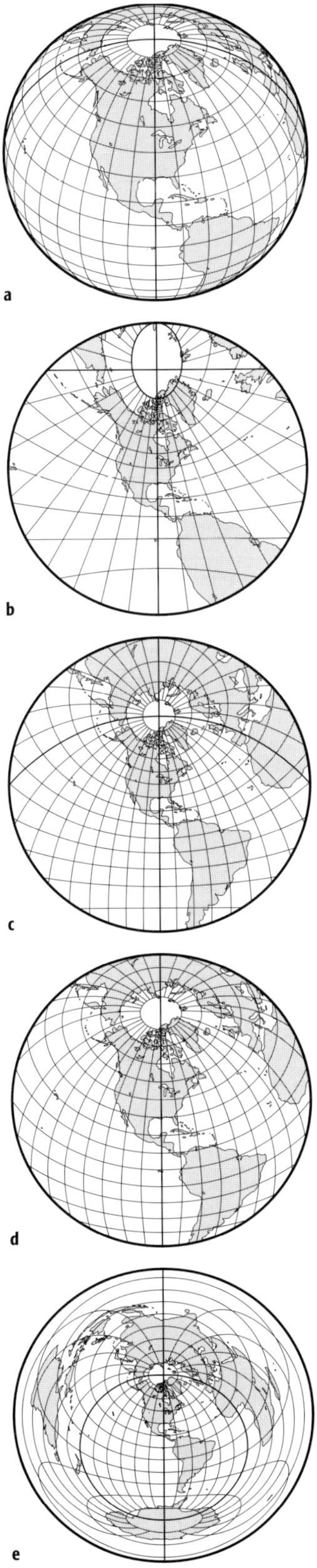

azimutaler Kartennetzentwurf 14: azimutale Kartennetze in allgemeiner Lage (schiefachsige Entwürfe): a) orthographisch, b) gnomonisch, c) stereographisch, d) flächentreu, e) mittabstandstreu.

azimutaler Kartennetzentwurf (Tab.): Verzerrungen.

Kartennetzentwurf								
	$\psi/°$	0	15	30	45	60	75	90
	$\varphi/°$	90	75	60	45	30	15	0
stereographische Projektion, $\Delta\omega = 0°$	$m_m = m_p$	1,00	1,02	1,07	1,17	1,33	1,59	2,00
	v_f	1,00	1,04	1,15	1,37	1,78	2,52	4,00
flächentreuer Azimutalentwurf, $v_f = 1$	m_m	1,00	0,99	0,97	0,92	0,87	0,79	0,71
	m_p	1,00	1,01	1,04	1,08	1,16	1,26	1,41
	$\Delta\omega/°$	0,00	0,98	3,97	9,06	16,43	26,28	38,95
Azimutalentwurf mit längentreuen Meridianen, $m_m = 1$	$v_f = m_p$	1,00	1,01	1,05	1,11	1,21	1,36	1,57
	$\Delta\omega/°$	0,00	0,63	2,63	6,02	10,87	17,35	25,65
Breusings vermittelnder Azimutalentwurf	m_m	1,00	1,00	1,02	1,04	1,09	1,15	1,26
	m_p	1,00	1,01	1,05	1,13	1,24	1,42	1,68
	v_f	1,00	1,01	1,07	1,18	1,35	1,63	2,12
	$\Delta\omega/°$	0,00	0,48	1,95	4,35	7,65	11,72	16,43
Solowjows Doppelprojektion	m_m	1,00	1,00	1,02	1,04	1,07	1,12	1,17
	m_p	1,00	1,01	1,05	1,12	1,24	1,41	1,66
	v_f	1,00	1,01	1,07	1,16	1,33	1,58	1,94
	$\Delta\omega/°$	0,00	0,50	1,98	4,53	8,43	13,15	19,77

Anmerkungen: m_m Längenverzerrung im Meridian, m_p Längenverzerrung im Parallel, v_f Flächenverzerrung, $\Delta\omega$ maximale Winkelverzerrung.

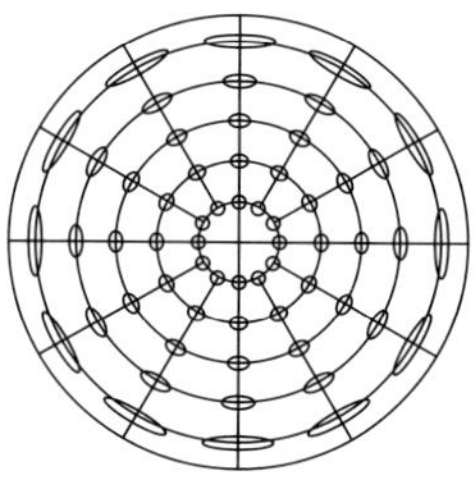

azimutaler Kartennetzentwurf 11: Verzerrungsellipsen des polaren Azimutalentwurfs mit längentreuen Meridianen.

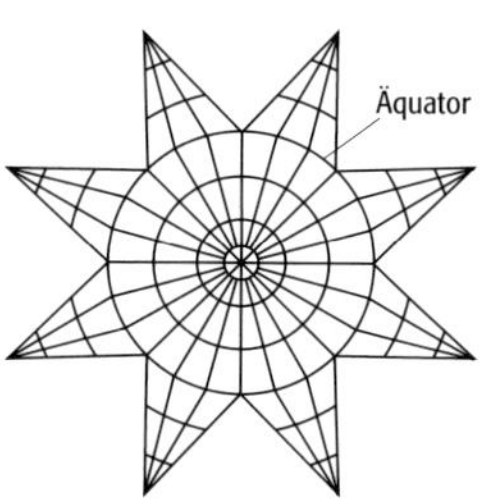

azimutaler Kartennetzentwurf 12: Petermanns sternförmiger Kartennetzentwurf.

REND, E.W., SYFFUS, R. (1995): The oblique azimuthal projection of geodesic type for the biaxial ellipsiod: Riemann polar and normal coordinates. – Journal of Geodesy Vol. 70, – Springer-Verlag. [4] SNYDER, J.P., Voxland, P.M. (1989): An Album of Map Projections. – US Geological Survey Professional Paper 1453.

Azimut der geodätischen Linie ↗Azimut.

Azimut des Normalschnitts ↗Azimut.

azoisch, Lebensraum ohne tierische Besiedlung.

azonale Böden, für eine bestimmte ↗Bodenzone und damit auch Klimazone untypische Böden. Azonale Böden besitzen meist einen deutlich geringeren Entwicklungsgrad (z.B. keinen ausgeprägten B-Horizont) als die typischen ↗zonalen Böden einer Klimazone.

Azorenhoch, weitgehend beständiges ↗Hochdruckgebiet, das als Teil des ↗subtropischen Hochdruckgürtels regelmäßig im Azorenraum anzutreffen ist. Als großskalige warme Antizyklone hat das Azorenhoch oft die Funktion eines ↗Steuerungszentrums.

Azorenstrom, ↗Meeresströmung im subtropischen ↗Atlantischen Ozean, die vom ↗Golfstrom gespeist wird.

Azospirillen, im Boden lebende ↗aerobe Bakterien, meist in assoziativer Symbiose in der ↗Rhizosphäre von Gräsern. Sie gehören zu einer Reihe von Bakterien die zur ↗biologischen Stickstoff-Fixierung in der Lage sind.

Azotobacter, im Boden freilebende oder in assoziativer Symbiose mit Gräsern vorkommende ↗aerobe, gramnegative, heterotrophe Bakterien. Fähig zur Luftstickstoffbindung, dabei kann jede beliebige Kohlenstoffverbindung als Energiequelle für die N_2-Reduktion genutzt werden. In einigen Regionen werden Azotobacter-Impfpräparate in der Landwirtschaft eingesetzt, z.B. in Indien beim Weizen-, Hirse- und Sonnenblumenanbau.

B

B1950.0, ↗Besselsche Epoche, Anfang des ↗Besselschen Jahres 1950, entspricht dem bürgerlichen Datum 31.12.1949, 22:09:39,93. Sie bildet die Fundamentalepoche des ↗FK4.

BABI ↗Strontiumisotope.

Bach, kleines Fließgewässer, von der Quelle bis zu dem Bereich, wo der ↗Abfluß weniger als 20 m^3/s erreicht. Die Bäche des Gebirges unterscheiden sich von denen des Tieflandes v. a. durch die morphometrischen Kennwerte und das Fließverhalten. Während in Gebirgen oft schießender Abfluß auftritt, ist in Tiefländern eher ein laminares oder quasilaminares Fließverhalten zu beobachten. Das Zusammenfließen mehrerer Bäche führt dann schließlich meistens zu einem Fluß.

b-Achse, veralteter Begriff für lineares tektonisches Element in Richtung der *X*-Achse des ↗Verformungsellipsoids.

Bacillariophyceae, *Diatomeen*, *Kieselalgen*, 10–100 μm, selten bis 1000 μm große, einzellige, aber sehr oft zu fadenförmigen oder fächerförmigen Kolonien vereinigte, photoautotrophe ↗Heterokontophyta, deren Chloroplasten durch das akzessorische Pigment Fucotaxin braun gefärbt sind. Nur die männlichen ↗Gameten einiger Centrales-Arten tragen die für die Heterokontophyta typische Flimmergeißel. Diatomeen scheiden nahe der Zellmembran ein fossilisationsfähiges internes Opalskelett (Frustulum) aus zwei Hälften (Theka) aus, bei dem die Epitheka über die Hypotheka wie der Deckel über eine Schachtel greift. Jede Skeletthälfte besteht aus einer flachen bis gewölbten Oberseite (Valva) und der ringförmigen Seitenwand (Pleura). Die Valva ist meist mit artspezifischen, symmetrisch angeordneten Strukturen geschmückt. Oft sind Waben (Areolen) durch Rippen (Costae) begrenzt und zusätzlich durch eine feinperforierte Siebplatte verschlossen. Bis zu 30 % aller Schalen sind von feinen Poren durchbrochen. Oft liegen strukturlose Flächen (hyaline Flächen) mit spezifischer symmetrischer Anordnung zwischen strukturierten Flächen. Das Skelett der unbeweglichen Centrales ist radiärsymmetrisch gebaut, rund oder dreieckig, das der bilateralsymmetrischen, vagilen Pennales hat eine Raphe. Dies ist ein komplex aufgebauter und unterteilter, zentral in Längsrichtung verlaufender Spalt in der Valva. Viele Diatomeen können ungünstige Lebensbedingungen als Ruhespore in einer zweiteiligen, geschlossenen Opalkapsel überdauern. Diatomeen leben im Meer und im Süßwasser, planktonisch oder benthonisch, bis zu etwa 200 m Wassertiefe und an Land. Arten, bei denen alle Lebensstadien planktonisch schweben, sind offen-marin, sie sind Kosmopoliten oder aber Bestandteil charakteristischer polarer und tropischer Vergesellschaftungen. Treten im Lebenszyklus aber benthische Stadien auf, die ein Substrat benötigen, leben diese Arten neritisch in flacheren, küstennäheren marinen Bereichen bis in die Spritzwasserzone des Tidals, im Süßwasser oder an Land. Benthische Formen vermögen Schleim (Mucus) auszuscheiden, mit dem sie sich untereinander zu Kolonien verbinden und an das Substrat heften. Dieser Mucus bindet aber auch das Sediment, und die verfilzten Algen-Matten schützen das Substrat vor Erosion. Diatomeen sind aber nicht nur Sedimentbinder, sondern v. a. Sedimentbildner (↗Diatomit, Kieselgur). Zusammen mit den ↗Coccolithophorales und ↗Dinophyta bilden sie heute das Gros des Phytoplanktons und das wichtigste erste Glied der marinen Nahrungskette. Besonders in Upwelling-Gebieten und den circumpolaren Regionen mit sehr hoher Diatomeenproduktivität haben ihre leeren Frusteln einen primär sehr hohen Anteil am Sediment. Unterhalb der CCD (↗Carbonat-Kompensationstiefe) sind die Diatomeen-Schalen sekundär wegen der Abreicherung von weggelösten Carbonatskeletten anderer Planktonten im Tiefseesediment oft gesteinsbildend angehäuft. Die ältesten eindeutigen Diatomeen-Frusteln stammen aus dem ↗Alb. Im ↗Maastricht begann die Radiation der Bacillariophyceae, die zu dem sehr reichen Formenschatz mit derzeit ca. 100.000 beschriebenen Arten führte, von denen besonders im ↗Neogen viele Taxa zu einer detaillierten biostratigraphischen Zonierung genutzt werden. [RB]

backarc, meist tektonisch aktiver Bereich der ↗Oberplatte, der auf der den Tiefseerinnen abgewandten Seite hinter dem ↗magmatischen Bogen liegt. Der backarc ist, ähnlich wie der magmatische Bogen selbst, wahrscheinlich in Abhängigkeit von der Konvergenzgeschwindigkeit entweder der Kompressionstektonik (↗Einengungstektonik, hohe Geschwindigkeit) oder der ↗Dehnungstektonik (niedrige Geschwindigkeit) unterworfen. Im ersten Fall bildet sich in kontinentaler Kruste ein ↗Falten- und Überschiebungsgürtel, dessen Überschiebungsflächen zum magmatischen Bogen einfallen; im zweiten Fall entsteht an Dehnungsbrüchen ein ↗Backarc-Becken oder ein ↗Randmeer, das den ↗Inselbogen vom ursprünglich angrenzenden Kontinent trennt.

Backarc-Becken, im kontinentalen ↗backarc durch ↗Abschiebungen kontrollierte, riftartige Sedimentationsbecken mit oder ohne Vulkanismus. Diese unter dem Einfluß geringer Konvergenzraten erzeugte ↗Dehnungstektonik kann sich bis zur Bildung eines ↗Randmeeres mit partiell ozeanischer Kruste weiterentwickeln. Backarc-Becken hinter ↗Inselbögen auf ozeanischer ↗Oberplatte können an verteilten Spreizungszentren neue ozeanische Kruste entwickeln.

backreef ↗Riff.

badlands, ein durch Erosionsrinnen oder ↗Runsen völlig zerschnittenes Gelände, benannt nach dem gleichnamigen Gebiet in Süd Dakota (USA). Badlands weisen kaum noch ebene Flächenanteile auf und sind daher für eine landwirtschaftliche Nutzung ungeeignet. Sie entstehen auf natürliche Weise, wenn sich in Gebieten mit wenig erosionsresistenten Gesteinen und spärlicher Vegetationsbedeckung temporär starke Niederschläge ereignen. Vergleichbare Formen können aber auch durch starke, anthropogen induzierte ↗Bodenerosion hervorgerufen werden.

Baeyer, *Johann Jakob*

Baeyer, *Johann Jakob*, preußischer Geodät, * 5.11.1794 in Müggelheim bei Berlin, † 10.9.1885 in Berlin. Naturwissenschaftler aus dem Kreis um Alexander von ↗Humboldt; 1825–1857 Mitglied des preußischen Generalstabs (trigonometrische Abteilung), 1858 als Generalleutnant zur Disposition gestellt, 1862–1885 Gründer und Präsident weltweit bedeutender geodätischer Institutionen, dabei wissenschaftlicher Streit mit dem Generalstab; 1865 Ehrenmitglied der Königlich Preußischen Akademie der Wissenschaften zu Berlin, 1865 Ehrendoktor der Universität Wien, Ehrenmitglied weiterer Akademien der Wissenschaften; Gedenkstein auf dem Anger von Müggelheim (1962). Fundamentale Landestriangulationen und Nivellements in Preußen, gemeinsam mit F. W. ↗Bessel ↗Gradmessung in Ostpreußen (1831–36); auf Anregung von A. v. Humboldt trigonometrisches Nivellement zwischen dem Pegel Swinemünde und der Sternwarte Berlin (1835–39); ausgedehnte Landesvermessungen im Küstenbereich der Ostsee (1837–42). Als wissenschaftliches und wissenschaftsorganisatorisches Lebenswerk gilt die Gründung und Leitung eines internationalen Gemeinschaftsprogramms: 1862–67 »Mitteleuropäische Gradmessung«, 1867–86 »Europäische Gradmessung«, 1887–1916 »Internationale Erdmessung«, heute »↗Internationale Assoziation für Geodäsie« (IAG); Ziel war das Studium des ↗Geoids. Baeyer vermutete bereits Lagerstätten von Ressourcen als Ursachen von Geoidanomalien. Erreicht wurde großer Erkenntnisfortschritt auf geodätischem, geophysikalischem (↗Schwerefeld) und meteorologischem Gebiet (Maßsysteme). 1870 gründete Baeyer in Berlin das Königlich Preußische Geodätische Institut als wissenschaftliches Zentrum der Gradmessungsorganisationen, das unter F. R. ↗Helmert 1892 nach Potsdam in modernste Anlagen umzog und für Jahrzehnte weltweite Bedeutung errang. Werke (Auswahl): »Gradmessung in Ostpreußen« (mit Bessel, Berlin 1838), »Über die Größe und Figur der Erde« (Berlin 1861), »Das Messen auf der Sphäroidischen Oberfläche« (Berlin 1862). Sein Sohn Adolf Ritter von Baeyer (* 31.10.1835, † 20.8.1917) wurde 1905 Nobelpreisträger für Chemie. [EB]

Baffinmeer, Teil des Arktischen Mittelmeers (↗Arktisches Mittelmeer Abb.) zwischen Grönland und Kanada nördlich von 70° N und südlich von Cape Sheridan auf Ellesmere Island und Cape Bryant auf Grönland.

Baggersee, künstlicher, meist kleiner See, der im Bereich vorwiegend quartärer Sand- und Kiesablagerungen durch Ausbaggerung entsteht. In den meisten Fällen erfolgt die Auffüllung des Baggersees über das Zufließen aus dem Grundwasser.

Bagrow, *Bagrov, Leo (Lew) Semjonowitsch*, Kartenhistoriker, * 24.6.1881 in Weretje bei Solikamsk, † 9.8.1957 in Den Haag, Sohn des russ. Militärkartographen Leo Bagrow. Er lebte bis 1918 in Rußland, bis 1945 in Berlin, danach in Stockholm. Er begründete 1935 die Schriftenreihe »Imago Mundi«, die bis heute fortgeführt wurde. Werke: »A. Ortelii (Ortelius) Catalogus cartographorum« (1928), »The origin of Ptolemy's Geographia« (1945), Geschichte der Kartographie (1944), »Meister der Kartographie« (1963).

Bahamitpeloide ↗Peloide.

Bahndrehimpuls, der Drehimpulsvektor $\vec{h}$ der Satellitenbewegung ergibt sich aus dem Kreuzprodukt von Orts- und Geschwindigkeitsvektor $\vec{x}$ und $\dot{\vec{x}}$:

$$\vec{h} = \vec{x} \times \dot{\vec{x}};$$

$\vec{h}$ steht senkrecht auf der Bahnebene. Bei der ungestörten ↗Kepler-Bewegung ist $\vec{h}$ in Betrag und Richtung konstant und entspricht dem zweiten ↗Keplerschen Gesetz.

Bahngeschwindigkeit, v_b, tatsächliche Fließgeschwindigkeit eines Wasserteilchens, welche sich aus der wahren Weglänge und der beim Fließen um die Körner des Porengesteins von Punkt A zum Punkt B vergangenen Zeit ergibt. Die Bahngeschwindigkeit ist nicht genau bestimmbar und wird auch als ↗Porengeschwindigkeit bezeichnet. Ihre Einheit ist m/s.

Bahnmechanik, als Energiebilanz für einen Satelliten mit Einheitsmasse ($m = 1$) gilt, daß die gesamte mechanische Energie E_m konstant bleibt. Sie setzt sich aus der kinetischen (erster Term) und der potentiellen Energie der Satellitenbewegung zusammen, was im Energieintegral zum Ausdruck kommt:

$$E_m = \frac{v^2}{2} - \frac{GM}{r}$$

mit

$$r = |\vec{x}|,$$

$$v = |\dot{\vec{x}}|,$$

GM = geozentrische Gravitationskonstante.

Bahnspur, orthogonale Projektion der Satellitenbahn auf ein ↗mittleres Erdellipsoid.

Baikal-Orogenese ↗Proterozoikum.

Bail-Test ↗*Slug-Test*.

Bajada, *Bahada*, schwach geneigte fluviatile ↗Akkumulationsform, die aus den Sedimenten seitlich miteinander verzahnter ↗Schwemmfächer aufgebaut ist. Die Bajada bildet in den als ↗Bolson bezeichneten, intramontanen Becken arider oder semiarider Gebirge, den Übergangsbereich zwischen den ↗Pedimenten und den feinkörnigen Sedimenten der ↗Playa, die sie konzentrisch umschließt (↗Bolson Abb.).

Bajoc, *Bajocium*, die zweite Stufe (176,5–169,2 Mio. Jahre) des ↗Dogger, benannt nach dem römischen Namen für Bayeux in der Normandie. Die Basis stellt der Beginn des Discites-Chrons dar, bezeichnet nach dem Ammoniten *Hyperlioceras discites*. ↗geologische Zeitskala.

Bakker, *Jan Pieter*, niederländischer Geomorphologe; * 1906, † 1969; führte frühzeitig quantitative Modelle zur Hangentwicklung in die Geomorphologie ein; benutzte die ↗Tonminerale in den tertiären Verwitterungsdecken zur Alterseinstufung der ↗Rumpfflächen in den Mittelgebirgen; gilt als einer der Begründer der ↗Angewandten Geomorphologie.

Bakterien, *Bacteria*, *Eubacteria*, *Schizophyta*, einzellige Organismen, einfach organisiert, d. h. statt Zellkern besitzen sie Nukleoid ohne Membran, kein Mitose-Meiose-System, keine echten Chromosomen, Vermehrung durch Längsteilung. Abteilung der ↗Monera, ↗Prokaryota, die (im Gegensatz zu den ↗Archaea) beim Bau von Zellwänden Muraminsäure verwenden. Im Gegensatz zu den ↗Cyanophyta fehlen Pigmente oder es tritt ein spezielles Bacteriochlorophyll auf. Morphologisch unterscheiden sich nur wenige Bacteria deutlich von Archaea und Cyanophyta. Typische Zellformen sind Coccen, Bazillen, Vibrio, Spirillus und Zellhaufen. Höher entwickelte Taxa bilden Filamente und Trichome und schließlich verzweigte Zellfäden. Mobile Zellen können bis zu 100 Geißeln tragen. Die Bacteria entstanden im ↗Archäophytikum entweder direkt aus sehr frühen Archaea oder aber parallel dazu aus ↗Progenoten und umfassen ökophysiologische Anpassungstypen aus der Erdfrühzeit. Wie die Progenoten deckten die ältesten Bacteria organotroph unter anaeroben Bedingungen sowohl ihren Stoff- und Energiebedarf, als auch ihren Bedarf an Substanzen zur Energie-Speicherung (ATP-Moleküle) aus der »Ursuppe« der Ozeane. Das führte zur Verknappung von Nahrungs- und ATP-Molekülen. Als erste Reaktion entwickelten die Zellen die Fähigkeit körpereigenes ATP aufzubauen, um dadurch Energie unabhängig von der zellexternen ATP-Verfügbarkeit speichern zu können. Energie- und Kohlenstoff wurden weiterhin durch anaerobe Dissimilation (Gärung, Fermentation) heterotroph aus organischen Molekülen der »Ursuppe« sowie von lebenden und toten Prokaryota gewonnen. Unter dem Evolutionsdruck stagnierender oder gar schwindender Ressourcen von organischen Molekülen wurden autotrophe Stoffwechsel entwickelt. Bei der Chemolithotrophie liefert die Oxidation von anorganischen Stoffen, z. B. H_2S, NH, H_2 die Energie, und das CO_2 ist die Kohlenstoffquelle. Dadurch wurde der Energie-Stoffwechsel von organischen Molekülen unabhängig. Seit der Entwicklung von Pigment (Bacteriochlorophyll, im Gegensatz zum Chlorophyll a der Cyanophyta) gelingt es den Bacteria aber auch Sonnenenergie in Stoffwechselenergie umzusetzten. Diese anaerobe Photosynthese erfolgt nach der Formel:

$$CO_2 + 2\,H_2E + \text{Licht-Energie} = CH_2O + H_2E + 2\,E$$

mit H_2E als oxydierbarer Substanz (Elektronendonator). Bei dieser Photolithotrophie der Bacteria ersetzen zahlreiche Elemente das E, aber niemals Sauerstoff, z. B. nie als H_2O (wie bei der Photohydrotrophie der Cyanophyta und ↗Plantae), und es entsteht folglich auch kein Sauerstoff. Bacteria sind in großer Individuendichte auch unter extremen Lebensbedingungen allgegenwärtig, weil sie im Gegensatz zu den ↗Eukaryota über ein breites Spektrum von Energie-/Stoffwechseln verfügen und sich mit sehr hoher Teilungsfrequenz rasch vermehren. Sie haben deshalb eine entsprechend große Bedeutung in verschiedensten geochemischen Kreisläufen des Systems Erde. Bacteria liefern als Primärproduzenten große Mengen organischer Substanz für die Nahrungskette. Wichtiger als ihre oft vergleichsweise geringe lebende Biomasse im Ökosystem (im Schwarzen Meer mit 40 % sehr hoch) ist dabei ihre Jahresbruttoproduktivität (im Schwarzen Meer 80 %–90 % der Gesamtbioproduktivität = ca. 20 Mrd. Tonnen). Die Ökosysteme der hydrothermalen Felder von Spreading-Zonen am lichtlosen Ozeanboden bauen auf der lichtunabhängigen, chemolithotrophen Primärproduktion von Bacteria auf. Sie sind Pioniere bei der Besiedlung neuer Lebensräume und waren sicherlich frühe Landbewohner. Bacteria schließen als wichtige Destruenten den Stoffkreislauf, indem sie (wie die ↗Fungi) organische Substanz zersetzen. Weil sie dabei Sauerstoff bis hin zur völligen Aufzehrung verbrauchen, treten besonders in feinkörnigen Sedimenten mit sehr geringer Porenwasserströmung oft reduzierende Bedingungen auf (Watt, Meeresboden). Bacteria überziehen Sedimentoberflächen mit einem Film und verkleben damit das Sediment (bis zu 10 Mio. Individuen pro Gramm). Bacteria haben aber auch sehr große Bedeutung als Mineralbilder. Durch die Stoffwechselaktivitäten werden z. B. Carbonat, Calciumphosphat, Eisenhydroxid, Eisensulfide und elementarer Schwefel abgeschieden. Fossile Bacteria-Zellen sind mineralisiert, v. a. aber eingekieselt erhalten, so wie z. B. die mit 3,2 Mrd. Jahren ältesten Zell-Funde in Cherts der Onverwacht-Formation Südafrikas. In der Hydrologie geben Anzahl (↗Bakterienzahl) und Art (↗Bakterienkolonie) der Bakterien Auskunft über die Gewässergüte.

Bakterienkolonie, Zellverbände von ↗Bakterien, die durch Teilungsprozesse der Vermehrung auf festen Nährsubstraten ausgebildet werden. Durch spezifische Nährsubstrate und Kulturbedingungen entwickeln sich Bakterienkolonien und können so gezählt (Koloniezahl) und identifiziert werden. Diese Befunde geben z. B. Hinweise auf die hygienischen Eigenschaften von Gewässern, z. B. für die Eignung als Badegewässer.

Bakterienonkoide ↗Onkoide.

Bakterienzahl, Konzentration von ↗Bakterien pro Volumeneinheit. Die Bakterienzahl wird entweder als Gesamtzellzahl oder als Lebendzellzahl bestimmt. Als Verfahren bedient man sich der mikroskopischen Zählung, der Relativzählung (↗Bakterienkolonie), elektrischer Zählgeräte, Membranfiltertechnik und Färbung.

Bakterioplankton, Teilmenge des ↗Planktons, das von ↗Bakterien gebildet wird. Das Bakterioplankton dient als Nahrungsgrundlage für viele ↗Protozoen und ist an der ↗Mineralisation organischer Stoffe beteiligt.

Bakterizide, bakterienabtötende Stoffe, die als Desinfektions- und Konservierungsmittel, Chemotherapeutika und ↗Antibiotika eingesetzt werden. Im Gegensatz zur Wirkung eines Bakteriostatikums können nach Entfernen eines solchen Mittels Wachstum und Vermehrung der Bakterien nicht wieder neu beginnen.

Balje, zum Formenkreis des ↗Watts zählender, breiter Wasserlauf am meerwärtigen Rand des Watts. Baljen sind tiefer als die landwärts folgenden ↗Priele und stehen entweder direkt oder über ↗Seegaten mit dem offenen Meer in Verbindung.

ball-and-pillow structure, *Wulstbank*, *Kissenstruktur*, ↗Belastungsmarken.

ballistische Meßkamera, langbrennweitige Meßkamera für ↗Satellitenphotographie zur Richtungsmessung nach künstlichen Satelliten.

ballistisches Gravimeter, Spezialfall eines ↗Beschleunigungsmessers, Sammelbezeichnung für Freifall-Gravimeter und Frei-Wurf-und-Fall-Gravimeter bei der die freie (vertikale) Trajektorie einer bewegten Probemasse vermessen wird; im Gegensatz zum statischen Gravimeter, ↗Relativgravimeter mit ruhender Probemasse; Entwurfsprinzip moderner ↗Absolutgravimeter.

Ballonsonde ↗Aerologie.

ballooning ↗Intrusionsmechanismen.

Ballungsgebiet, *Agglomeration*, *Ballungsraum*, *Verdichtungsraum*, größeres Gebiet mit einer hohen räumlichen Dichte von Siedlung, technischer Infrastruktur, Wirtschaft und Industrie. Je nach Staat werden Ballungsgebiete durch andere Kenngrößen definiert. Ballungsgebiete in Deutschland sind beispielsweise Siedlungsräume mit mehr als 500.000 Einwohnern und einer Bevölkerungsdichte von mindestens 1000 Einwohner/km^2. Das Wachstum der Kerngebiete hat sich verlangsamt, weil die Probleme der Ballungsräume (Bodenknappheit, Verkehrsaufkommen, Überbeanspruchung der Naturraumpotentiale, Belastung der Umwelt im allgemeinen) zugenommen haben. Ballungsräume sind aus ökologischer Sicht ↗Lasträume für die ein ökologischer Ausgleich (↗Ausgleichsfläche) nötig ist.

Baltica, hypothetischer Kontinent, der sich (gemeinsam mit anderen Krustenfragmenten) gegen Ende des ↗Präkambrium (im Vendium) von einem proterozoischen Superkontinent abtrennte und zu Baltica wurde. Dieses Rifting-Ereignis führte zur Öffnung des ↗Iapetus oder Proto-Atlantiks zwischen den Kontinenten Baltica, ↗Laurentia und ↗Gondwana. Im Ordovizium fand durch ↗Subduktion eine beträchtliche Einengung des Iapetus zwischen Laurentia und Baltica statt, wodurch sich Faunen, die anfangs auf beiden Kontinenten unterschiedlich waren, im oberen Ordovizium sehr ähnlich wurden. Zur Kollision zwischen Laurentia und Baltica kam es im späten ↗Silur und frühen ↗Devon bei der Acadischen Orogenese. Die Gebirgszüge der ↗Kaledoniden entstanden als Folge der Einengung des Iapetus zwischen Baltica und Laurentia. Baltica setzte sich zusammen aus Anteilen des heutigen Skandinavien, der Russischen Plattform und der Baltischen Staaten. [SP]

Baltischer Schild, Teil von ↗Archaeoeuropa, größtes zusammenhängendes Aufschlußgebiet präkambrischer Gesteine in Europa, umfaßt weite Teile des heutigen Skandinaviens mit Ausnahme des Kaledonischen Gebirges (Norwegisches Hochgebirge). Der Baltische Schild und die Kaledoniden zusammen werden *Fennoskandia* genannt. Wegen fehlender bzw. kaum vorhandener Fossilien erfolgte die stratigraphische Untergliederung zunächst in klassischer Weise durch die Interpretation unterschiedlicher Metamorphosegrade und Streichrichtungen sowie durch die Auswertung von Winkeldiskordanzen und Geröllanalysen an Transgressionskonglomeraten. Das so entwickelte Bild der regionalen Geologie wurde später durch ↗radiometrische Altersbestimmungen teilweise bestätigt, teilweise aber auch erheblich modifiziert bzw. ergänzt. Die radiometrischen Daten lassen sich im Idealfall als jüngstes Faltungs- bzw. Metamorphosealter eines Gesteins interpretieren. Aus der Häufung bestimmter Alterswerte in bestimmten Regionen schloß man – bevor die modernen plattentektonischen Hypothesen sich durchsetzen konnten – folgerichtig auf bestimmte, weithin verfolgbare Gebirgsbildungsphasen. Obwohl die Phasenhaftigkeit orogenetischer Prozesse im überregionalen Rahmen aus plattentektonischer Sicht mehr als fraglich ist, fällt auf, daß zeitliche Parallelen zu vergleichbaren Wertehäufungen beispielsweise im Ukrainischen oder auch im Kanadischen Schild bestehen. Die ältesten Gesteine im Baltischen Schild stehen im nördlichen Teil der Kola-Halbinsel (Katarchaische Zone) an. Dabei handelt es sich um hochmetamorphe Gneise (Basalgneise) und Migmatite mit radiometrischen Altern von 2,5–3,6 Mrd. Jahren. In diesem altpräkambrischen Kern Europas sind – wie in den alten Kernbereichen anderer Kontinente auch – sog. Grünsteinserien entwickelt (Biotitgneise mit vulkanischen Edukten der Saamiden, 2,5 Mrd. Jahre). Sie sind extrem steil in die ältesten Folgen eingefaltet (Fließ- oder »Gravitations«-Tektonik), werden von synorogenen Graniten begleitet und geben Hinweise auf einen anaktualistischen Bau der altpräkambrischen Erdkruste. Diese hatte wahrscheinlich eine viel geringere Mächtigkeit als die heutige. Nach Süden hin folgen jüngere Gneise, basische Intrusiva und synorogene Granite mit einem Alter von 2 Mrd. Jahren (Belomoriden, aber auch die Prägotiden Südschwedens). Die nächst jüngeren Svekokareliden (1,8 Mrd. Jahre) lassen erstmals aufgrund geringerer Metamorphosegrade in beschränktem Maße eine Beckengliederung erkennen, denn die Gesteine der Kareliden gehen mit ihren Konglomeraten, Quarziten, Dolomiten, Marmoren, Stromatolithstrukturen auf flachmarine Schelfablagerungsräume zurück, während die Svekofenniden mit zahlreichen vulkanogenen Gesteinen eher tiefere, ozeanische Bildungsräume repräsentieren. Nach der Intrusion synorogener Granite (1,8 Mrd. Jahre) bildeten sich postorogene Granite (1,6 Mrd. Jahre, ↗Rapakivigranit). Damit waren große, zusammenhängende Krustenbereiche entstanden, auf deren Festlandmassen sich erste kontinentale Rotsedimente (Jotnischer Sandstein, 1,2 Mrd. Jahre) infolge des im Jungpräkambrium angestiegenen Sauerstoffgehalts der Atmosphäre entwickeln konnten. Manche Bereiche Südnorwegens (Dalslandium, 950 Mio. Jahre) und Südschwedens (Gotiden, 1,4 Mrd. Jahre) bereiten hinsichtlich ihrer erdgeschichtlichen Einordnung noch Probleme. Retrograde Metamorphose und radiometrische »Mischalter« erschweren hier die Rekonstruktion der Entstehungsgeschichte. Der jüngste datierte Granit ist der Bohus-Granit (Südschweden, 950 Mio. Jahre). Präkambrische Abfolgen des Baltischen Schildes werden nur selten von jüngeren Gesteinen überlagert, v.a. im Bereich des Oslo-Grabens (Altpaläozoikum bis Perm). Ansonsten war die Region stets Hoch- und Abtragungsgebiet. Nach dem Abschmelzen der pleistozänen Eismassen befindet sich der Baltische Schild infolge isostatischer Ausgleichsbewegungen in deutlicher Aufwärtsbewegung (↗Schild Abb.). [MG]

BA LVL, Bewertungsanleitung zur Bestimmung des ↗Leistungsvermögens des Landschaftshaushaltes.

Band, 1) *Fernerkundung*: *↗Spektralband*. **2)** *Kartographie*: *Banddarstellung*, ein graphisches Ausdrucksmittel in Form eines meist mehrere Millimeter breiten Zeichnungsstreifens, wodurch es sich von der ↗Linearsignatur unterscheidet. Das Band wird in kartographischen Darstellungen in unterschiedlicher Bedeutung und graphischer Gestaltung benutzt. Auf einfarbigen Karten dient ein an der Küstenlinie zum Meer hin angelegtes Band zur deutlichen Trennung der Festlandsflächen von den Meeres- und Seeflächen. Dafür übliche Formen zeigt die Abbildung : a) ein gleichbreites Rasterband; b) ein gleichbreiter Saum aus einer Horizontalschraffur; c) eine nach der Wasserseite hin verlaufende Horizontalschraffur, bei der alle Striche an der Küstenlinie beginnen und auf der Meeresseite abwechselnd unterschiedlich lang ausgeführt werden; d) ein Saum aus mehreren Punktreihen, der auch zur Betonung von Waldgrenzen anwendbar ist; e) die als Filage bezeichnete Folge von küstenparallelen Linien, deren Abstand zum Meer hin größer und deren Strichbreite dabei gleichzeitig geringer wird. Bei mehrfarbigen Karten tritt an die Stelle dieser graphischen Säume meist ein blaues Farbband. Bänder werden auch auf ↗Verbreitungskarten und administrativen Karten als *Grenzband*, auf Verkehrskarten in der Abwandlung zum ↗Bandkartogramm sowie bei der ↗Vektorenmethode benutzt. [WSt]

Bandara-Kraton ↗Proterozoikum.

Bandbreite, analog oder digital aufgezeichneter elektromagnetischer Wellenlängenbereich eines ↗Spektralbandes mit einer ↗Multispektralkamera oder eines Multispektralscanners (z.B. ↗MSS).

Bändchenstaupodsol, gehört zur Bodenklasse der ↗Podsole, zum Bodentyp der ↗Staupodsole der ↗deutschen Bodenklassifikation. Es sind Böden mit stark wasserstauenden Horizonten von 1–2 cm Mächtigkeit, die in kühlfeuchten Hochlagen auftreten.

Banddiagramm ↗Bandkartogramm.

Banded Iron Formation, *BIF*, *Banded Iron Stone*, gebänderte Eisensteine, eine sedimentäre Wechsellagerung von Eisenoxiden mit ↗Chert (feinstkristallines SiO_2, ↗Kieselschiefer) oder Jasper und teilweise mit Eisencarbonaten und Eisensilicaten wird als Banded Iron Formation im petrologischen und nicht im stratigraphischen Sinne genannt. Nach der Definition von James (1954) sind BIFs typischerweise laminierte, aber auch nicht laminierte, oder granulare chemische Sedimente (Präzipitate), die mindestens 15 Gew.-% $FeO_{(tot.)}$ enthalten.

Die BIFs enthalten ein breites Mineralspektrum, wobei die Minerale im Kieselschiefer feinst verteilt sind und/oder eigene Laminae bilden können. Die typischen Minerale der BIFs neben den Hauptmineralen Quarz, Magnetit und Hämatit, sind Limonit, Goethit, Siderit, Ankerit, Chlorit, Chamosit, Grunerit, Minnesotait, Stilpnomelan, Fayalit, Riebeckit, Krokydolith und andere Asbest-Varietäten, Pyrrothin u.a.m. Typisch in der BIF-Geochemie ist Na-Überschuß und Al-Armut. Entsprechend der Zusammensetzung werden BIFs als Oxid-, Silicat-, Carbonat- oder Sulfid-Fazies-BIFs bezeichnet.

BIFs, die von Magnetit, Fe-Silicaten und Chert dominiert werden (mit gelegentlichen Hämatit und Siderit), werden v.a. in Nordamerika als Taconit bezeichnet. Metamorphosierte BIFs der Oxid-Fazies werden ↗Itabirite genannt. In Itabiriten ist die ursprüngliche, feine Chert-Bänderung zu einem megaskopischen, granularem Gefüge von Quarz, Hämatit, Magnetit und Martit rekristallisiert. Der Name Itabirit stammt von der Provinz Itabira in Brasilien, in der hochgradige, massive Eisenerze mit 66% Eisen vorkommen.

Eisenreiche Kieselschiefer (SiO_2-Präzipitate) gehören zu den charakteristischen Sedimenten des ↗Präkambriums. BIFs stellen die ältesten bekannten Sedimente der Erde (Isua, Grönland). Sie sind besonders in der Zeit vor etwa 2,5 Mrd. Jahren weit verbreitet und bilden die sedimentäre Füllung von großen intrakratonischen Meeresbecken. Die jüngsten BIF-Ablagerungen stammen aus dem ↗Devon (ca. 350 Mio. Jahre), diese bilden jedoch eine Ausnahme, da aus der Zeit von vor ca. 1000 bis 350 Mio. Jahren so gut wie keine BIFs bekannt sind. BIFs, die älter als 2,7 bis 2,5 Mrd. Jahre sind, bilden nur kleinere, geringmächtige Vorkommen und sind meist mit vulkanischen Gesteinen der ↗Grünsteingürtel vergesellschaftet. Solche BIFs werden als *Algoma-BIFs* bezeichnet. BIFs die jünger als 2,3 Mrd. Jahre sind, werden mit Vulkanismus in ozeanischen Riftsystemen oder mit bedeutenden Klimaveränderungen (Vergletscherung) in Zusammenhang gebracht. Die BIFs an der Grenze des ↗Archaikums zum ↗Proterozoikum (2,7–2,4 Mrd. Jahre) sind jedoch weitgehend frei von direkten vulkanischen Einschaltungen wie Tuffe oder Laven und zeichnen sich durch ihre große laterale Aus-

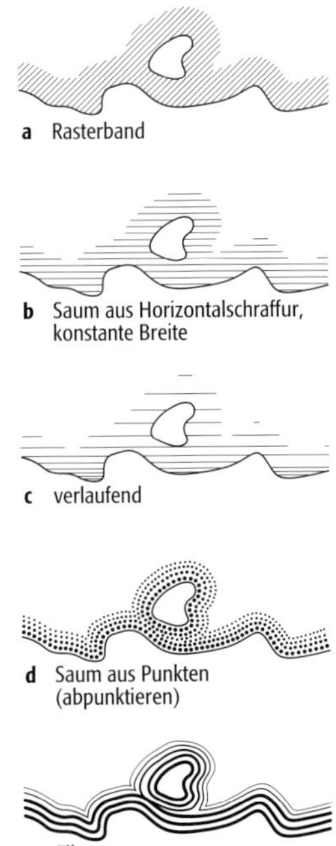

Band: Formen von Bändern, Säumen und Filage.

Banded Iron Formation 1: Mögliches Genesemodell der Lake-Superior-BIFs: Entlang des Kontinentalhanges steigt durch untermeerischen Vulkanismus Fe^{2+}- und Si-angereichertes und O_2-armes Tiefenwasser auf. Bei einem erhöhten Meeresspiegel erreicht es die flachen Schelfmeere mit stromatolithischen Carbonatablagerungen. Nach einer Durchmischung mit schwach O_2-haltigem Oberflächenwasser werden Fe-Hydroxide abgelagert und während der Diagenese entwässert (zu Fe-Oxiden umgewandelt). SiO_2 (Kieselsäure) wird als Kolloid nach Erreichen der Sättigungsgrenze ausgefällt und auch diagenetisch entwässert. Die so entstehende Wechsellagerung von Fe-reichen und Fe-armen Kieselschiefern bildet die BIF-Sedimente.

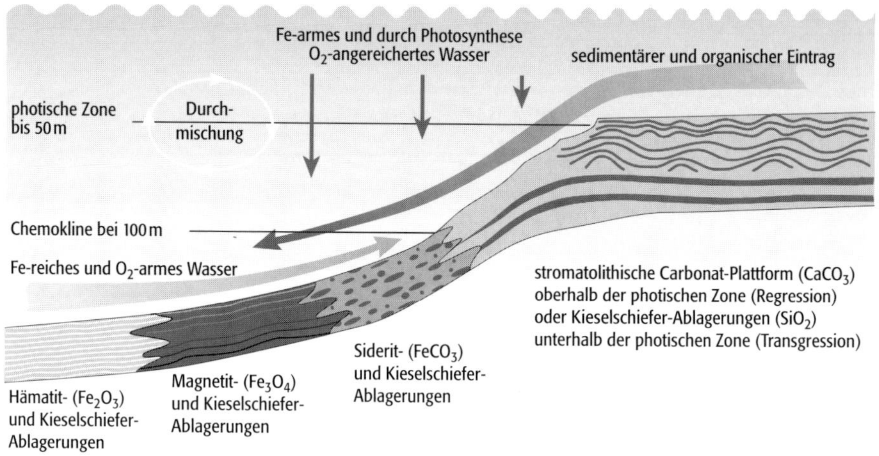

breitung von Hunderten von Kilometern und große Mächtigkeiten von mehreren hundert Metern aus. Auffällig ist das fast völlige Fehlen von zwischengelagerten klastischen Sedimenten, wie Ton- oder Sandsteine. Solche BIFs werden als *Lake-Superior-BIFs*, nach der gleichnamigen Provinz in Nordamerika, benannt. Die Unterscheidung zwischen Algoma- und Lake-Superior-BIFs ist jedoch heute weniger gebräuchlich, da die Übergänge fließend sein können und in beiden BIF-Typen vulkanische Zwischenlagen vorkommen.

Es gibt heute keine sedimentären Äquivalente der BIFs. Aus diesem Grund ist die Entstehung der BIFs noch umstritten. Für die mit Grünsteingürtel vergesellschafteten Algoma-BIFs sind tiefe, submarine, SiO_2- und Fe-reiche Exhalationen, wie sie heute im Atlantis II Graben im Roten Meer beobachtet werden, ein mögliches Genesemodell. Mehrere Genesemodelle bestehen nebeneinander für die Lake-Superior-Typ BIFs (Abb. 1, Abb. 2), wobei die in den 1950er bis 1960er Jahren diskutierten lakustrinen Modelle und Flachmeer-Modelle heute nicht bevorzugt werden. Die Diskussion der BIF-Genese kreist um den Ursprung des Eisens und des SiO_2. Da diese BIFs verstärkt um die Zeit vor 2,5 Mrd. Jahren ausgefällt wurden, hat man in früheren Modellen ihre Entstehung durch einen rapiden Anstieg von freiem O_2 in der Hydro- und ↗Atmosphäre erklärt. Man nimmt heute an, daß die altpräkambrischen Meere mit Silica (SiO_2) übersättigt waren und deswegen Kieselsäure kontinuierlich ausgefällt wurde. Für den Ursprung des Eisens in diesen Sedimenten werden zwei Möglichkeiten angenommen. Einerseits könnte das Eisen in Lösung, als Verwitterungsprodukt der Kontinente, durch Flüsse in die BIF-Ablagerungsbecken eingetragen worden sein. Bei dieser Erklärung ist jedoch nicht einsichtig, warum die größten BIF-Ablagerungen nur sehr wenig Ton und Sand als Sedimentfracht dieser Flüsse enthalten. Die zweite Möglichkeit ist das Heranführen des Eisens aus den Exhalationen entlang der ↗Tiefseegräben und ↗ozeanischen Rücken. Für diese Möglichkeit sprechen v.a. geochemische Argumente, wie die Gehalte an seltenen Erdelementen in den BIFs. Die Möglichkeit einer biogenen Ausfällung von Eisen und Silica wird auch zunehmend in Betracht gezogen. Eigentlich stellt die kontinuierliche Ausfällung von Kieselsäure ein schwierigeres Problem dar als die Ausfällung von Eisen, da sie eine sehr ungewöhnliche Chemie des Meerwassers verlangt. Einigkeit herrscht heute weitgehend darüber, daß die BIF-Ablagerungen eines intrakontinentalen Schelfmeeres sind und unterhalb der photischen Zone und der Sturmwellenbasis in Tiefen von ca. 100–300 m abgelagert wurden. Als Auslöser der Sedimentation werden ↗Transgressionen (Anstieg des Meeresspiegels) angesehen, während der die flachen Schelfmeere mit eisenreichen Tiefenwässern bedeckt wurden. Das Eisen wurde entlang der Durchmischungszone der sauerstoffarmen Tiefenwässer mit der leicht O_2 angereicherten (cyanobakterielle ↗Photosynthese) oberen Wasserschicht als Fe_2O_3 (Hämatit) und Fe_3O_4 (Magnetit) ausgefällt (ca. 1 % des heutigen Sauerstoffgehaltes, 1 % PAL = Present Atmospheric Level). Diese Sedimentation muß extrem langsam vor sich gegangen sein, mit einer Geschwindigkeit von wenigen Metern pro eine Million Jahren. Sie war von starker vulkanischer Tätigkeit und Eisenzufuhr aus den entfernten vulkanischen Zentren entlang der Tiefseegräben begleitet.

Vor allem mit den Lake Superior-BIFs sind außerordentlich wichtige Lagerstätten, hauptsächlich von Eisen und Mangan, verbunden. Dazu gehören, neben der oben erwähnten Provinz Itabira, die Lagerstätten der Nördlichen Kap- und Transvaal-Provinzen in Südafrika und der Pilbara-Provinz in Westaustralien. Durch besondere geochemische Bedingungen, als die SiO_2-Ausfällung behindert wurde, sind teilweise außerordentlich reiche Erze entstanden. Solche Bedingungen herrschten z. B. in kollabierten Karstsystemen der archaischen Carbonatplattformen, an der Basis der BIF-Sedimente. Die gelösten Carbonate könnten hier als Ursprung der manganhaltigen Lösungen angesehen werden. Auch spä-

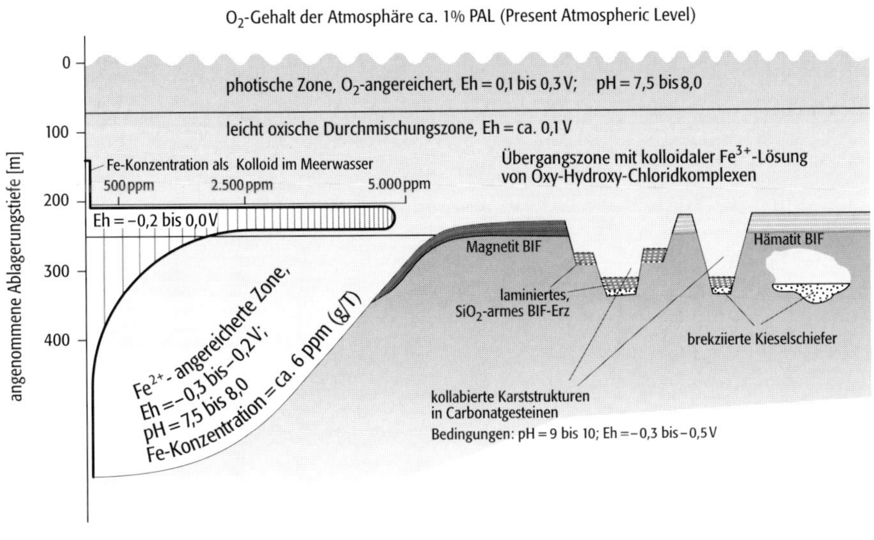

Banded Iron Formation 2: Modell eines zonierten, flach-marinen Beckens mit BIF-Ausfällung über einer abgesunkenen, älteren Carbonatplattform als mögliches Genesemodell der Lake-Superior-BIFs und der damit verbundenen Mangan- und Eisenlagerstätten der nördlichen Kap-Provinz, Südafrika. Durch besondere geochemische Bedingungen während der Ablagerung, als die SiO_2-Ausfällung behindert wurde oder mehr Mangan als Eisen ausgefällt wurde, entstehen auch in größeren Tiefen außerordentlich reiche Erze von über 60% Fe oder Mn. Solche Bedingungen herrschten z. B. in kollabierten Karstsystemen der Carbonatplattformen an der Basis der BIF-Sedimente. Die lange nach der Ablagerung erfolgten, proterozoischen Verwitterungsperioden, in denen SiO_2 aus den BIFs gelöst und weggeführt wurde, haben vor allem zur Bildung von reichen Eisenerzprovinzen beigetragen.

tere Verwitterungsperioden, v. a. im Proterozoikum, in denen SiO_2 und Carbonate aus den BIFs gelöst und weggeführt wurden, führten zur Bildung von äußerst reichen Erzprovinzen, wie des Kuruman-Eisen- und Kalahari-Mangan-Distriktes in Südafrika oder des Tom-Price-Eisen-Distriktes in Westaustralien. Durch solche Vorgänge bedingt, besitzt z. B. Südafrika über 90% der Weltreserven an Manganerz und zusammen mit Australien etwa 30% der Weltreserven an Eisenerz, die in Tagebauen gewonnen werden.

In den meisten großen, präkambrischen gebänderten Eisensteinformationen befinden sich außerdem Vorkommen von Asbest, die zu der Zeit, als der Asbest noch eine breite Verwendung in der technischen Hütten- und Bauindustrie fand, intensiv abgebaut wurden. Obwohl mit der Verbannung des Asbests aus der industriellen Verwendung die Gesundheitsgefährdung der Bevölkerung durch Abbau und Verarbeitung weitgehend reduziert wurde, ist damit auch eine z. T. seit 100 Jahren blühende Industrie und mit ihr die Lebensgrundlage der Bewohner der Bergbaugebiete vernichtet worden. Vor allem in Südafrika, wo sich die größten BIF- und Asbestvorkommen der Erde befinden, aber auch in Australien, sind ganze Minensiedlungen und Städte seit den 1980er Jahren verwaist.

Krokydolith (blauer Asbest) und Amosit (grüner Asbest) sind die in den BIFs am häufigsten vorkommenden Asbestminerale. Der Krokydolith entstammt dem Mineral ↗Riebeckit ($Na_2Fe_3{}^{+2}Fe_2{}^{+3}(Si_8O_{22})(OH)_2$), mit dem er chemisch identisch ist. Der Krokydolith hat jedoch eine andere, asbesttypische Kristallstruktur. Der Amosit entstammt dem Mineral Grunerit ($(Fe^{+2}, Mg)_7(Si_8O_{22})(OH)_2$). Auch Amosit und Grunerit unterscheiden sich nur durch ihre Kristallstruktur voneinander. Vereinfacht kann Grunerit als Riebeckit angesehen werden, in dem Natrium durch Magnesium ersetzt wurde. Die Umwandlung (↗Metamorphose) geschieht während einer Absenkung der Sedimente in Tiefen mit höheren Temperatur- und Druckbedingungen oder entlang der Kontaktzone zu Intrusivkörpern (Magmatismus).

Der Ursprung des Riebeckits ist umstritten. Teilweise wird angenommen, daß er aus dem sedimentären Mineral Magadiit ($NaSi_7O_{13}(OH)_3 \cdot 4\,H_2O$) während der ↗Diagenese entstand (Entwässerung und Verfestigung des Magadiit-»Schlamms« zu Riebeckit-»Tonstein«). Dies würde ein Hinweis auf eine stark alkalische, natriumreiche Zusammensetzung des präkambrischen Meerwassers sein. Die zweite Möglichkeit besteht in der Auslaugung des Natriums aus benachbarten, vulkanischen Schichten und Mineralen während der Diagenese im noch nicht völlig verfestigten Zustand des Sedimentgesteins und eine »Riebeckitisierung« von Eisen-»Schlamm«. Für die zweite Möglichkeit sprechen viele Sedimentstrukturen und geochemische Untersuchungsergebnisse. Die Rekristallisation des Riebeckits zu Krokydolith-Asbest erfolgte während der Faltung der BIF-Sedimente, als sich innerhalb der Faltenstrukturen meist schichtparallele Räume öffneten und der massige Riebeckit-»Tonstein« bei Druckentlastung in quer zur Schichtung wachsenden Asbestfasern umgewandelt wurde. In der Verwitterungszone der BIFs sind die Asbestfasern teilweise mit SiO_2-reichen Wässern durchtränkt worden. Durch diese bleibende Silifizierung sind die Minerale ↗Tigerauge (gold-gelb), *Falkenauge* (blau) und *Bullenauge* (rot) entstanden. Das Falkenauge entspricht dem silifizierten blauen Krokydolith-Asbest, während die Farbe des Bullen- und Tigerauges von dem Verwitterungszustand (Oxidation des Eisens) der Asbestfasern vor der Silifizierung abhängt. Dabei ist das Tigerauge das bei weitem häufigste dieser drei, zusammen vorkommenden Minerale. Das aus Südafrika stammende Tigerauge ist v. a. in Asien ein beliebter Schmuckstein und wird in der Schmuckindustrie und als Mosaikstein verwendet. Der Abbau von

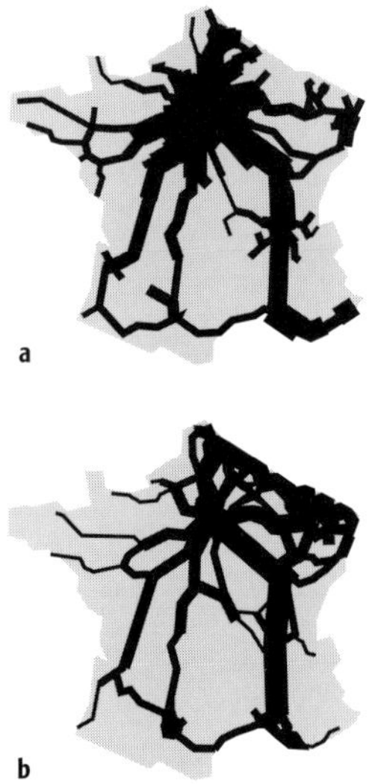

Bandkartogramm: Eisenbahnverkehr in Frankreich: a) Personen-, b) Güterbeförderung.

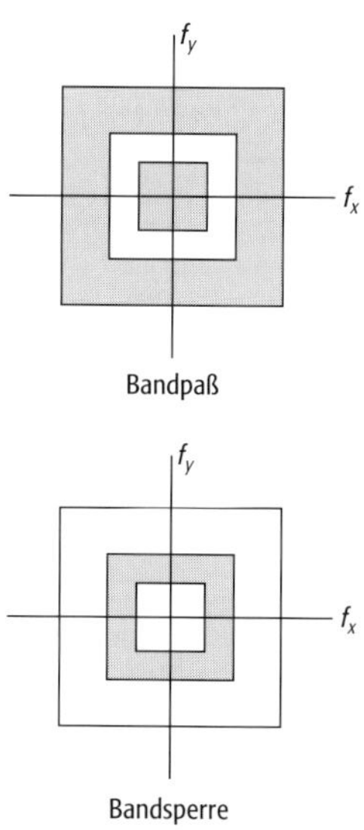

Bandpaßfilter: Beispiele für Bandpaßfilter und Bandsperre.

Tigerauge wird als Nebenverdienst auf den Farmen in Südafrika mit einfachen Mitteln betrieben und ist nicht industrialisiert.

Die mit Grünsteingürteln vergesellschafteten BIFs des Algoma-Typs führen oft Gold in abbauwürdigen Mengen. Die Anreicherung hält sich immer an tektonisch und hydrothermal überprägte Zonen. [WAl]

Literatur: [1] ALTERMANN, W. & NELSON, D.R. (1998): Sedimentation rates, basin analysis and regional correlations of three Neoarchean and Paleoproterozoic sub-basins of the Kaapvaal Craton as inferred from precise U-Pb zircon ages from volcaniclastic sediments. – Sediment. Geol. 120, 225–256. [2] TRENDALL, A.F. & MORRIS, R.C. (1983): Iron Formation: Facts and Problems. – Elsevier.

Banded Iron Stone ↗*Banded Iron Formation.*

Bandenspektrum, Spektrum eines Gases oder Gasgemisches, in dem sogenannte ↗Absorptionsbanden auftreten.

Bänder, *Blätterung*, entstehen aus der ursprünglichen Jahresschichtung im ↗Gletschereis durch die Aufeinanderfolge von luftreicheren Winter- und durch Schmelzwasserwirkung feuchteren, luftärmeren Sommerschichten. Hieraus resultiert ein Wechsel von weißen, weniger dichten und lufthaltigeren mit bläulichen, dichten und luftarmen Schichten (entsprechend der primären, horizontalen Jahresschichtung im Millimeter- bis Dezimeterbereich), sie werden *Weißeisbänder* und *Blaueisbänder* bzw. im engständigen Wechsel als *Weißeisblätter* und *Blaueisblätter* bezeichnet. Die Bänder unterliegen durch die ↗Gletscherbewegung steten Veränderungen, sind häufig auch schräg- oder steilgestellt und durch unterschiedlich starkes Abschmelzen an der Gletscheroberfläche herauspräpariert (↗Ogiven, ↗Bänderogiven).

Bändererz, *Banderz*, Erz mit lagigem Wechsel von Erz und ↗Nebengestein in schichtigen ↗syngenetischen Lagerstätten (z.B. ↗Banded Iron Formation) oder massive schichtgebundene Sulfidvererzungen wie im Rammelsberg (Harz) bzw. von verschiedenen ↗Erzmineralien (z.B. in Gangerzlagerstätten, ↗Ganglagerstätten).

Bändergneis, lagig aufgebauter ↗Gneis mit im cm-Bereich unterschiedlichen stofflichen Lagen. Häufig handelt es sich um Hornblende-Bändergneise (hornblende- und feldspatreiche Lagen).

Bänderogive, *Reidscher Kamm*, als Bänderogive bezeichnet man ein sich aus Furchen und Rippen im Dezimeterbereich zusammensetzendes Kleinrelief auf der Gletscheroberfläche, das durch ↗Ablation steil stehender ↗Bänder infolge der unterschiedlichen Schmelzanfälligkeit der Weiß- und Blaueisbänder (höhere Albedo der Weißeisbänder) entsteht.

Bänder-Parabraunerde, Subtyp der ↗Parabraunerde mit Tonanreicherung im Unterboden in Form von zahlreichen, etwa oberflächenparallelen ↗Toninfiltrationsbändern.

Bänderton, *Beckenton*, ↗Warvit.

Bänderung, in einem Gestein durch den Wechsel verschiedenfarbiger, unterschiedlich zusammengesetzter Schichten hervorgerufen, meist im Millimeterbereich (z.B. ↗Warve).

Bänderungstextur, durch Bänderung (↗Bänder, ↗Bänderogive) entstandene und von der Einzelkorntextur des ↗Gletschereises zu unterscheidende Textur eines ↗Gletschers.

Banderz ↗*Bändererz.*

Bandkartogramm, ein ↗Kartogramm, bei dem auf mehr oder weniger schematischen Netzen von Verkehrsstraßen Transportleistungen und andere Intensitäten von Verkehrsbeziehungen durch Bänder verschiedener Breite ohne Unterteilung (Abb.) oder mit innerer Differenzierung dargestellt werden. Der Übergang zu entsprechenden Verkehrskarten in Bandmethode ist fließend. *Banddiagramme* zeigen als schmale, langgestreckte Rechtecke Anteile eindimensionaler Gliederungen einer Menge (↗Liniendiagrammkarte, ↗Vektorenmethode).

Bandkombination, analoge oder digitale Verschneidung von ↗Spektralbändern zur Erhöhung oder Verdeutlichung aufgenommener Sachverhalte.

Bandmaß ↗*Meßband.*

Bandpaßfilter, ↗digitaler Filter, bei dem die Übertragungsfunktion so gewählt wird, daß nur die Ortsfrequenzanteile eines bestimmten Frequenzbereichs zur Übertragung zugelassen werden (Abb.). ↗Bandsperre.

Bandsilicate ↗*Inosilicate.*

Bandsperre, ↗digitaler Filter, bei dem die Übertragungsfunktion so gewählt wird, daß Ortsfrequenzanteile eines bestimmten Ausschnitts von der Übertragung ausgeschlossen werden (↗Bandpaßfilter Abb.).

Bandströmung, ↗laminares Fließen, bei der sich die Wasserteilchen in weitgehend äquidistanten Bahnen bewegen. Der Gegensatz ist das ↗turbulente Fließen.

Bank, **1)** *Geologie*: feste, von Schichtfugen begrenzte Gesteinsschicht. **2)** *Geomorphologie, Hydrologie*: aus Sand bestehender, einzeln auftretender, ausgedehnter ↗Transportkörper, der unter dem Einfluß der Strömungskräfte seine Lage ändert. Bänke können als Untiefe im Meer auftreten oder als Sand- und Kiesanhäufungen in einem Flußlauf. Sie liegen meist unter dem Mittelwasser (↗gewässerkundliche Hauptwerte) bzw. unter dem mittleren Tidehochwasser (↗Tidekurve).

bankrecht, eine etwa senkrecht zur Ebene eines Kohleflözes verlaufende Trennfuge wird als bankrecht bezeichnet.

bankschräg, eine mehr oder weniger schräg zur Ebene eines Kohleflözes verlaufende Trennfuge wird als bankschräg bezeichnet.

Bankung, deutliche Gliederung einer Gesteinsabfolge (Tiefen- und Sedimentgesteine) durch Schichtfugen. Die einzelnen Bänke können dabei unterschiedliche Dicken aufweisen: > 1 m = massig, 30–100 cm = grobbankig, 10–30 cm = mittelbankig, 1–10 cm = dünnbankig. *Lamination* beschreibt Schichtungswechsel in Abständen unter 1 cm. Nimmt in einer Gesteinsabfolge zum ↗Hangenden die Bankdicke zu, wird die Bankung als *thickening upward* bezeichnet. *Thinning* *upward* bedeutet, daß die Bankdicken zum Hangenden abnehmen.

Bar, veraltete Einheit des Drucks (1 bar = 1000 mbar = 10^5 Pascal).

Barbenregion, ↗Fischregion mit dem Leitfisch Barbe und strömungsliebenden Cypriniden wie Döbel und Nase als häufigen Begleitfischen. In ruhigeren Flußabschnitten kommen Cypriniden wie das Rotauge und Raubfische wie Hecht, Flußbarsch und Aal hinzu. Der Gewässerabschnitt ist gekennzeichnet durch größere Schwankungen der Temperatur und des Sauerstoffgehalts. Der Gewässergrund ist vorwiegend kiesig/sandig und durch regelmäßigen Geschiebetrieb gekennzeichnet.

Barchan, *Sicheldüne*, sichelförmige, auf der Leeseite konkave ↗Querdüne mit flachem, 10–15° geneigtem Luvhang und steilem Leehang. Barchane erreichen Höhen bis 30 m, bei besonders starken Winden auch darüber. Sie entstehen häufig aus ↗Sandschilden oder durch Auswandern aus ↗Leedünen. Voraussetzung ist eine gleichbleibende Windrichtung. Die Erhöhung der Windgeschwindigkeit über dem Luvhang durch vertikale Einengung der Strömung ermöglicht den hangaufwärtigen Transport des Sandes (↗Saltation). Durch den ständigen Aufprall der Sandkörner wird so eine festere Oberfläche geschaffen. Unmittelbar hinter dem Kamm wird aufgrund der dort nachlassenden Windgeschwindigkeit akkumuliert. Dies führt zur Übersteilung (bis 35°) mit nachfolgender Rutschung, wobei sich am Leehang der natürliche Böschungswinkel für lockeren Feinsand (ca. 33°) einstellt. Auf diese Weise wird nach und nach die gesamte Sandmasse umgewälzt. Da die Umwälzung an den flachen Rändern schneller geht als in der Mitte, bilden sich dort vorauseilende, flachere Spitzen, sogenannte Hörner, die dem Barchan seine typische Sichelform verleihen. Zwischen den Hörnern wird durch gegenläufige Wirbel (Leewirbel) die Oberfläche sandfrei gehalten (Abb.). Der Barchan ist die charakteristische Wanderdüne. Festen Untergrund und stetige Windrichtung vorausgesetzt, können große Strecken unter Beibehaltung der Form zurückgelegt werden. Allerdings verlieren Barchane mit der Zeit an Größe, sofern nicht aus den überwanderten Flächen Sand nachgeliefert wird. Die Wandergeschwindigkeit verhält sich bei gleicher Windgeschwindigkeit umgekehrt proportional zur Höhe. Daher können kleinere Barchane größere einholen und deren Luvhänge hinaufwandern. Bei Geländeuntersuchungen wurden Wandergeschwindigkeiten von 20–24 m/a bei 3–5 m hohen Barchanen beobachtet. Wandern Barchane in Gebiete mit wechselnden Windrichtungen ein, verlieren sie ihre symmetrische Form und bilden unterschiedlich lange Sichelenden aus oder werden zu ↗Längsdünen umgeformt (↗Silk). [KDA]

Barentssee, als Teil des Arktischen Mittelmeers (↗Arktisches Mittelmeer Abb.) ↗Randmeer des ↗Nordpolarmeers zwischen dem russischen Festland, Spitzbergen, Franz-Joseph-Land und Nowaja Semlja.

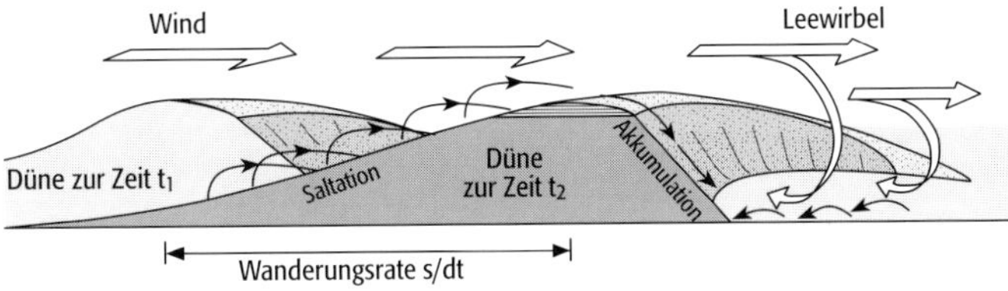

Barchan: Schema der Barchanverlagerung im zweidimensionalen Strömungs- und Transportmodell.

Barium, Element der II. Hauptgruppe des Periodensystems, Symbol Ba (Ordnungszahl 56); gehört zur Gruppe der Erdalkalimetalle. Atommasse: 137,34; Wertigkeit II; Härte nach Mohs: 2; Dichte: 3,5 g/cm³. Barium ist ein weiches, im frischen Zustand silberglänzendes Metall, das im kubisch-raumzentrierten Gitter kristallisiert. Es ist das reaktivste Element der Erdalkaligruppe und ein starkes Reduktionsmittel. Der Massenanteil in der ↗Erdkruste liegt bei 0,03 %. Die wichtigsten Barium führenden Minerale sind ↗Baryt ($BaSO_4$) und Witherit ($BaCO_3$).

Barkhausen-Sprünge ↗Ferromagnetismus.

Bärlappgewächse ↗*Lycopodiopsida*.

Bärlappsporen ↗Lycopodiopsida.

Barograph, registrierendes Luftdruckmeßgerät, das meist auf dem Prinzip des Aneroidbarometers beruht. ↗Luftdruckmessung.

barokline Atmosphäre, Zustand der Atmosphäre, in welchem die Flächen gleichen Drucks, gleicher Temperatur und gleicher Dichte gegeneinander geneigt sind. Man spricht dann von *Baroklinität*. In einer solchen Atmosphäre ändern sich Richtung und Betrag des ↗geostrophischen Windes mit der Höhe (↗thermischer Wind). Den Gegensatz bildet die ↗barotrophe Atmosphäre.

barokline Instabilität, Instabilität einer horizontalen Strömung in einer ↗baroklinen Atmosphäre. Diese Instabilität führt zur Bildung von ↗Tiefdruckgebieten. Voraussetzung für die barokline Instabilität ist das Vorhandensein eines kritischen horizontalen Temperaturgradienten (↗thermischer Wind), der in der Atmosphäre hauptsächlich im Bereich der ↗Polarfront anzutreffen ist. Die in Folge der baroklinen Instabilität entstehenden, großräumigen Tiefdruckgebiete haben eine horizontale Erstreckung von etwa 2000 km (↗Frontenzyklone, ↗Zyklogenese).

barokline Strömung, im Ozean ist die vertikale Verteilung der Dichte zwischen benachbarten Punkten nicht identisch. Deshalb verändert sich der horizontale Druckgradient mit der Tiefe, was zur Folge hat, daß die Strömung über die Tiefe nicht mehr konstant ist. Man spricht von einer baroklinen Strömung. Die Änderung der Strömung in den beiden horizontalen Raumrichtungen ergibt sich aus der thermischen Windgleichung:

$$\varrho \cdot f \frac{\partial v}{\partial z} = -g \frac{\partial \varrho}{\partial x},$$

$$\varrho \cdot f \frac{\partial u}{\partial z} = g \frac{\partial \varrho}{\partial y}$$

(g = Gravitationsbeschleunigung, f = Coriolisparameter, ϱ = Dichte, x, y, z = Raumkoordinaten in West-Ost und Süd-Nord-Richtung sowie vertikal nach unten gerichtet, u, v = Geschwindigkeitskomponenten x, y = Richtung). Im Gegensatz zur ↗barotropen Strömung sind bei barokliner Strömung die Flächen gleichen Druckes und gleicher Dichte gegeneinander geneigt.

barokline Zone, Zone von begrenzter horizontaler und vertikaler Erstreckung in der ↗baroklinen Atmospäre, in welcher barokline Verhältnisse anzutreffen sind. Hier kommt es aufgrund des ↗thermischen Windes zur Ausbildung hoher Windgeschwindigkeiten (↗Strahlstrom) und zur Bildung von ↗Tiefdruckwirbeln aufgrund ↗barokliner Instabilität.

Baroklinität ↗barokline Atmosphäre.

Barometer, Meßgerät zur Luftdruckmessung in der Atmosphäre. Man unterscheidet *Flüssigkeitsbarometer* (Quecksilberbarometer) und Trokkenbarometer (*Aneroidbarometer* bzw. *Aneroide*) und *Federbarometer*. Beim *Quecksilberbarometer* wird durch den Luftdruck Quecksilber (Hg) in ein oben geschlossenes und luftleeres Glasrohr gedrückt. Das Gewicht der Quecksilbersäule im Glasrohr oberhalb der offenen Quecksilberfläche, auf welcher der Luftdruck lastet, hält dem Luftdruck die Waage. Die Länge der Quecksilbersäule kann folglich als Maß für den Luftdruck benutzt werden. Auf Grund der hohen Dichte von Quecksilber von $13{,}5 \cdot 10^3$ kg/m^3 (bei 20 °C) entspricht ein Luftdruck von 1013,25 hPa einer Quecksilbersäule von 760 mm Höhe. Quecksilberbarometer dienen als Eich- und Stations- bzw. Standbarometer. Der Konstruktion nach werden die Quecksilberbarometer in *Gefäßbarometer*, *Heberbarometer* und *Gefäßheberbarometer* unterschieden. Heberbarometer bestehen aus einem U-förmigen Rohr, dessen kürzeres Ende oben offen ist. Gemessen wird der Höhenunterschied der Quecksilbersäulen im offenen und geschlossenen Teil des Rohrs. Die Gefäßbarometer besitzen ein Vorratsgefäß, das beim *Fortin-Barometer* im Gegensatz zum *Kew-Barometer* adjustierbar ist. Bei den *Trockenbarometern* wird die Kraft gemessen, die der Luftdruck auf eine luftleer gepumpte *Vidie-Dose* (*Dosenbarometer*) oder Röhre ausübt. Die Verformung der Dose, durch den sich ändernden Luftdruck, wird mit einer Feder und einem Übertragungssystem auf einen Zeiger mit Zifferblatt übertragen. Mit Hilfe der gemessenen Luftdruckdifferenzen können ↗barometrische Höhenbestimmungen vorgenommen werden. Bei ↗Altimetern ist das Zifferblatt nicht in Millibar eingeteilt, sondern es besitzt eine nach Metern geteilte, lineare Höhenskala. [KHK]

barometrische Höhenbestimmung, *barometrische Höhenmessung*, Meßverfahren zur Bestimmung von ↗Höhenunterschieden aus Luftdruckdifferenzen, die mit ↗Barometern gemessen werden. Das Verfahren beruht darauf, daß der Luftdruck mit der Höhe abnimmt (ca. 1 mm Hg/10 m Höhenzunahme auf Meeresniveau bzw. 1 mm Hg/15 m in 3500 m Höhe). Ist B_u der Luftdruck am tiefer (unten) und B_o derjenige am höher (oben) gelegenen Punkt, so erhält man den Höhenunterschied:

$$\Delta h = k \cdot (1 + 0{,}0037 \cdot t) \cdot (\lg B_u - \lg B_o),$$

wobei t die Lufttemperatur in Grad Celsius ist. Die barometrische Konstante k enthält neben physikalischen Größen auch die mittlere ↗geographische Breite und die mittlere Höhe des zugrunde liegenden Meerespegels. Für Mitteleuropa gilt $k = 18.464$. Damit meteorologisch bedingte Luftdruckänderungen während der Messungen das Ergebnis nicht beeinflussen, bleibt ein Barometer (Standbarometer) am ↗Höhenfestpunkt zur fortlaufenden Druckregistrierung, während ein zweites an den zu bestimmenden Punkten abgelesen wird, wobei gleichzeitig die Uhrzeit zu notieren ist. Zur Beseitigung systematischer Einflüsse existieren spezielle Meßanordnungen. [KHK]

barometrische Höhenformel, Beziehung zwischen Luftdruck und Lufttemperatur zur Bestimmung der Höhe. Die barometrische Höhenformel ergibt sich aus der Integration der ↗statischen Grundgleichung unter der Annahme stückweise höhenkonstanter Temperaturen:

$$z_2 - z_1 = \frac{RT_m}{g} \ln \frac{p_2}{p_1}.$$

Dabei ist T_m die Schichtmitteltemperatur zwischen den Druckniveaus p_1 und p_2, g die Erdbeschleunigung und R die Gaskonstante für trockene Luft.

barotrope Atmosphäre, Zustand der Atmosphäre, in welchem die Flächen gleichen Druckes, Temperatur und Dichte parallel zueinander liegen. Man spricht von *Barotropie*. In einer barotropen Atmospäre ändert sich der ↗geostrophische Wind nicht mit der Höhe. Gegensatz: ↗barokline Atmosphäre.

barotrope Strömung, Strömung, die über die Tiefe konstant ist. Sie wird erzeugt, wenn Flächen gleichen Druckes und gleicher Dichte zusammenfallen. Dies ist nur möglich, wenn die Dichteverteilung homogen ist oder wenn die Dichte lediglich eine Funktion der Tiefe ist.

Barotropie ↗barotrope Atmosphäre.

Barramundi-Orogenese ↗Proterozoikum.

Barranco, (span.) Schlucht, ↗Runse.

Barrande, *Joachim*, französischer Royalist, Ingenieur und Paläontologe, * 11.08.1799 in Sangues (Haute-Loire), † 05.10.1883 in Frohsdorf bei Wien. Barrande entstammt einer alten spanischen Adelsfamilie. Seine Ausbildung erhielt er an der Ecole Polytechnique und an der Ecole des Ponts et Chaussées in Paris. Neben den technischen Wissenschaften galt sein besonderes Interesse von Jugend an auch den Naturwissenschaften. Er hat dies während seines Studiums in Paris vertieft, wo zu der Zeit u. a. ↗Lamarck, ↗Cuvier und Geoffrey-Saint-Hilaire wirkten. 1830 begleitete er die durch die Juli-Revolution vertriebene französische Königsfamilie nach England und Schottland (Edinburgh) und dann 1831 weiter nach Böhmen. 1831 wurde er Lehrer und Erzieher des Prinzen Heinrich von Chambord. In Prag lernte Barrande bedeutende Persönlichkeiten der tschechischen Wissenschaft kennen, u.a. den

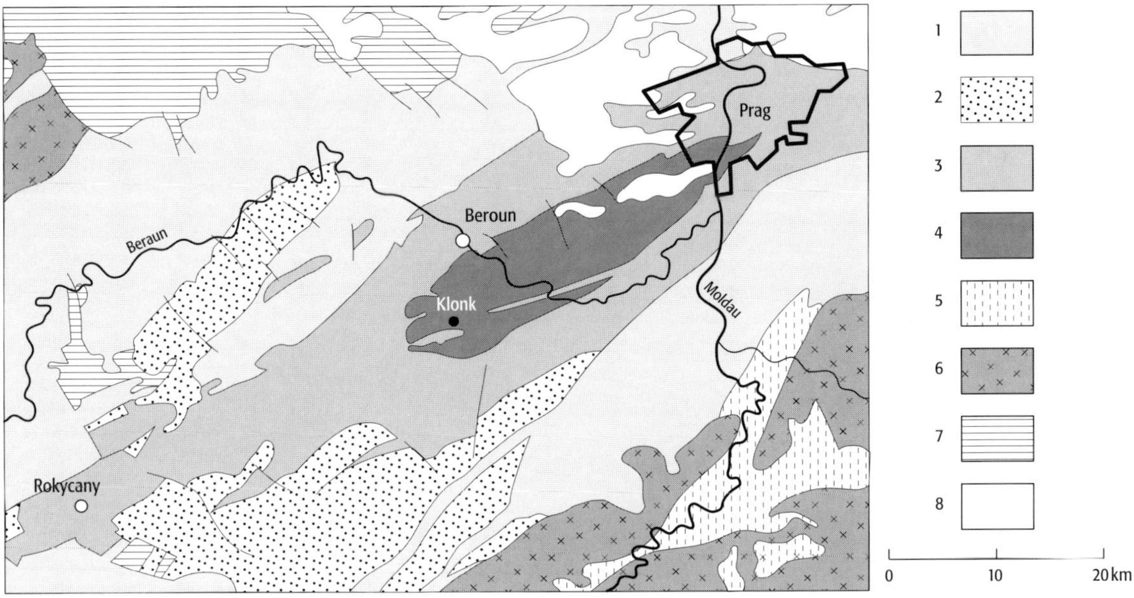

Barrandium: Geologische Übersichtsskizze der Prager Mulde mit Position des Klonk-Profiles im Barrandium. 1) Proterozoikum; 2) Kambrium; 3) Ordovizium; 4) Silur und Devon; 5) metamorphes Proterozoikum und frühes Paläozoikum; 6) Granitoide; 7) Oberkarbon; 8) Oberkreide und Tertiär.

Grafen Gaspard Sternberk. Sternberk war ein begeisterter Fossiliensammler und ein engagierter Befürworter der Gründung eines Böhmischen Museums (1818). 1833 verließ er die königliche Familie Böhmen wieder. Auf Vermittlung Sternberks übernahm er die technische Aufsicht des Baus der Pferdebahn von Prag nach Lany, die als Teil der Verbindung Prag – Pilsen auch der Anknüpfung des Steinkohlenbergbau-Gebietes von Radnice dienen sollte. Ein wesentlicher Aspekt seiner Tätigkeit bestand in der Vermessung der Bahntrasse. Hierbei lernte er die durch ihn berühmt gewordenen Fundstellen kambrischer Trilobiten von Skryje und Tyrovice kennen. Deren reichhaltige Fauna wurde von ihm als die allerälteste, plötzlich entstandene Fauna angesehen. Unter der Bezeichnung Primordialfauna des Silurs ging sie in die Geschichte der Paläontologie ein.

Die große Bedeutung Barrandes liegt in der vierzig Jahre währenden und umfassenden geologischen und paläontologischen Erforschung des Paläozikums der Prager Mulde, insbesondere des Silurs. Die Probleme der Gliederung dieses frühen erdgeschichtlichen Zeitabschnittes spiegeln den großen wissenschaftlichen Streit zwischen ↗Sedgwick und ↗Murchison wieder, in den auch Barrande hineingezogen wurde und zugunsten Murchison Stellung bezog. Grundlage seiner Erkenntnisse war seine reichhaltige und einmalige Fossilsammlung, die mit Hilfe speziell ausgebildeter und fest angestellter Sammler in eigens dazu angelegten Steinbrüchen zusammengetragen wurde. Diese wertvolle Sammlung hat er später dem Böhmischen Landesmuseum vermacht. Sie diente ihm zur Erarbeitung seiner stratigraphischen Gliederung, die wiederum auch für die Entschlüsselung tektonischer Fragestellungen von Wichtigkeit war. Barrande schuf damit die entscheidenden Grundlagen für spätere moderne Analysen und Synthesen. Man hat ihn daher mit ↗Darwin verglichen. Beide haben einen Bruch in ihrem Werdegang zu verzeichnen, indem sie ihren ursprünglich eingeschlagenen Berufsweg aufgaben und sich konsequent den Naturwissenschaften zuwandten. Doch in ihren Zielsetzungen unterschieden sie sich. Der Techniker Barrande war bis zu einem gewissen Grade Gefangener seines exakten, traditionellen Denkens und konnte daher im Gegensatz zu Darwin nicht zu den großen evolutionistischen Ideen Zugang finden. Dies schmälert indessen nicht seine epochale Leistung für die Erforschung Zentralböhmens, die Böhmen weltweit zu einem klassischen Gebiet der Erdgeschichte werden ließ.

Sein Lebenswerk ist im 22 Bände umfassenden Werk »Système Silurien du Centre de la Bohême« niedergelegt. Es umfaßt ca. 6000 Seiten, 1160 Lithographien, und er beschrieb und illustrierte darin 3550 fossile Arten aus dem Silur. Es bildet nach wie vor die Grundlage der Geologie und Paläontologie der Prager Mulde, respektive des ihm zu Ehren benannten ↗Barrandiums. Die Würdigung seines Werkes zeigt sich u. a. in der vielfältigen Vergabe seines Namens: Fossilien tragen ihn, ein geologisches Profil im Süden Prags ist durch eine Bronzetafel als Barrande-Felsen ausgewiesen und ein Stadtteil Prags (Barrandov) bewahrt sein Andenken. [KOe]

Barrandium, Komplex von schwach metamorphen Sedimentgesteinen in der westlichen Tschechischen Republik, die eine fast lückenlose ↗Stratigraphie des älteren ↗Paläozoikum überliefern. Der Begriff Barrandium wurde von F. Posepny (1895) eingeführt, nach J. ↗Barrande, der 1852 erstmals die Abfolge stratigraphisch gegliedert hatte. Stratigraphisch gesehen kann das Barrandium in zwei Einheiten unterteilt werden. Das oberproterozoische Barrandium bildet das

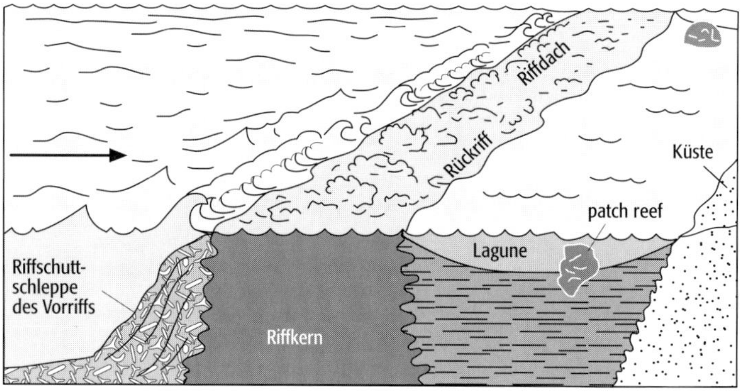

Barriereriff: Querschnitt durch ein Barriereriff und die angrenzende Lagune. Vergleichbare Querschnitte, mit einer kreisförmigen Lagune ohne Küste, zeigen Atolle.

Hauptgebiet zwischen Kralupe nad Vltava und Domazlice mit schwach metamorphen prehnitischen und chloritischen, z.T. vulkanischen Gesteinen. Das paläozoische Barrandium beinhaltet ordovizische, silurische und devonische Sedimente zwischen Prag und Pilsen. Die paläozoische Abfolge ist in einem über 100 km langen und 25 km breiten Gürtel im Prager Becken aufgeschlossen. Die Gesteine sind schwach metamorph, wenig gestört und sehr fossilreich. Im Zentralteil des Beckens bestehen sie aus sandigen, tonigen, carbonatischen und pyroklastischen Gesteinen, untergeordnet treten Kieselschiefer und Eisenerze auf. Ihr Alter reicht von ↗Tremadoc bis ↗Givet. Die unterordovizischen Gesteine lagern diskordant auf den Kraluy-Zbraslav- und Stechovice-Gruppen des oberen ↗Proterozoikums und (in geringerem Maße) auf kambrischen Gesteinen. Das Prager Becken ist eine lineare Depression, die vermutlich durch Rifting des präpaläozoischen Fundaments entstand. Besonders wichtig ist das Profil bei Klonk (Abb.), wo 1985 die Silur-Devon-Grenze festgelegt wurde. Dieses Profil ist charakterisiert durch eine fossilreiche Abfolge von pelagischen Kalken und Mergeln mit ↗Graptolithen, Nautiloideen, Phyllocariden, epiplanktischen Lamellibranchiaten und ↗Brachiopoden. Die Basis der *Monograptus uniformis* Biozone definiert die Basis des Devon. Die paläozoische Abfolge des Barrandiums mit ihrem charakteristischen Fossilinhalt ist das Typus-Gestein für die ↗Herzynische Fazies. [SP]

Barre, untermeerische Feinsedimentbank. Barren werden zum einen im Bereich von Flußmündungen gebildet, wo sich Strömungsverhältnisse, Untergrundbeschaffenheit und/oder Dichte des Wassers ändern. Zum anderen können sie im Brandungsbereich an ↗Flachküsten entstehen (↗litorale Serie Abb. 1), wo, im Wechselspiel zwischen Bodenreibung, brechender Wellen und dem Sog der Rückströmung, Feinsedimente transportiert und quer zur Bewegungsrichtung der Wellen, und damit meist strandparallel, zu langgestreckten ↗Sandriffen akkumuliert werden. In mittleren Breiten ist häufig ein jahreszeitlich alternierender Sedimentaustausch zwischen Barre und ↗Strand zu beobachten, im Sommer von der Barre zum Strand, im Winter umgekehrt.

Barreme, *Barremium*, *Barremien*, international verwendete stratigraphische Bezeichnung für eine Stufe der Unterkreide, benannt nach der Stadt Barreme (Südfrankreich). ↗Kreide, ↗geologische Zeitskala.

Barriereriff, *Wallriff*, moderner Rifftyp, der sich parallel zur Küste erstreckt und im Gegensatz zum ↗Saumriff leeseitig eine Lagune abteilt (Abb.), gewachsen bei Absenkung des Untergrundes und/oder steigendem Meeresspiegel. Die Lagune ist eine relativ seichte, i.d.R. 50–100 m tiefe, durch die wellenbrechende Wirkung des Barriereriffs geschützte Wasserzone. Ihre Breite kann bis mehrere Zehnerkilometer betragen. Als geschützter Bereich bietet sie einen besonderen Lebensraum, insbesondere auch für die Juvenilstadien vieler Organismen, die im adulten Stadium das offene Meer bewohnen. Durch die verringerte Wellenenergie sind im Lagunenbereich feinkörnige Kalksande und Kalkschlämme charakteristisch. Kleine, wenig differenzierte Riffstrukturen (↗Patchreefs) können auftreten. Typische Sedimente des Barriereriffs sind autochthone boundstones wie Korallenkalke. Steile Vorriff-Hänge mit ausgedehnten Riffschuttschleppen sind ausgebildet. Auch auf der lagunenwärtigen Seite kann ein »innerer Riffhang«

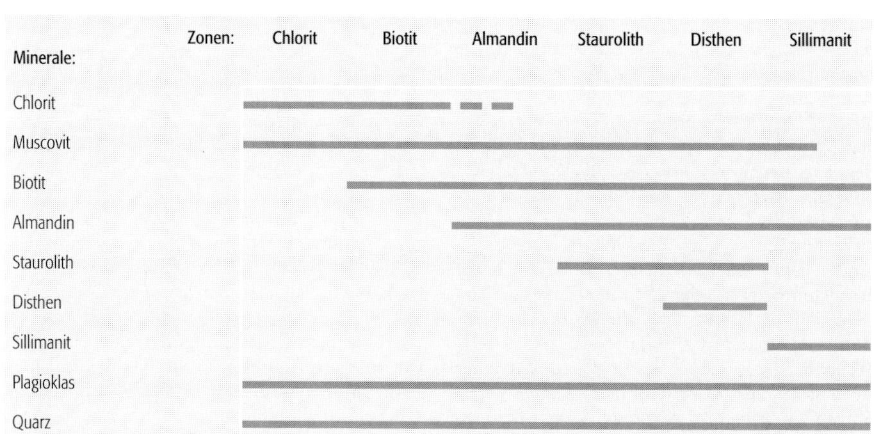

Barrow-Zonen (Tab.): Mineralbestand in Metapeliten der Grampian Highlands, Schottland.

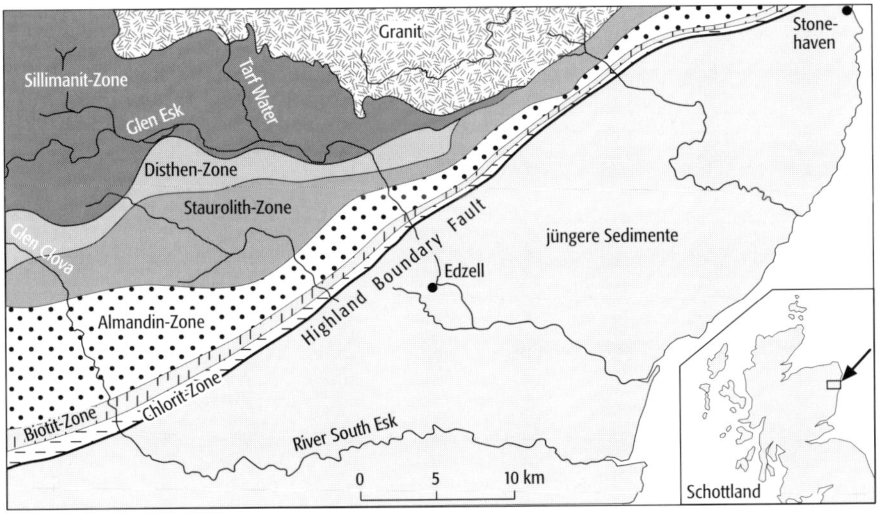

Barrow-Zonen: Karte der Barrow-Zonen in den östlichen Grampian Highlands, Schottland.

ausgeprägt sein, auf dem gut gerundete Bioklasten abgelagert werden. Das rezente Great Barrier Reef, der Nordost-Küste Australiens vorgelagert, erstreckt sich über 2000 km Länge. Ein weiteres rezentes Beispiel sind die Belize vorgelagerten Riffe in der Karibik. Fossile Barriere-Riffe sind z. B. aus dem ↗Devon Australiens (Canning Basin) und aus der alpinen Obertrias bekannt. ↗Atoll.

Barrow-Typ-Metamorphose, häufiger Typ der ↗Regionalmetamorphose, der charakterisiert ist durch eine Abfolge von Mineralzonen wie bei den ↗Barrow-Zonen des schottischen Hochlandes.

Barrow-Zonen, während der ↗Regionalmetamorphose gebildete, klassische Abfolge von ↗Isograden mit neu auftretenden ↗Indexmineralen in pelitischen Gesteinen; benannt nach dem schottischen Geologen G. Barrow, der 1893 in Metapeliten der Grampian Highlands in Schottland (Abb.) folgende Mineralzonen (Tab.) kartierte (mit zunehmendem ↗Metamorphosegrad): *Chloritzone – Biotitzone – Almandinzone (Granatzone) – Staurolithzone – Disthenzone – Sillimanitzone.*

Bartholinus, *Bartholin*, *Berthelsen*, *Erasmus*, dänischer Naturforscher, Mathematiker, Mediziner und Jurist, * 13.8.1625 in Roskilde, † 4.11.1698 in Kopenhagen; ab 1656 Professor der Mathematik, ab 1657 Professor der Medizin in Kopenhagen, später Gerichtsassessor. Er beschäftigte sich mit der Theorie mathematischer Gleichungen und entdeckte 1669 die Doppelbrechung des Lichts am ↗isländischen Doppelspat (Kalkspat, ↗Calcit), veröffentlicht in »Experimenta crystalli islandici disdiaclastici …«. Bartholinus prägte die Bezeichnungen ↗ordentlicher Strahl und ↗außerordentlicher Strahl. Die Erklärung des Phänomens lieferte erst T. Young mit seiner neuen Wellentheorie; zusammen mit N. Stensen, einer der Wegbereiter der Kristallphysik.

Barton, international verwendete stratigraphische Bezeichnung für eine Stufe des Eozäns, benannt nach der Stadt Barton (Südengland). ↗Paläogen, ↗geologische Zeitskala.

Baryt, [von griech. barys = schwer], *Aehrenstein, Baroselenit, Bologneser Spat, Kammspat, Michel-Levyit, Schwerspat, Stangenspat, Tungspat, Wolnyn.* Mineral mit der chemischen Formel: $Ba[SO_4]$; Kristallform: rhombisch-dipyramidal; Farbe: farblos, auch wasserklar, vielfach durch Fremdbeimengungen gelb, braun, dunkelgrau, schwarz, bläulich, rosa, grünlich; Glanz: Glas- bis Perlmutterglanz; Strich: weiß; Härte nach Mohs: 3–3,5 (mäßig, spröd); Dichte: 4,3–4,7 g/cm^3; Spaltbarkeit: vollkommen nach *(001)*, weniger nach *(210)*; Aggregate: grobblätterig, fächer-, bündel- oder rosenartig, körnig, spätig, faserig, dicht, auch Einschlüsse von Sand möglich; Vorkommen: selten als deuterische Ausscheidung innerhalb eines Plutonits, z. T. in Pegmatiten und Carbonatiten; hydrothermal als Mandelfüllungen einzelner basischer Vulkanite bzw. häufiger in vielen hydrothermalen Gängen; feinkörnig in submarin-exhalativen Sulfidlagern, aber auch in Quellsintern mancher Thermen; ferner in Sandsteinen als lateral-sekretionäre Konkretionen oder als sekundäres Bindemittel. [GST]

Barytlagerstätten, *Schwerspatlagerstätten*, entstehen: a) durch ↗syngenetische Abscheidung von ↗Baryt ($BaSO_4$) durch Hydrothermen in oxidierendem Milieu als Randfazies zu massiven Sulfidvererzungen (↗sedimentär-exhalative Lagerstätten) in flachen Meeresbecken; b) schichtgebunden (↗stratabound) durch syn- bis epigenetische (↗epigenetische Lagerstätten) Abscheidung in flachmarinen Kalkfolgen; c) durch epigenetische Abscheidung in hydrothermalen Gangerzlagerstätten. Dabei kann Baryt als Hauptgemengteil, als Nebengemengteil mit zahlreichen Beimengungen oder untergeordnet als ↗metasomatische Verdrängung von Kalken auftreten. Verwertet wird Baryt nach entsprechender ↗Aufbereitung als Rohstoffbasis für die Gewinnung des Metalls Barium.

baryzentrisch-dynamische Zeit ↗TDB.

baryzentrische Koordinatenzeit ↗TCB.

baryzentrisches wahres Äquatorsystem, Koordinatensystem mit Ursprung im ↗Baryzentrum. Die x-y-Ebene ist durch die wahre Äquatorebene, die Lage der x-Achse durch den wahren Frühlingspunkt einer Epoche bestimmt.

Baryzentrum, Massenmittelpunkt, in der Regel des ganzen Sonnensystems.

Basalbrekzie, durch ↗Autobrekziierung entstandene Zone an der Basis einer Lava oder eines ↗rheomorphen Ignimbrits, die aus angularen oder z.T. miteinander verschweißten Fragmenten der betreffenden vulkanischen Ablagerung besteht. Bei Laven entstehen die Fragmente i.d.R. an der Oberfläche (Topbrekzie) und werden beim Fließen an der Lavafront, der Raupenkette einer Planierraupe vergleichbar, an die Basis transportiert.

Basalt, basischer ↗Vulkanit, der im wesentlichen aus Plagioklas (mit gewöhnlich mehr als 50 % Anorthitkomponente) und Klinopyroxen (Augit) besteht. Darüber hinaus können Orthopyroxen, Olivin, Hornblende, Biotit, Fe-Ti-Oxide, Apatit sowie geringe Anteile von Kalifeldspat, Foiden oder Quarz enthalten sein. Plutonische Äquivalente werden als ↗Gabbros bezeichnet. Gesteine der Basaltfamilie sind die mit Abstand dominierenden Gesteine der ozeanischen Kruste und treten auch häufig bei kontinentalen Vulkanen auf. Ihre Entstehung wird auf eine partielle Aufschmelzung von ↗Peridotiten des Erdmantels zurückgeführt. Basalte sind in bezug auf ihre chemische und mineralogische Zusammensetzung sehr komplex und variationsreich, so daß mehrere Klassifizierungsschemata gebräuchlich sind. Nach der SiO_2-Sättigung können Basalte mit Hilfe ihres normativen Mineralbestands im ↗Basalt-Tetraeder in Tholeiite (quarznormativ), Olivintholeiite (olivin- und hypersthennormativ) und Alkalibasalte (nephelinnormativ) unterteilt werden. Da die Zusammensetzung der Basalte eng mit dem geologischen Rahmen verbunden ist, wird häufig eine tektonische Einteilung verwandt (Abb.). ↗Mid-Ocean-Ridge-Basalte (MORB) treten an ozeanischen Spreizungszentren auf, ↗Island-Arc-Basalte (IAB) an Inselbögen und ↗aktiven Kontinentalrändern, ↗Ocean-Island-Basalte (OIB) an Ozeaninseln und ↗Continental-Flood-Basalte (CFB) innerhalb der kontinentalen Kruste. Die beiden letzten können zusammenfassend als Intraplattenbasalte bzw. ↗Within-Plate-Basalte (WPB) bezeichnet werden. Je nach Zugehörigkeit zu Gesteinsreihen mit tholeiitischem oder kalkalkalischem Fraktionierungstrend werden Tholeiit-Basalte oder Kalkalkali-Basalte unterschieden. Für letztere wird oft der Begriff ↗High-Alumina-Basalt verwendet. Tholeiitbasalte sind in der Regel K-arm, Kalkalkali-Basalte haben höhere K-Gehalte (was sich in der Benennung der Teilserien der ↗Subalkali-Serie widerspiegelt). ↗Shoshonite sind basaltartige, kaliumreiche Kalkalkali-Vulkanite, die zum ↗Latit überleiten. Ferner existieren spezielle Gesteinsnamen für regional bedeutende basaltartige Gesteine wie z.B. ↗Hawaiit oder ↗Mugearit. Geologisch alte und in ihrer Zusammensetzung veränderte Basalte werden als ↗Melaphyr oder, wenn subvulkanisch gebildet, als ↗Diabas bezeichnet; solche, die im Zuge der ↗Ozeanbodenmetamorphose im Kontakt mit Meerwasser (↗Spilitisierung) umgewandelt wurden, als ↗Spilit. [AL]

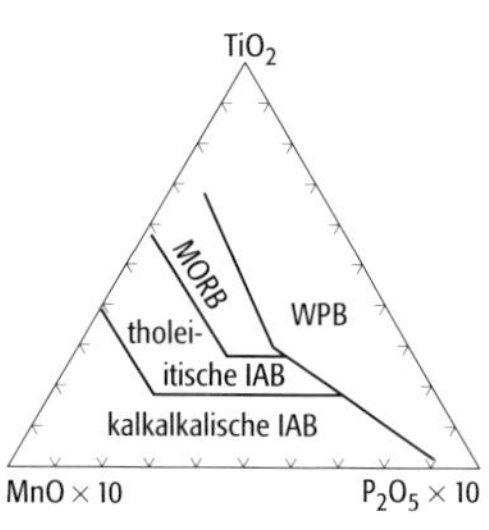

Basalt: Beispiel für ein tektonomagmatisches Unterscheidungsdiagrammm (TiO_2-MnO-P_2O_5) für ozeanische Basalte.

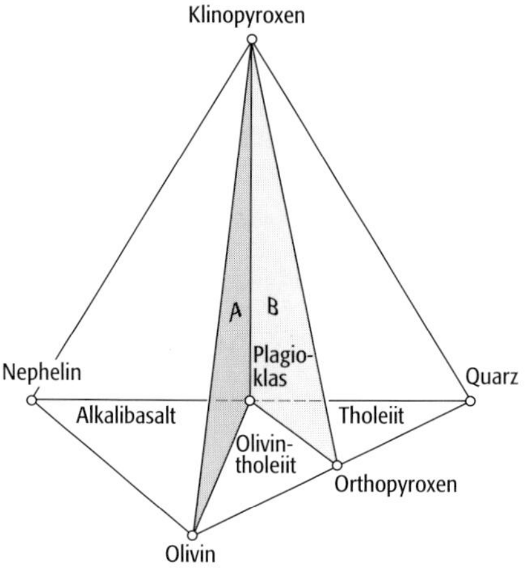

Basalt-Tetraeder: Graphische Darstellung zur Unterteilung der Basalte nach ihrer SiO_2-Sättigung. Die Ecken des Basalt-Tetraeders repräsentieren Nephelin, Quarz, Olivin und Klinopyroxen. Jeweils an zwei Kanten liegen die wichtigen zusätzlichen Phasen Orthopyroxen und Plagioklas. Die Fläche A zeigt die SiO_2-Untersättigung an. Die Fläche B entspricht maximaler SiO_2-Sättigung. Je nachdem, in welchen Teil des Basalt-Tetraeders der normative Mineralbestand eines Basaltes fällt, wird er als Alkalibasalt, Olivintholeiit oder Tholeiit bezeichnet.

Basalt-Tetraeder, graphische Darstellung zur Unterteilung der Basalte nach ihrer SiO_2-Sättigung (Abb.) in Alkalibasalte (SiO_2-untersättigt), Olivintholeiite (SiO_2-gesättigt) und Tholeiite (SiO_2-übersättigt). Die Ecken des Tetraeders entsprechen Nephelin, Quarz, Olivin und Klinopyroxen. Eingetragen wird der normative Mineralbestand.

Basanit, ein vulkanisches Gestein, (zur Gruppe der ↗Alkalibasalte gehörend) das neben bis zu 10 Vol.-% Alkalifeldspat mehr als 10 % ↗Foide (meist Nephelin und Leucit) und ↗Plagioklas enthält (↗QAPF-Doppeldreieck). Als ↗mafische Minerale können Klinopyroxen und Olivin auftreten. Fehlt Olivin, so spricht man von *Tephriten*.

base level ↗Sequenzstratigraphie.

Basenkapazität, Maß für die im Wasser gelösten schwachen und starken Säuren. Sie wird quantifiziert über die Stoffmenge an Hydroxid-Ionen, die ein bestimmtes Volumen Wasser aufnehmen kann, bis es einen bestimmten pH-Wert erreicht. Meßanalytisch wird dies durch Titration mit einer starken Base, z.B. Natronlauge, bestimmt. Die vorgegebenen pH-Endwerte sind pH 8,2 und pH 4,3. Die Basenkapazität dient in der Wasseranalytik zusammen mit der Säurekapazität als Grundlage zur Berechnung des gelösten Kohlenstoffdioxids, des Hydrogencarbonat- und des Carbonat-Ions.

Basenpumpe, Verlagerung und Anreicherung von basischen Ca-, Mg-, K- und Na-Ionen durch die Vegetation. Im Unterboden werden die Kationen durch die Pflanzenwurzeln aufgenommen, bei gleichzeitiger Protonenabgabe, (↗Bodenversauerung) und in der aufwachsenden Biomasse akkumuliert. Um den Ladungsausgleich zu gewährleisten, erfolgt die Rückführung der Kationen in den Oberboden über den ↗Bestandsabfall. Wird bei landwirtschaftlicher Nutzung das Erntegut vom Standort entfernt, muß der Basenverlust durch entsprechende Maßnahmen (Kalkung, Düngung) ausgeglichen werden.

Basensättigung, Anteil der basisch wirkenden Kationen der ↗Kationenaustauschkapazität.

base surge, hochturbulente, partikelarme Bodenwolke, die sich mit hoher Geschwindigkeit ringförmig vom Vulkan ausbreitet. Dieser Typ von ↗pyroklastischem Transport entsteht bei phreatomagmatischen Eruptionen (↗Vulkanismus) durch die laterale Expansion der aus dem Vulkanschlot herausschießenden Gas-Partikel-Dispersion oder durch (Teil-)Kollaps einer Eruptionswolke. Hierbei spielt die Expansion des mit austretenden Wasserdampfes eine wichtige Rolle. Base surges sind mit 100–400 °C kühler als ↗pyroklastische Ströme und können unterschiedlich hohe Gehalte an Wasserdampf aufweisen. Je nach Geschwindigkeit und Partikelkonzentration herrscht am Boden von base surges unteres bzw. oberes Strömungsregime. Entsprechend entstehen Base-Surge-Ablagerungen mit Parallel- oder Schrägschichtung. ↗Dünen und Antidünen.

Bashkir, international verwendete stratigraphische Bezeichnung für eine Stufe des Oberkarbons. ↗Karbon, ↗geologische Zeitskala.

Basidiomyceten, *Ständerpilze*, Pilze, die heterokaryotische vegetative Hyphen mit Dolipor-Septen ausbilden. Die haploide Phase ist oft kurz. An den Basidien (Meiosporangien) entstehen die Basidiosporen (Meiosporen), die aktiv abgeschleudert werden. Die Fruchtkörper (Basidiomata) sind sehr variabel.

Basis, **1)** *Geodäsie*: *Grundlinie*, a) eine, als Grundlage der Triangulation, mit hoher Genauigkeit gemessene Strecke zwischen zwei ↗Vermessungspunkten, die den Zweck hat, einem trigonometrischen Netz den ↗Maßstab zu geben. b) eine meist kurze, genau bekannte oder bestimmte Strecke (z. B. repräsentiert durch eine ↗Basislatte), aus der bei der ↗optischen Distanzmessung mit Hilfe des ↗parallaktischen Winkels die gesuchte ↗Distanz ermittelt wird. **2)** *Kristallographie*: a) maximale Teilmenge linear unabhängiger Vektoren eines Vektorraums bzw. minimale Teilmenge von Vektoren, aus denen sich alle Vektoren durch Linearkombination darstellen lassen. b) Inhalt einer Elementarzelle im Ausdruck »Gitter mit Basis« für eine Kristallstruktur, der vereinzelt in älterer Literatur vorkommt. Gitterartige Wiederholung dieser Basis liefert die Kristallstruktur. c) ↗*Basisfläche*.

Basisabfluß, Wasser, das einem Fließgewässer hauptsächlich aus dem Grundwasser zeitlich verzögert zufließt (↗Grundwasserabfluß, ↗Uferspeicherung). Er kann auch Anteile des verzögerten ↗Zwischenabflusses sowie Abflüsse von Seen, Talsperren, Gletschern, Wassereinleitungen und Wasserüberleitungen enthalten. Wenn über einen längeren Zeitabschnitt kein abflußwirksamer Niederschlag oder Schneeschmelze auftritt, besteht der Abfluß im Wasserlauf allein aus Basisabfluß (↗Abflußprozeß, ↗Hochwasserganglinie).

basisch, Bezeichnung für Magmen oder ↗Magmatite, die zwischen 45 und 52 Gew.-% SiO_2 enthalten.

basisches Gestein, *Basit*, ↗Magmatite, die 45 bis 52 Gew.-% SiO_2 enthalten. Sie sind dunkel gefärbt durch einen hohen Anteil ↗mafischer Minerale und haben eine entsprechend hohe ↗Farbzahl. Typische Vertreter sind Gabbro und Basalt.

Basisdistanz, Distanz zwischen einem angenommenen Ort der ↗Erosion und seiner ↗Erosionsbasis und damit eine Variable, die den Erosionsprozeß beeinflußt. Da der Begriff »Gefälle« neben der Länge auch noch die Höhendifferenz beeinhaltet, sollte ihm (gegenüber der eindimensionalen Basisdistanz) der Vorzug gegeben werden.

Basisfläche, *Basis*, das ↗Pedion *(001)* bzw. $(00\bar{1})$ oder eine der beiden ↗Pinakoid-Flächen *{001}* eines Kristalls.

basisflächenzentrierte Elementarzelle, eine nichtprimitive ↗Elementarzelle, bei der zwei gegenüberliegende Flächen zentriert sind, d. h. eine A-zentrierte oder B-zentrierte oder C-zentrierte Zelle.

Basiskarte, *BK*, *Grundlagenkarte*, *Grundkarte*, *Kartengrund*, *Kartengrundlage*, vorwiegend aus topographischen Elementen bestehende Bezugsgrundlage in ↗thematischen Karten, die den Bezug zum Georaum herstellt, aber auch Sachbezüge unterstützt. Während der Kartenbearbeitung liefert sie gleichsam das Skelett für die ↗Verortung (↗Georeferenzierung) der Inhalte der thematischen ↗Darstellungsschichten. Die Verortung erfolgt auf herkömmliche Weise durch Eintragung in eine gedruckte oder kopierte BK. In der rechnergestützten Kartographie liegt die BK digital als geometrische Datenbasis (z. B. ↗ATKIS-DLM) vor. Die thematischen Schichten werden unter Nutzung dieser Geometriedaten interaktiv ergänzt oder softwaregestützt generiert. Als Bestandteil der fertiggestellten Themakarte vermittelt die BK dem Kartennutzer die Lagebeziehungen im Georaum (Orientierungsfunktion). Darüber hinaus trägt sie zur Erklärung der räumlichen Verteilungsmuster der thematischen Inhalte bei (Erklärungsfunktion). Zum Beispiel erhellt das in Klimakarten als Basiselement (BE, *Grundlagenelement*) benutzte Relief weitgehend die Verteilung von Niederschlägen und Temperaturen. Historische Themen verlangen eine historische oder zeitgenössische BK, die unter Umständen um aktuelle BE zu ergänzen ist, um die Orientierung zu gewährleisten. Signaturgrößen und -farben der Bezugsgrundlage müssen so gewählt werden, daß sie gegenüber dem Thema visuell zurücktritt, zugleich aber gut lesbar bleibt. Nahezu alle Inhalte ↗topographischer Karten sind als Basiselement verwendbar. Jedoch ist deren sorgfältige Abstimmung auf Thema, Maßstab und Zweck der Karte unerläßlich. Die Aufnahme der vollständigen Topographie in die Themakarte ist nur in großen Maßstäben möglich (z. B. geologische Karten 1 : 25.000). Die damit verbundene hohe ↗Kartenbelastung läßt sich durch

Darstellung der BE in Grau verringern. Mittlere und kleine Maßstäbe erfordern wegen des höheren ↗Feinheitsgrades der thematischen Darstellung eine stärkere Anpassung der BK. Es werden erstens jene topographischen Elemente weggelassen, die keine oder nur geringe Beziehung zum dargestellten Thema haben; z. B. in sozialgeographischen Karten das Relief, in Klimakarten das Verkehrsnetz. Zweitens werden die verbleibenden Elemente generalisiert, netzartige Elemente z. B. stärker aufgelichtet dargestellt (↗Generalisierung).
Für thematische Kartenserien und Atlanten wird i. d. R. ein System aufeinander abgestimmter BE geschaffen, das durch Verwendung der entsprechenden Folien bzw. Ebenen eine optimale Anpassung an das Kartenthema erlaubt. Nach Eintragung bzw. Konstruktion der thematischen Darstellungsschichten ist eine mitunter aufwendige Feinabstimmung der BK erforderlich (Versetzen, partielles Freistellen oder Entfernen von Zeichnung und Schrift). Nicht immer ist eine eindeutige Unterscheidung von BK und thematischen Schichten möglich. Zunehmend dienen Inhaltselemente als Bezugsgrundlage, die nicht aus topographischen, sondern aus anderen thematischen Karten abgeleitet werden. Diese lassen sich als thematische Basiselemente bezeichnen. [KG]

Basislandterrasse ↗Landterrasse.

Basislatte, *Latte*, geodätisches Gerät zur sehr genauen und konstanten Realisierung einer ↗Strecke bekannter Länge, als Grundlinie im ↗parallaktischen Dreieck bei der ↗optischen Distanzmessung. Basislatten bestehen im wesentlichen aus einem zusammenklapp- oder -steckbaren Metallrohr, an dessen Enden Zielmarken zur Bestimmung des ↗parallaktischen Winkels γ angebracht sind. Der Abstand der Zielmarken beträgt 2 m und wird, durch in die Basislatte eingebaute Stäbe oder Drähte aus ↗Invar, die thermisch bedingte Längenänderungen minimieren, weitgehend konstant gehalten. In der Mitte der Latte befindet sich eine dritte Zielmarke sowie ein Diopter, der eine rechtwinklige Ausrichtung der Basislatte zur gesuchten Distanz s ermöglicht. Die Latte kann mittels ↗Zwangszentrierung in einem Dreifuß fixiert und mit Hilfe der Fußschrauben und einer Dosenlibelle horizontiert werden. [DW]

Basispunkt, *Basisstation*, bezeichnet den Punkt einer Meßlinie oder eines Meßnetzes, auf den sich die Werte der übrigen Meßpunkte beziehen. Beispielsweise ist die mittlere Meereshöhe die Basishöhe für alle Höhenangaben (↗Schwerereferenznetz).

Basisschutt, *älterpleistozäne Basislage*, der ↗periglazialen ↗Schuttdecken Mitteleuropas nach A. Semmel (1964). Im Gegensatz zu anderen Schuttdecken aus dem ↗Pleistozän (↗Mittelschutt, ↗Deckschutt) ist der Basisschutt frei von ↗Löß und besteht nur aus verwittertem, anstehendem Gestein.

Basistafoni, ↗Tafoni an der Basis von Felswänden. Ihre Entstehung geht auf Vorgänge der chemischen Verwitterung zurück und wird durch die feucht-kühle Schattenlage in Bodennähe begünstigt.

Basisvektor, zur Beschreibung von Kristallstrukturen im n-dimensionalen Raum benötigt man ein Koordinatensystem, das aus einem Ursprung und n Basisvektoren $\vec{a}_1, \vec{a}_2, \dots, \vec{a}_n$ (der Basis) besteht. Im zweidimensionalen Raum bezeichnet man die Basisvektoren auch als $\vec{a}$ und $\vec{b}$ und im dreidimensionalen Raum als $\vec{a}, \vec{b}$ und $\vec{c}$. Als Basisvektoren verwendet man üblicherweise Vektoren, welche (von einem nach Vorschriften gewählten Ursprung abgetragen) eine ↗Elementarzelle der Kristallstruktur aufspannen. Auch dann ist die Wahl der Basis nicht immer eindeutig.

Basisverhältnis, in der ↗Photogrammetrie das Verhältnis der ↗Aufnahmebasis b zur Aufnahmeentfernung eines Objektes.

Basit ↗*basische Gesteine*.

Bass-Straße, Meeresstraße im ↗Pazifischen Ozean (↗Pazifischer Ozean Abb.) zwischen Tasmanien und dem australischen Festland.

Bastit, hydrothermales Umwandlungsprodukt von Enstatit (↗Pyroxene) in ↗Serpentin. Durch seine goldgelben oder bronzenen Farben auf den Spaltflächen läßt er sich leicht in zersetzten enstatithaltigen Gesteinen erkennen. Beispiele sind die in Bastit umgewandelten Bronzit-Gesteine von der Baste bei Harzburg (Ostharz).

Bastitisierung, hydrothermale Umwandlung von Orthopyroxenen in wenige große Antigoritkristalle, pseudomorph nach Orthopyroxen.

Batch-Schmelzen ↗Magmatismus.

Batholith [von griech. bathos = Tiefe und lithos = Stein], großer, meist diskordanter ↗Pluton mit mehr als 100 km² Ausstrichbreite an der Erdoberfläche und unbekannter Basis.

Bathon, *Bathonium*, die dritte Stufe (169,2–164,4 Mio. Jahre) des ↗Doggers, benannt nach Bath in Südengland. Die Basis stellt der Beginn des Zigzag-Chrons dar, bezeichnet nach dem Ammoniten *Zigzagiceras zigzag*. ↗geologische Zeitskala.

Bathyal, Tiefenstufe des ↗Meeresbodens zwischen 200 und 2000 m; Teilbereich des ↗Benthals. Es umfaßt den Kontinentalabhang vom Schelfrand bis zur Fußregion (↗Kontinentalrand).

Bathymetrie, Meßverfahren und Meßmethoden, die zur Bestimmung von Wassertiefen eingesetzt werden, vorwiegend auf Basis der Schallausbreitung im Wasser. An Bord von Wasserfahrzeugen befinden sich zu diesem Zweck Echolotsysteme, die vertikal oder fächerartig Schallimpulse aussenden und deren Laufzeit zwischen dem Schwingersystem und dem Gewässergrund messen. Zugleich wird die Bestimmung der Schiffsposition, z. B. mit ↗GPS, durchgeführt. Da die Anzahl der Tiefenmessungen je Zeiteinheit i. a. höher ist als die der Positionsbestimmung, wird zwischen echten und unechten Tiefen unterschieden. Die echten Tiefen sind um eine gemessene Position ergänzt, während die unechten Tiefen mit interpolierten Positionsangaben versehen sind. Tiefenmessungen im Hochseebereich werden häufig auf eine Wasserschallgeschwindigkeit von 1500 m/sec normiert. Im küstennahen Bereich und in Gezeitengewässern muß der

Einfluß der Tide bei der Auswertung berücksichtigt werden. Die Höhenkomponente der Tiefenmessungen wird je nach Verwendungszweck auf unterschiedliche Bezugshorizonte bezogen, und zwar a) auf eine idealisierte Wasseroberfläche (z. B. im Hochseebereich), b) auf einen aus einer Zeitreihe von Wasserstandsmessungen hergeleiteten Niedrigwasserhorizont (z. B. dem für nautische Zwecke wichtigen ↗Seekartennull oder c) einem geodätischen Bezugshorizont (z. B. dem für morphologische Analysen im Küstenvorfeld wichtigen ↗Normalnull). [GB]

Bathypelagial, der Pelagialbereich unterhalb der ↗Kompensationsebene.

Bathythermograph, *BT*, vom fahrenden Schiff aus eingesetzte Fallsonde zur Bestimmung des Temperaturprofiles im Meer. Der mechanische Bathythermograph (MBT) registriert Temperatur- und Druckverlauf auf einem beschichteten Glasplättchen. Die heute meist verwendeten Einweg-Bathythermographen (XBT) messen nur die Temperatur mit Hilfe eines Thermomisters, der Druck wird aus der Fallgeschwindigkeit geschätzt. Der dünne Draht zum Übertragen der Temperaturinformation auf das Schiff reißt nach Erreichen der max. Meßtiefe (bis 1500 m) ab.

Baueritisierung, Umwandlung von ↗Biotit durch hydrothermale oder Verwitterungsprozesse in Hydrobiotit, Smektit, Vermiculit, z. T. auch in grünen Biotit, Chlorit, Kaolinit und Illit, oft verbunden mit einer Bleichung.

Bauernregeln, empirische Wetter- bzw. Witterungsregeln, meist in Reimform festgehalten, die aus dem jahrhundertealten Erfahrungsschatz von in der Landwirtschaft tätigen Menschen stammen. Der Begriff Bauernregel taucht erstmals 1505 auf. Vorläufer der Bauernregeln hat es bereits in der Antike (Rom, Griechenland) gegeben, beispielsweise die aus dem 4. Jh. n. Chr. stammende altrömische Regel »Winterstaub und Frühjahrsregen bringt, Camill, dir Erntesegen«, die in der folgenden deutschen Bauernregel ihre Parallele findet: »Märzenstaub und Aprilregen kommt dem Bauern sehr gelegen« (wobei »Staub« als Synonym für trockene Witterung verwendet wird). Bauernregeln lassen sich in folgende Kategorien unterteilen: a) Wetterregeln, die relativ kurzfristig (Stunden, Tage) aus Himmelserscheinungen auf den weiteren Wetterverlauf zu schließen versuchen; b) Witterungsregeln, die aus dem vergangenen bzw. gegenwärtigen Wetter (sog. Lostage) für längere Zeit (Wochen) Prognosen ableiten (z.B. Siebenschläfer); c) ↗Witterungsregelfälle, die Erwartungen über die im Jahresablauf mehr oder weniger regelmäßig eintretende Witterung zum Ausdruck bringen; d) Tier- und Pflanzenregeln, bei denen aus dortigen Phänomenen auf die künftige Witterung geschlossen wird und e) Ernteregeln, die aus dem Witterungsablauf Folgerungen für den bevorstehenden Ernteertrag ziehen.

Gelegentlich taucht in diesem Zusammenhang auch der ↗hundertjährige Kalender als Sammlung (irriger) Witterungsregeln auf.

Einige wenige Beispiele für die sehr zahlreichen Bauernregeln sind: »Morgenrot – Schlechtwetter droht, Abendrot – Gutwetterbot« (Wetterregel). »Ist Dreikönigtag (6. Januar) kein Winter, so kommt auch keiner (d. h. strenger) mehr dahinter« (Witterungsregel, Lostag). »Vor Nachtfrost bist du sicher nicht, bevor Sophie (15. Mai) vorüber ist« (Witterungsregel gemäß ↗Witterungsregelfall; ↗Eisheilige). »Maria Geburt (8. September) fliegen die Schwalben fort, bleiben sie da, ist der Winter nicht nah« (Tierregel). »Ist der Mai kühl und naß, füllt's dem Bauern Scheun' und Faß« (Ernteregel). [CDS]

Literatur: MALBERG, H. (1989): »Bauernregeln«. – Berlin.

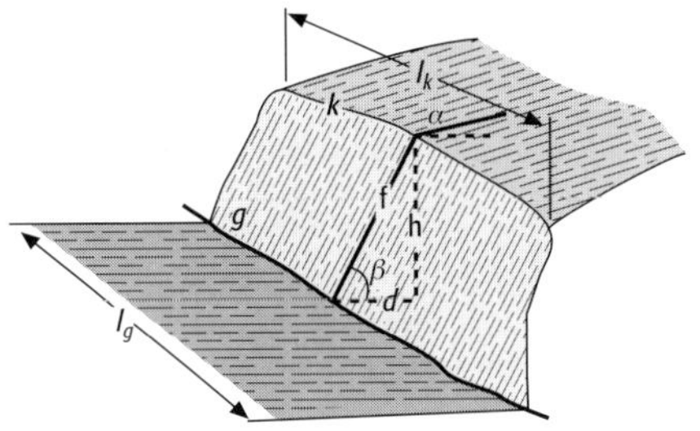

Baugrube 1: Bezeichnungen an einer Baugrubenböschung: Fallinie (f), Grundlinie oder Fuß (g), Böschungshöhe (h), Krone (k), Fußlänge (l_g), Kronenlänge (l_k), Geländeneigung (α), Böschungswinkel (β).

Baugrube, um Gründungskörper von Bauwerken unterhalb der Geländeoberfläche herzustellen, werden Gruben, sog. Baugruben, erstellt. Da der Untergrund auf Entlastung empfindlicher reagiert als auf Belastung, stellen die immer größer werdenden Baugruben eine wachsende Herausforderung in Bezug auf die Baugrubensicherung dar. Vor Aushub einer Baugrube müssen daher sorgfältige Erkundungen der Baugrund- und Wasserverhältnisse stattfinden. Nach DIN 4124 müssen Baugrubenwände ab einer Tiefe von 1,25 m abgeböscht oder abgestützt, ab 1,75 m geböscht oder verbaut werden. Wird die Grube geböscht, ist der Böschungswinkel der *Baugrubenböschung* (Abb. 1) abhängig von den Baugrund- und Grundwasserverhältnissen, dem Zeitraum, über welchen die Baugrube offen zu halten ist und den Belastungen und Erschütterungen, die am Rand der Baugrube auftreten können. Bei Baugrubentiefen kleiner als fünf Meter können nach DIN 4214 ohne rechnerischen Nachweis (gilt nicht für aufgefüllte Böden oder bei Wasserzutritt) folgende Böschungswinkel β angenommen werden: bei nichtbindigen oder weichen bindigen Böden $\beta = 45°$, bei steifen und halbfesten bindigen Böden $\beta = 60°$ und bei Fels $\beta = 80°$. Nach DIN 4124 muß ein Standsicherheitsnachweis erfolgen, wenn die Böschung höher als fünf Meter ist, das Gelände mehr als 1 : 10 geneigt ist, vorhandene Anlagen gefährdet werden oder äußere Einflüsse die Standsicherheit der Baugrubenböschung beeinträchtigen. Ab einer Böschungshöhe von sechs Metern sind je nach Erfordernis Bermen von 1,5 m Breite vorzusehen, um abrutschende Steine, Felsbrocken, Bauwerksreste oder ähnliches aufzufangen. Die Baugrubenböschung muß gegen Oberflächenabtrag, ↗Böschungsbruch und Wasserzutritt gesichert

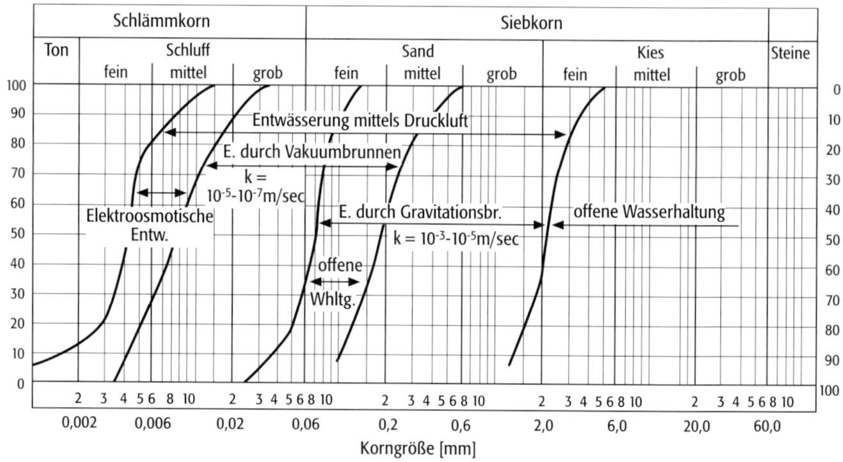

Baugrube 2: Anwendungsbereich der Wasserhaltungsverfahren; k = Durchlässigkeitsbeiwert.

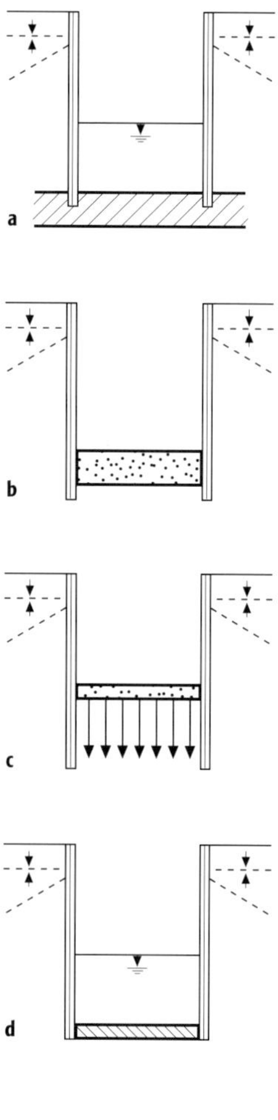

Baugrube 3: Möglichkeiten zur Verminderung bzw. Vermeidung von Wasserzutritt bei Baugruben im Grundwasserbereich mit wasserdichten Verbauwänden (a) eingebunden in eine undurchlässige Schicht, auftriebssichere Unterwasser-Betonsohlen (b), verankerte Unterwasserbeton- oder Soilcrete-Sohlen (c), auftriebssichere Dichtsohlen (d).

werden. Eine Verhinderung des Oberflächenabtrags erfolgt durch die Abdeckung der Böschung mit beschwerten Kunststoffolien, beschwerten Schilfmatten oder einer Spritzbetonschale. In seltenen Fällen wird die Böschung bepflanzt. Um einen Abtrag zu verhindern, ist es wichtig, daß anfallendes Oberflächenwasser durch Gräben bzw. Entwässerungsleitungen abgeleitet wird. Böschungsbruch wird durch eine Erhöhung der Scherfestigkeit im Boden (z.B. Herstellung von Injektionspfählen oder Schottersäulen), eine ausreichend flache Böschungsneigung, eine Verminderung des Wasserdruckes durch Entwässerung und den Einbau von Verankerungen (↗Anker) vermieden. Wasserzutritt kann durch eine Dichtwand oder Grundwasserabsenkung verhindert werden.

Wird die Baugrube nicht geböscht, so muß sie verbaut werden. Baugrund- und Grundwasserverhältnisse, Abmessung der Baugrube, Belastungen und Erschütterungen innerhalb und außerhalb der Baugrube, entstehende Kosten und der erforderliche Platzbedarf fließen dabei in die Überlegungen bezüglich der Verbaumethode (↗Baugrubenverbau) mit ein. Um einen reibungslosen Betrieb der Baustelle gewähren zu können, muß außerdem darauf geachtet werden, daß die Baugrube trocken gehalten wird. Hierzu stehen mehrere Verfahren zur Auswahl: a) offene Wasserhaltung, b) Grundwasserabsenkung mit Brunnen, c) Vakuumverfahren, d) Elekro-Osmose-Verfahren.

Bodenverhältnisse (Abb. 2) und Wasserandrang müssen bei der Wahl des geeigneten Verfahrens berücksichtigt werden. Bei der offenen Wasserhaltung wird das Grund- und Oberflächenwasser in offenen Gräben oder Dränen gesammelt und einem Pumpensumpf zugeführt, von welchem aus es abgepumpt wird. Die Grundwasserabsenkung erfolgt mittels ↗Brunnen, die außerhalb der Baugrube angeordnet werden. Entscheidend für die Reichweite der Grundwasserabsenkung ist der Bodenaufbau. Das Vakuumverfahren beruht darauf, daß das Wasser mittels Unterdruck in Vakuumlanzen angezogen wird, welche in einem Abstand von ein bis zwei Metern angeordnet werden. Bei der elektroosmotischen Entwässerung wird an zwei Elektroden ein Gleichstrom angelegt. Die Kathode, der das Wasser zufließt, wird als kleinkalibriger Brunnen (Stahlfilterrohr) ausgebildet, während als Anode gewöhnliche Rundstähle verwendet werden. Da das Elektoosmoserverfahren sehr aufwendig ist, kommt es aber bei der Baugrubenentwässerung kaum zum Einsatz.

Liegt die Baugrube im Grundwasserbereich und darf das Grundwasser nicht oder nur wenig abgesenkt werden, so muß die Baugrube dicht umschlossen werden. Zu diesem Zweck werden vertikale Dichtwände hergestellt, die in eine undurchlässige Schicht oder in eine künstlich hergestellte Dichtungssohle eingebunden werden. Dichtwände können im Schlitzwandverfahren (↗Schlitzwand) oder als ↗Schmalwand hergestellt werden. Eine Abdichtung der Baugrubensohle wird durch Unterwasserbetonsohlen oder aber durch tiefliegende ↗Injektionssohlen erreicht (Abb. 3). [TF]

Baugrubenböschung ↗Baugrube.

Baugrubenverbau, Sicherung der Erd- oder Felswände einer ↗Baugrube durch Trägerbohlwände (↗Trägerbohlwandverbau), ↗Spundwände, ↗Schlitzwände, Bohrpfahlwände, Injektionswände (↗Injektionstechnik) oder Frostwände.

Baugrund, definiert sich aus der Wechselwirkung zwischen dem i.a. inhomogenen und anisotropen Untergrund einschließlich des Wassers in ihm einerseits und dem Bauwerk andererseits. Die geotechnische Charakterisierung und mit Parametern belegte Beschreibung des Baugrundes wirkt sich in vielen Bereichen der Ökologie und Ökonomie aus, z.B. im Bauwesen, in der Landes- und Gefahrenzonenplanung, in der Landwirtschaft etc. Das Bauwerk verursacht in seinem geologischen Umfeld entweder eine Belastungssituation, wenn es auf dem Untergrund errichtet wird, oder eine Entlastungssituation, wenn es sich um einen Hohlraumbau, Tunnel oder Kaverne, handelt. Die Belastung des Baugrundes ist u.a. von den Parametern Dichtigkeit

Gestein				Fels mit einer Klüftigkeitsziffer $k_z = 1$		
Gesteinsart		k_{fG} [m/s]		Spaltweite in mm	k_{fF} [m/s] in der Kluftrichtung	
Kalksteine		0,36 bis 23	10^{-11}	0,1	0,7	10^{-2}
Sandsteine aus dem	Karbon	0,29 bis 6	10^{-9}	0,2	0,6	10^{-1}
	Devon	0,21 bis 2	10^{-9}	0,4	0,5	
Mischgesteine						
sandig-kalkig		0,33 bis 33	10^{-10}	0,7	2,5	
tonig-sandig		0,85 bis 130	10^{-11}	1,0	0,7	10
kalkig-tonig		0,27 bis 80	10^{-10}			
Granite		0,5 bis 2,0	10^{-8}	2,0	0,6	
Tonsteine		0,7 bis 1,6	10^{-8}	4,0	0,5	10^{3}
Kalksteine		0,7 bis 120	10^{-7}			
Dolomitsteine		0,5 bis 1,2	10^{-6}	6,0	1,6	10^{3}

Baugrund (Tab.): Wasserdurchlässigkeit von Gesteinen (k_{fG}) und Fels nach Louis.

und Tragfähigkeit abhängig. Die *Dichtigkeit des Baugrundes* beschreibt den Grad der Durchlässigkeit gegenüber Wasser oder Lösungen (Tab.). Sie wird bei Festgesteinen v.a. bestimmt durch die Lagerungsverhältnisse, die Ausbildung von Trennflächen, wie Kluft-, Schichtungs- und Schieferungsflächen, den Grad der Trennflächenöffnung oder Verheilung und sonstige Brükkenbildung und der ↗Dichte des Gesteins. Die Dichtigkeit wird über den Grad der Durchlässigkeit, der Permeabilität, nach DIN 18 130 Teil 1 mit dem Durchlässigkeitsbeiwert k [m/s] definiert. Er beruht auf dem Darcyschen Filtergesetz (↗Darcy-Gesetz):

$$v = k \cdot i$$

mit k = Durchlässigkeitsbeiwert (entspricht Filtergeschwindigkeit beim Potentialgefälle, wenn $i = 1$), v = Filtergeschwindigkeit [m/s], $i = h/l$ hydraulisches Gefälle, h = hydraulische Druckhöhe [m], l = Sickerweg [m]. Bei Lockergesteinen ist der Durchlässigkeitsbeiwert abhängig von der Struktur des Bodens, von der Korngrößenverteilung (Kornkennlinie) und der Korngröße. Bindige Böden sind nicht undurchlässig, sie haben aber eine sehr geringe Durchlässigkeit. Zur Feststellung der Wasserdurchlässigkeit eines Gesteins sind mehrere Methoden erprobt, wie ↗Pumpversuch, ↗Packertest, Versickerungsversuch oder ↗Slug-Test. Der WD-Test (↗Wasserdruck-Test) ist ein Wassereinpreß-Versuch mittels Packern in bestimmten Zonen. Er liefert als Parameter eine druckabhängige Wasseraufnahme in l/min · m. Bezugsgröße für die Bewertung ist das Lugeon-Kriterium (1 Lugeon = 1 l/min · m bei 1 MPa). Laborversuche zur Bestimmung der Durchlässigkeit werden mittels Durchlässigkeitszellen (seitlich abgedichtete Probenzylinder) und einer Durchströmungsrichtung von oben nach unten oder umgekehrt durchgeführt. Der erzielte k_f-Wert richtet sich nach dem hydraulischen Potential und der Dichtigkeit des Materials. Die Dichtigkeit eines Baugrundes spielt in Deponien und beim Bau von Talsperren eine besondere Rolle. Im Deponiebau wird durch das Regelwerk »Technische Anleitung Siedlungsabfall« (1993) (↗TA Siedlungsabfall) die geologische Barriere (der Deponiestandort) mit der quantitativen Anforderung an die Dichtigkeit $k_f = 10^{-6}$-10^{-8} m/s, d.h. »schwach durchlässig« belegt. Der Wert bezieht sich auf die Wasserdurchlässigkeit und nicht auf die Durchlässigkeit von Sickerwässern und deren Inhaltsstoffen. Im Talsperrenbau werden an den Baugrund hohe Anforderungen gestellt: Aufnahme der übertragenden Kräfte und Dichtigkeit des Untergrundes. Angaben zur Durchlässigkeit des Untergrundes ermöglichen die Festlegung der Art und Dimensionierung der Dichtungsmaßnahmen, geben aber auch Hinweise auf eine Erosionsgefahr und einen auftriebsbedingten Wasserdruck auf die Sohle des Absperrbauwerkes (↗Klüftigkeit).

Die *Tragfähigkeit des Baugrundes* definiert sich durch seine Grundbruchslast. Die zulässige Sohlnormalspannung σ_0 (↗Sohlspannungsverteilung) hängt nicht nur von den Setzungsgrößen oder den Setzungsunterschieden ab, sondern auch von der Tragfähigkeit des Baugrundes. σ_0 ist durch jene Last definiert, bei welcher ein Abscheren des Bodens unter der Lastfläche eintritt, und somit die Tragfähigkeit überschritten wurde. Die zulässige Sohlnormalspannungsverteilung σ_0 wird in der DIN 1054 geregelt. In ihr sind nach Art der Fundamente und Art des Bodens (bindig oder nichtbindig) Tabellenwerte für σ_0 angegeben. Exemplarisch werden die σ_0-Werte für Streifenfundamente auf bindigem bzw. nichtbindigem Boden angegeben. Die Bemessung der Tragfähigkeit richtet sich nach σ_0 und muß so definiert werden, daß ein Baugrund nur bis zu jenem σ_0 belastet werden darf, bei dem seine Tragfähigkeit nicht überschritten wird, d.h. daß der Baugrund unter der Bauwerkslast nicht abschert. Eine ausreichende Sicherheit gegen Grundbruch muß also vorhanden sein.

Die Belastung des Baugrundes durch die Eigenlast und Nutzlasten pflanzt sich in ganz bestimmter Weise im Untergrund fort. Die Druckausstrahlung kann in vereinfachter Form in Anlehnung an das Verhalten fester Baustoffe mit 45° angenommen werden. In einer waagrechten Ebene im Abstand *z* unter der Unterkante des Fundamentes wird die horizontale Ausbreitung der Spannung in Form eines Dreiecks angenommen. Die resultierende Spannungsfläche zeigt mittig ein Maximum, das nach außen zu gegen Null geht. Die Folge erhöhter Spannungen im Baugrund sind zunächst ↗Setzungen.

Die *Setzungsempfindlichkeit des Baugrunds* wird durch das Setzungsverhalten bestimmt, da Setzung eine Reaktion des Bodens auf das Aufbringen von Eigen- und Nutzlasten darstellt. Statische Lasten, aber auch dynamische Einwirkungen, z. B. aus dem Verkehr oder von laufenden Maschinen, bewirken eine Kompaktion des Bodens. Änderungen der Grundwasserverhältnisse beeinflussen maßgeblich die Setzungsempfindlichkeit des Baugrundes. Das Setzungsmaß als Reaktion auf einen Belastungszustand ist bei Lockermassen von der Korngrößenverteilung, der Kornform, der Lagerungsdichte, dem Wassergehalt und dem Anteil und der Art von Tonmineralen abhängig. Bei Fels besteht eine Abhängigkeit vom ↗Trennflächengefüge, z. B. der Klüftigkeit, der Porosität, dem Verwitterungsgrad, der Gesteinsfestigkeit, dem Wassergehalt, dem Hohlraumanteil und den Lagerungsverhältnissen. Die besondere Setzungsempfindlichkeit von Tonen beruht auf dem speziellen Wasserbindevermögen von Tonmineralgemischen. Unterschiedliche Wassergehalte bewirken Zustandsänderungen und darüber hinaus die Veränderung des ↗Reibungswinkels und der ↗Kohäsion. Neben diesen Änderungen kommt es auch zu einer Änderung der Druckfestigkeit. Der Test zur Ermittlung der ↗einaxialen Druckfestigkeit dient auch der Bestimmung der Sensitivität (»Empfindlichkeit«) S_t von Tonen. Nach Ermittlung von q_u (einaxiale Druckfestigkeit einer ungestört eingebauten Probe) wird der Prüfkörper bei unverändertem Wassergehalt durchmischt, neu geformt und der Druckversuch wiederholt. Die dann ermittelte Druckfestigkeit des durchgekneteten Bodens q_g wird mit q_u verglichen:

$$S_t = \frac{q_u}{q_g}.$$

Auch durch den unkonsolidierten, undränierten ↗Triaxialversuch (UU-Versuch) kann die Sensitivität ermittelt werden:

$$S_t = \frac{c_{uu}}{c_{ug}}$$

mit: c_{uu} = Kohäsion aus dem UU-Versuch, c_{ug} = Kohäsion des durchgekneteten Bodens. S_t ist bei Süßwassertonen meist gering (1–2), selten mittel bis hoch (3–8). Bei marinen Tonen kann S_t über 100 liegen, wenn aus dem Porenwasser Kationen nachträglich ausgelaugt werden.

Die Setzung geht dann in den Grundbruch über, wenn die Tragfähigkeit des Bodens überschritten wird. Sie ist durch jene Last definiert, bei der sich im Boden ↗Gleitflächen ausbilden, längs welcher der Boden seitlich ausweicht und sich seitlich des Fundaments aufwölbt. Dabei sinkt das Bauwerk ein und stellt sich unter Umständen schief. Um dies zu verhindern, muß die *zulässige Baugrundbeanspruchung* beachtet werden (↗Sohlnormalspannung).

Dies ist die nach DIN 1054 zulässige Beanspruchung eines Baugrundes durch ständige Lasten oder Verkehrslasten. Ständige Lasten sind z. B. die Eigenlast des Bauwerks, ständig wirkende Erddrücke oder Wasserdrücke. Verkehrslasten wirken nur zeitweilig. Die in DIN 1054 angegebenen Werte gelten für lotrecht und mittig belastete Streifenfundamente und beziehen sich auf Regelfälle. Dies sind Flächengründungen mit angegebenen Abmessungen für setzungsempfindliche Bauwerke (Bauwerke mit statisch unbestimmt gelagerten Konstruktionen, wie z. B. Wohn- und Geschäftshäuser) oder setzungsempfindliche Bauwerke mit statisch bestimmten Konstruktionen. Bei bindigen Böden werden nach DIN 1054 andere Bodenpressungen zugelassen. Voraussetzung für die Anwendung der DIN 1054 ist, daß eine ausreichende ↗Baugrundbegutachtung vorausgegangen ist. Insbesondere ↗Steifemodul und Scherfestigkeit müssen bekannt sein. Die Regelfälle gelten nur bei söhliger Lagerung der Schichten des Bodens und annähernd gleichen Baugrundverhältnissen bis in Tiefen von $d \geq 2\,b$ (b = Fundamentbreite) unter der Fundamentsohle.

Im Tunnel- und Kavernenbau tritt durch das Schaffen von Hohlräumen eine lokale Entlastungssituation ein, welche Spannungsumlagerungen zur Folge hat. Radial- und Tangentialspannungen konzentrieren sich in definierter Weise um den Hohlraum und verändern sich zeitabhängig quantitativ und ortsabhängig, d. h. von der freien Oberfläche in das unverritzte Gebirge hinein. Spannungsumlagerungen werden auch maßgeblich durch die Art des Baugrundes und seinen geologischen und physikalischen Parametern bestimmt. Um die Eigenschaften des Baugrundes hinsichtlich ihrer Relevanz in bezug auf das Bauwerk klassifizieren zu können, muß zunächst zwischen Baugrund aus Lockergesteinen und Baugrund aus Fels unterschieden werden. Lockergesteine sind i. a. Gemische aus verschiedenen Kornfraktionen, die nicht durch eine lithifizierende Matrix verbunden sind. Nichtbindige Böden bestehen überwiegend aus gröberen Kornfraktionen, d. h. Grobschluff, Sand, Kies und Steinen (Einteilung nach DIN 4022). Bindige Böden sind v. a. Gemische der Kornfraktion Ton und Fein- bis Mittelschluff. Die Tonfraktion setzt sich überwiegend, aber nicht ausschließlich, aus Tonmineralen zusammen. Diese bedingen maßgeblich die Eigenschaften Plastizität, Kohäsion, Wasseraufnahme- und -bindevermögen, Frosthebung, Schrumpfung und andere. Für typische, verbreitet anstehende Lockergesteine sind auch im Grundbau geologische Bezeichnungen in Gebrauch, z. B. Löß, Grundmoräne, Auelehm etc. Die Kenntnis über deren physikalische Parameter und geologische Entstehungsgeschichte erleichtert die Einschätzung von Baugrundeigenschaften und die Berechnung des Setzungs- und Grundbruchverhaltens. Nach DIN 4022 und DIN 4023 werden Bodenarten und Fels klassifiziert (↗Klassifizierung von Boden und Fels) und mit Kurzbezeichnungen versehen, denen Zeichen und Farben zugeordnet werden.

Eigenschaften und Verhaltensweisen von Fels als Baugrund können grundsätzlich aus der geologischen Entstehung abgeleitet werden. Einen erheblichen Einfluß auf das bautechnische Verhalten nimmt die Ausbildung des ↗Trennflächengefüges und der Grad der Verwitterungsbeständigkeit. Magmatische Festgesteine zeichnen sich durch Absonderungsklüfte und tektonisch bedingte Trennflächen aus, Sedimentgesteine sind geprägt durch tektonische Klüfte und Schichtflächen, und für metamorphe Gesteine sind neben tektonischen Trennflächen Schieferungsflächen charakteristisch. Alle Trennflächen stellen Schwachstellen und bevorzugte Scher- und Gleitflächen dar. Die Verschneidung von Trennflächensystemen läßt nach bevorzugten Richtungen ausbrechende Kluftkörper entstehen. Die Gesteinsfestigkeit wird außerdem entscheidend vom Verwitterungsgrad beeinflußt. Besonders veränderlich feste Gesteine reagieren auf Witterungseinflüsse, z. B. Frost/Tau-Wechsel oder Wassersättigung/Austrocknung durch Abminderung ihrer Druckfestigkeit, was eine Verminderung der Tragfähigkeit nach sich zieht.

Die besondere Bedeutung des *Wassers im Baugrund* muß hinsichtlich Setzung, Grundbruch und Böschungsstandfestigkeit gesehen werden. Außer dem Standardversuch der Ofentrocknung (↗Bodenwassergehalt) gibt es einige Schnellverfahren zur Wassergehaltsbestimmung auf Baustellen (DIN 18121, T 2, 1989). Die wichtigsten davon sind a) die Schnelltrocknung mit Infrarotstrahler, b) die Schnelltrocknung mit Elektroplatte, Gasbrenner oder Mikrowellenherd, c) das Luftpyknometer und d) die CM-Methode (Calciumkarbid-Methode).

Auf Großbaustellen kann die Dichte und der Wassergehalt von einheitlich aufgebauten, nichtbindigen oder leicht bindigen Erdstoffen auch mit radiometrischen Verfahren (Isotopensonde) ermittelt werden. Die von einem radioaktiven Isotop ausgehende Gamma-Strahlung kommt je nach der Dichte des Bodens mehr oder weniger geschwächt an einem Detektor an und gibt ein Maß für die Dichte des durchstrahlten Mediums. Der Wassergehalt wird zusätzlich mittels einer ↗Neutronensonde gemessen. Der Vorteil der radioaktiven Bestimmung von Dichte und Wassergehalt liegen in dem größeren Meßvolumen und der meist größeren Meßtiefe. Dazu kommt der geringe Zeitaufwand für die Einzelmessung (1 Minute) und die sofortige Verfügbarkeit der Ergebnisse.

Die wassergesättigte Zone und die ungesättigte Zone sowie ihr Übergangsbereich verhalten sich in Belastungssituationen unterschiedlich. Während in der gesättigten Zone das Grundwasser i. a. als Grundwasserstrom in Bewegung gehalten wird, und auch die Kompression der Poren verhindert, zeichnet sich das Wasser oberhalb des Grundwasserspiegels durch Oberflächen-, Grenz- und Kapillarkräfte aus. Es ist nicht frei beweglich. Haftwasser wird durch Grenzflächenkräfte an den Bodenteilchen gehalten, Kapillarwasser wird vom Grundwasser angesaugt und Sickerwasser stellt die Verbindung von Niederschlags- zu Grundwasser her und ergänzt den Grundwasserspiegel.

Baugrundbegutachtung, qualitative und quantitative Charakterisierung des Baugrundes im Hinblick auf die Auswirkung von Bauwerkslasten und anderer von außen wirkender Kräfte auf den natürlichen Untergrund. Die Baugrundverhältnisse bestimmen die Art der Gründung und beeinflussen Konstruktion und Statik des Bauwerkes. Die ↗Tragfähigkeit des ↗Baugrundes hängt von der Geologie jedes Untergrundes ab. Festgesteine, unverwittert und nur schwach geklüftet, gewährleisten einen guten Baugrund. ↗Nichtbindige Lockergesteine wie Sand, Schotter und Kies bilden einen guten Baugrund. ↗Bindige Lockergesteine wie Schluff, Lehm und Ton zeichnen sich durch eine wassergehaltsabhängige Zustands- und damit Festigkeitsänderung aus. Ihre Eignung als Baugrund muß unter Umständen durch Baugrundverbesserungsmaßnahmen optimiert werden. Neben der Tragfähigkeit des Baugrundes muß auch seine Standfestigkeit beurteilt werden. Diese wird beeinflußt durch die Lage auf einem Hang oder einer ↗Böschung. [KC]

Baugrunderkundung, wird durchgeführt mit dem Zweck, technisch sichere und wirtschaftlich vertretbare Gründungen zu ermöglichen. Planung und Bauausführung stützen sich auf die Ergebnisse der Baugrunderkundung. In jedem Fall muß die zulässige Beanspruchung des Untergrundes ermittelt werden, d. h. daß ↗Setzungen und v. a. ↗Setzungsunterschiede vorausberechnet und Angaben zur Grundbruchsicherheit gegeben werden müssen. Es muß dabei der Grundsatz beachtet werden, daß jeder Baugrund nur bis zu seiner »Grenzlast« bzw. seiner »Grundbruchslast« belastet werden darf. Die »Grenzlast« ist jene Last, bis zu der keine für den Bestand des Bauwerks schädliche Setzungen oder Setzungsunterschiede entstehen. Die »Grundbruchlast« definiert den Grenzwert der ↗Tragfähigkeit des Baugrundes, also die ↗Grundbruchsicherheit. Damit sind die beiden Kriterien gefunden, welche die nach DIN 1054 geforderten Werte für den zulässigen ↗Sohldruck definieren. Die Baugrunderkundung muß Angaben und Parameter liefern, die sich auf den gesamten von der Belastung, d. h. Untergrundpressung betroffenen Bauraum beziehen. Eine Festlegung der Erkundungstiefe über Druckabstrahlung und Druckausbreitungsflächen bzw. die sog. Druckzwiebel ist erforderlich. (↗elastisch-isotroper Halbraum Abb. 1,

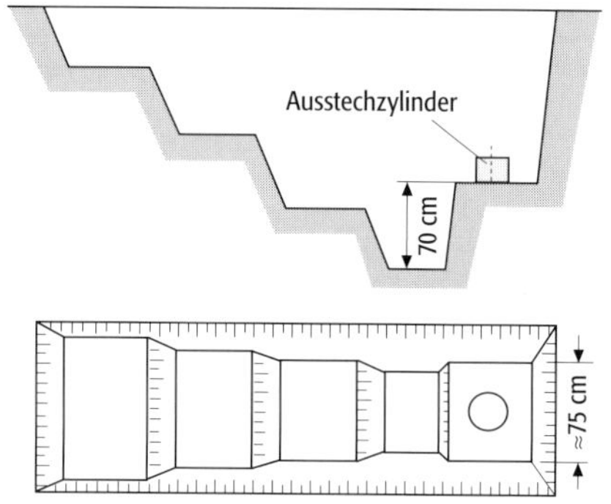

Baugrunderkundung 1: Schema einer Schürfgrube für geringe Erkundungstiefen.

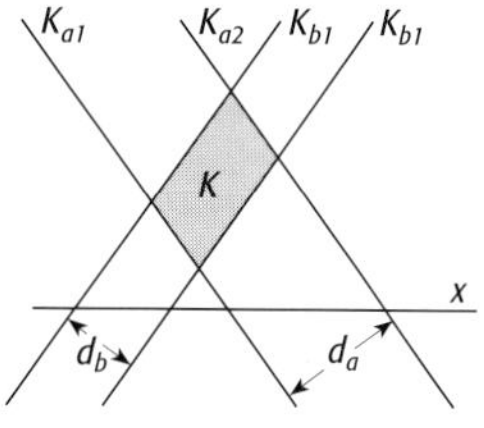

Baugrunderkundung 2: Darstellung von Kluftkörper *K*, Kluftabstand *d* und Meßgerade *x* eines konvergierenden Kluftsystems.

Abb. 2). Da der Boden nur näherungsweise dem Hookeschen Gesetz folgt, d. h. daß der Baugrund nicht vollelastisch isotop anzunehmen ist, erhalten die Isobaren eine mehr oder weniger gestreckte Form. Schmale und breite Fundamente bewirken unterschiedliche Isobarenformen. Ist die notwendige Teufe der Erkundungsmaßnahmen gefunden, muß über die Methodik entschieden werden. Immer werden zunächst direkte Aufschlüsse und örtliche Erfahrungen herangezogen. Bohrungen, Sondierungen und Schürfe folgen in einer zweiten Erkundungsstufe und schließlich werden unter Umständen flächenhafte Erkundungen mittels geophysikalischer Methoden notwendig. Ziel der Erkundung muß es sein, Aufschluß über die Schichtenfolge, die Neigung und Mächtigkeit der Schichten und die Eigenschaften der einzelnen Schichten zu erlangen. Alle Schichten, welche Setzung und Grundbruch beeinflussen, müssen erfaßt werden. Gründungen und Arbeiten im Grundwasserbereich, auf veränderlich festen Gesteinen und Böden und auf expandierenden Tonen oder Gips/Anhydrit-Gesteinen erfordern einen erhöhten Erkundungsaufwand.

Das Europäische Komitee für Normung (CEN) ersetzt zunehmend durch die Herausgabe von Euronormen die nationalen Normen (DIN, ÖNORM). Die ursprünglich EUROCODES (EC) genannten Euronormen für das Bauwesen werden heute als EN bzw. ENV (Vornorm) bezeichnet. Internationale Regelwerke stützen sich außerdem auf ISO-Normen der »International Organization for Standardisation«. Alle Normen und sonstigen Regelwerke beinhalten den allgemein anerkannten Stand der Technik, der sich jedoch immer auf den Zeitpunkt der jeweiligen Herausgabe der Norm bezieht. Praktikabler und vollständiger ist heute noch der Katalog der DIN, der für die Baugrunderkundung folgende maßgebliche Vorschriften enthält:

a) Baugrunderkundung im Lockergestein (Böden): Böden sind im bautechnischen und ingenieurgeologischen Sinne die oberflächennahen Lockergesteine der Erdkruste, wobei noch keine Lithifizierung eingetreten ist. Eine Kornbindung fehlt bzw. ist nur im plastischen oder halbfesten Zustand mäßig vorgegeben. Bohren, Schürfen und Sondieren sind die wichtigsten für die Bauraumerkundung entwickelten und praktizierten Methoden. Bei den Bohrungen unterscheidet man zwischen Erkundungsbohrungen und Bohrungen für einzelne Bauwerke. Erkundungsbohrungen werden im Planungsstadium angesetzt, um z. B. für Bebauungspläne, Verkehrswege, Deponiestandorte etc. den Baugrund über größere Flächen zu erschließen. Zunächst wird in großen Abständen gebohrt, um dann je nach Komplexität des Baugrundes bzw. je nach den Erfordernissen der Planung das Bohrnetz zu verdichten. Bohrungen für einzelne Bauwerke sollen detaillierten Aufschluß über die Baugrundverhältnisse unmittelbar unter einzelnen Bauwerken erbringen. Lage, Teufe und Anzahl der Bohrungen werden den Ergebnissen der Erkundungsbohrung angepaßt. Die Ergebnisse von Bohrungen werden in Schichtenverzeichnissen und Bohrprofilen gemäß DIN 4023 dargestellt (↗ingenieurgeologische Gutachten).

Schürfgruben oder Schürfschlitze sind künstliche Aufschlüsse, die Baugrundverhältnisse bis in Teufen von 2–3 m widergeben und gezielte Probennahmen für z. B. Scherversuche an ungestörten Proben erlauben (Abb. 1). Sondierungen werden mit Sondiergeräten durchgeführt, die Sonden (Stäbe) mit Hilfe einer Eintriebsvorrichtung in den Boden rammen oder drücken. Der Widerstand gegenüber dem Rammen oder Eindrücken bzw. die dafür notwendige Energie wird aufgezeichnet. Die Eichung anhand eines Bohrprofiles in der Umgebung und im geologischen Umfeld eines Sondiernetzes ist fast immer unabdingbar. Außer der Rammsondierung ist die ↗Drucksonde die gebräuchlichste Vorrichtung für Baugrundsondierungen. Nach DIN 4096 kann die Scherfestigkeit bindiger Böden durch Flügelsonden ermittelt werden. Ein genormter Scherflügel wird in den Boden eingedrückt und mit gleichmäßiger Winkelgeschwindigkeit (30°/min) bis zum Bruch gedreht. Das maximale Drehmoment *M* wird gemessen. Der Maximalwert τ_{FL} entspricht bei wassergesättigten bindigen Böden der Scherfestigkeit c_u des undränierten Bodens (*d*: Flügeldurchmesser):

$$\tau_{Fl} = \frac{6M}{7\,\pi\,d^3}\,.$$

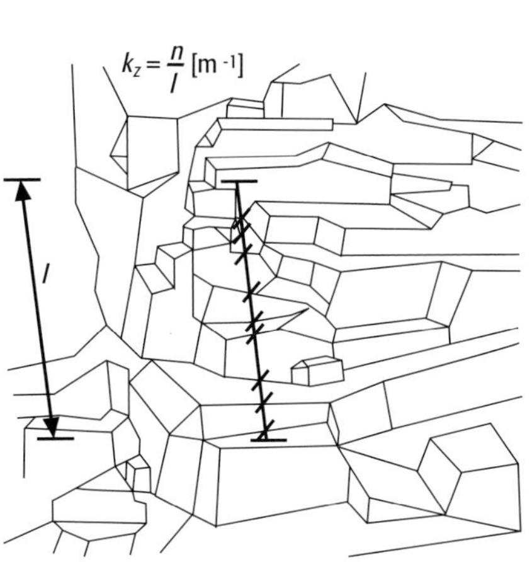

Baugrunderkundung 3: Skizze zur Messung der Klüftigkeitsziffer.

Der ↗Plattendruckversuch dient zur Beurteilung der Verformbarkeit und der ↗Tragfähigkeit eines Bodens. Die Versuchsresultate werden in der Drucksetzungslinie dargestellt und mit dem ↗Verformungsmodul E_v

$$E_v = 1{,}5\, r \frac{\Delta\sigma_0}{\Delta s}$$

ausgedrückt ($\Delta\sigma_0$= Sohlspannungssteigung, Δs= zugehörende Setzung).
Laborparameter, die zur Baugrunderkundung als Ergänzung zu den Geländeerkundungsdaten gehören, umfassen generell die wichtigsten Bodenkenngrößen und die Festigkeits- und Formänderungseigenschaften der Böden. Zu den wichtigsten Bodenkennwerten zählen die Korngröße und Korngrößenverteilung, die Korndichte und Korngewichte, Porenanteil und Porenzahl, Lagerungsdichte, Zustandsformen und Konsistenzgrenzen, die Durchlässigkeit und die kapillare Steighöhe. Insbesondere ist die Analytik zwischen gesättigter Zone und ihrem Übergangsbereich zur ungesättigten Zone von großer Bedeutung. In vielen Fällen, v. a. bei Tonböden, muß die Probennahme mikro- oder makrogefügebezogen orientiert erfolgen, um Einregelungseffekte erfassen zu können. Festigkeits- und Formänderungseigenschaften drücken sich in erster Linie in der Scherfestigkeit und Zusammendrückbarkeit aus. Für die Beurteilung des Setzungs- und Grundbruchverhaltens ist die Kenntnis über die ↗Kohäsion, den ↗Reibungswinkel, die ↗Bruchfestigkeit und eine evtl. ↗Restscherfestigkeit von ausschlaggebender Bedeutung.
b) Baugrunderkundung im Fels: Bei Fels als Baugrund ist v. a. die Festigkeit, die Wasserführung in den Klüften und das die beiden erstgenannten Parameter bedingende ↗Trennflächengefüge und die Trennflächenausbildung zu bestimmen. Das Gebirge ist immer ein Vielkörper-System, das von verschiedenartigen Trennflächen durchzogen wird. Schichtflächen, Schieferungsflächen, Klüfte und Störungsflächen sind die häufigsten Arten von Trennflächen. Durch die Verschneidung der Trennflächen miteinander, das Trennflächengefüge, entstehen Kluftkörper, die eine richtungsabhängige Teilbeweglichkeit des Gebirges schaffen. Die Wasserwegigkeit und damit die Durchlässigkeits- und Durchströmungseigenschaften werden durch das Trennflächengefüge bestimmt. Zu bestimmen sind im Fels jeweils der Kluftabstand, die Kluftdichte und der Durchtrennungsgrad. Unter dem Kluftabstand d versteht man den Abstand zwischen den Klüften einer Schar in Richtung der Flächennormalen gemessen (Abb. 2). Die Kluftdichte (Klüftigkeitsziffer, Klüftigkeitszahl) k_z ist definiert als durchschnittliche Anzahl der Kluftschnitte pro Meter Meßlänge [1/m] (Abb. 3):

$$k_z = \frac{n}{l}.$$

Der Durchtrennungsgrad D ist ein Maß für den Grad der Zuklüftung eines Gebirges. Die Bewegungsfreiheit der Kluftkörper in ihrem Gebirgsverband bestimmt den Gebirgszusammenhalt. Je mehr Klüfte im Verband enden, d. h. je mehr Materialbrücken vorhanden sind, desto besser ist der Zusammenhalt und die Festigkeit des Gebirges. Gemeinsam mit der Kluftfestigkeitsziffer charakterisiert der Durchtrennungsgrad die Intensität der Gebirgszerlegung. Der Durchtrennungsgrad wird durch den »ebenen Kluftflächenanteil« χ_e ausgedrückt. χ_e bezeichnet das Verhältnis einer offenen Kluftfläche an einem bestimmten Bezugsflächenanteil (Abb. 4):

$$\chi_e = \frac{\sum K}{A}\left[m^2 / m^2\right]$$
$$mit \;\; \sum K = K_1 + K_2 + K_3 \ldots + K_n$$

(K = Kluft, K_1, K_2, K_3 = Kluftanteile, A = gedachte Fläche in einem Felskörper). χ_e = 0 bedeutet, daß in der Fläche keine Klüfte auftreten, d. h. keine Durchtrennung vorliegt. χ_e = 1 bedeutet, daß die Fläche vollständig von einer Kluftfläche eingenommen wird. Für Fragen der Baugrundstabilität auf Felsuntergrund bildet die Klüftigkeit neben der Gesteinsfestigkeit den wichtigsten Parameter. [KC]

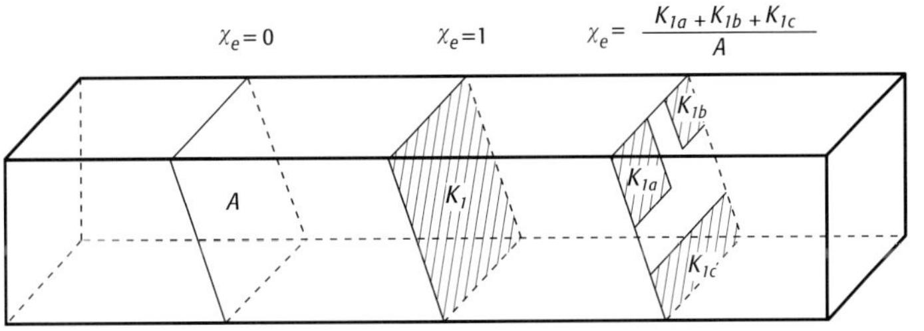

Baugrunderkundung 4: Prinzipskizze zur Berechnung des ebenen Kluftflächenanteils, mit ebenem Kluftflächenanteil (χ_e), gedachter Fläche in einem Festkörper (A), offener Kluftfläche (K_1) und Kluftflächenanteilen (K_{1a}, K_{1b}, K_{1c}).

Baugrundgutachten, das in Form eines schriftlichen Gutachtens dokumentierte Resultat der ↗Baugrunderkundung.

Baugrundkarte, ingenieurgeologische Karte, die eine zusammenfassende Darstellung der für Baumaßnahmen relevanten Eigenschaften des oberflächennahen Untergrundes als Ergebnisse von Bohrungen, Sondierungen, geologischen Kartierungen und Laboruntersuchungen wiedergibt. Sie bildet neben hydrogeologischen Karten und Georisikokarten die Gruppe der geotechnischen Karten. Wegen der örtlich sehr wechselnden geologischen Bedingungen und unterschiedlichen Anforderungen an den Untergrund durch das Bauwerk gibt es kein verbindliches Schema für die Kartierung und Ausführung von Baugrundkarten.
Baugrundkarten bestehen i. d. R. aus einer Hauptkarte, in der die auftretenden Gesteinsarten und die wichtigsten Baugrundeigenschaften sowie punktweise Angaben von Bohrungen und Aufschlüssen abgebildet sind, sowie aus einer oder mehreren Neben- oder Ergänzungskarten. Kartengrundlagen (↗Basiskarte) für Baugrundkarten sind i. d. R. die amtlichen ↗topographischen Karten im Maßstab von 1 : 5.000 bis 1 : 25.000 der ↗Landesvermessungsämter. Um genügend Infor-

mationsgehalt aufzuweisen, sind auch Maßstäbe erforderlich mit Maßzahlen kleiner als 1:5000. Folgende Angaben sind i.a. für Baugrundkarten maßgeblich: a) Gesteins- bzw. Bodenart (nicht Altersstufen) in verschiedenen Teufenstufen. Die Oberfläche ist durch die Art des Mutterbodens zu kennzeichnen; b) ↗Reibungswinkel und ↗Kohäsion von Lockergesteinen; c) Korngrößenverteilung der Lockersedimente, Bezeichnung nach DIN 4022; d) ↗einaxiale Druckfestigkeit für Festgesteine; e) Grad der Verwitterung für Festgesteine; f) ↗Plastizitätsindex für Tone.
Baugrundkarten bilden kein standardmäßig flächendeckend hergestelltes Kartenwerk wie etwa die ingenieurgeologischen Karten der geologischen Landesämter; sie liegen nur in Auswahl z.B. für einzelne Städte vor. Sie kommen u.a. in der kommunalen Bebauungsplanung, der Kanalplanung, dem Altlastenmanagement oder der Planung größerer Bauvorhaben zur Anwendung. Die Entwicklung von Baugrundinformationssystemen soll eine flexible Handhabung und kartographische Darstellung der zur Verfügung stehenden Daten ermöglichen. So können etwa mit Hilfe von Baugrundinformationssystemen Baugrundkarten für unterschiedliche Tiefenniveaus oder unterschiedliche Profile erstellt werden.

Baugrundvereisung, Baugruben- oder Hohlraumsicherungsmaßnahme, welche temporär die Standfestigkeit erhöht und den Wasserzutritt verhindert. Die Maßnahme beruht auf dem Überführen des in den Porenräumen von Lockergesteinen vorhandenen Wassers in Eis, um auf diese Weise das Korngerüst zu stabilisieren. Die größte Wirkung wird dabei in der gesättigten Zone erreicht. Die dabei eintretende Volumenszunahme muß in die Betrachtung und Berechnung einfließen. In nichtbindigen Böden werden höhere Festigkeiten erreicht als in bindigen. Tone geben Anlaß zur Frostlückenbildung. Wegen der unter Spannung stehenden Haftwasserhüllen um die Tonmineralplättchen gefriert diese Wasserhülle erst ab -4 °C. In Tonen friert das Wasser bevorzugt nicht als Poreneis, sondern in Form von Eislinsen.

Baugrundvergütung, dient der Verbesserung der Tragfähigkeit bzw. Standfestigkeit von Boden oder Fels. Die Erhöhung der Tragfähigkeit beruht auf einer Erhöhung der Scherfestigkeit und Verminderung der Verformbarkeit. Zur Bodenstabilisierung dienen folgende Verfahren: mechanische (granulometrische) Stabilisierung, Stabilisierung mit Zement, Stabilisierung mit bituminösen Bindemitteln, Stabilisierung mit Kalk und chemische Stabilisierung. Die wichtigsten Maßnahmen zur Verfestigung, Abdichtung und Verdichtung von Fels sind: mechanische Verdichtung bei gebrochenen (in kleine Kluftkörper zerlegten) Festgesteinen, Entwässerung, Injektionstechnik und Ankerungstechnik.

Baukastenmethode ↗Bildstatistik.

Bauleitplan, setzt sich zusammen aus dem ↗Flächennutzungsplan als vorbereitenden Bauleitplan und dem ↗Bebauungsplan als verbindlichen Bauleitplan. Um die städtebauliche Entwicklung in Stadt und Land zu ordnen, ist die bauliche und sonstige Nutzung der Grundstücke durch Bauleitpläne vorzubereiten und zu leiten (Bauleitplanung). Bauleitpläne auf Ebene der Stadt- bzw. Ortsplanung sind den Zielen der ↗Raumordnung und ↗Landesplanung anzupassen. Planungsträger ist die Gemeinde.

Bauleitplanung, zur Stadtentwicklung von Gemeinden durchgeführte Planung. Das Grundgerüst der Bauleitplanung bildet der ↗Bauleitplan. Die Bauleitplanung von Gemeinden muß sich an der übergeordneten ↗Flächennutzungsplanung orientieren.

Baulig, *Henri*, französischer Geograph, * 1877 Paris, † 8.8.1962 Ingwiller, einer der führenden Geomorphologen Frankreichs. Schüler von Vidal de la Blache an der Sorbonne. Er bereiste 1905 die USA, traf an der Harvard-Universität W.M. ↗Davis; dadurch angeregt entwickelte er großes Interesse an der Geomorphologie und Geographie der Vereinigten Staaten. Er lehrte ab 1913 in Rennes, 1918–1939 bzw. 1945–1947 in Straßburg und unterrichtete während des 2. Weltkriegs (1939–1945) weiter an der nach Clermont Ferrand verlegten Universität. Werke (Auswahl): »Exercices cartographiques« (1912), »Le Plateau Central de la France« (1928), »Essais de Géomorphologie« (1950), »Vocabulaire franco-anglo-allemand de géomorphologie« (1956), »L'Amérique septentrionale« in der »Géographie Universelle« (2 Bde., 1935/36).

Baumdaten, Daten, die in der ↗Dendroklimatologie verwendet werden.

Baumgrenze, Grenze des natürlichen Auftretens von Bäumen, klimatologisch durch zu geringen Niederschlag bzw. zu niedrige Temperatur bedingt. ↗Klimaklassifikation.

Baumuster, eine Menge von besetzten ↗Punktlagen einer ↗Raumgruppe, die in ↗Kristallstrukturen häufiger vorkommen. Dabei wird von einer Fixierung der metrischen Parameter, die über die Symmetriebedingungen der Metrik hinausgeht, abgesehen.

Baunivellier ↗Nivellierinstrument.

Baustoffe, natürliche Baumaterialien aus unbearbeitetem oder bearbeitetem Fels bilden bereits seit vorantiken Zeiten den wichtigsten Grundstoff für konstruktive Bautätigkeit. Generell werden Baustoffe untergliedert nach ihrer:
a) stofflichen Beschaffenheit, d.h. Stoffart (z.B. Beton, Stahl, Holz, Asphalt, Kunststoff), Zusammensetzung (homogene oder inhomogene Baustoffe) oder Gefügeaufbau (amorphe oder fasrige Baustoffe),
b) Entstehung und Herstellung, d.h. natürliche Baustoffe (Natursteine, Holz) oder künstliche Baustoffe (Ziegel, Beton),
c) Verarbeitung, d.h. ungeformte Baustoffe, die erst auf der Baustelle oder in einem Werk zum verwendungsfertigen Baustoff verarbeitet werden (Bindemittel, Klebstoffe, Anstriche, Asphalt, Frischbeton), oder geformte Baustoffe (Holzbalken, Dachziegel, Träger),
d) Funktionen, wie z.B.: Isolierung oder Verkleidung.

Mineralische Baustoffe werden entweder direkt als Natursteine oder Erdbaustoffe (↗Erdbau) zum Bau verwendet oder sie bilden die Grundlage für verschiedene Baustoffe wie Ziegel, Mörtel oder Beton. Mineralische Baustoffe werden im Hinblick auf ihre Eignung als Baumaterial u.a. überprüft auf Dichte und Porosität, Korngrößenverteilung, ↗Plastizität, Bindigkeit, Frostverhalten, Temperaturempfindlichkeit, ↗Härte, Verwitterungsbeständigkeit und Beständigkeit gegenüber Umwelteinflüssen (Dekorationssteine), Beständigkeit gegen Feuer und Hitze, ↗Wasseraufnahme und -bindevermögen, Quell- und Schrumpfverhalten und Wasserdurchlässigkeit.

Natursteine finden zahlreiche Anwendungsmöglichkeiten. Häufig werden Kalk- und Sandsteine zum Bau von Kirchen, Schlössern, Bahnhöfen oder auch Wohnhäusern und anderen Gebäuden eingesetzt. Tertiärer Kalkstein wurde z.B. zum Bau des Mainzer Doms verwendet. Kalksteine aus dem Muschelkalk findet man im Leipziger Stadthaus. Der Kölner Dom und Hauptbahnhof sowie Schloß Neuschwanstein wurden aus Stubensandstein aus dem Keuper errichtet. Schiefer finden Verwendung als Dachschiefer und Schieferplatten. In der Innenarchitektur werden neben Marmor auch Serpentinite verarbeitet. Granite finden als Bordsteine und Pflaster, seltener als Bauwerkstein Verwendung. Porphyre und Basalte werden oft zu Schotter und Splitt verarbeitet. Oft sind Natursteine auch als Dekorationssteine für Außen- oder Innenverkleidung genutzt.

Keramische Baustoffe setzen sich zusammen aus einem Rohstoff, häufig Quarzsande und Kalk, und einem Bindemittel, bestehend aus einem Tonanteil. Sie werden zu Ziegel, Klinker, Fliesen oder Porzellan gebrannt. Enthalten die Baustoffe wasserlösliche Salze, i.d.R. Sulfate, müssen diese durch Schlämmen der Rohstoffe gelöst oder durch Zugabe von Bariumcarbonat in unlösliche Bariumsulfate umgewandelt werden, da ansonsten die Gefahr des Abblätterns an den fertigen Produkten besteht. Ein höherer Anteil an Kalk und größerer Kalkkörner können Probleme verursachen, da sie als durch den Brennvorgang entstandenen, gebrannten Kalk beim Ablöschen durch Wasseraufnahme ihr Volumen vergrößern und zu Rissen und Aussprengungen führen. Ziegel erhalten durch Eisenverbindungen eine rote, durch kalkhaltige Tone eine gelbe Farbe.

Bei Baustoffen mit mineralischen Bindemitteln, Beton und Mörtel, werden die Bindemittel i.d.R. aus bestimmten Gesteinen durch Brennen gewonnen und dann fein gemahlen, um die wirksame Oberfläche zu vergrößern. Dabei müssen sie vor (Luft-)Feuchtigkeit geschützt werden. In Verbindung mit Wasser entsteht zunächst der Bindemittelleim, der sich dann durch chemische Umsetzung oder auch physikalische Oberflächenkräfte verfestigt, wobei die Füllstoffe untereinander verkittet werden. Luftbindemittel erhärten an der Luft, zu ihnen werden Baugipse und Luftkalke gezählt. Hydraulische Bindemittel, wie Zemente, die bei Wasserzugabe unlösliche Verbindungen bilden, können auch unter Wasser weiter erhärten.

Baukalke entstehen durch Brennen von Kalkstein, sie erhärten an der Luft als Luftkalke oder, wenn das Ausgangsgestein ein Kalkmergel ist, können sie sich auch unter Wasser zu hydraulisch erhärteten Kalken umwandeln. Beim Brennen von Kalk entsteht aus dem Calciumcarbonat ($CaCO_3$) Kohlendioxid (CO_2) und Branntkalk (CaO), letzeres reagiert beim Löschen mit Wasser zu Calciumhydroxid ($Ca(OH)_2$), einer starken Lauge. Diese reagiert mit in Wasser gelöstem Kohlendioxid (Kohlensäure) zu Wasser und Calciumcarbonat, welches dann als Kitt dient. Bei Luftkalken löst sich das Kohlendioxid der Luft im Mörtelwasser selbst. Baukalke werden meist als Putz- oder Mauermörtel verwendet.

Zemente werden i.d.R. aus Kalkstein und Mergel hergestellt, sie erhärten sowohl an der Luft als auch unter Wasser. Portlandzement wird aus Portlandzementklinker angefertigt. Dieser entsteht durch Erhitzen eines aus Kalkstein und einem tonhaltigen Gestein, wie Mergel, gewonnenem Rohstoffgemisches (u.a. Calciumoxid, Eisenoxid, Kieselsäure und Tonerde) bis zur Sinterphase; dabei bilden sich Klinkerphasen, die in Verbindung mit Wasser erhärten (Hydratation). Einigen Zementen wird außerdem Hüttensand (rasch abgekühlte, glasig erstarrte Hochofenschlacke) zugemischt. Für Zemente werden auch Traß und Ölschiefer verwendet. Bei der Zementherstellung werden zur Regulierung des Erhärtens geringe Mengen Gips oder Anhydrit hinzugegeben. Dabei besteht jedoch die Gefahr, daß sich unter Volumenzunahme Calciumaluminatsulfat (Ettringit) bildet, welches ein Zerreiben des Betons zur Folge hat (Zementbazillus).

Baugipse werden aus Gipsgestein hergestellt, sie erhärten an der Luft. Sie finden meist Verwendung als Innenputzmörtel oder Gipsbauplatten.

Beton ist ein Gemisch aus Zement (bzw. Bitumen oder auch Kunststoff), Zuschlagstoffen, Wasser und evtl. Zusätzen. Durch Regulierung der Art und Menge der einzelnen Bestandteile lassen sich Leicht-, Normal- und Schwerbetone, die sich in ihrer Dichte unterscheiden, herstellen. Stahlbeton ist ein Verbundbaustoff aus Stahl und Beton. Als Spannbeton bezeichnet man einen bewehrten Beton, der durch vorgespannte Bewehrung, wie Rundstähle, unter Druckspannung steht.

Mörtel ist ein Gemisch aus Bindemittel, Sand und Wasser. Die Einteilung erfolgt nach Art des Bindemittels (Zement-, Gips-, Kunstharzmörtel), Korngröße des Sandes (Grob- oder Feinmörtel) oder nach Art des Erhärtens (Luftmörtel, hydraulischer Mörtel). Mörtel wird v.a. beim Mauern sowie für Putz oder Fugen verwendet.

Bitumen und Asphalte werden im Straßenbau sowie im Hochbau zur Abdichtung gegen Feuchtigkeit (z.B. Garagendächer) verwendet. Als mineralische Dämmstoffe zum Kälte- oder Schallschutz werden poröse oder fasrige Stoffe mit geringer Dichte wie Kieselgur, Blähperlit und -glimmer (Vermiculit), Gipsplatten, Glaswolle sowie Schaumglas und -sand eingesetzt. [AWR]

bautechnische Bodenkunde ↗*Bodenmechanik*.

Bautenspur, *Aedificichnion*, ↗Spurenfossilien.

Bauverband, ↗Baumuster, bei dem die metrischen Parameter durch direkte Angabe oder indirekt durch Fixierung von Nachbarschaften bis auf einen Skalenfaktor festgelegt sind.

Bauwerksschäden, Schäden an Bauwerken (z. B. Rißbildung, Schrägstellung), die durch einen künstlichen Eingriff in den geologischen Untergrund (z. B. ↗Bergsenkungsgebiet) oder durch eine natürliche Ursache (z. B. ↗Erdbeben) hervorgerufen werden können. Mögliche Ursachen von Rissen und Bauwerkschäden sind: a) Erhöhung des Wassergehaltes bindiger Böden, da sowohl die Tragfähigkeit als auch die Standfestigkeit vermindert werden. b) Absenkung der Grundwasseroberfläche, wobei es zu Setzungserscheinungen kommen kann. Dabei ist einerseits ein Setzungsanteil als Folge der Zusatzbelastung des Korngerüstes durch Wegfall des Auftriebs zu berücksichtigen, andererseits treten in bindigen Böden bei einer Abnahme des Wassergehaltes sog. Schrumpfsetzungen auf, welche die erst genannten im Ausmaß weit übertreffen können. c) Entnahme von Erdgas und Erdöl führt durch die Abminderung des Lagerstättendrucks bei unvollkommen wirksamen Randwassertrieb zu Zusatzspannungen, welche ebenfalls Konsolidationserscheinungen zur Folge haben (z. B. im Oberrheingraben). d) Baugrubenhebungen infolge Quellerscheinungen oder Kristallisationsdruck in Tunnel oder an niedrig belasteten Zwischenwänden bzw. von Fußböden sind schon bei vielen Tonsteinen und Tonen beobachtet worden. e) ↗Erschütterungen führen i. a. nur im Nahbereich von Erschütterungsquellen zu Bauwerksschäden. Das Ausmaß von Bauwerksschäden kann z. B. Auskunft über die Stärke einer Erschütterung geben. Bei nichtbindigen Böden treten die Setzungen in voller Größe unmittelbar nach Lastaufbringung, also bereits während der Rohbauzeit, auf. Bei den Setzungen von Bauwerken kommt es weniger auf die Gesamtsetzungen an, als auf die zu erwartenden Setzungsunterschiede. Werden die Grenzwerte der zulässigen Setzungsunterschiede und damit die Beanspruchungsgrenze des Materials überschritten, so können Risse auftreten.

Bauwerksüberwachung, Methode, mit der durch ↗Bewegungsmessungen und Spannungsmessungen bestimmt wird, ob berechnete und reale Zustände übereinstimmen.

Bauwürdigkeit, *Abbauwürdigkeit*, Möglichkeit eines rentablen Abbaus mineralischer Rohstoffe.

Bauwürdigkeitsgrenze, mittlerer Gehalt an nutzbaren Mineralen einer Lagerstätte, der während eines bestimmten Zeitabschnitts eine kostendekkende Gewinnung mineralischer Rohstoffe ermöglicht.

Bauwürdigkeitskoeffizient, notwendiger Anreicherungsfaktor gegenüber dem Durchschnittsgehalt im Gestein, ab dem Wertstoffe, vor allem Metalle, in der Lagerstätte bauwürdig werden. Der Bauwürdigkeitskoeffizient schwankt in Abhängigkeit vom Erlös zu den Kosten für Gewinnung und ↗Aufbereitung (↗Bauwürdigkeitsgrenze).

Bauxit, benannt nach dem Fundort Les Baux in Südfrankreich, wo es 1821 entdeckt wurde. Rotbraun-gelbliches oder bräunliches bis grauweißes Erz bzw. Sedimentgestein aus kugeligen, pisolitischen Konkrementen, die massig oder schwammig ausgebildet sein können. Bauxit ist ein Produkt der ↗allitischen Verwitterung von aluminiumreichen Gesteinen wie z. B. Nephelinsyeniten, Basalten oder ↗Tonschiefern. Es hat Gehalte von 50–70% Al_2O_3, 0–25% Fe_2O_3, 12–40% H_2O und 2–30% SiO_2, dazu gelegentlich TiO_2, V_2O_5 u. a. Nach dem Ausgangsgestein unterscheidet man Laterit- oder Silicatbauxit, Karst- oder Kalkbauxit. Bauxit ist das wichtigste Ausgangsmaterial für die Herstellung des Metalls Aluminium, das in der Natur nicht in metallischer Form, sondern nur in Form von Verbindungen vorkommt. Das Erz der ↗Bauxitlagerstätten ist ein Gemenge aus den ↗Aluminiumhydroxiden Diaspor, ↗Gibbsit und Alumogel mit variablen Beimengungen von ↗Eisenhydroxiden, Ton, Silt oder Quarz. Nur in einem zweistufigen Prozeß ist es möglich, aus Bauxit metallisches Aluminium zu gewinnen. Zunächst wird in Oxidfabriken aus Bauxit im sog. Bayer-Verfahren Aluminiumoxid produziert. In Aluminiumhütten erfolgt anschließend elektrolytisch die Trennung des Aluminiumoxids in eine Aluminiumschmelze und Sauerstoff (Hall-Hérould-Prinzip). Daneben ist Bauxit ein wichtiger Rohstoff für Feuerfestgesteine, Feuerfestkeramik oder Tonerdezement. [WH,GST]

Bauxitlagerstätten, wichtigste *Aluminiumlagerstätten*, finden sich überwiegend innerhalb flächenhaft ausgebreiteter Lateritzonen als Lagen und Linsen von einigen Metern Mächtigkeit über verwitternden Silicatgesteinen (↗Silicatbauxite). Voraussetzung für die Bildung von ↗Bauxit ist ein warm-humides Klima mit Trockenzeiten sowie ein flaches Relief mit hohen jahreszeitlichen Grundwasserschwankungen. Bauxitlagerstätten zeigen von oben nach unten folgenden Profilaufbau: Kaolinisierte Dachzone, Konkretionszone, Lösungszone, Basis-Kaolinitzone, frisches Gestein. Je nach örtlichen Verhältnissen haben diese Zonen verschiedene Mächtigkeiten. Die angereicherten Al_2O_3-Hydrate bilden Knollen und ↗Pisolithe innerhalb der Konkretionszone. Die Anordnung der Lösungs- und Anreicherungszone ist von den Bewegungen des Grundwasserspiegels abhängig. Die Konkretionszone liegt im Bereich der jährlichen Grundwasserspiegelschwankungen. Unterhalb des Grundwasserspiegels findet in der Kaolinitzone die Bildung von ↗Kaolinit aus den Ausgangssilicaten statt, in der Anreicherungszone die Umwandlung von Kaolinit zu ↗Aluminiumhydroxiden. Randlich gehen Bauxitlagerstätten oft in Kaolinitzonen über. Infolge ihres meist lockeren Aufbaus fällt die lateritische Verwitterungsdecke der Erosion oft rasch zum Opfer. Hierbei kann der Bauxit durch fließendes Wasser transportiert und in nahegelegenen Senken zusammen mit anderen Sedimenten

erneut abgelagert werden (*Schwemmbauxite*). Wegen ihrer leichten Erodierbarkeit sind ältere Lagerstätten von Silicatbauxiten heute meist nur noch unter speziellen Umständen in Resten erhalten.
Neben flächenhaften Bildungen über Silicatgesteinen treten Bauxitlagerstätten auch in Hohlformen verkarsteter Kalke oder ↗Dolomite auf. Sie werden als ↗Kalkbauxite bezeichnet und sind vor allem in den mediterranen Gebieten Europas verbreitet. Ihre Bildung steht gewöhnlich mit alten Landoberflächen im Zusammenhang. Das Einzelvorkommen ist i. d. R. nicht sehr groß. Das aluminiumreiche Ausgangsmaterial ist meist nicht mehr vorhanden. Es war wahrscheinlich Residualmaterial Al_2O_3-reicher Gesteine, das in das Karstrelief eingeschwemmt wurde und unmittelbar nach der Einschwemmung laterisiert (↗Laterisierung) wurde. Da die Lagerstätten durch die umgebenden Kalke vor Erosion geschützt sind, finden sie sich auch als ältere Bildungen, die bis zur ↗Trias reichen.
Die 1993 bekannten Reserven an Bauxit betrugen ca. 43 Milliarden Tonnen, was bei gleichbleibendem Verbrauch für die nächsten 200 Jahre ausreichen dürfte. Als Massenrohstoff wird Bauxit fast ausschließlich im ↗Tagebau gewonnen. Eine Ausnahme sind hochwertige Bauxitlagerstätten (Kalkbauxite) in Griechenland, die im ↗Tiefbau abgebaut werden. Hauptförderländer sind Australien, Guinea, Jamaika und Brasilien, wobei Australien mit weitem Abstand die höchste Bauxitförderung aufweist (1992: 49,75 Mio. t); es ist auch seit Beginn der neunziger Jahre der wichtigste Bauxitlieferant Deutschlands. [WH]

Bavel, heute Bavelien, in verschiedene Kalt- und Warmzeiten gegliederter unterpleistozäner Zeitabschnitt, benannt von Zagwijn nach der Ortschaft Bavel in den Niederlanden. Der Komplex wird gegliedert in (von alt nach jung): Dorst-Glazial, Leerdam-Interglazial, Linge-Glazial und Bavel-Interglazial. Das Bavel-Interglazial fällt in den Zeitraum des ↗Jaramillo-Events (↗Paläomagnetismus), etwa von 990.000–1.070.000 Jahre v. h. ↗Quartär.

Bay-Störung, zeitliche Variation des Erdmagnetfeldes von etwa einer halben Stunde Dauer, die in einem Magnetogramm wie eine »Meeresbucht« (= »Bay«) aussieht. Eine Ursache ist der Rückstrom des ↗polaren Elektrojets über den mittleren Breiten, eine weitere die Fernwirkung der feldparallelen Ströme in der ↗Magnetosphäre.

Bbh-Horizont ↗Bh-Horizont.

Bbms-Horizont, ↗Bodenhorizont entsprechend der ↗Bodenkundlichen Kartieranleitung, ↗Bbs-Horizont, dessen Bänder massiv verfestigt sind (↗Ortstein).

Bbs-Horizont, ↗Bodenhorizont entsprechend der ↗Bodenkundlichen Kartieranleitung, ↗Bs-Horizont, bänderförmige Anreicherung von ↗Sesquioxiden in mehreren Bändern von jeweils < 2 cm Mächtigkeit.

Bbt-Horizont, ↗Bodenhorizont entsprechend der ↗Bodenkundlichen Kartieranleitung, ↗Bt-Horizont, Tonanreicherung in mehreren Bändern von je 1–5 cm Mächtigkeit, kommt nur in Verbindung mit dem ↗Bv-Horizont vor.

Bcv-Horizont, ↗Bodenhorizont entsprechend der ↗Bodenkundlichen Kartieranleitung, ↗Bv-Horizont, erkennbar mit Sekundärcarbonat angereichert.

beachrock, *Strandfels*, *Strandkonglomerat*, *Strandsandstein*, durch kalkiges Bindemittel zementartig verfestigte Strandsedimente. Beachrock ist an Stränden warmer Meere (tropisch bis subtropisch) verbreitet anzutreffen, die genauen Bildungsbedingungen sind jedoch noch ungeklärt. Diskutiert wird eine Verfestigung der Strandsedimente durch das Zusammenspiel von Niederschlagswasser, Salzwasserspray, starker ↗Evaporation und primär im Sediment vorhandenem bzw. aus Schill stammendem Kalk im ↗intertidalen Bereich am ↗nassen Strand oder subaerisch am ↗trockenen Strand. Gelegentlich ist auch anthropogener Müll (z. B. Verschlüsse von Flaschen) eingebacken. Bildet meerwärts einfallende, dünne, geschichtete Lagen.

Bearbeitungssohle, ↗*Pflugsohle*, grenzt in der ↗Ackerkrume den bearbeiteten vom nichtbearbeiteten Bereich ab. Sie entsteht durch wiederholte ↗Bodenbearbeitung in gleicher Tiefe und die Abstützwirkung der Werkzeuge. Die Entstehung einer Bearbeitungssohle ist nicht nur an den Arbeitsgang des Pflügens gebunden, sie bildet sich auch bei nichtwendender Bodenbearbeitung heraus. Ist das ↗Bodengefüge im Bereich der Bearbeitungssohle stark geschädigt, werden die ↗Durchwurzelbarkeit, der Wasser- und Stofftransport sowie der Gasaustausch beeinträchtigt und damit das Ertragspotential des Standortes reduziert.

Beardmore, *Nathaniel*, engl. Bauingenieur, * 1816 in Nottingham, † 1872. Verfasser des ersten »Handbuches der Hydrologie« im Jahre 1862 in England, das in 3 Auflagen über 50 Jahre hinweg das Standardbuch im Bereich der Hydrologie blieb. Beardmore schreibt darin: »Die Wissenschaft der Hydrologie umfaßt die weitesten Bedingungen; nicht nur das Klima ist in Betracht zu ziehen, sondern auch die Höhenlage, Neigung und die geologische Formation der Unterschichten. Praktische Bauausführung erfordert große vorhergehende Erfahrung, wenn die Wissenschaft angewandt werden soll«.

Beatuskarte, Typ mittelalterlicher Weltkarten; in ursprünglicher Form enthalten in dem vom Benediktinermönch Beatus von Liébana (Asturien), Abt von St. Martin, zwischen 776 und 786 verfaßten Kommentar zur Apokalypse des Johannes. Neben einem kleinen schematischen ↗Erdbild, das die Aufteilung der Erde auf die drei Söhne Noahs veranschaulichen soll, gab es eine große, graphisch reich ausgestattete Weltkarte, welche die Ausbreitung des Christentums durch die zwölf Apostel zeigt. Die 19 erhaltenen Nachzeichnungen weichen nach Inhalt (zwischen 70 und 270 Namen) und Form (als ↗Radkarte, oval oder rechteckig) voneinander ab; Osten liegt aber immer oben. Das vom Weltmeer umgebene Land zeigt eine schematische Teilung

Beaufortgrad	Bezeichnung	Windgeschw. in 10 m Höhe über offenem, flachem Gelände		Auswirkungen des Windes	
		[m/s]	[km/h]	im Binnenland	auf See
0	still	0–0,2	< 1	Rauch steigt senkrecht empor	spiegelglatte See
1	leiser Zug	0,3–1,5	1–5	Windrichtung angezeigt nur durch den Zug des Rauches, aber nicht durch Windfahnen	kleine schuppenförmig aussehende Kräuselwellen ohne Schaumkämme
2	leichte Brise	1,6–3,3	6–11	Wind am Gesicht fühlbar; Blätter säuseln; gewöhnliche Windfahnen vom Winde bewegt	kleine Wellen, noch kurz, aber ausgeprägter; Kämme glasig
3	schwache Brise	3,4–5,4	12–19	Blätter und dünne Zweige in dauernder Bewegung; der Wind streckt einen Wimpel	Kämme beginnen sich zu brechen; der Schaum ist glasig; vereinzelt können kleine weiße Schaumköpfe auftreten
4	mäßige Brise	5,5–7,9	20–28	hebt Staub und loses Papier; dünne Äste werden bewegt	Wellen sind zwar noch klein, werden aber länger; weiße Schaumköpfe treten schon ziemlich verbreitet auf
5	frische Brise	8,0–10,7	29–38	kleine Laubbäume beginnen zu schwanken; auf Seen bilden sich kleine Schaumkämme	mäßige Wellen; weiße Schaumköpfe in großer Zahl (vereinzelt Gischt)
6	starker Wind	10,8–13,8	39–49	starke Äste in Bewegung; Pfeifen in Telegrafendrähten; Regenschirme schwierig zu benutzen	Bildung großer Wellen beginnt; überall treten ausgedehnte weiße Schaumkämme auf (üblicherweise kommt Gischt vor)
7	starker Wind	13,9–17,1	50–61	ganze Böen in Bewegung; fühlbare Hemmung beim Gehen gegen den Wind	See türmt sich; weißer Schaum in Streifen in Windrichtung
8	stürmischer Wind	17,2–20,7	62–74	bricht Zweige von den Bäumen; erschwert erheblich das Gehen	mäßig hohe Wellenberge von beträchtlicher Länge; Kanten der Kämme beginnen zu Gischt zu verwehen; der Schaum legt sich in gut ausgeprägten Streifen in Windrichtung
9	Sturm	20,8–24,4	75–88	kleinere Schäden an Häusern (Rauchhauben und Dachziegel werden heruntergeworfen)	hohe Wellenberge; dichte Schaumstreifen in Windrichtung; »Rollen« der See; Gischt kann die Sicht beeinträchtigen
10	schwerer Sturm	24,5–28,4	89–102	kommt im Binnenland selten vor; Bäume werden entwurzelt; bedeutende Schäden an Häusern	sehr hohe Wellenberge mit langen überbrechenden Kämmen; Schaumflächen bewirken, daß die Meeresoberfläche im ganzen weiß aussieht; »Rollen« der See wird schwer und stoßartig; Sicht ist beeinträchtigt
11	orkanartiger Sturm	28,5–32,6	103–117	kommt im Binnenland sehr selten vor; begleitet von verbreiteten Sturmschäden	außergewöhnlich hohe Wellenberge (kleine und mittelgroße Schiffe können zeitweise hinter den Wellenbergen aus der Sicht verloren werden); See ist völlig von den langen weißen Schaumflächen bedeckt, überall verweht Gischt; Sicht ist herabgesetzt
12	Orkan	> 32,6	> 117	–	Luft ist mit Schaum und Gischt angefüllt; See ist vollständig weiß; Sicht ist sehr stark herabgesetzt

Beaufort-Skala (Tab.): Skala der Windgeschwindigkeiten.

in vier Weltgegenden; alle weisen farbige Miniaturen auf.

Beaufortsee, als Teil des Arktischen Mittelmeers (↗Arktisches Mittelmeer Abb.) ↗Randmeer des ↗Nordpolarmeers vor der Küste von Kanada und Alaska, das durch eine Linie von Point Barrow im Westen und Prince Patrick Island im Osten begrenzt wird.

Beaufort-Skala, nach dem britischen Admiral F. Beaufort 1806 eingeführte 13-stufige Skala, die von 0 (Windstille) bis 12 (Orkan) reicht (Tab.). ↗Windstärke.

Bebauungsdichte, Verhältnis von bebauter zu unbebauter Fläche im Siedlungsraum. Je höher die Bebauungsdichte, desto weniger Platz ist für ↗Freiräume und ↗Grünflächen vorhanden. Die Bebauungsdichte kann somit als einer der Indikatoren für den ökologischen Zustand und die ↗Lebensqualität eines dicht bebauten Gebietes (z. B. Quartier, Stadtteil) verwendet werden. Hohe Bebauungsdichten haben Stadt- und Agglomerationszentren, sowie Quartiere mit Blockrandüberbauungen.

Bebauungsplan, verbindlicher ↗Bauleitplan in der zweistufig angelegten Bauleitplanung auf kommunaler Ebene, der aus dem ↗Flächennutzungsplan abgeleitet wird. Der Bebauungsplan enthält die rechtsverbindlichen Festsetzungen für die städtebauliche Ordnung von Teilbereichen eines Gemeindegebietes, erlangt die Gesetzeskraft einer Gemeindesatzung und ist für jedermann verbindlich. Im Bebauungsplan werden die Flächen- und Grundstücksnutzungen festgelegt, in dem die Art (Wohnbauflächen, gemischte Bauflächen, gewerbliche Bauflächen und Sonderbauflächen) sowie das Maß (Grundflächen-, Geschoßflächen-

und Baumassenzahl) der baulichen Nutzung nach der Baunutzungsverordnung, die überbaubare Grundstücksfläche und örtliche Verkehrsflächen bestimmt werden. Der Bebauungsplan besteht i. d. R. aus einer Plandarstellung im Maßstab 1 : 500 bis 1 : 2000 auf der Basis von topographischen Kartengrundlagen, wie ↗Flurkarte, ↗Liegenschaftskarte, Stadtgrundkarte in digitaler oder analoger Form und der ↗Planzeichenverordnung. Ergänzt wird die Plandarstellung durch textliche Erläuterungen und Tabellen zu den Baumaßnahmen. [ADU]

Beckenton, *Bänderton*, ↗Warvit.

Beckesche Linie, kristalloptische Erscheinung bei der Bestimmung der ↗Brechungsindizes mit Hilfe von Immersionsmethoden unter Verwendung von Einbettungsflüssigkeiten gleicher oder ähnlicher Brechungsindizes. Die Entscheidung, ob das Immersionsmedium oder das Objekt den höheren Brechungsindex besitzt, ist mit Hilfe der Beckeschen Lichtlinie möglich. Wird das Objekt im Mikroskop scharf abgebildet und dann der Objekttisch geringfügig abgesenkt oder angehoben, so kann an den Korngrenzen ein heller Saum, die Beckesche Linie, beobachtet werden. Diese helle Linie wandert beim Senken des Tisches immer in das Medium mit dem höheren Brechungsindex.

Becquerel, *Bq*, abgeleitete ↗SI-Einheit der Aktivität einer radioaktiven Substanz. Der Zahlenwert der Aktivität in Becquerel gibt den Erwartungswert *dN* der Anzahl von Kernumwandlungen in einer Substanz pro Zeiteinheit *dt* an: 1 Bq = 1/s. Die Einheit ist benannt nach dem französischen Physiker A.H. Becquerel (* 15.12.1852 Paris, † 25.8.1908 Le Croisic), der für die Entdeckung der spontanen Radioaktivität 1903 zusammen mit dem Ehepaar Curie den Nobelpreis für Physik erhielt. ↗spontane Kernspaltung, ↗Radioaktivität.

bedeckt, 8/8 des Himmels sind mit tiefen und/oder mittelhohen Wolken bedeckt.

Bedeckung, eines Sternes z. B. durch den Mond oder einen Asteroiden. Mit Hilfe von Sternbedeckungen durch den Mond gewinnt man beispielsweise Information über das Randprofil des Mondes.

Bedeckungsgrad ↗Bewölkung.

bedingte Instabilität, *bedingt instabile Schichtung* einer Luftsäule liegt vor, wenn die aktuelle vertikale Temperaturabnahme geringer ist als die der ↗Trockenadiabaten aber höher als die der ↗Feuchtadiabaten. Bezogen auf die vertikale Verschiebung eines Probe-Luftpakets ist die Schichtung stabil, solange es ungesättigt feucht bleibt; sie wird instabil, sobald ↗Sättigung erreicht ist, also wenn sich eine Wolke bildet.

Beersches Gesetz, **1)** *Klimatologie*: Änderung der Strahlungsintensität $I(z)$ durch ↗Absorption in einem Medium in Abhängigkeit von der Eindringtiefe z: $I(z) = I(0)e^{-\alpha z}$ (α = Absorptionskoeffizient). ↗Bouguer-Lambert-Beersches Gesetz.

2) *Kristallographie*: gibt das ↗Reflexionsvermögen R des Lichts bei senkrechtem Einfall auf eine ebene, spiegelnde Grenzfläche zwischen zwei schwach absorbierenden Medien mit den Brechungsindizes n_1 und n_2 an:

$$R = \left(\frac{n_2 - n_1}{n_2 + n_1}\right)^2 .$$

Begleitbodenformen ↗Leitbodengesellschaft.

Begriffsgeneralisierung ↗*semantische Generalisierung*.

Behaglichkeit, *Komfort*, gegenüber den modernen Methoden der ↗Medizinmeteorologie veralteter Begriff zur Kennzeichnung einer Situation, in der die thermischen (bezüglich der Lufttemperatur, Luftfeuchte usw.)(Abb.) und aktinischen (bezüglich der Strahlung) Gegebenheiten der Atmosphäre für den Menschen nicht belastend wirken; auch im Hinblick auf Schadstoffe (↗Luftreinhaltung, ↗radioaktive Strahlung). Gegensatz: *Diskomfort*.

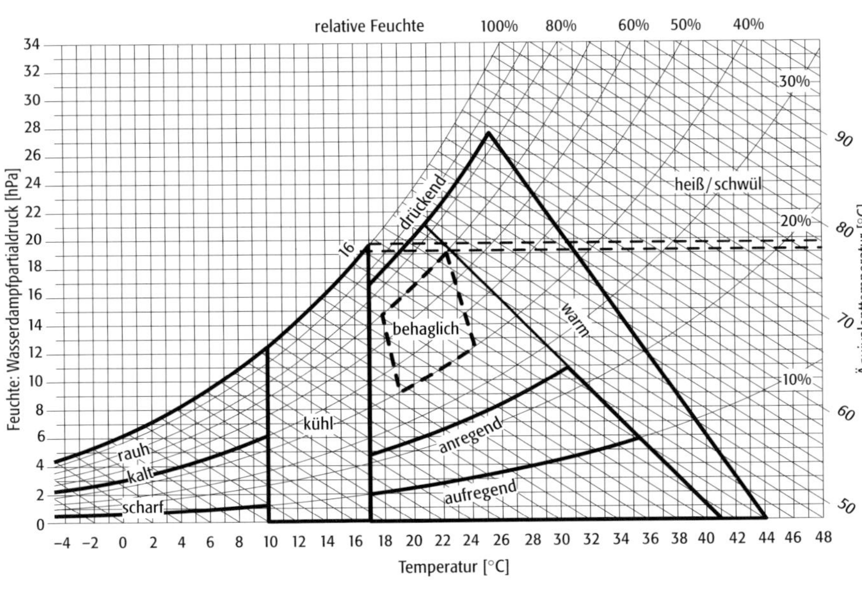

Behaglichkeit: Temperatur-Feuchte-Diagramm mit empirischen Grenzen der Behaglichkeit, Schwüle (Wärmebelastung) und Kälte, ohne Berücksichtigung des Windes.

Behaim, *Martin*

Behaim, *Martin*, * 6.10.1459 in Nürnberg, † 29.7.1507 in Lissabon, entwarf den ↗Behaimglobus.

Behaimglobus, ältester erhaltener Erdglobus mit vorkolumbianischem Weltbild. Der einer Nürnberger Ratsherren- und Kaufmannsfamilie angehörende Martin ↗Behaim lernte durch den Mathematiker und Astronomen Johannes Müller (↗Regiomontanus) dessen Ephemeridentafeln zur Standortbestimmung der Gestirne und die Benutzung des ↗Jakobstabes zur Ortsbestimmung kennen. Behaim lebte seit 1484 in Portugal. Hier gelangte er durch seine astronomischen Kenntnisse, seine Instrumente und Tabellen zu hohen Ehren, fand Aufnahme in die »Junta der Mathematiker« und wurde von König Johann II. zum Ritter erhoben. Er nahm an Seefahrten entlang der afrikanischen Westküste teil. Von 1491–93 hielt er sich wieder in Nürnberg auf und schlug dabei dem Rat die Herstellung eines »Erd-Apfels« vor, um so für die Unterstützung einer Westfahrt nach Ostasien zu werben. Die aus Pappe geformte, von einem Gipsgrund überzogene Kugel von 51 cm Durchmesser (Maßstab 1:25 Mio.) und ein Holzgestell (1510 durch das bis heute erhaltene Metallgestell ersetzt) fertigte Meister Kalperger. Bei dem Entwurf und der Zeichnung der 2 × 12 Globussegmente wurde Behaim von dem Maler und Formschneider G. Glogkendon unterstützt. Der von einem Führungsring gehaltene Meridianring ist ohne Gradteilung, der Horizontring aus Messing enthält Gradteilung, Monats- und Tagesangaben sowie Tierkreiszeichen. Das Kartenbild geht nach Behaims Angaben auf Strabon, Plinius und ↗Ptolemäus sowie Marco Polo unter Beibehaltung ihrer viel zu groß angenommenen Ost-West-Ausdehnung Europa-Asien zurück. Als zeitgenössische kartographische Vorlage stand ihm wahrscheinlich eine von H. Martellus Germanus 1489 gezeichnete Weltkarte zur Verfügung. Die Westküste Afrikas bis über die Südspitze hinaus folgt den portugiesischen Entdeckungen. Legendentexte ergänzen die Aussage des Kartenbildes. Der Längenabstand von den bekannten atlantischen Inseln bis zur Ostküste Asiens täuschte eine kurze Atlantikquerung vor, für den unbekannten Stillen Ozean blieb kein Raum. Der im Nürnberger Rathaus aufgestellte Globus wurde viel bestaunt, ging Anfang des 17. Jahrhunderts in den Besitz der Familie Behaim über, kam 1907 als Leihgabe an das Germanische Nationalmuseum in Nürnberg und wurde 1937 von diesem angekauft. [WSt]

Beharrung ↗*Beharrungszustand.*

Beharrungsstrecke, Abschnitt eines Fließgewässers, in dem weder ↗Sedimentation noch ↗Erosion feststellbar ist (↗Auflandung).

Beharrungszustand, *Beharrung*, ist der quasistationäre Zustand einer Grundwasserströmung innerhalb des Absenkungsbereichs. Dies bedeutet, daß die geförderte Wassermenge pro Zeiteinheit vollständig durch von weiter außen herbeiströmendes Grundwasser ersetzt wird und der Absenkungsbereich sich somit nicht weiter ausdehnt.

behördliche Kartographie, *amtliche Kartographie, staatliche Kartographie*, die regelmäßige Bearbeitung, Herstellung und Herausgabe von Karten und ↗Kartenwerken zur öffentlichen Daseinsvorsorge als hoheitliche Aufgabe durch Verwaltungsbehörden. Hierzu gehören schon seit über 200 Jahren, die großmaßstäbigen Flur- und Katasterkarten des ↗Liegenschaftskatasters, ursprünglich zur Besteuerung von Grund und Boden (Steuerkataster), später als Grundstücksnachweis (Eigentumskataster) und heute für weitgehende Bedürfnisse von Recht, Verwaltung und Wirtschaft (Mehrzweckkataster). Gleichfalls weit zurück reichen die eigentlichen Landkarten, d.h. die ↗topographischen Karten und die ↗Seekarten, die beide ursprünglich v.a. der Landesverteidigung dienten. Schon seit dem 19. Jahrhundert gibt es von den jeweiligen Ämtern herausgegebene ↗Geologische Karten, ↗Bodenkarten, ↗Stadtkarten. Inzwischen erfuhr die behördliche Kartographie eine Erweiterung durch volkswirtschaftliche Aufgaben (Verkehrsplanung, Forstwirtschafts- und Wasserwirtschaftsverwaltung, Umweltschutz, Raumplanung). An Stelle eigener kartographischer Abteilungen in den Behörden ist heute eine zunehmende Auslagerung in den Bereich der ↗gewerblichen Kartographie getreten. Zugleich erlaubt der technische Fortschritt ihr Angebot zu vermehren und außer den herkömmlichen gedruckten Karten digitale Ausgaben zur Verfügung zu stellen. Schließlich ist die behördliche Kartographie gekennzeichnet durch zunehmende internationale Zusammenarbeit, insbesondere in Europa (↗CERCO). [JN]

beizen, Bezeichnung für chemische und physikalische Behandlungen gegen tierische oder pilzliche Schaderreger, die am oder im Saat- und Pflanzgut vorhanden sind. Es werden auch Wirkstoffe eingesetzt, die systemisch von der Pflanze aufgenommen werden und die Pflanze in der ersten Entwicklungsphase bis zu mehreren Wochen gegen Befall von Pflanzenkrankheiten und tierischen Schaderregern schützen.

Belastbarkeit ↗ökologische Belastbarkeit.

Belastungsdichte, *Belastung*, Anzahl der Gitterpunkte pro Flächeneinheit einer Netzebene. In dem abgebildeten Beispiel (der Orthogonalprojektion eines einfachen kubischen Gitters auf die $\vec{a}$-$\vec{b}$-Ebene) steigt die Belastungsdichte der drei Netzebenen in der Reihenfolge (*140*), (*110*),

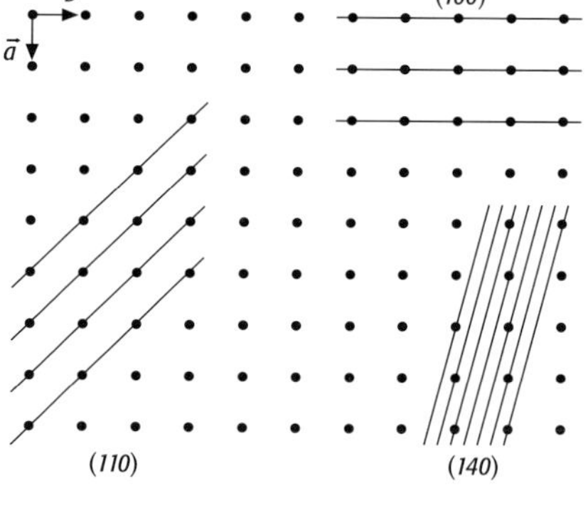

Belastungsdichte: Zunahme der Belastungsdichte der drei Netzebenen in der Reihenfolge (*140*), (*110*), (*100*).

(*100*) an, während gleichzeitig ihr Abstand zunimmt (Abb.). Allgemein gilt, daß die Belastungsdichte dem Netzebenenabstand proportional ist. Niedrig indizierte Netzebenen haben i.d.R. eine hohe Belastungsdichte und entsprechen bevorzugt ausgebildeten Kristallflächen (↗Bravaissches Prinzip).

Belastungsgebiet ↗Lastraum.

Belastungsgrenze, Schwellenwerte für durch biologische, physikalische, chemische oder technische Einwirkungen hervorgerufene Störungen eines Systems (↗Ökosystem, ↗Landschaftsökosystem oder Lebewesen). Unterhalb der Belastungsgrenze wird die ↗Regenerationsfähigkeit, d.h. die Fähigkeit zur Selbstregulation des Systems nicht beeinträchtigt. Das System verbleibt gegenüber Störungen im Gleichgewicht und kann diese ohne dauernde Änderung des Systemzustandes kompensieren. Die Belastungsgrenzen von Ökosystemen und Landschaftsökosystemen werden, wegen des teilweise fehlenden ökologischen Grundlagenwissens, durch politische, ökonomische oder andere gesellschaftliche Akteure festgelegt.

Belastungsmarken, vorwiegend an der Unterseite von Sandbänken auftretende, wulstige Auswüchse in ein unterlagerndes, meist toniges Sediment. Sie bilden sich postsedimentär (↗postsedimentäre Strukturen) aufgrund vertikaler Dichteunterschiede und unterschiedlicher kinematischer Viskosität der beiden übereinander lagernden Sedimente. Auslösend wirkt dabei die ungleichförmige Belastung durch beispielsweise ↗Rippel, Ausfüllungen von ↗Kolkmarken oder wellige Schichtgrenzen. Zu der Gruppe der Belastungsmarken gehören u.a. *ball-and-pillow structures (Kissenstrukturen)* und *loadballs* (isolierte Belastungsmarken). Belastungsmarken treten bevorzugt im fluviatilen und lagunären Milieu sowie in ↗Prielen auf.

Belastungsstoff, Stoff, der aufgrund seiner Konzentration im Wasser eine Verschlechterung der ↗Gewässergüte zur Folge hat, ohne unbedingt toxisch zu wirken. In der Gewässerkunde zählen hierzu insbesondere alle Stoffe, die eine ↗Eutrophierung des Gewässers verursachen können (Nährstoffe) oder auch sauerstoffzehrende (zumeist organische) Substanzen, die zu einem Sauerstoffdefizit führen.

Belebtschlamm, Bezeichnung aus der Klärtechnik für die ↗Biomasse der ↗biologischen Reinigungsstufe. Der Belebtschlamm setzt sich aus schnellwachsenden Abwasserorganismen zusammen (Bakterien, Protozoen, Pilze), welche die gelösten Abwasserinhaltsstoffe in zelleigene Substanz überführt haben.

Belebungsanlagen, Anlagen der ↗biologischen Abwasserreinigung, in denen das Wachstum und die Aktivität von Mikroorganismen gefördert werden, um organische Abwasserinhaltsstoffe abzubauen. Das Belebungsverfahren entspricht weitgehend der ↗Selbstreinigung in Gewässern, jedoch wird durch technische Maßnahmen z.B. Belüftung (Zufuhr von Luft oder reinem Sauerstoff) eine starke Vermehrung der Mikroorganismen (belebte Flocken, ↗Belebtschlamm) erreicht. Der Zugewinn an Biomasse wird als Überschußschlamm aus der Belebungsanlage entfernt und weiter aufbereitet, z.B. durch ↗anaerobe Schlammbehandlung (Abb.).

Belebungsbecken, offenes Becken aus Stahlbeton, das als ↗Belebungsanlage verwendet wird.

Belemniten, ↗Cephalopoda mit calcitischem Innenskelett; in Jura und Kreide auffällige und weit verbreitete Makrofossilien (»Donnerkeile«).

Beleuchtungskorrektur, *Einstrahlungskorrektur, Reliefkorrektur*, ist vor allem bei der Auswertung von Fernerkundungsdaten von gebirgigen Regionen von Bedeutung. Aufgrund unterschiedlicher Höhenlage, Exposition, Hangneigung und Horizonteinengung treten Einstrahlungsdifferenzen auf, die sich auch auf die detektierte Strahlung auswirken. Dies kann besonders bei der digitalen Klassifizierung, aber auch bei der visuellen Interpretation, störend wirken und letztlich zu fehlerhaften Zuweisungen führen. Um Fehlklassifizierungen zu vermeiden, sind Korrekturen der Einstrahlungsverhältnisse erforderlich, die auf digitale Höhenmodelle zurückgreifen. Neben aufwendigen, auf Strahlungsübertragungs- und Aerosolmodellen basierenden Verfahren wird auch die Cosinuskorrektur angewendet.

Die Cosinuskorrektur ist ein Verfahren zur Korrektur der über einem Pixel registrierten Strahldichte L_T, das auf dem Cosinusgesetz als physikalische Grundlage beruht. Es beschreibt die Intensität der direkten Einstrahlung in Abhängigkeit vom Winkel zwischen Sonneneinstrahlung und der Flächennormalen eines Bildelements. Die Beleuchtungsverhältnisse (cos i) werden dabei aus dem Sonnenzenitwinkel (θ_S) und dem Sonnenazimutwinkel (φ_S) sowie der Géländeneigung (δ_n) und der Exposition (φ_n) des Pixels berechnet.

$$\cos i = \cos\theta_S \cdot \cos\delta_n + \sin\theta_S \cdot \sin\delta_n {}^{*}\cos(\varphi_S - \varphi_n)$$

Die korrigierte Strahldichte L_H erhält man aus:

$$L_H = L_T + [\cos\theta_S / \cos i].$$

Beim Cosinus-Verfahren können Überkorrekturen erfolgen, da zwischen der diffusen und der direkten Einstrahlung nicht weiter differenziert wird. [HW]

Beleuchtungsrichtung ↗Reliefdarstellung.

Bellingshausenmeer, ↗Randmeer des Pazifischen Ozeans (↗Pazifischer Ozean Abb.) in der Antarktis.

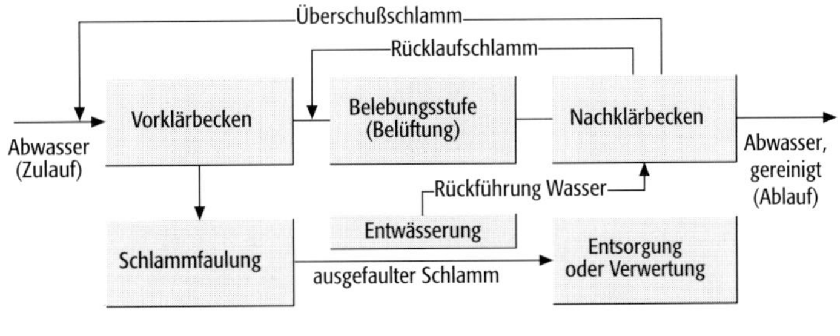

Belebungsanlagen: Abwasserklärung und Schlammführung im Belebungsverfahren.

Belmoriden ↗Proterozoikum.

Belov, *Nikolai Vasil'evich*, russischer Chemiker und Kristallograph, * 14.12.1891 Yanov (jetzt Polen), † 6.3.1982 Moskau. 1924 Leiter des Zentralen Chemischen Labors der Lenkoztrest (Leningrader Rohleder Treuhandgesellschaft); ab 1932 wissenschaftlicher Mitarbeiter am Lomonosow Institut der Akademie der Wissenschaften der UdSSR in Leningrad und Moskau, zunächst im geochemischen, dann im kristallographischen Institut unter Prof. A. V. ↗Shubnikov. Belov promovierte 1943 mit grundlegenden Arbeiten zum kristallchemischen Verständnis der atomaren Struktur anorganischer Verbindungen, insbesondere ionischer Kristalle und metallischer Phasen; 1946 korrespondierendes Mitglied und 1953 Vollmitglied der Akademie der Wissenschaften der UdSSR; Professor an den Universitäten in Gorkij und Moskau; seit 1961 Direktor des Instituts für Kristallographie und Kristallchemie der Geologischen Fakultät der Moskauer Universität; Hauptherausgeber der russischen Zeitschrift für Kristallographie (Kristallografiya); 1966–1969 Präsident der International Union of Crystallography. Er erhielt zahlreiche nationale und internationale Ehrungen und Auszeichnungen für seine wissenschaftliche und pädagogische Arbeit in der UdSSR (z. B. Lenin-Preis und -Orden, Held der Sozialistischen Arbeit, Lomonosow Goldmedaille) sowie Ehrenmitgliedschaften in den Mineralogischen Gesellschaften der USA, Großbritanniens, Frankreichs und der Geologischen Gesellschaft der DDR. Belov schrieb wichtige Arbeiten über die wichtigsten Khibiny Minerale (Halbinsel Kola), Nephelin und Apatit und zur technologischen Verwertung von Nephelin zum Gerben von Leder, in der Textil- und Papierindustrie; sein Hauptinteresse galt der Silicat-Chemie, insbesondere mit großen Kationen wie Calcium, Kalium, Natrium und Seltenen Erden; wichtige Arbeiten zur Symmetrietheorie: neue graphische Methode der Ableitung der Raumgruppen (Klassen-Methode), Ableitung der 1651 Shubnikov-Schwarz-Weiß-Symmetriegruppen, Untersuchungen zu vierdimensionalen Raumgruppen. [KH]

Belt-Apparatur, ein Gerät, das in der ↗experimentellen Petrologie eingesetzt wird, um Drücke bis zu 10 GPa bei maximalen Temperaturen von 2000 °C zu erzeugen. Es besteht aus zwei aufeinander drückenden Wolframcarbid-Zylindern, wobei der zentrale Probenraum seitlich durch einen Wolframcarbid-Gürtel (engl.: belt) mit Stahlmantel unterstützt wird. Im Vergleich zu den im gleichen Druck-Bereich einsetzbaren ↗Stempel-Zylinder-Pressen und den bei deutlich höheren Drücken verwendbaren ↗Vielstempelpressen sind die Belt-Apparaturen heute weniger gebräuchlich.

Beltsee, Teil der Ostsee (↗Ostsee Abb.) westlich der Darßer Schwelle, bestehend aus dem Sund, dem Großen Belt, dem Kleinen Belt, der Kieler und der Mecklenburger Bucht, mit Fehmarnbelt und -sund.

Belüftung, 1) ↗physikalischer Sauerstoffeintrag in ein Gewässer oder Abwasser durch Luft aus der Atmosphäre. Der physikalische Sauerstoffeintrag wird durch turbulente Bedingungen gefördert. Eine technische Umsetzung erfolgt in der Klärtechnik zur Belüftung des Abwassers (↗Belebungsanlagen) und in Gewässern zur Anreicherung mit Sauerstoff, z. B. durch Überströmen von Wehren.
2) ↗biogener Sauerstoffeintrag in ein Gewässer (*biogene Belüftung*) durch die ↗Photosynthese von Wasserpflanzen (inklusive Cyanobakterien). Da die biogene Belüftung an das Sonnenlicht gebunden ist, kommt es zu einer Periodizität der Sauerstoffkonzentration (Tagesgang) im Gewässer. Bei Wasserblüten (↗Algenblüte) oder in stark verkrauteten Gewässern kann es zu Sauerstoffübersättigung und Alkalinisierung des Wassers kommen.

Belüftungszone ↗*Aearationszone.*

Bemessungshochwasser, größter ↗Durchfluß, für den wasserbauliche Anlagen wie z. B. ↗Deiche, ↗Hochwasserrückhaltebecken und ↗Talsperren ausgelegt werden und der vom Bauwerk noch schadlos abgeführt werden muß. Die Auswahl der entsprechenden Scheitelwasserstände bzw. -durchflüsse für die Bemessung erfolgt unter Berücksichtigung ökonomischer und hydrologischer Gegebenheiten.

Bemessungsniederschlag, 1) für ein bestimmtes Einzugsgebiet angenommene ↗Niederschlagshöhe und ↗Niederschlagsverteilung zur Bestimmung des ↗Bemessungshochwassers. 2) Niederschlagshöhe eines bestimmten Niederschlagsereignisses, das der wasserwirtschaftlichen und baulichen Planung zugrunde gelegt wird.

Bemusterung von Erzlagerstätten, dient der quantitativen und qualitativen Erfassung eines Erzvorkommens durch Entnahme und Analysieren von möglichst repräsentativen Proben aus Schürfaufschlüssen. Die Methoden der Probenahme sind lagerstättenspezifisch. Die Bemusterung ist die Grundlage der Lagerstättenbewertung und der Bergbauplanung. Bei der Probenahme (*Beprobung von Erzlagerstätten*) kommen in Betracht: a) freiliegende Aufschlüsse in Schürfgräben, Schürfschächten oder Schürfstollen; b) verdeckte Aufschlüsse in Schürfbohrungen. Zu a) zählen:
– Pickproben, bei denen es sich um Einzelproben, die entweder willkürlich oder systematisch nach einem Beprobungsschema entnommen werden, handelt
– Schlitzproben in Form von flachen Rinnen mit dreieckigem oder rechteckigem Querschnitt, die aus einem Schürfaufschluß herausgeschlagen werden, wobei der Schlitz meist senkrecht zum ↗Streichen des Erzkörpers verläuft
– Haufwerksproben aus dem hereingeschossenen Haufwerk beim Vortrieb bergmännischer Arbeiten
– Bohrmehlproben in Form von zerkleinertem Material (als Mehl oder Schlamm) aus Bohrungen.
Aus Schürfbohrungen (b) können Bohrkerne und Lockersedimente gewonnen werden. [WH]

Benard-Zelle, *Rayleigh-Benard-Zelle*, zellenförmige Muster in Flüssigkeiten und Gasen, die bei der Erwärmung (↗Konvektion) des Mediums von unten entstehen. Sie sind nach den Physikern Benard und Rayleigh benannt. In der Atmosphäre als annähernd hexagonale Wolkenformationen von etwa 10–30 km Durchmesser zu beobachten, die in offene Zellen (aufsteigende Warmluft mit Wolkenbildung an den Rändern) und geschlossene Zellen (aufsteigende Luft und Wolkenbildung in der Zellmitte) (↗Konvektionszellen, Abb. 1 und 2 im Farbtafelteil) unterteilt werden.

Benetzbarkeit, Oberflächeneigenschaft der Minerale, die sich gegenüber Flüssigkeiten aufgrund deren Oberflächenspannung, aber auch des Charakters der festen, meist kristallinen Oberfläche, verschieden verhalten. Die unterschiedliche Benetzbarkeit wird durch den meßbaren charakteristischen Randwinkel Θ beschrieben (Abb. 1,

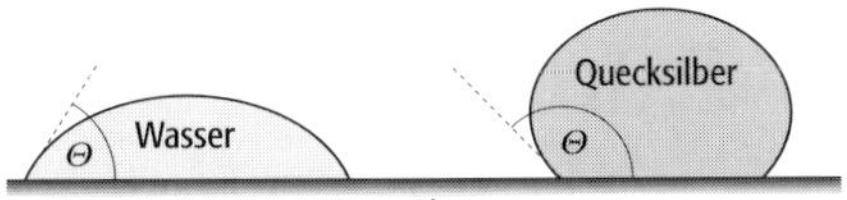

Abb. 2). Minerale, die sich von Wasser gut benetzen lassen, bezeichnet man als ↗hydrophil, z. B. Silicate, Sulfate, Carbonate, Phosphate, Halogenide u. a., insbesondere Verbindungen mit Ionengitter. Minerale, die sich schlecht von Wasser benetzen lassen, heißen ↗hydrophob. Beispiele sind fast alle Sulfide, viele Metalloxide, Kohle und Diamant. Eine praktische Bedeutung hat die unterschiedliche Oberflächenaktivität bei der Schwimmaufbereitung, der ↗Flotation. Hier werden Erze vom tauben Nebengestein aus einer wässrigen Aufschlemmung des fein gemahlenen Rohstoffes abgetrennt. Zugesetzte, meist polare organische Reagenzien steuern die Benetzbarkeiten, so daß sich Luftbläschen eines erzeugten Schaumes selektiv an bestimmte Komponenten anlagern und durch Aufschwimmen abtrennen lassen. Große Bedeutung hat die Hydrophobierung im Bautenschutz und bei der Bauwerkserhaltung, Denkmalpflege, Betondichtungsmittel und Sperranstrichmitteln und bei der wasserabweisenden Imprägnierung von Holz, Glas und Keramik. [GST]

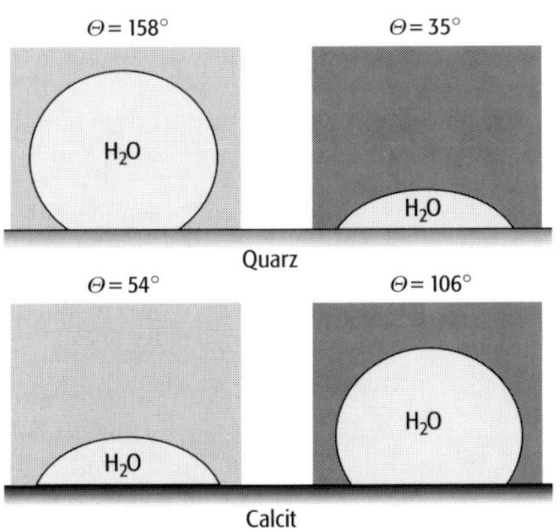

Benetzung, **1)** *Allgemein*: kennzeichnet den Prozeß der Anlagerung von Wasser (↗*Benetzungswasser*) an die Oberfläche von Stoffen. Das Erscheinungsbild der Benetzung zeigt sich durch ein mehr oder weniger starkes Zerfließen eines auf die Oberfläche eines Festkörpers aufgebrachten Flüssigkeitstropfens. **2)** *Bodenkunde*: Benetzung findet dann statt, wenn die wasseranziehenden Kräfte zwischen der Oberfläche von Bodenpartikeln und den Wassermolekülen (↗Adhäsion) größer sind als die innermolekularen Kräfte der Wassermoleküle (↗Kohäsion). Benetzung ist dann am stärksten ausgeprägt, wenn die Bodenoberfläche ähnliche physikalisch-chemische Eigenschaften aufweist wie Wasser. Das bedeutet die Oberfläche müßte polar oder elektrostatisch geladen sein. Man spricht dann von Hydrophilie. Bei stark geminderter Benetzung spricht man von Hydrophobie.

Benetzungsfront, durch wasseranziehende Kräfte im Boden wird Wasser an der Oberfläche von Bodenpartikeln angelagert (↗Benetzung). Dieser Prozeß schreitet im Boden voran. Die Benetzungsfront kennzeichnet die vorderste Position und grenzt den benetzten vom unbenetzten Boden ab.

Benetzungswärme ↗Benetzungswiderstand.

Benetzungswasser ↗Benetzung.

Benetzungswiderstand, molekulare (van-der-Waalsche) sowie Coulombsche Kräfte wirken an den vorwiegend negativ geladenen Sorptionsträgern (Ton, Humus, Metalloxide) der Grenzflächen des Bodens (»Grenzflächenspannung«). Sie bilden zusammen die wasseranziehenden ↗Adhäsionskräfte (↗Adhäsion). Sind die Adhäsionskräfte groß, ist der Benetzungswiderstand klein und umgekehrt. Übertreffen die Adhäsionskräfte die Kohäsionskräfte (↗Kohäsion) des Wassers, wird Wasser an der Bodenoberfläche angelagert. Man sagt dazu, der Boden wird benetzt (↗Benetzung). Böden besitzen i. a. geringe Benetzungswiderstände, sind also leicht benetzbar. Bei der Wasserbindung wird Energie frei, die als *Benetzungswärme* bezeichnet wird. Der Benetzungswiderstand wird beeinflußt vom Bodenwassergehalt, dem Humusgehalt, der Humusform u. a. Er ist damit von Bedeutung für die ↗Infiltration von Wasser in den Boden und den Bodenwassertransport. Trockene und humusreiche Böden können hohe Benetzungswiderstände (Hydrophobie) aufweisen. Als Erscheinungsbild kann man dann beobachten, daß das Wasser abperlt, d. h. das Wasser verbleibt in der Tropfenform, die Kohäsionskräfte sind größer als die Adhäsionskräfte. [US]

Benetzungswinkel, Winkel der sich aufgrund der Grenzflächenspannung zwischen einer flüssigen und einer festen Phase einstellt (↗Phasenübergänge). Gemessen wird er als Winkel zwischen einer ebenen Fläche des Festkörpers und der Tangente an eine aufgetropfte flüssige Phase. Winkel < 90° sind nötig, damit sich eine Flüssigkeit auf dieser Ebene ausbreiten kann. ↗Benetzbarkeit.

Benetzbarkeit 1: Unterschiedliche Benetzbarkeit von Glas durch Wasser und Quecksilber; meßbar durch den charakteristischen Randwinkel Θ.

Benetzbarkeit 2: Unterschiedliche Benetzbarkeit von Quarz und Calcit bei Anwesenheit einer zusätzlichen Flüssigkeit.

Benguelastrom, ↗Meeresströmung vor der Küste Südwest-Afrikas im Atlantischen Ozean, die, als dynamisches Gegenstück zum ↗Humboldtstrom, kältere Wassermassen des ↗Auftriebes vor SW-Afrika äquatorwärts verfrachtet.

Benioff, Hugo, amerikanischer Seismologe, * 1899, † 1968. Zusammen mit ↗Gutenberg und ↗Richter arbeitete er am Seismological Laboratory of the California Institute of Technology in Pasadena, Los Angeles. Benioff baute eine neue Generation seismischer Instrumente zur Aufzeichnung kurzperiodischer Erdbebenwellen. Ferner entwickelte er Strain-Seismometer zur Registrierung von langperiodischen Deformationen der Erdoberfläche. Am bekanntesten sind seine grundlegenden Studien zur räumlichen Anordnung der Erdbebenherde entlang der Oberfläche von subduzierten Platten (1954), der Benioff-Fläche (↗Wadati-Benioff-Zone).

Benioff-Zone ↗*Wadati-Benioff-Zone*.

Benndorfscher Satz, Beziehung zwischen dem ↗Strahlparameter p an der Erdoberfläche und den Strahldaten im Scheitelpunkt des Strahls R_0:

$$p = (R_E \sin i_E)/V(R_E) = R_0/V_0(R_0)$$

(R_E = Erdradius, $V(R_E)$ = seismische Geschwindigkeit, i_E = Einfallswinkel). Die Beziehung gilt für ein Erdmodell, in dem die ↗seismische Geschwindigkeit mit der Tiefe monoton zunimmt und bildet die Grundlage für das ↗Herglotz-Wiechert-Verfahren.

Bennettitopsida, Klasse der ↗Cycadophytina mit eingeschlechtlichen Blüten oder Zwitterblüten mit Perianth. Die weibliche Blüte bzw. das Gynoeceum bestand aus Fruchtblättern mit jeweils nur einer einzigen, gestielten oder direkt an der Blütenachse sitzenden Samenanlage. Die Blatt-Epidermis bildete syndetocheile Stomata. Die Bennettitopsida kommen vom ↗Keuper bis Unterkreide (↗Kreide) vor. Die eustelaten bis polystelaten Bennettitopsida hatten überwiegend einen wenig verzweigten, dickstämmigen Habitus (pachycaul), konnten aber auch stärker verzweigt und dünnästig (leptocaul) oder sympodial wachsen. Sie bildeten Leitertracheiden-Holz. Die Laubblätter waren meist fiedrig, ihre ↗Epidermis hatte die für die Klasse charakteristischen syndetocheilen Stomata, d. h. die Initialzelle teilte sich zunächst in drei Zellen, deren mittlere zur Spaltöffnungsmutterzelle wurde, während die beiden seitlichen Zellen Nebenzellen bildeten. Dieser Spaltöffnungstyp ist sonst nur noch bei Welwitschia aus der Klasse Gnetopsida (↗Cycadophytina) bekannt, woraus sich deren mögliche Entwicklung aus Bennettiteen-ähnlichen Vorfahren ergibt. Die Bennettitopsida bildeten erstmals in der Erdgeschichte neben den ursprünglicheren eingeschlechtlichen Blüten Zwitterblüten. Die end-, seiten- oder stammständigen Blüten besaßen oft eine Blütenhülle aus sterilen Hüllblättern (Perianth) und bestanden aus einem basalen männlichen Blütenabschnitt (Androeceum) mit den Pollensäcke tragenden Staubblättern und einem vorderen weiblichen Abschnitt (Gynoeceum), wo entlang der Blütenachse schraubig angeordnete Interseminalschuppen und auf eine einzige Samenanlage reduzierte Fruchtblätter alternierten. Nach der Bestäubung durch Tiere und der Befruchtung verholzten diese Schuppen während der Reifung und verschmolzen zu einem Schuppenkomplex, der die Samen einschloß. Die Bennettitopsida waren in der Ober-Trias bis in die Unter-Kreide artenreich, verloren dann aber mit der Entfaltung der ↗Angiospermophytina sehr rasch an Bedeutung und starben am Ende der Unter-Kreide aus. [RB]

Benthal, Lebensraum der Bodenzone eines Gewässers/Sees. Es gliedert sich nach geomorphologischen und hydrodynamischen Gesichtspunkten sowie entsprechend der Verfügbarkeit des Lichts und nach biologischen Aktivitäten in ↗Litoral, ↗Bathyal, ↗Abyssal und ↗Hadal (Abb.). In Seen wird das Benthal unterteilt in das ↗Litoral und das darunter befindliche ↗Profundal. Die zwischen diesen Bereichen liegende Grenzschicht wird produktionsbiologisch als ↗Kompensationsebene bezeichnet (↗See Abb. 4).

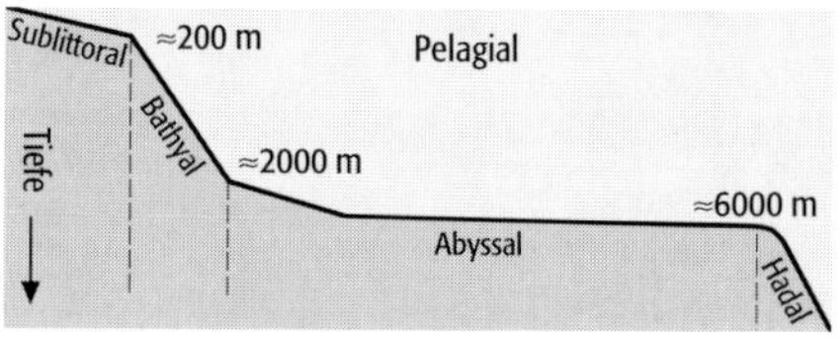

Benthal: Das Benthal mit seinen Tiefenstufen.

benthische Organismen, alle Lebensformen, die im und auf dem Sediment oder den Felsböden von Gewässern siedeln. An Meeresstränden wird die Zone bis zum Spritzwassersaum mit einbezogen. Unterschieden werden u. a. sessile (festgewachsene), vagile (bewegliche), endobenthische (im Sediment lebende) und epibenthische (auf dem Sediment lebende) Organismen.

Benthos, die bodenbewohnenden Organismen eines Gewässers. Es sind ↗sessile und ↗vagile Formen, die auf dem Sediment (Epibenthos) oder innerhalb der Sedimentdecke existieren (Endobenthos). Der Großteil der Benthonten, v. a. das im durchlichteten Flachwasser lebende Epibenthos besitzt schützende Hartteile mit hoher Erhaltungswahrscheinlichkeit. Zu ihnen gehören die meisten Foraminiferen, Lamellibranchiaten, Gastropoden, außerdem Brachiopoden, Bryozoen, Arthropoden und Echinodermen. Das Endobenthos hat häufig reduzierte oder dünnwandige Skelette, weil die verborgene Lebensweise genügend Schutz vor Feinden bietet und massive Skelette bei der grabenden Lebensweise hinderlich sind. Neben grabenden Muscheln und Schnecken sind v. a. Würmer und Crustaceen zu nennen. Benthonische ↗Biozönosen sind in besonderem Maße durch ökologische Faktoren beeinflußt und deshalb für die Rekonstruktion fossiler Lebens- und Ablagerungsräume (Fazies-Rekonstruktionen) von großer Bedeutung. [EM]

Abkühlungsklüftung: durch Abkühlung säulig geklüfteter Basalt (Hochsimmer, Eifel).

Ablationsmikrorelief: Beispiel für ein Ablationsmikrorelief auf Gletschereis am Island Peak, Nepal.

Achat: aufgeschnittener und anpolierter Achat.

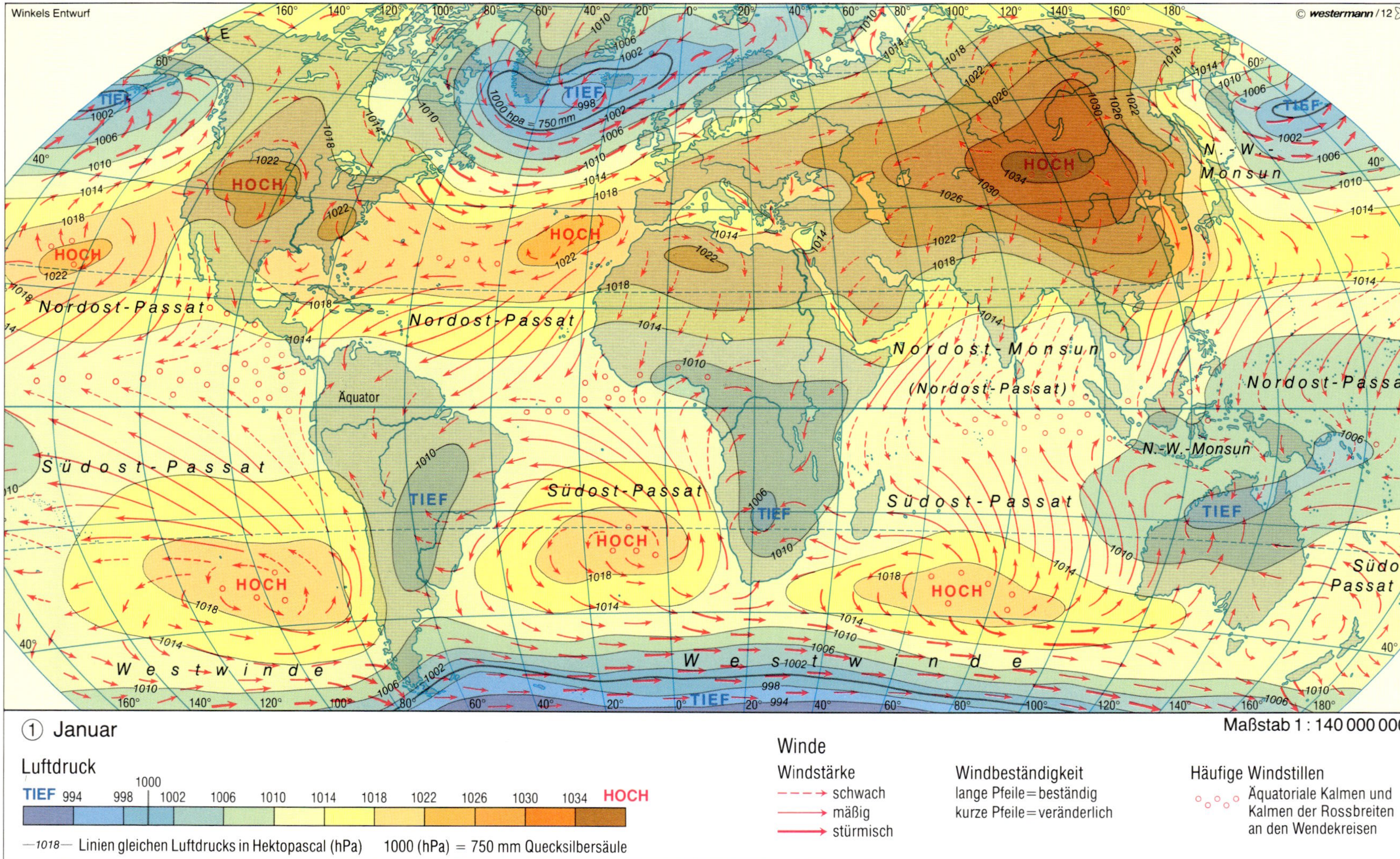

allgemeine atmosphärische Zirkulation 5: Verteilung von Luftdruck und Windverhältnissen im Januar.

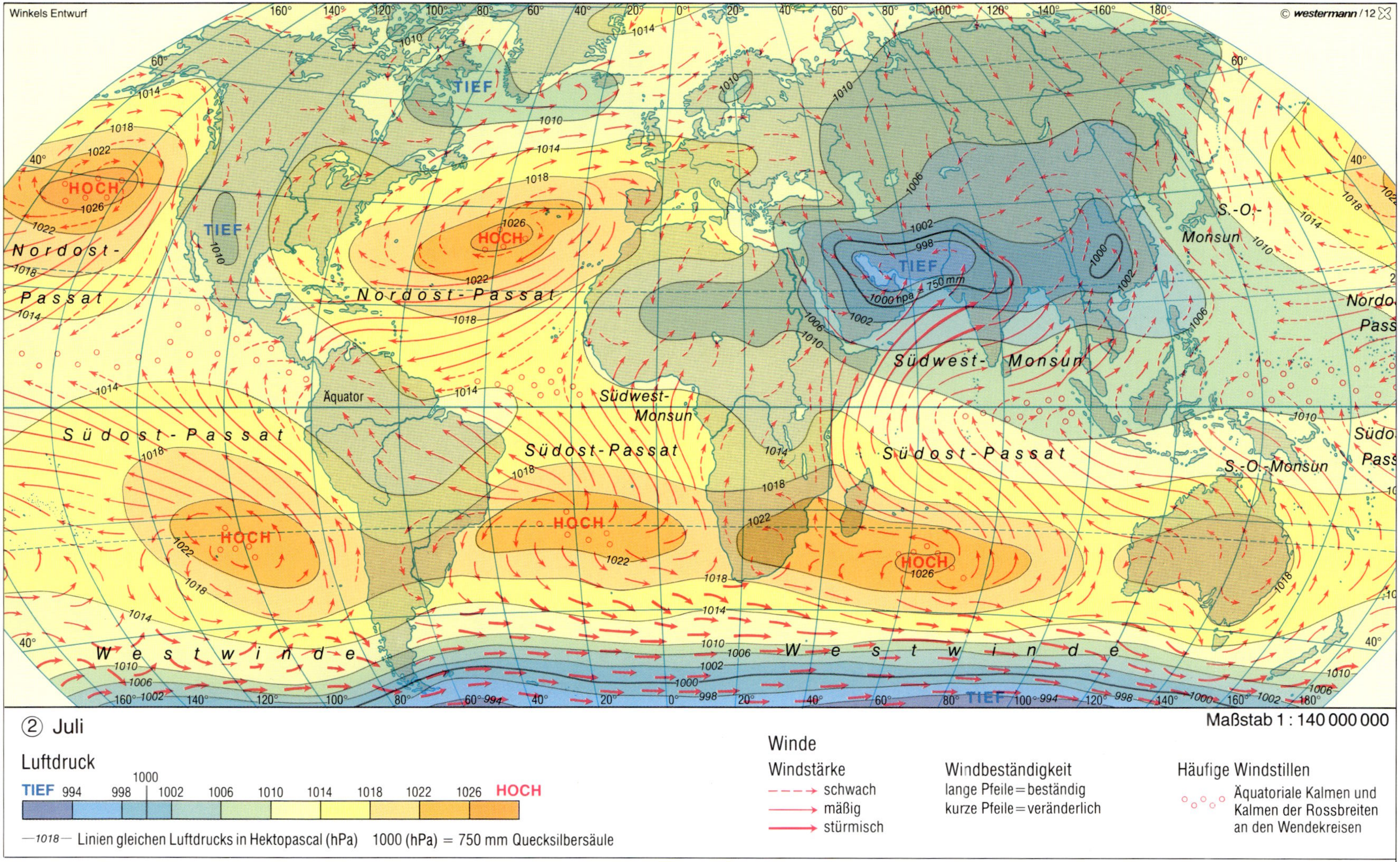

allgemeine atmosphärische Zirkulation 6: Verteilung von Luftdruck und Windverhältnissen im Juli.

Alpen 3: Dunkle unterjurassische marine Ablagerungen des Dauphinoise (Helvetikum) (Bildmitte und links) liegen bei le Bourg-d´Oisans, etwa 30 km südöstlich von Grenoble, auf dem Kristallin eines südlichen Ausläufers des Belldonne Massivs (rechts im Bild).

Alpen 4: An der Nordseite des Umbrail Passes, zwischen Münstertal und Stilfser Joch, werden helle ostalpine Triasdolomite (Bildmitte und rechts) von dunklen Metamorphiten des Münstertaler Kristallins (links oben) überlagert. Diese klassischen Aufschlüsse gaben den Anstoß, das Prinzip der Deckenüberschiebung zu erkennen.

anastomosierender Fluß: typischer Verlauf mit sich teilenden und zusammenfließenden Gerinnelaufabschnitten.

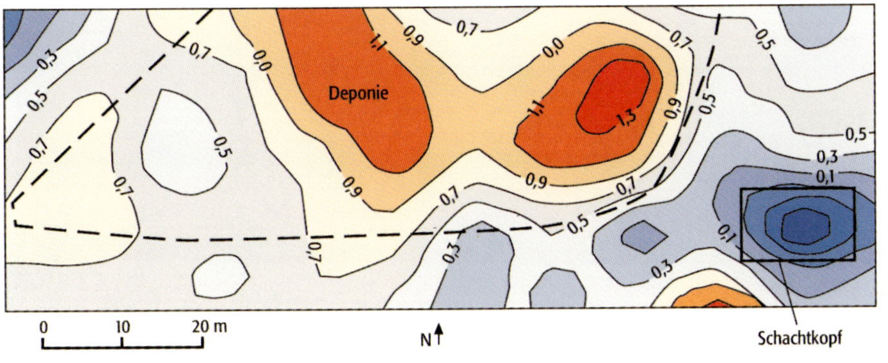

Angewandte Geothermik 3: IR-Messungen der Altablagerung Conradsdorf. Karte der Differenztemperaturen (Erdoberfläche-Lufttemperatur).

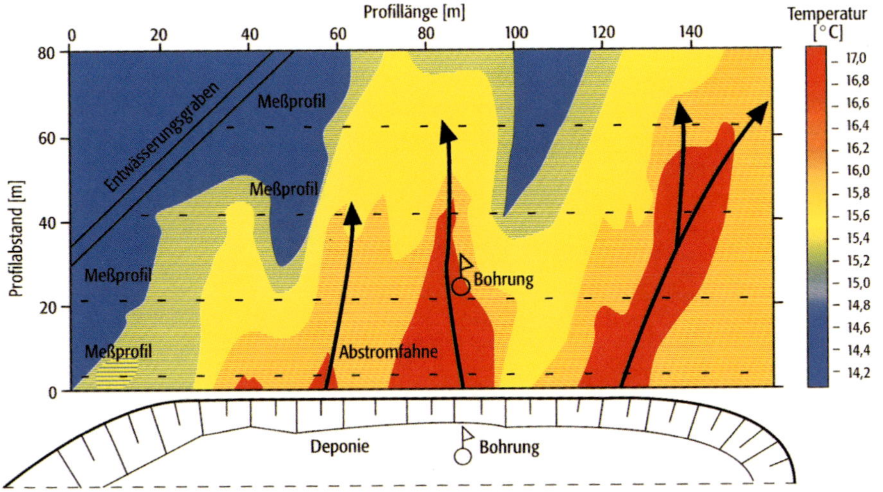

Angewandte Geothermik 4: Temperaturverteilung in 1 m Tiefe im Abstrom einer Deponie (Pfeile markieren die Hauptströmungsbahnen).

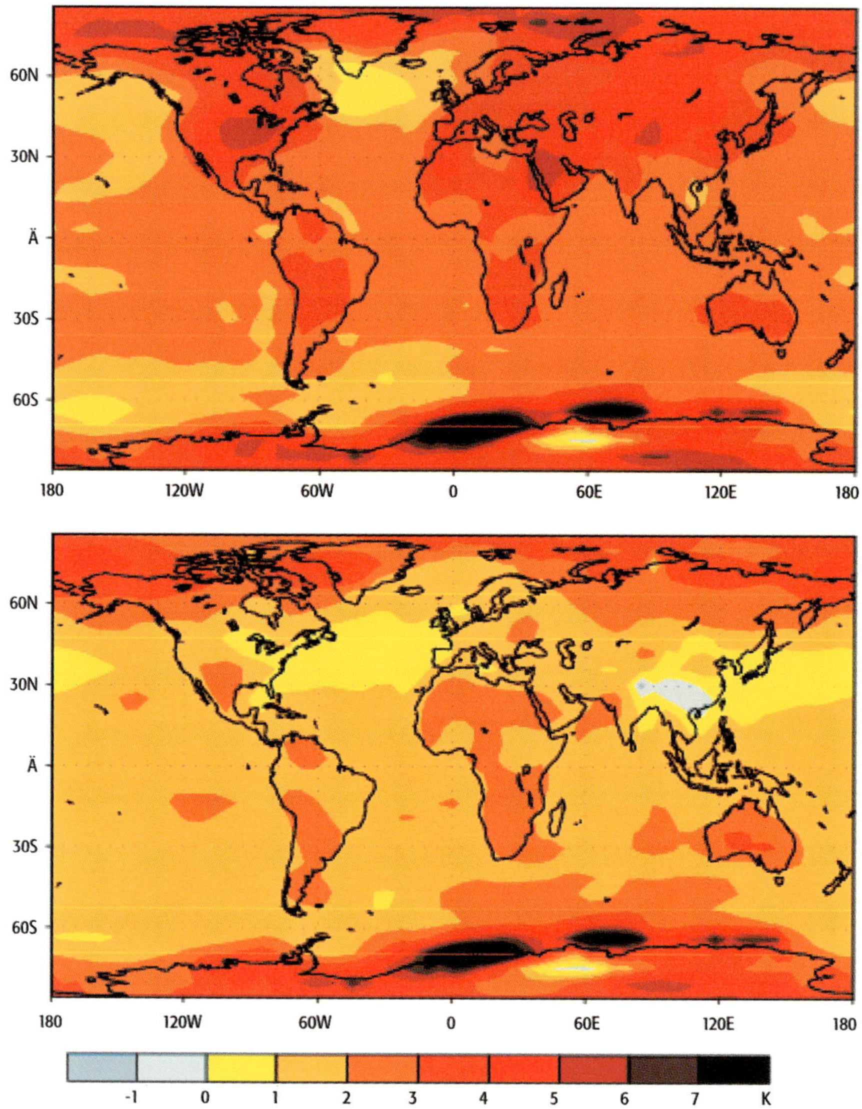

anthropogene Klimabeeinflussung 2: Simulation der regional differenzierten Temperaturreaktion 1880/89 bis 2040/49 aufgrund des anthropogenen Treibhauseffektes allein (oben) und kombiniert mit der Wirkung des anthropogenen Sulfateffekts (unten).

Archaikum 1: stromatolithische Lamination in der North Pole Formation der Warrawoona Gruppe (Pilbara Kraton, Westaustralien). Dies sind die ältesten bekannten Stromatolithe der Erde mit einem ungefähren Alter von 3,5 Mrd. Jahren. Die weißen Minerale sind Barytpseudomorphosen nach Gips.

AVHRR: Wolkenverteilung in einem AVHRR-Bild aus dem sichtbaren und infraroten Spektralbereich. Hellblau sind dünne Eiswolken (Cirren), weiß sind Quellwolken, gelb sind tiefere Wolken, grün ist wolkenfreies Land (NOAA-14, 12.04.97, 13:01 UTC).

Bioerosion 2: ››Biokarst‹‹ an einer tropischen Kalkgesteinsküste (Runaway Bay, Jamaica): Mikrobohrer und Raspler (hier: Käferschnecke) zusammen prägen die charakteristisch zerklüftete Oberfläche (zum Größenvergleich siehe Objektivdeckel).

Bioturbation 1: geomorphologische Wirkung von Bioturbation: Reliefierung des Bodens einer Lagune durch dm-hohe Hügel, die die Öffnungen von Krebs-Grabgängen umgeben (San Salvador, Bahamas).

Bodenerosion: flächenhafte Bodenerosion nach Rodung (Pare-Berge, Tansania).

0 cm
Ah
30 cm
mC

Ranker über anstehendem Hilssandstein bei Alfeld, Südniedersachsen

0 cm
Ah
25 cm
Cv
50 cm
lC

Pararendzina aus schluffig-kiesigem Geschiebelehm

Bodentyp: Profile ausgewählter Bodentypen mit Horizontabgrenzungen und -bezeichnungen.

0 cm
Ah
15 cm
P
40 cm
PCv
70 cm
SdCv

Pelosol, schwach pseudovergleyt aus mergeligem Molassematerial

0 cm
Ah
30 cm
Cc

Rendzina aus Kreidekalk

Braunerde aus Geschiebemergel

Braunerde aus entkalktem Löß

Braunerde aus Gneis

Braunerde aus Basalt

0 cm
O
5 cm
Ah
25 cm
Al
50 cm
AlBv
90 cm
Bt

Parabraunerde aus Löß-Solifluktionsdecken

0 cm
Ap
20 cm
Ae
40 cm
Bh
55 cm
Ae
80 cm

Podsol aus Fluvi-/Moränensand

0 cm
Ah
20 cm
Sw
35 cm
Swd
50 cm
Sd

Pseudogley, stark humos aus tertiärem Verwitterungslehm

0 cm
Ap
30 cm
M
40 cm
fAh
55 cm
M
60 cm
M-Go
120 cm
M-Gr

Kolluvisol aus fluviatil umgelagertem Geschiebelehm

Brauner Auenboden aus lehmig-sandigen Talsedimenten

Gley, in Sanden im südhessischen Ried entwickelt

Rohmarsch (Salzmarsch)

Niedermoor über kalkreichem Niederterrassenschotter

Bryozoa 2: Die Kolonien flexibel erekt wachsender Bryozen bestehen oft aus streichholzartig dünnen, langen, verkalkten Internodien, welche über nicht erhaltungsfähige, chitinöse Nodien artikuliert sind. Diese Adaption an erhöhte Wasserenergie ermöglicht durch passives Abschütteln von Sediment auch das Leben bei stärkerem Sedimenteintrag, was hier dokumentiert wird durch den erhöhten Anteil an detritschem Quarz.

Bushveld-Komplex 2: Chromitlagen (dunkel) in Anorthosit, vermutlich entstanden durch gravitative Differentiation aus der Schmelze.

Cephalopodenkalk: Cephalopodenkalk mit orthoconen und nautiliconen Nautiliden aus dem Unterdevon (Tafilalt, Südostmarokko).

Color-Infrarot-Film: Ausschnitt aus einem CIR-Luftbild im Maßstab 1:10.000 des Elbe-Lübeck-Kanals (Siebeneichen, Schleswig-Holstein).

Dämmerungserscheinung: Abendrot über München.

decussat: decussate Hellglimmer in Phengit-Gneis. Dünnschliff unter gekreuzten Polarisatoren.

Denudationsterrasse: Denudationsterrassen im Grand Canyon, USA.

Domäne: Domänenstruktur eines gewachsenen $YBa_2Cu_3O_{7-\delta}$-Kristalls. Die obere Kantenlänge beträgt etwa 2 mm, die Domänenwände der einzelnen Bereiche bilden einen Winkel von 87°.

Drehbohrverfahren: Beispiel für den Einsatz des Drehbohrverfahrens in der modernen Goldexploration in Westaustralien.

Deponie 3: im Bau befindliche Deponie. Links unten wird bereits der erste Hausmüll abgelagert und verdichtet, während in den Zelten Abdichtungen für weitere Deponieteile aufgebracht werden. Rechts unten sind Sickerwasserrohre zu sehen.

Bentonite, Bezeichnung für Sedimentgesteine, die als Hauptgemengteile Smektit-Minerale u. a. enthalten. Aufgrund ihrer speziellen Eigenschaften wie Quellfähigkeit, ↗Thixotropie und Ionenaustauschvermögen, die durch entsprechende Behandlung aktiviert und verbessert werden können, ist ihre Verwendung sehr vielfältig, z. B. als Vorspülmittel bei Erdölbohrungen, als Formsandbinder, zur Bodenverbesserung und zur Abdichtung von Deponien sowie zur Dekontamination von radioaktiv verseuchtem Material u. a. in der Abwasserbehandlung.

Benutzeroberfläche ↗graphische Benutzeroberfläche.

Benutzerschnittstelle, Teil einer Software zum Austausch von Informationen zwischen einem Benutzer und einem Anwendungsprogramm über angebundene Ein- und Ausgabegeräte. Als Standard haben sich graphische Benutzeroberflächen etabliert, die die Kommunikation über Tastatur, Maus und Bildschirm ermöglichen.

Benzin, Gemisch verschiedener niedrigsiedender Kohlenwasserstoffe im einem Siedebereich zwischen 20 und 150 °C, welches als Vergaserkraftstoff eingesetzt wird. Die durch atmosphärische Destillation des Erdöls erhaltende Fraktion mit einem Siedebereich bis 80 °C wird als Leichtbenzin, die über 80 °C liegende Siedefraktion als Schwerbenzin bezeichnet. Man unterscheidet auch Petrolether (Siedepunkt 25–80 °C), Waschbenzin (aromatenfrei, 80–110 °C), Ligroin (90–120 °C bzw. 150–180 °C), Testbenzin (130–220 °C), Kerosin (180–270 °C) u. a. Während früher Erdölfraktionen im Siedebereich von 45 bis 200 °C (straight-run-Benzine) mit einer ↗Oktanzahl von 55 bis 65 Einheiten den weitaus wichtigsten Vergaserkraftstoff darstellten, benötigen die heutigen Motoren (Viertakter) ein Benzin mit einer Oktanzahl von 90 bis 95 Einheiten. Diese Qualität kann nur durch moderne Verfahren der Erdölverarbeitung erreicht werden. Kraftfahrzeugbenzin kann gesundheits- und umweltschädliche Zusätze, wie z. B. Benzol, Antiklopfmittel und Scavenger, enthalten.

Benzo(a)pyren, zur Substanzklasse der polycyclischen aromatischen Kohlenwasserstoffe (PAH) gehörende Verbindung mit fünf kondensierten Ringen mit der Summenformel $C_{20}H_{12}$. Es gibt keine kommerzielle Verwendung oder Produktion. Zahlreiche technische Produkte, z. B. Straßenteer, Bitumen und Asphalt, enthalten Mengen bis zu 1 % Benzo(a)pyren. Rohöl enthält je nach Herkunft Konzentrationen im unteren ppm-Bereich. Gebrauchtes Motorenöl weist deutlich höhere Werte auf als frisches Motorenöl, wobei die Gehalte im Öl der Ottomotoren geeignet sind, im Tierversuch Krebs zu induzieren. Die größten Mengen werden bei der Verbrennung bzw. Pyrolyse organischer Stoffe gebildet. Verfahren zur Wärme- oder Stromgewinnung, industrielle Prozesse wie Kokserzeugung, Stahlindustrie, Aluminiumgewinnung, die Abfallverbrennung und der Verkehr sind die Hauptemittenten. Benzo(a)pyren kommt in verschiedenen Umweltkompartimenten vor: a) Luft: Aufgrund des niedrigen Dampfdrucks liegt das durch Verbrennungen in die Atmosphäre eingetragene Benzo(a)pyren überwiegend an Partikulate gebunden vor. Der größte Anteil liegt in der lungengängigen Fraktion (< 5 μm) vor. Typische Konzentrationen in Großstadtgebieten liegen bei einigen ng/m^3. Vor etwa 20 Jahren lagen diese Werte noch erheblich höher. b) Aquatische Systeme: Hier findet der Eintrag durch Deposition und Ausregnen aus der Atmosphäre, durch Abwassereinleitung, Run-off und unkontrollierte Abflüsse, z. B. von Schiffen, statt. In der Trinkwasserverordnung ist die zulässige Höchstkonzentration auf 0,2 μg/l festgelegt. Die Grenzwertempfehlung der WHO ist 0,01 μg/l. [ME]

Benzol, *Cylohexatrien*, *Benzene*, C_6H_6, ungesättigter cyclischer Kohlenwasserstoff (Abb.), der als Grundkörper der Stoffklasse der Aromate gilt. Es ist eine farblose, nicht korrosive, ausgesprochen hydrophobe Flüssigkeit mit charakteristischem Geruch. Benzol brennt mit stark rußender Flamme und ist mit organischen Lösungsmitteln in jedem Verhältnis mischbar. Mit Luft bildet Benzol explosionsfähige Gemische innerhalb der Grenzen 1–8 Vol.-%. Die jährliche Produktiosmenge beträgt weltweit ca. 17 Mio. t. Benzol ist ein wichtiger Ausgangsstoff für die Herstellung zahlreicher Produkte, wie Styrol, Farbstoffe, Insektizide, Kunststoffe etc.; weiterhin wird es als Zusatz von Vergaserkraftstoffen, Lösungs-, Reinigungs- und Extraktionsmitteln verwendet. Benzol wirkt cancerogen, weshalb ein MAK-Wert nicht mehr angegeben wird. Benzol wird überwiegend durch Inhalation aufgenommen und kann beim Einatmen Schwindel, Erbrechen sowie Bewußtlosigkeit hervorrufen. Bei längerem Einatmen oder Resorption durch die Haut kann es u. a. zu Blutungen in der Haut und im Zahnfleisch kommen. Benzol steht im Verdacht, Leukämie auszulösen. Der enzymatische Abbau verläuft über Benzoloxide zu Phenolen, die als Glucuronide ausgeschieden werden. In der Atmosphäre wird es innerhalb von 1–2 Tagen zu 50 % abgebaut. Benzol gehört zu den wassergefährdenden Stoffen, da es bereits bei Konzentrationen von 10 mg/l Wasserpflanzen schädigt. Emissionen an Benzol treten bei chemischen Verfahren, durch Verdampfen benzolhaltiger Lösungen, aber auch bei Verbrennungsvorgängen auf (unvollständige Verbrennung von organischen Materialien). An den Benzolemissionen hat der Kfz-Verkehr den insgesamt größten Anteil, da einerseits Benzol bis zu 5 Vol.-% im ↗Benzin enthalten ist und andererseits beim Verbrennungsprozeß neu gebildet wird. [ME]

Benzol: Mögliche Strukturformeln für Benzol.

Beobachtungen, dienen der Erhebung von Daten, die aus der Messung naturwissenschaftlicher Größen (z. B. Temperatur) oder Schätzung (z. B. horizontale Sichtweite) gewonnen werden. Phänomenbeobachtung (z. B. Gewitter), auch ohne nähere quantitative Kennzeichnung. Gegensatz: Modellergebnisse.

Beobachtungsbrunnen, *Grundwasserbeobachtungsbrunnen*, meist kleindimensionierter Brunnen zur Erfassung von Grundwasseränderungen in Zeit und Raum, zur Ermittlung der Grundwasserfließrichtung und zur Überwachung der Grundwasserbeschaffenheit, z. B. im Umfeld von Grundwasserentnahmen oder von Boden- und Grundwasserverunreinigungen. ↗Grundwassermeßstelle, ↗Pegel, ↗Piezometer.

Beprobung von Erzlagerstätten ↗Bemusterung von Erzlagerstätten.

Beregnung, Einsatz von künstlichem Regen (↗Bewässerung) bei Wassermangel, sowohl in humiden Klimaten zur ergänzenden Wasserversorgung, als auch in Trockengebieten, in Phasen längerer Trockenheit oder auf Böden mit geringer Wasserspeicherkapazität, insbesondere bei Pflanzen mit hohem Wasserverbrauch. Kunstregen hat i. d. R. im Gegensatz zu natürlichem Regen größere Wassertropfen und wird in kurzer Zeit in größeren Mengen gegeben, was zu Bodenstrukturschäden führen kann.
Das Grundprinzip der Bewässerungsverfahren ist eine unter Druck erfolgende Wasserverteilung über Regner. Die wichtigsten Bestandteile einer Beregnungsanlage sind Einrichtungen zur Erzeugung des erforderlichen Druckes (Hochbehälter, höhergelegene Rückhaltebecken und ↗Talsperren), Rohrleitungssysteme, die ortsfest oder transportabel sein können, sowie die eigentlichen Regner. Es werden ortsfeste, teilortsfeste und voll bewegliche Anlagen unterschieden, wobei die Wasserverteilung bei letzteren über Schnellkupplungsrohre mit einer Normlänge von 6 m aus Aluminium oder Kunststoff erfolgt, die unmittelbar an eine Pumpe oder den Hydranten angeschlossen werden können. Die Aufstellung der Regner erfolgt im Quadrat-, Rechteck- oder Dreiecksverband. Daneben gibt es auch voll bewegliche Systeme, bei denen die Regnerleitungen rollbar oder fahrbar sind. Im ersteren Fall bildet die Regnerleitungen die Achse eines Fahrgestells, im zweiten Fall dreht sich die Anlage mit eigenem Antrieb entweder um einen zentralen Punkt oder wird längs bewegt. Bei der Beregnungsmaschine wird ein Schlitten oder Wagen über die Beregnungsfläche bewegt, auf dem einzelne oder mehrere Regner montiert sind. Der am meisten verbreitete Regner ist der Drehstrahlregler, bei dem das Wasser aus einer oder mehreren, um die Regnerachsen verteilten, Düsen abgegeben wird. Je nach Beregnungsintensität wird zwischen Starkberegnung (über 20 mm pro Stunde), Mittelstarkberegnung (7–20 mm pro Stunde) und Schwachberegnung (unter 7 mm pro Stunde) unterschieden.
Beregnungsanlagen werden auch eingesetzt, um das Bestandsklima positiv zu beeinflussen z. B. kann mittels Sprühnebelbewässerung bei hohen Temperaturen und geringer Luftfeuchte das Kleinklima verbessert werden. Bei der *Frostschutzberegnung* wird die Pflanze geschützt, durch die bei der Umwandlung von Wasser in Eis freiwerdende Erstarrungswärme (↗Agrarmeteorologie). [EWi]

Berek, *Max*, deutscher Physiker, * 16.8.1886 Ratibor, † 15.10.1949 Freiburg/Breisgau. Seit 1912 bei der Firma Leitz/Wetzlar tätig und maßgebend für die Entwicklung optischer und mineralogischer Instrumente, u. a. Leica-Optik, Berek-Kompensator; ab 1925 Honorarprofessor in Marburg.

Berg-Barrett-Methode ↗Röntgen-Topographie.

Bergbau, faßt alle Arbeiten zum Aufsuchen (Prospektion), Abbauen und Fördern (Gewinnung) sowie Aufbereiten von mineralischen und Energierohstoffen zusammen, die im ↗Tagebau oder ↗Tiefbau gewonnen werden.

Bergbaulandschaft, Kulturlandschaft, welche durch die bergbauliche Tätigkeit des Menschen stark überprägt wurde und ihre ursprünglichen ↗Ausstattungsmerkmale ganz oder teilweise verloren hat. Dabei sind Eingriffe durch den ↗Tagebau i. d. R. stärker landschaftsprägend wahrnehmbar, was eine ↗Rekultivierung der Bergbaulandschaft nötig macht. Beim Untertagebau (↗Tiefbau) wird die Bergbaulandschaft v. a. durch funktionsspezifische Anlagen wie Fördertürme, Aufbereitungsanlagen oder Verkehrswege geprägt, aber auch durch ↗Bergschäden.

Bergener Schule, *Norwegische Schule*, Bezeichnung für die Gesamtheit wissenschaftlicher Erkenntnisse, Anwendungen und Lehrmeinungen, die von V. ↗Bjerknes und seinen Schülern (u. a. J. ↗Bjerknes und T. Bergeron) zur ↗Synoptik in seinem 1917 in Bergen (Norwegen) gegründeten Institut erarbeitet und später weltweit erfolgreich propagiert wurden. Die Bergener Schule baute ihre damals neue ganzheitliche Konzeption der Luftmassen, ↗Fronten und ↗Frontenzyklonen (↗Polarfronttheorie) zu einer auch mathematisch-physikalisch untermauerten Arbeitsweise aus, die in der Folgezeit die reine ↗Isobaren-Synoptik in der diagnostischen Praxis der ↗Wetterdienste ablöste.

Bergeron-Findeisen-Prozeß, von T. Bergeron und W. Findeisen ab 1933 entwickelte und auf einen Vorschlag von Wegener (1911) zurückgehende Theorie zur ↗Niederschlagsbildung über die Eisphase, deren wesentliches Element das Eispartikelwachstum auf Kosten unterkühlter Wassertröpfchen bei Eisüber-, aber Wasseruntersättigung ist (↗Sättigung, ↗unterkühltes Wasser).

Bergfeuchtigkeit, bezeichnet das in Poren, Kapillaren und Haarrissen von Gesteinen haftende Wasser. Die Bergfeuchtigkeit kann die physikalischen Eigenschaften der Gesteine mitunter stark beeinflussen, z. B. die Plastizität von Tonen.

Bergfußfläche ↗*Pediment*.

Berggold, ↗Gold auf primärer Lagerstätte, überwiegend in hydrothermalen Vorkommen, besonders gangförmig in der Gefolgschaft saurer bis intermediärer Tiefengesteine. Seltener gebunden an plutonische Gesteine (alte Goldlagerstätten) oder an vulkanische Gesteine (junge Golderzgänge). Wichtigstes Golderz ist das gediegene Gold, gegenüber dem die wenigen und seltenen sonstigen Goldminerale zurücktreten. In der Technik spielt auch der Begriff Freigold eine Rolle, d. h. das mit dem freien Auge in Flittern und Klümpchen sichtbare und mit ↗Amalgamation gewinnbare Gold gegenüber dem »unsichtbar« in Erzen vorhandenen. Eine scharfe Grenze ist nicht zu ziehen. Die Hauptmenge des in den ↗Goldlagerstätten enthaltenen Goldes liegt frei metallisch, wenn auch äußerst fein verteilt, vor.

Berghaus, *Heinrich*, Kartograph und Geograph, * 3.5.1797 in Cleve, † 17.2.1884 in Stettin. Nach geodätischer Ausbildung war er ab 1811 in französischen Diensten, 1816 in Berlin als Ingenieurgeograph angestellt, nahm an Triangulationen zur preußischen Landesvermessung teil und hatte 1824–54 die Professur für angewandte Mathematik an der Bauakademie in Berlin inne. In enger Zusammenarbeit mit Alexander von ↗Humboldt bearbeitete er viele Blätter vom »Physikalischen Atlas« (1848), einem die thematische Kartographie nachhaltig beeinflussenden Weltatlas, ferner den »Atlas von Asien« (1837), sowie zahlreiche Einzelkarten. In der von ihm gegründeten »Geographischen Kunstschule« in Potsdam wurden A. ↗Petermann, sein Neffe Hermann ↗Berghaus und einige andere Schüler als Kartographen ausgebildet.

Berghaus, *Hermann*, Kartograph, * 16.11.1828 in Herford, † 3.12.1890 in Gotha. Nach Ausbildung bei seinem Onkel Heinrich ↗Berghaus in Potsdam von 1845–1850 ging er nach Gotha zu J. ↗Perthes. Hier bearbeitete er zahlreiche Blätter von ↗Stielers Handatlas , die dritte Auflage des »Physikalischen Atlas« (1892) sowie die Gothaer Schulatlanten neu. Die zusammen mit F. von Stülpnagel in manuellem Kupferdruck, handkoloriert geschaffene »Chart of the World« in 8 Blättern erlebte seit 1863 zahlreiche Auflagen und weite Verbreitung (18.000 Exemplare, also 136.000 Blätter).

Bergrutsch, *Felsgleitung, Felsrutschung, Bergschlipf* (veraltet), Translationsrutschung in Festgesteinen. Das Gestein gleitet an einer oder mehreren präformierten, meist bis zum Böschungsfuß durchgescherten ↗Gleitfläche, hangabwärts. Als Gleitfläche kann jegliche Diskontinuitätsfläche dienen, wie z.B. Schicht-, Kluft-, Störungs-, Schieferungsflächen etc. Die Scherfestigkeit auf diesen Flächen hängt meist von den Schichtbelägen (Ton, Lehm, Schluff, Mergel) ab. Geht die gleitende Bewegung in eine fallende Bewegung über, so handelt es sich korrekterweise um einen ↗Bergsturz. ↗gravitative Massenbewegungen.

Bergschaden, Schaden, der durch Bergbauaktivitäten an Bauwerken (↗Bauwerksschäden) oder am Gelände selbst hervorgerufen wird. Hohlräume, die in relativ geringen Tiefen aufgefahren werden, können die Ausbildung von ↗Tagbrüchen zu Folge haben. Ein derartiger Fall ereignete sich im Juli 1998 im österreichischen Lassing, als sich bei dem Einsturz eines Stollens ein Tagbruch ereignete, der an der Geländeoberfläche einen Einsturzkrater von etwa 150 m Durchmesser entstehen ließ.

Bergschlag, *Gebirgsschlag*, bezeichnet das plötzliche Abplatzen von Gesteinsplatten unter lautem Knall (frühere Bezeichnung: Knallgebirge) in einem Hohlraum (z.B. Tunnel). Die abgelösten Platten nehmen typischerweise ein größeres Volumen ein als der Raum, aus dem sie herausgebrochen sind, was auf eine beträchtliche Entspannungsdeformation schließen läßt.

Bergschlipf, veralteter Begriff für ↗Bergrutsch.

Bergschrund, im System der ↗Gletscherspalten die oberste, stets ortsfeste Spalte, die sich durch das Aufreißen tieferen, stärker bewegten ↗Gletschereises bildet.

Bergsenkungsgebiet, Gebiet, in dem Senkungen des Geländes auftreten, die durch Untertage-Bergbau hervorgerufen worden sind. In stillgelegten Bergwerken (↗Altbergbau) können unterirdische Hohlräume, die z.B. durch Flözabbau entstanden sind, kollabieren und ein Einsenken des darüberliegenden Erdreichs zu Folge haben. Dies kann auch zum Auftreten von ↗Bergschäden führen.

Bergstriche, die Darstellung des Reliefs mit in Reihen angeordneten Strichen, die annähernd dem stärksten Gefälle folgen, ohne die volle Durcharbeitung von ↗Schraffen zu besitzen. Mit solchen Bergstrichen wird häufig in ↗Kartenskizzen und auf Textkarten das Relief angedeutet.

Bergsturz, plötzliche Hangbewegung, bei welcher die bewegte Gesteinsmasse mindestens ein Volumen von 10^6 m^3 besitzt. Das Material verliert während der Bewegung den inneren Zusammenhang und zumindest kurzzeitig den Kontakt mit dem unterlagernden Gebirgsverband. Es stürzt frei fallend, springend oder rollend ab. Der Sturzvorgang dauert dabei nur Sekunden bis wenige Minuten. Bei kleineren Volumina spricht man von ↗Felssturz, bzw. bei Volumen kleiner 0,1 m^3 von ↗Steinschlag. Bei einem Bergsturz werden ↗Abrißgebiet, Sturzbahn und Ablagerungsgebiet unterschieden (Abb.). Das Ablagerungsgebiet wird von Gesteinsblöcken gebildet, die meist als Schuttwall aufgetürmt wurden. Diese Schuttwälle können zum Aufstau eines ↗Bergsturzsees führen (Beispiele: Blindsee am Fernpaß oder Eibsee an der Nordflanke der Zugspitze). Vorboten eines Bergsturzes sind sich öffnende, wandparallele Risse und Klüfte, Steinschlag und mit einem Knall reißende Baumwurzeln. Große Bergstürze ereigneten sich in den Zwischen- und Nacheiszeiten an den durch Gletscherschliff übersteilten Hängen, die nach dem Abschmelzen der Gletscher ihr Widerlager verloren. Weitere auslösende Faktoren sind Hangunterschneidung durch fluviatile Erosion, Verwitterung, Kluftwasserschub, Belastungsänderungen und Erdbeben. [TF]

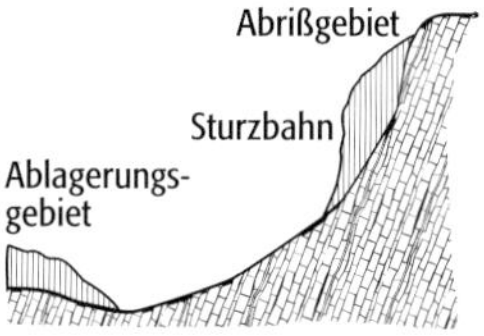

Bergsturz: Bergsturz mit Abrißgebiet, Sturzbahn und Ablagerungsgebiet.

Bergsturzsee, entsteht, wenn Sturzmassen eines ↗Bergsturzes oder einer Rutschung die Tiefenlinie abriegeln und dadurch einen See aufstauen. Halten die Sturzmassen dem Wasserdruck nicht stand, kann es zu katastrophalem Hochwasserabfluß kommen.

Berg- und Talwind, thermisch bedingtes, lokales Windsystem im Gebirge, bei dem sich ↗Hangwinde und Winde parallel zum Talverlauf überlagern (Abb.). Vorbedingung für eine gute Ausbildung ist eine ↗autochthone Witterung und ungestörte Strahlungsverhältnisse. In den Morgenstunden werden die Hänge aufgrund der Sonneneinstrahlung erwärmt und es entstehen

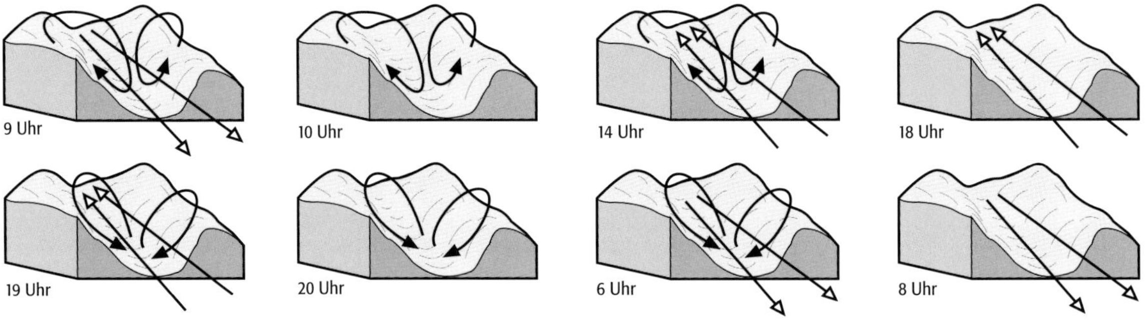

Berg- und Talwind: Vereinfachte Darstellung zur Wechselwirkung zwischen dem Berg-Talwind-System und den Hangwinden im Tagesverlauf (Hangwinde sind als geschlossene Pfeilspitzen dargestellt, Talwinde mit offenen Pfeilspitzen.)

die Hangaufwinde. Im Laufe des Vormittags werden diese durch den *Talwind* überlagert, der aufgrund der unterschiedlichen Aufheizung des Gebirges und des Vorlandes angefacht wird und im Tal nach oben weht. Während die Hangwinde nur vertikale Mächtigkeiten von typischerweise 40–100 m bei Windgeschwindigkeiten von 1–2 m/s erreichen, ist der Talwind mit 4–6 m/s wesentlich kräftiger ausgebildet und reicht zudem bis zur Höhe der seitlichen Randgebirge. Nach Sonnenuntergang kühlen die Hänge relativ schnell ab und die Hangaufwinde werden durch die nächtlichen Hangabwinde ersetzt. Zu dieser Zeit weht noch ein beständiger Talwind, der erst im Laufe der folgenden Stunden ebenfalls seine Richtung umkehrt. Am darauffolgenden Morgen setzt der Talwind ebenfalls erst mit einer zeitlichen Verzögerung von einigen Stunden gegenüber den Hangaufwinden ein. Dieses idealisierte Bild zeigt die prinzipiellen Entstehungsmechanismen, kann allerdings auf reale Landschaften nicht ohne Einschränkungen übertragen werden. Gründe hierfür sind die Betrachtung eines unendlich langen homogenen Tales (keine Seitentäler), die Annahme von symmetrischen Verhältnissen (keine ungleichmäßige Besonnung der Hänge im Laufe des Tages) und die Vernachlässigung auch schwacher großräumiger ↗Ausgleichsströmungen. [GG]

Bergwasser, nicht DIN-konforme Bezeichnung für Grundwasser im Gebirge, das als Poren-, Kluft- und Karstgrundwasser auftreten kann, wobei der Porenwasseranteil meist nur zwischen 1–5 % liegt.

Bergwasserspiegel, ↗Grundwasserspiegel im Gebirge.

Bergzerreißung, am oberen Teil eines Hanges öffnen sich Klüfte und Spalten im Festgestein nach der strukturellen Vorzeichnung des Felses oder als hangparallele Entlastungsklüfte, was dem Gebirge ein »zerrissenes« Aussehen verleiht. Das Wort Bergzerreißung bezeichnet i.e.S. den Bewegungsvorgang, der zur Spalten- und Kluftöffnung führt, wird häufig aber auch für die zustandegekommene Situation verwendet. Nach der Bewegungsart wird die Bergzerreißung dem Kriechen zugeordnet und steht in engem Zusammenhang mit dem Begriff des ↗Talzuschubs und der Sackung. Die Bewegungen erfolgen sehr langsam und können sich über mehrere hundert Jahre hinziehen. Durch die Bergzereißung werden instabile und durch Gletschertätigkeit übersteilte Hänge in großem Maßstab abgetragen.

Beringlandbrücke, Festlandverbindung zwischen Asien und Nordamerika (Alaska) während des ↗Känozoikums, die wechselweise trockenfiel oder überflutet war. Dies führte zu episodischen Faunenaustauschen zwischen Asien und Amerika.

Beringmeer, ↗Randmeer des Pazifischen Ozeans (↗Pazifischer Ozean Abb.) südlich von Alaska und Sibirien, das im Süden durch den Inselbogen der Aleuten begrenzt wird.

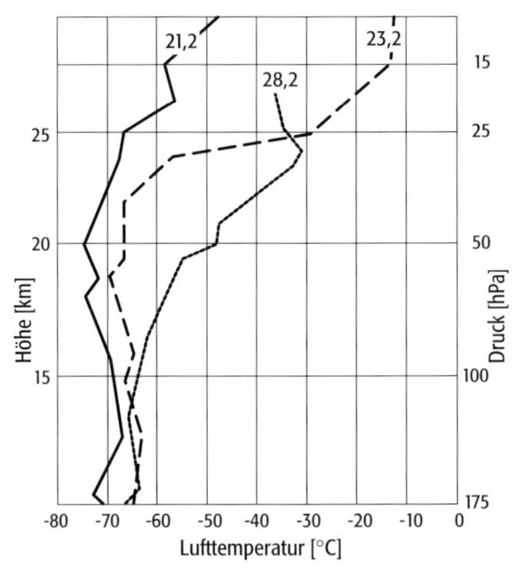

Berliner Phänomen: Das zweite »Berliner Phänomen« im Februar 1952. Es erfolgte eine schnelle und starke Stratosphärenerwärmung.

Berliner Phänomen, erstmalige Beobachtung einer ↗Stratosphärenerwärmung im Winter 1952 durch die Arbeitsgruppe von R. ↗Scherhag am Institut für Meteorologie der Freien Universität Berlin. In Berlin-Tempelhof wurden seit Anfang 1951 ↗Radiosonden gestartet, die regelmäßig Höhen von 30 km erreichten. Während des Sommers 1951 wurden Temperaturen um -35 °C beobachtet, die bereits zu Beginn des Winters auf Werte zwischen -50 °C und -70 °C sanken. Ende Januar 1952 stiegen die Temperaturen in diesem Niveau innerhalb von nur drei Tagen von etwa -60 °C auf -23 °C an und waren damit deutlich höher als während des Sommers. Diese schnelle und starke Erwärmung bezeichnete Scherhag als »Berliner Phänomen«. Ende Februar erfolgte eine zweite noch ausgeprägtere Erwärmung (Abb.). Innerhalb von zwei Tagen stieg die Temperatur von -50 °C (am 21.02.) auf einen Maximalwert von -12,4 °C an (am 23.02.) an. [USch]

Berme, waagerechter oder annähernd waagerechter Absatz, der die Böschung eines Hanges, eines Dammes oder eines Deiches unterbricht, häufig als Fahrweg ausgebildet.

Bernoulli, *Daniel*, schweizerischer Mathematiker, Physiker und Mediziner, * 8.2.1700 in Groningen, † 17.3.1782 in Basel; ab 1725 Professor der Mathematik an der Akademie der Wissenschaften in St. Petersburg, ab 1733 Professor für Anatomie und Botanik und seit 1750 Professor für Physik in Basel; gab mit seinem 1738 veröffentlichten Werk »Hydrodynamica sive de viribus et motibus fluidorum commentarii« (»Hydrodynamik oder Kommentar über die Kräfte und Bewegungen der Flüssigkeiten«) die erste mathematische Behandlung der Flüssigkeiten und wurde damit zum Begründer der Hydrodynamik; formulierte hierin in ersten Ansätzen die heute nach ihm benannte hydrodynamische Druckgleichung (↗Bernoullische Energiegleichung), stellte die ↗Kontinuitätsgleichung auf und führte den Begriff der stationären Strömung ein. Er entwickelte erste Vorstellungen zur kinetischen Gastheorie und gab eine Ableitung des Gasgesetzes von R. ↗Boyle und E. ↗Mariotte; formulierte das Superpositionsprinzip der schwingenden Saite, untersuchte die Fortbewegung großer Schiffe, die Gezeiten (stellte 1741 die »Gleichgewichtstheorie« auf) und die Gesetze der Meeresströmung; neben weiteren Beiträgen zur theoretischen Mechanik (u.a. Überlegungen zum Energiesatz). Von ihm stammen wichtige Arbeiten zur Statistik und Wahrscheinlichkeitsrechnung, zur Reihenlehre und Theorie der Differentialgleichungen. Als Mediziner untersuchte er die Physiologie der Atmung, studierte die Muskelbewegungen, die therapeutischen Anwendungsmöglichkeiten von Elektrizität und Magnetismus. Weitere Werke (Auswahl): »Exercitationes quaedam mathematicae« (1724). Er veröffentlichte 1738 seine Betrachtungen über die Zusammenhänge zwischen Geschwindigkeit und Druck, die dann später zur allgemeinen Gleichung über die Erhaltung der Energie erweitert wurden. [HJL]

Bernoullische Energiegleichung, nach dem Physiker D. ↗Bernoulli benannte Gleichung, welche **1)** *Hydrologie*: die hydraulische Energie bei stationärer Strömung (↗Gerinneströmung) einer reibungsfreien Flüssigkeit (z.B. näherungsweise Wasser), in einer Stromröhre beschreibt. Grundlage ist das Energieerhaltungsgesetz. In Strömungsrichtung setzt sich die veränderliche hydraulische Gesamtenergiehöhe H über einen beliebig wählbaren Bezugshorizont aus der geodätischen Höhe z (Energie der Lage), der Druckhöhe $h_D = p/(\varrho \cdot g)$ und der Geschwindigkeitshöhe $h_v = v^2/(2 \cdot g)$ (kinetische Energie) zusammen.

$$\frac{v^2}{2 \cdot g} + \frac{p}{\varrho \cdot g} + z = H = konstant.$$

Die Bernoullische Gleichung drückt den Energiesatz aus: Die auf die Masseneinheit bezogene

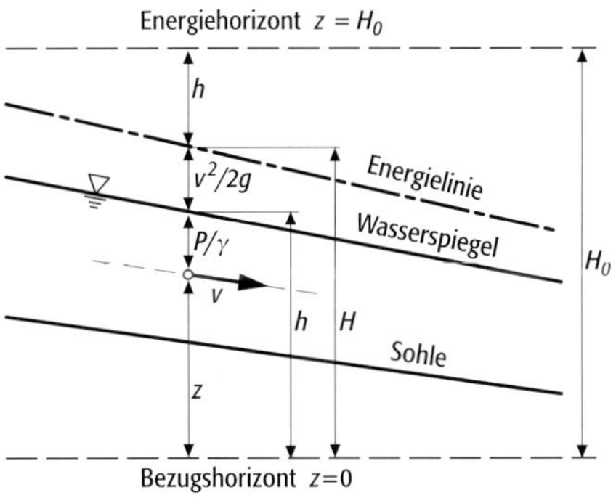

Bernoullische Energiegleichung: Energiehöhe bei stationärer Gerinneströmung.

Gesamtenergie eines Teilchens, d.h. die Summe der kinetischen Energie $v^2/2$, der von den äußeren Kräften herrührenden potentiellen Energie und der von den inneren Druckkräften herkommenden »Druckenergie« $P = p/\varrho$ hat für alle Teilchen einer Stromlinie denselben konstanten Wert. Die »Druckenergie« ist in dem Sinne zu verstehen, daß P-P_z die Arbeit je Masseneinheit darstellt, welche die Druckkräfte beim Verschieben eines Teilchens von einem Ort zu einem anderen leisten (Abb.). **2)** *Klimatologie*: die Beziehung zwischen Strömungsgeschwindigkeit u, Druck p und Dichte ϱ beschreibt. Diese lautet für den einfachsten Fall:

$$\frac{u^2}{2} + \frac{p}{\varrho} = konstant.$$

Diese Beziehung ermöglicht unter anderem die Bestimmung der Windgeschwindigkeit mittels ↗Staurohr. [HJL, DE]

Bernstein, *Succinit*, amorphes, gelbliches oder braunes fossiles Harz von Coniferen oder Laubbäumen, das in bis zu mehreren Kilogramm schweren Stücken vorkommt. Bernstein variiert in Farbe, Trübung und chemischer Zusammensetzung. Verdunstung, Polymerisation und Oxidation der Harze und Sedimentation unter Luftabschluß führt zur Bernsteinbildung. Subfossile, einige Jahrzehnte bis einige Jahrhunderte alte, in Alkohol noch relativ leicht lösliche Naturharze bezeichnet man als *Kopal*. Die primär in Braunkohlenlagern weltweit vorkommenden Bernsteine werden häufig umgelagert. Der wasserunlösliche Bernstein schmilzt bei 375 °C, hat eine geringe Härte (2–3) und Dichte (1,0–1,1 g/cm^3) und einen hohen elektrischen Widerstand. Er wird als Schmuckstein, Isolierstoff und Lackrohstoff verwendet. Die ältesten, sehr seltenen Bernsteinfunde stammen aus der ↗Trias; häufigere Funde stammen aus der Unterkreide (in größeren Mengen, mit Fossilinklusen, aus dem libanesischen ↗Hauterive). Die meisten Vorkommen sind jedoch aus dem Tertiär bekannt. Größte Bedeutung hat der nur auf sekundärer und tertiärer Lagerstätte auftretende, im ↗Paläogen aus Coniferen-Harzen gebildete Baltische Bernstein. Er wurde bereits im Alttertiär (Oligozän) aus seinem skandinavischen Entstehungsgebiet fluviatil in das Baltikum verfrachtet und im ↗Pleistozän durch

Eisvorstöße und Schmelzwässer im gesamten südlichen Ostseeraum verteilt. Aus Harzen von Laubbäumen bildete sich der wegen seiner Fossilinklusen und Schmucksteinqualität berühmte Dominikanische Bernstein (Mitteleozän bis Untermiozän). Im deutschen Raum wurden in jüngerer Zeit neue Lagerstätten aus den miozänen Braunkohle-Lagerstätten von Bitterfeld (Sachsen) bekannt. Bernsteinvorkommen besitzen eine besondere Bedeutung als Fossillagerstätten. Sie überliefern in fast perfekter, dreidimensionaler Erhaltung pflanzliche Reste und kleine Organismen des Bernsteinwaldes, die in anderen Sedimenten nicht oder nur schlecht erhalten überliefert sind. Dazu gehören v. a. Insekten und Spinnen. Zu den Besonderheiten gehören Skorpione, kleine Wirbeltiere (Leguane, Gekkos und Frösche aus dem Dominikanischen Bernstein) und Vogelfedern. Ameisenlarven und Spinnenkokons überliefern Beispiele für Brutfürsorge; an Insekten parasitierende Fadenwürmer und Spinnmilben sind ebenfalls bekannt. [ShN, HGH]

Berrias, international verwendete stratigraphische Bezeichnung für die unterste Stufe der Unterkreide. ↗Kreide, ↗geologische Zeitskala.

Bertrand, *Marcel Alexandre*

Bertrand, *Marcel Alexandre*, französischer Geologe, * 2.7.1847 in Paris, † 13.2.1907 ebenda; Sohn des bedeutenden Mathematikers Joseph Bertrand. Nach Studien an der Ecole Polytechnique und der Ecole des Mines, Paris, war Bertrand zunächst Ingenieur in Vesoul, Ostfrankreich; ab 1883 wieder in Paris, 1886 Professor der Geologie an der Ecole des Mines, 1896 Mitglied der Akademie der Wissenschaften. Seine wissenschaftliche Laufbahn dauerte nur 20 Jahre; ab 1900 publizierte er nicht mehr. Die wichtigsten Arbeitsgebiete dieses ausgezeichneten Feldgeologen waren der Jura, die Westalpen und die Provence. Ab 1884 erkannte er in der Provence tektonische Überschiebungen; im selben Jahr deutete er die von ↗Heim beschriebenen Strukturen der Glarner Alpen in diesem Sinne um und weitete seine Hypothese auf die gesamten nördlichen Schweizer und Savoyer Alpen aus. Er wurde so zu einem der Begründer der Deckenlehre, welche bedeutende Horizontaltranslationen von Gesteinsbrettern verlangte. Mit dem Ziel einer vergleichenden Ontogenie der Kettengebirge suchte er in den präkambrischen, kaledonischen und variszischen Gebirgen Europas und Nordamerikas Gesetzmäßigkeiten der Entwicklung von ↗Gneisen, »geosynklinalen« (↗Geosynklinale) Schieferserien, ↗Flysch und ↗Molasse. Als einer der ersten unterschied er deutlich die Faltung von der nachfolgenden Hebung der Gebirge. Sein Nachweis von Schubdecken und sein Postulat von wiederholten orogenen Zyklen (↗Orogenese) sind entscheidende Schritte zum Verständnis des Baus und der Entwicklung der Kettengebirge. Werke: »Rapports de structure des Alpes de Glaris et du Bassin houiller du Nord« (1884), »Structure des Alpes françaises et récurrence de certaines faciès sédimentaires« (1894). [ML, RT]

Berührungsbogen, helle, farbige Streifen am Himmel, spezielle ↗Halo aus der Fülle der ↗Halo-Erscheinungen, die den ↗kleinen Ring oben und unten oder den ↗großen Ring seitlich oben und unten berühren, oder von den ↗Nebensonnen zum unteren Teil des kleinen Ringes verlaufen. ↗Lowitz-Bogen.

Berührungsthermometer, alle Temperatursensoren, bei denen für die ↗Temperaturmessung der direkte physikalische Kontakt zwischen dem Sensor und dem zu messenden Medium erforderlich ist. Die Temperatur wird unmittelbar an der Berührungsstelle von Sensor und Medium gemessen. Zu den Berührungsthermometern gehören ↗Widerstandsthermometer (Leiter- und Halbleiterwiderstandsthermometer) und Geräte zur ↗faseroptischen Temperaturmessung. Den Gegensatz bilden berührungslose Temperatursensoren, die die ↗Strahlungstemperatur messen (↗Infrarot-Temperaturmessung, ↗Pt-100-Verfahren). Mit berührungslosen Sensoren sind Temperaturmessungen auch von Flugzeugen und Satelliten aus möglich (remote sensing, ↗Fernerkundung).

Berührungszwilling ↗*Kontaktzwilling*.

Beryllium, Element der II. Hauptgruppe des Periodensystems, Symbol Be, als neues Metall von L. N. Vauquelin 1797 im Beryll entdeckt und 1828 von Wöhler und Bussy hergestellt. Als Edelsteinvarietät Smaragd war Beryllium schon im frühen Altertum bekannt. Beryllium und seine Verbindungen sind hochtoxisch und krebserzeugend. Beryllium findet Verwendung als Stahlveredlungsmetall, als Berylliumstähle und Berylliumbronzen, als Überschallgeschosse und beim Turbinen und Raketenbau als Be-Oxidkeramik sowie als Glasbestandteil für Fenster an Röntgenröhren.

Beryllium-Datierung, *^{10}Be-Datierung*, physikalische Datierungsmethode auf der Grundlage des Isotops ^{10}Be, das vorwiegend in der Atmosphäre durch kosmische Strahlung aus Stickstoff oder Sauerstoff entsteht. Über den Niederschlag gelangt es in terrestrische oder marine Sedimente und zerfällt mit einer ↗Halbwertszeit von 1,51 Mio. Jahren unter Aussendung von β^- zu ^{10}Be. Die Bildungsrate ist abhängig von der Sonnenaktivität und dem irdischen Magnetfeld, die Einlagerung in Sedimente wird klimatisch beeinflußt. Wegen geringer Kenntnis des exogenen Stoffkreislaufes ist ^{10}Be für Datierungen nur eingeschränkt geeignet, wird jedoch für limnische Sedimente und Tiefseeablagerungen angewandt. Der theoretische Datierbereich liegt zwischen 10.000 und 10 Mio. Jahre. Ein geringer Anteil von ^{10}Be entsteht in situ auf Gesteinsoberflächen aus Sauerstoff und Silicium und läßt sich zur Ermittlung von ↗Expositionsaltern in Kombination mit der ↗Aluminium-Datierung anwenden. [RBH]

Berylliumminerale, die wichtigsten Berylliumminerale sind Beryll, Chrysoberyll, Phenakit und Gadolinit (Tab.). Der Beryll ist ein gelblich-grü-

Berylliumminerale (Tab.): Verschiedene Berylliumminerale.

Beryll	$Al_2Be_3[Si_6O_{18}]$	hexagonal	15% BeO = 5% Be
Chrysoberyll	Al_2BeO_4	rhombisch	19% BeO
Phenakit	Be_2SiO_4	trigonal	45% BeO
Gadolinit	$Y_2FeBe_2[O\|SiO_4]_2$	monoklin	

nes Mineral mit Kristallen, die Metergröße erreichen können. Vom Beryll sind zahlreiche Varietäten bekannt: Aquamarin (meergrün bis bläulich), Morganit (rosenrot), Goldberyll oder Heliodor (gelb bis grünlich-gelb), Chrysoberyll (grünlich-gelb), Edelsteinvarietät: Alexandrit.

Berzelius, *Jöns Jakob* Freiherr von, schwedischer Chemiker, * 20.8.1779, Väversunda Sörgård (bei Linköping), † 7.8.1848 Stockholm; ab 1807 Professor für Chemie, Pharmazie und Medizin an der Chirurgischen Schule in Stockholm, ab 1808 Mitglied und ab 1818 Sekretär der Schwedischen Akademie der Wissenschaften; Lehrer u. a. von L. Gmelin und F. Wöhler. Berzelius war einer der herausragenden Chemiker der Neuzeit, der durch seinen Einfluß über ein halbes Jahrhundert die Entwicklung der Chemie in Europa prägte. Er war Begründer der Elementaranalyse. Besonders verdient machte er sich durch seine theoretisch wichtigen Arbeiten über chemische (einfache und multiple) Proportionen, die auf genauen Atomgewichtsbestimmungen (1807–12) beruhten, und durch die Entdeckung mehrerer neuer Elemente, u. a. von Cer (mit Hisinger, 1803), Selen (1817), Lithium (mit J. A. Arfvedson, 1817) und Thorium (1828). 1824 stellte er Tantal, Silicium und Zirkon in reiner Form dar. Berzelius formulierte eine für die Valenzlehre wichtige dualistische elektrochemische Theorie (1812), nach der die chemische Bindung durch elektrostatische Kräfte zwischen positiv und negativ geladenen Atomen und Atomgruppen zustandekommt. Er ordnete die chemischen Elemente in einer elektrochemischen Spannungsreihe an und führte 1811 die heute gebräuchliche chemische Nomenklatur und Zeichensprache ein, ebenso die Begriffe »Organische Chemie«, »Isometrie«, »Allotropie« und »Katalyse«. Nach ihm sind die beiden Minerale Berzelianit und Berzeliit benannt. Berzelius fand zusammen mit C. E. Mitscherlich (1794–1863) die für die Kristallographie so wichtige Tatsache der Isomorphie. Diese Entdeckung ist als Grundlage der modernen Kristallstrukturforschung von entscheidender Bedeutung. Werke (Auswahl): »Galvanische Experimente« (mit Hisinger, 1803), »Lehrbuch der Physiologie« (1806), »Lehrbuch der Chemie« (6 Bände, 1808–30), »Abhandlung über Mineralogie« (1814). [GST]

Beschleunigung, zeitliche Änderung des Geschwindigkeitsvektors eines Massenpunktes.

Beschleunigungsaufnehmer, ↗Seismograph, dessen Registrieramplitude proportional zur Bodenbeschleunigung ist. Die Eigenfrequenz eines Beschleunigungsaufnehmer ist relativ zur Frequenz der Bodenbewegung groß. Die *Beschleunigungsempfindlichkeit* bei vorgegebener Frequenz der Bodenbewegungen ist hingegen klein; deshalb werden Beschleunigungsaufnehmer bevorzugt in Erdbebengebieten aufgestellt, da sie auch bei nahen, starken Erdbeben eine verzerrungsfreie Aufzeichnung gewährleisten. Herdnahe Aufzeichnungen der Bodenbeschleunigung bilden die Grundlage für eine moderne seismische Risikoanalyse und erdbebensichere Bauweise sowie für Untersuchungen des Erdbebenprozesses (↗Herdkinematik).

Beschleunigungsempfindlichkeit ↗Beschleunigungsaufnehmer.

Beschleunigungsmesser, *B*, *Akzelerometer*, i. a. eine Vorrichtung zur Bestimmung der Beschleunigung durch Beobachtung einer Probemasse gegenüber einem Gehäuse unter Nutzung der Beziehung der Kräfte

$$m\ddot{z}(t) + d\dot{z}(t) + kz(t) = -F_y(t)$$

mit m = Probemasse, z = (1 D) Position relativ zum Gehäuse, $\dot{z}$, $\ddot{z}$ = erste und zweite Ableitung nach der Zeit t, d = Dämpfungskoeffizient, k = Federkonstante, y (1 D) = Position im Raum, kollinear mit z, $F_y(t)$ = außen auf das Gehäuse wirkende Kraft; die Gehäusemasse usw. sei vernachlässigbar.

Als Ursache der außen angreifenden Kraft setzen wir mit $F_y(t) = m \cdot \ddot{y}\,(t) = m \cdot b$ die ↗Trägheitsbeschleunigung oder (weiter unten) mit $F_y(t) = m \cdot g$ die Schwerebeschleunigung. Durch Umformung obiger Gleichung mit diesen Größen erhalten wir die Schwerebeschleunigung:

$$\ddot{z}(t) + \frac{d}{m}\dot{z}(t) + \frac{k}{m}z(t) = -\ddot{y}(t) \quad (*).$$

Die linke Seite beschreibt ein schwingungsfähiges System, das bei $d = 0$, also ohne Dämpfung, die Eigenfrequenz

$$\omega_0 = \sqrt{k / m}$$

hat; bei einer Dämpfung mit dem Verhältnis

$$\sigma = 1/2 \cdot d / \sqrt{(k \cdot m)}$$

eine (geänderte) Eigenfrequenz von

$$\omega_d = \omega_0 \cdot \sqrt{1 - \sigma^2}\ .$$

Bei $0 < \sigma < 1$ haben wir ein System mit Unterdämpfung, bei $\sigma = 1$ mit kritischer Dämpfung, bei $\sigma > 1$ mit Überdämpfung.

Die Beobachtung der Position z der Probemasse kann u. a. optisch, kapazitiv, resistiv, elektromagnetisch erfolgen. Die Federkraft kz kann durch eine mechanische Feder, eine elektrostatische (↗kapazitiver Beschleunigungsmesser), elektromagnetische (z. B. ↗supraleitender Beschleunigungsmesser) oder piezoelektrische Kraft oder durch eine Kombination dargestellt werden. Üblich ist die Rückstellung der Probemasse in eine Nullage entweder durch Verschiebung des Federangriffspunktes oder Veränderung der Federkraft sowie eine Verknüpfung von z-Ablesung und Federänderung durch einen Regelkreis. Die Parameter m, d, k sowie die Auslegung des Regelkreises führen insgesamt zu einer (komplexen) Übertragungsfunktion zwischen Beschleunigungseingang und Signalausgang, die durch frequenzabhängige Eichfunktion und Phasenverzögerung beschrieben werden kann.

Berzelius, *Jöns Jakob* Freiherr von

Beschleunigungsmesser werden je nach Auslegung in zahlreichen Bereichen verwendet. Ein ↗Seismometer ist ein Beschleunigungsmesser geringer Dämpfung und niederer Eigenfrequenz im Verhältnis zu der Anregungsfrequenz. Für technische Vibrationsmessungen sind hohe Eigenfrequenz (über der zu messenden), ein Dämpfungsverhältnis $\sigma \approx 0{,}5$ und hohe Schockfestigkeit nötig. Für die Trägheitsnavigation (↗Navigation) benötigt man insbesondere hohe Präzision und eine Übertragungsfunktion, die den Frequenzbereich der Positionsänderung linear abdeckt, höhere Störfrequenzen jedoch sperrt. Je nach Anwendung gewinnen mikromechanische Beschleunigungsmesser an Bedeutung, deren Fertigung der Halbleiterchipfertigung ähnelt. Es gibt auch Beschleunigungsmesser mit nur einer Probemasse, aber zwei bzw. drei (zueinander orthogonalen) sensitiven Achsen.

Für terrestrische ↗Gravimetrie wird der Beschleunigungsmesser mit z mittels Libellen in das physikalische Lot und in Ruhe in Bezug auf die Erde gestellt, auf der rechten Seite von (*) steht jetzt die ↗Schwere g. Für ein ↗ballistisches Gravimeter ergibt sich dann

$$-g = \ddot{z} + \left\{r / m \cdot \dot{z}(t)\right\}$$

mit der Dimension [m/s²]; dabei enthält der Nebenterm {} die Störung durch den Luftwiderstand der Probemasse, die man im ↗Absolutgravimeter zu eliminieren sucht. Für Federgravimeter (↗Relativgravimeter) haben wir

$$-g = \frac{k}{m} z + \left\{\ddot{z}(t) + \frac{d}{m}\dot{z}(t) + \frac{k}{m}\delta z(t)\right\}$$

mit der Dimension einer spezifischen Kraft [N/kg], die zu [m/s²] äquivalent ist (↗Schwereeinheit). Der störende Nebenterm in {} enthält die Schwingungen der Probemasse um die Ruhelage, die man durch Auslegung mit $\sigma \approx 1$, technisch realisiert durch mechanische Luftdämpfung oder durch Dämpfungsglieder im Regelkreis elektrisch erzeugter Federkraft dem aperiodischen Grenzfall annähert.

Für ein ↗Gravimeter auf bewegtem Träger haben wir $g + \ddot{y}(t)$ auf der rechten Seite von (*), d. h. für die Bestimmung von g ist die Trägheitsbeschleunigung $\ddot{y}(t)$ zu berücksichtigen. [GBo]

Beschriftung, das die Kartengraphik in einer Schriftsprache erläuternde und ergänzende Inhaltselement einer Karte. In Form der Kartennamen (↗geographische Namen) hat die Beschriftung bezeichnende Funktion und ist damit wesentliche Grundlage der Orientierung. Darüber hinaus liefert sie wichtige inhaltliche Ergänzungen, ohne die kartographische Darstellungen mitunter nicht vollständig zu erschließen sind. Dies betrifft z. B. die Reliefdarstellung in topographischen Karten, in denen Höhenpunkte und Gefällpunkte stets und ↗Höhenlinien relativ dicht beschriftet sind. Schriften des Kartentitels, der ↗Legende sowie der ↗Randausstattung werden gewöhnlich nicht zur Beschriftung gezählt, obgleich sie sehr häufig gemeinsam mit den Kartennamen auf einer Folie oder Ebene stehen. Unter diesem technischen Aspekt wird die Beschriftung häufig kurz als ↗Schrift bzw. als Schriftplatte oder -folie bezeichnet. [KG]

Bessel (Tab.): Erddimensionen nach Bessel.

a Äquatorradius	6.377.397 m
b halbe Erdachse	6.356.079 m
a–b	21.318 m
a–b : a = Abplattung	1/299,15
Äquatorumfang	40.070.386 m
Meridianumfang	40.003.423 m
mittl. Meridiangrad	111.121 m
Meridiangrad 89–90°	111.680 m
Meridiangrad 0–1°	110.564 m
Geograph. Meile (= 4°)	7420 m

Besetzungsdichte, eine Punktlage kann statistisch von nur einer oder von mehreren Spezies besetzt sein. Eine solche Teilbesetzung wird bei der Berechnung des ↗Strukturfaktors durch Wichtung des Atomformfaktors (↗Atomstreufaktor) mit einem Besetzungsfaktor zwischen Null und Eins berücksichtigt, der bei der ↗Strukturverfeinerung als freier Parameter behandelt werden kann.

Bessel, *Friedrich Wilhelm*

Bessel, *Friedrich Wilhelm*, deutscher Astronom und Mathematiker, * 22.7.1784 in Minden, † 17.3.1846 Königsberg; zunächst Lehre als Handelskaufmann; dabei astronomische Studien, die ihn zur Verbesserung astronomischer Fundamentalwerte führten; ab 1806 Observator an der Privatsternwarte von J. H. Schröter in Lilienthal bei Bremen; dort Kometenbeobachtungen (u. a. Bahnbestimmung des Halleyschen Kometen). Ab 1810 ist Bessel Professor der Astronomie und Direktor der unter seiner Leitung gebauten Sternwarte in Königsberg. Er gilt als der bedeutendste praktisch arbeitende Astronom der ersten Hälfte des 19. Jahrhunderts. Er veröffentlichte über 350 Abhandlungen. Bessel gilt als Begründer der Astrometrie und untersuchte die bei astronomischen und geodätischen Messungen auftretenden Instrumenten- und Beobachtungsfehler, ihre Ursachen und ihre Auswirkungen auf die Ergebnisse. Bessel widmete sich der möglichst exakten Bestimmung von Gestirnspositionen und führte dazu seit 1821 eine Durchmusterung des Himmels durch, die 32.000 Sterne erfaßte. Bessel untersuchte auch Aberration, Präzession, Nutation und Schiefe der Ekliptik und wies 1844 die Polhöhenschwankung nach. Seine bedeutendsten Arbeiten zur Geodäsie waren eine ↗Gradmessung in Ostpreußen zusammen mit J. J. ↗Baeyer als Zusammenschluß einer europäischen Gradmessung, die Verbesserung der Methode des Rückwärtseinschneidens sowie die Bestimmung der Länge des Sekundenpendels in Königsberg und Berlin als Grundlage zur physikalischen Natur der Definition des Preußischen Fuß. Dem Fortschritt der Geophysik dienten Bessels Arbeiten zur genaueren Festlegung der astronomischen Koordinatensysteme, zur Potential- und Störungstheorie sowie seine Bestimmung der Dimensionen des Erdellipsoids (Tab.) aus den zehn genauesten

Gradmessungen (↗Bessel-Ellipsoid 1841). Nach ihm benannt ist das ↗Besselsche Jahr. Seine Beobachtungen sind in 21 Bänden »Astronomische Beobachtungen auf der königlichen Sternwarte zu Königsberg von 1815–44« veröffentlicht. Werke: »Fundamenta Astronomiae« (1818), »Populäre Vorlesungen über wissenschaftliche Gegenstände« (1848), »Abhandlungen« mit Bibliographie seiner Schriften (1875/76). [WSt]

Bessel-Ellipsoid, von ↗Bessel 1841 aus zehn ↗Gradmessungen bestimmtes ↗Referenzellipsoid. Die große Halbachse des Ellipsoides beträgt 6377.397 m, die reziproke Abplattung 299,1528 (↗Rotationsellipsoid). Das Bessel-Ellipsoid liegt zahlreichen Landesvermessungen West- und Mitteleuropas zugrunde. Es wurde auch als Bezugsfläche des Deutschen Hauptdreiecksnetzes ↗DHDN 1990 verwendet.

Besselsche Epoche, Bezeichnung für einen Zeitraum aufgrund der Dauer des ↗tropischen Jahres, beginnend bei B1900.0, dem Anfang des ↗Besselschen Jahres 1900. Zur Kennzeichnung wird der Jahreszahl ein »B« vorangestellt (↗B1950.0).

Besselsches Jahr, beginnt jeweils, wenn die Rektaszension der mittleren, fiktiven Sonne (nach Newcomb) 18 h 40 min beträgt. Die Länge entspricht der des ↗tropischen Jahres und ist veränderlich. Wegen seiner variablen Länge ist das Besseljahr nicht mehr in Gebrauch.

Besshi-Typ, Kieslagerstätten, ↗Massivsulfid-Lagerstätten, benannt nach dem Besshi-Distrikt in Japan. Vorwiegend Cu-Zn-Erze, die auch an Au und Ag angereichert sind. Nebengesteine sind Abfolgen mafischer Vulkanite, vor allem ↗tholeiitischer ↗Basalte und ↗Andesite sowie ↗Grauwacken. Die plattentektonische Stellung (↗Plattentektonik) beinhaltet das frühe Stadium der Spreizung und »rifting« eines ↗Inselbogens, aber auch intrakontinentale Spreizungszonen. Die Altersstellung reicht von frühproterozoisch bis paläozoisch.

Besson, *Jacques*, französischer Mathematiker und Ingenieur, * um 1540 in Grenoble, † um 1576 in Orléans; war als Ingenieur in Diensten von König Franz II. und verfaßte mit »Theatrum instrumentorum et machinarum« (1569) das erste Buch der Neuzeit über Maschinentechnik. Er schrieb im Jahre 1569 ein Buch über die »Kunst und Wissenschaft unterirdisch versteckte Wässer und Brunnen zu finden« und stellte darin auch den hydrologischen Kreislauf zutreffend dar.

Bestand, *Pflanzenbestand*, 1) Begriff für eine zu untersuchende Lebensstätte oder Bewuchsfläche von Pflanzen, inklusive landwirtschaftlicher Kulturen (↗Agrarmeteorologie). Unterschieden werden einheitliche Bestände und Mischbestände. ↗Biozönosen lassen sich aus den Ergebnissen der Untersuchungen verschiedener Bestände typisieren. 2) Bezeichnung für ein Waldstück, das aufgrund einer bestimmten Holzartenzusammensetzung und eines typischen Altersaufbaus als Einheit angesehen werden kann. Daraus abgeleitet werden auch die kleinsten Wirtschaftseinheiten bei der Holznutzung (↗Forstwirtschaft, ↗Forstmeteorologie) als Bestand bezeichnet. Weiterhin zeigt sich der Bezug zu Waldflächen in Begriffen, die auf vom Freiland abweichende Klimabedingungen hinweisen (Bestandsklima, Bestandsniederschlag).

Bestandesführung, Einsatz pflanzenbaulicher Maßnahmen (Bestellverfahren, Düngung, Pflanzenschutz) zur Erzielung optimaler Bestände mit einem optimalen Bestandesaufbau (Pflanzen/m^2, Ernteorgane/m^2) und Längenwachstum sowie geringer Konkurrenz durch Schaderreger und Unkräuter.

Bestandsabfall, i. e. S. organische Masse, die nach der Ernte auf dem Feld verbleibt (Stroh, Blatt), i. w. S. werden auch die Wurzelreste einbezogen (Ernte-Wurzel-Rückstände).

Bestandskarte, *Analysekarte*, *Planungsgrundlagenkarte*, Kartenart in der Raumplanung, welche die zu einem Zeitpunkt existierende, planerisch relevante räumliche Situation in thematischer oder topographischer Form abbildet. Bestandskarten bilden im Unterschied zu Planungskarten keine zukünftigen Entwicklungen ab, sondern die Ausgangssituation für einen raumbezogenen Planungsvorgang. Sie sind somit eine Grundlage, um eine Raumsituation zu analysieren, existierende räumliche Konflikte aufzudecken und die entsprechenden Planungsschritte abzuleiten. In ↗Planungsinformationssystemen bilden Bestandskarten in Form von ↗digitalen Karten auch datentechnisch die Grundlage für den Planungsvorgang.

Bestandsklima, Klimabedingungen in einem ↗Bestand (↗Bioklimatologie).

Bestandsniederschlag, *Waldniederschlag*, Niederschlag in Wäldern, der sich aus ↗Kronendurchlaß (↗abtropfender Niederschlag, ↗durchfallender Niederschlag) und ↗Stammabfluß zusammensetzt (↗Interzeption).

Bestandsraum, Fläche zuzüglich der vertikalen Ausdehnung, in dem sich ein ↗Bestand befindet (↗Bioklimatologie).

Bestandsverdunstung, ↗Verdunstung von bewaldeten Flächen.

Besteg, *Tapete*, in einem Hohlraum, vor allem auf ↗Klüften, ausgeschiedener dünner Mineralbesatz.

Bestimmtheitsmaß, Quadrat des Korrelationskoeffizienten, meist prozentual ausgedrückt. Es gibt die erklärte bzw. gemeinsame Varianz eines Zusammenhangs an.

Bestockung, 1) *Bestoßung*, Auftreiben von Nutztieren (Rindvieh, Schafe, Ziegen, Pferde) auf die Weide. Der Tierbesatz wird in ↗Großvieheinheiten pro Fläche angegeben und ist als Schutz gegen Überweidung und Trittschäden teilweise reglementiert. 2) Bezeichnung für das Aufkommen einer Pflanzendecke oder eines Baumbestandes.

Bestrahlungsstärke, ↗Strahlungsfluß, der auf eine Oberfläche auftrifft.

Beta-Effekt, Grundlage für alle Phänomene, die auf der Breitenabhängigkeit des ↗Coriolisparameters f beruhen. Insbesondere die ↗Rossbywellen lassen sich auf diesen Effekt zurückführen. Um die Bewegungsgleichungen zu vereinfachen, kann man näherungsweise für viele Untersuchungen voraussetzen, daß die Änderungsrate von *f* mit der geographischen Breite konstant ist. Man spricht dann von einer Beta-Ebene.

Beta-Mesosaprobien, ↗Indikatorenorganismen, die eine mäßige organische Belastung der Gewässer anzeigen. Dies entspricht etwa der Gewässergüteklasse II (↗Wassergüte).

Beta-Messingphase, intermetallische Verbindungen der Stöchiometrie AB, die im CsCl-Strukturtyp kristallisieren, mit einer Valenzelektronenkonzentration, d. h. Verhältnis der Anzahl der Valenzelektronen zur Anzahl der Atome, von 1,5. Beispiele dafür sind CuZn, CuBe, CuPd, AgMg, AuZn u. a.

β-Strahlung, von radioaktiven Substanzen ausgesendete Elektronen oder seltener Positronen.

Betechtin, *Anatol Georgiewich*, russisch/sowjetischer Mineraloge und Lagerstättenkundler, * 24.2.1897 Strigino, Provinz Vologda, † 20.4.1962 Moskau; ab 1937 Professor in Leningrad; er lieferte zahlreiche Beiträge zur Erzmikroskopie und beschäftigte sich mit Lagerstätten, insbesondere von Mangan und zur Faziesentwicklung des Magnesiums in Sedimenten. Betechtin schrieb u. a. das »Lehrbuch der Speziellen Mineralogie« (deutsche Auflagen 1953 und 1957). Nach ihm wurde das Mineral Betechtinit mit der chemischen Formel $Cu_{10}S_{6-7} \cdot PbS$ benannt.

betonangreifendes Wasser, ↗aggressives Wasser, das durch seine Inhaltsstoffe (Sulfat, Kohlensäure) und Eigenschaften (pH-Wert) besonders den Beton, zum Beispiel durch Auslaugung des Zements, auflockert oder zerstört.

Betrachtungsgrößenordnung ↗Theorie der geographischen Dimensionen.

Betriebssystem, steuert und koordiniert die Zugriffe auf die in einem ↗Rechnersystem installierten herstellerspezifischen Hardwarekomponenten (Arbeitsspeicher, Festspeicher, Geräte zur ↗Dateneingabe und zur ↗Datenausgabe) und organisiert die Vergabe und Kontrolle von Ressourcen zur Ausführung von Programmen bzw. deren zeitliche Abfolge. Die verschiedenen Betriebssysteme unterscheiden sich im wesentlichen hinsichtlich ihrer Fähigkeit zum Echtzeitbetrieb, der Möglichkeit zur gleichzeitigen Bearbeitung von Anfragen mehrerer Benutzer und in ihrer ↗Benutzeroberfläche. Daneben wird durch das Betriebssystem bzw. die von diesem unterstützte Hardware bestimmt, ob ein Rechner als ↗Serverrechner oder als ↗graphische Workstation eingesetzt werden kann.

Betriebswasser, Wasser, das gewerblichen, industriellen oder landwirtschaftlichen Zwecken dient (↗Wasserversorgung). Je nach Verwendungszweck unterliegt es unterschiedlichen Güteanforderungen, die, wie z. B. bei der Lebensmittelverarbeitung, bis zum strengen Trinkwasserstandard gehen können.

Betriebswasserspiegel, *Betriebsspiegel*, der sich im Brunnen einstellende Wasserspiegel während der Entnahme bzw. des Förderbetriebs. Die Höhendifferenz zwischen Ruhewasserspiegel und Betriebswasserspiegel wird als ↗Sickerstrecke bezeichnet. Bei fachgerecht ausgeführten Brunnen wird seine Lage weitestgehend von der Ergiebigkeit des Grundwasserleiters und der Entnahmemenge bestimmt. Bei Brunnen mit zu hohen Eintrittsverlusten kann der Betriebswasserspiegel baubedingt zusätzlich abgesenkt werden.

Betroffenheitsprinzip, didaktisches Grundprinzip, bei dem Umweltprobleme aus dem Lebens- und Erfahrungsbereich der Schüler behandelt werden, um das eigene Verhalten gegenüber der Natur zu reflektieren.

Bettfracht ↗Geschiebefracht.

Bettungsmodul, *Bettungszahl*, k_S, Maß zur Beurteilung der ↗Setzung eines Baugrundes bei Belastung durch ein Fundament (Einheit: kN/m^3). Der Bettungsmodul ist der Quotient aus der durch das Fundament auf den Boden ausgeübten Sohlnormalspannung σ_0 [kN/m^2] und der daraus resultierenden Setzung S [m]. Der Bettungsmodul wird im ↗Plattendruckversuch ermittelt.

Bettungszahl ↗*Bettungsmodul*.

Beugung, *Diffraktion*, Änderung der Ausbreitungsrichtung einer ebenen elektromagnetischen Welle (bzw. von Lichtstrahlen), die nicht durch ↗Brechung, ↗Reflexion oder ↗Streuung hervorgerufen wird, sondern durch im Weg stehende Hindernisse (z. B. Blenden, Kanten) oder durch Dichteänderungen im durchlaufenen Medium. Nach dem ↗Huygensschen Prinzip ist jeder Punkt, der von einer Welle durchlaufen wird, der Ausgangspunkt einer neuen Welle. Die Abweichung vom geometrischen Strahlenverlauf wird bemerkbar, wenn die Größe der Hindernisse bzw. der Öffnungen in Gegenständen in der Größenordnung der Wellenlänge liegen oder kleiner als diese sind. Als Folge davon dringt die elektromagnetische Welle in den geometrischen Schattenraum ein. Die Intensitätsverteilung bei Beugung wird auch als *Beugungsbild*, *Beugungsmuster* oder *Beugungsdiagramm* bezeichnet. In der Atmosphäre findet Beugung elektromagnetischer Strahlung an Aerosolpartikeln, Wassertröpfchen und ↗Eiskristallen statt.

In der Geophysik versteht man unter Diffraktion die Ausbreitung seismischer Energie entlang von Pfaden, die nicht durch die Strahlentheorie seismischer Wellen erklärt werden können. Diffraktierte Wellen treten dann auf, wenn der Krümmungsradius einer reflektierenden Grenzfläche klein gegenüber der Wellenlänge des einfallenden seismischen Signals ist. Das Konzept der Diffraktion spielt in der ↗Angewandten Seismik eine große Rolle. Diffraktion tritt häufig an Störungen auf, die reflektierende Horizonte durchsetzen. In der Erdbebenseismologie beobachtet man in Epizentralentfernungen von mehr als 100 Grad diffaktierte ↗P-Wellen, die entlang der Kern-Mantel Grenze gebeugt werden.

Beugungsbild ↗Beugung.

Beugungsdiagramm ↗Beugung.

Beugungsmuster ↗Beugung.

Beule, durch vertikale Bewegung nach oben angehobener und ausgebeulter Schichtenverband.

Beutelmulde, Synklinale (↗Falte), deren Schenkel streckenweise nach oben konvergieren. ↗Pilzfalte.

Bevölkerungsdichtekarten ↗Bevölkerungskarten.

Bevölkerungskarten, zählen zu den ↗thematischen Karten und haben die Gesamtheit der Einwohner einer administrativen bzw. staatlichen Einheit (Stadt, Gemeinde, Kreis, Land, Staat) oder einer physisch-geographischen Einheit (Insel, Erdteil, Erde) zum Gegenstand. Bevölkerungskarten erfüllen die verschiedenartigsten Funktionen, vom Einsatz im Geographieunterricht bis hin zur Planung. Wichtigstes Quellenmaterial bilden in Deutschland die Bevölkerungsstatistiken des Bundesamt für Statistik und der Statistischen Landesämter. Folgend werden die wichtigsten Typen der Bevölkerungskarten dargestellt: a) *Bevölkerungsdichtekarten* stellen die auf eine Flächeneinheit (meistens km^2 oder ha) bezogene Gesamtanzahl der in diesem bestimmten Gebiet lebenden Menschen als arithmetische Dichte in Form der ↗Choropletenkarte bzw. nach der Methode des ↗Flächenkartogramms dar. b) *Bevölkerungsstrukturkarten* bedienen sich vielfach der ↗Diagrammsignaturen, da diese eine relativ leicht ablesbare Darstellung z. B. von Anteilen bestimmter Bevölkerungsgruppen ermöglichen. c) *Bevölkerungsverteilungskarten* stellen überwiegend wertproportionale ↗Mengensignaturen in Form zwei- oder dreidimensionaler geometrischer Figuren unter Beachtung des ↗Maßstabs in eine ↗Basiskarte lagetreu eingetragen dar. d) *Pendlerkarten* stellen die täglichen oder auch wöchentlichen Ströme von Erwerbstätigen von der Wohngemeinde zur Arbeitsgemeinde in Pfeildiagrammen oder Anzahl und Struktur von Pendlern an Wohn- oder Arbeitsgemeinde mittels Diagrammen dar. Werden beide Darstellungsformen kombiniert, ist eine tiefergehende Struktur-Analyse der Pendlerkarten nach territorialen und sozialen Merkmalen möglich. e) *Wanderungskarten* stellen den absoluten Wanderungsgewinn und Wanderungsverlust als ↗Diakartogramm sowie relative Wanderungssalden (z. B. Anzahl der Zuwanderer je km^2) einer bestimmten administrativen Einheit als Choropletenkarte bzw. nach der Methode des Flächenkartogramms dar. [HFa]

Bevölkerungsstrukturkarten ↗Bevölkerungskarten.

Bevölkerungsverteilungskarten ↗Bevölkerungskarten.

Bewässerung, künstliche Zufuhr von Wasser auf landwirtschaftlich, forstwirtschaftlich oder gärtnerisch genutzten Flächen, zur Versorgung der Pflanzen in den Wachstumsphasen, wenn der Bodenwasservorrat erschöpft ist und der Wasserbedarf nicht aus Niederschlägen gedeckt werden kann. Bewässerung wird überwiegend in den Gebieten angewandt, in denen aufgrund unzureichender Niederschlagshöhe und/oder ungünstiger Niederschlagsverteilung ↗Regenfeldbau nicht möglich ist oder lediglich unzureichendes Pflanzenwachstum hervorbringt. Mit der Bewässerung werden Ertragsschwankungen ausgeglichen, die Nährstoffe besser ausgeschöpft sowie die Futtergewinnung und Bodenbedeckung durch Zwischenfruchtanbau optimiert. Darüber hinaus können der Anbau ertragreicher und wasserbedürftiger Kulturen ausgedehnt und die Erntetermine modifiziert werden. Neben der Wasserversorgung von Pflanzen erfüllt die Bewässerung eine Reihe sekundärer Funktionen. Mit Hilfe von Bewässerungsverfahren, die eine gute Dosierung des Wassers erlauben und nur geringe Wasserverluste aufweisen, kann z. B. der ↗Bodenversalzung entgegengewirkt werden. Die im Boden natürlicherweise vorhandenen oder durch das Bewässerungswasser eingetragenen Salze werden durch Auswaschung entfernt (Bodenentsalzung). Darüber hinaus können mit dem Wasser Dünge- und Pflanzenschutzmittel zugeführt werden sowie eine Bekämpfung derjenigen Krankheiten erfolgen, die in ihrem Auftreten an das Vorhandensein von Wasser gebunden sind (z. B. Malaria, Bilharziose). Je nach angewandtem Verfahren dient die Bewässerung aber auch dem Schutz vor Winderosion, der Verbesserung des Kleinklimas oder sie wird als Temperaturschutz eingesetzt, sowohl zum Schutz vor Frost (Frostberegnung von frostempfindlichen Blüten in den mittleren Breiten), als auch in Gebieten mit starker Sonneneinstrahlung und da mit verbundener Aufheizung der Böden.

Die Förderung des Pflanzenwachstums durch gezielte Wassergaben gehört zu den ältesten Kulturtechniken der Menschheit. Insbesondere in den Trockengebieten der Tropen und Subtropen war die Bewässerung Grundlage und Voraussetzung für die Entwicklung zahlreicher Hochkulturen, wobei Blüte und Niedergang in einem engen wechselseitigen Zusammenhang mit der rationellen Verwendung des Wassers und dem Zustand der Bewässerungsanlagen gestanden haben. In der Bundesrepublik werden ca. 350.000 ha landwirtschaftliche Nutzfläche bewässert, weltweit sind es ca. 250 Mio. ha, wobei der Rehabilitierung bestehender Systeme derzeit Vorrang gegenüber der Neuanlage gegeben wird. Insbesondere in den Trockengebieten der Tropen und Subtropen ist die Bewässerung eine unabdingbare Voraussetzung für eine stabile Versorgung mit landwirtschaftlichen Produkten hoher Qualität. Die Bewässerungswirtschaft zielt darauf ab, den Wasserbedarf der Pflanzen zu decken und den Verlust aus der gesamten ↗Evapotranspiration eines großflächigen Bestandes sowie der Versikkerung und eventueller Lecks aus dem Zuleitungssystem des Wassers auszugleichen. Hierbei wird der im Boden vorhandene natürliche Speicherraum pflanzenverfügbar so aufgefüllt, daß der Wassergehalt zwischen der ↗Feldkapazität und dem ↗permanenten Welkepunkt liegt. Fast sämtliche Kulturpflanzen können auch unter Bewässerung angebaut werden. Voraussetzung für eine Bewässerung ist die von den klimatischen Bedingungen und dem Anspruch der Pflanze abhängige Bewässerungsbedürftigkeit, sowie die zusätzlich durch wirtschaftliche, volkswirtschaftliche und beschäftigungspolitische Aspekte bestimmte Bewässerungswürdigkeit.

Der Wasserbedarf ergibt sich aus dem Pflanzenwasserverbrauch abzüglich des pflanzenwirksamen Niederschlages und unter Berücksichtigung etwaiger Verluste (Leitungslecks). Der Pflanzen-

wasserbedarf wiederum ergibt sich entweder aus der berechneten Verdunstung und den Pflanzeneigenschaften, oder er wird neuerdings aus direkten Messungen der Bodenwasserverhältnisse oder aus dem physiologischen Verhalten der Pflanzen ermittelt, z. B. dem Welkepunkt. Die Welternährungs- und Landwirtschaftsorganisation der Vereinten Nationen beschreibt, wie verschiedenartige Verdunstungsermittlungen zur Berechnung einer potentiellen Bezugsverdunstung für den Bestand eingesetzt werden können. Diese Grundverdunstung wird dann mit geeigneten Pflanzenkoeffizienten multipliziert. Das Produkt stellt ein Maß für den Pflanzenwasserbedarf dar. Bodenfeuchtemessungen, z. B. mittels Tensiometer, werden heute direkt zur zeitlichen Festlegung und quantitativen Steuerung der Wasserabgabe eingesetzt, indem die Wasserzufuhr jeweils an- oder abgeschaltet wird, wenn bestimmte Werte der Bodenfeuchte erreicht oder unterschritten werden.
Eine Bewässerungsanlage besteht aus den Einrichtungen zur Fassung des Wassers, zur Zuleitung des Wassers zum Bewässerungsgebiet, den Verteilungseinrichtungen sowie ggf. den Entwässerungsanlagen (↗Entwässerung) zur Ableitung von Überschußwasser sowie des zur Auswaschung des Bodens benötigten Wassers (↗Bodenversalzung). Als Bewässerungsverfahren kommen je nach Wasserverfügbarkeit, Oberflächenrelief und Kultur verschiedene Bewässerungmethoden zum Einsatz. Es kann unterschieden werden zwischen oberirdischer (↗Beregnung, ↗Tropfbewässerung, Becken-, Streifen- oder Graben- und Furchenbewässerung) und unterirdischer Wasserzufuhr (bei den Unterflurverfahren gibt es verschiedene Möglichkeiten der Anhebung des Grundwasserstandes durch Einstau). Eine weitere Unterteilung der Bewässerungssysteme erfolgt in die Gravitationsbewässerung (↗Staubewässerung, ↗Rieselbewässerung) und den unter Druck arbeitenden Verfahren (Beregnung, Tropf(en)bewässerung). Der Tropfbewässerung wird überall dort der Vorzug gegeben, wo Wasser knapp und teuer ist. Mit der Tropfbewässerung kann die Steuerung der Wasserzufuhr optimal geregelt werden, um sowohl Verluste durch Verdunstung, als auch durch Drainage gering zu halten. Wenn die Tropfenzugabe möglichst nah an der Fruchtpflanze erfolgt, kann das Wachstum von Unkraut und somit Verluste von Nährstoffen und zusätzliche Transpiration vermieden werden. Die Tropfbewässerung stellt zusammen mit der Beregnung die technisch aufwendigste Form der Wasserzufuhr dar, die jedoch die größte Anpassungsfähigkeit an das Oberflächenrelief sowie dem Wasserbedarf der Pflanzen bietet. Weltweit am meisten verbreitet ist der Beckeneinstau, der ca. 50 % der Weltbewässerungsfläche umfaßt, gefolgt von der Furchen- oder Rillenrieselung. In den humiden Klimaten wird hingegen die Beregnung auf 50–90 % der Bewässerungsflächen angewendet. Der Gesamtwirkungsgrad von Bewässerungsanlagen, d. h. das Verhältnis von Pflanzenwasserbedarf und Gesamtwasserbedarf, liegt bei den meisten Anlagen je nach System, Betrieb der Anlage, Pflanzenart, Zustand der Anlage und Ausbildung des Personales bei 10–50 %. Bei Beregnungsanlagen und bei der Tropfbewässerung kann der Wirkungsgrad auch deutlich höher sein. Die Wassergewinnung erfolgt in Abhängigkeit von den örtlichen Verhältnissen aus Oberflächengewässern oder aus dem Grundwasser. Zum Ausgleich von Dargebotsschwankungen sind Speicher (↗Talsperre) erforderlich. In Indien und Ceylon wird der während des Monsuns fallende Niederschlag in Stauteichen gesammelt (Tank-Irrigation). Die Zuleitung zum Bewässerungsgebiet erfolgt über Kanäle oder Rohrleitungen. Um die Sickerverluste zu begrenzen, werden größere Kanäle meist in Beton ausgeführt oder mit Asphalt, Ton oder Folien abgedichtet. Das zur Bewässerung verwendete Wasser muß nicht nur in ausreichender Menge zur Verfügung stehen, vielmehr unterliegt es auch bestimmten Qualitätsansprüchen. Pflanzen reagieren auf gelöste Salze im Bewässerungswasser sehr empfindlich. Hoher Salzgehalt im Wasser, verbunden mit unregelmäßiger und ungeeigneter Wasserzufuhr, können eine Versalzung der bewässerten Bodenflächen hervorrufen, die insbesondere in ariden und semiariden Gebieten, zu ernsten Problemen führen. Die Verwendung von vorgereinigtem Abwasser für die Bewässerung z. B. in ↗Rieselfeldern hat in Deutschland sowohl aus hygienischen Gründen wie aus Gründen des Bodenschutzes keine Bedeutung mehr, wird jedoch in Wassermangelgebieten (z. B. Israel) noch angewendet. [EWi, HPP, KHo]
Literatur: [1] ACHTNICH, W. (1980): Bewässerungslandbau. [2] FOOD AND AGRICULTURE ORGANIZATION (1975): Irrigation and Drainage Paper 24 – Guidelines for Predicting Crop Water Requirements. [3] MOCK, J. (1993): Taschenbuch der Wasserwirtschaft.

Bewässerungsbedarf, Wasservolumen, das für die ↗Bewässerung eines Bestandes oder eines Gebietes vorgehalten werden muß. Es ist abhängig von der Bewässerungsbedürftigkeit der Pflanzen und ist somit gekennzeichnet durch die Höhe und zeitliche Verteilung der ↗Niederschläge, die ↗Evapotranspiration, die edaphischen Verhältnisse (z. B. nutzbare Wasserkapazität), die Grundwasserstände und pflanzenphysiologische Eigenschaften. Das Wasser, das für den Bewässerungsbedarf vorzusehen ist, wird i. d. R. aus Stauseen und dem Grundwasser entnommen. Der Bewässerungsbedarf stellt in vielen Trockengebieten der Erde einen erheblichen Teil des allgemeinen ↗Wasserbedarfs dar und steht vielfach in Konkurrenz zur Trinkwasserversorgung und Brauchwasserversorgung.

Bewässerungslandwirtschaft, Form der landwirtschaftlichen Bodennutzung in Gebieten, in denen ↗Regenfeldbau wegen geringer Niederschlagshöhe oder ungünstiger Niederschlagsverteilung nicht betrieben werden kann oder lediglich zu unzureichenden Erträgen führt. ↗Bewässerung.

Bewässerungssystem, integriertes System, in dem die Einrichtungen zur ↗Bewässerung, z. B. Rohre, Pumpen, Gräben, Furchen usw., sowie die bewässerungswirtschaftlichen Maßnahmen zusammen betrachtet werden und zu einem Bewässerungskonzept führen. Die Aufstellung eines Bewässerungssystems muß sich dem Anspruch nach einer nachhaltigen Entwicklung eines Gebietes anpassen.

Bewässerungsverfahren, grundsätzlich lassen sich vier Bewässerungshaupttypen unterscheiden: ↗Beregnung, ↗Rieselbewässerung, Flächenbewässerung und unterirdische Bewässerung. Die ↗Bewässerung kann in Furchen, aber auch flächenhaft erfolgen. Die Wahl des Bewässerungsverfahrens hängt von einer Vielzahl von Faktoren ab, insbesondere der zur Verfügung stehenden Wassermenge. Wo mit Wasser sparsam umgegangen werden muß, wird der Betreiber ein Verfahren wählen, bei dem das Wasser direkt den Pflanzen zugeführt wird und möglichst wenig verdunstet, z.B. durch ↗Tropfbewässerung. Die Wahl des Bewässerungsverfahrens hängt auch von dem zu bewässernden Bestand, der Klimazone, der Versalzungsgefahr, der Hangneigung des Bewässerungsfeldes, der Unkrautbekämpfung u.a. ab.

Bewässerungswasser, kann Klarwasser aus Brunnen und Oberflächengewässern sowie Abwasser aus Klärwerken und industriellen Prozessen sein. Jegliche Wassernutzung unterliegt in den meisten europäischen Ländern einer strengen behördlichen Kontrolle. Insbesondere die Verwendung von Abwässern hat aufgrund der potentiellen Schadstoffbelastung und hygienischen Einschränkungen nur noch regional Bedeutung.

Bewegungsgleichung eines Satelliten, sie lautet im ↗Inertialsystem

$$\ddot{\vec{x}} = -\frac{GM}{r^3}\vec{x} + \vec{b}_s\ ,$$

wobei der erste Summand die Beschleunigung eines Zentralfeldes darstellt und auf das ungestörte Keplerproblem führt. Der zweite Summand beschreibt die auf den Satelliten wirkenden Störbeschleunigungen, die in der ↗Störungsrechnung berücksichtigt werden. Die Bewegungsgleichung ist eine vektorielle Differentialgleichung zweiter Ordnung, so daß über sechs Integrationskonstanten (Anfangsbedingungen) zu verfügen ist. Ihre Lösung liefert den Ort $\vec{x}$ und die Geschwindigkeit $\dot{\vec{x}}$ des Satelliten zu jedem beliebige Zeitpunkt t. Die Integrationskonstanten können Anfangsort $\vec{x}_0$ und -geschwindigkeit $\dot{\vec{x}}_0$ oder (alternativ) die (daraus eindeutig berechenbaren) ↗Keplerschen Bahnelemente sein.

Bewegungsgleichungen, Gleichungen, die die Strömungen im Meer beschreiben. Sie werden abgeleitet aus dem zweiten Newtonschen Bewegungsgesetz $\vec{F} = m \cdot \vec{a}$. Hieraus folgt, daß die Beschleunigung.

$$\vec{a} = \frac{d\vec{v}}{dt} = \frac{\partial\vec{v}}{\partial t} + \vec{v}\cdot\nabla\vec{v}$$

eines Wasserelementes von den auf dieses Wasserelement wirkenden Kräften abhängig ist. Zu den Kräften zählen Druck $[1/\varrho]\nabla p$, Gravitationskräfte $\nabla\Phi$ und Reibungskräfte $\vec{F}$. Für die im Ozean anzutreffenden turbulenten Verhältnisse läßt sich die Reibung in Abhängigkeit vom Gradienten der Strömungsgeschwindigkeiten in Form des sogenannten turbulenten Austausches:

$$\vec{F} = \nabla\cdot\vec{A}\cdot\nabla\vec{v}$$

formulieren. Aufgrund der Erdrotation treten noch zwei ↗Scheinkräfte auf: die ↗Corioliskraft $(2\vec{\Omega}\times\vec{v})$ und die ↗Zentrifugalkraft $(\Omega^2\cdot\vec{r})$, mit $\vec{r}$ = Abstand von der Erdachse (nach außen gerichtet). Letztere tritt in den Bewegungsgleichungen nicht explizit auf, da sie in das ↗Geopotential Φ integriert wird. Die Bewegungsgleichungen besitzen in einem ↗kartesischen Koordinatensystem damit folgende Form:

$$\frac{\partial\vec{v}}{\partial t} + \vec{v}\cdot\nabla\vec{v} + 2\vec{\Omega}\times\vec{v} = -\nabla\Phi - \frac{1}{\varrho}\nabla p + \nabla\cdot\vec{A}\cdot\nabla\vec{v}$$

(t = Zeit, $\vec{v}$ = Geschwindigkeiten in allen drei Raumrichtungen, $\vec{\Omega}$ = Winkelgeschwindigkeitvektor der Erde mit Richtung der Drehachse, ϱ = Dichte, p = Druck, $\vec{A}$ = Austauschkoeffizient in allen drei Raumrichtungen).

Um die Bewegungsgleichungen zur Beschreibung spezieller Phänomene heranziehen zu können, ist es zumeist erforderlich sie mithilfe spezieller Annahmen weiter zu vereinfachen. Bei Verwendung der hydrostatischen Approximation (↗hydrostatische Grundgleichung), der Boussinesq-Approximation und einer vereinfachten Form für den Coriolisterm ergeben sich die für ozeanographische Untersuchungen häufig herangezogene Flachwasser- oder primitiven Gleichungen. In West-Ost-Richtung:

$$\frac{\partial u}{\partial t} + u\frac{\partial u}{\partial x} + v\frac{\partial u}{\partial y} + w\frac{\partial u}{\partial z} - f\cdot v = -\frac{1}{\varrho}\frac{\partial p}{\partial x} + \frac{\partial}{\partial x}\left(A_h\cdot\frac{\partial u}{\partial x}\right) + \frac{\partial}{\partial y}\left(A_h\cdot\frac{\partial u}{\partial y}\right) + \frac{\partial}{\partial z}\left(A_v\cdot\frac{\partial u}{\partial z}\right).$$

In Süd-Nord-Richtung:

$$\frac{\partial v}{\partial t} + u\frac{\partial v}{\partial x} + v\frac{\partial v}{\partial y} + w\frac{\partial v}{\partial z} + f\cdot u = -\frac{1}{\varrho}\frac{\partial p}{\partial y} + \frac{\partial}{\partial x}\left(A_h\cdot\frac{\partial v}{\partial x}\right) + \frac{\partial}{\partial y}\left(A_h\cdot\frac{\partial v}{\partial y}\right) + \frac{\partial}{\partial z}\left(A_v\cdot\frac{\partial v}{\partial z}\right).$$

Die hydrostatische Approximation, die die vertikale Komponente der Bewegungsgleichung ersetzt, besitzt die Form:

$$\frac{\partial p}{\partial z} + g\cdot\varrho = 0$$

mit x, y, z = Raumkoordinaten in West-Ost- und Süd-Nord-Richtung sowie in vertikaler Richtung nach unten; u, v, w = Geschwindigkeitskomponenten in x,y,z-Richtung und A_h, A_v = horizontaler bzw. vertikaler Austauschkoeffizient, f = Coriolisparameter, g = Gravitationsbeschleunigung, die den Gradienten des Geopotentials $\nabla\Phi$ ersetzt.

Bewegungsmessungen, das mechanische Gebirgsverhalten wird von einer Reihe von v. a. in ihrem komplexen Zusammenwirken nur unzureichend quantifizierbaren Einflußfaktoren bestimmt. Die Ingenieurgeologie bedient sich daher eines umfangreichen Instrumentariums, um Bewegungen des Gebirges zu messen. Hierzu gehören insbesondere ↗Extensometer, ↗Inklinometer und Konvergenzmeßgeräte. Ein typisches Einsatzgebiet für Bewegungsmessungen ist die ↗Böschungsüberwachung von rutschgefährdeten Hängen. Auch beim Bauen in und auf Fels oder Boden sind Standsicherheitsnachweise und das aufgrund von Berechnungen oder Modellversuchen prognostizierte Bauwerksverhalten durch Bewegungs- und Spannungsmessungen zu überprüfen. Neben der Bestimmung der Bewegungsgröße ist auch das zeitliche Verformungsverhalten des Gebirges von ausschlaggebender Bedeutung. Die Ausführung und Auswertung von Bewegungsmessungen ist daher unerläßlich zur Überprüfung vorhandener sowie zur Entwicklung neuer Berechnungsverfahren, zur Vorhersage von Bewegungsgrößen und Zeitverformungsverhalten, um einen möglichen Schaden zu verhindern. Innerhalb eines Bauwerkes sind jedoch nicht nur die absoluten Verschiebungsunterschiede, sondern auch die Verformungsunterschiede zwischen verschiedenen Punkten von Bedeutung. Auf diese Unterschiede gehen nämlich die meisten Schäden an Bauwerken zurück, weil sie dadurch unterschiedlichen Spannungszuständen ausgesetzt sind. Besonders wichtig sind dabei die rechnerisch unerfaßbaren Bewegungsunterschiede, die meistens auf die Gebirgsanisotropie und auf Bodeninhomogenität zurückzuführen sind. Um wirklich ein wirtschaftliches und zugleich zuverlässiges Meßergebnis zu erzielen, sollten bei der Wahl der Meßmittel folgende Grundsätze immer berücksichtigt werden: Die Meßinstrumente müssen einfach und robust gebaut sein, die Messung muß eine komplette Kontrolle sowohl im Raum als auch in der Zeit erlauben und die Messung sollte rasch ausführbar sein und eine unmittelbare Interpretation zulassen. Solange die Messungen von Hand ausgeführt werden, sollte der zeitliche Zwischenraum zwischen zwei Messungen einer Progressionskurve folgen, mit kurzen Zeitintervallen zu Beginn der Messung und länger werdenden Intervallen während der laufenden Beobachtung. Die Erfahrung lehrt nämlich, daß die Genauigkeit der ersten Messungen weniger gut als diejenige der Folgemessungen ist, weil eine gewisse Anpassung an Messung und Meßumgebung erforderlich ist. Kurze Meßintervalle am Anfang erlauben zudem eine erste Überprüfung des aufgestellten Baugrundmodelles, was für den Fortgang von weiteren Untersuchungen und Berechnungen von ausschlaggebender Bedeutung sein kann. Ein weiterer Grund für diese Vorgehensweise ist in dem Umstand begründet, daß die meisten geotechnischen Messungen nur als Relativmessung ausgeführt werden, die sich auf eine sog. Nullmessung beziehen. Ist diese Nullmessung nämlich mit einem Meßfehler behaftet, so wird dieser Fehler bei mehrfacher Wiederholung der Messungen zu Beginn der Serie rasch erkannt. Ein gewichtiger Grund für kurze Meßintervalle kann auch dann gegeben sein, wenn diskontinuierliche Vorgänge beobachtet werden sollen. Bei einer automatischen Meßwerterfassung stellen sich diese Probleme im Regelfall nicht, weil durch die automatische Erfassung mühelos eine große Zahl von Messungen mit sehr kurzen Zeitintervallen vorgenommen werden kann, so daß auch schnelle diskontinuierliche Bewegungsvorgänge problemlos erfaßt werden können. Bewegungsmessungen im Gebirge, im Baugrund, an den Fundamenten oder Bauteilen sind Messungen der Spannungsumlagerung immer vorzuziehen, weil sie erfahrungsgemäß eine größere Aussagekraft besitzen; dies besonders deshalb, weil Bewegungsmessungen meist eine Aussage über große Gebirgs- und Bauwerksteile abgeben, so zu sagen integrierend messen, während Spannungsmessungen meist nur punktuelle Zustandsänderungen erfassen. [EFe]

Bewegungsunschärfe, durch Bildwanderung verursachte Unschärfe. Hohe Geschwindigkeiten von Aufnahmesystemen für Fernerkundungsdaten verursachen bei entsprechender Belichtungsbzw. Aufnahmezeit eine Bildwanderung. Diese bewirkt im Bild, daß Objekte verschwommen erscheinen und nicht mehr einwandfrei abgrenzbar sind. Durch eine Bewegungsunschärfekompensation, die durch eine Bewegung des Bildes in Flugrichtung mit Hilfe eines speziellen Kompensationsmechanismus in Abhängigkeit von Flughöhe und Fluggeschwindigkeit erreicht wird, und sehr kurze Belichtungszeiten kann die Bildwanderung gemindert bzw. sogar ganz aufgehoben werden. Kurze Belichtungszeiten sind aufgrund der Beleuchtungsverhältnisse oft nicht realisierbar und man benutzt deshalb meist einen Bewegungskompensator.

bewehrte Erde, ein Stützbauwerk zur Sicherung von ↗Böschungen. Vor die zu stützende Böschung wird ein Körper aus verdichtetem Boden und Bewehrungsbändern aus verzinktem Stahl gebaut, der aufgrund seiner inneren Verbundwirkung wie ein monolithischer Block wirkt. Man spricht bei derartigen Stützbauwerken nach dem Verbundprinzip auch von stützmauerartigen Verbundkonstruktionen. Die Außenseite wird meist mit Stahlblechprofilen oder Betonplatten verkleidet.

Beweidung, 1) Fraß von ↗herbivoren Tieren an Pflanzenwuchs, 2) i. e. S. die Beweidung von Graslandschaften durch Huftiere. Durch die Fraßselektion von spezifischen Pflanzenarten und die Lägerung des Weideviehs, mit der Folge hoher Nährstoffkonzentration durch Fäkalien, verschiebt sich die Artenzusammensetzung des

↗Ökosystems (Pflanzenarten, Bodenfauna), sog. Weideunkräuter erreichen ↗Dominanz. In Ökosystemen, wo Wald die Klimaxgesellschaft (↗Klimax) darstellt, kann das Aufkommen des Waldes durch Beweidung be- oder verhindert werden. Natürlicherweise geschieht dies z.B. durch Elefanten in der ↗Savanne; anthropogen verursacht wird es z.B. durch die ↗Waldweide.

Bewertungskarte, Karte, die den Eignungsgrad einer natürlichen, seltener einer sozio-ökonomischen Komponente der Umwelt zusammenfassend, typisierend und kategorisierend abbildet. Basis für Bewertungskarten sind i.d.R. die in den einzelnen Fachdisziplinen verwendeten (Landschafts-) Bewertungsverfahren, die aus einer komplexen Analyse unterschiedlicher Geofaktoren ein wertendes Ergebnis für eine Landschaftseignung erzielen. Anwendungsbereiche von Bewertungskarten sind etwa die Bewertung von Landschaftsfunktionen in der Landschaftsplanung, die Analyse von landwirtschaftlichen Standorteignungen in der Geoökologie oder die Bewertung der Erholungseignung eines Gebietes in der Fremdenverkehrsgeographie.

Bewertungsverfahren, werden i.d.R. eingesetzt, um das ↗Leistungsvermögen des Landschaftshaushaltes von ↗Bioökosystemen bzw. ↗Geoökosystemen zu bewerten oder ökologische Risiken für ein Ökosystem abzuschätzen. Derartige ↗Landschaftsbewertungen müssen durchgeführt werden, da v.a. Landschaftsplaner sehr komplexe Entscheidungen zu treffen haben, unter Einbezug des gesamten dynamischen Umweltökosystems. In der Regel wird ein Bewertungsverfahren gewählt, welches eine zweckgerichtete, nutzungsbezogene Raumbewertung möglich macht. Die Idee der Landschaftsbewertung mittels Bewertungsverfahren für Planungszwecke ist nicht neu. Beispiel für ein frühes Bewertungsverfahren ist die ↗forstliche Standortkartierung, eine Bewertung der Waldstandorte vor dem Hintergrund einer möglichst ertragreichen Waldbewirtschaftung. Hierbei wird deutlich, daß zu Beginn der 1970er Jahre ökonomische Gründe für das Erstellen von Bewertungsverfahren ausschlaggebend waren (↗Nutzwertanalyse, ↗Kosten-Nutzen-Analyse). Erst durch die immer stärkere Belastung der Umwelt wurde es wichtig, Bewertungsverfahren zu entwickeln, die nicht nur die Eignung der Landschaft für bestimmte Nutzungsformen, sondern auch den präventiven Schutz der Natur und der Lebensgrundlage Landschaft zum Ziel hatten. Diese Zunahme der Beeinträchtigungen der Umwelt machte es erforderlich, sog. Belastungsbewertungsverfahren einzuführen, deren zentrales Element eine ↗ökologische Risikoanalyse ist. Alle modernen ↗Umweltverträglichkeitsprüfungen (UVP) können zu dieser Art der Bewertungsverfahren gezählt werden. In den letzten 25 Jahren wurden eine Fülle von Verfahren entwickelt, jedoch existiert bis heute keines, dem eine gewisse Allgemeingültigkeit zugeschrieben werden kann. Die einzelnen Bewertungsverfahren sind nicht unbedingt auf jeden ↗Landschaftstyp übertragbar, weil sie i.d.R. in bestimmten Räumen mit bestimmter Ausstattung entwickelt wurden. Vorhandene Bewertungsverfahren sind also immer kritisch zu hinterfragen und bei der Anwendung gegebenenfalls naturraumtypisch und nach der Art der Fragestellung zu modifizieren. [SMZ]

Bewölkung, *Bedeckungsgrad*, Himmelsbedeckung mit ↗Wolken, angegeben meist in Achteln. Bei der ↗synoptischen Wetterbeobachtung wird auch unterschieden zwischen einzelnen ↗Wolkenarten und der Gesamtbedeckung, das ist der insgesamt von Wolken bedeckte Teil des Himmelsgewölbes, unabhängig von der Wolkenart.

Beyrichien, gehören zu einer Gruppe paläozoischer ↗Ostracoda, die vom ↗Ordovizium bis in die untere ↗Trias verbreitet war. Die Gehäuse haben einen langen, geraden Schloßrand, und die Klappen sind durch bis zu drei Sulci (Vertiefungen) charakterisiert. Die Gruppe zeigt einen deutlich ausgeprägten Sexualdimorphismus in den Gehäusen. Die bei den Männchen als Velum ausgebildete Randskulptur wird bei den Weibchen zur Bruttasche umgeformt.

Beyschlag, *Franz*, deutscher Geologe, * 5.10.1856 Karlsruhe, † 23.7.1935 Berlin; ab 1895 Professor in Berlin, ab 1883 (seit 1907 als Direktor) an der Preußischen Geologischen Landesanstalt; zahlreiche Arbeiten zur Lagerstättenkunde; Herausgeber bedeutender Karten, unter anderem der »Karte der nutzbaren Lagerstätten Deutschlands« (1907–13) und der »Carte géologique internationale de la terre« (1929–32).

Bézierkurve, beschreibt eine Freiformkurve, die in der konvexen Hülle gegebener Punkte liegt. Die Punkte sind Anfangs- und Endpunkt der Kurve sowie zusätzliche Steuerpunkte außerhalb der Kurve. Im Jahre 1962 hat P. Bézier bei Renault für die Form der Autokarosserie die Kurve durch $x(t)$ und $y(t)$ beschrieben. Grundlage für diese Methode bilden die Bernstein-Polynome. $x(t)$ und $y(t)$ werden nach folgenden Formeln berechnet:

$$x(t) = x_0 \cdot b_{0,n}(t) + x_1 \cdot b_{1,n}(t) + \ldots + x_n \cdot b_{n,n}(t)$$
$$y(t) = y_0 \cdot b_{0,n}(t) + y_1 \cdot b_{1,n}(t) + \ldots + y_n \cdot b_{n,n}(t)$$

mit den Bézierpolynomen n-ter Ordnung

$$b_{i,n}(t) = c_{n,i} \cdot t^i \cdot (1-t)^{n-1}$$

und den Binominalkoeffizienten

$$c_{n,i} = \frac{n!}{i! \cdot (n-i)!}\,.$$

Den Freiformkurven, die in Graphikprogrammen verwendet werden und für Linien- und Flächenelemente einer Karte große Bedeutung besitzen (↗desktop mapping), liegen Bezier- oder Bezier-Spline-Funktionen (B-Spline-Funktionen) zugrunde. Während sich die Änderung eines Steuerpunktes der Bezierkurve auf die gesamte Freiform auswirkt, beschränkt sich die Änderung bei B-Splines auf das jeweilige Kurvensegment. Kurven- und zusätzliche Steuerpunkte können im Graphikprogramm editiert werden. Der Vor-

Anhaltswerte für D und I_D

Lagerung	sehr locker	locker	mitteldicht	dicht
Lagerungsdichte D	< 0,15	0,15–0,30	0,30–0,50	> 0,50
bezogene Lagerungsdichte I_D		0–0,333	0,333–0,667	0,667–1,00

bezogene Lagerungsdichte (Tab.): Anhaltswerte für die Lagerungsdichte D und die bezogene Lagerungsdichte i_D.

teil der Bezierkurve ist ihr glatter Linienverlauf und das Minimum an Punkten, die in der Graphikdatei abgespeichert werden müssen. [IW]

bezogene Lagerungsdichte, i_D, ist die Lagerungsdichte, die sich auf die Porenzahl e (↗geotechnische Porosität) bezieht, mit *max e* für die lockerste, *min e* für die dichteste Lagerung und e für die natürliche Lagerung (Tab.):

$$i_D = \frac{max\,e - e}{max\,e - min\,e}.$$

Bezold, *Johann Friedrich Wilhelm* von, deutscher Physiker und Meteorologe, * 21.6.1837 in München, † 17.2.1907 in Berlin; 1866 Professor in München, organisierte ab 1878 den Bayerischen Meteorologischen Dienst, regte das Gewitterbeobachtungsnetz in Bayern und Würtemberg an, seit 1885 erster deutscher Professor für Meteorologie in Berlin und Direktor des von ihm reorganisierten Preußischen Meteorologischen Instituts; elektrostatische Versuche und Studien zur physiologischen Optik. Er gehörte zu den Begründern der ↗Thermodynamik der Atmosphäre; 1889–1906 Vorsitzender der ↗Deutschen Meteorologischen Gesellschaft. Werke (Auswahl), »Zur Thermodynamik der Atmosphäre« (1888) »Gesammelte Abhandlungen aus dem Gebiet der Meteorologie und des Erdmagnetismus« (1906).

Bezugsfläche, **1)** *Geodäsie*: Hilfsfläche, auf die geodätische Messungen und Berechnungen bezogen werden (↗Referenzfläche).

2) *Geophysik*: *Bezugsniveau*, bezeichnet die Fläche, auf welche die Meßpunkte, die in unterschiedlicher Höhe liegen, rechnerisch verschoben werden. Der Einfluß der Felddifferenz zwischen Beobachtungsniveau und Bezugsniveau muß als Reduktion oder Korrektur am Meßwert angebracht werden. Bezugsniveaus spielen in der ↗Gravimetrie eine große Rolle. Aber auch in der ↗Seismik beeinflussen unterschiedliche Höhenlagen die Laufzeiten der Reflexionen. Um diesen Effekt zu eliminieren, werden die Aufnehmer rechnerisch auf ein Bezugsniveau verschoben.

3) *Kartographie*: *Flächeneinheit, Raumbezugseinheit, Bezugsareal, statistische Bezugsgrundlage*, durch einen geschlossenen Linienzug abgegrenzte Fläche, auf die sich die in ↗Flächenkartogrammen bzw. ↗Choroplethenkarten, ↗Quadratrasterkarten oder ↗Flächendiagrammkarten wiedergegebenen Werte beziehen. Eine Bezugsfläche im doppelten Sinne, nämlich für die Berechnung des Wertes und seine Wiedergabe, existiert nur in Dichtedarstellungen nach der Methode des Flächenkartogramms bzw. entsprechenden Choroplethenkarten. Alle anderen Bezugsflächen dienen als Fläche der ↗Verortung der Kartenzeichen, die im Falle von Diagrammen über den in der Bezugsfläche liegenden ↗Bezugspunkt erfolgt. Ungeachtet dessen beziehen sich die Daten stets auf die gesamte Fläche, sagen jedoch über deren innere Differenzierung nichts aus. Bezugsflächen können sein: a) grundrißlich dargestellte natürliche, bewirtschaftete oder bebaute Flächen (z.B. Waldflächen, Schläge der Landwirtschaft, Bebauungsblöcke); b) aus einer Raumgliederung hervorgegangene Flächen (z.B. Landschaftseinheiten); c) Verwaltungseinheiten (z.B. Gemeindeflächen), die zumeist Erfassungseinheiten der amtlichen Statistik sind, weshalb entsprechende Darstellungen auch als statistische Karten bezeichnet werden; d) regelmäßige geometrische Flächen, die durch das Eintragen von Netzen verschiedener Art in die Karte entstehen. Diese geometrischen Bezugsflächen bieten im Unterschied zu anderen Bezugsflächen den Vorteil gleicher oder annähernd gleicher Größe, erfordern jedoch häufig einen höheren Aufwand bei der Datenerfassung (↗Quadratrasterkarte).

Bezugshöhe, *Bezugswert, Referenzhöhe*, stellt die Höhe dar, mit welcher der Bezug zu einer sekundären Höhe festgelegt wird. Die Bezugshöhe kann sich z.B. auf bestimmte Punkte des Meeresspiegels richten, die ihrerseits wiederum durch festgelegte Bezugspunkte in Verbindung stehen. Bezugshöhen und Bezugsfestlegungen werden u.a. aber auch bei Pegelanlagen verwendet, bei denen sich Wasserstandsangaben auf den Pegelnullpunkt beziehen. Wasserstandsangaben an einem Fließgewässer werden durch morphologische Veränderungen relativiert und müssen daher stets mit Bezugswerten versehen werden, um Angaben über einen gleichwertigen Wasserstand zu ermöglichen.

Bezugsniveau ↗*Bezugsfläche*.

Bezugspunkt, 1) fiktiver (d.h. nicht dargestellter), für die ↗Verortung von ↗Kartenzeichen benutzter Punkt. Seine Definition ist besonders bei rechnergestützter Kartenbearbeitung von Bedeutung. In der herkömmlichen Kartographie erfolgt die Plazierung der Kartenzeichen stärker intuitiv. Dieser Punkt kann sich auf Objekte beziehen, die in der Karte maßstabsbedingt punkthaft, linienhaft oder flächenhaft in Erscheinung treten. Während der Bezugspunkt den geometrischen Bezug herstellt, liefern die flächenhaften oder linienhaften Bezugsobjekte (↗Bezugsfläche) den räumlich-sachlichen Bezug. Als Bezugspunkt von Flächen dient ihr visueller Mittelpunkt. Dieser läßt sich i.a. gut abschätzen oder anhand einer vermittelnden Ellipse konstruieren. 2) jener Punkt der Signatur oder des Diagramms, anhand dessen dieses Kartenzeichen plaziert wird. Zentralsymmetrische Kartenzeichen haben ihren Bezugspunkt in der Mitte, andere als Fußpunkt auf ihrer Grundlinie. Für langgestreckte Diagramme (z.B. Säulen oder Balken) gilt die Mitte der Ausgangslinie als Bezugspunkt. [KG]

Bezugsrahmen, *reference frame*, Realisierung und Materialisierung eines ↗vereinbarten Bezugssystems durch die Angabe von Koordinaten ausgewählter Bezugspunkte und durch die Festlegung weiterer Parameter, so daß es möglich ist, daran anzuschließen. Man erhält damit einen *vereinbarten Bezugsrahmen* (Conventional Reference Frame – *CTRF*). Ein Beispiel ist die Definition eines vereinbarten raumfesten kinematischen Bezugsrahmens auf der Grundlage eines ↗Fundamentalkatalogs, beispielsweise des ↗FK4 oder des ↗FK5. Aus praktischen Gründen ist es notwendig, eine hinreichende Zahl von Bezugspunkten bereitzustellen. Deshalb ist es häufig notwendig, einen vereinbarten Bezugsrahmen zu erweitern und zu verdichten. Man erhält auf diese Weise einen sekundären vereinbarten Bezugsrahmen (secondary conventional reference frame), bzw. Bezugsrahmen niederer Ordnung, wie sie in der Landesvermessung üblich sind.

Man unterscheidet insbesondere *vereinbarte erdfeste Bezugsrahmen* (Conventional Terrestrial Reference Frames – *CTRF*) und *vereinbarte raumfeste Bezugsrahmen* (Conventional Celestial Reference Frames – *CCRF*). Von besonderer Bedeutung sind die Realisierungen des internationalen Erdrotationsdienstes (↗IERS):

der IERS erdfeste Bezugsrahmen (↗ITRF – IERS Terrestrial Reference Frame),

und der IERS raumfeste Bezugsrahmen (↗ICRF – IERS Celestial Reference Frame).

Die Zahlenwerte dieser Bezugsrahmen werden laufend den neuesten Meßergebnissen angepaßt. Zur Unterscheidung werden die Abkürzungen mit der entsprechenden Jahreszahl versehen, z. B. ITRF96 und ICRF96.

Bezugssystem, *Referenzsystem*, ein mit Uhren und Maßstäben ausgestattetes materielles Gerüst, in dem es auf der Grundlage eines idealen theoretischen Konzeptes möglich ist, zeitliche und räumliche Abstände zwischen Ereignissen zu messen. Zwei Gruppen von Bezugssystemen sind von Bedeutung: *raumfeste Bezugssysteme* (Celestial Reference Systems – CRS) und *erdfeste Bezugssysteme* (Terrestrial Reference Systems – *TRS*). Die beiden Bezugssysteme sind durch die ↗Rotation der Erde miteinander verbunden. Mit der Wahl eines theoretischen Konzeptes ist über die Struktur von Raum und Zeit verfügt und über die Art und Weise, Raum und Zeit auszumessen. Demnach kann zwischen der ↗Newtonschen Raumzeit, der ↗Minkowskischen Raumzeit und der nach der heutigen Auffassung gültigen ↗Einsteinschen Raumzeit unterschieden werden. Daneben muß entschieden werden, auf welche materiellen Objekte die theoretischen Aussagen und praktischen Messungen bezogen werden sollen, d.h., es ist eine entsprechende physikalische Struktur zu wählen. Dabei handelt es sich um physikalische Objekte, die als Träger eines Bezugssystems dienen können. Träger raumfester Bezugssysteme können kompakte Radioquellen, Sterne, Planeten, Monde oder geeignet ausgerüstete Meßplattformen, wie künstliche Erdsatelliten sein. Als Träger erdfester Bezugssysteme kommen beispielsweise gewisse (infinitesimale) Bereiche der Erdkruste in Frage. Schließlich müssen die Relationen der Trägersysteme bekannt sein, die die physikalischen Eigenschaften der Träger beschreiben. Diese Relationen können kinematischer bzw. dynamischer Natur sein (kinematische Bezugssysteme, dynamische Bezugssysteme). Kinematische Relationen für die Trägersysteme raumfester Bezugssysteme sind beispielsweise Positionskataloge oder Ephemeriden der Trägerobjekte. Man spricht in diesem Fall von kinematischen raumfesten Bezugssystemen. Dynamische Relationen könnten durch die Gesamtheit der Bewegungsgleichungen der Träger beschrieben werden (dynamische Theorien). Dann handelt es sich um dynamische raumfeste Bezugssysteme. In der Tabelle sind Beispiele kinematischer und dynamischer raumfester Bezugssysteme gegeben. Die Relationen der Trägersysteme erdfester Bezugssysteme sind beispielsweise durch die Beschreibung der Deformation der Erdkruste gegeben. Kinematische erdfeste Bezugssysteme können dadurch definiert werden, daß die Integrale über die translatorischen und rotatorischen Bewegungen der Trägerelemente als Teile der Erdoberfläche verschwinden. Dynamische erdfeste Bezugssysteme sind durch die Bilanzgleichungen und Materialgesetze des Kontinuums Erde definiert. Die hier genannten idealen Vorstellungen von einem Bezugssystem können nicht in allen Details umgesetzt werden. Aus diesem Grunde sind Bezugssysteme immer nur bestmögliche Approximationen eines idealen Bezugssystems.

Die praktische Verwendung eines Bezugssystems erfordert, die zugrundegelegte physikalische Struktur zu modellieren. Das Modell umfaßt die Zuordnung von numerischen Werten zu den fundamentalen Parametern des physikalischen Systems, das dem Bezugssystem zugrunde gelegt wurde. Die Wahl von Fundamentalkonstanten beruht auf den jeweils bestmöglichen Beobachtungen. Darin liegt eine gewisse Willkür, die durch internationale und allgemein akzeptierte Vereinbarungen geregelt wird. Ein so spezifiziertes Bezugssystem bezeichnet man als *vereinbartes Bezugssystem* (Conventional Reference System – *CRS*). Modelle und numerische Werte des Systems von Fundamentalkonstanten werden beispielsweise von der ↗Internationalen Astronomischen Union bzw. der ↗IUGG (Internationale Union für Geodäsie und Geophysik) den aktuellen Erkenntnissen laufend angepaßt. Ein Beispiel ist das raumfeste dynamische Bezugssystem,

Träger	Relationen kinematisch	dynamisch
kompakte Radioquellen (Quasare)	Positionskatalog (einschließlich Eigenbewegungen, etc.)	Kosmologie
Sterne	Positionskatalog (einschließlich Eigenbewegungen, etc.)	Stellardynamik
Planeten	Planetenephemeriden	Planetentheorie
Mond	Mondephemeriden	Mondtheorie
künstliche Erdsatelliten	Satellitenephemeriden	Satellitenbahntheorie

Bezugssystem (Tab.): Kinematische und dynamische raumfeste Bezugssysteme.

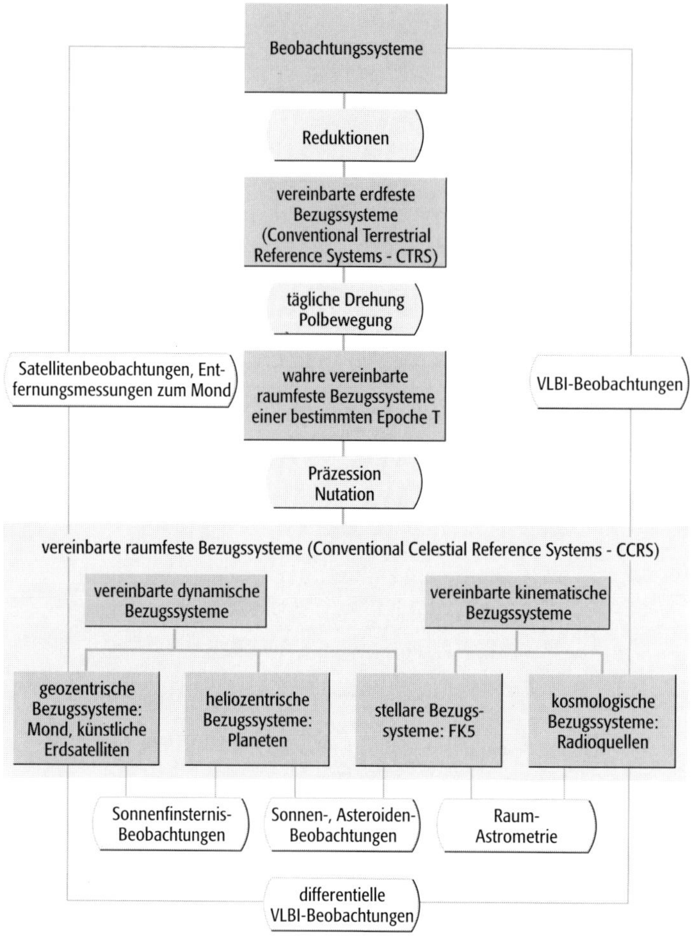

Bezugssystem: Vereinbarte erdfeste Bezugssysteme und vereinbarte raumfeste Bezugssysteme mit Beispielen von Verknüpfungen durch geodätische und astronomische Beobachtungen.

das auf den Bewegungen der Himmelskörper des Sonnensystems beruht. Hierzu sind die Massen der Planeten, gewisse Modelle für deren Gravitationswechselwirkungen und andere Konstanten festzulegen, wie z.B die Konstanten der Erdrotation, die in die Berechnung der Positionen der Planeten eingehen. Man unterscheidet insbesondere *vereinbarte erdfeste Bezugssysteme* (Conventional Terrestrial Reference Systems – *CTRS*) und *vereinbarte raumfeste Bezugssysteme* (Conventional Celestial Reference Systems – *CCRS*). Geodätische Modellbildung erfordert die gleichzeitige Verwendung der genannten Bezugssysteme und deren Transformationsmodelle. Deshalb ist die Konsistenz der auf verschiedene Weise definierten Bezugssysteme wichtig. Geodätische und astronomische Beobachtungen verknüpfen die verschiedenen Bezugssysteme. Die Abbildung zeigt einige Beispiele der Verknüpfung von raumfesten und erdfesten Bezugssystemen durch Beobachtungen. Dabei ergibt sich häufig die Notwendigkeit, Observable, die bezogen auf ein bewegtes Beobachtungssystem gewonnen wurden, in ein erdfestes Bezugssystem zu transformieren. Man denke beispielsweise an Schweremessungen auf Wasser-, Land- und Luftfahrzeugen.

Auch wenn ein Bezugssystem auf diese Weise festgelegt ist und Koordinaten in einem geeignet gewählten ↗Koordinatensystem angegeben werden können, ist es noch nicht dem Nutzer zugänglich gemacht. Es muß durch materielle Objekte vermarkt sein und durch hinreichend viele Koordinaten und Parameter so festgelegt sein, daß es möglich ist, daran anzuschließen. Die Menge solcher Parameter für ausgewählte Bezugspunkte definiert einen *vereinbarten Bezugsrahmen*.

Literatur: [1] KOVALEVSKY, J., MUELLER, I. I., KOLACZEK, B. (1988): Reference Frames in Astronomy and Geophysics. – London. [2] MORITZ, H., MUELLER, I. I. (1987): Earth Rotation – Theory and Observation. – New York. [3] SCHNEIDER, M. (1988): Satellitengeodäsie. – Mannheim, Wien, Zürich. [4] SCHNEIDER, M. (1996): Himmelsmechanik. – Heidelberg, Berlin, Oxford.

Bezugswert ↗*Bezugshöhe*.

B-Feld, *F-Feld*, magnetische Induktionsflußdichte *B*, gemessen in Tesla mit 1 T = 1 Vs/m^2. In der Geophysik werden magnetische Flußdichten meist in Nanotesla angegeben. Seit der Einführung des ↗SI-Systems wird das B-Feld oft auch Magnetfeld genannt. ↗Magnetfeldeinheit, ↗Magnetfeldkomponenten.

Bfv-Horizont, ↗Bodenhorizont entsprechend der ↗Bodenkundlichen Kartieranleitung, ↗Bv-Horizont, ferritisch und pedogen gelockert, Porenvolumen > 60 %.

BGI ↗Bureau Gravimetrique International.

Bh-Horizont, ↗Bodenhorizont entsprechend der ↗Bodenkundlichen Kartieranleitung, ↗B-Horizont, durch Einwaschung mit Humusstoffen angereichert, ↗Illuvialhorizont, bei dem die organische Substanz gegenüber dem ↗Ae-Horizont zunimmt, morphologisch keine Eisenanreicherung erkennbar, charakteristischer Quotient aus pyrophosphatlöslichem Kohlenstoff (Cp) und pyrophosphatlöslichem Eisen (Fep) > 10. Übergangshorizonte sind der *Bbh-Horizont* sowie der *Bsh-Horizont* mit morphologisch erkennbarer Sesquioxidanreicherung (Cp:Fep = 3–10).

B(h)ms-Horizont, ↗Bodenhorizont entsprechend der ↗Bodenkundlichen Kartieranleitung, massiv verfestigter ↗Bs-Horizont (↗Ortstein).

B-horizons, ↗diagnostische Horizonte der ↗WRB. Neben den bekannten Zusatzmerkmalen der ↗B-Horizonte kommen solche wie Zerbrechlichkeit des Gefüges (brittleness) und Strukturcharakteristika dazu.

B-Horizont, ↗Bodenhorizont entsprechend der ↗deutschen Bodenklassifikation, mineralischer Unterbodenhorizont, der zwischen dem ↗Oberboden (↗A-Horizont) und dem Untergrund (↗C-Horizont), dem sogenannten, Ausgangsgestein, liegt. Durch Verwitterung, Ton- oder Stoffanreicherung gibt es einen deutlichen Farbunterschied zu den benachbarten Horizonten. Die wichtigste Spezifizierungen in Deutschland sind der ↗Bv-Horizont, durch Verwitterung (v) verbraunt und verlehmt, sowie der ↗Bt-Horizont, durch Einwaschung mit Ton (t) angereichert.

Bhs-Horizont, ↗Bodenhorizont, ↗Bs-Horizont mit entsprechend der ↗Bodenkundlichen Kartieranleitung morphologisch erkennbarer Humusstoffanreicherung.

Bht-Horizont, ↗Bodenhorizont entsprechend der ↗Bodenkundlichen Kartieranleitung, ↗Bt-Horizont, mit erkennbarer Humusanreicherung, meist als Humus-Ton-Beläge.

Bhv-Horizont, ↗Bv-Horizont mit erkennbarer Humusanreicherung, (↗Bodenkundliche Kartieranleitung).

bias, systematischer Fehler zwischen Vorhersage (VOR) und Beobachtung (EIN), also eine Verzerrung zwischen Modell und Wirklichkeit. Im Fall einer kontinuierlichen Variablen gilt:

$$\text{bias} = \left(\sum_{i=1}^{N} \varphi_i \right) / N \,,$$

φ = EIN-VOR, manchmal aber auch VOR-EIN, N = Umfang der Stichprobe. Beispiel a: Das Modell M sagte die Temperatur systematisch um 1 K zu warm vorher. Der Bias sagt aber nichts über die Fehlerstreuung oder den ↗rmse aus. Idealerweise sollte bias = 0 sein. Im Fall einer diskreten Variablen ist bei deren biasfreier Vorhersage zu fordern, daß $n(VOR = A)/n(EIN = A) = 1$, daß also die Anzahl von Vorhersagen des Ereignisses A mit der Anzahl der Beobachtungen desselben Ereignisses übereinstimmt. Beispiel b: Das Modell P sagte 80 mal Gewitter vorher, nur 60 wurden beobachtet, bias = $80/60 > 1$, d. h. das Modell P überschätzte das Gewitterrisiko. [KB]

Biber-Kaltzeit, die älteste pleistozäne bzw. jüngste pliozäne ↗Kaltzeit, je nachdem, welcher der Pliozän-Pleistozän-Grenzziehung gefolgt wird (↗Pleistozän). Die Typregion der von Ingo Schaefer 1953 eingeführten Kaltzeit befindet sich im bayerischen Alpenvorland am unteren Lechtal an der Staufenberg-Terrassentreppe, namengebend ist der Biberbach nordwestlich von Augsburg. Die mehrfach gegliederte und besonders im bayerischen Teil Schwabens durch Schmelzwasserterrassen überlieferte Biber-Kaltzeit wird mit dem ↗Prätegelen des nordischen Vereisungsgebietes korreliert. Es sind bislang keine Zeugen einer alpinen Vorlandvereisung aus dieser Zeit bekannt geworden.

BIC ↗*Bushveld-Komplex.*

Biegefestigkeit, *flexural rigidity*, in der Geologie ein Parameter, der die Krümmung der ↗Lithosphäre unter einer Auflast (z. B. bei der Bildung von Vorlandbecken) beschreibt. Junge und heiße Lithosphäre hat eine geringe Biegefestigkeit, erlaubt daher die Bildung kleiner und tiefer Becken, während alte, kalte Lithosphäre eine hohe Biegefestigkeit aufweist und sich breite, flache Becken bilden.

Biegegleitfaltung, Faltentyp in lagigem Material mit hoher mechanischer Anisotropie (↗isotrop). An den Grenzflächen der einzelnen Lagen kommt es zu lagenparalleler Scherbewegung, durch die bewirkt wird, daß die Längen der Schichten im Faltenprofil konstant bleiben (Abb.). Voraussetzung für eine Biegegleitfaltung ist, daß die einzelnen Lagen die gleiche hohe ↗Kompetenz besitzen und daß die Reibung zwischen den Lagen relativ gering ist.

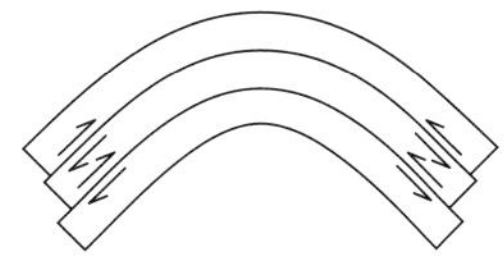

Biegegleitfaltung: Schematische Darstellung einer Biegegleitfalte.

BIF ↗*Banded Iron Formation.*

Bifilargravimeter ↗Torsionsfedergravimeter.

Bifurkation, *Flußspaltung*, *Flußgabelung*, meist durch mikromorphologische Bedingungen hervorgerufene Gabelung eines Fließgewässers, so daß Wasser in zwei verschiedene Flußsysteme abfließen kann (↗Flußverzweigung). Bifurkationen werden durch Talwasserscheiden hervorgerufen. Sie sind häufig wasserstandsabhängig. Makromorphologische Bifurkationen sind im Binnenland selten. Im Deltabereich der Flußmündungen größerer Flüsse sind durch Sedimentablagerungen bedingte Vergabelungen die Regel. Eine der bekanntesten, makromorphologischen Bifurkationen ist die des Orinoco, der über den Casiquiare teilweise zum Rio Negro entwässert.

Big-Lost-Exkursion, ausgeprägte ↗Säkularvariation (↗Cryptochron) des Erdmagnetfeldes vor 565.000 Jahren im normalen ↗Brunhes-Chron.

BIH ↗*Bureau International de l'Heure.*

Bilanz, im Bereich der Ökologie die Gegenüberstellung von Stoff- und/oder Energie- Aus- und Eingängen in ↗Bioökosystemen oder ↗Geoökosystemen. Bilanzen können in verschiedenen ökologischen Dimensionsstufen (↗topisch, ↗chorisch, ↗regionisch) und Teilsystemen aufgestellt werden. Häufiges Bezugssystem für Bilanzen stellt das hydrologische ↗Einzugsgebiet dar. Um einzelne Raumeinheiten miteinander zu vergleichen, wird ein ↗Bilanzvergleich angestrebt, der ebenfalls auf verschiedenen Dimensionsstufen erfolgen kann. In den landschaftlichen Teilsystemen können z. B. Bilanzen des ↗Wasserhaushalts, des ↗Stoffhaushalts, des ↗Strahlungshaushalts oder der ↗Erosion erstellt werden. Die Bilanzen beruhen auf der Erfassung der einzelnen ↗Bilanzelemente, z.B des Eintrags von Stickstoff durch den Niederschlag. Daraus ergibt sich, daß Bilanzen immer nur so gut sein können, wie das am wenigsten bekannte oder erfaß- bzw. meßbare Bilanzelement. Die Bilanzproblematik größerer Raumeinheiten geriet erst ins Blickfeld von Wissenschaft und Praxis, seit die globalen Umweltprobleme an Bedeutung gewinnen. Um in chorischer Dimension Bilanzen zu erstellen, sind v. a. chorisch wirksame, lateral verlaufende Prozesse zu erfassen (z. B. Talwindsysteme, Grundwasserströme, Oberflächenabfluß oder Nährstoffaustrag im Vorfluter). Ein Hauptziel bei der Aufstellung von Bilanzen für landschaftliche Ökosysteme dürfte in Zukunft die Erdraumtypisierung sein, d. h. das Erstellen einer ↗naturräumlichen Ordnung über die Methoden der Bilanzierung einzelner Raumeinheiten. [SMZ]

Bilanzelement, ist Bestandteil einer ↗Bilanz in Systemen verschiedener Hierarchiestufen. Als Bilanzelemente dienen die Ausgangs- und Eingangsgrößen der verschiedenen Systeme, welche sowohl ↗Bioökosysteme als auch ↗Geoökosysteme sein können. Durch einen ↗Bilanzvergleich können diese quantitativ miteinander verglichen werden.

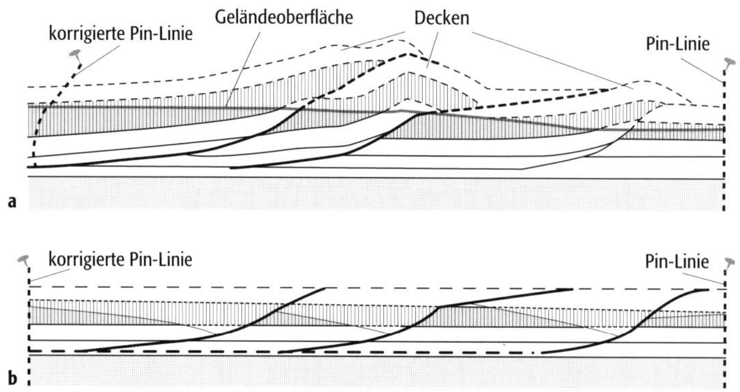

bilanziertes Profil: Schema eines konstruktiven Profilausgleichs (a) bzw. der Rückformung (b) an einfachen Überschiebungen. Gestrichelt eingezeichnet sind die bereits erodierten und somit im Rückversatz interpretierten Teile der Decken.

Bilanzgleichung für Grundwasser ↗Grundwasserbilanzgleichung.

bilanziertes Profil, *ausgeglichenes Profil*, tektonischer Profilschnitt, der über eine Transformation der tektonisch deformierten Körper in ihren Zustand vor der Deformation rückformbar (d. h. geometrisch widerspruchsfrei) und geologisch realistisch ist (↗palinspastisches Profil). Bilanzierte Profile sind nicht notwendigerweise wahr, stellen aber immer eine mögliche widerspruchsfreie Lösung dar. Die Anzahl dieser in sich konsistenten Lösungen hängt im wesentlichen von der Dichte der Datenbasis (↗Stratigraphie, Paläo-Thermo-Barometrie, ↗Geophysik, Strukturgeologie etc.) und der Interpretierbarkeit der zu untersuchenden geologischen Strukturen ab (Abb.). Bei der Bilanzierung von Profilen muß eine ebene Verformungsgeometrie (plane strain) gegeben sein, d. h. es darf kein Material, z. B. durch orogenparallele Streckung oder querende Blattverschiebungen, der Profilebene hinzugekommen sein oder sie verlassen haben. Daher müssen bilanzierte Profile immer parallel zur tektonischen Transportrichtung ausgerichtet sein. Darüber hinaus sollte die Volumenkonstanz bzw. Massenerhaltung der Gesteine während der Deformation gegeben sein. In Fällen, in denen Massenverlust (z. B. durch Drucklösung) oder Massengewinn (z. B. durch ↗Magmatismus) in der Profilebene quantifizierbar sind, lassen sich Profile auch bei nicht gegebener Volumenkonstanz bzw. Massenerhaltung bilanzieren. Man unterscheidet bei den Methoden der Profilbilanzierung u. a. die *Linienlängenbilanz* und die *Flächenbilanz*. Bei der Linienlängenbilanz geht man von konstant bleibenden Schichtlängen während der Deformation aus. Im rückgeformten Zustand besitzen alle Schichtlängen zwischen ↗Pin-Linien die gleiche Länge. Ist die Konstanz der Linienlängenbilanz z. B. aufgrund penetrativer Scherung nicht gegeben, können entweder die Pin-Linien um den Betrag der Interndeformation korrigiert werden, oder es wird eine Volumenbilanzierung durchgeführt, die von der Erhaltung konstanter Volumen während der Deformation ausgeht. Mit verschiedenen Techniken lassen sich sowohl Einengungs- als auch Extensionsstrukturen bilanziern. [JMü]

Literatur: [1] WOODWARD, N. H., BOYER, S. E. & SUPPE, J. (1987): Balanced Geological Cross-Sections: An essential technique in geological research and exploration. Short Course in Geology, Vol. 6. Amer. Geophys. – Washington D. C. [2] VON WINTERFELD & ONCKEN (1995): Non-plane strain in section balancing; calculation of restoration parameters. – J. Struct. Geol., 17 (3).

Bilanzmethode ↗Entwicklungsdarstellung.

Bilanzvergleich, um ↗Bioökosysteme und ↗Geoökosysteme quantitativ miteinander in Beziehung zu bringen, ist der Bilanzvergleich eine der wenigen Möglichkeiten. Dabei werden die in der ↗Bilanz ermittelten Energie- und Stoffumsätze miteinander verglichen und somit quantitative Unterschiede zwischen ↗Ökosystemen oder Teilen davon dargestellt.

Bild, *Abbildung*, **1)** *Allgemein*: ein zeichentheoretisches und graphisches Modell von Objekten der realen oder virtuellen Welt. Die Erzeugung eines Bildes kann manuell-zeichnerisch und technisch (analog-photographisch oder digital) erfolgen. **2)** *Kartographie*: kartenähnliche Abbildungsformen des ↗Georaums (↗kartenverwandte Darstellungen), wie Schnitte, Profile, Blockbilder und konstruktiv erzeugte ↗Vogelschaubilder sowie ↗holographische Karten und andere ↗3D-Visualisierungen, können als Bilder aufgefaßt werden. Die Bildumformung und -bearbeitung erfolgt fast ausschließlich mit Verfahren und Geräten der ↗digitalen Bildverarbeitung. Die Anwendung bildhafter Gestaltungsprinzipien führt in Karten und anderen kartographischen Darstellungsformen zu einer hohen ↗Ikonizität (vgl. ↗Bildkarte, ↗Bildatlas). Der Begriff Bild drückt in der Wortzusammensetzung ↗Kartenbild den mittels kartographischer ↗Gestaltungsmittel bzw. Kartengraphik gestalteten Karteninhalt aus. **3)** *Photogrammetrie* und *Fernerkundung*: analoge oder digitale Datenspeicher als Ergebnis der Bildaufnahme mit einem Sensor.

Eine Unterteilung der Bilder ist nach unterschiedlichen Gesichtspunkten möglich:

a) nach der ↗Plattform des Sensors: ↗Satellitenbild, ↗Luftbild, terrestrisches Bild.

b) nach der Technik der Bildaufzeichnung: analoges (photographisches) Bild, digitales Bild.

c) nach dem erfaßten Spektralbereich: Infrarotbild im nahen, sowie ↗Thermalbild im mittleren und fernen Infrarotbereich und Mikrowellenbild mit einem passiven, Radarbild mit einem aktiven System im Mikrowellenbereich aufgenommen. Multispektralbilder durch synchrone Aufnahme in mehreren Spektralbereichen.

d) nach der Bildwiedergabe: Schwarzweißbild, Farbbild, Colorinfrarotbild, Äquidensitenbild bzw. Farbäquidensitenbild (Wiedergabe einer oder mehrerer Dichtestufen eines Bildes in Grau- oder Farbwerten), Differenz- oder Quotientenbild (Wiedergabe der Differenzen oder des Verhältnisses der in verschiedenen Spektralbereichen aufgenommenen Datenamplituden als Bild). Nach einer geometrischen Bildtransformation, analoger oder ↗digitaler Bildverarbeitung sowie durch Ergänzung topographisch-kartographischer Elemente werden aus Luftbildern,

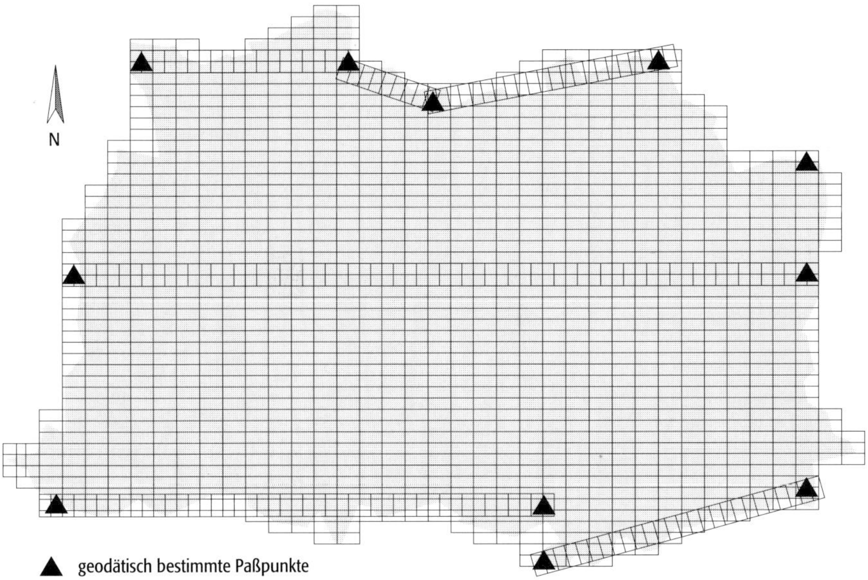

Bildblock: Bildblock einer Nord-Süd-Befliegung mit Querstreifen.

im Sinne von Luftbildkarten, Bildkarten gewonnen. [WGK]

Bildanalyse, quantitative und/oder qualitative Analyse von analogen, digitalisierten oder originär digitalen Bildern, mit dem Ziel einer phänomenologisch-deskriptiven, mathematisch-statistischen und/oder planerisch-kartographischen Darstellung von Bildinhalten. Neben der visuellen ↗Bildinterpretation wird der Begriff hauptsächlich in der semiautomatischen und automatischen computergestützten digitalen Rasterbildverarbeitung gebraucht. Ein digitales Bild beruht auf der geometrischen Quantifizierung in ↗Bildelemente und auf der radiometrischen Quantifizierung in diskrete Strahlungswerte (brightness values). Eine bildelementweise Analyse nach Geometrie (Lage) und spektralen Charakteristika (Art) mittels Computer wird quantitative Analyse oder Bildklassifikation genannt. Eine auf Einzelobjekte oder Flächen bezogene visuelle Analyse durch einen Experten wird als visuelle Bildinterpretation bezeichnet. Bildinterpretation bezieht menschliche Interaktion unmittelbar in das Analyseverfahren ein und erlaubt daher hochwertige komplexe Bewertungen raumbezogener Phänomene. Das Erkennen und Analysieren von Objekten in Bildern ist leicht möglich. Die Extraktion von qualitativen Ergebnissen gelingt in hohem Maße. Die spektrale Differenzierbarkeit der Bildinhalte ist jedoch auf die objektbezogene Wahrnehmbarkeit von ca. 16 Grauwertstufen beschränkt. Die Bildklassifikation kann im Gegensatz dazu multispektrale Analysen von Bildern in n-dimensionalen spektralen Merkmalsräumen, in spezifischen radiometrischen Auflösungen (Grauwertumfang von 256, 1024, 4096 Stufen) und unter Angabe genauer Flächengrößen bereitstellen. Das Erkennen und Analysieren von Form, Lage im Raum sowie von assoziativen Beziehungen von Objektgruppen im Bild ist nur unter Einbeziehung komplexer Rechenprogramme möglich. Die objektbezogene automatische Bildanalyse gliedert sich in drei Stufen. Nach Bildverarbeitung durch Helligkeits- und Kontraständerung, Histogramm-Anpassung, Fouriertransformation u. a. folgt die Ableitung von Strukturen aus dem Bild mittels Bildsegmentierung und Merkmalsextraktion. Letztendlich sollen Aussagen über die extrahierten Strukturen gewonnen werden. Diese Aussagen können durch den Einsatz wissensbasierter Systeme auf Basis einer expliziten formalen Darstellung des spezifischen Wissens, z. B. in Form von neuronalen Netzen, getroffen werden. Ausgangsdaten der Analyse sind aus dem Bild extrahierte Strukturen, deren Bedeutung wissensbasiert analysiert wird, oder wissensbasierte Modelle der gesuchten Objekte, deren zugeordnete Strukturen im Bild gesucht werden.

Bildatlas, ↗Atlas, der Karten und Bilder enthält. Nicht zu verwechseln mit ↗Bilderatlas. Auch aus ↗Bildkarten bestehende Bände werden als Bildatlanten bezeichnet (↗Satellitenbildatlanten).

Bildblock, in der Photogrammetrie die Gesamtheit der im Zuge eines ↗Bildfluges mit einer ↗Luftbildmeßkamera aufgenommenen Bilder mehrerer ↗Bildreihen mit einer aufgabenspezifischen ↗Bildüberdeckung zwischen den Bildreihen (Querüberdeckung) (Abb.).

Bilddatenfusion, *Bilddatenverknüpfung*, in der Fernerkundung das »In-Bezug-Setzen« bzw. Verschmelzen digitaler Datensätze mittels echter numerischer Manipulation. Eine der häufigsten Bilddatenfusionen ist die ↗Hauptkomponententransformation. Des weiteren werden folgende Daten miteinander fusioniert: a) Rasterdaten mit Vektordaten, b) Bilddaten mit Nichtbilddaten, c) Bilddaten mit Punktmeßdaten (z. B. ↗GPS-Messungen für Positionierung bzw. Geokodierung oder für spektrale Kalibrierungen) und d) Bilddaten mit Bilddaten. Nach einer Gliederung in konzeptive Ebenen entspricht die Bilddatenfusion der ikonischen oder piktoralen Ebene, über der die symbolische und die semantische Ebene folgen. Diesen wiederum entsprechen die Fusionskategorien der numerischen, symbolischen und semantischen Fusion.

Bilddatenkompression, Reduktion der Datenmenge eines digitalen Bildes ohne relevanten Informationsverlust. Wesentliches Kennzeichen der Reduktion ist die Kompressionsrate als Verhältnis der Datenmenge vor und nach der Datenkompression. Prinzipiell sind zwei Typen der Bilddatenkompression zu unterscheiden: a) Überführung des digitalen Bildes in ein Bild gleicher Pixelanzahl bei einer Verringerung der Redundanz. Hierzu gehört die DCPM-Methode (Differntial Pulse Code Modulation), bei der nicht die Absolutwerte der Intensitäten, sondern nur deren Differenzen zum Vorgängerpixel gespeichert werden. b) Transformation des digitalen Bildes in einen anderen Koordinatenraum. Eine Möglichkeit der Transformation in den Frequenzraum ist durch die Diskrete Cosinustransformation (DCT) gegeben. Damit werden zur Approximation der Intensitäten nur wenige unabhängige Parameter gespeichert. Weit verbreitet ist die Datenkompression mit Hilfe des JPEG-Algorithmus (Joint Photographic Experts Group), der auf einer Unterteilung des digitalen Bildes in Blöcke von 8 × 8 Pixel und der Transformation der Grau- oder Farbwerte in diesen Blöcken mit einer diskreten Cosinustransformation beruht. Die Kompression wird durch eine empirisch überprüfte Reduktion der für die Bildinformation nicht relevanten Koeffizienten der DCT erreicht. Für ↗photogrammetrische Bildauswertungen sind Kompressionsraten bis zu fünf ohne wesentlichen Informations- und Genauigkeitsverlust anwendbar. [KR]

Bildebene, Ebene einer Kamera, in der Objekte abgebildet werden. In photogrammetrischen ↗Meßkameras wird die Bildebene physikalisch durch den Anlegerahmen oder die Ebene eines ↗Reseaus definiert.

Bildelement, engl. *picture element* oder ↗Pixel, die Flächeneinheit eines digitalen Bildes, die durch eine bestimmte Position in der Bildmatrix sowie durch einen einheitlichen ↗Grauwert dargestellte integrative ↗Radiometrie gekennzeichnet ist. In der Regel haben Bildelemente in der Fernerkundung eine quadratische Form. Nicht zu verwechseln mit dem in der ↗Drucktechnik bei ↗Halbtonvorlagen verwendeten Begriff des durch ↗reprotechnische Rasterung entstandenen Bildpunktes.

Bildentzerrung, in der Fernerkundung üblicher allgemeiner Begriff für die geometrische und radiometrische Bildtransformation, wobei bei letzterer die geometrischen Eigenschaften erhalten bleiben.

Bilderatlas, eine buchgleiche Zusammenstellung von Erd- und ↗Luftbildern. In dieser und anderen Verbindungen, z. B. graphische oder bildhafte Tafelsammlungen, wird Atlas oft nur ohne Bezug auf Karten und Atlanten im Sinne von Sammlung gebraucht.

Bildflug, in der ↗Aerophotogrammetrie die im allgemeinen mit einem ↗Bildflugzeug erfolgende Aufnahme analoger oder digitaler ↗Meßbilder eines vorgegebenen Teils der Erdoberfläche mit einer ↗Luftbildmeßkamera oder einer CCD-Kamera. Grundlage des Bildfluges sind die in der ↗Bildflugplanung festgelegten Parameter.

Bildflugplanung, Festlegung der zur Vorbereitung eines ↗Bildfluges erforderlichen Maßnahmen und technischen Parameter. Die Bildflugplanung erfolgt bei Vorgabe des aufzunehmenden Gebietes und der zu lösenden Aufgabe für die ↗photogrammetrische Bildauswertung weitgehend automatisiert. Die wichtigsten Parameter der Bildflugplanung sind der ↗Bildmaßstab, die ↗Bildüberdeckung, der ↗Bildwinkel der ↗Luftbildmeßkamera sowie die Lage der Flugtrassen und der Aufnahmeorte für die einzelnen Bilder (z. B. graphisch in einer topographischen Karte). Desweiteren sind das ↗photogrammetrische Aufnahmematerial auszuwählen sowie die gewünschte Tages- und Jahreszeit der ↗Luftbildaufnahme festzulegen. Entsprechend der Verfügbarkeit erfolgt die Auswahl der zu nutzenden Navigationshilfsmittel, wobei i. a. vom Vorhandensein eines ↗GPS-Empfängers im ↗Bildflugzeug sowie einer GPS-Bodenstation zur differentiellen GPS-Messung ausgegangen werden kann. [KR]

Bildflugzeug, *Vermessungsflugzeug*, ein für ↗Luftbildaufnahmen geeignetes Flugzeug. Ein Bildflugzeug ist für den Einbau von ein oder zwei ↗Luftbildmeßkameras über entsprechenden Öffnungen im Flugzeugrumpf (Bodenluken) eingerichtet. Neben den Kameras sind Navigationshilfsmittel wie Navigationsfernrohre (Sichtnavigation), satellitengestützte ↗GPS-Empfänger und Inertialsysteme (automatische Navigation) an Bord. Als Bildflugzeuge werden i. d. R. eine gute Sicht bietende Hochdecker oder Tiefdecker mit zwei Triebwerken genutzt. Einerseits sind für großmaßstäbige Luftbildaufnahmen relativ langsam fliegende Maschinen (etwa 200 km/h) von Vorteil, wenn Luftbildmeßkameras ohne ↗Bildwanderungskompensation eingesetzt werden. Andererseits dient eine hohe Reise- und Steiggeschwindigkeit dem schnellen Erreichen des Aufnahmegebietes. Hochbefliegungen erfordern maximale Gipfelhöhen in der Größenordnung von 10 km. Bei großen Flughöhen müssen die Bodenluken durch ein optisches Abschlußglas verschlossen sein. Die Bildflugcrew besteht aus dem Piloten, ggf. Kopiloten und dem Kameraoperateur. [KR]

Bildfolge, Zeitdifferenz zwischen zwei aufeinander folgenden Aufnahmen mit einer Kamera. In ↗Luftbildmeßkameras sind kürzeste Bildfolgezeiten von etwa zwei Sekunden realisierbar.

Bildformat, Seitenlängen der von den Formatseiten eines ↗Bildes eingeschlossenen Fläche $s'_x \times s'_y$.

Bildfunktion, **1)** *Photogrammetrie*: der mathematische Zusammenhang zwischen der ↗Kamera-

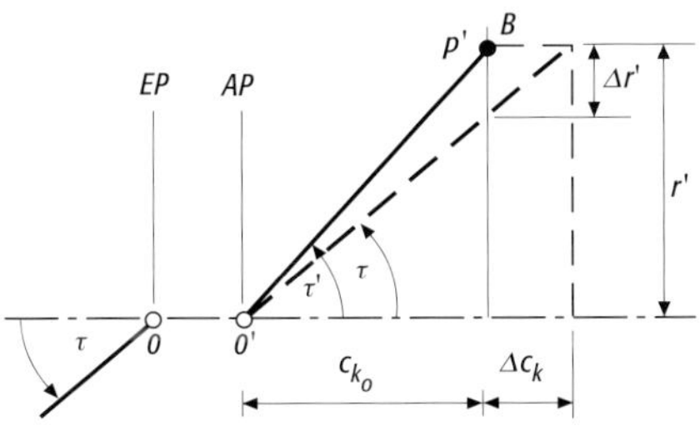

Bildfunktion: funktionelle Beziehungen zwischen objekt- und bildseitigem Strahlenbündel (EP = Eintrittspupille, AP = Austrittspupille, p' = Punkt im Bildraum, B = Bildebene, c_k = Kamerakonstante).

konstanten c_{k_0}, den Achswinkeln τ, dem radialen Abstand r' eines Punktes vom Symmetriepunkt in der ↗Bildebene und der radialsymmetrischen ↗Verzeichnung $\Delta r'$ des Objektivs:

$$r' = c_{k_0} \cdot \tan\tau + \Delta r'.$$

2) *Fernerkundung*: Intensitätsfunktion eines analogen Bildes.

Bildinterpretation, Gesamtheit des visuellen Interpretationsvorganges von Fernerkundungsdaten, vor allem von Luftbildern (*Luftbildinterpretation*). Jedoch ist auch die digitale Bildverarbeitung häufig mit visueller Interpretation von Teil- oder Endergebnissen gekoppelt. Die Bildinterpretation setzt sich aus dem Erkennen und Identifizieren von Objekten anhand von Bildmerkmalen sowie dem Interpretieren zusammen. Die wesentlichen Merkmale des Bildes, die zur Objekterkennung und -beschreibung herangezogen werden sind geometrisch und stofflich bestimmt. Zu nennen sind vor allem Größe, Form, Lage, Grauton, Muster und Textur sowie Schatten und die Stereoskopie. Zu berücksichtigen sind der konkrete Aufnahmezeitpunkt und die spezifischen Bildeigenschaften. Das eigentliche Interpretieren geht inhaltlich weit über das Erkennen von Objekten hinaus. Einbezogen werden andere verfügbare Informationen (Referenzdaten: topographische und thematische Karten, Statistiken, Bohrprofile, Geländedaten) und vor allem das Fachwissen des Interpreten. In dieser Phase der Bildinterpretation werden zusätzliche und weiterführende, schließende, semantische Aussagen aus den Bildmerkmalen abgeleitet, die nicht direkt abgebildet sind. Der Gesamtprozeß der Luftbildinterpretation setzt sich also aus den Teilschritten Sehen, Wahrnehmen, Erkennen und Verifizieren zusammen. Die Interpretation ist ein iterativer Prozess mit einer zunehmenden Merkmals-/Objektklassenverdichtung. Anhand der Bildmerkmale wird für die zu interpretierenden Objekte ein Interpretationsschlüssel erstellt und eine erste Ausweisung der Objektklassen und ihrer Grenzen vorgenommen. Die Auswertung erfolgt häufig unter Verwendung von Interpretationsgeräten, wie z. B. dem ↗Spiegelstereoskop, zur besseren Erkennung räumlicher Zusammenhänge. In der Regel schließt sich eine Feldkontrolle an, bei der sowohl die bisherigen Ergebnisse geprüft, Unsicherheiten berichtigt als auch der Interpretationsschlüssel modifiziert wird. Die Ergebnisdarstellung erfolgt in der Regel in Form von thematischen Karten oder Kartenserien zur Darstellung von Veränderungen (↗Monitoring) oder mittels Flächenstatistiken oder anderen statistischen Auswertungen oder Profildarstellungen. [CG]

Bildkarte, 1) *Orthophotokarte*, *Luftbildkarte*, Produkt der photogrammetrischen ↗Einbildauswertung. Geometrische Grundlage einer Bildkarte sind i. d. R. die durch ↗Mosaikbildung im Blattschnitt und vorgegebenen Maßstab einer Karte zusammengefügten digitalen ↗Orthophotos. Die Rasterdaten der schwarz-weißen oder farbigen Bilder werden ergänzt durch die Randgestaltung der Karte, das Gitternetz und topographisch-kartographische Kartenelemente, um den Karteninhalt zu erweitern und die Lesbarkeit zu erhöhen. Infolge der hohen Effizienz ihrer Herstellung werden in Deutschland Bildkarten in den Grundmaßstäben 1 : 5.000 oder 1 : 10.000 flächendeckend als aktuelle Ergänzung zu den topographischen Karten herausgegeben. 2) historisches oder modernes kartenähnliches Gemälde (↗Kartengemälde). 3) kartenähnliche Landschaftsdarstellung als Grundrißdarstellung oder in Schrägsicht unter Verwendung von bildhaften bzw. naturalistischen graphischen Ausdrucksmitteln. Sie wird verschiedentlich für Zwecke des Fremdenverkehrs und in Atlanten für Kinder eingesetzt.

Bildkontrast, normierte Helligkeitsunterschiede benachbarter Bilddetails. Für die Ermittlung des Kontrastes aus Differenzen der Extremwerte der Leuchtdichten B' wird meist die Beziehung $k' = (B'_1 - B'_2)/(B'_1 + B'_2)$ für $B'_1 > B'_2$ und 0 ″ $k' < 1$ verwendet.

Bildkoordinaten, in der Photogrammetrie kartesische Koordinaten x', y', z' eines Bildpunktes in einem durch die ↗Bildebene und das bildseitige ↗Projektionszentrum O' des Objektivs definierten Bildkoordinatensystem (Abb.). Die Festlegung eines Bildkoordinatensystems setzt das Vorhandensein von Rahmenmarken oder Gitterpunkten eines ↗Reseaus in der Bildebene voraus. Die Existenz eines Bildkoordinatensystems ist die Grundlage für die Definition der Elemente der ↗inneren Orientierung und damit für die Rekonstruktion des ↗Aufnahmestrahlenbündels eines ↗Meßbildes.

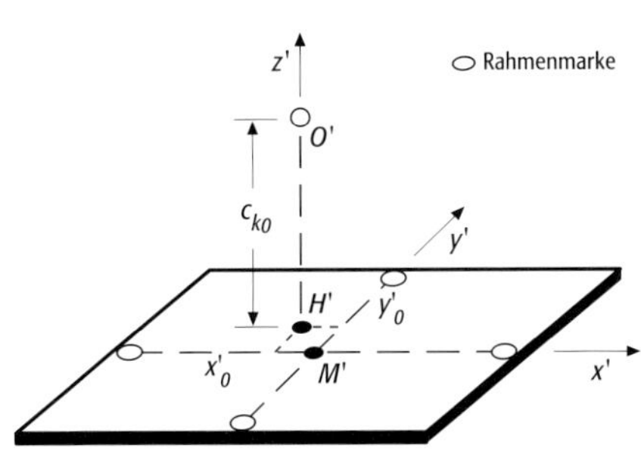

Bildkoordinaten: Bildkoordinatensystem eines Luftbildes (O' = Projektionszentrum, M' = Bildmittelpunkt, H' = Bildhauptpunkt).

Bildkorrelation, Verfahren der flächenbasierten ↗Bildzuordnung. Ziel der Bildkorrelation ist das Auffinden und Zuordnen homologer Intensitätsverteilungen (Linien- oder Flächenelemente) in einem digitalen Bild und einem Referenzbild durch die Ermittlung maximaler Korrela-

Bildkorrelation: Korrelationsfunktion in einer Bildgeraden.

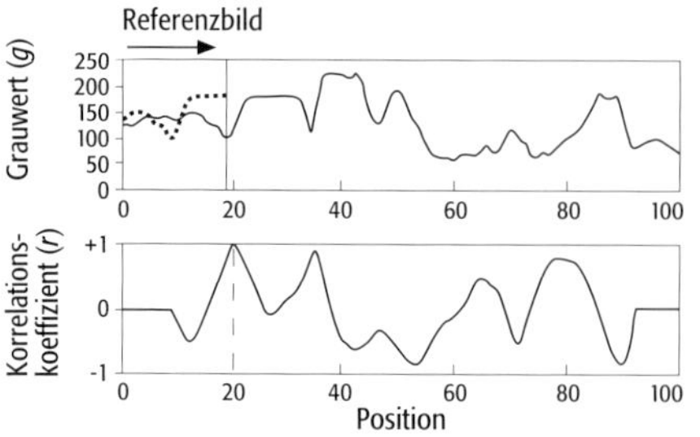

tionskoeffizienten. In der digitalen Photogrammetrie wird i. d. R. der Kreuzkorrelationskoeffizient

$$r = \frac{\sum((g_1(i)-\bar{g}_1)\cdot(g_2(i)-\bar{g}_2))}{\sqrt{\sum(g_1(i)-\bar{g}_1)^2\cdot\sum(g_2(i)-\bar{g}_2)^2}}$$

als Kriteriumsgröße genutzt. Wobei $g_1(i), g_2(i)$ die Intensitätswerte und $\bar{g}_1, \bar{g}_2$ die Mittel der Intensitätswerte im Bild und Referenzbild sind. Die theoretisch erreichbaren Extremwerte von r sind 1 und 0 bei einer funktionalen Abhängigkeit bzw. Unabhängigkeit der Intensitätsverteilungen bzw. -1 für eine funktionale Abhängigkeit zwischen einem Positiv- und Negativbild. Durch numerische Approximation der Korrelations-Funktion ist eine Genauigkeit der Zuordnung im Subpixelbereich zu erzielen (Abb.). [KR]

Bildmaßstab: Bestimmung des Bildmaßstabes (H' = Bildhauptpunkt, S' = Strecke im Bildraum, S = Strecke im Objektraum, O = Projektionszentrum)

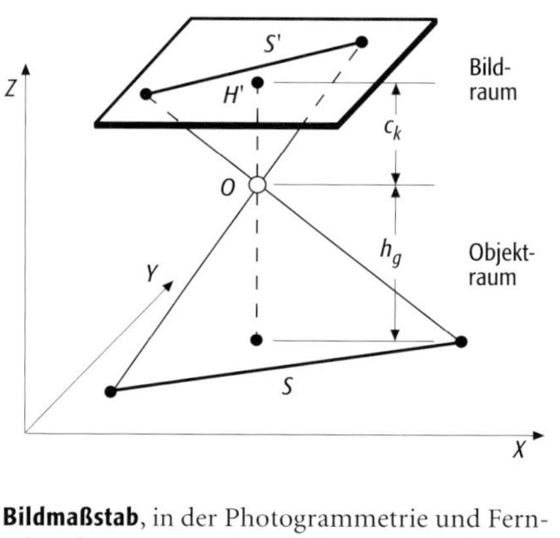

Bildmaßstab, in der Photogrammetrie und Fernerkundung der durch den Quotienten einander entsprechender Strecken im Bild- und Objektraum gegebene ↗Maßstab eines Bildes $M_b = s'/s$. Die Angabe des Bildmaßstabes erfolgt als Kehrwert $M_b = 1:m_b$ der Bildmaßstabszahl m_b (Tab.). Für ↗Luftbilder und ↗Satellitenbilder gilt analog bei Nutzung der genähert vertikalen Strecken der ↗Kamerakonstanten c_k und der ↗Flughöhe über Grund h_g die grundlegende Beziehung $M_b = c_k/h_g$. Infolge der Abweichung der ↗Aufnahmeachse von einer Vertikalen und der Höhenunterschiede im Gelände haben Luft- und Satellitenbilder keinen einheitlichen Maßstab, so daß der nach obiger Gleichung aus dem Vergleich mehrerer Strecken berechnete Bildmaßstab nur ein genäherter Mittelwert ist (Abb.). Aufgrund der Forderungen an die Genauigkeit und den Inhalt ↗topographischer Karten werden für die Herstellung und ↗Laufendhaltung der Karten im jeweiligen Kartenmaßstab $1:m_k$ Luftbilder in den in der Tabelle angegebenen Bildmaßstäben aufgenommen. Bei Flughöhen von 200–400 km liegen die Bildmaßstäbe von Satellitenbildern in Abhängigkeit von der Brennweite der Kamera zwischen 1:2.800.000 und 1:200.000. [KR]

Bildmaßstab (Tab.): Relation zwischen Bild- und Kartenmaßstab.

Kartenmaßstabszahl [m_k]	Bildmaßstabszahl [m_b]
500	4000...5000
1000	6000...8000
5000	13.000...18.000
10.000	18.000...25.000
25.000	28.000...40.000

Bildmessung ↗*Photogrammetrie.*

Bildpaar, in der Photogrammetrie zwei Bilder des gleichen Objektes, die von unterschiedlichen Aufnahmeorten aufgenommen wurden. Bildpaare werden gemeinsam, vielfach durch ↗stereoskopisches Messen ausgewertet.

Bildplan, in der ↗Photogrammetrie durch Zusammenfügen entzerrter analoger oder digitaler Einzelbilder mit oder ohne Randgestaltung erzeugter Plan in einem vorgebenen Kartenmaßstab.

Bildpyramide: Pyramide mit Flächenreduktionsfaktor vier.

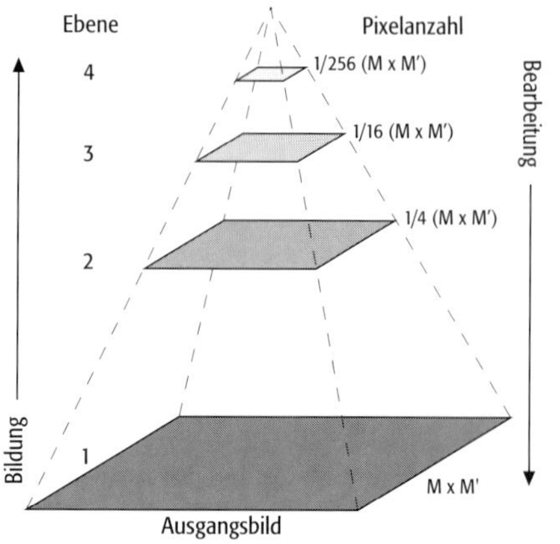

Bildpyramide, in der ↗Photogrammetrie Repräsentation eines digitalen Bildes durch eine Sequenz von Bildern unterschiedlicher Auflösung. Das Ziel des Aufbaus einer Bildpyramide besteht in der Reduktion der Datenmenge digitaler Bilder als Grundlage für eine Vereinfachung der Bildverarbeitung. Durch eine Up-down-Bearbeitung vom Bild mit der geringsten Auflösung in der obersten Pyramidenebene bis zum Originalbild in der Basis der Pyramide werden die gesuchten Größen sequentiell mit steigender Genauigkeit ermittelt (Abb.).

Bildregistrierung ↗*relative Entzerrung.*

Bildreihe, eine im Zuge eines ↗Bildfluges in einer Flugtrasse mittels ↗Luftbildmeßkamera aufgenommene Folge von ↗Luftbildern mit aufgabenspezifischer ↗Bildüberdeckung (Längsüberdekkung).

Bildrektifizierung ↗Geocodierung.

Bildrestaurierung, in der ↗Fernerkundung Rekonstruktion des ursprünglichen, ungestörten Bildsignals bzw. einer ausreichend guten Näherung an dieses unter Kenntnis der Aufnahmecharakteristik des Sensors und der Rauschcharakteristik. Die Bildrestaurierung erfolgt in der Regel unter Minimierung eines Fehlerkriteriums (häufig des mittleren quadratischen Fehlers) und erfordert die Modellierung des Bildes, der Bildstörung und der Wechselbeziehung des Bild- und

Störsignals. Die Aufnahmecharakteristik eines Bildsensors wird durch die ↗Modulationsübertragungsfunktion beschrieben. Das Ausgangsspektrum $H(u,v)$ ergibt sich im Frequenzraum aus dem Eingangsspektrum $F(u,v)$, der Übertragungsfunktion $H(u,v)$ und einem in der Regel additiven Rauschen beschrieben durch das Rauschspektrum $R(u,v)$ nach:

$$H(u,v) = F(u,v) \cdot G(u,v) + R(u,v).$$

Bildsamkeitszahl ↗*Plastizitätszahl.*

Bildschirm, graphisches Ausgabegerät zur Abbildung der Ausgabe eines Rechnersystems. Monochrombildschirme stellen im Gegensatz zu Farbbildschirmen nur eine Farbe dar, sie werden deshalb kaum noch produziert bzw. verwendet. Die Größe der Darstellungsfläche eines Bildschirms wird i. d. R. in Zoll für die Länge der Bildschirmdiagonale angegeben. Gebräuchliche Werte für den Heim- und Bürobereich sind 15 und 17 Zoll, für den Bereich GIS, Kartographie, Bildverarbeitung usw. liegen die Werte bei 19 bis 21 Zoll und mehr. Die Bildschirmauflösung definiert die Anzahl der darstellbaren Pixel der X- und Y-Achse. Gängige Werte sind 800×600, 1024×768, 1280×1024 und 1600×1200. Die derzeit aktuellen Bildschirmtypen sind die Kathodenstrahlröhre und die Flüssigkristall-Anzeige (LCD). LCD-Bildschirme weisen eine sehr hohe Darstellungsqualität auf bzw. erlauben zukünftig eine weitere Erhöhung der Bildschirmauflösung. [WWb]

Bildschirmkarte, *elektronische Karte, virtuelle Karte, Softmap*, Karte, die am Bildschirm betrachtet wird und deshalb eine der Auflösung und Farbwiedergabe des Bildschirms angepaßte Gestaltung besitzen muß. Anders als eine gedruckte Karte, kann eine Bildschirmkarte in eine Anwendung eingebunden sein, die es erlaubt, von der Bildschirmkarte aus durch Interaktionen auf weitere Informationen zuzugreifen. Die Gestaltung der Bildschirmkarte muß die Besonderheiten des Bildschirmbildes berücksichtigen, um lesbar zu sein. Generell führt die geringere Auflösung des Bildschirmbildes zu einer Vergröberung der Zeichnung und beträgt etwa Faktor drei gegenüber der gedruckten Karte. Keine Bildschirmkarte i. e. S. ist eine Karte, die im Rahmen einer rechnergestützten Bearbeitung am Bildschirm angezeigt wird. Diese Bildschirmdarstellung erfolgt, um den Bearbeitungsprozeß einer auf Papier zu druckenden Karte zu überwachen oder Daten aus einem Geoinformationssystem als Arbeitskarte am Bildschirm zu nutzen. Diese Bildschirmdarstellungen unterliegen nicht den gestalterischen Regeln einer Bildschirmkarte, sondern denen des Drucks. [IW]

Bildschirmmaßstab, das lineare Verhältnis der Größe der Bildschirmdarstellung zu einem analogen oder digitalen graphischen Modell bzw. zur Natur. Der Maßstab von Bildschirmkarten ergibt sich aus dem meist als Ansicht bezeichneten Maßstab der Bildschirmdarstellung in Bezug auf die zur Datenerfassung verwendete Karte (Digitalisierungsvorlage) und aus dem Kartenmaßstab (↗Maßstab) der Vorlage; rechnerisch als Multiplikation der beiden Maßstabszahlen. Eine in der Ansicht von 1 : 2 (50 %) auf dem Bildschirm visualisierte Karte des Maßstabs 1 : 50.000 wird im Bildschirmmaßstab von 1 : 100.000 wiedergegeben. Während der ↗Kartenbearbeitung spielt der Bildschirmmaßstab als Kartenmaßstab, d. h. in Bezug auf die Natur, eine untergeordnete Rolle. Von praktischer Bedeutung ist hingegen die Ansicht der Karte, die für die Arbeit am Bildschirm softwareseitig in Prozentzahlen angegeben wird. Graphische und kartographische Software ermöglicht die stufenlose Änderung der Ansicht (zoomen) im weiten Bereich von 0,01 % bis zu 1000 %. Neben dem stufenlosen Zoomen interessierender Ausschnitte sind bestimmte, häufig benutzte »Arbeitsmaßstäbe« von Bedeutung, z. B. 100 % (1 : 1) zur Beurteilung des Kartenbildes im Ausgabemaßstab und die bildschirmfüllende Ansicht der gesamten Karte für Übersichtszwecke, u. a. zur Beurteilung des ↗Kartenlayouts. Von der Zoomfunktion zu unterscheiden ist das Skalieren. Es lassen sich sowohl einzelne Objekte oder Objektgruppen skalieren (z. B. zur Veränderung des ↗Wertmaßstabs), als auch die gesamte Karte, was einer Veränderung des Modellmaßstabes entspricht. In digitalen kartographischen Produkten z. B. elektronischen Atlanten, die vornehmlich oder ausschließlich als ↗Bildschirmkarten benutzt werden sollen, erlangt der Bildschirmmaßstab als Kartenmaßstab Bedeutung. Die Maßstabsangabe erfolgt numerisch (Maßstabszahl) und/oder graphisch (Maßstabsleiste) und kann sowohl ständig oder auch wahlweise eingeblendet werden. [KG]

Bildsegmentierung, Verfahren der ↗Bildanalyse zur Unterteilung eines ↗digitalen Bildes in Flächen genähert gleicher Grauwerte.

Bildstatistik, die Darstellung statistischer Werte in graphischer Form. Als graphische Ausdrucksmittel werden den Sachverhalt symbolisierende einfache geometrische Elemente oder bildhafte Zeichen (z. B. stilisierte Personen oder Tiere) benutzt, die nach Anzahl und Größe differenzierte Mengen versinnbildlichen und damit Größen-, Wert- oder Mengenunterschiede leicht auffaßbar machen. Sie werden auch als Werteinheitssignaturen bezeichnet. Je nach der graphischen Ausführung wird von Zählrahmenmethode, Baukastenmethode oder Kleingeldmethode gesprochen (Abb.). Bei der *Zählrahmenmethode* wird eine dem jeweiligen Wert entsprechende Anzahl von Figuren übersichtlich (in abzählbaren Blöken) angeordnet. Bei der *Baukastenmethode* werden geometrisch elementare Figuren, meist Quadrate oder Rechtecke, die ein Objekt oder eine bestimmte Objektanzahl repräsentieren, zu größeren Figuren (Figurenblöcke) zusammengefügt. Bei der *Kleingeldmethode* werden die elementaren Figuren in mehreren Größen benutzt, denen jeweils eine bestimmte Anzahl zugeordnet wird, z. B. kleines Quadrat 1, mittleres 5, großes 10 Einheiten. Die Bildstatistik beruht auf der Zerlegung von Mengen in leicht überschaubare und abzählbare Teilmengen. Die jeweiligen Gesamt-

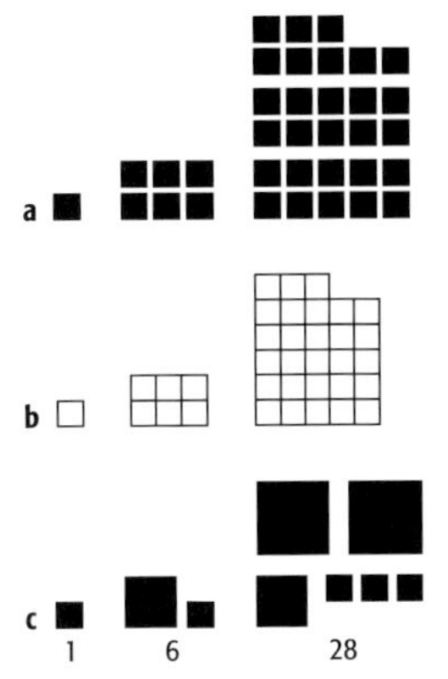

Bildstatistik: a) Zählrahmenmethode; b) Baukastenmethode; c) Kleingeldmethode.

Bildtrennung: zeitliche Bildtrennung mit passiver und aktiver Polarisationsbrille.

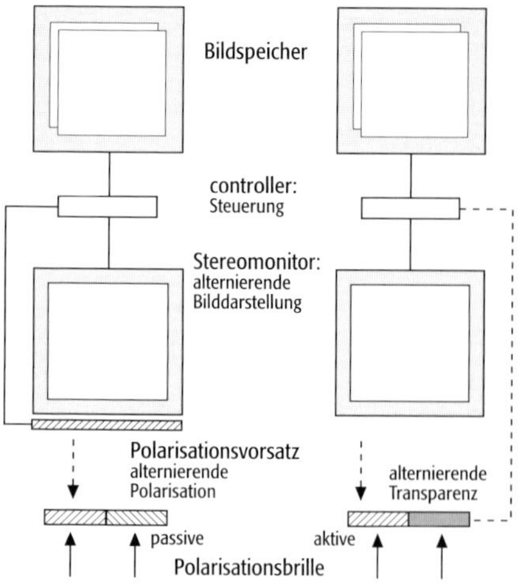

werte der Darstellungseinheiten drücken sich rein quantitativ als graphische Flächenbelastung aus, lassen sich aber darüber hinaus leicht durch Abzählen bestimmen. Ihre vollendete Durchbildung erfuhr sie nach dem ersten Weltkrieg in der Wiener Methode der Bildstatistik, indem diese Methode im statistischen Amt zur Veranschaulichung von Zählungsergebnissen in breitem Umfang genutzt wurde. Mit der Methode der Bildstatistik können in bestimmten Diagrammformen sachliche, zeitliche oder regionale Differenzierungen zum Ausdruck gebracht werden; bei Darstellung auf einer Kartengrundlage entsteht dann ein ↗Kartogramm oder eine kartenähnliche Graphik, wobei sich die Figurenblöcke jeweils auf eine Fläche, seltener auf eine Örtlichkeit beziehen.

Bildstreifen, das im Zuge eines ↗Bildfluges in einer Flugtrasse bei der Aufnahme der Erdoberfläche mit einem optoelektronischen ↗Scanner nach dem ↗Push-Broom-Prinzip entstehende und aus einzelnen Zeilen aufgebaute digitale Bild.

Bildtrennung, in der ↗Stereoskopie Verfahren zur getrennten Wahrnehmung der Teilbilder eines ↗Stereobildpaares jeweils durch ein zugeordnetes Auge des Betrachters. Die Bildtrennung kann optisch, räumlich und zeitlich erfolgen. Bei der optischen Bildtrennung erfolgt die Wahrnehmung nur jeweils eines Teilbildes durch komplementär gefärbte Bilder und ebenso unterschiedlich gefärbte Brillengläser (↗Anaglyphenverfahren) oder durch polarisiertes Licht bei der Projektion der Teilbilder und entsprechende unterschiedlich polarisierende Filter vor den Augen des Betrachters. Bei der räumlichen Bildtrennung werden die Teilbilder über einen getrennten Strahlengang bei der Betrachtung mit einem ↗Stereoskop oder in dem binokularen Betrachtungssystem eines photogrammetrischen Auswertegerätes wahrgenommen. Bei der zeitlichen Bildtrennung werden die beiden digitalen Teilbilder mit einer Bildwechselfrequenz von mindestens 60 Hz auf dem Stereomonitor eines digitalen Auswertegerätes wiedergegeben. Für die getrennte Wahrnehmung mit dem jeweils zugeordneten Auge werden Flüssigkristallfilter (↗LCD) genutzt, die synchron mit gleicher Frequenz die Polarisationsrichtung des durchtretenden Lichts um 90° ändern können. Je nach dem, ob die Filter vor dem Monitor oder direkt vor den Augen angeordnet sind, kommen passive oder aktive Brillen zum Einsatz (Abb.).

Bildtriangulation, Verfahren der ↗Mehrbildauswertung von analogen oder digitalen Meßbildern eines ↗Bildverbandes zur Bestimmung der Daten der ↗äußeren Orientierung und der ↗Objektkoordinaten von ↗Paßpunkten. Methodisch sind die Modelltriangulation und die ↗Bündeltriangulation zu unterscheiden.

Bildüberdeckung: Längs- und Querüberdeckung (a = Abstand der Flugtrassen, b = Aufnahmebasis).

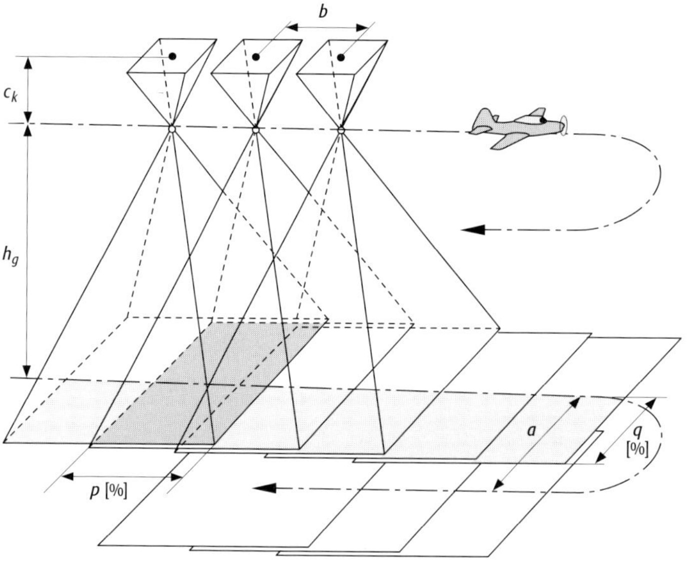

Bildüberdeckung, in der Photogrammetrie und Fernerkundung derjenige Anteil benachbarter ↗Luftbilder, in dem dasselbe Gebiet der Erdoberfläche abgebildet wird. Die Bildüberdeckung wird als Prozentsatz der überdeckten zur gesamten Bildformatseite angegeben. Die Überdeckung der Luftbilder einer ↗Bildreihe in Flugrichtung wird als Längsüberdeckung p , die Überdeckung der Bilder benachbarter Bildreihen als Querüberdeckung q bezeichnet (Abb.).

Bildüberlagerung ↗*relative Entzerrung.*

Bildungsalter, durch ↗Geochronometrie bestimmter Alterswert, welcher die Bildung eines Mineralsystems oder Gesteins erfaßt. ↗Kristallisationsalter, ↗Mineralalter, ↗Schließtemperatur.

Bildungsenthalpie, bezeichnet diejenige Energiemenge, die bei der Bildung einer Verbindung aus ihren Elementen freigesetzt (exotherme Reaktion) oder verbraucht (endotherme Reaktion) wird. Tabelliert werden üblicherweise die Standardbildungsenthalpien bei 298,16 K und 10^5 Pa, d. h. die Bildung einer Verbindung aus Referenzphasen. Die Referenzphase eines Elementes ist die thermodynamisch stabilste Phase bei 10^5 Pa. Ihre Bildungsenthalpie ist per Definition für alle Temperaturen gleich Null.

Bildverarbeitung, *image processing*, Sammelbegriff für alle Verfahren zur problemorientierten

Grauwert- oder Farbänderung von analogen oder digitalen Bildern als Vorstufe bzw. Teil einer nachfolgenden ↗Bildanalyse oder geometrischen Bildauswertung. ↗digitale Bildverarbeitung.

Bildverband, besteht aus mehr als zwei Bildern mit ausreichender ↗Bildüberdeckung zur gemeinsamen photogrammetrischen Bildauswertung.

Bildverbesserung, Verfahren zur Bildverbesserung durch Analyse und Modifikation der ↗Grauwertverteilung dienen der besseren visuellen Interpretierbarkeit eines Bildes. Sie können aber auch Vorverarbeitungsschritte für nachfolgende Bildsegmentierung und ↗Bildinterpretation sein. Zu Techniken der Bildverbesserung zählen einfache Kontrastverstärkungen (z. B. durch lineare Skalierung, Äquidensitenbildung, Histogrammebnung), aber auch komplexe Verfahren der digitalen Filterung und der Hauptachsentransformation.

Bildverstärkung ↗Kontrastverstärkung.

Bildvorverarbeitung, *Vorverarbeitung*, dient vor allem der Korrektur systembedingter Fehler in den Bilddaten. Dabei handelt es sich vorwiegend um geometrische Fehler infolge Erdkrümmung und -rotation, Fluglage-, Flughöhen- und Geschwindigkeitsschwankungen der Aufnahmeplattform sowie die Panoramaverzerrung optomechanischer Aufnahmesysteme und um radiometrische Fehler, die auf system- und alterungsbedingte Detektorunterschiede oder sogar Detektorausfälle zurückzuführen sind. Diese systembedingten Korrekturen werden in der Regel seitens der Datenzentren der verschiedenen Weltraumorganisationen bzw. damit beauftragter Institutionen durchgeführt.

Bildwanderung, Bewegung des Abbildes eines Objektpunktes in der ↗Bildebene einer Kamera während der Belichtung. Ursache der Bildwanderung $\Delta s'$ bei der Aufnahme von ↗Luftbildern sind Schwingungen der ↗Luftbildmeßkamera sowie rotatorische und translatorische Bewegungen der ↗Plattform (Flugzeug). Die Folge der Bildwanderung sind Unschärfen im Bild in Abhängigkeit von der ↗Kamerakonstanten c_k des Aufnahmesystems, der Geschwindigkeit V_g und der ↗Flughöhe über Grund h_g der Plattform sowie der Belichtungszeit. In Luftbildmeßkameras kann durch geeignete technische Vorrichtungen eine weitgehende ↗Bildwanderungskompensation erreicht werden (Abb.).

Bildwanderungskompensation, Eliminierung der ↗Bildwanderung mit technischen Hilfsmitteln. Rotatorische Bildwanderungen werden durch die Verwendung einer kreiselstabilisierten ↗Kameraaufhängung weitgehend vermieden. Die durch die Vorwärtsbewegung der ↗Plattform verursachte Bildwanderung wird in einer ↗Luftbildmeßkamera durch eine entsprechende Verschiebung des photographischen Aufnahmematerials in der ↗Bildebene in Flugrichtung während der Belichtung kompensiert. Die Rahmenmarken werden exakt in der Mitte der Belichtungszeit auf den Film kopiert, um die Konstanz der ↗inneren Orientierung zu gewährleisten.

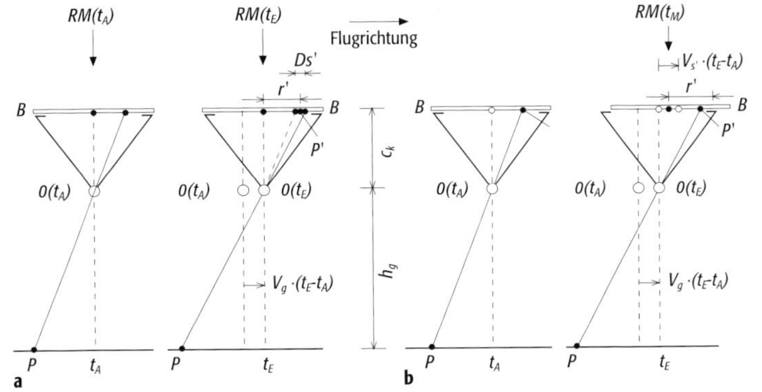

Bildwanderung: Lineare Bildwanderung (B = Bildebene, t_M = Belichtungszeitpunkt für die Rahmenmarken, P = Punkt im Objektraum, P' = Punkt im Bildraum, t_A = Beginn der Belichtung, t_E = Ende der Belichtung, R_M = Belichtung der Rahmenmarken): a) Entstehung und b) Kompensation.

Bildwinkel, objektseitiger Winkel 2α zwischen den Hauptstrahlen zu diametral gegenüberliegenden Ecken des Anlegerahmens einer Kamera. In Abhängigkeit von den Wertebereichen des Bildwinkels werden Kamera- bzw. Objektivtypen definiert, wie Normal-, Weit-, Überweitwinkelkamera u. a.

Bildzuordnung, *image matching*, Bestimmung korrespondierender Größen zweier Datensätze, die Bilder oder Modelle beschreiben. In der Photogrammetrie kann die Zuordnung zwischen den Teilbildern eines ↗Bildpaares oder eines ↗Bildverbandes sowie zwischen den Bildern und dem Modell des Aufnahmeobjektes ermittelt werden. Ziel der Bildzuordnung ist das Auffinden homologer punktförmiger, linienförmiger oder flächenhafter Bildelemente. Entsprechend dem Typ der zuzuordnenden Daten sind drei Verfahren der Bildzuordnung zu unterscheiden: a) Flächenbasierte Verfahren (area based) beruhen auf dem direkten Vergleich lokaler Intensitätsverteilungen in einem Bild und einem Referenzbild. Zu den flächenbasierten Verfahren gehören die ↗Bildkorrelation und die ↗Kleinste-Quadrat-Zuordnung. b) Merkmalsbasierte Verfahren (feature based) und c) relationale Verfahren beziehen in den Vergleich die geometrischen Relationen der Merkmale in die Zuordnung ein. Die Verfahren der Bildzuordnung erfordern i. d. R. bereits gute Näherungslösungen (Abb.).

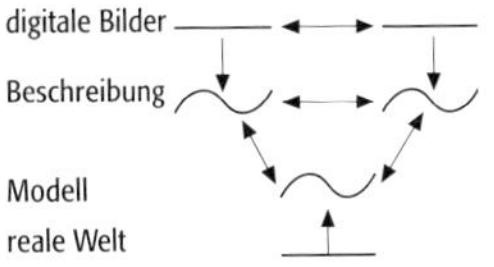

Bildzuordnung: Grundvarianten.

bilineare Interpolation, Verfahren des ↗Resampling, bei dem der Grauwert für die neue Pixelposition aus dem gewogenen Mittel der Grauwerte der vier nächstgelegenen alten Bildpunkte berechnet wird. Hierzu wird zwischen den Grauwerten entsprechend den Abständen zur neuen Pixelposition in zwei Richtungen linear, d. h. bilinear, interpoliert. Die bilineare Interpolation führt zur Glättung von Grauwertübergängen. Dies hat den Vorteil, daß das Bild nicht blockig oder kantig wirkt, gleichzeitig aber den Nachteil, daß Grauwertgrenzen etwas abgeschwächt werden und Signaturdifferenzen zwischen Objektklassen eventuell etwas verwischt werden (Tiefpaßeffekt). Der Rechenzeitaufwand erhöht sich um etwa den Faktor zehn gegenüber einer Grauwertzuweisung nach dem ↗Nearest-Neighbour-Verfahren. ↗Ausgabepixel.

Billitonit, silicatisches Gesteinsglas von der malayischen Insel Billiton, möglicherweise meteoritischen Ursprungs. ↗Tektite.

Bimetallaktinometer, Meßgerät zur Bestimmung der ↗direkten Sonnenstrahlung. Es arbeitet mit einem geschwärzten Bimetall, das sich unter dem Einfluß von Strahlung erwärmt und verbiegt. Der Grad der Verbiegung wird mechanisch auf einen Zeiger übertragen.

Bimetallthermograph ↗Bimetallthermometer.

Bimetallthermometer, *Deformationsthermometer*, Temperaturmeßgerät, das aus zwei miteinander fest verbundenen Bändern aus jeweils unterschiedlichen Metallen (z. B. Messing und Invar) mit verschiedenen Wärmeausdehnungskoeffizienten besteht. Temperaturänderungen führen zu einer Verbiegung der Bänder, die mechanisch angezeigt werden kann. Bimetallthermometer werden häufig in Registriergeräten verwendet (*Bimetallthermograph*).

Bims, ↗pyroklastisches Fragment, ↗Rhyolith oder ↗Trachyt (↗QAPF-Doppeldreieck), mehr oder weniger aufgeschäumte SiO_2-reiche Lava bzw. aufgeschäumte Partien in SiO_2-reichen Laven. In beiden Fällen entstehen die rundlichen oder langgestreckten Blasen während des Aufstiegs bzw. beim Ausfließen durch Abkühlung und Dekompression und den dadurch bedingten Austritt von ↗Volatilen (H_2O, CO_2, etc.) aus dem Magma bzw. der Lava. Er hat häufig ein so geringes spezifisches Gewicht, daß er auf dem Wasser schwimmt.

Bin, Elementarzelle in der Unterteilung der Fläche eines Meßgebietes in diskrete Elemente. Besonders bei der Flächenseismik, wo die Daten in CMP-Zellen (↗Common-Midpoint–Methode) für die Stapelung sortiert werden.

Binärbild, spezielle Form der ↗Äquidensiten, bei der alle Grauwerte (bei einer 8-bit-Verteilung 0–255) auf zwei Grauwerte (z. B. 0 und 1) verteilt werden.

binäre Systeme, *Zweistoffsysteme*, Schmelzdiagramme, in denen die Gleichgewichtsverhältnisse graphisch in der Zeichenebene dargestellt sind (Abb. 1a). Die Komponenten *A* und *B* werden gemäß ihrem Anteil an der jeweiligen Zusammensetzung auf der Abszisse, ihre Schmelzpunkte T_A und T_B auf der Ordinate aufgetragen. Bei der Darstellung des ↗Phasendiagramms eines binären Systems handelt es sich um einen Isobarenschnitt. Zumischungen von *B* zu *A* oder *A* zu *B* führen zu einer Schmelzpunkterniedrigung. Den Betrag der Schmelzpunkterniedrigung ΔT kann man unter bestimmten Voraussetzungen nach dem ↗Raoultschen Gesetz und dem Van't Hoffschen Gesetz berechnen, was vereinfacht durch folgende Gleichung ausgedrückt werden kann:

$$\Delta T = \gamma_2 \frac{RT^2}{Q} ,$$

wobei γ_2 den Molenbruch der hinzugefügten zweiten Komponente *B*, *Q* die Schmelzwärme der Komponente *A*, *T* den Schmelzpunkt der

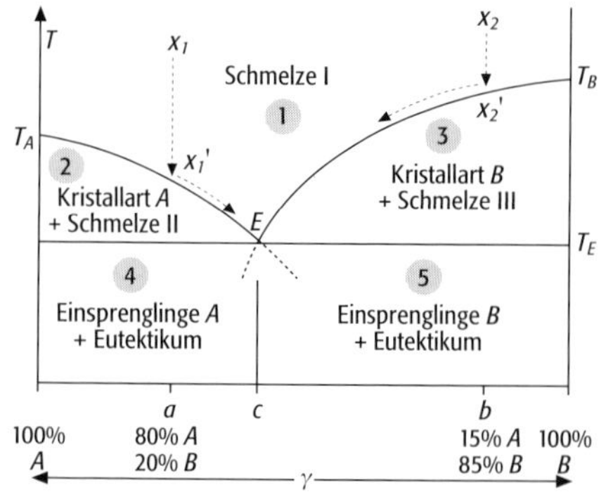

binäre Systeme 1a: Phasendiagramm eines binären Systems mit Eutektikum.

Komponente *A* und *R* die ↗Gaskonstante bedeuten.

Das Verhältnis von RT^2 zu *Q* bildet dabei eine für die betreffende Substanz charakteristische Konstante, welche die molare Schmelzpunkterniedrigung ausdrückt. Die Kurven T_AE und T_BE verbinden die Schmelzpunkte der Mischung, deren Verhältnis in Gewichtsprozent oder in Molenbrüchen auf der Abszisse angegeben ist. Die monovarianten Schmelzkurven trennen hierbei das bivariante Gebiet 1 der homogenen Schmelze von den Existenzbereichen 2 und 3 ab, in denen bereits ausgeschiedene Kristalle *A* und *B* sowie Schmelze miteinander koexistieren. Auf den monovarianten Kurven herrscht zwischen Schmelze und Kristallen Gleichgewicht. Beim Abkühlen einer homogenen Schmelzphase der Zusammensetzung $a = 80\,\%$ *A* und $20\,\%$ *B* beginnen sich ausgehend von Punkt x_1 im Schnittpunkt mit der Schmelzkurve x_1' reine Kristalle von *A* auszuscheiden, wodurch die Restschmelze reicher an *B* wird. Mit weiterer Temperaturerniedrigung wird die Menge an Kristallen der reinen Zusammensetzung *A* immer größer, während sich die Zusammensetzung der Restschmelze entlang der Kurve $x_1'E$ immer weiter nach *B* hin verschiebt. Im invarianten Schnittpunkt *E* der beiden Schmelzkurven kristallisieren schließlich *A* und *B* gleichzeitig aus. Während die bisher gebildeten Kristalle der Komponente *A* als ↗idiomorph ausgebildete Einsprenglinge vorliegen (Abb. 1b), fallen nun die Kristalle der Komponenten *A* und *B* gleichzeitig i. a. als feinkristallines Gemenge der Zusammensetzung *c* aus, das als ↗Eutektikum bezeichnet wird. Der Vorgang selbst heißt eutektische Kristallisation, der Schnittpunkt *E* der Schmelzkurven wird als eutektischer Punkt und

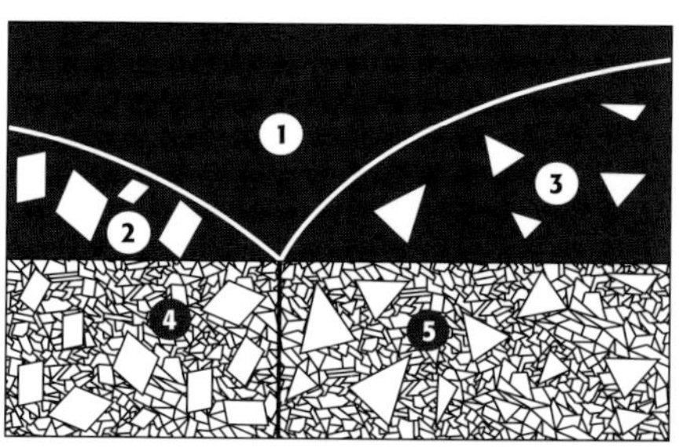

binäre Systeme 1b: Phasenzusammensetzung in den Zustandsbereichen eines binären Systems mit Eutektikum. 1) Schmelze I, 2) Kristallart A und Schmelze II, 3) Kristallart B und Schmelze III, 4) Einsprenglinge A und Eutektikum, 5) Einsprenglinge B und Eutektikum.

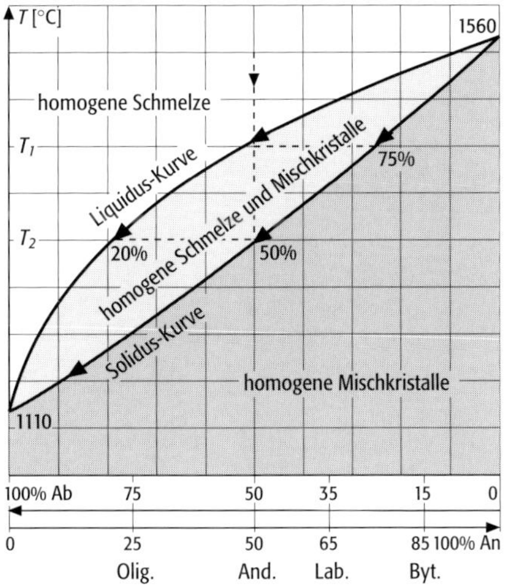

binäre Systeme 2: Phasendiagramm eines binären Systems mit lückenloser Mischkristallbildung $NaAlSi_3O_8$-$CaAl_2Si_2O_8$. Ab = Albit, Olig. = Oligoklas, And. = Andesin, Lab. = Labrador, Byt. = Bytownit, An = Anorthit.

die Temperatur T_E als eutektische Temperatur bezeichnet.
Ausgehend von einer Schmelze der Zusammensetzung b = 15% A und 85% B erhält man bei x_2' idiomorphe Kristalle der reinen Komponente B und bei weiterem Abkühlen eine Anreicherung der Restschmelze an A bis zur eutektischen Kristallisation bei T_E. Nach dem Erstarren der gesamten Schmelze haben sich unterhalb der eutektischen Temperatur zwei Existenzbereiche der festen Mischphasen gebildet, und zwar liegen im Bereich 4 links von c Kristalle der reinen Komponente A als Einsprenglinge in einem eutektischen Gemenge von A und B vor, das auch als ↗Grundmasse bezeichnet wird, während auf der rechten Seite im Gebiet 5 Einsprenglingskristalle von B in der eutektischen Grundmasse aus B und A vorliegen. Aus diesem Kristallisationsmechanismus wird klar, daß die Ausscheidungsfolge der Kristalle nicht unbedingt von ihrem Schmelzpunkt, sondern ganz wesentlich von der Zusammensetzung der ursprünglich vorhandenen Schmelze abhängt.
Die triklinen Plagioklase mit den reinen Mischungsendgliedern Albit $NaAlSi_3O_8$ und Anorthit $CaAl_2Si_2O_8$ bilden eine Mischkristallreihe, deren Zwischenglieder je nach Zusammensetzung des Molekularverhältnisses Albit zu Anorthit als Albit, Oligoklas, Andesin, Labrador, Bytownit und Anorthit bezeichnet werden (Abb. 2). Die obere Kurve in diesem Phasendiagramm, welche die Erstarrungspunkte der reinen Komponenten Albit (1110 °C) und Anorthit (1560 °C) miteinander verbindet, gibt die Zusammensetzung der schmelzflüssigen Phase an (Liquiduskurve), während die untere Soliduskurve die Zusammensetzung der Mischkristalle ergibt, die sich mit der Schmelze im Gleichgewicht befinden. Kühlt eine Schmelze der Zusammensetzung 50 Mol-% Albit zu 50 Mol-% Anorthit ab, dann beginnen sich bei T_1 Mischkristalle der Zusammensetzung 75% Anorthit zu 25% Albit zu bilden. Dadurch wird die Restschmelze relativ reicher an Albit, so daß sich ihre Zusammensetzung bei weiterer Abkühlung des Systems entlang der Liquiduskurve ändert. Die zu Beginn der Kristallisation ausgefallenen Mischkristalle befinden sich nun nicht mehr im Gleichgewicht mit der Schmelze und werden daher unter gleichzeitiger Bildung von anorthitärmeren Mischkristallen aufgezehrt, bis bei T_2 die letzten Reste der Schmelze nur noch 20% und die hier erstarrenden Mischkristalle 50% Anorthit enthalten. Damit ist der Kristallisationsvorgang abgeschlossen. Diese idealen Laboratoriumsbedingungen sind indessen in der Natur nur in seltenen Fällen realisiert. Normalerweise wird nämlich der anfänglich gebildete anorthitreichere Mischkristall bei der darauffolgenden Temperaturerniedrigung nicht restlos von der anorthitärmeren Schmelze resorbiert, sondern er wird, besonders bei rascher Abkühlung des Systems, von der bei niedriger Temperatur entstehenden albitreicheren, kristallinen Phase überkrustet, d.h. die Zusammensetzung dieser Kristalle ändert sich mehr oder weniger kontinuierlich von innen nach außen. Auf diese Weise entstehen schichtenförmig gebaute Kristalle mit Zonarstruktur (Abb. 3). Stets bildet dabei die schwerer schmelzende Komponente den inneren Kern, um den sich dann nach außen hin immer tiefer schmelzende Schichten legen. Zonar aufgebaute Plagioklaskristalle sind in der Mitte immer reicher an Anorthit. Unter den Mineralen, die primär aus einer magmatischen Schmelze auskristallisiert sind, kennt man eine große Anzahl, die bevorzugt einen Zonarbau aufweisen. Dazu zählen neben den Plagioklasen die gleichfalls gesteinsbildend auftretenden Augite, Olivine und Turmaline. Eine lückenlose Mischbarkeit, wie sie bei den Plagioklasen vorliegt, ist jedoch unter den übrigen Mineralen selten. In den meisten Fällen treten in den Phasendiagrammen im Bereich tieferer Temperaturen Mischungslücken auf. Oft finden die Entmischungen erst im Existenzbereich der kristallinen Phasen statt, eine Entmischung im festen Zustand. Weitere wichtige Beispiele sind die binären Systeme SiO_2-MgO (Abb. 4) und Leucit-SiO_2 (Abb. 5). [GST]

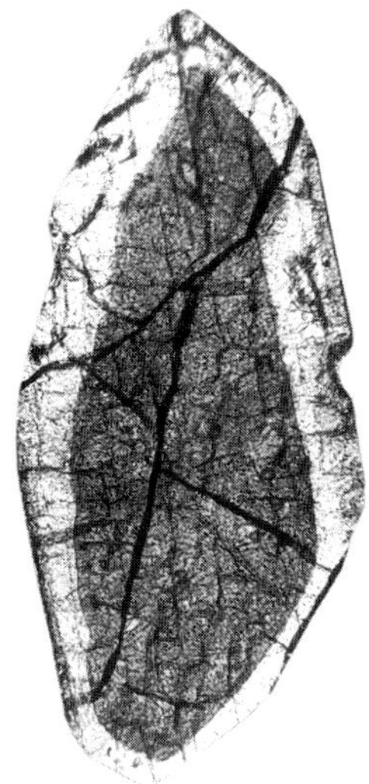

binäre Systeme 3: Zonarbau – Dünnschliff eines Pyroxens im polarisierten Licht.

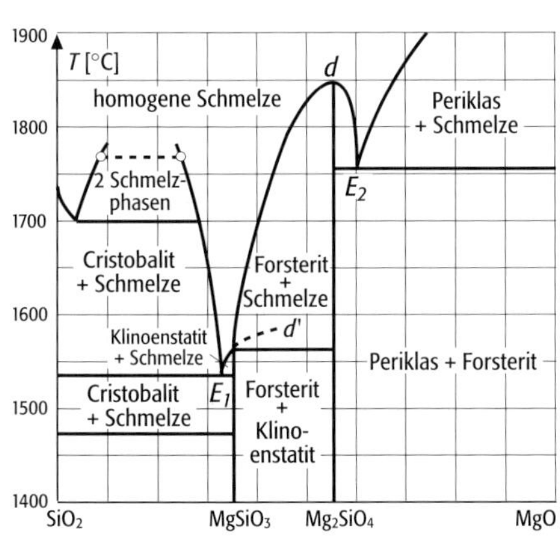

binäre Systeme 4: Phasendiagramm des binären Systems SiO_2-MgO.

bindig, Eigenschaft des Bodens, die den Teilchenzusammenhalt beschreibt und auf der Zusammensetzung der mineralischen Festsubstanz (hö-

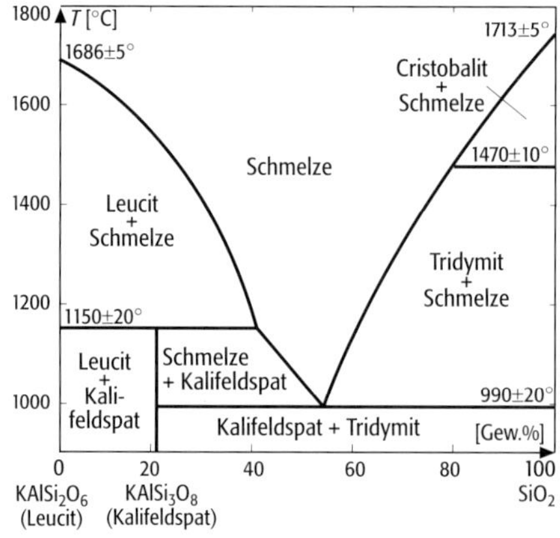

binäre Systeme 5: binäres System $KAlSi_2O_6$ (Leucit)-SiO_2 unter $P = 100$ kPa.

herer Tongehalt) des Bodens beruht. Bindige Substrate halten im trockenen Zustand mehr oder weniger fest zusammen. In Abhängigkeit vom Wassergehalt besitzen bindige Böden einen festen, halbfesten oder plastischen Konsistenzbereich (↗Konsistenz). Die Grenze zu nichtbindigen Böden (loser Teilchenzusammenhalt) liegt bei einem Tongehalt von etwa 15 %. Die Bodenartenhauptgruppen (↗Bodenart) Ton, Lehm und Schluff (mit Ausnahme der Bodenartengruppe Sandschluff) werden als bindig bezeichnet.

bindige Lockergesteine, ↗Lockergesteine mit plastischen Eigenschaften. Ob ein Lockergestein plastische Eigenschaften aufweist, kann durch den Knetversuch nach DIN 4022 Teil 1 festgestellt werden. Dazu wird die weiche Probe so lange abwechselnd zu einer 3 mm dicken Walze ausgerollt und wieder zu einem Klumpen zusammengeknetet bis die Probe zerfällt. Je öfter der Vorgang wiederholt werden kann, desto plastischer ist der Boden. Nach DIN 1054 sind Lockergesteine bindig, wenn der Gewichtsanteil an Korngrößen unter 0,06 mm größer als 15 % ist. Darunter fallen Tone, tonige Schluffe und Schluffe sowie ihre Mischungen mit ↗nichtbindigen Lockergesteinen.

Bindung, Kräfte, die den Zusammenhalt der Kristallbausteine im Raumgitter bewirken und großen Einfluß auf den Charakter der Minerale haben. Bei anorganischen Verbindungen liegt häufig Ionenbindung oder heteropolare Bindung vor. Die zwischen den Ionen wirksamen Kräfte sind um so größer, je größer die Ladungen und je kleiner die Ionenradien sind. Für viele physikalische Eigenschaften, z. B. für die Härte, ist diese Abhängigkeit unmittelbar gegeben. Ebenso für Schmelz- und Siedetemperaturen, die um so niedriger liegen, je größer die Gitterabstände werden. Kristalle mit Ionengittern sind überwiegend durchsichtig, farblos oder farblos durchsichtig. Mehr als 80 % der Minerale zeigen ionare Bindung, besonders häufig in den Mineralklassen der Halogenide, Hydroxide, Oxide, Nitrate, Carbonate, Borate und Sulfate. Bei den Phosphaten und Silicaten sind die Silicium- und Phosphatkomplexe heteropolar gebunden, während innerhalb der Komplexe selbst kovalente Bindung vorherrscht. Bei Kristallen mit Atomgittern ist die Bindung homöopolar oder kovalent. Vor allem diamantartige Verbindungen haben Gitter mit kovalenter Bindung. Im Gegensatz zu den Schmelzen von Ionenkristallen sind Schmelzen von Kristallen mit kovalenter Bindung elektrische Nichtleiter. Diamant ist einer der wenigen Kristalle, bei dem ausschließlich nur eine, nämlich die homöopolare Bindung den Zusammenhalt des Gitters bewirkt. Da die Bahnen der Elektronen fixiert sind, resultiert hieraus eine hohe Gitterenergie, Nichtleitung der Elektrizität und eine hohe Härte. Dagegen ist der hexagonale Graphit ein guter Elektrizitätsleiter, er nimmt in seinem Bindungscharakter eine Zwischenstellung zwischen metallischer und Schichtmolekül-Bindung ein. Auch Zinn, Zinkblende, Wurzit und Manganblende zeigen überwiegend kovalente Bindung, obwohl letztere bereits einen Bindungsmischcharakter zwischen heteropolar und metallartig aufweisen. Solche Übergänge zwischen metallischer und ionarer Bindung sind bei den Mineralen relativ häufig. Bei der metallischen Bindung sind alle Valenzelektronen im Gitter frei beweglich. Daraus resultieren die typischen optischen Eigenschaften wie Opazität, hohes Reflektionsvermögen, äußere lichtelektrische Effekte und Leitfähigkeit. Typisch für die metallische Bindung sind Gitter mit dichtesten Kugelpackungen, wie sie bei Kupfer, Silber und Gold, Magnesium, Zink, Cadmium und Titan vorliegen. Da die Intensität der metallischen Bindung unterschiedlich ist, schwanken die übrigen Eigenschaften der Minerale, wie Härte, thermische Dilatation, Schmelzpunkt usw., beträchtlich. Als zwischenmolekulare oder van-der-Waalssche Bindung bezeichnet man die Kräfte, die durch den Dipolcharakter der Bindung hervorgerufen werden. Große Bedeutung hat die van-der-Waalssche Bindung beim H_2O, wo sie in der zwischenmolekularen Wasserstoffbrückenbindung zum Ausdruck kommt, was die Hauptursache für das ungewöhnliche Verhalten von Eis und Wasser ist. Selbst im kristallisierten Zustand findet durch Öffnen und Schließen der schwachen Brücken eine Verschiebung der H_2O-Moleküle statt, woraus die gute Verformbarkeit des Eises, z. B. beim

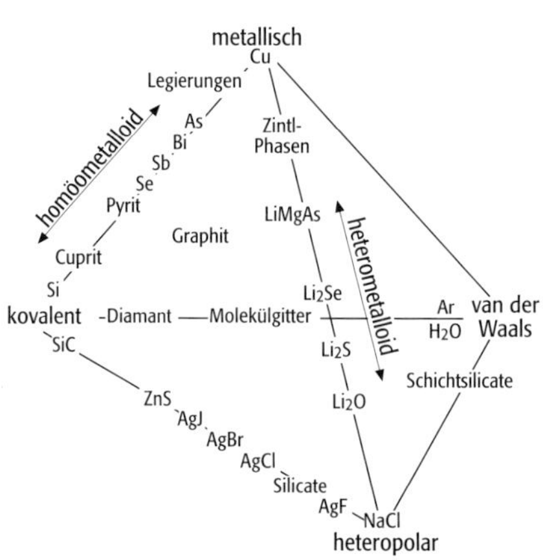

Bindung: Hauptbindungstypen der Minerale.

Schließen der Gletscher, resultiert. Beim Schmelzen des Eises bleibt die Struktur der Wassermoleküle weitgehend erhalten, so daß flüssiges Wasser bis zu einer Temperatur von 4 °C eine größere Dichte aufweist als das kristallisierte Eis. Eine Besonderheit ist die Hydroxyl-Bindung bei den Hydroxiden Hydrargillit, Diaspor und den Brauneisenmineralen. Fast immer liegen bei den Mineralen Mischungsbindungen vor (Abb.). [GST]

Bindungsart, Art der chemischen Bindung in einem Festkörper oder einer chemischen Verbindung. In der Regel hat man es bei der chemischen Bindung nicht mit einem einzigen ↗Bindungstyp zu tun, sondern mit einer Überlagerung verschiedener Typen, wobei häufig der eine oder andere Bindungstyp dominiert. Davon zu unterscheiden ist, daß in Kristallstrukturen kein einheitlicher Bindungstyp vorherrschen muß (↗isodesmische Struktur), sondern daß durchaus unterschiedliche Bindungszustände zwischen verschiedenen Teilen einer Kristallstruktur vorliegen können (↗heterodesmische Struktur).

Bindungsdichte, Begriff der Systemtheorie, der die Anzahl der ein- und ausgehenden Beziehungen zwischen den Kompartimenten eines ↗Ökosystemmodells bezeichnet und damit auch ein Ausdruck dessen innerer Vernetzung ist.

Bindungsenergie, bezeichnet die Energie, die nötig ist, um ein oder mehrere Teilchen aus einer Verbindung herauszulösen.

Bindungskräfte, sind die Kräfte, die eine Bindung von Atomen im Molekül oder von Nukleonen im Kern verursachen und damit die Bindungsenergie bedingen. Im Falle der ↗Bindung von Atomen im Molekül sind es elektrische Kräfte, im Falle der Kernbindung Kernkräfte.

Bindungstyp, Grenzform der chemischen Bindung in Molekülen und Festkörpern. Die quantenmechanischen Wechselwirkungen der Atome sind so komplex, daß man einen bestimmten Bindungszustand fast immer als Überlagerung mehrerer Bindungstypen beschreiben kann, die man selbst eher als selten realisierte Grenzformen ansieht. Diese reinen Bindungstypen sind die kovalente (homöopolare) Bindung, die ionische (heteropolare) Bindung und die metallische Bindung. Diese drei Bindungstypen sind immer von schwachen van-der-Waals-Bindungen begleitet, die auf ↗Dispersionskräften und ↗Dipol-Dipol-Kräften beruhen. Dazu können ggf. noch die Wasserstoffbrückenbindung und koordinative Bindungstypen kommen.

Binnenästuar ↗Endsee.

Binnendelta, fluviatile, deltaförmige Akkumulation (↗Delta) eines in einen ↗Endsee mündenden oder in einem Trockengebiet versiegenden Flusses.

Binnendüne, *Kontinentaldüne*, Sammelbegriff für ↗Dünen im Landesinneren, zur Abgrenzung gegenüber ↗Küstendünen. Die Bezeichnung wird v. a. für die Dünen der ↗Sander und ↗Urstromtäler der nordmitteleuropäischen Vereisungsgebiete benutzt.

Binnenentwässerung, Entwässerung eines Gebietes durch ↗endorheische Flüsse.

Binnengewässer, alle oberirdischen ↗Gewässer, wie natürliche und künstliche ↗Seen und ↗Flüsse des Festlandes. ↗Ästuare nehmen hierbei durch die Beeinflussung sowohl durch das Meer als auch durch den inländischen Abfluß eine Sonderstellung ein.

Binnengewässerkunde ↗Limnologie.

Binnentief, Hauptvorfluter (↗Vorfluter) im Tidebinnengebiet zum ↗Siel oder ↗Schöpfwerk (↗Außentief).

Binnenwasserstraßen, alle für die Schiffahrt verwendeten ↗Binnengewässer, wie Flüsse und Seen. Sind die Binnenwasserstraßen künstlich angelegt, so werden sie als Kanäle bezeichnet. Da natürliche und künstliche Binnenwasserstraßen häufig morphologischen Veränderungen unterworfen sind, muß die Schiffahrtsrinne ständig auf ihre Wassertiefe hin überprüft werden, um Schiffahrt zu ermöglichen oder nicht zu gefährden. Flußbauliche Maßnahmen wie z. B. Ausbaggerungen begleiten solche Beobachtungen. An den Ausbau und die Unterhaltung von Binnenwasserstraßen werden heute hohe, umweltbezogene Anforderungen gestellt. In der BRD betreut die Wasser- und Schiffahrtsverwaltung des Bundes mit den Wasser- und Schiffahrtsdirektionen und Ämtern, zusammen mit der ↗Bundesanstalt für Gewässerkunde in Koblenz und der Bundesanstalt für Wasserbau in Karlsruhe die Binnenwasserstraßen als die Bundesregierung beratenden Forschungsinstitute. Wegen der Zuständigkeit des Bundes werden sie auch Bundeswasserstraßen genannt. [KHo]

Bioakkumulation, Anreicherung von Stoffen in Organismen über die Umgebung oder die Nahrung. Wenn diese Stoffe über die ↗Nahrungskette weitergegeben und angereichert werden, so bezeichnet man diesen Effekt als *Biomagnifikation*, z. B. die Anreicherung von DDT im Seeadler über die Nahrungskette: Fischnährtiere – Fisch – Seeadler.

Bioaktivität, allgemeiner Ausdruck für die Intensität von Stoff- und Energieumsätzen in ↗Bioökosystemen oder ↗Landschaftsökosystemen, die auf der Tätigkeit lebender Organismen beruht.

Bioassay, *Biotest*, Gruppe von Labormethoden zur Bestimmung der Wirkung biologisch aktiver Stoffe (↗Umweltchemikalien) auf Testorganismen. Analysen auf der Basis von spezifischen tierischen Antikörper-Reaktionen, sog. Immuno-Assays, (Abk. ELISA) gewinnen in der ↗Umweltanalytik als preisgünstige und zuverlässige Screening-Verfahren (↗Screening) zunehmend an Bedeutung.

biochemische Erzprospektion, Prospektion nach Erzen mit Hilfe biochemischer Indikatoren. Beispielsweise nehmen Pflanzen über ihre Wurzeln zusammen mit Wasser diverse chemische Elemente auf. In Pflanzenteilen (Blätter, Wurzeln etc.) können so Elemente angereichert werden; zusätzlich kann so angereicherter Humus entstehen. Über verschiedene analytische Verfahren kann der Metallgehalt gemessen werden. Pflanzen, die oberhalb von Lagerstätten gewachsen sind, zeigen deutliche Erhöhung an entsprechenden Elementen und können so Indikator für Erzanreicherungen sein. Weiterhin wachsen einige Pflanzen bevorzugt auf Böden mit charakteristischen Metallgehalten. Beispielsweise ist das Galmei-Veilchen (*Viola calaminaria*) Indikator für zinkreiche Böden.

biochemischer Sauerstoffbedarf, *BSB*, Meßgröße zur Beurteilung des Verschmutzungsgrades von ↗Abwässern. Das Verfahren dient der Bestimmung der Sauerstoffmenge, die in einer bestimmten Zeit durch die Stoffwechseltätigkeit einer Mikrobiozönose summarisch verbraucht wird, um die in einem Liter Wasser enthaltenen, organischen Inhaltsstoffe zu oxidieren (Einheit: mg/l). Der BSB liefert eine quantitative Aussage über die in einer Wasserprobe für die ↗Atmung zur Verfügung stehenden Wasserstoff-Donatoren. Das Verfahren wird je nach organischer Belastung in verdünnter oder unverdünnter Form durchgeführt. In der Klärtechnik wird i.a. der biochemische Sauerstoffbedarf bezogen auf fünf Tage angegeben (BSB_5). Der BSB_5 beträgt für normale häusliche Abwässer 50–75 g Sauerstoff pro Einwohner und Tag. Der Quotient aus dem BSB und dem ↗chemischen Sauerstoffbedarf gibt einen Hinweis zur Abbaubarkeit eines Stoffes oder Stoffgemisches unter den Bedingungen des jeweiligen Verfahrens.

Biodegradation, Abbau von ↗Umweltchemikalien durch mikrobielle ↗Zersetzungsprozesse im Boden und im Wasser. Für Erdöl bedeutet Biodegradation einen selektiven Umwandlungsprozeß von bestimmten Kohlenwasserstofftypen im Erdöl durch Mikroorganismen. Der Abbau von Kohlenwasserstoffen durch Bakterien betrifft besonders stark die n-Alkane, Isoprenoidalkane, Cycloalkane (kleine Ringe) und Aromaten. So entstehen Alkohole, Säuren und andere wasserlösliche Produkte. Vermutlich tragen Oberflächenwässer die Bakterien in die Öllagerstätten. Ein sehr augenscheinlicher Effekt der Biodegradation sind die »Teermatten«, die sich an der Kontaktzone Öl-Wasser bilden.

Biodiversität, *biologische Vielfalt*, *Mannigfaltigkeit*, bezeichnet die Variabilität von Lebewesen in ihrer natürlichen Umgebung. Der Begriff ist relativ neu und v.a. im Zusammenhang mit der Diskussion um ↗Nachhaltigkeit geprägt worden. Das zugrundeliegende Konzept ist sehr umfassend, wobei sich drei verschiedene Ebenen unterscheiden lassen:

a) Die genetische Vielfalt bestimmt die Variabilität der Erbinformationen einer ↗Art. Genetische Variabilität ist die Eigenschaft von Lebewesen, sich durch Neukombination der Erbinformationen einem veränderlichen Umfeld anzupassen.

b) Als *Artenvielfalt* wird die Anzahl der in einem ↗Lebensraum vorhandenen Arten bezeichnet. Verändern sich in einem Lebensraum die Bedingungen (beipielsweise durch die Erhöhung des Nährstoffeintrags), so kann sich die Artenzusammensetzung verändern.

c) Letztlich umfaßt die Vielfalt der ↗Ökosysteme und deren darin stattfindenden Prozesse die verschiedenen Lebensräume eines größeren Gebietes bis hin zur gesamten ↗Biosphäre. Für diese Ebene wird auch der Begriff der ↗Landschaftsdiversität verwendet.

Viele menschliche Aktivitäten haben zu einem Verlust an biologischer Vielfalt geführt. Schätzungen gehen davon aus, daß in Mitteleuropa seit Mitte des letzten Jahrhunderts bis zu 90% der wertvollsten und artenreichsten Lebensräume durch Verkehr, Siedlungsbau, industrielle Aktivitäten und Intensivierung der Landwirtschaft verloren gegangen sind. Während das Ausmaß und die Geschwindigkeit des Artensterbens durch zahlreiche Untersuchungen zumindest teilweise erfaßt ist, sind die Mechanismen, die zur Entstehung und Erhaltung von Biodiversität führen, noch relativ unbekannt. Ebenso wenig erforscht sind die Auswirkungen auf das Funktionieren eines Ökosystems, die eine reduzierte Artenzahl hervorrufen kann. Konkret bedeutet dies Fragen nach der Größe der ↗Population einer gefährdeten Pflanzenart, die ihr Überleben garantiert, nach der Reaktion von Pflanzen und Tieren auf die Zerstückelung ihrer ↗Habitate oder nach der Rolle der Bewirtschaftungstechniken, welche in landwirtschaftlich genutzten Flächen die Vielfalt fördern. Ein weiterer, oft kontrovers diskutierter Aspekt ist der ideelle Wert der Biodiversität, der letztlich auf Fragen der ↗Landschaftsästhetik beruht. [DS]

Bioerosion, [von griech. bios = Leben und lat. erodere = abtragen], der Begriff Bioerosion wurde von Neumann (1966) für den Abbau harter Substrate durch Organismen geprägt. Zunächst auf Kalkgesteine beschränkt, wird er heute für die biogene Zerstörung mineralischer und organischer Skelette aller Organismengruppen sowie technischer Bauwerke gebraucht. Im Einflußbereich von Wellen und Salzwasserspray (Abb. 1), insbesondere an Carbonatgesteinsküsten warmer Meere (dann auch Bioabrasion oder Biokorrosion genannt), steht Bioerosion häufig in engem räumlichen Zusammenhang mit ↗Biokonstruktion. Neben der Abtragung (↗Erosion) durch physikalische und chemische Faktoren spielt der biologische Substratabbau in geeigneten Milieus eine große Rolle. Dies kann durch innen bohrende Organismen (zahlreiche Gruppen) sowie durch von außen abraspelnde oder ätzende Tiere geschehen. Diese Prozesse sind in vielerlei Hinsicht geologisch relevant: Hohlräume werden gebildet, die das Substrat schwächen und dadurch auch für physikalische Erosion anfälliger machen; erhebliche Mengen feinkörniger Sedimente fallen als »Bohrmehl« an; Kalkgesteinsküsten werden in ihrer Geomorphologie entscheidend von Mikrobohrern geprägt (Abb. 2 im Farbtafelteil). Am wichtigsten ist jedoch, daß kalkige Substrate rasch zersetzt und so dem Kohlenstoffzyklus wieder zugeführt werden: Bohrschwämme entfernen 0,2–3 kg pro Jahr pro Quadratmeter, raspelnde Fische etwa 2 kg, bohrende Seeigel 0,5–4 kg und raspelnde Seeigel sogar 4–10 kg Kalk pro Jahr pro Quadratmeter. Holzbohrende Organismen hatten vor der Entwicklung spezieller Gift-Anstriche eine große wirtschaftliche Bedeutung, indem sie Hafenanlagen und Schiffe schädigten – die neuzeitliche Weltgeschichte wäre vielleicht anders verlaufen, wenn nicht die spanische Armada bei ihrem Angriff auf England im Jahre 1588 fast alle Schiffe durch Bohrmuscheln verloren hätte.

Alle Bioerodierer erzeugen Spuren, die jeweils für sie charakteristisch sind (Tab.); dabei sind Bohrspuren weitaus am häufigsten zu finden. Wenn man die Klassifikation anwenden wollte, die für die ↗Bioturbation entwickelt wurde, lägen bei den Bohrspuren überwiegend Wohnbaue vor, untergeordnet Fressbaue (bei vielen Bohrern in Holz und bei Pilzen) und Ausgleichsspuren (bei Anbohrung lebender und daher weiterwachsender Substrate). Raspelspuren wären entweder als Raubspuren oder als Weidespuren zu deuten. Ätzspuren würden nicht erfaßt, und tatsächlich ist die Anwendung dieser Kategorien auf bioerosive Strukturen bestenfalls unüblich. Gebräuchlich ist vielmehr eine Einteilung auf zwei Ebenen: zunächst nach dem Prozeß (Bohren, Raspeln, Ätzen), und darunter für Bohrspuren nach dem Substrat (»lithisch«, d.h. anorganisch bzw. steinern einschließlich der Hartteile von Organismen, sowie »xylisch«, d.h. holzig). Daneben werden nach der Größe Mikrobohrungen und Makrobohrungen unterschieden. Die größte Vielfalt der Bohrer existiert in carbonatischen Substraten; holzige Substrate folgen mit einigem Abstand.

Als Mikrobohrungen werden diejenigen Bohrspuren bezeichnet, die von Mikroorganismen wie Pilzen, Blaubakterien, Grünalgen oder Rotalgen in carbonatischen Substraten erzeugt werden; Domizile von Tieren gehören nicht in diese Kategorie, und der Befall andersartiger Substanzen wurde bisher nicht beschrieben. Der Durchmesser der Mikrobohrungen beträgt 5–2000 μm, weshalb sie nur mikroskopisch untersucht werden können. In die Probe mit Bohrspuren wird Kunstharz eingepreßt, dann das Substrat in Säure aufgelöst, und die so produzierten Positiv-Ausgüsse werden unter dem Rasterelektronenmikroskop betrachtet. Mikrobohrungen sind auf den marinen Bereich beschränkt und stellen auch fossil recht gute Indikatoren für die Wassertiefe ihres Bildungsmilieus dar. Ihre maximale Vielfalt wird in Wassertiefen von 2–30 m beobachtet, wobei dort Grünalgen und Blaubakterien als Erzeuger dominieren. Zwischen 30 und 100 m Tiefe bestimmen allein Grünalgen das Bild, und ab 150 m überwiegen wegen des nur noch geringen Lichteinfalls die Bohrungen von Pilzen. Die stärkste erosive Kraft (500 g Kalk pro Jahr und Quadratmeter können abgetragen werden) entfalten Mikrobohrer im flachsten Wasser, weshalb sie eine entscheidende Rolle für die Morphologie tropischer Kalkküsten spielen: Wabenartig zerklüftete Felsstrände (sog. »Biokarst«, Abb. 2 im Farbtafelteil) und Hohlkehlen im ↗Supratidal werden allein von Mikrobohrern verursacht. Ihre maximale Erosionstätigkeit ist in den ersten zwei Jahren nach der Freilegung eines frischen Substrates zu verzeichnen; nach einem Jahr beginnt die Besiedlung durch Makrobohrer, deren Aktivität nach dem zweiten Jahr die der Mikrobohrer an Bedeutung übertrifft. Makrobohrungen können Durchmesser von wenigen Dezimetern erreichen, sind jedoch überwiegend einige Millimeter bis wenige Zentimeter dick. Bei den Erzeugern handelt es sich durchweg um Tiere. Eine ökologische Beschränkung ist pauschal nicht gegeben, doch sind einzelne Formen durchaus gute Milieu-Anzeiger. Wegen ihrer fehlenden Abhängigkeit von der Durchlichtung ist ihr Nutzen als Tiefenindikator weit schlechter als bei den Mikrobohrungen, doch besser als bei ↗Grabgängen (↗Ichnofazies). Allgemein belegt deutliche Makro-Bioerosion sehr geringe Sedimentationsraten (↗Omission), von detritusfressenden Würmern als Bohrer einmal abgesehen. Auch wenn Sedimentation Bohrorganismen beeinträchtigt, kann doch in sedimentbelasteten Bereichen Bioerosion stattfinden, und zwar sofern vertikale Flächen vorhanden sind. Form und Erzeuger von Makrobohrungen sind stark vom Substrattyp (Holz oder Stein) abhängig, so daß diese getrennt zu diskutieren sind.

Etliche auf holzige Substrate beschränkte Bohrer (vor allem Milben und Insekten wie Käfer, Ameisen, Bienen, Wespen, Schmetterlinge, aber auch die als »Schiffsbohrwürmer« bekannte Muscheln) können dank ihrer Darm-Symbionten Lignin abbauen und ernähren sich in diesen Fällen davon. Andere legen mit ihrer Bohrtätigkeit in weicheren Substraten Wohnbaue an. Außer dem Kernholz von Bäumen werden auch die Rinde oder hartschalige Samen angebohrt. Die Holzbohrungen von Insekten im festländischen Bereich besitzen neben einfachen Kasten- oder Röhrenformen oft komplizierte, sehr charakteristische Muster. In wässrigem Milieu spielen dagegen Muscheln neben Asseln und Krebsen die Hauptrolle; ihre Bohrungen sind röhrig oder flaschenförmig. Der älteste Beleg für fossile Holzbohrer stammt aus dem Unterkarbon; vorkreidezeitliche Funde sind aber generell selten.

In mineralischen Substraten bohrende Organismen sind ungleich vielfältiger. Die Form ihrer Spuren reicht von Röhren, Kugeln oder Keulen über Socken bis zu Zweigen und vernetzten Kammerkomplexen (Abb. 3). Als Bohrtechniken wer-

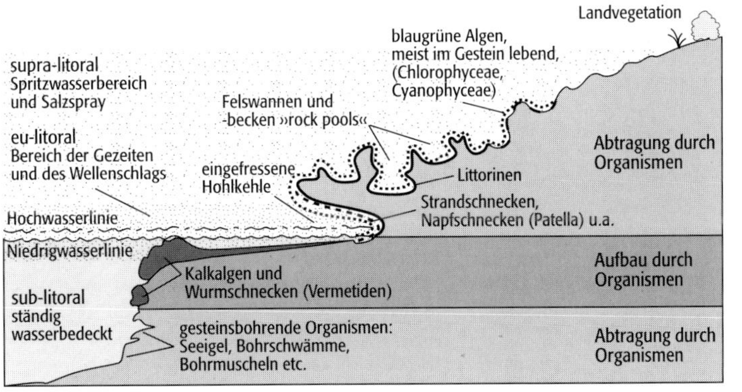

Bioerosion 1: Bioerosion und Biokonstruktion.

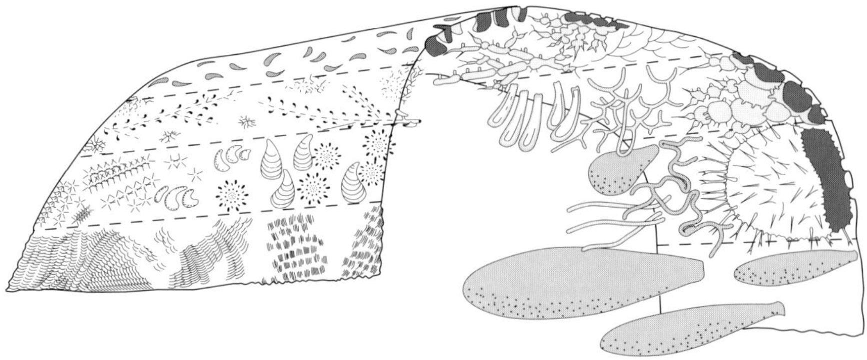

Bioerosion 3: Stockwerkbau der Bioerosion kalkiger Substrate: links Ätz- und Raspelspuren auf der Oberfläche, rechts Bohrspuren im Inneren.

den der mechanische Abrieb mit Hilfe von Hartteilen und die chemische Auflösung über calciumbindende Substanzen (in Kalk-Substraten) angewandt. Bohrröhren von Würmern sind vom Beginn des ↗Kambriums an bekannt, bleiben aber im ganzen ↗Paläozoikum unbedeutend. Im ↗Karbon treten weitere Würmer, später Rankenfüßer, hinzu; Bohrmuscheln werden örtlich in der oberen ↗Trias häufig, Bohrschwämme im oberen ↗Jura. Das volle Spektrum der Kalk-Bohrer ist zwar in der ↗Kreide entwickelt, doch die heutige Vormachtstellung der Schwämme wird erst im ↗Neogen erreicht. In der gesamten Erdgeschichte hat sich die Tiefenzonierung der marinen Kalk-Bohrer nicht deutlich verändert: Muscheln und Würmer sind nur bis zur Normalwellenbasis häufig, aber Schwämme treten noch in der Tiefsee auf. Die Vielfalt der Bohrspuren nimmt von der Sturmwellenbasis an mit der Wassertiefe rasch ab. Allgemein wird Makrobioerosion von folgenden Faktoren beeinflußt: Erhöhte Wasserbewegung, Nährstoffgehalt, Dichte des Substrates und Freiliegedauer wirken positiv; hohe Sedimentationsrate, Inkrustiererdichte sowie starke Substratmorphologie und Raspler-Tätigkeit wirken hinderlich.

Als Raspelspuren werden die sichtbaren Spuren des Abbaus (überwiegend kalkiger) Substrate durch beißende oder nagende Organismen bezeichnet. In tropischen Gebieten tragen hierzu verschiedene Tiergruppen bei, die als Weidegänger eingestuft werden und demzufolge Weidespuren erzeugen. Unter ihnen sind heutzutage Seeigel und Fische (Papageifische, Doktorfische, Drückerfische, Falterfische, Kugelfische) besonders wichtig, da sie mit ihren jeweils speziell dafür eingerichteten Kieferapparaten bis zu einigen Millimetern Kalk pro Biß entfernen. In höheren Breiten dominieren zwei Weichtier-Klassen, die in den Tropen nur untergeordnete Bedeutung haben: Schnecken und Käferschnecken tragen mit ihrer Raspelzunge höchstens 0,1 mm ihres Substrates pro Durchgang ab. Allen Gruppen gemeinsam ist, daß die Bioerosion nur Nebeneffekt ihrer Nahrungssuche ist, nämlich des Abweidens von Grünalgen (bei wenigen Fischen Korallen-Polypen). Wegen der Lichtabhängigkeit der Algen stellen diese Raspelspuren fossilisiert einen sicheren Anzeiger für den durchlichteten Bereich dar. Ebenfalls raspelnd, aber mit anderem Ziel, erodiert ein Teil der Erzeuger von Raubspuren (Praedichnia) ihr Substrat. Raubtiere schaben mit ihren Zähnen an den Knochen ihrer Opfer, und Kraken können mit ihren Kiefern ovale Löcher in die Gehäuse von Weichtieren raspeln. Auch haben zwei Familien der Schnecken räuberische Vertreter, die auf das punktuelle Anbohren anderer Weichtiergehäuse spezialisiert sind und dort kreisrunde Löcher hinterlassen.

Ätzspuren werden von auf dem Substrat festsitzenden Tieren verursacht. Austern, Seepocken, Armfüßer und bestimmte Schnecken hinterlassen auf ihrer Unterlage eine mehr oder weniger flache Grube, die ihrem Körperumriß entspricht. Die beteiligten Prozesse sind noch nicht näher untersucht, doch findet auf diesem Wege sicher keine nennenswerte Bioerosion statt.

Bohrspuren und Raspelspuren zerstören sich selbst, bzw. eine nachfolgende Generation von Bohrern greift unmittelbar nach dem Tod ihrer Vorgänger das Substrat erneut an. Der Abbau kann somit ununterbrochen fortschreiten. Es kann sich in Kalk-Substrat aber auch ein Zyklus von Erosion, nachfolgender Verfüllung der Bohrlöcher mit Mikrit-Sediment, anschließender rascher ↗Zementation dieses Sedimentes und erneuter Anbohrung ausbilden. Als Resultat wird das ursprüngliche Substrat weitgehend ersetzt durch bohrlochverfüllenden ↗Mikrit, so daß es

Bioerosion (Tab.): Einteilung der Bioerosion und die beteiligten Organismengruppen.

Verhalten	Substrat	Spuren-Morphologie	Erzeuger-Gruppen
bohren	»holzig« oder »steinern«	sehr vielfältig	Mikrobohrungen: Blaubakterien, Pilze, Grün-, Rot-, Braunalgen Markobohrungen: Schwämme, Muscheln, Schnecken, Spritzwürmer, vielborstige Würmer, Rankenfüßer, Asseln, Krebse, Moostierchen, Seeigel, Insekten, Milben
raspeln	Knochen, Kalkstein u.a. Gesteine	parallele oder radikale Kratzer	Käferschnecken, Schnecken, Seeigel, Fische, Raubtiere, Nagetiere
ätzen	kalkige Skelette	ovale/runde Löcher oder der Körperform entsprechend	Schnecken, Kraken, Fadenwürmer, Armfüßer, Foraminiferen

bestenfalls seiner äußeren Form nach erhalten bleiben kann (sog. »Lithoturbation«). Dieser Prozeß wird v.a. in Hardgrounds und Korallenriffen beobachtet, ist jedoch auch von Schwammriffen bekannt. Eine Überlieferung der Strukturen von Bioerosion ist also nur dann möglich, wenn sich die Lebensbedingungen für die Erzeuger schlagartig verschlechtern, sei es durch Verschüttung, Überwachsung (z.B. durch Rotalgen) oder Trockenfallen. In diesen Fällen kann ein ausgeprägter ↗Stockwerkbau (↗Bioturbation) überliefert werden (Abb. 3), die oberflächennächsten Lagen haben jedoch nur eine geringe Erhaltungschance.

Literatur: [1] BROMLEY, R.G. (1994): The palaeoecology of bioerosion. – in DONOVAN, S.K. (Hrsg.): The paleobiology of trace fossils: 134–154; Baltimore. [2] BROMLEY, R.G. & ASGAARD, U. (1993): Two bioerosion ichnofacies produced by early and late burial associated with sea-level change.- Geologische Rundschau, 82: 276–280, Berlin. [3] EKDALE, A.A., BROMLEY, R.G. & PEMBER-TON, S.G. (1984): Ichnology – the use of trace fossils in sedimentology and stratigraphy. – SEPM Short Course 15: 1–317, Tulsa. [4] VOGEL, K. (1997): Bioerosion in rezenten Riffbereichen – Experimente vor Inseln Bahamas und des Großen Barriereriffs. – Natur und Museum 127: 198–208, Frankfurt.

Biofazies, ein ausschließlich auf die Gleichartigkeit des primären organischen Inhalts eines Sedimentgesteins abzielender Unterbegriff von ↗Fazies. Biofazies umfaßt sowohl Körper- als auch Spurenfossilien. Neben dem rein deskriptiven Charakter (z.B. Cephalopoden-Fazies), der ggf. auch zur Ausscheidung lithostratigraphischer Einheiten führt, kann der Begriff zur Charakterisierung einer ursprünglichen ↗Biozönose und damit zur (paläo-)ökologischen Interpretation eines Lebensraumes gebraucht werden. Dabei sind Faziesfossilien einzelne Arten, Gattungen oder Organismenassoziationen, die auf einen bestimmten Lebensraum beschränkt sind und ihre Existenz in unterschiedlichen Regionen oder Zeiten belegen (z.B. spezielle auf Seegräsern siedelnde Foraminiferen und Bryozoen).

Biogene, *skeletal grains*, Sammelbegriff für Organismenhartteile. Dazu zählen die ↗Bioklasten und ↗Biomorpha.

biogene Belüftung ↗Belüftung.

biogene Lagerstätten, Lagerstätten, die durch die Tätigkeit von Organismen zustande gekommen sind. Hierzu gehören die ↗fossilen Brennstoffe sowie ein Großteil der Phosphat- und Schwefellagerstätten.

biogener Sauerstoffeintrag, der Eintrag von Sauerstoff in Gewässer durch die Reaktion sauerstoffbildender Organismen (Algen und Wasserpflanzen). Er ist insbesondere in stehenden Gewässern, in denen der natürliche, ↗physikalische Sauerstoffeintrag eingeschränkt ist, für den gesamten ↗Sauerstoffhaushalt von großer Bedeutung.

Biogeochemie, eine Sparte der ↗Geochemie, die sich mit den Einflüssen unterschiedlicher Prozesse des Lebens auf chemische Reaktionen und auf die Verteilung von chemischen Verbindungen und Elementen in der gesamten Geosphäre befaßt. Die Biogeochemie untersucht das Verhalten von biochemischen Bestandteilen in der Geosphäre, um daraus Gesetzmäßigkeiten abzuleiten. Biogeochemische Methoden werden u.a. in der Prospektion auf mineralische Rohstoffe, im Abbau der Lagerstätten (z.B. Erdöl) und in vielen Bereichen des Umweltschutzes angewandt.

biogeochemische Prozesse, Austausch chemischer Elemente (↗Nährelemente) zwischen Organismen und Umwelt (Gestein, Boden, Luft, Wasser). Die Nährelemente sind dabei auf einzelne ↗Kompartimente oder ↗Pools verteilt, zwischen denen mit unterschiedlichen Raten ein Austausch stattfindet. Verglichen mit rein ↗geochemischen Kreisläufen erfolgen die biogeochemischen Stoffumsätze relativ rasch. Die biogeochemischen Prozesse stellen zudem eine Modellierungsmöglichkeit der Energie- und Stoffkreisläufe in einem ↗Ökosystem dar.

biogeochemischer Kreislauf, physikalisch-chemische Betrachtung der Stoffverlagerungen im ↗Ökosystem.

Biogeographie, interdisziplinäres Teilgebiet der Biologie und Geographie, das sich mit den Kennzeichen, Ursachen und Gesetzmäßigkeiten der räumlichen Verbreitung der Lebensgemeinschaften (↗Biozönosen) von Tieren und Pflanzen beschäftigt. Sie gliedert sich in die verschiedenen Arbeitsgebiete: a) Arealkunde (↗Areal), b) Vegetationskunde (= ökologische Pflanzengeographie) und c) Vegetationsgeschichte. Die Tiergeographie wird unterschieden in a) ökologische und b) historische Tiergeographie. Den methodischen Ausgangspunkt der Tiergeographie bildet die Erfassung des Artenbestandes der Erde (Faunistik) und die Arealkunde (Chorologie). Deren Ergebnisse zu erklären, ist das Ziel der kausalen Tiergeographie und der Verbreitungsgeschichte, wodurch Rückschlüsse auf die ökologischen Bedingungen früherer Zeitalter ermöglicht werden. Die moderne Biogeographie untersucht zudem, wie die Verbreitung der Organismen, neben natürlichen Ursachen (z.B. eiszeitliche Landbrücken), auch durch den Menschen beeinflußt worden ist (Verschleppung, Artensterben durch Jagd und Brandrodung). Praktische Einsatzgebiete der Biogeographie sind die Raumbewertung im Rahmen der angewandten ↗Landschaftsökologie und innerhalb verschiedener Planungsbereiche im ↗Umweltschutz sowie der Einsatz von ↗Bioindikatoren. [DR]

biogeographische Regionen, höhere systematische Einheiten, welche die ↗Florenreiche und Faunenregionen (↗Fauna) umfassen. Mit ihrer Hilfe wird die Erde unterteilt nach dem Grad der regionalen Unterschiede in der Besiedelung mit einer charakteristischen Pflanzen- und Tierwelt. Besonderes Gewicht haben endemische Taxa (↗Endemismus). Die Grenzen der Faunenregionen und der Florenreiche sind durch erdgeschichtliche Vorgänge (↗Kontinentaldrift) und ihre evolutiven Folgen (↗Evolution) bestimmt, weshalb sie sich weitgehend decken. Ausnahmen stellen in der Tiergeographie die ↗Holarktis dar, welche zusätzlich in die Subregionen Paläarktis (Eurasien) und Nearktis (Nordamerika) unterteilt wird, wobei die tiergeographische Grenze zwischen ↗Paläotropis und Holarktis zusätzlich deutlich südlicher liegt als die pflanzengeographische. Das Florenreich ↗Kapensis findet keine entsprechende Faunenregion. [DR]

Biogeosphäre, *Ökosphäre*, umfassende Bezeichnung für das System Gesamterde, das aus unterschiedlichen Bereichen besteht, die sich mehr oder weniger hüllenartig um die Erdoberfläche anordnen oder unterhalb dieser zu finden sind: ↗Atmosphäre, ↗Hydrosphäre (Ozeanosphäre), ↗Biosphäre, ↗Pedosphäre und ↗Lithosphäre. Die Biogeosphäre kann dabei nach unterschiedlicher Gewichtung dieser Sphären, z.B. die Betrachtung der belebten oder unbelebten Bereiche, räumlich strukturiert werden (↗Ökosystem, ↗Biom, ↗Landschaftszone). Angesichts der zunehmenden globalen Umweltbelastungen wird heute die Notwendigkeit einer Betrachtung des Gesamtsystems Erde betont; am weitesten geht dabei die ↗Gaia-Theorie, welche die Erde selbst als Lebewesen sieht.

Biogeozönose, erweiterte Betrachtung einer ↗Biozönose durch den Einbezug der abiotischen Faktoren. Dadurch kann die Biogeozönose als eine dem ↗Geoökosystem verwandte Funktionseinheit mit einheitlicher, formaler Gestaltung und einem darauf bezogenen ↗Wechselwirkungsgefüge als willkürlicher Ausschnitt der Erdoberfläche lokalisiert werden. Es besteht hier allerdings kein Bezug zur ↗Theorie der geographischen Dimensionen.

Bioherm, linsen- oder hügelförmige, lokal begrenzte Biokonstruktion aus sessilen Organismen (z.B. Korallen, Bryozoen, Crinoiden, Schwämme, Algen usw.), die während ihres Wachstums reliefartig über ihre Umgebung aufragte. Damit beeinflußt ein Bioherm die Sedimentation seiner direkten Umgebung. Es ist stets von andersartig ausgebildeten Sedimenten umgeben. ↗Biostrom.

Bioindikator, Bezeichnung für Pflanzen- oder Tierarten bzw. -artengruppen, deren Vorkommen, Verhalten, Habitus, Vermehrungsrate und Sterblichkeit so eng mit definierten ökophysiologischen Gegebenheiten (↗Ökophysiologie) korrelieren, daß sie Zustand, Belastbarkeit und Veränderungen in ihrer ↗Umwelt anzeigen. Anders als über zeitlich und örtlich nur punktuell mögliche, chemische und physikalische Messungen, läßt sich mittels Organismen der biologisch bzw. ökotoxikologisch (↗Ökotoxikologie) relevante Zustand der Umwelt über einen größeren räumlichen (↗chorische bis ↗regionische Dimension) und zeitlichen Bereich erfassen. Unterschieden werden »passive Bioindikatoren«, welche in der Umwelt natürlich vorkommen und untersucht werden, von »aktiven Bioindikatoren«, die speziell für eine Untersuchung in einem ↗Biotop ausgesetzt und beobachtet werden (Abb.). Als passive Bioindikatoren können am Untersuchungsstandort wachsende ↗Zeigerarten verwendet werden wie z.B. nitrophile Pflanzen oder ↗Flechten, die als Anzeiger von Luftverschmutzung in Städten dienen. Als aktive Bioindikatoren können z.B. Forellen im Ausfluß von Kläranlagen eingesetzt werden oder im Gewächshaus in gefilterter Luft gezogener Weißklee wird ins Freiland zur Messung der Ozonbelastung der Luft gesetzt. [DR]

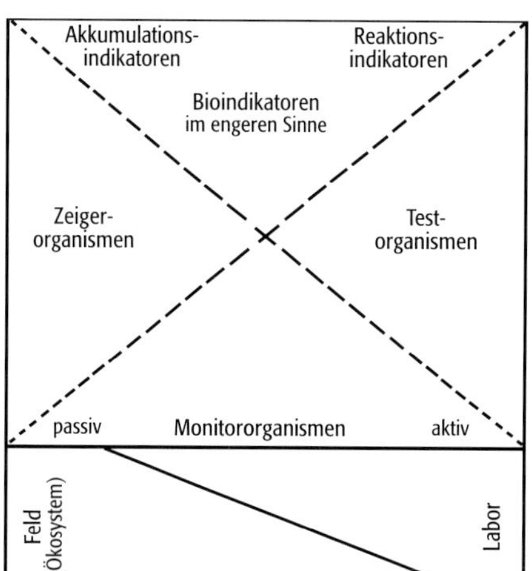

Bioindikator: methodische Zuordnung und Einsatzmöglichkeiten in Feld und Labor.

Bioklast, Fragment von Organismen-Hartteilen (z.B. Crinoiden-Stielglieder), das durch biologische, mechanische und chemische Zerstörung entsteht und sodann ↗allochthon oder ↗parautochthon in ein neues Sediment eingebettet werden kann.

Bioklimatologie, auf Langzeitbetrachtungen (Jahrzehnte) spezialisierte ↗Biometeorologie, die wie diese die Einflüsse der ↗Atmosphäre, in diesem Fall des ↗Klimas, einschließlich seiner räumlich-zeitlichen Variationen, auf die ↗Biosphäre, insbesondere ↗Vegetation, betrachtet (Abb.). Da viele dieser Einflüsse und Wechselwirkungen den ↗Boden mit einbeziehen, ist auch diese Komponente für die Bioklimatologie von großer Wichtigkeit. Im einzelnen sind für die Vegetation die Gegebenheiten von Licht (↗Sonnenstrahlung), Wärme, Wasser (↗Niederschlag, ↗Bodenwassergehalt, ↗Luftfeuchtigkeit), chemische Faktoren (Kohlendioxid-Gehalt der Atmosphäre, Nährstoffgehalt des Bodens) und mechanische (z.B. ↗Wind, Schneelast) sowie biotische Faktoren(Wildverbiß usw.) von Bedeutung, außerdem der Einfluß von ↗Tagesgang und ↗Jahresgang der ↗meteorologischen Elemente. Neben positiven Reaktionen der Vegetation (meßbar z.B. in der ↗Nettoprimärproduktion von ↗Biomasse), gibt es auch negative Reaktionen, z.B. bei Schadstoffbelastung aus Atmosphäre oder Boden (↗Umwelt, ↗Luftreinhaltung). Meist beschäftigt sich die Bioklimatologie vor diesem Hintergrund mit regionalen oder globalen Effekten im Erscheinungsbild der ↗Vegetation, einschließlich der Wirkung vergangener bzw. künftig möglicher ↗Klimaänderungen. Vereinfachend, insbesondere in Modellrechnungen (↗Impaktmodelle), kann die Abhängigkeit der ↗Vegetationsklassen von ↗Lufttemperatur und

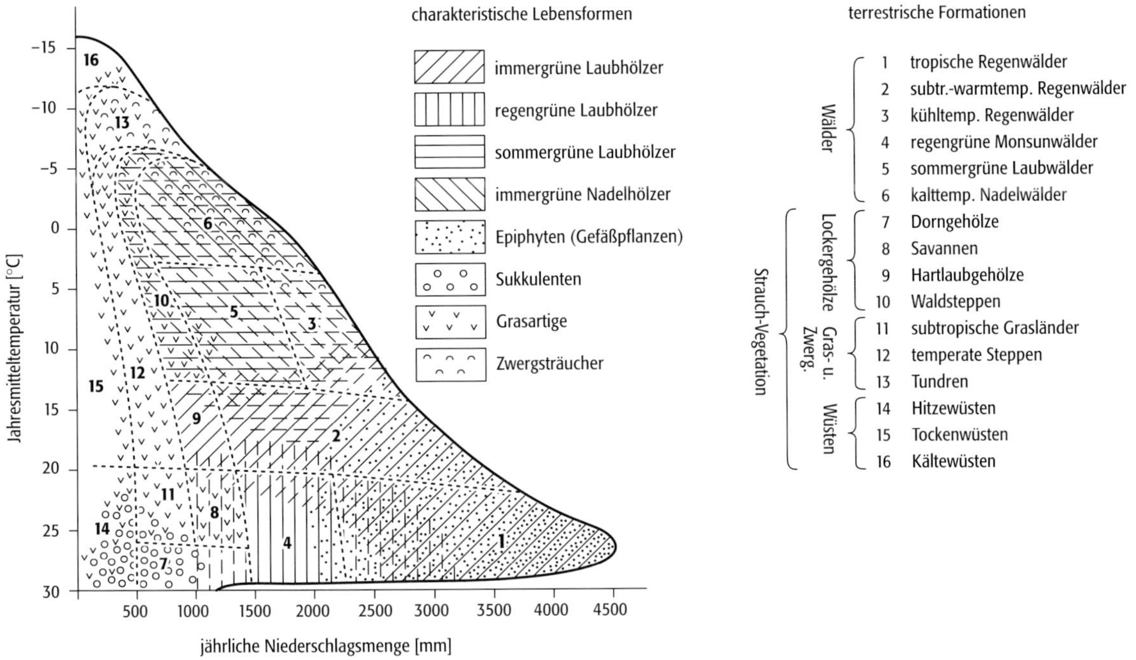

Bioklimatologie: Vegetationszonen der Erde (nach Ehrendorfer) als Funktion der Klimafaktoren Jahresmitteltemperatur und jährliche Niederschlagssumme.

↗Niederschlag betrachtet werden. Globalkarten der potentiellen natürlichen Vegetation sind ein Spiegelbild dieser Abhängigkeit. Spezielle Betrachtunsgweisen der Bioklimatologie sind die ↗Phänologie sowie Langzeitbetrachtungen innerhalb der ↗Medizinmeteorologie. [CDS]

Biokonstruktion, Festgesteinsbildungen an Küsten, die von Lebewesen, insbesondere Kalkalgen und Korallen, aufgebaut werden. Biokonstruktionen können als Kalkkrusten und Gesteinskörper mit Ausdehnungen im Dezimeter- bis Meterbereich ausgebildet sein, sog. ↗Bioherme, oder es kann sich um Riffbildungen (↗Riff) handeln. Biokonstruktionen befinden sich oft in direkter Nachbarschaft zu Formen der Bioerosion (↗Bioerosion Abb. 1).

Biokonzentrationsfaktor, *BCF*, dimensionslose Größe zur Charakterisierung der Stoffanreicherung (z.B. fettlösliche Substanzen, Schwermetalle) aus einem Umweltmedium (z.B. Wasser, Nahrung) über die äußere Körperoberfläche oder Atmungsorgane in einem lebenden Organismus. Ausgeschlossen ist die Aufnahme über den Magen-Darm-Trakt (Bioakkumulationsfaktor).

Biokristallisation, *Biomineralisation*, unter diesem Begriff werden alle Wachstumsprozesse in biologischen Systemen zusammengefaßt, die kristalline Strukturen erzeugen, auch als Mischstrukturen von kristallinen anorganischen Verbindungen in einer organischen Matrix. Das können die unerwünschte Bildung von Gallen- oder Nierensteinen sein, aber auch die wesentlichen, festen Strukturen von biologischen Organismen. Beispiele sind die Knochen und Zähne der Wirbeltiere, wie auch die schützenden Schalen von Muscheln, Schnecken oder Korallen. Faszinierend für das Studium dieser Produktion in Organismen ist die definierte Gestalt, die die biologischen Systeme reproduzierend erreichen, sei es in Form von einheitlichen Teilchengrößen, neuartigen Morphologien und Texturen oder hierarchischen Mikrostrukturen. Zur Zeit beginnt die Forschung einen Einblick in das Zusammenspiel der chemischen Organisation von polymerer Mikroumgebung mit den anorganischen Bausteinen zu gewinnen, was sich für die Herstellung neuartiger, spezifisch zugeschnittener Materialien in Nanotechnologie, als nachgiebige Festkörper aus organischen und anorganischen Mischstrukturen, als Katalysatoren oder als Konstruktionswerkstoffe einsetzen läßt. [GMV]

Biologie, die Lehre vom Leben und der belebten Natur. Die Biologie untersucht die Erscheinungsformen von Mensch, Tier und Pflanze, die Gesetzmäßigkeiten der funktionellen Äußerungen der Lebewesen oder Organismenkollektive sowie deren körpereigenes Funktionieren.

biologische Abwasserreinigung, Verfahren der ↗Abwasserreinigung, bei dem Mikroorganismen organische Abwasserinhaltsstoffe abbauen. Es gibt natürliche Verfahren, z.B. Verrieseln auf Kulturböden oder Einleiten in Abwasserteiche, und künstliche Verfahren, z.B. Nutzung von Tropfkörpern, Tauchkörpern, ↗Belebungsanlagen und Faulbehältern. In der Klärtechnik wird die aerobe, biologische Abwasserreinigung auch als zweite Reinigungsstufe bezeichnet, da sie der mechanischen Vorreinigung des Rohabwassers (erste Stufe) folgt.

biologische Landwirtschaft, *ökologische Landwirtschaft*, Landbausystem, welches einen Landwirtschaftsbetrieb als Organismus ansieht, der mit seinem ökologischen, ökonomischen, sozialen und politischen Umfeld in Verbindung steht,

biologische Stickstoff-Fixierung: mittlere Jahresrate der biologischen Stickstoff-Fixierung für einige Organismen bzw. Symbiosesysteme.

Organismus bzw. Symbiosesystem	jährlich fixierte N_2-Menge [kg/ha]
frei lebende Mikroorganismen	
Blaualgen	25
Azotobacter	0,3
Clostridium pasteurianum	0,1–0,5
Symbiosen mit Leguminosen	
Sojabohne (*Glycine max*)	57–94
Klee (*Trifolium hybridum*)	104–160
Luzerne (*Medicago sativa*)	128–600
Lupine (*Lupinus sp.*)	150–169
Symbiosen mit Nichtleguminosen	
Erle (*Alnus sp.*)	40–300
Sanddorn (*Hippophae sp.*)	2–179

woraus sich das Bemühen um den Schutz der natürlichen Ressourcen ableitet. Grundlegend für den biologischen Landbau sind strenge Produktionsrichtlinen (z.B. die EU-Verordnung 2092/19), welche die Beschränkung auf natürliche Düngemittel, den Verzicht auf chemisch-synthetische Hilfsstoffe und leichtlösliche Phosphordünger sowie eine artgerechte Tierhaltung umfassen.

biologische Marker ↗*Biomarker*.

biologische N_2-Fixierung, *Luftstickstoffbindung*, ↗biologische Stickstoff-Fixierung.

biologische Reinigungsstufe, Verfahren der ↗Abwasserreinigung, bei dem Mikroorganismen gelöste, halbgelöste und fein dispergierte organische Abwasserinhaltsstoffe abbauen. Sie wird auch als zweite Reinigungsstufe bezeichnet, da sie der ↗mechanischen Reinigungsstufe des Rohabwassers (erste Stufe) folgt. Biologische und chemische Reinigungsstufe zusammen entfernen in ↗Kläranlagen etwa 98 % aller Schmutzstoffe aus dem Abwasser. Soll die Qualität des Abwassers weiter verbessert werden, ist eine dritte Reinigungsstufe (↗chemische Reinigungsstufe) erforderlich.

biologischer Landbau ↗ökologischer Landbau.

biologischer Sauerstoffbedarf, *biological oxygen demand, BOD*, ist die Masse verbrauchten Sauerstoffes pro Zeiteinheit und Einheitsvolumen einer Wasserprobe, der durch biologische Prozesse aufgezehrt wird. Dieser Summenparameter ist Ausdruck der Aktivität von Mikroorganismen im Wasser und kennzeichnet insbesondere bei Abwässern die Belastung mit organischen, biologisch abbaubaren Schadstoffen. ↗biochemischer Sauerstoffbedarf.

biologische Schädlingsbekämpfung, i.e.S. Einsatz von Organismen zur Bekämpfung tierischer Schädlinge, i.w.S. die Kontrolle von pilzlichen und tierischen Schaderregern mit Hilfe von Organismen oder biotechnischen Verfahren, wie z.B. die Nutzung von Signalstoffen zur Anlokkung, Abwehr oder Verwirrung von Schädlingen.

biologische Selbstreinigung, Verbesserung der ↗Wassergüte durch biologische Prozesse. Im wesentlichen werden organische Substanzen durch Mikroorganismen (Bakterien, Pilze, Protozoen) abgebaut und in zelleigene ↗Biomasse überführt. Im weiteren Verlauf wird deren Biomasse durch Organismen des ↗Benthos weiter verwertet. Auch Wasserpflanzen tragen zur biologischen Selbstreinigung bei, indem sie dem Wasser Nährstoffe entziehen. Dieser Reinigungseffekt wird z.B. in Pflanzenkläranlagen genutzt (↗Selbstreinigung).

biologisches Gleichgewicht, Zustand eines ↗Ökosystems unter ursprünglichen Verhältnissen. Nach der Störung dieser ↗Stabilität als Folge einer grundsätzlichen Veränderung der Umgebungsbedingungen stellt sich ein neues Gleichgewicht ein.

biologische Stickstoff-Fixierung, Umwandlung atmosphärischen Stickstoffs (N_2) in organische Bindungsform durch ↗Stickstoffbinder. Im globalen ↗Stickstoffkreislauf stellt die biologische N_2-Fixierung den gegenläufigen Prozeß zur ↗Denitrifikation dar. Sie wird unterschieden in die ↗symbiontische Stickstoff-Fixierung durch Bakterien (z.B. ↗Rhizobium), welche in Symbiose mit Leguminosen leben und in die ↗nichtsymbiontische Stickstoff-Fixierung durch frei im Boden lebende Bakterien (z.B. ↗Azotobacter) (Tab.).

biologische Verwitterung ↗Verwitterung.

biologische Wasseranalyse, Untersuchung von Wasserproben mit biologischen Methoden (z.B. ↗Biotests). Die biologische Wasseranalyse dient der Beurteilung der Wasserqualität und kann chemische und physikalische Untersuchungen ergänzen.

Bio-Lumps ↗Aggregatkörner.

Biom, Begriff der ↗Landschaftsökologie und der ↗Bioökologie. Es handelt sich in der Regel um großflächige ↗Lebensräume mit dem gleichen Klimatyp, die als ↗Ökosystem funktionieren. Nach H. ↗Walter werden global neun ökologisch wirksame Klimazonen ausgeschieden, die als Zonobiome bezeichnet werden: äquatoriales Zonobiom mit Tageszeitenklima, tropisches mit Sommerregen, subtropisches mit Wüstenklima, bzw. subtropisches mit Sommerdürre und Winterregen, warmtemperiertes, typisch gemäßigtes mit kurzer Frostperiode, kontinentales, aridgemäßigtes mit kalten Wintern, boreales kaltgemäßigtes mit kühlen Sommern sowie polares Zonobiom. Weitgehend entsprechen diesen Zonobiomen zonale Boden- und Vegetationstypen (↗Vegetationszonen). Die Gebirge heben sich aber klimatisch aus den Klimazonen heraus und werden deshalb gesondert von den Zonobiomen behandelt und als ↗Orobiome bezeichnet. Auch Flächen mit extremen Böden können von ihrem zugehörigen Zonobiom stark abweichen. Die Lebensräume sind in diesem Fall an die Verbreitung bestimmter Böden gebunden und werden als Pedobiome bezeichnet. Biome sind Lebensräume, die einer konkreten einheitlichen ↗Landschaft entsprechen, welche entweder zu den Zono-, Oro- oder Pedobiomen gehört. Die wichtigsten Biome sind ↗Tundra, ↗boreale Nadelwälder, Laubmischwälder (↗Laubwald), ↗Skleraea, ↗Steppe, ↗Savanne, ↗Wüste und ↗Hylaea (Abb.). Der pflanzliche Bestand

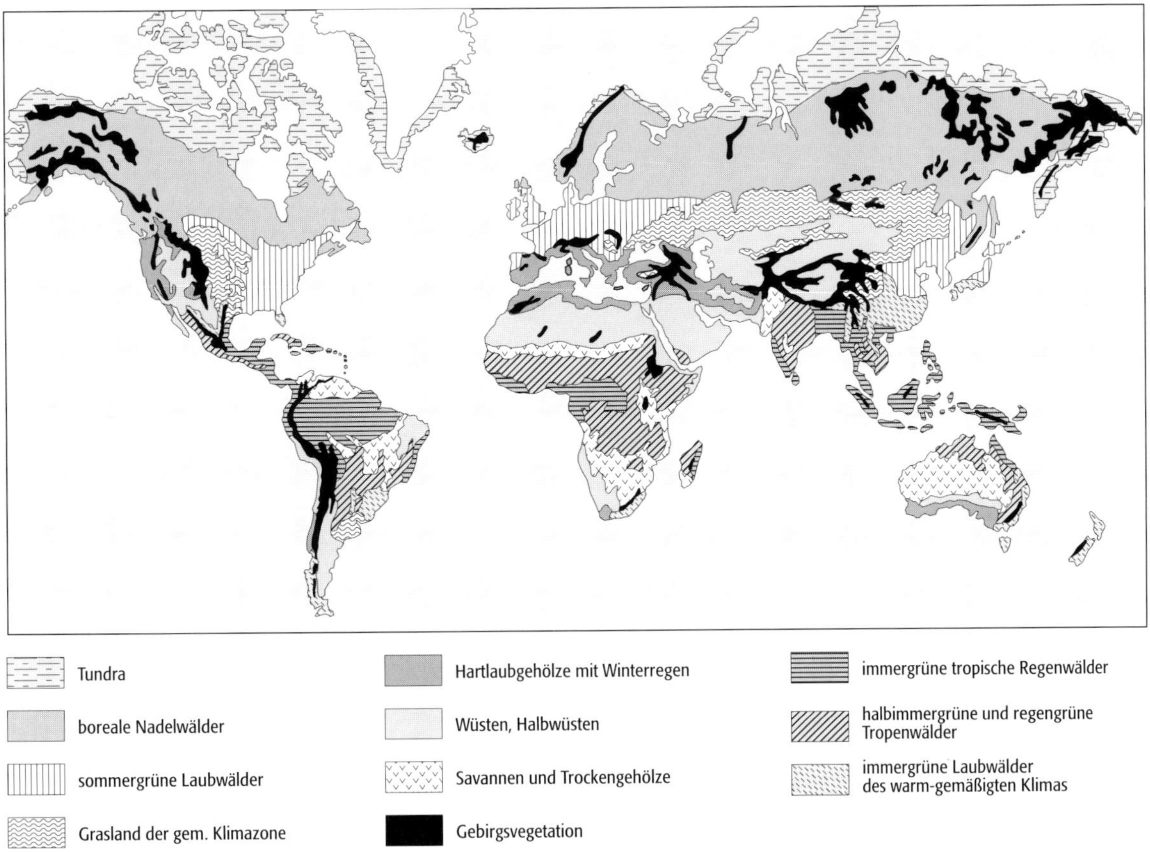

Biom: Vegetationstypen der Erde.

eines Bioms heißt Phytom, der tierische heißt Zoom. [DR]

Biomagnifikation ↗Bioakkumulation.

Biomakromolekül ↗*Biopolymer*.

Biomarker, *biologische Marker*, *Chemofossilien*, *geochemische Fossilien*, *molekulare Fossilen*, sind organische Verbindungen, welche aus lebenden Organismen stammen und deren Grundgerüst während der Erdölbildung unverändert bleibt. Trotz der durchlaufenen Veränderungen ist somit ein Rückschluß auf ihre organische Ausgangssubstanz möglich. Diese Bedingung der Rückführbarkeit des während der Erdölgenese modifizierten Stoffes auf seine biologische Ursprungsform ist für eine Vielzahl von Stoffgruppen erfüllt. Die am meisten untersuchten Biomarker sind isoprenoide Kohlenwasserstoffe wie ↗Pristan, ↗Phytan, ↗Hopane, ↗Sterane oder aromatische Sterane (Abb. 1). Aufgrund ihrer starken Kohlenstoff-Kohlenstoff-Bindungen werden diese ↗Isoprenoide im Vergleich zu anderen Verbindungen wie Kohlenhydrate oder Proteine weniger leicht abgebaut und sind deshalb die vorherrschende Klasse der Biomarker. Auch die aus dem ↗Chlorophyll und Häm stammenden ↗Porphyrine sind Biomarker. Sie besitzen ein sehr stabiles Tetrapyrrol-Ringsystem (↗Tetrapyrrol), dessen Grundstruktur während der Erdölbildung unverändert bleibt. Unverzweigte Alkane (n-Alkane) mit weniger als 22 Kohlenstoffatomen sind als Biomarker wenig geeignet, da diese überwiegend Produkte des thermischen Crackens während der ↗Metagenese und ↗Katagenese sind und daher keinen Hinweis auf ihre Herkunftssubstanz geben. Höher molekulare n-Alkane stammen vorwiegend aus direkter Synthese höherer Pflanzen oder werden während der frühen ↗Diagenese aus ↗Fettsäuren, ↗Alkoholen oder Estern terrestrischer organischer Materie gebildet. Diese n-Alkane können jedoch nicht zur Bestimmung herangezogen werden, da sie nach einer Freisetzung in die Umwelt schnell bakteriell abgebaut werden und auch rezentes, organisches Material diese n-Alkane enthält.

Oft werden nicht die Konzentrationen der Biomarker, sondern Verhältnisse von zwei oder mehreren Biomarkern, die Biomarker-Verhältnisse, bestimmt. Die Biomarker-Verhältnisse werden nach Bildung des Erdöls durch ↗Biodegradation und Vermischung mit anderen Erdölen beeinflußt. Da ein Biomarker bzw. ein Biomarker-Verhältnis oft nicht ausschließlich durch einen einzigen Parameter bestimmt wird, ist bei der Anwendung nur einzelner Biomarker-Verhältnisse, z. B. zur Bestimmung der thermischen Reife, Vorsicht geboten. Zuverlässige Aussagen über Ablagerungsbedingungen eines Sediments basieren gewöhnlich auf der Kombination von mehreren Biomarker-Verhältnissen. Einzelne Biomarker-Verhältnisse erlauben nur in Verbindung mit an-

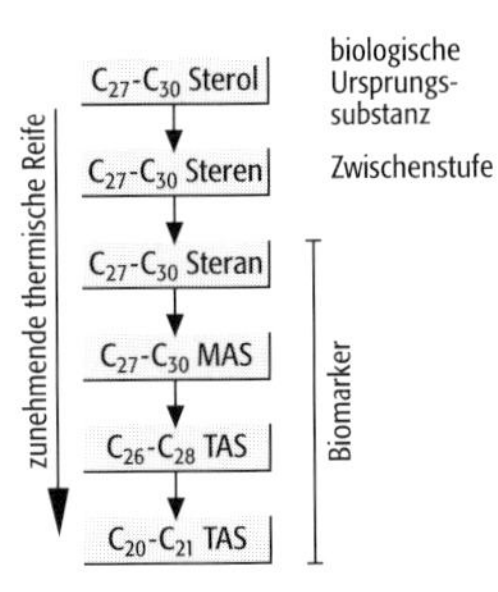

Biomarker 2: Bildung der vom Sterol abstammenden Biomarker. Der Grad der Aromatisierung steigt mit zunehmender thermischer Reife unter Bildung von monoaromatischen Steranen (MAS) bis hin zu den triaromatischen Steranen (TAS) an. Anschließend treten Kohlenstoff-Kohlenstoff-Bindungsbrüche in der Alkyl-Seitenkette des TAS auf, wodurch die C_{20}- und C_{21}-triaromatischen Sterane gebildet werden.

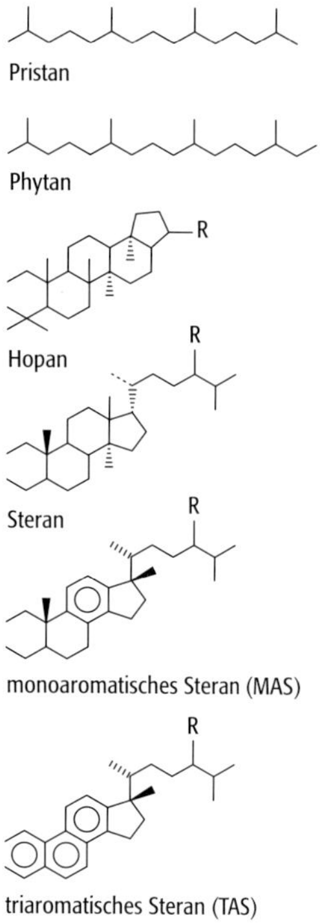

Biomarker 1: Übersicht und Strukturformeln der Biomarker Pristan, Phytan, der Hopane, Sterane, monoaromatischen Sterane (MAS) und triaromatischen Sterane (TAS). Der Rest R beinhaltet Wasserstoff oder Alkylgruppen.

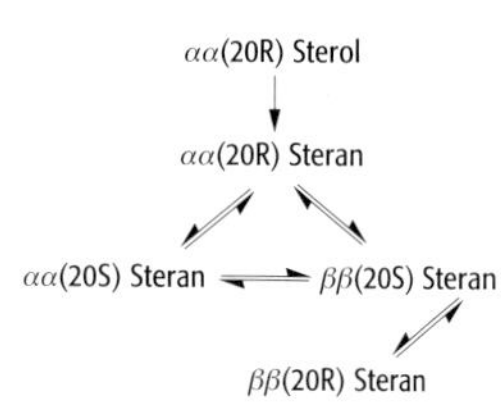

Biomarker 3: Bildung der biologischen Konfiguration des Sterans aus dem Sterol sowie nachfolgende Isomerisierung in unterschiedliche Steran-Konfigurationen während der Diagenese.

deren Biomarker-Verhältnissen, geochemischen Parametern und in Übereinstimmung mit vernünftigen geologischen Szenarien eine sinnvolle Interpretation. Aufgrund der einzigartigen Zusammensetzung und Bildungsgeschichte enthält das Erdöl einer jeden Erdöllagerstätte eine charakteristische Verteilung der Biomarker. Dieser Fingerabdruck des Erdöls, auch als Fingerprint bezeichnet, dient zur Charakterisierung von Erdölen. Biomarker bzw. Biomarker-Verhältnisse werden bei Charakterisierung von Verschmutzungen durch Erdöl in der ↗forensischen Geochemie und in der Erdölexploration eingesetzt.

Die Bildung der Biomarker hängt von dem organischen Ausgangsmaterial, den sedimentären Bedingungen (Art des Sedimentgesteins, Redox-Verhältnisse, Salinität) während der frühen Diagenese und der thermischen Reife ab. Während der Erdölgenese werden von den Biomarkervorläufern funktionelle Gruppen abgespalten und unter Bindungsbrüchen werden Biomarker aus den Ursprungssubstanzen in das Erdöl und in das ↗Bitumen freigesetzt. Aufgrund der thermischen Reifung kommt es bei den Biomarkern zur Isomerisierung der biologischen Konfiguration unter Bildung unterschiedlicher geologischer Konfigurationen. Weiterhin kommt es unter Dehydrierung zur Bildung von Doppelbindungen und bei höheren Temperaturen und Druck zur Aromatisierung. Mit höheren Drucken und Temperaturen und somit mit zunehmender thermischer Reife steigt der Grad der Aromatisierung der Sterane unter Bildung von ↗monoaromatischen Steranen (MAS) bis hin zu den ↗triaromatischen Steranen (TAS). In größeren Tiefen kommt es zusätzlich unter Bindungsbrüchen zur Abspaltung der Alkyl-Seitenkette und somit zur Bildung von kürzerkettigen triaromatischen Steranen (Abb. 2). Dies zeigt, daß aus einer Ausgangsverbindung eine Vielzahl unterschiedlicher Biomarker gebildet werden können.

Als Reifeparameter werden Biomarker-Verhältnisse bezeichnet, welche einen Aufschluß über den Grad der thermischen Reife geben. Es können durch Isomerisierungen, Aromatisierung und Bindungsbrüche beeinflußte Reifeparameter unterschieden werden. Mit zunehmender thermischer Reife werden bei einer Vielzahl von Biomarkern durch Stereoisomerisierung der ursprünglichen biologischen Konfiguration mehrere Diastereomere gebildet. Werden diese unterschiedlichen Diastereomere eines Biomarkers ins Verhältnis gesetzt (biologische Konfiguration/geologische Konfiguration), so wird ein Biomarker-Verhältnis erhalten, welches den Grad der thermischen Reife widerspiegelt. Ein Beispiel dafür ist die ↗Steran-Isomerisierung (Abb. 3). Das biologisch gebildete ↗Sterol kommt nur in seiner $\alpha\alpha$-20R-Form vor. Das während der Diagenese daraus gebildete $\alpha\alpha$-20R-Steran wird durch thermische Reifung in das thermodynamisch stabilere $\alpha\alpha$-20S-Steran umgewandelt. Somit dient das 20 R/20S-Steran-Verhältnis als Reifeparameter. Durch fortschreitende thermische Reifung kommt es bei den C_{26}-C_{28}-TAS unter Kohlenstoff-Kohlenstoff-Bindungsbrüchen zur Abspaltung der Alkyl-Seitenkette. Dabei werden triaromatische Sterane mit 20 oder 21 Kohlenstoffatomen erhalten (Abb. 2). Werden die beiden Gruppen (C_{26}-C_{28}-TAS) und (C_{20}-C_{21}-TAS) ins Verhältnis gesetzt, so wird ein weiterer Reifeparameter erhalten.

Die Bildungsbedingungen im Sediment können einen starken Einfluß auf die entstehenden Biomarker ausüben, so daß aus identischem Ausgangsmaterial je nach den Bildungsbedingungen unterschiedliche Biomarker entstehen können. Während der Diagenese wird aus dem C_{27}- bis C_{30}-Sterol zunächst das entsprechende Steren gebildet. In lehmhaltiger Umgebung bildet sich aus dem Steren das Diasteren, welches säurekatalysiert zum Diasteran umgewandelt wird. Unter eher carbonatischen Bildungsbedingungen bildet sich aus dem Steren das analoge Steran und bei weiterer Katagenese das mono- und triaromatische Steran. Dies zeigt den Einfluß des Sedimentgesteins auf die Biomarkerbildung. Auch die Redox-Bildungsbedingungen im Sediment während der frühen Diagenese beeinflussen die Bildung der Biomarker. So entsteht aus dem ↗Phytol unter ↗anoxischen Bedingungen eher ↗Phytan, unter ↗suboxischen Bedingungen entsteht eher ↗Pristan (Abb. 4).

Biomarker oder Biomarker-Verhältnisse, welche selektiv auf bestimmte Ausgangsverbindungen schließen lassen, werden als Quellenindikator bezeichnet. Der relative Anteil an Sterolen und Steranen mit 27, 28 oder 29 Kohlenstoffatomen in einem Sediment bzw. im Erdöl läßt auf die Herkunft des organischen Materials schließen. Ein hoher Anteil von C_{29}-Steranen deutet auf einen terrestrischen Ursprung, ein hoher Anteil von C_{28}-Steranen auf einen lakustrinen Ursprung und ein hoher Anteil von C_{27}-Steranen auf einen marinen Ursprung der organischen Materie hin. Ein weiteres Beispiel für den Einsatz von Biomarkern als Quellenindikatoren kann anhand des Oleanans dargestellt werden (Abb. 5). Oleanan, ein pentacyclisches ↗Terpan nichthopanoider Struktur, ist Bestandteil einer bestimmten Gruppe von höheren Landpflanzen, den Angiospermen. Da diese Gruppe der Samenpflanzen erstmals in der Kreidezeit auftrat, läßt die Gegenwart von Oleanan im Erdöl zum einen auf Landpflanzen als Ursprungsmaterial des Erdöls und zum anderen auf das maximale Alter des Erdöls schließen.

↗Biodegradation ist auf geringe Temperaturen und im wesentlichen auf aerobe Bereiche beschränkt. Da mit zunehmendem Grad der Verzweigung, Cyclisierung und Aromatisierung die Resistenz einer Verbindung gegenüber der Biodegradation steigt, werden unterschiedliche Biomarkergruppen verschieden schnell abgebaut. Zunächst werden niedermolekulare n-Alkane, gefolgt von den höhermolekularen n-Alkanen, abgebaut. Resistenter sind die verzweigten Kohlenwasserstoffe, die ↗Iso-Alkane und acyclische ↗Isoprenoide, wie die ↗Diterpane Pristan und Phytan. Es folgen cyclische Terpane wie reguläre Sterane, Homohopane, ↗Diasterane und Hopa-

ne. Aufgrund ihres aromatischen Systems zeigen mono- und triaromatische Sterane die größte Resistenz gegenüber der Biodegradation und können noch in stark abgebauten Erdölen nachgewiesen werden.
Biomarker können im Bitumen, im Erdöl und in einigen Erdölprodukten nachgewiesen werden. Der Nachweis von Biomarkern in unterschiedlichen Erdölprodukten ist abhängig von der Größe des Biomarkers und dem Siedebereich, welcher während der Raffination dem jeweiligen Erdölprodukt zugrunde liegt. So können aufgrund des niedrigen Siedebereichs im ↗Benzin keine Biomarker nachgewiesen werden; in Erdölprodukten höherer Siedebereiche (Cuts) sind sie jedoch zu finden. Im ↗Diesel und im ↗Kerosin können ↗Pristan und ↗Phytan nachgewiesen werden und im schweren Heizöl und im ↗Schweröl auch höhermolekulare Biomarker.
Hauptmethode zur Untersuchung von Biomarkern ist die Gaschromatographie-Massenspektrometrie (GC-MS). Oft wird die zu untersuchende Probe vor der Analyse mittels chromatographischer Methoden einer Reinigung und Auftrennung unterzogen. Dies kann mittels der Säulenchromatographie (SC) oder unter Einsatz der Mitteldruckflüssigkeitschromatographie (engl.: medium pressure liquid chromatography, MPLC) oder der Hochleistungsflüssigkeitschromatographie (engl.: high pressure liquid chromatography, HPLC) geschehen. Dabei werden hochmolekulare Substanzen, welche das Analysesystem verunreinigen könnten, abgetrennt und die zu untersuchende Probe in eine ↗aliphatische, eine aromatische und eine polare Fraktion unterteilt. Aufgrund der im Vergleich zu anderen Erdölfraktionen hohen Konzentrationen ihrer Heteroatome Stickstoff (N), Schwefel (S), und Sauerstoff (O) wird die polare Fraktion auch als NSO-Fraktion bezeichnet. Die zu untersuchenden Biomarker der Hopane und der Sterane befinden sich in der aliphatischen Fraktion, wohingegen die MAS und TAS in der aromatischen Fraktion enthalten sind. Diese beiden Fraktionen werden anschließend mittels Gaschromatographie-Massenspektrometrie untersucht (Abb. 6). Bei dieser Methode werden die Biomarker zunächst im Gaschromatographen aufgetrennt, anschließend im Massenspektrometer (↗Massenspektometrie) ionisiert und in charakteristische Bruchstücke fragmentiert. Diese Bruchstücke werden im Massenspektrometer detektiert, wobei ein zeitabhängiges Chromatogramm und ein fragmentabhängiges Massenspektrum erhalten wird.
↗Porphyrine eignen sich aufgrund ihrer molekularen Eigenschaften nicht zur Bestimmung mittels GC-MS, so daß sie in der Routineanalytik oft nicht untersucht werden. Die Bestimmung der Porphyrine beinhaltet einen Separationsschritt mittels verschiedener chromatographischer Methoden und die anschließende Detektion. Eingesetzt wird hierbei die Hochleistungsflüssigkeitschromatographie (HPLC) mit unterschiedlichen Detektoren, wie dem UV-Detektor oder elementselektiven Detektoren wie dem induktiv gekoppelten plasma-optischen Emissionsspektroskop (engl.: inductively coupled plasma-optical emission spectroscopy, ICP-OES) oder dem induktiv gekoppelten Plasma-Massenspektrometer (engl.: inductively coupled plasma-mass spectrometry, ICP-MS). Weiterhin ist die Bestimmung der Porphyrine mit der Füssigkeitschromatographie-Massenspektrometrie (engl.: liquid chromatography mass spectrometry, LC-MS) möglich. [SB]

Literatur: [1] BECKER, S. (1998): Multianalytische Charakterisierung von Erdölen. – Göttingen. [2] PETERS, K.E., MOLDOWAN, J.M. (1993): The Biomarker Guide. – Englewood Cliffs. [3] PHILP, R.P. (1985): Fossil fuel biomarkers – Applications and Spectra. – Amsterdam. [4] TISSOT, B.P., WELTE, D.H. (1984): Petroleum Formation and Occurrence. – Berlin.

Biomasse, Menge der Lebewesen pro Flächen- oder Raumeinheit zu einem bestimmten Zeitpunkt. Sie kann sich auf die gesamte ↗Biosphäre beziehen, wird jedoch meist nur regional betrachtet für einzelne ↗Arten, ↗Vegetationsklassen oder ↗Ökosysteme. Die Biomasse kann unterteilt werden in ↗Phytomasse (Pflanzen und ↗Mikroorganismen) und Zoomasse (Tiere). Die pflanzliche Biomasse kann nochmals unterteilt werden in die oberirdische (Sproß, Blätter und Blüten) und die unterirdische Biomasse (Wurzeln und Überdauerungsorgane). Eine weitere Unterteilung erfolgt in lebende und tote bzw. zersetzte Biomasse. Biomasse wird sowohl meßtechnisch erfaßt, als auch durch Modellierung ermittelt (↗Biosphärenmodell). Die Menge der Biomasse variiert mit den verschiedenen Ökosystemen, z.B. beträgt die Phytomasse in einem Süßwassersee 0,2 t/ha, in einem ↗nemoralen Wald hingegen 316 t/ha. Dies sagt jedoch nichts

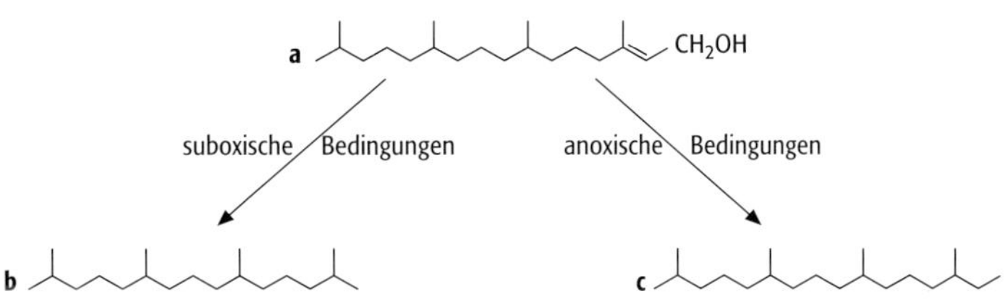

Biomarker 4: Einfluß der Redox-Bedingungen während der frühen sedimentären Diagenese auf die Bildung von Pristan (b) und Phytan (c) aus Phytol (a). Das dargestellte Schema stellt eine grobe Vereinfachung dar, da noch andere Quellen für die Bildung von Pristan und Phytan existieren und auch während der Katagenese weiteres Pristan aus dem Kerogen freigesetzt werden kann.

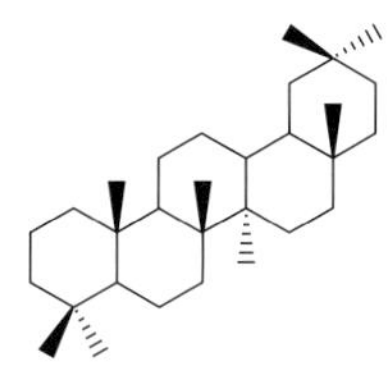

Biomarker 5: Oleanan als Beispiel eines Quellenindikators für Angiospermen.

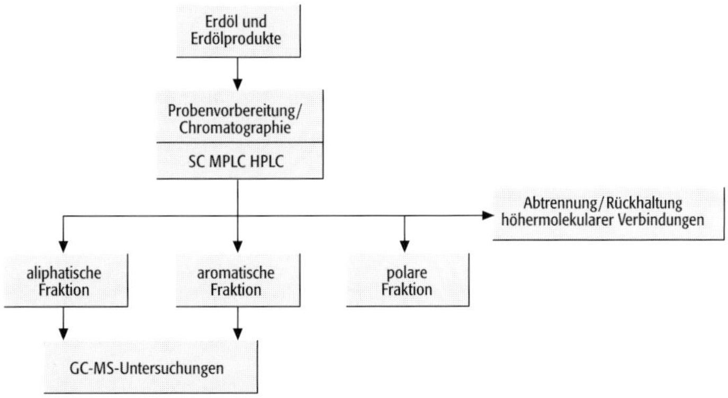

Biomarker 6: Analysegang zur Untersuchung von Biomarkern in Erdölen, Erdölprodukten oder in von diesen Stoffen verunreinigten Proben.

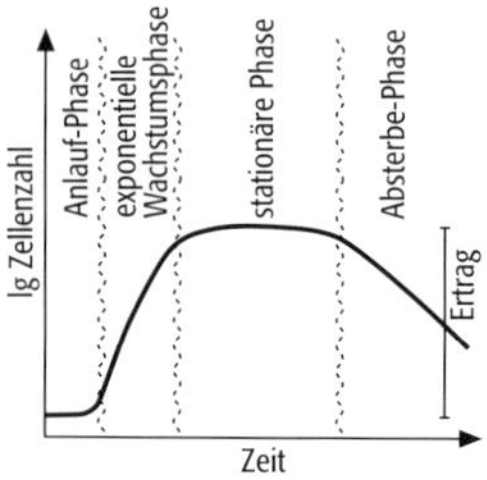

Biomassenproduktion 1: Wachstum einer Bakterienpopulation bei begrenztem Nährstoffangebot (statische Kultur).

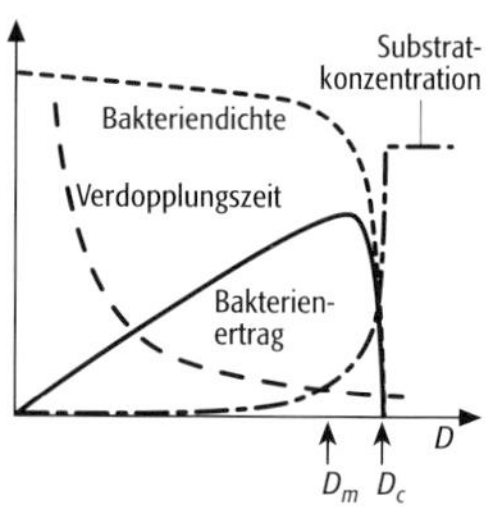

Biomassenproduktion 2: Beziehung zwischen Bakteriendichte, Nährstoffkonzentration, Verdopplungszeit und Bakterienertrag im Fließgleichgewicht bei verschiedenen Verdünnungsraten(y-Achse = Ertrag, Verdopplungszeit und Substratkonzentration, x-Achse = Verdünnungsrate (D), D_m = Verdünnungsrate mit maximalem Bakterienertrag, D_c = Auswaschpunkt).

über die Produktionsrate des Systems aus (↗Biomassenproduktion), denn das ↗Plankton in einem See wird sehr viel schneller umgesetzt als die Biomasse in einem Wald (↗Turnover, ↗Nettoprimärproduktion). [DR, CDR]

Biomassenproduktion, Gesamtheit der Masse, die von Organismen produziert wird. Die Biomassenproduktion wird meist angegeben in Masse (↗Trockengewicht organischer ↗Kohlenstoff oder Eiweiß) für eine bestimmte Zeit und bezogen auf eine Fläche oder ein Wasservolumen. Man unterscheidet die ↗Primärproduktion der grünen Pflanzen und photosynthetisch aktiven Bakterien, die aus Lichtenergie und anorganischen Stoffen ↗Biomasse aufbauen, von der ↗Sekundärproduktion der nicht photosynthetisch aktiven Bakterien, Pilze und Tiere, die ↗organische Substanz in körpereigene Substanz umwandeln. Primär- und Sekundärproduktion werden weiterhin in Brutto- und Nettoproduktion unterschieden. Die Bruttoproduktion ergibt sich aus der Summe von ↗Atmung und Nettoproduktion. Der Ertrag einer statischen Bakterien- oder Algenkultur ist die Differenz zwischen der Anfangsbiomasse und der maximalen Biomasse (Abb. 1). Bezieht man den Ertrag auf den Substratverbrauch, so bezeichnet der Quotient den Ertragskoeffizienten [g/mol]. In einer kontinuierlichen, substratkontrollierten Kultur besteht eine enge Beziehung zwischen der Wachstumsrate und der Substratkonzentration. Die Verdünnungsrate darf die maximale Wachstumsrate nicht überschreiten, da die Population sonst ausgewaschen wird, d.h. die Verluste sind größer als die Nettoproduktion (Abb. 2). (↗Nettoprimärproduktion, ↗Produktion). [MW]

Biometeorologie, Grenzgebiet der Biologie und Meteorologie, in der vor allem die Einflüsse der ↗Atmosphäre auf die ↗Biosphäre betrachtet werden, zunehmend auch unter Einbeziehung der entsprechenden Wechselwirkungen. Die Biometeorologie wird unterteilt in die Biometeorologie des Menschen, ↗Medizinmeteorologie, die Zoo-Biometeorologie und die Phyto-Biometeorologie. (↗Agrarmeteorologie, ↗Forstmeteorologie). Unter allgemein-langzeitlichen Aspekten hat sich die Bioklimatologie etabliert. Gelegentlich wird auch von der Paläo- Bioklimatologie als Grenzgebiet zwischen Paläontologie und ↗Paläoklimatologie gesprochen.

Biomineralogie, die Biomineralogie befaßt sich mit Vorgängen, bei denen von Lebewesen gelöste mineralische Stoffe aufgenommen und in einer für ihre Lebensfunktionen wichtigen Weise in fester Form wieder abgeschieden werden. Forschungsobjekte der Biomineralogie sind neben dem Wachstum und der Umbildung von Knochen, Zähnen, Schalen und anderen Hartteilen der Wirbeltiere die Skelette von rezenten und fossilen Tieren. Weitere Forschungsobjekte sind pathogene menschliche und tierische Bildungen (Harn-, Gallen-, Speichel-, Magen- u.a. sog. Körpersteine bzw. Konkremente), krankhafte Veränderungen von Knochen und Zähnen, Arteriosklerose, Zahnstein, Pneumokoniosen (Staublungenkrankheiten), Silikose und Asbestose wie auch Biomineralisate rezenter und fossiler Pflanzen. Ein breites Anwendungsgebiet liegt im medizinischen Bereich, wo neben den Prozessen der physiologischen Mineralisation wie Knochenbildung v.a. umweltbedingte Erkrankungen durch Mineralstäube, Schwermetalle und Radioaktivität im Vordergrund stehen.
Radioaktive Isotope wie ^{90}Sr, die durch die Atemluft, durch Trinkwasser oder Nahrungsaufnahme in die Lunge und in den Magen gelangen, werden in die Mineralphase Hydroxylapatit der Knochen und Zähne eingebaut. Auch die calciumhaltigen Mineralphasen der Harnsteine, der Harnsedimente, aber auch der Gallen-, Nieren- und Blasenkonkremente, die beim Menschen aus Calcit bestehen, reichern ^{90}Sr an. Durch die Mineraldiagnose krankhafter Konkremente wie Gallensteine können aufgrund der Kenntnis ihrer Zusammensetzung Therapiemaßnahmen durchgeführt werden. Die Untersuchung der biologisch wirksamen Oberfläche von Mineralstäuben und deren spezifischer Schädlichkeit auf den menschlichen Organismus nimmt im Rahmen der biomineralogisch-medizinischen Forschung und ihrer Anwendung auf die Bewältigung der Umweltprobleme einen breiten Raum ein. Um über die Wirkungsmechanismen der Mineralstäube mehr Klarheit zu erhalten, sind in den letzten Jahren verstärkt Untersuchungen zur spezifischen Schädlichkeit von Feinstäuben, insbesondere aus Gruben des europäischen Steinkohlenbergbaus, durchgeführt worden. Aufgrund dieser Untersuchungen weiß man, daß zwar ein Zusammenhang zwischen der zellschädigenden Wirkung und dem Mineralinhalt eines Feinstaubes besteht, daß aber bei vergleichbaren Mineralgehalten Stäube aus verschiedenen Revieren ein sehr unterschiedliches toxisches Verhalten aufweisen. Aus physikalischen und kristallographischen Untersuchungen über die Oberflächenbeschaffenheit der Mineralphasen in den Stäuben, insbesondere des Quarzes, geht hervor, daß die schädigende Wirkung bei den SiO_2-Modifikationen und beim Quarz durch die Elektronenstruk-

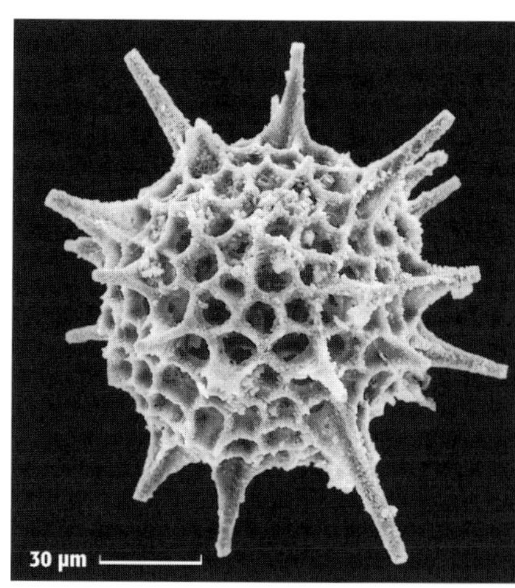

Biomineralogie: Biomineralisation am Beispiel der Kieselskelette von Radiolarien; elektronenrastermikroskopische Aufnahme.

tur der [SiO_4]-Tetraeder bestimmt wird. Diese Wirkungen können durch Verwachsungen und Kontaminationen der Oberfläche sehr stark verändert werden. Ebenso können auch andere Mineralphasen aufgrund ihrer bisher weitgehend noch nicht bekannten Wirkung auf das biologische Geschehen die Toxizität eines Mineralstaubes positiv oder negativ beeinflussen.
Die Kontamination der Umwelt mit Schwermetallen und Pestiziden führt in zunehmendem Maße zu Gleichgewichtsverschiebungen bei der Bildung biomineralogischer Strukturen. Eine dadurch bedingte Veränderung der Eischalenqualität bzw. der Eischalenfestigkeit führt nicht nur zum Aussterben von Vogel- und Reptilienarten, sondern auch im landwirtschaftlichen Produktionsbereich zu großen finanziellen Einbußen durch Schalenbruch bei Hühnereiern. Auch Mißbildungen von Austernschalen sowie die fortschreitende Zerstörung von Perlmuschelkulturen und der Korallen bringen wirtschaftliche Probleme mit sich.
Manche Tiere und Pflanzen erzeugen in ihrem Lebensraum so viel Mineralsubstanz, daß diese später zu einer nutzbaren Lagerstätte wird. Heute kennt man 40 Mineralarten als Produkte in Lebewesen. Die im Gehör eingelagerten Mineralkörper vermitteln das Gleichgewichtsgefühl und ermöglichen den Empfang von Schallwellen. Die magnetischen Eigenschaften mancher Biominerale ermöglichen die Orientierung im erdmagnetischen Feld, insbesondere bei Haustauben, Honigbienen und bei magnetotaktischen Bakterien. Für den Geologen ist das Mineralskelett (Abb.) meist das einzige von Lebewesen überlieferte Zeugnis, und selbst Bakterien, die zu den erdgeschichtlich ältesten Gruppen zählen, wie das Cyanobakterium oder das Eisenbakterium, können dickwandige Außenskelette hinterlassen. Magnetotaktische Bakterien erzeugen Ketten aus Magnetitkristallen, die in einer organischen Scheide stecken und als Nadel beim Schwimmen als biomagnetischer Kompaß dienen. Die am meisten verbreiteten Biominerale sind Carbonate, Opale, Eisenoxide und -hydroxide sowie Phosphate. Die Aufklärung der Biomineralisationsprozesse bringt auch Erkenntnisse für die Entwicklung z. B. biokeramischer Werkstoffe. [GST]

Biomolekül ↗*Biopolymer.*

Biomorpha, nicht fragmentierte, mehr oder weniger vollständig überlieferte Hartteile von Organismen (z. B. doppelklappige Muschelschalen, Korallenstöcke).

Biomtypen, gemeinsame Ausprägung der ↗Biome in verschiedenen Teilen der Erde (↗Hyläa, ↗Savanne, ↗Silvaea, ↗Skleraea, ↗Steppe, ↗Taiga, ↗Tundra).

Bioökologie, Ausdruck des von geowissenschaftlicher Seite her unternommenen Versuches, den heute sehr breiten Bereich des Fachgebietes ↗Ökologie zu differenzieren. Sowohl Bioökologie als auch ↗Geoökologie betrachten ihre Untersuchungsgegenstände funktional und räumlich, die Gegenstände treten deshalb als Systeme und als ↗Tope auf (↗Bioökosystem Abb.). Die Bioökologie betreibt den an sich »klassischen« Zweig der Ökologie im Sinne von Untersuchungen der funktionellen Zusammenhänge im System Leben-Umwelt der pflanzlichen und tierischen Lebensgemeinschaften. Modellhafter Ausdruck dieser Zusammenhänge ist das Bioökosystem.

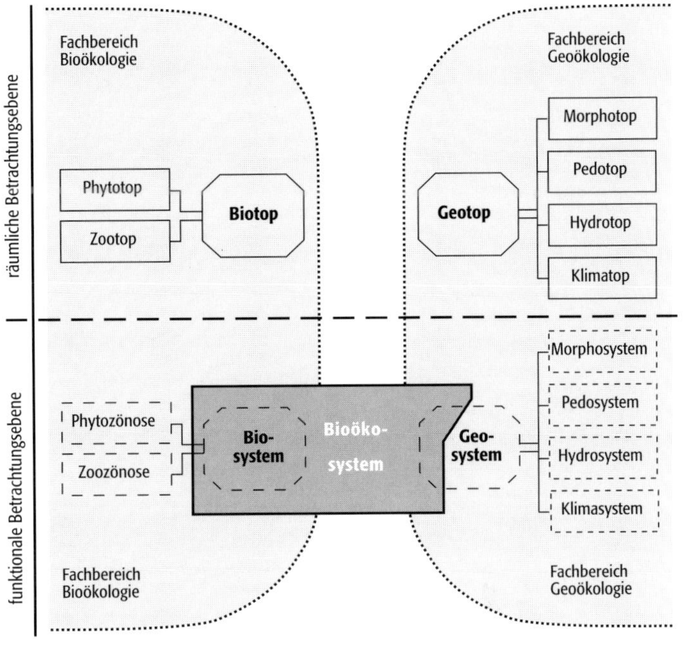

Bioökosystem: schematische Darstellung.

Bioökosystem, im Sinne der Differenzierung in ↗Bioökologie und ↗Geoökologie (Abb.) bezeichnet Bioökosystem die Funktionseinheit pflanzlicher und tierischer Lebensgemeinschaften und deren anorganischer Umwelt (↗Geoökosystem). Bioökosysteme bilden ein bis zu einem gewissen Grad sich selbst regulierendes, ganzheitliches ↗Wirkungsgefüge mit einer bestimmten räumlichen Ausdehnung (↗Bioökotop). Selbständige Bioökosysteme bestehen aus den biologischen Komponenten der Primärproduzenten (↗Autotrophie) und der Zersetzer (↗Saprophagen, ↗Destruenten, Reduzenten), zwischen denen eine Kette von Verbrauchern (↗Konsumenten) eingeschaltet sein kann. Im Mittelpunkt des Bioökosystems steht die ↗Nahrungskette, entlang derer ein Energiefluß in Gang gehalten wird. Er beginnt mit der Bindung der eingestrahlten Sonnenenergie und endet mit der vollständigen Zerlegung der organischen Substanz, wobei auf jeder Verbraucherstufe Energie verloren geht. [DS]

Bioökotop, bezeichnet die räumliche Repräsentanz eines vollständigen ↗Bioökosystems in der ↗topischen Dimension, im Gegensatz zum allgemeineren Begriff des ↗Biotops. Ein Bioökotop stellt daher eine real abgrenzbare naturräumliche Einheit dar, die nach ihrem Inhalt und ihrer Struktur homogen ist. Da Systeme nach der allgemeinen Systemtheorie in Abhängigkeit des Untersuchungszweckes abgrenzbar sind, werden im

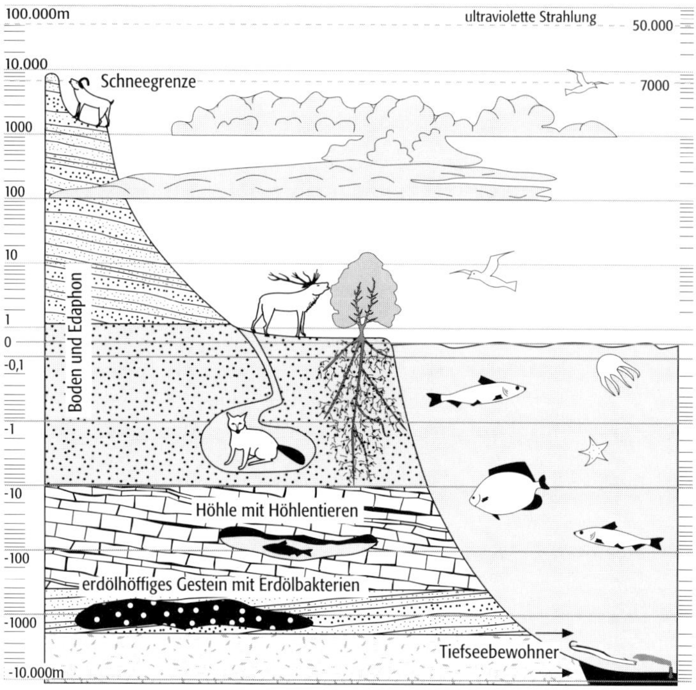

Biosphäre: schematische Darstellung.

Bioökotop die ↗biotischen Faktoren betont und die abiotischen Zusammenhänge vor einem »abgeschwächten« geowissenschaftlichen Hintergrund vergröbert betrachtet.

Biopolymer, *Biomakromolekül*, *Biomolekül*, makromolekulare, organische Komponenten lebender Organismen. Zu den Biomolekülen zählen Proteine, Kohlenhydrate (Polysaccaride), ↗Lipide und ↗Lignin in höheren Pflanzen. Die aus Aminosäuren gebildeten Proteine besitzen die Aufgabe, genetische Informationen zu sichern und weiterzugeben. Kohlenhydrate speichern Energie und dienen als extrazelluläre Strukturkomponenten. Lipide sind die wesentlichen Strukturkomponenten von Membranen und bilden weiterhin einen Energiespeicher. Nach Absterben eines Organismus kann durch diagenetische (↗Diagenese) Veränderungen aus dem Biopolymer ein ↗Geopolymer, welches aus ↗Kerogen und ↗Bitumen besteht, gebildet werden.

Bioproduktion, die für menschliche Zwecke nutzbare ↗Biomasse, z. B. die Ernte in der Landwirtschaft. Die Bioproduktion ist Teilmenge der ↗Biomassenproduktion.

Bios, Sammelbezeichnung der ↗biotischen Faktoren im ↗Landschaftsökosystem.

Biosphäre, derjenige Teil der ↗Biogeosphäre, der von lebenden Organismen bewohnt wird. Die Biosphäre umfaßt somit gewisse Höhlensysteme in der Erdtiefe, den schmalen obersten Teil der festen Erdkruste, der von Pflanzenwurzeln durchzogen und von Mikroorganismen und Tieren bewohnt wird, den bodennahen Luftraum bis zu den Wipfeln der Bäume, den unteren Teil der Atmosphäre, der als Flugraum von Tieren oder Ausbreitungsstadien verschiedener durch Wind verfrachteter Organismen genutzt wird sowie der Gewässer in ihrer gesamten Ausdehnung bis in die Meerestiefen (Abb.). Die Biosphäre kann unterteilt werden in Vegetation (↗Flora), Tierwelt (↗Fauna) und Menschheit (Anthroposphäre) oder differenziert werden in terrestrische (Landlebewesen) und marine Biosphäre. Sie wird untersucht von der Biologie sowie speziell der ↗Biometeorologie bzw. ↗Bioklimatologie als Teil des ↗Klimasystems.

Biosphärenmodell, Modell, das die Reaktion der ↗Biosphäre auf nicht-biosphärische Einflüsse, insbesondere die des ↗Klimas, beschreibt. Resultierende Stoff- und ↗Energieflüsse zwischen den Speichergrößen (Reservoiren, z. B. in verschiedenen Vegetationsklassen oder der gesamten Biosphäre), deren Veränderung und die Veränderungen der Artenzusammensetzung werden betrachtet.

Biosphärenreservat, großflächige, repräsentative Ausschnitte von ↗Naturlandschaften und ↗Kulturlandschaften. Die Namensgebung geht auf das internationale MAB-Programm (↗MAB) zurück, entsprechend müssen Biosphärenreservate durch die UNESCO offiziell anerkannt werden. Für ein Biosphärenreservat werden gemeinsam mit den dort lebenden und wirtschaftenden Menschen Konzepte zu Schutz, Pflege und Entwicklung erarbeitet und umgesetzt (↗Entwicklungsplanung). Dieser Einbezug einer angepaßten Nutzung unterscheidet das Biosphärenreservat von ↗Naturschutzgebieten mit höherem Schutzstatus, beispielsweise dem ↗Nationalpark. Biosphärenreservate werden jedoch als Modellgebiete für eine nachhaltige Entwicklung (↗Nachhaltigkeit) betrachtet. Sie sollen zur Erhöhung der regionalen Wertschöpfung beitragen und Arbeitsplätze im ländlichen Raum schaffen oder zumindest erhalten. In Deutschland existieren derzeit 13 Biosphärenreservate, welche ↗Landschaften vom Wattenmeer bis zu den Alpen repräsentieren. Weltweit gibt es derzeit 324 Biosphärenreservate in 82 Staaten. [DS]

Biostasie, Zustand mit stabilen Umweltbedingungen, bei dem weder klimatische Veränderungen noch tektonische Bewegungen auftreten. Dadurch wird chemische Verwitterung und Bodenbildung unter ausgeglichenem Relief begünstigt und $CaCO_3$ im Meerwasser angereichert. Daraus resultiert nach Erhart (1956) eine maximale Entwicklung von Organismen. Gegenteil: ↗Rhexistasie.

Biostratigraphie, Teilgebiet der Stratigraphie, das sich mit der zeitlichen Einstufung von Schichtfolgen auf der Basis ihrer Fossilführung beschäftigt. Grundlage ist die erstmals um 1800 von William ↗Smith erkannte Tatsache, daß bestimmte Fossilien in stets gleicher, spezifischer Folge innerhalb verschiedener Profile auftreten. Schichten, die gleiche Arten dieser als »Leitfossilien« bezeichneten Organismen führen, sind demnach gleich alt. Die Genauigkeit der biostratigraphischen Einstufung hängt maßgeblich von der Lebensdauer der zugrundeliegenden Arten ab. Entsprechend stellen möglichst kurzlebige Arten die besten Leitfossilien dar. Ebenso wichtig sind eine weite räumliche Verbreitung über einzelne Faziesbereiche hinaus und ein zahlenmäßig häufiges Auftreten. Grundeinheit der Biostratigraphie ist die ↗Zone, die über die Lebensdauer einer oder mehrerer zeitgleich auftretender Arten definiert sein kann. Für eine möglichst schlüssige Definition aufeinanderfolgender Zonen und übergeordneter Einheiten (↗Stratigraphie Tab.) werden bevorzugt phylogenetische Reihen von Organismen herangezogen, deren Entwicklung auseinander ersichtlich ist. Über den reinen Vergleich der Gesteinsabfolge (↗Lithostratigraphie) hinaus wird es mit Hilfe der Biostratigraphie möglich, zeitliche Beziehungen auch zwischen lithologisch sehr unterschiedlichen Gesteinsabfolgen herzustellen. Im Gegensatz zu chronographischen Datierungsmethoden (↗Radiometrie, ↗Dendrochronologie) ist die biostratigraphische Zeiteinstufung allerdings eine rein relative, da keine absoluten Alterswerte gewonnen werden. [HT]

Biostratonomie, beschreibt die im Lauf der Fossilisation zwischen Tod und endgültiger Einbettung ablaufenden Prozesse. Sie steht damit zwischen ↗Nekrose und ↗Fossildiagenese. Die postmortale Geschichte eines Organismenrestes hängt zum einen von seiner anatomischen Beschaffenheit (Existenz und Material von Skeletten, Skelettartikulation), zum anderen von den Umweltbedingungen ab.

a) anatomische Beschaffenheit: Nach dem Tod beginnt die Zersetzung des Weichkörpers. Verwesung erfolgt unter Gegenwart von Wasser und Sauerstoff und führt zum vollständigen Abbau hochmolekularer organischer Verbindungen (Eiweiße, Fette, Kohlenhydrate). Echte Weichteilerhaltung ist selten und setzt voraus, daß die Verwesungsprozesse frühzeitig unterbrochen werden, entweder durch Wasserentzug (Trocken- und Eismumien) und/oder durch vollständigen Abschluß von Sauerstoff, z.B. in abdichtenden Medien wie Harzen (↗Bernstein) oder ↗Asphalt. Sauerstofffreie Bedingungen herrschen am Boden ↗euxinischer Gewässer. Dort laufen Abbauprozesse unter Beteiligung anaerober Bakterien (Fäulnis) ab, welche dazu führen, daß die organischen Bestandteile teils für den Stoffwechsel verbraucht, teils zu hochmolekularen Kohlenwasserstoffen synthetisiert werden (Chemofossilien); es kann sich Faulschlamm (↗Sapropel) bilden, aus dem unter Druck und Temperatur kommerziell nutzbare Kohlenwasserstoffe entstehen können. Unter den minimalen Strömungsbedingungen des euxinischen Milieus bleiben auch filigrane Skelette zusammenhängend erhalten, manchmal umgeben von einem sog. »Hautschatten«. Dieser zeichnet die ursprünglichen Körperumrisse durch Dunkelfärbung der entsprechenden Gesteinspartien nach und ist auf Anreicherungen organischer Substanzen sowie häufig auch von Metallsulfiden zurückzuführen (↗Hunsrückschiefer, ↗Posidonienschiefer). Dies ist keine echte Weichteilerhaltung, ebensowenig die Infiltration mineralischer Substanzen, durch welche die Struktur von Weichteilen in Einzelheiten abgebildet werden kann. Hartteilerhaltung ist bei Fossilien die Regel. Sie ist abhängig von der mineralogischen Ausgangssubstanz der Skelette sowie ihrer mechanischen Widerstandsfähigkeit. Carbonatschalen können aus ↗Calcit oder ↗Aragonit bestehen, wobei letzterer in der Carbonatdiagenese weniger beständig ist und sich über längere Zeiträume meist in Calcit umwandelt oder löst. Calciumphosphat (↗Apatit, z.B. in Wirbeltierknochen und -zähnen) sowie wasserhaltige Kieselsäure (Skelettopal, bei Radiolarien, Diatomeen, Silicoflagellaten und Kieselschwämmen) sind sehr stabile Substanzen. Die organischen Skelettbausteine ↗Chitin, Spongin (ein Gerüsteiweiß mancher Schwämme) und Keratin (ein Gerüsteiweiß, welches bei den Wirbeltieren Schuppen, Federn, Klauen und den Horn der Haare bildet) sind wenig beständig und unterliegen der Verwesung. Gleiches gilt für die pflanzliche ↗Zellulose, während das immer gemeinsam damit auftretende ↗Lignin besser überlieferungsfähig ist. Bei den pflanzlichen Hartteilen ist das Pollen- und Sporenwände aufbauende, außerordentlich stabile ↗Sporopollenin hervorzuheben. Massiv gebaute Skelettelemente bzw. fest artikulierte Gehäuse- oder Schalenbestandteile haben bessere Überlieferungschancen als feine, fragile oder locker artikulierte Skelette. Mikroskopisch kleine Organismenreste (z.B. kalkiges Nanoplankton) entgehen häufig der mechanischen Zerstörung, da sie im Druckschatten gröberer Sedimentpartikel geschützt sind. Bei der Zersetzung der Weichteile entstehen Säuren wie H_2CO_3 und H_2SO_4 und Basen wie NH_4OH, welche die Hartteile angreifen oder gar auflösen. Umgekehrt kann aber der Chemismus in der Umgebung des Kadavers so verändert werden, daß andere Stoffe angezogen und als Konkretionen abgeschieden werden, wobei der Organismenrest bzw. dessen Hartteile als Kristallisationskeim dienen. Häufig sind es Siderit-, Pyrit-, Phosphat- und Kieselsäurekonkretionen, welche hervorragend erhaltene Fossilien umschließen.

b) Umweltbedingungen: Organismen, die an aquatische Lebensräume gebunden sind, haben wesentlich höhere Überlieferungsraten als terrestrische Formen. Ausschlaggebend ist auch, ob zwischen Todes- und Einbettungsort ein Transport erfolgt (allochthone Einbettung) oder nicht (autochthone Einbettung). Autochthone Einbettung, die beispielsweise bei riffbildenden Organismen häufig ist, begünstigt i.d.R. eine gute Erhaltung. Bei allochthoner Einbettung sind die Strömungsverhältnisse im transportierenden Medium verantwortlich für das Maß der mechanischen Beeinträchtigungen. Reste von ↗pelagisch lebenden Organismen können von ozeanischen Strömungen über weite Strecken transportiert werden, »regnen« dabei allmählich zum Beckenboden ab und erfahren so gut wie keine mechanische Beschädigung. Dagegen können selbst massivste Skelettelemente von Bewohnern küstennaher Gewässer in der Brandungszone teilweise – dann unter Abrollungserscheinungen – oder vollständig zerrieben werden, v. a. bei vielfacher Umlagerung in einer grobkörnigen Matrix (Bruchschill). Werden im strömenden Medium größere Mengen an sandigem Material transportiert, so können festliegende oder festgewachsene Organismenreste angeschliffen (facettiert) werden. Bei längeren Zeiträumen zwischen Tod und endgültiger Einbettung im Sediment kommt es häufig auch zu organogenen Beschädigungen, v. a. durch bohrende Organismen, wie z. B. Schwämmen, Bryozoen, Muscheln und diverse Mikrobohrer. Dabei werden die befallenen Hartteile in ihrer mechanischen Stabilität beeinträchtigt. Chemische Anlösung der Hartteile ist von Schalenmineralogie und Gewässerchemismus abhängig. Besonders anfällig sind z. B. aragonitische Muschelklappen nach Verletzung der organischen Schutzschicht (Periostracum). Chemische Einflüsse wirken besonders an feinen Skulpturelementen sowie an dünnen Außenrändern von Schalen bzw. Gehäusen. Carbonatische Hartteile pelagisch lebender Organismen werden auf ihrem Weg vom Oberflächen- zum Tiefenwasser vollständig gelöst, wenn sie unter die Calcitkompensationstiefe (↗Carbonat-Kompensationstiefe) gelangen. Ebenso unbeständig sind Carbonatschalen sowie Knochen und Zähne im Bereich von Mooren oder Binnengewässern mit hohem Gehalt an Huminsäuren. Organismenreste werden in strömenden Medien sortiert. Der Grad der Sortierung gibt Aufschluß über die Transportmechanismen und -wege. Normalerweise erfolgt eine Frachtsonderung nach Dichte der Hartteile, Schwebfähigkeit, Form, Größe sowie mechanischer und chemischer Widerstandsfähigkeit. Als Folge davon werden oft Reste ähnlicher Form und Größe nebeneinander eingebettet. Lagerung und Orientierung von Fossilien geben Auskunft über das während der Einbettung herrschende Strömungsregime. So schachteln sich bei sehr starker Strömung (Sturmschillbildung, Prielablagerungen) gleichartig geformte Schalenreste ineinander (cone-in-cone). Einseitig gerichtete Strömung führt zu einer Einregelung; z. B. werden kegelförmiger Körper mit dem spitzen Ende gegen die Strömung orientiert. Bei oszillierender Strömung werden walzenförmige Körper mit ihrer Längsachse quer zur Strömungsrichtung ausgerichtet. [MG]

Literatur: [1] MÜLLER, A.H. (1976): Lehrbuch der Paläozoologie, Bd. I: Allgemeine Grundlagen. – Jena. [2] ZIEGLER, B. (1980): Einführung in die Paläobiologie, Teil 1: Allgemeine Paläontologie. – Stuttgart.

Biostrom, eine lateral weit aushaltende schichtartige Biokonstruktion aus sessilen Organismen mit nahezu paralleler Basis und Top, welches sich während ihres Wachstums nicht oder kaum über ihre Umgebung erhebt, z. B. Austernbänke. Im ursprünglichen Sinn wurden auch transportierte bioklastische Ablagerungen (z. B. Schillbänke, Crinoidensande) einbezogen. ↗Bioherm.

Biosystem, Teilmodell des Ökosystems, das dessen biotische Zusammenhänge beinhaltet und somit auch als ↗Teilökosystem betrachtet werden kann. Ein Biosystem repräsentiert das funktionale Gefüge der in einem ↗Biotop zusammenwirkenden ↗biotischen Faktoren (Tiere, Pflanzen, Menschen) und ist aus den Subsystemen ↗Phytozönose und ↗Zoozönose zusammengesetzt (↗Ökosystem Abb.). Die Funktionsweise des Biosystems ist vom Leistungsvermögen des ↗Geosystems abhängig.

Biota, sind die individuellen, biologischen Systeme (Lebewesen) mit primär prokaryotischer oder höher entwickelter eukaryotischer Zellorganisation. Sie werden nach dem abgestuften Grad ihrer Verwandtschaftsverhältnisse und Abstammungsgeschichte geordnet und in hierarchisch strukturierten Kategorien klassifiziert, z. B. den fünf übergeordneten Reichen Animalia, ↗Fungi, ↗Monera, ↗Plantae und ↗Protista.

Biota-Diversität, Artenzahl einer Lebensgemeinschaft.

Biotest, Verfahren, mit dem die hemmende oder fördernde Wirkung von Stoffen auf Organismen oder ↗Biozönosen unter definierten Bedingungen ermittelt und quantifiziert wird. Die Testorganismen werden häufig stellvertretend für verwandte Organismengruppen der Gewässer eingesetzt, da sie über ähnliche Eigenschaften und Ansprüche verfügen. Biotests mit Wirbeltieren (einschließlich Fische) unterliegen in Deutschland gesetzlichen Regelungen und werden zunehmend durch geeignete Zelltests ersetzt.

biotisch, Eigenschaft biologischer Einflußgrößen mit ökologischer Bedeutung, z. B. Nahrungsmangel.

biotische Belastbarkeit, Einwirkung von biotischen Streßfaktoren auf eine Art oder Lebensgemeinschaft, die durch autökologische Reaktionen (↗Autökologie) ausgeglichen wird. Durch Überschreiten der biotischen Belastbarkeit wird die ↗Stabilität des Systems gestört und führt zu einem anderen Erscheinungsbild.

biotische Faktoren, *Biofaktoren*, sehr allgemeine Bezeichnung für die in einem ↗Biosystem wirkenden Komponenten. Meist werden unter biotischen Faktoren nur Tiere und Pflanzen verstanden, obwohl auch Menschen dazu zählen. In einem ↗Landschaftsökosystem werden, innerhalb der Gesamtgruppe der ↗Landschaftsfaktoren, den biotischen Faktoren die ↗abiotischen Faktoren entgegengesetzt.

biotisches Ertragspotential, im Konzept des ↗Leistungsvermögens des Landschaftshaushaltes wird damit die Fähigkeit eines Raumausschnittes ausgedrückt, eine ertragsmäßig verwertbare ↗Biomasse zu produzieren. Diese Fähigkeit gewährleistet bei einer ↗nachhaltigen Nutzung auch die ständige Wiederholbarkeit der Biomassenproduktion.

Biotit, *Eisenglimmer*, *Euchlorit*, *Magnesia-Eisenglimmer*, *Rhombenglimmer*, nach dem französischen Physiker Biot benanntes Mineral der Glimmergruppe (↗Glimmer). Chemische Formel: $K(Mg,Fe^{2+},Mn)_3 \cdot [(OH,F)_2|(Al,Fe^{3+})Si_3O_{10}]$; monoklin-prismatisch Kristallform; Farbe: schwarz, dunkelbraun, dunkelgrün, auch grün-

Biotit: Biotit, tafelig nach *(001)* und Spaltbarkeit nach *(001)*.

lich-schwarz; etwas metallischer Perlmutterglanz; durchsichtig bis durchscheinend; Strich: weiß oder grau; Härte nach Mohs: 2–2,5; Dichte: 2,76–2,90 g/cm^3; Spaltbarkeit: vollkommen nach *(001)* (Abb.); Aggregate: blättrig, schuppig, derb; ↗Asterismus durch feinste Einlagerungen; Vorkommen: in magmatischen Gesteinen (Vulkanite und Plutonite, v. a. Granit) und postmagmatischen Ausscheidungen von Effusivgesteinen; ferner als typisches Mineral für metamorphe pelitische Gesteine der Grünschieferfazies und als kontaktmetamorphe Bildung schon in Knotenschiefern, von wo es durch die Hornfels- bis in die Sanidinfazies reicht; Begleiter: Quarz, Feldspäte, Muscovit; Fundorte: weltweit. [GST]

Biotitzone ↗Barrow-Zonen.

Biotop, vielfältig benutzter Begriff für die Lebensstätte einer ↗Biozönose aus Tieren und Pflanzen, mit spezifischer biotischer und abiotischer Ausstattung und entsprechend einheitlichen Lebensbedingungen. Durch die Prägung infolge der speziellen Kombination von abiotischen Umweltfaktoren heben sich benachbarte Biotope voneinander ab. Im strengen Sinne ist ein Biotop der räumliche Repräsentant des ↗Biosystems in ↗topischer Dimension. Entsprechend setzt sich ein Landschaftsausschnitt aus unterschiedlichen natürlichen oder durch Nutzung geschaffenen Biotopen zusammen, z. B. Auenwälder, Trockenwiesen, Ackerflächen, Moore etc. In der ↗Geobotanik wird statt Biotop der Begriff ↗Standort benutzt; Standortfaktoren sind die am Standort wirkenden ökologischen Faktoren, zu denen als wichtigste Wasserversorgung, Temperatur, Einstrahlung und mineralische Nährstoffversorgung zählen. Es herrscht auch hier eine gewisse begriffliche Vielfalt, weil Standort oft als gleichbedeutend mit ↗Habitat benutzt wird. Die Erhaltung seltener oder gefährdeter Biotope als Voraussetzung für den ↗Artenschutz und die Sicherung der biologischen Vielfalt (↗Biodiversität) ist in der Natur- und Heimatschutzgesetzgebung geregelt (↗Biotopschutz). Die schutzwürdigen Biotope werden häufig in ↗Inventaren aufgeführt. Diese bilden eine wichtige rechtliche Grundlage für die Richt- und Nutzungsplanung (↗Schutzzone). [DS]

Biotopschutz, beinhaltet die unterschiedlichen Mittel des ↗Naturschutzes und des ↗Landschaftsschutzes zur Erhaltung und Gestaltung von Lebensräumen bestimmter ↗Biozönosen. Die höchste Priorität kommt dabei dem Schutz seltener oder gefährdeter ↗Biotope zu (z. B. Moore, Auenwälder, Trockenrasen). Biotopschutz beinhaltet die Organisation von regelmäßigen Pflege- und Unterhaltsmaßnahmen sowie die Planung einer übergeordneten Vernetzung von Einzelbiotopen (↗Biotopverbundsystem).

Biotopverbundsystem, *Biotopvernetzung, integriertes Schutzsystem*, ein System zur Erhaltung von repräsentativen, naturnahen ↗Biotopen, das in ausreichender Größe und Verteilung die ↗Landschaftsökosysteme diversifizieren und stabilisieren soll. In intensiv genutzten ↗Agrarlandschaften und Agglomerationsräumen werden natürliche oder naturnahe Gebiete zu Restflächen dezimiert (↗Ausräumung der Kulturlandschaft). Diese Restflächen können unterhalb einer bestimmten Minimalfläche aufgrund der Isolation (↗Inseltheorie) ihre Funktion als Lebensräume nicht mehr erfüllen. Das Biotopverbundsystem hat daher Durchdringungs- und Überbrükkungsfunktion, um den ständigen Austausch von Organismen zu erleichtern. Die Vernetzung wird durch Grünflächen erreicht, v. a. durch Hochstamm-Obstwiesen, Solitärbäume, Hecken, gestufte Waldränder und extensive Wiesenstreifen entlang von Feldwegen oder kleinen Fließgewässern. Die Einrichtung eines Systems von geschützten Verbindungsstücken zwischen bereits vorhandenen und noch geplanten Naturschutzgebieten wird gegenwärtig in Konzepten der Landschaftsplanung stark gefördert. [DS]

Biotopvernetzung ↗Biotopverbundsystem.

biotrop, die Wechselbeziehungen zwischen ↗Biosphäre und ↗Atmosphäre betreffend. Das biotrope Prinzip beschreibt, wie atmosphärische Reize auf biologische Rezeptoren (Empfangsorgane) wirken und über ein biologisches Regelsystem bestimmte Reaktionen hervorrufen (z. B. Schwitzen bei zu hoher physiologischer Wärmebelastung).

Biot-Savartsches Gesetz, ermöglicht die Berechnung der magnetischen Feldstärke in der Umgebung eines Leiters, der von einem elektrischen Strom durchflossen wird. Es ist benannt nach den französischen Physikern J.-P. Biot (1772–1862) und F. Savart (1791–1841).

Bioturbation, [von griech. bios = Leben und lat. turbare = stören], von Richter (1952) geprägter Begriff; er wird definiert als Veränderung der Struktur und Zusammensetzung suppiger, weicher und fester Sedimente durch grabende Organismen. Dabei wird die Bildung einer ↗Sedimentationsremanenz (DRM) gestört. Bioturbation ist ein wichtiges Phänomen in der ↗Ichnologie. Die von Pflanzen verursachte Bioturbation, die sog. ↗Rhizoturbation (↗Rhizolith), ist derzeit allerdings unzureichend untersucht. In der Bodenkunde ist die Vermischung humosen Oberbodens mit kalkhaltigem C-Horizont durch Bioturbation von Bedeutung. Resultat ist z. B. der mächtige ↗Humushorizont einer ↗Schwarzerde. Zahlreiche Tierstämme und Pflanzenabteilungen besitzen Vertreter, die (teilweise) im Sediment leben. Diese Lebensweise dient den unterschiedlichsten Zwecken: dem Schutz vor Räubern oder zu starker Wasserbewegung, dem Fressen von Sediment, dem Fressen von ↗Detritus, der Jagd, dem Beutefang mittels Fallen, der Sicherung von Larvenstadien oder der Kultivierung anderer Organismen zum Nahrungserwerb. In allen Fällen werden ↗Grabgänge angelegt, was neben den Auswirkungen auf andere Organismen verschiedene physikalische und chemische Effekte haben kann:

– Durchmischung (Entschichtung) ursprünglich getrennt abgelagerter Sedimente;

– Entstehung biogener, sekundärer Schichtung durch selektive Aufwärts- oder Abwärtsverlagerung einzelner Komponenten eines Sedimentes,

Lage	Stockwerk	überwiegendes Erzeuger-Verhalten	charakteristische Spurenfossilien
Misch-Lage	1	völlige Durchmischung	keine
	2		
	3	Förder-Aktivitäten	Planolites
Übergangs-Lage	4	offene Wohnbaue	Thalassinoides
	5	zugestopfte Freßbaue	Taenidium
	6	Freßbaue und	Zoophycos
	7	Kultivierungsspuren	Chondrites (groß)
	8		Chondrites (klein)

Bioturbation 2: Stockwerkbau der Bioturbation am Beispiel des europäischen Schreibkreide-Meeres.

– Veränderung des Reliefs der Sedimentationsfläche (Abb. 1 im Farbtafelteil),
– Veränderung des Wassergehaltes und somit der Konsistenz des Sedimentes (Wohnbaue z. B. fördern die Verfestigung, Weidespuren die Lockerung; ↗Spurenfossilien),
– Zufuhr suspendierten, feinkörnigen Materials aus dem überlagerndem Wasser oder über eine Auskleidung der Grabgang-Wand mit Pellets,
– scheinbare Zunahme der groben Sedimentfraktion durch Verkittung von Tonpartikeln zu Pellets,
– Veränderung geochemischer Mikromilieus (Sauerstoffzufuhr durch offene Baue verlagert dort die Grenze des noch belüfteten Sedimentes nach unten) und
– Zufuhr reduzierender Substanzen (organische Verbindungen und z. B. Schwefelwasserstoff als Stoffwechselprodukt).

Ein zentrales Konzept bei der ichnologischen Untersuchung von Sedimenten und Sedimentgesteinen ist der Stockwerkbau: Je nach ihren Ansprüchen an die Sauerstoffversorgung oder die Substratstabilität leben die Erzeuger von Spuren nur in bestimmten Tiefen eines Substrates, ähnlich der bekannten ökologischen Vertikalzonierung der Wälder (Abb. 2). Gut untersucht ist der Stockwerkbau in der Tiefsee, im Gezeitenbereich sowie bei der ↗Bioerosion von Kalken. Auch unterhalb der durchlüfteten Zone kann noch Bioturbation stattfinden: Diese sog. ↗exaeroben Spuren werden von Tieren verursacht, die ihre Grabgänge in sauerstoffarmem Sediment anlegen können, da sie über ihre offenen Baue Kontakt zum Seewasser behalten. Die biologische Aktivität ist heutzutage am intensivsten in den oberen 5–8 cm, der Misch-Lage (Tab.); dort wird das noch suppige oder weiche Sediment völlig homogenisiert, es gibt viele offene Grabgänge, aber einzelne Spuren sind unkenntlich. In der 20–35 cm tiefen, sehr heterogenen Übergangs-Lage leben weniger Tiere; ihre Spuren bleiben im bereits festen Sediment bei allgemein abnehmenden Gangdurchmessern besser erhalten. Als tiefstes Stockwerk folgt die sog. historische Lage, in der keine Bioturbation mehr stattfindet und alle Grabgänge verfüllt sind. Sie entspricht somit dem Zustand unmittelbar vor der Fossilisation.

Als Spurengefüge wird die Gesamtheit der spurenbedingten Strukturen aller Größenordnungen in einem Sediment(gestein) bezeichnet. Sie schließt im Falle der Bioturbation drei Kategorien ein: die schlierige Sprenkelung, erkennbare Spuren und die sog. ↗Vorzugsspuren. Dabei handelt es sich um Grabgänge, die besonders gut sichtbar sind; i.d.R. repräsentieren sie die am tiefsten ins Sediment reichenden Spuren der Übergangs-Lage. Zur Erklärung muß die Einbettungsgeschichte berücksichtigt werden: Langsame und kontinuierliche Sedimentation führt zur dauernden Erhöhung der Ablagerungsfläche, so daß ein grabender Organismus mit der Zeit immer höher rücken muß, um seine Optimaltiefe beizubehalten. Dabei überprägen oder zerstören seine Grabgänge die seiner andersartigen Vorgänger in den ehemals flachen (nun tiefergedrückten) Bereichen; sie bleiben eventuell als einzige erkennbar. Drei Faktoren sind verantwortlich: a) Durch die begonnene Entwässerung ist das in der Tiefe liegende Sediment fester, weshalb die tiefen Spuren weniger leicht kollabieren. b) Der späteren Zerstörung durch die intensive Durchwühlung der oberen Misch-Lage entgehen nur Spuren unterhalb dieser Zone. c) Tiefe Spuren sind i.d.R. mit anderem Material verfüllt als dem umgebenden, weil ihre Erzeuger viel später als die Ablagerung des sie umgebenden Sedimentes unter veränderten Bedingungen gelebt haben. Bioturbation und Spurengefüge lassen sich mit speziellen Indizes quantifizieren, dem siebenstufigen Bioturbationsindex von Howard & Reineck (1972) und dem kaum abweichenden sechsstufigen Spurengefügeindex von Droser & Bottjer (1986). Dies hat für verschiedene Milieus und die dort charakteristischen Vorzugsspuren getrennt zu geschehen (Abb. 3), wonach sich die Ergebnisse anhand einfacher Histogramme (sog. »Ichnogramme«) in Zeit und Raum vergleichen lassen. Hierbei sind jedoch die stark schwankenden Aktivitätsniveaus der unterschiedlichen Erzeugergruppen zu berücksichtigen: Bioturbation kann innerhalb von Stunden oder Jahren eine primäre Schichtung auslöschen, je nachdem welche Organismen aktiv sind. Um Fehlinterpretationen auszuschließen, muß außerdem sichergestellt sein, daß jeweils die gleiche Lage des Stockwerkbaues in den untersuchten Gesteinen überliefert ist: Biogen strukturlose Sedimente spiegeln sicherlich die Homogenisierung der (oberen) Misch-Lage wider. Intensive Bioturbation führt jedoch keineswegs immer zu strukturlosen Sedimenten als Endprodukt. Deutlich erkennbare Spuren können auf zweierlei Weise entstanden sein: Entweder durch »Einfrieren« des Bildes in der Misch-Lage wegen plötzlicher Bedeckung des untersuchten Sedimentes oder durch völlige Bioturbation der Übergangs-Lage. Hier ist maximale Heterogenität gegeben, indem die tiefreichenden Spuren nachträglich aufgeprägt werden und erhalten bleiben.

Auf ähnlichen Überlegungen muß auch die Interpretation beobachteter Bioturbationsraten fußen: Vollständige Durchwühlung ist nur möglich in einem lebensfreundlichen Milieu und bei für die Wühlaktivitäten ausreichend langsamer Sedimentation. Ist die Bioturbation nur teilweise erfolgt, muß für die Erzeuger ein ökologischer Streß vorhanden gewesen sein; i.d.R bewirken Sauerstoffmangel oder ungünstige Salzgehalte des Wassers diese Phänomene. Das Fehlen von Bioturbation belegt entweder ein für grabende Tiere völlig widriges Milieu oder die rasche Ablagerung eines zu mächtigen Sedimentstapels, dessen untere Bereiche nicht mehr erreicht werden konnten.

Literatur: [1] AUSICH, W.I. & BOTTJER, D.J. (1982): Tiering in suspension-feeding communities on soft substrata throughout the Phanerozoic. – Science 216: 173–174. [2] BOTTJER, D.J. & DROSER, M.L. (1992): Paleoenvironmental patterns of biogenic sedimentary structures. – in: MAPLES, C.G. & WEST, R.R. (Hrsg.): Trace fossils: 130–144, Knoxville. [3] BROMLEY, R.G. (1999): Spurenfossilien. – Berlin, Heidelberg. [4]

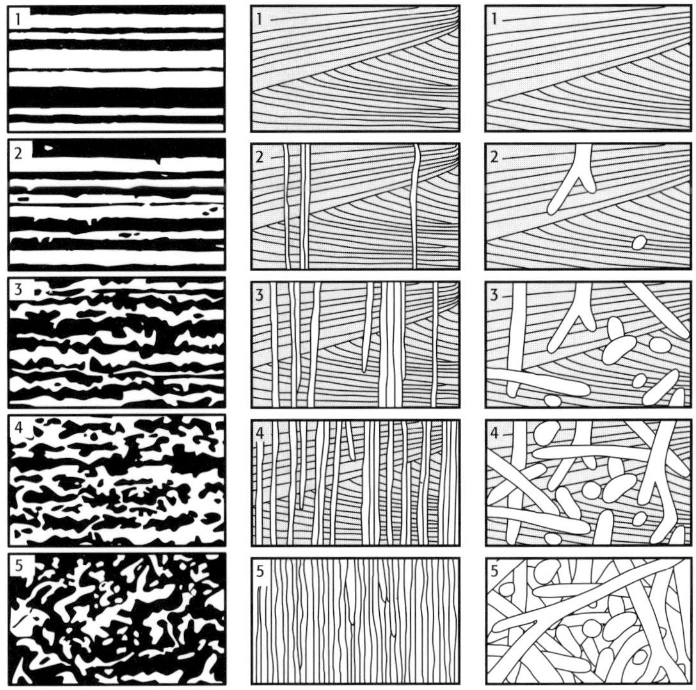

Bioturbation 3: schematische Darstellung der Bioturbationsintensität für drei verschiedene Milieus anhand der Stufen des Spurengefügeindexes.

Misch-Lage	Tiefe 0–8 cm Textur homogen Farbe einheitlich Konsistenz suppig/weich viele offene Grabgänge viele lebende Tiere Spuren kaum erkennbar
Übergangs-Lage	Tiere 5–35 cm Textur sehr kontrastreich Farbe stark wechselnd Konsistenz fest etliche offene Grabgänge kaum lebende Tiere Spuren sehr gut sichtbar
historische Lage	Tiefe mehr als 20 cm Textur schlierig Farbe gesprenkelt Konsistenz fest sehr wenige offene Grabgänge keine lebenden Tiere Spuren mäßig gut erkennbar

Bioturbation (Tab.): Kennzeichen der Bioturbationsstockwerke in der heutigen Tiefsee.

DONOVAN, S. K. (Hg.)(1994): The palaeobiology of trace fossils. – Baltimore.

Biozid, allgemein lebenstötende Substanz.

Biozone, *Biochron*, Zeitabschnitt, der der vertikalen (zeitlichen) Verbreitung definierter Organismen innerhalb einer Gesteinsabfolge entspricht. Die Verbreitungszeit ist dabei unabhängig von der Definition der ↗Zone im biostratigraphischen Sinn.

Biozönose, *Biozön*, eine meist durch bestimmte ↗Charakterarten gekennzeichnete einheitliche *Lebensgemeinschaft* von Tieren und/oder Pflanzen, die an einem bestimmten, auf besondere Weise ausgestatteten ↗Biotop oder ↗Standort lebt. Die zugehörigen Lebewesen sind den gleichen abiotischen und biotischen Umweltfaktoren ausgesetzt und gliedern sich zu Lebzeiten in ein kompliziertes Netzwerk biologischer Interaktionen ein. Gleiche Biozönosen treten bei vergleichbaren äußeren Bedingungen an unterschiedlichen Orten auf. Je stärker ein Biotop gegliedert ist, d. h. je mehr ökologische Nischen für einzelne Arten vorhanden sind, desto höher ist die Artendiversität in der Biozönose. Ein Beispiel sind Korallenriffe. Hochspezialisierte Biotope (z. B. übersalzene Küstenlagunen) hingegen sind häufig artenarm, aber individuenreich. Abgestorbene, an ihrem Lebensort erhaltene Biozönosen (z. B. durch spontane Überschüttung mit Sediment) bezeichnet man als ↗Thanatozönose (Totengemeinschaft). Kennzeichnend sind also fehlende ortsfremde Organismen. In einer Biozönose herrscht i. a. das Prinzip der ↗Selbstregulation. Mit den stattfindenden zwischenartlichen Wechselbeziehungen befaßt sich der Forschungszweig der ↗Synökologie. Biozönose und Biotop bilden zusammen das ↗Ökosystem.

BIPM, *Bureau Internationale des Poids et Mesures*, in Paris ansässiges Institut zur weltweiten Koordinierung der Atomzeit. Das BIPM übernahm 1988 die Aufgabe der Zeithaltung vom ↗Bureau International de l'Heure.

bipolare Skala, ↗Farbreihe oder Helldunkelskala zur Darstellung zweigeteilter Wertereihen, d. h. i. d. R. von positiven und negativen Werten. Bipolare Skalen werden v. a. in geowissenschaftlichen Karten und zur ↗Entwicklungsdarstellung verwendet. Sie sind anschaulicher als die für gleiche Zwecke gelegentlich genutzten ungeteilten Skalen. Meist ist eine Umformung der darzustellenden ordinalskalierten Daten von Vorteil. In Farbkarten wird der Gegensatz von positiven und negativen Werten am günstigsten durch die ↗Farbwirkung warm/kalt ausgedrückt. Dem entspricht die verbreitete, der Temperaturskala entlehnte Verwendung von Rot (positiv) und Blau (negativ), die in Richtung des Nullwertes aufgehellt werden. Die den Nullwert einschließende Klasse wird zur Wahrung der Kontinuität der Skala in sehr hellem Grau, hellgelb oder weiß wiedergegeben. In ↗zweifarbigen Darstellungen läßt sich die blaue Farbreihe durch eine ↗Grauskala ersetzen. Die ↗einfarbige Darstellung erfordert neben der Grauskala (positiv) die Verwendung von ↗Flächenmustern (negativ) zunehmender ↗Tonwerte bei gleichzeitiger Abwandlung anderer graphischer Merkmale. [KG]

birdseyes, kleine, spariterfüllte ↗Fenstergefüge in intratidalen bis supratidalen Carbonatgesteinen.

Bireflexion ↗Pleochroismus.

BIS ↗*Bodeninformationssystem*.

Bischof, *Karl Gustav*, deutscher Geologe und Naturwissenschaftler, * 18.1.1792 in Wöhrd bei Nürnberg, † 30.11.1870; Studium der Naturwissenschaften in Erlangen, 1815 Habilitation, Veröffentlichung eines Lehrbuchs der Stöchiometrie, 1819 Berufung an die neu gegründete Universität Bonn als Extraordinarius für Physik und Chemie, 1822 Verleihung des Ordinariats und Direktor des chemischen und physikalischen Instituts, zahlreiche Forschungen über Erdwärme (»Die Wärmelehre des Innern unseres Erdkörpers«, 1837), magmatische Schmelzen, Entstehung und Gewinnung von Erzen (»Mémoire sur l'aérage des mines«, 1848), chemische Verwitterung, Mineralquellen, Flußwässer und Rutschungen; 1848–54 erstes und bis heute umfangreichstes »Lehrbuch der chemischen und physikalischen Geologie«, davon 1863–66 eine zweite, völlig neu bearbeitete Ausgabe.

Bisektrix, Winkelhalbierende des Winkels, den die optischen Achsen einer optisch zweiachsigen ↗Indikatrix einschließen. Sie fällt mit einer Hauptachse der Indikatrix zusammen. Man unterscheidet eine spitze und eine stumpfe Bisektrix, je nachdem ob die Winkelhalbierende des spitzen oder des stumpfen Winkels zwischen den optischen Achsen gemeint ist.

Bishop-Ring, bis zu 10° breiter, rotbrauner Ring um die Sonne, der im Abstand von 20–30° eine helle, bläulich-weiße Scheibe umschließt. Der Bishop-Ring ist eine riesige ↗Aureole, die mit einem ↗Kranz umgeben ist. Er entsteht insbesondere durch ↗Beugung des ↗Sonnenlichtes an ↗Aerosolen in der Stratosphäre (↗Atmosphäre), die aus explosiv ausgebrochenen Vulkanen stammen. Weil die Aerosolteilchen nur wenige Mikrometer groß sind, ist dieser Kranz so viel größer als die üblichen Kränze, die von Wassertropfen oder ↗Eiskristallen verursacht sind. Der Bishop-Ring ist benannt nach S. E. Bishop, der die Erscheinung nach dem Ausbruch des indonesischen Vulkans Krakatau im Jahr 1883 von Hawaii aus beobachtet hat.

Bismarcksee, Neuguineasee, ↗Randmeer des Pazifischen Ozeans (↗Pazifischer Ozean Abb.), das im Süden durch Papua-Neuguinea und Neubritannien sowie im Norden durch die westlichen Melanesischen Inseln begrenzt ist.

Bismut, *Wismut* (veraltet), Symbol Bi (Ordnungszahl 83), gehört zur V. Hauptgruppe des ↗Periodensystems, der Stickstoff-Phosphor-Gruppe; Atommasse: 208,9804; Wertigkeit: III und V; Härte nach Mohs: 2,5; Dichte: 9,80 g/cm^3. Bismut ist ein sprödes, rhomboedrisch kristallisierendes Schwermetall und wird zu den sehr seltenen Elementen gezählt. Es ist mit etwa 10^{-5} % am Aufbau der ↗Erdkruste beteiligt und liegt meist in sulfidischer Form als Bismutin (Bi_2S_3) vor. Bismut wird in der Hauptsache als Legierungsmetall und in der Pharmazeutik verarbeitet.

Bismutlagerstätten, keine eigenständige Lagerstätten, sondern in sulfidischer Mineralisation Nebenprodukt in Zinn-Stockwerkvererzungen (z. B. Bolivien), auf hydrothermalen Gangvererzungen (z. B. Butte, USA) und massiven Sulfiderzlagerstätten (z. B. Sullivan, Kanada).

Bispektralphotographie, in den Ländern der ehemaligen Interkosmos-Organisation übliche Methode der Fernerkundungsphotographie, bei der simultan in zwei verschiedenen Wellenlängen, üblicherweise des sichtbaren Lichts und des nahen Infrarot, belichtet wird. Realisiert beispielsweise bei der russischen ↗KFA.

bitmap, allgemeine Bezeichnung für ein in Form von Bildpunkten (Pixel, ↗Bildelement, ↗Rasterdatenmodell) gespeichertes Bild; im übertragenen Sinne auch für die Ausgabe einer solchen Datei auf dem Bildschirm oder auf anderen Ausgabemedien. Der Begriff bezieht sich auf die in einem oder mehreren Bits (binary digit) gespeicherten Informationen für jeweils einen Bildpunkt. Der Wortteil map betrifft nicht Karten, sondern die stets rechteckige Form der Bitmap. Bitmaps lassen sich zwar vergrößern (z. B. durch Zoomen auf dem Bildschirm), jedoch bleibt ihre ↗Auflösung unverändert, so daß die Pixel bei starker Vergrößerung auf dem Bildschirm oder im Ausdruck als Quadrate erscheinen. Zur Speicherung von Dateien als Bitmap werden zahlreiche, ähnlich strukturierte Datenformate verwendet, die aus der Erweiterung des Dateinamens ersichtlich sind und sich z. T. ineinander umwandeln lassen, z. B. bmp (bitmap), tif (tagged image file format), gif (graphics interchange format) und pcx (paintbrush). Wegen der außerordentlich großen Datenmengen, die sich bei der hochauflösenden Zerlegung eines Bildes in Bildpunkte ergeben, wird die Bitmap auch in komprimierter Form gespeichert. Das hierfür zumeist benutzte rle (run length encoding) faßt aufeinanderfolgende, gleichartige Pixel zusammen. Bitmaps lassen sich mit Programmen der ↗digitalen Bildverarbeitung vielfältig bearbeiten. Des weiteren ist ihre Konvertierung in Vektorformate (↗Vektordatenmodell) möglich, für kartographische Zwecke jedoch nur bedingt verwendbar, da sie i. d. R. großen Aufwand für eine nachträgliche ↗Editierung erfordert. Deshalb dienen Bitmaps vorwiegend als Hintergrundbild während der kartographischen Bearbeitung mit DTP-Programmen. Darüber hinaus werden zahlreiche Symbole, bildhafte Elemente und Photographien kommerziell als Bitmaps angeboten, die sich z. T. für die Ausgestaltung von Karten eignen. [KG]

Bitter-Quelle, veraltete Bezeichnung für magnesiumsulfathaltige Quellen, heute allgemein ↗Heilquelle.

Bitumen, **1)** *Geochemie*: der mit niedrigsiedenden Lösungsmitteln (z. B. Dichlormethan) extrahierbare Anteil des organischen Materials in Sedimenten und Sedimentgesteinen. Dieses extrahierbare Material besteht aus einem Gemisch von Kohlenwasserstoffen (gesättigte und aromatische) und Heterokomponenten (NSO-Verbindungen wie Harze und Asphaltene). Das Bitumen entsteht zum großen Teil beim thermischen Abbau des ↗Kerogens in einem Temperaturfenster von 100–150 °C. Es befindet sich zunächst im Porenraum des Wirtsgesteins und kann bei entsprechend hohen Bildungsraten teilweise in Form von Erdöl auf dem Wege der primären Migration in benachbarte Trägergesteine abgegeben werden. **2)** *Petrologie*: Hier werden häufig die Begriffe »Bitumina«, »Festbitumina«, »Pyrobitumen« benutzt. Diese im Mikroskop identifizierbaren organischen Festbestandteile sind nicht in CS_2 löslich. Festbitumina entstehen in erster Linie durch die natürliche Alteration von Erdöl und Bitumen sowohl in Mutter- als auch in Speichergesteinen durch: a) cracking der Erdöle, wobei bei Temperaturen über 150 °C Erdgas und als unlöslicher Rückstand Festbitumen (Pyrobitumen) entsteht; b) Deasphaltierung, d. h. Injektion von Gas in bestehende Erdöllagerstätten führt zur Ausfällung von Asphaltenen. In Erdölspeichergesteinen können durch Oxidation, Biodegradation und durch den Einfluß zirkulierender Wässer Teersande entstehen, wie z. B. die Athabasca, Teersande in Alberta (Canada) oder der Asphaltkalk (Hils) in Norddeutschland. Festbitumina werden entsprechend ihrem ↗Reflektionsgrad (Tab.), ihrer Fluoreszenz-Intensität, ihrer Dichte, Löslichkeit und weiterer chemischer Eigenschaften klassifiziert. Die Gruppe der Festbitumina mit einer Reflektivität von bis zu 0,7 % werden als Asphaltite, die höher reflektierenden als Ipsonite bezeichnet. Es bestehen jedoch Bestrebungen über die chemische Zusammensetzung der Festbitumina eine genetische Klassifikation aufzustellen. **3)** *Ingenieurwissenschaften*: hochsiedender Rückstand der fraktionierten Erdöldestillation.

Festbitumina	
Asphaltite	Reflexion [% R]
Ozokerit	< 0,01–0,02
Wurtzilit	< 0,01–0,1
Albertit	0,1–0,7
Asphalt	0,02–0,07
Gilsonit	0,07–0,11
Glanz-Pech	0,11–0,3
Grahamit	0,3–0,7
Ipsonite	
Epi-Ipsonit	0,7–2,0
Meso-Ipsonit	2,0–3,5
Kata-Ipsonit	3,5–10

Bitumen (Tab.): Klassifikation der Festbitumina.

Bivalvia, *Lamellibranchia*, *Pelecypoda*, *Muscheln*, ↗Mollusken.

Bjeloglaska, kleine, rundliche und weiche ↗Carbonatkonkretionen in Lößböden, meist im unteren Teil von ↗Schwarzerden.

Bjerknes, *Jacob Aall Bonnevie*, norwegischer Meteorologe und Ozeanograph, * 2.11.1897 Stockholm, † 7.7.1975 Los Angeles, Sohn von V. F. K. ↗Bjerknes; 1918–31 Chef der Wettervorhersage in Bergen; 1931 Professor in Bergen, 1940–75 in Los Angeles, entdeckte 1918 die ↗Polarfront und den Lebenszyklus von ↗Tiefdruckgebieten; untersuchte als einer der ersten die dreidimensionale Struktur der großskaligen Wellen; lieferte neue Ansätze in der praktischen ↗Wettervorhersage; leistete wegweisende Forschungen in der großskaligen und langzeitigen Air-Sea Interaktion. Werke (Auswahl): »Life cycles of cyclones and the polar front theory of atmospheric circulation« (1922 mit H. Solberg), »Physikalische Hydrodynamik mit Anwendung auf die dynamische Meteorologie« (1933 mit anderen), »Dynamic meteorology and weather forecasting« (1957 mit anderen).

Bjerknes, *Vilhelm Friman Koren*, norwegischer Physiker und Meteorologe, * 14.3.1862 Christiania (heute Oslo), † 9.4.1951 Oslo; Vater von J. ↗Bjerknes, Professor für Mechanik und mathematische Physik in Stockholm (1895–1907), 1907–12 in Oslo; Gründer und Leiter des Geophysikalischen Instituts in Leipzig (1913–17); 1917–26 Professor in Bergen und Gründer der ↗Bergener Schule, welche die ↗Polarfronttheorie entwickelte; richtete das norwegische Wetterbeobachtungsnetz ein; 1926–37 Leiter des Physikalischen Instituts der Universität in Oslo. Grundlegende Beiträge zur Theorie der Radiowellen; begründete die physikalische ↗Hydrodynamik durch Einführung der Zirkulationstheoreme und Anwendung auf die dynamische Meteorologie und physikalische Ozeanographie. Werke (Auswahl): »Dynamic Meteorology and Hydrography« (2 Bände und Atlas, 1910–11), »Life Cycle of cyclones and the polar front theory of atmospheric circulation« (zusammen mit H. Solberg, 1922)», «Physikalische Hydrodynamik mit Anwendung auf die dynamische Meteorologie» (u. a. mit J. ↗Bjerknes, 1933). [CL]

Bj-Horizont, Bodenhorizont entsprechend der ↗Bodenkundlichen Kartieranleitung, ↗B-Horizont ohne erkennbare Ausgangsstrukturen, kommt in Deutschland nur fossil oder reliktisch vor.

BKG ↗*Bundesamt für Kartographie und Geodäsie.*

Bku-Horizont, Bodenhorizont entsprechend der ↗Bodenkundlichen Kartieranleitung, ↗Bu-Horizont mit Sesquioxidanreicherungen, als Krustenbruchzonen oder Konkretionen von 0,5–10 cm (↗Laterit).

Black-Box, Methode zur Betrachtung von Systemen im Rahmen der ↗Systemanalyse. Dabei wird das Gesamtsystem als Einheit betrachtet, die innere Struktur des Systems bleibt ebenso wie die darin ablaufenden physikalischen Grundgesetze unberücksichtigt. Es werden lediglich Ursachen-Wirkungs-Beziehungen zwischen den Systemeingängen (Inputgrößen) und Systemausgaben (Outputgrößen) betrachtet. Änderungen der Inputgrößen haben i. d. R. eine Änderung der Outputgrößen zur Folge. Dadurch können grobe Rückschlüsse auf die Black-Box und damit auf die Funktionsweise des betrachteten Systems gezogen werden. Ein Beispiel für das Black-Box-Modell, ist das auf dem ↗Einheitsganglinienverfahren beruhende ↗Niederschlags-Abfluß-Modell.

Black Cotton Soil, in Indien übliche, veraltete Bezeichnung für Bodeneinheit der ↗Vertisols der ↗WRB und ↗Soil Taxonomy.

black earth ↗*Schwarzerde.*

blackout, Zusammenbruch der Kurzwellen-Funkverbindungen infolge von Störungen der Ionosphäre nach intensiven solaren Ausbrüchen.

black smoker, *Schwarzer Raucher*, hydrothermale Schlote im Bereich des ↗Mittelozeanischen Rückens, aus dem bei Temperaturen von mindestens 350 °C hydrothermale ↗Fluide mit schwärzlichen, aus ↗Sulfiden bestehenden Präzipitaten (↗Präzipitation) gefördert werden. Die Schlote der black smoker bestehen aus Anhydrit und Kupfer-/Eisensulfid-Krusten. Der »schwarze Rauch« entsteht, wenn die heißen, gesättigten, sulfidführenden Hydrothermallösungen mit dem kalten Ozeanwasser in Berührung kommen und es zur Ausfällung von schwarz erscheinenden Sulfidpartikeln kommt, die von den turbulenten austretenden Wässern (1–5 m/s) zunächst in Suspension gehalten werden. ↗white smoker.

Blackwallgesteine ↗Blackwall-Reaktionen.

Blackwall-Reaktionen, häufig treten in einer schmalen Zone um serpentinisierte Peridotitkörper dunkle, daher *Blackwallgesteine* genannte Chlorit-, Amphibol- und Talkgesteine auf. Diese niedrigtemperiert gebildeten Gesteine sind auf ↗Metasomatose zwischen Peridotitkörper und Rahmengestein zurückzuführen. Ein Beispiel ist die Bildung von Talk aus Olivin durch Zufuhr von SiO_2 aus dem Rahmengestein.

Blaeu, *Cornelis*, Kupferstecher, Sohn von Willem ↗Blaeu, * um 1610 in Amsterdam, † 1642.

Blaeu, *Joan*, Kupferstecher und Sohn von Willem ↗Blaeu, * 1598 in Amsterdam, † 28.12.1673 in Amsterdam, leitete seit 1638 die Officin Blaviana. Mit den angekauften Platten des »Theatrum Orbis Terrarum« wurden davon Neuausgaben von 1640 bis 1655 in zwei bis sechs Bänden verlegt. Schon vorher mit im väterlichen Geschäft tätig, haben die von ihm gestochenen Karten ein größeres Format als die Atlanten von G. ↗Mercator und A. ↗Ortelius, sind ausgewogener gestaltet und besitzen eine repräsentative barocke Aufmachung. Auf gutes Papier vorzüglich gedruckt und ansprechend koloriert, sind sie von Kunsthändlern und Sammlern von jeher begehrt. Der Novus Atlas wurde durch ihn zum »Atlas Maior« erweitert, zuletzt (1662–67) auf elf bzw. zwölf Bände mit 600 Karten und 3000 Seiten Text und war in Französisch, Niederländisch, Spanisch, Deutsch und Latein (»Geographia Blaviana«) lieferbar. Bis zur Zerstörung der erst 1667 eröffneten neuen Produktionsstätte durch Feuer im Jahr 1672 hatte das Unternehmen das Monopol inne. Vor der Zerstörung soll der Wert der Kupferplatten nach Gregorii 500.000 Taler betragen haben. Den Restbetrieb führten drei seiner Söhne, Willem, Pieter und Joan jun. (1650–1712) zunächst weiter, veräußerten dann die »Typographia Blaviana« mit Verlag, Druckerei und Platten. Joan jun. wirkte weiter als »Kaartenmaker« der ostindischen Kompanie. [WSt]

Blaeu, *Willem* (eigentlich Janszoon), Kupferstecher und Kartenverleger, * 1571 in Uitgeest bei Alkmaar, † 18.10.1638 Amsterdam. Er erlernte bei Jodocus ↗Hondius den Kupferstich; bei Tycho Brahe (1546–1601) ließ er sich in Mathematik und Astronomie unterweisen, gründete 1596 in Amsterdam eine Landkarten-Offizin und wurde der bedeutendste niederländische Kartenverleger des 17. Jahrhunderts. Seit 1633 war er auch »Kaartenmaker« der 1602 gegründeten ostindischen Kompanie. W. Blaeu hatte einige Druckplatten von G. ↗Mercator übernommen, stach selbst weitere Karten und produzierte ab 1599 Erd- und Himmelsgloben in fünf Größen; publizierte seit 1604 See- und Länderkarten, teilweise mehrblättrig zusammensetzbar zu großen Wandkarten. Im Jahr 1608 lag sein Seeatlas »Het Licht der Zeevaert« vor. Zum Druck benutzte er dazu seit 1620 eine wesentlich verbesserte Handpresse und achtete auf sauberes Kolorit. Seit 1634 war sein erster eigener, ab 1635 zweibändiger »Novus Atlas« (159 Karten) fertig. [WSt]

Blähton, industriell hergestelltes Material. Durch schnelles Erhitzen wird Ton aufgebläht und verbrannt. Damit ein homogenes Blähen gewährleistet ist, werden geeignete Zusatzstoffe beigemengt, welche beim Erhitzen die Gase bilden. Die Gase entstehen aber auch aus den natürlichen organischen Bestandteilen des Tones. Blähtone finden vielfältige Anwendung: für Dammschüttungen, als leichter Bodenersatzstoff auf wenig belastbarem Untergrund oder als Knautschmaterial beim Tunnelbau. Die bekannteste Nutzung finden die Blähtone in der Verwendung in Hydrokulturen.

Blake-Exkursion, ausgeprägte ↗Säkularvariation (↗Cryptochron) des Erdmagnetfeldes vor 108.000–112.000 Jahren im normalen ↗Brunhes-Chron.

Blanck, *Edwin*, deutscher Bodenkundler, * 14.2.1877 in Neubrandenburg (Mecklenburg), † 21.10.1953 in Göttingen; 1913–1918 Abteilungsvorsteher der Landwirtschaftlichen Versuchsstation Rostock, 1918–1921 Professor an der Landwirtschaftlichen Hochschule Tetschen-Liebwerd, 1921–1945 Professor und Direktor des Agrikulturchemischen und Bodenkundlichen Instituts der Universität Göttingen; Arbeitsschwerpunkte: Verwitterung, Regionale Bodenkunde und Grundfragen der Bodenkunde; Herausgeber und Mitautor des elfbändigen, international anerkannten Jahrhundertwerks »Handbuch der Bodenlehre« (1929–1932, Ergänzungsband 1939); Mitherausgeber der Zeitschriften »Chemie der Erde«, »Journal für Landwirtschaft« und »Zeitschrift für Pflanzenernährung, Düngung, Bodenkunde«; 1950 Wahl zum Präsidenten der ↗Deutschen Bodenkundlichen Gesellschaft.

Blasenbildung, kann bei Druckentlastung, z.B. während der ↗Effusion, durch im Magma bzw. in der Lava gelöste, austretende ↗Volatile auftreten.

Blasenhohlraum, vor allem in basaltischen Laven durch Entgasung gebildeter, runder oder schlauchförmiger Hohlraum (bei der Erstarrung eingefrorene Gasblase). Das im Vergleich zu sauren oder intermediären ↗Vulkaniten bevorzugte Auftreten größerer Gasblasen in basischen Laven kann durch deren niedrigere ↗Viskosität und höhere Temperatur erklärt werden (Gase können sich leichter ausdehnen und nehmen bei höherer Temperatur ein größeres Volumen ein). Blasenhohlräume werden meist sekundär mineralisiert und in vielen Fällen vollständig ausgefüllt (Bildung von Chlorit, Calcit, Chalcedon oder Achat, Zeolithen). Größere mineralisierte Blasenhohlräume werden Mandeln, entsprechende hohlraumreiche Gesteine ↗Mandelsteine genannt.

Blast, allgemeiner Begriff für während metamorpher Prozesse neu gewachsene Mineralphase.

Blastese, metamorphes Neuwachstum von Mineralphasen.

blastisches Wachstum, bei der Umwandlung von Gesteinen im festen Zustand wachsen Minerale neu und verdrängen dabei die älteren. Ist die Verdrängung nicht vollständig, sind in dem sog. blastisch gewachsenen Kristall Relikte der älteren Mineralsubstanz eingeschlossen. Es kommt zur Bildung von Mineral- und Gefügerelikten. In sedimentären Gesteinen bilden sich z.B. durch Umkristallisation aus dem primären Tonmineral Porphyroblasten, z.B. Staurolith in Glimmerschiefern. In hochmetamorphen Gesteinen wird oft ein blastophyrisches Gefüge vorgetäuscht, in dem die Feldspäte porphyroblastisch durch metasomatische Stoffzufuhr wachsen. Ausdrücke, die mit »blasto-« anfangen, beziehen sich auf Gefügerelikte, nach dem vom Schlußteil des Wortes angegebenen Primärgefüge, z.B. blastopsammitisch, blastoporphyrisch ect. Ein kristalloblastisches Gefüge wird nach der Form der Kristallindividuen durch charakterisierende Vorsilben und die Endung »-blast« bezeichnet. So ist granoblastisch ein kristalloblastisches Gefüge, in dem die Minerale die Form von Körnern haben, also keine bevorzugte Richtung. Lepidoblastisch, nematoblastisch und fibroblastisch sind aus schuppen-, stengel- bzw. faserförmigen Einkristallen bestehende Metamorphite. Die größeren Körner, die in den metamorphen Gesteinen dasselbe Größenverhältnis zu den übrigen Gemengteilen haben wie die Einsprenglinge porphyrischer Erstarrungsgesteine, heißen Porphyroblasten. Mit Holoblasten bezeichnet man kristalloblastisch ohne primäre Keime entstandene Neukristalle. Kristalle, die eigene, nicht reliktische Kristallformen besitzen, heißen Idioblasten, solche ohne eigene Form Xenoblasten. [GST]

Blastoidea, Knospenstrahler, paläozoische Gruppe der ↗Echinodermen, die am Ende des Mesozoikums ausstarb.

Blatt, Sproßachsen-Anhangsorgan der ↗Tracheophyten, dessen Entwicklung mit der Besiedlung des Festlandes durch Gefäßpflanzen ab dem ↗Devon parallel zur Evolution von Sproßachsen- und Wurzel-Organ begann, um die an Land unterschiedlich verteilten Nahrungsressourcen (Wasser und Mineralstoffe im Boden bzw. O_2 und CO_2 in der Atmosphäre) erschließen zu können. Erste Anhangsorgane des Ursprosses (↗Telom) erschienen als Epidermis-Ausstülpungen (Emergenzen) ohne ↗Leitbündel bei den ältesten Tracheophyten, den ↗Psilophytopsida. Der ursprünglichste Blatt-Typ, das Mikrophyll, entstand durch Reduktion eines Gabelastes einer dichotomen Telomverzweigung (↗Telomtheorie). Diese, jedoch nicht unbedingt kleinen Mikrophylle mit nur einem Leitbündel (einnervig) sind typisch für ↗Lycopodiopsida und ↗Equisetopsida und in modifizierter Form als mikrophylles Nadelblatt für die Nadelgehölze. Das Großblatt (Makrophyll) entstand durch flächige Verwachsung von in einer Ebene angeordneten, abgeplatteten und verzweigten Telomen. Zu den Makrophyllen gehören die Farnwedel (Pteridophylle) der ↗Pteridopsida und in höchster Differenzierung das Laminarblatt (Laubblatt) der ↗Angiospermophytina. Dieses besteht aus dem Oberblatt aus Blattstiel und Blattspreite mit dem eigentlichen Assimilator und dem Unterblatt aus Blattgrund und Nebenblättern (Stipulae). Der Blattgrund ist als verbreiterte Blattstielbasis bis hin zur Blattscheide entwickelt, welche die Sproßachse ganz umfaßt. Mikro- und Makrophyll sind Ernährungsblätter (Trophophylle), die der Assimilation, der Wasserdampfabgabe (Transpiration) und der Atmung dienen. Diese Funktionen werden durch eine Blattanatomie aus äußerem Abschlußgewebe (obere und untere ↗Epidermis mit ↗Cuticula) und zentralem Assimilationsgewebe (Mesophyll) aus chlorophyllreichen Zellen und einem voluminösem Interzellularraum ermöglicht. In den Interzellularraum diffundiert zunächst sowohl das durch die Stomata der Epidermis ins Blattinnere geleitete CO_2 und O_2 sowie die vom Xylem (↗Leitbündel) antransportierte Nährsalzlösung, bevor diese Komponenten dann von Mesophyll-Zellen aufgenommen und verarbeitet werden. Auch die Assimilate werden in den Interzellularraum abgegeben, diffundieren zum nächstgelegenen Leitbündel und fließen durch das Phloem aus dem Blatt ab. Andere Aufgaben erklären mannigfaltige Abwandlungen der Gestalt, z.B. in Blütenblätter, Dornen, Hochblätter, Keimblätter, Niederblätter oder ↗Sporophylle. Blätter haben ein für organische Substanzen vergleichsweise gutes Fossilisationspotential und sind oft inkohlt erhalten, meist jedoch als Abdruck in feinkörnigen Sedimenten überliefert. Blätter zählen zu den häufigsten fossilen Pflanzenresten, weil eine Pflanze alljährlich i.d.R. wesentlich mehr Blätter als Holz, Samen und Früchte produziert. [RB]

Blattbenetzung, Taubildung (durch Kondensation des Wasserdampfes) an der Blattoberfläche.

Blattdüngung, Zufuhr von Nährstoffen über das Blatt, indem Wasser und darin gelöste Nährstoffe auf den Blattapparat appliziert und durch die Kleinporen der Blätter aufgenommen werden. Blattdüngung wird als Spritz-oder Sprühverfahren mit verdünnten Düngersalzlösungen in bestimmten Wachstumsabschnitten eingesetzt. Dadurch wird ein mengenmäßig geringer, jedoch hochwirksamer Nährstoffbelag auf die grünen Pflanzenteile aufgebracht. Vorteil dieses Verfahrens ist die direkte Aufnahme des Nährstoffes, womit die Bodenpassage umgangen wird. Somit verbleiben keine Nährstoffrestmengen im Boden, die auswaschungsgefährdet sind.

Blattemperatur, Temperatur der Blattoberfläche.

Blätterkohle, *Dysodil*, *Papierkohle*, feinschichtige, »schiefrige« ↗Sapropelkohle geringen ↗Inkohlungsgrades, häufig mit gut erhaltenen pflanzlichen und tierischen Fossilien.

Blätterung ↗Bänder.

Blattflächenindex, *Leaf Area Index*, *LAI*, in der Botanik üblicher Begriff für die einseitig (von oben) gemessene Gesamtoberfläche grüner Blätter bzw. Nadeln innerhalb einer orthogonal projizierten Bodenfläche von einem Quadratmeter. Er kann als relatives Maß für die Erfassung der Stoffproduktion eines Pflanzenbestandes herangezogen werden. Der LAI erreicht in feuchten Eichen-Hainbuchenwäldern das bis zu Neunfache der Standfläche. Abgesehen davon, daß es verschiedene Methoden der terrestrischen LAI-Bestimmung gibt, werden je nach Zielsetzung der Untersuchungen auch verschiedene modifizierte Indizes gemessen. Wesentlich ist auch, ob die Bruttoproduktionen, d.h. die gesamten Assimilationsleistungen einschließlich des Eigenverbrauchs oder nur die Nettoproduktion bestimmt werden.
Die ↗Fernerkundung bietet vor allem für die großflächige Bestimmung des Blattflächenindexes eine ideale Technologie. Die ↗Spektralbereiche Rot und Nahes Infrarot digitaler Scanner-Aufnahmen ermöglichen infolge der vermischten Information der Blattstruktur und der photosynthetisch aktiven Blattbereiche (Rotabsorption) die Ableitung signifikanter Korrelationen mit allen Varianten des Blattflächenindex. [MFB]

Blattsilicate ↗*Phyllosilicate*.

Blattverschiebung ↗*Horizontalverschiebung*.

Blaueis, infolge geringen Lufteinschlusses dichtes, bläulich oder blaugrün schimmerndes Eis.

Blaueisbänder ↗Bänder.

Blaueisblätter ↗Bänder.

Blauschiefer, *Glaukophanschiefer*, ein schiefriges metamorphes Gestein, das seine blaue Farbe durch das Auftreten von Na-Amphibolen (Glaukophan oder Crossit) erhält. Weitere charakteristische Mineralphasen sind: ↗Lawsonit oder ↗Epidot, Chlorit (↗Chlorit-Gruppe) oder ↗Granat, Omphacit, Paragonit und Phengit. Blauschiefer bilden sich bei der ↗Hochdruckmetamorphose aus ↗basischen ↗Magmatiten.

Blauschieferfazies, *Glaukophanschieferfazies*, ↗metamorphe Fazies.

Blauthermik, Thermik, die sich ohne Bildung von ↗Konvektionswolken einstellt.

Blei, [von indogermanisch blei = schimmern, leuchten, glänzen], chemisches Element aus der IV. Hauptgruppe des Periodensystems, Symbol: Pb. In prähistorischen Zeiten noch ohne Bedeutung, jedoch seit dem frühesten Altertum in Gebrauch. In Zypern und Rhodos fand bereits 550 v.Chr. Bergbau statt, in klassischer Zeit waren die Vorkommen von Spanien und Laurion in Griechenland bedeutsam. Im Mittelalter fanden in Deutschland die Lagerstätten des Erzgebirges oder Oberharzes sowie im 16. Jh. Oberschlesiens Beachtung. Die Blüte des deutschen Bleibergbaues beruhte auf dem Silbergehalt des Bleiglanzes. Blei ist eines der ältesten Gebrauchsmetalle, und entsprechend alt ist die Kunde von Bleivergiftungen – vielfach wird sogar der Untergang des Römerreiches auf chronische Vergiftungen durch Blei aus Küchengeräten zurückgeführt. Verwendung findet Blei heute bei der Herstellung von Akkumulatoren, Letternmetall und Lagermetallen, der Herstellung oder Auskleidung von Behältern und Rohren für aggressive Flüssigkeiten, als Kabelummantelung sowie als Heizbadflüssigkeit, im Strahlenschutz zur Absorption von Röntgen- und Gammastrahlen, bei der Herstellung von Pigmenten (Bleiweiß und Buntpigmente, Mennige), von Bleitetraäthyl und anderen bleiorganischen Verbindungen. Metallisches Blei wird i.a. in Form von Blei-Legierungen verwendet; nur für Spezialzwecke ist reines Blei erforderlich. Für radiopharmazeutische Zwecke eignet sich besonders das ^{203}Pb. [GST]

bleibende Auflockerung, Volumenvergrößerung nach dem Schütt- und Verdichtungsvorgang gegenüber der ursprünglichen Kubatur. ↗Auflokkerung.

bleibende Härte ↗*Nichtcarbonathärte*.

Bleichhorizont, durch die Auswaschung von Tonmineralen, organischer Substanz oder Sesquioxiden gebleichter Oberbodenhorizont (z. B. von ↗Parabraunerden und ↗Podsolen).

Bleichzone, durch Vernässung gebleichter Unterbodenhorizont der ↗Ferralsols der ↗WRB bzw. der ↗Oxisols der ↗Soil Taxonomy.

Bleiglanz, *Galenit*, *Boleslavit*, *Glanz*, *Grauerz*, *Plumbein*, *Stängelerz*, *PbS*; Blei- u. Silbererz (Silberträger) mit kubisch-hexakisoktaedrischer Kristallform. Farbe: rötlich-bleigrau, bleigrau; starker Metallglanz, meist matt angelaufen; undurchsichtig; Strich: graulich-schwarz; Härte nach Mohs: 2,5–3 (mild); Dichte: 7,2–7,6 g/cm³; Spaltbarkeit: vollkommen nach (*100*); Aggregate: derbe Massen, grob- bis feinkörnig, eingewachsene Körner, striemig (↗Bleischweif), traubig, erdig, mehlig (mit Sphalerit = Ringelerz bzw. Kokardenerz); vor dem Lötrohr schmilzt er auf Kohle zu einem Bleikorn, das nach dem Abreiben ein kleines schmiedbares Silberkorn hinterläßt; in HNO löslich; Genese: hydrothermal; Begleiter: Sphalerit, Chalkopyrit, Pyrit u. a. Sulfide; Vorkommen: hydrothermal im Gefolge von Plutoniten, kontaktmetasomatisch in metamorphen Lagerstätten und sedimentär; Fundorte: weltweit, z. B. Mechernich (Eifel) und Cabo di Gata (Spanien). [GST]

Bleiisotope, das Schwermetall Blei besitzt insgesamt acht natürlich vorkommende Isotope. ^{214}Pb, ^{212}Pb und ^{211}Pb sind radioaktive Zwischenglieder der natürlichen von den radioaktiven Nukliden der Elemente Thorium und Uran ausgehenden ↗Zerfallsreihen, welche zu den stabilen Endgliedern ^{208}Pb, ^{207}Pb und ^{206}Pb führen. Deren Anteil am gewöhnlichen Blei beträgt heute ca. 52,4 %, 22,1 % und 24,1 %. Das nicht ↗radiogene Isotop ^{204}Pb stellt mit ca. 1,4 % den restlichen Anteil, wobei die genaue isotopische Zusammensetzung erheblich abweichen kann. Die Bilanzgleichungen der beteiligten Zerfallsreihen lauten:

$$^{232}_{90}\mathrm{Th} \rightarrow {}^{208}_{82}\mathrm{Pb} + 6 \cdot {}^{4}_{2}\mathrm{He} + 4\beta^- + E$$
Halbwertszeit: 14,010 · 10⁹ Jahre,

$$^{238}_{80}\mathrm{U} \rightarrow {}^{206}_{82}\mathrm{Pb} + 8 \cdot {}^{4}_{2}\mathrm{He} + 6\beta^- + E$$
Halbwertszeit: 4,4683 · 10⁹ Jahre,

$$^{235}_{80}\mathrm{U} \rightarrow {}^{207}_{82}\mathrm{Pb} + 7 \cdot {}^{4}_{2}\mathrm{He} + 4\beta^- + E$$
Halbwertszeit: 7,038 · 10⁸ Jahre.

Zur Zeit der Erdentstehung war nur ein Teil des heute vorhandenen ^{208}Pb, ^{207}Pb und ^{206}Pb zusammen mit dem ^{204}Pb als primordiales Blei auf der Erde vorhanden. Ein Großteil des Bleis geht auf den Zerfall der genannten U- und Th-Nuklide im Verlauf der Erdgeschichte zurück. Aus primitiven Meteoriten, welche sich vermutlich gemeinsam mit der Erde aus einem isotopisch homogenen solaren Urnebel gebildet haben, leitet man die Zusammensetzung des primordialen Bleis ab: 58,86 % ^{208}Pb, 20,56 % ^{207}Pb, 18,59 % ^{206}Pb und 2,00 % ^{204}Pb = ^{208}Pb/^{204}Pb: 29,457, ^{207}Pb/^{204}Pb: 10,293, ^{206}Pb/^{204}Pb: 9,03 066 (↗Canyon Diablo Troilit). Ausgehend von Pb-Isotopendaten irdischer U- und Th-freier Minerale sowie Schätzungen zur heutigen Zusammensetzung von Erdkruste und -mantel wurden verschiedene Modelle für die weitere Pb-isotopische Entwicklung der Erde formuliert. Das Plumbotectonics-Modell von Doe und Zartmann (1979) identifiziert vier Pb-isotopische Reservoirs (Unterkruste, Mantel, Orogene, Oberkruste), aus denen bzw. aus deren Mischung sich das Blei heutiger Gesteine herleiten läßt. Neuere Konzepte beziehen die Daten anderer Isotopensysteme (Sr, Nd) mit ein und differenzieren diese Reservoirs bzw. identifizieren weitere. Pb-Isotopenverhältnisse werden in der ↗isotopischen Altersbestimmung (↗U-Pb-Methode), der ↗Isotopengeochemie und in der Umweltgeochemie verwendet. [SH]

Bleiminerale, bei der Einteilung der Bleiminerale unterscheidet man Primärminerale und Oxidationsminerale. Zu den Primärmineralen zählen ↗Bleiglanz (PbS, kubisch, 86 % Pb), Bournonit ($PbCuSbS_3$, rhombisch, 42 % Pb) und Boulangerit ($Pb_5Sb_4S_{11}$, monoklin, 55 % Pb). Oxidationsminerale sind Cerussit ($PbCO_3$, rhombisch, 77 % Pb), Anglesit ($PbSO_4$, rhombisch, 68 % Pb), Pyromorphit ($Pb_5[Cl|PO_4]_3$, hexagonal, 76 % Pb), Mimetesit ($Pb_5[Cl|AsO_4]_3$, hexagonal), Vanadinit ($Pb_5[Cl|VO_4]_3$, hexagonal), Krokoit ($PbCrO_4$, monoklin) und Wulfenit ($PbMoO_4$, tetragonal).

Bleiregion ↗Brachsenregion.

Bleischweif, stahldichtes, schuppiges bis derbes, feinkörniges Bleiglanzaggregat zum Unterschied der meist in Würfeln ausgebildeten Bleiglanzkristalle.

Bleiverlust ↗U-Pb-Methode.

Blei-Zink-Erzlagerstätten, meist gemeinsames Auftreten von Blei- und Zinkerzen (*Zinkerzlagerstätten*) in weitaus überwiegend sulfidisch gebundenen, oft intensiv miteinander verwachsenen Mineralisationen mit ↗Bleiglanz (PbS, häufig mit hohem Silbergehalt) und ↗Sphalerit (Zinkblende, ZnS, z. T. mit wichtigem Cadmiumgehalt).

Blei-Zink-Erzlagerstätten entstehen: a) als massive Sulfidvererzungen (↗sedimentär-exhalative Lagerstätten) durch ↗syngenetische Abscheidung zusammen mit ↗Pyrit und z. T. Chalkopyrit aus Hydrothermen in abgegrenzten Becken unterschiedlicher Meeresräume. Rezente Beispiele sind die ↗black smoker am ↗Mittelozeanischen Rücken und die ↗Erzschlämme in lokalen Bekken des Roten Meeres; fossile Beispiele finden sich im Variszikum (↗Varisziden) Europas in Schelfmeeren auf kontinentaler Kruste wie z. B. die Lagerstättenprovinz von Rio Tinto auf der Iberischen Halbinsel oder die inzwischen erschöpften Lagerstätten von Meggen im Sauerland und Rammelsberg im Harz; b) schichtgebunden (↗stratabound) syn- bis epigenetisch (↗Epigenese) in flachmarinen Kalkablagerungen mit ↗Fluorit und ↗Baryt sowie lokal Kupfererzen. Beispiele hierfür sind ↗alpine Blei-Zink-Erzlager-

stätten und das Mississippi Valley in USA; c) durch epigenetische Abscheidung in hydrothermalen Gangerzlagerstätten, z. T. mit Baryt als Nebengemengteil. Derartige Lagerstätten sind z. B. verschiedene, inzwischen erschöpfte oder aufgelassene Lagerstättenreviere im variszischen Grundgebirge Mitteleuropas wie dem Harz; d) untergeordnet als epigenetische Porenfüllung in Sanden bis Kiesen von Red-Bed-Vererzungen (↗Red-Bed-Lagerstätten), z. B. die erschöpften Lagerstätten von Mechernich/Maubach im Stolberger Revier bei Aachen; e) bei ↗metasomatischer Verdrängung von Kalken (z. B. im erschöpften Stolberger Revier bei Aachen) bzw. als Nebenprodukt in ↗Skarnerzlagerstätten.
Nach veralteten Auffassungen existieren aus dem Archaikum keine Bleilagerstätten, da diese häufig in Carbonatgesteinen liegen, die wiederum erst ab dem Proterozoikum auftreten sollen. Allerdings sind bereits im Archaikum Carbonatplattformen mit Bleimineralisation bekannt (z. B. Pering, Südafrika). Aus dem Proterozoikum und dem Phanerozoikum sind sowohl carbonatgebundene als auch hydrothermale und auch sedimentär-exhalativ gebildete Bleilagerstätten bekannt.

Blenden, im heutigen Sinn überwiegend sulfidische Erzminerale, die sich durch einen halbmetallischen Glanz, eine meist farbige Strichfarbe, gute Spaltbarkeit, geringe Härte und eine oft komplizierte chemische Zusammensetzung auszeichnen; in dünnen Schichten z. T. durchsichtig. Ursprünglich war Blende ein Scheltname wie Katzengold, Mißpickel oder Kobold, den Bergmann blendende oder betrügende Minerale; daher die Übersetzung des alten Namens für Zinkblende »Sphalerit« aus dem Griechischen (sphaleros = betrügerisch). Heute hat die Bezeichnung den Sinn verloren, da sulfidische Blenden wertvolle Erze sind.

Blickbewegungsregistrierung, eine in der ↗Experimentellen Kartographie etablierte Methode zur Untersuchung ↗visuell-kognitiver Prozesse der Kartennutzung. Ihre Anwendung beruht auf der Annahme, daß zentrale Vorgänge der Informationsverarbeitung bei visuell dargebotenen Medien an unmittelbar extern verfügbare Informationen gebunden sind, d. h. die Aufeinanderfolge von Augenbewegungen kein willkürlicher Prozeß ist. Die Auswahl der Fixationsorte innerhalb einer Karte steht in direktem Zusammenhang mit der Aufmerksamkeitsverteilung (↗Aufmerksamkeit). An jedem Fixationsort werden Reize aus der Gesichtsfeldperipherie vorverarbeitet, die dann gezielte sakkadische Sprünge zu solchen Objekten in der Reizvorlage ermöglichen, die den höchsten Informationsgehalt haben und deshalb als bedeutend eingestuft werden. Daraus folgt, daß jedesmal wenn im Denkprozeß mit der Karte eine visuelle Information benötigt wird, sich der Blick auf diese Information richtet, und daß anschließend die gefundene Information im Denkprozeß verarbeitet wird. Zur Registrierung von Blickbewegungen stehen verschiedene Methoden zur Verfügung. In der kartographischen Blickbewegungsforschung kommt die Cornea-Reflex-Methode am häufigsten zum Einsatz. Sie basiert auf der Registrierung von (Infrarot-) Lichtreflexen auf der Hornhautoberfläche. [FH]

Blickfeld, Gesamtraum, den das bewegte Auge bei unbewegtem Kopf fixieren kann. Normalerweise halten sich die Augenbewegungen in sehr engen Grenzen; 18° bis 20° i. d. R. stellen bereits das Höchstmaß dar. Das Blickfeld ist beim Sehen in die Nähe besonders in seinem unteren Teil kleiner als beim Sehen in die Ferne. Wie beim ↗Gesichtsfeld ist die Ausdehnung des Blickfeldes für die Ausdehnung kartographischer Präsentationsformen, insbesondere das Kartenformat, die Anordnung von Zeichenerklärung und Kartentitel bedeutsam, aber auch die Position bei der Nutzung, z. B. als ↗Wandkarte, die Entfernung zum Kartennutzer u. a. sind hier zu nennen. Der software-ergonomisch bestimmte Optimalbereich für Augenbewegungen bei der Arbeit mit ↗Bildschirmkarten reicht von ± 15° in horizontaler und von 0–30° in vertikaler Richtung. In diesem Bereich sollten visuelle Darstellungen am Bildschirm angeordnet sein, um Kopfbewegungen zu minimieren. [FH]

blinde Lagerstätte, Lagerstätte, die nicht an der Erdoberfläche sichtbar oder über die üblichen Verfahren zur ↗Erkundung bekannt geworden ist, sondern im Zusammenhang mit ↗Aufschlüssen, die für andere Zwecke durchgeführt wurden.

Blindenkarte, *taktile Karte*, Karten für blinde und sehgeschädigte Personen. Die visuelle Wahrnehmung wird durch die taktile Wahrnehmung ersetzt. Blindenkarten und andere ↗kartographische Darstellungsformen für Sehgeschädigte (z. B. taktile Globen) gibt es seit Mitte des 19. Jahrhunderts. Heute stehen neben großmaßstäbigen Plänen auch mittel- und kleinmaßstäbige geographische und thematische Karten, und nicht zuletzt *taktile Atlanten*, für Sehgeschädigte zur Verfügung. Immer größere Bedeutung erlangen *audio-taktile Dialogsysteme*, bei denen mit Computerunterstützung neben der taktilen auch die auditive Wahrnehmung zur Informationsübertragung genutzt wird, und Dialogfähigkeit gegeben ist. Bei der Gestaltung von klassischen Blindenkarten, die auf dem Nutzungsprinzip des Abtastens von erhabenen Punkt- und Linienelementen beruht, macht sich insbesondere das Fehlen der ↗graphischen Variable Farbe nachteilig bemerkbar. Auch die Variable Helligkeit ist nicht nutzbar und kann nur indirekt als Abstandswert von Linienmustern (vgl. ↗Schraffur) gestaltend eingesetzt werden. Die Darstellung der einzelnen Kartenelemente (syntaktische Struktur der ↗Kartenzeichen) ist weitgehend von den Anforderungen der Braille-Blindenschrift (Anordnungsprinzipien und Ausdehnungsparameter) bestimmt. Deshalb kann die Informationsdichte nur verhältnismäßig gering sein. Die Verwendung von größeren Legenden, die sich meist zwangsläufig ergeben, ist erschwert. [WGK]

blinde Scherbahn, Störung, v. a. Überschiebung, die nicht an der Oberfläche ausstreicht, weil ihr Versatz von anderen Strukturen, v. a. Falten, aufgenommen wird (Abb.).

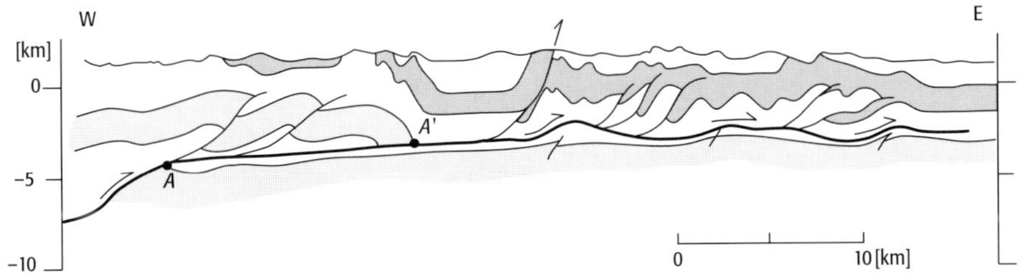

blinde Scherbahn: Der Versatz A–A' einer großen Überschiebung wird weiter östlich von kleineren Überschiebungen und Falten aufgenommen; die Überschiebung ist »blind«.

Blindhöhle, natürlicher, unterirdischer Hohlraum mit nur einem begehbaren Eingang.

Blindtal, Tal, das im ↗Karst an einem Gegenhang blind endet, Fließgewässer verschwinden in ↗Ponoren oder Höhlen. Das Einzugsgebiet von Blindtälern kann innerhalb oder außerhalb des Karstgebietes liegen.

Blitz, hell leuchtende elektrische Entladung zwischen Wolke und Erdoberfläche (Erdblitz) oder zwischen unterschiedlich geladenen Wolkenbereichen (Wolkenblitz), die von intensiver Schallausstrahlung (↗Donner) begleitet ist. Die Blitzentladung wird meist in Gebieten der Wolke initiiert, in denen die Feldstärke den Durchschlagswert überschreitet. Dann bewegt sich von der Wolke ausgehend eine kaum sichtbare Vorentladung ruckweise in einer stark zufälligen und sich verästelnden Bahn auf die Erde zu. Bei der Annäherung der Vorentladung an die Erdoberfläche erhöht sich lokal die Feldstärke, so daß vom Boden, meist von erhöhten Punkten aus, eine Fangladung ausgeht und den Blitzkanal schließt. Daraufhin erfolgt der Ladungsausgleich durch den von der Vorentladung ionisierten Blitzkanal. Der dabei fließende Strom heizt den *Entladungskanal* bis auf Temperaturen um 30.000 K auf, der durch intensive optische Ausstrahlung sichtbar wird. Der stark variierende Stromfluß führt zur Freisetzung elektromagnetischer Strahlung in einem breiten Spektralbereich (↗Sferic), die zur ↗Blitzortung benutzt wird. Da sich der heiße Plasmafaden unter einem hohen Überdruck befindet, dehnt sich der Blitzkanal explosionsartig aus. Die dabei entstehende Schockwelle verursacht den ↗Donner. Ein Entladungsstoß dauert meist nur einige Mikrosekunden an. Dabei wird im Mittel eine Ladung 1–2 C transportiert. Typisch ist ein Maximum der Stromstärke von 20 kA. Die bei einer Blitzentladung freigesetzte Energie beträgt etwa 300 kWh. Die Länge des Blitzkanals variiert zwischen 4–10 km, ein großer Teil davon kann innerhalb der Wolke verlaufen. Die meisten Erdblitze setzen sich aus mehreren Blitzstößen zusammen, die im Abstand von 50–100 ms aufeinanderfolgen und im Kanal der ersten Entladung verlaufen. Die Folge dieser Entladungen erzeugt das charakteristische Flackern des Blitzes. Blitzentladungen erscheinen meist als verzweigter oder unverzweigter *Linienblitz* entlang eines Entladungskanals, der zum Teil oder vollständig in der Wolke verlaufen kann. Wolkeninterne Entladungen treten wesentlich häufiger als Erdblitze auf. Erdblitze werden unterschieden nach der Polarität der zur Erde geführten Ladung und nach der Ausbreitungsrichtung der Vorentladung. Die meisten Erdblitze (etwa 90%) gehen von Bereichen negativer Raumladung in der Wolke aus. Weniger häufig sind positive Erdblitze, sowie von hohen Türmen oder Bergspitzen ausgehende Blitze, die an der nach oben gerichteten Verästelung zu erkennen sind. Selten beobachtete Erscheinungen sind ↗Kugelblitze und ↗Perlschnurblitze deren Natur noch nicht befriedigend erklärt ist. Durch den Nettotransport negativer Ladung zur Erdoberfläche spielen Blitze eine bedeutende Rolle bei der Aufrechterhaltung des ↗elektrischen Feldes der Atmosphäre. ↗Entladungsprozesse. [UF]

Blitzortung, Verfahren zur Bestimmung des Einschlagsortes von Blitzen. Blitzortungssysteme werten das vom ↗Blitz ausgestrahlte elektromagnetische Signal aus. Die Position des Blitzeinschlages wird dabei aus den an unterschiedlichen Empfangsorten gemessenen Ankunftszeiten oder Einfallsrichtungen des Blitzsignals berechnet. Regionale und globale Ortungssysteme mit großer Reichweite verwenden die Strahlung im Lang- und Mittelwellenbereich während lokale Systeme mit hoher räumlicher Auflösung meist im UKW- oder VHF-Bereich arbeiten.

Blitzröhre, *Blitzsinter*, *Blitzverglasung*, ↗Fulgurit.

Blizzard, extrem starker, meist mit Sturm verbundener Schneefall, insbesondere durch arktische Kaltlufteinbrüche im Winter Nordamerikas.

Blochwand, Übergangsbereich von etwa 100 nm Dicke, in dem die Richtungen der magnetischen Elementardipole stetig in kleinen Stufen zwischen zwei benachbarten magnetischen ↗Domänen (↗Weisssche Bereiche) wechseln (↗Ferromagnetismus) (Abb.).

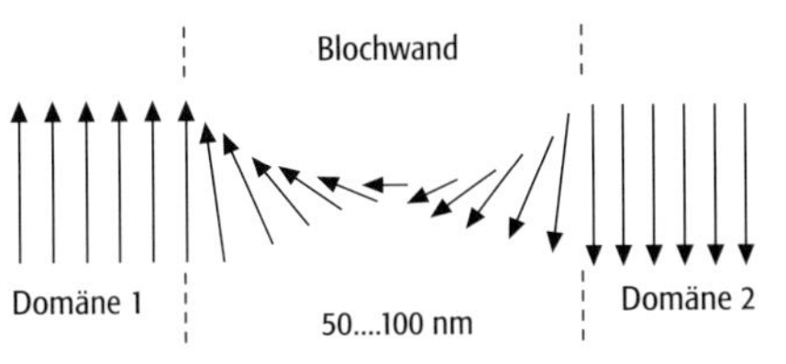

Blochwand: Anordnung der magnetischen Elementardipole in einer 180°-Blochwand zwischen zwei Domänen.

Block, eckiger Pyroklast mit einem Durchmesser > 64 mm (↗Pyroklast Tab.).

Blockabsturz, ↗gravitative Massenbewegung bei der einzelne ↗Blöcke abstürzen.

Blockbild, *Blockdiagramm*, ↗kartenverwandte Darstellung, ein nach einer topographischen Karte hergestelltes konstruktiv-zeichnerisches Vogelschaubild eines räumlich enger begrenzten Geländestückes (z. B. eines Vulkans). Der block-

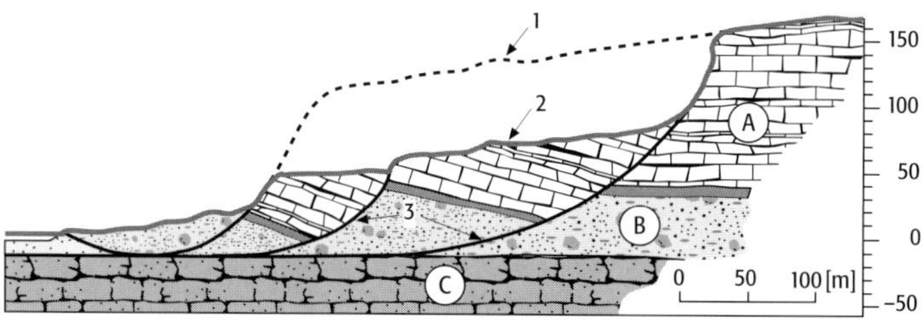

Blockrutschung: schematische Darstellung mit ehemaliger (1) und heutiger (2) Landoberfläche, sowie den Gleitbahnen (3); A = durchlässiges Gestein (Sandstein, Kalk), B = rutschungsanfälliges Gestein (Tonstein, Mergel), C = dichter Untergrund.

artige Ausschnitt gestattet an zwei Seiten die Darstellung des geologischen Aufbaus. Blockbilder verdeutlichen damit den engen Zusammenhang zwischen Bau und Relief. Die Konstruktion kann zentral-perspektivisch und parallel-perspektivisch, mit einem oder zwei Fluchtpunkten erfolgen.

Blockdiagramm ↗*Blockbild.*

Blockgleitung ↗Translationsrutschung.

Blockgletscher, ↗periglaziale Block- und Schuttmassen auf Hängen in Form eines ↗Gletschers, welche Anzeichen von ehemaliger oder aktueller Bewegung zeigen. Sie enthalten entweder ↗Poreneis oder einen Eiskern, wodurch die Bewegung der Blockmassen ermöglicht wird. Ohne ausreichende Feuchtigkeit zur Bildung von Poreneis werden keine Blockgletscher gebildet. Einige Blockgletscher bestehen zumindest teilweise aus begrabenem Gletschereis. Sie besitzen eine steile Stirnseite und meistens querverlaufende oder halbmondförmige Wülste und Furchen auf ihrer Oberseite. Aktive Blockgletscher können sich bis zu 50 m pro Jahr fortbewegen, die Bewegung der meisten Blockgletscher ist jedoch extrem langsam. Wenn die Bewegung stagniert, erfolgt eine zunehmende Vegetationsbedeckung, was ein Indiz für die Inaktivität des Blockgletschers ist.

blockierendes Hoch, *Blockierung, Block, blockierende Antizyklone*, eine hochreichende ↗quasistationäre Antizyklone auf der klimatischen Position der ↗subpolaren Tiefdruckrinne bei 50–70° N, also im normalerweise zyklonalen Bereich des Westwindgürtels der ↗Höhenströmung. Blokkierungen entwickeln sich oft an den Westseiten Europas und Nordamerikas im Bereich eines Langwellenrückens der Höhenströmung. Als langlebige (5–25 Tage) Alternativen zur Westwind-Zirkulation spalten sie diese in zwei weit auseinander liegende Zweige, wobei sich dazwischen eine Zone östlicher Winde ausbreitet. Blokkierungen treten bevorzugt im Spätwinter und Frühjahr auf.

blockierte Anker, ↗Anker, deren Stahlzugglieder sich nicht unbehindert dehnen können, da das Bohrloch im Bereich der freien Stahllänge verfüllt wurde.

Blockierung ↗blockierendes Hoch.

Blockkriechen, *Blockstromkriechen, Blockgletscher*, grobblockiges, lockeres Schuttmaterial bewegt sich langsam hangabwärts. Die Kriechbewegung findet meist in Geländedepressionen statt.

Blocklava, durch ↗Autobrekziierung fragmentierte Lava.

Blockmeer, *Felsenmeer*, Blockmassen, die entweder durch ↗Frostsprengung unter ↗periglazialen Klimabedingungen oder durch tiefgründige ↗Verwitterung unter tropischen Klimabedingungen entstanden sind. So werden z. B. die Blockmeere der deutschen Mittelgebirge als Vorzeitformen und als Ergebnis intensiver chemischer Verwitterung unter tropischen Klimabedingungen gedeutet. Die Verwitterung setzt jeweils an den Gesteinsklüften bzw. Kluftzonen an. Das Feinmaterial wird durch verschiedene denudative Prozesse (↗Denudation), namentlich der ↗Gelifluktion und ↗Abspülung, abtransportiert. Die unverwitterten Bereiche bleiben als Blöcke am Entstehungsort zurück. Im Gegensatz zum ↗Blockstrom handelt es sich damit um eine ↗autochthone Blockansammlung.

Block-Modell, Modell, das ein Gebiet als räumliche Einheit betrachtet. Dabei werden die Gebietseigenschaften über das Gebiet gemittelt.

Blockrutschung, *slump, Rotations-Blockrutschung*, Prozeß der Rutschung (↗Hangbewegungen) mit rückwärts rotierender Bewegung des Gesteins, wobei der Gesteinsverband der Rutschmasse weitgehend erhalten bleibt (Abb.). Blockrutschungen entstehen, wenn die Reibungskräfte im Inneren der Rutschmasse größer sind als an der Gleitbahn. Dies ist häufig in Sedimentgesteinen der Fall, z. B. an ↗Schichtstufen, wenn durchlässige Gesteine wie Kalksteine oder Sandsteine über rutschungsanfälligen Tonsteinen oder Mergeln liegen.

Blockschollenbewegung von Gletschern, Art der ↗Gletscherbewegung, bei der die Geschwindigkeit von schmalen Randzonen zur Gletschermitte hin rasch zunimmt, sich der Gletscher nahezu auf seiner gesamten Breite und Tiefe als gleichmäßiger Block zwischen den Randzonen bewegt und dabei oft in ein stark zerrissenes Schollenmosaik zerbricht. Als Ursachen für die Blockschollenbewegung werden u. a. eine hohe Akkumulationsrate und Fließgeschwindigkeit, Querschnittsverengungen und große Neigung des Gletscherbetts sowie sehr niedrige Temperaturen (schlechte interne Verformbarkeit ↗kalter Gletscher) genannt. Sie ist daher besonders in den hohen Gebirgen der Erde (Himalaya, Karakorum u. a.) verbreitet.

Blockschutthalde, am Fuß von steilen Wänden durch Sturzbewegung akkumulierte Gesteinsblöcke (↗Sturzhalde), z. B. unterhalb von Steinschlagrinnen.

Blockstrom, ↗allochthone Blockmassen, die im Gegensatz zum ↗Blockmeer durch ↗gravitative Massenbewegungen oder ↗Solifluktion verlagert wurden.

Blockstromkriechen ↗*Blockkriechen.*

Blocktriangulation, in der Photogrammetrie Verfahren der ↗Mehrbildauswertung eines aus den Luftbildern mehrerer ↗Bildreihen bestehenden ↗Bildverbandes, zur Bestimmung der Daten der ↗äußeren Orientierung und der ↗Objektkoordinaten von ↗Paßpunkten.

Block-und-Asche-Strom, ↗pyroklastischer Strom, der als Folge der Explosion oder des gravitativen

Kollapses eines Lavadomes oder der Front eines Lavastromes entsteht. Der Name bezieht sich auf das Korngrößenspektrum (↗Pyroklast Tab.) der transportierten Klasten (also der Lava(dom)-Fragmente).

Blockungstemperatur, ↗Relaxationszeit τ_0 einer ↗remanenten Magnetisierung. Sie ist stark von der Temperatur abhängig. Sie kann nach einer Theorie von Néel durch folgende vereinfachte Beziehung dargestellt werden:

$$1/\tau_0 = C\, e^{-(V \cdot H \cdot M/2 \cdot k \cdot T)}$$

Dabei ist C ein Faktor von der Größenordnung 10^{-9} s, V ist das Volumen der ferromagnetischen oder ferrimagnetischen Teilchen, H ein Anisotropiefeld (z. B. die ↗Koerzitivfeldstärke), M die ↗Sättigungsmagnetisierung, k die Boltzmann-Konstante und T die absolute Temperatur. Bei der Erzeugung einer ↗thermoremanenten Magnetisierung durch die Abkühlung eines Gesteins in einem Magnetfeld durchläuft jedes einzelne ferrimagnetische Teilchen bei Unterschreiten der ↗Curie-Temperatur einen Zustand des Übergangs von zunächst sehr kurzen ($< 10^{-9}$ s ... 10^0 s), bei Erreichen der Blockungstemperatur T_B aber wesentlich längeren ($> 10^0$ s ... 10^3 s) Relaxationszeiten, indem eine ↗Magnetisierung parallel zum äußeren Magnetfeld »eingefroren« oder »blockiert« wird. Bei Gesteinen mit einem weiten Spektrum unterschiedlich großer ferrimagnetischer Erzkörner spielen sich diese Vorgänge in einem breiten Temperaturintervall, dem Blockungstemperatur-Intervall, unterhalb der Curie-Temperatur ab. Umgekehrt wird bei einer Erwärmung eines Gesteins seine remanente Magnetisierung durch die Überschreitung von Blockungstemperaturen allmählich abgebaut (entblockt). Dies ist die physikalische Grundlage für das Verfahren der ↗thermischen Entmagnetisierung. Eine Entblockung einer remanenten Magnetisierung kann auch durch magnetische Felder größer als die ↗Koerzitivfeldstärke H_C bewirkt werden. Dies ist die physikalische Grundlage für das Verfahren der ↗Wechselfeld-Entmagnetisierung. [HCS]

Blockzunge, Bezeichnung für eine besonders starke Akkumulation von Moränenmaterial am Ende von ↗Gletscherzungen.

blowout, *Windmulde*, elliptische Deflationshohlform (↗Deflation), die mit ihrer Längsachse windparallel ausgerichtet ist und mitunter sandfrei sein kann. Blowouts entstehen in fixierten Dünenlandschaften nach Vegetationsverlust, was besonders auf ↗Küstendünen zutrifft. Dabei treten häufig Längen von 10–30 m auf. Die Deflation setzt auf vegetationsfreien Flächen an und führt zu einer ersten Aushöhlung. Wenn sich dort Wirbel mit senkrechter Achse bilden, die den Sand von der Mitte zu den Rändern der Hohlform transportieren, entwickeln sich daraus blowouts. Zunächst besteht eine positive Rückkopplung, da die Windstärke im Tiefsten der Hohlform die größte Geschwindigkeit erreicht, wodurch die Eintiefung beschleunigt wird. Das Breitenwachstum endet dort, wo die Transportkraft des Wirbels nicht mehr ausreicht, den Sand aufzunehmen bzw. hangaufwärts zu transportieren. Blowouts sind oft nur kurzzeitig aktiv, da sie i. d. R. schnell wieder bewachsen werden. Sie können aber auch in Hauptwindrichtung zur Entstehung von ↗Parabeldünen überleiten. [KDA]

blue ground, unverwitterter ↗Kimberlit, schieferblau bis blaugrün, häufig als diamantführende, meist brekziöse Füllung von Kimberlit-Pipes bzw. -Schloten; Beispiele finden sich in Südafrika, Australien und Sibirien; verwittert in Oberflächennähe durch Oxidation zu *yellow ground*.

Blüte, Kurzsproß mit begrenztem Wachstum, der als Sporophyll-Stand mit Mikrosporophyllen (Träger von Mikro-Sporangien, Pollensackgruppen, Staubblättern) und/oder Megasporophyllen (Träger von Mega-Sporangien, Fruchtblättern) besetzt ist und somit der geschlechtlichen Fortpflanzung dient.

Blutschnee, rote Schlieren oder Flecken im Schnee und Eis der Hochgebirge und der Polargebiete, meist durch die Alge *Chlamydomonas nivalis*, seltener durch besonders starke Staubanreicherungen (z. B. Saharasand in den Alpen) verursacht.

Bö, kräftiger Windstoß, hervorgerufen durch horizontale turbulente Luftbewegung. Der ↗Wind wird als böig bezeichnet, wenn innerhalb von 20 Sekunden Windstöße auftreten, die die herrschende mittlere ↗Windgeschwindigkeit um zehn Knoten oder mehr überschreiten.

Bodden, überflutete, quartäre Hohlform an der Küste mit starker Gliederung des Ufers, geringer Wassertiefe und einer schmalen Verbindungsöffnung zum Meer (↗Boddenküste).

Boddenküste, Küste im Bereich einer postglazial überfluteten ↗Grundmoränenlandschaft, gegliedert in Küstenvorsprünge und seichte Meeresbuchten mit unregelmäßigem Umriß. Bekanntestes Beispiel ist die Küste Mecklenburg-Vorpommerns mit dem Saaler-, Jasmunder- und Greifswalder-Bodden.

Boden, der Teil der oberen Erdkruste, der nach unten durch festes und lockeres Gestein (↗Lithosphäre), nach oben durch eine Pflanzendecke (↗Biosphäre) oder den Luftraum (↗Atmosphä-

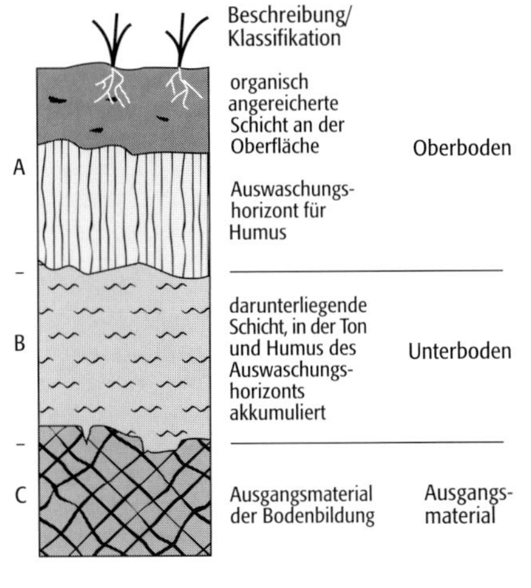

Boden 3: schematischer Aufbau eines Bodenprofils (Bodentyp: Parabraunerde).

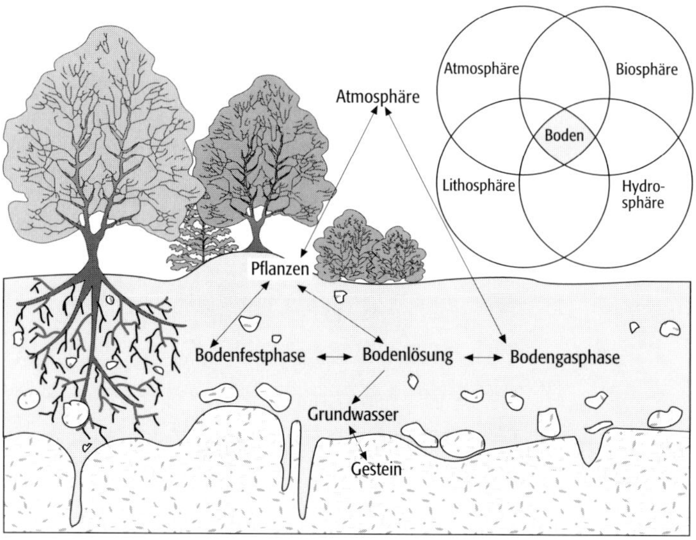

Boden 1: Stellung des Bodens zwischen Lithosphäre, Atmosphäre, Hydrosphäre und Biosphäre.

re) begrenzt wird und in Durchdringung mit der Hydrosphäre existiert (Abb. 1). Der Boden hat sich durch den Einfluß von Klima, Vegetation, Bodenfauna, Mikroflora, Relief und unter Einwirkung des Menschen in Jahrtausenden entwikkelt und weist neue charakteristische Eigenschaften im Vergleich zum Ausgangsgestein auf. Die Abbildung 2 zeigt die durchschnittliche Zusammensetzung von Böden. Typisch ist der vertikale ↗Horizont- und Schichtaufbau (Abb. 3) und die horizontale Struktur der ↗Bodendecke. Boden läßt sich unter verschiedenen Gesichtpunkten definieren: a) stofflich als Dreikomponentengemisch aus festen, flüssigen und gasförmigen Bestandteilen, b) physiko-chemisch als offenes, dreiphasiges, polydisperses, oberflächenaktives System, c) ökologisch als belebtes System, d. h. als Lebensraum für ↗Bodenfauna und ↗Bodenflora sowie als Standort für Pflanzen und d) räumlich als Ausschnitt aus der Bodendecke. In den Böden treffen die beiden übergeordneten biotischen Prozesse terrestrischer Ökosysteme zusammen: die Produktion von Biomasse durch grüne Pflanzen (↗Primärproduktion) aus CO_2, Wasser und Salzen mit Hilfe der Sonnenenergie sowie die Dekomposition, d. h. die Zersetzung der Biomasse unter Aufnahme von O_2. Damit erfüllen Böden vier übergeordnete Funktionen: a) Lebensraumfunktion (biologische Vielfalt, Genpool), b) Regelungsfunktion (für den Wärme- und Strahlungsaustausch, Regelung kontinentaler Wasserkreisläufe, Speicher und Transformatoren für Nährstoffe, Quellen und Senken für CO_2 und CH_4, Quellen für N_2O, Puffer, Filter, Speicher für Schadstoffe, Quellen für Stoffbelastung benachbarter Umweltkompartimente), c) Nutzungsfunktion (Produktionsfunktion z. B. als Rohstofflieferant, Trägerfunktion und Informationsfunktion) sowie eine d) Kulturfunktion (Grundlage menschlicher Geschichte und Kultur) (Abb. 4). [MFr]

Bodenabtrag ↗*Bodenerosion.*

Bodenacidität, saure (pH-Wert < 7) Reaktion eines Bodens (↗Bodenreaktion). Die Bodenacidität wird durch den Gehalt an dissoziationsfähigen Protonen, den austauschbaren Aluminiumionen im Boden und/oder dem Protonengehalt in der Bodenlösung bedingt. Wichtige Protonenquellen im Boden sind Kohlensäure (bei der Atmung freigesetztes Kohlendioxid reagiert mit Wasser unter Bildung von Kohlensäure), niedermolekulare Säuren sowie Fulvo- und Huminsäuren, Säuren, die bei der Mineralisation von Sulfiden und N-Verbindungen freigesetzt werden sowie über den Niederschlag in den Boden gelangende Säuren (↗saurer Regen).

Bodenaggregate, Gefügeelemente, die durch die Zusammenlagerung einzelner Bodenbestandteile (z. B. Tonminerale, Schluff- und Sandkörner sowie organische Stoffe) zu größeren Einheiten (Aggregation) entstehen und die sich deutlich von der Umgebung abheben. Bodenaggregate sind gekennzeichnet durch unterschiedliche Form, Größe und Stabilität in Abhängigkeit von der Art der Entstehung, geprägt durch die ↗Bodenentwicklung. Sie entstehen durch a) hohe biologische Aktivität und intensive ↗Durchwurzelung (Krümel, Wurmlosungsaggregate), b) Schrumpfungsprozesse (Polyeder, Prismen, Säulen) und c) mechanische Beanspruchung des ↗Ap-Horizontes bei der ↗Bodenbearbeitung (Bröckel, Klumpen). Die Art der Aggregate definiert das entsprechende ↗Aggregatgefüge. Sie sind innerhalb des Bodenverbandes stabilisierende Elemente bei einwirkenden Druck- und Scherbeanspruchungen. [HRB]

Bodenalkalität, alkalische oder basische (↗pH-Wert > 7) Reaktion eines Bodens (↗Bodenreaktion). Sie wird durch im Boden enthaltene Stoffe, die Protonen binden können, v. a. Carbonate, in trockenen Gebieten auch durch den Natriumgehalt, verursacht.

Bodenanalyse ↗*Bodenuntersuchung.*

Bodenart, *Bodentextur, Körnungsart,* Grundgrö-

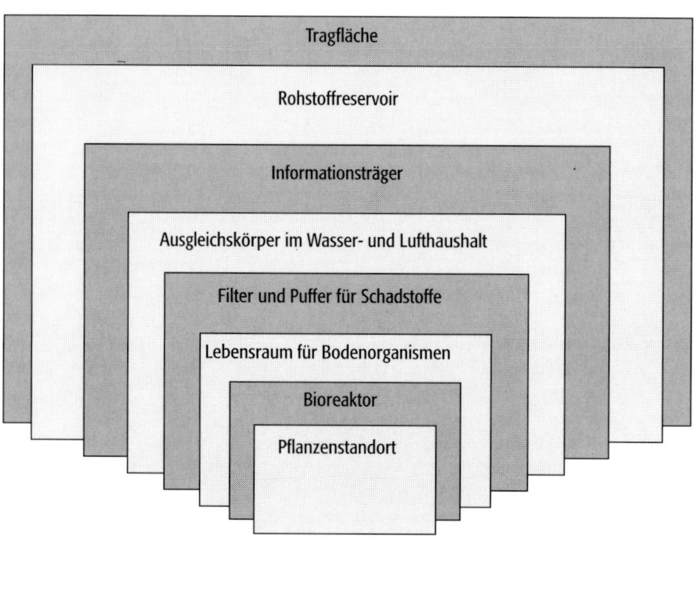

Boden 4: Verschiedene Bodenfunktionen mit unterschiedlicher Empfindlichkeit gegenüber physikalischen Belastungen, wobei die Funktionen umso empfindlicher sind, je weiter sie im Vordergrund stehen.

ße zur Charakterisierung der Korngrößenzusammensetzung (↗Körnung), welche die Häufigkeitsverteilung der mineralischen Bodenpartikel < 2 mm beschreibt (↗Feinboden). Aus den ↗Kornfraktionen Sand, Schluff und Ton werden je nach Anteil im Korngemisch die Bodenartenhauptgruppen ↗Sand, ↗Schluff, ↗Lehm und ↗Ton unterschieden, die in Deutschland in elf Bodenartengruppen und 31 Bodenartenuntergruppen untergliedert werden. Die Grenzwerte für die Anteile der einzelnen Kornfraktionen an den Bodenarten sind tabellarisch oder graphisch (Bodenartendreieck) ablesbar und ermöglichen die Zuordnung zu verschiedenen Bodenartenuntergruppen (Abb.). Im Gelände kann die Bodenart mit der ↗Fingerprobe abgeschätzt werden. Verknüpft man die Bodenart mit weiteren Bodenmerkmalen wie dem ↗Bodenskelett, ergibt sich die Gesamtbodenart. Unter Berücksichtigung der Geogenese spricht man von Substrat und bei Einbeziehung der Schichtung von Substrattypen, durch die das Ausgangsmaterial für die Bodenbildung systematisiert wird. [SK]

Bodenatmung, Vorgang der Produktion von CO_2 durch Bodenlebewesen und Pflanzenwurzeln unter Verbrauch von atmosphärischem Sauerstoff. Der für die ↗Atmung notwendige Sauerstoff gelangt durch Diffusion aus der Atmosphäre in den Boden, da der Partialdruck des CO_2 in der Luft sehr viel geringer ist als der des Sauerstoffs. Die Bodenatmung hat Einfluß auf die Zusammensetzung des luftgefüllten Porenraumes bezüglich der Menge und Verfügbarkeit des Sauerstoffs, der für chemische Oxidationsprozesse benötigt wird, und somit auf die ↗Bodenentwicklung (↗Bodenluft, ↗Bodendurchlüftung).

Bodenaufnahme, standardisierte, horizontbezogene Beschreibung der pedogenen Merkmale eines ↗Bodenprofils anhand von Bohrgut oder im Aufschluß (Schürfgrube) nach der ↗Bodenkundlichen Kartieranleitung.

Bodenauftrag, a) natürlich: Sedimentauftrag als Folge der Bodenerosion, im Gegensatz zu ↗Bodenabtrag und b) künstlich: durch den Menschen. ↗Sanddeckkultur, ↗Plaggenesch.

Bodenaushub ↗*Erdaushub*.

Bodenaustausch, Sanierung des Bodens durch Entfernung des kontaminierten Bodenbereiches bei Ersatz durch ortsfremden, unbelasteten Boden.

Bodenaustauschmaterial, zur Verbesserung des ↗Baugrundes (↗Baugrundvergütung) kann der natürlich anstehende, nicht tragfähige Boden im Rahmen eines Bodenaustausch- bzw. Bodenersatzverfahrens gegen tragfähigen Boden ausgetauscht werden. Dies gilt insbesondere, wenn andere Verfahren, z.B. eine ↗Verdichtung, nicht möglich oder unwirtschaftlich sind. Bei dem Bodenaustauschmaterial handelt es sich um nichtbindige Erdstoffe (Sande und Kiese), die im Hinblick auf ihre Einbaufähigkeit, Verdichtbarkeit und Dauerhaftigkeit den jeweiligen Ansprüchen an den Baugrund genügen.

Bodenbakterien, im Boden lebende ↗Bakterien, zum ↗Edaphon gehörend. Wegen ihrer hohen Individuenzahl sind sie eine bedeutende Gruppe der ↗Destruenten. Folgende Gruppen kann man unterscheiden: a) ↗Stickstoffbinder (wandeln Luftstickstoff in organische N-Verbindungen um), b) ↗Nitrifikanten (wandeln NH_4-Stickstoff durch Oxidation in Nitrit- bzw. Nitrat-Stickstoff um), c) Denitrifikanten (reduzieren Stickstoffoxide im anaeroben Milieu zu elementarem Stickstoff durch ↗Denitrifikation), d) ↗Schwefelbakterien , e) ↗Eisenbakterien, f) ↗Manganbakterien, g) ↗Knallgasbakterien, h) ↗Cyanobakterien, i) ↗Methanbakterien.

Bodenbearbeitung, dient der Schaffung optimaler Bodenzustände für das Pflanzenwachstum. Die Ziele der Bodenbearbeitung sind die folgenden: a) die Herstellung eines bestimmten ↗Bodengefüges mittels Lockern, Krümeln oder Verdichtens zur Schaffung eines gut durchwurzelbaren Bodenraumes mit Anschluß an die wasserführenden Kapillare, b) die Einebnung oder Ausformung der Bodenoberfläche als Voraussetzung für bestimmte Saat-, Pflanz- und Ernteverfahren, wie Einzelkornsaat, Ernte von Kartoffeln aus Dämmen, oder Bewässerungsverfahren, c) Beseitigung von Unkraut und Schaderregern durch Vergraben und mechanischer Vernichtung. Die Bodenbearbeitung wird eingeteilt in einerseits die ↗Primärbodenbearbeitung zur ersten, meist tiefgehenden Lockerung des Bodens nach der Ernte und zur Einarbeitung von ↗Bestandsabfall mit dem Einsatz von Pflug, Grubber oder Fräse. Andererseits dient die ↗Sekundärbodenbearbeitung der Herstellung eines feinkrümeligen Saatbettes mit Feingrubber, Egge oder flach arbeitender Fräse. [HPP]

Bodenbedeckung, wird durch Pflanzen oder Mulch gewährleistet und ist eine wichtige Größe für den ↗Bodenschutz, da Beschattung und or-

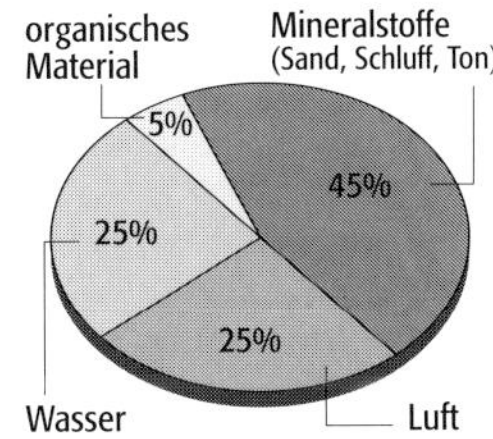

Boden 2: durchschnittliche Zusammensetzung von anthropogen nicht geschädigten Böden.

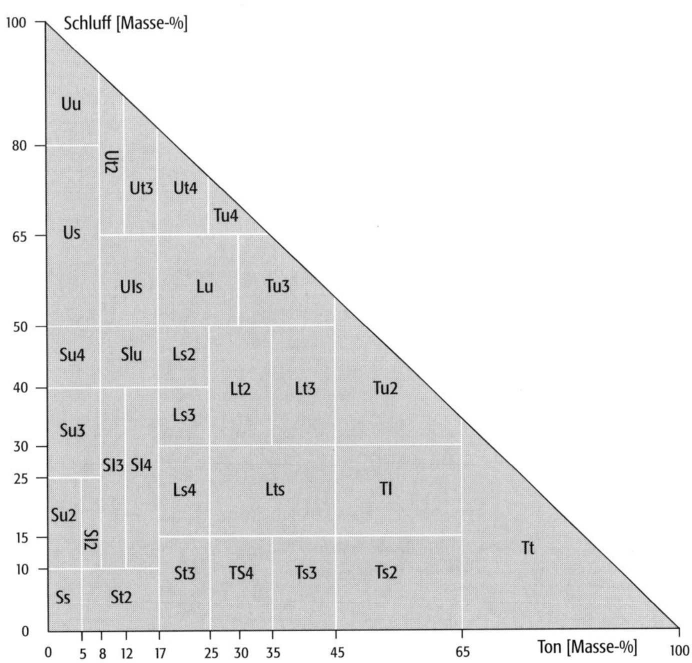

Bodenart: Bodenartendiagramm der Bodenartenuntergruppen in Deutschland. Der Großbuchstabe der Kurzzeichen steht für die Bodenartenhauptgruppen Ton (T), Schluff (U), Lehm (L) und Sand (S). Die Kleinbuchstaben bedeuten tonig (t), schluffig (u), lehmig (l) und sandig (s). Die Kennziffern stehen für schwach (2), mittel (3) und stark(4).

ganische Masse das Bodenleben und damit die Lebendverbauung von Bodenteilchen fördern sowie Schutz vor der Aufprallenergie von Regentropfen und mechanischer Belastung durch Befahren gewährleisten.

Bodenbegasung, Verfahren der ↗Applikation von Pflanzenschutzmitteln zur Kontrolle von bodenbürtigen Schaderregern. Hauptsächlich zur Bekämpfung von ↗Nematoden eingesetzte Mittel (↗Nematizide), die sich im Boden in der Gasphase ausbreiten.

Bodenbelastbarkeit, Begriff für die vertretbare Belastungsgrenze durch Landnutzung oder andere menschliche Eingriffe und deren Folgen, die im Kompensationsbereich der internen Regelmechanismen liegen und bei deren Überschreitung irreversible Funktionsstörungen auftreten. Aus der Belastbarkeit kann die potentielle Gefährdung von Böden durch Bodenerosion, Bodenschadverdichtungen, Kontamination, Humusverarmung, Versauerung, Versalzung, Vernässung u.a. bestimmt werden. Der Indikation der Bodenbelastbarkeit muß die Indikation der ↗Bodenbelastung entgegengestellt werden.

Bodenbelastung, Böden als Struktur- und Funktionselemente terrestrischer Ökosysteme sind für alle externen Eingriffe bzw. Bodenbelastungen offen, wie z.B. Verschiebungen im Strahlungshaushalt, Veränderung des Niederschlags- und Temperaturregimes, Änderung der Atmosphärenzusammensetzung oder der Landnutzung. Für die Erhaltung der Bodenfunktionen sind Indikation und Bewertung der an den jeweiligen Standorten auftretenden Belastungen in Relation zu der Belastbarkeit des jeweiligen Bodens Voraussetzung.

Bodenbewertung, Beurteilung eines Bodens für die Nutzung von Land- oder Forstwirtschaft, Hoch- und Verkehrsbau oder als Abfalldeponien. In Deutschland erfolgt sie nach dem seit 1934 existierenden »Gesetz über die Schätzung des Kulturbodens« (Bodenschätzungsgesetz). ↗Bodenschätzung.

bodenbildende Faktoren ↗Faktoren der Bodenbildung.

Bodenbildung, beginnt durch an der Erdoberfläche herrschende Bedingungen wie zugestrahlte Sonnenenergie und die von ihr ausgelösten physikalischen, chemischen und biologischen Vorgänge, die zur Verwitterung der obersten Schichten der Gesteinshülle führen. Lockermaterial wird besiedelt von Flora und Fauna; durch Stoff- und Energieaustausch mit der Biosphäre vollzieht sich die Entwicklung belebten Bodens und die Weiterentwicklung in langen Zeiträumen von Rohböden zu voll entwickelten Böden (↗Bodenentwicklung). Bodenbildungsprozesse verlaufen in den Klimazonen der Erde unterschiedlich, je nach Konstellation verschieden ausgeprägter ↗Faktoren der Bodenbildung.

Bodenbiologie, Wissenschaft vom Leben im Boden (↗Edaphon). Als Teilgebiet der Biologie und der ↗Bodenkunde befaßt sie sich mit der Taxonomie, Systematik, Morphologie, Physiologie und der Ökologie der Bodenorganismen.

Bodencatena, *Catena*, bezeichnet den Wandel der Bodeneigenschaften entlang eines Hanges von der Wasserscheide bis zur Tiefenlinie. Untersuchungen von Bodencatenen ermöglichen den qualitativen und quantitativen Nachweis auch der lateral im Boden ablaufenden Prozesse der Wasser- und Stoffdynamik.

Bodendatenbank, Form der strukturierten analogen oder digitalen Speicherung von verschiedenen Bodenparametern, nach Möglichkeit mit geographischer Lage und differenziert in Tiefenstufen. Sie werden vor allem von bodenkundlich orientierten Verwaltungen des Bundes und der Länder geführt und gepflegt.

Bodendatierung, *Datierung von Böden*. Für die zeitliche Einordnung von ↗Kolluvien und ↗Sedimenten oder bei der Bestimmung des Bodenbildungszeitraumes können relative und absolute Datierungsmethoden verwendet werden. Relative Altersangaben kann man mit biologischen oder bodenchemischen Analysemethoden erhalten. Hierbei werden Ablagerungen wie ↗Pollen und Großreste oder atmosphärische Einträge (↗Löß, Staub, Vulkanasche bzw. anthropogene Einträge wie ↗Schwermetalle oder ↗Radionuklide) untersucht und mit anderen Standorten verglichen. Während die ↗relative Altersbestimmung nur Größenbereiche liefert, kann man mit der ↗absoluten Altersbestimmung Jahreszahlen ermitteln. Die verbreitetste Methode zur absoluten Altersbestimmung ist die ↗^{14}C-Datierung von organischen Resten, z.B. Holzkohle, Humus, Pollen, Pflanzenreste und Fossilien. Bei der Altersbestimmung von Kolluvien können mittels ↗Lumineszenzdatierung ebenfalls absolute Altersbestimmungen durchgeführt werden. So läßt sich beispielsweise das Brenndatum von Keramikteilen bestimmen, die häufig in Kolluvien oder an archäologischen Standorten gefunden werden. [MD]

Bodendauerbeobachtungsflächen, *BDF*, Meßnetz von Flächen zur Erfassung räumlicher und zeitlicher Veränderungen von Böden. Das Konzept basiert auf den Vorgaben der Sonderarbeitsgruppe »Informationsgrundlagen Bodenschutz der Umweltministerkonferenz, Unterarbeitsgruppe Boden-Dauerbeobachtungsflächen« (1991) und ist im ↗Bundes-Bodenschutzgesetz verankert. Die Ziele sind: a) Ersterfassung des Bodenzustandes durch Feststellen der gegenwärtigen Merkmale und Eigenschaften von Böden sowie ihrer Belastungen an repräsentativen Standorten, b) Ermittlung von lang- und kurzfristigen Veränderungen der Bodenfunktionen infolge standort-, belastungs- und nutzungsspezifischer Einflüsse durch periodische Untersuchungen (genormt) des Bodenzustandes oder durch Bilanzierung des Stoffhaushaltes, c) Schaffung einer Basis für die Errichtung von Versuchsflächen zur Entwicklung von Auswertungsmodellen und zur Ableitung von Bodennormwerten und d) Einrichtung von Referenzflächen für regionale Belastungen und von Eichstandorten. [MFr]

Bodendecke, flächendeckende Ausdehnung der Böden an der Erdoberfläche.

Bodendegradation, *Bodendegradierung*, Veränderung von Bodeneigenschaften und Bodenzuständen durch das Fortschreiten des Entwicklungsprozesses von Böden (↗Entwicklungsreihen). Dabei können die ↗Faktoren der Bodenbildung (z.B. des Klimas) konstant bleiben oder variieren. Die ↗Bodenfruchtbarkeit verschlechtert sich oft durch Degradation. So folgen auf die bodenfruchtbarkeitsfördernden, bodenbildenden Prozesse der ↗Humifizierung und ↗Durchmischung, die degradierend wirkenden, bodenbildenden Prozesse der ↗Verbraunung, der ↗Tonverlagerung und der (in Mitteleuropa oft anthropogen begünstigten) ↗Podsolierung. Die ackerbauliche Nutzung wirkt durch die Abnahme des Humusgehaltes ebenfalls degradierend.

Bodendichte, d_B, *Dichte des Bodens, Trockenrohdichte, Lagerungsdichte*, 1) Masse des Gesamtbodens bezogen auf ein definiertes Volumen einschließlich des Porenraumes. Bestimmung durch Trocknung des Bodens bei 105 °C und Bildung des Verhältnisses dieser Trockenmasse zum (Ausgangs-)↗Bodenvolumen. 2) Substanzdichte (d_f, Reindichte): Masse der festen Bestandteile des Bodens wie organische Substanz, Quarz-, Ton- oder Schwerminerale bezogen auf ihr Substanzvolumen.

Bodendruckfeld ↗Wetterkarte.

Bodendünnschliff, Aufbereitungsmethode für ↗Bodenproben zur lichtmikroskopischen Untersuchung des ungestörten Bodenmikrogefüges (↗Bodengefüge), bei der die ungestörte Bodenprobe in flüssiges Kunstharz eingebettet und nach Aushärtung auf eine Stärke von 20–30 μm geschliffen und poliert wird.

Bodendurchlüftung, durch ↗Diffusion gesteuerter Vorgang des Gasaustauschs zwischen Atmosphäre und ↗Bodenluft. Die Bodendurchlüftung ist von ↗Bodenart und ↗Bodengefüge abhängig und stellt neben dem Wassergehalt einen entscheidenden Faktor für das Pflanzenwachstum dar. Eine hohe Austauschgeschwindigkeit von O_2 und CO_2 wird in Böden erreicht, die einen großen Anteil an ↗Grobporen und an Kontinuität der Porung besitzen, einen geringen Anteil wassergefüllter Poren und einen entsprechenden Zustand der Bodenoberfläche aufweisen (geringe ↗Bodenverdichtung und ↗Verschlämmung). Ein Boden, der bei ↗Feldkapazität noch 10–15 % Luft enthält wird, als gut durchlüftet bezeichnet. Die Bodendurchlüftung wird v.a. durch die Bearbeitung beeinflußt. Maßnahmen zur Förderung des ↗Krümelgefüges und somit einer schnelleren Wegführung des Sickerwassers bewirken eine Verbesserung der Bodendurchlüftung. Eine unzureichende Bodendurchlüftung beeinträchtigt die bodenbiologische Aktivität (↗Bodenatmung), hemmt das Wurzelwachstum und verringert die Wasser- und Nährstoffaufnahme von Pflanzen. [AH]

Bodeneis, Bezeichnung für alle Formen von Eis in gefrorenem Untergrund. Bodeneis kommt in Poren oder größeren Hohlräumen vor, und auch massives Eis wird dazugezählt, nicht jedoch begrabenes Eis. Bodeneis kann ↗epigenetisch oder ↗syngenetisch, aktuell geformt oder reliktisch, perennierend oder saisonal sein. Es kann auftreten in Form von Eislinsen, Eisvenen, ↗Eiskeilen, Eisschichten, unregelmäßig geformten Eiskörpern, als einzelne Kristalle ausgebildet sein oder als Hülle von organischen oder mineralischen Partikeln. Die wichtigsten Formen aus geomorphologischer Sicht sind dabei Eiskeile, ↗Segregationseis und ↗Injektionseis, da ihr lokales Vorkommen charakteristische ↗periglaziale Reliefformen verursacht.

Bodenentwicklung, *Bodengenese, Pedogenese.* 1) i.w.S. ↗*Bodenbildung*, ↗Verwitterung von festem oder grobem Ausgangsmaterial zu feinem mineralischen Material. Damit wird die Voraussetzung für Bodenentwicklung i.e.S. geschaffen. 2) i.e.S. Entwicklung von Bodenhorizonten durch Prozesse der Stoffumbildung und -verlagerung unter Einfluß der ↗Faktoren der Bodenentwicklung. Ausgangsmaterialien für die Bodenentwicklung sind oberflächennahe Fest- oder Lockergesteine, häufig jungpleistozäne und holozäne Sedimente. Bedeutende bodenbildende Prozesse des gemäßigten Klimas in Mitteleuropa sind die Zersetzung und ↗Humifizierung von organischer Substanz, die Lösung von Calciumcarbonat, die ↗Verbraunung und Tonneubildung, die Gefügebildung, die ↗Tonverlagerung, die ↗Podsolierung, die ↗Vergleyung und die ↗Pseudovergleyung. Die bodenbildenden Prozesse führen zu einer vertikalen Differenzierung des Ausgangsmaterials in verschiedene ↗Bodenhorizonte. Der Oberboden wird durch ↗A-Horizonte mit Humusanreicherung und z.T. Abführung anderer Substanzen (Tonminerale, Eisenoxide etc.) charakterisiert, der Unterboden durch ↗B-Horizonte mit Anreicherung der oberhalb abgeführten Substanzen gebildet. Der durch Bodenbildung nicht beeinflußte ↗C-Horizont schließt den Boden nach unten ab. Die heute an der Oberfläche liegenden Böden entwickelten sich während des ↗Holozäns in Mitteleuropa, überwiegend unter natürlicher Waldvegetation. Mit der Rodung und anschließender agrarischer Nutzung wurde die Bodenbildung drastisch verändert, an den Ober- und Mittelhängen wurden zumindest die Oberböden oftmals abgetragen. Vollständige, nicht erodierte Böden sind daher außerordentlich selten. Das abgetragene Bodenmaterial wurde auf Unterhängen und den vorgelagerten Talauen als ↗Kolluvium bzw. in Talauen als ↗Hochflutsediment abgelagert. [HRB]

Bodenerhaltung, schonende Nutzung der nicht erneuerbaren und damit begrenzten Ressource Boden zur dauerhaften Gewährleistung der Balance zwischen den Prozessen der ↗Bodenbildung und der ↗Bodendegradation sowie des Potentials der Bodenfunktionen. Die Grundlage ist die Abwägung des Zeitmaßes anthropogener Einträge bzw. Eingriffe in Böden in einem ausgewogenen Verhältnis zum Zeitmaß der für das Reaktionsvermögen der Böden relevanten natürlichen Prozesse zur Ermöglichung der ↗Selbstregulation des Systems.

Bodenerosion, *Bodenabtrag, Bodenkappung, Bodenumlagerung, Bodenverkürzung, Bodenverlagerung, Bodenzerstörung.* Bodenerosion wird durch Eingriffe des Menschen ermöglicht. Bodenerosion umfaßt die Prozesse der Ablösung, des Transportes und der Ablagerung von Bodenbestandteilen. Unmittelbar ausgelöst wird Bodenerosion durch Regentropfen, die auf vegetationsfreie Oberflächen aufprallen (↗Regentropfenerosion), durch den nachfolgenden Abfluß auf der Bodenoberfläche (↗Wassererosion), durch starken Wind (↗Winderosion) oder durch den Abfluß auf der Bodenoberfläche beim raschen Tauen von wasserreichen Schneedecken (Schneeschmelzerosion). Bodenerosion durch Wasser wirkt flächenhaft (↗Flächenerosion) oder linienhaft (↗Rillenerosion). Während seltener, starker Niederschläge kann über wenige Minuten nahezu flächendeckend auf einem vegetationsfreien Hang Abfluß entstehen, Bodenpartikel können sich ablösen und mit diesen auf der Bodenoberfläche abfließen. Mäßig starke Niederschläge verursachen schwachen Abfluß auf der Bodenoberfläche in zahlreichen, cm bis dm breiten Abflußbahnen. Hier wird der Boden manchmal nur um Bruchteile von mm tiefer gelegt. Die nächste Bodenbearbeitung beseitigt die lokalen Abfluß- und Abtragsspuren, sie nivelliert die Bodenoberfläche. Flächenhafte Bodenerosion führt so zu einer allmählichen, ungleichmäßigen Tieferlegung ganzer Ober- und Mittelhänge. Viele schwache bis mäßig starke Abflußereignisse legen die Bodenoberfläche über Jahre, Jahrzehnte und Jahrhunderte flächenhaft mm für mm tiefer. Die Langsamkeit der flächenhaften Bodenerosion, die auch als *schleichende Bodenerosion* bezeichnet wird und die ↗Bodenfruchtbarkeit allmählich verringert, führt dazu, daß ihre Bedeutung oft unterschätzt wird. Bei extrem starken Niederschlägen führt der auf ackerbaulich genutzten Hängen in Bahnen zusammenströmende Abfluß auf der Bodenoberfläche zur Einschneidung von tiefen Kerben und damit zu verheerender, linienhafter Bodenerosion. Die Lage der Abflußbahnen wird von der Hangform, der Lage und Form der Nutzungsparzellen und der Richtung der Bodenbearbeitung bestimmt. Bodenbearbeitung in Gefällsrichtung führt den Abfluß rasch dem Gefälle folgend ab, kleine Rinnen tiefen sich ein, die sich nur selten treffen und so über die verstärkte Abflußkonzentration starke linienhafte Eintiefungen verursachen. Wird annähernd quer zum Gefälle, also entlang der Höhenlinien gearbeitet, sammelt sich der Abfluß in den Furchen und infiltriert zunächst. Sind die Furchen schließlich wassergefüllt, läuft der Abfluß über die tiefste Stelle des Dammes und zerreißt den Damm. Die Furche entleert sich in wenigen Minuten, große Wassermassen strömen in kurzer Zeit konzentriert hangabwärts und reißen tiefe Kerben ein. Strömt in Hangdellen viel Abfluß zusammen, können ebenfalls tiefe Kerben einreißen.

Während natürliche Abtragungsprozesse (↗Erosion) nur auf den Flächen vorherrschen, die ohne Einfluß des Menschen vegetationsarm sind, tritt Bodenerosion nur nach Eingriffen des Menschen in die Landschaft auf. Natürliche Abtragung war in Mitteleuropa außerhalb der Alpen letztmalig im Spätglazial bedeutend. Heute tritt sie in Mitteleuropa hauptsächlich oberhalb der Waldgrenze in den Alpen auf. In den gemäßigten Breiten schützten die Wälder die Bodenoberfläche nahezu vollständig vor natürlicher Abtragung. Die Rodung der Wälder, die in Mitteleuropa vielerorts im Neolithikum, der Bronzezeit oder im frühen und hohen Mittelalter stattfand, ermöglichte erstmalig Bodenerosion in Mitteleuropa. In den auf die Rodungen folgenden Phasen, insbesondere der ackerbaulichen Nutzung, konnten in Zeiten mit sehr geringer oder fehlender Bodenbedeckung durch Pflanzen Bodenbestandteile verlagert werden. Seit dem frühen Mittelalter wurden in Deutschland ackerbaulich genutzte Hänge durchschnittlich um 50 cm tiefer gelegt. Da die einzelnen Standorte in Abhängigkeit vom Niederschlag, Relief, den Substrat- und Bodeneigenschaften sowie der Nutzung sehr verschieden stark von Bodenerosion betroffen waren und sind, variiert das Ausmaß der Tieferlegung am Ober- und Mittelhang und der Ablagerung am konkaven Unterhang und in den Talauen von wenigen cm bis zu vielen m. Die Heterogenität der Bodendecke hat in den vergangenen Jahrhunderten so erheblich zugenommen, zu Ertragseinbußen geführt und die Nutzung erschwert.

In den immerfeuchten und wechselfeuchten Tropen und Subtropen ist die Niederschlagsintensität oft weitaus höher als in Mitteleuropa, die dortigen Standorte sind daher weitaus stärker von Bodenerosion betroffen (Abb. im Farbtafelteil). An vielen Standorten wurden die Böden in wenigen Jahrzehnten vollständig flächenhaft abgetragen, wenig fruchtbare Substrate gelangten an die Oberfläche, die agrarische Nutzung mußte eingestellt werden. Sofortige Extremschäden kann linienhafte Bodenerosion verursachen. Während weniger Starkniederschläge zerschluchtete Äcker müssen definitiv aus der agrarischen Nutzung genommen werden. Schäden bewirkt Bodenerosion nicht nur dort, wo Bodenbestandteile abgetragen werden. Nährstoff- und manchmal schadstoffhaltige Bodenbestandteile werden teilweise bis in Talauen und Vorfluter transportiert. Sie verändern dort den Bodenzustand und die Gewässerqualität negativ. Maßnahmen des ↗Bodenschutzes haben zum Ziel, Bodenerosion durch Wasser, Wind und Schneeschmelze stark zu verringern oder vollständig zu vermeiden. Die wirksamste Bodenschutzmaßnahme ist eine ganzjährig vollständige Bedeckung der Bodenoberfläche mit Vegetation. [HRB]

Bodenerosionsgefährdung, die über den Umfang natürlicher Abtragungsprozesse hinausgehende Neigung zum Bodenabtrag durch Wasser oder Wind. Sie wird von den verschiedensten Faktoren beeinflußt und ist v.a. in landwirtschaftlich intensiv genutzten Naturräumen hoch, wo der natürliche Bodenschutz (Wald, Grünland) nicht mehr vorhanden ist. Die Bodenerosionsgefährdung aufgrund von Wasser wird durch steile und lange Hänge, intensiven Niederschlag, schlechte Bodenstruktur und geringe Bodenbedeckung mit Kulturpflanzen begünstigt. Gefahr des Bodenabtrags durch Wind (Deflation) besteht in Gebieten mit ausgetrocknetem, feinkörnigem Oberboden, starken Winden und lichter bzw. degenerierter Bodenbedeckung. Mit Hilfe der USLE (↗Universal Soil Loss Equation) bzw. der ABAG (↗Allgemeinen Bodenabtragsgleichung) läßt sich die Bodenerosionsgefährdung grob abschätzen. [SR]

Bodenfarbe, ist abhängig vom Anteil der ↗organischen Substanz, von der Zusammensetzung der primären und sekundären ↗Tonminerale, der ↗Korngröße und Feuchtigkeit (↗Bodenfeuchte) sowie von physikalischen und chemischen Eigenschaften der Böden bzw. ↗Bodenhorizonte. Die Farbcharakterisierung wird in den weltweit verwendeten ↗Munsell-Farbtafeln als Zahlen- und Buchstabencode dargestellt. Die Verteilung der Farbwerte in einem ↗Bodenprofil gibt Hinweise auf bodengenetische Prozesse wie ↗Verbraunung, ↗Vergleyung, ↗Podsolierung und ↗Lateritisierung. Schwärzliche, graue und braune Farbtöne im Oberboden werden durch ↗Huminstoffe und den ↗Humifizierungsgrad hervorgerufen. Gelbe, braune, rote, blaue und grüne Farbtöne sind vor allem im ↗Unterboden zu finden und lassen auf verschiedene Eisenmineralien schließen. Sind diese sehr blaß, kann dies daher rühren, daß das Eisen bei einem niedrigen Redoxpotential gelöst und weggeführt wurde und dadurch die Eigenfarbe der Minerale zutage tritt oder eine Überführung des Eisens in andere Verbindungen erfolgte. Ist der Boden stark rot oder gelblich (v. a. in wärmeren Klimaten) ist dies auf den hohen Hämatitanteil zurückzuführen, der die Farbe des sonst in den gemäßigten Klimaten sichtbaren, rotbräunlichen ↗Goethits überdeckt. Im stark reduzierten Milieu können durch feinverteiltes Fe und Fe_2 tiefschwarze Farben im Unterboden auftreten. Mangan-Oxide können im oxidierenden Milieu ähnliche Farben in Form von Flecken und Konkretionen (↗Raseneisenstein) erscheinen lassen. Fe(II, III)-hydroxy-Verbindungen lassen kräftige blau-grüne Farbtöne entstehen, die sehr oxidationsempfindlich sind. ↗Calcit, ↗Gips und lösliche Salze können stellenweise weiße Farben, v. a. an ausgetrockneten Oberflächen, erzeugen. Organo-mineralische Reste können in ↗subhydrischen Böden grüne, gelbe, violette, rote und braune Farbtöne hervorrufen. [MD]

Bodenfauna ↗Edaphon.

Bodenfernerkundung, erlaubt chorische Aussagen mit Flächen- bzw. Raumbezug in einem hohen Auflösungsgrad, der topischen ↗Pedotop-Charakter haben kann. Grundlegender Durchbruch dieser Methode wird im Einbezug digitaler Daten (Satellit, Laserbefliegung) zur Erstellung digitaler Geländemodelle gesehen. Die terrestrische Eichung ist aber in jedem Fall die Voraussetzung einer reproduzierbaren Mustererkennung.

Bodenfeuchte, im Unterschied zur ↗Bodennässe das Wasser im Boden, das bei Abklingen der Sikkerwasserbewegung im Boden verbleibt, oft auch als ↗Haftwasser bezeichnet. Die Bodenfeuchte wird über den Wassergehalt und die Saugspannung beschrieben. Sie ist u. a. abhängig von der ↗Porengrößenverteilung und der ↗Bodendichte.

Bodenfeuchtegang, bedeutet zeitliche Änderung des ↗Wassergehaltes in einem betrachteten Bodenausschnitt.

Bodenfeuchteprofil, vertikale Verteilung des die ↗Bodenfeuchte bildenden ↗Bodenwassers im ↗Bodenprofil.

Bodenfeuchteregimetypen, Raumeinheiten mit rhythmisch wiederkehrender, jahreszeitlich charakteristischer Änderung des ↗Bodenwassergehaltes in verschiedenen Tiefen. Die Bodenfeuchteregimetypen sind das Ergebnis aus dem Zusammenwirken von Bodeneigenschaften (z. B. Durchlässigkeit, ↗Korngrößenverteilung), dem Niederschlag sowie den geomorphographischen Verhältnissen, welche Hangwasser, Stauwasser und Grundwassereinflüsse steuern.

Bodenfeuchtesonde, Gerät zur Messung des ↗Bodenwassergehalts. Bodenfeuchtesonden beruhen auf indirekten Meßverfahren. Es müssen Kalibrierfunktionen bestimmt werden, die räumlich stark variieren können.

Bodenfeuchtigkeitsregime, allgemeine Charakterisierung der an einem bestimmten Standort vorherrschenden typischen Dynamik der Entwicklung der ↗Bodenfeuchte im Jahresverlauf. Das Bodenfeuchtigkeitsregime ist außer von den hydraulischen Bodeneigenschaften auch von klimatischen Faktoren, wie Niederschlagsmenge und -verteilung und ↗Evapotranspiration, der Vegetation, der Morphologie der Bodenoberfläche, der Reliefposition und vom Wasserhaushalt benachbarter Systeme, wie Grundwasser abhängig. Es wird in der Bodensystematik u. a. zur Klassifikation von Bodentypen verwendet.

Bodenfeuchtigkeitsvorrat, entspricht meist der Menge an pflanzenverfügbarem Wasser, das sich in den mittleren und feinen Poren des Bodens so langsam bewegt, das es für einen längeren Zeitraum praktisch als gespeichert betrachtet werden kann. Er ist abhängig vom aktuellen ↗Bodenwassergehalt und von den Wasser-Retentionseigenschaften des Bodens.

Bodenfließen, bezeichnet Bodenbewegungen auf geneigten Hängen. Der Prozeß kann auf verschiedene Ursachen zurückgeführt werden, man unterscheidet das als ↗Solifluktion im ↗Periglazial auftretende *periglaziale Bodenfließen* vom ↗subsilvinen Bodenfließen. Art und Zustand der Vegetationsdecke haben entscheidenden Einfluß auf den Bewegungsablauf.

Bodenflora ↗Edaphon.

Bodenform, vereinigt bodenkundlich relevante, lithogene (Substrat-) und pedogene Merkmale eines ↗Bodens zu seiner Kennzeichnung, Beurteilung und Ermittlung seiner Eigenschaften für verschiedene Fragestellungen und Vergleichsanalysen. Sie wird gebildet durch die Kopplung der bodensystematischen mit der substratsystematischen Einheit, z. B. ↗Braunerde mit 4 dm mächtigem ↗Bv-Horizont, aus glazifluviatilen Sanden in ebener, grundwasserferner Lage.

Bodenfossilierung, Einkapselung und Abdichtung verseuchter Böden und ↗Altlasten.

Bodenfracht ↗Geschiebefracht.

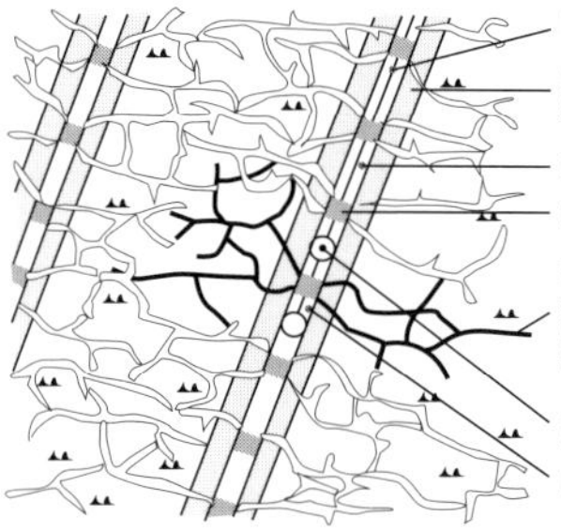

Bodenfrac-Verfahren: Wirkungsweise des Bodenfrac-Verfahrens.

Bodenfrac-Verfahren, *Soil-Fracturing-Verfahren, Aufbrechinjektion*, Verfahren, das zur Baugrundverfestigung bei feinkörnigen und organischen Böden von weicher oder steifer Konsistenz, die mit herkömmlicher ↗Injektionstechnik nicht stabilisiert werden können, dient (Abb.). Dabei wird der Boden durch Mehrfachverpressung örtlich aufgesprengt, so daß sich verzweigte Feststofflamellen aus dem ↗Injektionsmittel bilden. Auf diese Weise kann ein Gerüst aus Injektionsgut hergestellt werden, über das höhere Lasten auf tiefergelegene tragfähige Schichten übertragen werden. Zunächst bilden sich vorwiegend vertikale Klüfte, da die Horizontalspannung im Boden kleiner ist als die Vertikalspannung. Horizontale Spalten treten mit zunehmender seitlicher Verspannung auf. Als Injektionsmittel kommen aus technischen und wirtschaftlichen Gründen ↗Zementsuspensionen mit und ohne ↗Füller zum Einsatz. Durch fortgesetztes Verpressen kann es zu Hebungstendenzen kommen, die z. B. bei Setzungsschäden an Gebäuden gezielt herbeigeführt werden können. Weiterhin eignet sich das Verfahren zur Sanierung von Kriechhängen. Dabei verleiht das Zementskelett dem Boden eine zusätzliche ↗Scherfestigkeit und vernagelt die kriechenden Deckschichten mit darunter liegenden, ausreichend scherfesten Böden. Eine Sonderentwicklung stellt das ↗Hochdruck-Düsenstrahlverfahren dar. [CSch]

Bodenfrost, Eintreten von Temperaturen unter 0 °C an der Bodenoberfläche.

Bodenfruchtbarkeit, *Bodenproduktivität, Bodenertragsfähigkeit, Bodengüte*, a) i. w. S. die Fähigkeit eines Bodens, seine ökologischen Funktionen (Puffer-, Transformations- und Filterfunktion) sowie ökonomischen und ideellen Funktionen wahrzunehmen (↗Boden Abb. 4). b) i. e. S. die Fähigkeit des Bodens, aufgrund der in ihm ablaufenden physikalischen, chemischen und biologischen Prozesse, die Bedingungen für das ertragreiche und gesunde Wachstum von Kulturpflanzen zu bieten. Die Bodenfruchtbarkeit hängt im wesentlichen ab von der ↗Bodenart, dem Gehalt an ↗Humus, dem ↗Bodenwasserhaushalt, der Durchlüftung, der mikrobiellen Aktivität, dem Nährstoffangebot (und damit dem pH-Wert) sowie der Versorgung mit ↗Spurenelementen und schließlich vom standörtlichen Klimaeinfluß. Durch die Bodenkultivierung und die ↗Bodenkonservierung wird versucht, die natürlich bedingte Bodenfruchtbarkeit zu erhalten und zu verbessern. Die Bodenfruchtbarkeit wird beeinträchtigt durch Überdüngung, Schadstoffeinträge von Pflanzenschutzmitteln, einseitige ↗Fruchtfolgen, ↗Dauerkulturen, ↗Bodenerosion (↗Bodenerosionsgefährdung) oder durch unangepaßte Bodenbearbeitung (z. B. Bodenverdichtung). Vollständig zerstört wird die Bodenfruchtbarkeit durch Überbauung, Versiegelung oder Überschüttung des Bodens. [HPP, SR]

Bodengasmessung, *Bodenluftmessung*, Verfahren zur Untersuchung der Bodenluft in der ungesättigten Zone (z. B. auf Deponien oder zur Erforschung von tektonischen Störungen). Aus verrohrten, abgedichteten Bohrungen werden mittels eines Kolbenprobers Gasproben entnommen und im Labor oder mit einem Gaschromatographen vor Ort analysiert. Im Schnellverfahren lassen sich die Messungen mit Hilfe einer perforierten ↗Rammsonde und handelsüblichen Prüfröhrchen durchführen.

Bodengefüge, umfaßt den inneren, räumlichen Bau und die Anordnung der Bodenbestandteile (interne Geometrie) als Zusammenhang sowohl der gestaltlichen Ausprägung (Morphologie) als auch der damit verbundenen, permanenten Beziehung zur Funktion des Bodens. Änderungen im gestaltlichen Gefüge können Änderungen der Funktionen zur Folge haben und umgekehrt. Dabei sind Zustands- oder Funktionsänderungen zeitlich variabel. In Abhängigkeit von der optischen Auflösung wird morphologisch in ↗Makrogefüge und ↗Mikrogefüge unterschieden. Für die landwirtschaftliche Praxis ist v. a. die Makrogefügeansprache im Gelände wichtig. Aus den Gefügebeobachtungen können, zusammen mit Schätzungen der ↗Bodenart, ↗Bodendichte und hydrologischen Kennwerten, Eigenschaften wie Stabilität und Bearbeitbarkeit von Böden abgeleitet werden.

Bodengenese, *Pedogenese*, ↗*Bodenentwicklung*.

Bodengenetik, Bereich der ↗Bodenkunde, der die Entwicklung von Böden durch bodenbildende Prozesse untersucht.

Bodengesellschaft, räumliche Verknüpfung der ↗Bodenformen einer ↗Bodenlandschaft.

Bodengruppen, Klassifikation nach DIN 18196, die ↗Bodenarten für bautechnische Zwecke in Gruppen mit annähernd gleichem stofflichen Aufbau, ähnlichen bodenphysikalischen Eigenschaften und im Hinblick auf ihre bautechnische Eignung zusammenzufassen. Die Einordnung erfolgt, unabhängig vom Wassergehalt und von der Dichte, allein nach der stofflichen Zusammensetzung des Bodens. Klassifikationsmerkmale sind Korngrößenbereiche, Korngrößenverteilung, plastische Eigenschaften, organische Bestandteile und Entstehung des Bodens. Es werden sechs Hauptgruppen unterschieden: a) grobkörnige Böden, b) gemischtkörnige Böden, c) feinkörnige Böden, d) organogene Böden und Böden mit organischen Beimengungen,

Punktdaten	Profildaten	formale Richtigkeit (Übersetzungsschlüssel)
		inhaltliche Richtigkeit (Erfassungsanweisungen)
	Labordaten	Analyseverfahren (Geltungsbereich)
		Genauigkeit der Ergebnisse
		Homogenisierung bei Einbeziehung von Alt- und Fremddaten
↕ *Verknüpfung Punktdaten-Flächendaten*		
Flächendaten		Dokumentation der Aggregierung/Generalisierung (Mittelwerte, Vergesellschaftungen, Beprobungsschemata)

Bodeninformationssystem: Struktur der bodenkundlichen Basisdaten einschließlich zugeordneter Metadaten in der Datenbank eines Bodeninformationssystems.

e) organische Böden und f) Auffüllungen. Die Hauptgruppen werden mit Hilfe der Klassifikationsmerkmale in insgesamt 29 Gruppen unterteilt. [CSch]

Bodengüte, *Bodenproduktivität*, *↗Bodenfruchtbarkeit.*

Bodenhafter, sessil lebende, zum ↗Edaphon gehörende Bodenorganismen, z.B. ↗Bakterien, ↗Pilze, ↗Ciliaten, ↗Nematoden, ↗Milben und Wurzelläuse.

Bodenhorizont, horizontale Lage im ↗Bodenprofil, die sich von darüber oder darunter liegenden Lagen unterscheidet durch Farbe, Humusgehalt, Gehalt an verlagerungsfähigen Stoffen wie Ton, Eisen- und Aluminiumoxide oder Calciumcarbonat, im Oxidationsgrad von Eisen- und Manganverbindungen sowie durch das ↗Bodengefüge. Ursache für die Differenzierung im Ausgangssubstrat sind genetische Prozesse über einen sehr langen Zeitraum. Die Gesamtheit der Horizonte ist das ↗Solum, darunter liegt der wenig veränderte Untergrund. Die Abfolge der Bodenhorizonte bildet ein typisches ↗Bodenprofil (↗Bodentypen Abb. im Farbtafelteil). Bodenhorizonte werden der ↗deutschen Bodenklassifikation entsprechend, wie in der ↗Bodenkundlichen Kartieranleitung festgelegt, durch Großbuchstaben und nachgestellte Kleinbuchstaben zur Beschreibung der Horizontmerkmale bezeichnet.

Bodenhydrologie, Wissenschaft vom Wasser, seinen Eigenschaften und seinen Erscheinungsformen unterhalb der Bodenoberfläche. Sie befaßt sich mit den Zusammenhängen und Wechselwirkungen der Erscheinungsformen des Wassers mit den angrenzenden Medien, seinem Kreislauf, seiner Verteilung und deren Veränderungen durch anthropogene Beeinflussung. Gegenstand der Bodenhydrologie ist der Wasserkreislauf im Boden als Wechselwirkung von Boden, Pflanze und Atmosphäre. Das erfordert die komplexe Untersuchung der Prozesse ↗Oberflächenabfluß, ↗Infiltration, ↗Evapotranspiration, Bodenwasservorratsänderung, ↗Perkolation, ↗Versickerung und ↗Grundwasserneubildung.

Bodeninformationssystem, *BIS*, ein EDV-gestütztes Informationssystem zu bodenbezogenen Daten und Methoden. In der BRD ist es zumeist ein Kernsystem mit Mechanismen zur Daten- und Methodensteuerung (Datenkatalog, Methodenkatalog, übergeordnete Datenbasis, Thesaurus) und Fachinformationssystemen (Daten- und Methodenbereich). Die Entwicklung erfolgte ab Mitte der 80er Jahre aus ↗Bodenkatastern und ↗Bodendatenbanken. Inhaltlicher Schwerpunkt sind Punktdaten (↗Bodenaufnahmen, Labordaten, ↗Bodenprobenbank) und Flächendaten (↗Bodenkarten), jeweils mit gemessenen Primärdaten sowie abgeleiteten Sekundärdaten, ergänzt um ↗Metadaten. Daneben gibt es zunehmend Methodenbanken (Pedotransferfunktionen, deterministische Auswertungsmethoden, ↗Simulationsmodelle), deren Methoden über Verknüpfungsregeln aus Basisdaten bedarfsorientiert Bodendaten generieren und wissensbasiert eine weitere Datenerhebung unterstützen. Damit ist kuzfristig partielle Befriedigung nutzerseitigen Datenanspruchs bei beschränkter Primärdatenverfügbarkeit möglich. In Deutschland bilden die Daten der ↗Bodenschätzung die wichtigste Quelle der BIS. Seit Ende der 80er Jahre gibt es Bestrebungen zur länderübergreifenden Vereinheitlichung des Kernsystems. Flexibilität zur Einbeziehbarkeit alter Daten und Weiterverwendbarkeit aktueller Daten in zukünftig veränderten Systemumgebungen oder Bedarfssituationen sind dabei für langfristig konzipierte BIS unerläßlich. Die partielle Nutzbarkeit für Privatanwender über neue Informationsmedien (CD-ROM, Internet) ist zunehmend möglich (Abb.). [CD]

Bodeninventur, regelmäßige, i.d.R. unter der Regie der Geologischen Landesämter durchzuführende ↗Bodenaufnahme nach vorgegebenen Methoden der ↗Bodenkartierung zur Führung von ↗Bodenkatastern, Bodenmonitoring und Aufbau oder Pflege von ↗Bodendatenbanken und der Erarbeitung verschiedener ↗Bodenkarten. In einigen Bundesländern wird eine spezielle ↗Waldbodenkartierung durchgeführt.

Bodeninversion ↗Inversion.

Bodenkapillare, feine Poren im Boden, in denen ↗Kapillarität herrscht. Wasser kann in ↗Kapillaren entgegen der Schwerkraft gehalten oder durch ↗Kapillaraufstieg nach oben transportiert werden. Die ↗kapillare Steighöhe ist von der Porenform und der Porengrößenverteilung des Bodens abhängig.

Bodenkappung, *Bodenverkürzung*, Verkürzung eines ↗Bodens durch ↗Bodenerosion (↗gekapptes Bodenprofil).

Bodenkarten, in der BRD in unterschiedlichen Maßstäben vorliegende Karten zur regionalen Verbreitung der Böden für einzelne Verwaltungseinheiten oder einzelne Zwecke (Landwirtschaft, Forstwirtschaft, Weinbau, Stadtregionen, Kippen- und Haldenflächen, Moore u.a.). Meist handelt es sich um ↗Inselkarten. Die Bodenkarte Bundesrepublik Deutschland liegt im Maßstab 1:2.000.000 vor, Bodenübersichtskarten der Länder (BÜK, bisher nicht flächendeckend) im Maßstab 1:50.000; Karten der ↗MMK für die ostdeutschen Länder im Maßstab 1:25.000; Karten der Reichsbodenschätzung im Maßstab 1:25.000 bzw. 1:10.000. ↗Weltbodenkarte.

Bodenkartierung, systematische, flächendeckende ↗Bodeninventur, welche von der jeweiligen geowissenschaftlichen Landesbehörde durchgeführt wird. Die Kennzeichnung der ↗Bodensystematik, die ↗Bodenart, die Bodenartenschichtung, Ausgangsmaterial der ↗Bodenbildung sowie eine Vielzahl von physikalischen und chemischen Eigenschaften werden beschrieben. Die gekennzeichneten Böden werden zu Bodeneinheiten zusammengefaßt. In der modernen Kartierung werden die Möglichkeiten der automatischen Datenverarbeitung genutzt für die Vorbereitung der Kartierung, die Speicherung und Verwaltung der Ergebnisse und die Einarbeitung in Fachinformationssysteme (↗Bodeninformationssysteme).

Bodenkataster, Einrichtung zur Verwaltung von Bodendaten für einen Verwaltungsbezirk.

Bodenklassen, **1)** *Angewandte Geologie*: Klassifikation nach DIN 18300 als Bestandteil der VOB, bezieht sich auf die Gewinnbarkeit der Gesteine bei Erdarbeiten. Es handelt sich um eine zweckgebundene Klassifikation, die nur für das Lösen, Laden, Fördern, Einbauen und Verdichten hauptsächlich von Lockergesteinen gilt. Sie ist maßgeblich für die Ausschreibung und Abrechnung. Nach dem Widerstand, den die Gesteine der Gewinnung entgegensetzen, werden 7 Klassen unterschieden: Klasse 1: Oberboden (Mutterboden): die oberste Schicht des Bodens, die neben anorganischen Stoffen auch Humus und Bodenlebewesen enthält; Klasse 2: fließende Bodenarten: Diese geben das Wasser schwer ab und sind von fließender bis breiiger Konsistenz; Klasse 3: leicht lösbare Bodenarten: Nichtbindige bis schwachbindige Sande, Kiese und Sand-Kies-Gemische mit bis zu 15 Gew.-% Beimengungen an Schluff und Ton und mit höchstens 30 Gew.-% Steinen; Klasse 4: mittelschwer lösbare Bodenarten: bindige Gemische von Sand und Kies mit einem Anteil von mehr als 15 Gew.-% Schluff und Ton und höchstens 30 Gew.-% Steinen. Sie sind von weicher bis mittlerer Plastizität; Klasse 5: schwer lösbare Bodenarten: Bodenarten der Klassen 3 und 4 mit mehr als 30 Gew.-% Steinen, nichtbindige und bindige Bodenarten mit höchstens 30 Gew.-% Steinen und ausgeprägt plastische Tone, die je nach Wassergehalt weich bis fest sind; Klasse 6: leicht lösbarer Fels und vergleichbare Bodenarten; Klasse 7: schwer lösbarer Fels. Die Unterscheidung zwischen leicht und schwer lösbarem Fels erfolgt nach DIN 18300 rein nach der Klüftigkeit und dem Verwitterungszustand des Gesteins. **2)** *Bodenkunde*: Kategorie der ↗deutschen Bodenklassifikation.

Bodenklassifikation, typologische Gliederung der Böden. Einzelne Länder haben ihre eigene Bodenklassifikation (z. B. ↗deutsche Bodenklassifikation oder ↗soil taxonomy). Einheitlichkeit wird erst mit der ↗WRB erreicht, deren *Bodentaxonomie* die Grundlage für die Legende der ↗Weltbodenkarte liefert.

Bodenklassifikation der Bundesrepublik Deutschland ↗*deutsche Bodenklassifikation*.

Bodenklassifikation der FAO ↗*FAO-Bodenklassifikation*.

Bodenklassifikation der USA ↗Soil Taxonomy.

Bodenkolloide, fein verteilte Stoffe (Größe < 0,2 μm) im Boden, wie z. B. ↗Huminstoffe, ↗Tonminerale und ↗Sesquioxide. Sie weisen aufgrund ihrer großen Oberfläche besondere physikalische Eigenschaften auf und haben den größten Anteil an der ↗Austauschkapazität des Bodens.

Bodenkomplex ↗*Pedokomplex*.

Bodenkonservierung, *Bodenerhaltung*, landeskulturelle Maßnahmen zur Erhaltung der Bodensubstanz und somit der ↗Bodenfruchtbarkeit. Bodenkonservierende Maßnahmen schützen den Boden vor abtragenden, zerstörenden Prozessen (z. B. der ↗Bodenerosion) durch das gezielte Anlegen von Schutzbepflanzungen (gegen Wind und Wasser), durch bodenerhaltende Bearbeitungstechniken, angepaßte Fruchtfolgen, die Umlegung von Ackerparzellen oder den Bau von Entwässerungssystemen. Große Gebiete der Erde wurden für die Pflanzenproduktion entwertet bzw. unbrauchbar, weil die bodenkonservierenden Maßnahmen nicht ausreichend waren (↗badlands).

Bodenkontamination, Verunreinigung des Bodens mit Schadstoffen in einem Bereich, wo vorher keine schädlichen Belastungen nachweisbar waren. Sie entstehen im Bereich von ↗Altablagerungen, Altstandorten und sonstigen Kontaminationen durch z. B. Leckagen, Verrieselung von Abwässern, Aufbringung von belasteten Schlämmen und längere Anwendung verbotener Pflanzenschutzmittel. Altablagerungen und Altstandorte sind punktuelle (m^2 bis mehrere ha), sonstige Bodenkontaminationen dagegen häufig flächenhafte, diffuse (einige ha bis km^2) Belastungen. Soll ein Standort saniert werden, muß zunächst das ↗Sanierungsziel festgelegt und mit dem technisch und wirtschaftlich Machbaren in Einklang gebracht werden. Je nach Ausdehnung der Kontamination sind zur Sanierung verschiedene Techniken geeignet, die in situ oder ex situ ausgeführt werden. Die Einsetzbarkeit dieser Verfahren ist neben dem Ort, der Ausdehnung und der Masse der Kontamination maßgeblich von der Kontaminationsart und der Bodenart abhängig. Häufig müssen mehrere Sanierungsverfahren kombiniert werden (Tab.). [CSch]

Bodenkonvention, Rahmenübereinkommen der Vereinten Nationen über Bodennutzung und Bodenschutz, empfohlen vom Wissenschaftlichen Beirat der Bundesregierung »Globale Umweltveränderungen« und als Entwurf in vier Sprachen vorliegend (Tutzinger Projekt »Ökonomie der Zeit«, 1998).

Bodenkriechen, langsame Bewegung ohne Ausbildung von Abrißformen. Die Hauptbewegung entspricht einer bruchlosen plastischen Verformung mit Horizontalverschiebung im Fußbereich. Kriechen von Böden ist jahreszeitlich an unterschiedliche Wassergehalte, Bodentemperaturen und Bodenchemismen gebunden.

Bodenkriecher, *Bodenschliefer*, Kleintiere, die sich in den Hohlräumen des Bodens kriechend fortbewegen, z. B. ↗Milben, ↗Collembola.

Bodenkunde, *Pedologie*, ist die Wissenschaft von den Eigenschaften und den Funktionen, von der Entwicklung und der Verbreitung der ↗Böden. Sie gehört damit zu den Naturkörperwissen-

Sanierungstechniken	Ausdehnung der Kontamination			Sanierungsart		
	klein m² bis ha	mittel ha bis km²	groß > km²	in situ	ex situ on site	off site
Sicherungsmaßnahmen						
Aushub, Bodenaustausch	●	◑	○	○	○	●
Einkapselung (Oberflächenabdichtung/vertikale und horizontale Untergrundabdichtung	●	◑	○	●	○	○
Dekontaminationsverfahren						
Abpumpen flüssiger/gelöster Stoffe	●	◑	○	●	○	○
Bodenabsaugung	●	◑	○	●	●	●
thermisch mit Hochtemperatur (1200 °C)	●	○	○	○	○	●
Niedertemperatur (400–600 °C)	●	○	○	○	○	●
Bodenwäsche im Wasserstrom	●	○	○	○	●	●
Extraktion mit Tensiden	●	○	○	○	○	●
Chelaten/Säuren	●	○	○	○	○	●
biologisch	●	●	○	●	●	●
Immobilisierungsverfahren						
Absorption oder Fällung durch pH-Erhöhung	●	●	●	●	◑	◑
Zusatz von Absorbentien	●	●	○	●	◑	◑
Verfestigung	●	◑	○	●	●	○
sonstige Verfahren						
Verdünnung z.B. Tiefpflügen	●	●	○	●	○	○
Auftrag von nicht kontaminiertem Boden	●	◑	○	●	○	○

● geeignet ◑ bedingt geeignet ○ nicht geeignet

Bodenkontamination (Tab.): die wichtigsten Sanierungstechniken bei Bodenkontaminationen.

schaften, und zwar zu den Geowissenschaften mit engen Bezügen zu den Biowissenschaften. Die Bodenkunde befaßt sich auch mit den ↗Bodenbelastungen und deren Vermeidung, d.h. dem ↗Bodenschutz, oder deren Behebung, d.h. der ↗Bodensanierung. Ihr obliegt die Bodenforschung und die Bodenlehre.

Die Bodenkunde ist mit ca. 120 Jahren eine junge, selbständige Naturwissenschaft; das Wissen von der Bedeutung des Bodens für die menschliche Ernährung ist jedoch sehr alt. Vor 10.000 Jahren begann der Mensch Ackerbau zu betreiben, d.h. den Boden zu bearbeiten, zunächst mit Grabstock und Hacke. Später lernte man, die ↗Bodenfruchtbarkeit durch Stallmist zu verbessern und vor 3000 Jahren begann man auf den Nordfriesischen Inseln mit ↗Plaggen zu düngen. Eine ähnliche Technik wurde mit ↗Löß seit dieser Zeit in China praktiziert. Auch die ersten Landterrassen zur Vermeidung der ↗Bodenerosion werden seit dieser Zeit in China und im Nahen Osten angelegt; in den Flußniederungen begann zeitgleich der Bewässerungsfeldbau. Die in langen Zeiten empirisch gewonnenen Erfahrungen wurden in China bereits 400–300 v.Chr. schriftlich niedergelegt. Dabei wurde auch eine erste Klassifikation verschiedener Böden Chinas nach Farbe, Körnung und Feuchteregime gegeben und als Karte dargestellt. Ähnliches ist aus Indien und der klassischen Antike bekannt. Im römischen Schrifttum (von Cato dem Älteren, dem jungen Plini, Varro Collumella, Palladius und Vergil) finden sich neben praktischen Hinweisen für den Feldbau, unter Verwendung von 40 Begriffen zur Beschreibung von Bodeneigenschaften, auch die Unterscheidung von zehn verschiedenen Böden bzw. Ackererden. Äußerungen, die über die reine Nutzbarkeit für den Feldbau hinausgehen, finden sich erstmals bei dem griechischen Philosophen und Botaniker Theophrastus (327–287 v.Chr.), der theoretische Überlegungen über die Bedeutung des Bodens für die Pflanzenernährung anstellte, bleiben aber die Ausnahme. Das ändert sich im 19. Jh., in dem sich zwei Richtungen entwickeln, die agrikulturchemische und die agrogeologisch-pedologische. Es war J. ↗Liebig, der die Agrikulturchemie als naturwissenschaftliche Grundlage einer ertragsintensiven und nachhaltigen Bodennutzung etablierte. An vielen Hochschulen wurden Professuren für Agrikulturchemie eingerichtet und in vielen Feldversuchen wird seitdem die Wirkung mineralischer Dünger auf den Kulturpflanzenwuchs studiert. Aus der Agrikulturchemie entwickelte sich auch, v.a. unter dem Einfluß von M.E. ↗Wollny, in den Jahren 1878–1898 die Agrikulturphysik, später Bodenphysik, nachdem bereits 1853 die Wasserleitfähigkeit beschrieben und 1867 der erste Schlämmapparat zur Korngrößenanalyse entwickelt worden ist. Die Bodenphysik wurde und wird seitens der Bodenmechanik und der Hydrologie befruchtet und hat ihre Forschungen in den letzten Jahrzehnten durch Modellierung präzisiert. Die agrogeologische Richtung geht auf F. ↗Senft (1810–1893) und F.A. ↗Fallou (1794–1877) zurück, die, unter dem Einfluß der Geologie, Böden als Verwitterungsprodukte von Gesteinen verstanden haben. F. Senft gibt in seinen Büchern der Forstbodenkunde erste Profilbeschreibungen, während F.A. Fallou in seinen Werken die Beschäftigung mit dem Boden um seiner selbst willen fordert und dafür den Begriff Pedologie eingeführt hat. W.W. ↗Dokutschajew (1846–1903), E.W. Hilgard (1833–1916) und E. ↗Ramann (1851–1926) haben dann entdeckt, daß Böden durch bodenbildende Prozesse (↗Faktoren der Bodenbildung) aus Gestein unter dem Einfluß von Klima, Relief, Organismen (ggf. auch dem Menschen) im Laufe der Zeit entstanden sind. Sie haben damit die Bodenkunde zu einer eigenständigen Naturwissenschaft gemacht. Gleichzeitig wurden auch erste ↗Bodenklassifikationen auf genetischer Grundlage entwickelt. Die ersten Karten bodenkundlichen Inhalts entstanden (abgesehen von der erwähnten chinesischen) Ende des 18. Jh. in England. Unter dem Einfluß von A. ↗Orth wurden seit 1870 in Deutschland Geologische Karten mit einer Bewertung der Böden für landwirtschaftliche Nutzung erstellt. Die erste kleinmaßstäbige Bodenkarte Europas entstand 1927 unter Federführung von H. ↗Stremme.

Die Bodenkunde umfaßt verschiedene Bereiche: Die Bodenphysik befaßt sich mit den Formen der Festphase der Böden, d.h. der Morphologie, sowie mit den Anteilen und dem physikalischen Verhalten von Flüssigphase und Dampfphase, d.h. mit ↗Bodenwasser und ↗Bodenluft, außerdem mit der Bodenwärme. Vom ↗Bodengefüge wird das Makrogefüge vom Feldbodenkundler an der Profilwand eines Bodenaufschlusses beschrieben. Der Feinbau bzw. das Mikrogefüge wird vom Mikromorphologen mit einem Auflicht-, Polarisations-, Phasenkontrast-und/oder Elektronenmikroskop beschrieben und vermessen, und zwar i.d.R. von An- oder Dünnschliffen, die aus kleinen Bodenmonolithen, nach Festigung durch Tränkung mit Kunstharz, erstellt wurden. Beschrieben werden im Gelände die Gefügeform mit Form, Größe und Stabilität der Bodenaggregate. Gleiches gilt für die Humusform und den Anteil an Streu- und Huminstoffen der Humusauflage oder des Torfes, der als Humifizierungsgrad (oft fälschlich Zersetzungsgrad) in zehn Stufen (1 = nicht, 10 = vollständig humifiziert) klassiert wird. Auch Größe und Zahl der Makroporen werden im Gelände erfaßt. Die Größenverteilung der Bodenpartikel wird nur in Ausnahmefällen unter dem Mikroskop vermessen: I.d.R. wird im Feld der Anteil des ↗Bodenskeletts (Kies und Steine) an der offenen Profilwand geschätzt und die ↗Bodenart bzw. ↗Körnung des ↗Feinbodens als Anteil von Sand, Schluff und Ton mittels ↗Fingerprobe geschätzt. Die quantitative Bestimmung erfolgt im Labor mit der Schlämmanalyse, bei der nach Dispergierung (oft vorher Entfernung von Kittsubstanzen) die Sandfraktionen mittels Siebung, die Schluff- und Tonfraktionen mittels Sedimentation erfaßt werden. Auch die ↗Porengrößenverteilung bzw. Porung wird i.d.R. indirekt aus dem Wassergehalt bei unterschiedlicher Wasserbindung abgeleitet.

Die ↗Bodenhydrologie befaßt sich mit ↗Bodenfeuchte und ↗Bodenwassergehalt und ihren Änderungen im Jahreslauf, mit der Wasserleitfähigkeit (bzw. -durchlässigkeit) und der Wasserbewegung (Versickerung als gesättigter, ungesättigter oder präferentieller Fluß, Grundwasserströmung) in Boden und Bodenlandschaft. Bodentemperaturen werden meist seitens der Meteorologie ermittelt.

Die Bodenchemie erkundet die stofflichen Eigenschaften der ↗Bodenminerale, des ↗Humus, der ↗Bodenlösung (einschließlich ↗pH-Wert, ↗Redoxpotential) und der ↗Bodenluft sowie die Wechselwirkungen an Grenzflächen, z.B. den Ionenaustausch. Sie studiert dabei auch Änderungen in Raum und Zeit. Die Humuschemie bildet heute einen eigenen Wissenschaftszweig, dem auch Gewässer-, Kohle- und Torfchemiker angehören: Neben der Naßchemie werden auch Kernresonanzspektroskopie (NMR) und Pyrolyse-Feldionisation-Massenspektrometrie eingesetzt.

Die Bodenmineralogie klärt den Bestand an primären (gesteinsbürtigen) und sekundären bzw. pedogenen (oft Tonminerale, Oxide, Salze) Mineralen mittels Röntgen-Feinstrukturanalyse, Mikroskopie, Infrarotspektroskopie oder auch spezifisch wirkender chemischer Extraktionsverfahren auf. Sie betreibt Mineralsynthesen und studiert Mineralumwandlungen.

In der Bodenbiologie beschäftigt sich der Bodenkundler v.a. mit den Wirkungen der Organismen im Boden, während dem Biologen die Klärung der Artenspektren und Abundanzen obliegt.

Die ↗Bodengenetik bzw. ↗Bodenentwicklung erkundet die Entwicklung von Böden durch den Vergleich der Eigenschaften der einzelnen ↗Bodenhorizonte mit denen des (ggf. rekonstruierten) Ausgangsgesteins. Besonderes Anliegen ist dabei die qualitative und quantitative Rekonstruktion bodenbildender Prozesse (wobei rasch ablaufende Prozesse auch messend verfolgt werden). Neben den profil- und horizontdifferenzierenden Prozessen werden auch bodenübergreifende Prozesse wie die Bodenerosion oder die Umlagerung gelöster Stoffe durch Hangzugwasser in Bodenlandschaften aufgeklärt. Dem Bodengenetiker obliegt auch die ↗Bodenklassifikation.

Die ↗Bodenkartierung zeigt das Verbreitungsmuster der Böden in Landschaften, und zwar durch die Beschreibung repräsentativer Profile und Abgrenzung der Kartiereinheiten nach Topographie und/oder Nutzung (heute auch mittels GIS) und stellt das Ergebnis in Form empirischer oder digitaler Karten dar.

Die Bodensoziologie klärt Kopplungen zwischen den Böden durch Energie-, Wasser- und Stoffumlagerungen auf.

Die Bodenökologie beschäftigt sich mit den wichtigen und schützenswerten Bodenfunktionen wie Lebensraum-, Regelungs- und Produktionsfunktion und mit Böden als Bestandteilen von ↗Ökosystemen. Sie erkundet und bewertet deren Durchwurzelbarkeit für Wild- oder Kulturpflanzen, deren Lebensraumeigenschaften für Mikroorganismen und Bodentiere sowie deren Angebote an nutzbarem Wasser, verfügbaren

Nährstoffen, an Sauerstoff und Wärme mit deren Veränderungen im Jahreslauf. Beim Studium der Produktionsfunktionen wird auch die Wirkung einer ↗Bodenbearbeitung oder das Verhalten gedüngter Nährstoffe geklärt. Bodenökologen studieren und bewerten gemeinsam mit Hydrologen die Regelung des Landschaftswasserhaushaltes durch Böden. Sie untersuchen gemeinsam mit Bodenchemikern und Mikrobiologen die Filterung, Pufferung und Transformation eingetragener Stoffe, zugeführter Dünger und Pflanzenschutzmittel ebenso wie immitierter anorganischer und organischer Schadstoffe.
Die Paläopedologie befaßt sich mit ↗fossilen Böden und ↗reliktischen Böden als landschafts- und kulturgeschichtliche Urkunden.
Eine weitere, wichtige Aufgabe der Bodenkunde ist hingegen ihr Mitwirken am ↗Bodenschutz. Dabei gilt es, die Art und Intensität anthropogener ↗Bodenbelastungen durch Verdichtung, Erosion oder Schadstoffeinträge aufzuklären. Gemeinsam mit den Bodennutzern sind Vermeidungsstrategien bzw. Schutzkonzepte zu entwickeln und gemeinsam mit den Bodensanierern sind die wirksamsten und zugleich bodenschonensten Sanierungsmaßnahmen auszuwählen. Bei Bodennutzung, Bodenschutz und Bodensanierung arbeitet der Bodenkundler mit vielen anderen Fachdisziplinen zusammen. Seine Aufgabe ist es dabei v. a., sein Wissen um die Formenvielfalt der Böden, die unterschiedlichen Eignungen für Nutzungen bzw. Empfindlichkeiten gegenüber Belastungen einzubringen.
Lehre und Forschung der Bodenkunde werden von Bodenkunde-Instituten der Universitäten und Fachhochschulen betrieben. Manche Institute der Geologie, Geographie, Biologie, Landschaftsökologie oder Umwelttechnik verfügen aber ebenfalls über Bodenkunde-Professuren. Grundlagenforschung der Bodenkunde wird überdies an speziellen Großforschungseinrichtungen betrieben, z. B. im Zentrum für Agrarlandschafts- und Landnutzungsforschung (ZALF) in Müncheberg. Die bodenkundliche Landesaufnahme obliegt den Bodenabteilungen der Geologischen Landesämter, während die Land- und Forstwirtschaftlichen Untersuchungs- und Forschungsanstalten Bodenuntersuchungen für Beratungszwecke durchführen. Private Institutionen engagieren sich ebenfalls in den Bereichen der Bodenerkundung, -analyse, -bewertung und -beratung und zwar v. a. im Hinblick auf Böden städtisch/industrieller Verdichtungsräume und von Entwicklungsländern. Die Bodenkundler sind in nationalen »Bodenkundlichen Gesellschaften« organisiert, die der »Internationalen Bodenkundlichen Union« mit Sitz in Wien angehören. In Deutschland gibt es außerdem den »Bundesverband Boden«, der sich im Verbund mit dem »Ingenieurtechnischen Verband Altlasten« insbesondere praktischen Fragen der Bodenkunde widmet. [HPB]

Literatur: [1] BLUME, H.-P., FELIX-HENNINGSEN, P., FISCHER, W., FREDE, H.-G., HORN, R. u. STAHR, K. (Hrsg.) (1996): Handbuch der Bodenkunde. – Landsberg. [2] BLUME H.-P. (Hrsg.) (1992): Handbuch des Bodenschutzes. – Landsberg. [3] KUNTZE, H., ROESCHMANN, G. u. SCHWERDTFEGER, G. (1994): Bodenkunde. – Stuttgart. [4] SCHEFFER, F, SCHACHTSCHABEL, P. u. a. (1998): Lehrbuch der Bodenkunde. – Stuttgart.

Bodenkundliche Kartieranleitung, für die Standardisierung der bodenkundlichen Profilnahme in Deutschland verbindliches Werk, derzeit in der vierten Auflage von 1994, zusammengestellt von der Arbeitsgruppe Boden als Gemeinschaftsarbeit der Geologischen Landesämter und der Bundesanstalt für Geowissenschaften und Rohstoffe der BRD in enger Absprache mit dem Arbeitskreis für Bodensystematik der ↗Deutschen Bodenkundlichen Gesellschaft und dem Arbeitskreis Waldhumusformen.
Kernstück ist das »Formblatt für bodenkundliche Profilaufnahme« mit den Kategorien: Titeldaten, Aufnahmesituation, horizontbezogene Daten, Profilkennzeichnung. Gegenüber der Bodenanalyse erfolgt stets eine Beschreibung des gesamten Profils inklusive der Tiefenlagen bzw. Mächtigkeiten der Horizonte bei der Merkmalserfassung unmittelbar im Gelände. Für die weitergehende Datengewinnung ist die Entnahme von ↗Bodenproben notwendig. Desweiteren ist die Bodenkundliche Kartieranleitung in Hauptabschnitte gegliedert: »Grundlagen für Bodenkartierung« mit Herleitung und Definition bodenphysikalischer, -chemischer und -biologischer Kartierungskategorien (↗Bodenhorizonte) inklusive verbindlicher, EDVgerechter Kürzel und umfassender Bodensystematik, Grundlagen zu Wasser- und Lufthaushalt, Standortbewertung und Analyseverfahren sowie Adressen, z. B. der Geologischen Landesämter.
Die Horizontbezeichnung erfolgt mit Großbuchstaben. Für organische Horizonte: H, L, O, für mineralische Horizonte: A, B, C, G, P, R, S, T, M, E, Y. Dazu kommen Zusatzsymbole in Form von Kleinbuchstaben, die vorangestellt für geogene Merkmale und nachgestellt für pedogene stehen. [CD]

Literatur: ARBEITSGRUPPE BODEN (1994): Bodenkundliche Kartieranleitung. – 4. Aufl. – Hannover.

Bodenlandschaft, *Bodenschaft*, Verknüpfung des ↗Leitbodentyps mit dem Landschaftscharakter z. B. Böden einer Sanderlandschaft, einer Altmoränenlandschaft (Abb.), einer Grundmoränenlandschaft oder Böden eines Lößbeckens. Böden einer Landschaft sind häufig durch Stoffumlagerungen miteinander verbunden und dadurch genetisch beeinflußt. So kann z. B. Wasser aus dem Hangbereich einer ↗Braunerde zur verstärkten ↗Vernässung und zur Entwicklung eines ↗Stagnogleys führen. Daraus kann sich durch Hangzugwasser und Auslagerung von Eisen eine Ockerbraunerde (↗Ockererden) bilden. Böden einer Landschaft bilden ein voneinander abhängiges Wirkungsgefüge.

Bodenlawine, *Grundlawine*, ↗Lawine.

Bodenleben ↗Edaphon.

Bodenlandschaft: typische Vergesellschaftung von Böden in einer Altmoränenlandschaft.

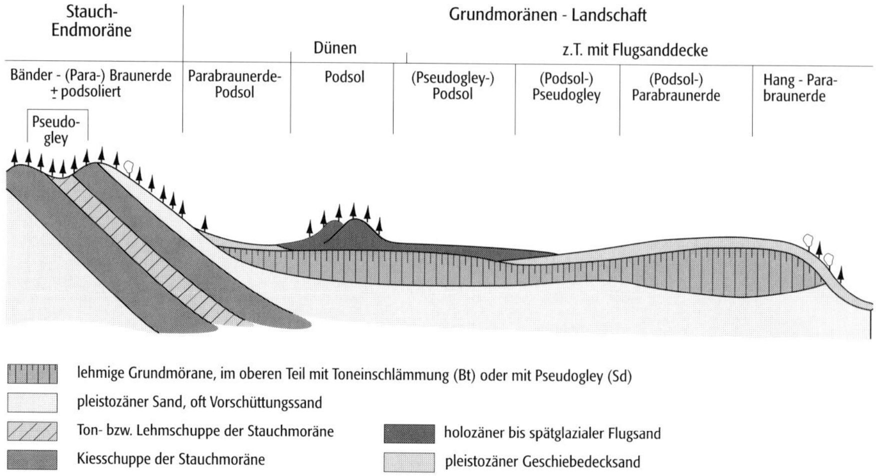

Bodenlösung, ↗Bodenwasser einschließlich der darin gelösten Stoffe.

Bodenluft, gasförmige Phase des Bodens, füllt die Hohlräume im Boden aus. Die Zusammensetzung variiert zeitlich und wird u.a. beeinflußt von der Witterung, der Nutzung, dem Bodenleben, den Wasserverhältnissen, der Bewirtschaftung. Der CO_2-Gehalt der Bodenluft ist meist höher als in der Atmosphäre, der O_2-Gehalt niedriger, was auf CO_2-Produktion und O_2-Verbrauch der Bodenorganismen zurückzuführen ist.

Bodenluftabsaugung, In-situ-Verfahren zur Sanierung kontaminierter Böden. Sie ist geeignet, leichtflüchtige Substanzen (z.B. HKW, BTX, H_2S, Methan, Alkohole) sowie Ester, Aldehyde und Ketone, Ammoniak und Quecksilber aus der wasserungesättigten Bodenzone zu entfernen oder die Mengen auf ein unschädliches Maß zu vermindern. Der Bodenluftbrunnen wird möglichst im Bereich der größten Verunreinigung eingerichtet. Hinter der Absauganlage ist ein Aktivkohleadsorber zur Bodenluftreinigung installiert. Ein alternatives Verfahren ist das In-situ-Strippen.

Bodenluftmessung ↗*Bodengasmessung*.

Bodenmatrix, umfaßt ausschließlich das feste Bodensubstrat ohne Porenraum.

Bodenmechanik, *Erdbaumechanik, bautechnische Bodenkunde*, Teilgebiet des Bauingenieurwesens, das sich mit der Lehre von den im Boden bzw. im ↗Baugrund wirkenden Kräften und Bewegungen beschäftigt. Die Wechselwirkungen zwischen Baugrund und Bauwerk sollen mathematisch erfaßt werden und möglichst im voraus berechenbar sein. Durch die Errichtung eines Bauwerkes wird das Gleichgewicht des Bodens gestört, es kann zur ↗Setzung oder, wenn die Grenztragfähigkeit überschritten wird, sogar zum Grundbruch kommen. Es ist also notwendig, im voraus den Einfluß der Belastung auf den Baugrund zu kennen und damit nötigenfalls Maßnahmen zur Verbesserung des Baugrundes zu treffen. Zur Ermittlung der Spannungsverteilung (↗Sohlspannungsverteilung) unter Bauwerken werden erdstatische Berechnungen herangezogen. Die erste mathematische Theorie über Bodenbewegungen wurde im 18. Jh. von Coulomb in Form der »Klassischen Erddrucktheorie« vorgelegt. Erst im 20. Jh. entwickelte sich die Bodenmechanik im größeren Umfang. Den Zusammenhang zwischen bodenmechanischen Berechnungen und den Eigenschaften des Bodens machte Terzaghi deutlich (1925). Er gilt als Begründer der Bodenmechanik als eigenständige Wissenschaft.

Zu den bodenmechanischen Laborversuchen gehören neben der ↗Scherfestigkeit und der ↗Zusammendrückbarkeit, die Auskunft über die Festigkeits- und Formänderungseigenschaften eines Bodens geben, auch Untersuchungen über den Boden kennzeichnende Eigenschaften wie Korngrößenverteilung, ↗Konsistenzgrenzen, ↗Wasseraufnahmevermögen, Dichte, Porosität, Lagerungsdichte, Durchlässigkeit, Kapillarität, Kalkgehalt und Gehalt an organischer Substanz. Für bautechnische Zwecke erfolgt eine Einteilung der Böden in Gruppen mit ähnlichen stofflichen Eigenschaften (↗Bodengruppen). Erdstatische Berechnungen werden z.B. zur Ermittlung der Spannungsverteilung im Untergrund und seiner Tragfähigkeit, zum Nachweis der Standsicherheit (Standsicherheitsberechnung) von Flächengründungen und Erdbauwerken und zur Ermittlung des ↗Erddrucks durchgeführt. Bodenmechanische Vorhersagen können nie völlig fehlerfrei sein, da der Aufbau und die Zusammensetzung des Baugrundes nie vollständig, sondern immer nur punktuell bekannt ist und bei der Entnahme und den Untersuchungen von Bodenproben Störungen nie ganz vermieden werden können. Weiterhin enthalten die mechanischen Berechnungen vereinfachende Annahmen, um mit den verfügbaren Informationen zu Ergebnissen zu gelangen. Diesen Ungenauigkeiten wird i.a. durch den Einsatz von Sicherheitsfaktoren Rechnung getragen. [CSch]

Bodenmelioration, Maßnahme zur nachhaltigen und tiefgründigen Verbesserung von leistungsschwachen oder produktionslosen Böden mit dem Ziel, einen kulturfähigen Zustand zu erreichen. Hierzu gehören u. a. die Verbesserung des Wassergehaltes durch ↗Bewässerung, die Ableitung von überschüssigem Bodenwasser bzw. oberirdischem Wasser durch ↗Entwässerung und die ↗Gefügemelioration. ↗Melioration.

Bodenminerale, umfassen überwiegend die silicatischen Primärminerale in den jeweiligen Ausgangsgesteinen. Als Folge der ↗Verwitterung entstehen aus den Primärmineralen im Rahmen der ↗Bodenbildung die Sekundärminerale. Dabei wird unterschieden zwischen einer Mineralneubildung als Fällungsprodukt aus übersättigten Lösungen und einer Mineralumbildung durch chemische Veränderung von Primärmineralen unter Beibehaltung ihrer Grundstruktur. In Böden besteht ein enger Zusammenhang zwischen Korngröße und Mineralogie: Die sekundären Bodenminerale wie Tonminerale und oxidische Verbindungen von Al, Fe und Mn dominieren in der Tonfraktion < 2 μm, während die verwitterungsstabilen Bodenminerale wie Quarz und Schwerminerale in den gröberen Fraktionen angereichert werden.

Bodenmüdigkeit, Erschöpfung des Bodens durch biologische, chemische und physikalische Einflüsse, die bei Anbau einer Pflanzenart zu erheblichen Ertragsverlusten führt. Als Ursachen können Anreicherung mit bodenbürtigen Schaderregern, Wurzelexsudate und ↗Bodendegradation angeführt werden.

bodennahe Grenzschicht ↗Prandtl-Schicht.

bodennahe Kaltluftschicht, eine nur wenige Meter mächtige, auf dem Erdboden aufliegende Schicht stark abgekühlter Luft. Die Ursache der Entstehung der bodennahen Kaltluftschicht ist die kräftige Ausstrahlung bei wolkenlosem Himmel, beispielsweise während der Nachtstunden oder im Winter. Bei den entsprechenden meteorologischen Voraussetzungen kann die bodennahe Kaltluftschicht an der Bildung von ↗Bodennebel erkannt werden.

bodennahe Luftschicht ↗Prandtl-Schicht.

Bodennässe, hoher ↗Bodenwassergehalt oder Wasser auf dem Boden mit möglicher nachteiliger Wirkung auf Bodenfunktionen und Bodennutzung. Bodennässe führt bei der Pflanzenproduktion entweder zu Luftmangel im Wurzelbereich (Bodennässe mit ökologischer Wirkung) oder/und kann die Befahr- und Bearbeitbarkeit der Böden einschränken (Bodennässe mit technologischer Wirkung). Für beide Arten der Bodennässe gelten unterschiedliche Werte (↗Nässegrenzen) zur Abgrenzung der tolerierbaren Nässe zur schädlichen Nässe (↗Vernässung).

Bodennebel, entsteht in den untersten Luftschichten, oftmals nur in den untersten Metern, wenn bei klarem Himmel nachts die Temperatur durch Ausstrahlung bis zum ↗Taupunkt sinkt. ↗Nebelarten.

Bodennutzung, Nutzung des Bodens durch den Menschen. Bedeutende Nutzungsformen sind Landwirtschaft, Forstwirtschaft, Verkehr, Industrie u. a. (Abb.).

Bodenökosystem, Modellvorstellungen über das Wirkungsgefüge der im Bodenkörper lebenden Organismen zueinander (Lebensgemeinschaften, Populationen) sowie zu ihrer Umwelt, gebildet aus den abiotischen Randbedingungen im unterirdischen und oberirdischen ↗Geosystem. Das Bodenökosystem wird von der Bodenökologie standortbezogen und unter synökologischen Schwerpunkten untersucht, mit subtopischer bis ↗topischer Dimension. Beim Einbezug des Bodenökosystems in das ↗Landschaftsökosystem tritt die Betrachtung der synökologischen Beziehungen gegenüber dem Raumbezug in den Hintergrund. Hier wird insbesondere der sich räumlich ändernde Einfluß der ↗abiotischen Faktoren (z. B. Standortklima, Bodenstruktur) auf die ↗biotischen Faktoren (Bodenflora und -fauna) untersucht.

Bodenorganismen ↗Edaphon.

Bodenporen, wasser- und/oder luftgefüllte Hohlräume des Bodens. Bodenporen werden unterschieden nach ihrem ↗Äquivalentdurchmesser, der Porenform und ihrer Entstehung.

Bodenprobe, zur Analyse oder Dokumentation über eine Bohrung oder in einem Aufschluß entnommene Bodenmenge (je nach Analysespektrum 100 g bis 1 kg). Zur Charakterisierung einer Schicht oder eines ↗Bodenhorizontes, wird typisches Material punktuell entnommen. Eine

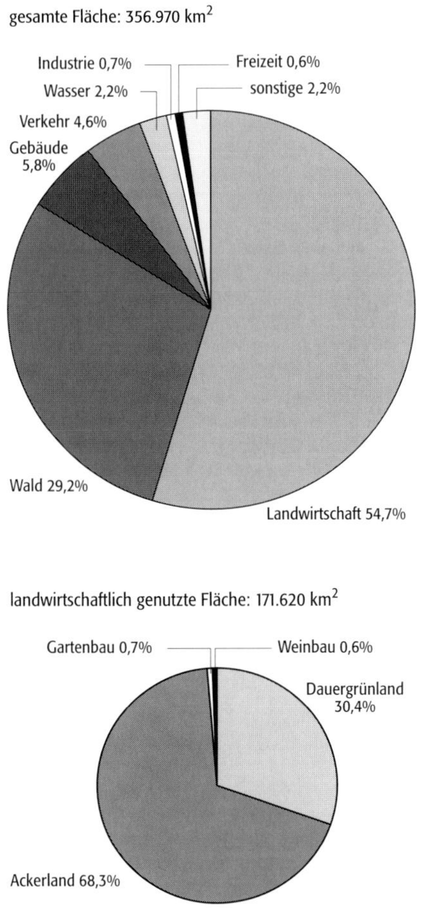

Bodennutzung: Bodennutzung in der Bundesrepublik Deutschland (Stand 1993).

»Mischprobe« dagegen wird aus mehreren Entnahmestellen einer Boden- oder Substrateinheit zusammengestellt. ↗ungestörte Probe.

Bodenprobenbank, Archiv von ↗Bodenproben zur Dokumentation typischer ↗Bodenhorizonte bzw. standortkundlicher Verhältnisse eines Bereiches, oft über zugehörige Analyse- und Lagedaten den Punktdaten eines ↗Bodeninformationssystems zugeordnet.

Bodenproduktivität ↗*Bodenfruchtbarkeit.*

Bodenprofil, *bodenkundliches Profil*, senkrechter Schnitt durch den Boden zur Erkennung und Diagnose von ↗Bodenhorizonten (↗Bodentypen Abb. im Farbtafelteil).

Bodenprofilanalyse, die detaillierte Aufnahme und Interpretation von ↗Bodenprofilen in Aufschlüssen und an Bohrkernen.

Bodenprovinz, mehrere gleiche und verschiedene ↗Bodengesellschaften bilden eine Bodenprovinz, mehrere Provinzen eine ↗Bodenregion, mehrere Regionen eine ↗Bodenzone, wobei sich eine Bodenprovinz über einen größeren einheitlichen Landschaftsbereich erstreckt, z. B. die Bodenprovinz des Süddeutschen Tertiärhügellandes.

Bodenradar, *Georadar*, *ground penetrating radar* (*GPR*), *elektromagnetisches Impulsreflexionsverfahren* (*EMR*), ein hochfrequentes ↗elektromagnetisches Verfahren zur Erkundung oberflächennaher Leitfähigkeitsstrukturen, das eine zunehmend breitere Anwendung bei hydrogeologischen, geotechnischen und umweltrelevanten Fragestellungen findet. Das Sendesignal (z. B. kurze elektromagnetische Impulse bei einer

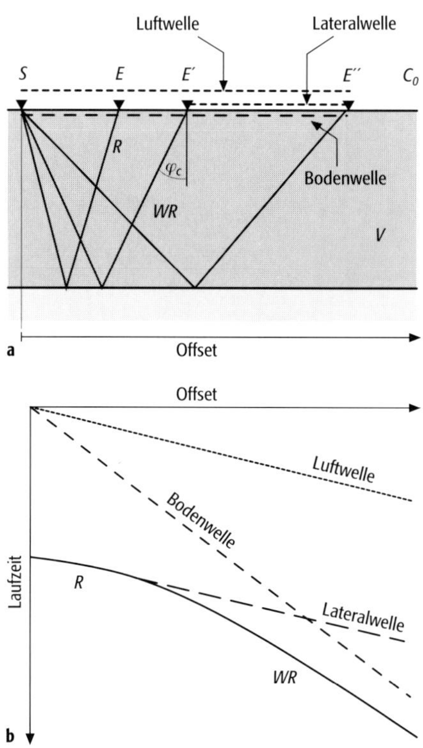

Bodenradar: a) Wellentypen des Bodenradar-Verfahrens bei einem Zweischichtfall (S = Sendeantenne; E, E', E'' = Lokation der Empfängerantennen; R = reflektierte Welle; WR = Weitwinkelreflexion; φ_c = kritischer Winkel; c_0 = Vakuum-Lichtgeschwindigkeit).
b): Schematisches Laufzeitdiagramm für einen Zweischichtfall.

Bodenradar (Tab.): typische Werte der Dielektrizität ε_r, Leitfähigkeit σ, Ausbreitungsgeschwindigkeit v und Dämpfung α einiger Materialien bei einer Frequenz f = 100 MHz. Der Wassergehalt bestimmt maßgeblich die Schwankungsbreite der einzelnen Größen.

Material	ε_r	σ [mS/m]	v [m/ns]	α [dB/m]
Süßwasser	80	0,5	0,033	0,1
trockener Sand	3–5	0,01	0,15	0,01
feuchter Sand	20–30	0,1–1	0,06	0,03–0,3
Ton	5–40	2–1000	0,06	1–300
Kalkstein	4–8	0,5–2	0,12	0,4–1
Granit	6	0,01–1	0,12	0,01–1

Frequenz im Bereich von 10 MHz bis 1 GHz) wird mit Hilfe von breitbandigen Antennen abgestrahlt. Eine weitere Antenne empfängt das von Schichtgrenzen oder anderen Objekten im Untergrund reflektierte bzw. gestreute Signal. Analog zur ↗Reflexionsseismik wird das Meßergebnis in einem ↗Radargramm dargestellt. Aus der Laufzeit von der Aussendung bis zum Empfang des Signals kann bei Kenntnis der Ausbreitungsgeschwindigkeit auf die Tiefenlage des Reflektors geschlossen werden (Tab.). Aufgrund des gewählten Frequenzbereichs ist die Methode empfindlich gegenüber Änderungen der relativen Dielektrizitätskonstante ε_r und der Leitfähigkeit σ. Die relative Permeabilität wird dabei als $\mu_r \approx 1$ angenommen. Während die Frequenz in den Induktionsverfahren so niedrig gewählt ist, daß nur der Leitungsstrom eine Rolle spielt, ist im *Radarfall* der Verschiebungsstrom (↗Maxwellsche Gleichungen) von gleicher Größenordnung. Dies wird durch den Verlustwinkel θ mit

$$\tan\theta = \frac{\sigma}{\omega\,\varepsilon} = \frac{\sigma}{\omega\,\varepsilon_r\,\varepsilon_0}$$

ausgedrückt, wobei ω die Kreisfrequenz und ε_0 die Influenzkonstante bezeichnen. Für etwa $\tan\theta < 0{,}5$ sind Ausbreitungsgeschwindigkeit und Absorption der EM-Wellen im Boden nahezu frequenzunabhängig; bei Überwiegen des Leitfähigkeitsterms kommt es zu Dispersionseffekten, der Energietransport findet hauptsächlich durch Diffusion statt. Bei hohen Frequenzen und senkrechter Inzidenz hängt der Reflexionskoeffizient R allein von den relativen Dielektrizitäten der beiden Medien ab:

$$R \approx \frac{\sqrt{\varepsilon_1} - \sqrt{\varepsilon_2}}{\sqrt{\varepsilon_1} + \sqrt{\varepsilon_2}}\,.$$

Die Laufzeit t_r der reflektierten Wellen, die in einem Laufzeitdiagramm neben der Luft- und Bodenwelle erscheinen, berechnet sich für den Zweischichtfall:

$$t_r = \frac{1}{v}\sqrt{x^2 + 4h^2}\;;$$

dabei ist x der Sender-Empfänger-Abstand, v die Ausbreitungsgeschwindigkeit in der 1. Schicht und h die Schichtdicke. Nach Erreichen des kritischen Winkels φ_c entsteht eine sich in der Luft ausbreitende Lateralwelle, ihre Laufzeit berechnet sich aus:

$$t_l = \frac{x}{c_0} + 2h\sqrt{\frac{1}{v^2} - \frac{1}{c_0^2}}\ ;$$

c_0 ist die Vakuum-Lichtgeschwindigkeit. Anders als in der Seismik werden refraktierte Wellen nur selten beobachtet. Die Auswertung der Radargramme erfolgt ähnlich den Verfahren in der Reflexionsseismik, wobei jedoch meist keine CMP-Stapelung (↗Stapelung) durchgeführt wird; auch die Methoden der ↗Dekonvolution sind nur eingeschränkt einsetzbar (Abb.). [HBr]

Bodenrauhigkeit, Bezeichnung für die Unebenheit der Erdoberfläche und die damit verbundene Reibungswirkung auf die Luftströmung. Als Maß für die Bodenrauhigkeit wird der ↗Rauhigkeitsparameter verwendet.

Bodenreaktion, Charakterisierung von Böden nach ihrer Acidität (↗Bodenacidität) oder Alkalinität (↗Bodenalkalität), ausgedrückt als ↗pH-Wert. Die ↗Bodenreaktion wird bestimmt durch freie H^+-Ionen in der ↗Bodenlösung und sorbierte H^+-Ionen an den ↗Austauschern sowie durch austauschbare Al^{3+}-Ionen. Zwischen den gelösten und den sorbierten Ionen stellt sich ein Gleichgewicht ein. Kenngröße der Bodenreaktion ist der pH-Wert. In Abhängigkeit von der Bodenreaktion werden die Böden nach dem pH-Wert unterteilt (Tab.).

pH	Bezeichnung	Beispiele
< 3,0	extrem sauer	saure Sulfatböden
3,0–3,9	sehr stark sauer	Hochmoorböden
4,0–4,9	stark sauer	Podsole
5,0–5,9	mäßig sauer	Parabraunerden
6,0–6,9	schwach sauer	Braunerden, Schwarzerden
7,0	neutral	Kalkmarsch
7,1–8,0	schwach alkalisch	kalkreiche Niedermoore
8,1–9,0	mäßig alkalisch	Alkaliböden
9,1–10,0	stark alkalisch	Kalkmergel
10,1–11,0	sehr stark alkalisch	Kalksteinpulver
>11,0	extrem alkalisch	–

Bodenreaktion: Einstufung von Böden nach ihrer Bodenreaktion.

Bodenregion, setzt sich aus mehreren ↗Bodenprovinzen zusammen. Sie werden nach den Leitböden der dominierenden ↗Bodenlandschaften benannt. In Mitteleuropa werden folgende Regionen unterschieden: a) Böden der Küstenlandschaften und Niederungen, b) Böden der Moränenlandschaften, c) Böden der Pleistozänlandschaften, d) Böden der Lößhügellandschaften, e) Böden der Hügel- und Berglandschaften und f) Böden der Mittelgebirgslandschaften.

Bodenreibung, die Reibung einer Luftströmung am Erdboden. Diese bewirkt eine starke Windreduktion in Bodennähe in Abhängigkeit von der ↗Bodenrauhigkeit und eine Ablenkung des Windes in Richtung auf das Zentrum der Tiefdruckgebiete. ↗atmosphärische Grenzschicht, ↗Prandtl-Schicht, ↗Ekman-Spirale.

Bodenrelikt, Rest eines Bodens, der z.B. durch ↗Bodenerosion oder Abgrabung verkürzt wurde.

Bodenruhe, bezeichnet die Phase, in welcher der Boden keiner Bodenbearbeitung unterworfen ist, im Extremfall (bei dauerhaftem Bewuchs durch Wald und Grünland, im Feldfutterbau bei Anbau von Kleegras oder Luzerne) bis zu 5 Jahren oder kurzfristiger (im Feldanbau von einjährigen Kulturen). Die Bodenruhe besitzt besondere Bedeutung für die Entwicklung eines ungestörten ↗Edaphons mit Wirkung auf die Bodenproduktivität.

Bodenrutschung, Sammelbegriff für ↗gravitative Massenbewegung (Erdrutsch, Rutschung, Erdfließen) von Böden oder Lockermaterial des oberflächennahen Untergrundes (↗Hangbewegungen).

Bodensanierung, Reinigung von Böden kontaminierter Standorte mit dem Ziel, die Schadstoffbelastung auf ein vorgegebenes Maß zu reduzieren und Gefährdungspfade zu unterbinden. Dabei werden so weit wie möglich Verfahren angewendet, die eine Sanierung ohne Bodenaustausch erlauben (im Gegensatz zur ↗Bodensubstratsanierung) und bei denen sowohl das ↗Bodengefüge als auch das ↗Edaphon weitgehend intakt bleiben (In-situ-Verfahren). Die wichtigsten Reinigungsmethoden sind: a) die Bodenluftabsaugung zur Entfernung von Kontaminationen leichtflüchtiger Schadstoffe wie Chlorkohlenwasserstoffe (Abb.), b) biologische Sanierungsverfahren, bei denen die Fähigkeiten von Mikroorganismen genutzt werden, bestimmte organische Schadstoffe, wie raffinierte Öle und aromatische Lösungsmittel, abzubauen und c) Immobilisierungsverfahren, bei denen die biologische

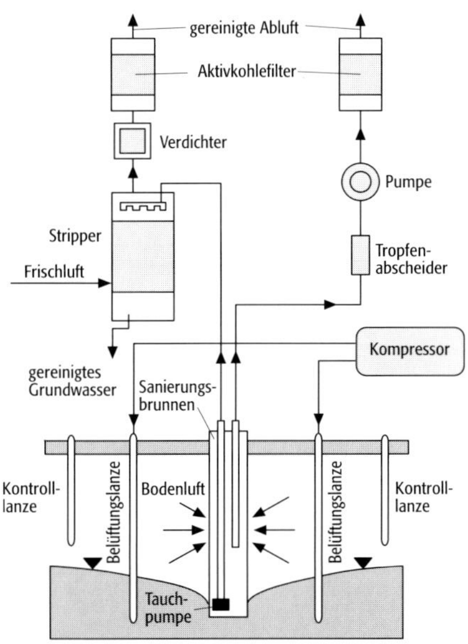

Bodensanierung: Einfaches Verfahrensschema einer On-site-Sanierung von CKW-kontaminiertem Boden und Grundwasser mit Hilfe eines Sanierungsbrunnens. Im rechten Reinigungspfad wird belastete Bodenluft durch Aktivkohlefilter geführt und gereinigt, im linken wird kontaminiertes Grundwasser durch einen Stripper geleitet, woraus die CKW ausgeblasen und an Aktivkohle gebunden werden.

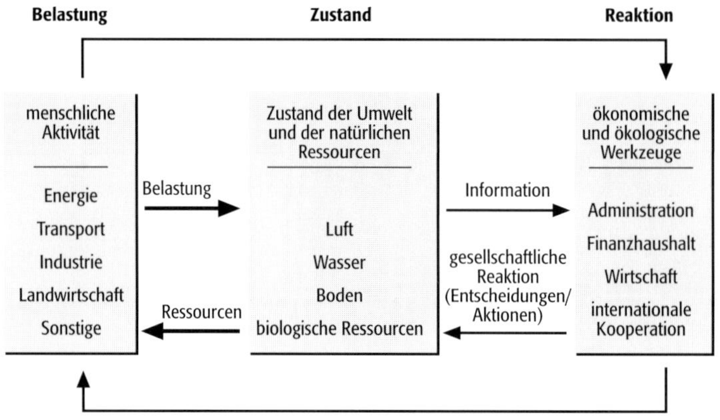

Bodenschutzkonzepte: Pressure-State-Response-Ansatz (OECD) (1994).

Verfügbarkeit von Schadstoffen, insbesondere Schwermetallen, durch ↗Adsorption an ↗Austauschern oder durch Fällung nach pH-Anhebung, deutlich gesenkt werden kann. Da eine Dekontamination landwirtschaftlich genutzter Flächen von z. B. persistenten Schadstoffen derzeit und in absehbarer Zukunft nicht möglich sein wird, bleiben die Varianten, belastete Ackerkrume durch Tiefpflügen mit weniger kontaminiertem Unterboden zu »verdünnen« oder durch Bodenauftrag, in Abhängigkeit von der Durchwurzelungstiefe der Pflanzen, die Schadstoffaufnahme zu reduzieren. [AH]

Bodensaugkraft, beschreibt die Fähigkeit des Bodens, Wasser, vergleichbar mit einem Schwamm, aufzusaugen. ↗Bodensaugspannung.

Bodensaugspannung, andere Bezeichnung für die ↗Wasserspannung oder das ↗Matrixpotential im Boden. Die Saugspannung basiert auf der ↗Kapillarität und der Kapillarspannung. Sie wird als ↗pF-Wert ausgedrückt und in der ↗Saugspannungskurve mit dem Wassergehalt in Beziehung gesetzt.

Bodenschaft ↗*Bodenlandschaft*.

Bodenschätze, Sammelbegriff für abbauwürdige Rohstoffe im Untergrund. ↗Lagerstätte.

Bodenschätzung, einheitliches Verfahren zur Bewertung der Ertragsfähigkeit eines Bodens und zur gerechten Besteuerung (Bodenschätzungsgesetz von 1934) nach dem ↗Ackerschätzungsrahmen und dem ↗Grünlandschätzungsrahmen.

Bodenschmelzen, Aufschmelzen des meerwärtigen Randbereichs von ↗Eisschelfen am Meeresboden.

Bodenschutz, Boden als Teil der Umwelt unterliegt den vier Regeln bezüglich der Umweltqualität und der Erhaltung der natürlichen Ressourcen für nachfolgende Generationen (Konzept ↗Nachhaltigkeit, Deutscher Bundestag, 1997): 1) Die Abbaurate erneuerbarer Ressourcen soll deren Regenerationsrate nicht überschreiten. Dies entspricht der Forderung nach Aufrechterhaltung der ökologischen Leistungsfähigkeit. 2) Nicht erneuerbare Ressourcen sollen nur in dem Umfang genutzt werden, in dem ein physisch und funktionell gleichwertiger Ersatz in Form erneuerbarer Ressourcen oder höherer Produktivität der erneuerbaren sowie der nicht erneuerbaren Ressourcen geschaffen wird. 3) Stoffeinträge in die Umwelt sollen sich an der Belastbarkeit der Umweltmedien orientieren, wobei alle Funktionen zu berücksichtigen sind, nicht zuletzt auch die »stille« und empfindlichere Regelungsfunktion. 4) Das Zeitmaß anthropogener Einträge bzw. Eingriffe in die Umwelt muß im ausgewogenen Verhältnis zum Zeitmaß der für das Reaktionsvermögen der Umwelt relevanten natürlichen Prozesse stehen.
Die Böden stellen eine nicht erneuerbare und damit begrenzte Ressource dar. Ihre Funktionen sind dauerhaft als Lebensgrundlage und Lebensraum für Menschen, Tiere, Pflanzen und Mikroorganismen, als Bestandteil des Naturhaushaltes, als Abbau- und Ausgleichsmedium für stoffliche Einwirkungen, insbesondere auch zum Schutz des Grundwassers, zu erhalten. Die Nutzung der Böden für den Menschen bei der Gewinnung von Rohstoffen, als Standort für die land- und forstwirtschaftliche Nutzung, als Standort für wirtschaftliche Aktivitäten, Verkehr, Ver- und Entsorgung, als Fläche für Siedlung und Erholung, als Archiv der Natur- und Kulturgeschichte usw. sollen die Leistungsfähigkeit und die ökologischen Funktionen der Böden kurzzeitig so wenig wie möglich und v. a. dauerhaft nicht beeinträchtigen. Mögliche Formen des Bodenschutzes sind Begrenzung des Flächenverbrauchs, Schutz vor Bodenabträgen, Verminderung der Stoffeinträge, Vermeidung der Einträge persistenter, bioakkumulierbarer, human-toxischer und ökotoxischer Stoffe mit irreversibler Wirkung. [MFr]

Bodenschutzkonzepte, werden auf Grundlage von Bodenschutzzielen nach erfolgter Indikation des Bodenzustandes entwickelt und führen zu Bodenschutzprogrammen. Ein Beispiel ist das Pressure-State-Response-Konzept (Abb.) der OECD (Organisation für wirtschaftliche Zusammenarbeit und Entwicklung). Im Bodenschutz wird die sich aus dem Bodenzustand ergebende ↗Bodenbelastbarkeit der ↗Bodenbelastung durch die verschiedenen Formen der Landnutzung gegenübergestellt, bewertet und daraus Bodenschutzprogramme abgeleitet.

Bodenschwimmer, in wassergefüllten Hohlräumen des Bodens lebende Bodenorganismen. ↗Mikrofauna, ↗Nematoden, ↗Rotatorien.

Bodensediment, aus umgelagerten Bodenbestandteilen (Material des ↗A-Horizontes oder ↗B-Horizontes) bestehendes ↗Sediment; am Hang durch flächenhafte ↗Bodenerosion abgetragene und überwiegend am Hangfuß oder in der Talaue abgelagerte Bodenbestandteile. Sehr viele ↗Kolluvien sind Bodensedimente.

Bodenserie, durch bodenbildende Prozesse bedingte, zeitlich und räumlich zu differenzierende ↗Entwicklungsreihen von Böden.

Bodensickerwasserbetrag ↗*Sickerwassermenge*.

Bodenskelett, *Grobboden*, grobkörnige Bodenbestandteile > 2 mm, meist aus dem Ausgangsgestein. Unterteilung in Feinskelett (2–63 mm, ↗Äquivalentdurchmesser) und Grobskelett

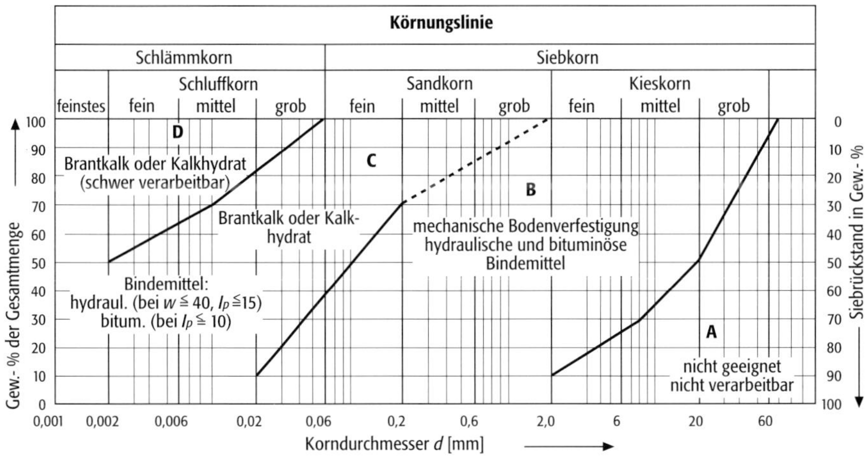

Bodenstabilisierung: Korngrößenbereiche für die verschiedenen Verfahren der Bodenstabilisierung nach Brand.

(> 63 mm). Vom Bodenskelett wird der ↗Feinboden unterschieden.

Bodenstabilisierung, erfolgt unter Zugabe von Bindemitteln und ggf. ↗Füller und Wasser mit dem Ziel, die erdbautechnischen Eigenschaften von Böden zu verbessern. Nach den technischen Vorschriften und Richtlinien im Straßenbau (ZTVV StB 81) wird unterschieden zwischen *Bodenverbesserung* und *Bodenverfestigung*. Die Bodenverbesserung dient zur Verbesserung der Einbaufähigkeit und Verdichtbarkeit von Böden. Die Bodenverfestigung wird zur dauerhaften Erhöhung der ↗Tragfähigkeit und Frostbeständigkeit von Böden eingesetzt. Es wird unterschieden zwischen der mechanischen Stabilisierung (Zugabe fehlender Körnungen in Böden mit steilen Kornsummenkurven), der Stabilisierung durch Zugabe von Zement, bituminösen Bindemitteln oder Kalk und der chemischen Stabilisierung (z. B. ↗Joosten-Verfahren). Die Eignung der verschiedenen Verfahren ist maßgeblich von der Kornverteilung des Bodens abhängig. Weitere Verfahren zur Bodenverfestigung sind die Verfestigung durch Entwässerung in Folge einer Grundwasserabsenkung, die elektrochemische Bodenverfestigung mittels ↗Elektroosmose und, bei bindigen Böden, die thermische Bodenverfestigung (Abb.). [CSch]

Bodenstreuverdunstung, ↗Verdunstung der in Wäldern auf dem Boden befindlichen ↗Streuschicht, ausgehend von abgefallenen und sich zersetzenden Blättern oder Nadeln. Sie ist ein Teil der ↗Interzeptionsverdunstung und ist nicht ertragswirksam.

Bodenstrom, Strömung unter dem Einfluß der Reibung am Meeresboden. Die Änderung der Strömungsrichtung und -geschwindigkeit erfolgt entsprechend der ↗Ekmanspirale.

Bodenstruktur, früher vorherrschender Ausdruck für den inneren, räumlichen Bau des Bodens und häufig als Synonym für ↗Bodengefüge verwendet. Viele ältere Definitionen beziehen sich jedoch nur auf einen Teil der Merkmale des Bodenaufbaus (z. B. auf die Aggregierung oder auf das ↗Makrogefüge) oder entstanden aus einer Gleichsetzung mit dem englischen »structure«. Unter Berücksichtigung des andersartigen Begriffsinhaltes in der Sedimentpetrographie wurde in der Bodenkunde der Begriff Gefüge als übergreifender Ausdruck weiterentwickelt. In der landwirtschaftlichen Praxis wird mit Bodenstruktur ein qualitativer Zustand des ↗Makrogefüges beschrieben: Manche Böden werden als strukturlos bezeichnet, gefügelose Böden gibt es nicht.

Bodensubstratsanierung, Reinigungsverfahren zur Entfernung von Schadstoffen aus kontaminierten Böden. Bei diesen Methoden wird, im Gegensatz zur ↗Bodensanierung, meist das belastete Substrat ausgeräumt (Auskofferung) und entweder vor Ort (On-site-Verfahren) oder in einer an einem anderen Ort befindlichen Anlage (Off-site-Verfahren) behandelt. Zur Verfügung stehen a) die Bodenreinigungsverfahren der Bodenwäsche, bei der die Schadstoffe durch eine Gegenstromextraktion mit Lösungsmitteln (z. B. Wasser, Säuren, Basen, Tenside) entfernt werden, b) thermische Verfahren, bei denen die Dekontamination durch Wasserdampfdestillation, Verbrennung oder Pyrolyse erfolgt und c) biologische Verfahren, bei denen der mikrobielle Schadstoffabbau auf sog. »Bio-Beeten« abläuft. Die genannten Verfahren sind besonders geeignet bei punktuellen, oberflächennahen Kontaminationen und wenn infolge hoher Schadstoffkonzentrationen eine sofortige Gefahrenabwehr erforderlich ist. [AH]

Bodensystematik, Teilgebiet der ↗Bodenkunde, das sich mit der Einteilung der Böden in eine ↗Bodenklassifikation beschäftigt.

Bodentaxonomie ↗Bodenklassifikation.

Bodentemperatur ↗Erdbodentemperatur.

Bodentextur ↗*Bodenart.*

Bodentiere ↗Edaphon.

Bodentyp, Untereinheit der Bodenklassen der ↗deutschen Bodenklassifikation, die sich bei jung entwickelten, ↗terrestrischen Böden nach lithogenen Profilmerkmalen, bei stärker entwickelten Böden nach der Entwicklungsart unterscheiden. Die Bodentypen der ↗semiterrestrischen Böden unterscheiden sich nach dem Entwicklungszustand, die der subhydrischen Böden nach der ↗Humusform (Abb. im Farbtafelteil).

Bodenumlagerung ↗*Bodenerosion*.

Bodenunruhe, kontinuierliche Bewegung der Erdoberfläche, die in Seismogrammen von ↗Erdbeben und Explosionen als Hintergrundrauschen immer enthalten ist und einen weiten Frequenzbereich umfaßt. Vom Menschen verursachte Bodenunruhe (Industrie, Verkehr) erstreckt sich auf Frequenzen von 1 Hz und höher. Niedrig-frequente Bodenunruhe wird v. a. durch Meeresrauschen (*Mikroseismik*) im Periodenbereich von 5–20 s erzeugt. Besonders stark ausgeprägt ist diese in Küstennähe (Amplituden bis zu 10 μm); auch im Innern von Kontinenten wird die Mikroseismik noch mit reduzierter Amplitude aufgezeichnet. Der Hauptanteil der mikroseismischen Bodenunruhe wird durch den Druck stehender Wasserwellen (↗Wellen) auf dem Ozeanboden erzeugt.

Bodenuntersuchung, *Bodenanalyse*, Bestimmung biologischer, chemischer und physikalischer Parameter des Bodens, z. B. der Nähr- und Schadstoffgehalte, der biologischen Aktivität und der Wasserleitfähigkeit. Die Ergebnisse solcher Untersuchungen werden u. a. zur Abschätzung von Düngeraufwandmengen, zur Einstufung der Böden nach Gefährdungspotentialen, aber auch für Nutzungsempfehlungen herangezogen. Die jeweilige Zielstellung bedingt sowohl die Art der Probenahme als auch die Probenvorbereitung sowie die einzusetzenden analytischen Verfahren. Für zahlreiche Nachweisverfahren sind Normen vom Deutschen Institut für Normung (DIN) herausgegeben worden.

Bodenverbesserung, **1)** *Angewandte Geologie*: ↗Bodenstabilisierung. **2)** *Bodenkunde*: Maßnahmen zur Ertragssteigerung von Böden durch ↗Melioration und ↗Düngung.

Bodenverdichtung, 1) Prozeß der Erhöhung der ↗Bodendichte bzw. der Dichtlagerung des Bodens. Bodenverdichtung wird verursacht durch anthropogene Einflüsse wie mechanische Beanspruchung des Bodens durch Auflast oder durch Druckbelastungen der Mechanisierungsmittel der Feldwirtschaft beim Befahren. Die entstehenden Sackungsverdichtungen führen zu einer Verminderung der Höhe bzw. des Volumens der beanspruchten Bodensäule. Konsequenzen sind eine Verminderung des Luftvolumenanteils und eine Erhöhung des Substanzvolumenanteils, drastisch reduziert wird der Anteil an ↗Makroporen, ↗Feinporen nehmen zu. Bodenverdichtung kann auch verursacht werden durch natürliche Prozesse der Einlagerung aus dem Oberboden mobilisierbarer Bodenteilchen (Ton, Feinschluff, Metalloxide, Huminstoffe) in den Unterboden, z. B. durch Eisen-Huminstoffverbindungen verfestigtes Kittgefüge im ↗Ortsstein der ↗Podsole oder im ↗Go-Horizont der ↗Gleye nach Verockerung als ↗Raseneisenstein. Einlagerungsverdichtungen können auch durch den Einfluß von Grund-, Hang- oder Quellwasser entstehen.

2) Zustand einer gravierenden Schädigung des Bodengefüges (Schadverdichtung), v. a. durch den unsachgemäßen Einsatz von Maschinen und Geräten im landwirtschaftlichen Produktionsprozeß. Kennzeichen sind die Beeinträchtigung wichtiger Bodenfunktionen des Wasser- und Gasaustausches, die Einschränkung der Durchwurzelbarkeit, die Erhöhung der energetischen Aufwendungen bei der ↗Bodenbearbeitung sowie die Reduzierung des Ertragsniveaus. Anhaltspunkte für das Erreichen dieser kritischen Zustände liefern substratbezogene Grenzwerte der ↗Lagerungsdichte, des Bodenwiderstandes oder auch der gesättigten Wasserleitfähigkeit. Schadverdichtungen können durch Maßnahmen der ↗Tiefenlockerung aufgebrochen werden. Sie sind in der Wirkungsdauer jedoch sehr begrenzt und beseitigen die Ursachen für die Entstehung von Schadverdichtungen nicht; die Alternative besteht in der Vermeidung von Schadverdichtungen. Dies ist nur durch einen Komplex von Maßnahmen zur Verminderung der mechanischen Beanspruchung des Bodens zu erreichen. Dazu gehören u. a. die Nutzung bodenschonender Landtechnik mit Fahrwerken geringerer Kontaktflächendrücke und niedrigerer Radlasten, die Veränderung von Verfahren durch Kombination von Werkzeugen, Geräten und Arbeitsgängen bei der Bodenbearbeitung, Bestellung und Bestandesführung mit dem Ziel einer Verminderung der Überrollhäufigkeit sowie die Berücksichtigung der Befahrfeuchte. [HR]

Bodenverdunstung, 1) Verdunstung von unbewachsenen Böden (↗Evaporation). 2) ↗Verdunstung des auf der Bodenoberfläche nach Niederschlägen, Schneeschmelze oder Überschwemmung vorübergehend gespeicherten Wassers sowie des im Boden aus dem Grundwasser kapillar aufsteigenden Wassers (↗Kapillaraufstieg).

Bodenverfestigung ↗Bodenstabilisierung.

Bodenverkürzung ↗*Bodenkappung*.

Bodenverlagerung ↗*Bodenerosion*.

Bodenvernagelung, wird zur Sicherung des Bodens an Geländesprüngen, z. B. in Baugruben, eingesetzt. Sie bewirkt, daß die Zug- und ↗Scherfestigkeit an einem Geländesprung erhöht wird und ein bewehrter Verbundkörper entsteht. Die 70–80° steile Böschungsfläche wird zum Schutz vor der Witterung mit einer Spritzbetonschale versehen. Diese wird mit schlaffen Boden- oder ↗Felsnägeln rückverhängt. Die Anschnittsböschungen lassen sich von oben nach unten, entsprechend dem Abtragsfortschritt, abschnittsweise sichern.

Bodenversalzung, *Versalzung des Bodens*, die natürliche oder anthropogene Ursachen haben kann. Natürliche Bodenversalzung tritt auf bei mariner Bildung (z. B. in Salzmarschen), kann aber auch terrestrischen Ursprungs sein. So findet man, insbesondere in ariden und semiariden Gebieten, Bodenversalzung dort vor, wo salzhaltiges Wasser zugeflossen oder aufgestiegen ist und dann verdunstete. Darüber hinaus kann Bodenversalzung die Folge einer unsachgemäßen ↗Bewässerung sein, durch die jährlich ca. 1 Mio.

ha landwirtschaftliche Nutzfläche aus der Nutzung fallen. Erhöhte Salzgehalte erschweren die Wasseraufnahme durch die Pflanze und damit den Pflanzenwuchs, da sie das osmotischen Potential des Bodenwassers erhöhen. Zugleich wirken einige Salze auch direkt toxisch.

Bodenversauerung, im Verlauf der ↗Bodenentwicklung unter humiden Klimabedingungen fortschreitende Versauerung von Böden. Eine zunehmende ↗Bodenacidität bewirkt eine ↗Desorption von basischen Kationen und die Aufnahme von Protonen durch die ↗Austauscher. Die in die ↗Bodenlösung gelangten Kationen werden mit dem Sickerwasser in tiefere Bodenschichten transportiert und ausgewaschen. Eine Versauerung tritt erst dann ein, wenn die Protonenzufuhr die Säureneutralisationskapazität des Bodens übersteigt. Man unterscheidet natürliche Versauerung und anthropogen bedingte Versauerung. Bei der natürlichen können der Eintrag und die Bildung von Protonen durch folgende Mechanismen gesteuert werden: a) Bei der Aufnahme von kationischen Nährstoffen durch die Pflanzen kommt es in der Umgebung der Wurzeln zu einer Erniedrigung des ↗pH-Wertes um 1 bis 2 Einheiten. b) Das bei der ↗Bodenatmung von Pflanzen und Mikroorganismen gebildete CO_2 wandelt sich mit Wasser zu Kohlensäure um, die unter Bildung von Protonen zerfällt. c) Zufuhr von ↗Huminsäuren und ↗Fulvosäuren in die obersten Bodenhorizonte bei der ↗Mineralisation organischer Substanz aus der Streuauflage. d) Oxidation von reduzierten S- und N-Verbindungen: In sulfidhaltigen Grundwasserböden kann es durch Drainage und Belüftung zu einer Absenkung des pH-Wertes auf < 2 kommen oder bei der bakteriellen ↗Nitrifizierung von Ammonium zu Nitrat wird Salpetersäure gebildet. e) Eintrag von Protonen mit dem Regenwasser durch Reaktion von Wasser und atmogenem CO_2 zu Kohlensäure. (Dieser Prozeß hat große Bedeutung für landwirtschaftlich genutzte Böden, da die H_2CO_3-Bildung erst bei pH-Werten um 5 abläuft.)

Anthropogen bedingte Versauerung kann aufgrund folgender Mechanismen auftreten: a) Die durch das Pflanzenwachstum dem Boden entzogenen, basischen Kationen werden über ↗Bestandsabfall und Streu wieder zugeführt (↗Basenpumpe). Als Folge landwirtschaftlicher Nutzung und Waldbau wird Biomasse entfernt und der Kreislauf unterbrochen. Daher müssen dem System über mineralische und organische Düngung die Nährstoffe wieder zugeführt werden. b) Der Einsatz von ammoniumhaltigen Düngern in der Landwirtschaft führt zu einer pH-Absenkung. Ihr Umfang hängt vom Verbleib des bei der Nitrifizierung entstandenen Nitrats ab. Eine gemeinsame Auswaschung mit basischen Kationen führt zu einer Protonenbelegung am Austauscher. Die Verwendung von Phosphatdüngern hat in neutralen bis basischen Böden ebenfalls eine Erniedrigung des pH-Wertes zur Folge. In stark sauren Böden dagegen tragen P-Dünger dazu bei, die Aluminium-Toxizität durch Bildung von Al-Phosphaten zu reduzieren. c) ↗Säureeintrag von Schwefel- und Salpetersäure kann mit den Niederschlägen aufgrund der Verunreinigung der Atmosphäre mit SO_2 und ↗NO_x aus der Verbrennung fossiler Energieträger (↗saurer Regen) erfolgen. [AH]

Bodenversiegelung, anthropogene Überbauung der Bodenoberfläche als Siedlungs-, Industrie- oder Verkehrsstandorte. Damit verbunden ist die Zerstörung der Funktionsfähigkeit des Übergangsbereiches zwischen ↗Atmosphäre und ↗Pedosphäre für den Wasser- und Luftaustausch.

Bodenvolumen, ist der Rauminhalt, den alle festen, flüssigen und gasförmigen Bodenbestandteile in ihrem Verband einnehmen.

Bodenwärmehaushalt, umfaßt alle Erscheinungen und Vorgänge, die Verteilung und Bewegung, Abgabe und Aufnahme der Wärme im Boden und ist u. a. bedeutsam für das Pflanzenwachstum, die Bodenfauna und Bodenflora.

Bodenwärmestrom, die Wärmemenge, die pro Sekunde durch molekulare ↗Wärmeleitung durch eine Einheitsfläche transportiert wird. Tagsüber, wenn die Erdoberfläche aufgrund intensiver Sonneneinstrahlung stark aufgeheizt wird, erfolgt ein Transport in den Erdboden hinein. Diese gespeicherte Energie kann während der ↗nächtlichen Ausstrahlung wieder abgegeben werden. Die Formel lautet:

$$Q_B = -k\frac{\partial T_B}{\partial z} .$$

Der Bodenwärmestrom Q_B ist abhängig von der ↗Wärmeleitfähigkeit k und der ↗Wärmekapazität des Bodens sowie vom vertikalen Gradienten der ↗Erdbodentemperatur T_B.

Bodenwaschverfahren, *Extraktionsverfahren*, Verfahren, das der Schadstoffabtrennung aus einem kontaminierten Boden dient. Die Schadstoffe werden nicht zerstört, sondern in 5–20 % des Bodens aufkonzentriert. Der restliche Boden ist dann soweit gereinigt, daß er wieder an der Aushubstelle eingebaut werden kann. Die Reinigung des Bodens erfolgt in den meisten Fällen unter Zuhilfenahme von Spülmitteln. Bei anorganischen Schadstoffen wird mit angesäuertem oder teilweise auch alkalisiertem Waschwasser gearbeitet. Bei organischen Schadstoffen werden dem Waschwasser oberflächenaktive Substanzen (↗Tenside) oder organische Lösungsmittel zugesetzt. Entscheidend für den Erfolg der Reinigung ist die Bindungsart der Kontamination, nämlich ob diese in Form von freien Schadstoffpartikeln, absorbiert in oder an der Oberfläche feiner Teilchen, oder in gelöster oder emulgierter Form im Bodenwasser vorliegt. Die hochkonzentrierten Reststoffe müssen entsorgt werden. Da sich die Schadstoffe an den Feinpartikeln des Bodens anreichern, sollte der Feinstkornanteil des zu reinigenden Bodens, insbesondere aus wirtschaftlichen Überlegungen, weniger als 25 % betragen. Die Abtrennung der schadstoffreichen Feinstpartikel von dem gröberen Material erfolgt über Siebe, Hydrozyklone, Sedimentations- oder Flotationsverfahren. Die Bodenwäsche erfolgt in Off-site- oder On-site-Reinigungsanlagen und besteht aus mehreren Verfahrensstufen: Bodenvorbereitung, Naßaufschluß, Klassieren, Waschen der Schluff-, Sand- und Kiesanteile, Prozeßwasseraufbereitung, Abwasseraufbereitung. Daneben sind Maßnahmen zur ↗Bodenluftabsaugung (oft schon beim Ausbub des Bodens) und Abluftreinigung erforderlich. Bei den In-situ-Waschverfahren (z.B. das Holzmann-Verfahren) wird ein Austragen der Schadstoffe aus dem Boden oder dem Grundwasser durch die Infiltration einer Waschflüssigkeit erreicht. Diese wird über Lanzen oder Drainagen in den Boden geleitet und, angereichert mit den Kontaminanten, über Entnahmebrunnen wieder aus dem Erdreich entfernt. [CSch]

Bodenwasser, **1)** *Bodenkunde*: das gesamte, im Boden vorhandene Wasser ohne das ↗Kristallwasser. Es entstammt direkt oder indirekt dem Niederschlag und wird unterteilt in ↗Sickerwasser und ↗Haftwasser. **2)** *Ozeanographie*: Wassermassen, die aufgrund ihrer hohen Dichte das unterste Stockwerk der Wassersäule bilden.

Bodenwasserbewegung, treibende Kraft ist der Gradient des hydraulischen Potentials, das sich meist aus dem ↗Matrixpotential und dem ↗Gravitationspotential zusammensetzt. In einem nicht voll mit Wasser gesättigten Boden ist die Wasserbewegung überwiegend vertikal ausgerichtet. Bei ↗gesättigter Wasserbewegung treten laterale Flüsse auf. Bei Starkregenereignissen kann es an wenig durchlässigen Schichten (z.B. Pflugsohlenverdichtungen, Toneinwaschungshorizonten) aufgrund eines Rückstaus zu Sättigungs-Wassergehalten kommen, wodurch lokal laterale Flüsse auftreten. Solche laterale Flüsse ermöglichen durch den Übertritt des Wassers in hochleitfähige, überkapillare Hohlräume das Entstehen von Zwischenabfluß und präferentiellem Fluß.

Bodenwassererneuerung, Wiederauffüllung von vorher durch Wasseraufnahme entleerten Porenbereichen oder Verdrängung von altem durch nachströmendes Wasser. Die Erneuerung des Bodenwassers erfolgt auf grundwasserfernen Standorten a) durch die Infiltration von Niederschlags- oder Bewässerungswasser von oben durch die Bodenoberfläche oder b) von unten durch den kapillaren Aufstieg aus dem Grundwasser oder c) bei Einstau durch Gräben und Dräne. Die Verdrängung des alten Wassers ist nie ganz vollständig, so daß es immer mehr oder weniger zu einer Mischung von altem mit neuem Wasser kommt.

Bodenwassergehalt, Menge des im Boden vorhandenen Wassers. Bei vollständiger Sättigung kann maximal das gesamte ↗Porenvolumen wassergefüllt sein. Der Bodenwassergehalt wird entweder an gestörten Bodenproben (z.B. mit dem Bohrstock entnommen) oder an ↗ungestörten Proben mit bekanntem Volumen ermittelt und entweder auf das Gewicht (Einheit: Masse Wasser pro Masse Boden) oder das Volumen des Bodens bezogen (Einheit: Volumen Wasser pro Volumen Boden). Die gravimetrische Ermittlung erfolgt durch Trocknung der Probe bei 105 °C bis zur Gewichtskonstanz. Entscheidend für Wasserbilanzen ist der volumetrische Wassergehalt. Bei Kenntnis der Lagerungs- oder Trockenraumdichte kann der gravimetrische in den volumetrischen Wassergehalt umgerechnet werden. Indirekte Bestimmungen erfolgen mittels ↗time domaine reflectometry (TDR) über die Messung der elektrischen Leitfähigkeit bei Kenntnis der Beziehung zwischen Wassergehalt und elektrischer Leitfähigkeit, bei bekannter Dielektrizitätskonstante von Wasser und Festsubstanz oder durch Bestimmung des Matrixpotentials, z.B. mit ↗Tensiometern, bei Kenntnis der ↗pF-Kurve und meist unter Vernachlässigung der ↗Hysterese. Der Wassergehalt weist in Abhängigkeit vom Bodentyp, den Klima- und Nutzungsbedingungen eine starke jährliche Dynamik auf. Der Wassergehalt ist eine der wichtigsten Kenngrößen in der Bodenkunde und der Pflanzenproduktion. Nach dem Wassergehalt im Boden wird z.B. der Beregnungseinsatz gesteuert. Er dient als Grenzwert für die Befahr- und Bearbeitbarkeit des Bodens oder für die Auswahl von Meliorationsverfahren.

Bodenwasserhaushalt, Wasserhaushalt bezogen auf ein definiertes Bodenvolumen. Er besteht aus der Summe aller herein- und herausgehenden Wasserflüsse sowie der Änderungen des Wasservorrats im Boden als Funktion der Zeit. Die allgemeine Form der Wasserhaushaltsgleichung ist:

$$I + A = E + V + S + \Delta R.$$

Die Komponenten des Bodenwasserhaushalts bei eindimensional-vertikaler Betrachtung sind die Flüsse über den oberen (I = Infiltration und E = Evaporation) und unteren (V = Versickerung und A = kapillarer Aufstieg) Rand, die Quellen- und Senkenterme (z.B. S = Wurzelwasseraufnahme) sowie die Wasservorratsänderung = ΔR. Je nach Definition des Systems und Festlegung der Ränder des betrachteten Bodenvolumens können weitere Komponenten hinzukommen, wie z.B. laterale Flüsse, Oberflächenabfluß, Drainage und Entwässerung. Der Wasserhaushalt des Bodens wird mit ↗Wasserhaushaltsmodellen meist auf der Basis der ↗Richards-Gleichung beschrieben. Steuerungsgrößen des Bodenwasserhaushalts sind meterologische Faktoren und die Bewirtschaftung. Speicher- und Leitfähigkeitseigenschaften sind abhängig von Textur und Gefüge des Bodens. Der Senkenterm beschreibt die Wasseraufnahme durch Pflanzenwurzeln meist in Abhängigkeit von der Durchwurzelungstiefe und -intensität, der potentiellen Transpiration und einer pflanzenspezifischen Beziehung zur Reduktion der potentiellen auf die aktuelle Transpiration bei limitierenden oder zu hohen Wassergehalten im Boden.

Bodenwasserpotential, beschreibt den Energiezustand des Wassers im Boden im Verhältnis zu einem Bezugssystem. Ausgedrückt als Arbeit je Masseneinheit (Einheit: J/kg) entspricht es dem

Totalpotential des Wassers im Boden. Das Potential kann betrachtet werden als Energie pro Masse (Einheit: Länge²/Zeit²), als Energie pro Volumen (Einheit: Kraft/Länge²) oder als Energie pro Gewicht (Einheit: Länge, z.B. eine Wassersäule der Länge h übt auf ihre Unterlage entsprechend ihrem Gewicht den Druck $p = \varrho g h$ aus, mit ϱ dem spezifischen Gewicht und g der Erdbeschleunigung). Das Totalpotential setzt sich aus der Summe von Teilpotentialen zusammen, wovon die im Boden bedeutendsten das ↗Gravitationspotential, das ↗Matrixpotential und das ↗osmotische Potential sind: $\psi_t = \psi_z + \psi_m + \psi_o$. Das Gravitationspotential, ψ_z, drückt die Hubarbeit je Masseneinheit aus und hängt von seiner Lage gegenüber einem Referenzniveau, wie z.B. dem Grundwasserspiegel, ab. Das Matrixpotential, ψ_m, wird durch die Wirkung des Umgebungsdrucks und der Kapillar- und Hydratationskräfte hervorgerufen. Oberhalb des Grundwasserspiegels nimmt es negative und unterhalb positive Werte an. Das osmotische Potential, ψ_o, beschreibt die Arbeit, Wasser über eine semipermeable Membran aus der Bodenlösung zu entziehen, und spielt u.a. für die Pflanzen auf salzreichen Böden eine Rolle. [HG]

Bodenwasservorrat, die im Porenraum des Bodens gespeicherte Wassermenge. Vom gesamten Wasservorrat ist, je nach Textur und Gefüge des Bodens, nur ein Teil für Pflanzen verfügbar (↗nutzbare Feldkapazität). Im humiden Klima der gemäßigten Breiten ist der Wasservorrat im Boden zum Ende des Winters meist am größten (↗Frühjahrsfeuchte). Die Bodenwasservorratsänderung ist eine Komponente in der Wasserhaushaltsgleichung von Boden- und Ökosystemen. Sie ergibt sich aus der Differenz zwischen Inputgrößen (↗Infiltration und ↗Kapillaraufstieg) und Outputgrößen (↗Versickerung, ↗Evaporation, Wurzelaufnahme), bezogen auf ein bestimmtes Bodenvolumen und einen bestimmten Zeitabschnitt.

Bodenwetterkarte ↗Wetterkarte.

Bodenwind, bodennahe Luftströmung, die üblicherweise in 10 m Höhe in hindernisfreiem Gelände gemessen wird. Der Abstand der Windmessung von möglichen Hindernissen soll dabei größer sein als die zehnfache Hindernishöhe. In dichtbebautem Gelände wie in Städten soll die Messung in einer Höhe von 6–10 m über dem mittleren Dachniveau erfolgen. ↗Prandtl-Schicht.

Bodenwühler, die relativ größten Bodentiere, welche sich grabend oder wühlend den Lebensraum selbst schaffen, z.B. ↗Regenwürmer, ↗Enchyträen, aber auch grabende Insekten und Wirbeltiere (Maulwurf). ↗Makrofauna, ↗Megafauna.

Bodenzahl ↗Ackerschätzungsrahmen.

Bodenzerstörung ↗*Bodenerosion*.

Bodenzone, Zusammenfassung mehrerer ↗Bodenregionen, die wiederum von komplexeren und großflächigen ↗Bodenlandschaften gebildet sind. Folgende Bodenzonen werden unterschieden: Cryosol-Permafrost-Zonen, Podsol-Umbrisol-Glossisol-Histosol-Zonen, Luvisol-Stagnosol-Cambisol-Gleysol-Zonen, Zonen mediterraner Böden, Steppenboden-Zonen, Calcisol-Gypsisol-Solonchak-Yermic-Arenosol-Zonen, Vertisol-Lixisol-Nitisol-Zonen, Ferrasol-Alisol-Acrisol-Zonen, Fluvisol-Gleysol-Regionen und Leptosol-Regionen.

Bodenzustandsstufe ↗Zustandsstufe.

Böenkragen ↗Böenwalze.

Böenmesser, *Pitotrohr*, Gerät zur Messung von Windgeschwindigkeits-Schwankungen. Es basiert auf dem Bernoulli-Prinzip (↗Bernoullische Gleichung), wonach sich der Gesamtdruck aus dem statischen Druck und dem vom Quadrat der Windgeschwindigkeit abhängigen dynamischen Druck zusammensetzt. Das Gerät mißt den Gesamtdruck an der Öffnung eines mit Hilfe einer Windfahne stets in Windrichtung gedrehten Staurohrs und den statischen Druck an einer zur Luftströmung parallelen Öffnung. Der dynamische Druck wird als Differenz aus Gesamtdruck und statischem Druck bestimmt und unter Berücksichtigung des quadratischen Zusammenhangs als Windgeschwindigkeit angezeigt.

Böenwalze, *squall line*, um eine horizontale Achse sich drehender, schnell voranschreitender Luftwirbel, der sich zumeist an der Grenzfläche zwischen vordringender kälterer Luft und aufsteigender wärmerer Luft bildet (↗Kaltfront). Die Böenwalze kann durch Staub oder durch beim Aufsteigen gebildete Wolken markiert werden. Oft zu beobachten ist die Böenwalze an dem Kaltluftausfluß aus ↗Gewittern. Führt der Kaltluftausfluß zu neuen konvektiven Wolken oder sogar Cumulonimbus-Wolken in Form einer Wolkenwand mit ausgefransten Rändern, so spricht man von einem *Böenkragen* (↗Gewitterzelle).

Bogendelta, Weiterentwicklung eines ↗Fingerdeltas (↗Delta Abb. 2), wobei die mit den ↗Deltaarmen angelieferten Sedimente nicht mehr weiter meerwärts, sondern durch starke Strömungen seitwärts transportiert und der Küste angelagert werden. Beispiele für ein Bogendelta stellen das Niger- und Nildelta dar.

Bogendüne, *Lunette*, ↗gebundene Düne mit bogenförmigem Grundriß. Bogendünen treten in ↗semiariden Gebieten im Lee von Salz- oder Tonpfannen (↗Deflationswanne) auf, sind von unterschiedlicher Größe und kommen oft ineinander verschachtelt vor. In der Regel stellen sie polygenetische Gebilde dar, die an ausgeprägte saisonale oder längerfristige ↗Klimaschwankungen gebunden sind. Bogendünen entstehen in ↗Trockenzeiten nach ↗Deflation der Wannensedimente, wobei die Sande (häufig ↗Pseudosande) von der Randvegetation eingefangen werden und bei ständiger Zufuhr in die Höhe wachsen. In feuchteren Zeiten, nach dem Fluten der Wanne, setzt die Ufererosion durch Wellenschlag ein und modelliert die Bogenform. Bogendünen haben daher oft einen steileren Luv- als Leehang. Zahlreiche existierende Bogendünen sind Paläoformen.

Bogenelement, *Linienelement*, Abstand ds zwischen infinitesimal benachbarten Punkten P und

$P + dP$ in einem Raum der Dimension n. Integration über das Bogenelement einer Kurve ($n = 1$) ergibt die Bogenlänge zwischen Anfangs- und Endpunkt der Kurve. Das Quadrat des Bogenelements einer Fläche ($n = 2$) nennt man Erste Fundamentalform der Flächentheorie; beschreibt man ds^2 in den ↗Flächenkoordinaten u, v, so wird ds^2 auch als Metrik der Fläche

$$ds^2 = E \cdot du^2 + 2\,F \cdot dudv + G \cdot dv^2$$

bezeichnet mit den von u und v abhängigen Gaußschen Fundamentalgrößen erster Art E, F, G. Ein orthogonales Flächenkoordinatensystem erfüllt überall die Bedingung $F = 0$. Das Bogenelement eines ↗Rotationsellipsoids hat in ↗geographischen Koordinaten B, L die Form

$$ds^2 = M^2 \cdot dB^2 + N^2 \cdot \cos^2 B \cdot dL^2$$

mit dem Meridiankrümmungsradius M und dem Querkrümmungsradius N:

$$M = c/V^3, N = c/V,$$

wobei

$$V^2 = 1 + e'^2 \cos^2 B, e'^2 = (a^2 - b^2)/b^2.$$

e' = zweite numerische Exzentrizität, $c = a^2/b$ (Polkrümmungshalbmesser) und a bzw. b bezeichnen die große bzw. kleine Halbachse des Rotationsellipsoids. [BH]

Bogenschnitt, vermessungstechnisches Verfahren zur Bestimmung der Lage eines ↗Neupunktes N. Er ermöglicht die Berechnung der ↗Koordinaten von N, wenn von zwei koordinatenmäßig bekannten Punkten P_1 und P_2 die Strecken S_1 und S_2 zum Neupunkt gemessen werden. Für die Berechnung der Koordinaten des Neupunktes existiert eine analytische und eine trigonometrische Lösung (Abb.). Die Genauigkeit der Koordinatenbestimmung ist abhängig vom Schnittwinkel der beiden gemessenen Strecken. ↗Schleifende Schnitte sind zu vermeiden.

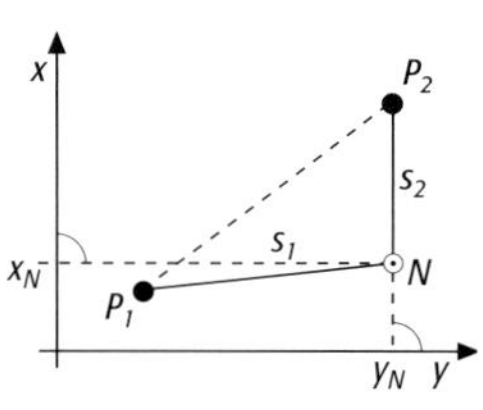

Bogenschnitt: Berechnung der Koordinaten eines Neupunktes.

Bogheadkohle, im wesentlichen aus Algen aufgebaute, dichte, im Handstück schichtungslose ↗Sapropelkohle; bei geringem ↗Inkohlungsgrad durch hohen Gehalt an ↗Bitumen leicht entzündbar.

Bohnenberger, *Johann Gottlieb Friedrich* von, deutscher Astronom, Geodät, Mathematiker und Physiker, * 5.6.1765 in Simmozheim (bei Calw), † 19.4.1831 in Tübingen. 1793–95 Studienreise nach Gotha (Sternwarte) und Göttingen (Universität), Observator an der Sternwarte Tübingen; neben Lehrtätigkeit für Physik und Geodäsie ab 1798 Professor für Mathematik und Astronomie in Tübingen. Er konstruierte verschiedene astronomische Instrumente, baute eine Maschine zur Erklärung der ↗Erdrotation und untersuchte deren Einfluß auf die Fallbewegung (Schwerkraft); erfand ein Reversionspendel zur ↗Schweremessung, das ab 1816 in London und auf sieben Hauptpunkten einer englischen ↗Gradmessung eingesetzt wurde; war 1795–1828 hauptsächlich mit wissenschaftlichen Grundlagen, Gesamtleitung und Messungen zur Triangulation und Landesvermessung Württembergs befaßt, deren besonders hohe Qualität Aufsehen erregte und besonders von C. F. ↗Gauß gewürdigt wurde; setzte zur Winkel- und zur Längenmessung Spezialgeräte von G. F. v. ↗Reichenbach ein. Er war Mitglied der Akademie der Wissenschaften in Göttingen (1797), München und Berlin, gab 1795 ein Buch »Anleitung zur geographischen Ortsbestimmung« sowie später Handbücher über Analysis und über Astronomie heraus. Gedenktafel am Observatorium Tübingen. [EB]

Bohnerz, *Linsenerz*, *Eisen-Bohnerz*, aus der Bergmannsprache übernommener Ausdruck für linsen-, erbsen- oder bohnenförmige, vielfach konzentrisch schalige ↗Konkretionen, überwiegend aus Brauneisenmineralen (↗Brauneisensteinlagerstätten), ausgeschieden aus eisenhaltigen Tonsedimenten. Bohnerz findet sich zusammen mit rotem oder braunem Ton oder Lehm in Spalten, Taschen, Rinnen, Becken und Höhlen verschiedener Kalkgesteinsvorkommen. Als Ausscheidungen festländischer Verwitterungslösungen können sie örtlich große Mächtigkeiten erreichen und wirtschaftlich wichtige Lagerstätten bilden. Sie sind häufig fossilführend mit Knochen und Zähnen von Säugetieren.

Bohrabstand, Horizontaldistanz zwischen zwei Bohrungen.

Bohrbarkeit, 1) Eigenschaft von Locker- und Festgesteinen gegenüber dem Bohrvorgang. 2) Vertiefen einer Bohrung je Stunde Bohrzeit.

Bohrbrunnen, durch Bohren hergestellter Brunnen.

Bohrdurchmesser, 1) äußerer Durchmesser des Bohrwerkzeugs; 2) tatsächlicher Durchmesser eines Bohrlochs (Kaliber). ↗Bohrlochmeßverfahren.

Bohrfortschritt, *Bohrleistung*, von Gesteinseigenschaften und technischer Ausrüstung abhängige Vortriebsleistung beim Bohren.

Bohrfortschrittsmessung, Messung der Vortriebsleistung beim Bohren, erfaßt als Strecke pro Zeit-

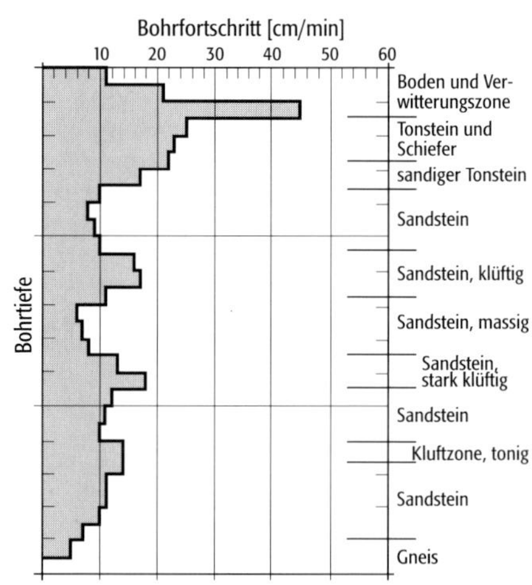

Bohrfortschrittsmessung: Bohrfortschrittsdiagramm mit Korrelation zum Bohrprofil.

einheit (z. B. m/h) oder als Zeit pro Strecke (z. B. h/m) als Bohrfortschrittsdiagramm (Abb.).

bohrinduzierte Remanenz ↗remanente Magnetisierung.

Bohrkern ↗Kernbohrung.

Bohrkrone, *Kernkrone*, *Hohlkrone*, Bohrwerkzeug für Kernbohrungen. Es handelt sich um einen an das Bohrgestänge anschraubbarer Hohlzylinder mit Hartmetallzähnen, -stiften oder -kränzen und/oder mit Besatz aus widerstandsfähigen Hartmineralien (z. B. Diamantbohrkrone).

Bohrlochabstand, Horizontaldistanz zwischen zwei Bohrlöchern.

Bohrlochabweichungsmessung, Bestimmung des tatsächlichen Verlaufes einer Bohrung. Besonders bei geneigter Wechsellagerung von festen und weichen Gesteinen hat eine Bohrung das Bestreben, aus der vorgegebenen Achse in die Normale zur Schichtung abzuweichen. Um den tatsächlichen Verlauf der Bohrung zu messen, wird in die Bohrung eine Sonde eingeführt, mit der schrittweise die Neigung und das Azimut der Bohrlochachse bestimmt werden. Die Meßschritte variieren zwischen 1 und 50 m, je nachdem, mit welcher Genauigkeit der Verlauf errechnet werden soll und wie tief die Bohrung ist. Zur Anzeige der Neigung dient ein kardanisch aufgehängtes Pendel und ein Kompaß, welche beim Meßvorgang fotografiert werden. Das Gerät wird auch als ↗Multishotgerät bezeichnet. Bei kurzen Bohrungen kann auch ein mobiles ↗Deflektometer zur Messung eingesetzt werden. [EFe]

Bohrlochaufweitungsversuch, ein Verfahren, um Verformungskennwerte von Boden und Fels in situ zu bestimmen. Die Aufweitungsversuche werden in Bohrungen ausgeführt, welche im Rahmen von geotechnischen Untersuchungen abgeteuft werden. Es sind drei verschiedene Geräte im Gebrauch: ↗Dilatometer (Abb.), ↗Pressiometer und ↗Seitendruckgeräte. Zur Versuchsvorbereitung wird zunächst eine verrohrte Bohrung mit einem Durchmesser von 146 mm bis ca. 1 m über der Versuchsstelle abgeteuft und sodann eine zentrische 3–5 m lange Vorbohrung mit dem vorgesehenen Prüfdurchmesser (z. B. 101 mm) hergestellt und anschließend das Prüfgerät (z. B. ein Dilatometer) in der Vorbohrung positioniert. Dann wird die Bohrlochwand stufenweise aufgeweitet und nachfolgend wieder entlastet, wobei die Bohrlochaufweitung und der dazu erforderliche Druck gemessen werden. Die Versuchsdaten werden graphisch dargestellt, wobei die Aufweitung des Bohrlochs in Abhängigkeit vom Druck aufgetragen wird. Aus der Steigung des Belastungsastes der Kurve läßt sich der ↗Verformungsmodul und aus der Steigung des Entlastungsastes der ↗Elastizitätsmodul des Gebirges berechnen. Hierzu verwendet man die Gleichung des dickwandigen Rohres nach Lamé. Bei einem Bohrlochaufweitungsversuch mit einem Dilatometer lautet diese Gleichung:

$$E_D = (1+\nu)\,\frac{d}{\Delta d}\,\Delta p_d$$

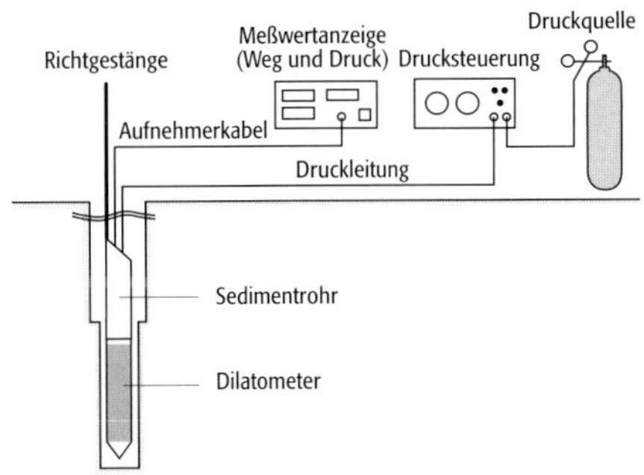

Bohrlochaufweitungsversuch: Bohrlochaufweitungsversuch mit einem Dilatometer: prinzipieller Aufbau.

mit ν = Poissonzahl, d = Anfangsdurchmesser der Versuchsbohrung, Δd = Änderung des Durchmessers infolge Δp_d und Δp_d = Änderung des Innendruckes des Dilatometers. [EFe]

Bohrlochfernsehsonde, Videokamera zur Betrachtung und elektronischen Aufzeichnung der Bohrlochwand, um die Gesteinsart zu bestimmen und ↗Trennflächen (Raumstellung, Öffnungsweite, Füllung etc.) zu untersuchen. Um die Raumstellung der Trennflächen messen zu können, muß die Sonde mit einem Kompaß und einem Neigungsmeßgerät ausgerüstet sein, mit deren Hilfe die Neigung und das Azimut der Bohrlochachse sowie die Blickrichtung der Videokamera bestimmt werden können. Einfache Systeme arbeiten nur mit einer sog. Fischaugenlinse. Diese Technik ist für die ingenieurgeologische Anwendung wenig geeignet, da das Videobild stark verzerrt wird.

Bohrlochgeophysik, Anwendung geophysikalischer Meßverfahren in Bohrungen (*Bohrlochmessung*). Bohrlochgeophysikalische Messungen ermöglichen eine nahezu kontinuierliche Ermittlung verschiedener physikalischer, chemischer und hydraulischer Parameter in der direkten Umgebung des Bohrloches. Aus den in Abhängigkeit von der Meßtiefe im Bohrloch gewonnenen Daten, den sog. ↗Logs, lassen sich je nach Art und Umfang des Meßprogrammes eine Fülle von geologischen, petrophysikalischen und hydrogeologischen Informationen zu den durchteuften Schichten ableiten. Die erste Bohrlochmessung wurde 1927 von den Gebrüdern Schlumberger in einer Erdölbohrung in Pechelbronn (Elsaß) durchgeführt. Zur Anwendung kam hier eine elektrische Widerstandsmessung. Die aufgezeichneten Widerstandswerte konnten mit der durchteuften Schichtenfolge in einen sinnvollen Zusammenhang gebracht und die Lithologie hieraus rekonstruiert werden. Insofern benannten die Gebrüder Schlumberger ihr neues Verfahren »elektrisches Kernen«. Aus dieser ersten Widerstandsmessung entwickelten sich im Laufe der nachfolgenden Jahrzehnte aufwendige Meßverfahren (↗akustische Bohrlochmessung, ↗elektrische Bohrlochmessung, ↗kernphysikalische Bohrlochmessung), die es erlauben, physikalische Eigenschaften wie Dichte, Porosität, Radioaktivität, elektrischer Widerstand und akustische Eigenschaften der Formation zu bestimmen. Allen Methoden ist gemeinsam, daß über eine

Bohrlochgeophysik (Tab.): Tabelle zu den Anwendungsgebieten bohrlochgeophysikalischer Meßverfahren.

	Allgemeine Geologie						Lagerstätten-Geologie		Geochemie		Petrophysik						Seismik	
	Lithologie (allgemein)	Vulkanite (spezielle Lithologie)	Evaporite (spezielle Lithologie)	Mineralbestand	stratigraph. Korrelation	Ablagerungsmilieu	Klüfte	Überdruck	Edukt	Reife	Porosität	Permeabilität	Ton-Gehalt	Salinität Formationswasser	Kohlenwasserstoff-Sättigung	Gas	Intervallgeschwindigkeit	akustische Impedanz
Temperatur								○		◑						○		
Kaliber							○					○						
Eigenpotential					○	○						○	◑	●				
elektr. Widerstand	○		○		○	○		◑	◑	◑	◑	○		○	●	○		
Gamma Ray	○	○	◑	○	○	○			◑				◑					
Spectral Gamma Ray	○	○	◑	◑	○	○	○		◑				◑					
Sonic	◑		○		○		◑	◑	◑		●					○	●	●
Dichte	◑	○	○	○		○	◑	○	◑		●					○		●
photoelektr. Effekt	◑	○	○	◑														
Neutronenporosität	◑	○	○	○		○			○		●		○			○		
Dipmeter					○	○											dip	
Image Logs	○			○	○	○	◑					◑			◑		dip	

○ (im wesentlichen) qualitative Nutzung ◑ Semi-quantitative und quantitative Nutzung ● streng quantitative Nutzung

Meßsonde, die über ein Kabel mit einer Registrierstation verbunden ist, Daten aufgenommen werden. Die beim Betrieb der Sonde im Bohrloch gewonnenen Meßwerte werden über das Kabel zum Meßwagen geleitet, in dem das erste Datenprocessing und die Datenspeicherung stattfinden. Die Messungen erfolgen i. d. R. beim Ziehen der Sonde (Ausnahme ↗Temperatur-Log) mit einer Geschwindigkeit im 10er Meterbereich pro Minute. In der Regel wird alle 15 cm ein Meßpunkt erfaßt. Ausnahmen bilden die hochauflösenden ↗Image-Logs, die mit Registrierabständen im Millimeterbereich operieren. Bohrlochgeophysikalische Verfahren werden in erster Linie zur Prospektion und Exploration von Erdöl- und Erdgasvorkommen eingesetzt. Weitere Anwendungsfelder finden sich im Bereich der Lagerstättenkunde für mineralische Rohstoffe, der Ingenieur- und Hydrogeologie und der Geothermie. Auch in Bohrungen mit allein wissenschaftlichem Hintergrund gehören bohrlochgeophysikalische Messungen zum Standarduntersuchungsprogramm. Die wichtigsten Anwendungsfelder der Bohrlochgeophysik sind in der Tabelle aufgezeichnet. [JWo]

Bohrlochgravimeter, ist ein empfindliches Instrument zur relativen Messung der Erdschwere (Schwerebeschleunigung im Bohrloch). Das in einem Thermostaten eingebaute Meßinstrument (an einer Federwaage aufgehängte Probemasse) bestimmt die relative Schwere mit einer reproduzierbaren Genauigkeit von ± 5 μgal (entsprechend $\pm 5 \cdot 10^{-9}$ der Erdbeschleunigung). Die Differenz von zwei Schwerewerten, die in einem bestimmten vertikalen Abstand in einer Tiefbohrung gemessen werden, ist von der mittleren Dichte der dazwischen liegenden, radial unendlich ausgedehnten Gesteinsplatte abhängig. Praktisch wird jedoch nur ein Gesteinsvolumen einer Zylinderscheibe mit einem Radius von ca. 500 m erfaßt. Aus wiederholten Schweremessungen in definierten Abständen kann ein Dichteprofil abgeleitet werden, das für wesentlich größere Gesteinsvolumina repräsentativ ist als das ↗Dichte-Log. [PG]

Bohrlochmagnetometer, bohrlochgeophysikalische Meßsonde zur Ermittlung der magnetischen Flußdichte. In der Regel kommen Förstersonden (↗Fluxgate-Magnetometer) zum Einsatz, mit denen die drei Komponenten des Feldvektors des erdmagnetischen Totalfeldes gemessen werden. Die mit dem Bohrlochmagnetometer aufgezeichneten *Magnetik-Logs* werden in erster Linie zur Feststellung der räumlichen Orientierung anderer Bohrlochsonden eingesetzt (Dip-Logs, ↗Image-Log). Vergleiche dieser Bohrlochwandabbildungen mit Kernaufnahmen ermöglichen eine Reorientierung der Kerne.

Bohrlochmessung ↗Bohrlochgeophysik.

Bohrlochmeßverfahren, *Logs*, *Borehole-Logs*, mechanische, optische, akustische, thermometrische, elektrophysikalische oder radiometrische

Verfahren, a) zur Bestimmung der Bohrlochdimensionen und -raumlage, wie z. B. Tiefenlot, ↗Kaliber-Log, elektromechanische Abtastung des Bohrlochdurchmessers durch elastische Spangenbügel, Deviation-Log, elektromechanische Ermittlung der Bohrlochneigung; b) zur Erkundung der Bohrlochwandung, des Gesteinsgefüges oder des Ausbaumaterials, wie z. B. Fernsehsonde, Dip-Meter, CCL (Casing-Collar-Log), akustische oder elektromagnetische Ermittlung von Rohrübergängen; c) zur Erkundung des Gesteins und seiner Eigenschaften, wie z. B. SP-(Eigenpotential-) Log (mißt die Eigenpotentialspannung zwischen Spülung und dem Wasser im umgebenden Gebirge), RES-/ES-/Micro-(Widerstands-) Log (mißt den scheinbaren spezifischen Widerstand von Filterkuchen (Microlog) und des umgebenden Gebirges), Gamma-Log (zur radiometrischen Messung der natürlichen Radioaktivität, insbesondere ^{40}K-Isotop als Indikator für tonreiche Gesteine), Gamma-Gamma-Log, Neutron-/n-Log (dient zur Ermittlung von Wassergehalt und Gesamt-Porenraum des umgebenden Gesteins); d) zur Erkundung der Grundwasserführung und Salinität von Wässern, wie z. B. ↗Flowmeter oder Leitfähigkeits-Log; e) zur Kontrolle von Futterrohren, Ringraumzementierung und -füllung, wie z. B. CBL (Cement-Bond-Log), Akustic-Log. ↗kernpysikalische Bohrlochmeßverfahren, ↗akustische Bohrlochmessungen, ↗elektrische Bohrlochmeßverfahren. [BK]

Bohrlochneigungsmessung, die schrittweise ↗Neigungsmessung einer Bohrung mit ↗Inklinometer, ↗Multishotgerät oder ähnlichen Geräten.

Bohrlochradar, ist ein Gerät, das zur Erkennung von elektrisch gutleitenden Schichten eingesetzt wird. Von einem Sender (Transmitter) werden Impulse elektromagnetischer Wellen (Frequenzen im Zehner MHz-Bereich) ausgesendet. Ist ein elektrisch gutleitender Horizont innerhalb schlechtleitender Schichten vorhanden, so wird die Welle reflektiert und von einem Empfänger (Receiver) registriert. Aus der ↗Laufzeit des Impulses kann ähnlich wie in der ↗Reflexionsseismik auf die Entfernung des Reflektors geschlossen werden. Diese Geräte können sowohl im Bohrloch als auch an der Erdoberfläche eingesetzt werden. Die ↗Eindringtiefe liegt zwischen einigen Metern bis zu wenigen Zehner-Metern.

Bohrlochrammsonde, 1) Gerät zur Ermittlung des mechanischen Gesteinswiderstandes unterhalb der Bohrlochsohle durch Messung des Eindringens bei definierter Schlagintensität und definierter Rammspitze; 2) Hohlzylinder zur Aufnahme und Gewinnung von Bodenproben, der in die Bohrlochsohle eingerammt wird.

Bohrlochschlitzverfahren, eine Methode, um in einem Bohrloch die Primärspannungen zu messen. Hierzu werden in der Bohrlochwand parallel zur Bohrlochachse mehrere Sägeschnitte ausgeführt und dadurch eine Wandentlastung hervorgerufen, die während und nach dem Sägevorgang mit tangentialen Verformungsaufnehmern gemessen wird. Aus dem Betrag der Entlastung kann bei gleichzeitiger Kenntnis der elastischen Eigenschaften des Gesteins auf die Größe und Richtung der Spannungskomponenten normal zur Bohrlochachse geschlossen werden. Bei einer anderen Versuchsvariante wird in den Sägeschnitt ein Druckkissen (↗Druckkissenversuch) eingeschoben und die Verformung des Bohrloches durch das Auseinanderdrücken des Kissens wieder rückgängig gemacht. Die Tangentialspannung an der Bohrlochwand entspricht dann dem Flüssigkeitsdruck im hydraulischen Kissen.

Bohrlochseismik, *geophysikalische Erkundungsmethoden im Bohrloch, Durchschallungsverfahren*, ↗seismische Methode, die der Messung des seismischen Wellenfeldes durch ↗Geophone in bestimmten Tiefen dient. Bei diesen Verfahren werden die Laufzeiten von Wellen, ausgehend von einer Anregungsquelle in einem Bohrloch oder an der Geländeoberfläche, zu Geophonen in einem Bohrloch gemessen, um so Rückschlüsse auf die Dichte des Untergrundes zu ziehen. Bei Verfahren der Bohrlochseismik, bei denen sich die Quelle an der Geländeoberfläche befindet, unterscheidet man zwei unterschiedliche Anordnungen: zum einen das *vertikale seismische Profil* (*VSP*), bei dem sich die Quelle in der Nähe des Bohrlochansatzes befindet und die Laufzeit zu den Geophonen in der Bohrung gemessen wird (liegt die Quelle nahe beim Bohrloch, spricht man vom *Zero-Offset-VSP*; andernfalls vom Offset-VSP), zum anderen das *schräge seismische Profil* (*SSP*); hier wird die Schallquelle in weiterer Entfernung lokalisiert, wodurch der durchschallte Bereich größer ist. Zu den weiteren Verfahren der Bohrlochseismik gehört das Crosshole-Verfahren (seismische Zwischenfelderkundung), mit dem die Schichtverhältnisse zwischen den Bohrlöchern erfaßt sowie Hohlräume aufgespürt werden können (↗Crosshole-Seismik). Bei dieser Methode wird die Ausbreitungszeit elastischer Wellen von einer Anregungsquelle in einem Bohrloch zu den Meß-Bohrlöchern mittels Geophonen gemessen. Eine weitere Methode, die insbesondere zur Bestimmung der Porosität von Gesteinen verwendet wird, ist das Ultraschallverfahren. In dem BHC-Verfahren (*borehole compensated soniclog*) werden von einem oberen und unteren Schallgenerator ausgehend kurze Schallimpulse in das dem Bohrloch angrenzende Gebirge übertragen. Dort werden die parallel zum Bohrloch laufenden Wellen wieder in das Bohrloch abgelenkt und von Empfängern, die sich zwischen dem oberen und unteren Schallgenerator befinden, aufgefangen. Bei einem *Walkaway-VSP* wird die Quelle auf einem Profil vom Bohrloch entfernt und in (meistens konstanten) Abständen aktiviert. Spezielle Datenbearbeitungsschritte sind erforderlich, um das reflektierte Wellenfeld vom abwärts laufenden Wellenfeld (*downwaves*), das in der Oberflächenseismik nicht beobachtet werden kann, zu trennen. Die Bohrlochseismik bildet ein wichtiges Bindeglied zwischen Oberflächenseismik und Bohrlochmessungen. ↗Seismik.

Bohrlochspülung, die bei den meisten Tiefbohrungen eingesetzte Bohrlochspülung besteht aus

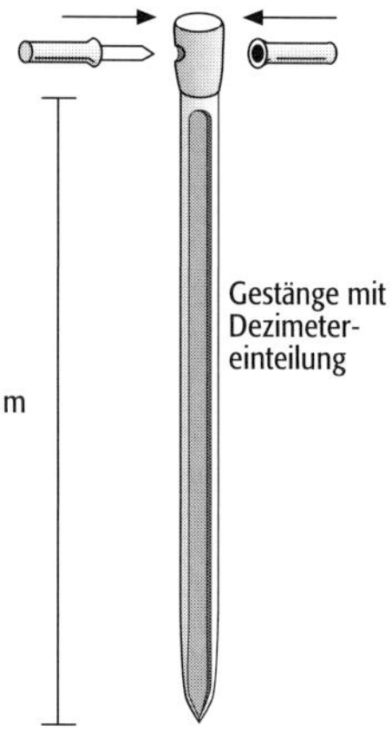

Bohrstock: klassische Form eines Bohrstockes nach Pürckhauer.

in Wasser dispergiertem Ton, während neuere Spülungen, wie z. B. Dehydrill, synthetischen Ursprungs sind. Durch die Dichteerhöhung ist die Spülung in Lage, das Bohrklein von der Sohle nach oben zu transportieren, es bei Stillstand der Spülpumpen in Schwebe zu halten, die Wände durch Bildung eines Filterkuchens zu schützen, einen Gegendruck gegen die Drücke der Flüssigkeiten und Gase im Gebirge zu liefern und den Meißel zu kühlen und zu schmieren. Dazu sind gewisse Bedingungen an ↗Thixotropie, ↗Viskosität, Stabilität und Dichte zu stellen, die einen Zusatz verschiedener Stoffe verlangen, welche auch die elektrischen Eigenschaften beeinflussen. Oftmals muß während des Bohrvorganges das Spülungsrezept geändert werden, um es neuen geologischen Bedingungen anzupassen. Deshalb sollten bei jeder Bohrlochmessung die Spülungswerte mitgemessen und in die Auswertung einbezogen werden. Für eine Reihe von Fällen sind Spezialspülungen notwendig, die teilweise extreme physikalische Eigenschaften aufweisen. Damit hohe Drücke beherrscht werden können, müssen die gut tragfähigen Bentonit-Spülungen mit Baryt beschwert werden; der hohe Feststoffgehalt beeinflußt dabei jedoch die Messungen, z.B. durch Erhöhung des elektrischen Widerstandes, aber auch Gamma-Ray und Dichtemessungen werden dadurch verändert. Schichtfolgen mit dispergierenden Tonen verursachen oft Auskesselungen der Bohrlochwand oder Einstürze. Zur Verhinderung werden Spülungen aufgesalzen und besitzen dadurch eine sehr hohe elektrische Leitfähigkeit. Um Speichergesteine durchbohren zu können, die wegen schwachen Drukkes und eines zum Quellen neigenden Tongehaltes durch Wasser nicht geschädigt werden dürfen, wendet man Spülungen auf Ölbasis an. Die Emulsionsspülungen Wasser in Öl weisen besonders hohe Widerstände auf, dagegen bleiben Emulsionsspülungen Öl in Wasser leitfähig. Ein anderes Extrem sind konzentrierte Salzlaugen, die beim Durchbohren von Salzlagern, insbesondere von sehr leicht löslichen Kalisalzen, angewandt werden müssen. [PG]

Bohrlochwandabbildung ↗Image-Log.

Bohrlochwandausbruch, in Bohrungen an der Bohrlochwand ausbrechendes Gestein. Das Ausmaß eines Bohrlochwandausbruchs kann mit optischen Sonden (z. B. Kameras) erfaßt werden und läßt oftmals eine bevorzugte Richtung erkennen, durch die auf das Spannungsfeld des umgebenden Gebirges geschlossen werden kann.

Bohrpfahl ↗Pfahlgründung.

Bohrpfahlwand ↗Pfahlwand.

Bohrsches Magneton, kleinste Einheit der magnetischen Elementardipole.

Bohrspur, *Bohrgang*, eine aus einem geformten Hohlraum bestehende Struktur in hartem Substrat (Gestein oder Organismenskelett), die durch die aktive Bewegung ihres lebenden Erzeugers verursacht wurde. ↗Bioerosion, ↗Spurenfossilien, ↗Ichnologie.

Bohrstock, hohles, unten spitz zulaufendes Stahlrohr, das seitlich etwa zu einem Drittel in der Länge aufgeschlitzt ist (Abb.) und der Untersuchung der Abfolge von ↗Bodenhorizonten und zur Entnahme von Bodenproben dient. Der klassische Bohrstock nach ↗Pürckhauer hat eine Länge von 1 m und einen Durchmesser von 5 cm. Er wird mittels eines speziellen Hammers, der meist aus Kunststoff ist, in den Boden getrieben. Anschließend wird das im Bohrstock enthaltene Material mittels eines einschiebbaren Querhebels durch eine Drehung um die eigene Achse vom umgebenden Boden abgeschnitten und per Hand oder einem Zuggerät herausgezogen. Danach werden die Horizontfolgen über den seitlichen Bohrstockschlitz abgelesen und es ist möglich Bodenproben zu entnehmen.

Bohrung, Herstellung eines Gesteinshohlraums mit rundem Querschnitt (Bohrloch) zur Erkundung oder Untersuchung der Untergrundverhältnisse (Aufschlußbohrung), von Lagerstätten nutzbarer Stoffe (Produktionsbohrung, Brunnenbohrung) oder zur Herstellung einer Wegsamkeit (Schachtbohrung, Tunnelbohrung). Unter Einsatz der verschiedenen ↗Bohrverfahren werden Bohrungen nach der Bohrtiefe als Flachbohrungen (bis 500 m), Tiefbohrung (bis 5000 m) und übertiefe Bohrungen (> 5000 m), nach ihrer Raumlage (Vertikalbohrungen, Schrägbohrung oder Horizontalbohrung) sowie nach der Art der Gesteinszerstörung als Vollbohrung oder bei Herauslösen und Zutageförderung eines zylindrischen Gesteinskörpers (Bohrkern) als Kernbohrung unterschieden.

Bohrverfahren, Verfahren zur Herstellung einer ↗Bohrung oder eines Bohrlochs. Die Bohrverfahren lassen sich nach a) der Art der Gesteinszerstörung (verdrängend, lösend, schlagend, drehend, schneidend bzw. aus Kombinationen da-

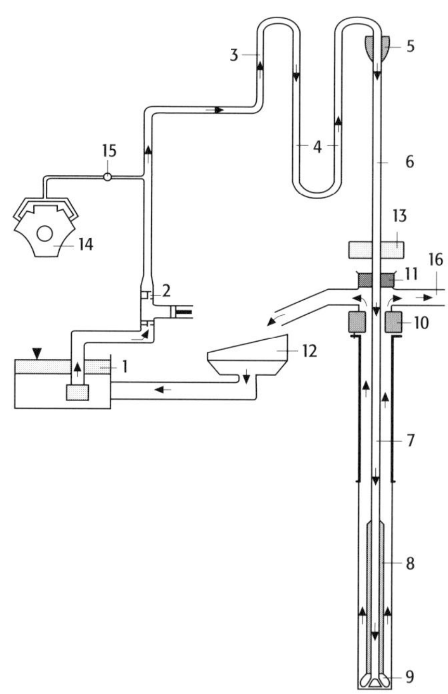

Bohrverfahren 1: Rotary-Bohrverfahren: 1 = Saugtank, 2 = Rotary-Spülpumpe, 3 = Steigleitung, 4 = Spülschlauch, 5 = Spülkopf, 6 = Kelly, 7 = Bohrgestänge, 8 = Schwerstangen, 9 = Bohrwerkzeug, 10 = Preventer, 11 = Drehpreventer, 12 = Schüttelsieb, 13 = Drehtisch, 14 = Kompressor, 15 = Rückschlagventil, 16 = Austragschlauch.

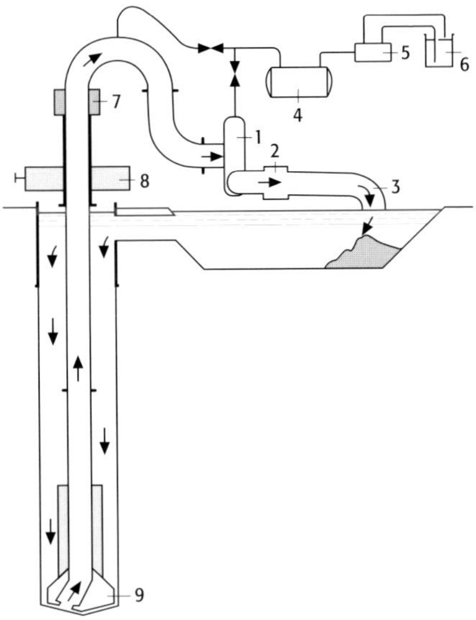

Bohrverfahren 2: Saugbohrsystem: 1 = Saugpumpe, 2 = Rückschlagklappe, 3 = Auslaufschlauch, 4 = Vakuumkessel, 5 = Vakuumpumpe, 6 = Kühlwasserbehälter, 7 = Spülkopf, 8 = Drehtisch, 9 = Großlochmeißel.

von), b) der Art des Bohrgutaustrags (intermittierend oder kontinuierlich), c) der Verwendung von Austragsmedien (Trockenbohrverfahren, Spülbohrverfahren) und d) der Antriebsart (übertage, untertage) unterscheiden.

Zu den Trockenbohrverfahren mit intermittierender Bohrgutförderung (Antrieb übertage) gehören das Rammbohrverfahren (verdrängend, schlagend; Einsatz nur in Lockergestein), das Schneckenbohrverfahren (drehend-schneidend; Einsatz nur in Lockergestein), das Schappenbohrverfahren, Greiferbohrverfahren und Druckbohrverfahren (schneidend-schlagend; Einsatz nur in Lockergestein) sowie das Schlagbohrverfahren (Freifallbohrverfahren, Canadisches Bohrverfahren, Pennsylvanisches Bohrverfahren; schlagend, Einsatz in Locker- und Festgestein). Die Trockenbohrverfahren zeichnen sich durch einfache und robuste Technik aus, sind aber aufgrund der intermittierenden Bohrgutförderung zeitaufwendig. Noch häufig eingesetzt wird das Schneckenbohrverfahren und das Pennsylvanische Bohrverfahren zur Erstellung großdimensionierter, geringtiefer Bohrungen in Lockergestein, z.B. für Brunnen und im Spezialtiefbau. Bei den Spülbohrverfahren erfolgt der Bohrgutaustrag kontinuierlich durch den Einsatz einer Spülung. Die Gesteinszerstörung erfolgt drehend-schneidend oder schlagend mit Übertage- oder Untertageantrieb (Abb. 1, Abb. 2, Tab.). [BK]

Bohrwerkzeuge, ermöglichen Gesteinslösung oder -zerstörung beim Bohrvorgang. In Abhängigkeit vom zu durchbohrenden Gestein bzw. dessen Härte, Sprödigkeit, Zähigkeit und Abrasivität steht eine Vielzahl von an die jeweiligen Bedingungen angepaßten Bohrwerkzeugen zur Verfügung. In Lockergesteinen kommen Greifer, Schneckenbohrer, Bohrschappen, Kies-, Sand und Schlammbüchsen, Fallmeißel und Schlag-

Bohrverfahren			Drehbohren						Schlagbohren							sonstige Verfahren	
			mit Spülung						Freifallbohren								
				inverse Spülstromrichtung						Gestängefreifall							
Anwendung			direkte Spülstromrichtung	Saugen	Strahlsaugen	Lufttheben	Counterflush	Trockendrehbohren	Seilfreifall	ohne Spülung	mit Spülung direkte oder inverse Stromrichtung	Hammerbohren	Rammkernbohren	Schlauchkernbohren	Drehschlagbohren	Einspülen	Einrammen
			1	2	3	4	5	6	7	8	9	10	11	12	13	14	15
Lockergestein	Aufschluß-bohrung	a	+ ○	100 +	250 +	+		30 + ○ /	+ /		●		+ /	60 + /	+ /		
Lockergestein	Meßstellen-bohrung	b	+	100 +	250 +	+		30 + ○ /	+ /		●		● /	60 ● /	● /	20 +	20 +
Lockergestein	Versuchsbrunnen-bohrung	c	+	100 +	250 +	+		30 + ○ /	+ /		●				+ /	20 ●	20 ●
Lockergestein	Brunnen-bohrung	d	●	100 +	250 +	+		30 + /	+ /		●				+ /	20 ●	20 ●
Festgestein	Aufschluß-bohrung	e	+ ⊙ L	100 +	250 +	+	● ⊙	●	+		●	+			+		
Festgestein	Meßstellen-bohrung	f	+ L	100 +	250 +	+		●	+		●	+			+		
Festgestein	Versuchsbrunnen-bohrung	g	+ L	100 +	250 +	+		●	+	+	●	+			+		
Festgestein	Brunnen-bohrung	h	+	100 +	250 +	+		●	+	+	●	+			+		

+ zweckmäßig ● wird seltener oder in Sonderfällen angewendet 30 für Bohrungen bis 30 m Tiefe L Druckluft als Spülmedium ⊙ Kernen möglich ○ Kernen nur in bindigen Schichten möglich / Hilfsverrohrung in der Regel erforderlich

Bohrverfahren Tab.: Anwendungsmöglichkeiten der verschiedenen Bohrverfahren.

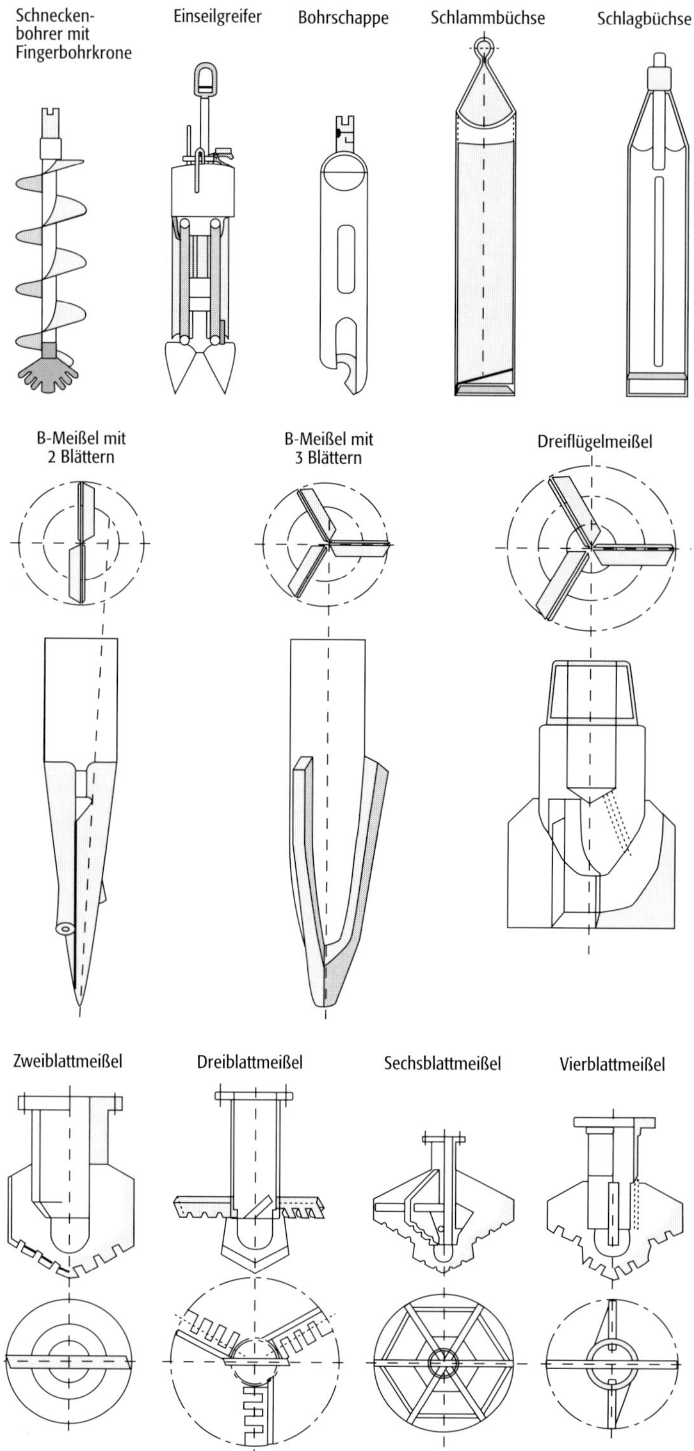

Bohrwerkzeuge: Bohrwerkzeuge für Lockergesteine und leicht bohrbare Festgesteine.

büchsen zum Einsatz; zur Auflockerung und zum Lösen bindiger Gesteine und leicht lösbarer Festgesteine werden Blattmeißel (Flachmeißel, Mehrblattmeißel, Kreuzmeißel) eingesetzt. Für harte Festgesteine sind Rollenmeißel am verbreitetsten. Für das moderne ↗Hammerbohren wurde der ↗Imlochhammer entwickelt. Bohrwerkzeuge sind in allen gebräuchlichen Durchmessern nach amerikanischen (API) oder metrischen Standards auf dem Markt. Während des Bohrvorgangs unterliegen sie einem erheblichen Verschleiß. Dazu gehören auch die Verringerung des Bohrwerkzeug-Durchmessers und ein Nachlassen des ↗Bohrfortschritts. Daher sind regelmäßige Kontrollen des Bohrwerkzeug-Durchmessers und drill-off-tests vorzusehen. Teure Bohrwerkzeuge sind darüber hinaus mit auswechselbaren Verschleißteilen bestückt, die nach Abnutzung preisgünstig ausgetauscht werden können (Abb.). [BK]

Boje, an der Wasseroberfläche schwimmender Hohlkörper, in der Schiffahrt als verankerte Boje zur Kennzeichnung von Fahrwasser, Untiefen, und Gefahrenstellen bzw. zum Festmachen von Schiffen. Für die Meeresforschung verankerte oder treibende Bojen dienen als Träger von Sensoren für Daten an der Meeresoberfläche. Die Datenübertragung erfolgt über Satellitenfunk.

Bölling, Interstadial im Spätglazial der ↗Weichsel-Kaltzeit, älter als das ↗Alleröd; benannt von H. Versen 1942 nach einem See in N-Jütland. ↗Quartär.

Bolson, Bezeichnung für meist durch ↗Tektonik entstandene, abflußlose Becken in ariden oder semiariden Gebirgsräumen (Abb.). Durch die ↗episodisch stattfindende, fluviale Formung weisen solche Becken eine charakteristische Abfolge verschiedener morphodynamischer Prozeßbereiche auf, denen typische Formen und korrelate Sedimente zugeordnet sind. An die durch ↗Erosion stark zerschnittenen Hänge der Gebirgsumrahmung schließen sich schwach geneigte, relativ ebene Felsflächen, die ↗Pedimente, an. Da auf ihnen der Durchtransport von Sedimenten vorherrscht, tragen sie meist nur eine dünne Schotterstreu. Zum Beckeninnern folgt der eigentliche Akkumulationsbereich, in dem die Pedimente zunehmend von den Schotterflächen der ↗Bajada überlagert werden. An der ↗Erosionsbasis im Beckentiefsten finden sich schließlich die feinkörnigen Ablagerungen der ↗Playa. Die fehlende Entwässerungsmöglichkeit nach außen führt dazu, daß sich das von den umliegenden Bergen eingetragene Verwitterungsmaterial im Bolson ansammelt, wodurch das Niveau der Erosionsbasis allmählich ansteigt. Bleiben weitere tektonische Hebungen des Gebirgsrahmens aus, versinken die Berge allmählich in ihrem Abtragungsschutt. [KMM]

Bombe, *Auswürfling* (veraltet), 1) runder Pyroklast mit einem Durchmesser > 64 mm (↗Pyroklast Tab.). 2) auf ballistischer Bahn aus dem Vulkan herausgeschleuderter Pyroklast (↗pyroklastischer Fall).

Bomben-^{14}C, durch oberirdische Atomwaffentests in das natürliche ^{14}C-Gleichgewicht (↗^{14}C) eingebrachter radioaktiver Kohlenstoff. Altersbestimmungen nach der Radiokarbonmethode (↗Radiokarbondatierung) sind daher an Substanzen, die nach 1950 entstanden sind, derzeit nicht möglich.

Bomb Shelter Gang ↗*FROGEX.*

bonanza ↗*Erzfall.*

bonebed, eine i.d.R. dünne, meist grobkörnige, kalkige oder sandige Gesteinsbank, in der phosphatische Wirbeltierreste (Knochen, Zähne, Schuppen) angereichert sind. Phosphatisierte ↗Koprolithen können in hoher Konzentration auftreten. Bonebeds entstehen als tempestitische Kondensationshorizonte am Ende größerer regressiver Zyklen, z.B. mit Abschluß der marinen Sedimentation des kaledonischen Orogenzyklus im berühmten obersilurischen Ludlow-Bonebed Englands, oder zu Beginn transgressiver Zyklen. Die Genese läßt sich durch wiederholte Aufarbeitung von präfossilisierten phosphatischen Komponenten und Mischung mit jeweils frischen Fossilbruchstücken verstehen. Unter gleichzeitiger Auswaschung feinkörnigen Sediments erfolgt eine gravitative Anreicherung der Phosphatkomponenten. Damit gehören bonebeds zu Konzentrationslagerstätten (↗Fossillagerstätten).

Boninit, ein überwiegend glasig ausgebildeter ↗Andesit, der als charakteristische ↗mafische ↗Einsprenglinge Olivin führt.

Bonität, bezeichnet die Leistungsfähigkeit und Qualität eines Standortes zur Produktion von ↗Biomasse. Neben der natürlichen ↗Bodenfruchtbarkeit sind auch die klimatischen Faktoren, der ↗Bodenwasserhaushalt und die Wirkungen des Reliefs für die Fruchtbarkeit des Standortes entscheidend. So können auch Böden mit hoher Bodenfruchtbarkeit geringe Erträge liefern, weil die klimatischen Faktoren (z.B. Trokkenheit, niedrige Temperaturen) ungünstig sind, andererseits können Böden mit geringer Bodenfruchtbarkeit bei günstigen klimatischen Bedingungen gute Erträge bringen. Die Bonität eines Standortes wird aufgrund der Wuchsleistung und der Vitalität der Pflanzengesellschaften bestimmt (Bonitierung).

Bonnes unechter Kegelentwurf, Ergebnis eines geometrischen Prozesses, nach dem die Oberfläche der Erde flächentreu in einer herzförmig begrenzten Fläche dargestellt wird (Abb.). Der Entwurf wurde 1752 von R. Bonne (1727–1795) angegeben und im 19. Jahrhundert häufig angewendet. Die Konstruktion des Bonneschen unechten Kartennetzentwurfes beruht auf folgenden Forderungen: a) Der Grundmeridian durch den Mittelpunkt des abzubildenden Gebietes wird geradlinig abgebildet. b) Die Breitenunterschiede werden auf dem Grundmeridian unverzerrt abgetragen. c) Das Bild des Grundparallelkreises ist ein Kreis mit dem Radius $\varrho_0 = R\cot\varphi_0$ (↗Kegelentwürfe). d) Die Bilder der ↗Parallelkreise sind konzentrische Kreise, welche die gleichen Abstände voneinander haben wie auf der Kugel. e) Die Parallelkreise sind längentreu geteilt. f) Die Bilder der Meridiane werden durch die vorstehende Forderung Kurven höherer Ordnung. Die Abbildungsgleichungen lauten:

$$\varrho = \varrho_0 + R \cdot (\mathrm{arc}\varphi_0 - \mathrm{arc}\varphi) \text{ und}$$

$$\varepsilon = \frac{R \cdot \cos\varphi}{\varrho} \, \mathrm{arc}\lambda \, .$$

Im Prinzip läßt sich der ganze Erdkörper im Bonneschen Entwurf abbilden. Jedoch sind die ↗Winkelverzerrungen in den Randgebieten sehr stark (Abb.) und die Umrißform der Karte kann die Vorstellung von der kugelähnlichen Erde nicht erzeugen. Deshalb beschränkt man sich in der Anwendung des Bonneschen Entwurfs auf ein begrenztes Gebiet in der Mitte der Abbildung. [KGS]

Bor, Element der III. Hauptgruppe des Periodensystems, Symbol: B. Der Name kommt von armenisch »Buraq« oder persisch »Buruh« = Borax, worunter die arabischen Alchemisten damals verschiedene Alkalien verstanden. 1702 stellte W. Homberg die erste Borsäure aus Borax her. Elementares Bor wurde durch Gay-Lussac und Thenard entdeckt (1808). Im 19. Jh. wurden die türkischen Boratlagerstätten gefunden, schließlich die in Chile und Kalifornien. Verwendung findet Bor als a) borathaltige Emaillen, Gläser, Glasuren, Waschmittel, Fluß- und Lötmassen sowie Präparate in der Kosmetik und Pharmazie; b) als

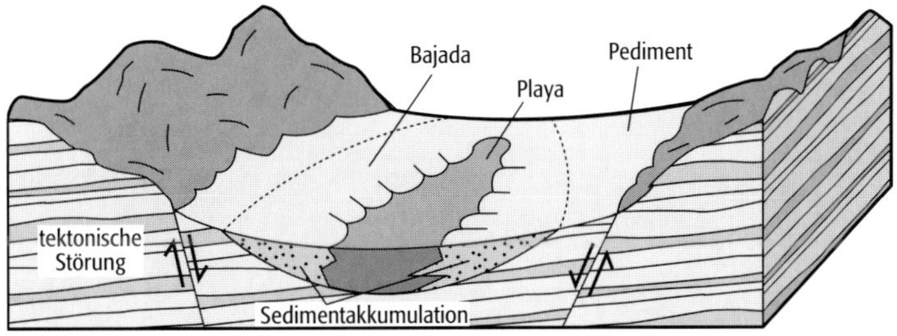

Bolson: idealisierter Schnitt durch ein abflußloses, intramontanes Becken.

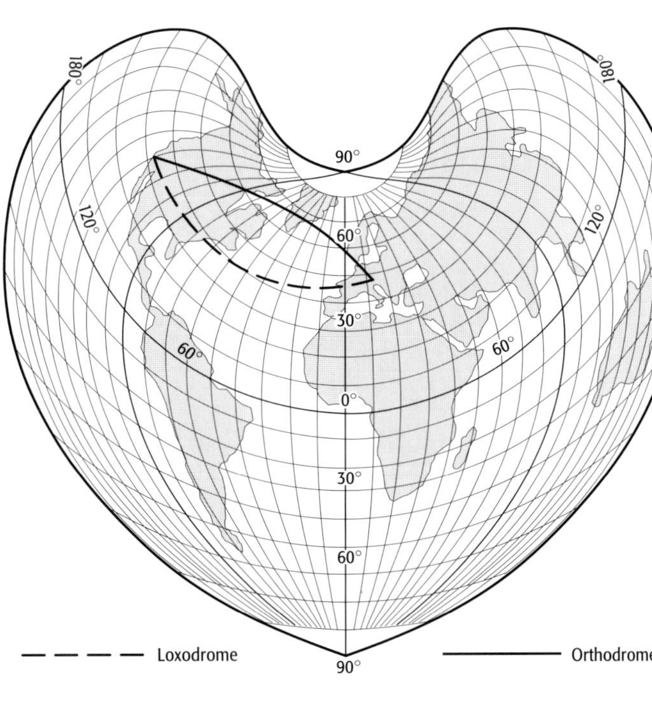

Bonnes unechter Kegelentwurf: flächentreue Darstellung der Erdobenfläche durch Bonnes Entwurf.

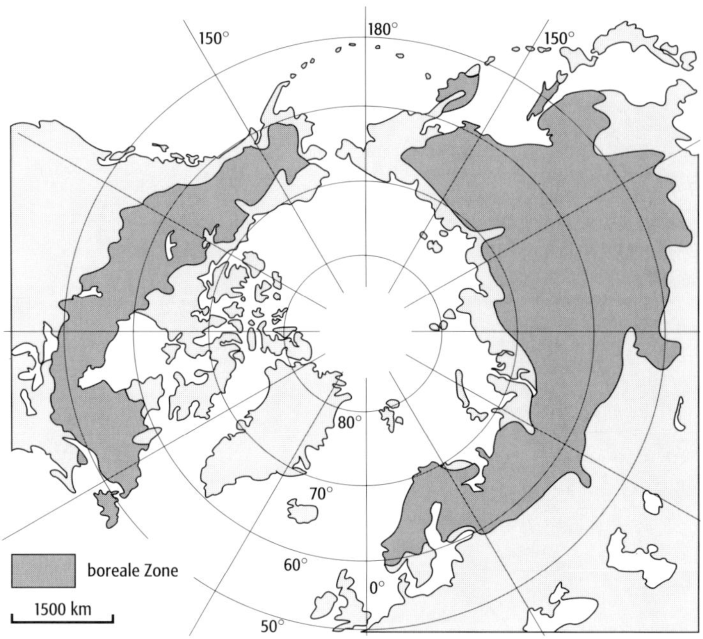

boreale Nadelwälder: Verbreitung der borealen Nadelwälder.

Bornitrid (Borazon) in einer Modifikation mit Diamantgitter, was härter und hitzewiderstandsfähiger als Diamant ist; c) in Form von Borstähle und Boreinlagerungen als Neutronenabsorber in der Reaktortechnik und Borwasserstoffen als Treibmittel für Raketen.

Bora, kalter und böiger ↗Fallwind an der dalmatinischen Adriaküste mit ↗Böen bis 50 m/s, der auch noch in 50–60 km Entfernung von der Küste auf dem Meer beobachtet werden kann. Die Bora entsteht besonders in den Wintermonaten, wenn aus einem Hochdruckgebiet über Osteuropa kalte Festlandluft in Richtung Adria fließt. Diese Kaltluft stürzt vom Hochland in das Küstengebiet, wobei die adiabatische Erwärmung (↗adiabatische Prozesse) zu gering ist, um den Kaltluftcharakter der Luftmasse zu verändern.

Borchert, *Hermann*, deutscher Mineraloge und Lagerstättenkundler, * 2.2.1905 Neuenkirchen, Kreis Sulingen, † 10.11.1982 Dießen/Ammersee. Borchert war ab 1947 Professor in Clausthal; er verfaßte zahlreiche Arbeiten zu Salz- und Erzlagerstätten mit Betonung der Geochemie und Genese, berühmt sind seine systematischen Darstellungen der Lagerstättengenese einzelner Rohstoffe. Werke (Auswahl): »Die Salzlagerstätten des deutschen Zechsteins« (1940), »Ozeane Salzlagerstätten« (1959), »Salt deposits: the origin, metamorphism and deformation of evaporites« (mit R.O. Muir, 1964) und »Lagerstättenkunde des Mangans« (1978).

Borda, *Jean Charles* de, genannt *le Chevalier de Borda*, französischer Physiker und Geodät, * 4.5.1733 in Dax (Frankreich), † 20.2.1799 in Paris. Arbeiten zur Hydrodynamik (1766 Konstruktion der Borda-Mündung, einer speziellen Ausflußöffnung mit starker Konzentration des ausströmenden Strahls), zum Schiffsbau und zur Geometrie ebener, von Bogen begrenzter Flächen (Borda-Regel), besonders aber zur Geodäsie: Bordascher Kreis zur Messung von Winkeln in der vom Instrument und den beiden Zielpunkten gebildeten Ebene; Bimetall-Apparat zur Präzisionslängenmessung in der Landesvermessung (Basismessung) mit zwei bis vier Meter langen Platinstangen, die mit Kupferstangen verbunden waren; Pendelapparat zur Bestimmung der Länge des Sekundenpendels (Schweremessung), praktiziert im Observatorium Paris; ab 1790 Vorschlag und Mitwirkung bei der Definition und Realisierung einer neuen Längeneinheit, des Meters, als 10.000.000ster Teil eines Meridianquadranten der Erde. Mitglied der Pariser Akademie der Wissenschaften. [EB]

Börde, *Bördenlandschaft*, auf Grund ihrer naturräumlichen Ausstattung (mit dem Ausgangssubstrat ↗Löß) durch intensiven Hackfrucht- (Rüben) und Getreideanbau (Weizen) gekennzeichnete, sehr fruchtbare, norddeutsche Kulturlandschaft. Bekannteste Börden sind die Soester Börde in Westfalen, die Magdeburger Börde in Sachsen-Anhalt und die Braunschweig-Hildesheimer Börde in Niedersachsen.

Bore, weit flußaufwärts vordringende Flutwelle in einem ↗Ästuar. Boren treten unmittelbar nach Tideniedrigwasser (↗Tidekurve) als sprunghafter Wasseranstieg auf, der sich in einem ↗Tidefluß oder ↗Priel in Richtung des Flutstromes (↗Tidestrom) fortsetzt. ↗Gezeiten.

Boreal ↗Holozän.

boreal, auf nördliche Regionen, im Norden lebende Organismen oder das dort vorherrschende Klima bezogen. Im strengen Sinn sind boreale Regionen ↗Taiga und ↗Tundra mit entsprechender biotischer und klimatischer Ausgestaltung. Im Fossilen wird der Begriff oft allgemein für kühle Klimata und ihre Lebens- und Ablagerungsräume benutzt (z B. borealer Jura = nichttropischer Jura bzw. Jura nördlich der ↗Tethys-Provinz).

boreale Nadelwälder, Vegetation der Zone ↗borealen Klimas, welches kalt-kaltgemäßigt und relativ niederschlagsarm ist. Die Vegetation ist gekennzeichnet von den langen, z.T. sehr kalten Wintern und kurzen, kühl-warmen Sommern (Abb.). Sie setzt sich aus verschiedenen Nadelholzarten (↗Nadelwald) zusammen, v.a. ↗Arten der Gattungen *Pinus*, *Picea*, *Abies*, *Larix*, *Thuja* und kleinblättrigen Laubholzarten, insbesondere *Alnus*, *Populus*, *Salix* und *Sorbus*. Die Zahl der Arten ist in Nordamerika und Ostasien groß, im eurosibirischen Raum dagegen, in dem die Zone der borealen Nadelwälder auch ↗Taiga genannt wird, klein. Dies ist zurückzuführen auf ein massives Artensterben in Eurasien während den neozoischen ↗Eiszeiten. Die anschließende Wiederbesiedelung erfolgte nur in geringem Maße aufgrund des West-Ost verlaufenden Gebirgsgürtels im Süden Eurasiens (Alpen, Kaukasus etc.), welcher eine Riegelwirkung entfaltet. In Nordeuropa bestehen die borealen Nadelwälder fast ausschließlich aus *Picea abies* und *Pinus silvestris*. Die immergrünen Nadelbäume können mit ihren sklerophyllen Nadeln (↗Sklerophyten) Kälteperioden und Frosttrocknis gut überstehen und bei günstigen Bedingungen rasch ↗Photosynthese betreiben. Eine Anpassung der Bäume an die winterliche Schneebedeckung ist ihre Spitzkronigkeit, wodurch der Schnee schneller abrutschen kann und Schneebruch vermieden wird. Der für die Vegetation lebenswichtige Bodenwasserhaushalt ist durch den ↗Permafrost eingegrenzt. Die im Sommer vernässten ↗Auftauböden führen zur Bildung von Pseudogley-, Gley- oder Moorböden. Wegen des großen Anfalls von Rohhumus (Nadelstreu) kommen auch oft Podsolböden vor. Feuer als ökologischer Faktor (↗Feuer) spielt im ↗Ökosystem des borealen Nadelwaldes eine große Rolle und tritt wegen der sommerlichen Austrocknung relativ oft auf, ca. 1–3 mal in 100 Jahren. Insbesondere der Nährstoffkreislauf ist auf das Feuer angewiesen, denn dadurch werden die in der Streu und im Rohhumus gebundenen Nährstoffe wieder frei und pflanzenverfügbar. Auch die ↗Sukzession der verschiedenen ↗Pflanzengesellschaften wird maßgeblich durch das Feuer beeinflußt. An die boreale Zone schließt sich nördlich die Waldtundra (↗Tundra) und südlich die boreo-nemorale Mischwaldzone (↗nemorale Wälder) an. [DR]

boreales Klima, Klima der hohen Breiten der Nordhemisphäre, insbesondere im Bereich des hochkontinentalen Klimas Eurasiens und Nordamerikas. Es ist ein kaltes bis kaltgemäßigtes Klima, gekennzeichnet durch eine relative Niederschlagsarmut, lange, z.T. sehr kalte Winter und kurze, kühl-warme Sommer (↗Klimaklassifikation).

borehole compensated soniclog ↗Bohrlochseismik.

borehole televiewer ↗akustische Bohrlochmessungen.

Borlagerstätten, Anreicherungen von Bormineralien (Boraten), v.a. in Zusammenhang mit ↗Salzlagerstätten; überwiegend in den USA.

Borminerale, die wichtigsten Borminerale sind: Borax (Tinkal, $Na_2B_4O_7 \cdot 10\,H_2O$, monoklin), Kernit ($Na_2B_4O_7 \cdot 4\,H_2O$, monoklin), Sassolin (Borsäure, $B(OH)_3$, triklin), Colemanit ($Ca[B_3O_4(OH)_3] \cdot H_2O$, monoklin), Pandermit (Priceit, $Ca_2B_5O_9OH \cdot 3\,H_2O$, triklin), Ulexit ($NaCaB_5O_9 \cdot 8\,H_2O$, triklin) und Boracit ($Mg_3[Cl|B_7O_{13}]$, rhombisch).

Borosilicate, überwiegend Neso-Subsilikate der Datolithreihe oder Zyklosilicate der Turmalinreihe. Die Mischkristalle der Turmanlinreihe zeichnen sich durch planare BO_3-Gruppen aus. Die Bor- und Fluorgehalte weisen auf pneumatolytische Bildung hin. Geologisch wichtig ist die Turmalinisierung des Nebengesteins im Granitkontakt bei der pneumatolytischen Turmalinbildung. Vorkommen: in sauren Tiefen- und Ganggesteinen, pneumatolytisch und als Kontaktminerale. Zuweilen werden Granit und Nebengestein fast ganz turmalisiert (Luxulianit = turmalinisierter Granit, Schörlfels = Turmalin-Hornfels). Die Turmalinreihe besteht aus Elbait, Dravit, Schörl, Buergerit, Tsilaisit, Uvit und Liddicoatit. Elbait bildet zahlreiche Schmucksteinvarietäten, die nach den Farbmerkmalen benannt sind: Achroit (farblos oder grün, mit schwarzen Enden), Rubbelit (rot), Indigolit (blau), Werdelit (grün). Dravit umfaßt braune bis grünliche und braunschwarze Mg-reiche Turmaline; Schörl ist der Name für den schwarzen Turmalin. Die Datolithreihe besteht aus Datolith, Bakerit, einer borreichen Varietät von Datolith, Homilit (isotyp mit Datolith), Gadolinit, Tritomit, Spencit, Komerupin (Prismatin), Dumortierit, Holtit, Howlith, Garreisit, Harkerit, Melanocerit und Karyocerit.

Borowina, Varietät des in carbonathaltigen bis carbonatreichen, jungen Auensedimenten entwickelten Bodentyps ↗Kalkpaternia (↗deutsche Bodenklassifikation), in Regionen mit hohen Jahresniederschägen. Die Borowina ist gekennzeichnet durch einen dunklen, stark humosen Oberboden.

Borrmann-Effekt, von G. Borrmann 1941 entdeckter Effekt der *anomalen Absorption* von Röntgenstrahlen bei der Beugung in Idealkristallen, d.h. Zunahme der Transmission, die nicht durch das Absorptionsgesetz erklärt werden kann. Anomale Absorption kann nur beobachtet werden, wenn die Beugungsbedingungen (↗Braggsche Gleichung, ↗Laue-Gleichungen) für mindestens einen Braggreflex erfüllt sind. Der Effekt wird durch die ↗Dynamische Theorie der Röntgenbeugung quantitativ beschrieben. Man beobachtet diesen Effekt auch bei der ↗Elektronenbeugung und der ↗Neutronenbeugung.

Bort, durch Einschlüsse, Trübung, schlechte Farbe u.a. Fehler zum Schleifen ungeeigneter Diamant; findet Verwendung als Besatz für Glas- und Steinsägen oder als Schleifmittel.

Bortensander, enthält, scharf abgegrenzt unter dem ↗Sander, leicht gebanktes und gestauchtes Moränenmaterial (↗Moräne), ist daher von den beiden Agenzien Eis und Wasser gebildet. Sie treten als Sanderschürzen an der Außenseite von Stirnmoränenrücken auf. Kennzeichnend ist die flachere Neigung der jüngeren, aufliegenden Sand- und Schotterschichten, die steilere, ältere, unterliegende Schichten kappen. Bortensander sind Indikatoren der Eisrandlage von ↗Vorlandvergletscherung in semi-ariden Gebieten.

Böschung, Geländeanschnitt, der zwei Flächen, die sich auf unterschiedlichem Niveau befinden und eine geringere Neigung aufweisen, miteinander verbindet. Die Böschung unterscheidet sich von ihrer Umgebung insbesondere durch eine größere ↗Geländeneigung (Neigungsänderung > 1,5°). Die Oberkante ist deutlich ausgeprägt. Die Unterkante kann ebenfalls dieses Merkmal aufweisen oder allmählich auslaufen. Es werden Böschungsformen (Abb.) unterschieden: a) zweckbedingter Anlageform, d.h. Anschnitte (je nachdem, ob das Profil ganz oder teilweise im Anschnitt liegt, unterscheidet man Voll- und Teilanschnitte), Einschnitte (durchstoßen Geländerücken und -nasen; durch Ausschlitzung können sie zu Anschnitten werden), Nischen (werden meist für Gebäude, Parkplätze usw. angelegt) oder Gruben (werden in ebenem bis flachem Ge-

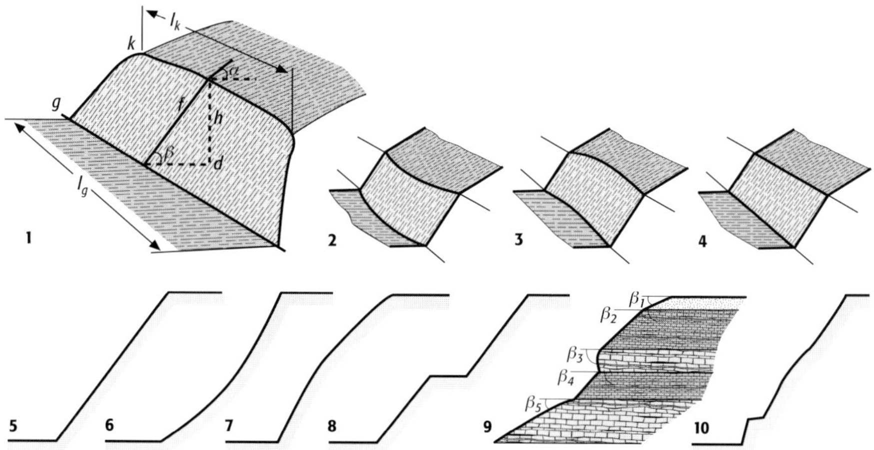

Böschung: Böschungsformen: 1) geometrische Elemente einer Böschung: Grundlinie oder Fuß (g), Fallinie (f), Krone (k), Böschungshöhe (h), Böschungsmaß ($h/d = \tan\beta$), Fußlänge (l_g), Kronenlänge (l_k), Böschungswinkel (β), Geländeneigung (α); 2) konkave; 3) konvexe; 4) gestreckte; 5) ebene; 6) durchhängende; 7) bauchige; 8) gestaffelte; 9) geologisch bedingte; 10) unregelmäßige Böschung.

lände ausgehoben, um zur Fundierung oder zum Abbau geeignete Gesteinsschichten bloßzulegen); b) Neigung, d.h. Flachböschung (< 40°), Steilböschung (40–90°) oder Überhänge (> 90°); c) Verlauf und Grundriß, d.h. Konkavböschung, gestreckte Böschung oder Konvexböschung; d) Verlauf im Querschnitt, d.h. eben, durchhängend, bauchig, gestaffelt, geologisch bedingt oder unregelmäßig; e) nach Höhe, d.h. niedrig (< 20 m), hoch (20–80 m) oder besonders hoch (> 80 m).

Weiterhin wird zwischen künstlicher, natürlicher oder historischer Böschung unterschieden. Künstliche oder anthropogene Böschungen sind die von Menschen mit Hilfe von Werkzeugen oder Maschinen hergestellten Böschungen an Straßen, Kanälen, Trassen und Tagebauten. Kommen Böschungen in historischen Bodendenkmälern (z.B. Burg- und Wallanlagen) vor, werden sie als historische Böschungen bezeichnet. Ist der historische Wert nicht von Bedeutung, so werden sie den natürlichen Böschungen zugeordnet. Diese sind durch Naturkräfte oder historisches Einwirken durch den Menschen entstanden.

Für die Festlegung der Böschungsneigung sind neben der Geländeform, dem geologischen Aufbau und den Wasserverhältnissen folgende Faktoren ausschlaggebend: die Grundinanspruchnahme, die Zwangspunkte durch vorhandene Bebauung, die Eignung der Abtragungsmassen als Erdbaustoffe, der Zeitpunkt und die Dauer des Böschungsabtrages sowie die Inkaufnahme eines kalkulierten Risikos im Hinblick auf Schubverformungen und mögliche Rutschungen. [ERu,GB]

Böschungsbruch, durch Entlastungsverformung treten Schubspannungen bei einer Böschung auf. Wenn diese Schubspannung die Scherfestigkeit auf ungünstig liegenden Flächen übersteigt oder diese infolge anhaltender Schubverformungen auf die Restscherfestigkeit abfällt, kann es zu Böschungsbrüchen kommen. Ausgelöst werden Böschungsbrüche ohne oder mit nur geringer Deformation des Untergrundes durch Spannungsüberschreitung bei zu steiler Böschung, zu geringer Scherfestigkeit im Untergrund oder durch Auftreten von Strömungsdruck. Dies ist z.B. bei eingestauten Dämmen bei schnellen Stauspiegelabsenkungen der Fall. Die Sicherheit gegen Böschungsbruch wird mit Hilfe von Standsicherheitsberechnungen durchgeführt. Es wird unterschieden zwischen Böschungsgrundbruch und Böschungsfußbruch (Abb.).

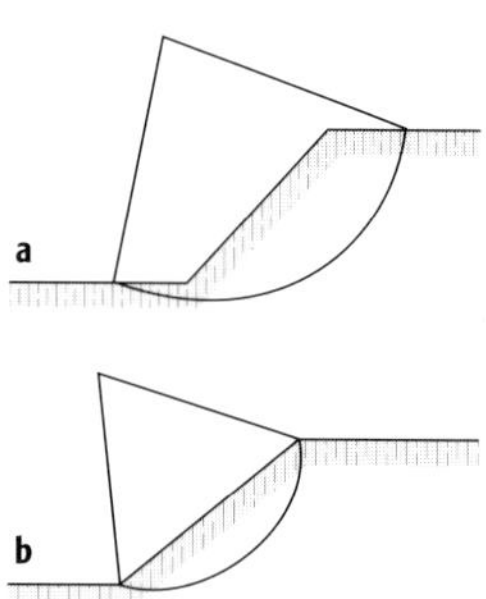

Böschungsbruch: Arten des Böschungsbruchs: a) Böschungsgrundbruch, b) Böschungsfußbruch.

Böschungsdiagramm, *Böschungsmaßstab*, ↗Nomogramm zur Bestimmung der Hangneigung aus einer Höhenliniendarstellung. Das hauptsächlich auf topographischen Kartenblättern angebrachte Böschungsdiagramm kann als *Neigungsmaßstab* in unterschiedlichen Formen ausgeführt sein. Es ist Bestandteil der Randausstattung und wird nach der Formel

$$w = \frac{Z}{M} 1000 \cot\alpha$$

für einen bestimmten Kartenmaßstab (M) konstruiert. Zur Bestimmung des Böschungswinkels α wird der Abstand (Schichtweite W) benachbarter Höhenlinien der ↗Äquidistanz bzw. Schichthöhe Z in der Karte mit einem Stechzirkel abgegriffen, der geöffnete Zirkel mit der einen Spitze auf der Grundlinie so weit über den Neigungsmaßstab geführt, bis die zweite Zirkelspitze senkrecht darüber genau auf der nächsten, der Schichthöhe Z entsprechenden Höhenlinie steht. An dieser Stelle kann der gesuchte Böschungswinkel abgelesen werden. [WSt]

Böschungsdreieck, rechtwinkliges Dreieck, daß einem Vertikalschnitt durch die Erdoberfläche entspricht. Die Hypotenuse stellt einen geradlinigen Abschnitt der Erdoberfläche, die erste Kathete eine Parallele zur Niveaufläche und die zweite Kathete den Höhenunterschied zwischen den Hypotenusenpunkten dar. Werden diese Punkte von benachbarten ↗Höhenlinien durchlaufen, so ist die zweite Kathete die ↗Äquidistanz ($\ddot{A}$) des ↗Höhenliniensystems. Die erste Kathete entspricht in diesem Fall dem ebenen Abstand (s) benachbarter Höhenlinien. Der Tangens der Böschungsneigung α ergibt sich aus $\tan\alpha = \ddot{A}/s$.

Dies ist die Grundformel für die Wahl einer geeigneten Äquidistanz und der Berechnung des ↗Höhenlinienfehlers nach dem ↗Koppeschen Verfahren.

Böschungskartenzeichen, ↗Kartenzeichen, bei dem die Grundrißfläche der ↗Böschungen mit gleichabständigen Strichen oder keilförmigen Zeichen bedeckt wird, die senkrecht zur Böschungsoberkante eingetragen werden. Die Strichdarstellung wird i.a. ab einer Grundrißbreite von 1 mm angewendet. Jeder zweite Strich enthält nur die halbe Länge der längsten Striche, deren Länge der Grundrißbreite entspricht. Damit liegt die maßstäbliche Grundrißdarstellung der Böschung vor. Der seitliche Abstand der langen Striche ist i.a. gleich ihrer Länge. Bei Böschungen geringer Neigung (< 1:1,5) kann er auf das doppelte Maß vergrößert werden. Die Darstellung der Böschung in Form von Keilschraffen (↗Schraffen) wird bei Grundrißbreiten < 1 mm oder zur Darstellung von historischen Böschungen in topographischen Spezialkarten verwendet.

Böschungsmaßstab ↗*Böschungsdiagramm.*

böschungsschonendes Sprengen ↗gebirgsschonendes Sprengen.

Böschungsstabilität, Stabilität einer ↗Böschung gegen Versagen durch Überschreiten der Scherfestigkeit des Böschungsmaterials. Neigung und Standfestigkeit einer Böschung sind im wesentlichen von der Geländeform, dem geologischen Aufbau und den Wasserverhältnissen abhängig, wie z.B. Untergrundaufbau, Schichtung, Scherfestigkeit, zeitabhängige Entlastungs- und Spannungsänderungen, Sickerwasser, Belastung auf die Böschung, Art der Böschungsbefestigung und des Bewuchses und Einwirkung der Witterung auf die Böschungsoberfläche. Die Böschungsneigung wird zunächst nach den üblichen Regelböschungen bzw. nach Erfahrungswerten festgelegt.

Böschungsüberwachung, die Durchführung von ↗Bewegungsmessungen und die gleichzeitige Beobachtung des ↗Grundwasserstandes sowie die Erhebung von meteorologischen Daten an ↗Böschungen und Hängen. Die Böschungsüberwachung wird immer dann erforderlich, wenn Anzeichen einer ↗Hangbewegung erkennbar sind bzw. wenn schon eine Rutschung eingetreten ist und die weitere Bewegung der Rutschungsmasse überwacht werden soll. Als Beobachtungsgeräte dienen ↗Inklinometer und ↗Extensometer zur Bewegungsmessung, ↗Piezometer und Porenwasserdrucksonden zur Messung des Grundwasserstandes und des ↗Porenwasserdruckes. Zur Niederschlagsbeobachtung wird ein Regenmesser in der Böschung aufgestellt, oder die meteorologischen Daten werden hilfsweise von der nächstgelegenen Wetterstation erfragt.

Böschungswinkel, Neigungswinkel eines Hanges, der aufgrund seiner prozeßregelnden Funktion sowohl geomorphodynamisch als auch geoökologisch ein wichtiges Merkmal darstellt. Unter dem natürlichen Böschungswinkel (*Reibungswinkel*) versteht man den maximal stabilen Hangneigungswinkel, in dem geschüttetes, kohäsionsloses Lockermaterial akkumuliert werden kann. Bei lockerem Feinsand beträgt dieser Winkel ca. 33°.

Boskovic, *Roger Josip*, auch: *Boskovich, Ruggiero Giuseppe*, Jesuit, Mathematiker, Astronom und Geometer im Kirchenstaat, * 18.5.1711 in Ragusa (heute Dubrovnik), † 12.2.1787 in Mailand. Studien zur Figur der Erde; vermutete bereits den Einfluß unregelmäßiger Massenverteilungen auf die Erdform (später als ↗Geoid bezeichnet); 1750–55 zusammen mit Ch. Maire ↗Gradmessung Rom-Rimini; Ausgleichung von fünf Gradmessungsergebnissen zur Bestimmung des ↗Ellipsoids als Erdform; Studien zu ↗Meeresgezeiten und ↗Isostasie. Werke (Auswahl): »De litteraria expeditione per pontificiam ditionem ad dimetiendos duos meridiani gradus ...« (mit Ch. Maire, Rom 1755).

Bosporus, Meeresstraße zwischen Asien und Europa, die das ↗Schwarze Meer und das ↗Marmarameer miteinander verbindet.

Bostonit, pegmatitisches Gestein, überwiegend aus Alkalifeldspäten bestehend, Natronsyenitaplit mit trachytoider Struktur. Der Name leitet sich von der amerikanischen Stadt Boston ab.

Botanik, *Pflanzenkunde*, Teilgebiet der ↗Biologie, welches die Organisation und Lebensfunktionen von ↗Pflanzen erforscht. Es haben sich vier Fachrichtungen entwickelt: a) Die Morphologie untersucht Struktur und Form der Pflanze und umfaßt Anatomie (innerer Bau der Pflanze), Histologie (Aufbau der Gewebe) und Cytologie (Feinbau der Zellen). b) Die Pflanzenphysiologie untersucht die Funktionsabläufe im Bereich des Stoffwechsels, des Wachstums, der Entwicklung und der Bewegung der Pflanzen. c) Die Systematik beschäftigt sich mit der Beschreibung und Ordnung der Pflanzenwelt. Mit Hilfe der ↗Taxonomie werden die über 330.000 bisher bekannten Pflanzenarten erfaßt, beschrieben und eingeordnet; die Paläobotanik untersucht die Stammesgeschichte der Pflanzenreiche. d) Die ↗Geobotanik untersucht die Verbreitung der Pflanzen und ihr Verhalten am Standort. Mit Praxisfragen, z.B. Heilpflanzenkunde, Landwirtschaft und Nutzpflanzen beschäftigt sich die Angewandte Botanik. [DR]

Bottomset-Ablagerungen, *bottomset bed*, 1) Ablagerungen in dem am weitesten meerwärts befindlichen Teil eines ↗Deltas mit schwach beckenwärts einfallenden oder horizontal gelagerten, feinkörnigen, meist tonig-siltigen, auch laminierten Sedimenten. Ab und zu schalten sich gradierte Silt- bis Sandlagen ein. 2) Begriff zur Beschreibung des Bereiches in einem Beckenrand-Profil, der an der Basis des Beckenhanges, auch Clinoforme, gelegen ist.

Bottom-up-Kontrolle, Steuerung der Struktur und Dynamik einer Lebensgemeinschaft durch das Angebot von Ressourcen. Die Entwicklung einer Nahrungskette wird dabei im wesentlichen von der Primärproduktion gesteuert (↗Top-down-Kontrolle).

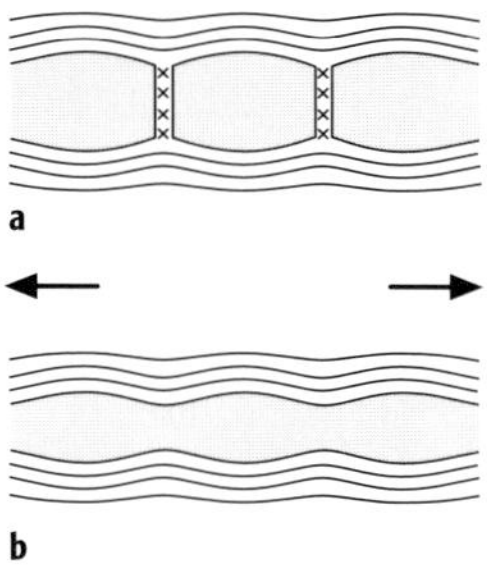

Boudinage: a) Boudinage, b) Pinch-and-swell-Struktur, von kompetentem in inkompetentem Material (grau); die Pfeile geben die Richtung der Extension an.

Bouguer-Anomalie: Typen der Bouguer Anomalien. Das Meßprofil verläuft über Berg und Tal (untere Hälfte). In der oberen Hälfte sind die Meßkurven und die Kurven für die Bouguer-Anomalien für drei verschiedene Modelle dargestellt:
Fall A: Keine Dichte-Inhomogenität im Untergrund, Bouguer-Anomalie = 0;
Fall B: Massendefizit im Untergrund, Bouguer-Anomalie < 0;
Fall C: Massenüberschuß im Untergrund, Bouguer Anomalie >0.

Boudinage, [von franz. boudin = Blutwurst] Struktur, die sich häufig in Sedimenten und ↗Metamorphiten mit Kompetenzkontrast findet (↗Kompetenz). Bei ↗Extension parallel zum Lagenbau werden kompetente Lagen gedehnt, ausgedünnt und brechen in gleichmäßigen Abständen. Die einzelnen Körper bekommen ein »wurstähnliches« Aussehen (Abb. a). Die Form der Boudins hängt vom Kompetenzkontrast ab. Ist er hoch, sind die Enden der einzelnen Körper nur geringfügig eingeschnürt. Ist er nicht so groß, ist die Abrundung stärker ausgeprägt. Bei geringem Kompetenzkontrast kommt es nur zu einem rhythmischen Ab- und Anschwellen der kompetenteren Lage, ohne daß es zu einem Abreißen kommt (»pinch-and-swell-strukture«, Abb. b). [ES]

Bouguer, *Pierre*, französischer Physiker und Astronom, * 16.2.1698 in Le Croisic (bei Saint-Nazaire, Bretagne), † 15.8.1758 in Paris; ab 1730 Professor der Schiffahrtskunde in Le Havre, seit 1731 Mitglied der Pariser Akademie der Wissenschaften. Neue Erkenntnisse zur Physik des Lichts; Begründer der wissenschaftlichen Photometrie; Weiterentwicklung der Navigationskunde; geodätisch bedeutend seine Mitwirkung bei der Expedition 1735–44 der Pariser Akademie der Wissenschaften nach Peru zu einer ↗Gradmessung, die im Streit zwischen der französischen Schule um G.D. ↗Cassini und der englischen Schule um Sir I. ↗Newton über die Figur der Erde (am Äquator oder an den Polen abgeplattet?) entscheiden sollte; bemerkte dabei als erster die Einwirkung großer topographischer Massen (Chimborazo) auf die Richtung des Lotes; entwickelte eine Theorie zur Reduktion von an der Erdoberfläche gemessenen Werten (Bouguersche Plattenreduktion, Bouguerplatte, ↗Schwerereduktionen, Bougueranomalie). Werke (Auswahl): »Essai d'optique sur la gradation de la lumière« (1729), »La figure de la terre« (1749), »Nouveau traité de navigation et de pilotage« (1753). [EB]

Bouguer-Anomalie, Δg_{Boug}, leitet sich aus der ↗Bouguer-Schwere ab, indem von der Bouguer-Schwere g_{Boug} die ↗Normalschwere g_{normal} subtrahiert wird:

$$\Delta g_{Boug} = g_{Boug} - g_{normal} = g - \Delta g_{niv} - \Delta g_{BougPl} - g_{top} - g_{normal}\,.$$

Die Bouguer-Anomalie ist für die Angewandte Gravimetrie und auch die Geodynamik von großer Bedeutung, da sie Dichteinhomogenitäten des Untergrundes widerspiegelt (Abb.). Salzstökke geben sich durch negative Bouguer-Anomalien zu erkennen. Junge Gebirge, z.B. die ↗Alpen, die Anden und der Himalaja sind durch ausgeprägte negative Bouguer-Anomalien in der Größenordnung von einigen hundert Milligal (↗Schwereeinheiten) charakterisiert. Solche negativen Anomalien zeigen an, daß im Untergrund ein Massendefizit vorhanden ist. Eine andere geophysikalische Bedeutung hat die ↗isostatische Anomalie.

Bouguer-Gradient ↗Schwerereduktionen.

Bouguer-Lambert-Beersches Gesetz, physikalisches Gesetz (nach P. ↗Bouguer, J.H. ↗Lambert und A. Beer), das die Schwächung (↗Extinktion) der extraterrestrischen ↗Sonnenstrahlung beim Durchgang durch die Erdatmosphäre beschreibt:

$$L = L_o e^{-\int_o^m \sigma_e dm}\,.$$

Dabei ist L die Strahldichte und L_o die Strahldichte am Außenrand der ↗Atmosphäre, σ_e ist der ↗Extinktionskoeffizient und m die absorbierende und streuende Masse entlang des Lichtstrahls. Wesentliche Grundlage dieses Gesetzes ist die Tatsache, daß die Änderung der Strahldichte beim Durchdringen einer Atmosphärenschicht proportional zur Strahldichte selbst ist.

Bouguer-Platte ↗Schwerereduktionen.

Bouguer-Platten-Wirkung, nach ↗Bouguer (1698–1758) benannt, beschreibt die Schwerewirkung an der Oberfläche einer unendlich ausgedehnten Gesteinsplatte.

$$\Delta g_{BougPl} = 2 \cdot \pi \cdot f \cdot h \cdot \varrho$$
$$\Delta g_{BougPl} = 0{,}0419 \cdot h \cdot \varrho \text{ [mgal]}$$

mit f = Gravitationskonstante $6{,}670 \cdot 10^{-8}$ cgs-Einheiten, h = Mächtigkeit der Platte [m] (i.a. ↗orthometrische Höhe) und ϱ = Dichte der Platte [g/cm³].
In der Gravimetrie wird für die Dichte i.a. der Wert von 2670 kg/m³ (= 2,67 g/cm³) benutzt. Dieser Wert entspricht der Dichte von ↗Granit. Damit ergibt sich für die Bouguer-Platten-Reduktion:

$$\Delta g_{BougPl} = 0{,}11\,187\,h \text{ [mgal]}$$

mit h als Dicke der Platte in Metern. Auf dem Meer fällt das Meßniveau mit der Meeresoberfläche zusammen. Um die Schwerewerte mit der ↗Bouguer-Schwere auf den Kontinenten vergleichbar zu machen, wird bei der Bouguer-Reduktion auf dem Meer die Wasserschicht

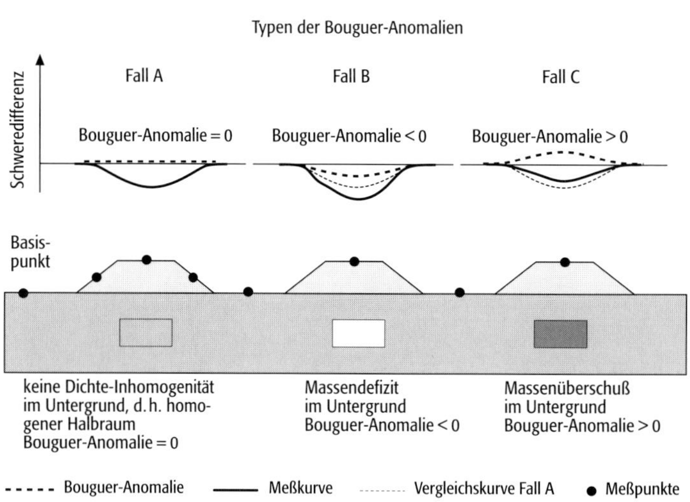

durch eine entsprechende Gesteinsschicht mit der Dichte 2,67 g/cm³ ersetzt. Wirksam wird die Dichtedifferenz (Dichte des Gesteins minus Dichte des Wassers). Dementsprechend erhöht sich die Bouguer-Schwere auf dem Meer gegenüber dem ursprünglichen Meßwert. [PG]

Bouguersche Plattenreduktion ↗Schwerereduktionen.

Bouguer-Schwere, Schwerewert, der sich durch eine Reihe von Korrekturen an den Meßwert ergibt. Es ist das Ziel dieser Korrekturen, Werte zu erhalten, die nicht durch lokale Unebenheiten und Höhenunterschiede beeinflußt sind (Abb.). Dieses geschieht modellhaft durch die Gelände- oder topographische Reduktion: In der Höhe des Meßniveaus wird das Gelände eingeebnet, d. h. die Berge werden abgetragen und die Täler aufgefüllt. Beide Anteile führen zu einer Erhöhung des Schwerewertes. Die dann im Prinzip unendlich ausgedehnte Bouguer-Platte liegt zwischen Meßniveau und Bezugsniveau (i. a. der Meeresspiegel); sie wird entfernt. Dadurch verringert sich der Schwerewert. Im letzten Schritt wird der Meßpunkt auf das Bezugsniveau verschoben (Freiluft-Reduktion). Der Schwerewert erhöht sich durch Annährung an den Erdmittelpunkt. Als Ergebnis dieser Reduktionen erhält man die Bouguer-Schwere, nun bezogen auf das Bezugsniveau. Zieht man von diesem Wert noch die Normalschwere ab, so resultiert die ↗Bouguer-Anomalie.

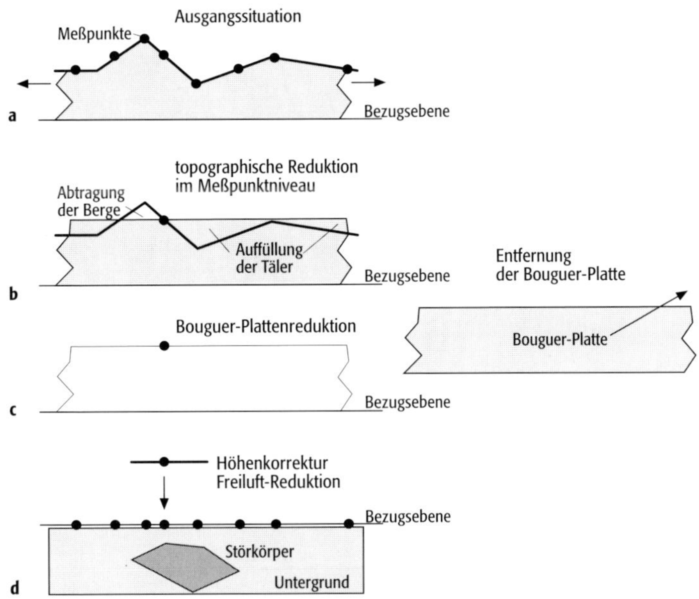

Bouguer-Schwere: Reduktionsschritte zur Bouguer Schwere: a) Ausgangsprofil mit Meßpunkten; b) Gelände- oder topographische Reduktion; c) unendlich ausgedehnte Bouguer-Platte; d) Freiluft-Reduktion.

Boultonscher Verzögerungsindex, $1/\alpha$, gibt bei einem ↗Pumpversuch in einem ↗Grundwasserleiter mit verzögerter Entleerung die Zeit an, nach deren Ablauf die verzögerter Entleerung keinen Einfluß auf die zu beobachtende Absenkung mehr ausübt. Der Boultonsche Verzögerungsindex wird bei der Auswertung von Pumpversuchen in halbfreien Grundwasserleitern nach dem ↗Boulton-Verfahren bestimmt.

Boulton-Verfahren, ein ↗Typkurvenverfahren zur Auswertung von instationären ↗Pumpversuchen in ↗Grundwasserleitern mit verzögerter Entleerung. Ein halbfreier Grundwasserleiter ist ein Grundwasserleiter, der von einer geringer, aber ebenfalls wasserleitenden Schicht überlagert wird (Abb. 1). Führt man in ihm einen Pumpversuch durch, so gliedert sich die Absenkung in drei Phasen:

1. Phase: Die Absenkung verläuft wie im gespannten Grundwasserleiter; das geförderte Wasser stammt aus der Druckentlastung des Grundwassers und aus der Kompression des Korngerüsts. Diese Phase dauert meist nur einige Minuten. 2. Phase: Hier stellt sich durch ein der Leckage im halbgespannten Grundwasserleiter vergleichbares Nachtropfen aus der überlagernden Schicht ein pseudostationärer Zustand ein; die Absenkungskurve verflacht immer mehr, weshalb ein halbfreier Grundwasserleiter oft auch als Grundwasserleiter mit verzögerter Entleerung und der Effekt als verzögerte Porendränung bezeichnet wird. Diese Phase dauert im Bereich von Minuten bis zu einigen Stunden. 3. Phase: Der Einfluß der verzögerten Entleerung wird zunehmend geringer, so daß die Absenkungskurve wieder steiler wird und nur noch horizontale Strömungskomponenten wirksam sind. Die Absenkung verläuft nun wie in einem freien Grundwasserleiter und die Werte müssen bei hohen Absenkungsbeträgen zur Auswertung korrigiert werden (↗korrigierte Absenkung). Sind die Verhältnisse ideal, so können die Phasen 1 und 3 auch getrennt nach dem Verfahren von Theis für gespannte bzw. freie Grundwasserleiter ausgewertet werden. Ist der Durchlässigkeitsunterschied zu gering oder der Brunnendurchmesser groß, so dauern die Phasen 1 und 2 nicht lange genug für eine getrennte Auswertung.

Boulton hat ein Verfahren vorgestellt, das das oben beschriebene Verhalten eines halbfreien Grundwasserleiters mittels eines empirisch ermittelten Boultonschen Verzögerungs-Indexes beschreibt. Die Brunnenformel nach Boulton lautet:

$$s = \frac{Q}{4\pi T} W(u_a, u_y, \frac{r}{D})$$

mit

$$u_a = \frac{r^2 S}{4tT}$$

und

$$u_y = \frac{r^2 S_y}{4tT} = \frac{r^2 n_{sp}}{4tT}$$

(s = Absenkung; Q = Förderrate; $W(u_a, u_y, r/D)$ = Brunnenfunktion für halbfreie Grundwasserleiter; r = Abstand zwischen Meßstelle und Förderbrunnen; D = Dränfaktor; S = Speicherkoeffizient für 1. Phase; S_y = Speicherkoeffizient für 3. Phase ist gleich n_{sp} = speicherwirksamer Porenanteil, t = Zeit). Die graphische Auswertung erfolgt ähnlich wie beim ↗Theisschen Typkurven-

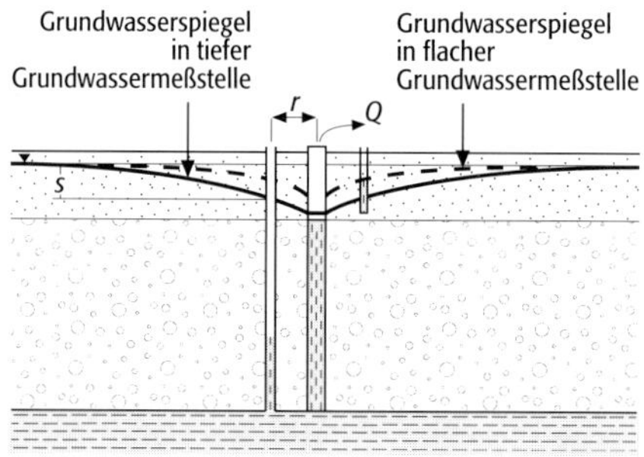

Boulton-Verfahren 1: halbfreier Grundwasserleiter und Verlauf der Absenkungskurve (r = Abstand zwischen Meßstelle und Förderbrunnen, s = Absenkung, Q = Förderrate).

verfahren durch Anpassung der Datenkurve an die Typkurve der Modellfunktion. Dazu wird $W(u_a, r/D)$ gegen $1/u_a$ und $W(u_y, r/D)$ gegen $1/u_y$ doppeltlogarithmisch für verschiedene Werte von r/D aufgetragen. Hierdurch ergibt sich eine Schar von Typkurven (Abb. 2).

Zur Auswertung eines Pumpversuchs trägt man in einem ersten Arbeitsschritt die gemessenen Absenkungsbeträge s gegen die zugehörigen Zeiten t auf doppeltlogarithmischen Papier für eine bestimmte Meßstelle im Abstand r auf. Durch achsenparalleles Verschieben der Datenkurve gegen die Typkurve erfolgt nun die Anpassung getrennt in zwei Schritten für die 1. und 3. Phase. Zuerst wird die 1. Phase der Datenkurve an die am besten passenden Kurve ($W(u_a, r/D)$-$1/u_a$) der Typkurvenschar angepaßt, der r/D-Wert dieser Kurve notiert und ein ↗match point A bestimmt. Für den match point A wird nun $W(u_a, r/D)$, $1/u_a$, s und t abgelesen. Mit den weiter oben angeführten Gleichungen können nun die Transmissivität T (und daraus bei bekannter wassererfüllter Mächtigkeit der Durchlässigkeitsbeiwert k_f) und der Speicherkoeffizient S für die Phase 1 bestimmt werden. Danach wird die 3. Phase der Datenkurve an den $W(u_y, r/D)$-$1/u_y$-Teil der Kurve für dasselbe r/D angepaßt und ein match point B ausgewählt, für den $W(u_y, r/D)$, $1/u_y$, s und t abgelesen werden. Mit diesen Werten wird nun die Transmissivität T (bzw. der Durchlässigkeitsbeiwert k_f) und der Speicherkoeffizient $S_y = n_{sp}$ für die Phase 3 berechnet. Dabei sollte sich für T ungefähr der gleiche Wert wie aus der 1. Phase ergeben. Über die Gleichung

$$\frac{1}{\alpha} = \frac{D^2 \cdot n_{sp}}{T}$$

kann nun der ↗Boultonsche Verzögerungsindex $1/\alpha$ berechnet werden. Aus Verzögerungsindex und bekanntem r/D-Wert läßt sich über die Verzögerungs-Index-Kurve die Zeit t_0 bestimmen, nach deren Ablauf die verzögerte Porendränung keinen Einfluß mehr auf den Absenkungsverlauf ausübt.

Für das Verfahren nach Boulton muß neben den bei Theis getroffenen Annahmen noch eine weitere Voraussetzung erfüllt sein. Der Grundwasserleiter zeigt das Phänomen der verzögerten Entleerung und die Strömung im Grundwasserleiter ist überall praktisch horizontal. In der Praxis wird heute bei der Auswertung von Pumpversuchen in halbfreien Grundwasserleitern das

Boulton-Verfahren 2: Boulton-Typkurven $W(u_{ay}, r/D)$ gegen $1/u_{ay}$ für verschiedene Werte von r/D.

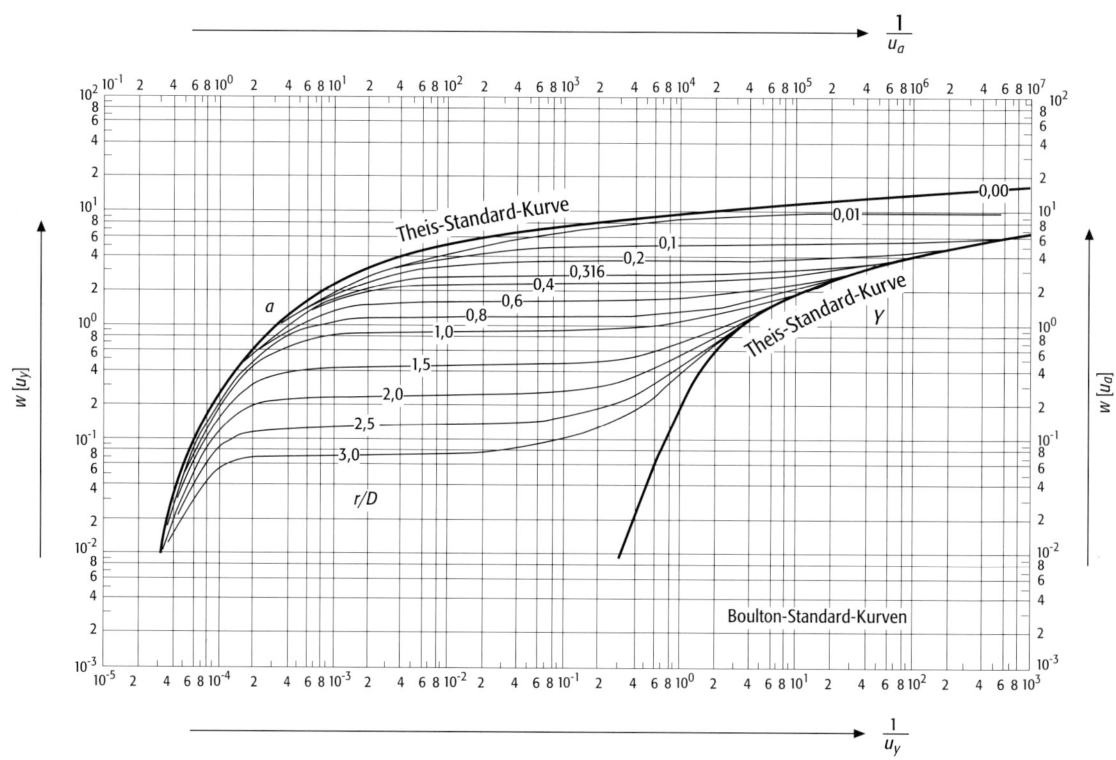

Typkurvenverfahren von Neuman bevorzugt. Es ist eine Weiterentwicklung des von Boulton vorgestellten Verfahrens. Es ersetzt den Verzögerungs-Index, welcher keine direkten Rückschlüsse auf die Eigenschaften des Grundwasserleiters zuläßt, durch einen Parameter β, der direkt die hydraulischen Eigenschaften des Grundwasserleiters beschreibt. [WB]

Literatur: [1] DAWSON, K.J. & ISTOK, J.D. (1991): Aquifer Testing. Design and Analysis of Pumping and Slug Tests. – Chelsea. [2] LANGGUTH, H.-R. & VOIGT, R. (1980): Hydrogeologische Methoden. – Berlin, Heidelberg, New York.

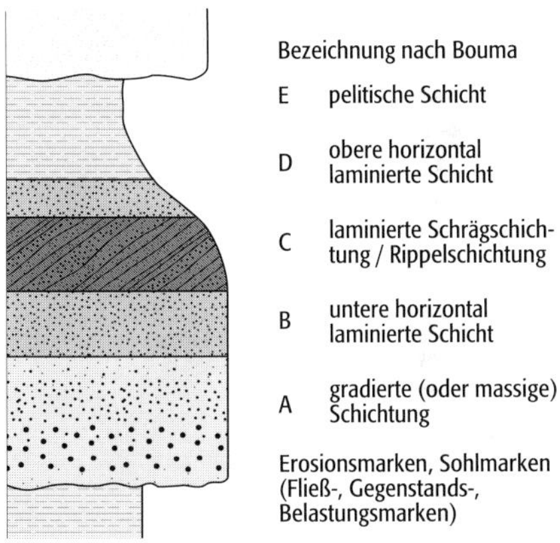

Bouma-Sequenz: Abfolge und Strukturen eines siliciklastischen Turbidites.

Bouma-Sequenz, Strukturinventar von ↗Turbiditen, das von Bouma (1962) erstmals beschrieben wurde. Eine komplette Bouma-Sequenz (Abb.) setzt unten mit strukturlosen, normalgradierten Sanden und/oder ↗Konglomeraten (Einheit A) ein. Es folgen horizontalgeschichtete Sande (Einheit B), die von rippelgeschichteten ↗Silten und Feinsanden der Einheit C überlagert werden. Horizontallaminiert sind die meist siltig-feinsandigen Ablagerungen der nachfolgenden Einheit D. Die Einheit E besteht aus laminierten ↗Peliten. Eine komplette Bouma-Sequenz repräsentiert das idealisierte Strukturinventar von Turbiditen. In der Realität fehlen häufig ein oder mehrere Einheiten der Bouma-Sequenz, die vertikale Anordnung bleibt jedoch.

bound residues, [engl. = gebundene Reste], *gebundene Rückstände*, die Anteile an (anthropogen) in den Boden gebrachten Schadstoffen, die sich aus dem Boden nicht mehr herauslösen lassen. Der Begriff wird i.a. für organische Schadstoffe (z.B. ↗PAK, ↗PCB, ↗Pestizide) verwendet. Bound residues täuschen bei einer Schadstoffanalyse vielfach einen Schadstoffabbau vor, der nicht stattgefunden hat.

Boussinesq, *Joseph Valentin*, französischer Mechaniker, * 13.3.1842 in Saint-André-de-Sanonis (Département L'Hérault), † 19.2.1929; 1862 Lehrer am Collège von Agde, später Wechsel nach Vigan und Gap, 1867 Dissertation über die Fortpflanzung von Wärme im heterogenen Medium an der Akademie der Wissenschaften in Paris, zahlreiche Arbeiten im Bereich der Bodenmechanik, Optik, Wärmelehre, Elastizitätstheorie, Mathematik und Philosophie, 1867 erstes Interesse an der Hydrodynamik, 1873 Nomination zum Professor an der Fakultät der Wissenschaften in Lille, 1886 Professor für Mechanik an der Akademie der Wissenschaften in Paris, 1896 Professor für mathematische Physik und Wahrscheinlichkeitstheorie an der Sorbonne bis zu seiner Emeritierung 1918. Bedeutend waren seine Forschungen im Bereich der Hydrodynamik, v.a. der Theorie der turbulenten Strömungen, z.B. »Essai sur la théorie des eaux courantes« (1877) und »Théorie de l'écoulement tourbillonnant« (1897), Wellentheorie (Flachwasserwellen, Flutwellen und Oszillationswellen), Mechanik und mathematischen Physik, z.B. »Leçons sur la Mécanique et la Physique Mathématique« (1901–1922). [TL]

Bowen, *Norman Levi*, * 21.6.1887, † 11.9.1956, Petrologe und Professor am Geophysical Laboratory der Carnegie Institution of Washington und der University of Chicago; einer der Begründer der experimentellen Petrologie. Er befaßte sich vor allem mit der ↗fraktionierten Kristallisation von Basaltmagmen (das ↗Reaktionsprinzip nach Bowen stellt dafür die Ausscheidungsfolge von Mineralen zusammen) und der Granitbildung. Als Verfechter der Entstehung von Graniten als Endprodukt der fraktionierten Kristallisation von Basalt war Bowen ein entschiedener Gegner derjenigen Geowissenschaftler, die Granitbildung einem metasomatischen Prozeß der ↗Granitisierung zuschrieben.

Bowensche Reihe, Reihenfolge der Mineralabscheidung in Abhängigkeit von der Gitterenergie (Abb.), z.B. Kristallisationsfolge aus Schmelzen mit abnehmender Gitterenergie: Olivin → Pyroxene → Amphibole → Biotit → Feldspat → Quarz oder aus Lösungen SiO_2 → SnO_2 → FeS → FeS_2 → PbS → $FeCO_3$ → $CaCO_3$.

Box-Car-Filter, ↗Tiefpaßfilter zur ↗Glättung; gleichzusetzen mit der Mittelwertbildung (Mean-Filter) über alle Pixel des Filterfensters.

box classifier ↗*Box-Klassifizierung*.

Box-Klassifizierung, *box classifier*, *parallelepiped classification*, *Quadermethode*, Verfahren zur ↗überwachten Klassifizierung, bei dem auf der

Bowen'sche Reihe: Reaktionsreihen nach Bowen.

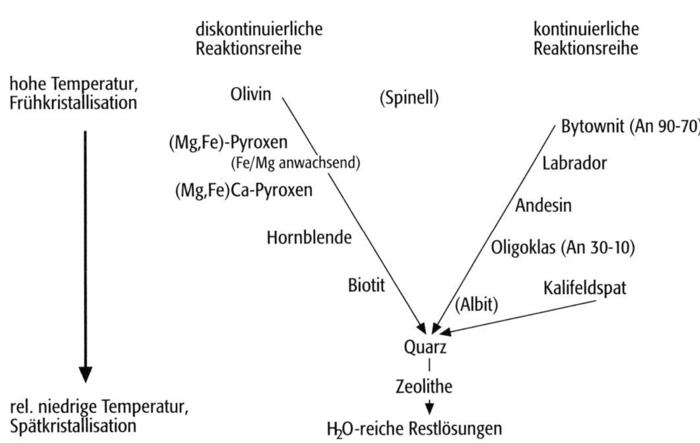

Grundlage von ↗Trainingsgebieten zunächst für jede Objektklasse und jedes ↗Spektralband statistische Parameter (Mittelwert, Standardabweichung usw.) berechnet werden. Um die Mittelwerte der Klassen werden dann im zweidimensionalen ↗Merkmalsraum Rechtecke bzw. im drei- oder mehrdimensionalen Raum Quader und Hyperboxes gelegt, deren Seitenlänge ein mehrfaches der Standardabweichung beträgt. Die Zuweisung der ↗Bildelemente erfolgt zu der Klasse, innerhalb derer Rechteck, Quader oder Hyperboxes liegt. Problematisch sind hierbei besonders die Bildelemente in Überlappungsbereichen mehrerer dieser Räume, für die keine eindeutige Zuordnung möglich ist. In diesen Fällen werden oft andere Klassifikatoren (z.B. ↗Maximum-Likelihood-Klassifizierung, ↗Minimum-Distanz-Verfahren) eingesetzt. [HW]

boxworks, charakteristische Texturen in limonitischen (↗Limonit) Verwitterungsrückständen von ↗Eisernen Hüten, die nach Weglösung von Verwitterungsmineralien entstehen, die ↗pseudomorph nach den primären Sulfiden gebildetet wurden.

Boyle, Sir *Robert*

Boyle, Sir *Robert*, britischer Physiker und Chemiker, * 25.1.1627 in Lismore (Irland), † 30.12.1691 in London; sprach bereits mit acht Jahren Latein und Griechisch, unternahm im Alter von elf Jahren eine ausgedehnte Bildungsreise (1637–44) durch Frankreich, Schweiz und Italien, auf der er eine umfassende Ausbildung in Rechtswissenschaften, Philosophie, Mathematik und Naturwissenschaften erhielt; studierte im Alter von 14 Jahren die Werke von G. ↗Galilei; siedelte 1654 nach Oxford über und wurde letztlich (ab 1668) in London ansässig; Mitbegründer der Royal Society; ungewöhnlich vielseitiger Naturforscher, überzeugter Anhänger der mechanistischen Atomistik und Gegner der chemischen Lehre von den vier Elementen bzw. von den drei Prinzipien des Paracelsus; führte chemische Analysen und Experimente über Oxidationsvorgänge bei Metallen und Verbrennungen durch; auch Untersuchungen über Neutralisationsvorgänge; beobachtete als erster die Anomalie des Wassers; erkannte unabhängig von D.G. ↗Fahrenheit die Abhängigkeit des Siedepunktes vom Luftdruck; führte Versuche über den Luftdruck und das Vakuum durch und verbesserte 1657 zusammen mit R. Hooke die Luftpumpe von O. von Guerikke; bewies G. Galileis Behauptung, daß alle Körper im Vakuum gleich schnell fallen; untersuchte die chemische Beschaffenheit der Luft und die Kompressibilität der Gase; entdeckte 1662 experimentell das Druck-Volumen-Gesetz der Luft, dessen Begründung später von E. ↗Mariotte gegeben wurde und das als Boyle-Mariotte-Gesetz bekannt ist; führte Untersuchungen von Mineralien nach Härte, Kristallform und Spaltbarkeit durch und stellte mittels Schnee und Salmiak Kältemischungen her; in seinem 1661 veröffentlichten Werk »The Sceptical Chymist« vertrat er im Gegensatz zu den alten Griechen, die ein Element als eine eher mystische Substanz ansahen, die Auffassung, daß ein Element Materie und nur durch ein Experiment bestimmbar sei; jede nicht mehr in einfachere Bestandteile zerlegbare Substanz sei ein Element; solche Elemente könnten zu einer Verbindung vereinigt und aus dieser wieder erhalten werden; damit gab er eine Definition des Begriffs »chemisches Element« und trug entscheidend dazu bei, die Chemie zu einer selbständigen Wissenschaft zu machen und der analytischen Chemie den Weg zu ebnen. Boyle lieferte auch Beiträge zur Biologie; er beschrieb unter anderem die Funktion der Schwimmblase und die Reflexbewegungen und führte die Bezeichnung »Pharmakologie« ein; er deutete die Atmung als chemische Beeinflussung des Blutes durch die Atemluft und verglich diese mit der Verbrennung; außerdem führte er die Alkohol-Konservierung von zoologischen Objekten ein. Werke (Auswahl): »Tentamina quedam physiologica« (1661), »Experiments and Consideration touching Colours« (1663), »Origin of Forms and Qualities according to the Corpuscular Philosophy« (1664), »A Continuation of new Experiments touching the Spring and Weight of the Air« (1669), »A Collection of Tracts upon the Relation between Flame and Air« (1672). [HJL]

B-Polarisation ↗Magnetotellurik.

Brache, nicht bestelltes Ackerland (*Brachland*) während eines Teils oder der gesamten Vegetationszeit eines oder mehrerer Jahre. Es werden in dieser Zeit keine Kulturpflanzen angebaut, das Ackerland ist deshalb frei von Pflanzenbewuchs (↗Schwarzbrache). Bei der ↗Grünbrache wachsen nur Pflanzen, die nicht angebaut wurden, die Begrünung erfolgt entweder durch den Aufwuchs von im Boden enthaltenen Samen und Wurzelunkräutern, oder es wird eine gezielte Begrünung vorgenommen, um beispielsweise durch Leguminosen die Zeit der Stillegung zur ↗Stickstoff-Fixierung zu nutzen (↗Intensivbrache). Des weiteren wird unterschieden zwischen Dauerbrache (mehrjährige Grünbrache mit Pflegemaßnahmen zur Verhinderung der Verbuschung), Rotationsbrache (Unterbrechung der Nutzpflanzenproduktion zur Verbesserung der Gesamtfruchtfolge, z.B. bei der Dreifelderwirtschaft), Trockenbrache (↗dry farming, zur Wasserkonservierung) oder Buntbrache (angeblümte Brache, wichtig als ökologische Ausgleichsmaßnahme zur Erhöhung der ↗Biodiversität). Bei der ↗Sozialbrache dagegen werden landwirtschaftlich genutzte Flächen infolge sozioökonomischer Entwicklungen stillgelegt. Die Brache i.e.S. entlastet den Boden und will die ↗Bodenfruchtbarkeit durch die natürliche ↗Regenerationsfähigkeit des Bodens fördern. Als Stilllegung von Ackerland gehört sie darüber hinaus zum politischen Instrumentarium zur Reduzierung der landwirtschaftlichen Überschußproduktion.

Brachiopoda, *Armfüßer*, bilateral-symmetrische, nicht segmentierte, ausschließlich marine Tiere mit zweiklappiger Schale. Die Klappen sind im Gegensatz zu den Muscheln immer ungleich. Das Innere der Schale wird zum größten Teil von zwei mit Tentakeln besetzten Armen (Lophophoren) eingenommen. Sie dienen dem Herbeistrudeln von Nahrungspartikeln. Die meisten Brachiopoden sind mit einem Stiel am Substrat festgewachsen. Eine systematische Untergliederung in Klassen erfolgt aufgrund von verschiedenen Artikulationsformen der Klappen (Inarticulata ohne Schloß, Articulata mit Schloß). Diese Systematik wird hier bevorzugt, obwohl neuerdings Unterschiede in der Schalensubstanz stärker bewertet worden sind. Brachiopoden sind seit dem Unterkambrium nachgewiesen; ein Großteil der etwa 1700 fossilen Gattungen gehört in das Paläozoikum, rezent sind nur noch ca. 70 Gattungen bekannt.

Die Inarticulata sind schloßlose Brachiopoden mit chitinophosphatischen, teilweise auch kalkigen Klappen ohne kalkiges Armgerüst. Die Artikulation der Klappen übernimmt ein kompliziertes System aus verschiedenartigen Muskeln, fossil überliefert durch entsprechende Muskulaturansatzstellen an den Klappeninnenseiten. Die Blütezeit ist im Altpaläozoikum, danach sind sie rückläufig. Die rezente Gattung *Lingula* ist seit dem Ordovizium bekannt (»lebendes Fossil«).

Die Articulata (Abb. 1) sind Brachiopoden mit stabilem Schloß und verschiedenartig gebautem, für die weitere systematische Gliederung wichtigem Armgerüst (Brachidium), welches am hinteren Ende der Armklappe ansetzt. Wo die größere Stielklappe mit ihrem Wirbel in Richtung auf die Gegenklappe umbiegt, befindet sich das – ebenfalls taxonomisch bedeutsame, weil vielfach modifizierte – Stielloch. Die beiden Schloßzähne greifen in entsprechend geformte Zahngruben, wodurch ein verwindungsfestes Scharnier erzeugt wird. Kräftige Schließmuskeln greifen an den Innenseiten beider Klappen an und können diese aneinanderziehen und hermetisch gegen die Außenwelt abschließen. Ihre Antagonisten sind die Öffnermuskeln, mit Befestigungspunkten an der Stielklappe und am Kardinalfortsatz der Armklappe. Durch Kontraktion der Stielmuskeln (mit Ansatzstellen an der Stielklappe) kann sich das Tier eng an den Untergrund anschmiegen.

Neben den bisher genannten Merkmalen sind für die Systematik und Beschreibung von Brachiopoden u.a. wesentlich Form und Feinbau der Klappen sowie Skulpturmerkmale. Danach lassen sich die folgenden Ordnungen unterscheiden (Abb. 2):

– Orthida: bikonvexe Klappen, Schloßrand normalerweise geradgestreckt und sehr breit; Unterkambrium bis Oberperm.

– Strophomenida: Stielklappe konvex, Armklappe konkav oder planar; Schloßrand breit und geradgestreckt, Stielloch normalerweise geschlossen, oft mit Stacheln am Vorderrand; Unterordovizium bis Unterjura.

– Pentamerida: Klappen bikonvex, außen meist glatt, mit einem speziellen Medianseptum der Stielklappe und häufig zwei kalkigen Blättern der Armklappe; Mittelordovizium bis Oberdevon.

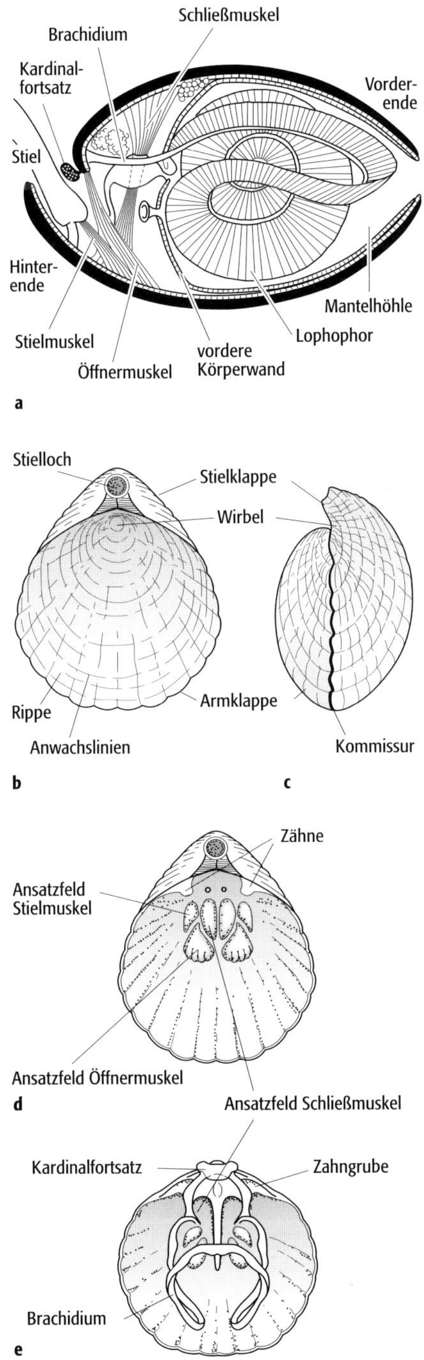

Brachiopoda 1: Weichkörperorganisation (schematisiert), Gehäuseorientierung und wichtige Klappenmerkmale am Beispiel der Articulata *Magellania flavescens*; a) schematisierter Mittelteil, b) dorsale Schalenansicht, c) laterale Schalenansicht, d) Innenansicht der Stielklappe, e) Innenansicht der Armklappe.

– Rhynchonellida: bikonvexe, oft annähernd kugelförmige Schalen mit meist groben Rippen, welche an der Berührungslinie beider Klappen zickzackförmig aufeinandertreffen. Die Armgerüste bestehen aus kurzen Kalkblättern (Cruren), deren Lage und Form für genauere systematische Zuordnungen wichtig sind. Es gibt sie seit dem Mittelordovizium.

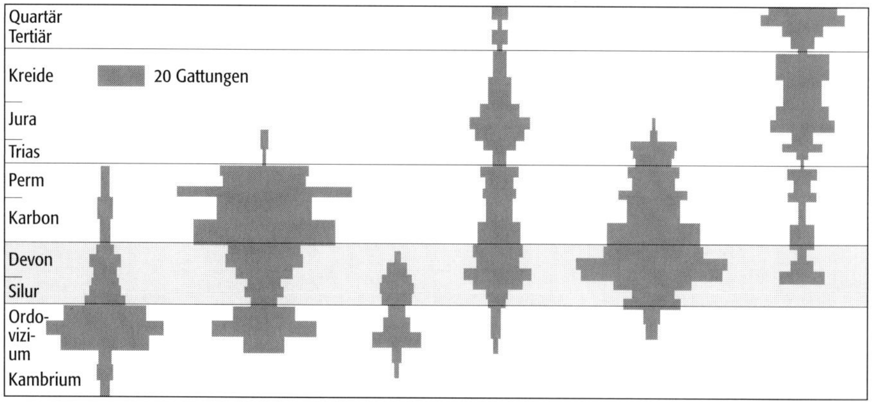

Brachiopoda 2: Gruppenübersicht und stammesgeschichtliche Entwicklung der Articulata.

– Spiriferida: bikonvexe, am Schloßrand oft besonders breitgestreckte Schalen; seitwärts gerichtete, spiralförmige Armgerüste; oberes Ordovizium bis Jura.

– Terebratulida: bikonvex, mit kurzem, gerundetem Schloßrand und rundem Stielloch sowie schleifenförmigem Armgerüst; seit Unterdevon.

Die heutigen Brachiopodenarten leben sowohl in intertidalen Gezeitentümpeln als auch in der Tiefsee, bevorzugen aber den äußeren Schelf. Kambrische Vertreter waren auf Flachwasserhabitate beschränkt, doch bereits im Ordovizium wurden sämtliche Schelflebensräume besiedelt. Generell dominieren Formen mit einfachem Lophophorenbau (Orthiden, Strophomeniden, Rhynchonelliden) die Flachwasserareale, während die Pentameriden, Atrypiden und Spiriferiden als besonders leistungsfähige Nahrungsstrudler auch nährstoffärmere Bereiche des tieferen Wassers einnehmen konnten. Viele Strophomeniden waren mit ihren großflächigen, wenig voluminösen Schalen an das Leben auf Weichböden angepaßt, während Formen mit dicken, grobberippten Schalen und kräftigem Stiel Bereiche höherer Strömungsniveaus bevorzugten. Brachiopoden lassen sich demnach oft als verläßliche Faziesanzeiger interpretieren, außerdem sind sie für einige erdgeschichtliche Abschnitte (besonders Paläozoikum) und insbesonders für solche Regionen als Leitfossilien geeignet, in denen landferne Ablagerungen mit entsprechenden Ortholeitfossilien fehlen. [MG]

Literatur: [1] LEHMANN, U. & HILLMER, G. (1997): Wirbellose Tiere der Vorzeit. – Stuttgart.
[2] ZIEGLER, B. (1998): Einführung in die Paläobiologie, Teil 3: Spezielle Paläontologie. – Stuttgart.

Brachland ↗Brache.

Brachsenregion, ↗Fischregion mit dem Leitfisch Blei (*Bleiregion*) oder Brachse. Der Gewässerabschnitt ist gekennzeichnet durch geringe Fließgeschwindigkeit des Wassers und sandige, schlammige Sedimente.

Brachyantiklinale, Antiklinale (↗Falte) mit beidseitig tauchender Faltenachse und kurz elliptischem bis kreisförmigem Grundriß. ↗Dom.

Brackeis, aus ↗Brackwasser gebildetes Eis.

brackische Quelle ↗*Brackwasserquelle.*

Brackmarsch, Subtyp der ↗Marschen (Bodenklasse der ↗deutschen Bodenklassifikation), der im Brackwasserbereich entsteht, wo der Salzgehalt durch Süßwassereinfluß abnimmt. Vertreter sind z. B. die Brackrohmarsch (↗Rohmarsch), die Brackkalkmarsch, die Brackkleimarsch, die Brackhaftnässemarsch (↗Haftnässemarsch) und die Knick-Brackmarsch (↗Knickmarsch). Die Brackrohmarsch besitzt ein bGo-Ah/(bGo/)bGr-Profil und gilt als unentwickelte oder unreife Brackmarsch im Gezeitenbereich. Sie setzt sich größtenteils aus carbonathaltigen Sedimenten zusammen. Trotz periodischer Überflutung und Sedimentation besitzt sie einen voll entwickelten ↗Humusanreicherungshorizont. Die Brackkalkmarsch ist eine staunasse, tonreiche ↗Kalkmarsch mit einem (e)bAh/ebGo/ebGr-Profil. Die Brackkleimarsch mit ihrem bAh/bGo/(e)bGr-Profil wird als typische ↗Kleimarsch bezeichnet (Abb.). [AB]

Brackwasser, Mischwassermassen aus dem Übergangsbereich zwischen Festlandsabfluß (↗Süßwasser) und ↗Meerwasser. Die starken Salzgehaltsunterschiede von 0,3 bis 33 psu erfordern von der Lebewelt im Brackwasser Anpassungsvermögen an extreme Schwankungen des ↗osmotischen Druckes. Brackwasser findet sich ebenso in teilabgeschnürten Meeresbecken sowie durch Salzanreicherung in Binnenseen mit hoher Verdunstungsrate.

Brackwasserquelle, *brackische Quelle*, zumeist ufernahe Quelle mit wechselnden Meereswasserbeimischungen; die Beimischungen sind abhängig von Gezeiten und Süßwasserzuflüssen.

Bragg, Sir *William Henry*, britischer Physiker, Vater von Sir W. L. ↗Bragg, * 2.7.1862 Westward (Cumberland), † 12.3.1942 London. Bragg war ab 1886 Professor für Mathematik in Adelaide (Australien), 1909 in Leeds, ab 1915 Professor für Physik am University College in London, 1923 Direktor des Royal Institute von Großbritannien in London, 1935–40 Präsident der Royal Society. Er führte Untersuchungen zur Reichweite von Alphastrahlen und zur Ionisation durch geladene Teilchen als Funktion des Abstands von der

Bragg, Sir *William Henry*

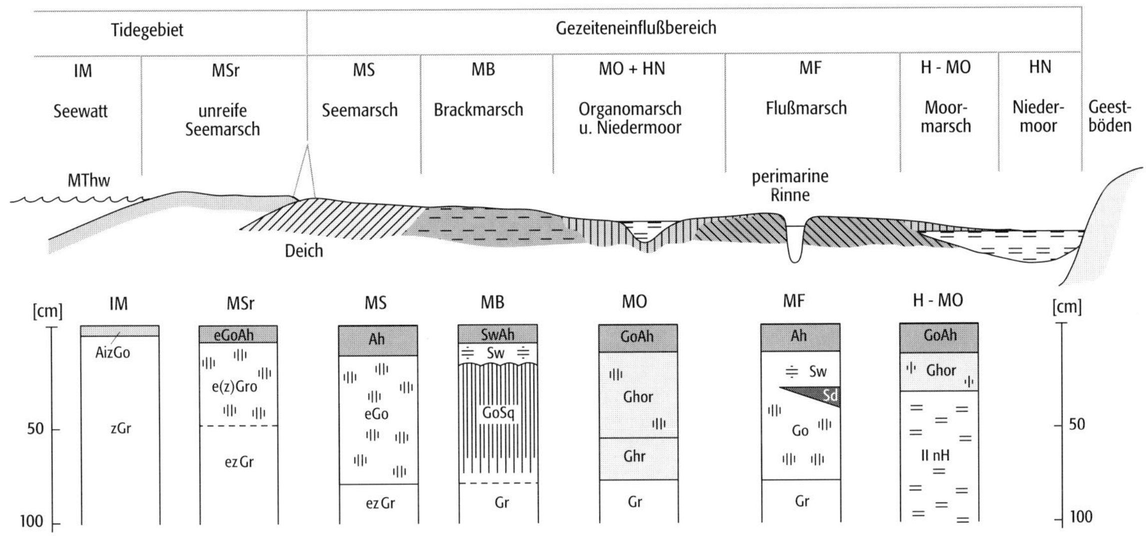

Strahlenquelle durch (Bragg-Kurve); er stellte in der Bragg-Gray-Beziehung das Elektronenbremsvermögen in Abhängigkeit von der Protonenzahl (Ordnungszahl) des durchstrahlten Materials dar; entwickelte 1912 nach Entdeckung der Röntgenstrahlinterferenzen durch M. F. T. von ↗Laue zusammen mit seinem Sohn ein Verfahren zur Bestimmung der Wellenlänge von Röntgenstrahlen und 1913 eine Methode (Erfindung der Drehkristallmethode und Konstruktion des Röntgendiffraktometers) zur Kristallstrukturanalyse mittels Röntgenstrahlen (Bragg-Methode, Goniometer-Methode); klärte damit zusammen mit seinem Sohn die Kristallstruktur zahlreicher anorganischer Substanzen (z. B. von Steinsalz und Diamant) auf; sie wurden damit zu den Begründern der Röntgenstrukturanalyse und Röntgenspektroskopie; erhielt 1915 zusammen mit seinem Sohn den Nobelpreis für Physik. Werke (Auswahl): »Studies in Radioactivity« (1912), »X-Rays and Crystal Structure« (mit W. L. Bragg, 1915), »The World of Sound« (1920), »The Crystalline State« (mit W. L. Bragg, 1925), »Concerning the Nature of Things« (1925, deutsch »Was ist Materie?«), »Old Trades and New Knowledge« (1926), »The Universe of Light« (1933, deutsch »Die Welt des Lichts«).

Bragg, Sir *William Lawrence*, britischer Physiker, Sohn von Sir W. H. ↗Bragg, * 31.3.1890 Adelaide (Australien), † 1.7.1971 Ipswich (Suffolk). Bragg war 1914 Dozent am Trinity College in Cambridge, 1919–37 Professor der Physik in Manchester und 1938 Direktor des dortigen National Physical Laboratory, 1939–53 Professor für Experimentalphysik in Cambridge, anschließend Professor für Naturphilosophie am Royal Institute in London und seit 1954 Direktor des dortigen Institutslabors; 1942–47 Mitglied des Privy-Council Committee Scientific and Industrial Research; entwickelte nach Kenntnis der von M. F. T. von ↗Laue durchgeführten Beugungsversuche mit Röntgenstrahlen an Kristallen 1913 mit seinem Vater die Drehkristallmethode zur Wellenlängenbestimmung von Röntgenstrahlen; stellte 1913 die ↗Bragg-Gleichung (Bragg-Reflexionsbedingung) auf und ermittelte röntgenstrukturanalytisch die Kristallstruktur zahlreicher Materialien (insbesondere von Silicaten und Legierungen); bestätigte 1914 experimentell die Debyesche Theorie der Gitterschwingungen über die Untersuchung der Maxima und Minima der Intensität bei monochromatischen Röntgenstrahlen bei Kristallen; führte den Begriff der »Ionenradien« in die Wissenschaft ein. Er erhielt 1915 zusammen mit seinem Vater den Nobelpreis für Physik. Werke (Auswahl): »The Crystalline State« (mit W. H. Bragg, 1934), »Electricity« (1936, deutsch »Elektrizität«), »Atomic Structure of Minerals« (1937), »The History of X-Ray Analysis« (1943, deutsch »Geschichte der Röntgenspektralanalyse«).

Bragg-Brentano-Geometrie, besondere geometrische Anordnung der Strahlungsquelle, der Probe und des Detektors zur Fokussierung der von pulverförmigen, polykristallinen Proben abgebeugten Strahlung. ↗Röntgenstrukturanalyse.

Braggsche Gleichung, notwendige Bedingung für das Auftreten abgebeugter Strahlen bei der Streuung von Elektronen-, Neutronen- oder Röntgenstrahlen an Kristallen. Diese Strahlen wechselwirken mit den im Kristall dreidimensional periodisch angeordneten Atomkernen und Atomelektronen und werden gestreut. Die Überlagerung der von den Streuern ausgehenden Sekundärwellen, die untereinander feste, zeitunabhängige Phasendifferenzen haben (kohärente Streuung), die ihrerseits vom Abstand der Streuer und vom Streuwinkel abhängen, ergibt eine maximale resultierende Amplitude (Interferenz-, Beugungsmaximum), wenn die folgende Gleichung erfüllt ist:

$$n\lambda = 2\,d \cdot \sin\theta .$$

Brackmarsch: typische regionale Abfolge der wichtigsten Böden im Watten- und Marschengebiet zwischen der Nordseeküste und der sandigen Geestlandschaft.

Bragg, Sir *William Lawrence*

Brahe, *Tycho*

d gibt den Abstand benachbarter paralleler Netzebenen des Kristallgitters an. θ ist der Winkel zwischen der Einfallsrichtung und der Netzebene bzw. 2θ der Winkel zwischen der Einfallsrichtung und der Beobachtungsrichtung der gebeugten Strahlung. Die Netzebene halbiert also den Winkel zwischen einfallendem und gebeugtem Strahl. Deshalb kann man die Beugung an Kristallen nach Bragg auch als Interferenzreflexion an den Netzebenen des Kristallgitters, die wie teildurchlässige Spiegel wirken, aufgefaßt werden. Man bezeichnet deshalb die Interferenzmaxima kurz als Braggreflexe. *n* ist die Beugungsordnung, die angibt, wie groß der Gangunterschied $\overline{BA} + \overline{AC}$ (Abb.) zwischen den an benachbarten Netzebenen »gespiegelten« Strahlen in Einheiten der Wellenlänge λ ist. Die Interferenzreflexion ergibt nur dann abgebeugte Strahlung, wenn der Gangunterschied ein ganzzahliges Vielfaches der Wellenlänge ist (konstruktive Interferenz), sonst löschen sich die »gespiegelten« Strahlen durch Interferenz gegenseitig weitgehend aus. Denkt man sich den Kristall als unendlich ausgedehnt, so ist die Auslöschung vollständig, wenn die Braggsche Gleichung nicht erfüllt ist. Die Braggreflexe sind dann δ-funktionsförmig scharf. Die Braggsche Gleichung leitet sich aus den ↗Laue-Gleichungen ab. ↗Röntgenstrukturanalyse.

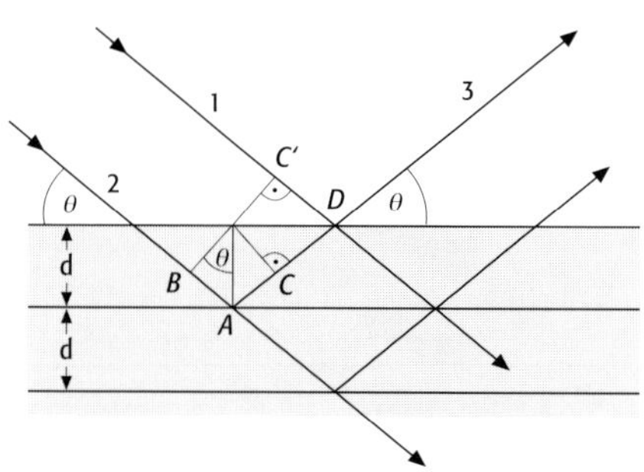

Braggsche Gleichung: Interferenzreflexion einer ebenen Welle an einer Netzebenenschar eines Kristallgitters zur Interpretation der Braggschen Gleichung. Die an benachbarten Netzebenen teilweise gespiegelten Strahlen 1 und 2 überlagern sich zum Strahl 3 mit der Wegdifferenz (Gangunterschied) $\overline{BA} + \overline{AC}$, da offensichtlich $\overline{DC} = \overline{DC'}$. Für konstruktive Interferenz muß der Gangunterschied $2\,d\sin\theta$ ein ganzzahliges Vielfaches der Wellenlänge $n\lambda$ sein; d =Netzebenenabstand, θ = Winkel zwischen der Einfallsrichtung und der Netzebene.

Bragg-Streuung, eine Form kohärenter Streuung, die an rauhen Oberflächen mit regelmäßigen Strukturen (z.B. ozeanische Wellenfronten) auftritt. Wenn die Orientierung der streuenden Strukturen jener der Phasenfronten der Radarpulse entspricht und die Abstände dieser Strukturen gleich groß sind, kommt es zur Resonanz der rückgestreuten kohärenten Signale, wenn diese in Phase sind. Die Theorie der Bragg-Streuung besagt, daß der normalisierte Radar-Streuquerschnitt proportional zur spektralen Energiedichte der ↗Bragg-Wellen ist.

Bragg-Verfahren ↗analytische Methoden.

Bragg-Wellen, Oberflächenwellen, deren Wellenzahlen k_B der Bragg-Resonanzbedingung genügen:

$$k_B = 4\pi\sin\theta/\lambda_0,$$

mit λ_0 für Radarwellenlänge und θ für Inzidenzwinkel (Einfallswinkel).

Brahe, *Tycho*, eigentlich *Tyge Brahe*, dänischer Astronom, * 14.12.1546 in Knudstrup (Schonen), † 24.10.1601 in Benàtky (bei Prag); unternahm verschiedene Reisen durch Mitteleuropa; studierte Jura zunächst in Kopenhagen, ab 1562 in Leipzig, 1566–70 in Wittenberg, Rostock und Basel und begann schon während seiner Studienzeit mit astronomischen Beobachtungen an einfachsten Instrumenten. Am 11. November 1572 beobachtete er einen »neuen« Stern im Sternbild Cassiopeia und legte in einer Schrift dar, daß es sich um einen Fixstern handeln müsse; dieser nach ihm benannte Tychonische Stern ist eine der drei bisher im Milchstraßensystem beobachteten Supernovae. 1575 führte ihn eine Reise an den Hof des Landgrafen Wilhelm von Hessen in Kassel, der König Friedrich II. von Dänemark auf die herausragenden astronomischen Fähigkeiten von Brahe aufmerksam machte. Mit Unterstützung des dänischen Königs baute er auf der ihm geschenkten Insel Hven (Ven, im Sund) die beiden Sternwarten »Uranienburg« (1580) und »Sternenburg« (1584), die er vorbildlich instrumentierte. Er verwendete Instrumente, vor allem mächtige Mauerquadranten und einen Horizontalkreis, die in Ausführung und Aufstellung als die besten seiner Zeit galten. Sie trugen ihm wegen seiner Positionsbeobachtungen, bei denen er eine Genauigkeit von zwei Bogenminuten erreichte, den Ruf des bedeutendsten beobachtenden Astronomen vor der Erfindung des Fernrohrs ein. Brahe beobachtete als erster die Variation der Bewegung des Mondes und zeigte auf, daß es sich bei den Kometen nicht, wie seit ↗Aristoteles angenommen wurde, um atmosphärische Erscheinungen handelt. Die Genauigkeit seiner Planetenbeobachtungen (insbesondere am Planeten Mars) ermöglichten es später J. ↗Kepler, die wahren Bewegungen der Planeten abzuleiten. Brahe verließ nach dem Tod des Königs 1597 Dänemark und wurde zwei Jahre später durch Kaiser Rudolf II. zum kaiserlichen Mathematiker und Astronomen nach Prag berufen. Hierher holte er 1600 Kepler als Assistenten, der nach dem Tode Brahes dessen Nachfolger wurde. Brahe stand der Lehre des ↗Kopernikus ablehnend gegenüber, weil er sie mit seinen Beobachtungen nicht in Einklang bringen konnte. Außerdem lehnte er die teilweise Beibehaltung der Epizykel ab. Er entwickelte eine eigene Planetentheorie – eine Modifikation des Ptolemäusschen Systems (↗Ptolemäus) –, nach der sich die Planeten zwar um die Sonne bewegen, die Sonne aber die ruhende Erde umkreist (Tychonisches System). Er lehnte auch die bis dahin allgemein vertretene Meinung von an Kristallsphären gehefteten Himmelskörpern, die sich wie ein mechanisches System bewegen, ab. Brahe befaßte sich des weiteren mit Astrologie und alchimistischen Betrachtungen. Werke (Auswahl): »Astronomiae instauratae progymnasmata« (1602), »Astronomiae instauratae mechanica« (2. Auflage, 1901).

braided river system, *verflochtener Fluß, verwilderter Fluß*, ein Haupttyp der Fluß-Grundrißtypologie (↗Flußgrundrißtypen Abb. 1), bei dem der

Flußlauf aus mehreren, kleineren, sich ständig verlagernden, flachen Armen besteht. Diese unterliegen der Breitenverzweigung (↗Flußverzweigung), d.h. sie teilen und vereinen sich mehrfach und umfließen dabei Sand- und Kiesbänke (↗Transportkörper). Begünstigend auf die Ausbildung eines braided river systems wirken sich ein relativ hohes ↗Sohlengefälle, hohe und stark schwankende Abflußmengen und große Mengen relativ grober ↗Flußfracht aus. Den Bildungsbedingungen entsprechend, finden sich braided river systems häufig in pro- und periglazialen Gebieten, mit ↗nivalem Abflußregime und reichlicher Grobmaterialzufuhr durch Frostverwitterung, sowie bei periodischen bis episodischen Flüssen arider oder semiarider Gebiete mit vorherrschender Insolationsverwitterung. Bei den Ablagerungen des braided river systems handelt es sich morphologisch betrachtet gewöhnlich um Schotterterrassen (↗Flußterrassen). [PH]

Brand ↗Feuerökologie.

Brandrodung, Art der Waldrodung, bei der durch gezieltes Feuerlegen eine Waldfläche zerstört und in eine landwirtschaftlich nutzbare Fläche umgewandelt wird. Große Bäume werden stehen gelassen und die Restvegetation vollständig verbrannt, wobei die anfallende Asche als Dünger auf der Bodenoberfläche zu liegen kommt. Beim Brand entweicht ein Großteil des in der Biomasse gespeicherten Stickstoffs und Schwefelstoffs in die Atmosphäre. Traditionell wird die Brandrodung innerhalb des ↗Wanderfeldbaus in den feuchten Tropen praktiziert. Die Ertragsleistung des neugewonnenen Ackerbodens nimmt rasch ab (fehlende Nährstoffnachlieferung, Bodenerosion, Auswaschung), es folgt ein artenärmerer ↗Sekundärwald mit geringerer ↗Biomassenproduktion.

Brandschiefer, bergmännischer Begriff für Kohle, die mit 5–20 Vol.-% Pyrit oder 20–60 Vol.-% anderer Mineralien verwachsen ist und eine ↗Wichte zwischen 1,5 und 2,0 hat.

Brandung, beim Auslaufen des ↗Seegangs im Küstenbereich brechende Wellenbewegung, deren unterschiedliche Ausprägung v.a. von der submarinen Morphologie und der Küstenform abhängt. So werden, z.B. an ↗Flachküsten und an ↗Steilküsten im Bereich der ↗Abrasionsplattform, die auflaufenden Oberflächenwellen (*Wellenauflauf*) durch Grundberührung (ab einer Wassertiefe, die etwa der halben Wellenamplitude entspricht) in schäumende oder stürzende ↗Brecher umgeformt. An Steilküsten ohne Abrasionsplattform dagegen treffen die Oberflächenwellen ohne vorherige Umformung auf das ↗Kliff. Die Brandung erzeugt typische ↗Brandungsformen. Sie ist darüber hinaus verantwortlich für einen Netto-Sedimenttransport im Brandungsbereich, da die mit der Brandung strandaufwärts transportierten Sedimente nach dem Kentern der Wasserbewegung von dem langsameren Wellenrücklauf (*Brandungsrückstrom*) nur zum Teil wieder weggeführt werden, woraus Sedimentanlagerung resultiert. [HRi]

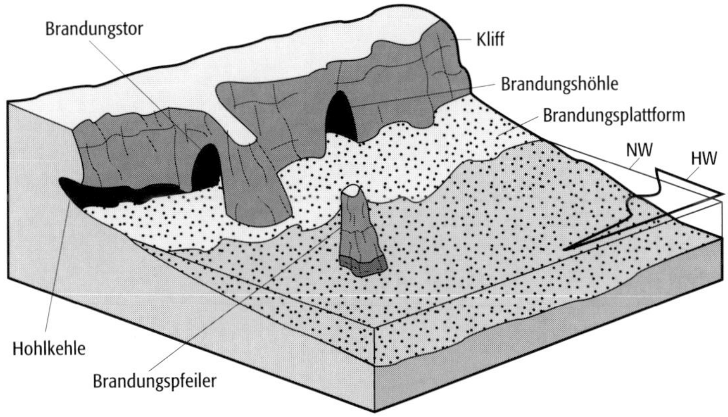

Brandungsformen: schematische Darstellung; HW = Hochwasserlinie, NW= Niedrigwasserlinie.

Brandungsformen, durch die Arbeit der ↗Brandung bedingte Formen, insbesondere im Bereich von ↗Steilküsten. Bei dem Anprall von ↗Brechern und ↗Brandungsgeröllen an einer Steilküste entsteht zunächst eine ↗Brandungshohlkehle. Hierbei wird zum einen der mechanische Abtrag durch die aufprallenden und abschleifenden Brandungsgerölle wirksam, zum anderen erfährt die in den Gesteinsklüften der Küste enthaltene Luft eine Komprimierung, die erzeugten Druckkräfte zerrütten den Gesteinsverband. Eine Verstärkung des Angriffs erfolgt durch Lösung und ↗Hydrolyse des Gesteins sowie durch den ständigen Wechsel von Überspülung und Lufteinwirkung. Durch Unterschneidung entwickelt sich über der Brandungshohlkehle ein ↗Kliff, wohingegen sich die Basis der Brandungshohlkehle syngenetisch mit der Rückverlegung des Kliffs zur ↗Abrasionsplattform ausweitet. Die aus dem Kliff herausgebrochenen Gesteinsbruchstücke werden durch ständige Bewegung im Brandungsbereich zu weiteren Brandungsgeröllen aufgearbeitet und örtlich in einem schmalen, kliffnahen Saum als Strandgerölle zu einem Schotterstrand akkumuliert oder sie werden durch den beim Abfließen des Wassers entstehenden Sog meerwärts transportiert und im Bereich der ↗Seehalde abgelagert. Durch die erosive Brandungsarbeit kann es im Bereich dichter Kluftscharung im anstehenden Gestein des Kliffs zur Bildung von *Brandungsgassen* kommen oder, wenn die höheren Teile des Kliffs nicht nachbrechen, zur Bildung von *Brandungshöhlen*. Letztere können wiederum zu *Brandungstoren* werden, wenn sie, in einem schmalen Felsvorsprung angelegt, nach hinten durchbrechen und damit ein Tor in der Felswand bilden. Zwischen den Brandungsgassen bleiben als losgelöste Teile des Kliffs die *Brandungspfeiler* als herausgearbeitete Einzelfelsen erhalten (Abb.). An Flachküsten führen Brandungswellen im Zusammenwirken mit Küstenströmungen ebenfalls zu umfangreichen Materialumlagerungen, die sich jedoch in anderen, weniger markanten Formen dokumentieren, wie *Sandkliffen* am Dünenfuß, ↗Strandwällen und submarinen ↗Barren (↗litorale Serie Abb. 1 u. Abb. 2). [HRi]

Brandungsgasse ↗Brandungsformen.

Brandungsgerölle, aus ↗Kliff oder ↗Brandungshohlkehle herausgebrochene und durch Zurundung im Bereich der ↗Brandung entstandene Gerölle (↗Brandungsformen).

Brandungshöhle ↗Brandungsformen.

Brandungshohlkehle, *Kliffkehle*, *Brandungskehle*, durch Einwirkung der ↗Brandung gebildete Hohlformen am Fuß eines ↗Kliffs (↗Brandungsformen Abb.).

Brandungskarren, den ↗Karren im ↗Karst vergleichbare Kleinformen im Spritzwasser- und Wellenbereich, die insbesondere (nicht jedoch ausschließlich) an Küsten aus Carbonatgesteinen auftreten. Die Bildung der Formen wird zum einen auf karstähnliche, anorganische Lösungsprozesse (↗Korrosion) durch Salzwasser zurückgeführt, insbesondere aber auf Prozesse der ↗Bioerosion.

Brandungskehle, *Kliffkehle*, *↗Brandungshohlkehle*.

Brandungspfeiler ↗Brandungsformen.

Brandungsplattform, *Abrasionsfläche*, *Felsschorre*, *↗Abrasionsplattform*.

Brandungsrückstrom ↗Brandung.

Brandungsstrom, Strömung, die sich im ↗Küstengebiet bei schrägem Wellenangriff im Bereich der ↗Brandung entwickelt. Es handelt sich um eine küstenparallele Strömung zwischen der ↗Küstenlinie und den ↗Sandriffen.

Brandungstor ↗Brandungsformen.

Brandungszone, Bereich zwischen Wellenauflauf und Brecherzone, in dem ein wesentlicher Teil der Energie der vom Meer in Richtung Strand auflaufenden Wellen abgebaut wird. ↗Brandung.

Brasilianer-Zwilling ↗Zwilling.

Brasilstrom, ↗Meeresströmung vor der brasilianischen Atlantikküste, verbindet den ↗Südäquatorialstrom mit dem ↗Antarktischen Zirkumpolarstrom. Stellt dynamisch das südatlantische Analog zum Golfstrom dar.

Brauneisenstein *↗Limonit*.

Brauneisensteinlagerstätten, Lagerstätten limonitischer Eisenerze (↗Limonit), entstanden an oder in der Nähe der Erdoberfläche unter Einfluß sauerstoffreicher Wässer bei der Oxidation zweiwertiger Eisenverbindungen in meist carbonatischen oder sulfidischen Vererzungen (↗Eiserner Hut) bzw. beim Einbau von Wasser in dreiwertige Eisenverbindungen. Hierzu gehören ein Großteil der ↗oolithischen Eisenerze, wie die ↗Minette, die ↗Trümmererze und ↗Bohnerze, die Oberflächenbereiche von Siderit-Vererzungen in Gängen und ↗metasomatischen Verdrängungen von Kalken, die Karstvererzungen und die Sumpf- und Wiesenerze (↗Raseneisenerz). ↗Eisenerzlagerstätten.

Braunerde, Bodenklasse bzw. Bodentyp nach der ↗deutschen Bodenklassifikation. Diese Böden besitzen einen humosen ↗A-Horizont, der i. d. R. gleitend in einen braun gefärbten ↗Bv-Horizont übergeht. Darunter folgt in 25 –150 cm Tiefe der ↗C-Horizont. Subtypen sind: a) Normbraunerde, b) Kalkbraunerde, c) Humusbraunerde, d) Lockerbraunerde, e) Ranker-Braunerde, f) Regosol-Braunerde, g) Rendzina-Braunerde, h) Pararendzina-Braunerde, i) Pelosol-Braunerde, j) Parabraunerde-Braunerde, k) Podsol-Braunerde, l) Pseudogley-Braunerde und m) Gley-Braunerde. Braunerden entsprechen den ↗Cambisols der ↗WRB. (↗Bodentyp Abb. im Farbtafelteil).

Brauner Jura ↗*Dogger*.

Braunfäulepilze, 1) holzzerstörende ↗Pilze, deren Enzyme hauptsächlich die Zellulose des Holzes abbauen. Im Unterschied zur Weißfäule (↗Weißfäulepilze) bleiben die ↗Lignine erhalten und geben dem teilweise zersetzten Holz die typisch rotbraune Färbung und eine würfelige Struktur. Die saprophytisch oder fakultativ parasitär lebenden Pilze sind oft wirtsspezifisch, z. B. verursacht *Piptoporus betulinus* die Braunfäule an Birken, *Heterobasidion annosum* an Nadelbäumen. 2) Pilze der Gattungen *Sclerotinia* und *↗Penicillium*, die Braunfäule bei Kern- und Steinobst verursachen. 3) Der phytopathogene Pilz *Phytophtora infestans* ist der Erreger der Knollen- bzw. Fruchtfäule bei Kartoffeln und Tomaten.

Braunkohle (Tab.): Klassifikation und Eigenschaften der Baunkohlen mit Abgrenzung zur Steinkohle.

		Inkohlungsgrad	megaskopisch	chemisch-physikalische Eigenschaften			
				Daten nach Patteisky & M. Teichmüller (1960)	Strichfarbe	Verhalten bei Kochen mit KOH	Verhalten mit verdünnter HNO_3
Braunkohle		Weichbraunkohle	braun, matt, teilweise erdig	75–35% H_2O, < 16.900 kJ/kg(1) i.a. <60– ca. 70% C (waf)			
Braunkohle	Hartbraunkohle	Mattbraunkohle	dunkelbraun bis schwarz, matt bis schwarzglänzend	35–25% H_2O, < 16.900–21.100 kJ/kg(1) i.a. < 71 – ca. 71% C (waf) ca. 53–49% fl. B. (waf)	braun, selten schwarz	braune Lösung	rote Lösung
Braunkohle	Hartbraunkohle	Glanzbraunkohle	schwarz, glänzend	i.a. > 8–10% H_2O, 23.200–29.500 kJ/kg(1) ca. 71–77% C (waf) ca. 49–42% fl. B. (waf)			
		Steinkohle	schwarz, glänzend	i.a. < 8–10% H_2O, i.a.> 29.500 kJ/kg(1) i.a. > 77% C (waf) i.a. < 42% fl. B. (waf)	schwarz, selten braun	keine Farbe	keine Farbe

(1) feucht, aschefrei fl. B. = flüchtige Bestandteile (waf) = wasser- und aschefrei

Braunhuminsäuren, Stoffgruppe der ↗Huminsäuren, von tiefbrauner Farbe. Sie sind unlöslich in Wasser und Alkohol, ihre Moleküle werden in alkalischer Lösung durch Luftsauerstoff oxidativ umgewandelt. Im Gegensatz zu den ↗Grauhuminsäuren findet bei den Braunhuminsäuren keine Ausflockung in alkalischer Lösung bei Zusatz von Elektrolyten statt. Durchschnittliche C-Gehalte liegen zwischen 50 und 60%, weit verbreitet in Torf, Braunkohle und ↗Parabraunerde. Die Abbaugeschwindigkeit von Braunhuminsäuren durch Bodenbakterien ist sehr gering.

Braunkohle, aus Pflanzenresten über das Torf-Stadium durch ↗Inkohlung entstandenes brennbares Gestein (↗fossiler Brennstoff) aus der Reihe der ↗Humuskohlen, das im Vergleich zur ↗Steinkohle einen braunen ↗Strich erzeugt bzw. mit Kaliumlauge (Huminreaktion) einen braunen Auszug ergibt. Die Braunkohle läßt sich in Abhängigkeit vom ↗Inkohlungsgrad in Weich- und Hartbraunkohle unterteilen, letzte in Matt- und Glanzbraunkohle (Tab.). Die Abgrenzung der Braunkohle zum ↗Torf erfolgt u.a. durch den Rohwassergehalt, der bei 75% liegt, und sie enthält keine Zellulose mehr. Die Abgrenzung zur Steinkohle liegt bei 10% Wassergehalt (aschefrei) und 0,6% ↗Vitrinit-Reflexion. Die Glanzbraunkohle stellt das Übergangsglied zur Steinkohle dar, sie gehört chemisch noch zu den Braunkohlen, petrographisch bereits zu den Steinkohlen.

Braunstein, Gruppenbezeichnung für Manganminerale, die hinsichtlich ihrer chemischen Zusammensetzung MnO_2 ähnlich sind, sonst aber verschiedene Eigenschaften und Ausbildungsformen zeigen; gebildet meist aus ausgeflockten Kolloiden, schlecht kristallisiert mit locker gepackten Strukturen, in denen sich Wasser und zusätzliche Kationen befinden. Man unterscheidet Pyrolusit, Ramsdellit, Phyllomanganate mit Schichtstrukturen, Birnesit, Chalkophanit mit Zink, Lithiophorit mit Lithium sowie Manganate mit Tunnelstrukturen aus Doppelketten von MnO_6-Oktaedern u.a.; weiterhin Romanechit (Psilomelan) und Hollandit mit Barium, Kryptomelan, Koronadit, Todorokit, Manjiorit und Woodruffit; außer Pyrolusit sind es meist eisengraue bis schwarze oder braunschwarze, derbe bis dichte, glasige oder poröse, schaumige, z.T. erdige Massen, als auch Oolithe unterschiedlicher Härte (Härte nach Mohs: 1–6) und Dichte (ca. 3–5 g/cm³); auch Bestandteil der Manganknollen. ↗Manganminerale. [GST]

Bravais, *Auguste*, französischer Physiker, * 23.8.1811 Annonay (Ardèche), † 30.3.1863 Versailles. Nach seiner Tätigkeit als Seeoffizier war er ab 1841 Professor in Lyon, seit 1845 an der École Polytechnique in Paris; wurde neben astronomischen und botanischen Studien durch Arbeiten über Optik und Kristallphysik bekannt; leitete 1848 die in der Kristallographie wichtigen 14 ↗Bravais-Gitter her und soll 1850 unabhängig von J.F.C. ↗Hessel ebenfalls erkannt haben, daß es nicht mehr als 32 Kristallklassen als mögliche Symmetrieklassen geben kann; auch nach ihm benannt sind die in der Kristallographie zur Kennzeichnung der Flächen hexagonaler Kristalle verwendeten ↗Bravaissche Indizes (Quadrupel von Zahlen).

Bravais-Gitter, Typ von ↗Gittern. Man teilt die Gitter in Klassen ein, die man Bravais-Typen nennt, zu Ehren des französischen Kristallographen Auguste ↗Bravais. Unter den Punktgittern bilden jeweils diejenigen mit gemeinsamer Raumgruppe einen Bravais-Typ, genauer diejenigen, deren Raumgruppen demselben Raumgruppen-Typ angehören. Wegen ihrer engen Verwandtschaft zu den Punktgittern sind damit auch die Vektorgitter und Translationengitter klassifiziert. Im dreidimensionalen Raum unterscheidet man 14 und im zweidimensionalen Raum 5 Bravais-Typen, die meist einfach als Bravais-Gitter bezeichnet werden (Tab. 1, Tab. 2).

Die Wahl des Winkels β als des nicht durch Symmetrie fixierten Winkels im monoklinen System beruht auf Konvention, ebenso wie die Wahl der *C*-zentrierten Zellen als Repräsentanten von einseitig flächenzentrierten Zellen im monoklinen und orthorhombischen System. [WEK]

Bravaissche Indizes, vierstellige Indizes für Kristallflächen im hexagonalen Koordinatensystem. Hier nimmt man aus Symmetriegründen zuweilen zu der Basis $\vec{a}$, $\vec{b}$, $\vec{c}$ bzw. (in anderer Nomenklatur) $\vec{a}_1$, $\vec{a}_2$, $\vec{c}$ einen weiteren Vektor $\vec{a}_3$ hinzu, der in der $\vec{a}_1$-$\vec{a}_2$-Ebene liegt und zu $\vec{a}_1$ und $\vec{a}_2$ symmetrisch äquivalent ist. Es resultieren Indizes (*hkil*),

Symbol	Bravais-Typ	Bedingungen	Raumgruppe
aP	triklin (»anorthisch«) primitiv	keine	$P\bar{1}$
mP	monoklin primitiv	$\alpha = \gamma = 90°$	*P2/m*
mC	monoklin basisflächenzentriert		*C2/m*
oP	orthorhombisch primitiv	$\alpha = \beta = \gamma = 90°$	*Pmmm*
oC	orthorhombisch basisflächenzentriert		*Cmmm*
oF	orthorhombisch allseitig flächenzentriert		*Fmmm*
oI	orthorhombisch innenzentriert		*Immm*
tP	tetragonal primitiv	$a = b$, $\alpha = \beta = \gamma = 90°$	*P4/mmm*
tI	tetragonal innenzentriert		*I4/mmm*
hR	hexagonal rhomboedrisch	$a = b = c$, $\alpha = \beta = \gamma$	$R\bar{3}m$
hP	hexagonal primitiv	$a = b$, $\gamma = 120°$, $\alpha = \beta = 90°$	*P6/mmm*
cP	kubisch primitiv	$a = b = c$, $\alpha = \beta = \gamma = 90°$	$Pm\bar{3}m$
cF	kubisch allseitig flächenzentriert		$Fm\bar{3}m$
cI	kubisch innenzentriert		$Im\bar{3}m$

Bravais-Gitter (Tab 1): Bravais-Gitter im dreidimensionalen Raum.

Symbol	Bravais-Typ	Bedingungen	Ebenengruppe
mp	monoklin (schiefwinklig) primitiv	keine	*p2*
op	orthorhombisch (rechtwinklig) primitiv	$\gamma = 90°$	*p2mm*
oc	orthorhombisch (rechtwinklig) zentriert		*c2mm*
tp	tetragonal (quadratisch) primitiv	$a = b$, $\gamma = 90°$	*p4mm*
hp	hexagonal primitiv	$a = b$, $\gamma = 120°$	*p6mm*

Bravais-Gitter (Tab 2): Bravais-Gitter in der Ebene.

die man Bravaissche Indizes nennt. Da die vier Vektoren nicht linear unabhängig sind, können es auch die Indizes nicht sein. Es gilt $h + k + i = 0$. Zum Beispiel haben die Flächen eines der beiden trigonalen Prismen von Quarz (Kristallklasse *32*) die Bravaisschen Indizes $(11\bar{2}0)$, $(\bar{2}110)$ und $(1\bar{2}10)$. Der Vorzug der Bravaisschen Schreibweise liegt darin, daß sämtliche Flächen einer Form dieselben Zahlen im Symbol haben und sich die Symmetrieoperationen als Permutationen der Indizes schreiben lassen. Eine Nomenklatur-Variante ohne diesen Vorteil ist (*hk.l*).

Bravaissches Prinzip, besagt, daß Flächen an einem Kristall mit um so größerer Wahrscheinlichkeit auftreten, je höher die ↗Belastungsdichte der betreffenden Netzebenen ist. In einer kubisch flächenzentrierten gitterartigen Struktur haben die Netzebenen {*111*} die höchste Belastungdichte, gefolgt von {*100*}, {*110*} usw. In diesem Strukturtyp kristallisiert u. a. Gold, dessen Kristalle häufig einen oktaedrischen Habitus aufweisen, während Hexaeder- und Rhombendodekaederflächen untergeordnet sind.

Braziliano-Orogenese ↗Proterozoikum.

Brazilian-Test, Druckversuch an scheibenförmigen Prüfkörpern zur Bestimmung der Zugfestigkeit. Der Brazilian-Test ist ein einaxialer Druckversuch, der die indirekte Zugfestigkeit bestimmt, indem die Probenteile senkrecht auf die Scheibenachse belastet werden.
Dabei gilt:

$$\sigma_z = \frac{2F}{\pi d l}$$

([N/mm²], mit: σ_z = Zugfestigkeit, F = Druckkraft, d = Probendurchmesser [mm], l = Probenlänge [mm]). Der Brazilian-Test gibt Auskunft über die Kornbindungskräfte von Gesteinen. Diese liegt jeweils wesentlich höher, als die einaxiale Zugfestigkeit desselben Gesteins. Die Spaltzugfestigkeit σ_z liegt bei etwa 1/10 bis 1/30 der einaxialen Druckfestigkeit. Der Prüfkörper für den Spaltzugversuch nach DIN 22 024 hat die Dimensionierung d/l = 1/1 und für den Brazilian-Test nach ISRM-Empfehlung l = 3 cm, d = 5 cm. Die Zugfestigkeit beim Brazilian-Test liegt immer etwas höher als beim Spaltzugversuch (Abb.). Die Festigkeitsanisotropie von geschichteten oder geschieferten Gesteinen muß berücksichtigt werden. Die Zugfestigkeit senkrecht zu Schicht- und Schieferungsflächen ist meist wesentlich niedriger. [KC]

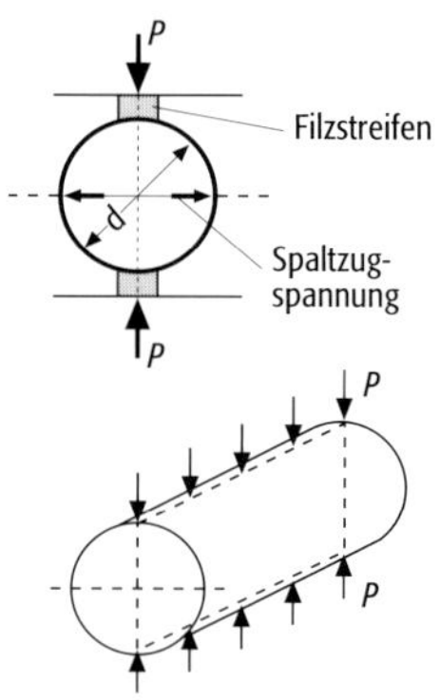

Brazilian-Test: Prinzip des Spaltzugversuchs nach DIN 22024, analog dem Brazilian-Test; *P*: Druck, *d*: Probendurchmesser.

Breccie ↗*Brekzie*.

Brecher, *brechende Seegangswelle*, Seegangswellen brechen, wenn die Steilheit der Welle, also das Verhältnis von Wellenhöhe zu Wellenlänge, größer als 1 : 7 wird (↗Seegang).

Brecherlinie, im ↗Küstengebiet in Strandnähe befindliche Linie, an der das Brechen von ↗Wellen einsetzt (↗Brecher).

Brecherzone, Bereich zwischen dem Instabilwerden des Wellenkamms einer auf die Küste auflaufenden Welle und dem Ausklingen des Wellenauflaufens (↗Brecher).

Brechpunkt, Ort, an dem das Brechen einer auf die Küste zulaufenden ↗Welle einsetzt (↗Brecher).

Brechung ↗*Refraktion*.

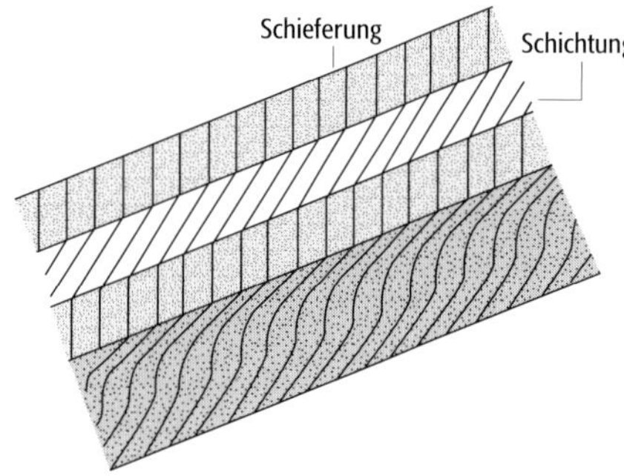

Brechung der Schieferung: hellgrau: kompetente, harte Bänke; ohne Signatur: inkompetente, weiche Bänke; im unteren Bereich: eine sigmoidale Brechung der Schieferung durch allmählichen Übergang von inkompetenten zu kompetenten Bereichen.

Brechung der Schieferung, tritt auf, wenn die ↗Schieferung Bänke unterschiedlicher ↗Kompetenz durchsetzt. In einem kompetenten, harten Gestein (z. B. Quarzit) bildet die Schieferung einen großen Winkel mit der Bankgrenze. In einem inkompetenten, weichen Gestein (z. B. Tonstein) ist der Winkel zwischen Schichtung und Schieferung klein. Ein fließender Übergang von weichem zu hartem Gestein bewirkt eine sigmoidale Verbiegung der Schieferung (Abb.). Die Brechung spiegelt die unterschiedliche Deformierbarkeit der Materialien wider. Die weicheren Lagen sind unter allseitigem ↗lithostatischen Druck stärker komprimierbar als die steiferen Lagen. In einer Wechsellagerung von weichem und steifem Material würde sich die weiche Lage stärker ausdehnen als die steife Lage. Da aber in einem Gesteinsverband die Längen der Schichtgrenzen gleichbleiben müssen (es findet keine Bewegung auf den Schichtgrenzen statt), muß das Strain-Ellipsoid (↗Verformungsellipsoid) und damit die Schieferung stärker in die Richtung der Grenzfläche rotiert werden.

Brechungsgesetz ↗Snelliussches Brechungsgesetz.

Brechungs-Halos, die ↗Halo-Erscheinungen, die durch ↗Refraktion des Lichtes der Sonne in ↗Eiskristallen in der Atmosphäre einen (farbigen) ↗Halo bilden.

Brechungsindex, *Brechzahl*, *Refraktionszahl*, *n*, Kenngröße für die optischen Eigenschaften eines Materials. Der wellenlängenabhängige Brechungsindex ist ein Maß für die Fortpflanzungsgeschwindigkeit des Lichtes in einem Medium. Das Verhältnis der Lichtgeschwindigkeit im Vakuum wird absoluter Brechungsindex und das Verhältnis der Lichtgeschwindigkeiten in zwei Medien wird relativer Brechungsindex genannt. Der letztere bestimmt über das ↗Snelliussche Brechungsgesetz den Winkel, mit dem ein Lichtstrahl an der Grenzfläche der beiden Medien gebrochen wird. Die Werte für den absoluten Brechungsindex liegen für Gase, flüssige und feste Materialien im allgemeinen zwischen 1 und 2 (Tab.). Im Meerwasser ist der Brechungsindex abhängig von Temperatur, Druck und Salzgehalt. Ein kleinerer Brechungsindex bedeutet, daß das

Material	Brechungsindex
Vakuum	1,0
Luft (1013 hPa)	1,000273
Wasser	1,333
Eis	1,311

Brechungsindex (Tab.): absolute Brechungsindizes bei einer Temperatur von 20 °C und einer Wellenlänge von 550 nm.

Medium optisch dünner ist. Diese Definition des Brechungsindex ist nur für den Spezialfall der geometrischen Optik (Wellenlänge klein im Vergleich zu den geometrischen Dimensionen) und das transparente Medium gültig. Der verallgemeinerte Brechungsindex ist komplex, nämlich $n = n + i\chi$, wobei der Realteil n mit der obigen Definition übereinstimmt und χ die Dämpfungskonstante einer ebenen monochromatischen Welle darstellt. [HF]

Brechungspunkt, Knickpunkt eines ↗Polygonzuges.

Brechungswinkel, Winkel zwischen der ↗Wellennormalen der gebrochenen Welle und dem Lot auf die Grenzfläche zweier Medien.

Brechzahl ↗*Brechungsindex.*

Breifließen, *subkutanes Breifließen, aride Solifluktion*, Kriechbewegung salzhaltiger Lockersedimente oder Böden auf Hängen in ↗ariden Gebieten. Die Bewegung setzt ein, wenn nach seltenen Niederschlägen oder durch Tau die hygroskopisch wirkenden Salze einen Bodenbrei entstehen lassen (↗Kriechdenudation).

Breitband-Seismometer, Gerät zur Erfassung von Bodenverschiebungen über einen sehr weiten Frequenzbereich. Alle Breitbandseismometer nutzen ein Kraft-Rückkopplungssystem mit dem Ziel, die Seismometermasse so gut wie möglich in der Ausgangslage zu halten. Das in Zürich von Wielandt entwickelte Blattfeder-Seismometer STS-1 wurde zuerst Ende der 1970er Jahre im Gräfenberg-Array bei Erlangen eingesetzt. Ein elektronisch gesteuertes Rückkopplungssystem zwingt die Masse des ↗Seismometers, den Bewegungen des Bodens genau zu folgen. Hierzu wird die Position der Masse relativ zum Gehäuse, das fest an den Boden gekoppelt ist, mit einem induktiven Wegaufnehmer gemessen. Über ein Tauchspul-Magnetsystem wird eine Rückführungskraft erzeugt, so daß die Masse in der Ausgangslage gehalten wird. Das elektrische Signal, das die Rückführungskraft erzeugt, wird gemessen. Die meisten Breitband-Seismometer sind proportional zur Bodengeschwindigkeit zwischen etwa 0,003–0,01 Hz und 5–20 Hz. Bodenbewegungen mit Signalperioden jenseits der oberen Grenzperiode können aus der bekannten Frequenzcharakteristik des Breitband-Seismometers und des Registriersystems durch Restitution erhalten werden. Dadurch ist das Breitband-Seismometer neben Erdbebenaufzeichnungen auch geeignet zur Registrierung der Gezeiten und der Eigenschwingungen der festen Erde. Um die Vorteile eines Breitband-Seismometers voll zu nutzen, müssen die Signale digital mit hoher Auflösung (16–24 bit) und einem großen Dynamikbereich (etwa 130 dB) aufgezeichnet werden. Dies ist bei den modernen seismischen Stationen regionaler (Deutsches Regionalnetz, GRSN) und globaler Netze (GSN) inzwischen Standard. ↗seismographische Netze. [GüBo]

Breite ↗*Breitengrad.*

Breitengrad, *Breite*, in der Geographie übliche Bezeichnung der Kugelzonenfläche zwischen zwei um 1° unterschiedlichen Breitenkreisen (↗Parallelkreis). Der Winkel zwischen der Verbindung eines Punktes auf der Erdoberfläche mit dem Erdmittelpunkt und der mit 0° ↗geographischer Breite definierten Äquatorebene erreicht an den geopraphischen Polen maximal 90° (Nord bzw. Süd).

Breitengradmessung ↗Gradmessung.

Breitenverzweigung ↗Flußverzweigung.

Breithaupt, *Johann Friedrich August*, deutscher Mineraloge, * 18.5.1791 Probstzella, † 2.9.1873 Freiberg; 1826–66 Professor in Freiberg; entdeckte ca. 40 Minerale; veröffentlichte 1836–47 sein »Vollständiges Handbuch der Mineralogie« in drei Bänden; führte 1849 in seinem Werk »Die Paragenesis der Mineralien« den Begriff der Paragenese ein, der zur Grundlage der modernen Lagerstättenkunde, der Erzmikroskopie und der Geochemie wurde. Nach ihm ist das rotviolette Mineral Breithauptit mit der chemischen Zusammensetzung NiSb benannt.

Brekzie, *Breccie*, klastisches Sedimentgestein, das überwiegend aus eckigen Gesteinsfragmenten größer als 2 mm besteht.

Brekzienerz, *Breccienerz*, Erz als Zwickelfüllung der Komponenten einer ↗Brekzie, abgeschieden aus ↗hydrothermalen Lösungen, meist die Folge einer hydrothermalen Fragmentierung (↗hydrothermale Brekziierung).

Bremshöcker ↗*Lawinenbremshöcker.*

Bremskeil ↗*Lawinenbremshöcker.*

Bremsstrahlung, ↗Röntgenstrahlung, die durch Abbremsen geladener Teilchen, in der Praxis sind das Elektronen, in Materie entsteht. Bremsstrahlung entsteht z.B. in ↗Röntgenröhren. Sie wird in einem breiten, kontinuierlichen Spektrum emittiert. Man bezeichnet sie deshalb auch oft als *weiße Röntgenstrahlung*. Die kurzwellige Grenze des Bremsstrahlspektrums einer Röntgenröhre hängt von der Energie der Elektronen ab. Sie ist über die Beziehung $\lambda_{min} = 1{,}24/U_B$ [kV nm] gegeben und beträgt bei einer Betriebsspannung U_B von 50 kV rund 0,025 nm. Die Intensität geht bei λ_{min} gegen null. Das Maximum liegt etwa bei $3/2\ \lambda_{min}$. Die spektrale Verteilung der Bremsstrahlung ist nahezu unabhängig vom verwendeten Anodenmaterial.

Bremsverbauung ↗Lawinenbremshöcker.

Breslau-Magdeburger-Urstromtal, das in der ↗Saale-Kaltzeit entstandene, äußerst südwestlich

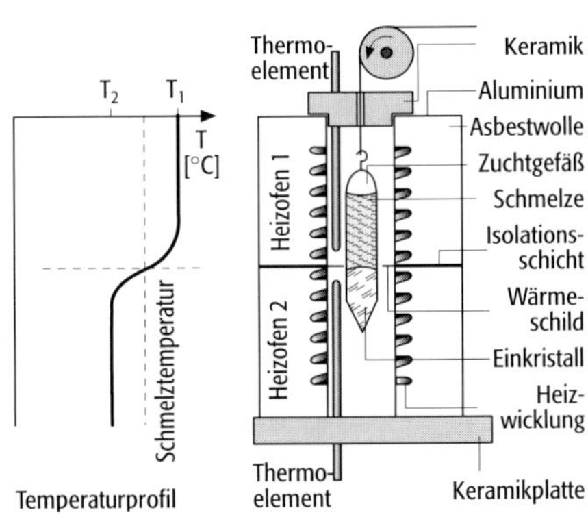

Bridgman-Verfahren: Bridgman-Stockberger-Technik zur Kristallsynthese mit Temperaturprofil.

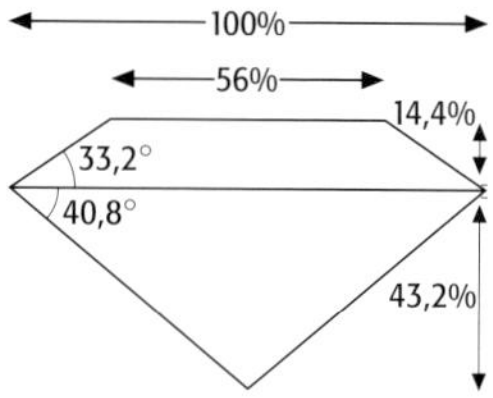

Brillantschliff 1: Feinschliff der Praxis: Proportionen.

Brillantschliff 2: a) Tolkowsky-Brillant; b) Ideal-Brillant; c) Feinschliff der Praxis; d) Parker-Brillant.

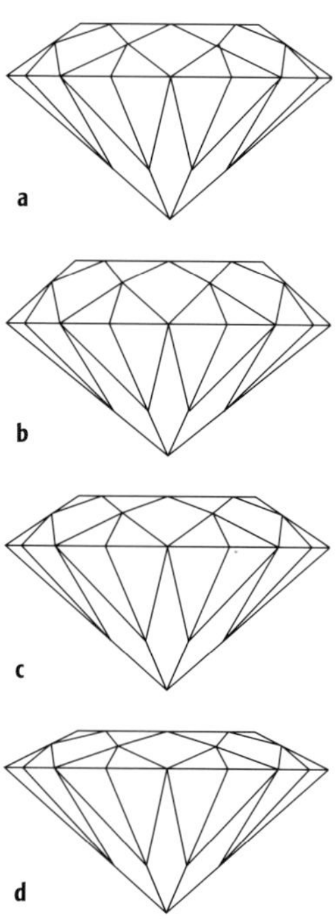

gelegene ↗Urstromtal Mitteleuropas, das sich von Wroclaw (Breslau) kommend über Magdeburg bis an die Nordseeküste entlang von Teilabschnitten von Oder, Spree, Elbe, Aller und Weser verlaufend, verfolgen läßt.

Breusings vermittelnder Entwurf, ein ↗azimutaler Kartennetzentwurf.

Brewer-Dobson-Zirkulation ↗stratosphärische Zirkulation.

Brickfielder, lokaler Wind in den Trockengebieten Australiens, der große Mengen an Staub und Sand mit sich führt.

Bridgman-Verfahren, Methode zur Kristallzüchtung aus Schmelzen durch Bewegen des Tiegels oder des Ofens. Die Anordnung besteht aus einem senkrecht gestellten Rohrofen, durch den ein mit dem betreffenden Material gefüllter Tiegel langsam gesenkt wird. Die Maximaltemperatur des Ofens liegt oberhalb der Schmelztemperatur des Materials. In der Ofenzone verweilt der Tiegel zur Homogenisierung der Schmelze, dann erfolgt der Absenkvorgang. Der zur Keimbildung notwendige Temperaturgradient wird durch unterschiedlichen Abstand der Heizwicklungen erzeugt. Durch einen besonderen Kunstgriff hat Bridgman das Wachstum nur eines Keimes bei der Absenkmethode ermöglicht. Das nach Bridgman benannte Prinzip wurde in zahlreichen Variationen weiter entwickelt, u.a. zur Bridgman-Stockberger-Technik (Abb.).

bright spot, Erhöhung der Reflexionsamplitude seismischer Wellen, die durch eine Kohlenwasserstofflagerstätte verursacht sein könnte. Gegensatz: *dim spot*. ↗direct hydrocarbon indicators.

Brillantschliff, [von franz. briller = glänzen], Schlifform v.a. für Diamanten, die auf der Oberseite eine Tafel und 32 Facetten, auf der Unterseite 24 Facetten und eine Spitze zeigt. Es gibt eine Reihe von Brillantschlifftypen, die sich empirisch entwickelt haben, wobei man eine optimale Brillanzwirkung anstrebte. In der Reihenfolge ihrer Entwicklung unterscheidet man einen Tolkowsky-Brillant, Ideal-Brillant, Feinschliff der Praxis, der in Deutschland als bevorzugter Brillantschliff gilt und als Normschliff für die Proportionsbeurteilung dient, Parker-Brillant und skandinavischen Standard-Brillant. Unter Berücksichtigung der optisch physikalischen Eigenschaften des Diamanten wie Lichtbrechung, Dispersion und Härte lassen sich theoretische Berechnungen anstellen, um durch geeignete Proportionen und Symmetrieverhältnisse eine optimale Brillanz zu erreichen. Die Abmessungen und Proportionen des amerikanischen Tolkowsky-Schliffes, des skandinavischen Standard-Brillanten und des deutschen Feinschliffes der Praxis liegen in sehr engen Toleranzen und sind vergleichbar (Abb. 1, Abb. 2). [GST]

Broadcastephemeriden, bei operationellen Navigationssatellitensystemen wie ↗Transit, ↗GPS oder ↗GLONASS vom Satelliten abgestrahlte Informationen über die jeweiligen Bahnpositionen. Broadcastephemeriden werden von dem dazugehörigen Kontrollsegment (↗GPS-Kontrollsegment) vorausberechnet, den Satelliten meist in Form von mittleren Keplerelementen mit zeitabhängigen Korrekturgrößen übermittelt und von dort zusammen mit den Meßgrößen abgestrahlt. Nutzer können auf diese Weise ihren eigenen Standort in Echtzeit bestimmen. Die Ephemeriden und damit die Nutzerpositionen werden in der Regel im globalen Bezugssystem ↗WGS84 berechnet. Die Genauigkeit der vorausberechneten Bahnen bei GPS beträgt etwa 5 m, sofern sie nicht aufgrund der ↗Selective Availibility künstlich verschlechtert wird. Präzise GPS-Bahnen mit einer Genauigkeit von besser als 0,1 m werden nachträglich, z.B. vom ↗Internationalen GPS-Dienst, bereitgestellt. [GSe]

Bröckelgefüge, Form des ↗Fragmentgefüges, dessen ↗Bodenaggregate infolge vorwiegend mechanischer Zerlegung durch Bodenbearbeitung aus unregelmäßigen Gefügefragmenten < 50 mm Durchmesser (Bröckeln) bestehen. Dies ist typisch für ↗Ap-Horizonte schwach bindiger Bodensubstrate.

Brockengespenst, ↗Glorie, kreisförmige Aufhellung, z.T. farbige Ringe, um den Schatten eines Beobachters auf einer Nebelwand. Befindet sich der Beobachter im Gebirge, kann er die Entfernung seines Schattens nicht schätzen, vielmehr vermutet er den Schatten in größerer Entfernung, der deshalb wie ein sehr großes Wesen erscheint.

Brodelboden ↗*Würgeboden*.

Brom, [von griech. bromos = Gestank], Element der VII. Hauptgruppe des Periodensystems, Symbol: Br. Brom tritt u.a. auf als Bromwasserstoff in vulkanischen Exhalationen und in organischer Verbindung in Meeresorganismen. Salzhaltige Quellen in den USA enthalten erhebliche Mengen an gelösten Brom-Verbindungen.

Bromide, Bromverbindungen der Elemente in der Mineralklasse der ↗Halogenide. Die wichtigsten Verbindungen sind: Bromargyrit (Bromsilber, AgBr, gelbe bis olivgrüne Aggregate), Embolit (Ag(Br,Cl), häufiger als Bromsilber und lokal bergmännisch wichtig), Iodobromid (Ag(Cl,Br,J), schwefelgelbe Kristalle) und Bromcarnallit ($MgBr_2 \cdot KBr \cdot 6\,H_2O$).

Brongniart, *Adolphe Théodore*, französischer Botaniker, Sohn von Alexandre ↗Brongniart, * 14.1.1801 Paris, † 18.2.1876 Paris. Ab 1833 war Brongniart als Professor am »Jardin des Plantes« in Paris tätig. Sein besonderes Verdienst bestand in dem Versuch, die damals bekannten Pflanzenfossilien systematisch zu ordnen. Sein Werk »Sur la classification et la distribution des végétaux fossiles« erschien 1822. Mit seinem zweibändigen Werk »Histoire des végétaux fossiles, ou recherches botaniques et géologiques sur les végétaux renfermés dans les diverses couches du globe« wurde er zum Mitbegründer der Paläobotanik. Obwohl er ein Anhänger von G. ↗Cuvier war, hatte er bereits die Vorstellung von einer kontinuierlichen Veränderung der Arten über die Zeit.

Brongniart, *Alexandre*, französischer Mineraloge, Geologe und Naturkundler, * 5.2.1770 Paris, † 7.10.1847 Paris. Brongniart wurde 1797 als Pro-

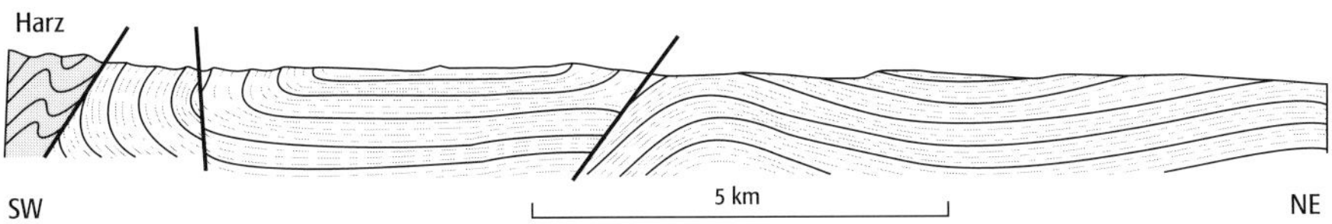

Bruchfaltengebirge: geologisches Profil aus dem Harz-Vorland.

fessor für Naturkunde an die École Centrale des Quarte Nations in Paris berufen. Neben seiner wissenschaftlichen Laufbahn hat er auch als Direktor der Sèvres-Porzellan Fabrik von 1800 an bis zu seinem Tod fungiert. In einer seiner frühen paläontologisch orientierten Schriften widmete er sich der systematischen Einordnung von Wirbeltierfossilien. In seinem »Aufsatz über die Klassifikation von Reptilien« (1800) teilte er die Klasse der Reptilien in vier Ordnungen ein (Batrachia, Chelonia, Ophidia und Sauria). Sein Studium der fossilführenden Schichten des Pariser Beckens führten ihn 1804 zur Beschäftigung mit der Problematik der stratigraphischen Gliederung der Gesteinsschichten nach Systemen (Formationen) anhand von ↗Leitfossilien und der Lithologie. Zusammen mit G. ↗Cuvier 1808 führte er eine Gliederung des Tertiärs im Pariser Becken durch. Ihr gemeinsamer Aufsatz »Essai sur la géographie minéralogique des environs de Paris ...« erschien 1811. Brongniart verwendete zum erstenmal den Begriff der »Formation«, der von A. G. ↗Werner zunächst nur im lithologischen Sinn verwendet wurde. Von 1822 bis zu seinem Tod war Brongniart Professor der Mineralogie am Museum für Naturkunde in Paris. [EHa]

Bronn, *Heinrich Georg*, deutscher Zoologe und Paläontologe, * 3.3.1800 Ziegelhausen (heute zu Heidelberg), † 5.7.1862 Heidelberg. Er war ab 1833 ordentlicher Professor der Natur- und Gewerbswissenschaft in Heidelberg. Daneben fungierte er als Direktor der Zoologischen Sammlung und hatte den Lehrstuhl für Zoologie inne. Sein Werk steht zwischen dem Aktualismus von ↗Lyell und ↗Hoff einerseits und der Zeit des Aufkommens der Darwinschen (↗Darwin) Abstammungslehre in der Paläontologie andererseits. Bronn ist keinem Lager eindeutig zuzuordnen. Er glaubte, alle Lebewesen seien durch eine unbekannte Naturkraft entstanden. Die progressiven Veränderungen der Arten sah er eher als einen ideellen Vorgang, weniger als einen konkret-physischen. Neben zahlreichen paläontologischen Schriften gab er die ersten drei Bände der »Klassen und Ordnungen des Thierreiches« (1859–64) heraus, ein bis in die Gegenwart fortgesetztes Nachschlagewerk. [EHa]

Brörup, Interstadial im Unterweichsel, welches dem ↗OIS 5 c zugeordnet wird. In Lößprofilen wurden Teile der Moosbacher Humuszonen (benannt von V. Nordmann 1921 nach einem Ort in Mitteljütland) gebildet. ↗Quartär.

Brotkrustenbombe, ballistische ↗Bombe, die schmelzflüssig aus dem Vulkan herausgeschleudert wird und deren äußerer Bereich während des Fluges erstarrt. Im Inneren der Bombe dehnen sich Blasen durch die Druckentlastung und Abkühlung aus und neue Blasen entstehen. Dieses Aufblähen der Bombe bewirkt ein brotkrustenähnliches Aufbrechen der erstarrten Kruste.

brown forest soils, Bezeichnung für ↗Braunerden und ↗Parabraunerden der Laubwälder der gemäßigten Breiten, entsprechen den Cambisols und Luvisols der ↗WRB.

brown mediterranean soils, braune, lehmige, meist in carbonathaltigen Substraten entwickelte Böden der Winterregengebiete, vergleichbar der ↗Terra fusca der deutschen Bodenklassifikation

brown podsolic soils, braune Böden mit intensiv abgelaufenen bodenbildenden Prozessen der ↗Tonverlagerung und z. T. auch der ↗Podsolierung.

browsing, beschreibt aus Sicht des Nutzers von Informationssystemen eine Suchstrategie, die eine unstrukturierte Suche nach ↗Daten oder ↗Medien beschreibt. Gegenüber dem ↗matching durchstöbert der Nutzer Informationsquellen nach passenden Informationen. Das browsing ist die wichtigste Grundlage für Recherchen im World Wide Web (↗WWW). Ein browser ist eine Software, die den Nutzer durch Navigationshilfen bei der Suche unterstützt (↗Navigationselement). In raumbezogenen Informationssystemen können Karten zur Unterstützung des browsing eingesetzt werden.

Bruch, **1)** *Landschaftsökologie*: tiefliegendes Feuchtgebiet, meist mit Vegetation bestanden, z. B. ↗Bruchwald, typische Böden sind ↗Gleye. **2)** *Mineralogie*: Korrosionseigenschaft der Kristalle, aufgrund der charakteristischen Ausbildung neben Spaltbarkeit, Teilbarkeit und Absonderung typisches Erkennungsmerkmal bei der Mineraldiagnose. Ein Bruch wird als muschelig, halbmuschelig, uneben oder splitterig bezeichnet. Metalle haben einen hakigen Bruch. Bei Mineralaggregaten zeigt der Bruch ihr Gefüge an. Feinstkörnige Mineralaggregate zeigen einen muscheligen bis unebenen bis splitterigen Bruch und zwar ohne Rücksicht darauf, ob das Mineral spaltbar ist oder nicht (z. B. dichter Kalkstein oder Hornstein).

bruchartige Deformation, Verformung, bei der es zur Ausbildung von diskreten ↗Gleitflächen kommt. Darunter fallen die Prozesse des ↗Gleitens.

Bruchbau ↗Abbaumethoden.

Bruchboden, veralteter Begriff für ↗*Gley*.

Bruchdeformation, *Spröddeformation*, Bruch eines spröden Materials. ↗Bruchtektonik.

Bruchdehnung ↗plastische Deformation.

Bruchfaltengebirge, Bereich der ↗Erdkruste, in dem ↗Verwerfungen zusammen mit ↗Falten vorkommen; von H. ↗Stille als *germanotype Tektonik* bezeichnet. Die räumliche Verknüpfung von Strukturen der ↗Dehnungstektonik (z. B.

Bruchschollengebirge: Querschnitt durch das niederrheinische Braunkohlengebiet.

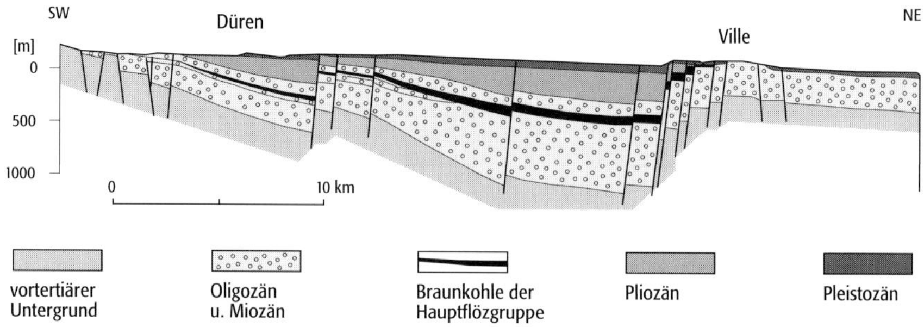

↗Abschiebungen) mit solchen tektonischer Einengung (z.B. ↗Aufschiebungen, ↗Überschiebungen, ↗Falten) ist meist durch mehrfache tektonische ↗Deformation zustandegekommen (↗tektonische Inversion). Faltenartige Strukturen können aber außerdem auch durch Schweregleitung oder ↗Halokinese erzeugt worden sein. Bruchfaltengebirge (Abb.) ist ein heute nicht mehr üblicher Begriff.

Bruchfestigkeit, τ_f, ist die Festigkeit des Bodens oder von Fels, die beim Abscheren nach Überwindung der Scherfestigkeit des Materials erreicht wird. Die Beanspruchung auf Abscheren wird dabei durch den herrschenden senkrechten Druck, die Normalspannung, beeinflußt. Als Materialparameter spielen Korngröße und Kornform, Lagerungsdichte, Wassergehalt, Porosität, Lithifizierungsgrad, Mikrogefüge etc. eine Rolle. Die Zeitdauer der Beanspruchung beeinflußt die Spannungs-Deformationskurve ebenfalls (↗Restscherfestigkeit). Der Bruchzustand bestimmt maßgeblich die Standsicherheit eines Bauwerks auf seinem Baugrund. τ_f setzt sich zusammen aus den Anteilen ↗Reibung und Haftfestigkeit (↗Kohäsion). Nach Coulomb wird der Zusammenhang bestimmt durch die lineare Gleichung:

$$\tau_f = c' + \sigma' \tan\varphi'$$

mit: τ_f = Scherfestigkeit (Schubspannung in der Scherfuge im Grenzzustand), c' = effektive Kohäsion, φ' = effektiver Reibungswinkel, $\sigma' = \sigma - u$ = effektive Spannung (σ = totale Spannung, u: Porenwasserdruck). τ_f wird mittels des ↗Rahmenscherversuchs oder mittels des ↗Triaxialversuchs bestimmt. [KC]

Bruchfläche, die in einem ↗Erdbeben gebrochene oder reaktivierte Verwerfungsfläche.

Bruchgebirge ↗*Bruchschollengebirge*.

Bruchharsch, dünne Harschdecke auf der Schneeoberfläche, die durch kurzfristige Wärmeeinwirkung (Sonneneinstrahlung) und anschließendes Wiedergefrieren entsteht; bricht beim Betreten durch einen Menschen ein (↗Harschschichten).

Bruchkante, ↗Geländelinie, die sich durch eine deutliche Änderung der ↗Geländeneigung ergibt. Sie wird bei der ↗digitalen Geländemodellierung für die Strukturierung des gemessenen digitalen Geländemodells benötigt und muß bei der Interpolation oder Approximation der Geländeoberfläche berücksichtigt werden. Durchlaufen Höhenlinien eine Bruchkante, so weisen sie an den Schnittpunkten Unstetigkeitsstellen auf.

Bruchlinienstufe, durch Abtragung von der ursprünglichen Verwerfungslinie zurückverlagerte ↗Bruchstufe, die in ihrem Verlauf noch die Bruchlinie nachzeichnet (↗Bruchstufe Abb.).

bruchlose Deformation, Verformung ohne Ausbildung einer diskreten ↗Gleitfläche. In diesem Fall kommt es zu einer plastischen Deformation, wie es beim ↗Kriechen der Fall ist.

Bruchscholle, Teil eines Schollenmosaiks verschieden stark gehobener respektive abgesenkter ↗Schollen, die durch Brüche (↗Verwerfungen) voneinander getrennt sind (↗Bruchschollengebirge).

Bruchschollengebirge, *Bruchgebirge*, Gebirge, das durch ↗Verwerfungen in einzelne ↗Bruchschollen zerlegt wurde. Bruchschollengebirge (Abb.) entstehen meist bei ↗Dehnungstektonik. Der Untergrund ist meist durch eine oder mehrere Phasen der ↗Orogenese und der nachfolgenden Abtragung gekennzeichnet. Ausdruck dieser lang andauernden Abtragungsphasen (*Einrumpfung*) sind ↗Rumpfflächen, die in verschiedenen Höhenlagen auftreten. Aus diesem Grunde wird auch der Name *Rumpfschollengebirge* verwandt. Die unterschiedliche Höhenlage der Rumpfflächen kann sowohl durch verschiedene Generationen der Flächenbildung erklärt werden als auch durch die schollenartige Zerlegung gleichalter Rumpfflächen entstehen. Bruchschollengebirge haben meist Mittelgebirgscharakter. In Mitteleuropa ist das Rheinische Schiefergebirge ein klassisches Beispiel für diesen Gebirgstyp. [WA]

Bruchstufe, durch eine ↗Verwerfung entstandene Geländestufe, in deren Verlauf die Lineation der verursachenden Bewegungsfläche noch erkennbar ist. Bruchstufen (Abb.) begleiten beiderseits als markante Geländestufen die durch junge Bewegungen entstandenen ↗Gräben, ↗Horste und ↗Horstgebirge.

Bruchstufenküste, Küstenform, deren Anlage auf ↗Bruchtektonik mit einhergehendem Absinken von Krustenteilen zurückzuführen ist. Aufgrund nachträglicher Umgestaltung durch ↗exogene Prozesse deckt sich der gegenwärtige Küstenverlauf allerdings meist nicht mehr mit den Bruchli-

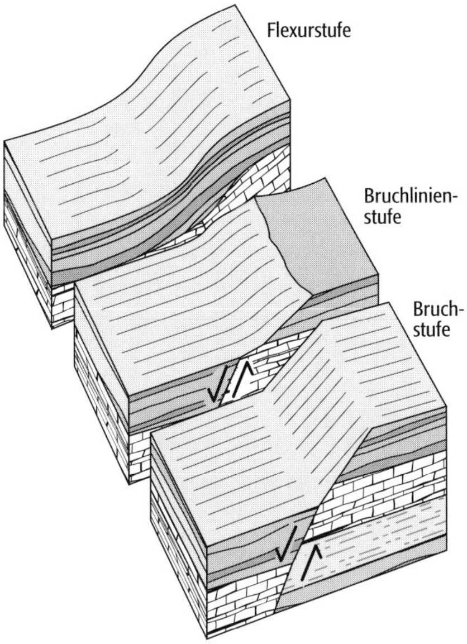

Bruchstufe: Bruchstufe, Bruchlinienstufe und Flexurstufe.

nien. Bruchstufenküsten sind z. B. die Küsten des Roten Meeres und des Golf von Suez.

Bruchtektonik, bruchhafte Deformation der Erdkruste, die zur Entstehung von ↗Klüften (Extensionsklüfte, Scherklüfte), ↗Spalten, und ↗Verwerfungen (↗Abschiebungen, ↗Aufschiebungen, ↗Seitenverschiebungen) führt.

Generell sind diese bruchtektonischen Strukturen das Ergebnis eines Spannungsabbaus durch Spröddeformation (↗Bruchdeformation) in den oberen Bereichen der ↗Erdkruste. Der Bruch des Gesteins hängt von der Magnitude der Krustenspannungen (Hauptspannungen σ_1, σ_2, σ_3 und Normalspannung σ_N) ab. Ein Bruch entsteht, wenn die kritische Scherspannung (τ_{krit}) und damit die höchstmögliche Differentialspannung (σ_1-σ_3) des Gesteins erreicht wird. Die Magnitude dieser Scherspannung hängt von der zu überwindenden Kohäsion (c) des Materials und von dem materialspezifischen Reibungskoeffizienten μ ab. Die den Grenzspannungszustand eines Gesteins beim Bruch charakterisierenden Größen sind im Mohr-Coulombschen Bruchkriterium zusammengefaßt:

$$\tau_{krit} = c + \mu\sigma_N.$$

Das Bruchverhalten wird zusätzlich durch im Gesteinsverband vorhandene ↗Fluide (Porenflüssigkeiten) beeinflußt. Hohe Porenflüssigkeitsdrucke fördern die Entstehung von ↗Verwerfungen in Gesteinen, in denen unter trockenen Bedingungen keine Verwerfungen entstanden wären. Bei hohem Fluidgehalt des Gesteins wird durch den Porenflüssigkeitsüberdruck die auf die Bruchfläche wirkende Normalspannung verändert. Die dann wirksame geringere, effektive Normalspannung (= Differenz zwischen Gesamt-Normalspannung und Porenflüssigkeitsüberdruck) führt im allgemeinen zu einer Verringerung der Scherfestigkeit und somit zum Bruch des Gesteins. Dabei ändert sich das mechanische Verhalten des Gesteins jedoch nicht. Hohe Porenflüssigkeitsdrucke spielen eine wichtige Rolle bei Überschiebungen. Aus der Art und der Geometrie der durch Bruchtektonik entstandenen Strukturen und den auf den Bruchflächen erkennbaren kinematischen Indikatoren lassen sich wichtige Rückschlüsse auf die Orientierung des krustalen Spannungsfeldes ziehen. [CDR]

Bruchwald, eine Gehölzformation, welche stark unter dem Einfluß von ↗Grundwasser und periodischen oder aperiodischen Überflutungen steht. Wegen der Sauerstoffarmut im Boden, bedingt durch die nassen Verhältnisse, kann das organische Material nur schlecht abgebaut werden; es entsteht Bruchwaldtorf (↗Torf). Auf nährstoffreichen Böden kann sich über das Stadium des ↗Flachmoors, als abschließende Stufe der ↗Verlandung eines nährstoffreichen Gewässers, ein Erlenbruchwald entwickeln, während auf ärmeren Böden ein Birken-, Fichten- oder Kiefernbruchwald entsteht.

Bruchzone, 1) Störungs- oder Verwerfungszone. ↗Störung, ↗Verwerfung. 2) Störung oder Störungszone in der ozeanischen Kruste. 3) Zone, die an der Erdoberfläche durch offene Spalten, Lava- und Schlackenkegel charakterisiert ist und von Dike-Komplexen (↗dike) unterlagert wird.

Brunhes-Chron, Zeitabschnitt von 0–0,78 Mio. Jahren mit normaler Polarität des Erdmagnetfeldes, mit einigen ↗Cryptochrons oder ↗Exkursionen inverser Polarität von zum Teil sehr kurzer Dauer.

Brunizems, *grauer Waldboden* (veraltet), ↗Phaeozems der ↗WRB, humose, verbraunte und schwach lessivierte Böden der Waldsteppe im Übergangsraum zwischen den ↗Parabraunerden der Laubwälder und den ↗Schwarzerden der Steppen.

Brunnen, künstliche Anlage zur Erschließung (Fassung, Gewinnung, Förderung, Beobachtung, Absenkung, Versenkung/Versickerung oder Wiedereinleitung) von (Grund-)Wasser. Brunnen werden unterschieden nach: a) Raumlage (Vertikalbrunnen, Horizontalbrunnen, Schrägbrunnen); b) Tiefe (Flachbrunnen, Tiefbrunnen, übertiefer Brunnen); c) Tiefenlage des Wasser- bzw. Druckspiegels (Flachspiegelbrunnen, Tiefspiegelbrunnen, Überlaufbrunnen, artesischer Brunnen); d) Art der Herstellung (Schachtbrunnen, Bohrbrunnen, Rammbrunnen, geschlagener Brunnen wie Schlagbrunnen und Abessinier, Spül-(filter)brunnen); e) Ausbaumaterial (gemauerter Brunnen, Rohrbrunnen); f) Ausbau im Grundwasserleiter (vollkommener Brunnen, unvollkommener Brunnen, filterloser Brunnen, Kiesschüttungsbrunnen, Kiesbelagfilterbrunnen, Gewebefilterbrunnen); g) Art der Wasserförderung (Ziehbrunnen, Schöpfbrunnen, Saugbrunnen, Pumpbrunnen); h) Verwendungszweck (Versorgungsbrunnen, Beobachtungsbrunnen, Förderbrunnen, Absenkbrunnen, Abwehrbrunnen, Sanierungsbrunnen, Schluckbrunnen, Trinkwasserbrunnen, Versickerungsbrunnen); i) Positionierung der Unterwasserpumpe (ameri-

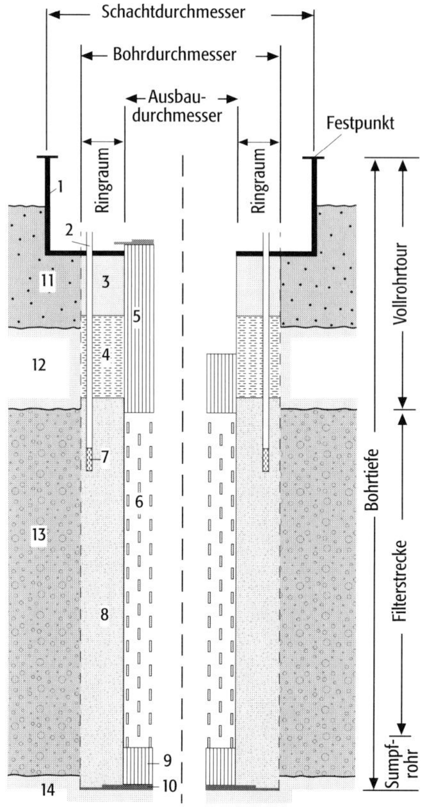

Brunnen: Elemente und Kennmaße eines modernen Bohrbrunnens: 1) Brunnenschacht, 2) Pegelrohr, 3) Ringraumschüttung, 4) Ringraumabdichtung, 5) Aufsatzrohr, 6) Filterrohr, 7) Filter des Pegelrohrs, 8) Filterkies, 9) Sumpfrohr, 10) Filterboden, 11) oberes (abgedichtetes) Grundwasserstockwerk, 12) Grundwassernichtleiter, 13) unteres (genutztes) Grundwasserstockwerk, 14) Grundwassersohle.

kanischer Brunnen). Ein moderner Brunnen (Abb.) ist durch die technischen Kennwerte der ↗Brunnenbohrung oder -schachtung und des ↗Brunnenausbaus gekennzeichnet, wie Bohrdurchmesser und Bohrtiefe sowie Durchmesser, Tiefenabschnitte und Art des Brunnenausbaumaterials. [BK]

Brunnenausbau, Überführung einer Brunnenbohrung in einen Brunnen. Kriterien für einen ordnungsgemäßen Brunnenausbau sind Ausbautiefe, Einbautiefe und Durchmesser von Pumpen und Filterstrecke, Tiefe und Öffnungsweite der Filter in Anpassung an die gegebenen geologischen Verhältnisse, Verkiesung und Brunnenkopf. Die Rohrtour des Ausbaumaterials kann in einem Zug in das offene oder, im Bereich nicht zu erschließender Schichten, mit einer Verrohrung oder über die ganze Länge mit einer temporären Schutzverrohrung ausgestattete Bohrloch eingebracht werden. Dabei sollte die Rohrtour nicht auf der Bohrlochsohle aufstehen, sondern eingehängt und mit Zentrierspangen in Mittellage des Bohrlochs gehalten werden. Bei tiefen und übertiefen Brunnen können auch aus wirtschaftlichen Gründen Rohrtouren mit zur Tiefe abnehmenden Durchmessern eingebracht werden (Teleskopierung) oder in eine bestehende permanente Rohrtour über einen Einhängekonus oder einen liner-hanger eingebaut werden. Zur Vermeidung von korrosionsfördernden Strömen sind zwischen unterschiedlichen Metallen der Rohrtour immer dielektrische Übergänge einzusetzen. Die Filterstrecke erfaßt i. a. die gesamte wassererfüllte Mächtigkeit des Aquifers (↗vollkommene Brunnen) bis zur Höhe des voraussichtlichen ↗Betriebswasserspiegels und schließt zur Tiefe mit dem ↗Sumpfrohr ab. Falls nicht vorverkieste (Kiesbelags-) Filter benutzt werden, wird der Ringraum zwischen Filter und Bohrloch zur Vermeidung des Eintrags von Feinstoffen und zum Schutz des Ausbaumaterials verkiest. Nur in Ausnahmefällen (Karstgrundwasserleiter, standfestes Gebirge) kann darauf verzichtet werden. In den Kies des Ringraums kann zur Überwachung der Absenkung im Förderbetrieb ein Peil- oder Pegelrohr miteingebracht werden. Zur Vermeidung von Zuflüssen zum Brunnen aus anderen Grundwasserstockwerken oder von der Oberfläche her wird die Filterstrecke durch Quellton-Abdichtungen, ggf. auch Zementierungen des Ringraumes, abgedichtet. Der Brunnenkopf wird vielfach in einem mit einer Abdeckung versehenen Schacht angelegt, kann aber auch bis zur Erdoberfläche hochgezogen und mit einer Brunnenplatte umgeben werden (Abb.). [BK]

Brunnenbau, Erstellung eines ↗Brunnens, der bei möglichst geringen Entstehungskosten optimale Förderleistung bei möglichst langer Lebensdauer erbringen soll. Dazu sind die Bohrtiefe, die Bohr- und Ausbaudurchmesser, Filterlängen und -art und die geeignete Brunnenverkiesung den hydrogeologischen Gegebenheiten anzupassen. Zur Erreichung der bestmöglichen Förderleistung sollte die gesamte Mächtigkeit des Grundwasserleiters bei größtmöglicher Filtereintrittsfläche durch den Brunnenbau erfaßt werden (↗vollkommener Brunnen). Die ↗Brunnenfilter und die Verkiesung sollten dem Wasserzustrom zum Brunnen einen möglichst geringen Widerstand entgegensetzen, andererseits im späteren Dauerbetrieb die Sandfreiheit sowie ausreichende Festigkeit gegen den Gebirgsdruck gewährleisten und alterungsbeständig sein. Brunnenbau erfolgt durch Handschachtung oder durch den Einsatz von Maschinen und die verschiedenen ↗Bohrverfahren. [BK]

Brunnenbohrung, Erstellung eines ↗Brunnens durch eine ↗Bohrung. Brunnenbohrungen können vertikal, schräg oder horizontal niedergebracht werden.

Brunnencharakteristik, eine graphische Darstellung der Beziehung zwischen unterschiedlichen Fördermengen und den hierdurch hervorgerufenen Absenkungen des Wasserspiegels in einem Brunnen, bei der Entnahmemengen und Absenkungsbeträge gegen die Zeit aufgetragen werden. ↗Leistungscharakteristik.

Brunnendurchmesser, *Endbohrdurchmesser*, *Bohrdurchmesser*, Durchmesser, aus dem das Grundwasser aus dem natürlichen Untergrund in den Brunnen oder das Bohrloch eintritt. Er ist optimierend so zu wählen, daß die angestrebte Brunnenleistung (möglichst großer Durchmesser) und Wirtschaftlichkeit (möglichst geringer Bohrdurchmesser) erreicht werden.

Brunneneintrittsverlust, *Skineffekt*, der Energieverlust des dem Brunnen zuströmenden Grundwassers im Bereich des ↗Ringraumes und der Filterrohre aufgrund höherer ↗Fließgeschwindigkeiten im Brunnennahbereich. Dieser Energieverlust führt zu einer stärkeren Absenkung des Wasserspiegels im Förderbrunnen, damit zu größeren Förderhöhen, geringeren Förderraten und somit letztlich zu höheren Förderkosten. Durch den richtigen, d.h. auf die Untergrundverhältnisse abgestimmten Ausbau des Brunnens und die Wahl geeigneter Brunnenfilter können die Brunneneintrittsverluste deutlich minimiert werden.

Brunnenentsandung, 1) Mobilisierung und Entfernung der Feinanteile aus einem Brunnen und dessen Umgebung (Kiesfilter, Grundwasserleiter) während der ↗Brunnenentwicklung zur Erhöhung der Durchlässigkeit und zur Vermeidung eines späteren Sandeintrags in den Brunnen. 2) Entfernung von während des Förderbetriebs oder nach Abschluß der Brunnenentwicklung eines Brunnens zumeist im ↗Sumpfrohr abgelagerten Feinanteilen (Brunnenregenerierung).

Brunnenentwicklung, brunnenbautechnische Maßnahmen, die a) durch den Bohrvorgang entstandene Veränderungen am Gefüge des wasserführenden Lockergesteins und/oder Veränderungen durch Ablagerung von Feinanteilen an der Bohrlochwand (↗Filterkuchen) rückgängig machen, b) die Durchlässigkeit des Brunnenumfelds erhöhen und c) das Korngefüge der Filterkiesschüttung und, bei einem Lockergestein, des Brunnenumfeldes stabilisieren. Dabei werden häufig mehrere Verfahren kombiniert und alternierend wiederholt: Der Abbau des Filterkuchens erfolgt zunächst durch Zugabe von Chemikalien, anschließend durch den Einsatz eines oder mehrerer mechanischer Verfahren: a) Über Einblasen von Druckluft erfolgt neben einer Aufwirbelung der Feinanteile bei Auslegung als ↗Mammutpumpe eine schwallweise Förderung, die aufgrund der damit verbundenen Druckschwankungen auf die Bohrlochwand zur mechanischen Zerstörung und anschließendem Austrag des Filterkuchens führt; b) durch (Klar-) Pumpen mittels einer gegen verstärkte Sandführung ausgelegten Entsandungspumpe. Dabei wird die Fördermenge bei gleichzeitig zunehmender Durchlässigkeit zumindest bis zum 1,5-fachen der späteren Dauerleistung und bis zum Erreichen völliger Sandfreiheit des geförderten Wassers gesteigert; c) Durch Wechselpumpen und Schocken, d.h. rasches und kurzzeitiges Anpumpen und Absenkung des Wasserspiegels im Brunnen, gefolgt von einer Pumpenabschaltung und dem Wiederanstieg (ggf. noch unterstützt durch den Rückfluß aus der Steigleitung), werden wiederholt die Strömungsverhältnisse im Brunnen und Brunnenumfeld umgekehrt; d) Gleiches bewirkt der Entsandungskolben, bei dem ein gegen das Brunnenvollrohr und den Brunnenfilter abgedichteter Kolben über das Bohrgestänge im Vollrohr oder Filter in raschem Wechsel gehoben und abgesenkt wird. Die dabei entstehenden Drücke, Strömungswechsel und -geschwindigkeiten ermöglichen neben dem Freispülen der Filteröffnungen eine Reklassifizierung des Korngerüsts im Kiesmantel sowie die Mobilisierung der Feinanteile im Brunnenumfeld; e) Im Filterbereich werden häufig auch Strahldüsen (jetting tools) eingesetzt, über die klares Wasser unter hohem Druck an der Filterinnenwand in drehender Auf- und Abbewegung eingepumpt wird, um dadurch insbesonders die Filteröffnungen freizuspülen und evtl. vorhandene Kiesbrücken zu zerstören; f) Gleichartige Wirkungen kann auch durch abschnittsweises Entsandungspumpen erzielt werden. Hierbei werden progressiv von unten nach oben entweder über Einfachpacker oder Doppelpacker bzw. einen Entsandungsseiher abgesperrte Bereiche jeweils bis zur Höchstfördermenge abgepumpt. Die Erfolgskontrolle erfolgt durch die Ermittlung der ↗spezifischen Ergiebigkeit. Die Brunnenentwicklung ist dann abgeschlossen, wenn im Anschluß an eine der beschriebenen Methoden keine Änderung der spezifischen Ergiebigkeit mehr erfolgt und die für den späteren Betrieb geforderte Sandfreiheit (< 1 g Sand pro m^3 Wasser) gewährleistet ist. Zum Abschluß wird der während der Entwicklung im tiefsten Abschnitt des Brunnens abgelagerte Schlamm und Sand entfernt (↗Brunnenentsandung). [BK]

Brunnenfilter, gelochte (Lochfilter), geschlitzte (Schlitzfilter, Schlitzbrückenfilter) oder drahtumwickelte Rohre (Wickeldrahtfilter) aus Metall oder Kunststoff, die a) dem Zutritt von Wasser in den Brunnen einen möglichst geringen Widerstand entgegensetzen; b) im Zusammenwirken mit einer äußeren Verkiesung den Zutritt von Feinanteilen aus dem Grundwasserleiter wirksam und dauerhaft unterbinden; c) den Brunnen gegen den Gebirgsdruck schützen und d) alterungs- und korrosionsbeständig sind und Inkrustationen entgegenwirken. Handelsübliche Längen von Brunnenfiltern sind 1, 2, 3, 5, 6, 9 und 12 m in amerikanischen (API) und metrischen Normdurchmessern.

Brunnenformel von Dupuit-Thiem, eine von A.J. Dupuit (1863) entwickelte Formel zur Berechnung des Durchlässigkeitsbeiwertes (↗k_f-Wert) aus den gemessenen Absenkungswerten im Umfeld einer ↗Grundwasserentnahme (Abb.). Die Formel setzt (quasi-)stationäre Strömungsbedingungen voraus. Für einen gespannten Grundwasserleiter lautet die Gleichung:

$$Q = k_f \cdot \pi \cdot 2M \cdot \frac{H-h}{\ln \frac{R}{r}}$$

(Q = Entnahmerate, M = wassererfüllte Mächtigkeit, H = Standrohrspiegelhöhe am Rand des Absenktrichters, h = Standrohrspiegelhöhe im Brunnen, R = Radius des Absenktrichters, r = Brunnenradius). G. Thiem (1906) modifizierte die Dupuit-Gleichung so, daß statt dem Radius des ↗Absenktrichters R zwei beliebige ↗Standrohrspiegelhöhen h_1 und h_2, gemessen innerhalb des Absenktrichters im Abstand r_1 und r_2, verwendet werden können. Setzt man diesen all-

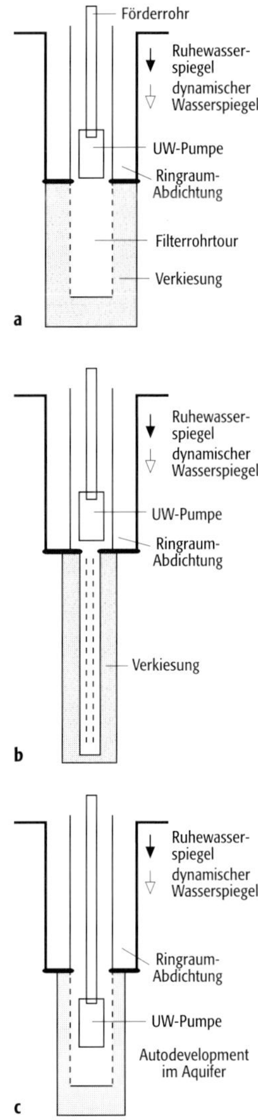

Brunnenausbau: Standardtypen von Ausbauvarianten eines Bohrbrunnens: a) Europäischer Brunnen mit durchgängigem Bohr- und Ausbaudurchmesser, Pumpe in Vollrohrtour. b) Europäischer Brunnen mit teleskopierten Bohr- und Ausbaudurchmessern, Pumpe in Vollrohrtour. c) Amerikanischer Brunnen, teleskopiert, Pumpe im Filterbereich.

Brunnenformel von Dupuit-Thiem: a) stationärer Pumpversuch in einem gespannten Grundwasserleiter, b) stationärer Pumpversuch in einem freien Grundwasserleiter. Q = Entnahmerate; M = wassererfüllte Mächtigkeit; H = Standrohrspiegelhöhe am Rand des Absenktrichters; h = Standrohrspiegelhöhe im Brunnen.

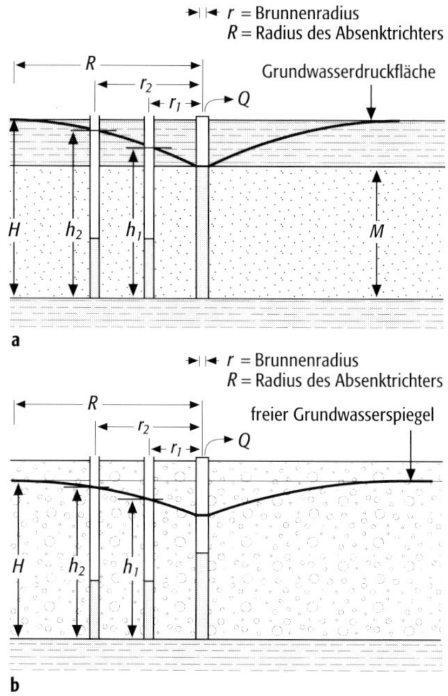

gemeinen Fall in die Gleichung von Dupuit ein, erhält man:

$$Q = k_f \cdot \pi \cdot 2M \cdot \frac{h_2 - h_1}{\ln \frac{r_2}{r_1}}.$$

Da bei einem Grundwasserleiter mit freier Oberfläche die wassererfüllte Mächtigkeit während der Grundwasserförderung nicht konstant bleibt, lautet die Brunnenformel von Dupuit-Thiem für diesen Fall:

$$Q = k_f \cdot \pi \cdot \frac{H^2 - h^2}{\ln \frac{R}{r}}$$

bzw.

$$Q = k_f \cdot \pi \cdot \frac{h_2^2 - h_1^2}{\ln \frac{r_2}{r_1}}.$$

[WB]

Brunnenformel von Theis, *Theissche Brunnengleichung, Theis-Gleichung*, wurde von Theis (1935) in Analogie zur Wärmeströmung entwikkelt und beschreibt die Absenkung s als Funktion der Zeit t und des Abstandes r zum Förderbrunnen bei gespanntem Grundwasser und instationärer Strömung. Es gilt:

$$s(t,r) = \frac{Q}{4 \cdot \pi \cdot T} \cdot \int_u^\infty \frac{e^{-u}}{u} du = \frac{Q}{4 \cdot \pi \cdot T} \cdot W(u)$$

mit

$$u = \frac{r^2 S}{4tT}$$

(Q = Förderrate [m^3/s], r = Abstand Brunnen-Meßstelle [m], S = Speicherkoeffizient, t = Zeit seit Pumpbeginn [s], T = Transmissivität [m^2/s]).

Die Brunnenformel von Theis stellt eine Lösung der Fundamentalgleichung der Grundwasserbewegung dar. Die Theis-Gleichung beruht auf den folgenden Voraussetzungen, die für ihre Gültigkeit erfüllt sein müssen: a) Der Grundwasserleiter ist vor und während der Grundwasserentnahme gespannt. b) Der Grundwasserleiter ist seitlich unbegrenzt. c) Der Grundwasserleiter ist homogen und isotrop. d) Der Förderbrunnen besitzt einen vernachlässigbar kleinen Durchmesser. e) Die Grundwasserdruckfläche ist vor der Grundwasserentnahme horizontal. f) Entnahmebrunnen und Meßstellen sind über die gesamte wassererfüllte Mächtigkeit verfiltert. g) Die Förderrate im Brunnen ist konstant. h) Brunneneintrittsverluste sind vernachlässigbar. i) Die Strömung des Grundwassers zum Entnahmebrunnen hin läßt sich mit dem Gesetz von Darcy beschreiben (↗Darcy-Gesetz).

Bei Kenntnis der ↗Transmissivität T und des ↗Speicherkoeffizienten S und einer konstanten Förderrate Q kann mit Hilfe der Theis-Gleichung die Absenkung s für jeden Zeitpunkt t und jeden Abstand r zum Förderbrunnen berechnet werden. Die hierfür notwendigen Werte der ↗Theisschen Brunnenfunktion $W(u)$ sind entsprechenden Tabellen bzw. Diagrammen zu entnehmen. In der Praxis tritt jedoch die umgekehrte Fragestellung weit häufiger auf. Aus den über die Zeit aufgenommenen Absenkungsbeträgen bei einem instationären ↗Pumpversuch sollen die Transmissivität T und der Speicherkoeffizient S des Grundwasserleiters bestimmt werden. Eine direkte Berechnung von S und T ist mit der Theis-Gleichung nicht möglich, weshalb für diese Aufgabenstellung das ↗Theissche Typkurvenverfahren angewendet wird. [WB]

Brunnengalerie ↗*Brunnenreihe.*

Brunnengründung, ↗Tiefgründung von Bauwerken durch Brunnen. Die Brunnen werden meist aus großen, aufeinandergesetzten Betonringen mit bis zu 2 m Durchmesser hergestellt, die in den Boden bis zur endgültigen Gründungstiefe, d. h. zu einer tragfähigen Bodenschicht, eingegraben werden und anschließend mit Beton oder Kies/Sand-Gemischen aufgefüllt werden. Auf diese Weise entstehen große, monolithische Gründungskörper, deren Tragfähigkeit aufgrund ihrer großen Aufstandsfläche wie bei einer ↗Flachgründung berechnet wird. Brunnengründungen werden im Regelfall bis in Tiefen von 4–6 m ausgeführt.

Brunnenkapazität ↗*Brunnenspeicherung.*

Brunnenleistung, realisierbare Dauerentnahmerate eines Brunnens.

Brunnenpfeife, *Rangscher Brunnenmesser*, Gerät zur Messung des Wasserstands in einem Brunnen. Es besteht aus einem hohlen Metallzylinder, versehen mit einer Pfeifenöffnung am oberen Ende und auf der Außenseite mit Wasserrillen im cm-Abstand. Bei Ablassen an einem Maßband im Brunnen erzeugt die bei Eintritt in das Wasser verdrängte Luft einen Pfeifton. Maßbandlänge abzüglich der eingetauchten und damit wassergefüllten Rillen ergeben eine cm-genaue Ablesung. Die Brunnenpfeife ist heute weitgehend vom ↗Kabellichtlot verdrängt.

Brunnenradius, entspricht dem halben Endbohrdurchmesser der Brunnenbohrung.

Brunnenreihe, *Brunnengalerie*, Brunnenanlage, bei der mehrere Brunnen entlang einer Linie, häufig im rechten Winkel zur ↗Grundwasserfließrichtung, angeordnet sind. Brunnenreihen werden häufig zur Realisierung großer Gesamtförderraten eingesetzt.

Brunnenspeicherung, *Brunnenkapazität, Eigenkapazität des Brunnens*, die Fähigkeit eines Brunnens, Grundwasser zu speichern. Bei Brunnen mit großen Durchmessern, z.B. ↗Schachtbrunnen, wird bei der Wasserförderung zuerst das im Brunnen selbst gespeicherte Wasser entnommen, bevor es zu einer tatsächlichen Förderung aus dem Grundwasserleiter kommt. Bei der Durchführung und Auswertung von ↗Pumpversuchen in solchen Brunnen muß die Brunnenspeicherung durch geeignete Auswerteverfahren berücksichtigt werden.

Bruns, *Ernst Heinrich*, deutscher Mathematiker und Astronom mit hohem Interesse für Geodäsie, * 4.9.1848 in Berlin, † 23.9.1919 in Leipzig; 1872–73 Rechner an der Sternwarte Pulkovo bei St. Petersburg, 1873–76 Observator an der Sternwarte Dorpat, ab 1876 Professor an der Universität Berlin mit Vorlesungen über Geodäsie, 1878–80 zugleich Mitarbeit bei J.J. ↗Baeyer im Königlich Preußischen Geodätischen Institut Berlin, ab 1882 als Professor für Astronomie und Direktor der Sternwarte an der Universität Leipzig; Arbeiten zur Himmelsmechanik, Potentialtheorie und Erdfigur. Geodätisch bedeutsam ist sein Werk »Die Figur der Erde. Ein Beitrag zur Europäischen Gradmessung« (Berlin 1878), in dem er einen hypothesenfreien Weg zur Bestimmung von Äquipotentialflächen des Erdschwerefeldes (↗Geoid) aus geodätischen, astronomischen und gravimetrischen Messungen an der Erdoberfläche (Triangulationen, Zenitwinkel, Lotrichtungskoordinaten, Schwerewerte) aufzeigt, der das theoretische Verständnis für das Problem nachhaltig beeinflußte; praktisch blieb der Weg wegen des Einflusses der Strahlenbrechung in der Atmosphäre (↗Refraktion) und der auf diese Weise nicht überbrückbaren Ozeane nicht gangbar. Bei den Studien zur Strahlenbrechung fand er das nach ihm benannte Bruns-Eikonal, eine Geometrie-Zeit-Funktion zur Beschreibung des Strahlenwegs. [EB]

Brunt-Väisälä-Frequenz, Eigenfrequenz eines vertikal ausgelenkten Luftpaketes in einer stabil geschichteten Atmosphäre. ↗Väisälä-Frequenz.

brute stack, mit vorläufigen, nicht optimierten Parametern erstellte Stapelsektion (↗Stapelung), bei der insbesonders die statischen Korrekturen und die dynamischen Korrekturen noch nicht endgültig sind. Wird auch selten Rohstapelung genannt. Gegensatz: ↗Endstapelung.

Brutspur, *Calichnion*, ↗Spurenfossilien.

Bruttoprimärproduktion, gesamte über einen bekannten Zeitraum aus anorganischen Substanzen durch ↗Autotrophie erzeugte organische Substanz. Ein Teil wird durch ↗Heterotrophie umgebaut (Sekundärproduktion) oder remineralisiert, ein Teil kann durch Sedimentation der Lebensgemeinschaft entzogen werden (Exportproduktion).

Bryoid, ein von celleporiform wachsenden, d.h. multilamellar-massiv wachsenden, cheilostomen Bryozoen gebildetes ↗Onkoid (Abb.); v.a. in tertiären Flachwassercarbonaten vorkommend.

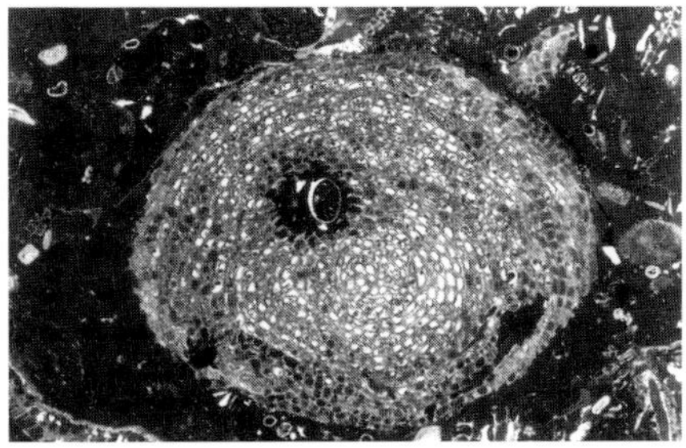

Bryoid: Dünnschliff eines Bryoid.

Bryophyta, *Moose*, Abteilung des Regnum ↗Plantae, ↗Embryophyten, bei denen im Gegensatz zu ↗Pteridophyta und ↗Spermatophyta die Gametophyten-Generation vorherrscht. Bryophyta sind an das Leben auf trockenem Land nicht gut adaptiert, weil die Befruchtung der Eizelle durch begeißelte Spermien an die Gegenwart von Wasser gebunden bleibt, und auch ihr Bauplan löst die mit der Landnahme verbundenen Anpassungsprobleme, v.a. mit dem Wasserhaushalt, nicht. Denn im Gegensatz zu den ↗Tracheophyten haben Bryophyta nur einen ↗Thallus oder einen noch unvollkommen entwickelten Vegetationskörper mit Blättchen und Stämmchen, aber ohne Wurzeln, um Wasser und Nährstoffe absorbieren zu können, und ohne ↗Leitbündel zum Transport von Wasser und Nährlösung. Sie sind lediglich mit ↗Rhizoiden im Boden verankert. Wasser wird direkt über die äußeren Zellen absorbiert und diffundiert dann durch den Körper. Moose waren auch nie in der Lage, sich wirkungsvoll gegen Austrocknung zu schützen, da ihnen ein Abschlußgewebe weitgehend fehlt und die ↗Cuticula sehr zart ist. Wasser wird in einem hoch entwickelten Speichergewebe aus Wassersäcken oder Wasserzellen sowie kapillar zwischen den dicht stehenden Pflänzchen von Moospolstern gespeichert. Moospolster wirken daher wie Schwämme und tragen so ganz wesentlich zum Ausgleich des Wasserhaushaltes der Wälder, v.a. aber von Hochmooren, bei. In Torfmoospflanzen-Vergesellschaftungen heutiger ↗Moore sind daran ganz wesentlich Sphagnaceae beteiligt. Deren Gametophyt wächst an der Spitze weiter, so daß jährlich dicker werdende Moosdecken entstehen, deren oberste Schicht aus lebendem Material besteht, während die tieferen Schichten durch Luftmangel absterben und unter Sauerstoffabschluß unvollständig verkohlen und in ↗Torf umgewandelt werden. Bei genügend hohen Niederschlägen kann das Wachstum der Moose so intensiv sein, daß die übrige Vegetation erstickt wird und sich die Ablagerungen mit

Bryozoa 1: Organisationsschema der Bryozoen.

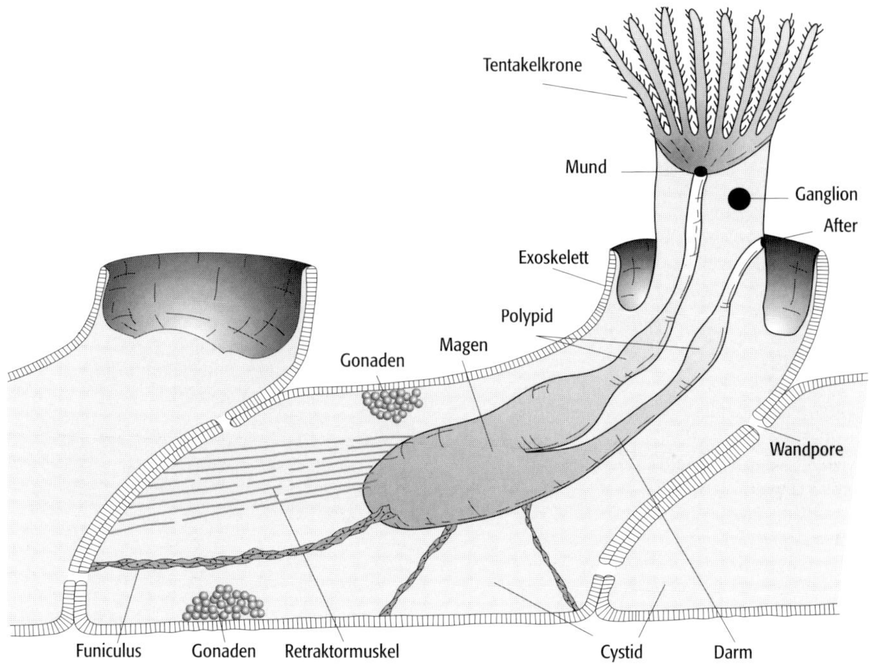

mehr oder weniger deutlicher Wölbung über die Umgebung erheben. Diese Moospolsterdecken werden nur durch nährstoffarmes Niederschlagswasser versorgt. Im Gegensatz zu den ↗Kormophyten fehlt den Bryophyta ein Stützgewebe, und so können Moose auch aus mechanischen Gründen nur wenige Zentimeter hoch wachsen. Es wird angenommen, daß die Bryophyta, vielleicht sogar polyphyletisch, von ↗Chlorophyta abstammen und parallel zu den Tracheophyten im ↗Silur das Land besiedelten. Eindeutig als Fossilien nachgewiesen sind Moose aber erst seit dem Oberkarbon (↗Karbon). Die meisten Moosfossilien sind aus dem ↗Känozoikum bekannt. [RB]

Bryozoa, die zur Stammgruppe ↗Tentaculata gehörenden Bryozoen (Abb. 1) bilden einen der großen, formenreichen Tierstämme (4500 rezente, 16.000 fossile Arten). Die meist unter 1 mm großen Einzeltiere (Zooide) scheiden ein gelatinöses oder festes, röhrenartiges oder kastenförmiges Gehäuse (Zooecium) aus Chitin aus, welches durch Carbonat (Calcit und/oder Aragonit) verfestigt sein kann. Die Zooide sind immer in fast ausschließlich sessilen Kolonien (Zoarien) organisiert, deren Größe von wenigen Millimetern bis über 1 m reicht. Kolonien können aus mehr als 1 Million Zooiden bestehen. Bryozoen leben größtenteils marin, nur ca. 50 Arten im Süß- und Brackwasser. Fossile Formen sind seit dem ↗Ordovizium bekannt. Die Weichkörperanatomie ist typisch für die Tentaculata. Der Mund ist von einem Lophophor mit Tentakeln umgeben. Der Darm ist U-förmig gebogen. Der Mund liegt im Tentakelkranz, der Anus außerhalb (daher der Name Ectoprocta). Im Gegensatz zu Phoronida und ↗Brachiopoda fehlen aber Blutgefäße und Nephridien. Atmungsorgane fehlen; das Nervensystem ist auf ein Ganglion und von dort ausstrahlende einzelne Nervenfasern reduziert. Die Bryozoen sind bis auf wenige Ausnahmen Hermaphroditen (Zwitter); in Kolonien kommen allerdings stets beide Geschlechter vor. Nach der geschlechtlichen, über eine bewimperte Larve führenden Entstehung des ersten Zooids einer neuen Kolonie (Ancestrula) werden weitere Zooide durch Knospung gebildet. Ein Zooid besteht aus zwei funktionellen Abschnitten. Das Polypid ist der vordere Körperteil (Lophophor mit anschließenden halsartigen Weichteilen sowie Darmtrakt). Es kann durch Retraktormuskeln schnell in das Gehäuse eingezogen bzw. durch diverse Muskelmechanismen, welche zur Erhöhung des hydrostatischen Drucks im Gehäuse führen, zum großen Teil wieder ausgestülpt werden. Das Cystid ist der hintere Teil des Einzeltieres. Es besteht aus ein bis zwei durch das Gehäuse geschützte Zell-Lagen, welche asexuelle Knospen bilden können, und enthält zusätzlich die Gonaden. Das über die Retraktormuskeln und einem Gewebsfaden (Funiculus) mit dem Cystid verbundene Polypid kann mehrfach regenerieren und über diese Knospen vom Cystid neu gebildet werden. Erst durch die Koloniebildung werden die Bryozoen zu auffälligen Formen. Für die taxonomische Bearbeitung müssen sowohl Zooid als auch Zoarium berücksichtigt werden, denn polymorphe, spezialisierte Einzelindividuen sind verbreitet. Auch die generellen Wuchsformen der Kolonien sind genetisch gesteuert. Die Öffnung der Zooecien, das Orificium, ist bei manchen Gruppen mit einem Operculum verschließbar. Direkt nebeneinander liegende Zooecien sind durch Kommunikationsporen in der Cystidwand verbunden und können so Coelomflüssigkeit austauschen. Isoliert stehende Zooecien werden durch Stolone verbunden. Sie enthalten einen mit dem Funiculus des Einzeltieres verbundenen Funicularfaden. Die Stolone bestehen aus einer Serie von nur aus dem Cystid bestehenden, spezialisierten Zooiden. Sie werden wie weitere nichtfunktionale, lückenfüllende Zooecien in den Kolonien als Kenozooide bezeichnet. Neben den normalen Nährzooiden (Autozooiden) sind bei vielen Arten der Cheilostomata Heterozooide mit speziellen Funktionen entwickelt. So wird bei den Vibracularien das Operculum der Zooide zu einer schlagenden Borste umgestaltet, bei den Avicularien zu einem vogelkopfähnlichen, schnappenden Organ. Die beiden Heterozooide unterstützen die Nahrungszufuhr, dienen der Reinigung der Kolonie-Oberfläche von Sedimentpartikeln und verhindern, daß sich Larven anderer Hartsubstratbewohner absetzen. Freilebende kuppelförmige Kolonien können sich mit Hilfe dieser Heterozooide fortbewegen oder aufrichten, falls sie disloziert wurden. Vibracularien und Avicularien sind fossil nicht erhaltungsfähig, aber nach Form und Größe der Poren klar identifizierbar. Gonozooide und Ovicellen sind speziell entstehende Brutpflegekammern. In manchen Kolonien entwickeln sich aus Ausstülpungen der Zooide extrazooidale Strukturen, die zwar einen vom Skelett umgebenen Körperhohlraum haben, aber keine Nahrungsaufnahme-Organe. Sie fungieren i. d. R. als Stützelemente.

Bryozoen sind zum weitaus größten Teil marin lebende, sich strudelnd von Mikroplankton ernährende Tiere. Rezent kommen sie von der Küstenlinie bis in 8500 m Wassertiefe vor, wobei die maximale Verbreitung auf dem Schelf bei 20–200 m Wassertiefe liegt. Wegen der leichten Zerstörbarkeit der oft delikaten Formen durch die hohe Wellenenergie sind sie in flacherem Wasser seltener; die Gezeitenzone wird weitgehend gemieden. Wegen der größeren Suspensionsfracht und der herabgesetzten Salinität sinkt die Diversität auch in der Umgebung von größeren Flußmündungen; euryhaline Formen kommen vor. Generell benötigen die Larven zur Ansiedlung Hartsubstrate. Weil diese im tieferen Wasser seltener werden, sinkt dort auch die Diversität. Tiefwasser-Bryozoen sind deshalb oft mit wurzelartigen Festsätzen angeheftet. Bryozoen besiedeln bevorzugt Fels- und Hartböden, Gerölle, aber auch Exoskelette anderer Organismen oder pflanzliche Substrate (Tange oder Algen). So ist z. B. die Gattung *Membranipora* in Seegras-Wiesen dominant und ermöglicht auf diese Weise den indirekten Nachweis dieses Biotops bis in das Alttertiär. Viele Bryozoen-Larven besiedeln bevorzugt lichtarme Nischen oder die Unterseite von Geröllen oder Organismen. Bryozoen kommen in allen Klimazonen vor, wobei die Diversität zu den Tropen hin steigt. Gemeinsam mit ↗Mollusken sind Bryozoen jedoch sehr wichtige, oft dominierende Faunenelemente in temperierten und borealen Klimazonen (»Bryomol-Assoziation«). Die paläoökologischen Ansprüche zahlreicher rezenter Bryozoen sowie typische Organismenvergesellschaftungen sind gut bekannt. Sie drücken sich in der Dominanz spezieller Wuchsformen der Kolonien aus. Wuchsformen lassen sich auch im Fossilen, v. a. im Tertiär, hervorragend paläoökologisch-paläobathymetrisch auswerten. Inkrustierende einlagige Kolonien kommen besonders im Flachwasser auf Steinen, Schalen, vielfach auch auf fossil nicht erhaltungsfähigen pflanzlichen Substraten vor (↗inkrustierende Organismen). Inkrustierende, aus vielen Zooecien-Lagen bestehende (multilamellare) Kolonien bilden ebenfalls im bewegten Flachwasser festsitzende Krusten, z. T. auch Bryozoen-Onkoide (↗Bryoid). Erekt (aufrecht) wachsende Kolonien können uni- oder bilaminare Fächer oder bäumchenförmige Kolonien bilden (Abb. 2 im Farbtafelteil). In Adaption an hohe Wasserenergie sind sie flexibel oder massiv-rigid gebaut; in tieferem Wasser herrschen zierlichere, oft fein verzweigte, rigide Typen vor. Freilebende Formen, welche sich auf sandigem Substrat fortbewegen können, finden sich v. a. dort, wo nach dem Festsetzen der Larven auf kleinen Sedimentpartikeln kein ausgedehnteres Hartsubstrat zur Weiterentwicklung vorhanden ist. Bryozoen waren besonders im Paläozoikum wichtige Riffbildner. Neben von Bryozoen dominierten ↗Patchreefs im Ordovizium, Karbon und Perm (u. a. auch im Zechstein) treten sie im gesamten ordovizisch-devonischen Riffzyklus zusammen mit ↗Stromatoporen, tabulaten und rugosen ↗Korallen und Kalkalgen als Riffbildner auf. Mit den Fenestrata sind die Bryozoen die wichtigste Organismengruppe in den Waulsortian-Mudmounds des Unterkarbons. Im Känozoikum sowie in modernen Riffen sind sie als inkrustierende und sedimentstabilisierende Riffbewohner vielfach auf beschatteten Flächen und in Riffhöhlen von Bedeutung. Zu den wichtigsten Klassen der Bryozoa zählen: a) Phylactolaemata: Sie ist im Gegensatz zu allen übrigen Bryozoen mit hufeisenförmigem Lophophor ausgestattet und damit phylogenetisch die ursprünglichste, den Phoronida (Hufeisenwürmern, ↗Tentaculata) nahestehende Gruppe. Ihre Vertreter besitzen keine Hartteile. Mit nur ca. 12 Gattungen ist sie ausschließlich im Süßwasser vertreten. Asexuell gebildete Dauercysten (Statoblasten), die auch Frost und Trockenheit überstehen können, sind aus dem jüngsten Tertiär und Quartär bekannt. b) Stenolaemata: ausschließlich marin vorkommende Klasse, mit verkalkten, röhrenförmigen Zooecien ohne Operculum und kreisförmigem Lophophor. Sie ist vom Ordovizium bis rezent bekannt und im Paläozoikum mit fünf Ordnungen (Trepostomata, Cystoporata, Tubuliporata (= Cyclostomata), Cryptostomata, Fenestrata) in verschiedensten flachmarinen Ablagerungsräumen reich vertreten; z. T. an Riffbildungen beteiligt. Nur die Tubuliporata überdauerten die Trias und erlebten in der Kreide ihre wichtigste Blüte. c) Gymnolaemata: marin, brackisch, sehr selten im Süßwasser lebende Gruppe mit ausgeprägt polymorphen Zooecien. Der Lophophor ist kreisförmig. Bei den Cheilostomata sind fast immer, zumindest bis auf die Frontalwand, verkalkte, krug- oder kastenförmige Zooecien mit Operculum bekannt, bei den Ctenostomata kurze röhrenförmige, unverkalkte Zooecien ohne Operculum. Sie kommen ebenfalls vom Ordovizium bis rezent vor. Im Paläozoikum sind nur über die typischen, netzförmigen Bohrspuren der unverkalkten Ctenostomata bekannt; inkrustierende Ctenostomata sind durch Bioimmuration (Überwachsen und Abformung der Kolonienoberflächen durch andere Organismen) seit dem mittleren Jura bekannt. Die Cheilostomata blühen nach ihrem Erstnachweis im oberen Jura in der Oberkreide auf und sind seitdem mit drei Unterordnungen und ca. 1050 Gattungen morphologisch überaus differenziert in allen marinen Habitaten vertreten. [HGH]

BSB ↗*biochemischer Sauerstoffbedarf*.

Bsh-Horizont ↗Bh-Horizont.

Bs-Horizont, ↗Bodenhorizont entsprechend der ↗Bodenkundlichen Kartieranleitung, durch Umlagerung mit Sesquioxiden angereicherter ↗B-Horizont, also ein ↗Illuvialhorizont, allerdings ohne erkennbare Humusanreicherung. Übergangs-Bs-Horizonte sind ↗Bbs-Horizont, ↗Bbms-Horizont, ↗B(h)ms-Horizont, ↗Bhs-Horizont und ↗Bvs-Horizont.

B-Subduktion, wenig gebräuchlicher Begriff, um die ↗Subduktion einer (ozeanischen) ↗Unterplatte, die eine Wadati-Benioff-Fläche (↗Wadati-Benioff-Zone) erzeugt, in Gegensatz zu subduktionsähnlichen Vorgängen in kontinentaler Kruste (↗A-Subduktion) zu stellen.

Bsv-Horizont, ↗Bodenhorizont entsprechend der ↗Bodenkundlichen Kartieranleitung, ↗Bv-Horizont mit Sesquioxiden angereichert.

B-Tektonit, veralteter Begriff für L-Tektonit. ↗Tektonit.

BTEX, allgemein übliche Abkürzung für die ersten Vertreter der homologen Reihe der aromatischen Kohlenwasserstoffe ↗Benzol, Toluol, Ethylbenzol und Xylol. In der Immissionsmeßtechnik werden beim Xylol meistens die isomeren ortho-, meta- und para-Xylole sowie das Ethylbenzol zusammengefaßt ausgewertet. Wenn auch das Benzol aufgrund seiner kanzerogenen Wirkung die wichtigste Komponente ist, spielen besonders in der Innenraumluft Toluol und Xylol eine große Rolle, weil beide in Klebern, Lackfarben und Faserstiften als Lösungsmittel eingesetzt werden. Aufgrund der hohen Flüchtigkeit sind auch Emissionen aus Tankfüllungen von Kraftfahrzeugen nicht zu vernachlässigen. Bei der analytischen Bestimmung von Benzol mit Hilfe der Gaschromatographie werden Toluol und die Xylole automatisch mitbestimmt. Alle Methoden, die für den Nachweis von Benzol geeignet sind, können also auch für die gesamte Gruppe verwendet werden. [ME]

Bt-Horizont, *Tonanreicherungshorizont*. Der bodenbildende Prozeß der ↗Tonverlagerung führt zur Abfuhr von Tonmineralen im Oberboden und zur Tonablagerung auf den Wänden der Mittel- und Grobporen des Unterbodens und so zur Entstehung des oberflächenparallelen Tonanreicherungshorizontes des Bodentyps ↗Parabraunerde.

Btn-Horizont, ↗Bodenhorizont entsprechend der ↗Bodenkundlichen Kartieranleitung, mit Natrium angereicherter ↗B-Horizont, entspricht dem ↗natric horizon der ↗Solonetzböden nach der ↗WRB.

Bubnoff, *Serge* von, russisch-deutscher Geologe, * 27.7.(bzw. 15.7.) 1888 Petersburg, † 16.11.1957 Berlin. Er studierte in Freiburg/Br. und Heidelberg und habilitierte sich an der Universität von Breslau, wo er von 1925 bis 1929 als außerordentlicher Professor tätig war. 1929 wurde er als ordentlicher Professor an die Universität Greifswald berufen. Ab 1950 bis zu seinem Tod war er ordentlicher Professor für Geologie und Paläontologie an der Humboldt-Universität in Berlin und ab 1951 auch Direktor des Geotektonischen Instituts der Deutschen Akademie der Wissenschaften. Bubnoff war ein führender Geologe, der sich im Grenzgebiet von Tektonik und Magnetismus sowie bei Forschungen zur Synthese der Erdgeschichte und Lagerstättenkunde verdient gemacht hat. Seine Hauptwerke sind u.a. die »Geologie von Europa« (1926–36, 2 Bd.), die »Grundprobleme der Geologie« (1931) und die »Einführung in die Erdgeschichte« (1941–49, 2 Bd.). [EHa]

Bubnoff-Einheit, Maßeinheit für die Geschwindigkeit geologischer Prozesse, benannt nach S. v. ↗Bubnoff (1888–1957). 1 Bubnoff (B) = 1 μm pro Jahr oder 1 mm pro 1000 Jahre oder 1 m pro 1 Mio. Jahre.

Buch, *Christian Leopold* von

Buch, *Christian Leopold* von, Freiherr von Gellmersdorf und Schöneberg, deutscher Geologe und Paläontologe, * 26.4.1774 Schloß Stolpe bei Angermünde (Uckermark), † 4.3.1853 Berlin. Buch lebte überwiegend als Privatgelehrter in Berlin; erster Vorsitzender der 1848 gegründeten Deutschen Geologischen Gesellschaft; Gegner des von seinem Lehrer A. G. ↗Werner gelehrten Neptunismus (alle Gesteine entstehen durch chemische Ausfällung oder mechanische Sedimentation aus einem ehemals die Erde bedeckenden Urmeer) und Vertreter des Plutonismus (essentielle Gestaltungskräfte der Erde kommen aus dem Erdinnern, wodurch Gesteins- und Gebirgsbildung erklärt werden können); erkannte überdies, daß granitoide Tiefengesteine keine ↗Urgesteine sind, sondern auch in späteren Erdzeitaltern aufgedrungen sein können. Er war Mitbegründer der (heute überholten) Elevationstheorie über die Vulkan- und Gebirgsentstehung, erforschte den schwäbisch-fränkischen ↗Jura und untergliederte 1837 die Gesteinsfolge des Jura für Deutschland in den Unteren, Mittleren und Oberen Jura. Buch unternahm zahlreiche Reisen in europäische Länder, deren wissenschaftliche Ergebnisse er in geologischen und paläontologischen Veröffentlichungen auswertete; gab 1826 die erste geognostische Karte Deutschlands (24 Blätter) heraus; begründete die systematische Untersuchung der Versteinerungen (Fossilien) und erkannte deren chronologische Bedeutung; schuf die Begriffe »Leitfossil«, »Caldera« und »Loben«; Buch beschäftite sich auch mit Untersuchungen zur Seismologie. [VJ]

Buchit, ein glasig (↗Gesteinsglas) ausgebildetes, kontaktmetamorphes Gestein, das als zusätzliche Minerale Quarz, Cordierit und Magnetit enthalten kann. Es kann sich bei der ↗Frittung von feldspatführenden Sandsteinen am Kontakt zu kleineren Basaltintrusionen bilden.

Buchstabensignatur ↗Positionssignatur.

Bucht, zurückweichender Küstenverlauf, wodurch das Wasser z. T. von Land umschlossen ist. Die Wasserfläche einer Bucht ist größer als der über der gesamten Breite des Eingangs geschlagene Halbkreis. Ist sie kleiner, spricht man von einer Einbuchtung.

Buchtungsindex, zur Charakterisierung von ↗Schichtstufen verwendetes Maß; Quotient aus der Entfernung zwischen zwei Punkten entlang des ↗Traufs und der direkten Distanz zwischen diesen Punkten.

Buckland, *William*, englischer Geologe und Paläontologe, * 12.3.1784 Axminister (Devonshire), † 12.8.1856 London. Der 1808 ordinierte anglikanische Priester wurde 1813 als erster Professor der Geologie und Mineralogie an die Universität von Oxford berufen. Buckland war ein entschiedener Gegner der Evolutionstheorie. In seinen Werken »Relics of the Deluge« (1823) und die »Geology and Mineralogy Considered with Reference to Natural Theology« (1836) versuchte er, die geologischen Entdeckungen seiner Zeit in Einklang mit der geltenden Kirchendoktrin zu bringen. Fluviatile Prozesse hielt er als die Erdoberfläche gestaltgebende Kraft nicht für hinreichend. Er sah vielmehr die Sintflut als die Ursache der heutigen Landformen an. In seinen späteren Jahren erkannte er unter dem Einfluß von ↗Agassiz jedoch auch die geomorphologische Bedeutung von Eismassen während der Eiszeiten. [EHa]

Büdel, *Julius*, deutscher Geograph, * 8.8.1903 Molsheim, † 28.8.1983 Würzburg. Gilt als herausragender Wegbereiter der klimagenetischen Geomorphologie. Die starke Betonung der dominierenden Rolle des Klimas bei den Formungsprozessen der Erdoberfläche war wissenschaftstheoretisch auch eine Reaktion auf die bis in die 30er Jahre des 20. Jahrhunderts überwiegend geologisch-strukturellen Erklärungsansätze. Als Ausdruck der steuernden Funktion des Klimas stellte Büdel der exzessiven Flächenbildung der wechselfeuchten Tropen (↗doppelte Einebnungsfläche) die ↗exzessive Talbildung der ↗Periglazialgebiete gegenüber. Die umfassenden Theorien und Hypothesen Büdels übten einen sehr starken Einfluß auf mehrerere Generationen von Geomorphologen aus, konnten jedoch in vielen Teilaspekten einer Überprüfung an konkreten Objekten nicht immer standhalten. In seinem Spätwerk »Klima-Geomorphologie« (1977) sind die wesentlichen Erkenntnisse zusammengefaßt. [WA]

Buerger, *Martin Julius*, amerikanischer Mineraloge, * 8.4.1903 Detroit (USA), † 26.2.1986 Licholn (USA). Assistant Professor für Mineralogie und Petrographie am Massachusetts Institute of Technology (M. I. T.), 1935 Associate Professor und 1944 Full Professor für Mineralogie und Kristallographie am M. I. T. in Cambridge; 1939 erster Präsident der Cristallographic Society of America; 1947 Präsident der Mineralogical Society of America; 1953 gewähltes Mitglied der National Academy of Sciences, Mitherausgeber der »Zeitschrift für Kristallographie« und der »International Tables for X-Ray Diffraction«. Buerger erhielt zahlreiche Ehrungen und Preise, z. B. 1951 die A.-L.-Day-Medaille der Geological Society of America, 1958 die Roebling-Medaille der Mineralogical Society of America, 1958 den Ehrendoktortitel der Universität Bern; Ehrenmitgliedschaften in mehreren ausländischen wissenschaftlichen Gesellschaften, u. a. der Deutschen Mineralogischen Gesellschaft. Erfinder der Präzessions-Kamera (↗Präzessionsmethode) und der Äqui-Inklinations-Technik. Unter den rund 250 Publikationen, u. a. zur Theorie der Kristallstrukturanalyse mit Röntgenstrahlen und zur Entwicklung neuer Röntgenmethoden, befinden sich 12 Monographien, z.B: »The powder method in X-ray crystallography« (New York 1958), »Vector space and its application to crystal structure investigation« (New York – London 1959), »X-Ray-Crystallography« (New York 1942). [KH]

Buhne, dammartiges, quer zur Uferlinie angelegtes Regelungsbauwerk, womit der durchflußwirksame Querschnitt eines Gewässers eingeschränkt wird. Buhnen werden angelegt, damit für die Schiffahrt in Niedrigwasserzeiten eine ausreichende Wassertiefe entsteht (↗Niedrigwasserregelung). Darüber hinaus dienen Buhnen zum Schutz des Ufers vor Erosion. Buhnen werden als Steindamm gelegentlich auch als Faschinendamm (↗Faschine) oder als Doppelspundwand mit einer Stein- oder Betonfüllung hergestellt. Mit der Buhnenwurzel ist sie in das Ufer eingebunden, das wasserseitige Ende ist der Buhnenkopf. Der Bereich zwischen zwei Buhnen wird als Buhnenfeld bezeichnet. Aus hydraulischen Gründen werden Buhnen inklinant, d. h. etwas gegen die Fließrichtung geneigt, ausgeführt. Durch den Bau von Buhnen steigen zunächst die Wasserspiegel im Gewässer an, was zu einer Erhöhung von Fließgeschwindigkeit und ↗Schleppkraft führt, so daß sich der Fluß bis zum Erreichen eines neuen Gleichgewichtszustandes vertieft. Gegenüber dem parallel zum Gewässer verlaufenden ↗Leitwerk hat die Buhne den Vorteil, daß die Baukosten geringer sind und eine Nachregelung in einfacher Weise durch Verkürzung oder Verlängerung möglich ist. An den Buhnenköpfen besteht die Gefahr von Auskolkung (↗Kolk). Als Maßnahme des Küstenschutzes werden Buhnen senkrecht oder schräg zur Uferlinie angeordnet, um Tide- und Küstenströmungen abzuleiten sowie Wellen und Brandungsströme zu beeinflussen. In der Regel wird die Buhne als Steinschüttdamm ausgebildet, in einfachen Fällen auch als Einwandbuhne mit Hilfe von Pfählen (↗Leitwerk Abb.). [EWi]

Bu-Horizont, ↗Bodenhorizont entsprechend der ↗Bodenkundlichen Kartieranleitung; ↗B-Horizont; Unterbodenhorizont der ↗Ferrallite;

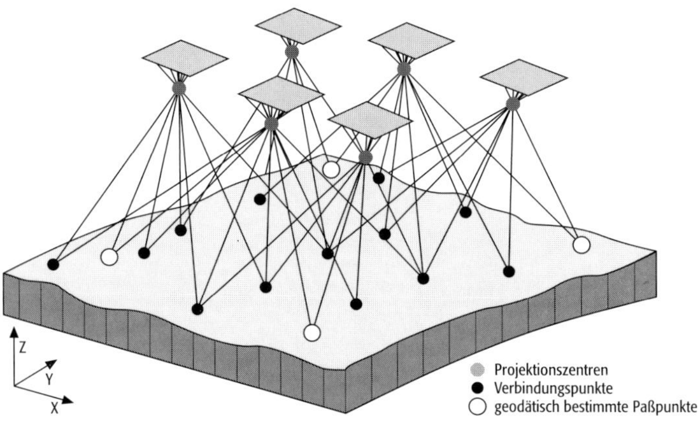

Bündeltriangulation: geometrische Grundelemente.

kommt in Deutschland nur fossil vor; Struktur des Ausgangsgesteins ist nicht mehr vorhanden; weist weniger als 5 Vol.-% Festgesteinsreste, unter 3 Vol.-% verwitterbare Minerale und über 17 Vol.-% Tongehalt auf; deutlichere Farbabhebung (stärker rot) als beim darunter folgenden Horizont.

Bullenauge, *bulls eye*, ↗Banded Iron Formation.

Bündeltriangulation, in der Photogrammetrie numerisches Verfahren der ↗Mehrbildauswertung von analogen oder digitalen Meßbildern eines ↗Bildverbandes zur Bestimmung der Daten der ↗äußeren Orientierung und der ↗Objektkoordinaten von ↗Paßpunkten. Geometrische Grundelemente der Bündeltriangulation sind die ↗Aufnahmestrahlenbündel der in die Triangulation einbezogenen Meßbilder (Abb.). Das funktionale Modell der Bündeltriangulation ist die ↗Kollinearitätsbedingung. In die Ausgleichungsprozedur gehen die gewichteten ↗Bildkoordinaten der ausgewählten Verbindungspunkte des Bildverbandes, die geodätisch bestimmten Objektkoordinaten der Paßpunkte sowie die bei Luftbildern aus ↗GPS-Messungen ermittelten ↗Objektkoordinaten der ↗Projektionszentren bei der Bildaufnahme ein.

Bündelung ↗seismisches Array.

Bundesamt für Eich- und Vermessungswesen, Zentralbehörde der Republik Österreich für das Eich-, Kataster- und Vermessungswesen sowie die Landesaufnahme einschließlich der Herausgabe der ↗topographischen Karten (1:500.000) in analoger und digitaler Form.

Bundesamt für Kartographie und Geodäsie, *BKG*, Behörde im Zuständigkeitsbereich des Bundesinnenministeriums für die wissenschaftliche Forschung in Geodäsie, Photogrammetrie und Kartographie sowie gemäß Bund-Länder-Abkommen für die Herausgabe der ↗topographischen Karten" 1:200.000 in analoger und digitaler Form. Das BKG ist hervorgegangen aus dem 1950/51 an der Bayerischen Akademie der Wissenschaften begründeten und 1952 in die Bundesverwaltung übernommenen *Institut für Angewandte Geodäsie* (*IfAG*), in das Restteile des ↗Reichsamts für Landesaufnahme und nach der Wiedervereinigung das Forschungszentrum Geodäsie und Kartographie in Leipzig eingegliedert wurden.

Bundesamt für Landestopographie, Zentralbehörde im Zuständigkeitsbereich des Schweizerischen Eidgenössischen Militärdepartements für die geodätische und topographische Landesvermessung und die Herausgabe der ↗topographischen Landeskartenwerke (sog. Landeskarten 1:25.000 bis 1:1 Mio.).

Bundesamt für Seeschiffahrt und Hydrographie, seit 1990 Nachfolgeinstitution der 1868 gegründeten Norddeutschen Seewarte, der Deutschen Seewarte (seit 1875) und des Deutschen Hydrographischen Institutes (*DHI*, seit 1945). Seine gesetzlichen Aufgaben umfassen die Seevermessung, die Gezeiten-, Wasserstands- und Sturmflutvorhersage, den Eisdienst, den erdmagnetischen Dienst sowie die Herausgabe amtlicher ↗Seekarten, ↗Seehandbücher und nautischer Nachrichten. Darüber hinaus betreibt es die Überwachung von Nord- und Ostsee hinsichtlich des physikalisch-chemischen Zustandes, betreibt naturwissenschaftliche und nautisch-technische Forschungen zur Sicherung von Seeschiffahrt und Seefischerei und prüft nautische Geräte.

Bundesanstalt für Gewässerkunde, Bundesoberbehörde mit Sitz in Koblenz, wissenschaftliches Institut des Bundes für die Forschung auf den Gebieten ↗Gewässerkunde, ↗Wasserwirtschaft und ↗Gewässerschutz. Sie berät Bundesministerien in Grundsatz- und Einzelfragen sowie die Wasser- und Schiffahrtsverwaltung im Rahmen der Planung, des Aus- und Neubaus, des Betriebs und der Unterhaltung der Bundeswasserstraßen.

Bundes-Bodenschutzgesetz, *BbodSchG*, wurde zum Schutz vor schädlichen Bodenveränderungen und zur Sanierung von Altlasten entworfen und ist am 1.3.1999 in Kraft getreten. Der Zweck des Gesetzes ist es, die Funktionen des Bodens zu sichern oder wiederherzustellen. Schädliche Bodenveränderungen müssen verhindert werden, ↗Bodenkontaminationen, ↗Altlasten sowie hierdurch verursachte Gewässerverunreinigungen müssen saniert werden und es muß Vorsorge gegen nachteilige Einwirkungen auf den Boden getroffen werden. Bei Einwirkungen auf den Boden sollen Beeinträchtigungen seiner natürlichen Funktionen sowie seiner Funktion als Archiv der Natur- und Kulturgeschichte so weit wie möglich vermieden werden (↗Bodenfunktionen). Schädliche Bodenveränderungen im Sinne dieses Gesetzes sind Beeinträchtigungen der Bodenfunktionen, durch die Gefahren, erhebliche Nachteile oder erhebliche Belästigungen für den einzelnen oder die Allgemeinheit hervorgerufen werden. [CSch]

Bundesnaturschutzgesetz, *BNatSchG*, Gesetz vom 12.02.1990 mit dem Ziel des Schutzes und der nachhaltigen Sicherung der natürlichen Lebensgrundlagen des Menschen. Neben den gesetzlichen Schutz treten das Pflege- und Entwicklungsgebot der Natur- und Kulturlandschaft.

Bundesraumordnungsprogramm, bestimmt das Programm für die großräumige, landesweite ↗Raumordnung der BRD. In ihm werden die

Zielsetzungen der verschiedenen ↗Fachplanungen der Bundesressorts zunächst einmal in einer Konzeption für das gesamte Bundesgebiet dargelegt. Die gesetzliche Grundlage bildet das Bundesraumordnungsgesetz, welches zusammen mit dem Bundesbaugesetz ein bundesressortübergreifendes Instrument zur Entwicklungsplanung darstellt. Nachfolgende, untergeordnete Planungsebenen erstellen die ↗Landesentwicklungspläne, ↗Regionalpläne und die ↗Bauleitpläne.

Bundeswasserstraße, im Bundesbesitz befindliche ↗Wasserstraße.

bunte Farben, *Buntfarben*, alle von Weiß, Schwarz und neutralen Grautönen verschiedene Farben. ↗Farbordnung, ↗unbunte Farben.

Buntmetalle, schwere Nutzmetalle, neben Eisen auch Antimon, Blei, Cadmium, Kobalt, Kupfer, Nickel, Quecksilber, Bismut und Zink. Buntmetalle treten natürlich v. a. in (z. T. bunten) Sulfidmineralien (↗Sulfide) bzw. in bunten Sekundärmineralien der ↗Oxidationszone auf.

Buntmetall-Lagerstätten, meist sulfidische Lagerstätten der ↗Buntmetalle.

Buntsandstein, regional verwendete stratigraphische Bezeichnung für die untere Trias des Germanischen Beckens. Der Buntsandstein entspricht dem ↗Skyth und unterem ↗Anis der internationalen Gliederung. Es sind vorwiegend kontinentale, untergeordnet auch marginal-marine rote Sand- und Tonsteine, im oberen Buntsandstein auch Evaporite. ↗Trias, ↗geologische Zeitskala.

Burdigal, *Burdigalien*, international verwendete stratigraphische Bezeichnung für eine Stufe des Miozäns, benannt nach dem lateinischen Namen der Stadt Bordeaux (Westfrankreich). ↗Neogen, ↗geologische Zeitskala.

Bureau Gravimetrique International, *BGI*, *Internationales Gravimetrisches Büro*, eine Institution der ↗Internationalen Assoziation für Geodäsie mit Sitz in Toulouse, Frankreich, die weltweit gemessene Schwerewerte der Erde sammelt, archiviert, verarbeitet und für wissenschaftliche Zwecke zur Verfügung stellt.

Bureau International de l'Heure, *BIH*, ehemaliger Internationaler Zeitdienst mit Sitz in Paris, der die ↗Zeitskalen, insbesondere die internationale Atomzeitskala ↗TAI (Temps Atomique International) festlegte. Er wurde 1988 in den ↗IERS überführt.

bürgerliche Dämmerung ↗Dämmerung.

bürgerliches Datum, im Alltag gebräuchliche Darstellung einer Zeitangabe, z. B. 1.1.2000, evtl. ergänzt durch eine Uhrzeit. Zu beachten ist, daß ein ↗Kalender unterstellt wird, der nicht notwendigerweise weltweit gilt.

bürgerliches Jahr, beginnt am 1. Januar und dauert 365 oder 366 Tage, falls ein ↗Schaltjahr vorliegt. Man beachte, daß weltweit noch verschiedene ↗Kalender in Gebrauch sind.

Burgers-Vektor ↗Versetzung.

Burgess Shale, spektakuläre Fossillagerstätte im mittleren Kambrium im Yoho National Park (Britisch Kolumbien, Kanada), die 1909 von Charles D. Walcott am Burgess Pass entdeckt wurde. Das besondere an der Burgess Shale Lagerstätte ist, das neben der üblichen Erhaltung von biomineralisierten Skeletten auch Weichteilerhaltung vorkommt. Über 80 % der Burgessfauna sind Weichtiere, die in den gleichaltrigen Schalentier-Fossilfaunen fehlen. Daher überliefert die Burgesslagerstätte eine vollständigere Fauna, die Einsicht in die frühe Evolution der Metazoen und die kambrische Radiation erlaubt. Der Burgess Shale ist Teil der Stephen Formation und wurde in einem marinen Becken abgelagert, das sich seewärts von einer Carbonatplattform (Cathedral Formation) befand. Er besteht aus feinkörnigen Sedimenten mit gradierten Lagen, die vermutlich auf Turbidit-Ströme zurückzuführen sind. Für diese Interpretation spricht auch die z. T. chaotische Lagerung der Fossilien, die offenbar durch die Trübeströme mitgerissen und über eine unbekannte Distanz transportiert wurden. Die schnelle Einbettung in sauerstoffarmer Umgebung sorgte für die gute Erhaltung. Diese Art der ↗Fossilisation betraf hauptsächlich benthische (am Meeresboden lebende) Organismen, da nektische (freischwimmende) Tiere der tödlichen Strömung leichter entkommen konnten. Charakteristische Faunenelemente des Burgess Shale sind verschiedene Algen, Schwämme, Cnidaria (mögliche Seefedern und Seeanemonen), inarticulate und articulate Brachiopoden, Monoplacophoren und Hyolithen, priapulide Würmer, polychaete Würmer, Arthropoden (Crustaceen, Trilobiten, Cheliceraten u. a.), Echinodermen (Cystoideen, Crinoiden und Holothurien), Chordaten und viele Organismen, die keiner bekannten Gruppe zugeordnet werden können (Abb.). Diese Organismen zeigen eigenartige Morphologien, die keine rezenten Analogien haben. Ein berühmtes Beispiel ist *Anomalocaris*, ein bis 60 cm langes, den Arthropoden ähnliches Tier, das größte der Burgess-Shale-Organismen und eines der am weitest verbreiteten, das auch in China (↗Chengjiang-Fauna), Australien (Emu Bay Shale) und Grönland (Sirius Passet) gefunden wurde. Vermutlich handelte es sich um ein Raubtier, das unter anderem Jagd auf Trilobiten machte. Darauf deuten verheilte Bißspuren an den Rändern von Trilobitenskeletten. Besonders kurios ist *Opabina*, die fünf Augen auf dem Kopf trägt und einen langen rüsselförmigen Fortsatz, der am Ende mit Stacheln zum Zugreifen besetzt ist. *Marrella splendens*, ein den Trilobiten ähnliches, etwa 2 cm langes Tier ist eines der häufigsten Fossilien im Burgess Shale. Es zeigt starke Kiemenentwicklung, die als Hinweis auf niedrigen Sauerstoffgehalt am kambrischen Meeresgrund gedeutet werden kann. [SP]

Burozems, veraltet für ↗Calcisols und ↗Gypsisols der ↗WRB, braune Halbwüstenböden mit schwach humosen Oberböden und Salz- sowie Gipsanreicherungen im Unterboden.

Bursa-Wolf-Modell ↗Transformation zwischen globalen Koordinatensystemen.

Buschbrand, durch Blitzschlag oder von Menschenhand, meist nach längerer Trockenheit, fahrlässig oder mit Absicht ausgelöstes Feuer in der Buschlandschaft (↗Feuer).

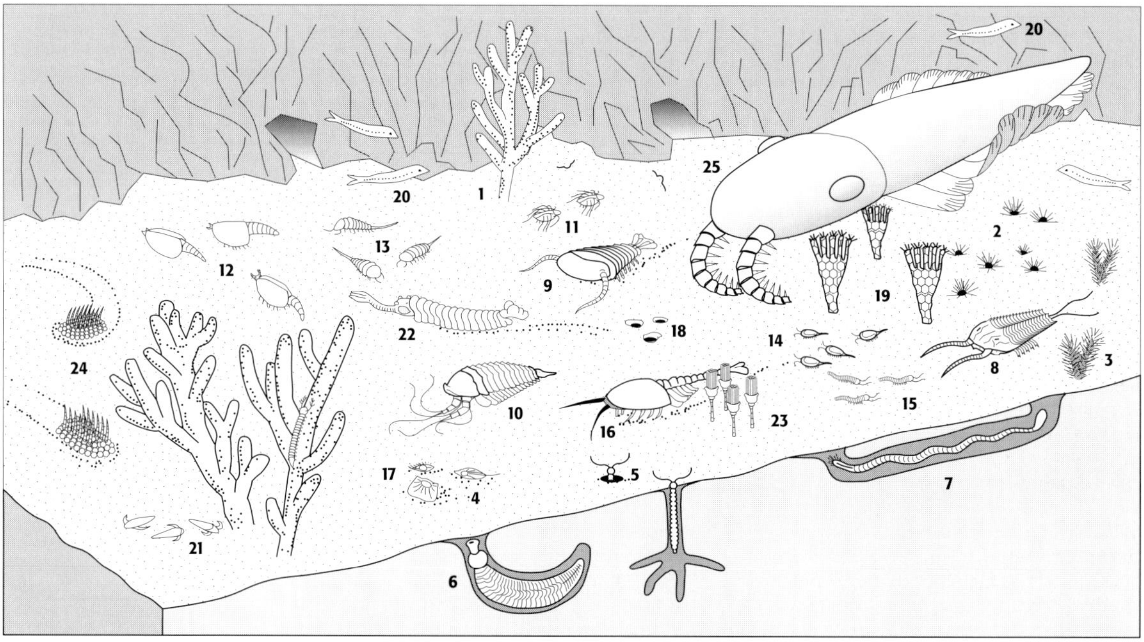

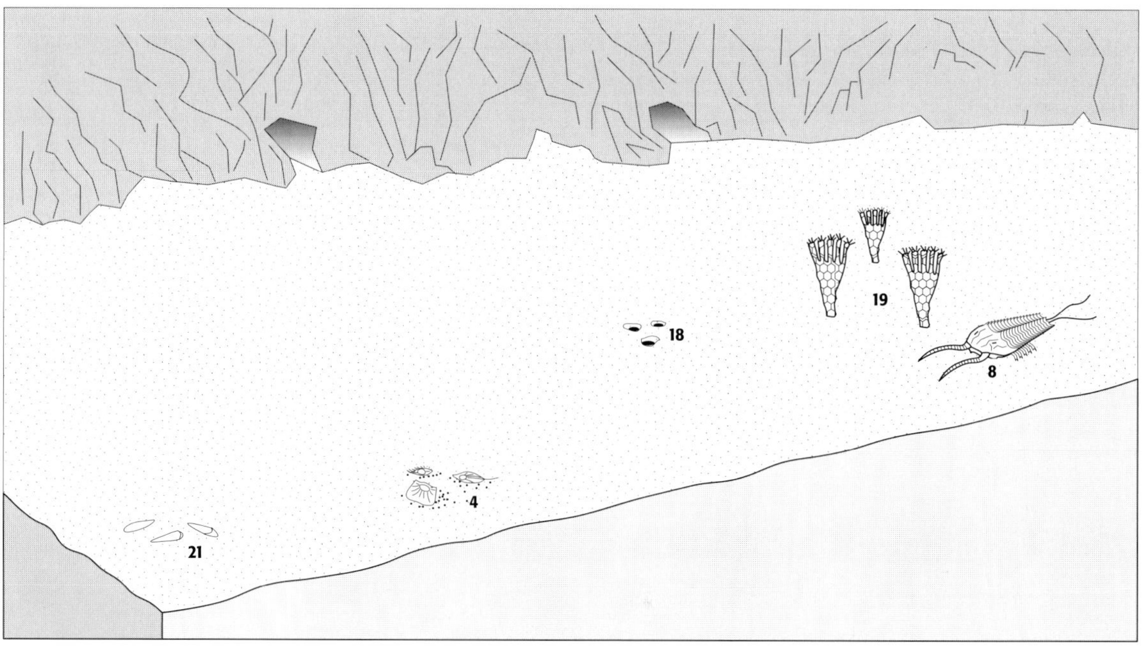

Burgess Shale: Das obere Diagramm illustriert die Zusammensetzung der Burgess Shale Fauna mit vielen Weichtieren. Das untere Diagramm zeigt die Zusammensetzung einer äquivalenten Fauna, die der normalen Fossilisation ausgeliefert war. Hier sind nur die Überreste von Tieren mit biomineralisier-

Buschendorf, *Friedrich*, deutscher Mineraloge und Lagerstättenkundler, * 10.4.1898 Halle/Saale, † 21.1.1978 Clausthal-Zellerfeld. Buschendorf war 1934–39 Professor in Clausthal, 1951–56 Leiter der Lagerstättenforschungsstelle der GDMB (Gesellschaft für Bergbau, Metallurgie, Rohstoff- und Umwelttechnik) in Zellerfeld und ab 1956 Professor in Hannover. Er schrieb wichtige Arbeiten zu Blei-Zink-Lagerstätten, u.a. Beiträge zur Monographie der Deutschen Blei-Zinkerz-Lagerstätten wie Meggen und Harz, weiterhin zur Geochemie der ↗Baryte und zu Lagerstätten im Bayerischen Wald.

Buschlagenbau, ingenieurbiologische Bauweise (↗Lebendbau), bei dem bewurzelungsfähiges Reisig, meist von Weiden, an Hängen und Böschungen in horizontalen Stufen eingebaut wird.

Bushveld-Komplex, *Bushveld Igneous Complex*, *BIC*, gehört zu den präkambrischen (↗Präkambrium) Großintrusionen basaltischer Schmelzen. In Transvaal (Südafrika) gelegen und ca. 1,95 Mrd. Jahre alt, ist er mit einer Ausdehnung von 460 × 245 km, einer Mächtigkeit bis zu 9 km und einem Volumen von ca. von 100.000 km³ der größte Intrusivkomplex auf der Erde. Der größte Teil ist allerdings unter jüngeren kieselsäurereichen Magmatiten verdeckt, so daß nur die Randbereiche aufgeschlossen sind (Abb. 1). Geophysikalische Untersuchungen ergaben, daß der BIC keine große Einzelintrusion ist, sondern aus fünf separaten, sich überlappenden Komplexen besteht, die jedoch in ihrer Differentiationsabfolge (↗Differentiation) sehr ähnlich sind. Die gesamte Intrusion erfolgte über mehrere Millionen Jahre.

Der Bushveld-Komplex ist eines der berühmten und gut studierten Beispiele für die Differentiationsvorgänge bei basaltischen Magmen mit einer Gesteinspalette, die von ↗ultrabasischer bis saurer Zusammensetzung reicht. Er zeichnet sich durch eine ausgesprochene Lagentextur (Abb. 2 im Farbtafelteil) aus (layered intrusion), die an sedimentäre Schichtung erinnert. Sie ist Ausdruck von Differentiationszyklen, die mit unterschiedlichen Modellen erklärt werden können. In seiner plutonischen Hauptphase wird der Bushveld-Komplex wie folgt gegliedert:

Obere Zone (Granodiorit, Olivindiorit, Gabbro bis Anorthosit, Magnetit-Bänder), Hauptzone (Merensky-Reef; Gabbros bis Anorthosit, untergeordnet Norit), Kritische Zone (Norit bis Anorthosit, Pyroxenit, Chromititbänder), Haupt-Chromititband, Basalzone (Pyroxenit, untergeordnet Norit, Peridotit, Chromititbänder) und Randzone (»chill-zone«; relativ schnell abgekühlte, meist feinkörnige Zone noritischer Zusammensetzung). In Zusammenhang mit den differentiativen Vorgängen ist es zu Erzanreicherungen gekommen. Seine wirtschaftliche Bedeutung liegt in den enormen Reserven von Chrom, Kupfer, Vanadium und Platin und Platin-Gruppen-Elementen (PGE), wie z.B. Rhodium oder Rhenium. [HFl, GST]

Bushveld-Typ, Bezeichnung für ↗stratiforme Vererzungen mit lagenförmigen Anreicherungen von ↗Chromit [$(Fe,Mg)Cr_2O_4$], z.T. als reine Chromitgesteine (Chromitite) in geschichteten ↗ultrabasischen Differentiaten (↗Differentiation) von basischen Großintrusionen (↗Lopolithe). Vererzungen vom Bushveld-Typ sind in relativ wenigen Vorkommen auf ↗präkambrischen ↗Kratonen zu finden und machen über 98 % der Ressourcen an Chromit aus. ↗Chromitlagerstätten, ↗Bushveld-Komplex.

Büßerschnee, *Nieve penitente*, *penitentes Eis*, aus einer ursprünglich annähernd ebenen Schnee- oder Eisdecke herausmodellierte, als steile Schnee- oder Eispyramiden oft in parallelen Reihen gegen die Sonnenstrahlen gerichtete ↗Schmelzformen (↗Ablation); zurückzuführen ist die Büßerschneebildung auf Schmelzvorgänge mit besonders hoher Verdunstungsrate, bei denen bereits geringe Unterschiede auf der Schneeoberfläche eine differenzierende Wirkung der Sonnenstrahlung nach sich ziehen. Typisch ausgebildet (und bis über 6 m Höhe erreichend) ist Büßerschnee infolge der dort steil einfallenden Strahlung und relativ geringen Luftfeuchtigkeit insbesondere in den subtropischen bis äquatornahen kontinentalen Hochgebirgen. Er kann aber als Kleinform (*Mikropenitentes* bis 1 m Höhe,) auch in den Alpen beobachtet werden.

Bussole, *Bussoleninstrument*, ein mit Gradeinteilung und Zielvorrichtung versehener Magnet-

ten Skeletten erhalten. Schwämme: 1 *Vauxia*, 2 *Choia*, 3 *Pirania*, 4 *Nisusia*. Polychaeten: 5 *Burgessochaeta*. Priapulide Würmer: 6 *Ottoia*, 7 *Louisella*. Trilobiten: 8 *Olenoides*. Andere Arthropoden: 9 *Sidneya*, 10 *Leanchoilia*, 11 *Marrella*, 12 *Canadaspis*, 13 *Molaria*, 14 *Burgessia*, 15 *Yohoia*, 16 *Waptia*, 17 *Aysheaia*. Mollusken: 18 *Scenella*. Echinodermen: 19 *Echmatocrinus*. Chordaten: 20 *Pikaia*. Tiere unbekannter Zugehörigkeit: 21 *Haplophrentis*, 22 *Opabina*, 23 *Dinomischus*, 24 *Wiwaxia*, 25 *Anomalocaris*.

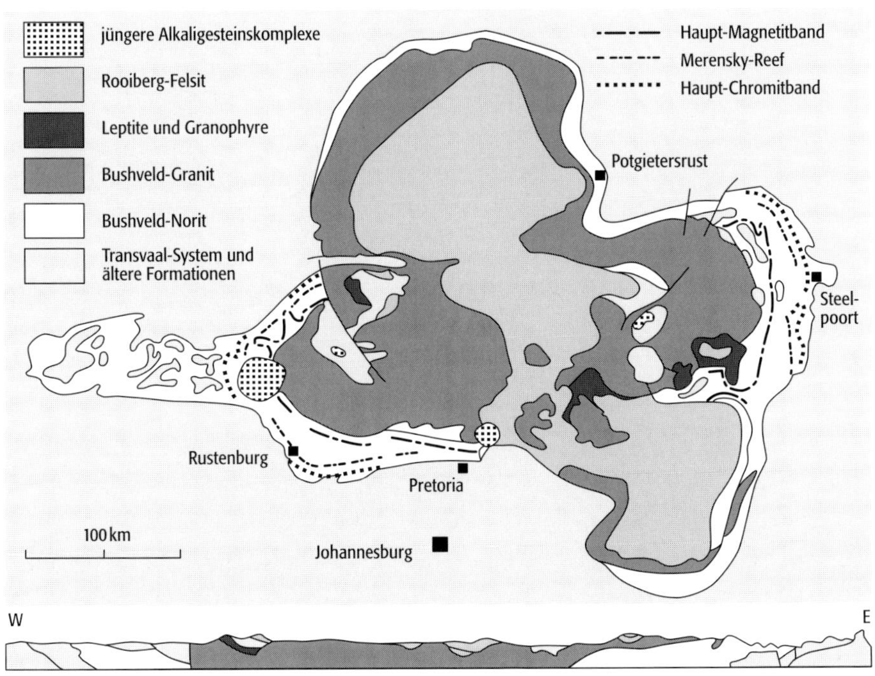

Bushveld-Komplex 1: Karte und Profil des Bushveld-Komplexes, Transvaal (Südafrika).

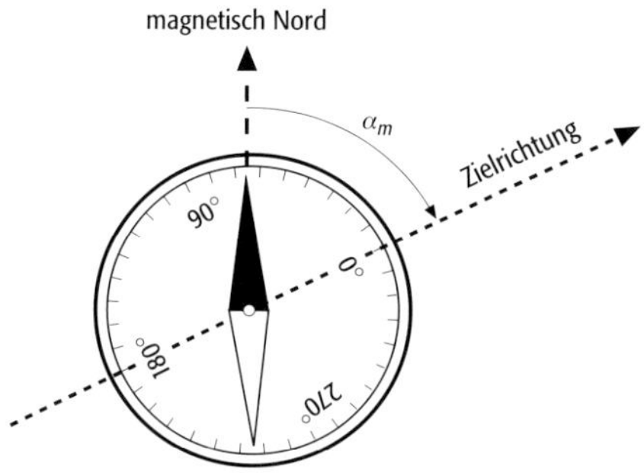

Bussole: Ablesung des Azimutes mit dem Nordende der Magnetnadel.

kompaß, zur Messung magnetischer ↗Azimute α_m. Man unterscheidet Röhren- und Kreisbussolen. Je nach der Art der Visiereinrichtung differenziert man auch in Diopter- und Fernrohrbussolen. Ist die Kompaßkreisteilung entgegen dem Uhrzeigersinn beziffert und verläuft die ↗Zielachse des Instruments durch den 0°–180°-Durchmesser der Teilung, so werden an letzterer mittels des Nordendes der Magnetnadel unmittelbar magnetische Azimute abgelesen. Die Genauigkeit der ↗Richtungsmessung mit Bussolen ist nicht sehr hoch. Sie werden z. B. in der Forstvermessung oder in Aufnahmegebieten ohne dichtes ↗Festpunktfeld zur Orientierung der Geländeaufnahmen nach Norden verwendet. Auf ↗Theodoliten werden Bussolen als Orientierungsinstrumente montiert, während Vollkreisbussolen im Gelände, aufgeschraubt auf Stative, eingesetzt werden. Die Zusatzinstrumente bei Theodoliten bestehen aus einem schmalen kasten- oder röhrenförmigen Gehäuse (Röhrenbussole), das parallel zum ↗Fernrohr angebracht werden kann. Das Gehäuse enthält die Magnetnadel und den, im Gegensatz zur Vollkreisbussole, auf wenige Teilstriche oder nur einen Index reduzierten Kompaßkreis. Mit einer Orientierungsbussole kann der ↗Horizontalkreis des Theodoliten nach dem magnetischen Meridian orientiert werden, so daß magnetische Azimute gemessen werden können (Abb.). [KHK]

Bussolen-Theodolit, ein mit einer ↗Bussole ausgestatteter ↗Theodolit zur Bestimmung von ↗Richtungswinkeln, bezogen auf die örtliche magnetische Nordrichtung.

Bussolenzug ↗Polygonzug.

Buys-Ballot, *Christophorus Henricus Didericus*, niederländischer Mathematiker und Meteorologe, * 10.10.1817 in Kloetingen, † 3.2.1890 in Utrecht, 1847 Professor für Mathematik in Utrecht, 1870 Professor für Experimentalphysik, 1854 Direktor des neugegründeten Königlich Niederländischen Meteorologischen Instituts, fand 1857 das nach ihm genannte barische Windgesetz: »Hat man auf der Nordhalbkugel den Wind im Rücken, so liegt der niedrige Druck links vorn und der hohe Druck rechts hinten« (auf der Südhalbkugel umgekehrt). Werke (Auswahl): »Note sur le rapport de l'intensité et la direction du vent avec les écarts simultanis du baromètre« (1857).

Bv-Horizont, ↗Bodenhorizont entsprechend der ↗Bodenkundlichen Kartieranleitung; durch Verwitterung verbraunter und verlehmter ↗B-Horizont, mit Tonbildungs- und/oder Lösungsrückständen; gegenüber dem darunter folgenden Horizont bei gleichem Material saurer (eine pH-Stufe niedriger), farbintensiver, in der Regel ton-oder/und schluffreicher, Skelettgehalt i. d. R. geringer.

Bvs-Horizont, ↗Bodenhorizont entsprechend der ↗Bodenkundlichen Kartieranleitung; ↗Bs-Horizont mit Restmerkmalen des ↗Bv-Horizontes.

Bvt-Horizont, ↗Bodenhorizont entsprechend der ↗Bodenkundlichen Kartieranleitung; ↗Bt-Horizont mit Restmerkmalen des ↗Bv-Horizontes.

Byerlee-Gesetz, Beziehung zwischen ↗Normalspannung σ_n und ↗Scherspannung τ in Gesteinen. Byerlee leitete aus einer großen Zahl von Laborexperimenten folgende Beziehung ab, die ab etwa 6 km Tiefe gilt:
$|\tau| = 50 + 0{,}6\,\sigma_n$ (für $\sigma_n > 200$ Mpa). Der statische Reibungskoeffizient 0,6 ist nahezu unabhängig vom Gesteinstyp. Für geringere Tiefen gilt:
$|\tau| = 0{,}85\,\sigma_n$ (für $\sigma_n < 200$ Mpa).

bypass flow, Wasser, das die umgebende Bodenmatrix über bevorzugte Fließwege, wie z. B. ↗Makroporen, passiert. Die Bodenmatrix braucht dabei nicht gesättigt zu sein (↗Abflußprozeß).

C

^{14}C, *C-14*, radioaktiver Kohlenstoff mit der Atomzahl 14. Das Isotop entsteht kontinuierlich in der oberen Atmosphäre durch das Einwirken energiereicher Neutronenstrahlung auf Stickstoffatome. Im Durchschnitt zerfällt ^{14}C nach rund 5730 Jahren ↗Halbwertszeit wieder zurück in ^{14}N. ^{14}C wird ebenso wie die stabilen Kohlenstoffisotope unter ↗Isotopenfraktionierung bei der Photosynthese aus Kohlendioxid in pflanzliche Substanz fixiert. Nach dem Ableben der Organismen sinkt durch den radioaktiven Zerfall der Anteil von ^{14}C langsam wieder ab. Die noch vorhandene Konzentration ist eine Funktion des Alters der Biomasse und der Ausgangskonzentration im atmosphärischen Kohlendioxid zum Zeitpunkt des Pflanzenwachstums. Probleme entstehen bei der Altersdatierung (*^{14}C-Datierung*) durch Kontamination der Stoffe mit organischen Verbindungen anderen Alters oder wechselnden Ausgangskonzentrationen in der Atmosphäre durch vulkanische Gase, ozeanischen Auftrieb und in der jüngsten Zeit durch Freisetzen von ^{14}C bei Atomtests. Für ältere ^{14}C-Datierungen, die noch von einer Halbwertszeit von 5568 Jahren ausgingen (CRA, Conventional Radiocarbon Dating) wird das Alter mit 1,03 multipliziert. Die bis heute festgestellten Schwankungen in der Konzentration von ^{14}C in der Atmosphäre werden durch ein korrigiertes ↗^{14}C-Modellalter abgeglichen. Die Altersdatierung reicht konventionell bis rund 50.000 Jahre zurück, durch Beschleuniger-Massen-Spektroskopie bis 125.000 Jahre. [AA]

C/A-Code, *Clear Acquisition-Code*, neben dem ↗P-Code einer der beiden von GPS-Satelliten abgestrahlten Navigationscodes (↗GPS-Raumsegment). Der C/A-Code wird lediglich auf dem L1 Träger abgestrahlt und ist für zivile Nutzer frei zugänglich. Die Frequenz beträgt 1,02 MHz und entspricht damit etwa 300 m Wellenlänge. Das Meßrauschen ist etwa um den Faktor zehn höher als beim P-Code und liegt bei einigen Metern. Die Codelänge beträgt 1 ms. Mit Hilfe des C/A-Codes kann ein ↗GPS-Empfänger innerhalb weniger Sekunden auf den P-Code zugreifen.
Die meisten einfachen GPS-Empfänger sind reine C/A-Code-Geräte. Bei nicht aktivierter ↗Selective Availability kann eine Positionsgenauigkeit von etwa 15 bis 30 m in Echtzeit erwartet werden, unter dem ↗Standard Positioning Service (SPS) jedoch nur etwa 100 m. Höhere Genauigkeiten erfordern den Einsatz von ↗Differential GPS. [GSe]

CAD ↗*Computer Aided Design*.

Cadmium, Symbol Cd (Ordnungszahl 48), ist ein Schwermetall der II. Nebengruppe des ↗Periodensystems. Atommasse: 112,40; Wertigkeit: II. Cadmium ist ein silberweißes, relativ weiches Metall, das ähnlich dem ↗Zink in hexagonal dichtester ↗Kugelpackung kristallisiert. Cadmium läßt sich von oxidierenden Säuren lösen, reagiert aber nur schwer mit nichtoxidierenden Säuren. Im Gegensatz zu Zink ist Cadmium in Laugen nicht löslich. Cadmium ist mit nur 10^{-5} % am Aufbau der ↗Erdkruste beteiligt und gehört somit zu den seltenen Elementen. Man findet es meist in Vergesellschaftung mit Zink in den Mineralen ↗Sphalerit (Zinkblende) und Smithonit (Zinkspat). Reine Cadmiumminerale (Greenokkit, Monteponit) sind selten. Cadmiumverbindungen sind für viele Organismen schon in geringen Dosen hochtoxisch.

Cadmiumlagerstätten, sind keine eigenständigen Vererzungen, sondern ein Nebenprodukt von ↗Blei-Zink-Erzlagerstätten mit cadmiumhaltigem ↗Sphalerit (ZnS).

cadomische Faltung, *cadomische Orogenese*, eine Faltungsphase am Ende des ↗Proterozoikums (650–545 Mio. Jahre), benannt nach dem lat. Namen für Caen (Cadomus) in der Normandie; entspricht der ↗assyntischen Faltung. Sie macht sich durch eine Winkeldiskordanz zwischen den fossilführenden unterkambrischen Sedimentgesteinen und den darunter liegenden, so gut wie fossilfreien und gefalteten Gesteinen des oberen Proterozoikums fast weltweit bemerkbar. In Afrika wird sie als die panafrikanische Orogenese, in Nordamerika als avalonische und in Südamerika als Braziliano-Orogenese bezeichnet. Im Armorikanischen Massiv wurden die mächtigen Sedimente des Brioveriums noch vor der Ablagerung des Kambriums von der cadomischen Faltung erfaßt. Die weltweiten Faltungsphasen in der Zeit von vor 700 bis vor 550 Mio. Jahre weisen auf die Existenz eines Superkontinents im oberen Proterozoikum hin, der Rodinia genannt wird und der im obersten Proterozoikum zu zerfallen begann. ↗Plattentektonik. [WAl]

Caesiumuhr, ↗Atomuhr mit ausgezeichneter Periodenkonstanz, die vom Übergang der zwei Hyperfeinstrukturzustände des Grundzustands von Cs-133 definiert wird (↗SI-Sekunde). Die relative Genauigkeit liegt bei 10^{-14}/Tag. Die Caesiumuhr wird als Primärstandard eingesetzt, da die Frequenz keinen Alterungseinflüssen unterliegt.

Ca-Horizont, veraltet für ↗*P-Horizont*.

Cailleux, *André (de Cayeux de Senarpont)*, französischer Geograph, * 24.12.1907 Paris, † 1986 Saint-Maur-des Fossés; Professor in Paris; wichtige Beiträge über den Einfluß der pleistozänen Periglazialbedingungen auf die Reliefentwicklung; veröffentlichte mit J. Tricart eine umfaßende Arbeit zu klimamorphologischen Fragestellungen (↗Klimageomorphologie); Mitbegründer der »Revue de Géomorphologie Dynamique«; beeinflußte maßgeblich die Entwicklung der quantitativen Geomorphologie in Frankreich; Werke (Auswahl): »Les actions périglaciares en Europe« (1942), »Traité de géomorphologie« (1962–69, 5 Bände, gemeinsam mit J. Tricart).

Cala, kleine, nicht weit landeinwärts reichende Buchten gezeitenarmer Küsten, die im Bereich überfluteter Flußmündungen liegen und bereits deutlich durch ↗Abrasion überformt sind.

Calabrium, stratigraphische Bezeichnung für die unterste Stufe des marinen ↗Pleistozäns, benannt nach der Region Calabrien in Italien. ↗Quartär.

Calanquen, durch ↗Transgression ertrunkene Mündungen von in Kalkgestein angelegten ↗Trockentälern, mit steilem Längsprofil, nach der lokalen Bezeichnung an der französischen

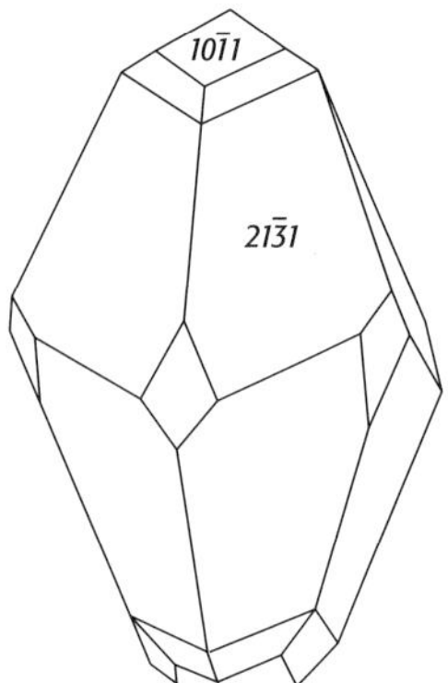

Calcit 1: Calcitkristall.

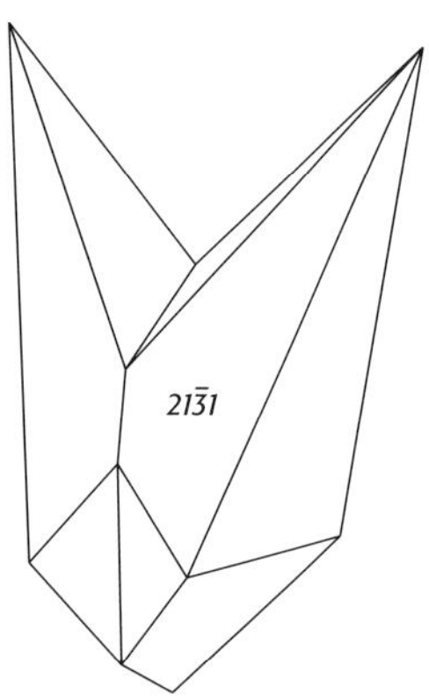

Calcit 2: Calcitzwilling nach *(1011)*.

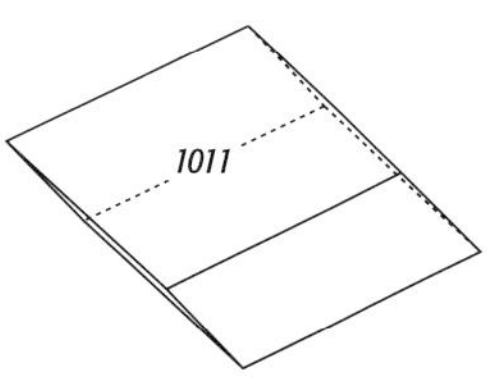

Calcit 3: Spaltrhomboeder von Calcit.

Mittelmeerküste südöstlich von Marseille (↗Küstenklassifikation Abb.).

calcic horizon, [von lat. calx = Kalk]; ↗diagnostischer Horizont der ↗WRB; z.B. in ↗Calcisols; Merkmale sind Calciumcarbonat-Äquivalentgehalte in der Feinboden-Fraktion von 15% oder mehr, bei hypercalcic horizons von 50% oder mehr und eine Mächtigkeit von mindestens 15 cm.

calciphil, Neigung von Pflanzen zur Besiedlung kalkhaltiger Böden.

Calcisols, Böden der ↗WRB mit einem ↗calcic horizon bis 125 cm unter der Bodenoberfläche; Untereinheiten sind Petric Calcisols, Luvic Calcisols, Sodic Calcisols, Cambic Calcisols und Haplic Calcisols; Calcisols umfassen etwa 800 Mio. Hektar im Westen der USA, in der Sahara, in Süd-west-Afrika, im Nahen Osten und in Zentralasien. Vergesellschaftete Böden sind ↗Regosols, ↗Cambisols, ↗Gypsisols und ↗Solonchaks.

Calcit, [von lat. calx, calxis = Kalkstein], *Androdamas, Kalkspat, Kalzit, Kanonenspat, Reichit*; $Ca[CO_3]$; ditrigonal-skalenoedrische Kristallform; Farbe: milchig-weiß bis farblos, bisweilen durch Beimengungen auch in verschiedenen Tönungen (grau, gelb, rosarot, braun und schwarz); Glas- bis Perlmutterglanz; durchsichtig, durchscheinend bis undurchsichtig; Strich: weiß; Härte nach Mohs: 3; Dichte: 2,6–2,8 g/cm^3; Spaltbarkeit: vollkommen nach *(1011)*; sehr formenreich; Aggregate: grob-, fein- und feinstkörnig, spätig, parallelfaserig, stalaktitisch, oolithisch (Rogenstein), locker, pulverig (Bergmilch); Kristalle in Gruppen, als Büschel und Rasen, auch in Drusen. Zwillinge sind häufig; vor dem Lötrohr wird er rissig und gibt CO_2 ab, wird von verdünnter HCl angegriffen (aufbrausen = CO_2-Entwicklung); Begleiter: Baryt, Aragonit, Gips, Dolomit u.a.; im UV-Licht vielfach rosa fluoreszierend infolge Spuren von Seltenen Erden; Fundorte: weltweit; mit Bitumen gemengt wird er Stinkkalk genannt; hohe Doppelbrechung, (Isländischer Doppelspat). Calcit ist gesteinsbildend und bildet sich im hydrothermalen wie hydrischen Bereich sowie sedimentär bzw. auch durch Verwitterung (Abb. 1, Abb. 2, Abb. 3). [GST]

Calcit-Kompensationstiefe, *CCD, Calcite Compensation Depth*, ↗Carbonat-Kompensationstiefe.

Calcit-Löslichkeit in Wasser, das ↗Löslichkeitsprodukt für Calcit beträgt $10^{-8,480}$ in reinem Wasser bei 298,15 K. Die Löslichkeit steigt mit sinkender Temperatur, steigendem Druck und steigendem Kohlendioxid-Partialdruck (Abb.). Insbesondere letzterer ist die entscheidende Größe im ↗Carbonat-Kohlendioxidsystem. Da CO_2 bei der Calcitlösung aufgezehrt wird, ist diese unter CO_2-limitierten Bedingungen (geschlossenes System) deutlich geringer als unter konstantem CO_2-Partialdruck (offenes System).

Die Zunahme der Calcitlöslichkeit mit steigendem Druck und sinkender Temperatur bedingt, daß in Ozeanen unterhalb einer kritischen Wassertiefe Calcite vollständig aufgelöst werden. Sedimente, die unterhalb dieser ↗Carbonat-Kompensations-Tiefe abgelagert werden, sind daher weitgehend carbonatfrei. Die Kinetik der Calcitlösung wird in Abhängigkeit von der Wasserstoffionenkonzentration von verschiedenen Mechanismen geprägt:

$$CaCO_3 + H^+ \rightarrow Ca^{2+} + HCO_3^- \;(1)$$
$$CaCO_3 + H_2CO_3^- \rightarrow Ca^{2+} + 2HCO_3^- \;(2)$$
$$CaCO_3 + H_2O \rightarrow Ca^{2+} + HCO_3^- + OH^- \;(3).$$

Reaktion (1) ist der transportbestimmte Protonenangriff in stark saurem Milieu, Reaktion (2) beschreibt die Abhängigkeit der Calcit-Löslichkeit vom pH und v.a. vom CO_2-Partialdruck, und Reaktion (3) ist die Hydrolyse von Calcit bei hohen pH-Werten. Generell ist die Kinetik der Calcitlösung schnell genug, um unter thermodynamischem Gleichgewicht zu erfolgen. Hingegen ist die Calcitfällung deutlich verzögert und der ↗Sättigungsindex vieler Grundwässer beträgt 0–0,3. Diese Übersättigung wird durch die Wirkung von Inhibitoren verursacht. Einer der wichtigsten ist Mg^{2+}, dessen ↗Adsorption an die Kristallitoberfläche das weitere Wachstum geordneter Calcitkristalle behindert. Erst bei sehr hoher Übersättigung kann Mg^{2+} in die Calcitstruktur eingebaut werden und es entstehen Mg-Calcite, die bis zu 30 Gew.-% Mg enthalten können. Die Aragonitfällung wird hingegen nicht durch Mg^{2+} behindert und begründet u.a. die geringere Übersättigung von Meerwasser mit seinem hohen Mg/Ca-Verhältnis hinsichtlich des Aragonits im Vergleich zu Calcit. Als Inhibitoren der Calcitfällung wirken auch Phosphat (ab ca. 1 µmol/l) und organische Säuren (ab ca. 10 µmol/l). [TR]

Calcit Lysocline, *CLy*, Tiefenbereich der ersten Calcitlösung im rezenten Meerwasser. Die Tiefenlage der CLy ist stark schwankend. ↗Carbonat-Kompensationstiefe, ↗Aragonit Lysocline.

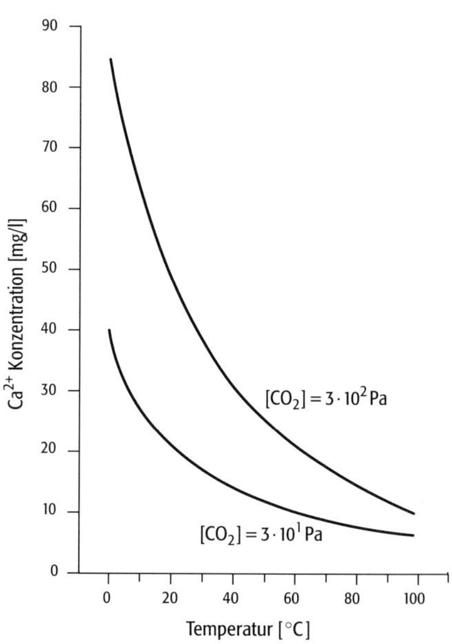

Calcit-Löslichkeit in Wasser: Abnahme der Calcitlöslichkeit mit steigender Temperatur und sinkendem CO_2-Partialdruck. Die Ordinate zeigt die Ca^{2+}-Konzentration der gesättigten Lösung im Gleichgewicht mit Calcitkristallen.

Calcitmarmor, ein ↗Marmor, der überwiegend aus Calcit besteht.

Calciturbidit, *allodapischer Kalk*, Kalkturbidite ähneln hinsichtlich Gradierung, partieller oder vollständiger Entwicklung von ↗Bouma-Sequenzen und lateraler Kontinuität der Bänke siliciklastischen ↗Turbiditen. Die grundsätzlichen Unterschiede im Liefergebiet, in der Art der Komponenten sowie in der Diagenese führen jedoch zu Variationen in der Ausbildung. Im Gegensatz zu siliciklastischen Turbiditen fungiert als Liefergebiet eine ↗Carbonatplattform sowie die dort gebildeten skeletären und nicht-skeletären Komponenten (↗Bioklasten bzw. Ooide, Onkoide, Peloide, ↗Aggregatkörner). Die Zusammensetzung des Ausgangsmaterials variiert beträchtlich und ist vom Entwicklungsgrad der Plattform, dem tektonischen Setting, regionalgeologischen und stratigraphischen Faktoren sowie wesentlich vom Meeresspiegelstand abhängig. So ist der Anteil an Bioklasten bei hohen Meeresspiegelständen und damit überfluteten Plattformen am größten. Im Gegensatz zu siliciklastischen Turbiditen begünstigen hohe Meeresspiegelstände wegen der Überproduktion von Carbonatkomponenten auf der Plattform generell die Bildung von Calciturbiditen und damit deren Häufung in sedimentären Abfolgen. Lithoklasten stammen entweder aus erodierten älteren Kalken oder aus oft nur semilithifizierten, mikritischen Hang- und Beckensedimenten. Aufgrund der Diversität in Größe, Form und spezifischem Gewicht der Carbonatkomponenten und entsprechend unterschiedlichem hydraulischem Verhalten ist die Sortierung in Calciturbiditen oft gering. Häufig ist eine biomodale Sortierung mit der Anreicherung von Lithoklasten in den basalen Bereichen der Turbiditbank zu beobachten; darüber folgen größere, aber spezifisch leichtere Bioklasten. Bei homogenem Ausgangsmaterial, z. B. beim Vorherrschen von Crinoidenschutt oder in hemipelagischen Low-Density-Turbiditen (z. B. globigerinenreichen Turbiditen), kann eine Gradierung weitgehend fehlen. Basalmarken und auch das höchste, aus Carbonatschlamm aufgebaute Te-Intervall der Bouma-Sequenz fehlen häufig, weil Mikrit im Gegensatz zu Tonmineralen keine elektrostatischen Oberflächenkräfte und damit keine Kohäsion aufweist. Hornsteine sind häufig im oberen Drittel von Calciturbiditbänken angereichert. Ein besonderes Merkmal von Calciturbiditen ist die fallweise Entwicklung einer maximal wenige Zentimeter mächtigen diagenetischen Unterbank (»Vorphase«, »Nullphase«) direkt im Liegenden des Calciturbidits. Sie entsteht durch frühdiagenetische Carbonatumverteilung aus den zahlreichen instabilen Carbonatkomponenten (Aragonit und Hochmagnesium-Calcit) des Calciturbidits, die auch zu seiner eigenen schnellen Zementation beitragen. Gerade in tonreichen basinalen Sedimenten friert diese schnelle Zementation die Merkmale der Tiefwassersedimente ein und schützt sie vor späterer Drucklösung und anderer diagenetischer Überprägung. Aufgrund der hohen Sedimentationsrate und des großen Zementationspotentials von Calciturbiditen sind sie unterhalb der CCD (↗Carbonat-Kompensationstiefe) erhaltungsfähig, wo sie charakteristischerweise mit Tonsteinen oder kieseligen Gesteinen wechsellagern. [HGH]

Calcium, *Ca*, silbrig-weißes, weiches, metallisches chemisches Element mit der Atomzahl 20 und einem Atomgewicht von 40,08. Wichtiger Bestandteil von vielen Mineralen in magmatischen und sedimentären Gesteinen. Als dritthäufigstes Metall nach Al und Fe ist es mit 3,39 % an der Zusammensetzung der Erde beteiligt. Auf die Erdkruste entfallen 3,63 Gew.-% Ca (8,8 Gew.-% CaO), dabei enthält im Durchschnitt die kontinentale Kruste 6,4 Gew.-% CaO und die ozeanische Kruste 11,9 Gew.-% CaO. Der Erdmantel enthält je nach Berechnung zwischen 2,3–3,7 Gew.-% CaO. Calcium kommt stets als schwer lösliche Verbindungen wie Carbonate, Sulfate, Silicate, Phosphate oder Fluoride vor. Dabei sind ↗Calciumcarbonate in Sedimenten von großer Bedeutung, wo sie vor allem als organogene Bildungen (Kalkstein, ↗Calcit und ↗Dolomit) vorkommen. Wichtige Calciumsulfate sind Gips ($CaSO_4 \cdot 2\,H_2O$) und Anhydrit ($CaSO_4$). ↗Apatit (($Ca_5(PO_4)_3(OH,F,Cl)$)) ist das wichtigste Calciumphosphat und Flußspat (CaF_2) das wichtigste Calciumfluorid. Calciumsilicate bilden einen großen Teil der Silicatgesteine, wobei die ↗Feldspäte die wichtigsten Ca-Träger stellen. Das Meerwasser ist an Calcium untersättigt, so daß Carbonate v. a. biogen in Form von Kalkschalen und Skeletten von Organismen abgelagert werden (↗Carbonat-Kompensationstiefe). Im Vergleich der Durchschnittsgehalte von Ca in Sedimenten und Magmatiten ist der Ca-Überschuß der Sedimente auffällig. Dies ist überraschend, da das Calcium in Sedimenten aus den Magmatiten durch Verwitterung freigesetzt wurde, bevor es in die Meere gelangte. Dieses *Calcium-Problem* erklärt sich dadurch, daß ↗pelagische Sedimente erst seit dem Auftreten von pelagischen, kalkschaligen Organismen im Mesozoikum reich an Carbonat sind. Davor konzentrierte sich die biogene Carbonatsedimentation auf die Flachwasserbereiche der Carbonatplattformen, die nicht in die Subduktionszonen gelangen. Da diese Carbonate nicht »recycled« wurden, kam es vor dem Mesozoikum zu der hohen Anreicherung von Calcium in Sedimenten. ↗geochemischer Kreislauf. [WAl]

Calciumaluminatsulfat ↗*Ettringit.*

Calciumcarbonat, *$CaCO_3$*, weißes, basisches, wenig wasserlösliches Salz. Calciumcarbonat liegt im Boden i. a. in Form von Kalk vor. Der ↗Kalkgehalt des Bodens bestimmt im wesentlichen seinen ↗pH-Wert. Eine der wichtigsten, kristallinen Modifikationen des Calciumcarbonates ist der ↗Calcit (gesteinsbildendes Mineral der ↗Kalksteine und ↗Mergel), seltener der ↗Aragonit. Unter Zugabe von Säuren zersetzt sich Calciumcarbonat zu Kohlendioxid und löslichen Calciumsalzen:

$$CaCO_3 + 2\,H^+ \rightarrow Ca^{2+} + CO_2 + H_2O.$$

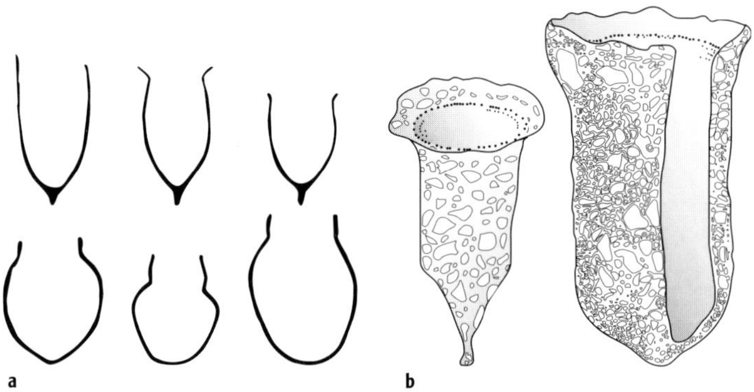

Calpionellen: a) Längsschnitt durch kalkschalige Calpionellen aus dem Tithon; b) rezente Tintinnidengehäuse mit durch agglutinierten Partikeln verstärkte Wand.

Da Calciumcarbonat eines der am häufigsten vertretenen Minerale der Erdkruste ist, wird seine Reaktion mit Säuren unter Feldbedingungen zur Abschätzung, und im Labor, unter definierten Bedingungen, zur quantitativen Bestimmung (DIN ISO 10693 (1995)) des Carbonatgehaltes herangezogen. Fehler treten allerdings auf, wenn Calciumcarbonat als Mischkristall mit Magnesiumcarbonat auftritt, da dieses gegenüber Säuren beständiger ist. Calcit zersetzt sich zudem bei ca. 900 °C zu Calciumoxid und Kohlendioxid:

$$CaCO_3 + \text{Wärme } (900\,°C) \rightarrow CaO + CO_2.$$

An der Oberfläche von Calcit können Schwermetalle wie ↗Cadmium und ↗Zink adsorbiert werden. [RE]

Calciumphosphat ↗*Apatit.*

Calcium-Problem, *Ca-Problem*, ↗Calcium.

Calcrete, *calcareous concrete*, *Krustenkalk*, 1) von Lamplugh (1902) vorgeschlagener Begriff zur Beschreibung eines oberflächennah gebildeten ↗Konglomerates aus Sand und Kies, welches durch ↗Calciumcarbonat zementiert wurde. Das Calciumcarbonat entstammt Lösungs- und Fällungsvorgängen im Porenraum oder dem Entweichen von CO_2 aus ↗vadosem Wasser. 2) carbonatische ↗Duricrust, zu den terrestrischen Bodenbildungen gezählte Kruste, die außerhalb des Einflusses des Grundwassers entsteht. In ariden Klimaten mit hoher Verdunstungsrate wird gelöstes Calciumcarbonat aus tieferen Bodenbereichen nach oben geführt und bei Verdunstung des Wassers ausgeschieden. ↗Caliche, ↗regolith carbonate accumulations.

Caldera, von Abschiebungen begrenzter, eingesunkener Bereich in einem Vulkankomplex, der im Zuge einer großen Eruption entstehen kann. Das Absinken geschieht als Folge der partiellen Entleerung der ↗Magmakammer. Calderen können mehrere Zehner Kilometer Durchmesser haben und kreis- bis ellipsenförmig oder auch von Abschiebungen polygonal begrenzt sein. Calderen können sowohl bei hawaiianischen als auch bei ↗plinianischen Eruptionen entstehen (↗Vulkanismus). Letztere sind mit der Ablagerung mächtiger und ausgedehnter Ignimbritdecken verbunden. In vielen Fällen dringt nach der ↗klimaktischen Eruption Magma entlang der die Caldera begrenzenden Störungen auf und es kommt zur Bildung von Lava(domen) oder kleineren explosiven Eruptionen. Das nachströmende Magma kann auch unter dem Zentrum der Caldera Platz nehmen und den Zentralbereich anheben (resurgent caldera). [CB]

Caliche, **1)** *Bodenkunde*: von Blake (1902) eingeführter Begriff für eine rotbraune bis lederbraune oder weiße kalkige Bodenbildung, welche sekundär angereichert wurde; gewöhnlich in Lagen auf oder nahe an der Erdoberfläche ausgebildet, vorwiegend in steinigen Böden arider oder semiarider Regionen, aber in subhumidem Klima auch unter dem Boden. Caliche besteht im wesentlichen aus Krusten löslicher Calciumsalze mit Kies-, Sand-, Silt- und Tonkomponenten. Neben Calciumcarbonat können auch Magnesiumcarbonat, Gips und Silicat an der Zementation beteiligt sein. Der Begriff wird z.T. auch für Calcit-Zement verwendet. Entgegen der ursprünglichen Annahme rein kapillarer Vorgänge bildet sich Caliche nach Goudie (1973) auch fluviatil, lakustrin, pedogenetisch, und kann sowohl in situ als auch detritisch geprägt sein. Esteban & Klappa (1983) beschreiben Caliche als vertikal zonierte, subhorizontale bis horizontale Carbonatablagerungen mit vier Gesteinstypen: massig-kalkig, knollig-bröckelig, plattig-geschichtet und als kompakte Kruste oder verdichteter Horizont. Lage und Entwicklung der Typen in einem Areal können vertikal und lateral sehr variabel sein. Ähnliche Gefüge können ↗Mikrobialithe (↗Stromatolithe, Algencarbonate) aufweisen. **2)** *Lagerstättenkunde*: ein Gestein der Nitratlagerstätten der Atacama-Wüste aus Kies, Fels, Boden oder alluvialen Sedimenten, welches durch lösliche Kaliumsalze zementiert ist und bis 2 m mächtig wird. ↗Calcrete [AC]

Calichnion [von griech. kalos = Nest und ichnos = Spur], *Brutspur*, ↗Spurenfossilien.

Callov, *Callovium*, die jüngste (vierte) Stufe (vor 164,4–159,4 Mio. Jahre) des ↗Dogger, benannt nach dem römischen Namen für Kellaway in Wiltshire (England). Die Basis stellt der Beginn des Macrocephalus-Chrons dar, bezeichnet nach dem Ammoniten *Macrocephalites macrocephalus*. ↗geologische Zeitskala.

Calmen ↗*Kalmen.*

Calpionellen, kalkschalige, vasen-, tulpen oder nagelförmige, 0,05–0,2 mm große Mikrofossilien mit spitz zulaufendem Ende (Abb.). Sie werden als Tintinniden (Unterordnung der Ciliata, Protozoa) interpretiert, obwohl rezente Tintinniden im Wandbau abweichen. Sie besitzen eine z.T. durch agglutinierte Partikel verstärkte, chitinige Wand. Die nur in Dünnschliffen oder Acetatfolienabzügen bearbeitbaren Calpionellen besitzen erhebliche biostratigraphische Bedeutung in Tiefwasserkalken des Oberjura und der Unterkreide (Calpionellenkalke) aus dem Bereich der ↗Tethys. Die ältesten Tintinniden stammen aus dem Ordovizium.

cambic horizon, [von lat. cambiare = sich verändern]; ↗diagnostischer Horizont der ↗WRB; charakteristisch für ↗Cambisols; ein Unterboden-Horizont, der im Vergleich zu den darunter befindlichen Horizonten Merkmale der Umwandlung aufweist.

Cambisols, Bodengruppe der ↗WRB; entsprechen den ↗Braunerden; Böden mit einem ↗cambic horizon oder einem ↗mollic horizon über dem Unterboden, mit einer ↗Basensättigung von < 50 %. Cambisols sind weltweit in gemäßigten ↗Klimazonen verbreitet und bedecken ca. 1500 Mio. Hektar. Die Cambisols umfassen Gelic, Gleyic, Vertic, Calcic, Humic, Ferralic, Dystic, Chromic und Eutric Cambisols. Vergesellschaftete Böden sind ↗Gleysols, ↗Leptosols, ↗Fluvisols, ↗Acrisols und ↗Ferrasols.

Cambridge Data File ↗Kristallstruktur.

Campan, *Campanium*, international verwendete stratigraphische Bezeichnung für eine Stufe der Oberkreide, benannt nach der französischen Landschaft Champagne. ↗Kreide, ↗geologische Zeitskala.

Camptonit, lamprophyrisches Ganggestein, Differentiationsprodukt gabbroider Gesteinsschmelzen, essexitischer ↗Spessartite, Mineralzusammensetzung: Plagioklase, Titanaugit, Barkevikit ± Biotit, chlorisierter Olivin, Erz und Apatit.

canadian warming ↗Stratosphärenerwärmung.

Canale-Küste, *Canaliküste*, *Vallone-Küste*, *Längsküste*, besondere Form einer ↗Ingressionsküste, bei der, in einem dem ↗Faltenbau angepaßten Relief, die den ↗Synklinalen folgenden ↗Längstäler überflutet wurden. Die Küstenlinie verläuft hier annähernd parallel zum ↗Streichen der Falten. Die Canale-Küste ist eine Regionalbezeichnung aus Dalmatien und entspricht in etwa der ↗Riasküste (↗Küstenklassifikation Abb.).

Cannelkohle, *Kännelkohle*, im wesentlichen aus Sporen aufgebaute, dichte, im Handstück schichtungslose ↗Sapropelkohle. Wegen des hohen ↗Bitumengehalts bei geringem ↗Inkohlungsgrad ist Cannelkohle leicht entzündbar.

Canyon, **1)** *Geomorphologie*: *Cañon*, Talform mit steilen, getreppten Talhängen, die in flachlagernden Gesteinen unterschiedlicher morphologischer Härte (↗Abtragungsresistenz) angelegt ist (↗Talform Abb.). Dabei ist die Taltiefe deutlich größer als die Talbreite. Canyons enstehen durch ↗fluviale Erosion. **2)** *Ozeanographie*: im Bereich der ↗Kontinentalränder; geformt durch ↗Suspensionsströmungen, die durch überkritische Anhäufung von Sedimentmaterial am Schelfrand oder durch Seebeben ausgelöst werden und Schluchten in den oberen Kontinentalabhang reißen (↗Kontinentalrand).

Canyon Diabolo Troilit, *CDT*, chemischer Standard für Schwefelmessungen (↗$^{32}S/^{34}S$) in Gesteinen, gewonnen aus Troilit-(Pyrrhotin, Fe_7S_8-FeS) Einschlüssen des Canyon Diabolo Meteoriten (↗chemische Gesteinsstandards).

Capricorn-Orogenese ↗Proterozoikum.

Caradoc, die fünfte Abteilung des ↗Ordoviziums (Oberordovizium), über ↗Llandeilo und unter ↗Ashgill; benannt von Murchison nach den Caradoc Hills in Shropshire, wo Caradoc-Sandsteine, Schiefer und Carbonate aufgeschlossen sind. ↗geologische Zeitskala.

Mineral/chemische Zusammensetzung	Krist. Syst. Symb. (Sch.) Symb. (int.)	Härte	Dichte [g · cm⁻³]	Spaltbarkeit
Calcit $CaCo_3$	trigonal D_{3d}^6 $R\bar{3}c$	3	2,72	$\{10\bar{1}1\}$ sehr vollkommen
Magnesit $MgCO_3$	trigonal D_{3d}^6 $R\bar{3}c$	4–4,5	2,98	$\{10\bar{1}1\}$ sehr vollkommen
Siderit $FeCO_3$	trigonal D_{3d}^6 $R\bar{3}c$	4–4,5	3,96	$\{10\bar{1}1\}$ sehr vollkommen
Rhodochrosit $MnCO_3$	trigonal D_{3d}^6 $R\bar{3}c$	3,5–4	3,6	$\{10\bar{1}1\}$ sehr vollkommen
Smithsonit $ZnCO_3$	trigonal D_{3d}^6 $R\bar{3}\bar{c}$	5	4,4	$\{10\bar{1}1\}$ sehr vollkommen
Dolomit $CaMg(CO_3)_2$	trigonal C_{3i}^2 R38	3,5–4	2,86	$\{10\bar{1}1\}$ sehr vollkommen
Aragonit $CaCO_3$	rhombisch D_{2h}^{16} Pmcn	3,5–4	2,94	{010} nicht deutlich
Strontianit $SrCO_3$	rhombisch D_{2h}^{16} Pmcn	3,5	~ 3,72	{110} deutlich
Witherit $BaCO_3$	rhombisch D_{2h}^{16} Pmcn	3,5	4,30	{010} deutlich
Cerussit $PbCO_3$	rhombisch D_{2h}^{16} Pmcn	3–3,5	6,57	{110} {021} wenig
Azurit $Cu_3[OH/CO_3]_2$	monoklin C_{2h}^5 $P2_1/c$	3,5–4	3,80	{100} zieml. vollkommen
Malachit $Cu_2[(OH)_2/CO_3]$	monoklin C_{2h}^5 $P2_1/a$	3,5–4	4	{001} sehr vollkommen
Hydrozinkit $Zn_5[(OH)_3CO_3]_2$	monoklin C_{2h}^5 $P2_1/a$	2–2,5	3,2–3-9	{100} vollkommen
Soda $Na_2CO_3 \cdot 10H_2O$	monoklin C_{2h}^6 C2/c	1–1,5	1,42–1,47	–

Carbonate (Tab.): die wichtigsten Carbonate.

Carbide, binäre Kohlenstoffverbindungen mit B, Si, Cr, W, Hf, Mo, V, Nb, Ta und Ti. Die meisten metallischen Carbide sind härter als die reinen Metallkomponenten und finden Verwendung für Schleifmittel, Hartmetalle, Legierungszusätze zur Erhöhung der Härte von Stahl usw. Wichtige Carbide für Schleifmittel sind Borcarbid und Siliciumcarbid, Carbide von Uran und Thorium sind Kernbrennstoffe. Die Herstellung erfolgt durch Reaktion von elementarem Kohlenstoff oder Gasen, die Kohlenstoff abgeben, mit Ele-

	I Sparit > Mikrit	II Mikrit > Sparit	III Mikrit > Sparit		IV ungestörte Riffgesteine Biolithit	V sekundäre Dolomite
Allocheme	> 10 % Allocheme	> 10 % Allocheme	1–10 % Allocheme	< 1 % Allocheme		
Intraklasten Ooide Peloide Biogene Onkoide	Intrasparit Oosparit Pelsparit Biosparit Onkosparit	Intramikrit Oomikrit Pelmikrit Biomikrit Onkomikrit	intraklasthaltiger Mikrit ooidhaltiger Mikrit peloidhaltiger Mikrit peloidhaltiger Mikrit onkoidhaltiger Mikrit	Mikrit – Dismikrit		

Carbonatklassifikation (Tab. 1): Carbonatklassifikation nach Folk (1959, 1962) mit Ergänzungen von Flügel (1974).

menten oder Elementoxiden bei 1200 bis 2300 °C unter Schutzgas oder im Vakuum.

Carbonatdiagenese ↗Diagenese.

Carbonate, *Karbonate*, Gruppe von Mineralen, die sich kristallchemisch mit den ↗Nitraten und Boraten zusammenfassen läßt, da es sich um Sauerstoff-Verbindungen mit O in Dreierkoordination handelt, wobei O planar um die sehr kleinen Kationen N^{5+}, C^{4+} und B^{3+} angeordnet ist. Die Carbonat-Minerale (Tab.) sind überwiegend mariner Entstehung und spielen auch als Gangarten von Erzmineralen eine Rolle. Die wasserfreien Carbonate zeichnen sich durch eine meist geringe Härte zwischen 3 und 5 und durch eine relativ große Löslichkeit aus. Sie sind bis auf die Kupfer-Carbonate überwiegend farblos oder blaß gefärbt. Charakteristisch ist ihre hohe Doppelbrechung. Die Kupfer-Carbonate bilden basische Salze von intensiv grünen und blauen Farben. Von den wasserhaltigen Carbonaten sind besonders die Natrium-, Magnesium- und Uran-Carbonate als Minerale relativ häufig.

carbonate compensation depth ↗*Carbonat-Kompensationstiefe*.

Carbonatfazies, Faziestyp der ↗Ironstones und der gebänderten Eisenformationen, charakterisiert durch die ↗Carbonate Siderit und Ankerit. ↗Oxidfazies, ↗Silicatfazies, ↗Sulfidfazies.

Carbonathärte, *temporäre Härte*, Anteil der Gesamthärte (↗Wasserhärte), für den eine äquivalente Anionenkonzentration an Hydrogencarbonat und Carbonat vorliegt; kann durch Kochen entfernt werden.

Carbonatisierung, **1)** *Bodenkunde*: sekundäre Anreicherung v.a. von Calciumcarbonat ($CaCO_3$), meist direkt unterhalb der Entkalkungsgrenze, d.h. unter der Basis des ↗B-Horizontes von Böden. Carbonatisierung findet entlang von ↗Makroporen statt oder in der ↗Bodenmatrix in ↗Cc-Horizonten durch vorwiegend abwärts gerichtete Bodenwasserbewegung, besonders in semihumidem Klima. Verhärtet die Carbonatanreicherung den Cc-Horizont, enstehen pedogene ↗Kalkkrusten. In semiaridem bis aridem Klima kann durch den kapillaren Aufstieg von Bodenwasser und dessen anschließende Verdunstung, Carbonat auch im Oberboden angereichert werden. **2)** *Mineralogie*: a) Bildung von Carbonaten bei der hydrothermal-metasomatischen Umwandlung von Nebengesteinen. b) Umwandlung von basischem Calciumhydroxid in Calciumcarbonat durch Aufnahme von Kohlensäure (CO_2) aus der Luft in der Zementsteinmatrix von Beton. Durch die fortschreitende Carbonatisierung kommt es zum Absinken des pH-Wertes und dadurch zum Rosten des Bewehrungsstahles von Beton, der nur bei pH-Werten zwischen 12 und 14 beständig ist. Carbonatisierung ist die Hauptursache für Korrosionsschäden an Betonbauwerken.

Carbonatit, *Carbonatit*, ein magmatisches Gestein, das zu mehr als 50 (meist sogar 70 bis 90) Vol.-% aus Carbonatmineralen besteht. Häufig auftretende Zusatzminerale sind Silicate wie Olivin, Melilith, Phlogopit, Alkalifeldspat, Nephelin, und Alkali-Amphibol. Weitere Minerale, die auch wichtige lagerstättenkundliche Bedeutung haben können, sind: Apatit, Pyrochlor, Magnetit und Fluorit. Carbonatite können calcitreich (Sövit) oder dolomitreich (Rauhaugit) sein. Alkalicarbonat führende (extrusive) Gesteine sind nur von einer Lokalität (Oldoinyo Lengai, Tansania) bekannt. Carbonatite treten sowohl intrusiv als auch extrusiv in Form von Laven oder Tuffen auf.

Carbonatklassifikation (Tab. 2): Texturspektrum in Abhängigkeit von der Wasserenergie (ansteigend von links nach rechts).

	~ 2/3 Mikrit				gleich viel Sparit und Mikrit	~ 2/3 Sparit		
Komponenten [%]	0–1%	1–10%	10–50%	>50%		schlechte Sortierung	gute Sortierung	gerundet
Gesteinsname	Mikrit – Dismikrit	biogenhaltiger Mikrit	locker gepackter Biomikrit	dichter gepackter Biomikrit	schwach ausgewaschener Biosparit	nicht sortierter Biosparit	sortierter Biosparit	Biosparit mit gerundeten Komponenten
Folk (1959)	a) Mikrit b) Dismikrit	biogenhaltiger Mikrit	Biomikrit			Biosparit		

Allocheme während der Sedimentation nicht organogen verbunden								
< 10 % Allocheme > 2 mm				> 10 % Allocheme > 2 mm				
< 10 % Allocheme	> 10 % Allocheme			> 10 % Allocheme				
mit Mikrit			ohne Mikrit		schlammgestützt	ungestörte Riffgesteine		
schlammgestützt		komponentengestützt				Boundstone		
Mudstone	Wackestone	Packstone	Grainstone	Rudstone	Floatstone	Framestone	Bafflestone	Bindstone

Carbonatklassifikation (Tab. 3): Carbonatklassifikation nach Dunham (1962) mit Ergänzungen von Embry & Klovan (1972).

Am häufigsten sind sie mit Nephelinsyeniten und ↗Ijolithen in ringförmigen Alkaligesteinsintrusionen vergesellschaftet. Im Nebengestein solcher Ringkomplexe finden sich typischerweise konzentrische Zonen mit Gesteinen, die von einer ↗Alkalimetasomatose erfaßt wurden (↗Fenite). [MS]

Carbonatklassifikation, ↗Carbonate können nach chemischen und mineralogischen, nach Gefügemerkmalen (↗Grundmasse, ↗Allocheme) oder nach speziellen Parametern (z. B. ↗Porosität) angesprochen werden. Heute beruht die Klassifikation im wesentlichen auf der Auswertung von An- und Dünnschliffen sowie von Handstücken. Aus der Vielzahl vorgeschlagener Klassifikationen haben sich die von Folk (1959, 1962) und Dunham (1962) mit Ergänzungen von Embry & Klovan (1972) durchgesetzt. Sie beruhen auf Gefügemerkmalen.
Die Gesteinsnamen setzen sich nach Folk (1959, Tab. 1) aus der Abkürzung des jeweils dominierenden Allochem-Namens und dem Namen des Bindemittels zusammen, z. B. Intrasparit, Oosparit, Biomikrit, Pelmikrit. Bei weniger als 10 % Allochemen wird das Gestein z. B. als biogenführende oder ooidhaltige Mikrite bezeichnet usw. Gesteine gar unter 1 % Komponenten heißen ↗Mikrit oder falls spariterfüllte Hohlräume im Mikrit vorliegen Dismikrit. Die Komponentengröße geht durch die Anfügung der Endung -rudit, z. B. Onkomikrudit, in den Gesteinsnamen ein. Außerdem lassen sich Beimengungen, z. B. Quarz, Glaukonit u. a., durch Zusätze im Namen festhalten. Nach dem Texturspektrum unterschied Folk innerhalb der drei Hauptgruppen acht Untergruppen, die in Abhängigkeit von der Wasserenergie entstehen (Tab. 2).
Die Carbonatklassifikation nach Dunham (1962) basiert auf der Art der Komponenten-Bindung. Dabei werden ↗schlammgestützte Gefüge von ↗komponentengestützten Gefügen unterschieden. Daraus resultieren vier Gesteinsgruppen. Hinzu kommt eine weitere für Riffgesteine. Embry & Klovan (1972) erweiterten die Klassifikation um die Differenzierung der boundstones und der Riffschuttgesteine (Tab. 3). [DM]

Carbonat-Kohlendioxid-System, in Wasser gelöstes Kohlendioxid (↗CO_2-Löslichkeit in Wasser) bildet mit diesem Kohlensäure, schematisch:

$$CO_{2(g)} \rightarrow CO_{2(aq)} + H_2O \rightarrow H_2CO_3 \ (1)$$

oder vereinfachend:

$$CO_{2(g)} + H_2O \rightarrow H_2CO_3^* \ (2)$$
$$\text{mit } H_2CO_3^* = CO_{2(aq)} + H_2CO_3 \ (3).$$

Gleichung (2) setzt die Konzentrationen der schwachen Säure Kohlensäure in Beziehung zum Kohlendioxid-Partialdruck der Gasphase. In Luft beträgt dieser ca. 35 Pa, kann aber im Untergrund bedingt durch Atmung von Organismen und Zersetzung organischen Materials bis zum Hundertfachen ansteigen. Die Kohlensäure dissoziiert in Hydrogencarbonat und Carbonat:

$$H_2CO_3^* \rightarrow H^+ + HCO_3^- \rightarrow 2\,H^+ + CO_3^{2-} \ (4).$$

Die so gebildete Kohlensäure ist wichtiges Agenz für die Lösung von Carbonaten, deren Löslichkeit dann deutlich höher liegt als in reinem Wasser, schematisch:

$$CaCO_3 + H_2CO_3^* \rightarrow Ca^{2+} + 2\,HCO_3^- \ (5).$$

Stärkster Ausdruck dieser Beziehung sind die Karstformen, insbesondere die großen Karsthöhlensysteme. Im Untergrund versickernde Wässer erreichen allerdings bereits nach kurzem Fließweg (Sättigungslänge) das thermodynamische Gleichgewicht für Reaktion (4), so daß keine weitere Carbonatlösung erfolgt. Die Entwicklung großer Höhlensysteme beruht daher überwiegend auf dem Vorgang der Mischungskorrosion, d. h. das Mischwasser zweier im Kalk-Kohlensäure-Gleichgewicht befindlicher Wässer ist selbst carbonatuntersättigt und wirkt kalkaggressiv (Abb.). Dieser Zusammenhang wird auch durch die Tillmans-Gleichung beschrieben.
Ein Herabsetzen der CO_2-Löslichkeit in Wasser durch Druckerniedrigung oder Temperaturerhöhung verringert auch die Carbonatlöslichkeit (↗Calcit-Löslichkeit in Wasser) und führt zur Abscheidung von Carbonat, z. B. in Form der Stalaktiten und Stalakmiten in Karsthöhlen oder der Quell- und Bachsinterkalke (Kalktuffe). An deren Bildung sind auch Photosynthese treibende Algen und Pflanzen beteiligt, die dem Wasser CO_2 entziehen. Spektakulär ist diese Verschiebung des Kalk-Kohlensäure-Systems bei konstruktiven Wässerfällen, z. B. von Bad Urach, deren Fallinie durch Carbonatabscheidung vorverlegt wird. [TR]

Carbonat-Kompensationstiefe, *carbonate compensation depth*, Wassertiefe in den Weltmeeren, unter der durch die steigende Lösungstendenz von Carbonaten bei zunehmendem Druck keine

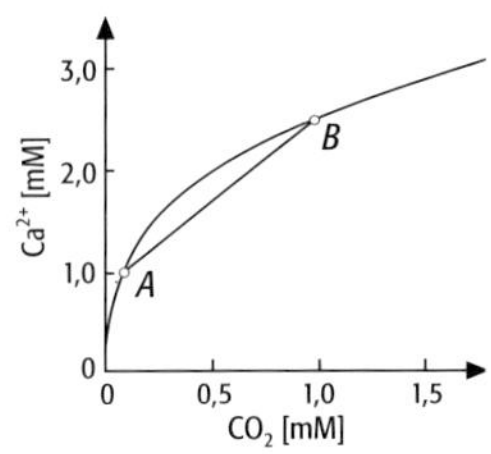

Carbonat-Kohlendioxid-System: Löslichkeit von Calcit (ausgedrückt als Ca^{2+}) in Abhängigkeit vom CO_2-Partialdruck. Die Mischungslinie der Wässer *A* und *B* liegt im Bereich der Calcituntersättigung (Mischungskorrosion).

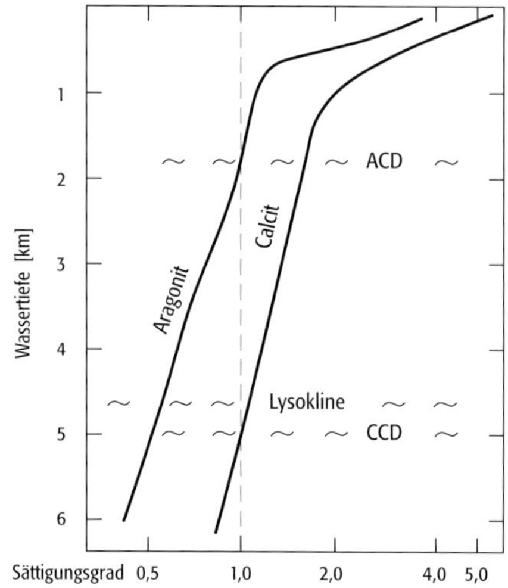

Carbonat-Kompensationstiefe 1: Positionen der ACD, der Lysokline und der CCD im äquatorialen Atlantik.

Carbonate mehr vorkommen. Die genaue Tiefenlage ist abhängig von der regionalen Chemie der Meereswässer. Dies nimmt Einfluß auf die Zusammensetzung der ↗Tiefseeablagerungen. Man unterscheidet bei der Carbonat-Kompensationstiefe zwei Bereiche: a) die *Aragonit-Kompensationstiefe* (*ACD*, *Aragonite Compensation Depth*), unter der keine aragonitischen Komponenten mehr vorkommen, da sie gelöst sind. Die ACD liegt im Pazifik lokal bei weniger als 300 m Wassertiefe, im Atlantik zwischen 2 und 2,5 km. Damit befindet sie sich stets in geringerer Wassertiefe als die b) *Calcit-Kompensationstiefe* (*CCD*, *Calcite Compensation Depth*) (Abb. 1). In dieser Tiefenlage kann kein Calcit mehr akkumuliert werden, da die Calcitzufuhr durch Lösung ausgeglichen wird (↗Lysokline). Die Lösungsrate von Calcit wird in besonderem Maße durch den CO_2-Gehalt des Meerwassers bestimmt. Dieser ist eine Funktion der Temperatur, des Drucks, des Alters der Wassermassen und der enthaltenen Menge an oxidiertem organischen Material. Im Pazifik liegt die CCD im äquatorialen Bereich bei 4,5–5 km, im äquatorialen Atlantik wenig tiefer bei ca. 5 km. Sie steigt zu den Polen und zu den Schelfbereichen hin an (Abb. 2). Die Tiefenlage der CCD variiert auch in der Zeit. Es gibt einen allgemeinen Trend für eine relativ flache CCD im Eozän mit nachfolgender Absenkung im Oligozän und Miozän. Dies mag an der Entwicklung von Meereis in hohen Breiten liegen, die veränderte Zirkulationsmuster und Temperaturverteilungen in den Meeren nach sich zog. [AA, DM]

Literatur: TUCKER, M.E. & WRIGHT, V.P. (1990): Carbonate Sedimentology. – London.

Carbonat-Kompensationstiefe 2: Position der CCD in Abhängigkeit von der geographischen Breite für den Atlantik, den Indischen Ozean und den Pazifik.

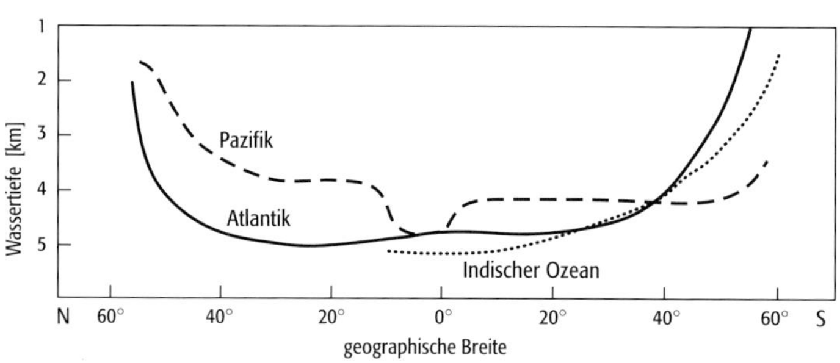

Carbonatkomplex, Abfolge ↗carbonatischer Gesteine von mindestens regionalem Ausmaß (z.B. die devonischen Massenkalke des Bergischen Landes im Rheinischen Schiefergebirge).

Carbonatkonkretionen, sekundäre, häufig schalig aufgebaute Anreicherungen von ↗Calciumcarbonat ($CaCo_3$) in Böden.

Carbonatmikrofaziesanalyse ↗Mikrofazies.

Carbonatplattform, generelle Bezeichnung für mächtige Abfolgen von marinen Flachwasser-Carbonaten. Carbonatplattformen kommen in unterschiedlichen geotektonischen Lagen vor, aber v.a. an ↗passiven Kontinentalrändern, in intrakratonischen Becken, in ↗Backarc-Becken sowie in Vorland-Becken. Die unterschiedlichen Kategorien von Carbonatplattformen sind: Carbonatschelfe, ↗Carbonatrampen, epikontinentale Carbonatplattformen, isolierte Carbonatplattformen und ertrunkene Carbonatplattformen (drowning, ↗Sequenzstratigraphie). Ein *Carbonatschelf* (Abb.) ist durch einen ausgeprägten Schelfhang und einer Schelfkante mit Barriere-Riffen oder Ooid-Barren gekennzeichnet. Diese Körper reduzieren den Wasseraustausch zwischen der Schelflagune und dem offenen Meer. Eine Carbonatrampe (Abb.) ist eine flach bekkenwärts geneigte Fläche (Fallen um 1°) mit parallel zu den Isobathen verlaufenden Faziesgürteln. Es werden gleichmäßig einfallende *homoclinale Carbonatrampen* und distal versteilte Carbonatrampen unterschieden. *Epikontinentale Carbonatplattformen* sind mehrere 100 bis 1000 km weite kratonale Bereiche mit Flachwasser-Carbonatsedimentation. *Isolierte Carbonatplattformen* (Abb.) werden nach allen Seiten von steilen Hängen begrenzt und von Tiefwasser umgeben. [ChB]

Carbonatplattform: Geometrien von Carbonatplattformen.

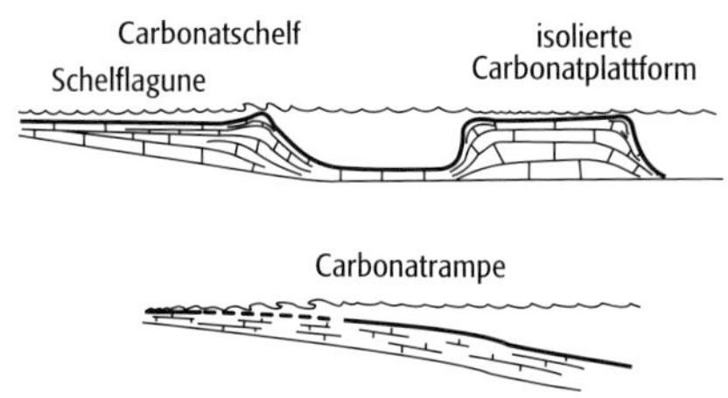

Carbonatrampe, ein Typ von ↗Carbonatplattformen an einem typischerweise passiven Kontinentalrand mit einer allmählich, zwischen 10 und 100 km seewärts stetig abfallenden Morphologie. Von der landnahen, hochenergetischen inneren Rampe aus nimmt das Energieregime mit zunehmender Wassertiefe auf der landfernen, äußeren Rampe ab. Die äußere Rampe wird nur noch von gelegentlichen Stürmen betroffen. Entlang der Küstenlinie können Gezeitenflächen oder Küstenbarrieren (Sand-/Schlammbänke) vorkommen. Große Riffkomplexe kommen grundsätzlich nicht auf Carbonatrampen vor; Flecken-Riffe auf der inneren Rampe sind jedoch nicht ausgeschlossen, ebenso wie ↗mud mounds oder nadelförmige Riffe auf der äußeren Rampe. Rezente Carbonatrampen sind z. B. entlang der Yucatan Küste, Mexiko, der Trucial Küste im Arabischen Golf und der Shark Bay, West Australien zu finden. [EHa]

Carbonatschelf ↗Carbonatplattform.

Carbonatsystem, *CO_2-System*, chemisches Gleichgewichtssystem der »Kohlensäure« (*Kohlendioxid*) und ihrer Dissoziationsprodukte. Im ↗Meerwasser liegt sie überwiegend physikalisch gelöst ($CO_{2(aq)}$) und nur zu einem sehr geringen Anteil (1:600) als eigentliche Kohlensäure (H_2CO_3) vor. Unter dem Trivialnamen »Kohlensäure« wird jedoch gemeinhin die Summe beider Formen verstanden. Von der zweibasigen Säure lassen sich über zwei Dissoziationsstufen die Anionen Hydrogencarbonat (HCO_3^-) und Carbonat (CO_3^{2-}) nach folgenden Reaktionsgleichungen ableiten:

$$CO_{2(aq)} + H_2O \leftrightarrow H^+ + HCO_3^-$$
$$HCO_3^- + H_2O \leftrightarrow H^+ + CO_3^{2-}.$$

Der Gesamtcarbonatgehalt ΣCO_2 (auch TCO_2, DIC, C_T) von Meerwasser liegt im Bereich von 1,9–2,2 mmol pro kg Meerwasser. Er verteilt sich etwa im Verhältnis 200:20:1 auf $CO_2(_{aq})$, Carbonat und Hydrogencarbonat. Das marine Carbonatsystem ist analytisch über die Meßgrößen Gesamtcarbonatgehalt (ΣCO_2), Alkalinität, pH-Wert und CO_2-Fugazität in hoher Präzision zugänglich und zudem in seinen thermodynamischen Eigenschaften sehr genau bekannt. Es reguliert den pH-Wert von Meerwasser und ist für etwa 95 % seiner Pufferkapazität verantwortlich. So zeigt Meerwasser mit einem pH-Wert von 8,0 (± 0,5) eine entsprechend geringe Varianz. Gleichzeitig unterliegt das Carbonatsystem physikalischen (↗Salzgehalt, Temperatur, Gasaustausch mit der Atmosphäre), biologischen (Photosynthese des Phytoplanktons, Kalkschalenbildung durch Phyto- und Zooplankton, Atmung) und chemischen (Kalklösung in der Tiefe) Einflüssen. Es ist eine wichtige Komponente des globalen ↗Kohlenstoffkreislaufs. Dabei stellt es das größte der sich rasch (innerhalb von Jahren bis Jahrtausenden) austauschenden Kohlenstoffreservoire dar. So enthält es gegenwärtig etwa 50 mal (vorindustriell 65 mal) so viel Kohlenstoff wie die Atmosphäre und etwa 20 mal so viel wie die gesamte terrestrische Biosphäre inklusive der oberen Bodenschichten. Über den Gasaustausch von Kohlendioxid (CO_2) zwischen Atmosphäre und Ozean wird der atmosphärische CO_2-Gehalt (↗Gase im Meerwasser) entscheidend vom Carbonatsystem des Ozeans geprägt. Der CO_2-Gehalt der Atmosphäre ist in letzter Zeit unter dem Stichwort »anthropogener Treibhauseffekt« in den Mittelpunkt des wissenschaftlichen und öffentlichen Interesses gerückt. Aufgrund seiner Absorptionseigenschaften im Infraroten, dem Spektralbereich der terrestrischen Wärmeabstrahlung, ist atmosphärisches CO_2 für den Strahlenhaushalt unseres Planeten von erheblicher Bedeutung. Die menschlichen Aktivitäten haben durch die zunehmende Verbrennung fossiler Brennstoffe sowie durch eine sich ändernde Landnutzung (z. B. Brandrodung tropischen Regenwalds) zu einem erheblichen Anstieg des CO_2-Gehalts der Atmosphäre um gut 30 % gegenüber der vorindustriellen Situation Mitte des 18. Jh. geführt. Diese Tatsache gibt Grund zu der Befürchtung, daß der Mensch aktiv in das Klimasystem eingreift, und es zu globalen Klimaveränderungen kommt. Der Weltozean fungiert bekanntermaßen als beachtliche Senke für anthropogenes CO_2 und spielt daher – nicht zuletzt seines Carbonatsystems wegen – eine entscheidende Rolle im Klimasystem der Erde. [KK]

Carbonatthermometrie ↗*Isotopenthermometrie*.

Carbonatzemente, sind im Lauf der Carbonatdiagenese (↗Diagenese) zwischen sedimentär gebildeten Komponenten, zum Teil unter mikrobieller Mitwirkung ausgefällte Carbonatkristalle aus Aragonit, Hoch-Mg-Calcit oder Niedrig-Mg-Calcit. Die Bildung von Carbonatzementen ist einer der wichtigsten Prozesse der Carbonatdiagenese und Voraussetzung für die Lithifizierung von Carbonatsedimenten. Die Bildung von Carbonatzementen setzt die Übersättigung der Porenflüssigkeit an $CaCO_3$ voraus. Für eine effiziente Zementation ist darüber hinaus ein großes Reservoir an gelöstem Carbonat und ein aktiver Fluidfluß im Sediment nötig. Während im marinen Environment das Meerwasser selbst die Carbonatquelle ist, stammt es in der meteorischen Zone und in der Versenkungszone im wesentlichen aus den Prozessen der Sedimentlösung. Die Carbonatmodifikation und die varietätenreichen Kristallgestalten sowie die Geochemie der Carbonatzemente sind wichtige Indikatoren für verschiedene diagenetische Environments. Sie werden im wesentlichen durch das Mg/Ca-Verhältnis der Porenwässer sowie durch den Fluiddurchsatz bestimmt. Mit steigendem Mg/Ca-Verhältnis entwickeln sich Hoch-Mg-Calcite sowie die meisten Aragonitzemente. Aciculare Zemente sind an hohe Durchflußraten der Porenwässer sowie i. d. R. an hohe Mg/Ca-Verhältnisse geknüpft. In der Aufeinanderfolge typischer Zemente bei der Verfüllung von Porenräumen (Zementstratigraphie) läßt sich auch die zeitliche Veränderung von diagenetischen Environments nachvollziehen. In marinen phreatischen Environments mit aktivem Porenwasserfluß, insbesondere in Riffen und carbonatischen Schelfrandsanden, entstehen v. a. massive, hemisphärische Aragonitbotryoide, Aragonitfächer, wirr wachsende, nadelige (aciculare) Aragonitzemente, fibröse bis faserige Mg-Calcitzemente als isopache Umhüllung von Komponenten sowie peloidale Mg-Calcitzemente, die schwierig von sedimentär entstandenen ↗Peloiden zu trennen sind. Auch in der intertidalen Zone herrschen isopache, fibröse Aragonitzemente und mikritische Hoch-Mg-Zemente vor. In stagnanten marin-phreatischen Environments, z. B. in Lagunen, bleibt die Zementation oft unvollständig. Neben fibrösen Aragonitzementen bilden sich mikritische Hoch-Mg-Zemente. Mikritische Zemente sind auch in tiefermarinen Zonen vorherrschend und lassen sich vom umgebenden, sedimentär entstandenen Mikrit kaum trennen. Typische Zemente der meteorisch-vadosen Zone sind calcitische Meniskuszemente, mikrostalaktitische Zemente (gravitative Zemente) und vadoser Silt. In der meteorisch-phreatischen Zone finden sich gleichkörnige, isopache Calcitzemente (»equant calcite«) um Komponenten. Die tiefe Versenkungszone ist durch spätdiagenetisch ausgeschiedenen, grobkörnigen, oft eisenschüssigen Blockcalcit gekennzeichnet. Im optischen Kontinuum v.a. um Echinodermenfragmente entstehende syntaxiale Rindenzemente sind nicht diagnostisch und können sowohl in den beiden meteorischen Zonen, als auch in der Versenkungszone enstehen. [HGH]

Carbon Preference Index, *CPI*, gibt das Verhältnis ungradzahliger zu gradzahliger Kohlenstoffatome in Sedimenten und ↗Rohölen an. Mit Hilfe des Carbon Preference Index lassen sich Rückschlüsse auf die Herkunft (kontinentales Pflanzenmaterial oder marines Plankton) des organischen Materials ziehen.

Carbonsäure ↗Carboxylgruppe.

Carbonylgruppe, Bezeichnung für die CO-Gruppe.

Carborund, *Carborundum*, Siliciumcarbid (CSi); blaugrünes Schleif- und Poliermittel; Dichte: 3,2 g/cm^3; Härte nach Mohs: 9,5; Lichtbrechung 2,675; 1891 von Atchinson synthetisiert, der an eine Verbindung von Carborund (Carbon) und Tonerde (Corundum) glaubte.

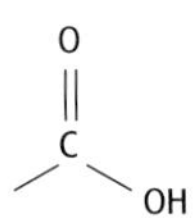

Carboxylgruppe: Strukturformel.

Carboxylgruppe, Bezeichnung für die COOH-Gruppe (Abb.). Gesättigte Kohlenwasserstoffe (↗Alkane) mit einer Carboxylgruppe werden als *Carbonsäuren* bezeichnet.

Carix, *Carixium*, das untere ↗Pliensbach.

Carlé, *Walter*, deutscher Geologe, * 23.6.1912 in Stuttgart, † 12.9.1996 in Stuttgart; 1930 Studium der Botanik und Geologie in Stuttgart, 1932 Wechsel an die Universität Kiel, im gleichen Jahr nach Berlin zu Hans Stille; Promotion über die saxonische Tektonik des Harzes; 1936–37 wissenschaftlicher Assistent am geologischen Staatsinstitut Hamburg unter R. Brinkmann; 1938–40 Tätigkeit für ein deutsch-spanisches Bergwerkunternehmen in Galizien (Spanien); 1940–41 wissenschaftlicher Angestellter der Reichsstelle für Bodenforschung; ab 1946 entstand im Rahmen seiner Arbeit an der Geologischen Abteilung des Württembergischen Statistischen Landesamts die »Geotektonische Übersichtskarte der Südwestdeutschen Großscholle 1:1.000.000«, die 1950 als Probedruck vorgestellt wurde, daneben arbeitete er auf dem Gebiet der Kartierung, Hydrogeologie, Balneologie und der Geschichte der württembergischen Salinen und fertigte zahlreiche Gutachten zur Wassererschließung, Abgrenzung von Wasserschutzgebieten, Erschließung von Rohstoffen und Deponierung von Müll an; 1949 Lehrbeauftragter der Technischen Hochschule Stuttgart mit Vorlesungen über Tektonik, Regionale Geologie und Hydrogeologie der Mineral- und Thermalwässer; 1953 Privatdozent; 1954 Landesgeologe am 1952 neu gegründeten Geologischen Landesamt von Baden-Württemberg; 1955 Habilitation mit dem Thema »Bau und Entwicklung der Süddeutschen Großscholle«; 1959 Oberlandesgeologe; 1960 Professor an der TH Stuttgart; 1970 Regierungsdirektor und 1974 Oberregierungsdirektor, von 1970 bis zu seinem Ausscheiden 1975 Leiter der Zweigstelle Stuttgart des Geologischen Landesamts; seit den fünfziger Jahren galt sein Interesse immer mehr der Hydrogeologie und Balneologie, er setzte sich dafür ein, daß in die »Hydrogeologische Karte der Bundesrepublik Deutschland 1:500.000« die Mineralwässer aufgenommen wurden und war selbst direkt am Entstehen von fünf Blättern dieser Karte beteiligt; 1975 erschien sein Nachschlagewerk »Die Mineral- und Thermalwässer von Mitteleuropa. Geologie, Chemismus und Genese«; weiteres Schwerpunktthema v.a. der letzten seiner insgesamt 261 veröffentlichten Arbeiten ist die Geschichte der Geologie (z.B. »Werner-Beyrich-von-Koenen-Stille. Ein geistiger Stammbaum wegweisender Geologen.«). [TL]

Carnallit, *Karnallit*, [nach dem Berghauptmann R. Carnall]; $KMgCl_3 \cdot 6\,H_2O$; Mineral mit rhombisch-dipyramidaler Kristallform; Farbe: farblos, meist aber weiß, grau, rosa, rot, braun, blau oder gelb gefärbt; frischer Bruch mit Glasglanz, an der Luft schnell trüb werdend und fettglänzend; Strich: weiß; Härte nach Mohs: 1,5–2 (selten 2–3); Dichte: 1,6 g/cm^3; Bruch: muschelig; Spaltbarkeit: keine; Aggregate: dichte, körnige Massen, auch faserig, und eingesprengt in Schnüren; Kristalle selten; vor dem Lötrohr leicht schmelzbar und in H_2O löslich; starke Phosphoreszenz; Begleiter: Halit, Sylvin, Anhydrit, Kainit, Kieserit, auch Hämatit; bildet sich als eines der letzten Minerale der mit Mg und K angereicherten Lösungen rezenter Salzseen (Evaporit-Folge); Vorkommen: in sedimentären Salzlagerstätten; Carnallit ist das wichtigste primäre Kalisalz in den Kalisalzlagerstätten Deutschlands; wichtiges Kalisalz für Düngemittel; Fundorte: Suria (Katalonien, Spanien), Kalusz (Ukraine), Benghasi (Libyen). [GST]

Carnotit, *Karnotit*, nach dem franz. Physiker Carnot benanntes Mineral; $K_2[(UO_2)_2|V_2O_8] \cdot 3\,H_2O$; monoklin-prismatische Kristallform; Farbe: kanarien- oder grünlich-gelb; Glas- bis Perlmuttglanz; Strich: gelb; durchscheinend bis undurchsichtig; Härte nach Mohs: 4; Dichte: 4,5–4,6 g/cm^3; Spaltbarkeit: vollkommen nach (*001*); Aggregate: vielfach als Imprägnationen in Kalk und Sandsteinen, Beschläge, Überzüge, pulverig, nierig, traubig; Kristalle selten; vor dem Lötrohr leicht zu schwarzem Kügelchen schmelzend, Flamme wird blaßviolett gefärbt; gibt mit Borax eine Uranperle; in Säuren leicht löslich und meist stark radioaktiv; hat 50–65 % UO_2 und 18–10 % V_2O_8; Begleiter: Tujamunit, Raurit, Hewettit, Zippeit; Fundorte: große Vorkommen in Utah und Colorado (USA),

Shaba (Zaire, Afrika), ferner in Kanada und Mexiko. [GST]

carrying capacity ↗*Tragfähigkeit.*

Casagrandeknick, Wendepunkt im Erstbelastungsast der ↗Drucksetzungslinie. Bei ungestörten Böden zeigt der Knick das Ausmaß der geologischen Vorbelastung an (Abb.).

Cäsium, Symbol Cs (Ordungszahl 55) ist ein Alkalimetall der I. Hauptgruppe des ↗Periodensystems; Atommasse: 132,905; Wertigkeit: I; Dichte: 1,878 g/cm^3. Cäsium ist ein wachsweiches Leichtmetall, das in kubisch-raumzentriertem Gitter kristallisiert. Die chemischen Eigenschaften des Cäsiums entsprechen weitgehend den Gruppennachbarn ↗Kalium und ↗Rubidium. Cäsium stellt 0,0003 % der Masse der ↗Erdkruste und kommt als Begleiter anderer Alkalimetalle vor. Das wichtigste Cäsiummineral ist Pullucit ($Cs[AlSi_2O_6] \cdot 0{,}5\ H_2O$; ↗Cäsiumuhr).

Cäsiumdampf-Magnetometer ↗optisch gepumptes Magnetometer.

Cassini, vier aufeinanderfolgende Generationen französischer Astronomen und Geodäten, üblicherweise durch römische Ziffern I bis IV unterschieden.

Cassini I, *Giovanni Domenico* oder *Jean Dominique*, * 8.6.1625 in Perinaldo (bei Nizza), † 14.9.1712 in Paris; ab 1650 Festungsbaumeister und Professor in Bologna, 1668 von König Ludwig XIV an die Pariser Akademie der Wissenschaften berufen, ab 1669 Direktor des neu errichteten Pariser Observatoriums. Bedeutende Arbeiten und Erkenntnisse auf verschiedenen Gebieten der Astronomie; ab 1683 an der von J. ↗Picard im Auftrag der Pariser Akademie begonnenen großen französischen ↗Gradmessung beteiligt; verfocht ebenso wie später sein Sohn Jaques (↗Cassini II) die am Äquator abgeplattete (an den Polen zugespitzte) Erdfigur (»Oblongum«) und wurde zum Repräsentanten der französischen Schule im Streit mit der englischen um Sir I. ↗Newton, die nach dessen Gravitationsgesetz ein »Oblatum« vertrat (↗Maupertuis).

Cassini II, *Jaques*, * 18.2.1677 in Paris, † 16.4.1756 in Thury (bei Clermont/Oise), Sohn von Cassini I, Nachfolger seines Vaters als Direktor der Sternwarte Paris; führte in Frankreich ausgedehnte Triangulationen und ↗Gradmessungen aus, auch um die Ergebnisse von J. ↗Picard zu prüfen bzw. zu verbessern; propagierte ebenfalls die am Äquator abgeplattete Erdform.

Cassini III de Thury, *Cesar François*, * 17.6.1714 in Paris, † 14.9.1784 in Paris; Sohn von Cassini II, Nachfolger seines Vaters als Direktor der Sternwarte Paris; veranlaßte und nahm maßgeblich teil an der großen topographischen Aufnahme Frankreichs (Große Karte von Frankreich 1:86.400), die danach von seinem Sohn beendet wurde.

Cassini IV de Thury, *Jean Dominique, Comte de Cassini*, * 30.6.1748 in Paris, † 18.10.1845 in Thury (bei Clermont/Oise); Sohn von Cassini III. Vollendete die topographische Aufnahme und die Große Karte Frankreichs, die sein Vater begonnen hatte.

Castanozems ↗*Kastanozems.*

CAT ↗*Clear Air Turbulence.*

Catena, v.a. in der Bodenkunde, Bodengeographie und Geomorphologie gebrauchter Begriff, der, in Abhängigkeit von sich ändernden Reliefbedingungen, die kausale Verkettung der Entwicklung von einzelnen Catena-Elementen (z.B. Bodenprofile, geomorphologische Formen) beschreibt. Ursprünglich in der Bodenkunde entwickelt, stellt das Catena-Prinzip z.B. dar, wie sich gesteuert von der Reliefposition (Ober-, Mittel-, Unterhang, Hangverflachungen) von der ↗Wasserscheide bis zur ↗Erosionsbasis verschiedene ↗Bodentypen einstellen. Bezogen auf die betrachtete Maßstabsebene treten dabei die bodenbildenden Faktoren, Klima und Ausgangsgestein in den Hintergrund. Damit zog in der Bodenkunde durch die stärkere Berücksichtigung der reliefabhängigen Ausprägungen von Erosion, Transport, Sedimentation und Wasserhaushalt zugleich die dynamische Betrachtungsweise der Entwicklung bestimmter ↗Bodengesellschaften ein. Das Catena-Prinzip wurde von der Geomorphologie und Geoökologie auch auf die gesetzmäßige Vergesellschaftung bestimmter ↗Morphotope bzw. Ökotope übertragen und weiterentwickelt. [PH]

Cathaysischer Kraton ↗Proterozoikum.

Cauchy-Riemannsche Differentialgleichungen, Differentialgleichungen, die aus der Forderung nach Differenzierbarkeit einer komplexwertigen Funktion einer komplexen Variablen entstehen. Mit den Real- und Imaginärteilen x, y des komplexen Arguments $z = x + iy$, $i = \sqrt{-1}$, und den Real- und Imaginärteilen $u(x,y)$, $v(x,y)$ der komplexwertigen Funktion $f(z) = u(x,y) + iv(x,y)$ lauten die Cauchy-Riemannschen Differentialgleichungen:

$$\frac{\partial u}{\partial x} = \frac{\partial v}{\partial y}, \quad \frac{\partial u}{\partial y} = -\frac{\partial v}{\partial x} .$$

Die Cauchy-Riemannschen Differentialgleichungen werden häufig in der Theorie der Landesvermessung angewandt, insbesondere im Zusammenhang mit der Transformation zwischen Paaren von ↗Gaußschen Koordinaten. Die isothermen Flächenkoordinaten werden dort als Real- und Imaginärteile einer komplexen Variablen aufgefaßt, so daß jeder Punkt der Ellipsoidfläche durch eine komplexe Zahl beschrieben wird. Jeder Übergang von einem System Gaußscher Flächenkoordinaten (x,y) auf ein zweites System Gaußscher Koordinaten (u,v) kann durch eine komplexwertige analytische Funktion dargestellt werden, welche zwangsläufig die Cauchy-Riemannschen Differentialgleichungen erfüllt. Die komplexe Darstellung mit den Mitteln der Funktionentheorie ist meist übersichtlicher als eine rein reelle Beschreibung der Transformationsbeziehungen. [BH]

Cavendish, *Henry*, englischer Chemiker und Physiker, * 10.10.1731 in Nizza, † 24.2.1810 in London; ging nach abgebrochenem Studium in Cambridge 1753 nach London und richtete sich

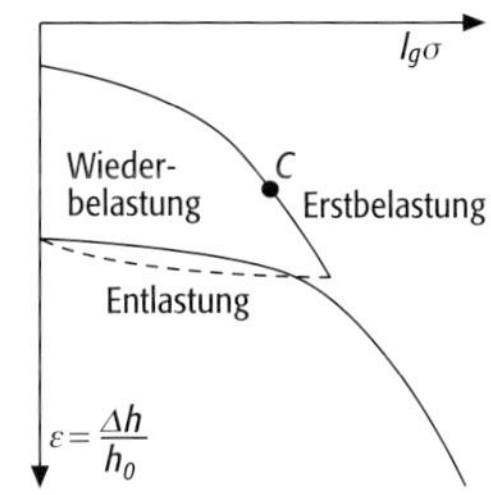

Casagrandeknick: Drucksetzungslinie eines überkonsolidierten Tons mit Erstbelastung, Ent- und Wiederbelastung (C = Casagrandeknick, σ = Belastung, ε = bezogene Setzung, h_0 = Ausgangshöhe, Δh = Höhenänderung).

Cassini I, *Giovanni Domenico*

Cavendish, *Henry*

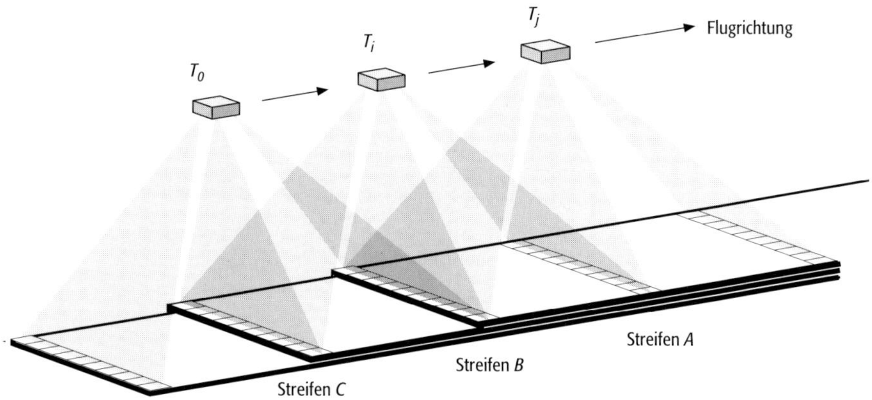

CCD-Kamera 1: Prinzip der photogrammetrischen Aufnahme mit einer Drei-Zeilen-Kamera.

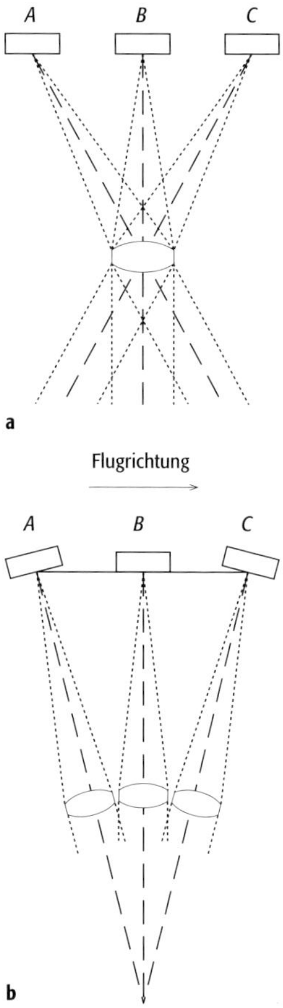

CCD-Kamera 2: Drei-Zeilen-Kamera; a) drei Zeilen in einer Bildebene; b) drei Zeilen in drei Bildebenen.

dort als Privatgelehrter ein Labor ein, seit 1760 Mitglied der Royal Society. Er ist einer der bedeutendsten Naturforscher seiner Zeit; Anhänger der Phlogistontheorie; bestimmte als erster die Dichte von Gasen; entdeckte 1764 die Arsensäure, 1766 den Wasserstoff (von ihm als »Phlogiston« bezeichnet) und wies dessen sehr geringe Dichte nach; entdeckte 1772 Sauerstoff und Stickstoff und untersuchte das aus Kalkstein mit Säuren gewonnene Kohlendioxid sowie die Brennbarkeit von Fäulnis- und Gärungsgasen; zeigte mit einem von ihm entwickelten Eudiometer, daß das Verhältnis von Sauerstoff und Stickstoff in der Luft an verschiedenen Orten gleich ist; beobachtete 1783 beim Erhitzen eines Gasgemisches aus Wasserstoff und Sauerstoff die Entstehung von Wasser (Knallgasreaktion) und erkannte, daß Wasser kein chemisches Element ist; fand erste Anhaltspunkte für die Existenz der Edelgase; zeigte 1784, daß Sauerstoff und Stickstoff beim Durchschlagen elektrischer Funken zu Salpetersäure vereinigt werden; bestimmte 1798 mit der Cavendish-Drehwaage als erster die ↗Gravitationskonstante, ermittelte die mittlere Dichte und das Gewicht der Erde sowie die spezifische ↗Wärmekapazität zahlreicher Stoffe. Er entdeckte die latente Schmelzwärme des Eises; untersuchte auch elektrische Erscheinungen, wobei er bei Versuchen zur Elektrostatik bereits das später nach C.A. de Coulomb benannte Kraftgesetz (↗Coulomb-Gesetz) für elektrische Ladungen erkannte; auch Arbeiten zur Meteorologie und Astronomie. Ihm zu Ehren wurde das physikalische Labor in Cambridge Cavendish Physical Laboratory genannt.

C-Band, einer der drei am häufigsten benutzten Frequenzbereiche in der Radar-Fernerkundung. Seine Eindringtiefe liegt zwischen der des ↗X-Bandes und des ↗L-Bandes (Tab.).

C-Band-Radar, Radarsystem mit Meßfrequenzen im ↗C-Band. Es wurde eingesetzt in der Zeit von 1974 bis 1978 zur Bestimmung von Entfernungen zum Satelliten GEOS C.

L-Band	λ ≈ 15–30 cm	f ≈ 1–2 GHz
C-Band	λ ≈ 4,5–7,5 cm	f ≈ 4-7 GHz
X-Band	λ ≈ 2,4–4,5 cm	f ≈ 7–12 GHz

C-Band (Tab.): Frequenzbereiche.

$^{12}C/^{13}C$, das Verhältnis der beiden stabilen Isotope mit deutlich unterschiedlichem Atomgewicht (^{12}C = 12,0; ^{13}C = 13,00335) liegt nach geochemischen Analysen in nicht fraktionierten Verbindungen bei etwa 89,42, d.h. der Anteil des schwereren ^{13}C beträgt etwa 1,106%. Thermodynamische und kinetische Isotopenfraktionierungen und untergeordnet auch spezifische biochemische Abläufe führen bei der Produktion von Biomasse zur relativen Anreicherung des leichteren Isotopes gegenüber den äußeren Kohlenstoffquellen. ↗Autotrophie erzeugt einen um 2,4% (maximal über 4%) angereicherten Anteil von ^{12}C in der Biomasse. ↗$\delta^{13}C$ Werte.

CCD, *Calcite Compensation Depth*, *Calcit-Kompensationstiefe*, ↗Carbonat-Kompensationstiefe.

CCD-Kamera, *Charge Coupled Device*, optisches Aufnahmesystem mit optoelektronischer Bildaufzeichnung durch ↗CCD-Sensoren. Hinsichtlich der Aufnahmegeometrie sind CCD-Kameras mit Zeilen- und Array-Sensoren zu unterscheiden. Kameras mit einem CCD-Array in der Bildebene sind das elektronische Pendant einer photogrammetrischen ↗Meßkamera mit photographischer Bildaufzeichnung. Die derzeitige maximale Größe der CCD-Sensoren begrenzt das nutzbare ↗Bildformat auf das einer Mittelformatkamera (maximal etwa 50 mm x 50 mm). Das erzeugte Bild besitzt eine einheitliche ↗innere und ↗äußere Orientierung. Kameras mit einem CCD-Array gestatten die Aufnahme stationärer und instationärer Objekte von ortsfesten und bewegten ↗Plattformen aus. Durch die Verwendung einer CCD-Zeile in der Bildebene einer Kamera kann in Richtung der Zeile ein größeres Bildformat (etwa 120 mm) erreicht werden. CCD-Zeilen-Kameras werden als optoelektronische ↗Scanner bezeichnet. Die Erfassung eines flächenhaften Objektes setzt die Aufnahme von einer bewegten Plattform voraus. Durch die Vorwärtsbewegung der Plattform rechtwinklig zur Richtung der Zeile wird nach dem ↗Push-Broom-Prinzip ein kontinuierlicher ↗Bildstreifen des aufgenommenen Geländes gewonnen. Alle Zeilen dieses Streifens besitzen die gleiche

↗innere Orientierung, jede Zeile aber eine andere ↗äußere Orientierung. Die gewonnenen Bilder sind nur zweidimensional auswertbar. Eine ↗Drei-Zeilen-Kamera enthält drei CCD-Zeilen rechtwinklig zur Bewegungsrichtung der Plattform. Alle drei CCD-Zeilen können in der Bildebene einer Kamera aber auch je eine Zeile in den Bildebenen von drei starr miteinander verbundenen Kameras bei konvergenten Aufnahmeachsen angeordnet sein. Damit werden drei ↗Bildstreifen im Rück- und Vorblick sowie in Nadirrichtung gewonnen. Die unterschiedliche äußere Orientierung der Zeilen, die den gleichen Objektbereich erfassen, ermöglicht eine dreidimensionale photogrammetrische Bildauswertung. Für die Aufnahme stationärer Objekte von einer ortsfesten Plattform sind CCD-Kameras sowohl mit Flächen- als auch Zeilen-Sensoren geeignet. Durch die systematische sequentielle Verschiebung des CCD-Arrays oder der CCD-Zeile über die Bildebene einer Kamera bei geöffnetem Verschluß können Bildformate realisiert werden, die denen photogrammetrischer Meßkameras entsprechen. Die Verwendung raster- oder zeilenförmig angeordneter Farbfilter vor den einzelnen Sensorelementen eines CCD-Arrays oder einer CCD-Zeile bildet die Grundlage für die Aufnahme digitaler ↗Farbbilder oder Multispektralbilder (Abb. 1 u. 2). [KR]

CCD-Sensor, *Charge Coupled Device*, Festkörper-Bildsensor, der aus Zeilen oder Matrizen geometrisch genau positionierter MOS (Metal Oxid Silicium)-Kondensatoren als Sensorelementen (SEM) besteht, die lokalisiert bei Lichteinwirkung Ladungsträger an der Halbleiterschicht sammeln. Damit wird die Beleuchtungsstärkeverteilung E in der ↗Bildebene einer Kamera nach dem inneren photoelektrischen Effekt in einer Ladungsverteilung gewandelt und über die Zeit der Einwirkung (Integrationszeit) in den einzelnen SEM summiert. Dem seriellen Auslesen der Ladungen in einer vorgegebenen Taktfrequenz folgt durch Quantisierung eine Analog-Digital-Wandlung der elektrischen Signale in ein ↗digitales Bild. Je nach der Verarbeitungsbreite n (in bit) des Rechners für die Analog-Digital-Wandlung erfolgt eine Quantisierung in zwei diskrete Werte der optischen Dichte. Üblich sind Quantisierungen mit $6 < n < 8$ bit, d. h. es entstehen digitale Bilder mit einer radiometrischen ↗Auflösung von 64 bis 256 diskreten Werten für die optische Dichte jedes Bildelements (Pixel). Für die Farbaufnahme sind Filter vor jedem einzelnen SEM des Sensors erforderlich. Verwendet werden z.B. Cyan- (Grün/Blau), Gelb- (Grün/Rot) und Grünfilter, die periodisch spaltenweise in einem CCD-Frame-Transfer-Sensor (FTS) angeordnet werden. Bei einem FTS werden die Ladungen aus dem lichtempfindlichen Bildbereich vor dem Auslesen in einem gegen Lichteinwirkung geschützten Speicherbereich übertragen. CCD-Zeilen sind jeweils mit nur einem Filter ausgerüstet. Die größten in Kameras eingebauten CCD-Arrays enthalten gegenwärtig etwa 4000x × 4000 SEM, CCD-Zeilen maximal 12.000 SEM. Die untere Grenze der Größe der meist quadratischen SEM eines CCD-Sensors liegt bei einer Seitenlänge von etwa 7 µm (Abb.). [KR]

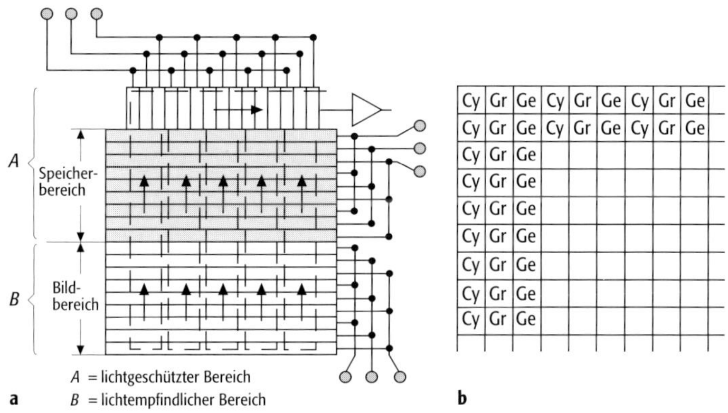

CCD-Sensor: Frame-Transfer-Sensor; a) Grundaufbau, b) Anordnung der Farbfilter.

C1-Chondrit, *kohliger Chondrit*, Steinmeteorit, der magnesiumreiche ↗Phyllosilicate, Magnesium-Sulfat, Carbonate, Gips, Magnetit und sporadisch Olivin, Pyroxen und sulfidische Komponenten enthält, daneben weiterhin Wasser, flüchtige Elemente und Kohlenstoff (elementar und in Kohlenwasserstoffen). Chondrite (↗Meteorit) werden in C1-, C2- und C3-Chondrite unterteilt, wobei C1-Chondrite (10 % Si, 0,8 % Al, 18 % Fe, 10 % Mg, 1,1 % Ca, 0,5 % Na, 3 % C, 6 % S, 20 % H_2O) als primitivste Form gesehen werden. Demnach entspricht die Zusammensetzung der C1-Chondrite der Solarmaterie, ihr Chemismus wird häufig dem Durchschnittschemismus des nichtflüchtigen Teils des Solarnebels gleichgesetzt. Die durchschnittliche chemische Zusammensetzung der C1-Chondrite wird als geochemischer Vergleichs- und Normierungsstandard benutzt (↗chemische Gesteinsstandards).

Cc-Horizont, ↗Bodenhorizont entsprechend der ↗Bodenkundlichen Kartieranleitung; erkennbar mit Sekundärcarbonat angereicherter ↗C-Horizont.

CCRF ↗Bezugsrahmen.

CCRS ↗Bezugssystem.

^{14}C-Datierung ↗^{14}C.

CDP ↗*common depth point.*

CDT ↗*Canyon Diabolo Troilit.*

Ceilometer, Gerät zur Messung der Höhe der Wolkenbasis über Grund. Dabei wird die Laufzeit eines an der Wolkenuntergrenze reflektierten Lichtimpulses bestimmt.

Celebessee, heute Sulawesisee, als Teil des Australasiatischen Mittelmeers (↗Australasiatisches Mittelmeer Abb.) ein ↗Nebenmeer des ↗Pazifischen Ozeans zwischen Celebes, Borneo und Mindanao.

Celsius, *Anders*, schwedischer Astronom. * 27.11.1701 in Uppsala, † 25.4.1744 in Uppsala, seit 1740 Direktor der ersten Sternwarte Schwedens. Er nahm an der Expedition von P. L.M. de ↗Maupertuis nach Lappland teil, deren Aufgabe in der Gradmessung zwischen Tornea und Pello bestand. Die Ergebnisse bestätigten die ↗Abplattung der Erde. Weitere Arbeitsfelder waren u. a.

Celsius, *Anders*

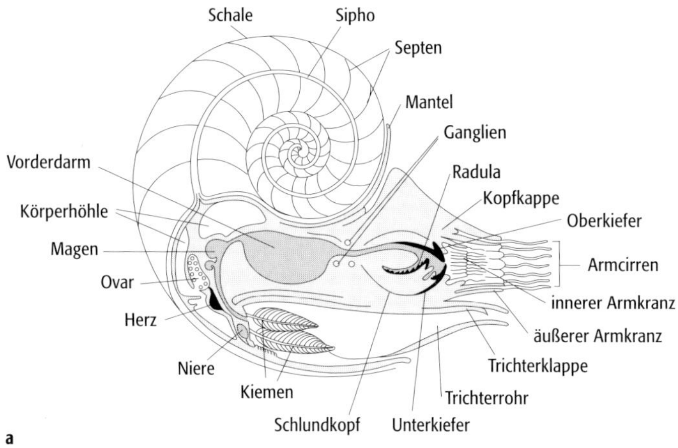

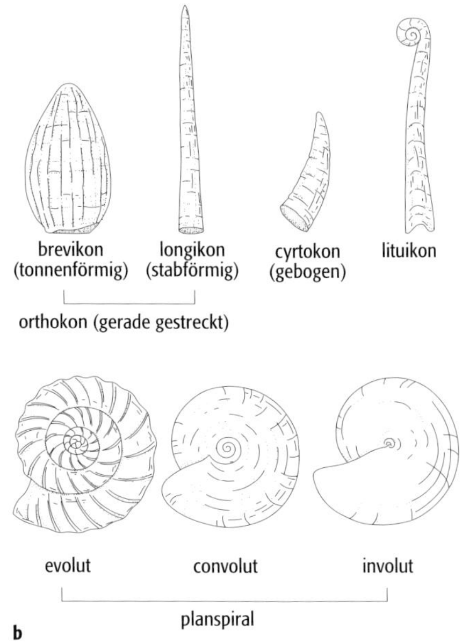

Cephalopoden 1a: Bauplan der rezenten Nautiloideen-Gattung *Nautilus*, Medianschnitt.

Cephalopoden 1b: Gehäuseformen bei Nautiloideen.

die Bestimmung der Polhöhe, der Gang der magnetischen Deklination und der Zusammenhang zwischen Nordlicht und Änderungen des Erdmagnetfeldes. 1742 schlug er eine 100teilige Skala zur Temperatureinteilung vor.

Celsius, Temperaturskala nach A. ↗Celsius (1701–1744) benannt. Sie ist durch den Gefrierpunkt von Wasser bei 0 °C (273,16 K) und dessen Siedepunkt bei 100 °C (373,16 K) definiert.

Cenoman, international verwendete stratigraphische Bezeichnung für die unterste Stufe der Oberkreide, benannt nach dem lateinischen Namen der Stadt Le Mans (Frankreich). ↗Kreide, ↗geologische Zeitskala.

Cenote, *Einsturzdoline*, ↗Doline.

Cephalopoda, *Kopffüßer*, seit Oberkambrium bekannte, marine, höchstentwickelte Klasse der ↗Mollusken mit gekammertem Gehäuse aus Aragonit. Als räuberische, schnellschwimmende Tiere verfügen die rezenten Arten über eine mit leistungsfähigen Sinnesorganen ausgestattete Kopfregion, teilweise mit hochentwickelten Augen und einem Gehirn. Sie besitzen Fangtentakel im Mündungsbereich. Neben der bei allen Cephalopoden ähnlich einfach gebauten Radula sind bei rezenten, aber auch fossilen Vertretern häufig spezielle, calcitische »Kiefer« (»Schnäbel«) zum Nahrungserwerb ausgebildet. Die Fortbewegung erfolgt durch gerichtetes Auspressen von Wasser aus der Mantelhöhle unter Verwendung eines speziellen Trichters. Eine grobe systematische Untergliederung geht aus von der Lage der Schale (Ectocochlier, Außenschaler = Cephalopoden mit äußerer Schale; Endocochlier, Coleoideen, Innenschaler = Cephalopoden mit sekundär ins Körperinnere verlagerter Schale) sowie vom Bau der Kammerscheidewände (Septen) bei den Außenschalern. Solche mit einfach gewölbten, uhrglasförmigen Septen werden als *Nautiloideen* zusammengefaßt und solche mit daraus abzuleitendem, kompliziertem Septenbau als *Ammonoideen*. Die Nautiloideen (Abb. 1a, Abb. 1b) sind seit dem unteren Oberkambrium bekannt, ihr Gehäuse ist bei paläozoischen Formen meist gerade gestreckt (orthocon) oder bogenförmig, länglich oder gedrungen, vereinzelt auch spiralig gewunden; seit dem Mesozoikum meist spiralförmig, mit einfach gebauten Septen und kompliziertem Siphonalapparat. Wie bei allen anderen Ectocochliern wird die zuletzt gebaute, äußere Kammer vom Weichkörper eingenommen (Wohnkammer) und von den älteren Kammern (Phragmocon) durch das jeweils jüngste Septum abgetrennt. Die älteren Kammern bleiben durch einen zentral oder randlich gelegenen Weichteilstrang, das Siphonalrohr, mit dem Weichkörper verbunden. Alle Hartteilstrukturen, die damit zusammenhängen, werden als Siphonalapparat bezeichnet. Im Gegensatz zu den erdgeschichtlich jüngeren Ammonoideen ist dieser bei den Nautiloideen kompliziert gebaut: Wo der Sipho die Septen durchbohrt, sind dünnwandige, nach hinten weisende (retrosiphonate), röhren- oder trichterförmige Strukturen ausgebildet, die Siphonaldüten. Der Sipho wird außerdem durch eine feine, kalkige Hülle (Siphonalhülle) gegen die Kammern abgegrenzt. Über das Siphonalrohr

Cephalopoden 2: Ammonoideen: Schalen- und Steinkern-Merkmale.

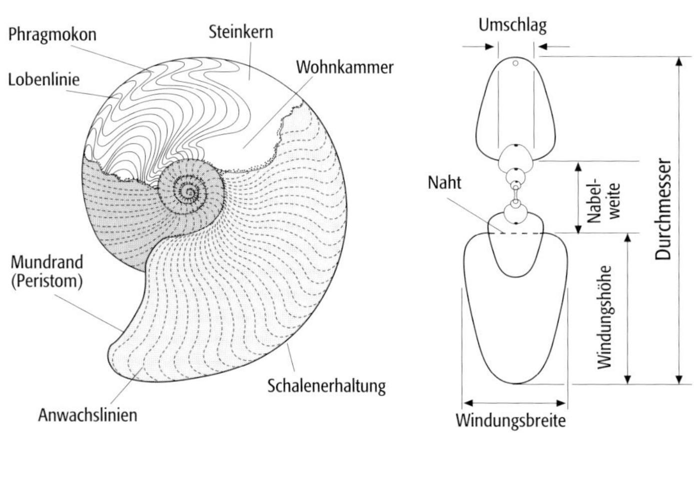

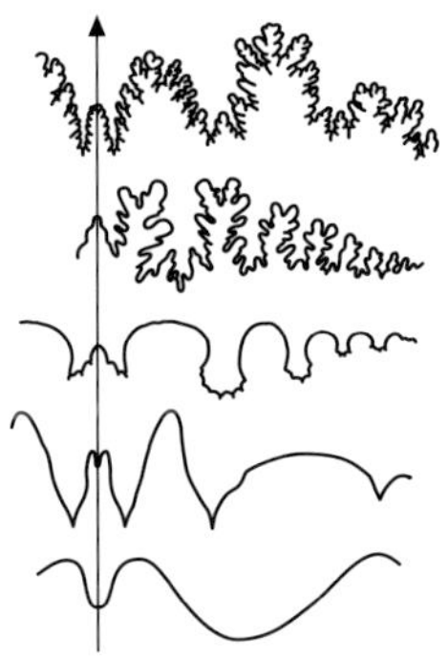

Cephalopoden 3: phylogenetische Entwicklung der Lobenlinien bei Ammonoideen.

wird der Gasdruck in den einzelnen Kammern gesteuert und so der Auftrieb geregelt (hydrostatischer Apparat). Zur Gewährleistung einer stabilen Schwimmlage waren bei den Nautiloideen weitere Strukturen, die sog. endosiphonalen bzw. endocameralen Kalkauskleidungen (innerhalb des Siphos bzw. innerhalb der Kammern) angelegt. Diese wirkten, weil sie an der Unterseite besonders kräftig ausgebildet waren, wie der Kiel eines Segelbootes. An der gegenüberliegenden, oberen Gehäuseseite sind oftmals zickzackförmige Farbspuren erhalten, was der Färbung heutiger Nautilusgehäuse nahekommt. Geradgestreckte Formen der Nautiloideen waren im Altpaläozoikum weitverbreitet und erreichten teilweise Gehäuselängen von mehreren Metern. Mesozoische Formen, wie z.B. *Germanonatilus*, repräsentieren einen moderneren Typ der Nautiloideen mit vollständig aufgerollten Gehäusen, welcher sich mit zahlreichen Arten bis in die jüngere erdgeschichtliche Vergangenheit fortsetzte, heute jedoch nur noch in der einzigen Gattung *Nautilus* besteht. Die Ammonoideen (Abb. 2, Abb. 4a, Abb. 4b, Abb. 4c, Abb. 4d) sind Cephalopoden mit einfachem, meist an der Außenseite der Windungen gelegenem (externem) Siphonalapparat (mit anfangs retro-, später prochoanitischen Siphonaldüten) und erdgeschichtlich generell zunehmend kompliziertem Septenbau. Letzterer ist bei Steinkernerhaltung ohne Probleme, bei Schalenerhaltung nach Entfernen bzw. Abschleifen der Schale beschreibbar als Berührungslinie der Kammerscheidewände mit der Außenwandung (Lobenlinie, Abb. 3). Von besonderer Bedeutung für die systematische Unterteilung der Gruppe sind Merkmale der frühontogenetischen Gehäuseabschnitte, z.B. die Ausbildung der Prosutur (Lobenlinie zwischen Embryonalkammer und erster Kammer) sowie der Primärsutur (zwischen erster und zweiter Kammer). Als Stammformen der Ammonoideen, und ebenso der Innenschaler, werden die Bactriten (Devon bis Perm) angesehen. Diese besaßen orthocone oder leicht gebogene Gehäuse mit einfachen Siphonalapparaten und ersten Anzeichen für einen nicht mehr den Nautiloideen entsprechenden Septalbau, denn die Lobenlinie weist eine leichte Ausbuchtung im Bereich des marginalen Siphos auf (Siphonallobus). Die daraus abzuleitenden Anarcestiden (Devon) mit Übergangsformen (z.B. *Anetoceras*) zu vollständig aufgerollten Gehäusen besaßen noch relativ einfache Lobenlinien mit wenigen Ausbuchtungen (zur Mündung hin konkave Ausbuchtungen heißen Loben, zur Mündung hin konvexe heißen Sättel). Die auf das Oberdevon beschränkten Clymenien sind gekennzeichnet durch einen internen Sipho. Sie entwickelten sich im ausgehenden Devon sehr rasch und geben gute Leitfossilien ab, starben aber bald ohne Nachkommen aus. Goniatiten sind die ersten Ammonoideen mit prosiphonaten (nach vorne gerichteten) Siphonaldüten. Sie brachten zwischen unterem Oberdevon und Perm in rascher Folge zahlreiche, weit verbreitete Arten hervor, woraus ihre biostratigraphische Bedeutung resultiert. Die »goniatitische Lobenlinie« ist meist noch recht einfach, erinnert bei manchen Arten jedoch bereits an jüngere Formen mit intensiverer Verfältelung. Die kleine Gruppe der Prolecanitiden (Oberdevon bis Obertrias) umfaßt zwar Arten mit beginnender Zerschlitzung des Lobengrundes, jedoch ist der Sipho noch retrosiphonat. Als einzige Gruppe der Ammonoideen überschritten sie, zusammen mit den aus ihnen abzuleitenden Ceratiten, die Perm-Trias-Grenze, und müssen daher als Stammgruppe aller mesozoischen Ammonoideen angesehen werden. Im ausgehenden Paläozoikum erschienen die Ceratiten (Oberperm bis Obertrias). Bei ihnen waren die Lobengründe in charakteristischer Weise zerschlitzt (»ceratitische Lobenlinie«), und im Vergleich zu paläozoischen Formen waren viele ihrer Arten großwüchsig. Über mehrere Zwischenstadien (Phylloceratina, Lytoceratina) mit z.T. schon erheblich zerschlitzter Lobenlinie entwickelten sich die vom unteren Jura bis in die obere Kreide hinein dominierenden Ammonitina (*Ammoniten*) mit besonders intensiv verfälteten Lobenlinien. Sie sind oftmals relativ einfach bestimmbar wegen der ausgesprochenen Merkmalsvielfalt. Ammoniten lebten überwiegend im äußeren Schelfbereich, wo sie sich von verschiedenen, bodennah lebenden Invertebraten ernährten. Die Gehäuse weiblicher Tiere waren bei vielen Arten deutlich größer als die der Männchen (Sexualdimorphismus). Postmortal wurden die gasgefüllten, aragonitschaligen Ammonitengehäuse oft weit verfrachtet. Während des Transports löste sich der Weichkörper auf, die hornig-kalkigen Kieferelemente (Aptychen/Anaptychen) fielen aus der Wohnkammer heraus und sind in manchen, relativ festlandfern gebildeten Sedimentgesteinen angereichert. Hauptsächlich seit Beginn der Kreidezeit kam es innerhalb dieser überaus erfolgreichen Gruppe zunehmend zur Entwicklung besonderer, hinsichtlich der Gehäusegestalt und weiterer Merkmale abweichender, »heteromorpher« Gattungen. Dazu zählten sekundär entrollte Formen (*Baculites*) ebenso, wie solche mit besonderem Aufrollungsmodus (*Scaphites*, *Turrilites*), schließlich auch solche, bei denen sekundär ceratitische Lobenlinien entwickelt wurden (*Tissotia*) oder die sich durch Riesenwuchs auszeichneten (*Pachydiscus*). Die Ammonoideen starben

Cephalopoden 4: Beispiele mesozoischer Ammonoideen.

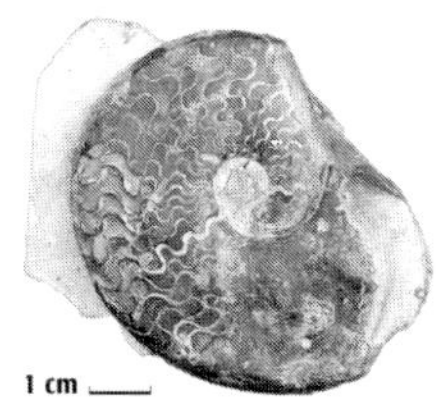

a) *Ceratites enodis*, Oberer Muschelkalk.

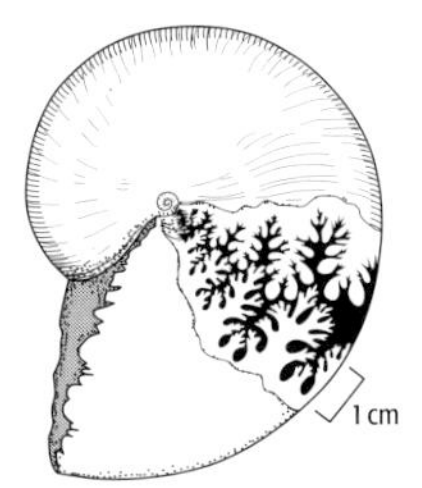

b) *Phylloceras heterophyllum*, Oberer Lias.

c) *Arietites (A.) bucklandi*, Unterer Lias.

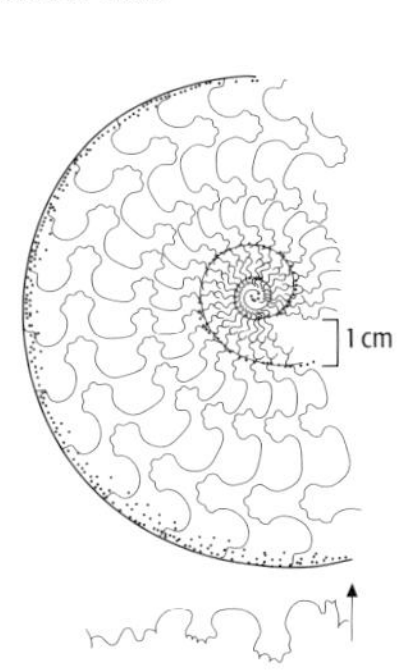

d) *Tissotia*.

Cephalopoden 5a: schematischer Längsschnitt durch ein Belemnitengehäuse (1) und Rekonstruktionsversuch eines Belemniten (2).

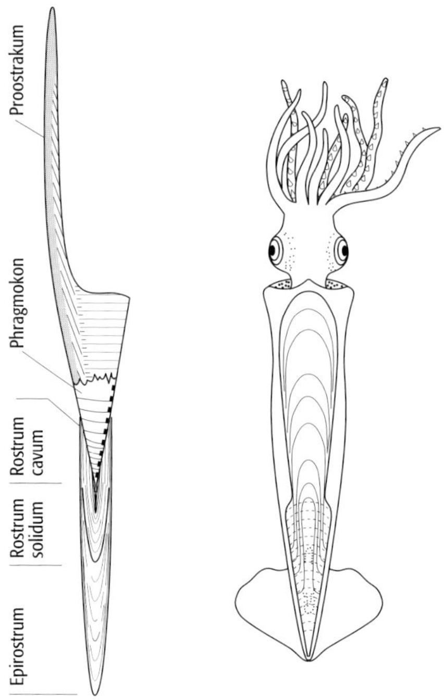

an der Grenze Kreide-Tertiär aus. Die Endocochlia (Coleoideen, Innenschaler) sind Cephalopoden mit einer sekundär ins Körperinnere verlagerten Schale und kommen ab dem Unterdevon bzw. Unterkarbon vor. Hierzu gehören die größten heutigen wirbellosen Tiere (Architeuthis mit mehr als 20 m Körperlänge) sowie die weitverbreiteten Sepien. Wichtigste fossile Vertreter sind die Belemniten (»Donnerkeile«, Unterkarbon bis Alttertiär, Abb. 5 a, Abb. 5 b). Die innere Schale bestand aus einem massiven Teil, dem meistens isoliert gefundenen Rostrum aus radialstrahligem Calcit, sowie aus einem davor liegenden, gekammerten Teil (Phragmocon) mit randlichem, retrosiphonatem Sipho und einer nach vorne gerichteten Verlängerung (Proostracum). Belemniten waren, wie alle anderen Cephalopoden, rein marine Organismen. [MG]

Literatur: [1] LEHMANN, U. & HILLMER, G. (1997): Wirbellose Tiere der Vorzeit. – Stuttgart. [2] MÜLLER, A.H. (1994): Lehrbuch der Paläozoologie, Bd. II, Teil 2: Mollusca 2 – Arthropoda 1. – Jena. [3] RICHTER, A.E. (1982): Ammoniten – Überlieferung, Formen, Entwicklung, Lebensweise, Systematik, Bestimmung. – Stuttgart.

Cephalopodenkalk, pelagische, mikritische Kalksteine mit häufigen ↗Cephalopoden (Goniatiten, Clymenien, Ammoniten) und anderen planktonisch-nektonischen Faunenelementen, die i.d.R. in tieferem Wasser unter der Wellenbasis, z.T. unterhalb der photischen Zone abgelagert werden. Kondensation mit korrodierten Schichtoberflächen und eiseninkrustierte Hartgründe sind häufig. Entsprechend wird mit sehr niedrigen Sedimentationsraten gerechnet (1–5 mm pro 1000 Jahre). Die weitverbreitete Knollenkalk-Textur geht auf die diagenetische Entmischung eines primär tonreichen Kalkschlamms zurück, häufig bilden sich Kalkknollen um Cephalopodengehäuse (Verwesungsfällungskalk durch Ammonifikation oder Automikritbildung durch mikrobielle Zersetzung organischer Substanz); sie können auch aus bioturbaten Gefügen, z.B. Grabgängen, hervorgehen. Das nodulare Gefüge kann durch Drucklösung und Stylolithen-Bildung weiter akzentuiert werden. Häufig werden Cephalopodenkalke auf pelagischen Schwellen abgelagert (»Tiefschwellen«, ↗herzynische Fazies); lateral gehen sie dann unter Verminderung des Kalkgehaltes in tonige, z.T. noch Kalkknollen führende Sedimente der Beckenfazies über. An den Hängen der Schwellen sind Rutschungen und Debrisflow-Sedimente häufig, die zur Auflösung der ursprünglich schichtparallel angeordneten Kalknollen und zu chaotischen Lagerungsverhältnissen führen. Devonische Cephalopodenkalke (Abb. im Farbtafelteil) in Südost-Marokko sind mit Kalken assoziiert, die ↗birdseyes und Teepee-Strukturen enthalten; Horizonte mit bimodal orientierten, durch Wellengang eingeregelten Orthoceren sind eingeschaltet. Dies bedeutet, daß sich pelagische Ablagerungen offensichtlich auch in flachmarinen intrakratonalen Becken bilden können, in denen erhöhte Wasserenergie selten ist und Sedimenteintrag aus einem vollständig eingerumpften Hinterland weitgehend fehlt. Besonders häufig sind Cephalopodenkalke im Devon und Unterkarbon der europäischen und nordafrikanischen Varisziden; in Südfrankreich und Nordspanien sind sie unter dem Namen *Griotte* bekannt. Ebenfalls weit verbreitet, oft als ↗Ammonitico rosso bezeichnet, sind sie in Obertrias und Jura des Tethys-Raumes (Alpen, Mediterrangebiete zwischen Griechenland und Südspanien). Ein Sonderfall sind die aus orthoconen Nautiliden-Gehäusen bestehenden ↗Orthocerenkalke des Ordoviziums, Silur und Unterdevon. [HGH]

Cephalopoden 5b: Rostrum von *Belemnopsis*, Dogger.

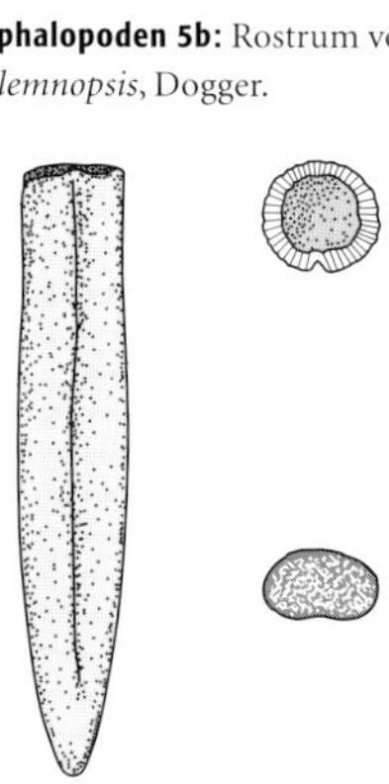

Cer, *Cerium*, Element der Lanthanioden, Ordnungszahl 140, Symbol: Ce. 1803 von Klapproth und unabhängig von ihm von ↗Berzelius und Hiesinger in dem Mineral Cerit entdeckt.

CERCO, *Comité Européen des Responsables de la Cartographie Officielle*, unter dem Dach des Europarates 1980 gegründete Vereinigung der Behördenleiter der meisten europäischen, die ↗topographischen Karten herausgebenden Einrichtungen, um Erfahrungsaustausch und gemeinsame Forschungsvorhaben zu ermöglichen.

Cerminerale, die wichtigsten Cerminerale sind: Cerit, wasserhaltiges Ca-Ce-Silicat mit Gehalt an Lanthan und seltenen Erdmetallen (SE); Monazit $CePO_4$; Bastnäsit $CeCO_3$ mit SE; Allanit/Orthit, Cer-Epidot, Cersilicat mit SE. Ferner in Ceriterden (leichte Seltene Erden, Seltene Erden und Seltene Erden-Minerale).

CFL ↗*Courant-Friedrichs-Lewy Kriterium.*

CFM ↗*Chlorfluormethane.*

C-Gehalt, Gehalt an anorganisch und organisch gebundenem Kohlenstoff im Boden. Enthält der

Boden kein Carbonat, entspricht der C-Gehalt dem Gehalt an organisch gebundenem Kohlenstoff (C_{org}). Der C-Gehalt wird i.a. mittels Elementaranalyse als Kohlendioxid bestimmt.

CGS-System, physikalisches Einheitensystem, benannt nach den Basiseinheiten Zentimeter (cm), Gramm (g) und Sekunde (s). Das CGS-System wurde in den 1970er Jahren durch die internationalen ↗SI-Einheiten (↗MKS-System) abgelöst.

Chaetetida, polyphyletische Gruppe von Organismen, die durch den konvergenten, chaetetiden Skelettbau gekennzeichnet sind. Das durch Querböden untergliederte Röhrenskelett zeigt Anlehnungen an das sekundäre, kalkige Basalskelett coralliner ↗Schwämme, z.T. aber auch an den Bau tabulater ↗Korallen (Röhrenwände, jedoch ohne Poren). Für *Chaetetes mortoni* (Karbon, Wales) konnte ein primäres, spikuläres Skelett nachgewiesen werden (Demospongea). Die Chaetetiden des Paläozoikums (Devon bis Perm) kommen in flachmarinen Carbonatsedimenten vor, häufig auch als Riffbewohner (v.a. im Oberkarbon). Mesozoische und rezente coralline ↗Schwämme mit chaetetidem Bau sind aus verschiedenen marinen Milieus bekannt. Teilweise handelt es sich hierbei um äußerst langlebige Formen (»lebende Fossilien«).

Chalcedon, *Chalzedon*, [nach der griech. Stadt Chalkedon am Bosporus-Eingang]; SiO_2; Mineral mit trigonal-trapezoedrischer Kristallform; Farbe: grau, grau-bläulich bis grau-gelblich, seidenartiger Glasglanz, meist durchscheinend; Strich: weiß; Härte nach Mohs: 7; Dichte: 2,59–2,61 g/cm^3; Spaltbarkeit: keine; Bruch: muschelig; Aggregate: faserig bis kryptokristallin, nierig, kugelig, traubig, knollig, Konkretionen, Mandelfüllungen, feinstrahlig. Chalcedon besitzt piezoelektrische Eigenschaften und ist in heißer KOH löslich. Vorkommen: Durch Faserwachstum aus Kieselgel unter hydrothermalen bis hydrischen Bedingungen gebildet, findet sich Chalcedon als Mandel- und Kluftfüllung in Effusivgesteinen, als Pseudomorphose nach verschiedenen Mineralen bzw. als Einkieselungssubstanz in Form von platten- bis knollenförmigen Konkretionen in Sedimenten. Begleitminerale sind: Quarz, Calcit, Zeolithe; Fundorte: Tricody (Slowakei), Reydarfjördur (Island), ansonsten weltweit; Farbvariationen: Carneol (gelbrot bis tiefrot), Chrysopras (lindgrün), Plasma (dunkelgrün), Heliotrop oder Blutjaspis (dunkelgrün mit roten Tupfen), Moosachat (mit grünen und braunen moosförmigen Einschlüssen), Sarder (braun und rot durchscheinend), Achat (verschiedene Färbungen). [GST]

Chalk, meist weißer bis hellgrauer, weicher Kalkstein, der bevorzugt aus den Gehäusen kalkiger, planktonischer Mikroorganismen gebildet wird. Als Schreibkreide ist der Chalk ein charakteristisches Gestein der Epikontinentalmeere der Oberkreide (↗Kreide).

chalkophil, *chalkogen*, ↗geochemischer Charakter der Elemente.

Chalkopyrit-Struktur, $CuFeS_2$, Überstruktur aus zwei in *c*-Richtung gestapelten Elementarzellen der Zinkblende-Struktur. ↗Kristallstruktur.

CHAMP, *Challenging Mini-Satellite Payload for Geophysical Research and Application*, deutsches Satellitenprojekt (Start 2000) zur Bestimmung des Gravitationsfeldes der Erde durch Hoch-Niedrig-SST (↗SST) und zur Bestimmung des Erdmagnetfeldes.

Chamsin, trockenheißer, mit Staub und Sand beladener Wüstenwind in Ägypten, bei dem die Temperatur auf über 40 °C ansteigen kann.

Chandler, *Seth Carlo*, amerikan. Astronom, * 1846, † 1913; arbeitete nach dem Studium der Astronomie einige Jahre beim U.S. Coast Survey und später als Versicherungsstatistiker. Basierend auf den Veröffentlichungen von F. ↗Küstner und den Internationalen Polbewegungsmessungen gegen Ende des 19. Jahrhunderts entdeckte er im Jahr 1892 die Variation mit einer Periode von ungefähr 14 Monaten in der ↗Polbewegung, die ↗Chandler-Bewegung.

Chandler-Bewegung, ↗Polbewegung, wurde erstmals vom amerikanischen Astronom S.C. ↗Chandler in den Jahren 1891/1892 aus der Analyse von Breitenbeobachtungen ermittelt. Sie ist eine freie Eigenschwingung des Erdkörpers, ähnlich der Bewegung eines angestoßenen Spielzeugkreisels. Sie hat eine Periode von ungefähr 14 Monaten und eine stark variierende Amplitude. Es handelt sich bei der ungefähr kreisförmigen Chandler-Bewegung um eine gedämpfte Schwingung, die aufgrund von Reibung im Erdinneren nach wenigen Jahrzehnten abgeklungen wäre, wenn es nicht ständig eine neue Anregung gäbe. Obgleich die Chandler-Bewegung seit über 100 Jahren bekannt ist, besitzt man immer noch keine eindeutigen Beweise für den zugrundeliegenden Anregungsmechanismus. Als Ursachen für die Anregung kommen unregelmäßige Vorgänge in der Atmosphäre in Frage, aber auch Grundwasserbewegungen oder gehäuft auftretende Erdbeben. Ein starker Phasensprung der Chandler-Bewegung um 1925 konnte bisher ebenfalls nicht eindeutig erklärt werden. Als mögliche Ursachen für Phasenvariationen der Chandler-Bewegung werden heute auch Variationen des Erdmagnetfeldes (↗Erde) genannt. [HS]

Chandler-Periode ↗Polbewegung.

change detection, Bestimmung von Veränderungen der Bodenbedeckung bzw. Bodennutzung durch Vergleich mehrerer Fernerkundungsaufnahmen unterschiedlicher Aufnahmezeitpunkte. Change detection kann erfolgen durch visuellen Bildvergleich, Vergleich von digital durchgeführten Einzelbildklassifikationen oder durch Klassifikation eines Kombinationsbildes der Einzelaufnahmen.

Change Detection Program, großangelegtes kanadisches Programm zur Kartenaktualisierung mittels Satelliten-Daten in den 1980er Jahren. Fernerkundungsdaten stellen ein Mittel zur raschen und billigen Feststellung der Orte, der Ausmaße und der Typen von Veränderungen, die in großen Gebieten auftreten, dar. Der Auswerter identifiziert und kartiert die sich verändernden Merkmale so genau wie möglich. Kartenblätter ohne Veränderungen werden auf diesem Wege leicht und rasch mit neuem Nachführungsdatum wieder herausgegeben. Das Ausmaß und die Wichtigkeit der Veränderungen dienen als Entscheidungskriterium, wann und wo detaillierte (terrestrische) Untersuchungen durchgeführt werden müssen.

Chaos, Bezeichnung für Unordnung in einem System. So können turbulente Strömungen in Flüssigkeiten und Gasen als chaotisch charakterisiert werden. Hierbei ist es nicht mehr möglich, die Bewegung einzelner Fluidpartikel exakt zu beschreiben. Vielmehr können nur noch statistische Aussagen über ein großes Ensemble von Partikeln gemacht werden (z. B. Mittelwert der Geschwindigkeit). Auf der makroskopischen Skala verhält sich die ↗Atmosphäre als ganzes für Zeitbereiche von mehr als wenigen Tagen chaotisch. Für die ↗numerische Wettervorhersage bedeutet dies eine Einschränkung der exakten Vorhersagbarkeit. ↗Wettervorhersagen über größere Zeiträume können dann nur noch im statistischen Sinn, beispielsweise als Mittelwert und Streuung der Temperatur über einen Monatszeitraum für ein größeres Gebiet getätigt werden.

Chapman, *Sidney*, britischer Geophysiker und Mathematiker, * 21.1.1888 Eccles (bei Manchester), † 16.6.1970 Boulder (Colo.); nach Tätigkeit (1910–19) am Greenwich-Observatorium und in Cambridge Professor in Manchester, 1924–46 am Imperial College for Science and Technology in London, danach in Oxford, zuletzt (ab 1955) am High Altitude Observatory in Boulder; bedeutende Arbeiten zur Erweiterung der kinetischen Gastheorie (1912–17), zum Erdmagnetismus und über Polarlichter; wies experimentell die Thermodiffusion nach und erkannte deren Bedeutung für das Sonnenplasma, insbesondere die Sonnenkorona. Werke (Auswahl): »Earth's Magnetism« (1936), »Mathematical Theory of Non-Uniform Gases (mit T. G. Cowling; 1939), «Geomagnetism» (mit J. Bartels; 1940), «Solar Plasma, Geomagnetics and Aurora» (1964).

chapparral, [von span. chapparro = Zwergsteineiche], Vegetationstyp in Mittel- und Südkalifornien (↗Vegetationszonen), der physiognomisch der mediterranen ↗Macchie entspricht. Chapparral besteht vorwiegend aus dicht wachsenden, niedrigen, immergrünen Hartlaubgewächsen (↗Hartlaubwald). Durch ihre tiefreichenden Wurzeln (bis 8 m) können die Pflanzen auch im Sommer noch Wasser aufnehmen. Feuer spielt als natürlicher Standortfaktor eine wichtige Rolle in der Ökologie dieses Lebensraumes (↗Feuer).

Charakterarten, *Kennarten*, 1) In der ↗Biogeographie Pflanzen- oder Tierarten, die – im Gegensatz zur ↗Differentialart – an bestimmte ↗Biotope gebunden sind und stets nur in diesen auftreten. Bei Tieren wird von *Leitart* gesprochen. 2) In der ↗Pflanzensoziologie eine Pflanzenart, die eine bestimmte ↗Pflanzengesellschaft bevorzugt, für diese sehr typisch ist und in dieser optimal gedeiht, z. B. die Hainbuche im Eichen-Hainbuchenwald (↗Hainbuchenwald).

Charakterisierung, bedeutet im Bereich der Kristallzüchtung die Feststellung der kristallinen und chemischen Qualität der hergestellten Kristalle. Dazu dienen Untersuchungen zur Zusammensetzung und ↗Reinheit der Kristalle sowie die Bestimmung der strukturellen Abweichung vom Idealzustand. Ein Kubikzentimeter Silicium enthält z. B. $5{,}14 \cdot 10^{22}$ Gitterplätze. Eine vollständige Charakterisierung würde über jeden Platz eine Aussage, ob und mit welchem Atom er besetzt ist, verlangen, was unmöglich ist. So beschränkt sich die Aussage bei Spurenangaben von Verunreinigungen und Dotierstoffen auf Bereiche von ppb (parts per billion = 10^{-9}) über ppm (parts per million = 10^{-6}) bis zu Prozent. Für die kristalline Perfektion wird im allgemeinen etwas über den Mosaikspread, die Verkippung von kristallinen Bereichen (↗Korngrenzen), der Menge von ↗Versetzungen oder die Konzentration von ↗Punktdefekten ausgesagt. Dabei orientiert sich der Aufwand der Charakterisierungsuntersuchungen an der Stärke, mit der die relevanten Baufehler auf die gewünschten Eigenschaften einwirken. [GMV]

charakteristische Remanenz ↗remanente Magnetisierung.

charakteristische Röntgenstrahlung, scharfe Emissionslinien im Spektralbereich der ↗Röntgenstrahlung, die beim Übergang eines gebundenen Elektrons eines Atoms in einen energetisch niedrigeren Zustand entsteht; die Differenzenergie ΔE kann nach der Beziehung $\Delta E = h\nu$ (h: Plancksches Wirkungsquantum) in elektromagnetische Strahlung der Frequenz ν, d. h. in ein Photon der Energie $h\nu$, umgewandelt werden. Allerdings erfolgt nicht jeder Übergang strahlend, d. h. die frei werdende Energie wird zum größten Teil strahlungslos vernichtet. Da im thermischen Gleichgewicht die Elektronenzustände niedriger Energie besetzt sind (Pauli-Prinzip), erfolgt die Emission charakteristischer Röntgenlinien erst nach Anregung von Elektronen aus den inneren Elektronenschalen eines Atoms, z. B. durch Beschuß der Atome des Anodenmaterials einer ↗Röntgenröhre mit Elektronen genügend hoher Energie. Die Energie, Frequenz und Wellenlänge der Emissionslinien sind charakteristisch für ein bestimmtes Atom, da die Energie der Elektronenzustände vom Kernladungspotential und damit von der Kernladungszahl Z abhängen. Für die langwelligsten Emissionslinien (K_α) gilt das *Moseleysche Gesetz*:

$$h\nu_{K_\alpha} = 0{,}75 \cdot 13{,}6\,(Z-1)^2\,eV\ .$$

Die Nomenklatur der Emissionslinien erfolgt nach folgenden Regeln: Der vorangestellte Großbuchstabe gibt die Schalenbezeichnung (Hauptquantenzahl), in den der Elektronenübergang erfolgt (Endzustand der Emission), an. Der tiefgestellte griechische Buchstabe α, β, γ gibt die Elektronenschale an, aus der der Elektronenübergang erfolgt, und zwar bezeichnet α die nächste, β die übernächste usw. über dem Endzustand liegende Schale. Wegen der Feinstrukturaufspaltung der Energiezustände der höheren Schalen werden die Emissionslinien der Übergänge zwischen zwei Elektronenschalen mit zusätzlichen tiefgestellten arabischen Ziffern in der Reihenfolge ihrer Intensität nummeriert. So bezeichnet $K_{\beta 1}$ oder $K_{\beta 2}$ mögliche Emissionslinien beim Übergang eines Elektrons aus der M- in die K-Schale. ↗Röntgenröhre. [KH]

chargeability, *Aufladefähigkeit*, *Aufladbarkeit*, Fähigkeit von bestimmten Materialien, elektrische Energie zu speichern. Sie beruht auf den Effekten der Membran- und Elektrodenpolarisation; Meßgröße im Verfahren der ↗induzierten Polarisation, welche die Aufladefähigkeit eines Untersuchungsobjekts im ↗Zeitbereich beschreibt:

$$M = \frac{1}{U_c} \int_{t_1}^{t_2} U(t)dt \, .$$

Dabei ist U_c die Spannung zur Zeit der Stromabschaltung. Die Einheit von M ist ms, wobei das jeweilige Meßintervall $\Delta t = t_1 - t_2$ angegeben werden muß.

Charney, *Jule Gregory*, amerikanischer Meteorologe, * 1.1.1917 in San Francisco, † 16.6.1981 in Boston; 1948–56 Mitglied und Direktor der Gruppe für Theoretische Meteorologie am Institute for Advanced Studies in Princeton (New Jersey), seit 1956 Professor für Meteorologie am Massachusetts Institute of Technology in Cambridge (USA); gründete die Theorie der geostrophischen Skalierung und ↗baroklinen Instabilität, Pionier in der Computer gestützten ↗Wettervorhersage, entwickelte eine Theorie des ↗Golfstroms und des äquatorialen Unterstroms als inertiales Grenzschichtphänomen; Beiträge zur ↗Wolkenphysik und ↗Dynamik der Atmosphäre. Werke (Auswahl): »Dynamics of long waves in a baroclinic westerly current« (1948), »Planetary fluid dynamics« (1973).

Charnockit, Gestein mit granitischem Chemismus aber im Unterschied zu Granit trockenem Mineralbestand. Statt Biotit und Amphibol tritt Pyroxen (oft Hypersthen) neben Quarz und perthitischem Alkalifeldspat und Plagioklas auf und wird magmatisch (Hypersthen-Granit) oder häufiger metamorph gebildet (↗Granulit-Arealen).

Charophyceae, *Armleuchteralgen*, sehr hoch organisierte Klasse der photoautotrophen ↗Chlorophyta. Der einige cm bis 2 m lange ↗Thallus ist mit ↗Rhizoiden im Boden befestigt und in Knoten (Nodien) und Stengelglieder (Internodien) unterteilt. Aus jedem Nodus der Hauptachse entspringt ein Kranz von ebenfalls in Nodien und Internodien gegliederten Seitenzweigen. Die Seitenzweige sind einfach gebaut oder haben kurze Seitentriebe 2. Ordnung. An den Nodi der Hauptachse entspringen weibliche und männliche Geschlechtsorgane. Das eiförmige Oogonium besteht aus der Eizelle, die von fünf sterilen Zellschläuchen in Schrauben dicht umhüllt wird. Deren durch Zellwände abgetrennte Enden bilden ein apikales Krönchen (Coronula). Das männliche, komplex aufgebaute, kugelige Spermatogonium enthält zahlreiche vielzellige spermatogene Fäden, aus denen Spermatozoide entstehen. Nach der Befruchtung der Eizelle umgibt sich die Zygote mit einer dicken Wand, und die innen gelegenen Wände der Hüllschläuche werden kalkinkrustiert. Die reife Zygote wird als Oospore abgeworfen, aus der dann ein neues Individuum keimt. Solche verkalkten Oosporenhüllen der Charophyceae und morphologisch ähnliche Gebilde sind seit dem Obersilur (↗Silur) bekannt und werden in Süßwassersedimenten der ↗Kreide und des ↗Tertiär zur biostratigraphischen Gliederung genutzt, wo sie gelegentlich sogar gesteinsbildend zum Gyrogonit angehäuft vorkommen. Die Charophyceae besiedeln heute, vielfach als dichte Vegetation, Brack- und Süß-Gewässer mit hoher Carbonathärte und einem pH-Wert von 7 und mehr. Bei hoher Individuendichte und ihrer für ↗Algen beachtlichen Größe tragen sie dort durch Kalkfällung und Kalkumkrustung wesentlich zur Carbonatsedimentation bei (↗Seekreide). Im Gezeitenbereich oder bereits auf dem Land lebende Grünalgen aus der Verwandtschaft sehr ursprünglicher Charophyceae könnten Vorläufer der ↗Psilophytopsida und damit die Ahnen der ↗Plantae gewesen sein. [RB]

Chatt, *Chattien*, international verwendete stratigraphische Bezeichnung für eine Stufe des Oligozän, benannt nach dem altgermanischen Volksstamm der Chatten. ↗Paläogen, ↗geologische Zeitskala.

check shot, spezielle seismische Messung in einer Bohrung zur Kalibrierung des ↗Sonic-Log. Eine seismische Quelle wird an der Oberfläche nahe an der Bohrung ausgelöst und von einem Bohrlochgeophon registriert, das in größeren Abständen, meist an Formationsgrenzen, positioniert wird. Mit der aus den Meßdaten bestimmten groben Zeit-Tiefen-Funktion wird das integrierte Sonic- oder Geschwindigkeits-Log in Übereinstimmung gebracht.

Chelate, [von griech. chēlē = Klaue, Krebsschere], Scherenverbindungen, Sammelbezeichnung für ringförmige Verbindungen, bei denen Metallionen an zwei, oder mehr funktionelle Gruppen eines (meist organischen) Komplexbildners gebunden sind. Dabei wird das Metallion quasi von mehreren Seiten umschlossen (Abb.). Es bilden sich 5- oder 6-gliedrige Ringe, deren Ringglieder durch das Metallion, Gruppierungen mit Elektronenpaaren oder Elektronenlücken bzw. Wasserstoffbrücken gebildet werden. Die entstehenden Komplexe sind sehr stabil. In der Natur spielen Chelate wie der Blutfarbstoff Hämoglobin oder das Blattgrün (Chlorophyll) eine wichtige Rolle. Pflanzen nutzen die Chelatbildung aus, indem sie über ihre Wurzeln Substanzen ausscheiden, die z. B. mit Eisen- oder Calciumionen Chelate bilden können. Auf diese Weise kann die Pflanze auch schwer lösliche Nährstoffe nutzen. Im Boden finden sich überwiegend ↗Huminstoffe als Partner für die Chelatbildung. [RE]

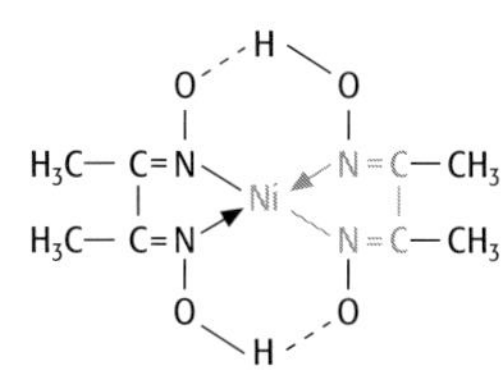

Chelate: Beispiel für einen Chelatkomplex: Nickeldiacetyldioxin.

Chelatisierung, bezeichnet die Bildung von Komplexen, bei denen ein Ligand mehrere Koordinationsstellen, also mindestens zwei, an einem Zentralatom besetzt. Die Chelatisierung ermöglicht die Bildung von zyklischen Verbindungen, von denen die bekanntesten Hämoglobin und ↗Chlorophyll sind. Große Bedeutung hat die Chelatisierung bei der Mobilisierung von Schwermetallen in Böden (z.B. Podsole, grundwasserbeeinflußte Böden) und Gewässern, hier v.a. die Chelatisierung von sedimentbürtigen Metallen durch den anfänglichen Phosphatersatzstoff Ethylendiamintetraessigsäure (EDTA) in Waschmitteln. Pflanzen scheiden im Wurzelbereich Ligandenlieferanten aus (Exsudate), die die Bildung resorbierbarer Metall-Chelate bewirken.

chemisch-analytische Meßmethoden, für Wasser, Schwebstoffe und Sedimente verwandte Methoden zur Untersuchung der Art und Menge von ↗Wasserinhaltsstoffen. Die Zahl der routinemäßig bestimmbaren Kenngrößen ist groß und umfaßt je nach Untersuchungsziel u.a. Salze (Ionen), Schwermetalle und organische Stoffe. Aufgrund der umfangreichen Parameterliste und der sehr unterschiedlichen Stoffeigenschaften werden verschiedene physikalisch-chemische Meßmethoden angewandt. Einige routinemäßig angewandte Methoden sind:
a) Meßsonden (Temperatur, pH-Wert, Sauerstoff, Leitfähigkeit, spezielle Ionen), b) Spektrometrie (von Infrarot für Kohlenwasserstoffe, Atomabsorption und inductively coupled plasma für Einzelelemente, v.a. Schwermetalle, Spektrophotometrie für Nährstoffe und Metalle), c) Chromatographie (Dünnschicht-, Gas- und Flüssigkeitshochdruck- und Ionenchromatographie), d) weitere Meßmethoden wie die Röntgenfluoreszenzanalyse (für zahlreiche Einzelelemente), CNS-Elementanalyse (für Kohlenstoff, Stickstoff, Schwefel).
In zahlreichen Fällen findet vor der eigentlichen Messung eine Probenvorbereitung statt, d.h. eine Extraktion der Probe oder eine Vorreinigung oder Anreicherung des Probenextraktes. Die Meßmethoden wie auch die Probenvorbereitung werden wegen der unterschiedlichsten Meßanforderungen in zahlreichen Varianten und Kombinationen angewandt, die sich insbesondere in Bezug auf Nachweisempfindlichkeit, Zeitaufwand, Durchsatzvermögen und Kosten unterscheiden. Als offizielle Referenzquelle für genormte Verfahren der Meßmethoden gelten in Deutschland die »Deutschen Einheitsverfahren« (DEV). [HB]

chemische Aktivität, der für chemische Reaktionen in realen Systemen relevante, d.h. wirksame Anteil einer Stoffmenge. Für die exakte Beschreibung chemischer Reaktionen muß in realen Lösungen die Wirkung der gelösten Stoffe (Bildung von Hydrathüllen, elektrostatische Wechselwirkungen) aufeinander berücksichtigt werden, so daß nur ein Teil einer gegebenen Stoffmenge in die für ideale Bedingungen entwickelten chemischen Gesetze (z.B. Massenwirkungsgesetz) eingesetzt werden darf. Tatsächliche Konzentration und Aktivität werden durch den dimensionslosen *Aktivitätskoeffizienten*, der meist kleiner eins ist, auf einander bezogen. Für ideale Lösungen ist er eins, es wird vorausgesetzt, daß keine Wechselwirkung zwischen den einzelnen gelösten Spezies auftreten. Die Aktivität einer gelösten Spezies als Maß für die thermodynamisch wirksame Konzentration eines Reaktionsteilnehmers kann aus dem Produkt der Konzentration einer Spezies und dem Aktivitätskoeffizienten bestimmt werden. Für die Berechnung von Aktivitätskoeffizienten bestehen verschiedene formalistische Ansätze, die die Eigenschaften des Elektrolyten und der darin gelösten Stoffe berücksichtigen. Die bekanntesten sind die *Davies-Gleichungen* und *Debye-Hückel-Gleichungen*. Da diese Verfahren bereits die Kenntnis der Spezies in einem Stoffsystem voraussetzen, die erst aus Aktivitätsdaten exakt ermittelt werden kann, müssen diese Berechnungen iterativ vorgenommen werden (Tab).

chemische Aktivität (Tab.): Berechnung des Aktivitätskoeffizienten korrespondierend zur Ionengröße (γ = Aktivitätskoeffizient; z = Ladung eines Ions; $A = 1{,}82 \cdot 10^6(\varepsilon T)^{-3/2}$ (mit ε = Dielektrizitätskonstante), I = Ionenstärke; $B = 50{,}3\,(\varepsilon T)^{-1/2}$; a = Parameter [Å]).

Gleichung		Anwendung
Debye-Hückel	$\log\gamma = -Az^2\sqrt{I}$	bei I < $10/^{-2,3}$
erweiterte Debye-Hückel	$\log\gamma = -Az^2\frac{\sqrt{I}}{1+Ba\sqrt{I}}$	bei I < 0,1
Davies	$\log\gamma = -Az^2\left(\frac{\sqrt{I}}{1+\sqrt{I}} - 0{,}3I\right)$	bei I < 0,5

chemische Altersbestimmung, eine ↗Altersbestimmung aufgrund der zeitabhängig fortschreitenden chemischen Umwandlung von Substanzen einer bekannten Anfangszusammensetzung. Wichtig ist der Einfluß von Umgebungsfaktoren wie Temperatur, pH-Wert, EH-Wert, Wassergehalt und die verschiedenen Verwitterungsprozesse auf die Reaktionskinetik. Die Fluordiffusionsmethode basiert auf dem in Knochen oder Zähnen erfolgenden Austausch von Calcium gegen Fluor aus dem umgebenden Porenwasser. Bei Kenntnis der Konzentrationen beider Elemente im Umgebungssubstrat kann auf die Lagerungszeit der Probe geschlossen werden. Häufiger werden die ↗Obsidian-Hydrations-Datierung und die ↗Aminosäure-Razemisierungs-Datierung angewandt.

chemische Defekte, punktförmige ↗Kristallbaufehler , die z.B. durch den Einbau von Fremdatomen auf Gitter- oder Zwischengitterplätzen auftreten. Auch das Auftreten von ↗Leerstellen nur auf den Positionen einer Atomart einer verschiedenatomigen Verbindung wird als ein solcher Defekt betrachtet.

chemische Entmagnetisierung, Verfahren zur Entfernung von Anteilen der ↗remanenten Magnetisierung durch die chemische Lösung ihrer ferrimagnetischen Trägermineralien. Dies geschieht i.d.R. mit Hilfe von Salzsäure (HCl), die durch eine Gesteinsprobe zum Teil mehrere Stunden lang hindurchgepreßt wird und gelingt nur dann, wenn eine nennenswerte ↗Porosität vorhanden ist. Am häufigsten wird diese Methode bei

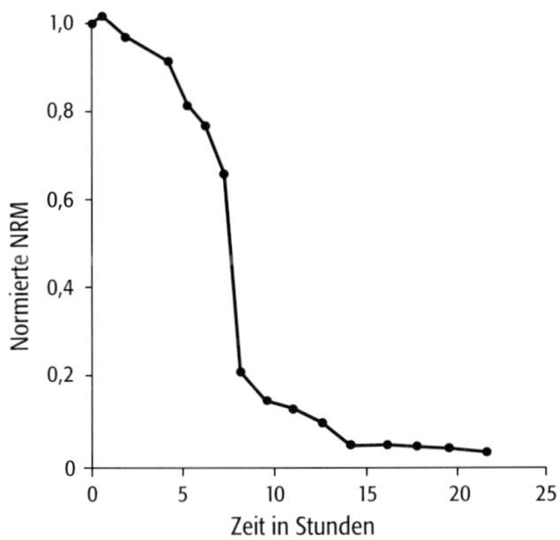

chemische Entmagnetisierung: Abnahme der Remanenz (NRM) eines Sandsteins durch chemische Entmagnetisierung.

roten Sandsteinen angewandt (Abb.). Damit kann die Remanenz des pigmentären ↗Hämatits auf der Oberfläche der Quarzkörner abgebaut werden, die mit ↗Wechselfeld-Entmagnetisierung oder ↗thermischer Entmagnetisierung nur schwer entfernt werden kann. Sandsteine mit einem Bindemittel aus Kalk lassen sich chemisch nicht entmagnetisieren, weil die Gesteine dabei zerfallen.

chemische Gasphasenabscheidung, *CVD*, *chemical vapour deposition*, ein Verfahren zur ↗Gasphasenzüchtung, bei dem gasförmige Verbindungen, die Anteile der zu kristallisierenden Substanz enthalten, in einer Abscheidungsreaktion Kristalle und gasförmige Reaktionsprodukte bilden. Dabei kann die Reaktion generell folgendermaßen aussehen:

$$AB_{(g)} + CD_{(g)} \rightarrow AD_{(s)} + BC_{(g)}.$$

Diese Reaktion ist der entscheidende Unterschied zu einer rein physikalischen Abscheidung (↗PVD). Die Temperatur, der Gesamtdruck und die Partialdrucke werden so gewählt, daß das gewünschte Abscheidungsprodukt $AD_{(s)}$ auf der rechten Seite entsteht. Sind die Stoffe für die gasförmigen Ausgangsverbindungen metallorganischer Natur, so wird auch von ↗MOCVD gesprochen. [GMV]

chemische Gesteinsstandards, *Standardsubstanzen*, sind Proben von Gesteinen, deren chemische Zusammensetzung durch eine Vielzahl von Analysen und Analysemethoden, die in verschiedenen Laboratorien durchgeführt wurden, gut bekannt ist. Derartige Proben werden auf der einen Seite zur Erprobung und Überprüfung von analytischen Methoden, auf der anderen Seite zur Bestimmung von Gesteins- oder Mineralzusammensetzungen durch Vergleich mit der Standardsubstanz (Referenzprobe) verwendet. Beispiele für Standardsubstanzen sind der ↗Standard-Granit (G-1), der ↗Standard-Diabas (W-1), ↗North American Shale Composite (NASC) und ↗Pee Dee Belemnit Standard (PDB).

chemische Präzipitation, Ausfällung von Stoffen aus einer Flüssigkeit. Meteorologisch bedeutet der Begriff atmosphärischen Niederschlag auf die Erdoberfläche (Regen, Schnee usw.).

chemische Reinigungsstufe, Verfahren der ↗Abwasserreinigung, das in Kläranlagen der ↗mechanischen Reinigungsstufe (erste Stufe) und der ↗biologischen Reinigungsstufe (zweite Stufe) nachgeschalten wird. Durch diese dritte Reinigungsstufe werden v. a. Spezialverunreinigungen entfernt, welche durch Landwirtschaft, Industrie und Gewerbe ins Abwasser eingetragen wurden. Die Qualität des Abwassers wird dadurch soweit verbessert, daß es nach der dritten Behandlungsstufe ohne Schadeinwirkung in den Vorfluter eingeleitet werden kann.

chemische Remanenz ↗remanente Magnetisierung.

chemischer Gasphasentransport, *CVT*, *chemical vapour transport*, ein Verfahren zur ↗Gasphasenzüchtung, bei dem ein Festkörper mittels einer chemischen Reaktion bei einer Temperatur durch einen gasförmigen Reaktionspartner in die Gasphase überführt und bei einer anderen Temperatur wieder abgeschieden wird. Der gasförmige Reaktionspartner wird dabei frei und kann in einem geschlossenen System im Kreislauf dem Transport wieder zur Verfügung stehen. Die entsprechende schematische Reaktionsgleichung sieht folgendermaßen aus:

$$A_{(s)} + B_{(g)} \leftrightarrow AB_{(g)}.$$

Bei einer Temperatur T_1 ist diese Reaktion zur rechten Seite verschoben und bei einer anderen Temperatur T_2 zur linken Seite. So ist ein Transportkreislauf in Gang gesetzt, der den Festkörper *A* von einem Bereich mit der Temperatur T_1 zu einem anderen Bereich mit der Temperatur T_2 über die Gasphase transportiert. Das kann entweder in einem geschlossenen System, z. B. eine geschlossene Ampulle in einem Temperaturgradienten, geschehen (Abb. 1) oder in einem offenen System, wenn das Reaktionsgas über einen Vorrat des Festkörpers *A* strömt und ihn an anderer Stelle wieder abscheidet. Der chemische Transport eröffnet mehr Variationsmöglichkeiten als eine reine Sublimation-Kondensation, wie sie beim ↗PVT vorliegt. Das Heißdrahtverfahren

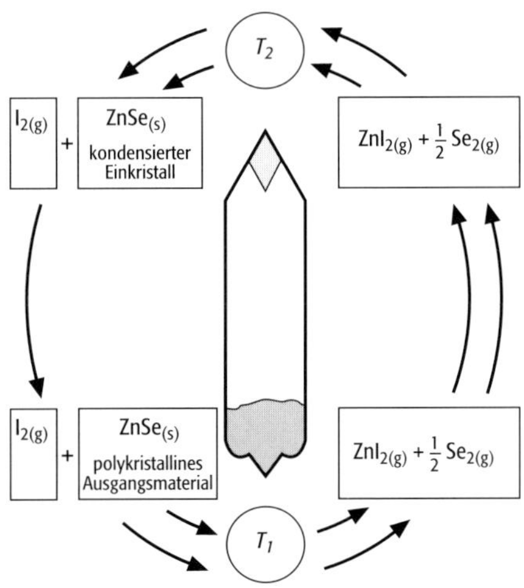

chemischer Gasphasentransport 1: In einem Kreisprozeß wird das ZnSe-Ausgangspulver am Boden zunächst mittels gasförmigen Iodes in gasförmiges ZnI_2 und $\frac{1}{2}Se_2$ überführt, um dann im oberen Teil bei einer anderen Temperatur T_2 als Kristall ZnSe abgeschieden zu werden. Das Iod kann dann wieder am Boden mit neuem ZnSe reagieren.

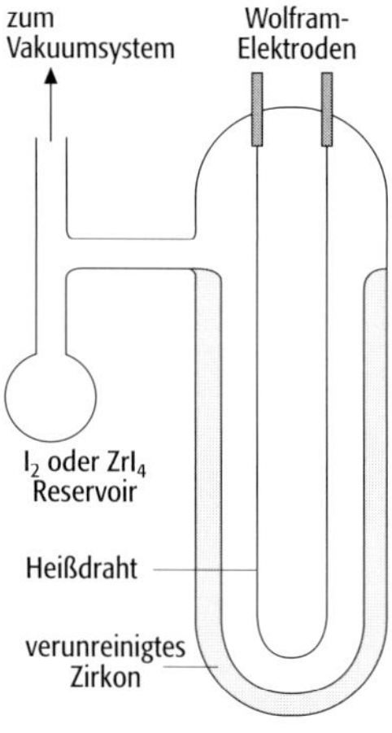

chemischer Gasphasentransport 2: Heißdrahtverfahren: Von der Wand wird bei etwa 450 °C das gasförmige ZrI_4 gebildet, das am heißen Wolframdraht zersetzt wird und damit gereinigtes Zirkonmetall abscheidet.

z.B. wurde schon in den zwanziger Jahren von van Arkel zur Darstellung reiner Übergangsmetalle verwendet und ist heute Grundlage für die Halogenlampe (Abb. 2). Dabei wird das abgedampfte Wolfram der Lichtwendel am Quarzglaskolben niedergeschlagen und bei Temperaturen von einigen hundert Grad als flüchtiges Wolframhalogenid zur Wendel zurücktransportiert und wegen deren hoher Temperatur von einigen tausend Grad wieder abgeschieden. So lassen sich höhere Leuchttemperaturen und Lichtleistungen erzielen bei gleicher Lebensdauer wie sie normale Glühlampen besitzen. [GMV]

chemischer Sauerstoffbedarf, *CSB*, chemisches Verfahren zur Kennzeichnung des Verschmutzungsgrades von Gewässern. Ermittelt wird der Verbrauch von Sauerstoff bei der Reaktion einer Wasserprobe mit einem Oxidationsmittel (↗Oxidation) wie z.B. Kaliumdichromat oder Kaliumpermanganat (*Kaliumpermanganatverbrauch*). Der CSB ist ein Maß für die Anwesenheit chemisch oxidierbarer Stoffe in einer Wasserprobe und wird unter Standardbedingungen bestimmt. Seine Angabe erfolgt als volumenbezogene Sauerstoffmasse (mg/l), die der Masse des eingesetzten Oxidationsmittels äquivalent ist. Durch die schärferen Reaktionsbedingungen (Säure, erhöhte Temperatur) gegenüber dem ↗biochemischen Sauerstoffbedarf (BSB) werden auch biologisch nicht-abbaubare, organische Stoffe erfaßt. Im allgemeinen liegt daher bei gleichen Wasserproben der CSB über dem BSB. Das Verhältnis BSB/CSB ist ein Indikator für den Anteil an refraktärem, biologisch schwer abbaubarem, organischem Material an der Gesamtheit der oxidierbaren Stoffe.

chemische Sedimente und Sedimentgesteine, Großgruppe innerhalb der Sedimente und Sedimentgesteine, die durch chemische und/oder biochemische Prozesse gebildet werden. Dazu zählen eine Vielzahl unterschiedlicher Typen (Tab.).

chemisches Gleichgewicht, die Abhängigkeit der Mineralbildung und der Mineraleigenschaften ist eines der wichtigsten Gebiete der physikalisch-chemischen Mineralogie. Theoretische Grundlagen sind thermodynamische Begriffe und Gesetze. Sie geben Auskunft über die Stabilitätsbereiche der Minerale in Abhängigkeit von Druck und Temperatur, über die Bedingungen zur Bildung stabiler Paragenesen und zur Veränderung von Löslichkeit und Mischbarkeit in Abhängigkeit von Druck, Temperatur und Konzentration. Aus der Kenntnis der Zusammenhänge lassen sich sog. ↗Geothermometer und ↗Geobarometer ableiten. Der Gleichgewichtszustand eines Systems (↗Phasenbeziehungen) ist dadurch gekennzeichnet, daß er ohne äußere Einwirkungen beliebig lange bestehen bleibt. Ein im Gleichgewicht befindliches System (↗Einstoffsysteme, ↗binäre Systeme und ternäre Systeme) reagiert auf eine Änderung der äußeren Bedingungen (Druck und Temperatur) mit einer Änderung der stofflichen bzw. phasenmäßigen Zusammensetzung. Für geowissenschaftliche Prozesse ist es wichtig zu wissen, daß es oft nicht zur Einstellung von stabilen, sondern häufig zur Bildung metastabiler Gleichgewichte kommt. ↗Phasendiagramm, ↗Gibbsche Phasenregel. [GST]

Carbonate	Kalke (Calcit, Aragnoit), Dolomite (Dolomit)
Evaporite	z.B. Sulfate (z.B. Gips, Anhydrit) Chloride (z.B. Halit) K-Mg-Salze (z.B. Sylvin) Borate Nitrate
Kieselgesteine	z.B. Chert, Radiolarienschlamm, -erde, Radiolarit, Diatomeenschlamm, -erde, Diatomit, Spiculit, Novaculit
bituminöse Bildungen (Kaustobiolithe)	z.B. Torf, Kohle, Sapropel, Gyttja, Ölschiefer, Erdöl, Erdgas
sedimentäre Phosphatgesteine	Guano, Phosphorite
sedimentäre Eisensteine	z.B. Banded Iron Formations, Fe-Oolithe, See-Erze, Trümmereisenerze

chemische Sedimente und Sedimentgesteine (Tab.): Zusammenstellung chemischer Sedimente und Sedimentgesteine.

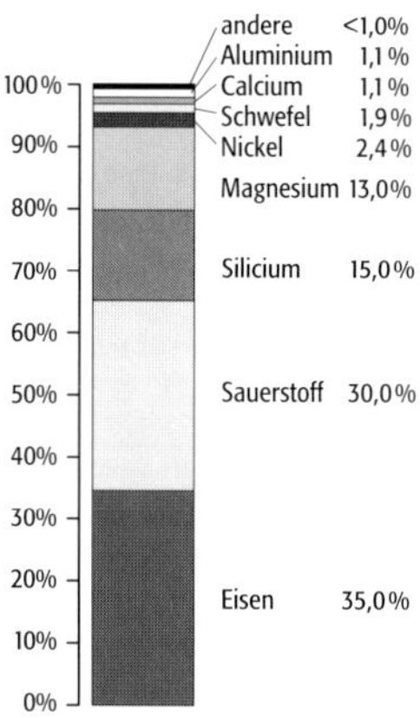

chemische Zusammensetzung der Erde: relative Häufigkeiten der Elemente der gesamten Erde.

chemische Verwitterung ↗Verwitterung.

chemische Zusammensetzung der Erde, der Pauschalchemismus der Erde läßt sich entweder aus kosmochemischen Modellberechnungen oder aus den für die Erdschalen (Kruste, Mantel, Kern) angenommenen Stoffbestand berechnen. Die Elemente Eisen, Sauerstoff, Silicium und Magnesium ergeben ca. 93 Gew.-% der Erde. (Abb.). Die chemische Zusammensetzung der einzelnen Erdschalen (↗Erdkruste, ↗Erdmantel und ↗Erdkern) unterscheidet sich wesentlich. Der Erdkern besteht hauptsächlich aus einer Legierung von Eisen (86,3%) und Nickel (7,36%), und wahrscheinlich zusätzlich Schwefel (5,94%). Neuere Modellrechnungen haben gezeigt, daß der Kern aber auch noch leichtere Elemente enthalten muß. Die Zusammensetzung des silicatischen Erdmantels ist sowohl durch Modellrechnungen, als auch durch Mantel-Xenolith führende basaltische Gesteine bestimmt. Die Elemente Sauerstoff (43,7%), Silicium (22,5%), Eisen (9,88%) und Magnesium (18,8%) machen ca. 95% des gesamten Mantels aus. Die Hauptphasen des ↗Erdmantels sind Olivin, Ortho- und Klinopyroxen (zumeist in Perowskit-Struktur vorliegend) sowie untergeordnet Spinell und Granat. Die ebenfalls silicatische Erdkruste ist chemisch heterogen und komplex zusammengesetzt. [TK]

Chemisorption ↗Adsorption.

Chemofossilien ↗*Biomarker*.

Chemographie, graphische Darstellung der Zusammensetzung eines Gesteins. Die Phasen bilden Vektoren in einem *n*-dimensionalem Vektorraum, der durch die *n*-Komponenten des Systems definiert ist. In einem baryzentrischen Koordinatensystem werden so die Phasen in einem Zweikomponentensystem als Punkte auf einer Linie, in einem Dreikomponentensystem als

Punkte in einem Dreieck und in einem Vierkomponentensystem als Punkte in einem Tetraeder dargestellt. Chemographien sind Zusammensetzungsdiagramme bei konstantem Druck und Temperatur. Die Darstellung der Phasen in Gesteinen mit einer Komponentenzahl >3, wie es in natürlichen Gesteinen meist die Regel ist, erfolgt im allgemeinen durch die Projektion durch Überschußphasen in eine durch drei Komponenten definierte Ebene (z. B. ↗AFM-Diagramm, ↗AKF-Diagramm, ACF-Diagramm).

Chemokline, steiler Gradient der Konzentration eines im Wasser gelösten Stoffes. Der Begriff Chemokline wird auch als Bezeichnung für eine horizontale Schicht im Bereich dieses Gradienten verwendet. Meist existiert ein Übergang von aeroben zu anaeroben Bedingungen.

Chemosynthese, die Fähigkeit bestimmter Bakterien, trotz des Fehlens von Farbstoffen, CO_2 zu assimilieren (↗Assimilation) und dadurch ↗Autotrophie zu erlangen. Im Gegensatz zur ↗Photosynthese, bei der Licht als Energiequelle genutzt wird, beziehen chemotrophe Organismen ihre Energie aus exothermen ↗Redoxreaktionen von in ihrem Lebensraum vorliegenden Verbindungen (↗Stoffwechsel Tab.). Mit Hilfe dieser Energie kann anorganisches CO_2 in organische Verbindungen (↗Biomasse) umgewandelt werden. Beispiele für chemoautotrophe Lebewesen sind Schwefelbakterien in Rieselfeldern (Oxidation von H_2S), nitrifizierende Bakterien in Ackerböden (Oxidation von NH_4), Eisenbakterien (Oxidation von Fe^{2+} zu Fe^{3+}-Salzen) oder ↗Methanbakterien.

chemotroph ↗Autotrophie.

Chengjiang-Fauna, eine besonders gut erhaltene unterkambrische Fauna in China. Die Chengjiang-Fauna wurde 1984 in der Nähe von Chengjiang in der Yunnan Provinz (Südchina) gefunden. Hier enthielt die Qiongzhusi-Formation der Qiongzhusi-Stufe (Unterkambrium) bei der Lokalität Maotianshan (»Maos Hügel«) eine reiche Fauna mit erhaltenen Weichteilen. Paläogeographisch gesehen gehört das Gebiet zum Yangtze- oder Südchina-Kraton. Die Sedimente der Chengjiang-Strata bestehen aus laminierten Ton- und Siltsteinen, die vermutlich in sehr ruhigem Wasser, möglicherweise einem distalen Schelfbereich, abgelagert wurden. Für die Erhaltung der Fauna war die episodische Verschüttung durch distale Sturmsedimente oder ↗Turbidite verantwortlich, die die Tiere begrub und sie dadurch vor Oxidation und schneller Degradation an der Sedimentoberfläche bewahrte. Auch die Sulfatreduktion war z. T. so geringfügig, das in einigen Abschnitten der Abfolge Weichteilerhaltung möglich war. Gelegentlich vorkommende Horizonte mit angereichertem organischen Material deuten auf anoxische Episoden im Ablagerungsraum der Chengjiang-Sedimente. Chengjiang ist eine der ältesten und reichhaltigsten kambrischen Fossillagerstätten und zeichnet sich besonders durch die sehr gute Erhaltung der Faunen aus. Der Reichtum an unterschiedlichen Taxa war bis dahin vom Unterkambrium nicht bekannt und ist ähnlich dem des mittelkambrischen ↗Burgess Shale. Hervorzuheben sind die vielen verschiedenen Algen, von denen einige riesige blasenförmige Kolonien bildeten, medusenähnliche Metazoen, Schwämme, Chancelloriiden, Seeanemonen, inarticulate Brachiopoden, priapulide Würmer, Hyolithen, annelidenähnliche Tiere, Trilobiten und andere Arthropoden, Hemichordaten und möglicherweise die ersten Chordaten. Viele der vorkommenden Formen können keiner der etablierten Gruppen zugeordnet werden. [SP]

Chernozems, Bodenklasse der ↗WRB, entsprechen den ↗Schwarzerden der ↗deutschen Bodenklassifikation.

Chert, *Hornstein*, dichte, kieselige ↗Konkretionen oder ein Sedimentgestein aus u. a. Krypto-, Mikro- oder Megaquarz, ↗Chalcedon oder Quarzin. Die Herkunft des SiO_2 kann vulkanogen, biogen oder diagenetisch erfolgen. *Flint* oder *Feuerstein* werden bisweilen synonym verwendet. Oft bezeichnen diese Begriffe aber Hornstein-Bildungen in kreidezeitlichen Sedimentgesteinen.

chestnut soils ↗*Kastanozems*.

chilled margin, abgeschreckter Randbereich eines ↗Plutons oder ↗Gangs am Kontakt zum deutlich kälteren ↗Nebengestein. Der chilled margin ist aufgrund seiner raschen Abkühlung wesentlich feinkörniger als der zentrale Teil des magmatischen Körpers.

Chinook ↗Föhn.

Chiralität ↗Stereoisomerie.

Chitin, ein stickstoffhaltiges Polysaccharid mit einer ähnlichen chemischen Grundstruktur wie ↗Zellulose, das bei vielen ↗Invertebraten sowie in ↗Pilzen, ↗Algen und ↗Flechten vorkommt. Als relativ resistentes, unter geeigneten Umständen fossilisationsfähiges organisches Skelettbaumaterial ist es alleine oder gemeinsam mit mineralischen Skelettbaumaterialien verbreitet bei ↗Arthropoden (Trilobiten, Crustaceen, Insekten, u. a.), manchen ↗Brachiopoden und ↗Graptolithen.

Chitinozoa, kolben- oder flaschenartige, organisch-wandige Mikrofossilien (Abb.) unbekannter systematischer Stellung, ausschließlich marin, wegen ihrer geringen Faziesabhängigkeit als planktonisch oder pseudoplanktonisch lebend interpretiert. Die 0,03–1,5 mm großen, durchschnittlich jedoch 0,15–0,3 mm messenden Organismen können sich zu Ketten zusammenschließen. Sie besitzen eine Wand aus einer gegen Oxidation, Inkohlung, Tektonik und Rekristallisationserscheinungen in Carbonatgesteinen sehr resistenten, chitinartigen Substanz. Daher rührt ihr besonderer biostratigraphischer Wert in Ordovizium, Silur und Devon. Die jüngsten Chitinozoen sterben am Ende des Paläozoikums aus. Sie treten oft in Proben gemeinsam mit ↗Acritarchen auf.

Chladni, *Ernst Florens Friedrich*, deutscher Physiker, * 30.11.1756 Wittenberg, † 3.4.1827 Breslau; Privatgelehrter; wies 1794 die (bis dahin bestrittene) kosmische Herkunft der ↗Meteoriten

Chitinozoa: a) *Lagenochitina* (Ordovizium–Silur) und b) *Ancyrochitina* (Ordovizium–Devon).

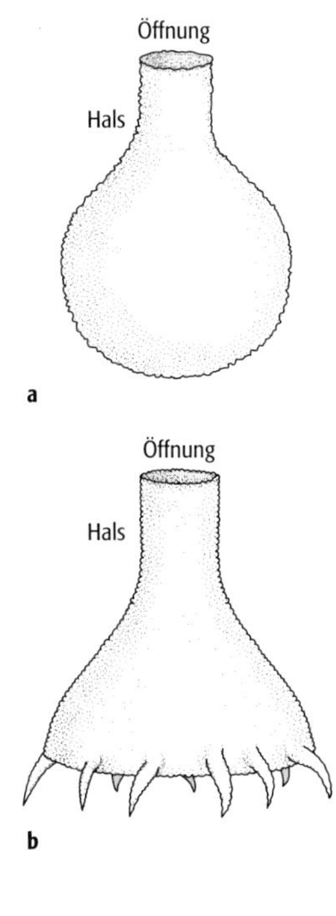

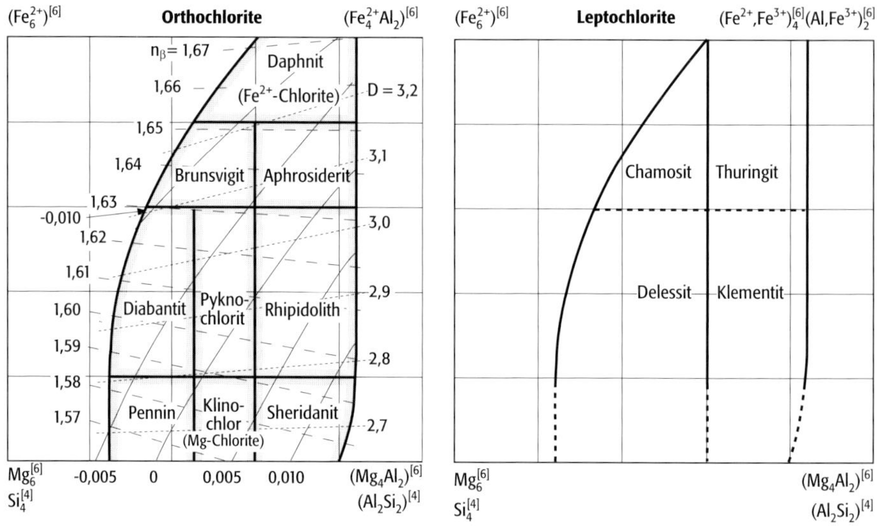

Chlorit-Gruppe: die chemische Zusammensetzung der Chlorite unter Angabe der mittleren Lichtbrechung ($n_β$), Doppelbrechung (Abszisse) und Dichte (D).

(»Meteoreisen«) nach; durch seine akustischen Messungen (Chladnische Klangfiguren) Begründer der experimentellen Akustik; wies 1787 nach, daß sich unter anderem bei Saiten und Stäben neben Quer- oder Transversalschwingungen auch Längsschwingungen (Longitudinalschwingungen) und Drehschwingungen (Torsionsschwingungen) ausbilden; bestimmte 1796 als erster durch Anregung von longitudinalen akustischen Schwingungen die Schallgeschwindigkeit in Flüssigkeiten und Festkörpern. Werke (Auswahl): »Entdeckungen über die Theorie des Klanges« (1787), »Die Akustik« (1802), »Neue Beiträge zur Akustik« (1817), »Über Feuer-Meteore und über die mit denselben herabgefallenen Massen« (1819), »Beiträge zur praktischen Akustik und zur Lehre vom Instrumentenbau« (1821).

Chlor, Element aus der Gruppe der ↗Halogene, chemisches Symbol Cl.

Chlorfluormethane, *CFM*, organische Moleküle, die wie Methan nur ein Kohlenstoffatom enthalten, in denen die Wasserstoffatome aber durch ein oder mehrere Chloratome (Cl) oder Fluoratome (F) ersetzt sind. Die Chlorfluormethane gehören zur Gruppe der ↗Fluorchlorkohlenwasserstoffe.

Chlorid, Salz mit Cl^- als Anion, Klasse der ↗Halogenide. Generell gibt es bei den Halogeniden einfache Chloride, z. B. Halit (NaCl), Sylvin (KCl), Chlorargyrit (AgCl), Salmiak (NH_4CL), Kalomel (Hg_2Cl_2), Hydrophilit ($CaCl_2$), Bäumlerit ($KCaCl_3$) oder Bischofit ($MgCl_2 \cdot 6\ H_2O$); weiterhin kommen Doppelhalogenide vor (z. B. Rinneit, ($K_3Na[FeCl_6]$), Carnallit ($KCl \cdot MgCl_2 \cdot 6\ H_2O$), Tachyhydrit ($CaCl_2 \cdot 2MgCl_2 \cdot 12\ H_2O$). Ferner treten Chloride auf, die OH-Gruppen enthalten (Oxihalogenide, z. B. Atakamit; $Cu_2(OH)_3Cl$).

Chlorit-Gruppe, glimmerartige Mg-Fe-Al-Phyllosilicate mit (OH); Farbe: flaschengrün bis grünlich-schwarz, seltener rosa, violett oder silberweiß; Glasglanz; in dünnen Blättchen durchsichtig, sonst durchscheinend; Strich: grünlichweiß; Härte nach Mohs: 2–2,5, Dichte: 2,5–3,3 g/cm^3; monoklin-prismatisch; Spaltbarkeit: sehr vollkommen nach *(001)*; Aggregate: plattig, nierig, pulverig, wurmförmig; vor dem Lötrohr aufblähend und zu gelber Perle schmelzend. Man unterscheidet Orthochlorite mit weniger als 4 % Fe_2O_3 und Leptochlorite mit mehr als 4 % Fe_2O_3. Die Hauptvertreter der Chlorite mit chemischer Zusammensetzung unter Angabe der mittleren Lichtbrechung, Doppelbrechung und Dichte sind nach Hey, Tröger, Trochim und Strunz charakterisiert (Abb.). Vorkommen: Chlorite sind gesteinsbildend und entstehen in Magmatiten als autohydrothermale Umwandlungsprodukte früh ausgeschiedener Mafite und finden sich oft in Mandeln, Drusen, Miarolen und Kluftfüllungen; in Metamorphiten kontaktmetamorph und in tonigen Sedimenten in tiefhydrothermalem und diagenetischem Bereich neben oder aus anderen Tonmineralen. Die Fundorte sind weltweit verbreitet. [GST]

Chloritisierung ↗hydrothermale Alteration.

Chloritschiefer, ein chloritreiches ↗regionalmetamorphes Gestein der Grünschieferfazies. Es gibt kontinuierliche Übergänge im Modalbestand von Chloritschiefern zu Grünschiefern (↗metamorphe Fazies) oder ↗Phylliten.

Chloritzone ↗Barrow-Zonen.

Chlorkohlenwasserstoffe, *CKW*, *chlorierte Kohlenwasserstoffe*, ↗Kohlenwasserstoffe, die ein oder mehrere Chloratome enthalten. Diese Substanzen haben ein breites, meist industrielles Anwendungsgebiet und sind entsprechend weitverbreitet. Da sie i. a. persistent und teilweise auch toxisch sind, werden viele dieser Verbindungen als ↗Schadstoffe eingestuft. Zu den CKWs gehören u. a. ↗polychlorierte Biphenyle, ↗Fluorchlorkohlenwasserstoffe sowie ↗Pestizide (↗DDT), aber auch Lösungsmittel wie Chloroform. Über 90 % der dem Markt zugeführten Menge an leichtflüchtigen CKW werden in die Luft emittiert, etwa 5 % werden als Sonderabfall entsorgt und etwa 1 % gelangt ins Abwasser und von dort größtenteils durch Strippeffekte wieder in die Atmosphäre. CKW sind in Boden und Wasser nahezu persistent, werden also kaum abgebaut. Einträge haben in der Vergangenheit zu Boden- und Wasserverunreinigungen geführt, die aufwendige Sanierungsmaßnahmen bei kontaminierten Standorten sowie umfangreiche Behandlungen bei der Trinkwassergewinnung erforderlich machten und machen.

Chlornitrat, chemische Formel $ClONO_2$, Reservoirgas für reaktive Chlorverbindungen in der Stratosphäre. ↗Ozonabbau.

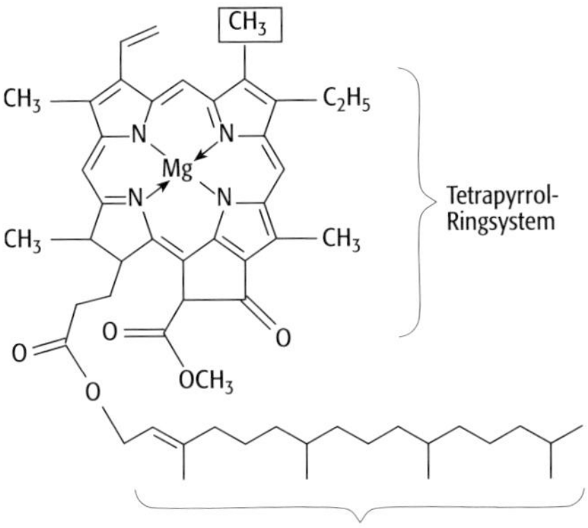

Chlorophyll: Strukturformel des Chlorophyll a mit Unterteilung in das Tetrapyrrol-Ringsystem und die Phytyl-Seitenkette. Bei Chlorophyll b befindet sich anstelle der hier eingerahmten Methylgruppe (CH_3) eine Aldehydgruppe (CHO) als Substituent am Tetrapyrrol-Ringsystem.

Chlorophyll, *Blattgrün*, Gruppe der zur Photosynthese notwendigen ↗Tetrapyrrole, welche in der Natur weitverbreitet sind und sich nur durch unterschiedliche Substituenten an ihrem Ringsystem unterscheiden. Alle Chlorophylle enthalten ↗Porphyrin als Ringsystem mit Magnesium als Zentralatom. Ein häufig am Tetrapyrrol-Ringsystem auftretender Substituent ist die Phytylgruppe, welche im Chlorophyll a und im Chlorophyll b vorliegt. Chlorophyll a und Chlorophyll b werden aufgrund von unterschiedlichen Substituenten am Tetrapyrrol-Ringsystem unterschieden (Abb.). Bei Chlorophyll b befindet sich als Substituent anstelle einer Methylgruppe (CH_3) eine Aldehydgruppe (CHO) am Tetrapyrrol-Ringsystem. Chlorophyll a ist quantitativ das wichtigste Chlorophyll und in allen Algen und höheren Pflanzen enthalten. Neben dem blaugrünen Chlorophyll a enthalten höhere Pflanzen weiterhin in geringer Menge das gelbgrüne Chlorophyll b. Eine sehr ähnliche Struktur hat das Häm, der rote Blutfarbstoff, welcher als komplex gebundenes Zentral-Ion Eisen enthält. Während der Diagenese wird die Phytyl-Seitenkette aus dem Chlorophyll a und Chlorophyll b abgespalten. Das daraus gebildete ↗Phytol ist die Ausgangsverbindung für die als ↗Biomarker eingesetzten Verbindungen ↗Pristan und ↗Phytan. [SB]

Chlorophyta, *Grünalgen*, Abteilung der ↗Protista, deren Chloroplasten wegen des nicht durch akzessorische Pigmente maskierten Chlorophyll a und b grün gefärbt sind. Sämtliche von den Algen bekannten Organisationsstufen (amöboid, monadal, capsal, coccal, trichal, siphonocladal, siphonal, Bildung von Filz-, Flecht- und Gewebe-Thallus) werden von den Chlorophyta erreicht. Begeißelte Stadien sind isokont und tragen zwei, vier oder mehr völlig gleiche Geißeln ohne Flimmern. Alle drei Klassen der Chlorophyta, ↗Charophyceae, ↗Chlorophyceae und Prasinophyceae sind fossil, z.T. seit dem ↗Archäophytikum und z.T. als bedeutende Carbonatbilder bekannt. Aus marinen, im Gezeitenbereich oder vielleicht schon an Land lebenden Chlorophyta entwickelten sich mit den ↗Bryophyta und den ↗Psilophytopsida (↗Pteridophyta) die ↗Plantae.

Chlorung, *Chloren*, Zugabe von gasförmigem Chlor oder chlorabspaltenden Verbindungen in Wasser oder ↗Abwasser, um eine ↗Oxidation von Wasserinhaltsstoffen bzw. eine Desinfektion zu erreichen. Bei der Chlorung können in Gegenwart von organischen Wasserinhaltsstoffen hygienisch bedenkliche, chlorierte Verbindungen (z.B. Chlorphenole) gebildet werden. Wenn Ammonium-Stickstoff vorhanden ist, entstehen bei der Chlorung Chloramine. Gasförmiges Chlor disproportioniert in Wasser augenblicklich, unter Bildung von Salzsäure und hypochloriger Säure. Diese Säuren dissoziieren weiter. Die ↗Dissoziation der hypochlorigen Säure ist stark vom ↗pH-Wert abhängig. Im sauren Bereich ist sie weitgehend undissoziiert und wirkt stark mikrobizid. Wesentlich schwächer ist die Wirkung des Hypochlorid-Ions, welches im neutralen bis alkalischen Bereich auftritt. Eine mikrobizide Reaktion zeigen auch die mit dem Ammonium-Ion entstandenen Chloramine (z.B. Monochloramin). In Gegenwart chlorzehrender Verbindungen ist eine Sterilisation des Wassers nicht vollständig, da der Chlorgehalt nach einem Anstieg zunächst wieder abnimmt. Erst bei Überschreiten des Minimums (Brechpunkt) steigt der Chlorgehalt mit weiterer Zugabe (Überschußchlorung). Dieses Chlor kann dann im Leitungsnetz weiterhin seine mikrobizide Wirkung entfalten. Von Bedeutung ist die Chlorung zur Vermeidung von Biofouling durch mikrobielle Beläge (↗Aufwuchs) in Leitungssystemen, Wärmetauschern u.a. sowie zur Desinfektion des Trinkwassers. [MW]

Chlorwasserstoff, *Salzsäure*, chemische Formel HCl.

Cholestan, $C_{27}H_{48}$, als ↗Biomarker eingesetztes, aus dem ↗Cholesterol stammendes ↗Steran.

Cholesterin ↗*Cholesterol*.

cholesterische Phase ↗flüssige Kristalle.

Cholesterol, *Cholesterin*, ↗Sterol mit 27 Kohlenstoffatomen, welches in den Lipidmembranen der ↗Eukaryoten vorkommt. Cholesterol hat acht ↗chirale Zentren und könnte somit 256 Stereoisomere (↗Stereoisomerie) haben. Aufgrund der hohen Stereoselektivität wird biologisch nur ein Stereoisomer gebildet. Diese Verbindung ist die Ausgangsverbindung des ↗Cholestans, welches im ↗Erdöl vorliegt und als ↗Biomarker eingesetzt wird.

Chondrit ↗Meteorite.

C_{30}-Hopan ↗*Hopan*.

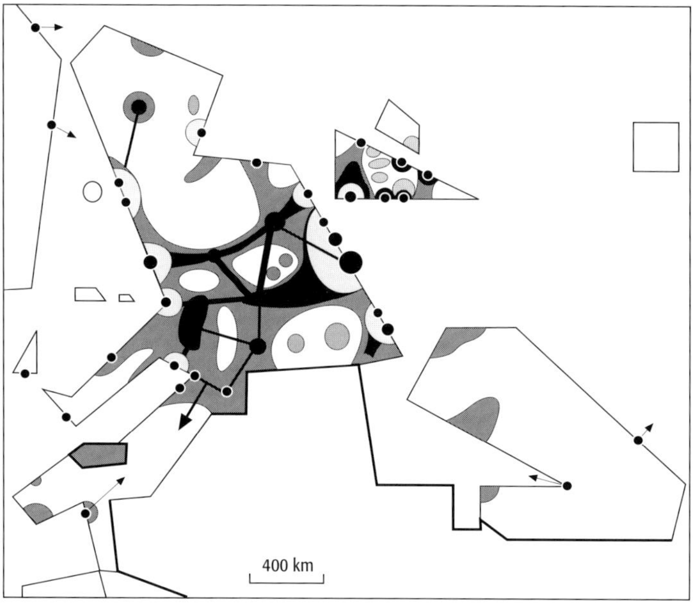

Chorem: Chorem-Darstellung: Wirtschaftsräume Europas.

Chore, Raumeinheit der ↗chorischen Dimension. Sie setzt sich aus homogenen Raumeinheiten der ↗topischen Dimension zusammen und ist somit ein räumliches Gefüge dieser landschaftsökologischen Grundeinheiten. Choren sind zwar geographisch heterogen durch die niederrangigeren ↗Tope aufgebaut, besitzen aber auf der Abstraktionsstufe der chorischen Dimension einen homogenen Charakter, z. B. homogene Mesoklima- oder Gebietswasserhaushaltsmerkmale. Choren können innerhalb der chorischen bis ↗regionischen Dimension weiter aggregiert werden zu höherrangigen Meso-, Makro- und Megachoren (↗Theorie der geographischen Dimensionen Tab.).

Chorem, Begriff für eine skizzenhafte und stark bis extrem inhaltlich sowie graphisch schematisierte ↗kartographische Darstellungsform. Choreme sind nicht, oder nur unvollständig, beschriftet und mitunter ohne einheitlichen Maßstab. Da mit diesen Darstellungsformen gezielt bestimmte Strukturen schnell und einprägsam verdeutlicht werden sollen, wird mit einfachen, vielfach plakativen Zeichen gearbeitet, welche die Aussage des Chorems auf das Wesentliche konzentrieren. Raumplanung und Raumordnung sind die heutigen Haupteinsatzgebiete dieser Darstellungsform, die aber mehr und mehr auch für die öffentliche Information und Kommunikation (Medien, Marketing usw.) zum Einsatz kommt. Als Nachteile der Choreme können Subjektivität, inhaltliche Unschärfe und die Gefahr der manipulierenden Beeinflussung des Nutzers gelten (Abb.)

chorische Dimension, *chorologische Dimension*, Betrachtungsstufe in der ↗Theorie der geographischen Dimensionen zur Untersuchung von Ökotopgefügen, die einen der Abstraktionsstufe angemessenen homogenen Charakter aufweisen. Die dazu gehörige Raumeinheit (↗Chore) setzt sich aus niederrangigen, topischen Raumeinheiten (↗Tope) zusammen. Raumeinheiten des chorischen Maßstabsbereich sind z. B. Kleineinzugsgebiete, Plateaus oder Schichtstufen. Während in der ↗topischen Dimension vertikale Prozesse dominieren, werden in der chorischen Dimension laterale Prozesse relevanter. Praktiker der Regional- und Landesplanung arbeiten in der chorischen Dimension, also in Maßstäben zwischen 1 : 25.000 und 1 : 100.000.

C-Horizont, ↗Bodenhorizont entsprechend der ↗Bodenkundlichen Kartieranleitung; mineralischer Untergrundhorizont aus dem Gestein, das unter dem ↗Solum liegt bzw. bei ungeschichteten ↗Bodenprofilen dem Ausgangsgestein des Solums entspricht. Folgende vorgestellte Zusatzsymbole charakterisieren die Herkunft näher: a = aus Fluß- und Bachablagerungen, c = aus Carbonat- oder Sulfatgestein, e = aus Mergelgestein, i = aus Silicat- und/oder Kieselgestein, j = aus natürlichem Gestein anthropogener Auffüllung, y = aus künstlichem Material anthropogener Auffüllung. Die Zusätze l, m, x charakterisieren die Festigkeit.

Choroplethenkarte *Flächendichtekarte*, abgeleitet aus der kartographischen ↗Zeichen-Objekt-Referenzierung ein ↗Kartentyp zur Repräsentation von ordinalskalierten Daten oder klassifizierten intervall- und ratioskalierten Daten mit Bezug zu zweidimensional definierten Arealen, wie beispielsweise administrativen Einheiten. Die Repräsentation der Daten in der Choroplethenkarte erfolgt auf der Grundlage des ↗kartographischen Zeichenmodells als flächenförmige Zeichen, die mit Hilfe der ↗graphischen Variablen Korn und Helligkeit variiert werden können. Ein typisches Beispiel für Choroplethenkarten sind Karten der Einwohnerdichte. Der Begriff der Choroplethenkarte hat seinen Ursprung in der Chorologie, deren Foschungsgegenstand im Zusammenhang mit der Geographie die Abgrenzung bzw. die Definition des Raumbezuges von georäumlichen Informationen oder Daten ist. ↗Flächenkartogramm. [PT]

Christoffelsymbole, Christoffelsymbole zweiter Art, differentialgeometrische Größen der ↗Flächentheorie. Die Christoffelsymbole

$$\Gamma^{\gamma}_{\alpha\beta}$$

werden aus den Gaußschen Fundamentalgrößen erster Art E, F, G (↗Bogenelement) berechnet. Mit den Abkürzungen für die Fundamentalgrößen $g_{11} = E, g_{12} = g_{21} = F, g_{22} = G$ und die Flächenparameter $u^1 = u, u^2 = v$ ergibt sich unter Verwendung der ↗Einsteinschen Summenkonvention (Summation über gleiche Indizes $\delta, \alpha, \beta, \gamma, \delta \in \{1,2\}$)

$$\Gamma^{\gamma}_{\alpha\beta} = \frac{1}{2} g^{\delta\beta}\left(\frac{\partial g_{\alpha\delta}}{\partial u^{\gamma}} + \frac{\partial g_{\delta\gamma}}{\partial u^{\alpha}} - \frac{\partial g_{\gamma\alpha}}{\partial u^{\delta}}\right),$$

wobei die Größe $g^{\delta\beta}$ den zum Metriktensor $g_{\alpha\delta}$ inversen Tensor mit der Eigenschaft

$$g_{\alpha\beta} \cdot g^{\alpha\beta} = \delta^{\beta}_{\alpha} = \delta_{\alpha\beta}$$

($\delta_{\alpha\beta}$ = Kroneckertensor mit $\delta_{\alpha\beta} = 1$ für $\alpha = \beta$, $\delta_{\alpha\beta} = 0$ für $\alpha \neq \beta$) bezeichnet.

ChRM ↗remanente Magnetisierung.

Chrom, [von griech. chroma = Farbe], Symbol: Cr; 1797 von L. N. Vauquelin aus Krokoit isoliertes Element. Über ein Jahrhundert verwendete man das Metall nur für Cr-Farben und andere Chemikalien, seit 1908 stellt man Ferrochrom, Cr-Legierungen und Cr-Stahl her. Sein Gebrauch für hochfeuerfeste Steine ist seit den dreißiger Jahren unseres Jahrhunderts üblich.

Chromate, Minerale einer Klasse, die neben Chromaten noch Sulfate, Molybdate und Wolframate umfaßt. Gemeinsames Merkmal ist ein sechswertiges Kation S^{6+}, Cr^{6+}, Mo^{6+} oder W^{6+}, das tetraedrisch von O umgeben ist. Zu ihrer Bildung ist i. a. ein erhöhter Sauerstoffpartialdruck erforderlich, weshalb sie bevorzugt in der Nähe der Erdoberflächen gebildet werden. Hier kommt es auch zur Bildung von Krokoit (Rotbleierz, $PbCrO_4$), während andere Chrom-Minerale äußerst selten sind.

Chromatographie ↗analytische Methoden.

chromic horizon, ↗diagnostischer Horizont der ↗WRB, durch Eisenoxide und Eisenhydroxide kräftig gelbe bis rote Färbung von ↗B-Horizonten.

Chromit, *Chromeisenerz*, *Chromeisenstein*, *Chromferrit*, *Chromitit*, *Chromstein*, *Siderochrom*; $(Fe,Mg)Cr_2O_4$; Mineral mit kubisch-hexoktaedrischer Kristallform; Farbe: eisen- bis bräunlichschwarz; halbmetallischer Glasglanz; undurchsichtig; Strich: braun; Härte nach Mohs: 5,5; Dichte: 4,5–5,1 g/cm³; Spaltbarkeit: teilbar nach *(111)*; Bruch uneben bis muschelig; Aggregate: meist körnig, eingesprengt oder derbe Massen, dicht, lose, rundliche Körner; Kristalle sind selten; vor dem Lötrohr unschmelzbar, nach dem Glühen magnetisch; in Säuren unlöslich; Begleiter: Olivin, Bronzit, Uwarowit; Vorkommen: als früheste Ausscheidung bevorzugt in ultrabasischen bzw. noritisch-gabbroiden Magmen, aber auch in Pikriten, Limburgiten, Melilithiten und extrem basischen Ganggesteinen.

Chromitlagerstätten, ↗Chromit $(Fe,Mg)(Cr,Al)_2O_4$ ist ein Mitglied der kubisch kristallisierenden Spinell-Familie (AB_2O_4, ↗Kristallstruktur). Es ist das einzige Erz für die Gewinnung von metallischem Chrom (»metallurgischer Chromit«, > 55 % Cr_2O_3), das für die Herstellung von Spezial-Stählen verwendet wird. Auch für die Herstellung von feuerfesten Produkten (refraktärer Chromit, > 20 % Al_2O_3), wie Magnesia-Chrom-Steinen zur Ausmauerung von Hochöfen etc., spielt Chromit eine große Rolle. Chromitlagerstätten treten auf:

a) in geschichteten magmatischen Komplexen, wie dem ↗Bushveld-Komplex in Südafrika oder dem Great Dyke in Zimbabwe. Sie bestehen aus massiven Chromitbändern, die der magmatischen Schichtung folgen, oft in Anorthositen liegen und über Hunderte Kilometer im Streichen zu verfolgen sind (↗Bushveld-Komplex, Abb. im Farbtafelteil).

b) als ophiolitische Chrom-Lagerstätten, die in der Mantelsequenz von ↗Ophioliten vorkommen. Sie liegen meist als Chromitlinsen (»podiform«) in ↗Harzburgiten vor, die 0,5–10 Mio. t selten überschreiten und von einem Dunit-Mantel umgeben sind. Eine Ausnahme bilden die Großlagerstätten im Ophiolit von Kempirsai, Kasachstan, wo Erzkörper mit über 100 Mio. t vorkommen. Diese werden durch Mitwirkung von Fluiden und fluidreichen Magmen erklärt.

Mehr als 80 % der Weltreserven von Chromit liegen im südlichen Afrika, der Rest im Bereich der GUS, sowie einige kleinere Vorkommen in Montana, USA (Stillwater-Komplex) und in Finnland (Kemi). [EFS]

Chromminerale, das einzige wirtschaftlich wichtige Chrommineral ist ↗Chromit mit 15–60 % Cr_2O_3. Natürliche Chromminerale sind stets Mischkristalle der reinen Endglieder der Spinellgruppe ($MgAl_2O_4$, Spinell, $FeFe_2O_4$, Magnetit, $FeCr_2O_4$, Chromit), so daß die exakte Formel $(Mg,Fe)(Cr,Al,Fe^{3+})_2O_4$ lautet. Das Mineral ist schwarz, doch ist die Pulverfarbe (Strich) braun, was zur Unterscheidung von Magnetit dient. 1827 wurden die ersten amerikanischen Lagerstätten bei Baltimore und 1848 die türkischen in Kleinasien aufgefunden. Weitere Chromminerale sind: Krokoit (Rotbleierz, $PbCrO_4$, 22 % Cr_2O_3); Kämmererit $(Mg_3(OH)(Mg,Cr)_3[(OH)_2|CrSi_3O_{10}]$, bis 5 % Cr_2O_3), ein Cr-haltiger Pennin, der sich bei der Serpentinisierung bildet; Fuchsit $(K(Al,Cr)_2[(OH)_2|AlSi_3O_{10}]$, bis 5 % Cr_2O_3), ein grüner Cr-haltiger Muscovit; Uwarowit $(Ca_3Cr_2[SiO_4]_3$, 30 % Cr_2O_3), ein grüner Chromgranat. Als erste Chromminerale wurden 1765 Krokoit und 1798 Chromit durch den russischen Geologen Pollas bei Jekaterinenburg im Ural entdeckt. [GST]

Chromosteroskopie, *Farbbrechungsstereoskopie*, in der ↗Fernerkundung und ↗Kartographie benutztes Verfahren der ↗3D-Visualisierung auf der Basis von spektraler Farbhöhencodierung, wellenlängenabhängiger Lichtbrechung und chromatischer Aberration, bei der mittels Mikroprismenbrillen eine Farbdarstellung in zwei virtuelle Stereopartner aufgespalten wird. Dabei werden in Abhängigkeit von den zugeordneten Höhenfarben durch die unterschiedliche Brechung ↗Parallaxen gebildet. Die durch die Folienbrillen generierten Teilbilder werden wie bei der normalen Stereoskopie mental zu einem plastischen Stereomodell verschmolzen. Dies geschieht bei verlaufender Farbgebung als Reliefkontinuum, ansonsten in Stufen. Die Chromostereoskopie wurde verstärkt für die Darstellung verschiedener Fernerkundungsbilddaten, aber auch einfacher kartographischer Sachverhalte verwendet, konnte sich aber wegen der letztlich zu eingeschränkten Möglichkeiten sowie der für die Stereobetrachtung notwendigen Brillen nicht durchsetzen. [MFB]

Chromspinell, *Picotit*, *Chrom-Ceylonit*, *Chromitspinell*; $(Al,Cr,Fe)_2(Fe,Mg)O_4$; Mineral mit kubisch-hexoktaedrischer Kristallform; Farbe: schwarz bis grünlich-schwarz, im Dünnschliff braun oder gelb; halbmetallischer Glasglanz;

durchsichtig bis durchscheinend; Strich: braun; Härte nach Mohs: 8; Dichte: 4,08 g/cm^3; Spaltbarkeit: teilbar nach *(111)*; Bruch: muschelig; Aggregate: eingesprengte Körner, auch lose auf Seifen; Begleiter: Enstatit, Bronzit, Chrom-Diopsid, Chromit, Olivin, Serpentin; Vorkommen: Gemengteil von Peridotiten und olivinreichen Abkömmlingen des Gabbros wie auch der daraus hervorgegangenen Serpentiniten. Sie finden sich reichlich in Olivinausscheidungen der Basalte Niederhessens.

Chron, Einheit der Zeitreihe, mit der die geomagnetischen ↗Feldumkehrungen dargestellt werden.

chronische Toxizität ↗Toxizität.

Chronometrie ↗Geochronometrie.

Chronosequenz, Entwicklung von Böden in einem bestimmten Substrat in zeitlicher Aufeinanderfolge. In mitteleuropäischen Lößen entwickelte sich während des ↗Holozäns über viele Jahrhunderte bis mehrere Jahrtausende die Chronosequenz von ↗Rohböden über ↗Pararendzinen, ↗Braunerden zu ↗Parabraunerden.

Chronostratigraphie, Teilgebiet der Stratigraphie mit dem Ziel der Beschreibung von zeitlichen Abfolgen innerhalb der Erdgeschichte. Die Geschichte der Chronostratigraphie beginnt mit der Stufen-Gliederung der Sedimentserien Europas in der Mitte des 19. Jahrhunderts. Primär unabhängig von anderen stratigraphischen Kriterien wurden diese Stufen definiert als Ablagerungen innerhalb eines spezifischen geologischen Zeitraumes. Naturgemäß lieferte zunächst die ↗Biostratigraphie objektivierbare Kriterien zur zeitlichen Umschreibung dieser Zeiteinheiten, so daß sich die klassische Chronostratigraphie sehr stark an der biostratigraphischen Terminologie anlehnt. Erst die Etablierung weiterer moderner stratigraphischer Arbeitstechniken (↗Radiometrie, ↗Magnetostratigraphie, ↗Sequenzstratigraphie etc.) lieferte weitere unabhängige Altersdaten. Damit wurde gleichzeitig die Notwendigkeit der Abgleichung der gewonnenen Daten geschaffen, da nun vielfach mehrere Zeitmarken für die Abgrenzung einer stratigraphischen Einheit zur Verfügung stehen. Regionale Abweichungen in der Definition und Nomenklatur chronostratigraphischer Einheiten schaffen weitere Probleme, die über die Definition internationaler Standard-Referenzprofile beseitigt werden sollen. Die Chronostratigraphie versucht somit eine Synthese zwischen unterschiedlichen stratigraphischen Teildisziplinen und Arbeitsmethoden, um über deren Korrelation eine möglichst exakte chronologische Abfolge der Erdgeschichte zu entwickeln (↗Stratigraphie Tab.). ↗geologische Zeitskala. [HT]

Chrysophyceae, *Goldalgen*, sind einzellige, photoautotrophe ↗Heterokontophyta, deren Chloroplasten goldgelb bis braun gefärbt sind, da das Chlorophyll durch das akzessorische Pigment Fucoxanthin maskiert wird. Die Zellen einiger Chrysophyceae-Gattungen werden von wenigen Mikrometer großen Kieselschuppen bedeckt, die bislang aber nur extrem selten fossil nachgewiesen wurden. Innerhalb der Algenzelle kann eine Zyste gebildet werden, deren ornamentierte Wand überwiegend aus Kieselsäure besteht und deshalb fossil überliefert wird. Diese 3–25 μm großen Zysten haben die Form einer Kugel oder Urne mit aufgesetztem Hals, der durch einen Pfropfen verschlossen ist. Fossile Zysten der Chrysophyceae kennt man als Archaeomonadinen seit der Oberkreide in marinen Sedimenten und Süßwasserablagerungen, gelegentlich sind sie sogar mit bis ca. zwölf Mio. Zysten pro Gramm als Archaeomonadinite gesteinsbildend. Ihre stratigraphische Verteilung ist wenig untersucht. Rezente Chrysophyceae, die Artenzahl wird auf ca. 1000 geschätzt, leben im Meer und Süßwasser. Ihren größten Formenreichtum entfalten sie aber im Süßwasser, mit maximaler Häufigkeit in klarem und kühlem Wasser. In der Primärproduktion spielt dieses Nannoplankton eine bislang offensichtlich unterschätzte Bedeutung. Gelegentlich werden auch die ↗Silicoflagellales provisorisch zu den Chrysophyceae und damit auch zu den Heterokontophyta gestellt, nehmen dort dann aber eine umstrittene Sonderstellung ein. [RB]

Chrysotil, [von griech. chrysos = gold und tilos = Faser], *Chrysotil-Asbest*, *Faserserpentin*, *Serpentin-Asbest*, *Weißasbest;* faserige Varietät von ↗Serpentin. ↗Asbest.

CHUR, *Chondritic Uniform Reservoir*, isotopisch einheitliches Material des solaren Urnebels, aus dem sich meteoritisches und irdisches Material ableiteten läßt (↗Meteorit).

Ciliaten, *Wimperntierchen*, wichtige Tiergruppe des ↗Edaphon.

CIO, *Conventional International Origin*, mittlere Richtung des Erdrotationspols, festgelegt durch Messungen der fünf Stationen des Internationalen Breitendienstes (↗ILS) während der Beobachtungsperiode von 1900 bis 1906. Damit kann die *z*-Achse eines ↗globalen geozentrischen Koordinatensystems definiert werden.

CIP-Konvention, *Cahn-Ingold-Prelog-Konvention*, ↗Stereoisomerie.

CIPW-Norm, ein 1902 von den amerikanischen Petrologen W. Cross, J.P. Iddings, L.V. Pirsson und H.S. Washington vorgeschlagenes Verfahren, um aus der chemischen Analyse eines ↗Magmatits einen fiktiven Mineralbestand aus einem Satz von *CIPW-Standardmineralen* zu errechnen. Die CIPW-Norm entspricht näherungsweise dem tatsächlichen Mineralbestand (↗Modalanalyse), den ein wasserfreier Magmatit hätte, wenn er in wenigen Kilometern Tiefe kristallisiert wäre. Die CIPW-Norm kann zur Klassifikation insbesondere von ↗Vulkaniten verwendet werden. Z.B. lassen sich damit quarznormative ↗Basalte (Tholeiite) von nephelinnormativen ↗Alkalibasalten unterscheiden. Die ca. 30 CIPW-Standardminerale umfassen zumeist wichtige ↗gesteinsbildende Minerale, aber auch einige nur selten oder nicht natürlich auftretende Minerale. OH-haltige Minerale (Glimmer, Amphibole) treten in der CIPW-Norm im Gegensatz zu einigen anderen ↗Normberechnungen nicht auf. Außerdem sind als *Standardminerale* nur Endglieder definiert, z. B. Diopsid und Hedenbergit als Klinopyroxene, welche die natürliche chemische Variation nicht widerspiegeln. [HGS]

CIPW-Standardminerale ↗CIPW-Norm.

CIR-Film ↗*Color-Infrarot-Film.*

Cirrocumulus ↗Wolkenklassifikation.

Cirrostratus ↗Wolkenklassifikation.

Cirrus ↗Wolkenklassifikation.

Cissarz, *Arnold*, deutscher Lagerstättenkundler, * 17.8.1900 Loschwitz bei Dresden, † 29.8.1973 Hannover. Cissarz war ab 1932 Professor in Freiburg i. Br., ab 1936 mit Unterbrechungen, zu denen seine Tätigkeiten beim Geologischen Dienst in Serbien 1947–56 (seit 1951 auch Honorar-Professor an der Universität Belgrad) und bei der Bundesanstalt für Geowissenschaften und Rohstoffe zählen, wo er zuletzt als Leiter der Auslandsabteilung beschäftigt war. Cissarz schrieb zahlreiche Arbeiten zur Lagerstättenkunde und -systematik, insbesondere zu schichtgebundenen Eisenerzen. Er verfaßte u. a. die »Einführung in die allgemeine und systematische Lagerstättenlehre« (1965).

Cj-Horizont, ↗Bodenhorizont entsprechend der ↗Bodenkundlichen Kartieranleitung; ↗C-Horizont; weitgehend kaolinitisierter, fersiallitischer Untergrundhorizont mit Strukturen des Ausgangsgesteins ↗Saprolith sowie periglaziär umgelagertem Saprolithmaterial; kommt in Deutschland nur fossil vor.

CKW ↗*Chlorkohlenwasserstoffe.*

Clairaut, (auch: Clairault), *Alexis Claude*, französischer Mathematiker, Physiker und Astronom mit hohem Interesse für Geodäsie, * 7.5.1713 in Paris, † 17.5.1765 in Paris; Privatgelehrter; schon 1731 Mitglied der Pariser Akademie der Wissenschaften; mathematische Arbeiten zu Algebra, Geometrie, Raumkurven, Differentialgleichungen. Astronomisch bedeutsam ist die von ihm 1758–59 aus berechneten Bahnstörungen des Kometen Haley vorausgesagte Existenz eines noch unbekannten Planeten jenseits von Saturn (Uranus 13.3.1781 von Herschel entdeckt). Mit der physikalischen Behandlung geodätischer Probleme förderte er maßgeblich die Entwicklung der Geodäsie zu einer naturwissenschaftlichen Disziplin. Er nahm 1736–37 unter Leitung von P. L.M. de ↗Maupertuis an der Expedition der Pariser Akademie der Wissenschaften nach Lappland teil, zu einer ↗Gradmessung, die im Streit zwischen der französischen Schule um G. D. ↗Cassini und der englischen Schule um Sir I. ↗Newton über die Figur der Erde (am Äquator oder an den Polen abgeplattet?) entscheiden sollte. Bedeutend das Theorem von Clairaut (↗Niveauellipsoid), das erstmals den Zusammenhang zwischen geometrischen (große und kleine Halbachse des Rotationsellipsoids) und physikalischen (Flieh- und Schwerkraft am Äquator, Schwerkraft an den Polen) Größen des Erdkörpers formuliert und später von E. H. ↗Bruns und F. R. ↗Helmert um Glieder höherer Ordnung erweitert wurde. Clairauts Gleichung über die geodätische Linie erreichte keine vergleichsweise hohe Bedeutung. Er benutzte Begriffe wie Niveaukurve, -schicht, -fläche und erkannte das Wesen des Potentials der wirkende Kräfte, ohne aber den Begriff schon zu benutzen. Bedeutendstes Werk zur Geodäsie: »Theorie de la Figure de la Terre, tirée des Principes de l'Hydrostatique« (Paris 1743, unveränderter Nachdruck 1808), deutsche Übersetzung: Ostwalds Klassiker der exakten Wissenschaften Nr. 189, Leipzig 1913. [EB]

Clar, *Eberhard*, österreichischer Geologe, * 23.7.1904 in Graz, † 7.12.1995; Studium der Naturgeschichte, Leibeserziehung und Geologie an der Universität Graz, 1926 Promotion zum Dr. Phil., 1926–29 Assistent bei A. Tornquist an der TH Graz, 1929 Habilitation zum Privat-Dozenten für Angewandte Geologie und Petrographie, 1936 Titel eines a.o. Professors, im selben Jahr Habilitation für Geologie und Paläontologie, 1939 Ernennung zum außerplanmäßigen Professor an der TH Graz, 1944 Berufung auf die Lehrkanzel für Geologie an der TH Wien als Nachfolger von Stiny, nach dem Krieg Anstellung beim Steirischen Erzberg und freiberufliche Tätigkeit als geologischer Berater für baugeologische und lagerstättenkundliche Fragen, ab 1949 Geologe beim Eisenerzbergbau Hüttenberg (Kärnten); 1951 Leiter der neu gegründeten Lagerstättenforschungsstelle der Österreichischen Alpinen Montangesellschaft, 1954 erneute Berufung an die Universität Wien, wo er bis zu seiner Emeritierung 1972 blieb; ab 1957 Mitglied der österreichischen Staubekkenkommission, 1957/58 Präsident der Geologischen Gesellschaft Wien. Seine Werke umfassen zahlreiche geologische Karten, u. a. im Grazer Paläozoikum und Großglockner-Gebiet, sowie Veröffentlichungen zur Gefügekunde und Lagerstättenkunde. Im Laufe seiner Tätigkeit als Gefügekundler entwickelte er den nach ihm benannten Geologenkompaß, bei dem Streichen und Fallen mit einem Wert gemessen werden. [TL]

Clarain, *Halbglanzkohle*, sehr feinstreifiger Wechsel von glänzenden und matten Lagen; verbreitetster ↗Lithotyp in den ↗Steinkohlen des ↗Karbons auf der Nordhalbkugel.

Clarke-Ellipsoid, von Clarke 1866 bestimmtes ↗Referenzellipsoid, das für die Landesvermessungen in USA und Kanada verwendet wurde. Die große Halbachse des Ellipsoides beträgt 6378.206 m, die reziproke Abplattung 294,98 (↗Rotationsellipsoid). Ein weiteres von Clarke abgeleitetes Ellipsoid stammt aus dem Jahre 1880 und wurde für die Landesvermessungen in Frankreich und Großbritannien verwendet sowie als Bezugsfläche der Internationalen Weltkarte zugrunde gelegt. Die große Halbachse dieses Ellipsoides beträgt 6378.249 m, die reziproke Abplattung 294,47 m.

Clarke-Werte, *Clarke-Zahl*, benannt nach dem Amerikaner F. W. Clarke (1847–1931), Durchschnittsgehalte der chemischen Elemente in der etwa 17 km starken Erdkruste (1 Clarke = 1 g/t). Die Clarke-Werte zeigen, daß die mengenmäßig häufigsten Minerale der Erdkruste Silicate des Al, Fe, Ca, Na, K und Mg sein müssen und daß tech-

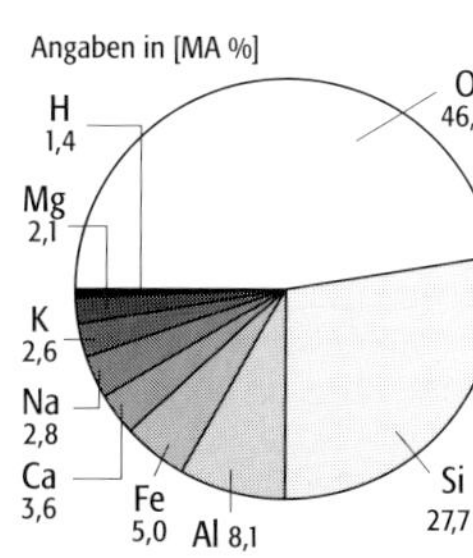

Clarke-Werte: Häufigkeit der chemischen Elemente in der Erdkruste.

nisch und industriell wichtige Elemente wie Zink, Zinn, Blei, Nickel u. a. im Durchschnitt selten in der Erdkruste sind (Abb.).

Clausius-Clapeyronsche Gleichung, Zusammenhang zwischen der Lufttemperatur *T* und dem Sättigungsdampfdruck *E*. Diese lautet:

$$\frac{dE}{dT} = \frac{l_v E}{R_w T^2}$$

(l_v = Verdunstungswärme, R_w = Gaskonstante für Wasserdampf).

Clear Air Turbulenz, *CAT*, in den wolkenfreien Gebieten der ↗freien Atmosphäre auftretende ↗Turbulenz. Diese wird verursacht durch brechende ↗Schwerewellen oder Scherungsinstabilitäten im Bereich des ↗Strahlstroms. Die dabei kurzfristig auftretenden Vertikalgeschwindigkeiten führen gelegentlich zu einer Gefährdung von Flugzeugen im oberen Bereich der Troposphäre.

Clerici-Lösung, *Clericis-Lösung*, Schwere-Flüssigkeit zur Herstellung reiner Mineralfraktionen durch ↗Schweretrennung, aus je 1 Mol Thalliumformiat und Thalliumalonat, mit Wasser verdünnbar, die maximale Dichte ist 4,2. Clerici-Lösung ist stark giftig, daher ist das Arbeiten nur unter einem gut funktionierenden Fall-Abzug möglich. Da die Dichte stark temperaturabhängig ist, ist die Einhaltung einer konstanten Temperatur eine wichtige Voraussetzung für eine erfolgreiche Trennung.

CLINO, *Klimanormalperiode*, 30jährige Bezugsintervalle wie 1901–1930, 1931–1960 und 1961–1990, auf die zur besseren Vergleichbarkeit die Statistiken der Klimadaten einzelner Beobachtungsstationen bzw. Länder bezogen werden (auf Empfehlung der ↗Weltorganisation für Meteorologie).

clinoform breakpoint ↗Sequenzstratigraphie.

Cloos, *Hans*, deutscher Geologe, * 8.11.1885 Magdeburg, † 26.9.1951 Bonn. Cloos war ab 1919 Professor in Breslau, dort ab 1922 Direktor des Geologischen Instituts, seit 1926 Professor in Bonn und Direktor des Geologisch-Paläontologischen Instituts; beteiligte sich nach 1945 am Aufbau einer Kommunal- und Landesregierung in Bonn; entwickelte die Granittektonik und forschte über die Modellierung der Erdkrustenstruktur. Er war beteiligt an der Weiterentwicklung der geotektonischen Unterströmungstheorie; arbeitete ferner über Plutonismus, Vulkanismus sowie über regionale Geologie insbesondere Afrikas, Nordamerikas und Europas; seit 1923 Herausgeber der »Geologischen Rundschau«. Werke (Auswahl): »Einführung in die tektonische Behandlung magmatischer Erscheinungen« (1925), »Einführung in die Geologie« (1936), »Gespräch mit der Erde« (1947).

Clostridium, *Amylobacter* (veraltet), Gattung der Familie Bacillaceae, die ↗anaerobe, gram-positive, Endosporen bildende Stäbchen, seltener Kokken, umfaßt, die jedoch nicht in der Lage sind, sulfatdissimilatorisch zu reduzieren. Sporen von Clostridien sind in der Natur weit verbreitet und können nach Einsetzen ↗anaerober Bedingungen umgehend Populationen etablieren, die sich einerseits saccharolytisch und/oder proteolytisch und andererseits als Spezialisten ernähren können. Kohlenhydrate werden meist zu Butter- und Essigsäure, Azeton, Alkohole, sowie Gase (CO_2, H_2, seltener CH_4) umgewandelt. Bei der Proteolyse können streng riechende Stoffwechselprodukte (Indol, Skatol) und teilweise stark toxische Substanzen entstehen, die nicht selten zu Futter- und Lebensmittelvergiftungen führen.

Club of Rome, wurde 1968 in Rom gegründet, um sich v. a. mit den Grenzen des Wachstums und der weiteren Zukunft unseres Planeten zu beschäftigen (↗Nachhaltigkeit). Die Begründer des Club of Rome waren ca. 100 Personen aus Wirtschaft, Politik und Wissenschaft aus ungefähr 30 Ländern. Eines der verfolgten Ziele war und ist das Aufstellen von sog. ↗Globalmodellen, mit deren Hilfe sich die künftige Entwicklungen der Wirtschaft und des Lebens auf der Erde, insbesondere aber die ökologische Entwicklung darstellen lassen. Auf dieser Grundlage werden unterschiedliche Szenarien erstellt und entsprechende Entwicklungsempfehlungen abgeleitet. Die Modelle, welche in neuester Zeit durch Computertechnologien eine Einbeziehung sehr vieler Faktoren ermöglichen, folgen den Gesetzen der Kybernetik und der Systemtheorie. Aus einer Zusammenarbeit mit dem Club of Rome enstand u. a. die Veröffentlichung »Die Grenzen des Wachtums«, in dem das Weltmodell »World 3« entwickelt wurde. Darin werden die Ursachen und Folgen des Bevölkerungswachstums, des Wachstums von Industriekapital, Nahrungsmittelproduktion und Rohstoffverbrauch sowie die zunehmende Umweltverschmutzung analysiert. Darüber hinaus werden die auftretenden Wechselwirkungen zwischen den einzelnen Elementen verfolgt und Richtungstendenzen für die Entwicklung des Planeten abgeschätzt. [SMZ]

Clusteranalyse ↗*Klusteranalyse*.

CLy ↗*Calcit Lysocline*.

CME, *Coronal Mass Ejections*, große Massenauswürfe aus der Korona der Sonne.

C-Modellalter, die Anfangskonzentration von ↗^{14}C wird bei Messung einer Probe als äquivalent zu der Konzentration angenommen, wie sie im Jahre 1950 gewachsene Baumringe aufwiesen (modern standard, STD). Tatsächlich unterliegen die Ausgangskonzentrationen aber Schwankungen durch unterschiedliche Neubildungsraten, ↗Isotopenfraktionierung und durch unterschiedliche Austauschraten zwischen Atmosphäre, Biosphäre und Hydrosphäre. Vergleiche der Jahresauszählungen von Baumringen (↗Dendrochronologie) mit den daraus ermittelten ^{14}C-Altern ergeben für die letzten 10.000 Jahre unregelmäßige Abweichungsintervalle mit raschen Wechseln und längeren Plateaus, gegen die Datierungen korrigiert werden und deren Intervallbreite als statistische Abweichungsfehler angegeben werden. Für die letzten 30.000 Jahre werden Korrekturen gegen U/Th-Datierungen gemittelt. [AA]

CMP-Methode ↗*Common-Midpoint-Methode*.

CMP-Stapelung ↗Stapelung.

CMYK, Cyan, Magenta, Yellow, Black, die beim Vierfarbendruck sowie in Farbdruckern und -plottern benutzten ↗Grundfarben der subtraktiven ↗Farbmischung Blau, Rot, Gelb, Schwarz.

Cn-Horizont, ↗Bodenhorizont entsprechend der ↗Bodenkundlichen Kartieranleitung; ↗C-Horizont aus unverwittertem Locker- oder Festgestein und massivem Fels oder Gesteinsbänken.

Cnidaria, ein Tierstamm, der eine große Anzahl von solitären und koloniebildenden ↗Invertebraten umfaßt, die meist marin und alle aquatisch sind (Tab.). Die Gruppe verdankt ihren Namen dem griechischen Wort »cnidos« (Brennessel), das sich auf die Nematozysten (oder Cnidozysten) bezieht, die für die Cnidarier charakteristisch sind. Diese Stechzellen können bei Störung oder zum Beutefang einen bestachelten und oft giftigen Pfeil abschießen. Zu den Cnidariern gehören die Korallen, die Quallen und auch die Seeanemonen. Es sind prinzipiell sackförmige Organismen, deren Körper aus zwei Lagen besteht: einer äußeren Wand (Ectoderm) und einer inneren Wand (Endoderm). Beide sind voneinander getrennt durch eine zellarme Gelatineschicht (Mesogloea). Die äußere Wand kann (z.B. bei den Steinkorallen) ein Carbonatskelett sekretieren und besitzt häufig Nematocysten, wie auch die Tentakel, die die Mundöffnung umgeben und dem Beutefang dienen. Das Tier kann eine von zwei möglichen Lebenspositionen einnehmen. Es kann sich mit der Basis an eine passende Oberfläche anheften und eine sessile Lebensweise annehmen, entweder als solitäres Individuum (Polyp) oder als Kolonie. Eine Kolonie entsteht durch wiederholte Teilung eines Polypen, wobei viele kleine Individuen entstehen, die auf verschiedene Weise miteinander verbunden bleiben (Integration). Die zweite Lebensposition wird als Medusen-Form bezeichnet, bei der das Tier mit den Tentakeln nach unten frei in der Wassersäule schwebt und eine planktische oder semiplanktische Lebensweise annimmt. Einige Cnidaria verbringen ihr ganzes Leben entweder als Polyp oder als Meduse, während andere zwischen Polypen- und Medusenstadium hin- und herwechseln (Abb.). [SP]

C/N-Verhältnis, Massenverhältnis von Kohlenstoff (C) zu Stickstoff (N) in pflanzlichem Material oder im Boden. Für die Verhältnisangabe wird N = 1 gesetzt. Im Humus liegen beide Elemente organisch gebunden vor und werden von ↗Mikroorganismen mineralisiert. Der N wird dadurch erst pflanzenverfügbar gemacht (↗Nitrifikation). Unter verschiedenen methodischen Einschränkungen kann das C/N-Verhältnis als Maß für die Zersetzbarkeit der Humussubstanz gebraucht werden. Ein enges C/N-Verhältnis weist auf eine hohe Mikroorganismenaktivität hin; die Böden sind fruchtbar (z.B. Schwarzerde: C/N = 10). Ein weites C/N-Verhältnis zeugt von nährstoffarmen Böden mit geringer Zersetzung (z.B. Hochmoore: C/N = 50). Ackerböden sollten für einen guten Ertrag einen C/N-Wert von < 25 aufweisen.

	Klasse	Unterklasse	Ordnung	Beispiel	geologische Reichweite
Stamm: Cnidaria	Hydrozoa			Hydroiden	Präkambrium – Rezent
	Scyphozoa			Quallen	Präkambrium – Rezent
	Anthozoa			Korallen & Seeanemonen	Präkambrium – Rezent
		Octocorallia		Seefächer, Seefedern	PC? Ordoviz– Rezent
		Zoantharia		Steinkorallen	
			Heliolitida	fossile Korallen	Ordoviz – Mittel-Devon
			Rugosa	fossile Korallen	Kambrium?, Ordoviz-Rezent
			Tabulata	fossile Korallen	Kambrium?, Ordoviz-Rezent
			Scleractinia	fossile & rezente Korallen	Trias – Rezent

Cnidaria (Tab.): Klassifikation des Stammes Cnidaria mit den für die Paläontologie wichtigen Gruppen (PC = Präkambrium).

CO_2 ↗Kohlendioxid.

CO_2-Gehalt in der Atmosphäre, Kohlendioxid macht heute nur 0,032 % der gesamten ↗Atmosphäre aus. CO_2 gelangt durch die Atmung der Organismen und aus Verbrennung fossiler Brennstoffe in die Atmosphäre und sein Gehalt wurde seit 1900 um etwa 10 % erhöht. Der CO_2-Gehalt der Atmosphäre hat während der gesamten Erdgeschichte stark variiert und tendenziell stetig abgenommen, während der O_2-Gehalt stetig zugenommen hat (↗Autotrophie). Im frühen ↗Archaikum betrug der CO_2-Gehalt das über 1000-fache des heutigen Wertes und sank allmählich bis auf einen etwa 100-fachen Wert des heutigen Gehalts am Ende des ↗Proterozoikums. Mit der explosionsartigen Entwicklung der Pflanzenwelt und mit dem verstärkten Entzug des Kohlenstoffs aus dem ↗geochemischen Kreislauf durch Bindung in Sedimenten sank der Kohlendioxidgehalt der Atmosphäre auf heutige Werte. [WAl]

CO_2-Löslichkeit in Wasser, die Löslichkeit von Kohlendioxid in Wasser beträgt 3346 mg/l bei 273,15 K und P_{CO_2} = 1,013 hPa. Unter atmosphärischem P_{CO_2} von 0,35 hPa sinkt sie auf etwa 1 mg/l ab. ↗Calcit-Löslichkeit in Wasser.

coarsening upward, beschreibt die Korngrößenzunahme in einer Sedimenteinheit von einer zu definierenden Bank im ↗Liegenden bis zu einer zu definierenden Bank im ↗Hangenden. Die Korngrößenzunahme zum Hangenden kann sich auf alle Bänke der Schichtenfolge oder nur auf die grobkörnigeren Bänke der Abfolge beziehen. Gegenteil von ↗fining upward.

Coastal Zone Color Scanner ↗*CZCS*.

Coble-Kriechen, beschreibt eine Form des Diffusionskriechens, bei der die ↗Diffusion der Atome und Ionen entlang von Korngrenzen stattfindet.

Co-Breite, *geographische Co-Breite*, Winkel (θ) längs eines Großkreises zwischen einem Punkt auf der Erdoberfläche und dem geographischen Pol. Zwischen der Breite φ und der Co-Breite θ besteht folgende Beziehung: $\theta = 90° - \varphi$. Die geomagnetische Co-Breite ergibt sich aus einem Winkel *p* längs eines Großkreises zwischen einem Punkt auf der Erdoberfläche und dem ↗geomagnetischen Pol. Er kann aus der ↗Inklination *I*

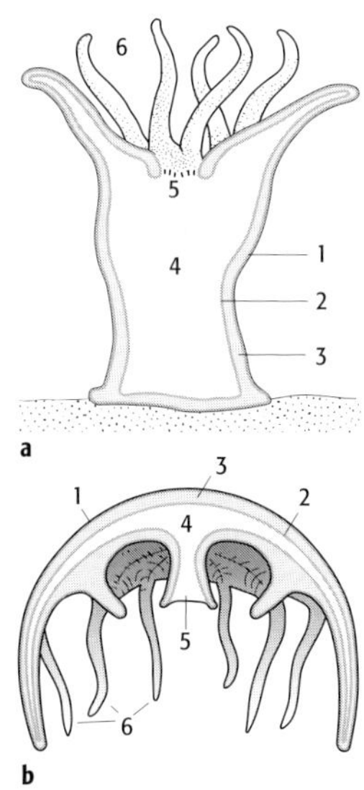

1 = Ektoderm 2 = Endoderm
3 = Mesogloea 4 = Coelenteron
5 = Mundöffnung 6 = Tentakel

Cnidaria: vereinfachte Darstellung der Morphologie und Orientierung von Polyp (a) und Meduse (b).

über folgende Beziehung berechnet werden: tan $p = 2/\tan I$.

Coccolithophorales, einzellige, zweigeißlige oder geißellose, kugelige, meist unter 20 μm große, photoautotrophe ↗Haptophyta. Das Haptonema ist kurz oder fehlt. Die Algenzelle wird außen von 0,5–15 μm großen, sich überlappenden Schuppen bedeckt. Das sind runde, elliptische oder polygonale Doppelplatten mit rhombischer Symmetrie, von denen die innere Platte aus radiären und die äußere aus konzentrisch angeordneten Zellulose-Mikrofibrillen besteht. Die Ausbildung der konzentrischen Fibrillen kann auf einen peripheren Ring, eine randliche Wand und zusätzlich ein Zentralkreuz oder einen Zentralfortsatz beschränkt sein. Diese Zellulosedoppelschuppe wird durch Calcitablagerung zum fossilisationsfähigen Coccolithen. Die sich überlappenden Kalkschuppen bilden um die Zelle herum eine geschlossene externe Hülle (Coccosphäre, Plakoderma). Bei der außerordentlich großen, artspezifischen Formenmannigfaltigkeit der Coccolithen können zwei Grundbautypen unterschieden werden. Die Heterococcolithen aus unterschiedlich großen und verschiedengestaltigen Kristallen mit ungleicher Orientierung sind bei weitem häufiger als die Holococcolithen, die aus gleich orientierten, kleinen Kristallen gleichen Habitus bestehen. Die i.d.R autotrophen Coccolithophorales leben, von wenigen Süßwasser-Arten abgesehen, ganz überwiegend offenmarin als Nannoplankton in der euphotischen Zone. Zusammen mit den ↗Bacillariophaceae und ↗Dinophyta bilden sie heute das Gros des Phytoplanktons und des ersten Gliedes der marinen Nahrungskette. Rezent sind im Lebenszyklus aber auch sessile Stadien und heterotrophe Ernährung bekannt. Die deutliche artspezifische Abhängigkeit von der Temperatur bedingt die biogeographische Verbreitung von Taxa in breitenkreisparallelen Zonen. Maximale Artendiversität erreichen die Coccolithophorales in tropischen und subtropischen Meeren, größere Individuendichten jedoch in höheren Breiten. Die Coccolithophorales gehören zu den wichtigsten Kalkbildern, aber ein großer Teil der Produktion der fragilen Calcitschüppchen wird bereits beim Absinken durch die Wassersäule oder nach der Sedimentation diagenetisch gelöst, es sei denn sie sind z.B. durch den Einschluß in Mikrokoprolithen oder durch Carbonatüberschuß im Diageneseporenwasser vor solcher Auflösung geschützt. In rezenten Coccolithenschlämmen unter Zonen maximaler Coccolithophorales-Produktion bilden Coccolithen bis 25% des Sediments. Seit dem Lias können Coccolithen so in pelagischen Sedimenten gesteinsbildend auftreten (Schreibkreide bis 72% des Gesteins). Ihr Beitrag zur biogenen Carbonatsedimentation muß darüber hinaus jedoch noch weit höher eingeschätzt werden, wenn man die einzelnen isometrischen Calcitrhomboeder von z.T. nur 0,1 μm Größe aus zerfallenen Coccolithen berücksichtigt, die sich jedoch lichtmikroskopischer Beobachtung und taxonomischer Zuordnung entziehen (Nannomikrit). Aus Karbon, Perm und Trias wurden sehr selten den Coccolithen ähnliche Fossilien beschrieben, aber deren taxonomische Verwandtschaft mit den Coccolithophorales ist umstritten. Die ältesten sicheren Nachweise stammen aus der obersten Trias. Seitdem wurden Coccolithen zunehmend häufig. Sie erreichten maximale Artendiversität in der Oberkreide und im ↗Tertiär, wo ihr Formenschatz zu einer sehr detaillierten biostratigraphischen Zonierung genutzt wird. [RB]

Cochiti-Event, kurzer Zeitabschnitt normaler Polarität von 4,18–4,29 Mio. Jahren im inversen ↗Gilbert-Chron.

cockpit, Hohlform des tropischen ↗Kegelkarstes, die in ihrer Gestalt einer ↗Doline ähnelt. Als cockpits werden die durch ↗Korrosion entstandenen Einsenkungen zwischen den Karstkegeln bezeichnet. Sie haben einen unterirdischen Abfluß und oft einen sternförmigen Grundriß mit nach innen gewölbten Begrenzungslinien. Der Cockpitboden ist häufig von tonigen Lösungsrückständen erfüllt. In diese können sich Abflußrinnen eingetieft haben, die zu Schlucklöchern führen oder es entstehen kleine Seen. Die Bezeichnung stammt aus Jamaika, wo sie von ihrer ursprünglichen Bedeutung als Grube für Hahnenkämpfe übertragen wurde.

COCORP, *<u>Co</u>nsortium for <u>C</u>ontinental <u>R</u>eflection <u>P</u>rofiling*, amerikanisches Forschungsprogramm zur Erkundung der tieferen Erdkruste und des oberen Erdmantels mit reflexionsseismischen Methoden.

Cogeoid, *compensated geoid*, Äquipotentialfläche des Schwerefeldes der Erde, die nach der gedanklich vorgenommenen Verschiebung der topographischen Massen in den Raum unterhalb des ↗Geoids den Potentialwert W_0 des Geoids besitzt (↗Stokes-Problem, ↗Schwerereduktion). Der Abstand zwischen Geoid und Cogeoid wird ↗indirekter Effekt genannt. Streng genommen müßten im Rahmen des Stokes-Problems die auf das Geoid bezogenen ↗Schwereanomalien Δg mittels der Bowie-Reduktion auf das Cogeoid reduziert werden; da der für die Berechnung des indirekten Effekts erforderliche Aufwand recht groß ist, wird die Bowie-Reduktion selten angewandt.

cold content ↗Frostgehalt.

Cold-Seal-Apparatus, *Tuttle-Apparatus*, englischer Ausdruck für eine ↗Hydrothermal-Apparatur mit außerhalb des Heizofens liegendem Verschluß.

Cole-Cole-Gleichung ↗Cole-Cole-Modell.

Cole-Cole-Modell, von Cole und Cole (1941) entwickelte Modellvorstellung, die den Effekt der ↗induzierten Polarisation durch eine Parallelschaltung eines Ohmschen Gleichstromwiderstands R_0 mit einer Reihenschaltung eines weiteren Ohmschen Widerstands R_1 und eines Kondensators C erklärt (Abb.). $R_1 + Z(\omega)$ beschreibt einen verlustbehafteten komplexen Wechselstromwiderstand (↗Impedanz) mit:

$$Z(\omega) = \left(\frac{1}{i\omega C}\right)^c .$$

Die Konstante c liegt zwischen 0 und 0,5. Für $c = 0{,}5$ wird $Z(\omega)$ als *Warburg-Impedanz* bezeichnet, der Fall $c = 1$ entspricht einer Kondensatorentladung. Der Gesamtwiderstand $R_G(\omega)$ ergibt sich aus:

$$\frac{1}{R_G(\omega)} = \frac{1}{R_0} + \frac{1}{R_1 + Z(\omega)} \ .$$

Mit den Cole-Cole-Parametern (wozu man auch noch c zählt)

$$m = \frac{R_0}{R_0 + R_1}$$

und

$$\tau = C\left(\frac{R_0}{m}\right)^{\frac{1}{c}}$$

(m = Aufladbarkeit oder Polarisierbarkeit, wobei 0 ″ m ″ 10, τ = Zeitkonstante der Relaxation), gelangt man zur *Cole-Cole-Gleichung*:

$$R_G(\omega) = R_0\left\{1 - m\left[1 - \frac{1}{1+\left(i\omega\tau\right)^c}\right]\right\} \ .$$

[HBr]

Cole-Cole-Plot, Darstellung der Frequenzabhängigkeit von Real- und Imaginärteil einer Impedanz oder Permittivität in der komplexen Zahlenebene.

Collembola, *Springschwänze*, wichtige, zur ↗Mesofauna gehörende Bodentiere. Sie sind ↗Bodenkriecher, gehören zu den Insekten (Urinsekten), sind flügellos, 0,3–5 mm lang, zarthäutig und haben eine (bisweilen reduzierte) Sprunggabel. Collembolen weisen typische, morphologische Anpassungen an das Leben in bestimmten Bodentiefen auf (↗Epidaphon, ↗Hemiedaphon, ↗Eu-Edaphon) (Abb.). Es lassen sich verschiedene Ernährungstypen unterscheiden; die meisten sind jedoch Kauer und leben von Pilzhyphen, Pilzsporen und Blättern in einem bestimmten Abbaustadium. Collembolen katalysieren die mikrobielle Aktivität durch die Verbreitung der Mikroorganismen, die Verbesserung ihrer Lebens- und Angriffsbedingungen und die Steuerung der mikrobiellen Dominanzverhältnisse durch selektiven Fraß. Collembolen sind wichtige Sekundärzersetzer (↗Primärzersetzer).

Collinit ↗Vitrinit.

Cololith [von griech. colon = Enddarm und lithos = Stein], innerhalb des Darmes zusammen mit ihrem Erzeuger kurz vor der Abgabe fossilisierte Exkremente.

Color-Infrarot-Film, *CIR-Film*, *Colour-Infrared-Film*, photographischer Film zur Aufnahme von Farbbildern unter Einbeziehung infraroter Strahlung. Der Color-Infrarot-Film besteht aus drei für die Grundfarben Grün und Rot sowie für nahes Infrarot sensibilisierten ↗photographischen Schichten. Zur besseren Visualisierung des Infrarotanteils wird die Strahlung in diesem Wellenlängenbereich rot, rotes Licht grün und grünes Licht blau wiedergegeben. Der Color-Infrarot-Farbfilm wird u.a. als ↗photogrammetrisches Aufnahmematerial für die Luftbildinterpretation eingesetzt. Aufgrund starker unterschiedlicher ↗Albedo im panchromatischen und nahen Infrarotbereich des elektromagnetischen Spektrums wird auf *Color-Infrarot-Luftbildern* speziell die Vegetation durch unterschiedliche rote Farbtöne differenziert wiedergegeben. (Abb. im Farbtafelteil).

Color-Infrarot-Luftbild, *CIR-Luftbild*, *Colour-Infrared-Luftbild*, ↗Color-Infrarot-Film.

common depth point, *CDP*, das ideale Ziel, seismische Spuren so zu kombinieren, daß alle Reflexionen von einem bestimmten Horizont gemeinsam bearbeitet werden, die denselben Reflexionspunkt (common reflection point) haben kann schon bei geneigten ebenen Schichten nicht erreicht werden, da die Neigung der Schichten und damit die Lage der Reflexionspunkte vor der Messung nicht bekannt sind. Eine bessere und einfacher zu realisierende Näherung an das Ziel bietet die ↗Common-Midpoint-Methode.

Common-Midpoint–Methode, *CMP*, Standardmethode der Mehrfachüberdeckung in der ↗Reflexionsseismik. Praktisch zu realisierende Näherung für das Prinzip des ↗common depth point. Sind die reflektierenden Grenzflächen eben und nahezu horizontal, so liegt der Reflexionspunkt (in beliebiger Tiefe) in der Mitte zwischen Quelle und Empfänger. Zur Abtastung des Untergrunds mit einem Raster von Reflexionspunkten muß ein entsprechendes Raster von Schuß- und Geophonpunkten erstellt werden. Bei der Messung auf einem Profil wird jeder Schuß von einer Anzahl gleichabständiger Geophone registriert und an jedem Geophonpunkt wird eine Anzahl gleichabständiger Schüsse beobachtet (Schuß- und Geophonabstände sind nicht notwendigerweise gleich). Aus diesem Datenvolumen wird für jede CMP ein Ensemble seismischer Spuren mit demselben Mittelpunkt zwischen Quelle und Empfänger zusammengefaßt und in weiteren Schritten bearbeitet. Die Anzahl der Spuren im CMP-Ensemble nennt man Überdeckungsgrad. Die Reflexionspunkte auf einem geneigten Horizont fallen für die CMP-Spuren nicht zusammen. Hier wird ↗dip moveout processing eingesetzt, bevor die Spuren in der CMP-Stapelung (↗Stapelung) summiert werden. Diese Methode wurde zuerst von Mayne (1962) beschrieben. [KM]

Compactonit-Pellets, (Handelsname), Tongranulat (Pellets) zum Abdichten und Verfüllen von Bohrungen. Compactonit-Pellets werden in das Bohrloch oder den ↗Ringraum eines Brunnens gefüllt und bilden im Beisein von Wasser eine plastische, nahezu wasserundurchlässige Masse. Abhängig von den enthaltenen Tonmineralen erfolgt eine mehr oder weniger starke Quellung, welche die Dichtungswirkung erhöht. Die Granulatform erlaubt ein sicheres Absinken des Compactonits auch unter Wasser.

Composite-Log, Darstellung mehrerer bohrlochgeophysikalischer Meßergebnisse in einer teufenkorrigierten Übersicht.

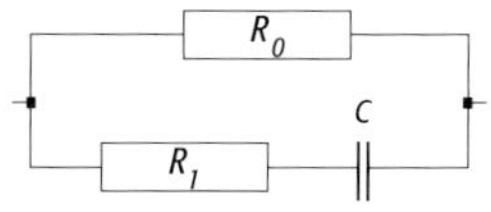

Cole-Cole-Modell: Ersatzschaltbild des Cole-Cole-Modells (R_0 = Gleichstromwiderstand, R_1 = Ohmscher Widerstand, C = Kondensator).

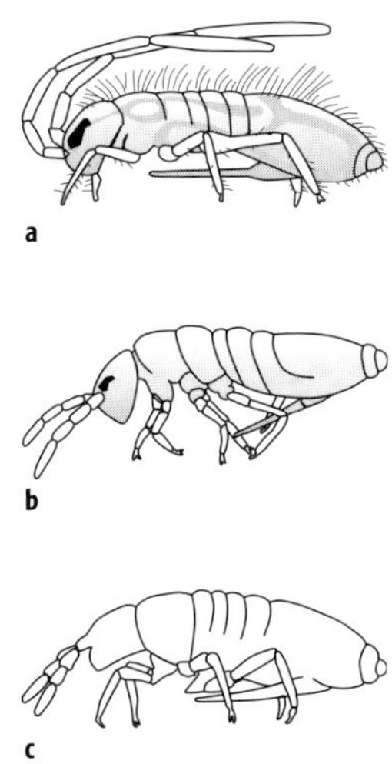

Collembola: Seitenansicht von Springschwänzen aus der Familie Entomobryidae: a) edaphisch lebende Art (*Entomobrya muscorum*; 3,5 mm groß), b) hemiedaphisch lebende Art (*Lepidocyrtus langinosus*; 1,7 mm groß), c) euedaphisch lebende Art (*Cyphoderus albinus*; 1,0 mm groß).

Computeranimation: Prozeß der Herstellung einer Computeranimation.

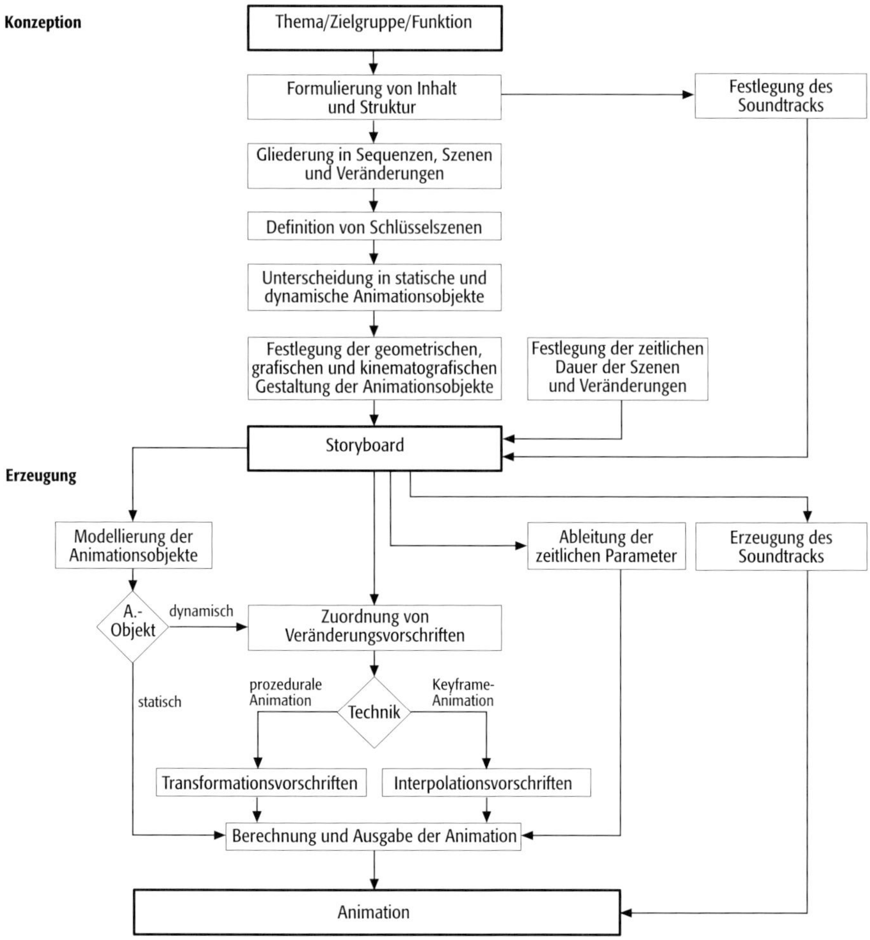

Compton-Effekt, Frequenzänderung bei der Streuung von elektromagnetischer Strahlung (Photonen) an freien oder schwach gebundenen Elektronen (Compton-Streuung), benannt nach dem amerik. Physiker H. Compton (1892–1962). Das Photon verändert dabei seine Richtung (Streuwinkel), übergibt dem Elektron einen Teil seiner Energie und vergrößert entsprechend seine Wellenlänge.

Computed-Gamma-Ray-Log, *CGR*, bohrlochgeophysikalische Aufzeichnung der Radioaktivität der durchteuften Formation, reduziert um den Strahlungsanteil von Uran.

Computer Aided Design, *CAD*, rechnergestütztes Konstruieren bzw. Entwerfen. Dazu stehen Konstruktionsprogramme zur Verfügung, die das Erfassen der Daten am Bildschirm oder einem Digitalisiertablett erlauben. Es werden verschiedene Koordinatensysteme unterstützt, die Zeichnung wird koordinatenmäßig beschrieben und kann bemaßt werden, die Objekte können in Ebenen abgelegt werden. Zwei- und dreidimensionale Objekte werden unterstützt und können aus verschiedenen Sehwinkeln betrachtet werden. Drahtmodelle bilden die Grundlage dieser Operationen. Zur graphischen Gestaltung stehen u. a. Farben, Linientypen und verschiedene Schriftarten zur Verfügung. Für eine ↗Kartenbearbeitung sind CAD-Programme selten geeignet, da die Symbolisierung der Karte nicht flexibel genug unterstützt wird. In der Kartographie werden CAD-Programme allerdings zur ↗Digitalisierung von Karten eingesetzt. Dann werden die erhaltenen Daten in einem Austauschformat (↗Datenkonvertierung) abgelegt und zur Weiterverarbeitung in ein ↗Geoinformationssystem, ↗desktop mapping oder ↗desktop publishing übernommen. [IW]

Computeranimation, ist eine vollständig am Computer generierte ↗Animation. Dabei werden sowohl die einzelnen Bilder als auch die gesamte Animationssequenz am Computer erzeugt. Computeranimationen können im Gegensatz zum traditionellen Trickfilm vom Nutzer interaktiv manipuliert werden. Computeranimationen werden aus verschiedenen *Animationsobjekten* aufgebaut: den Graphikobjekten, der Kamera und der Lichtquelle. Die Graphikobjekte sind die Träger der Information. Die Kamera legt den Betrachtungsstandpunkt und Betrachtungswinkel fest, die Lichtquelle gibt den Graphikobjekten ein photorealistisches Aussehen. Die Animationsobjekte sind durch Merkmale (Parameter) beschrieben, die sich in der Animation verändern (z. B. Form oder Farbe eines Graphikobjektes, Standpunkt der Kamera, Helligkeit der Lichtquelle). Eine Computeranimation wird in mehreren aufeinander aufbauenden Arbeitsschritten, dem *Animationsprozeß*, erzeugt. Der Animationsprozeß ist in zwei Teilprozesse gegliedert (Abb.): die Konzeption und die Erzeugung. In der Konzeption werden die grundlegenden thematischen und gestalterischen Zielrichtungen der Animation festgelegt. Sie werden in einem sogenannten Storyboard beschrieben. Grundlage für die Erstellung eines Konzeptes ist die Formulierung eines Themas und die Festlegung der Funktion und Zielgruppe. Die Erzeugung einer Animation umfaßt die Modellierung der Animationsobjekte und die Berechnung der Animation mittels geeigneter ↗Animationstechniken. Für die Erzeugung einer Computeranimation steht spezielle ↗Animationssoftware zur Verfügung. Computeranimationen werden u. a. in der ↗kartographischen Animation und ↗wissenschaftlichen Visualisierung eingesetzt. [DD]

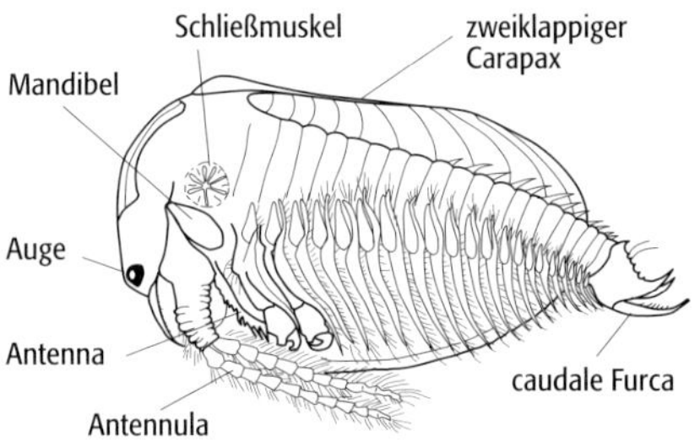

Conchostraca 1: Conchostrak mit Weichkörper.

Conchostraca, sog. Muschelschaler, deren Körper aus vielen Segmenten besteht und bis zu 32 Paar Blattbeine trägt. Rumpf und meist auch der Kopf sind von den Schalenklappen eingeschlossen (Abb. 1). Das Gehäuse (Carapax) ist i. d. R. dorsal nicht getrennt. Die Schale ist retentiert, d. h. sie wird bei den einzelnen Häutungen nicht abgeworfen, so daß typische konzentrische Anwachsstreifen entstehen (Abb. 2). Die Gruppe tritt seit der Wende Silur/Devon auf und kommt sowohl im Süß- als auch im Brackwasser vor. Besondere fossile Bedeutung haben die Cyzicidae (*Estherien*), die im Keuper die sog. Estherien-Lager und Estherien-Schichten bilden.

conformity ↗Sequenzstratigraphie.

Coniac, *Coniacium*, international verwendete stratigraphische Bezeichnung für eine Stufe der Oberkreide, benannt nach der Stadt Coniac (Westfrankreich). ↗Kreide, ↗geologische Zeitskala.

Coniferophytina, gabel- und nadelblättrige Nacktsamer, Unterabteilung der ↗Spermatophyta mit den beiden, im Bau der Blüte unterschiedenen Klassen ↗Ginkgoopsida und ↗Pinopsida, die seit dem Oberdevon bekannt ist und sich aus ↗Progymnospermen parallel zu den ↗Cycadophytina entwickelte. Die Coniferophytina sind gymnosperme Samenpflanzen mit Tracheidenholz; Tracheen fehlen. Die ↗Sproßachse ist i. d. R. stark verzweigt. Die Trophophylle haben einen dichotomen Bautyp, sind bandförmig verbreitert oder zu Nadeln und Schuppen reduziert. Die meisten Coniferophytina sind einhäusig (monözisch). Die eingeschlechtlichen ↗Blüten sind sehr einfach aus Staubblättern mit jeweils nur einer Pollensackgruppe bzw. aus Fruchtblättern mit jeweils nur einer einzigen nackten Samenanlage gebaut. Oft werden zwar zusätzliche sterile Schuppenblätter ausgebildet, aber keine Blütenhülle. Die ↗Pollen haben in aller Regel eine distale Keimfurche (Sulcus) und werden durch den Wind verbreitet. Die trockenen oder saftigen ↗Samen stehen oft in zapfenartigen, verholzten oder fleischigen Ständen. Die Coniferophytina lösten zu Beginn des ↗Mesophytikums die ↗Pteridophyta als dominierende Landpflanzengruppe ab und prägten die Vegetation bis zur Entfaltung der ↗Angiospermophytina im ↗Neophytikum. Heute haben sie mit ca. 550 Arten v. a. als Waldbäume weltweite Verbreitung und Bedeutung. [RB]

coning, kegelförmige Form einer ↗Abgasfahne bei neutraler bis leicht stabiler thermischer Schichtung.

Conodonten [griech. für »Kegelzahn«], eine der wichtigsten Gruppen von ↗Mikrofossilien. Sie erreichten seit ihrer Erstbeschreibung durch Pander im Jahre 1856 erhebliche Bedeutung für die ↗Biostratigraphie im Paläo- und Mesozoikum. Die zahnähnlichen, kegel-, kamm- und schuppenförmigen Gebilde bestehen im wesentlichen aus Calciumphosphat (Apatit). Ihre Verbreitungszeit reicht vom Kambrium bis in die Trias. Die Conodonten wurden bereits von ihrem Entdecker als reliktische Hartteile eines fischähnlichen Wirbeltieres angesprochen. Da jedoch ein Nachweis des Tieres bis in jüngere Zeit nicht gelang, etablierte sich der Terminus Conodonten für die häufig erhaltenen Einzelelemente. Entsprechend entwickelte sich in systematischer Hinsicht eine ausgeprägte Elemente-(Para-)Taxonomie. Diese wurde auch weitgehend beibehalten, als im Laufe der Zeit mehr und mehr Funde von Conodontengruppen auf Gesteins-Schichtflächen die Existenz eines aus verschiedenen Elementen zusammengesetzten Apparates vermuten ließen. Erst mit der Entdeckung des Conodonten-Tieres im Jahre 1983 erfuhren funktionsmorphologische Fragestellungen und damit auch die Apparate-Taxonomie einen deutlichen Aufschwung. Der Schwerpunkt der Conodonten-Forschung verschiebt sich seither zusehends von der ↗Stratigraphie zu Fragestellungen der teilweise noch ungeklärten Conodonten-Biologie. Der Fund des ersten Conodontentieres aus dem Unterkarbon von Schottland zeigt ein bilateral-symmetrisches, segmentiertes und mit strahligen Flossen versehenes Tier mit deutlicher Affinität zu frühen, primitiven Wirbeltieren (Euchordata). Der Conodonten-Apparat befindet sich nahe der vorderen Körperöffnung und ist

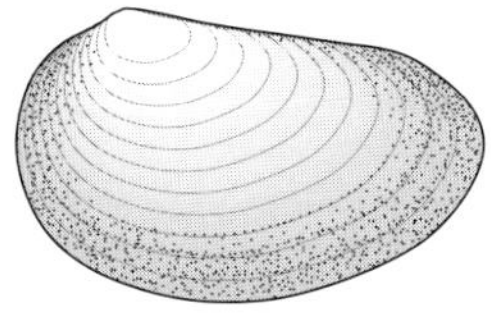

Conchostraca 2: Conchostrakengehäuse mit retentierter Schale, Ansicht von links.

damit unschwer als Organ zur Nahrungsaufnahme zu erkennen. Auch weitere Funde von Conodontentieren lassen allerdings Funktion und Ausbildung der übrigen Organe weitgehend offen. Die derzeitige systematische Einordnung des Conodontentieres als Vorläufer der fossilen, gepanzerten Agnathen und der Neunaugen ist daher nicht als endgültig zu betrachten. Im Gegensatz zu den nach wie vor spärlichen Daten zur Systematik des Conodonten-Tieres sind Bau und Funktion der Conodonten-Elemente sehr gut untersucht. Die zeitliche Entwicklung der Conodonten zeigt, daß schon im Laufe des Kambriums neben primitiven, kegelförmigen Protoconodonten auch die später dominanten Euconodonten auftreten, die sich durch eine allseitige Mineralisierung des Apatits an der Außenseite des Conodonten auszeichnen. Resultat ist ein im Querschnitt lamellenartiger Aufbau der Elemente, der die einzelnen Anwachsphasen gut nachvollziehbar macht. Bei komplexeren Euconodonten läßt sich neben der eigentlichen »Krone« ein weniger dicht mineralisierter Basalkörper unterscheiden, der deutlich mehr organische Substanz enthält. In morphologischer Hinsicht sind vier Grundtypen von Conodonten-Elementen zu unterscheiden, die im Rahmen der Apparate-Taxonomie zahlreiche Abwandlungen erfahren: coniforme Typen in Gestalt einfacher Kegel, ramiforme (astförmige) Typen, kammförmige Typen und die stratigraphisch wichtigen Plattform-Typen. Die derzeitigen Rekonstruktionen zum Zusammenwirken der einzelnen Elemente innerhalb des Conodonten-Apparates lassen noch viele Fragen offen. Für viele Apparate sind Anzahl und Zahlenverhältnis der einzelnen Elemente noch unbekannt. Übereinstimmend geht man davon aus, daß eine je nach Apparat variierende Zahl von ramiformen Elementen eine korbförmige, nahe der Mundöffnung gelegene Struktur bildet. Die Funktion entspricht vermutlich einem Sieb, das grobes Material ausfiltert und nur verdauliche Partikel in den Schlund läßt. Diese werden von den Plattform-Elementen weiter zerrieben und zerkleinert. Dem widerspricht jedoch das allseitige Anwachsen von Apatit an allen Elementen, was eine zumindest temporäre komplette Ummantelung mit lebendem Gewebe voraussetzt. Diskutiert wird daher ein Mechanismus zum Ausklappen der Zahnapparate, analog etwa den ausfahrbaren Giftzähnen von Schlangen, die nach Gebrauch wieder im Gewebe versinken. Bestimmend für die große Bedeutung, die den Conodonten als Mikrofossilgruppe zukommt, ist ihr herausragender Leitwert für die ↗Biostratigraphie in weiten Teilen des Paläozoikums und Mesozoikums. Maßgeblich sind hierfür überwiegend die Plattformtypen, wogegen sich Ast- und Kammtypen i. d. R. als phylogenetisch zu langlebig erweisen. Die Diversität der Conodonten nimmt vom Kambrium bis ins Oberdevon tendenziell zu. Erst im höheren Unterkarbon kommt es zu einem dauerhaften dramatischen Einbruch. Im Laufe der Trias wird erneut ein Maximum erreicht. Die Conodonten erfüllen weitgehend die Ansprüche an klassische Leitfossilien. Durch Säureaufschluß i. d. R. leicht gewinnbar, liefern meist auch kleinere Probenmengen repräsentative Faunen. Die Evolutionsrate der einzelnen Arten ist vielfach enorm. Exemplarisch zeigt dies die unerreicht feine Zonierung des Oberdevons in insgesamt 33 Conodonten-Zonen. Die Phylogenie der maßgeblichen Gattungen ist dabei sehr detailliert geklärt, so daß keine Lücken in der Entwicklung zu erwarten sind. Eine Faziesabhängigkeit ist bei den Conodonten nur im Ordovizium sehr ausgeprägt. Hier lassen sich mehrere Faunenprovinzen unterscheiden, deren Korrelation einige Probleme aufwirft. Generell mindert die Faziesabhängigkeit zahlreicher Conodonten-Gattungen den biostratigraphischen Wert nur in küstennahen Faziesbereichen. Dagegen bietet die Unterscheidung von Flachwasser- und Tiefwasserformen zahlreiche Ansätze zur biofaziellen und paläoökologischen Gliederung von Sedimentationsräumen. Eine weitere Anwendung der Conodonten über die reine ↗Biostratigraphie hinaus eröffnet sich über den Conodont-Alterations-Index (CAI), einer Methode zur Abschätzung von Aufheizungstemperaturen von Sedimenten. Grundlage ist die Veränderung der Conodontenfarbe mit steigender Temperatur des einbettenden Gesteines. Die ursprünglich cremefarbenen Elemente verfärben sich über braun nach schwarz (ca. 300 °C), um bei noch höheren Temperaturen zunächst grau auszubleichen. Bei Temperaturen über etwa 700 °C ist der Conodont rein weiß und vielfach durchsichtig. Eingefügt in eine numerische Skala (CAI 1 bis 7), die als Vergleichsmaßstab für Aufheizung verwendet werden kann, ermöglicht dieses Phänomen die Abschätzung von Versenkungstiefen und Aussagen über die Intensität von Metamorphoseprozessen. [HT]

Conrad-Diskontinuität, Grenze zwischen der mittleren und der unteren Erdkruste (↗kontinentale Erdkruste).

conservation tillage, *konservierende Bodenbearbeitung*, kommt aus Nordamerika und Kanada, beinhaltet dort einen Komplex von nichtwendenden Bodenbearbeitungsmaßnahmen, d. h. Bodenbearbeitung ohne Pflug. Die amerikanische Definition versteht unter conservation tillage jedes Verfahren, das mehr als 30 % Bedekkung der Bodenoberfläche mit Pflanzenrückständen nach der Bestellung realisiert. Man unterscheidet im Gegensatz dazu: a) reduced tillage (= reduzierte Bodenbearbeitung) mit 15 bis 30 % Bodenbedeckung durch Rückstände oder b) conventional tillage (= konventionelle Bodenbearbeitung) mit weniger als 15 % Bedekkung der Bodenoberfläche nach der Bestellung mit dem Pflug. Verfahren der conservation tillage sind: a) no till oder zero till (Direktsaat), b) ridge till (reihenweise Saatbettbereitung, Aussaat und Rekonstruktion der vollständigen Bodenbedeckung nach der Bestellung) und c) mulch till (Mulchsaat). Vorteile konservierender Bodenbearbeitung sind optimaler Schutz vor Bodenabtrag durch Oberflächenabfluß (Wassererosion) oder Wind (Winderosion), sauberer Oberflächenabfluß, höherer Bodenfeuchtegehalt und schnellere Wasserinfiltration, Kosten- und Zeiteinsparung durch Reduzierung von Arbeitsgängen, Reduzierung der CO_2-Freisetzung und der Luftverschmutzung. Conservation tillage systems sind zuverlässig auf humusreichen, gut erwärmbaren Böden mit stabilem Gefüge, verlangen allerdings besondere Systemkenntnisse, spezielle Bestellmaschinen und Spezialherbizide. Sie sind schwieriger zu realisieren als reduced tillage und funktionieren bisher nicht auf allen Standorten zuverlässig (Unkrautdruck, Schädlingsdruck). [MFr]

Continental-Flood-Basalt, *CFB*, *Flutbasalt*, *Continental-Plateau-Basalt*, *Plateaubasalt*, *Trapp*, ein Basalt, der an ausgedehnten Flächenergüssen innerhalb kontinentaler Erdkruste entstanden ist. Die Eruption der Continental-Flood-Basalt-Laven vollzieht sich mehr an Spalten als an einzelnen Vulkanschloten. Es sind sowohl ↗Alkalibasalte als auch Tholeiite vertreten. Die Continental-Flood-Basalte werden den Intraplattenbasalten (↗Within-Plate-Basalt) zugeordnet und zeichnen sich durch relativ hohe Gehalte an inkompatiblen Elementen aus. Die Magmenquelle wird zumindest teilweise im nicht-verarmten (primitiven) oder metasomatisch angereicherten Mantel vermutet. Krustale Kontamination scheint für die Zusammensetzung der Magmen ebenfalls eine Rolle zu spielen. Die Continental-Flood-Basalt-Areale können eine erhebliche Ausdehnung sowie eine enorme Mächtigkeit durch Aufeinanderlagerung zahlreicher Lavaergüsse erreichen. [AL]

contour ploughing, *Konturpflügen*, höhenlinienparallele Bodenbearbeitung mit dem Pflug, die für Standorte mit bewegtem Relief wenig geeignet ist. In Gebirgsgegenden wird sie häufiger mit dem Wendepflug praktiziert. Sie ist nicht so wirksam wie ↗conservation tillage.

Coquina ↗*Lumachelle*.

Coralligène, von inkrustierenden Corallinaceen (Rotalgen) dominierte, verbreitete ↗Fazies im Mittelmeer, welche auf Hartsubstraten ausgedehnte Biokonstruktionen bildet. Man unterscheidet die im Intertidal an Felsküsten gebildete, oligospezifische »Coralligène de trottoir« und die in Wassertiefen zwischen 20 und 160 m gebildete »Coralligène de plateau«. In letzterer bilden Folios, verzweigt krustenartig und rhodolithisch wachsende Corallinaceen auf Festgesteins-Ausstrichen, aber auch auf Rhodolith-Pflastern bis mehrere Meter hohe, hohlraumreiche Strukturen. Neben einer hochdiversen epibenthonischen und endolithischen Fauna treten Bryozoen, Serpuliden und Schwämme lokal als sekundäre Riffbildner auf. Eine vergleichbare Fazies findet sich abschnittsweise auch an atlantischen Küsten. Die Coralligène-Fazies wird als rezentes Analogon für tertiäre Rotalgen-Kalke betrachtet.

Cordierit, *Dichroit*, *Iollit*, *Jollit*, *Kordierit*, *Luchssapphir*, *Luchsstein*, *Magnesium-Cordierit*, *Peliom*, *Polychroit*, *Steinheilit*, *Wassersapphir*, nach dem franz. Mineralogen P. L. Cordier benanntes Mineral; $Mg_2Al_3[AlSi_5O_{18}]$; rhombisch-dipyramidale (pseudohexagonal) Kristallform. Farbe: frisch: bläulich, violett-, bräunlich- bis tiefblau, grau, bräunlich-grün oder gelblich; zersetzt: matt graugrün, bräunlich-grau oder rot (durch Fe); fettiger Glasglanz; Strich: weiß; Härte nach Mohs: 7–7,5 (spröd); Dichte: 2,55–2,57 g/cm^3; Spaltbarkeit: wenig deutlich nach (*100*); Bruch: muschelig; Aggregate: derb, körnig, wenn frisch auch quarzähnlich, ferner als Geröll; Kristalle eingewachsen; vor dem Lötrohr nur an den Kanten abrundbar; durch Säuren kaum angreifbar; Vorkommen: nahe der Erdoberfläche im Gebiet der Kontaktmetamorphose in Gneisen und Pegmatiten bzw. im Bereich der Regionalmetamorphose oder in intermediären bis sauren Magmatiten und als Porphyroblasten in Knoten- bzw. in Fruchtschiefern; wichtiger Rohstoff für die Cordieritkeramik. [GST]

Cordieritgneis, mafitreiches Gestein der Granulitfazies mit ↗Cordierit.

Cordonazo ↗tropische Zyklonen.

Corioliskraft, Kraft, die auf sich bewegende Körper auf der rotierenden Erde wirkt. Auf der Nordhemisphäre werden horizontale Bewegungen nach rechts und auf der Südhemisphäre nach links abgelenkt. Da die Corioliskraft selbst keine Bewegung erzeugt sondern eine vorhandene Bewegung lediglich umlenkt, wird sie auch als Scheinkraft bezeichnet. Sie wurde erstmals 1835 von dem französischen Ingenieur G. G. Coriolis beschrieben. Die Corioliskraft wird hervorgerufen durch die Tatsache, daß Bewegungen auf der Erde nicht in einem Inertialsystem stattfinden, sondern die Erde ein rotierendes System darstellt. Am einfachsten läßt sich die Corioliskraft für horizontale Bewegungen an den Polen verdeutlichen. Die gradlinige Bewegung eines Teilchens wird im Koordinatensystem der Erde durch die darunter rotierende Erde scheinbar abgelenkt (Abb.). Je größer die Geschwindigkeit des Teilchen senkrecht zur Drehachse der Erde, desto größer ist demzufolge auch die Ablenkung in einer festen Zeiteinheit und damit die Corioliskraft. Außer am Äquator hat jede Horizontalbewegung im Koordinatensystem der Erde eine Komponente senkrecht zu ihrer Drehachse. Mit Ausnahme von den Polen gilt dies auch für jede Vertikalbewegung, auf die entsprechend der obigen Überlegung ebenfalls die Corioliskraft wirkt. Mathematisch ausgedrückt beeinflußt sie die Bewegung eines Teilchens wie folgt:

$$\frac{d\vec{v}}{dt} = 2 \cdot \vec{\Omega} \times \vec{v}$$

$\vec{v}$ = Strömungvektor in alle drei Raumrichtungen, t = Zeit und $\vec{\Omega}$ = Winkelgeschwindigkeitsvektor der Erde mit Richtung der Drehachse. Allerdings ist aus ozeanographischer Sicht zumeist nur die auf die Horizontalbewegungen wirkende Komponente der Corioliskraft relevant. Für die West-Ost- bzw. Süd-Nord-Komponente der Bewegungsgleichungen erhalten die Beschleunigungen durch die Corioliskraft dann folgende Form:

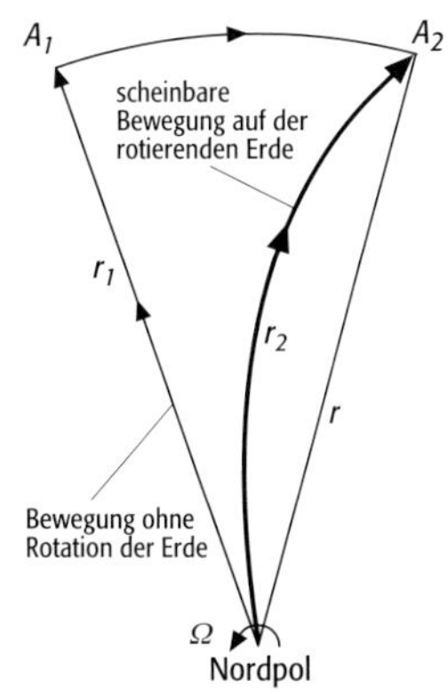

Corioliskraft: scheinbare Ablenkung der geradlinigen Bewegung eines Teilchens relativ zur darunter rotierenden Erde (Draufsicht auf den Nordpol). Ω = Winkelgeschwindigkeit der Erde; A_1, A_2 = Endposition eines sich vom Nordpol entfernenden Teilchens ohne/mit Erdrotation (betrachtet aus einem mit der Erde verbundenen Koordinatensystem); r_1, r_2 = zurückgelegte Strecke des Teilchens ohne/mit Erdrotation. Kreisbogen der A_1 und A_2 verbindet = Ablenkung des Teilchens verursacht durch die Erdrotation (betrachtet aus einem mit der Erde rotierenden Koordinatensystem).

$$\frac{du}{dt} = f \cdot v$$

bzw.

$$\frac{dv}{dt} = -f \cdot u \, .$$

Hierbei sind *u*, *v* die Geschwindigkeitskomponenten in West-Ost- bzw. Süd-Nord-Richtung und *f* ist der ↗Coriolisparameter.

Coriolisparameter, Parameter *f*, der die Stärke der ↗Corioliskraft beschreibt. Er ist definiert als: $f = 2\Omega \cdot \sin\varphi$, wobei Ω die Winkelgeschwindigkeit der Erde und φ die geographische Breite angibt.

corner reflectance ↗*Rückstrahl-Effekt.*

coronal mass ejections ↗*CME.*

Coronelli, *Vincenzo*, italienischer Theologe, Historiker, Kosmograph, Kartograph und Globenhersteller, * 16.8.1650 in Venedig, † 9.12.1718 in Venedig. Mit 15 Jahren trat er als Novize in Venedig dem Franziskanerorden bei, 1671 siedelte er in das Hauptkloster der Minoriten über, erwarb 1674 den Doktor der Theologie in Rom und wurde 1701 zum Generaloberen der Minoriten gewählt; 1704 auf päpstlichen Bescheid wegen zu hoher Ausgaben für seine zahlreichen Veröffentlichungen dieser Funktion enthoben, setzte er aber seine wissenschaftlichen Arbeiten fort. Das von ihm für den Herzog von Parma geschaffene handgezeichnete Globenpaar (175 cm Durchmesser) veranlaßte Kardinal d'Estrées, ihn mit der Herstellung eines noch größeren Globenpaares für den französischen König Ludwig XIV. zu betrauen. Die 1681–83 in Paris gebauten, zwölf Fuß (384 cm) großen Globenkugeln sind wie Fässer aus Holz zusammengefügt und mit Leinwandschichten als Malgrund überzogen. Für die Zeichnung des Kartenbildes des Erdglobus (1:3.300.000) benutzte Coronelli unterschiedliche, auch neue französische Karten. Das unter den historischen Globen größte Globenpaar war von 1704–15 im Schloß Marly aufgestellt, verschwand danach im Depot und gehört heute, gut erhalten, zum Bestand der französischen Nationalbibliothek. In der Folge produzierte Coronelli Globenpaare unterschiedlicher Größen, die mit ihren in Kupferstich ausgeführten, nach den Pariser Globen reduzierten Erd- und Himmelsdarstellungen als Spitzenerzeugnisse der Barockgloben gelten. Im Jahr 1684 gründete Coronelli in Venedig als erste geographische Gesellschaft die »Accademia Cosmografica degli Argonauti«; 1685 wurde er zum Kosmographen der Republik Venedig ernannt. Dem von ihm 1691 publizierten, der holländischen Tradition entsprechend aus Karten und einer Erdbeschreibung bestehenden »Atlante Veneto« folgte 1696/97 das dreibändige »Teatro della città« mit Stadtansichten und -plänen. Das »Isolario« (1698) setzte inhaltlich mit Seekarten und historisch-geographischen Texten die venezianische Tradition fort; zusammen enthalten diese Werke ca. 400 von Coronelli entworfene und gestochene Karten. Das 1697 publizierte »Navi e vascelli« enthält eine umfassende Bilddokumentation von Schiffen in feinstem Stich. Von Coronellis großangelegter, auf 28 Folianten berechneten Enzyklopädie »Bibliotheca universale sacroprofana« konnten nur sieben im Druck fertiggestellt werden. Auf Grund seiner Verdienste nennt sich die 1952 gegründete Vereinigung »Coronelli-Weltbund der Globusfreunde« (Sitz in Wien). [WSt]

Correns, *Carl Wilhelm*, deutscher Mineraloge, Sohn von C. E. Correns, * 19.5.1893 Tübingen, † 29.8.1980 Göttingen; 1927–38 Professor in Rostock, anschließend in Göttingen; nahm 1925–27 an der Meteorexpedition teil; verdient um die Entwicklung der Sedimentpetrographie in Deutschland. Werke (Auswahl): »Die Entstehung der Gesteine« (mit T. F.W. Barth und P. E. Eskola; 1939), »Einführung in die Mineralogie« (1949).

Corrensit, Schichtmineral mit regelmäßiger AB-AB-Wechsellagerung von Aluminiumsilicatschichten (↗Tonminerale). Es sind zwei Varianten zu unterscheiden: Wechsellagerung von Chlorit und Vermiculit sowie von Chlorit und trioktaedrischer ↗Smektit. Bei letzterem bildet sich der Corrensit bei der Umwandlung von Smektit in Richtung Chlorit.

Coticule, aus dem Französischen stammender Ausdruck für ein feinkörniges metamorphes Gestein, das überwiegend aus Quarz und manganreichem Granat (Spessartin) besteht. Es bildet sich unter Bedingungen der Grünschieferfazies (↗metamorphe Fazies) aus ↗Radiolariten oder ↗Kieselschiefern.

Cotton-Effekt, anomaler Verlauf der Rotationsdispersion durch unterschiedliche Absorption zweier gegenläufig zirkular polarisierten Lichtwellen (↗Zirkulardichroismus).

Coulée, SiO_2-reiche, zähe Lava mit hohem Höhen/Längenverhältnis.

Coulomb-Gesetz, aufgestellt von dem französischen Physiker C. de Coulomb (1736–1806). Es beschreibt die Kraftwirkung zwischen zwei punktförmigen elektrischen Ladungen oder auch zwischen zwei magnetischen Polen. Die anziehende (ungleiche Polarität) oder abstoßende (gleiche Polarität) Kraft *F* ist dem Produkt der Ladungen Q_1 und Q_2 (oder der Polstärken) proportional und umgekehrt proportional dem Quadrat ihres Anstandes *r*:

$$F = const\ Q_1 Q_2 / r^2$$

Für die Elektrik gilt: $const = 1/(4\pi\varepsilon_0\varepsilon_1)$ mit ε_0 als elektrische Feldkonstante und ε_1 als Permittivitätszahl des Mediums. Für die Magnetik gilt: $const = 1/(4\pi\mu_0\mu_1)$ mit μ_0 als magnetische Feldkonstante und μ_1 als Permeabilitätszahl des Mediums.

Coulomb-Mohrsche Bruchbedingung, ist der Scherwiderstand τ, der als lineare Funktion der Normalspannung σ formuliert wird:

$$\tau = c + \sigma \cdot \tan\alpha,$$

wobei *c* die ↗Kohäsion und α der ↗Reibungswinkel ist. Praktisch äußert sich der Scherwiderstand

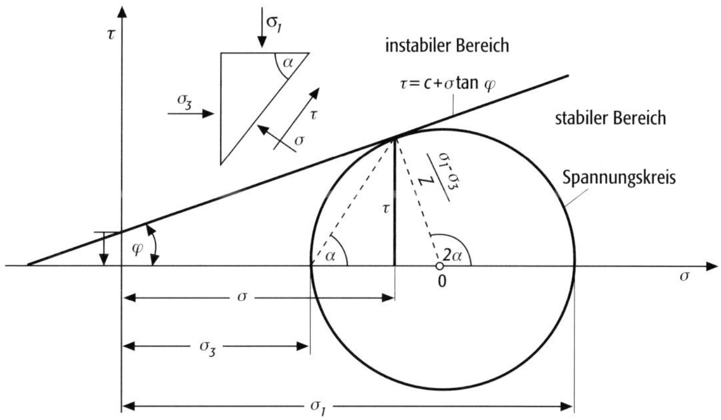

Coulomb-Mohrsche Bruchbedingung: Durch Auftragen mehrerer Mohrscher Spannungskreise erhält man als tangentielle Einhüllende die Mohr-Coulombsche Schergerade: $\tau = c + \sigma \cdot \tan\alpha$; τ = Scherwiderstand, α = Reibungswinkel, σ = Normalspannung, c = Kohäsion.

dadurch, daß entlang einer oder mehrerer Flächen Verschiebungen stattfinden, wobei aber keine weitere Steigerung der Scherkräfte benötigt wird. Durch Auftragen mehrerer ↗Mohrscher Spannungskreise (Abb.), aus einer Versuchsreihe ermittelt, ergibt sich die Scherlinie als tangentielle Einhüllende der Spannungskreise. Oberhalb der Scherlinie liegen die Bereiche instabiler Spannungszustände, unterhalb die Bereiche stabiler Spannungszustände. Aus der Scherlinie ergeben sich die gesuchten Scherparameter.

Courant-Friedrichs-Lewy-Kriterium, *CFL*, stellt einen Zusammenhang zwischen der Größe der Maschenweite in einem Rechengitter Δx, der im benutzten Gleichungssystem auftretenden größten Geschwindigkeit u und dem maximal möglichen ↗Zeitschritt Δt her.

$$\Delta t \leq \frac{\Delta x}{u} .$$

Wird ein größerer Zeitschritt als der nach dem Courant-Friedrichs-Lewy Kriterium bestimmte benutzt, dann wird die numerische Lösung instabil. ↗numerische Instabilität.

Cousteau, *Jacques Yves*, französischer Marineoffizier, Tiefseetaucher und Filmregisseur, * 11.6.1910 Saint-André-de-Cubzac (Gironde), † 25.6.1997 Paris; engagierter Umweltschützer; ab 1957 Direktor des Ozeanographischen Museums in Monaco; entwickelte Tauchgeräte und -techniken (z. B. »Aqualunge«, mit der das Gerätetauchen seit den 50 er Jahren einem breiten Anwenderkreis erschlossen wurde); setzte 1962–65 die ersten Unterwasserlabore (»Précontinent I-III«) ein; schrieb zahlreiche ozeanographische Bücher und drehte bei seinen Unterwasserexpeditionen Dokumentarfilme, von denen die über 13 Jahre laufende Fernsehserie »Geheimnisse des Meeres« besondere Popularität erreichte. Werke (Auswahl): »The Silent World« (mit F. Dumas; 1953, deutsch »Die schweigende Welt«), »The Living Sea« (mit J. Dugan; 1963, deutsch »Das lebende Meer«), »The Shark, Splendid Savage of the Sea« (mit P. Cousteau; 1970, deutsch »Haie. Herrliche Räuber der See«), »The Wale« (mit P. Diolé; 1974, deutsch »Wale«), »Seals, Sea Lions, and Walrus« (mit P. Diolé; 1974, deutsch »Robben, Seehunde, Walrosse«).

C_3-Pflanzen, biochemisch definierte Gruppe von ↗Pflanzen, die in der ↗Photosynthese Kohlendioxid (CO_2) an Ribulosebiphosphat fixieren. Das erste stabile Produkt ist, anders als bei den ↗C_4-Pflanzen, die drei C-Atome enthaltende 3-Phosphoglycerinsäure, die danach im Calvinzyklus weiterverarbeitet wird (↗Photosynthese Abb.). In diese Gruppe gehören die meisten photo-autotrophen Pflanzen.

C_4-Pflanzen, biochemisch definierte Gruppe von ↗Pflanzen, die in der ↗Photosynthese Kohlendioxid (CO_2) sehr effizient an Phosphoenolpyruvat (PEP) binden. Das erste Produkt ist – im Unterschied zu den ↗C_3-Pflanzen – das vier C-Atome enthaltende Oxalacetat, das in Malat umgewandelt wird. In speziellen Bündelscheidenzellen wird das CO_2 von Malat wieder abgespalten und stark angereichert. Das CO_2 wird anschließend über den C_3-Stoffwechselweg im Calvinzyklus weiter verarbeitet (↗Photosynthese Abb.). Die Photosynthese ist somit nicht CO_2-limitiert und hohe Lichtstärken können voll ausgenutzt werden (Abb.). Um genügend CO_2 zu erhalten, müssen die Pflanzen die Spaltöffnungen der Blätter nur wenig öffnen. Dies führt zu einer deutlichen Wasserersparnis gegenüber den C_3-Pflanzen und ist eine Anpassung an die trockenen und salzreichen Bedingungen, bei welchen C_4-Pflanzen vorkommen. C_3-Pflanzen können pro Liter

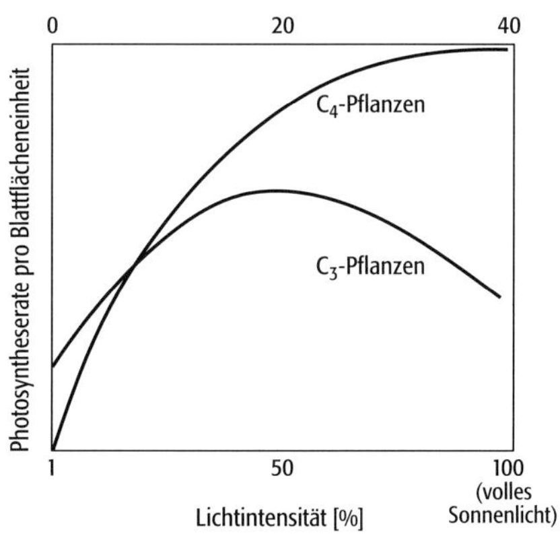

C_4-Pflanzen: Vergleich der Photosyntheseraten von C_3- und C_4-Pflanzen in Abhängigkeit von Licht und Temperatur.

transpiriertes Wasser 1,5–2 g ↗Trockengewicht erzeugen (10–30 t/ha/a), während C_4-Pflanzen 3–5 g Trockengewicht pro Liter Wasser produzieren (30–80 t/ha/a). C_4-Planzen sind u. a. Mais, Zuckerrohr und Hirse. [DR]

C/P-Verhältnis, Verhältnis des im Boden enthaltenen Kohlenstoffs zum entsprechenden Gehalt an Phosphor. Es wird als Maßzahl für die Phosphorversorgung des Bodens genommen.

Credner, *Karl Friedrich Heinrich*, deutscher Geologe, * 13.3.1809 Waltershausen bei Gotha, † 28.9.1876 Halle/Saale. Nach dem Studium des Bergwesens in Freiberg und Göttingen reiste Credner im Auftrag der Regierung von Gotha nach Sachsen, Böhmen und Schlesien. Im Jahr 1833 wurde er zum Bergassistent und 1850 zum

Bergrat in Gotha ernannt. Daneben war er Direktor einer Eisenbahn- und Lebensversicherung sowie eines Gaswerks. Nach seiner Beförderung zum Oberbergrat zog er 1858 nach Hannover und 1866 nach Berlin. Ab 1868 war er Geheimer Bergrat in Halle/Saale. Er schrieb für naturwissenschaftliche Zeitschriften zahlreiche Abhandlungen über geologische und mineralogische Untersuchungen. Seine »Übersicht der geologischen Verhältnisse Thüringens und des Harzes, begleitet von einer geognostischen Karte« erschien 1843.

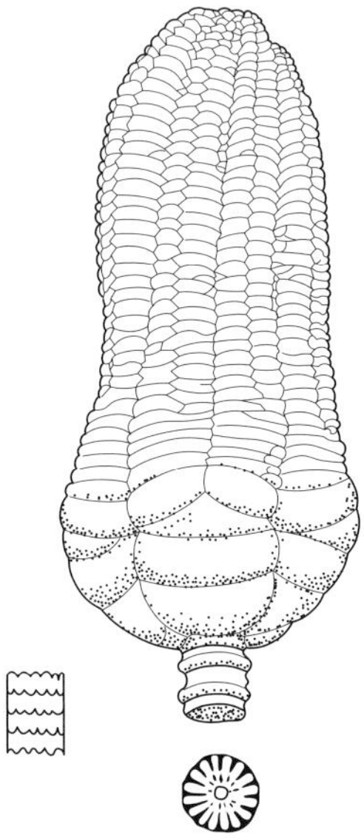

Crinoidea: *Encrinus*, Muschelkalk (mittlere Trias) Krone mit Stielansatz, Gelenkflächen-Muster der Stielglieder.

Credner, *Karl Hermann Georg*, deutscher Geologe und Paläontologe, Sohn von Karl Friedrich Heinrich ↗Credner, * 1.10.1841 Gotha, † 22.7.1913 Leipzig. Credner studierte Geologie und Paläontologie in Clausthal, Breslau und Göttingen, wo er 1864 promovierte. 1869 habilitierte er sich in Leipzig bei C. F. Naumann und wurde im folgenden Jahr außerordentlicher Professor an der Universität Leipzig. Ab 1872 war er Direktor der Königlich Sächsischen Geologischen Landesanstalt. Im Jahr 1895 wurde Credner zum ordentlichen Professor auf dem neueingerichteten Lehrstuhl für Geologie und Paläontologie an der Universität Leipzig berufen. Er bearbeitete zahlreiche geologisch-paläontologische Themen, darunter die Stegocephalen und Saurier des Döhlener Beckens, die Gesteine des sächsischen Granulitgebirges und die Problematik der Gletscherbildung. Sein Hauptwerk ist das Buch »Elemente der Geologie« von 1872. Nach ihm benannt ist u. a. die Hermann-Credner-Stiftung zur Förderung der Geologie, das Mangan-Kupfererz Crednerit, der Credner-Schacht bei Ober-Röblingen, der Credner-Gletscher am Kilimandjaro und ein Gebirgszug der Insel Neu-Pommern. [EHa]

crevasse splay, eine schwemmfächerartige Ablagerung (↗Schwemmfächer), die entsteht, wenn bei ufervollem Abfluß oder Hochwasser der ↗Uferwall eines Gerinnes durchbrochen wird (Abb.).

CRF ↗Bezugsrahmen.

Cricoconariden, mutmaßlich zu den ↗Mollusken gehörende, paläozoische Mikrofossilien unsicherer systematischer Stellung, die regional gute ↗Leitfossilien abgeben. Es sind kreisrunde, spitzkonisch, häufig quergeringelte Kalkgehäuse mit geschlossenem Apex und ohne Operculum, i. d. R. nur wenige Millimeter lang. Zu diesem ↗Taxon gehören die benthisch lebenden Tentaculiten (unteres Ordovizium bis oberes Devon) sowie die etwas kleineren, dünnschaligeren und schwächer skulpturierten, planktisch lebenden *Styliolinen* (oberes Silur bis oberes Devon). Vor allem im Unter- und Mitteldevon der ↗rheinischen Fazies können zusammengeschwemmte Tentaculiten in fast gesteinsbildender Häufigkeit auftreten (Tentaculitenschiefer). Gleiches gilt in altersäquivalenten Ablagerungen der ↗herzynischen Fazies für Styliolinen (Styliolinenschiefer, Styliolinenkalke).

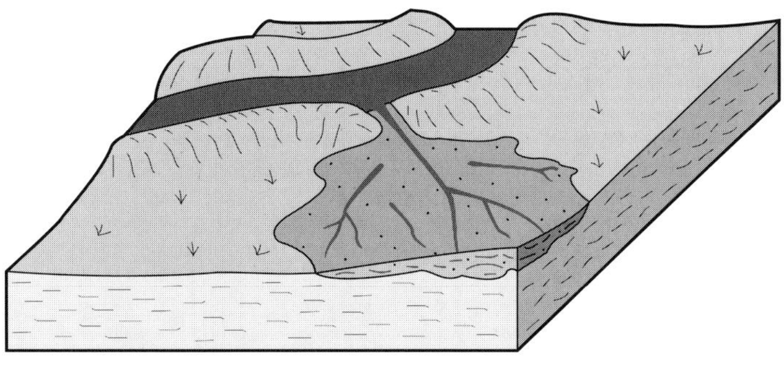

crevasse splay: crevasse splay nach einem Uferwalldurchbruch.

Crinoidea, *Seelilien*, eine Gruppe der ↗Echinodermen mit Armen und vorherrschend pentamerer Symmetrie. Sie können über mehrere Meter groß werden. Ihr aus zahlreichen Einzelplatten zusammengesetztes Endoskelett besteht meist aus einem gegliederten säulenartigem Stiel und einem Kelch mit fünf oder mehr ausgestreckten Armen, die federartig verzweigt sein können (Abb.). Typisch ist eine sessile Lebensweise als Suspensionsfiltrierer, festgewachsen auf Substrat. Das Ambulakral-System leitet den Nahrungspartikelstrom zum scheitelwärts sitzenden Mund. Crinoiden sind seit dem Ordovizium bis heute bekannt und waren v. a. im Paläozoikum als Carbonatproduzenten und Sedimentfänger wichtig.

Cristobalit, *Christobalit*, nach dem Berg San Cristobal in Mexiko benannte Hochtemperaturmodifikation des SiO_2. Der β-Cristobalit ist tetragonal-trapezoedrisch, wandelt sich aber beim Erhitzen in kubisch-hexoktaedrischen α-Cristobalit um. Aggregate: tafelig; vor dem Lötrohr unschmelzbar; in kochender, wässriger Na_2CO_3-Lösung löslich, sonst nur noch in Fluorwasserstoffsäure; Begleiter: Tridymit; Vorkommen: als pneumatolytisch-exhalative Bildung neben Tridymit in Miarolen und als Anflug idiomorph in Drusenräumen saurer Laven; Fundorte: Blaue Kuppe bei Eschwege (Hessen); San Juan (Colorado, USA). Kubischer Hoch-Cristobalit wird in großen Mengen aus ↗Quarz als keramischer Sekundärrohstoff industriell hergestellt.

CRM ↗remanente Magnetisierung.

Cromer-Komplex, ursprünglich benannt nach den warmzeitlichen Ablagerungen der Cromer Forest Beds in East Anglia (Großbritannien). Heute in Mitteleuropa als Cromer-Komplex unterteilt in (von alt nach jung): Cromer I-Interglazial (Waardenburg), Glazial A, Cromer II-Interglazial (Westerhoven), Glazial B, Cromer III-Interglazial (Rosmalen), Glazial C, Cromer IV-Interglazial (Nordbergum). Die Abfolge ist nirgendwo vollständig erhalten und die Vegetation der einzelnen Warmzeiten relativ untypisch, so daß eine Korrelation mit anderen Vorkommen unsicher ist (↗Quartär). Im Cromer IV kommt zum ersten Mal *Arvicola terrestris cantiana* vor. Der Stratotyp des Cromer (West Runton, Großbritannien) enthält noch *Mimomys savini* und ist damit älter. Das Interglazial von Osterholz (Elze, Niedersachsen) entspricht dem Cromer I. Für das Interglazial von Bilshausen kommt das Cromer II oder IV in Betracht. Diese Warmzeit hat nach Warvenzählungen 30.000 Jahre gedauert. In Thüringen wird vom Thüringen-Komplex gesprochen, die warmzeitlichen Sedimente liegen hier unter der Früh-Elster-Terrasse. Hierher gehören die Fundstellen Süßenborn bei Weimar und Voigtstedt. Voigtstedt könnte dem Vorkommen West Runton entsprechen. Auch die Atern-Warmzeit gehört in den Cromer-Komplex. Als stratigraphische Hilfe dient neben Flora und Fauna die Matuyama/Brunhes-Grenze zwischen Cromer I und II. [WBo]

Crosshole-Seismik, spezielle ↗seismische Methode zur Untersuchung der geologischen Strukturen zwischen zwei Bohrungen durch Analyse der seismischen Wellen (Laufzeiten und Signalamplituden), die von einer oder mehreren Quellen in der einen Bohrung erzeugt und von ↗Geophonen in der zweiten Bohrung registriert werden.

Crowdion, durch ↗Strahlungseinwirkung mit energiereichen Teilchen erzeugter ↗Kristallbaufehler.

CRS ↗Bezugssystem.

Crutzen, *Paul J.*, niederländischer Meteorologe, * 3.12.1933 Amsterdam; ab 1974 Direktor an verschiedenen Instituten in Boulder (Colorado), 1976–81 Professor an der Colorado State University, ab 1980 Direktor der Abteilung Chemie der Atmosphäre am Max-Planck-Institut für Chemie in Mainz und seit 1993 Professor in Mainz; Arbeiten zur Chemie der Spurengase in der Atmosphäre, unter anderem über die Bedeutung des OH-Radikals als »Wasch- und Reinigungsmittel« der Lufthülle und über die Folgen eines Nuklearkriegs für die Atmosphäre (»nuklearer Winter«); wies bereits 1970 die Fähigkeit der ↗Stickoxide nach, Ozon abzubauen und Sauerstoff zu spalten; legte 1986 eine schlüssige Theorie über die Ursachen des rapiden Ozon-Verlustes in der winterlichen Stratosphäre über dem Südpol vor und zeigte auf, daß Chlor aus den FCKWs (Fluorchlorkohlenwasserstoffe) als »Ozon-Killer« in der Stratosphäre wirkt; war entscheidend am Zustandekommen eines internationalen Übereinkommens zur Beschränkung der FCKW-Produktion beteiligt; erhielt für seine Arbeiten zur Chemie der Atmosphäre, insbesondere über die Bildung und den Abbau von ↗Ozon, 1995 zusammen mit M. J. Molina und F. S. Rowland den Nobelpreis für Chemie. Werke (Auswahl): »Chemie der Atmosphäre« (mit T. E. Graedel; 1994), »Atmosphäre im Wandel« (mit T. E. Graedel; 1996).

Cryosols, Bodenklasse der ↗WRB, Böden der Dauerfrostzone. Durch häufige Frostwechsel dominieren im oberen Meter der Cryosole die vertikalen und lateralen Verlagerungsprozesse der ↗Kryoturbation und der ↗Gelifluktion. ↗Auftauboden.

Cryptochron, Untereinheit eines ↗Chron und Bezeichnung für eine sehr kurze ↗Feldumkehrung (Dauer deutlich kleiner als 0,1 Mio. Jahre). Eine andere Bezeichnung ist ↗Exkursion. Einige dieser sehr kurzen Feldumkehrungen sind noch umstritten.

CSAMT ↗Audiomagnetotellurik.

CSB ↗*chemischer Sauerstoffbedarf.*

C/S-Verhältnis, Verhältnis des im Boden enthaltenen Kohlenstoffs zum entsprechenden Gehalt an Schwefel. Es wird als Maß für die Schwefelversorgung des Bodens herangezogen.

CTBT, *comprehensive test ban treaty*, *Kernwaffentest-Stoppvertrag*, Vertrag, der im September 1996 unterzeichnet wurde. Im Rahmen des CTBT wird ein internationales Überwachungssystem (IMS, International Monitoring System) eingerichtet, das in einem weltweiten Stationsnetz neben seismologischen Daten eine Vielzahl anderer Parameter (hydroakustische Daten, Infraschall, Radionuklide) erfaßt, analysiert und archiviert.

CTD-Sonde, Bezeichung für ein ozeanographisches Meßgerät zur Bestimmung der ↗elektrischen Leitfähigkeit (conductivity) und der ↗Temperatur (temperature) in Abhängigkeit von der ↗Wassertiefe (depth). Aus der Leitfähigkeit wird unter Berücksichtigung von Temperatur und Druck der ↗Salzgehalt ausgerechnet. CTD-Sonden werden an Drähten von Forschungsschiffen aus in die Wassersäule ausgebracht, wobei die Meßwerte an Bord übertragen oder intern gespeichert werden können. Mit der CTD-Sonde werden häufig weitere Sensoren (z. B. zur Messung von Sauerstoffkonzentration oder Trübung) oder ↗Wasserschöpfer zur Wasserprobennahme betrieben.

CTP, *Conventional Terrestrial Pole*, vereinbarte Richtung des Erdrotationspols, durch den die *z*-Achse eines ↗globalen geozentrischen Koordinatensystems festgelegt ist.

Crutzen, *Paul J.*

CTRF ↗Bezugsrahmen.

CTRS ↗Bezugssystem.

Cu_3Au-Struktur, Struktur einer Legierung, bei der die Plätze einer kubisch dichtesten ↗Kugelpakkung durch ein primitives Gitter aus Goldatomen und einen Bauverband *J* von Kupferatomen besetzt sind. ↗Kristallstruktur.

cubic convolution ↗*kubische Konvolution.*

Cubichnion, *Ruhespur*, ↗Spurenfossilien.

Cuesta, Synonym für ↗Schichtstufe bei flachgeneigten Sedimentserien; im amerikanischen und lateinamerikanischen Sprachgebrauch verwendet. Das englische Wort escarpement ist kein echtes Synonym. Es bezeichnet eine morphologisch ausgeprägte Geländestufe unabhängig von deren Genese und Struktur.

Cumulonimbus ↗Wolkenklassifikation.

Cumulus ↗Wolkenklassifikation.

Cuprit-Struktur, kubische Cu_2O-Struktur, in der die Sauerstoffatome ein kubisches I-Gitter besetzen, und die Kupferatome eine um ein Viertel der Raumdiagonalen verschobene, kubisch dichteste ↗Kugelpackung einnehmen. Bemerkenswert ist, daß auf diese Weise eine Atomanordnung entsteht, die aus zwei einander durchdringenden, aber (über den kürzesten Abstand) sich nicht berührenden Cristobalit-Strukturen besteht. ↗Kristallstruktur.

Curie-Gesetz, Spezialfall des ↗Curie-Weiss-Gesetzes zur Beschreibung der Abhängigkeit der magnetischen ↗Suszeptibilität χ von der absoluten Temperatur T für paramagnetische Stoffe (↗Paramagnetismus): $\chi = C/T$ bzw. $1/\chi = T/C$, wobei C die ↗Curie-Konstante ist.

Curie-Gruppen ↗*kontinuierliche Punktgruppen.*

Curie-Konstante, Materialkonstante C im ↗Curie-Gesetz und im ↗Curie-Weiss-Gesetz. Sie ist ein Maß für die Stärke und die Anzahl der magnetischen Elementardipole pro Volumeneinheit in einer Substanz.

Curie-Temperatur, bei der Curie-Temperatur T_C verschwindet beim ↗Ferromagnetismus und beim ↗Ferrimagnetismus die Wechselwirkung zwischen den magnetischen Elementardipolen (Tab.). Oberhalb T_C ist das Material paramagnetisch (↗Paramagnetismus) und die Temperaturabhängigkeit der magnetischen ↗Suszeptibilität

Curie-Temperatur (Tab.): Curie-Temperaturen T_C der häufigsten natürlichen ferrimagnetischen Minerale.

Substanz, Mineral	Kristallstruktur	T_C [°C]
Fe_3O_4, Magnetit	kubisch	578
α-Fe_2O_3, Hämatit	rhomboedrisch	675
γ-Fe_2O_3, Maghemit	kubisch	578...675
Titanomagnetite	kubisch	-200...578
Titanomagnetit, TM60	kubisch	200
Fe_7S_8, Magnetkies	monoklin	325
α-FeO(OH), Goethit	rhombisch	110
Fe_3S_4, Greigit	kubisch	270...300

wird mit dem ↗Curie-Weiss-Gesetz beschrieben. Die Curie-Temperatur antiferromagnetischer Substanzen (↗Antiferromagnetismus) wird als ↗Néel-Temperatur T_N bezeichnet. Die asymptotische Curie-Temperatur und die paramagnetische Curie-Temperatur werden über das ↗Curie-Weiss-Gesetz definiert.

Curie-Tiefe, Tiefenbereich in der ↗Erdkruste, in dem die ↗Curie-Temperatur T_C der in Gesteinen vorkommenden ferrimagnetischen Minerale überschritten wird. Unterhalb dieser Tiefe sind die geologischen Körper paramagnetisch und tragen kaum noch zur Entstehung von ↗magnetischen Anomalien bei. Bei einem kontinentalen ↗geothermischen Gradienten von 30 °C/km liegt die Curie-Tiefe für geologische Körper mit ↗Magnetit (T_C = 578 °C) bzw. ↗Magnetkies (T_C = 325 °C) bei ca. 20 bzw. 11 km. In der ↗ozeanischen Erdruste mit ↗Titanomagnetiten als wichtigstes ferrimagnetisches Mineral (T_C etwa 200 °C, geothermischer Gradient: 50–100 °C/km) beträgt die Curie-Tiefe oft nur wenige km.

Curie-Weiss-Gesetz, Gesetz zur Beschreibung der Abhängigkeit der magnetischen ↗Suszeptibilität χ von der absoluten Temperatur T der Form

$$\chi = C/(T\text{-}\Theta) \text{ bzw. } 1/\chi = (T\text{-}\Theta)/C.$$

Θ ist dabei die paramagnetische Curie-Temperatur und C die ↗Curie-Konstante. Die Größe Θ ist ein Maß für die Wechselwirkungen zwischen den magnetischen Elementardipolen in einem Material. Für paramagnetische Substanzen ist $\Theta = 0$ und es gilt das ↗Curie-Gesetz. Beim ↗Ferroma-

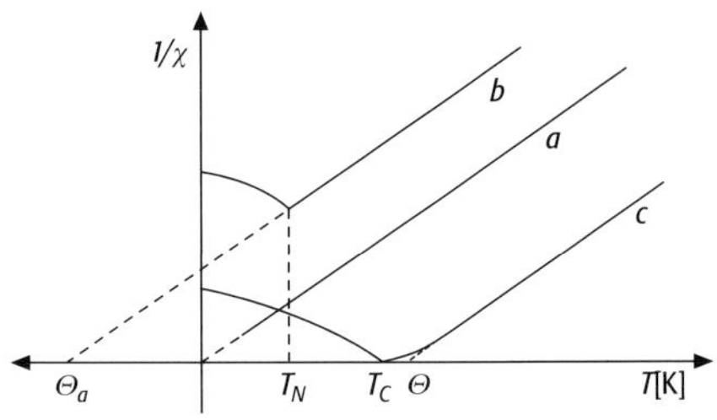

Curie-Weiss-Gesetz: $1/\chi = f(T)$ für a) paramagnetische, b) antiferromagnetische, c) ferrimagnetische und ferromagnetische Substanzen (schematisch). Θa ist die asymptotische Curie-Temperatur, T_N die Néel-Temperatur, T_C die Curie-Temperatur und Θ die paramagnetische Curie-Temperatur.

gnetismus und ↗Ferrimagnetismus ist $\Theta > 0$ und liegt in der Nähe der ↗Curie-Temperatur T_C. Beim ↗Antiferromagnetismus ist Θ negativ und wird als asymptotische Curie-Temperatur Θ_a bezeichnet (Abb.). Das Curie-Weiss-Gesetz lautet dann:

$$\chi = C/(T + \Theta_a) \text{ bzw. } 1/\chi = (T + \Theta_a)/C.$$

Cursichnion [von lat. cursum = Lauf und griech. ichnos = Spur], *Laufspur*, ↗Spurenfossilien.

Cusanus, *Nicolaus*

Cusanus, *Nicolaus, Nikolaus von Kues, eigentl. N. Cryfts, Chryfft, Krebs*; deutscher Kirchenpolitiker und Philosoph, Kardinal, * 1401 in Kues (Mosel), † 11.8.1464 in Todi (Umbrien). Der mathematisch-naturwissenschaftlich gebildete Theologe stand philosophisch an der Grenze vom Mittelalter zur Neuzeit. Auf der Grundlage seiner Bibliothek und unter Verwertung seiner auf Reisen gesammelten Erkenntnisse entwarf er evtl. bereits 1439, spätestens 1454 eine nicht erhaltene Karte von Mitteleuropa. Auf einer Italienreise erwarb der Augsburger Humanist Konrad Peutinger (1465–1547) einen unvollendeten Kupferstich mit dieser Karte, von dem 1491 einige Abzüge entstanden.

Cuticula, ein aus Cutin bestehendes Häutchen, das die ↗Epidermis der ↗Embryophyten an Blättern, Blüten, Stielen und Fruchtteilen überzieht und zusammen mit der Epidermis das Abschlußgewebe dieser Pflanzen bildet. Sie ist nur über den Stomata der Epidermis unterbrochen. Vor allem der Cuticula verdankt das Abschlußgewebe seine äußerst geringe Durchlässigkeit für Wasser und Gase. Im Gegensatz zu Zellinhalten und Zellwänden der Epidermis hat die wachsartige, widerstandsfähige Cuticula Chancen fossil erhalten zu bleiben. Weil die Cuticula in die Fugen zwischen den Epidermiszellen eingreift, gibt die Innenseite der Cuticula als Abdruck das Außenrelief der Epidermis wider. Deshalb werden auf der fossilisationsfähigen Cuticula abgepauste, taxonomisch wichtige Details des Zellverbandes, z. B. Zellgrenzen und Stomata, der nicht fossil erhaltungsfähigen Epidermis überliefert. An Hand ihrer Cuticula können die im Sediment normalerweise dispers verteilten Organe der Mutterpflanze taxonomisch zugeordnet werden (Cuticularanalyse). [RB]

Cut-off, Zyklone, konzentriertes ↗Höhentief als Ergebnis eines Abschnürungsprozesses am Ende eines zuvor nach Süden ausgeweiteten ↗Troges. Dieser Prozeß ist die Folge einer Amplifizierung der Wellen in der ↗Höhenströmung, insbesondere des ersten stromaufwärts vorausgehenden

Wellenrückens. Der Cut-off-Vorgang läuft oft im Bereich eines neuen Langwellenrückens der Höhenströmung ab und ist dann das sichere Anzeichen einer Umstellung der ↗Wetterlage.

Cut-off-Gehalt, der niedrigste Gehalt eines mineralischen Rohstoffes in einer Lagerstätte, der noch als abbauwürdig angesehen wird.

CU-Versuch ↗dreiaxialer Druckversuch.

Cuvier, *Georges Leopold Chrêtien Frédéric Dagobert*, Baron, französischer Zoologe und Staatsmann, * 23.8.1769 Mömpelgard (heute Montbéliard), † 13.5.1832 Paris. Cuvier studierte 1784 bis 1788 Kameralwissenschaft (Lehre von der Staatsverwaltung und Finanzen) an der Akademie Caroline (Karlsschule) Stuttgart. Im Anschluß an sein Studium war er sieben Jahre lang Hauslehrer in der Normandie, wo er sich nebenbei mit Pflanzen, Insekten und marinen Invertebraten beschäftigte. Durch Vermittlung des Zoologen E. Geoffroy Saint-Hilaire erhielt Cuvier 1795 eine Professur für Naturgeschichte an der Ecole Centrale in Paris. Im selben Jahr wurde er auch Professor für Anatomie am Musée d'Histoire Naturelle Paris. 1796 erfolgte sein Ruf an das neugegründete Institut National. Mit dem Mammut wurde 1796 von Cuvier erstmalig eine ausgestorbene Tierart in die Linnésche Klassifikation (↗Linné) einbezogen. Mit seinem Vorschlag, daß man mit Fossilien das Alter der Fundschichten bestimmen könne, hat Cuvier die Grundlage der relativen Altersbestimmung mittels Leitfossilien gelegt. 1797 erschien sein erstes Buch »Tableau élémentaire de l'histoire naturelle des animaux« (»Grundlegende Beobachtung der Naturgeschichte der Tiere«). Die Einladung Napoleons, ihn auf seine Ägyptenexpedition (1798 bis 1801) zu begleiten, lehnte Cuvier ab, um sich seiner Forschung, der vergleichenden Anatomie, widmen zu können. Im Jahr 1802 wurde Cuvier von Napoleon zum ständigen Sekretär für Naturwissenschaften ernannt. Seine »Leçons d'anatomie comparée« erschienen 1800–1805. In diesem Werk formulierte er das »Gesetz der Korrelation der Organe«. Da jedes Organ in funktionellem Zusammenhang mit jedem anderen Organ steht, sei es möglich, die Form eines Teiles des Organismus abzuleiten von der Funktion und strukturellen Charakteristik eines anderen Teiles. Cuvier rekonstruierte vollständige Individuen aus ein paar fossilen Knochenfragmenten. Er war ein Gegner der Lamarckschen (↗Lamarck) Deszendenzlehre (Abstammungslehre) und der Theorie von der Vererbbarkeit erworbener Merkmale. Ebenso lehnte er die idealistische Naturphilosophie der Goethezeit ab. Das Aussterben von Formen sowie Unterschiede zwischen fossilen und rezenten Tieren erklärte er durch periodisch auftretende Katastrophen in der Erdgeschichte, nach denen das Leben auf der Erde immer wieder neu erschaffen worden sei. Sowohl Cuviers Auffassung von der Beständigkeit der Arten, als auch seine Kataklysmentheorie (Katastrophentheorie) wurde von späteren Wissenschaftlern falsifiziert. Sein Verdienst ist jedoch die Begründung der vergleichenden Anatomie und einer wissenschaftlichen Paläontologie durch die Verbindung beider. Im Jahr 1808 führte er zusammen mit A. ↗Brongniart eine Gliederung des Tertiärs im Pariser Becken durch. Das »Essai sur la géographie minéralogique des environs de Paris ...« von Cuvier und Brongniart erschien 1811. Im Jahr 1814 wurde Cuvier zum Staatsrat und Kanzler der Pariser Universität ernannt. Er wurde 1818 Mitglied der Académie Française, erhielt im Jahr darauf den Titel eines Barons verliehen und wurde 1832 zum Präsident des Staatsrates ernannt. [EHa]

Cuvier, *Georges Leopold Chrêtien Frédéric Dagobert*

Cv-Horizont, Bodenhorizont entsprechend der ↗Bodenkundlichen Kartieranleitung; angewitterter bis verwitterter ↗C-Horizont; meist Übergang zum frischen Gestein; häufig nur schwache Durchwurzelung; Übergangs-/Verzahnungshorizonte sind Bv + Cv: Cv-Horizont mit ↗Bv-Horizont verzahnt, Bv - Cv: Cv-Horizont, mit Bv-Merkmalen unterhalb der Definitionsgrenze des Bv-Horizontes.

Cyanobakterien, *Blaualgen*, Gruppe von vorwiegend blaugrünen ↗Mikroorganismen, die zusammen mit Bakterien als ↗Prokaryonten aufgefaßt werden und damit gegenüber Pflanzen und Tieren eine selbständige systematische Einheit bilden. Die Cyanobakterien enthalten Chlorophyll sowie einen blauen (Phycocyan) und einen roten (Phycoerythrin) Farbstoff und sind deshalb photoautotroph (↗Photosynthese). Sie kommen als Einzeller, Zellkolonien, als verzweigte oder unverzweigte Fäden in allen ↗Lebensräumen vor (mit Ausnahme des Luftraumes), insbesondere aber in Süß- und Salzwasser und im Boden (Stickstoffixierung). Sie besiedeln jedoch auch Extremstandorte und sind Erstbesiedler auf Rohböden und nacktem Gestein. Einige Cyanobakterien bilden ↗Symbiosen mit Pilzen (↗Flechten). Die Cyanobakterien sind phylogenetisch eine sehr alte Gruppe (Fossilien finden sich in über 3 Mrd. Jahre alten Gesteinen) und spielten wahrscheinlich eine sehr wichtige Rolle bei der Anreicherung der Erdatmosphäre (»Ur-Atmosphäre«) mit Sauerstoff. [DR]

Cyanophyta, *Cyanobacteriota*, *Blaualgen*, Abteilung der ↗Monera, ↗Prokaryota, die wie die heute durchschnittlich 5- bis 10-fach kleineren ↗Bakterien Murein-Zellwände bauen, aber statt des Bacteriochlorophylls Chlorophyll a zu einer aeroben Photosynthese verwenden. Die typischen Zellformen wie Coccen, Bacillen, Vibrio, Spirillus und Zellhaufen entwickelten sich zu Filamenten und Trichomen und schließlich zu verzweigten Zellfäden fort. Begeißelte Zellen sind unbekannt. Die Cyanophyta entstanden im ↗Archäophytikum aus frühen (Eu-) Bacteria. Gegenüber den bakteriellen Prozessen autotropher Energie- und Stoffgewinnung (Chemolithotrophie, Photolithotrophie und Photoorganotrophie) gelang den Cyanophyta, mit der Entwicklung der Photohydrotrophie, der entscheidende Schritt zu einer sehr effizienten Autotrophie. Diese aerobe Photosynthese erfolgt nach der Gleichung: $CO_2 + 2\,H_2O +$ Lichtenergie $\rightarrow$ $CH_2O + H_2O + 2O$ mit H_2O als Elektronendonator und CO_2 als Kohlenstoffquelle. Die Energie des Sonnenlichts dient der Photolyse von Wasser. Der Sauerstoff wird als Abfallprodukt freigesetzt (deshalb aerobe Photosynthese), der Wasserstoff zur Reduktion des CO_2 verwendet. Da Sonnenlicht, Wasser und CO_2 unbegrenzt und mit sehr weiter Verbreitung für die Primärproduktion zur Verfügung stand, im Gegensatz zu den durch heterotrophen Verbrauch sich verknappenden Nahrungsressourcen der »Ursuppe« und anders auch als die von den Bacteria benötigten, jedoch nur lokal verfügbaren anorganischen Stoffe, konnten Cyanophyta wirkungsvoller als autotrophe Bacteria durch ihre Primärproduktion zur Lösung der Ernährungskrise der Erdfrühzeit beitragen. Ihre aerobe Photosyntheseaktivität mündete jedoch wegen der Freisetzung und allmählichen Anreicherung des für nichtangepaßte Biota giftigen Sauerstoffs in Hydro- und Atmosphäre auch für die Cyanophyta selbst in einer dramatischen Umweltkrise. Mit der Evolution der Atmung gelang es, den Sauerstoff zu tolerieren und schließlich für den Energiestoffwechsel zu nutzen. Cyanophyta sind ein weites Temperaturspektrum tolerierende Selbstversorger und haben weltweite Verbreitung. Sie leben sogar in heißen Quellen, auf Gletschern, in ariden Wüsten und in hypersalinarem Wasser. Manche Taxa leben bei sehr niedrigem Sauerstoffgehalt oder sind wie ihre Vorfahren aus dem Archäophytikum anaerob. Da ihr Pigment auch bei wenig Licht arbeitet, kommen Cyanophyta im Boden bis 30 cm und im Meer bis ca. 1000 m Wassertiefe vor. Heutige Taxa sind sehr resistent gegen UV-Licht. Diese Eigenschaft dürfte Cyanophyta bei einer frühen Landbesiedlung geschützt haben. Hohe Vermehrungsraten, aber auch Ruhesporen (Akineten) erhöhen ihre Chance, ökologische Katastrophen oder zyklisch wiederkehrende, temporäre Extrembedingungen doch mit einigen Individuen zu überleben, die rasch eine neue Population aufbauen. Aufgrund ihres Energie-Stoffwechsels und ihrer hohen Vermehrungsrate haben die Cyanophyta große Bedeutung für die Sauerstoffproduktion (v.a. in der Erdfrühzeit) und in verschiedensten geochemischen Kreisläufen des Systems Erde. Cyanophyta liefern als Primärproduzenten große Mengen organischer Substanz für die Nahrungskette. In sog. Heterocysten können einige Taxa Luftstickstoff binden. Durch die Stoffwechselaktivitäten werden Eisenhydroxid, v.a. aber Kalk abgeschieden. Cyanophyta sind gesteinsbildend am Aufbau organosedimentärer Riffe (↗Stromatolithe) beteiligt oder überziehen als Sedimentbinder Sedimentoberflächen mit einem Film, verkleben damit das Sediment und schützen es vor Erosion. Die ältesten fossil belegten Cyanophyta sind die bis zu 3,1 Mrd. Jahre alten Stromatolithe der Bulawayo-Formation Simbabwes. Sie sind auch am Aufbau der ältesten kohligen Schiefer in der Rice-Lake-Serie von Winnipeg (2,5 Mrd. Jahre) beteiligt und in hervorragender Zellerhaltung in den Hornsteinen der Gunflint-Formation Ontarios (2 Mrd. Jahre) überliefert. [RB]

Cycadophytina, *fiederblättrige Nacktsamer*, Unterabteilung der ↗Spermatophyta mit den Klassen ↗Lyginopteridopsida, ↗Cycadopsida, ↗Bennettitopsida und den daraus vielleicht abzuleitenden, aber fossil nur extrem selten belegten Gnetopsida. Die Cycadophytina entwickelten sich aus ↗Progymnospermen parallel zu den ↗Coniferophytina und aus ihrem Formenkreis (Lyginopteridopsida) stammen die ↗Angiospermophytina ab. Die Cycadophytina sind gymnosperme Samenpflanzen mit Tracheidenholz. Von Ausnahmen bei den Gnetopsida abgesehen fehlen Tracheen. Der Sproß ist nur bei höher entwickelten Taxa stärker verzweigt. Die ↗Trophophylle sind meist einem ursprünglicherem, dichotomen Bauplan folgend komplex fiedrig verzweigte Laubblätter mit offener Gabel- und Fiederaderung, können aber sekundär auch zu ungeteilten bandförmigen Blättern oder Schuppen mit Netzaderung reduziert sein. Die fertilen Organe entwickeln sich von Sporo-Trophophyllen über ↗Sporophylle zu ↗Blüten. Die Mikrosporophylle tragen mehrere Pollensackgruppen, in denen ↗Pollen mit nur einer distalen Keimfurche (Sulcus) entstehen. Die Megasporophylle haben ursprünglich mehrere Samenanlagen. Die Pollination erfolgt durch den Wind oder progressiver durch Tiere, dann aber noch ohne den klebrigen Pollenkitt, mit dem Angiospermen-Pollen am Bestäuber haften. Die Hauptentfaltung der Cycadophytina lag im jüngeren ↗Paläophytikum und im ↗Mesophytikum. Nach ihrem drastischen Rückgang in der mittleren ↗Kreide gibt es zwar rezent noch ca. 200 Arten, die in der Vegetation jedoch quantitativ von untergeordneter Bedeutung sind. [RB]

Cycadopsida, *Palmfarne*, Klasse der ↗Cycadophytina, die im Gegensatz zu den ursprünglicheren ↗Lyginopteridopsida Blüten besitzen. Sie kommen vom ↗Perm bis rezent vor, mit Hauptentwicklung im ↗Mesophytikum. Der Habitus der Cycadopsida erinnert an Palmen, weil der meist unverzweigte, kräftige, vielfach jedoch nur kurze, zylindrische oder knollenförmige Stamm einen Schopf aus schraubig gestellten, großen, farnwedelartigen Laubblättern trägt, die meist einfach, aber auch doppelt gefiedert sind. Ihre Fiederaderung ist oft noch dichotom verzweigt und offen. Alternierend mit diesen Laubblättern werden Niederblätter gebildet. Der Stamm besteht aus einem einfachen Holzzylinder oder zusätzlichen Cambium-Ringen, die Leitertracheiden- und Hoftüpfeltracheiden-Holz ausbilden, und einer Rinde aus Niederblättern und basalen Abschnitten abgestorbener Laubblätter. Cycadopsida sind diözisch. Die ↗Pollen werden durch den Wind übertragen. Die Staubblätter, die mehrere Pollensackgruppen tragen, und die Fruchtblätter mit ihren Samenanlagen bilden als endständige Sporophyll-Stände an Kurzsprossen mit begrenztem Wachstum einfache, eingeschlechtliche ↗Blüten. Diese Blüten haben sich aus einer primitiven »Blüte« (z.B. bei Cycas) aus Sprossen mit unbegrenztem Wachstum und alternierdenden Makrosporophyll- und Trophophyll-Gruppen weiterentwickelt. Von den beiden Ordnungen der im Mesophytikum noch artenreichen Cycadopsida überlebten nur die Cycadales mit heute ca. 120 Arten, während die Nilssoniales (Keuper bis Oberkreide) ausstarben. [RB]

cycle slip, Verlust der Phasenbeziehung bei der Trägerphasenmessung mit ↗GPS. Cycle slips entstehen bei Signalverdeckungen durch Hindernisse, insbesondere beim ↗kinematischen GPS sowie empfängerintern durch rasche Signalvariationen aufgrund von starken Störungen in der ↗Ionosphäre, durch ↗Multipath oder heftige Antennenbewegungen. Sofern die Phasenbeziehung zu mindestens vier Satelliten erhalten bleibt, lassen sich cycle slips bei der Datenvorverarbeitung einfach beseitigen. Andernfalls muß ein neuer Mehrdeutigkeitswert festgesetzt werden. Leistungsfähige ↗GPS-Empfänger markieren cycle slips und erleichtern damit die Datenbearbeitung.

Cyclosilicate, *Ringsilicate*, Minerale mit Ringen von SiO_4-Tetraedern. Es gibt einfache Ringe, Dreierringe (z. B. Benitoit: $BaTi[Si_3O_9]$), Doppeldreierringe (z. B. Elpidit: $Na_2Zr[Si_6O_{15}] \cdot 3\ H_2O$), Viererringe aus SiO_4-Tetraedern (z. B. Axinit: $Ca_2(Fe,Mg,Mn)Al_2[OH/BO_3/Si_4O_{12}]$), Sechserringe (z. B. Beryll: $Al_2Be_3[Si_6O_{18}]$), Doppelringe aus je 6 SiO_4-Tetraedern (z. B. Milarit: $Ca_2Al_-Be_2[Si_{12}O_{30}]$), Eudialyt-Ringe aus 3 und 9 SiO_4-Einheiten und Silicate mit 24-Ringen (12 SiO_4-Einheiten). Da die morphologische Symmetrie ein Abbild der Ringsymmetrie ist und Viererringe selten sind, gibt es unter den Mineralen viele Beispiele mit trigonaler und hexagonaler Symmetrie.

Cyprinidenregion, Bereich der ↗Fischregion, in dem die ↗Barbenregion und die Blei- bzw. ↗Brachsenregion zusammengefaßt werden (*Cyprinidae* = karpfenartige Fische).

CZCS, *Coastal Zone Color Scanner*, Sensor an Bord des im Oktober 1978 gestarteten NASA-Satelliten NIMBUS-7 (Tab.). Der CZCS war das erste Instrument im All, das speziell für die Messung der Ozeanfärbung ausgelegt wurde (Funktionsdauer 1978–1986). Wasserinhaltsstoffe, organische, anorganische Partikel bzw. gelöste Substanzen beeinflussen die Wasserfarbe. Während offenes Ozeanwasser mit wenigen Inhaltsstoffen in einem tiefen Blau erscheint, kann Phytoplankton die Färbung nach Grün, Rot Gelb oder Mahagoni verschieben, anorganische Stoffe an Flußmündungen verursachen wiederum andere Färbungen. Der CZCS lieferte Daten für die Analyse von Wasserinhaltsstoffen, für die Kartierung von Chlorophyllkonzentrationen, Sedimentverteilungen und (im thermischen Infrarot) für die Oberflächentemperaturmessung von Ozeanströmungen und Küstenzonen.

Bodenauflösung	825 m
radiometrische Auflösung	8 bit
FOV	1556 km
Kanäle	0,433–0,453 µm 0,510–0,530 µm 0,540–0,560 µm 0,660–0,680 µm 0,700–0,800 µm 10,5–12,5 µm

CZCS (Tab.): Daten des CZCS.

Czochralski-Verfahren, 1918 von Czochralski publiziertes Verfahren zur Kristallzüchtung aus der Schmelze, mit dem er die Wachstumsgeschwindigkeit von dünnen drahtförmigen ↗Einkristallen von Zinn, Blei und Zink ausmaß. Die entscheidende Entwicklung allerdings kam nach dem 2. Weltkrieg, als dieses Verfahren von Teal und Little 1950 auf die Züchtung von Germaniumkristallen und dann 1952 auf die Herstellung von Silicium-Einkristallen angewendet wurde. Heute ist die Siliciumherstellung weltweit mit einer Produktion von einigen Tausend Jahrestonnen an Silicium-Einkristallen sowohl mengenmäßig als auch wertmäßig nach diesem Verfahren als äußerst erfolgreich anzusehen. Grundlage des Verfahrens ist ein Tiegel, in dem die Schmelze einige Grad über dem Schmelzpunkt gehalten wird. Darin wird ein ↗Keimkristall von oben eingetaucht und nach dem Anwachsen langsam, meist unter Rotation, herausgezogen, so daß die ↗Wachstumsfront kurz über der Schmelze gehalten wird und ein stabförmiger Einkristall entsteht (Abb.). Der Kristall wächst also aus der Schmelze heraus und nicht, wie beim ↗Nacken-Kyropoulos-Verfahren, in die Schmelze hinein. Die erreichbaren Wachstumsgeschwindigkeiten liegen für Elemente bei etwa 100 mm/h. Für Verbindungen und Mischkristallsysteme kann sie bis auf 0,1 mm/h absinken. Das Verfahren bietet durch seine Anordnung eine relativ gute Beobachtungs- und Kontrollmöglichkeit, so daß die Kristallisationsbedingungen über den gesamten Wachstumsvorgang konstant gehalten werden können. Es kann auch für Materialien mit hohen Dampfdrucken angewendet werden, wenn durch ↗LEC das Abdampfen verhindert wird. [GMV]

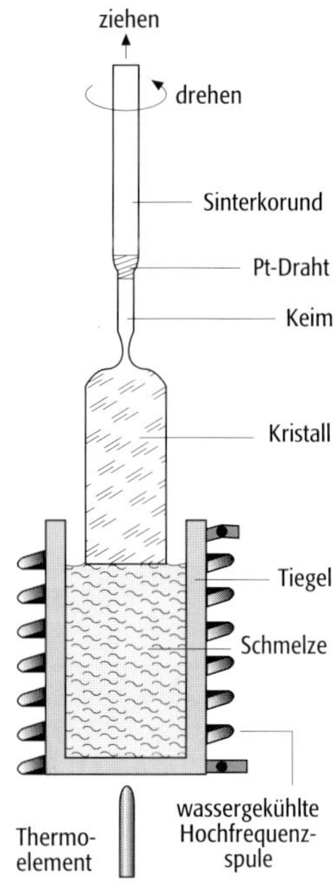

Czochralski-Verfahren: Czochralski-Kristallzuchtapparatur.

D

Dachbank-Zyklus ↗Sequenzstratigraphie.

Dachbegrünung ↗Stadtökologie.

Dachfläche, Verebnung auf einer ↗Schichtstufe, die mit geringerer Neigung als die stufenbildende Schicht in Richtung des Schichtfallens (↗Fallen) abdacht. Auf ihr sind die ↗konsequenten Flüsse angelegt. Vielfach auch als Stufenfläche bezeichnet. In Ausnahmefällen können Dachflächen auch über größere Distanzen als ↗Schichtflächen angelegt sein. Dies ist aber nur bei horizontaler Lagerung oder extrem geringem Einfallen der Schichten beobachtbar. Im Regelfall tritt nahe des ↗Traufs das stufenbildende Gestein in der Dachfläche zutage. Mit größerer Distanz von der Stufe bilden jüngere Gesteine den Untergrund. Die Dachfläche ist also eine ↗Skulpturfläche (Abtragungsfläche), deren Verlauf jedoch strukturell geprägt ist (↗Strukturform, ↗Schichtstufenlandschaft).

Dachschiefer, ebenspaltender ↗Schiefer mit feinen Schieferungslamellen.

Dachziegellagerung ↗*Imbrikation*.

Dacit, ein vulkanisches Gestein, das neben mehr als 20 Vol.-% Quarz mehr Plagioklas als Alkalifeldspat enthält (↗QAPF-Doppeldreieck). Die SiO_2-Gehalte liegen über 63 Gew.-% (↗TAS-Diagramm).

Dalton ↗*amu*.

Dalton, *John*

Dalton, *John*, britischer Chemiker und Physiker, * 5. oder 6.9.1766 in Eaglesfield (bei Workington), † 27.7.1844 in Manchester; eignete sich als Autodidakt umfassende Kenntnisse in den Naturwissenschaften an; arbeitete bereits im Alter von zwölf Jahren in Kendal hauptamtlich als Lehrer; siedelte 1793 nach Manchester über (wo er bis zu seinem Tod lebte); unterrichtete dort 1793–1800 am New College, arbeitete danach als Privatgelehrter und wurde 1817 Präsident der Manchester Literary and Philosophical Society; ab 1816 Mitglied der Académie Française in Paris, seit 1822 der Royal Society in London; Mitbegründer der British Association for the Advancement of Science; arbeitete zunächst (ab 1787) über meteorologische Fragestellungen und Instrumente und machte mit selbstgebauten Instrumenten langjährige Wetterbeobachtungen und -aufzeichnungen (»Meteorological Observations and Essays«, 1793); entdeckte an sich selbst und an seinem Bruder die Farbenblindheit (Rot-Grün-Blindheit, Daltonismus), die er 1798 beschrieb; untersuchte die Eigenschaften von Gasgemischen und fand 1801 unabhängig von W. Henry das ↗Dalton-Gesetz der Partialdrücke; untersuchte die Absorption von Gasen durch Wasser und erweiterte das von W. Henry 1802 gefundene Henry-Gesetz über die Löslichkeit von Gasen in Flüssigkeiten auf Gasgemische (Henry-Daltonsches Gesetz); entdeckte 1802 unabhängig von J. L. Gay-Lussac die Gesetzmäßigkeiten bei der Wärmeausdehnung von Gasen und erkannte, daß Gase sich bei Kompression erhitzen, bei Expansion (gegen äußeren Druck) abkühlen (↗Verdunstungsprozeß); postulierte 1803 in Anlehnung an Newtonsche Überlegungen die chemische Atomtheorie, welche die chemischen Elemente nach ihren Atomgewichten unterscheidet und alle Atome eines Elements als in physikalischer und chemischer Hinsicht identisch und gleich schwer ansieht; legte als Bezugseinheit zur Berechnung und Angabe des Atomgewichts (relative Atommasse) der Elemente und Verbindungen das Wasserstoffatom fest und erstellte die erste Tabelle von Atomgewichten, die sechs Elemente und 13 Verbindungen umfaßte; fand 1804 bei Untersuchung des Wasserstoff-Kohlenstoff-Verhältnisses in Methan und Ethin das Daltonsche Gesetz der multiplen Proportionen; entwickelte eine chemische Zeichensprache mit Atom- und Molekülsymbolen, die sich allerdings gegen die von J. J. von ↗Berzelius nicht durchsetzen konnte; erfand das Taupunkt-Hygrometer. Nach ihm sind ferner die von L. C. Pauling vorgeschlagene, in der Molekularbiologie gebräuchliche Einheit der Molekülmasse, das Dalton (1 Dalton = $1{,}66018 \cdot 10^{-24}$ g), die Daltonide (veraltete Bezeichnung für die Verbindungen mit eindeutiger stöchiometrischer Zusammensetzung) und die Moos-Familie Daltoniaceae benannt. Dalton stellte auch für England und für Wales erste Wasserhaushaltsbetrachtungen an. [HJL]

Dalton-Gesetz, *Daltonsches Gesetz*, nach dem englischen Naturforscher John ↗Dalton (1766–1844) benanntes Gesetz, wonach sich der Luftdruck p aus der Summe der auf die einzelnen Gase zurückgehenden ↗Partialdrucke p_i zusammensetzt: $p = \Sigma p_i$. Im speziellen ist der Luftdruck p die Summe aus dem ↗Dampfdruck (genauer Wasserdampf-Partialdruck) e und dem Druck der trockenen Luft p_L.

Damara-Orogenese ↗Proterozoikum.

Damm, *Staudamm*, *Stauanlage*, Anlage zum Abhalten großer Wassermengen. Maßgebend für die Erfüllung ihrer Funktion ist die Standsicherheit der Dämme. Um einen Dammbruch zu vermeiden, muß die Scherfestigkeit in der Gründungssohle berechnet werden. Die Scherfestigkeit ist verantwortlich für die Aufnahmefähigkeit horizontalen Wasserdrucks. Ein weiterer wichtiger Parameter für die Standsicherheit ist das Verformungsverhalten des Systems Untergrund – Dammkörper. Letzteres hängt entscheidend von dem Aufbau und der Festigkeit des Untergrundes, dem Dammaufbau, der Art der Untergrundabdichtung und der Talform und Talbreite ab. Es wird zwischen homogenen und gegliederten Dämmen unterschieden. Homogene Dämme bestehen aus einheitlichen feinkörnigen Erdstoffen. Ihre Aufgabe ist es zugleich zu dichten und zu stützen, und sie werden zumeist für geringe Stauhöhen < 30 m errichtet. Der Durchlässigkeitsbeiwert liegt bei k ″ 10^{-7} m/s. Bei einem gegliederten Dammaufbau sollte der Stützkörper den Wasserdruck auf den Untergrund übertragen. Verformungen sind zu vermeiden. An das Schüttmaterial selber sind also nicht so hohe Anforderungen als Dichtmaterial zu stellen. Es muß im Gegenteil eine ausreichende Durchlässigkeit von $k > 10^{-5}$ m/s aufweisen. Des weiteren muß das Material verwitterungsbeständig sein und eine hohe Scherfestigkeit haben. Diesen Anforderungen entsprechen am besten gemischtkörnige, nichtbindige Lockergesteine oder gebrochene Festgesteine. Es sind zusätzliche ↗Dichtungselemente erforderlich, die entweder im Damminneren oder auf der wasserseitigen Dammoberfläche angeordnet werden. [SRo]

Dämmerung, Zeitspanne der scheinbaren Bewegung des Sonnenmittelpunktes aus einem bestimmten Winkel unter dem Horizont bis zum Aufgang des oberen Sonnenrandes (Morgendämmerung). Entsprechend wird die Abenddämmerung definiert. Je nach der Größe des Depressionswinkels, der die Dauer der Dämmerung begrenzt, unterscheidet man die *astronomische Dämmerung* (18°), wenn keine gestreute Sonnenstrahlung mehr auftritt, die *nautische Dämmerung* (12°) und die *bürgerliche Dämmerung* (6,5°), während der man »gedruckte Schrift im Freien noch lesen kann«. Ursachen des Effektes sind die Lichtstreuung und die Refraktion des Sonnenlichts in der Atmosphäre. Vor Beginn und nach Ende der astronomischen Dämmerung können unter günstigen atmosphärischen Bedingungen, in dunkler Umgebung und ohne Mondlicht, Sterne bis zur fünften Größenklasse mit bloßem Auge beobachtet werden. Die Dauer der Dämmerung hängt von der Deklination der Sonne und von der Breite des Beobachtungsorts ab. Die astronomische Dämmerung dauert am Äquator etwa 1,25 h, bei 30° ↗geographischer Breite etwa 1,5 h, bei 50° geographischer Breite je nach Jahreszeit etwa 2 h bis 3,75 h und bei noch höheren Breiten gehen Abend- und Morgendämmerung ineinander über. ↗Mitternachtssonne, ↗Dämmerungserscheinungen. [KGS, HQ]

Dämmerungserscheinungen, während der Himmel bei Tage je nach Bewölkungsgrad und ↗Trübung der Atmosphäre kräftig blau oder mehr weißlich aussieht (↗Himmelsblau), erscheinen im Laufe der ↗Dämmerung vielfältige Farben (überwiegend rot und blau, auch grün) am Himmel, insbesondere oberhalb, aber auch gegenüber der Sonne. Wenn sich die Sonne dem Horizont auf 10° genähert hat, verfärbt sich der Himmel in Horizontnähe auf der Sonnenseite und auf der Gegenseite gelblich-rot. Nach Sonnenuntergang bis -2° ↗Sonnenhöhe werden die Farben auf der Sonnenseite kräftiger (unten rotbraun, nach oben hin orange bis gelb) und der Himmel darüber leuchtet zwischen 20° und 50° über dem Horizont blauweiß. Auf der Gegenseite der Sonne steigt der Erdschatten empor und darüber ist der Himmel rot, darüber folgt orange, dann gelb, dann grün. Bei Sonnenständen unter dem Horizont von 2° bis 18° herrscht vor allem die »Purpurdämmerung« mit ihrem ↗Purpurlicht. Beleuchtet die untergegangene Sonne hohe Wolken (↗Wolkenfamilien) von unten, so sehen diese tiefrot aus. Bei sinkender Sonne verlängert sich der Lichtweg der Sonnenstrahlung durch die Atmosphäre. Durch die stärkere Streuung der kürzeren Wellenlängen an Luftmolekülen (↗Rayleigh-Streuung) und Aerosolen (↗Mie-Streuung) dominiert der rote Anteil im Sonnenlicht, wodurch die tiefrote Farbe mittelhoher und hoher Wolken (insbesondere Cirrus) über der untergegangenen Sonne, das *Abendrot*, (Abb. im Farbtafelteil) entsteht. Dem entspricht in der Morgendämmerung das *Morgenrot*.

Die Dämmerungserscheinungen mit ihren Farben entstehen durch das Zusammenwirken der Kugelgestalt der Erde, der Abnahme der Luftdichte mit der Höhe und der farbabhängigen Schwächung des Lichtes von der Sonne bei ihrem Weg durch die Atmosphäre. Die Dämmerungsfarben sind umso weniger kräftig, je mehr ↗Aerosol oder Wolken in der Troposphäre vorhanden sind.

Dammkultur, bedeutet Ausformen der Bodenoberfläche aus technologischen Gründen (begünstigt Ertragsbildung, erleichtert Pflege und Ernte), aber auch zum Schutz vor Bodenerosion, Versalzungsschäden und zur Regulierung des Wasserhaushaltes. Man unterscheidet Dammkultur, Hügelkultur und Häufelkultur. Es handelt sich bei diesen um weniger verbreitete Verfahren für landwirtschaftliche Nutzpflanzen, im Gegensatz zur Flachkultur.

Dammuferfluß, geomorphographischer Begriff für einen Fluß, dessen Gerinnebett beidseitig von einem ↗Uferwall (Uferdamm) gesäumt wird.

Dammufersee, Stillwasserflächen, die entstehen, wenn aktive Flußläufe sich verlagern (↗mäandrierender Fluß, ↗Avulsion) und dabei tiefer liegende Auenbereiche von ↗Uferwällen umschlossen werden. Im Unterschied zum ↗Umlaufsee können die beteiligten Uferwallabschnitte von ehemaligen Flußläufen verschiedenen Alters und verschiedenen Abschnitten des aktiven Flußlaufs stammen.

Dampfdruck, ↗Partialdruck des Wasserdampfes in der Luft. Der Dampfdruck p_d ist ein Maß für die ↗Luftfeuchte. ↗Sättigungsdampfdruck.

Dämpfung, Vorrichtung, um die Eigenschwingungen in einem ↗Seismometer bei impulsförmiger Anregung abzuschwächen. Der dimensionslose *Dämpfungsfaktor* h gibt den Grad der Dämpfung an. Für $h = 0$ führt das Seismometer ungedämpfte Eigenschwingungen aus, für Werte zwischen 0 und 1 führt es gedämpfte Eigenschwingungen aus. Bei $h = 1$, dem aperiodischen Grenzfall, ist kein Überschwingen über die Nullinie mehr feststellbar. Mit wachsendem $h > 1$ dauert es immer länger, bis das Seismometer in seine Ruhelage zurückkehrt. Seismometer sind häufig mit $h = 0{,}7$ gedämpft.

Dämpfung seismischer Wellen, fortschreitende Amplitudenabnahme bei der Ausbreitung seismischer Wellen. Dafür gibt es verschiedene Ursachen: a) ↗Streuung seismischer Wellen an Inhomogenitäten in der Größenordnung der Wellenlänge oder kleiner; b) anelastische ↗Absorption: Die Definition des spezifischen Gütefaktors oder *Qualitätsfaktor Q* (*Q-Faktor*) folgt aus der Beziehung

$$Q^{-1} = \delta E/(2\pi E),$$

wobei δE der Energieverlust ist, die eine harmonischen Welle bei der Ausbreitung während einer vollen Periode 2π erfährt und E der Spitzenwert der Energie ist. Die Dämpfung ist groß für hohe Werte von Q^{-1}. Zwischen dem Absorptionskoeffizienten α und Q besteht die Beziehung $\alpha = \omega/(2\,cQ)$ (ω = Kreisfrequenz, c = Phasengeschwindigkeit). Typische Werte von Q für ↗P-Wellen sind 100–500 in der ↗Erdkruste und 200–5000 im ↗Erdmantel. Q-Werte für P-Wellen betragen etwa das 2,5-fache der Werte für S-Wellen. Für teleseismische Raumwellen mit der Laufzeit t werden die Dämpfungseigenschaften häufig durch den Paramter $t^* = t/Q$ beschrieben, wobei Q der Durchschnittswert entlang des Laufweges ist. Für langperiodische P-Wellen beträgt $t^* \approx 1$ s, für langperiodische S-Wellen $t^* \approx 4$ s. c) Energieverluste durch Reflektion und Brechung an seismischen Diskontinuitäten (↗Snelliussches Brechungsgesetz). d) Energieverluste durch ↗geometrische Dämpfung.

Die unter a)-c) aufgeführten Ursachen sind frequenzabhängig. Energieverluste durch Streuung und anelastische Absorption sind in Beobachtungen oft nicht einfach zu trennen. [GüBo]

Dämpfungsfaktor, **1)** *Angewandte Geologie*: dimensionsloser Korrekturwert $C(\beta)$, der bei der Auswertung von ↗Einschwingverfahren nach Krauss (1977) zur Berechnung der Transmissivität T nach der folgenden Gleichung benötigt wird:

$$T = \frac{r_w^2 \omega_w}{C(\beta)}$$

(r_w = Brunnenradius; ω_w = Eigenfrequenz des Brunnens; β = Dämpfungskoeffizient der Schwingung). Der Dämpfungsfaktor $C(\beta)$ kann nach der Bestimmung von β aus einem Nomogramm (Abb.) bei Kenntnis des Speicherkoeffizienten S direkt abgelesen werden. **2)** *Geophysik*: ↗Dämpfung.

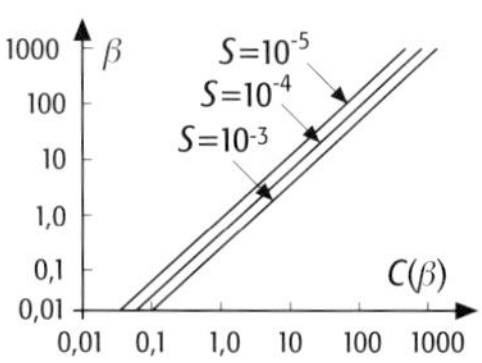

Dämpfungsfaktor: Nomogramm zur Bestimmung des Dämpfungsfaktors $C(\beta)$ für die Auswertung eines Einschwingverfahrens nach Krauss; β = Dämpfungskoeffizient, S = Speicherkoeffizient.

Dämpfungskoeffizient, β, bei der Auswertung von ↗Einschwingverfahren und ↗Slug-Tests in Grundwasserleitern bestimmt der Dämpfungskoeffizient die Anzahl der Schwingungsperioden, bis sich der Ruhewasserstand wieder eingestellt hat. Je größer er ist, desto stärker wird die Schwingung gedämpft. Für $\beta > 1$ ist die Schwingung praktisch nach einer Periode schon auf Null gedämpft, d. h. der Grundwasserspiegel stellt sich ohne Schwingung exponentiell wieder auf den Ausgangswasserspiegel ein. Dies entspricht den herkömmlichen Slug-Tests. Erst für $\beta < 1$ kommt es zu einer merklichen Schwingung von mehr als einer Periode um den Ruhewasserspiegel, und man kann eine Auswertung nach dem Einschwingverfahren durchführen. Werte von $\beta < 1$ treten i. d. R. ab ↗Transmissivitäten von $T > 10^{-3}$ m²/s auf. [WB]

Dan, *Danien*, international verwendete stratigraphische Bezeichnung für die unterste Stufe des Paläozäns, früher vielfach noch der Oberkreide zugeordnet; benannt nach dem Staat Dänemark. ↗Paläogen, ↗geologische Zeitskala.

Dana, *James Dwight*, amerikanischer Mineraloge und Geologe, * 12.2.1813 Utica (New York), † 14.4.1895 New Haven (Connecticut). Dana war ab 1856 Professor am Yale College in New Haven; nahm 1838–42 an einer Pazifik-Expedition teil. Er vertrat als einer der ersten die Kontraktionstheorie (Schrumpfungstheorie); führte die Begriffe »Archaikum« und »Geosynklinale« ein. Neben Arbeiten zur Geologie und Mineralogie verfaßte er auch Beiträge zur Zoologie (u. a. über fossile Krebse und Korallen). Dana schrieb mehrere Lehrbücher.

Danaide, ein zylindrischer Meßbehälter mit genau bestimmter, kreisrunder Auslaßöffnung im Boden. Danaiden werden zur Bestimmung von Durchflußraten, z. B. Quellschüttungen eingesetzt. Hierzu wird der zu messende Wasserstrom von oben in die Danaide geleitet, was zu einem Anstieg des Wasserspiegels im Behälter bis zu einem bestimmten Niveau, der Stauhöhe, führt. Die Stauhöhe ist proportional zur Durchflußrate, die somit über eine entsprechende Eichkurve direkt ermittelt werden kann. Mit Danaiden sind in der Praxis Förderraten bis etwa 10 l/s zu bestimmen.

3D-Analyse, spezielle Form der ↗Datenanalyse, die sich auf 3D-Daten bezieht, wobei unter 3D-Daten die Abbildung von Oberflächen durch Punkt- und Liniennetzen verstanden werden kann oder von einer volumenmäßigen Abbildung von Körpern ausgegangen wird. In raumbezogenen Informationssystemen (↗Geoinformationssysteme) beziehen sich die Möglichkeiten zur 3D-Analyse auf im Georaum kontinuierlich vorkommende Phänomene, die i. d. R. durch Punktnetze approximiert werden. Als ↗Datenstruktur werden regelmäßig oder unregelmäßig verteilte Punktdaten verarbeitet, die durch x-,y- und z-Koordinaten beschrieben sind. Regelmäßig angeordnete Daten können durch eine Matrix von z-Werten repräsentiert werden, wobei die Matrix selbst georeferenziert sein muß (↗Georeferenzierung). Demgegenüber können unregelmäßig angeordnete Daten am besten über eine Triangulation strukturiert werden, wobei jeder einzelne Punkt auf seine nächsten Nachbarn verweist, so daß alle Datenpunkte durch sich nicht überschneidende Kanten verbunden werden (z. B. bei der Delaunay-Triangulation). Eine häufige Anwendung findet die 3D-Analyse bei ↗digitalen Geländemodellen, die wichtigsten abgeleiteten Größen sind die Neigung und die Exposition. Zur Präsentation einer Oberfläche müssen die Datenpunkte über eine ↗Interpolation aufbereitet werden. Mögliche Präsentationsformen sind die Darstellung der Oberfläche durch ↗Isolinien in einer ↗Karte oder durch perspektivische ↗Blockbilder und Schnitte, z.B in Form von Profilzeichnungen. Perspektivische Darstellungsverfahren lassen sich durch die Berechnung von Schattierungen (hill shading, raytracing) oder künstlich erzeugte Oberflächenstrukturen (Texturen) ergänzen. [AMü]

Dänemarkstraße, Meeresstraße zwischen dem ↗Europäischen Nordmeer und dem Nordatlantik zwischen Grönland und Island. Das als overflow durch die Dänemarkstraße nach Süden strömende Wasser arktischen Ursprungs führt zu den Absinkbewegungen der globalen ↗thermohalinen Zirkulation.

Danien ↗*Dan*.

Dansgaar-Oeschger-Event, schnelle Warm-kalt-Oszillation, die sich in den Sauerstoffisotopenkurven von grönländischen Eisbohrkernen abbildet.

Darcy, *D*, Maßeinheit für die ↗Permeabilität *k*. Ein poröses Gestein hat die Permeabilität $k = 1$ Darcy, wenn 1 cm^3 einer Flüssigkeit mit der Viskosität 1 cP (Zentipoise) in 1 s ein Gesteinsstück von 1 cm Länge und 1 cm^2 Querschnittsfläche bei einem Druckunterschied von 1 at zwischen Eintritts- und Austrittsstelle bei einer Temperatur von 0 °C und einem atmosphärischen Druck von 760 mm Quecksilbersäule durchfließt. Das Darcy *D* hat die Einheit cm^2. $1\ D = 9{,}869 \cdot 10^{-9}\ cm^2$. Durch die Einführung der neuen Einheiten für die Viskosität (Pa · s) und den Druck (bar) wird $1\ D = 9{,}678 \cdot 10^{-9}\ cm^2$. Heute wird die Permeabilität nicht mehr in Darcy, sondern durch den ↗k_f-Wert angegeben. 1 *D* entspricht ungefähr einem k_f-Wert von 10^{-5} m/s.

Darcy, *Henry Philibert Gaspar*, französischer Wasserbauingenieur, * 1803 in Dijon, † 1858, baute ein öffentliches Wasserversorgungssystem in Dijon. Er stellt in einem Anhang eines Berichtes über die Wasserversorgung von Dijon eine empirisch gewonnene Gleichung über das für eine Filterreinigung notwendige Wasservolumen vor:

$$Q = K \cdot A \cdot \frac{H + L}{L}$$

(K = Konstante, A = Filterquerschnitt, L = Filterlänge, H = Wasserhöhe über dem Filter). Diese als ↗Darcy-Gesetz bekannt gewordene Formel bildet auch heute noch die Grundlage der meisten Berechnungen von Grundwasserbewegungen. Er veröffentliche 1865 gemeinsam mit Bazin (1829–1917) ein Buch über hydraulische Berechnungen. Gemeinsam führten beide zahlreiche Laborversuche durch und untersuchten insbesondere die Geschwindigkeitsverteilungen in offenen Wasserläufen sowie in künstlichen Gerinnen. [HJL]

darcy flow, *D*, beschreibt den Fluidtransport durch ein poröses Gestein (↗Permeabilität):

$$D = \frac{X}{A\,t}\,.$$

Der darcy flow gibt an, wieviel Fluid *X* pro Zeiteinheit *t* durch eine Fläche *A* transportiert wird.

Darcy-Geschwindigkeit ↗*Filtergeschwindigkeit*.

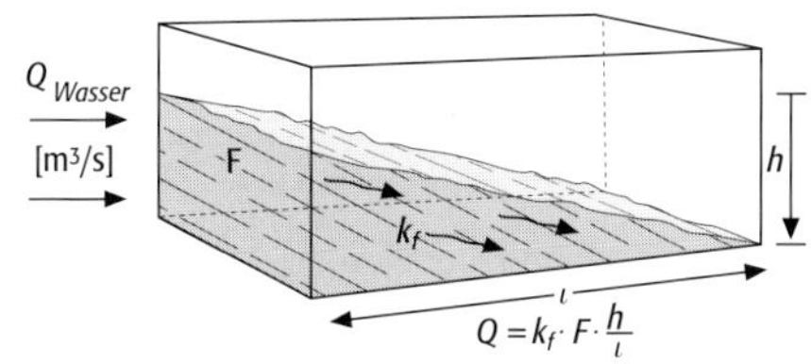

Darcy-Gesetz 1: Das Darcysche Gesetz.

Darcy-Gesetz, durch ↗Darcy entwickelte Gesetzmäßigkeit, nach der die durch eine bestimmte Fläche *F* hindurchfließende Wassermenge *Q* dem Druckhöhenunterschied *h* und einem gesteinsspezifischen Koeffizienten k_f (Durchlässigkeitsbeiwert) direkt proportional und umgekehrt proportional der Fließlänge *l* ist (Abb. 1). Das Verhältnis *h*/*l* entspricht dem ↗hydraulischen Gradienten *i*. Das Darcy-Gesetz (*Darcy-Gleichung*) ist formuliert als:

$$Q = k_f \cdot F \cdot \frac{h}{l} = k_f \cdot F \cdot i \quad \left[m^3 / s\right].$$

Durch Umstellen der Gleichung ergibt sich die Formulierung des ↗k_f-Wertes.
Eine vereinfachte Schreibweise ist $Q = k \cdot h/l$, wobei *k* als die ↗hydraulische Leitfähigkeit bezeichnet wird. Das Darcy-Gesetz gibt die in einer Zeiteinheit durch einen bestimmten Querschnitt eines Porengrundwasserleiters fließende Wassermenge an. Für den Anwendungsbereich des Darcy-Gesetzes muß die gemessene Trägheitskraft des strömenden Mediums gegenüber der Kraft der inneren Reibung vernachlässigbar klein sein. Sie gilt

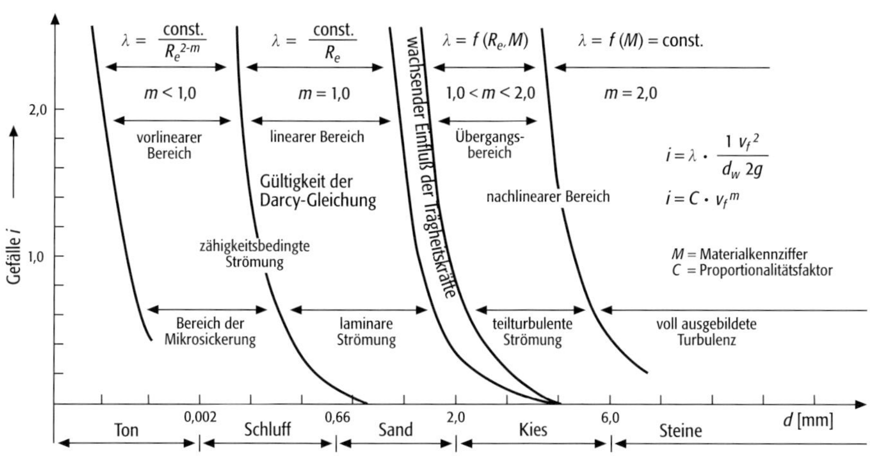

Darcy-Gesetz 2: Gültigkeitsbereich der Darcy-Gleichung (R_e = Reynolds-Zahl, v_f = Filtergeschwindigkeit, d_w = wirksame Korngröße, g = Erdbeschleunigung, λ = Reynoldskonstante, m = Konstante).

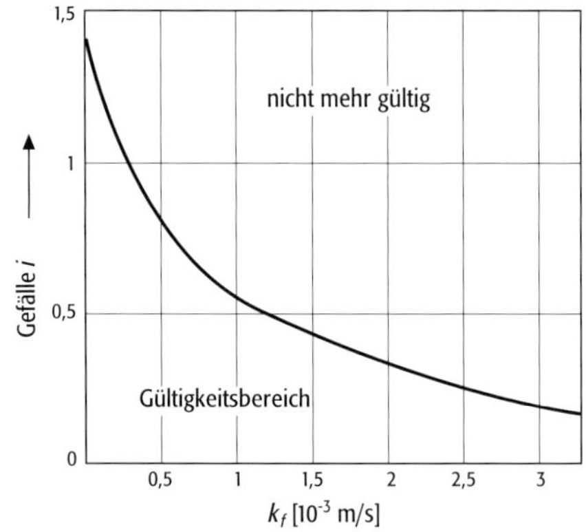

Darcy-Gesetz 3: Gültigkeitsgrenzen der Darcy-Gleichung in Abhängigkeit vom hydraulischen Gefälle i.

demnach nicht mehr, wenn die Strömungsgeschwindigkeit in den Porenräumen so groß wird, daß die Trägheitskraft merklich wird (Abb. 2). Ein Maß für die obere Gültigkeitsgrenze stellt die ↗Reynolds-Zahl R_e dar. Das Darcy-Gesetz trifft dann zu, wenn sich die R_e-Zahl im Bereich zwischen 1–10 befindet. In natürlichen Grundwasserströmen werden R_e″ 10 i.d.R. nicht überschritten. Strömungen mit höheren R_e-Zahlen werden als ↗turbulente Strömungen bezeichnet. Ein unterer Gültigkeitsbereich des Darcy-Gesetzes ist für sandige, kiesige, klüftige und verkarstete Aquifere nicht gegeben. Selbst bei sehr kleinen Gradienten (i = 0,00003) ist das Darcy-Gesetz noch gültig (Abb. 3, Abb. 4). In schluffig-tonigen Gesteinen hingegen ähneln die Fließbewegungen des Wassers aufgrund der geringen Porendurchmesser denen von Dickstoffen in Röhren, wobei der innere Widerstand des fließenden Wassers stark gegenüber dem Reibungswiderstand an den Porenwänden hervortritt. Neben der Adsorption und Adhäsion zwischen angelagertem Wasser und Bodenteilchen beeinflussen v.a. die elektromolekularen Oberflächenkräfte das Fließverhalten des Wassers. Erst bei Überschreiten eines hydraulischen Grenzgefälles i_0 beginnt das molekular gebundene Wasser teilweise zu fließen.
Daher gilt für bindige Böden eine erweiterte Darcy-Gleichung:

$$Q = k_f \cdot F \cdot \left(i - i_0\right)$$

(Q in m^3/s). Je feinkörniger der Boden, desto größer ist das Grenzgefälle i_0. Die Bestimmung von i_0 ist schwierig und hat bisher nur zu wenig zufriedenstellenden Ergebnissen geführt. Für Schluffe werden Grenzgefälle von i_0 = 0,2–5 und für Tone i_0 = 0–18 angegeben. Diese Streuung ist auf die physikalischen und chemischen Eigenschaften des Wassers und des Grundwasserleiters zurückzuführen.
Obwohl das Darcy-Gesetz für poröse Kies-Sand-Gemische entwickelt wurde, ist es auch für Festgesteinsaquifere, bei denen das Grundwasser hauptsächlich in Klüften, Spalten und Röhren zirkuliert, anwendbar. Dieses setzt voraus, daß die geometrische Anordnung der Hohlräume die Gültigkeit des Darcy-Gesetzes nicht wesentlich einschränkt.
Die Gleichung wurde von Henry Darcy im Jahre 1856 für die Planung der Wasserversorgung der Stadt Dijon aufgestellt, später von Slichter für drei Raumdimensionen verallgemeinert und von L.A. Richards 1931 für die Anwendung auf die ungesättigte Bodenzone erweitert. ↗Richards-Gleichung.

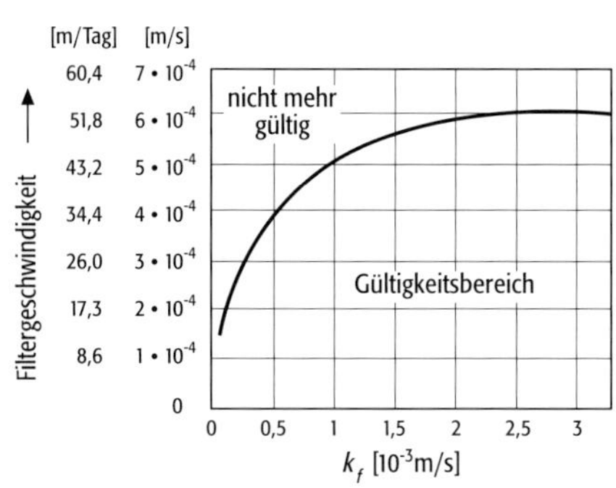

Darcy-Gesetz 4: Gültigkeitsgrenzen der Darcy-Gleichung in Abhängigkeit von der Filtergeschwindigkeit v_f.

Darcy-Gleichung ↗Darcy-Gesetz.

Darcy-Weisbachsches Fließgesetz, *Fließgesetz*, leitet sich direkt aus den Flachwassergleichungen ab und basiert auf dem Widerstandsgesetz der Flüssigkeitsmechanik:

$$v = \frac{1}{\sqrt{\lambda}} \cdot \sqrt{8g \cdot r_{hy} \cdot l}$$

mit v = Fließgeschwindigkeit in [m/s], r_{hy} = hydraulischer Radius [m], λ = Darcy-Weisbach-Koeffizient (Rohrreibungsbeiwert), g = Fallbeschleunigung [m/s^2], l = Fließstrecke [m].

Darg, unterste, tonhaltige, aus Schilfresten (↗Torf) bestehende Lage von Marschböden (↗Marschen).

Darstellungsgegenstand, *Kartengegenstand*, konkretes oder abstraktes Objekt der Realität mit georäumlichem Bezug, das durch ↗Geodaten beschrieben ist und in einer Karte oder anderen ↗kartographischen Darstellungsformen abgebildet wird. Die Darstellungsgegenstände werden eingeteilt in: a) Gegenstände i.e.S.: konkrete, unbelebte und belebte Gebilde der Umwelt, auch Geo-Objekte genannt, Erscheinungen bzw. Phänomene, z.B. Fluß, Haus, geologischer Aufschluß, Pflanzenvorkommen und b) Sachverhalte, auch Geo-Sachverhalte genannt. Diese beschreiben mehr abstrakt die Merkmale eines Objekts oder seine Beziehung zu anderen Objekten. Sachverhalte von Objekten sind deren Eigenschaften wie z.B. Temperatur eines Gewässers oder Merkmale eines Bodentyps. Das Verhalten zu anderen Objekten wird entweder durch eine einfache Relation (z.B. ↗Flußdichte) oder durch raumzeitliche Veränderungen (z.B. Wasserstände) charakterisiert. Aus räumlicher Sicht sind ↗Diskreta und ↗Kontinua zu unterscheiden und aus zeitlicher Sicht statische und dynamische Darstellungsgegenstände. Die sachlichen Eigenschaften können qualitativ und quantitativ sein. Sie werden im einzelnen durch das ↗Skalierungsniveau der entsprechenden Geodaten beschrieben. [WGK]

Darstellungsmaßstab, ↗Maßstab, in dem (landschafts-)ökologische Daten kartographisch dargestellt werden.

Darstellungsschicht, Mittel zur generellen graphischen Strukturierung des Inhalts von Karten. Obwohl vornehmlich bei ↗thematischen Karten verwendet, ist der Begriff auch auf ↗topographische Karten anwendbar. Wie in allen graphischen Darstellungen lassen sich in Karten flächenhafte graphische Elemente mit weiteren flächenhaften, mit linienhaften und/oder punkthaften Elementen sowie mit Schriften überlagern. Jedoch resultieren die Darstellungsschichten einer Karte zu einem großen Teil aus der Gliederung des Karteninhalts. Sie entsprechen folglich nur bedingt den Ebenen der Computergraphik (↗desktop mapping). Übersichtlich gegliederte ↗Legenden lassen auf einen Blick erkennen, welche Darstellungsschichten eine Karte enthält. Zumeist werden den inhaltlichen Teilkomplexen der ersten Gliederungsstufe bestimmte kartographische Darstellungsmethoden zugewiesen, die kombinationsfähig (überlagerungsfähig im obigen Sinne) sein müssen. Die *mehrschichtige Darstellung* ist daher i. d. R. eine Kombination mehrerer kartographischer Darstellungsmethoden. In vielen Fällen bildet der ↗flächenhafte Untergrund (↗Flächenkartogramm, ↗Schichtstufenkarte) die erste Darstellungsschicht. Die darüberliegende zweite Darstellungsschicht kann ↗Linearsignaturen, eine dritte Positionsdiagramme und/ oder ↗Positionssignaturen enthalten. Die Abfolge der Darstellungsschichten wird durch zielgerichtetes Freistellen der ↗Kartenzeichen der jeweils überlagernden Schicht unterstützt. Die visuelle Wahrnehmung von Darstellungsschichten ist jedoch nicht zwangsläufig an die Verwendung verschiedener kartographischer Darstellungsmethoden gebunden. In Flächenkartogrammen, ↗Flächenmosaiken, auch in Diagrammflächen lassen sich ↗Flächenmuster über die Flächentöne legen, so daß nicht die Darstellungsmethoden sondern die Arten der ↗Flächenfüllung kombiniert werden. Dessen ungeachtet entsprechen die dergestalt graphisch ausgedrückten Merkmale verschiedenen Teilkomplexen der Legende. Stets ist zu beachten, daß die in Flächentönen dargestellten Merkmale zwar die untere Darstellungsschicht bilden, daß sie jedoch gegenüber punkthaft und linienhaft dargestellten Inhalten dominieren und den Gesamteindruck der Karte prägen. Als einschichtige Darstellung werden gemeinhin jene Karten bezeichnet, die nur eine thematische Ebene aufweisen. Topographische Baselemente (↗Basiskarte) werden hierbei nicht als Darstellungsschicht angesehen. Neben den inhaltlichen und den von der Darstellungsmethode bestimmten Schichten lassen sich durch geeignete Wahl der ↗Farbhelligkeit und andere Mittel visuelle Schichten erzeugen und unterscheiden. So werden die Basiselemente meist in neutralen Grautönen gehalten (Hintergrund), die flächenhafte Darstellung in mehr oder weniger aufgehellten Farben, während thematische Signaturen und Diagramme durch gesättigte Farbgebung in den Vordergrund treten. Ganz ähnlich können sich graue und schwarze Schriften in zwei visuellen Schichten ordnen. Die Entscheidung über die Ein- oder Mehrschichtigkeit der Karten wird im Rahmen der ↗Gestaltungskonzeption getroffen. In ↗Bildschirmkarten, die nach dem Layerprinzip aufgebaut sind, lassen sich die Inhalte von Darstellungsschichten durch Ein- bzw. Ausblenden der betreffenden Ebenen bedarfsgemäß einzeln oder stufenweise kombiniert wiedergeben. ↗Komplexkarte, ↗Synthesekarte, ↗Transkriptionsform. [KG]

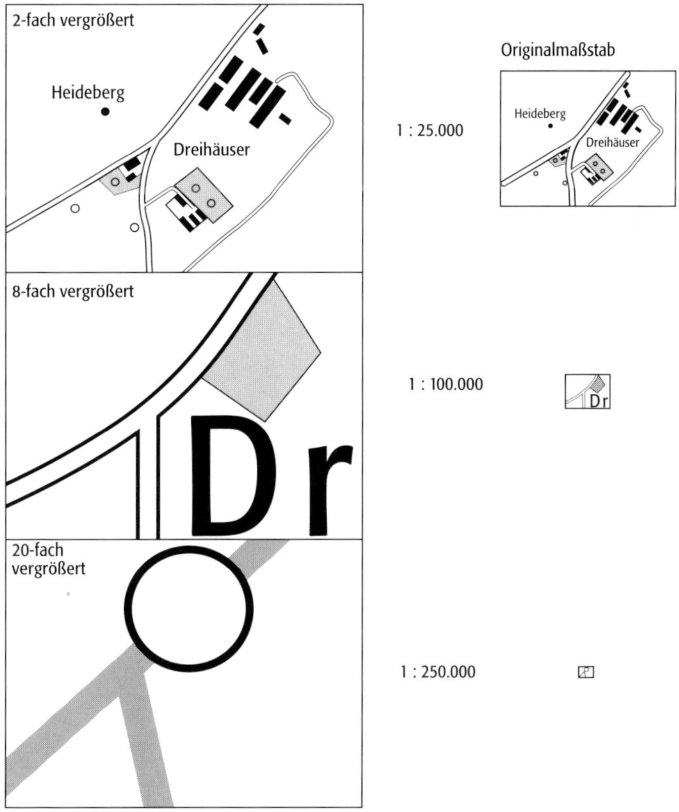

Darstellungsumschlag: Übergang von einer Gebäudesignatur zur Siedlungsfläche bzw. Ortssignatur.

Darstellungsumschlag, *Qualitätsumschlag*, Generalisierungsmaßnahme, bei der die kartographische Darstellungsmethode gewechselt wird, um eine abstraktere Wiedergabe bei kleinerem Maßstab zu ermöglichen. Der Wechsel erfolgt von der flächenhaften zur Signaturdarstellung und/oder umgekehrt. Klassisches Beispiel ist der Übergang von der grundrißlichen Gebäudedarstellung zur Gebäudesignatur in großmaßstäblichen Karten, die im mittleren Maßstabsbereich abgelöst wird von der flächenhaften Darstellung der bebauten oder der Siedlungsfläche, an deren Stelle in den Übersichtsmaßstäben die Ortssignatur tritt (Abb.). Die für nicht scharf abgrenzbare Maßstabsbereiche typischen Darstellungsweisen werden auch als Darstellungsstufen bezeichnet.

Darwin, *Charles Robert*

Darwin, *Charles Robert*, britischer Naturforscher und Biologe, * 12.2.1809 in Mount (bei Shrewsbury), † 19.4.1882 Down House (heute zu London-Bromley). Darwin war ein Enkel von Erasmus Darwin, einem britischen Naturforscher, der bereits Ende des 18. Jh. Spekulationen über die Herkunft und Entwicklung der Lebewesen angestellt hatte. Darwin begann 1825 ein Medizinstudium, welches er, abgeschreckt durch die damals gängige, betäubungslose chirurgische Praxis, bald abbrach. Im Jahr 1828 begann er das Studium der Theologie in Cambridge, beschäftigte sich aber daneben auch schon mit Geologie und Biologie. Nach dem Erwerb des Bachelorgrades der Universität 1831 nahm er die sich bietende Gelegenheit wahr, als unbezahlter Naturforscher an einer Weltreise auf dem königlichen Forschungs- und Vermessungsschiff »Beagle« teilzunehmen. Die Reise führte über die Kapverdischen Inseln an die Ost- und Westküste Südamerikas, zu den Galapagosinseln, nach Tahiti, Neuseeland, Tasmanien, über Mauritius, Südafrika und die Azoren zurück nach England. Nach seiner Rückkehr 1836 ließ sich Darwin zunächst wieder in Cambridge nieder, zog aber schon im darauffolgenden Jahr nach London. Von 1838 bis 1841 war er Sekretär der Geologischen Gesellschaft von England. Er heiratete 1839 und bezog 1842 seinen Landsitz Down bei Bromley, Kent, wo er bis zu seinem Lebensende wohnte und die meisten seiner Werke verfaßte.

Die Auswertung des auf seiner Forschungsreise gesammelten Materials beschäftigte ihn auf Jahre. Aus seiner Forschungsreise resultierende Veröffentlichungen waren u.a. »The Structure and Distribution of Coral Reefs« (1842), in der er eine Theorie zur Entstehung von Riffen und Atollen aufstellte, des weiteren seine Monographie über die Cirripedia (Rankenfüßer-Krebse, 1851–1854), an der er acht Jahre arbeitete, und eine Reihe geologischer Observationen. Seine Überlegungen zur Evolution, für die er weltweit berühmt wurde, hielt er lange, in mehreren kleinen Notizbüchern notiert, zurück, bis er sich von seinen Freunden Ch. ↗Lyell und T.H. Huxley aufrütteln ließ, seine Theorie endlich zu publizieren, da 1855 von einem jungen Tiersammler namens Alfred Russel Wallace eine zwölfseitige Publikation zu dessen Theorie von der Veränderlichkeit und Entstehung der Arten in einer populärwissenschaftlichen Zeitschrift erschienen war, die praktisch zum selben Ergebnis kam. Daraufhin begann Darwin mit der Niederschrift seines vieldiskutierten Werkes »On the Origin of Species by Means of Natural Selection, or the Preservation of Favoured Races in the Struggle for Life« (»Über die Entstehung der Arten durch natürliche Zuchtwahl oder die Erhaltung der begünstigten Rassen im Kampf ums Dasein«, 1859). Noch bevor er sein Hauptwerk beenden konnte, empfing er 1858 von Wallace, mit dem er in der Zwischenzeit in Briefwechsel stand, ein weiteres Manuskript zum selben Thema, zu dem Darwin ihn ermuntert hatte. In der Folgezeit überließ jedoch Wallace Darwin die Priorität für die Publikation der Selektionstheorie, da Darwin bereits seit 1837 über seine Theorie nachgedacht und in einem, zu seinen Lebzeiten nie veröffentlichten Manuskript von 1844 festgehalten hatte. Wallace arbeitete in der Folgezeit Darwin zu und prägte den Begriff »Darwinismus«.

Da die Publikation von Darwins Ideen schon lange von seiner Leserschaft erwartet wurde, war die erste, 1250 Exemplare umfassende Auflage des Buches »Entstehung der Arten ...« schon am Erscheinungstag vergriffen. Darwin entwickelte eine Theorie von den Evolutionsmechanismen, welche besagt, daß durch »Vererbung mit Modifikation« (Mutation) und natürliche Auslese (Selektion) die tauglichsten Organismen diejenigen seien, die am besten an ihre jeweilige Nische angepaßt seien. Die Wendung vom »Überleben des Tauglichsten« (»Survival of the fittest«) übernahm Darwin 1862 von dem Wirtschaftsjournalisten Herbert Spencer, der diesen Begriff für bevölkerungsdynamische Prozesse verwendete. Im Grunde stellt dieser Begriff hinsichtlich der Selektionstheorie eine Tautologie dar, da das eine (die Tauglichkeit) durch das andere (das Überleben) definiert wird. Dabei sind die Gründe für das Überleben zu erklären, und das Überleben nicht schon selbst als ein Beweis dafür anzusehen, daß diejenigen, die überlebten, »besser angepaßt« waren. Darwin selber hatte schon an diese Entgegnung aus dem kreationistischen Lager gedacht. Er legte deshalb dar, daß Tauglichkeit nicht im Nachhinein auf Grund des Überlebens definiert werden könne, sondern daß es sich anhand des Verhaltens und der Physiologie eines Tieres vorhersagen lassen müßte, z.B. daß der schnellste in einer Herde bessere Überlebenschancen hat, da er eventuellen Freßfeinden eher entkommt. Im Hinblick auf die Schnelligkeit müsse man den Knochenbau, die Gelenke und Muskeln untersuchen. Eine bessere Überlebenschance eines Tieres muß also eine zu überprüfende Vorhersage sein, nicht eine Definition der Anpassung.

Einen Anstoß zur Entwicklung seiner Theorie hatte Darwin die Beschreibung der später nach ihm benannten Finken von den Galapagosinseln gegeben. Die Bestimmung der von ihm mitgebrachten Vögel, die er zunächst teilweise für Varietäten einer Art, teilweise für verschiedenen Gattungen angehörig hielt, erfolgte durch den Ornithologen John Gould, der feststellte, daß es sich bei den Exemplaren um 13 verschiedene Arten von Bodenfinken handelte. Die Finken, so Darwins spätere Meinung, stammten vermutlich von einer Ausgangsart des südamerikanischen Festlands ab, hatten sich aber über Generationen durch die Anpassung an das Nahrungsangebot ihrer jeweiligen Lebensräume so stark verändert, daß sie äußerlich nicht mehr einer Art anzugehören schienen.

Die Veröffentlichung der »Entstehung der Arten ...« (20 Jahre nach Darwins Rückkehr) bedeutete nicht nur den Bruch mit der Theorie von J.B. ↗Lamarck von der Vererbung erworbener Merkmale und der Katastrophentheorie von G. ↗Cuvier, sondern in erster Linie eine Anfeindung mit dem Klerus und vielen Geisteswissenschaftlern. Der Verzicht auf eine außerhalb des Systems liegende Zweckursache oder ein vorherbestimmtes Entwicklungsziel widersprach den maßgeblichen religiösen und philosophischen Vorstellungen der Zeit. Somit richtete sich die Hauptkritik seiner Zeitgenossen im Grunde auf die Darwins Thesen zugrundeliegende materialistische Weltsicht. Konkurrenzlos ist Darwin als der meistangegriffene und meistdiskutierte Wissenschaftler des 19. Jahrhunderts in die Wissenschaftsgeschichte eingegangen.

Ein wichtiger Punkt, von dem aus man versuchte, Darwins Theorie aus den Angeln zu heben, war das Artproblem. Dem durch den Titel verkündeten Vorsatz, die Neuentstehung von Arten zu erläutern, wurde Darwins Buch nicht ganz gerecht, da er eher die Transformation von Arten durch Variation und Selektion erklärte. Durch Taubenzucht auf seinem Landsitz Down versuchte er künstlich nachzuempfinden, weshalb seine Galapagos-Finken eine so unterschiedliche Gestalt annehmen konnten, obwohl sie alle einer Art angehörten und von einer gemeinsamen Stammform herrührten. Er züchtete die extremsten Formen von Kropftauben, Jakobinern (mit Halskrause), Kahlköpfe u.s.w., jedoch erzielte er lediglich Varietäten innerhalb einer Art im Sinne einer Fortpflanzungsgemeinschaft. Die Artbarriere konnte er nicht überspringen.

Der Entwicklungsgedanke ist von Darwin selbst über die Jahre sehr kontrovers behandelt worden. Ihm war klar, daß seine Evolutionstheorie keine Aussage über den Fortschritt macht. An A. Hyatt schrieb er 1872: »Nach reiflicher Überlegung kann ich mich nicht der Überzeugung verschließen, daß es eine angeborene Tendenz zu fortschrittlicher Entwicklung nicht gibt.« Andererseits legt seine Theorie die Entwicklungsgedanken vom primitiven zum komplexen Organismus nahe. Sein Buch »Entstehung der Arten ...« klingt mit den Worten aus: »Aus dem Kampf der Natur, aus Hunger und Tod geht also unmittelbar das Höchste hervor, das wir uns vorstellen können: die Erzeugung immer höherer und vollkommenerer Wesen ...«. Auf die Entgegnung seiner Kontrahenten war Darwin gefaßt, daß bei einer immer fortschreitenden Entwicklung vom einfachen zum komplexen Lebewesen schließlich einmal der Zustand erreicht sein müßte, daß nur noch komplexe Formen existieren. Darwins Lösung war, daß die Anpassung das primäre Ziel der natürlichen Selektion sei; in einer stabilen ökologischen Nische, in der kein Druck zur Veränderung gegeben sei, könnten primitive Lebewesen auch über lange geologische Zeiträume hinweg existieren. Darwin maß seiner Theorie einen geringen Wert für die Paläontologie bei, die wiederum auch schon vor dem Erscheinen seines Buches »Entstehung der Arten ...« über die Möglichkeit des Artenwandels und der Entwicklung nachgedacht hatte. Darwin erkannte die Schwierigkeit seiner Theorie gerade im Bezug auf die Paläontologie. Ein Phänomen, wie das scheinbar plötzliche Auftreten einer Vielzahl völlig neuer Tiere unterschiedlichster Baupläne im Kambrium, konnte er mit seiner Theorie nicht erklären. »Der Fall muß also vorerst ohne Erklärung bleiben; er kann in der Tat als berechtigter Einwand gegen die hier entwickelten Ansichten vorgebracht werden« (Darwin, 1859). Darwin war der Auffassung, daß es, wenn seine Theorie stimmte, im Präkambrium eine Fülle von Vorläufern der ersten komplexen Tiere des Kambriums gegeben haben mußte. Aus heutiger Sicht hat die Reichhaltigkeit der Fossilfunde aus dem Präkambrium Darwin in diesem Punkt recht gegeben, doch die vorhergesagte stetige Zunahme der Komplexität der Lebewesen bis zum Kambrium ist bisher nicht nachzuweisen. Es ist in den präkambrischen Weichteil-Faunen der Ediacara kein einziger direkter Vorläufer der kambrischen Geschöpfe ohne Hartteile gefunden worden.

Mit seinem Buch » The Descent of Man, and Selection in Relation to Sex« (»Die Abstammung des Menschen und die geschlechtliche Zuchtwahl«, 1871) baute Darwin seine Theorie weiter aus. Er versuchte zu beweisen, daß der Mensch von einer entwicklungsgeschichtlich tiefer stehenden Form abstammt und führte dazu den Körperbau des Menschen, dessen embryonale Entwicklung und bestehende Organrudimente an, wie z.B. die Höcker am äußeren Ohr. Darwin verglich die geistigen Fähigkeiten des Menschen mit denen von Tieren, er besprach die Rolle des Menschen als soziales Individuum und widmete sich dem Thema der natürlichen Zuchtwahl und ihrer Einwirkung auf zivilisierte Völker. Eine wichtige Schlußfolgerung dieses Werkes war für Darwin, daß sich der Mensch, wenngleich »nicht durch seine eigenen Anstrengungen«, auf den Gipfel der organischen Stufenleiter entwickelt habe, »anstatt von Anfang an dorthin gestellt zu sein«.

Darwin vertrat in seinem langen Forscherleben nicht einfach nur eine Meinung. Er rang mit seinen Ideen oft jahrelang, wobei er über die Zeit auch zu gegensätzlichen Interpretationen ein und desselben Sachverhaltes kommen konnte. In seinen späteren Jahren widmete sich Darwin überwiegend botanischen Themen, z.B. dem Phänomen der Bewegungsmöglichkeit bei Pflanzen, die zur Publikation von »The Movements and Habits of Climbing Plants« (»Die Bewegung und Lebensweise der kletternden Pflanzen«, 1875) führte. Weiterhin schrieb er über Wirkung der Domestizierung auf Pflanzen und Tiere. In seinem Buch »The Variation of Animals and Plants under Domestication« (»Das Variieren der Tiere und Pflanzen im Zustande der Domestikation«, 1875) gibt er Beispiele der Vererbung, widmet sich dem Thema der Bastard- bzw. Hybridbildung und dem Einfluß der Lebensbedingungen auf das Wachstum. Er beschäftigte sich mit der Wirkung von Kreuz- und Selbstbefruchtung im Pflanzenreich (1876), mit den verschiedenen Einrichtungen, durch die Orchideen von Insekten befruchtet werden (1877) und abweichenden Blütenformen bei ein und derselben Art (1877).

Darwin litt Zeit seines Lebens an einem labilen Gesundheitszustand, in späteren Jahren häuften sich Herzbeschwerden und Schwächeanfälle. Nach einem schweren Anfall von Angina pectoris verstarb er. Er wurde (nur wenige Meter vom Grab I. Newtons) in der Westminster Abbey beigesetzt. Darwins Erkenntnisse prägten auf unterschiedlichste Weise bis heute zahlreiche wissenschaftliche und gesellschaftliche Strömungen. Als »Neo-Darwinismus« wird heute eine synthetische Evolutionstheorie verstanden, die die Ergebnisse der Genetik und Populationsökologie mit berücksichtigt. Nach dieser Theorie schreitet die Evolution in kleinen Schritten voran. Kritische Untersuchungen in jüngster Zeit zeigen aber auf, daß auch die Prinzipien des »Neo-Darwinismus« nicht zur vollständigen Klärung der Stammesgeschichte hinreichen. Mit dem Begriff des »Sozialdarwinismus« wird eine materialistische Weltanschauung beschrieben, die das »Überleben des Tauglichsten« (»survival of the fittest«) in pervertierter Form auf den gesellschaftlichen Bereich überträgt. Der »Sozialdarwinismus« bildete die Grundlage für die Auffassung der Überlegenheit der weißen Rasse in der Zeit des Nationalsozialismus in Deutschland. [EHa]

Dasberg, *Dasbergium*, regional verwendete stratigraphische Bezeichnung für eine Stufe des rheinischen Oberdevons, benannt nach dem Ort Dasberg im Sauerland. Das Dasberg ist Teil des Famenne der internationalen Gliederung. ↗Devon, ↗geologische Zeitskala.

Data Collection Platform ↗*DCP*.

Daten, durch ↗Zeichen codierte Informationen, die als numerische oder alphanumerische Angaben zu Sachverhalten und Gegebenheiten gebildet werden. In Datenverarbeitungssystemen wird durch Daten all das ausgedrückt, was innerhalb des Systems codiert und somit verarbeitet werden kann. Jedes Datum entspricht einem *Datentyp* und kann durch datentypspezifische Operatoren (↗raumbezogene Abfragesprache) manipuliert werden. Grundsätzlich können skalare Datentypen von den nicht skalaren Datentypen unterschieden werden. Skalare Datentypen können Daten repräsentieren, die aus einem einzelnen Wert bestehen. Sie haben einen definierten Wertebereich im Speicher des Rechners, der durch die Anzahl der Bytes, die für einen Datentyp reserviert sind, festgelegt ist. Nicht skalare Datentypen haben keine Bindung an einen vordefinierten Speicherbereich, sie können prinzipiell beliebig viele Werte aufnehmen. Eine Liste (Vektor) ist ein typisches Beispiel für einen nicht skalaren Datentyp. Bei der Verarbeitung von Daten lassen sich Eingabe- und Ausgabedaten unterscheiden, die in gespeicherter Form in einer für die Verarbeitung geeigneten Struktur organisiert werden (↗Datenstruktur). In Informationssystemen werden alle benötigten Daten in einer Datenbasis zusammengefaßt, häufig wird eine ↗Datenbank für die Speicherung und den Zugriff eingesetzt. In raumbezogenen Informationssystemen (↗Geoinformationssysteme) werden spezielle Anforderungen an die Verwaltung von Daten gestellt. Während die ↗Sachdaten i.d.R. aus, meist skalaren, Standarddatentypen gebildet werden können, lassen sich ↗Geometriedaten nur durch nicht skalare Datentypen sinnvoll abbilden. Aus diesem Grund wird in solchen Systemen die Verwaltung von ↗Sachdaten und Geometriedaten getrennt (↗Geodaten). Zur Zeit bieten aber v.a. objektorientierte Datenbanken oder erweiterbare relationale Datenbanken Möglichkeiten zur Verwaltung nicht skalarer, insbesondere auch raumbezogener, Daten (↗Geodatenbank). [Amü]

Datenaggregation, Verfahren zur Verdichtung von Informationen in Datenbanken und Informationssystemen. In der ↗Kartographie werden bei Aggregationen mehrere ↗raumbezogene Attribute, Geoobjekte oder Zeiträume zu übergeordneten Einheiten zusammengefaßt. In raumbezogenen Informationssystemen (↗Geoinformationssysteme) existieren spezielle Verfahren zur Aggregation von Daten durch geometrische Operatoren (↗raumbezogene Abfragesprache).

Datenanalyse, die Auswertung von ↗Daten mit quantitativen Methoden. Die Analyse von ↗Sachdaten basiert i.d.R. auf der Anwendung von Verfahren der Statistik, während bei der Analyse von ↗Geometriedaten, z.B. im Rahmen von Geoinformationssysteme spezielle Auswertungsmethoden (↗Methodenbank) zum Einsatz kommen. Es sind dies die ↗geometrische Analyse und speziell die ↗3D-Analyse. In der Kartographie werden kartographische Medien konzipiert, die eine visuelle Analyse ermöglichen sollen, bzw. Analyseergebnisse präsentieren.

Datenarchivierung, Sicherung und Ablage von Daten auf permanenten Speichermedien zur langfristigen Aufbewahrung. Die Datenarchivierung ist Teil der ↗Datensicherung und erfolgt in katalogisierten Dateien, welche als Datenbanken vorgehalten werden.

Datenassimilation, Verfahren zur Verbesserung der Genauigkeit numerischer Modelle. Das Prinzip der Datenassimilation besteht darin, daß im Verlauf der Modellsimulation die Modellergebnisse mit Hilfe von Beobachtungsdaten korrigiert werden.

Datenausgabe, Funktionskomplex der ↗Datenverarbeitung. Er umfaßt gegenüber der ↗Dateneingabe sämtliche Schnittstellen für einen digitalen oder analogen Output von ↗Daten. In der Kartographie werden zur analogen Datenausgabe vorwiegend graphische Ausgabegeräte zur digital-analogen Wandlung eingesetzt, i.d.R. Bildschirme, ↗Plotter, Drucker oder spezielle Anzeigegeräte. Um eine Hardwareunabhängigkeit der Datenausgabe zu gewährleisten, verfügen diese Geräte über standardisierte Schnittstellen zum ↗Datenaustausch (↗Datenkonvertierung).

Datenaustausch, generelle Verfahren zur Übertragung von Daten zwischen Systemen über eine gemeinsame ↗Datenschnittstelle. Müssen zum Austausch die Datenformate umgewandelt werden, so ist eine ↗Datenkonvertierung notwendig. Beim Austausch von ↗Geodaten hängt die Güte des Datenaustauschs davon ab, ob alle Strukturmerkmale des Zielformates abgedeckt werden: a) Übertragung der Geometrie, d.h. von elementaren Einheiten wie Punkten, Linien, Flächen, b) Übertragung der Graphik, d.h. die graphische Repräsentation der geometrischen Elemente, c) Übertragung der ↗Sachdaten und ihrer Verknüpfung mit der Geometrie, d) Übertragung von Objekten, die aus ↗Geometriedaten und Sachdaten zusammengesetzt sind. Häufig enthalten diese auch Angaben zur graphischen Präsentation: Übertragung der Objektstruktur und der Beziehungen, die zwischen Objekten bestehen. Dazu gehören Klassen und Hierarchien. An Bedeutung gewonnen haben Verfahren zum dynamischen Austausch von Daten zwischen Anwendungsprogrammen, wie z.B. der Mechanismus des Dynamic Data Exchange (DDE) unter Microsoft Betriebssystemen. Weitergehende Konzepte verbinden den Austausch von Daten und Funktionen, insbesondere das Object-Linking and Embedding (OLE) von Microsoft oder das plattformunabhängige CORBA (Common Object Request Broker Architektur). Im Bereich raumbezogener Informationssysteme werden diese Ansätze in einem eigenen Standard OpenGIS (OGIS) zusammengeführt. [AMü]

Datenbank, strukturierte Einheit von ↗Daten, die auf einem permanenten Speichermedium abgelegt sind. Die Software zur Verwaltung dieser Daten wird als Datenbanksystem oder Datenbankmanagementsystem (DBMS) bezeichnet. Dem DBMS liegt zumeist ein spezifisches ↗Datenbankmodell zugrunde, das maßgebliche Eigenschaften einer Datenbank vorgibt. Datenbank und Datenbanksystem werden häufig begrifflich nicht unterschieden und stattdessen gemeinsam als Datenbank bezeichnet. In Geoinformationssystemen sind Datenbanken ein wichtiger Bestandteil zur Verwaltung der ↗Geodaten (↗Datenverwaltung, ↗Geodatenbank). Allerdings wird in den meisten Systemen eine Trennung von ↗Sachdaten und ↗Geometriedaten in unabhängige Datenbanken vorgenommen, so daß zur Verwaltung der Sachdaten prinzipiell beliebige Datenbanksysteme über Schnittstellen angesprochen werden können. Die Verwaltung von Geometriedaten ist in solchen Standarddatenbanksystemen jedoch nur eingeschränkt möglich (↗Daten) und wird i.d.R. in jedem System durch eigene Verwaltungsmechanismen ermöglicht. [AMü]

Datenbankentwurf, Methodik des Entwurfs der logischen und physikalischen Struktur einer ↗Datenbank. Der Entwurf einer Datenbank kann als Entwicklungsprozeß aufgefaßt werden, in dem ein geeignetes Datenmodell schrittweise bis zur Implementierung verfeinert wird. Gemäß dem Standard des ANSI/X3/SPARC-Architekturmodells wird der Datenbankentwurf in die drei Ebenen: interne Ebene, konzeptionelle Ebene und externe Ebene unterteilt (*Dreischemata-Modell*) und folgt einem Phasenmodell des Software-Engineering in Form eines Entwicklungszyklusses, der im wesentlichen durch eine Anforderungsanalyse, einen konzeptionellen Entwurf, einen logischen Entwurf, einen physikalischer Entwurf und der Implementierung gekennzeichnet ist. Bei der Anforderungsanalyse werden Informationsanforderungen und Bearbeitungsanforderungen des Anwendungsbereiches festgelegt. Beim konzeptionellen Entwurf werden Sichten gemäß den beteiligten Benutzergruppen ausgewiesen. Die Sichten werden in dieser Phase i.d.R. durch ER-Modelle in einem ersten Abstraktionsschritt formalisiert. Dieser wird auch als semantisches ↗Datenmodell bezeichnet. Der logische Entwurf umfaßt die Übertragung der konzeptionellen Modelle in das Datenmodell der jeweiligen Datenbank, da dieses durch unterschiedliche Strukturierungsansätze gekennzeichnet sein kann (↗Datenbankmodell). Er schließt die Schritte der Normalisierung mit ein, um Datenabhängigkeiten im Modell zu berücksichtigen und mögliche Redundanzen von Daten zu vermeiden. Der physikalische Entwurf dient der Festlegung und Optimierung der Speicherstruktur der Daten und Zugriffsmechanismen, insbesondere die Festlegung von Indizes und datenbankinternen Operationen. Bei der Implementierung werden die vorgesehenen Strukturen der internen und der externen Ebenen über die Datendefinitionssprache (DDL) der Datenbank umgesetzt und die Datenbank eingerichtet. Hilfsmittel zum Datenbankentwurf sind sogenannte CASE-Tools, die den Entwurfsprozeß in den einzelnen Phasen unterstützen. Der Entwurf der Struktur einer ↗Geodatenbank unterscheidet sich nicht von den dargestellten Entwicklungsschritten, allerdings hat sich gezeigt, daß insbesondere die Umsetzung von raumbezogenen ↗Datenmodellen bei Datenbanken mit herkömmlichen Datenbankmodellen problematisch ist. [Amü]

Datenbankmodell, logische Datenstruktur, die einer ↗Datenbank zugrunde liegt. Das Datenbankmodell trennt die physikalische Verwaltungsebene von der Zugriffsebene innerhalb einer Datenbank. Historisch gesehen liegen das hierarchische ↗Datenmodell und das Netzwerkmodell den Datenbanken der ersten Generation zugrunde, während das relationale Modell bis Ende der 1990er Jahre das Standardmodell kommerzieller Datenbanken darstellt, die erst in jüngster Zeit durch Datenbanken, welche auf einem objektorientierten Modell basieren, abgelöst werden. Für raumbezogene Informationssysteme ist dieser Entwicklungsschritt entscheidend, da unter dem objektorientierten Modell die Verwaltung von ↗Geodaten einfacher und effizienter umgesetzt werden kann (↗Geoobjektmodell). Dies ist insbesondere darauf zurückzuführen, daß z.B. relationale Datenbanken keine geeigneten Speicher- und Verwaltungsstrukturen für raumbezogene Daten anbieten. [AMü]

Dateneingabe, Funktionskomplex der ↗Datenverwaltung. Er umfaßt gegenüber der ↗Datenausgabe sämtliche Schnittstellen für einen Input von Daten aus analogen oder digitalen Quellen. In der Kartographie werden zur Dateneingabe vorwiegend graphische Eingabegeräte zur analog-digitalen Wandlung eingesetzt, i.d.R. sind dies Tastatur, Maus, ↗Digitizer, ↗Scanner oder spezielle Meßgeräte.

Datenerfassung, in den Geowissenschaften werden auf ↗Geodaten ausgerichtete Methoden der Datenerfassung in originäre und sekundäre Erfassungsmethoden unterschieden. Bei der originären Datenerfassung werden die Daten durch Schätzen, Zählen oder Messen direkt der Realität entnommen, während bei der sekundären Datenerfassung bereits erfaßte und ggf. aufbereitete ↗Datenquellen verwendet werden (↗Digitalisierung). Die originäre Erfassung von Daten kann auf Grundlage von terrestrisch-topographischen, hydrographischen Methoden oder durch natur- und sozialwissenschaftliche Kartierungen im Gelände erfolgen. Als originär wird auch die Datenerfassung durch Anwendung photogrammetrischer und fernerkundlicher Methoden bezeichnet. Spezielle Datenerfassungssysteme oder Erfassungsmodule von raumbezogenen Informationssystemen (↗Geoinformationssysteme) unterstützen die speziellen Anforderung bei Erfassung von Geodaten. Die aus den originären und sekundären Quellen gewonnenen Daten dienen in der Kartographie als Ausgangsinformationen zur ↗Kartenherstellung. [AMü]

Datenerfassungssystem, dient zur Aufzeichnung physikalischer Meßwerte. Moderne Datenerfassungssysteme bestehen aus folgenden Elementen: ↗Sensoren, Signal-Überträgern und -Verstärkern, ggf. einem ↗Analog-Digital-Wandler und (analogen oder digitalen) Meßwertspeichern. Es werden zwei Typen unterschieden: ↗Analog-Registrierung und ↗Digital-Registrierung.

Datenexport, Verfahren zur Speicherung von ↗Daten in das externe ↗Datenformat eines anderen Systems. Der Datenexport bildet einen Teil der ↗Datenschnittstelle zwischen Systemen mit unterschiedlichen Datenformaten. In der Kartographie kommt dem Datenexport im Rahmen des ↗Datenaustausches mit Systemen zur Weiterverarbeitung kartographischer Medien, z.B. zur Einbindung von Karten in Berichte oder in digitale Atlanten, eine große Bedeutung zu.

Datenformat, Definition der Struktur von ↗Daten zum ↗Datenaustausch und zur ↗Datensicherung. Häufig ist hiermit gegenüber einer ↗Datenstruktur der interne Aufbau von Dateien gemeint. Datenformat und Datenstruktur entsprechen einem physikalischen ↗Datenmodell. In der Kartographie sind Datenformate von Bedeutung, mit denen digitale Karten beschrieben werden können.

Datenimport, Verfahren zur Einlagerung von Daten aus einem externen ↗Datenformat eines anderen Systems. Der Datenimport bildet einen Teil der ↗Datenschnittstelle zwischen Systemen mit unterschiedlichen Datenformaten. In der Kartographie kommt dem Datenimport im Rahmen des ↗Datenaustausches mit Systemen zur Aufbereitung von Geodaten, z.B. zur Einbindung von ↗Geometriedaten aus externen Systemen oder von ↗Sachdaten aus externen Datenbanken, eine große Bedeutung zu.

Datenintegration, Verfahren zur Zusammenfassung von Daten aus unterschiedlichen Quellen in einer zentralen ↗Datenbank. Zur Integration ist in den meisten Fällen eine ↗Datenkonvertierung notwendig, um die Integrität der zentralen Datenbasis zu erhalten. Zur Integration von ↗Geodaten müssen die Vollständigkeit und logische Konsistenz sichergestellt sein, so daß alle Daten innerhalb der Datenbank aufrufbar und im Sinne des ↗Datenmodells verknüpfbar sind.

Datenkalibrierung, Voraussetzung für die Kalibrierung digitaler Fernerkundungsdaten ist die radiometrische Kalibrierung der sensorspezifischen Detektoren. Ist demzufolge das Ausgabesignal des Detektors in Funktion des auf die Detektorfläche auftreffenden objektspezifischen Strahlungsflußes berechenbar, kann diese Kenntnis für die Datenkorrektur im Rahmen der Datenaufbereitung genutzt werden. Die Datenkorrektur oder Datenkalibrierung umfaßt dann die ↗radiometrische Korrektur, die ↗Atmosphärenkorrektur und die geometrische Korrektur (↗Geocodierung) der digitalen Fernerkundungsdaten.

Datenkatalog, enthält ↗Metadaten über die in einer ↗Datenbank verwalteten ↗Daten und dokumentiert die zugrundeliegende ↗Datenstruktur. Der Datenkatalog enthält insbesondere Angaben über Namen von Tabellen, Attributen, deren Datentypen und Wertebereiche, Indizes, etc. Ist der Datenkatalog an die Datenbanksoftware gekoppelt, so wird auch vom Systemkatalog gesprochen, der in seiner Struktur unveränderbar ist. Im Bereich von ↗Geodatenbanken werden spezielle, fachspezifische Datenkataloge eingerichtet, um den Datenbestand zu beschreiben.

Datenkommunikation abgeleitet aus dem allgemeinen Kommunikationsbegriff in der Informatik und der ↗kartographischen Informatik die Übermittlung von Geodaten und kartographischen Daten innerhalb eines DV-Systems und/oder zwischen vernetzten DV-Systemen mit dem Ziel ihrer Erfassung, Weiterverarbeitung und ihres Austausches (↗Datenaustausch). Dabei werden Geometrie-, Sach- und Bilddaten in Vektor- und Rasterform aufgrund von standardisierten Datenaustauschformaten einerseits zwischen Anwendern von Software-Systemen zur Fachdatenverarbeitung sowie andererseits zwischen Informationssystemen mit dem Ziel der späteren gedanklichen Verarbeitung von Fachinformationen durch den Systemanwender bzw. -nutzer ausgetauscht. Die gedankliche Verarbeitung von ↗kartographischen Informationen auf der Grundlage von Geodaten durch den Menschen ist nicht Bestandteil der Datenkommunikation und wird im Rahmen der ↗kartographischen Bildschirmkommunikation beschrieben und untersucht. [PT]

Datenkompression, Verfahren zur Verringerung der Datenmenge unter der Vorgabe, Daten redundanzfrei und ohne Informationsverlust zu speichern. So werden, insbesondere bei den großen Datenmengen wie sie in der Kartographie bei Rasterdaten auftreten, spezielle Algorithmen und

↗Datenstrukturen eingesetzt, um die Datenmengen zu reduzieren (↗Bilddatenkompression).

Datenkonvertierung, die Anpassung der ↗Datenformate beim ↗Datenimport oder ↗Datenexport. Zur Datenkonvertierung zwischen raumbezogenen Informationssystemen existieren eine Reihe von Standardschnittstellen zum ↗Datenaustausch. Folgende Standards konnten sich bisher etablieren: der American Standard Code for Information Exchange (ASCII) als grundlegender Standard des Datenaustausches, Standards für (vornehmlich) Vektordaten, wie der Computer Graphics Metafile als ISO-Standard 8632 (CGM), das Digital Exchange Format (DXF) als Industriestandard ausgehend von dem CAD-System AutoCAD oder das sequentielle Format SICAD-SQD, das ArcInfo-Generate-Format sowie die Einheitliche Datenbank Schnittstelle (EDBS) als Austauschstandard der deutschen Vermessungsverwaltung für ↗ATKIS und ↗ALK. Standards zum Austausch von Rasterdaten sind v.a. das Format der Joint Photographic Expert Group (JPEG), das Tagged Image File Format (TIFF) oder das insbesondere im Internet verbreitete GIF-Format. [AMü]

Datenmodell, formale Abbildung und Abstraktion eines Gegenstandbereiches der Realität unter der Zielsetzung, diesen durch ↗Daten beschreiben zu wollen. Der Prozeß zur Herleitung eines solchen Modells wird als ↗Datenmodellierung bezeichnet. Ein Datenmodell kann unter verschiedenen Verwendungsabsichten erstellt werden. Das Modell soll der Konstruktion, z.B. beim ↗Datenbankentwurf mit der Absicht, die ↗Datenstruktur einer ↗Datenbank zu entwikkeln, dienen. Oder das Modell soll der Strukturierung eines wissenschaftlichen Erkenntnisbereiches, als Vorstufe zur Theorie dienen. In diesem Sinn beschreibt z.B. das kartographische Datenmodell die Struktur von ↗Geodaten zur Darstellung in kartographischen Medien. In den Geowissenschaften werden unterschiedliche, fachspezifische Datenmodelle benötigt, die jedoch strukturelle Gemeinsamkeiten aufweisen. Es sind i.d.R. *raumbezogene Datenmodelle*, deren Daten durch ↗raumbezogene Attribute einen Bezug zur Erdoberfläche aufweisen. Ein geometrisches Datenmodell unterscheidet die Strukturierung der raumgezogenen Attribute durch ein ↗Rasterdatenmodell oder ein ↗Vektordatenmodell. [AMü]

Datenmodellierung, Anwendung einer Modellmethode zur Ableitung eines ↗Datenmodells. Die Methoden beschreiben prinzipiell eine schrittweise abstrahierende Vorgehensweise, die den semantischen und logischen Entwurf vom technischen Entwurf trennt. Die semantische Datenmodellierung dient der Abbildung von Bedeutungszusammenhängen und beinhaltet die Ableitung von Klassen (Entitäten), die Objekte mit identischen Attributen (Eigenschaften) zusammenfassen und die Beschreibung der Beziehungen (Relationen) zwischen den Klassen. In der Kartographie und anderen Geowissenschaften entspricht dies der raumbezogenen Modellierung zur Bildung eines ↗Geoobjektmodells. Die logische Datenmodellierung hat das Ziel, die Bedeutungszusammenhänge durch ein Modell einer geeigneten Datenstruktur zu ergänzen (↗Datenbankentwurf). In der Kartographie und anderen Geowissenschaften werden hierzu v.a. geometrische Datenmodelle eingesetzt. [AMü]

Datenqualität, beschreibt Merkmale von Daten hinsichtlich ihrer Weiterverarbeitung. Die Datenqualität subsummiert unterschiedliche Kriterien, wie Genauigkeit, Aktualität, Fehlerfreiheit und Vollständigkeit. Auf internationaler, europäischer und nationaler Ebene existieren eine Vielzahl von Ansätzen, die Qualität in Standards abzubilden. Allgemeine Ansätze zur Qualitätssicherung sind die ISO-Standards (ISO 9000–9004) zur Qualitätssicherung in der Herstellung. Spezielle nationalen Richtlinien beschäftigen sich konkret mit Vorgaben zur Genauigkeit von ↗Geodaten, wie die Empfehlungen der ↗AdV zur Erfassung von ATKIS-Daten (↗Metadaten).

Datenquelle, Herkunft von Daten bei der ↗Datenerfassung. Eine Beschreibung der Datenquelle kann durch Angaben zum Erfasser (Herkunft), der Verfügbarkeit der Daten, Zeitpunkt der Aufnahme, usw. durch ↗Metadaten gemacht werden.

Datenschnittstelle, Konvention über die Funktionen und ↗Datenstrukturen zum ↗Datenaustausch. Die Datenschnittstelle gewährleistet, i.d.R. durch eine Konvertierung, die Anpassung der Datenstrukturen und ↗Datentypen der beteiligten Systeme. Eine Datenschnittstelle ist bidirektional, wenn sowohl der ↗Datenimport als auch der ↗Datenexport mit einem gegebenen ↗Datenformat möglich ist. Die Funktionalität einer Datenschnittstelle ist eng an die Art des Datenaustausches gebunden, für den es gültige Standards gibt; ebenso existieren unterschiedliche Ansätze zur Standardisierung der ↗Datenkonvertierung.

Datensicherung, Verfahren zur redundanten Speicherung von Daten auf permanenten Speichermedien mit dem Ziel, bei einem Datenverlust im System eine Rückführung (recovery) der verlorenen Daten zu ermöglichen. Vor allem Datenbanksysteme unterstützen spezielle Formen von Recovery-Verfahren, um den Datenverlust so gering wie möglich zu halten. Langfristig zu sichernde Daten werden archiviert (↗Datenarchivierung).

Datenspeicherung, Funktionskomplex der ↗Datenverarbeitung.

Datenstruktur, physikalischer Aufbau von ↗Daten entprechend eines zugrundeliegenden logischen ↗Datenmodells. Eine Datenstruktur entspricht der Abbildung von Daten durch geeignete Datentypen und der logischen Struktur durch Zusammensetzung der entsprechenden Datentypen sowie der Berücksichtigung von Verweisen innerhalb der Datenstruktur. Datenstrukturen werden i.d.R. auf ihre algorithmische Verarbeitung optimiert. Insbesondere Such- und Sortieralgorithmen benötigen spezielle Datenstrukturen, in Form von Feldern, Stapeln, verketteten Listen oder Baumstrukturen. Grundsätzliche Unterschiede in der Datenstruktur treten insbesondere bei der Abbildung von ↗Geodaten durch Rasterdaten und Vektordaten auf. Quad-Trees z.B. sind effiziente Datenstrukturen zum schnellen Durchsuchen von Rasterdaten, während Datenstrukturen für Vektordaten zur redundanzfreien Speicherung durch Verweise zwischen Punkten, Linien und Flächen gekennzeichnet sind. [AMü]

Datentransfer, Funktionskomplex der ↗Datenverarbeitung.

Datentyp ↗Daten.

Datenverarbeitung, *DV*, *elektronische Datenverarbeitung*, *EDV*, Gliederung von Funktionsgruppen eines Computersystems in Datenerfassung, Datenspeicherung, Datentransfer, Datentransformation und Datenausgabe. Vereinfacht wird hierunter entsprechend der sog. »EVA-Aufgliederung« auch nur die Eingabe, Verarbeitung und die Ausgabe verstanden. In einem übergeordneten Sinn umfaßt die Datenverarbeitung die Organisation und die Aufgaben zur Betreuung einer Datenverarbeitungsanlage. Die ↗graphische Datenverarbeitung als Zweig der allgemeinen Datenverarbeitung umfaßt die Verfahren zur Verarbeitung von Daten für deren graphische Darstellung. Die kartographische Datenverarbeitung bildet u.a. die Grundlagen zur Verarbeitung von Geodaten in raumbezogenen Informationssystemen (↗Geoinformationssysteme).

Datenverwaltung, *Datenmanagement*, Verfahren, um eine Menge von Daten entsprechend einer gegebenen ↗Datenstruktur zu speichern, zu aktualisieren, zu löschen und abzurufen. Die Datenverwaltung ist i.d.R. innerhalb eines Betriebssystems oder einer ↗Datenbank als Software bzw. Funktionsbereich implementiert. Die Verwaltung von ↗Geodaten erfordert spezialisierte Methoden, Verfahren und eine Software in Form von ↗Geodatenbanken und ↗Geoinformationssystemen.

Daten-Zeichen-Zuordnung ↗Zeichen-Objekt-Referenzierung.

Datenzentren, Institutionen zur zentralen Sammlung, Speicherung und Bereitstellung von Meßdaten, die auf meereskundlichen Forschungsreisen gesammelt werden. Die nationalen Datenzentren (in Deutschland das Deutsche Ozeanographische Datenzentrum, DOD) am ↗Bundesamt für Seeschiffahrt und Hydrographie) erhalten die Daten von den Erzeugern und geben sie an die Weltdatenzentren A und B in Washington und Moskau weiter. Ferner beschaffen sie Daten von dort und geben sie an Nutzer weiter. Neben den allgemeinen Datenzentren gibt es regionale Zentren, die Daten für bestimmte Meeresgebiete verwalten, z.B. die National Antarctic Data Centres, oder projektgebundene Zentren, die sich auf bestimmte Meeresforschungsprojekte beziehen, z.B. die WOCE Data Assembly Centres (DAC). Da verschiedene Meßgrößen zum Teil sehr unterschiedlich behandelt werden müssen, bestehen Datenzentren für unterschiedliche Meßgrößen, z.B. das National Snow and Ice Data Centre (NSIDC) der USA. Die moderne elektronische Datenverarbeitung und die Vernetzung ermöglichen es, die Arbeit der Datenzentren sehr effektiv zu gestalten, die in ständigem Wandel begriffene Art und Struktur der Daten bei zunehmender Menge erfordert allerdings die kontinuierliche Anpassung. [EF]

Datierung ↗*Altersbestimmung*.

Datierung von Böden ↗*Bodendatierung*.

Datumsdefekt, Rangdefekt der im Rahmen einer geodätischen Netzausgleichung entstehenden ↗Normalgleichungsmatrix infolge einer unzureichenden Festlegung des ↗geodätischen Datums auftritt.

Datumslinie, international vereinbarter Verlauf, etwa entlang des 180. Längengrades, bei dessen Überschreiten das Datum in westlicher Richtung um einen Tag erhöht, in östlicher Richtung um einen Tag erniedrigt wird.

Datumsparameter, Größen, die ein ↗geodätisches Netz bezüglich eines Koordinatensystems festlegen. ↗geodätisches Datum.

Datumstransformation, Transformation zwischen verschiedenen geodätischen Datumssystemen (↗geodätisches Datum). Sie kann i.a. als ↗Transformation zwischen globalen Koordinatensystemen durchgeführt werden.

Daubrée, *Gabriel-Auguste*, französischer Geologe, * 25.6.1814 Metz, † 29.5.1896 Paris; seit 1834 Bergbauingenieur, ab 1867 Generalinspektor für den Bergbau; Professor in Straßburg und Paris; Mitbegründer der experimentellen Geologie und der Meteoritenforschung; untersuchte den Ursprung und die Formation der Gesteine und arbeitete über die Klassifizierung und Zusammensetzung von Meteoriten; vermutete bereits 1866, daß Nickeleisen ein allgemeiner Bestandteil von Planeten sowie des Erdkerns ist. Nach ihm ist der zu den Kobaltnickelkiesen zählende Daubréelith (Thiospinell, $FeCr_2S_4$) benannt, der bisher nur in Meteoriten nachgewiesen wurde.

Daueranker, *Permanentanker*, ↗Anker für den dauernden Gebrauch, i.d.R. länger als zwei Jahre. Besonderes Augenmerk wird auf einen lückenlosen und dauerhaften Korrosionsschutz gelegt.

Dauerbeobachtungsflächen ↗Bodendauerbeobachtungsflächen.

Dauerbeobachtungsgebiet, *Daueruntersuchungsgebiet*, *Monitoring-Gebiet*, landschaftsökologische Raumeinheiten oder Ausschnitte davon, in denen die Funktionszusammenhänge und ihre zeitlichen Änderungen über einen langen Zeitraum beobachtet bzw. untersucht werden. Die Lage und Ausdehnung der zu untersuchenden Raumeinheiten werden von der Fragestellung bestimmt. Als Methoden finden v.a. die landschaftsökologische ↗Komplexanalyse sowie das ökologische ↗Monitoring Verwendung. Dauerbeobachtungsgebiete sind naturräumlich sinnvoll oder ganz willkürlich abgegrenzte Gebiete, die aber so ausgewählt werden, daß sie einen Landschaftstyp repräsentieren. Die unterschiedlichen geoökologischen, bioökologischen oder landschaftsökologischen Komponenten sollen in ihren wesentlichen Ausprägungen vertreten sein. Die Dauer der Beobachtungen und Untersuchungen werden ebenfalls von der Fragestellung bestimmt. Für einige Fragestellungen können

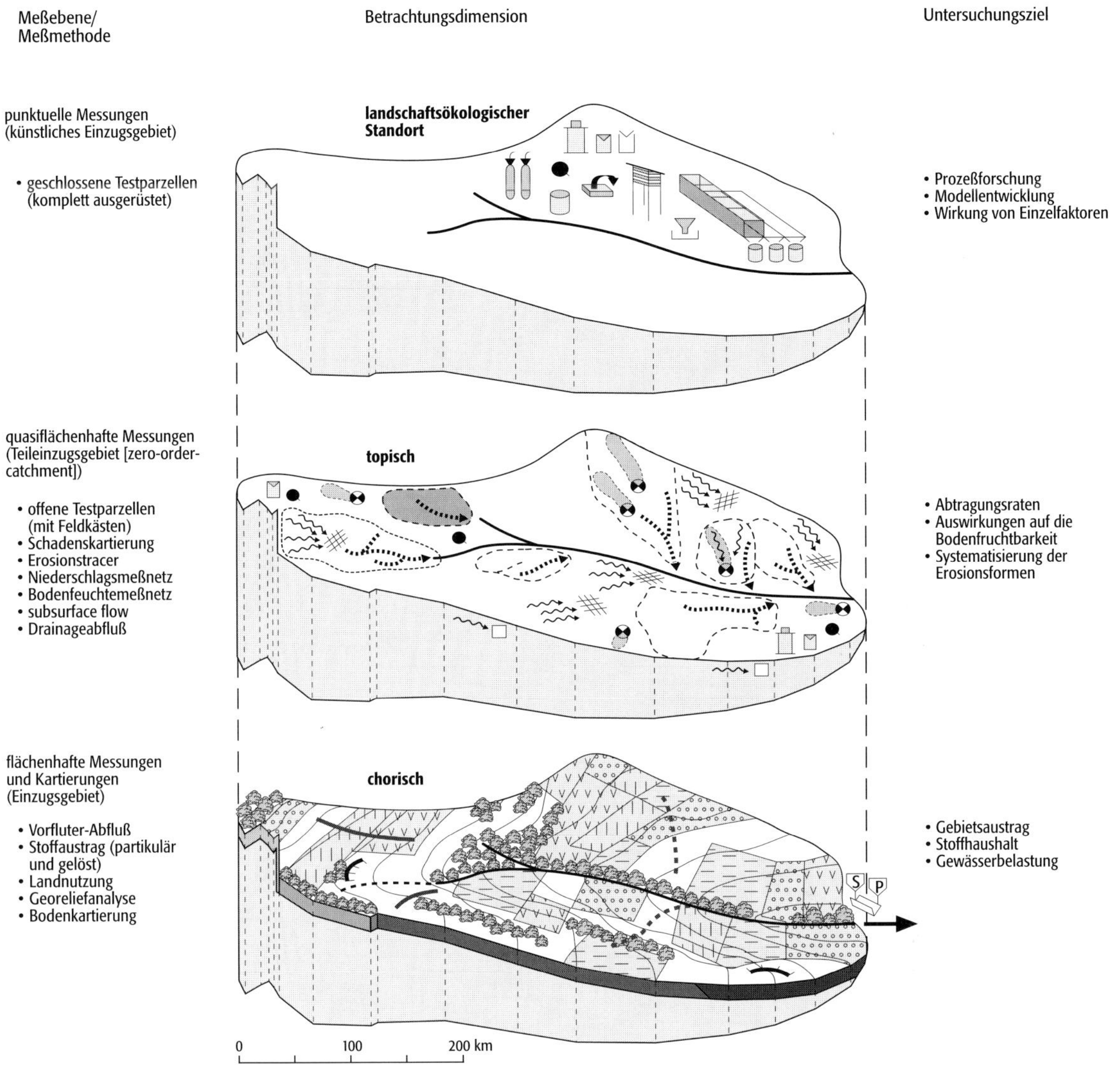

»kurze« Zeitreihen von einigen Monaten bis Jahren genügen, es sollte aber mindestens auf den ökologischen Jahresgang des jeweiligen Beobachtungsraumes Rücksicht genommen werden. Dies um Vorstellungen über den Verlauf, Änderungen und Größenordnungen der ökologischen Prozesse zu gewinnen und Vergleiche mit anderen Dauerbeobachtungsgebieten zu ermöglichen. In Abhängigkeit des untersuchten Prozesses (z.B. schleichende Prozesse, wie die Gefährdung der Bodenfruchtbarkeit durch luftgebundene Schadstoffeinträge, Prozesse mit high-magnitude/low-frequency Verhalten, wie das Phänomen der Bodenerosion) werden längere Beobachtungs- oder Untersuchungsperioden notwendig (Abb.). [SR]

Dauerfrostboden, *Permafrostboden*, ↗*Permafrost*.

Dauerfrostphase ↗Eiskeilgeneration.

Dauergrünland, landwirtschaftliche Flächen, die permanent für die ↗Grünlandwirtschaft genutzt werden (v.a. für Wiesen, Weiden und Mähweiden) und auf der keine ackerbaulichen Bewirtschaftungsmaßnahmen durchgeführt werden. In der Regel liegen Dauergrünlandflächen an Standorten, die für eine ackerbauliche Nutzung ungeeignet sind. Hierzu zählen z.B. ertragsschwache, flachgründige Böden, steile Hanglagen, trockene oder wassergesättigte Standorte und Flächen, die aufgrund von zu langen Anfahrtswegen oder zu entfernten Absatzmärkten für eine intensive Bewirtschaftung nicht in Frage kommen. Dauergrünland dient der Futtergewinnung; sein Aufwuchs wird mindestens einmal jährlich abgeerntet. Bei extensiver Nutzung sind Dauergrünlandflächen mehr oder weniger naturnahe Ökosysteme und besitzen wichtige landschaftsökologische Wirkungen (z.B. ↗Regenerationsfunktion und ↗ökologische Ausgleichswirkung).

Dauerhumus, Bezeichnung für den schwer umsetzbaren, stabilen, dunkel gefärbten Anteil der

Dauerbeobachtungsgebiet: Beobachtung und Messung der Bodenerosionsraten.

↗organischen Substanz des Bodens. Dauerhumus wirkt gefügestabilisierend sowie als Nährstoff- und Wasserspeicher.

Dauerkultur, Kulturart, die über mehrere Vegetationsperioden hinweg am gleichen Standort wächst. In der Regel sind dies extensive Kulturarten, wie Obstkulturen, Baumschulen und Strauchkulturen, welche den Boden nicht zu sehr beanspruchen. Sie sind oft in Form der ↗Monokultur angebaut. Werden ackerbauliche Nutzpflanzen als Dauerkultur und nicht innerhalb einer ↗Fruchtfolge angepflanzt, wird die ↗Bodenfruchtbarkeit durch einseitigen Nährstoffentzug, durch die Förderung von pathogenen Keimen und die Verschlechterung der Bodenstruktur geschädigt.

Dauerlinie, graphische Darstellung gemessener täglicher Werte in der Reihenfolge ihrer Größe. Aus der Dauerlinie können Dauerzahl, unter- bzw. überschrittener Wert, Unter- bzw. Überschreitungszahl und Unter- bzw. Überschreitungsdauer entnommen werden. Damit werden Werte gekennzeichnet, die an einer bestimmten Anzahl von Tagen (meist pro Jahr) unter- bzw. überschritten werden. Häufig wird auch die Anzahl der Tage bestimmt, deren Werte unterhalb bzw. oberhalb eines vorgegebenen Schwellenwertes liegen.

Dauphiner-Zwilling ↗Zwilling.

Davies-Gleichung ↗chemische Aktivität.

Davis, *William Morris*, amerikanischer Geograph und Geologe, * 12.2.1850 Philadelphia, † 5.2.1934 Pasadena. Er schuf das Modell eines geomorphologischen Zyklus. Demnach entwickeln sich die Formen der Erdoberfläche von einem Ausgangsstadium über »jugendliche« Formen und »reife« Formen zu »greisenhaften« Formen (Altersformen). Das Endstadium ist eine ↗peneplain (Endrumpf). Dieser Reliefzyklus, von Davis so z. B. in seinem 1899 erschienen Hauptwerk »The geographical cycle« beschrieben, diente mehr der theoretischen Durchdringung von morphologischen Prozeßabläufen als der Beschreibung tatsächlicher Zustände. Dennoch beeinflußte und beherrschte dieser definierte Zyklus, insbesondere in Amerika, die Geomorphologie über Jahrzehnte. Bis heute hat die ↗Zyklentheorie, vorwiegend aus didaktischen Gründen, ihren Platz in englischsprachigen Lehrbüchern der Geomorphologie und Physischen Geographie. [WA]

Davisstraße, Teil des Arktischen Mittelmeers (↗Arktisches Mittelmeer Abb.) begrenzt durch Grönland im Osten, Baffin-Land im Westen, 60° N im Süden und 70° N im Norden.

DBG ↗*Deutsche Bodenkundliche Gesellschaft.*

DCP, *Data Collection Platform*, automatische meteorologische Meßstation, oft in abgelegenen Gebieten, mit Datenübermittlung via ↗Satellit (↗METEOSAT).

DCP Retransmission System ↗*DRS.*

DDGI, ↗*Deutscher Dachverband für Geoinformation e. V.*.

3D-Diskordia ↗U-Pb-Methode.

DDT, *Dichlordiphenyltrichlorethan* ist ein 1872 entwickeltes, sehr wirksames ↗Pflanzenschutzmittel der Gruppe der ↗Chlorkohlenwasserstoffe, dessen Wirksamkeit jedoch erst 1939 entdeckt wurde. Es wird seit 1940 eingesetzt. Aufgrund seiner Wirksamkeit, Persistenz und Fettlöslichkeit ist es ubiquitär verbreitet. Eingesetzt wurde und wird es v. a., um Insekten zu bekämpfen, die Krankheiten (z. B. Malaria, Fleckfieber, Typhus) übertragen. Es war daher jahrzehntelang weltweit das wichtigste ↗Insektizid. Auftretende Resistenz bei verschiedenen Insekten, Berichte u. a. über die Anreicherung von DDT im Fettgewebe von Warmblütern, die Verdünnung von Eierschalen und der Verdacht, daß DDT und DDE (ein Abbauprodukt des DDT) östrogene Wirkungen auf Wirbeltiere haben, führten zum Verbot von DDT in fast allen Industrieländern. In Entwicklungsländern wird es noch, insbesondere zur Bekämpfung von Malaria übertragenden Mücken, eingesetzt, da es zur Zeit keine wirksame und preiswerte Alternative gibt. [RE]

Deasphaltierung, natürlicher Prozeß im ↗Rohöl, der die Ausfällung von ↗Asphaltenen bewirkt und somit ein schweres Rohöl zu einem mittelschweren Rohöl umwandelt, bedingt durch die Lösung von großen Mengen gasförmiger und/oder leichter Kohlenwasserstoffe.

Debye, *Peter Joseph Wilhelm*

Debye, *Peter Joseph Wilhelm*, niederländisch-amerikanischer Physiker und Physikochemiker, * 24.3.1884 Maastricht, † 2.11.1966 Ithaca (New York). Debye war ab 1911 Professor für theoretische Physik an der Universität in Zürich, 1912 in Utrecht, 1914 in Göttingen, 1919 an der TH in Zürich, 1927 in Leipzig und Direktor des Physikalischen Instituts, 1935–40 Direktor des Kaiser-Wilhelm-Instituts für Physik in Berlin, nach seiner Emigration (1940) in die USA 1946 naturalisiert, 1940–50 Professor für physikalische Chemie an der Cornell University in Ithaca; einer der bedeutendsten Physiker des 20. Jh.; besonders verdient um den quantentheoretischen Ausbau der Molekularphysik; formulierte 1912 die Debye-Theorie der spezifischen Wärme (Debye-Temperatur, Debye-Funktion, Debye-Frequenz, Debyesches T^3-Gesetz) und später die Debye-Theorie zur Temperaturabhängigkeit der Dielektrizitätskonstanten; erkannte 1912, daß viele Moleküle permanente elektrische Dipolmomente aufweisen und untersuchte in seiner Dipoltheorie den polarisierenden Einfluß elektrischer Felder auf Moleküle; nach ihm und P. Scherrer ist das um 1915 von ihnen entwickelte ↗Debye-Scherrer-Verfahren (Kristallpulvermethode für Strukturuntersuchungen mittels Röntgenstrahlen) benannt; entwickelte ab 1922 mit E. Hückel eine Theorie der starken Elektrolyte in wäßriger Lösung (Debye-Hückel-Theorie); führte Röntgenstrukturuntersuchungen an Flüssigkeiten und 1923 Wellenlängenmessungen mittels Interferenzversuchen an Kristallen durch; gab eine quantentheoretische Deutung des Compton-Effekts; schlug 1927, etwa gleichzeitig, aber unabhängig von W. F. Giauque, das Verfahren der adiabatischen Entmagnetisierung zur Erzeugung extrem tiefer Temperaturen vor; erhielt 1936 den Nobelpreis für Chemie für seine Beiträge zur Kenntnis der Molekülstruktur aufgrund seiner

Untersuchungen über Dipolmomente und über die Beugung von Röntgenstrahlen und Elektronen in Gasen. Auch nach ihm benannt sind der bei der Beugung von Licht an Ultraschallwellen auftretende Debye-Sears-Effekt und der bei der Röntgen-, Elektronen- oder Neutronenbeugung an Kristallen zu berücksichtigende ↗Debye-Waller-Faktor (Debye-Wärmefaktor). Werke (Auswahl): »Polar Molecules« (1929, deutsch: »Polare Moleküle«), »Dipolmoment und chemische Struktur« (1929), »Probleme der modernen Physik« (1929), »Die Struktur der Materie« (1933), »Theorie der elektrischen Molekulareigenschaften« (mit H. Sack, 1934), »Kernphysik« (1935).

Debye-Hückel-Gleichung ↗chemische Aktivität.

Debye-Scherrer-Verfahren, das von P. J. W. ↗Debye und P. Scherrer entwickelte Verfahren ist die wichtigste und am häufigsten angewandte Kristallpulvermethode. Wenige Milligramm Substanz genügen, um eine für die meisten Zwecke ausreichende röntgengraphische Mineralidentifizierung durchführen zu können. Als Strahlung dient monochromatisches Röntgenlicht, welches auf ein dünnwandiges Glasröhrchen fällt, in dem die Kriställchen in allen möglichen Orientierungen durcheinander liegen. Das Proberöhrchen wird während der Aufnahme ständig gedreht und bildet dabei die Achse einer zylindrischen Kammer von bekanntem Radius, deren Innenwand mit einem Röntgenfilm belegt ist. Dabei ergeben alle Netzebenen der Kristalle, welche die gleiche Neigung zum einfallenden Primärstrahl haben, kegelförmige Interferenzerscheinungen, die auf dem Film als Linien abgebildet werden. Beträgt der Kammerradius 57,3 mm, dann ist der Abstand a zweier symmetrischer Linien in mm, auf der Mittellinie des Films gemessen, stets 2θ. Zwischen dem Kammerradius R und a besteht die Beziehung:

$$\frac{a}{2\theta R} = \frac{4\theta}{360},$$

wobei

$$\theta = \frac{a90}{2\theta R}.$$

Durch das Einsetzen von θ in die Gleichung erhält man die Netzebenenabstände als d-Werte, deren Dimensionen in Angströmeinheiten ($1\text{Å} = 10^{-8}\text{cm}$).

Anstelle von Glaskapillaren, in die das Pulver eingefüllt wird, können auch Metalle als feine Drähte oder dünne Glasfäden, mit Pulver bestäubt, als Präparate direkt in die Kammer eingesetzt werden. Diese letzte Methode läßt sich v. a. dann anwenden, wenn extrem wenig Material zur Verfügung steht. Für die Untersuchung sehr linienreicher Substanzen, z. T. auch für die Bestimmung von Gitterkonstanten, werden Kammern mit einem doppelten Radius, genau 114,59 mm benutzt. 1 mm auf dem Film entspricht dann dem Winkelbetrag von 1 θ.

Anstelle der Fixierung der Reflexe auf Röntgenfilme läßt sich die abgebeugte Röntgenstrahlung grundsätzlich auch mit Hilfe von Zählrohren oder ortsempfindlichen Detektoren registrieren. Hier befindet sich ein planparalleles Pulverpräparat in der Mitte eines Meßkreises (Abb. 1). Die fokussierte und gefilterte charakteristische Röntgenstrahlung tritt durch ein Blendensystem aus Schlitz- und Sollerblenden (Anordnung mehrerer paralleler dünner Bleche, durch die der Röntgenstrahl in eine Reihe paralleler Teilstrahlen zerlegt wird) und trifft auf das planparallele Pulverpräparat in der Mitte des Meßkreises. Die gebeugte Strahlung durchläuft dann ein weiteres Blendensystem, wird vom Zählrohr aufgenommen, die dort ausgelösten Impulse werden verstärkt, gezählt und schließlich auf einem Kompensationsschreiber registriert (Abb. 2). Es ergibt sich dabei derselbe Kurvenverlauf, als wenn man eine Debye-Scherrer-Filmaufnahme mit einem registrierenden Photometer abfahren würde.

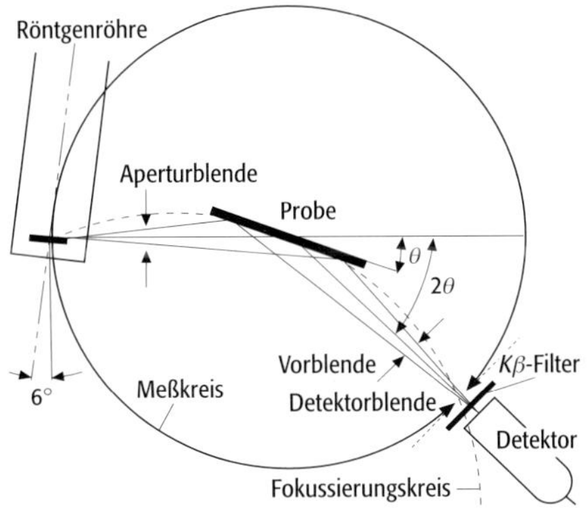

Debye-Scherrer-Verfahren 1: Strahlengang bei einem Pulverdiffraktometer mit der Probe in der Mitte des Meßkreises. Die abgebeugte Röntgenstrahlung wird mit einem Detektor registriert, der sich mit der Winkelgeschwindigkeit 2π dreht, während sich das planparallele Präparat mit der halben Winkelgeschwindigkeit θ bewegt.

Um bei Diffraktometeraufnahmen reproduzierbare Intensitätswerte zu erhalten und um Textureffekte auszuschalten, müssen die Präparate besonders sorgfältig hergestellt werden. Lichtempfindliche, hygroskopische oder sich in Luft zersetzende Substanzen können mit einer für die Röntgenstrahlen durchlässigen Kunststoffolie abgedeckt werden. Das Auflösungsvermögen und die Intensitätsverhältnisse lassen sich auch durch die Wahl der Blenden und der Registriergeschwindigkeit beeinflussen. Intensitätsmessungen können durch schrittweises Abfahren der Linien präzisiert werden. Durch Schrittschaltwerke, automatische Probenwechsler und Impulsdrucker lassen sich solche Messungen weitgehend automatisieren. Heizeinrichtungen und Tieftemperaturkammern erlauben auch röntgenographische Untersuchungen unter extremen Temperaturbedingungen. Ebenso sind Untersuchungen im Vakuum in geschlossenen Kammern oder in Anwesenheit eines Schutzgases möglich.

Aus Pulveraufnahmen nach dem Debye-Scherrer-Verfahren lassen sich eine Reihe von Aussagen machen, von denen die wichtigsten sind: 1) Nachweis des kristallinen Zustandes: Das Fehlen von Röntgeninterferenzen, was sich in einer gleichmäßigen Schwärzung des Films bemerkbar macht, beweist die amorphe Natur einer Substanz. Treten Linien auf, dann ist dies ein sicherer Nachweis für den kristallinen Zustand. 2) Substanz- bzw. Mineraldiagnose: Aus den d-Werten

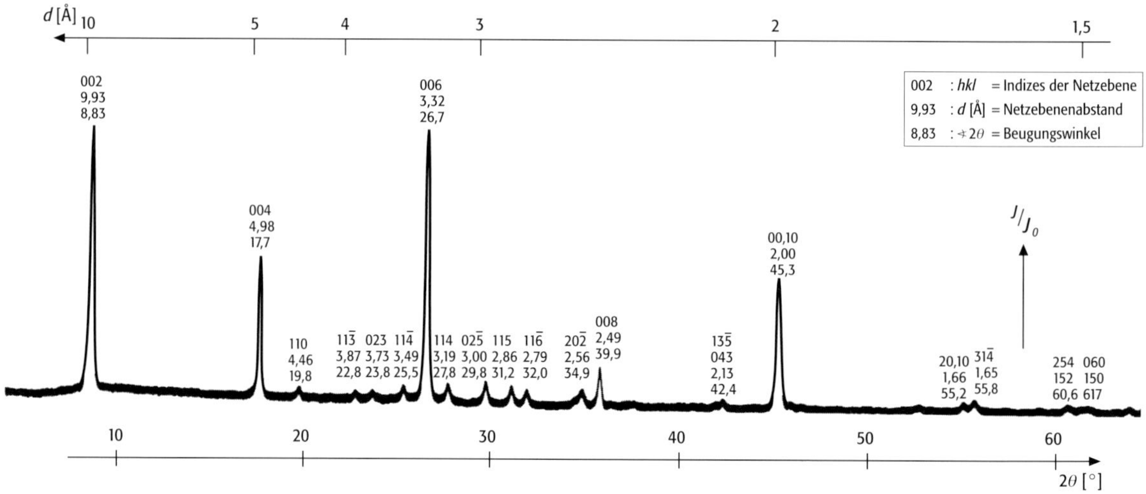

Debye-Scherrer-Verfahren 2: indiziertes Beugungsdiagramm von einem Muscovit (Cu-K_α-Strahlung; Meßbereich $2° < 2\theta < 65°$).

und der Intensitätsverteilung kann eine unbekannte Substanz mit Hilfe einer internationalen Kartei (JCPDS = Joint Commitee on Powder Diffracion Standards), in der alle bisher röntgenographisch untersuchten Substanzen verzeichnet sind, diagnostiziert werden. In Verbindung mit EDV-Anlagen und Computern gelingt auch die Auswertung komplizierter Substanzgemische. 3) quantitative Phasenanalyse: Bei Gemischen von kristallinen Stoffen lassen sich aufgrund der unterschiedlichen Intensitäten der einzelnen Linien auch quantitative Aussagen über die Zusammensetzung machen. 4) Texturbestimmung: Von Standardaufnahmen abweichende Intensitäten lassen Schlüsse auf eine orientierte Textur der Kristalle zu. 5) Korngrößenmessungen: Mit abnehmender Korngröße unter 1 nm Durchmesser tritt eine Linienverbreiterung ein, die sich mathematisch erfassen läßt. Es ist also möglich, in einem Bereich, der der mikroskopischen Messung nicht mehr zugänglich ist, Aussagen über die Teilchengröße der Kristalle zu machen. 6) Ermittlung von Stabilitätsbereichen: Polymorphe Modifikationen, wie z.B. Kalkspat ($CaCO_3$, trigonal) und Aragonit ($CaCO_3$, rhombisch), die dieselbe chemische Zusammensetzung besitzen, lassen sich durch ihre unterschiedlichen Pulverdiagramme rasch und sicher unterscheiden. Phasenübergänge beim Überschreiten der Stabilitätsbereiche lassen sich mit Hochdruck- und Hochtemperaturkammern nachweisen. 7) Mischkristallbestimmungen: Bei Mischkristallen ändern sich i.a. die Schichtlinienabstände gesetzmäßig in Abhängigkeit vom Verhältnis der reinen Mischungsendglieder. 8) Kristallstrukturbestimmungen: Während Strukturbestimmungen bei kubischen, tetragonalen oder hexagonalen Kristallen sehr genau und rasch möglich sind, sind sie bei Kristallsystemen mit niedrigerer Symmetrie nur in Ausnahmefällen möglich. Mit Hilfe ausgefeilter Computerprogramme sind jedoch in letzter Zeit vielversprechende Fortschritte in dieser Hinsicht erzielt worden. [GST]

Debye-Waller-Faktor, ↗Temperaturfaktor, beschreibt die Reduktion der elastisch gestreuten Intensität von Röntgenstrahlung, Neutronen und Elektronen auf Grund thermischer Schwingungen der Atome.

Decarbonatisierungsreaktion, eine endotherme metamorphe ↗Mineralreaktion, die bei Temperaturzunahme zu einem Zerfall von Carbonatmineralen und damit zur Freisetzung von CO_2 in die fluide Phase führt; z.B. 1 Calcit + 1 Quarz = 1 Wollastonit + 1 CO_2.

Decarboxylierung, Abspaltung von Kohlendioxid (CO_2) aus Carbonsäuren und substituierten Carbonsäuren. ↗Carboxylgruppe.

Dechen, *Ernst Heinrich Karl* von, deutscher Geologe, * 25.3.1800 Berlin, † 15.2.1889 Bonn; nach seinem Studium 1818 bis 1821 in Berlin war Dechen zunächst an den Bergämtern von Bochum und Essen beschäftigt, später dann in der Ministerialabteilung für Berg-, Hütten- und Salinenwesen in Berlin. Es folgten die Beförderung zum Oberbergassessor in Bonn (1828) und Vortragendem Rat in der Ministerialabteilung in Berlin (1831). 1834 erfolgte der Ruf zum Professor für Bergbaukunde an die Bergakademie Berlin. Von 1841 bis 1864 war er Berghauptmann und Oberbergamtsdirektor in Bonn. Das Verdienst Dechens liegt besonders auf dem Gebiet des Bergbaus und der Hüttenindustrie Preußens. Eine Vielzahl geologischer Karten und grundlegender Darstellungen gehen auf ihn zurück. Er fertigte u.a. eine »Geognostische Karte von Deutschland, England, Frankreich und den Nachbarländern« (1839) an. Bis 1884 brachte er einen Atlas von 35 Blättern im Maßstab 1:80.000 mit einer zweibändigen Erläuterung heraus. Nach ihm benannt ist die Dechenhöhle im Stadtgebiet von Iserlohn und die Zeitschrift »Decheniana« (vor 1933 die »Verhandlungen des Naturhistorischen Vereins der Rheinlande und Westfalens«). [EHa]

De Chezy, *Antoine*, französischer Lehrer, * 1718 in Chalon-sur-Marne, † 1798 in Paris, Studium in der Congrégation de l'Oratoire und der Pariser École des ponts et Chaussées, 1761 Ingenieur in

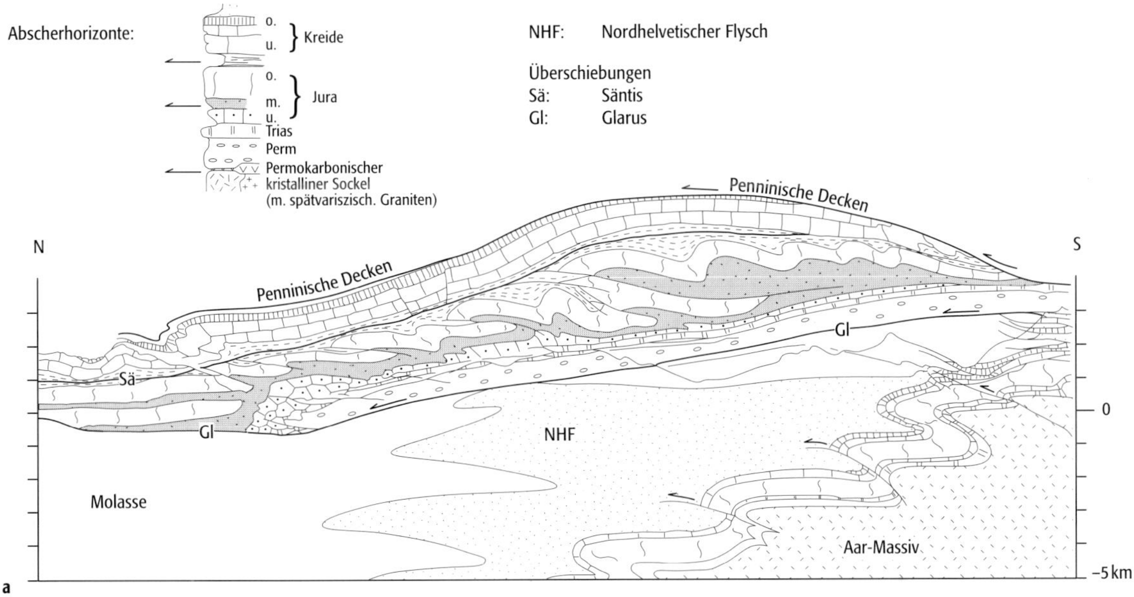

Corps des ponts et Chaussées, 1763 Leiter desselben; Erbauer berühmter steinerner Bogenbrücken über die Seine bei Neuilly und Mantes, über die Loire in Orléans und der berühmten Brücke von Nemours. Er lieferte die erste für Praktiker brauchbare Formel für die Berechnung der gleichförmigen Bewegung des Wassers (allgemeines Fließgesetz).

Dechiffrierung, Gewinnung von Primärinformation aus durch Fernerkundung gewonnenen Bilddaten durch das Erkennen von Objekten und Objekteigenschaften der Erdoberfläche auf der Grundlage ihrer spektralen, texturellen und Umgebungsmerkmale. Neben der analog-visuellen Methode stehen heute v.a. computergestützte Verfahren im Vordergrund. ↗Klassifikation.

Deckblatt, früher auch *Oleat* oder *Oleatenkarte*, zu einer auf Papier hergestellten thematischen Karte gehörendes, transparentes Blatt mit den Inhalt der Karte ergänzenden oder erläuternden Elementen, z.B. Grenzen und/oder Namen oder auch zur Verdeutlichung zwischen zwei Zeitschnitten eingetretener Veränderungen.

Decke, ↗allochthoner Gesteinskörper, der durch eine flache ↗Überschiebung von mehreren Kilometern ↗Förderweite auf seine jetzige Unterlage

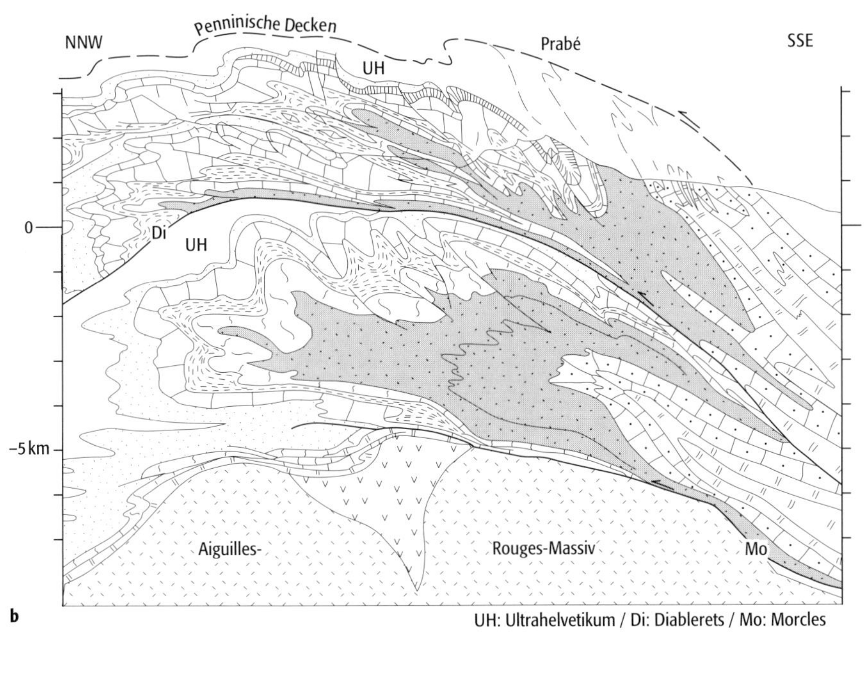

Decke 1: veränderter Baustil der Helvetischen Decken (Schweizer Alpen) von Ost (Profil a) nach West durch zunehmende Mächtigkeit der inkompetenten mitteljurassischen Tonsteine und durch zunehmenden Metamorphosegrad (tiefere Teile von Profil b).

transportiert wurde. Die Ausdehnung einer Decke in der Fläche beträgt i. d. R. ein Vielfaches ihrer Mächtigkeit. Kleinere allochthone Körper werden ↗Schuppe genannt. Decken treten in ↗Orogenen in allen Bereichen von den nichtmetamorphen Außenzonen bis in die hochmetamorphen Kernzonen auf. Die Temperatur- und Druckbedingungen, unter denen Decken angelegt werden und sich weiter entwickeln, bestimmen entscheidend ihre Gesamtform und innere Struktur. Decken in nicht ↗metamorphen Sedimentgesteinen entstehen aus spröden Überschiebungen, die über weite Entfernungen schichtparallel in stratigraphisch vorgegebenen Schwächezonen, wie Tonstein- oder Evaporithorizonten, verlaufen. An ↗Rampen kann die Decke in höhere stratigraphische Niveaus transportiert werden. Abgescherte und transportierte Gesteinseinheiten, die nicht über eine Rampe befördert wurden, werden *Abscherungsdecke* genannt. Decken in nicht metamorphen Gesteinen werden durch Verschuppung und Faltung intern deformiert; ihre penetrative Deformation ist gering. Die basale Überschiebungsfläche (Sohlfläche) der Decke zeigt diskrete, oft scharf begrenzte Störungsflächen.

Bei zunehmender Metamorphose oder bei Beteiligung mächtiger inkompetenter (↗kompetent) Horizonte nehmen Decken oft die Form großer liegender Antiklinalen (↗Falte) an, deren Liegendschenkel extrem gestreckt und verdünnt oder abgerissen sein kann (Überfaltungsdecken, Abb. 1). Diese Decken zeigen interne Deformation durch überlagerte Falten kleinerer Wellenlänge und erhebliche penetrative Deformation unter Ausbildung einer ↗Foliation. Die Decke kann während des Transports insgesamt geschert und geplättet werden. Trotzdem können solche Decken und ihre Internstrukturen noch weitgehend zylindrisch sein und sich über weite Strecken verfolgen lassen.

Decken in kristallinen Gesteinen variieren zwischen zwei Endgliedern: einerseits Decken, die nur spröde deformiert sind, und andererseits Decken, die unter Bedingungen der Metamorphose transportiert und duktil deformiert (↗duktile Verformung) wurden.

Spröde Kristallindecken (Abb. 2) werden in relativ geringer Tiefe gebildet. Ihre basale Abscherung scheint häufig im Bereich des thermisch kontrollierten Überganges von spröder zu duktiler Deformation zu liegen und zeigt ↗Mylonite und ↗Pseudotachylite. Der spröd/duktil-Übergang findet in quarzreichen Gesteinen bei ca. 300 °C statt, was für durchschnittliche geothermische Gradienten einer Tiefe von 10–15 km entspricht. Es gibt jedoch auch Überschiebungen, die als spröde Brüche oder eng begrenzte duktile Scherzonen in größere Tiefen reichen und die gesamte Kruste oder selbst Teile des oberen Mantels erfassen. Spröde Kristallindecken sind oft größer und mächtiger als Decken in nicht metamorphen Sedimentgesteinen, haben aber ähnliche Formen.

Kristallindecken, die unter den Bedingungen mittel- bis hochgradiger Metamorphose gebildet werden, zeigen die Form von ↗Fließfalten regionaler Ausdehnung. Sie sind intern sehr stark duktil deformiert. Die Richtung der Faltenachsen schwankt stark und kann selbst parallel zur Transportrichtung liegen. Es sind ausgeprägte Streckungslineationen entwickelt. Oft findet starke Deformation der Decken noch nach ihrer Platznahme statt. Die Deckenbasis wird von bis zu mehrere Kilometer mächtigen Mylonitzonen gebildet. Bei hohen Überschiebungsgeschwindigkeiten kann es zu einer Inversion der metamorphen ↗Isograden kommen, so daß der ↗Metamorphosegrad lokal nach unten abnimmt. Dabei kann die Überlagerung kühlerer Gesteine durch die heiße Decke ↗Fluide freisetzen, die in die Decke aufsteigen und dort zur Bildung von Schmelzen führen. [JK]

Literatur: [1] EISBACHER, G. H. (1996): Einführung in die Tektonik. – Stuttgart. [2] HATCHER, R. D., HOOPER, R. J. (1992): Evolution of crystalline thrust sheets in the internal parts of mountain chains. – In: MC CLAY, K. R. (ed.): Thrust tectonics. – London. [3] LAUBSCHER, H. P. (1983): Detachment, shear, and compression in the central Alps, Geological Society of America Memoir 158.

Deckenabwicklung, die geometrische Rückführung (Rückversatz) einer oder mehrerer tektonischer Decken in eine mögliche Ursprungslage vor ihrer tektonischen Einengung durch eine ↗palinspastische Rekonstruktion. Dabei werden aufgrund stratigraphischer, fazieller oder metamorpher Merkmale die einzelnen Decken semiquantitativ um den jeweiligen Einengungsbetrag,

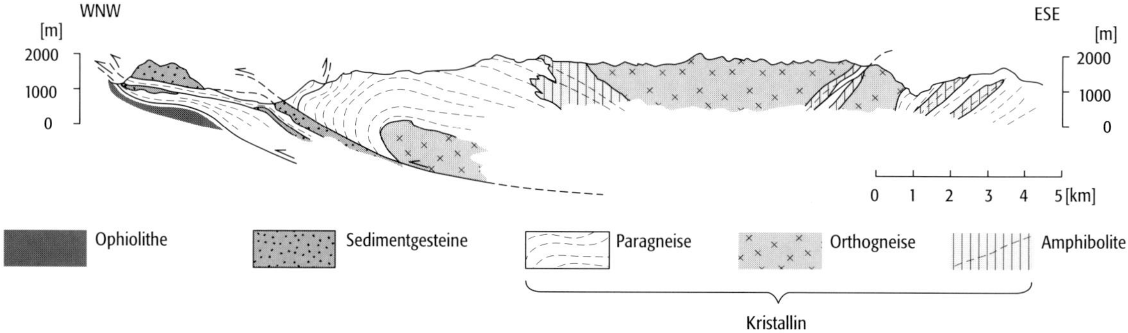

Decke 2: Profil der Silvretta-Decke, einer spröden Kristallindecke der Ostalpen. Der komplizierte, ältere Internbau der Decke wird von der späteren Deckenüberschiebung diskordant abgeschnitten.

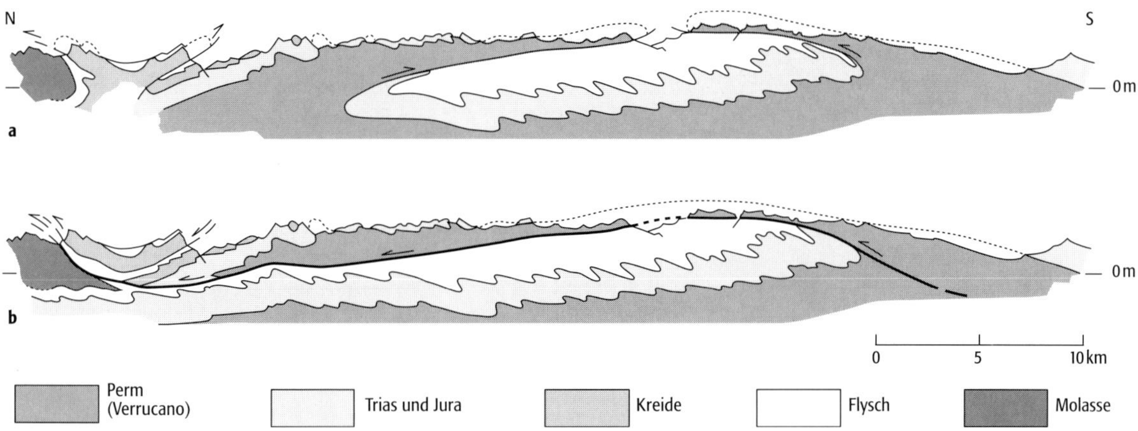

Deckenbau 1: Struktur in den Glarner Alpen (Schweiz), in der ursprünglichen Deutung als »Doppelfalte« mit zwei Antiklinalen entgegengesetzter Vergenz (a) und in M. Bertrands Deutung als einheitliche, nach Norden gerichtete Überschiebung (b).

hervorgerufen durch ↗Faltung und ↗Aufschiebungen bzw. ↗Überschiebungen, rückgeformt.

Deckenbau, Strukturstil, der von weiten, flachen ↗Überschiebungen bzw. ↗Decken geprägt ist. Deckenbau in unterschiedlich ausgeprägter Form kennzeichnet alle Orogene. Einzelne weite Überschiebungen waren etwa seit Mitte des 19. Jh. aus den Alpen, den Appalachen und den schottischen Kaledoniden beschrieben worden, aber die Bedeutung dieses Strukturstils für den gesamten Bau von Gebirgen wurde noch nicht erkannt. Ein wichtiger Anstoß kam von M. ↗Bertrand, der im Jahr 1883 bis dahin als Ausdruck von Falten betrachtete Lagerungsverhältnisse in Glarus als Effekt einer flachen Überschiebung mit vielen Kilometern Transportweite deutete (Abb. 1). Danach setzte sich das Konzept des Deckenbaus schnell in den Alpen und in anderen Gebirgen durch. Tektonische Klippen und Fenster (z. B. das von ↗Termier erkannte Tauernfenster) wurden dabei wichtig für die Ermittlung von Überschiebungsweiten und die Rekonstruktion inzwischen großenteils erodierter Decken. Aus dem Bau der Alpen (Abb. 2) wurde die generelle Vorstellung abgeleitet, daß Decken an nach außen verflachenden Überschiebungsbahnen aus einer steil einfallenden »Wurzelzone« ausgequetscht würden. Der tektonische Transport von im Verhältnis zu ihrer Dicke sehr ausgedehnten Gesteinskörpern über weite Entfernungen wurde aber lange Zeit als »mechanisches Paradox« betrachtet. Vielfach wurde angenommen, daß Decken nicht durch Schub bewegt werden könnten, sondern nur durch Körperkräfte, die auf jeden Punkt der Decke wirken. Das führte zur Idee von *Gleitdecken*, die sich auf einer schwach in Transportrichtung geneigten Unterlage von der Schwerkraft angetrieben bewegen sollten. Für längere Zeit war dies ein beherrschendes Konzept zur Mechanik der Deckenbewegung. Gegen gravitativen Deckentransport spricht jedoch, daß sehr viele Bahnen von Deckenüberschiebungen gegen die Transportrichtung der Decke einfallen. Diese Beobachtung und andere bewirkten schließlich, daß die Hypothese der durch Schub bewegten Decken wieder an Bedeutung gewann. Hubbert und Rubey (1959) zeigten, daß abnormal hoher (höher als hydrostatischer) Druck der Porenflüssigkeit in Gesteinen, wie er in vielen Bohrungen in Sedimentbecken angetroffen wird, die Scherfestigkeit erheblich herabsetzt. Eine Zone von Überdruck an der Basis würde deshalb den tektonischen Transport geringmächtiger Gesteinskörper durch Schub ermöglichen. Chapple (1978) wies darauf hin, daß die meisten größeren Decken und Deckenstapel im Profilschnitt annähernd die Form von Keilen haben, die sich in Transportrichtung verjüngen. Die Keilform kommt durch interne Deformation der Decke bzw. durch die Stapelung einzelner Decken zu-

Deckenbau 2: Deckenbau der Zentralen Alpen und Südalpen im Profil. Um eine Vorstellung des gesamten Deckenstapels vor der Abtragung zu geben, sind die ostalpinen Decken von weiter östlich ins Profil projiziert. Ihre heute erodierten Äquivalente in der gezeigten Profilebene hätten einen etwas abweichenden inneren Bau, und ihre basale Überschiebung wäre nicht flach, sondern über dem Aar-Massiv gefaltet.

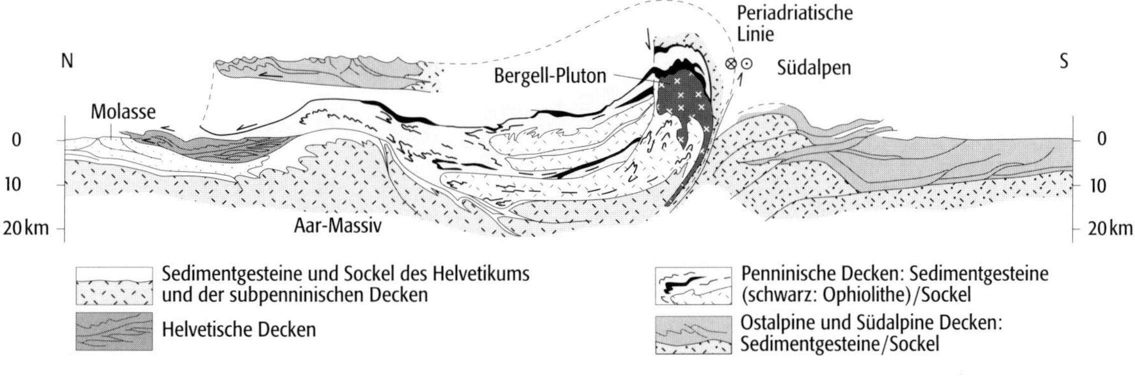

Mindelzeitlich	**Jüngere Deckenschotter**	
Günzzeitlich	Ältere Deckenschotter	
Donauzeitlich		Untere Deckschotter
Biberzeitlich	Älteste Deckenschotter	Mittlere Deckschotter
		Obere Deckschotter

Deckenschotter (Tab.): Stratigraphischer Vergleich der Bezeichnungen Deckschotter und Deckenschotter.

stande. Der Keil, dessen Gesamtfestigkeit nach hinten (entgegen der Transportrichtung) durch den vergrößerten Querschnitt zunimmt, kann schließlich ohne weitere Deformation geschoben werden. Die Ideen von Chapple wurden weiterentwickelt zur »Theorie der kritischen Keilform« (↗Falten- und Überschiebungsgürtel). In vielen Fällen ist die Scherfestigkeit an der Basis des Deckenstapels durch stratigraphisch vorgegebene Schwächezonen (z.B. Evaporit- oder Tonsteinhorizonte) oder überhöhten Fluiddruck vermindert.

Wichtig für die Mechanik von Deckenstapeln ist außerdem, daß die einzelnen Überschiebungen in der Regel in Transportrichtung fortschreitend angelegt werden. Die älteren Decken werden dadurch weitgehend passiv auf den jüngeren mittransportiert (Huckepack- oder Piggyback-Sequenz der Deformationsausbreitung), und die tieferen Decken haben sich nie alleine, sondern nur zusammen mit dem gesamten Stapel bewegt. Durch Anlage jüngerer Strukturen unter älteren Decken werden diese häufig insgesamt zusammen mit ihrer Unterlage gefaltet (»*Deckenfaltung*« mit Bildung von *Deckenmulden* und *Deckensätteln* in älteren Arbeiten; ↗Decke). Auch der früher als »Wurzelzone« verstandene Bereich steil einfallender Strukturen in den Alpen wird heute durch späte Deformation des gesamten Deckenstapels erklärt.

Eine ↗Deckenabwicklung, das heißt die Rückformung eines Deckenbaus in den ursprünglichen, nicht deformierten Zustand, folgt v.a. geometrischen und faziellen Kriterien. Als geometrisches Grundprinzip gilt, daß strukturell höhere Decken weiter transportiert sind als strukturell tiefere. Für die sedimentären Fazies gleichalter Gesteine sollte sich nach der Rückformung eine plausible Abfolge ergeben, z.B. ein allmählicher Übergang von Flachwasser- zu Tiefwassersedimenten. Der Bewegungsablauf metamorpher Decken wird auch mit Hilfe von Druck- und Temperaturdaten und radiometrischen Datierungen eingegrenzt. [JK]

Deckenfaltung ↗Deckenbau.

Deckengebirge ↗Orogen.

Deckenkarren, ↗Karren, die an den Decken von ↗Fußhöhlen im ↗Kegelkarst auftreten.

Deckenmulde ↗Deckenbau.

Deckensattel ↗Deckenbau.

Deckenschotter, von Albrecht ↗Penck 1901 eingeführter Begriff für deckenartig verbreitete, unterpleistozäne glazifluviatile Terrassenschotter des bayerischen Alpenvorlandes. In morphologischem Sinne zur Abgrenzung zu den in Tälern vorkommenden Hochterrassen und Niederterrassen benutzt. Penck unterschied im Illergletscher-Vorland den jüngeren Deckenschotter (mindelzeitlich) vom älteren Deckenschotter (prämindelzeitlich). Heute wird der älteste Deckenschotter (Dä, biberzeitliche Terrassen), der ältere Deckenschotter (Da, donau- und günzzeitliche Terrassen) und jüngere Deckenschotter (Dj, mindelzeitliche Terrassen) unterschieden. Der Begriff ist nicht zu verwechseln mit dem ↗Deckschotter (Tab.).

Deckenstirn, der in Transportrichtung vorderste Teil einer ↗Decke. Der Ausdruck kann sowohl die ursprüngliche Front einer Decke bezeichnen als auch ihren durch Erosion zurückverlegten Außenrand.

Deckgebirge, **1)** *Lagerstättenkunde*: Gesteinsbereich zwischen Tagesoberfläche und Lagerstätte. **2)** *Allgemeine Geologie*: ↗Kraton.

Deckoperation ↗*Symmetrieoperation*.

Decksand, Bezeichnung für ungeschichtete, sandige Sedimente aus den ↗periglazialen Gebieten des ↗Pleistozäns mit unterschiedlicher Genese. Dabei kann es sich z.B. um Decken aus ↗Flugsand handeln, um Geschiebedecksande, Schwemmsande oder ↗Dünen.

Deckschichtenstratigraphie ↗*Pedostratigraphie*.

Deckscholle ↗*tektonische Klippe*.

Deckschotter, von Hans Graul 1943 eingeführter Begriff für unterpleistozäne, glazifluviatile Terrassenschotter des unteren Lechtales. Seitdem wird der Begriff für prägünzzeitliche Terrassen des Alpenvorlandes benutzt und der untere Deckschotter für donauzeitliche und mittlere sowie obere Deckschotter für biberzeitliche Schmelzwasserablagerungen unterschieden (↗Deckenschotter Tab.).

Deckschutt, *Decksediment*, *Decklage*, oberste, spätpleistozäne Lage der ↗periglazialen ↗Schuttdekken Mitteleuropas nach A. Semmel (1964). Der Deckschutt ist mit einer relativ gleichbleibenden Mächtigkeit von ca. 40 bis 70 cm durchgehend verbreitet. Neben verwittertem anstehendem Gestein enthält er, im Gegensatz zum ↗Basisschutt, eine Lößlehmkomponente (↗Lößlehm) und Minerale der ↗Tephra von der Eruption des Laacher Sees im ↗Alleröd. Daraus folgert A. Semmel, daß es sich um einen Durchmischungshorizont aus der Jüngeren Tundrenzeit handelt.

Deckstein, bei ↗Erdpyramiden, bzw. Pflanzhügeln oben aufliegender Stein, der das darunter befindliche Lockersediment vor Abtragung schützt.

Deckungsgrad, prozentualer Bedeckungsanteil einer bestimmten Art an der gesamten Standortfläche einer ↗Pflanzengesellschaft (↗Pflanzensoziologie). Die Ermittlung des Deckungsgrades erfolgt als senkrechte Projektion auf die Bodenoberfläche, wobei bei mehrschichtigen Gesellschaften jede Schicht getrennt zu schätzen ist. Zusammen mit der ↗Abundanz ergibt sich ein Maß für Artmächtigkeit und ↗Dominanz.

Deckwerk, flächenhaftes Bauwerk zur Befestigung oder zum Schutz eines geböschten Ufers oder Deiches (Abb.) durch Steinschüttungen, Pflasterungen, häufig auch in Kombination mit

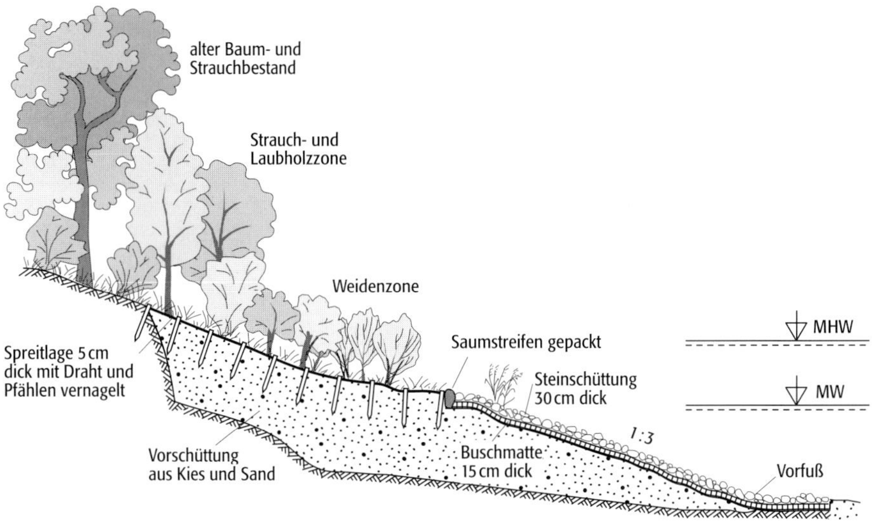

Deckwerk: Deckwerk an der Aller (MHW = mittlere Hochwasserlinie, MW = mittlere Wasserlinie).

ingenieurbiologischen Bauweisen (↗Lebendbau). An Binnengewässern, z. B. an Bundeswasserstraßen, dient das *Uferdeckwerk* als Auskleidung von Böschung und Sohle, zur Begrenzung und Erhaltung des Wasserstraßenprofiles bzw. der Fahrrinne. Es hat die Aufgabe, die Böschung gegen die Kräfte des strömenden Wassers und des Schiffsschraubenstrahles sowie gegen mechanische Beanspruchung durch Schiffe (Schiffsstoß, Ankerwurf) und Eisangriff zu schützen. Dabei wird zwischen durchlässigem und dichtem Deckwerk unterschieden. Dichte Deckwerke werden dort verwendet, wo ein Austausch von Kanalwasser und Grundwasser vermieden werden soll. Verwendet wird dabei vorwiegend Asphaltbeton. Bei feinkörnigem Untergrund werden häufig Filter (Kiesfilter, Geotextilien) erforderlich (↗Gewässerausbau). Im Küstenbereich werden Deckwerke als Maßnahme des ↗Küstenschutzes so ausgelegt, daß sie der dynamischen Belastung durch den Seegang widerstehen können. Durch eine Böschungsneigung zwischen 1:4 und 1:6 wird sichergestellt, daß die Wellenreflexion gering gehalten wird. Deckwerke können als offene Deckwerke ausgeführt werden (z. B. Steinschüttung oder ↗Steinsatz, Betonsteinpflaster). Geschlossene Deckwerke können z. B. aus Asphaltbeton, Betonplatten, Steinschüttungen oder Steinsatz mit Vollverguß bestehen. Eine Filterschicht verhindert, daß bei Wasserspiegelabfall Überdruck unter dem Deckwerk entsteht. Eine besondere Sicherung ist am Fuß des Deckwerkes erforderlich in Form einer flachen Fußvorlage oder einer Spundwand. [EWi]

Decodierung, in der ↗Fernerkundung vor allem in den ehemaligen INTERKOSMOS-Staaten verwendeter Ausdruck für die digitale Klassifizierung oder analoge thematische Auswertung von Bildern. ↗Bildinterpretation.

décollement (franz.) ↗Abscherung.

decussat, Gefüge mit ungeregelten, miteinander verwachsenen, elongaten (z. B. Amphibol, Wollastonit) oder tafeligen Mineralen (z. B. Schichtsilicate) (Abb. im Farbtafelteil); häufig in ↗Hornfels.

Dedolomitisierung, *Recalcitisierung*, völlige oder teilweise Auflösung von reinem Dolomitgestein oder von Dolomitkristallen in Kalken und Ersatz durch Calcit. Dabei kann Calcit in die meistens rhomboedrische Kristallstruktur des Dolomits hineinwachsen (↗Pseudomorphose). Dedolomitisierte Zonen weisen auf Süßwasser-Einfluß hin (↗meteorische Diagenese). Einen Hinweis auf Dedolomitisierung geben u. a. dolomitische Reliktareale, um die unregelmäßige Calcitkristalle in Form von Pseudosparit gewachsen sind. Die Lösung von Gips und Anhydrit ist ein oberflächennaher Prozeß, welcher zu Dedolomitisierung führen kann. Dedolomitisierung kann auch aufgrund von Versenkungsdiagenese auftreten.

Deep Sea Drilling Project, seit 1968 laufendes wissenschaftliches Bohrprogramm zur Klärung von Alter und Struktur der Ozeanbecken mit dem ↗Forschungsschiff »GLOMAR CHALLENGER«. Fortsetzung ab 1983 als *Ocean Drilling Programme*, seit 1985 mit dem Bohrschiff »JOIDES RESOLUTION«. Bis 1983 betrieben durch die USA, seither durch ein internationales Konsortium.

Defant, *Albert*, österreichischer Meteorologe und Ozeanograph, * 12.7.1884 Trient, † 24.12.1974 Innsbruck. 1924–27 Professor in Innsbruck, 1927–45 in Berlin und Direktor des Instituts und Museums für Meereskunde, 1945–55 erneut in Innsbruck und Direktor des Instituts für Meteorologie und Geophysik, seit 1957 Professor an der Freien Universität Berlin; Teilnahme an mehreren Expeditionen (1925–26 »Meteor«-Expedition) und an der Auswertung ihrer Ergebnisse (Wissenschaftliche Ergebnisse der »Meteor«-Expedition, 1925–27); zahlreiche Arbeiten zur Dynamik der Atmosphäre und über Meeresströmungen. Werke (Auswahl): »Wetter und Wettervorhersage« (1918), »Lufthülle und Klima« (mit E. Obst, 1923), »Dynamische Ozeanographie« (1929), »Physikalische Dynamik der Atmosphäre« (mit F. Defant, 1958), »Physical Oceanography« (2 Bände, 1961).

Defence Meteorological Satellite Program ↗*DMSP.*

Deflation: Verhältnis von Korndurchmesser und Grenzgeschwindigkeit bei äolischem Transport.

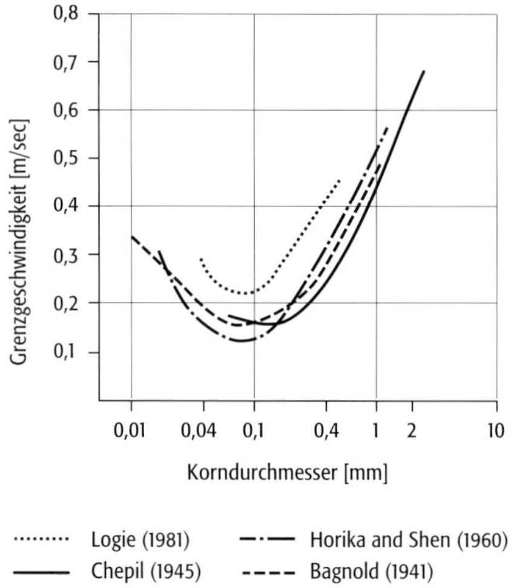

Deflation, *Ausblasung, Auswehung,* ↗äolischer Prozeß, der die überwiegend denudative Wirkung (↗Denudation) des Windes beschreibt. Im Sinne der einsetzenden Partikelbewegung ist Deflation die Voraussetzung für alle äolischen Transportprozesse (↗Saltation, ↗Suspension, ↗Reptation) sowie den resultierenden Formenschatz (↗Korrasion, ↗äolische Akkumulation). Charakteristische Abtragungsformen der Deflation sind ↗Wüstenpflaster und ↗Deflationswannen. Bei flächenhafter Deflation kann es zur ↗Reliefumkehr kommen; bekannt sind die »inverted channels« der arabischen Halbinsel, die als kiesige Wadibetten heute 10–20 m über der umgebenden Oberfläche liegen. Die Intensität der Deflation ist abhängig von der Windgeschwindigkeit, der ↗Korngröße, der Oberflächenrauhigkeit und der Feuchtigkeit. Bei Abwesenheit größerer Hindernisse ist die Rauhigkeit direkt von den vorhandenen Korngrößen abhängig. Bei Körnern < 0,08 mm wirkt die Oberfläche aerodynamisch glatt, da keine Körner über die ↗Prandtl-Schicht hinaus in die turbulente Schicht ragen. Die zur Deflation benötigte Geschwindigkeit steigt dann sehr stark an (Abb.). Die Grenzgeschwindigkeit zur Kornaufnahme vom Boden (v_s) ist abhängig von der Korngröße (D), der Schwerebeschleunigung (g) und dem Dichteunterschied zwischen Partikel (ϱ_P) und Luft (ϱ_L). Für Körner > 0,1 mm gilt:

$$v_s = 0{,}1 \cdot \sqrt{\frac{\varrho_P - \varrho_L}{\varrho_L} \cdot gD} \; .$$

Größere Hindernisse verändern die Grenzgeschwindigkeit durch Wirbelbildung, bei geringer Bedeckung der Oberfläche wird sie erniedrigt, bei hohem Bedeckungsgrad erhöht. Der notwendige Bedeckungsgrad, um Deflation zu verhindern, ist von der Größe der Hindernisse abhängig. Nach Untersuchungen genügen 4% Bedekkung mit 2–3 mm großen Partikeln, um die Deflationsschwelle zu erhöhen. Bei 17,5 mm großen Steinen sind 20% Bedeckung notwendig, um die gleiche Deflationsminderung zu erreichen. Feuchtigkeit erhöht die Grenzgeschwindigkeit durch die Erhöhung der Kohäsionskräfte zwischen den Körnern. Ähnlich wirken Salze deflationshemmend durch Verkleben der Körner. Salze können aber auch deflationsfördernd wirken, wenn durch starke Salzkonzentration die Oberfläche strukturiert wird und Wirbelbildung einsetzt. Dieser Prozeß tritt häufig bei Salz- und Tonpfannen auf, die durch Deflation tiefergelegt werden. Nach Aufnahme der Partikel dauert der ↗äolische Transport i.d.R. auch bei geringeren Geschwindigkeiten an, da die Körner durch Saltation wiederholt in den Bereich höherer Geschwindigkeit geschleudert werden. [KDA]

Deflationswanne, häufig ovale bis nierenförmige, flache Senke unterschiedlicher Ausdehnung (< 1 bis > 10 km²), die vorwiegend in ↗semiariden Gebieten vorkommt und dort in dichter Scharung weite Areale bedecken kann. Die Entstehung ist an episodisch-periodische Niederschläge und Überschwemmungen im Wechsel mit ↗Aridität gebunden. Die Feuchtigkeit fördert die ↗Verwitterung in den Senken und stellt Feinmaterial bereit. Die Ausräumung und Übertiefung geht dann auf ↗Deflation zurück. Auf der windabgewandten Seite der Wannen ist das ausgeblasene Substrat häufig zu ↗Bogendünen akkumuliert. Das Vorkommen der Wannen ist oft an Härteunterschiede im anstehenden Gestein oder an tektonische Schwächezonen gebunden, so z.B. in der Wannennamib im südlichen Afrika (↗Salztonebene).

Deflektometer, ein stationäres Meßgerät in einem Bohrloch, welches Verschiebungen quer zur Bohrlochachse erfassen kann. Das Gerät besteht aus einer Kette von Rohren mit einer Länge von 3 m (auch kürzere Rohre sind möglich), die durch Kardangelenke miteinander verbunden sind. Innerhalb der Kardangelenke sind elektrische Drehwinkelsensoren angebracht, womit die Verkippung der Rohre in zwei senkrecht aufeinander stehenden Richtungen gemessen werden kann. Die Kette wird in das üblicherweise verrohrte Bohrloch eingeschoben, wofür sie an jedem Gelenk eine Kugelzentrierung oder gefederte Gleitkufen besitzt. Das Deflektometer kann auch als mobiles Gerät eingesetzt werden und besteht in diesem Fall nur aus zwei gleichlangen Meßarmen. Es dient dann zur ↗Bohrlochabweichungsmessung.

Deformation, **1)** *Allgemein*: Verformung eines Körpers durch das Einwirken äußerer Kräfte. **2)** *Allgemeine Geologie*: Relativbewegungen im Gestein, ausgelöst durch ein Überschreiten der Gesteinsfestigkeit. Die verschiedenen Arten tektonischer Deformation werden als *Translation, Rotation* und ↗Verformung (Strain) bezeichnet. Beispiele, in denen ein Typ von Relativbewegungen dominiert, ist die Bewegung einer Platte oder auch einer völlig intakten Gleitdecke (Translation), die Kippung eines Blocks (Rotation) und die Abplattung eines Korns (Verformung). Translation und Rotation beschreiben Bewegungen eines rigiden Körpers, in dem sich die Abstände zwischen zwei beliebigen Punkten im Material während der Deformation nicht ändern. Verformung liegt hingegen vor, wenn sich die relative Position von Partikeln innerhalb eines Körpers bei der Deformation ändert. **3)** *Angewandte Geologie*: *Verformung, strain*, Gestalts- oder Volumenänderung, die ein Körper beim Einwirken einer äußeren Kraft erfährt. Eine Spannungsänderung kann entweder zur ↗bruchartigen Deformation oder zur ↗bruchlosen Deformation führen. Bei der bruchlosen Deformation ist zwischen bleibender (plastischer) und ↗elastischer Deformation zu unterscheiden. Bei der plastischen Deformation verschieben sich die Teilchen im Zusammenhang in Form einer ↗Gleitung gegeneinander. Die Formänderungseigenschaften eines Stoffes hängen ab vom ↗Elastizitätsmodul, der ↗Poissonzahl und dem Schubmodul. Eine Spannungs-Deformation-Kurve (Abb.), die sich bei einer Belastung eines Körpers ergibt, kann in mehrere Stadien unterteilt werden:

1. Stadium: Präexistierende Mikrodiskontinuitäten und Poren, die senkrecht zur größten Hauptnormalspannung orientiert sind, werden geschlossen. Dies führt zu einer geringfügigen, aber meist irreversiblen Verkürzung des Körpers. 2. Stadium: Die relative Verkürzung des Körpers nimmt linear mit der aufgebrachten Differentialspannung zu. Dies ist meist reversibel und entspricht dem Verhalten eines linear-elastischen Körpers (↗Hookesches Gesetz). Der Zustand existiert bis zu einer Verkürzung des Körpers um ein bis zwei Prozent. 3. Stadium: Während der Verkürzung in Stadium 2 erfolgt eine elastische Extension senkrecht dazu. Dadurch kommt es zur Ausbildung von Mikrorissen. Diese bewirken eine irreversible ↗Dilatation senkrecht zur größten Hauptnormalspannung. Es kommt zu einer Volumenvergrößerung des Körpers, bis es schließlich zum Versagen durch Bruch kommt. **4)** *Geophysik*: Die Deformation wird durch den ↗Deformationstensor beschrieben. Eine Deformation eines Körpers kann auch durch das Einwirken von Temperaturänderung erfolgen (↗thermische Ausdehnung). ↗Verformungsellipsoid, ↗Kontinuumsmechanik, ↗Rheologie.

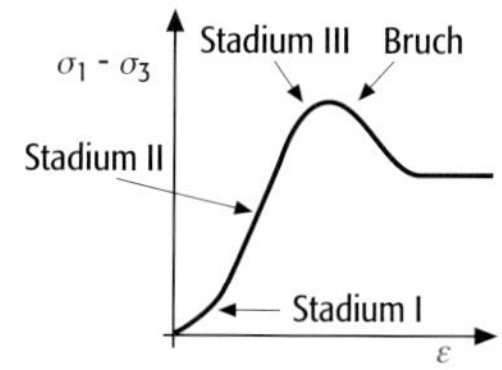

Deformation: Spannungs-Verformungs-Diagramm.

Deformation der Erde ↗Erde.

Deformationsebene (veraltet), diejenige Schnittebene durch eine tektonische Struktur, welche die größtmögliche ↗Deformation aufweist, nämlich die *YZ*-Ebene im ↗Verformungsellipsoid.

Deformationsellipsoid ↗Verformungsellipsoid.

Deformationsfeld, schematische Standardsituation mit zwei Zyklonen (↗Hochdruckgebiet) und zwei Antizyklonen (↗Tiefdruckgebiet), die sich paarweise gegenüberliegen und so ein hyperbolisches Deformationsfeld bilden (Abb.). Dieses weist eine Dehnungs- und eine Schrumpfungsachse auf, deren Schnittpunkt als *Sattelpunkt* bezeichnet wird. Eine eingelagerte ↗Front wird sich verschärfen (↗Frontogenese), wenn sie mit der Dehnungsachse einen Winkel $\beta < 45°$ einschließt; andernfalls kommt es zur ↗Frontolyse.

Deformationsfront, die Grenze zwischen einem ↗Orogen und seinem undeformierten Vorland. Die Deformationsfront ist häufig durch blinde Überschiebungen (↗blinde Scherbahn) und ↗Dreieckzonen gekennzeichnet.

Deformationsradius, Längenskala, die angibt wann Druckkraft und ↗Corioliskraft gleichen Einfluß besitzen. Je nach Art der betrachteten Druckkräfte unterscheidet man zwischen dem barotropen oder externen

$$\lambda_{ex} = \frac{1}{f} \cdot \sqrt{g \cdot h}$$

und dem baroklinen oder internen Deformationsradius λ_{in}. Bei Annahme eines zweigeschichteten Meeres ergibt sich letzterer wie folgt:

$$\lambda_{in} = \frac{1}{f} \cdot \sqrt{g' \cdot d_0}$$

f = ↗Coriolisparameter, h = Gesamtwassertiefe, d_0 = Dicke einer homogenen Schicht unterhalb der Sprungschicht, g = Gravitationsbeschleunigung, g' = reduzierte Schwere definiert als:

$$g' = g \cdot \frac{\varrho_2 - \varrho_1}{\varrho_2}$$

mit ϱ_1, ϱ_2 = Dichte des Wassers oberhalb bzw. unterhalb der Sprungschicht. Auf Skalen kleiner als der entsprechende Deformationsradius dominieren die Druckkräfte. Die Bewegungen verhalten sich dann wie auf einer nicht rotierenden Erde.

Deformationsrate, Ausmaß der infolge der strukturviskosen Eigenschaften des ↗Gletschereises durch plastische Verformung, Zerstörung und Neubildung von Eiskörnern, Translation an Eiskornflächen und Verschiebungen auf ↗Scherflächen in einem ↗Gletscher auftretenden Deformationen (↗Gletscherbewegung).

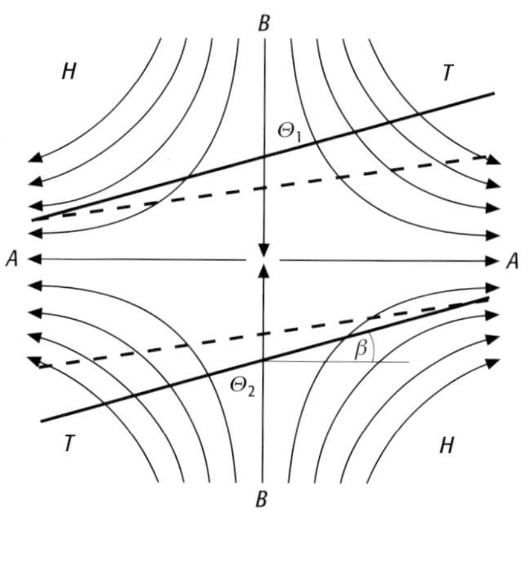

Deformationsfeld: Stromlinien eines hyperbolischen Deformationsfeldes mit zwei aufeinander folgenden Positionen der die eingelagerte Frontalzone begrenzenden Isentropen Θ_1 und Θ_2. *A-A* ist die Dehnungsachse, B-B ist die Schrumpfungsachse, *H* und *T* bezeichnen Hoch- bzw. Tiefdruckgebiet. Hier ist der Winkel $\beta < 45°$!

Deformationstensor, Verzerrungszustand eines elastisch deformierten Körpers durch einen symmetrischen ↗Tensor zweiter Stufe:

$$\varepsilon = \begin{pmatrix} \varepsilon_{xx} & \varepsilon_{xy} & \varepsilon_{xz} \\ \varepsilon_{yx} & \varepsilon_{yy} & \varepsilon_{yx} \\ \varepsilon_{zx} & \varepsilon_{zy} & \varepsilon_{zz} \end{pmatrix}$$

ε_{ik} (als Element der Matrix in der i-ten Reihe und der k-ten Spalte) ist die jeweilige Deformationskomponente. Die Elemente ε_{ii} (mit $i = k$) beschreiben die Längenänderung, während die restlichen Elemente ε_{ik} (mit $i \neq k$) die Winkeländerungen angeben. In einem System mit den drei Hauptspannungen σ_1, σ_2 und σ_3 läßt sich eine mittlere Spannung P als arithmetisches Mittel ableiten:

$$P = (\sigma_1 + \sigma_2 + \sigma_3)/3$$

Damit ergeben sich die drei deviatorischen Spannungen zu σ_1-P, σ_2-P und σ_3-P.
Die *deviatorischen Spannungen* beschreiben die Abweichungen von der Symmetrie und kontrollieren das Ausmaß der Deformation. Sind die deviatorischen Spannungen gleich, so spricht man von hydrostatischem Druck, das Volumen ändert sich, nicht aber die Form. Unterscheiden sich die deviatorischen Spannungen, so tritt eine Formänderung auf. [PG]

Deformationsthermometer ↗*Bimetallthermometer.*

de Geer, *Gerard* (*Jakob*), Friherre (Baron), schwedischer Geologe, * 2.10.1858 Stockholm, † 23.7.1943 Saltsjöbaden. Seit 1878 war de Geer im Geologischen Dienst Schwedens tätig. Ein Jahr später erwarb er den Mastergrad in Geologie von der Universität Uppsala. In einer Serie von Expeditionen studierte er die Gletscher von Spitzbergen. Von 1897 bis 1924 war er Professor der Universität Stockholm, als deren Präsident er von 1902 bis 1910 fungierte. 1910 präsentierte er seine Warventheorie, für die er berühmt wurde. Er entdeckte, daß die hellen und dunklen Schichten der postglazial sedimentierten Bändertone jahreszeitlich bedingt sind und konnte mit dieser absoluten stratigraphischen Datierungsmethode einen Warvenkalender für die letzten 12.000 Jahre aufstellen, den er 1912 vorstellte. Sein Hauptwerk zu diesem Thema, die »Geochronologica Suecica« erschien 1940.

Degranitisation, die Abfuhr von überwiegend Si, K und H_2O aus einem Gestein granitischer Zusammensetzung aufgrund hochgradiger Metamorphose (↗Migmatit).

Dehnungsfuge, Fuge in Fundamenten oder Stützmauern. Neben der Kompensation von Längenänderungen durch Temperaturschwankungen können Dehnungsfugen im Fall eines inhomogen aufgebauten Baugrundes auch dem Abtragen ungleichmäßiger Setzungen dienen.

Dehnungstektonik, Deformation der Erdkruste, die bei bruchhafter Deformation (↗Bruchtektonik) zur Entstehung von Extensionsklüften (↗Klüfte) und ↗Spalten sowie zur Absenkung von Krustensegmenten an ↗Abschiebungen führt und die Bildung von ↗Staffelbrüchen und Horst- und Grabenstrukturen bewirkt. Ausdruck einer bruchlosen Dehnungstektonik sind ↗Flexuren. Ursachen der Dehnungstektonik sind:
a) Aufdringen von Salzdomen oder ↗Plutonen oder ganz generell eine Aufdomung des ↗Erdmantels bzw. der ↗Asthenosphäre. Die über diesen Aufdomungen liegende Erdkruste wird aufgewölbt und dadurch verdünnt bis sie zerreißt. Es entstehen radiale Extensionsbrüche, die sich mit konzentrischen Abschiebungen überlagern. b) Plattentektonische Prozesse können eine symmetrische oder asymmetrische Streckung der ↗Lithosphäre bewirken, die sich in einer Dehnungstektonik ausdrückt. Die ↗Extension wird durch symmetrisch an einem Krustensegment angreifende plattentektonische Kräfte bewirkt. Im Gegensatz zur Aufdomung sind an den Rändern des symmetrischen Extensionsbereichs hohe tektonische Horizontalspannungen zu erwarten. Die Verdünnung der Platte durch das Zerreißen an Abschiebungen betrifft einen langgestreckten Krustenstreifen (Grabenbildung). Die asymmetrische Lithosphärenstreckung erfolgt durch einen einseitigen Ansatz der plattentektonischen Kräfte an einem Krustensegment. Charakteristisch für diese tektonische Deformation sind breite Extensionszonen (Horst- und Grabenstrukturen) in der ↗Hangendscholle mit ↗synthetischen Abschiebungen und ↗antithetischen Abschiebungen. Die synthetischen Abschiebungen gehen zur Tiefe in flache Bewegungsbahnen (décollement, ↗Abscherung) über.
Gebiete intensiver Dehnungstektonik finden sich sowohl im Intraplatten-Bereich als auch an divergenten Plattengrenzen (↗Mittelozeanische Rücken) und ↗passiven Kontinentalrändern sowie an konvergenten Plattengrenzen (↗Plattenränder), zum Beispiel entlang ↗aktiver Kontinentalränder hinter einem ↗Magmatischen Bogen über einer steil einfallenden ↗Subduktionszone. [CDR]

Dehybridisierung, Tendenz zur Bildung ungerichteter Bindungen anstelle gerichteter kovalenter Bindungen bei Zunahme der mittleren Hauptquantenzahl einer Verbindung (↗Metallisierung).

Dehydratation, Entzug von Wasser aus einem Stoff. In der ↗Luftchemie die heterogenen Prozesse, die zur Verringerung des Wasserdampfgehaltes im Bereich des ↗Ozonlochs führen.

Dehydratisierungsreaktion, *Entwässerungsreaktion*, eine endotherme metamorphe ↗Mineralreaktion, die zu dem Zerfall eines wasserhaltigen Minerals führt. Als Produkte entstehen wasserfreie oder weniger wasserreiche Minerale sowie eine freie wässerige Fluidphase, z.B. 1 Kaolinit + 2 Quarz = 1 Pyrophyllit + 1 H_2O oder 1 Muscovit + 1 Quarz = 1 Kalifeldspat + 1 Sillimanit + 1 H_2O. Dehydratisierungsreaktionen laufen in der Regel bei Temperaturerhöhungen während der ↗prograden Metamorphose ab.

Dehydratisierungsschmelzen, *dehydration melting, vapor-absent melting*, Vorgang bei der ↗Anatexis eines metamorphen Gesteins, bei dem es durch den thermischen Zerfall von wasserhaltigen Mineralen, wie z.B. Biotit, Muscovit oder Hornblende, zur Bildung von (wasseruntersättigten) meist granitisch zusammengesetzten Teilschmelzen kommt. ↗Metamorphose.

Dehydrogenase, *Dehydrase*, Wasserstoff übertragende Enzyme, die zur Hauptklasse der Oxidoreduktasen gehören. Dabei wird Wasserstoff ($2\,H^+ + 2\,e^-$) von einem Substrat (Wasserstoffdonator) auf ein Coenzym bzw. ein zweites Substrat (Wasserstoffakzeptor) übertragen. Die zahlreich vorkommenden Dehydrogenasen unterscheiden sich sowohl in der Substratspezifität als auch in der Art des beteiligten Coenzyms. Dehydrogenasen sind entscheidend an der Umsetzung des Wasserstoffs in allen wichtigen Lebensprozessen beteiligt: bei der anaeroben ↗Gärung, im Citratzyklus der Atmungskette (↗Atmung), im Calvin-Zyklus der ↗Photosynthese und bei der Fettsäuresynthese. Zu den bekanntesten Dehydrogenasen gehören die pyridinnucleotidabhängige Alkohol- und Lactatdehydrogenase.

Deich, 1) Der natürliche Deich ist ein durch morphologische Verhältnisse vorgegebene Erhöhung oder ein durch natürliche Sedimentaufschüttung im Uferbereich von Flüssen entstandener ↗Damm. 2) Der künstliche Deich ist ein geschütteter Damm aus Erdbaustoffen zum Schutz von Landflächen und Siedlungen gegen Hochwasser und Sturmflut. Flußdeiche im Binnenbereich müssen in erster Linie der hydrostatischen Belastung bei höheren Wasserständen standhalten, Seedeiche an der Küste, auf Inseln oder im Mündungsgebiet von Tidegewässern hingegen zusätzlich auch der hydrodynamischen Belastung durch Wellen (Druckschläge). Die Gestaltung der Deiche hängt im wesentlichen von Aufgabe und Funktion, dem zur Verfügung stehenden Baumaterial sowie den örtlichen Bedingungen ab. Der Querschnittsaufbau ist ähnlich wie der von ↗Staudämmen: Ein wasserdurchlässiger Stützkörper aus gerolltem Material (Sand, Kies) wird in geeigneter Weise abgedichtet (↗Dichtung). Wesentliches Konstruktionsprinzip ist, daß aus Sicherheitgründen die ↗Sickerlinie nicht im Deich austritt, um Ausspülungen an der luftseitigen Böschung zu vermeiden.

Seedeiche haben meist eine 1:6 geneigte Außenböschung. Durch ausreichend flache Binnenböschungen mit einer Neigung von 1:3 soll bei Überströmung des Deiches rückseitigen Rutschungen und Kappenstürzen vorgebeugt werden. Die Deichkrone ist befahrbar (Breite: > 2,5 m). Eine zusätzliche Verstärkung wird durch ↗Bermen erreicht. Wo ausreichend geeigneter Klei zur Verfügung steht, wird bei Seedeichen der Sandkern mit einer Kleieschicht von 1,3–1,5 m Stärke abgedeckt. Andernfalls ist eine massive Abdeckung durch Asphalt, Beton oder Steinpflaster erforderlich. Der Schutz des Deiches erfolgt im oberen Teil durch eine Einsaat von besonders widerstandsfähigen Rasensorten, im Bereich des Deichfußes durch ↗Deckwerke. Einen zusätzlichen Schutz bieten u. a. ein ausreichendes Vorland, (↗Vorlandgewinnung), ↗Buhnen, Vordeiche und Sommerdeiche. Zur Entwässerung von Böschungsfuß und Berme werden parallel zum Deich an der Binnen- und Außenseite Deichgräben angelegt, bei Seedeichen erfolgt vielfach eine Entwässerung des Vorlandes durch ↗Grüppen. [Ewi, KHo]

Deichlinie, Verlauf des ↗Deiches mit allen Bauwerken und Anlagen. Mitunter können mehrere Deichlinien hintereinander liegen.

Deklination, **1)** *Astronomie*: der Winkelabstand eines Gestirns vom Himmelsäquator. **2)** *Kartographie*: *Mißweisung*, *Nadelabweichung*, die Abweichung der Richtung der einspielenden Magnetnadel von der Meridianrichtung, d. h. der Winkel zwischen geographisch Nord und geomagnetisch Nord (↗Nordrichtung); (Abb. 1). Die Angabe

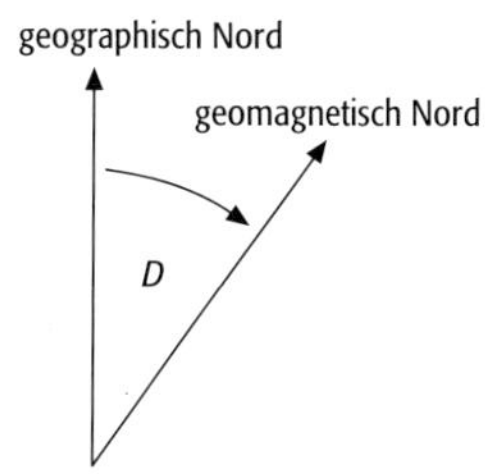

Deklination 1: Definition der Deklination als Winkel D zwischen der geographischen und der geomagnetischen Nordrichtung.

Deklination 2: Darstellung der Deklination durch Isogonen 1965 und 1995.

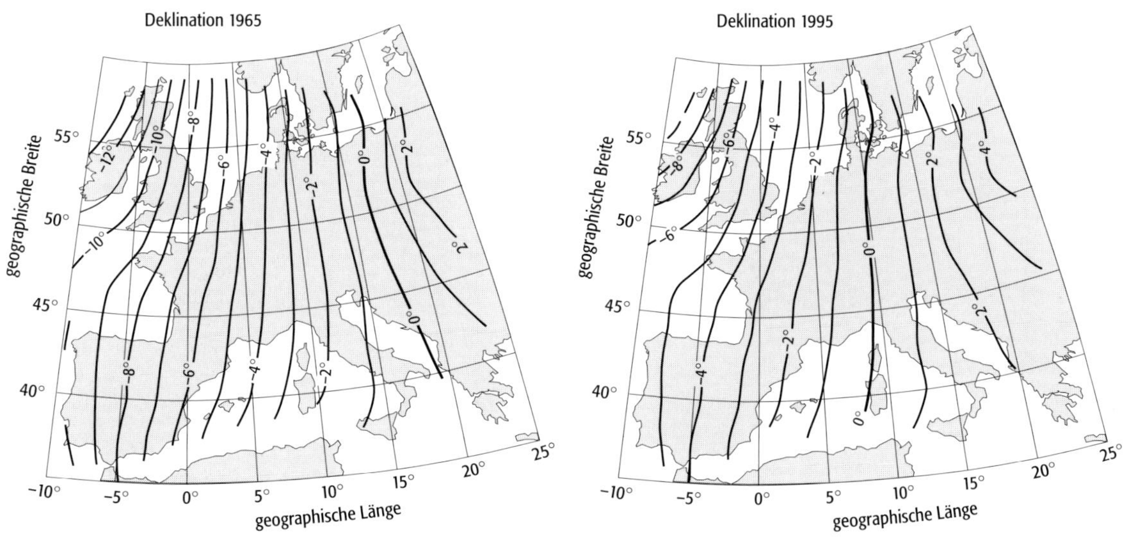

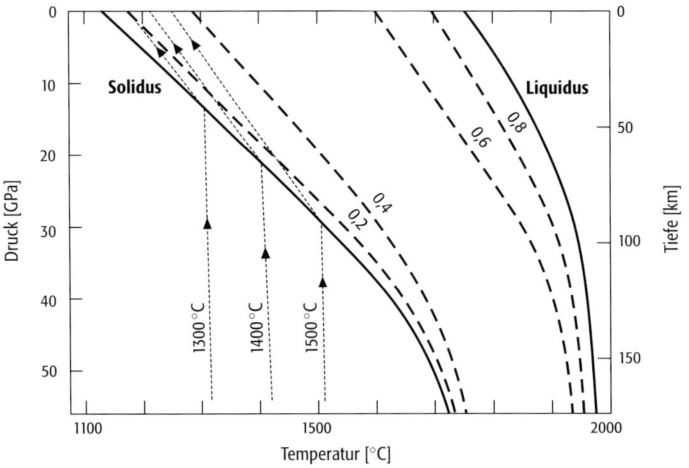

Dekompressionsschmelzen: schematische Darstellung des Dekompressionsschmelzens unter dem Mittelozeanischen Rücken. Asthenosphärenmaterial steigt im festen Zustand adiabatisch auf (mit Pfeilen versehene Kurven). Sobald beim Aufstieg die Temperatur des Solidus erreicht wird, setzt das Dekompressionsschmelzen ein. Da die Aufschmelzung ein endothermer Prozeß ist, wird die Temperatur des aufsteigenden Körpers erheblich stärker sinken. Je heißer die aufsteigende Asthenosphäre ist, desto höhere Aufschmelzgrade werden erreicht (gestrichelte Kurven zwischen Solidus und Liquidus entsprechen Aufschmelzgraden von 0,2 (20 %); 0,4; 0,6 und 0,8).

der Deklination erfolgt positiv über Osten gezählt. Sie ändert sich mit der Zeit (Abb. 2). In den Jahren zwischen 1965 und 1995 wanderten die ↗Isogonen in Europa um 700 km nach Westen.

Dekompressionsschmelzen, Teilaufschmelzung infolge von Druckentlastung eines adiabatisch aus großer Tiefe aufsteigenden Körpers (↗adiabatischer Prozeß). Dies ist der wichtigste Mechanismus, durch den Schmelzen, vor allem unter den ozeanischen Spreizungszentren, erzeugt werden. Beim adiabatischen Aufstieg von Erdmantelperidotit aus der ↗Asthenosphäre sinkt seine Temperatur nur wenig. In einer Tiefe von ca. 100 km und darunter wird die Solidustemperatur überschritten, die mit abnehmendem Druck erheblich sinkt: das Dekompressionsschmelzen beginnt (Abb.).

Dekonvolution, Verfahren der Signalanalyse und der ↗seismischen Datenbearbeitung, mit dem eine lineare Filterung rückgängig gemacht wird (inverse Filterung). In der seismischen Datenbearbeitung werden verschiedene inverse Filteroperationen zur Verbesserung der Auflösung verwendet: Filterung durch die Registrierapparatur, Reduzierung von multiplen Reflexionen und anderen periodischen Wiederholungen (prädiktive Dekonvolution), Angleichung der spektralen Amplituden in einem bestimmten Frequenzband (Spike-Dekonvolution), Anpassung des ↗seismischen Signals (wavelet prozessing, ↗Wavelet).

DEKORP, *Deutsches Kontinentales Reflexionsseismisches Programm*, deutsches Forschungsprogramm zur Erkundung der tieferen Erdkruste und des oberen Erdmantels mit reflexionsseismischen Methoden.

Dekrepitation ↗Dekrepitationsmethode.

Dekrepitationsmethode, spezielle Methode der ↗Mikrothermometrie. Dabei wird das Verhalten vieler Minerale, auf Erhitzung mit deutlichen Knistergeräuschen zu reagieren, ausgenützt. Diese Knistergeräusche lassen sich durch das Aufplatzen von ↗Flüssigkeitseinschlüssen erklären. Ab dem Erreichen der Homogenisierungstemperatur eines Flüssigkeitseinschlusses erfolgt in Abhängigkeit der Zusammensetzung der ↗fluiden Phasen ein Druckanstieg im Einschluß, der so stark sein kann, daß ein Aufplatzen des Einschlusses (*Dekrepitation*) erfolgt. Die Dekrepitation hängt dabei von der Einschlußgröße, -zahl und -verteilung sowie vom primären Interndruck der Einschlüsse und der chemischen Zusammensetzung des Einschlußinhaltes ab. Weitere Faktoren, die eine Dekrepitation beeinflussen, sind Mineraleigenschaften (Härte, Spaltbarkeit, Festigkeit).

Die *Dekrepitationstemperatur* (Temperatur, bei der eine Dekrepitation erfolgt) steht im direkten Zusammenhang zur Homogenisierungstemperatur, die wiederum die mindestmögliche Bildungstemperatur des Wirtsminerals darstellt. Eine Messung der Dekrepitationstemperatur erfolgt an zerkleinerter Probensubstanz (Korngrößenbereich zwischen 0,25 und 2 mm) mit dem *Dekrepitographen*. Dabei handelt es sich um einen Heizofen, in dem sich ein Probenrohr mit Temperaturfühlern und akkustischen Sensoren befindet. Damit kann das akkustische Signal der Dekrepitation als Funktion der Umgebungstemperatur aufgezeichnet werden. Eine Weiterführung des thermoakkustischen Dekrepitographen bildet der Thermo-Vakuum-Dekrepitograph; damit können Druckveränderungen, die beim Dekrepitieren von Flüssigkeitseinschlüssen auftreten, innerhalb der Probenkammer registriert werden. [AM]

Dekrepitationstemperatur ↗Dekrepitationsmethode.

Dekrepitograph ↗Dekrepitationsmethode.

de la Beche, *Henry Thomas*, englischer Geologe, * 10.2.1796 London, † 13.4.1855 London. Nach seiner Ausbildung an der Militärschule von Great Marlow und eigenen naturkundlichen Studien bereiste de la Beche 1824 Jamaica und veröffentlichte nach seiner Rückkehr seinen ersten wissenschaftlichen Aufsatz zur Geologie der Insel. Weitere Arbeiten folgten, so z.B. das »Manual of Geology« (1831) oder die »Researches in Theoretical Geology« (1834). Von 1830 bis 1839 nahm er das »Übergangsgebirge« (heute ↗Paläozoikum) im Südwesten Englands, Devonshire und Cornwall auf. De la Beche war der erste von einer Regierung bezahlte Geologe. Er gründete 1835 in deren Namen den Geological Survey und wurde dessen erster Direktor. 1851 folgte die Gründung des Geological Museum und der Royal School of Mines in London.

Delambre, *Jean Baptiste Joseph*, französischer Astronom und Mathematiker, * 19.9.1749 in Amiens, † 19.8.1822 in Paris; zunächst als Hauslehrer tätig, ab 1792 Mitglied (seit 1803 ständiger Sekretär) der Pariser Akademie der Wissenschaften, ab 1795 Mitglied des neuen »Bureau des Longitudes«, seit 1807 Professor für Astronomie am Collège de France; führte 1792–99 zusammen mit P.F.A. ↗Méchain die französische ↗Gradmessung zwischen Dünkirchen und Barcelona zur Ableitung des Meters als neuer Einheit der Länge aus (die französische Nationalversammlung hatte 1791 beschlossen, daß künftig ein Meter gleich dem zehnmillionsten Teil des durch Paris verlaufenden Meridianquadranten sein soll). Delambre maß den Bogenteil nördlich von Paris; in der Astronomie bedeutend durch Tafeln der Bewegung von Sonne und äußeren Planeten (1792), durch die Delambre-Formeln der sphärischen Trigonometrie (1807) und Arbeiten zur Geschichte der Astronomie. Werke (Auswahl): »Base du système métrique décimal …« (zusammen mit Méchain), Paris, 3 Bände 1806, 1807, 1810, deutsche Übersetzung (auszugsweise) von W. Block: »Grundlagen des dezimalen metrischen Systems« Ostwalds Klassiker Nr. 181, Leipzig 1911; »Astronomie théorique et practique« (3 Bände, 1814), »Histoire de l'astronomie« (6 Bände, 1817–23). [EB]

Delamination, Entkopplung und Absinken des Lithosphärenmantels (↗Lithosphäre), eventuell auch der Unterkruste in den tieferen Mantel. Der Grund für die Delamination liegt in der Entstehung dichter Phasen durch Druckerhöhung bei Krustenverdickung.

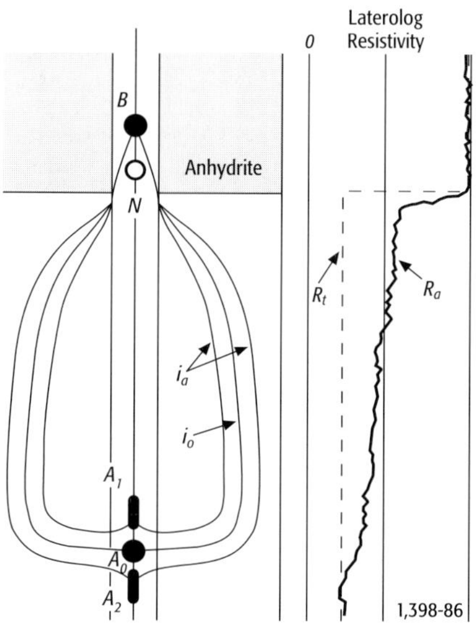

Delaware-Effekt: Verlauf der Stromlinien bei einer Latero-Log-Messung beim Wechsel von einer niederohmigen zu einer hochohmigen Schicht und die Auswirkungen auf den gemessenen Widerstand R_a im Vergleich zum wahren Formationswiderstand R_t (A_0, A_1, A_2 und B = Stromelektroden; i_0, i_a = Stromlinien; N = Meßelektrode).

Delaware-Effekt, Störeffekt bei Latero-Log-Messungen (↗elektrische Bohrlochmessung), der sich in einer graduellen Widerstandserhöhung unterhalb von mächtigen nichtleitenden Gesteinsformationen (z. B. Anhydrit) zeigt (Abb.).

Delay-Zeit, *Verzögerungszeit*, aus refraktionsseismischen Laufzeiten berechneter Wert, der auch bei geneigten und gekrümmten ↗Refraktoren eine Abschätzung ihrer Tiefe ermöglicht.

Delisle, *De l'Isle, Guillaume*, franz. Kartograph und Geograph, Sohn des Historikers Claude Delisle (1644–1720), ein Schüler von J. D. ↗Cassini, * 28.2.1675 in Paris, † 25.1.1726 in Paris; seit 1702 Mitglied, ab 1718 Vollmitglied der Pariser Akademie; veröffentlichte seit 1700 über 100 Karten und Globen, die er im Selbstverkauf vertrieb. Sie zeichnen sich durch kritische Verwertung aller erreichbaren astronomischen Ortsbestimmungen und saubere Ausführung des Stiches aus. Zugleich verbesserte er die Lage der Küsten, Flüsse und Städte im Gradnetz wesentlich. Für Länderkarten benutzte er einen neuartigen Schnittkegelentwurf (↗Kegelentwürfe).

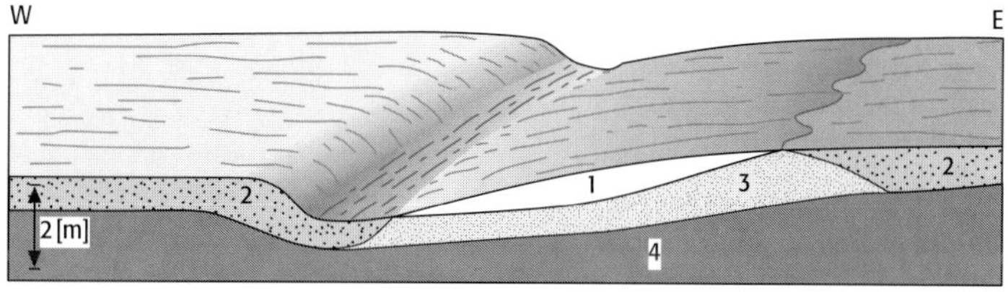

Dellentälchen: asymmetrisches Dellentälchen auf Westspitzbergen mit Schneefleck (1), Auftauboden (2), derzeit noch gefrorener Bereich des Auftaubodens (3) und Permafrost (4).

Delle, *periglaziale Muldenform*, flache, muldenförmige Eintiefung ohne perennierendes Gewässer. Sie sind als konvexe Wölbungen vom umgebenden Hangbereich abgegrenzt und besitzen eine Sammelfunktion für Sickerwässer sowie den damit einhergehenden geoökologischen Stoffflüssen. Dellen sind ein Indiz für ehemalige ↗periglaziale Bedingungen, unter denen die Erosion in Form von ↗Solifluktion erfolgte. Gegenwärtig können in Dellen Abtragungsprozesse als langsame ↗gravitative Massenbewegungen wirksam werden (↗Bodenkriechen).

Dellentälchen, flache, muldenförmige Tälchen oder Talanfänge, mit gleichsinnigem Gefälle und ohne dauerhaftes Fließgewässer, deren Hänge in sanften Rundungen ineinander übergehen. Sie sind ein Indiz für ehemalige ↗periglaziale Bedingungen und weisen häufig eine ↗periglaziale Asymmetrie auf (Abb.). Dellentälchen entstehen durch episodischen oder periodischen Gerinneabfluß in den kaltzeitlichen Sommermonaten, wenn aus der abtauenden Schneedecke und den oberflächlich aufgetauten Dauerfrostböden (↗Permafrost) Wasser austritt, sich in den tieferen Geländebereichen sammelt und abfließt. Die sanfte Rundung dieser Dellentälchen ist auf Lößüberwehung (↗Löß) zurückzuführen bzw. auf die Überformung durch ↗Gelifluktion und ↗Solifluktion. Die Genese stellt sich damit als Ergebnis aus dem Zusammenspiel ↗fluvialer, abluativer (↗Abluation) und solifluidaler Formungsprozesse dar. [SN]

Delta, im Grundriß fächerartige, dreieckige, zerlappte bis fingerförmige Ablagerungen ↗fluvialer Sedimente im Bereich einer ↗Flußmündung. In

Delta 1: Mündungsbereich eines Flusses in ein Meer oder einen See.

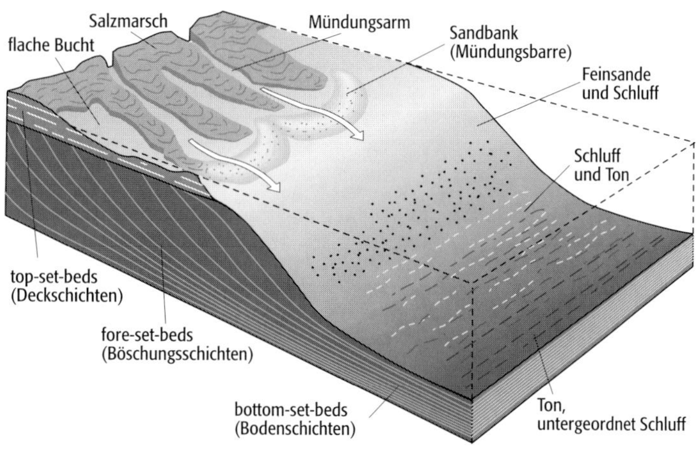

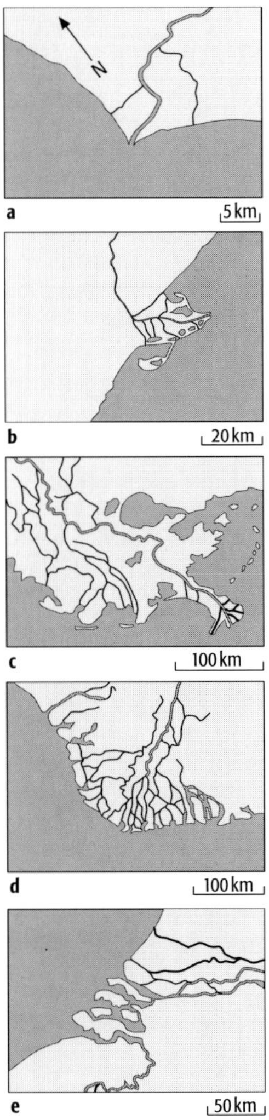

Delta 2: Deltatypen. a) Spitzdelta (Bsp. Tiber), b) Flügeldelta (Bsp. Ebro), c) Fingerdelta (Bsp. Mississippi), d) Bogendelta (Bsp. Niger), e) Ästuardelta (Bsp. Rhein-Maas-Delta vor seiner anthropogenen Veränderung).

der Form einem ↗Schwemmfächer vergleichbar, wird ein Delta indessen in ein mehr oder weniger stehendes Gewässer (Meer oder See) hinein abgesetzt, entweder als Vorbau in das offene Gewässer oder in einer Bucht liegend und die Uferlinie zurückdrängend (↗Brackwasser). Zur Entstehung eines Deltas kommt es durch den Verlust der Schleppkraft eines Flusses beim Einmünden in ein Gewässer. Da sich hierbei zunächst die gröberen Sedimente absetzen, meer- bzw. seewärts zunehmend die feineren Sedimente, besteht die idealtypische Sedimentabfolge in einem Delta (Abb. 1) von seiner Basis aus gesehen aus: a) den bottom-set-beds, flachlagernde Feinstsedimente, Tone und Schluffe des am weitesten meerwärts reichenden Deltafusses (*Prodelta*), b) den fore-set-beds, feine Sedimente, Schluffe und Sande der *Deltafront*, die mit 5° bis 25° Gefälle deutlich geböscht sind und c) den nahezu horizontallagernden top-set-beds, gröbere Sedimente, Sande, möglicherweise Kiese der *Deltaebene*, auch Deltaplattform genannt. Letztere stellt die rezente Oberfläche des Deltas dar, an deren Ausformung überwiegend fluviale Prozesse beteiligt sind. Auf der Deltaebene kommt es infolge starker Gefällsverminderung meist zur Aufspaltung des Mündungsflusses in eine Anzahl von kleineren Mündungsarmen (*Deltaarme*). Das Wachstum des infolge Sortierungs- und Umlagerungsprozesse insgesamt sehr differenziert aufgebauten Deltas wird durch schwach ausgebildete Meeresströmungen, Gezeiten und Wellen, einen breiten, flach abfallenden Schelf sowie eine kontinuierliche und hohe Sedimentationsrate eines strömungsreichen Mündungsflusses begünstigt. Diese Faktoren sind es auch, die letztlich die Grundrißform (Abb. 2) des jeweiligen Deltas bestimmen (↗Ästuardelta, ↗Bogendelta, ↗Fingerdelta, ↗Flügeldelta, ↗Spitzdelta, ↗wellendominiertes Delta). [HRi, PH]

Delta-Achse, *δ-Achse*, gemeinsame Richtung von ↗Schichtung und ↗Schieferung.

Deltaarme ↗Delta.

δ¹³C-Werte, Unterschiede im Verhältnis der stabilen Kohlenstoffisotope ↗$^{12}C/^{13}C$ werden in ‰-Konzentration gegen das Verhältnis in den ↗Peedee-Belemniten (PDB)angegeben:

$$\delta^{13}C_{Probe} = \left[\frac{\left(^{13}C/^{12}C\right)_{Probe}}{\left(^{13}C/^{12}C\right)_{PDB}} - 1\right]\cdot 1000\ .$$

Ein Wert von 0‰ entspricht einem Verhältnis von 88,99. Negative (leichte) Werte geben eine Erhöhung des ^{12}C-Anteiles, positive (schwere) Werte entsprechend eine Erhöhung des ^{13}C-Anteiles. Rezente marine Carbonate und marines Bicarbonat liegen um 0‰, atmosphärisches CO_2 bei -7‰ und marine Planktonalgen bei -20‰ bis -30‰. Mehr als 3,5 Mrd. Jahre alte organische Kohlenstoffe mit entsprechend leichtem ↗Isotopenverhältnis gelten als Beleg für autotrophes Leben seit dem frühen ↗Archaikum. Geringe Schwankungsbreiten in biogenen Carbonaten (Korallen, Muscheln, Foraminiferen u.a.) werden zur Interpretation erhöhter Produktivität und Umsatzraten herangezogen. [AA]

δD-Wert ↗$^2H/^1H$.

Deltaebene ↗Delta.

Deltafront ↗Delta.

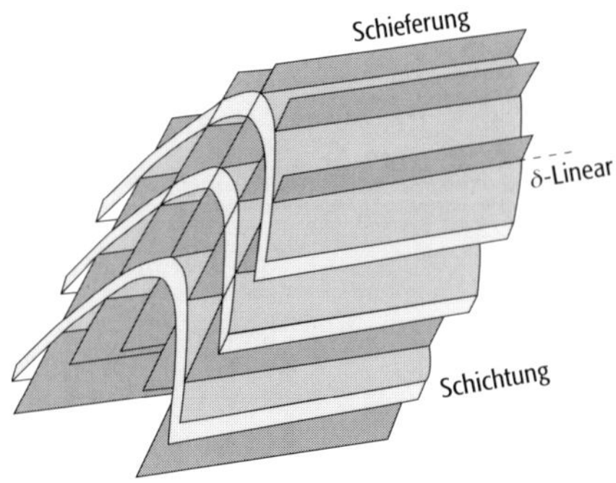

Delta-Linear: Beziehung zwischen Schieferung, Schichtung und Delta-Linear.

Delta-Linear, *δ-Linear*, das im Aufschluß erkennbare Verschneidungslinear zweier verschiedener Flächen (z.B. ↗Schichtung und ↗Schieferung). Es ist im Gegensatz zur ↗Delta-Achse ein meßbares Gefüge-Element, das bei ↗Achsenflächenschieferung die gleiche Orientierung wie die Faltenachse (↗Falte) hat. Deshalb ermöglicht das Einmessen dieses Linears, wenn es durch die Verschneidung von Schichtung und Schieferung gebildet wird, die Bestimmung der Faltenachse (Abb.). Das Delta-Linear ist erkennbar als eindimensionale Spur der einen Fläche auf der anderen, z.B. der Schichtung auf der Schieferung oder umgekehrt.

δ¹⁵N, chemische ↗Isotopenfraktionierung (0‰ definiert durch Zusammensetzung der Atmosphäre), wurde bei der Dissotiation von gasförmigem NH_3 zu NH_4^+ sowie in Metamorphiten beobachtet. Bei der biotischen Fixierung von Stickstoff entstehen nur Fraktionierungen um -3 bis +1‰. Die wichtigste biologische Fraktionierung beruht auf der Nitrifikation von organischem Stickstoff zu Ammoniak, Nitrit und Nitrat. Bei hohem Ammoniak-Angebot erreicht die Abreicherung des schweren ^{15}N 20–35‰. Bei geringem Ammoniak-Angebot belegen Feldversuche Werte um -4 bis -10‰.

δ¹⁸O-Werte, Unterschiede im Verhältnis der stabilen ↗Sauerstoffisotope ↗$^{16}O/^{18}O$ werden in Promille-Konzentration gegen das Verhältnis in PDB (den genormten Wert der in den ↗Peedee Belemniten) angegeben oder gegenüber dem ↗SMOW.

Deltasee, häufig als Rest ausgedehnter Meeresbuchten in einem ↗Delta ausgebildet, im Bereich, wo die Sedimentation weniger rasch als an anderen Stellen erfolgte, und die Meeresbucht bei weiterer Ausdehnung des Deltas vom Meer abgeschnürt wurde (↗Lagune). Anschließend unterliegt der Deltasee zunehmender Aussüßung. Darüber hinaus können Deltaseen auch durch Sakkungen der Deltasedimente unter den Grundwasserspiegel entstehen.

Deltoiddodekaeder, Sonderfall einer Kristallform $\{hhl\}$, $|h| > |l|$ der kubischen Symmetrie $\bar{4}3m$ und der Flächensymmetrie .. *m*. Es handelt sich um einen Zwölfflächner mit »drachenförmigen« Vierecksflächen (Abb.).

Deltoidikositetraeder, Sonderfall einer Kristallform $\{hhl\}$, $|l| > |h|$ der kubischen Symmetrie $m\bar{3}m$ und der Flächensymmetrie .. *m*. Das Polyeder besitzt 24 »drachenförmige« Vierecksflächen (Abb.).

Denaturierung, allgemeiner Begriff für die Zerstörung der natürlichen Umweltbedingungen (↗Landschaftsökologie).

Dendriten, **1)** *Allgemeine Geologie*: Ausscheidungen von Eisen- und Manganoxiden in Form baumähnlich verästelter Strukturen auf Kluftflächen mancher Gesteine, z. B. ↗Solnhofener Kalke. **2)** *Kristallographie*: eine Wachstumsform beim Erstarren von Schmelzen. ↗Dendritisches Wachstum bildet Formen, die nicht durch die inneren Strukturen bestimmt sind, sondern durch Richtungen, die sich durch besonders hohe Ableitung der Schmelzwärme oder molekularkinetisch auszeichnen. Charakteristisch für Dendriten sind bestimmte Maßverhältnisse und die Ausbildung von sekundären, tertiären etc. Seitenästen. Neben den bekannten Formen eines sich in Zweigen verästelnden Stammes findet man auch dendritisches Wachstum zu federförmigen, zu nadel- und speerförmigen, aber auch zu plättchen- oder bänderförmigen Kristallen.

dendritischer Gletscher, zu den Talgletschern zu rechnender Gletschertyp, bei dem sich mehrere Seitentalgletscher mit einem Hauptgletscher vereinen (↗Gletscherklassifikation).

dendritisches Wachstum, liegt vor, wenn das Kristallwachstum nicht mehr in einer makroskopisch stabilen ↗Wachstumsfront abläuft, die entweder durch Kristallflächen oder durch eine konvexe bzw. konkave Kristallform entsprechend einer Isothermen des Temperaturfeldes gebildet wird; dann folgt auf solche Wachstumsinstabilitäten die Ausbildung von ↗Dendriten. Das Wachstum geschieht bevorzugt in bestimmte Richtungen, die durch wachstumskinetische Vorgänge und hohe Wachstumsgeschwindigkeiten ausgezeichnet sind. Bei einer Kristallisation aus der Schmelze bilden sich Dendriten bei stärkeren Unterkühlungen und/oder einem negativen Temperaturgradienten vor der Wachstumsfront. Auch ↗konstitutionelle Unterkühlung kann dendritisches Wachstum zur Folge haben. Aufgrund der hohen Wachtumsraten spielt für die entstehende Form der Materialtransport aus der fluiden Phase ebenfalls eine entscheidende Rolle. [GMV]

Dendrochronologie, Methode zur absoluten stratigraphischen Altersbestimmung von Ablagerungen, Bauwerken und Artefakten innerhalb der jüngsten Erdgeschichte. Die von A. E. Douglass entwickelte und 1929 publizierte Methode fußt auf Auszählung und Vergleich der Jahresringe von fossilen Bäumen. Klimatische Schwankungen während der Lebenszeit des Baumes (Regenmenge, Temperatur etc.) spiegeln sich in Breite und Dichte der jeweiligen Jahres-Zuwachsringe wider. Sie sind daher – vorbehaltlich des Ausschlusses rein regionaler Störfaktoren – ein charakteristischer und vergleichbarer Parameter. Durch den Vergleich unterschiedlich alter Bäume einer Region, deren Lebenszeiten sich überschneiden (cross dating), läßt sich aus der Gegenwart ein »endloser Baum« in die Vergangenheit rekonstruieren. Die Anwendungsmöglichkeit der Dendrochronologie ist sehr stark abhängig von regionalen klimatischen Gegebenheiten. So las-

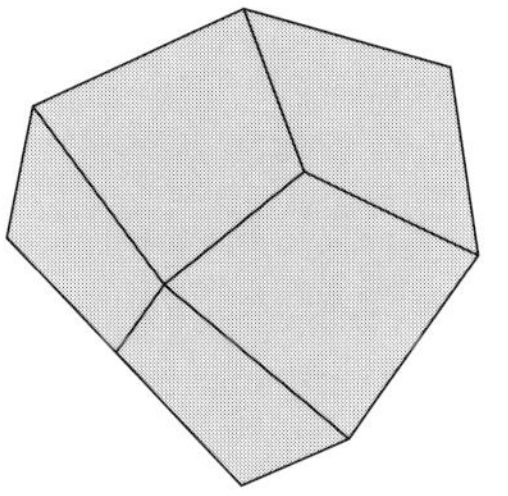

Deltoiddodekaeder: Kristallform.

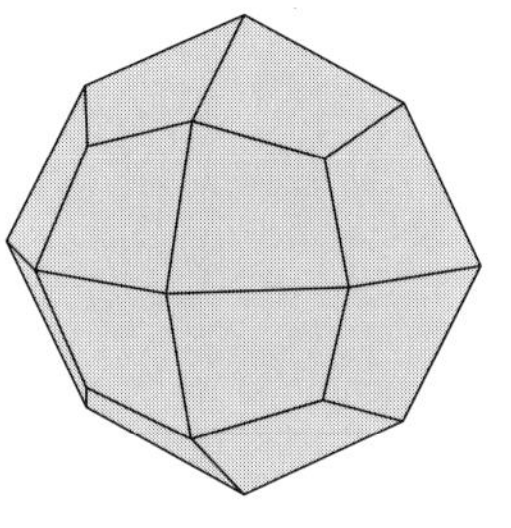

Deltoidikositetraeder: Kristallform.

Dendroklimatologie: Schema der zeitlichen Zuordnung (durch Überlappung) und Ermittelung dendroklimatologischer Informationen aus lebenden Bäumen und früher verwendeten Nutzhölzern (z. B. beim Bau benutzte Holzbalken).

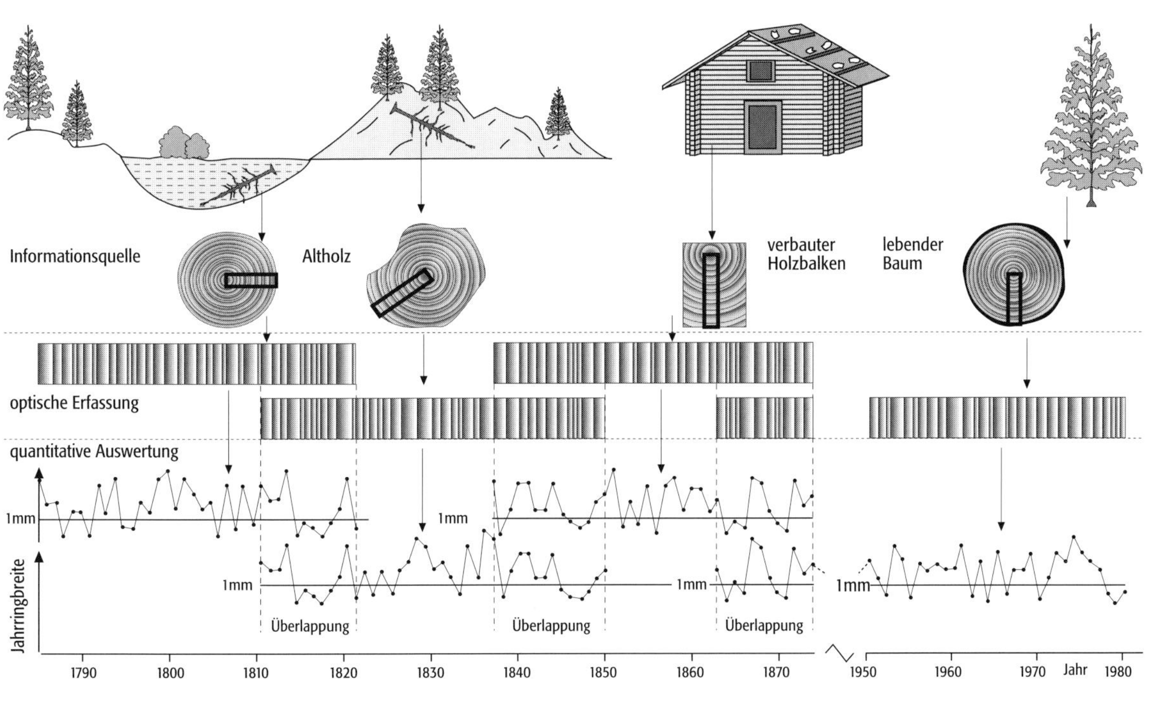

Denitrifikation: Schema der Verteilung von NO_2 und N_2 aus der Denitrifikation in Abhängigkeit vom wassergefüllten Porenvolumen.

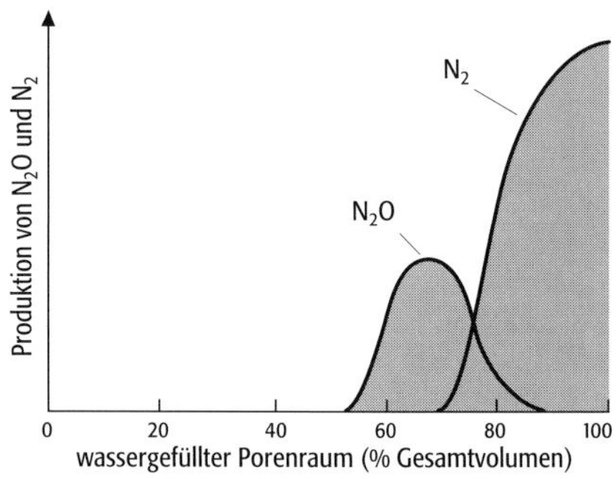

sen die ausgeprägten Jahreszeiten der gemäßigten und kühleren Klimate vielfach ausgezeichnete Ergebnisse zu. Für Mitteleuropa gelang über die Analyse von Mooreichen die Erstellung einer Dendrochronologie der letzten 10.000 Jahre. Das homogenere Klima der tropisch-subtropischen Regionen verhindert dagegen weitgehend die Ausbildung charakteristischer Schwankungen im Bau der Jahresringe. Im Bereich der Geowissenschaften findet die Dendrochronologie Anwendung bei der Datierung holozäner Sedimente von Seen, Flüssen, Mooren oder Bergrutschen. Wesentlich bedeutender ist allerdings der Nutzen für die Archäologie im Rahmen der Altersbestimmung historischer und prähistorischer Gebäude und Geländefunde. [HT]

Dendroklimatologie, aus der ↗Dendrochronologie entwickelte Methodik, wonach sich aus dem jahreszeitlich gebundenen Wachstumsverhalten bestimmter Bäume der dabei wirksame Klimaeinfluß rekonstruieren läßt (Abb.). Ursprünglich wurden dazu die für jedes Jahr typischen und optisch bestimmbaren Ringbreiten (Jahresringe) verwendet. In neuerer Zeit wird darüber hinaus zwischen der Früh- und Spätholzbreite des jeweiligen Jahres sowie den radiodensitometrisch (mittels Röntgenstrahlung) ermittelten Holzdichten unterschieden, wobei in der frühen Phase der Vegetationsperiode (Frühjahr bis Frühsommer) das weniger dichte Frühholz und in der späteren Phase (Spätsommer bis Herbst) das dichtere Spätholz gebildet wird. Die Zuordnung der Klimagrößen ist allerdings problematisch, da stets mehrere Einflüsse – auch nicht-klimatologische – wirksam sind. Daher wird versucht, sich auf Zonen zu konzentrieren, in denen entweder die Temperatur oder der Niederschlag das begrenzende Klimaelement und somit der dominante Klimafaktor ist. Die Jahrringe der Bäume sind darüber hinaus auch Träger bestimmter Isotope bzw. radioaktiver Elemente, woraus sich ebenfalls Klimainformationen (auch Informationen z. B. über die ↗solare Aktivität) herleiten lassen. Die maximale Reichweite dendroklimatologischer Rekonstruktionen liegt derzeit bei rund 10.000 Jahren und umfaßt somit das gesamte ↗Holozän. [CDS]

Denekamp, jüngstes Interstadial innerhalb des Mittelweichsel, welches in Lößprofilen mit dem Lohner Boden in Westdeutschland und Stilfried B in Österreich korreliert wird. ↗Quartär.

Denitrifikanten, fakultativ ↗anaerobe Bakterien, die Nitrat-Stickstoff zu molekularem ↗Stickstoff (N_2) oder Distickstoffoxid (N_2O) reduzieren. ↗Denitrifikation.

Denitrifikation, 1) *Denitrifizierung, Nitratatmung*, mikrobielle Reduktion von Nitrat zu Stickstoffmonoxid (NO), Distickstoffoxid (N_2O, ↗Lachgas) und elementarem Stickstoff (N_2) unter ↗anaeroben Bedingungen (Abb.). Zur Denitrifikation wird Energie aus der Oxidation von organischer Substanz (heterotrophe Denitrifikation) oder von reduzierten Schwefelverbindungen (chemolithotrophe Denitrifikation) benötigt. Die Denitrifikation nimmt erst oberhalb von 8 °C nennenswerte Größenordnungen an. In Ackerböden Deutschlands werden selten mehr als 30 kg N/ha im Jahr denitrifiziert. Mit N_2 als Endprodukt stellt die Denitrifikation den gegenläufigen Prozeß zur ↗biologischen Stickstoff-Fixierung dar. Der Prozeß der Denitrifikation spielt in der modernen Klärtechnik eine wichtige Rolle, um die Stickstofffracht im ↗Abwasser zu reduzieren. Als zusätzliche Kohlenstoffquelle wird z. B. Methanol angeboten. Mikroorganismen, die unter anaeroben Bedingungen zur Denitrifikation befähigt sind, nennt man Denitrifikanten. Heterotrophe Organismen (z. B. Pseudomonas) gewinnen dabei ihre Energie aus dem Abbau organischer Verbindungen, chemolithoautothrophe Bakterien (z. B. *Thiobacillus denitrificans*) nutzen Schwefelverbindungen als Elektronendonator. ↗Stoffwechsel.

2) In der ↗Luftchemie Bezeichnung für die Entfernung von reaktiven Stickstoffverbindungen aus einer Luftmasse (↗Ozonabbau) durch heterogene Prozesse (↗Ozonloch).

Denitrifizierung ↗*Denitrifikation.*

Denotation nach der ↗Semiotik und ↗kartographischen Zeichentheorie im Rahmen der ↗Semiose die Beziehung von (kartographischen) Zeichen (↗Kartenzeichen) zu einer primären Bedeutung. Dabei wird im Unterschied zur ↗Konnotation die Bedeutung eines Zeichens in Abhängigkeit von der Invarianz oder der Menge der abgebildeten Objektmerkmale abgeleitet. So denotieren (kartographische) Zeichen, die im Hochwasserschutz bestimmte Pegelstände repräsentieren, abhängig von entsprechenden Codierungskonventionen, beispielsweise die Information »Gefahrenpegel«. Daraus folgende Informationen, wie beispielsweise die Erforderlichkeit von Maßnahmen des Hochwasserschutzes, sind von anderen Codierungskonventionen abhängig und somit nicht Teil der Denotation.

Denoxifizierung, Entfernung von ↗Stickoxiden in einer Luftmasse durch deren Umwandlung in Reservoirgase (↗Ozonabbau), die dann durch heterogene Reaktionen in stratosphärischen Aerosolpartikeln aufgenommen werden (↗PSC, ↗Ozonloch, ↗Aerosol).

Densitometer, *Schwärzungsmeßgerät*, ein photoelektrisches und optisch-visuelles Meßgerät zur wertmäßigen Bestimmung von optischen Dichten und Schwärzungen. Es findet eine Messung von auftreffender Lichtmenge und remittierter bzw. transmittierter Lichtmenge statt. Mit Hilfe einer Fotozelle wird der von einer opaken Vorlage remittierte Lichtstrom (Auflichtdensitometer) oder der von einer transparenten Vorlage transmittierte Lichtstrom (Durchlichtdensitometer) gemessen und mit dem Ausgangswert des Lichtstroms verglichen. Der ermittelte Wert wird zur Berechnung der Dichte oder des ↗Rastertonwertes genutzt und als Zeigerwert oder am Ziffern-display als Dichtewert oder Rasterprozentwert angezeigt. Auflichtdensitometer sind mit Lichtfiltern ausgestattet, die Messungen in bestimmten Spektralbereichen ermöglichen, so daß für die Normdruckfarben ↗Farbdichte, Rastertonwert, Tonwertzunahme ermittelt werden können. Bildschirmdensitometer können in interaktiven Scannerprogrammen (↗Scanner) enthalten sein und zeigen Farbwerte der Pixel als RGB-Werte (↗RGB), aber auch als auch CMYK-Werte (↗CMYK) an. [CR]

Density-Log ↗*Dichte-Log*.

density slicing, in der digitalen Bildverarbeitung der Prozeß der Zusammenfassung von Grauwertintervallen zu jeweils einem einzigen Grauwert mit Hilfe einer treppenförmigen Übertragungsfunktion. Ein Klassifizierungsansatz mittels ↗Äquidensiten beruht auf der Festlegung von Schwellwerten, die eine optimale Trennbarkeit unterschiedlicher Objektklassen ermöglichen. ↗Klassifikationen mittels resultierender Treppenfunktionen werden Schwellwertoperationen genannt. Bei Nutzung von Farben zur Darstellung von spezifischen Grauwertintervallen wird von jeweils drei Schwellwertoperationen ausgegangen, die entweder den gesamten Grauwertbereich in die Grundfarben Rot, Grün und Blau aufteilen und darstellen oder im Falle von überlappender Schwellwertbildung auch Mischfarben ermöglichen (Farbcodierung, colour density slicing). In einem weiteren Schritt werden lineare Übertragungsfunktionen gewählt und damit kontinuierliche Farbübergänge erreicht. Äquidensiten werden z.B. zur Darstellung der Bathymetrie oder der Temperatur von Wasserflächen verwendet. Farbcodierung von Thermalbildern wird optimale Lesbarkeit bewirken, wenn dunklen, kalten Bereichen blaue und hellen, warmen Bereichen rote Farbtöne zugeordnet werden. [EC]

Denudation, durch verschiedene Bedeutung im deutschen und im englischen Sprachraum uneinheitlich gebrauchter Begriff für geomorphologische Abtragungsprozesse. 1) Im deutschen Sprachraum wird die Denudation als ein Abtragungsprozeß von eher flächenhafter Wirkung (↗flächenhafte Erosion) der überwiegend linearen Abtragung (↗Erosion) gegenüber gestellt. 2) In der angloamerikanischen Literatur hingegen wird mit Denudation zunehmend sowohl der linienhafte als auch der flächenhafte Abtrag bezeichnet.

Denudationsbasis, analog zur ↗Erosionsbasis das Niveau, auf das die ↗Denudation eines Hanges eingestellt ist.

Denudationsterrasse, durch differenzierende ↗Verwitterung und ↗Abtragung entstandene Verflachung in einer Serie unterschiedlich widerständiger Gesteine. Denudationsterrassen entstehen am Talhang als in den jeweils härteren Schichten ausgebildete ↗Dachflächen (↗Terrasse) durch die Ausräumung des weniger resistenten Gesteins (Abb. im Farbtafelteil). Im Prinzip handelt es sich um eine Bildung von ↗Schichtstufen an einem Talhang. Das klassische Beispiel für Denudationsterrassen zeigen die Talhänge des Grand Canyon (USA).

Deponie, dient der gesammelten Ablagerung von Abfällen und ist nach dem Wasserhaushaltsgesetz so anzulegen, daß das ↗Grundwasser durch ihren Einfluß nicht nachteilig verändert wird. Bis in die 60er Jahre wurden Abfälle in kleinen ungeordneten Deponien, ohne jegliche Abfallkontrolle deponiert. Vorhandene Gruben wurden oft einfach verfüllt ohne Berücksichtigung geologischer und hydrogeologischer Gegebenheiten. Aufgrund ihrer Errichtung auf meist ungünstigen ↗Deponiestandorten gehen von diesen Deponien heute oft Gefahren für das Grundwasser aus und sind somit zu den ↗Altlasten zu zählen. Mit dem 1972 eingeführten Abfallbeseitigungsgesetz, stellte man die Mülldeponierung auf wenige große geordnete Deponien mit Sickerwasser- und Gasfassungsanlagen um. Das Abfallbeseitigungsgesetz und entsprechende Ländergesetze und Verordnungen bilden heute die gesetzliche Grundlage für die Errichtung neuer Deponien. Die wichtigsten Verwaltungsvorschriften sind die Allgemeine Abfallverwaltungsvorschrift über Anforderungen zum Schutz des Grundwassers bei der Lagerung und Ablagerung von Abfällen (AVwV 1990), die Zweite Allgemeine Verwaltungsvorschrift zum Abfallgesetz (TA Abfall 1991; TA So), in welcher der Bereich des Sonderabfalls bzw. jetzt des »besonders überwachungsbedürftigen Abfalls« behandelt ist, und die Dritte

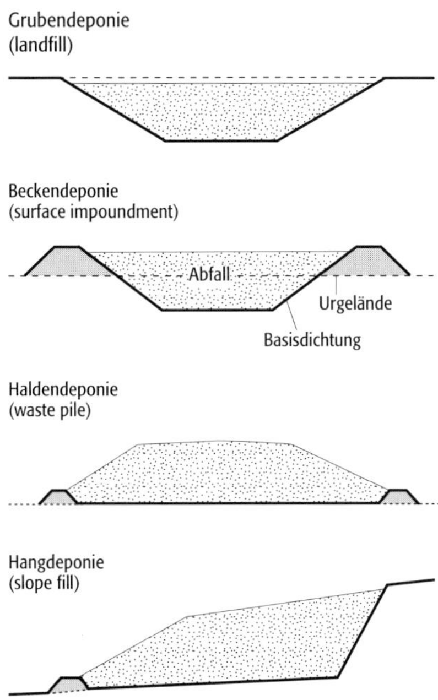

Deponie 1: Deponietypen.

Deponie 2: verschiedene Möglichkeiten der Anlage von Deponien.

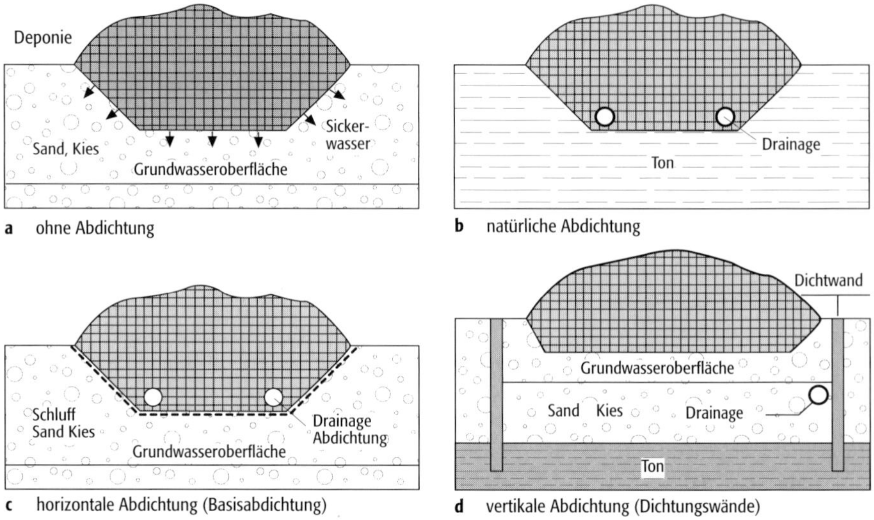

Allgemeine Verwaltungsvorschrift zum Abfallgesetz (TA Siedlungsabfall 1993; TASi), die für Hausmüll, hausmüllähnliche Gewerbeabfälle, Bauabfälle und Klärschlamm gilt.

Die Ablagerung von Müll auf wilden Deponien in Wald und Flur ist ungesetzlich. Ein geeigneter ↗Deponiestandort wird nach verschiedenen länderspezifischen Prüfkriterien ausgewählt. Das jeweilige Deponiekonzept wird durch geologische und hydrogeologische sowie infrastrukturelle Gegebenheiten bestimmt. Ein weiterer Faktor ist die stoffliche Zusammensetzung des Mülls und sein Gefährdungspotential für die Umwelt. Feststoffe aus Hausmüll, Industrie- und Sonderabfällen werden hauptsächlich in Übertagedeponien abgelagert. Nach Untersuchungen von Golwer et al. (1976) und Exler et al. (1980) können mit den Feststoffen auch ein Teil schlammiger Abfallstoffe und ölgetränkte Böden eingebracht werden. Toxische, leicht wasserlösliche und radioaktive Abfälle sollten dem hydrologischen Kreislauf weitgehend entzogen werden. Dies geschieht entweder durch besondere Dichtungsmaßnahmen des Müllkörpers in Oberflächennähe oder durch eine Einlagerung in ↗Untertagedeponien (UTD). Radioaktive Abfälle werden hauptsächlich in Untertagedeponien abgelagert. Für produktionsspezifische Sonderabfälle können auch ↗Monodeponien eingerichtet werden. Übertagedeponien wurden früher meist als Grubendeponien angelegt, während sie heute als Haldendeponien mit Freispiegelgefälle angelegt werden (Abb. 1). Um mögliche negative Auswirkungen, die von einer Deponie ausgehen können, zu vermeiden bzw. einzuschränken, sollten bestimmte Maßnahmen getroffen werden. Diese sind die Errichtung eines Multibarrieresystems, die Errichtung von Deponiesickerwasser- und Gasfassungsanlagen, die Verminderung der Sickerwassermenge durch Verdichtung des Müllkörpers und Errichtung einer Oberflächenabdichtung, der Abstand von Deponiebasis und Grundwasserspiegel von mindestens 1 m, die Errichtung von Deponien in Gebieten mit geringer Fließgeschwindigkeit, um die Reichweite der unterstromigen Belastung zu begrenzen, die Errichtung von Deponien mit möglichst geringer Aufstandfläche, die Auswahl von Gebieten mit unbedeutendem Grundwasservorkommen und ungünstiger Grundwasserbeschaffenheit und die Überwachung der Setzungen und Dichteänderungen in regelmäßigen Abständen. Dies geschieht durch Höhenvermessungs-Setzungsmarken und Feststellung des Gewichtes der angelieferten Abfälle (Abb. 2; Abb. 3 im Farbtafelteil). [NU]

Deponiegas, entsteht durch biochemische Stoffwechselprozesse bei der Zersetzung organischer Abfälle. Ihre typische Zusammensetzung besteht aus Methan CH_4 (50–70 %), Kohlendioxid CO_2 (30–50 %), Schwefelwasserstoff H_2S, Stickstoff N_2 und Spurengasen. Das jeweilige Verhältnis der einzelnen Bestandteile zueinander, insbesondere die CH_4/CO_2-Relation, ist abhängig von dem Alter der Ablagerung und den von diesem abhängigen Gärprozessen (Abb.). Bestimmte Mischungsverhältnisse von Kohlenwasserstoffen (z. B. Methan) und Luft sind explosiv. Andere Gase sind toxisch. Beispiele hierfür sind H_2S und verschiedene Spurengase von halogenierten Kohlenwasserstoffen. Deponiegas tritt entweder flächenhaft aus der gesamten Deponie aus, oder es wird durch die Oberflächenabdichtung gestaut und kann dann bis zu

Deponiegas: schematische Darstellung der Deponiegasentwicklung in Abhängigkeit von der Zeit.

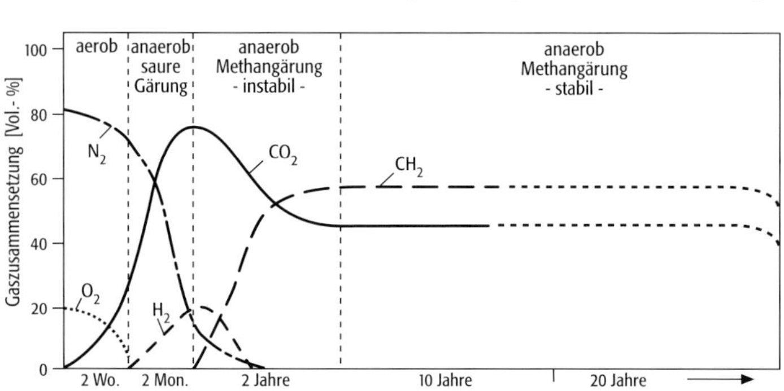

	Oberstrom der Müllkippe		Unterstrom im Bereich der stärksten Verunreinigung	
	maximal	Durchschnitt	maximal	Durchschnitt
Temperatur [°C]	14,2	10,7	19,8	13,4
pH	7,6	7,3	6,95	6,6
Leitfähigkeit [µS]	690	500	11.100	3800
freie CO_2 [mg/l]	34	16	1890	566
$KMnO_4$-Verbr. [mg/l]	13	4,4	835	286
H_2S [mg/l]	0,01	0,004	1,23	0,73
O_2 [mg/l]	10,5	7,1	n.n.	n.n.
Na^+ [mg/l]	23,2	14	1166	413
K^+ [mg/l]	6,6	3,3	705	173
NH_4^+ mg/k	0,12	0,01	440	101
Ca^{2+} [mg/l]	127	97	997	337
Mg^{2+} [mg/l]	32,6	23	256	104
Fe^{2+} [mg/l]	0,26	0,03	181	75
Mn^{2+} [mg/l]	0,34	0,07	49,6	12,3
Cl^- [mg/l]	37	28	2027	473
NO_3^- [mg/l]	62,2	32	3,6	0,7
NO_2^- [mg/l]	0,2	0,02	0,08	0,01
HCO_3^- [mg/l]	277	222	5934	1921
SO_4^{2-}	103	87	1242	556

Deponiesickerwasser (Tab.): Belastung des Grundwassers durch Zustrom von Deponiesickerwasser.

einigen hundert Metern von der Deponie entfernt austreten. Bei Entstehung toxischer Gase sollten diese in einer Gasfassungsanlage gesammelt und entsprechend behandelt werden. [NU]

Deponieklasse, richtet sich nach dem Gefahrenpotential verschiedener Abfallarten und wurde in den 90er Jahren eingeführt. In den Anfangsjahren wurde zwischen vier bzw. fünf Deponieklassen unterschieden. Die 1993 eingeführte ↗TA Abfall reduzierte die Deponieklassen auf zwei Kategorien.

Deponieklasse I: Abfälle, mit sehr geringen organischen Anteilen und sehr geringen Schadstofffreisetzungen im Auslaugungsversuch. An die ↗geologische Barriere werden keine besonderen Anforderungen gestellt. Hier genügt eine einfache ↗mineralische Basisabdichtung.

Deponieklasse II: Abfälle, die nicht auf Deponieklasse I abgelagert werden dürfen. Hier bestehen höhere Anforderungen an den ↗Deponiestandort und die Abdichtung. Als Basisabdichtung wird eine kombinierte Basisabdichtung mit Sikkerwasserfassung und -behandlung gefordert. Sollen Reaktionen mit anderen Abfällen ausgeschlossen werden, sind in der TA Siedlungsabfall außerdem noch ↗Monodeponien vorgesehen. ↗Untertagedeponien sind für langlebige problematische Abfälle vorgesehen. Die Kriterien für die Zuordnung der verschiedenen Abfälle ist im Anhang C der TA Siedlungsabfall aufgelistet. [NU]

Deponiekonzept, umfaßt die Planung einer ↗Deponie. Es beinhaltet die örtlichen geologischen und hydrogeologischen Gegebenheiten sowie die stoffliche Zusammensetzung des Abfalles und die damit verbundene nötige Lagerungsweise. Übertagedeponien mit Haus- und Sondermüll wurden in der Vergangenheit oft als Grubendeponien gestaltet. Im besten Falle besaßen diese eine natürliche tonige Basisabdichtung. Seit den späten 80er Jahren werden hauptsächlich Haldendeponien mit Freispiegelgefälle konzipiert, die eine möglichst geringe Auflagefläche besitzen.

Deponiesickerwasser, ↗Sickerwasser, das die ↗ungesättigte Zone einer ↗Deponie hauptsächlich vertikal passiert und dabei lösliche Substanzen aus dem Müllkörper aufnimmt. Die Beschaffenheit des Sickerwassers hängt von den biochemischen Reaktionen zwischen Müllkörper und Wasser ab und variiert auch innerhalb von einzelnen Mehrstoffdeponien durch die stofflichen Unterschiede stark. Die unterschiedliche Wasserbeschaffenheit wird durch einen lagigen Mülleinbau verstärkt, der oft schwebende Wasserstockwerke verursacht. Ein weiterer Faktor der Sickerwasserbeschaffenheit ist die anfallende Sickerwassermenge. In Deponien der ↗Deponieklasse II wird das Wasser in Sickerwasseranlagen aufgefangen und geklärt, bevor es ins Grundwasser gelangt. Das Sickerwasser einer Deponie kann das Grundwasser nachteilig verändern (Tab.).

Deponiestandort, günstiger Standort für ↗Deponien, der nach länderinternen Prüfkriterien festgelegt wird. Ausschlußkriterien bei seiner Auswahl sind der Schutzabstand zur nächsten Bebauung sowie der Abstand zu Wasserschutzgebieten und Naturschutzgbieten. Verbleibende Flächen werden hinsichtlich geologischer und hydrogeologischer Kriterien überprüft und die Eingrenzung in sog. Positivflächen vorgenommen. Die am besten geeigneten Standorte werden im Standortvergleich ermittelt. Die ↗Deponieklasse bestimmt die Anforderungen an den geologischen Untergrund. Dieser trägt bei einem günstigen Deponiestandort langfristig die Hauptlast für die Rückhaltung bzw. Minderung des Schadstoffaustrags in das Grundwasser. Bezüglich Mächtigkeit, Dichtigkeit, Homogenität und Mineralogie des Barrieregesteins werden deshalb hohe Anforderungen gestellt. Die höchsten Anforderungen werden von tonig-schluffigen Gesteinen erfüllt, die Grundwassernichtleiter sind und durch ihren hohen Tonmineralanteil erhebliche Mengen von Schadstoffen zurückhalten können. Der Abstand zwischen der Grundwasseroberfläche und der Deponiebasis spielt eine weitere Rolle. Nach der ↗TA Abfall sollte die Deponiebasis mindestens 1 m über der ungesättigten Zone liegen, damit die Schadstoffrückhaltekapazität der ungesättigten Zone wirksam ist. Bei gut durchlässigem Untergrund und geringer kapillarer Aufstiegshöhe sollte der Abstand zur Grundwasseroberfläche jedoch nicht mehr als 1–2 m betragen, da sonst mit einer allmählichen Austrocknung der mineralischen Dichtungsschicht zu rechnen ist. [NU]

Deposition, Ablagerung atmosphärischer ↗Luftbeimengungen an natürlichen und künstlichen Oberflächen. Bei der *trockenen Deposition* erfolgt die Ablagerung in Abwesenheit von Niederschlag, wobei die Oberfläche selbst trocken oder naß sein kann. Bei der *nassen Deposition* werden die ↗Luftbeimengungen zunächst von Hydrometeoren aufgenommen und dann zusammen mit Nebel, Regen oder Schnee abgelagert. Die nasse Deposition ist in Zusammenhang mit dem ↗sauren Regen von Bedeutung.

depositional system ↗*Ablagerungssystem*.

Depression, in der ↗Geomorphologie allgmeiner Begriff, der rein deskriptiv für eine flache Hohlform verwandt wird, unabhängig von der Reliefform und den geomorphologischen Prozessen.

Derivat ↗Differentiation.

Derno-Podsol, *Rasenpodsol*, russische Bezeichnung für stark lessivierte ↗Parabraunerden der ↗Taiga mit initialer ↗Podsolierung der obersten Bodenzentimeter, entspricht der↗Fahlerde der ↗deutschen Bodenklassifikation.

Desertifikation, »*Verwüstung*«, [von lat. desertum facere = wüstmachen], anthropogen bedingte

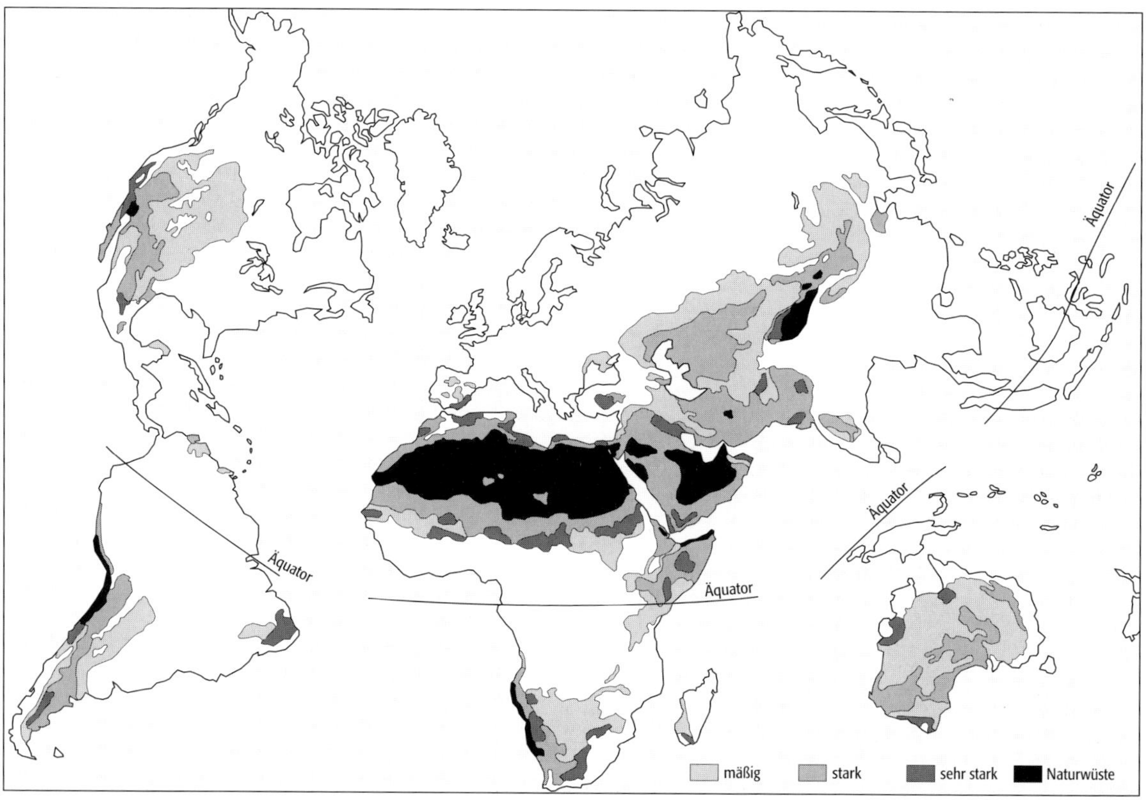

Desertifikation: Weltkarte der Wüsten und der von Desertifikation bedrohten Gebiete.

Verarmung v.a. arider und semiarider ↗Ökosysteme. In den Trockengebieten der Erde erfolgt ein Wandel, welcher zur Bildung von Wüsten führt bzw. zu deren Ausbreitung in die an bereits bestehende Wüsten angrenzenden Bereiche (Abb.). Die Desertifikation ist Folge der Übernutzung von labilen Ökosystemen (↗Labilität von Ökosystemen) v.a. durch Überweidung. Häufig führen längere Dürreperioden (↗Dürre), die mit hoher Wahrscheinlichkeit in den von Desertifikation bedrohten Gebieten auftreten, zu einer Verstärkung des Phänomens der »Wüstenbildung«. Die Desertifikation besteht also aus einer Interaktion von menschlichen Einwirkungen (Landnutzung) und klimatischen Ursachen (natürliches Phänomen der Dürre). Die anthropogene Übernutzung ist eine Folge von sozialen, politischen und wirtschaftlichen Entwicklungen, in deren Folge sich die ursprünglich nachhaltige Nutzung (↗Nachhaltigkeit) hin zu einer Übernutzung verlagert und somit den Prozeß der Desertifikation in Gang setzt. Desertifikation ist damit ein Problemkreis, der im Zusammenhang mit Klimaänderungen bzw. dem Weltbevölkerungsanstieg von großer Bedeutung ist, insbesondere in der subtropischen bzw. ariden Klimazone. Die sichtbaren Folgen der Desertifikation sind Veränderungen der Vegetationsbedeckung, der Bodenstruktur und des Wasserhaushaltes. Bodenerosion (aufgrund des erhöhten Oberflächenabflusses und verstärkter Winderosion), Grundwasserabsenkungen und Versalzung der Böden sind einige Prozesse, die zwar als natürliche Prozesse wirken, aber ihre Ursache im menschlichen Wirken haben (↗quasinatürlich). In einigen Gebieten der Erde verstärkt die Desertifikation den natürlichen Prozeß der ↗Desertion. [CDS, SMZ]

Desertion, im Gegensatz zur ↗Desertifikation Bezeichnung für den natürlichen, durch Klimaänderung verursachten Landschaftswandel in Trockengebieten. Desertion führt zur Ausbreitung wüstenhafter ökologischer Verhältnisse, die v.a. am Zustand des Bodens und der Vegetation sichtbar werden.

Deshayes, *Gérard Paul*, französischer Naturforscher, * 15.5.1795 Nancy, † 9.6.1875 Boran (Oise). Nach seinem Studium in Straßburg und Paris arbeitete Deshayes am Museum für Naturkunde in Paris und wurde dort Nachfolger von Lacaze-Duthiers. Deshayes bevorzugter Forschungsgegenstand waren rezente und fossile ↗Mollusken. Er ist Verfasser zahlreicher Bücher über fossile Mollusken des Pariser Beckens und der Insel Reunion. Seine Hauptwerke sind »Description des coquillages fossiles des environs de Paris« (1824–39), »Traité élémentaire de conchyliologie (1834–58) und die «Conchyliologie de l'île de la Reunion» (1863). Deshayes setzte auch die von D. de Férussac begonnene «Histoire naturelle generale et particuliere des Mollusques terrestres et fluviatiles» (1820–1851) fort.

Designat, in der ↗Semiotik und der ↗kartographischen Zeichentheorie das Bezeichnete bzw. die Bedeutung, der Inhalt oder der Sinn bzw. Zweck eines (kartographischen) ↗Zeichens (Signifikat), im Gegensatz zu den bezeichnenden Zeichen (Signifikanten), die beispielsweise in einem kartographischen Zeichen (↗Kartenzeichen) oder einer verbalsprachlichen Bezeichnung bestehen (↗Semiose).

Designmatrix, *Matrix der Verbesserungsgleichungskoeffizienten*, ↗Ausgleichungsrechnung.

Desilifizierung, *Entkieselung*, Lösung von ↗Kieselsäure aus Gestein und Boden.

desktop mapping, *DTM*, ein Verfahren zur digitalen Kartenbearbeitung. Mit einer Vektorgraphik-Software werden interaktiv Vektoren erzeugt, denen eine graphische Gestaltung zugewiesen wird und Kartennamen, die ein Schriftformat besitzen. Vektoren und Kartennamen bilden die Objekte der Karte. Vektoren, auch Pfade genannt, stellen als offene Form eine Linie, als geschlossene Form eine Fläche dar. Ein graphisches Format besitzt deshalb Eigenschaften der Linie und der Fläche wie Linienfarbe, -breite, -form und -muster sowie Flächenfarbe und -muster. Die Änderung eines graphischen Formats kann die graphische Gestaltung aller Objekte, die dieses Format tragen, verändern, was eine flexible Kartengestaltung und eine Ableitung verschieden gestalteter Karten gestattet. Die Lage der Objekte wird einem Rasterbild des Kartenentwurfs entnommen, das in den Bildhintergrund geladen oder auf einem ↗Digitalisiertablett erfaßt wird (↗Digitalisierung). Zu den Vorteilen des desktop mapping gehört auch die flexible Kartenbearbeitung durch die Verwaltung der Objekte in übereinanderliegenden Ebenen (*Ebenenkonzept, Layerprinzip*). Die Objekte einer Ebene verdecken die Objekte der darunterliegenden Ebenen, so daß Freistellungen, z.B. Straßen in farbiger Waldfläche, automatisch erfolgen. Nachteilig beim desktop mapping ist, daß nicht die semantischen Informationen der Vektoren, z.B. die Charakteristika eines Verkehrsweges wie Breite und Belag der Fahrbahn verwaltet werden, wie es in ↗Geoinformationssystemen geschieht, sondern im Mittelpunkt fast ausschließlich die graphische Ausprägung der Vektoren steht und dadurch keine automatische Auswahl von Objekten und keine automatisierte Kartensymbolisierung durchgeführt werden kann. Andererseits erfolgt der Prozeß der Kartengestaltung so flexibel, daß es sinnvoll sein kann, Daten aus ↗Geoinformationssystemen in einem Desktop-Mapping-System kartographisch zu gestalten. [IW]

desktop publishing, *DTP*, Prozeß bzw. Verfahren der gestalterischen und technischen Aufbereitung von digitalen Daten und analogen Vorlagen zur Druckausgabe. Zum desktop publishing gehört eine Reihe von Funktionsbereichen: a) Erfassung analoger Bild- und Textvorlagen, b) Einlagerung digitaler Text- und Bilddateien, c) Gestaltung und Anpassung der Teilbausteine eines Dokumentes, d) Layout und Umbruch des Gesamtdokumentes, e) Vorabkontrolle und Probeausdruck, f) Erzeugung von Druckdateien für die Belichtung. Die Bereiche Layout, Umbruch und Erzeugung von Druckdateien sind die eigentlichen Kernbereiche des desktop publishing. Sie werden von der DTP-Software abgedeckt. Die Erzeugung von druckbaren Postscript-Daten zur Filmbelichtung ist primäres Ziel dieses Software-Typs. Die entsprechende Aufbereitung der Daten wird in dieser Form kaum von anderen Programmen unterstützt. Demgegenüber ist die Erzeugung und Manipulation von Bildern zur Einbindung in ein druckbares Dokument zwar auch Teilbereich des DTP, sie erfolgt jedoch i. d. R. mit ↗Zeichenprogrammen oder ↗Rastergraphikprogrammen, da diese spezialisiertere Funktionen zur Bildbearbeitung bzw. Schnittstellen zu entsprechenden Farbscannern aufweisen. Ähnliches gilt für die Erstellung von Texten mit Hilfe von Textverarbeitungsprogrammen. DTP-Programme werden in ↗Kartographie, ↗Photogrammetrie usw. häufig verwendet, um analoge Vorlagen (Karten, Luftbilder usw.) in druckfähiger Form aufzubereiten, in denen nur geringfügige graphische Veränderungen wie z. B. Beschriftung, Farbkorrektur, Einbindung einzelner Symbole oder ähnliches erforderlich sind. Zur Herstellung komplexer Karten sind diese Systeme im Gegensatz zu den ↗Kartenkonstruktionsprogrammen nicht geeignet. DTP-ähnliche Systeme, die sich aufgrund besonderer Funktionen zur graphischen Gestaltung von Karten eignen, werden oft als ↗desktop mapping bezeichnet. [WWb]

Desmosit ↗Adinol.

Desorption, Umkehrung der ↗Adsorption, d. h. Ablösen adsorbierter Stoffe von Oberflächen. Dabei können die der Adsorption zugrunde liegenden Kräfte durch Erwärmung oder Druckverminderung aufgehoben werden, oder die adsorbierten Stoffe unterliegen einem Austausch mit anderen, zunächst in Lösung befindlichen Stoffen. Adsorptions- und Desorptionsprozesse spielen bei vielen Stofftransportprozessen eine Rolle. Verschiedentlich wird auch das Austreiben von Gasen aus Flüssigkeiten als Desorption bezeichnet.

Desorptionskurve, im Entwässerungsvorgang bestimmter Verlauf der ↗pF-Kurve. Dazu wird eine Bodenprobe mit Wasser gesättigt (entweder teilweise kapillar oder im Exsikkator vollständig). Bei der anschließenden, durch stufenweises Anlegen von Saugspannungen durchgeführten Entwässerung wird jeweils der Wassergehalt der Probe nach Einstellung des Saugspannungsgleichgewichts gravimetrisch durch Wägung bestimmt. Die Desorptionskurve liegt im pF-Diagramm als Grenzkurve bei gleichen Saugspannungen immer oberhalb der Feldmeßwerte und der Sorptionskurve. Da unter Feldbedingungen meist keine vollständige und oft eine unterschiedliche Wassersättigung des Porenraums erreicht wird, werden die Wassergehalte, die aufgrund von Tensiometermeßwerten aus der Labor-Desorptionskurve abgeleitet werden, oft überschätzt.

Desquamation, *Abschalung*, *Abschuppung*, eine Form der physikalischen ↗Verwitterung im warm-ariden Klima. Wegen der sehr geringen thermischen Leitfähigkeit der Gesteine wirken sich die großen Temperaturunterschiede zwischen Tag und Nacht nur unmittelbar unter deren sonnenbeschienenen Oberflächen aus und führen dort in ständigem Wechsel zu Volumenvergrößerung bzw. -verringerung und damit schließlich zur Ablösung dünner Schalen von der Gesteinsoberfläche.

Destruenten, *Dekomponenten*, *Erstzersetzer*, *Reduzenten*, Endglieder der ↗Nahrungskette, welche organische Ausscheidungsprodukte und abgestorbene organischen Substanzen (↗Nekromasse) durch ↗Reduktion und ↗Oxidation abbauen. Dadurch werden die organischen Substanzen in einfache, anorganische Verbindungen überführt (↗Mineralisierung), so daß sie wiederum Pflanzen als Nährstoffe dienen können. Unter ↗aeroben Bedingungen sind Destruenten hauptsächlich Bakterien und Pilze (↗Mikroorganismen), unter ↗anaeroben Bedingungen nur Bakterien.

destruktiver Plattenrand, *konvergenter Plattenrand*, ↗Plattenrand.

deszendent, *absteigend*, Bezeichnung für erzführende Lösungen, die ihren Ursprung an der Erdoberfläche haben bzw. aus überlagernden Gesteinen stammen und in die Tiefe absteigen (z. B. Sickerwässer), was zur Lagerstättenbildung führen kann. Beispiel dafür ist die Reicherzbildung in ↗Zementationszonen. Gegenteil von ↗aszendent.

deszendentes Wasser, *supergene Wässer*, 1) der Schwerkraft unterliegendes, in den Untergrund versickerndes Wasser der Bodenzone (Sickerwasser). ↗terrestrische Wässer. 2) lagerstättenbildende Wässer, die von der Erdoberfläche, der Schwerkraft folgend, in die Vererzungszone treten. Durch Oxidation vorhandener Sulfide versauern diese Wässer (↗saure Wässer), lösen Metalle und transportieren diese dann in größere Tiefen, wo durch erneute Ausfällung angereicherte Erzlagerstätten abgeschieden werden. Gegensatz: ↗aszendentes Wasser.

detachment ↗Abscherung.

Detailerkundung, *nähere Erkundung*, die sich an die Orientierungsphase der ↗Altlastenerkundung anschließende Phase der Detailerkundung hat die Aufgabe, den Kenntnisstand für weitergehende Fragestellungen zu Art, Ausmaß sowie Aus- und Einwirkung der ermittelten Belastung zu vertiefen bzw. zu vervollständigen und einer abschließenden Bewertung zuzuführen. Hierfür werden neben einer gezielteren Analytik umfangreichere geologisch/hydrogeologische Standortuntersuchungen einschließlich lufthygienischer Untersuchungen durchgeführt, die letztendlich die Basis für die Feststellung einer schutzgutbezogenen vorliegenden Gefährdung sowie die sich hieran anschließende Sanierungskonzeptionierung darstellen. Zur Unterstützung können prognostische Modellrechnungen oder Computersimulationen eingesetzt werden. Für die Fragestellungen zur Mobilität und Eluierbarkeit standortspezifischer (Schad-)Stoffe müssen gezielte Laborversuche einschließlich Felduntersuchungen durchgeführt werden, wobei auf der Basis der vorhandenen Testverfahren die Diskussion zu diesem Sachverhalt (Elutionsmethoden) z. T. recht konträr geführt wird. Das vielfach eingesetzte Verfahren (DIN 38414–54) liefert hierzu nur eine bedingte Aussage. In diesem Zusammenhang muß bei der Bewertung berücksichtigt werden, daß bei Altstandorten der angetroffene Untergrund über einen gewissen Tiefenbereich durch Baumaßnahmen oder Verfüllungen verändert ist, wodurch im Gegensatz zu natürlichen Böden veränderte Fließ-, Sorptions- und Transformationsbedingungen vorherrschen. Dies ist insofern von Bedeutung, da die Stoffausbreitung u.a. in direkter Beziehung zum vorhandenen Porenspektrum sowie zu Art und Menge der im Kompartiment vorhandenen Adsorbentien steht. Ein Übertragen von Erkenntnissen aus natürlichen Untergrundsystemen kann daher nur mit äußerster Vorsicht und nur bedingt vorgenommen werden. Ferner ist zu berücksichtigen, daß die Intensität und Effektivität der im Untergrund ablaufenden chemischen, physikalischen und biologischen Prozesse über die Tiefe unterschiedlich ausgeprägt sind. Aus diesem Grunde sind z.B. bei den Fragestellungen zum Stofftransport in Richtung Grundwasser gezielte tiefenorientierte Bodenuntersuchungen notwendig, da anhand dieser Ergebnisse eine Rückwärtsbetrachtung bezüglich des vorliegenden stoffspezifischen Migrationspotentials in Beziehung zur aktuell ermittelten Grundwassersituation möglich ist. Hinsichtlich der Belastung des Untergrundes (gesättigte und ungesättigte Zone) wurde immer wieder auf die erhebliche Reinigungswirkung des Untergrundes und das damit in Verbindung stehende Verdünnungsprinzip hingewiesen, ein Sachverhalt, der heute wesentlich differenzierter betrachtet wird. Vielmehr zeigt sich, daß der als Tiefenfilter fungierende Boden ein begrenztes Filter-, Puffer- und Transformationsvermögen gegenüber (Schad-)Stoffen besitzt. Unter dem Begriff Reinigungswirkung versteht man eine Vielzahl von Einzelreaktionen und Mechanismen, die sich selbst auf direkte und indirekte Weise beeinflussen, wobei die Effektivität und Beeinflußbarkeit der Einzelprozesse innerhalb des gesamten Wirkungsgefüges Untergrund nur schwer zu prognostizieren sind. Hinzu kommt, daß bei punktförmigen Kontaminationsquellen von einer deutlich begrenzten Reinigungswirkung auszugehen ist. Bei einer derartigen Kontaminationsart, die für Altstandorte und Altablagerungen nicht untypisch ist, konzentriert sich eine größere Stoffmenge auf einen relativ kleinen Untergrundbereich. Aufgrund der hohen Fracht kommt es neben einer Überschreitung der Rückhaltekapazität zu einer Beeinflussung des natürlichen Transformationsvermögens. Das Ergebnis dieser Untersuchungsphase kann ebenfalls eine Rückstufung des untersuchten Objekts in eine geringere Prioritätenstufe zur Folge haben. [ME]

Detektionsschwelle, *M*, Registrierbarkeit von Erdbeben in Abhängigkeit von der Magnitude und der Entfernung vom Epizentrum. Sie hängt neben der Qualität des Registriersystems (↗Seismograph) von dem Stationsuntergrund, der ↗Bodenunruhe, der ↗Dämpfung seismischer Wellen und weiteren Faktoren ab. Die Detektionsschwelle für Fernbeben liegt bei etwa $M = 4{,}5$ für Einzelstationen in Gebieten geringer Bodenunruhe. Sie kann durch ein Netz von mehreren Seismographen (↗Array) deutlich herabgesetzt werden.

Detektivität, Gütezahl eines ↗Detektors bzw. des Detektormaterials, die eine Funktion der Fläche des Detektors, der Bandbreite (Frequenzbereich der Sensibilität) und der rauschäquivalenten Strahlungsleistung ist. Die Detektivität ist des weiteren abhängig von der Wellenlänge der auftreffenden ↗elektromagnetischen Strahlung und von der Temperatur des Detektormaterials. Kühlung erhöht die Detektivität (↗Thermaldetektor).

Detektor, lichtempfindlicher Detektor wandelt bei der ↗Laserentfernungsmessung zu Satelliten das reflektierte Licht in einen elektonischen Impuls um, der als Stoppuls dem ↗Laufzeitmeßsystem zuge-führt wird. Klassische Detektoren sind ↗Photomultiplier oder Mikrochannel-Plate-Photomultiplier. Heute werden auch ↗Lawinendioden (Avalanche-Dioden) oder auch Streakkameras eingesetzt. Alle Detektoren zeichnen sich dadurch aus, daß sie bereits auf wenige bzw. einzelne Lichtphotonen empfindlich reagieren.

Detergentien, *Tenside*, Stoffe, welche die Grenzflächenaktivität des Wassers verringern. Detergentien sind in fast allen Wasch- und Reinigungsmitteln enthalten. Unterscheidung in Kationen-, Anionen- und Nichtionische Tenside.

Determinante, einer quadratischen ↗Matrix M wird durch die folgende Formel eine Zahl zugeordnet, die als Determinante von

$$M = (m_j^k)_{j,k=1,\dots,n}$$

bezeichnet wird:

$$det(M) = \sum_{\pi \in S_n} sign(\pi) \cdot m_1^{\pi(1)} \cdot m_2^{\pi(2)} \cdot \ldots \cdot m_n^{\pi(n)}$$

wobei sich die Summe über alle $n!$ Permutationen von $(1, 2, \dots, n)$ erstreckt. Dabei ist $\mathrm{sign}(\pi) = +1$ für gerade und -1 für ungerade Permutationen. Gerade heißt eine Permutation, wenn sie durch eine gerade Zahl von Vertauschungen (Transpositionen) je zweier Elemente aus der Grundform $(1, 2, \dots, n)$ hervorgeht. Die einfachsten Fälle sind:

$$n = 1: det(M) = m_1^1$$
$$n = 2: det(M) = m_1^1 m_2^2 - m_1^2 m_2^1$$
$$n = 3: det(M) = m_1^1 m_2^2 m_3^3 +$$
$$m_1^3 m_2^1 m_3^2 + m_1^2 m_2^3 m_3^1 -$$
$$m_1^3 m_2^2 m_3^1 - m_1^1 m_2^3 m_3^2 - m_1^2 m_2^1 m_3^3 \,.$$

Beschreibt die Matrix eine Basistransformation, indem die Spalten die Koordinaten der neuen Basisvektoren bezüglich der alten Basis angeben, so zeigt die Determinante die Volumenänderung des von den drei Basisvektoren aufgespannten Parallelepipeds (Spats) an. Aus diesem Grund tritt auch der Betrag der Funktionaldeterminante bei Integraltransformationen in Erscheinung.

Bei der Verwendung der Matrizen zur Beschreibung von linearen Transformationen ist die Determinante eine Invariante der Transformation (unter Basistransformationen des zugrundeliegenden Raumes). Die Determinante des Metriktensors gibt das Volumenquadrat des Spats (↗Elementarzelle) an. [HWZ]

deterministisch, *deterministischer Vorgang*, Vorgang, bei dem bekannte Einflußgrößen über ebenfalls bekannte Wirkungsmechanismen zu im Prinzip eindeutig bestimmbaren und somit errechenbaren Effekten führen. Falls die Gleichung, welche die Wirkungsbeziehung zum Ausdruck bringt, die Zeit enthält (prognostische Gleichung), sind diese Wirkungen auch exakt vorhersagbar, wie z. B. das Eintreten von ↗Sonnenfinsternissen. Gegensatz: nichtdeterministisch bzw. nicht vollständig deterministisch (z. B. Wettervorgänge).

deterministische Hydrologie, Teilbereich der ↗Hydrologie, der sich mit Analysemethoden für hydrologische Prozesse befaßt, unter Verwendung deterministischer Betrachtungsweisen, zur Untersuchung der Reaktion hydrologischer Systeme auf der Grundlage verschiedener Parameter. Ein System gilt als deterministisch, wenn seine Reaktion auf eine Eingabe jederzeit eindeutig bestimmt ist.

deterministisches Chaos ↗ensemble prediction system.

deterministisches Modell, Modell, bei dem die Kausalität in Form von Ursache-Wirkungs-Beziehungen ausgedrückt wird. Entsprechend der Berücksichtigung der physikalischen, chemischen und biologischen Grundgesetze wird in ↗physikalische Modelle, ↗konzeptionelle Modelle und in Modelle gemäß der ↗Black-Box unterschieden.

deterministisches System, System, bei dem die Reaktion auf eine Eingabe jederzeit eindeutig bestimmt ist.

Detersion, Schleif- und Schrammwirkung von an der Gletscherunterseite an- und eingefrorenen Sedimentkomponenten unterschiedlichster Größe am Festgesteinsuntergrund eines ↗Gletschers. Durch Detersion werden ↗Rundhöcker rundgeschliffen, ↗Karschwellen überschliffen und in Zusammenarbeit mit der ↗Detraktion Kerbtäler durch glaziale Überformung zu ↗Trogtälern umgestaltet.

Detraktion, durch die Gletscherbewegung hervorgerufenes Herausbrechen von in oder an das Gletschereis ein- oder angefrorenen Gesteinsstücken aus dem Gesteinsverband seitlich und unterhalb des ↗Gletschers. In Zusammenarbeit mit der ↗Detersion entstehen die charakteristischen Formen der glazial-erosiv überprägten Landschaft, wie ↗Kare und ↗Trogtäler. Durch die Detraktion werden besonders die Karrückwände versteilt.

detritische Nahrungskette, *Zersetzerkette*, Grundtyp einer ↗Nahrungskette, an deren Anfang totes, partikuläres, organisches Material (organischer Detritus) steht. Dabei ist das erste Glied ein ↗Saprophag, das zweite und dritte Glied ein Zoophag (Räuber, Parasiten). Eine wichtige Rolle spielen auch Pilze und Bakterien (↗Destruenten), welche durch eine bessere enzymatische Ausstattung auch die schwer aufschließbaren Substrate wie Cellulose oder Lignin verarbeiten können. Die meisten ↗Ökosysteme funktionieren als Detritussysteme, denn nur diese Verzögerung (gegenüber dem Verbrauch lebender pflanzlicher Substanz) erlaubt den Aufbau einer komplexen ↗Biomasse.

detritischer Pyrit, in klastischen Sedimenten und Sedimentgesteinen anzutreffender Pyrit (FeS_2). Rezent ist detritischer Pyrit selten zu finden (beispielsweise mit Uraninit in Sedimenten des Indus), da unter aeroben Bedingungen, wie sie in der heutigen Atmosphäre herrschen, Fe(II) zu Fe(III) oxidiert wird; dabei bildet sich Fe-Oxid oder -Hydroxid. Im Archaikum dagegen tritt detritischer Pyrit in Gold-Uran-Seifen auf (z. B. Witwatersrand, Südafrika). Hier kommt Pyrit (und Uraninit) sowohl als Geröll (detritisch) als auch hydrothermal umgelagert vor. Durch das Auftreten von detritischem Pyrit und Uraninit, welches unter heutigen atmosphärischen Bedingungen ebenfalls kaum detritisch transportiert werden kann, wurde auf eine sauerstoffarme Atmosphäre im Archaikum geschlossen (↗Atmosphäre).

Detritus, **1)** *Allgemeine Geologie*: lockeres Gesteinsmaterial, das durch ↗Erosion aus einem Liefergebiet entfernt wird (z. B. Sand- oder Tonteilchen), durch verschiedene Medien transportiert und sodann nach Ablagerung Bestandteil von ↗Sedimenten wird. **2)** *Hydrologie*: feinpartikuläre Stoffe organischen Ursprungs im Wasser. **3)** *Ozeanographie*: Begriff für nichtlebende Partikel unterschiedlicher Form und Größe im ↗Meerwasser. Meist handelt es sich um Bruchstücke abgestorbener Organismen in unterschiedlichen Zersetzungsstadien, die oft mit suspendierten anorganischen Komponenten (z. B. Calciumcarbonat) vermischt sind (↗Schwebstoffe). Detritus dient zahlreichen Organismen als Nahrungsquelle.

Detritusmudde, organische ↗Mudde, weit verbreitetes Seesediment, das hauptsächlich aus zersetzten Wasserpflanzen entstanden ist. Oft sind in der graubraunen bis olivgrauen Detritusmudde Samen von Wasserpflanzen zu finden. ↗Detritus bezeichnet ein Zerfallsprodukt pflanzlichen und tierischen Ursprungs auf dem Land und im Wasser. Im aquatischen Bereich gehören neben den organischen Sinkstoffen auch die mineralischen dazu. Der Mineralstoff- bzw. Kalkgehalt der Detritusmudde liegt unter 70 % in der Trokkensubstanz, der Anteil ↗organischer Substanz demzufolge über 30 %.

Detritusnahrungskette, Nahrungskette, die von den Detrivoren ausgeht.

deuterisch ↗*autohydrothermal.*

deuterische Reaktion ↗Autometasomatose.

Deuterium, Wasserstoffisotop (^2H) mit dem doppelten Atomgewicht des gewöhnlichen Wasserstoffs.

Deuteromyceten, *Deuteromycotina*, *Fungi imperfecti*, eine auch als Formklasse bezeichnete Unterabteilung der echten ↗Pilze (*Eumycota*), die eine heterogene, künstlich zusammengefaßte Gruppe von Pilzen darstellt. Charakteristisch ist das Fehlen der sexuellen Fortpflanzungsphase, d. h. diese Pilze haben die Fähigkeit zur Bildung von Sporen durch Karyogamie und Meiose verloren oder ihr perfektes Stadium ist noch unbekannt. Die Vermehrung erfolgt durch mitotisch gebildete Sporen, vegetative Fortpflanzungseinheiten oder nur durch ↗Mycel. Die Deuteromyceten umfassen etwa 30 % aller bekannten Pilzarten und kommen hauptsächlich im Boden (↗Edaphon), auf faulenden Materialien und als Sporen in der Luft vor. Zu ihnen gehören gefährliche Krankheitserreger und viele Mykotoxinbildner.

deutsche Bodenklassifikation, *Bodenklassifikation der Bundesrepublik Deutschland*, Verfahren zur systematischen Gliederung der Böden Deutschland, auf der Grundlage der ↗Bodenkundlichen Kartieranleitung der Bundesanstalt für Geowissenschaften und Rohstoffe und der Geologischen Landesämter der BRD. Die Einteilung erfolgt: in Abteilungen als Unterscheidung nach dem Wasserregime, in *Bodenklassen* als Unterscheidung nach Entwicklungsstand und morphologischen Merkmalen mittels entsprechender Horizontausprägung und -abfolge, in ↗Bodentypen als Unterscheidung nach charakteristischen Horizonten und Horizontfolgen als Ergebnis spezifischer pedogener Prozesse in den Ober- und Unterbodenhorizonten, in Subtypen als Unterscheidung nach spezifischen Horizontfolgen, in Bodenvarietäten und schließlich nach Subvarietäten. (Tab.)

Deutsche Bodenkundliche Gesellschaft, *DBG*, gemeinnütziger Verein mit Sitz in Oldenburg, gegründet am 24. Februar 1926 mit heute > 2000 Mitgliedern. Die DBG fördert die Bodenkunde v. a. durch gemeinsame wissenschaftliche Arbeit, fachliche Anregung und Unterrichtung, Gedankenaustausch und Information der auf dem Fachgebiet der Bodenkunde Tätigen.

Deutsche Bucht, südlicher Teil der ↗Nordsee.

Deutsche Gesellschaft für Kartographie, *DGfK*, kartographische Gesellschaft für die Bundesrepublik Deutschland seit 1950, nachdem ihre Vorgängergesellschaft (Deutsche Kartographische Gesellschaft), aufgelöst worden war, die als eine der ältesten Kartographischen Gesellschaften der Welt zu deutlich von den Umständen ihrer Gründung in der NS-Zeit geprägt schien. In der ehemaligen DDR gab es bis zur Wiedervereinigung die Wissenschaftliche Sektion Kartographie in der Wissenschaftlich-Technischen Gesellschaft für Geodäsie, Photogrammetrie und Kartographie der Kammer der Technik und die Fachsektion Kartographie in der 1953 gegründeten Geographischen Gesellschaft der Akademie der Wissenschaften sowie zur Vertretung in der ↗Internationalen Kartographischen Vereinigung das Nationalkomitee für Geographie und Kartographie bei der Akademie der Wissenschaften – Nationale Kommission für Kartographie. Heute bestehen mit über 2000 Mitgliedern in ganz Deutschland 20 Sektionen. In Forschung und Fortbildung tätig ist die DGfK mit den folgenden Kommissionen: Atlaskartographie, Aus- und Weiterbildung, Kartographie und Geoinformationssysteme, Geschichte der Kartographie, Kartenkuratoren mit einer Arbeitsgruppe Bibliographie des kartographischen Schrifttums, verantwortlich für die Herausgabe des weltweiten und einzigen internationalen kartographischen Schrifttumverzeichnisses »Bibliographia Cartographica« seit 1974, Kartennutzung, Kartographische Terminologie, Praktische Kartographie, Rechtsfragen, Schulkartographie und Umweltkartographie. Mit den zweimonatig erscheinenden »Kartographische Nachrichten« gibt die DGfK seit 1951 die älteste einschlägige wissenschaftliche Fachzeitschrift heraus. Seit 1988 werden außerdem das »Kartographische Taschenbuch« und seit 1993 »Kartographische Schriften« herausgegeben. Alljährlich veranstaltet die DGfK zur Erörterung wissenschaftlicher Fragen sowie zur Erledigung der vereinsrechtlichen Pflichten einen Deutschen Kartographentag. [JN]

Deutsche Gesellschaft für Photogrammetrie und Fernerkundung, *DGPF*, 1909 Gründung als wissenschaftlicher Verein für Photogrammetrie in Jena; seit 1911 Mitglied der ↗Internationalen Gesellschaft für Photogrammetrie; als Organ der

Abteilung	Bodenklasse	Bodentyp
Terrestrische Böden	O/C-Böden	Felshumusboden, Skeletthumusboden
	Terrestrische Rohböden	Syrosem, Lockersyrosem
	Ah/C-Böden	Ranker, Regosol, Rendzina, Pararendzina
	Schwarzerden	Tschernosem, Kalktschernosem
	Pelosole	Pelosol
	Braunerden	Braunerde
	Lessivés	Parabraunerde, Fahlerde
	Podsole	Podsol, Staupodsol
	Terrae calcis	Terra fusca, Terra rossa
	Fersial. und Ferral. Paläoböden	Fersiallit, Ferrallit
	Reduktosole	Reduktosol
	Stauwasserböden	Pseudogley, Haftnässepseudogley, Stagnogley
	Terrestrische Anthropogene Böden	Kolluvisol, Plaggenesch, Hortisol, Rigosol, Tiefumbruchboden
Semiterrestrische Böden	Auenböden	Rambla, Paternia, Kalkpaternia, Tschernitza, Vega
	Gleye	Gley, Naßgley, Anmoorgley, Moorgley
	Marschen	Rohmarsch, Kalkmarsch, Kleimarsch, Haftnässemarsch, Dwogmarsch, Organomarsch, Knickmarsch
Semisubhydrische und Subhydrische Böden	Semisubhydrische Böden	Watt
	Subhydrische Böden	Protopedon, Gyttja, Sapropel, Dy
Moore	Moore	Niedermoor, Hochmoor

deutsche Bodenklassifikation (Tab.): Abteilungen, Klassen und Bodentypen.

Gesellschaft erschien seit 1926 die weltweit erste photogrammetrische Fachzeitschrift »Bildmessung und Luftbildwesen« (BuL), die 1990 in »Zeitschrift für Photogrammetrie und Fernerkundung« (FPF) umbenannt wurde. Seit 1997 ist die »Zeitschrift Photogrammetrie-Fernerkundung-Geoinformatik« offizielles Organ der DGPF. Ziele der DGPF sind die Pflege und Förderung der ↗Photogrammetrie und ↗Fernerkundung und ihrer Anwendungen auf der Grundlage von Bilddaten aus dem Weltraum bis zum Nahbereich, der Ausbildung an den Hoch- und Fachschulen sowie der Fortbildung ihrer Mitglieder durch Arbeitskreise und wissenschaftlich-technische Jahrestagungen. Die auf den Jahrestagungen vorgetragenen Beiträge werden in der Schriftenreihe »Publikationen der Deutschen Gesellschaft für Photogrammetrie und Fernerkundung« veröffentlicht. [KR]

Deutsche Grundkarte, *DGK*, eine ↗Karte des noch nicht flächendeckend fertiggestellten topographischen Grundkartenwerks im Maßstab 1:5000. Die DGK wird unter Verwendung von ↗Flurkarten, anderen großmaßstäbigen Karten, terrestrischen und photogrammetrischen Vermessungsergebnissen sowie auf der Basis von ↗Orthophotos hergestellt. Sie ist u. a. Grundlage für die Erfasssung digitaler Geobasisdaten für das ↗ATKIS. Ihr Blattschnitt erfolgt durch Linien der geraden km-Werte des Netztes der ↗Gauß-Krüger-Koordinaten mit Ausnahme an den Grenzmeridianen. Ein Kartenblatt umfaßt 2×2 km^2 Fläche. Der Gitternetzabstand beträgt 200 m, entsprechend 4 cm im ↗Kartenmaßstab. Die DGK wird zweifarbig gedruckt. Die Darstellung topographischer Objekte erfolgt weitgehend grundrißtreu. In schwarzem Farbton werden die Situation, die Schrift und die Festpunkthöhen dargestellt. Braun wird verwendet für die Darstellung der ↗Höhenlinien und ↗Höhenpunkte sowie ihre Bezifferung und die kartographische Darstellung natürlicher Kleinformen. Ausgabearten sind die Normalausgabe (DGK 5 N), die Kombinationslichtpause (Grundriß und Höhe), die Grundrißdarstellung ohne Höhendarstellung (DGK 5 G), die DGK als Luftbildkarte (DGK 5 L) und die DGK 5 Bo mit den Ergebnissen der Bodenschätzung. [GB]

deutsche Hochmoorkultur, *Schwarzkultur auf Hochmoor*, Verfahren der Entwässerung und Düngung von ↗Hochmooren mit dem Ziel der landwirtschaftlichen bzw. forstwirtschaftlichen Nutzung, das von der Preußischen Moorversuchsstation in Bremen entwickelt wurde. Die deutsche Hochmoorkultur löste um 1900 die Moorbrandkultur ab. Das unabgetorfte Hochmoor wurde zunächst entwässert (meist in 20 m Abständen gedränt). Nach dem Entfernen der ursprünglichen Vegetation wurde gefräst und planiert. Dem folgte eine Aufkalkung bis zum pH-Wert von 4,0–4,3 und eine Vorratsdüngung mit Kalium, Phosphor und Kupfer. In den ersten Jahren wurden meist Hackfrüchte, i. d. R. Kartoffeln, angebaut. Starker Moorschwund (oxidativer Torfverzehr, Moormineralisation) und Sackung des ↗Torfes zwangen später zur Nutzung als ↗Dauergrünland.

Deutsche Meteorologische Gesellschaft e. V., *DMG*, Fachorganisation der deutschen Meteorologen mit Sitz in Frankfurt, mit rund 1700 Mitgliedern (Stand 1998). Die Deutsche Meteorologische Gesellschaft wurde 1883 in Hamburg zur Pflege der Meteorologie in Wissenschaft und Praxis gegründet. Nach 1945 ging sie in der BRD in vier regionale Meteorologische Gesellschaften über, während 1957 in Ostberlin die Meteorologische Gesellschaft der DDR entstand. 1974 wurde in Bad Homburg die Deutsche Meteorologische Gesellschaft (West) wiedergegründet. Die Regionalvereine gingen darin als Zweigvereine auf. Seit 1991 sind beide Gesellschaften mit insgesamt sechs Zweigvereinen in der Deutschen Meteorologischen Gesellschaft zusammengefaßt. Alle drei Jahre veranstaltet sie Fachtagungen und führt das Anerkennungsverfahren für beratende Meteorologen durch. Zur Förderung von Teil- oder Grenzgebieten der Meteorologie sind derzeit drei Fachausschüsse tätig. Unter dem Dach der Geowissenschaften ist die DMG Mitglied der ↗Alfred-Wegener-Stiftung.

Deutscher Dachverband für Geoinformation e. V., *DDGI*, 1994 mit Sitz in Bonn von einschlägigen Fachgesellschaften, darunter der DGfK, Behörden, Forschungseinrichtungen und Wirtschaftsunternehmen gegründete Vereinigung zur gemeinsamen Durchsetzung der deutschen Belange im Bereich der Geoinformationen und zu ihrer Vertretung im europäischen Dachverband.

Deutscher Härtegrad, Einheit: °d, früher auch °dH), Angabe zur ↗Wasserhärte. 1°d = 10 mg/l CaO = 0,357 mmol(eq)/l Härte; 1 mmol(eq)/l Härte = 2,8°d.

Deutscher Referenzrahmen ↗*DREF.*

Deutscher Wetterdienst, *DWD*, 1952 in Bad Kissingen zusammengefaßte regionale Wetterdienste, die dem Bundesminister für Verkehr unterstehen; 1957 Übersiedlung nach Offenbach. Der Deutsche Wetterdienst überwacht und erfaßt das Wettergeschehen auf nationaler wie internationaler Ebene. Er stellt seine Wetterprognosen für Verkehr, Land- und Forstwirtschaft, Gewerbe, Bau- und Gesundheitswesen zur Verfügung und sichert die Seefahrt und den Luftverkehr. Er ist für die Überwachung der Luft auf radioaktive Beimengungen zuständig. Seit 1960 stellt der Deutsche Wetterdienst eine von fünf Nordhemisphärenzentralen, die meteorologische Daten sammeln und der ↗Weltorganisation für Meteorologie (WMO) in Genf melden. Seit 1999 gliedert sich der leistungs- und kundenorientierte Dienst in fünf Geschäftsbereiche mit ihren Geschäftsfeldern/Abteilungen:

1) Basisdienste (Vorhersage, Entwicklung von Anwendungen, Datenservice); 2) Vorhersage- und Beratungsdienste (Luftfahrt, Seeschiffahrt (Hamburg), Vorhersagekunden, Medien, Klima und Umweltberatung, Medizin-Meteorologie (Freiburg), Hydrometeorologie, Landwirtschaft); 3) Personal- und Betriebswirtschaft (Personal und Verwaltung (Bibliothek), Finanzen

und Organisation); 4) technische Infrastruktur (Systeme und Betrieb, Meßnetze und Daten, Service und Logistik, Koordinierung und Qualitätssicherung); 5) Forschung und Entwicklung (meteorologische Analyse und Modellierung, Klima und Umwelt, Koordination und Observatorien). Die bisherigen Wetterämter und Ämter mit überregionalen Aufgaben sind als Regionalzentralen/Außenstellen in Essen, Hamburg, Leipzig, Offenbach/Main, Potsdam, Stuttgart und München sowie als reine Außenstellen Berlin, Bonn, Braunschweig, Dresden, Freiburg im Breisgau, Geisenheim, Halle, Hannover, Nürnberg, Rostock, Schleswig, Trier, Weihenstephan und Weimar in die neuen Geschäftsfelder integriert worden. Der Deutsche Wetterdienst unterhält (1997) 208 Meßstationen (davon 42 vollautomatische), vier Bordwetterwarten, 618 Wettermeldestellen auf deutschen Schiffen, ein synoptisch-aerologisches Meßnetz (acht Stationen), ein Strahlungsmeßnetz (42 Stationen), ein Ozonmeßnetz (fünf Stationen), ein Radioaktivitätsmeßnetz (40 Stationen). Das nebenamtliche Meßnetz umfaßt 495 Klima- und 3591 Niederschlagsstationen. 2160 ehrenamtliche Beobachter betreuen das phänologische Netz. Die Ergebnisse werden entsprechend der Gebührenordnung in Form von Wettervorhersagen, Sturmwarnungen, allgemeinen Berichten, Auskünften und Gutachten zur Verfügung gestellt. Das Projekt »Meßnetz 2000« soll die Datengewinnung bei gleichzeitiger Steigerung der Datenqualität modernisieren und rationalisieren. Publikationen: Wetterkarte, Europäischer Wetterbericht, Monatlicher Witterungsbericht, Deutsches Meteorologisches Jahrbuch, Berichte des DWD. [CL]

Deutsches Gewässerkundliches Jahrbuch, jährliche Veröffentlichung der Pegeldaten oberirdischer Fließgewässer, gemessen von den gewässerkundlichen Diensten des Bundes und der Länder (WSV). Das Deutsche Gewässerkundliche Jahrbuch ist nach den großen deutschen Flußgebieten unterteilt (Tab.) und liefert in tabellarischer Form Tageswerte, Hauptwerte, Dauerzahlen und Extremwerte der Wasserstände und ↗Durchflüsse, zudem Grundwasserstände, Quellschüttungen, Wassertemperaturen und Schwebstoffmengen über einen Meßzeitraum von 14 Monaten (1. November bis 31. Dezember des Folgejahres). Neben einer knappen textlichen Erläuterung findet man meist auch graphische Darstellungen (z. B. hydrologische Längsschnitte) in dem Tabellenband. Das erste »Jahrbuch für die Gewässerkunde Norddeutschlands« erschien vom Abflußjahr 1901.

	Titel	Beschreibung	Herausgeber
D	Donaugebiet		Bayerisches Landesamt für Wasserwirtschaft
R I	Rheingebiet, Teil I	Hoch- und Oberrhein	Landesanstalt für Umweltschutz Baden-Württemberg
R II	Rheingebiet, Teil II	Main	Bayerisches Landesamt für Wasserwirtschaft
R III	Rheingebiet, Teil III	Mittel- und Niederrhein mit deutschem Issel- und Maasgebiet	Landesumweltamt Nordrhein-Westfalen
W / E	Weser- und Emsgebiet		Niedersächsisches Landesamt für Ökologie
E I	Elbegebiet, Teil I	von der Grenze zur Tschechischen Republik bis zur Havelmündung	Landesamt für Umweltschutz Sachsen-Anhalt
E II	Elbegebiet, Teil II	Havel mit deutschem Odergebiet	Landesumweltamt Brandenburg
E III	Elbegebiet, Teil III	Untere Elbe	Freie und Hansestadt Hamburg, Wirtschaftsbehörde, Strom- und Hafenbau
KN	Küstengebiet Nordsee		Landesamt für Wasserhaushalt und Küsten Schleswig-Holstein
KO	Küstengebiet Ostsee		Landesamt für Umwelt und Natur Mecklenburg-Vorpommern

Deutsches Gewässerkundliches Jahrbuch (Tab.): Übersicht über Inhalt und Zuständigkeiten.

Deutsches Hauptdreiecksnetz 1990 ↗*DHDN 1990.*

Deutsches Haupthöhennetz, *DHHN*, ↗amtliches Haupthöhennetz der Bundesrepublik Deutschland. Das aktuelle Deutsche Haupthöhennetz der vereinigten Bundesrepublik Deutschland ist das ↗DHHN92. Dem DHHN92 wurden die jeweils jüngsten ↗Nivellementnetze erster Ordnung der alten und neuen Bundesländer, ergänzt um neu gemessene Verbindungslinien zwischen den beiden Netzen, zugrunde gelegt. Die ↗geopotentiellen Koten des DHHN92 wurden durch eine freie Ausgleichung der geopotentiellen Differenzen zwischen den Höhenfestpunkten abgeleitet. Die Potentialdifferenzen wurden hierzu aus den rohen Nivellementergebnissen und den gemessenen Schwerewerten entlang der Nivellementlinien ermittelt. Die Schwerewerte beziehen sich hinsichtlich der Datumsfestlegung auf das ↗IGSN71 (International Gravity Standardization Net 1971). Das zur Bestimmung geopotentieller Koten notwendige ↗Vertikaldatum wurde dem Europäischen Nivellementnetz 1986 (↗REUN86) entnommen. Für das DHHN92 wurde der geopotentielle Koten eines Höhenfestpunktes des REUN86, der REUN86-Kotenpunkt Wallenhorst bei Osnabrück, fest angehalten. Um die zwangsfreie Ausgleichung an den Randschleifen zu stabilisieren, wurden außerdeutsche Nivellementlinien mit in die Ausgleichung einbezogen. Als Höhensystem des DHHN92 wurde das System der ↗Normalhöhen festgelegt. Sie wurden nach der Definition von Molodensky mit der ↗Normalschwereformel des ↗GRS80 berechnet. Zusätzlich zu den Normalhöhen stehen zukünftig aber auch die geopotentiellen Koten dem Nutzer zur Verfügung. Die Höhen der Punkte des DHHN92 werden in den amtlichen Nachweisen der Nivellementpunkte unter der Höhenstatuszahl 160 geführt. Bisher gültige Höhen von Höhenfestpunkten können in den amtlichen Nachweisen unter deren Höhenstatuszahlen weitergeführt werden. Die neuen Höhen werden offiziell als Höhen im System DHHN92 bzw. auch als Höhen im DHHN92 bezeichnet. Gleichwertig ist die Bezeichnung Höhen über ↗Normalhöhennull (NHN) oder Höhenstatuszahl 160. Die Angabe einer Höhe sollte um das Meßjahr erweitert werden, da mit der Möglichkeit einer Höhenänderung gerechnet werden muß. Für die praktische Nutzung amtlicher Höhen ist wichtig zu beachten, daß nur Höhen innerhalb des gleichen ↗Höhensystems verwendet werden. Das DHHN92 löst das bisher gültige ↗DHHN12 bzw. das ↗DHHN85 in den alten Bundesländern und das ↗SNN76 in den neuen Bundesländern ab. [KGS]

Deutsches Hauptschwerenetz ↗Schwerereferenznetz.

Deutsches Hydrographisches Institut, *DHI*, ↗Bundesamt für Seeschiffahrt und Hydrographie.

Deutsche Wissenschaftliche Kommission für Meeresforschung, *DWK*, älteste deutsche meereskundliche Organisation zur Erforschung der Meere und seiner lebenden Ressourcen. Gegründet 1902, um den deutschen Beitrag zum Internationalen Rat für Meeresforschung (ICES) zu koordinieren. Heute Beratungsgremium des Bundesministers für Ernährung, Landwirtschaft und Forsten in Sachen Meeresumwelt und Fischerei und wissenschaftliches Bindeglied zum ICES.

deviatorische Spannung ↗Deformationstensor.

Devolatilisationsreaktion, aus dem Englischen übernommene Bezeichnung für metamorphe ↗Mineralreaktionen, die in der Regel bei Temperaturzunahme ablaufen und H_2O (↗Dehydratationsreaktion) und/oder CO_2 (↗Decarbonatisierungsreaktion) freisetzen.

Devon, *Devonium*, System des mittleren ↗Paläozoikums nach Silur und vor Karbon. Es begann vor ungefähr 409 Mio. Jahren und endete vor etwa 362 Mio. Jahren. Am gebräuchlichsten ist die Unterteilung des Devon in drei Abteilungen: Unterdevon (409–386 Mio. Jahre), Mitteldevon (385–378 Mio. Jahre) und Oberdevon (377–362 Mio. Jahre). Die Untergrenze des Devon ist die Basis der *Monograptus-uniformis*-Biozone. Sie wurde 1985 bei Klonk (35 km südwestlich von Prag) festgelegt (↗Barrandium). Die Devon-Karbon-Grenze wurde 1990 bei La Serre in der südöstlichen Montagne Noire (Südfrankreich) festgelegt. Hier definiert das erste Auftreten von *Siphonodella sulcata* die Basis des Karbon. Ein Horizont oder GSSP (Devonian-Carboniferous Boundary Global Stratotype Section and Point), der durch einen goldenen Nagel markiert wird, legt die genaue Position beider Grenzen fest.

Das Devon wurde von Sedgwick und Murchison (1839) eingeführt und nach Devonshire (England) benannt. Basierend auf stratigraphischen Arbeiten in Belgien und im Rheinischen Schiefergebirge wird das Devon in sieben Stufen unterteilt: ↗Gedinne, ↗Siegen, ↗Ems, ↗Eifel, ↗Givet, ↗Frasne und ↗Famenne. Die Verteilung der Kontinente, Epikontinentalmeere und tiefen Ozeanbecken war im Devon charakterisiert durch die Lage von ↗Gondwana und Euramerika. Wie im Silur setzte sich der größte der devonischen Kontinente, Gondwana, prinzipiell aus Südamerika und Afrika zusammen sowie aus Anteilen von Arabien, Indien, Australien und Antarctica. Afrika, Südamerika und Antarctica lagen in hohen südlichen Breiten, während Australien und Arabien möglicherweise bis in die südlichen Subtropen hineinreichten. ↗Laurentia und ↗Baltica waren im Devon zu Euramerika (auch ↗Laurussia oder ↗Old-Red-Kontinent genannt) verschmolzen und durch den Rheinschen Ozean von Gondwana getrennt. Südeuropa lag zwischen den beiden Kontinentalblöcken. Grönland und die ↗Kaledoniden lagen in der Nähe des Äquators. ↗Sibiria (Paläo-Asien oder Angara), ↗Kasachstania und Nord- und Südchina lagen in niedrigen nördlichen Breiten und waren durch flache Epikontinental-Meere von Euramerika bzw. Gondwana getrennt. Im Laufe des Devon bewegten sich sowohl West-Gondwana, wie auch Euramerika nach Norden. Diese Bewegung führte zur Ablagerung von Warmwasser-Carbonaten im Mitteldevon von Marokko, der Bretagne und SW-England. Ein großer Ozean (Panthalassa) lag in der arktischen Region und westlich von Laurussia und östlich von Gondwana. Deutschland lag im Devon in der Nähe des Äquators und war zum großen Teil bedeckt vom variszischen Meer. Im Norden (Großbritannien, Belgien, Norddeutschland) befand sich der Old-Red-Kontinent, der bei der Schließung des Iapetus-Ozeans und der damit verbundenen Kollision von Laurentia und Baltica entstand. Er erstreckte sich über alle Festlandsgebiete des heutigen zirkumnordatlantischen Raumes (England, Nordeuropa, Grönland, Baffin Island, Neufundland und das östliche Nordamerika). Der Old-Red-Kontinent beeinflußte besonders im Unterdevon die Sedimentation in Mitteleuropa. Im südlich gelegenen Meer wurden über 1000 m klastische Sedimente auf dem inneren Schelf abgelagert, die ↗rheinische Fazies i. w. S. Diese Sedimente findet man heute u. a. im Südwesten Englands, im Rheinischen Schiefergebirge, in Thüringen und im Harz. Im Mitteldevon war das Old-Red-Festland soweit eingeebnet, daß die klastische Sedimentation langsam versiegte und durch carbonatische Sedimente abgelöst wurde. Im Rheinischen Schiefergebirge entstanden Riffkomplexe, im Norden Ablagerungen der intertidalen und flach subtidalen marinen Bereiche. Vielfältige Formen von Stromatoporen-Kalken, Dolomite, Birdseye-Kalke und andere Flachwasser-Carbonate charakterisieren diesen Ablagerungsraum. Nach Süden schloß sich der Kontinentalabhang mit Resedimenten der Carbonatplattform an. Die Riffschuttsedimente, die z. T. durch Suspensionsströme hangabwärts transportiert wurden (allodapische Kalke), verzahnen sich beckenwärts mit dunklen Schiefern und pelagischen Kalken der sog. ↗Herzynischen Fazies, die z. B. im ↗Barrandium ausgebildet ist. Charakteristische Ablagerungen der Beckenfazies sind Cypridinen-Schiefer, Cephalopoden-Kalke und Tentakuliten-Schiefer. Der Beckenbereich im Lahn-Dill-Gebiet ist charakterisiert durch submarinen Vulkanismus, dessen Förderprodukte in Form von Keratophyren, Diabasen, Schalsteinen und Roteisenerzen vorliegen. Auf Vulkanen, die bis zum Meeresspiegel oder darüber hinaus reichten, konnten sich ↗Saumriffe, ↗Barriereriffe und ↗Atolle bilden. Gegen Ende des Devons an der Frasne-Famenne-Grenze kam es zu einer kurzfristigen und schnellen Transgression und zu einem Massensterben (sog. Kellwasser-Event), das hauptsächlich die marinen Biota betraf und wenig Auswirkungen auf die terrestrischen Floren hatte. Hauptsächlich betroffen waren tropische Taxa wie Riffbildner (einschließlich der Stromatoporen und der rugosen und tabulaten ↗Korallen), die sich von dieser spätdevonischen Krise nicht wieder erholten. Bis zum Erscheinen der modernen Korallen (Scleractinier) im Mesozoikum waren Riffe in ihren Ausmaßen stark reduziert. Unter den anderen marinen Organismen überlebten 70% der Taxa nicht bis zum Karbon. Unter den am stärksten betroffenen Gruppen waren die ↗Brachiopoden, ↗Trilobiten, ↗Conodonten und ↗Acritarchen sowie die Agnathen und Placodermen. Die Ursachen des Massensterbens sind spekulativ. Es wird vermutet, daß eine Vereisung der Polkappen eine globale Abkühlung der Ozeane verursachte und daß deswegen die Warmwasserfaunen besonders betroffen waren. Glaziale Ablagerungen dieses Alters wurden im nördlichen Brasilien gefunden. Auch ein Meteoriteneinschlag wird als Auslöser für die Katastrophe diskutiert, jedoch sind die Daten, die einen extraterrestrischen Einschlag belegen könnten, nicht schlüssig. Das Devon ist in vielen Aspekten dem Silur ähnlich. Die im Silur bereits eingeleitete Eroberung des Festlandes durch die Tier- und Pflanzenwelt sowie die Entwicklung reicher Fischfaunen kennzeichnet das Devon. Der Meeresspiegel stieg im Verlauf des Devons immer weiter an und erreichte einen Höhepunkt im Famenne. Besonders im Mitteldevon gab es ausgedehnte Epikontinentalmeere, wodurch es zur Ausbildung von Carbonatablagerungen auf den Kontinentalplattformen kam, die in niedrigen Breiten lagen. Diese flachmarinen Bereiche wurden von Riffbildnern wie Stromatoporen und Korallen beherrscht. Einige der größten Riffkomplexe der Erde wurden im Devon gebaut. Wichtige Lokalitäten sind z.B. die mitteldevonischen Riffe im Rheinischen Schiefergebirge, die erdölführenden Riffe in Alberta (Kanada) und die Frasne-Riffe des Canning Basin (Westaustralien).

Die biostratigraphische Gliederung des Devons stützt sich hauptsächlich auf ↗Conodonten, ↗Brachiopoda, ↗Cephalopoda und ↗Tentaculita. In diesem Zeitabschnitt sind auch die rugosen Korallen und (im Oberdevon) die ↗Ostracoden besonders nützlich. Die ↗Protozoen wurden reichhaltiger und sind mit ↗Foraminiferen, ↗Radiolarien, Hystrichosphären und Chitinozoen vertreten. Letztere haben einigen Wert für die ↗Biostratigraphie, besonders in feinkörnigen, nicht-carbonatischen Sedimenten. Im Devon erschienen erstmals hexactinellide Schwämme mit dreidimensionalen Skeletten, die durch Verschmelzung von benachbarten Spiculae zustande kamen. Von stratigraphischem Wert sind die Conularien des Devons, eine Ordnung unbekannter Zugehörigkeit, die chitino-phosphatische Gehäuse mit viereckigem Querschnitt besaß. Sie werden oft zu den ↗Cnidaria gestellt. Die Stromatoporen erreichten einen Höhepunkt ihrer Entwicklung im Devon, erlebten jedoch gegen Ende des Frasne eine starke Reduzierung und waren zu Beginn des Karbon fast ausgestorben. Die Stromatoporen des späten Devons sind charakterisiert durch die Rückkehr von Formen mit Dissepimenten, die denen des ↗Ordoviziums ähneln. Unter den Cnidariern liefern weiterhin die ↗Anthozoa mit den Ordnungen ↗Tabulata und ↗Rugosa häufig erhaltene Fossilien. Vertreter der tabulaten ↗Korallen mit den Gattungen *Favosites*, *Heliolites* und *Alveolites* sind charakteristisch. Die Heliolitiden starben gegen Ende des Mitteldevon aus. Die rugosen Korallen mit solitären und koloniebildenden Formen sind gute Indikatoren für Alter und Art des Ablagerungsraumes in diesem Zeitintervall. Charakteristische Genera sind z.B. *Acanthophyllum*, *Dohmophyllum*, *Cyathophyllum*, *Stringophyllum* und *Hexagonaria*. Die devonischen Trilobiten ähneln den silurischen Formen und sind von diesen oft schwer zu unterscheiden. Im Mittel- und Oberdevon starben 11 von 14 Trilobiten-Familien aus. Es können mindesten zwei Trilobiten Provinzen unterschieden werden: eine Appalachen-Provinz und eine westliche Provinz (Nevada, West-Kanada, Arktik und Sibirien), die durch eine Barriere (Kanadischer Schild und Transcontinental Arch) getrennt ist. Das Devon sieht die Eroberung des Landes u.a. durch die ↗Arthropoden. Im Devon von Schottland wurden z.B. die ersten Hexapoden gefunden, vermutlich flügellose Verwandte der Springschwänze (Collembola). Auch die ersten landlebenden Arachniden (Spinnentiere) tauchten auf, mit Vertretern der Ordnung Trigonotabida. Im Devon (wie im Silur) waren die dominanten Ostracoden Gattungen der Ordnung Palaeocopida.

Die Cephalopoden sind im Devon mit den Nautiloideen und den ersten Ammonoideen (Paläoammonoidea) vertreten. Zu den von Unter- bis Oberdevon vorkommenden Anarcestina gehören die wichtigen Gattungen *Anetoceras* und *Gyroceratites*. Ab dem Mitteldevon treten die Goniatitina in Erscheinung mit Gattungen wie *Tornoceras*, *Cheiloceras* und *Goniatites* und im Oberdevon hatten die Clymeniida ihre Blütezeit (z.B. *Wocklumeria*, *Gonioclymenia*, *Kalloclymenia* und *Platyclymenia*). Sehr kleine ausgestorbene Gehäuseträger, die Cricoconarida, zu denen die Tentaculiten gehören, sind ebenfalls von stratigraphischer Bedeutung im Devon. Ihre Zugehörigkeit ist unsicher, aber sie werden häufig zu den ↗Mollusken gestellt. In den devonischen Schichtfolgen sind die silurischen Archaeogastropoden mit *Bellorophon* (eine fragliche Gastropodengattung), *Murchisonia* und *Euomphalus* weiterhin vertreten. Unter den fossilen Bryozoen bildeten Vertreter der Klasse Stenolaemata die überwältigende Mehrheit. Cystoporate und trepostome Bryozoen entwickelten im Devon wieder robustere Kolonien, die von ähnlicher Größe wie die des Ordoviziums, aber taxonomisch unterschiedlich sind. Besonders die Cystoporata erlangen einen Höhepunkt der Diversität. Für die ↗Brachiopoden war das Devon eine Periode starker Expansion. Spiriferiden dominieren die Faunen und liefern die Leitfossilien für das Unterdevon. Wichtige Gattungen sind *Acrospirifer, Cyrtospirifer, Hysterolites, Paraspirifer, Meristella* und *Athyris*. Die Rhynchnellida mit Formen wie *Camarotoechia, Pugnax, Uncinulus* erlebten einen großen Aufschwung. Unter den Strophomenida sind Gattungen wie *Leptaena, Stropheodonta* und *Chonetes* charakteristisch. Bei den Terebratulida sind die Formen *Bornhardtina* und *Stringocephalus* mit ihren schweren Gehäusen fast gesteinsbildend. Unter den ↗Echinodermen wurden die Crinoiden besonders häufig und divers. Die Gattungen *Cupressocrinus* und *Hexacrinites* sind auf das Devon beschränkt. Hervoragend erhaltene Vertreter der devonischen Echinodermen wurden im ↗Hunsrückschiefer bei Bundenbach gefunden.

Die im Alt-Paläozoikum so wichtigen planktischen ↗Graptolithen der Ordnung Graptoloidea starben gegen Ende des Unterdevons aus. Die letzten Vertreter sind Monograptiden mit uniserialen Rhabdosomen und aufwärtsgerichteten Theken. Die Dendroidea überdauerten noch bis ins Unterkarbon. Nach einer Periode niedriger Diversität im Silur folgte im Devon eine erneute Blütezeit der Conodonten. Devonische Conodonten sind charakterisiert durch Apparate mit spezialisierten ramiformen Elementen (Zahnreihen-Conodonten) und pectiniformen Elementen (Plattform-Conodonten). Coniforme Elemente (Einzelzähne) verschwanden fast gänzlich. Mit ihrer Hilfe kann das Devon in 43 Conodonten-Zonen und -Faunen unterteilt werden. Über 100 Spezies unterteilen das Oberdevon in 31 ↗Biozonen. Von stratigraphischem Wert im Unterdevon sind häufig *Polygnathus, Icriodus* und *Spathognathodus*, im Mitteldevon ist *Polygnathus* immer noch wichtig, und im Oberdevon ist *Palmatolepis* von größter Bedeutung. Die Provinzialität der Conodonten-Faunen ist im Devon nur wenig ausgebildet. Generell können Flachwasser- von Tiefwasser-Faunen unterschieden werden.

Das Devon wird auch als Zeitalter der Fische bezeichnet, und bis zum späten Devon waren sie die einzigen Vertebraten der Erde. Wichtige Vertreter sind die Ostracodermen, deren bekannteste Vertreter die Cephalaspiden sind. Nach den kieferlosen Fischen entwickelten sich die Gnathostomen (Fische mit Kiefern), von denen die Placodermen oder Panzerfische eine der wichtigsten Gruppen des Devons darstellen. Vertreter der Gattung *Dunkleosteus* erreichten fast 10 m Länge. Die Knorpelfische erschienen bereits im späten Silur und einer der ersten Haie ist die Gattung *Cladoselache*, die im oberdevonischen Cleveland Shale (Nordamerika) gefunden wurde. Osteichthyes (Knochenfische), die die heutigen Meere beherrschen, entstanden bereits im mittleren Paläozoikum. Ihre Evolution begann in devonischen Seen und Flüssen. Besonders wichtig sind auch die Sarcopterygier, die im frühen Devon erschienen. Sie hatten muskulöse Flossen mit gegliederten Knochen, und zu ihnen gehören die Lungenfische, die auch heute noch in Süßwasserseen leben, und die Crossopterygier, aus denen sich im Devon die ersten Amphibien entwickelten. Abkömmlinge der Crossopterygier, die Coelacanthen, wurden unter dem Gattungsnamen *Latimeria* beschrieben. Man bezeichnet solch altertümlichen Formen als lebende Fossilien. Eine Übergangsform, die zwischen den Sarcopterygiern und den Amphibien vermittelte, war *Ichtyostega*, ein Fossil mit vier Beinen, einem fischähnlichen Schwanz und einem sarcopterygierähnlichen Schädel.

Im späten Devon erschienen die Lycopoden (Bärlapp-Gewächse), deren Vertreter (z. B. *Lepidodendron*) die ersten Wälder der Erde bildeten. Die Wurzeln dieser Pflanzen begannen, den Boden vor Erosion zu schützen. Auch die ersten Samenpflanzen (Gymnospermen oder Nacktsamer) erschienen, die kein Wasser zur Fortpflanzung benötigten. So erfolgte die Besiedelung des Landes recht schnell, und im Oberdevon von Kanada wurden bereits die ersten Kohlenflöze gebildet. Wichtige Fossilarchive des Devons findet man in Deutschland (Eifel, Bergisches Land, Hunsrück), in Schottland (Rhynie Chert), in Kanada (Alberta), den USA (Devonian Fossil Gorge, Gilboa Forest, Catskill Mountains) und in Westaustralien (Canning Basin). ↗geologische Zeitskala. [SP]

Literatur: [1] DINELEY, D. L. (1984): Aspects of a stratigraphic system: the Devonian. – London. [2] JOHNSON, J. G., KLAPPER, G. & SANDBERG, C. M. (1985): Devonian eustatic fluctuations in Euramerica. – Geological Society of America Bulletin Bd. 96: 567–587. [3] WALLISER, O. H. (1995): Global events in the Devonian and Carboniferous. – In: WALLISER, O. H. (Hrsg.): Global events and Event Stratigraphy in the Phanerozoic. – Berlin.

dextral, *rechtsseitig, rechtshändig*, Bewegungssinn an Horizontalverwerfungen. Blickt man von einem Block einer derartigen ↗Verwerfung auf den jenseits der Verschiebung liegenden Block, so erscheint der gegenüberliegende Block nach rechts verschoben (Abb.). ↗Seitenverschiebungen.

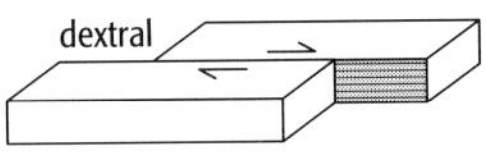

dextral: dextraler Bewegungssinn.

DGfK ↗*Deutsche Gesellschaft für Kartographie.*

DGM-Daten, digitale Geo-Daten, die als Grundlage für die Berechnung von digitalen Geländemodellen verwendet werden. Sie bilden digitale Stützpunktfelder bzw. gemessene digitale Geländemodelle, welche die ↗digitale Geländemodellierung stützen. Sie umfassen digitale Koten und Geländelinien, z. B. Rückenlinien, Muldenlinien, Bruchkanten und Aussparungsflächen. Die rechnerische Berücksichtigung der linienhaften Geländestrukturen ist für eine morphologisch plausible Modellierung unerläßlich.

DGPS ↗*Differential-GPS.*

DHDN 1990, *Deutsches Hauptdreiecksnetz 1990*, in Form eines Dreiecksnetzes angelegtes ↗Lagefestpunktfeld der Bundesrepublik Deutschland. Das DHDN 1990 umfaßt drei Netzblöcke, dem 1895 fertiggestellten Schreiberschen Block mit Erweiterungen nach Norden und Westen sowie Erneuerungen im Inneren, dem 1940 im Süden angefelderten Netzteilen und späteren Erweiterungen nach Süden und dem 1983 berechneten staatlichen Trigonometrischen Netz erster Ordnung der neuen Bundesländer. Die ersten beiden Netzteile bedecken das Gebiet der alten Bundesländer und sind auf das ↗Bessel-Ellipsoid bezogen. Der dritte Netzblock ist auf das ↗Krassowski-Ellipsoid bezogen. Das DHDN 1990 wird von Zeit zu Zeit ergänzt und erneuert.

DHHN ↗*Deutsches Haupthöhennetz.*

DHHN12, *Deutsches Haupthöhennetz 1912*, ↗amtliches Haupthöhennetz der westlichen Bundesländer der Bundesrepublik Deutschland (teilweise zusammen mit dem ↗DHHN85), bis es durch das ↗DHHN92 abgelöst wurde.

DHHN85, *Deutsches Haupthöhennetz 1985*, ↗amtliches Haupthöhennetz der westlichen Bundesländer der Bundesrepublik Deutschland (teilweise zusammen mit dem ↗DHHN12), bis es durch das ↗DHHN92 abgelöst wurde.

DHHN92, *Deutsches Haupthöhennetz 1992*, aktuelles ↗amtliches Haupthöhennetz im vereinigten Deutschland. Es löst das ↗DHHN12 bzw. das ↗DHHN85 der westlichen Bundesländer und das ↗SNN76 der östlichen Bundesländer ab.

DHI, **1)** *Geophysik*: ↗*direct hydrocarbon indicators*. **2)** *Hydrologie*: *Deutsches Hydrographisches Institut*, ↗Bundesamt für Seeschiffahrt und Hydrographie.

DHSN, *Deutsches Hauptschwerenetz*, ↗Schwerereferenznetz.

Diabas, ein vulkanisch bis subvulkanisches, fein- bis mittelkörniges Gestein der Basalt-Gabbro-Familie mit ↗ophitischem Gefüge. 1) In Mitteleuropa und England wird der Begriff nur für sekundär umgewandelte Gesteine verwendet (sonst: ↗Dolerit). 2) In den USA und Skandinavien gilt der Begriff ohne diese Einschränkung für alle Gesteine des oben beschriebenen Typs.

Diabasmandelstein, ein ↗Diabas, der zahlreiche mit Sekundärmineralen (Achat, Calcit, Zeolithe oder Schichtsilicate) gefüllte Blasenhohlräume besitzt.

diabatische Prozesse, Änderung des thermodynamischen Zustands eines Systems durch Energieaustausch mit der Umgebung. In der ↗Atmosphäre geschieht dies z.B. durch kurz- und langwellige Stahlungsübertragung.

diablastisch, Gefügebegriff für metamorphe Gesteine (↗Metamorphit), in denen stengelige Minerale durch regellose Verwachsung und gegenseitige Durchdringung ein Gerüst bilden.

diachron, von unterschiedlicher Zeitdauer; eine lithologische Einheit (Formation, Member etc.), welche innerhalb ihres Verbreitungsraumes (lateral) eine unterschiedliche chronostratigraphische Reichweite aufweist. Diachrone lithologische Einheiten entstehen durch die Wanderung von Faziesgürteln in Raum und Zeit, z.B. von Strandsanden infolge von ↗Transgressionen oder ↗Regressionen. Gegenteil: ↗isochron.

Diadochie, die Ersetzbarkeit oder Substitution der Elemente in den Kristallstrukturen bezeichnet man als Diadochie (Abb.). Voraussetzung für eine solche diadoche Vertretbarkeit sind ähnliche Atom- bzw. Ionenradien und ein ähnlicher Bindungscharakter bei Wahrung des elektrostatischen Gleichgewichtes. Formelmäßig werden die sich vertretenden Ionen in Klammern gesetzt und durch Kommas voneinander getrennt. In der Formel der Mischkristalle $(Ba,Sr)SO_4$ bedeutet das, daß sich Ba^{2+}-Ionen mit einem Radius von 1,34 Å und Sr^{2+}-Ionen mit einem Radius von 1,12 Å gegenseitig vertreten können. Die beiden reinen Endglieder dieser Mischkristallreihe sind Baryt ($BaSO_4$) und Cölestin ($SrSO_4$). Bei Größenunterschieden der sich vertretenden Gitterbausteine von mehr als 15 % ist eine vollständige Mischbarkeit bei Raumtemperatur i.a. nicht mehr gegeben. Werden in einem Kristallgitter Bausteine des Kristalls A durch Bausteine des Kristalls B ersetzt oder substituiert, bezeichnet man dies als Mischkristallbildung durch einfache Substitution. Die einzelnen Bausteine sind dabei statistisch regellos über das ganze Gitter verteilt, ein typisches Beispiel ist der Ersatz von Mg^{2+} durch Fe^{2+} im Olivin $(Mg,Fe)_2SiO_4$.

Findet dagegen Diadochie zwischen verschieden geladenen Ionenarten bei Wahrung der Ladungsneutralität statt, bezeichnet man dies als gekoppelte Substitution. Typisches Beispiel dafür ist die Diadochie zahlreicher gesteinsbildend auftretender Silicate, z.B. bei den Plagioklasen, wo Na^+ und Si^{4+} durch Ca^{2+} und Al^{3+} ersetzt werden. Mischkristallbildung durch Substitution, bei der alle gleichwertigen Gitterplätze wieder vollständig besetzt werden, ist sowohl bei isotypen als auch bei homöotypen und heterotypen Kristallarten möglich. Ist bei der Mischkristallbildung die Anzahl der besetzten gleichwertigen Gitterplätze größer als in der reinen Phase, bezeichnet man dies als Additionssubstitution. Dabei werden zusätzliche Gitterbausteine in die Lücken des reinen Ausgangsgitters eingelagert. Solche Einlagerungsstrukturen spielen eine große Rolle bei den Metallen, insbesondere beim Stahl, wo zusätzlich Cr-, Ni-, Mo-, W-, Co-, V-, Ti- und C-Atome in das Fe-Gitter eingelagert werden und dadurch die jeweils gewünschten Qualitätseigenschaften hervorrufen. Unter den Erzmineralen bilden Pyrit und Arsenkies Einlagerungsmischkristalle mit Gold, und auch die H_2O-Moleküle bei den Hydraten sind häufig als Koordinationswasser an bestimmte Gitterplätze gebunden. Sind die Wassermoleküle dagegen statistisch auf vorhandene Gitterhohlräume verteilt, wie das bei den ↗Zeolithen der Fall ist, bezeichnet man es als Strukturwasser oder zeolithisches Wasser (↗Zeolithwasser). Dieses eingelagerte Wasser kann den Zeolithen wieder vollständig entzogen werden, ohne daß das Gitter dabei zusammenbricht, so daß in diese Hohlräume dann andere Moleküle, wie z.B. Alkohol, eingelagert werden können.

Auf Einlagerungsmischkristalle sind auch die Gitterexpansionen und Quellungen der Tonminerale zurückzuführen. So können sich beim Montmorillonit Wasser- oder organische Mole-

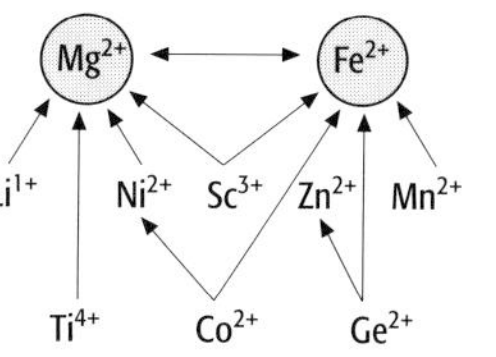

Diadochie: Ersetzbarkeit von mineralbildenden Elementen.

küle, wie Hydrazin oder Glykol, zwischen die Silicatschichten einlagern und die Gitterabstände von 8 auf über 20 Å aufweiten. Diese Gitterquellung der montmorillonitischen Tone ist der Grund für ihre vielseitige Verwendung in der chemischen Technologie, z. B. als Adsorptionsmassen, sowie für ihre bodenphysikalischen Eigenschaften. Wenn die Anzahl der besetzten gleichwertigen Gitterplätze im Vergleich zur reinen Phase kleiner ist, spricht man von Subtraktionssubstitution. Ein Beispiel hierfür ist die Mischkristallbildung zwischen Nephelin ($NaAlSiO_4$) und Quarz (SiO_2). Diese Mischkristalle bilden ein gemeinsames Gitter aus Sauerstofftetraedern, deren Mitten beim Quarz von Si-Ionen, beim Nephelin jedoch zur Hälfte von Si- und Al-Ionen besetzt sind. Das Schema dieser Subtraktionssubstitution wird verständlich, wenn man anstatt SiO_2 $SiSiO_4$ schreibt. Tritt $SiSiO_4$ zum Teil in das $NaAlSiO_4$-Gitter ein, so bleibt ein Teil der im Nephelingitter von Na besetzten Plätze frei, da ja ein Valenzausgleich stattfinden muß. Additionssubstitution und Subtraktionssubstitution sind bei homöotypen und bei heterotypen Kristallarten möglich. Schließlich gibt es bei heterotypen Kristallarten noch eine weitere Art von Mischkristallbildung, nämlich durch Divisionssubstitution. Hierbei wird eine stöchiometrisch bedingte Anzahl von Bausteinen auf eine wesentlich größere Anzahl von vorhandenen Gitterplätzen verteilt.

Die Diadochie spielt bei der Mineralbildung eine außerordentlich wichtige Rolle, da die Kristallisationsvorgänge in der Natur nie in reinen Systemen stattfinden, sondern fast alle Elemente des Periodensystems bei der Mineralbildung zur Verfügung stehen und entsprechend den Bausteinverhältnissen vielfach auch in die Mineralgitter eingebaut werden. Neben den Hauptelementen, die in den Formeln genannt sind, treten in den Mineralen daher stets noch eine Reihe weiterer Elemente auf, die in Spuren, z. T. aber auch in beträchtlichen Gehalten (bis 1 %) vorhanden sind, in der Formel aber selten angegeben werden. Ihr Auftreten und ihre Verteilung in den Mineralgittern kann wertvolle Aufschlüsse über die Bildungsbedingungen der Minerale und über die Lagerstättengenese geben. Oft sind sog. Spurenelemente in beträchtlichen Gehalten in den Mineralen vorhanden, ohne daß sie dort isoliert werden können. Sie werden oft erst mit Hilfe der Röntgenfluoreszenzspektralanalyse (RFA) oder mit anderen spektroskopischen Methoden bestimmt. Der Grund liegt v. a. in dem sehr ähnlichen Verhalten der chemischen Reaktionen der sich im Gitter gegenseitig vertretenden Elemente. Man bezeichnet diese Erscheinung als isovalente Diadochie, auch als Tarnung oder Camouflage. So wurde z. B. das Element Hafnium, obwohl es in manchen Zirkonmineralen mit bis zu 3 Gew.-% vertreten ist, erst 1922 von v. Hevesey entdeckt. Typische Beispiele für Camouflage sind neben Zirkon, wo Hf^{4+} mit einem Ionenradius von 0,87 Å sich hinter Zr^{4+} mit einem Radius von 0,86 Å tarnt, die Mineralgruppe der Olivine, bei denen sich Ni^{2+} (0,78 Å) hinter Mg^{2+} (0,78 Å) tarnt, die Aluminiumsilicate, bei denen sich Gallium Ga^{3+} (0,62 Å) hinter Al^{3+} (0,57 Å) tarnt und die Silicate mit Quarz, wo sich das seltene Element Germanium Ge^{4+} (0,44 Å) hinter dem Si^{4+} (0,39 Å) tarnt.

Grundsätzlich haben die bei der Tarnung sich gegenseitig vertretenden Elemente eine gleiche Ladung und ähnliche Radien. Andererseits können die sich vertretenden Elemente aber auch eine unterschiedliche Ladung aufweisen, die Radien müssen jedoch stets ähnlich oder gleich sein. So finden sich in Calciummineralen, z. B. beim Fluorit CaF, anstelle der Ca^{2+}-Ionen die seltenen Erden Yttrium Y^{3+}, Cer Ce^{3+} oder Thorium Th^{4+} und in den Silicaten Beryllium Be^{2+} anstelle von Silicium Si^{4+}. Viele Magnesiumsilicate enthalten Scandium Sc^{3+} statt Mg^{2+}. Hier sind die Si^{4+}-Bausteine in einem geringen Maße durch Al^{3+} ersetzt, so daß Sc^{3+} an die Stelle von Mg^{2+} treten kann, wodurch wieder Valenzausgleich eintritt. Diese Erscheinung bezeichnet man als heterovalente Diadochie oder als Abfangen. So wird im Monazit $CePO_4$ Thorium Th^{4+} mit einem Radius von 1,10 Å von Ce^{3+} (1,18 Å) abgefangen. Ebenso Niob Nb^{5+} mit einem Radius von 0,69 Å von Ti^{4+} (0,64 Å) in den Titanmineralen. Da die Ionenradien von Kalium K^+ (1,33 Å) und Barium Ba^{2+} (1,35 Å) sehr ähnlich sind, wird Barium vom Kalium in den Feldspäten abgefangen und findet sich daher stets und regional weit verbreitet in den Kalifeldspäten der magmatischen Gesteine.

Ionengröße der Kristallbausteine, Mischkristallbildung und Diadochie sind außerordentlich wichtige geochemische Faktoren. Die Verteilung der Minerale und ihrer Lagerstätten in der Erdkruste und an der Erdoberfläche sind ganz wesentlich auf diese kristallchemischen Ursachen zurückzuführen. So bilden sich bereits entsprechend ihrer Ionengrößen die Kristallgitter der Minerale bei Beginn des Kristallisationsprozesses magmatischer Schmelzen aus den vorhandenen kommensurablen Bausteinen. Elemente mit außergewöhnlichen Ionenradien, wie z. B. Beryllium, Bor oder Uran, reichern sich dagegen in den Restlösungen an, aus denen sie sich schließlich bei tieferen Temperaturen z. T. als selbständige Minerale auskristallisieren und nur deshalb in entsprechenden Lagerstätten konzentriert vorliegen und gewonnen werden können. [GST]

Diagenese, Prozeß der chemischen, physikalischen oder biologischen Umwandlung organischer oder mineralischer Stoffe bis zum Eintreten von druck- und temperaturbedingten Veränderungen.

1) Bei der Bildung von fossilem Brennstoff ist die Diagenese das erste von drei Hauptstadien. Unter ↗anoxischen Bedingungen kann abgestorbene organische Materie im Sediment akkumuliert werden. Hauptquelle dieser organischen Materie sind ↗Phytoplankton, ↗Zooplankton, Landpflanzen und Bakterien. Alle diese Organismen bestehen aus den gleichen Komponenten, den ↗Biopolymeren (Proteine, ↗Lipide, Kohlenhydrate und ↗Lignin in höheren Pflanzen), wobei

es aber charakteristische Unterschiede in der relativen Zusammensetzung gibt. Diese sedimentierten Biopolymere werden durch mikrobiologische Aktivität in kleinere Fragmente zersetzt. In marinen Sedimenten wird zunächst eine oxidierende Zone durchlaufen (Abb. 1). In dieser Zone wird der gesamte vorhandene Sauerstoff für die Oxidation der organischen Materie verwandt. Mit zunehmender Tiefe schließt sich eine anaerobe, sulfatreduzierende Zone an. Nachdem ein Großteil des Sulfats reduziert wurde, folgt eine anaerobe, methanproduzierende Zone. In jeder dieser Zonen kommt es durch unterschiedliche Bakterien zu einem teilweisen Abbau der organischen Materie. Dieser mikrobielle Abbau beschränkt sich auf Sedimenttiefen bis ungefähr 0,5 m. Mit zunehmender Tiefe ist das Sediment einem Druck- und Temperaturanstieg ausgesetzt. Dieser Druck- und Temperaturanstieg bewirkt eine ↗Polymerisation und Polykondensation der durch die mikrobiologischen Aktivitäten gebildeten Fragmente. Es entstehen unter Verlust ihrer funktionellen Gruppen immer größere Moleküle, die ↗Huminsäuren und Fulvinsäuren, welche ihrerseits ↗Huminstoffe bilden. Die Huminstoffe werden durch weitere Polykondensation in ↗Geopolymere mit Molekularmassen von 10.000 bis 100.000 amu umgewandelt. Diese Geopolymere werden aufgrund ihrer unterschiedlichen Löslichkeit in gängigen organischen Lösungsmitteln in zwei Klassen aufgeteilt: Der lösliche Anteil wird als ↗Bitumen und der überwiegende unlösliche Anteil als ↗Kerogen bezeichnet. Im letzten Schritt der Diagenese werden weitere heteroatomare Bindungen und funktionelle Gruppen abgespalten, so daß es zu einer Freisetzung von Wasser, Kohlendioxid, ↗Asphaltenen und ↗Harzen kommt. Die Diagenese beginnt sofort nach der Sedimentation des abgestorbenen organischen Materials und läuft bis zu einer Tiefe von einigen 100 m ab. Durch die Zunahme von Temperatur und Druck schließen sich die ↗Katagenese und die ↗Metagenese an.

2) Die Diagenese von Sandsteinen umfaßt alle chemischen und physikalischen Prozesse, die Sande vom Zeitpunkt der Sedimentation bis zum niedrigsten Grad der Metamorphose beeinflussen. Dabei wird das Lockersediment in ein Festgestein umgewandelt (Lithifikation). Die wesentlichsten Umwandlungen betreffen die Reduzierung der Porosität durch Kompaktion und Ausfällung authigener Minerale (Zementation) sowie die Auflösung instabiler Komponenten. Nach dem zeitlichen Verlauf der Diagenese, die i. d. R. mit zunehmender Versenkung des Schichtstapels in einem Sedimentbecken einhergeht, wird zwischen früh- und spätdiagenetischen Prozessen unterschieden. Die Grenze zwischen beiden Stadien wird ungefähr bei 50 m Versenkung und einigen zehn- bis hunderttausend Jahren gezogen. In der Frühdiagenese kann es neben einer Neuordnung des Partikelgefüges (Kompaktion) bereits zur Neubildung von Mineralen im Porenraum oder zu Lösungsprozessen kommen. Im besonderen Maße ist das bei terrestrischen Sanden der Fall, die in ariden Gebieten mit wechselndem Grundwasserstand abgelagert wurden. Die Ausfällung von Salzen, Gips und Carbonaten in den obersten Bodenhorizonten (↗Caliche) zerstört dabei das Gefüge (Haloturbation), Quarz und Feldspat können angelöst und Kieselgele im aufsteigenden Porenwasser wieder ausgefällt werden (Silcretes). In marinen Sanden ist die ↗Bioturbation der wichtigste frühdiagenetische Prozeß. Die Wühltätigkeit von Organismen führt zur Homogenisierung des Sediments bis zu mehreren Metern Tiefe. Die Schichtung und primäre Ablagerungsgefüge werden zerstört. Durch die Vermischung von Schichten, die unter verschiedenen hydrodynamischen Bedingungen abgelagert wurden, nehmen Sortierung und Porosität ab. Organische Substanz wird über den Metabolismus der grabenden Organismen, aerobe und anaerobe Bakterien und durch den Kontakt mit sauerstoffreichem Wasser abgebaut.

Die späte Diagenese von Sandsteinen wird durch Überlagerungsdruck, Temperatur und Fluidfluß kontrolliert. In der Regel nimmt die Porosität von Sandsteinen mit steigender Tiefe ab, da offene Porenräume mit Mineral-Neubildungen gefüllt werden. Mit zunehmender Versenkung erfolgt zunächst eine Reorganisation des Korngefüges (mechanische Kompaktion), bei der Porenraum durch eine dichtere Packung verkleinert wird. Unter größeren Überlagerungsmächtigkeiten beginnen sich die Klasten an den Kornkon-

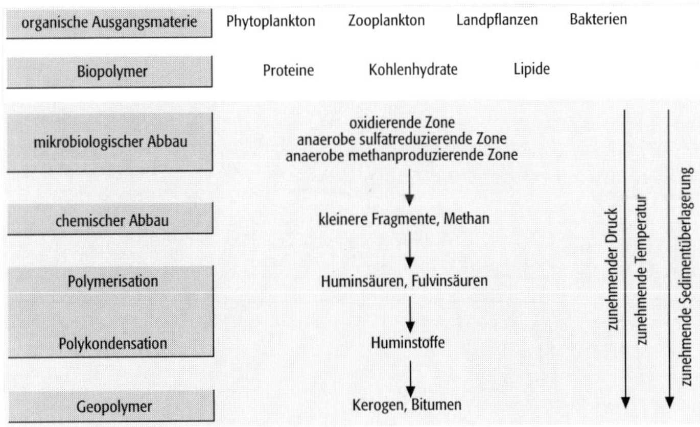

Diagenese 1: schematische Darstellung der während der Diagenese ablaufenden Prozesse. Durch fortlaufende Sedimentüberlagerung kommt es zum biochemischen und chemischen Abbau der abgestorbenen organischen Materie mit nachfolgender Bildung von Huminstoffen, aus denen Kerogen und Bitumen gebildet wird.

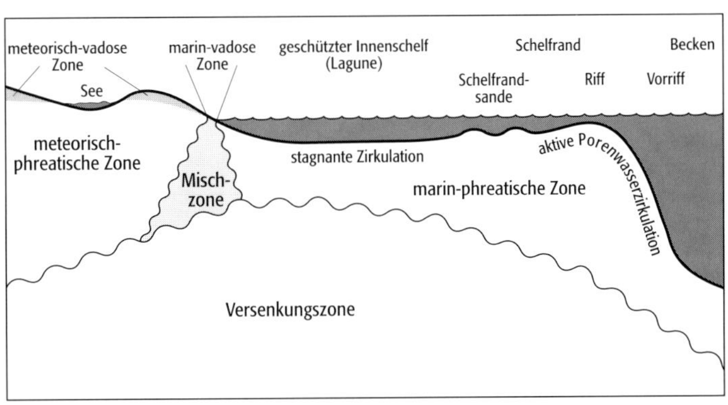

Diagenese 2: diagenetische Environments carbonatischer Ablagerungsräume.

takten zu lösen (Drucklösung). In Abhängigkeit von der Chemie der Porenwässer und der mineralogischen Zusammensetzung der Klasten lösen sich instabilere Komponenten schneller als chemisch stabile Körner. Im besonderen Maße trifft das auf Glas in vulkaniklastischen Sanden und auf Carbonatklasten zu. In reinen Quarzsandsteinen ist eine bevorzugte Lösung kleinerer Körner zu beobachten. Das gelöste Material wird mit dem Porenwasserstrom teilweise abgeführt, in den druckfreien Porenräumen kann es jedoch zur Ausfällung von Gelen oder zur Kristallisation neuer Minerale kommen. Besonders häufig kommt es zum Wachstum von Tonmineralen. Kaolinit bildet charakteristisch gestapelte Einkristalle (»Kaolinit-Bücher«), authigener Illit tritt bei tiefer Versenkung in der Form fasriger und filziger Aggregate auf. Chlorit und Smektitbildung ist seltener und ist auf unreine Sandsteine mit hohen Eisen- und Magnesiumgehalten beschränkt. Meist verlaufen Lösungs- und Fällungsreaktionen gleichzeitig, so daß charakteristische Verdrängungen sichtbar sind.

In Quarz-Sandsteinen bilden sich Zemente aus Quarz, die mit der gleichen kristallographischen Orientierung wie in den Klasten aufwachsen. Diese syntaxialen Anwachssäume sind meist chemisch reiner als die umhüllten Körner und deshalb lichtmikroskopisch (Zahl der festen und fluiden Einschlüsse) oder mit Hilfe der Kathodolumineszenz leicht zu identifizieren. Ähnliche Anwachssäume bilden sich auch um Feldspäte, doch werden diese häufig kaolinisiert oder carbonatisiert (↗Plagioklas). Als weitere Zementminerale treten häufig Calcit, Dolomit, Anhydrit, Goethit und Siderit auf. Die Reihenfolge der Zementbildung in einem Sandstein ist nicht gesetzmäßig, sondern widerspiegelt Änderungen der Porenwasser-Chemie und die diagenetische Geschichte des Sedimentpakets. Da der Fluidfluß in einem Sedimentbecken maßgeblich von der Tektonik (Störungen, Klüftung) und den Wegsamkeiten der Beckenfüllung abhängt, sind vertikale und laterale Differenzierungen der Zementation die Regel. Bei sehr tiefer Versenkung wird der Porenraum meist vollständig durch ↗Zement gefüllt. In Oberflächennähe erfolgt vielfach die Verwitterung von Zementen (Dezementierung). Besonders Calcit- und Sulfat-Zemente sind von diesem Prozeß im Einfluß von Oberflächenwässer betroffen, während silicatische Zemente erhalten bleiben. Viele Sandsteine in Oberflächennähe weisen deshalb trotz kompakter Erscheinung sekundäre Porosität auf (Grundwasserleiter).

Anders verläuft die Diagenese in vielen lithischen Sandsteinen. Instabile Komponenten (Gesteinsbruchstücke und vulkanisches Glas) werden in Tonminerale umgewandelt (Alteration). Durch die Kompaktion bilden sie gemeinsam mit Ton-Geröllen eine dichte, homogene Matrix, die charakteristisch für ↗Grauwacken ist. Da es nach diesem Prozeß in lithischen Sandsteinen keinen offenen Porenraum mehr gibt, fehlen syntaxiale Anwachssäume an Quarzen und Feldspäten in der Regel. Die häufig beobachtete Neubildung von ↗Zeolithen, die im sedimentären Bereich nicht vorkommen, und die hohe Inkohlung organischer Reste deuten daraufhin, daß die meisten Grauwacken als niedriggradige metamorphe Gesteine betrachtet werden müssen.

Während der Diagenese erfolgt eine sekundäre Veränderung der Schwermineralspektren. In der Regel werden die stabilen Komponenten (Rutil, Turmalin, Zirkon, Magnetit) auf Kosten von instabilen (z. B. Olivin, Pyroxene, Amphibole, Granat) angereichert. Anatas und Turmalin werden häufig authigen gebildet. Gerundete Körner von Turmalin und Zirkon können wie Quarz und Feldspat diagentisch zu idiomorphen Kristallen ergänzt werden (syntaxiale Anwachssäume). Der Grad der Diagenese eines Sandsteins kann nur über Umwege bestimmt werden: Der Inkohlungsgrad (↗Inkohlung) der organischen Substanz (↗Vitrinit-Reflexion), die Illit-Kristallinität, Spaltspur-Alter in Apatiten, Homogenisierungs- und Gefriertemperaturen der ↗fluid inclusions sowie die Farbe von ↗Conodonten widerspiegeln die thermische Geschichte eines Sandsteins. Die vollständige Diagenesegeschichte eines Sandsteins ist allerdings meist komplizierter. Die in den Zementen konservierte Reihenfolge der Lösungs- und Fällungsprozesse geben Hinweise auf Änderungen der Porenwasserchemie und die Position im Sedimentbecken. Ein wesentlicher Aspekt der Sandstein-Diagenese ist die Reifung der organischen Substanz. Zellulose und Lignin werden zu polyzyklischen aromatischen Kohlenwasserstoffen abgebaut (Inkohlung). Fette, Wachse und Eiweiße generieren kettenförmige Kohlenwasserstoffe (↗Erdöl und ↗Erdgas), die aus den Muttergesteinen (Schwarzpelite und Carbonate) in den Porenraum der Speichergesteine einwandern. Durch Öl-Imprägnation werden die Porenwände hydrophobiert. Lösung und Zementation finden unter solchen Bedingungen nicht mehr statt.

3) Diagenese von Tonsteinen: Die wichtigsten Prozesse bei dem Weg von frisch sedimentierten Tonen zu Tonsteinen sind Kompaktion, Porenwasserabgabe und die Veränderung der mineralogischen Zusammensetzung. Frisch sedimentierte Tone weisen ein Kartenhausgefüge mit 70–90 % Porosität auf, das aber bedingt durch die geringe Korngröße und hohen Oberflächenkräfte der Tonminerale nur mit einer geringen Permeabilität einhergeht. Der Druck überlagernder Sedimente verursacht eine progressive Abgabe der Porenwässer und eine entsprechende Abnahme der Porosität (Kompaktion), die bei reinen Tonsteinen mit zunehmender Versenkungstiefe einer logarithmischen Kurve folgt. Ab etwa 2000 m Versenkungstiefe ist die mechanische Verdichtung abgeschlosssen. Modifiziert wird die Kompaktion durch die Salinität des Porenwassers, den Carbonatgehalt und die primäre Mineralogie der Tonminerale.

Chemische Veränderungen pelitischer Sedimente setzen bereits kurz nach der Ablagerung ein: Organische Substanzen werden biochemisch ab-

gebaut, Skelett-Opal (Schwammnadeln, Radiolarien, Diatomeen) und Carbonat-Schalen (Coccolithen, Foraminiferen, Mollusken u. a.) werden teilweise oder vollständig gelöst. Unterstützt werden diese Vorgänge durch die Wühltätigkeit mariner Organismen (Bioturbation). Steigender Druck und Temperatur führen ab etwa 1500 m Versenkungstiefe zu tiefgreifenden mineralogischen Veränderungen (chemische Diagenese). Smektit wird über Zwischenschritte (Mixed-Layer-Minerale) in Illit umgewandelt, die Tone verlieren ihre Quellfähigkeit. Im Übergangsbereich zur Metamorphose wird auch Kaolinit in Illit umgewandelt. Das Tonmineral Illit erhöht seinen Ordnungsgrad durch die Aufnahme von Kalium und geht bei Temperaturen über 200 °C (Anchimetamorphose) allmählich in das Schichtsilicat Muscovit über. Die zunehmende Ordnung des Illits ist temperaturabhängig und wird über röntgenographische Untersuchungen als Maß für den Grad der späten Diagenese und niedriggradigen Metamorphose verwendet (Illitkristallinität).
In carbonathaltigen Tonen (Mergel) beginnt bereits kurz nach der Ablagerung die Umverteilung der Carbonatminerale: Kleinere Kristallite werden im Porenwasser gelöst, während größere Kristallite wachsen. Dieser Vorgang ist sehr stark von den Eh- und pH-Bedingungen im Sediment abhängig und kommt erst bei verringertem Porenwasserfluß (abnehmende Permeabilität durch Kompaktion und Mineralwachstum) zum Stillstand. Aus fast homogenen Schlämmen entstehen Kalk-Mergel-Wechselfolgen, Flaserkalke oder Tonsteine mit Carbonat-Konkretionen. Die Zersetzung organischen Materials befördert über die Abbauprodukte H_2S und NH_3 chemische Bedingungen, die Lösung und Fällung der im Porenwasser gelösten Stoffe bewirken. Calcit, Chalcedon, Pyrit und Phosphorit bilden rundliche Anreicherungen (↗Konkretionen), die häufig organische Reste (Fossilien und Lebensspuren) umschließen.
4) *Carbonatdiagenese*: Carbonatsedimente bestehen primär aus einem Gemisch von Aragonit, Hochmagnesium-Calcit und Niedrigmagnesium-Calcit. Die ersten beiden $CaCO_3$-Modifikationen sind metastabil und wandeln sich i. d. R. mehr oder minder schnell in Niedrigmagnesium-Calcit um, alle Modifikationen sind zudem in Wasser relativ leicht löslich. Deswegen sind diagenetische Prozesse in Carbonatsedimenten besonders vielfältig und an verschiedenste diagenetische Environments gebunden. Sie können bereits synsedimentär auf dem Meeresboden beginnen und bis zum fließenden Übergang in die Metamorphose bei erhöhten Druck-Temperatur-Bedingungen andauern. Die Carbonatdiagenese beinhaltet mikrobiell induzierte ↗Mikritisierung, Zementation (↗Carbonatzemente), ↗Neomorphose, Lösung, Kompaktion einschließlich Drucklösung (Bildung von ↗Stylolithen) und ↗Dolomitisierung. Der Ablauf der Diagenese ist im wesentlichen abhängig von der primären Zusammensetzung des Sediments und seiner Carbonat-Mineralogie, dem Chemismus, der Veränderung und den Austauschraten der Porenwässer, der Versenkungs- und Heraushebunggeschichte und dem Klima. Prinzipiell lassen sich drei diagenetische Environments (Abb. 2) mit unterschiedlichen Diageneseprozessen unterscheiden: a) meteorische Zone, d. h. die Zone mit Süßwassereinfluß, entweder überhalb oder unterhalb des Grundwasserspiegels (↗vadose Zone, ↗phreatische Zone, ↗meteorische Diagenese), b) die frühdiagenetisch wirksame marine Zone (marin-vados im Strandbereich, marin-phreatisch am Meeresboden sowie bei flacher Versenkung) und c) die spätdiagenetisch wirksame Versenkungszone (»burial zone«). Eine zwischen meteorischer und mariner Zone liegende und bei Schwankungen des Meeresspiegels entsprechend see- oder landwärts wandernde Mischzone ist für Dolomitisierungsphänomene von besonderer Bedeutung. Die Untersuchung diagenetischer Phänomene und Prozesse geschieht mittels petrographischer Analysen (Dünnschliffe, ↗Rasterelektronenmikroskopie, ↗Kathodolumineszenz) sowie der geochemischen Untersuchung von Spurenelementen und stabilen Isotopen (C, O, Sr). Insbesondere mit Hilfe der Kathodolumineszenz lassen sich in der Zementstratigraphie die zeitliche Entwicklung von Diagenesestadien und damit die (gegebenenfalls mehrfache) Versenkungs- und Heraushebungsgeschichte sowie mögliche hydrothermale Beeinflussungen von Carbonatgesteinen verfolgen. [SB,TV,HGH]

diagenetische Lagerstätten, Lagerstätten, deren Bildung auf Vorgängen der ↗Diagenese beruht, z. B. bei den Eisenerzen die Lagerstätten vom »Lahn-Dill-Typ«. ↗Eisenerzlagerstätten.

diagnostic horizon ↗*diagnostischer Horizont*.

diagnostic properties ↗*diagnostische Eigenschaften*.

diagnostische Eigenschaften, *diagnostic properties*, Eigenschaften von Böden, nach denen neben ↗diagnostischen Horizonten und diagnostischen Materialien (diagnostic materials) eine weitere Unterteilung der Bodenklassen der ↗WRB erfolgt (↗WRB Tab.).

diagnostischer Horizont, *diagnostic horizon* der ↗WRB, mit im Feld oder im Labor quantifizierbaren Eigenschaften, nach denen, neben ↗diagnostischen Eigenschaften und diagnostischen Materialien, die weitere Unterteilung der Bodenklassen erfolgt (↗WRB Tab.).

Diagonalkluft ↗Klüfte.

Diagonalküste, *Schrägküste*, Küste an gefaltetem Festland, die durch ihren Verlauf schräg zum ↗Streichen der Gebirgszüge charakterisiert ist (strukturbedingter ↗Küstentyp).

Diagonalverschiebung, diagonal (schräg) zum ↗Streichen von ↗Schichten, ↗Gängen oder Faltenachsen verlaufende ↗Verwerfung.

Diagramm, ↗graphische Darstellung zur Wiedergabe von beobachteten, errechneten oder auf andere Weise (z. B. durch quantitative Kartenauswertung) ermittelten Werten in maßgebundener graphischer Form. Ursprünglich bezog sich der Begriff Diagramm auf die Darstellung von Wertreihen in Form von Kurven in rechtwinkligen ebenen Koordinatensystemen. Heute werden alle graphischen Darstellungen in linearer, flächiger und räumlicher Ordnung als Diagramm bezeichnet. Zum Teil werden auch alle anderen Formen der graphischen Veranschaulichung von Größen, die nach einem ↗Wertmaßstab erfolgen, hinzugerechnet, so daß meist nicht mehr scharf zwischen Diagramm und graphischer Darstellung unterschieden werden kann. Nach den darzustellenden Eigenarten und Strukturen der Sachverhalte wird unterschieden zwischen Diagrammen für monovariable Häufigkeitsverteilungen (Histogramm, Häufigkeitspolygon, Strecken-, Streifen-, Säulendiagramm, Staffelbild, Stäbchen-, Summen- und Treppenpolygon) und Diagrammen für bivariable Häufigkeitsverteilungen (Stereogramm, Häufigkeitsgebirge und Entwicklungskurve) sowie Diagramme mit abhängigen und unabhängigen Variablen in Polarkoordinatensystemen, rechtwinkligen zwei- und dreidimensionalen Koordinatensystemen (Kurven-, Flächen-, Körperdiagramm) und komplexen Zahlenwertdiagrammen (z. B. Alterspyramide, ↗Dreiecksdiagramm). Ein Teil dieser Diagramme läßt sich als ↗Diagrammfigur in kartographischen Darstellungen als ↗Kartenzeichen anwenden, flächenbezogen im ↗Diakartogramm oder auf einen Standort lokalisiert als Diagrammsignatur (↗Signatur). Zum Teil werden solche Diagramme auch als Ausstattungselemente ↗thematischer Karten auf dem Kartenrand oder auf der Kartenrückseite zur vertieften Aussage zum Kartengegenstand verwendet. Bestimmte Diagrammformen haben ihren festen Platz in geographischen und geowissenschaftlichen Darstellungen, so z. B. ↗Klimadiagramme, Abflußganglinien, hypsographische Kurven, Isoplethendiagramme (↗Isoplethen). Die technische Herstellung von Diagrammen erfolgt mittels entsprechender Computerprogramme, die u. a. in GIS- und Statistik-Software integriert sind. Werden die beiden Dimensionen der Ebene zur Wiedergabe der geographischen Koordinaten Länge und Breite benutzt, so entstehen ↗kartographische Darstellungen. [WSt]

Diagrammfigur, kleine graphische Gestalt zur Anwendung in ↗kartographischen Darstellungen und graphischen Übersichten. Sie können sich als ↗Diakartogramme auf eine Fläche und als ↗Signaturen auf einen Punkt beziehen. Diagrammfiguren gestatten in kartographischen Darstellungen über die Darstellung von Objektarten mittels Signaturen und der Größenkennzeichnung mittels ↗Mengensignaturen hinaus die Berücksichtigung von ein bis zwei weiteren Merkmalen: eine Sachgliederung, die Einbeziehung der Entwicklung und damit verbunden oder getrennt die Zerlegung einer Gesamtheit in Anteile. Die dafür benutzten ↗Wertmaßstäbe können sich auf Strecken beziehen, auf Flächen oder auf Körper. Nur ausnahmsweise sollten aus Gründen der erschwerten optischen Auffaßbarkeit logarithmische oder andere progressive Wertmaßstäbe zur Anwendung kommen. Zu unterscheiden sind: 1) Stäbchendiagramm für Strecken, Längen und eindimensionale Wertreihen; 2) Säulendiagramm für ein- bis zweidimensionale Wertreihen und Flächen; 3) Kurvendiagramm (Treppenkurve, gebrochene Kurve, echte Kurve) für Zeitpunktfolge-Darstellungen; 4) Flächendiagramm, hauptsächlich Quadrat, Rechteck und Kreis, seltener Dreieck und Kreisring, für flächenhafte Sachverhalte und solche Mengen, die hinsichtlich ihrer Anordnung auf einer Fläche zweidimensional aufgefaßt werden können (Bevölkerung, Haustiere); 5) Körperdiagramm, insbesondere Würfel, Quader, seltener Kugel, Zylinder oder Pyramide, für Volumendarstellungen (Wasserinhalt, Vorräte von Lagerstätten); 6) Felderdiagramm, das aus quadratischen, rechteckigen oder anderen geometrischen Figuren zusammengesetzt ist; 7) gekoppeltes Flächendiagramm aus zwei Halbkreisen, vier Kreissektoren, vier Quadranten oder zwei bis fünf Säulen zur Gegenüberstellung von zwei bis fünf Zuständen; 8) Korrelationsdiagramm als Zweifachkorrelation (zweiachsig) und Dreifachkorrelation (dreiachsig oder als Dreieckskoordinatennetz, ↗Dreiecksdiagramm) zur Korrelation zwischen zwei oder drei Sachverhalten, von Sachverhalt und Zeit oder von zwei Zeitreihen (Tages- und Jahresgang, Isoplethen); 9) sternförmiges Diagramm als ↗Richtungsdiagramm bezogen auf Himmelsrichtungen (z. B. Anteile der Hauptwindrichtungen), als Zeitdiagramm (Vollkreis als Tag oder Jahr) oder mit Sachuntergliederung unabhängig von Richtung und Zeit; 10) kombiniertes Diagramm, z. B. ↗Klimadiagramm. Alle diese Formen gestatten Untergliederungen, mit denen Anteile der Gesamtmenge und z. T. auch die zeitliche Entwicklung graphisch sichtbar gemacht werden können. Die Wahl der für einen Sachverhalt jeweils optimalen Form und die Art ihrer inneren Differenzierung verlangen eine Analyse des darzustellenden Gegenstandes und seiner Eigenschaften, sind aber auch von der Zweckbestimmung abhängig. [WSt]

Diagrammsignatur, *Positionsdiagramm, lokales Diagramm*, in Karten und anderen ↗kartographischen Darstellungsformen ein punkt- oder netzbezogenes ↗Kartenzeichen in Form einer ↗Diagrammfigur. Im Vergleich zu den Positionssignaturen kann die lagerichtige Anordnung von Diagrammsignaturen nicht immer gewährleistet werden, es sei denn, sie sind zentralsymmetrisch strukturiert. Der prinzipielle Unterschied zum ↗Diakartogramm liegt im topologischen Raumbezug der darzustellenden Daten. Die punktbezogenen Diagrammsignaturen fügen sich in den Grundriß der ↗thematischen Karte ein, während die flächenbezogenen Diagrammfiguren für die Gesamtinformation der betreffenden, zumeist administrativen Bezugseinheit stehen. Damit wenig Grundrißelemente der Karte verdeckt werden, müssen die Diagrammsignaturen möglichst klein gehalten werden. Dies kann mitunter die Darstellbarkeit und Ablesbarkeit der Daten beeinträchtigen. Am häufigsten kommen Stäbchen-, Säulen-, Flächen- und Körperdiagramme als Diagrammfiguren zur Anwendung, wobei Kreissektorendiagramme besonders gut geeignet sind. Bei Einsatz von ungegliederten wertgestuften geometrischen Figuren spricht man von ↗Mengensignaturen. [WGK]

Diagrammtachymeter ↗Tachymeter.

Diakartogramm, *Kartodiagramm*, eine auf die topologische Raumstruktur Fläche bezogene kartographische Darstellungsmethode, bei der ↗Diagrammfiguren auf einer stark vereinfachten ↗Basiskarte, die oft lediglich aus einer schematischen Grenzdarstellung und/oder einem stark vereinfachten Gewässernetz besteht, so angeordnet werden, daß sie sich eindeutig auf Flächeneinheiten beziehen. Neben administrativen Einheiten können auch naturräumliche Einheiten oder Felder eines geometrisch regelmäßigen Netzes benutzt werden. In jedem Fall muß ein günstiger Kompromiß zwischen der mittleren Größe der Bezugsfläche und der Diagrammgröße in der Darstellung gefunden werden. Prinzipiell eignen sich alle Formen von ↗Diagrammen auch für die Gestaltung von Diakartogrammen. Aus Diakartogrammen läßt sich die regionale Abwandlung der dargestellten Sachverhalte immer nur mit Einschränkung ablesen. Im Einzelfall muß deshalb geprüft werden, ob die in Diagrammfiguren gegebenen Möglichkeiten der Merkmalsverknüpfung und der Zeitreihen Vorteile bieten gegenüber der Auflösung in eine Serie von ↗Flächenkartogrammen oder Punktkartogrammen, die selbst noch bei entsprechend kleinerem Maßstab fast immer die regionale Differenzierung besser zum Ausdruck bringen. Statt der Bezeichnung Diakartogramm, die als Kurzwort aus Diagramm-Kartogramm zu verstehen ist, und die Zugehörigkeit zu den Kartogrammen als einer Form kartographischer Darstellung zum Ausdruck bringt, wird aus statistischer Sicht auch die Bezeichnung Kartodiagramm verwendet, womit zum Ausdruck gebracht wird, daß es sich um Diagramme einer Hauptgruppe ↗graphischer Darstellungen handelt, die in kartographischer (regionaler, räumlicher) Anordnung zur Anwendung kommen. Mit beiden Bezeichnungen wird deutlich, daß sie eine Mischform zwischen graphischer und kartographischer Darstellung sind (↗Flächendiagramm-Karte). [WSt]

dialogorientierte Kommunikation, in den Kommunikationswissenschaften und der Informatik sowie im Rahmen der ↗kartographischen Kommunikation und der ↗kartographischen Informatik der Austausch von Informationen zwischen zwei rückkoppelnden Systemen. Dabei werden im Gegensatz zur ↗Simplex-Kommunikation, beispielsweise zur Steuerung raumbezogener Analysen mit ↗Geoinformationssystemen, informationelle Anforderungen des Systemnutzers in Form von verbalen Anfragen oder graphischen Aktionen in Bildschirmkarten eingebracht und darauf basierend entsprechend spezifizierte Informationen angeboten. Voraussetzung für eine dialogorientierte Kommunikation mit kartographischen Medien bzw. Systemen ist im Unterschied zur Simplex-Kommunikation eine Funktionalität kartographischer Medien bzw. Systeme zur rückkoppelnden Antwort auf Aktionen oder Anfragen des ↗Kartennutzers (↗direkte Manipulation). Werkzeuge, mit deren Hilfe Aktionen und Anfragen von Kartennutzern registriert und ausgewertet werden können, befinden sich zur Zeit auf der Grundlage von Erkenntnissen der »Mensch-Computer-Kommunikation« (MCK) und der »Human-Computer-Interaction« (HCI) in Form von ↗Nutzungsprofilen in der Entwicklung (↗interaktive Karte). [PT]

Substanz, Mineral	χ_{spez} [10^{-8} m^3/kg]
SiO_2, Quarz	-0,6
Mg_2SiO_4, Forsterit	-0,4
$KAlSi_3O_8$, Orthoklas	-0,6
ZnS, Zinkblende	-0,3
$CaCO_3$, Kalkspat	-0,5
$CaSO_4$, Anhydrit	-2,0
NaCl, Halit	-0,5
C, Graphit	-7,8

Diamagnetismus (Tab.): Spezifische Suszeptibilitäten χ_{spez} einiger diamagnetischer Minerale.

Diamagnetismus, Eigenschaft aller Stoffe, die Elektronen enthalten. Ein äußeres Magnetfeld H erzeugt über einen Induktionseffekt eine induzierte ↗Magnetisierung M_i, die diesem Feld entgegengesetzt ist. Deshalb haben diamagnetische Stoffe eine negative magnetische ↗Suszeptibilität χ, die von der Temperatur unabhängig ist. Es gilt:

$$M_i = -\chi H$$

Die spezifische, d.h. auf die Masse bezogene, Suszeptibilität ist in der Größenordnung von $-1 \cdot 10^{-8}$ m^3/kg. Viele Minerale, die aufgrund ihrer chemischen Zusammensetzung diamagnetisch sein sollten, sind durch Verunreinigungen mit paramagnetischen Kationen (z.B. Fe, Mn) tatsächlich schwach paramagnetisch (↗Paramagnetismus). Dies erschwert die exakte Bestimmung der rein diamagnetischen Suszeptibilität (Tab.).

Diamant, [von griech. adamas = unbezwingbar], *Adamant, Adamas, Anachites*; Mineral mit kubisch-hexoktaedrischer Kristallform; Farbe: farblos klar, grün, blau, gelb, rot, schwarz, grau; Diamant- bis Fettglanz, durchsichtig, durchscheinend bis undurchsichtig; Strich: weiß; Härte nach Mohs: 10; Dichte 3,5 g/cm^3; Spaltbarkeit: vollkommen nach (*111*); Bruch: muschelig; Aggregate: meist eingewachsen in ultrabasische Gesteine, besonders in Kimberlit (Südafrika), in Konglomeraten oder losen Kristallen in Seifen und Sanden; ultraviolettes Licht: bläulich bis grau lumineszierend; in Säuren unlöslich; Begleiter: Ilmenit, Magnetit, Hämatit, Graphit; Fundorte: Myrui (Sibirien, Rußland), Zaire, Angola und Namibia, Minas Gerais und Diamantina (Brasilien) und vielerorts in Ost-Indien.

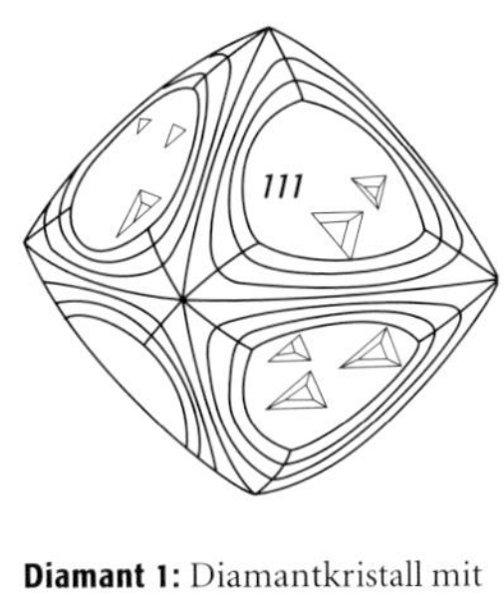

Diamant 1: Diamantkristall mit Ätzfiguren auf den Oktaederflächen.

Die häufigste Wachstumsform des Diamanten ist das Oktaeder. Die Kristalle sind meist gerundet und angeätzt (Abb. 1), oft kombiniert, verzerrt oder zu Aggregaten verwachsen. Diamanten enthalten meist Fremdeinschlüsse von Olivin, Granat, Spinell und Graphit, die wichtige Hinweise auf die Bildungsbedingungen von Diamanten geben können. Sie sind extrem gute Wärmeleiter und werden beim Reiben positiv elektrisch. Diamanten wandeln sich unter Luftabschluß beim Erhitzen in Graphit um. Diamantglanz und »Feuer« beruhen auf der ungewöhnlich hohen Lichtbrechung ($N_D = 2{,}4$) und der hohen Dispersion. Die meisten Diamanten entstehen bei hohen Drücken und Temperaturen von 900 bis 1300 °C, wahrscheinlich im Erdmantel in Tiefen bis zu 300 km. Sie finden sich in tiefreichenden Vulkanschloten, in denen sie auch an die Erdoberfläche gelangen. Seltener sind Erdkrusten-Diamanten aus alten metamorphen Gesteinen oder Diamanten aus Meteoriteneinschlägen (z. B. im Nördlinger Ries, Schwäbisch-Fränkische Alb). Sibirische Jakutite enthalten die hexagonale Kohlenstoffmodifikation Lonsdalit. Sie gehören zu den Impakt- und Kondensations-Diamanten, ebenfalls aus Meteoriten. Durch Verwittern der Transportgesteine, insbesondere des Kimberlits (sog. »blue ground«), in Südafrika zu sog. »yellow ground« gelangt der Diamant in Sedimente und reichert sich in Seifen an. Typische Mineralparagenesen solcher Diamantseifen sind Pyrop, Olivin, Zirkon, Spinell, Chromit, Gold und Platin. Diamanten können heute auch in Edelsteinqualität synthetisch hergestellt werden. Die Hochdruckverfahren beruhen auf der Umwandlung von Graphit in Diamant bei 1400 °C mit Katalysatoren, meist Ni und Fe (Abb. 2). Die Hälfte des Weltbedarfs an Industrie-Diamanten wird heute synthetisch hergestellt. Mit den Verfahren der CVD-Synthese (Chemical Vape Deposition) lassen sich Diamanten auch bei Atmosphärendruck aus heißen Gasen abscheiden. Geschliffene Diamanten von Schmucksteinqualität bezeichnet man als Brillanten. Ihre wertmäßige Graduierung erfolgt nach der Farbe, der Reinheit, dem Gewicht und der Schliffqualität. Diamant-Imitationen sind synthetischer Rutil (TiO_2), »Fabulit« ($SrTiO_3$), »YAG« (Yttrium-Aluminium-Granat, $Y_3Al_5O_{12}$), »Galliant« (»GGG«, Gadolinium-Gallium-Granat, $Gd_3Ga_5O_{12}$) und »Zirkonia« (»KSZ«, kubisch stabilisiertes Zirkoniumoxid). [GST]

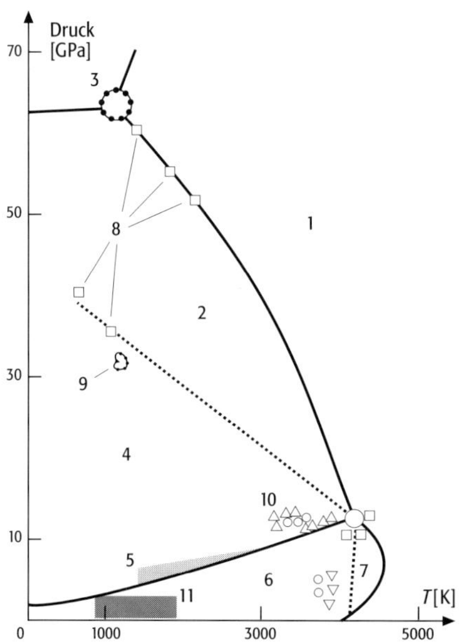

Diamant 2: Phasendiagramm des Kohlenstoffs: 1) Schmelze, 2) Bereich des stabilen Diamanten, 3) hypothetischer Bereich des metallischen Zustands oder anderer fester Phasen des Kohlenstoffs, 4) Bereich des metastabilen Graphits und des stabilen Diamanten, 5) Diamantbildungsbereich mit den metallischen Lösungsmittel-Katalysatoren, 6) Bereich des metastabilen Diamanten und des stabilen Graphits, 7) Bereich des stabilen Graphits, 8) und 9) Diamantbildungsversuche im Stoßwellenbereich, 10) Diamantbildungsversuche durch die »Impulserwärmungsmethode«, 11) Diamantbildungsversuche bei niedrigen p-T-Parametern.

Diamantbohrkrone, mit Diamanten besetztes Bohrwerkzeug (Abb.) für den Einsatz in hartem Festgestein wie Magmatit und Sandstein. Die Gesteinszerkleinerung erfolgt ritzend bis schlagend. Bei oberflächenbesetzten Diamantbohrkronen ist nur die Oberfläche der Bohrkronenlippe mit Diamanten besetzt. Dieser Bohrkronentyp wird für mittelhartes, homogenes Gestein eingesetzt. Bei imprägnierten Diamantbohrkronen ist die gesamte Bohrkronenlippe mit Diamanten durchsetzt. Sie kommen bei hartem bis sehr hartem, zerklüftetem Gestein zum Einsatz.

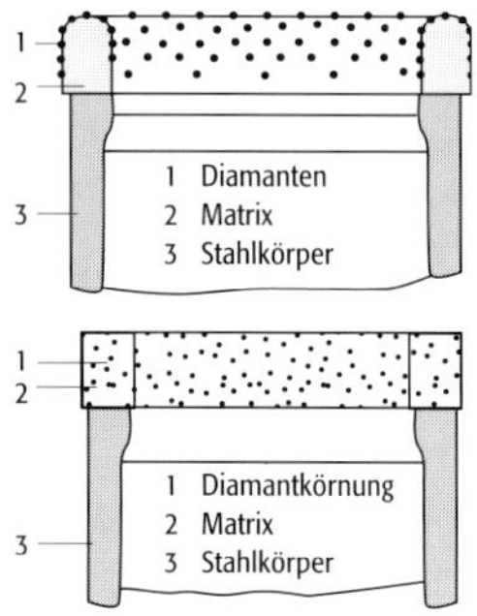

Diamantbohrkrone: oberflächenbesetzte (oben) und imprägnierte Diamantbohrkrone (unten).

Diamantlagerstätten, der überwiegende Teil der Weltdiamantenproduktion von 117 Millionen ↗Karat (1997) stammt aus primären Lagerstätten. Diamanten bilden sich bei Temperaturen von 1200–1300 °C und Drucken von ca. 5 GPa, was einer Erdtiefe von etwa 170 km entspricht. Mit den an der Erdoberfläche herrschenden Druck- und Temperaturbedingungen sind Diamanten im Ungleichgewicht. Abgesehen von vereinzelten Ausnahmen liegen primäre Diamantlagerstätten in vulkanischen Explosionsschloten, die mit der Tuffbrekzie (↗Tuff) eines sehr basischen Gesteins, dem ↗Kimberlit, gefüllt sind. Diese mehr oder weniger rundlichen Explosionsschlote erreichen Durchmesser bis zu einem Kilometer. Kimberlit besteht u. a. aus meist serpentinisiertem (↗Serpentinisierung) ↗Olivin, Diopsid, ↗Phlogopit, ↗Ilmenit und ↗Pyrop. Teilweise werden diese Minerale als Pfadfinder bei der ↗Exploration auf primäre Diamantlagerstätten genutzt. Statistisch führt jedoch nur jeder hundertste Kimberlit-Explosionsschlot Diamanten in bauwürdiger Konzentration. Beispiele für primäre Diamantlagerstätten sind die Kimberlitschlote Südafrikas.

Wenn Diamanten der primären Lagerstätten erodiert und fluviatil transportiert werden, können sie zu sekundären, ↗alluvialen Seifenlagerstätten konzentriert werden (Beispiel: fluviatile Diamantseifen in Ghana und Guinea). Münden die diamantführenden Flüsse ins Meer, entstehen diamantführende Strandseifen (Beispiel: Atlantikküste in Namibia). Da nur weitgehend fehlerfreie Diamanten den langen Flußtransport und/oder die wiederholte Aufarbeitung im ↗litoralen Bereich überstehen, ist der Anteil von hochwertigen Schmuckdiamanten in sekundären Lagerstätten i. d. R. besonders hoch. Alluviale Diamanten treten in der Erdgeschichte bereits in den archaischen (↗Archaikum) Quarzgeröllkonglomeraten der ↗Witwatersrand-Gold-Uran-Seifen-Lagerstätten in Südafrika sowie in den frühproterozoischen (↗Proterozoikum) Goldseifen des Tarkwaian in Ghana auf. Die bedeutendsten Diamantproduzenten der Welt sind Australien, Botswana, Rußland, die Demokratische Republik Kongo und Südafrika, die zusammen ca. 90 % der Weltdiamantenproduktion erwirtschaften. Die volumenmäßig größte Diamantmine der Welt, Argyle in Australien, produzierte 1997 40 Mio. Karat im Wert von 322 Mio. US-Dollar (hoher Industriediamantenanteil), wohingegen die reichste Diamantenmine der Welt, Jwaneng in Botswana, 1997 12,5 Mio. Karat mit einem Wert von über 1 Mrd. US-Dollar erwirtschaftete (hoher Schmuckdiamantenanteil). [WH]

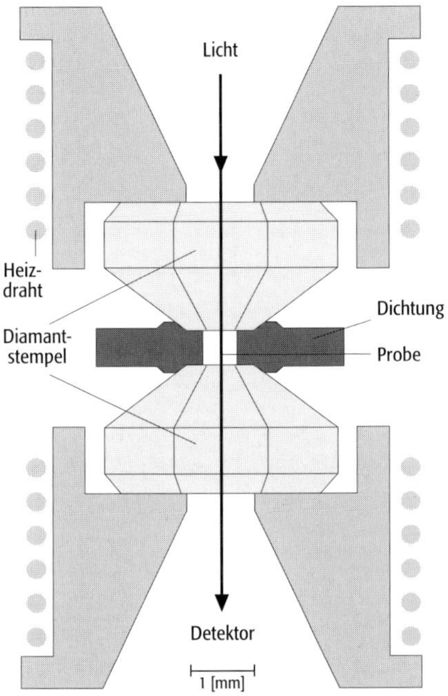

Diamantstempel-Zelle: schematischer Aufbau (ohne die Vorrichtung zum Zusammendrükken).

Diamantstempel-Zelle, *diamond anvil cell*, ein Gerät, das in der ↗experimentellen Petrologie eingesetzt wird, wenn es um die Erzeugung sehr hoher Drücke von bis zu 400 GPa bei Temperaturen von mehreren Tausend Grad geht (d.h. Bedingungen, wie sie im ↗Erdkern herrschen). Das Gerät (Abb.) besteht aus zwei präzise geschliffenen Diamanten, deren untere, zueinander parallele Flächen nur einen Durchmesser von einem zehntel Millimeter haben. Durch Zusammenpressen der Diamanten wird eine dazwischen befindliche, durch Dichtungsringe seitlich fixierte Probe auf die gewünschten Drücke gebracht. Die hohen Temperaturen werden entweder durch einen extern befindlichen Heizdraht oder durch Laserlicht, das durch die Diamantzelle geschickt wird, erzeugt. Da Diamanten auch für Röntgenstrahlung mit Energien von mehr als 10 keV durchlässig sind, ergeben sich vielfältige Möglichkeiten für In-situ-Untersuchungen in Diamantstempel-Zellen. [MS]

Diamiktit, Bezeichnung für ↗Parakonglomerate, die sich durch fehlende Sortierung und Schichtung auszeichnen. Zu den Diamiktiten gehören u.a. ↗Tillite.

Diaphthorese, ↗retrograde Metamorphose, ein heute wenig gebräuchlicher Ausdruck (von F. Becke 1909 geprägt) für die bei niedrigen Temperaturen (und Drücken) ablaufende mineralogische Umwandlung metamorpher Gesteine, eine Art ↗Polymetamorphose, bei der es zu einer häufig nicht vollständigen, mineralogischen und texturellen Umwandlung des metamorphen Gesteins kommt. Sie tritt meist lokal begrenzt in Störungszonen oder tektonischen Bewegungshorizonten auf und führt unter Zufuhr von wässerigen Lösungen durch ↗Rehydratation zur Bildung von niedriggradigen ↗Mineralparagenesen, meist ohne vollständige Gleichgewichtseinstellung, so daß Relikte der höhergradigen Metamorphose erkennbar bleiben; z.B. können sich aus ↗Gneisen ↗Phyllonite bilden.

Diapir, geologische Struktur, bei der kriech- bzw. fließfähiges Material (z.B. Salzgestein, Ton) aufgestiegen ist und seine ehemalige Überdeckung aus jüngeren Schichten durchspießt hat (↗Salzdiapir, ↗Salzstock, ↗Salzstruktur).

Diapirismus ↗Intrusionsmechanismen.

diaplektische Gläser, im festen Zustand isotropisierte Feldspäte und Quarze, die bei der ↗Stoßwellenmetamorphose im Zusammenhang mit Einschlägen (Impakten) großer Meteoriten entstanden sind.

Diasteran, aus ↗Sterolen über Diasteren-Zwischenstufe gebildeter ↗Biomarker. Diasterane haben im Gegensatz zu den ↗Steranen Methylgruppen an der C-5- und C-14-Position und Wasserstoff an der C-10- und C-13-Position (Abb.). Häufig treten C_{27}- bis C_{29}-Diasterane unterschiedlicher Konfiguration auf. Die Bildung von Diasteranen läuft unter Wanderung einer Methylgruppe ab. Diese Bildung wird bei hohen Temperaturen durch acidische Stellen bestimmter Tonminerale und im Lehm enthaltener Metalle katalytisch begünstigt.

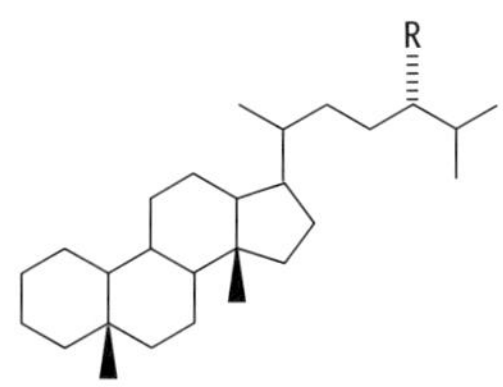

Diasteran: Strukturformel der Diasterane. Im Gegensatz zu den Steranen befinden sich die beiden Methylgruppen an der C-5- und C-14-Position; R = Wasserstoff, Methyl- und Ethylgruppen.

Diasteren, aus ↗Sterol gebildete Zwischenstufe der ↗Diasterane. Die Umwandlung von ↗Steren in Diasteren verläuft im Sediment unter acidischen Bedingungen durch die intramolekulare Wanderung eines Wasserstoff- oder Methylsubstituenten eines Sterens. Diese während der ↗Diagenese stattfindende Umwandlung verläuft unter katalytischer Mitwirkung von acidischen Stellen bestimmter Tonminerale.

Diastereomere ↗Stereoisomerie.

Diatexis, die weitgehende ↗Anatexis eines migmatitischen Gesteins (↗Migmatit). Sie führt durch zunehmende Verwischung der Unterschiede zwischen ↗Mesosomen, ↗Leukosomen und ↗Melanosomen zu Diatexiten.

Diatexit, ein durch ↗Diatexis gebildeter ↗Migmatit.

Diatomeen, *Kieselalgen*, ↗*Bacillariophyceae*.

Diatomeenerde, *Kieselgur*, *Kieselerde*, durch beginnende ↗Diagenese schwach verfestigtes kieseliges Sediment, das überwiegend aus Diatomeen (↗Bacillariophyceae) besteht.

Diatomeenmudde, organo-mineralische ↗Mudde

mit 5–30 Masse-% ↗organischer Substanz. Die weißlich-graue Diatomeenmudde besteht hauptsächlich aus sedimentierten Kieselalgen (*Diatomaceae* oder *Bacillaria*) und ist leicht mit der ↗Kalkmudde und der ↗Tonmudde zu verwechseln. Mikroskopisch sind die Kieselalgenreste gut zu erkennen. Die Diatomeenmudde ist in nordeuropäischen Mooren häufiger anzutreffen, als im mitteleuropäischen Raum. Mächtige interglaziale Ablagerungen von Diatomeenresten wurden abgebaut, um sie zur Herstellung von Dynamit und zur Isolierung von Heizröhren zu verwenden. Diatomeenablagerungen werden auch zusammenfassend als Diatomite bezeichnet.

Diatomeenschlamm, lockeres Sediment, das überwiegend aus Diatomeen (↗Bacillariophyceae) besteht; als ↗pelagisches Sediment, aber auch in Seen möglich.

Diatomit, durch ↗Diagenese verfestigtes Gestein, das bevorzugt Diatomeen (↗Bacillariophyceae) enthält.

Diatrema, *Durchschlagsröhre*, Schlot eines Vulkans, gefüllt mit vulkanischer Brekzie (↗Maar).

Diazotypie-Verfahren, *Diazo-Verfahren*, *Ammoniak-Kopierverfahren*, Lichtpausverfahren, die auf der Lichtempfindlichkeit von aromatischen Diazoverbindungen beruhen. Als lichtempfindliches Material wird Papier bzw. Film verwendet, das mit einer lichtempfindlichen Diazoverbindung, der eine Farbstoffkomponente zugesetzt ist, beschichtet wurde. Nach der Belichtung unter einem Positiv wird das Papier Ammoniakdämpfen ausgesetzt. Dabei kuppelt an den nicht vom Licht getroffenen Stellen die Diazoverbindung mit der Farbstoffkomponente zu einem Farbstoff, wodurch ein positives Bild entsteht, das ohne weitere Behandlung haltbar ist. Eines der bekanntesten Diazoverfahren ist das Ozalid-Verfahren. Sein Name ist eine Umkehrung des Wortes Diazo unter Einschaltung eines »l« und wird als »Modewort« betrachtet. Das Diazoverfahren war in den 70er Jahren des 20. Jahrhunderts ein weit verbreitetes, vergleichsweise kostengünstiges und schnelles ↗Kopierverfahren. Heute ist es nicht mehr gebräuchlich. [MFB]

DIC, *d̲issolved i̲norganic c̲arbon*, gelöster anorganischer Kohlenstoff.

Dichlordiphenyltrichlorethan ↗*DDT*.

Dichroismus ↗Pleochroismus.

dicht ↗aphanitisch.

Dichte, **1)** *Geophysik*: ↗Gesteinsdichte. **2)** *Klimatologie*: ↗Luftdichte. **3)** *Mathematik*: i. w. S. wird unter Dichte der Quotient bzw. Differentialquotient aus einer physikalischen oder mathematischen Größe und einer Linien-, Flächen- oder Volumeneinheit verstanden (Punktdichte, ↗Wärmeflußdichte, optische Dichte, Opazität, Raumladungsdichte). **4)** *Mineralogie*: *Massendichte*, *spezifische Masse*, *rho*, *ϱ*, *Dichte eines Stoffes*, ist definiert als die Masse der Volumeneinheit, als die in 1 cm^3 enthaltene Masse in g. Bei Gleichsetzung von Gewicht und Masse können Dichte und *spezifisches Gewicht* als Synonyme verwendet werden. Die Dichte ist für jede Kristallart eine charakteristische und relativ einfach zu ermittelnde Größe. Sie gibt nicht nur Aufschluß über die chemische Zusammensetzung, z. B. bei Mischkristallen, deren Dichten sich i. a. kontinuierlich mit ihrer wechselnden chemischen Zusammensetzung ändern, sondern auch über Beimengungen, Einschlüsse und Verwitterungsgrad der Minerale. Die Dichten der Kristalle sind stets größer als die der entsprechenden Schmelzen oder Gläser. Allerdings gibt es Ausnahmen, wie z. B. Eis ($D = 0{,}9$ g/cm^3) und flüssiges Wasser ($D = 1{,}0$ g/cm^3) bei 4 °C. Die verschiedenen Mineralmodifikationen einer chemischen Verbindung (z. B. SiO_2) haben auch verschiedene Dichten. So ist die Dichte für Quarz 2,65 g/cm^3, für Tridymit 2,27 g/cm^3, für Cristobalit 2,32 g/cm^3 und für Lechatelierit (natürliches Kieselglas) 2,20 g/cm^3. Die größten Dichten besitzen unter den Mineralen die gediegen auftretenden Edelmetalle: Iridium 22 g/cm^3, Platin 18 g/cm^3, Gold 19 g/cm^3, Quecksilber 12,5 g/cm^3 und Silber 12 g/cm^3. Je nach Beimengungen schwanken diese Werte. Organische Bildungen wie Bernstein gehören zu den leichtesten Mineralen. Erzminerale liegen zwischen 4 und 8 g/cm^3, während die Dichte der beim Abbau dem Erz beigemengten Gangarten 2–4 g/cm^3 betragen. Hierauf beruht die mechanische Trennung der Erze von ihren Begleitmineralen des Nebengesteins. Zur genauen Bestimmung der Dichte sind mehrere Methoden gebräuchlich. Am einfachsten und gleichzeitig genauesten ist die Wägemethode mit der hydrostatischen Waage. Die Dichte D [g/cm^3] ergibt sich durch Wiegen in Luft (G_{Luft}) und Wasser (G_{Wasser}) gemäß der Gleichung:

$$D = \frac{G_{Luft}}{G_{Luft} - G_{Wasser}},$$

da G_{Luft}-G_{Wasser} gleich dem Auftrieb bzw. dem Volumen des Kristalls ist. Besonders geeignet für die Bestimmung der Dichte auch sehr kleiner Mineralkörner ist eine elektronische Waage, die auch noch Messungen an Kriställchen von weniger als 25 mg Gewicht zuläßt. Zweckmäßigerweise wird dabei nicht in Wasser, sondern in Flüssigkeiten mit niedrigen Oberflächenspannungen gewogen. Bei exakter Einhaltung der Meßbedingungen und unter Verwendung von Korrekturfaktoren für die Temperatur lassen sich so sehr genaue Dichtebestimmungen an kleinsten Mineralkörnern durchführen. Für die Bestimmung kleiner Kristallkörner eignet sich auch die Methode mit dem Pyknometer oder die Schwebemethode. Ein Pyknometer ist ein kleines Glasfläschchen von ca. 20 cm^3 Inhalt mit einem eingeschliffenen Stopfen und einer Kapillarröhre als Öffnung:

$$D = \frac{G_k}{G_k + G_{pw} - G_{pwk}},$$

wobei G_k das Gewicht des Kristalls oder mehrerer Kristallkörner, G_{pw} das Gewicht des mit Wasser gefüllten Pyknometers und G_{pwk} das Gewicht des mit Wasser und den Kristallen gefüllten Pyknometers bedeuten. Die Pyknometermethode liefert auch für kleine Mengen bei sorgfältigem Arbeiten sehr gute Werte, allerdings muß die Temperatur bei den Wägungen genau eingehalten werden. Für wasserlösliche Minerale können auch organische Flüssigkeiten wie Öl oder Alkohol verwandt werden. Eine ebenfalls sehr genaue Bestimmungsmethode der Dichte, die aber meist etwas umständlich und nur bis zur Dichte 4,5 g/cm^3 durchführbar ist, stellt die Schwebemethode dar. In einen Standzylinder bringt man eine Flüssigkeit, die ein höheres spezifisches Gewicht hat, als der zu untersuchende Kristall. Durch schrittweises Verdünnen mit einer geeigneten spezifisch leichteren Lösung, die sich gut mit der schweren Flüssigkeit mischen muß, erreicht man schließlich, daß das Mineralkorn gerade in der Flüssigkeit schwebt, d. h. Flüssigkeit und Kristall besitzen nun dasselbe spezifische Gewicht. Die genaue Dichte der Lösung wird dann mit einem Aräometer gemessen. Als geeignete »Schwereflüssigkeiten« eignen sich Bromoform ($CHBr_3$, D = 2,90 g/cm^3), Acetylentetrabromid (D = 2,98 g/cm^3) oder Kaliumquecksilberiodid ($HgI_2 + KI + H_2O$, D = 3,2 g/cm^3). Das hohe spezifische Gewicht von 4,5 g/cm^3 der ↗Clerici-Lösung stellt das absolute Dichtemaximum dar, das mit Hilfe der Schwebemethode erreicht werden kann. Für die meist schwereren Erzminerale kann man noch mit »schweren Schmelzen« arbeiten, was aber in der praktischen Ausführung schon auf größere Schwierigkeiten stößt.

Die Dichte der Kristalle spielt eine Rolle bei der natürlichen Anreicherung von Schwermineralen in Seifenlagerstätten, bei der gravitativen Kristallisationsdifferentiation sowie bei der technischen Aufbereitung der Erze und im Labor zur Trennung von Mineralgemischen. Zu diesem letzteren Zweck zerkleinert man ein Mineralgemenge bzw. ein Gestein und trennt die einzelnen Fraktionen in Standzylindern mit stufenweise verdünnten Schwerelösungen ab. Aus der Messung der Absetzgeschwindigkeit v der Mineralkörner lassen sich bei bekannter Viskosität der Lösung bis zu einer Teilchengröße von 0,001 mm auch Korngrößenverteilungskurven aufnehmen, die besonders in der Sedimentpetrographie von großer Bedeutung sind. Besonders konstruierte Sedimentationswaagen, in denen Wasser oder Alkohol als Sedimentationsmedium benutzt wird, dienen zur kontinuierlichen Messung der anfallenden Teilchen. Die Beziehung zwischen der Teilchengröße, der Sedimentationsgeschwindigkeit und der Dichte ergibt sich aus dem ↗Stokesschen Gesetz. Die theoretische Dichte der Kristalle läßt sich auch aus dem Masseninhalt der Elementarzelle und ihrem Volumen berechnen. Da diese Größen mit röntgenographischen Methoden bestimmt werden, spricht man dabei auch von der Röntgendichte. Sie berechnet sich gemäß der Gleichung:

$$D_x = \frac{Z \cdot M}{N \cdot V_0}$$

(D_x in g/cm^3), wobei Z die Zahl der Formeleinheiten in der Elementarzelle, M das Molekulargewicht in Gramm, N die Losschmittsche Zahl und V_0 das Volumen der Elementarzelle in Å^3 = cm^3 = 10^{24} bedeutet. Fast immer liefert die berechnete Röntgendichte höhere Werte als die an Realkristallen durch physikalische Methoden bestimmten Werte. **5)** *Ozeanographie*: ↗Meerwasserdichte. **6)** *Technik*: In der geowissenschaftlichen Technik sind folgende Dichtetypen wichtig: Die *Schüttdichte*, z. B. von pulverförmigen keramischen Massen oder von kurzfaserigen Substanzen, ist die Masse eines bestimmten Volumens der in bestimmter Weise geschütteten Preßmasse. Die *Preßdichte* ist die Masse der Volumeneinheit eines Pulvers nach Anwendung eines bestimmten Preßdruckes. Die Reindichte ist die auf das Volumen des Festkörpers allein bezogenen Dichte eines porösen, körnigen oder faserigen Stoffes, während die Rohdichte sich auf das Volumen der gesamten Stoffmenge einschließlich der Zwischenräume, i. a. Poren, bezieht. Die *Fülldichte* ist die Masse der Volumeneinheit von lose eingefüllten pulverigen Substanzen, z. B. Sanden, Tonen oder Pigmenten. Die *Klopfdichte* ist die Masse der Volumeneinheit eines durch Klopfen möglichst dicht gelagerten Pulvers. Unter *Stopfdichte* versteht man die Masse von langfaserigen oder schnitzelförmigen Massen eines bestimmten Volumens der in bestimmter Weise verdichteten Preßmasse. Die *Teilchendichte* ist die Rohdichte eines einzelnen Partikels, die bei porenfreien Teilchen der Reindichte des entsprechenden kompakten Feststoffes entspricht.

Dichte-Log, *Gamma-Gamma-Log*, *Density-Log*, *Lithologie-Dichte-Messung*, Messung der dichteabhängigen Absorption und Zerstreung von Gamma-Strahlen zur indirekten Bestimmung der Gesteinsgesamtdichte (spezifisches Gewicht des Gesteins inklusive Poreninhalte). In Gesteinen wird die Dichte durch drei Faktoren bestimmt: die Dichte der Gesteinsmatrix, das Poren- und Kluftvolumen und das spezifische Gewicht des Porenfluids. In Lockergesteinen und porösen Festgesteinen wie Sand- und Siltsteinen wird die Gesamtdichte maßgeblich durch den Anteil des Porenraums bestimmt, wobei bei zunehmender Porosität die Gesamtdichte abnimmt. Je nach Lagerungsdichte können z. B. Tone bzw. Tonsteine Dichtevariationen zwischen 2,0–2,8 g/cm^3 aufweisen. Locker gelagerte Sande und Kiese sind i. d. R. durch sehr geringe Dichten unter 2,0 g/cm^3 gekennzeichnet. In Festgesteinen mit vernachlässigbarem Porenraum wie Quarziten und massiven Kalksteinen wird die Dichte im wesentlichen durch die mineralogische Zusammensetzung bestimmt. Hier liegt die Variationsbreite der Dichte zwischen 2,65 g/cm^3 für Quarzite bis über 3,0 g/cm^3 für basische Gesteine. Das Dichte-Log dient in erster Linie zur Bestimmung der Porosität über:

$$\Phi = (\varrho_m - \varrho_g)/(\varrho_m - \varrho_f)$$

(Φ = Porosität, ϱ_g = gemessene Gesamtdichte, ϱ_m = Matrixdichte, ϱ_f = Fluiddichte). Qualitative Anwendung findet das Dichte-Log in der lithologischen Untergliederung des Bohrprofils und der Identifizierung von Kluft- und Störungszonen.

Dichteprofil, in einem Dichteprofil werden die im Vertikalschnitt einer Schnee- oder Firndecke variierenden gemessenen Schnee- bzw. Firndichten aufgetragen. Es dient über die Identifizierung der Jahresschichten (Dichteschichtung, besonders hohe Dichten in den Sommerschichten, ↗Bänder) insbesondere zur Bestimmung der ↗Jahresnettoakkumulation auf ↗Gletschern.

Dichteschichtung, ein Wesensmerkmal der Gewässerart ↗See, das durch die Temperatur- und Lösungsgehaltsunterschiede des Wassers entsteht.

dichteste Lagerung ↗Lagerungsdichte.

Dichteströmung, Fließvorgänge als Folge des Nebeneinanders unterschiedlich dichter Fluide. Dies kann z. B. durch Unterschiede der Temperatur, der Lösungsinhalte oder auch der mitgeführten Schwebfracht verursacht sein.

Dichte-Tiefenbeziehung, Zusammenhang zwischen Schneedeckenmächtigkeit und der in den unterschiedlichen Tiefen jeweils vorliegenden Dichte. Variierend auf die Dichte der primären Neuschneedecke wirken u. a. die Temperaturen während des Schneefalls, der Feuchtegehalt des Schnees, die Windstärken sowie Schmelz- und Gefriervorgänge. Bereits kurz nach der Ablagerung erfolgt eine erste Verdichtung durch Setzen der Neuschneedecke, die mit ansteigender Überlagerung zunimmt.

Dichteverteilung der Erde, die mittlere Dichte der Erde beträgt 5,517 ± 0,004 g/cm³. Sie nimmt nach innen stetig zu (Abb.) und springt an den Diskontinuitäten im Erdmantel und an den Grenzen der einzelnen Erdschalen zu höheren Werten. An der Grenze des unteren Mantels zum äußeren Kern springt die Dichte zu einem deutlich höheren Wert, bedingt durch die unterschiedliche chemische Zusammensetzung (↗chemische Zusammensetzung der Erde).

Dichtigkeit des Baugrunds ↗Baugrund.

Dichtung, im Wasserbau verwendete Schichten geringer Durchlässigkeit aus natürlichen oder künstlichen Baustoffen. Innendichtungen bzw. Kerndichtungen werden im inneren Bereich von ↗Staudämmen entweder vertikal oder schrägliegend eingebaut. Außendichtungen werden auf der wasserseitigen Böschung aufgebracht. Als Materialien kommen natürliche Stoffe (Ton, Lehm), Asphaltbeton und/oder Kunststoffolien in Frage (↗Untergrundabdichtung).

Dichtungselemente, bei Staudämmen kann die Dammdichtung als Außen- oder Innendichtung vorliegen. An das jeweilige *Dichtungsmaterial* wird aufgrund der Anordnung verschiedene Anforderungen gestellt. Im DVWK-Merkblatt 215 sind die im Wasserbau üblichen Dichtungselemente dargestellt. Bei der Außendichtung muß ein hoher Erosionswiderstand gegeben sein. Der gesamte Dammquerschnitt wirkt als Stützkörper. Somit sind geringere Anforderungen an das Schüttmaterial des Dammes selbst zu stellen. Die Innendichtung tritt bei gegliedertem Dammaufbau auf (↗Damm) und wird von innen nach außen mit zunehmender Korngröße aufgebaut. Baustoffe für einen Dichtungskörper können aus bindigen Erdstoffen oder aus künstlichen Dichtungsstoffen bestehen. Die natürlichen Dichtungselemente müssen im verdichteten Zustand extrem gering durchlässig (Durchlässigkeitsbeiwert $k_f < 10^{-7}$ m/s), verformbar und erosionsfest sein. Künstliche Innendichtungen bestehen aus Tonbeton (Erdbeton), Zementbeton oder Asphaltbeton. Als Außenhaut werden häufig Kunststoffolien verwandt. Eine Untergrunddichtung ist in jedem Fall notwendig. Das kann bei einer Gründung auf Fels eine natürliche Dichtung sein, die einen undurchlässigen Übergang zur Außen- oder Innendichtung erfordert. Klüftiger Fels wird durch ↗Injektionen abgedichtet. Es muß auf jeden Fall ein ↗hydraulischer Grundbruch durch ↗Suffosion oder ↗Erosion des Untergrundes vermieden werden, um die Standsicherheit des Dammes nicht zu gefährden. Zu den Untergrundabdichtungen zählen auch die vertikalen ↗Dichtungswände. Sie werden überall dort eingesetzt, wo eine Einbringung bis in ausreichend wasserdichten Untergrund möglich ist. Zu diesen Dichtungswänden zählen Bohrpfahlwände, Herdmauern, Hochdruck-Düsenstrahlwände, Lehmsporne, Schlitzwände und Stahlspundwände. Der ↗Dichtungsteppich ist der natürlich abgelagerte Lehm im Stauraum. [SRo]

Dichtungsmaterial ↗Dichtungselemente.

Dichtungsschleier, ↗Untergrundabdichtung, die für tiefreichende Abdichtungsmaßnahmen im Fels notwendig ist. Hierbei sollen die Wasserwegsamkeiten der Klüfte verdichtet werden. Dichtungsschleier werden durch Injektionsverfahren eingebracht. Als Injektionsmittel werden meist ↗Zement-Bentonit-Suspensionen verwandt. Zusätzlich werden aufschäumende Kunststofflösungen oder Füllstoffe wie Sand, Gesteinsmehl, Flugasche u. a. beigegeben. Die Reichweite der Injektionen ist vom Injektionsdruck und der Ausbildung der Klüfte abhängig. Es gibt mehrere ↗Injektionstechniken, z. B. das ↗Jet-Grouting-Verfahren oder das ↗Joosten-Verfahren.

Dichtungssohle, Abdichtungsmaßnahme, die erstellt werden muß, wenn die wasserundurchlässi-

Dichteverteilung der Erde: geschätzte Dichteverteilung und P- und S-Wellen Geschwindigkeiten des Erdmantels und Erdkerns.

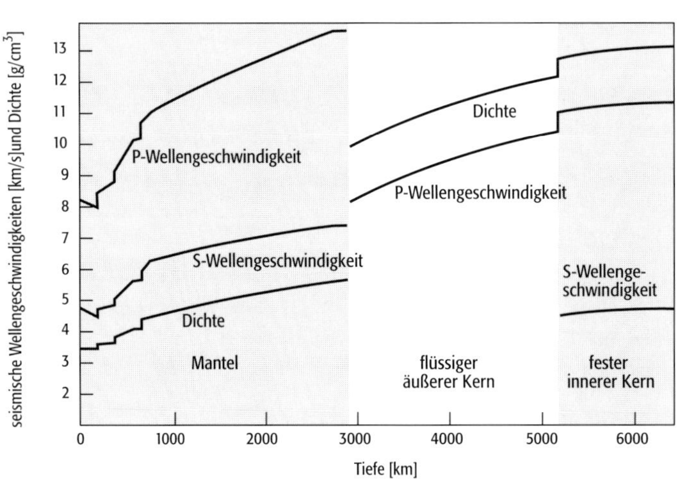

ge Schicht unter einer Baugrube so tief liegt, daß die vertikalen Dichtungswände nicht mit ihr abschließen können. Die Baugrubensohle wird durch ↗Injektionen oder durch Unterwasserbetonsohlen, die gegen Auftrieb gesichert sind, als Dichtungssohlen abgedichtet.

Dichtungsteppich, ist die natürliche Lehmschicht, die in jedem Gewässer abgelagert wird. Vor ↗Dämmen gehört sie zu den ↗Dichtungselementen. Die Lehmdecke muß dann erosionsfest, mindestens 10 cm pro Meter Stauhöhe dick sein und muß einen Durchlässigkeitsbeiwert von $k_f < 10^{-7}$ aufweisen. Durch die Schlammablagerung im vorderen Stauraum entsteht eine zunehmende Selbstabdichtung. Um die Abdichtung und somit die Umläufigkeit zu verbessern, wurden in den 70er Jahren Kunststoffolien ausgelegt, was jedoch keine Erfolge erzielte. Heute greift man wieder auf zusätzlich aufgebrachte Dichtungsteppiche aus natürlichen Baustoffen zurück.

Dichtungswand, *Dichtwand*, vertikal stehende, dicht schließende Elemente. Sie werden dort eingesetzt, wo sie in geringer Tiefe auf ausreichend wasserundurchlässigen Untergrund treffen. Um Baugruben werden sie zur Vermeidung einer weitreichenden Grundwasserabsenkung gebaut. Um ↗Deponien mit grundwassergefährdenden Stoffen werden Dichtungswände möglichst dicht schließend errichtet. Es soll die Kontamination der Gefahrenstoffe mit dem die Mülldeponie umgebenden Boden und somit des Grundwassers vermieden werden. Andernfalls müßte man zum Grundwasserschutz eine weitreichende ↗Grundwasserabsenkung durchführen. Einen weiteren Zweck erfüllen sie bei der Dichtung des Untergrundes von Talsperren. Je nach Aufgabe und Untergrund sind es die verschiedensten Arten von Dichtwänden möglich. Es gibt drei verschiedene Prinzipien, nach denen die Dichtungen durchgeführt werden: Ein Prinzip besteht in der Verringerung der Durchlässigkeit des anstehenden Bodens. Dies kann durch Verdichten des Bodens, durch Einbringen einer Injektionswand, durch ↗Gefrierverfestigung oder durch eine Düsenstrahlwand erfolgen. Die nächste Möglichkeit ist, durch Verdrängen des anstehenden Bodens ein Abdichtungsmaterial einzubauen. Dies erfolgt durch den Einbau von ↗Spundwänden, ↗Schmalwänden oder Erdbeton-Ramm-Profildichtwänden. Und schließlich gibt es das Prinzip des Aushubs des anstehenden Bodens mit nachfolgendem Einbau eines Dichtungsmaterials. Nach diesem Verfahren werden überschnittene Bohrpfahlwände und ↗Schlitzwände eingebaut (Abb.). Im DVWK-Merkblatt 215 und in der GDA-Empfehlung sind die verschiedenen Verfahren beschrieben. [SRo]

Dichtwandumschließung, Abdichtungsmaßnahme, die bei ansonsten nicht ausreichend gedichteten ↗Deponien eingesetzt wird. Das heißt, daß eine Wasserzufuhr von oben wegen unzureichender ↗Oberflächendichtung oder von der Seite möglich ist. Durch Sickerwasser werden die Schadstoffe transportiert, deswegen muß ein hydraulisches Gefälle nach außen vermieden werden. Die Schadstoffe würden ansonsten in das Grundwasser gelangen. Die Deponie wird rundum mit einer ↗Dichtungswand umschlossen, welche bis in tiefere gut undurchlässige Schichten reichen muß. Zur Unterstützung kann eine ↗Grundwasserabsenkung innerhalb der Dichtwandumschließung vorgenommen werden. Dadurch wird ein hydraulisches Gefälle von außen in die Umkapselung herbeigeführt, so daß das Sickerwasser, das von oben und von außen in die Umschließung sickert, abgepumpt und gereinigt werden kann. [SRo]

Prinzip	Dichtwand-System	Grundriß (schematisch)	Abmessungen d [m]	t_{max} [m]
Verringerung der Durchlässigkeit des anstehenden Bodens	Verdichtungswand		0,3 - 0,5	10 - 20
	Injektionswand	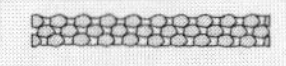	1,0 - 2,5	20 - 80
	Gefrierwand		≧ 0,7	50
	Düsenstrahlwand (auch »Jetwand«)	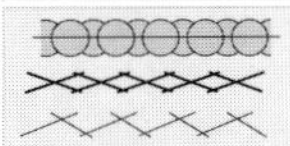	0,4 - 2,5 ≧ 0,15 - 0,3* (Lamelle)	30 - 50 20 - 30
Verdrängen des anstehenden Bodens und Einbau eines Abdichtungsmaterials	Spundwand	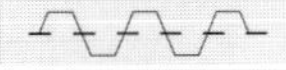	~ 0,02	20 - 30
	Schmalwand	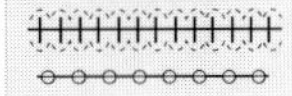	≧ 0,06 - 0,2**	10 - 27
	Erdbeton-Ramm-Profildichtwand	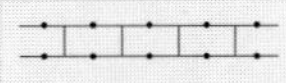	0,4	15 - 25
Aushub des anstehenden Bodens und Einbau eines Abdichtungsmaterials	Bohrpfahlwand [überschnitten]	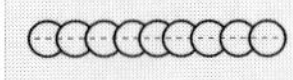	0,4 - 1,5	20 - 40
	Schlitzwand mit Fräse		0,4 - 1,5	100 - 170
	Schlitzwand mit Greifer	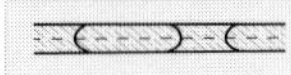	0,4 - 1,5	40 - 50
	Schlitzwand (Kombinationsdichtung)	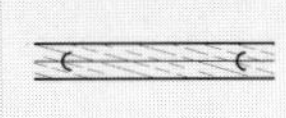	0,4 - 1,0	20 - 30

* Gesamtbreite der rautenförmigen Düsenstrahlwände: 0,5 ≧m
** in den Flanschbereichen der Rüttelbohle deutlich breiter

Dichtungswand: Zusammenstellung der Verfahren von Dichtungswänden mit Grundriß und zugehöriger Dicke d und der maximalen Einbringungstiefe t_{max}.

Dieder, 1) ↗*Doma*. 2) zweiseitiges n-Eck. Seine Symmetriegruppe wird erzeugt durch die Relationen $A^n = B^2 = (AB)^2 = E$. Das Schoenflies-Symbol der Diedergruppen ist D_n, das Hermann-Mauguin-Symbol (↗internationale Symbole) ist $n2$ für ungerades n und $n22$ für gerades n.

Dielektrik-Log, ↗Bohrlochmeßverfahren zur Bestimmung der relativen Dielektrizitätskonstanten, das im Gegensatz zum ↗Induktions-Log wesentlich höhere Frequenzen benutzt. Dabei wird der Term des Verschiebungsstroms gegenüber dem Leitfähigkeitsterm dominant (↗Maxwellsche Gleichungen). Die üblichen Frequenzen liegen im UHF- bzw. VHF-Bereich (↗UHF-Sonde).

Dielektrikum, elektrisch nicht- oder sehr schlecht leitender Stoff, der, in das elektrische Feld E eines Plattenkondensators gebracht, dessen Kapazität um den Wert der ↗Dielektrizitätszahl vergrößert. In einem Dielektrikum 1. Art (unpolarer, ohne Anlegung eines Feldes dipolfreier Stoff) werden durch ein äußeres Feld elektrische Dipole durch eine geringe Verschiebung von positiven und negativen Molekülladungen induziert (dielektrische Verschiebung). Dadurch entstehen der elektrischen Feldstärke proportionale atomare Dipolmomente. In einem polaren, d. h. aus Dipolmolekülen bestehenden Stoff (Dielektrikum 2. Art) werden darüber hinaus die Dipole in Feldrichtung ausgerichtet. Die Verschiebungsdichte $D = \varepsilon E = \varepsilon_0 E + P$ charakterisiert das elektrische Feld in einem Dielektrikum, dabei ist $\varepsilon = \varepsilon_r \varepsilon_0$ die Permittivität, ε_0 die ↗Influenzkonstante und P die dielektrische Polarisation, die mit der elektrischen Feldstärke über $P = \varepsilon_0 \chi \cdot E$ zusammenhängt. χ ist die elektrische ↗Suszeptibilität, die mit der Dielektrizitätszahl über $\varepsilon_r = 1 + \chi$ zusammenhängt. In den ↗elektromagnetischen Verfahren spielen die dielektrischen Eigenschaften eines Materials nur bei sehr hochfrequenten Methoden (↗Bodenradar) eine Rolle. [HBr]

dielektrische Polarisation, elektrisches Dipolmoment pro Volumen.

dielektrische Suszeptibilität, χ, Maß für die Polarisierbarkeit eines ↗Dielektrikums. Sie beschreibt den Zusammenhang zwischen der ↗dielektrischen Polarisation $\vec{P}$ und dem elektrischen Feld $\vec{E}$:

$$\vec{P} = \varepsilon_0 \chi \vec{E} \,.$$

ε_0 ist die im SI-Maßsystem definierte *Influenzkonstante* oder elektrische Feldkonstante: $\varepsilon_0 = 8{,}859 \cdot 10^{-12}$ As/Vm.

Dielektrizitätskonstante, materialspezifische, frequenzabhängige Proportionalitätskonstante zwischen der elektrischen Feldstärke $\vec{E}$ und der influenzierten dielektrischen Verschiebung $\vec{D}$:

$$\vec{D} = \varepsilon_0 \, \varepsilon \, \vec{E}, \quad \vec{D} = \varepsilon_0 \, \vec{E} + \vec{P} \,.$$

ε_0 ist die im SI-Maßsystem definierte Influenzkonstante oder elektrische Feldkonstante: $\varepsilon_0 = 8{,}859 \cdot 10^{-12}$ As/Vm. $\vec{P}$ ist die ↗dielektrische Polarisation. Die statische Dielektrizitätskonstante wird definiert aus dem Verhältnis der Kapazität eines Kondensators mit (C) und ohne (C_{vac}) Dielektrikum.

$$\varepsilon = \frac{C}{C_{vac}}$$

ε ist i. a. in Kristallen anisotrop und wird durch einen symmetrischen, polaren Tensor zweiter Stufe mit maximal 6 unabhängigen Komponenten dargestellt. In nicht magnetischen und nichtleitenden Medien gilt: $\sqrt{\varepsilon} = n$, wobei n der ↗Brechungsindex des Mediums ist. In absorbierenden und elektrisch leitenden Medien kann das dielektrische Verhalten durch eine komplexe Dielektrizitätskonstante einheitlich beschrieben werden, deren Realteil bzw. Imaginärteil häufig mit ε' bzw. ε'' bezeichnet werden. Häufig wird ε auch als relative Dielektrizitätskonstante und $\varepsilon_0 \varepsilon$ als absolute Dielektrizitätskonstante oder *Permittivität* bezeichnet. Diese Bezeichnungen werden jedoch nicht immer einheitlich gebraucht. [KH]

Dielektrizitätskonstante des Wassers, der Wert der (relativen) Dielektrizitätskonstante beträgt für Wasser $\varepsilon = 80{,}18$ und ist einer der höchsten unter den Flüssigkeiten. Die Dielektrizitätskonstante drückt aus, um wieviel höher die Kapazität eines Kondensators wäre, wenn Wasser statt Vakuum zwischen den Kondensatorplatten wäre. Die große Bedeutung des Wassers als Lösungsmittel findet hier ihren Ausdruck, da die elektrolytische Dissoziation einer Substanz auch von der Größe der Dielektrizitätskonstante des Lösungsmittels abhängig ist (Nernst-Thomson-Regel). Besonders stark bei Ionenkristallen (echte Elektrolyte) schirmt Wasser mit seiner hohen Dielektrizitätskonstante die elektrostatischen Kräfte zwischen den Kristallbausteinen ab und fördert so die Auflösung.

Dielektrizitätszahl, *Permittivitätszahl*, relative ↗Dielektrizitätskonstante ε_r eines Materials. Sie ist frequenzabhängig und liegt für die meisten Gesteine abhängig vom Wassergehalt in der Größenordnung von etwa 6–20, kann jedoch für manche Mineralien (z. B. Rutil, Anglesit) weit höhere Werte als den von Wasser ($\varepsilon_r \approx 81$) annehmen.

Diesel, *Dieselkraftstoffe*, *DK*, *Dieselöle*, *Gasöl*, bestehen aus Gemischen verschiedener Kohlenwasserstoffe, die im Vergleich zu den Vergaserkraftstoffen eine höhere Dichte haben und bei höheren Temperaturen sieden (180 bis 370 °C). Die Bezeichnung Gasöl stammt von der früheren Verwendung von Dieselkraftstoffen zur Gaserzeugung. Ausgangsprodukte der Erzeugung von Diesel sind Erdölfraktionen und durch Verarbeitung von hochsiedenden Erdölfraktionen und Erdölrückständen gewonnene Kohlenwasserstoffe.

Dietrich, *Günter*, deutscher Ozeanograph, * 15.11.1911 Berlin, † 2.10.1972 Kiel; nach Tätigkeit (1950–59) am Deutschen Hydrographischen Institut ab 1959 Professor und Direktor des Instituts für Meereskunde in Kiel; leitete mehrere Expeditionen und förderte durch seine Forschungen maßgeblich die Entwicklung der ↗Ozeanographie in Deutschland. Werke (Auswahl): »Aufbau und Dynamik des südlichen Agulhasstromgebiets« (1935), »Das Amerikanische Mittelmeer« (1939), »Die Gezeiten des Weltmeeres« (1944), »Die physikalischen Eigenschaften des Weltmeeres« (1952), »Allgemeine Meereskunde« (1957), »Oceanic Polar Front Survey in the North Atlantic« (1964).

Differentialart, *Trennart*, Tier- oder Pflanzenart, welche zur Unterscheidung verschiedener Varianten einer ↗Biozönose verwendet werden kann. Als Differentialart werden, im Gegensatz zu ↗Charakterarten, nur solche mit geringer Biotopbindung (↗Biotop) verwendet. Sie sind zwar in verschiedenen Assoziationen oder Gesellschaften (↗Pflanzengesellschaft) verbreitet, dort aber nur auf wenige Untereinheiten beschränkt, so daß diese damit gekennzeichnet werden können.

Differentialentzerrung, Verfahren der photogrammetrischen Bildauswertung zur optischen partiellen Transformation eines Bildes auf eine ausgezeichnete Ebene des Objektraumes unter Berücksichtigung der Höhen der Erdoberfläche mit Hilfe eines ↗Differentialentzerrungsgerätes. Durch die Unterteilung in kleine Bildsegmente (Geraden) und die genäherte Eliminierung der durch die Geländehöhenunterschiede verursach-

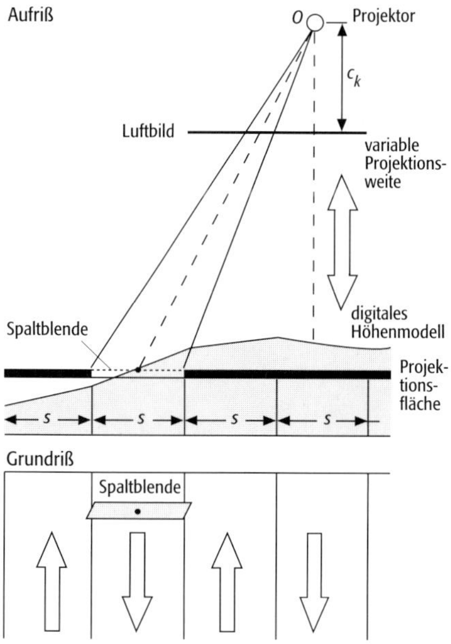

Differentialentzerrung: Grundprinzip (c_k = Komerakonstante, s = Spaltbreite).

ten perspektivischen Verzerrungen in diesen Bildsegmenten wird eine Entzerrung von Luftbildern unebenen Geländes ermöglicht. Auf der Grundlage eines ↗digitalen Höhenmodells wird die Geländeoberfläche i. d. R. streifenweise durch Sekantenscharen approximiert. Unter Beachtung der jeweiligen Höhen an den Streifenrändern erfolgt die Projektion des im Gerät orientierten Luftbildes partiell über einen lichtdurchlässigen Spalt, der streifenweise kontinuierlich gegenüber der Projektionsfläche mit dem photographischen Material bewegt wird. Das Ergebnis der Differentialentzerrung ist das einer genäherten Orthogonalprojektion entsprechende ↗Orthophoto des abgebildeten Abschnittes der Geländeoberfläche (Abb.). ↗geometrische Rektifizierung [KR]

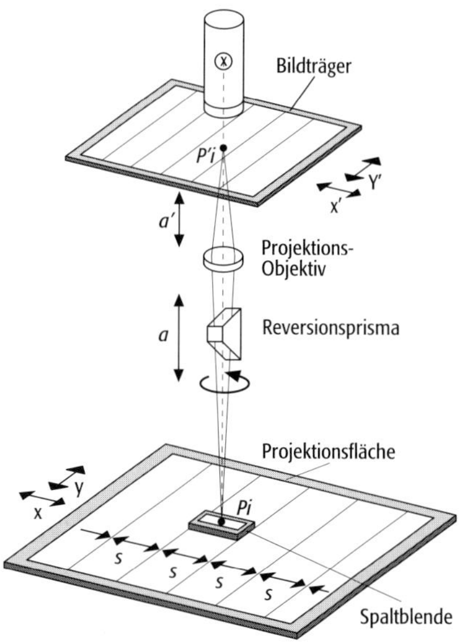

Differentialentzerrungsgerät: Grundaufbau (P_i = Bildpunkt in der Projektionsebene; P'_i = Bildpunkt; a = Projektionsweite; a' = Bildweite; x, y = Koordinaten in der Projektionsebene; $x'y'$ = Bildkoordinaten).

Differentialentzerrungsgerät, in der Photogrammetrie ein optisch-mechanisches Auswertegerät zur ↗Differentialentzerrung von Luftbildern; spezielle optische Projektoren mit einer i. a. ortsfesten optischen Achse des Projektionsobjektivs. Normal zu dieser Achse liegt die der Begrenzung eines projizierten Bildsegments dienende, ortsfeste Spaltblende. Die Wagen mit dem zu entzerrenden Bild bzw. mit dem photographischen Material werden durch automatisch gesteuerte Bewegung normal zur optischen Achse so einander zugeordnet, daß stets die sich entsprechenden Bild- bzw. Objektpunkte in der optischen Achse liegen. Die zur Berücksichtigung der Höhen der Geländeoberfläche erforderlichen Maßstabsänderungen und Rotationen der projizierten Bildsegmente werden durch Brennweitenänderung des Zoom-Objektivs bzw. die Drehung eines Reversionsprismas um die optische Achse des Objektivs erreicht. Nach Eingabe der Orientierungsparameter läuft der Entzerrungsvorgang automatisch ab (Abb.). [KR]

Differentialgeometrie gekrümmter Flächen ↗Flächentheorie.

Differentialgleichung der geodätischen Abweichung, beschreibt die Variation des Abstandes ξ zwischen zwei ↗geodätischen Linien:

$$\frac{D^2\xi^\alpha}{d\tau^2} + R^\alpha{}_{\beta\gamma\delta}\,\frac{d\xi^\beta}{d\tau}\,\xi^\gamma\,\frac{d\xi^\delta}{d\tau} = 0\,.$$

Die griechischen Indizes weisen auf eine vierdimensionale Darstellung der ↗Raumzeit hin, wobei die Einsteinsche Summationsvereinbarung gilt, d. h. über gleiche Indizes wird summiert. Der ↗Riemannsche Krümmungstensor $R^\alpha{}_{\beta\gamma\delta}$ beschreibt die Krümmung der Raumzeit im Feld einer Masse m. Die reinen Raumkomponenten $R^k{}_{0j0}$ sind äquivalent mit dem ↗Gravitationstensor.

Differential-GPS, *DGPS*, Verfahren zur Genauigkeitssteigerung bei ↗GPS durch Übertragen von Korrekturdaten einer oder mehrerer Referenzstationen an GPS-Nutzer (Abb.). Aufgrund der durch die ↗GPS-Sicherungsmaßnahmen (↗Standard Positioning Service) stark eingeschränkten Genauigkeit bei der Bestimmung ↗absoluter Koordinaten wird GPS in den Geowissenschaften nahezu ausschließlich als relatives Meßverfahren eingesetzt, d. h. es werden Koordinatendifferenzen zwischen zwei oder mehreren Stationen bestimmt. Durch die Differenzbildung wird ein Großteil der wirksamen Fehlereinflüsse (↗GPS-Fehlerbudget), insbesondere Bahn-, Zeit- und Ausbreitungsfehler, eliminiert. Eine oder mehrere Stationen in einem GPS-Projekt werden als Referenzstationen mit bekannten Koordinaten im ↗WGS84 betrachtet. Diese werden entweder projektbezogen mit GPS-Empfängern besetzt, oder man greift auf die Daten von permanent arbeitenden Referenzstationen (z. B. ↗SAPOS) zurück.

Es gibt unterschiedliche Vorgehensweisen:
a) Nutzung der Daten der Referenzstation für nachträgliche Berechnungen (Postprocessing);
b) Nutzung von Streckenkorrekturen der Refe-

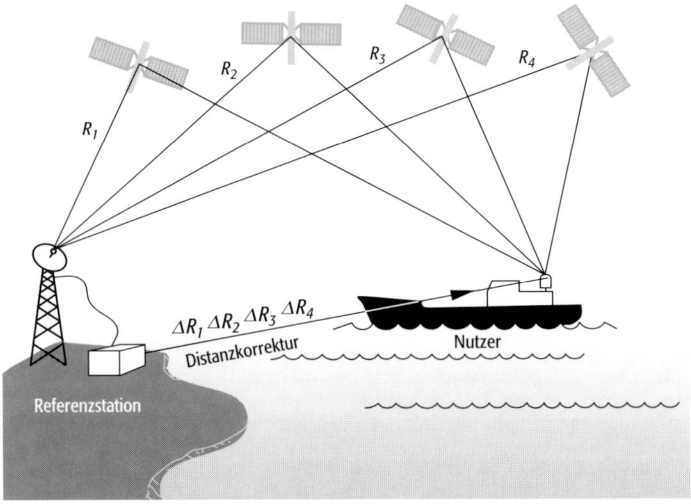

Differential-GPS: Prinzip des Differential-GPS. R_1, R_2, R_3, R_4 = übermittelte Distanzen.

renzstation in Echtzeit (normales ↗Differential-GPS); c) Nutzung von Streckenkorrekturen der Referenzstation in Echtzeit und Trägerphasenglättung auf der Nutzerstation (↗trägergeglättete Codemessungen); d) Nutzung der Trägerphasendaten der Referenzstation in Echtzeit (präzises ↗Differential-GPS).

Differential-GPS-Dienste werden weltweit von kommerziellen Anbietern, von Verkehrsbehörden sowie von Institutionen der Landesvermessung aufgebaut. Auf den koordinatenmäßig bekannten Referenzstationen werden alle sichtbaren GPS-Satelliten (↗GPS-Raumsegment) angemessen. Aus dem Vergleich von gemessenen und Soll-Pseudoentfernungen werden für jeden Satelliten Entfernungskorrekturen berechnet und im international vereinbarten RTCM-Format (Radio Technical Committee for Marine Services) abgestrahlt (b). Die Übertragungsrate beträgt je nach Zeittakt und Satellitenanzahl 50 bis etwa 200 bps (Bit pro Sekunde), so daß weitreichende Lang- und Mittelwellensender verwendet werden können. Im Nutzerempfänger werden die Korrekturen für die jeweils angemessenen Satelliten verwendet.

Differential-GPS-Korrekturen erlauben bis zu einigen 100 km Entfernung von der Referenzstation eine Relativgenauigkeit von wenigen Metern. Durch Einbeziehung von Monitorstationen und Übertragung eines flächenhaften Korrekturmodells können auch größere Entfernungen überdeckt werden (wide area differential gps, WADGPS). Zur Datenübertragung werden dann Kommunikationssatelliten verwendet.

Durch Trägerphasenglättung auf der Nutzerseite (c) kann ohne Mehrdeutigkeitslösung eine Genauigkeit von etwa 0,5–1 m erreicht werden. Die Reichweite beträgt etwa 50 km von der Referenzstation.

Beim präzisen Differential-GPS (d) ist es erforderlich, auf der Nutzerseite die ↗Phasenmehrdeutigkeiten der Trägerwellen zu lösen. Dazu müssen die Trägerphasenbeobachtungen von den Referenzstationen zum Nutzer übertragen werden. Die erforderliche Datenrate beträgt etwa 2400 bps, so daß Übertragungskanäle im Dezimeter- oder Meterband erforderlich sind. In Betracht kommt auch eine Übertragung über Mobilfunk oder über Satelliten. Für einen flächendeckenden präzisen Differential-GPS-Dienst müssen Referenzstationen im Abstand von 50 bis 70 km eingerichtet werden. In Deutschland wird ein derartiger Dienst von den Landesvermessungsbehörden unter der Bezeichnung ↗SAPOS (Satellitenpositionierungsdienst) aufgebaut. Dieser Dienst gestattet eine Echtzeitgenauigkeit von wenigen Zentimetern. Um flächendeckend eine Genauigkeit von 1–2 cm zu erreichen, müssen die Referenzstationen miteinander verbunden werden (Vernetzung). [GSe]

Differential-Thermoanalyse ↗analytische Methoden.

Differentiation, [von lat. differare = zerteilen], *geochemische Differentiation*, *Segregation*, in der Kosmogeochemie wird der Begriff auf die Differentiaton der Erde in ihre Hauptbestandteile, der Kruste, des Mantels und des Kerns bezogen. Nach der ↗Akkretion der Erde trennte sich durch Schmelzbildung und Differentiation der eisenreiche Erdkern vom silicatischen Erdmantel, dabei wurden große Teile des ↗Erdmantels durch die frei werdende Graviationsenergie geschmolzen (↗Schalenbau der Erde).

In der Petrologie versteht man unter diesem Begriff ganz allgemein die In-situ-Entstehung von mehr als einen Gesteinstypes aus einem gemeinsamen Ursprungsmagma. In der frühen Geschichte der Geowissenschaften glaubte man, daß die chemisch sehr variationsreichen magmatischen Gesteine alle eine voneinander unabhängige Entstehung hätten. Einige Gesteine wurden durch Prozesse wie Magmenmischung, Magmenentmischung und ↗Assimilation erklärt. Seit Mitte des 20. Jh. gibt es aber den Trend, alle magmatischen Gesteine von einigen wenigen primären Magmen her abzuleiten. Diese Entwicklung, von primären zu modifizierten Magmen wird als ↗magmatische Differentiation bezeichnet. Viele verschiedene Prozesse wurden für den Mechanismus der magmatischen Differentiation als Erklärung herangezogen. Einige gehen von einer Änderung der chemischen Zusammensetzung aus, die ausschließlich im flüssigen Zustand der Schmelze in einem Potentialfeld stattfindet. Eine Differentiation durch das Gravitationsfeld der Erde (*gravitative Differentiation*) ist vernachlässigbar. Dagegen können sehr steile Temperaturgradienten in einem Magma eine Diffusion erzeugen (bekannt als *Soret-Effekt*), die zu einer Differentiation führen. Da diese Gradienten aber nur am Rande von Magmenkammern oder Aufstiegskanälen auftreten, ist der quantitative Effekt der Differentiation nur gering. Eine andere Möglichkeit ist die Entmischung eines Magmas in zwei Schmelzen unterschiedlicher Zusammensetzung. Dieser Prozeß ist aber nur bei wenigen chemischen Pauschalzusammensetzungen möglich und gerade bei primitiven Magmen nicht vorhanden. Heute wird der Prozeß der Kri-

stall-Schmelze-Fraktionierung oder der ↗fraktionierten Kristallisation als wichtigster Grund für die Differentiation primitiver Magmen angesehen. Die grundlegenden Ideen sind schon von Bowen (1928) in seinem Buch »The Evolution of the igneous rocks« ausführlich beschrieben.
Magmen sind i. d. R. nicht überhitzt (nicht oberhalb des Liquidus), so daß die Schmelze bereits Einsprenglinge (Phänokristalle) enthält. Diese Einsprenglinge haben i. d. R. eine sehr unterschiedliche chemische Zusammensetzung im Vergleich zum primitiven Magma. Werden diese Einsprenglinge dem Magma durch eine Differentiation entzogen, so entstehen neue, differenzierte Magmen. Dieser Prozeß der Fraktionierung von Kristallen aus einer Schmelze, die zwangsläufig zu einer kompositionellen Änderung der differenzierten Schmelze führt, kann in zwei unterschiedlichen Arten vollzogen werden, gravitativ in einer Magmenkammer oder als sog. ↗flow crystallization.
Bei der *gravitativen Fraktionierung* werden dem primären Magma durch den Einfluß der Gravitation kristallisierte liquidusnahe Phasen entzogen. Diese Liquidusphasen (z. B. Olivin, Klinopyroxen) sinken in der Gesteinsschmelze der Magmenkammer nach unten, falls die Dichte der kristallisierten Phase größer ist als die des flüssigen Magmas. Die nach unten gesunkenen Phasen bilden dort eine Ablagerungsschicht, die als *Kumulus* bezeichnet wird. Ist die Dichte der kristallisierten Phase (z. B. Feldspäte) kleiner als die des Magmas, so steigen sie in der Magmenkammer nach oben. Das restliche neue Magma wird als *Derivat* bezeichnet. Diese Schmelze kann dann an die Oberfläche als Differentiat aufsteigen und dort als vulkanische Lava gefördert werden, oder es verbleibt in der Tiefe und kristallisiert dort als plutonisches Derivat aus.
Der Flow-Crystallization-Prozeß geht davon aus, daß an den kühleren Wänden des Aufstiegskanals Liquidusphasen des Magmas kristallisieren und somit der Schmelze entzogen werden. Dieser Prozeß ist nicht gravitativ, sondern durch die thermischen Unterschiede zwischen dem Nebengestein und dem Magma bedingt. Da er nicht abhängig von einer lokalen Magmenkammer ist, kann er kontinuierlich während des gesamten Aufstieges eines Magmas von seiner Entstehung (z. B. im oberen Mantel) bis zur seiner Eruption an der Oberfläche ablaufen und ist somit polybar.
Beiden Prozessen gemeinsam ist die Änderung des Pauschalchemismus des Magmas während der Differentiation. Diese Änderung der Zusammensetzung ist abhängig von der chemischen Zusammensetzung der fraktionierten Phasen. Ein typisches Beispiel für die Differentiation eines Magmas ist die Differentiation eines nephelinbasanitischen zu einem phonolitischen Magma. Dieses Verhalten kann modellhaft im ↗TAS-Diagramm (total alkalies $Na_2O + K_2O$, aufgetragen gegen den SiO_2-Gehalt) dargestellt werden. Das Ausgangsmagma wird durch Fraktionierung von Liquidusphasen, in diesem Fall Olivin, Klinopyroxen, Feldspat, Fe-Ti-Oxiden und Apatit, sukzessive über Tephrit, phonolithischen Tephrit, tephritischen Phonolith zu Phonolith fraktioniert (↗TAS-Diagramm Abb.). Da die fraktionierten Phasen weniger SiO_2 und Alkalien haben als das Magma, reichern sich diese Elemente in dem Differentiat stark an. Das so entstandene phonolitische Magma hat nur noch ca. 20 Vol.-% des primären Magmas, ca. 80 Vol.-% stellen die fraktionierten Phasen als Kumulus dar (Abb.).
Die exakte chemische Zusammensetzung der fraktionierten Phasen hängt von dem Pauschalchemismus des Magmas und von den jeweiligen Druck-, Temperatur- und Sauerstoffpartialdruckbedingungen ab, die gerade während der Differentiation geherrscht haben. Diese müssen aber im Verlauf des Prozesses nicht konstant bleiben. So ändert sich der Pauschalchemismus des Magmas während der Differentiation ständig. In oben genanntem Beispiel sind die Liquidusphasen eines nephelinbasanitischen Magmas (Olivin, Klinopyroxen) andere als die eines tephritischen Phonoliths (Feldspat). Die Tiefe, in der sich die Magmenkammer befindet, ist ebenfalls von ausschlaggebender Bedeutung, da der dort herrschende Druck die Zusammensetzung der fraktionierten Mischkristalle bestimmt. Im allgemeinen werden die Magmenkammern in der oberen Kruste vermutet, es gibt aber auch eindeutige Hinweise, daß zumindest bei einigen wenigen Vulkaniten eine Differentiation bereits im oberen Mantel stattgefunden haben muß.
Die ↗Spurenelemente verhalten sich bei der magmatischen Differentiation gemäß ihres inkompatiblen (↗inkompatible Elemente) bzw. kompatiblen (↗kompatible Elemente) Charakters. Inkompatible Elemente werden in der Schmelze angereichert, kompatible in den fraktionierten Phasen. Dieses Verhalten kann durch Modellrechungen bei bekannten Verteilungskoeffizienten (Schmelze/Festkörper) der Spurenelemente simuliert werden. Dadurch ist es möglich, die Spurenelementgehalte bei einer Differentiation zu berechnen und damit vorauszusagen. Ein mögliches Stamm-Magma, das als Ursprungsmagma für das differenzierte Gestein angenommen wurde, kann anhand dieser Modellrechnungen bestätigt oder muß verworfen werden.
Andere Prozesse wie ↗Assimilation oder Magma-Mixing können eine Differentiation beeinflussen. Das Magma kann Fremdgesteinfragmente (↗Xenolithe) von seiner Entstehung (z. B. Peridotit-Xenolithe aus dem oberen Mantel) oder auch beim Aufstieg (z. B. Granulit-Xenolithe aus der unteren Kruste, sedimentäre Xenolithe aus der oberen Kruste) aufnehmen. Das Magma kann diese Fragmente partiell oder ganz assimilieren und dadurch seinen Pauschalchemismus ändern. Eine weitere Möglichkeit für eine Änderung im Ablauf einer Differentiation in einer Magmenkammer ist die Mischung eines bereits differenzierten Magmas mit neuen primären Magmen. Die damit verbundene Änderung im Pauschalchemismus des Magmas kann durch die chemisch unterschiedlichen Anwachszonen an Mineralphasen (Zonierung) beobachtet werden. [TK]

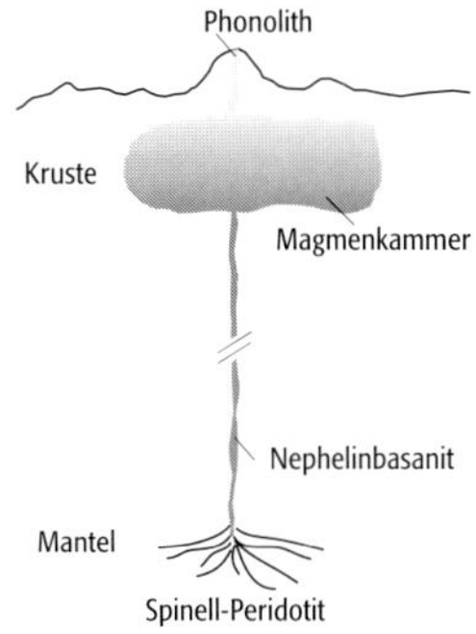

Differentiation: modellhafte Darstellung der Differentiation. Ein nephelinbasanitisches Magma, das eine partielle Schmelze eines peridotitischen Gesteins des oberen Mantels darstellt, wird in einer krustalen Magmakammer durch fraktionierte Kristallisations-Differentiation zu einer phonolithischen Schmelze. Das phonolithische Magma kann dann als Vulkanit an die Erdoberfläche gefördert werden.

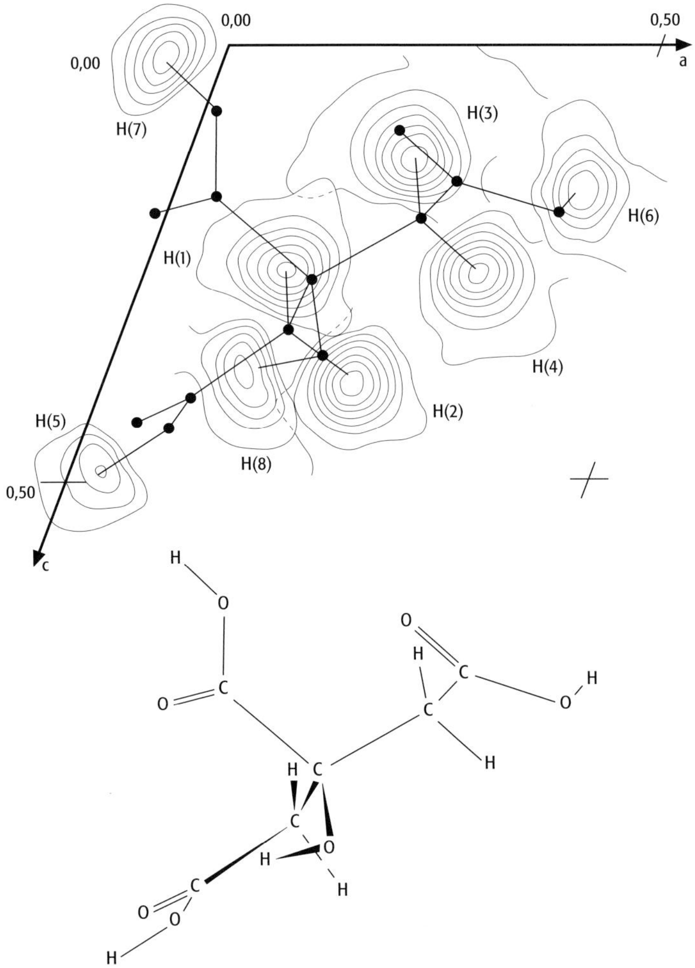

Differenz-Fouriersynthese: Bestimmung von Wasserstoffpositionen mit Hilfe einer Differenz-Fouriersynthese am Beispiel von wasserfreier Zitronensäure. Alle acht Wasserstoffatome sind deutlich zu erkennen; die Höhenlinien sind in Abständen von 0,1 e/Å³ gezeichnet. Die Strukturformel der Zitronensäure ist unten in der gleichen Orientierung wie im oberen Teil des Bildes wiedergegeben.

Diffluenz: Stromlinien und Geschwindigkeitsvektoren mit Gebieten von Diffluenz und Konfluenz.

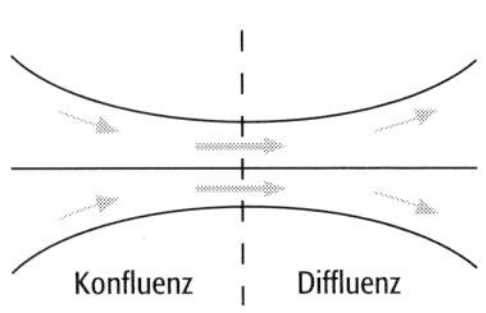

Literatur: [1] PHILPOTS, A. R.(1990): Principles of igneous and metamorphic Petrology. – Princeton University press. [2] MCBIRNEY, A. R. (1996): Igneous Petrology. – Boston, London.

Differentiationsgleichgewicht, eine im thermodynamischen Gleichgewicht befindliche ↗Differentiation.

Differentiationsgrad, der Grad einer ↗Differentiation, ausgerückt in Prozentgehalten.

Differentiationsindex, *DI*, die Summe der prozentualen Anteile von Quarz, Orthoklas, Albit, Nephelin, Leucit und Kaliophilit (bzw. Kalsilit) des ↗normativen Mineralbestandes eines magmatischen Gesteins. Der Differentiationsindex ist ein Maß dafür, wie weit der Prozeß der ↗fraktionierten Kristallisation in dem Magma, aus dem das betreffende Gestein entstanden ist, fortgeschritten war. Je höher der Wert des Differentiationsindex, umso saurer und stärker fraktioniert ist das Gestein. Die oben genannte Definition hat jedoch den Nachteil, daß sich die Fraktionierung in basischen Gesteinen, die einen ↗tholeiitischen Trend ausbilden, wegen der anfänglich dominierenden Ausscheidung von Fe-Mg-Mineralen nicht in einem dem Prozeß angemessen Ausmaß in einer Änderung des Differentiationsindex niederschlägt. Aus diesem Grund wurde ein modifizierter Differentiationsindex eingeführt, bei dem in die Summe der normativen Minerale neben den bereits oben erwähnten Mineralen zusätzlich Hedenbergit, Ferrosilit und Fayalit einfließen.

differentielle Kompaktion ↗Kompaktion.

Differenz-Fouriersynthese, Differenz zwischen zwei Fouriersynthesen mit verringerten ↗Abbrucheffekten. Eine praktisch abbruchfreie ↗Fouriersynthese erhält man, wenn man die Differenz zwischen einer Fouriersynthese mit beobachteten Strukturfaktoren F_0 und berechneten Strukturfaktoren F_c

$$\Delta\varrho(\vec{r}) = \varrho_o(\vec{r}) - \varrho_c(\vec{r}) = \sum_{\vec{H}}^{H_{max}} \left[F_o(\vec{H}) - F_c(\vec{H})\right] exp\left[-2\pi i \vec{H}\vec{r}\right]$$

bildet, weil sich die Restglieder beider Synthesen fast vollständig eliminieren. Wegen der verringerten Abbrucheffekte ist es möglich, in solchen Differenzsynthesen mit Röntgenreflexen Wasserstoffatome, Bindungselektronen und andere feine strukturelle Details zu lokalisieren (Abb.), was mit F_0-Synthesen wegen der Abbrucheffekte praktisch unmöglich ist.

differenzierte Bodennutzung ↗Theorie der differenzierten Bodennutzung.

Diffluenz, Bezeichnung für das Auseinanderfließen in einer Strömung. In einer Stromliniendarstellung (Abb.) ist ein Diffluenzgebiet durch das Auffächern der Stromlinien charakterisiert. Diffluenz hat nicht notwendigerweise eine ↗Divergenz im Strömungsfeld zur Folge. Das Gegenteil von Diffluenz ist die ↗Konfluenz.

Diffluenzstufe, eine dem allgemeinen Gefälle des Tales entgegengesetzte, d. h. talabwärts aufsteigende Geländestufe auf dem Talboden. Sie entsteht im Gegensatz zur ↗Konfluenzstufe beim Auseinanderfließen eines ↗Gletschers in zwei oder mehrere Teilströme. Durch verringerten Eisdruck und geringere Strömungsgeschwindigkeit hat hier die glaziale Erosion, insbesondere die ↗Detersion, abgenommen. Diffluenzstufen entstanden während der Kaltzeiten des Pleistozäns z. B. unter dem Eisstromnetz der Alpen, wenn Eismassen über ↗Transfluenzpässe in ein benachbartes Tal überflossen.

Diffraktion ↗Beugung.

Diffraktometer, Gerät zur Messung der Intensität der unter bestimmten Winkeln an einer Probe gestreuten oder gebeugten Strahlung. Die Intensitäten werden dabei mit elektronischen Detektoren gemessen, die auf Drehkreisen montiert sind. Meistens kann auch die Probe durch einen Drehkreis bewegt oder durch eine Kombination mehrerer Drehkreise beliebig orientiert werden. Die Bewegung der Drehkreise wird heute fast immer durch Rechner kontrolliert und gesteuert (automatische Diffraktometer). Die verschiedenen Bauarten werden nach der geometrischen Anordnung und/oder Anzahl der Drehkreise und/oder der Probenart, für deren Untersuchung das Gerät optimiert ist, bezeichnet: z. B. *automatisches Vierkreis-Diffraktometer* und *Einkristall-Diffraktometer* zur Untersuchung einzelner Kristalle oder ↗Pulver-Diffraktometer zur Untersuchung von pulverförmigen, polykristallinen Proben. [KH]

diffuser Ionenschwarm ↗Adsorption.

Diffusion, **1)** *Allgemein*: bezeichnet die Durchmischung von verschiedenen miteinander in Berührung stehenden Stoffen. Die Vermischung erfolgt durch Relativbewegungen der Ionen, Atome, Moleküle oder Kolloidteilchen und wird durch Konzentrations-, Temperatur- oder Druckunterschiede verursacht. Es handelt sich um einen physikalischen Ausgleichsprozeß, der infolge Brownscher Molekularbewegung einen Ausgleich von Konzentrationsunterschieden bewirkt. Diffusion erfolgt sowohl in gasförmigen, flüssigen als auch festen Stoffen. Sie wird beschrieben durch den ↗Diffusionskoeffizienten (↗Ficksche Gesetze). **2)** *Glaziologie*: Im Zuge der ↗Schneemetamorphose erfolgender Wasserdampftransport von Bereichen höherer zu niedrigerer Temperatur, in der Regel vom Boden zur Schneeoberfläche hin. **3)** *Hydrologie*: Durchmischung von gelösten und ungelösten (↗Schwebstoffe) Stoffeinträgen in Fließgewässern durch ↗Turbulenzen im ↗Wasserkörper und durch Inhomogenitäten im Fließquerschnitt. ↗Ficksche Gesetze. **4)** *Klimatologie*: irreversibler Vermischungsvorgang in der Atmosphäre. Die *molekulare Diffusion*, hervorgerufen durch die Wärmebewegung der einzelnen Moleküle, kann üblicherweise gegenüber der turbulenten Diffusion vernachlässigt werden. Ursache für die turbulente Vermischung sind Schwankungsbewegungen der mittleren Strömung zusammen mit Unterschieden in der Verteilung einer transportierten Eigenschaft wie Impuls, Wärme, Feuchte oder einer ↗Luftbeimengung. Die Stärke der Vermischung in vertikaler Richtung bei Vorhandensein eines vertikalen Gefälles einer Eigenschaft s läßt sich nach

$$S = -K\,\frac{\partial s}{\partial z}$$

bestimmen, wobei S den turbulenten Fluß in vertikaler Richtung und K den *turbulenten Diffusionskoeffizienten* bezeichnen. Das Minuszeichen gibt an, daß der turbulente Austausch entgegen dem mittleren Gradienten von s gerichtet ist und damit versucht wird, Gegensätze in der Atmosphäre auszugleichen. In Abhängigkeit von der thermischen Schichtung der Atmosphäre erreicht K eine Größenordnung in der bodennahen Schicht von etwa 1–10 m^2/s und ist damit etwa 10^5 mal größer als der *molekulare Diffusionskoeffizient* für Luft. **5)** *Kristallographie/Festkörperphysik*: ein Stofftransport aus der Mutterphase zum wachsenden Kristall, der sich aufgrund von Konzentrationsunterschieden ergibt. Entscheidend für die Wachstumsgeschwindigkeit und damit für Entwicklung von Tracht und Habitus eines Minerals, ist er bei der Kristallzüchtung ein wesentlicher Bestandteil. In einer Lösung ohne ↗Konvektion oder bei der ↗Gelzüchtung ist er der alleinige Transportmechanismus für die Kristallbausteine. Aufgrund der Haftung einer Flüssigkeit an der ↗Wachstumsfront bildet sich vor dem Kristall eine dünne Schicht aus, in der alleine Diffusion für den Transport in Mehrkomponentensystemen sorgt. Die Diffusion in dieser Schicht ist auch der Grund für die Größe des effektiven Verteilungskoeffizienten (↗Gleichgewichtsverteilungskoeffizient), da sie die Konzentrationsverteilung in der Randschicht bestimmt. In der Festkörperphysik wird darunter der Transport von Materie (Atome, Moleküle) durch Platzwechselvorgänge verstanden. Existiert ein Unterschied im chemischen Potential, z. B. durch Konzentrationsunterschiede, für eine oder mehrere Atomarten innerhalb eines Kristalls, dann versucht die Natur diesen auszugleichen. Festkörper sind sehr dicht gepackt, daher können Atome sich nicht einfach in Richtung ihres niedrigsten chemischen Potentials bewegen. Da jedoch selbst im thermodynamischen Gleichgewicht eine gewisse Anzahl von ↗Leerstellen in jedem Kristall existieren, können einzelne Atome ihre Position mit der einer benachbarten Leerstelle tauschen, falls die dazu notwendige Aktivierungsenergie, die sich aus der kurzzeitigen Verschiebung der Nachbaratome ergibt, zur Verfügung steht. Dies erfolgt natürlich bevorzugt in diejenige Richtung, in die das Atom sein chemisches Potential erniedrigen kann. Atome können in einem Kristall mit sehr dichter Packung in der Regel nur über Leerstellen diffundieren. In weniger dicht gepackten Kristallstrukturen können auch andere Mechanismen, z. B. über Zwischengitterplätze (↗Zwischengitteratom), eine Rolle spielen. Die Diffusionsrate hängt entscheidend sowohl von der Beweglichkeit der Leerstellen als auch von deren Konzentration ab. Beide Größen sind temperaturabhängig. Daher finden Diffusionsvorgänge nur bei erhöhten Temperaturen statt, deren absoluter Wert jedoch materialabhängig ist. Diese Festkörper-Diffusion ist von grundlegender Bedeutung für alle chemischen Reaktionen und texturellen Umbildungen von ↗Erzmineralen (z. B. ↗Verdrängung). **6)** *Ozeanographie*: Transport von Wärme oder gelösten Substanzen durch Molekularbewegung, abhängig vom Konzentrationsgradienten und dem Diffusionskoeffizienten. Der *molekulare Diffusionskoeffizient* für Wärme im Meerwasser liegt bei 10^{-7} m^2/s und für Salz bei 10^{-9} m^2/s. Die unterschiedliche Diffusivität von Wärme und Salz kann zur Doppeldiffusion und zur Ausbildung von ↗Salzfingern führen. Häufig wird turbulenter Austausch als *turbulente Diffusion* bezeichnet. Die *turbulenten Diffusionskoeffizienten* sind mehrere Größenordnungen größer als die molekularen.

Diffusionsfließen ↗duktile Verformung.

Diffusionsgeschwindigkeit, Geschwindigkeit, mit der eine zufallsbedingte Vermischung von Teilchen erfolgt. Unterschieden wird a) die molekulare ↗Diffusion, welche durch die Wärmebewegung der Moleküle hervorgerufen und durch das

↗Ficksche Gesetz und die klassische Diffusionsgleichung beschrieben wird, sowie b) die turbulente Diffusion, welche durch turbulente Strömung erfolgt.

Diffusionsgleichung ↗Ficksche Gesetze.

Diffusionskoeffizient, Kenngröße für den Materialstrom durch molekulare ↗Diffusion (daher auch *molekularer Diffusionskoeffizient*) in gasförmigen, flüssigen und festen Phasen aufgrund von Konzentrationsunterschieden. Die Einheit ist Fläche pro Zeit. Die statistische, mikroskopische Wärmebewegung ist der Grund für den Ausgleich von Konzentrationsunterschieden. Der Selbstdiffusionskoeffizient beschreibt die Bewegung der Teilchen einer Sorte in einer Umgebung gleichartiger Teilchen. Der Interdiffusionskoeffizient oder chemische Diffusionskoeffizient beschreibt den Strom einer Teilchensorte in der Mischung mit mehreren Teilchen in der Umgebung. Entsprechend dem ersten ↗Fickschen Gesetz ist der Teilchenstrom proportional dem Konzentrationsgradienten. Die Proportionalitätskonstante ist der Diffusionskoeffizient.
Typische Werte für den Diffusionskoeffizienten sind bei Gasen $5 \cdot 10^{-6}$ bis 10^{-5} m²/s, bei Flüssigkeiten 10^{-10} bis 10^{-9} m²/s und bei Festkörpern 10^{-14} bis 10^{-10} m²/s.
Der Wert des Diffusionskoeffizienten hängt u. a. ab von den Eigenschaften des Stoffes selbst und denen des Transportmediums sowie von der Temperatur, vom Druck sowie den Wechselwirkungen mit anderen Stoffen.
Für poröse Medien wird in der Angewandten Geologie der effektive Diffusionskoeffizient D^* definiert, der die Geometrie des Bodens berücksichtigt. Er ist das Produkt aus dem Diffusionskoeffizienten in freier Lösung D_0 und dem Tortuositätsfaktor τ, einer rein geometrischen Größe. Es gilt:

$$D^* = D_0\tau.$$

In Materialien, in denen es zu Sorptionsvorgängen kommen kann (z. B. Tongesteine), wird die Sorption mit Hilfe des apparenten Diffusionskoeffizienten D_a berücksichtigt. Dieser ergibt sich aus dem Verhältnis des Diffusionskoeffizienten und des Retardationsfaktors R (↗Retardation):

$$D_a = D^*/R = D_0\tau/R .$$

Besonders in der Klimatologie und Ozeanographie häufig verwendet wird der *turbulente Diffusionskoeffizient*, ein Proportionalitätsfaktor im ↗Gradientansatz für ↗turbulente Flüsse. Er ist im Gegensatz zum molekularen Diffusionskoeffizienten keine Materialkonstante, sondern hängt von den Eigenschaften der turbulenten Strömung (z. B. ↗Scherung, ↗Schichtung) selbst ab.

Diffusionspotential, *Membranpotential*, ↗Nernstsche Gleichung.

Diffusionswelle, in der Hydrologie Bewegungsgleichung für sich allmählich ändernde ↗Durchflüsse. Dabei können in dem Energieteil der ↗Saint-Venant-Gleichung die Trägheitsterme (lokale und konvektive Beschleunigung) vernachlässigt werden. Die Gleichung lautet dann:

$$\frac{\partial h}{\partial s} + J_s + J_v = 0 ,$$

wobei h die Wasserhöhe, s die Weglänge, J_s das Sohlgefälle und J_v das Reibungsgefälle darstellen.

Diffusivität, die Bodenwasser-Diffusivität

$$D(\theta) = K(\theta)dh/d\theta$$

ist definiert als die hydraulische Leitfähigkeit K multipliziert mit der Steigung der Saugspannungs-Wassergehalts-Beziehung (↗pF-Kurve) bei einem bestimmtem Wassergehalt θ. Sie ist ein Koeffizient in der Diffusivitätsform der ↗Richards-Gleichung:

$$\partial\theta/\partial t = \partial/\partial z[D(\theta)(\partial\theta/\partial z)] + (dk/d\theta)(\partial\theta/\partial z),$$

mit t = Zeit und z = Tiefe. Durch Einführung der Diffusivität kann die Beschreibung der Wasserbewegung vereinfacht werden, da für die Diffusivitätsform ähnliche Lösungen wie für die Diffusionsgleichung verwendet werden können und für manche Böden $D(\theta)$ weniger nichtlinear ist als $K(\theta)$.

Digital-Analog-Wandlung, Umwandlung digitaler in analoge Größen. Servosysteme oder Schrittmotoren überführen z. B. digital vorgegebene Werte in lineare Stellgrößen.

digitale Bildverarbeitung, *digital image processing*, *Bildverarbeitung*, die einer *digitalen Bildanalyse* entspricht, Verwendung von Datenverarbeitungssystemen, um digitale Bilddaten zu analysieren, zu verbessern, zu interpretieren oder darzustellen. Bei den Bilddaten kann es sich beispielsweise um Fernerkundungsdaten handeln.

digitale Entzerrung, Verfahren der photogrammetrischen ↗Einbildauswertung zur numerischen Entzerrung eines ↗digitalen Bildes auf eine ausgezeichnete Ebene des Objektraumes unter Berücksichtigung der Höhen der Erdoberfläche. Voraussetzung für die digitale Entzerrung ist ein ↗Digitales Höhenmodell des aufgenommenen Objektes. Die indirekte digitale Entzerrung geht von der Festlegung der Geometrie (Größe, Positionierung und Pixelgröße) des zu erzeugenden digitalen ↗Orthophotos aus. Für jedes Pixel des Orthophotos sind damit die Lagekoordinaten im Objektraum und die durch Interpolation im digitalen Höhenmodell gewonnenen Höhen bekannt. Auf Grundlage der ↗Kollinearitätsbedingung läßt sich unter Beachtung der Daten der ↗inneren Orientierung und ↗äußeren Orientierung die Lage des zugeordneten Punktes im digitalen Luftbild ermitteln. Mittels ↗Resampling zwischen benachbarten Pixeln des digitalen Luftbildes wird der gesuchte Intensitätswert für das Pixel des Orthophotos durch Interpolation gewonnen und sequentiell abgespeichert (Abb.).
Das einer genäherten Orthogonalprojektion entsprechende digitale Orthophoto kann über einen

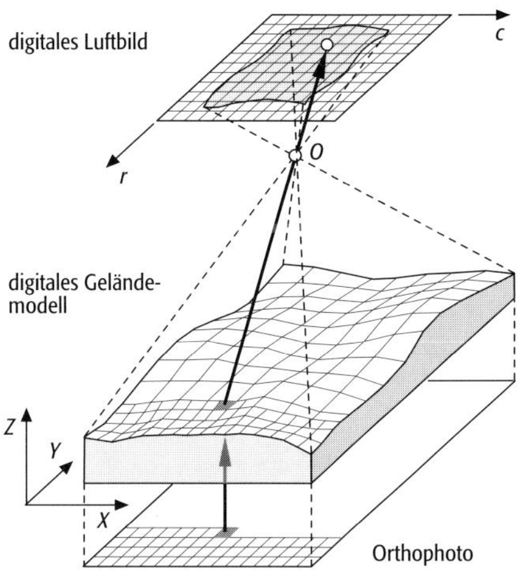

digitale Entzerrung: Grundprinzip.

↗Plotter (Rasterplotter) oder Colorproofer ausgegeben oder in einem ↗Geoinformationssystem gespeichert werden. [KR]

digitale Filter, berücksichtigen die ein Pixel umgebenden Grauwerte. Sie können global über das ganze Bild oder lokal an bestimmten Stellen eingesetzt werden. Grundsätzlich soll »Erwünschtes« von »Unerwünschtem« getrennt werden, wahre Informationen von Zufälligem. In der ↗digitalen Bildverarbeitung sollen Störungen unterdrückt oder besondere Phänomene besonders hervorgehoben werden. Generell wird unter einem digitalen Filter eine Matrix verstanden, deren Größe i. d. R. frei wählbar ist. Die Anzahl der Zeilen und Spalten ist ungerade, so daß das Zentrum der Matrix der zu berechnende Bildpunkt ist. Der neue Grauwert eines Bildpunktes berechnet sich aus den Grauwerten der Bildpunkte der Umgebung. Man unterscheidet zwei Ebenen der Filterung, erstens im Ortsbereich (spatial domain) und zweitens im Frequenzbereich (frequency domain). Für Anwedungen im Frequenzbereich ist vorher die Umbildung der Daten durch ↗Fouriertransformation notwendig und nach erfolgter Filterung eine Rücktransformation in den Ortsbereich. ↗Bandpaßfilter. ↗Bandsperre. [MN]

digitale Geländemodellierung, computergestützte Berechnungsmethode, die zu einem berechneten digitalen Geländemodell (DGM) von Ausschnitten der Geländeoberfläche führt. Grundlage dafür ist das gemessene DGM mit seinen ↗Geländelinien. Für die Berechnung des DGM kann entweder die *Dreiecksvermaschung* (*Triangulation*) oder die *Gitterpunkthöhenberechnung* verwendet werden: a) Dreiecksvermaschungen (TIN = Triangulated Irregular Network) verbinden die gemessenen Geländepunkte mit einem Netz von Dreieckskanten. Die Geländeoberfläche wird durch ein Dreieckspolyeder approximiert. Gebräuchlich für topographische Anwendungen ist die modifizierte Methode nach Delaunay, die als Zwangsseiten Geländelinien berücksichtigen kann. Dies ist aus morphologischen Gründen notwendig. Dreiecksvermaschungen werden z. B. verwendet, wenn gemessene DGM eine inhomogene Punktverteilung aufweisen. Dies ist z. B. bei digitalisierten ↗Höhenlinien oder Echolotprofilen der Fall. Durch die lineare Verbindung der gemessenen Punkte können in diesen Fällen Artefakte weitgehend vermieden werden. Vorteilhaft ist die Verwendung von Dreiecksvermaschungen auch für die Berechnung von Volumen, da die Meßdaten direkt eingehen. b) Gitterpunkthöhenberechnung liefern als Ergebnis ein gitterförmiges DGM. Es besteht aus einer Menge von Oberflächenpunkten, die durch Interpolations- oder Approximationsverfahren gewonnen werden. Ergänzt wird es bei Bedarf durch Angaben zur Punktart und durch Geländelinien. Letztere erhöhen die morphologische Qualität des DGM. Die Integration von reliefbeschreibenden Parametern (z. B. Hangneigung, ↗Exposition) führt zum ↗digitalen Reliefmodell. Bei interpolierten DGM durchläuft die Geländeoberfläche die gemessenen Geländepunkte (Stützpunkte). Approximierte DGM basieren auf einer berechneten Oberfläche, die vermittelnd das gemessene DGM durchläuft. Letztere rufen einen Glättungseffekt, der insbesondere bei inhomogener Höhengenauigkeit der Stützpunkte vorteilhaft sein kann. Im Vergleich mit Dreiecksnetzen zeichen sich gitterförmige DGM durch geringen Speicherplatzbedarf sowie leichte Daten-Verwaltung und Fortführung aus. Die Anpassung der Gitterweite an morphologische Kleinformen kann jedoch auch zu großen Datenmengen führen. Eine typische Gitterweite ist 12,5 m für ↗topographische Karten des Maßstabs 1 : 5000. Die Höhengenauigkeit ist von der Geländeneigung und den Geländeformen abhängig. Sie beträgt typischerweise 0,5–1,5 m. [GB]

digitale Karte, strukturierter Satz von geometrischen, inhaltlichen und ggf. verfahrenstechnischen Daten zur Bearbeitung in Datenverarbeitunssystemen. Digitale Karten bilden i. d. R. die Grundlage der Herstellung von ↗analogen Karten. Es lassen sich folgende Formen von digitalen Karten unterscheiden: a) Datensatz, der auf der Basis von kartographischen Datenmodellen (z. B. ↗ATKIS–DLM) strukturiert ist, b) Datensatz mit zusätzlichen verfahrenstechnischen und graphischen Angaben zur Herstellung bzw. Nutzung von graphischen oder ↗elektronischen Karten in speziellen Systemumgebungen, c) Rasterbild einer diskretisierten Karte, z. B. als Ergebnis eines Scan-Vorganges im TIF-Format, GIF-Format etc. und d) das Ergebnis eines Kartenherstellungsprozesses, beispielsweise zur Ausgabe einer graphischen Karte an einem elektronischen Ausgabegerät als GKS-Metafile, Postscript-File etc. Weitergefaßt kann jeder Datensatz mit georäumlichen Bezügen, der mit Hilfe eines ↗Geoinformationssystems oder in ↗Datenbanken verwaltet, analysiert, bewertet und präsentiert wird, als digitale Karte bezeichnet werden. [JB]

digitale Kartierung, in der Photogrammetrie Graphikfile (Vektordaten) des Ergebnisses einer strukturierten punkt- und linienförmigen ↗Einbildauswertung oder ↗Zweibildauswertung ana-

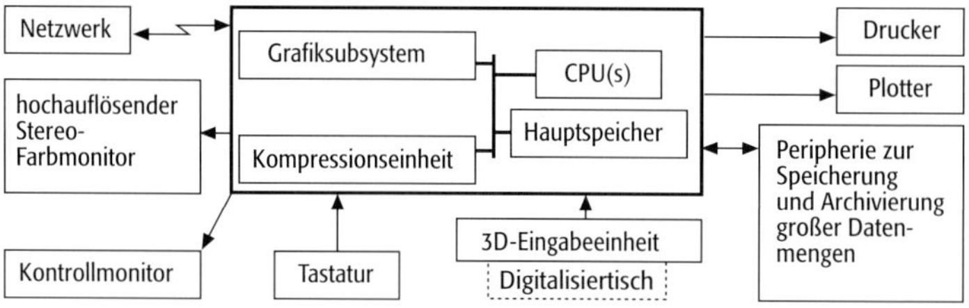

digitales Auswertegerät: Hardwarekomponenten.

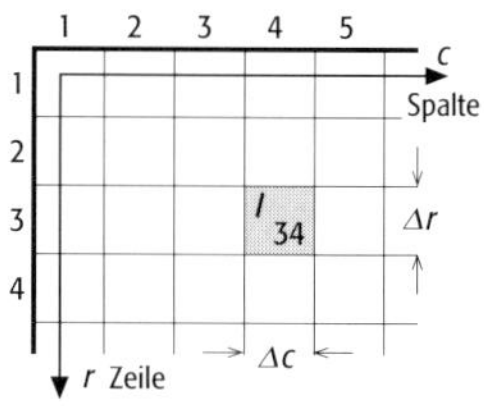

digitales Bild: Geometrie und Radiometrie.

loger oder digitaler Bilder durch einen Operateur. Die digitale Kartierung schließt das Editieren auf Grund eines ↗Feldvergleiches oder unter Nutzung anderer Datenquellen ein.

digitale Kartometrie ↗Kartometrie.

digitaler Stereoplotter, in der Photogrammetrie ↗digitales Auswertegerät mit Hard- und Software zur stereoskopischen Betrachtung und Ausmessung digitaler ↗Bildpaare mit einer ↗Raummarke.

digitales Auswertegerät, *digitale photogrammetrische Arbeitsstation*, EDV-Arbeitsplatz zur photogrammetrischen ↗Einbildauswertung, ↗Zweibildauswertung und ↗Mehrbildauswertung ↗digitaler Bilder. Als Hardware kommen leistungsstarke Rechner mit modularen Hardwareeinheiten zur schnellen ↗Bilddatenkompression, zur optionalen Stereobetrachtung und zur dreidimensionalen Eingabe von Daten sowie einem graphischen Kontrollmonitor zum Einsatz. Als periphere Geräte zur Speicherung und Archivierung großer Datenmengen dienen Magnetplatten, magneto-optische Platten, Jukeboxes u.a. Die stereoskopische Betrachtung digitaler Bilder setzt die Transformation in Epipolarbilder voraus, um ein störungsfreies ↗stereoskopisches Sehen in Kernebenen zu garantieren. Die ↗Bildtrennung erfolgt entweder räumlich oder zeitlich. Bei der räumlichen Bildtrennung werden die beiden Teilbilder des Stereobildpaares nebeneinander auf dem Bildschirm wiedergegeben und mit einem davor angeordneten ↗Stereoskop betrachtet. Die zeitliche Bildtrennung setzt die alternierende Wiedergabe der beiden Teilbilder auf dem Bildschirm mit einer Bildwiederholfrequenz von mindestens 60 Hz voraus. Die Betrachtung erfolgt durch Polarisation mittels einer aktiven oder passiven Brille mit Flüssigkristallfiltern (↗LCD). Die beiden über eine 3D-Maus gesteuerten Teilmeßmarken für das ↗stereoskopische Messen bestehen aus zwei synchron mit den Teilbildern wiedergegebenen Cursorn, die relativ zu den Bildern bewegt werden können. Die Software ist modular aufgabenorientiert aufgebaut. Sie umfaßt neben der Systemsoftware im wesentlichen Module zur Datenverwaltung, zur graphiknahen Verarbeitung digitaler Bilder. Außerdem gehören dazu die Software zur photogrammetrischen Bildverarbeitung für die weitgehend automatische Orientierung durch ↗Bildzuordnung und die interaktive Auswertung durch den Operateur. Digitale Auswertegeräte ermöglichen entsprechend der Geräteausstattung die Herstellung von ↗Orthophotos durch ↗digitale Entzerrung, ↗Mosaikbildung als Grundlage für die Herstellung von ↗Bildkarten und das ↗Monoplotting entzerrter oder unentzerrter Bilder; weiterhin die interaktive Orientierung und Auswertung von ↗Stereobildpaaren durch strukturierte ↗digitale Kartierung, die automatische und interaktive Ableitung der Höhen der Geländeoberfläche zur Generierung ↗digitaler Höhenmodelle sowie die automatische ↗Aerotriangulation (Abb.). [KR]

digitales Bild, geordnetes Schema diskreter Intensitätswerte (Dichte, Grauwerte, Farbwerte), welche die zweidimensionale, kontinuierliche Intensitätsfunktion eines analogen Bildes approximieren. Die Bildelemente des digitalen Bildes sind die i.d.R. rechteckigen ↗Pixel. Die Geometrie des Bildes ist durch die Anordnung der Pixel in Spalten *r* und Reihen *c* (row, column) und die Radiometrie durch die sequentiell abgespeicherten diskreten Intensitätswerte *I* (Mittelwert) für die Fläche des jeweiligen Pixels gegeben. In Abhängigkeit von der radiometrischen ↗Auflösung unterscheidet man Binärbilder, Intensitätsbilder und mehrbandige digitale Bilder. In der Photogrammetrie und Fernerkundung haben digitale Bilder zunehmende Bedeutung für die Anwendung numerischer Prozesse der ↗digitalen Bildverarbeitung, ↗Bildanalyse und ↗photogrammetrischen Bildauswertung. Digitale Bilder können direkt, z.B. mit einer ↗CCD-Kamera, aufgenommen oder durch ↗Digitalisierung mit einem ↗Scanner aus analogen (photographischen) Bildern generiert werden (Abb.). [KR]

digitales Farbmanagement, umfaßt die Steuerung aller digital ausgeführten Arbeitsschritte im graphischen Gewerbe mit dem Ziel der farbgetreuen Wiedergabe einer Vorlage im Auflagendruck. Von Bedeutung sind folgende Abläufe: Erfassung der Farbdaten im Farbscanner, Farbkorrektur am Bildschirm, Digitalproof, Ausgabe über den Filmbelichter, Analogproof (falls kein digitales Farbproof vorliegt), Auflagendruck. Für die Farbsteuerung ist die Farbmessung und Kalibrierung nach gerätespezifischen Farbprofilen an allen verwendeten Geräten und Ergebnissen sowie die Transformation vom RGB- in den CMYK-Farbraum erforderlich. Grundlage hierfür bildet der Anfang der 1990er Jahre festgelegte ICC-Standard (International Color Consortium), den immer mehr Hard- und Softwareproduzenten berücksichtigen. Die zunehmende Bedeutung des digitalen Farbmanagements für die Kartographie besteht in der zu erwartenden, dem Postscript-Standard gleichkommenden Verbreitung. Damit zeichnet sich die Möglichkeit einer dem Auflagedruck nahezu entsprechenden Farbgestaltung von Karten am Bildschirm ab. [KG]

Digitales Geländemodell, *DGM*, das Ergebnis der ↗digitalen Geländemodellierung.

Digitales Höhenmodell, *DHM*, gitterförmiges digitales Geländemodell der ↗digitalen Geländemodellierung.

Digitales Landschaftsmodell, *DLM*, ↗ATKIS-DLM.

digitales Modell, *digitales Objektmodell, digitales*

Oberflächenmodell, numerische Beschreibung eines Objektes durch die Datei der Raumkoordinaten eines Punkthaufens. Zum digitalen Modell gehören neben den Koordinaten die objektspezifische Codierung der gemessenen Punkte, Elemente der Datenstruktur sowie Algorithmen zum Übergang von den diskreten Punkten zu Linien und Flächen.

Digitales Reliefmodell, *DRM*, erweitertes ↗Digitales Geländemodell. Es enthält ergänzend Angaben zu den Reliefformen und Reliefelementen sowie reliefbeschreibenden Parametern. Diese können das Modell lokal spezifizieren (z. B. durch Hangneigung, ↗Exposition, Horizontal- und Vertikalkrümmung) oder global beschreiben (z. B. durch die morphologische Charakteristik). Es wird für räumliche Analysen und für komplexe Generalisierungsaufgaben benötigt.

digital image processing ↗*digitale Bildverarbeitung.*

Digital-Inklinometer, eine technische Variante des ↗Inklinometers mit digitaler Datenübertragung.

Digitalisiergerät, *Digitizer*, ↗Digitalisierung.

Digitalisierung, Vorgang der Konvertierung von analog vorliegenden Daten in digitale Vektordaten. Von einigen Autoren wird unter Digitalisierung auch das Erzeugen von Rasterdaten durch Scannen verstanden. In der Kartographie werden zur rechnergestützten Weiterverarbeitung Punkte, Linien und Flächen der gezeichnet oder gedruckt vorliegenden Karten oder Kopiervorlagen digitalisiert. Das Ergebnis der Digitalisierung sind Vektordaten, die von einem Vektorgraphikprogramm oder einem ↗Geoinformationssystem verwaltet, editiert und gedruckt bzw. belichtet werden können. Die Digitalisierung kann manuell, halbautomatisch oder vollautomatisch erfolgen. Bei den manuellen Verfahren können entweder spezielle *Digitalisiergeräte* (*Digitizer*) eingesetzt oder die Vektoren aufgrund des Bildschirmbildes (Bildschirm-Digitalisierung) erfaßt werden. Die speziellen Digitalisiergeräte sind Tabletts, auf welche die analoge Vorlage, z. B. die Karte, aufgespannt wird und mittels Digitalisierlupe (Cursor) die Vektoren nachgefahren werden. Die genaue Lage der Vektoren wird meist elektromagnetisch erfaßt. Das Tablett besitzt dazu Metalldrähte, welche die x- und y-Koordinatenwerte repräsentieren. Mit der Digitalisierlupe wird in den nächstgelegenen Drähten eine Spannung induziert und damit die Position der Digitalisierlupe erfaßt. Für großformatige Karten ist dieses Verfahren zu bevorzugen, auch wenn hochgenaue Digitalisiergeräte sehr teuer sind und das Ergebnis der Digitalisierung auf einem Probedruck überprüft werden muß. Um eine Bildschirm-Digitalisierung, auch On-Screen-Digitalisierung genannt, durchführen zu können, muß die analoge Karte, der analoge Kartenentwurf oder die Kopiervorlage gescannt werden. Das erhaltene Rasterbild wird in ein Vektorgraphikprogramm oder Geoinformationssystem importiert und am Bildschirm sichtbar gemacht. Auf dem Bildschirm wird mit der Maus manuell entlang der Zeichnung des Rasterbildes der Vektor erfaßt und in digitale Signale umgewandelt. Vorteile der Bildschirmdigitalisierung sind die sofortige Überprüfbarkeit der Genauigkeit und Vollständigkeit der erfaßten Vektoren, die Möglichkeit des Zoomens und das Einsparen eines teuren Digitalisiertabletts. Nachteilig ist der begrenzte Kartenausschnitt, der am Bildschirm angezeigt werden kann. Einige Programme unterstützen eine halbautomatische Digitalisierung, bei welcher der Anfang des Vektors gekennzeichnet wird und der Verlauf des Vektors aus dem Rasterbild selbständig errechnet wird. Bei der vollautomatischen Digitalisierung, die als Vektorisierung bezeichnet wird, liegt ein Rasterbild der Karte oder Kopiervorlage vor. Ein Vektorisierungsprogramm synthetisiert aus der automatischen Verfolgung der Zeichnung des Rasterbildes einzelne Vektoren, die nachfolgend einer Mustererkennung unterzogen werden können. Die Mustererkennung erfolgt nach Parametern, die es auch gestatten, spezielle Kartenzeichen zu erkennen, z. B. gerissene Linien für Wege und Zahlen für Höhenpunkte. Gleichlaufend mit der Digitalisierung können Attribute der Vektoren erfaßt werden. In Geoinformationssystemen sind diese Attribute über einen Identifikator mit dem Vektor verknüpft. Die Identifikatoren beziehen sich auf Kanten, Knoten oder Labelpunkte. Labelpunkte existieren für Punktobjekte, Flächen oder komplexe Objekte. Es können beliebig viele Attribute in Tabellen verwaltet werden. [IW]

Digitalnivellier ↗Nivellierinstrument.

digital number, diskrete Angabe für den ↗Grauwert, üblicherweise in bit.

Digitalphotogrammetrie, Gesamtheit der Verfahren und Geräte der ↗Photogrammetrie zur Aufnahme, Speicherung, Analyse und Auswertung von ↗digitalen Bildern.

Digital-Registrierung, Speicherung von Meßwerten in digitaler Form (binär). Als Meßwertspeicher dienen im allgemeinen Magnetplatten oder CD-ROMs.

Digitizer ↗Digitalisierung.

Digression, größte östliche bzw. westliche azimutale Abweichung eines zirkumpolaren Sterns aus dem Meridian als Folge der Erdrotation. Gelegentlich als größte Digression bezeichnet.

Digyre, kaum noch gebräuchliche Bezeichnung für eine 2-zählige ↗Drehachse.

dihedraler Winkel, 1) i. a. Winkel zwischen zwei Flächen, gemessen im Schnitt senkrecht zu ihrer Schnittkante. 2) charakteristischer Winkel, der sich aufgrund der Grenzflächenspannung an Kontakten zwischen zwei gleichen Körnern und einer anderen Phase einstellt (Abb.). Gemessen wird er in einer Ebene senkrecht zur Schnittkante der Grenzflächen zwischen den Grenzflächen, die die ungleichen Phasen trennen. Wichtig bei Schmelzbildung: Ist der dihedrale Winkel zwischen Schmelze und Nebenmineralen > 60°, bilden sie isolierte Tropfen, bei Winkeln deutlich < 60° können sie die Grenzflächen durchgehend benetzen und sind somit fähig, sich im Gestein zu bewegen.

dihexagonale Dipyramide, allgemeine Kristall-

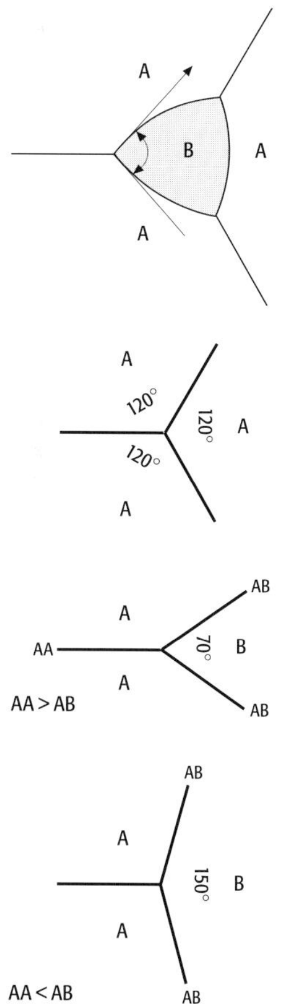

dihedraler Winkel: Dargestellt ist der dihedrale Winkel an einer gemeinsamen Kornkante zwischen den Phasen A und B. Zwischen gleichen Phasen stellen sich 120°-Tripelpunkte ein.

form $\{hkl\}$ oder in Bravaisschen Indizes $\{hkil\}$ der hexagonal holoedrischen Punktgruppe *6/mmm*, bestehend aus 24 kongruenten Dreiecksflächen (Abb.).

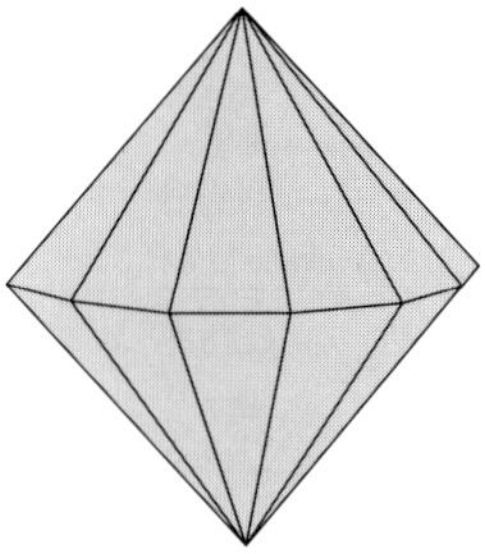

dihexagonale Dipyramide: Darstellung einer dihexagonalen Dipyramide.

dihexagonale Pyramide, allgemeine Kristallform $\{hkl\}$ oder in Bravaisschen Indizes $\{hkil\}$ der hexagonalen Punktgruppe *6mm*, bestehend aus zwölf kongruenten Dreiecksflächen (Abb.).

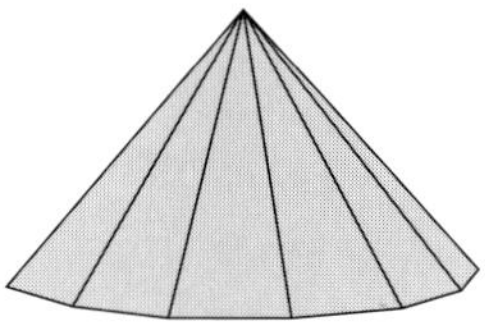

dihexagonale Pyramide: Darstellung einer dihexagonalen Pyramide.

dike, *dyke*, eine tafelförmige, magmatische ↗Intrusion mit meist steilem Verlauf, welche die Schichtflächen von ↗Sedimentgesteinen oder die ↗Foliation von metamorphen Gesteinen (↗Metamorphite) diskordant durchschlägt (↗Ganggesteine, ↗Lagergang).

diking ↗Intrusionsmechanismen.

Dilatanz ↗Erdbebenvorläufer.

Dilatation, allgemein eine Ausdehnung, die Volumenzunahme bezogen auf das Ausgangsvolumen beschreibend; speziell eine Volumenvergrößerung, die dicht gelagerte, körnige Böden erfahren, bevor ein Bruch möglich ist. Die Dilatation vollzieht sich im dritten Stadium der Spannungs-Deformation-Kurve (Abb. 1). Bei der Belastung eines Körpers entwickeln sich infolge von Querdehnung innerhalb des elastisch (↗Elastizität) deformierten Körpers Mikrorisse (Abb. 2). Die Ausbreitung der Mikrorisse bewirkt eine irreversible Dilatation senkrecht zur Belastung, was eine Volumenzunahme zur Folge hat. ↗Deformation.

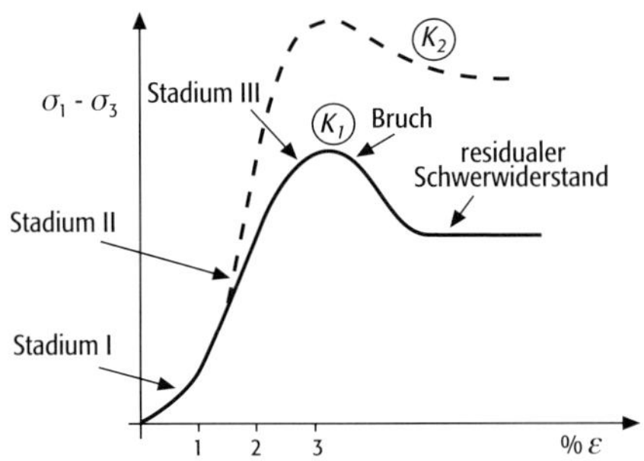

Dilatation 1: Spannungs-Deformations-Kurven für unterschiedliche Umlagerungsdrücke ($K_2 > K_1$).

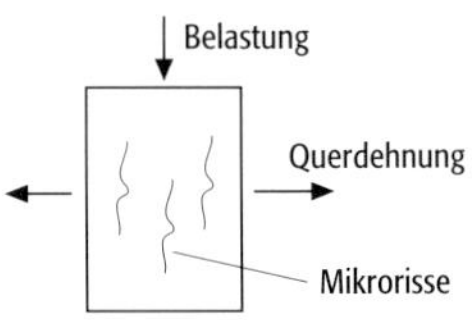

Dilatation 2: Ausbreitung von Mikrorissen aufgrund von Querdehnung in einem Körper senkrecht zur aufgebrachten Belastung.

Dilatometer, ein zylindrisches Gerät zur Durchführung von ↗Bohrlochaufweitungsversuchen, bei dem zum Aufbringen eines gleichmäßigen Druckes auf die Wandung einer Bohrung ein aufdehnbarer Gummipacker verwendet wird. Die Bohrlochaufweitung in Abhängigkeit vom aufgebrachten Druck wird an ausgewählten Punkten mit elektrischen Wegaufnehmern gemessen. Aus den Versuchsergebnissen kann der ↗Elastizitätsmodul des Gebirges berechnet werden.

dilution of precision, *DOP*, skalare Größe, durch die der Einfluß der Satellitengeometrie auf die Genauigkeit der Positionsbestimmung bei der ↗Satellitennavigation, insbesondere bei GPS, beschrieben wird. Von den verschiedenen DOP-Werten wird vor allem der *PDOP* (Position DOP) verwendet, um die Genauigkeit einer dreidimensionalen Positionsbestimmung zu beschreiben. PDOP kann als reziproker Wert des Volumens eines Tetraeders gedeutet werden, das aus Satelliten- und Nutzerposition gebildet wird. Durch Multiplikation der ↗Standardabweichung einer Pseudoentfernungsmessung mit PDOP ergibt sich die Standardabweichung der aus GPS-Messungen abgeleiteten 3D-Position. Je kleiner der PDOP, umso genauer ist das Positionsergebnis. Bei voll ausgebautem ↗GPS-Raumsegment ist PDOP meistens kleiner als drei. Bei Signalverlust von einzelnen Satelliten (z. B. durch Verdeckungen), insbesondere beim ↗kinematischen GPS, kann PDOP kurzzeitig wesentlich höhere Werte annehmen.

diluviale Depression, selten gebräuchlicher Begriff für die Gebiete, in denen die Basis quartärer Sedimente unter dem rezenten Meeresspiegel liegt.

Diluvium, veraltet für ↗*Pleistozän*.

Dimension landschaftlicher Ökosysteme, ↗Landschaftsökosysteme können auf verschiedenen Dimensionsstufen betrachtet bzw. modelliert werden, d. h. man kann die landschaftlichen Prozesse für Ökosysteme unterschiedlicher Größenordnungen bestimmen (↗Theorie der geographischen Dimensionen Tab.). Teilweise besteht zwischen diesen Prozessen ein Funktionszusammenhang über die vier hierarchisch gegliederten Haupdimensionsstufen hinweg. Die kleinste Dimension landschaftlicher Ökosysteme ist die ↗topische Dimension, räumlich repräsentiert durch das ↗Ökotop. Darauf folgen die ↗chorische Dimension und die ↗regionische Dimension, räumlich repräsentiert durch die funktionellen Einheiten der ↗Chore und der ↗Region. Die Erde als größtes Ökosystem gehört in die ↗geosphärische Dimension. Die Kennzeichnung der Systeme verlangt ein der jeweiligen Dimensionsstufe entsprechend angepaßtes Methodenspektrum. [SR]

Dimension naturräumlicher Einheiten, in der Geographie und in der Betrachtung von Landschaftsökosystemen wird der Raum in vier Hauptmaßstabsbereiche (Dimensionsstufen) gegliedert (↗Theorie der geographischen Dimensionen Tab.). Die naturräumlichen Einheiten der verschiedenen Dimensionsstufen gelten als der jeweiligen Stufe entsprechende, ökofunktional homogene Gebiete, welche einen eigenen, einheitlich funktionierenden Landschaftshaushalt besitzen. Die Grenzen der Dimensionsstufen sind so gewählt, daß innerhalb der Stufen gleiche funktionell-inhaltliche Aussagen möglich sind, dieselben methodischen Ziele verfolgt werden und ein einheitliches Methodenniveau eingehalten wird. Der Übergang von einer Dimension zur anderen tritt dort auf, wo, infolge des Maßstabswechsels der Betrachtung, neue Prozesse und Funktionszusammenhänge relevant werden (die zuvor vernachlässigt werden konnten) und ein neues Methodenspektrum verlangen. Die ↗topische Dimension ist die kleinste Dimension, in ihr werden die landschaftsökologischen räumlichen Grundeinheiten (↗Geotope) ausgeschieden. Aus diesen topischen Raumeinheiten (Basiseinheiten) setzen sich die ↗Choren der unterschiedlichen Substufen zusammen. Sie besitzen wiederum eine dem Maßstabsbereich angemessene, gleichartige Struktur und Funktionalität (z. B.

gleiches Mesoklima, Gebietswasserhaushalt). Großverbände naturräumlicher Einheiten gehören zur ↗regionischen Dimension und sind gekennzeichnet durch eine einheitliche Grundstruktur von z. B. Makrorelief, Vegetationszone, Klimasubzone. Räume, die durch planetar wirksame Prozesse (Windsysteme, Klimazone, Strahlungshaushalt) einheitlich strukturiert sind, gehören zu den naturräumlichen Einheiten ↗geosphärischer Dimension. [SR]

dimiktischer See, See mit Perioden von Wasserzirkulation oder von episodischem, zweimaligem Umwälzen der Wasserschichtung im Jahr. Dieses Verhalten ist typisch für tiefe Süßwasserseen im gemäßigten Klima, wo es im Frühjahr und Herbst zu einer Durchmischung der Wasserschichtung kommt. ↗Vollzirkulation, ↗monomiktisch.

DIN, *dissolved inorganic nitrogen*, gelöster anorganischer Stickstoff.

Dinant, *Dinantium*, traditionelle stratigraphische Bezeichnung für das Unterkarbon, benannt nach der Stadt Dinant (Belgien). ↗Karbon, ↗geologische Zeitskala.

Dinoflagellata ↗*Dinophyta*.

Dinophyta, *Dinoflagellata*, *Pyrrhophyta*, *Gelbrote Algen*, Abteilung der ↗Protista mit der einzigen Klasse Dinophyceae. Die Dinoflagellaten sind photoautotroph, mixotroph oder heterotroph. Die Chloroplasten sind braun, braungelb oder rötlich, da das grüne Chlorophyll durch akzessorische Pigmente, v. a. Peridinin, maskiert wird. Die Dinoflagellaten besitzen einen Interphasekern aus kontrahierten Chromosomen, ein Pusulen-Röhrensystem und eine sehr komplexe Zellwand aus einer Zellmembran mit darunter liegenden Vesikeln, die mit polygonalen Zelluloseplättchen gefüllt sein können, die so ein nicht fossilisierbares Innenskelett (Theka) aus voneinander getrennten Zellulose-Täfelchen aufbauen. Das mobile Lebensstadium ist zweigeißlig. Daneben gibt es unbewegliche Phasen in komplexen Lebenszyklen. Hierzu zählt die Bildung von Zysten mit fossilisationsfähiger Hülle, v. a. aus sporopolleninähnlicher organischer Substanz oder Calcit sowie untergeordnet Opal. Viele Zysten haben einen sehr einfachen Habitus, so z. B. die Dauerzysten, die als Reaktion auf verschlechterte Umweltbedingungen gebildet werden, oder die Teilungszysten bei der vegetativen Vermehrung, aber z. T. auch die Zygoten-Zysten im geschlechtlichen Fortpflanzungszyklus. Bei der Exzystierung reißen solche Zysten einen Schlitz (Pylom) auf. Diese Differenzierung in nach ihrer Genese unterschiedliche Zysten ist an der leeren, fossilen Hülle nicht nachvollziehbar, nicht einmal eine eindeutige Zuordnung eines solchen Mikrofossils zu den Dinophyta. Wahrscheinlich gehören deshalb hierhin zahlreiche ↗Acritarchen, die seit dem ↗Archäophytikum vorkommen, und sehr viele Calcisphaeren. Die bei weitem formenreichsten Zysten sind jedoch sexuell gebildete Hypnozygotenzysten, die im Innern der Zygoten-Theka entstehen, und deren Morphologie sich täuschend ähnlich bis ins Detail auf der Oberfläche der Zystenwand abbilden oder aber Thekamerkmale durch zystenspezifische Fortsätze und Oberflächenornamente reflektieren. Die Exzystierung erfolgt durch eine Schlupföffnung (Archaeopyle), die durch Abwurf eines polygonalen Stücks der Zystenwand entsteht, das in Lage und Umfang einer oder mehreren reflektierten Zellulose-Platten der Theka entspricht. Hypnozygoten-Zysten sind seit dem ↗Anis aus marinen, aber nur selten aus limnischen Sedimenten bekannt. Aufgrund einer raschen Evolution können sehr viele und formenreiche Taxa zu einer detaillierten Biostratigraphie seit der Obertrias genutzt werden. Heutige Dinophyta leben im Meer und im Süßwasser überwiegend photoautotroph. Sie bilden zusammen mit ↗Bacillariophyceae und ↗Coccolithophorales das Gros des marinen Phytoplanktons und des ersten Gliedes der marinen Nahrungskette, werden aber auf Grund ihrer Bausubstanz aus leicht abbaubarer Zellulose bei weitem nicht im gleichen Maße im Sediment angereichert. Lediglich die aus Calcit aufgebauten Zysten können als wichtiger Carbonat-Sedimentbilder auftreten, und auch als Symbionten haben Dinoflagellaten Einfluß auf die Carbonatausscheidung von riffbildenden ↗Korallen und Lamellibranchiata. Berüchtigt sind die Roten Tiden. Bei diesen Dinoflagellaten-Blüten mit extrem hohen Zellkonzentrationen wird das Meerwasser durch die entsprechend hohe Anreicherung von braun-roten Chloroplasten gefärbt und durch Toxine vergiftet, was zu Massensterben der Meeresorganismen führt. Die Abhängigkeit vieler Arten von Umweltparametern bedingt charakteristische Theken-, aber auch Zysten-Verteilungsmuster in der Wassersäule. Die Zusammensetzung der fossilen Zysten-Vergesellschaftungen im Sediment kann deshalb bisher v. a. im ↗Quartär zur Rekonstruktion paläoozeanischer Parameter genutzt werden. [RB]

Dinosaurier, der mit Schreckensechsen zu übersetzende Name dieser ↗Reptilien spielt auf die Tatsache an, daß sie die größten und schwersten landlebenden Wirbeltiere der Erdgeschichte hervorgebracht haben. Dinosaurier zählen innerhalb der Klasse Reptilia zu den Archosauriern, die u. a. durch einen diapsiden (mit zwei Schlä-

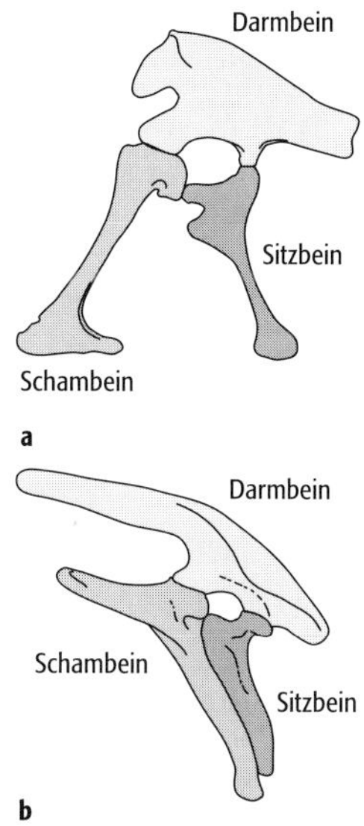

Dinosaurier 1: Die Großsystematik innerhalb der Dinosaurier wird u. a. anhand der Konstruktion des Beckengürtels vorgenommen. Man unterscheidet anhand der Stellung des Pubis (Schambein) die a) Saurischia (Echsenbecken-Saurier) von den b) Ornithischia (Vogelbecken-Saurier); zur Orientierung: links ist vorne.

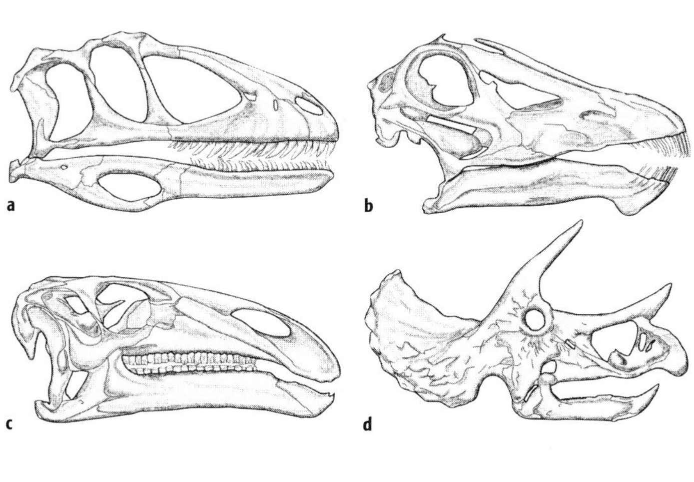

Dinosaurier 2: Beispiele unterschiedlicher Schädelmorphologien und Bezahnungen.
a) Theropoda: *Deinonychus*.
b) Sauropoda: *Diplodocus*.
c) Ornithopoda: *Iguanodon*.
d) Ceratopsia: *Triceratops*.
Schädelgrößen nicht maßstäblich.

Dinosaurier 3: Gepanzerte und/oder bewehrte Dinosaurier: Stegosaurier *Stegosaurus* mit alternierenden dorsalen Knochenplatten und bestacheltem Schwanzende und einer Länge von ca. 7 m.

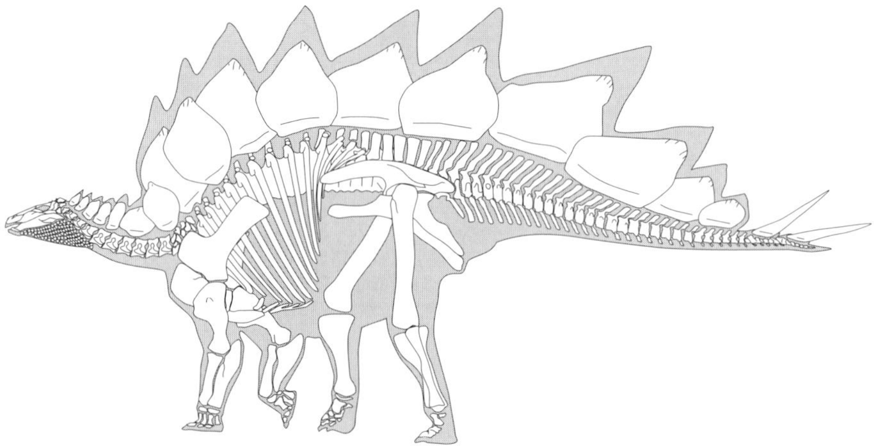

fenfenstern versehenen) Schädeltyp gekennzeichnet sind und überwiegend einen wechselwarmen Metabolismus besitzen. Relativ gleichzeitig treten in der oberen ↗Trias die beiden bekannten Dinosaurier-Ordnungen Saurischia (Echsenbecken-Saurier, Abb. 1a) und Ornithischia (Vogelbecken-Saurier, Abb. 1b) im Fossilbericht auf. Dinosaurier dominierten mit einer unglaublichen Fülle sowohl carnivorer als auch herbivorer Formen weltweit (inklusive der Polarregionen) die mesozoischen Landfaunen. Man kennt neben isolierten Knochen und Zähnen auch artikulierte Skelette, Hautabdrücke, einzelne Fußspuren, Fährten sowie Koprolithen (Kotsteine). Überliefert sind außerdem auch Eier und ganze Gelege, die sehr selten fossilisierte Embryonen enthalten können. Dinosaurier kamen in allen Größenklassen von Hühnergröße bis zu gigantischen Riesenformen mit maximal 25 m Länge vor. Neben der ursprünglicheren zweibeinigen Fortbewegungsweise sind viele Formen zur Vierbeinigkeit übergegangen, hier sind besonders die riesigen Sauropoden zu nennen. Je nach Ernährungsgrundlage haben Dinosaurier schneidende (z.B. Theropoda, Abb. 2a), stiftförmige, zum Greifen geeignete (z.B. Sauropoda, Abb. 2b) oder mahlende Zähne (z.B. Ornithopoda, Abb. 2c) entwickelt, teilweise waren auch im vorderen Kieferbereich Hornschnäbel ausgebildet (z.B. Ceratopsia, Abb. 2d). Die Haut aller Dinosaurier wurde von Reptilschuppen bedeckt. In manchen Gruppen wurden jedoch bestimmte Körperregionen zusätzlich mit Knochen unterschiedlicher Form und Dicke versehen (z.B. Stegosauria, Abb. 3), die dem Schutz vor Freßfeinden, der Verteidigung, als Kommunikationsorgane oder der Thermoregulation dienten. Neueste Funde chinesischer Dinosaurier belegen auch das Vorhandensein federartiger Strukturen. Bei einigen, nach ihrer Anatomie besonders schnellen und wendigen, meist fleischfressenden Dinosauriern wird aus energetischen Gründen Warmblütigkeit vermutet. Theoretischen Berechnungen zufolge sollen Riesenformen wie *Apatosaurus* (Abb. 4) auch eine deutlich erhöhte, aber jahreszeitlich schwankende Körpertemperatur gehabt haben (Gigantothermie). Am Ende der ↗Kreide starben alle Dinosaurier aus, die ↗Vögel jedoch als Nachfahren der Saurischia könnte man im Sinne der phylogenetischen Systematik als überlebende Dinosaurier bezeichnen. [DK]

Literatur: [1] BENTON, M.J. (1997): Vertebrate Palaeontology. – London u.a. [2] CURRIE, P.J. & PADIAN K. (Eds.) (1997): Encyclopedia of Dinosaurs. – San Diego u.a. [3] FARLOW, J.O. & BRETT-SURMAN, M.K. (Eds.) (1997): The Complete Dinosaur. – Bloomington/Indianapolis.

Diopsid, monokliner ↗Pyroxen.

Dioptas, [von griech. diopteia = Hindurchsicht], *Achirit*, *Kirgisit*, *Kupfersmaragd*; $Cu_6[Si_6O_{18}] \cdot 6\,H_2O$; Mineral mit trigonal-rhomboedrischer Kristallform; Farbe: smaragd- bis dunkelgrün; Glasglanz; durchscheinend; Strich: bläulichgrün; Härte nach Mohs: 5 (spröd); Dichte: 3,28–3,35 g/cm^3; Spaltbarkeit: vollkommen nach *(1011)*; Bruch: muschelig; Aggregate: massig bzw. kurzsäulig aufgewachsene Kristalle (Abb.) oder

Dinosaurier 4: Der Sauropode *Apatosaurus* war mit fast 18 m Körperlänge einer der größten Dinosaurier.

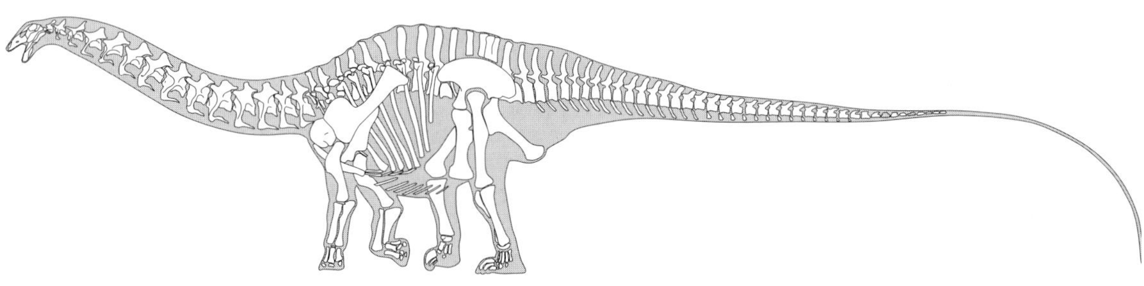

in Drusen; vor dem Lötrohr unschmelzbar, bei starkem Glühen in der Oxidationsflamme schwarz werdend; zersetzt sich in HCl und Ammoniak (Ausfall von Kieselgallerte); Begleiter: Limonit, Chrysokoll; Vorkommen: auf Klüften in Kalk- und Sandstein sowie im Ausgehenden von Kupfer-Lagerstätten; Fundorte: Altyn-Tübe (Kasachstan), Copiapo (Chile), Guchab (Otavia), Shaba (Zaire) und Tsumeb (Namibia).

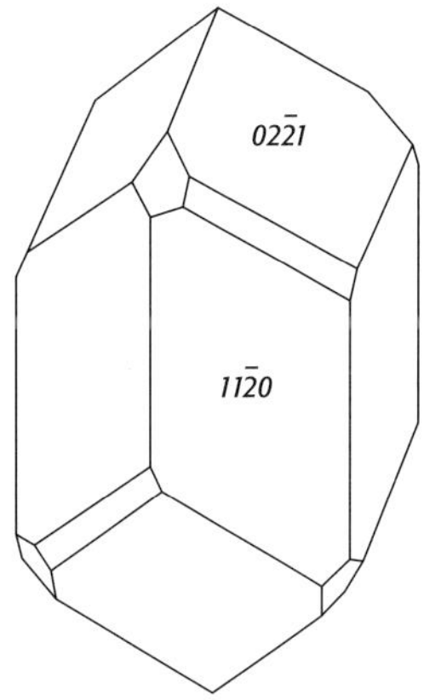

Dioptas: Dioptaskristall.

Diorit, ein plutonisches Gestein, bei dem mehr als 90 % der Feldspäte Plagioklase (mit einem Anorthitgehalt von weniger als 50 Mol. %; sonst spricht man von ↗Gabbros) sind und das bis zu fünf Vol.-% Quarz enthalten kann (↗QAPF-Doppeldreieck). Als ↗mafische Hauptbestandteile kommen neben den dominierenden Amphibolen (meist Hornblenden) Pyroxene und Biotite vor.

Dioxine, Sammelbezeichnung für über 200 Verbindungen aus der Gruppe der polychlorierten Dibenzo-p-Dioxine (PCDD) und Dibenzofurane (PCDF), die zu den chlorierten Kohlenwasserstoffen zählen (Abb.). Einige Dioxine werden zu

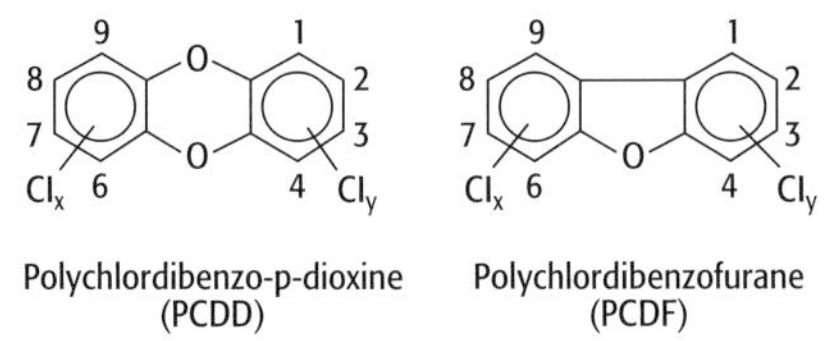

Dioxine: Strukturformeln.

den gefährlichsten Umweltschadstoffen gerechnet und sind teilweise bis zu 1000 mal giftiger als Zyankali. Am bekanntesten ist das als »Seveso-Gift« bezeichnete Isomer 2,3,7,8-TCCD (Tetrachlordibenzodioxin), benannt nach dem Unfall in der Chlorphenolfabrik in Seveso im Jahr 1976. Dioxine lagern sich in biologischen Geweben, v. a. im Fett- und Muskelgewebe, in der Haut und in der Leber an und verursachen dort schwere Schäden. Sie entstehen in Spuren als unerwünschte Nebenprodukte bei der Herstellung bestimmter chlorhaltiger Chemieprodukte (z. B. Desinfektionsmittel, Pflanzen- und Holzschutzmittel), bei der Verbrennung bestimmter chlorierter Kohlenwasserstoffe (z. B. des Kunststoffes PVC) und teilweise auch bei der Abfallverbrennung oder beim Brand von PCB-haltigen Transformatoren. Sie gelangen über die Luft, über das Abwasser und über Produktionsabfälle in die Umwelt und können, wenn es sich um hohe Konzentrationen handelt, ganze Landstriche vergiften. Gelangen dioxinhaltige Stoffe auf Mülldeponien, so besteht die Gefahr, daß sie, insbesondere durch den Kontakt mit Lösungsmitteln, ins Sickerwasser gelangen und ausgetragen werden. Eine umweltverträgliche Entsorgung von Dioxinen kann in entsprechenden thermischen Behandlungen erfolgen (Sonderabfallverbrennungsanlagen).

Dip-Äquator, Orte, an denen die ↗Inklination des erdmagnetischen Feldes gleich Null ist. Sie liegen auf einer unregelmäßig geformten Linie in der Nähe des geographischen Äquators.

Dip-Log ↗Image-Log.

Dipmeter, Instrument zur Bestimmung von Einfallwinkeln und -richtungen einer Bohrung, um daraus die räumliche Lage von Schichtflächen, Klüften und Störungszonen ableiten zu können. Neuere Geräte (stratigraphic high resolution dipmeter tool, SHDT) verwenden vier mit Elektroden bestückte Arme zur Erfassung des elektrischen Potentials; Daten zu Bohrlochneigung und Azimut werden über trägheitslose Orientierungseinheiten (Akzelerometer und ↗Magnetometer) geliefert.

dip moveout processing, *DMO*, spezieller Bearbeitungsschritt der ↗seismischen Datenbearbeitung in der ↗Common-Midpoint-Methode, in dem die bei geneigten Schichten unterschiedlichen Reflexionspunkte eines CMP-Ensembles von Spuren so korrigiert werden, daß die Reflexionen in der Stapelsektion zur korrekten Zeit und an die korrekte Position gebracht werden.

Dipol, der magnetische Dipol ist das Grundelement sämtlicher Erscheinungen der Magnetostatik. Das Bohrsche Magneton bildet die kleinste Einheit. Alle klassischen Bausteine der Materie (Elektronen, Protonen, Neutronen) besitzen die Eigenschaften eines magnetischen Dipols (Spinmoment). Hinzu kommen noch Bahnmomente der Elektronen. Die Stärke eines Dipols wird durch sein ↗Dipolmoment m beschrieben (Abb. 1). Das Feld F an einem Punkt P im Abstand r im Außenraum eines Dipols (Abb. 2) kann mit Hilfe folgender Formel berechnet werden:

$$F = (\mu_0/4\pi)\,(m/r^3)\,[1 + 3\cos^2\theta]^{1/2}$$
$$= (\mu_0/4\pi)\,(m/r^3)\,[1 + 3\sin^2\varphi]^{1/2}\,.$$

Dabei ist $\theta = 90° + \varphi$ und μ_0 ist die Permeabilität des Vakuums oder die Induktionskonstante. Da das Erdmagnetfeld mit guter Näherung durch ein axiales geozentrisches ↗Dipolfeld approximiert werden kann, wird von dieser Formel für viele Betrachtungen im Erdmagnetismus Gebrauch gemacht.

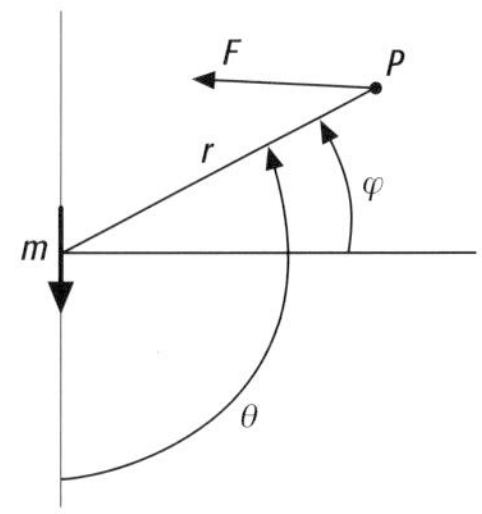

Dipol 1: Dipol mit dem Dipolmoment m. Definition der Größen zur Berechnung des Feldes F im Punkt P im Abstand r. Der Winkel φ bezeichnet die magnetische Breite, beim Winkel θ handelt es sich um den Winkel $\varphi + 90°$.

Dipol-Dipol, *double dipol*, Meßanordnung in der ↗Gleichstromgeoelektrik und ↗induzierten Polarisation.

Dipol-Dipol-Kräfte, durch permanente Dipole hervorgerufene schwache Anziehungskräfte zwischen Ionen und Molekülen, die sich den ande-

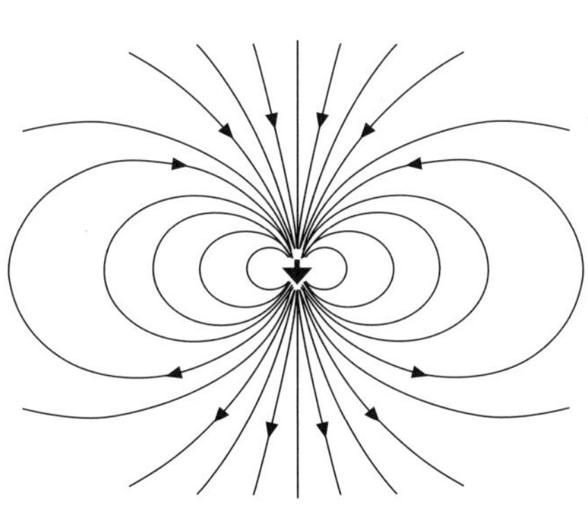

Dipol 2: Feldlinien im Außenraum eines Dipols.

ren Bindungskräften überlagern (↗van-der-Waals-Bindung).

Dipolfeld, das jetzige Magnetfeld der Erde läßt sich mit einer guten Näherung durch das Feld eines ↗Dipols im Zentrum der Erde (geozentrischer Dipol) beschreiben, der mit der Rotationsachse einen Winkel von etwa 11° bildet (geneigter Dipol). Im Mittel über einige 10^4 Jahre nimmt man auf der Grundlage der Ergebnisse des ↗Paläomagnetismus an, daß das Erdmagnetfeld sich gut durch einen geozentrischen axialen Dipol darstellen läßt, dessen Dipolachse mit der Rotationsachse der Erde zusammenfällt. Das ↗Dipolmoment des Erdmagnetfeldes beträgt zur Zeit etwa $8 \cdot 10^{22}$ Am^2 und hat in den letzten 200 Jahren um etwa 10% abgenommen (↗Säkularvariation). Die ↗Paläobreite wird berechnet aus der ↗Paläoinklination I_{pal} des Erdmagnetfeldes über die Formel:

$$\tan\varphi_{pal} = 0{,}5\,\tan I_{pal}.$$

Aus einer ↗Paläointensität F_{pal}, der Paläobreite φ_{pal} und dem Erdradius R läßt sich ein virtuelles Paläo-Dipolmoment m_{pal} der Erde mit Hilfe folgender Formel berechnen:

$$m_{pal} = F_{pal}\,R^3/[1 + 3\cos^2\varphi_{pal}]^{1/2}.$$

[HCS]

Dipolmoment, 1) elektrisches Dipolmoment, Produkt aus elektrischer Ladung Q und Abstandsvektor r der Ladungen $+Q$ und $-Q$ eines elektrischen Dipols ($p = Qr$), Maßeinheit [As · m]. 2) magnetisches Dipolmoment, Produkt einer geschlossenen Leiterschleife, die eine Fläche A umschließt und von einem Strom der Stärke I durchflossen wird ($m = I \cdot A$). Als magnetisches Moment eines Stabmagneten definiert man das Produkt aus magnetischem Fluß Φ und Polabstand r.

Dipolmoment des Wassermoleküls, bedingt durch den Aufbau des ↗Wassermoleküls besitzt es ein sehr hohes ↗Dipolmoment, das die hohe Dielektrizitätskonstante von etwa 80 bewirkt. Durch sie ist die große Dissoziationskraft des Wassers bedingt. ↗Influenzkonstante, ↗Meerwasser.

Dipolversuch, eine hydaulische Versuchanordnung, bei der Grundwasser von einer punktförmigen Eingabestelle, z.B. einem ↗Injektionsbrunnen, einer Entnahmestelle oder hydraulischen Senke zufließt. Bei der Durchführung eines Dipolversuchs ergeben sich über das Verhältnis der Entnahme- zur Injektionsrate Q_E/Q_I unterschiedliche Strömungs- und Fließfeldgeometrien. Es gilt

$$\beta = \frac{Q_E}{Q_I}.$$

Ist $\beta > 1$ ($Q_E > Q_I$), so wird das Fließfeld als asymmetrisch bezeichnet. Bei gleichen Raten ($Q_E = Q_I$ und folglich $\beta = 1$) stellt sich theoretisch ein symmetrisches Strömungsfeld ein (Abb.). Grenzfälle sind $\beta >> 1$ und $Q_I = 0$ (Monopol und Pseudo-Monopol). Handelt es sich um ein offenes System, so ist immer mit einem Abstrom infiltrierten Wassers und mit dem Beiziehen von Frischwasser zu rechnen. Beim Betrieb von Dipolströmungen ist grundsätzlich zwischen den Betriebsweisen des offenen oder des geschlossenen Dipols zu unterscheiden. Beim offenen Dipol wird das entnommene Grundwasser abgeleitet, während es bei der geschlossenen Wasserführung wieder injiziert wird. Hydraulische Dipolversuche können stationär oder instationär gefahren werden. Dies bedeutet, daß die Injektions- und/oder Förderraten während der Versuchsdurchführung konstant bleiben (stationär) oder verändert werden (instationär). [WB]

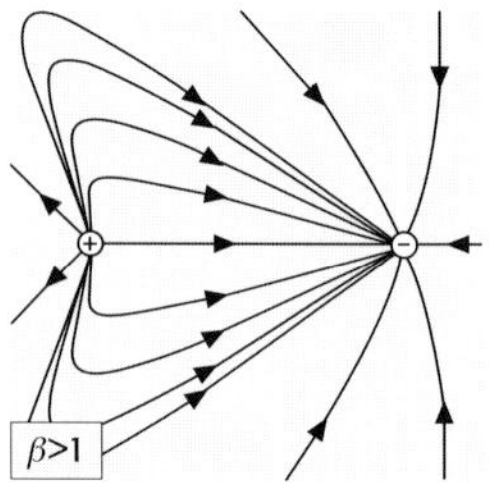

a asymmetrisches Dipol-Fließfeld

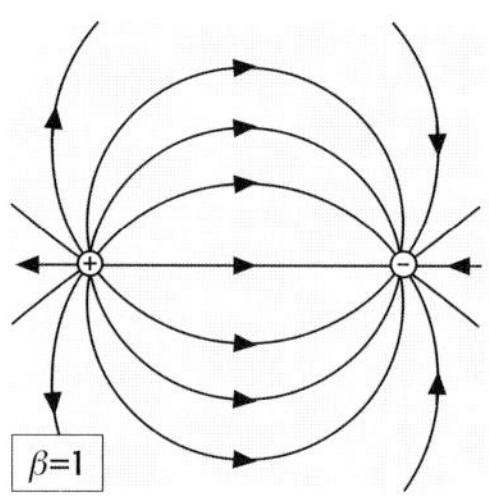

b symmetrisches Dipol-Fließfeld

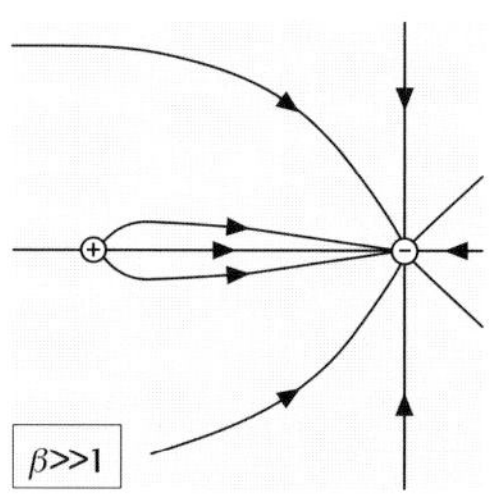

c Pseudo-Monopol-Fließfeld

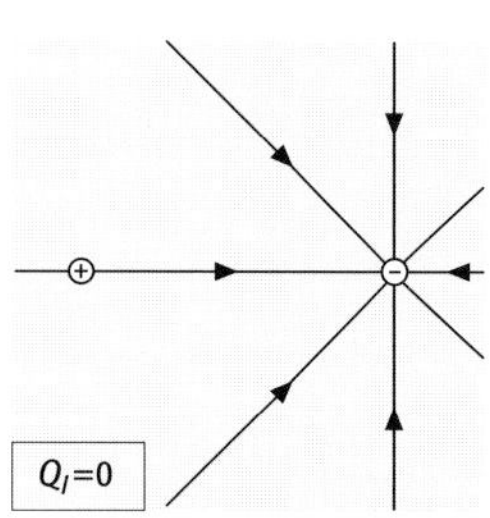

d Monopol-Fließfeld

⊕ Injektion ⊖ Entnahme
→ Fließrichtung — Stromlinien

Dipolversuch: Fließfeldgeometrien. Die Pfeile auf den Stromlinien symbolisieren die Fließrichtungen vom Injektions- zum Entnahmebrunnen; $\beta = Q_E/Q_I$ mit Q_E = Entnahmerate und Q_I = Injektionsrate.

Dip-Pol, die Orte, an denen die ↗Inklination des erdmagnetischen Feldes gleich ± 90° ist. Sie liegen in der Nähe der geographischen Pole.

direct hydrocarbon indicators, *DHI*, Kennzeichen in seismischen Sektionen, die auf Kohlenwasserstoffe hinweisen könnten. Beispiele: starke Zunahme der Amplitude (↗bright spot), charakteristische Änderungen der Signalform (Polarität, Frequenz) und der Kontinutität der Reflexion, Zunahme der Amplitude mit dem Schuß-Geophon-Abstand (AVO), »Durchhängen« der Reflexion unter einer Gaszone durch Verringerung der Geschwindigkeit. Alle Indikatoren können andere Ursachen als eine Akkumulation von Kohlenwasserstoffen haben. Die Langsamschicht ist meistens nicht identisch mit der geologischen Verwitterungsschicht.

Direktabfluß, *direkter Abfluß*, Wasser, das nach einem Niederschlagsereignis oder nach der Schneeschmelze unmittelbar oder nur mit kurzer Zeitverzögerung einem Fließgewässer zufließt (↗Effektivniederschlag). Der Direktabfluß schließt den ↗Landoberflächenabfluß und den ↗Zwischenabfluß ein. Der Begriff wird dort verwendet, wo sich durch hydrologische Analyse der Zwischenabfluß aus einer Abflußganglinie nicht abtrennen läßt (↗Abflußprozeß, ↗Hochwasserganglinie).

Direkte Aufgabe, Bestimmung des physikalischen Feldes (z.B. des magnetischen, elektrischen, gravimetrischen, geothermischen Feldes etc.) aus den bekannten physikalischen und geometrischen Parametern des Quellgebiets. Im allgemeinen ist diese Aufgabe eindeutig lösbar.

direkte Manipulation, zentrales Prinzip ↗interaktiver Graphik. Es geht davon aus, daß Interaktionsobjekte (↗Steuerelemente) am Bildschirm auf Eingaben des Nutzers hin unmittelbar mit einer graphischen Veränderung reagieren, indem z.B. Farben verändert (invertiert) werden oder ein Rahmen eingeblendet wird. Auf diese Weise soll dem Nutzer suggeriert werden, die dargestellten Objekte am Bildschirm verändern zu können, indem er z.B. den Cursor mit der Maus bewegt oder eine ↗interaktive Schaltfläche durch Anklicken »nach unten« drückt. Die direkte Manipulaton ist somit auch für die Entwicklung und Gestaltung ↗graphischer Benutzeroberflächen und ↗interaktiven Karten von großer Bedeutung.

Direkte Methoden, i. w. S. Methoden der Strukturbestimmung, die Phasen direkt aus Strukturamplituden ableiten; i. e. S. statistische Methoden, die Phasen bzw. Vorzeichen von Strukturfaktoren aus Wahrscheinlichkeitsbeziehungen gewinnen. Von grundlegender Bedeutung ist ein 1952 von Sayre veröffentlichter Zusammenhang zwischen Strukturfaktoren (Sayre-Gleichung; g ist ein Faktor, der von den ↗Atomstreufaktoren abhängt):

$$F\left(\vec{H}\right) = \frac{g}{V}\sum_{\vec{K}} F\left(\vec{K}\right)\cdot F\left(\vec{H}-\vec{K}\right).$$

Dieser besagt, daß man einen beliebigen ↗Strukturfaktor $F(\vec{H})$ als Summe von Produkten anderer Strukturfaktoren darstellen kann, deren Indizes $\vec{K}$ und $\vec{H}$-$\vec{K}$ sich zu den Indizes $\vec{H}$ des betreffenden Reflexes addieren. Diese Summe wird von starken Reflexen dominiert, für deren Phasen wahrscheinlich

$$\phi\left(-\vec{H}\right)+\phi\left(\vec{K}\right)+\phi\left(\vec{H}-\vec{K}\right)\approx 0$$

ist. Für zentrosymmetrische Strukturen wird daraus eine Wahrscheinlichkeitsbeziehung zwischen Vorzeichen $s(\vec{H})$ der Form

$$s\left(\vec{H}\right)+s\left(\vec{K}\right)+s\left(\vec{H}-\vec{K}\right)\approx +1\,.$$

Diese Beziehungen sind umso wahrscheinlicher erfüllt, je größer das Produkt der beteiligten normalisierten Strukturfaktoren $E(\vec{H})$, $E(\vec{K})$ und $E(\vec{H}$-$\vec{K})$ ist. Die betreffende Theorie wurde von J. Karle und H. Hauptmann erarbeitet, die dafür 1985 mit dem Nobelpreis ausgezeichnet wurden. Aus der Sayre-Gleichung läßt sich die von Karle und Hauptmann gefundene Tangensformel

$$\tan\phi_{\vec{H}} = \frac{\sum_{\vec{K}}\left|E_{\vec{K}}\,E_{\vec{H}-\vec{K}}\right|\sin\left(\phi_{\vec{K}}+\phi_{\vec{H}-\vec{K}}\right)}{\sum_{\vec{K}}\left|E_{\vec{K}}\,E_{\vec{H}-\vec{K}}\right|\cos\left(\phi\vec{K}+\phi_{\vec{H}-\vec{K}}\right)}$$

gewinnen, die im Rahmen der Direkten Methoden als Grundlage zur Verfeinerung eines Startsatzes von Phasen dient. Direkte Methoden setzen eine atomare Auflösung voraus. Ihre Grenzen liegen derzeit bei Strukturen mit ca. 100 unabhängigen Atomen in der Elementarzelle. [KE]

direkte Sonnenstrahlung, der Anteil der Sonnenstrahlung, der ohne Beeinflussung durch die Atmosphäre bis zum Beobachter gelangt. Der komplementäre Anteil der Sonnenstrahlung wird durch ↗Extinktion aus dem Strahlengang entfernt. Die Intensität der direkten Sonnenstrahlung wird auf eine zur Einfallsrichtung senkrecht stehende Einheitsfläche bezogen. Der entsprechende ↗Strahlungsfluß am Erdboden bezieht sich auf eine horizontale Einheitsfläche und ist deshalb um den Faktor cosα (α ist der Winkel zwischen der einfallenden Strahlung und der Vertikalen) kleiner als die aus dem Zenit einfallende Strahlung.

Direktzahlung, Zahlungen, die direkt und nicht produktgebunden von einer staatlichen Stelle an den Empfänger gehen. In der Regel sind Direktzahlungen an Auflagen gebunden und entschädigen den Empfänger für einen durch die Auflagen entstandenen Verdienstausfall. Mit den Direktzahlungen soll das Einkommen gesichert werden. Direktzahlungen haben v. a. in der Umweltpolitik, dort besonders im Agrarbereich, als umwelt- bzw. als agrarpolitisches Lenkungsinstrument stark zugenommen; dies einerseits, um umweltbelastende Produktionsmethoden zu verhindern, andererseits zur Förderung von umweltschonenden und -pflegenden Maßnahmen, die sonst nicht durch den freien Markt ausgeglichen werden. Hierzu zählen z. B. die Extensivierung von landwirtschaftlichen Flächen, die Förderung von Hochstammbeständen im Obstbau oder die Pflege von traditionellen Kulturlandschaften. [SR]

DIRM ↗remanente Magnetisierung.

Disdodekaeder, allgemeine Kristallform $\{hkl\}$ der kubischen Punktsymmetrie $m\bar{3}$. Das Polyeder setzt sich aus 24 kongruenten allgemeinen Vierecksflächen zusammen (Abb.).

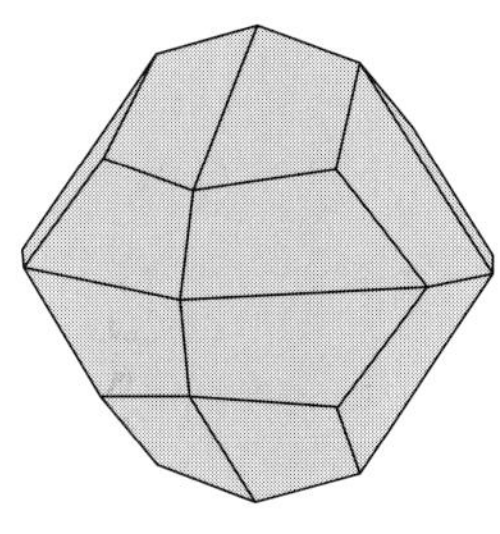

Disdodekaeder: Darstellung eines Disdodekaeders.

disharmonische Faltung, Faltung, bei der die Wellenlänge, Amplitude und manchmal die Form der Falten von Lage zu Lage wechselt (Abb.). Disharmonische Faltung setzt in vielen Fällen die

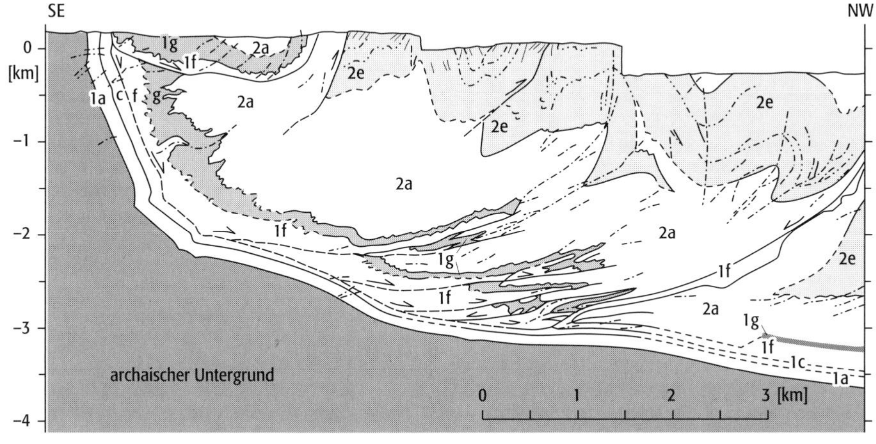

disharmonische Faltung: disharmonische Faltung zwischen gut geschichteter Basisfolge (1a–g) und massiven Sandsteinen (2e) wird ermöglicht durch eine mächtige Tonsteinfolge (2a); proterozoischer Faltengürtel, Mackenzie-Distrikt, Kanada.

Existenz von Abscherhorizonten zwischen den unterschiedlich gefalteten Lagen voraus.

Disjunktion, Trennung eines tier- oder pflanzengeograhischen Verbreitungsgebietes in mehrere, nicht zusammenhängende (diskontinuierliche) Teilgebiete. ↗Areale sind diskontinuierlich, wenn sie aus Teilarealen bestehen, die i. d. R. Reste ursprünglich geschlossener Areale darstellen. Die Räume zwischen den Teilarealen können unterschiedlich groß sein. Sie lassen sich unter den gegenwärtigen ökologischen Bedingungen mit arteigenen Verbreitungsmitteln nicht mehr überwinden. Von Großdisjunktion wird gesprochen, wenn sich die Zwischenräume in kontinentalem Maßstab bewegen.

Disklokationsgleiten ↗duktile Verformung.

Diskomfort ↗Behaglichkeit.

diskontinuierliche Reaktionsreihe ↗Reaktionsprinzip nach Bowen.

Diskontinuität, beim Durchgang durch eine Fläche ändern sich ein oder mehrere physikalische Parameter, z. B. die Dichte und/oder die ↗seismische Geschwindigkeit. Man unterscheidet Diskontinuitäten erster Ordnung (sprunghafte Änderung des Parameters) und Diskontinuitäten zweiter Ordnung (stetiger Übergang des betrachteten Parameters, aber sprunghafte Änderung des Gradienten auf beiden Seiten der Fläche). ↗seismische Diskontinuität, ↗Grenzfläche.

Diskontinuitätsfläche ↗*Trennfläche.*

diskordante Lagerstätten, ↗epigenetische Lagerstätten, die die vorgegebenen Strukturen des ↗Nebengesteins wie ↗Schichtung oder magmatischer und metamorpher Lagenbau schneiden.

Diskordanz, eine Lücke oder Diskontinuität in einer Schichtfolge. Bei einer *Winkeldiskordanz* haben die Schichten unter der Diskordanz eine andere Orientierung als die Schichten darüber.

Diskordia ↗U-Pb-Methode.

Diskreta, (sing. Diskretum), *diskrete Erscheinungen, diskrete Geoobjekte*, in der Kartographie die eindeutig durch zumeist auch sichtbare Grenzlinien abgegrenzten ↗Darstellungsgegenstände sowie Objekte linearer Erstreckung. Sie werden in Karten maßstabsabhängig als Fläche oder punktbezogen wiedergegeben. Bei der kartographischen Darstellung mittels ↗Flächenkartenzeichen wird die ↗Kontur beschrieben, bei zentralsymmetrischen ↗Positionssignaturen die Lage des Mittelpunkts, bei ↗Linearsignaturen die Mittellinie (Achse). Flächenhafte Diskreta lassen sich gliedern in Objektflächen (Areale, absolute Vorkommen), z. B. Bodenarten, Flächennutzungsarten, geologische Strukturen, oder in Verbreitungsflächen (↗Pseudoareale, relative Vorkommen), z. B. Pflanzenarten, Sprachen, Konfessionen, und ↗Bezugsflächen, die ihrerseits statistische Sachverhalte betreffen. Der Gegensatz zu den Diskreta sind die ↗Kontinua. [WGK]

Diskriminanzanalyse, Methode zur Überprüfung, ob in vorher festgelegten Gruppen zusammengefaßte Beobachtungen nach vordefinierten Kriterien optimal zugeordnet sind. Diese Prüfmethode kann in Verbindung mit Zuordnungsvorschriften dazu benutzt werden, innerhalb eines Iterationsverfahrens eine optimale Zuordnung der Beobachtungen zu einer der vorher festgelegten Gruppen bzw. eine optimale Trennung zwischen den vorher eingeteilten Gruppen vorzunehmen.

Dislokation, 1) i. e. S.: Versatz, Verschiebung, Verwurf in einem Gesteinskörper entlang einer ↗Verwerfung. 2) i. w. S.: jegliche Veränderung der normalen Lagerung eines Gesteins und jegliche Unterbrechung seines ursprünglichen Zusammenhangs.

Dislokationskriechen ↗duktile Verformung.

Dislokationsmetamorphose ↗*kataklastische Metamorphose.*

Dispergierung, [von dispergieren = zerstreuen, verbreiten]. Die Stabilität von ↗Bodenkolloiden wird überwiegend durch den ↗pH-Wert und die Zusammensetzung der ↗Bodenlösung bestimmt. Bei niedrigen Ionenkonzentrationen dominieren zwischen gleichgeladenen Kolloidoberflächen die abstoßenden Kräfte und die Kolloide sind in einer Suspension dispergiert (Sol-Zustand). Steigt die Ionenkonzentration in der Lösung an, verlieren die elektrostatischen Abstoßungskräfte an Wirkung, die Kolloidpartikel nähern sich so weit, bis die Anziehungskräfte überwiegen und das System in den Gel-Zustand übergeht. Beide Zustände können unter Verwendung von Dispergiermitteln ineinander überführt werden. Die Umwandlung vom Gel zum Sol wird als Dispergierung oder ↗Peptisation bezeichnet. Bei der Korngrößenanalyse wird Natriumpyrophosphat ($Na_4P_2O_7 \cdot 10\ H_2O$) als Dispergiermittel eingesetzt, um Aggregierungen von Tonmineralen zu trennen. Die Verlagerung der Ton-Fraktion in den ↗Bt-Horizont von ↗Parabraunerden (↗Lessivierung) wird durch den Vorgang der Dispergierung gesteuert. [AH]

Dispergierungsmittel, *Dispergator*, Chemikalie, die zur Herstellung von Suspensionen eingesetzt wird, um zu verhindern, daß es zur ↗Koagulation von festen Teilchen kommt. Meist wird Natriumpyrophosphat ($Na_4P_2O_7 \cdot 10\ H_2O \cdot 10H_2O$) verwendet. Es erhöht die Wasserbenetzbarkeit der festen Bestandteile und bewirkt damit eine Peptisation.

Dispersion, **1)** *Chemie*: Bezeichnung für die Ausbreitung von Substanzen in einem Medium. Diese setzt sich zusammen aus dem Transport der Substanz mit der Strömung und der (molekularen) ↗Diffusion. **2)** *Hydrologie, Hydrogeologie*: aus ↗Konvektion und ↗Diffusion resultierende Stoffverteilung in Fließgewässern (Abb. 1, Abb. 2). Man unterscheidet die longitudinale Dispersion (Längsdispersion), welche in Fließrichtung erfolgt (x-Richtung), die transversale Dispersion (Querdispersion), die quer zur Fließrichtung stattfindet (y-Richtung) und die vertikale Dispersion (Tiefendispersion, z-Richtung). Zusammen ergeben longitudinale und transversale Dispersion die laterale Dispersion. Die Quantifizierung der longitudinalen Dispersion und transversalen Dispersion erfolgt über die beiden Dispersionslängen α_L und α_T (↗Dispersivität). Die Multiplikation der beiden Parameter

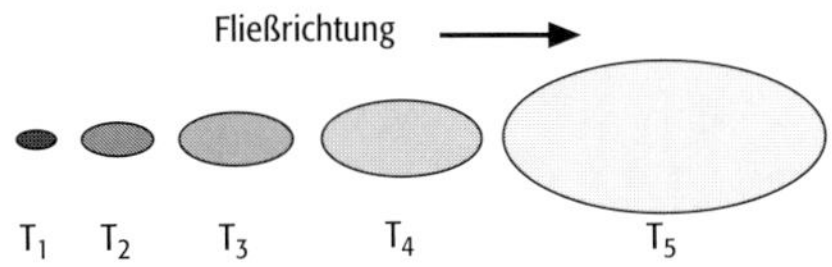

Dispersion 1: Wirkung der Dispersion beim advektiven Transport einer Injektion zu den Zeitpunkten T_1 bis T_5.

mit der Abstandsgeschwindigkeit ergibt den jeweiligen Wert der *hydromechanischen Dispersion*. Im Grundwasserstrom kann vielfach nicht zwischen der mechanischen Dispersion und der Diffusion unterschieden werden. Beide gemeinsam werden daher unter dem Begriff der *hydrodynamischen Dispersion* zusammengefaßt. Als Folge der hydrodynamische Dispersion wird sich eine Stoffwolke beim Transport sowohl in der Transportrichtung als auch quer dazu immer stärker ausweiten und dadurch eine Konzentrationsverminderung erfahren.
Die Dispersion wird bei zweidimensionaler Betrachtungsweise durch die Beziehung:

$$\frac{\partial C}{\partial t} = D_x \frac{\partial^2 C}{\partial x^2} + D_y \frac{\partial^2 C}{\partial y^2}$$

beschrieben, wobei C die Massenkonzentration des betrachteten Stoffes, D_x den Diffusionskoeffizient in Fließrichtung, D_y denjenigen quer dazu, darstellen (↗Ficksche Gesetze). Stofftransport und Stoffausbreitung werden in eindimensionaler Betrachtungsweise vereinfacht durch die Konvektions-Diffusions-Gleichung:

$$\frac{\partial C}{\partial t} = -v \frac{\partial C}{\partial s} + D_L \frac{\partial^2 C}{\partial s^2} - K_c$$

beschrieben. Dabei ist v die Fließgeschwindigkeit, D_L die longitudinale Dispersion längs des Weges s und K_c ein Quellen-Senkenterm (Abbauterm, Reaktionsterm). Die Dispersion führt, nach punktförmigen Stoffeinträgen, in einer relativ kurzen Fließstrecke zu einer gleichmäßigen Verteilung des Stoffes auf Wassertiefe und -breite. Stofftransport-Geschwindigkeit und longitudinaler *Dispersionskoeffizient* sind beide vom Abfluß und der Gerinnegeometrie abhängig. Die Konvektions-Diffusions-Gleichung bildet die Grundlage für die Berechnung von Stofftransport und Stoffausbreitung durch Stofftransportmodelle. **3)** *Wellentheorie*: Abhängigkeit der Phasengeschwindigkeit c von der Wellenlänge λ. Man spricht von normaler Dispersion, wenn die Geschwindigkeit mit der Wellenlänge zunimmt, im umgekehrten Fall spricht man von ↗anomaler Dispersion. Seismische ↗Oberflächenwellen zeigen normale Dispersion, da die seismischen Geschwindigkeiten in der Erde mit der Tiefe zunehmen. Beim Auftreten von Dispersion muß man zwischen ↗Phasengeschwindigkeit $c(\lambda)$ und ↗Gruppengeschwindigkeit $U(\lambda)$ unterscheiden. Es gilt die Beziehung: $U = c - \lambda \cdot (dc/d\lambda)$. Bei ↗Raumwellen ist Dispersion weit weniger ausgeprägt als bei Oberflächenwellen. Materialbedingte Dispersion in einem anelastischen Medium mit frequenzabhängigem spezifischen Gütefaktor Q folgt aus der Kausalitätsbedingung für seismische Impulse. Lange Seegangswellen (↗Seegang) sind z. B. schneller als kurze (normale Dispersion).In der Atmosphäre sind dies z. B. interne ↗Schwerewellen und ↗Rossbywellen.

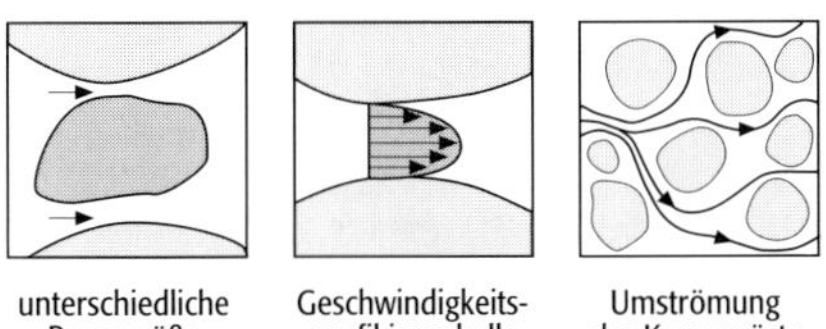

Dispersion 2: Ursachen der korngerüstbedingten Dispersion.

Dispersionsanalyse, Ermittlung der ↗Phasengeschwindigkeit und der ↗Gruppengeschwindigkeit als Funktion der Frequenz aus Beobachtungen von Oberfächenwellen. Die wichtigsten Schritte sind die Spektralanalyse von ↗Rayleigh-Wellen und ↗Love-Wellen im Zeit- oder Frequenzbereich mit Methoden der multiplen Filtertechnik, die zeitabhängige Filterung zur Signalseparation sowie die Messung der Phasen- und Gruppengeschwindigkeit aus den Phasendifferenzen bzw. mit Hilfe der ↗Kreuzkorrelation.

Dispersionsfunktion, Lösung der Dispersionsgleichung $F(\omega,c) = 0$ für ↗Rayleigh-Wellen und ↗Love-Wellen für die Grundmode $m = 0$ und höhere Moden ($m = 1, 2, \ldots$), die für ein horizontal geschichtetes Medium mit Hilfe der Thomson-Haskellschen Matrizenmethode analytisch abgeleitet werden kann. Die Phasengeschwindigkeit der m-ten Mode als Funktion der Kreisfrequenz ω hat die Form $c^{(m)} = c^{(m)}(\omega)$ und hängt von den Parametern des geschichteten Mediums ab (Schichtdicke, P- und S-Wellengeschwindigkeit, Dichte).

Dispersionshof, *Aureole*, Zone um eine Lagerstätte mit Anreicherung von migrationsfähigen, meist auch an der Vererzung in der Lagerstätte beteiligten Elementen. Dispersionshöfe sind wichtige Hilfen zum Auffinden von Lagerstätten beim Einsatz der geochemischen Prospektion. ↗Erkundung.

Dispersionskoeffizient ↗Dispersion.

Dispersionskräfte, *London-Kräfte*, durch induzierte Dipolmomente hervorgerufene, schwache Anziehungskräfte zwischen Atomen, Ionen und Molekülen, die sich den anderen Bindungskräften überlagern (↗van-der-Waals-Bindung).

Dispersionslänge ↗*Dispersivität.*

Dispersivität, *Dispersionslänge* (α), repräsentiert die für die ↗Dispersion maßgeblichen Inhomogenitäten des durchströmten Grundwasserleiters. Sie ist im wesentlichen eine gesteinskennzeichnende Größe, doch hängt sie auch als Folge der Makro-Dispersion von der Länge der Fließstrecke ab. Die Dispersivitäten von Porengrundwasserleitern (Sande und Kiese) liegen i. a. im Bereich von 0,1 bis 100 m, die der Kluft- und Karstgrundwasserleiter zwischen 10 und 1000 m.

displacement compensation system, *DISCOS*, ein System, welches gewährleistet, daß ein Satellit ↗drag-free fliegt. Es werden die Verschiebungen einer Probemasse relativ zur Satellitenhülle (nur diese wird von angreifenden Oberflächenkräften beeinflußt) gemessen und der Abstand der äußeren Hülle zur Probemasse über Steuerdüsen konstant gehalten.

disseminierte Erze, Erzminerale, die im Wirtsgestein fein verteilt auftreten. ↗Imprägnationslagerstätte, ↗Massivsulfid-Lagerstätten.

Dissimilation, Abbau von zelleigenen Substanzen (z. B. Reservestoffe) unter Energiegewinn (↗Atmung).

Dissipation, Vernichtung der ↗kinetischen Energie einer Strömung durch molekulare Reibung und deren Umwandlung in ↗innere Energie (Reibungswärme).

Dissoziation, **1)** *Allgemein*: die vielfach reversible Aufspaltung eines Moleküls in zwei oder mehrere Teile, die ungeladen (↗Radikale) oder geladen (Ionen) sein können. Die thermische Dissoziation (Thermolyse) erfolgt durch Wärmezufuhr, die photochemische Dissoziation (↗Photolyse) durch den Einfluß von Strahlungsenergie auf ein Molekül. In beiden Fällen entstehen i. d. R. freie Radikale. Bei der elektrolytischen Dissoziation schließlich werden gelöste, ionische Verbindungen in Kationen und Anionen aufgespalten, z. B. Salzsäure $HCl \rightarrow H^+ + Cl^-$. Das Ausmaß der Dissoziation wird für jede Molekülart durch seine Dissoziationskonstante und die Reaktionsbedingungen (z. B. Temperatur, Druck) festgelegt (↗Dissoziationsgleichgewicht). **2)** *Hydrologie*: Insbesondere die elektrolytische Dissoziation ist von entscheidender Bedeutung. Sie bestimmt ganz wesentlich das Vorkommen und die Wechselwirkung der im Wasser gelösten Salze und ihrer Ionen. In der flüssigen Phase des Wassers sind nicht alle Wasserstoff- und Sauerstoffatome als Wassermoleküle gebunden. Aufgrund der Dissoziation treten freie Ladungsträger auf. Es entstehen das positiv geladene Wasserstoffion H^+ oder Proton und das negativ geladene Hydroxidion OH^-: $H_2O \rightarrow H^+ + OH^-$. Da sich das H^+-Ion sofort an ein zweites H_2O-Molekül anlagert, wird die Dissoziation des Wassers besser durch die Gleichung: $2\,H_2O \rightarrow H_3O^+ + OH^-$ wiedergegeben. Nur ein sehr geringer Anteil der Wassermoleküle ist dissoziiert. Das Produkt der Konzentrationen c von $c[H^+] \cdot c[OH^-]$ ist bei gleicher Temperatur konstant. Es ist für chemisch reines, neutrales Wasser bei 22 °C von der Größe $1 \cdot 10^{-14}$. Das heißt in einem Liter reinstem Wasser sind je 10^{-7} Mol Wasserstoff- und Hydroxidionen enthalten, also in gleichen Mengenanteilen. 1 Mol H^+-Ionen hat die Masse 1 g; in 1 kg reinen Wassers sind somit 10^{-7} g = 0,1 µg H^+-Ionen sowie 1,7 µg OH^--Ionen enthalten. Das Wasserstoffion ist Träger der sauren Reaktion. Die Zahl der H^+-Ionen ist daher ein Maß für die Säurestufe (↗pH-Wert). **3)** *Mineralogie*: Der feste Zustand eines Minerals hat in Abhängigkeit von Druck und Temperatur einen Existenzbereich, der, wenn er überschritten wird, eine Umwandlung in eine flüssige oder gasförmige Phase hervorruft, z. B. am Schmelzpunkt = Dissoziationspunkt. Manche Minerale dissoziieren, v. a. an der Erdoberfläche, bereits vor Erreichen des Schmelzpunktes. Eines der Dissoziationsprodukte ist stets eine relativ leichtflüchtige Komponente, z. B. CO_2 oder H_2O. Der Dissoziationsbereich kann relativ eng, aber auch, durch äußere Umstände wie Druck oder Fehlstellen im Gitter beeinflußt, relativ groß sein. Beispiele solcher Dissoziationsvorgänge sind die Entwässerung von Kaolinit oder das Brennen von Kalk und Gips. Durch Zufuhr von Wärme kann neben der Dissoziation und dem Schmelzen auch eine Umwandlung im festen Zustand erfolgen, eine Phasenumwandlung; die Bildung von neuen kristallinen, polymorphen Modifikationen. Diese thermischen Umwandlungen verlaufen exotherm unter Abgabe von Wärme oder endotherm unter Verbrauch von Wärme. Solche thermisch bedingten Mineralumwandlungen lassen sich als geologische Thermometer benutzen. Auch für die Mineralnutzung, für die technologische Umwandlung von Werkstoffen und für die Mineraldiagnostik sind diese thermischen Daten von großer Bedeutung (Differenzthermoanalyse).

Dissoziationsgleichgewicht, Zustand bei der ↗Dissoziation von Molekülen, bei dem sich unter den gegebenen Reaktionsbedingungen die Konzentrationen der Ausgangsstoffe (Edukte E_1 … E_n) und der entstandenen Stoffe (Produkte P_1 … P_n) nicht mehr ändern. Das Verhältnis der dann vorliegenden Konzentrationen ergibt nach dem chemischen ↗Massenwirkungsgesetz unter Standardbedingungen die Dissoziationskonstante K_D:

$$K_D = \frac{P_1 \cdot P_2 \cdot \ldots \cdot P_n}{E_1 \cdot E_2 \cdot \ldots \cdot P_n}\,.$$

dissymetrisch, Bezeichnung für zwei Objekte (z. B. Moleküle), die nicht kongruent zueinander sind, aber durch eine Spiegelung aufeinander abgebildet werden können.

distal ↗Sequenzstratigraphie.

Distanz, Länge des Meßweges zwischen zwei Punkten, d. h. darunter wird der unmittelbare Meßwert einschließlich der erforderlichen ↗Korrektionen verstanden. Durch Addition von Reduktionen werden Distanzen in ↗Strecken überführt.

Distanzabnahmefunktion, Beschreibung der räumlichen Verteilung von Geoelementen, die durch eine vom Zentrum nach außen abfallende Belegung charakterisiert sind. Meist wird sie in Form einer negativen Exponentialfunktion beschrieben. Mit der Distanzabnahmefunktion kann auch die von einem Zentrum nach außen abnehmende Intensität der Verknüpfung bzw. Interaktion beschrieben werden.

Distanzmessung, Messung des Abstandes zwischen zwei Punkten. Anstelle von *Streckenmessung*, *Entfernungsmessung* oder Längenmessung sollte der oben genannte Begriff verwendet werden. Nach der Verwendung der Meßgeräte unterscheidet man in der terrestrischen ↗Geodäsie ↗mechanische Distanzmessungen, ↗optische Distanzmessungen, ↗elektronische Distanzmessungen.

Distanzstriche, *Reichenbachsche Distanzstriche*, nach Georg ↗Reichenbach benannte Markierungen in Form von zwei kurzen Strichen, die auf der Strichplatte eines Meßfernrohres im Abstand *d/2* parallel zum Horizontalstrich des Strichkreuzes aufgebracht sind und so einen festen ↗parallaktischen Winkel bilden.

Disthen, [von griech. dis = zwei und stenos = Kraft], *Cyanite, Kianit, Kyanit, Pseudo-Andalusit, Sapparit, Talkschörl.* $Al_2[O/SiO_4]$; Mineral mit triklin-pinakoidaler Kristallform; Farbe: bläulichweiß bis blau, fleckig-weiß, gelblich, grau, seltener rosa, grün, braunrot oder rotbraun; Glas- bis Perlmutterglanz; durchsichtig bis durchscheinend; Strich: weiß; Härte nach Mohs: längs: 4,5, quer: 6,5 (daher auch die Herleitung aus dem Griechischen); Dichte: 3,6–3,7 g/cm³; Spaltbarkeit: vollkommen nach (*100*); deutlich nach (*010*) (Abb.); Bruch: faserig; Aggregate: derb; strahlig-blätterige bis nadelige Massen bzw. breitstengelige, blattförmige, flachtafelige und quergestreifte Kristalle, häufig Zwillingsbildung; vor dem Lötrohr unschmelzbar; in Säuren unlöslich; Begleiter: Staurolith, Andalusit, Almandin, Korund, Rutil, Zoisit; Vorkommen: als metamorphes, für kristalline Schiefer charakteristisches Mineral (Fazies-Leitmineral) in Glimmerschiefern, Granulit und Eklogit; Fundorte: Pizzo Forno und Monte Campione (Tessin, Schweiz), Borisovka (Ural), Hirvivaara (Finnland) u. a. [GST]

Disthenzone ↗Barrow-Zonen.

Distickstoffoxid ↗Stickoxide.

Distrometer ↗Niederschlagsmessung.

Diterpane, durch Synthese von vier ↗Isopreneinheiten gebildete, verzweigte gesättigte Kohlenwasserstoffe mit 20 Kohlenstoffatomen. Die bekanntesten acyclischen Diterpane sind die hauptsächlich aus der Phytol-Seitenkette des ↗Chlorophylls stammenden Verbindungen ↗Pristan und ↗Phytan, welche aufgrund ihrer großen Verbreitung und ihrer Stabilität als ↗Biomarker eingesetzt werden. Ungesättigte Diterpane, die ↗Diterpene, sind weitverbreitet in der Natur.

Diterpene, durch Synthese von vier ↗Isopreneinheiten gebildete, verzweigte ungesättigte Kohlenwasserstoffe. Ein häufig auftretendes Diterpen ist das aus dem Chlorophyll a und b stammende ↗Phytol, aus dem die als ↗Biomarker verwendeten ↗Diterpane ↗Pristan und ↗Phytan gebildet werden. Viele di- oder tricyclische Diterpene sind Bestandteil höherer Pflanzen.

ditetragonale Dipyramide, allgemeine Kristallform {*hkl*} der tetragonal holoedrischen Punktsymmetrie *4/mmm*. Das Polyeder wird von 16 kongruenten Dreiecken gebildet (Abb.).

ditetragonale Pyramide, allgemeine Kristallform {*hkl*} der tetragonalen Punktsymmetrie *4mm*. Das Polyeder wird von acht kongruenten Dreiekken gebildet (Abb.).

dithionitlösliches Eisen, der Anteil an Eisen, der sich mit Dithionitlösung aus dem Boden herauslösen läßt. Er wird zur Abschätzung des Eisenanteils herangezogen, welcher im Boden oxidisch gebunden vorliegt. Gemeint sind damit jedoch keine Eisenoxidminerale wie Hämatit oder Magnetit.

ditrigonale Dipyramide, allgemeine Flächenform {*hkl*} ({*hkil*} in Bravaisschen Indizes) in der hexagonalen Punktgruppe $\bar{6}2m$.

ditrigonale Pyramide, allgemeine Flächenform {*hkl*} ({*hkil*} in Bravaisschen Indizes bei hexagonaler Beschreibung) in der rhomboedrischen Punktgruppe *3m*. Die sechs Flächen bilden ein offenes Polyeder. Erst durch Hinzufügen einer Basisfläche (↗Pedion) entsteht daraus ein geschlossenes Polyeder.

ditrigonales Skalenoeder, allgemeine Kristallform {*hkl*} oder in Bravaisschen Indizes {*hkil*} der rhomboedrisch holoedrischen Punktgruppe $\bar{3}m$, bestehend aus zwölf kongruenten Dreiecksflächen (Abb.).

divergenter Plattenrand, *konstruktiver Plattenrand*, ↗Plattenrand.

Divergenz, **1)** *Allgemein*: Auseinanderstreben. **2)** *Geophysik*: *Ergiebigkeit*, bezeichnet eine Operation der Differentialrechnung, mit der an jedem Punkt eines Vektorfeldes ein ↗Skalar definiert wird. Dieser Skalar beschreibt anschaulich die Bilanz des Zu- und Abflusses einer Menge in einem Volumenelement und Zeiteinheit. Ist ein Gleichgewicht vorhanden, so ist $div\ V = 0$. Punkte mit $div\ V > 0$ heißen Quellen, solche mit $div\ V < 0$ Senken. In kartesischen Koordinaten *x,y* und *z* gilt für einen Vektor *V* mit den Komponenten V_x, V_y und V_z:

$$divV = \frac{\partial V_x}{\partial x} + \frac{\partial V_y}{\partial y} + \frac{\partial V_z}{\partial z}\ .$$

Anwendung findet der Begriff der Divergenz in der Potentialtheorie (Gravimetrie, Magnetik, Geoelektrik, Geothermik). **3)** *Mathematik*: Skalarprodukt zwischen dem Nabla-Operator und einem Vektor. In Strömungen werden die Begriffe Geschwindigkeitsdivergenz (*Dv*) und Massendivergenz (*Dvϱ*) verwendet (v = Geschwindigkeitsvektor, ϱ = Dichte). Aufgrund der ↗Kontinuitätsgleichung führt eine Massendivergenz zu Massenverlust in einem Strömungsvolumen. **4)** *Ozeanographie*: im Ozean Auseinanderbewegung von Wassermassen. Oberflächennahe Divergenz der Horizontalströmung ist aufgrund der Massenerhaltung mit einer vertikalen Aufwärtsströmung verbunden. Man spricht hier von Upwelling (↗Auftrieb). Im Ozean wird in diesen Bereichen nährstoffreiches Wasser in die Nähe der Meeresoberfläche transportiert, was eine erhöhte biologische Aktivität zur Folge hat. Den entgegengesetzten Prozeß, das Zusammentreffen von Wassermassen, bezeichnet man als ↗Konvergenz.

divergenzfreies Niveau, horizontale Fläche in der mittleren Troposphäre, etwa im 500-hPa-Druckniveau, in der die Horizontaldivergenz annähernd gleich Null ist.

Divergenzkorrektur, Korrektur seismischer Amplituden zum Ausgleich der sog. sphärischen Divergenz, d.h. der Amplitudenabnahme, die durch geometrische Vergrößerung der Wellenfront verursacht wird (Schritt in der ↗seismischen Datenbearbeitung).

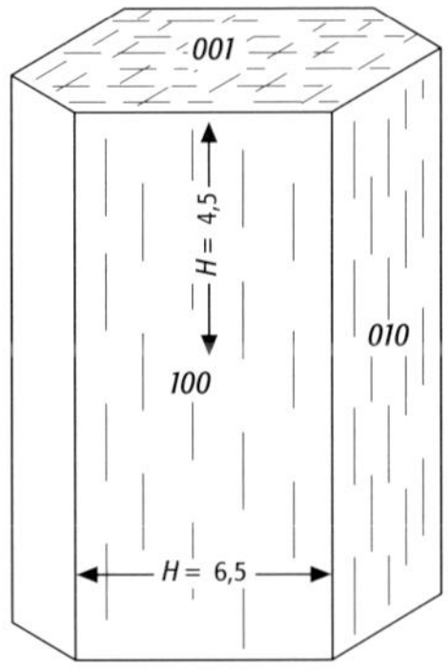

Disthen: Spaltbarkeit nach (*100*) und (*010*) mit Härteanisotropie.

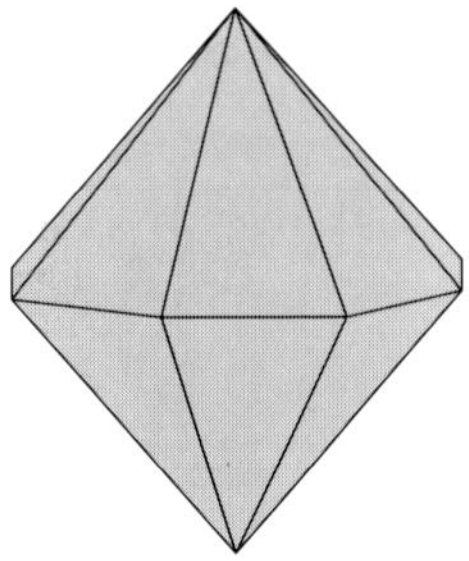

ditetragonale Dipyramide: Darstellung einer ditetragonalen Dipyramide.

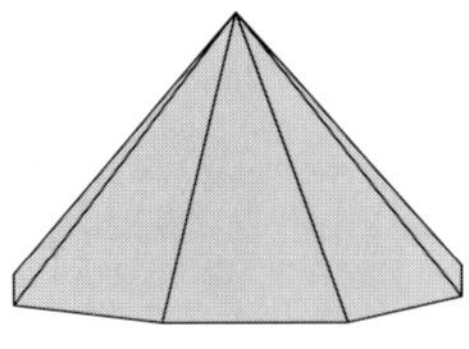

ditetragonale Pyramide: Darstellung einer ditetragonalen Pyramide.

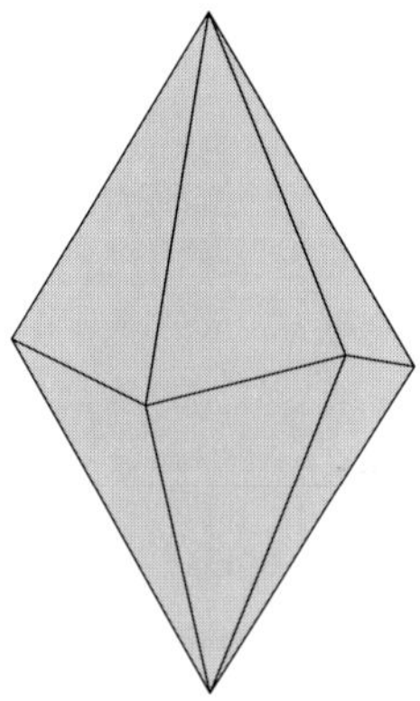

ditrigonales Skalenoeder: Darstellung eines ditrigonalen Skalenoeder.

Doline 1: Großdoline mit kleinen Trichterdolinen in den Alpen.

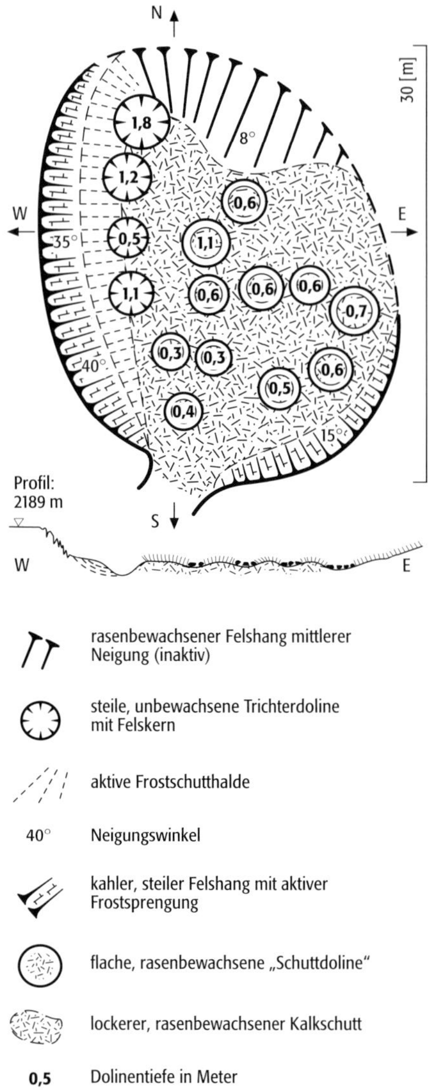

Divergenzmessung, die Durchführung von ↗Bewegungsmessungen mit einem Konvergenzmeßgerät in einem unterirdischen Hohlraum. Normalerweise konvergiert die Wandung eines unterirdischen Hohlraumes (Tunnel, Kaverne) unmittelbar nach dem Ausbrechen des Gebirges. In besonderen Fällen wird aber auch ein Divergieren der seitlichen Hohlraumwände beobachtet. In diesem Fall spricht man von Divergenz des Hohlraums.

Diversitäts-Stabilitäts-Hypothese, die in der Ökologie vieldiskutierte Frage, ob eine hohe Artendiversität die ↗Stabilität des ↗Ökosystems erhöht. Sie beruht auf der Annahme, daß im Falle einer hohen Artenvielfalt der Ausfall von ↗Schlüsselarten durch die vorkommenden seltenen Arten eher kompensiert werden kann, was die ↗Elastizität des Systems erhöht. Gegenbeispiele sind etwa die natürlichen Buchen- und Fichtenwälder, die als artenarme Ökosysteme dennoch stabil sind.

DM, *Depleted Mantle*, Reservoir im Erdmantel, welches Material zur Bildung kontinentaler Kruste lieferte und deshalb gegenüber ↗CHUR erhöhte Sm/Nd-Werte, erniedrigte Rb/Sr-Werte (respektive höhere ^{143}Nd/^{144}Nd-Werte und niedrigere ^{87}Sr/^{86}Sr-Werte) sowie niedrige ^{206}Pb/^{204}Pb und ^{207}Pb/^{204}Pb-Werte aufweist.

DMO ↗*dip-moveout-processing*.

DMSP, *Defence Meteorological Satellite Program*, System militärischer ↗Wettersatelliten der USA.

Dobson, *Gordon Miller Bourne*, englischer Physiker und Ozonforscher, * 25.2.1889 in Knott End (Lnacashire), † in 11.3.1976 Oxford; Professor am Fachbereich für Physik der Atmosphäre der Universität Oxford. Er entwickelte das Verfahren zur Messung des atmosphärischen Gesamtozons.

Dobson-Unit, *Dobson-Einheit, DU*, nach dem Pionier der Ozonforschung G.M.B. ↗Dobson benannte Maßeinheit zur Angabe der ↗Säulendichte des atmosphärischen Ozongehaltes bzw. der Dicke der ↗Ozonschicht. Eine Dobson-Unit entspricht der Menge von reinem ↗Ozon, die unter Normalbedingungen ($T = 0$ °C, $p = 1000$ hPa) eine Schichtdicke von 10^{-3} cm hätte (1 DU ≈ $2{,}69 \cdot 10^{16}$ Moleküle/cm^2).

DOC, *Dissolved Organic Carbon*, der Gehalt an gelöstem, organisch gebundenem Kohlenstoff in Wasser (Oberflächen- und Grundwasser). Er wird nach Filtration durch ein 0,45 μm Membranfilter bestimmt. Durch die Filtration werden partikuläre organische Substanzen (↗POC) abgetrennt. Um anorganischen Kohlenstoff zu entfernen, werden die Lösungen vor der DOC-Bestimmung angesäuert. Der im Filtrat enthaltene, organisch gebundene Kohlenstoff wird dann in einem UV-Reaktor bei 100 °C zu CO_2 zersetzt und die Menge an entstehendem CO_2 gemessen. ↗DOM.

Dogger, *Brauner Jura*, die mittlere Periode (von vor 180 Mio. bis vor 159 Mio. Jahren) des ↗Jura mit den Stufen ↗Aalen, ↗Bajoc, ↗Bathon und ↗Callov. Der Begriff Brauner Jura stammt von der vorherrschenden Gesteinsfarbe des Mittleren Jura in Süddeutschland. ↗geologische Zeitskala.

Dohrn, *Anton*, deutscher Zoologe, * 29.12.1840 in Stettin, † 26.9.1909 in München. 1868 Habilitation bei E. Haeckel in Jena; Stifter und Gründer (1870) der Zoologischen Station Neapel zur Erforschung der Meeresfauna (1872 eröffnet); Arbeiten zur vergleichenden Anatomie und Embryologie sowie zur Phylogenie der Gliedertiere und Wirbeltiere. Werke (Auswahl): »Der Ursprung der Wirbelthiere und das Princip des Functionswechsels« (1875).

Dokutschajeew, *Wassilij Wassiljewitsch*, * 1.3.1846 Miljukowo (bei Smolensk), † 8.11.1903 St. Petersburg; russischer Geowissenschaftler; ab 1883 Professor in St. Petersburg, seit 1895 Direktor des Institutes für Forstwirtschaft in Nowoalexandisk (Ukraine); beschäftigte sich u.a. mit Problemen der Bodenbewertung, der Wirkung von Düngemitteln und der Bodenkartierung unter Beachtung geologischer Faktoren; gilt als Begründer

der naturwissenschaftlichen ↗Bodenkunde; veröffentlichte seine bekannte Monographie über russische ↗Schwarzerde als Habilitationsschrift; prägte heute noch verwendete Begriffe in der Bodenkunde.

Dolerit, ein in der Literatur uneinheitlich verwendeter Begriff für basaltische bis gabbroide Gesteine; in Mitteleuropa, v.a. in England, verwendet für klein- bis mittelkörnige, oft subvulkanisch entstandene Basalte, in denen nicht geregelte, leistenförmige Plagioklaskristalle in einer Grundmasse aus Augit eingebettet sind (↗ophitisches Gefüge). In Amerika und Skandinavien werden solche Gesteine generell als ↗Diabas bezeichnet, während dieser Begriff in Mitteleuropa und in England nur für sekundär umgewandelte Dolerite verwendet wird.

doleritisch, Gefügebezeichnung für klein- bis mittelkörnige subvulkanische Gesteine der Basalt-Gabbro-Familie mit megaskopisch erkennbarem ↗ophitischem Gefüge (↗Dolerit).

Doline, (slow. für Tal), trichter-, kessel- oder schlotförmige Hohlform im ↗Karst mit unterirdischem Wasserabfluß. Dolinen entstehen durch Lösungsprozesse im verkarstungsfähigen Untergrund. Entlang von Schwächezonen im Gestein versickert das Wasser, dabei werden die Gesteinsfugen durch ↗Korrosion aufgeweitet. Neben den von der Oberfläche her wirkenden Lösungsvorgängen können auch unterirdische einen bedeutenden Anteil an der Entstehung von Dolinen haben, wenn es über Höhlen im Gestein zu Nachsackungen oder Einstürzen kommt. Die Durchmesser von Dolinen liegen zwischen wenigen Metern und über einem Kilometer. Der Dolinenboden kann von dem anstehenden Karstgestein gebildet werden oder von Sedimenten, bzw. Lösungsrückständen bedeckt sein. Anhand der Genese werden verschiedene Dolinentypen unterschieden: *Lösungsdolinen* entstehen durch oberflächliche Korrosion. Sie besitzen oft Trichterform (Abb. 2a), wenn der Boden mit Sedimenten oder Lösungsrückständen bedeckt ist, die den Abfluß des Wassers verhindern, kommt es zur Korrosion am Rand, so daß die Dolinen eine schüsselartige Form erhalten. Bei *Sackungsdolinen* (↗Erdfälle) sacken nicht verkarstungsfähige Deckschichten allmählich in die durch Lösung entstandenen Hohlräume im ↗Liegenden nach (Abb. 2d). *Einsturzdolinen* (*Cenotes*) entstehen durch den (plötzlichen) Einsturz des Gesteins über einer Höhle (Abb. 2b). Bei *Schwemmlanddolinen* wird Feinmaterial der Deckschichten in den verkarsteten Untergrund ausgeschwemmt, so daß sich infolge des Materialverlustes die Hohlformen bilden (Abb. 2c). Neben der Genese können Dolinen auch nach ihrer Form unterschieden werden. Die größte Verbreitung haben *Trichterdolinen*, die oft einen kreisrunden Grundriß und 30°–45° steile Hänge aufweisen. Wannen-, Schüssel- oder Muldendolinen sind vergleichsweise flache Dolinentypen, die meist infolge der Abdichtung des Abflusses durch Sedimente aus Trichterdolinen hervorgegangen sind.

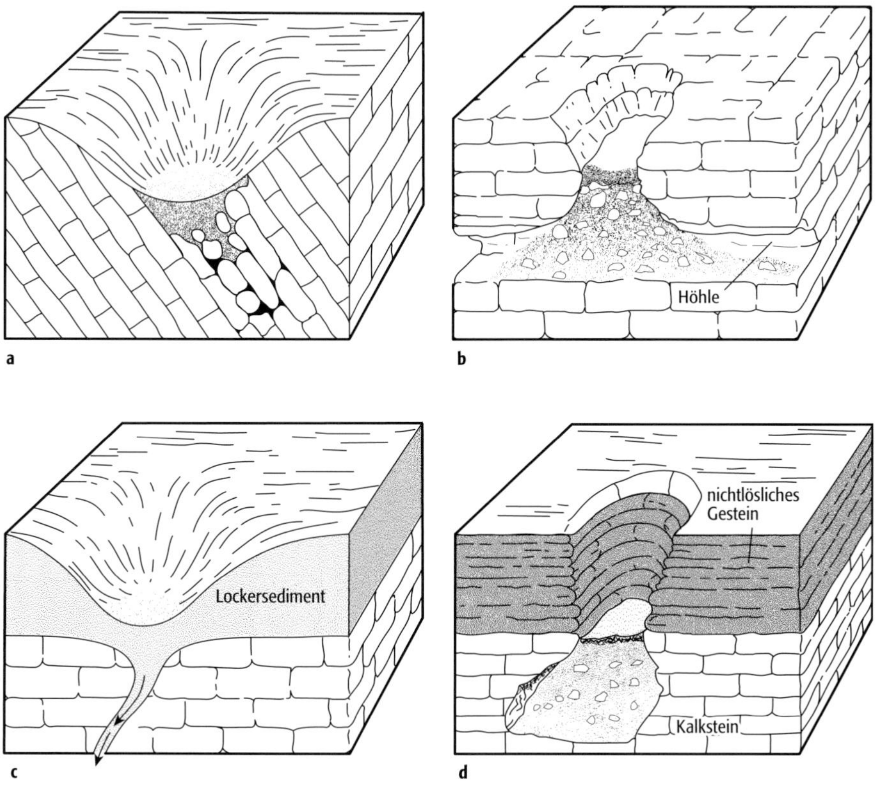

Doline 2: Lösungsdoline (a), Einsturzdoline (b), Schwemmlanddoline (c) und Sackungsdoline (d).

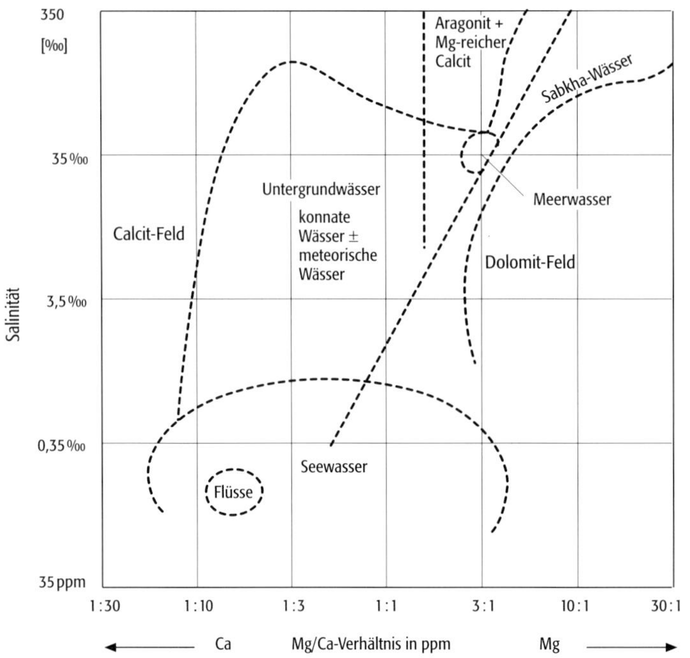

Dolomit-Entstehung: Stabilitätsbereich von Calcit, Mg-reichem Calcit, Aragonit und Dolomit.

Die steilwandigen Schacht- oder Kesseldolinen können durch Einsturz, bei einem ausgeprägten Kluftnetz aber auch durch Lösung entstehen. Kleine Dolinen sind häufig der Beginn der tiefreichenden ↗Karstschächte. Durch das Zusammenwachsen mehrerer Dolinen entstehen größere Formen (Abb. 1), häufig mit einem gelappten Rand, die als ↗Uvalas bezeichnet werden. Für den tropischen ↗Kegelkarst typische Dolinen sind die ↗cockpits, die zwischen den Kuppen eingetieft sind und oft einen sternförmigen Boden haben. [PMH]

Dolomit, *Bitterkalk, Dolomitspat, Flintkalk, Kalktalkspat, Magnesiocalcit, Muriacalcit, Rauchkalk, Rauhkalk, Rautenspat, Rhombenspat, Ridolphit, Brossit* (in säuliger Form), Mineral, nach dem franz. Mineralogen de Dolomieu benannt; $CaMg[CO_3]_2$; trigonal-rhomboedrische Kristallform; Farbe: weiß, farblos, grau, gelb, rötlich, braun; Glas- bis Perlmutterglanz; durchsichtig, durchscheinend bis undurchsichtig.; Strich: weiß; Härte nach Mohs: 3,5–4,0 (spröd); Dichte: 2,85–3,0 g/cm³; Spaltbarkeit: vollkommen nach (*1011*); Bruch: muschelig; Aggregate: grob- bis feinkörnig, spätig, dicht, derb bzw. krummflächige, sattelförmige Kristalle, meist als Rhomboeder; vor dem Lötrohr rissig werdend, jedoch nicht schmelzend (gelblich-rote Flammenfärbung); in HCl langsame Zersetzung, jedoch kein Aufbrausen wie bei Calcit (nur bei Pulver); Begleiter: Calcit, Magnesit, Quarz; Vorkommen: hydrothermal auf Erz- und Mineralgängen, in Talk- und Chloritschiefern und gesteinsbildend als Dolomitfels und dolomitischer Kalkstein; Fundorte: Stromberg (Rheinland-Pfalz), Teruel (Spanien), Vizze (Italien) sowie Binnatal (Wallis, Schweiz), ansonsten weltweit. [GST]

Dolomit-Entstehung, das Mineral Dolomit ($CaMg(CO_3)_2$) weist ein Kristallgitter mit geregelter Abfolge von Ca- und Mg-Lagen zwischen den CO_3-Lagen auf. Das Erreichen dieses hohen Ordnungsgrades erfordert für die direkte Fällung von Dolomit aus Lösungen, gemäß der Reaktion

$$Ca^{2+} + Mg^{2+} + 2\,CO_3^{-} \rightarrow CaMg(CO_3)_2,$$

unter ↗exogenen Bedingungen extrem langsames Kristallwachstum. Trotz der Sättigung des Meerwassers bezüglich Dolomit besteht zugleich eine starke Übersättigung bezogen auf Calciumcarbonat, durch die die Abscheidung von Aragonit und Calcit bzw. Mg-reichem Calcit begünstigt wird (Abb.). Es ist zweifelhaft, ob Dolomit exogen überhaupt als primäres Fällungsprodukt entsteht. Der vorherrschende Mechanismus der Dolomitentstehung ist die ↗Dolomitisierung primärer Calciumcarbonate.

Dolomitisierung, bezeichnet den Prozeß, bei dem primärer Calcit oder Aragonit durch sekundären ↗Dolomit ersetzt wird. Die Dolomitisierung kann zum einen durch Austausch von Ca-Ionen durch Mg-Ionen bei gleichzeitiger Zufuhr von Mg^{2+} und Abfuhr von Ca^{2+} erfolgen, entsprechend der Reaktion

$$Mg^{2+} + 2(CaCO_3) \rightarrow CaMg(CO_3)_2 + Ca^{2+}.$$

Zum anderen kann auch allein eine Zufuhr von Mg^{2+} und CO_3^{2-} durch dolomitisierende Fluide gemäß der Reaktion

$$CaCO_3 + Mg^{2+} + CO_3^{2-} \rightarrow CaMg(CO_3)_2$$

erfolgen.
Die Dolomitisierung kann synsedimentär/frühdiagenetisch und spätdiagenetisch erfolgen. Allen Modellen zur Dolomitisierung ist gemeinsam, daß Fluide mit einem sehr hohen Mg-Ca-Verhältnis von 5–10 für die Dolomitisierung verantwortlich gemacht werden. Nach dem Sabkha-Modell entstehen solche Wässer durch intensive Evaporation von Meerwasser in Salzpfannen unter gleichzeitiger Fällung von Calciumcarbonat. Die Mehrzahl der Dolomitgesteine ist jedoch nicht mit supratidalen Environments verbunden. Für diese versucht das Mischungsmodell den Verdünnungseffekt von Meerwasser (hohes Mg-Ca-Verhältnis) durch süße Grundwässer (Mg-Ca-Verhältnis bleibt bei sinkender Salinität erhalten) verantworlich zu machen (↗Dolomit-Entstehung Abb.).
Aus dem zunehmenden Anteil dolomitischer Gesteine mit wachsendem Gesteinsalter wurde auf einen Alterungsprozeß calcitischer Gesteine zu Dolomit geschlossen. Junge marine Carbonatablagerungen bestehen überwiegend aus Aragonit und Mg-reichem Calcit. Diese Mineralogie ist auch in küstennahen Süßwasseraquiferen erhalten, die erst vor 10.000–20.000 Jahren über das Meeresniveau gehoben worden sind (z. B. Bermudas, Yucatan). Hingegen liegt für präkambrische Carbonate ein Kalkstein-Dolomit-Verhältnis von

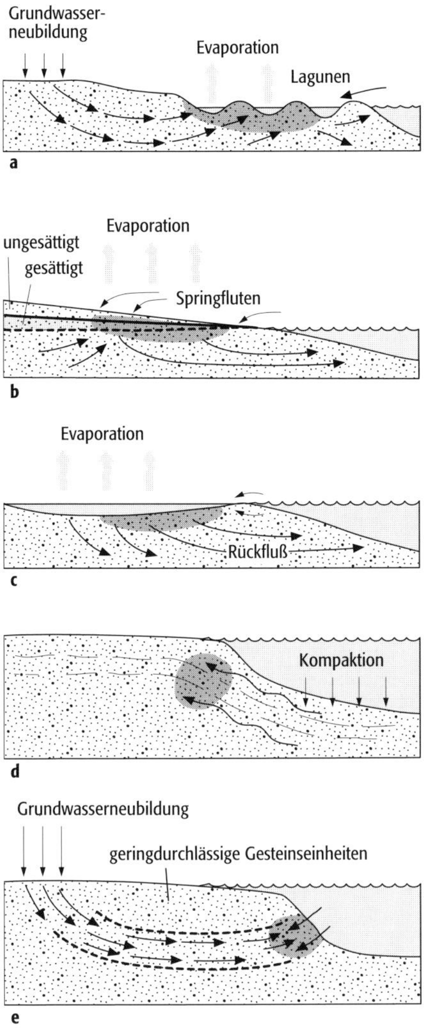

Dolomitisierung: vorgeschlagene Modelle zur Dolomitisierung. (a) Coorong-Lagunen-Typ, (b) Sabkha-Modell, (c) Laugenrückflußmodell, (d) Kompaktionsmodell, (e) Mischungsmodell. Keines dieser Modelle bietet eine umfassende Erläuterung für die Dolomitisierung.

1:3 vor. Zumindest für das ↗Phanerozoikum wurde ein Altersbezug des Kalkstein-Dolomit-Verhältnisses in neueren Untersuchungen widerlegt und wird auch für das ↗Präkambrium heute nicht mehr in Erwägung gezogen. In jüngerer Zeit wird demgegenüber zunehmend eine mikrobielle Entstehung von Dolomiten im Züge der Degradation von organischem Material (mikrobielle Matten) während der Frühdiagenese diskutiert. Diese Möglichkeit wurde sowohl für phanerozoische als auch für archaische (↗Archaikum) Carbonatplattformen aufgezeigt. Insgesamt gibt es bisher für die Dolomitisierung bei exogen relevanten Systemtemperaturen unter 333,16 K noch kein befriedigendes Modell (Abb.). [TR]

Dolomitmarmor, ein ↗Marmor, der überwiegend aus Dolomit besteht.

DOM, *Dissolved Organic Matter*, ist ein in der Bodenkunde benutzter Begriff für die mit Wasser lösliche Fraktion der organischen Bodensubstanz. Sie stellt den mobilen Anteil der organischen Bodensubstanz dar und ist damit eine wichtige Größe im ↗Kohlenstoffkreislauf. DOM wird analog zum ↗DOC bestimmt, sollte jedoch nicht mit diesem verwechselt werden, da DOM durch Zusatz von Wasser zu Bodenproben gewonnen wird.

Dom, konvexe geologische Struktur mit allseitig nach außen gerichtetem Fallen und kreisförmigem bis elliptischem Grundriß. Hierzu gehören u.a. auch ↗Brachyantiklinalen. Meist nur deskriptiv, nicht genetisch gebraucht. Ausnahme: Salzdom in der ↗Salztektonik.

Doma, *Dieder*, Flächenpaar, dessen Flächen durch eine Spiegelebene miteinander verknüpft sind.

Domäne, 1) *Geophysik*: im Zuge der Minimierung der inneren Energie unterteilt sich bei ↗Ferromagnetismus und ↗Ferrimagnetismus ein Teilchen in magnetische Domänen oder ↗Weisssche Bereiche, in denen das Material in Richtung der ↗spontanen Magnetisierung gesättigt ist. Die Magnetisierungsrichtungen benachbarter Domänen unterscheiden sich bei den natürlichen ferrimagnetischen Mineralen mit kubischer Kristallstruktur (↗Magnetit, ↗Maghemit, ↗Titanomagnetite) um 180°, 71° oder 109°, bei ↗Hämatit und ↗Magnetkies um 180°. Zwischen zwei benachbarten Domänen gibt es einen Übergangsbereich von etwa 100 nm Dicke (↗Blochwand), in dem die ↗spontane Magnetisierung von der einen in die andere ↗leichte Richtung in kleinen Stufen umschwenkt. Jede Blochwand beinhaltet Blochwand-Energie (hauptsächlich aus der ↗Kristallanisotropie und Austauschenergie), weil dort die magnetischen Elementardipole aus den leichten Richtungen der spontanen Magnetisierung herausgedreht und auch nicht mehr ganz genau parallel zueinander orientiert sind. Bei schwachen äußeren Magnetfeldern werden Magnetisierungsänderungen in ferro- und ferrimagnetischen Substanzen durch die Verschiebung von Blochwänden bewirkt. Bei starken Feldern kommen in der Nähe der magnetischen Sättigung noch Drehprozesse hinzu. Die Behinderung der Blochwandbewegungen (Wandreibung) durch Fehlstellen in der Kristallstruktur, unmagnetische Einschlüsse oder mechanische Spannungen haben einen entscheidenden Einfluß auf die Form der magnetischen Hysteresekurve (↗Hysterese) und damit auf die ↗Koerzitivfeldstärke und die ↗remanente Magnetisierung. Bei Gesteinen sind die ferrimagnetischen Erzkörner (Magnetit, Magnetkies, Titanomagnetit) zumeist so groß (bis zu einigen 100 μm), daß sie in mehrere magnetische Domänen unterteilt sind (↗Mehrbereichsteilchen). Unterhalb einer für jedes ferro- und ferrimagnetische Material kritischen Teilchengröße d_{krit} (Tab.) bringt eine Unterteilung in mehrere Domänen keinen energetischen Vorteil mehr. Diese ↗Einbereichsteilchen haben besonders günstige magnetische Eigenschaften (große Koerzitivfeldstärken H_C und ↗Relaxationszeiten einer ↗remanenten Magnetisierung) für die Konservierung des Erdmagnetfeldes in der geologischen Vergangenheit (↗Paläomagnetismus). Teilchen mit nur wenigen (zwei bis etwa zehn) magnetischen Domänen haben magnetische Eigenschaften, die zwischen de-

Domäne (Tab.): kritischer Teilchendurchmesser d_{krit} natürlicher ferrimagnetischer Minerale für den Übergang von Einbereichs- zu Mehrbereichsteilchen.

Substanz, Mineral	d_{krit} [µm]
Fe_3O_4, Magnetit	0,03...0,1
α-Fe_2O_3, Hämatit	10...30
γ-Fe_2O_3, Maghemit	0,05...0,2
Titanomagnetit, TM60	0,5...1
Fe_7S_8, Magnetkies	1...2
α-FeO(OH), Goethit	10...50
Fe_3S_4, Greigit	0,5...1

nen der Einbereichs- und der Mehrbereichsteilchen liegen. Sie werden als ↗Pseudo-Einbereichsteilchen bezeichnet. Die Blochwände können aufgrund ihrer magnetischen Streufelder mit Hilfe von ↗Ferrofluid sichtbar gemacht werden. **2)** *Kristallographie*: Bereich eines Kristalls mit einheitlicher kristalliner Struktur, der von anderen Bereichen mit einer gesetzmäßig verschiedenen Orientierung durch Domänenwände getrennt ist. Zum Beispiel hat $BaTiO_3$ eine kubische Hochtemperaturstruktur, die unterhalb etwa 130 °C in eine tetragonale Struktur übergeht. Es ist energetisch sehr schwer für den kubischen Kristall einheitlich in die tetragonale Phase überzugehen. Vorhandene Restspannungen können in einzelnen Bereichen des Kristalls verschiedene kubische Achsen als tetragonale Achse favorisieren. Damit gibt es Bereiche, in denen die tetragonalen Achsen um 90° gegeneinander verdreht sind. Wird ein tetragonaler Kristall orthorhombisch (Abb. im Farbtafelteil), dann kann entweder die kristallographische a-Achse oder die b-Achse in den unterschiedlichen Domänen verändert werden. Die Domänenwände verlaufen dann unter dem Winkel der Innendiagonalen des orthorhombischen Rechtecks. [HCS, GMV]

Domberg, in der ↗Geomorphologie rein deskriptiver Begriff für einen Berg mit steilen Hängen und rundlicher Kuppengestalt. Die Entstehung von Dombergen wird bei kristallinen Massengesteinen durch ↗Exfoliation infolge von Druckentlastung erklärt. Domberge sind als besonders steile Ausprägung der ↗Inselberge in den wechselfeuchten Tropen zu finden und überragen dort die ↗Rumpfflächen.

Domdüne, 1) morphographische Bezeichnung für flache ↗Dünen ohne ausgebildeten Rutschhang im Lee, 2) wenig gegliederte Form der ↗Sterndüne.

Domer, *Domerium*, das obere ↗Pliensbach.

Domichnion, *Wohnbau*, ↗Spurenfossilien.

Dominanz, *ökologische Dominanz, relative ↗Abundanz*, Kenngröße für das Überwiegen einer ↗Art in einem bestimmten ↗Lebensraum. Die Dominanz wird als prozentualer Anteil der Einzelorganismen oder der ↗Biomasse von einer Art an der Individuenzahl oder der Biomasse der übrigen Arten bestimmt. Die Bedeutung dieses Maßes liegt darin, daß natürliche ↗Biozönosen charakteristischerweise aus verhältnismäßig wenigen, ökologisch dominanten Arten bestehen. Bei ↗Pflanzenformationen wird die Dominanz häufig über den ↗Deckungsgrad angegeben. Für Vergleiche verschiedener Lebensgemeinschaften werden auch Indizes herangezogen (z.B. ↗Shannon-Index), welche die Dominanz in Beziehung zur Artenvielfalt darstellen. Dominanz-Diversitäts-Kurven (Abb.) zeigen die Spannbreite zwischen artenarmen Systemen, in denen zudem eine einzelne Art dominiert (z.B. subalpiner Wald), und solchen mit zahlreichen Arten und geringer Dominanz der einzelnen (z.B. tropischer Regenwald). Dominanz-Indizes alleine sind zur Beschreibung von Biozönosen wenig geeignet, da die internen Verflechtungen innerhalb der Lebensgemeinschaften nicht in die Berechnung miteingehen. Die Ursache für die Dominanz einer Art liegt in deren ökologischer Potenz. Aus ökologischen Gunstbedingungen ergeben sich hohe Dominanz-Werte. Daraus darf allerdings nicht geschlossen werden, daß seltene Arten in einer Gemeinschaft keine Bedeutung besitzen. Ändern sich die Lebensbedingungen zu Ungunsten der dominanten Art, können tolerante Arten an Häufigkeit zunehmen und wichtige Funktionen übernehmen (z.B. Ersatz der in den 1940er Jahren infolge eines Pilzbefalls abgestorbenen Kastanien durch Eichenarten in den südlichen amerikanischen Appalachen). Diese Redundanz (Doppelbesetzung, Wiederholung) ist somit ein wesentliches Element der ↗Elastizität von ↗Ökosystemen. Neben natürlichen Dominanz-Ökosystemen (z.B. die Buchwälder Mitteleuropas) werden in der Land- und Forstwirtschaft bewußt Arten von hohem ökonomischen Nutzen gefördert, bis hin zum Extremfall der ↗Monokultur. Solche durch den Menschen geschaffene Dominanz-Ökosysteme sind als künstliche Systeme nicht stabil und können nur durch Hilfsstoffe (Dünger, Pflanzenschutzmittel) auf dieser hochproduktiven Sukzessionsstufe gehalten werden. [DS]

Dominanz: Dominanz-Diversitäts-Kurven drei verschiedenartiger Wälder.

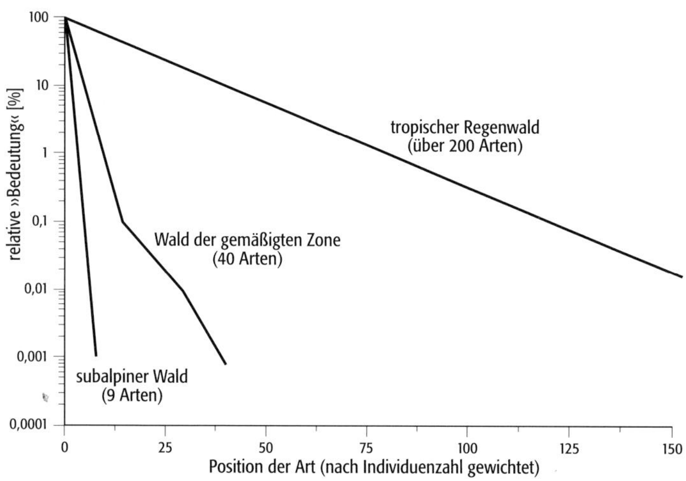

dominierende Abstandsgeschwindigkeit ↗Abstandsgeschwindgkeit.

Donau-Kaltzeit, von Barthel Eberl 1930 eingeführte Begriff für die ↗Kaltzeit des Unterpleistozäns, deren Typregion im bayerischen Alpenvorland die Unteren ↗Deckschotter des Iller-Lechgletschergebietes darstellen. Benannt wurde sie nach der Donau als dem Vorfluter aller quartären Schmelzwässer aus den Alpen östlich des Rheins. Die Abgrenzung zur älteren ↗Biber-Kaltzeit erfolgt morphostratigraphisch aufgrund von Schmelzwasserterrassen. Die Obergrenze wird je nach Bewertung der angewandten Methodik entweder in das obere Tegelen (Säugerstratigraphie) oder an die Brunhes-Matuyama-Grenze gestellt (↗Palynologie, Paläomagnetik) und ist weiterhin in Diskussion. Es ist davon auszugehen, daß Gletscherzungen aus den Alpen während der Donau-Kaltzeit in das Vorland vordrangen, ohne daß es jedoch zu einer ausgeprägten Vorlandvereisung gekommen ist. Die Donau-Kaltzeit ist identisch mit der in norddeutsch-holländischer Nomenklatur Eburon-Kaltzeit (↗Eburon) genannten Epoche und begann vor ca. 500.000 Jahren. ↗Klimageschichte, ↗quartäres Eiszeitalter, ↗Quartär.

Donner, vom sich explosionsartig ausdehnenden heißen Blitzkanal hervorgerufene Schallausstrahlung. Der hohe Überdruck (über 10^6 Pa) im heißen Blitzkanal erzeugt eine Schockwelle, die sich zunächst mit Überschallgeschwindigkeit ausbreitet. In einer Entfernung von einigen Metern zum Zentrum des Blitzkanals ist die Geschwindigkeit bereits so stark verringert, daß die Ausbreitung in Form von linearen Schallwellen mit Schallgeschwindigkeit erfolgt. Durch verschiedene Prozesse werden Anteile des Schallspektrums absorbiert, außerdem treten Brechung (↗Refraktion) und ↗Reflexion auf. Infolge der frequenzabhängigen Ausbreitung des Schalls in der ↗Atmosphäre ändert sich das wahrgenommene Geräusch erheblich mit der Entfernung vom Blitzkanal. In der Nähe des Einschlagsortes wird der Donner noch als krachendes, peitschendes, z.T. knisterndes Geräusch empfunden. In größerer Entfernung dagegen sind die hochfrequenten Anteile des Spektrums stark gedämpft und der Donner erscheint als niederfrequentes Rumpeln. Durch Reflexion entsteht das charakteristische Rollen des Donners. Außerdem tragen die Krümmungen und Verästelungen des Blitzes zu einer stark irregulären Schallabstrahlung bei. Etwa 1% der Gesamtenergie des Blitzes werden als akustische Energie in Form des Donners abgestrahlt. Da sich der Donner mit der Schallgeschwindigkeit von etwa 330 m/s ausbreitet, läßt sich aus der Zeitdifferenz zwischen sichtbarem Blitzeinschlag und zugehörigem Donner leicht die Entfernung des Einschlagsortes abschätzen. [UF]

Doorstopper, ein Gerät, um in einem Bohrloch die Primärspannungen nach der ↗Überbohrmethode zu bestimmen. Dazu wird der Boden des Bohrlochs gereinigt und poliert. Anschließend wird ein mit drei Dehnungsmeßstreifen bestückter Doorstopper zentrisch auf die polierte Fläche geklebt. Nach dem Aushärten des Klebers werden die elektrischen Widerstände der einzelnen Dehnungsmeßstreifen mit einer Wheatstoneschen Brückenschaltung gemessen. Jetzt kann der Boden überbohrt und der entsprechende Kern dadurch entspannt werden. Die daraus resultierende Verkürzung oder Verlängerung der Dehnungsmeßstreifen dient zusammen mit den elastischen Kennwerten der Berechnung der Größe und Richtung der Spannungskomponenten normal zur Bohrlochachse.

DOP ↗*dilution of precision*.

Doppelbrechung, Zerlegung eines Lichtstrahls in zwei Strahlen unterschiedlicher Strahlrichtung und Polarisation durch Brechung an optisch anisotropen Kristallen. Diese Erscheinung wurde 1669 von ↗Bartholinus an einem Spaltrhomboeder von Calcit entdeckt. In optisch einachsigen Kristallen werden die beiden Strahlen mit ↗ordentlicher Strahl und ↗außerordentlicher Strahl bezeichnet. Beide Strahlen sind senkrecht zueinander polarisiert und breiten sich mit unterschiedlicher Geschwindigkeit aus. Der außerordentliche Strahl folgt bezüglich seiner Strahlrichtung nicht dem ↗Snelliusschen Brechungsgesetz. Die Erklärung der Doppelbrechung in ↗optisch einachsigen Kristallen geht auf ↗Huygens zurück. Es breiten sich im Kristall zwei unterschiedliche Wellen aus (↗Indikatrix, ↗Fresnelellipsoid). Die zum ordentlichen Strahl gehörende Welle breitet sich wie in einem optisch isotropen Medium in allen Richtungen mit der gleichen Geschwindigkeit aus. Nimmt man als Ausgangspunkt dieser Welle einen Huygensschen Elementarstrahler (↗Huygenssches Prinzip) an, dann ist die ↗Wellenfront eine Kugel. Dagegen ist die Geschwindigkeit der Welle, die zum außerordentlichen Strahl gehört, von der Richtung abhängig. Die Wellenfront der Welle eines Elementarstrahlers ist dann ein Rotationsellipsoid. Die ebenen Wellenfronten für den ordentlichen W_o bzw. außerordentlichen Strahl W_e sind die Tangenten als Einhüllende an die Wellenfronten der Elementarwellen, da sie aus deren Überlagerung entstehen (Abb.). Da im Gegensatz zur Kugel die Tangente an ein Ellipsoid nicht senkrecht auf dem Fahrstrahl zum Berührungspunkt A_e steht (Ausnahme: Tangente steht immer senkrecht auf den Hauptachsen eines Ellipsoids), unterscheiden sich Strahlrichtung S_e bzw. Strahlgeschwindigkeit und ↗Wellennormale N_e bzw. ↗Normalenge-

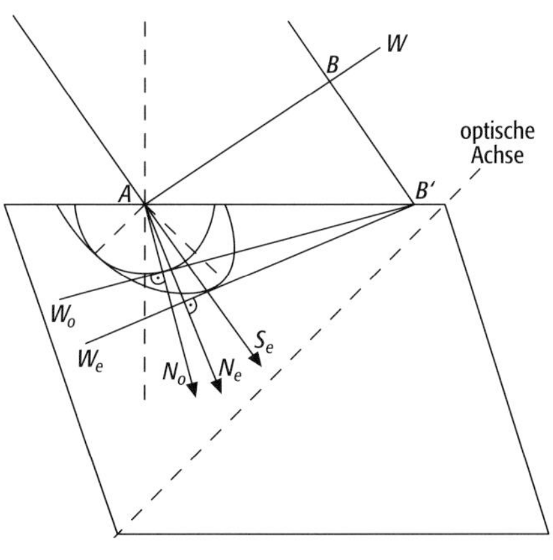

Doppelbrechung: Ausbreitung von Licht bei Brechung an einem optisch einachsigen Kristall bei schrägem Einfall; W = Wellenfront, A = Ausgangspunkt der Wellen eines Huygensschen Elementarstrahlers, die sich in der Zeit, in der der andere Rand des Lichtbündels von B nach B' läuft, wie gezeichnet ausgebreitet haben. Zur Verdeutlichung der Konstruktion ist die Exzentrizität des Ellipsoids der außerordentlichen Welle übertrieben dargestellt; W_o = Wellenfront für ordentlichen Strahl, W_e = Wellenfront für außerordentlichen Strahl, N_o = Wellennormale des ordentlichen Strahls, N_e = Wellennormale des außerordentlichen Strahls, S_e = Strahlrichtung des außerordentlichen Strahls.

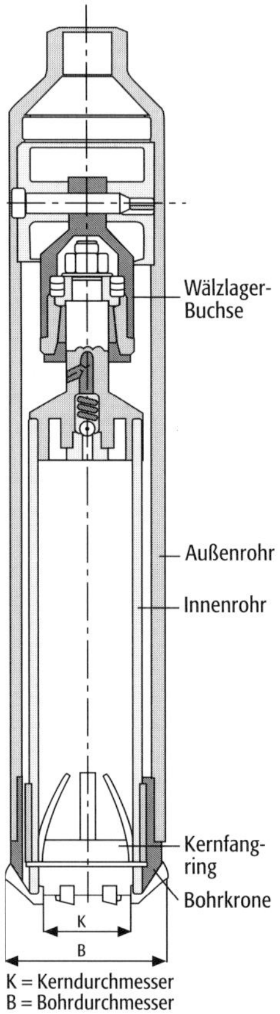

Doppelkernrohr: schematische Darstellung eines Doppelkernrohr.

schwindigkeit des außerordentlichen Strahls. Für den ordentlichen Strahl fallen beide zusammen. Allgemein gilt für optisch einachsige und optisch zweiachsige Kristalle: Es entsteht immer dann Doppelbrechung, wenn der ebene Schnitt senkrecht zur Wellennormalen der einfallenden Welle mit der Indikatrix eine Ellipse ist. In optisch zweiachsigen Kristallen findet man keine Richtung mit vollständiger ↗optischer Isotropie (↗Strahlenfläche).

Doppelkernrohr, Bohrwerkzeug, das die Gewinnung von Bohrkernen zur weiteren Untersuchung ermöglicht. Das Doppelkernrohr (Abb.) besteht aus einem Außen- und einem Innenrohr. Das Außenrohr trägt an seinem unteren Ende die ↗Bohrkrone. Die Bohrspülung wird zwischen Außen- und Innenrohr geleitet. Der Bohrkern wird in das Innenrohr geschoben und kommt somit nur im Bereich der Bohrkrone mit der Bohrspülung in Berührung. Gegenüber dem Bohren mit einem ↗Einfachkernrohr wird so eine größere Schonung des Bohrkerns erreicht. Füllt der Bohrkern das Innenrohr vollständig aus, muß dieses aus dem Bohrloch gezogen und entleert werden. Bei Doppelkernrohren mit rotierendem Innenrohr wird der Bohrkern stärker mechanisch beansprucht als bei solchen mit feststehendem Innenrohr. Letzteres ist über ein Kugellager mit dem Außenrohr verbunden und wird durch den noch an der Bohrlochbasis festsitzenden Bohrkern an einer Drehbewegung gehindert. Eine Sonderform des Doppelkernrohrs ist das *Dreifachkernrohr*, bei dem der Bohrkern innerhalb des Innenrohres von einer Metall- oder Kunststoffhülse aufgenommen wird. Der Bohrkern kommt hier nicht mehr mit der Spülung in Kontakt. Dadurch eignet sich dieses Verfahren besonders für quellende oder stark wasserempfindliche Gesteine. Bei der späteren Bearbeitung des Bohrkerns wird die Hülse aufgeklappt oder -geschnitten. Das ↗Schlauchkernrohr enthält statt der Hülse eine flexible Schlauchauskleidung. Beim ↗Seilkernrohr kann das Innenrohr mittels eines Seilzugs gesondert gezogen werden. [ABo]

Doppelkristall-Methode ↗Röntgen-Topographie.

Doppelpackertest ↗Packertest.

Doppelpentagon ↗Prisma.

Doppelschicht, *elektrische Doppelschicht*, ↗Grenzflächenleitfähigkeit.

Doppelsummenkurve, Auftragung aufeinanderfolgend summierter Werte einer Variablen gegen die zeitgleich summierten Werte einer anderen Variablen.

doppelte Einebnungsfläche, Begriff aus der ↗Klimageomorphologie, der die ↗Flächenbildung unter wechselfeucht-tropischen Klimabedingungen auf der Grundlage von chemischer Tiefenverwitterung (↗Verwitterung) und ↗Spüldenudation an der Geländeoberfläche erklärt. J. ↗Büdel führte 1957 den Begriff der doppelten Einebnungsfläche als wichtigstes Merkmal seiner Theorie der exzessiven Flächenbildung ein, die in den Klimazonen mit 6–9 monatiger Regenzeit stattfindet und in abgeschwächter Form die Flächen noch bei 4–6 monatiger Regenzeit weiterzubilden vermag. An der Verwitterungs-Basisfläche, der unteren der beiden Einebnungsflächen an der Unterfläche der ↗Pedosphäre, wird das Gestein rasch aufbereitet. Dies geschieht dank konstanter Temperaturen und der hohen Verwitterungsaggressvität des in den tropischen Böden vorhandenen Bodenwassers, welches mit ↗Fulvosäuren und ↗Huminstoffen angereichert ist und einen hohen CO_2-Gehalt aufweist. So entstehen mächtige Verwitterungsdecken. Da die Verwitterung entlang von Spalten schneller voranschreitet, bilden sich eine Vielzahl unregelmäßiger, gerundeter sogenannter *Grundhöcker*. Werden Grundhöcker an der Geländeoberfläche freigespült, so fehlt die Voraussetzungen für intensive chemische Verwitterung: das säureangereicherte Wasser. Das Niederschlagswasser fließt auf der nackten Gesteinsoberfläche schnell ab und verdunstet. Es entstehen ↗Inselberge, die zu Beginn ihrer Entwicklung oft als flache ↗Schildinselberge ausgebildet sind und deren Hangfuß seitlich durch die unter dem Boden angreifende chemische Verwitterung versteilt und zurückverlegt wird. Durch flächenhafte Spülprozesse (↗Flächenspülung), insbesondere zu Beginn der Regenzeit, wenn die Vegetation nach der 3–6 monatigen Trockenzeit noch keine hohen Dekkungsgrade aufweist, wird die als Spülfläche fungierende Geländeoberfläche (2. Einebnungsfläche) durch starken ↗Flächenabtrag tiefergelegt (Abb.). Die Theorie der doppelten Einebungsfläche wird von zahlreichen Autoren kritisiert, die daraufhinweisen, daß die Flächenbildung auf die wechselfeuchten Tropen beschränkt ist, während die immerfeuchten Tropen ein Talrelief zeigen. Des weiteren ist die Ausbildung der unteren Einebnungsfläche nur in den intramontanen Bereichen der wechselfeuchten Tropen möglich. Ohne

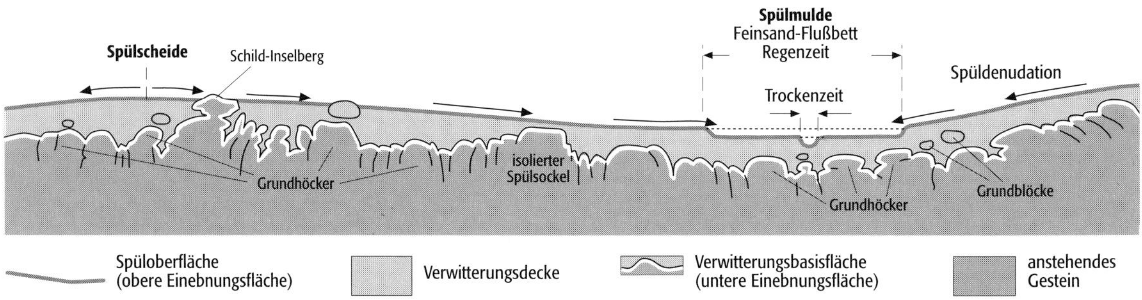

doppelte Einebnungsfläche: Schema der doppelten Einebnungsfläche.

Gebirgsumrahmung vollzieht sich die Abtragung durch Flächenspülung mit der gleichen Geschwindigkeit wie die Verwitterung des Untergrundes, so daß nur ein dünne Grusschicht das anstehende Gestein überdeckt. [JBR]

Doppelte Mineralische Basisabdichtung, *DMB*, Kombination von zwei getrennten mineralischen Dichtungsschichten, von denen eine der ↗Sorption von Schadstoffen dient (geochemische Barriere), während die andere eine langzeitlich geringe Durchlässigkeit gewährleistet (hydraulische Barriere). Die dem Abfall zugewandte, aktive Schicht enthält Minerale mit sehr hoher Sorptionsfähigkeit und/oder reaktionsfreudigen Mineralphasen. Die in ihr ablaufenden Reaktionen können mit der Zeit u. a. zu einer Zunahme der Durchlässigkeit führen. Durch die untere, inaktive Dichtungsschicht aus chemisch sehr beständigem Material (aufgebaut aus stabilen, schwer löslichen Mineralphasen) bleibt die langzeitlich geringe Durchlässigkeit erhalten.

Doppler, *Christian Johann*, österreichischer Physiker und Mathematiker, * 29.11.1803 in Salzburg, † 17.3.1853 in Venedig; 1829–35 Mathematiklehrer am Polytechnikum in Wien, 1835–47 Dozent an der Universität Prag, danach Professor für Physik und Mechanik an der Bergakademie Schemnitz, ab 1848 Professor für praktische Geometrie wieder am Polytechnikum in Wien, seit 1851 Professor für Physik an der Universität Wien und Direktor des neugegründeten Physikalischen Instituts sowie Mitglied der Akademie der Wissenschaften; vielseitiger Physiker mit Beiträgen zur Akustik, Optik, Elektrizitätslehre und Astronomie sowie zur analytischen Geometrie; entdeckte 1842 den ↗Doppler-Effekt und stellte eine Formel auf, welche die Beziehung zwischen der Tonfrequenz und der Relativgeschwindigkeit zwischen Schallquelle und Beobachter angibt. Dieser akustische Doppler-Effekt konnte 1845 von C. H.D. ↗Buys-Ballot durch ein Experiment in den Niederlanden mit Eisenbahnzügen nachgewiesen werden; erkannte die Gültigkeit des Doppler-Effekts auch für den optischen Bereich (optischer Doppler-Effekt bei Relativbewegung von Lichtquelle und Beobachter) und versuchte damit die verschiedenen Farben der Sterne zu erklären (was nicht zutrifft); ferner Arbeiten über die Bestimmung von Durchmesser und Entfernung der Sterne. Werke (Auswahl): »Über das farbige Licht der Doppelsterne und einiger anderer Gestirne« (1842), »Drei Abhandlungen auf dem Gebiete der Wellenlehre« (1846), »Beiträge zur Fixsternkunde« (1846).

Doppler-Effekt, benannt nach dem österreichischen Physiker C. ↗Doppler, Frequenzänderung einer Schwingung in Abhängigkeit von der relativen Bewegung zwischen Sender und Empfänger. In der ↗Satellitennavigation wird der Doppler-Effekt dazu genutzt, aus der Frequenzänderung eine Entfernungsdifferenz zwischen einer Beobachterantenne und zwei Satellitenpositionen zu unterschiedlichen Zeitpunkten abzuleiten. Diese Entfernungsdifferenz gilt dann als Beobachtungsgröße für die Standortbestimmung. Das Dopplerprinzip wurde sehr erfolgreich zur Navigation und zur geodätischen Positionsbestimmung mit dem System ↗Transit etwa von 1967 bis 1996 eingesetzt und findet Anwendung beim ↗DORIS. Bei ↗GPS wird die Dopplermessung für die Geschwindigkeitsbestimmung der Empfangsantenne und als zusätzliche Beobachtungsgröße verwendet. [GSe]

Doppler-SODAR ↗SODAR.

Doppler-Wetterradar ↗Wetterradar.

D'Orbigny, *Alcide Charles Victor*, französischer Paläontologe, * 06.09.1802 in Couëron (Charente-Maritime), † 30.06.1857 in Paris. Der Vater, Charles-Marie Dessalines d'Orbigny, war Marinearzt (Chirurg). Seine Ausbildung erhielt d'Orbigny in La Rochelle. Schon frühzeitig entwickelte sich sein ausgeprägtes Interesse an den Naturwissenschaften. Bereits 1822 reichte er eine Abhandlung über eine neue Gattung der Gastropoda bei der Société d'Histoire Naturelle de Paris ein. Er interessierte sich besonders für die ↗Cephalopoda und hat als erster die ↗Foraminifera unterschieden. Damit wird d'Orbigny als einer der Begründer der Mikropaläontologie angesehen. 1825 beschrieb er in einem »Tableau méthodique« 600 Foraminiferen-Arten. Diese Arbeit reichte er der l'Académie des Sciences ein; sie wurde im folgenden Jahr in den »Annales des Sciences Naturelles« publiziert. 1826 beauftragte ihn die Verwaltung des Musée d'Histoire de Naturelle (Jardin de Plants) mit einer Forschungsreise nach Südamerika, die ihn acht Jahre quer durch Brasilien, Uruguay, Argentinien, Patagonien, Chile, Bolivien und Peru führte und von der er eine äußerst reichhaltige Sammlung mitbrachte. Zurückgekehrt nach Frankreich, erhielt er im März 1834 den großen Jahrespreis der Société de Géographie. Es folgten 13 Jahre der Arbeit an der Publikation seiner »Voyage dans l'Amérique méridionale«, veröffentlicht unter der Schirmherrschaft der Regierung in neun Bänden (1834–1847), illustriert mit 500 Farbtafeln. Das Werk behandelt die Geschichte, die Archaeologie, Geologie und Geographie, Zoologie (u.a werden 4000 Insekten-Arten beschrieben) und Botanik. Parallel dazu begann d'Orbigny 1840 mit der Herausgabe der »Paléontologie française«, für die er eine Sammlung von mehr als 10.000 Fossilien zusammenführte; 14 Bände im Oktav-Format mit 430 Tafeln erschienen zwischen 1840 und 1854, die den Jura und die Kreide behandelten. In diesem Zusammenhang zählt er auch zu den ersten, die den Begriff ↗Stratigraphie und ↗Palaeogeographie verwendeten. Von 1849 bis 1852 publizierte er dann das dreibändige Werk »Cours élémentaire de paléontologie et de géologie stratigraphiques« und vollendete gleichzeitig das Werk »Prodrome de paléontologie stratigraphique universelle des animaux mollusques et rayonnés«. Hierfür trug er 200.000 Exemplare zusammen und fixierte die charakteristischen Merkmale von 18.000 Arten. Am 06.07.1853 erhielt er den speziell für ihn gegründeten Lehrstuhl für Paläontologie am Musée d'Histoire Naturelle. [KOe]

Doppler, *Christian Johann*

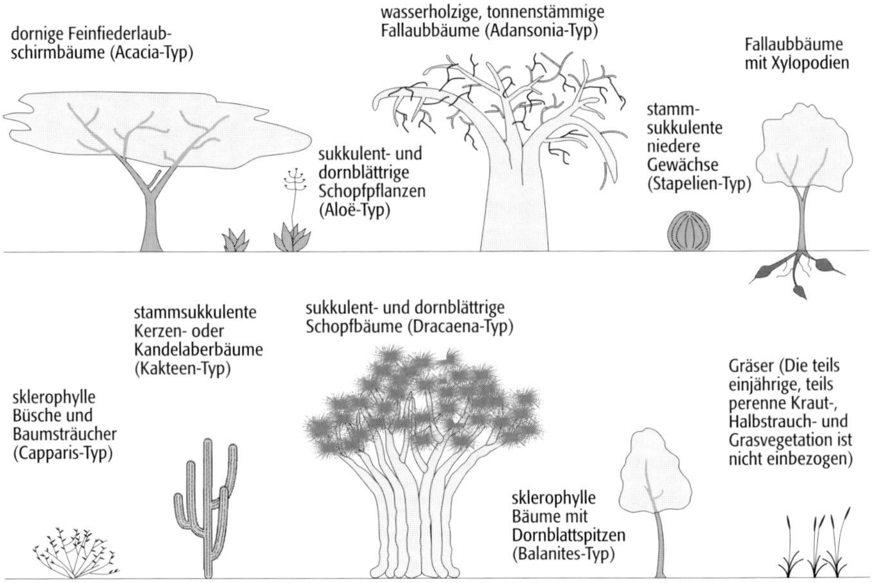

Dornsavanne: charakteristische Lebensformen der Dorn-Sukkulenten-Savanne.

DORIS, *Doppler Orbitography and Radiopositioning Integrated by Satellite*, satellitengestütztes Radio-Positionssystem, basierend auf dem ↗Doppler-Effekt, entwickelt in Frankreich, vornehmlich zur genauen Positions- und Satellitenbahnbestimmung. Es trägt im Rahmen des ↗IERS zur Realisierung des terrestrischen Referenzsystems ↗ITRF bei.

Dorno, *Carl Wilhelm Max*, deutscher Chemiker und Biometeorologe, * 3.8.1865 in Königsberg (Preußen), † 22.4.1942 in Davos. Er gründete und leitete das Physikalisch-Meteorologische Observatoriums in Davos 1907–26; Begründer der ↗Bioklimatologie; bedeutende Arbeiten zur Wirkung des Hochgebirgsklimas auf den menschlichen Organismus. Werke (Auswahl): »Physik der Sonnen- und Himmelsstrahlung« (1919), »Klimatologie im Dienste der Medizin« (1920).

Dornsavanne, niedrige Vegetationsform (↗Vegetation) der wechselfeuchten ↗Tropen, bestehend aus einer nicht geschlossenen Grasdecke und weit auseinanderstehenden, etwa 1–3 m hohen Sträuchern und Bäumen (↗Phanerophyten), welche als Schutz gegen Fraßfeinde und Austrocknung mit Dornen bewachsen sind. Daneben kommen auch ↗Sukkulenten vor (Abb.). Die Dornsavanne bildet den Übergang zur ↗Halbwüste (↗Savanne Abb.).

Dosenbarometer ↗Barometer.

Dosenlibelle ↗Libelle.

dosimetrische Altersbestimmung, eine ↗physikalische Altersbestimmung aufgrund von Strahlenschäden, die mit der Zeit zunehmen und an Proben nachweisbar sind.

Dotierung, gezieltes Hinzufügen von Stoffen zu einem Werkstoff, um bestimmte Eigenschaften zu erreichen. Im Gegensatz dazu sind unerwünschte Begleitstoffe als Verunreinigungen anzusehen. Im Bereich der elektronischen Werkstoffe für Halbleiterbauelemente liegt die Konzentration solcher Dotierungen bei etwa 10^{-6}. Das Hinzufügen z. B. eines fünfwertigen Elementes zu Silicium erzeugt Ladungsträger mit negativer Ladung und daher n-Leitung. Dotierung mit einem dreiwertigen Element erzeugt Ladungsträger mit positiver Ladung und damit sog. p-Leitung. Der Dotierstoff soll möglichst homogen über den Kristall verteilt sein. Bei der Kristallzüchtung unter Mikrogravitation wird unter anderem der Einfluß unerwünschter Strömungen aufgrund der Erdbeschleunigung auf die Dotierstoffverteilung untersucht. Die Dotierelemente können das Termschema eines Festkörpers beeinflussen. Die rote Farbe des Rubins z. B. rührt von Cr-Ionen im normalerweise farblosen Saphir her. Voraussetzung für eine erfolgreiche Dotierung ist die Verfügbarkeit des undotierten Materials in einer Reinheit deutlich unter der Konzentration des Dotierstoffes. [GMV]

double dipol ↗*Dipol-Dipol.*

Dove, *Heinrich Wilhelm*, deutscher Physiker und Meteorologe, * 6.10.1803 in Liegnitz, † 4.4.1879 in Berlin; seit 1829 Professor in Berlin und Physiklehrer an Gymnasien und militärischen Lehranstalten; 1849–79 Leitung des Preußischen Meteorologischen Instituts; 1907–1922 Vorsitzender der ↗Deutschen Meteorologischen Gesellschaft, bedeutendster Meteorologe seiner Zeit; Mitbegründer der modernen Meteorologie und vergleichenden ↗Klimatologie; beeinflußte die Entwicklung der ↗Wettervorhersage; neben physikalischen Arbeiten statistische und kartographische Darstellungen meteorologischer Verhältnisse; führte die Monatsisothermen ein (1849), fand das Drehungsgesetz der Winde, nahm wesentliche Gedanken der ↗Polarfronttheorie vorweg. Werke (Auswahl): »Meteorologische Untersuchungen« (1837), »Die Verbreitung der Wärme auf der Oberfläche der Erde« (1852) »Über das Gesetz der Stürme« (1840), »Klimatologische Beiträge« (Teil 1–2, 1857–69). [CL]

downdraft ↗*Abwind.*

downlap ↗Sequenzstratigraphie.

down-sweep ↗Vibroseis.

downwaves ↗Bohrlochseismik.

downwelling ↗Zirkulationssystem der Ozeane.

Draa, *Megadünen*, bis über 100 km lange Sandrücken, die Höhen von einigen Dekametern bis 200 m, meist aber um 100 m erreichen. Draa liegen i. d. R. in parallelen Reihen vor, häufig mit Abständen um 2 km. Dazwischen verlaufen die teilweise dünenfreien, stellenweise von kleineren ↗Dünen besetzten Gassen (Abb.). Draa haben oft ein asymmetrisches Querprofil, ohne ausgeprägte Luv- und Leehänge zu besitzen und sind meistens von aktiven ↗Sekundärdünen besetzt. In großen ↗Ergs stellen Draa die dominierende ↗äolische Form dar. Die Entstehung der Draa ist nicht vollständig geklärt. Gängig ist das Modell der Taylor-Görtler-Bewegung. Bei gleichmäßigen Winden bilden sich danach über erhitzten Flächen parallele, in Hauptwindrichtung liegende, gegenläufige Doppelspiralen aus. Dies geht zurück auf die Überlagerung von konvektiver Warmluft (↗Konvektion) mit dem in der ↗Reibungsschicht spiralig drehenden Wind. Im Konvergenzbereich zweier Spiralen wird Sand akkumuliert, wobei schräg aufwärts über kurze Distanzen transportiert wird. Die Akkumulationen verstärken die Konvektion und bewirken, daß die Spiralen ortsgebunden bleiben. Dies erklärt die gleichmäßigen Abstände und die Parallelität der Draa. Voraussetzungen dieser Dynamik sind geringe Reibung, labile Luftschichtung (↗Schichtung) und konstante Winde mit hoher Geschwindigkeit (über 36 km/h). Vermutlich sind Draa Vorzeitformen, die zwar äolisch überformt, aber nicht nach demselben Prinzip weitergebildet werden. Hierfür spricht erstens, daß Draa fast überall von Sekundärdünen besetzt sind, die bei rezenter Reibungswirbeldynamik verschwinden müßten, und zweitens kann keine aktuelle Draabildung beobachtet werden. Die vorausgesetzten Windgeschwindigkeiten werden zwar in großen Ergs erreicht, aber ohne die notwendige Stetigkeit. Diese war vermutlich während der ↗Kaltzeiten durch die Erhöhung des ↗Temperaturgradienten und dem dadurch größeren Druckgefälle gegeben. Draa werden mitunter aber auch nicht zu den Dünen gezählt, sondern als eigenständige Kategorie äolischer Akkumulationsformen aufgefaßt, die eine Zwischenstellung zwischen Düne und Erg einnimmt. Aufgrund der Wellenlängenunterschiede (Kammabstände) wird eine Unterscheidung zwischen ↗Rippeln (< 5 m), Dünen (5–500 m) und Draa (> 500 m) getroffen und mit der unterschiedlichen Bildungsdynamik korreliert. Demnach sind nur die großen Ergs von Draa dominiert, die selbst fast immer von Dünen besetzt sind, welche wiederum von Rippeln bedeckt werden. [KDA]

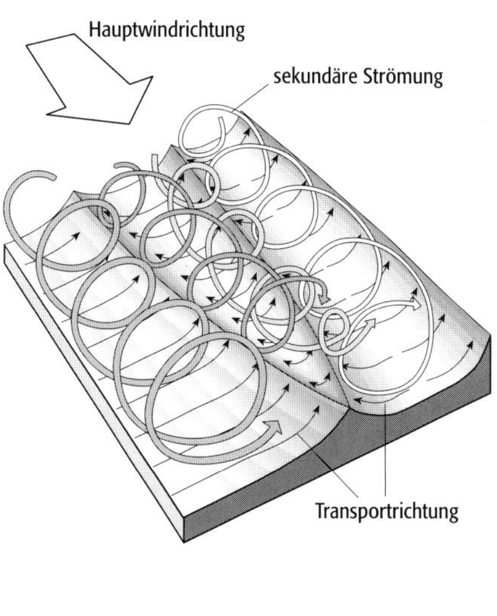

Draa: theoretisches Modell der Strömungs- und Transportrichtung bei der Entstehung von Draa durch gegenläufige, horizontale Wirbelrollen.

Drachenpunkt ↗Mondfinsternis.

drag-free, Satellitenbewegung frei von nicht-gravitativen Störungen. Atmosphärischen Störbeschleunigungen wird durch Düsenschub entgegengewirkt.

Drahtextensometer, ↗Extensometer, ein Gerät, um ↗Bewegungsmessungen in der Achse eines Bohrlochs vorzunehmen. Bei dieser Variante des ↗Extensometers wird in eine Bohrung ein Draht verankert, der am Bohrlochmund über eine Umlenkrolle geführt und mit einem Gewicht gespannt wird. Finden zwischen Bohrlochmund und Verankerungspunkt Längenänderungen statt, so hebt oder senkt sich das Spanngewicht proportional der Längenänderung. Mit einer mechanischen oder elektrischen Meßuhr können diese Änderungen gemessen werden. Es gibt auch die Möglichkeit, in einem Bohrloch mehrere Drähte in unterschiedlichen Teufen zu verankern, wodurch im Bohrloch Bereiche mit großen oder kleinen Bewegungen bzw. Bereiche ohne Bewegungen lokalisiert werden können.

Drainage, 1) allgemein (insbesondere im Englischen) ↗*Entwässerung*; 2) *Dränung*, ↗*Rohrdränung*. 3) *Dränage*, landläufig die im Boden verlegten Dränrohre.

Drakestraße, Meerenge zwischen Südamerika und den Süd-Shetland-Inseln an der Nordspitze der Antarktischen Halbinsel, die den ↗Pazifik und den ↗Atlantik verbindet. Die Öffnung der Drakestraße vor 24 Mio. Jahren im Rahmen der Kontinentalverschiebung ermöglichte die Ausbildung des ↗Antarktischen Zirkumpolarstroms und führte zur globalen Abkühlung der Tiefsee.

Drän, *Dränstrang*, Teil einer ↗Drainage, rohrlose Hohlräume (z. B. Maulwurffräsdränung) oder Dränrohre (verschiedener Bauart), die meist in großer Zahl gleichlaufend zueinander angeordnet sind (Sauger). Dräne führen hauptsächlich das Gravitationswasser aus oberflächennahen Bodenschichten ab (Entwässerung). Sammler sind Dräne, die das Wasser von den Saugern aufnehmen und in den Vorfluter abgeben. Bei ebenen Geländebedingungen können Dräne in Verbindung mit Stauanlagen auch zur Bewässerung genutzt werden (zweiseitige Wasserregulierung). Für die Berechnung der Dränabstände sind Kenntnisse über Strömungsverhältnisse und die ↗hydraulische Leitfähigkeit (k_f-Wert) nötig.

Dränfaktor, die Größe des Dränfaktors *D* wird bei der Auswertung von Pumpversuchen in halbfreien Grundwasserleitern nach der Typkurven-Methode von Boulton über die Anpassung der Datenkurven an eine entsprechende Typkurve bestimmt. Nach folgender Gleichung läßt sich aus *D* der ↗Boultonsche Verzögerungsindex $1/\alpha$ berechnen:

$$\frac{1}{\alpha} = \frac{D^2 \cdot n_{sp}}{T}$$

(T = Transmissivität; n_{sp} = speicherwirksamer Porenanteil).

Drängewasser, Wasser, das in eingedeichten Niederungen bei höheren Außenwasserständen entweder als Qualmwasser durch den Untergrund gedrückt wird oder als Kuverwasser den Deich durchsickert (↗Qualmdeich, ↗Kuverdeich).

Dränung, *Rohrdränung*, Verfahren zur großflächigen und gleichmäßigen ↗Entwässerung von Böden durch künstliche, unterirdische Abzüge (Dräne). Bei der Rohrdränung wird das im Boden vorhandene, freibewegliche Wasser durch geschlitzte Kunststoffrohre (heute seltener Tonrohre), bei denen das Wasser durch die Stoßfugen eintritt, gefaßt und in den ↗Vorfluter abgeleitet. Damit ist auch eine Durchlüftung des Bodens, eine Verbesserung der Struktur sowie eine schnellere Erwärmung verbunden. Ein Dränsystem besteht aus Saugern, welche das Wasser aus dem Boden aufnehmen, und Sammlern, die das gefaßte Wasser zum Vorfluter weiterleiten. Die Sauger werden meistens parallel zueinander und schräg oder quer zum größten Geländegefälle angeordnet (Querdränung), sie münden in den Sammler ein. Von außen in das Entwässerungsgebiet eindringendes Fremdwasser wird durch Fangdräne gefaßt und abgeleitet. Die Schlitzweite bzw. die Größe der Stoßfugen richtet sich nach der Korngröße des umgebenden Bodenmateriales. Gelegentlich wird das Dränrohr mit einem Filter aus natürlichem oder künstlichem Material umgeben. Dieser wird lose, bandförmig oder als vorgefertigte Umhüllung zusammen mit dem Rohr eingebaut, um das Einschlemmen von feinem Bodenmaterial zu verhindern. Bei der *Schlitzdränung* wird der Sauger in Form eines schmalen Schlitzes erstellt, der ganz oder teilweise mit wasserdurchlässigem Material (*Sickerstoff*: Sand, Kies, gelegentlich auch geschäumte Kunststoffe) gefüllt ist. Zur Verminderung des Sohlengefälles und zur Überwindung von Geländeabstürzen sowie für Kontroll- und Wartungszwecke können in den Sammlerstrecken unterirdische Dränschächte (↗Abstürze) angeordnet werden.
Als Dränabteilung wird die Gesamtheit aller Dräne bezeichnet, die das Wasser zu einer gemeinsamen Ausmündung leiten. Die Bemessung des Dränsystems erfolgt aufgrund der jeweiligen Bodenkennwerte, der hydrometeorologischen Verhältnisse und der topographischen Randbedingungen (Gefälle, Vorflut).
Die Herstellung der Dräne erfolgt mit speziellen Dränmaschinen, wobei zwischen einer offenen Verlegung in Dränrohrgräben und der geschlossenen Rohrdränung unterschieden wird, bei welcher der Boden angehoben und gleichzeitig ein PVC-Rohr eingeführt wird. Bei der rohrlosen Dränung (Maulwurfsdränung) wird ein an einem senkrechten Schild befestigter Preßkopf oder Ziehkegel mit einem Durchmesser von 80–100 mm in ca. 60 cm durch den Boden bewegt. Zu den Dränverfahren wird auch das Tiefpflügen gerechnet, bei dem der Boden mit Spezialpflügen bis in eine Tiefe von mehr als 60 cm aufgebrochen und gewendet wird, sowie die Tieflockerung mit speziellen Lockerungsgeräten.
Die Dränung hat heute die früher weitgehend übliche ↗Grabenentwässerung verdrängt, da sie eine Reihe betriebswirtschaftliche Vorteile aufweist, z. B. kein Verlust an landwirtschaftlicher Nutzfläche, geringerer Unterhaltungsaufwand, keine Einschränkung der Befahrbarkeit der Flächen. [EWi]

Dränung von Bauwerken, Entwässerung von Bauwerken an der Fundamentsohle. Auf bindigen Böden ist eine Dränung für alle Gebäude notwendig, selbst bei unterhalb der Sohle liegender Grundwasseroberfläche, da ansonsten Sickerwasser in die Kellerräume eindringen kann. Dies gilt auch für sonst eher als durchlässig angesehene, leichtbindige Böden wie Löß und schluffige Feinsande. Die Dränung von Bauwerken erfolgt nach DIN 4095.

Dränwirkung in Tunneln, Wasseraustritte in Tunneln werden i. d. R. durch Drainagen abgezogen. Durch die Dränwirkung des Tunnelvortriebs kommt es meist zu einer Absenkung des Grundwassers, wenn diese nicht bereits im Vorfeld des Vortriebs gezielt durchgeführt wurde. In den Standsicherheitsbetrachtungen für den Tunnel spielt der hydrostatische Druck daher keine Rolle. ↗Dränung.

DREF, *<u>D</u>eutscher <u>Ref</u>erenzrahmen*, ein mit dem Global Posisioning System (↗GPS) beobachteter vereinbarter erdfester Bezugsrahmen (↗Bezugsrahmen) aus vermarkten Punkten an der Erdoberfläche, deren dreidimensionale Koordinaten in einem ↗globalen geozentrischen Koordinatensystem innerhalb des Europäischen Referenzrahmens (↗EUREF) mit Lagegenauigkeiten von wenigen Zentimetern festgelegt sind.

Drehachse, das ↗Symmetrieelement einer Drehung im dreidimensionalen Raum. Die Drehachse besteht aus all denjenigen Punkten, die bei der Anwendung der Drehung fest bleiben.

Drehanodengenerator, Gerät zur Erzeugung von ↗Röntgenstrahlung. Der Aufbau ist ähnlich wie bei einer ↗Röntgenröhre. Im Gegensatz dazu ist das Anodenmaterial auf dem Mantel eines schnell drehenden Zylinders (6000 Umdrehungen/Minute) mit einigen Zehnzentimetern im Durchmesser aufgebracht. Dadurch trifft der Elektronenstrahl nicht permanent auf die gleiche Stelle, die effektive Anodenfläche wird vergrößert, die Wärmeableitung wesentlich gesteigert. Die maximale elektrische Leistung kann deshalb auf 20 bis 50 kW bei einer Leistungsdichte von 12 kW/mm^2 erhöht werden, also etwa 20 mal größer als bei einer geschlossenen Röntgenröhre. Wegen der größeren Abmessungen und den Drehdurchführungen wird das notwendige Vakuum durch eine permanent angeschlossene, leistungsfähige Pumpe, z. B. Turbomolekularpumpe, aufrechterhalten. Drehanodengeneratoren sind etwa seit 1960 kommerziell verfügbar. [KH]

Drehbohrverfahren, ↗Rotary-Bohrverfahren, bei dem die Bohrarbeit und Gesteinslösung durch die Drehkraftübertragung von einer übertage stehenden Maschine über ein Bohrgestänge auf das Bohrwerkzeug bzw. den Bohrmeißel übertragen wird (Abb. im Farbtafelteil). Je nach Art der Förderung des Bohrkleins können Trocken-Drehbohrverfahren (z. B. ↗Schneckenbohrung) und die modernen Spülungs-Drehbohrverfahren unterschieden werden (Rotary-Bohren i. e. S, Lufthebebohren, Counterflush-Bohren, Saugbohren).

Drehimpuls, *Impuls*, $\underline{H}$, ergibt sich für ein punktförmiges Massenelement, das um eine Achse rotiert, aus dem Vektorprodukt aus Achsenabstand $\underline{r}$ und dem Produkt aus Geschwindigkeit $\underline{v}$ und der Körpermasse $\underline{m}$. Für einen ausgedehnten Körper erhält man $\underline{H}$ aus dem Integral über alle seine Massenelemente:

$$\underline{H} = \int \underline{r} \times \underline{v} \cdot dm.$$

Der Drehimpuls $\underline{H}$ läßt sich ausdrücken als die Winkelgeschwindigkeit $\underline{\omega}$ multipliziert mit dem ↗Trägheitsmoment J.

$$\underline{H} = J \cdot \underline{\omega}$$

Der Drehimpuls bleibt konstant, solange keine äußeren Kräfte wirksam sind. Ein anschauliches Beispiel für den Drehimpuls-Erhaltungssatz bietet eine Eiskunstläuferin, die durch Ausstrecken oder Anlegen der Arme den Achsenabstand ihrer Körpermasse und dadurch ihre Umdrehungsgeschwindigkeit verändern kann. Der Drehimpuls eines Körpers kann sich nur ändern, wenn gleichzeitig andere Körper eine insgesamt gleich große, aber entgegengesetzt gerichtete Änderung ihres Drehimpulses erfahren. Über Bilanzrechnungen der globalen Drehimpulsschwankungen geophysikalischer Vorgänge in der Atmosphäre, den Ozeanen, der globalen Eisbedeckung u. a. lassen sich so Variationen der ↗Erdrotationsparameter beschreiben.

Auf der zeitlichen Änderung des Drehimpulses in bezug auf ein körperfestes System bauen die ↗Eulerschen Gleichungen auf. [HS]

Literatur: MORITZ, H., MUELLER, I. I. (1987): Earth Rotation Theory and Observation. – New York.

Drehinversionsachse, das ↗Symmetrieelement einer Drehinversion im dreidimensionalen Raum. Die Drehinversionsachse besteht aus demjenigen Unterraum, der bei der Ausführung der Drehinversion zwar nicht punktweise, aber als ganzes auf sich abgebildet wird. Eine Drehinversionsachse ist immer zugleich auch eine ↗Drehspiegelachse.

Drehkristallverfahren, Verfahren zur Untersuchung von Einkristallen mit monochromatischer Röntgenstrahlung. Der Kristall wird um eine Achse gedreht, die senkrecht zum einfallenden Röntgenstrahl steht. Der Kristall wird möglichst so orientiert, daß eine symmetriebegabte, kristallographische Gittergerade parallel zur Drehachse ausgerichtet ist. Die abgebeugten Strahlen werden auf einem um die Drehachse zylindrisch angeordneten Film registriert. Dann liegen die Reflexe auf zur Drehachse koaxialen Kegeln, deren Schnittlinien auf dem abgerollten Film als Geraden erscheinen (Schichtlinien). Schränkt man die Drehbewegung auf kleine Winkel ein und schwenkt den Kristall in diesem Bereich hin und her, so spricht man vom *Schwenkverfahren*. Aus den Schichtlinienabständen läßt sich die Translationsperiode t auf der Gittergeraden längs der Drehachse bestimmen:

$$t = \frac{n\lambda}{\sin(\arctan(d_n / R))}$$

(λ: die Wellenlänge der Röntgenstrahlung, R = Radius des Filmzylinders, d_n = Abstand zwischen nullter und n-ter Schichtlinie). [KH]

Drehmatrix, ↗orthogonale Matrix zur Drehung zweier beliebiger aber gleichsinnig orientierter rechtwinkliger ↗Dreibeine. Eine allgemeine Drehung kann in unterschiedlicher Weise aus aufeinander folgenden Teildrehungen um drei Achsen zusammengesetzt werden. Im Falle großer Drehungen ist dabei zu beachten, in welcher Reihenfolge die Teildrehungen ausgeführt werden. Das Kommutativgesetz gilt somit nicht für große Drehungen, wohl aber für kleine Drehwinkel. Setzt man eine Gesamtdrehung aus Teildrehungen um Achsen des jeweils momentanen Dreibeines zusammen, so sind drei Elementardrehungen um die drei möglichen Achsen des rechtwinkligen Dreibeines, wie in der Tabelle angegeben, zu unterscheiden. Die positive Zählrichtung erfolgt dabei gegen den Uhrzeigersinn.

Für die Drehung der Basiseinheitsvektoren des Koordinatensystems zwei in die Basiseinheits-

Drehachse	Drehwinkel	Drehmatrix
$\vec{e}_1$-Achse	α	$\vec{D}_1(\alpha) := \begin{pmatrix} 1 & 0 & 0 \\ 0 & \cos\alpha & \sin\alpha \\ 0 & -\sin\alpha & \cos\alpha \end{pmatrix}$
$\vec{e}_2$-Achse	β	$\vec{D}_2(\beta) := \begin{pmatrix} \cos\beta & 0 & -\sin\beta \\ 0 & 1 & 0 \\ \sin\beta & 0 & \cos\beta \end{pmatrix}$
$\vec{e}_3$-Achse	γ	$\vec{D}_3(\gamma) := \begin{pmatrix} \cos\gamma & \sin\gamma & 0 \\ -\sin\gamma & \cos\gamma & 0 \\ 0 & 0 & 1 \end{pmatrix}$

Drehmatrix (Tab.): Elementardrehungen eines rechtsgerichteten Dreibeines.

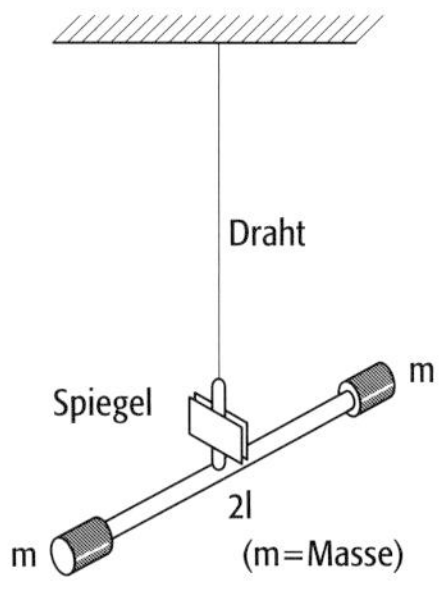

a

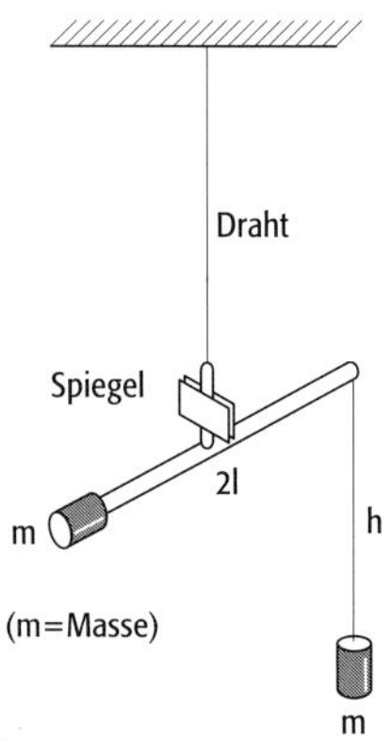

b

Drehwaage: Eötvös-Drehwaage zur Messung von a) horizontalen und b) vertikalen Schweregradienten.

vektoren des Koordinatensystems eins gilt beispielsweise:

$$\begin{pmatrix} \overset{1}{\vec{e}}_1 \\ \overset{1}{\vec{e}}_2 \\ \overset{1}{\vec{e}}_3 \end{pmatrix} = \boldsymbol{D}(\psi,\theta,\varphi) \begin{pmatrix} \overset{2}{\vec{e}}_1 \\ \overset{2}{\vec{e}}_2 \\ \overset{2}{\vec{e}}_3 \end{pmatrix}$$

mit der Drehmatrix

$$\boldsymbol{D}(\psi,\theta,\varphi) = \boldsymbol{D}_3(\varphi)\boldsymbol{D}_1(\theta)\boldsymbol{D}_3(\psi).$$

Für die inverse Drehung gilt wegen der Orthogonalitätseigenschaft der Drehmatrizen:

$$\begin{pmatrix} \overset{2}{\vec{e}}_1 \\ \overset{2}{\vec{e}}_2 \\ \overset{2}{\vec{e}}_3 \end{pmatrix} = \boldsymbol{D}^T(\psi,\theta,\varphi) \begin{pmatrix} \overset{1}{\vec{e}}_1 \\ \overset{1}{\vec{e}}_2 \\ \overset{1}{\vec{e}}_3 \end{pmatrix}$$

mit der transponierten Matrix:

$$\boldsymbol{D}^T(\psi,\theta,\varphi) = \boldsymbol{D}_3{}^T(\psi)\boldsymbol{D}_1{}^T(\theta)\boldsymbol{D}_3{}^T(\varphi)$$

Entsprechend erhält man für die Transformation der Koordinaten der gedrehten Koordinatensysteme:

$$\begin{pmatrix} \overset{1}{a}_1 \\ \overset{1}{a}_2 \\ \overset{1}{a}_3 \end{pmatrix} = \boldsymbol{D}(\psi,\theta,\varphi) \begin{pmatrix} \overset{2}{a}_1 \\ \overset{2}{a}_2 \\ \overset{2}{a}_3 \end{pmatrix}.$$

[KHI]

Drehmoment, $\underline{L}$, ist in einem Inertialsystem gleich der Ableitung des ↗Drehimpulses nach der Zeit:

$$\underline{L} = d\underline{H}/dt.$$

Das Drehmoment eines rotierenden starren Körpers entspricht der Ableitung des ↗Trägheitsmoments J multipliziert mit der Winkelgeschwindigkeit $\underline{\omega}$ nach der Zeit:

$$\underline{L} = d(J \cdot \underline{\omega})/dt.$$

Berücksichtigt man außerdem noch die zeitliche Änderung $\partial/\partial t$ des Drehimpulses $\underline{H}$ in bezug auf ein körperfestes System, so erhält man für das Drehmoment $\underline{L}$:

$$\underline{L} = \partial\underline{H}/\partial t + \underline{\omega} \times \underline{H}.$$

Diese Beziehung ist die Ausgangsgleichung für die ↗Eulerschen Gleichungen, mit denen die Kreiselbewegung der Erde beschrieben werden kann. Aus Bilanzrechnungen der globalen Drehmomente lassen sich Schwankungen der ↗Erdrotationsparameter modellieren.

Drehschlagbohrung, Kombination von Drehbohrung und ↗Schlagbohrung, wobei die Gesteinszerstörung an der Bohrlochsohle, insbesondere bei harten Festgesteinen, beschleunigt wird (↗Hammerbohren).

Drehsondierung, Methode zur Erfassung von lateralen Inhomogenitäten in der ↗Geoelektrik. Dabei wird die Auslage sukzessiv um einen bestimmten Winkel gedreht; die Ergebnisse (scheinbare spezifische Widerstände) werden in einem Polardiagramm dargestellt.

Drehspiegelachse, das ↗Symmetrieelement einer Drehspiegelung im dreidimensionalen Raum. Die Drehspiegelachse besteht aus demjenigen Unterraum, der bei der Drehspiegelung zwar nicht punktweise, aber als ganzes auf sich abgebildet wird. Eine Drehspiegelachse ist immer zugleich auch eine ↗Drehinversionsachse.

Drehspiegelung, eine ↗Symmetrieoperation im dreidimensionalen Raum, bei der eine Drehung um eine Achse mit einer Spiegelung an einer auf der Achse senkrecht stehenden Ebene verknüpft ist. Die Reihenfolge der beiden Operationen ist für das Ergebnis unerheblich. Jede Drehspiegelung läßt sich auch als eine Drehinversion auffassen. Wenn $\tilde{n}$ eine Drehspiegelung mit n-zähliger Drehung und $\bar{n}$ eine analog definierte Drehinversion ist, dann gilt:

$$\tilde{n} = \overline{2n}\ (n = 1, 3, 5, \ldots)$$
$$\tilde{n} = \bar{n}\ (n = 4, 8, 12, \ldots)$$
$$\tilde{n} = \overline{n/2}\ (n = 2, 6, 10, \ldots).$$

Drehungsschicht ↗atmosphärische Grenzschicht.

Drehwaage, empfindliches Meßinstrument zur Messung abstoßender oder anziehender Kräfte. Die von ↗Eötvös entwickelte, geodätische Drehwaage (Abb.) dient zur Messung von Gradienten des Schwerefeldes (↗Schwerepotential). Dazu ist an einem dünnen Torsions-Draht ein Stab horizontal aufgehängt; an dessen Enden sind wiederum kleine Massen angebracht, wobei, je nach Bauart, eine wiederum an einem Draht hängen kann. Die Aufhängung dreht sich unter dem Einfluß der Schwerkraft, deren Gradienten somit gemessen werden können. Die Drehwaage wurde in den dreißiger Jahren durch die Entwicklung der wesentlich einfacheren und leistungsfähigeren ↗Gravimeters abgelöst.

Drei-Achs-Stabilisierung, Auslenkung von ↗Satelliten auf ihrer Umlaufbahn, so daß Längs- und Querachse stets parallel zur Erdoberfläche orientiert sind (günstig für die Erdbeobachtung mittels Satelliten).

dreiaxialer Druckversuch, Standardversuch zur Ermittlung der Scherfestigkeit von Locker- und Festgesteinen mit nicht erzwungener Scherfläche bei teilweise behinderter Seitenausdehnung. Die Durchführung erfolgt nach DIN 18137, Teil 2. Eine zylindrische Probe wird mit einer Gummihülle umgeben und in eine Druckzelle eingebaut. Die Probe wird durch Aufbringen eines Wasserdruckes in der Druckzelle allseitig belastet und anschließend durch Erhöhung der Axialspannung mittels Druckstempel abgeschert. Der Versuch ist beendet, wenn die Kompression der Probe 10 % erreicht, oder eine Ausbauchung von 20 % auftritt. Aus der Spannungs-Verformungsbeziehung von drei bei unterschiedlichen Seitendrücken abgescherten Proben wird die Scherfestigkeit bestimmt. Es sind drei prinzipiell unterschiedliche Versuchsdurchführungen möglich: a) *UU-Versuch* (unkonsolidierter, undrainierter Schnellversuch): Abscheren der Probe bei geschlossenem Porenwasserdrucksystem ohne vorherige Konsolidierung. Bei wassergesättigten Proben liefert der Versuch die undrainierte ↗Kohäsion, da der scheinbare ↗Reibungswinkel null wird. Der Versuch dient zur Beurteilung der Anfangsscherfestigkeit bei schneller Belastung; b) *CU-Versuch* (konsolidierter, undrainierter Langzeitversuch): Abscherung der Probe bei geschlossenem Porenwasserdrucksystem nach vorheriger Konsolidierung. Dabei wird die wirksame Kohäsion und der wirksame Reibungswinkel unter Berücksichtigung des Porenwasserdruckes in der Probe bestimmt. Der Versuch dient zur Beurteilung der Langzeitscherfestigkeit; c) *D-Versuch* (konsolidierter, drainierter Langzeitversuch): Abscheren der Probe bei geöffnetem Porenwasserdrucksystem nach vorheriger Konsolidierung. Dabei wird ebenfalls die wirksame Kohäsion und der wirksame Reibungswinkel bestimmt. Der Versuch dient ebenfalls zur Beurteilung der Langzeitscherfestigkeit. [JR]

Dreibein, geordnete Menge von drei linear unabhängigen, nicht notwendigerweise normierten Vektoren, welche eine Basis des dreidimensionalen reellen Raumes $\mathbb{R}^3$ definieren. Der Ursprung des Dreibeins kann entweder raumfest (festes Dreibein) sein oder sich längs einer Kurve oder auf einer Fläche bewegen (bewegtes Dreibein). Für die Geodäsie von besonderer Bedeutung sind das Frenetsche Dreibein ($\vec{v}_1, \vec{v}_2, \vec{v}_3$) einer Raumkurve:

$$\vec{v}_1 = \vec{x}', \vec{v}_2 = \vec{x}''/|\vec{x}''|, \vec{v}_3 = \vec{v}_1 \times \vec{v}_2$$

($\vec{x}'$ als Ableitung des Ortsvektors $\vec{x}$ nach der Bogenlänge s, $\vec{x}''$ als zweite Ableitung), das Darbouxsche Dreibein ($\vec{w}_1, \vec{w}_2, \vec{w}_3$) einer Flächenkurve:

$$\vec{w}_1 = \vec{x}', \vec{w}_3 = \vec{n}, \vec{w}_2 = \vec{w}_3 \times \vec{w}_1$$

und das Gaußsche Dreibein ($\vec{g}_1, \vec{g}_2, \vec{g}_3$) einer Fläche:

$$\vec{g}_1 = \partial\vec{x}/\partial u, \vec{g}_2 = \partial\vec{x}/\partial v, \vec{g}_3 = \vec{n} = (\vec{g}_1 \times \vec{g}_2)/|\vec{g}_1 \times \vec{g}_2|.$$

$\vec{n}$ bezeichnet den Einheitsvektor in Richtung der äußeren Flächennormale. Die Einheitsvektoren des Frenetschen Dreibeins $\vec{v}_1$ (Tangentenvektor), $\vec{v}_2$ (Hauptnormalenvektor) und $\vec{v}_3$ (Binormalenvektor) stehen paarweise aufeinander senkrecht und bilden ein Orthonormalsystem. Das Darbouxsche Dreibein $\vec{w}_1, \vec{w}_2, \vec{w}_3$ bildet ebenfalls ein Orthonormalsystem, das aber wegen $\vec{w}_3 = \vec{n}$ an die Fläche gebunden ist. Im Gegensatz dazu ist das Gaußsche Dreibein $\vec{g}_1, \vec{g}_2, \vec{g}_3$ in der Regel weder orthogonal noch normiert; lediglich der Einheitsvektor $\vec{g}_3 = \vec{n}$ steht senkrecht auf $\vec{g}_1$ und $\vec{g}_2$. [BH]

Dreiecksberechnung, Aufgabe der klassischen Landesvermessung, in einem Dreieck auf der Kugel- oder Ellipsoidoberfläche fehlende Bestimmungsstücke aus drei gegebenen Dreieckselementen zu berechnen. Sphärische Dreiecke werden durch Großkreise auf der Kugel, ellipsoidische Dreiecke durch ↗geodätische Linien zwischen den Dreieckspunkten begrenzt. Sind z. B. aus einer Triangulation zwei Dreieckswinkel sowie aus einer Basismessung eine Dreiecksseite bekannt, so können die Längen der beiden anderen Dreiecksseiten und der fehlende Dreieckswinkel mit den Sätzen der sphärischen Trigonometrie berechnet werden. In der klassischen Landesvermessung wurden für die Berechnung kleiner Dreiecke Näherungsverfahren wie z. B. die von ↗Soldner eingeführte ↗Additamentenmethode benutzt.

Dreiecksdiagramm, *Dreieckskoordinaten*, auf der Grundform eines gleichseitigen Dreiecks beruhende Diagrammform, bei der die drei Seiten zu den gegenüberliegenden Ecken als drei gleiche, von 0 bis 100 unterteilte Skalen dienen. So lassen sich z. B. für Substratmischungen nach Sand, Schluff und Ton ein Körnungsartendreieck oder in der Hydrochemie die Kennzeichnung der kationischen und anionischen Hauptkomponenten darstellen.

Dreiecksfacetten, Hangabschnitte entlang von ↗Bruchstufen. Während die linienhafte Erosion bereits Talkerben geschaffen hat, sind dazwischen liegende Hangbereiche noch weitgehend von der Erosion unangetastet. So entstehen zwischen den Einschnitten dreieckige Facetten (Abb.), deren Auftreten das geologisch geringe Alter der reliefschaffenden Bewegung (↗Neotektonik) belegen.

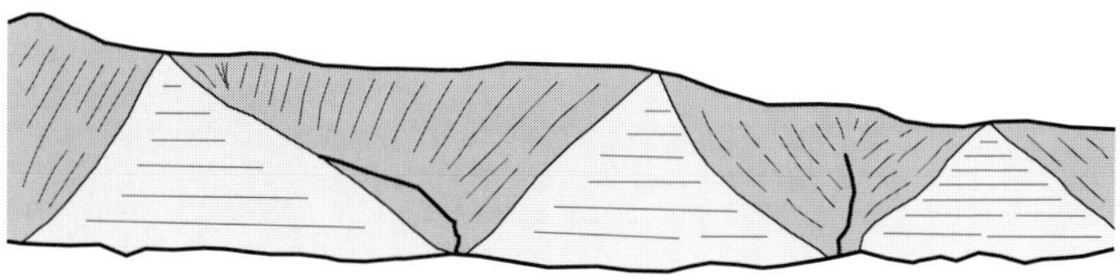

Dreiecksfacetten: Dreiecksfacetten zwischen Taleinschnitten an einer Bruchstufe.

Dreieckshang, steiler Hang, der durch episodische bis periodische ↗fluviale Erosion zerrunst wird. Dabei vereinigen sich die ↗Runsen, und der Hang wird in dreieckige, unzerschnitten Hangabschnitte zerteilt.

Dreieckskoordinaten ↗*Dreiecksdiagramm*.

Dreiecksvermaschung ↗digitale Geländemodellierung.

Dreieckzone, *Triangelzone*, Typ von ↗Duplex-Struktur, in der die Dachüberschiebung eine Rücküberschiebung ist. Dreieckzonen entwickeln sich häufig an ↗Deformationsfronten.

Dreifachkernrohr ↗Doppelkernrohr.

Dreikanter, ↗Windkanter mit zwei geschliffenen und einer ungeschliffenen Fläche, häufig als längliche Kiese auf ↗Wüstenpflaster ausgebildet.

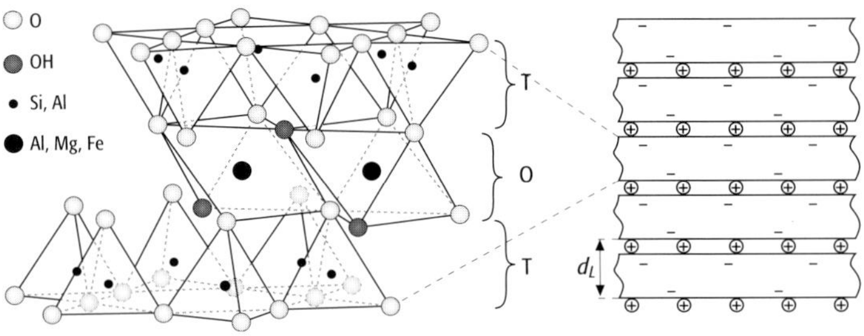

Dreischichtminerale: räumliche Darstellung der Schichtstruktur der Dreischichtminerale (2:1-Tonminerale; T = Tetraederschicht, O = Oktaederschicht, d_L = Schichtabstand).

Dreikomponenten-Geophon, Geophon, das drei aufeinander senkrecht stehende Komponenten der seismischen Bodenbewegung registriert. Es besteht aus einem Vertikalgeophon und zwei Horizontalgeophonen, die in einem Gehäuse montiert sind. Mit einer Dreikomponenten-Geophon-Registrierung kann das vollständige elastische Wellenfeld analysiert werden; die Einfallsrichtung der Wellen und die Bodenbewegung im dreidimensionalen Raum sind bestimmbar.

Dreiphaseneinschluß ↗Mehrphaseneinschluß.

Dreischemata-Modell, *Dreiebenen-Modell*, ↗Datenbankentwurf.

Dreischichtminerale, *2:1-Schichtsilicate*, überwiegend Tonminerale, an deren Oktaederschicht eine weitere Tetraederschicht ankondensiert ist, deren Spitzen den Spitzen der anderen Tetraederschicht entgegengerichtet sind (Abb.). Die wichtigsten Dreischichtminerale sind Pyrophyllit, Talk, Glimmer, Vermiculit, Chlorit, Smectit u.a. Im trioktaedrischen Talk und im dioktaedrischen Pyrophyllit sind die Schichten ungeladen. In den anderen Dreischichtmineralen sind die Schichten geladen. Die negativen Ladungen entstehen dadurch, daß bei den dioktaedrischen Mineralen dreiwertige Metallionen der Oktaederschicht durch zweiwertige und in den trioktaedrischen Mineralen zweiwertige Metallionen durch einwertige ersetzt sind. Bei dieser Mineralgruppe spielen die Strukturen mit interkristalliner Quellfähigkeit eine besondere Rolle. Da hiermit auch weitere wichtige Eigenschaften verbunden sind, werden die Dreischichtminerale zusätzlich nach ihrer Quellfähigkeit unterteilt. Dioktaedrische Dreischichtminerale ohne Quellfähigkeit sind Pyrophyllit, Muscovit, dioktaedrischer Illit und Glaukonit. Trioktaedrische Dreischichtminerale ohne Quellfähigkeit sind Talk, Biotit und trioktaedrischer Illit. Dioktaedrische Dreischichtminerale mit Quellfähigkeit sind dioktaedrischer Vermiculit, dioktaedrischer Smectit, Montmorillonit, Beidellit und Nontronit. Trioktaedrische Dreischichtminerale mit Quellfähigkeit sind trioktaedrischer Vermiculit, trioktaedrischer Smectit, Saponit und Hectorit. [GST]

Dreistoffsysteme ↗*ternäre Systeme*.

Driftkörper, ozeanographische Meßplattform zur Erfassung von ↗Meeresströmungen und anderen ozeanographischen und meteorologischen Meßdaten. Sie entstanden als Weiterentwicklung von Flaschenposten durch die Möglichkeit der Ortung und Datenübertragung während der Drift. Mit Hilfe der ↗Satellitennavigation können Driftkörper an der Meeresoberfläche zur Messung der Oberflächenströmungen verfolgt werden. Im Inneren des Ozeans, dann auch Floats genannt, erfolgt die Ortung durch akustische Methoden. Dazu kann der Driftkörper Schallimpulse aussenden, die mit verankerten Aufnahmegeräten empfangen werden oder umgekehrt. Driftkörper können zur Drift in bestimmten Tiefen- oder Dichtehorizonten eingestellt werden. Eine zeitweise Veränderung des ↗Auftriebs ermöglicht es, die Solltiefe zu verlassen und an die Meeresoberfläche aufzutauchen, um dort von Satelliten geortet zu werden. Zusätzlich können Meßdaten wie Temperatur und Salzgehalt übertragen werden, die von eingebauten Sensoren während der Drift oder beim Auftauchen als Vertikalprofil gemessen wurden. [EF]

Driftschnee ↗*Triebschnee*.

Driftstrom, *Triftstrom*, windgetriebene ↗Meeresströmung an der Meeresoberfläche, die mit dem theoretischen Konzept des ↗Ekmanstroms beschrieben wird.

Drill-Stem-Test, dient zur Ermittlung der Durchlässigkeit von Grundwasserleitern mit Gebirgsdurchlässigkeiten von 10^{-4} bis 10^{-7} m/s. In einem durch Doppelpacker abgedichteten Bohrlochintervall wird durch die Ventilsteuerung der Testgarnitur ein Wechsel zwischen Fließperioden und Druckaufbauphasen innerhalb des Gestänges erzeugt (Abb.). Da stark unregelmäßige Bohrlochdurchmesser vertikale Umläufigkeiten erzeugen können, empfiehlt es sich, das Bohrloch vor dem Versuch mit einem ↗Kaliber-Log zu befahren. Der zeitliche Verlauf der aufgezeichneten Druckphasen setzt sich aus Anteilen einer Slug-Test-Kurve und einer Pulse-Test-Kurve zusammen und kann als ein Maß für die Gebirgsdurchlässigkeit in unmittelbarer Umgebung des Bohrlochs verwendet werden. Mit dieser Methode werden in aller Regel Bohrlochabschnitte (5–10 m) im wassererfüllten Untergrund (ca. 10 m unter Grundwasserspiegel) untersucht. Der Einbau der Testgarnitur erfolgt bei geschlossenem Ventil. Nach Setzen der Packer wird das Ventil als Beginn der 1. Fließperiode geöffnet. Nach 5–10 min wird das Testventil geschlossen, die erste Druckaufbauphase (initial shut-in) beginnt. Die Meßaufzeichnung erfolgt über Drucksenso-

Drill-Stem-Test: Schema der zeitliche Entwicklung des aufgezeichneten Druckes bei der Durchführung eines Drill-Stem-Tests.

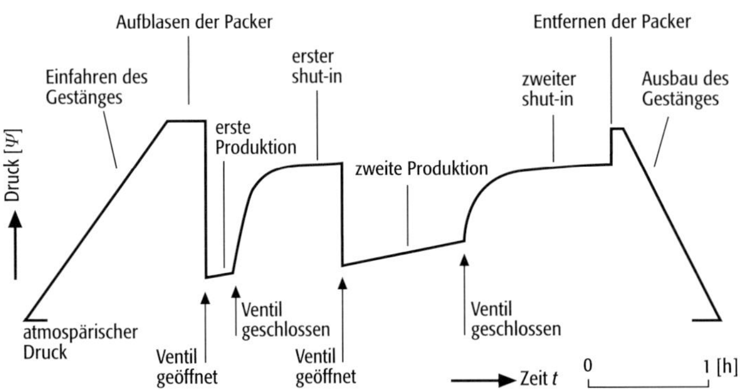

ren im Testintervall. Beide Phasen werden wiederholt und zeitlich ausgedehnt. Zur Festlegung des Versuchsendes und qualitativer Bewertung der Messungen bereits während des Versuchs ist eine kontinuierliche graphische Darstellung des Verlaufs notwendig. Die Zuflußrate wird aus der Wasserspiegeländerung im Steigrohr während der Fließphase berechnet. Die letzte Druckaufbaumessung (final shut-in) wird zur Bestimmung der Transmissivität herangezogen. Für die Auswertung des Drill-Stem-Tests werden die einzelnen Versuchsphasen getrennt betrachtet: Schließphase: Die Daten werden als ein halblogarithmisches Druck-Zeit-Diagramm aufgetragen. Dieses Verfahren wird häufig durch die Länge der Produktionsphase (Fließphasen) beeinflußt und setzt stationäre Strömungsverhältnisse voraus. Daneben kann auch die ↗Wiederanstiegsmethode nach Theis angewendet werden. Fließphase: Die Daten der Fließphasen können als ↗Slug-Test ausgewertet werden. Die Kosten für den Versuch hängen von der Versuchstechnik, der Versuchsdauer, der Einbautiefe und der Teststreckenanzahl ab und sind i.a. relativ hoch. Die zeitaufwendigen Drill-Stem-Tests eignen sich für den kombinierten Einsatz mit Pumpversuchen im Festgestein und erlauben die vertikale Differenzierung eines k_f-Werte-Profils. Die Auswertung ist mit einigen Annahmen verknüpft, die im Einzelfall kritisch zu prüfen sind. In sehr gering durchlässigen Bereichen weist der Drill-Stem-Test methodische Vorteile gegenüber dem Slug-Test auf. [WB]

DRM ↗*Sedimentationsremanenz.*

Dronning Maud Land ↗Proterozoikum.

Dropsonde ↗*Abwurfsonde.*

dropstones, in einem auf das Meer oder einen großen See ausfließenden ↗Gletscher oder auch in ↗Eisbergen mitgeführte Kiese, Steine oder Blöcke, die nach dem Abschmelzen des Eises in den gut geschichteten, meist sehr feinkörnigen Sedimenten des See- oder Meeresbodens abgelagert werden.

Drosselentspannung ↗*Joule-Thomson-Effekt.*

Drosselstrecke, Rohrleitung zur gezielten Begrenzung oder Verminderung des Durchflusses, z.B. für die ↗Regenentlastung.

drowning ↗Sequenzstratigraphie.

drowning unconformity ↗Sequenzstratigraphie.

DRS, *DCP Retransmission System*, Übermittlung von ↗DCP-Daten an Zentralen oder zu DCP-Betreibern.

Druck, **1)** *Kartographie*: Verfahren zur Vervielfältigung einer Vorlage (↗Druckvorlage) mittels einer Druckmaschine und das Ergebnis des Verfahrens. Übliche Druckverfahren sind Hoch-, Tief- und Flachdruck. Für die Kartographie ist das Flachdruckverfahren, speziell der Bogenoffsetdruck, von großer Bedeutung. Spezielle Druckverfahren sind der Siebdruck und Lichtdruck. Der Druck kann als Andruck oder Auflagendruck ausgeführt werden. Nach der Anzahl der Druckfarben unterscheidet man Ein- und ↗Mehrfarbendruck. Der Mehrfarbendruck kann mit Primärfarben der subtraktiven ↗Farbmischung, mit Schmuckfarben oder mit einer Kombination aus Primär- und Schmuckfarben erfolgen. Die Primärfarben der subtraktiven Farbmischung sind Cyan (C), Magenta (M) und Gelb (Y) und werden durch Schwarz (K) ergänzt. Dieses Farbmodell wird auch als ↗CMYK-Modell bezeichnet, die Farben dieses Modells auch als Prozeßfarben. **3)** *Klimatologie*: ↗*Luftdruck.* **2)** *Physik*: Quotient aus der Kraft und der Fläche, auf die sie wirkt. Der Druck p ist definiert als Kraft F pro Fläche [SI-Einheit: Pa (Pascal)].

Drucker, sind Ausgabegeräte zur Herstellung analoger Originale (Text und Graphik) aus digitalen Daten, die im Gegensatz zu vektorbasierten ↗Plottern rasterorientiert arbeiten. Es existieren verschiedene Drucktechnologien (Nadel-, Tintenstrahl-, Thermotransfer-, Thermosublimations-, Laserdruck). Jede Drucktechnologie weist hinsichtlich Druckauflösung, Farbtiefe, Reproduktionsgenauigkeit usw. spezifische Eigenschaften auf, die sie für die verschiedenen Einsatzbereiche qualifizieren.

Druckänderung ↗*Luftdruckänderung.*

Druckfeld, *Luftdruckfeld*, die horizontale Verteilung des ↗Luftdrucks (reduziert auf Meeresniveau) in der Bodenwetterkarte (↗Wetterkarte). In dieser werden die an den synoptischen Stationen eingetragenen Luftdruckwerte durch Zeichnen der Isobaren ausgewertet und so das Druckfeld mit seinen Strukturen (↗Hochdruckgebiete und ↗Tiefdruckgebiete) dargestellt. Das Druckfeld zeigt die vertikale Bilanz der atmosphärischen Massenverteilung an. Es ist formal im Gleichgewicht mit dem zugehörigen Feld des ↗geostrophischen Windes. In Höhenwetterkarten wird anstelle von Druckfeldern in Niveauflächen das ↗Geopotential der Hauptdruckflächen (↗Druckflächen) dargestellt.

Druckfestigkeit ↗Festigkeit.

Druckfläche, **1)** *Angewandte Geologie*: ↗*Grundwasserdruckfläche.* **2)** *Klimatologie*: *isobare Fläche*, geometrischer Ort in der Atmosphäre für alle Punkte mit gleichem Luftdruck. Im allgemeinen sind Druckflächen zu den ↗Niveauflächen leicht geneigt, die Schnittlinien mit dem Meeresniveau sind ↗Isobaren. Druckflächen sind in ↗Tiefdruckgebieten nach unten, in ↗Hochdruckgebieten nach oben gewölbt. Die ↗Topographie einer Druckfläche wird durch ↗Isohypsen beschrieben. Bei der ↗Wetteranalyse werden Höhenwetterkarten auf den wichtigsten *Hauptdruckflächen* 850, 700, 500, 300, 200 und 100 hPa (in 1500 bis 16.000 m Höhe) konstruiert, im Bereich der Stratosphäre auch in 50, 30, 10, 5 und 1 hPa.

Druckform, Informationsträger, der die Eigenschaft besitzt, im Druckprozeß Farbe an das Papier oder einen anderen Bedruckstoff abzugeben, um dabei Information zu übertragen. Druckformen sind Platten oder Zylinder, deren Oberfläche druckende und nichtdruckende Stellen aufweisen. Je nach Druckverfahren wird dies auf unterschiedliche Weise erreicht. Bei Hoch- und Tiefdruck befinden sich die druckenden und nichtdruckenden Elemente auf der Druckform in verschiedenen Höhen, beim Flachdruck sind die

Elemente unterschiedlich präpariert, so daß einerseits fetthaltige Druckfarbe angenommen, an nicht druckenden Stellen dagegen abgestoßen wird. Karten werden hauptsächlich im Flachdruckverfahren gedruckt.

Druckgradient, räumliche Änderung des (Luft-) Druckes. Formal: *Dp*.

druckhaftes Gebirge ↗Ausbruchsklasse.

Druckhöhe, Quotient aus dem Druck *p* in einer Flüssigkeit und dem Produkt aus der Dichte *ϱ* der Flüssigkeit und der Erdbeschleunigung *g*

$$h_p = \frac{p}{\varrho \cdot g}\,.$$

Die Druckhöhe h_p ist ein Term der ↗Bernoullischen Energiegleichung.

Druckhöhengleiche, Verbindungslinie zwischen Punkten gleicher ↗Druckhöhe.

Druckkissenversuch, ein Verfahren, um den Spannungszustand des Gebirges an der Oberfläche oder an Bauteilen im Gebirge (Tunnelschale) nach der ↗Kompensationsmethode zu bestimmen. Das Verfahren beruht auf einer künstlichen Entspannung des Gebirges durch einen Sägeschnitt bei gleichzeitiger Messung der auftretenden Verformung. Diese wird durch einen Kompensationsdruck, der mit einem Druckkissen im Sägeschnitt aufgebracht wird, wieder rückgängig gemacht. Die hierzu aufzubringenden Drücke im Kissen entsprechen i. d. R. den vor dem Sägeschnitt vorhandenen Spannungen. Im Gegensatz zu der ↗Überbohrmethode ist bei diesem Verfahren eine Kenntnis der elastischen Konstanten des an der Meßstelle anstehenden Gesteins nicht notwendig.

Druckkraft, die durch den ↗Druckgradienten hervorgerufene Kraft.

Druckluftpegel, Anlage zur Registrierung von Wasserständen, wobei der hydrostatische Druck über der Austrittsöffnung einer mit Gas gefüllten Leitung gemessen wird (↗Pegel).

Druckluft-Rammbohrgerät, Bohrgerät, das zur Gewinnung von durchgehend gekernten Bodenproben in Böden ohne steinige Einlagerungen oder auch zum Anbohren von stärker angewitterter Felsoberfläche eingesetzt wird. Druckluft-Rammkernbohrungen werden nach DIN 4021 durchgeführt.

Druckluftvortrieb, Methode des ↗Schildvortriebs im ↗Tunnelbau, die häufig im Zusammenhang mit der neuen österreichischen Tunnelbauweise eingesetzt wird, um ein Eindringen von Gebirgswasser in den Tunnel zu verhindern. Dabei wird ein Luftdruck, entsprechend dem hydrostatischen Druck des an der Sohle der ↗Ortsbrust anstehenden Wassers, während des Vortriebs im Bereich der Ortsbrust erzeugt. Unter diesen Bedingungen wird ein Arbeiten im Trockenen ohne Behinderung durch Wasserzutritte ermöglicht. Der eigentliche Arbeitsbereich vor der Ortsbrust ist für Arbeiter und Gerät über Schleusen zugänglich. Angewendet wird die Druckluftmethode insbesondere dann, wenn der Tunnel im Grundwasserbereich aufgefahren werden muß und eine Grundwasserabsenkung aus technischen, wirtschaftlichen oder ökologischen Gründen nicht durchgeführt werden kann. Für ein einwandfreies Funktionieren der Methode muß insbesondere berücksichtigt werden, daß ausreichend dichte Überlagerungschichten vorhanden sein müssen, die ein Abwandern der Luft verhindern sollen, und daß die Druckluft auch als Atemluft für die an der Ortsbrust tätigen Arbeiter dienen muß. Eine große Rolle spielt bei der Druckluftmethode auch der Arbeitsschutz, da das Arbeiten unter erhöhtem Druck zeitlich beschränkt werden muß und gesundheitliche Vorsichtsmaßnahmen für die Arbeiter zu treffen sind. [AWR]

Druckmeßdose, ein Gerät, mit dem Spannungsumlagerungen in Bauteilen aus Beton oder zwischen Bauteilen und dem Gebirge gemessen werden. Die Druckmeßdose besteht aus einem flachen hydraulischen Druckkissen, welches in das zu untersuchende Bauteil einbetoniert wird. Wenn diese Kissen eine geeignete Form besitzen, entspricht die Druckänderung in der Füllflüssigkeit des Kissens direkt der Druckänderung im Bauteil oder zwischen dem Bauteil und dem Gebirge. Nachteilig bei dieser Art der Spannungsmessung kann ein Schwindspalt sein, der sich normalerweise beim Aushärten zwischen dem hydraulischen Druckkissen und dem Beton, in dem das Kissen eingebettet ist, bildet. Es müssen daher Vorkehrungen getroffen werden, diesen Schwindspalt auszufüllen oder das Kissen selbst vor der Messung nachzufüllen, so daß es satt am Beton anliegt.

Druckpotential, *piezometrisches Potential*, ein Teilpotential des ↗Gesamtpotentials im Boden, das berücksichtigt werden muß, wenn freies Wasser, welches nicht dem Matrixpotential unterliegt, in das Potentialkonzept mit einbezogen werden soll. Das Druckpotential wird als Höhe unter der ↗Grundwasseroberfläche gemessen.

Druckschatten, in Richtung der Hauptzugspannung an rigiden Einschlüssen (z. B. Granat) ansetzender Dehnungsbereich, der sich in Zusammensetzung und Gefüge von der benachbarten Matrix unterscheidet und durch eine scharfe oder verwaschene Grenze von dieser getrennt ist; bevorzugt gefüllt durch Kristallisation aus Fluiden (häufig sind Quarz, Calcit, Chlorit, z. T. faserig, in der Hauptdehnungsrichtung wachsend).

Drucksetzungslinie, stellt die Zusammendrückbarkeit eines Bodens dar und gibt Informationen über das Setzungsverhalten der Böden bei Be-, Ent- und Wiederbelastung. Man erhält die Drucksetzungslinie durch Auswertung eines KD-Versuches. Die Belastung *P* in kN/m^2 wird auf der Abszisse, die ↗Setzung auf der Ordinate aufgetragen. Die Auswertung erfolgt meist halblogarithmisch. Aus den einzelnen Lastbereichen der Drucksetzungslinie wird das ↗Steifemodul *ε* getrennt ermittelt. Die Entlastungslinie zeigt den Anteil der elastischen Rückverformung und den Anteil der ↗bleibenden Setzung (↗Casagrandeknick Abb.). Der zeitliche Verlauf der Zusammendrückung wird von der Bodenart bestimmt. Rollige, stark durchlässige Böden (Sande) setzen sich schnell, während bindig, wenig durchlässige Böden (Tone) sich langsamer setzen.

Drucksonde, technisches Gerät zur Aufzeichnung des ↗Grundwasserstandes über die Zeit in einer ↗Grundwassermeßstelle oder einem Brunnen. Hierbei wird die Höhe der überlagernden Wassersäule über die in den ↗Grundwasserkörper eingetauchte Drucksonde gemessen. Der auf der Höhe der Drucksonde herrschende Gesamtdruck setzt sich zusammen aus dem ↗hydrostatischen Druck der überlagernden Wassersäule und dem atmosphärischen Druck. Durch geeignete technische Maßnahmen, z. B. einer Druckausgleichskapillare zwischen der Drucksonde und der Geländeoberfläche oder dem parallelen Aufzeichnen der atmosphärischen Druckschwankungen, kann deren unerwünschter Einfluß auf die Grundwasserstandsmessung eliminiert werden. Drucksonden werden sowohl bei der Durchführung von Pumpversuchen zur genauen Aufnahme der Absenkungsbeträge über die Zeit eingesetzt, als auch zur langfristigen Beobachtung von Grundwasserstandsschwankungen (Abb.). [WB]

Drucksondierung, mechanisches Sondierungsverfahren zur direkten Ermittlung der Bodeneigenschaften und für die Bemessungstabellen einiger Normen (DIN 4094 CPT). Durch sie erhält man Informationen über die Lagerungsdichte bzw. Konsistenz bindiger Böden und direkte Festigkeitseigenschaften eines nichtbindigen Baugrundes. Die Sondierung erfolgt mit einer genormten Meßspitze mit einem Durchmesser von 36 mm und einer Querschnittsfläche von 10 cm^2 (Abb.). Die Meßspitze wird kontinuierlich mit ± 2 cm/s in den Untergrund gedrückt. Moderne Geräte messen Spitzendruck und Mantelreibung getrennt. Bei der Drucksondierung wird der Spitzendruck bzw. die Mantelreibung in MN/m^2 in Abhängigkeit von der Eindringtiefe aufgetragen. Ein Einfluß von Grundwasser ist praktisch nicht festzustellen. Der Anhang C von DIN V 1054-100 beinhaltet Diagramme für die Abhängigkeit des Spitzendrucks von der Lagerungsdichte. Manche Autoren stellen Tabellen, die eine empirisch gefundene Abhängigkeit zwischen Ergebnissen von Drucksonden und verschiedenen Rammsonden aufweisen, auch für bindige Böden vor. Aufgrund des Modellcharakters werden die Ergebnisse von Drucksondierungen oft zur Berechnung der Tragfähigkeit von Pfahlgründungen verwendet (DIN 4014, 1990). [NU]

Druckspannung, *positive Normalspannung*, ↗Spannung.

Druckspiegel, ↗Grundwasserspiegel, der sich bei gespanntem Grundwasser in einer Bohrung oder einer ↗Grundwassermeßstelle einstellt.

Druckspiegelhöhe, Höhe des ↗Druckspiegels über bzw. unter einer horizontalen Bezugsfläche. Nach DIN 4049, Teil 3 sollte anstatt Druckspiegelhöhe der Begriff ↗Standrohrspiegelhöhe verwendet werden, da der ganze ↗Grundwasserkörper ein einheitliches hydraulisches System darstellt, unabhängig davon, ob Teile von ihm eine gespannte Grundwasseroberfläche besitzen oder nicht.

Druckspiegelschwankung, Änderung der ↗Standrohrspiegelhöhe über die Zeit.

Drucksutur ↗*Stylolith*.

Drucktendenz ↗*Luftdrucktendenz*.

Druckverteilung der Erde, der hydrostatische Druck nimmt bis zum Erdmittelpunkt stetig zu. Eine Abschätzung des Druckes bis zum oberen Mantel erhält man durch die Regel, daß sich der Druck alle 3 km Tiefe um 0,1 GPa oder 1 kbar erhöht. Die weitere Druckzunahme ist nicht linear (↗Schalenbau der Erde, Abb. 1).

Druckvorlage, eine transparente Vorlage, von der in einem kopiertechnischen Prozeß die ↗Druckform erstellt wird. Sie enthält alle Elemente eines Bildes oder der Karte, die im Druckprozeß in einer bestimmten Druckfarbe gedruckt werden sollen. Die Druckvorlage für Karten kann im Prozeß der analogen ↗Kartenherstellung erstellt worden sein oder aus digitalen Daten. Für die unterschiedlichen Druckformen und Druckverfahren sind in bezug auf ↗Tonwert und Seitenlage unterschiedliche Druckvorlagen notwendig. Für den Offsetdruck, dem Druckverfahren, das hauptsächlich für den ↗Kartendruck angewendet wird, ist die Druckvorlage i. a. ein seitenverkehrtes, transparentes Diapositiv.

Druckvorstufe, bezeichnet den Bereich der Verfahren, die für die Druckvorbereitung von Karten, Texten, Bildern und graphischen Darstellungen notwendig sind. Zu diesen Verfahren gehören die Herstellung der ↗Druckvorlagen und ↗Druckformen, die Proofverfahren und das Ausschießen. Auch der Vorgang des Scannens von ↗Vorlagen und ↗Kartenoriginalen wird oft der Druckvorstufe zugeordnet.

Drumlin, längliche, meist walfisch-rückenförmige Hügel von bis zu mehreren hundert Metern Länge aus aufgepreßtem Material der ↗Grundmoräne und Schottern. Die Hügellängsachse liegt in Fließrichtung des Eises. Das ihr zugewandte Ende ist steil, das abgewandte flach geneigt. Sie entstehen, wenn ältere Grundmoräne und ↗fluvioglaziale Ablagerungen beim erneuten Vorrücken des Gletschers überfahren werden. Drumlins treten meist schwarmweise auf, sind fächerförmig und zueinander versetzt angeordnet und bilden große Drumlinfelder, sog. Drumlinlandschaften, z. B. im voralpinen Vereisungsgebiet am Bodensee, um Kempten und südwestlich des Starnberger Sees.

Druse, Hohlraum mit Aggregaten von frei kristallisierten Mineralen in Gesteinen und Erzen, die bis zu metergroß werden können. Mineralstufen aus Drusen gehören zu den ästhetisch schönsten Bildungen der geologischen Materie und sind in Mineralsammlungen und Kabinetten weit verbreitet. An ihren Wänden bilden sich weitgehend ohne Behinderungen aus wässrigen oder gasförmigen Mischphasen gut ausgebildete, meist idiomorphe Kristalle. Zunächst erfolgt die Keimbildung auf den Drusenwänden richtungslos, bei

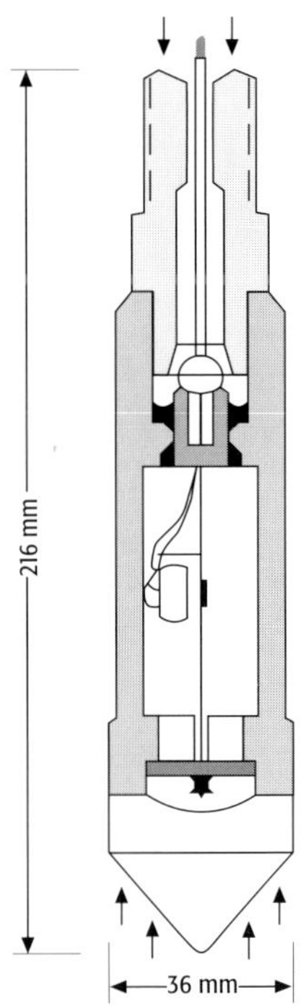

Drucksondierung: Drucksonde.

weiterem Wachstum erfolgt eine gegenseitige Behinderung der Kristalle, so daß es zu einer geometrischen Auslese kommt, wobei sich die einzelnen Individuen oft senkrecht zur Aufwachsfläche entwickeln. Hierdurch entstehen auf meist konvexen Unterlagen divergent- und radialstrahlige Mineralaggregate, auf konkaven Unterlagen entstehen konzentrisch-strahlige bis sphärolithische Aggregate. Als *Kristallrasen* bezeichnet man die auf geraden Aufwachsflächen parallelen oder subparallelen Kristallverwachsungen. [GST]

Dryas, Stadiale im Spätglazial der ↗Weichsel-Kaltzeit, benannt von O. Torell 1872 nach der Pflanze *Dryas octopetala*. Man unterscheidet ↗Jüngere Dryas, ↗Ältere Dryas und ↗Älteste Dryas.

dry farming, *Trockenbrache*, Anbaumethode der Landwirtschaft, die zu den Systemen des permanenten ↗Regenfeldbaus gehört und durch eine ein- oder mehrjährige Trockenbrache in der ↗Fruchtfolge gekennzeichnet ist. Angewendet wird dry farming in ariden bis semiariden Gebieten (150–350 mm/a), in welchen der natürliche Niederschlag für eine jährliche Bestellung der Felder nicht ausreicht. Ziel des dry farming ist die Erhöhung des ↗Bodenwassergehaltes durch gezielte, das Bodenwasser konservierende Bearbeitungsmaßnahmen. Die ↗Brache stellt i. d. R. eine ↗Schwarzbrache dar, bei der die Anbaufläche zur Schonung der Wasservorräte vegetationslos gehalten wird, entweder über das Abbrennen der Vegetation oder durch mechanische Bearbeitung. Zur Vorbereitung der Trockenbrache wird der Boden zwischen der Ernte der Vorfrucht und der niederschlagsreichen Zeit gepflügt, was eine erhöhte Wasseraufnahmefähigkeit zur Folge hat. Nach dem Niederschlag wird zur Verminderung der Verdunstungsrate das Brachefeld zunächst geeggt, wodurch die intakten Bodenkapillaren zerstört werden, und anschließend gewalzt, um zusätzlich die verdunstungsfähige Bodenoberfläche zu verkleinern. Das Walzen der brachliegenden und oberflächlich ausgetrockneten Felder soll darüber hinaus die Erosion durch Wind vermindern (↗Bodenerosionsgefährdung).

D-Schicht, untere Schicht der ↗Ionosphäre zwischen etwa 60–90 km, die in der Regel nur am Tage mit Elektronendichten um 10^{10} m^{-3} ausgeprägt ist. Die ↗Ionisation erfolgt durch kurzwellige ↗Röntgenstrahlung und durch die ↗ultraviolette Strahlung auf der Lyman-α-Linie (↗Feuchtemessung). ↗Atmosphäre.

3D-Seismik ↗Flächenseismik.

DSGN, *Deutsches Schweregrundnetz*, ↗Schwerereferenznetz.

DTM ↗*desktop mapping*.

DTP ↗*desktop publishing*.

DU ↗*Dobson-Unit*.

Du Buat, *Pierre Louis Georges*, französischer Ingenieur, * 1738 in Tortozambert (Normandie) † 1809, studierte in Paris, arbeitete beim Militär, führte mit Unterstützung der französischen Regierung zahlreiche hydraulische Experimente durch. Verfaßte das Buch »Principes d'hydraulique verifie par un grand nombre d'expériences, faites par odre de Gouvernment« (publiziert 1786). Er entwickelte fast gleichzeitig mit A. de ↗Chezy eine Fließformel und legte somit die Grundlage für die Berechnung des Abflusses im offenen Gerinne.

Dufour, *Guillaume-Henri*, schweizerischer General, * 15.9.1787 in Konstanz, † 14.7.1875 in Genf; nach Besuch der »École polytechnique« in Paris als französischer Ingenieuroffizier tätig, von 1828–1850 Kantonsingenieur in Genf; 1833–1865 Oberstquartiermeister im Eidgenössischen Generalstab und damit Leiter der schweizerischen Landesvermessung und erster Direktor des 1838 gegründeten Eidgenössischen Topographischen Büros. Unter seiner Leitung entstand 1845–64 die »Topographische Karte der Schweiz 1:100.000« (25 Blatt, Kupferstich) mit ↗Reliefdarstellung in Schattenschraffen (Dufour-Karte). Ihm zu Ehren trägt der höchste Berg der Schweiz im Monte-Rosa-Massiv den Namen Dufourspitze (4634 m).

Düker, Kreuzungsbauwerk, mit dem ein Gerinne unter einem Hindernis hindurchgeführt wird, z. B. einem anderen Wasserlauf oder einem Kanal. Im Unterschied zum ↗Durchlaß geschieht dies mittels einer Druckleitung. Um Ablagerung zu vermeiden, sind dabei bestimmte Mindestfließgeschwindigkeiten einzuhalten. Das bedeutet, daß bei stark schwankenden Durchflüssen mehrere Rohrleitungen unterschiedlichen Durchmessers angeordnet werden müssen, die bei steigendem Durchfluß nacheinander so beaufschlagt werden, daß die erforderlichen Fließbedingungen eingehalten werden.

duktil ↗duktile Verformung.

duktile Minerale, leicht verformbare und schneidbare Minerale, wie Argentit (Silberglanz), Silber, Gold, Kupfer und Platin; im Gegensatz zu Mineralen mit einer hohen ↗Elastizität.

duktiles Bruchverhalten, der Begriff wird bei Materialien benutzt, die zwar fest sind, sich aber bei langzeitlichen Belastungen plastisch verhalten (z. B. Gletschereis). Duktiles Bruchverhalten ist das Gegenteil von sprödem Bruchverhalten (↗Sprödigkeit). Vor dem Bruch kommt es zu großen plastischen Deformationen (↗Plastizität). Es sind Deformationen von 10 bis mehr als 15 cm möglich, bevor ein Versagen durch Bruch stattfindet.

duktile Verformung, eine irreversible Verformung ohne Kohäsionsverlust (↗Kohäsion). Die Verformung spielt sich im mikroskopischen bis submikroskopischen Bereich durch inter- und intrakristalline Relativbewegungen ab. *Duktiles* Verhalten bedeutet verteilte Verformung mit einer bestimmten Verformungsrate ($\dot{\varepsilon}$) und einer bestimmten Differentialspannung (σ_1-σ_3). Die *Fließfestigkeit* eines Gesteins ist diejenige Differentialspannung, bei der duktiles (raumgreifendes) Fließen bei gleichbleibender Verformungsrate einsetzt. Im Gegensatz zum spröden Versagen kommt es meist nicht zu einem signifikanten Spannungsabfall bei einsetzendem duktilem Fließen, es kann jedoch zu einem Anstieg kommen (Verformungshärtung). Die Fließfestigkeit eines Materials ist stark von der Temperatur und der Verformungsrate abhängig, nicht jedoch vom Druck. Die Abhängigkeit von Differentialspannung und Verformungsrate wird in Form von linearen und nichtlinearen *Fließgesetzen* dargestellt. Lineare Fließgesetze haben die Form:

$$\dot{\varepsilon} = \frac{(\sigma_1 - \sigma_3)}{\eta}.$$

Sie beschreiben ein linear *viskoses Verhalten* (Newtonsche Flüssigkeit), bei dem die materialspezifische Viskosität (η) mit steigender Temperatur abnimmt. Lineare Fließgesetze gelten z. B. für korngrößenabhängiges Fließen, welches durch intra- und insbesondere interkristalline ↗Diffusion gesteuert wird (*Diffusionsfließen*). Nichtlineare Fließgesetze gelten für korngrößenunabhängiges Fließen, welches gesteuert wird durch intrakristalline Gleitvorgänge im Falle des *Dislokationsgleitens* oder durch eine Kombination von Gleiten und diffusionsgesteuertem Dislokationsklettern im Falle des *Dislokationskriechens*. Nichtlineares Fließverhalten wird häufig mit Hilfe eines Potenzgesetzes ausgedrückt:

$$\dot{\varepsilon} = A \cdot \sigma^n \, exp\,(-H/RT)$$

(σ = Differentialspannung σ_1-σ_3, $\dot{\varepsilon}$ = Verformungsrate, H = Aktivierungsenergie, R = Gaskonstante, T = absolute Temperatur, A, n = Materialkonstanten). Die starke Temperaturabhängigkeit der duktilen Verformungsprozesse bewirkt, daß sie erst in größerer Tiefe wirksam sind. Für ein duktiles Fließen von Quarz bei geologisch realistischen Verformungsraten sind Temperaturen über 300 °C notwendig, beim Feldspat sind es 500 °C. Bei normalen thermischen Bedingungen setzt in einer quarzreichen ↗Erdkruste duktiles Fließen in einer Tiefe von ca. 15 km ein. [ES]

Düne, äolische Akkumulationsform (↗äolische Akkumulation) aus Sand, seltener auch ↗Pseudosand, die im wesentlichen durch Prozesse der ↗Saltation gebildet wird. Dünen sind i. d. R. durch jeweils charakteristische Ausprägung ihrer ↗Reliefelemente gekennzeichnet, insbesondere was den Luv- und Leehang und den ↗Dünenkamm anbelangt. Entsprechend der Vielzahl morphogenetischer Einflußgrößen (Windregime, Materialart, Feuchtigkeit, Vegetationsbedekkung, Untergrundbeschaffenheit) und ihrer mannigfaltigen Wechselwirkungen, treten Dünen in unterschiedlicher Größe, Form und Veränderlichkeit auf. Eine allgemeingültige Dünenklassifikation besteht nicht. Eine grobe Einteilung kann vorgenommen werden: a) entsprechend ihrer Lage in ↗Binnendünen und ↗Küstendünen, b) entsprechend ihrer morphogenetischen Ausgangsbedingungen in ↗freie Dünen und ↗gebundene Dünen, c) entsprechend ihrer Ausrichtung zu vorherrschenden Windrichtungen in ↗Querdünen und ↗Längsdünen mit zahlreichen komplexen Übergangsformen, d) entsprechend ihrer morphologischen Aktivität in aktive Dünen und ↗Altdünen. Dünen treten häufig in regelmäßigen Abständen und gleichmäßiger Verteilung auf, vergesellschaftet zu Dünenfeldern. Die Ursache dieser Musterbildung ist nicht bekannt. Gängige Modelle erklären diese Regelmäßigkeit durch Leewirbel, die erst in einem gewissen Abstand erneute Akkumulation in Hauptwindrichtung erlauben, oder durch präexistente, gleichmäßige Strömungsmuster, die durch Diskontinuitäten der Oberfläche entstehen. Da die meisten Modelle aus Untersuchungen an ↗subaquatischen Dünen abgeleitet sind, ist eine Übertragung auf ↗äolische Dünen problematisch. [KDA]

Dünenbau, Maßnahme des ↗Küstenschutzes zur Sicherung oder Neubildung von ↗Dünen. Dazu gehören die Anlage von Vordünen zum Schutz oder zur Wiederherstellung von Hauptdünen oder die Schaffung neuer Dünen. Dabei wird die natürliche Sandablagerung z. B. durch Sandfangzäune aus Naturprodukten (Busch, Schilfrohrmatten) oder Kunststoffen gefördert. In einzelnen Fällen erfolgt ein Dünenschutz auch durch ↗Strandauffüllungen oder ↗Deckwerke.

Dünenkamm, meist deutlich ausgeprägter Grat, der die Begrenzung zwischen Luv- und Leehang einer ↗Düne darstellt. Ein Dünenkamm kann auch durch Strömungskonvergenz (↗Leedüne) entstehen.

Dünenkette, unscharfer morphographischer Begriff für Aufreihungen von einzelnen ↗Dünen, ohne den Dünentyp zu berücksichtigen.

Dünensand, ↗äolisch transportierter ↗Sand, der zu ↗Dünen akkumuliert ist.

Düngemittel, *Dünger*, sind laut ↗Düngemittelgesetz Stoffe, die dazu bestimmt sind, unmittelbar oder mittelbar Nutzpflanzen zugeführt zu werden, um ihr Wachstum zu fördern, ihren Ertrag zu erhöhen oder ihre Qualität zu verbessern. Im Sprachgebrauch wird unterschieden nach ihrer chemischen Zusammensetzung in organische und mineralische Düngemittel bzw. nach ihrer Herkunft in Wirtschaftsdünger oder Handelsdünger. Das Düngemittelgesetz unterscheidet mineralische und organische Handelsdünger, deren Zulassung und Verkehr im Düngemittelgesetz geregelt sind, Natur- und Hilfsstoffe, wie Wirtschaftsdünger, Bodenhilfsstoffe, Kultursubstrate, und ausgenommene Düngemittel, z. B. Klärschlämme, die dem Abfallbeseitigungsgesetz unterliegen.

Düngemittelgesetz, regelt den Begriff der ↗Düngemittel und deren Zulassung, Kennzeichnung, Toleranzbereiche der Gehalte, Verkehrsbeschränkungen und -kontrollen sowie Probenahmeverfahren. Die Zulassung im einzelnen und die Typenzuordnung von Düngemitteln regelt die Düngemittelverordnung.

Düngung, die Zufuhr von ↗Düngemitteln zu Pflanzen, zum Boden oder anderen Substraten mit dem Ziel der Wachstums-, Ertrags- und Qualitätsförderung des Pflanzenbestandes oder der Beeinflussung von Bodenprozessen.

Dunit, ↗Peridotit mit mehr als 90 % Olivin.

Dunkelfeldmikroskopie, der Untersuchung durchsichtiger Objekte im durchfallenden Licht

(↗Polarisationsmikroskopie) steht eine Beobachtungsart gegenüber, bei welcher kein direktes Licht aus dem Kondensor in das Objektiv eintreten kann. Lediglich vom Objektiv abgebeugtes Licht wirkt bei der Bildentstehung mit. Dieses Ziel wird erreicht, wenn alles aus dem Kondensor in das Objektiv geradlinig eintretende Licht abgeblendet wird. Da auf diese Weise der Bilduntergrund im Sehfeld dunkel bleibt, spricht man von Beobachtung im Dunkelfeld und nennt die Beleuchtungsart Dunkelfeldbeleuchtung. Dunkelfeldbeleuchtung kann im Mikroskop mit normalem Kondensor dadurch erreicht werden, daß man die ziemlich geschlossene Kondensor-Irisblende soweit seitlich verschiebt, bis die Neigung der schief einfallenden Bündel größer als die Neigung der in das Objektiv einfallenden Randstrahlen ist. Nach Entfernen des Okulars beobachtet man das Bild der geschlossenen Kondensorblende in der bildseitigen Brennebene des Objektivs. Man verschiebt dieses Bild so weit seitlich, daß es gerade am Rande der Objektivblende verschwindet. Man kann aber auch ohne Verschiebung der Kondensorblende zentrisch eine Sternblende in den Strahlengang einführen, welche nur Strahlen höherer Apertur als derjenigen des Objektivs hindurchläßt. Statt dessen können Mikroskope auch mit speziellen Dunkelfeldkondensoren ausgerüstet werden, welche z. T. auf dem Prinzip der Totalreflexion beruhen. Die Dunkelfeldbeleuchtung läßt sich darüber hinaus durch den Gebrauch passend angebrachter Einhängeblenden oder Irisblenden im Objektiv verbessern. Die Dunkelfeldmikroskopie führt bei Verwendung von Kunstlicht zu guten Ergebnissen bei Beobachtung von linearen Objekten (Kanten, Risse) sowie flächenhaften Objekten, deren Strukturen auf dem Vorhandensein von Brechungsquotientendifferenzen beruhen. Kleinste Objekte unterhalb der Auflösungsgrenze der Mikroskope können sichtbar werden. Ihre Gestalt wird jedoch nicht mehr genau abgebildet, sondern nur ein durch sie erzeugtes Beugungsbild. [GST]

dunkelklare Farben ↗Entsättigung.

Dunkelstellung, doppelbrechende, optisch anisotrope Kristalle wechseln beim Drehen des Objekts zwischen gekreuzten Polarisatoren die Intensität des Objektbildes periodisch. Bei einer vollen Umdrehung verschwindet das Objekt nach jeweils 90° vollständig. Dieser Zustand wird als Dunkelstellung bezeichnet (Abb.). Die vier Dunkelstellungen werden als Auslöschungslagen, die vier Orientierungen der Maximalintensität als Diagonallagen bezeichnet (↗Polarisationsmikroskopie). Wichtig ist die exakte Einstellung der maximalen Dunkelstellung bei der Bestimmung der Auslöschungsschiefe zur Ermittlung der kristallographischen Orientierung und bei Messungen der Gangunterschiede mit Kompensatoren bei sehr dünnen Objekten, Partikeln und Fasern.

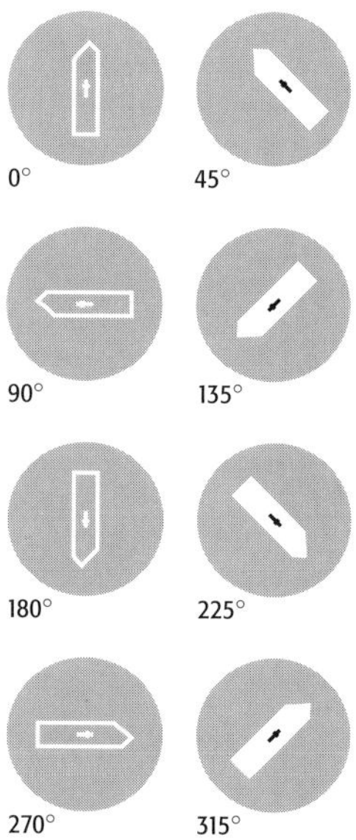

Dunkelstellung: Dunkelstellung bei Normallagen (0°, 90°, 180° und 270°) und Aufhellung bei Diagonallagen (45°, 135°, 225° und 315°) eines doppelbrechenden Kristalls bei Drehung des Objekttisches am Polarisationsmikroskop um 360° (Geradeauslöschung).

Dünnschichtchromatographie ↗analytische Methoden.

Dünnschliff, durchsichtige Plättchen unterschiedlicher Größe in einer Dicke zwischen 0,02–0,03 mm. Sie werden von Gesteinen, Mineralien, Fossilien oder mit Spezialharz gehärteten anderen Materialien angefertigt, um unter dem Mikroskop ihre Zusammensetzung, ihre optischen Eigenschaften oder Feinstrukturen zu bestimmen. In die Mineralogie wurde die Methode der polarisationsmikroskopischen Untersuchung im Durchlicht 1858 von dem Engländer H.C. Sorby eingeführt. Wichtig ist das Objektträgerformat 48 × 28 mm (»Gießener Format«), das wegen der ständig notwendigen Objekttischdrehung an das ↗Polarisationsmikroskop und an den Universaldrehtisch angepaßt ist. Objektträger und Deckgläser bestehen aus spannungs-, blasen- und einschlußfreiem Glas. Zur Herstellung des Dünnschliffes wird das Material einseitig beschnitten und angeschliffen. Die Schleifflüssigkeit darf das Material nicht lösen. Die angeschliffene Fläche wird mit Canadabalsam oder einem anderen Einbettungsmittel auf den Objektträger aufgekittet und die Substanzprobe von der anderen Seite so weit heruntergeschliffen, bis sie genügend durchsichtig ist. Die Schliffdicke wird aus der Interferenzfarbe des Quarzes erkannt. Man schleift soweit, bis Quarz das Grau der 1. Ordnung zeigt. Der Schliff hat dann eine Dicke von 0,02 mm. Bei dieser Schliffdicke lassen sich die meisten Minerale sofort an ihrer Interferenzfarbe erkennen. Anschließend wird der Schliff mit dem Einbettungsmittel bedeckt und das Deckglas aufgebracht (Abb.).

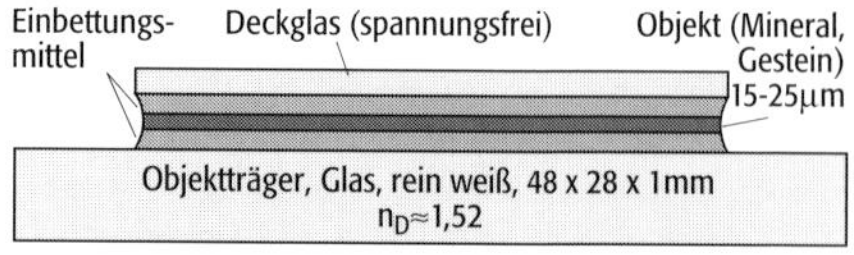

Dünnschliff: Aufbau eines Gesteinsdünnschliffes.

Dunst, horizontale Sichttrübung (↗meteorologische Sichtweite) auf 8–1 km durch beginnende Kondensation von Wasserdampf an Kondensationskernen bei einer relativen Luftfeuchtigkeit von mehr als 80 % zu Tröpfchen als *feuchter Dunst* oder bei einer relativen Luftfeuchtigkeit weniger als 80 % durch Staub, Rauch und Industrieabgase als *trockener Dunst.* Anthropogen erzeugte Gase und Schmutzteilchen sind häufig die Ursache für trockenen Dunst in Städten und Industriegebieten. Auch das Abbrennen von Feldern und großräumige Waldbrände können die Ursache für die Entstehung von Dunst sein (↗anthropogene Klimaveränderungen, ↗Smog). Dunst wirkt als milchigweißer bis gelblicher Schleier, der Sichtmarken diffus erscheinen läßt.

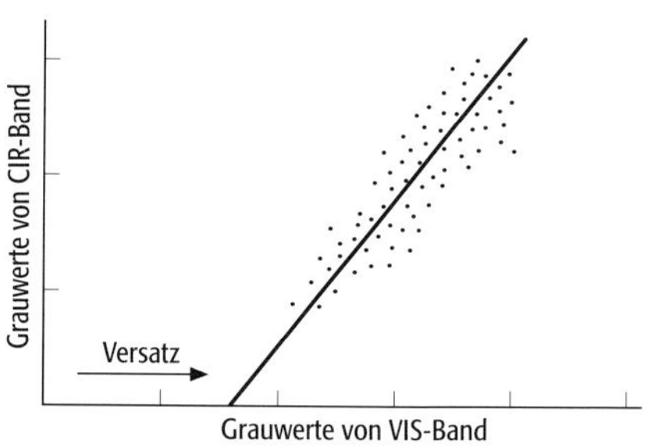

Dunstkorrektur 1: Scattergramm von CIR-Band gegen VIS-Band für ein beschattetes Gebiet. Der Versatz der Geraden entlang der Abszisse entsteht durch atmospärische Streuung im VIS-Band.

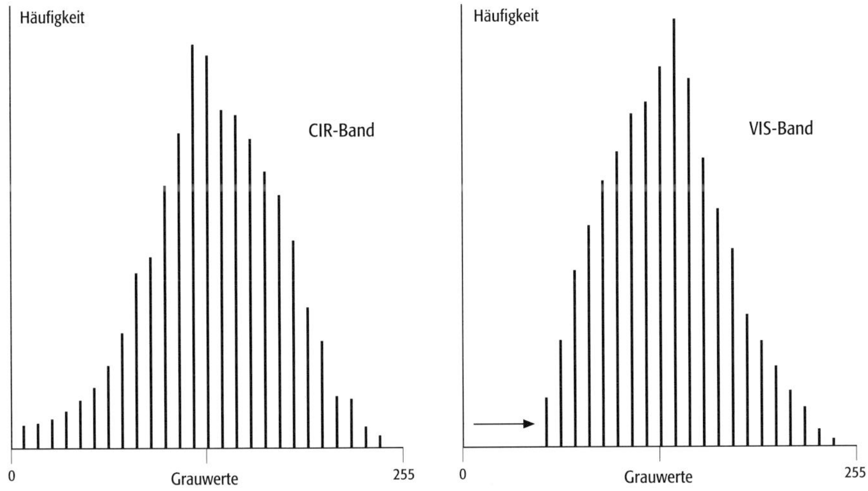

Dunstkorrektur 2: Histogramme von CIR-Band und VIS-Band. Das Fehlen von Spektralwerten im VIS-Band wird durch Streuung im betreffenden Wellenlängenbereich verursacht.

Diese feinen Tröpfchen und Partikel wirken lichtstreuend und damit sichtmindernd.

Dunstglocke, oder Dunstfahnen werden im Bereich von Städten und Industriegebieten beobachtet. Sie bilden sich aufgrund der verstärkten Emission von ↗Aerosolen und ↗Spurengasen. Diese werden in die ↗atmosphärische Grenzschicht eingemischt und können mit der vorherrschenden Strömung horizontal verfrachtet werden. Diese optisch angereicherte Luft wird oftmals aufgrund ihrer Farbe als Fahne hinter den Emittenten erkannt (↗Abgasfahne). Ist kein Wind vorhanden oder liegt die Quelle beispielsweise in einem Tal, bildet sich eine Dunstglocke aus. ↗Smog, ↗anthropogene Klimabeeinflussung.

Dunstkorrektur, Korrektur der durch Atmosphärilieneinfluß erhöhten Grauwerte (↗Atmosphärenkorrektur). Dunst erzeugt atmosphärische ↗Streuung, welche sich in reduzierten Bildkontrasten widerspiegelt. Der Kontrast eines Bildes wird durch die Korrektur dieses Effektes verbessert. Gerade in Gebirgen mit großen relativen Höhen und Unterschieden in der Luftfeuchtigkeit kommt einer Dunstkorrektur nicht nur für die Herstellung von Satellitenbildern, sondern vor allem bei der digitalen Klassifizierung Bedeutung zu (Abb. 1 und Abb. 2).

Dunststreuung, Streuung an Aerosolpartikeln in der Atmosphäre (↗Aerosol, ↗Mie-Streuung).

Dünung, ↗Seegang, der nicht mehr dem Einfluß des Windes unterliegt und sich in Form von freien Wellen ausbreitet. Dünung entsteht, wenn der Seegang aus dem Ursprungsgebiet herauswandert oder die Windstärke abnimmt.

Duplex-Struktur, System von ↗Überschiebungen mit einer Sohlüberschiebung, einer Dachüberschiebung und mehreren (mindestens zwei) verbindenden Zweigüberschiebungen (Abb. 1, Abb. 2). Duplex-Strukturen übertragen Störungsversatz von einem tieferen Abscherhorizont in einen höheren.

Dupuit-Annahmen, die zur mathematisch korrekten Beschreibung von Strömungsvorgängen in Grundwasserleitern mit ungespanntem Grundwasser nach der Gleichung:

$$\frac{\partial^2 h}{\partial^2 r^2} + \frac{1}{r}\frac{\partial h}{\partial r} = \frac{S}{T}\frac{\partial h}{\partial t}$$

(h = Standrohrspiegelhöhe, r = Abstand zwischen Beobachtungspunkt und Entnahmebrunnen, S = Speicherkoeffizient, T = Transmissivität, t = Zeit) notwendigen Annahmen. Die Gleichung ergibt sich aus der Fundamentalgleichung der Grundwasserbewegung für den Fall einer horizontalen, radialen Strömung zum Entnahmebrunnen hin. Bei der Grundwasserströmung in einem freien Grundwasserleiter treten jedoch auch

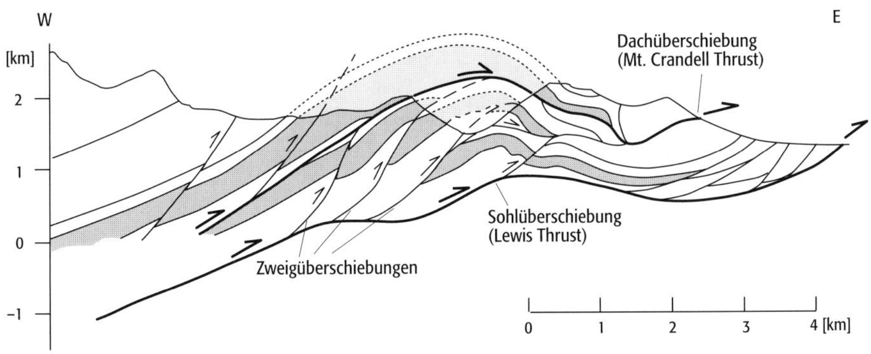

Duplex-Struktur 1: Duplex-Struktur in den kanadischen Rocky Mountains.

Duplex-Struktur 2: Entstehung einer Duplex-Struktur durch wiederholte Anlage von Zweigüberschiebungen (s_1 bis s_3) im Liegenden einer größeren Decke (s_0). Die Pfeile unter den Profilen geben jeweils den Versatz der einzelnen Zweigüberschiebungen an. Die von der Duplex-Struktur aufgenommene Gesamtverkürzung beträgt $s_0 + s_1 + s_2 + s_3$.

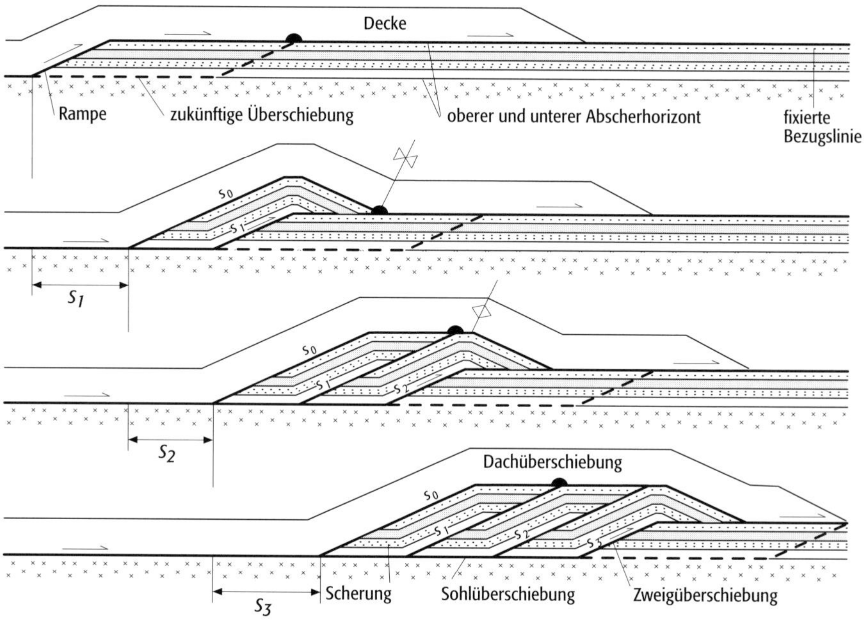

vertikale Strömungskomponenten auf, die sich mit zunehmender Absenkung der freien ↗Grundwasseroberfläche immer stärker bemerkbar machen. Um die Gleichung dennoch anwenden zu können, werden die folgenden Dupuit-Annahmen getroffen: a) Die Strömung ist über die gesamte wassererfüllte Mächtigkeit des Grundwasserleiters horizontal. b) Die Strömungsgeschwindigkeit ist über die gesamte wassererfüllte Mächtigkeit des Grundwasserleiters konstant. c) Die horizontale Geschwindigkeit an der freien Grundwasseroberfläche ist entsprechend dem Gesetz von Darcy proportional zum Gefälle der freien Oberfläche.

Die Dupuit-Annahmen können dann als erfüllt angesehen werden, wenn der Absenkungsbetrag im Förderbrunnen nicht mehr als 25% der anfänglich wassererfüllten Mächtigkeit beträgt. [WB]

Durain, *Mattkohle*, kompakte, matte Lagen mit rauhen Bruchflächen. Durain bricht grobstückig und ist als ↗Lithotyp in den ↗Steinkohlen des Karbons auf der Nordhalbkugel nicht sehr häufig, jedoch in Gondwana-Kohlen der Südhalbkugel. Makroskopisch ist er leicht mit ↗Brandschiefer oder kohligem Tonstein zu verwechseln.

Durchbruchsberg ↗mäandrierender Fluß.

Durchbruchstal, durch Antezedenz (↗Antezedenz Abb.), Epigenese (↗Epigenese Abb.) oder rückschreitende ↗fluviale Erosion entstandene Flußtalstrecke in einer Gebirgsschwelle, die zwischen zwei Tieflandsbereichen liegt. Ein Beispiel für ein antezedentes Durchbruchstal stellt das Mittelrheintal zwischen Bingen und Bonn dar.

durchfallender Niederschlag, ↗Niederschlag unter einem Pflanzenbestand, der den Erdboden ohne Berührung der Pflanzenoberfläche erreicht (↗Interzeption, ↗Kronendurchlaß, ↗Bestandsniederschlag).

Durchfluß, das einen Fließgewässerquerschnitt durchströmende Wasservolumen je Sekunde, angegeben in l/s oder in m^3/s. Der Durchfluß wird mit Hilfe der ↗Durchflußmessung ermittelt. Der Durchfluß ist wasserstandsabhängig, wobei gleiche Wasserstände infolge der ↗Durchflußhysterese nicht unbedingt gleiche Durchflüsse zur Folge haben müssen. Die Beziehung zwischen den Wasserständen und den Durchflüssen wird durch die ↗Durchflußkurve dargestellt.

In der Hydrologie sind der bordvolle, der gestaute und der gleichförmige Durchfluß von besonderer Bedeutung:

a) Der bordvolle Durchfluß bezeichnet die Abflußverhältnisse bei so hohen Wasserständen, daß die Gefahr des Überfließens von Wasser über die Ufer, Deiche, Dämme, Stauwehre usw. besteht.

b) Der gestaute Durchfluß tritt ein, wenn, auf natürliche Weise oder durch anthropogene Maßnahmen ausgelößt, ein Zurückhalten des Wassers vor Barrieren erfolgt. Eisschollen beispielsweise können den Durchfluß so stark behindern, daß es zu hohen Wasserständen und zu kritischem Abfluß kommen kann. Meist sind es jedoch wasserbauliche Maßnahmen, die zu gestautem Durchfluß führen.

c) Bei gleichförmigem Durchfluß sind die ↗Durchflußganglinien bei einzelnen Niederschlagsereignissen ähnlich; v.a. bezeichnet man aber einen Durchfluß als gleichförmig, wenn die Durchflußganglinie möglichst symmetrisch verläuft, d.h. die Steigung bei ansteigendem Wasserstand vergleichbare Werte aufweist wie bei fallendem Wasserstand, die Hystereseschleife (↗Durchflußhysterese) also kaum in Erscheinung tritt. Der gleichförmige Durchfluß ist darüber hinaus gekennzeichnet durch gleiche Unterschreitungsdauer in verschiedenen Querschnitten eines Fließgewässers. [KHo]

Durchflußbeeinflussung, Beeinflussung des ↗Durchflusses hinsichtlich seines mittleren Verhaltens, seiner saisonalen Verteilung und seiner Extremwerte (Niedrig-, Hochwasser) durch anthropogene Maßnahmen, wie z. B. Bau-, Unterhaltungs- und Steuerungsmaßnahmen an Flußläufen, Verbauung der Landschaft, Bewirtschaftung land- und forstwirtschaftlich genutzter Flächen (↗anthropogene Beeinflussung des Wasserkreislaufes).

Durchflußdauerlinie, *Abflußdauerlinie* (veraltet), stellt die Tageswerte der ↗Durchflüsse in aufsteigender Reihenfolge dar. Man unterscheidet die absolute und die relative Dauerlinie. Aus der absoluten Dauerlinie (Abb.) sind zu entnehmen: a) Meridian des Durchflusses (Zentralwert, gewöhnliche Durchflußmenge ZQ), das ist der Wert, der gleich häufig unter- wie überschritten wird. Für jährige Dauerlinien wird er bei 182,5 Tagen abgelesen. Die Abweichung der Unterschreitungsdauer des Mittelwertes von der des Medians gibt einen Hinweis auf die Schiefe der Verteilung der Durchflüsse. b) Unterschreitungshauptwert des Durchflusses ($20\ Q$), das ist der Wert, welcher an 20 Tagen erreicht oder unterschritten wird, wobei die Tage nicht zusammenhängen müssen. c) Unterschreitungsdauer von MQ (x). d) Modalwert, welcher den häufigsten Wert der Dauerlinie darstellt.
Die affine Abbildung der absoluten Dauerlinie, bezogen auf den mittleren Durchfluß des jeweiligen Bezugszeitraumes (MQ), ist die relative Dauerlinie. [KHo]

Durchflußdefizit, *Abflußdefizit* (veraltet), Wasservolumen, das zwischen einem gewählten Schwellenwert des ↗Durchflusses und dem darunterliegenden Teil der ↗Durchflußganglinie liegt, bezogen auf eine bestimmte Zeitspanne.

Durchflußfülle, *Abflußfülle* (veraltet), Wasservolumen, das in einer bestimmten Zeitspanne über einem gewählten Schwellenwert des ↗Durchflusses abgeflossen ist.

Durchflußfüllenlinie, *Abflußfüllenlinie* (veraltet), das über einem gewählten Durchflußschwellenwert Q unter einer Hochwasserganglinie $Q(t)$ vorhandene Volumen $V(Q)$. Die Durchflußfüllenlinie gibt die Beziehung zwischen den gewählten Schwellenwerten und den zugehörigen Volumina wieder (Abb.). Sie entsteht durch fortschreitende Integration der ↗Durchflußganglinie über die Abfluß-Ordinate, beginnend mit dem größten Wert Q_S bis zum tiefstmöglichen Schwellenwert Q (z. B. Q_3 in der Abb.). Es ist anzuraten, als tiefstmöglichen Schwellenwert den ↗Durchfluß am Anfangspunkt anzusetzen. Bei mehrgipfeligen Durchflußganglinien werden die Volumina von Vor- und Nachwellen bzw. die dazwischenliegenden Wellentäler berücksichtigt. Es empfiehlt sich, für jedes ↗Abflußjahr mindestens eine Durchflußfüllenlinie (und zwar für das größte Hochwasserereignis) aufzustellen. Um die Vergleichbarkeit zu ermöglichen, sollten die Koordinaten der Durchflußfüllenlinie in ↗Abflußspenden bzw. ↗Abflußhöhen transformiert werden. Zur Eingrenzung der Schwankungsbreite der Durchflußfüllen einzelner Hochwasserwellen dient eine Hüllkurve, die als Rückhaltewirkungslinie bezeichnet wird. Sie entspricht dem maximal erforderlichen Hochwasserrückhalteraum bei Berücksichtigung der Schwankungsbreite der Durchflußfüllen. [KHo]

Durchflußgang, *Abflußgang* (veraltet), zeitlicher Verlauf des ↗Durchflusses in einem Durchflußquerschnitt. Der Durchflußgang wird durch die ↗Durchflußganglinie dargestellt. Je nach Zweck wird der Durchflußgang unterschiedlich zeitlich aufgelöst. Mittlere Jahresdurchflüsse werden angegeben für vieljährige Perioden. Mittlere monatliche Durchflüsse werden meistens für die Darstellung des Jahresgangs verwendet. Sie bilden auch die Grundlage für die Darstellung des ↗Abflußregimes. Bei Hochwasseruntersuchungen sind häufig viel feinere zeitliche Auflösungen erforderlich, z. B. Tages- oder Stundenwerte, gelegentlich sogar noch kleinere Zeitintervalle. Insbesondere bei kleineren Einzugsgebieten erfol-

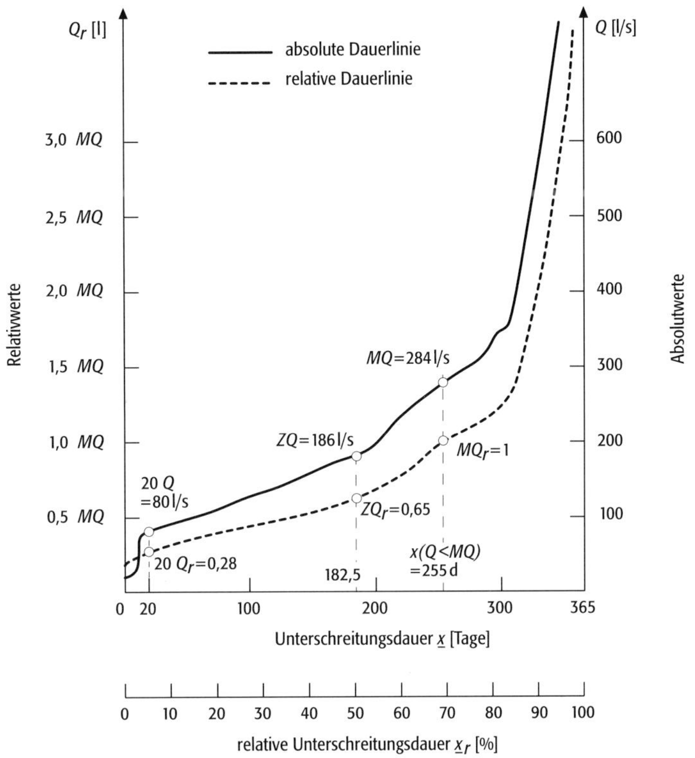

Durchflußdauerlinie: absolute und relative Dauerlinien des Durchflusses am Pegel Ziegenhagen (Rautenbach) für das Abflußjahr 1981; A_{Eo} (Einzugsgebiete) = 14,3 km².

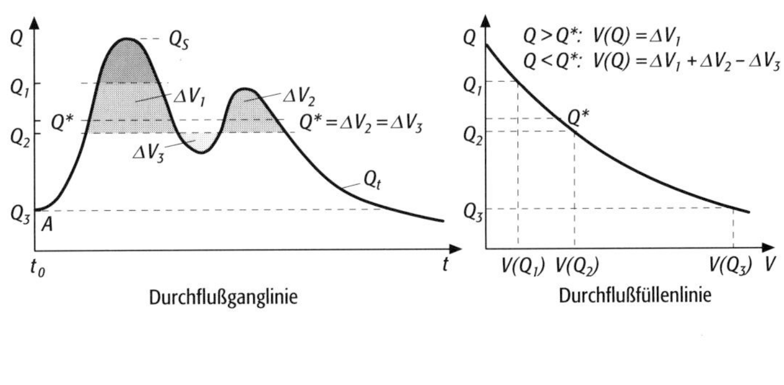

Durchflußfüllenlinie: Ermittlung der Durchflußfüllenlinie für Hochwasserereignisse.

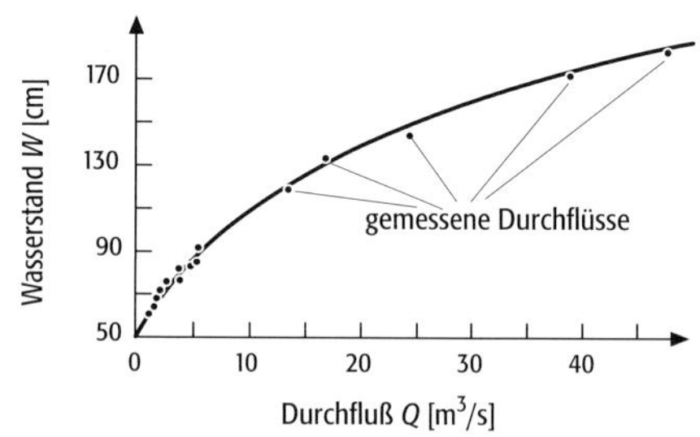

Durchflußkurve: Beispiel für eine Durchflußkurve.

gen zeitliche Änderungen so schnell, daß eine Diskretisierung in die Bereiche Halb- und Viertelstunden notwendig werden kann.

Durchflußganglinie, *Abflußganglinie* (veraltet), bezeichnet die Ganglinie des ↗Durchflusses oder seiner Komponenten. Die Durchflußganglinie erhält man durch das Auftragen der berechneten Durchflüsse *Q* in der Reihenfolge ihres zeitlichen Auftretens in einem rechtwinkligen Koordinatensystem (↗Durchflußfüllenlinie Abb.). Der zeitliche Verlauf des Durchflusses kann aber auch als ↗Durchflußsummenlinie dargestellt werden. ↗Hochwasserganglinie.

Durchflußganglinienseparation, *Abflußganglinienseparation* (veraltet), Aufspaltung einer ↗Durchflußganglinie in verschiedene Komponenten wie ↗Direktabfluß und ↗Basisabfluß (↗Abflußkomponenten, ↗Hochwasserganglinie). Eine klare, eindeutige Aufteilung zwischen Direktabfluß und Basisabfluß in einer Abflußganglinie ist nicht möglich. Eine solche Aufspaltung ist meist willkürlich und physikalisch wenig begründet. Für Hochwasserberechnungen ist in der Praxis jedoch eine solche Aufspaltung oft notwendig. Dabei wurden verschiedene Verfahren zur Trennung der Abflußganglinien in beide Teile entwickelt. ↗Tracermessungen oder isotopen-hydrologische Untersuchungen (schweres Wasser) erlauben die genauesten und am besten physikalisch begründeten Aufspaltungen der Ganglinie.

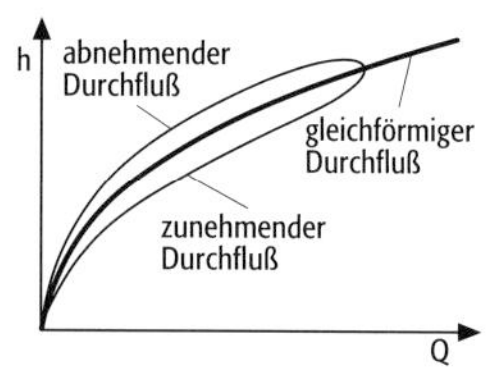

Durchflußhysterese: Wasserstands-Durchfluß-Beziehungen bei steigenden und fallenden Wasserständen.

Durchflußhysterese, *Abflußhysterese* (veraltet), bei gleichem Wasserstand können in der ↗Durchflußganglinie unterschiedliche Durchflußmengen auftreten, da bei steigendem ↗Durchfluß die Durchflußvolumina größer sind als bei fallenden Wasserständen. Die graphische Darstellung der Beziehung Wasserstand und Durchflußvolumen durch die ↗Durchflußkurve ergibt eine schleifenförmige Form, die als Durchflußhysterese bezeichnet wird. Da in der Durchflußkurve ein Wasserstand mit zwei unterschiedlichen Werten verbunden wird, bezeichnet man sie auch als Doppelwert-Durchflußkurve (Abb.).

Durchflußinhalt, *Abflußinhalt* (veraltet), Wasservolumen, das in einer bestimmten Zeitspanne unter einem gewählten Schwellenwert des ↗Durchflusses abgeflossen ist.

Durchflußinhaltslinie, *Abflußinhaltslinie* (veraltet), graphische Darstellung des ↗Durchflußinhaltes als Funktion des dazugehörenden Schwellenwertes des ↗Durchflusses.

Durchflußkoeffizient, *Abflußkoeffizient* (veraltet), *Schwankungskoeffizient*, Quotient aus mittlerem monatlichen Abfluß MQ_{Monat} und mittlerem Jahresabfluß MQ_{Jahr}. Die zwölf monatlichen Abflußkoeffizienten werden für die Ermittlung des ↗Abflußregimes eines Fließgewässers herangezogen. Durch die dimensionslosen Abflußkoeffizienten können Abflußregime verschieden abflußstarker Fließgewässer und unterschiedlicher Klimagebiete vergleichend dargestellt werden.

Durchflußkurve, *Abflußkurve* (veraltet), *Wasserstands-Durchfluß-Beziehung*, Bezugskurve zwischen Wasserständen und den zugehörigen ↗Durchflüssen für einen bestimmten Gewässerquerschnitt (Abb.). Sie wird aus ↗Durchflußmessungen bei verschiedenen Wasserständen ermittelt. Mit Hilfe der bei Durchflußmessungen ermittelten mittleren Fließgeschwindigkeit *v* und der durchflossenen Fläche *A* kann der Durchfluß *Q* durch die Beziehung $Q = v \cdot A$ berechnet werden. Über die durchflossene Fläche des Meßquerschnittes läßt sich der Durchfluß dem entsprechenden Wasserstand *h* zuordnen. Die Durchflußkurve ist die ausgeglichene Kurve durch die Punkteschar der einzelnen Durchflußmessungen. Mit Hilfe der Durchflußkurve wird die Umrechnung gemessener Wasserstände in Durchflüsse ermöglicht. Im Bereich höherer oder ganz niedriger Wasserstände wird die Durchflußkurve meist nur durch wenige Meßpunkte gestützt. Bei extrem hoher Wasserführung sind an den meisten Fließgewässern keine Durchflußmessungen möglich, wegen der, durch das plötzliche Eintreten des Ereignisses, fehlenden Vorbereitungszeit und der zugleich meist eingeschränkten Zugänglichkeit der Meßstelle. Daher muß die Durchflußkurve im Bereich sehr hoher Wasserstände extrapoliert werden. Dementsprechend unsicher sind die ermittelten Durchflüsse. Die Durchflußkurve wird bei instationären Verhältnissen (↗Gerinneströmung) durch ein variables Wasserspiegelgefälle beeinflußt. Bei gleichem Wasserstand unterscheidet sich der Durchfluß bei der Gerinneströmung bei steigendem Wasserstand von dem bei fallendem Wasserstand (↗Durchflußhysterese). Die Durchflußkurve ist bei den meisten Meßquerschnitten nicht konstant, da sich die Gerinnegeometrie durch ↗Sedimentation oder ↗Erosion verändern kann. Bei langsam fließenden Flachlandflüssen mit geringer Wassertiefe kann sich eine jahreszeitlich abhängige Verkrautung einstellen, welche die Fließgeschwindigkeit beeinflußt. Aus den vorgenannten Gründen müssen zur Kontrolle der Gültigkeit der Durchflußkurve in regelmäßigen Abständen Durchflußmessungen wiederholt werden. [HJL]

Durchflußmessung, *Abflußmessung* (veraltet), in der Hydrometrie Verfahren zur Ermittlung von ↗Durchflüssen an einem Meßquerschnitt. Durchflußmessungen sind die wesentliche Voraussetzung zur Bestimmung des Abflußgeschehens. Sie werden meist an ausgewählten Gewässerabschnitten durchgeführt. Da zur Ermittlung der Durchflüsse i.d.R. auch die Kenntnis der Wasserstände erforderlich ist, werden Anlagen zur Durchflußmessung meist an oder in der Nähe von ↗Pegeln durchgeführt. Die derzeit gebräuchlichsten Meßverfahren sind: ↗Flügelmessung, ↗Schwimmermessung, ↗Tracermessung, ↗Ultraschallmessung (z.B. mit dem ↗ADCP-Meßverfahren). Kleine Durchflüsse, z.B. Quellschüttungen, können auch durch Gefäßmessungen erfaßt werden. Hydraulische Verfahren werden an Meßbauwerken (u.a. an ↗Meßwehren, Meßschwellen, Meßgerinnen, z.B. ↗Venturikanälen) oder an Meßstrecken mit besonders stabilen hydraulischen Randbedingungen durchgeführt. An staugeregelten Gewässern besteht die Möglichkeit, den Durchfluß direkt an der Stauanlage zu ermitteln, wobei allerdings zahlreiche Meßgrößen einzeln und synchron zu erfassen sind. [EWi]

Durchflußmodell, *Abflußmodell* (veraltet), ↗hydrologisches Modell zur Simulation oder Vorhersage des ↗Durchflusses in Fließgewässern. Überwiegend kommen heute ↗Niederschlags-Abfluß-Modelle, ↗Wasserhaushaltsmodelle und ↗Wellenablaufmodelle zum Einsatz.

Durchflußstatistik, *Abflußstatistik* (veraltet), bezeichnet das Zusammenfassen und Ordnen von gemessenen Wasserständen und ↗Durchflüssen in Tabellen und Graphiken, wobei die Daten jahresweise für ↗Abflußjahre zusammengefaßt in den gewässerkundlichen Jahrbüchern veröffentlicht werden (↗Deutsches Gewässerkundliches Jahrbuch, ↗IHP/OHP-Jahrbuch). Diese enthalten von zahlreichen Pegeln zudem tägliche Werte und Ganglinien sowie auch zeitlich aggregierte Werte, die ↗gewässerkundlichen Hauptwerte. Sie beschreiben sowohl das mittlere Verhalten als auch die Extremwerte. Zu den weiteren Auswertungen gehören die ↗Durchflußdauerlinie, die ↗Durchflußsummenlinie, die ↗Durchflußinhaltslinie und die ↗Durchflußfüllenlinie.

Durchflußsumme, *Abflußsumme* (veraltet), das in einer bestimmten Zeitspanne abgeflossene Wasservolumen (↗Durchflußsummenlinie).

Durchflußsummenlinie, *Abflußsummenlinie* (veraltet), in einem rechtwinklingen Koordinatensystem die fortschreitende Summierung der ↗Durchflußganglinie über die Zeitachse. Die Durchflußsummenlinie stellt damit den zeitlichen Verlauf des ↗Durchflusses dar. Bei der Durchflußganglinie entspricht der Flächeninhalt zwischen den Durchflußkoordinaten und der Zeitachse, der durch zwei Zeitpunkte t_1 und t_2 begrenzt wird, dem summierten Durchfluß im Zeitabschnitt t_1 bis t_2:

$$\int_{t_1}^{t_2} Q \cdot \Delta t \ bzw. \sum_{t_1}^{t_2} Q_i \cdot \Delta t \ \ [m^3].$$

Aus einer Summenlinie kann man die entsprechende Durchflußganglinie zurückberechnen. Die aus der Durchflußsummenlinie abgeleiteten Kenngrößen sind besonders für den Vergleich von ↗Einzugsgebieten geeignet. Aus der Summenlinie eines Abflußjahres lassen sich beispielsweise folgende Zeitpunkte und Zeitspannen ermitteln (Abb.):

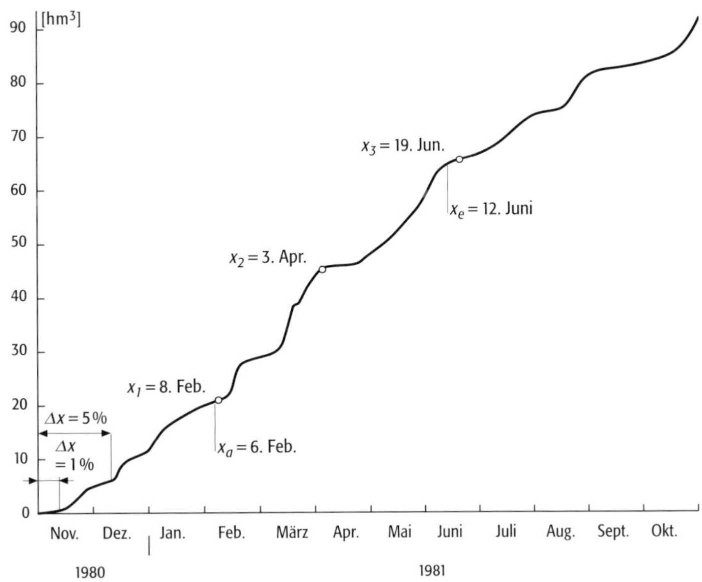

Durchflußsummenlinie: Durchflußsummenkurve des Pegels Ziegenhagen (Rautenbach) im Abflußjahr 1981.

a) Zeitpunkt, bis zu dem ein Viertel (x_1), die Hälfte (x_2) bzw. drei Viertel (x_3) der jährlichen Durchflußsumme abgeflossen sind. b) Anfang (x_a) und Ende (x_e) der kürzesten Zeitspanne, in der die Hälfte der jährlichen Durchflußsumme abgeflossen ist. c) Längste Zeitspanne für 1 % (x = 1 %), 5 % (x = 5 %) usw. der jährlichen Durchflußsumme. [KHo]

Durchflußtabelle, *Durchflußtafel*, *Abflußtabelle* (veraltet), tabellarische Zusammenstellung der Zahlenwerte der ↗Durchflußkurve.

Durchflußvolumen, *Abflußvolumen* (veraltet), Volumen des ↗Durchflusses in einer bestimmten Zeiteinheit. Die Ermittlung des Durchflußvolumens für eine bestimmte Periode oder für ein Niederschlagsereignis wird beispielsweise für den Betrieb eines Speichersees benötigt.

durchflußwirksamer Hohlraumanteil, ist der Quotient der vom Grundwasser durchfließbaren Hohlräume und des Gesamtvolumens des Gesteinskörpers. Dazu zählen nur Hohlräume, die nicht geschlossen sind und in denen die schwerkraftbedingte Bewegung des Wassers nicht durch Kapillar- und Oberflächenkräfte beeinträchtigt wird.

Durchgangsbeobachtungen im Vertikal des Erdziels ↗astronomische Azimutbestimmung.

Durchgangsgeschwindigkeit ↗*Filtergeschwindigkeit.*

Durchgangshöhle, Höhle mit mehreren Eingängen.

Durchgangskurve, zeitabhängige Darstellung der Konzentrationsverteilung beim Stofftransport. Die charakteristischen Parameter sind die Zeitspanne des Stoffdurchganges, der Zeitpunkt des Ersteinsatzes sowie Zeitpunkt und Konzentration des Maximalwertes und des Mittelwertes (Abb.). Die Integration der Stoffkonzentration über die Zeit multipliziert mit der Durchflußmenge ergibt die gesamte Stofffracht.

Durchgangskurve: Bestimmung der maximalen, dominierenden und mittleren Abstandsgeschwindigkeit anhand des ersten Auftretens (t_1) bzw. des Zeitpunkts der Maximalkonzentration (t_2) und des 50 %-igen Stoffdurchgangs (t_3).

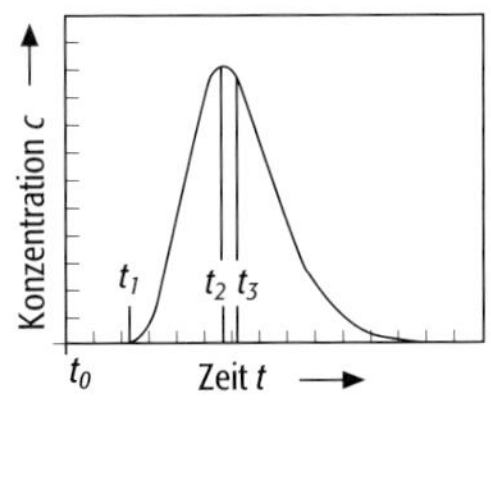

Durchgrünung, Bestand und Verteilung des Grünanteils in und um stark überbauten Siedlungs- und Industriegebieten. Die planmäßige Durchgrünung von überbauten Gebieten trägt zur Linderung der negativen Auswirkungen von ↗Stadtökosystemen bei, z. B. durch geringere Schwülebelastung im Hochsommer, Frischluftzufuhr oder durch visuelle und psychische Erholung für Stadtbewohner. Bestandteile der Durchgrünung sind ↗Grünflächen in der Stadt, begrünte Dächer und Fassaden (↗Gebäudebegrünung), Parkflächen, Schrebergärten, land- und forstwirtschaftliche Flächen, die an das überbaute Gebiet angrenzen oder hineinreichen sowie sonstige begrünte ↗Freiflächen. Sehr positiv wirken sich radial verlaufende »grüne Leitbahnen« aus, welche direkt vom Umland ins Stadtzentrum führen, da sie einen wesentlichen Beitrag zur Förderung der stofflichen Austauschvorgänge leisten. [SR]

Durchlaß, Kreuzungsbauwerk, mit dem ein Gewässer unter einem Hindernis (Straßen- oder Kanaldamm) hindurchgeleitet wird und zwar mit freiem Wasserspiegel im Unterschied zum ↗Düker.

Durchlässigkeitsbeiwert ↗*k_f-Wert.*

Durchlässigkeitsfaktor, Durchlässigkeit (*K*), dividiert durch das Quadrat des mittleren Korndurchmessers. Die Einheit ist dimensionslos.

Durchlässigkeitstensor, [*k*], Quotient aus ↗Filtergeschwindigkeit v_f und der Projektion des Gradienten *h* auf die betrachtete Kluftschar *grad h*: In vektorieller Schreibweise gilt:

$$v_f = [k] \cdot grad\ h.$$

Der Tensor [*k*] beschreibt die Durchlässigkeit der Kluftschar *i* im quasi-homogenen, in Richtung der Kluftschar laminar durchströmten Gebirge. Der Durchlässigkeitstensor ist abhängig von der Raumstellung und den mittleren Spaltweiten und Abständen der Klüfte. Dieser Tensor tritt im anisotropen Gebirge an die Stelle des skalaren Durchlässigkeitsbeiwertes (↗k_f-Wert).

Durchläufer, *Durchläufermineral*, Minerale, die nicht an einen engen Entstehungsbereich gebunden sind, sondern über weite Teile der mineralbildenden Prozesse beständig sind. Beispiele sind Quarz oder Pyrit, die sich sowohl im magmatischen als auch im metamorphen, hydrothermalen und sedimentären Bildungsbereich finden. Im Gegensatz dazu stehen die ↗Leitminerale wie Antimonit für den tiefthermalen Bildungsbereich oder Topas für den pegmatitisch-pneumatolytischen Bereich.

Durchlichtmikroskopie, Untersuchung von durchsichtigen, transparenten Objekten, insbesondere von silicatischen Mineralen und Gesteinen, an Dünnschliffen und Streu- und Körnerpräparaten im durchfallenden Licht. Im Gegensatz dazu stehen ↗Auflichtmikroskopie, ↗Erzmikroskopie und Metallmikroskopie für undurchsichtige, opake Objekte. Man unterscheidet bei der Durchlichtmikroskopie die Untersuchung im parallelen Strahlengang (orthoskopische Betrachtungsweise) und im konvergenten Strahlengang (konoskopische Betrachtung). ↗Polarisationsmikroskopie.

Durchmischung, **1)** *Klimatologie*: Der Ausgleich räumlicher Unterschiede von Strömungseigenschaften (z. B. ↗Temperatur, ↗Impuls) oder unterschiedlicher Substanzkonzentrationen durch molekulare oder turbulente ↗Diffusion. Bei vollständiger Durchmischung herrschen einheitliche Verhältnisse (z. B. räumlich konstante Temperatur) im Fluid. **2)** *Bodenkunde*: Homogenisierung im Boden, welche verursacht wurde durch ↗Bioturbation, ↗Kryoturbation, ↗Peloturbation und landwirtschaftliche Bodenbearbeitung. **3)** *Hydrologie*: Austausch der vertikalen Wasserschichten eines Gewässers. ↗Vollzirkulation.

Durchpreßmethode, Methode, um Rohre und Tunnelelemente in den Boden einzudrücken. Dabei werden von einem Schacht aus über hydraulische Vorpreßanlagen die entsprechenden Fertigteile in den Untergrund eingebracht.

Durchschallungsverfahren, seismisches Verfahren zur Erkundung und Beurteilung von ↗Baugrund. In diesem Verfahren werden die Wellenlaufzeiten zwischen Schußpunkt und Geophonen gemessen. Es dient v. a. zum Auffinden oberflächennaher Hohlräume und kann auch zum Erkennen von Bereichen lockerer Lagerung verwendet werden. Der Erfolg von Dichtungs- und Verfestigungsinjektionen, z. B. unter Talsperren, kann so ebenfalls überprüft werden.

Durchschlagsröhre ↗*Diatrema.*

Durchschlämmung, die Verlagerung von Tonmineralen aus dem Ober- in den Unterboden durch den Prozeß der ↗Tonverlagerung. Durchschlämmung führt zur Bildung des Bodentyps der ↗Parabraunerde.

Durchschnittsgeschwindigkeit, Weglänge dividiert durch Laufzeit; gilt für einen bestimmten Wellenweg.

Durchsichtigkeit, Bewertung eines Gewässers hinsichtlich der Durchsichtigkeit des Wasserkörpers. Die Durchsichtigkeit ist abhängig von den gelösten und festen Inhaltsstoffen des Wassers und von der Intensität des Sonnenlichtes. Die Durchsichtigkeit beeinflußt die Tiefe des Pflanzenwachstums in einem Gewässer. Ein Maß für die Durchsichtigkeit ist z. B. das gerade noch Erkennen der sog. Secchi-Scheibe in einer Wassersäule.

Durchsickerungshöhe, *Sickerhöhe*, die an einem gegebenen Ort durchsickernde Wassermenge (↗Perkolation), ausgedrückt als Wasserhöhe in Millimeter über einer horizontalen Fläche für einen anzugebenden Betrachtungszeitraum, z. B. 14 mm in einem Jahr.

Durchsickerungsspende, *Sickerwasserspende*, *Sikkerspende*, der Quotient aus dem Volumen an Wasser, das in einer gegebenen Zeitspanne auf einer bestimmten Fläche durchsickert (↗Perkolation), und dem Produkt aus dieser Zeitspanne und dieser Fläche. So beträgt z. B. die Durchsickerungsspende für ein bestimmtes Gebiet 1,3 l/(s km^2).

Durchtrennungsgrad, *ebener Kluftflächenanteil*, Maß für den Anteil der Durchtrennung des Gebirges in einer Kluftebene. Er ermöglicht eine quantitative Aussage über die Wertigkeit der einzelnen Klüfte bzw. ↗Kluftscharen in Bezug auf die Teilkörperbeweglichkeit, insbesondere der Scherfestigkeit des Gebirges. Der *ebene Durchtrennungsgrad* kann bei Schichtflächen nahe 1,0 (100%) betragen, bei Großklüften 0,5–1,0 und bei Klein- und Mittelklüften in Wechselfolge 0,2–0,8. Der *räumliche Durchtrennungsgrad* ergibt sich als Produkt aus dem mittlerem Kluftabstand und dem ebenen Durchtrennungsgrad und wird meist in m^2/m^3 angegeben.

Durchwurzelbarkeit, *physiologische Gründigkeit*, bodenseitig möglicher Tiefenbereich des Wurzelwachstums. Die untere Begrenzung wird durch bodenphysikalische oder -chemische Faktoren vorgegeben.

Durchwurzelungsdichte, *Wurzellängendichte*, Länge aller Wurzeln pro Raumeinheit Boden (Einheit: cm/cm^3).

Durchwurzelungsintensität, mittlere Anzahl der Feinwurzeln (< 2 mm) pro dm^2 Boden. Die Erfassung der Durchwurzelungsintensität erfolgt an leicht aufgerauhter Profilwand. Bei ungleichmäßiger Durchwurzelung sind Zusatzvermerke erforderlich.

Duricrust, Überbegriff aller zur Gruppe der terrestrischen Böden gezählten Krusten, die außerhalb des Einflusses des Grundwassers entstehen. ↗Calcrete, ↗Ferricrete, ↗Silcrete.

Duripan, durch Kieselsäure verkitteter Unterbodenhorizont, der sich v.a. in ↗Aridisols bildet. ↗Silcrete.

Dürre, Eintreten von Witterungs- oder Klimabedingungen mit geringem ↗Niederschlag, die bei Mensch, Tier und Pflanze Wassermangelerscheinungen hervorruft. Wegen der damit verbundenen landwirtschaftlichen Probleme, insbesondere in den Entwicklungsländern, kann dadurch die Nahrungsmittelversorgung gefährdet sein. Sie kann auch mit anderen Risiken, wie z.B. erhöhter Waldbrandgefahr, verbunden sein.

Dürreperiode, Zeit, in der eine ↗Dürre eintritt.

D'Urvillemeer, ↗Randmeer am Übergang vom Indischen zum Pazifischen Ozean, (↗Pazifischer Ozean Abb.) vor der Küste Adelielands, in dem etwa 22% des antarktischen Bodenwassers gebildet werden.

Düseneffekt, Windgeschwindigkeitszunahme gegenüber der ungestörten Strömung, hervorgerufen durch eine Einengung des Strömungsquerschnittes. Die damit verbundene Drängung der ↗Stromlinien führt zu einer Geschwindigkeitszunahme. Düseneffekte können in bebautem Gelände entlang von Straßenzügen, zwischen eng beieinanderstehenden Gebäuden oder im Bereich von Einsparungen in Bauwerken auftreten. Auch die in den Nachtstunden aus Tälern ausströmende Luft kann an Engstellen aufgrund der Düseneffektwirkung deutlich beschleunigt werden. Im Rhonetal kann es bei bestimmten Wetterlagen zu einem kräftigen Düseneffekt kommen, der als ↗Mistral bekannt ist.

dust bowl, Begriff bezieht sich auf eine Serie schwerer Staubstürme im mittleren Westen der USA in den 30er Jahren, die den Umfang eines nationalen Desasters annahmen. Ausgelöst durch falsche Bewirtschaftung und anhaltende Dürre wurden ca. 20 Millionen Hektar Ackerland unbrauchbar. Das brachliegende Land war Quelle für riesige Staub- und Sandwolken, die weite Gebiete überdeckten. Infolge dieser Verwüstungen wurden die ersten ↗Bodenschutzprogramme erarbeitet. Allgemein findet der Begriff inzwischen auch Verwendung bei der Bezeichnung von Trokkengebieten mit häufigen Staubstürmen.

D-Versuch ↗Dreiaxialer Druckversuch.

3D-Visualisierung, Sammelbegriff für die Darstellung bzw. Veranschaulichung von Gegebenheiten der dreidimensionalen Welt oder von 3D-Werteverteilungen mittels zweidimensionaler Medien. Üblicherweise werden heutzutage die ↗kartenverwandten Darstellungen von physikalischer Dreidimensionalität wie ↗Reliefmodelle oder ↗Globen, obwohl sie eigentlich zu den 3D-Visualisierungen zählen, hier nicht inkludiert. Grundsätzlich muß zwischen dem Display digitaler Daten auf Bildschirmen (Weichkopien, Softcopies) und Hartkopien (Hardcopies) unterschieden werden. Bei beiden Typen kann es sich um sogenannte pseudo-dreidimensionale Darstellungen, bei denen eine dreidimensionale Szene auf einem zweidimensionalen Medium abgebildet ist und in ersterer Instanz auch als solche visuell erfaßt wird (flacher Bildschirm mit perspektiver Landschaft wird als solcher gesehen), oder um echt dreidimensionale Darstellungen handeln. Bei letzteren wird dem Betrachter auf einem zweidimensionalen Medium mittels verschiedener Verfahren ein echter räumlicher (»plastischer«) Eindruck vermittelt. Hierzu bieten sich neben der klassischen ↗Stereoskopie multistereoskopische und holographische Methoden (↗holographische Karte) an. Neben der ↗Chromostereoskopie sind bei den multistereoskopischen Ansätzen die Lentikularen-Prismenraster (Image Splitter) sowie die Lentikular-Linsenraster, bei welchen die Bildtrennung jeweils spaltenweise durch lentikulare Mikro-Prismen- bzw. Mikro-Linsenmasken erfolgt, anzuführen. [MFB]

DWD ↗*Deutscher Wetterdienst.*

Dwog, fossiler Humushorizont (Humusdwog) oder fossiler Oxidationshorizont (Eisendwog) in ↗Marschen.

Dwogmarsch, Bodentyp der ↗deutschen Bodenklassifikation, Marschenboden aus vorwiegend carbonatfreiem Gezeitensediment in den oberen 0,7 Metern mit fossilem ↗Dwog.

Dy, 1) *Braunschlammboden* (veraltet), Bodentyp der Klasse der ↗subhydrischen Böden der ↗deutschen Bodenklassifikation, dunkelbrauner bis grauschwarzer, nährstoffarmer und schlecht durchlüfteter Unterwasserboden der Standgewässer, vorwiegend aus sauren Huminstoffen bestehend. 2) subhydrische ↗Humusform bzw. ↗Mudde nach der deutschen ↗Bodenkundlichen Kartieranleitung, organische Auflage über Seesedimenten.

dyke ↗*dike.*

Dyn, veraltete CGS-Einheit der Kraft (↗CGS-System), heute abgelöst durch die ↗SI-Einheit ↗Newton (N).

Dynamik, Beschreibung von Bewegungen die unter der Einwirkung verschiedener Kräfte entstehen. In der dynamischen Meteorologie, einem Teil der ↗theoretischen Meteorologie, werden sowohl kleinräumige Phänomene, wie der ↗Land- und Seewind oder ↗Leewellen, als auch großräumige Phänomene, wie ↗Rossby-Wellen oder ↗Zyklogenese, behandelt. Dabei werden zur formalen Beschreibung der Bewegungsvorgänge z. B. die ↗Bewegungsgleichung oder die ↗Vorticitygleichung verwendet.

dynamische Abplattung, zonaler ↗Potentialkoeffizient vom Grad 2 einer ↗Kugelfunktionsentwicklung des Gravitationspotentials der Erde in der Form:

$$J_2 = -c_{2,0} = -\frac{1}{a^2 M}\left(\frac{A+B}{2} - C\right),$$

a ist der mittlere Äquatorradius, M die Gesamtmasse der Erde, A und B sind die beiden äquatorialen ↗Trägheitsmomente und C das polare Trägheitsmoment der Erde. Dabei wurde angenommen, daß das zugrunde gelegte Koordinatensystem mit dem Hauptträgheitsachsensystem übereinstimmt.

dynamische Belastung, Belastung des ↗Baugrundes durch Erdbeben, Sprengungen, rotierende und stoßende Maschinen, Ramm-, Rüttel- und Verdichtungsgeräte, Wechselbelastungen aus Straßen- und Schienenverkehr, aus Wind- und Wellenbelastungen und Stoßbelastungen. Unterliegt der Boden einer dynamischen Belastung, so muß der Einfluß der verschiedenen Bodenarten auf das Schwingungsverhalten von Bauwerken beachtet werden, außerdem kann der Baugrund durch eine dynamische Belastung seine mechanischen Eigenschaften ändern. Liegt daher eine dynamische Belastung vor, müssen die Kenngrößen, die das dynamische Verhalten des Bodens bestimmen, bekannt sein. Zu diesen Kenngrößen zählen der ↗dynamische Elastizitätsmodul, der dynamische Steifemodul, der dynamische Schubmodul, die Dichte des Bodens, die Poissonzahl und die Dämpfungskapazität. Die dynamischen Kennwerte werden mit Hilfe von P- und S-Wellen ermittelt. [TF]

dynamische Darstellung, *animated map, animierte Karte, kinematische Karte,* ↗*kartographische Animation*. Wird manchmal auch als Begriff für interaktive Karten verwendet.

Dynamische Geologie ↗*Allgemeine Geologie*.

dynamische Höhe, 1) ↗geopotentielle Kote C_P eines Punktes P, die mit Hilfe eines im Prinzip willkürlichen Schwerewertes γ_0 in Längeneinheiten überführt wurde:

$$\overset{D}{H}_P = \frac{C_P}{\gamma_0}.$$

Sie ist damit eine Variante der physikalisch definierten metrischen Höhen. Der Schwerewert γ_0 = const wird i. a. an einer zu vereinbarenden ellipsoidischen Breite in einem Normalschwerefeld berechnet. Für mitteleuropäische Bereiche wählt man beispielsweise: $\gamma_0 = \gamma_0\ (B = 45°)$. Aus der Formel ergibt sich unmittelbar, daß die ↗Äquipotentialflächen des Schwerepotentials konstante dynamische Höhen besitzen. Die Äquipotentialfläche mit dem Potentialwert W_0 durch einen Bezugspunkt P_0 definiert das ↗Vertikaldatum. In den meisten Fällen entspricht diese Äquipotentialfläche dem ↗Geoid. Es existiert aber keine geometrische ↗Höhenbezugsfläche und die dynamischen Höhen können nicht als Abstände geometrisch interpretiert werden. Die dynamische Höhe eines Punktes P kann ausgehend von der dynamischen Höhe des Ausgangspunktes A mit Hilfe des ↗geodätischen Nivellements oder aus dem Ergebnis des ↗geometrischen Nivellements Δn_{AP} und der ↗dynamischen Reduktion

$$\overset{D}{R}_{AP}$$

entlang der Nivellementlinie von Punkt A nach P berechnet werden:

$$\overset{D}{H}_P = \overset{D}{H}_A + \Delta n_{AP} + \overset{D}{R}_{AP}.$$

2) Arbeit, die geleistet werden muß, um eine Einheitsmasse von einer Äquipotentialfläche um eine bestimmte Distanz H anzuheben oder abzusenken. Als Einheit ist in der Ozeanographie das ↗dynamische Meter, *dyn m = gH/10*, mit der Schwerebeschleunigung g eingeführt. Dynamische Meter besitzen die Dimension Arbeit. Ein *dyn m* entspricht einer (geometrischen) Höhe von ca. 1,02 m. Dynamische Höhen werden bestimmt durch ↗hydrostatisches Nivellement. [WoBo]

dynamische Intensivverdichtung, eine Masse von 6–20 t (maximal 40 t) wird bei diesem von Menard entwickelten Verfahren aus einer Höhe von 20 m bzw. 40 m bei 40 t auf den zu verdichtenden Boden fallen gelassen. Das Porenwasser wird abgedrängt und der Boden zusammengedrückt. Es kommt zu einer Homogenisierung des Bodens, so daß der Boden im verdichteten Bereich gleichmäßig bezüglich der Tragfähigkeit und der Setzung reagiert. Die dynamische Intensivverdichtung besitzt den Vorteil einer großen Tiefenwirkung im Bereich von 10–12 m, kann aber nicht in der unmittelbaren Nähe von Gebäuden angewandt werden, da diese Schäden erleiden.

dynamische Korrektur, zeit- und ortsabhängige Laufzeitkorrektur, die an seismischen Spuren vorgenommen wird. Speziell bei der ↗Stapelung reflexionsseismischer Daten erfolgt eine Laufzeitkorrektur, die eine im Schuß-Geophon-Abstand x registrierte Reflexion zu der Laufzeit verschiebt, die dem Abstand Null (Schuß und Geophon an derselben Position) entspricht (*Normal-Moveout-Korrektur*, ↗normal moveout). Dynamische Korrekturen werden in der Geschwindigkeitsanalyse eingesetzt.

dynamische Methode, absolute Strömungsgeschwindigkeiten lassen sich unter Annahme eines geostrophischen Gleichgewichtes (↗Geostrophie), ableiten aus Informationen zur Vertikalverteilung der Dichte (Salzgehalts- und Temperaturmessungen) und daraus resultierender vertikaler Änderung der horizontalen Strömung sowie unter Verwendung zusätzlicher Informationen (z. B. Absolutmessungen, Annahme von Strömungslosigkeit in der Tiefe).

dynamische Methoden der Satellitengeodäsie ↗Satellitengeodäsie.

dynamische Reduktion, Reduktionsgröße zur Überführung des Ergebnisses des ↗geometrischen Nivellement (Δn_{AP}) in den Unterschied ↗dynamischer Höhen. Die dynamische Reduktion

$$\overset{D}{R}_{AP}$$

für die Nivellementlinie kann aus der folgenden Summe erhalten werden:

$$\overset{D}{R}_{AP} = \sum_{A}^{P} \frac{\bar{g}_i - \gamma_0}{\gamma_0} \Delta n_i \ .$$

$\bar{g}_i$ ist der mittlere Oberflächenschwerewert, Δn_i das Ergebnis des geometrischen Nivellements zwischen den beiden Oberflächenpunkten *i-1* und *i*. γ_0 ist ein genäherter konstanter Schwerewert. Die dynamischen Reduktionen nehmen, verglichen zu den Höhenreduktionen der anderen physikalisch definierten ↗metrischen Höhen, verhältnismäßig große Werte an.

dynamische Rekristallisation, Verformungsmechanismus der ↗duktilen Verformung, bei dem es infolge der Einwirkung einer Differentialspannung (↗Spannung) zur Ausbildung von Korngrenzen, der Bildung neuer Körner und zu einer Verringerung der Korngöße kommt. Dynamische Rekristallisation erfolgt durch progressive Subkornrotation und/oder durch Korngrenzenmigration. Im Fall der Subkornrotation rotieren Teile des Kristallgitters eines Korns zunehmend und erhalten damit eine von der des Altkorns abweichende Orientierung; bei der Korngrenzenmigration bildet ein Korn an der Grenze zum Nachbarkorn eine Ausbuchtung, die sich unter einwirkender Differentialspannung vergrößert und abschnürt. Die abgeschnürten Teile bilden verformungsfreie Neukörner.

dynamischer Elastizitätsmodul, *dynamischer E-Modul*, ↗Elastizitätsmodul, der bei dynamischen Prozessen angewendet wird, z. B. bei ↗dynamischer Belastung des Baugrundes. Der dynamische E-Modul ist zwei- bis zehnfach größer als der statische E-Modul. Weiterhin gilt: a) Je höher der Elastizitätsmodul, desto kleiner ist der Unterschied zwischen statischem und dynamischem Elastizitätsmodul; b) Bleibende Verformungsanteile sind nur beim statischen Elastizitätsmodul berücksichtigt; c) Da der Bergwassergehalt nach Ort und Zeit unterschiedlich ist, gelten unterschiedliche Zusammenhänge: je höher der Wassergehalt, desto niedriger der statische, desto höher der dynamische Elastizitätsmodul; d) Beide E-Moduli sind spannungsabhängig; e) Dynamisch ermittelte Parameter sind frequenzabhängig. Die Laufzeit der Wellen im Gebirge ist unter anderem eine Funktion des Elastizitätsmoduls. Dieser ist auf mehrere Arten bestimmbar: Zum einen nach dem Eigenfrequenzverfahren (Labor) und zum anderen nach dem Impuls-Laufzeitverfahren (in situ). Die Anregung der Wellen erfolgt beim Impuls-Laufzeitverfahren durch Sprengtechnik (50–300 Hz) oder durch Ultraschall (30–70 kHz).

dynamischer Plattendruckversuch, ↗Plattendruckversuch, bei dem die Belastung im Gegensatz zum statischen Plattendruckversuch durch einen gedämpften Stoß erfolgt. Deshalb ist hier ein Widerlager nicht notwendig. Der dynamische Plattendruckversuch kann anstelle des statischen Plattendruckversuches zur Kontrolle der ↗Tragfähigkeit und der ↗Verdichtung von Böden eingesetzt werden.

dynamisches Gleichgewicht ↗*Fließgleichgewicht.*

dynamisches Meter, *dyn m*, in der Ozeanographie benutzte Einheit für die ↗dynamische Höhe.

dynamische Sondierung ↗Sondierung.

Dynamische Theorie der Röntgenbeugung, theoretische Berechnung der Amplitudenverhältnisse der auftretenden Wellenfelder bei der ↗Röntgenbeugung an perfekten Kristallen mit Hilfe elektrodynamischer Wellengleichungen, die aus den Maxwellschen Gleichungen unter Berücksichtung aller abgebeugten Wellenfelder und deren gegenseitiger Wechselwirkung abgeleitet sind.

dynamische Topographie, Wasserstandsdifferenz zwischen einer Standard-Wassersäule und einer Wassersäule, deren spezifisches Volumen bekannt ist. Dynamische Topographien sind berechnet worden aus langjährigen Mittelwerten von Salzgehalt- und Temperaturprofilen. Unter Verwendung der ↗hydrostatischen Grundgleichung läßt sich die vertikale Ausdehnung eines Wasserkörpers zwischen zwei Druckniveaus bestimmen. Die dynamische Topographie kann die wesentlichen Strukturen der ↗Meerestopographie darstellen, erfaßt jedoch nur relative Höhen, d. h. Wasserstandsdifferenzen, nicht aber solche, die sich durch hydrodynamische Vorgänge ausbilden. Man erhält die relative dynamische Topographie. Ist zusätzlich die Lage eines Druckniveaus bekannt oder durch andere Annahmen festgelegt, lassen sich die absoluten dynamischen Höhen bestimmen.

dynamische Verdichtungskontrolle, *FDVK* (*Flächendeckende Dynamische Verdichtungskontrolle*), Methode zur gleichzeitigen Kompaktion und Kontrolle des Verdichtungserfolgs. Dies hat eine erhebliche Zeitersparnis im Vergleich zu konventionellen Prüfmethoden, wie z. B. ↗Plattendruckversuchen, zur Folge, da diese erst nach Beendigung des Verdichtungsvorgangs vorgenommen werden können, und Zwischenprüfungen sowie ggf. erforderliches Nachbessern zeitintensiv sind. Bei der flächendeckenden dynamischen Verdichtungskontrolle werden Vibrationswalzen eingesetzt. Während der Verdichtungsfahrt ändert sich mit zunehmender Kompaktion die Dämpfung des Schwingungssystems Walze/Untergrund und die Steifigkeit des Bodens. Somit kann durch Auswerten des Schwingungsverhaltens auf den Verdichtungszustand des Untergrundes geschlossen werden.

dynamische Zeit, ↗Zeit als Grundlage der Bewegungsgleichungen von Himmelskörpern, wie sie z. B. von Sir I. ↗Newton formuliert worden sind.

Dynamometamorphose ↗*kataklastische Metamorphose.*

Dynamomodell des Erdkerns, *Dynamotheorie*, Theorie, die erklärt, wie Strömungen des elektrisch sehr gut leitenden, flüssigen Eisens im äußeren Erdkern das Magnetfeld der Erde erzeugen. Man unterscheidet z. B. kinematische, homogene Dynamos und ↗$\alpha\omega$-Dynamos. Die volle Theorie erfordert die gleichzeitige Lösung der elektromagnetischen ↗Maxwellschen Gleichungen, der ↗Navier-Stokes-Gleichung und der ↗Wärmeleitungsgleichnung, wobei ein noch großer Parameterraum der zu beteiligenden physikalischen und geometrischen Größen existiert, der weitgehend unbekannt ist. Es werden zur Zeit verschiedene numerische Lösungen dieser Differentialgleichungen gesucht.

Dynamoschicht, bezeichnet den Bereich der hohen ↗Atmosphäre, in dem sich durch die Ionisierung Stromsysteme ausbilden. ↗Ionosphäre.

Dynamotheorie, 1)↗kinematische Geodynamos; 2) ↗*Dynamomodell des Erdkerns*; 3) ↗Sq-Variationen.

Dynamotheorie der Ionosphäre ↗Sq-Variationen.

dynamothermale Metamorphose, *thermisch-kinetische Metamorphose*, heute wenig gebräuchlicher Ausdruck für die ↗*Regionalmetamorphose.*

dysaerobe Fazies, ↗Fazies, die sich durch schwach bioturbate Sedimente auszeichnet, in denen mit abnehmendem Sauerstoffgehalt die Diversität, Größe und Eindringtiefe der Grabgänge sinkt. Schalentragendes Makrobenthos ist niedrig divers, kleinwüchsig und schwach calcifiziert oder fehlt vollständig. ↗anaerobe Fazies, ↗aerobe Fazies, ↗exaerob.

Dysodil ↗*Blätterkohle.*

dysphotisch, aquatische Tiefenzone des Dämmerlichtes, in der die Photosynthese erheblich eingeschränkt ist. Die dysphotische Zone wird nach unten durch die ↗aphotische Zone, nach oben durch die ↗euphotische Zone begrenzt.

dystroph, nährstoffarm und elektrolytarm, dabei aber humusreich. Bezeichnung für einen Seetyp, dessen Wasser durch gelöste Humussubstanzen braun gefärbt ist. Der Gesamtphosphor-Gehalt kann zwischen 10 und 100 mg/m^3 Wasser betragen.

E

Earth Day, *Tag der Erde*, frühe Aktion zur Stärkung des Umweltbewußtseins. Der erste Tag der Erde wurde 1970 in den USA ausgerufen, unter dem Einfluß der erstmaligen photographischen Aufnahmen der Erde durch Astronauten der Apollo-Missionen, ausgehend von der Oberfläche des Mondes. Damit sollte das Augenmerk der Öffentlichkeit auf die Gefährdung unseres Lebensraumes durch Verschmutzung und andere Bedrohungen gerichtet werden. Ein zweiter Tag der Erde mit weltweiten Aktionen fand im April 1990 statt.

Earth Terrain Camera, *ETC*, Fotokamera aus der Pionierzeit der bildgebenden kosmischen Erdbeobachtung, deren eigentliche Bezeichnung S 190 B lautet (Tab.) und die zwischen Mai 1973 und Februar 1974 auf 6 Missionen des Skylab-Programms der NASA in rund 435 km Höhe geflogen ist. Geometrische Größen, v. a. Höhen, lassen sich wegen des schlechten Basis-Höhen-Verhältnisses von 1 : 9 nur näherungsweise oder für Teilbereiche eines Stereomodells mit halbwegs zufriedenstellender Genauigkeit ableiten. Befriedigende Ergebnisse werden durch eine genügende Anzahl identischer Punkte in Natur oder Karte bei Verwendung eines analytischen Auswertegerätes mit entsprechender Software ermöglicht. Planimetrische Auswertungen können laut einer Untersuchung der U. S. Geological Survey bis zu einem Maßstab von 1 : 50.000 durchgeführt werden. Für thematische Auswertungen wird jedoch ein Maßstab von 1 : 250.000 angegeben. [MFB]

Brennweite	457 mm
Bildformat	114 mm x 114 mm
Bildmaßstab	1 : 950.000
Geländedeckung	109 km x 109 km
Filmmaterial	Panchromatisch Farbfilm IR-Falschfarbenfilm

Earth Terrain Camera (Tab.): Technische Daten.

easterly waves, engl. Bezeichnung für Wellen in der mittleren äquatorialen Troposphäre, die von Ost nach West wandern. Mit dem Auftreten der easterly waves ist die Bildung von Schlechtwettergebieten im Bereich der ↗subtropischen Hochdruckgürtel verbunden.

Ebbe ↗Gezeiten.

ebene Gleitfläche ↗Translationsrutschung.

Ebenengleichung, Gleichung, die in Koordinatenform die Gestalt $ax + by + cz = d$ besitzt. Hierbei sind x, y und z die Koordinaten der Punkte in der Ebene und d/a, d/b und d/c (insoweit a, b und c ungleich Null sind) die Längen der Achsenabschnitte der Ebene mit den drei Koordinatenachsen. Jede solche Gleichung stellt eine Ebene im Raum dar, und umgekehrt kann jede Ebene so dargestellt werden. Eine Kristallfläche oder Netzebene mit den ↗Miller'schen Inzices (hkl) besitzt die Ebenengleichung $hx + ky + lz = 1$.

Ebenengruppen, *zweidimensionale Raumgruppen*, Symmetriegruppen von zweidimensionalen ↗Kristallstrukturen. Man teilt die Ebenengruppen in 17 Typen (Tab., Abb. 1) ein, nach den gleichen Kriterien wie für dreidimensionale Raumgruppen. Die Erklärungen für das erste Symbol (Abb. 2) lassen sich sinngemäß auf die anderen Ebenengruppen-Symbole des rechtwinkligen sowie (nach entsprechender Vereinfachung) schiefwinkligen Systems übertragen. Die Erklärungen für das zweite Symbol gelten, sinngemäß verallgemeinert, für die Ebenengruppen-Symbole des quadratischen wie des hexagonalen Systems. Die

Kristallsystem	Kristallklasse	Ebenengruppe
schiefwinklig	*1* *2*	*p1* *p2*
rechtwinklig	*m* *2mm*	*pm pg cm* *p2mm p2mg p2gg c2mm*
quadratisch	*4* *4mm*	*p4* *p4mm p4gm*
hexagonal	*3* *3m* *6* *6mm*	*p3* *p3m1 p31m* *p6* *p6mm*

Ebenengruppen (Tab.): die 17 Ebenengruppen.

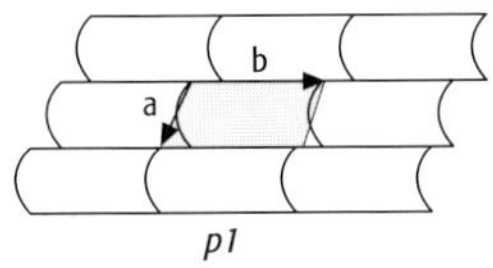

Ebenengruppen 1: die Ebenengruppe *p1*. Die konventionelle Elementarzelle ist grau hervorgehoben.

Symmetriegruppen vieler Tapeten- und Fliesenmuster sind Ebenengruppen, auch diejenigen zahlreicher Mosaiken, wie man sie in besonderer Schönheit in der maurischen Architektur findet. Beispiele aus der Kristallographie i. e.S sind Kristallflächen sowie Schnitte durch Kristallstrukturen (sofern die Schnitte rationale Achsenabschnitte besitzen) und Parallelprojektionen von Strukturen. Eine Projektion der Steinsalz-Struktur entlang [*100*] besitzt die Symmetrie *p4mm*, entlang [*110*] die Symmetrie *c2mm* und entlang [*111*] die Symmetrie *p6mm*. [WEK]

Ebenenkonzept, *Layerprinzip*, ↗desktop mapping.

ebener Durchtrennungsgrad ↗Durchtrennungsgrad.

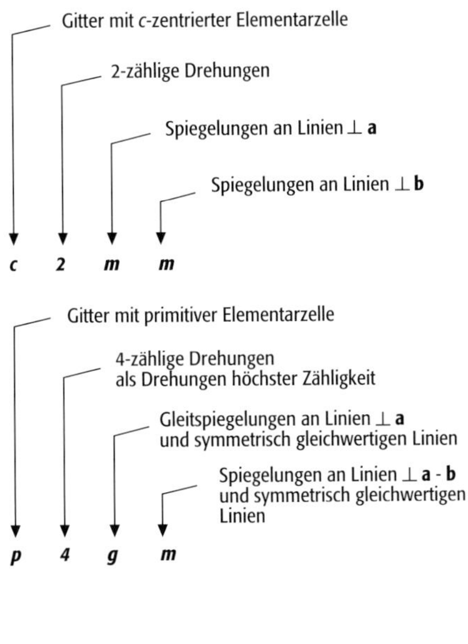

Ebenengruppen 2: Bedeutung der Symbole der Ebenengruppen.

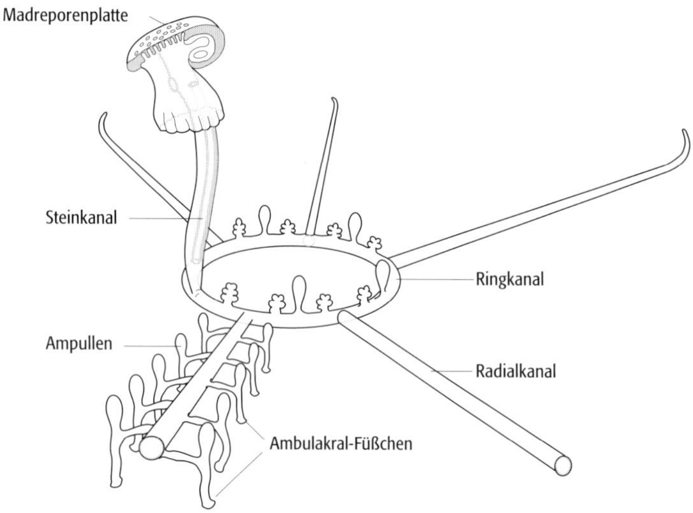

Echinodermata 1: Ambulakral-System rezenter Seesterne mit Madreporen-Platte, Steinkanal, Ringkanal und Radialkanälen. Ambulakral-Füßchen und Ampullen sind nur für einen Arm gezeichnet.

ebene Welle, ↗Welle, deren Wellenfronten auf Ebenen liegen.

Ebriida, einzellige, 20–100 µm große, heterotrophe, rein marine, planktonische Organismen mit zwei ungleichen Flagellen und einem fossilisationsfähigen Skelett aus Opal. Dieses Skelett aus massiven Elementen von ca. 3 µm Durchmesser hat tetraxiale oder triradiale Symmetrie. Axiale Stäbe (Actine) sind am Ende zu Claden verzweigt. Diese verbinden sich oft mit denen anderer Actine, so daß Skelettringe entstehen. Nur bei fossilem Material ist selten am apikalen Skelettring eine Lorica aus Opal befestigt. Das ist eine becher- bis amphorenförmige Kammer mit einer apikalen Öffnung. Ihre Funktion ist unbekannt, vielleicht enthielt sie eine Zyste. Heute leben Ebriiden v. a. in kalten, aber auch gemäßigt temperierten Meeren. Ebriiden-Skelette sind als seltene Komponenten in SiO_2-reichen Sedimenten seit dem ↗Paläozän bekannt. Im ↗Pliozän ging ihre Diversität stark zurück. Die systematische Zuordnung der Ebriiden ist umstritten. Häufig werden sie in die Nähe von ↗Dinophyta gestellt. [RB]

Ebstorfer Weltkarte, *Ebstorfkarte*, größte und inhaltsreichste Darstellung des hochmittelalterlichen Weltbildes; benannt nach dem Aufbewahrungs- und Fundort (1830), dem Benediktinerkloster Ebstorf bei Uelzen (Niedersachsen). Als geistiger Urheber gilt Gervasius von Tilbury. Er kam 1214 nach Niedersachsen und war 1223–35 Probst des Klosters Ebstorf. Die graphisch-künstlerische Ausführung des 10 m^2 bedeckenden, ursprünglich als Altarbild genutzten, kartenähnlich gestalteten Gemäldes könnte von einem Mönch aus Lüneburg stammen, zwischen 1235 und 1239. Das kreisrunde, nach Osten orientierte Erdbild bestand aus 30 Pergamentblättern von zusammen 358 × 356 cm. In der oberen Hälfte ist Asien, in der unteren links Europa und rechts Afrika, umgeben vom Weltmeer und im Mittelpunkt Jerusalem dargestellt. Die Wiedergabe von Land und Meer, der Flüsse und der Orte mittels Gebäudesymbolen und Beschriftung erfolgt in regionaler Ordnung, ohne topographische Lagetreue anzustreben. Nachdem 1943 das Original verbrannt ist, erfolgte 1950–1953 nach Faksimileausgaben eine originalgroße Rekonstruktion. [WSt]

Eburneische Orogenese ↗Proterozoikum.

Eburon, die auf das Tegelen (↗Tegelen-Komplex) folgende ↗Kaltzeit des Unterpleistozäns mit sieben wärmeren und kälteren Phasen; benannt von W. H. Zagwijn 1957 nach Volk der Eburonen im Bereich der Niederlande. Nach dem INQUA-Beschluß von 1948 liegt die Tertiär-Quartär-Grenze an der Basis des Eburon. ↗Quartär, ↗Donau-Kaltzeit.

Echinodermata, *Stachelhäuter*, die Bezeichnung »Echinodermata« wurde 1734 durch J. T. Klein eingeführt und benennt einen Stamm der ↗Invertebraten, der ausschließlich marine Organismen hervorgebracht hat. Echinodermata sind fossil sowie rezent häufig. Als diverse Gruppe haben sie viele ökologische Nischen in verschiedenen Faziesräumen eingenommen. Sie sind im normal salinaren oxischen Milieu weltweit in unterschiedlicher Wassertiefe auf Hart- sowie auf Weichsubstrat verbreitet, wobei die Mehrzahl adulter Echinodermata zum ↗sessilen oder ↗vagilen ↗Benthos des küstennahen Flachmeeres gehört. Finden sie günstige Standortbedingungen vor, treten sie lokal individuenreich in großen Assoziationen auf. Die Ernährungsweise ist herbivor oder carnivor, selten auch mikrophag. Ihr Verdauungstrakt ist einfach. Das primitive Nervensystem hat kein Gehirn hervorgebracht. Die Vermehrung erfolgt über ein Larvenstadium überwiegend getrenntgeschlechtlich. Echinodermata haben ein Skelett oder Gehäuse aus zahlreichen fest miteinander verbundenen, calcitischen Platten oder aus isolierten Skleriten. Fossile Reste sind sicher seit dem frühen Kambrium aus allen geologischen Systemen bekannt. Als spätproterozoischer Vertreter wird *Arkarua*, ein Fossil aus Südaustralien, diskutiert. Zu Beginn des Ordoviziums entfalten sich die Echinodermata und durchlaufen eine Blütezeit. Typische paläozoische Formen sind die stieltragenden, sessilen Echinodermata (Pelmatozoen). Früh zeichnet sich ein Evolutionstrend zur Reduzierung des Stiels und der Übergang zur benthisch-vagilen Lebensweise ab, der bis in die Gegenwart erfolgreich ist. Rezente gestielte Echinodermata hingegen haben ihre große paläozoische Diversität nicht wieder zurückgewonnen und sich als Reliktformen in größere Wassertiefen zurückgezogen. Folgende Eigenschaften der Echinodermata sind hervorzuheben: a) Ihr Bauplan beruht wesentlich auf der radialen, pentameren Symmetrie. Die ontogenetisch primäre bilaterale Symmetrie kommt während des bewimperten Larvenstadiums, zurückführbar auf eine einzige Grundform, die hypothetische *Dipleurula*-Larve, noch zum Ausdruck, wird aber beim adulten Tier überdeckt. b) Echinodermata haben ein hydrostatisches Wasserzirkulations-System (Ambulakral-System, Abb.1), ein Zusammenschluß von kommunizierenden, flüssigkeitsgefüllten Röhren, auf dem Nahrungsfang, Atmung, Bewegung und sensorische Wahrnehmung wesentlich basieren. Es ist Grundlage für die gerichtete freie Fortbewegung differenzierter Echinodermata (z.B. Seeigel, Seesterne). c) Echinodermata haben ein mesodermal gebildetes Innenskelett bzw. Gehäuse (Calyx, Theka), umschlossen von einer dünnen Haut (Epidermis), das aus unterschiedlichsten, charakteristisch geformten Einzelelementen (z.B. Platten) besteht. Das Wachstum erfolgt durch Ausbildung neuer oder durch Vergrößerung bereits entwickelter Platten, wobei Anwachsstreifen-Muster entstehen können. Beschädigte Skelett-Areale oder abgetrennte Körperanhänge können komplett regeneriert werden. In Abhängigkeit zur Wassertemperatur steht der Einbau von Magnesiumcarbonat in die calcitische Skelettmineralogie. Die Größe der einzelnen Skelettelemente reicht von weniger als 1 mm Durchmesser (z.B. Holothurien-Sklerite) bis zu mehreren Zentimetern Länge (z.B. Crinoiden-Stielglieder). Unter dem Durchlicht-Mikroskop erscheinen die Einzelplatten oft homogen gelblich oder grau gefärbt und zeigen die typische mikroporöse Maschenstruktur des Stereoms aus stromalen Kanälen, durch die sich zu Lebzeiten das Muskelgewebe zog. Eine eindeutige Bestimmung ist die doppelte Auslöschung als Calcit-Einkristall unter gekreuztem polarisiertem Licht als Folge der Sammelkristallisation, in deren Verlauf sich die kristallographischen C-Achsen der skelettbildenen Kristalle parallel ausgerichtet haben. Postmortal, nach der Zersetzung ihrer Epidermis, zerfallen die Echinodermata-Skelette und werden z.T. gesteinsbildend als isolierte Elemente sedimentiert. Artikulierte Skelett-Komplexe sind fossil selten, oft gebunden an eine rasche Sedimentbedeckung, z.B. durch ↗Tempestite oder Schlammrutschung, und treten eher in dünnbankigen tonigen Kalksteinen und Schiefern (z.B. ↗Posidonienschiefer, ↗Hunsrückschiefer) auf. Weit mehr Volumen nehmen separierte Echinodermata-Reste, insbesondere Pelmatozoen-Stielglieder, vornehmlich in Carbonatgesteinen ein, wo sie eine wichtige Rolle als bioklastische Carbonatproduzenten und Gesteinsbildner spielen, z.B. als Crinoiden-Packstone (↗Carbonatklassifikation). Dabei können Erhaltungszustand, Sortierungsgrad und Packungsdichte fazielle Hinweise auf Wasserenergie, Sedimentationsrate oder Strömungsrichtung geben. Fossile Echinodermata-Reste gelten als verläßliche Indikatoren für marine Ablagerungsbedingungen. Funktionsmorphologisch sind die Baupläne der Echinodermata stark an ihre Lebensweise und an die Anforderungen ihres Lebensraums angepaßt. Sie sind daher besonders für Fragestellungen zur Paläoökologie und Evolution von Bedeutung. Nach einer älteren Klassifizierung wird der Unterstamm Pelmatozoa (gestielte, vorwiegend sessile Echinodermata) den Eleutherozoa (freibewegliche, nicht am Untergrund befestigte Formen) gegenübergestellt. Die neue Klassifizierung basiert auf unterschiedlichen Skelettmerkmalen im adulten Stadium, wobei die taxonomische Stellung vieler Gruppen weiterhin kontrovers ist. Die formenreichsten Gruppen sind folgende:

1) Homalozoa (Carpoidea): ausgestorbene Gruppe mit unsicherer systematischer Stellung, die gewisse Bezüge zu primitiven Chorda-Tieren zeigen. Fossile Funde sind aus dem Mittelkambrium bis Mitteldevon bekannt. Die meisten Gattungen sind aus dem Ordovizium beschrieben. Ihre stark abgeflachte Theka besteht aus calcitischen Plättchen und hat asymmetrische Außenlinien mit stiel- oder armähnlichen Fortsätzen. Die meisten Homalozoen lebten als Detritus- oder Suspensionsfresser. Im Gegensatz zu anderen Echinodermata zeigen sie keine Radialsymmetrie und hatten vermutlich auch kein Ambulakral-System.

2) Cystoidea (Beutelstrahler): altertümliche Gruppe, die bereits im Unterkambrium frühe Vertreter stellt und bis ins Karbon nachgewiesen ist. Typisch ist eine gestielte, kugelförmige Theka, von der zwei unverzweigte, armartige Fortsätze (Brachiolen) scheitelwärts abgehen (Abb. 2). Auf der Innenseite der Brachiolen verläuft die Ambulakralfurche, die die Nahrung zum zentral gelegenen Mund leitet. Die Theka besteht aus einem Plattenmosaik, wobei die Platten in Abhängigkeit zur Anordnung und Ausbildung diverse Perforationsmuster von taxonomischem Wert haben.

3) Blastoidea (Knospenstrahler): Im Gegensatz zu den Crinoiden, mit denen sie während des Paläozoikums eine ökologische Nische als Suspensionsfiltrierer, meist in gemäßigt durchströmten Habitaten, teilten, sterben sie an der Wende zum Mesozoikum aus. Erfolgreich waren sie v.a. in Riffstrukturen des Unterkarbons. Das Gehäuse besteht aus einer knospenförmigen Krone (Calyx), (Abb. 3), die meist einem Stiel aufsitzt, mit dem die Blastoideen fest auf dem Untergrund aufgewachsen sind. Die verhältnismäßig kleine Calyx besteht bei differenzierten Formen aus 13 Platten, welche radialsymmetrisch in drei Reihen angeordnet sind. Ihr Mund liegt gegenüber der Stiel-Anwachsstelle am Top der Krone, der After lateral. Von den Ambulakra erstrecken sich die dünnen unverzweigten Brachiolen, die aus biserial angeordneten Platten bestehen. Vermutlich fingen sie ihre Nahrung mit Schleimfilmen oder Ciliae, ohne Ambulakral-Füßchen. Eine Perforation, wie die der Cystoideen-Platten, fehlt.

4) Crinoidea (Seelilien): seit dem Ordovizium belegte Gruppe von Suspensionsfiltrierern, die besonders auf paläozoischen Carbonatplattformen weit verbreitet war. Rezent sind noch mehrere 100 Arten aus dem ↗Subtidal der tropischen bis polaren Regionen sowie der Tiefsee bekannt. Adult leben sie meist festgewachsen auf Substrat, seltener auch pseudoplanktonisch oder planktonisch-pelagisch (seit Oberjura). Stiellose Flachwasser-Formen können sich mit Cirren-Fortsätzen anheften. Typische Tiefwasserformen sind gestielt. Generell besteht der Körper aus einem gegliederten Stiel (Columna) und einer Krone (Kelch mit fünf oder mehr Armen, Abb. 4). Der

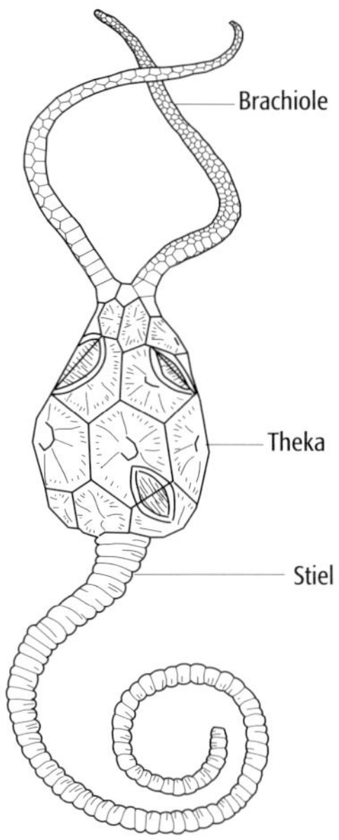

Echinodermata 2: Cystoidea, *Pleurocystites*, rundliche Theka mit Stiel und paarigen, unverzweigten Brachiolen.

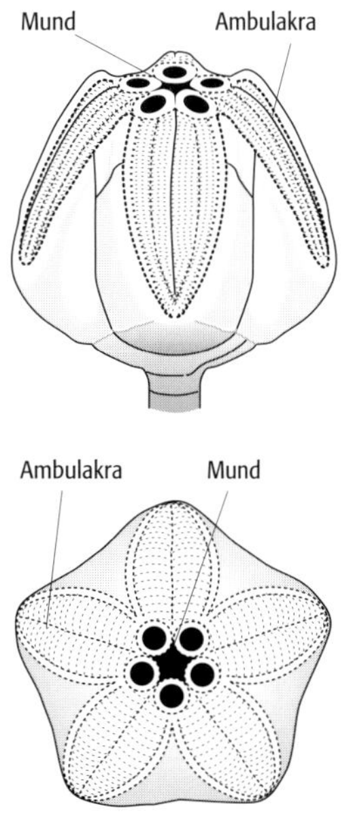

Echinodermata 3: Blastoidea, *Pentremites*, Karbon, knospenförmige Theka (ca. 3 cm lang) mit langen Ambulakra und zentralem Mund.

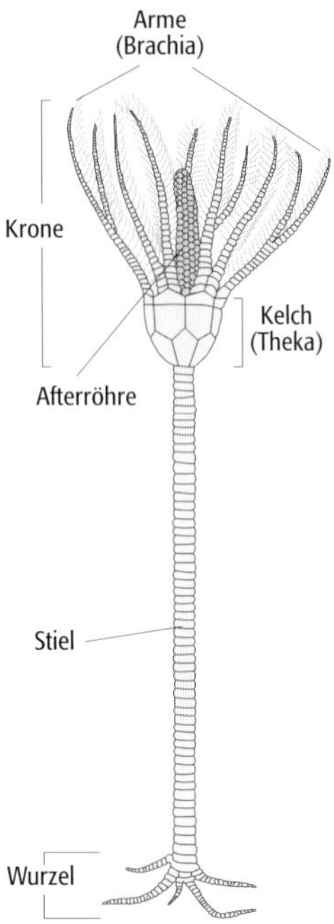

Echinodermata 4: Crinoidea, dreigeteilter Grundbauplan, Wurzel, Stiel und Krone. Die Krone besteht aus Kelch und Armen.

Stiel kann sekundär zurückgebildet sein oder an seiner Basis zusätzliche Verankerungen (Stielwurzeln) ausgebildet haben. Die einzelnen Stielglieder haben runde, ovale oder sternförmige Umrisse und spezielle Muster an den Gelenkflächen. Stielglieder überwiegen fossil quantitativ. Die Weichteile werden von einem Kelch aus Dorsalkapsel und Kelchdecke (Tegmen) umschlossen. Die Calyx setzt sich aus zwei oder drei Plattenreihen zusammen, wobei sich an der oberen Reihe die gelenkartigen Ansatzstellen der Arme befinden. Diese, meist federartig verzweigt, erzeugen einen Nahrungspartikelstrom, der über die auf den Innenseiten der Arme verlaufenden Ambulakral-Rinnen mit Hilfe der Ambulakral-Füßchen direkt abwärt zum Mund am Top der Calyx geleitet wird.

5) Edrioasteroidea: Sie treten vom Unterkambrium bis ins Karbon auf und stellen eine primitive Gruppe der Echinodermata dar. Als präkambrische Vorläuferform wurde die triradialsymmetrische Form *Tribrachidium* der ↗Ediacara-Fauna in Betracht gezogen. Edrioasteroideen-Skelette bestehen aus einer scheibenförmigen Theka (6–60 mm im Durchmesser) mit zentralgelegenen Mund. Von diesem ziehen sich fünf Nahrungsrinnen (Ambulakra) meist sternförmig nach außen, die jeweils durch Deckplatten geschützt sind (Abb. 5). Brachiolen sind nicht ausgebildet.

6) Echinoidea (Seeigel): seit dem Ordovizium bekannte Gruppe, die benthisch vagil, küstennah bis in Tiefsee-Bereiche, auf Weich- oder Hartsubstrat, grabend oder auf der Sedimentoberfläche lebt. Ihr Optimum finden sie im subtropischen bis tropischen Litoral, wo sie besonders artenreich auftreten. Ihr starres Gehäuse (Corona) besteht aus zahlreichen miteinander verbundenen calcitischen Tafeln, die mit beweglichen Stacheln oder Pedicellarien (zangenartige Greifwerkzeuge) ausgestattet sein können, welche dem Nahrungsfang, der Fortbewegung und der Abwehr dienen. Arme und Stiel fehlen. Sie besitzen ein differenziertes Ambulakral-System, ähnlich dem der Seesterne. Zwei Organisationsformen werden unterschieden: a) Bei den regulären Seeigeln liegen sich After und Mund im vertikalen Gehäusequerschnitt gegenüber (Abb. 6). Ihr radialsymmetrisches Gehäuse ist meist hemisphärisch geformt und ihre Stacheln sind gleichmäßig auf der Oberfläche verteilt. Der After liegt auf der dorsalen Gehäuseseite, im Periprokt, einem membranartigen Gebiet im Zentrum des Apikalfeldes. Diese Scheitelregion besteht meist aus jeweils fünf Ocellar- und fünf Genital-Platten (einschließlich Madreporen-Platte), die rosettenartig angeordnet sind. An das Apikalfeld schließen sich vertikal im Wechsel jeweils fünf Reihen Interambulakral- und Ambulakral-Felder radialstrahlig an. Diese setzen sich aus paarig angeordneten, alternierend geformten Platten zusammmen. Aus den perforierten Ambulakral-Platten ragen die Ambulakral-Füßchen. Auf der ventralen Gehäuse-Seite sitzt das Peristom, welches meist aus einer lederartigen Membran besteht, in dessen Zentrum der Mund liegt. Es beinhaltet den Kauapparat, die sogenannte »Laterne des Aristoteles«, der aus 40 Einzelelementen besteht und eine Ernährungweise als Oberflächen-Weider oder Aasfresser unterstützt. Fossil sind reguläre Echinoideen häufig durch einzelne Skelettelemente, als Bioklasten, überliefert. Im Dünnschliff zeigen die Stacheln typische Umrisse und Querschnitte mit radialstrahligen Mustern. b) Im Zuge der adaptiven Radiation im Unterjura treten die irregulären Seeigel hinzu, bei denen es zur Verlagerung des Mundes nach vorne und des Afters in eine hintere Position des Interambulakralfeldes, außerhalb des Apikalfeldes, kam. Typisch ist ein bilaterales, abgeflachtes Gehäuse mit kleineren Stacheln. Das Peristom-Gebiet ist reduziert und der Mund durch eine Lippe geschützt. Viele leben grabend und tragen dadurch in erheblichem Umfang zur ↗Bioturbation bei. Dabei bewegen die Organismen das Sediment vornehmlich mit den vorderen Stacheln von den Flanken zur Seite. Einige herzförmige Formen (Spatangoideen) können sich bis zu 20 cm tief in das Substrat eingraben. Dabei wird ein senkrechter Kanal von Sediment freigehalten, der die Zufuhr von Atemwasser gewährleistet. Aufgrund dieser Lebensweise werden sie fossil oft in situ gefunden. Hervorzuheben ist die Bedeutung der Echinoideen für die Zonengliederung in der Kreide.

7) Holothuroidea (Seegurken, Seewalzen): Sie sind seit dem Ordovizium bekannt. Rezent existieren über 1000 Arten. Sie besiedeln ein weites Spektrum an Lebensräumen, wo sie vagil-benthisch, in Ausnahmen pelagisch vorkommen. Als einzige Gruppe der Echinodermata sind sie ↗euryhalin und haben auch den brackischen Lebensraum erschlossen. Ihr zylindrischer, muskulöser Weichkörper hat keine Arme. Um den Mund befindet sich ein Tentakelring, dessen Umriß bedeutsam für die Rezent-Taxonomie ist. Ambulakral-Rinnen verlaufen längs über den sekundär bilateral-symmetrischen Körper. Extreme Flexibilität und Beweglichkeit des Körpers ist die Folge der Reduzierung des artikulierten Skeletts auf winzige (< 1 mm), fragile Sklerite, die in einer le-

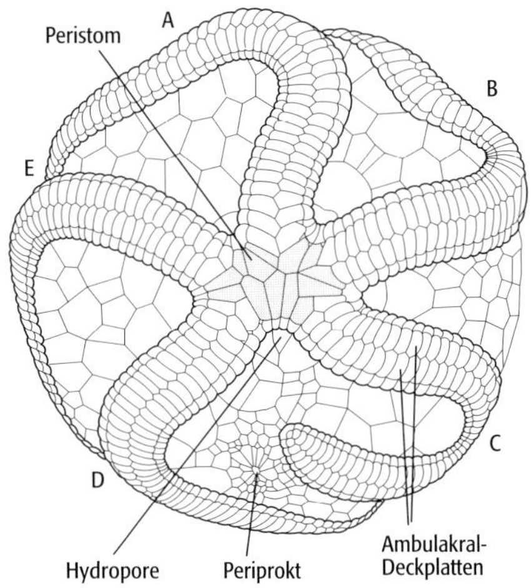

Echinodermata 5: Edrioasteroidea, *Edrioaster*, Ordovizium, Oberflächenansicht mit Ambulakra unter Deckplatten, Periprokt mit Mund und Peristom.

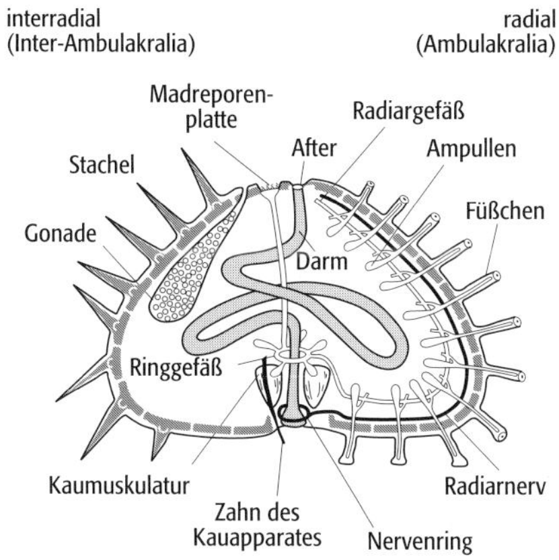

Echinodermata 6: Echinoidea, Grundbauplan eines regulären Seeigels mit gegenüberliegender Position von After und Mund.

derartigen Haut sitzen. Vollständige Fossilien sind äußerst selten. Weit verbreitet sind Funde einzelner Holothurien-Sklerite, die großen Formen- und Ornamentreichtum besitzen (z. B. Haken, Anker, Speichenrädchen) und präparativ durch Säureaufbereitung als ↗Mikrofossilien aus Carbonaten gewonnen werden. In der Alpinen Trias haben die Sklerite biostratigraphischen Wert.

8) Asteroidea (Seesterne): Sie sind seit dem Ordovizium nachgewiesen und haben einen sternförmigen Körperumriß von einigen Millimetern bis 50 cm im Durchmesser mit fünf oder mehr Armen. Auf der flachen Unterseite der Arme verlaufen die Nahrungs-Rinnen mit den Ambulakral-Füßchen radialstrahlig zum zentralen Mund. Der After liegt auf der Körperoberseite. Ein differenziertes Wasserzirkulations-System ermöglicht eine aktive, freie Bewegung. Im einzelnen erfolgt die Anpassung des Wasservolumens über den Steinkanal, an dessen Ende eine Einzelöffnung (Hydropore) oder eine siebartige Genitalplatte (Madreporenplatte) die Flüssigkeitsabgabe bzw. -aufnahme steuert. Vom Ringkanal, welcher mit dem Steinkanal in Verbindung steht, gehen fünf Radialkanäle ab, die wiederum verbunden sind mit kurzen lateralen Seitenzweigen, die zu den Ampullen und schließlich zu den Ambulakralfüßchen führen. Radialkanäle, laterale Fortsetzungen, Ampullen und Ambulakralfüßchen sind Elemente des Ambulakrum. Manche Seesterne haben eine räuberische Lebensweise entwickelt. Zur Beute gehören u. a. Muscheln, deren Klappen sie durch das Ziehen der festgesaugten Ambulakral-Füßchen zum Klaffen bringen. Beißwerkzeuge sind nicht entwickelt, sie können ihren Magen ausstülpen und verdauen die Beute extern. Lokales Massenauftreten der rezenten Gattung *Acanthaster* (Gruppe der Dornenkronen) stellt heute infolge der anthropogenen Dezimierung ihres Freßfeindes eine Bedrohung der Riffkorallen im Indopazifik dar.

9) Ophiuroidea (Schlangensterne): Seit dem Unterordovizium bekannte vagil-benthische Gruppe. Im Gegensatz zu den Seesternen besitzen sie deutlich abgesetzte Arme, die sich von der zentralen Körperscheibe aus radialstrahlig erstrecken. Die zahlreichen Wirbel der Arme sind gelenkartig miteinander verbundenen und gewährleisten eine hohe Beweglichkeit. Der sternförmig geschlitzte Mund liegt auf der Körperunterseite (oral) und trägt fünf Kiefernpaare, die von den Buccalschildern gesäumt sind. Der Mund übernimmt die Funktionen des nicht separat ausgebildeten Afters. Die Madreporenplatte liegt meist aboral. [EM]

Echinoidea, *Seeigel*, seit dem Ordovizium bekannte Gruppe der ↗Echinodermata mit benthisch-vagiler Lebensweise v. a. des subtropischen bis tropischen ↗Litorals. Sie besitzen ein starres, meist hemisphärisch geformtes Gehäuse aus zahlreichen miteinander verbundenen Calcit-Tafeln (Abb.), auf denen bewegliche Anhänge sitzen. Ihre Ambulakral-Gefäße sind nach innen verlagert. Zwei Organisationsformen, irreguläre und reguläre Seeigel, werden unterschieden. Neben Skelettelementen sind von einigen Formen Grabbauten fossil erhalten.

Echodüne, ↗gebundene Düne auf der Luvseite eines steilen Hindernisses. Echodünen entstehen im Konvergenzbereich zweier Luftströmungen, wo Hauptwindrichtung und eine vor dem Hindernis entstehende Luftwalze aufeinander treffen. Durch die Luftwalze findet ein zur Hauptwindrichtung entgegengesetzter Transport statt (Abb.). Voraussetzung für diese Dynamik ist nach Windtunnelversuchen eine Hangneigung des Hindernisses von mehr als 50°, da bei spitze-

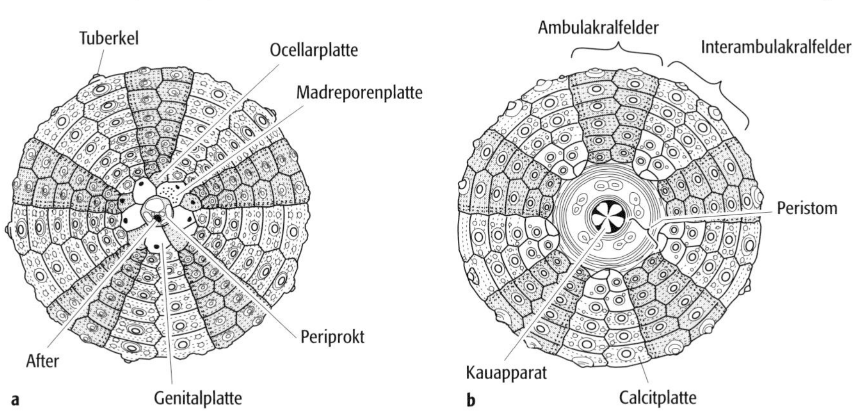

Echinoidea: Gehäuse-Morphologie regulärer Seeigel, Darstellung ohne Stacheln. Ansicht a) aborale Seite und b)orale Seite.

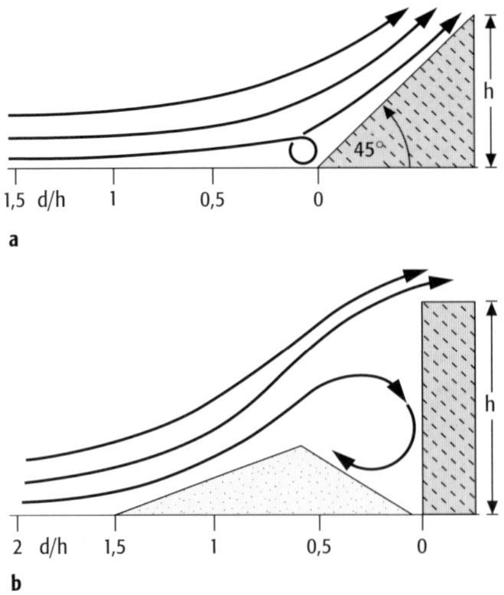

Echodüne: Strömungsdynamik vor Hindernissen. Entstehung von Sandrampen (a) und Echodünen (b); d = Distanz zur Wandhöhe, h = Wandhöhe).

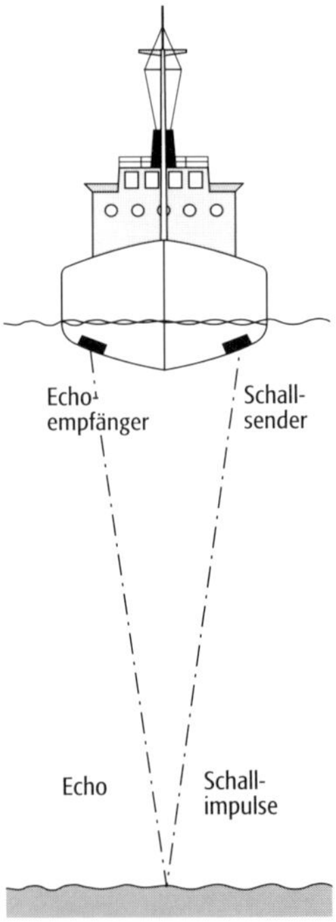

Echolot: Die Tiefenmessung mittels Echolot erfolgt durch Schallwellen.

Eckert, *Max*

ren Winkeln keine Rückströmung entsteht und sich ↗Sandrampen bilden. Vor einer senkrechten Wand setzt die Akkumulation dort ein, wo das Verhältnis von Entfernung zur Wandhöhe den Wert 0,3 übersteigt, wobei bis zu Höhen, die etwa einem Drittel der Hindernishöhe entsprechen, akkumuliert wird.

Echo-Log, Ultraschallmethode zur Vermessung von Hohlräumen im Untergrund (z. B. Höhlen, Kavernen), die durch Bohrungen angefahren worden sind.

Echolot, Gerät zur ↗Tiefenmessung (Abb.), das die Laufzeit vom Schiff aus abgestrahlter und am Meeresgrund reflektierter ↗Schallwellen mißt. Fächerlote senden mehrere Strahlenbündel aus und können damit einen der Wassertiefe entsprechenden Streifen des ↗Meeresbodens erfassen.

Echo-Sondierung, Erkundungsverfahren, bei dem Signale in den Untergrund gesendet, an ↗Grenzflächen reflektiert werden, wieder zur Erdoberfläche zurücklaufen und hier mit entsprechenden Empfängern registriert werden. Aus der ↗Laufzeit wird auf die Tiefe der reflektierenden Grenzfläche geschlossen. Anwendung findet dieses Prinzip in der ↗Angewandten Seismik und in der ↗Geoelektrik.

echtes Grundwasser, ein im Zusammenhang mit der Beschreibung von Abflußkomponenten der Trockenwetterlinien benutzter Fachbegriff. Er bezeichnet das niederschlagsgespeiste ↗Grundwasser, das zeitversetzt abfließt. In der Trockenwetterlinie entspricht der echte Grundwasserabfluß dem flachsten Kurvenabschnitt.

Echtfarbenkomposite ↗Farbcodierung.

Echtzeitanimation, ↗Computeranimation, die gleichzeitig berechnet und auf dem Bildschirm ausgegeben wird. Sie ist das Gegenteil der aufgezeichneten Animation, bei der die erzeugte Animation auf einen Trägermedium wie z. B. Video aufgezeichnet und von diesem Trägermedium abgespielt wird. Die Echtzeitanimation ist Voraussetzung für interaktive Computeranimation, wie sie in der ↗wissenschaftlichen Visualisierung erforderlich ist.

Echtzeitbetrieb, *realtime processing*, spezielle Betriebsart eines datenverarbeitenden Systems, bei der die Ergebnisse der Operationen ohne nennenswerte Verzögerung bereitgestellt werden.

Echtzeitdatenübertragung, Vorgang, bei dem gemessene Daten mittels Fernleitung in analoger oder digitaler Form unmittelbar übertragen werden. Die Übertragung kann dabei durch eine bestehende Festleitung oder über Funk erfolgen. Viele meteorologische und hydrologische Daten werden heute über das Internet bzw. das von der Weltorganisation für Meteorologie vorgehaltene globale Telekommunikations-System (GTS) ferngeleitet, bei dem meteorologische Satelliten verwendet werden.

Echtzeitdatenverarbeitung, die unmittelbar nach der Messung und Übertragung einsetzende Verarbeitung der Daten. Dies ist z. B. bei der Vorhersage eines Hochwassers und dessen Verlauf von großer Wichtigkeit. Die Daten aus einem Einzugsgebiet, wie Niederschlagsintensitäten oder Hochwasserstände im flußaufwärts liegenden Teil des Einzugsgebietes, müssen dabei möglichst rasch erhalten und in die Vorhersageberechnung miteinbezogen werden. Dadurch werden die Vorhersagen wesentlich korrekter.

Echtzeitkinematik, *Real Time Kinematic*, *RTK*, GPS-gestütztes Vermessungsverfahren (↗GPS), bei dem für einen bewegten ↗GPS-Empfänger in Bezug auf eine ↗GPS-Referenzstation in Echtzeit hochgenaue Positionsergebnisse erzielt werden. Dazu werden die Beobachtungsgrößen der Referenzstation mittels einer leistungsfähigen Telemetrie an die Nutzerstation übertragen und dort gemeinsam mit den Daten der bewegten Station in Echtzeit verarbeitet (präzises ↗Differential-GPS). Die ↗Phasenmehrdeutigkeiten werden on the fly, d. h. aus der Bewegung heraus gelöst, so daß bei Signalverlusten (↗cycle slip) kontinuierlich weitergemessen werden kann. Es lassen sich sowohl die Trajektorie der Empfangsantenne als auch Koordinaten von Festpunkten nach kurzzeitiger Aufstellung bestimmen. Echtzeitkinematik-Systeme werden komplett konfiguriert angeboten und finden verbreitete Anwendung. Die Reichweite ist zumeist auf wenige Kilometer von der Referenzstation beschränkt.

Eckert, *Max*, seit 1934 Eckert-Greifendorff, * 10.4.1868 in Chemnitz, † 26.12.1938 in Aachen. Nach einer kurzen Volksschullehrertätigkeit absolvierte Eckert ein Studium der Geographie mit Geschichte, Germanistik und Volkswirtschaftslehre, war danach von 1895–99 Assistent bei F. Ratzel (1844–1904) und später bis 1903 Oberlehrer in Leipzig. Nach seiner Habilitation mit einer geomorphologischen Arbeit »Das Gottesackerplateau« (Kiel 1903) erfolgte 1907 die Berufung auf den neu geschaffenen Lehrstuhl für Wirtschaftsgeographie und Kartographie der TH Aachen. Beide Arbeitsrichtungen ziehen sich mit Engagement für studentische und Landschaftsschutzbelange durch sein Schaffen bis zur Emeritierung 1935 fort. Seit 1907 setzte sich Eckert dafür ein, die Kartographie als Wissenschaft zu sehen und als solche an den Universitäten zu lehren. Dazu entstand 1908 das »Geographische Praktikum« und 1921 und 1925 sein zweibändiges Hauptwerk »Die Kartenwissenschaft«, das als sachlich-thematische Stoffsammlung den Grund zu einer ↗Theoretischen Kartographie und einer kartographischen Methodenlehre legte, die dann eine Generation später im deutschen Sprachraum ↗Arnberger, ↗Imhof und ↗Witt ausbauten. Dazu trugen auch Eckerts Arbeiten zur ↗Reliefdarstellung, Schul- und Kolonialkartographie sowie, auf praktischem Militäreinsatz fußend, zur Militärkartographie, eingeschlossen neue Typen von Kriegskarten, bei. Eckert konstruierte vermittelnde Erdkartennetze mit Pollinien von halber Äquatorlänge und betätigte sich auch als praktischer Kartograph. Mit dem Bestreben, ein »Deutsches Kartographisches Forschungsinstitut« zu gründen, entstanden im letzten Lebensjahrzehnt weitere Arbeiten zur theoretischen Kartographie, die zeitbezogen nationalistische Überspitzungen enthalten. Die Bedeutung Ekkerts liegt in der umfangreichen Stoffsammlung seines Handbuches, das immer ein wichtiges Nachschlagewerk zur ↗Kartographiegeschichte und zur Entwicklung ihrer Fachterminologie bleiben wird, und in seinem Bemühen, der Kartographie als Wissenschaft eine theoretische Grundlage zu geben. [WSt]

Eckfrequenz, *corner frequency*, die Frequenz f_c im Schnittpunkt zweier Geraden, die den niedrig- und hochfrequenten Teil des Herdspektrums asymptotisch annähert (Abb.). Das Herdspektrum kann man aus Fernfeldbeobachtungen von ↗Raumwellen (meistens ↗P-Wellen) ableiten. Für Frequenzen unterhalb von f_c ist die von einem Erdbeben abgestrahlte seismische Energie annähernd konstant. Für Frequenzen oberhalb von f_c fällt das Herdspektrum proportional zu f^{-n} ab, wobei n zwischen 1,5 und 3 liegen kann. Die Eckfrequenz ist klein für starke Erdbeben und groß für schwächere Erdbeben. Der Abfall der spektralen Amplitude zu höheren Frequenzen ist durch die endliche Ausdehnung des seismischen Herdes bedingt. Aus den Werten der Eckfrequenz kann man auf die charakteristische Dimension der Bruchfläche schließen. Die Spektralamplitude im Frequenzbereich unterhalb von f_c ist proportional zum ↗seismischen Moment. [GüBo]

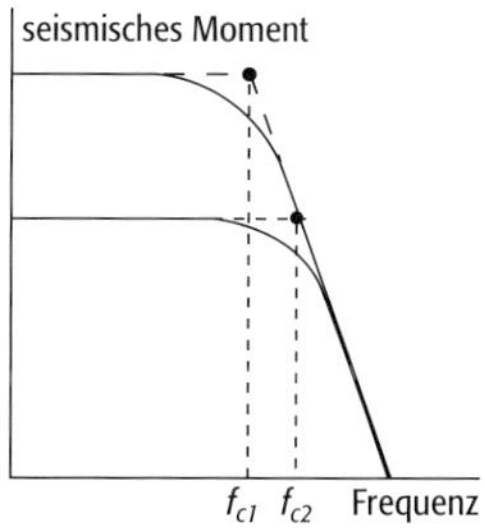

Eckfrequenz: schematische Darstellung des Herdspektrums und der Eckfrequenz für unterschiedlich starke Erdbeben (f_{c1}, f_{c2}: zwei Frequenzen an Schnittpunkten zweier Geraden).

ECMWF ↗*Europäisches Zentrum für Mittelfristige Wettervorhersage.*

ED50, *Europäisches Datum 1950*, in den Jahren 1945 bis 1950 durch Neuausgleichung entstandenes, ausgewähltes System von Dreiecksketten im mittleren Europa (Zentraleuropäisches Netz – ZEN). Durch ↗translative Lotabweichungsausgleichung wurde eine mittlere Lagerung auf dem ↗Internationalen Ellipsoid herbeigeführt. ↗RETrig.

ED87, *Europäisches Datum 1987*, ↗RETrig.

edaphisch, im Boden lebend, auf den Boden bezogen.

Edaphon, *Bodenleben*, Gesamtheit der im Boden lebenden Organismen (*Bodenorganismen*), (Abb. 1), unterteilt in *Bodenflora* und *Bodenfauna* (*Bodentiere*); Einteilung nach der Größe (Abb. 2) in ↗Mikroflora, ↗Mikrofauna, ↗Mesofauna und

Edaphon 1: die wichtigsten Organismengruppen des Bodens.

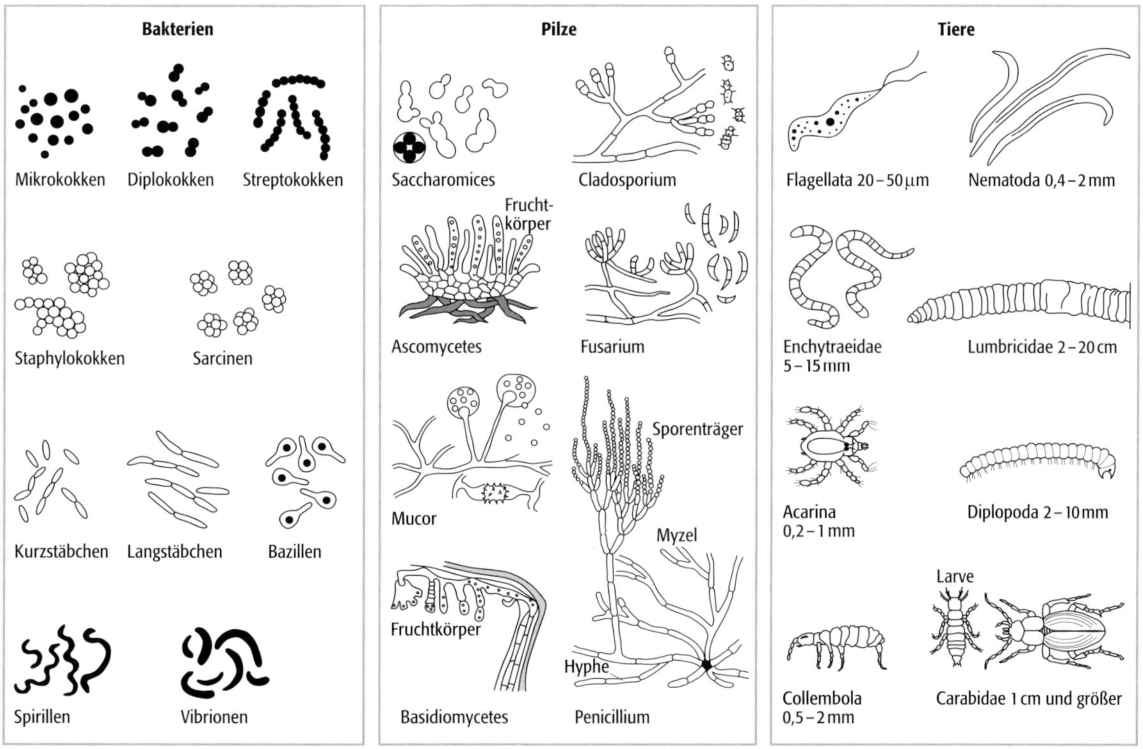

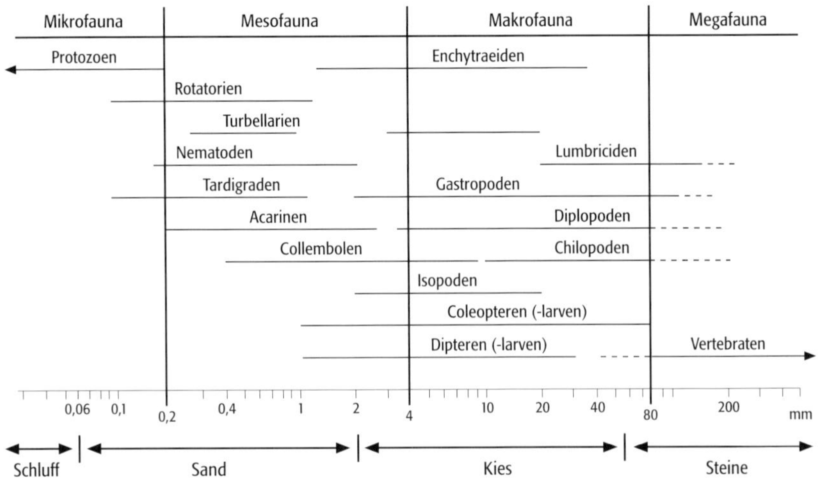

Edaphon 2: Gliederung der Bodenfauna nach Größenklassen im Vergleich zu den Korngrößen der Mineralanteile des Bodens.

↗Makrofauna; Einteilung nach Lebensformen, d.h. Anpassungsformen an das Leben im Boden: ↗Bodenhafter, ↗Bodenschwimmmer, ↗Bodenkriecher, ↗Bodenwühler. Hauptfunktionen der Bodenorganismen sind der Ab- und Umbau der organischen Substanz und die Rückführung der Stoffe in eine Form, in der sie von den Pflanzen wieder aufgenommen werden können. Fast alle Abbau- und Umsatzleistungen des Bodens sind auf die Tätigkeit der Bodenorganismen zurückzuführen. Eine dauerhafte ↗Bodenfruchtbarkeit ist ohne Bodenleben nicht möglich. Kennzeichen des Bodenlebens sind: a) große Arten- und Leistungsvielfalt, b) große räumliche und zeitliche Variabilität, c) Abhängigkeit von Bodeneigenschaften (z.B. Bodenart, pH-Wert), Pflanzenbestand (z.B. Fruchtart bei landwirtschaftlich genutzten Böden), Nutzung (z.B. Art der Bodenbearbeitung), d) Anpassungsfähigkeit gegenüber Störungen (z.B. mechanische oder chemische Eingriffe des Menschen), e) Abhängigkeit von der Energiezufuhr aus organischen Verbindungen, f) Angepaßtheit an das karge Leben im Boden (dichtes Substrat, große Variabilität des Nahrungsangebotes, wechselnde klimatische Bedingungen), g) enge Beziehung zum Bodengefüge (Abb. 3). [MJo]

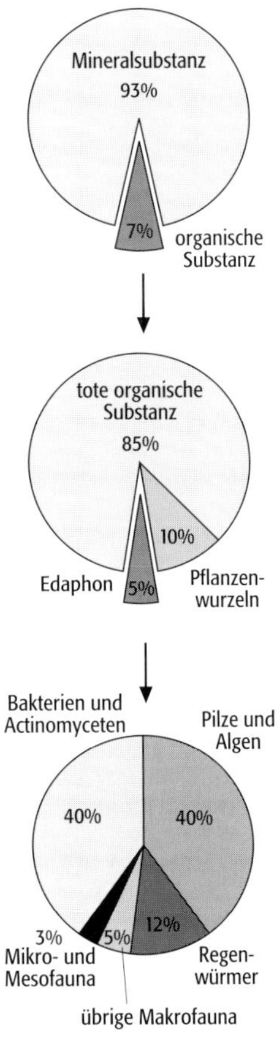

Edaphon 3: Anteil der organischen Gesamtsubstanz und des Edaphons im Wiesenboden.

Edaphophyten, *Mikroflora des Bodens*, sind Lebensformengruppen, die die mikroskopische Flora des Bodens umfassen und am ↗Edaphon einen Anteil von ca. 80 % haben. Zu den Edaphophyten gehören ↗Pilze, ↗Algen, ↗Bakterien und ↗Actinomyceten.

Edelgase, die Elemente der VIII. Hauptgruppe des Periodensystems. Dazu gehören Helium, Neon, Argon, Krypton, Xenon und Radon. Alle Edelgase sind farblos, geruchs- und geschmacklos, nicht brennbar, ungiftig, niedrig siedend und stets in atomarem Zustand. Edelgase weisen eine außerordentliche chemische Inaktivität auf, die ihre Ursache in der stabilen Elektronenkonfiguration hat.

Edelmetall-Lagerstätten, als Edelmetalle werden Gold (Au), Silber (Ag) sowie die Metalle der Platingruppe, Platin (Pt), Palladium (Pd), Rhodium (Rh), Ruthenium (Ru), Osmium (Os) und Iridium (Ir) bezeichnet. In der Fachliteratur haben sich die Bezeichnungen PGE für Platingruppen-Elemente und PGM für Platingruppen-Minerale eingebürgert. Sowohl die Vorkommen wie auch die Mineralogie und die Verwendung der Edelmetalle unterscheiden sich sehr wesentlich voneinander. Gold ist v.a. Währungs-Metall, wird aber auch in der Schmuckindustrie sowie in geringen Mengen in der elektronischen Industrie verwendet. PGE haben in letzter Zeit weltweit als Katalysatoren in der Automobil-Industrie große Bedeutung gewonnen. Angesichts der Millionen pro Jahr produzierten Autos weltweit läßt sich die wirtschaftliche Bedeutung der PGE ermessen.
Goldlagerstätten sind weltweit verbreitet und treten in den verschiedensten geologischen Milieus auf. Dabei sind Lagerstätten, in denen Gold das einzige abbauwürdige Metall ist, von solchen zu unterscheiden, in denen es als Nebenprodukt von Buntmetall-Erzen gewonnen wird. Reine ↗Goldlagerstätten sind:
a) Goldquarzgänge, die bei verschiedenen Temperaturen (hoch- bis tief-thermal) aus hydrothermalen Lösungen abgesetzt wurden. Hier sind die archaischen (↗Archaikum) Goldquarzgänge in Westaustralien zu nennen, die 1998 einen signifikanten Teil der australischen Goldproduktion von über 300 t lieferten.
b) Subvulkanische Goldgänge, die meist an intermediäre Vulkanite (Andesite) in Inselbogen-Settings gebunden sind, treten in verschiedenen geologischen Formationen auf; jüngste Vorkommen, z.B. auf Lihir Island im SW-Pazifik, sind nur wenige Millionen Jahre alt.
c) Gold-Seifen treten sowohl rezent wie fossil in Flüssen weltweit auf. In der Vergangenheit haben sie zu Gold-Räuschen, vor allem in Kalifornien und im Yukon, geführt. Fossile Gold-Seifen sind im Witwatersrand (↗Witwatersrand-Gold-Uran-Seifenlagerstätte), Südafrika, erhalten und bilden dort die größte Goldlagerstätte der Welt; kleinere Vorkommen dieser Art werden in Ghana (Tarkwaian) abgebaut.
↗Platin-Lagerstätten, d.h. natürliche, wirtschaft-

lich gewinnbare Konzentrationen der PGE, sind an basische und ↗ultrabasische Gesteine gebunden. Im Gegensatz zu Gold, das weltweit vorkommt, sind wirtschaftlich bedeutende PGE-Lagerstätten auf Südafrika, Zimbabwe und Rußland beschränkt. An erster Stelle stehen die Vorkommen im geschichteten, magmatischen ↗Bushveld-Komplex, Südafrika sowie im Great Dyke, Zimbabwe. Besonders palladiumreiche Erze werden als Nebenprodukt der Nickel-Kupfer-Produktion in Norilsk, Nord-Sibirien, gefördert. ↗Chromitlagerstätten in ↗Ophioliten führen zwar stets auch PGE, besonders Ir, Os und Ru, diese sind aber nur selten als Nebenprodukte der Chromitförderung von wirtschaftlicher Bedeutung.
↗Platinseifen sind zwar für das Verständnis des Transportes von PGE in wäßrigen Lösungen bei niedrigen Temperaturen von großem Interesse, spielen aber bergwirtschaftlich derzeit keine Rolle. [EFS]

Edelsteine, *Schmucksteine*, überwiegend Minerale, die aufgrund ihrer Seltenheit, Farbe, Härte, Glanz und anderer wertneutraler Eigenschaften, aber auch aufgrund ihrer Schönheit und »Reinheit« (d.h. frei von Einschlüssen) von kommerzieller Bedeutung sind. Sie sind daher auch nur unvollständig mit dem wissenschaftlichen Vokabular zu erfassen. In vielen Fällen handelt es sich um Minerale (Diamant, Smaragd, Zirkon), Mineralaggregate (Lapislazuli), Gesteine (Onyx-Marmor) und organische Substanzen (Perlen, Korallen, Bernstein oder Elfenbein), die in der Natur ohne künstliche Beeinflussung durch den Menschen entstanden sind. Vielfach sind die Namen der Edelsteine Handelsbezeichnungen: »Rauchtopas« statt Rauchquarz, »Goldtopas« für einen durch Hitzebehandlung farblich veränderten Amethyst oder »Kaprubin« für den roten Granat. Von den über 3000 bekannten Mineralarten werden ca. 100 in mehr oder weniger veränderter Form als Edelsteine verwendet. Edelsteine finden sich sowohl auf primären, überwiegend jedoch auf sekundären eluvialen Verwitterungslagerstätten, angereichert im Verwitterungsschutt, und in Edelsteinseifen in meist alluvialen Lagerstätten oder in fossilen Seifenlagerstätten. Primäre Vorkommen sind: Beryll- und Spodumen-Pegmatite, Zirkoniat- und Titanat-Pegmatite, Phosphat-Pegmatite und die typischen Edelstein-Pegmatite von Brasilien (Minas Gerais), Madagaskar und Namibia mit der Mineral-Paragenese Beryll, Turmalin, Topas, Rosenquarz u.a. verschleifbaren Mineralen in Kristalldrusen. Zahlreiche Edelsteine der Quarzgruppe sind hydrothermale Gangfüllungen oder hydrothermale Kontaktbildungen sowie durch vulkanogene, wässrige SiO_2-Lösungen entstanden, die zur Bildung von Opal und vieler Achate führen. Die Muttergesteine zahlreicher Edelsteine in Seifenlagerstätten sind kontaktpneumatolytische Bildungen in marmorartigen Kalken, z.B. die Saphir- und Rubinvorkommen von Burma. Granat, Nephrit und Jadeit sind metamorphe oder kontaktmetamorphe Bildungen in meist kristallinen Schiefern, Türkis, Chrysopras, Malachit und Azurit entstehen bei der Verwitterung kupfer- oder nickelhaltiger Eruptivgesteine. Durch Verwitterungsvorgänge primärer Transportgesteine werden Edelsteine in Diatremen und Pipes in lockerem Verwitterungsschutt (Schlotbrekzien) eingebettet und können daraus durch Auswaschen gewonnen werden. Beipiel ist der südafrikanische Yellowground des Diamanten, ein Verwitterungslehm des Blueground, des festen Gesteins, in dem die Diamanten stecken. Die Verteilung der Edelsteinvorkommen über die Erde ist nicht gleichmäßig. Einige Regionen sind bevorzugt, so das südliche Afrika, Süd- und Ostasien, Brasilien, der Ural, Australien und die Gebirgszonen der USA.
Aufgrund der optischen Anisotropie der Minerale (Pleochroismus) bringt meist erst der sachkundige Schnitt und die Orientierung Farbe, Feuer und Glanz der Edelsteine optimal zur Geltung. Häufig wird die Farbe auch durch Brennen oder radioaktive Bestrahlung künstlich verändert. Alle Edelsteine lassen sich heute, insbesondere durch die Züchtung von Einkristallen, synthetisch herstellen, wobei sie in ihren Eigenschaften die der entsprechenden Minerale der »echten Edelsteine« meist weit übertreffen. Auch besondere Lichterscheinungen, etwa das Irisieren beim Mondstein oder der Asterismus bei Sternsaphir oder Sternrubin gelingen auf synthetischem Wege hervorragend. Neben Hydrothermalsynthesen, die der natürlichen Bildung am nächsten kommen, handelt es sich vor allem um Verneuil-Verfahren für »Rubin«, »Saphir« und »Spinell« sowie ↗Czcochralski-Verfahren und Zonenschmelz-Verfahren. Imitationen sind den natürlichen Edelsteine im Aussehen ähnlich, haben aber andere Zusammensetzungen und andere chemische und physikalische Eigenschaften. Vielfach handelt es sich um Gläser, um künstliche Produkte wie YAG, Fabulit oder Zirkonia für die Nachahmung des Diamanten oder um Kunstharze oder Plastikmaterialien für Perlen, Bernstein und Korallen. Die Untersuchung der Edelsteine erfolgt zerstörungsfrei mit den Methoden der Mineralogie überwiegend durch polarisationsmikroskopische Verfahren, mit denen die charakteristischen Größen Lichtbrechung, Doppelbrechung, Dispersion, optische Aktivität, Pleochroismus, Einschlüsse, Farbe u.a. Eigenschaften bestimmt werden. Daneben ist die Bestimmung der Dichte, der Härte, der elektrischen und magnetischen Eigenschaften (z.B. der Suszeptibilitätsanisotropie zur Unterscheidung von Perlen und Zuchtperlen) zerstörungsfrei möglich. Röntgenographische Verfahren sind nur in Ausnahmefällen einzusetzen, da sie die Gefahr der Bestrahlungsverfärbung beinhalten. Edelsteine werden häufig geschnitten oder geschliffen, wobei bis ins 14. Jh. die Steine mit gerundeter Oberfläche mugelig geschliffen wurden (Cabochonschliff). Eine weitere *Schliffform* ist der Facettenschliff (franz. facette = Seitenfläche); er wurde 1450 in der belgischen Stadt Brügge erfunden. Um 1600 gelang in Paris der ↗Brillantschliff bei

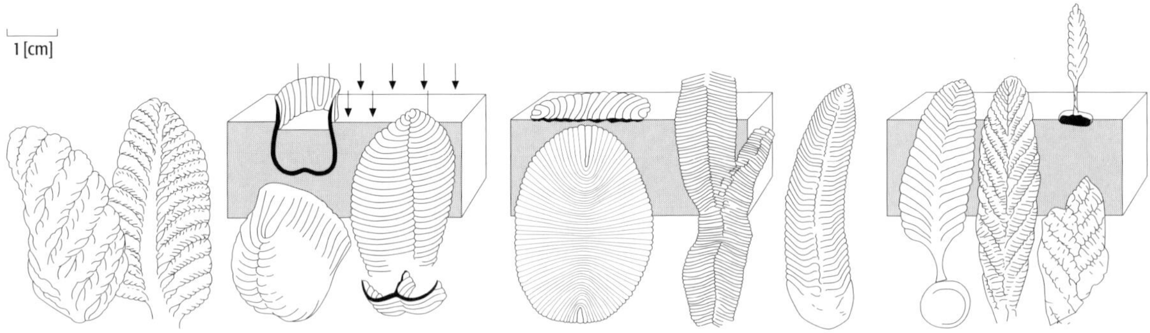

Ediacara-Fauna: einige charakteristische Faunenelemente der Ediacara-Fauna. Die Abbildungen im Vordergrund zeigen die Morphologie der Fossilien, im Hintergrund ist die vermutete Lebensweise skizziert.

↗Diamanten. Heute finden eine große Anzahl von Schliffarten und -formen Verwendung. Edelsteine als Amulette und als Talisman sind seit Anbeginn der Menschheit in Gebrauch und haben auch heute wieder als Sitz übernatürlicher Kräfte, Schutz gegen Unbill und als Arznei für Heilzwekke therapeutische Bedeutung und gewinnen im Rahmen der Esotherik als Glücksbringer, Monats- und Tierkreissteine etc. zunehmend an Bedeutung. [GST]

Ediacara-Fauna, eine präkambrische Fauna aus dem Pound Quarzit in Südaustralien, die makroskopische Fossilien von Weichtieren enthält (Abb.). Die Typlokalität der Ediacara-Fauna liegt in den Flinders Ranges in der Nähe von Adelaide in Südaustralien, jedoch werden ähnliche Faunen aus dem späten ↗Präkambrium (↗Vendium) an verschiedenen Lokalitäten rund um die Erde gefunden. Sie werden unter dem Begriff »Vendische Biota« (*Vendobionta*) zusammengefaßt. Die Ediacara-Fauna setzt sich zusammen aus Abdrücken von Tieren, die den ↗Cnidaria, Würmern und ↗Arthropoda zugeordnet werden, andere gehören zu heute vermutlich ausgestorbenen Gruppen. Charakteristisch sind auch undifferenzierte rundliche Abdrücke, die jedoch bislang nicht interpretiert werden konnten. Neben den Abdrükken von Weichtierfossilien sind auch Spurenfossilien häufig. Die Sedimente, in denen die vendischen Weichtiere fossilisiert wurden, sind Schiefer, Siltsteine, Carbonate und Quarzite, die in flachmarinen Bereichen abgelagert wurden. Hierin besteht ein fundamentaler Unterschied zu den phanerozoischen Fossilien, wo die Konservierung von Weichtierfaunen in solch grobklastischen Sedimenten nicht vorkommt. Die Gründe für diese Diskrepanz im Fossilisationspotential sind nicht bekannt. Es wird vermutet, daß die Abwesenheit von Räubern, Aas- und Sedimentfressern die massenhafte Erhaltung der Weichtiere ermöglichte und/oder daß durch hohe Wasserenergie die Tiere häufig von Sand verschüttet wurden oder daß Bakterienfilme die Erhaltung der oft dreidimensionalen Strukturen ermöglichten. In ihrer Gesamtheit ermöglicht die Ediacara-Fauna einen Blick in die frühe Entwicklung der Metazoen. Sie besteht zu 70 % aus Abdrücken von Tieren, die wahrscheinlich zu den frühesten Cnidariern gehörten. Ein charakteristischer Vertreter ist *Cyclomedusa*, dessen Größe zwischen wenigen Millimetern bis zu einem Meter Durchmesser variiert. Vermutlich handelte es sich um einen bodenlebenden Polypen, ähnlich den heutigen Seeanemonen. Es ist eines der häufigsten Faunenelemente der Ediacara-Fauna. Auch *Eoporpita*, ein Fossil mit rundem Zentralkörper, umsäumt von dicken Tentakeln, wird als benthischer Polyp interpretiert und zu den Hydrozoen gestellt. Die bis zu einem Meter lange, seefederähnliche *Charnia* war vermutlich ein koloniebildender Cnidarier, und auch *Dickinsonia*, die der Koralle *Fungia* ähnelt, wird zu dieser Gruppe gestellt. *Spriggina*, ein bis 3 cm langes Weichtier, hatte einen halbmondförmigen Kopf, gefolgt von einem segmentierten Körper. Vielleicht handelte es sich um einen Vorläufer der ↗Anneliden oder der Arthropoden. Das Fossil *Arkarua* wird als früher Vorläufer der ↗Echinodermen angesehen, wie auch (zumindest von einigen Autoren) *Tribrachidium*, das eine triseriale Symmetrie besitzt. Vendische Weichtier-Faunen wurden bislang auf allen Kontinenten außer Südamerika und der Antarktis gefunden. Die ersten dieser Fossilien wurden bereits 1908 in Namibia entdeckt. Weitere wichtige Fossilarchive mit vendischen Biota befinden sich auf der Avalon Peninsula im Südosten Neufundlands, an der Winterküste des Weißen Meeres im Nordwesten Rußlands, im Nordwesten Kanadas und in Nordyakutien in Sibirien. [SP]

Editierung, allgemein das interaktive Verändern des Inhalts einer Datei. Einfachste Editierfunktionen sind das Positionieren, Markieren, Löschen, Einfügen, Kopieren, Suchen und Ersetzen. Editierung erfolgt in Texten, in Quelltexten von Programmen und in Graphiken im Vektor- und im Rasterdatenformat (↗Vektordatenmodell, ↗Rasterdatenmodell).Die Editierung erfolgt unter Anwendung einer speziellen Software. Graphikdateien von Karten sind meist zu editieren a) nach der Korrekturlesung als Korrekturausführung, b) nach der Konvertierung in ein anderes Datenformat zur Korrektur systematischer Fehler und c) nach der Konstruktion von Karten mittels Programmen der ↗Geoinformationssysteme oder ↗Kartenkonstruktionsprogrammen.